Gesamtverzeichnis des deutschsprachigen Schrifttums (GV) 1700 – 1910

Bearbeitet unter der Leitung von
Hilmar Schmuck und Willi Gorzny
Bibliographische und redaktionelle Beratung:
Hans Popst und Rainer Schöller

14

Bero - Bibi

K · G · Saur München · New York · London · Paris 1980

Redaktion:

Monika Eichler, Ursula Geier, Robert Mittelstaedt, Sabine Nebinger,
Hildegard Roßberg, Hermann Schrott, Brigitte Semmler,
Eva von Troschke, Helga Werner, Gabriele Winter

CIP-Kurztitelaufnahme der Deutschen Bibliothek

Gesamtverzeichnis des deutschsprachigen Schrifttums :
(GV). – München, New York, London, Paris : Saur.
Bd. 1 – 6 bearb. unter d. Leitung von Peter Geils
u. Willi Gorzny.
ISBN 3-598-30000-X

1700 – 1910 / bearb. unter d. Leitung von Hilmar
Schmuck u. Willi Gorzny. Bibliograph. u. red.
Beratung: Hans Popst u. Rainer Schöller

NE: Schmuck, Hilmar [Bearb.]

14. Bero – Bibi. – 1980.

Techn. Realisierung und Druck: Norbert Gärtner, Mainz-Kastel
Binden: Karl Schaumann, Darmstadt
Printed in the Federal Republic of Germany
ISBN 3-598-30000-X (Gesamtwerk)

Beroca, s. Beroea.

Beroea. Deutsches Organ des allgemeinen Bibellese-Bundes. Redact.: Jul. v. Gemmingen. 1. und 2. Jahrg. 1883 und 1884. à Jahrg. 12 Nrn. (à Nr. ½—1 Bog.) fl. 4. Gernsbach Christl. Colportage-Verein. à Jahrg. *

Beroea. Organ des deutschen Zweiges des allgemeinen Bibellese-Bundes. Redact.: Jul. v. Gemmingen. 3.—5. Jahrg. 1885—1887. à Jahrg. 12 Nrn. (Bog.) 4. Gernsbach, Christl. Kolportage-Verein. à Jahrg. **

—— Organ des deutschen Zweiges des allgemeinen Bibel-Bundes. Redact.: Jul. v. Gemmingen. 6. Jahrg. 1888. 12 Nrn. (Bog.) 4. Ebenda.

Beroea. Organ d. deutschen Zweiges d. allgemeinen Bibel-Bundes. Redact.: Jul. v. Gemmingen. 7. Jahrg. 1889. 12 Nrn. (à Nr. ½—1 Bog.) 4. Gernsbach, Christl. Kolportage-Verein. ** 1 —

—— Wasser aus der Lebensquelle zum Wachstum in der Erkenntnis Gottes. Organ d. deutschen Zweiges d. allgemeinen Bibel-Bundes rc. Redig. v. Jul. v. Gemmingen. 8.—10. Jahrg. 1890—1892. à Jahrg. 12 Nrn. (Bog.) 4. Ebd. à Jahrg. ** 1 30

Beroea. Wasser aus der Lebensquelle zum Wachstum in der Erkenntnis Gottes. Organ d. deutschen Zweiges d. allgemeinen Bibel-Bundes u. Nachrichten vom Werk d. HErrn aus der Nähe u. Ferne. Red. unter Mitwirkg. einiger Freunde v. Jul. v. Gemmingen. 9.—12. Jahrg. 1891—1894. à 12 Nrn. (Bog.) 4. Gernsbach, (Christl. Kolportage-Verein). à Jahrg. n.n. 1. 30

— Wasser a. d. Lebensquelle z. Wachstum i. d. Erkenntnis Gottes. Organ d. deutschen Zweiges d. allgem. Bibel-Bundes u. Nachrichten v. Werk d. HErrn a. d. Nähe u. Ferne. Red. unt. Mitwirkg. ein. Freunde von Jul. v. Gemmingen. 13.—16. Jahrg. 1895—1898. à 12 Nrn. (à ca. 12 S.) Fol. Gernsbach (Christl. Kolportage-Verein). à Jahrg. n.n. 1. 30

Beroea. Wasser aus der Lebensquelle zum Wachstum in der Erkenntnis Gottes. Organ des deutschen Zweiges des allgemeinen Bibelbundes u. Nachrichten vom Werk des HErrn aus der Nähe u. Ferne. Hrsg.: Jul. v. Gemmingen. 17.—20. Jahrg. 1899—1902. à 12 Nrn. hoch 4. (à ca. 12 S. m. Abbildgn.) Lichtenthal bei Baden-Baden, Christl. Kolportage-Verein. à Jahrg. n.n. 1. 65

Beroea. Wasser aus der Lebensquelle zum Wachstum in der Erkenntnis Gottes. Organ des deutschen Zweiges des allgemeinen Bibelbundes u. Nachrichten vom Werk des HErrn aus der Nähe u. Ferne. Schriftleitung: Jul. v. Gemmingen. 21.—24. Jahrg. 1903—1906. à 12 Nrn. (à ca. 16 S. m. Abbildgn.) 4. Baden-Baden, Christl. Kolportage-Verein. à Jhrg. n.n. 1. 65

Beroea. Wasser aus der Lebensquelle zum Wachstum in der Erkenntnis Gottes. Organ des deutschen Zweiges des allgemeinen Bibelbundes u. Nachrichten vom Werk des HErrn aus der Nähe u. Ferne. Schriftleitung: Jul. v. Gemmingen. 25.—28. Jahrg. 1907—1910. à 12 Nrn. (IV u. S. 1948—2064; IV u. S. 2065—2188; IV u. S. 2189—2312 u. IV u. S. 2313—2432 m. Abbildgn.) 32×22,5 cm. Baden-Baden, Christl. Kolportage-Verein. à Jhrg. nn 1. 65

Beroea. Wasser a. d. Lebensquelle z. Wachstum in d. Erkenntn. Gottes. Schriftleitg: Jul. v. Gemmingen. 28—30. J. '10—12 je 12 Nrn. ('11: 126) 32×22,5 cm. Bad.-B., Christl. Kolportage-Verein. jährl. 2 — d

Beroea. Spruchkalender. Ein Wort Gottes f. jeden Tag d. J. 1898. 8° (13 Bl.) Gernsb. Lichtenth. b. Bad.-Bad., Christl. Kolportage-Ver. — 80

Beroaldo Bianchini, de, Abhandlung üb. d. Feuer- u. Seitengewehre, worin d. Erzeugung, d. Zweck u. d. Gebr. aller einzel. Bestandttheile, dann aller Gattungen kleiner u. Jagdgewehre, mit d. Angabe u. Beschreib. ganz neuer Maschinen u. Vorrichtn., sammt Plänen u. Erzeugungs-Tab. auseinandergesetzt ist. 2 Bde. gr. 4. (74½ B. u. 38 Stnt.) Wien 829, (Gerold.)

(Beroaldo Bianchini.) Auflösung des wichtigen Problems, die Percussions-Schlösser auch in der Armee einzuführen. Mit einer lithogr. Tafel. 8. Wien 1837.

de Beroaldo-Bianchini, Nic., die Schöpfung od. das entschleierte Universum. Auszug aus der Armonia universale. Deutsch u. metrisch (übers.) v. Jean Bapt. Roßmann. Mit (2 lith.) erläut. Bildern u. (6 lith. Taf.) Zeichngn. (in gr. 8. u. qu. Fol.) gr. 8. (XVI u. 382 S. m. 2 Tab. in gr. 4. u. Fol. u. 5 Bl. Erklärung.) Wien 851, Tendler & Co. n. 2⅔ ℛ

Beroaldus, Philippus. Ein künstliche. höfliche Declamation und hefftiger Wortkampff... dreyer brüder. (Augsburg 1539) s. Welti, J[ohann] J[acob]. Eine Temperenzschrift aus der Reformationszeit. Winterthur 1598.

Berol-Konorah, Max, Artistenrecht, s.a. Treitel, Rich.

Artistenrecht. Ein Handbuch über d. Variété-Engagementsvertrag. Von Dr. jur. Richard Treitel u. Max Berol-Konorah. Berlin: 'Das Programm' in Komm. 1905. (217 S.) 8° [illegible]

Berold, W., Geschichte d. Burg Lutterberg b. Lauterberg (Harz), nebst e. geschichtl. Anh. d. Grafsch. Lutterberg b. z. Aussterben d. welfisch-grubenhagener Herzöge 1596. (M. 13 Urkunden.) Zusammengest., bearb. u. hrsg. gr. 8. (63 S.) Bad Lauterberg 896, (Carl Mittag.) n. 1. —

Berold, W. v.: Zur Theorie des Condensators. 1860. 8°.– Math. Diss. Göttingen.

Beroldingen, Franz Freiherr von: Bemerkungen auf einer Reise durch die pfälzischen und zweybrückischen Quecksilberbergwerke, herausgegeben und mit einer Vorrede begleitet von J. D. Brandis, Berlin 1788.

— Bemerk. auf e. Reise durch d. Pfalzzweibr. Quecksilberbergwerke. Mit 1 Karte. 8. Berl. 789. Nicolai. 22 ℊℊ

v. Beroldingen, Frhr. Frz., († d. 8. März 1798.) Beobachtt., Zweifel u. Fragen d. Mineralogie u. insbesond. e. natürl. Mineralsystems. 2 Bde. (1r Versuch. 2e A. u. 2r Bd.) gr. 8. Hannov. 792—94. Hahn. 3 ℛ 8 ℊℊ (Der 1e Vers. 1e Aufl. erschien ohne d. Verf. Namen in 8. Hannov. 778.)

— Beobachtungen, Zweifel und Fragen, die Mineralogie überhaupt und insbesondere ein natürliches Mineralsystem betreffend. Erster Versuch. 2. Ed. 1792. Zweiter Versuch. 1794. Hannover und Osnabrück. 8.

— s.a. Beschreib. d. Driburger Gesundbr.

Beroldingen, Franz (Frh.) von: Phisicalisch chemische Beschreibung des in dem Bißthum Paderborn gelegenen Gesundbrunnens zu Driburg nebst angehängten Bemerkungen die Mineralwasser überhaupt betr. Hildesheim 1783: Schlegel. 205 (vielm. 305) S. 8°

Beroldingen, Franz, s. Schreiben über Hochnebel

— die Vulkane älterer u. neuerer Zeiten, physikal. u. mineralog. betrachtet. 2 Bdchen. gr. 8 Manh. 791. Schwan u. G. 2 ℛ 8 ℊℊ

Berolina, Harmlose Randzeichngn. vom ollen ehrl. Seemann. gr. 8. (92 S.) Berlin 895. C. F. Conrad. n. 1. —

Berolina. Straube's illustr. Führer durch Berlin, Charlottenburg, Rixdorf, Schöneberg, Potsdam u. Umgebg. Unter Mitwirkg. v. Otto Hach u. dem Verkehrs-Ausschuss des Berliner Lehrer-Vereins bearb. u. hrsg. v. Benno Straube. (102 S. m. 64 Abbildgn. u. 5 Karten.) kl. 8. Berlin (909.) J. Straube. 1. —

Berolina Dental Mfg. Co., Tho, (Steiner & Co.): Katalog. 2. Aufl. Berlin 1901

Berolinensis s.: Cancan.

— s.: Muse, die 10.

[Berolinensia] Berlin, bei L. Sachse [um 1830].
6 Taf. in kol. Lithogr. 8°.
Ein Bl. von C. F. Cretius. Bez. mit dessen Monogramm. Die übrigen wahrscheinlich von Dörbeck.

Berolla (Regierungsrath), neues Ackerbausystem oder die Befreiung d. Landwirthe von den Fesseln der Bodendüngung. gr. 8. Baden-Baden 845, Marr. 6 ℊℊ

Berolzheimer: Entschädigung unschuldig Verurteilter . . (und andere rechtswissenschaftliche Schriften), s. Berolzheimer, Fritz

Berolzheimer, Franz, Rechtsprakt. a. München: Die fiduziarische Zession. Borna-Leipzig 1908: R. Noske. (IX, 52 S.) 8°
Erlangen, Jur. Fak., Ref. Oertmann, Diss. v. 25. April 1908
[Geb. 16. Okt. 82 München; Wohnort: München; Staatsangeh.: Bayern; Vorbildung: Maximilian-Gymn. München Reife 01; Studium: München 9, Berlin 1 S.; Rig. 20. Febr. 08.]

Berolzheimer, Fritz, s.: Archiv f. Rechts- u. Wirtschaftsphilosophie.

Berolzheimer, Fritz, Aristo-Plutokratie, d. polit. System d. nächsten Zukunft. gr. 8. (82 S.) München 890. Th. Ackermann. n. — 50

— s.: Beiträge, rechtswissenschaftliche.

Deutschland von heute. Kulturgemälde d. deutschen Gegenwart von Dr. Fritz **Berolzheimer**. 1. Aufl. Berlin & Leipzig: Rothschild 1910. XV, 444 S. 8°

Deutschland von heute. Kulturgemälde d. deutschen Gegenwart von Dr. Fritz **Berolzheimer**. 3. unveränd. Aufl. Berlin & Leipzig: Rothschild 1910. XV, 444 S. 8°

Die Entgeltung im Strafrechte. Von Dr. jur. Fritz **Berolzheimer**. *München: C. H. Beck 1903.* (VII, 533 S.) 8°

Berolzheimer, Fritz [aus Fürth]: Die Entschädigung unschuldig Verurteilter und Verhafteter. . . . Fürth, Druck v. D. Urfinus, 1891; 32 S. 8°
Erlangen, Jur. Fak., Inaug.-Diss. v. 3. Dez. 1890

Berolzheimer, Fritz. Die Entschädigung unschuldig Verurteilter u. Verhafteter. gr. 8. (82 S.) Fürth 891, Rosenberg. * — 60

Kriminalpolitische Forderungen aus dem Gesichtspunkte der Schutzstrafe von Fritz **Berolzheimer**, Rechtsanw. in Fürth. Heft 1. (Programm.) [Mehr nicht erschienen.] *Fürth: G. Rosenberg 1895.* (22 S.) 8°

— Die Gefahren e. Gefühlsjurisprudenz in d. Gegenwart. Rechtsgrundsätze f. freie Rechtsfindg. (Referat.) (20) 8° Berl. (-Wilmersd.), Dr. W Rothschild '11. 1 —

— s: Handbuch d. Politik.

— die Intestaterbfolge nach den Provinzialrechten des ehemaligen Fürstent. Ansbach, s.: Luz, Joh. Heinr. v.

Berolzheimer, d. Intestaterbfolge n. Nürnberger Recht. F. d. Praxis bearb. gr. 16. (IX, 158 S.) München 895. C. H. Beck. Kart. n. 2. 20

Kritik des Erkenntnisinhaltes. Von Dr. jur. Fritz **Berolzheimer**. *München: C. H. Beck 1904.* (XII, 327 S.) 8°
— **Berolzheimer**: System d. Rechts- u. Wirtschaftsphilosophie. Bd 1.

Die Kulturstufen der Rechts- und Wirtschafts-Philosophie von Dr. jur. Fritz **Berolzheimer**. München: C. H. Beck 1905. (XII, 500 S.) 8°
— **Berolzheimer**: System d. Rechts- u. Wirtschaftsphilosophie. Bd 2.

Philosophie des Staates samt den Grundzügen der Politik von Dr. jur. Fritz **Berolzheimer**. München: C. H. Beck 1906. (XI, 378 S.) 8°
— **Berolzheimer**: System d. Rechts- u. Wirtschaftsphilosophie. Bd 3

Philosophie des Vermögens einschliesslich des Handelsverkehrs von Dr. jur. Fritz **Berolzheimer**. München: C. H. Beck 1907. (X, 333 S.) 8°
— **Berolzheimer**: System d. Rechts- u. Wirtschaftsphilosophie. Bd 4. I

Strafrechtsphilosophie und Strafrechtsreform von Dr. jur. Fritz **Berolzheimer**. München: C. H. Beck 1907. (IX, 279 S.) 8°
— **Berolzheimer**: System d. Rechts- u. Wirtschaftsphilosophie. Bd 5.

Rechtsphilosophische Studien. Von Dr. jur. Fritz **Berolzheimer**. *München: C. H. Beck 1903.* (VI, 167 S.) 8°

System der Rechts- und Wirtschaftsphilosophie. Von Dr. jur. Fritz **Berolzheimer**. Bd 1–5. München: C. H. Beck 1904–07. 5 Bde 8°
1. (Philos. Einleitungsbd.) — Kritik d. Erkenntnisinhaltes. 1904.
2 — Die Kulturstufen d. Rechts- u. Wirtschaftsphilosophie. 1905.
3 — Philosophie d. Staates samt d. Grundzügen d. Politik. 1906.
4 — Philosophie d. Vermögens einschließl. d. Handelsverkehrs. 1907.
5 — Strafrechtsphilosophie u. Strafrechtsreform. 1907. 107. 4408
1 s. 04. 6413 2 s. 05. 7101 3 s. 06. 13076 4 s. 06. 13077

Berolzheimer, Hans, Akzessist b. d. K. Regierungsfinanzkammer von Oberbayern: Die akzessorische Natur der Teilnahme. München: Schweitzer 1909. 56 S. 8°
Erlangen, Jur. Diss. v. 8. Febr. 1909, Ref. Allfeld
[Geb. 1. Aug. 82 Nürnberg; Wohnort: München; Staatsangeh.: Bayern; Vorbildung: Neues Gymn. Nürnberg Reife 01; Studium: München 8 S.; Rig. 19. Dez. 08.]

Berolzheimer, S., Sammlung v. Materialien zur Interpretation d. Ansbacher Rechts, Bayreuther Rechts, Nürnberger Rechts u. allgemeinen preußischen Landrechts. gr. 8. (XVII, 121 S.) Nördlingen 871. Beck. 2. 40

[Béron], Slawische Philosophie, enthaltend die Grundzüge aller Natur- und Moralwissenschaften nebst einem Anhang: Ueber die Willensfreiheit und die Unsterblichkeit der Seele. Prag 1855.

Beron, Bogumil W. [aus Tirnowa (Bulgarien)]: Multiple Enchondrome. . . . Würzburg, Paul Scheiner's Buchdr., 1889; 36 S. 8°
Würzburg, Med. Fak., Inaug.-Diss. v. 1889

BERON, Petrus Bedzi (Thrazien): Dissertatio inauguralis sistens novum locenometron et embryometron.- Monachii: Jaquet 1831. 24 S., Taf.
9.7.1831 - Urk: P 60 Diss.Ingolst.-Landsh.-Mchn.

BERON, VASIL : Логика, Viena, 8.

Berona, Mauritius A.: Praelectiones philosophicae . . . (I: Logica), Basileae, 8.

Berosi. Chaldaeorum historiae quae supersunt, cum comment. prolixiori de Berosi vita et libror. ejus indole cur. J. D. Guil. Richter. 8maj. Lipsiae 825, Hartmann.

Berosi, Chaldaeorum historiae quae supersunt, cum comment. prolixiori de Berosi vita et libror. ejus indole cur. J. D. With. Richter. 8maj. Leipz. 825. (Lehnhold). 12 gr.

Beroušek, F., Číslování příze a čísla převodná.
Wien, Pichler's 1906.

Beroušek, Fr., Garnnummerierungs-Tabelle m. Umrechnungszahlen. (3 S.) kl. 8. Wien 906. A. Pichler's Wwe. & Sohn. n. — 20

Berquin, Arnaud
Berquin, l'Ami des Enfans. 24 Vol. 12. Leipz. Dyk. 782–783.

Berquin, l'ami des enfans, VIII Vols. 12. Lausanne 794. (Haller in Bern). 5 ß

Berquin, Arnaud. L'ami des enfans et des Adolescens, . . . Nuremberg 1798. H: *Meynier, Joh. Heinr.* (Ky) (MGr)

— l'Ami des Enfans et des Adolescens, ouvrage aussi intéressant qu'agréable, enrichi de l'explication des Mots et des Phrases les plus difficiles en faveur de la jeunesse allemande. II Vol. 8. Nürnb. Grattenauer. 798.

Berquin, l'Ami des Enfans et des Adolescens par J. H. Meynier. Nouvelle edition. 2 Volumes. 8. St. Gallen, Huber et Comp. 813.

Berquin, l'ami des enfans et des adolescens. Accomp. de l'explication des mots et des phrases les plus difficiles, par J. H. Meynier. 2 Voll. 3e Aufl. 8. St. Gallen. 825. Huber u. C.

Berquin, l'ami des enfans et des adolescens. Ouvr. aussi instructiv qu'agréable, accomp. de l'explication des mots et des phrases les plus difficiles, en faveur de la jeunesse allemande par J. H. Meynier. IV. édit. revue et corrigée. 2 Ts. gr. in-12. (19 B.) St. Gall 831, Huber et Comp.

—— l'ami des enfans et des adolescens. Ouvrage aussi instructif qu'agréable, accomp. de l'explicat. des mots et des phrases les plus difficiles, en faveur de la jeunesse allemande par J. H. Meynier. V. édit. rev. et corr. (19 B.) 835. VI. édit. rev. et corr. II Ts. gr. in-12. (19½ B.) St. Gall 841, Huber et Comp.

—— le même. (Mit Wörterverzeichniß.) 1. édit. (25½ B.) 835. ⅚ Thlr., nouv. édit. 16. (25 B.) Stuttgart 841, Erhard.
Ohne Wörterverzeichniss. 9 Gr.

—— l'ami des enfants et des adolescents. Mit Wörterbuch. 8. (IV und 330 S.) Quedlinburg 849, Basse.

Berquin, A., l'ami des enfants et des adolescents. Mit einem Wörterbuche. 3. Aufl. Quedlinburg 863. Basse. 8. (IV, 333 S.) 20 ngr.

Berquin, l'ami des enfants et des adolescents. Mit einem Wörterbuche. 3. Aufl. 8. (IV, 333 S.) Quedlinburg 874. Basse. 2. —

Berquin, l'ami des enfants et des adolescents. Mit einem Wörterbuche. 4. Aufl. 8. (IV, 333 S.) Quedlinburg 874, Basse. *

— Auswahl v. französ. Kinderschauspielen, z. Gebr. d. deutsch. Jug. (a. in franz. Sprache.) 8. Mannh. Schwan u. G. 808.

—— s. Bischoff, Ottobald, die Jugendbühne.

— choix de lectures pour les enfants, ou recueil de contes, d'anecdotes et de traits de vertu, choisis des meilleurs auteurs, Mit e. vollständ. Wörterbuche versehen. 8. (352 S.) Ebd. 847.

Berquin, Choix de lectures pour les enfans, ou recueil de contes, d'anecdotes et de traits de vertu, choisis des meilleurs auteurs. Mit einem vollständigen Wörterbuche versehen. 2. Aufl. 8. (348 S.) Quedlinburg 852, Basse.

Berquin, choix de Pieçes de theatre etc., s. Choix.

Berquin, A., le Congó, s.: Théâtre français.

— contes moraux. 8. Berl. Nauck.

—— le bon coeur, s. Bibliothek gediegener und interessanter französ. Werke.

Berquin, Arnaud, le déserteur, hrsg. v. Th. Weischer, s.: Théâtre français.

—— Dramen, übers. v. K. F. Meurer, s. Jugendbibliothek, 14. u. 15. Bdchn.

—— elementi di chimica. Ed. ital. p. cura di F Businelli. 8. (279) Ebd. 58. n. 1. 6

— kl. Geschichten u. Gespräche f. Kinder. Nach d. Französ. bearb. v. Azerodt. Mit 22 color. Kpf. 8. Quedlinb. 830. Basse. 20 ℊ

— d. kleine Grandison; frei aus d. Französ. übers. (von J. J. Gradmann). Mit Kpf. 1r Thl. 2r Thl. (v. U. C. Gradmann) 8. Bregenz 801, 2.

– le petit Grandison. Nouv. Edition. 8. Kopenh., Bonnier. 12 ℊ Grieshammer in Leipz. 16 ℊ

—— le petit Grandisson. 2 Ts. 16. (30 B. u. 2 Titvign.) Vienne 830, Schrämbl.

— le petit Grandisson. Edit. revue et corrigée d'après l'orthographe de l'Acad. Royale et des meilleurs auteurs modernes par Désiré Richard. gr. in-12. Hamb. et Itzehoe 835. Niemeyer. ½ ℛ

—— le petit Grandison. (1. et) 2. édit. rev. et corr. d'après l'orthographie de l'Acad. roy. et des meilleurs auteurs modernes, p. G. van den Berg. gr. in-12. (à 7½ B.) Hambourg 835, 41, Schuberth et Comp. 12 Gr.; Hambourg, Niemeyer.

Berquin, le petit Grandison. Mit einem ausführlichen Wörterbuche von J. H. Lohmann. Nouvelle édit. 8. (202 S.) Quedlinburg 868, Basse.

Berquin, das gute Herz, s.: Breitinger, H.

— Idylle, avec Pygmaléon de Rousseau. 8. Basel 776. Tourneysen. 6 ℊ

— Journal des enfans ou le livre de famille, conten. des historiettes morales et amusantes. 8. Zürich 803. N. Ed. 819. Orell. 20 ℊ

— d. Kinderfreund. 2 Thle. 8. Dresd. 808. 2e wohlf. Ausg. 819. Arnold. 21 ℊ

— Kinderlehren zur nützl. Unterhaltung. Mit 2 Kpf. 8. Helmst 818. Fleckeisen. 20 ℊ

—— das Kinder-Theater. Kleine Schauspiele. Für die teutsche Jugend frei bearb. von Alexandra, Prinzessin von Bayern. 8. (V, 282 S.) Schaffhausen 870, Hurter'sche Buchh. [Regensburg, Manz.] geb.

— Lectures pour la jeunesse. Faisant suite à l'ami des enfants du même auteur. 16. Stuttgart 845, Erhard. ½ ℛ

Berquin, Arnaud. Lectures ou Recueil de Contes tirés de [ses] œuvres. Avec un Vocabulaire, qui renferme toutes les phrases necessaires pour feliciter l'intelligence des contes. Berlin 18??. 2. éd. 1812. H: *Rosenau.* (MGT)

— Lectures, ou Recueil de Contes. 8. Berl. 802. Ed. II Nauck. 8 ℊ

Berquin, Arnaud, Lectures ou recueil de contes avec vocabulaire. 8. Édit. Augmentée d'un drame du même auteur, d'un choix de petites pièces en vers et de lettres de bonne année. Publiée par Louis Alb. Beauvais. 8. (VI und 186 S.) Berlin 861, Nauck'sche Buchh. *

— Livre de famille ou Journal des enfans. gr. 12. Leipz. 801. Rabenhorst. 1 ℛ

— le Livre de famille ou journal des enfans, contenant des historiettes morales et amusantes, mêlées d'entretiens instructifs sur tous les objets qui les frappent journellement dans la nature et dans la société, nouvelle édition. 8. Zurich, Orell. 819.

— Oeuvres. XXI. Vol. av. fig. 18. Bern, Typogr.

— Oeuvres. 16 Vol. 18. Leipz. Industr. Comt.

— Oeuvres complettes. 16 Vol. 12. Leipz. Grieshammer. 804—5. (I. II. Ami des enfans. 2 Vol. 16 gr. III. IV. Ami des adolescens. 2 Vol. 16 gr. V. Introduction à la connaissance de la Nature. 2 Vol. 16 gr. VI. Idylles et Romances 8 gr. VII—IX. Théâtre. 3 Vol. 1 Rthlr. XI. XII. le petit Grandison. 2 Vol. 16 gr. XIII — XVI. Sandfort et Merton. 4 Vol. 1 Rthlr. 8 gr.)
Holl. Pap.

Berquin,..., Oeuvres complettes. Par ordre de matières. Nouv. édit. Tom. I. et II. L'ami des enfans. II Tomes. gr. in-12. Leipzig 835. Fischer et Fuchs. ⅔ ℛ — Tom. V. Nouv. édit. Théâtre de l'enfance. gr. in-12. 835. Les mêmes. ⅓ ℛ — Tom. XI. et XII. Le petit Grandisson. II Tomes. gr. in-12. 835. ⅔ ℛ — Tom. VI. Théâtre de l'enfance (Tom. II.). gr. in-12. 837. ⅓ ℛ

Berquin, Oeuvres complettes. Par ordre de matières. Nouv. édit. Tom. I. II. V. VI. XI. et XII. gr. in-12. Leipsic 835, 37, [Serig'sche Buchh.] Thlr.
Tom. I. II. L'ami des enfans. II Ts. (13 B.) 16 Gr.
- V. VI. Théâtre de l'enfance. Tom. I. II. (15 B.) à 8 Gr.
- XI. XII. Le petit Grandison. II Ts. (15½ B.) 12 Gr.
Tom. III. IV. VII—X. et XIII—XVI. Ebendas. 3 Thlr. 8 Gr.

Berquin, (Arnaud), Oeuvres complètes. Par ordre de matières. Nouv. édit. Tome 7. Théâtre de l'enfance. (Tom. III.) 12. (5⅚ B.) Leipsic 843, Serig'sche Buchh.

Berquin, (Arnaud), Oeuvres complettes. Par ordre de matières. Nouvelle édition. Tome XI: Le petit Grandison. 12. (174 S.) Leipzig 850, Serig. ⅓ ℛ (Nouv. édit. Vol. I—VII. u. XI. 2⅔ ℛ)

Berquin, Arnaud, s.a. Pièces choisies de l'ami des enfans.

Berquin, Arnaud. Pièces dramatiques choisies tirées du Théatre de l'enfance. Auswahl von Französischen Kinderschauspielen. . . . Mannheim 1805. H: *Zandt, Jacob Friedrich Theodor.* (MGT)

— recueil des Contes, voyez Lectures.

Berquin, la ronte du chapeau, s.: Bibliothèque française.

Berquin, La rente du chapeau, hrsg. v. Emil Tournier, s.: Prosateurs francais. 91. Lfg.

— Sandfort et Merton. voy. Sandford etc.

— Tagebuch f. Kinder; aus d. Französ. v. F. A. L. Matthäi. 2 Thle, mit 2 Kpf. 12. Celle, Schulze. 20 gl.

— théatre etc., s.a. Choix in Théatre.

— et Jauffret, Théâtre de l'enfance etc. 8. Coburg, Sinner. 811.

— et Jauffret, Théatre des l'enfance. Accomp. de l'explicat. allemande des mots et des phrases à l'usage de la jeunesse etc. par J. H. Meynier. 3 Tom. Coburg 811 — 824, Sinner. Rthlr.

— Théâtre de l'enfance. Nouv. édition, complète en un volume. Mit e. Wörterbuche versehen. 8. Quedlinburg 845, Basse. 1/2 ℛ

— théâtre de l'enfance. Nouvelle édition, complète en 1 vol. Mit einem Wörterbuche versehen. 3. Aufl. Quedlinburg 854. Basse. 8. (IV, 243 S.) 15 ngl

—— Théâtre de l'enfance. Nouvelle édit. Mit einem Wörterbuche versehen. 4. Aufl. 8. (VI und 248 S.) Quedlinburg 866, Basse.

— théâtre de l'enfance. Nouvelle éd., complète en un volume. Mit einem Wörterbuche versehen. 5. Aufl. 8. (IV, 243S.) Quedlinburg 874. Basse. n. 1. 50

— Werke. 1r, 2r Th. a. unt. d. Tit. d. Kinderfreund. 2 Thle. 8. Dresden, Arnold. 808.

Berquin, Blanchard rc., der Kinderfreund für d. zarte Alter, od. kleine einfache Erzählungen. A. d. Franz. übers. u. verm. v. Kißling. gr. 12. (8 1/2 B. u. 4 ill. Bild.) Ulm 842, Ebner'sche Buchh.

Berquin, M., s. Berquin, Arnaud

Berr: Lehrbuch der Waarenkunde, s. Berr, Franz

BERR, Alois (München): De animae nostrae actione in somno et in aliis vitae nostrae esse praestandi modes quibusdam somno similibus disquisitio.- Monachii: Stahl 1860. 16 S. 1.8.1860 - Urk: F 70 Diss.Ingolst.-Landsh.-Mchn.

Berr, Carl, Wetzlar u. seine Umgebungen. Nach P. Wigands „Wetzlar u. das Lahnthal" neu bearb. Mit einer (lith.) Ansicht von Wetzlar. 8. (97 S.) Wetzlar 882. Bourguet. cart. n. 1. 50

Berr, Émile. Chez les autres. Notes de voyages. — Autour du Sultan; Russes entrevus; ... Des Suisses qui regardent passer l'Empereur; ... . — VI + 301 p. 8. Paris, Bibliothèque-Charpentier, Eugène Fasquelle, 1902. (fr. 3. 50)

Darin p. 123—144: Des Suisses qui regardent passer l'Empereur (Guillaume II).

Berr, F. M., der erste Unterricht im Klavierspiel, sowie Einführg. in die Musiktheorie im Allgemeinen. Ein auf prakt. Erfahrgn. begründete u. nach neuestem System verf. Klavierschule, welche es Jedem selbst ohne Hülfe e. Lehrers ermöglicht, binnen kürzester Frist sich im Klavierspiel u. nebenbei auch in der Theorie der Musik auszubilden. hoch 4. (89 S.) Hannover 885. L. Oertel. n. 2. —

Berr, Felix (Tirschenreut), De inflammatione capsulae lentis crystallinae. Diss. med.-chir. Präs. Heinr. v. Leveling. Landshut (F. S. Storno) o. J. (Anfang d. 19. Jahrh.) 36 S. (4.—) 2346

Krankengeschichte d. Agnes Mangelhammer (Obermitterhof).

Berr, Fr.: Clarinettenschule, s. Berr, Friedrich

BERR, FRANZ.

Anfangsgründe der Chemie, als Lehrbuch für Unter-Realschulen. Brünn, 1853. 8vo.

Zweite Auflage. Brünn, 1854.

Dritte verbesserte und vermehrte Auflage. Brünn, 1858.

Berr, Frz., Anfangsgründe der Chemie als Lehrbuch für Unter Realschulen. 4. verb. Aufl. Mit in den Text gedr. Holzschn. Brünn 859. Buschak & Irrgang. gr. 8. (272 S.) 21 ngr.

Berr, Franz, Anfangsgründe der Chemie, als Lehrbuch für Unter-Realschulen. 5. Aufl. 1862. und 6. Aufl. 8. (244 S. mit in den Text eingedr. Holzschn.) Brünn 865, Buschak und Irrgang.

—— Elementi di Chimica, proposti ad uso delle scuole reali inferiori. Edizione italiana par cura di Franc. Businelli. gr. 8. (IV und 279 S. mit eingedr. Holzschn.) Brünn 858, Buschak und Irrgang.

—— Lehrbuch der Waarenkunde. Zum Selbstunterrichte, sowie zum Gebrauche für Handelsschulen. gr. 8. (XVI und 212 S.) Brünn 861(62), Buschak und Irrgang.

Berr, Fried., vollständ. Clarinettenschule. N. d. Franz. bearb. u. mit einigen Winken u. Fingerzeigen, wie Uebungen, die zu Virtuosität führen sollen, seyn müssen, beglelt. v. J. C. Lobe. (Mit Tilbild.) gr. 4. (13 B. u. 2 lith. Bl.) Weimar 811, Voigt.

Berr, M. F.: Anfangsgründe der Chemie, s. Berr, Franz

Berr de Turique, J, e. Wimper, s.: Bibliothek d. fremden Zungen.

Berra, Marco

Verzeichniß der Musikalien-Leih-Anstalt des Marco Berra in Prag. III. Abtheil., enthaltend: Kirchen- und Opernmusik, Gesänge für eine und mehrere Stimmen mit und ohne Begleitung, nebst theoretischen Werken, Zeitschriften, Taschen- und Jahrbüchern, von — —. 8. (226 S.) Prag. Druck von C. W. Medau 1854.

Nachtrags-Verzeichniß, Erstes — der Musikalien-Leihanstalt des Marco Berra in Prag. Prag. 1854. Druck von C. W. Medau. (116 S. 8.) geh.

Berres: Über die Holzsäure, s. Berres, Joseph

Berres, Chr. Jos., s. Berres, Joseph

Berres, Joseph

Berres, Jos., Anatomie der mikroskopischen Gebilde d. menschl. Körpers. Anatomia partium microscopicarum corporis humani. I. — VIII. gr. Fol. (In deutscher u. latein. Sprache.) Mit 12 Kpfrn. u. 4 Steintaf. Wien 836, 37. (Gerold.) 21 1/3 ℛ

v. Berres, Jos. Edler, Anatomie der mikroskopischen Gebilde des menschlichen Körpers. — Anatomia partium microscop. corporis humani. IX.—XII. Mit 8 Kpfrtaf. gr. Fol. Wien 843. (Gerold.) à n. $2^2/_3$ ₰

Berres, Jos., Anthropotomie, od. Lehre von d. Baue d. menschl. Körpers. Als Leitf. zu sein. Vorlesn. 4 Bde. gr. 8. (158 B.) Lemberg 821, 26, 28. (Wien, Gerold.) [1. 1 Thlr., 2. 1 Thlr. 16 Gr., 3. 1 Thlr. 8 Gr., 4. 1 Thlr. 16 Gr.]

Berres, Joseph: Anthropotomie oder Lehre von dem Baue des menschlichen Körpers. Als Leitfaden zu seinen anatomischen Vorlesungen. Bd 1 - 4, gbd.

Bd 1: Wien: Heubner 1821
Bd 2-4: Lemberg: typ.Piller 1826 - 1828

— Anthropotomie, oder Lehre von dem Baue des menschlichen Körpers. 1r Bd. 2e verb. u. verm. Aufl. Mit 6 lithogr. Taf. gr. 8. Wien 834. Gerold. 3 ₰

Berres, Joseph: Anthropotomie oder Lehre von dem Baue des menschlichen Körpers. 2.verbess. u.verm.Aufl. Bd 1 - 2, gbd., Abb.

Wien: Gerold 1835 - 1841

— über d. Holzsäure u. ihren Werth, zum Gebrauch f. Aerzte rc. gr. 8. Wien 823. Wallishauser. 18 gr

Berresheim, A., etwas über d. Mißbrauch d. Brech-, Purgier- u. Klystier-Mittel, so wie d. Aderlasses. 8. Andern. 803. Lassaulx. 4 gr

Berresheim, Fritz, vaterländische Geschichte f. die Oberklassen kathol. Volksschulen. Ausg. A (f. Lehrer m. Begleitwort). 8. (IV, 62 S. m. 1 Bildnis.) Stolberg (Rhld.) 893. J. Mathes. Kart. n. — 35

— dasselbe. Ausg. B. (f. Schüler). 8. (62 S. m. 1 Bildnis.) Ebd. 893. n. — 35

Vaterländische Geschichte für die Oberklassen kathol. Volksschulen. Hrsg. von F[ritz] Borresheim, Seminarl. 2. verb. u. verm. Aufl. *Stolberg : Rheinl. : J. Mathes 1900.* (80 S.) 8° [F.]

Berresheim, F., vaterländische Geschichte f. die preuß. Volksschulen. 8. verb. u. verm. Aufl. (101 S. m. 9 Abbildgn. u. 7 Kartenskizzen.) 8. Stolberg (907.) J. Mathes. Kart. nn — 50

Berresheim, F: Vaterländ. Gesch. f. d. preuss. Volkssch. 3. Afl. (101 m. Abb. u. 7 Ktnsk.) 8° Stolbg, J Mathes ('10). geb. nn — 50 d

Berreth, J., Studien zu Isisbuch in Apuleius Metamorphosen. Diss. 1931. 117 S. 4.50

Berrin, (Emilie,) Abbild. d. neuesten franz. u. engl. Fenstervorhänge rc., s.a. Abbildung.

— Abbild. d. neuesten französ. u. engl. Fenstervorhänge u. Gardinen. 5 Hefte, mit ill. Kpf. 4. Leipz. 804—16. Mag. f. Industr. 2 ₰ 12 gr

Berrin, Emilie. Grundliche Anweisung für Frauen, auf alle mogliche Art Haargeflechte nach der jetzigen Mode zu fertigen ... [Leipzig, Baumgartner'sche Buchhandlung um 1818.] Tit., 48 S., 4 Taf. in Lithogr. 8°.

— gründl. Anweis. f. Frauen, auf alle mögl. Art Haarflechten nach d. jetzigen Mode zu fertigen rc. Mit Kpf. qu. 8. Leipz. 822. Ind.-Compt. 18 gr.

— Hieroglyphen, od. Devisen d. Freundschaft, zum Sticken. A. u. d. T.: Boreur, Sekret. d. Liebe oder galante Hieroglyphen. 3 Hefte in 12 Blätt. 4. Leipz. 803—15. Mag. f. Industr. 3 ₰ Französ. Hbg. Pr. 2 ₰

— — dasselbe franz. Ebend.

Berrin, Emilie, (J... G... Boreur), Lieblingsbeschäft. f. Damen, od. Samml. neuer Desseins, Filoche, Flor u. alle Arten Gaze zu brodiren. 8. Leipz. 804. Mag. f. Industr. 1 ₰ Hbg. Pr. 12 gr Dass. auch französ.

— — dasselbe französisch. Ebend.

— neues Modelbuch eleganter Wäschzeichn. zu Tafeltüchern rc. 2 Thle. 4. Paris u. Leipz., Magaz. f. Industr. 1 ₰ 8 gr Hbg. Pr. 1 ₰

— — dasselbe französisch. Ebend.

— Leipziger Modemagazin. s. Modemagazin.

Berrin, Emilie, u. Savin, n. engl. u. französ. Muster z. Sticken, mit 40 ill. Kpf. qu. Fol. Leipz. 803. Mag. f. Industr. 3 ₰ Dass. auch französ.

— — dasselb französisch.

— Leipziger Muster, Gardinen u. Vorhänge rc. aufzumach. 2 Hefte. 4. Leipzig, Ind. C. 805—10. (à 2 Rthlr.)

— — dasselbe französisch. Ebend.

— neueste Muster zum Stricken, Sticken u. Weben, oder Versuch, Malerei mit Strickkunst zu verbinden. 5 Hefte, in color. Kpf. qu. Fol. Leipz. 799. Mag. f. Ind. 10 ₰ Hbg. Pr. 5 ₰ Dass. auch französ. 5 Hefte.

— Paris. u. Lond. Must. Vorhänge u. Gard. rc. Ebend. 804.

— — dasselbe französisch. Ebend.

— d. kl. Stickerin, oder bequem. Modeltuch f. d. Strickbeutel. 2 Hefte. 4. Leipz. 802—10. Mag. f. Industr. 2 ₰ Hbg. Pr. 1 ₰ Dass. auch französ. 2 Hefte.

— — dasselbe französisch. Ebend.

— n. Strickmuster. 5 Hefte in color. K. Querfol. Ebend.

— — dasselbe französisch. Ebend

Berrin, M. A., Weltkartenspiel f. Kind. m. K. 4. Leipzig, Baumgärtner. 799.

Berring, Gustav
Zur Canalisirung der Mosel. Von G[ustav] Berring, Rheinstrombaudir. a. D. *Metz: R. Lupus 1904.* (116 S.) 8° [F.]

Berrington, Jos.
Berrington, J. (Mitarb.), s.a. Abeillard and Heloise, history of the life.

Berrington, I., Abeillard and Heloisa. II Vols. 8. Basel 793. (Thurneisen). 2 ₰

— Abälards u. der Heloise Geschichte. 8. Leipz. 788. Weygand. 1 ₰ 12 gr

Berrington, hist. of Henry II. of Engl. 5 Vol. gr. 8. Bas. Tourneysen. 793.

Berrington, Jos. History of Henry III. 3 v. Basle 1793.

Berrisch: Die Biene und der Gottesleugner (u. and. religiöse Schriften). s. Berrisch, E.

BERRISCH E., Dr., Pfarrer zu Niederau, Dekanat Düren: Die Ausschließung der Selbstmörder, öffentlichen Sünder und Sakramentenverschmäher vom kirchlichen Begräbnisse. Eine Pastoraldissertation. Aachen, Hensen (Alb. Jacobi) 1866, 68 S. 8°.

Berrisch, (E), d. Biene u. d. Gottesleugner. 8. (56) Erf. 70, Brodmann. — 5

Berrisch, E., die christliche Ehe und Heilmittel gegen unglückliche Verbindungen. Eine Pastoral-Dissertation. gr. 8. (XII, 188 S.) Schaffhausen 872, Hurter'sche Buchh. [Regensburg, Manz.]

— die Stola in ihrer Entstehung, Beschaffenheit, Bedeutung u. Anwendung. Ein liturgischer Versuch. Cöln 867. Rommerskirchen. 8. (VIII, 112 S.) n. 10 ngr.

Berrisch, Hubert (geb. am 20 Apr. 1854 in Güsten bei Jülich): Ueber Behandlung chronischer Unterschenkelgeschwüre nach der Martin'schen Methode. Beobachtungen aus d. chirurg. Klinik und Poliklinik zu Bonn ... Bonn, Univ.-Buchdr. v. C. Georgi 1880. 35 [vielm. 36] S., 1 Bl. 8.

Bonn, Med. Fak., Diss. v. 7 Aug. 1880

Berro, Adolfo Garcia, s. Garcia Acevedo, Daniel: El derecho comercial ...

Berruyer, J. J., hist. du peuple de Dieu dep. la naissance du Messie jusqu'à la fin de la synagogue. V Tom. 4. Strasb. Acad. 756.

BERRUYER, Isaac Joseph

[Rot:] Die Geschichten | [schw.:] des außerwehlten | [r.:] Volcks-GOttes, | [s.:] aus göttlicher Schrifft allein zusammen getragen. | [r.:] Das ist: | Eine vollständig- und schrifftmäßige Beschreibung alles dessen, | [s.:] so sich mit denen Israeliten seit der Erschaffung der Welt, | biß zur Geburt des Messias zugetragen. | Erstlich in Frantzösischer Sprach verfasset | Durch [r.:] P. ISAAC JOSEPH BERRUYER | [s.:] der Gesellschafft IESU Priestern; | Nachgehends | Durch Weil. [r.:] P. GEORG. WEIMER. [s.:] erstgedachter | Gesellschafft Priestern in das Hoch-Teutsche übersetzet. | Anjetzo aber mit möglichstem Fleiß übersehen, und in Druck verfertiget | herauß gegeben durch [r.:] P. ANTON WEIMER, [s.:] erwähnter | Gesellschaft Priestern | [r.:] Erster Band [— Siebender Band]. | [s.:] LUTZEMBURG, | In Verlag der Erben des seel. [r.:] ANDREAE CHEVALIER, [s.:] Ihro | Kayserl. und Königl. Maj. Buchdrucker. 1753. | Mit Privilegio Ihro Römisch-Kayserlich- und Königlichen Majestät, | und Erlaubnus der Obern. |

7 Bände, 4° (250 × 190 mm). Titel in Rot und Schwarz.

Erster Bd.: 8 ungez. Bl., C, XIII, XII S., 1 ungez. Faltbl., 344, 18 S.
Zweiter Bd.: 2 ungez. Bl., XI S., 1 ungez. Faltbl. mit Abb., 408, 19 S.
Dritter Bd.: 2 ungez. Bl., XII S., 1 ungez. Faltkarte, 399, 16 S.
Vierter Bd.: 2 ungez. Bl., XX S., 1 ungez. Bl. (leer), 538, 22 S.
Fünffter Bd., I. Theil: 2 ungez. Bl., XVII, 420, 17 S.
II. Theil: 2 ungez. Bl., VIII S., 1 ungez. Bl. (Nachricht an den Buchbinder), 350, 16 S.
Sechster Bd., I. Theil: 2 ungez. Bl., IX, 222, 9 S.
II. Theil: 1 ungez. Bl., VII, 223, 11 S.
III. Theil: 1 ungez. Bl., VIII, 164, 10 S.
Siebender Bd.: 2 ungez. Bl., XXII, 459, 24 S.

Berry, C. Théorie des occultations. Paris 1860. 4.

Berry, L. G., das Herz der seligen Margareta Maria Alacoque, s.: Seeböck, Philibert.

Berry, P[eter] R[obert]. Die Eisensäuerlinge von St. Moritz-Bad in physiologisch-chemischer Beziehung von Dr. P. R. Berry jun.... 8. Samaden, Juni 1892.

Berry, Peter Robert, jun., med. pract. aus St. Moritz, Engadin, Kurarzt der Heilquellen-Gesellschaft St. Moritz-Bad: Zur Frage der Eisenresorption. Uster-Zür. A. Diggelmann Dr. 1892. 27 S. 8°.
Zürich, Med. Diss. [v. 15. Juli 1892].

Berry, P[eter] R[obert]. Über die Zukunft des Kurortes St. Moritz. Teil 2: Kritische Studie und Vorschläge zur Reorganisation des gesamten Kurwesens anlässlich des Ablaufs des Vertrages mit der Heilquellen-Gesellschaft. Von Dr P. R. B'. 29 S. 8. Paris, November 1902. [fr. 1. 40]

Berry, Thomas Sterling
Das Problem menschlichen Leidens im Lichte des Christentums [The Problem of Human Suffering in the light of Christianity] von Rev. T[homas] Sterling **Berry,** D. D. Einzige, v. Verf. genehmigte Uebertr. aus d. Engl. von Carl Krause. *Heilbronn: M. Kielmann 1895.* (80 S.) 8°

Berryer, Erinnerungen an ihn, s.: Janzé, Mme. la Vtesse A. de.

Berryer
Merkwürdiger Prozess des Emil Clemens von La Roncière, Lieutenants im 1sten französischen Ulanen-Regiment, angeklagt wegen eines versuchten nächtlichen Ueberfalles auf die Person des Fräuleins Marie von Morell. Nach den authentischen gerichtlichen Verhandlungen u. Beweisschriften dargestellt (vom Advokaten *Berryer*). 2 Bde. Mit Abbildg. u. Grundriss des Morell'schen Hauses. (Lithogr.) Quedlinburg 1836. Gr. 12°. 355 u. 352 S. (2½ Rthl.) (3 Mk., Franz Teubner, Bonn, 1895; 4 Mk. Rich. Bertling, Dresden, 1899.)
Orig.: Procès complet d'E.-Cl. de La Roncière accusé d'une tentative nocturne de viol sur la personne de Marie de Morel. Paris 1835. 8°. 448 pp. avec plans et fac-sim. (7 Mk. 50 Pfg. Max Harrwitz, Berlin, 1904.)

Berryer, Prozeß u. Verurtheilung d. Lieut. Emil de la Roncière vor d. Assisen zu Paris; angeklagt u. überwiesen d. empörendsten, nächtl. Mißhandlungen an d. Person d. 16jähr. Fräuleins Marie v. Morell. N. d. Franz. v. J. M. Frey. M. 2 Abbild. in Stndr. gr. 8. (3½ B.) Berlin 835, Müller. (Leipzig, Zirges.) *

Berryer, Rechte d. Neutralität in Bez. auf d. Dän. Schiffahrt, a. d. Franz. 8. Altona, Hammerich. 799.

Berryere,..., Darstell. d. Rechte d. Neutralität in Bez. a. d. Dän. Schiffahrt. Aus d. Französ. 8. Altona 799. Hammerich. 10 gl.

Bersch: Das „Anton Rollet Museum". 5 S. Progr. Baden 1868.

Bersch: Handbuch der Maaß-Analyse, s. Bersch, Wilhelm

Bersch: Die moderne Landwirtschaft, s. Bersch, Wilhelm

Bersch, Anton
36 Lieder geistlichen Inhaltes für Sopran, Alt, Tenor (oder Alt II.) und Baß z. Gebr. an kath. höh. Lehranst. ... hrsg. von Anton Bersch. Essen: G. D. Baedeker 1904. (50 S.) 8° [Umschlagt. F.]

Bersch, Carl [app. Arzt aus Marburg]: Die Rückbildung des Dottersackes bei Lacerta agilis ... (Aus: Anat. Hefte, Abth. 1 Heft VI VII.) Würzburg, Druck d. kgl. Universitätsdr. v. H. Stürtz, 1893; 29 S., 1 Doppeltaf. 8.
Marburg. Med. Fak., Inaug.-Diss. v. [22. März] 1893

BERSCH, F.
Chemisch-technisches Lexikon. Eine Sammlung von mehr als 14,000 Vorschriften für alle Gewerbe und technischen Künste; herausgegeben von der Mitarbeitern der Chemisch-technischen Bibliothek. Wien, 1893–94. 8vo. Ill.

Bersch, Georg: S. T. Coleridges Naturschilderungen in seinen Gedichten. Marburg 1909: Friedrich. 110 S. 8°
Marburg, Phil. Diss. v. 23. Dez. 1909, Ref. Viëtor
[Geb. 31. Dez. 84 Marburg; Wohnort: Marburg; Staatsangeh.: Preußen; Vorbildung: Oberrealsch. Marburg Reife O. 04; Studium: Marburg 2, München 1, Marburg 8 S.; Rig. 16. Juni 09.]

Bersch, Josef
Bersch, Jos., der Curort Baden in Nieder-Oesterreich. Seine Heilquellen und Umgebungen. Ein Führer für Fremde und Einheimische. gr. 16. (IV und 188 S. mit 1 lithogr. Karte der Umgebung und dem Plan der Stadt in Fol.) Baden 866, Otto. *

Bersch, Jos., der Curort Baden in Nieder-Oesterreich. Seine Heilquellen und Umgebungen. Ein Führer für Fremde und Einheimische. Mit 1 (lithogr.) Karte der Umgebungen und dem Plane der Stadt. 2. verb. Aufl. (IV, 138 S.) 1868. ℳ 2., und 3. umgearb. Aufl. gr. 16. (145 S.) Baden 873, Otto. *

Bersch, Jos., der Curort Baden in Nieder-Oesterreich. Seine Heilquellen und Umgebungen. Ein Führer für Fremde und Einheimische. Mit 1 (lithogr.) Karte der Umgebung. 4. umgearb. Aufl. gr. 16. (IV, 150 S.) Baden 877 Otto. *

Bersch, Jos., der Curort Baden in Nieder-Oesterreich. Seine Heilquellen u. Umgebungen. Ein Führer f. Fremde u. Einheimische. Mit einer (lith.) Karte der Umgebung. 5. umgearb. u. erweit. Aufl. 12. (IV, 164 S.) Baden 880. Otto. n. 2. 40

—— dass. — Mit 1 (lithogr.) Karte der Umgebung. 6. umgearb. und erweit. Aufl. 8. (176 S.) Ebendas. 884. *

Bersch, J., der Curort Baden in Niederöstorreich. Seine Heilquellen u. Umgebgn. Ein Führer f. Fremde u. Einheimische. Mit e. Karte der Umgebg. 7., verb. Aufl. 12. (IV, 168 S.) Baden b/Wien 888. Otto. n. 1. 60

Bersch, J: Der Curort Baden in Nieder-Oesterr. 8. Afl. 12° (162) Bad., N.-Oesterr., 97, A Dittrich. 2 —

Bersch, J., d. Curort Baden i. Nieder-Oesterreich. S. Heilquellen u. Umgebgn. Führer f. Fremde u. Einheim. 8., verb. Aufl. 12. (IV, 162 S.) Baden, N.-Oesterr. 897. A. Otto. n. 2. —

Bersch, J.: Baden und seine Umgebung. Eine geognostische Skizze. 17 S. 8°.
Progr. Baden RG. 1864.

Bersch, J.
Der rationelle Betrieb der Essigfabrikation und die Controlle derselben. Wien, 1900. 8vo. Ill.

BERSCH, Josef
(F) Der rationelle Betrieb der Essig-Fabrikation und die Controle derselben. Eine Darstellung der Essig-Fabrikation mit Erzielung der höchsten Ausbeuten, der zweckmässigsten Einrichtung der Fabriken und des Betriebes unter Vermeidung von Störungen und der Controle desselben. Ferner der Einrichtung des selbstthätigen ununterbrochenen Betriebes und der Essig-Fabrikation mit rein gezüchtetem Fermente. Nach eigenen Erfahrungen veröffentlicht von Dr. Josef Bersch. Mit 68 Abbildungen. [Chemisch-technische Bibliothek Bd. 241.] Wien. Pest. Leipzig. 1901. Hartleben. 8°. VIII, 319 S. K 6.60, geb. K 7.50

Die Bierbrauerei. Th. III der Gärungschemie für Praktiker. Berlin. 1881.

Bersch, Jos., die Essig-Fabrikation. Eine Darstellung der Essigfabrikation nach den älteren und neuern Verfahrungsweisen, der Schnell-Essigfabrikation, der Bereitung von Eisessig und reiner Essigsäure aus Holzessig, sowie der Fabrikation des Wein-, Trestern-, Malz-, Bieressigs und der aromatisirten Essigsorten, nebst der prakt. Prüfung des Essigs. Den neueren Anschauungen gemäß populär geschildert. 8. (VI, 208 S. mit 15 eingedr. Holzschn.-Abbild.) Wien 876, Hartleben's Verlag.

Bersch, J, d. Essig-Fabrikation. 2. Afl. 8. (220 m. Il.) Wien 80, Hartleben. 3. —

Bersch, Jos. (II.), die Essig-Fabrikation. Eine Darstellung der Essig-Fabrikation nach den älteren und neueren Verfahrungsweisen, der Schnell-Essig-Fabrikation, der Fabrikation des Holzessigs, der Bereitung von Eisessig und reiner Essigsäure aus Holzessig, sowie der Fabrikation des Wein-, Trestern-, Malz-, Bieressigs und der aromatisirten Essigsorten, nebst der prakt. Prüfung des Essigs. Den neueren Anschauungen gemäß populär geschildert. 2. erweit. und verb. Aufl. 8. (IV, 220 S. mit 15 eingedr. Holzschn.-Abbild.) Wien 881, Hartleben's Verlag. *M* 3.; geb. *

Bersch, Jos., die Essig-Fabrikation. Eine Darstellg. d. Essig-Fabrikation nach den älteren u. neueren Verfahrungsweisen der Schnell-Essig-Fabrikation, der Fabrikation v. Holzessig, der Bereitg. v. Eisessig u. reiner Essigsäure aus Holzessig, sowie der Fabrikation von Wein-, Trestern-, Malz-, Bieressig u. der aromat. Essigsorten, nebst der prakt. Prüfg. d. Essigs. 3. Aufl. Mit 17 Abbildgn. 8. (VI, 232 S.) Wien 886. Hartleben. n. 3. —

— d. Essig-Fabrikation. E. Darstellg. d. Essig-Fabrikation u. d. ält. u. neueren Verfahrungsweisen d. Schnell-Essig-Fabrikation, d. Fabrikation v. Holzessig, d. Bereitung v. Eisessig u. reiner Essigsäure a. Holzessig, sow. d. Fabrikation v. Wein-, Trestern-, Malz-, Bieressig u. d. aromat. Essigsorten, nebst d. prakt. Prüfg. d. Essigs. D. neueren Anschaugn. gem. leichtfaßl. geschildert. 4., erweit. u. verb. Aufl. 8. (VIII, 224 S. m. 24 Abb.) Wien 895. A. Hartleben. n. 3. —; geb. n. 3. 80

Bersch, Jos., die Essig-Fabrikation. Eine Darstellg. der Essig-Fabrikation nach den älteren u. neueren Verfahrungsweisen, der Schnell-Essig-Fabrikation, der Fabrikation v. Holzessig, der Bereitg. v. Eisessig u. reiner Essigsäure aus Holzessig, sowie der Fabrikation v. Wein-, Trestern-, Malz-, Bieressig u. der aromat. Essigsorten, nebst der prakt. Prüfg. des Essigs. 5., erweit. u. verb. Aufl. (VII, 220 S. m. 24 Abbildgn.) 8. Wien 907. A. Hartleben. 3. —; geb. 3. 80

(F) Bersch, J., Die Essigfabrikation. 5. Aufl. [Chemisch-technische Bibliothek. Bd. 10.] 8°. (ill. VII, 224 S.) 1907.
K 3.30, geb. K 4.20

Bersch J, die Fabrikation der Anilinfarbstoffe. (Bibliothek, Chemisch-technische 44) Wien 1878

Bersch, Josef: Die Fabrikation der Anilinfarbstoffe und aller anderen aus dem Theere darstellbaren Farbstoffe. Wien, Pest und Leipzig 1878.

—— die Fabrikation der Erdfarben. Enth.: Die Beschreibung aller natürlich vorkommenden Erdfarben, deren Gewinnung und Zubereitung. Handbuch für Farben-Fabrikanten, Maler, Zimmermaler, Anstreicher und Farbwaaren-Händler. 8. (IV, 236 S. mit 14 eingedr. Holzschn.-Abbild.) Ebendas. 878.

Bersch, J: Die Fabrikation der Erdfarben. Wien, Pest und Leipzig 1878

Bersch J, d. Fabrikation d. Erdfarben. 1. u 2. A. (Bibl. Chem.-techn. 41) Wien 1879.

Bersch, J: Die Fabrikation der Erdfarben. 2. Aufl. Wien, Post und Leipzig 1893

— die Fabrikation der Erdfarben. Enth.: Die Beschreibg. aller natürl. vorkomm. Erdfarben, deren Gewinng. u. Zubereitg. Handbuch f. Farben-Fabrikanten, Maler, Zimmermaler, Anstreicher u. Farbwaaren-Händler. 2., sehr verm. Aufl. 8. (VIII, 222 S. m. 19 Abbildgn.) Wien 893. A. Hartleben. n. 3. —; geb. n. 3. 80

Bersch, J.: Die Fabrikation von Malz, Malzextrakt und Dextrin. T. II der Gärungschemie für Praktiker. Berlin. 1880.

— die Fabrikation der Mineral- u. Lackfarben. Enth.: Die Anleitung zur Darstellung aller künstl. Maler- u. Anstreicherfarben, der Email- u. Metallfarben. Ein Handbuch f. Fabrikanten, Farbwaarenhändler, Maler u. Anstreicher. Dem neuesten Stande der Wissenschaft entsprechend dargestellt. Mit 19 (eingedr. Holzschn.-)Abbildungen. 8. (IV, 639 S.) Ebend. 878. 7. 60

Bersch, J: Die Fabrikation der Mineral- und Lackfarben. Wien, Post und Leipzig 1878

— die Fabrikation der Mineral- u. Lackfarben. Enth.: Die Anleitg. zur Darstellg. aller künstl. Maler- u. Anstreicherfarben, der Email-, Ruß- u. Metallfarben. 2., neubearb. Aufl. 8. (XVI, 632 S. m. 43 Abbildgn.) Ebd. 893. n. 7. 60; geb. n. 8. 40

Bersch, Jos.: Die Fermente. Separat-Abdruck aus dem Werke: „Die Krankheiten des Weines." 21 S. 8°
Progr. Baden Rg. 1873.

— Gährungs-Chemie für Praktiker. 1—4. Thl. gr. 8. Berlin 879—81. Parey. n. 40. —
1. Die Hefe u. die Gährungs-Erscheinungen. Mit 175 in den Text gedr. Holzschn. (X, 340 S.) n. 8. —
2. Die Fabrikation von Malz, Malzextract u. Dextrin. Mit 121 in den Text gedr. Holzschn. gr. 8. (XI, 368 S.) n. 8. —
3. Die Bierbrauerei. Mit 160 in den Text gedr. Holzschn. (XIII, 556 S.) n. 12. —
4. Die Spiritusfabrikation u. Preßhefebereitung. Mit 127 in den Text gedr. Holzschn. (XII, 448 S.) n. 12. —

— Gährungs-Chemie f. Praktiker. 5. (Schluß-)Thl. A. u. d. T.: Die Schnell-Essigfabrikation u. die Fabrikation v. Weinessig. Mit 50 in den Text gedr. Holzschn. gr. 8. (X. 284 S.) Berlin 880. Parey. n. 8. —
(cplt.: n. 48. —)

Bersch, Dr. Josef, Die Conservirungsmittel. Ihre Anwendung in den Gährungsgewerben und zur Aufbewahrung von Nahrungsstoffen. Eine Darstellung der Eigenschaften der Conservirungsmittel und deren Anwendung in der Bierbrauerei, Weinbereitung, Essig- und Preßhefe-Fabrikation, im Molkereiwesen und in der Landwirthschaft. Mit 8 Abbild. 8. (XVI u. 184 S.) geb. (Chem.-techn. Bibliothek. Bd. XCIV.) 1 fl. 35 kr. Wien, Hartleben 1882.

— **Die Konservierungsmittel. Ihre Anwendg. in den Gärungsgewerben u. zur Aufbewahrg. v. Nahrungsstoffen. Eine Darstellg. der Eigenschaften der Konservierungsmittel u. deren Anwendg. zur Konservierg. v. Nahrungsmitteln, in der Bierbrauerei, Weinbereitg., Essig- u. Preßhefe-Fabrikation, im Molkereiwesen u. in der Landwirtschaft. 2., verb. u. verm. Aufl. (VIII, 159 S. m. 12 Abbildgn.) 8. Ebd. 907. 2. 50; geb. 3. 30**

— die Krankheiten d. Weines. Beschreibung derselben, Untersuchgn. ihrer Ursachen, die Veränderugn. welche sie hervorrufen, Mittel, ihre Entstehg. zu verhindern u. ihre Wirkgn. aufzuheben. Mit Unterstützg. d. k. k. oesterr. Ackerbau-Ministeriums u. d. niederoesterreich. Landtages veröffentlicht. — Mit 30 Taf. in unveränderl. photograph. Pressendruck. Farbendruck u. 10 (eingedr.) Holzschn. gr. 8. (VIII, 303 S.) Wien 873. Hölder. n. 20.

— s.a. Lexikon, chemisch-techn.

Bersch, Dr. Josef, Chemisch-technisches Lexikon. Eine Sammlung von mehr 17.000 Vorschriften für alle Gewerbe und technischen Künste. Herausgegeben von den Mitarbeitern der „Chemisch-technischen Bibliothek". Mit 144 Abbildungen. Lex.-8. (VI, 919 S.) In eleg. Halbfranzbd. 7.50
Wien, Hartleben 1894.

— Lexikon der Farbentechnik. Handbuch für alle Gewerbetreibenden u. Künstler auf dem Gesammtgebiete der Farbentechnik. Unter Mitwirkg. v. Fachmännern red. gr. 8. (VI, 952 S. m. 203 Abbildgn. Ebd. 902. n. 10. —; geb. in Halbfrz. n. 12. 50; auch in Lfgn. zu n. — 50 oder in 2 Hälften zu n. 5. —

— s.a. Lexikon der Metall-Technik.

Bersch, J. Lexikon der Metalltechnik. Wien 1899.

Bersch J, Lexikon der Metalltechnik. (948 S) Wien (1900)

(F) **Bersch, J., Die Malerfarben und Malmittel.** [Chemisch-technische Bibliothek. Bd. 282.] 8°. (ill. XV, 342 S.)
Wien, Hartleben 1904. K 6.60, geb. K 7.50

— die Malerfarben u. Malmittel. Eine Darstellg. der Eigenschaften aller im Handel vorkomm. Farben u. Malmittel (Öle, Firnisse, Lacke usw.), deren Untersuchg. auf ihre Echtheit, erlaubte u. unerlaubte Zusätze u. Verfälschgn. Ferner die Schilderg. des Einflusses der Atmosphärilien auf die Farben, die Verfahren zur Untersuchg. der Farben [u. Malmittel auf ihr Verhalten] beim Malen, sowie die Prüfg. der Farben auf chem. Wege u. die Wiederherstellg alter Gemälde. Für Kunstmaler, gewerbetreib. Maler, Anstreicher, Lackierer, Firnis-, Lack- u. Farbenfabrikanten u. Farbenhändler. (XV, 342 S. m. 4 Abbildgn.) 8. Ebd. 905. n. 6. —; geb. n. 6. 80

Bersch, Jos. Die Praxis d. Weinbereitung. Handbuch f. Weinproduzenten, Kellermeister u. Weinhändler. Mit 306 in d. Text gedr. Abbildgn. gr. 8. (XVI, 779 S.) Berl. 889, Parey. geb. * 20 —

Bersch, J.: Die Schnellessigfabrikation und die Fabrikation von Weinessig. T. V der Gärungschemie für Praktiker. Berlin. 1886.

— s.a. Taschenkalender f. Weinbau- u. Kellerwirthschaft.

Bersch, Prof. Dr. Jos., und Rob. **Schröer**, Taschenkalender für Weinbau und Kellerwirtschaft für das Jahr 1887. III. Jahrg. Taschenformat. (261 S. u. Tagebuch.) Wien, Perles. geb. fl. 1.60, geb. in Leder fl. 2.20. 1886

— **über das Verhalten des Kobaltchlorüres zum Wasser u. die Farbenänderungen der Kobaltoxydulsalze in der Wärme. [Aus den Sitzungsber. d. k. Akad. d. Wiss.] Wien 868. (Gerold's Sohn.) gr. 8. (6 S.) 1½ ngr.**

Bersch Josef: Über das Verhalten des Kobaltchlorüres zum Wasser und die Farbenänderungen der Kobaltoxydulsalze in der Wärme. S. 56. II. 724 . . . . —.10
Separatabdruck

— die Vermehrung und Verbesserung des Weines. Anleitung zur leichten Durchführung derselben für Weinproducenten, nebst Angaben über die Ausnützung der bei der Weinbereitung abfallenden Rückstände. gr. 8. (IV, 87 S. mit 11 in den Text gedr. Holzschn.) Wien 872, Hölder. *

Bersch, J.: Die Vermehrung und Verbesserung des Weines. Wien. 1873.

— Die Verwertg d. Holzes auf chem. Wege, s.a. Bibliothek, Chemisch-techn.

— die Verwerthung des Holzes auf chemischem Wege. Eine Darstellg. der Verfahren zur Gewinng. der Destillationsproducte d. Holzes, der Essigsäure, d. Holzgeistes, d. Theeres u. der Theeröle, d. Kreosotes, d. Russes, des Röstholzes u. der Kohlen, sowie zur Fabrikation v. Oxalsäure, Alkohol [Holz-Spiritus] u. Cellulose, der Gerbstoff- u. Farbstoff-Extracte, der äther. Oele u. der Harze aus Rinden u. Hölzern. Mit 61 Abbildgn. 8. (IV, 335 S.) Wien 883. Hartleben. 4. 50; geb. 5. 30

Bersch J, die Verwertung des Holzes auf chemischem Wege. 1. und 2. Auflage. (Bibliothek, Chemisch-technische 105) Wien 1888. 93

— die Verwerthung d. Holzes auf chemischem Wege. Eine Darstellg. der Verfahren zur Gewinng. der Destillationsproducte d. Holzes, der Essigsäure, d. Holzgeistes, d. Theeres u. der Theeröle, d. Kreosotes, d. Rußes, d. Röstholzes u. der Kohlen, sowie zur Fabrikation v Oxalsäure, Alkohol (Holz-Spiritus) u. Cellulose, der Gerb- u. Farbstoff-Extracte, der äther. Oele u. der Harze aus Rinden u. Hölzern. Für Praktiker geschildert. 2., sehr verm. Aufl. 8. (VIII, 336 S. m. 68 Abbildgn.) Wien 893. A. Hartleben. n. 4. 50; geb. n. 5. 30

— s.a. Waarenkunde, allgemeine.

Bersch, J: Allgemeine Waarenkunde. Leipzig . . . 1896

Bersch, Dr. Josef, Allgemeine Waarenkunde. Handbuch für Kaufleute und Gewerbetreibende. Unter Mitwirkung von Fachgenossen redigirt. In 2 Abtheilungen à 3 fl. — Erste Abtheilung Lex.-8. (S. 1–480) 3.–
Wien, Hartleben 1896.

Bersch, Dr. Josef, Allgemeine Waarenkunde. Handbuch für Kaufleute und Gewerbetreibende. Zweite Abtheilung (Schluß). Lex.-8. (S. 481 bis 952 und Register VIII S.) 3.—
— — Complet. Lex.-8. (VI, 952 S.) In Halbfranzband . Wien: Hartleben 1896. 7.50

— der Wein und sein Wesen. Eine Darstellung der Vorgänge der Weinwerdung und der Kellerwirthschaft auf wissenschaftl. Grundlage. 2 Thle. gr. 8. Wien, Hölder. *
Inhalt:
Thl. 1. Die Entstehung des Weines. (284 S. mit 8 eingedr. Holzschn.-Abbild.) 878. *M. 6.
" 2. Die Kellerwirthschaft. (VIII, 259 S. mit 44 eingedr. Holzschn.-Abbild.) 879. *M. 5,60.

— die Weinbereitung. Ein Handbuch für Weinproducenten, Kellermeister und Weinhändler. gr. 8. (VI, 158 S. mit 28 in den Text gedr. Holzschn.) Wien 871, Hölder. *

Bersch, Jos., welche sind die empfehlenswerthen neuen Erscheinungen auf dem Gebiete der Weinbereitung u. Kellerwirthschaft? [Aus: „Allg. Weinzeitg."] (Internationaler land- u. forstwirthschaftl. Congreß zu Wien, 31. Hft.] gr. 8. (10 S.) Wien 890. (W. Frick.) n. — 60

Bersch, Jos., Cellulose, Celluloseprodukte u. Kautschuksurrogate. Eine Darstellg. der Bereitg. v. Cellulose, Pergamentcellulose, der Gewinnung v. Zucker, Alkohol u. Oxalsäure aus Holzcellulose, der Nitrocellulosen u. Cellulose-Ester, der Fabrikation v. Kunstseide, Glanzstoff, Celluloid, der Kautschuksurrogate, des Ölkautschuks u. des Faktis. Für die Praxis bearb. (VIII, 390 S. m. 41 Abbildgn.) 8. Wien 904. A. Hartleben. n. 6.—; geb. n. 6. 80

Bersch, Wilh., Atomgewichts-Tabellen n. L. Meyer u. K. Seubert. Moleculargewichte anorgan. Verbindgn. u. Umrechngs.-Factoren, unt. Zugrundelegg. d. Atomgewichte v. L. Meyer u. K. Seubert berechnet. hoch 4. Wien (Waagg. 5) 896. Lenoir & Forster.
Auf Pappe, in Fol.-Format kart. — 90

Bersch, W: [1.] Die Ausstellung für Moorkultur und Torfindustrie zu Berlin. [2.] Moor- und Mineralboden. (Wien 1904)

— Brotbereitung (Die). Wien, 1894. 8vo. Ill.

Bersch W, die Brotbereitung. (Bibliothek, Chemisch-technische 216) Wien 1895

Bersch, Wilh., die Brotbereitung. Umfassend: Die Theorie des Bäckergewerbes, die Beschreibg. der Rohmaterialien, Geräthe u. Apparate f. die Zwecke der rationellen Brotbereitg., sowie die Methoden zur Untersuchg. u. Beurtheilg. v. Mehl, Hefe u. Brot. Nebst e. Anh.: Die Einrichtg. v. Brotfabriken u. kleineren Bäckereien. 8. (XIV, 383 S. m. 102 Abbildgn.) Wien 895. A. Hartleben n. 6.—; geb. n. 6. 80

BERSCH, Wilhelm
(F) Die moderne Chemie. Eine Schilderung der chemischen Grossindustrie. Von Dr. Wilhelm Bersch. Wien. Pest. Leipzig. 1899. Hartleben. Gr.-8°. erscheint in 30 Lieferungen à fl. —.30

BERSCH, Wilhelm
(F) Die moderne Chemie. Eine Schilderung der chemischen Grossindustrie. Von Dr. Wilhelm Bersch. Mit 34 Cartonvollbildern, 28 Vollbildern und 668 Abbildungen im Texte. Wien. Pest. Leipzig. 1900. Hartleben. Gr.-8°. VIII, 952. S. Geb. K 21.—

Bersch, W. Die moderne Chemie. Wien-Pest-Leipzig 1900.

Bersch, Wilh., die Einrichtung und Handhabung des mech. zweischützigen Sammet-Webstuhles. (16 S. m. 1 Taf.) 11.8. Vorst (907.) (Düsseldorf, Werkmeister-Buchh.) — 35

BERSCH, W.
Fabrikation (Die) von Stärkezucker, Dextrin, Maltosepräparaten, sowie Zuckercouleur und Invertzucker. Wien, 1900. 8vo. Ill.

BERSCH, Wilhelm
(F) Die Fabrikation von Stärkezucker, Dextrin, Maltosepräparaten, Zuckercouleur und Invertzucker. Ein Handbuch für Stärke-, Stärkezucker- und Invertzucker-Fabrikanten. Von Dr. Wilhelm Bersch. Mit 58 Abbildungen. [Chemisch-technische Bibliothek Bd. 242.] Wien. Pest. Leipzig. 1901. Hartleben. 8°. 399 S. K 6 60, geb. K 7.50

Bersch, Wilh.: Mit Feder u. Pflug. Geschichten a. d. Landgutswirtsch. (5, 242) 8° Wien, W Frick '12. 4 —; geb. 5 — d

Bersch, Wilh., s.: Fromme's österr.-ungar. Landwirtschafts-Kalender.

Bersch W, Handbuch der Mass-Analyse. (536 S) (Bibl. Chem.-techn. 227) Wien 1897

— Handbuch d. Maß-Analyse. Umfass. d. ges. Geb. d. Titrir-Methoden. Z. Gebr. f. Fabriks- u. Hüttenchemiker, Techniker, Aerzte u. Droguisten, sow. f. d. chemisch-analyt. Unterr. 8. (XVI, 536 S. m. 69 Abb.) Wien 897. A. Hartleben. n. 7. 20; geb. n. 8. —

Bersch, Wilh., Handbuch der Moorkultur. Für Landwirte, Kulturtechniker u. Studierende. (XII, 288 S. m. 41 Abbildgn. u. 8 Taf.) gr. 8. Wien 909. W. Frick. Geb. in Leinw. 10. —

— Handb. d. Moorkultur. 2. Afl. (11, 310 m. Abb. u. 3 Doppeltaf.) gr8° Wien, W Frick '12. L 10 — d

Bersch W, Hefen, Schimmelpilze und Bakterien. (462 S) (Chemisch-technische Bibliothek 333) Wien 1910

— Hefen, Schimmelpilze u. Bakterien. Eine Darstellg. der Lebensbedingngn., Eigenschaften u. Verwendg. der technisch wicht. Mikroorganismen in der Praxis. (VIII, 462 S. m. 53 Abbildgn.) 8. Wien 910. A. Hartleben. 6. —; geb. 6. 80

— die moderne Landwirthschaft. Eine Schilderg. der Bodenproduction u. der landwirtschaftl. Gewerbe. Mit 35 Cartonvollbildern, 31 ganzseit. Illustr. u. 502 Abbildgn. im Texte. gr. 8. (VIII, 952 S.) Ebd. (902). n. 15. —; geb. in Leinw. n.n. 17. 50
Erschien auch in 30 Lfgn. à n. — 50.

Bersch, W: Die moderne Landw. Schilderg d. Bodenproduction u. d. landw. Gewerbe. (952 m. Abb. u. 35 Taf.) 8° Wien, A Hartleben 03, L. nn 17.50; auch in 30 Lfgn zu — 50 d

— s.: Monatshefte f. Landwirtschaft.

— Mit Schlägel u. Eisen. Schilderg d. Bergbaues u. s. techn. Hilfsmittel. 25 Lfgn. 8° (800 m. Abb. u. 26 Taf.) Ebd. 97.98. à — 50; auch in 2 Abthlgn à 6.25 (Kplt geb. in L.: 15 —)

[F.] Mit Schlägel und Eisen. E. Schilderg d. Bergbaues u. seiner technischen Hilfsmittel. Von Dr. Wilhelm Bersch. M. 26 Carton-Vollbild. u. 370 Abb. im Text. *Wien, Pest, Leipzig: A. Hartleben 1898.* (VIII, 800 S.) 1 Bd 8.

— Die Teerfarbstoffe, s: Bibliothek, Chemisch-techn.

Bersch, Wilhelm [aus Baden b. Wien]: Über die Umsetzung von Oxyden und Hydroxyden schwerer Metalle mit Halogenverbindungen der Alkalien.... Aus: „Zeitschr. f. physik. Chemie". VIII. Bd. 4. H. 1891.) Leipzig, W. Engelmann, 1891; 15 S. 8°
Leipzig, Phil. Fak., Inaug.-Diss. v. [12. Aug.] 1891

— s.: Zeitschrift f. Moorkultur u. Torfverwertg.

— s.: Zeitschrift f. d. landw. Versuchswesen in Oesterr.

BERSCH, Wilhelm
Zusammensetzung, Bewerthung und Ankauf der Handelsfuttermittel. Vorschläge zur Reform des Futtermittelhandels. Von Dr. Wilhelm Bersch. Wien. Pest. Leipzig. 1900. Hartleben. Gr.-8°. 56 S. K 1.20

Berschadsky, Aron, a. Jekaterinoslaw ⟨Rußland⟩: Darmausschaltungen. Berlin (1906): Γ Ebering. (39 S.) 8°
Berlin, Med. Fak., Ref. Hildebrand, Diss. v. 5. Juli 1906
[Geb. 23. Febr. 73 Jekaterinoslaw, Rußland; Wohnort: Jekaterinoslaw; Staatsangeh.: Rußland; Vorbildung: Gymn. Paulograd Reife O. 00; Studium: Berlin 7, Basel 1, Berlin 2 S.; Rig. 25. Juni 06.]

Berschak, Rudolf, aus Sagan, Referendar am Kgl. Amtsgericht zu Polkwitz: Die rechtliche Natur des Anspruchs, welchen § 888 B.G.B. dem durch die Vormerkung Gesicherten gegen den Erwerber gibt und die Einreden, welche diesem Anspruche entgegengesetzt werden können. Wittenberg 1905: G. Ziemsen. (57 S.) 8°
Erlangen, Jur. Fak., Diss. v. 18. Febr. 1904
[Geb. Sagan; Wohnort: Polkwitz; Staatsangeh.: Preußen; Rig. 18. Febr. 04.]

Berselich, N. (Red.), s. Conditor-Zeitung.

Bersenbrück [Schlagwort]
Bersenbrück, s.: Preussen. Messtischblätter.

Bersenbrück, Kreis [Schlagwort]
Bersenbrück, Kreis. Karte des Kreises Bersenbrück. Hrsg. v. der kartogr. Abtheilg. der kgl. preuss. Landes-Aufnahme 1903. Aufgenommen 1895/98. 1 : 100,000. 57×69 cm. Lith. u. kol. Berlin (R Eisenschmidt). n.n. 2.—

Bersenbrück, Kreis, s.: Osnabrück, Reg.-Bez.

Berset, Ant[onin]. Alimentation. A l'usage des écoles d'agriculture d'hiver. Ouvrage approuvé par le Département de l'Agr' du canton de Fribourg. IV + 132 p. 8. Fribourg, Impr. de l'Œuvre de Saint-Paul, 1905. [relié fr. 2. —]
Manuels d'enseignement agricole. [Tome] 3.

Berset, J., das Buch der Kinder Mariens oder fromme Betrachtungen auf alle Tage des Monates. Nebst einem Anhang von Meß-, Beicht- u. Kommuniongebeten. Aus dem Französ. übers. von **Jos. Lennartz**. Schaffhausen 863. Hurter. 16. (VII, 231 S. u. 1 Tab. in Fol.) n. 12½ ngr.

Bersezio, Vikt., s. Bersezio, Vittorio

Bersezio, Vittorio, una bolla di sapone, s. **Teatro italiano.**

Bersezio, Vittorio, Il cane del cieco, s.: **Biblioteca italiana.**

Bersezir, Vittorir, die Engel auf Erden. Roman. Aus dem Italienischen. 8. Leipzig 884. Gera, Griesbach. *
geb. in Leinw. **
geb. in Halbfrz. **

— die **Engel auf Erden**. Roman. Aus dem Ital. Vom Verf. autoris. Uebersetzg. 8. (392 S.) Leipzig 884. Grunow. n. 4. —; geb. in Leinw. n.n. 5.25; in Halbfrz. n.n. 6.50

Bersezio, Vict. Galatea, s. **Universal-Bibliothek**

– Ein verkanntes Genie, s. Universal-Bibliothek

– Der Hund des Blinden, s. Universal-Bibliothek.

— arme **Johanna!** Aus d. Ital. v. **Bruno Friederich.** [Vom Verf. autoris. Uebersetzg.] 8. (316 S.) Ebend. 883. n. 4. —; geb. n.n. 5.25

— **Corruption**, s.: **Lese-Cabinet, neues belletristisches, der besten u. interessantesten Romane.**

— e. Seifenblase, s.: **Meyer's Volksbücher.**

— Eine Seifenblase, s.: Universal-Bibliothek.

— Vaterehre, s.: **Durch alle Lande.**

Bersezir, Vittorir, s. Bersezir, Vittorio

Bersier: Coligny, s. Bersier, Eugène

Bersier, Mme., Histoire d'une petite fille heureuse, hrsg. v. M. Mühry, s.: **Schulbibliothek**, französische u englische. C. I.

-- Les Myrtilles, hrsg. v. M. Mühry, s: **Schulbibliothek**, französische u. englische. C. II.

Bersier's Predigten, s. Bersier, Eugene

Bersier, Eugène, Coligny vor den Religionskriegen. Vom Verf. autoris. deutsche Übersetzg. Mit e. Vorwort v. A. Ebrard. gr. 8. (XX, 280 S.) Basel 885. Riehm. n. 4. 80

Bersier, Eug., dürfen wir muthlos werden im Werke des Herrn. Predigt über Jesaja 49, 4. Aus dem Franz. übers. [Aus: „Säemann".] gr. 8. (16 S.) Elberfeld 874. (Langewiesche.) n. — 20

Bersier, E., das Königtum Jesu Christi. Vortrag. Autoris. Uebersetzg. v. E. T. 8. (VIII, 47 S.) Bremen 890. Heinsius' Nachf. n. — 60

—— Predigten. Vom Verf. autoris. Uebersetzung. Eingeführt durch Rud. Kögel. 8. (IV, 268 S.) [Berlin 875, Rauh.] Halle, Strien Verlag. *ℳ 3.; geb. *

— **ausgewählte Predigten.** Vom Verf. autoris. Uebersetzung. 8. (267 S.) Bremen 881. Müller. n. 3. —

Bersinger, Fr A(nt[on]). Historischer Bericht über die früheren Zustände und interessanten Begebenheiten in der Gemeinde Straubenzell bis auf die neueste Zeit. Vorgetragen in der Versammlung des gemeinnützigen Vereins den 24. Februar 1867. 8. St. Gallen 1867.

Bersinger, F[riedrich]. Statistik über die A. Unterhaltskosten der Staatsstrassen im Kanton St. Gallen vom Jahre 1837 bis 1905 und B. Kosten der im K' St. G' erstellten und subventionierten Fluss-Korrektionen und Bachverbauungen bei Abschluss der Staatsrechnung pro 1905. Im Auftrage des Volkswirtschaftsdepartements bearbeitet. II + 33 S. 4. St. Gallen, A. Loehrer, 1907.
Statistik des Kantons St. Gallen. Heft 22.
S. 1 u. S. 17 Titelblätter der 2 Teile: (A.) Statistik über die Unt'-K' der St' — — bis 1905. Im Auftr' des V' b' *n* (B.) Statistik über die Kosten der im — — bearbeitet.

Das neue Engros-Haus J. H. **Bersinger**, St. Gallen. Quincaillerie, Mercerie, Spielwaren, Tricoterie- und Bonneteriewaren. [Illustrierte Beschreibung.] Separatabdruck aus: Die Industrielle und Kommerzielle Schweiz [No. 6 & 7, Juli 1902]. II + 23 S. quer-gr.-8. Zürich, Polygraphisches Institut A.-G.

Bersohn, Math., Martinus Teophilus Polak. Ein Maler d. XVII. Jahrh. gr. 4. (21 S. m. 4 photolith. Taf.) Frankfurt a/M. 891. J. Baer & Co. n. 4. —

Berson: Authentische Erzählung des Angriffs und der Vertheidigung ..., s. Berson, F. W.

Berson: Handbuch der Bürgerlichen Baukunst etc., s. Berson, F. P.

Berson, Arthur
Berson, Arth., Beiträge zur Erforschg. der Atmosphäre mittels des Luftballons, s.: **Assmann, Rich.**

— u. **H Elias**: Bericht üb. Drachen-Aufstiege auf d. Ostsee, d. norweg. Gewässern u. d. nördl. Eismeere, s.: Veröffentlichungen d. kgl. preuss. meteorolog. Instit.

Berson, Arth, s.a. Bericht üb. d. aerolog. Exped. d. kgl. aeronaut. Observatoriums n. Ostafrika.

Bericht über die aerologische Expedition des Königl. Aeronautischen Observatoriums nach Ostafrika im Jahre 1908, erstattet von ihrem Leiter Arthur **Berson**. Mit 13 Abb. u. 21 Taf. Braunschweig: Vieweg 1910. XXXIII, 119 S. 4°
(Ergebnisse d. Arbeiten d. Kgl. Preuß. Aeronautischen Observatoriums bei Lindenberg. [Bd 4, Suppl.])

-- Ergebnisse der Arbeiten am aëronautischen Observatorium, s.: **Assmann, Rich.**

Berson, Arth., s.: **Ergebnisse der Arbeiten am königl. preuss. aeronautischen Observatorium.**

— s.: **Luftfahrten, wissenschaftliche.**

Berson, A., s.: **Zeitschrift** f. Luftschiffahrt etc.

Berson, F. P.
Berson, Handbuch der bürgerlichen Baukunst, oder Instruction für Bau- und Werkmeister etc. zur Anlage und Einrichtung bürgerlicher Wohnhäuser. Berlin 1804. Fol.

Berson, F. P., Handb. d. bürgerl. Baukunst oder Instruction f. Bau- und Werkmeister, desgl. für Maurer- und Zimmerpolirer zur Anlage u. Einrichtung bürgerl. Wohnhäuser. 2te Aufl. m. 22 Kpfrt. gr. 4. Berlin, Nauck. 820.

Berson, F. W.
Berson, authent. Erzählung d. Angriffs u. d. Vertheidigung am Burgthore von Lübeck ꝛc. m. 1 Grundriß. Lpz. Kleins Comt. 809.

— s.a. Gefecht bei Lübeck.

(**Berson, F. W.**) Das Gefecht von Lübeck. 8. Berlin (Leipzig) 1808. 1,00.

Berson, F. W., Miscellen, z. nützl. u. angenehmen Unterhalt. junger Militärs. 1r Thl., mit Steintaf. 8. Hildesh. 822. Verf. (Gerstenberg). 2 ℔

Berson, (F. W.) Miscellen z. nützl. u. angenehmen Unterhalt. junger Militairs. 2 Thle. mit 1 Steintaf. 8. Hildesheim 823, Verf. (Gerstenberg.)

Berson, Ph. Bhd. Fr., Instruktion für Bau- u. Werkmeister, üb. die Einrichtung u. Anlage d. bürgerl. Wohnhäuser in den Provinzialstädten rc. Mit Kpf. gr. 4. Berl. 804. 2e verm. Aufl. u. d. T.: Handb. d. bürgerl. Baukunst oder Instruktion f. Bau- u. Werkmeister rc. M. 22 Kpf. gr. 4. Ebd. 820. Rauck. 4 ₰ 4 ℊ

Bersot (Bersoz), Ernst, die göttliche Vorsehung. Aus dem Französ. von B. S. 1. Aufl. 1853. und 2. (Titel-)Aufl. 8. (IV und 256 S.) Leipzig 854, C. H. Mayer. *

Bersot, Ernst, die göttliche Vorsehung. Aus dem Französ. von B. S. 8. (Titel-)Ausg. 8. (IV und 256 S.) Leipzig (854)61, C. H. Mayer.

Berstein, Isaak. Synthese des 3′,4′-Dioxyflavons. Diss. Phil. Bern. [Mit 1 Tabelle.] 26 S. 8. Bern, W. Wälchli, 1907.

Berster, Alois

Alphabetischer Eisenbahn-Frachten-Tarif für die Station Düren. Zsgest. v. A(lois) **Berster**, Stat.-Assist., Düren. *Düren: W. Solinus (1893).* (110 B.) 1 Bd 4.

Berster, A., alphabetischer Eisenbahn-Frachten-Tarif f. die Station Düren, enth. die Frachtsätze u. Tarifbestimmgn. im Verkehr m. Belgien, Bulgarien, Dänemark, Deutschland, England, Frankreich, Galizien, Holland, Italien, Oesterreich-Ungarn, Rumänien, Rußland, Schweden u. Norwegen, der Schweiz, Serbien u. der Türkei. 2. Aufl. gr. 8. (292 S.) Düren 901. W. Solinus. Kart. n. 20. —

Berster, Hermann: Ueber Mekonium insbesondere über seine Bedeutung in gerichtsärztlicher Beziehung. *Bonn 1898: A. Henry.* (30 S.) 8°
Bonn, Med. Diss. v. [4. März] 1898

Berstett, Aug.

v. **Berstett**, A. Frhrr., Münzgeschichte des Zähringen-Badischen Fürstenhauses und der unter seinem Scepter vereinigten Städte und Landschaften. Mit 51 lithogr. Taf. gr. 4. Freiburg 846, Herder. n. 9 ₰

v. **Berstett**, Aug. Frhr., Versuch einer Münzgeschichte des Elsasses. Mit 14 Kpfrtaf. der vorzügl. Münzen. gr. 4. Freiburg 840. (Emmerling.) n. 4 ₰

Bersteyn, P., über einige in den Kulturen zur Reinzüchtung der Nitratbildner regelmässig auftretende Bakterienarten. (22 S.) gr. 8. Wiesbaden 903. Leipzig, O Nemnich. n. — 80
Sonderabdruck aus: „Arbeiten a. d. bacteriol. Inst. d. techn. Hochsch. zu Karlsruhe".

Berstl, Julius

Ihavatrathe. Drama in 2 Akten von Julius **Berstl**. Berlin: Vita (1907). (87 S.) 8° [F.]
(Bibliothek moderner Dramen.)

— Lachende **Lieder** seit anno 1800. Hrsg. v. B. (Umschlag u. Einbd.-Zeichng. v. Mart. Gebhardt.) (287 S.) 8. Leipzig (909). R. Voigtländer. Geb. in Leinw. 1. 80

— **Nannettchen** u. die Liebe. Ein Roman aus dem Rokoko. (302 S.) 8. Dresden 910. C. Reißner. 4. —; geb. 5. —

Berstl, Jul., der Phantast. Geschichte Abel Schelehs, des Erzählers. (583 S.) 8. Berlin (905). [Magazin-Verlag.] Leipzig, F. Rothbarth. n. 5. —

— Schwarz-Rot-Gold. Roman a. d. 40er Jahren. (253) 8° Dresd., C Reissner '09. 3 —: geb. 4 — d

Berstl, S., Die Erwerbsteuer-Commission. Zusammenstellg. d. a. d. Steuerveranlagg. durch d. Erwerbsteuer-Commissionen u. a. d. Rechte u. Pflichten d. Commissionsmitglieder bezughab. Vorschriften, nebst e. Anleitg. z. Ausübg d. Wahlrechtes. M. Benützg. d. Gesetzes-, Vollzugsvorschrift- u. Wahlvorschrift-Mat. f. Jedermann leichtfassl. — in Frage u. Antwort — dargest., durch Beispiele erläut. u. m. e. Sachreg. u. Formularien vers. 8. (76 S.) Brünn 897. (Karafiat & Sohn.) Klagenfurt, Kleinmayr. n. 1. 20

Berstl, S., Neue Personalsteuer-Gesetze. I. Theil. Die allgemeine Erwerbsteuer 8. (50 S.) —.30
— II. Theil. Inhalt: Die Erwerbsteuer von den der öffentlichen Rechnungslegung unterworfenen Unternehmungen. 8. (64 S.) —.50
Wien: Karafiat & Sohn, 1897.

— Österreich. Steuergesetze. Ges. v. 25. X. 1896, R.-G.-Bl. Nr. 220. F. Jedermann leichtfassl. — i. Frage u. Antwort — dargest, d. zahlr. Beispiele erläut. u. m. e. alph. Sachreg. vers. 4 Thle. 8. Ebd. 897. n. 2. 55.
1. D. neue allgem. Erwerbsteuer. (50 S.) n. — 50
2. D. Erwerbsteuer v. d. d. öffentl. Rechnungslegg. unterworf. Unternehmgn. (64 S.) n. — 85
3. D. Rentensteuer. (55 S.) n. — 50
4. D. Personaleinkommensteuer u. d. Besoldungssteuer v. höh. Dienstbezügen. (80 S.) n. — 70

Berstl, Sigism., über Pferde- u. Rinderkrankheiten, die erste Hilfeleistung bei denselben u. üb. Geburtshilfe. Nach Vorträgen. gr. 8. (53 S.) Brünn 901. Karafiat & Sohn. n. 1. —

Berstl, Sigism., Die Rinder-Tuberculose (Perlsucht) u. d. Tuberculin. 12. (33 S.) Wien 897. W. Braumüller. n. — 40

Berstl, Wilh., die Geschichte des Theaters in Göttingen. Mit 1 Abbildg. des neuen Stadttheaters. gr. 8. (VIII, 106 S.) Göttingen 900. C. Spielmeyer's Nachf. n. 1. 50

Die Geschichte des Theaters in Göttingen. Von Wilhelm **Berstl**. Mit 1 Abb. Göttingen: F. Wunder 1900. (VIII, 106 S.) 8° [F.]

Bersu, Philipp

Allgemeine Erdbeschreibung. Bearb. von Ph[ilipp] **Bersu**, Oberl. Berlin: C. Heymann 1906. (VIII, 210 S.) 8° [F.]
— Dankwort, Karl: Verkehrsgeographie. T. 1.
— **Handbibliothek**, Postalische. No 3.

Bersu, Philipp: Erläutergn zu Wildenbruchs „Die Quitzows", s: Schöningh's, Ferd., Erläutergsschriften zu deut. u. ausländ. Schriftstellern.

Bersu, Philipp.: Die labialisierten Gutturale vor u im historischen Latein. Weimar 1885 (42 S.).
Phil. Diss. Berlin

Bersu, Phpp., die Gutturalen u. ihre Verbindung mit *v* im Lateinischen. Ein Beitrag zur Orthographie u. Lautlehre. Gekrönte Preisschrift. gr. 8. (VI, 234 S.) Berlin 885. Weidmann. n. 5. —

Bersu, Ph., Verkehrsgeographie, s.: **Dankwort**, Karl.

Bersu, Siegmund *(geb. Brieg [5. 1.] 1816)*: Quaedam de eorum morbo, qui in fabricis igniariorum phosphoricorum operantur. Vratislaviae (1849). (30 S.) 8°
Breslau, Med. Diss. v. 10. Aug. 1849

Berswordt, M. v. d., die Verordnungen über den Mandats-, summarischen und Bagatell-Prozeß vom 1. Juni 1833, in Verbindung mit der Verordnung üb. das Verfahren in Civil-Prozessen vom 21. Juli 1846. Nebst einem Anh. Zum Handgebrauch für Richter, Justiz-Commissarien rc. gr. 8. Breslau 846, Fr. Aderholz. n. 1/2 ₰

Bersworth, von der, لغات تركية فخلعرصرف ب.
Neueste Grammatik d. türk. Sprache f. Deutsche z. Selbstunterr. Nebst e. reichhalt. Samml. v. Gesprächen, so wie e. türk.-deutsch. u. deutsch-türk. Wörtersamml. gr. 4. (25½ B. u. 2 Tab.) Berlin 839, Dümmler. Thlr.

Bert und Huet, die neuesten und zweckmäßigsten Verbesserungen in der Anlage und Einrichtung der Dampfbäder, s. **Huet**.

Bert, Eli, Großpapas Geburtstag, s.: **Sammlung** v. Aufführungen f. Schule u. Haus. 4. Abt.

Engelbert **Bert**. Meine Reichstagskandidatur. Humoreske. Berlin: C. Duncker [1905]. (134 S.) [F.]

Bert, Geo., Aphrahat's des persischen Weisen Homilien, s. Texte und Untersuchungen zur Geschichte der altchristlichen Literatur.

Bert, *Georg* Eine neue Tauchbatterie. 4 (S. 27—28, 3 Taf.). Progr. Rg. *Dortmund* 1886

Bert, Paul, Medizinalprakt.: Zur Physiologie der Epiglottis. München 1909: Wolf. 25 S. 8°
München, Med. Diss. v. 30. Mai 1910, Ref. v. Bauer
[Geb. 25. Aug. 83 Beerfelden; Wohnort: Weisenau; Staatsangeh.: Hessen; Vorbildung: Herbst-Gymn. Mainz Reife Juli 02; Studium: München 1, Berlin 2, München 8 S.; Coll. 30. Mai 10; Approb. 30. Nov. 09.]

Berta, G. Appunti sulla distinzione fra possesso e detenzione. In-8°. 65 p. Berne. Thèse. 1894?

Bertagnolli Wilhelm: Vorstudium zu einer Darstellung der romantischen Bewegung in der italienischen Literatur.
H. 1906 PN 2018 Diss. Wien Univ. 2265

Bertal, Th., Gesundes Blut u. starke Nerven a. d. Wege d. Ernährg. n. Julius Hensel's Ernährgs.-Theorien. (8. [Umschlag-]Taus.) gr. 8. (15 S.) Leipzig 897. O. Gottwald. n. — 30

— dasselbe. 2. Folge. Mittel u. Wege z. Erhaltg. d. Lebenskraft u. Verhütg. v. Krankheiten. Ursache u. Heilg. d. Zuckerkrankheit rc. Physiologisch-chem. Erläutergn. n. Jul. Hensel's Ernährgs.-Theorien. (7. [Umschlag-]Taus.) gr. 8. (20 S.) Ebd. 897. n. — 40

Bertal, Th., gesündes Blut u. starke Nerven auf dem Wege der Ernährung nach Julius Hensel's Ernährungs-Theorien. 18.—20. Taus. gr. 8. (15 S.) Leipzig (902). O. Borggold. n. — 30

Bertal, Th., Schutz gegen Maul- u. Klauenseuche u. anderen Thierkrankheiten. Biochemische Erläutergn. üb. Bacterien, Bazillen u. Miasmen. gr. 8. (13 S.) Leipzig (900). O. Borggold. n. — 20

v. Bertalan, C. J., das Provinz-Theater. Skizzen über die kleineren [halbjährigen] Bühnen in Oesterreich. Klagenfurt 870. Bertschinger. 8. (41 S.) n. 8 ngr.

Bertaldi, Jacobi, Cancellarii ducalis aulae Veglensis episcopi, splendor Venetorum civitatis consuetudinum. Primum ed. Franc. Schupfer. gr. Fol. (86 S.) Bononiae 895. (Rom, Loescher & Co.) n.n. 12. —

Bertalot, Ludwig: Eine humanistische Anthologie. Die Handschrift 4° 708 der Universitätsbibliothek München. (Berlin 1908: Paul.) 93 S. 8°
Berlin, Phil. Diss. v. 1. Okt. 1908, Ref. Tangl
[Geb. 28. Nov. 84 Frankfurt a. M.; Wohnort: Frankfurt a. M.; Staatsangeh.: Preußen; Vorbildung: Lessing-Gymn. Frankfurt a. M. Reife O. 03: Studium: Marburg 1, München 3. Berlin 5 S.; Rig. 9. Juli 08.]

Humanistisches **Studienheft** eines Nürnberger Scholaren aus Pavia ⟨1460⟩ von Ludwig Bertalot. Berlin: Weidmann 1910. 110 S. 8°
10. 17418

Bertani, Ant., Essai de déchiffrement de quelques inscriptions étrusques. Simples études. 1. Livr. hoch 4. (VIII und 81 S. mit 2 Kpfrt.) Leipzig 860(62), Brockhaus' Sortiment und Antiquarium. *

Bertani, C., s. Bertani, Karl

Bertani, Carlo, s. Bertani, Karl

Bertani, Karl
Bertani, Carlo, il nuovo Dialogista tedesco-italiano. Arricchito di una grammatica in compendio. Ad uso de viaggiatori e degli studiosi d'ambedue le lingue. Compilato secondo i dialoghi classici di Boldoni, Morand, Zirardini. A. u. d. T.: Neues Handbuch der deutschen u. italienischen Umgangssprache. Nebst einer kurzgefaßten Sprachlehre. Zum Gebrauch für Reisende u. s. w. Vienna 853. Tendler et Co. 16. (4 Bl., 287 S.) 12 ngr.

Bertani, C, neues Handb. d. deut. u. ital. Umgangs-Sprache. 16. (287) Wien 53, Gerold's S. — 12; cart. — 15

Bertani, Karl. Neues Handbuch der deutschen und italienischen Umgangssprache. Nebst einer kurzgefaßten Sprachlehre ... nach Boldoni, Morand und Zirardini. (Il nuovo dialogista tedesco-italiano ...) 16. (283 pag.) Wien, Tendler und Komp. Druck von Ferd. Ullrich, 1853.

Bertani, Karl, neues Handbuch der deutschen und italienischen Umgangs-Sprache. — Il nuovo dialogista tedesco-italiano. — Nebst einer kurzgefaßten Sprachlehre. Zum Gebrauch für Reisende und Studirende in beiden Sprachen. Nach Boldoni, Morand und Zirardini. 2. (Titel-)Aufl. 16. (V und 287 S.) Wien (853)68, Gerold's Sohn.

Bertano, Pietro
Nuntiaturen des Pietro Bertano und Pietro Camaiani 1550–1552. Im Auftr. d. K. Preuss. Histor. Instituts in Rom bearb. von Georg Kupke. *Berlin: A. Bath 1901.* (LXXVIII, 403 S.) 8°
— Nuntiaturberichte aus Deutschland. Abth. 1. Bd 12.

Bertarid u. Grimoald, Könige d. Longobarden; e. hist. rom. Gemälde a. d. Mittelalter. m. K. 8. Wien, Ant. Doll. 809.

Bertaut, René, das Meerschweinchen (Cavia cobaya). Seine Zucht zum Vergnügen u. Gewinn. Nach d. Franz. v. F. Poppe. (32 S. m. 6 Abbildgn.) 8. Leipzig (906). Dr. F. Poppe. n. — 65

Bertaut, René: Das Meerschweinchen (Cavia cobaya). Zucht z. Vergnügen u. Gewinn. Nach d. Franz. des B. v. F Poppe. 2. Afl. (32 m. Abb.) 8° Lpzg-R., Dr. F Poppe ('12). — 65 d

Bertbach, Rogers v. (Pseud.), s. Gersbach, Robert (Wirkl. Name)
Bertbach, Rogers v., das arretirte Gespenst. Militärischer Schwank in 2 Akten. 8. (16 S.) Berlin 885. Liebel. n.n. — 60

—— dass. — 2. Aufl. 8. (16 S.) Ebendas. 887. *

Bertbach, Rogers v. (Rob. Gersbach), D. arretirte Gespenst. Militär. Schw. i. 2 Akten. 3. Aufl. 8. (24 S.) Berlin 898. Liebel. n. 1. —

Berté, Heinrich
Schneeflocke. Komische Oper in 1 Act v. A. M. Willner. Mus. v. Heinrich **Berté**. Vollst. Klavierausz. m. Text. *Leipzig, Paris, Wien: E. Berté (1896).* (2 Bl., 135 S.) 1 Bd 4.
97. 1395

Bertoau, Berth., Director Confessariorum. 8. Augsburg, Wolf. 709.

Bertel, Carl, s. Bertel, Karl

Bertel, Josef Ritter von, Oesterr. landwirthschaftlicher Kalender 1883. 8. 23. Jahrg. redig. v. Dr. Felix Zeller, begründet und in den Jahren 1861—1882 herausgeg. von A. E. Ritter von Komers. I. Thl. Kalender u. Notizbuch (304 S.), II. Thl. Aufsätze u. Tabellen aus der landwirthschaftlichen Verhältnisskunde. (261 S.) In Lederbrieftasche geb. 2 fl.
Prag: Calvey (Beyer) 1882?

Bertel, Josef Ritter v., Oesterr. landwirthschaftl. Kalender f. 1884. 8. 24. Jahrg. Redig. von Dr. Felix Zeller. begründet von A. E. Ritter v. Komers. I. Thl. Kalender u. Notizbuch (362 S.), II. Thl. Aufsätze u. Tabellen aus d. landwirthschaftl. Verhältnisskunde. (261 S) Prag, J. G. Calve'sche k. k. H.- u. U.-B. (O. Beyer.) In Lederbrieftasche geb. 2 fl.

Bertel, Jos. Ritter v., s: Taschenkalender f. d. Landwirt.

Bertel, Jos., neues Verfahren beim Anbau und der Kultur der Zuckerrübe mit den hierfür eigens konstruirten Geräthen. 1.—4. Aufl. gr. 8. (26 S. mit 2 Tab. und 2 Holzschntaf.) Prag 879, (Rziwnatz.) *

Bertel Karl: Jules de Resseguier.
1910 PN 3038 Diss. Wien, Univ. 2338

Bertel, Carl: Jules de Rességuier. Ein französ. Frühromantiker. (5, 13, 164 m. 1 Bildn.) 8° Wien, A Hölder '12. 4 —

Bertel, Rud.: Anleitg zu d. botan. Schülerübgn an Mittelsch. u. verw. Lehranst. (6, 32 m. Abb.) kl8° Wien, A Hölder '11. — 50

Bertel, Rudolf: Tier und Pflanze in ihren Wechselbeziehungen. (Physiologisch-biologische Skizze.) (Umschlagtitel: . . . Pflanze.) S. 3—15. 8. Progr. K. k. Staatsgymn. *Eger (Böhmen)* 1905.

Bertele, Carl v., Radmer, s.: Schullerer, Frz.

Bertele, Fr. X., Ermunterungsrede z. willigen Gehorsam gegen d. allgem. Landaufgebot a. Gründen d. Religion u. Vernunft. gr. 8. Augsb. 795. Bolling. 2 gr

Bertele, Georg August: Handbuch einer dynamischen Arzneymittellehre. 908 S., gbd.

Landshut: Attenkofer 1805

JB 1.479

Bertele, Geo. Aug., († d. 19. Juli 1818.) Handbuch d. dynam. Arzneimittellehre. gr. 8. Landsh. 805. Thomann. 3 ₰ 16 gr

— Handbuch d. Minerographie einfacher Fossilien. gr. 8. Landsh. 804. Thomann. 2 ₰ 4 gr

— über Salpeterplantagen. 8. Münch. 794.

Bertele, Georg August: Versuch einer Lebenserhaltungskunde. Th. 1, 470 S., gbd.

Landshut: Attenkofer 1803

JB 2.953

— Versuch e. Lebenserhaltungskunde. gr. 8. Landsh. 804. Thomann. 1 ₰ 15 gr

Bertelius, Joan., historia Luxemburgensis s. commentarius quo ducum Luxemburgensium ortus, progressus ac res gestae continuata serie ab ipso primario initiatore, usque ad praesentem illustrissimum archiducem Albertum, accurate describuntur, simul et totius provinciae Luxemburgensis ducatus, marchionatus, baronatus, caeteraque dominia succincte perstringuntur. Cum indice rerum copiosissimo. Editio recognita et summario vitae auctoris adaucta a J. B. Brimmeyr et Math. Michel. gr. 8. (XXII und 896 S.) Luxemburgi 856, Bück. *

Bertellière, Charles, der vollkommene Coiffeur als Haararzt und Haarkünstler. Aus dem Französ. 12. Nordhausen 845, Fürst. ½ ₰

Bertelmann, Heinr., Acker u. Ähren, s.: Jugend- u. Volksbühne.

In Frührot und Abendschein. Ein Sang aus d. Lehrerleben von **Heinrich Bertelmann.** *Cassel: Heß. Schulbuchh. i. Komm. 1903.* (111 S.) 8° [ⁿ. 4

— Lenzfeier, s.: Jugend- u. Volksbühne.

Der Liebenbach. Nach e. hess. Sage erzählt von Heinrich **Bertelmann.** Kassel: Scheel 1900. 77 S. 8° [. 4

— Schul-Entlassungsfeier, s.: Jugend- u. Volksbühne.

Bertelmann, Heinr.: Schumann od. Der Soldatenaufstand zu Eschwege. Spiel nebst e. Nachspiel. (84) 8° Kass., F Scheel '12. 1 — d

— Deutschlands Ströme, s.: Jugend- u. Volksbühne.

— Waldfeier, s.: Jugend- u. Volksbühne.

— Der Zaunkönig u. d. Bär, s: Jugend- u. Volksbühne.

Bertels, A., Gedichte. 8. (221 S.) Leipzig 888. Reißner. n. 3. —; geb. n. 4. —

Bertels, Arved: Ueb. d. Ursache d. Hypertrophie d. rechten Ventrikels bei vermehrter Arbeitsleistg d. linken, s: Acta, Nova, academiae etc. naturae curiosor.

Bertels, Arved. Versuche üb. die Ablenkung d. Aufmerksamkeit. Diss. gr. 8. (72 S. m. 1 Taf.) Dorpat 889, (Karow). * 1 50

Bertels, Arvid: Über die Ausgestaltung der Einrichtungen für pathologische Anatomie und Bakteriologie an den städtischen Krankenanstalten, s. Praetorius, Paul

Bertels, D., s. B. S. Ingemann, Abentheuer ꝛc.

Bertels, G. A.

Erdöl, Schlammvulkane und Steinkohle. Betrachtungen u. Beobachtungen über deren Ursprung u. Entstehen. Von Dr. G. A. **Bertels.** *Riga: N. Kymmel 1892.* (70 S.) 8°

Bertels, J. C., s. Bertels, Julius Eduard

Bertels, Johann David

Bertels, J. D., Erklärung dunkler u. veralt. Ausdrücke in Luthers Uebers. d. heil. Schrift. Ein Hülfsbuch f. Schullehr. u. sonst. Bibelleser. 8. (3½ B.) Altona 833, Aue.

Bertels, J. D., Erklärung dunkler und veralteter Ausdrücke in Luther's Uebersetzung der heiligen Schrift. Ein Hülfsbuch für Schullehrer u. sonstige Bibelleser. 8. Altona 834. Aue. ⅓ ₰ — 2e Bdchn. 8. Flensburg 836. (Hamburg, Perthes, Besser, u. Mauke.) n. ⅜ ₰

— s. a. Gedichtsammlung, als Lese- und Gedächtnißübungen.

Bertels, Joh. David, Gedichtsammlung, als Lese- und Gedächtniszübungen zu gebrauchen. 1. Bdchen. Für kleinere Kinder. 3. verm. und verb. Ausg. Altona. 1825. — 2. Bdchen. Für grössere Kinder. 3. verb. und verm. Ausg. Sm. St. 1827.

Religionslieder und Liederverse für die Jugend [v. Johann David **Bertels**]. Altona. 1822. 8°.

Sammlung religiöser Lieder. Ein Andachts- und Erbauungsbuch. Zunächst für Bürgerschulen [v. Johann David **Bertels**]. Altona. 1812. 8°.

Neue Sammlung von Gesellschaftsliedern [v. Johann David **Bertels**]. Flensburg. 1806. 8°.

Bertels, Julius Eduard

Bertels, J. C., Schulgebete. 8. Oldenb. 839. Fränckel. (Leipz., Lehnhold'sche Buchh.) ¹⁄₁₂ ₰

Bertels, Kurt

Honoré Daumier als Lithograph von Dr. Kurt **Bertels.** Mit 70 Abb. München & Leipzig: R. Piper & Co. 1908. (150 S.) 4°(8°)
— Illustratoren, Klassische. 4.

Die Denkmittel der Physik. Eine Studie von Dr. Kurt **Bertels.** Berlin: Mayer & Müller 1905. (71 S.) 8°

Francisco Goya von Dr. Kurt **Bertels.** Mit 53 Abb. München & Leipzig: R. Piper & Co. 1907. (140 S.) 4°(8°)
— Illustratoren, Klassische. 1.

Kurt Bertels. Der Morgenreiter. Gedichte. Berlin & Leipzig: Schuster & Loeffler 1905. (143 S.) 8°

Bertels, Kurt, aus Riga: Ueber Nitroso-m-phenylen-diamin und seine Derivate. *Berlin 1902: A. W. Schade.* (50 S.) 8°
Berlin, Phil. Diss. v. 15. Febr. 1902

Bertelsen, R., s. Worsaae, J. J. A., Dänemarks Vorzeit ꝛc.

Bertelsen, Wilh., die Sekretär-Prüfung. Ein lust. Sang aus dem Postleben. (63 S.) kl. 8. Rendsbug (907). (Coburg). — 60

Die Sekretär-Prüfung. Ein lustiger Sang aus d. Postleben von Wilh. **Bertelsen.** Rendsburg: Selbstverl. 1907. (2 S.) 8° [J.] 8

Bertelsmann: Beobachtungen am Barometer und deren Benutzung zu Höhenbestimmungen. 15 S.
Progr. Bielefeld 1842.

Bertelsmann, ..., Samml. von Chören für Männerstimmen. 16 Hft. Gütersloh ... Bertelsmann. 1/2 ßf

Bertelsmann: Tafeln zur Zeitbestimmung aus beobachtenden Sonnen- oder Sternhöhen. 18 S.
Progr. Bielefeld 1854.

Bertelsmann, A. H., Cor, über Geistesverrückung.

Bertelsmann, Adolph

Bertelsmann, (Phil. Henr.) Adolph. (geb. Bielefeld 24. 8. 1843): De croupo seu angina membranacea. Berolini (1867). (32 S.) 8°
Berlin, Med. Diss. v. 13. Apr. 1867

Bertelsmann, (Car.) Adolph. (geb. Bielefeld 24. 5. 1821): De graviditate extrauterina. Berolini (1844). (36 S.) 8°
Berlin, Med. Diss. v. 25. März 1844

Bertelsmann, Car. Adolph, s. Bertelsmann, Adolph

Bertelsmann, Carl [cand. phil.]: Ueber die verschiedenen Formen der Correlation in der Structur der Relativsätze des ältern Latein.... Jena, Druck v. A. Neuenhahn, 1885; 56 S. 8°.
Jena, Phil. Fak., Inaug.-Diss. v. 1885.

Bertelsmann, Heinrich Wilhelm, Dr. phil.: Ueber einige Derivate der Isonicotinsäure sowie über das γ-Aminopyridin und das γ-Methylpyridylketon. 1895. 54 S. 8⁰ ¶ Auch als phil. Diss. v. Basel.
Karlsruhe, Dipl.-Diss. v. 29. 1. 1896

Bertelsmann, H. W: Über einige Derivate der Isonicotinsäure, sowie über das γ-Aminopyridin und das γ-Methylpyridylketon. Diss. Karlsruhe. Gadderbaum 1895

Bertelsmann, K.: Ueber den Unterricht in d. Geographie auf Gymn. 15 S.
Progr. Bielefeld 1830.

Bertelsmann, Karl: Üb. d. verschiedenen Formen der Correlation, s. Bertelsmann, Carl

Bertelsmann, Phil. Henr. Adolph, s. Bertelsmann, Adolph

Bertelsmann, Richard [app. Arzt aus Camen]: Ueber das mikroskopische Verhalten des Myometriums bei pathologischen Vergrösserungen des Uterus ... (Aus: Arch. f. Gynäkol., Bd. 1 Heft 1.) Berlin, gedr. bei L. Schumacher, 1895; 46 S. 8.
Göttingen, Med. Fak., Inaug.-Diss. v. [10. Juni] 1895

W. Bertelsmann's Adressbuch über die Provinz Westfalen und die Fürstentümer Lippe, Lippe-Schaumburg und Waldeck-Pyrmont. Nach amtl. Angaben zsgest. ... *Bielefeld-Gadderbaum: W. Bertelsmann 1899.* (532 S.) 8° [J.] [oa. 303]

Bertelsmann, W: Lehrmittel für den modernen Zeichenunterricht. Jg. 3. 1905. Bielefeld-Gadderbaum 1905

Bertelsmann, W. (Red.), s. Der Verwaltungsbeamte.

Bertelsmann, Wilh., die Betriebsführung v. Gaswerken, s.a. Betriebsführung, die, städtischer Werke. II.

Bertelsmann, W.: Die Betriebsführung von Gaswerken. (267 S., 3 T.)
(Betriebsführung städt. Werke 2.) Leipzig 1910.

— Die Entwicklung der Leuchtgaserzeugung seit 1890. (90 S. m. 88 Abb.) Lex. 8. Stuttgart 907. F. Enke. 2. 40
Sonderabdr. aus „Sammlg. chem. u. chem.-techn. Vortr."

Bertelsmann, Wilh.: Lehrb. d. Leuchtgasindustrie. 2 Bde. Lex8° Stuttg., F Enke. 33 —; HF n 37 —
1. Die Erzeugg d. Leuchtgases. (18, 581 m. Abb. u. 12 Taf.) '11. 20 —; HF n 22 — ‖ 2. Die Verwendg d. Leuchtgases. Das Beleuchten, Kochen u. Heizen m. Gas. (14, 371 m. Abb. u. 49 Zahlentaf.) '11. 13 —; HF n 15 —

— Rechentafeln f. Beleuchtungstechniker. (95 S. m. 4 Abbildgn.) 8. Ebd. 910. 2.60; geb. in Leinw. n 3. —

Bertelsmann, Wilh., der Stickstoff der Steinkohle. (86 S.) Lex.-8. Stuttgart 904. F. Enke. n. 2. 40
Sonderabdr. aus: „Sammlg. chem. u. chemisch-techn. Vortr."

Die Technologie der Cyanverbindungen. Von Wilh. Bertelsmann. Mit 27 Abb. München & Berlin: R. Oldenbourg 1906. (XII, 332 S.) 8° [o3. 13000 7]

Berten, Jacob [Dr. med., pr. Arzt u. Zahnarzt, Mitgl. d. zahnärztl. Prüfungscomm.]: Hypoplasie des Schmelzes. '(Congenitale Schmelzdefecte; Erosionen.)' Patholog.-anatom.-klin. Studie ... Leipzig, Druck v. A. Th. Engelhardt, 1895; 63 S., 2 Taf. 8.
Würzburg, Med. Fak., Hab.-Schr. v. 1895

Bertenburg's Führer durch die wichtigsten Gesetze ..., s. Bertenburg, Carl

Bertenburg, Carl
Der Bergarbeiterausstand und die techn. Grubenbeamten. Von Carl Bertenburg. Gelsenkirchen: C. Bertenburg 1905. (32 S.) 8° [Umschlagt.]
Aus: Der Bergbau. 1905, No 19–22. [o6. 2392 6]

Bertenburg's Führer durch die wichtigsten Gesetze u. durch die Verordnungen f. die Bergwerksbetriebe im Oberbergamtsbez. Dortmund. 2. verm. Aufl. (272 S. m. 1 Taf. u. 1 Tab.) kl. 8. Gelsenkirchen 904. C. Bertenburg. Geb. in Leinw. n. 2. —
1. Aufl. (255 S. m. 1 Tab.) Ebd. 903. Geb. n. 1. 80.

Bertenburg, Carl: Die Preisgestaltg im Druckereigewerbe, s: Schriften d. Vereins f. Sozialpolitik, Untersuchungen.

Bertenburg, K., s. Bertenburg, Carl

Bertens, Frdr., an des Lebens Vormittag. Werdegang e. jungen Mannes. (186 S.) 8. Berlin 903. [Iris-Verlag.] F. Gnadenfeld & Co. n. 3. —; geb. n. 4. —

Bertermann, Carl Ehrenfried, s. Bertermann, Karl Ehrenfried

Bertermann, Emil, Gerichtsreferendar in Essen: Eigentumsvorbehalt und Verwirkungsklausel. Ihr Wesen und ihre Unterschiede nach römischem und heutigem bürgerlichen Recht. Borna-Leipzig 1907: R. Noske. (VIII, 48 S.) 8°
Heidelberg, Jur. Fak., Ref. Endemann, Diss. v. 14. März 1907
[Geb. 28. Apr. 84 Essen; Wohnort: Essen; Staatsangeh.: Preußen; Vorbildung: Kgl. Gymn. Essen Reife O. 02; Studium: Gießen 2, München 1, Berlin 2, Münster 2 S.; Rig. 14. Dez. 06.]

Bertermann, Karl Ehrenfried

Bertermann, KE, Gedichte. 8. (384) Hirschb. 61, Act.-Ges. — 15

Bertermann, K. Ehrenfried, Gedichte. Hirschberg 861. Krahn. 8. (VII, 384 S.) 15 ngr.

Bertermann, Karl Ehrenfried, Gedichte. 4. Aufl. gr. 16. (VI, 267 S.) Hirschberg 876. Actien-Gesellsch. „Bote aus dem Riesengebirge". n. 1. —

Bertermann, Karl Ehrenfried, Gedichte. 5. auf's Neue durchgeseh. Aufl. 12. (267 S.) Hirschberg 878. Actien-Gesellschaft „Bote aus dem Riesengebirge". n. 1. —

Bertermann's, Karl Ehrenfried, Gedichte (in schlesischer Mundart). 6., auf's Neue durchges. Aufl. 12. (267 S.) Hirschberg 884. Actiengesellschaft „Bote aus dem Riesengebirge". n. 1. —

Berth, J. S., de connubiorum ritu sponsalitio apud Hebraeos. Lips. 1745. 4.

Berth, Paul [prakt. Arzt aus Forst in Brandenburg]: Ueber Parotitis nach gynaecologischen Operationen .... Greifswald, Druck v. Julius Abel, 1886; 26 S. 8°.
Greifswald, Med. Fak., Inaug.-Diss. v. 27. März 1886.

Berth, Paul, über Parotitis nach gynaecologischen Operationen. Diss. Greifswald 1886, Jul. Bindewald. 8°. 26 S.

Bertha, oder Liebe und Ehe. Ein Roman, von Fr. Horn. 2te Ausg. 8. Berlin, Enslin. 821.

Bertha, od. Liebe u. die Stimme von jenseits. Mittheill. aus den Tagebüchern eines Reisenden, v. Guido Romitio. Mit 2 Kpf. 8. Eisenb. 825. Schöne. 1 ℛ 6 ℊ 2e Aufl. 8. Ebd. 831. 1 ℛ

Bertha von Beichlingen, oder die Zerstörung der Rothenburg. Vom Verf. der Heliodora. Leipz. 1816. V: *Lindau, Wilhelm Adolph.* (GGr)

Bertha und Berthold; od. der Prozeß. Originallustsp. 8. Dortmund; Mallinkrodt. 8ro.

Bertha von Dornenstein, oder die Plagegeister auf Waldeck; von dem Verfasser der Angelika. Fürth 1803. V: *Brückner, Johann Jacob.* (Ky) (MGT)

Bertha v. Dornenstein, od. die Plagegeister auf Waldeck, (von J. J. Brückner). 2 Bde. 8. Leipz. 803. Hinrichs. 1 ℛ 12 ℊ

Bertha v. Ehrenkron, od. die Brasselets. Novelle in vier Büchern v. W. v. G. Mit Titlbild. 8. (16 B.) Leipzig 839, Drobisch.

Bertha, an, bei ihrem Eintritt in d. Welt ꝛc. 8. Leipz. 805. Gpt. f. Litt. 4 ℊ Schrbp. 6 ℊ

Bertha, Gräfin von Beichlingen, od. d. Zerstörung d. Rothenburg; Marie von Schlettheim; das unerwartete Wiedersehen; edelmüthige Vergeltung; erzählt vom Kanzler ****; der Sturm, nach d. Span. des A. Carrazin, erzählt u. bearbeitet v. Verf. d. Romans Heliodora u. der graue Ritter. 8. Leipz. Hinrichs. 816.
Wellnr.

Bertha v. Hohenenk, od. der Gaufriede. Eine romant. Sage der Vorzeit. 8. Zerbst 795. (Kummer). 1 ℛ

Bertha das arme Landmädchen, s. a. Erzählungen, d. Eltern ꝛc. geweiht (v. J. N. Schneid), 5. Bdchn.

Bertha, das arme Landmädchen, eine lehrreiche Geschichte. Landshut 1835. V: *Schneid, J. N.* (Ky)

Bertha von Reute, Die Selige Gute. Ein Gebet- und Erbauungsbüchlein für das Katholische Volk. Nach P. Gregorius Nidermayer S. J. Neubearbeitet. Freiburg 1877. B: *Dolfinger, Carl.* (SO)

Bertha von Rosen . . Versin.: Josephine v. Westerhausen.

Berthal, Hans [Pseud.] s.a. Albert, Emily, [wirkl. Name]

Berthal, Hans (Frau Emily Albert), Bubi der Große. Aus dem Kinderleben. (224 S. m. 8 Vollbildern.) 8. Stuttg. (907). Reutlingen, R. Bardtenschlager. Geb. in Leinw. 3. —

— Klein Hannes, der Riese. Ein Weihnachtsmärchen m. Gesang u. Tanz in 9 Bildern. Musik v. Carl Krüger. 5. Tausf. (72 S.) 8. Hamburg 909. C. H. A. Kloß. — 80

Berthal, Hans: Armes Kasperle, s. Möller, Wilh.: Bibliothek f. Gesundheitspflege.

Berthal, Hans (Frau Emily Albert), aus Bubis Leben. Eine Kindergeschichte, den Müttern u. ihren Kleinen erzählt. (224 S. m. 8 Vollbildern.) 8. Stuttgart (906). Reutlingen, R. Bardtenschlager. Geb. 3. —

Berthal, Hans: Drei Lebenstage, s. Möller, Wilh.: Bibliothek f. Gesundheitspflege.

— ein kleiner Mann. Eine Erzählg. f. die Jugend. Mit 4 doppelfarb. Vollbildern. (IV, 234 S.) 8. Stuttgart (906). Levy & Müller. Geb. in Leinw. 3. —

— Die goldene Mitte, s: Möller's, Wilh., Bibliothek f. Gesundheitspflege.

— Das Paradies. Eine Erzählg. f. junge Mädchen. (192 S. m. 2 [1 farb.] Vollbildern.) 8. Reutlingen (908). R. Bardtenschlager. Geb. in Leinw. 3. —

— Peter in der Fremde. Erzählung f. Knaben v. 10—14 Jahren. (IV, 184 S.) 8. Glückstadt (909). M. Hansen. Geb. in Leinw. 2. —

— Schwesterseelen. Eine Erzählg. f. junge Mädchen. (189 S. m. 3 Taf.) 8. Reutlingen (906). R. Bardtenschlager. Geb. in Leinw. 3. 50

Berthaud, nouveau système de lecture, avec lequel un enfant peut etc. av. Fig. 8. Nimes, (Pott et Co. Luus.) 791.

Berthault, P. G., Attribute, s.: Meister, alte.

Berthaumier, Geschichte des heiligen Bonaventura, [aus dem Orden des heiligen Franziskus,] Cardinal-Bischofs von Albano und Kirchenlehrers. Aus dem Französ. übers. Mit 1 Stahlst. Regensburg 863. Manz. gr. 8. (386 S.) 1 ℛ 7½ ngr

Berthe, A: Bibl. Erzählgn. Aus d. Franz. I—III. 12° Paderb. 08, Bonifacius-Dr. à — 15
1. Adam u. Noe. (40) | II. Abraham. (48) | III. Joseph. (58)
Fortsetzg erscheint nicht.

Berthe, E. J., Unterhalt. e. Lehrers mit s. Schülern üb. d. Leben u. die Lehre Jesu Christi. 2 Thle. 8. Köthen 796, 97. Aue. 1 ℛ

Berthe, P: Jesus Christus. Leben, Leiden, Verherrlichg. Aus d. Französ. v. Wilh. Scherer. (16, 558 m. Titelbild u. 1 farb. Kte.) 8° Regensbg. F Pustet '12. 4.50; HF 6.50 d

Berthé, Sophie v.: Das Findelkind. Mädchengesch. a. Italien. (140) 8° Kass., JG Oncken Nf. '12. L 1.50 d

Bertheau: Abhandlungen zur Geschichte der Israeliten (u. andere Schriften zur Religionsgeschichte), s. Bertheau, Ernst

Bertheau: Fünf Briefe über Marx an Prof. Julius Wolf, s. Bertheau, Friedrich

Bertheau: Die bundesrechtliche Praxis betr. die Niederlassungsfreiheit . . ., s. Bertheau, Theodor

Bertheau, Carl
— — Bericht üb. d. Realschule des Johanneums. Hamburg (J. A. Meissner) 24.—25. III. 1846. 29 S. (2.50) 2353

Bertheau, Carl (Hamburg), De secundo libro Maccabaeorum. Diss. philos. Götting. (Dieterich) 11. IV. 1829. 60 S. (4.—) 2352
Oppon.: Ferd. Hitzig, C. F. Culemann. — Gew.: Carl Friedr. Hipp, Friedr. Erich Aug. Kraemer.

Bertheau, Car., de secundo libro Maccabaeorum, Dissert. 8 mai. Göttingen 836. Dieterich. ½ ℛ

Bertheau, Carl, s.: Luther's, Dr. Mart., Katechismen.

Bertheau, Carl, zwei Predigten, in der St. Anschar-Capelle gehalten. Hamburg 866. (Agentur des Rauhen Hauses.) 8. (29 S.) n. 6 ngr

Bertheau, Caesar [Referendar]: Das Absonderungsrecht der Nachlassgläubiger . . . Hamburg, Druck d. Verlagsanst. u. Druckerei A.-G., 1891; 2 Bl., S. 7—56; 8°
Göttingen, Jur. Fak., Inaug.-Diss. v. [27. März] 1891

Bertheau, Caesar. Das Absonderungsrecht d. Nachlassgläubiger. Diss. gr. 8. (56 S.) Hamb. 891. (Gött., Vandenhoeck u. Ruprecht.) * 1 40

Bertheau, Ernst
— Abhandlungen z. Geschichte d. Israeliten. Gött. 1842. 8.

Bertheau, Ernst, die alttestamentliche Auferstehungshoffnung. (81 S.) 8. Hannover 905. H. Feesche.

Bertheau, Ernst, die der Beschreibung der Lage d. Paradieses Genes. 2, 10—14 zu Grunde liegenden geograph. Anschauungen. Ein Beitrag zur Gesch. d. Geographie. Mit 2 Steintaf. (in qu. 4.) [Abgedr. aus d. Göttinger Studien. 1847.] gr. 8. (59 S.) Göttingen 848, Vandenhoeck & Ruprecht. 5/12 ℛ

Bertheau, Ernst, Das Buch der Richter und Rut. Erklärt. Leipzig 1845. [= Handbuch, Kurzgefasstes exegetisches, zum Alten Testament. Lieferung 6.]

Bertheau, Ernst, Die Bücher der Chronik. Erklärt. Leipzig 1854. [= Handbuch, Kurzgefasstes exegetisches, zum Alten Testament. Lieferung 15.]

(Bertheau, Ern.,) Carminis Ephraemi Syri textus Syriacus secund. cod. bibl. Angel. denuo edit. ac vers. et brevi annotat. instruct. 8maj. (1 B.) Gottingae 837, libr. Dieterich.

Bertheau, Ernst, Die Bücher Esra, Nehemia und Ester. Erklärt. Leipzig 1862 [= Handbuch, Kurzgefasstes exegetisches, zum Alten Testament. Lieferung 17.]

—— zur Geschichte der Israeliten, zwei Abhandlgn. gr. 8. (20½ B.) Göttingen 842, Vandenhoeck u. Ruprecht.

— s. Gregorii Bar Hebraei.

— die sieben Gruppen mosaischer Gesetze in den drei mittlern Büchern des Pentateuchs. Ein Beitrag zur Kritik des Pentateuchs. gr. 8. Göttingen 840. Vandenhoeck u. Rupr. 1⅓ ℛ

— Siehe exegetisches Handbuch zum A. T.

— Ernst (Hamburg), Libri proverbiorum Abi Obaid Elqasimi filii Salami Elchuzzami lectiones duae, octava et septima decima. Dissert. loco ex apographo codicis biblioth. ducal. Guelpherbytan. Arab. ed., lat. vert. et annot. instr. Göttingen (Dieterich) 1836. 32 S. (3.—) 2354
Gew.: G. H. A. Ewald.

Bertheau, Ernst, Die Sprüche Salomo's. Erklärt. Leipzig 1847. [= Handbuch, Kurzgefasstes exegetisches, zum Alten Testament. Lieferung 7.]

— — Die Zahlen der Genesis in Cap. 5 und Cap. 11. [A. aus den Jahrbüchern für Deutsche Theologie XXIII, p. 657—682.] 1878.

Bertheau, F.: Goethe und seine Beziehungen ..., s. Bertheau, Friedrich

Bertheau, F.: Die gegenwärtige Lage d. schweizer. Baumwollspinnereien ..., s. Bartheau, Friedrich

Bertheau, Fr.: Über die Beziehungen Christians III. ..., s. Bertheau, Friedrich

Bertheau, Fr., die Gesta Trevirorum vom J. 1152 bis zum J. 1259. Eine Quellenuntersuchung. gr. 8. (88 S.) Göttingen 874, Peppmüller. *

Bertheau, Fr., s.: Hellwig, L., Chronik der Stadt Ratzeburg.

Bertheau, Franz

Bertheau, Frz., ausgewählte Kapitel aus der Physik des menschlichen Körpers. Progr. (32 S. m. Fig.) gr. 4. Hamburg 903. (Herold.) n.n. 2. 50

Bertheau, Franz: Ausgewählte Kapitel aus der Physik des menschlichen Körpers. *Hamburg 1903: Lütcke & Wulff.* (30 S.) 4°
Hamburg, R vor d. Lübeckertore, P 1903 (838)

Bertheau, Franz: Ausgewählte Kapitel aus der Physik des menschlichen Körpers. 2. Auswahl. Hamburg 1906: Lütcke & Wulff. (32 S.) 4° ¶(Forts. d. P-Beil. 1903.)
Hamburg, R vor d. Lübeckertore P 1906 (910)

Bertheau, Friedrich

Über die Beziehungen Christians III. von Schleswig-Holstein und Dänemark zu den Wittenberger Reformatoren v. Friedrich **Bertheau.** Ratzeburg. 1884. 4°. Gymn.-Progr.

[F.] Fünf Briefe über Marx an Herrn Dr. Julius Wolf, Prof. ... in Zürich, v. Friedrich **Bertheau,** Baumwollspinner in Zürich. (Vorr.: Julius Wolf.) *Jena: G. Fischer 1895.* (60 S.) 1 Bd 8. [94. 1808

Bertheau, Friedr., Göthe und seine Beziehungen zur schweizerischen Baumwoll-Industrie, nebst dem Nachweis, dass unter Frau Susanna, der Fabrikantenfrau in Wilhelm Meisters Wanderjahren, Frau Barbara Schulthess von Zürich zu verstehen ist. Dem Schweizer. Spinner-, Zwirner- und Weber-Verein gewidmet. 4. (9 S.) Wetzikon 888. (Zürich, Meyer und Zeller.) *

— die gegenwärtige Lage der schweizerischen Baumwoll-Spinnerei, nebst Angabe der Mittel u. Wege wie dem Vorfall derselben entgegengewirkt werden kann. 4. (27 S.) Ebd. 888.

Bertheau, F. Die gegenwärtige Lage der schweizerischen Baumwollenspinnerei, nebst Angabe der Mittel und Wege, wie dem Verfall derselben entgegen gewirkt werden kann. In-4°, 27 S. Zürich (Meyer & Zeller). 1889? — 60

Bertheau, Frz R: Chronologie s. Gesch. d. geist. Bildg u. d. Unterr.-Wesens in Hamburg v. 831 bis 1912. (11, 279 m. 1 Bildn.) Lex8° Hambg. L Gräfe '12. nn 5.50

— Die Franzosenzeit in Lauenburg. Denkschr. z. 100jähr. Feier d. Befreig v. d. französ. Herrsch. (5, 97) gr8° Ratzebg, G Schetelig '13. 1.50 d

Bertheau, Geo., über die Natur u. Entwickelung der Neurogliome. Inaugural-Dissertation. gr. 8. (30 S.) Göttingen 879. (Vandenhoeck & Ruprecht.)

Bertheau sen., H. A., Nutzen d. Hamburg. Versorgungs-Tontine, d. Hamb. Leibrenten-Vereins u. d. Hamb. Lebens-Bundes. gr. 8. (1 B.) Hamburg 831, (Herold.)

Bertheau, Johannes

Bertheau, Ioa., De Platonis epistula septima, s. a. Dissertationes philologicae Halenses. XVII, 2.

Bertheau, Ioannes, Hamburgensis: De Platonis epistula septima. Halis Sax. 1907: E. Karras. (33 S.) 8° ¶(Erscheint vollst. in: Dissertationes Philol. Halenses Vol. 17.)
Halle, Phil. Fak., Ref. Blass, Diss. v. 22. Febr. 1907
[Geb. 9. Juni 83 Hamburg; Wohnort: Hamburg; Staatsangeh.: Hamburg; Vorbildung: Gelehrtensch. d. Johanneums Hamburg Reife M. 01; Studium: Halle 3, München 1, Halle 5 S.; Rig. 20. Nov. 06.]

Bertheau, K., heil. Kanzelreden, a. d. Franz. 2 Thle. 8. Leipz. 745.

Bertheau, Th[eodor], aus Lichtensteig ([Kt.] St. Gallen): Die bundesrechtliche Praxis betreffend die Niederlassungsfreiheit, Gewerbefreiheit und politische Stimmberechtigung. Zür. Berichthaus Dr. [A. Müller Verl.] 1895. 240 S., 2 Bl. 8°.
Zürich, Jur. Diss. [v. 21. Dez. 1895].

Bertheau, T. Die bundesrechtliche Praxis betr. die Niederlassungsfreiheit, Gewerbefreiheit u. polit. Stimmberechtigung. In-8°. 240 S. Zürich. These. 1896?

Bertheim, Alfred, aus Berlin: Ueber die fluorescierende Verbindung aus Chlor-α-naphtochinonacetessigester. *Berlin 1901: A. W. Schade.* (55 S.) 8°
Berlin, Phil. Diss. v. 21. Dez. 1901

Berthel, Clemens Friedrich (Zschocken), Die antiseptische Behandlung der complicirten Fracturen mit Carbolsäure. I. Anschluß daran ein Ber. üb. d. Erfolge, welche m. ds. Verf. in 4 Fällen a. d. chir. Klin. z. Leipzig err. wurd. Dissert. med. Lpz. 22. VI. 1870. 16 S., mit Biogr. (3.—) 2355
Oppon.: Wenzel, Wünschmann, Jörg. — Krankenfälle: G. B. Jähnig, J. Ziesche, G. Hietel, Br. Werner.

Berthel, Friedrich, approb. Arzt aus Rudolstadt i. Th.: Ein **Fall von offenem Foramen ovale mit Persistenz der Vena cardinalis sinistra und anderen Anomalien des Venensystems.** *München 1901: M. Ernst.* (27 S.) 8°
München, Med. Diss. v. 1901

Bertheld, A.: Geographie, s. Berthelt, August

Bertheld, A.: Handbuch, s. Berthelt, August

Berthelemi [o: Barthélémy], Joh. Jak., Charite und Polydor. Ein kleiner Roman. Aus dem Französischen, nebst Nachrichten von Berthelemis Leben und Verdiensten vom Uebersetzer. Altona. 1800. (S. 1—36 mglr. i K. B.).

Berthelémy, H.

-- u. Douglas **Knoop,** Gemeindebetriebe in Frankreich u. England, s.a. Schriften des Vereins f. Sozialpolitik 130, IV.

Gemeindebetriebe in Frankreich und England. Von H. **Berthélemy,** Paris, u. Douglas Knoop, Manchester. Hrsg. von Carl Johannes Fuchs. Leipzig: Duncker & Humblot 1910. 78 S. 8°
(Gemeindebetriebe. Bd 3, T. 4.)
(Schriften d. Vereins f. Socialpolitik. Bd 130, T. 4.) [10. 3281

Berthélemy, H., s. Schriften d. Vereins f. Sozialpolitik.

Berthélemy, H: Verfassg u. Verwaltgsorganisation d. Städte Englds usw., s.: Hirst, FW.

Berthelen, Carl Andreas (Dresden), De hypochondriasis origine. Diss. med. Lpz. (W. Staritz) 14. VII. 1846. 32 S. (3.50) 2356
Gew.: Carl Gust. Schmalz sen.

Berthelen, K. A., die Klopf- und Spukgeister zu Oberwitz und Herwigsdorf bei Zittau, mit ähnl. Erscheinungen der Vergangenheit und Gegenwart verglichen und ganz einfach erklärt. 5 Lfgn. gr. 8. (255 S.) Zittau 864, (Pahl'sche Buchh.) à Lfg. * 5 Ngr. *

Berthelen, K. A., die Klopf- u. Spukgeister zu Oberwitz u. Herwigsdorf bei Zittau, mit ähnlichen Erscheinungen der Vergangenheit u. Gegenwart verglichen u. ganz einfach erklärt. Zittau 865. (Pahl.) 8. (255 S.) n 25 ngr

Berthelet, G, muss d. Papst e. Italiener sein? Das Italienertum d. Päpste, s. Ursachen u. s. Wirkgn. 8° (170) Lpzg 94, Renger. 2.50

Berthelen, Eug., neue Vorlagen f. Holz- u. Marmormalerei. Mit erläut. Text v. J. Bertot. gr. Fol. (32 farb. Taf. m. 2 Bl. Text.) Berlin 891. Hessling & Spielmeyer. In Mappe.

Berthelot, Marcellin

Berthelot, M., praktische Anleitung zur Ausführung thermochemischer Messungen. Autoris. Übersetzg. v. G. Siebert. 8. (XII, 111 S. m. Abbildgn.) Leipzig 893. J. A. Barth.

Berthelot u L Péan de St Gilles, Über Bildung und Zersetzung der Aether. (Ostwalds Klassiker 173) Leipzig 1910

Berthelot, Marcellin. Die Chemie im Altertum und im Mittelalter. Aus dem Französischen übertragen von Emma Kalliwoda in Lausanne. Durchgesehen, eingeleitet und mit Anmerkungen von Dr. phil. Franz Strunz.... Mit zwei Tafeln. XXVIII + 112 S. 8. Leipzig und Wien, Franz Deuticke, 1909. [M. 4. —]

Berthelot, M.: Chimie végétale et agricole. Chemie der Weine, Bildung der Äther in denselben, ihre Oxydation, ihr Bouquet, Veränderungen beim Altern, Bestimmung von Weinsäure und Weinstein. Vol. IV. Paris. 1899.

Berthelot, fouilles à Dahohour, s.: Morgan, J. de.

Science et Éducation. Discours et notices acad. par M[arcellin] Berthelot, Sénateur. *Paris: Lecène, Oudin & Cie 1901.* (XI, 384 S.) 8°
(Nouvelle bibliothèque variée.) [01. 10307 7

Berthelot, Marcellin.
Die chemische Synthese Autorisirte Ausgabe. Leipzig, 1877. 8vo. Internationale wissenschaftliche Bibliothek, vol. XXV.

Berthelot u. L Péan de Saint-Gilles: Untersuchgn üb. d. Affinitäten. Üb. Bildg u. Zersetzg d. Äther, s.a. Ostwald's, Wilh., Klassiker d. exakten Wissensch.

Untersuchungen über die Affinitäten. Über Bildung und Zersetzung der Äther [Recherches sur les affinités. De la formation et de la décomposition des éthers]. Von [Marcelin] **Berthelot** u. L. Péan de Saint-Gilles. Annales de Chimie et de Physique. Ser. 3, T. 65. 66. 68. Übers. u. hrsg. von Margarete u. Albert Ladenburg. Mit 2 Taf. Leipzig: W. Engelmann 1910. 242 S. 8°
(Ostwald's Klassiker d. exakt. Wissenschaften. Nr 173.) [10. 2031

Berthelt, August

Berthelt, A(ug.), praktische Anweisung zum deutschen Sprachunterrichte in den mittleren und unteren Klassen einer Volksschule. 1. Aufl. (VIII und 112 S.) 1852. und 2., verb. und verm. Aufl. 8. (VIII und 119 S.) Leipzig 854, Klinkhardt.

— praktische Anweisung zum deutschen Sprachunterrichte in den mittleren und unteren Klassen einer Volksschule. 3., verm. und verb. Aufl. 8. (VIII und 128 S.) Leipzig 857, Klinkhardt.

Berthelt, A., praktische Anweisung zum deutschen Sprachunterrichte in den unteren u. mittleren Klassen e. Volksschule. 4., verm. u. verb. Aufl. Leipzig 869. Klinkhardt. gr. 8. (VII, 104 S.) 7½ ngr

Berthelt, A., praktische Anweisung zum deutschen Sprachunterrichte in der Volksschule. 5., verm. u. verb. Aufl. gr. 8. (IV, 112 S.) Leipzig 873. Klinkhardt. n. — 80

Berthelt, August und Karl Petermann

Berthelt, A. (Mitarb.), s.a. Aufgaben zum Tafelrechnen.

— — **Methodisch-geordnete Aufgaben zum Tafelrechnen. 1—7. Hft. Ebend. 870. 8. Jedes Heft** 1½ ngr; Facitbuch zu 1—4. (63 S.) 5 ngr.
1. 1—5. Aufl. (32 S.) — 2. 1—5. Aufl. (40 S.) — 3. 1—4. Aufl. (24 S.) — 4. 1—5. Aufl. (36 S.) — 5. 1—4. Aufl. (32 S.) — 6. 1. u. 2. Aufl. (32 S.) — 7. (32 S.)

— — **8. Heft. Ebend. 870. 8. (48 S.)** 3 ngr; Facitbuch zu 5—8. (58 S.) 5 ngr.

— u. K. Petermann, Aufgaben zum Tafelrechnen in 4 Hftn. 1. u. 2. Hft. 8. (32 u. 36 S.) Ebend. 880. à — 15

— — dasselbe. Facitbuch m. methodischen Andeutungen zum 1—4. Hft. 8. Ebend. 880. n. 1. 40
1. 2. (52 S.) — 60. — 3. 4. (79 S.) n. — 80.

Berthelt, August, Jul. Jäkel, Karl Petermann, L. Thomas

—— —— —— —— **Aufgaben zum Tafelrechnen. Ausg. B. in 4 Heften. Für die Volksschule bearb. 8. Ebendas. 880—84.** *
Inhalt:
Heft 1. Zahlenraum von 1—10, von 1—20, von 1—100. 1.—10. Aufl. (32 S.) * 15 Pf.
" 2. Zahlenraum von 1—1000. Unbenannte und gleichbenannte Zahlen. 1.—10. Aufl. (36 S.) * 15 Pf.
" 3. Der unbegrenzte Zahlenraum. Bruchrechnung. Decimalrechnung. 1.—9. Aufl. (40 S.) * 15 Pf.
" 4. Einfache Regel de tri mit Brüchen. Zinsrechnung. Gesellschaftsrechnung. Kettenrechnung. Zinses-Zins-Discontorechnung. Zusammengesetzte Gesellschaftsrechnung. Mischungsrechnung. Geometrische Rechenaufgaben. Allgemeine Wiederholung. 1.—4. Aufl. (56 S.) * 25 Pf.

—— —— —— —— dass. — Facitbuch mit methodischen Andeutungen zu Heft 1 und 2. 8. (52 S.) Ebendas. 880. *

—— —— —— —— dass. — Facitbuch mit methodischen Andeutungen zu Heft 3 und 4. 8. (79 S.) Ebendas. 880. *

Berthelt, August und Karl Petermann

—— —— Aufgaben zum Tafelrechnen. Ausg. B. in 4 Heften. Für die Volksschule bearb. 8. Ebendas. *

Inhalt:

Heft 1. Zahlenraum von 1—10, von 1—20, von 1—100. 12.—15. Aufl. (32 S.) 886—88. * 15 Pf.

" 2. Zahlenraum von 1—1000. — Der unbegrenzte Zahlenraum. 1. Abtl. 12.—13. Aufl. (36 S.) 886—88. * 15 Pf.

" 3. Der unbegrenzte Zahlenraum. 2. Abtl. — Bruchrechnung. — Dezimalbruchrechnung. 10.—12. Aufl. (40 S.) 885—87. * 15 Pf.

" 4. Regel de tri in der Anwendung auf die wichtigsten bürgerlichen Rechnungsarten. 7. und 8. Aufl. (56 S.) 886. * 25 Pf.

—— —— dass. — Facitbuch mit methodischen Andeutungen zu Heft 1 und 2. 8. (52 S.) Ebendas. 885. *

—— —— dass. — Facitbuch mit methodischen Andeutungen zu Heft 3 und 4. 8. (79 S.) Ebendas. 885. *

Berthelt, August

— u. K. Petermann, Aufgaben zum Tafelrechnen. Ausg. B. in 4 Hftn. Für die Volksschule bearb. 8. Ebd. 889. 890. n. — 70

1. 2. 17. Aufl. (32 u. 36 S.) à n. — 15

3. 16. Aufl. (40 S.) n. — 15

4. 9. Aufl. (56 S.) n. — 25

—— u. K. Petermann. Aufgaben zum Tafelrechnen. Ausg. B. 4 Hefte. Für die Volksschule bearb. gr. 8. Ebd. [1. Heft. 20. Aufl. (32 S.) 892. * — 15; 2. Heft. 19. Aufl. (36 S.) 892. * — 15; 3. Heft. 18. Aufl. (40 S.) 892. * — 15; 4. Heft. 9. Aufl. (56 S.) 889. * — 25.] * — 70

— u. K. Petermann, Aufgaben zum Tafelrechnen. Ausg. B in 4 Hftn. Für die Volksschule bearb. 8. Ebd. n. — 70

1. 21. Aufl. (32 S.) n. — 15. — 2. 20. Aufl. (36 S.) n. — 15. — 3. 18. Aufl. (40 S.) n. — 15. — 4. 11. Aufl. (56 S.) n. — 25.

— u. K. Petermann, Aufgaben z. Tafelrechnen. Ausg. B. i. 4 Hftn. 1. u. 2. Hft. 8. Ebd. à n. — 15

1. 22. Aufl. (32 S.) 898. — 2. 21. Aufl. (36 S.) 896.

— u. K. Petermann, Aufgaben z. Tafelrechnen. Ausg. B. (In 4 Hftn.) Für die Volksschule bearb. 2. u. 3. Hft. 8. Ebd. 901. à n. — 15

2. 22. Aufl. (36 S.) 898. — 3. 20. Aufl. (40 S.) 901.

— u. K. Petermann, Aufgaben z. Tafelrechnen. Ausg. B. (In 4 Hftn.) Für die Volksschule bearb. 1. Hft. 23. Aufl. (32 S.) 8. Ebd. 903. n. — 15

— u. K. Petermann, Aufgaben zum Tafelrechnen. Ausg. B in 4 Heften. Für d. Volksschule bearb. I. Heft. 24. Aufl. (32 S.) 8. Ebd. 907. — 15

Berthelt, Aug., Chemie. Für Schulen und zum Selbstunterrichte. 6. verm. und verb. Aufl. A. u. d. T.: Kommentar zum größern und kleinern Handbuch rc. 2. Bdchn. gr. 8. (VI, 114 S. mit eingedr. Holzschn.-Abbild.) Leipzig 877, Klinkhardt. *

Berthelt, Aug., Chemie. Für Schulen und zum Selbstunterrichte. 7. verm. und verb. Aufl., bearb. von R. Kell. gr. 8. (IV, 118 S. mit 25 eingedr. Holzschn.-Abbild.) Leipzig 883, Klinkhardt. *

Berthelt, A., Chemie f. Schulen u. z. Selbstunterrichte. 8, neu durchgeseh. Aufl. gr. 8. (IV, 116 S. m. 25 Abbildgn) Leipzig 889. Klinkhardt. n. — 90

Berthelt, August, J. Jäkel und K. Petermann

—— —— —— und Thomas, deutsches Familienbuch. Lesebuch für Schule und Haus. 5. verb. und verm. Aufl. gr. 8. (XXV, 702 S.) Leipzig 875, Klinkhardt. geb. *

—— Geographie. Für Schulen und zum Selbstunterrichte. 1. Bdchn.: Himmelskunde, die Erde im Allgemeinen und Beschreibung der Erdtheile Asien, Afrika, Amerika und Australien. (Des Kommentars zum größern und kleinern Handbuche für Schüler von Berthelt, Jäkel, Petermann, 4. Bdchn.) Mit Abbildungen. gr. 8. (IV und 124 S. mit eingedr. Holzschn.) Leipzig 854(55,) Klinkhardt.

—— dass. — 2. Bdchn.: Europa mit besond. Berücksichtigung Deutschlands. (Des Kommentars rc. 5. Bdchn.) gr. 8. (IV und 116 S.) Ebds. 855. *

Berthelt, A(ug.), Geographie. Für Schulen und zum Selbstunterrichte. (Des Kommentars zum größern und kleinern Handbuche für Schüler von Berthelt, Jäkel und Petermann. 4. und 5. Bdchn.) 2., verb. und verm. Aufl. gr. 8. (VIII und 250 S. mit eingedr. Holzschn.) Leipzig 857, Klinkhardt. Thlr.

Berthelt, Aug., Geographie. Für Schulen u. zum Selbstunterrichte. Mit Abbildgn. (in Holzschn.) 3., verb. u. verm. Aufl. Leipzig 862. Klinkhardt. gr. 8. (VIII, 243 S.) 15 ngr

— Geographie. Für Schulen u. zum Selbstunterrichte. Mit (eingedr.) Abbildgn. (in Holzschn.) 5., nach den neuesten polit. Verändergn. verb. u. verm. Aufl. gr. 8. (VIII, 248 S.) Ebend. 871. 1. 50

— dasselbe. 6., verb. u. verm. Aufl. gr. 8. (VIII, 247 S.) Ebend. 875. n. 1. 60

—— die Geographie in Bildern oder charakterist. Darstellungen und Schilderungen aus der Länder- und Völkerkunde, gesammelt, bearb. und zu einem vollständigen Ganzen verbunden. 1. Aufl. (VIII und 364 S.) 1855. und 2., verm. und verb. Aufl. gr. 8. (X und 381 S.) Leipzig 856, Klinkhardt.

Vgl.: Aufgaben zum Tafelrechnen. — Geschichten, biblische. — Lebensbilder. — Lesebuch, erstes. — Rechenschule. — Sammlung poetischer Musterstücke. — Wandtafeln, XIV.

Berthelt, A., die Geographie in Bildern oder charakteristische Darstellungen und Schilderungen aus der Länder- und Völkerkunde. 3. verm. Aufl. bearb. von Rob. Trentzsch. gr. 8. (X, 408 S. mit 6 Abbild. und 1 Titelbilde in Farbendr.) Leipzig 873, Klinkhardt. cart. *

—— d. Geographie in Bildern. 4. Afl. bearb. v. R Trentzsch. 8. (410) Ebd. 75. n. 4. 50

— Geographie in Bildern. Charakteristische Darstellgn. u. Schildergn. aus der Länder- u. Völkerkunde, gesammelt, bearb. u. zu e. vollständ. Ganzen verbunden. 4. Aufl. verm. u. verb. v. Rob. Trentzsch. Mit Titel u. 6 Bildern in Farbendr. gr. 8. (VIII, 410 S.) Ebend. 876. n. 4. 50

Berthelt, A., Geographie in Bildern. Charakteristische Darstellgn. u. Schildergn. aus der Länder- u. Völkerkunde. 5., verm. u. m. 110 Holzschn. verseh. Aufl., neu bearb. v. Herm. Schillmann. gr. 8. (IX, 664 S.) Leipzig 892. J. Klinkhardt. Geb. in Leinw. n. 6. —

Bertheld, A., J. C. Jäkel u. K. G. Petermann, Geographie, Geschichte und Verfassung des Königreichs Sachsen, ein Anhang zum „größeren Handbuch für Schüler." 2. verb. u. verm. Aufl. gr. 8. Leipzig 846, Arnold'sche B. n. 2 ngr

Berthelt, August

— J. Jäkel, K. Petermann, Geographie, Geschichte u. Verfass. des Königr. Sachsen. 3. verb. Aufl. gr. 8. (40 S.) Leipzig 851, Klinkhardt. n. 2 ngr

—— J. Jäkel, C. Petermann, Geographie, Geschichte und Verfassung des Königr. Sachsen. 4., verb. Aufl. gr. 8. (48 S.) Leipzig 857, Klinkhardt. *

Berthelt, A., J. Jäkel, K. Petermann, Geographie, Geschichte und Verfassung des Königreichs Sachsen. 5., verb. Aufl. Ebend. 862. gr. 8. (43 S.) n. 2 ngr

Berthelt, Aug., J. Jäkel, K. Petermann, Geographie, Geschichte und Verfassung des Königr. Sachsen. 5. Aufl. 1862. und 6., verb. Aufl. gr. 8. (48 S.) Leipzig 865, Klinkhardt. *

—— J. Jäkel, K. Petermann, Geographie, Geschichte und Verfassung des Königr. Sachsen. 7. Aufl. 1869. und 8. verb. und verm. Aufl. 8. (39 S.) Leipzig 873, Klinkhardt. *

Berthelt, A., J. Jäkel, K. Petermann, Geographie, Geschichte u. Verfassung d. Königr. Sachsen. 9., nach den neuesten statist. Erhebgn. bearb. Aufl. 8. (39 S.) Leipzig 877. Klinkhardt. n.n. — 25

—— Jul. Jäkel und Karl Petermann, Geschichte, Geographie und Verfassung des Königr. Sachsen. 9. nach den neuesten statist. Erhebungen bearb. Aufl. 8. (89 S.) Ebendas. 877. *

Berthelt, August, Jul. Jäkel, Karl Petermann, L. Thomas

—— —— —— L. Thomas., biblische Geschichten. Mit den Worten der heil. Schrift erzählt. Ausg. mit 1 Titelbilde (in Holzschn.) 8. (IV und 167 S.) Leipzig 861, Klinkhardt. *

—— —— —— —— biblische Geschichten. Mit den Worten der heil. Schrift erzählt und mit Bibelsprüchen versehen. 2. Aufl. 1863. * 5 Ngr., 3. Aufl. 1865. und 4. Aufl. 8. (IV und 188 S.) Leipzig 866, Klinkhardt. 6 Ngr.; geb. *

—— —— —— dasselbe. Ohne Bilder. 7. Ster.-Aufl. 8. (IV, 188 S.) Ebend. 872. n. — 60

—— —— —— —— dass. — Ohne Bilder. 8.—11. Ster.-Ausg. 8. (IV, 188 S.) Ebendas. 875—79. * 60 Pf.; geb. *

—— —— —— —— dass. — Ausg. ohne Bilder. 12.—14. Aufl. 8. (IV, 188 S.) Ebendas. 881—84. * 60 Pf.; geb. *

—— —— —— —— dass. — Ausg. ohne Bilder. 15. und 16. Aufl. 8. (IV, 188 S.) Ebendas. 886,88. geb. *

— — — — dasselbe ohne Bilder. 18. Aufl. 8. (IV,188 S.) Ebd. 890. n. — 60; geb. n. — 80

— — — — dasselbe ohne Bilder. 19. Aufl. 8. (IV,188 S.) Ebd. 892. n. — 60; geb. n.n. — 80

Berthelt, Aug., J. Jäkel, K. Petermann, L. Thomas, bibl. Gesch. M. d. Worten d. hl. Schrift erz. u. m. Bibelsprüchen vers. Ausg. ohne Bilder. 20. Aufl. 8. (IV, 188 S.) Leipzig 895. J. Klinkhardt. n. — 60; geb. n.n. — 80

Berthelt, A, J Jäkel, K Petermann, L Thomas, bibl. Geschichten. 21. Afl. Neu bearb. v. O Ostermai. 8° (208 m. 2 Kart.) Lpzg 95, J Klinkhardt. — 60; geb. n.n. — 80

— — — — dasselbe. Neu bearb. v. O. Ostermai. Ausg. A. 23. Aufl. gr. 8. (VIII, 208 S. m. 2 eingedr. Karten.) Ebd. 898. n. — 60; geb. n.n. — 80

— — — L Thomas: Bibl. Gesch. Asg. A. 24. Afl. v. O Ostermai. 8° (212) Ebd. 1900. — 60; geb. nn — 80

— **Jäkel, Petermann, Thomas,** Biblische Geschichten. Neu bearb. v. O. Ostermai. Ausg. A. 25. Aufl. (5. Aufl. der Neubearbeitg.) gr. 8. (VIII, 212 S. m. 2 eingedr. Karten.) Ebd. 901. Geb. n.n. — 80

— **J Jäkel, K Petermann, L Thomas:** Bibl. Gesch. Neu bearb. v. O Ostermai. Ausg. A. 27. Afl. (212 m. 1 Karte.) 8° Ebd. '04. Geb. nn — 80 d

Berthelt A., Jäkel, Petermann, Thomas, biblische Geschichten. Neu bearb. v. O. Ostermai. Ausg. A. 28. Aufl. (VIII, 212 S. m. 2 eingedr. Karten.) 8. Leipzig 906. J. Klinkhardt. Geb. n.n. — 80

— **Jäkel, Petermann, Thomas,** biblische Geschichten. Neu bearb. v. O. Ostermai. Ausg. A. 29. Aufl. (VIII, 212 S. m. 2 eingedr. Karten.) 8. Ebd. 908. Geb. nn — 80

— **Jäkel, Petermann, Thomas:** Bibl. Gesch. Neu bearb. v. O Ostermai. Ausg. A. 30. Afl. (212 m. 2 Kart.) 8° Lpzg, J Klinkhardt '09. Geb. nn — 80 d

Berthelt, August, Jul. Jäkel, Karl Petermann, L. Thomas
—— —— biblische Geschichten mit Bildern. Mit den Worten der heiligen Schrift erzählt. Ausgabe mit 104 Holzschn. nach Orig. Zeichngn. von L. Hofmann u. E. Sachße. Ebend. 861. 8. (IV, 220 S.) n. 8 ngr; feine Ausg. geb. 15 ngr

— — **Mit 104 Illustr. (Holzschn.) nach Orig.-Zeichngn. von E. Sachße. 2. Aufl. 865. — 3. verb. Aufl. Ebend. 869. 8. (IV, 244 S.)** 9 ngr; geb. n. 12 ngr

—— —— —— —— biblische Geschichten mit Bildern. Mit den Worten der heil. Schrift erzählt und mit Bibelsprüchen versehen. 3. Aufl. 1869, und 4. verb. Aufl. 8. (IV, 244 S. mit 104 Illustr. in Holzschn. nach Orig.-Zeichnungen von Emil Sachße.) Leipzig 872, Klinkhardt. * geb. *

—— —— —— dasselbe. 5. verb. Aufl. 8. (244 S.) Ebend. 874. n. 1. —

—— —— —— und Thomas, biblische Geschichten mit Bildern. Mit den Worten der heil. Schrift erzählt und mit Bibelsprüchen versehen. Mit 104 Illustr. (in eingedr. Holzschn.) nach Orig.-Zeichnungen von Emil Sachße. 5. verb. Aufl. (244 S.); 6. verb. Aufl. 8. (IV, 244 S.) Ebendas. 877. * geb. *

—— —— —— **und L. Thomas, biblische Geschichten mit Bildern. Mit den Worten der heil. Schrift erzählt und mit Bibelsprüchen versehen. Mit 104 (eingedr. Holzschn.-)Illustr. nach Orig.-Zeichnungen von Emil Sachße. 7.—10. Aufl. 8. (IV, 244 S.) Ebendas. 880—84.** *M 1.; geb. *

—— —— —— und L. Thomas, biblische Geschichten mit Bildern. Mit den Worten der heil. Schrift erzählt und mit Bibelsprüchen versehen. 11.—13. Aufl. 8. (IV, 244 S. mit 104 Illustr. nach Orig.-Zeichnungen von Emil Sachße.) Ebendas. 886—88. *M 1.; geb. *

— — — — dasselbe m. Bildern. Mit den Worten der heil. Schrift erzählt u. m. Bibelsprüchen versehen. Mit 104 Illustr. nach Orig.-Zeichngn. v. Emil Sachße. 14. Aufl. 8. (IV, 244 S.) Ebd. 890. n. 1. —; geb. n. 1. 25

—— —— —— u. L. Thomas. Biblische Geschichten mit Bildern. Mit den Worten der heil. Schrift erzählt u. mit Bibelsprüchen versehen. Mit 104 Illustr. nach Original-Zeichnungen v. Emil Sachße. 15. Aufl. 8. (IV, 244 S.) Ebd. 892. * 1 —; geb. * 1 25

— — — — dasselbe m. Bildern. Mit den Worten der heil. Schrift erzählt u. m. Bibelsprüchen versehen. Mit 104 Illustr. nach Orig.-Zeichngn. v. Emil Sachße. 16. Aufl. 8. (IV, 244 S.) Ebd. 894. n. 1. —; geb. n.n. 1. 25

— — — — dasselbe. Ausg. B. M. Abb. v. Emil Sachße, Schnorr v. Carolsfeld u. a. 18. Aufl. (2. Aufl. d. Neubearbeitg.) gr. 8. (VIII, 260 S. m. 2 Karten.) Ebd. 897. n. 1. —; geb. n. 1. 25

— — — — dass. Asg. B. 19. Afl. v. O Ostermai. (3. Afl. d. Neubearbeitg.) 8° (263 m. Abb. u. 2 Kart.) Ebd. 99. 1 —; geb. 1.25

— — — — dasselbe. Ausg. B. Mit Abbildgn. v. Emil Sachße, Schnorr v. Carolsfeld u. a. 20. Aufl. (4. Aufl. der Neubearbeitg.) gr. 8. (VIII, 263 S. m. 2 eingedr. Karten.) Ebd. 901. n. 1. —; geb. n.n. 1. 25

— — — — dass. Ausg. B. 22. Afl. (268 m. Abb. u. 2 Kart.) 8° Ebd. '04. Geb. nn 1.25 d

— — — — dasselbe. Ausg. B. Mit Bildern v. Schnorr v. Carolsfeld. 23. Aufl. (VIII, 248 S. m. 2 eingedr. Karten.) 8. Ebd. 906. Geb. n.n. 1. 25

— — — — dasselbe. Ausg. B. Mit Bildern v. Schnorr v. Carolsfeld. 24. Aufl. (VIII, 248 S. m. 2 eingedr. Kart.) 8. Ebd. 908. Geb. nn 1. 25

— **Jäkel, Petermann, Thomas:** Bibl. Geschichten. Ausg. B. 27. Afl. v. Osk. Ostermai. (248 m. Abb. u. farb. Ktn.) 8° Ebd. '12. geb. 1.30 d

Berthelt, Jäkel, Petermann, Thomas, biblische Geschichten für Mittel- u. Unterklassen deutscher Volksschulen. Zugleich ein Anhang zu „Lebensbilder II." 2. unveränd. Stereot.-Abdr. 855. — 3. Stereot.-Aufl. Ebend. 857. 8. (IV, 119 S.) n. 4 ngr

—— —— —— —— dass. — für Mittel- und Unterklassen deutscher Volksschulen. Zugleich ein Anhang zu „Lebensbilder II." 4., unveränd. Ster.-Aufl. 8. (IV und 119 S.) Ebendas. 858. *

— — — — biblische Geschichten für Mittel- und Unterklassen deutscher Volksschulen. Zugleich als Anhang zu „Lebensbildern II." 4—7. Stereot. Aufl. Ebend. 859—63. 8. (IV, 119 S.) 3¾ ngr.

— — — L. Thomas, biblische Geschichten für Mittel und Unterklassen deutscher Volksschulen. Zugleich als Anhang zu „Lebensbilder II." 7.—10. Ster.-Aufl. 8. (IV und 119 S.) Leipzig 863—67, Klinkhardt. 4 Ngr.; geb. *

— — für Mittel- u. Unterklassen deutscher Volksschulen. 10—12. Stereot.-Aufl. Ebend. 866—69. 8. (IV, 119 S.) 3¾ ngr.

Berthelt, A., J. Jäkel, K. Petermann und L. Thomas, biblische Geschichten für Mittel- und Unterklassen deutscher Volksschulen. 12.—15. Ster.-Aufl. 8. (IV, 119 S.) Leipzig 869—73, Klinkhardt. *.

— — — — biblische Geschichten für Mittel- und Unterklassen deutscher Volksschulen. 16.—19. verb. Aufl. 1877; 20.—22. Aufl. 8. (IV, 119 S.) Ebendas. 878—79. * 35 Pf.; geb. *

— — — — dass. — für Mittel- und Unterklassen deutscher Volksschulen. 23.—27. Aufl. 8. (127 S.) Ebendas. 880—84. * 35 Pf.; geb. *

— — — — dass. — für Mittel- und Unterklassen deutscher Volksschulen. 28.—30. Aufl. 8. (127 S.) Ebendas. 886—88. * 35 Pf.; geb. *

— — — L. Thomas, biblische Geschichten f. Mittel- u. Unterklassen deutscher Volksschulen. 32. Aufl. 8. (127 S.) Ebd. 890. n. — 35; geb. n. — 50

Berthelt, A., J. Jäkel, K. Petermann u. L. Thomas. Biblische Geschichten für Mittel- und Unterklassen deutscher Volksschulen. 33. Aufl. 8. (127 S.) Lpz. 892, Klinkhardt. * — 35; geb. * — 50

— J. Jäkel, K. Petermann, L. Thomas, biblische Geschichte f. Mittel- u. Unterklassen deutscher Volksschulen. 34. Aufl. 8. (127 S.) Ebd. 893. n. — 35; geb. n.n. — 50

— J Jäkel, K Petermann, L Thomas, bibl. Geschichten f. Mittel- u. Unterklassen deut. Volksschulen. 35. Afl. 8° (127) Lpzg 95, J Klinkhardt. — 35; geb. n.n. — 50

— — — — dasselbe. Ausg. C. (ohne Abb.) 37. Aufl. (2. Aufl. d. Neubearbeitg.) gr. 8. (VIII, 163 S. m. 1 Karte.) Ebd. 897. n. — 45; geb. n. — 60

— — — — dass. Asg. C. (Ohne Abb.) 38. Afl. v. O Ostermai. (3. Afl. d. Neubearbeitg.) 8° (163 m. 1 Karte.) Lpzg 99, J Klinkhardt. — 45; geb. nn — 60

— — — — dasselbe. Ausg. C. (ohne Abbildgn.) 39. Aufl. (4. Aufl. der Neubearbeitg.) gr. 8. (VIII, 164 S. mit 1 eingedr. Karte.) Ebd. 902. Geb. n.n. — 60

— — — — dasselbe. Neu bearb. v. O. Ostermai. Ausg. C. 40. Aufl. (5. Aufl. der Neubearbeitg.) (VIII, 164 S. m. 1 eingedr. Karte.) 8. Ebd. 905. Geb. n.n. — 60

— — — — dasselbe. Ausg. C. 41. Aufl. (6. Aufl. der Neubearbeitg.) (VIII, 164 S. m. 1 eingedr. Karte.) 8. Ebd. 908. Geb. nn — 60

— — — — dass. Ausg. C. 42. Afl. v. Osk. Ostermai. (8, 164) 8° Ebd. '11. geb. — 60 d

Berthelt, August, J. Jäkel und K. Petermann

— — — Handatlas für Schüler zum Gebrauche bei dem Unterrichte in der Geographie. qu. Imp.-4. (8 lith. und ill. Bl.) Leipzig 851, Klinkhardt. *

Berthelt, A(ug.), J. Jäkel, C. Petermann, Handatlas für Schüler beim Unterrichte in der Geographie und Geschichte. 3., umgearb. und verm. Aufl. hoch 4. (9 lithogr. und ill. Karten in qu. Imp.-4.) Leipzig 855, Klinkhardt. Thlr. *

— — — Handatlas für Schüler beim Unterrichte in der Geographie und Geschichte. 7. Aufl. Lex.-8. (9 ill. Karten in Stndr. in gr. 4.) Leipzig 859, Klinkhardt. *.

— — — größeres Handbuch f. Schüler z. Gebrauche b. Unterr. in Bürgerschulen u. höheren Unterrichtsanstalten. 2., verb. u. verm. Aufl. gr. 8. (13¾ B.) Leipzig 846, Arnoldische Buchh. * 25 Exempl. *

— — — größeres Handbuch für Schüler zum Gebrauche bei dem Unterrichte in Bürgerschulen und höheren Unterrichtsanstalten. 3., verb. Aufl. gr. 8. (VI und 216 S.) Leipzig 851, Klinkhardt. *

— — — größeres Handbuch für Schüler zum Gebrauche bei dem Unterrichte in Bürgerschulen und höheren Unterrichtsanstalten. 4., verb. Aufl. gr. 8. (VI und 218 S.) Leipzig 854, Klinkhardt. *

— — — größeres Handbuch für Schüler zum Gebrauche bei dem Unterrichte in Bürgerschulen und höheren Unterrichtsanstalten. 5. und 6., verm. und verb. Aufl. gr. 8. (VIII und 223 S.) Leipzig, 857. 60, Klinkhardt. *

— — — größeres Handbuch für Schüler zum Gebrauch bei dem Unterrichte in Bürgerschulen und höheren Unterrichtsanstalten. 7. Aufl. 1863. und 8., verm. und verb. Aufl. gr. 8. (IV und 236 S.) Leipzig 866, Klinkhardt. * 8 Ngr.; geb. *

— J. Jäkel, K. Petermann, größeres Handbuch für Schüler zum Gebrauche bei dem Unterrichte in Bürgerschulen u. höheren Unterrichtsanstalten. 8—10., bis auf die neueste Zeit verm. u. verb. Aufl. Ebend. 866—70. gr. 8. (IV, 236 S.) 9 ngr; geb. n. 12 ngr

— — größeres Handbuch f. Schüler zum Gebrauche bei dem Unterrichte in Bürgerschulen u. höheren Unterrichtsanstalten. 11., bis auf die neueste Zeit verm. u. verb. Aufl. gr. 8. (IV, 236 S.) Ebend. 872. n. — 90

— — — dasselbe. 12. bis auf die neueste Zeit verm. u. verb. Aufl. gr. 8. (VIII, 230 S.) Ebend. 874. n. 1. —

— Jul. Jäkel, Karl Petermann, größeres Handbuch für Schüler zum Gebrauche bei dem Unterrichte in Bürgerschulen u. höheren Unterrichtsanstalten. 13., bis auf die neueste Zeit verm. u. verb. Aufl. gr. 8. (IV, 231 S.) Ebend. 877. n. 1. —

— Jul. Jäckel und Karl Petermann, größeres Handbuch für Schüler zum Gebrauche bei dem Unterrichte in Bürgerschulen und höheren Unterrichtsanstalten. 14. bis auf die neueste Zeit verm. und verb. Aufl. gr. 8. (IV, 219 S.) Ebendas. 882. *ℳ 1.; geb. *

— J. Jäkel, K. Petermann, größeres Handbuch f. Schüler zum Gebrauche bei dem Unterrichte in Bürgerschulen u. höheren Unterrichtsanstalten. 15., verm. u. wesentlich verb. Aufl. gr. 8. (IV, 220 S.) Ebend. 885. n. 1. —; geb. n.n. 1. 30

— J. Jäkel, K. Petermann, größeres Handbuch f. Schüler zum Gebrauche bei dem Unterrichte in Bürgerschulen u. höheren Unterrichtsanstalten. 16., neu durchgeseh. u. durch Zusätze erweit. Aufl. gr. 8. (IV, 220 S.) Ebd. 888. n. 1. —

— J. Jäkel, K. Petermann, größ. Handbuch f. Schüler z. Gebr. b. d. Unterr. i. Volksschulen u. höh. Unterrichtsanst. 17., neu durchgeseh. u. durch Zusätze erweit. Aufl. gr. 8. (IV, 224 S.) Leipzig 896. J. Klinkhardt. n. 1. —; geb n. 1. 30

— — — kleineres Handbuch für Schüler zum Gebrauche bei dem Unterrichte in Volksschulen. 2., verb. Aufl. 8. (IV und 156 S.) Leipzig 851, Klinkhardt. *

— — — kleineres Handbuch für Schüler zum Gebrauche bei dem Unterrichte in Volksschulen. 3. verb. Aufl. Ebend. 859. 8. (V, 154 S.) n. 8 ngr.

— — — kleineres Handbuch für Schüler zum Gebrauche bei dem Unterrichte in Volksschulen. 4., verb. Aufl. 8. (IV und 148 S.) Leipzig 865, Klinkhardt. 6 Ngr.; geb. *

—— —— —— kleineres Handbuch für Schüler zum Gebrauche bei dem Unterricht in Volksschulen. 5. und 6., bis auf die neueste Zeit verm. und verb. Aufl. 8. (IV, 131 S.) Ebendas. 869,72. 60 Pf.; geb. *

—— —— —— kleineres Handbuch für Schüler zum Gebrauche bei dem Unterricht in Volksschulen. 7. verm. und verb. Aufl. 8. (IV, 124 S.) Ebendas. 875. *
geb. *

— — — kleineres Handbuch f. Schüler zum Gebrauche beim Unterrichte in Volksschulen. 8., verm. u. verb. Aufl. gr. 8. (IV, 108 S.) Ebend. 882. n. — 60

— — — kleineres Handbuch f. Schüler zum Gebrauche beim Unterricht in Volksschulen. 9., verm. Aufl. gr. 8. (IV, 108 S.) Ebd. 889. n. — 60; geb. n. — 80

—— —— —— Handbuch f. Schüler z. Gebr. bei dem Unterr. in d. gemeinnützigen Kenntnissen. gr. 8. (13 B.) Leipzig 846, Arnoldische Buchh. *

Berthelt, August, J. Jäkel und K. Petermann

— — — Kommentar zum größeren und kleineren Handbuche für Schüler. Ebend. gr. 8.
1. Bdchn.: Naturlehre. Für Schulen und zum Selbstunterrichte. Von A. Berthelt. Mit vielen Abbildgn. (Holzschn. im Text.) 853. — 2. Aufl. 854. (3 Bl., IV, 102 S.) n. 7½ ngr
2. Bdchn.: Chemie. Für Schulen u. zum Selbstunterrichte. Von A. Berthelt. Mit Abbildgn. (Holzschn. im Text.) 853. (2 Bl., 108 S.) — 2. verm. u. verb. Aufl. 856. (3 Bl., 113 S.) n. 7½ ngr
3. " Christliche Religionsgeschichte. Für Lehrer u. Schüler. Von J. C. Jäkel. 854. (3 Bl., 89 S.) 7½ ngr
6. " 1. Abth. Der menschliche Körper. 1. Abth.: Kenntniß desselben. Von Thdr. Leonhardi-Astern. und Jul. Cäsar Jäkel. Mit Abbildgn. (Holzschn. im Text.) Ebend. 856. (2 Bl., V, 111 S.) 7½ ngr
7. " der menschliche Körper. 2. Abth.: Pflege desselben. Von Rud. Walther und Jul. Cäsar Jäkel. 856. (4 Bl., 124 S.) 7½ ngr

— — — Kommentar zum größeren und kleineren Handbuche für Schüler. Ebend. gr. 8. Jedes Bdchn. 7½ ngr
1. Bdchn.: Naturlehre. Für Schulen u. zum Selbstunterrichte. Von A. Berthelt. Mit vielen Abbildgn. (Holzschn. im Text.) 3. Aufl. 859. — 4. verb. u. verm. Aufl. 863. (X, 109 S.)
3. Bdchn.: Geschichte der christlichen Kirche für evangel. Schulen. Von J. C. Jäkel. 2. Aufl. 859. (IV, 112 S.)
8. Bdchn.: Bibelkunde für evangelische Schulen. Von J. C. Jäkel. Mit 1 (lith.) Karte von Palästina (in Fol.) 860. (VII, 136 S.)
9. 10. Bdchn.: Pflanzenkunde. Für Schulen u. zum Selbstunterrichte. Von A. Berthelt u. Ernst Besser. Mit vielen Abbildungen (Holzschn. im Text.) 862. (VIII, 239 S.)
11. 12. Bdchn.: Geschichte der deutschen Literatur. Die Poesie. Für Schulen u. zum Selbstunterrichte. Von Joh. Glob. E. Burkhardt. 865. (X, 245 S.)

—— —— —— Kommentar zum größeren und kleineren Handbuche für Schüler. 1. 3.—6. 9.—14. Bdchn. gr. 8. Leipzig 863—67, Klinkhardt.
Inhalt:
Bdchn. 1. Berthelt, A., Naturlehre. Für Schulen und zum Selbstunterrichte. 4.—6., verb. und verm. Aufl. (X und 110 S. mit vielen Abbild. in eingedr. Holzschn.) 863—67. 7½ Ngr.
" 3. Jäkel, J. C., Geschichte der christlichen Kirche für evangel. Schulen. 3., vervollständ. Aufl. (IV und 114 S.) 867. 7½ Ngr.
Bdchn. 4. 5. Berthelt, A., Geographie. Für Schulen und zum Selbstunterrichte. 3. Aufl. und 4., nach den neuesten politischen Veränderungen verb. und verm. Aufl. (VIII und 246 S. mit Abbild. in eingedr. Holzschn.) 862,67. 15 Ngr.
" 6. Leonhardi-Aster, Thdr., und Jul. Cäsar Jäkel, der menschliche Körper. 1. Abthl.: Kenntniß desselben und einiger seiner Lebensvorgänge. 2., erweit. Aufl. (VIII und 140 S. mit Abbild. in eingedr. Holzschn.) 865. 7½ Ngr.
" 9. 10. Berthelt, A., und Ernst Besser, Pflanzenkunde. Für Schulen und zum Selbstunterrichte. 2., verb. und verm. Aufl. (X und 229 S. mit vielen Abbild. in eingedr. Holzschn.) 866. 15 Ngr.
" 11. 12. Burkhardt, Joh. Glob. Ernst, Geschichte der deutschen Literatur. I.: Die Poesie. Für Schulen und zum Selbstunterrichte. (X und 245 S.) 865. 15 Ngr.
" 13. 14. —— dass. — II.: Die Prosa. Für Schulen und zum Selbstunterrichte. (XVIII und 233 S.) 867. 15 Ngr.

—— —— —— Kommentar zum größeren und kleineren Handbuche für Schüler. 14 Bdchn. 8. Ebendas. *
Inhalt:
Bdchn. 1. Berthelt, A., Naturlehre. Für Schulen und zum Selbstunterrichte. 7.—9. Aufl. 1868—72. 75 Pf., und 10. verb. und verm. Aufl. (X, 110 S. mit vielen Abbild. in eingedr. Holzschn.) 874. * 90 Pf.
" 2. —— Chemie. Für Schulen und zum Selbstunterrichte. 3. Aufl. 1868. 75 Pf.; 4. Aufl. 1871, und 5. verb. und verm. Aufl. (VI, 114 S. mit Abbild. in eingedr. Holzschn.) 873. * 90 Pf.
" 3. Jäkel, J. C., Geschichte der christlichen Kirche für evangelische Schulen. 4., durchgeseh. Aufl. (VIII, 108 S.) 872. * 90 Pf.
" 4. 5. Berthelt, A., Geographie. Für Schulen und zum Selbstunterrichte. 5., nach den neuesten polit. Veränderungen verb. und verm. Aufl. 1871. ℳ 1,50., und 6. verb. und verm. Aufl. (VIII, 247 S. mit eingedr. Abbild. in Holzschn.) 875. * ℳ 1,60.
" 6. Jäkel, J. C., und Leonhardi-Aster, der menschliche Körper. 1. Abthl.: Kenntniß desselben und einiger seiner Lebensvorgänge. Mit Abbild. 2. erweiterte Aufl. 865. 75 Pf.
" 7. —— —— und Rud. Walther, dass. — 2. Abthl.: Pflege desselben. 856. 75 Pf.
" 8. —— Bibelkunde für evangelische Schulen. 2. durchgeseh. Aufl. Mit einer Karte von Palästina. 866. 90 Pf.
" 9. 10. Berthelt, A., und Ernst Besser, Pflanzenkunde. Für Schulen und zum Selbstunterrichte. 3. umgearb. und verm. Aufl. (VIII, 236 S. mit vielen eingedr. Abbild. in Holzschn.) 873. * ℳ 1,80.
" 11. 12. Burkhardt, Joh. Glob. Ernst, Geschichte der deutschen Literatur. I.: Die Poesie. Für Schulen und zum Selbstunterrichte. 2., verb. und verm. Aufl. (XII, 271 S.) 870. ℳ 1,80.
" 13. 14. —— dass. — II. Die Prosa. 867. ℳ 1,80.

Berthelt, A(ug.), Lebensbilder, s.a. Lebensbilder.

Berthelt, August, Jul. Jäkel, Karl Petermann, L. Thomas

— — — — Lebensbilder I. Lese- u. Schreib-Fibel für Elementarklassen. Nach der analytisch-synthet. Lesemethode. 19—27. Aufl. Ebend. 859—62. 8. (89 S. m. Holzschn. im Text u. 3 Holzschntaf.) n. 5 ngr

— — — — Lebensbilder II. Lesebuch für die Mittelklassen deutscher Volksschulen. Nach dem Anschauungsunterrichte von Denzel geordnet. 16—24. Aufl. Ebend. 859—62. 8. (XVIII, 248 S.) n. 6 ngr; geb. n. 9 ngr

— — — — Lebensbilder III. Lesebuch für Oberklassen deutscher Volksschulen. 12—17. Aufl. Ebend. 859—63. gr. 8. (X, 430 S.) n. 12 ngr; geb. n. 16 ngr

— — — Lebensbilder IV. Lesebuch für höhere Bildungsanstalten. 2 Abthlgn. 3., verm. u. verb. Aufl. Ebend. 859. gr. 8. Jede Abth. 15 ngr
1. Abth.: Erzählende, dramatische, schildernde und belehrende Schreibart. (XX, 348 S.)
2. Abth.: Naturbilder, Bilder aus der Länder- u. Völkerkunde. (VIII, 303 S.)

—— —— —— —— Lebensbilder I. Lese- und Schreib-Fibel für Elementarklassen. Nach der analytisch-synthet. Lesemethode. 27.—38. Aufl. 8. (94 S. mit eingedr. Holzschn.) Leipzig 862—67, Klinkhardt. 3¾ Ngr.; geb. *

—— —— —— —— Lebensbilder II. Lesebuch für Mittelklassen deutscher Volksschulen. Nach dem Anschauungsunterrichte von Denzel geordnet. 22.—33. Aufl. 8. (XVIII und 246 S.) Leipzig 862—67, Klinkhardt. * 6 Ngr.; geb. *

—— —— —— —— Lebensbilder III. Lesebuch für Oberklassen deutscher Volksschulen. 16.—22. Aufl. gr. 8. (X und 430 S.) Leipzig 862—67, Klinkhardt. * 12 Ngr.; geb. *

—— —— —— —— Lebensbilder IV. Lesebuch für höhere Bildungsanstalten. 4., verm. und verb. Aufl. gr. 8. (XX und 651 S.) Leipzig 865, Klinkhardt. 1 Thlr.; geb.

—— —— —— —— Lebensbilder. I—IV. gr. 8. Leipzig 868—74, Klinkhardt.
Inhalt:
I. Lese- und Schreib-Fibel für Elementarklassen. Nach der analytisch-synthetischen Lesemethode. 39.—52. Aufl. (94 S. mit eingedr. Holzschn.) 25 Pf.; geb. ** 30 Pf.
II. Lesebuch für Mittelklassen deutscher Volksschulen. Nach dem Anschauungsunterricht von Denzel geordnet. 34.—45. Aufl. (XVIII, 246 S.) * 60 Pf.; geb. * 90 Pf.
III. Lesebuch für Oberklassen deutscher Volksschulen. 23.—29. verb. Aufl. (X, 422 S.) * ℳ 1,20.; geb. * ℳ 1,60.
IV. Lesebuch für höhere Bildungsanstalten. 5. verb. und verm. Aufl. (XXV, 702 S.) * ℳ 4.; geb. * ℳ 4,75.
Vgl.: Wagner, Heinr. Ed., Bilder für den Anschauungs-Unterricht.

—— —— —— —— Lebensbilder I—IV. gr. 8. Ebendas. 875—79. *ℳ 6,75.; geb. *

Inhalt:

I. Lese- und Schreib-Fibel für Elementarklassen. Nach der analytisch-synthet. Lesemethode. 53.—60. Aufl. (94 S. mit eingedr. Holzschn.) * 35 Pf.; geb. * 50 Pf.

II. Lesebuch für Mittelklassen deutscher Volksschulen. Nach dem Anschauungsunterrichte von Denzel geordnet. 53. Aufl. (X, 246 S.); 54.—56. Aufl. (XVIII, 246 S.) * 60 Pf.; geb. * 90 Pf.

III. Lesebuch für Oberklassen deutscher Volksschulen. 30. und 31. verb. Aufl. (X, 422 S.); 32.—35. verm. und verb. Aufl. (X, 446 S. und Anhang: Sachsen 8 S.) *ℳ 1.20.; geb. *ℳ 1,60. Umgearb., verb. und verm. Ausg. 2 Thle. (VIII, 259; VI, 281 S.) à Thl. * 90 Pf.; geb. *ℳ 1,25.

IV. Lesebuch für höhere Bildungsanstalten. 5. verm. und verb. Aufl. (XXV, 702 S.) *ℳ 4.; geb. *ℳ 4,60.

—— —— —— —— Lebensbilder I—III. gr. 8. Ebendas. 880—84. *ℳ 2,19.; geb. *

Inhalt:

I. Lese- und Schreib-Fibel für Elementarklassen. Nach der analytisch-synthet. Lesemethode. 61.—66. Aufl. (94 S. mit eingedr. Holzschn.) * 35 Pf.; geb. 52 Pf.

II. Lesebuch für Mittelklassen deutscher Volksschulen. Nach dem Anschauungsunterrichte von Denzel geordnet. 57.—62. Aufl. (XVIII, 246 S.) * 64 Pf.; geb. * 90 Pf.

III. Lesebuch für Oberklassen deutscher Volksschulen. 36. verb. Aufl. (X, 434 S.); 37. Aufl. (X, 446 S.) *ℳ 1,30.; geb. *ℳ 1,60.

IV. Ebendas. 1875. *ℳ 4.; geb. *ℳ 4,60.

—— —— —— —— Lebensbilder I—III. 8. Ebendas. **ℳ 2.15.; geb. **

I. Lese- und Schreib-Fibel für Elementarklassen. Nach der analytisch-synthet. Lesemethode. 70.—72. Aufl. (94 S. mit Illustr.) 885—87. * 35 Pf.; geb. ** 50 Pf.

II. Lesebuch für Mittelklassen deutscher Volksschulen. Nach dem Anschauungsunterrichte von Denzel geordnet. 64.—68. Aufl. (XVIII, 246 S.) 884—88. * 60 Pf.; geb. ** 90 Pf.

III. Lesebuch für Oberklassen deutscher Volksschulen. Preisgekrönt auf den Weltausstellungen zu Paris 1867 und Wien 1873. 39.—41. Aufl. (X, 446, 8 S.) 885—87. *ℳ 1.20.; geb. *ℳ 1.60.

IV. Ebendas. 1875. *ℳ 4.—.

—— —— —— —— Lebensbilder I—III. 8. Ebd. 889. n. 2. 15; geb. n.n. 3. —

I. Lese- u. Schreibfibel f. Elementarklassen. Nach der analytisch-synthet. Lesemethode. 73. Aufl. (94 S.) n. — 35; geb. n.n. — 50

II. Lesebuch f. Mittelklassen deutscher Volksschulen. Nach dem Anschauungsunterrichte v. Denzel geordnet. 69. Aufl. (XVIII, 246 S.) n. — 60; geb. n.n. — 90

III. Lesebuch f. Oberklassen deutscher Volksschulen. 42. Aufl. (X, 446 u. Anh. 8 S.) n. 1. 20; geb. n.n. 1. 60

—— —— —— —— Lebensbilder I—III. 8. Ebd. * 2 15 geb. ** 3 —

I. Lese- u. Schreibfibel f. Elementarklassen. Nach der analytisch-synthet. Lesemethode. 74. Aufl. (96 S.) 891. * — 35; geb. ** — 50.

II. Lesebuch f. Mittelklassen deutscher Volksschulen. Nach dem Anschauungsunterrichte v. Denzel geordnet. 71. Aufl. (XVIII, 246 S.) 892. * — 60; geb. ** — 90.

III. Lesebuch f. Oberklassen deutscher Volksschulen. 43. Aufl. (X, 446 S.; Anh. 8 S.) 891. * 1 20; geb. ** 1 60.

—— —— —— —— Lebensbilder. I—III. 8. Ebd. n. 2. 15; geb. n.n. 3. —

I. Lese- u. Schreib-Fibel f. Elementarklassen. Nach der analytisch-synthet. Lesemethode. 75. Aufl. (96 S. m. Bildern.) 893. n. — 35; geb. n.n. — 50

II. Lesebuch f. Mittelklassen deutscher Volksschulen. Nach dem Anschauungsunterrichte v. Denzel geordnet. 71. Aufl. (XVIII, 246 S.) 892. n. — 60; geb. n.n. — 90

III. Lesebuch f. Oberklassen deutscher Volksschulen. 43. Aufl. (X, 446 u. 8 S.) 891. n. 1. 20; geb. n.n. 1. 60

—— —— —— —— Lebensbilder. I.—III. 8. Ebd. 898. n. 2. 15; geb. n.n. 3. —

I. Lese- u. Schreib-Fibel f. Elementarklassen. N. d. analyt.-synthet. Leselehrmeth. 76. Aufl. (96 S. m. Abb.) n. — 35; geb. n.n. — 50

II. Lesebuch f. Mittelkl. deutscher Volksschulen. N. d. Anschauungsunterr. v. Denzel geordn. 73. Aufl. (XVIII, 246 S.) n. — 60; geb. n.n. — 90

III. Lesebuch f. Oberkl. deutscher Volksschulen. 44. Aufl. gr. 8. (X, 446 u. 8 S.) n. 1. 20; geb. n.n. 1. 60

—— —— —— —— Lebensbilder. II. 8. Ebd. n. — 60; geb. n.n. — 90

Lesebuch f. Mittelklassen deutscher Volksschulen. Nach dem Anschauungsunterrichte v. Denzel geordnet. 74. Aufl. (XVIII, 246 S.) 902.

—— —— —— —— Lebensbilder. I u. II. 8. Ebd. 905. Geb. n.n. 1. 40

I. Lese- u. Schreib-Fibel f. Elementarklassen. Nach der analytisch-synthet. Lesemethode. 77. Aufl. (96 S. m. Abbildgn.) Geb. n.n. — 50

II. Lesebuch f. Mittelklassen deutscher Volksschulen. Nach dem Anschauungsunterrichte v. Denzel geordnet. 75. Aufl. (XVIII, 246 S.) 905. Geb. n.n. — 90

—— —— —— —— Lebensbilder II. Lesebuch f. Mittelklassen deutscher Volksschulen. 76. Aufl. (XVIII, 246 S.) 8. Ebd. 909. Geb. — 90

Berthelt, August, Jäkel, Petermann, Thomas: Neue Lebensbilder, s.a. Lebensbilder

—— —— —— —— neue Lebensbilder I. Lese- und Schreib-Fibel für Elementarklassen. Nach der analytisch-synthet. Lesemethode. 24. Aufl. 8. (86 S. mit eingedr. Holzschn.) Leipzig 860, Klinkhardt. geb. *

Berthelt, August, Jul. Jäkel, Karl Petermann, L. Thomas

—— —— —— —— Erstes Lesebuch nach der Schreiblesemethode. Ebend. 856. 8. (1 Bl., 77 S.) 3 ngr.

—— —— —— —— erstes Lesebuch nach der Schreiblesemethode. 2., verb. Aufl. 8. (77 S.) Leipzig 860, Klinkhardt. geb.

—— —— —— —— erstes Lesebuch nach der Schreiblesemethode. 5. und 6., verb. Aufl. 8. (78 S.) Leipzig 866,67, Klinkhardt. 3 Ngr.; geb.

—— —— —— —— erstes Lesebuch nach der Schreiblesemethode. 7.—11. verb. Aufl. 8. (78 S.) Leipzig 868—73, Klinkhardt. 35 Pf.; geb. *

—— —— —— —— erstes Lesebuch nach der Schreiblesemethode. 12.—15. Aufl. 8. (78 S.) Ebendas. 875—77. * 33 Pf.; geb. *

—— —— —— —— erstes Lesebuch nach der Schreiblesemethode. 16.—20. Aufl. 8. (80 S.) Leipzig 880,81, Klinkhardt. * 33 Pf.; geb. **

—— —— —— —— erstes Lesebuch nach der Schreiblesemethode. 21. und 22. Aufl. 8. (80 S.) Ebendas. 885,88. * geb. *

—— —— —— —— erstes Lesebuch nach der Schreiblesemethode. 23. Aufl. 8. (80 S.) Ebd. 890. n. — 33; geb. n. — 50

—— —— —— —— Erstes Lesebuch nach der Schreiblesemethode. 23. Aufl. 8. (80 S.) Ebd. 891. * — 33; geb. ** — 50

Berthelt, August, s.a. Lesebuch nach d. Schreiblesemeth.

Berthelt, Aug., s.a. Muttersprache, die.

—— Petermann, Thomas, Baron, Junghanns und Schindler, die Muttersprache. Lesebuch in 8 Thln. Ausg. A. gr. 8. Ebendas. [1. Thl. Fibel A. Nach der Normalwörtermethode. 3. Aufl. (96 S. mit eingedr. Holzschn.) 881; 4.—6. Aufl. (100 S. mit eingedr. Holzschn.) 882,83. * 35 Pf., geb. * 53 Pf.; Fibel B. Nach der gemischten Schreiblesemethode. 4.—6. Aufl. (100 S. mit eingedr. Holzschn.) 881,82. * 35 Pf., geb. * 53 Pf.; 2. Thl. 5. und 6. Aufl. (XXIV, 120 S.) 881,82. * 50 Pf., geb. * 80 Pf.; 3. Thl. 4. und 5. Aufl. (VI, 154 S.) 881,82. * 60 Pf., geb. * 90 Pf.; 4. Thl. 4. und 5. Aufl. (VIII, 167 S.) 881,83. * 60 Pf., geb. * 90 Pf.; 5. Thl. 3. Aufl. (VIII, 196 S.) 881. * 60 Pf., geb. * 90 Pf.; 6. Thl. 3. und 4. Aufl. (VIII, 192 S.) 881,82. * 60 Pf., geb. * 90 Pf.; 7. Thl. 3. und 4. Aufl. (VIII, 208 S.) 881,82. * 70 Pf., geb. *ℳ 1.; 8. Thl. 3. Aufl. (VIII, 310 S.) 881. *ℳ 1,10., geb. *ℳ 1,45.] *ℳ 5,05.; geb. *

Vom 5. und 6. Bde. ist auch eine Bearbeitung für kathol. Schulen erschienen. — Vom 8. Bde. existirt auch eine Ausg. für Norddeutschland.

Berthelt, Aug., Petermann, Thomas, Baron, Junghanns und Schindler, die Muttersprache. Ausg. A. Lesebuch in 8 Tln. gr. 8. Leipzig, Klinkhardt. [1. Tl. Fibel. Nach der Normalwörtermethode bearb. 8.—11. Aufl. (100 S. mit Illustr) 885—88. * 35 Pf.; geb. * 53 Pf.; 2. Tl. 8.—10. Aufl. (XXIV, 120 S.) 885,86. * 50 Pf.; geb. * 80 Pf.; 3. Tl. 7. und 8. Aufl. (VI, 154 S.) 886,88. * 60 Pf.; geb. * 90 Pf.; 4. Tl. 6. und 7. Aufl. (VIII, 167 S.) 885,88. * 60 Pf.; geb. * 90 Pf.; 5. Tl. 5.—7. Aufl. (VIII, 196 S.) 885—88. * 60 Pf.; geb. * 90 Pf.; 6. Tl. 7. Aufl. (VIII, 192 S.) 887. * 60 Pf.; geb. * 90 Pf.; 7. Tl. 5. und 6. Aufl. (VIII, 208 S.) 885,87. * 70 Pf.; geb. *ℳ 1.; 8. Tl. 5. Aufl. (X, 310 S.) 887. *ℳ 1.10.; geb. *ℳ 1.45.] * geb. *

—— Petermann, Thomas, Baron, Junghanns, Schindler. Die Muttersprache. Ausg. A. Lesebuch in 8 Tln. gr. 8. Ebd. * 5 5; geb. ** 7 38

1. Fibel. Nach der Normalwörtermethode bearb. 15. Aufl. (100 S. m. eingedr. Bildern.) 892. * — 35; geb. * — 53.
2. 13. Aufl. (VIII, 120 S.) 891. * — 50; geb. * — 80.
3. 9. Aufl. (VI, 154 S.) 891. * — 60; geb. ** — 90.
4. 8. Aufl. (VIII, 167 S.) 890. * — 60; geb. ** — 90.
5. 9. Aufl. (VIII, 196 S.) 892. * — 60; geb. ** — 90.
6. 10. Aufl. (VIII, 192 S.) 892. * — 60; geb. ** — 90.
7. 8. Aufl. (VIII, 208 S.) 891. * — 70; geb. ** 1. —.
8. 6. Aufl. (X, 310 S.) 890. * 1 10; geb. ** 1 45.

—— —— —— —— —— —— dass. — Lesebuch in 5 Thln. Ausg. B. gr. 8. Ebendas. [1. Thl. Fibel. Nach der gemischten Schreiblesemethode. 4.—6. Aufl. (100 S. mit eingedr. Holzschn.) 881,82. * 35 Pf., geb. * 53 Pf.; 2. Thl. 2. und 3. Aufl. (VII, 112 S.) 881,82. * 40 Pf., geb. * 70 Pf.; 3. Thl. 2. Aufl. (VIII, 200 S.) 881. * 60 Pf., geb. * 90 Pf.; 4. Thl. 2.—4. Aufl. (VIII, 288 S.) 881—84. *ℳ 1., geb. *ℳ 1,35.; 5. Thl. 2. und 3. Aufl. (VIII, 320 S.) 881,882. *ℳ 1,10., geb. *ℳ 1,45.] *ℳ 3,45.; geb. *

Vom 4. und 5. Bde. ist auch eine Ausg. für kathol. Schulen erschienen.

—— —— —— —— —— —— dass. — Ausg. B. Lesebuch in 5 Tln. gr. 8. Ebendas. [1. Tl. Fibel. Nach der gemischten Schreiblesemethode bearb. 12.—15. Aufl. (100 S. mit eingedr. Holzschn.) 886—88. * 35 Pf.; geb. * 53 Pf.; 2. Tl. 6. und 7. Aufl. (VII, 112 S.) 887,88. * 40 Pf.; geb. * 70 Pf.; 3. Tl. 5.—7. Aufl. (VIII, 200 S.) 886—88. * 60 Pf.; geb. * 90 Pf.; 4. Tl. 6.—8. Aufl. (VIII, 288 S.) 886—88. *ℳ 1.—.; geb. *ℳ 1.35.; 5. Tl. 5. und 6. Aufl. (VIII, 320 S.) 886,88. *ℳ 1.10.; geb. *ℳ 1.45.] * geb. *

—— dass. — Ausg. B. in 5 Tln. gr. 8. Ebd. * 3 45; geb. ** 4 93

1. Fibel. Nach der gemischten Schreiblesemethode bearb. 22. Aufl. (100 S. m. eingedr. Bildern.) 892. * — 35; geb. * — 53.
2. 9. Aufl. (VII, 112 S.) 891. * — 40; geb. ** — 70.
3. 9. Aufl. (VIII, 200 S.) 892. * — 60; geb. ** — 90.
4. 11. Aufl. (VIII, 288 S.) 892. * 1 —; geb. ** 1 35.
5. 8. Aufl. (VIII, 320 S.) 891. * 1 10; geb. ** 1 45.

Berthelt, Petermann, Thomas, Baron, Junghanns und Schindler, die Muttersprache. Lesebuch in 3 Thln. Ausg. C. gr. 8. Leipzig, Klinkhardt. [1. Thl. Fibel A. Nach der Normalwörtermethode. 1.—3. Aufl. (96 S. mit eingedr. Holzschn.) 881.; 4.—6. Aufl. (100 S. mit eingedr. Holzschn.) 882,83. * 35 Pf., geb. * 53 Pf.; Fibel B. Nach der gemischten Schreiblesemethode. 5. und 6. Aufl. (100 S. mit eingedr. Holzschn.) 881,82. * 35 Pf., geb. * 53 Pf.; 2. Thl. Für Mittelklassen. 5.—7. Aufl. (VIII, 248 S.) 881—83. * 80 Pf., geb. *ℳ 1,10.; 3. Thl. Für Oberklassen. In 2 Abthlgn. 4.—6. Aufl. (VIII, 432 S.) 881,82. *ℳ 1,30., geb. *ℳ 1,70.] *ℳ 2,45.; geb. *

—— —— —— —— —— —— dass. — Ausg. C. Lesebuch in 3 Tln. gr. 8. Ebendas. [1. Tl. Fibel zu sämmtlichen Ausgaben der „Muttersprache", s. Ausg. A. und B. * 35 Pf.; geb. * 53 Pf.; 2. Tl. 9.—12. Aufl. (VIII, 248 S.) 885—88. * 80 Pf.; geb. *ℳ 1.10.; 3. Tl. Für Oberklassen. 1. Abtl. 9. Aufl. (VIII, S. 1—208) 887. * 65 Pf.; geb. * 95 Pf.; mit Anhang (36 S.) 10 Pf. mehr; 3. Tl. 2. Abtl. 7. und 8. Aufl. (VIII, S. 209—432.) 886,87. * 65 Pf.; geb. * 95 Pf.; mit Anhang (36 S.) 10 Pf. mehr; 3. Tl. compl. 9. und 10. Aufl. (VIII, 432 S.) 887,88. *ℳ 1.30.; geb. *ℳ 1.70.; mit Anhang (36 S.) 10 Pf. mehr.]
1.—3. Tl. mit Anhang *ℳ .55.; geb. *

—— dass. — Ausg. C. 1. u. 2. Tl. u. 3. Tl. 2 Abtlgn. gr. 8. Ebd. * 2 45; geb. ** 3 53

1. Fibel zu sämmtl. Ausgaben der Muttersprache [s. Ausg. A. u. B.]. * — 35; geb. * — 53.
2. 15. Aufl. (VIII, 248 S.) 892. * — 80; geb. ** 1 10.
3. Für die Oberklassen. 1. Abtl. 12. Aufl. (VIII, S. 1—208.) 892. * — 65; geb. ** — 95. — 2. Abtl. 11. Aufl. (VIII, S. 209—432.) 892 * — 65; geb. ** — 95.

Vgl.: Geyer, G. B. Schul-Liederbuch.

—— Naturlehre. 9. Afl. 8. (110) Ebd. 72. — 75 ‖ 10. Afl. 74. — 90

—— Naturlehre. Für Schulen und zum Selbstunterrichte. 11. verb. und verm. Aufl. A. u. d. T.: Kommentar zum größern und kleinern Handbuch ꝛc. 1. Bdchn. gr. 8. (VI, 120 S. mit vielen eingedr. Holzschn.-Abbild.) Ebendas. 876. *

— Naturlehre. Für Schulen u. zum Selbstunterrichte. Mit vielen (eingedr. Holzschn.-)Abbildungen. 12., verb. u. verm. Aufl. gr. 8. (IV, 128 S.) Leipzig 880. Klinkhardt. n. — 90

Berthelt, Aug., Naturlehre. Für Schulen und zum Selbstunterrichte. 13. verm. und verb. Aufl. gr. 8. (126 S. mit vielen Abbild.) Leipzig 887, Klinkhardt. *

— Naturlehre. Für Schulen u. zum Selbstunterrichte. 14., verm. u. verb. Aufl., bearb. v. Herm. Hennig. gr. 8. (144 S. m. Abbildgn.) Leipzig 900. J. Klinkhardt. n. 1. —; geb. n. 1. 25

Berthelt (A.), & E. Besser. Pflanzenkunde. Ed. 4. Leipzig, 1876. 8°.

—— und Ernst Besser, Pflanzenkunde. Für Schulen und zum Selbstunterrichte. 4. umgearb. und verm. Aufl. A. u. d. T.: Kommentar zum größern und kleinern Handbuch ꝛc. 9. und 10. Bdchn. gr. 8. (VIII, 236 S. mit vielen eingedr. Holzschn.-Abbild.) Leipzig 877, Klinkhardt. *

—— Rechenknecht, s. Mooser.

Berthelt, August, Jul. Jäkel, Karl Petermann, L. Thomas
— — — — Rechenschule s. a. Rechenschule.

Berthelt, A(ug.), J. Jäkel, C. Petermann, L. Thomas, Rechenschule. Methodisch geordnete Aufgaben zum Kopfrechnen. 2 Thle. 3., verb. und verm. Aufl. 8. Leipzig 858, Klinkhardt. Thlr.

Inhalt:

Thl. 1. Die Anfangsgründe bis zur Regel de tri ohne Brüche, nach dem neuesten Maß- und Gewichtssystem umgearb. (194 S.) 15 Ngr.
„ 2. Die 4 Grundrechnungsarten mit Brüchen. Die Regel de tri mit Brüchen. Die Zins-, Gesellschafts- und Mischungsrechnung. (157 S.) 12 Ngr.

—— —— —— —— Rechenschule. Methodisch-geordnete Aufgaben zum Kopfrechnen. 2 Thle. 8. Leipzig 862—66, Klinkhardt.

Inhalt:

Thl. 1. Die Anfangsgründe bis zur Regel de tri ohne Brüche. 4. Aufl. 1862. und 5. Aufl. (192 S.) 866. 15 Ngr.
„ 2. Die 4 Grundrechnungsarten mit Brüchen. Die Regel de tri mit Brüchen. Die Zins- Gesellschafts- und Mischungsrechnung. 4. Aufl. (157 S.) 864. 12 Ngr.

—— —— —— —— Rechenschule. Methodisch-geordnete Aufgaben zum Kopfrechnen. 2 Thle. 8. Ebendas. à Thl. ℳ 1,50.

Inhalt:

Thl. 1. Die Anfangsgründe bis zur Regel de tri ohne Brüche. 4. und 5. nach dem Reichsmünzsystem umgearb. Aufl. (152 S.) 874,76; 6. umgearb. Aufl. (IV, 140 S.) 879.
„ 2. Die vier Grundrechnungsarten mit gewöhnlichen und Dezimalbrüchen. Die Regel de tri mit Brüchen. Die Zins-, Gesellschafts- und Mischungsrechnung. 4. und 5. nach dem Reichsmünzsystem umgearb. Aufl. (154 S.) 874,77.

— — — — Rechenschule. Methodisch geordnete Aufgaben zum Kopfrechnen. 1. u. 2. Thl. 8. Ebend. 882. à 1. 50

1. Die Anfangsgründe bis zur Regel de tri ohne Brüche. 7., nach dem neuesten Reichs-Maß- u. Gewichtssystem umgearb. Aufl. (IV, 128 S.)
2. Die 4 Grundrechnungsarten m. gewöhnlichen u. Dezimalbrüchen. Die Regel de tri m. Brüchen. Die Zins-, Gesellschafts- u. Mischungsrechnung. 6., nach dem Reichsmünzsystem umgearb. Aufl. (152 S.)

—— —— —— —— Rechenschule. Methodisch geordnete Aufgaben zum Kopfrechnen. 2 Tle. gr. 8. Ebendas. à Tl. *ℳ 1.50. *

Inhalt:

Tl. 1. Die Anfangsgründe bis zur Regeldetri ohne Brüche. 8. Aufl. (IV, 128 S.) 885.
„ 2. Die vier Grundrechnungsarten mit gewöhnlichen und Dezimalbrüchen. Die Regeldetri mit Brüchen. Die Zins-, Gesellschafts-, Mischungsrechnung u. s. w. 7. neubearb. Aufl. (152 S.) 886.

— — — — Rechenschule. Methodisch geordnete Aufgaben zum Kopfrechnen. 1. Tl. Die Anfangsgründe bis zur Regeldetri ohne Brüche. 9., verb. Aufl. gr. 8. (IV, 128 S.) Ebd. 893. n. 1. 50

— — — — Rechenschule. Method. geordn. Aufgaben z. Kopfrechnen. 2. Tl. D. 4 Grundrechnungsarten m. gewöhnl. u. Dezimalbrüchen. D. Regeldetri m. Brüchen. D. Zins-, Gesellschafts- u. Mischungsrechnung u. s. w. 8. Aufl. gr. 8. (152 S.) Ebd. 898. n. 1. 50

Berthelt, August, Jul. Jäkel, Karl Petermann u. L. Thomas:
Rechenschule

—— —— —— —— dass. — Methodisch-geordnete Aufgaben zum Tafelrechnen. 9 Hefte. 8. Ebendas. [1—8. Heft à 1⅓ Ngr., 9. Heft 8 Ngr.]

Inhalt:

Heft 1. Der Zahlenraum von 1 bis 100. (Die 4 Rechnungsarten mit gleichbenannten Zahlen.) 7—10., nach dem neuen Münz-, Maaß- und Gewichtssysteme veränd. Aufl. (32 S.) 858—60.
" 2. Unbegrenzter Zahlenraum. (Die 4 Rechnungsarten mit gleichbenannten Zahlen.) 7—11., veränd. Aufl. (36 S.) 858—60.
" 3. Die ungleich benannten Zahlen. Resolution, Reduction, Addition, Subtraktion und Zeitrechnung. 6—9., veränd. Aufl. (32 S.) 858—60.
" 4. Die ungleich benannten Zahlen. Multiplikation, Division, Regel de tri. 5—8., veränd. Aufl. (32 S.) 858—60.
" 5. Die 4 Grundrechnungsarten mit Brüchen. 5—7., durchgeseh. Aufl. (36 S.) 858—60.
" 6. Die einfache und zusammengesetzte Regel de tri und die Kettenrechnung. 8., durchgeseh. Aufl. (28 S.) 858.
" 7. Zinsrechnung. 2. und 3., durchgeseh. Aufl. (36 S.) 858. 60.
" 8. Gesellschaftsrechnung. Mischungsrechnung. Allgemeine Wiederholung. 3. Aufl. (28 S.) 858.
" 9. Dezimalbruchrechnung. Wurzelausziehung. Flächen- und Körperberechnung. 2. Aufl. 860. (48 S.)

—— —— —— —— Facitbuch zu den 4 ersten Heften der Rechenschule. Tafelrechnen. 4—6., durchgeseh. Aufl. 8. (48 S.) Leipzig 858—60, Klinkhardt.

—— —— —— —— dass. — zum 5—8. Hefte der Rechenschule. Tafelrechnen. 4. und 5., mit einem Anhang verseh. Aufl. 8. (50 und 46 S.) Ebendas. 858. 60.

—— —— —— —— dass. — zum 9. Hefte der Rechenschule. Tafelrechnen. 3., durchgeseh. Aufl. 8. (16 S.) Ebendas. 860.

—— —— —— —— dass. — Aufgaben zum Tafelrechnen. 1.—8. Heft. 8. Ebendas. à Heft 1⅓ Ngr.

Inhalt:

Heft 1. Der Zahlenraum von 1—100. (Die vier Rechnungsarten mit gleichbenannten Zahlen.) 11.—24. Aufl. (32 S.) 861—68.
" 2. Unbegrenzter Zahlenraum. (Die vier Rechnungsarten mit gleichbenannten Zahlen.) 12.—25. Aufl. (36 S.) 862—68.
" 3. Die ungleichbenannten Zahlen. Resolution, Reduction, Addition, Subtraction und Zeitrechnung. 10.—18. Aufl. (32 S.) 862—67.
" 4. Die ungleichbenannten Zahlen. Multiplication, Division, Regel de tri. 9.—17. Aufl. (32 S.) 862—67.
" 5. Die vier Grundrechnungsarten mit Brüchen. 8.—13. Aufl. (40 S.) 862—67.
" 6. Die einfache und zusammengesetzte Regel de tri und die Kettenrechnung. 4.—9. Aufl. (30 S.) 862—67.
" 7. Zinsrechnung. 4. und 5. Aufl. (31 S.) 862,66.
" 8. Gesellschaftsrechnung. Mischungsrechnung. Allgemeine Wiederholung. 4. und 5. Aufl. (28 S.) 862,66.

Berthelt, A., J. Jäkel, K. Petermann, L. Thomas, Rechenschule. Methodisch-geordnete Aufgaben zum Tafelrechnen. Facitbuch zu Heft 1—4. 7.—9. Aufl. 8. (48 S.) Leipzig 862—67, Klinkhardt.

—— —— —— —— dass. — Facitbuch zu Heft 5—8. 6.—9. Aufl. 8. (48 S.) Ebendas. 862—66.

—— —— —— —— dass. — Facitbuch zum 9. Hefte. 4. und 5. Aufl. 8. Ebendas. 863,67.

— Rechenschule. Methodisch-geordnete Aufgaben zum Tafelrechnen. 1—8. Heft. Ebend. 865—70. 8. Jedes Heft n. 1⅓ ngr.
1. 20—26. Aufl. (32 S.) — 2. 21—29. Aufl. (36 S.) — 3. 18—21. Aufl. (32 S.) — 4. 15—19. Aufl. (32 S.) — 5. 12—16. Aufl. (40 S.) — 6. 8—10. Aufl. (28 S.) — 7. 5. u. 6. Aufl. (31 S.) — 8. 5. Aufl. (28 S.)
Facitbuch (à 48 S.) zu 1—4. à 4 ngr; zu 5—8. à 3 ngr

— — 9. Heft. 3. Aufl. Ebend. 870. 8. (48 S.) 3 ngr; Facitbuch dazu 3 ngr

Berthelt, Jäkel, Petermann und Thomas, Rechenschule. Methodisch-geordnete Aufgaben zum Tafelrechnen. 8 Hefte. Nach dem neuen Reichsmünzsystem umgearb. 8. Leipzig 875—79, Klinkhardt. *

Inhalt:

Heft 1. Der Zahlenraum von 1 bis 100. Die vier Grundrechnungsarten mit gleich- und ungleichbenannten Zahlen. 34.—50. Aufl. (28 S.); 51.—56. Aufl. (32 S.) 15 Pf.
" 2. Der Zahlenraum von 1 bis 1000. Die vier Grundrechnungsarten mit gleich- und ungleichbenannten Zahlen. 32.—46. Aufl. (32 S.); 47.—52. Aufl. (34 S.) 15 Pf.
" 3. Unbegrenzter Zahlenraum. 1. Abthl.: Die vier Grundrechnungsarten mit gleichbenannten Zahlen. 27.—42. Aufl. (24 S.); 43.—46. Aufl. (26 S.) 15 Pf.
" 4. dass. — 2. Abthl: Die vier Grundrechnungsarten mit ungleichbenannten Zahlen. 33.—44. Aufl. (36 S.); 45.—48. Aufl. (38 S.) 15 Pf.
" 5. Die vier Grundrechnungsarten in gewöhnlichen und Dezimalbrüchen. 24.—40. Aufl. (32 S.) 15 Pf.
" 6. Einfache Regel de tri. — Einfache Zinsrechnung. — Einfache Gesellschaftsrechnung. 14.—20. Aufl. (32 S.); 21.—23. Aufl. (36 S.) 15 Pf.
" 7. Zusammengesetzte Regel de tri. — Kettenrechnung. — Zusammengesetzte Zinsrechnung. — Zusammengesetzte Gesellschaftsrechnung. 10.—12. Aufl. (32 S.); 13. und 14. Aufl. (31 S.) 15 Pf.
" 8. Zinseszins-, Termin-, Procent-, Rabatt- und Discontorechnung. — Mischungs- oder Alligationsrechnung. — Allgemeine Wiederholungsaufgaben. 7. und 8. Aufl. (44 S.); 9. Aufl. (48 S.) 30 Pf.

—— —— —— —— dass. — Facitbuch zu Heft 1—4. 6.—10. verb. Aufl. 8. (56 S.) Ebendas. 872—79.

—— —— —— —— dass. — Facitbuch zu Heft 5—8. 5.—9. Aufl. (52 S.) 1870—78; 10. verb. Aufl. 8. (48 S.) Ebendas. 879.

—— —— —— —— dass. — Facitbuch zu Heft 9. 7. durchges. Aufl. 8. (16 S.) Ebendas. 876.

—— —— —— —— Rechenschule. Ausg. A. Methodisch-geordnete Aufgaben zum Tafelrechnen. 8 Hefte. 8. (à Heft 32 S.) Ebendas. 880—84. *

Inhalt:

Heft 1. Der Zahlenraum von 1—20. 87.—94. Aufl. * 15 Pf.
" 2. Der Zahlenraum von 1—100. 88.—93. Aufl. * 15 Pf.
" 3. Der Zahlenraum von 1—1000. 47.—80. Aufl. * 15 Pf.
" 4. Der unbegrenzte Zahlenraum. 49.—81. Aufl. * 15 Pf.
" 5. Fortsetzung des unbegrenzten Zahlenraums. 41.—65. Aufl. * 15 Pf.
" 6. Bruchrechnung. 24.—43. Aufl. * 15 Pf.
" 7. Regel de tri. Zinsrechnung. Prozentrechnung. Gesellschaftsrechnung. 15.—26. Aufl. * 15 Pf.
" 8. Die bürgerlichen Rechnungsarten mit zusammengesetzten Verhältnissen. 10.—21. Aufl. * 30 Pf.

—— —— —— —— dass. — Facitbuch zum 1.—5. Heft. Neue Bearbeitung. 1. und 2. Aufl. gr. 8. (80 S.) Ebendas. 881,83. *

—— —— —— —— dass. — Facitbuch zum 6.—8. Heft. 11. und 12. verb. Aufl. Neue Bearbeitung 1. und 2. Aufl. 8. (64 S.) Ebendas. 881,83. *

—— und K. Petermann, Rechenschule. Methodisch geordnete Aufgaben zum Tafelrechnen. Neue Bearbeitung. Ausg. A. in 8 Heften. gr. 8. Ebendas. *

Heft 1. Der Zahlenraum von 1—20. 95.—101. Aufl. (32 S.) 885—88. * 15 Pf.
" 2. Der Zahlenraum von 1—100. 96.—102. Aufl. (32 S.) 885—88. * 15 Pf.
" 3. Der Zahlenraum von 1—1000. 83.—89. Aufl. (32 S.) 885—88. * 15 Pf.
" 4. Unbegrenzter Zahlenraum. 82.—88. Aufl. (32 S.) 885—88. * 15 Pf.
" 5. Fortsetzung des unbegrenzten Zahlenraumes. 68.—74. Aufl. (32 S.) 885—88. * 15 Pf.
" 6. Bruchrechnung. 44.—49. Aufl. (32 S.) 885—87. * 15 Pf.
" 7. Regeldetri mit Brüchen. Zinsrechnung. Prozentrechnung. Gesellschaftsrechnung. 27.—31. Aufl. (32 S.) 885—88. * 15 Pf.
" 8. Die bürgerlichen Rechnungsarten mit zusammengesetzten Verhältnissen. 23.—26. Aufl. (32 S.) 888. * 30 Pf.

(6.—8. Heft sind in der neuen Bearbeitung von A. Berthelt allein herausgegeben. —

—— —— dass. — Facitbuch zum 6.—8. Heft. 8. Aufl. gr. 8. (64 S.) Leipzig 888, Klinkhardt. *

— — Rechenschule. Methodisch geordnete Aufgaben zum Tafelrechnen. Neue Bearbeitg. Ausg. A in 8 Hftn. gr. 8. Ebd. 889. 890. n. 1. 35
1. 103. Aufl. (32 S.) n. — 15. — 2. 105. Aufl. (32 S.) n. — 15. — 3. 92. Aufl. (32 S.) n. — 15. — 4. 91. Aufl. (32 S.) n. — 15. — 5. 77. Aufl. (32 S.) n. — 15. — 6. 50. Aufl. (32 S.) n. — 15. — 7. 33. Aufl. (32 S.) n. — 15. — 8. 27. Aufl. (48 S.) n. — 30.

— — dasselbe. Fazitbuch zu den ersten 5 Hftn. Neue Bearbeitg. 3. Aufl. gr. 8. (80 S.) Ebd. 890. n. — 80

—— —— Rechenschule. Method. geordnete Aufgaben zum Tafelrechnen. Neue Bearbeitg. Ausg. A. in 8 Heften. gr. 8. Ebd. [1. Heft. 106. Aufl. (32 S.) 892. * — 15; 2. Heft. 109. Aufl. (32 S.) 892. * — 15; 3. Heft. 96. Aufl. (32 S.) 892. * — 15; 4. Heft. 95. Aufl. (32 S.) 892. * — 15; 5. Heft. 81. Aufl. (32 S.) 892. * — 15; 6. Heft. 56. Aufl. (32 S.) 892. * — 15; 7. Heft. 36. Aufl. (32 S.) 892. * — 15; 8. Heft. 29. Aufl. (48 S.) 891. * — 30.] * 1 35

— Rechenschule. Methodisch geordnete Aufgaben zum Tafelrechnen. Ausg. A in 8 Hftn. Fazitbuch zum 6. bis 8. Hfte. 4. Aufl. gr. 8. (64 S.) Leipzig 892. J. Klinkhardt. n. — 80

— — Rechenschule. Methodisch geordnete Aufgaben zum Tafelrechnen. Neue Bearbeitg. Ausg. A in 8 Hftn. gr. 8. Ebd. 893. 894. n. 1. 35
1. 108. Aufl. (32 S.) n. — 15. — 2. 112. Aufl. (32 S.) n. — 15. — 3. 99. Aufl. (32 S.) n. — 15. — 4. 96. Aufl. (32 S.) n. — 15. — 5. 82. Aufl. (32 S.) n. — 15. — 6. 57. Aufl. (32 S.) n. — 15. — 7. 37. Aufl. (32 S.) n. — 15. — 8. 31. Aufl. (48 S.) n. — 30.

— — Rechenschule. Methodisch geordnete Aufgaben z. Tafelrechnen. Neue Bearbeitg. Asg. A in 8 Hftn. 8° Ebd. 1.35
1. 109. Afl. (32) 95. — 15 | 2. 113. Afl. (32) 95. — 15 | 3. 100. Afl. (32) 95. — 15 | 4. 98. Afl. (32) 94. — 15 | 5. 84. Afl. (32) 95. — 15 | 6. 59. Afl. (32) 95. — 15 | 7. 38. Afl. (32) 95. — 15 | 8. 32. Afl. (48) 94. — 30.

— — Rechenschule. Method. geordn. Aufgab. z. Tafelrechnen. Neue Bearbeitg. Ausg. A. In 8 Hftn. gr. 8. Ebd. n. 1. 35
1. 111. Aufl. (32 S.) 897. n. — 15
2. D. Zahlenraum v. 1—100. 116. Aufl. (32 S.) 898. n. — 15
3. D. Zahlenraum v. 1—1000. 103. Aufl. (32 S.) 898. n. — 15
4. Unbegrenzter Zahlenraum. 101. Aufl. (32 S.) 898. n. — 15
5. Fortsetzg. d. unbegrenzten Zahlenraumes. 86. Aufl. (32 S.) 898. n. — 15
6. Bruchrechgn. 61. Aufl. (32 S.) 898. n. — 15
7. 40. Aufl. (32 S.) 897. n. — 15
8. 34. Aufl. (48 S.) 897. n. — 30

— — Rechenschule. Methodisch geordnete Aufgaben z. Tafelrechnen. Neue Bearbeitg. Asg. A in 8 Hftn. 8° Ebd. 1.35
1. 113. Afl. (32 m. Abb.) 01. — 15. | 2. 118. Afl. (32) 01. — 15 | 3. 104. Afl. (32) 99. — 15 | 4. 102. Afl. (32) 1900. — 15 | 5. 87. Afl. (32) 99. — 15 | 6. 62. Afl. v. Bertheit. (32) 99. — 15 | 7. 41. Afl. (32) 99. — 15 | 8. 35. Afl. v. Bertheit. (48) 99. — 30.

— — Rechenschule. Methodisch geordnete Aufgaben zum Tafelrechnen. Neue Bearbeitung. Ausg. A in 8 Hftn. gr. 8. Ebd. n. 1. 35
1. Der Zahlenraum von 1—20. 113. Aufl. (32 S.) 901. n. — 15
2. Der Zahlenraum von 1—100. 119. Aufl. (32 S.) 901. n. — 15
3. Der Zahlenraum von 1—1000. 106. Aufl. (32 S.) 902. n. — 15
4. Unbegrenzter Zahlenraum. 103. Aufl. (32 S.) 902. n. — 15
5. Fortsetzung des unbegrenzten Zahlenraumes. 88. Aufl. (32 S.) 902. n. — 15
6. Bruchrechnung. 63. Aufl. (32 S.) 902. n. — 15
7. I. Regeldetri m. Brüchen. II. Zinsrechnung. III. Prozentrechnung. IV. Gesellschaftsrechnung. 42. Aufl. (32 S.) 901. n. — 15
8. Die bürgerlichen Rechnungsarten m. zusammengesetzten Verhältnissen. 36. Aufl. (48 S.) 902. n. — 30

— — Rechenschule. Methodisch geordnete Aufgaben zum Tafelrechnen. Neue Bearbeitg. Ausg. A (in 8 Heften.) 1.—6. Hft. 8. Ebd. n. — 90
1. Der Zahlenraum von 1 bis 20. 116. Aufl. (32 S. m. Abbildgn.) 904. n. — 15
2. Der Zahlenraum von 1 bis 100. 121. Aufl. (32 S.) 904. n. — 15
3. Der Zahlenraum von 1 bis 1000. 107. Aufl. (32 S.) 904. n. — 15
4. Unbegrenzter Zahlenraum. 104. Aufl. (32 S.) 904. n. — 15
5. Fortsetzung des unbegrenzten Zahlenraumes. 89. Aufl. (32 S.) 904. n. — 15
6. Bruchrechnung. 64. Aufl. (32 S.) 905. n. — 15

— — Rechenschule. Methodisch geordnete Aufgaben zum Tafelrechnen. Neue Bearbeitg. Ausg. A (in 8 Heften). II., IV., V. u. VII. Heft. 8. Ebd. à — 15
II. Der Zahlenraum von 1 bis 100. 122. Aufl. (32 S.) 907.
IV. Unbegrenzter Zahlenraum. 105. Aufl. (32 S.) 907.
V. Forts. des unbegrenzten Zahlenraumes. 90. Aufl. (32 S.) 907.
VII. I. Regeldetri m. Brüchen. II. Zinsrechnung. III. Prozentrechnung. IV. Gesellschaftsrechnung. 43. Aufl. (32 S. m. Fig.) 908.

Berthelt's Rechenschule. Methodisch geordnete Aufgaben zum Tafelrechnen. Ausg. A in 8 Heften. VI. u. VIII. Hft. 8. Leipzig, J. Klinkhardt. — 45
VI. Bruchrechnung. 65. Aufl. (32 S.) 908. — 15
VIII. Die bürgerlichen Rechnungsarten m. zusammengesetzten Verhältnissen. 38. Aufl. (48 S.) 908. — 30

Berthelt: Rechensch. Method. geordnete Aufg. z. Tafelrechnen. Ausg. A in 8 Heften. 1. Heft. 116. Afl. (32 m. Abb.) 8° Lpzg. J Klinkhardt '11. — 15 d

— neue Rechenschule. Methodisch geordnete Aufgaben zum Kopfrechnen. 1. Thl. Ebend. 870. 8. (V, 164 S.) 15 ngr.

Berthelt, August, Jul. Jäkel, Karl Petermann, L. Thomas

—— —— —— —— neue Rechenschule. Nach dem neuen Maß- und Gewichtssystem methodisch-geordnete Aufgaben zum Kopfrechnen. 2 Thle. 1. und 2. Aufl. 1870—73, und 3. nach dem Reichsmünzsystem umgearb. Aufl. 8. Leipzig 874, Klinkhardt. à Thl. ℳ 1,50.

Inhalt:
Thl. 1. Die Anfangsgründe bis zur Regel de tri ohne Brüche. (152 S.)
" 2. Die vier Grundrechnungsarten mit Brüchen. Die Regel de tri mit Brüchen. Die Zins-, Gesellschafts- und Mischungsrechnung. (154 S.)

— — — — neue Rechenschule. Methodisch geordnete Aufgaben zum Kopfrechnen. 1. u. 2. Thl. 8. Ebend. 874. 75. à 1. 50
1. Die Anfangsgründe bis zur Regel de tri ohne Brüche. 5. Aufl. (152 S.)
2. Die 4 Grundrechnungsarten m. gewöhnl. u. Dezimalbrüchen. Die Regel de tri m. Brüchen. Die Zins-, Gesellschafts- u. Mischungsrechnung. 3. Aufl. (154 S.)

—— —— —— —— neue Rechenschule. Methodisch-geordnete Aufgaben zum Tafelrechnen. 9 Hefte. 8. Leipzig 870—74, Klinkhardt. 1.—7. Heft à 15 Pf.; 8. und 9. Heft à 30 Pf.

Inhalt:
Heft 1. Der Zahlenraum von 1—100. Die vier Rechnungsarten mit gleichbenannten Zahlen. 1.—18. Aufl. (32 S.)
" 2. Der Zahlenraum von 1—1000. Die vier Rechnungsarten mit gleichbenannten Zahlen. 1.—17. Aufl. (40 S.)
" 3. Unbegrenzter Zahlenraum. 1. Abthl.: Die vier Grundrechnungsarten mit gleichbenannten Zahlen. 1.—15. Aufl. (24 S.)
" 4. Unbegrenzter Zahlenraum. 2. Abthl.: Die vier Grundrechnungsarten mit ungleichbenannten Zahlen. 1.—16. Aufl. (36 S.)
" 5. Die vier Grundrechnungsarten in gewöhnlichen und in Decimalbrüchen. 1.—12. Aufl. (32 S.)
" 6. Einfache Regel de tri. Einfache Zinsrechnung. Einfache Gesellschaftsrechnung. 1.—7. Aufl. (32 S.)
" 7. Zusammengesetzte Regel de tri. Kettenrechnung. Zusammengesetzte Zinsrechnung. Zusammengesetzte Gesellschaftsrechnung. 1.—4. Aufl. (32 S.)
" 8. Zinseszins-, Termin-, Procent-, Rabatt- und Discontorechnung. Mischungs- oder Alligationsrechnung. Allgemeine Wiederholungsaufgaben. 1. und 2. Aufl. (48 S.)
" 9. Decimalrechnung. Wurzelausziehung. Flächen- und Körperberechnung. 1. und 2. Aufl. (48 S.)

—— —— —— —— dass. — Bearbeitung nach dem Reichsmünzsystem. 8 Hefte in 1 Bde. 8. (260 S.) Ebendas. 874.

—— —— —— —— dass. — 9. Heft. 6. nach dem neuen Reichsmünzsystem bearb. Aufl. 8. (43 S.) Ebendas. 874.

—— —— —— —— dass. — Facitbuch zu Heft 1—4. 1.—4. Aufl. 1870—73. 50 Pf., und 5. Aufl. 8. (68 S.) Ebendas. 875.

—— —— —— —— dass. — Facitbuch zu Heft 5—8. 1.—3. Aufl. 1870—73. 50 Pf., und 4. Aufl. 8. (52 S.) Ebendas. 875.

—— —— —— —— dass. — Facitbuch zu Heft 9. 4.—6. Aufl. 8. (16 S.) Ebendas. 870—75.

— — — — neue Rechenschule. Methodisch-geordnete Aufgaben zum Tafelrechnen. 1—9. Hft. 8. Ebend. 875. 1. 65
1. 27. Aufl. (32 S.) — 15. — 2. 35. Aufl. (40 S.) — 15. — 3. 31. Aufl. (24 S.) — 15. — 4. 31. Aufl. (36 S.) — 15. — 5. 23. Aufl. (32 S.) — 15. — 6. 15. Aufl. (32 S.) — 15. — 7. 3. Aufl. (32 S.) — 15. — 8. 7. Aufl. (48 S.) — 30. — 9. 6. Aufl. (43 S.) — 30

— — — — dasselbe. Fazitbuch zu Hft. 1—4. 8. Aufl. 8. (56 S.) Ebend. 876. — 60

Berthelt, A., J. Jäkel, K. Petermann, Thomas, neue Rechenschule. Methodisch geordnete Aufgaben zum Tafelrechnen. Facitbuch zu Hft. 5—9. 7. Aufl. 8. (52 S.) Leipzig 876. Klinkhardt. — 60

—— —— —— —— Sammlung poetischer Musterstücke zu Deklamirübungen. 2., vielfach verb. Aufl. gr. 8. (VIII und 184 S.) Leipzig 864, Klinkhardt.

Berthelt, A., J. Jäkel, K. Petermann und L. Thomas, Vorbereitungsheft zum Uebergange aus dem alten in das neue Maß- und Gewichtssystem für Schüler der oberen Klassen in Volksschulen. Methodisch-geordnete Aufgaben zum Tafelrechnen. 1.—7. Aufl. 8. (32 S.) Leipzig 868—72, Klinkhardt.

—— —— —— —— dass. — Auflösungen dazu, nebst Schülerheft und Anweisung zur Benutzung desselben. 1. und 2. Aufl. 8. (74 S.) Ebendas. 868,69.

—— Wandtafeln, s. Wandtafeln.

Friedrich August Berthelt. Sein Leben u. sein Wirken. Hrsg. vom Sächs. Pestalozzi-Vereine. *Leipzig: J. Klinkhardt in Komm. 1900.* (194 S.) 8° [F.] [00. 4981

Berthelt, Just. C: Die Heilg d. Neurasthenie u. Hypochondrie. (127) 8° Charlottenbg (o. J.). Berl., Schweizer & Co. 3 — d

†Berthen, Juta [Aug. Joh. Freiin Groß v. Trockau], Liebe und Leidenschaft, s. Familienfreund. *No.* 8

Berthen, J., Tante Lisbeth, s.: Familien-Bibliothek.

Berthen, Juta: Der arme Peter, s. Familien-Bibliothek.

Berthen, J., drei Tage aus dem Leben einer Frau, s. Familien-Bibliothek.

Berthenson, Geo., Grundprincipien der physiologischen Mechanik u. das Buttenstedt'sche Flugprincip. gr. 8. (28 S.) Berlin 894. Mayer & Müller. n. 1. —

Berthenson, Joseph, aus Odessa. Nonnulla de neochondroplasmatum articulorum origine et cura. Diss. Dorpat. 8°. 56 pp. mit drei Tabellen. 1857.

Berthenson, Leo, Untersuchungen über die Wohnungsfrage in Russland. Schriften d. Ver. f. Soz.-Pol., Bd. 97. gr. 8°. Leipzig 1901.

Berther, P. Baseli

Sin Cadruvi. Reminiscenzas ord la Vall Tujetsch cun illustraziuns da P. Baseli Berther. *(Solothurn 1904: 'Union'.)* (32 S.) 8°
[Auf Cadruvi. Erinnerungen aus d. Tavetsch, mit Abb.] [04. 1910

Berther, P. B., s.: Spazatgamin, il.

(Berther, Florin.) Carschen e digren della populaziun romontscha dil Catun Grischun. Quetsch-apart ord „Igl Ischi", Annada 2. 8. Basel 1898.

Berther, Stephan [prakt. Arzt aus Tavetsch (Graubünden)]: Ueber einen ungewöhnlich grossen Prostatastein. Zürich 1897. 37 S. 8°.
Zürich. Med. Diss. 1897/98.

Bertheramb, Jakob Edmund: Die Achtung gegen d. Verdienst ist der Grund der wahren Ehre. 8.... 766;

– moral. Ausarbeitungen u. Gedichte. 8°.– Frankfurt und Leipzig 1766.

– Gedanken. 8°.– Altona 1769.

– Histor. Nachricht von d. röm. Conclave u. d. Wahl des Papstes. 8°.– Hannover 1769.

– Über d. Philanthropin zu Dessau. 8° . . . 777.

– Versuch in geist. Liedern zur Erbauung kathol. Christen. 8°.– Hildesh. 1776.

– von d. Zärtlichkeit. 8°.– Leipz. 1767.
(NB. Wenn nur obiger Name richtig ist? Wenigstens habe ich von d. Existenz dieser Bücher nichts auffinden können.)

Jean Bertheroy. Der Komödiant. Roman aus d. Zeit d. Kaisers Augustus. Autor. Übers. Ill. von M. Marodon. Berlin-Gr.Lichterfelde: P. Langenscheidt 1904. (175 S.) 8°
— Sans-Gêne, Bibliothek. [Jg.] 1, [Bd] 2. [07. 10141

Berthers, Max, Liebe u. Leben. 8. (164 S.) Berlin 894. H. Steinitz' Verl. n. 3. —

Berthes, H. Pfarrer, s. Berthes, Heinrich Jos.

Berthes, H(einr.) J(os.), die Elementarbildungslehre in Fragen und Antworten. 8. (VII und 98 S.) Mainz 851, [Wirth und Comp.]

Berthes, H. J., die Elementarbildungslehre in Fragen und Antworten. 2. verb. Aufl. Mainz 862. Kirchheim. 8. (X, 171 S.) 12 ngr

Berthes, H. J., Gelobt sei Jesus Christus. Vollständiges Gebet- u. Erbauungsbuch m. Wallfahrtsandachten u. Bruderschaften. Mit 1 Stahlstich. 32. (XVI u. 704 S.) Mainz 852, Wirth Sohn. 12 ngr; geb. n. 16 ngr — Mit 6 Stahlst. 1/2 ß

—— Gelobt sei Jesus Christus. Vollständiges Gebet- und Erbauungsbuch mit Wallfahrtsandachten und Bruderschaften. 2., verm. Aufl. 16. (VIII und 772 S. mit 1 Stahlst.) Mainz 862, Kirchheim.

die Geschichte der christlichen Kirche, s.a. Bibliothek, katholisch theologische.

Berthes, Heinr. Jos., die Gesch. d. christl. Kirche. 2 Bde. (od. 5 Hfte.) gr. 8. Mainz, Kunze. [1. (31 1/2 B.) 840, 41. 1 1/2 Thlr., 2. (21 B.) 842. 1 Thlr.]

— die Geschichte der christlichen Kirche. (2 Bde.) 6 Hefte. Mainz 841—43, Kunze. (a) 1/2 ß

—— die Geschichte der christl. Kirche, z. Schulgebrauche. gr. 12. (5 1/2 B.) Mainz 844, Kunze.

Berthes, H(einr.) J(os.), die Heiligen in ihrem Wandel vor Gott mit besond. Berücksicht. der rhein. Bisthümer. Ein erbauendes Hausbuch mit den sonn- und festtäg. Episteln, Evangelien und Erklärungen. 2., verm. und verb. Aufl. 1. Heft. br. gr. 8. (S. 1—90.) Mainz 851, Wirth, Sohn. *.

— die Heiligen in ihrem Wandel vor Gott m. besond. Berücksicht. der rheinischen Bisthümer. Ein erbauendes Hausbuch m. den sonn- u. festtäg. Episteln, Evangelien u. Erklärungen. 2. durchaus verm. u. verb. Aufl. 1. Thl. u. 2. Thl. 1. Abthl. br. gr. 8. (I: XVI u. 576 S. m. 1 Stahlst. II: S. 1—288 m. 1 Stahlst.) Ebd. 852. (I: 1 ß 6 ngr II. 1: 18 ngr) 1 ß 24 ngr

— die Heiligen in ihrem Wandel vor Gott, mit besonderer Berücksichtigung der rhein. Bisthümer. Ein erbauendes Hausbuch mit den sonn- u. festtäglichen Episteln, Evangelien und Erklärungen. 2. Bd. 2. Abth. 2., durchaus verm. u. verb. Aufl. Ebend. 853. br. gr. 8. (XIV, S. 289—742.) 1 ß 6 ngr

Berthes, Hnr. Jos., das Concil zu Trient für alle Länder und Völker mit den betreffenden Bullen und Verfügungen. Nebst einer Einleitung. 12. Mainz 840, Wirth. n. 24 ngr

-- deutsches Lesebuch für die Oberklasse katholischer Elementarschulen und für höhere Lehranstalten. 2. Aufl. Mainz 861. Faber. gr. 8. (VIII, 360 S.) n. 14 ngr

— Universalregister zur Geschichte der Religion Jesu Christi von F. L. Graf zu Stolberg, s. Stolberg, F. L. Graf zu.

- die Weltgeschichte mit besonderer Berücksichtigung der deutschen Geschichte. Für Lehramtscandidaten, untere Gymnasialklassen, Real- u. Bürgerschulen. Mainz 864. Kirchheim. 8. (IV, 180 S.) 9 ngr

Berthet, Elie, das Thal Andorra. Aus dem Franz. übers. von Fanny Tarnow. kl. 8. Leipzig 842, Kollmann. 1 1/4 ß

— Antonia, die Wilde vom Berge, s.: Lese-Cabinet, belletristisches. 314—318. Liefrg.

Berthet, Elie, die Brandmänner, s. Lese-Cabinet, neues belletristisches.

— les chauffeurs. 5 vols. Édit. autorisée. Leipzig 857. A. Dürr. 32. (189; 195; 193; 213; 181 S.) 2 ß 15 ngr

—— la dryade de Clairefont. 4 Vols. 16. (792 S.) Leipzig 859, A. Dürr.

Berthet, Elie, der Edelfalke. Erzähl. aus der Zeit d. Belagerung v. Paris durch Heinrich IV. Aus d. Franz. übers. v. Fanny Tarnow. 8. (19 B.) Leipzig 846, Kollmann.

Berthet, Elie, der Eingesperrte, s.a. Lese-Cabinet, neuestes belletristisches.

Berthet, Elie, Der Eingesperrte. Roman. 2 Bde. 8. (227 u. 250 S.) Wien, Hartleben's Verlag. 1869 ? 2 fl. 10 kr.

— les émigrants. 9 Vols. 16. (1679 S.) Leipzig 858, A. Dürr. à Vol. 15 Ngr.

— les émigrants. 9 vols. Edit. autorisée. Ebend. 858, 59. 32. (191; 189; 181; 189; 182; 185; 189; 181; 185 S.) 4 ℛ 15 ngℛ

— das Geheimniß des Fremden. Eine Novelle, u. St. Hilaire, Erinnerung aus dem Kaiserreiche. 8. Hamburg 842, Kittler. 3/4 ℛ — Vergl. auch Saint-Hilaire.

Berthet, Elie, das graue Haus oder die Wilddiebe. Nach: Le garde-chasse. Deutsch von F. Gries. 2 Thle. 8. (424 S.) Leipzig 854(55,) Kollmann.

— der letzte Ire, s. Novellen-Sammlung.

— der letzte Irländer. Nach d. Franz. 1—5. Hft. 8. (S. 1—336.) Berlin 852, Schnitzer. (à 1/6 ℛ) 5/6 ℛ (siehe auch: Bibliothek, Europäische, 633. u. 634. Bd.)

— die Katakomben von Paris, s. Lese-Cabinet, neues belletristisches. — Roman- und Novellen-Zeitung.

– Der Küstenwächter, s.: Lese-Cabinet, Neuestes bellestristisches. 557 - 564. Lfg.

— die Marquise von Norville, s. Lese-Cabinet, neues belletristisches.

— das Schloß Montbrun. Scenen aus dem 14. Jahrh., zur Zeit Carl V. (Aus dem Französ.) Von Emilie Wille. 2. Thle. 8. Leipzig 845, Kollmann. 2 ℛ 6 ngℛ

— nicht Alles Gold, was glänzt, s. Roman- und Novellen-Zeitung.

— der Pachthof von Oferale. Ins Deutsche übertr. v. Georg Lotz. 2 Thle. 8. (24 B.) Leipzig 844, Kollmann.

— der Pachthof von Oferale. Aus d. Franz. v. M. Etienne. 2 Bde. 8. (243 S.) Leipzig 847, Hartleben. 9 ngℛ (siehe auch: Lesecabinet, belletrist., 43. u. 44. Lfg.)

Berthet, Elie, les Parisiennes à Nouméa [Capitale de la Nouvelle-Calédonie.] Ed. autorisée. 3 vols. 16. (144, 144 u. 142 S.) Naumburg 878. Paetz. 3.

Berthet, Elie, Die Postmeisterin, s.: Lese-Cabinet; neuestes belletrist., 550—556. Lfg.

— die Räuber von Ogères. Eine auf wahren Thatsachen beruhende und nach den Criminal-Akten aus der ersten französischen Revolution bearbeitete geschichtliche Novelle. Deutsch von F. Gries. 2 Bde. Berlin 858. Berendt. gr. 8. (352; 318 S. m. Holzschn. im Text.) 1 ℛ 10 ngℛ

Berthet, Elie, Pächter Reber oder der Wirbelsee; s.: Lese-Cabinet, neuestes belletr.

Berthet, Elie, Capitän Remy. Uebers. v. G. F. W. Rödiger. 2 Bde. (335 S.) Leipzig 847, Hartleben. 24 ngℛ (siehe auch: Lesecabinet, belletrist. 35—38. Lfg.)

— Das Schwesternhaus; s.: Lese-Cabinet, neuestes belletr.

— der jüngere Sohn aus der Normandie. — Der Wehrwolf, s. Jahrhundert, das, in seinen 2c. Novellen. 2. Bd. u. 2. J. 1. Bd.

— das Storchennest. Uebers. von M. Etienne. 2 Bde. 8. (207 S.) Leipzig 847, Hartleben's Verlags-Expedition. Vgl.: Lese-Cabinet.

— die schöne Tuchhändlerin. Roman. Nach dem Französ. von Geo. Lotz. 8. Leipzig 844, Kollmann. 1 1/4 ℛ

— der Thurm von Castillac. Frei nach dem Französ. von Ed. Bl. Berlin 853. Fernbach jun. gr. 16. (131 S.) 10 ngℛ

Berthet, E. Vater u. Tochter, s.a. Dasbach's, F, Novellenkranz.

Vater und Tochter. Ein Bild aus Cayenne. Nach d. Franz. des E[lie] Berthet. 2. Aufl. Trier: Paulinus-Dr. [1909]. 210 S. 8°
(Novellenkranz. Hrsg. von F. Dasbach. Bdch. 4.) (10. 418) 5

Berthet, Elie, das Verbrechen zu Pierrefitte, s.a Kriminal- u. Detectiv-Romane, moderne. 26. Bd.

Berthet, Elie: Das Verbrechen zu Pierrefitte (Le crime de Pierrefitte). Kriminal-Roman. Aus d. Franz. von D(avid) Haek. Berlin: R. Jakobsthal 1909. (304 S.) 8° (F.)

Berthet, Elie, Der Vogel der Wildniß; s.: Lese-Cabinet, neuestes belletristisches.

Berthet, Elie, Der Waldmensch. s.: Lese-Cabinet, neuestes belletristisches.

Berthet, Elie, das Weib d. Wahnsinnigen. Roman. Deutsch v. George Manfred. 8. (262 S.) Kaiserslautern 882. Rohr. 1.—

Berthet, Elie, der Wolfsmensch od. die Bestie d. Gevaudan, s.a. Collection Hartleben.

— der Wolfsmensch, s.a. Lese-Cabinet, neues belletristisches.

Berthet, Elie. Der Wolfsmensch, oder: die Bestie des Gévaudan. Aus dem Französischen von A. Kretschmar. *Pest, Wien u. Leipzig* 1858. *Hartleben's* Verl.-Exped. 1.—3. Bd. 147, 152, 216 S., 8°. 1 fl. 24 kr.
Auch unt. d. Tit.: Neuestes belletristisches Lese-Cabinet der besten und interessantesten Romane aller Nationen in sorgfältiger Uebersetzung. Lief. 93—99.

— der Zitterfelsen. Erzählung nach dem Franz. v. P. Uttech. 8. (IV u. 159 S.) Fürstenwalde 852, Uttech. 1/3 ℛ

Bertheu, C., Die Berichte über die apost. Gehülfen in Apg. u. paul. Briefen. Hamb. 1858. 4. Varia 110.

Berthier, Alexander, Fürst von Neufchatel und Wagram. Bamberg 1887. V: *Leitschuh, Friedrich.* (BMarsch 1162)

Berthier, Alexander, Fürst v. Neufchatel und Wagram. gr. 8. (18 S.) Bamberg 887, Hübscher. *

Berthier, Alexander

— Bericht v. Bonapart. Feldzügen in Egypt. und Syrien 2c. s. Napoleons Feldz.

— Bericht von der Schlacht bei Marengo 2c. s.a. Napoleons Feldzüge.

— Bericht von der Schlacht bei Marengo, gewonnen den 25. Prairial. Jahr VIII, von Napoleon Bonaparte, erstem Consul und Befehlshaber in Person der französischen Reserve-Armee, über die Oesterreicher unter Anführung des Generallieut. Molas. Aus dem Französischen übersetzt von Josef Wiedemann. Mit Plänen. 4. Tübingen 1809.

Berthier, Al. Bericht von der Schlacht von Marengo, am 25. Prairial des J. VIII. Deutsch v. Wiedemann. 4. M. Krte. Tübingen 1810.

(Berthier, A.) Bonapartes Feldzug nach Egypten; a. d. Frz. 8. Paris u. Strasburg 1800.

Berthier, A. Bonapartes Feldzug in Aegypten u. Syrien. A. d. Frz. m. Noten v. Savary, Volney, Niebuhr u. erläutert von F. Engelhardt. 8. Cöln 1800. 1,25.

Berthier, A. Buonapartes Feldzug in Egypten u. Syrien. Aus d. Franz. mit Noten erläutert von F. Engelhardt. Köln 1801. 144 S.

Berthier, Alex., s.a. Napoleons Feldzüge.

Berthier, A. Napoleons Feldzüge in Aegypten u. Syrien. A. d. Frz. 8. Magdeburg 1801. 1,50.

Berthier, Alex., Relation des Campagn. s.a. Napoléon.

Berthier, A. Relation des campagnes du gén Bonaparte en Egypte et en Syrie. (189.) 8. Paris, an VIII. 1800. — Leipsic 1804.

Berthier, G., s. Berthier, Joachim, Jos.

Berthier, Gioachino, s. Berthier, Joachim Jos.

Berthier, J: Das Buch f. Alle. Neue Afl., a. d. Franz. v. C Koch. (7, 539) kl8° Grave '03. (Aach., I Schweitzer.) L 1.50 d

— Führer zu Gott. Gebetb. f. kathol. Christen aller Stände. Neubearb. v. e. Priester d. Instit. d. hl. Familie. (317 m. Titelbild.) 9,5×7 cm. Ebd. ('09). . Ldr m. G 1 — d

— Die christl. Tochter u. Jungfrau in d. Schule d. Heiligen. 2. Afl. (439 m. Titelbild.) kl8° Ebd. ('11). L 1.60 d

Berthier, J. J., s. Berthier, Joachim Jos.

Berthier, Joachim Jos. (Komm.), s. Dante: La Divina Comedia.

Berthier, Joach. Jos., O. Praed., s.: Innocentii PP. XI epistolae ad principes.

Berthier, J. J., voir: *Livre des ordonnances.*

J. J. Berthier. Béatrice Portinari ... (Livr. 1.) *Fribourg (Suisse): Libr. de l'Univ. 1893.* (VI, 56 S.) 1 Bd 4. [Erscheint nicht weiter.] [98. 033

Berthier, J. J., tabulae systematicae et synopticae totius Summae theologicae juxta ipsammet doctoris angelici methodum strictius et clarius exactae. Ed. I. et II. gr. 8. (6 S. m. 28 Tab.) Freiburg (Schweiz) 893. Universitätsbuchh. (B. Veith). Geb. in Leinw. n. 2. —

Berthier, P. Le Testament de St. Dominique avec les commentaires du Card. Odon de Chateauvieux et du B. Jourdan de Saxe. In-8°. XV, 21 p. Freiburg, Universitäts-Buchhandlung (B. Veith). **1892** 1 20

Berthier, P.: Handbuch der metallurgisch-analytischen Chemie, s. Berthier, Pierre

Berthier, P.: Handbuch der Probierkunst, s. Berthier, Pierre

Berthier, P.: Le Testament, s. Berthier, Joachim Jos.

Berthier, P.G., s. Berthier, Joachim Jos.

Berthier, Pierre

Berthier, P., Handbuch der metallurg.-analyt. Chemie. Oder: über die Eigenschaften, Zusammensetzung und Probirmethoden der metallischen Substanzen und Brennmaterialien. Uebers., mit eigenen Erfahrungen u. Zusätzen verm. v. C. Kersten. In 2 Thln. Mit 6 Kpfrtaf. gr. 8. Leipzig 835, 36. Voß. 8½ ß

—— Handbuch d. Probirkunst auf trocknem Wege. Deutsch bearb. v. Carl Hartmann. (5 Lfgn.) 8. (57 B. u. 13 Stnt.) Nürnberg 834, 35, Schrag.

— Handbuch d. Probirkunst auf trockenem Wege. Deutsch bearb. von Carl Hartmann. (In Einem Bde., mit 13 lithogr. Taf. 1e Lfrg., Bog. 1—10.) 8. Nürnberg 834. Schrag. ¾ ß 2e—5e Lfrg. 834—36. Mit Abbildd. 3¾ ß

Berthier, R.P., s. Berthier, Joachim Jos.

Berthier, Wilh. Frz. (Jesuit † 1782), Betrachtungen üb. d. Tod. A. d. Franz. v. F. Koch. gr. 8. München 1839, Gierl. 6 ggr. — 24 kr.

Bertho, E., das deutsche Reichsgesetz wegen Erhebung der Brausteuer vom 31. Mai 1872 m. den Ausführungsvorschriften u. späteren Beschlüssen d. Bundesraths, Ministerial-Verfüggn. u. den Entscheidgn. der höchsten Gerichte. Text-Ausg. m. Anmerkgn. u. Registern. 16. (IX, 196 S.) Berlin 885. Guttentag. cart. n. 1. 60

Bertho, C. F., Unterhalt. e. Lehr. m. s. Schül. üb. d. Leben, d. Lehre ꝛc. Jesu C. 2 Thle. 8. Cöthen, Aue. 796. 97. (à 12 gr.)

Berthod, Dom Anselme, Lettres inédites sur la réforme du bréviaire, les premiers évêques de Bâle, etc., s.: Correspondants, les, de Grandidier, I.

Berthof, Max v., e. heroische Kur u. andere Novellen. 8. (III, 193 S.) Dresden 895. E. Pierson. n. 2. —; geb. in Leinw. n. 3. —

Berthold von Holle herausg. von Karl Bartsch. Nürnberg 858. Bauer u. Raspe. gr. 8. (LXXVIII, 250 S.) 2 ß

Berthold u. Hypolithe, oder d. durch Schiffbruch glückl. gewordenen Reisenden. 8. Wien 816. Wimmer. 4 gr.

Berthold v. Urach; e. wahre tragische Rittergeschichte aus d. Zeiten des Mittelalters. Nebst e. Abhandl. üb. d. Kreuzzüge. 2 Thle. 8. Leipz. 787, 789. (Knobloch). 2 ß 12 gr.

Berthold v. Zähringen. Trauersp. 8. (153) Mannh. 55. (Heidelb., Carlebach.) n. — 28

Berthold von Zähringen. Trauerspiel in 5 Akten. Für die Bühnen als Manuscript gedruckt. Mannheim 855. Löffler. 8. (1 Bl., 153 S.) n. 28 ngr.

Berthold, Bischof von Chiemsee, s. Berthold von Regensburg

Berthold, der Franziskaner, s. Berthold von Regensburg

Berthold v. Holle, s.a. Holle.

Berthold von Holle, Demantin, s. Bibliothek des litterarischen Vereins in Stuttgart CXXIII.

Berthold von Regensburg, des Franziskaners, Missionspredigten. Mit unverändertem Texte in jetziger Schriftsprache herausg. von Frz. Göbel. Mit einem Vorw. von Alban Stolz. 2., verb. u. verm. Aufl. Mit einem alphabet. Sachregister. Regensburg 857. Manz. gr. (XXXII, 696 S.) 2 ß 6 ngr.

Berthold v. Regensburg, Missionspredigten. Mit unverändertem Texte in jetz. Schriftsprache hrsg. v. Frz. Göbel. Mit e. Vorwort v. Alban Stolz. 3. verb. u. verm. Aufl. Mit e. alphabet. Sachregister. gr. 8. (XXXII, 696 S.) Regensburg 873. Manz. 6. 60

Der sogenannte St. Georgener Prediger [Verf.: Berthold von Regensburg] aus der Freiburger u. der Karlsruher Hs. hrsg. von Karl Rieder. Mit 2 Taf. Berlin: Weidmann 1908. XXIV, 382 S. 8° (Deutsche Texte d. Mittelalters. Bd 10.) [09. 333

Berthold von Regensburg (Franziskaner † 1272), Predigten ꝛc. vollständig u. in Auszügen. Herausg. von *C. Fr. Kling, mit Vorwort v. A. Neander. gr. 8 Berlin 1824, Dümmler 2 Thlr. — 3 fl. 36 kr.

Berthold v. Regensburg, (Berchthold Lech), des Franziskaners, Predigten. Zum erstenmal vollständig herausg. u. übertr. [nach dem Mscr. der Heidelberger Bibliothek] v. Frz. Göbel. Mit einem Vorwort v. Alban Stolz. 2 Bde. gr. 8. (1. Bd.: XII u. 332 S. 2. Bd.: VIII u. 409 S.) Schaffhausen 850. 51, Hurter. 2 ß

Berthold v. Regensburg. Vollständ. Asg. s. Predigten, m. Einleitgn u. Anmerkgn v. F Pfeiffer. 2. Bd. Enth.: Predigten XXXVII—LXXI, nebst Einl., Lesarten u. Anmerkgn v. J Strobl. 8. (696) Wien 80, Braumüller. n. 12. — (1. u. 2.: n. 24. —)

Berthold v. Regensburg, des Franziskaners, Predigten. Mit unveränd. Text in jetz. Schriftsprache hrsg. v. Frz. Göbel. Mit e. Vorwort v. Alban Stolz. 4. Aufl. Mit e. erweit. alphabet. Sachregister. 5 Lfgn. (XXIV, 587 S.) gr. 8. Regensburg 906. Verlagsanstalt vorm. G. J. Manz. n. 6. —; geb. in Halbfrz. n. 7. 60

Berthold v. Regensburg, ausgewählte Predigten, s.: Predigt, die, der Kirche.

Berthold, des Franziskaners, deutsche Predigten, aus der 2ten Hälfte des 13ten Jahrh., theils vollständig, theils in Auszügen. Herausg. v. C. Fr. Kling. Mit Vorwort v. A. Neander. gr. 8. Berl. 824. Dümmler. 2 ß

—— vollständige Ausgabe seiner deutschen Predigten, mit Einleitungen und Anmerkungen von Frz. Pfeiffer. 2. (Schluss-)Bd. Enthaltend: Predigten XXXVII—LXXI, nebst Einleitung, Lesarten und Anmerkungen von Jos. Strobl. gr. 8. (XXX, 696 S.) Wien 880, Braumüller. *k*
1. Bd. Ebendas. 1862. *.M 12.

Berthold v. Regensburg, Predigten auf d. Sonn- u. Festtage d. Kirchenjahres, zeitgemäss bearb. v. F Göbel. 2 Bde. 8. (888) Rgnsbg 84, Manz. 8. —

Berthold v. Regensburg, Predigten auf die Sonn- u. Festtage d. Kirchenjahres, zeitgemäß bearb. v. Fr. Göbel. 2 Bde. gr. 8. (VII, 445 u. IV, 443 S.) Regensburg 884. Verlags-Anstalt. 8. —

— **sermones ad religiosos XX, ex Erlangensi codice una cum sermone in honorem S. Francisci e duobus codicibus Monacensibus in centenarium septimum familiae franciscanae ed. Fr. Petrus de Alc. Hoetzl. gr. 4. (VIII, 111 S.) Monachii 882. (Augsburg, Literar. Institut v. Dr. M. Huttler.) n. 6. —**

Berthold's, Bischofs v. Chiemsee, Tewtsche Theologey. Neu herausg. u. mit Anmerkungen, einem Wörterbuche u. einer Biographie versehen v. Wolfg. Reithmeier. Mit einem einleitenden Vorworte v. Fr. Windischmann. Lex. 8. (XXVI u. 723 S.) München 851, Literar.-artist. Anstalt. n. 3 ₰

Berthold's, Bisch. v. Chiemsee, tewtsche Theologey. Neu hrsg. u. m. Anm., e. Wörterb. u. e. Biogr. vers. v. W Reithmeier. 8. (723) Münch. 52. (Frankf., Baer u. Co.) n. 3. 14; Her. Pr. n. — 26

Berthold's, Tewtsche Theologey. Neu hrsg. und mit Anmerkungen, einem Wörterbuch und einer Biographie versehen von Wolfg. Reithmeier. Mit einem einleitenden Vorworte von Fr. Windischmann. Lex.-8. (XXVI und und 723 S.) München 852, Literarisch-artistische Anstalt. *

Berthold (v. Reichenau), Fortsetzung der Chronik Hermanns v. Reichenau, s.a. Geschichtschreiber, die, der deutschen Vorzeit.

Berthold (von Reichenau). Bertholds Fortsetzung der Chronik Hermanns von Reichenau. Uebersetzt von G[eorg] Grandaur. 8. Leipzig 1888.

Berthold von Zwiefalten *s.* Genealogie. Eine alte G' der Welfen. Leipzig 1882.

Berthold v. Zwiefalten s.: Geschichtschreiber, d., d. deut. Vorzeit.

Berthold, Abhandlung vom heiligen Meßopfer. 2 Thle. Bregenz, Brentano.

Berthold: Die deutschen Arbeiterkolonien [und andere Schriften zum Arbeits- und Sozialwesen], s. Berthold, G.

Berthold: Cassel, s. Berthold, Ludwig

Berthold: De Lucani elocutione, s. Berthold, Fr. Louis

Berthold's Fortsetzung der Chronik Hermanns v. Reichenau, s.: Geschichtschreiber, die, der deutschen Vorzeit in deutscher Bearbeitung.

Berthold: Fortsetzung der logischen Untersuchungen. 18 S. Progr. Stendal 1851.

Berthold: Über die Gefässcryptogamen..., s. Berthold, Karl

Berthold u. v. Schwerin: Die Geldbeschaffg f. d. Errichtg v. Arbeiterwohngn auf d. Lande, s: Veröffentlichungen d. kgl. preuss. Landes-Ökonomie-Kollegiums.

Berthold: Das Kind..., s. Berthold, Arthur Bruno

Gieseler, Joh. Karl Ludw.: Lebensskizze eines hochw. Altmeisters unserer Königlichen Kunst. Joh. Carl Ludw. Gieseler. [Unterz.:] **Berthold.** [Sondershausen: Eupel 1855.] 9 S. 8° [Kopftit.]
Aus: A. 18 (1855—1856) S. 291—299.
Üb. Gieseler s. Herzog's Realencyclopädie 3. Aufl. Bd 6 1899 S. 663—664 (Bonwetsch); Allgem. Deutsche Biographie Bd 9 1879 S. 163—166 (Wagemann).

Berthold: Lotteriespiel, Börsenspiel u. gesellschaftl. Hazardspiel, s. Berthold, Ernst

Berthold, (des Franziskaners) deutsche Predigten, s. Berthold von Regensburg

Berthold: Der Spar- und Bauverein, s. Berthold, P.

Berthold, Graf ..., Tabelle z. Warnung v. Gesundheitsgefahr rc. gr. Fol. Wien 815. Geistinger. 8 K

Berthold: Logische Untersuchungen. 14 S. Progr. Stendal 1850.

— **Warnungstaf. gegen Leichtsinn im sinnl. Genusse. Fol. Ebd. 815. Ebd. 2 ₰ (Nach Meusel: Berchtold; d. Verleger: Berthold; wer hat recht? vergl. Berchtold.)**

Berthold, allgemeine deutsche Wechselordnung, s. Wechselordnung.

Berthold, die Wissenschaft u. das Augustiner-Chorherrenstift Klosterneuburg. Ein Beitrag z. österr. Literaturgeschichte. gr. 8. (68 S.) Wien 900. Mayer & Co. n. 2. 40

Berthold, A., Über d. Fabricischen Beutel der Vögel. [Nova Acta Ac. Leop.-Carol. XIV.] Leipzig 29. Engelmann. M. —.40

Berthold, A.: Bücher und Wege zu Büchern, s. Berthold, Arthur

Berthold, A., prakt. Hand-Commentar d. Verordnung v. 21. Juli 1846 über das Verfahren in Civilprocessen. Nebst Anh. 8. Berlin 840, Hirschwald. n. 1/3 ₰

Berthold, A., s. Jahrhundert, Das Deutsche.

Berthold, A.: Plan von Trier. o.O. u. J.

Berthold, A.: Probenahme und Untersuchung..., s. Berthold, Adolf

Berthold, A.: Reichsbuch, s. Berthold, Arthur.

Berthold, A.: Volksjustiz oder Klassenjustiz? Proletarische Betrachtungen über Recht und Rechtspflege. 8°. Hamburg, Selbstverlag, 1895.

Berthold, A.: Das Wesen der Wasserscheu, s. Berthold, Arnold Adolph

Berthold, A., Wirthschaft u. Recht im 19. Jahrh., s.a. Jahrhundert, das deutsche, in Einzeldarstellgn. 4. Abth.

Berthold, A.: Wirtschaft und Recht im 19. Jahrhundert. gr. 8°. Berlin, F. Schneider & Co., 1902.
2. Aufl. gr. 8°. Berlin, F. Schneider & Co., 1905.
(Das deutsche Jahrhundert in Einzelschriften, 4. Thl.)

Berthold, A., Julius Duboc's Hundert Jahre Zeitgeist in Deutschland. Vortrag, geh. im Arbeiter-Bildungsverein zu Hamburg am 23. Febr. 1894. gr. 8. (23 S.) Leipzig 894. O. Wigand. — 60

Berthold, A.A., s. Berthold, Arnold Adolph

Berthold. Adolf [aus Chemnitz, Sachsen]: Über quaternäre Oxoniumsalze und ihre Beziehungen zu Diazoniumsalzen. Leipzig 1904. 61 S. 8°. [1. VII. 04.]
Zürich. Phil. Diss. II. S. 1903/1904.

Berthold, Adolf. Über quaternäre Oxoniumsalze und ihre Beziehungen zu Diazoniumsalzen. Diss. Phil. [II.] Univ. Zürich. 61 S. 8. Leipzig, Metzger & Wittig, 1904.

Berthold, Adolph[us] Henric[us]: De seminis Phellandrii aquatici virtutibus medicis et effectu in corpore sano cum eius analysi chemica. Halae (1818): Orphanotropheum. 44 S. 8°
Halle-Wittenberg, Med. Diss. v. 31. Dez. 1818 [vielmehr: 2. Jan. 1819]
Geb. Zeitz [27. 7. 1790]

Berthold, Adf., Probenahme u. Untersuchung v. Koks, Kohlen u. Briketts. Taschenbuch f. Chemiker, Hütteningenieure, Kohlen- u. Zechenlaboratorien u. Gasanstalten. (63 S. m. 37 Fig.) kl. 8. Essen 906. G. D. Baedeker. Geb. in Leinw. n. 2. —

Berthold, Alexander Heinrich Felix, s. Berthold, Felix

Berthold, Alex(and.) Hugo (geb. Lübbichow bei Frankfurt a. O. 4. 6. 1824): De tubi intestinalis ulceribus. Berolini (1844). (30 S.) 8°
Berlin, Med. Diss. v. 21. Sept. 1844

Berthold, Arnold Adolph, Am 28. August des J. 100 nach der Geburt Goethe's in einem Kreise göttingischer Verehrer und Verehrerinnen dieses großen Genius über seine Anatome comparata vorgetragen. 16. (32 S.) Göttingen 849, Vandenhoeck und Ruprecht. Thlr.

Berthold, Arnold Adolph, üb. verschiedene neue od. seltene Amphibienarten. Eine in der Sitzung d. kgl. Gesellschaft d. Wissenschaften am 16. Mai 1840 vorgelesene Abhandl. gr. 4. (4 B. u. 2 ill. Stnt.) Göttingen 842, Dieterichsche Buchh. *

— über den Aufenthalt lebender Amphibien im Menschen. [Vorgelesen in der Sitzung der k. Gesellschaft der Wissenschaften am 10. Novbr. 1849.] gr. 4. (28 S.) Göttingen 850, Dieterich. n. 1/3 ℛ

Berthold, Arn. Ad., das Aufrechterscheinen d. Gesichtsobjecte trotz d. umgekehrt stehenden Bildes ders. auf d. Netzhaut d. Auges. 1. Aufl. (8 B.) 830., 2., verm. A. (8½ B.) gr. 8. Göttingen 834, Dieterich. à Thlr.

— über den Bau des Wasserkalbes (Gordius aquaticus). Eine in der Sitzung der Königl. Gesellschaft der Wissenschaften am 21. Juni 1838 vorgelesene Abhandlung. gr. 4. (Mit 1 Steintafel.) Göttingen 842, Dieterich. n. 1/3 ℛ

— Beitrr. z. Anatomie, Zootomie u. Physiologie. Mit 9 Steindr. gr. 8. Götting. 831. Dieterich. 1 ℛ 8 gGr

— Beobachtungen über das quantitative Verhältniss der Nagel- und Haarbildung beim Menschen. (Der k. Gesellschaft der Wissenschaften am 3. Jan. 1850 mitgetheilt.) gr. 8. (8 S.) Göttingen 850, Dieterichsche Buchh. *

— Diss. inaug. de cauterio actuali seu de igne ut medicamento. Adjectae sunt theses. 8 maj. Gött. 824. Vandenhöck u. R. 8 gGr

— über Cinyxis homeana Bell. u. über einen fossilen Elennschädel m. monströsen Geweihen. Mit 4 Steindrtaf. (in 4. u. qu. gr. Fol., wovon 1 color.) [Für die kais. Leopold.-Carol. Acad. der Naturforscher.] gr. 4. (18 S.) Breslau u. Bonn 850, Weber. n. 1 ℛ — (siehe auch: Actorum, novorum, academiae caesar. Leopold.-Carol. Vol. XXII. pars 2.)

— Darstellung sämmtl. Säugethierarten nach ihr. Gattungen. Abgebildet v. Heinr. M. Grape. 1. Lfg.: Die Gattung Katze enthalt. 1. Hft.: Taf. I—XII. (in Stndr.) gr. 4. (1¼ B.) Göttingen 832, (Kübler.)

— das Eisenoxydhydrat, s. Bunsen, R. Wilh.

Berthold, A. A. Ueber einen fossilen Elenschädel mit monströsen Geweihen. (Aus d. Act. Acad. Nat. Cur.) Bonn. 1846. 4.

— üb. das Gesetz der Schwangerschaftsdauer. Vorgelesen in der Sitzung d. kgl. Gesellschaft d. Wissenschaften am 11. Mai 1844. gr. 4. (6 B.) Göttingen 844, Dieterichsche Buchh. *

— de gravitate halitus. 4 maj. (2 B.) Gottingae (833), Dieterich.

— der Heerwurm gebildet aus Larven der Thomas-Trauermücke, Sciara Thomae. gr. 4. (32 S. mit 1 Kpfrt. in Fol.) Göttingen 854, Dieterichsche Buchh. *
Aus: Abhandlungen der k. Gesellschaft der Wissenschaften zu Göttingen 6. Bd., besonders abgedruckt.

Berthold, Arnold Adolph (Übers.):

s.: Latreille, (Pierre André): Natürliche Familien des Thierreiches. (Familles naturelles du règne animal... Dt.) Weimar: 1827

JB 83

— Lehrbuch d. Physiologie d. Menschen u. d. Thiere. 2 Thle. gr. 8. (59 B.) Göttingen 829, Vandenhoeck u. Ruprecht.

— Lehrbuch der Physiologie des Menschen und der Thiere. 2e durchgängig verb. u. verm. Aufl. 2 Thle. gr. 8. Götting. 837. Vandenhoek u. Ruprecht. 4 ℛ

Berthold, Arn. Adph., Lehrbuch der Physiologie für Studirende u. Aerzte. 3. nach dem gegenwärtigen Standpunkte der Wissenschaft bearb. Aufl. 2 Thle. (in 1 Bd.) gr. 8. (XX u. 1022 S.) Göttingen 848, Vandenhoeck & Ruprecht. 5 ℛ

— Lehrbuch der Zoologie. gr. 8. Göttingen 845, Vandenhoeck u. Ruprecht. n. 2⅓ ℛ

Berthold, Arnold Adolph, Mittheilungen üb. das zoolog. Museum zu Göttingen. I. Verzeichniß der aufgestellten Reptilien. 8. (1¾ B.) Göttingen 846, Dieterichsche Buchh. Thlr. *
Aus: Nachrichten v. d. G. A. Universität u. d. kgl. Gesellschaft der Wissenschaften zu Göttingen 1846, besond. abgedruckt.

— Mittheilungen über das zoologische Museum zu Göttingen. II. Verzeichniß der aufgestellten Säugethiere. 8. (28 S.) Göttingen 850, Dieterichsche Buchh. **
Aus: Nachrichten der g. a. Universität und der kgl. Gesellschaft der Wissenschaften zu Göttingen 1850 Nr. 10, besonders abgedruckt. — I. Verzeichniß. Ebendas. 1846. * 2½ Ngr.

— Mittheilungen über das zoologische Museum zu Göttingen. III. Verzeichniß der aufgestellten Vögel. 8. (30 S.) Göttingen 855, Dieterichsche Buchh. *
Aus: Nachrichten von der G. A. Universität der k. Gesellschaft der Wissensch. Jahrg. 1855, besonders abgedruckt.
I. und II. Ebendas. 1846, 50. * 5 Ngr.

— das Myopodiorthoticon, oder der Apparat, die Kurzsichtigkeit zu heilen. Am 6. April der Königl. Societät der Wissenschaften zu Göttingen vorgelegt. Mit 1 Steindrucktaf. 8. Göttingen 840. (Vandenhoeck und Ruprecht.) 1/6 ℛ

— über verschied. neue od. seltene Reptilien aus Neu-Granada u. Crustaceen aus China. gr. 4. (4 B. u. 3 Kpfrt.) Göttingen 846, Dieterichsche Buchh. *

— der gespaltene Unterkiefer, eine Hemmungsbildung, beobachtet an einem Kalbe, s. Acta nova phys.-med. Acad. Caes. Leop. Carol. XIX.

— neue Versuche üb. d. Temperatur d. kaltblüt. Thiere. gr. 8. (4 B.) Göttingen 835, Dieterichsche Buchh.

— über d. Wesen d. Wasserscheu u. über e. darauf zu begründende rationelle Behandl. d. schon ausgebrochenen Krankheit. gr. 8. Götting. 825. (Vandenhöck u. R.) 6 gGr

— üb. seitliche Zwitterbildung (Hermaphroditismus lateralis) b. Menschen beobachtet. gr. 4. (2½ B. u. 2 Kpfrt.) Göttingen 844, Dieterichsche Buchh. *
Aus: Abhandlungen der kgl. Gesellschaft der Wissenschaften zu Göttingen. 2. Bd. besond. abgedruckt.

Berthold, Arthur

Bücher und Wege zu Büchern. Unter Mitw. von Elisab. Foerster-Nietzsche, Peter Jessen u. Philipp Rath, hrsg. von Arthur Berthold. *Berlin & Stuttgart: J. Spemann 1900.* (497 S.) 8° [oo. 8808

Berthold, A., Reichsbuch, siehe Spemann.

Berthold, Arth., s.: Spemann's deutsches Reichsbuch.

Berthold, [Arth. Bruno], das Kind im ersten Lebensjahre und seine vorzüglichsten Erkrankungen. Aerztlicher Rathgeber für Mütter bei der körperl. Erziehung ihrer Kinder. gr. 8. (79 S.) Dresden 878, (Burdach.) **
Aus: Erziehung der Gegenwart, besonders abgedruckt.

Berthold, C.: B e i t r a g zur vergleichenden Anatomie der Coniferen-Blätter [u. and. botanische Schriften], s. B e r t h o l d , Karl

Berthold, C.: B l ü t h e n christlicher Naturanschauung [u. ähnl. Schriften], s. B e r t h o l d , Karl

Berthold, C., das Brod des Lebens. Communionbuch f. fromme Seelen. Enth. Communionandachten f. die verschiedenen Festtage des Jahres, nebst den gewöhnl. Gebeten, Morgen-, Abend-, Meß-, Beicht- u. Communion-Andachten, Litaneien u. s. w. Nach e. in e. Kloster aufgefundenen alten Handschrift. 16. (296 S. m. Titelbild.) Dülmen 900. A. Laumann. Geb. in Leinw. n. — 75

Das Brod des Lebens. Communionbuch f. fromme Seelen. Enth. Communionandachten nebst d. gewöhnl. Gebeten ... Nach einer in e. Kloster aufgefundenen alten Hs. Hrsg. von C. Berthold. 2. Aufl. *Dülmen: A. Laumann 1900.* (296 S.) 8° [F.] [00. 6833]

Berthold, C., Die Waldmühle an d. Tschernaja. Romant. Erzählg. aus d. russischen Weltreiche. gr. 8. Lief. 56—57. (S. 1—1368.) Wien, Carl Fleischmann. à 7 kr. 1883.

Berthold, C.E. (Red.), s. M o d e n - Z e i t u n g , Deutsche.

Berthold, C. R. Emil, de iridectomia. Dissertatio inauguralis. gr. 8. (52 S.) Königsberg 862, (Schubert und Seidel.) *

Berthold, Carl: Vergleichende A n a t o m i e der Coniferen-Blätter [und andere botanische Schriften], s. B e r t h o l d , Karl.

Berthold, Carl: B e t r a c h t u n g e n der Natur im Lichte des Christenthums [u. ähnliche Schriften], s. B e r t h o l d , Karl

— die heilige Elisabeth von Thüringen. Ein episches Gedicht. Paderborn 866. Junfermann in Comm. 8. (207 S.) n. 1 Thlr

— die Forschungsreisen des französischen Missionärs u. Naturforschers Armand David. gr. 8. (58 S.) Würzburg 878. Wörl. — 80

— an frischen Quellen. Gedichte. gr. 16. (VII, 200 S.) Würzburg 879. Woerl's Sep.-Cto. geb. n. 3. —; m. Goldschn. 3. 60

Berthold, Carl, Rede, gehalten bei der am 8. Jänner 1888 in den Schiesshaus-Lokalitäten vom katholischen Gesellenvereine veranstalteten Fest-Feier aus Anlass des goldenen Priester-Jubiläums Sr. Heil. Papst Leo XIII. gr. 8. (16 S.) Bielitz 888, Beigel. *

Berthold, Carl Wilh., prakt. Lehrbuch d. Baumwollen-, Leinen- u. Seidenfärberei. Nebst Belehrungen üb. d. Appretur d. Baumwollen- u. Seidenwaaren. Mit natürl. Mustern. 8. (4 B.) Quedlinburg 830, Basse.

—— prakt. Lehrbuch d. Schönfärberei. M. 15 natürl. Mustern. 8. (9 B.) Quedlinburg 830, Basse.

Berthold, Conrad, s. B e r t h o l d , Konrad

Berthold

— Daniel Gotthelf (Gräfenhain), De morbis pubertate solutis. Diss. med. Präs. Dan. Wilh. Triller. Wittenbg. (C. Chn. Dürr) 14. VIII. 1770. 27 S. (3.20) 2358

Berthold, E., die ersten zehn Jahre der Myringoplastik, nebst Angaben verbesserter Methoden zur Heilg. v. alten Löchern im Trommelfell. gr. 8. (44 S.) Berlin 889. Hirschwald. n. 1. —

Berthold, E., das künstliche Trommelfell und die Verwendbarkeit der Schalenhaut des Hühnereies zur Myringoplastik. Nach einem am 4. Jan. 1886 in dem Vereine für wissenschaftl. Heilkunde in Königsberg gehaltenen Vortrage. gr. 8. (26 S.) Wiesbaden 886, Bergmann. *

Berthold, E.: Die intranasale V a p o r i s a t i o n , s. B e r t h o l d , Emil

Berthold E. R. Ueber den Umdrehungskegel, welcher ein System dreier conjug. Durchmesser eines dreiachsigen Ellipsoides enthält, nebst Anw. 1885 I.
Math. Diss. Erlangen

B e r t h o l d Éd, Leipzig. Musterbuch von Papier-Stuck-Ornamenten. 4° Leipzig (1883)

Berthold, Ed., s.a. Verzeichnis der vom Teplitzer Gebirgsverein markierten Wegstrecken ꝛc.

Berthold, Ed., G. Putze & E. Törmer, Verzeichniß der vom Teplitzer Gebirgsverein in seinem Vereinsgebiete markirten und mit Wegweisern versehenen Wegstrecken nebst Entfernungs-Angaben in Kilometern und einer Orientirungs-Karte. 12. (16 S.) —.25

Berthold, Emil

Kant's Regeln eines geschmackvollen Gastmahls und seine Umgangstugenden. Tischrede geh. in d. Kant-Gesellschaft 1895 von Prof. Dr. Emil Berthold, Geh. Med.R. 2. unveränd. Abdr. Königsberg i. Pr. 1906: R. Leupold. (18 S.) 8° [06. 1840 10]

Die intranasale Vaporisation, ein neues Verfahren zur Stillung lebensgefährlichen Nasenblutens und zur Behandlung schwerer Erkrankungen der Nase und der Kieferhöhle von Prof. Dr. E[mil] Berthold. Königsberg i. Pr. *Berlin: A. Hirschwald 1900.* (VI, 60 S.) 8° [00. 9358]

Berthold, Erich, a. Berlin: Zur Kenntnis der Reaktionsfähigkeit der 1·2-Naphtochinon-4-sulfosäure. (Berlin 1907: O. v. Holten.) (42 S.) 8°
Berlin, Phil. Fak., Ref. Fischer, Diss. v. 15. Juni 1907
[Geb. 14. Nov. 80 Berlin; Wohnort: Danzig; Staatsangeh.: Preußen; Vorbildung: Kaiserin-Augusta-Gymn. Charlottenburg Reife O. 02; Studium: Berlin 9 S.; Rig. 30. Mai 07.]

Berthold, Dr. Ernst. Lotteriespiel, Börsenspiel und gesellschaftliches Hazardspiel. Eine sozialethische und steuerpolitische Betrachtung. gr. 8°. Hannover, Brandes, 1884.

Berthold, Ernst [Übers.]
s. Scott, Walter: Die Presbyterianer. 1823.

Berthold, F.X.A., s. B e r t h o l d , Franz Xaver

Berthold, Felix
Berthold, (Alexander Heinr.) Felix (geb. Magdeburg 4. 6. 1859): Statistischer Beitrag zur Kenntniss des chronischen Magengeschwürs. (Aus den Sectionsprotokollen des pathologischen Instituts zu Berlin 1868-1882). Berlin (1883). (32 S.) 8°
Berlin, Med. Diss. v. 21. Mai 1883

Berthold, Fr. Louis De M. Annaei Lucani elocutione poetica. 16 S. Progr. Rsch. *Grimma* 1879.

Berthold, de Lucani elocutione. 4. (16 S.) Grimma 879. (Gonsol.) n. 1. —

Berthold, Fr. X., s. B e r t h o l d , Franz Xaver

Berthold, Franz, s.a. . . . . Adelheid Reinbold.

† Berthold, Franz, (Adelheid Reinbold,) Novellen u. Erzähln.; eingeführt v. Ludw. Tieck. 2 Bde. 16. u. 8. Bunzlau, Appun's Buchh. [1. (32 B.) 836. 1⅓ Thlr., 2. (14½ B.) 837. 1 Thlr.]
2. Bd. a. u. d. Tit.: Prinz v. Massa. Dramat. Novelle in 5 Akten.

Berthold, Frz. (Adelheid Reinbold), gesammelte Novellen. Herausgeg. von L. Tieck. 1. 2. Thl. gr. 12. Leipzig 842, Brockhaus. 3 Thlr

Berthold, Franz, Kammergerichtsreferendar: Die Rechte der Familienfideikommißanwärter bei Veräußerungen und Belastungen von Familienfideikommißgut. Nach heutigem gemeinen und preußischen Recht unter besonderer Berücksichtigung des „Vorläufigen Entwurfes eines Gesetzes über Familienfideikommisse". Borna-Leipzig 1905: R. Noske. (XIII, 82 S.) 8° [F.]
Heidelberg, Jur. Fak., Ref. Schröder, Diss. v. 17. Juli 1905
[Geb. 5. Mai 80 Berlin; Wohnort: Berlin; Staatsangeh.: Preußen; Vorbildung: Kgl. Wilhelms-Gymn. Berlin Reife M. 98; Studium: Berlin 1, Marburg 1, Berlin 4 S.; Rig. 20. Dez. 04.]

— König Sebastian, oder wunderbare Rettung und Untergang. Herausg. von Edw. Tieck. 2 Thle. 8. Dresden u. Leipz. 839. Arnoldische Buchh. $3^1/_4$ ℛ

Berthold, Fritz, (Adelaide Reinbold), Schwarzwälder Spinnstubengeschichten. Zur Unterhaltung u. Belehrung für den Bürger u. Landmann. Mit vielen in den Text gedr. Bildern. (Holzschn.) gr. 8. (236 S.) Leipzig 849, Klinkhardt. $^1/_2$ ℛ

Berthold, Franz Jos.

Berthold, Frz. Jos., Formulare f. den Post-, Eisenbahn- u. Privatfracht-Verkehr sowie f. den eigenen, inneren Geschäftsbetrieb, im Auftrag f. den Schulgebrauch zusammengestellt. 2. unveränd. Aufl. (IV, 96 S.) Lex.-8. München 899. Buchdruckerei u. Verlagsanstalt C. Gerber. Kart. n.n. 1. 20

Berthold, Frz. Jos., Wechselkunde zum Gebrauch an Fortbildungsschulen f. Lehrer u. Schüler sowie zum Selbstunterrichte f. angehende Kaufleute u. Gewerbetreibende. (28 S.) Lex.-8. München 900. Buchdruckerei u. Verlagsanstalt C. Gerber. n. — 70

Berthold, Franz Xaver

Berthold, F. X. A., Abhandlungen verschiedenen Inhalts aus dem Gebiete der ärztlichen Wissenschaften mit besonderer Rücksicht auf, in der Thermalbadestadt Teplitz in Böhmen gesammelte Beobachtungen und Erfahrungen. 1. Heft. gr. 8. Leipzig 846, Teubner. 18 ngr

Berthold, Fr(z.) X(av.), Durchbohrung der vorderen Thoraxwand mit Bruch zweier Rippen und Bildung einer kopfgrossen Höhlung auf der vorderen Fläche des Brustkorbes durch eine aneurysmatische Ausdehnung der rechten Vorkammer des Herzens. Ein höchst merkwürdiger Fall und bisher wahrscheinlich in seiner Art einziger Fall als Beitrag zur Pathologie des Herzens. 8. (34 S. mit 4 ill. Stnt. in gr. 8. und 4.) Teplitz 859, Copek.

Berthold, Frz., das Fürstenbad und Gürtlerbad zu Teplitz, deren Quellenleitungen und innere Einrichtung erläutert u. durch thermographische Buntdruckpläne illustrirt. Meissen (857). Goedsche. 8. (19 S. u. 1 color. Lithogr. in 4.) n. 5 ngr

—— das Fürstenbad und Gürtlerbad zu Teplitz, deren Quellenleitungen und innere Einrichtung erläutert und durch thermograph. Buntdruckpläne illustrirt. gr. 8. (19 S. mit 1 Chromolithogr. in qu. gr. 4.) Meissen 857, [Höfer.]

— das Herrenhaus und die Quellen des Frauenbrunnengartens in Teplitz. Eine Skizze für deren Besucher. Mit 2 (lith.) thermographischen Plänen u. 2 (lith. u. color.) Bildern (in 8. u. 4.) Ebend. (857). 8. (23 S.) 15 ngr

—— und J. Seiche, medicinisches Jahrbuch der Thermalquellen von Teplitz-Schönau in Böhmen, s. Jahrbuch, medicinisches.

— das Teplitzer Moorbad und seine innere Einrichtung. Nebst chromotypen Plan u. Aufrisse. Badezelle in der Moorküche (in qu. Fol.) Meissen (857.) Goedsche. 8. (13 S.) n. 5 ngr

Berthold, Fr(z.) X(av.), das teplitzer Moorbad und seine innere Einrichtung. Nebst chromotypen Plan und Aufriss einer Badezelle in der Moorküche. gr. 8. (18 S. mit 1 Plan in qu. Fol.) Meissen 857, [Höfer.] Thlr. *

Berthold, Frz. (Xav.), das Neubad in Schönau bei Teplitz in seinen neuesten Einrichtungen. Eine Skizze für dessen Besucher. gr. 8. (23 S. mit 1 Ansicht des Vestibules und der Hügelquelle in Buntdr. und 1 thermograph. Plan in Fol.) Meissen 855, Goedsche'sche Buchh.

—— das Schlangenbad zu Schönau bei Teplitz (in Böhmen) und dessen innere Einrichtung. Eine Scizze zum Andenken für die Besucher dieser Badeanstalt. gr. 8. (30 S. mit 1 lithogr. Ansicht und 1 lithochrom. thermograph. Plane des Schlangenbades in qu. Fol.) Meissen 855, Goedsche'sche Buchh.

—— das Stadtbad zu Teplitz und seine neuesten inneren Einrichtungen. Eine Skizze als Erinnerung für dessen Besucher. gr. 8. (IV und 28 S. mit 1 lithochrom. thermograph. Grundriß in qu. Fol. und 2 lithogr. und lithochrom. Ansichten.) Meißen 855, Goedsche'sche Buchh.

Sämmtliche drei Schriften des Verf. wurden aus dem Medicin. Jahrbuch von Teplitz-Schönau besonders abgedruckt.

—— d. Steinbad nebst d. Stefansbade u. Sandbade. 8. (26) Meiss. 57. Goedsche's V. (?) n. — 5

—— das Steinbad nebst dem dazu gehörigen Stefansbade und Sandbade. Eine thermograph. Skizze und Beschreibung der innern Einrichtung dieser Badeanstalten durch einen chromotypen Plan erläutert. gr. 8. (26 S. mit 1 Plan in qu. Fol.) Meissen 857, [Höfer.] *

Berthold, Friedrich Rudolph von, s. Katalog der Kunst- und Waffen-Sammlung . . .

Berthold, Fritz, s. Berthold, Franz

Berthold, Frz.: Das Fürstenbad [u. andere Schriften über Thermalbäder], s. Berthold, Franz Xaver.

Berthold, Frz. Gesammelte Novellen, s. Berthold, Franz

Berthold, G., s.a. Berthold, Gottfrried

Berthold, G., s.a. Berthold, Gustav Adolf

Berthold, G., Ab Atheniensi Sophocle scriptam esse Ajacem, ex ipsa fabula intellegitur. Diss. 1875. 84 S. 1,20

— Die deutschen Arbeiterkolonien. 6. Folge für die Jahre 1889—91. Mit Rückblicken auf die Entwickelung und Bedeutung derselben seit ihrer Eröffnung (1882). gr. 8⁰. Berlin, Priber, 1893. — 7. Folge. gr. 8⁰. 1895.

Berthold, G., Die deutschen Arbeiterkolonien. 8. Folge. gr. 8⁰. Berlin, Priber, 1897.

Berthold, die deut. Arbeiter-Kolonien, ihre Entstehung u. Entwickelung 1882 bis 1895, nebst Individualstatistik. Auf Grund der offiziellen Zählkarten.

D. Entwickelung	1885—86.	Leipzig	887.
„	1886—87.	Berlin	889.
„	1887—89.	„	891.
„	1889—91.	„	898.
„	1891—93.	„	897.

Berthold, G., d. deutschen Arbeiter-Kolonien, ihre Entstehg. u. Entwicklg. 1882—1895, nebst Individualstatistik f. 1891/93. VII. Folge. A. Gr. d. offiz. Zählkarten. gr. 8. (98 S.) Berlin 897. (M. Priber.) n.n. 2. 50

Berthold, Dr. G.,
Armenlast und Freizügigkeit mit besonderer Bezugnahme auf die Armenpflege der Stadt Berlin. 4⁰. Berlin 1881.

— Die offene Armenpflege der Stadt Elberfeld im Juni 1881. 8⁰. Elberfeld 1881.

Berthold, G., Armenpfleger-Congress 1881. 8⁰. Berlin 1881.

Berthold, G.: Die Bangiaceen, s. Fauna u. Flora d. Golfes v. Neapel u. der angrenzenden Meeres-Abschnitte.

Berthold, G., [1.] Beitrag zur Statistik der Arbeiterkolonien im Deutschen Reich. (Armenpfleger-Kongreß 1884.) Fol. (41 S.) Berlin 884. M. Priber. n. 3. —

Berthold, G., die Dresdner Braut. Erzählung. 32. (64 S.) Löbau 852, Breyer. 1 1/3 ngr

Berthold, G, d. Dresdner Braut. 32. (64) Löbau 52. (Dresd., Tittel.) — 1 1/3

—— die dresdner Braut. Erzählung. 32. (64 S.) Löbau 852, [Walde.]

Berthold, G. (A.), Johannes Bückler genannt Schinderhannes, und seine Gesellen. Charaktergemälde aus dem Anfange des 19. Jahrhunderts. Mit (10 lith. u.) color. Abbildgn. Dresden (853). Breyer. 8. (1 Bl., 307 S.) n. 20 ngr

—— Johannes Bückler gen. Schinderhannes, und seine Gesellen. Charaktergemälde aus dem Anfange des 19. Jahrhunderts. 8. (307 S. mit 10 ill. Stnt.) Löbau 853, [Walde.]

Berthold, G.: D. Cryptonemiaceen, s. Fauna und Flora d. Golfes v. Neapel u.d. angrenz. Meeres-Abschnitte.

Berthold, G., die Entwickelung der deutschen Arbeiterkolonien, s.a. Schriften d. deutschen Vereins f. Armenpflege u. Wohlthätigkeit. 3

— [8.] die Entwickelung der deutschen Arbeiterkolonien [1885/86]. gr. 8. (VII, 56 u. XCVIII S.) Leipzig 887. Duncker & Humblot. n. 3. 60

Berthold, G., interessante Fahrten u. Abenteuer dreier Schönheiten od.: die Opfer der Liebe. — Prinz Lieschens Fahrten u. Abenteuer. — Müllerröschen. — Margaretha Otto aus Eckartsberg genannt: das schöne Gretchen hinterm Berge u. Ritter Nikolaus v. Dornspach. 1—10. Hft. 8. (à 3 B. u. 1 color. Steintaf.) Dresden 871. Tittel. à — 25

Berthold, G, interess. Fahrten u. Abenteuer dreier Schönheiten. 1—10. Hft. 8. (à 3 B.) Dresd. 74. Tittel. à — 25

Berthold, G., Galgenvögel oder die Söhne des Waldes. Romantische Erzählungen. 1. Bd. 15 Hefte. — 2. Bd. 16 Hefte. — 3. Bd. 20 Hefte (à 1 Bgn.). Dresden 867—70. Tittel. gr. 8. Jedes Heft mit 1 color. Bilde 2 1/2 ngr

— Galgenvögel od. die Söhne d. Waldes. Romantische Erzählg. 3. Bd. 21. Hft. gr. 8. (31 S. m. e. color. Steintaf.) Ebend. 870. — 25

—— die Geheimnisse von Venedig. Historischer Roman. 22 Hefte. gr. 8. (856 S. mit 22 Chromolithogr.) Dresden 872,73, L. Wolf. à Heft 30 Pf.

—— Genoveva, die Pfalzgräfin vom Rhein. Historisch-romantische Erzählung. 16 Hefte. 8. (512 S. mit 16 ill. Stnt.) Dresden 866,67, [Tittel.] à Heft 2 1/2 Ngr. für Sachsen à Heft 2 Ngr.

— Handhabg d. Bestimmgn betr. d. Verlust d. Wahlrechts u. s. w., s.: Aschrott, PF.

Berthold, G. (H.), im Harem des Sultans oder die Rache der schönen Amazone. Historischer Roman. 27 Hefte. gr. 8. (864 S. mit 27 Bilderbeilagen.) Dresden 878, G. Wolf. à Heft 30 Pf.

—— d. Höllenbrüder. 2 Bde. 8. (508 m. 16 Chromol.) Dresd. 68. 69, A Wolf. 1. 10

Berthold, G., die Höllenbrüder. Romantische Erzählung aus dem vorigen Jahrhundert. 2 Bde. Mit 16 color. Bildern. Dresden 869. A. Wolf. 8. (508 S.) 1 ℛ 10 ngr

Berthold, G. (H.), die Päpstin Johanna, genannt der Papst im Unterrock. Illustr. historischer Roman. 28 Lfgn. gr. 8. (1324 S. mit 28 Holzschntaf.) Prag 875, Weil. à Lfg. 45 Pf.

Berthold, G., Päpstin Johanna, genannt der Papst im Unterrock, historischer Roman. 28 Hefte. Mit Illustrationen. Prag 1876. 8⁰. 1323 S. (Mk. 15—.) (8 Mk. Taussig, 1906; 9 Mk. Schaper, 1904.)

Berthold, G., Johannes Karaseck der Räuberhauptmann. Charaktergemälde aus dem Ende des 18. Jahrhunderts. (10 Lfgn.) 8. (247 S. mit ill. lith. Abbildungen.) Löbau 851, Breyer. (à Lfg. 2 1/2 Ngr.)

—— Jos. Karaseck d. Räuberhauptm. 8. (247) Löbau 51. (Dresd., Tittel.) — 22 1/2

Berthold, G.: Über den kleinen Krieg und seine Vorteile betreffend. Mit Fig. o.O. 1815. 13 Bl.

—— der Räuberhauptmann Wenzel Kummer, genannt der böhmische Wenzel. Seitenstück zu „Johannes Karaseck". 1. Lfg. 8. (S. 1—32 und 1 ill. Stnt.) Löbau 851, Breyer.

— der Räuberhauptmann Wenzel Kummer, genannt der böhmische Wenzel. Seitenstück zu „Johannes Karaseck." 10 Liefrgn. 8. (312 S. m. 10 lith. u. color. Taf.) Ebd. 852. (à Liefrg. 1/12 ℛ) 5/6 ℛ

—— der Räuberhauptmann Wenzel Kummer, genannt der böhmische Wenzel. Seitenstück zu „Johannes Karaseck." 2. Aufl. 8. (312 S. mit 10 ill. Stnt.) Löbau 853, [Walde.]

—— Leben und Abenteuer des Frhrn. Friedr. v. d. Trenck. Historischer Roman. 8 Lfgn. 4. (126 S. mit 8 ill. Stnt.) Dresden 863,64, [Tittel.] à Lfg. 3 Ngr.

—— verhängnißvolle Lebenstage oder Ein Graf als Henker. Historischer Roman. 32 Hefte. gr. 8. (940 S. mit 32 Bilder-Beilagen.) Dresden 878, A. Wolf. à Heft 20 Pf.

—— u. H Landois. Lehrb. d. Botanik. 8. (318) Ebd. 72. n. 4. —

Berthold, G., Leibniz und das Uhrengleichniss. [Berlin 1874.]

— die Mordbrenner in der Pfalz. Erzählung aus dem Ende des 17. Jahrhunderts. Mit (lith. u. color.) Abbildgn. (In 16 Hftn.) 1—12. Heft. Dresden 869. A. Wolf. 8. (S. 1—384.) Jedes Heft 2 1/2 ngr

—— die Mordbrenner in der Pfalz. Erzählung aus dem Ende des 17. Jahrh. Mit Abbild. 16 Hefte. 8. (510 S. mit 16 color. Stnt.) Dresden 870, A. Wolf. à Heft 25 Pf.

— die Mordbrenner in der Pfalz Erzählung aus dem Ende d. 17. Jahrh. Mit Abbildgn. 13—16. (Schluß-) Hft. 8. (S. 385—510 mit 4 color. Steintaf.) Ebend. 871. à — 25

—— der sächsische Münchhausen oder Leben und Thaten des sel. Wasserlobels. 8. (74 S. mit 3 ill. Stnt.) Löbau 852, [Walde.]

—— d. sächs. Münchhausen od. Leben u. Thaten d. sel. Wasserlobels. 8. (74 m. 3 L.) Löbau 53. (Dresd., Tittel.) — 7 1/2

— u. Th. Neumeister, Nachteulen. Romantische Erzählgn. Die Hyäne v. Paris. — Der Junker v. Schwarz u. seine Raubgenossen. — Die Falschmünzer, od. das Grenzhaus im Böhmerwalde. 23 Hfte. gr. 8. (à 3 B. m. e. color. Steintaf.) Dresden 871—73. Tittel. à — 30

—— d. Naturschöne. 4. (228 m. H.) Freib. 75, Herder. 6. —

Berthold, G. Notizen zur Geschichte der Physik. Leipzig 1893.

—— der sächsische Prinzenraub. Zur Erinnerung an den 7. und 8. Juli 1455 erzählt. 8. (63 S. mit 4 ill. Stnt.) Dresden 855, Breyer.

Berthold, G. und Th. Neumeister

—— —— die Rächer der Nacht. Die Räuber auf Maria-Culm. — Burggraf Wolf v. Greiffenstein. — Berlin, Königgrätz und Wien. Romantisch bearb. 20 Hefte. gr. 8. (à 3 Bog. mit color. Stnt.) Dresden 871, Tittel. à Heft 25 Pf.

—— die verzauberte Rose. Ein dunkles Blatt aus der Geschichte der großen Welt. Roman. 16 Lfgn. 8. (506 S. mit 16 ill. Stnt.) Dresden 862,63, [Tittel.] à Lfg. 2 1/2 Ngr.

—— 30 Schreckensjahre für Deutschland. Geschichte des großen Krieges von 1618—1648. Für das Volk erzählt. 10 Lfgn. 4. (IV und 156 S. mit 10 ill. Stnt.) Dresden 863,64, [Tittel.] à Lfg. 3 Ngr.

—— das Schwert des Unsichtbaren. Romantische Erzählung aus neuester Zeit. 17 Lfgn. 8. (541 S. mit 17 ill. Stnt.) Dresden 864,65, [A. Wolf.] à Lfg. 2½ Ngr.

—— Sechs und Sechzig, s. Schrader, A.

—— des Kaisers Sohn, ein Findelkind! oder: Ein zweiter Kasper Hauser und ungelöstes Räthsel dunkler Schicksalswege. Roman aus der Wirklichkeit. 8. (445 mit 14 ill. Stnt.) Dresden 861, Breyer.

— des Kaisers Sohn, ein Findelkind! oder: Ein zweiter Kasper Hauser und ungelöstes Räthsel dunkler Schicksalswege. Roman aus der Wirklichkeit. Ebend. 862. 8. (445 S. u. 14 color. Lithogr.) 1 ₰ 5 ngr.

Berthold, G. Statistik der deutschen Arbeiter-Kolonien f. 1887/89. Mit Rückblicken auf die Entwicklg. u. Bedeutg. derselben seit 1882. Auf Grund der offiziellen Zählkarten. gr. 8. (II, 150 S.) Berl. 891, Luckhardt's Sort. ** 2 70

Berthold, G., [2.] Statistik der Arbeiterkolonien im Deutschen Reich u. ihre weiteren Ergebnisse. (Armenpfleger-Kongreß 1885.) Fol. (88 S.) Berlin 885. M. Priber. n. 3. —

Berthold, G., Studien üb. Protoplasmamechanik. Mit 7 Taf. gr. 8. (XII, 330 S.) Leipzig 886. Felix. n. 14. —

— die rothen Teufel. — Der Diebsfänger. Von Gust. Billig. — Zwei höchst interessante histor. Erzählgn. aus neuerer u. alter Zeit. 1—20. Lfg. gr. 8. (à 3 B. m. 1 Chromolith.) Dresden 872. A. Wolf. à — 30

—— d. Ruine Tollenstein als Raubnest od. Kardineck u. Grünhans. 8. (245 m. 8 L.) Löbau 53. (Dresd., Tittel.) — 20

—— die Ruine Tollenstein als Raubnest oder Kardineck und Grünhans, die Vorgänger des Johannes Karaseck. Mit Abbildungen. 8. (245 S. mit 8 ill. Stnt.) Löbau 853, [Walde.] *

—— unterm Türkenjoch oder Kampf gegen Tyrannei. Historischer Roman vom serbisch-türk. Kriegsschauplatze. 18 Hefte. gr. 8. (861 S.) Dresden 876—77, A. Wolf. à Heft 40 Pf. *

Berthold, G.: Untersuchungen zur Physiologie der pflanzlichen Organisation, s. Berthold, Gottfried

— Vermehrt die Freizügigkeit die Armenlast? Eine statist. Untersuchung unter spezieller Bezugnahme auf die Armenpflege der Stadt Berlin nach amtl. Quellen. Lex.-8°. Berlin, Aschenfeld, 1883.

Berthold, G., vermehrt die Freizügigkeit die Armenlast? Eine statist. Untersuchg. unter specieller Bezugnahme auf die Armenpflege der Stadt Berlin nach amtl. Quellen. Lex.-8. (32 S.) Berlin 884. Aschenfeldt. 1. 50

— die Verschwörer, s.: Volks-Bibliothek, die.

—— am Vesuv! Geheimnisse v. Neapel. Rom. 20 Lfgn. 8. (791 m. 20 Chromolith.) Dresd. 74. 75, A Wolf. à — 30

— die Weiterentwickelung der deutschen Arbeiterkolonien [1886/7]. gr. 8. (III, 52 S.) Berlin u. Dresden 889. (Dieckmann.) n. 2. 40

— [4.] die Weiterentwickelung der deutschen Arbeiterkolonien [1886/87]. gr. 8. (III, 52 S.) Berlin 889. M. Priber. n. 2. —

—— die großen Weltereignisse von 1859. Ein geschichtliches Gedenkbuch für Alle. 18 Lfgn. 4. (IV und 208 S. mit 13 ill. Stnt.) Dresden 859. 60, Breyer. à Lfg. 3⅓ Ngr.

— Weltereignisse. [1860.] Ein geschichtliches Gedenkbuch für Alle. Mit 10 color. Abbildgn. (In 10 Liefgn.) Ebend (860.) 4. (158 S.) Jede Liefg. 3 ngr; für Sachsen nur 2½ ngr.

—— dass. — (1860.) Ein geschichtl. Gedenkbuch für Alle. 10 Lfgn. 4. (158 S. mit 10 ill. Stnt.) Ebendas. 861. à Lfg. 3 Ngr.

— die Zersetzung der Kartoffel durch Pilze, s.: Reinke, J.

Berthold, G. (A.), Agnes v. Sorell, s. Erzähler, der oberlausitzer.

Berthold, Gerard Adolph Georg, s. Berthold Gerhard Adolph Georg.

Berthold, Gerhard [Hrsg.], s. David Fabricius und Johann Kepler

Berthold, Gerh., der Magister Johann Fabricius u. die Sonnenflecken, nebst e. Excurse üb. David Fabricius. Eine Studie. gr. 8. (60 S.) Leipzig 894. Veit & Co. n. 1. 80

Berthold, Gerhard, Rumford und die mechanische Wärmetheorie. Versuche einer Vorgeschichte der mechan. Theorie der Wärme. gr. 8. (IV, 84 S.) Heidelberg 875, C. Winter's Universitäts-Buchh. *

Berthold, Gerhard, John Toland und der Monismus der Gegenwart. gr. 8. (VII, 98 S.) Heidelberg 876, C. Winter's Universitäts-Buchh. *

Berthold, Gerhard Adolph Georg

Berthold, Gerard Adolph. Georg. (geb. Detmold 24. 10. 1834): De Cysticerco cellulosae in oculo humano. Berolini (1856). (29 S.) 8°
Berlin, Med. Diss. v. 8. Aug. 1856

Berthold, Gf., bibl. Kinderlust. 12. Magdeb. Seidel. 710.

Berthold, Gottfried
Untersuchungen zur Physiologie der pflanzlichen Organisation v. Dr. G[ottfr.] Berthold, Prof. ... Tl 1. *Leipzig: W. Engelmann 1898.* 8.
[98. 8119 Go

Berthold, G., Untersuchungen zur Physiologie der pflanzlichen Organisation. II. Tl. 1. Hälfte. (IV, 257 S.) gr. 8. Leipzig 904. W. Engelmann. n. 6. —
Tl. I. Ebd. 898. n. 6. —.

Berthold, G. (I.), Untersuchungen über die Verzweigung einiger Süsswasseralgen. gr. 4. (64 S. mit 4 lithogr. Taf.) Halle 878. Leipzig, (Engelmann.) *
Aus: Verhandlungen der kaiserl. Leop.-Carol.-deutschen Akademie der Naturforscher, besonders abgedruckt.

Berthold, Gust., Blätter aus der Jugendzeit. Gedichte. München 854. Franz. 12. (2 Bl., IV, 118 S.) 14 ngr.

Berthold, Gustav, appr. Arzt a. Pfarrkirchen: Zur Geschichte des primären Gallenblasenkrebses. Mit Berücksichtigung eines speziellen Falles. München 1905: Kastner & Callwey. (39 S.) 8°
München, Med. Fak., Ref, v. Angerer, Diss. v. 1. Sept. 1905
[Geb. 29. Jan. 82 Pfarrkirchen; Wohnort: München; Staatsangeh.: Bayern; Vorbildung: Wilh.-Gymn. München Reife Juli 00; Studium: München 10 S.; Coll. 1. Sept. 05; Approb. 6. Juli 05.]

Berthold, Gustav Adolf

Berthold, G., die Hand des Todten oder: Rache um Rache. Roman. (In ca. 20 Lfgn.) 1—4. Lfg. 8. (124 S. mit 4 ill. Stnt.) Dresden 861, Breyer. à Lfg. 2½ Ngr.

—— die Hand des Todten oder: Rache um Rache. Roman. 5.—21. Lfg. 8. (S. 125—662 mit 17 ill. Stnt.) Dresden 862, [Tittel.] à Lfg. 2½ Ngr.
1.—4. Lfg. Ebendas. 1861. 10 Ngr.

—— Berthold, Gust. Ad., Krakauer Klostergeheimnisse. Romantische Erzählung aus neuester Zeit. Dresden 1869.
Citirt Carl Wallstein ohne Formatsangabe.

— Krakauer Kloster-Geheimnisse oder die lebendig begrabene Nonne. Romantische Erzählung aus neuester Zeit. Dresden 870. Tittel. gr. 8. (636 S. u. 20 color. Bilder.) 1 ₰ 20 ngr.

—— Monte Christo, oder: Die Hand des Todten. Roman. 2 Bde. in 16 Heften. 8. (237 S. mit 6 color. Stnt.; 264 S. mit 8 color. Stnt.) Dresden 869, Tittel. à Heft 25 Pf.

Berthold, Gustav Adolf

Die Todtenhand. Th.1.2. Forts. des Romans: Der Graf von Monte-Christo. Von Alexander Dumas. Th.7.8.

s.a.Dumas, A.: Der Graf von Monte-Christo. [1869 - 1873].

—— d. Todtenhand, od. Monte Christo's letzter Weltgang. Rom. 1—18. Hft. 8. (I.: 528 u. II.: 1—368) Dresd. 72. 73, Tittel. à — 30

Berthold, Gustav Adolf

Monte-Christo's letzter Weltgang. Th.1.2. Als Forts. und Abschluß des Romans: Der Graf von Monte-Christo. Von Alexander Dumas. Th.9.10.

s. Dumas, A.: Der Graf von Monte-Christo. [1869 - 1873].

Berthold, H. [Erzählungen religiösen Inhalts], s. Berthold, Helene.

Bado moja! Erzählungen aus Deutsch-Ostafrika von H. Berthold, Hauptm. a. D. *Bielefeld: A. Helmich [1899]*. (152 S.) 8° [F.]

Berthold, H. E., Gedichte. gr. 12. (10 B.) Berlin 835, Stuhr'sche Buchh.

Berthold, Hans: Die Judengefahr, s.a. Volksaufklärung.

Die Judengefahr. Von Hans Berthold. Klagenfurt o. J.: St. Josefs-Vereins-Druckerei. 31 S. 8°. (Volksaufklärung. Kleine Handbibliothek zur Lehr und Wehr für Freunde der Wahrheit. Hrsg. J. Gürtler. 159.)
Kommt auch auf Freimaurerei zu sprechen.

Berthold, Hans: Rationelle Straussenzucht in Süd-Afrika, s.a Abhandlungen, Koloniale.

Rationelle Straußenzucht in Süd-Afrika. Von Hans **Berthold**. Berlin: Süsserott [1909]. 19 S. 8°
(Koloniale Abhandlungen. H. 29.)

Berthold, Hans, Rationelle Straussenzucht in Süd-Afrika. Berlin (1910). 8°.
(Koloniale Abhandlungen. H. 29.)

Wie erwerbe ich mir Sympathie? Von Hans **Berthold**. Berlin: H. Steinitz (1906). (78 S.) 8° [F.]

Wie macht man erfolgreich Reklame? Von Hans **Berthold**. Berlin: H. Steinitz (1904). (80 S.) 8° [F.]

Berthold, Helene, evangelische Bekenner, s.: Immergrün.

— Elisabeths Bibel. Eine Geschichte, nach Thatsachen erzählt. 12. (69 S.) Ebd. 894. n. — 20

Berthold, Helene, Elisabeths Bibel. Eine Geschichte nach Thatsachen erzählt. 2. Aufl. 12. (63 S.) Herborn 902. Buchh. des nass. Colportage-Vereins. n. — 20

— durch Blut u. Thränen, s.: Immergrün.

— unterm Christbaum in 3 Jahrhunderten. 6 Weihnachtsgeschichten aus dem Leben f. Jung u. Alt. 12. (177 S. m. farb. Titelbild.) Herborn 892. Buchh. d. Nass. Colportagevereins. n. — 80; geb. n. 1. —; eleg. geb. n. 1. 20

Denn er hat seinen Engeln befohlen über Dir! Eine Erzählung von Helene **Berthold**. *Cöthen: Ev. Vereinsh. [Berlin: Sonntagsschulbuchh. 1897]*. (S. 21–24.) 8° [F.]
— **Weihnachts-Rosen**. H. 20, 2.

— du sollst den Feiertag heiligen, s.: Sonntags-Palmen.

— in Feindesland. Eine Weihnachtsgeschichte aus dem großen Kriege. 12. (55 S.) Herborn 892. Buchh. d. Nass. Colportagevereins. n. — 20

Führe uns nicht in Versuchung! Eine Weihnachtsgesch. z. siebenten Gebot. Von Helene **Berthold**. *Cöthen: Ev. Vereinsh. [Berlin: Sonntagsschulbuchh. 1897]*. (27 S.) 8° [F.]
— **Weihnachts-Rosen**. H. 18.

Berthold, Helene: Genügsamk. u. anderes, s.: Gott z. Gruss.

Gottes Gerechtigkeit. Nach e. wahren Begebenheit erzählt von Helene **Berthold**. Mit 3 Bild. von C. I. Frankenbach. *Barmen: Wupperth. Trakt.-Ges. [1900]*. (120 S.) 8° [F.]
— **Bücherschatz, Barmer**. No 9.

— Geschichte der Hugenotten od. die Reformation in Frankreich. 8. (VIII, 134 S.) Berlin 892. Deutsche Evangel. Buch- u. Tractat-Gesellschaft. n. 1. —

— die Geschichte der Kirche zu Schwiebus, s.: Für die Feste u. Freunde d. Gustav-Adolf-Vereins.

Berthold, Helene, s.a. Geschichten, Sagen u. Märchen, Schwiebuser.

Schwiebuser Geschichten, Sagen und Märchen (erzählt von Helene **Berthold**). *Schwiebus: C. Wagner 1901*. (286 S.) 8° [F.]

—— Die Geschwister, s. Für den Feierabend.

Der Gesundbrunnen. Erzählung aus d. Leben von Helene **Berthold**. *Cöthen: Ev. Vereinsh. [Berlin: Sonntagsschulbuchh. 1896]*. (24 S.) 8° [F.]
— **Weihnachts-Rosen**. H. 14.

— evangelische Glaubenszeugen, s.: Immergrün.

— Gott thut heute noch Wunder! Gehe hin u. thue desgleichen. Erzählgn. a. d. Leben. 12. (83 S.) Herborn 894. Buchh. d. Nass. Colportagevereins. n. — 20

Güldenstern. Eine Familiengesch. von Helene **Berthold**. *Cöthen: Ev. Vereinsh. [Berlin: Sonntagsschulbuchh. 1893]*. (32 S.) 8° [F.]
— **Zions-Glocken**. Bdch. 1.

— an Gottes Hand. Geschichten aus dem Leben. 12. (188 S.) Herborn 892. Buchh. d. Nass. Colportagevereins. n. — 60; geb. n. — 90; eleg. geb. n. 1. —

Im alten Hause. Eine Weihnachtsgesch. von Helene **Berthold**. *Cöthen: Ev. Vereinsh. [Berlin: Sonntagsschulbuchh. 1895]*. (S. 11–23.) 8° [F.]
— **Weihnachts-Rosen**. H. 8, 2.

— aus d. Urgroßvaters Hausbuch, s.: Familien-Bibliothek, Calwer.

—— Heimgebetet, s. Immergrün.

— der Hüter Israels schläft nicht, s.: Hausfreund, Hamburger.

— irret euch nicht, Gott läßt sich nicht spotten, s.: Schillingsbücher.

Kampf und Sieg. 2. Aufl. von 'Aus Heidnischer Vorzeit'. Erzählung von H[elene] **Berthold**. Kassel: E. Röttger [1907]. (172 S.) 8° [F.]
— **Volksbücherei**. Bd 1.

—— Die Kinder d. Geächteten, s. Jugend- u. Volksbibliothek, deutsche.

— der blinde Knabe, s.a. Weihnachts-Rosen.

Der blinde Knabe. Eine indische Weihnachts-Gesch. von Helene **Berthold**. 2. Aufl. *Cöthen: Ev. Vereinsh. [Berlin: Sonntagsschulbuchh. 1895]*. (19 S.) 8° [F.]
— **Weihnachts-Rosen**. H. 5.

— i. d. Leidensschule. 2 Erzählgn. f. christl. Volk. 12. (296 S.) Eisleben 893. Christl. Verein f. d. nördl. Deutschland. Geb. in Halbleinw. 1. 20

— die Liebe ist die größte unter ihnen. Um d. Gerechten Wohnung her versammelt sich der Engel Heer. Zwei Weihnachtsgeschichten aus dem Leben f. Jung u. Alt. 12. (62 S.) Herborn 892. Buchh. d. Nass. Colportagevereins. n. — 20

— Der Sünde Lohn. 2 Erzählgn. (313 S.) 16. Eisleben 900. Christl. Verein im nördl. Deutschland.
Geb. — 90; in Leinw. 1. 25

Der Sünde Lohn. 2 Erzählungen von Helene Berthold. Hrsg. vom christl. Ver. im nördl. Deutschl. *Eisleben: P. Klöppel 1900.* (313 S.) 8°

— s.: Maria u. Martha.

— Frau Meisterin. Das 7. Gebot. Zwei Erzählgn. f. das Volk. 12. (80 S.) Ebd. 892. n. — 25

Berthold, Helene, das Neueste aus der Märchenwelt für die deutsche Jugend. Original-Märchen für das Alter von 10 bis 14 Jahren. 8. (160 S. mit 5 Chromolithogr.) Halle 880, Koestler. geb.

Berthold, Helene, das Neueste aus der Märchenwelt für die deutsche Jugend. Orig.-Märchen für das Alter von 10—14 Jahren. Mit illustr. Deckeltitel u. 5 Farbendr.-Bildern. 2. Aufl. 8. (IV, 168 S.) Halle 881. (Leipzig, Bruno Engelmann.) cart. 3. —

—— dass. — 2. Aufl. 8. (IV, 168 S. mit illustr. Deckeltitel und 5 Farbendr.-Bildern. [Halle 882, Koestler.] Leipzig, Bruno Engelmann. cart.

— a. alten Papieren u. Kleinere Erzählgn. 12° (80) Herb. 92. Bh. d. Nass. Colportagever.

— allerlei Schatzgräber. Erzählung aus dem Leben. 12. (157 S.) Ebd. 893. n. — 60; geb. in Bibliotheksbd. n. — 90; eleg. geb. n. 1. —

Sei getreu! (Eine Ostergeschichte.) Erzählung von Helene Berthold. Berlin: Ostdeutscher Jünglingsbund [1901]. (10 S.) 8° [J.]
— Osterglocken. H. 15.

— Der Slowakenknabe. Erzählung nach Tatsachen. (68 S.) 8. Bielefeld 910. Verlagshandlg. d. Anstalt Bethel. — 60; geb. 1. —

— aus vergangenen Tagen, s.: Volks-Bibliothek, christliche.

Berthold, Helene, das Testament, s.: Jugend- u. Volksbibliothek, deutsche.

— um des Glaubens willen, s.: Volks-Bibliothek, christliche.

— unter die Räuber gefallen. Uebers Jahr. Endlich. Drei Weihnachtsgeschichten f. jung u. alt. 12. (64 S.) Ebd. 892. n. — 20

Verirrt und wiedergefunden. Weihnachtsgesch. von Helene Berthold. 3. Aufl. (*Cöthen: Ev. Vereinshaus [1902].*) (S. 11–20.) 8° [J.]
— Weihnachts-Rosen. H. 1, [?]

— a. heidnischer Vorzeit. Erzählg. (Sammlg. christl. Erzählgn. 1. Bd.) 12. (III, 186 S.) Kassel 895. E. Röttger. n. 1. —; geb. n. 1. 40; eleg. geb. n. 1. 50

Aus heidnischer Vorzeit. Erzählung von Helene Berthold. *Kassel: E. Röttger [1896].* (186 S.) 8°
— Volksbücherei. Bd 1.

— im Waisenhause, s.: Immergrün.

Berthold, Helene, Gottes Wege. Gottes Stimme. Zwei Erzählgn. a. d. Leben. gr. 16. (61 S.) Herborn 894. Buchh. d. Nass. Colportagevereins. n. — 20

— drei Weihnachtsabende, s.: Familien-Bibliothek für's deutsche Volk.

— eine Weihnachtsgeschichte zum 4. Gebot, s.: Immergrün.

Der Mutter Weihnachtslicht. Eine Weihnachtsgesch. von Helene Berthold. 3. Aufl. *Cöthen: Ev. Vereinsh. [Berlin: Sonntagsschulbuchh. 1895].* (14 S.) 8° [J.]
— Weihnachts-Rosen. H. 4, [?]

— Wer lesen kann, hat Freude dran! Ein Unterhaltungsbuch f. unsere Jugend. Erzählungen, Märchen, Fabeln, Lieder, Gedichte, Rätsel u. Sprüche. (208 S. m. Abbildgn. u. 4 Farbdr.) 8. Reutlingen (909). Enßlin & Laiblin. Geb. in Leinw. 2. 50

— die Zwillingsbrüder. Erzählung aus dem Leben. gr. 16. (151 S.) Eisleben 892. Christl. Verein im nördl. Deutschland. Geb. — 85

Berthold, Hermann, s. Bertholdi, Hermann

Berthold, J: Blumen- u. Teppichbeete, s.: Levy, E.

Berthold, J.: Das Klima des Erzgebirges. (Vierter Bericht über das Königliche Schullehrer-Seminar zu Schneeberg. S. 1—72.) Schneeberg u. Schwarzenberg (1886). 72 S. 8°.

Berthold, J., Muster-Album der modernen Teppichgärtnerei, s.: Levy, E.

Berthold, J. G., allgem. System der Stenographie, oder abgekürzte Geschwindschreibekunst ꝛc., erfunden durch S. Taylor. gr. 8. Münch. 819. (Lindauer). 21 kr.

Berthold, Jak., s. Bertold, Jakob

Berthold, Johannes Julius, Rechtsanwalt: Die erbrechtliche Auflage nach dem Deutschen Bürgerlichen Gesetzbuche mit einem Überblick über die bisherige Rechtsentwicklung. Borna-Leipzig 1909: Noske. VIII, 74 S. 8°
Leipzig, Jur. Diss. v. 5. März 1909
[Geb. 11. April 79 Griesbach b. Schneeberg; Wohnort: Leipzig; Staatsangeh.: Sachsen; Vorbildung: Gymn. Schneeberg Reife O. 99; Studium: München 1, Leipzig 7 S.; Rig. 19. Febr. 03.] [U 09. 2449

Berthold, Jul., Beiträge zu e. Wetteratlas f. d. Königr. Sachsen, s.: Festschrift z. 25jähr. Jubiläum d. kgl. Seminars z. Schneeberg.

Berthold, Karl
BERTHOLD (C.). Vergleich. Anatomie der Coniferen-Blaetter. Bresl. 1875. 8°.

Berthold, Carl *(geb. Breslau 1. 5. 1851)*: Beitrag zur vergleichenden Anatomie der Coniferen-Blätter. Breslau (1875). (30 S.) 8°
Breslau, Phil. Diss. v. 15. Mai 1875

Berthold, Karl, Betrachtungen der Natur im Lichte des Christentums, der Geschichte, Wissenschaft und Kunst. Köln, Bachem, 1878, gr. 8°, VI, 356 S., 2. durchges. u. verm. Aufl., 3 Mk.
1. Aufl. 1872.

Berthold, Karl, Blüten christlicher Naturanschauung. Aus den Schriften der Heiligen und Kirchenschriftsteller. Steyl, Missionsdruckerei, 1882, 12°, 288 S. mit 1 Stahlstich, 1,60 Mk.

Berthold, C., Blüthen christl. Naturanschaug. A. d. Schriften d. Heiligen u. Kirchenlehrer. 2. Aufl. 12. (239 S.) Steyl 895. Missionsdruckerei. Geb. in Leinw. n.n. 1. 50

Berthold, Carl, Darstellungen aus der Natur, insbesondere aus dem Pflanzenreiche. Mit e. Einleitung über die christliche Naturauffassung. Mit 30 Abbildgn. in Holzschn. (im Text.) Köln 869. Bachem. gr. 8. (VI, 352 S.) 27 ngr

— Darstellungen aus der Natur, insbesondere aus dem Pflanzenreiche. Mit e. Einleitg. üb. christl. Naturauffassg. 2. Aufl. Mit mehreren (eingedr.) Abbildgn. in Holzschn. gr. 8. (IV, 354 S.) Ebend. 873. 2. 70

—— Darstellungen aus der Natur, insbesondere aus dem Pflanzenreiche mit Berücksicht. des Thierlebens und der Landschaft. 3. verb. und verm. Aufl. gr. 8. (IV, 392 S. mit eingedr. Abbild. in Holzschn.) Köln 881, Bachem.

Darstellungen aus der Natur, insbes. aus d. Pflanzenreiche, mit Berücks. d. Tierlebens u. d. Landschaft. Von K(arl) Berthold. durchges. von Ludwig Borgas, Oberl. zu Meppen. 4. Aufl. Mit 127 Abb. *Köln: J. P. Bachem [1901].* (X, 297 S.) 8° [J.]

—— im Freien. Naturbilder. gr. 8. (326 S.) Münster 876, Aschendorff'sche Buchh.

— die Gefäß-Cryptogamen Westfalens. Brilon 865. Friedländer. 4. (36 S. u. 2 lith. Taff.) n. 10 ngr.

— die Herrschaft der Zweckmäßigkeit in der Natur, s.a. Vereinsschrift der Görres-Gesellschaft.

—— Die Herrschaft der Zweckmäßigkeit in der Natur. Ebendas., 1877. 8°, 96 S., 1,60 Mk

Berthold, Karl, s.a. Schlesien's Landesvertretg u. Landeshaushalt.

Schlesiens Landesvertretung und Landeshaushalt von ihren Anfängen bis zur neuesten Zeit. Aus Anlass d. 60-j. Regierungs-Jubil. 1908 Sr. Maj. d. Kaisers Franz Josef I. Hrsg. v. Schles. Landesausschusse. Unter Mitw. d. schles. Landes-Ämter u. Anstalten bearb. u. red. von Landesrat Karl Berthold. T. 1 [3]. Troppau: Schles. Landesausschuss 1909. 4°
1. Landesvertretung. 2. Landeshaushalt. [3.] Beilagenbd. (19. 3. 1) 2

Berthold, Karl, Schlesiens Landesvertretung und Landeshaushalt von ihren Anfangen bis zur neuesten Zeit. Bd 1. 2. [nebst] Beil.-Bd. Troppau 1909. 4°.
Festschrift z. 60. jähr. Regierungs-Jubiläum S. M. d. Kaisers Franz Jos. vom 2. Dez. 1908.

—— und H. Landois, Lehrbuch der Botanik. gr. 8. (X, 818 S. mit 306 in den Text gedr. Abbild. in Holzschn. und 1 Holzschntaf.) Freiburg i. Br. 872, Herder'sche Verlagsh. *,

das Naturschöne. Mit 72 Illustr. (in eingedr. Holzschn.) hoch 4. (228 S.) Freiburg i/Br. 875. Herder. 6. —; geb. n. 8. —

—— Das Naturschöne. Auserlesene Schilderungen schöner Natur für Gebildete aller Stände. Mit 72 Illustrationen. Freiburg, Herder, 1882. 4°, X, 276 S., 2. Aufl., 6 Mk.
1. Aufl. 1875.

— das Pflanzenreich. Für den Unterricht in den unteren u. mittleren Klassen höherer Lehranstalten bearb. gr. 8. (191 S. mit eingedr. Holzschn.) Münster 881. Aschendorff. n. 1. 60

—— Über die Schönheit der Natur in christlicher Anschauung. Würzburg, Woerl, 1878, gr. 8°, 70 S., 90 Pf.

— das Tierreich. Mit einer Einleitung über den Körperbau des Menschen. Für den Unterricht in den unteren u. mittleren Klassen höherer Lehranstalten bearb. gr. 8. (406 S. m. eingedr. Holzschn.) Münster 880. Aschendorff. n. 3. —

— von der Nordsee bis zu den Alpen. Reisebilder u. Naturstudien. 8. (331 S.) Mainz 878. Kirchheim. 4. —

Berthold, Karl Wilhelm, s. Berthold, Carl Wilhelm

Berthold, Konr., die Bilder des Meister Eltz. Ein Sommernachtstraum. 1. bis 5. Taus. (196 S. m. Titelbild.) 8. Jena 905. H. Costenoble. n. 3. —; geb. n.n. 4. —

Berthold, Konr.: Die Rose v. Jericho. Eine Idylle. (177 m. Titelbild.) 8° Jena, H Costenoble '06. 3 —; geb. n 4 — d Verw.

Berthold, L.: Bergluft, s. Berthold-Filhés, L.

Berthold, L., Einleitung in die sämmtl. Schriften des a. und n. Testaments. 5n Thls 2te Hälfte (2 Rthlr.) u. 6r Theil (4 Rthlr.) gr. 8. Erlangen, Palm'sche Verl.-Buchhdl. 816—19.

—— und H. Reinecke, Berliner Lesebuch. 3 Tle. gr. 8. Berlin 887, Oehmigke's Verlag. [1. Tl. (X, 275 S.) geb. *M 1.25.; 2. Tl. (VIII, 283 S.) geb. *M 1.25.; 3. Tl. (X, 566 S.) geb. *M 2.—.] *

— u. H. Reinecke, Berliner Lesebuch. 3 Tle. gr. 8. Berlin 890. Oehmigke's Verl. geb. n. 4. 50
1. 3. Aufl. (X, 275 S.) n. 1. 25
2. 2. Aufl. (VIII, 283 S.) n. 1. 25
3. 2. Aufl. (X, 566 S.) n. 2. —

Berthold, L. u. H. Reinecke. Berliner Lesebuch. 3 Tle. 8. Berl. 891, Oehmigke's Verlag. [1. Tl. 5. Aufl. (X, 275 S.) * 1 25; 2. Tl. 3. Aufl. (VIII, 283 S.) * 1 25; 3. Tl. 3. Aufl. (X, 566 S.) * 2 —.] geb. ** 4 50

Berthold, L., u. H. Reinecke, Berliner Lesebuch. 1.—3. Tl. gr. 8. Berlin 894. L. Oehmigke's Verl. Geb. n. 4. 50
1. 8. Aufl. (X, 275 S.) n. 1. 25. — 2. 5. Aufl. (VIII, 283 S.) n. 1. 25. — 3. 5. Aufl. (X, 566 S.) n. 2. —.

Berthold, L, u. H Reinecke, Berliner Lesebuch. 3 Tle. 8° Berl. 95, L Oehmigke's V. 4.50
1. 10. Afl. (275) 1.25 | 2. 6. Afl. (283) 1.25 | 3. 5. Afl. (566) 2 —

— — dass. Asg. in 4 Tln. 3. u. 4. Tl. 8° Ebd. 96. Geb. 3.25
3. (272) 1.25 | 4. (600) 2 —
Der 1. u. 2. Tl sind f. beide Ausgaben (in 3 u. 4 Tln) gemeinsam.

Berthold, L., u. H. Reinecke, Berliner Lesebuch. 3 Tle. gr. 8. Berlin 898. L. Oehmigke's Verl. Geb. in Halbldr. n. 4. 50
1. 15. Aufl. (X, 275 S.) n. 1. 25
2. 8. Aufl. (VIII, 283 S.) n. 1. 25
3. 6. Aufl. (X, 566 S.) n. 2. —

— dasselbe. Ausg. in 4 Tln. 3. u. 4. Tl. gr. 8. Ebd. Geb. n. 3. 25
3. 3. Aufl. (272 u. 32 S.) 898. n. 1. 25
4. (600 S.) 896. n. 2. —
D. 1. u. 2. Tl. sind für beide Ausgaben gemeinsam.

— — dass. Asg. in 4 Tln. 8° Ebd. Geb. 5.75
I. 16. Afl. (275) 99. 1.25 | II. 9. Afl. (283) 99. 1.25 | III. 4. Afl. (272 u. 32) 1900. 1.25 | IV. 3. Afl. (600) 2 — | Asg. 1900. Bearb. v. O Janke. (600) 2 —

— — dass., bearb. v. O Janke. I. Tl. 2 Abtlgn u. II. Tl. 8° Ebd. 1900. Geb. nn 2.60
I, 1. (160) nn — 70 | I, 2. (192) nn — 80 | II. (240) nn 1.10.

Berthold, L. u. H. Reinecke, Berliner Lesebuch. 3 Tle. gr. 8. Berlin, L. Oehmigke's Verlag. Geb. in Halbleinw. n. 4. 50
I. 17. Aufl. (X, 275 S.) 900. n. 1. 25
II. 10. Aufl. (VIII, 283 S.) 900. n. 1. 25
III. 6. Aufl. Ausg. 900. (X, 566 S.) n. 2. —

— dasselbe. Ausg. in 4 Tln., bearb. v. O. Janke. gr. 8. Ebd. Geb. in Halbleinw. n.n. 5. 85
I. 1. 3. Aufl. (XIV, 160 S.) 902. n.n. — 70
I. 2. 2. Aufl. (XIV, 192 S.) 901. n.n. — 80
II. 2. Aufl. (XIV, 240 S.) 902. n.n. 1. 10
III. 4. Aufl. (272 u. 32 S.) 900. n. 1. 25
IV. 4. Aufl. (600 S.) 901. n. 2. —

— — dass. Ausg. in 4 Tln, bearb. v. O Janke. 8° Ebd. '05. Geb. 5.90 d
I,1. 7. Afl. (160) nn — 70; 8. Afl. (160 u. 8) nn — 75 | I,2. 6. Afl. (192) nn — 80 || II. 4. Afl. (240) nn 1.10 | III. 7. Afl. (272 u. 32) nn 1.25 | IV. 6. Afl. (600) 2 —

Berthold, L., u. H. Reinecke, Berliner Lesebuch. Ausg. in 4 Tln., bearb. v. O. Janke. I. Tl. 2 Abtlgn. u. II.—IV. Tl. Neue Rechtschreibg. 8. Berlin, L. Oehmigke's Verl. Geb. n.n. 5. 90
I. (1. Abtlg.) 9. Aufl. (XIV, 160 S.) 906. n.n. — 75
I. (2. Abtlg.) 7. Aufl. (XIV, 192 S.) 906. n.n. — 80
II. 4. Aufl. (Neue Ausg.) (XIV, 240 S.) 905. n.n. 1. 10
III. 7. Aufl. (Neue Ausg.) (272 u. 32 S.) 905. n.n. 1. 25
IV. 6. Aufl. (Neue Ausg.) (600 S.) 906. n. 2. —

Berthold, L., u. H. Reinecke, Berliner Lesebuch. Ausg. in 4 Tln., bearb. v. O. Janke. I. Tl. 2 Abteilgn. u. II.—IV. Tl. Neue Rechtschreibg. 8. Berlin, L. Oehmigke's Verl. Geb. nn 5. 90
I. (1. Abtlg.) 14. Aufl. (XIV, 160 u. 8 S.) (909.) Geb. nn — 75
I. (2. Abtlg.) 10. Aufl. (XIV, 192 S.) (909.) Geb. nn — 80
II. 8. Aufl. (XIV, 240 S.) (909.) Geb. nn 1. 10
III. 9. Aufl. (272 u. 32 S.) (909.) Geb. nn 1. 25
IV. 7. Aufl. (600 S.) (909.) Geb. 2. —

— dasselbe. Neubearbeitung in 3 Tln. v. O. Janke. Orig.-Zeichngn. v. Gadso Weiland. gr. 8. Ebd. (910). Geb. in Halbleinw. nn 6. —
I. (Unterstufe. 2. u. 3. Schulj. Klasse VII u. VI.) (XX, 269 S.) nn 1. 30
II. (Mittelstufe. 4. u. 5. Schulj. Klasse V u. IV.) (XXIV, 402 S.) nn 2. 10
III. (Oberstufe. 6.—8. Schulj. Klasse III—I.) (XXVIII, 623 S.) nn 2. 60

Berthold, L, u. H Reinecke: Berliner Leseb. Neubearbeitg in 3 Tln v. O Janke. (Mit Abb.) gr8° Berl., L Oehmigke's V. ('11). d
1. (Unterst. 2. u. 3. Schulj. Kl. 7 u. 6) 4. Afl. (20, 269) L nn 1.30 ||
2. (Mittelst. 4. u. 5. Schulj. Kl. 5 u. 4) 4. Afl. (24, 402) L nn 2. 0 ||
3. (Oberst. 6—8. Schulj. Kl. 3—1) 3. Afl. (28, 623) L nn 2.60

Berthold, L., die Temperamente und ihre pädagogische Behandlung, s.a. Sammelmappe, pädagogische, Heft 110.

Berthold, L., die Temperamente u. ihre pädagogische Behandlung. gr. 8. (64 S.) Leipzig 887. Siegismund & Volkening. n. 1. —; cart. n. 1. 20

Berthold, L.: Zu jung, s. Berthold-Filhés, L.

Berthold, Leonh., s. Bertholdt, Leonhard

Berthold, Lotte, (Charlotte Kanitz,) d. Kränzchen; Erzählungen f. Kinder. 8. Dresd. 819. Arnold. 18 gl

Berthold, Ludwig

Drei Ansprachen an die Loge Pegase. Von Ludw. Berthold. [Zum Stiftungsfest 1881.] Berlin 1883: Mittler & S. 16 S. 8⁰ [Umschlagtit.]
Aus: BZC. 10 (1881) S. 217—229.
Im 1. Grad üb. die Mahnungen des Pegasus, des Symbols der Loge; im 2. Grad üb. Gottesverehrung und Nächstenliebe; im 3. Grad üb. den Tod.

Berthold, Cassel! predige deinen Juden! Berlin 880.

Berthold, Ludw., Cassel! Predige Deinen Juden u. Dir selbst! Ein Mahnwort an Hrn. Judenmissionar Paulus Cassel u. dessen Stammesgenossen. 8. (34 S.) Berlin 881. F. Luckhardt. n. — 50

Geschichte der unter Konstitution der Hochw. Gr. Landes-Loge der Freimaurer von Deutschland zu Berlin arbeitenden St. Johannis-Loge Pegase nebst einem Anh. Reden der BBr. [Christian Ludw.] v. Marconnay, [Simon Petrus] Devaranne, [Karl Friedr.] v. Selasinsky enthaltend, zur Feier des 112. Stiftungsfestes am 4. Sept. 1882 den Brüdern gewidmet vom Br. [Ludw.] Berthold. Berlin 1882: Pormetter. 48 S. 8⁰
cf. SL. 2 (1882) S. 175—178.

Die drei Hammerschläge. Die drei Rosen. Ansprachen von [Ludw.] Berthold. Berlin 1887: Mittler & S. 20 S. 8⁰ [Umschlagtit.]
Abgedr. in: BZC. 16 (1887) S. 111—127; Berthold, L.: D. drei Hammerschläge. 1887 S. 1—17.

Zwei Lichtfeste, ein Vortrag am Weihnachts-Schwesternfeste der St. Johannis-Loge Pegase [in Berlin] von [Ludw.] Berthold. [Bützow o. J.: Buhr.] 2 Bl. 8⁰ [Kopftit.]
Üb. das Fest der Sommer- u. Wintersonnenwende.

[Festschrift.] Zur Säcular-Feier der unter Constitution der Hochw. Gr. Landes-Loge der Freimaurer von Deutschland zu Berlin arbeitenden St. Johannis-Loge Pegase am 4. Sept. 1871. I. Auftr.:] [Ludw.] Berthold. Berlin [1871]: Pormetter. 31 S. 8⁰
Recens: FZ. 26 (1872) S. 92—93.
Abriss der Gesch. der Loge u. Bericht der Feier.

Berthold, Ludw., kleine deutsche Sprachlehre, s.: Lange, Otto.

Berthold, MK: Das Silberkaninchen, s.a. Poppe's, F, Bibl. f. Kaninchenzüchter.

Berthold, M. K., das Silberkaninchen. Anleitung u. Winke zu dessen reinrass. Aufzucht u. nutzbarer Verwendg. 8. (31 S. m. 1 Taf.) Leipzig (900). Dr. F. Poppe. n. — 60

Berthold, MK: Das Silberkaninchen. Anl. u. Winke zu dessen reinrass. Aufzucht u. nutzbarer Verwendg. (35 m. 1 Taf.) 8⁰ Lpzg, Dr. F Poppe (03). — 60 d

Berthold, M. K., das Silberkaninchen. Anleitung u. Winke zu dessen reinrass. Aufzucht u. nutzbarer Verwendg. 3. Aufl. (68 S. m. Abbildgn. u. Bildnis.) 8. Leipzig (906). Dr. F. Poppe. n. 1. —
1. Aufl. (35 S. m. 1 Taf.) Ebd. 903. n. — 60.

Berthold, Max, zur Diagnose der intraoculären Aderhautsarkome. Inaugural-Dissertation. gr. 8. (46 S.) Königsberg 875. (Leipzig, Kessler.) n. 2. 50

Die Verwaltungspraxis bei Elektrizitätswerken und elektrischen Straßen- und Kleinbahnen. Von Max Berthold, Nürnberg. Berlin: J. Springer 1906. (VII, 184 S.) 4⁰(8⁰) [07. 2760

Berthold, Otto: Die britischen Kolonien und der imperialistische Gedanke. Berlin 1909: Ebering. 145 S. 8⁰
Tübingen, Staatswiss. Diss. v. 25. Okt. 1909, Ref. Fuchs
(Nur in beschränkter Anzahl für den Austausch)
[Geb. 6. Jan. 83 Berlin; Wohnort: Berlin; Staatsangeh.: Preußen; Vorbildung: Gymn. Berlin bis Prima; Studium: Berlin 5, Tübingen 3 S.; Rig. 1. Juli 09.] [U 10. 4204

Berthold, Otto: Die Unverwundbark. in Sage u. Aberglauben d. Griechen, s: Versuche u. Vorarbeiten, Religionsgeschichtl.

Berthold, (P.,) dramat. Dichtungen. 8. Leipzig 824. Enobloch.

Berthold, P. (Bertha Pappenheim), Frauenrecht. Schauspiel in 3 Aufzügen. 8. (56 S.) Dresden 899. E. Pierson. 1. 50

Berthold, P., die darstell. Geometrie, s.: Behse, W. H.

— zur Judenfrage in Galizien. 8. (23 S.) Frankfurt a. M. 900. Gebr. Knauer. n. — 50

— die Konstruktionen des Hochbaues, s.: Schmölcke, J.

— Sappho od. d. leukadische Fels, eine Comödie. 8. Leipz. 823. Enobloch.

Der Spar- und Bauverein zu Blumenthal bei Bremen von P. Berthold, Landrath zu Blumenthal. Hannover: J. C. König & Ebhardt [1897]. (160 S.) 8⁰ [F.] [07. 16909

Berthold, P., in der Trödelbude. Geschichten. 12. (107 S.) Lahr 890. Schauenburg. geb. n. 2. —

Berthold, P., in der Trödelbude. Geschichten. 2. Aufl. 12. (107 S.) Gotha 894. F. A. Perthes. Geb. in Leinw. 1. 90

Berthold, Paul, appr. Arzt a. Dresden: Aus dem Hygienischen Institute der Universität zu Rostock. Untersuchungen über die Bildungsgröße einiger Stoffwechselprodukte des Typhusbazillus. Rostock 1904: C. Hinstorff. (39 S.) 8⁰
Rostock, Med. Fak., Ref. Pfeiffer, Diss. v. 31. Aug. 1904
[Geb. 10. Mai 79 Dresden; Wohnort: Dresden; Staatsangeh.: Sachsen; Vorbildung: Hl. Kreuz-Gymn. Dresden Reife O. 99; Studium: Leipzig 2, Jena 2, Rostock 5 S.; Coll. 5. Febr. 04; Approb. 22. Dez. 03.]

Berthold, Rich., Waaren-Bezugs-Adressbuch aller Branchen, enthält circa 6000 verschiedene Bezugsquellen, vom geringsten Handels-Product bis zum grössten Fabrikerzeugniss aus Deutschland, Oesterreich u. der Schweiz. Lex.-8. (96 S.) Dresden 878. Heinrich. n. 4. —

Berthold
— Samuel (Merseburg), Exerc. jur. civ. ad L. LXXIX d. ad legem falcidiam. Präs. Chn. Rau. Lpz. (Langenheim) 15. IV. 1772. 18 S. (3.50) 2359
Gew.: Chn. Mor. Schwope.

Berthold, T., und M. Fürstenau: Die Fabrikation musikalischer Jnstrumente und einzelner Bestandtheile derselben im Königl. Sächsischen Vogtlande. Leipzig 1876

Berthold, Thdr., lose Blätter aus dem Münsterlande u. v. der Nordsee. Mit Illustr. 8. (184 S.) Einsiedeln 885. Benziger. cart. 2. —; geb. 2. 80

Berthold, Th. Lose Blätter aus dem Münsterlande u. der Nordsee. 8. Einsiedeln 885. Münster i. W., H. Schöningh. cart. 2 — geb. 2 80

Berthold, Thdr., lose Blätter aus dem Münsterlande u. von der Nordsee. 2. (Titel-)Ausg. 8. (IV, 184 S.) Münster i/W. 892. H. Schöningh. Geb. in Leinw. n. 1.50

Berthold, Theodor: Die Blumen der Festkreise u. Heiligentage, s. Familien-Bibliothek.

[J.] Blumen am Wege. Schildergn a. d. Pflanzenwelt m. Bez. auf Sage, Gesch. u. Poesie. Von Theodor Berthold. *Bocholt: J. & A. Temming 1893.* (330 S., 1 Bl.) 1 Bd 8. [97. 7464

Berthold, T, Burschenleben. Wenn man beliebt ist. Zwischen d. Wallhecken. Nach Weihnachten. Trödlerwaare. s.: Familien-Bibliothek.

Berthold, Thdr., Dona nobis pacem, s. Familien-Bibliothek.

Berthold, Theod., zwischen den Dünen, s. Familien-Bibliothek.

– Ausgewählte Erzählungen, s. Familien-Bibliothek

Berthold, Thdr., u. Mor. Fürstenau, die Fabrikation musikalischer Instrumente u. einzelner Bestandtheile derselben im königl. sächsischen Voigtlande. gr. 8. (VII, 47 S.) Leipzig 876. Breitkopf & Härtel. 1. 50

Berthold, Thdr.: Fidelio und Blanca, s. Familien-Bibliothek.

– Vetter Franz, s. Familien-Bibliothek.

Th[eodor] Berthold. Lustige Gymnasial-Geschichten. 5. Aufl. *Stuttgart, Berlin, Leipzig: Union [1900.]* (330 S.) 8° [J.]
— Kamerad-Bibliothek. 4. [00. 486

Berthold, Th., lustige Gymnasial-Geschichten. (Kamerad-Bibliothek.) 13. Aufl. (V, 330 S. m. Abbildgn. u. Titelbild.) kl. 8. Stuttgart (909). Union. Geb. in Leinw. 3. —

Berthold, Th.: Lust. Gymnasial-Geschichten. (Kamerad-Bibliothek.) 16. Aufl. (5, 330 m. Abb. u. Titelbild.) kl.8° Stuttg., Union ('11). L 3 — d

Berthold, Th.: Im blauen Hahn, s. Familien – Bibliothek. Ser. V. Nr. 24.

Berthold, Th.: Historien aus der Nebelgasse, s. Familien-Bibliothek. Ser. V. Nr. 15.

4. Johannisfest-Lied von Herm. Waldow, für eine Singstimme mit Begleitung des Pianoforte komp. von Theod. Berthold. Für Tenor und für Baryton. Leipzig: Hoffarth 1878.
[FZ. 32 (1878) S. 182.]

—— Jugend-Erinnerungen einer alten Frau, s. Familienfreund.

— illustrierte Kinder-Legende. Bilder aus dem Leben der Heiligen, den lieben Kindern zur Nachahmg. dargestellt. Mit 12 farb. Einschaltbildern nach Orig.-Kompositionen v. Fr. Kunz. gr. 16. (248 S.) Einsiedeln 899. Verlagsanstalt Benziger & Co. Geb. in Leinw. m. Goldschn. 2. —

Illustrierte Kinder-Legende. Bilder aus d. Leben d. Heiligen den lieben Kindern z. Nachahmung dargest. von Th[eodor] Berthold. Mit 12 Einschaltbild. von Fr. Kunz. 2. Aufl. *Einsiedeln, Waldshut, Köln: Benziger & Co. 1900.* (247 S.) 8° [J.] [00. 6.75 5

Berthold, Th.: Im Kranze des Kirchenjahres, die Blumen..., s. Familien-Bibliothek. Nr. 20.

— das Leben Mariä f. Kinder. M. e. Vorw. v. H. Rolfus. 16. (190 S. m. 4 Farbendr.-Bildern u. 45 Illustr.) Einsiedeln 890. Benziger & Co. geb. n. 1. 30

Berthold, Thdr., d. Leben Mariä f. Kinder. M. e. Vorwort v. Herm. Rolfus. M. 4 Farbendr.-Bild. u. 45 Ill. gr. 16. (190 S.) Einsiedeln 897. Verlagsanstalt Benziger & Co. Geb. in Leinw. 1. 20

Das Leben Mariä für Kinder. Von Theodor Berthold. Mit e. Vorw. von Dr. Hermann Rolfus, Pfarrer in Sasbach. Mit 4 Farbendruckbild. u. 45 Ill. *Einsiedeln, Köln: Benziger & Co. [um 1902].* (190 S.) 8° [J.] [02. [illegible]

Berthold, Th.: Auf ländlichen Pfaden, s. Familien-Bibliothek. Nr. 7.

— Quartier-Geschichten, s.a. Familienfreund.

Berthold, Th. Quartier-Geschichten. Feldzugs-Erinnerungen. In-8°. 340 S. Einsiedeln, Benziger & Co. 1889? Cart. 2 80
*** „Familienfreund. Bd. 39."

Berthold, Th.: Riesenblumen, s. Familien – Bibliothek. Ser. V. Nr. 22.

[J.] In Sand und Moor. Drei Erzählgn v. Theodor Berthold. *Kevelaer: Butzon & Bercker 1898.* (91 S.) 1 Bd 8.
= Vergangenheit, Aus, u. Gegenwart. Bdch. 1. [99. 3598

—— Soldatenleben im Felde, s. Familien-Bibliothek.

— Aus Tertia u. Sekunda. Lustige Schülergeschichten. (Kamerad-Bibliothek.) (VI, 303 S. m. Abbildgn. u. Titelbild.) kl. 8. Ebd. (909). Geb. in Leinw. 3. —

— Aus Tertia u. Sekunda. Lust. Schülergeschichten. (Kamerad-Bibliothek.) 6.Afl. (6, 303 m. Abb. u. Titelbild.) kl8° Ebd. ('11). L 3 — d

Richter, Wilh. Ludw. Erdmann: Trauer-Feier der Loge zum goldenen Apfel [in Dresden] zur Erinnerung an den am 30. März 1871 i. d. e. O. eingegangenen Br. Wilh. Ludw. Erdmann Richter. Trauer-Cantate. Gedichtet von Carl Gärtner. In Musik gesetzt von Theod. Berthold. [Leipzig 1871: Pässler.] 2 Bl. 8° [Umschlagtit.]
Abgedr. in: FZ. 25 (1871) S. 182; Gärtner: Altes u. Neues. 1878 S. 91—95.
Ohne Noten: „Und es begruben ihn gottesfürchtige Männer . . ."

Berthold, Thdr.: Trödlerwaare, s. Familien-Bibliothek.

– Zwischen den Wallhecken, s. Familien-Bibliothek.

– nach Weihnachten, s. Familien-Bibliothek.

Berthold, Th.: Wenn man beliebt ist, s. Familien-Bibliothek.

Berthold, Dr. Wilhelm, — Zürich, Kantonsschule 1879. Progr.-Schr.

Berthold, Willy, bacc. jur., Referendar in Jöhstadt i. S.: Die Finanzkontrolle der Stadtverordneten nach der königlich sächsischen revidierten Städteordnung vom 24. April 1873. Borna-Leipzig 1908: R. Noske. (X, 61 S.) 8° [J.]
Leipzig, Jur. Fak., Diss. v. 18. Febr. 1908
[Geb. 23. Jan. 82 Cotta b. Dresden; Wohnort: Jöhstadt i. S.; Staatsangeh.: Sachsen; Vorbildung: Wettiner Gymn. Dresden Reife O. 02; Studium: Leipzig 8 S.; Rig. 18. Jan. 08.]

Berthold-Filés, L. [Pseud.]
Berthold, L. [B. Filhés], Bergluft, s. Bloch's, E., Theater-Correspondenz.

Berthold-Filhés, L, Blumensprache, s.: Bloch's, E, Dilettanten-Bühne.

—— ein Braut-Examen, s. Bloch's, E., Theater-Correspondenz.

Berthold, L. [B. Filhés], Er hat etwas vergessen, s. Bloch's, E., Volks-Theater.

Berthold-Filhés, L: Auf d. Flucht, s: Bloch's, Ludw., Damen-Bühne.

—— auf dem Gipfel des Glücks, s. Bloch's, E., Dilettanten-Bühne.

—— vier Herzen und ein Schlag, s. Bloch's, E., Theater-Correspondenz.

—— der photographirte Kanonier, s. Bloch's, E., Dilettanten-Bühne.

— Liebes-Orakel, s.: Bloch's, E., Theater-Gartenlaube.

Berthold-Filhés, der Tante Rath, s.: Bloch's, E., Theater-Gartenlaube.

– d. Rechte, s. Bloch's, E, Theater-Gartenlaube

— drei Solo-Scenen f. Damen. [Der Tante Rath. Liebes-Orakel. Der Rechte.] gr. 8. (31 S.) Berlin 884. Lassar. n. 2. —

—— und E. Ling, zu jung, s. Bloch's, E., Theater-Correspondenz.

Berthold-Schwiebus, H., Reichtum macht nicht glücklich, s.: Ähren, goldene. 10.

— Wenn dich die bösen Buben locken, s.: Gott zum Gruß.

Bertholde, **ou le nouvel Esope. II Vols. 18. Leipz., Ind.-Compt. 16 gr.**

Bertholdi, Wegweiser z. homöopath. Selbsthülfe, in d. gewöhnl. vorkomm. Unpäßlichkeiten u. bei gefährl. schneller Hülfe bedürf. Krankheitsfällen; od. kurzgef. u. deutl. Anweis., wie man sich nach d. Grundsätzen d. Homöopathie in leichtern Krankheiten selbst behand., u. was man bei plötzlich eintret. schwer. Krankheiten z. Abwendung d. dringendsten Gefahr zuerst anzuwenden habe. gr. 8. (7 B.) Leipzig 834, Hartleben's Verlags-Exped.

Bertholdi, Wegweiser zur homöopath. Selbsthülfe, in d. gewöhnl. vorkomm. Unpäßlichkeiten u. bei gefährl., schneller Hülfe bedürf. Krankheitsfällen 2c. Neue Ausg. gr. 8. (7 B.) Leipzig 840, Frohberger.

Bertholdi, G, gründl. Heilg d. Krankh. d. Kopf- u. Barthaars. 16. (32) Lpzg 51, Krüger. — 7½

Bertholdi, G., Gründliche Heilung der Krankheiten des Kopf- u. Barthaars. Aerztlicher Rathgeber zur Pflege, Erhaltung u. Wiedererzeugung des Haarschmucks beider Geschlechter. gr. 16. (VI u. 32 S.) Leipzig 851, Thenau in Comm. ¼ Thlr

Bertholdi, H., Ahnungen und Erscheinungen. Novellen in Hoffmann's Manier. Halle 854. Pfeffer. 8. (2 Bl., 200 S.) 21 ngr

Bertholdi, H., ein fliegendes Blatt. gr. 8. (2 B.) Danzig 845. (Kabus.) *

— Börse u. Salon, s.: Bibliothek, Europäische. 380. Bd.

—— die Flagge. (Diese Blätter gehören dem Volk.) Eine Monatsschrift. Nr. 1—7. gr. 8. (14 B. u. 1 Stnt.) Danzig 843—45. (Kabus, auch Homann's Kunst- u. Buchh.) à *

Bertholdi, H., die Flagge (diese Blätter gehören dem Volk). Nr. 1. u. 2. November u. December 1843. gr. 8. Danzig 844. (Homann.) à n. 6 ngr — Nr. 3. Januar 1844. gr. 8. Ebd. 844. n. 6 ngr — Nr. 4—7. Danzig, Kabus. 6 ngr

—— dass. (Neue Folge.) 1845. 1. Hft. gr. 8. (2 B.) Ebds. *

humoristischer Fremdenführer durch Danzig und seine romantischen Umgebungen. 16. (Mit 1 Lith.) Danzig 844, Homann. n. ⅓ Thlr

—— Friston der Rächer oder die Felseninsel. 2 Thle. 8. (319 S.) Halle 854, Pfeffer.

—— Rante juniors Gastbesuch bei seinem Freund u. Vetter Dav. Nep. Pomuchel in Danzig. 8. (2 B.) Danzig 845, Homann's Kunst- u. Buchh.

—— die erste deutsch-kathol. Gemeinde zu Danzig. 8. (1 B.) Danzig 845, Homann's Kunst- u. Buchh. *

—— das schneidemühler Glaubensbekenntniß u. sein römischer Gegner in Posen. Kritik d. Schrift: Offenes Glaubensbekenntniß der sich nennenden: christl.-apostol.-kathol. Gemeinde zu Schneidemühl, beleuchtet von e. Katholiken. gr. 8. (1 B.) Danzig 845, Homann's Kunst- u. Buchh.

—— die deutsch-kathol. Kirche, ihre Zukunft u. der Staat. 8. (1½ B.) Danzig 845, Homann's Kunst- u. Buchh.

— Kritik des Entwurfs d. Reichsgrundgesetzes: Weshalb Furcht vor der Zukunft? s.a. Zeitstimmen.

Bertholdi, H., Kritik des Entwurfs des deutschen Reichsgrundgesetzes. (A. u. d. T.: Zeitstimmen. Eine Reihe von Abhandlungen zur Beleuchtung der Gegenwart. II.) Leipzig, R. Blum u. Comp., 1848. 32 S. 8°.

—— Kritik d. Ruppianismus, od. Charakteristiken der Hren. Dr. Rupp, Wechsler, Dr. Jachmann, Dr. Dinter u. Dr. Motherby als Commentar zum Verständn. der Zeitungsgeschichte. Lex.-8. (1 B.) Danzig 846, Kabus.

— Kritik des Ruppianismus oder: Charakteristiken der Herren Dr. Rupp, Wechsler, Dr. Jachmann, Dr. Dinter u. Dr. Motherby. gr. 8. (15 S.) Danzig 847, Kabus. 4 ngr

Bertholdi, H., die Kunst der Debatte. Anleitung für Staatsbürger, sich im Gebrauch der freien Rede zur Theilnahme an den Verhandlungen der polit. Vereine u. Deputirtenkammern auszubilden. Mit sorgfält. gewählten Beispielen. 8. (152 S.) Grimma 849, Verlags-Comptoir. ½ Thlr

—— Pantheon deutscher Dichter, s.a. Pantheon.

—— Pantheon deut. Dichter. 2. Afl. 16. (563) Lpzg 52, Matthes. n. — 25; geb. n. 1. 5

—— der Präsident. Roman. 2 Bde. 8. (V und 406 S.) Halle 853, Pfeffer.

— Proletarier-Lieder. An die Herren im weißen Saal. 8. (24 S.) Leipzig 847, Koffka. n. ⅙ Thlr

—— Protest gegen Dr. Kniewel's „offener Protest." Ein Büchlein f. Gläubige u. Ungläubige. 8. (1 B.) Danzig 843, Homann's Kunst- u. Buchh.

— die ersten freiheitsfeindlichen Schritte des sächs. Staatsministeriums. Offener Brief an die HH. Staatsminister Oberländer u. Dr. Braun. gr. 8. (15 S.) Leipzig 848, Naumburg. n. ⅙ Thlr

— das Preuß. Unterrichtswesen u. die Politik der Erhöhung des staatskirchl. Einflusses auf dasselbe, oder: Gehört die Schule dem Staat oder der Kirche? gr. 8. (32 S.) Braunschweig 848. (Leipzig, Matthes.) 3 ngr

—— Weshalb Furcht vor der Zukunft? s.a. Zeitstimmen.

Bertholdi, H., Weshalb Furcht vor der Zukunft? [A. u. d. T.: Zeitstimmen. Eine Reihe von Abhandlungen zur Beleuchtung der Gegenwart.] Leipzig, R. Blum u. Comp., 1848. 30 S. 8°.

Bertholdi, H., Zu spät! An die Mitglieder aller Vaterlandsvereine. Leipzig, C. W. B. Naumburg, 1848. 19 S. 8°.

Bertholdi, Herrm., der Pflanzensammler, od. vollständ. Anweis. e. Herbarium anzulegen, nebst ein. spezielleren Uebersicht v. d. vorzügl. anerkannt. Pflanzensystemen. Für angeh. Medic. u. Pharmac., Schulanstalten u. jed. Freund d. Botanik. 16. (8½ B. u. 4 Tab.) Berlin 840, Stuhr'sche Buchh. Thlr. *

Bertholdi, J. Bpt.
— Grundriß der Liturgie. 8. Insbruck 811.

Bertholdi, J. Bpt., Handbuch des baier. Kirchenrechts, für die Vorlesungen am k. baier. Lyceum in Insbruck. 8. Insb. 811.

Berthold's Fortsetzung der Chronik, s. Berthold von Reichenau

Berthold's Teutsche Theologey, s. Berthold von Regensburg

Bertholdt, Eugen [app. Arzt]: Der Hirnprolaps. Seine Ursachen und Ausgänge. . . . Nürnberg, Druck v. Friedrich Haffner, 1888: 17 + 1 S. 8°
Erlangen, Med. Fak., Inaug.-Diss. v. 1888

Bertholdt, H.
Führer durch Hanau und Umgebung. Bearb. von H. Bertholdt. Beschreibung d. Sehenswürdigkeiten d. Stadt u. ihrer Umgebung ... Mit 15 Ansichtspostkarten. 2. Aufl. Hanau: F. König [1905]. (42 S.) 8°

Bertholdt, Leonhard
— Christologia Judaeorum, Jesu Apostolorumque aetate in compend. redacta et observat. illustrata. 8 maj. Erlang. 811. Palm. 1 ℛ 8 gℛ

— comment. hist. exeget. de ortu theol. vet. Hebraeor. P. I. II. 8 maj. Erlang. 803. Palm. 8 gℛ

Bertholdt, Leonhard, s. Daniel, der Prophet.

— Daniel, aus d. Hebräisch-Aramäischen übers. rc. 2 Hälften. gr. 8. Erlang. Palm. 806—808. (1e 1 Rthlr. 2e 1 Rthlr. 16 gr.)

Bertholdt, Leonh., († d. 31. März 1822.) daß wir keine gerechte Ursache haben, den fern. Bestand uns. evangel. Kirche u. uns. heil. Religion f. gefährtet zu halten. Eine Predigt. gr. 8. Erlang. 811. Palm. 3 gℛ

— histor.-kritische Einleitung in d. sämmtl. kanonischen u. apokryphischen Bücher des A. u. N. Testam. 6 Thle. Mit Regist. gr. 8. Erlang. 812—19. Palm. 14 ℛ 16 gℛ

Bertholdt, L., tres priores evangelistas tentationem J. C. a diabolo ad merum visum internum distinctis et expressis verbis revocare demonstratur. Erlang. 1812. 4; rep. in ejsd. opusc. p. 50 ss.

Bertholdt, Leonhard. Handbuch der Dogmengeschichte. Erl. 1822—23. H: *Engelhardt, Joh. Gg Veit.* (winer)

Bertholdt, (Leonh.) Handb. d. Dogmengeschichte. 2 Thle. gr. 8. Erlangen 822 — 23. Palm u. E.

Bertholdt, Leonh. (Hrsg.), s. Journal, Kritisches, der neuesten theologischen Literatur.

— Casualpredigten in d. Universitäts-Kirche zu Erlangen. gr. 8. Erlang. 811. Palm. 12 gℛ

— Opuscula academica exegetici potissimum argumenti colleg., edid. G. B. Winer. 8 maj. Lips. 824. Hartmann.

— Opuscula academica exegetici potissimum argumenti colleg., edid. G. B. Winer. 8 maj Leipz. 824 (Lehnhold). 1 ℛ

— zwei Predigten am Siegesfeste. 8. Sulzbach, Seidel. 814.

Bertholdt, L., quidnam sit 2 Cor. 12, 7. ὁ σκόλοψ τῇ σαρκί. I—II. Erlang. 1821. 4.

Bertholdt, Leonhard (Emskirch/Bayreuth), De rebus a Mose in Aegypto gestis ad illustr. exodi cap. II—XIV cuj. sect. prior. Diss. philos. Erlangen (A. E. Junge) 16. XII. 1795. 35 S. (4.—) 2360
Gewidmet: Aug. Friedr. Pfeiffer, Joh. Friedr. Degen, Chph. Aug. Oertel, Joh. Friedr. Gabriel, Joh. Gg. Raab.

— s. Reinhard, Frz. V.: Reformationspredigten.

— verosimilia de origine Evang. Joannis. 8 maj. Erlang. 805. Palm. 3 gℛ

Bertholdt, (L.) theolog. Wissenschaftskunde rc., ist Berlegr: Palm u. Enke.

— theolog. Wissenschaftskunde, oder Einleit. in d. theolog. Wissenschaften. 2 Bde. (2r Bd., herausg. von J. G. V. Engelhardt). gr. 8. Erlang. 821 u. 22. Palm u. E. 3 ℛ 16 gℛ

Bertholdt, Paul, Kammergerichtsreferendar: Die Einrede des Bürgerlichen Gesetzbuchs. Berlin 1905: O. Waldowsky. (63 S.) 8°
Heidelberg, Jur. Fak., Ref. Bekker, Diss. v. 15. Dez. 1905
[Geb. 22. Sept. 80 Berlin; Wohnort: Berlin; Staatsangeh.: Preußen; Vorbildung: Luisenstädt. Gymn. Berlin Reife O. 99; Studium: Lausanne 1, Berlin 1, München 1, Berlin 6 S.; Rig. 18. Juli 05.]

Bertholdt, G., krit. Journal rc. s. Journal.

Bertholdt, Wilhelm [app. Arzt von Frankfurt a/M.]: Ueber das Einnähen der Cystenwand in die Bauchdecken bei unvollendbarer Ovariotomie ... Tübingen, F. Pietzcker, 1895; 34 S. 8.
Tübingen, Med. Fak., Inaug.-Diss. v. 1895

— s.: Neisser, A., stereoscop. medicin. Atlas.

Bertholdus a Ratisbona, s. Berthold von Regensburg

Bertholdy. Ueber die Befestigung u. Bewaffnung grosser Handelsstädte. 8. 1816.

Bertholdy, A. G., evangelische Zeugnisse. Ein Jahrgang Predigten über Evangelien-Pericopen zum Vorlesen in Kirche und Haus. gr. 8. (IV, 299 S.) [Eisenach 876, Bacmeister.] Basel, Spittler. (* ℳ 4,20.) * ℳ 2,80.; geb. (* ℳ 5,40.) *

Bertholdy, Heinr., im Herzen des dunkeln Welttheils, s.: Casati, Gaetano.

Bertholdy, Heinr., 10 Jahre im Herzen v. Afrika, s.: Casati, Gaetano.

Bertholet, Alfred
Bertholet, A. Die Alkoholfrage. Bern 1802. 22 S. 8°.

Bertholet, Alfr., Apokryphen u. Pseudepigraphen, s.: Literaturen, die, des Ostens. VII, 1.

Bertholet, Alfred. Der Buddhismus und seine Bedeutung für unser Geistesleben. Von A' B', Professor ... in Basel. (Vorträge.) IV + 65 S. 8. Tübingen und Leipzig, Mohr, 1904. [M. 1.—]

Buddhismus und Christentum. Von Alfred **Bertholet,** Prof. in Basel. Tübingen & Leipzig: J. C. B. Mohr 1902. (IV, 64 S.) 4°
— Sammlung gemeinverständl. Vorträge u. Schriften aus d. Geb. d. Theol. u. Religionsgeschichte. 28.

Buddhismus und Christentum. Von Alfred **Bertholet.** 2., durchges. Aufl. Tübingen: Mohr 1909. VIII, 67 S. 8°
(Sammlung gemeinverständl. Vorträge u. Schriften aus d. Geb. d. Theologie u. Religionsgeschichte. 28.)

Bertholet, Alfred. Daniel und die griechische Gefahr. Von Professor D. A'B'-Basel. 1.—10. Tausend. 64 S. 8. Tübingen, J. C. B. Mohr, 1907. (M. —.50, cart. —.75, Feine Ausg. geb. 1.50)
Religionsgeschichtliche Volksbücher für die deutsche christliche Gegenwart. Hrg. von Lic. theol. Friedrich Michael Schiele-Tübingen. II. Reihe, Heft 17.

— Deuteronomium, s.: Hand-Kommentar, kurzer, zum Alten Testament. 9. Lfg.

Deuteronomium erkl. v. Lic. Alfred Bertholet, Prof. in Basel. *Freiburg i. B.: J. C. B. Mohr 1899.* (XXX, 116 S.) 8°
= Hand-Commentar, Kurzer, z. Alten Testament. Abt. 5.

Das Ende des jüdischen Staatswesens. Sechs populäre Vorträge von D. Alfred **Bertholet,** Prof. Tübingen: Mohr 1910. VI, 164 S. 8°

— die Bücher Esra u. Nehemia, s.: Hand-Kommentar, kurzer, zum Alten Testament. 17. Lfg.

Die Bücher Esra und Nehemia erklärt von Lic. Alfred Bertholet, Prof., Basel. *Tübingen & Leipzig: J. C. B. Mohr 1902.* (XX, 112 S.) 8°
= Hand-Kommentar, Kurzer, z. Alten Testament. Abt. 19.

Die Gefilde der Seligen. Ein akad. Vortrag von Alfred **Bertholet,** Prof. in Basel. Tübingen & Leipzig: J. C. B. Mohr 1903. (33 S.) 8°
— Sammlung gemeinverständl. Vorträge u. Schriften aus d. Geb. d. Theol. u. Religionsgeschichte. 33.

Das Buch Hesekiel erklärt von Lic. Alfred Bertholet, Privatdoc. ... in Basel. M. 5 Abb. *Freiburg i. B., Leipzig & Tübingen: J. C. B. Mohr 1897.* (XXVI, 259 S., 1 Taf.) 1 Bd 8.
— Hand-Commentar, Kurzer, z. Alten Testament. Abt. 12. [97. 6089

— zu Jesaja 53. Ein Erklärungsversuch. gr. 8. (32 S.) Freiburg i. B. 899. Tübingen, J. C. B. Mohr. n. — 75

Bertholet, Alfred. Aesthetische und christliche Lebensauffassung. (Vortrag.) IV + 55 S. 8. Tübingen, J. C. B. Mohr, 1910. [M. 1.—]

— s: Lesebuch. Religionsgeschichtl.

— Leviticus, s.a. Hand-Kommentar, kurzer, zum Alten Testament. 13. Lfg.

Bertholet, Alfred. Leviticus. Erklärt von Lic. Alfred Bertholet, ausserord. Professor... in Basel. XX + 104 S. 8. Tübingen und Leipzig, J. C. B. Mohr, 1901. (Preis im Einzelverkauf [br.] M. 2. 40, geb. M. 3. 40)

Kurzer Hand-Commentar zum Alten Testament... hrg. von D. Karl Marti, ord. Professor... [in] Bern. Abteilung 3....

— die 5 Megillot, s.: Budde, Karl.

Bertholet, Alfred. Das religionsgeschichtliche Problem des Spätjudentums. IV + 30 S. 8. Tübingen, J. C. B. Mohr, 1909. [M. —. 80]

(Sammlung gemeinverständlicher Vorträge und Schriften aus dem Gebiet der Theologie und Religionsgeschichte. [Heft] 55.)

— Seelenwanderung, s. Volksbücher, religionsgeschichtliche, III, 2.

Bertholet, Alfred. Seelen-Wanderung, von Professor D. A' B', Basel. 1.—10. Tausend. IV + 63 S. 8. Halle a. S., Gebauer-Schwetschke, 1904. (M. —. 40, cart. —. 60)

(Religionsgeschichtliche Volksbücher für die deutsche christliche Gegenwart. Hrg. von Lic. theol. Friedrich Michael Schiele-Marburg i. H. III. Reihe. Heft 2....)

Seelen-Wanderung. Von Prof. D. A[lfred] Bertholet. Tübingen: Mohr 1906. 62 S. 8°
(Religionsgeschichtliche Volksbücher f. d. deutsche christl. Gegenwart. R. 3, H. 2.)
A 12. 5353 II

Die Stellung der Israeliten und der Juden zu den Fremden. Von Lic. Alfred Bertholet in Basel. *Freiburg i. B. & Leipzig: J. C. B. Mohr 1896.* (XI, 368 S.) 1 Bd 8. [96. 3199

— Bibl. Theol. d. Alten Test., s: Grundriss d. theolog. Wissensch., Stade.

Der Verfassungsentwurf des Hesekiel in seiner religionsgeschichtlichen Bedeutung. Habilitationsvorlesung von Lic. Alfred Bertholet, Privatd. zu Basel. Freiburg i. B. & Leipzig: J. C. B. Mohr 1896. (28 S.) 8°
— [Sammlung gemeinverständl. Vorträge u. Schriften aus d. Geb. d. Theol. u. Religionsgeschichte. 3.] [96. 9978

Die israelitischen Vorstellungen vom Zustand nach dem Tode. Ein öffentl. Vortrag von Lic. Alfred Bertholet, Basel. Freiburg i. B., Leipzig & Tübingen: J. C. B. Mohr 1899. (31 S.) 8°
— [Sammlung gemeinverständl. Vorträge u. Schriften aus d. Geb. d. Theol. u. Religionsgeschichte. 16.] [96. 9589

Bertholet, Claude Louis, s. Berthollet, Claude Louis

Bertholet, F., maître de français au Gymnase de Bâle, les classes inférieures du gymnase humaniste de Bâle. 2. édit. 200 pp. in-8. Bâle, chez l'auteur. 1877 1. 10

Bertholet. De l'enseignement de la prononciation et de la lecture françaises à des élèves allemands. Basel. 1865
Schul-/Univ.-Schrift

Bertholet, F. (Maître de français à Bâle). Livre de lecture à l'usage du Gymnase humaniste de Bâle. 3me éd., augmentée, in-8°, 217 p. Bâle (Georg). 1878

Bertholet, F., livre de lecture à l'usage des classes inférieures du collège de Bâle. 5. éd., revue et augmentée. 8. (VII, 236 S.) Basel 885. Georg. geb. n. 1. 60

Bertholet, F., livre de lecture à l'usage des classes inférieures du gymnase de Bâle. 8. éd., revue et augmentée. gr. 8. (VI, 250 S.) Basel 898. Georg & Co. Geb. n. 1. 60

Bertholet, H. B., Geschichte der Einsetzung des Frohnleichnamsfestes mit dem Leben der glücksel. Juliana u. Eva, die dessen erste Beförderinnen waren ꝛc. Uebersetzt v. J. L. Becqueray. 3. Aufl. Mit 6 lith. Bildern. gr. 8. (236 u. LXI S.) Coblenz 847, Hölscher. 27 ngr

Bertholet, Jean, Aigle. De diro pectoris hydrope.
Basel, med. Diss. 1705

Bertholet, P[aul]. Congrès des forestiers suisses sur les rives du Léman en 1906. [Extrait du Journal forestier suisse, 57e année, 1906, No. 8/9.] 24 p. 8. [Berne, Büchler & Co.]

Bertholet, P[aul]. Economie forestière suisse en 1906. [Extrait notablement augmenté du Journal forestier suisse, 58e année, 1907, No 10.] 15 p. 8. [Berne, Büchler & Co.]

2me communication; la 1re comm': Ec' for' suisse en 1905 ([par Paul] B[ertholet] *v. dans le* Journal for' s', 57e année, 1906, No. 4, p. 75—77): Q

Berthollet, Claude Louis
— u. Amad. B., Anfangsgründe d. Färbekunst; nebst e. Beschreib. d. Bleichens mit oxydirter Salzsäure. 2e verm. Ausg. Aus d. Französ. v. A. F. Gehlen u. mit Anmerkk. v. S. F. Hermbstädt. 2 Thle. Mit 2 Kpf. gr. 8. Berl. 806. Dunker u. H. 3 ℛ 8 gl. Hbg. Pr. 2 ℛ

Berthollet, Cl. Louis, descript. du blanchiment, des toiles et des fils p. l'acide muriatique oxigène. 8. Basel 796. Decker. (Rottmann). 12 gl.

BERTHOLLET, CLAUDE LOUIS.
Ueber die Gesetze der Verwandschaft in der Chemie. Aus dem französischen übersetzt mit Anmerkungen, Zusätzen und einer synthetischen Darstellung von Berthollets Theorie versehen. Von Ernst Gottfried Fischer. Berlin, 1802. pp. xii–332, 8vo.

— Handbuch d. Färbekunst. A. d. Französ. übers. u. m. Anmerkk. von J. F. A. Göttling. 2 Thle. gr. 8. Jena 792. Mauke. 1 ℛ

— Lehrb d. Färbekunst, übers. u. m. Anmerk. v. Göttling. 2 Thle. gr. 8. Jena, Mauke. 792.

— über d. dephlogist. Salzsäure. gr. 8. Wien 790, (Heubner). 8 gl.

— Untersuchung über d. Gesetze d. chem. Verwandtschaften. Aus d. Französ. mit Zusätzen, von E. G. Fischer. gr. 8. Berl. 802. Mauck. 1 ℛ Engl. Pap. 1 ℛ 8 gl.

Berthollet, Claude Louis, Untersuchgn üb. d. Gesetze d. Verwandtschaft, s.: Ostwald's, W., Klassiker d. exakten Wissenschaften. 74

BERTHOLLET, CLAUDE LOUIS.
Versuch einer chemischen Statik, das ist einer Theorie der chemischen Naturkräfte. Aus dem französischen von G. W. Bartholdy und mit Erläuterungen begleitet von Ernst Gottfried Fischer. Berlin, 1810–11. 2 vols., 8vo.

— u. A. B., Versuch e. chem. Statik. Aus d. Französ. übers. von G. W. Bartoldy u. mit Erläut. von E. G. Fischer. 2 Thle. gr. 8. Berl. 810, 11. Dunker u. H. 4 ℛ 16 gl. Hbg. Pr. 2 ℛ 8 gl.

Bertholon de St. Lazare, Pierre
— gemeinnütz. Abhandll. zur Physik u. Oekonomie; übers. u. herausg. v. F. A. Weber. 2 Stcke. 8. Heidelb. 787, Pfähler. 16 gl.

— Anwendung u. Wirksamkeit d. Elektricität zur Erhaltung der Gesundh. des menschl. Körpers. Aus d. Französ. von K. G. Kühn. Mit 6 Kpf. 2 Thle. gr. 8. Weißenf. u. Leipz. 788, 89. (Baumgärtner). 2 ℛ 12 gl. Herabg. Pr. 1 ℛ 6 gl. Schrbp. 1 ℛ 12 gl.

Bertholon de St. Lazare, (Pierre), Abbé: Anwendung und Wirksamkeit der Elektrizität zur Erhaltung und Wiederherstellung der Gesundheit des menschlichen Körpers. (De l'Electricité du corps humain dans l'état de santé et de maladie. Dt.) Übers. und mit neuen Erfahrungen bereichert und bestätiget von Karl Gottlob Kühn. Bd 1 - 2, gbd., Abb.

Weißenfels u. Leipzig: Severin 1788 - 1789

Bertholon du St. Lazare, üb. d. Elektrizität in Beziehung auf d. Pflanzen, d. Mittel, d. Elektrizität z. Nutzen d. Pflanzen anzuwenden etc. Aus d. Französ. Mit 3 Kpf. gr. 8. Leipzig, 1785. Schwickert. 1. —

— Die Elektricität der Luft-Erscheinungen, worinne von der natürlichen Elektricität überhaupt, und von den Luft-Erscheinungen besonders gehandelt wird, auch die vornehmsten Phänomene der elektrischen Meteorologie nach Beobachtungen und Erfahrungen aufgestellt und erklärt werden. Aus dem Französischen. 2 Bände. Mit Kupfern. Liegnitz 1792.

— Elektricität der Lufterscheinungen. 2 Thle. Mit Kpf. gr. 8. Liegnitz 792. Siegert. 1 ℔ 16 ℊ

— mémoires sur la théorie des incendies, sur leurs causes, et les moyens etc. av. Fig. 4. Lausanne, Pott et Comp. 787.

— Preisschrift über d. Elektricität, a. medicin. Gesichtsp. betrachtet. Aus d. Französ. mit Anmerkk. von F. X. Weber. Nebst e. Anh. über Gewitter ꝛc. 8. Bern 784. Haller. 1 ℔ 4 ℊ
Dass. Ebda. 1781. (410,73 S.)

Bertholon du St. Lazare, Abt, Sammlung d. Abhandll. aus d. Naturgeschichte. A. d. Französ. v. F. X. Weber. 8. Heidelb. 786.

Bertholt, Just. C: Das Buch v. gesunden u. kranken Menschen, s: Bock, Carl Ernst.

BERTHOT, Richard (Lauscha): Ueber Fiebererscheinungen im Verlaufe der Syphilis.- München: Wolf 1882. 54 S.
22.7.1882 - Urk (Titel: De febribus in syphilide exeunte comparentibus.); Chr 1882/83,16
Diss. Inguist. ......

Berthoud, l'Égliso du verre d'eau, hrsg. v. E. Tournier, s.: Prosateurs français. 92

Berthoud, A., le Calvinisme de l'avenir. Discours. 8. (24 S.) Genf 890. Stapelmohr. n. — 50

Berthoud, Eugène: Lehrg. f. spez. Gymnastik d. Finger, d. Handgelenks u. d. Arms z. Erleichterg d. Geigenstudiums. (In französ., deut. u. engl. Spr.) (16 m. Abb.) Lex8° Lpzg, Steingräber ('10). 2 —

— Das kunstgerechte Studium d. Geigenspiels. (In deut., französ. u. engl. Spr.) (Edition Steingräber Nr 1937.) (32) Lex8° Ebd. ('12). 3 —

Berthoud, F. Voir: *Favre, L.*

Berthoud, Ferdinand
— Anweisung z. Kenntniß, gutem Gebrauch u. Haltung d. Wand- u. Taschenuhren. Aus d. Französ. Mit Kpf. gr. 8. Meißen 790. N. Ausg. 818. Goedsche. 12 ℊ

Berthoud, Ferdin., Histoire de la mesure du tems par les horloges. II Vol. av. planch. 4. Strasbourg, Treuttel et W. Rthlr.

Berthoud, F., Kunst, die Pendel- und Taschenuhren zu behandeln, zu richten und zu stellen, nebst einem Anhange, welcher die Regeln, Beobachtungen u. Berechnungen zum Gebrauche der astronom. Uhren enthält. Nach der 6. franz. Originalausg. vom J. 1836 in's Deutsche übersetzt von Fr. Menadier. Mit 5 Taf. Abbildd. 8. Quedlinburg 838. Basse. 1/2 ℔

Berthoud, Ferd., die Kunst mit Pendel- u. Taschenuhren umzugehen u. sie zu reguliren, nebst e. Anh. üb. d. Regeln, Vergleichn., Berechn. ꝛc., welche man beim Gebr. d. astronom. Uhren anzuwenden ꝛc. N. d. 5. franz. Orig.-Ausg. übers. M. 5 Stnt. 8. (7 B.) Ilmenau 828, Voigt.

— s. Uhrmacherkunst, die.

Berthoud, Fd., Versuche, Grundf. u. Regeln z. Erreich. d. mögl. Vollkommenheit d. Taschenuhren. A. d. Französ., mit Anmerkk. v. Chr. Fr. Vogel. 8. Meißen 790. Goedsche. 16 ℊ

Ferdinand Berthoud's, eines berühmten Uhrmachers zu Paris, Versuche, Vortheile, Grundsätze und Regeln zur Erreichung der möglichsten Vollkommenheit der Taschenuhren, nebst einer praktischen Anweisung zur Verfertigung einer neuen Taschenuhr nach der besten Einrichtung. Ein freyer Auszug aus dem Essai d'horlogerie par Ferd. Berthoud, mit eignen eingewebten Zusätzen und beigefügten Anmerkungen, von *Christian Friedrich Vogel*. Mit Kupfern. Meissen b. Erbstein. 8. 9½ Bog. m. 2 Kupft. (12 Ggr.). 1791
Allg. d. Bibl. 116 B. I. St. p. 305.

Berthoud, Fr. Die gegenwärtige Lage der schweiz. Baumwollspinnereien nebst Angabe der Mittel und Wege, wie dem Verfall derselben entgegengewirkt werden kann. Wetzikon 1888.

Berthoud. Georges. z. Z. Volontär-Assistent an der dermatologischen Klinik in Bern: Aus dem Institut für medizinische Chemie und Pharmakologie der Universität Bern. Beiträge zur Kenntnis des Copaivaharnes. Bern 1905. 22 S. 8°. [28. VI. 05.]
Bern. Med. Diss. 1904/1905.

Berthoud, Georges. Beiträge zur Kenntnis des Copaivaharnes. Diss. Med. Bern. *Kopftitel:* Aus dem Institut für medizinische Chemie und Pharmakologie der Universität Bern. 22 S. 8. Bern, Neukomm & Zimmermann, 1905.

Berthoud, H., s. Huehnetlaballan.

Berthoud, (H.) s. Huebuetlaballan.

Berthoud, Heinr., das Vater-Unser. Eine Erzähl. f. christl. Familien u. besond. für die reifere Jugend. Aus d. Franz. 8. (7½ B.) Reutlingen 844, Fleischhauer u. Spohn.

Berthoud, Henri: Map of Zoutpansberg (North Transvaal). 1: 333,000. 64×69 cm. Farbdr. Valdézia, Spelonken '03. (Bern, Geograph. Kartenverl.) Auf Papyrolin nn 4 —

Map of Zoutpansberg (North Transvaal) by Henri Berthoud, swiss missionary, 1903. Scale — 1:333.000. (Berne 1903: H. Kümmerly & Frey.) (1 Kartenbl. 67×62 cm.) [lith.] [kol.]

Berthoud, S. Henry
— Peter Paul Rubens. Aus dem Französ. übersetzt von Jul. Körner. 2 Thle. 8. Leipzig 841, Kollmann. 2⅔ ℔

Berthoud, S. Henry, Pierre-Paul Rubens, s. Collection des meilleurs ouvrages franç. No. 4.

Berthoud, Hnr., Pierre-Paul Rubens. 2 Vols. 12. Berlin 841. (Büchting in Nordhausen.) ⅝ ℔

Berthoud, S. H., Marianne v. Selvignies, s.: Lese-Cabinet, belletrist., 219—222. Liefrg.

Berthoud-Fabry. Traité ou cours complet d'arithmétique raisonnée. Berne 1829.

Berti, Giovanni Lorenzo
Berti, I. L. F., Erasmi Aug. breviarium etc. id. lib. 2 part. Wien. Trattner. 774.

— breviarium historiae ecclesiasticae. 8 maj. Augsb. 783. Rieger. 1 ℔

Berti, Jh. Lor., opus de theol. disciplinis. X Tom. 4 maj. Neapel 792. (Pott in Lausanne). 13 ℔ 8 ℊ

— dissertat. histor. II Vol. 4. Flor. et Lips. 756.

— Dissertat. s. historia ecclesiastica. V prior. saeculor. IV Tom. 8. Augsb. 761. Rieger. 1 ℔ 20 ℊ

— — idem 1. fol. ib. 761.

Berti, Jh. Laur., (Engelb. Klüpfel,) de victrici delectatione ad Jh. Nep. Schad can. regul. Epistola. 8. Neapel. (Augsb.) 772.

Berti, J. L. F., (Erasmi Aug.,) de sacramentis in genere, baptismo et confirmatione libri III, in usum auditorum. 8 maj. Wien 774. Trattner. 1 ℔ 8 ℊ

— librор. XXXVII. de theol. discipl. accur. synopsis. c. n. Buzzii. V Tmi. 8. Bamb. Göbhard. 770 — 73.

— librur. XXXVII. de theol. disciplinis accur. synopsis c. n. F. H. M. Buzzii. V Tom. 8. Bamb. 770—73. (Wesché in Frankf.) 4 ₰ 4 gr

Berti, Otto, Teremtette, s.: Universal-Bibliothek.

Bertiaux, L: Metall-Analyse auf elektrochem. Wege, s.: Hollard. A.

Bertieri, F. L., de legibus, 8. maj. ibid. 771.

— theologia dogmatica 2 part. 8. ibid. 779.

— de verbo Dei incarnato. 8. maj. ibid. 773.

de Bertigny, Ant. Raemy, mémoires pour servir à l'histoire du canton de Fribourg durant les 70 dernières années 1796 à 1866. Freiburg 868. (Basel, Schneider.) gr. 8. (326 S.) n. 1 ₰ 10 ngr.

Bertila, Joh. Jakob Sigismund Zebedäus Nepomuk [Pseud.], s. Alberti, J.J. [wirkl. Name]

Bertillon, Alphons

Bertillon, Alph., d. gerichtl. Photographie. M. e. Anh. üb. d. anthropometr. Classification u. Identificirg., s.: Encyklopädie d. Photographie. 14.

Bertillon, A., d. anthropometrische Signalement. Neue Methode zu Identitäts-Feststellgn. Vortrag, am internationalen Congresse f. Straf- u. Gefängnisswesen zu Rom geh. M. e. Ansprache v. L. Herbette. Sitzung vom 22. Novbr. 1885 im Palaste der schönen Künste zu Rom. Unter persönl. Leitung des Verf. aus dem Französ. übers. gr. 8. (31 S. m. 1 Taf.) Berlin 890. Fischer's medicin. Buchhandlg. n. 1. 60

Das anthropometrische Signalement v. Alphons Bertillon. (Lehrbuch d. Identifikation v. Verbrechern, Angeklagten oder Verhafteten, v. Verunglückten, Selbstmördern etc.) 2. verm. Aufl. m. e. Album. Autoris. deutsche Ausg. hrsg. v. Dr. [Ernst] v. Sury, Prof. . . . an d. Univ. Basel. [Text.] Album. *Bern & Leipzig: A. Siebert 1895.* 2 Bde 8. [Text.] (LXXVI, 157 S.) Album. (56 S., 2 Bl., 33 Taf., 3 Tab.) [98. 10 K.

Bertin, Edgar, bacc. iur., Referendar: Die Verfügung über zukünftige Forderungen. Borna-Leipzig 1908: Noske. IX, 49 S. 8°
Leipzig, Jur. Diss. v. 13. Okt. 1908
[Geb. 12. Jan. 81 Langenberg, Rhld.; Wohnort: Langenberg; Staatsangeh.: Preußen; Vorbildung: Realgymn. Elberfeld Reife O. 01; Studium: Göttingen 1, Halle 2, Berlin 1, Bonn 3 S.; Rig. 18. Okt. 05.] [U 09. 2450

Bertin, H., u. Elfriede, die Kochkunst der Neuzeit. Großes Handbuch des gesamten Küchenwesens. Für den einfach. u. feinen Tisch. Unter Berücksicht. aller Fortschritte auf dem Gebiete des heut. Küchenwesens. (XXXX, 732 S.) 8. Wiesbaden (910). Verlagsanstalt E. Abigt.
Geb. in Pappbd. 6.—; in Leinw. n 7. —

Bertin, H, u. Schwester Elfriede: Die Kochkunst d. Neuzeit. Handb. d. gesamten Küchenwesens f. d. einfachen u. feinen Tisch. 4. Afl. (40, 732) 8° Wiesb., Verl.-Anst. E Abigt ('11). L 4.80 d

Bertin, Herm., Abhandl. d. Osteologie od. Knochenlehre. a. d. Fr. 4 Thle. gr. 8. Kopenh. Proft. 777. 78. (1r, 2r 1 Rthlr. 3r, 4r 1 Rthlr. 6 gr.)

Bertin, Herm., Abhandlung d. Osteologie oder Knochenlehre. A. d. Französ. v. A. P. G. Plug. 4 Thle. gr. 8. Kopenh. 777, 78. (Schubothe). 3 ₰

Bertin, L. E., machines marines, deutsche Bearbeitg., s.: Wilda, H., der Schiffsmaschinenbau.

Bertin, M., les deux côtés du mur, hrsg. v. E. Martens, s.: Schulbibliothek, französische u. englische, O. 42. Bd.

Bertin, Robert

Bertin, Rob., s. a.: Robertin.

Bertin, R., Aias. Eine dramat. Dichtung, frei nach Sophokles' gleichnam. Tragödie. 8. (VI, 83 S.) Hagen 881, Risel und Comp.

Bertin, Rob., Aias. Eine lyrisch-dramat. Dichtg. nach d. gleichnam. Tragödie des Sophokles. 2., verb. Aufl. 8. (VIII, 24 S.) Dresden 892. E. Pierson. n. 1. —

Bertin, Robert, Dr.: Die dem Homer zugeschriebene Batrachomyomachie ⟨Froschmäusekampf⟩ im Versmasse der Ursprache wiedergegeben und mit Bemerkungen versehen. *Langenberg, Rheinl. 1900: A. Forsthoff.* (20 S.) 8° [F.]
Langenberg, RPG, OP 1900 (516)

Bertinius, Robertus: * De Calpurnio Theocriti et Vergili imitatore Commentatio. 122 S. 4° (2°)
Halle-Wittenberg, Phil. Diss. v. 6. März 1876
Geb. [Peitz (Niederlausitz) 23. 1. 1849]
Verf. erlebte die Diplomerneuerung 1926 als Professor, Studienrat a. D. in Langenberg (Rheinland).

— Cythere. Dramolett in 1 Aufzuge. (VII, 21 S.) 8. Dresden 903. E. Pierson. n. — 75

[F.] Dichtungen v. H. Robertin [d. i. Robert Bertin]. *Berlin: Concordia 1896.* (1 Bl., 91 S.) 1 Bd 8. [97. 5³

Bertin, R., die Lehre v. der Interpunktion od. Zeichensetzung m. erläuternden Beispielen aus deutschen Dichtern u. Denkern. 2. Aufl. gr. 8. (16 S.) Minden 886. Bruns. n. — 25

Bertin, R., das Märchen vom Dornröschen. In Versen erzählt u. m. Zeichngn. verseh. von A. Werner. gr. 8. (15 S.) Leipzig 890. Bouman. cart. n. — 80

— altklassische Mythen u. Sagen. Zwölf poet. Gemälde aus Ovids Metamorphosen. gr. 8. (VII, 54 S.) Langenberg 883. Joost. n. 1. —; geb. n.n. 1. 50

Bertin, Rob., Friedrich Rückert, s. Leben u. Dichten, f. d. Jug. dargest. 12. (32 S. m. Bildn.) Stuttgart 895. Christl. Verlagshaus. n.n. — 25

Bertin, R(obert): Grammatische Studien zu Goethe. Langenberg ⟨Rhld.⟩ 1910: Forsthoff. XII S. 4°
Langenberg Rhld, RG i. E. P 1910 (672)

— wie stellt man lebende Bilder, s.: Schott, Clara.

Bertin, T. P., interessante Kinder-Geschichten, oder belehrend-unterhaltende Erzählungen für das zweite Kindesalter. Aus d. Franz. Mit (4 ill.) Kpfrn. 16. Ulm 834. Ebner. 11/12 ₰

Bertina, B., Unterricht im Reiten, nebst einer Anleitung zum Zureiten der Pferde. 8. Weilburg 836. Lanz. 1/6 ₰

Bertinelli, Nobile Alessandro, Einführung in die italienische Umgangs- u. Geschäftssprache. Kurzgefasste prakt. Anleitg., die italien. Sprache rasch u. gründlich zu erlernen. (Sammlung kaufmänn. Sprachbücher. gr. 8. (VIII, 129 S.) Leipzig (899). Dr. L. Huberti. Geb. in Leinw. n. 2. 75

Bertinelli, Nobile A: Einführg in d. italien. Umgangs- u. Geschäftssprache. 8° (129) Lpzg 99, Verl. d. Handels-Akad. Leipzig. Geb. in L. 2.75

Bertinelli, A: Italienischer Sprachführer, s: Lehrmeister-Bibliothek.

BERTINELLY, Dr. med. Karl. Die Brautnacht oder des Weibes Blüte und Frucht. Medizinische Lehrschrift, volkstümlich behandelt. Ohne Verlagsangabe. 8°.
Verb. d. Ldg. Berlin 20. 2. 08.

— — Erben nach Wunsch oder Die Ehe ohne Kinder. Neu-Weißensee, E. Bartels. 8°.
Verb. d. Ldg. Köln G. Ia. M. 12/98.

BERTINELLY, Dr. Karl. Das Familienbuch. Die Ehe ohne Kinder. Ärztliche Ratschläge zur Beschränkung des Kindersegens. Leipzig, Ph. Hülsmann (um 1900). 8°.
Verb. d. Ldg. Leipzig 6 A. 100/04.

Bertinelly, Karl, unsere Gesundheit u. das neue Naturheilverfahren nach Bilz. Volkstümlich dargestellt. (94 S. m. Abbildgn.) 8. Neuweißensee (905). E. Bartels. n. 3. —

— der Stadt- u. Land-Doktor. (Frauen- u. Kinderarzt.) Ein Hausfreund f. alle Leidenden hoch u. niedrig. Mit 3 Anhängen: „Die Wasserkur", „Die Haus-Apotheke" u. „Offener Brief". (96 u. 48 S.) 8 Ebd. (905). n. 2 —

Berting, L., ein Trauring, s. **Bloch's**, E., Theater-Gartenlaube.

Bertini. Cnutonis reg. gesta, s.: Scriptores rer. german.

Bertini, Henri

Bertini, H., Bildungsschule des Clavierspielers, od. Zusammenstellung der unerläßl. Uebungen, um e. vollkomm. Mechanismus zu erwerben. Auch u. d. Tit.: Rudiment du Pianiste, ou réunion des exercices les plus indispensables pour acquérir un mécanisme parfait. gr. 4. Mainz u. Antwerp (1831). Schott's Söhne. 2 ℛ 12 gℓ

Bertini, Henri, jeune. Méthode complète et progressive de piano. Mayence.

Bertini jun., Hnr., 25 leichte Uebungen mit Fingersatz, für Schüler, die noch nicht den Umfang e. Octave greifen können. 25 Etudes, pour le Pianoforte doigtées, et composées express. pour les jeunes éléves dont les mains ne peuvent encore embrasser l'étendue de l'Octave. 2 Suites. Opus 100. Cah. I. et II. Fol. Berlin 836. Schlesinger. 1 ℛ

Bertini jun., Hnr., 25 Uebungen für das Pianoforte, mit Fingersatz. Einleitung zu den 42 Uebungsstücken von Cramer. 2e. verm. Aufl. 25 Etudes doigtées pour le Piano, ou Introduction à celles de J. B. Cramer. Nouv. édit. revue et augm par l'Auteur. Op. 29. 2e Livr. Fol. Berlin 835. Schlesinger. 1$^{1}/_{3}$ ℛ

Bertkau, Franz: Beitrag zur Casuistik der luetischen Knochenerkrankungen. *Berlin (1898): E. Ebering.* (28 S.) 8°
Berlin, Med. Diss. v. 8. März 1898

Geschichte des 6. Rheinischen Infanterie-Regiments Nr. 68. Im Auftr. d. Regiments bearb. von Friedrich **Bertkau**, Lt. Coblenz: W. Groos 1908. (267 S.) 8° [F.] (08. 3813 B

Bertkau, Phpp., Bericht über die wissenschaftlichen Leistungen im Gebiete der Entomologie während der J. 1878 und 1874. gr. 8. (288 S.) Berlin 877, Nicolai'sche Verlagsh. *
Jahrg. 1871 und 1872, s. **Bericht** über die wissenschaftlichen Leistungen im Gebiete der Entomologie.

Bertkau, Phpp., **Bericht** über die wissenschaftlichen Leistungen im Gebiete der Entomologie während der Jahre 1873 u. 1874. [Aus: „Archiv f. Naturgeschichte".] gr. 8. (288 S.) Berlin 877. Nicolai's Verl. n. 9. —

— dasselbe, während der Jahre 1875 u. 1876. gr. 8. (IV, 428 S.) Ebend. 878. n. 16. 50

— dasselbe, während der Jahre 1877 u. 1878. gr. 8. (568 S.) Ebend. 879. n. 18. —

— dasselbe, während des Jahres 1879. gr. 8. (340 S.) Ebend. 880. n. 12. —

— dasselbe, während des Jahres 1880. gr. 8. (IV, 256 S.) Ebend. 882. n. 10. —

Bertkau, Philipp (geb. am 11 Jan. 1849 in Köln): Ueber die Respirationsorgane der Araneen ... Bonn, Druck v. C. Georgi 1872. 30 S., 1 Bl. 8. ¶ Erschien zugleich im Arch. f. Naturgesch. XXXVIII (1) 1872 S. 208 ff. Hier auch die zugehörige Tafel.
Bonn, Phil. Fak., Diss. v. 2 Aug. 1872

Bertkau, Ph., s.: **Verhandlgn** d. naturhistor. Vereins d. preuss. Rheinlande etc.

— **Verzeichniss** der v. Ed. van Beneden auf seiner im Auftrage der belgischen Regierung unternommenen wissenschaftlichen Reise nach Brasilien u. La Plata im Jahre 1872—75 gesammelten Arachniden. gr. 4. (120 S. m. 2 Steintaf.) Brüssel 880. (Bonn, Habicht.) n. 4. —

— s.: **Zeitschrift**, deutsche entomologische.

Bertl, Franz

Bertl, F., Předlohy pro Tesaře ku potřebě na průmyslových školách pokračovacích. 32 Tafeln mit Textheft K 24.—
Wien: Pichler's W.u.S. 1903

Bertl, Frz., Vorlagen f. Zimmerleute zum Gebrauche an gewerblichen Fortbildungsschulen, entworfen u. zusammengestellt unter Mitwirkg. v. Jos. Bertl. (32 farb. Taf.) 39,5×57,5 cm. Mit Text. (14 S.) gr. 8. Wien 903. A. Pichler's Wwe. & Sohn. In Mappe n. 20. —

Bertl F, Vorlagen für Zimmerleute. (32 T) fol Wien (1904)

Bertle, Anton

Bertle, A., auf der Flucht nach Aegypten, s.: **Christbaum**, geistlicher. 38. Hft.

Bertle, Ant., die Weisen aus d. Morgenlande, s.: **Ahle**, J. N., geistlicher Christbaum.

Bertle, Hans, Rundsicht vom Kapell-Joch (Nibelungenwand). Hrsg. v. der Section Worms d. D. Oe. A. V. Nach der Natur gezeichnet. 18,5×199,5 cm in Leporelloform. Worms 909. H. Kräuter. 1. 50

Bertleff, Andreas Beiträge zur Kenntnis der Klein-Bistritzer Mundart. 4 (S. 3—38). Ev. Oberg. A. B. u. verb. Lehranst. *Bistritz* 1888 Progr.

Bertleff, G.: Beiträge zur Kenntnis der Nösner Volkssprache. Zs. 68 S. 8°.
Progr. Bistritz 1867/68.

Bertleff, Viktor: Über Morphotropie und Isomorphie kristallinisch-flüssiger Substanzen. Halle a. S. 1908: Kaemmerer. 68 S. 8°
Halle, Phil. Diss. v. 21. Aug. 1908, Ref. Volhard
[Geb. 30. Juli 84 St. Georgen, Siebenbürgen; Wohnort: Staßfurt; Staatsangeh.: Österreich; Vorbildung: Gymn. Bistritz Reife Juni 03; Studium: Wien 2, Halle 8 S.; Rig. 27. Juli 08.] [U 09. 1632

Bertling, Agathe. Ein Lebensbild. Aus Erinnergn. u. Briefen zusammengestellt. Eine Weihnachtsgabe f. die deutsche Frauenwelt. Mit (Lichtdr.-)Portr. gr. 8. (VII, 185 S.) Gotha 885. F. A. Perthes. n. 2. —

Bertling, Agathe. Ein Lebensbild. A. Erinnergn. u. Briefen zusammengest. (Von Clementine Wangemann.) 2. Aufl. 8. (VIII, 185 S. m. Portr.) Gotha 893. F. A. Perthes. Geb. in Leinw. n. 3. —

Bertling, z. Wahrheit, z. Gerechtigkeit u. z. Frieden. Ein Wort z. Harnack'schen Streit. 8° (20) Lpzg 92, F Richter. — 40

Bertling, A., am Sarge u. Grabe Kaiser Friedrich's. Predigten, am 18. u. 25. Juni 1888 geh. gr. 8. (25 S.) Danzig 888. Kafemann. n.n. — 50

Bertling, Ant.: Danzig, s: Städte u. Landschaften, Nordostdeutsche.

Bertling, Arth., die Zander'sche medico-mechanische Behandlungs-Methode, ihre Definition u. Indicationen. Prospect aus der Aachener medico-mechan. Zander-Anstalt v. deren Leiter u. Inhaber A. B. gr. 8. (42 S.) Köln 893. Kölner Verlags-Anstalt u. Druckerei. — 50

Katalog der die Stadt Danzig betreffenden Handschriften der Danziger Stadtbibliothek (Verf.: A[ugust] **Bertling**.) *Danzig 1892: (A. Schroth).* (x, 851 S.) 8°
— Katalog d. Handschriften d. Danziger Stadtbibliothek. T. 1.
— **Katalog** d. Danziger Stadtbibliothek. Bd 1. [04. 694

Bertling, Carl, Frankfurter Sagen- u. Geschichten-Buch. (VII, 312 S.) 8. Frankfurt a/M. 907. K. Scheller. Geb. in Leinw. 4.—; erm. Pr. 3. —

Bertling, Ernst August

Bertling, Er. Aug., († d. 10. Aug. 1769.) evangel. Andacht über d. Evangel. 2 Thle. 4. Leipz. 755, 56. (Aue in Alt.) 3 ℛ 4 gℓ

Bertling, E. A., evangel. Andacht. üb. d. Evangel. 2 Thle. 4. Leipz. Jacobäer. 755, 56.

— Anmerk. üb. d. Jubelbulle Pabst Benedicts XIV. 2 Thle. 4. Leipz. Weygand. 750—55.

— Anmerkk. über d. Jubelbulle Papst Benedikts XIV. 2 Thle. 4. Leipz. 751. Weygand. 13 Gr

— Anmerk. v. päbstl. Jubeljahr. 4. Ebend. 749.

Bertling, E. A., de appropinquatione regni coelorum. Helmst. 1750. 4.

— Einleit. in d. patriarchal. Theologie. 8. Leipz. Breitkopf. 755.

— epistola ad Cardinalem Angelum Mariam Quirinum. 4. Braunschw. 753. Schulbuchh. 3 Gr

— epistola ad Quirinum de indulgentiis etc. 4. Brunsv. 755.

— bibl. Erklärungen. 4 Thle. 8. Danzig 757—58. N. Aufl. Königsb. 761. Kanter. 2 Rthlr 8 Gr

— Erklär. üb. d. Episteln. 16—27s Stck. 4. Leipz. Kanter.

— erbaul. Gedanken z. Beförder. d. Glaubens. 8. Danzig u. Lpz. 756. 2e Aufl. Ebd. 758. Breitkopf u. H. 1 Rthlr

— Gedanken a. der Sittenlehre d. Christen, n. Anleit. d. Evangel. 8. Leipz. 758. Breitkopf u. H. 1 Rthlr

— sichtbare Gottheit, Rede bei d. Vermählung Friedrich V., König in Dänem. 1752. Fol. Helmst. 753. (Weygand in Lpz.) 4 Gr

— erste Gründe christl. Lehre oder kurzgef. Theologie, mit e. Anwend. auf d. Sonn- u. Festtags-Evangelien. 8. Danzig 755. Wedel. 1 Rthlr 8 Gr

— neue Harmonie d. vier Evangelisten. 4. Halle 764. 2e Aufl. 767. Gebauer. 15 Gr

Bertling, Ernst August u. (Resp.) Joh. Jacob Burmeister (Leoburgensis), De jure parentum in liberos. Diss. jur. natur. Götting. (J. Fr. Hager) 17. X. 1744. 24 S. (4.50) 2361
Gew.: Gerl. Ad. v. Münchhausen, Ernst von Steinberg.

— der im alten Test. verheißne Messias, best. in Dispositionen über d. Evangelia. 8. Helmst. 754. (Weygand in Leipz.) 7 Gr

— observat. hist.-theolog. ad literas Pauli III. Rom. Pont. de modo concionandi c. praef. L. B. de Wolf. 8. Helmst. 752. (Weygand in Leipz.) 4 Gr

— de officiis et virtutib. Christianor., s. elementa theolog. moralis c. praef. Chr. L. B. de Wolf. 8. Halle 753. Renger. 12 Gr

— u. Samml. v. Betrachtungen über göttl. Wahrheit n. d. Evangelien. 8. Helmst. 753. (Weygand in Leipz.) 6 Gr

— s. J. E. Schubert, Bedenken.

— Sonn- u. Festtagsgedanken. 8. Danz. 760. Schreiber. 2 Rthlr 8 Gr

Bertling, E. A., Unterricht vom päpstl. Ablass- u. Jubeljahr. Leipz. 1750. 8.

— deutl. Vorstell., was d. Luther. Kirche v. d. Kraft d. heil. Schrift lehre u. nicht lehre. 4. Danzig 756. 20 Gr

Bertling, Gust. (geb. Magdeburg 11. 8. 1843): Ueber die chemische Zusammensetzung des menschlichen Knochengewebes. Berlin (1868). (32 S.) 8°
Berlin, Med. Diss. v. 2. Apr. 1868

Bertling, M: 10 Fragen üb. d. Wahrheit d. christl. Glaubens. 8° (156) Lpzg 90, JC Hinrichs' V. 2 —; geb. 3 —

Bertling, M., aus zwei Jahrtausenden deutscher Geschichte. Eine Dichtg. als begleit. Text zu leb. Bildern. 12. (31 S.) Gotha (900). Hamburg, G. Schloeßmann. n. — 40

— Paulus. Bilder a. d. Leben d. Apostels, z. Darstellg auf d. Volksbühne ausgew. 12° (68) Gotha 1900, G Schloessmann. — 60

— Zur Reform d. Konfirmanden-Unterr., nebst Anh. üb. d. Bekämpfg d. Materialismus durch d. höh. u. nied. Schulen. 8° (68) Lpzg 1900. JC Hinrichs' V. — 80

— meine Reisen. (Einschreibebuch m. farb. Titelbild.) gr. 8. Blankenburg (902). (Hoefer.) Geb. in Ldr. 6. —; in Halbfrz. 4. —; in Leinw. 3. —

Bertling, was wir nicht wollen u. was wir wollen. Vortrag. Zu Druck gegeben auf Wunsch d. Vorstandes des Zweigvereins Blankenburg a. H. d. Evang. Bundes. 8. (24 S.) Quedlinburg 890. Vieweg. n. — 30

Bertling, Osk., philosophische Briefe. gr. 8. (VII, 300 S.) Bonn 876. Cohen & Sohn. n. 5. —

—— lateinisches Elementarbuch für die untern Klassen der Gymnasien und Realschulen. 1. Abthl.: Sexta. 1. Aufl. 1877. * M 1,80.; 2. Aufl. gr. 8. (VI, 145 S.) Bonn 878, [Cohen und Sohn.] Strauß. *

—— dass. — 2. Abthl.: Quinta. gr. 8. (VI, 126 S.) Ebendas. 878. *

Bertling, O., die Erkennbarkeit Gottes. Grundlinien e. philosoph. Apologie d. christl. Glaubens. gr. 8. (III, 90 S.) Leipzig 885. Hinrichs' Verl. n. 1. 80

— lateinische Formenlehre für Gymnasien u. Realschulen. gr. 8. (VI, 75 S.) Bonn 877. Strauß. n. 1. —

—— lateinische Formenlehre für Gymnasien und Realschulen. gr. 8. (VI, 75 S.) Bonn 878, Strauß. *

Geschichte der alten Philosophie als Weg der Erforschung der Kausalität f. Studenten, Gymnasiasten u. Lehrer dargest. von Prof. Dr. O[skar] **Bertling**. Leipzig: W. Klinkhardt 1907. (V, 128 S.) 8° [07. 10784]

Das Leiden in der Welt. Von Prof. Dr. [Oskar] **Bertling**. [Pred., Badersleben]. *Berlin: M. Warneck 1903.* (45 S.) 8° [F.] [04. 2743]

Bertling, (Oscar) [Prof. Dr.]: (Lektionarium für das Schuljahr 1890/91.) Torgau, Druck v. F. Lebinsky, 1890; S. 27—28; 4°
Torgau, G, OP 1890 (247)

[F.] **Bertling,** *Oscar* [Prof. Dr.]: Lektionarium für das Schuljahr 1891/92. Torgau, Druck v. F. Lebinsky, 1891; S. 10—12; 4°
Torgau, G, OP 1891 (248)

[F.] **Bertling,** *Oscar* [Prof. Dr.]: Lektionarium für das Schuljahr 1892/93. Torgau, Druck d. F. Lebinsky'schen Buchdr., 1892; 11—12 S. 4.
Torgau, G, OP 1892 (253)

[F.] **Bertling,** *Oscar* [Prof. Dr.]: Lektionarium für das Schuljahr 1893/94. Torgau, Druck v. C. O. Apponius, 1893; 29—30 S. 4.
Torgau, G, OP 1893 (256)

[F.] ***Bertling,*** *Oscar [Prof.]:* Lektionarium für das Schuljahr 1894/95. Torgau, Buchdr. d. Torg. Bank, 1894; 12—13 S. 4.
Torgau, G, OP 1894 (255)

Der Johanneische Logos und seine Bedeutung für das christliche Leben. Von Prof. Dr. O[skar] **Bertling**, Pastor. Leipzig: J. C. Hinrichs 1907. (72 S.) 8° [F.] [07. 13348]

Bertling, O., was ist Religion?, s.: Lehr u. Wehr für's deutsche Volk. 15. Hft.

— was ist Wahrheit? Ein apologet. Handbuch, in Verbindg. m. M. Hennig u. L. Weber. 2. Taus. (307 S.) gr. 8. Hamburg (906). Agentur des Rauhen Hauses. n. 3. 50; geb. n.n. 4. 50

— Was ist Wahrh.? Apologet. Hdb., in Verbindg m. M Hennig u. L Weber. 2. Taus. (307) gr8° Hambg (06). Lpzg, JC Hinrichs' V. 3.50; geb. n 4.50 d

— Was ist Wahrheit? Ein Wort zum Kampfe der Weltanschaugn. 2., z. groß. Tl. umgearb. Aufl. (VIII, 247 S.) 8. Ebd. 909. 8.—; geb. in Leinw. 4.—

Bertling, Oskar: * Ueber Zeit, Raum u. Causalität. 22 Bl. 4° (2°)
Halle-Wittenberg, Phil. Diss. v. 12. Aug. 1873
Geb. [Badersleben (Kr. Oschersleben) 26. 9. 1845]

— Wilh. Heinr. (Leipzig), De modis, quibus jurisdictio patrimonialis finitur. Diss. jur. Leipzig (Kretschmar) 19. III. 1842. 41 S. (4.20) 2362

Bertoch, Johann Georg (Halberstadt), De autochiria. Diss. hist.-moral. Präs. Carl Matth. Daegener. Lpz. (Müller) 12. X. 1715. 12 Bl. (4.80) 2363
Gew.: Pet. Hohmann.

— — De pacto, quo venditor tributa in se recipit, non modo quoad fiscum, sed et quoad ipsos contrahentes, invalido. Diss. jur. Rector Chph. Ign. v. Guden. Erfurt (Grosch) 10. IX. 1725. 40 S. (4.80) 2364

Bertoch, Johann Georg' P r o m p t u a r i u m juris practicum ad modum locorum communium, ordine alphab.. . . , c. annot. eorum, quae mutata sunt in foro Saxonico, per ordinationem processus Saxonicam recognitam, selectum. Ed. 2. P.1.2. Lipsiae et Zittaviae 1735.

Bertoch, J. G.: Promptuarium jur. practic.; (*L.* 740 u. f. J.) ed. C. Fd. Hommel. *Lpz.*, Fritsch. 777. 2 Vol. gr. 8.; post *Hommelium* cur. Ch. A. Günther. 788. 8. (4 Thl.)

— — De ratione usurarum in concursu creditorum. Comment. jur. Lpz. u. Zittau (Joh. Jac. Schoeps) 1732. 56 S., tlws. dtsch. (4.80) 2365

BERTOCH, D. Joh. Geo., Das besondere Recht in Ehe- u. Schwängerungs-Sachen der Soldaten, zum allgemeinen Nutzen ausgefertiget von —. ZITTAU, verlegts Joh. Jac. Schöps. 1729. 8°. (2 fl. Gilhofer & Ranschburg, Wien, 1897.)
Durchaus juristisch-wissenschaftlich, nichts Erotisches. Seltener Beitrag z. Litt. der Militair-Justiz. Tit., 12 Bll. Vorr., 1 Bl. Inh., 180 S.

— pract. Vorrath z. e. gründl. Rechtswissensch. 4. Zittau, Schöps. 740.

Bertog sen., der Obstbau mit Sortenverzeichniss für Mittel- und Norddeutschland. In fünf Vorträgen, gehalten im Magdeburger Gartenbau-Verein. gr. 8. (69 S.) Magdeburg 885, Rathke. cart. *

[F.] Beiträge zu einer Reform der geburtshilflichen Ordnung im preussischen Staate. Hrsg. von d. Komm. d. Aerzte-Kammer d. Prov. Sachsen † San.-Rath Dr. [Ed. F.] Bertog-Oschersleben, San.-Rath Dr. [Hans] Brennecke-Magdeburg u. Kreisphys. Dr. [Eduard] Dietrich-Merseburg. *Berlin: E. Staude 1898.* (64 S., 1 kl. Bl.) 1 Bd 8.

Bertog, Frid(ericus) Guil(elmus) Arminius: De typho Halis vere anni 1844 observato. Halis (1844): Semmler. 33 S. 8°
Halle-Wittenberg, Med. Diss. v. 6. Nov. 1844
Geb. Burg bei Magdeburg [12. 4. 1815]. V.

[F.] **Bertog,** Hermann [Kgl. Preuss. Forstassessor]: Untersuchungen über den Wuchs und das Holz der Weisstanne und Fichte . . . (Aus: Forstl.-naturw. Zeitschr., 1895.) München, M. Rieger'sche Univ.-Buchh., 1895; 2 Bl., 56 S., 1 Taf. 8.
München, Staatswirtsch. Fak., Inaug.-Diss. v. 1895

Bertog, welche Anforderungen sind an d. Ausbildg. unserer Privatförster zu stellen? (Neudammer forstl. Belehrungshefte.) (20 S.) Neudamm 910. J. Neumann. p —20

Bertola, Angelo, aus Chiasso ⟨Kt. Tessin⟩: Ueber Dante's Werk: 'De Monarchia'. *Heidelberg 1903: J. Hörning.* (41 S.) 8°
Heidelberg, Phil. Diss. v. 1903

Bertola, Aurelio Giorgio
— Denkschrift a. Geßner, s. a. Denkschrift.

Bertola, Aurelio Giorgio. Denkschrift auf Salomon Gessner. Aus dem Italienischen. Görlitz 1794. Ü: *Tschirschky und Bögendorf auf Wanscha, Friedr. Ludwig von.* (GGr)

Bertola, G., Denkschr. a. Geßner, a. d. Ital. 8. Görl. Anton. 794. Rthlr.

— Lobrede a. Geßner. gr. 8. Zürich 789. Ziegler u. S. 4 gr

NACHTE, Clementinische. (Aus d. Italien. des *Giorgio Bertola* übers. von Joh. Dan. Kluge.) Mit Titelkpfr. u. reizender Titelvignette. Berlin und Stettin bey J. Pauli, 1779. 8°. (8 Kr. A. H. Huber, Salzburg, c. 1905.)
— — Dasselbe. 2. Aufl. Ebd. 1780. 8°. XXXII, 350 S. (7 Kr. Halm & Goldmann, Wien, 1907.)
Das Anon.-Lex. III. p. 199 hat nur „1779" (nach Kayser u. Meusel).

Bertola, Aurelio Giorgio. Ueber die Philosophie der Geschichte in drey Büchern; aus dem Italienischen. . . . Neuwied 1789. Ü: *Matthiä, F. C.* (MGT) »Ehrenbreitstein 1789. Ü: *Matthiae, August.*« (Ky)

Bertola, Geo., über die Philosophie d. Geschichte. Aus d. Ital. (v. Aug. Matthiä). 8. Th. Ehrenbreitst. 789. N. Tit. 793. Gebrd. (Mainz, Kupferberg) 1 ℛ Pbg. Pr. 12 gr

— maler. Rheinreise v. Speier bis Düsseldorf. Aus d. Ital. Mit 1 Karte u. 1 Prospekt v. Heidelberg. 8. Manh. 796. Schwan u. G. 1 ℛ 8 gr

— rime e prose. 12. Gen. 797. (Thurneysen in Cassel). 16 gr

Bertola, Georg, s. B e r t o l a , Aurelio Giorgio

Bertold, Jacob
Berthold, Jak., († 182..) orthodoxe Bibel-Exegese mit d. nothwend. Vorkenntnissen u. Hülfswissenschaften. gr. 8. Bamb. 807. N. Aufl. 815. Kunz. 16 gr

Berthold, J., orthodoxe Bibel-Exegese rc. N. Aufl. gr. 8. Bamberg 815. (Dresch.) 2/3 ℛ

Cogitationes pacis et unionis inter religiones christianas quarundam quaestionum revolutione ostensae (mit Disputiersätzen). Würzburg 1778. 4°. 54

Bertold, Jacob., Dissertatio biblica de adaequato Scripturae criterio. Bamberg, 1783. 4°.

— gemeinnützige Erbauungsschrift üb. Religion und Quellen des neuen Unglaubens. 8. Augsb. Bolling. 813. —

— gemeinnützige Erbauungsschrift über Religion u. Quellen des neuen Unglaubens. 8. Bamb. 815. 16 gr

Bertold, Jacob., Nova litteratura de religione Kantii aliorumque in s. Scripturam neoexegetarum refutata. Augsburg, 1800. 8°.

Bertold, Jacob., Specimen hermeneuticum in vitam Jesu Christi, filii Dei incarnati, secundum IV evangelistas contra Horum aliosque huius commatis incredulos. Bamberg, 1784. 8°. 139 S.

Bertold, Iac., Unio religionis protestanticae cum catholica (annexis positionibus theolog.). Bamberg 1777. 4°. 86 S.

Bertold, Paulus: Prolegomena zu Laktantius. Literar.-historische Abhandlung. Landshut, Joh. Bapt. v. Zabuesnig. S. 3-38 nebst einer lithogr. Tafel enthaltend: Specimen Manuscripti Bibliothecae Regiae Taurinensis.
Progr. Metten 1861.

Die Aufhebung der Kautionspflicht der Staatsbeamten in Deutschland, unter Berücks. d. ausländ. Maßnahmen in Bezug auf d. Kautionswesen von Albert Bertoldi. Berlin: Struppe & Winckler 1904. (VI, 119 S.) 8°

Bertoldi, Albert: Die Aufhebung der Kautionspflicht der Staatsbeamten in Deutschland unter Berücksichtigung der ausländischen Massnahmen in Bezug auf das Kautionswesen. Schleswig 1904: Taubstummenanstalt. (119 S.) 8°
Tübingen, Staatsw. Fak., Ref. v. Jolly, Diss. v. 12. Okt. 1904
[Geb. 6. Nov. 70 Trient; Wohnort: Frankfurt a. M.; Staatsangeh.: Preußen; Vorbildung: Präparandenanstalt u. Lehrer-Sem. Montabaur Reife 91; Studium: Handelshochsch. Leipzig bis 02 (Examen als Lehrer des Handels). Tübingen 4 S.; Rig. 27. Juli 04.]

Bertoldino. Oper. ital. u. deutsch. 8. Berlin. 754.

Bertoldo, ein lustiges Singspiel in zwey Aufzügen. Wien 1787. V: *Da Ponte, Lorenzo.* (BIBLPORT)

Bertoldo, Bertoldin e Cacasenno, poëm. comico. 8. Dresd. 779. Walther. 1 Rthl. 8 gr.

Bertoldy, A. C., Brod d. Lebens, dargereicht in 400 biblischen Betrachtungen. Ein Erbauungsbuch auf alle Tage d. Jahres nach der Ordng. d. Kirchenjahres. gr. 8. (XIII, 632 S.) Eisenach 872. Bacmeister. n. 4. —; geb. n. 5. 50

Bertoldy, A. C., Brod des Lebens, dargereicht in 400 biblischen Betrachtungen. Ein Erbauungsbuch auf alle Tage des Jahres nach der Ordnung des Kirchenjahres. gr. 8. (XIII, 632 S.) Eisenach 872, Baerecke. *
geb. *

Bertoldy, A. C., Brod d. Lebens, dargereicht i. 400 bibl. Betrachtgn. E. Erbauungsbuch auf alle Tage d. Jahr. gr. 8. (XIII, 632 S.) Eisenach 872. Basel, Kober. n. 4. —; geb. n. 5.50; ermäß. Pr. 3. 20; geb. 4. 40; in Leinw. 4. 80

Bertoldy, A. C., Brod des Lebens, dargereicht in 400 biblischen Betrachtungen. gr. 8. Eisenach 872. Basel, Spittler. (* M 4.) * M 3,20.; geb. * M 4,40. und

Bertoldy, A. C., Brod d. Lebens, darger. in 400 bibl. Betrachtgn. E. Erbauungsbuch a. alle Tage d. Jahres n. d. Ordng. d. Kirchenjahres. N. F. 2 Hälften. gr. 8. (363 u. 361 S.) St. Petersburg 897. Cassel (E. Röttger.) n. 6. —; geb. n. 7. 50

Bertoldy, A. C., 57 Reisebriefe aus Rußland, Finnland, Deutschland u. Italien aus d. J. 1864—1905, erschienen im „St. Petersburger evangel. Sonntagsblatte" v. dessen Hrsg. V. Mit dessen Bildnisse u. Selbstbiographie. (XLI, 324 S.) gr. 8. St. Petersburg 906. (Eggers & Co.) n.n. 4. 50

Bertoldy, AC, evang. Zeugnisse. Ein Jahrg. Predigten üb. Evangelien-Perikopen z. Vorles. in Kirche u. Haus. 8. (299) Bas. 76, Spittler. n. 2. 80: geb. n. 4. —

Bertoli, C., die Kunst einen guten Tabak mit geringen Kosten zu bereiten. Nebst Anleit. z. Mischung d. Tabaks u. d. nöth. Saucen. Nach vieljähr. eigenen Erfahrn. Für Tabaksfabrikanten u. Tabaksraucher bearb., welche letzt. sich selbst einen guten Tabak für wenige Groschen bereiten wollen. A. d. Holländ. 8. (6 B.) Nordhausen 832, Fürst.

Bertolini, Gino: Balkan-Bilder. Studienreise durch d. Hexenkessel v. Europa. Aus d. Ital. v. M Rumbauer. (312 m. Abb., Bildn., 32 Taf. u. 2 Kart.) 8° Lpzg, Dieterich'09. 5 —; geb. 6 — d

Bertolini, Gino: Muselmanen u. Slaven. Dalmatien—Istrien—Kroatien—Bosnien u. Herzegowina. (2.[Tit.-]Ausg. d. „Balkan-Bilder".) Übers. a. d. Ital. v. M Rumbauer. (7, 312 m. Bildn., 42 Text- u. 32 Vollbild., sowie 2 farb. Ktn.) 8° Lpzg, Dieterich ['09]'11. 5 —; geb. 6 — d

Die Seele des Nordens [L'Anima del Nord]. Studien u. Reisen durch Norwegen, Schweden u. Dänemark von Gino **Bertolini.** Aus d. Ital. übertr. von Dr. Allan MacLean. Mit 20 Abb. Berlin: D. Reimer (1910). XII, 335 S. 4°(8°) [11. 1909]

Kräuselungsmarken und Dünen von Ernst **Bertololy.** *München: Th. Ackermann 1900.* (III, 189 S.) 8°
— Studien. Münchener geographische. Stück 9. [os. 9617

Bertololy, Ernst [Kgl. Reallehrer]: Rippelmarken ... Frankenthal, Druck v. L. Göhring & C., 1894; 108 S. 8.
Giessen, Phil. Fak., Inaug.-Diss. v. 1894

Bertololy, Karl [approb. Arzt aus Frankenthal (Rheinpfalz)]: Ein Fall von Hernioenterotomie .... Erlangen, Druck d. Univ.-Buchdr. v. Junge & Sohn, 1888; 20 S. 8°
Erlangen, Med. Fak., Inaug.-Diss. v. 1888

Bertoloni, Antonio

Bertoloni, **Ant., Amoenitates italicae sistentes opuscula ad rem herbariam et zoologiam Italiae pertinentia cum VI tabb. in ramis. 4 maj. Bonon. 819. (Wien, Volke). 8 Rthl. 8 gr.**

Bertolonius, Ant., Commentarius de itinere Neapolit. aestate an. MDCCCXXXIV. suscepto. 4maj. (3 B. u. 3 ill. Stnt.) Bononiae 837. (Viennae, Volke.) *

Bertolonii, Ant., Disquisitio de quibusdam plantis novis aliisque minus cognitis. 4 maj. ($1^{1}/_{2}$ B. u. 1 ill. Kpfrt.) Bononiae 832, (Viennae, Volke.)

—— Dissertat. de quibusdam novis plantar. speciebus et de bysso antiquor. 4maj. ($2^{1}/_{4}$ B. u. 2 ill. Stnt.) Bononiae 835. (Viennae, Volke.) *

— Excerpta de re herbaria, cum 1 tab. in ram, 4 maj. Bonon. 820. (Volke in Wien). 18 gr.

— Excerpta de re herbaria. C. 1 tab. aen. 4. Bonon. 821. (Vienna, Volke.)

— Flora italica, sistens plantas in Italia et in Insulis circumstantibus sponte nascentes. Tom. I.—IV. Fasc. I.—IV. Mit Steintaf. 8maj. Bononiae 833—840. (Viennae, Volke.) n. $17^{3}/_{4}$ Rthl.

—— Flora Italica, sistens plantas in Italia et in Insulis circumstantibus sponte nascentes. Ts. I—IV. 8maj. Bononiae. (Viennae, Volke.) [I. ($55^{1}/_{2}$ B. u. 1 Kpfrt.) 834. * $5^{2}/_{3}$ Thlr., II. ($50^{1}/_{4}$ B.) 837. * $4^{1}/_{2}$ Thlr., III. (40 B.) 839. * $4^{5}/_{24}$ Thlr., IV. (52 B.) 841. * $5^{5}/_{8}$ Thlr.] *

Bertolonii, Antonii, Flora Italica, sistens plantas in Italia et in Insulis circumstantibus sponte nascentes. Tomi IV. Fasc. 5. 6. Tom. V. Fasc. 1—5. Tom. VI. Fasc. 1—4. 8maj. Bononiae 841—46. (Viennae, Volke.) Tom. IV. f. 5. n. $^{11}/_{12}$ Rthl. f. 6. $1^{1}/_{12}$ Rthl. — T. V. f. 1—4. à n. $^{11}/_{12}$ Rthl. f. 5. n. 1 Rthl. — T. VI. f. 1—4. à n. $^{11}/_{12}$ Rthl. — I—VI. 1—4. n. $28^{1}/_{12}$ Rthl.

Bertoloni, Ant., Flora italica sistens plantas in Italia et in insulis circumstantibus sponte nascentes. Vol. VI. Fasc. 5. Vol. VII. 5 fscll. Vol. VIII. Fasc. 1—4. gr. 8. (VI; S. 513—641. VII: 646 S. VIII: S. 1—512.) Bononiae 847—52. (Wien, Sallmayer & Co.) à n. $^{11}/_{12}$ Rthl. (I—VIII. 4: n. $37^{1}/_{4}$ Rthl.)

Bertoloni, Ant., flora italica sistens plantas in italia et in insulis circumstantibus sponte nascentes. Vol. VIII. Fasc. 3—5. — Vol. IX. et X. (à 5 Fasc.) Bononiae 853—56. (Wien, Sallmayer u. Co.) gr. 8. (VIII.: S. 257—660; IX.: 670 S.; X.: 512 S.) Jede Liefg. n. $27^{1}/_{2}$ Ngr.; I—X.: n. 47 Rthl. $12^{1}/_{2}$ Ngr.

Bertoloni, Ant., Flora italica sistens plantas in Italia et in insulis circumstantibus sponte nascentes. Vol. X et ultimum. Fasc. 5. gr. 8. (S. 513—639.) Bologna 857. (Wien, Sallmayer und Comp.) *
Das vollständige Werk kostet * 47 Thlr. $12^{1}/_{2}$ Ngr.,

—— Flora italica cryptogama. Fasc. I—IV. gr. 8. (S. 1—512.) Bologna 858—61. (Wien, Sallmayer und Comp.) à Fasc. * 1 Thlr. *

Bertoloni, Ant., Flora Italica cryptogama. Fasc. V. gr. 8. (Pars I. S. 513—662. Schluss.) Bologna 862. (Wien, Sallmayer und Comp.) *
Pars. I. Fasc. 1—4. Ebendas. 1858—61. * 4 Thlr.

—— dass. — Pars II. Fasc. 1 und 2. gr. 8. (S. 1—256.) Ebendas. 862(65). à Fasc. * 1 Thlr. *

— Lucubrationes de re herbaria. 4. Bonon. 822, (Volke in Wien). 1 Rthl. 8 gr.

—— Miscellanea botanica. Fasc. IX. et X. 4maj. (54 S. mit 10 ill. Stnt.) Bononiae 851. (Wien, Sallmayer und Comp. *
Fasc. I—V. erschien ebendas. 1842—46.

—— Miscellanea botanica. XI. et XII. 4maj. (70 S. mit 11 ill. Stnt. in gr. 4. und gr. Fol.) Bononiae 851. 52. (Vindobonae, Sallmayer et soc.) *

—— Horti botan. Bononiensis plantae nov. vel minus cognitae. Fasc. I. 4maj. (1¼ B. u. 5 lith. u. ill. Taf.) Bononiae 838. (Viennae, Volke.) *

Bertoloni, Jos., Historia Lepidopterorum agri Bononiensis. gr. 4. (212 S.) Bononiae 850. (Wien, Sallmayer & Comp.) n. n. 2¼ ℛ

—— Illustratio rerum naturalium Mozambici. Dissertatio I. De coleopteris. 4maj. (56 S. Text und 3 ill. Taf.) Bononiae 850. (Wien, Sallmayer und Comp.) **

Bertolotti, David
Erzählungen, Gemählde und vermischte Aufsätze. Aus d.Italien. von C.G.Hennig. Bd.1.
Ronneberg: Schumann 1824. 300 S. 8°

— Erzähll., Gemälde u. vermischte Aufsätze. Frei nach d. Italien. übers. v. Chr. G. Henning. 8. Ronneb. ... 2e A. 824. Weber. 1 ℛ 3 gℛ

Bertolotti, Dr., Erzähll., Gemälde u. vermischte Aufsätze. Aus d. Ital. übers. von C. G. Henning. 1s Bdchn. 2e Aufl. 8. Ronneb. 826. Fr. Schumann. 1 ℛ 3 gℛ

Bertolotti, Dav., Racconti e pitture di costumi. Mit steter Hinweis. auf d. in Fornasari's italien. Grammatik gegeb. Regeln, grammatikal. Erläutern. u. ein. Wörterbuche. Zum Schul- u. Privatgebr. hrsg. v. G. B. Ghezzi. gr. 8. (23½ B.) Leipzig 833, Fr. Fleischer.

— Riswinde u. Lebedio, od. der Einfall der Ungarn in Italien im J. 900. Ein histor. Roman; aus d. Italien. v. Chr. G. Henning. 8. Ronneb. 824. 2e A. 826. Weber. 1 ℛ 3 gℛ

Bertolotti, (D.,) Riswinde u. Lebedio, od. d. Einfall der Ungarn in Italien im J. 900. Ein histor. Roman. Aus d. Italien von G. C. Hennig, 2e Aufl. 8. Ronneburg 826, Fr. Schumann.

Bertolotti, Dav., die Cypresseninsel. Romant. Erzähll. aus d. Italien. von J. Zeidler. 8. Quedlinb. 828. Basse. 1 ℛ

Das Rätsel des Temple. Nach 'Fleur de Lys' von Osmond (d. i. Abbé [Augustin] Berton). Aus dem Franz. frei übertr. von Baronin v. *** Osnabrück: Meinders & Elstermann 1910. 157 S. 8° [10. 14,14 7

Berton, Caroline, Frauenpolitik, s. Theater des In- und Auslandes, I. Bd. 5. Heft.

Berton, Caroline, die Milchbrüder. Novelle für die Jugend. 8. (39 S. m. 8 color. Lith.) Guben 850. (Leipzig, C. Schäfer.) n. 8 ngr

Berton, Ludwig [app. Arzt aus Baden-Baden]: Ueber den Einfluss der Excochleation auf die incurabeln Carcinome des Uterus ... München, kgl. Hof- u. Univ.-Buchdr. v. Dr. C. Wolf & Sohn, 1896; 64 S. 8.
München, Med. Fak., Inaug.-Diss. v. 1896

Berton, P., Didier, s.: Theater-Repertoir, Wiener.

Berton, P., Nur nicht Fluchen! s. Universal-Bibliothek Nr. 1783.

Bertoni, Giulio. Attila, poema franco-italiano di Nicola da Casola. ([Introduzione filologica,] Estratti del Poema, Note agli E', Appendice, Glossario. [Con 1 tavola.]) LX + 127 p. 8. Friburgo (Svizzera), Libr. dell' Università (O. Gschwend), 1907. [fr. 5.—]
Collectanea Friburgensia. Publications de l'Université de Fribourg (Suisse). Nouvelle Série, Fasc. 9 (18e de la collection). Fribourg (Suisse), Libr. de l'Université, 1907.

— Rambertino Buvalelli, Trovatore Bolognese, e le sue rime provenzali, s.: Gesellschaft f. roman. Lit. 17

Bertoni, Giulio, s.: Canzoniere, il provenzale della Riccardiana No. 2909.

— Catalogo dei codici spagnuoli della bibliotheca Estense. (72 S.) Lex. 8. Erlangen 905. F. Junge. 2.50
Sonderabdruck aus „Roman. Forschgn."

— s.: Laudario, il, d. Battuti di Modena.

Bertoni, G., s.: Trovatori, i, minori di Genova.

Bertonio, Ludovico, arte de la lengua Aymara. Publicada de nuevo por Julio Platzmann. Ed. facsimilaria. gr. 8. (349 S.) Leipzig 879. Teubner. n. 16. —

—— Vocabulario de la lengua Aymara. Publicado de nuevo por Julio Platzmann. 2 partes. Edic. facsimilaria. gr. 8. Leipzig 879, Teubner. [1a parte. (XXXVI, 425 S.) *ℳ 20.; 2a parte. (401 S.) *ℳ 18.] *

Bertot, J., s.: Berthelon, E., neue Vorlagen f. Holz- u. Marmormalerei.

Berton, J [III]
s. Conscience, H.: Die Dorf-Plage. 1855.

Berton, J [III]
s. Conscience, H.: Das Glück reich zu sein. 1855.

Bertouch, Ernst v. Ahnentafel Ihrer Maj. Augusta Victoria, Kaiserin u. Königin d. deutschen Reiches u. v. Preußen. Mit historisch-genealog. Erläutergn. entworfen u. verf. gr. 8. (75 S. m. 1 Stmt. in Imp.-Fol.) Wiesb. 889. Bechtold u. Comp. * 1 50
Die Tafel allein * — 50

v. Bertouch, E., Blicke in Nordfrieslands Vergangenheit. Flensburg 865. Herzbruch in Comm. 8. (16 S.) 3 ngr

Bertouch, E v., Blicke in Nordfriesl. Vergangenheit. 8. (16) Flensb. 65, Westphalen. — 3

Bertouch, E. v., Burgund als Scheidewand zwischen Deutschland u. Frankreich. Eine historisch-polit. Frage. 8. (51 S. m. 1 Tab.) Wiesbaden 884. (Bischkopff.) n. — 80

—— Der goldene Faden in der Geschichte d. Hauses Wettin. 1089—1889. Jubiläumsschrift. 1.—3. Aufl. Lex.-8. (12 S. m. 2 genealog. Taf.) Ebd. 889. * — 50

Bertouch, Ernst v., die großen nordischen Fluthen u. deren Folgen. gr. 8. (III, 41 S.) Wiesbaden 893. F. Dietrich. n. 1. —

Bertouch, E v., d. grossen nord. Fluthen u. deren Folgen. 8° (41) Wiesb. 93, H Heuss. 1 —

— das badische Fürstengeschlecht der Zähringer. gr. 8. (87 S.) Ebend. 884. n. 1. 50

Bertouch, Ernst v., kurzgefasste Geschichte der geistlichen Genossenschaften und der daraus hervorgegangenen Ritterorden, „den Orden zur Ehre, den Laien zur Lehre". gr. 8. (XVIII, 207 S.) Wiesbaden 888, Bechtold und Comp. * geb. **ℳ 4.60.; auf Schreibpap., geb.

—— kurzgef. Geschichte d. geistl. Genossenschaften u. d. daraus hervorgegang. Ritterorden, „d. Orden z. Ehre, d. Laien z. Lehre", 8. (207) Wiesb. 88. Freiburg i/B., Herder. n. 1. 80

— vor 40 Jahren. Natur u. Cultur auf der nordfries. Insel Nordstrand. 8. (X, 195 S. m. 2 Karten.) Weimar 891. Jüngst & Co. n. 2. —; geb. in Leinw. n. 3. —

[J.] Das Deutsche Reich und die Hohenzollern. Von Ernst v. Bertouch, Kammerherr Sr. Maj. ... (In 8 Lfgn.) *Basel: F. E. Perthes 1898.* (xiv S., 1 Bl., 535 S., 1 Stammtaf.) 1 Bd 8. [98. 13

Bertouch, E v.: Das Deut. Reich u. d. Hohenzollern. Jetzt: Lpzg, O Himly. 96/00

— Vorschläge zur Lösung d. Arbeiterfrage. gr. 8. (VIII, 354 S. m. 1 eingedr. Karte.) Wiesbaden 893. F. Dietrich. n. 3. —

Bertouch, Ernst v., Vorschläge z. Lösung der Arbeiterfrage. 2. Aufl. gr. 8. (VIII, 354 S.) Wiesbaden 893. H. Ferger. n. 3. —

Bertow, Wilh.: Die Klatschgesellsch. Lustsp. (n. Sheridans School for scandal). (88) 8° Berl.-Friedenau, Bureau K Fischer ('11). 1.50 d

Bertrab, Elisabeth v., Bibelsprüche. — Altdeutsche Sprüche, s.: Holzbrand-Vorlagen, neue.

Bertrab, J. v., Grundriß des schwurgerichtlichen Strafprozesses in Preußen nach der Verordnung vom 3. Jan. 1849 und dem Zusatzgesetze vom 3. Mai 1852 entworfen unter Beifügung der Materialien für den prakt. Gebrauch. gr. 8. (XV und 287 S.) Breslau (861)62, E. Trewendt.

Bertraid u. Grimoald, Könige der Longobarden. 8. Wien 809. Ant. Doll. 12 gr

Bertram [Sachliches Ordnungswort]

Bertram; eine Rittergeschichte. Mit Kpf. 8. Magdeb. 809. v. Schütz. 1 rf 8 gr

Bertram, oder die Burg St. Aldobrand, Tragödie in 5 Akten von R. Ch. Maturin. Eine Nachbildung. Herausgegeben von J. C. L. Icken, gr. 8. Bremen, Kaiser. 818.
Schreibpap.

Bertram Family, the, s. Collection of British Authors.

— u. Idda, od. Rittersinn u. Liebe. 8. Magdeb. 816. (Lauffer in Leipz.) 1 rf

Bertram und Idda, oder Rittersinn und Liebe. 8. Magdeburg, v. Schütz (in Zerbst.) 816. Rthlr.

Bertram. Winifred. s. Collect. of brit. auth.

Bertram, Winifred, u. d. Welt in der sie lebte, s. Schriften, ausgew., v. d. Verf. d. Familie Schönberg-Cotta.

Bertram, Winifred, und die Welt, in der sie lebte . . . aus dem Englischen übertragen von Charlotte Philippi. Basel 1869. V: *Bundel-Charles, Bessy*. (zuwzür 1910)

Bertram [Verfasser]

Bertram (GJ v. Schultz): Bilder a. d. Süden. 2. Ausg. (76) 8° Rev.. F Kluge 1869. — 50 d

Bertram, medicinische Dorfgeschichten aus dem Innern Rußlands. — Episoden aus dem Leben Trischka's [des Rasboiniks]. Fortsetzung der medicinischen Dorfgeschichten. (Abdr. aus dem Inland.) Dorpat 860. (Leipzig, Köhler.) gr. 8. n. 15 ngr.

Bertram (Superint.), Eröffnungswort zur Gründung eines Vereins für die Gustav-Adolph-Stiftung im Fürstenthum Halberstadt, vorgetragen zu Oschersleben am 31. October 1843. 8. Oschersleben 844, Häniche. n. 2 ngr

— Dorpats Größen und Typen vor 40 Jahren. 8. (75 S.) Dorpat 868, Gläser's Verlag. *

Bertram, die drei Halsbänder. Eine Gruppe „Vieux Saxe". Den Bühnen gegenüber als Mscpt. gedr. Leipzig 853. Brockhaus in Comm. 8. (35 S.) n. 8 ngr

— Jenseits der Scheeren, oder: der Geist Finnlands. Eine Sammlung finnischer Volksmärchen und Sprichwörter. Mit 3 Holzschn. Leipzig 854. Breitkopf u. Härtel. 8. (3 Bl., 75 S.) 10 ngr

— Ilmatar, eine commedia turanica. Estnisch und deutsch. gr. 8. (276 S.) Dorpat 871, Gläser's Verlag. *

Bertram's Ilmatar, e. commedia turanica. Estnisch u. deutsch. 8. (276) Dorp. 71, Schnakenburg. n. 2. 40

— Martha Marzibill oder der Traum im Ulmenbaum. Eine livländische Geschichte für artige Kinder. Illustrirt von R. Uljanoff. Berlin 856. A. Duncker. Lex.-8. (1 Bl., u. 14 lith. Bl. m. Text.) n. 15 ngr

— Martha Marzibill od. d. Traum im Ulmenbaum. 8. (14 L. m. Text.) Berl. 57, Paetel. n. — 15

Bertram, (Geo. Jul. v. Schultz), Fee Minnetrost u. Krabbetasche. Ein Märchen f. Kinder. Bearb. v. Elisabeth v. Schultz. M. vielen farb. Bild. v. Sally v. Kügelgen u. Orig.-Skizzen d. Verf. 4. (54 S.) Stuttgart 898. G. Weise. Kart. 4. —

Bertram, Ob die Thiere Teufel seien? Bremen. 8°. 1740

— Loivash-Parnóh, die Sonnensöhne. Nach Bruchstücken e. ep. Volkssage aus Lappland. 8. (55 S.) Helsingfors 872. (Leipzig, Voß.) n. 1. —

— Die Philosophie d. guten Tons od. üb. Anstand in d. Gesellschaft. (79—141) 8° Ebd. 1869. — 50 d

— Sagen vom Ládogasee oder Erzählungen meiner Ssudomdika. 8. (III, 46 S.) Helsingfors 872. (Leipzig, Voß.) *

Bertram's, gesammelte Schriften. 1—4. Bd. 8. (178, 333, 276 u. 318 S.) Dorpat 875. Schnakenburg. n. 12. 40

Bertram's gesammelte Schriften. 1., 6.—8. und 11.—13. Heft. 8. Dorpat 870—74, Gläser's Verlag. [1. und 8. Heft. (1. Bd. S. 1—178.); 6. und 7. Heft. (2. Bd. S. 1—192.); 11.—13. Heft. (3. Bd. S. 1—276.)] à Heft * 80 Pf. *
2.—5. und 7.—10. Heft sind noch nicht erschienen.

— dass. — 4. Bd. 1.—4. Heft: Baltische Skizzen oder 50 Jahre zurück. 1.—4. Bdchn. 3. Aufl. 8. (S. 1—318.) Ebendas. 873,74. à Heft * M 1.20. *

Bertram's [Schultz], gesammelte Schriften. 2. Bd. 8. (333 S.) Dorpat 875, Schnakenburg's Verlag. *
1., 3. und 4. Bd. Dorpat 1870—74, [Glaeser's Verlag.] Schnakenburg's Verlag. * M 12.

— Hallerlei nurrige Sichten un soterkleichen. Erzählungen im Halbdeutschen und gebundener Rede. 1. Aufl. (16 S.) 1869. * 40 Pf., und 2. verm. Aufl. 2 Hefte. gr. 8. Dorpat 872, Gläser's Verlag. [1. Heft. (11 S.) * 40 Pf.; 2. Heft. (10 S.) * 20 Pf.] *

— hallerlei nurrige Sichten un soterkleichen. Erzählungen im Halbdeutschen u. gebundener Rede. 2. verm. Aufl. 2 Hfte. gr. 8. Dorpat 872. Schnakenburg. n. — 60
1. (11 S.) n. — 40. — 2. (10 S.) n. — 20.

— baltische Skizzen, oder Funfzig Jahre zurück. 3 Bdchn. 2., verm. Aufl. 16. (VIII und 401 S.) Berlin 857, A. Duncker.

Bertram, (Geo. Jul. v. Schultz), baltische Skizzen. 4., verm. Aufl. Mit e. Lebensskizze u. dem Portr. des Verf. (VI, 351 S.) 8. Reval 904. F. Kluge. n. 4. 50; geb. in Leinw. n. 5. 50

— neue baltische Skizzen. 8. (130 S.) Hesingfors 872. (Leipzig, Voß.) n. 1. 80

Bertram, A. [aus Danzig]: Beitrag zur Kenntniss des Monophenylthioharnstoffs und der Imidocarbaminthiosäureester. . . . Berlin, A. W. Schade's Buchdr. (L. Schade), 1890; 42 S. + 1 Bl. 8°
Berlin, Phil. Fak., Inaug.-Diss. v. 12. März 1890

Bertram, A., der diesjährige Eisgang u. die Weichsel-Nogat-Regulirung. Nebst 1 (lith.) Uebersichtskarte der preuß. Weichselniederungen (in Fol.). Elbing 870. Meissner. gr. 8. (16 S.) n. 5 ngr.

Bertram, A., eine Verirrung. Novelle. 8. (188 S.) Altona 874, Verlags-Bureau.

Bertram, A., wann wird die erbetene Weichsel-Nogat-Regulirung erfolgen? Eine Frage. gr. 8. (45 S.) Elbing 873. Meißner. n. 1. —

Bertram, A., zur Weichsel-Nogat-Regulirung. gr. 8. (36 S.) Elbing 880. Meißner. n. — 80

Bertram, A. F., (†....) Unterr. v. Gebrauch u. Wirkung des Rubler Stahlwassers. 8. Eisenach 785.

Bertram, A. F., De essentiarum spirituosarum usu salutari et innoxio. 6 t. Vitemb. 4°. 1744

Bertram, A. W., De spasmo, ab exinanitione conjuncturas sistens. 31 pp. Hal. 4°. 1781

Bertram, Adolf

Bertram, Adf., das Bernward-Denkmal in Hildesheim. Zur Erinnerg. an den 28. Septbr. 1893. gr. 8. (31 S. m. 2 Abbildgn. u. 2 Lichtdr.-Taf.) Hildesheim 893. A. Lax. n. — 80

Bertram, Adf., die Bernwardsgruft in Hildesheim. Ein Gedenkblatt zum Bernwards-Jubiläum 1893. gr. 8. (34 S. m. 3 Abbildgn.) Hildesheim 893. L. Steffen. n.n. — 50

Bertram, A: Die Bischöfe v. Hildesheim. Beitrag z. Kenntniss d. Denkmäler u. Gesch. d. Bisth. Hildesheim. Fol. (340 m. Abb. u. 18 Bildnissen.) Hildesh. 96, A Lax. Geb. in L. nn 25 —

Bertram, Adf., Theodoreti, episcopi Cyrensis, doctrina christologica, quam ex ejus operibus composuit A. B. 8. (VI, 178 S.) Hildesheim 883. Borgmeyer. n. 2. 50
Diss.

[F. u. Ant.] Hildesheims Domgruft und die Fundatio Ecclesie Hildensemensis. Nebst Beschreibg d. neuentdeckten Confessio d. Kreuzaltares, der Gräberfunde d. Domgruft u. des nielloartigen Chorfussbodens. Von Dr. Adolf Bertram, Domkapit. M. 19 Abb. *Hildesheim: A. Lax 1897.* (2 Bl., 48 S., 3 Taf.) 1 Bd 4. [97. 2323]

Ein dreifaches Band eint Bischof und Diözesanen. Hirtenbrief, aus Anlaß d. Empfanges d. Bischofsweihe erlassen von Adolf [Bertram], Bischof von Hildesheim. Hildesheim 1906: J. Kornacker. (32 S.) 8° [F.] [08. 4879]

'Frucht des Geistes ist Mäßigkeit und Enthaltsamkeit' ... Von Adolf [Bertram], Bischof von Hildesheim. Hildesheim 1907: J. Kornacker. (40 S.) 8° [F.]
— Bertram: Hirtenbrief z. Beginn d. heil. Fastenzeit. [1.] [08. 4880]

Bertram, Adf., „Frucht des Geistes ist Mäßigkeit u. Enthaltsamkeit". Hirtenbrief d. Bischofs v. Hildesheim, B., 1907. 2. Aufl. Mit Genehmigg. des Verf. hrsg. v. kathol. Mäßigkeitsbund Deutschlands. (43 S.) gr. 8. Trier 907. Paulinus-Druckerei. — 30

Bertram, Adf., Geschichte des Bisth. Hildesheim. 1. Bd. Mit 6 Taf. u. 133 Abbildgn. im Texte. gr. 8. (XVI, 522 S.) Hildesheim 899. A. Lax. n. 8. —; Einbd. in Leinw. n.n.n. 2. —

... Hirtenbrief, erlassen zum Beginn der heiligen Fastenzeit ... von Adolf [Bertram], Bischof von Hildesheim. [1.] 1907. Hildesheim 1907: J. Kornacker. 8° [F.] [08. 4880]

Bertram, Adf: Jugendpflege im Lichte d. kathol. Lebensauffassg, s: Beiträge z. Jünglingspädagogik u. Jugendpflege.

Die beiden Radleuchter im Dome zu Hildesheim. Von Dr. Adolf Bertram, Domkapitular. *Hildesheim: A. Lax 1900.* (32 S.) 8° [F.] [00. 3337]

— das eherne Taufbecken im Dom zu Hildesheim. Mit 3 Lichtdr.-Taf. u. 8 Textillustr. Lex.-8. (30 Sp.) Ebd. 900. n. 1. 50
Sonderabdruck aus: „Zeitschr. f. christl. Kunst".

Bertram, (Adolf), Teufels-Pillen (komisch-satyrische Epigramme) aus dem Album eines dramat. Fotografen sämmtl. Künstler, Schauspieler, Dichter etc. Wien's. Aus dem Nachlasse des Verf. 16. (80 S.) Wien 865, (Wenedikt.)

Bertram, Adf., Theater-Wespen. Enthüllungen, Skizzen, Bilder u. Chargen aus dem Theaterleben. Als Beitrag zur Erledigung der Reorganisirungsfrage des Theaterwesens. Berlin 863. Schlingmann. 8. (83 S.) n. 10 ngr.

Bertram, A. Die Thüren von St. Sabina in Rom, das Vorbild der Bernwards-Thüren am Dom zu Hildesheim. Gr. in-8°. 13 S. Freiburg, Universitätsbuchhandlg. (P. Friesenhahn). — 20
1892 (Hild., Dr.J.v.Kornacker)

Bertram, Albert: Beiträge zur Kenntniss der Sarcosporidien nebst e. Anh. üb. parasit. Schläuche in d. Leibeshöhle v. Rotatorien ... M. 3 lithogr. Taf. (Aus: Zool. Jahrb. Abth. f. Morphol., Bd v.) Jena, G. Fischer, 1892; 26 S., 3 Taf. 8.
Rostock, Phil. Fak., Inaug.-Diss. v. [21. Jan.] 1892

Bertram, Alex. (geb. Potsdam 10. 7. 1837): De tetano. Berolini (1861) (32 S.) 8°
Berlin, Med. Diss. v. 10. Aug. 1861

Bertram, A[ndreas] Christianus: De herniis. Halae (1823): Grunert. 31 S. 8°
Halle-Wittenberg, Med. Diss. v. 18. Sept. 1823
[Beigedr.:] Dzondi, Carol. Henr.: De Museo anatomico-pathologico rite colligendo ... Prolusio 2. (1823).
Geb. Magdeburg 17. 2. 1795.

Bertram, *August:* Essay on the dialect, language and metre of Ratis Raving. '(ed. Lumby E. E. T. S. 1870.)' (Th. 1.) Sondershausen, Hofbuchdr. v. F. A. Eupel, 1896; 3—13 S. 4.
Sondershausen, fürstl. R, OP 1896 (747 [vielm. 738])

Bertram, Aug., Gesänge, mit u. ohne Begleitung d. Pianeforte. Halle, Schimmelpfennig. 12 gr.

Bertram, Aug.: Paris. Gedicht in 12 Gesängen. (83) 8° Strassbg, J Singer '11. Pappbd 1.50 d

Bertram, Aug., physikalisches Praktikum. gr. 8. (VII, 92 S.) Berlin 892. Nicolai's Verl. n. 1. 50

Bertram, August Friedrich (Calbe), De circulatione sanguinis, actu vitali praecipuo. Disp. physiol.-pathol.-med. secunda. Rector Tob. Jac. Reinharth. Präs. Hermann Paul Juch. Erfurt (J. Chph. Hering) 9. IV. 1732. 24 S. (4.80) 2367
Gew.: Aug. Friedr. Boden. — Widm. von: Jo. Chn. Hauckold.

Bertram, Aug. Wlh., († d. 25. März 1788.) s. J. Elliot, Anfangsgründe.

Bertram, C. H., Der Sokrates des Xenophon u. des Aristophanes. Pr. 1865. 24 S. 4°. Progr.Magdeburg 1.50

Bertram, C.R., s. Bertram, Karl Robert

Bertram, Car(olus) Ernest(us) Brandanus Gottlob: De febre puerperali. Halae (1818): Grunert. 43 S. 8°
Halle-Wittenberg, Med. Diss. v. 10. Okt. 1818
Geb. Ballenstedt (Anhalt-Bernburg) 21. 1. 1793. V.
Dies ist die 1. Hallische Dissertation mit der Bezeichnung der vereinten Universität von Halle und Wittenberg auf dem Titel.

v. Bertram, Frhr. Chr. Aug., s. 1) Abbildd. der. Gelehrten. 2) Annalen d. Theaters. 3) Beitrag z. Geschichte d. deutschen Theaters. 4) Literatur- u. Theaterzeitung. 5) Ephemeriden der Litt. des Theaters. 6) Wochenblatt. berl.-literar.

Bertram, Curt, approb. Arzt aus Frankfurt a. O.: Über die Einpflanzung des verletzten Ureters in die Blase. ⟨3 geheilte Fälle aus d. Kgl. Univ.-Frauenklinik in Halle.⟩ *Halle a. S. 1902: C. A. Kaemmerer & Co.* (32 S.) 8°
Halle, Med. Diss. v. 19. Dez. 1902

Bertram, E., Philos. u. mor. Versuch üb. d. Vergnügen. Bern. 8°.
1778

Bertram, E., Zolltarif vom 15. Juli 1879, nebst Anmerkungen für d. praktischen Gebrauch, sowie sämmtliche jetzt gültigen Bestimmungen der Tara. Zum Handgebrauche der Zollabfertigungsbeamten, Kaufleute u. Spediteure bezw. Eisenbahnbeamten auf Grund amtl. Quellen hrsg. 16. (156 S.) Magdeburg 880. E. Baensch jr. n. 1. 50

Bertram, Ernst, Theodor Fontanes Briefe, s.: Briefsammlungen, neue. I.

Bertram, Ernst: Neue Briefsammlgn I. Theodor Fontanes Briefe. — dass. II. Gustave Flauberts Briefe. — dass. III. Conrad Ferdinand Meyer's Briefe s: Mitteilungen d. lit.-histor. Gesellsch. Bonn.

Studien zu Adalbert Stifters Novellentechnik. Von Ernst **Bertram**. Dortmund: F. W. Ruhfus 1907. (160 S.) 8°
[Ein Teil erschien u. d. T.: Zur sprachl. Technik d. Novellen A. Stifters als Inaug.-Diss. Bonn 1907.]
— **Schriften** d. literarhist. Gesellschaft, Bonn. 3.

Bertram, Ernst, a. Elberfeld: Zur sprachlichen Technik der Novellen Adalbert Stifters. Bonn 1907: C. Georgi. (66 S.) 8° ¶ (Erscheint vollst. u. d. T.: „Studien zu Adalbert Stifters Novellentechnik" Dortmund, Ruhfus.)
Bonn, Phil. Fak., Ref. Litzmann, Diss. v. 9. Juli 1907
[Geb. 27. Juli 84 Elberfeld; Wohnort: Elberfeld; Staatsangeh.: Preußen; Vorbildung: Gymn. Elberfeld Reife O. 03; Studium: Bonn 1, München 2, Berlin 2, Bonn 3 S.; Rig. 19. Juni 07.]

— Der Widerspenstigen Zähmg, s: Theater-Bibliothek v. Rud. Bechtold & Co.. Shakespeare.

Bertram, Felix: Inversion des Uterus durch Tumoren. *Würzburg 1896: P. Scheiner.* (27 S.) 8°
Würzburg, Med. Diss. v. 1896

Bertram, Fr., neun Erzählungen und noch mehr. Mit Holzschnitten von Gubitz u. unter dessen Leitung. 8. Berlin 841, Vereinsbuchhandl. 1/2 ℳ

Bertram, Fr., neun Erzählungen u. noch mehr. Jugend- u. Volksbuch. 2. Aufl. Mit 70 Holzschn. v. Gubitz ꝛc. 8. (199 S.) Berlin 850, Vereins-Buchhandlung. 1/2 ℳ

—— Fleiß bringt's weiter als Gewinnsucht. Jugend- u. Volksbuch. Mit Holzschn. v. Gubitz, nach Zeichnungen v. Holbein. (7 1/2 B.) Berlin 845, Vereins-Buchh.

—— Fleiß bringt's weiter als Gewinnsucht. Jugend- und Volksbuch. Mit Holzschnitten von Gubitz nach Holbein. 2. Aufl. 8. (111 S.) Berlin 850, Vereins-Buchh.

Bertram, Fr., der erzählende Freund. Ein belehrendes u. unterhaltendes Geschenk f. die Jugend. 8. Berl. 832. Vereins-B. 1 ℳ 4 Ɍ

— s.a. Friedrich der Große als Begründer v. Familienglück.

Bertram, C. Karoli u. A. v. Sartorius, Friedrich d. Gr. als Begründer v. Familienglück. Wahre Begebenhn. in Novellen. 8. (21 3/4 B.) Berlin 841, Vereins-Buchh.

Bertram, Fr., Lehre und Erholung. Bilder des Lebens. Für die wißbegierige Jugend gesammelt. 8. Berlin u. Königsb. 835. Vereinsbuchh. 3/4 ℳ

—— Mußestunden. Mannigfache Sammlung zu nützl. u. angenehmer Unterhaltung d. Jugend. 8. (16 1/2 B.) Berlin 831, Vereins-Buchh.

Bertram, F, was soll ich a. meinem Sohne machen? 2. Afl. 16. (35) Berl. 60, Kühling. — 5

Bertram, Fr., Was soll ich aus meinem Sohne machen? Was soll ich aus meiner Tochter machen? Andeutungen für Eltern u. Erzieher. 2. Aufl. Berlin 860. Vereins-Buchhandlung. 16. (35 S.) 5 ngr.

Bertram, Franz, s.: Amphibien, neuentdeckte.

Bertram, Franz, a. Hannover: Die Timonlegende, eine Entwicklungsgeschichte des Misanthropentypus in der antiken Literatur. Greifswald (1906): J. Abel. (99 S.) 8°
Heidelberg, Phil. Fak., Ref. Dieterich, Diss. v. 1906
[Geb. 8. Febr. 83 Hannover; Wohnort: Hannover; Staatsangeh.: Preußen; Vorbildung: Gymn. Hannover Reife O. 02; Studium: Greifswald 2, Heidelberg 6 S.; Rig. 13. Dez. 05.]

Bertram, Frz., was muß man v. der deutschen Poetik u. Metrik wissen? In populär. Darstellg. (80 S.) 8. Berlin (909). H. Steinitz. 1. —

Bertram, Friedr., Taschenbuch f. Brennereibesitzer, Spiritushändler, Destillateurs, Detailhändler, Gastwirthe u. s. w. fürs Königr. Preußen, Hannover u. Herzogth. Braunschweig, enth.: 15 Tabellen, welche sämmtlich üb. Gegenstände der prakt. Brennerei handeln. 12. (1 1/2 B. u. 5 Tab.) Helmstedt 844. (Braunschweig, G. C. E. Meyer sen.) Thlr. *-

Bertram, Friedrich, Die Unsterblichkeitslehre Platos. Eine von der philos. Fakultät der Universität Würzburg genehmigte Dissertationsschrift. Halle 1878.

Bertram, Friedrich, Referendar in Wiesbaden: Die rechtlichen Wirkungen der Hinterlegung der geschuldeten Sache durch den Schuldner nach gemeinem Civilrecht und nach dem Rechte des bürgerlichen Gesetzbuchs. *Wiesbaden 1901: Gebr. Petmecky.* (52 S.) 8°
Jena, Jur. Diss. v. (18. Okt.) 1901

Bertram, Fr[iedrich] Ewald (geb. am 29 [nicht 20] Apr. 1855 in Lennep Rgbz. Düsseldorf): Toxikologische Untersuchungen über einige neue Organische Arsen-Verbindungen ... Bonn, Druck v. J. F. Carthaus (1879). 37 S., 1 Bl. 8.
Bonn, Med. Fak., Diss. v. 6 Aug. 1879

Bertram, Fritz

Bertram, F., Friede auf Erden. Weihnachtsspiel in 1 Akte. (40 S.) 8. Lauban (906). (G. Reipprich.) n. — 75

Graf v. Goetzen. Vaterländ. Schauspiel in 5 Akten von F(ritz) **Bertram**. (Lauban i. Schl.: G. Reipprich in Komm. [1907].) (147 S.) 8° [F.]

De Heiroatsannunce. Bauernstück aus d. Oberlausitz von **F. Bertram**. *Lauban 1903: C. Goldammer* [aufgestemp.: *G. Reipprich*]. (31 S.) 8° [Umschlagt. F.]

De Heiroatsannunce. Bauernstück aus d. Oberlausitz von F. **Bertram**. Lauban: G. Reipprich [1906]. (36 S.) 8° [Umschlagt. F.]

Peterle. Märchendichtung in 3 Akten von F[ritz] **Bertram**. Breslau: Priebatsch [1905]. (38 S.) 8°

— De Probe. Oberlausitzisches Bauernstück in 1 Aufzug. (42 S.) 8. Ebd. (909). -- 75

De Probe. Oberlausitzisches Bauernstück in 1 Aufzug von F. **Bertram**. Lauban: Reipprich in Komm. [1910]. 42 S. 8° [Umschlagt.]

Bertram, F: Rübezahls Rache. Ein heit. Spiel. (34) 8° Laub., G Reipprich ('11). — 75 d

— Zurückgefunden, s.: Jugend- u. Volksbühne.

Bertram, H., De Luciani arte scaenica. S.-A. . 1875. 26 S.

Bertram, H., bibl. Geschichten, s.: Fürbringer, M.

— Sammlung v. Beispielen, Formeln u. Aufgaben aus der Buchstabenrechnung u. Algebra, s.: Hirsch, Meier.

Bertram, Heinrich

Bertram, H. Platons Alcibiades I, Charmides, Protagoras. Ein Beitrag zur Würdigung der schriftstellerischen Kunst des Philosophen. 52 S. Progr. *Pforta* 1881.

Bertram, H., die Anfänge der Elektricitätslehre in der Gemeindeschule. Ein Vortrag. gr. 8. (15 S. m. eingedr. Holzschn.) Berlin 880. Prausnitz. n. — 50

Bertram, Heinrich: Die Bildersprache Platons. E. Beitr. z. Würdigung d. schriftstellerischen Kunst d. Philosophen. Naumburg a. S., Druck v. H. Sieling, 1893; 1--14 S. 4.
Pforta, k. Landes-S, Festschr. 1893 (248)

Bertram, Heinrich [Prof. Dr.]: Die Bildersprache Platons. E. Beitr. z. Würdigg d. schriftsteller. Kunst d. Philosophen. Naumburg a/S., Druck v. H. Sieling, 1895; 48 S. 4.
Pforta, k. Landes-S, P 1895 (249)

Das Ecce der Landesschule Pforta am 23. November 1889. 8 (35 S.). Progr. Landesch. *Pforta* 1889.
Inhalt: 1. Lebensnachrichten. 2. Ansprache, gehalten von ... *Heinrich* Bertram.

[F.] Zur Einweihung des neuen Schulhauses der 3. und 203. Gemeindeschule, am 22. Nov. 1897. Ansprache v. Heinrich **Bertram**. *Berlin: A. Prausnitz 1897.* (7 S.) 1 Bd 8.

Bertram: Ueber die Flächen, welche den Verlauf der elliptischen Funktionen versinnlichen können. 28 S. und 3 Tafeln. Progr. Berlin Werd. 1861.

— das Gemeindeschulwesen der Stadt Berlin. Ein Vortrag, geh. in der Aula der Sophien-Realschule am 26. Febr. 1878. gr. 8. (21 S.) Berlin 878. Oehmigke's Verl. n. — 50

Bertram, Heinr., das Gemeindeschulwesen der Stadt Berlin. 1. und 2. Abhandlung. gr. 8. Berlin, Oehmigke's Verlag. à Abhandlung * 50 Pf. *

Inhalt:

Abhandlung 1. Entwickelungsgeschichte des Berliner Gemeindeschulwesens. (21 S.) 878.
» 2. Gehaltsverhältnisse. (21 S.) 879.

Bertram, Henr[icus]: • De canticorum apud Aeschylum generibus, consilio, virtutibus. 49 S. 4° (2°)
Halle-Wittenberg, Phil. Diss. v. 30. März 1860
Geb. [Magdeburg 13. 10. 1836]

Bertram, H., Probleme der Mechanik m. Bezug auf die Variationen der Schwere u. die Rotation der Erde. (Progr. d. städt. höh. Bürgerschule). Berlin 1869. 4°.

Bertram, Heinr., Probleme der Mechanik m. Bezug auf die Variationen der Schwere u. die Rotation der Erde. gr. 4. (31 S.) Berlin 869. (Calvary & Co.) n. 1. —

—— Rede zu Einweihung des neuen Gebäudes für die 78. und 79. Gemeindeschule am 20. Octbr. 1877. gr. 8. (15 S.) Ebendas. 878. *

—— Wagien. Baltische Studien und Erinnerungen. gr. 8. (157 S. mit 1 lithogr. Karte.) Dorpat 869, Gläser's Verlag. *

Bertram, Henr[icus] Guilhelmus Fred[ericus]: De pneumonia typhosa Halis annis 1839—41 observata. Halis (1842): Gebauer. 42 S. 8°
Halle-Wittenberg, Med. Diss. v. [23. Juli] 1842
Geb. Magdeburg [1. 1.] 1818. V.
Der Verf. wurde, unter Erlaß der Disputation wegen Lungentuberkulose, in absentia promoviert.

Bertram, Hermann [pr. Arzt]: Bericht über die während der letzten 10 Jahre in den allgemeinen Krankenhäusern zu Hamburg behandelten penetrirenden Bauchschusswunden ... Jena, Frommannsche Hof-Buchdr., 1893; 39 S. 8.
Würzburg, Med. Fak., Inaug.-Diss. v. 1893

Die Entwickelung des Deich- und Entwässerungswesens im Gebiet des heutigen Danziger Deichverbandes seit dem 14ten Jahrhundert nebst e. Vorgeschichte d. hydrograph. Verhältnisse d. linksseitigen Weichselniederung von Dirschau bis zur See, dargest. an d. Hand von Urkunden u. aktengemaßen Nachrichten, hrsg. v. Danziger Deichamt als Festschrift z. halbtausendjähr. Jubiläum der im J. 1407 ... vollzogenen Begründung d. Organisation d. Deichgenossenschaftswesens im Danziger Werder, verf. von d. Deichinsp. Hugo G. Ph. **Bertram** Danzig 1907: Danziger Allg. Zeitung. (194 S.) gr.2° [J.] (08. 1877) 10

Bertram, J. A. F., praes. C. Fr. **Kaltschmied**, De salivatione mercuriali s. indubio praeservationis et curationis remedio adversus rabiem caninam. 60 pp. Jen. 4°. 1760

Bertram, Jean, Ehestands-Leiden u. Freuden oder eine zurückgenommene Ehescheidung. Schauderhafte auf Wahrheit beruhende Posse mit Gesang in 2 Akten. Musik von mehreren leider zu früh verstorbenen Componisten. 2. Aufl. gr. 8. (16 S.) Köln 878. Kreuder. n. — 40

Bertram, Jean, Kabale u. Liebe od. Die Hutzick en der Spillmannsgass. Posse m. Gesang in 3 Acten. 12. (30 S.) Köln 878. Düsseldorf. A. B. Mischel. n. 2. —

— ein Prozeß u. seine Folgen. Kölner Lokal-Posse m. Gesanges-Einlagen in 4 Akten. 2. Aufl. 8. (32 S.) Ebd. 879. n. 2. —

Bertram, Joachim Christoph

— Abhandl. vom Dorotheo v. Mitylene, e. ungenannt. Geschichtschreiber. 4. Halle 759.

Bertram, Joach. Christoph (Hrsg.), s.a. Abhandlungen, Litterarische.

— literar. Abhandlungen. Entdeck. in d. deutsch. Bibel-Geschichte. 4 Stcke. gr. 8. Halle 781—83. Waisenhaus-B. 1 ℛ 8 gr.

– s. Baumgarten, S. J.: Erläuterungen und Hermeneutik.

— Beitr. zur krit. Gesch. d. Augsburg. Confession. gr. 8. Halle 784. Gebauer. 8 gr.

Bertram, Joachim Christoph. s. Beschreibung d. Götzen Püstrich.

Bertram, Joach. Cph., Gesch. d. symbol. Anhangs der Schmalkald. Artikel. 8. Altorf 770. Monath u. K. 4 gr.

Bertram, Johann

Bertram, J. d. Gebiet d. Elementar-Rechnens d. bürgerl. u. kaufmänn. Lebens erklär. dargest. 8. (181) Brem. 76, Fischer. n. 1. 50

Bertram, Joh., das Gebiet d. Elementar-Rechnens d. bürgerlichen u. kaufmännischen Lebens erklärend dargestellt. gr. 8. (III, 131 S.) Bremen 876. Kühtmann & Co. n. 1. 50

Bertram, Johann: Ueber Kondensationsprodukte des Alloxans und seiner Homologen mit Benzoylessigsäureestern. (Berlin 1910: Ebering.) 58 S. 8°
Berlin, Phil. Diss. v. 13. Juli 1910, Ref. Gabriel
[Geb. 2. Jan. 85 Oschersleben; Wohnort: Westeregeln; Staatsangeh.: Preußen; Vorbildung: Gymn. Waren Reife O. 06; Studium: Berlin 8 S.; Rig. 2. Juni 10.] [U 10. 130

— **Joh. Christoph** (Calbe), De jure compensationis, depositi et mandati. Disp. jur. Präs. Samuel Stryk. Halle (Joh. Jac. Krebs) Sept. 1708. 52 S. (5.20) 2377
Widm. v.: G. F. Strähle (Calbe, dtsch.), Joh. Tobias Albrecht (Calbe), Gg. F. Körner (Calbe, deutsch).

Bertram, Johann Friedrich

— Abfertigung e. Wolfschen Historie. 8. Brem. Renger.

— Anfangslehr. d. Historie d. Gelahrtheit. 8. Braunschw. 730

— Anmerk. z. Wolfisch. Philosophie. 4. Brem. Saurmann. 736.

Bertram, J. F., Belehr. v. heil. Abendmahl. 8. Jena. 738.

— Beleuchtung der Harmonia praestabilita. 4. Ebend. 736.

Bertram, Jh. Fr., (†...) geograph. Beschreib. des Fürstenth. Ostfriesland u. angränz. Harlinger Landes; aufs neue mit e. Zusätzen verm. von E. H. Norrmann. 8. Aurich 787.

— schriftmäß. Betracht. d. Sünde des Aufruhrs. 4. Braunschweig. 733.

— verm. theol. u. philolog. Betracht. &c. 4 Thle. 8. Brem. Saurmann. 737—41.

— Einleit. in d. literas humanior. od. schöne Wissensch. 8. Braunschw. 726.

— Einleit. in d. philosoph. Wissensch. 8. Braunschw. 727.

— Grundlehre des Christenth. v. Auferstehung. d. Todten &c. 8. Brem. Saurmann. 740.

— Meletemata literar. 8. Brem. Saurmann. 731.

— Parerga historico-literar. 8. ibid. 740.

— Parerga ostfrisica. 8. ibid. 735.

— **Johann Friedrich**, Programma scholasticum, de veteris ecclesiae circa scholas cura, quo actum oratorium de Germania evangelii atque litterarum luce collustrata. Aurich (Sam. Böttger) 9. IV. 1729. 20 S. (4.80) 2378
W. A. Tammena, C. Sathoff, C. A. Grumbrecht, L. F. v. Ungern-Sternberg, A. G. Dreas, J. H. Becker.

Bertram, J. F., Bescheidene Prüfung der Meinung von der Präexistenz, oder d. Vorhersein menschl. Seelen in organischen Leibern, sammt einer historia litteraria der Präexistentiariorum. 251 S. Bremen. 8°. 1741 Saurmann

— Triumph d. wahr. u. ewig. Gotth. Christi &c. 8. Ebend. 739.

— u. Sincerische Wechselschriften. 8. Brem. Renger.

Bertram, Joh. Geo.) Leben Ernesti, Herzogs zu Braunschweig und Lüneburg, und in diesen Landen ersten Beschirmers des protestantischen Glaubens. 8. Braunschweig 1719.

Bertram, J. G., Lüneburg. Reformat. = u. Kirchenhistorie. 4. Braunschw. Schroder. 719.

— **Johann Philipp** (Stendal), De singulari facto ac fato uxoris Lothi ad Genes. XVIIII com. XXVI. Präs. Christoph Wolle. Lpz. (Titius) 18. I. 1730. 40 S. (5.—) 2380
Gew.: Joh. Christoph Meurer.

Bertram, Jos., neue Gelegenheits-Gedichte. Huldigungen, Glückwünsche u. Beileidsbezeigungen für alle, durch eine poetische Weihe zu feiernde Ereignisse des Lebens. Eine Anthologie von tausend der ansprechendsten u. neuesten Gedichte, ernsten u. heitern Inhalts, zur Feier von Freundschafts u. Liebesbündnissen, Verlobungen, Polterabenden, Hochzeiten rc. Weimar 861. Voigt. 8. (VI, 346 S.) 1 ℛ

Bertram, Jos., neue Gelegenheits-Gedichte, Huldigungen, Glückwünsche. u. Beileidsbezeiggn. f. alle, durch e. poet. Weihe zu feiernde Ereignisse d. Lebens. Eine Anthologie v. 1000 der ansprechendsten u. neuesten Gedichte, ernsten u. heitern Inhalts, zur Feier v. Freundschafts- u. Liebesbündnissen, Verlobgn. rc. 2. verm. u. verb. Aufl. 8. (VI, 426 S.) Weimar 877. B. F. Voigt. 3. —

BERTRAM, JULIUS. Ueber die Ausscheidung der Phosphorsäure bei den Pflanzenfressern. (Leipzig) München, 1878. **Diss.**

Bertram, Karl, die Liebe. Ein Roman. (III, 244 S.) 8. Leipzig-Gohlis 908. B. Volger. 3.—; geb. 4.—

— **Neues u. Altes in neuem Gewand.** Gedichte. (112 u. 14 S.) 8. Ebd. 908. 2.—; geb. 3.—

Bertram, Karl: Zur Plastik congenitaler Ohrmissbildungen. *Leipzig (1898): A. Edelmann.* (25 S.) 8°
Leipzig, Med. Diss. v. 12. März 1898

Bertram, Karl, Quellenstudie zu Gottfried Kellers „Hadlaub". (III, 85 S.) gr. 8. Leipzig 906. Buchh. G. Fock. n. 1.60

Bertram, Karl, a. Berlin: Quellenstudie zu Gottfried Kellers „Hadlaub". (Stettin 1906: Herrcke & Lebeling.) (85 S.) 8°
Berlin, Phil. Fak., Ref. Erich Schmidt, Diss. v. 8. Nov. 1906
[Geb. 6. Febr. 76 Berlin; Wohnort: Berlin; Staatsangeh.: Preußen; Vorbildung: Humboldt-Gymn. Berlin Reife O. 99; Studium: Berlin 10 S.; Rig. 21. Mai 06.]

Bertram, Karl Robert
—— u. Gu **Bertram,** Chronik d. Stadt Belgern u. Umgeg. 8. (176) Belg. 60. (Torg., Jacob.) n. — 20

— und Gust. Herm. **Bertram,** Chronik der Stadt Belgern und Umgegend. Nach selbst zusammengetragenen authent. Nachrichten bearb. u. herausg. Belgern 860. (Torgau, Wienbrack.) gr. 8. (VIII, 176 S.) n. 20 *ngr.*

Bertram, Karl Rob., Chronik der Stadt und des Closters Mühlberg. Nach authentischen Quellen bearb. u. herausg. Torgau 865. (Mühlberg a. d. E., Schneider jun.) gr. 8. (VIII, 156 S.) (Finsterw., Schneider) 1 ℛ

Bertram, M.E. (Pseud.), s. Schleich, Martin (wirkl. Name)

Bertram, Max, a. Crefeld: Die Bogenspektra von Neodym und Praseodym. Bonn 1905: C. Georgi. (49 S.) 8°
Bonn, Phil. Fak., Ref. Kayser, Diss. v. 20. Dez. 1905
[Geb. 17. Mai 82 Crefeld; Wohnort: Crefeld; Staatsangeh.: Preußen; Vorbildung: Oberrealsch. Crefeld Reife O. 02; Studium: Bonn 1, München 1, Straßburg 1, Bonn 4 S.; Rig. 29. Nov. 05.]

—— s. Plankammer, gärtnerische.

Bertram, M., gärtnerisches Planzeichen. Leitfaden für den Unterricht an höheren Gärtnerlehranstalten u. Gartenbauschulen u. zum Selbstunterricht f. Landschaftsgärtner. 8. (48 S. m. Illustr. u. 40 Taf. in Fol.) Berlin 890. Parey. In Mappe. n. 12.—

Bertram, Max, gärtnerisches Planzeichnen. Leitfaden f. d. Unterricht an höheren Gärtnerlehranstalten u. Gartenbauschulen u. zum Selbstunterricht f. Landschaftsgärtner. 16 Übungsblätter u. 24 ausgeführte Gartenpläne. Fol. Mit Text. gr. 8. (48 S. m. Abbildgn.) Berlin 891. P. Parey. In Mappe. n. 12.—

Bertram, M., gärtnerisches Planzeichnen. Leitfaden f. den Unterricht an höh. Gärtnerlehranstalten u. Gartenbauschulen u. z. Selbstunterricht f. Landschaftsgärtner. Nebst e. Abhandlg. üb. perspektiv. Zeichnen f. Gartenkünstler, v. Alb. Kießling. 2., neubearb. Aufl. 12 Übungsblätter u. 26 ausgeführte Gartenpläne nebst Text u. 8 Taf. f. perspekt. Zeichnen. (72 S.) 41×31,5 cm u. Lex. 8. Berlin 909. P. Parey. In Mappe 13.—

Bertram, Max [aus Herrnhut, Sachsen]: Studien über die Vereinigung von Stickstoff und Wasserstoff durch elektrische Entladungen. (Mit 3 Tafeln.) Zürich-Oberstrass 1904. 75 + 1 S. [11. II. 04.]
Zürich. Phil. Diss. II. S. 1903/1904.

Bertram, Max. Studien über die Vereinigung von Stickstoff und Wasserstoff durch elektrische Entladungen. Diss. Phil. [II.] Univ. Zürich. [Mit 3 Tafeln.] 76 S. 8. Zürich-Oberstrass, Hans Fischer, 1904.

Die Technik der Gartenkunst. Ein Leitfaden f. Gartenkünstler u. z. Benutzung beim Unterr. in Gärtnerlehranst. In Ergänzung zu G. Meyer's Lehrbuch d. schönen Gartenkunst bearb. von M[ax] **Bertram,** Gartenbaudir. *Berlin: W. Ernst & Sohn 1902.* (110 S., 32 Taf.) 2° [03. 9]

Bertram, Max Paul: Die histor. Beziehgn zwischen d. Dorfe Alach u. d. Erfurter Peterkloster. Beitrag z. Charakteristik mittelalterl. mönch. Kultur in Thüringen u. zugl. e. Grundr. d. Gesch. d. Dorfes Alach bei Erfurt. [Aus: „Ztschr. d. Ver. f. Kirchengesch. in d. Prov. Sachsen".] (48 m. 3 Vollbild. u. 1 Pl.) gr8° Magdebg, Evangel. Bh. '11. — 80 d

Bertram, Max Paul, Bilterisleybin. Geschichte des Dorfes Bindersleben bei Erfurt, auf Grund wissenschaftl. Quellen bearb., m. Abbildgn. nach eigenen photogr. Aufnahmen. (V, 160 S. m. 4 Taf.) gr. 8. Bindersleben 904. (Erfurt, H. Neumann.) n.n. 1.50

Bilterisleybin. Geschichte d. Dorfes Bindersleben bei Erfurt, auf Grund wissenschaftl. Quellen bearb., mit Abb. nach eigenen photogr. Aufnahmen von **Max Paul Bertram,** Pfarrer in Bindersleben. *Bindersleben: Selbstverl. d. Gemeinde 1904.* (160 S.) 8° [F.] [04. 1336]

Bertram, Osw., Geschichte der Cansteinschen Bibelanstalt in Halle. Halle 863. Buchh. d. Waisenhauses. gr. 8. (IV, 88 S. u. 1 Holzschn.) n. 10 *ngr.*

Bertram, Oswald, Manuscript und Correctur. Bemerkungen und Erläuterungen zum deutschen Buchdrucker-Normaltarif für Schriftsteller und Verlagsbuchhändler. gr. 8. (48 S.) Halle 875, Buchh. des Waisenhauses. *

Bertram, Otto, das Auge der Mutter, s.: Universal-Bibliothek.

Bertram, Otto: Orientierg auf Überlandflügen, s: Steffen, Hans.

Bertram, Paul [aus Jena]: Ueber die Einwirkung von Salpetersäure auf Phenylmethylpyrazolon ... Jena, Frommannsche Hof-Buchdr., 1892; 32 S. 8.
Jena, Phil. Fak., Inaug.-Diss. v. 1892

Bertram, Paul, über die Einwirkung v. Salpetersäure auf Phenylmethylpyrazolon. Diss. gr. 8. (32 S.) Jena 892. (H. Pohle.) n. — 80

Bertram, Philipp

Bertram, Phil., Erörterungen zu einigen Fragen der Nassauischen Gemeindegesetzgebung. gr. 8. (32 S.) Wiesbaden 881. Limbarth. n. — 50

— das nassauische Familien- u. Vormundschaftsrecht gr. 8. (VIII, 350 S.) Wiesbaden 876. Limbarth. n. 4.—

Bertram, Phil., die Nassauische Gemeindegesetzgebung. gr. 8. (287 S.) Wiesbaden 887, Limbarth. geb. *

— die nassauische Gemeindeordnung nebst Instruction f. Bürgermeister u. Gemeinderath m. Anmerkungen begleitet. gr. 8. (VIII, 160 S.) Ebend. 876. n. 2. —

Bertram, Phpp., das nassauische Privatrecht. gr. 8. (XVI, 768 S.) Wiesbaden 873, Limbarth. *

—— das nassauische Privatrecht. 2. neu bearb. Aufl. gr. 8. (XVI, 848 S.) Ebendas. 878. *

Bertram, Phil., das Civilprozeßrecht d. Appellationsgerichtsbez. Wiesbaden, s.: Archiv f. die Praxis d. in Nassau gelt. Rechts.

—— die Zwangsvollstreckung in das unbewegliche Vermögen nach nassauischem Rechte. gr. 8. (III, 63 S.) Ebendas. 879. *

Bertram, Phil., die Zwangsvollstreckung in das unbewegliche Vermögen nach nassauischem Rechte. 2. neubearb. Aufl. gr. 8. (96 S.) Wiesbaden 882. Limbarth. cart. n. 2. —

Bertram, Philipp Ernst, s. Batteux, schöne Künste.

Bertram, Phil. Ernst., Briefe. 4 Thle. 8. Gött. Dieterich. 764.

– s. Düfresnoy, Anweisung.

— Einleit. in d. Staatsverfassung d. Europ. Staaten. 1r Thl. Deutschland. 8. Halle 770. Renger. 18 ₰

— Entwurf e. Geschichte d. Gelahrtheit ꝛc. 1r Thl. 8. Halle 764. Gebauer. 1 ℔

– s. Ferrara, Historie.

— Geschichte d. Hauses u. Fürstenth. Anhalt, fortges. v. J. Cph. Krause. 2 Thle. gr. 8. Halle 779—82. Curt. (Laue in Berl.) 3 ℔ 6 ₰

— Philipp Ernst (Zerbst), De genuino sensu ac valore constitutionis Friderici I. imp. II. f. 56. Diss. jur. Präs. Joh. Tob. Carrach. Halle (Jo. Friedr. u. Friedr. Aug. Grunert) 16. XII. 1765. 38 S. (4.80) 2381
Widm. v.: D. C. O. Burchardt (Unna/Westf.).

— Staatsverf. d. europ. Staaten. 1r Thl. 8. Halle, Renger. 770.

Bertram, Reginald. (Otto Frid.) (geb. Altenweddingen bei Magdeburg 25. 1. 1826): De concrementorum quae in corporibus hominum inveniuntur structura, origine, causis. Berolini (1849). (31 S.) 8°
Berlin, Med. Diss. v. 3. Jan. 1849

Brenner, Durstig & Comp. Schwank in 2 Aufz. von Richard Bertram, Pfarrer. 3. Aufl. Düsseldorf: W. Deiters [1892]. (24 S.) 8° [Umschlagt. J.]
— Dilettanten-Bühne, Die. H. 11. [illegible]

Bertram, Rich., Dein Sohn wird mein Rächer sein, s. Theater, kleines.

Bertram, Richard, approb. Arzt aus Braunschweig: Ein Fall von Oesophagusstriktur nach Salpetersäurevergiftung. *Braunschweig 1900: J. H. Meyer.* (27 S.) 8°
München, Med. Diss. v. 1900

— des Vaters Fluch, s.: Dilettanten-Bühne, die. 2. Hft.

— der Weihnachts, s.: Dilettanten-Bühne, die. 5. Hft.

Bertram, Rich., Gesundheits-Kompaß. Ein Lehrbüchlein für jedes Menschenkind, dem seine Gesundheit lieb und werth ist, mit besond. Berücksicht. des Arbeiterstandes. 16. (87 S.) Köln 888, Bachem. cart. *

Bertram, Rich., Gesundheits-Kompaß. Ein Lehrbüchlein f. jedes Menschenkind, dem seine Gesundheit lieb u. werth ist, m. besond. Berücksicht. d. Arbeiterstandes. Vom Verband „Arbeiterwohl" empfohlene Volksschrift. 21.—30. Taus. 16. (87 S.) Köln 891. J. P. Bachem. Kart. n. — 40

Bertram, R: Gesundh.-Kompass. Jetzt: M.-Gladb., Volksver.-Verl. 91/95

Bertram, Richard: Kompass für den jungen Arbeiter, auch für Lehrlinge, Gesellen und brave Bauernburschen sehr empfehlenswerth. Herausgegeben von einer Commission des Verbandes „Arbeiterwohl". – kl. 8°.

Bertram, Richard: Kompass für den verheiratheten Arbeiter, auch für den Handwerker und Bauersmann sehr empfehlenswerth. Herausgegeben von einer Commission des Verbandes „Arbeiterwohl". kl. 8°.

Bertram, Rich., Maler u. Componist, frei n. M. C. Levöque, s.: Dilettanten-Bühne, die.

Bertram, R., die reiche Tante, s. Theater, kleines.

Bertram, Rob., eine ganz neue Lithocromie, oder die Kunst, Kupferstiche und Steindrücke so darzustellen, daß sie Oelgemälden vollkommen ähnlich sind. Nebst e. Anhange der dazu dienl. Farbenmischungen in Wasser und Oel; und dem Lakiren von Landkarten, Zeichnungen u. Tabellen; so wie auch ein Recept über die Zubereitung des neuen hierzu erforderlichen Dammarfirnisses, u. eine faßliche Beschreibung der Xylographie. gr. 12. Christiania 839, Guldberg u. Dzwonkowski. (Leipzig, Michelsen.) n. 1/4 ℔

Bertram, Rud., die Hexe. E. episch. Gedicht a. Hamburgs Vergangenheit (um 1568) in 12 Bild. 8. (III, 122 S) Hamburg 895. C. Kloß. Geb. in Leinw. n. 1. 75

Bertram, Rudolf, approb. Arzt aus Hannover: Über Kuhhornverletzungen des Auges. *Hannover 1901: W. Oldemeyer Nachf.* (45 S.) 8°
Göttingen, Med. Diss. v. [3. Juli] 1901

Bertram, Rud., über Kuhhornverletzungen des Auges. Diss. gr. 8. (45 S. m. 2 Tab.) Hannover 901. (Göttingen, Vandenhoeck & Ruprecht.) n. 1. 20

Bertram, Rud., krystallographische Untersuchung einiger organischer Verbindungen. Mit 1 (lith.) Taf. Inaugural-Dissertation. gr. 8. (43 S.) Hannover 882. (Göttingen, Vandenhoeck & Ruprecht.) n. 1. 20

Bertram, Stephanus [pr. Arzt in Berlin]: Beitrag zur Klinik der Darminvagination ... Berlin, Druck v. M. Driesner, *1894;* 46 S. 8.
Leipzig, Med. Fak., Inaug.-Diss. v. 3. Okt. 1894

Bertram, Th.: Einige Sätze aus der Zahlenlehre. 18 S.
Progr. Berlin R.G. 1849.

Bertram, Theodor Die Apparate, welche zur Demonstration der Gesetze der gleichmäſsig veränderlichen Bewegung dienen. 4 (S. 3—18). Progr. G. u. Rg. *Bielefeld* 1887

Bertram, Theodor, Prof. Dr.: Beschreibung der Inkunabeln, die sich in den Bibliotheken des Gymnasiums und der Altstädter Kirche zu Bielefeld befinden. Leipzig 1906: W. Drugulin. (48 S.) 8°
Bielefeld, G u. RG OP 1906 (421)

Bertram Th. Die Bewegung eines materiellen Punktes auf Rotationsflächen mit verticalen Axen (Paraboloid, Kegel). 1876. 8.
Math. Diss. Marburg

Bertram, Th(eodor): Geschichte der Bibliothek des Bielefelder Gymnasiums. Bielefeld 1908: Siedhoff. S. 111—125. 8°
Bielefeld, G u. RG, in Festschr. z. 350j. Jubil. P 1909 (460) [S 09. 23

Bertram, Theodor: Verzeichnis der in der Gymnasialbibliothek zu Bielefeld befindlichen Drucke aus dem XVI. Jahrhundert. Leipzig (1908): Drugulin. 51 S. 8°
Bielefeld, G u. RG OP 1908 (443) [S 08. 27

Theod. Euseb. Bertram's Rechenbüchlein vor Personen, so die völlige Rechenkunst zu erlernen nicht nöthig haben. Budissin, Dav. Richter. 8. 1726

Theod. Euseb. Bertram Rechenbüchlein vor Weibesbilder auf ganz besondere und neue Art kurz zu rechnen. Bauzen. 8. Richter 1725 32 Bl.

Bertram, Vikt. Der praktische Volksschullehrer. Method. Anleitg. zur Einrichtg. u. Erteilg. des Volksschulunterrichts, nebst den wichtigsten amtl. Bestimmgn. f. Volksschulen. gr. 8. (XII, 419 S.) Langens. 890, Schulbuchh. * 3 50

Bertram, W. Beiträge zur Feststellung des gegenwärtigen französischen Sprachgebrauches. I. Grammatisches. Breslau, R. z. heil. Geist, 1870.

Bertram, W., offene Bemerkungen zu e. Kritik d. Hrn. A. Ohlert in Königsberg i/Pr. über das 1. Hft. des grammatischen u. stilistischen Uebungsbuches f. den Unterricht in der französ. Sprache v. W. B. [Bremen 1888. Heinsius Nachf.] 8. (15 S.) Bremen 890. Heinsius Nachf. Unentgeltlich.

Bertram, W., exercices de style français. Sammlung von Übungsaufgaben zum Übersetzen aus dem Deutschen in das Französische f. d. Schul- u. Privatgebrauch. gr. 8. (II, 139 S.) Bremen 890. Heinsius Nachf. cart. n. 1. 80

— dasselbe. Schlüssel: Textes originaux. Partie française des exercices de style français. gr. 8. (IV, 103 S.) Ebd. 890. cart. n. 2. 70
Wird nur an Lehrer direct abgegeben.

Bertram, W., Hülfstabellen zur Erleichterung e. möglichst vielseitigen Einübung der französischen unregelmäßigen Verba. Zugleich als Anh. zu Heft 1. des grammat. Uebungsbuchs. Berlin 869. Kobligk. 8. (8 S.) n. 1 ngr.

Bertram, W., französisches Lesebuch für Anfänger, insbesond. für die unteren und mittleren Klassen höherer Schulen. Aus modernen Schriftstellern zusammengestellt. — Recueil de morceaux choisis de prose et de vers. gr. 8. (XVI und 382 S.) Berlin 868, Kobligk. *

— Materialien zu deutschen, französischen u. englischen Arbeiten. Themata, gesammelt u. theilweise mit Andeutungen zu deren schriftlicher Behandlung u. reichhaltiger Gnomologie versehen. Ebend. 869. 16. (VIII, 184 S.) n. 12 ngr.

Bertram, W., Materialien zu deutschen, französischen u. englischen Arbeiten. Themata gesammelt u. theilweise m. Andeutgn. zu deren schriftl. Behandlg. u. reichhalt. Gnomologie versehen. 2. Aufl. 16. (VIII, 184 S.) Berlin 871. Kobligk. geb. n. 1. 20

Bertram, W., questionnaire grammatical. Les règles renfermées dans la grammaire de Ploetz rédigées par demandes et par réponses. gr. 8. (VIII, 203 S.) Bremen 886. Heinsius. n. 1. 60

Bertram, W. (II.), Repertorium französischer Satzbeispiele zu den wichtigsten Theilen der Sprachlehre, angeordnet nach der Schulgrammatik v. Ploetz. Aus Orig.-Schriften gesammelt. 8. (XVI, 331 S.) Berlin 876, Kobligk. *

— Sammlung zusammenhängender Uebungs-Aufgaben zum Uebersetzen aus dem Deutschen ins Englische für die Unter- u. Mittelstufe des Unterrichts, insbesond. für die Tertia u. Secunda der Real- u. höheren Bürgerschulen. Zusammengestellt u. mit grammat. Anmerkungen u. e. Wörterverzeichniß versehen. Dresden 868. Ehlermann. gr. 8. (VI, 222 S.) n. 15 ngr.

—— biographical sketches, s. Authors, English.

—— treasures of memory, s. Rauch's English readings.

—— tabellarische Uebersicht der englischen unregelmässigen Verba zur Erleichterung des Auswendiglernens und zur Einübung. 8. (24 S.) Ebendas. 877. cart. *

Bertram, W. (II.), Übungsbuch zu der Elementargrammatik von Ploetz. 4. umgearb. Aufl. gr. 8. (IV, 215 S.) Bremen 883, Heinsius. * M 1,40.; geb. *

—— Übungsbuch zu d. Elementargrammatik v. Ploetz. 5. Afl. 8. (215) Ebd. 83. n. 1. 40; geb. n. 1. 70

— Übungsbuch zu der Elementargrammatik v. Ploetz. 4., umgearb. Aufl. gr. 8. (IV, 215 S.) Ebend. 885. n. 1. 40; geb. n. 1. 70

— grammatisches u. stilistisches Übungsbuch zu der Formenlehre u. Syntax u. der Nouvelle grammaire française d. C. Ploetz. gr. 8. (IV, 55 S.) Ebend. 884. n. — 50; geb. n. — 70

— grammatisches u. stilistisches Übungsbuch f. den Unterricht in der französischen Sprache. Im Anschluss an die Schulgrammatik v. Ploetz bearb. 2. u. 3. Hft gr. 8. Ebend. à n. 1. 60; Einbd. à n n. — 30
2. Enth. Uebungen üb. die Lektionen 24—57. 6. Aufl. (IV, 244 S.) 885.
3. Enth. Uebungen üb. die Lektionen 58—79. 4. Aufl. (IV, 264 S.) 883.

— dasselbe. Corrigé des thèmes du IIe et IIIe cahier, rédigé sur le texte de la IVe éd. gr. 8. Ebend. 885. n. 5. 20
2. 6. éd. (100 S.) n. 2. 40
3. 4. éd. (124 S.) n. 2. 80

—— grammatisches und stilistisches Übungsbuch für den Unterricht in der französischen Sprache. Im Anschluss an die Schulgrammatik von C. Plötz bearb. 1. und 2. Heft. 6. verb. Aufl. gr. 8. Bremen 888, Heinsius. *
Inhalt:
Heft 1. Übungen über die Lektionen 1—23. (IV, 178 S.) 888 * M 1.20.
» 2. Übungen über die Lektionen 24—57. (IV, 244 S.) 885 * M 1.60.
3.—5. Heft. Ebendas. 1881. * M 3.40.

— grammatisches Uebungsbuch für die mittlere Stufe des französischen Unterrichts. Zusammengestellt in genauem Anschluß an die Ploetzsche Schulgrammatik. 3 Hefte. 1. Aufl. 866. — 2. verb. u. sehr verm. Aufl. Berlin 869—71. Kobligk. gr. 8. n. 1 ₰
1. (IV, 97 S.) n. 8 ngr. — 2. (IV, 184 S.) n. 12 ngr. — 3. (IV, 178 S.) n. 10 ngr.

—— grammatisches Uebungsbuch für die mittlere Stufe des französischen Unterrichts. Zusammengestellt in genauem Anschluß an die Ploetzsche Schulgrammatik. 1. Heft: Aufgaben für die Lectionen 1—23. 2. Aufl. (IV, 97 S.) 1868. * 80 Pf.; 3. verb. und sehr verm. Aufl. (VI, 116 S.) 1871. * M 1., und 4. verb. und sehr verm. Aufl. gr. 8. (VIII, 134 S.) Berlin 875, Kobligk. *

—— dass. — 2. Heft. 2. Aufl. (IV, 184 S.) 1869, und 3. verb. und sehr verm. Aufl. gr. 8. (IV, 207 S.) Ebendas. 869. (* M 1,20.) *

Bertram, W. (II.), grammatisches Uebungsbuch für die mittlere Stufe des französischen Unterrichts. Zusammengestellt in genauem Anschluss an die Ploetz'sche Schulgrammatik. 2. Heft. 4. verb. und sehr verm. Aufl. (263 S.) 1876; 5. verb. Aufl. gr. 8. (256 S.) Berlin 879, Kobligk. *
1. und 3. Heft. Ebendas. 1875. * M 2,40.

—— dass. — 3. Heft. 2. Aufl. (VI, 178 S.) 1871. (* M 1.) * M 1,20., und 3. verb. und sehr verm. Aufl. gr. 8. (IV, 224 S.) Ebendas. 875. *

—— grammatisches Übungsbuch für den Unterricht in der französischen Sprache. Im Anschluss an die Schulgrammatik von C. Ploetz bearb. 1., 3., 4. und 5. Heft. gr. 8. Ebendas. 881. *
Inhalt:
Heft 1. Übungen über die unregelmässigen Verba. 5. neu bearb. Aufl. (IV, 168 S.) * M 1,10.
» 3. Übungen über die Lektionen 58—79. 4. verb. Aufl. (IV, 264 S.) * M 1,60.
» 4. Sammlung zusammenhängender Übungsstücke zum Übersetzen aus dem Deutschen in das Französische für die mittleren und oberen Klassen höherer Schulen. (V, 174 S.) * M 1,20.
» 5. Schwierigere Übungsstücke zum Übersetzen aus dem Deutschen in das Französische. (II, 72 S.) * 60 Pf.
2. Heft. Ebendas. 1879. * M 1,60

— neues Übungsbuch zum Gebrauche neben der Schulgrammatik v. C. Ploetz. gr. 8. (IV, 206 S.) Ebend. 881. n. 1. 20

— neues Übungsbuch zum Gebrauche neben der Schulgrammatik d. C. Ploetz. 2., umgearb. Aufl. gr. 8. (V, 236 S.) Ebend. 883. n. 1. 60; geb. n. 1. 90

—— Uebungsbuch zum Uebersetzen aus dem Deutschen ins Französische im Anschluß an die Plötz'sche Elementargrammatik zusammengestellt. gr. 8. (IV und 164 S.) Berlin 867, Kobligk.

— Uebungsbuch zum Uebersetzen aus dem Deutschen ins Französische im Anschluß an die Plötz'sche Elementar-Grammatik zusammengestellt. Ebend. 868. 8. (IV, 164 S.) n. 9 ngr.

—— Uebungsbuch für die Unterstufe des französischen Unterrichtes, im Anschluß an die Elementargrammatik und das Elementarbuch von Plötz. 2., gänzlich umgearb. Aufl. gr. 8. (III, 168 S.) Berlin 872, Kobligk. (* 90 Pf.) *

— Uebungsbuch für die Unterstufe des französischen Unterrichts. Zusammengestellt im Anschluss an die Elementargrammatik v. Ploetz. 3., umgearb. Aufl. 8. (VIII, 174 S.) Ebend. 877. n. 1. 10

— Ubungsstücke zum Ubersetzen aus dem Deutschen in das Französische zum Gebrauche für die Oberklassen höherer Töchterschulen. Im Anschluss an die Schulgrammatik v. C. Ploetz bearb. gr. 8. (IV, 102 S.) Ebend. 881. n. — 80

Bertram. Vorschlag zu einer orthoepischen Bezeichnungsweise englischer Texte, die auf der Unter- und Mittelstufe des englischen Unterrichts gelesen werden. Breslau, R. z. heil. Geist, 1867. 15 S. 4.

Bertram, Waldemar, Rechtskand.: Das beschränkte Akzept nach Art. 22 der deutschen Wechselordnung. Leipzig: Wigand 1909. 46 S. 8°
Leipzig, Jur. Diss. v. 5. Okt. 1909
[Geb. 14. Aug. 82 Hannover-Hainholz; Wohnort: Leipzig; Staatsangeh.: Preußen; Vorbildung: Realgymn. Goslar Reife O. 03; Studium: Göttingen 4, Berlin 1, Halle 2, Leipzig 2 S.: Rig. 16. Juli 09.] [U 10. 2660

Exkursionsflora des Herzogtums Braunschweig mit Einschluss des ganzen Harzes. Der Flora von Braunschweig. 4. erw. u. gänzl. umgestaltete Aufl. Bearb. von W[erner] Bertram. Hrsg. von Franz Kretzer. *Braunschweig: F. Vieweg & Sohn 1894.* (X, 392 S.) 8°

Bertram, W., Exkursionsflora des Herzogt. Braunschw. m. Einschluss des ganzen Harzes. 5. Aufl., durchges., unt. besond. Berücksicht. der pflanzenbiolog. Verhältnisse erweitert u. hrsg. v. Frz. Kretzer. (XXXI, 452 S.) kl. 8. Braunschweig 908. F. Vieweg & Sohn. 6. —; geb. in Leinw. n 6. 50

Bertram, W., Flora v. Braunschweig. Verzeichniss der in der weiteren Umgegend v. Braunschweig wildwachs. u. häufig cultivirten Gefässpflanzen, nebst Tabellen zum leichten u. sichern Bestimmen derselben. Mit e. Anh., enth. e. Verzeichniss der in den angrenz. Gebieten wildwachs. Pflanzen. 8. (XII, 301 S.) Braunschweig 876. Vieweg & Sohn. n. 6. —

Bertram, W., Flora v. Braunschweig. Verzeichniss der in der weiteren Umgegend von Braunschweig wildwachs. u. häufig cultivirten Gefässpflanzen, nebst Tabellen zum leichten u. sichern Bestimmen derselben. Mit einem Anh., enth. ein Verzeichniss der in den angrenz. Gebieten wildwachs. Pflanzen. 2. unveränd. Aufl. 8. (XII, 301 S.) Braunschweig 881. Vieweg & Sohn. n. 3. —

Bertram, W., Flora v. Braunschweig. Verzeichniss der in der weiteren Umgegend v. Braunschweig wildwachs. u häufig cultivirten Gefässpflanzen, nebst Tabellen zum leichten u. sichern Bestimmen derselben. Mit e. Anh., enth. e. Verzeichniss der in den angrenz. Gebieten wildwachs. Pflanzen. 3., durch e. Nachtrag verm. Ausg. 8. (XII, 355 S.) Braunschweig 885. Vieweg & Sohn. n. 3. —

Bertram, W., Repertorium französischer Satzbeispiele zu den wichtigsten Theilen der Sprachlehre gesammelt. 8. Berlin 876. Bremen, Heinsius. *

— Schulbotanik. Tabellen zum leichten Bestimmen der in Norddeutschland häufig wildwachsenden u. angebauten Pflanzen, mit besonderer Berücksicht. der Ziergewächse u. der wichtigsten ausländ. Kulturpflanzen, nebst einer ausführl. Gestaltenlehre. Zum Schulgebrauch u. Selbstunterricht. Mit 187 in den Text eingedr. (Holzschn.-) Abbildungen. 8. (142 S.) Braunschweig 878. H. Bruhn. n. — 90

—— Schulbotanik. Tabellen zum leichten Bestimmen der in Norddeutschland häufig wildwachsenden und angebauten Pflanzen mit besond. Berücksicht. der Ziergewächse und der wichtigsten ausländ. Kulturpflanzen, nebst den Grundzügen der allgemeinen Botanik. 2. neu bearb. Aufl. gr. 8. (VI, 178 S. mit 200 in den Text eingedr. Abbild.) Braunschweig 884, Bruhn's Verlag. *

Bertram, W, Schulbotanik. Tabellen z. leichten Bestimmen d. in Norddeutschland häufig wildwachs. u. angebauten Pflanzen. 3. Afl. 8. (180 m. Abbildgn.) Brnschw. 88, Appelhans & P. n. 1. 20; geb. n. 1. 60

Bertram, W., Schulbotanik. Tabellen zum leichten Bestimmen der in Norddeutschland häufig wildwachs. u. angebauten Pflanzen m. besond. Berücksicht. der Ziergewächse u. der wichtigsten ausländ. Kulturpflanzen, nebst den Grundzügen der allgemeinen Botanik. Mit 200 in den Text eingedr. Abbildgn. 3. Aufl. gr. 8. (VII, 180 S.) Braunschweig 888. Bruhn's Verl. n. 1. 20; geb. n. 1. 60

— Schulbotanik. Tabellen zum leichten Bestimmen der in Norddeutschland häufig wildwachs. u. angebauten Pflanzen m. besond. Berücksicht. der Ziergewächse u. der wichtigsten ausländ. Kulturpflanzen, nebst den Grundzügen der allgemeinen Botanik. 4. Aufl. gr. 8. (VII, 182 S. m. 200 Abbildgn.) Braunschweig 892. Appelhans & Pfenningstorff Geb. in Leinw. n. 1. 60

Bertram, W. (H.). Schulbotanik. Tabellen zum leichten Bestimmen der in Norddeutschland häufig wildwachs. u. angebauten Pflanzen 2c. Mit 200 in den Text eingedr. Abbildgn. 4. Aufl. gr. 8. (VII, 180 S.) Braunschw. 892, Bruhn Verlag. * 1 20; geb. * 1 60

Bertram, W., Schulbotanik. Tabellen z. leichten Bestimmen d. in Norddeutschland häufig wildwachs. u. angebauten Pflanzen m. bes. Berücksicht. d. Ziergewächse u. d. wichtigsten ausländ. Kulturpflanzen, nebst d. Grundzügen d. allgem. Botanik. 5. Aufl. gr. 8. (VII, 170 S. m. 200 Abb.) Braunschweig 897. E. Appelhans & Co. Geb. in Leinw. n. 1. 60

Bertram, W., Schulbotanik. Leitfaden f. den Unterricht in der Botanik im Anschluß an die neuen preuß. Lehrpläne nebst Tabellen zum leichten Bestimmen der häufig wild wachs. u. angebauten Pflanzen. 6., völlig umgearb. Aufl. gr. 8. (VI, 223 S. m. 211 Abbildgn.) Braunschweig 899. E. Appelhans & Co. Geb. in Leinw. n. 1. 60

— Schulbotanik. 7. Afl. (228 m. Abb.) 8° Brnschw., A Graff 04. L. 1.60 d

Die neueren Bestrebungen zur Verbesserung des Sprachunterrichtes in der Volksschule. Von W[ilhelm] Bertram, Rektor in Köln. Bielefeld: A. Helmich [1906]. (21 S.) 8° [Umschlagt. J.]
— Abhandlungen, Pädagogische. N. F. Bd 11, H. 11.

Bertram, Wilhelm [aus Emmerich am Rhein]: Untersuchung des Orthodinitrodiphenylmethan und des Orthodiamidobenzophenon. Bonn 1900. 52 S. 8°.
Basel. Phil. Diss. 1899/1900.

Bertram, Wilhelm Arnold (Holzminden), De relatione judicis inferioris ad superiorem deque inani apostolorum refutatoriorum usu circa susceptam appellationem. Göttingen (Gg. Ludw. Schulze) 12. IV. 1752. 72 S. (5.—) 2383
Widm. v.: Joh. Stephan Pütter, Ant. Lud. Seip, Rud. Wedekind, R. N. Slüter.

Bertrams Wallfahrten, Gesangenschaft u. Liebe, (von Hnr. Müller VI.) Mit Kpf. 8. Hamb. 811. (Herold jun.) 21 gr

Bertram's Wallfahrten, Gefangenschaft u. Liebe. Scenen aus Deutschlands u. Italiens neuester Tagesgeschichte. Vom Verf. d. Florenza, mit K. 8. Hamb. Vollmer. 811. -

Bertrams, J., die Volksschule und ihr Verhältniß zu Familie, Kirche und Staat. Ein Beitrag zur Schulfrage für Eltern, Lehrer, Geistliche und Schulfreunde. 12. (61 S.) Aachen 865, (Jacobi und Comp.) *

Bertramseck, Ritter v., König Agamemnon's Glück u. Ende, s.: Fastnachts-Bühne.

Bertramsen, A: Dänemark in 10 Tagen, s: Nach d. nord. Märchenldrn.

Bertran von Marseille, la vie de sainte Enimie. In provenzal. Sprache zum ersten Male vollständig herausg. von C. Sachs. Berlin 857. Weidmann. 8. (1 Bl., 65 S.) n. 10 ngr

BERTRAND, Graf. Ein romantisches Gemählde der Vorzeit. Leipzig, 1800. In allen Buchhandlungen. (Joachim in Lpz.) 8°.
Freies TKpf., Tit. m. Vign. u. 239 S. Theilweise anstößig. Selten!

Bertrand, Generalin, Briefe v. der Insel St. Helena, geschrieben an eine Freundin. Aus d. Französ. v. Aug. v. Kotzebue. 8. Königsb. 816. Universitäts-B. 12 gr

Bertrand: Élémens d'agriculture, fondés sur les faits et les raisonnements ... (Prisskr.). Berne 1775. 168 S.
(I Sammelform).

Bertrand, le Comte, Manuscrit venu de l'Isle d'Elbe. 8. Leipz. 818. Fr. Fleischer. 12 gr

Bertrand, Alex., die Revolution des Erdballs. Nach der 5. verm. u. mit neuen Anmerkk. von Arago, Elie de Beaumont, Alex. Brongniard u. A. bereicherten Ausg. des französ. Originals für das Bedürfniß deutscher Leser frei bearbeitet von B. v. Maack. Mit 5 Steint. gr. 8. Kiel 844, Universitäts-Buchh. $1\frac{1}{2}$ ₰

Bertrand, Alexander F. A. [aus Oestrich i. Rheingau]: Zur Kenntniss der Betaine .... Freiburg i. B., Buchdr. v. Chr. Ströcker, 1888; 44 S. + 1 Bl. 8°
Freiburg i. B., Phil. Fak., Inaug.-Diss. v. 1888

Bertrand, Ambrosius, s. Bertrandi, Ambrogio

Bertrand, A(ug.) E(mil), das endermatische Heilverfahren mittels Acutenakulum „Lebenswecker von Baunscheidt genannt" beleuchtet. gr. 8. (19 S.) Bonn 857, Wittmann. Thlr.

— die Versagung meiner wohlerworbenen Rechte sowohl in Preußen als im Auslande, hervorgerufen durch ärztlichen Brotneid. Ein Fall aus der Gegenwart, mit Hinweisung auf die Gebrechen des deutschen Medicinalwesens, vorzüglich in Preußen. Bonn 858. Wittmann in Comm. 8. (1 Bl., 82 S.) n. 10 ngr

Bertrand, C.: Instruct. chrétienne, s. Bertrand, Élie

Bertrand, Schlangenbad et ses eaux thermales. Guide pratique à l'usage des baigneurs. Wiesbaden 866. Schellenberg. (Rodrian & R.) 8. (IV, 103 S.) 15 ngr

Bertrand, Schlangenbad et ses eaux thermales. Guide pratique à l'usage des baigneurs. 2e édit. revue et corrigée. 8. (IV, 87 S.) Wiesbaden 874, Rodrian. *

Bertrand, Schlangenbad u. seine Warmquellen. Für Kurgäste. 8. (VI, 123 S.) Heidelberg 878. Koester. n. 2. —

Bertrand, C, üb. d. Werth d. Wildbäder f. uns. Zeit. 8. (29) Wiesb. 60. (Rodrian.) n. — 5

Bertrand, C., über den Werth der Wildbäder für unsere Zeit. Wiesbaden 860. (Schellenberg.) 8. (29 S.) n. 5 ngr

Bertrand, Carl [app. Arzt]: Über die Zulässigkeit grösserer Operationen bei Blutern ... Wiesbaden, J. F. Bergmann, 1892; 38 S. 8.
Heidelberg, Med. Fak., Inaug.-Diss. v. [18. Dez.] 1891

Bertrand, Ed., der Führer am Bienenstande. Kalender f. den Mobil-Imker. Nach der 7. Aufl. übers. v. H. Spühler. (Einzig autoris. deutsche Uebersetzg.) gr. 8. (XVI, 288 S. m. Fig. u. 1 Taf.) Frauenfeld 893. J. Huber's Verl. n. 3. —; geb. n. 3. 40

Bertrand, Ed., der Führer am Bienenstande. Anleitung f. den Mobil-Imker m. Angabe der monatlich vorzunehm. Arbeiten. Einzig autoris. deutsche Uebersetzg., besorgt v. H. Spühler. 2., verm. Aufl.. m. e. Anh.: Der Blätterkasten, vom Uebersetzer. gr. 8. (XVI, 306 S. m. Fig. u. 1 Taf.) Frauenfeld 899. Huber & Co. Geb. in Leinw. n. 2. 80

Bertrand, Eginhard (geb. am 23 Jan. 1853 in Mainz): Ueber die hypodermatische Behandlung der Syphilis ... Bonn, Univ.-Buchdr. v. C. Georgi 1878. 47 S., 1 Bl. 8.
Bonn, Med. Fak., Diss. v. 23 März 1878

Bertrand, Élie

— Anfangsgründe d. allgem. Sittenlehre. gr. 8. Hildburgh. 777. Hanisch. 8 gr

— Dictionnaire universel des fossiles propres et des fossiles accidentels. T. I, II. 8. à la Haye 763.

— essai philosoph. et morale sur le plaisir. 12. Basel 777. Flick. (Neukirch). 9 gr

Bertrand, Élie: Essai sur les usages des montagnes. Avec Lettre sur le Nil. Zuric: Heidegguer 1754. XVI, 412 S. 8°.

— essai sur les usages des montagnes, av. une lettre sur le Nil. 8. Zürich 754. Orell. 1 ₰

— Fest- u. Kommunion-Predigten; aus d. Französ. v. J. A. Emmerich. 8. Meiningen 783. N. A. Hildburgh. 789. (Gr. Fleischer in Leipz.). 1 ₰ 8 gr

— Fest- u. Communion-Predigten. 8. Hildburgh. Hanisch. 789.

Bertrand, E. B., Instructions chrétiennes, ou abrégé du Catéchisme. 8. Zurich, Orell. 753.

Bertrand, Jh. Elias, instruct. chrétienne; ou abrégé du catéchisme. 8. Zürich 755. Orell. 5 gr

Bertrand, Jh. Elias, mémoires hist. et phys. sur les tremblemens de terre. 8. Strassb. 757. König. 14 gr

Bertrand, El. Memoire sur la structure intérieure de la terre. Zuric 1752.

Bertrand, Élie: Mémoires sur la structure interieure de la terre. Zuric: Heidegguer 1760. 166 S. 8°.

— mémoires sur la structure intérieure de la terre. 8. Zürich 760. Orell. 10 gr

— Morale évangélique ou discours sur le sermon de Jesu Christ sur la montagne. IX Vols. gr. 8. Basel 775, 76. Flick. (Neukirch). 8 ₰

— Predigten; a. d. Französ. v. J. A. Emmerich. gr. 8. Meining. 783. N. A. gr. 8. Eisenach 789. Bärecke. (Nauck in L.) 18 gr

— Predigten. a. d. Franz. gr. 8. Eisenach, Wittekind. (Sommer, Leipz.) 788.

— Recueil de divers Traités sur l'Histoire naturel. de la Terre et des Fossiles. 4. Avign. (Walther, Dresd.) 766.

— sermons pour les fêtes de l'église chrétienne. II Vols. 8. Yverdon 776. (Pott et C. in Lausanne). 2 ₰

— Sittenlehre d. Evangeliums, od. Betracht. üb. d. Bergpredigt J. C. A. d. Französ. v. J. A. Emmerich. 3 Thle. 8. Meining. 777—79. (Hanisch in Hildburgh.) 4 ₰ 2 gr

— der Thevenon, od. d. Sommertage auf d. Gebirge, in Betrachtt. Aus d. Französ. 8. Leipz. 778. Weygand. 18 gr

Bertrand, El. von, Unterweisung in d. christlich. Religion, aus d. Franz. 8. Erlangen, Heyder. 813.

Bertrand, Elie. Christliche Unterweisungen; aus dem Französischen. Leipzig 1767. 2. verb. u. verm. Ausg. 1779. Ü: *Zollikofer, Georg Joachim.* (ML)

— christl. Unterweisungen. Aus d. Französ. übers. u. umgearb. v. G. J. Zollikofer. gr. 8. Leipz. ... 4e A. 809. Weidmann. 12 gr.

Bertrand, Elie. Philosophische u. moralische Versuche über das Vergnügen, ... aus dem Franz. übers. Leipz. 1778. Ü: *Schuknecht, Johann Christian.* (MGT)

— philosoph. u. moral. Versuche üb. das Vergnügen; a. d. Französ. 8. Leipz. 778. Linke. 5 gr.

Bertrand, Franz (geb. Dörnitz in d. Prov. Sachs. 31. 12. 1856): Ueber Kniescheibenverrenkung. Berlin (1881). (31 S.) 8°
Berlin, Med. Diss. v. 8. Aug. 1881

Bertrand, Friedrich Anton Franz

Bertrand, Fr. Ant. Frz., Gedichte u. prosaische Aufsätze. M. 1 Titelkpf. 8. Zerbst 813. Füchsel. (Kummer). 1 rthl.

Hedwig, oder die Walpurgisnacht. Ballade (von *Frdr. Ant. Frz. Bertrand*). (Leipzig 1798.) Rar!
Anon.-Lex. II. p. 271 (nach Meusel).

— s. Samml. v. Uebersetz. d. röm. Gesch. 10r Bd.

Bertrand, Friedrich Oskar

Bertrand, F., Ackerbau u. Viehzucht f. den kleineren Landwirth. 3. Aufl. gr. 8. (228 S.) Münster 871. Theissing. n. 2. 40

Bertrand, F., Ackerbau und Viehzucht für den kleinen Landwirth. Eine durch das königl. preuß. Landes-Oeconomie-Collegium mit dem Koppe-Preis gekrönte Schrift. 4.—6. Aufl gr. 8. (228 S.) Münster 870—81, Theissing'sche Buchh. *

Bertrand, F., Ackerbau u. Viehzucht f. den kleinen Landwirth. Eine durch das königl. preuß. Landes-Oeconomie-Collegium m. dem Koppe-Preis gekrönte Schrift. 7., verm. u. m. Rücksicht auf die Anforderga. der Neuzeit u. auf den Gebrauch in landwirthschaftl. Schulen umgearb. Aufl. gr. 8. (425 S.) Münster 884. Theissing. 4. 50

Bertrand, F., über landwirthschaftliche Pachtverträge. Nebst dem Entwurfe e. Pachtvertrages über ein größeres u. mittleres Landgut. Nach den bestehenden Pachtrechtsverhältnissen kritisch untersucht. Breslau 870. Korn. gr. 8. (XII, 176 S.) n. 24 ngr.

Bertrand, G., s. Alpenwanderer, Der.

Bertrand, Georg Jakob: Zollpolitische Verhältnisse und Handel zwischen Frankreich und Tunis. ⟨Eine Prognose über das wirtschaftliche Vorgehen Frankreichs in Marokko.⟩ Berlin: Süsserott 1910. XV, 62 S. 8° ¶ (Ersch. vollst. als Buch ebd.)
Straßburg, Rechts- u. staatswiss. Diss. v. 18. Dez. 1909, Ref. Sartorius Frh. v. Waltershausen
[Geb. 4. Juni 78 Walk U.-E.; Wohnort: Straßburg; Staatsangeh.: Elsaß-Lothringen; Vorbildung: Gymn. Feldkirch Reife 97; Studium: Innsbruck 1, Straßburg 9 S.] [U 10. 4011

Zollpolitische Verhältnisse und Handel zwischen Frankreich und Tunis. ⟨Eine Prognose über d. wirtschaftl. Vorgehen Frankreichs in Marokko⟩ von Dr. rer. polit. George Jacques Bertrand. Berlin: Süsserott 1910. XVII, 236 S. 8° [11. 13595 II

Bertrand, Gottlieb: Die schöne Advokatentochter ..., s. Bertrant, G.

BERTRAND, Gottlieb (nicht Schöpfer), Allwina, Prinzessin von ***, oder die Kabale. 4 Bde. Leipzig, Joachim, 1807. 8°. ($3^2/_3$ Rthl.)
Behrendt's in Berlin Leihbibl.-Cat., S. 99. — Kayser nennt keine Jahrzahl.

Bertrand, G., s. Alpenwanderer, Der.

BERTRAND, Amina, die schöne Zirkassierinn (sic!). 2 Thle. Mit 1 TKpf. u. 1 TVign. (von Mettenleiter). Leipzig, 1803, bei Wilh. Rein. 12°. (5 Mk. H. Hugendubel, München, 1905.)
I: 4 Bll., 297 S. II: 397 S. Beide Titel gestochen.

Bertrand, Gottlieb, s. Eidschwur, Der.

BERTRAND, Franzischino, oder der Mönch. Eine abentheuerliche Geschichte. 2 Bde. Leipzig 1830. 8°.
Behrendt's in Berlin Leihbibl.-Cat., S. 99.

— das Geheimniß. 2 Thle. 8. Hamb. 803. Nestler u. M. 2 rthl.

— der irrende Dämon Solisano. 2 Thle. 8. Lüneb. 803. Herold u. W. 2 rthl. 8 gr.

— Gustav der Verwiesene. 2 Thle. 8. Lüneb. 804. Herold u. W. 2 rthl. 8 gr.

– s. Jungfrau, die wandernde.

– s. Michel List.

— der furchtbare Abentheurer Nickel List, gen. von der Mosel. Romantisch dargestellt. 8. Leipz., Centr.-Compt. 1 rthl. 8 gr.

Bertrand, Gottlieb († um 1811), Nickel List, der furchtbare Abenteurer, genannt von der Mosel, romantisch dargestellt. Mit Kpf. Braunschweig, Schröder, 1804. 8°. Zahm.
Müller-Fraureuth: „Eine Braunschweigische Grösse auf dem Gebiete des Räuberromans, Gottlieb Bertrand, Kaufmannsdiener, Schauspieler, Privatlehrer und zuletzt Uhrmacher, behandelte „Nickel List" (s. ob.). Dieser „Erzdieb", Kirchenräuber und Mörder Nikol List war ein aus Waldenburg (Sachsen) stammender Hochstapler, der gegen Ende des 17. Jahrhunderts im Dorfe Beutha bei Hartenstein lebte und, wie es in einem damals erschienenen Buche mit seinem Bilde heisst, „der bald ein'n Wirth aus sich, bald einen Gast kunt machen; itzt war er Cavallier, itzt Artzt, itzt Jäger, und so verstellt bald Dieb, bald Spitzbub, bald Todtschläger". 1699 ward er in Zelle hingerichtet, die Erinnerung an ihn, den „schwarzen List" lebt in der ganzen Gegend zwischen der Chemnitz und Mulde noch heute."

– s. Mazarino, der große Räuber.

BERTRAND, Minna oder das neue Räubermädchen Leipzig, Rein, 1819. 8°. 297 S. ($1^1/_3$ Rthl.)

BERTRAND, Graf von Poitou, oder der Geisterlehrling. Ein romantisches Märchen, in welchem Geister auftreten, welche keine Gespenster sind. Danzig 1803. 8°. (2 Mk. Franz Teubner, Bonn, c. 1898.)

— Pugatschew, der furchtbare Rebell; romant. dargestellt. 2 Thle. 8. Wolfenb. 805. Albrecht. 2 rthl.

Bertrand, Gottl., d. Räthselhafte, od. die beiden Alten. 2 Bde. neue wohlf. Ausg. 8. Lpzg. Enobloch 811.

— der Räthselhafte. 2 Thle. 8. Gieß. 816. (Ferber). 2 rthl. 12 gr.

BERTRAND, Rosaline oder das Geheimniss. 2 Bde. Braunschweig 1822. 8°. (1 Mk. 50 Pfg. A. Bielefeld, Carlsruhe, 1891.)

— der Sarkophag, oder die Geheimnisse des Schlosses Berby. 2 Thle. 8. Lüneb. 805. Herold u. W. 2 rthl. 8 gr.

– s. Unerforschlichen, Die.

– s. Wanderer, der unbekannte.

Bertrand, J: Abhandlgn üb. d. regelmäss. Sternkörper, s.: Poinsot, L.

Bertrand d. jüng., J. H., Legenden u. Volkssagen. 8. (19½ B.) Potsdam 832, (Vogler.)

Bertrand, Jean

Bertrand, M. J., Anfangr. d. schweizer. Landbaues. 8. Bern, Typogr. 773.

Bürger, Gottfr. Aug.: Gottfr. Aug. Bürger. Von J[ean] **Bertrand.** [Berlin 1882.] 19 S. 8° [Kopftit.]
Abgedr. in: BstR. 2 (1882) S. 110—128; Bertrand, J.: Mrische Nachklänge. [1908] S. 92—107.
Üb. Bürgers. Goedeke: Grundriss zur Gesch. der deutschen Dichtung 2. Aufl. Bd 4 1891 S. 387—392, wo alle Literatur. Ausserdem: Allgem. Deutsche Biographie Bd 3 1876 S. 595—600 (Hettner).

Bertrand, Jean. Kunst die Wiesen zu wässern ... Aus dem Franz. übersetzt. Nürnberg 1765. Ü: *Haas, Johann Jacob.* (ML) »Abhandlung von Wässerung der Wiesen. Nürnberg 1765.« (will)

— Kunst zur Bewässerung der Wiesen rc. Aus d. Französ. 8. Nürnb. 765. Stein. 12 gl

Maurerische Nachklänge. Von [Jean] **Bertrand.** Als Ms. f. Frmr. gedr. [Kirchhain 1908: Schmersow.] 137 S. 8°
cf. ArSt. 5 (1908) S. 227—231.
18 Vortr. u. Aufsätze.

[Autogr.] Ms. f. Frmr. Vortrag des B. [Jean] **Bertrand** bei der Fest-Arbeit der vier vereinigten Johannis-Logen. Berlin, den 20 Jan. 1901. [Berlin 1901.] 10 S. 2°
Abgedr. in: BrL. 18 (1900—1901) S. 65—70.
Üb. die christliche Tendenz der Frmrei. Gegen Aufnahme der Juden.

Bertrand, Joh. Elias, s. Bertrand, Élie

Bertrand, Léon, s.: Hölder's Handbuch der älteren u. neueren französischen Litteratur.

Bertrand, *Léon* Sur les idiomes et les dialectes de la France. 4 (41 S.). Progr. Realanstalt *Stuttgart* 1888

Bertrand, L., sur les idiomes et les dialectes de la France. 4. (41 S.) Stuttgart 888. (Gerschel.) n.n. 1. 20

Bertrand, *Léon Louis Claude Franç.* [Prof.]: Sur les idiomes et les dialectes de la France. II. Tl. (Forts. d. P-Beil. 1888.) Stuttgart, Buchdr. d. Paulinenpflege, 1891; 36 S. 4.
Stuttgart, k. RA, P 1891 (591)

— sur les idiomes et les dialectes de la France. II. Tl. Progr. 4. (36 S.) Stuttgart 891. (O. Gerschel.) n.n. 1. 50 (I. u. II.: n.n. 2. 70)

Bertrand, Louis,
Die Genossenschaft (Kooperation). Ihre Vorteile. — Ihre Zukunft. Aus dem Französ. gr. °. Neuwied, A. Schupp, 1893.

Bertrand, L., Géométrie de position ou géométrie supérieure, 1re partie. 148 pp. in-8. Genève et Bâle, H. Georg. **1873** 6. —

Bertrand, Louis: Leopold II. von Belgien und seine Regierung. Autor. Uebersetzung aus dem Französischen. 8°. Berlin, H. Baake, s.a.

Bertrand (Louis) Traité d'Arithmétique; 1ère partie: Calcul. 178 p. in-8. H. Georg, Genève et Bâle. cart. 2. —
⁂ Ouvrage adopté par le Département de l'Instruction publique du Canton de Genève.

1876

Bertrand, Louis: Junker Voland. Phantasien in d. Art v. Rembrandt u. Callot. (Übertr. v. Paul Hansmann.) (190) kl8° Münch., G Müller '11. 3 —; geb. 4 — d

Bertrand, Ludovicus (geb. am 22 Mai 1840 in Carouge bei Genf): Quaestiones Provinciales ... Bonnae, typ. expr. P. Neusser 1864. 2 Bl., 30 S., 1 Bl. 8.
Bonn, Phil. Fak., Diss. v. 4 Aug. 1864

Bertrand, M.J., s. Bertrand, Jean

Bertrand **de Molleville, s.** ***Molleville.***

Bertrandi, Ambrogio

Bertrand, Ambr., Abhandlung v. den Geschwülsten. A. d. Ital. von K. H. Spohr. Mit Kpf. gr. 8. Leipz. 788. (Brockhaus). 1 rß 16 gl

Bertrandi, Ambrogio: Abhandlung von den Geschwülsten. Aus dem Ital. übers. u. mit Anm. versehen von Carl Heinrich Spohr. Leipzig: Junius 1788. XXII, 656 S. 8°

. **Bertrandi, Ambr.** . . Abhandlung von den Geschwüren. Aus dem Italienischen. Nebst einem Anhang einer anatomischen Beschreibung der Leber. Aus dem Lateinischen. Erfurt 1790. Ü: *Spohr, Carl Heinr.* (EngM) (Ky) »Nürnberg« (MGT)

— Abhandlung v. den Geschwüren. A. d. Ital. (v. K. H. Spohr). Nebst e. Anh. einer anatom. Beschreib. d. Leber. Aus d. Latein. 8. Erf. 790. Keyser. 1 rß 10 gl

Bertrandi, (Giovanni) Ambrogio: Abhandlung von den venerischen Krankheiten nebst vorgesester Lebensbeschreibung des Verfassers. (Malattie veneree. Dt.) Übers. und mit Anmerkungen versehen von Karl Heinrich Spohr. Th. 1, 510 S., gbd., 2 Taf.

Nürnberg: Raspe 1790

— von d. venerischen Krankheiten. Aus d. Ital. von K. H. Spohr. 2 Thle. Mit 3 Kpf. gr. 8. Nürnb. 791. Bauer u. M. 2 rß 20 gl

— Abhandl. von chirurg. Operationen. Mit Kpf. gr. 8. Wien, Blumauer. 1 rß 8 gl

Bertrandi, (Giovanni) Ambrogio: Abhandlung von den chirurgischen Operationen. (Trattato delle operazioni di chirurgia. Dt.) 544 S., gbd., Abb.

Wien: Gräffer 1770

— über die Knochenkrankheiten. Aus d. Ital. von K. H. Spohr. 8. Dresd. 792. (W. Nadck in Leipz.) 20 gl

Bertrandi, (Giovanni) Ambrogio: Lehre von den Knochenkrankheiten. (Delle Malattie delle ossa. Dt.) Nach der von...Giovanni Antonio Penchienati und Giovanni Brugnone besorgten und mit Zusätzen und Anmerkungen bereicherten Ausg. 356 S., gbd.

Dresden u. Leipzig: Richter 1792

BERTRANDUS (ps.), Die Getreue Liebe der Durchl. Printzeßin Theresia, welche sie gegen den tapffern Grafen Heinrich aus Burgund geheget, und glücklich gecrönet zu stande gebracht. Franckfurt und Leipzig, in Commission b. Joh. Jac. Lotter. 1736. 8°. 18 Bog.
O. M. V. 1737. F 4b; Georgi's Europ. B.-Lex. u. Weller, Lex. Pseud., haben die Jahrzahl „1736".

Bertrant, G., die schöne Advocaten-Tochter zu Wachholderleben. Ein Seitenstück zur Pfarrers-Tochter zu Taubenhayn. 2. Aufl. 12. (216 S.) Leipzig 847, Literarisches Museum in Comm. 2/3 ₰

BERTRANT, G. (d. i. *Geo. Carl Ludw. Schöpfer,* geb. 13. März 1811 in Göttingen, schrieb laut Schmidt, A. G., Gallerie deutscher pseud. Schriftsteller (Grimma 1840. Kl. 4) unter 32 Decknamen), Die schöne Advokaten-Tochter zu Wachholderleben. Ein Seitenstück zur Pfarrers-Tochter zu Taubenhayn (s. Bornschein). Leipzig, literar. Museum. (Umschl. m. d. Jahrz. 1866 u. d. Bezeichng.: Serie I. Bd. 12.) 12°. 160 S. (Mk. 1.—.)
Serien-Inh.-Verz. u. Verlags-Anzeigen auf den innern Umschl.-Seiten. — Zuerst gedr. Nordhausen, Fürst, 1829. 8°. (3 Mk. 50 Pfg., fleckiges Expl., Ludw. Rosenthal, München, 1907.) 2. Aufl. Leipzig 1847. 8°.

BERTRANT, Die Askanienburger und die Arnsteiner, oder: der Sieg der gerechten Sache. Historisch-romantisches Gemälde aus den Ritterzeiten. 2 Bde. Nordhausen, bei Ernst Friedr. Fürst, 1831. 8°. (2 Rthl.)

Bertrant, G., die schwarze Burg, oder: Die Rache d. Vaters. Eine romant. Erzählg. 8. Braunschw. 835. (Leibrock.) 1 ₰

—, Contarino, Nachfolger Gallo Gallini's. Räubergesch. a. d. 2. Hälfte d. vorigen Jahrh. 8. (12 B.) Nordhausen 837, Fürst.

BERTRANT, Diavoletto, der Schwarze von La Baggaria. Räubergemälde al Fresco aus dem 13. Jahrh., in den Zeiten der sicilianischen Vesper. 2 Bde. Ebd. 1837. 8°. 24 Bog. (1 Mk. 50 Pfg. Franz Teubner, c. 1898.)

BERTRANT, Romantische Gemälde der Vorzeit. Ebd. 1831. 8°.
224 S. Enth. (wie auch auf d. Tit. steht): 1. Der Duldung u. der Treue höchster Lohn. 2. Der Kampf auf Trumaton. E. romant. Gemälde (S. 99—126). 3. Der Boyer-Fürst. E. hist.-romant. Gemälde a. d. Zeiten d. Kaisers Tiberius.

BERTRANT, Der mordlustige Glacco und der edle Räuberhauptmann Ruperto. Eine Räubergeschichte aus den Gebirgen Spaniens. 2 Bände. Ebd. 1829. 8°.
224 u. 208 Seiten. Pikant.

BERTRANT, Himlo Himlini, der Räuberhäuptling in Spanien mit seiner gefürchteten Bande. Grosses Räubergemälde. 2 Bde. Ebd. 1833. 8°. (2 Rthl.) (2 Mk. Franz Teubner, c. 1898.)

BERTRANT, Leben, Thaten und Liebschaften des Rittmeisters von Strabaloff. Ein Gegenstück zur schönen Advokaten-Tochter zu Wachholderleben. Ebd. 1833. 8°. 207 S. (6 Mk. A. Bielefeld, 1891; 4 Mk. 50 Pfg. H. Streisand, Berlin, 1907.)

BERTRANT, Sultan Mahomed III. mit seinen 7 rechtmäßigen Frauen und 1370 Kebsweibern, oder die Flucht aus dem Harem zu Constantinopel. Historisch-romantisches Gemälde. Ebd. 1828. 8°. (1 Rthl. 5 Sgr.)
— — Dasselbe. Ebd. 1834. 8°. (3 Mk. 50 Pfg., fleckiges Expl., A. Bielefeld, 1891.)
Bertrand schrieb auch zahlreiche anstössige Romane unter den Pseud. Delarosa, Fröhlich und Scoper (s. d.).

Bertrich. Seine Naturschönheiten und sein Badeleben. In Wahrheit und Dichtung geschildert von einem alten Stammgast. Köln 1891. V: *Gläsel, K. A.* (StBKöln I/80)

. **Bertrich, Bad,** im Üsbachthale a. d. Mosel. ... Koblenz 1847. V: *Wieler.* (EngG)

Bertrich, Bad, im Uesbachthale an der Mosel. Mit einleitenden Worten von A. v. Humboldt, u. einer geogn. Uebersicht von H. v. Dechen. Nebst 1 geogn. u. 1 Situationskarte. (in gr. 4.) 8. (VIII u. 128 S.) Koblenz 847, Bädeker. 2/3 ₰

Bertrin, Georges, Lourdes. Historisch-krit. Darstellg. der Erscheingn. u. Heilgn. Frei nach dem Franz. v. Cron. (XV, 336 S. m. Abbildgn. u. 8 Taf.) 8. Straßburg (908). F. X. Le Roux & Co. 2.—; geb. in Leinw. 2. 80

-- Eine Wunderheilung aus unseren Tagen. Beitrag zur Apologie der Lourdeswunder. Mit e. Radiographie. Nach dem Franz. v. Jul. Gava. (180 S.) kl. 8. Ebd. (909). 1. 60

BERTRING, Thessaline, oder die Reize der allmähligen Näherung. Heidelberg, Pfähler, 1790. 8°. Rar! (Kayser, Roman-Verz.)

Bertsch, Albert

Bertsch, A., „alles neu!" Ein Pfingstbuch. (124 S.) 8. Stuttg. 909. Buchh. d. ev. Gesellsch. Geb. in Leinw. 1. 80

-- „Er lebt!" Eine Sammlg. v. Erzählgn., Gleichnissen, Sagen, Gebräuchen, Gedichten, Aussprüchen f. die Osterzeit. (XVI, 402 S.) 8. Stuttgart (907). Holland & Josenhans. 3.20; geb. 4. 20

Bertsch, A., „Freude allem Volk!" Ein Weihnachtsbuch. (VI, 257 S.) 8. Stuttgart 906. Buchh. der ev. Gesellschaft. n. 2. —; geb. n. 2. 50

— „Freude allem Volk!" Ein Weihnachtsbuch. 2., umgearb. u. verm. Aufl. (391 S. m. Titelbild.) 8. Stuttgart 908. Buchh. der ev. Gesellschaft. 3.—; geb. in Leinw. 3. 60

Bertsch, A: Israel Hartmann. Ein Schulmeisterleben a. d. 18. Jahrh. (127 m. Bildn.) 8° Stuttg., Verl. d. ev. Gesellsch. '10. L 1.50 d

Bertsch, Albert, appr. Arzt: Über Lungenveränderungen bei hochgradiger Kyphoskoliose. Leipzig: Hirzel 1909. S. 340—358. 8° ¶ (Aus: Arbeiten auf d. Gebiete d. pathol. Anat. u. Bakteriol. aus d. pathol.-anat. Inst. zu Tübingen. Bd 7.)
Tübingen, Med. Diss. v. 12. April 1910, Ref. v. Baumgarten
[Geb. 29. Juli 83 Großbottwar; Wohnort: Großbottwar; Staatsangeh.: Württemberg; Vorbildung: Gymn. Heilbronn Reife M. 01; Studium: Tübingen 5, München 1, Berlin 2, Tübingen 2 S.; Coll. 26. Nov. 09; Approb. 31. Dez. 07.] [U 10. 4150

— Neues u. Altes (2. Folge) zu d. Evangelien d. 3. württemberg. Jahrgangs. (4, 464) 8° Stuttg., Ch. Belser '13. 4.50; L 5.50 d

— dass. zu d. Epistelperikopen d. 2. württemberg. Jahrgangs. (578) 8° Ebd. '12. L 8.20; auch in 6 Lfgn zu je 1.20 d

— Osterbuch. Eine Sammlg. v. Erzählgn., Gleichnissen, Sagen, Gebräuchen, Gedichten, Aussprüchen. (2. Tl. aus: „Er lebt".) (VI u. S. 241—462.) 8. Stuttgart (909). Holland & Josenhans. 1.80; geb. in Leinw. 2. 40

— Passionsbuch. Eine Sammlg. v. Erzählgn., Gleichnissen, Sagen, Gebräuchen, Gedichten, Aussprüchen. (VI, 235 S.) 8. Ebd. (908). 1.60; geb. in Leinw. 2. 40

— Weihnachtsführer durch die dramatische u. musikal. Festspielliteratur. (48 S.) 8. Stuttgart 908. Buchh. der ev. Gesellschaft. 1.—; erm. Pr. — 50

Bertsch, Wie wird man e. Glückskind? Ein Beitrag zur Sonntagsheiligg. 8. (16 S.) Stuttgart 898. Buchh. d. Evang. Gesellschaft. n. — 10

Bertsch, wie wird man e. Glückskind? Ein Beitrag zur Sonntagsheiligg. 2. Aufl. 8. (16 S.) Stuttgart 900. Buchh. der evang. Gesellschaft. n. — 10

— Wie wird man e. Glückskind? Ein Beitrag zur Sonntagsheiligg. 3. Aufl. (16 S.) kl. 8. Ebd. 909. p — 10

Bertsch, Al[ois]. Das führt zum Glück! Ratschläge und Lehren für strebsame Jünglinge von Prof. Al. B' (Bütschwil). (*Umschlag:* 2. Aufl.) 72 S. 8. Einsiedeln *etc.*, Benziger & Co. A. G., 1905 (*Umschlag:* 1904). [fr. —. 65]

Bertsch, Eug., ein neues Enterotom zur elektrolytischen Behandlung des Anus praeternaturalis. Inaugural-Dissertation. gr. 8. (54 S.) Tübingen 879. (Fues.) n. 1. 50

Bertsch, Friedrich

Bertsch, F., Geschichte des Alten Bundes und seines Volkes. In übersichtlichem Zusammenhang für den Schulgebrauch dargestellt. Mit einem Vorworte von J. H. Wichern. Stuttgart 857. (Gotha) Besser. Lex.-8. (V, 56 S.) 15 ngr

Bertsch, Frdr., u. Karl Frdr. Klaiber, Sammlung biblischer Casualtexte. Stuttgart 868. Belser'sche Verlag. gr. 8. (VIII, 331 S.) 27 ngr

Bertsch, Gustav: Aus dem pathologischen Institut zu Giessen. Zur Casuistik der inneren Darmincarcerationen. *Giessen 1897: v. Münchow.* (31 S.) 8°
Giessen, Med. Diss. v. 1897

Bertsch H, Bericht über die physikalischen Apparate auf der Industrieausstellung in London 1862. 4° St. Gallen 1864

Bertsch, Heinrich

Bertsch, H., Cledonii ars grammatica. Diss. 1884. 64 S. 4°.

Bertsch, Heinrich: Götternamen und Sprachentwicklung. Religionsgeschichtlich-etymologische Untersuchungen. 34 S. 4. — Die Sprachwurzeln der Erdgeister. Religionsgeschichtlich-etymologische Untersuchungen. 32 S. 4.
Progr. Großh. Badisches Gymn. *Bruchsal* 1903 (693). 1904
I. Die Wurzel Kar. II. Die Wurzel ar, er. — I. Die Variationen der Urwurzel kar. 1. Kal., al. 2. par, pal. 3. mar, mal. II. Die Urwurzel tar. III. Die Urwurzel tak. Sprachliche Verstärkungen in Götternamen.

Bertsch, Heinrich (Prof. Dr.): **Götternamen** und Sprachentwicklung. Religionsgeschichtl.-etymolog. Untersuchungen. *Karlsruhe 1903: F. Gutsch.* (34 S.) 4°
Bruchsal, großh. bad. G, P 1903 (693)

Bertsch, Heinrich, Prof. Dr.: **Meeresriesen,** Erdgeister und Lichtgötter in Griechenland. Eine religionsgeschichtl. Studie. *Tauberbischofsheim 1899: J. Lang.* (29 S.) 4°
Tauberbischofsheim, grossh. G, P 1899 (653)

Bertsch, Heinrich, Prof. Dr.: Die Sprachwurzeln der Erdgeister. Religionsgeschichtlich-etymologische Untersuchungen. Karlsruhe 1904: Fr. Gutsch. (32 S.) 4°
Bruchsal, großh. G P 1904 (706)

Bertsch, H., Pherekydeische Studien. (Zur Charakteristik. — Verhältnis z. alten Epos. — Reihenfolge der Genealogien. — Rückblick.) Pr. 1898. 25 S. 4°. 1.—

Bertsch, Heinrich: Pherekydeische **Studien.** *Tauberbischofsheim 1898: J. Lang.* (25 S.) 4°
Tauberbischofsheim, grossh. G, P 1898 (646)

Weltanschauung, Volkssage und Volksbrauch. In ihrem Zusammenhang untersucht von Heinrich **Bertsch.** Dortmund: Ruhfus 1910. XII, 446 S. 8° [10. 16328 B

Bertsch, Herm., über die Cephalopoden d. schwäbischen Lias Γ, deren Aufeinanderfolge in der Schicht u. ihr genetischer Zusammenhang. Inaugural-Dissertation. Gekrönte Preisschrift. gr. 8. (91 S.) Tübingen 878. (Fues.) n. 1. —

Bertsch. Hugo: Kleine Abenteuer. s: Schatzgräber, Der.

Bilderbogen aus meinem Leben. Von Hugo **Bertsch.** Stuttgart & Berlin: J. G. Cotta Nachf. 1906. (269 S.) 8° [F.] [07. 1709

Bilderbogen aus meinem Leben. Von Hugo **Bertsch.** 2. u. 3. Aufl. Stuttgart & Berlin: J. G. Cotta Nachf. 1906. (269 S.) 8° [F.] [08. 12770 II

Bob, der Sonderling. Seine Geschichte u. s. Gedanken. Von Hugo **Bertsch.** Stuttgart & Berlin: J. G. Cotta Nachf. 1905. (227 S.) 8° [F.] [06. 3048

— **Bob, der Sonderling.** Seine Geschichte u. seine Gedanken. 1.—4. Aufl. (à 227 S.) 8. Ebd. 905. n. 2. 50; geb. in Leinw. n. 3. 50

Die Geschwister. Von Hugo **Bertsch.** Mit e. Vorw. von Adolf Wilbrandt. *Stuttgart & Berlin: J. G. Cotta Nachf. 1903.* (220 S.) 8° [F.] [04. 14330 II

— **die Geschwister.** Mit e. Vorwort v. Adf. Wilbrandt. 1.—11. Aufl. (à 220 S.) 8. Ebd. 903—905. n. 2. 50; geb. in Leinw. n. 3. 50

— **Die Geschwister.** 12. Afl. (218) 8° Stuttg., J G Cotta Nf. '12. 2.50; geb. 3.50 d

BERTSCH, HUGO. Ueber einige Salze und Verwandlungen der Monochloressigsäure. Tübingen, 1870. Diss.

Bertsch, J., die Praxis der Weinbereitung. Handbuch für Weinproduzenten, Kellermeister u. Weinhändler. 8. (XVI, 779 S. mit Illustr.) Berlin 888. Parey. geb. n. 20.—

Bertsch. Dr. Jos(eph) Ferd(inand) Bertsch. geboren 5. Mai 1842, gestorben 5. Dezember 1899. Ein Gedenkblatt seinen Freunden zugeeignet. [Mit Porträt-Tafel.] 8. (Zürich 1900.)

[F.] **Bertsch, M.** [Amtmann, Kollegialhilfsarb. d. K. Kreisregierg Reutlingen]: Ueber Landstreicherei und Bettel. Reichsstrafgesetzbuch § 361 Nr. 3 und 4 … Tübingen, H. Laupp, 1893; 1 Bl., 101 S. 8.
Tübingen, Jur. Fak., Inaug.-Diss. v. 1893

Bertsch, Dr. M., Ueber Landstreicherei u. Bettel. — Reichsstrafgesetzbuch § 361 Nr. 3 u. 4. — Ein Beitrag zur Lösung der Stromerfrage. gr. 8°. Tübingen, Laupp, 1894.

Bertsch, Roland: Über den Einfluß des Kochens auf die chirurgischen Instrumente … Wallenstadt, A. Wildhaber's Buchdr., *1893;* 32 S., 2 Bl. 8.
Würzburg, Med. Fak., Inaug.-Diss. v. 1893

Bertsch-Sailer. Concordia. Internationale Lehr- und Erziehungsanstalt. Uebersicht des im Wintersemester 1879/80 behandelten Lehrstoffes. In-8°, 20 S. Zürich, Zürcher & Furrer. 1880

Bertsch-Sailer, [Ferdinand]. Landammann (Carl Georg Jakob) Sailer oder Drei Jahrzehnte st. gallischer Politik. [Mit Porträt-Tafel.] 8. St. Gallen 1873 (* *Umschlag:* 1874).

Bertsch-Sailer, Landammann Sailer od. drei Jahrzehnde st. gallischer Politik. 8. (151 S.) St. Gallen 875. Altwegg-Weber. 1. 20

Bertsche, F. X., s. Predigtentwürfe a. d. Sonn- u. Festtage.

Bertsche, Karl, s.: Abraham a Sancta Clara, Blütenlese aus seinen Werken.

Bertsche, Karl (Hrsg.), s. Abraham a Santa Clara: Der Narrenspiegel.

Bertsche, Karl, Die volkstümlichen Personennamen einer oberbadischen Stadt. Ein Beitrag zur Geschichte der alemannischen Namengebung. Freiburg i. Br. 1905: C. A. Wagner. (VIII, 103 S.) 8° ¶ (Aus: Alemannia N.F. 6.)
Freiburg i. B., Phil. Fak., Ref. Kluge, Diss. v. 1906
[Geb. 31. Okt. 79 Möhringen; Wohnort: Freiburg i. B.; Staatsangeh.: Baden; Vorbildung: Oberrealsch. Karlsruhe, Ergänzungsprüfung Mannheim; Studium: Freiburg i. B. 6, Heidelberg 1 S.; Rig. 23. Dez. 04.]

Bertsche, Karl, s:
Texte, Kleine, f. Vorlesgn u. Übgn. Abraham a S. Clara.

Bertsche, Senes, Beitrr. zur Philosophie d. Evangeliums u. z. Beförder. d. Theologie v. Reiche Gottes. gr. 8. Salzb. 803. Mayr. 5 K

Bertschinger, Alfred

Bertschinger, Alf., s.: Assanierung, die, v. Zürich.

Bertschinger, Alfr. Untersuchungen über die Wirkung d. Sandfilter d. städtischen Wasserwerks in Zürich. gr. 8. (78 S.) Zür. 880. (Meyer u. Zeller). * — 80
Aus: Vierteljahrsschr. d. naturforsch. Gesellsch. in Zürich, besonders abgedruckt.

Bertschinger, C[arl], med. pract., Enge-Zürich [von Winterthur. Kt. Zürich]: '(Aus der medicinischen Klinik des Herrn Professor Dr. Eichhorst in Zürich.)'. Die Erfahrungen über die Behandlung der Tuberculose mittelst Koch'schen Tuberculins auf der medicinischen Klinik des Herrn Professor Dr. H. Eichhorst im Kantonsspital in Zürich. Zür. Orell Füssli Cie Dr. 1892. 3 Bl., 269 S., 25 Tab. 8°.
Zürich, Med. Diss. [v. 21. Jan. 1892].

Bertschinger, Carl. 30 Fälle von Kastration bei Myoma uteri im Zeitraum von 1893—1904. Diss. Med. Bern. *Kopftitel:* Aus der Frauenklinik Bern. 97 S. 8. Bern, Gottfr. Iseli, 1905.

Bertschinger, Carl Emanuel (Lenzburg/Schweiz), De collatione bonorum. Diss. jur. Präs. Jul. Friedr. Malblanc. Tübingen (Reis & Schmid) Mai 1804. 31 S. (4.80) . 2384

Bertschinger, Hans, med. pract. von Zürich: Aus dem Privatlaboratorium des Privatdocenten Dr. Hanau in Zürich. Ueber das Vorkommen und die Bedeutung der v. Recklinghausen'schen Gitterfiguren im Knochen, besonders bei der, das weiche Schädelosteophyt begleitenden 'physiologischen Osteomalacie' der Schwangeren '(Hanau)'. Mit 4 Tafeln und 12 Textfiguren. (S.A. aus: Virchow's Archiv f. pathol. Anatomie u. Physiologie, Bd 147 [S. 341—388]). Berl. (G. Reimer) 1897. 52 S., Tafel VIII, IX, X, XI. 8°.
Zürich, Med. Diss. [v. 15. Febr. 1897].

Bertschinger, Heinr[ich]. Das Dauer-Delikt. Eine strafrechtliche Untersuchung. Diss. Staatsw. Univ. Zürich. 91 S. 8. Zürich, Müller, Werder & Cie., 1905.

Bertschinger, Hermann: Die Wirtschaftlichkeit von Schiffshebewerken. 1908. 26 S. 4° ¶ Aus: Zeitschrift d. Vereines deutscher Ingenieure. Bd 51. 1907, Halbj. 2.
Berlin, Dr.-Ing.-Diss. v. 25. 3. 1907

Bertschinger, J. (Hrsg.), s. Caricaturen, Kärntner.

Bertschinger, Karl, von Lenzburg '(Schweiz)': Ueber den Contact der Lamberti-cordatus-Schichten mit den angrenzenden Formationsgliedern. '(In Mitteleuropa)'. Hottingen-Zür. H. Zürcher Dr. 1883. 2 Bl., 68 S., 2 Tab. 8°.
Zürich, Phil. Diss. [v. 12. Juli 1883].

Bertschinger, R. (Hrsg.), s. Caricaturen, Kärntner.

Bertschy, J[oseph] M[einrad]. Allgemeiner Bericht über Gründung, Erstellung und Wirken des Spitals zum hl. Joseph in Tafers, ein Krankenhaus für den Sensebezirk. Aus den Akten gesammelt und im Auftrage des Verwaltungsrates hrg. [Mit 1 Tabelle.] VI + 47 S. 8. Freiburg, Buchdr. und Buchh. des Werkes vom hl. Paulus, 1901.

Bertschy, J(oseph) M(einrad). Bericht über Gründung und Wirken der Waisenanstalt St. Wolfgang, Gemeinde Düdingen ⟨Kanton Freiburg⟩. Den Wohltätern der Anstalt gewidmet. VI + 58 S. 8. Freiburg, Buchdr. und Buchh. des Werkes vom hl. Paulus, 1902.

Bertuch: Essai sur les Hieroglyphes ou nouvelles lettres sur ce sujet (par M. Bertuch). Weimar 1804. 4°

Bertuch, ..., s. C. A. Schmidt, Diccionnario etc. 1r Thl.

Bertuch, A. W., Wunderkabinet. 2 Bde. Mit Kupfern. 8. Pesth, Müller. 818.

Bertuch, A. W., Wunder-Cabinet. Gesamm. Bruchstücke z. Kenntniß außergewöhnl. u. noch wenig bekannter Gegenstände uns. Erdballes u. sein. Bewohner. 2 Bde. M. 8 Kpfr. (Neue Ausg.) 8. (24½ B.) Pesth 833. (Wien, Wenedikt.)

Bertuch, Aug., Beiträge zur Vorgeschichte der Einheit Italiens. Nach zeitgenöss. Aufzeichngn. hrsg. (X, 182 S. m. 1 Bildnis.) gr. 8. Halle 909. M. Niemeyer. 8. —; geb. 4. —

Bertuch, Augusto: Contributi alla storia del risorgimento italiano. Traduzione dal testo tedesco redatta per cura di B. (10, 128 m. Bildn.) gr8° Halle, M Niemeyer '11. 3 —; geb. n 4 —

Bertuch, F. Gust. Allgemeine Theorie des Armenwesens. 8. *Weimar,* Industrie-Comptoir. 1796

Bertuch, Friedr., Giftpflanzen Deutschlands, s. a. Giftpflanzen.

Bertuch, Frdr., Deutschlands Giftpflanzen, in naturgetreuer lithogr. u. kolor. Abbild. nebst genauer Beschreibung in Schulvorschriften; unter d. Leitung v. Ch. Raab. (6 Taf. u. 8 Blatt Text.) Gotha 1839. gr. 4.

—— Pinakothek d. deutch. Giftgewächse, s. Günther, J.

Bertuch, Friedrich Justin, s. a. Archiv f. Ethnographie.

— u. J. S. Vater, Archiv für Ethnographie u. Linguistik. m. K. u. Chart. 18 Stck. gr. 8. Ebend. 807.

* Bertuch, F. J., naturgeschichtliche Belustigungen, od. Abbildung naturhist. Gegenstände. 7 Abtheil. m. illum. Kupf. enth.
1ste Abtheil. Säugthiere. 1r Heft.
2te — Vögel. 1r Hft.
3te — Fische. 1r Hft.
4te — Insekten. 1r Hft.
5te — Amphibien. 1r Hft.
6te — Würmer. 1r Hft.
7te — Pflanzen. 1r Hft.

Bertuch, Fr. Just., († d. 3. April 1822.) naturgeschichtl. Belustigungen, od. Abbild. naturhist. Gegenst., a. dessen Bilderb. f. Kinder m. d. neuberichct. Funkischen Texte, z. Gebr. f. öffentl. Schulen u. Privat-Unterr. ausgehoben. 7 Hfte. M. ill. Kpf. gr. 4. Weim. 811. Ind.-Compt. (à 1 ₰) 7 ₰

Bertuch, Dr. F. J. Neue Bibliothek der wichtigsten Reisebeschreibungen, zur Erweiterung der Erd- und Völkerkunde. Mit Karten und Kupfern. (65 Bde. in 69 Bde. gebunden.)
8. Weimar 1815—1835.

BERTUCH, FRIEDRICH JUSTIN. *Bilderbuch für Kinder.* Textbände: 1—10, Tafelbände 1—10 in 9 Bänden, zus. 19 Bde. 1798—1807. 425.—

I. Ausführlicher Text zu Bertuchs Bilderbuche für Kinder ... Verfasset von C. PH. FUNKE. Erster [—Zehnter] Band. Weimar, im Verlage des Industrie-Comptoirs, 1798 [—1806] 8°. Wundervolle helle Ganzldrbde. d. Z. mit blindgepreßten Rosetten und Goldverzierung a. d. Rücken u. Goldbordüren auf den Deckeln.

II. [Tafeln]. Bilderbuch für Kinder [vom 3. Band an: Bilderbuch zum Nutzen und Vergnügen der Jugend, Neue ... verbesserte Auflage]. Erster [—Zehnter] Band. Weimar, im Verlage des Industrie-Comptoirs, 1792 [vom 3. Bd. an: Wien, Anton Pichler, 1802/07]. Mit 499 [statt 500] verschiedenen, wundervoll handkolorierten Kupfern, dazu 35 Kupfer des 3. Bandes, die doppelt vorhanden sind. Gr.-4°. Band 1+2 (u. 35 Taf. von Band 3) in einem Ganzldrbd. d. Z. mit rotem Rsch., die übrigen 8 Tafelbde. in Pappe d. Z. mit Rsch.

„Das großartigste Anschauungsbuch der Zeit" (Dyhrenfurth). Die sorgfältig kolorierten Kupfer wurden unter Leitung von H. LIPS gestochen und sind von hohem künstlerischem Wert. Sie stellen Pflanzen, Tiere, bes. Vögel u. Insekten, Kostüme, Masken, Musikinstrumente u. vieles andere dar. — Prachtvolles, fast fleckenloses Ex. von ausnehmender Frische. Die Textbde. mit dem Exlibris der Bibliothek der Herzöge von Leuchtenberg. Der 2. Band (Lieferung XI—XX) ist hier ohne neuen Titel an den ersten Bd. angebunden. Im 7. Band fehlt das 6. Kupfer. Die Einbde. der Tafelbde. sind etwas benutzt und bestoßen. — Im Ganzen erschienen v. d. Werk 12 Text- u. 12 Tafelbde. = 199 Lieferungen (vgl. Goed. IV, 1, 679, 19. Rümann, Kinderb. 33). ★★

— Bilderbuch f. Kinder, mit deutsch. u. französ. Text. 1s — 231s Hft. Mit schwarz. Kpf. gr. 4. Weim. 790 — 832. Ind.-Compt. à Hft. 8 gr. Mit ill. Kpf. à H. 16 gr. Dazu ausführl. Text, v. C. P. Funke, nach dessen Tode fortges. von mehrern Gelehrten. 1s — 231s Hft. gr. 8. Ebd. 798 — 832. à Hft. 4 gr. Vollständ. Nominal-Register, deutsch u. latein., als Anh. zum 1n bis 20n Bde. gr. 8. Ebd. 826. 20 gr.

Bertuch, Fr. Just., Bilderbuch f. Kinder, mit ein. kurzen wissenschaftl. u. d. Verstandes-Kräften eines Kindes angemess. Erklär. (in deutsch. u. französ. Sprache.) 11. Bd. 14—20. Hft. u. 12. Bd. 1—12. Hft. (No. 214—33.) gr. 4. (à Hft. 5 ill. Kpfrt. u. ca. 2½ B.) Weimar 828—34, Landes-Ind.-Comptoir. schw. à Hft. 8 Gr., ill. à Hft.
1—10. Bd. à 20 Hfte. u. 11. Bd. 1—13. Hft. (No. 1—213.) Ebendas. 1794—1827. schw. à Hft. 8 Gr., ill. à Hft. 16 Gr.

—— ausführl. (deutsch.) Text hierzu. Ein Commentar f. Aeltern u. Lehrer ꝛc. Verfaßt v. C. Ph. Funke, nach dess. Tode fortges. v. mehr. Gelehrten. (22. Bd. 2—10. Hft. 23. u. 24. Bd. 1—3. Hft. od. Nr. 212—33.) gr. 8. Ebds. 827—34. à Hft.
1—21. Bd. à 10 Hfte., u. 22. Bd. 1 Hft. Ebendas. 1798—827. 87 Thlr. — Vollst. deutsch. u. lat. Nominalregister zum 1—20. Bde. 20 Gr. — Bd. 1—4 d. Comment. ist nicht in einzel. Stckn. gedruckt, erst v. 5. Bde. an begleit. immer ein Hft. d. Comm. ein Hft. d. Bilderb., demnach gehör. 2 Bde. d. Comm. zu 1 Bde. d. Hauptwerkes. — Einzeln à Hft. 4 Gr.

Bertuch, Fr. Just., Bilderbuch f. Kinder etc. (in deutsch. u. franz. Sprache). 12. Bd. 13—15. Hft. (No. 234—36.) gr. 4. (à Hft. 5 ill. Kpfrt. u. 5 Bl. Text.) Weimar 835—37, Landes-Indust.-Compt. Schw. à H. * ⅓ Thlr., ill. à *

—— ausführlicher (deutscher) Text hierzu. Ein Comment. f. Aeltern u. Lehrer ꝛc. (24. Bd. 4—6. Hft. od. No. 234—36.) gr. 8. Weimar 835—37, Landes-Indust.-Compt. à H. *

Bertuch, Fr. Just., Bilderbuch f. Kinder, enth. eine angenehme Sammlung von Thieren, Pflanzen, Blumen, Früchten, Mineralien, Trachten und allerhand andern unterrichtenden Gegenständen ꝛc. Nr. 237. (12. Bd. 16. Heft.) gr. 4. (5 color. Kpfr. und 5 Blätter deutscher und französ. Text.) Weimar 843, Landes-Industrie-Comptoir. à n. ⅔ ₰ — schwarz à n. ⅓ ₰

— ausführlicher Text dazu. Ein Commentar für Aeltern und Lehrer, welche sich jenes Werks bei dem Unterricht ihrer Kinder u. Schüler bedienen wollen. Nr. 237. (24. Bd. 7. Hft.) gr. 8. Ebd. 843. à n. 1/8 rß

— — dazu d. ausführliche Text, s. C. Ph. Funke.

— s. Cagliastro in Warschau.

Bertuch, Fr. Just, s. G.v. Campajas, des Predigers, Geschichte.

— s. Cervantes, Don Quixote.

Elfride. Trsp. in 3 A. Zum erstenmal aufgeführt auf dem Hoftheater zu Weimar, am 4ten Sept. 1773. Weimar, bey C. L. Hoffmann. 1775. 8°.
Verf. Frd. Justin Bertuch.

Bertuch, Friedrich Justin.
Elfriede, mit einigen Abänderungen. Mannheim 1776. H: *Huber, J. A.* (Ky)

— — neue allgem. geograph. Ephemeriden. s. Ephemeriden.

— s.: Garten-Magazin. — Garten-Memorandum.

Gesänge für Freimaurer, zum Gebrauche aller teutschen Logen. [Zsgetr. von Friedr. Justin Bertuch.] [Nebst] Anh. Weimar: 1813. VIII, 306 S. 8°
Anh. S. 307—332 o. J.

Kl. 1667, Tt. 2284. Ohne Noten. Auf dem Vorsatzbl.: „Zum Gebrauch der Loge Amalia in Weimar."

[Dasselbe.] 2. Ausg.
cf. Hirzel, S.: Verzeichnis e. Goethe-Bibliothek 1884 S. 74—75: Ohne die in der ersten Ausg. enthaltene Zsstellung der bei festlichen Gelegenheiten in der Loge Amalia gesungenen Lieder und das Vorsatzbl.

[Dasselbe.] 3. Ausg.
Enth. wieder die in der 2. fehlenden Bl. und führt den Anh. bis S. 330.

— s. Heinrich u. Emma.

— s. Journal f. Kinder u. Eltern.

— u. Kraus, Journal d. Luxus u. der Moden ꝛc. s. Journal.

— s. Kopien f. m. Freunde.

— s.a. Magazin d. Span. u. Portug. Litt.

— Magazin d. span. u. portug. Literat. 3 Bde. gr. 8. Weim. Ind. C. 780—82. (1r 18 gr. 2r, 3r à 1 Rthlr.)

— s. Mährchen, das, von Bilboguet.

— manuel de la lengoes españoles; Handb. d. span. Sprache, f. Anfänger. gr. 8. Leipz. 790. Schwickert. 1 rß 12 gl

MÄRCHEN, Das, vom Bilboquet (von *Friedr. Justin Bertuch*). Altenburg 1772. (Im British Museum.)
Anon.-Lex. III. p. 101 (nach W. v. Maltzahn, Kayser, Meusel).

— ll. Mineral.-Kabinet z. Demonstr. d. Mineralreichs in Schul. ꝛc. Ebend.

— s. Monget, Kinderklapper.

— s.a. Orbis pictus.

Bertuch, **Fr. Just., novus orbis pictus juventuti instit. et oblectandae, complectens animalium, plantarum, florum, fructuum, fossilium, rituum etc. icones aeri incisas, addita brevi descriptione etc. Editio recens textu latino, hungarico, germanico et gallico. XII Voll. c. tabulis coloratis 600. 4 maj. Wien 810—15. Bauer. 80 rß**

— s.a. Pandora.

PANDORA oder Kalender des Luxus und der Moden f. d. Jahr 1787. Von F. J. Bertuch u. G. M. Kraus. Mit reizend. color. Titelbl., 12 Monatskupfern, 2 Kupfern: Fussbekleidungen (alle 14 nach G. M. Kraus gestoch. v. C. Müller, *Penzel* u. *Geyser*), u. 1 color. „Allgemeine Kleidungs-Charte der Weltbewohner", gest. v. Frentzel. Weimar und Leipzig, bey G. J. Göschen. 16°. (In Görlitz, Bibl. d. oberlaus. Gesellsch. d. Wissensch., wo auch die beiden folg. Jahrgg.). (18 Mk. L. Rosenthal, 1908; 22 Mk., cart. m. Goldschn., K. W. Hiersemann, 1899.)
Die 12 Monatskpfr. stellen Vertreter der verschiedenen Völkerschaften in ihren Nationaltrachten dar; die beiden übrigen Kupfer zeigen die verschiedensten Arten d. Fussbekleidung. Inhalt: Epochen einiger Moden. — Zur Geschichte d. Schminke. — Die Schellen-Tracht. — Tracht der Damen zu Manila. — Moden und Ceremonien d. Chinesen bey ihren Gastereyen. — Moden des Schuhs, seine Fehler und beste Form. — etc.

— s. Peru

Polyxena. Ein lyrisches Monodrama von Herrn Bertuch. In Musik gesetzt von Herrn Schweizer. Gotha, 1775. 8°. 12 S.

— Polyxena, e. lyr. Monodrama. gr. 8. Weim. 793. Industrie-Compt. 2 gl

Bertuch, Friedrich Justin [Hrsg.]: s. Pottinger, Heinrich: Reisen durch Beloochistan und Sinde.

— Proben aus d. alten Meistersängers Hans Sachsens Werken. Mit 1 Kpf. gr. 4. Weim. 778. Ind.-Compt. 4 gl

— Progr., üb. d. Mittel, die Naturgesch. gemeinnütz. zu machen ꝛc. M. ill. Kpf. gr. 4. Weim. 799. Ind.-Compt. 16 gl

Bertuch, Fr. Just., d. Rosengarten, od. Abbild., Namen u. Kultur d. bekannten Rosenarten. Nebst literar. Bemerk. üb. d. Rose. 4 Hfte mit ill. Kpf. gr. 4. Weimar, 1810. Landes-Ind.-Compt.

— s. Saint-Albine.

Bertuch, F. J. Möglichst vollständige Sammlung aller bekannten geographischen Ortsbestimmungen. Weimar 1808. 8°.

— Samml. aller bekannten geograph. Ortsbestimmungen, gesammelt v. A. Stieler, F. W. Streit u. A. F. Göze. 1r Bd. 6 Lief. u. 2r Bd. 1e—3e Lief. gr. 8. Weim. 809—17. Ind.-Compt. 3 rß 18 gl

— Sammlung all. bekannten geographischen Ortsbestimmungen zum Gebrauch d. Geographie-Freunde. (Aus dem allgem. geogr. Ephemeriden besonders abgedruckt.) Ir Bd. 5te Liefer. gr. 8. Weimar, Landes-Indust. Comt. 811.

— dasselbe IIr Bd. 1ste 2te Lief. enth. Asien, Afrika, Amerika, Australien ꝛc. (Aus d. allgem. geograph. Ephemeriden besond. abgedruckt.) gr. 8. Ebend. 813—15. (1ste 12 gr. 2te 15 gr.)

— Tafeln d. allgem. Naturgeschichte, nach ihren 3 Reichen: Nebst vollständ. Enumeration aller bis jetzt bekannten Naturkörper. I., II. Hft. Mineralreich. I., II. Hft. Gewächsreich. I., II. Hft. Thierreich. gr. 4. Weim. 801. Neue umgearb. Aufl. 15 Hfte. Mit ausgem. Kpf. gr. 4. Ebd. 807. Ind.-Compt. 18 rß

— Tafeln d. allgem. Naturgesch. nach ihr. 3 Reichen ꝛc. m. ausgemalten Kpfrn. (enth. Mineralr. I. Hauptabth. Oryktognosie. 2 Hfte. à 2 Rthlr., II. Hauptabth. Orognosie, od. Gebirgskunde, 2 Rthlr.; Gewächsr. I. Hauptabth. Pflanzen ohne Luftgefäße. 2 Hfte. à 1 Rthlr.; II. Hauptabth. Pflanz. mit Luftgef. 1 Rthlr.; Thierreich, 1ste Classe, Säugthiere, 1 Rthlr., 2te Classe, Vögel, 1 Rthlr., 3te Classe, Reptilien, 1 Rthlr., 4te Cl. Fische, 1 Rthlr., 5te Cl. Mollusken, 1 Rthlr., 6te Cl. Krustaceen, 1 Rthlr., 7te Cl. Würmer, 1 Rthlr., 8te Cl. Insecten, 1 Rthlr., 9te Cl. Zoophyten, 1 Rthlr.) gr. 4. Ebend. 807.
(NB. Alle Abtheil. u. Classen sind auch einzeln zu haben, u. jede bildet für sich ein Ganzes.
Dazugehörige Kommentare s. Dennstedt, Froriep u. Haberle.)

Bertuch, F. J., Theater d. Span. u. Portugies. 1r Bd. 8. Leipz. Schwickert. 782. Rthlr.

Bertuch, Frdr. Justin, Übersicht der ausländischen Colonialwaaren und ihrer inländischen Surrogate. Leipzig u. Elberfeld 1811. 8.
— — Weimar 1812. 8. . . . . (D.)

— Uebersicht d. Colonialwaaren u. ihr. Surrogate aus dem Pflanzenreiche. 12. Weim. 813. Industrie-Compt. 18 gr.

— üb. die Wichtigkeit d. Landes-Industrie-Institute f. Deutschl. gr. 8. Weim. 181., 2e A. 814. Industrie-Compt. 6 gr.

Bertuch, Frdr. Justin, Über die Wichtigkeit der Landes-Industrie-Institute für Teutschland nebst einem Worte an Teutschland. Weimar 1814. 8. . . . . (D.)

Bertuch
— **Heinr. Christoph** (Gotha), An deus dici queat spatium? Präs. Adam Siegmund Bürger (Merseburg). Wittenbg. (Schlomach) 10. IX. 1732. 16 Seiten. (4.80) 2386

Bertuch, Heinrich Friedrich Christian, s. A h n e n , Die.

Bertuch, Hnr. F. C., Ephemeron f. Lectüren. Theater. 1s Lief. 8. Gotha 807. Steudel. 1 Rthlr 4 gr.

– s. a. G u s t a v , oder die Widersprüche.

GUSTAV oder die Widersprüche des menschlichen Herzens. Ein Charaktergemälde (von *Heinr. Friedr. Chrn. Bertuch*). Mit (sehr freiem) Titelkpf. Leipzig, Kühn, 1797. 8°. (1 Rthl.) 288 S. (2 Mk. W. H. Kühl, Berlin, 1884; 1 Rthl. Eman. Mai, Berlin, c. 1860; jetzt theurer!)
Anon.-Lex. II. p. 248 (nach Kayser u. Meusel).

Bertuch, Hnr. Fr. Chr., Weinblüthen, od. Novellen f. Geist u. Herz. 8. Gotha 817. Steudel. 18 gr.

— frische Weinblüthen. 2 Thle. 8. Riga 821. (Lauffer in Lpz.) 2 Rthlr

Bertuch, Johann Georg
Bertuch, Jh. Geo., über Erziehung des künftigen Soldaten, nebst Vorschlag zu Regiments-Schulen. 8. Berl. 781.

B e r t u c h , Just., Chronicon Portense c. annot. Schamel. 4. Leipz. Fritsch. 739.

Justini Bertuchii Taennstadiensis Teutsches Pfortisches C h r o n i c o n . . . Leipzig 1734.

B e r t u c h , Just., Deutsche Schulpforten-Chronik. Mit Kupf. Leipzig 734. 4. 18 gr.

Bertuch, Karl, Bemerkk. auf e. Reise aus Thüringen nach Wien 1805, 6. 2 Hfte, mit Kpf. gr. 12. Weim. 808, 10. Industrie-Compt. 2 Rthlr

— B e m e r k u n g e n a. ein. Reise aus Thüringen nach Wien, im Jahr 1805 bis 6. 2 Hefte. m. K. gr. 12. Ebend. 809. 810. (à 1 Rthlr.)

Bertuch, Karl (Hrsg.): L o n d o n und Paris, s. B ö t t i g e r , Carl August.

— s. W a n d e r u n g e n nach d. Schlachtfelde.

(Bertuch, K.) Wanderungen auf dem Schlachtfelde von Leipzig im Oct. 1813. 4. M. 2 Pl. Weimar 1814. 6,00.

Bertuch
— **Wilhelm** (Pasewalk), Ueber Rigidität und Synostose der Steigbügel-Vorhofverbindung. Diss. med.-otolog. Halle (W. Plötz) 24. VII. 1868. 51 S. mit Biogr. (M.: H. Mayer.) (4.50) 2387
Oppon.: H. Staudacher, L. Degener. — Gew.: Dr. Schwartze.

Bertulfus a Sultano captus, per Ansbertam conjugem ope musices liberatus. Tragoedia. . . . Coloniae 1708. V: *Aler, Paul.* (Jes)

Bertus, Ludw. [A. v. Hanstein], um die Krone. Drama. 8. (97 S.) Berlin 885. (C. F. Conrad.) n. 1. 60

Bertusch, Willib., Scherz und Ernst. Eine Sammlung Originalpoesien zu Polterabenden, Hochzeiten u. Jubelehefesten. Für gebildete Kreise herausg. Leipzig 864. Klinkhardt. 8. (VI, 73 S.) 7½ ngr.

Berty, Adphe., la renaissance monumentale en France. Spécimens de composition et d'ornementation architectoniques empruntés aux édifices construits depuis le règne de Charles VIII. jusqu'à celui de Louis XIV. Livr. 1—50. Paris 860—64. (Leipzig, T. O. Weigel.) Fol. Jede Liefg. (à 2 Taf. in Stahlst. u. 4 S. Text.) nn. 14 ngr.

Bertz, Eduard, A m e r i k a , du hast es besser. Roman. 2 Bde. in 1 Bde. 3. [Titel-]Aufl. (v.: Das Sabinergut.) (484 S.) 8. Berlin [896] (909). A. Schall. 3.—; geb. 4.—

Harmonische Bildung. Ein Buch f. d. Zeit von Eduard **Bertz**. Dresden: C. Reißner 1909. (250 S.) 8° [F.] [09. 14810]

Bertz, Ed., der blinde E r o s . Roman. gr. 8. (379 S.) Dresden 900. C. Reißner. n. 5.—; geb. n. 6.—

Bertz, Ed. Glück und Glas, s. O t t m a n n ' s Bücherschatz.

Bertz, Ed., Glück u. Glas. Roman. 2. Aufl. 3 Tle. in 1 Bd. 8. (372 S.) Leipzig 893. Dresden, C. Reißner. n. 2.—; geb. n. 2. 50

Philosophie des Fahrrads. Von **Eduard Bertz**. *Dresden & Leipzig: C. Reissner 1900.* (254 S.) 8° [F.] [00. 6..]

Bertz, Ed., d. Sabinergut, s. a. V e r ö f f e n t l i c h g n . d. Ver. d. Bücherfreunde.

[F.] Das Sabinergut. Roman v. **Eduard Bertz**. 2 Bde in 1 Bd. 10.—12. Taus. *Berlin: Ver. d. Bücherfreunde [1896].* (1 Bl., 484 S.) 1 Bd 8.
— **Verein** d. **Bücherfreunde**. Jg. v. [No] 4. [96. 4575]

Das Sabinergut. Roman von Eduard **Bertz**. 2 Bde in 1 Bde. 2. Aufl. (In 11 Lfgen.) Berlin: A. Schall [1902]. (484 S.) 8° [F.]
— **Romane**, Deutsche. [5.] [03. 12378]

Bertz, Eduard, das S a b i n e r g u t . Roman. 2 Bde. in 1 Bde. 2. [Titel-]Aufl. (484 S.) 8. Berlin [896] (903). A. Schall. n. 4.—; geb. n. 5.—

— Theodor Storm in Potsdam, s.: M i t t e i l u n g e n des Vereins für die Geschichte Potsdams. V, 3.

Die Weltharmonie. Monistische Betrachtungen von Eduard **Bertz**. Dresden: Reißner 1908. 174 S. 8° [10. 14431]

— **Walt Whitman. Ein Charakterbild.** (S. 158—287 m. 7 Taf.) 8. Leipzig 905. M. Spohr. n. 4.—
Sonderabdruck aus: „Jahrb. f. sex. Zwischenstufen".

Whitman-Mysterien. Eine Abrechnung mit Johannes Schlaf. Von Eduard **Bertz**. Berlin: Selbstverl.; Gose & Tetzlaff in Komm. 1907. (176 S.) 8° [F.] [07. 4408]

Der Yankee-Heiland. Ein Beitrag z. modernen Religionsgeschichte. Von Eduard **Bertz**. Dresden: C. Reissner 1906. (x, 253 S.) 8° [06. 19430]

Bertz, Fritz, aus Phöben ⟨Prov. Brandenburg⟩: **Über die chemische Zusammensetzung der Zähne.** *Würzburg 1898: Memminger.* (36 S.) 8°
Würzburg, Med. Diss. v. 1898

Berücksichtigung des Feuerlöschwesens auf Baugewerkschulen, Seminarien, landwirtschaftlichen Schulen etc. S. Staatsministerium Coburg 1877.

Beruf, Der. Lustspiel. [Nürnberg 1764/5.] V: *Petrasch, Joseph Freiherr von.* (Zeitschr. d. Deutschen Vereines f. Gesch Mährens u. Schlesiens XVIII, 110—111.)

Beruf, Der. Lustspiel. Leipzig 1805. V: *Hell, Theodor* (= *Carl Gottfried Theodor Winkler.*) (streisandkat 24)

— der,, Lustsp. in 1 Akt von Theod. Hell. 8. Leipz. Weigel. 805.

Beruf, der. Die Wichtigkeit, ihn zu kennen, u. die Art, ihn kennen zu lernen. Aus d. Franz. übers. u. christl. Aeltern u. Kindern gewidmet. 12. (3 B.) Augsburg 840, Kollmann'sche Buchh.

Beruf, Der. Eine Novelle aus der Neuschweiz. Regensburg 1857. V: *Herzog, Xaver.* (Bibliogr. d. Schweiz. Landeskunde. Bern 1892 ff. V, 10 e.) (KN)

Beruf, der. Eine Novelle aus der Neuschweiz. Regensburg 857. Pustet. 8. (1 Bl., 278 S.) 18 ngr

Beruf, der. Eine Novelle aus der Neuschweiz. 2. Aufl. Regensburg 861. Pustet. 8. (279 S.) 18 ngr

Der akademische **Beruf.** Ein Wegweiser f. d. siebenbürg.-sächs. Abiturienten u. Hochschüler. Unter Mitw. zahlr. Mitarb. hrsg. v. Ernst Buchholzer. Hermannstadt: W. Krafft 1907. (258 S.) 8° [F. u. Ant.] 07. 1906. 11

Beruf, der, des heil. Aloysius von Gonzaga. Schausp. v. Reisner. gr. 8. Insbruck, Wagner. 763.

Beruf und Bildung
v. Der Buchbinder — Le Relieur.

Der Frauen **Beruf.** Nach d. 14. Orig.-Aufl. aus d. Engl. — Potsdam: Stechert 1859. 154 S. 8°

— — 2. Aufl. — Berlin: Mode 1869.

Beruf u. Geschäft, s. a. Gegen den Strom.

Beruf und Geschäft. Wien 1889. V: *Schwarzkopf, Max.* (EB)

Erläuterung zu dem Preisschriften-Thema [des Vereins deutscher Frmr]: „Der heutige **Beruf** der deutschen Freimaurerlogen". o. O. [1907]. 2 Bl. 8° [Kopftit.]

Beruf, Der, einer Hilfsmissionärin für Afrika. Für Jungfrauen, welche ihren Beruf zum Ordensstande schon geprüft haben und nun zu erkennen wünschen, wohin der liebe Gott in Seiner Güte sie beruft ... 3. Aufl. Rom 1908. V: *Ledochowska, Maria Theresia Gräfin.* (EB)

Beruf, der, e. Hilfsmissionärin f. Afrika. Für Jungfrauen, welche ihren Beruf zum Ordensstande schon geprüft haben u. nun zu erkennen wünschen, wohin der liebe Gott in Seiner Güte sie beruft. 3. Aufl. (70 S.) 16. Rom 908. Salzburg, St. Petrus Claver-Sodalität. — 20

Beruf, der, des Kriegers. Ein Handbuch für angehende und junge Officiere. Von einem Preuß. Officier. 8. Erfurt 840. Müller'sche Buchh. 1/2 rf

Der **Beruf** des Kriegers. Ein Handbuch für angehende u. junge Offiziere. Von einem preuß. Offizier. Erfurt 1865. 145 S.

Beruf, der, des Kriegers. Berlin 1867. 8.

Beruf, mein künftiger. Praktische Anleitg. zur Berufswahl. Nr. 2—34. 35 a. b. 36—41. 44—47. 49—58. 60. 62—68. 70. 12. Leipzig, C. Bange. à n. — 50

Inhaltsübersicht in alphabetischer Ordnung:
Apotheker, der. (32 S.) (902.) (Hft. 11.)
Architekt u. Regierungsbaumeister, der. (28 S.) (902.) (Hft. 32.)
Archivar, der. (24 S.) (902.) (Hft. 70.)
Artillerie-Feuerwerker, der, in der Armee u. Marine. Nebst Anh.: Das Zeugpersonal. (28 S.) (902.) (Hft. 65.)
Arzt, der. Nebst Studienplan u. Examensbedinggn. (48 S.) (901.) (Hft. 7.)
Bankier, Bankbeamte u. Reichsbankbeamte, der. (40 S.) (902.) (Hft. 41.)
Bauingenieur, der. (31 S.) (902.) (Hft. 30.)
Bautechniker, der. (Baugewerksmeister: Maurer- u. Zimmermeister.) (40 S.) (902.) (Hft. 31.)
Bergbeamte, der. Nebst Anh.: Berg-Wörterbüchlein. (52 S.) (Hft. 19.)
Bibliothekar, der. (27 S.) (902.) (Hft. 63.)
Botschaftsbeamte, s. Diplomat, d.
Brauer u. Mälzer, der. (28 S.) (902.) (Hft. 53.)
Buchhandel, der. Mit e. Anh.: Der Musikalienhandel u. der Kunsthandel. (32 S.) (901.) (Hft. 38.)
Chemiker, der. (32 S.) (902.) (Hft. 36.)
Deckoffizier, der. Anh.: Der Marine-Feuerwerksoffizier u. der Torpedooffizier. (69 S.) (901.) (Hft. 22.)
Diplomat, der. (Botschafts-, Konsulats-, Dolmetscher- u. Subalternbeamten-Laufbahn.) (40 S.) (902.) (Hft. 66.)
Doktorgrad, der philosophische. Nach amtl. Quellen bearb. (55 S.) (902.) (Hft. 52.)
Dolmetscher, s.: Diplomat, d.
Drogist, der. Von Geo. Haase. (34 S.) (902.) (Hft. 37.)
Eisenbahnbeamte, der, im mittleren nichttechnischen Dienste. (Bureau-, Stations-, Güter-Abfertigungs- sowie Kanzleidienst.) (57 S.) (902.) (Hft. 17.)
— der, im mittleren technischen Dienste (bau- u. maschinentechnisch). (45 S.) (902.) (Hft. 60.)
Elektrotechniker, der. Der Ingenieur f. Elektrotechnik. (53 S.) (902.) (Hft. 35a.)
— dasselbe. Der Techniker, Werkmeister u. Monteur f. Elektrotechnik. (40 S.) (902.) (Hft. 35b.)
Feldmesser, s.: Vermessungsbeamte.
Fleischbeschauer, s.: Tierarzt.
Forstbeamte, der. (34 S.) (901.) (Hft. 18.)
Gärtner, der. Von B. C. (39 S.) (902.) (Hft. 55.)
Geistliche, d. kathol., s.: Theologe.
Geometer, s.: Vermessungsbeamte.
Gerichtsdiener, s.: Justizbeamte.
Gerichtsschreiber, s.: Justizbeamte.
Gerichtsvollzieher, s.: Justizbeamte.
Großkaufmann, der. Von Geo. Haase. (38 S.) (901.) (Hft. 51.)
Intendanturbeamte, s.: Militärbeamte.
Journalist u. Redakteur, der. (32 S.) (902.) (Hft. 58.)
Jurist, der. (32 S.) (901.) (Hft. 12.)
Justizbeamte, der mittlere. (Gerichtsschreiber, Kassenbeamte, Gerichtsvollzieher rc.) Nebst Anh.: Der Gerichtsdiener. (24 S.) (901.) (Hft. 14.)
Katasterbeamte, s.: Vermessungsbeamte.
Kaufmann, der. Von Geo. Haase. (40 S.) (901.) (Hft. 47.)
Kolonialbeamte, der. (Höherer u. subalterner Verwaltungsbeamter, Postbeamter, Schutztruppe, beamteter Arzt.) (30 S.) (902.) (Hft. 62.)
Komponist, s.: Musiker.
Konsulatsbeamte, s.: Diplomat, d.
Kunsthandel, s.: Buchhandel.
Landmesser, s.: Vermessungsbeamte.
Landwirt, der. (31 S.) (901.) (Hft. 50.)
Lehrer, der akademisch gebildete. (40 S.) (901.) (Hft. 4).
— der seminaristisch gebildete. Von Bruno Clemenz. (59 S.) (901.) (Hft. 5.)
Lehrerin, die. (45 S.) (901.) (Hft. 6.)
Mälzer s.: Brauer.
Marine-Arzt, s.: Militärarzt.
Marine-Feuerwerksoffizier, s.: Deckoffizier.
Marine-Ingenieur, der, u. der Marine-Maschinist. (48 S.) (901.) (Hft. 23.)
Marine-Schiffbaumeister u. Marine-Maschinenbaumeist. (32 S.) (902.) (Hft. 24.)
Marine-Werft-Beamte, der. (1. Der techn. Sekretär. 2. Der Marinezeichner. 3. Der Marinewerkmeister. 4. Der Werftverwaltungssekretär.) (Von R. Schneider.) (46 S.) (902.) (Hft. 57.)
Marine-Zahlmeister u. Marine-Intendantur-Beamte, der. (44 S.) (902.) (Hft. 27.)
Markscheider, der. (39 S.) (901.) (Hft. 68.)
Maschinen-Techniker, der, u. der Maschinen-Ingenieur. Unter besond. Berücksicht. der Anstellg. bei Behörden u. Verwaltgn. Von E. Dalchow. (64 S.) (902.) (Hft. 29.)
Maurermeister, s.: Bautechniker.
Militäranwärter, s.: Unteroffizier.
Militärarzt, der, einschließlich d. Marine-Arztes. (20 S.) (901.) (Hft. 8.)
Militär- u. Intendantur-Beamte, der. Nebst Anh.: Der Proviantamts-, der Garnisonverwaltungs-Beamte u. der Kasernen-Inspektor. (32 S.) (902.) (Hft. 25.)

Missionar, der evangelische. Nebst Anh.: 1. Laienarbeit in der Mission. 2. Verzeichnis aller deutschen evangel. Missionsgesellschaften. (28 S.) (901.) (Hft. 3.)
Musikalienhandel. s.: Buchhandel.
Musikalienhändler, der. (41 S.) (902.) (Hft. 39.)
Musiker u. Komponist, der. (38 S.) (902.) (Hft. 40.)
Notar, s.: Rechtsanwalt.
Offizier, d., s.: Soldat.
Photograph, der. Von B. C. (37 S.) (902.) (Hft. 45.)
Polizeibeamte, der. (32 S.) (902.) (Hft. 34.)
Post- u. Telegraphenbeamte, der deutsche. I. Mittlere Laufbahn: A. Im Reichs-Post- u. Telegraphengebiete. B. In Bayern. C. In Württemberg. (50 S.) (901.) (Hft. 15.)
Professor, der. Nebst Übersicht üb. die deutschen Universitätsverhältnisse. (44 S.) (902.) (Hft. 64.)
Rechtsanwalt u. Notar, der. Nebst Studienplan u. e. Tabelle. (37 S.) (901.) (Hft. 67.)
Redakteur, s.: Journalist.
Regierungsbaumeister, s.: Architekt.
Reichsbankbeamte, s.: Bankier.
Roßarzt, s.: Tierarzt.
Schauspieler, der. Von Johs. Cotta. (45 S.) (902.) (Hft. 46.)
Schlosser, der. Der Kunst-, Bau- u. Maschinenschlosser. Von Jul. Hoch. (48 S.) (902.) (Hft. 50.)
Schriftsteller, der. (28 S.) (902.) (Hft. 54.)
Seemann, der, der Handelsflotte. (64 S.) (902.) (Hft. 49.)
Seeoffizier, der. (Kaiserl. Marine.) (72 S.) (901.) (Hft. 21.)
Soldat, der deutsche. (Umschlag: Der Offizier.) (43 S.) (901.) (Hft. 20.)
Stenograph, d. Der Parlaments-, Geschäfts- u. Telephon-Stenograph. Von Max Schumm. (23 S.) (902.) (Hft. 44.)
Steuerbeamte, s.: Zollbeamte.
Theologe, der evangelische. Nebst Anh.: Der kathol. Geistliche. (40 S.) (901.) (Hft. 2.)
Tierarzt, Roßarzt u. Fleischbeschauer, d. (32 S.) (901.) (Hft. 10.)
Torpedooffizier, s.: Deckoffizier.
Unteroffizier u. Militäranwärter, der. (Nebst den nöt. Formularen.) (29 S.) (901.) (Hft. 23.)
Vermessungsbeamte, d. (Landmesser, Katasterbeamter, Geometer, Vermessungs-Ingenieur, Feldmesser.) (60 S.) (901.) (Hft. 33.)
Verwaltungsbeamte, d. (Höhere Karriere, Subaltern- u. niederer Dienst.) (29 S.) (901.) (Hft. 13.)
Zahlmeister, der. (24 S.) (903.) (Hft. 26.)
Zahnarzt, der. Nebst Studienplan u. Prüfungsordng. (26 S.) (901.) (Hft. 9.)
Zimmermeister, s.: Bautechniker.
Zoll- u. Steuerbeamte, der. (39 S.) (902.) (Hft. 16.)
Nrn. 1, 42, 43, 48, 59, 61 u. 69 sind noch nicht erschienen.

Beruf, mein künftiger! Praktische Anleitg. zur Berufswahl. 1. 15. 26. 42. 43. 48. 59. 61. 69. 71.—74. u. 76. Bd. kl. 8. Leipzig, C. Bange. à Bd. n. — 50
Bauklempner, s.: Klempner.
Blechwaren-Fabrikant, s.: Klempner.
Buchdrucker, s.: Schriftsetzer.
Eisen- u. Kurzwarenhändler. (41 S.) (903.) (Bd. 48.)
Gastwirt, der, — „Hotelier". Kellner. Koch. (40 S.) (903.) (Bd. 71.)
Gesundheit u. Lebensdauer in den verschiedenen Berufsarten. Von Rud. Braune-Roßla. (29 S.) (904.) (Bd. 1.)
Goldschmied, der, u. Juwelier. Von Osk. Webel. (47 S.) (906.) (Bd. 73.)
Hotelier, s.: Gastwirt.
Juwelier, s.: Goldschmied.
Kartograph, s.: Lithograph.
Kellner, s.: Gastwirt.
Klempner, der (Bauklempner, Blechwaren-Fabrikant), einschließlich Gas-, Wasser- u. Installationstechniker. Von Jul. Hoch. (57 S.) (903.) (Bd. 69.)
Koch, s.: Gastwirt.
Kurzwarenhändler, s.: Eisenhändler.
Lithograph, der, u. Steindrucker, einschließlich des Kartographen. Von Max Pellnitz. (30 S.) (903.) (Bd. 43.)
Mechaniker, s.: Optiker.
Optiker u. Mechaniker, der. (32 S.) (903.) (Bd. 76.)
Post- u. Telegraphenbeamte, der deutsche. 1. Mittlere Laufbahn. (Neue Aufl.) (42 S.) (906.) (Bd. 15.)
Schriftsetzer, der, u. Buchdrucker. Von Max Pellnitz. (41 S.) (903.) (Bd. 42.)
Steindrucker, s.: Lithograph.
Telegraphenbeamte, s.: Postbeamte.
Uhrmacher, der. Von F. W. Rüffert. (56 S.) (906.) (Bd. 59.)
Universitätsbeamte, der. (Universitätssekretär, Universitätsquästor, Rendant etc.) (47 S.) (906.) (Bd. 72.)
Versicherungsbeamte u. Versicherungs-Mathematiker, der. (32 S.) (903.) (Bd. 61.)
Xylograph (Holzschneider), der. (26 S.) (903.) (Bd. 74.)
Zahlmeister, der. (24 S.) (902.) (Bd. 26.)

— mein künftiger! Praktische Anleitg. zur Berufswahl. 74.—81. Heft. kl. 8. Leipzig, H. Beyer. à Heft — 50
Farmer u. Pflanzer, der, in den deutschen Kolonien. (23 S.) (910). (Hft. 81.)
Mathematiker, Astronom, Meteorologe, der. (47 S.) (910.) (Hft. 80.)
Optiker u. Mechaniker, der. (32 S.) (908.) (Hft. 76.)
Post- u. Telegraphenbeamte, der deutsche. II. Höhere Laufbahn: A. Im Reichs-Postgebiete. B. In Bayern. C. In Württemberg. (32 S.) (907). (Hft. 75.)
Schmeitzner, Wern., wie bewirbt man sich um Stipendien u. Benefizien? (17 S.) (909). (Hft. 77.)
Wie man anfängt zu studieren. (22 S.) (909). (Hft. 79.)
Wie studiert man Jurisprudenz? (20 S.) (909). (Hft. 78.)
Xylograph, der. (Holzschneider.) (28 S.) (907). (Hft. 74).

Preußens Beruf. Einige Worte zur Beherzigung für seine Kammern. Von einem noch Lebenden. Berlin, Allgem. deutsche Verlags-Anstalt, 1849. 14 S. 8°.

Preußens Beruf. Berlin, G. Hempel, 1851. 16 S. 8°.

Beruf, Preussens, zum deutschen Kaiserthron, oder die Übertragung der deutschen Kaiserwürde an Preussen . . . Bonn 1861. V: *Nagel, Rudolph.* (Ky)

Beruf und Triumph, Shakespeares. Frankfurt 1792. V: *Vogt, Niclas.* (HS) (Ky) (MGT)

Beruf und soziale Stellung in den Bezirken und Gemeinden des hamburgischen Staates am 12. Juni 1907. Hamburg: Lütcke & Wulff [in Komm.] 1910. 253 S. 4°
(Statistische Mitteilungen über d. hamburgischen Staat. Sonderh. 2.) A 18. 5010

Beruf, der, des Unteroffiziers. Sep.-Abdr. einer Reihe von Artikeln aus der Unteroffizier-Zeitung als Festgabe für ihren Leserkreis. 12. (52 S.) Berlin 882. Liebel. n.n. — 50

— der, des Weibes. Nach der 2. Aufl. des engl. Originals übers. gr. 12. Weimar 840. Landes-Ind.-Comptoir. 5/8 ₰

der weibliche, s.a.w. Wächter, Anna.

—— der weibliche. Gedanken einer Frau. Frei nach dem Engl. von Anna v. Wächter. Mit einem Vorwort von Ottilie Wildermuth. 8. (VIII und 303 S.) Stuttgart 861, Krabbe. geb. *

Berufen. Erzählung aus dem Gemeinschaftsleben. Berlin [1902]. V. *Redern, Hedwig von.* (Berl)

Berufen. Erzählung aus dem Gemeinschaftsleben von H. v. R. 8. (III, 59 S.) Berlin (902). Deutsche ev. Buch- u. Tractat-Gesellschaft. n. — 50

Berufes, des geistlichen, Leid' u. Freud', Ehre u. Schimpf, oder: Was muss der Geistliche glauben, wissen, thun, leiden, lassen, fürchten u. nehmen? Eine Pastoraltheologie in nuce. In Versen dargestellt v. Einem, der das Alles erfahren. Nebst einem Anhange mit „Drei Fragen," u. 1 Titelbilde (in Holzschn.) gr. 16. (48 S.) Grimma 852, Bloch's Selbstverl. 1/4 ₰

Berufes, d. geistl., Leid' u. Freud', Ehre u. Schimpf, od.: Was muss d. Geistl. glauben, wissen, thun, leiden, lassen, fürchten u. nehmen? 16. (48) Grimma 52. (Berl., Lassar.) — 7½

Berufsarten, die, d. Geschäftslebens, d. Militär- u. Seewesens u. der Verkehrsanstalten m. Beiträgen v. A. Barnewitz, R. Haupt, v. B., Werner, R. Schaum. Hrsg. v. Mentor. [Aus „Was willst Du werden?"] br. 8. (III, 182 S.) Darmstadt 870. Köhler's Verl. n. 2. --

Berufsarten d. Mannes. 1—5. 8. Triest, F. H. Schimpff. à n — 85
1. Wie werde ich Offizier? Ein Rathgeber bei der Wahl des Berufes, nach den bis 1. 1. 1901 erschienenen diesbezügl. Vorschriften bearb. Von Hans Ritter v. Weiß. (67 S.) 901.
2. Wie werde ich See-Offizier. Ein Rathgeber bei der Wahl des Berufes. (Von v. Meyern-Hohenberg.) (51 S.) 901.
3. Wie werde ich Kapitän der Handelsmarine? Ein Ratgeber bei der Wahl des Berufes. (26 S.) (902.)
4. Wie werde ich Zollbeamter. Ein Ratgeber bei der Wahl des Berufes, m. Benützg. amtl. Quellen zusammengestellt. Von L. Salix de Feiberthal. (53 S.) (902.)
5. Wie werde ich Postverkehrsbeamter? Ein Ratgeber bei der Wahl des Berufes. Aus amtl. Quellen zusammengestellt. (45 S.) (902.)

! Berufsarten d. Mannes. Jetzt: Wien, Szelinski & Co. 01/05

— dass., neue Afl. u. Fortsetzg, s.: Was soll ich werden?

—— die, der Musik, des Schauspiels, der Malerei, Bildhauerei, Architectur und vervielfältigenden Künste, mit Beiträgen von Bernh. Scholz, J. Düringer, Bruno Meyer, Franzius, hrsg. von Mentor. 8. (90 S.) Darmstadt 870, Köhler's Verlag. *
aus: Was willst Du werden? besonders abgedruckt.

Berufsarten, die, des akademischen Studiums mit Beiträgen von G Engelbach, Hörr, Heinzerling ꝛc. Hersg. von Mentor. Darmstadt 870. Köhler. 8. (2 Bll., 206 S.) n. 20 ngr.

Berufsaufsatz, d., in d. Fortbildgssch. Sammlg v. 35 Merkstücken a. 23 verschied. Berufen m. e. Anh.: „Berufswortschätze. Eine Hilfe f. d. Gesellen- u. Meisterprüfg". Bearb. v. d. Lehrerschaft d. Fortbildgssch. in Meissen. Hrsg. u. m. e. Einl. versehen v. A Bargmann. (119 m. Abb.) 8° Meiss., H W Schlimpert (07). 1.25 d

Berufsaufsatz, der, in der Fortbildungsschule. Sammlung v. 35 Werkstücken aus 23 verschied. Berufen m. e. Anh.: „Berufswortschätze". Eine Hilfe f. d. Gesellen- u. Meisterprüfg. Bearb. v. der Lehrerschaft der Fortbildungsschule in Meißen. Hrsg. u. m. e. Einführg. versehen v. A. Bargmann. 2. verm. Aufl. (IV, 127 S. m. Abb.) 8. Meißen (910). H. W. Schlimpert. 1.50; geb. in Leinw. 1.80
1. Aufl. (III, 119 S. m. Abb.) (907). 1.25

— **dasselbe in Einzelheft.** 1—18. Heft. 8. Ebd. (907). 3.35
Bluhm, Karl Ed., Gesellenstück e. Friseurs. — Mann, K. G. Rob., Gesellenstück e. Seilers. (8 S. m. Abb.) (Hft. 12.) — 15.
Dix, Kurt Walt., Gesellenstück e. Schriftmalers, s.: Nitsche, Rich. Max, Gesellenstück e. Dekorationsmalers.
Fiedler, Karl Otto, Gesellenstück e. Schlossers. Meisterstück e. Kunstschlossers. (19 S. m. Abbildgn.) (Hft. 1.) — 20
Fischer, A. H. M., Gesellenstück e. Stellmachers. Meisterstück e. Stellmachers. (14 S. m. Abbildgn.) (Hft. 6.) — 25
Hornig, Gust. Rhold., Meisterstück e. Schneiders, s.: Naumann, Frz. Otto, Gesellenstück e. Schneiders.
Kappler, H. G. M., Meisterstück e. Sattlers u. Riemers, s.: Mann, K. G. R., Gesellenstück e. Sattlers u. Riemers.
Leonhardt, A. Reinh., Gesellenstück e. Klempners. (7 S. m. Abbildgn.) (Hft. 3.) — 20
Löhnert, Karl Aug., Gesellenstück e. Schmiedes. — Lungwitz, H. Max, Gesellenstück e. Kupferschmiedes. (10 S. m. Abbildgn.) (Hft. 2.) — 20
Lohse, Ernst Otto, Gesellenstück e. Uhrmachers. s.: Neumann, K. Oswin, Gesellenstück e. Mechanikers.
Ludwig, Paul Ad., Gesellenstück e. Maurers. (5 S. m. Abbild.) (Hft. 13.) — 20
Lungwitz, H. Max, Gesellenst. e. Kupferschmiedes, s.: Löhnert, Karl Aug., Gesellenstück e. Schmiedes.
Mann, K. G. R., Gesellenstück e. Sattlers u. Riemers. Kappler, H. G. M., Meisterstück e. Sattlers u. Riemers. (7 S.) (Hft. 9). — 25
— Gesellenstück e. Schuhmachers. Meisterstück e. Schuhmachers. (6 S. m. Abbildgn.) (Hft. 7). — 20
— dasselbe e. Seilers, s.: Bluhm, Karl Ed., Gesellenstück e. Friseurs
Menzel, Max L., Gesellenstück e. Tischlers. — Wolf, Fr. J., Gesellenstück e. Drechslers. Gesellenstück e. Böttchers. (12 S. m. Abbildgn.) (Hft. 5) — 20
— dasselbe e. Glasers. Meisterstück e. Glasers. (10 S. m. 1 Abbildg.) (Hft. 15). — 20
Nagel, Gust. Herm., Gesellenstück e. Fleischers. Meisterstück e. Fleischers. (5 S.) (Hft. 18). — 15
Naumann, Frz. Otto, Gesellenstück e. Buchbinders. (6 S.) (Hft. 10). — 15
— dasselbe e. Schneiders. — Hornig, Gust. Rhold., Meisterstück e. Schneiders. (8 S. m. Abbildgn.) (Hft. 8). — 20
— dasselbe e. Tapezierers. — Naumann, Frz. Otto u. G. Krause, Meisterstück e. Tapezierers. (10 S.) (Hft. 11). — 15
Neumann, K. Oswin, Gesellenstück e. Mechanikers. — Lohse, Ernst Otto, Gesellenstück e. Uhrmachers. (9 S. m. Abbildgn.) (Hft. 4.) — 20
Nitsche, Rich. Max, Gesellenstück e. Dekorationsmalers. Dix, Kurt Walt., Gesellenstück e. Schriftmalers. (7 S.) (Hft. 16.) — 15
Schäfer, Otto Art., Gesellenstück e. Bäckers. Meisterstück e. Bäckers. (6 S.) (Hft. 17). — 15
Wolf, Fr. J., Gesellenstück e. Drechslers, s.: Menzel, Max L., Gesellenstück e. Tischlers.
— dasselbe e. Zimmerers. (8 S. m. Abbildgn.) (Hft. 14). — 15

Berufsbeamtenthum und Selbstverwaltung in Österreich, s. Vorträge, Volkstümliche. 16.

Berufsbildung, die, des Landwirts, s.: Volksbibliothek, soz. 22.

Berufsbildung. Ueber die B' unter der Churer Zunftverfassung s. (J[ecklin], F[ritz]).

Berufsgenossenschaft, die. Organ der deutschen Berufsgenossenschaften. Hrsg. v. Otto Wenzel u. Leop. Hirschberg. 1. Jahrg. 1886. 52 Nrn. (B.) gr. 4. Berlin, Kortkampf. n. 12.—

Berufsgenossenschaft, die. Organ für die deutschen Berufsgenossenschaften, unter Mitwirkg. v. Ilsen, C. Landmann, Leyke, M. Schlesinger, Simons red. von O. Wenzel. 2. Jahrg. 1887. 24 Nrn. (2 B.) gr. 4. Berlin, C. Heymann's Verl. n. 8.—

— dasselbe. Hrsg. v. O. Wenzel u. M. Schlesinger, red. v. O. Wenzel. 3.—5. Jahrg. 1888—1890. à 24 Nrn. (2 B.) gr. 4. Ebd. à Jahrg. n. 12.—

Berufsgenossenschaft, die. Organ f. die deutschen Berufsgenossenschaften. Publikationsorgan d. Berufsgenossenschaftsverbandes, hrsg. v. Otto Wenzel u. Max Schlesinger, red. v. Otto Wenzel. 6.—9. Jahrg. 1891—1894. à 24 Nrn. (1½ Bog.) gr. 4. Berlin, C. Heymanns Verl. à Jahrg. n. 12.—

Berufsgenossenschaft, die. Organ f. d. deutschen Berufsgenossenschaften. Publikationsorgan d. Berufsgenossenschaftsverbandes, hrsg. v. Otto Wenzel u. Max Schlesinger, red. v. Otto Wenzel. 10. Jahrg. 1895. 24 Nrn. (Bog.) gr. 4. M. Beilage: Contralblatt f. Unfallheilkunde. Red. v. O. Bode. II. Jahrg. 1895. (à Nr. 4 S.) Berlin, C. Heymann's Verl. n. 12.—

— dasselbe, hrsg. v. Otto Wenzel u. Max Schlesinger, red. v. Otto Wenzel. 11.—13. Jahrg. 1896—1898. à 24 Nrn. (à ca. 12 S.) gr. 4. Ebd. à Jahrg. n. 12.—
kann auch halbjährlich bezogen werden.

Berufsgenossenschaft, die. Organ f. die Veröffentlichgn. d. Verbandes der deutschen Berufsgenossenschaften. Hrsg. v. Otto Wenzel u. Max Schlesinger, red. v. Otto Wenzel. 14.—17. Jahrg. 1899—1902. à 24 Nrn. gr. 4. (à ca. 10 S.) Berlin, C. Heymann. à Jahrg. n. 12.—
einzelne Nrn. n.n. — 50

Berufsgenossenschaft, die. Organ f. die Veröffentlichungen des Verbandes der deutsch. Berufsgenossenschaften. Hrsg. v. Otto Wenzel u. Max Schlesinger, red. v. Otto Wenzel. 18.—21. Jahrg. 1903—1906. à 24 Nrn. (à ca. 10 S.) 4. Berlin, C. Heymann. à Jhrg. n. 12.—

Berufsgenossenschaft, die. Organ f. die Veröffentlichgn. d. Verbandes der deutschen Berufsgenossenschaften. Hrsg. u. Schriftleiter: Otto Wenzel. 22.—25. Jahrg. 1907—1910. à 24 Nrn. (à ca. 10 S.) 31×23 cm. Berlin, C. Heymann. à Jhrg. 12.—

Berufsgenossenschaft, Die. Organ f. d. Veröffentlichgn d. Verbandes d. deut. Berufsgenossenschaften. Hrsg. u. Schriftleiter: Otto Wenzel. 25. u. 26. J. '10 u. '11. Je 24 Nrn. ('11, Nr 1: 10) 31×23 cm. Berl., C Heymann. halbj. 6 —; einz. Nrn nn — 50 d

— dass. Zeitschr. f. d. Reichs-Unfallversicherg. Hrsg. u. Schriftleiter: Neisser. 27. J. '12. 24 Nrn. (Nr 1: 16) 31,5 ×23 cm. Ebd. halbj. 6 —; einz. Nrn nn — 50 d

— die hannoversche landwirthschaftl. Textausg. d. Statuts u. der gesetzl. Bestimmgn., nebst kurzer Einleitung u. e. Sachregister. Hrsg. v. e. höheren Verwaltungsbeamten der Prov. Hannover. gr. 8. (VI, 104 S.) Hannover 888. Hahn. In Leinw. cart. n. 1.—

Die land- und forstwirtschaftliche Berufsgenossenschaft für Oberbayern. Ueberblick über die Einrichtung der land- und forstw. Berufsgenossenschaften in Bayern und die Unfallverhütung. München 1900.

Berufsgenossenschaft, Obligatorische. Vortrag. O. O. [1893]. V. *Wild, Paul.* (Zuwachsverz. d. Bibliotheken in Zürich 1898 ff.)

Berufsgenossenschafts- und Versicherungszeitschrift, allgemeine, deutsche. 2. und 3. Jahrgang. Karlsruhe 1886-87

Berufsgliederung. Die B' der Bevölkerung der Stadt Zürich. Vorläufige Mitteilungen aus den Ergebnissen der eidgenössischen Volkszählung vom 1. Dezember 1900. Hrg. vom Statistischen Amt der Stadt Zürich. 33 S. 4. Zürich, Druck Aschmann & Scheller, Komm. Ed. Rascher's Erben, 1903. fr. 1. —

Berufskunde f. Bauhandwerker. Zum Gebrauche f. die Hand der Schüler in Fortbildungs-, Fach- u. Gewerbeschulen, hrsg. v. Leipziger Fortbildungsschul-Direktoren u. -Lehrern. (64 S. m. 83 Abbildgn.) gr. 8. Leipzig 904. A. Hahn. n. — 60

Berufs-Liste (vorläufige) in systematischer u. alphabetischer Ordnung. (Berufs- u. Betriebszählg. vom 12. VI. 1907.) Hrsg. vom kaiserl. statist. Amt. (5, 62 u. 121 S.) 33 × 26 cm. Berlin 907. Puttkammer & Mühlbrecht. 1. —

25 Jahre Berufs-Organisation. Festschrift zum 25jähr. Bestehen des Vereins der Deutschen Kaufleute <Unabhängige Organisation für Handlungsgehilfen u. -Gehilfinnen>. 6. Okt. 1884—6. Okt. 1909. Zsgest. von Georg Borchardt. — Berlin: Verein 1909. 76 S. 8°

Berufspflicht u. Humanität, ärztliche, im Konflikt m. dem Strafgesetz. Zwei richterl. Fehlsprüche, kritisch beleuchtet v. e. prakt. Arzt. gr. 8. (86 S.) München 902. Verlag der ärztl. Rundschau. n. 1. 20

Berufsreise, die, nach Amerika, s. a. Riedesel.

Berufsreise, d., nach Amerika. Briefe der Gener. v. Riedesel auf dies. Reise u. währ. ihr. Aufenth. in Amerika v. 1776 —83. rc. 8. Berl. Haude u. Spener. 801.

Berufsstatistik, s.: Beiträge zur Statistik d. innern Verwaltung des Großherzogth. Baden.

Berufsstatistik, bayerische, 1907, s. a. Beiträge zur Statistik des Königr. Bayern.

Berufsstatistik, Bayerische, 1907. Berufl. u. soz. Gliederung. Hrsg. vom K. Statist. Bureau. München 1908. 8°.
(Beiträge z. Statistik d. Königr. Bayern. H. 80.)

Berufsstatistik. – Berufsstatistik nach d. allg. Berufszählung vom 5. Juni 1882. Hrgg. vom Kaiserlichen Statistischen Amt.
1. Berufsstatistik des Reichs und der kleineren Verwaltungsbezirke nebst einer Einleitung. Berlin. 1884.
2. Berufsstatistik der deutschen Grosstädte. ebd. 1884.
3. Berufsstatistik der Staaten und grösseren Verwaltungsbezirke. Th. 1–3. ebd. 1884.

= Statistik des Deutschen Reichs. Neue Folge. Bd. 2–4. 4°

Berufs- und Betriebszählung vom 12. Juni 1907. **Berufsstatistik.** Bearb. im Kais. Statist. Amte. Abt. 1, H. 1. Berlin: Puttkammer & Muhlbrecht 1909. 4°
(Statistik d. Deutschen Reichs. Bd 202.) 10. 2,2 2

Berufsstatistik [nach der] Berufs- und Betriebszählung vom 12. Juni 1907. Hrsg. vom Kais. Statist. Amte. Abt 1—10. Berlin 1909—1913. 4°
1. Einführung. D. Reichsbevölker. nach Haupt- u. Nebenberuf. 1909.
2. D. Reichsbevölkerung nach Alter, Familienstand u. Religionsbekenntnis. Witwen u. Waisen. Alter u. Familienstand in einigen bes. Berufen. 1910.
3. D. Bevölkerung Preußens nach Haupt- u. Nebenberuf. 1909.
4. D. Bevölkerung der Bundesstaaten außer Preußen nach Haupt- und Nebenberuf. 1910.
5. D. Bevölkerung d. Bundesstaaten nach Alter, Familienstand u. Religionsbekenntnis. 1910.
6. Großstädte. 1910.
7. Gemeinden mit weniger als 2000 Einwohnern. 1910.
8. Kleinere Verwaltungsbezirke. 1910.
9. D. Bevölkerung nach Hauptberuf u. Gebürtigkeit. Tl 1. 2. 1910.
   1. Landesteile.
   2. Großstädte.
10. D. berufliche u. soziale Gliederung d. deutsch. Volkes. 1913.

Berufsstatistik nach den Ergebnissen der Volkszählung vom 31. Dezember 1900 in den im Reichsrate vertretenen Königreichen und Ländern. [Österr. Statistik. 66. Bd. Heft 1.] 4°. (CLXXI, 121 S.) † Wien: Gerold's S. 1904 K 8.80

Berufsstatistik nach den Ergebnissen der Volkszählung vom 31. Dezember 1900 in den im Reichsrate vertretenen Königreichen und Ländern. 2. Heft. [Österr. Statistik. 66. Bd. 2. Heft.] Fol. (V, 141 S.) † Ebda. 1903 K 4.80

Berufsstatistik nach den Ergebnissen der Volkszählung vom 31. Dezember 1900 in den im Reichsrate vertretenen Königreichen und Ländern. 3. Heft. [Österr. Statistik. 66. Bd. 3. Heft.] 4°. (V, 149 S.) † Ebda. 1903 K 4.50

Berufsstatistik nach den Ergebnissen der Volkszählung vom 31. Dezember 1900 in den im Reichsrate vertretenen Königreichen und Ländern. 4. Heft. Steiermark. [Österr. Statistik. 66. Bd. 4. Heft.] 4°. (V, 161 S.) † Ebda. 1904 K 4.90

Berufsstatistik nach den Ergebnissen der Volkszählung vom 31. Dezember 1900 in den im Reichsrate vertretenen Königreichen und Ländern. 5. Heft. Kärnten und Krain. [Österr. Statistik. 66. Bd. 5. Heft.] Fol. (V, 105 S.) † K 4.40

Berufsstatistik nach den Ergebnissen der Volkszählung vom 31. Dezember 1900 in den im Reichsrate vertretenen Königreichen und Ländern. 6. Heft. [Österr. Statistik. 66. Bd. 6. Heft.] 4°. (V, 89 S.) † Ebda. 1904 K 3.80

Berufsstatistik nach den Ergebnissen der Volkszählung vom 31. Dezember 1900 in den im Reichsrate vertretenen Königreichen und Ländern. 7. Heft. Tirol und Vorarlberg. [Österr. Statistik. 66. Bd. 7. Heft.] 4°. (V, 137 S.) † 1904 K 5.60

Berufsstatistik nach den Ergebnissen der Volkszählung vom 31. Dezember 1900 in den im Reichsrate vertretenen Königreichen und Ländern. 8. Heft. Böhmen. [Österr. Statistik. 66. Bd. 8. Heft.] Fol. (V, 245 S.) † K 10.—

Berufsstatistik nach den Ergebnissen der Volkszählung vom 31. Dezember 1900 in den im Reichsrate vertretenen Königreichen und Ländern. 9. Heft. Mähren. [Österr. Statistik. 66. Bd. 9. Heft.] Fol. (V, 131 S.) † 1904 K 5.50

Berufsstatistik nach den Ergebnissen der Volkszählung vom 31. Dezember 1900 in den im Reichsrate vertretenen Königreichen und Ländern. 10. Heft. Schlesien. [Österr. Statistik. 66. Bd. 10. Heft.] 4°. (V, 53 S.) † 1904 K 2.80

Berufsstatistik nach den Ergebnissen der Volkszählung vom 31. Dezember 1900 in den im Reichsrate vertretenen Königreichen und Ländern. 11. Heft. Galizien. [Österr. Statistik. 66. Bd. Heft 11.] 4°. (V, 205 S.) † Ebda. 1904 K 9.—

Berufsstatistik nach den Ergebnissen der Volkszählung vom 31. Dezember 1900 in den im Reichsrate vertretenen Königreichen und Ländern. 12. Heft. Bukowina und Dalmatien. [Österreichische Statistik. 66. Bd. 12. Heft.] Fol. (V, 107 S.) † Ebda. 1904 K 4.50

Internationale **Berufs-Statistik** der Lederarbeiter. Berlin: Beisswenger 1890. IV, 128 S. 8° 101. 17937

Berufsstatistik für das Reich im Ganzen. Th. 1—2. Berlin. 1897.
—— der Bundesstaaten. Th. 1—3. Berlin. 1897.
—— der deutschen Grofsstädte. Th. 1—2. Berlin. 1897.
—— der kleineren Verwaltungsbezirke. Berlin. 1897.
—— nach Ortsgröfsenklassen. Berlin. 1897. = Statistik des Deutschen Reichs. N. F., Bd. 102—103; 104—106; 107—108; 109; 110. 4°.

Berufsstatistik der Staaten und grösseren Verwaltungsbezirke nach der allgemeinen Berufszählung vom 6. Juni 1882. Th. 1—3. Berlin 1884. Imp.-4.
1-4: Statistik d. deut. Reichs. Neue Folge. Bd. 4. . . . .

Berufsstenograph, der. Zeitschrift f. die Interessen der Berufsstenographen. Schriftleitung: Fritz Specht. 1907 u. 1908. à 12 Nrn. (à ca. 16 S.) 8. Berlin, Frz. Schulze. à Jhrg. 3. —
Erscheint nicht mehr.

Berufsthätigkeit und Nebeneinnahmen der akademisch gebildeten Lehrer Hessens durch Privatstunden und Pensionäre. Statist. Erhebungen, veranst. durch d. Vorstand d. Landesvereins akad. gebildeter Lehrer im Großherz. Hessen. Darmstadt 1897: J. C. Herbert. (13 S.) 8° [F.] 97. 16070

Berufsunterricht, Der gewerbliche, in Ungarn. Hrsg. vom Kön. Ung. Handelsminister. Budapest 1906. 8°.

Die **Berufs-Verhältnisse** im Kartographiegewerbe Deutschlands. Berlin: H. Müller 1909. 31 S. 8° [10. 310

Berufsvormundschaft und K o s t k i n d e r f r a g e mit besond. Berücks. der im ersten Lebensjahre stehenden Kinder. Konferenzbericht. Herr Vormundschaftsrichter J.F. Landsberg-Lennep, Herr Beigeordn. Coßmann-Strassburg i.E., Referenten. Berlin: Heymann 1908. 59 S. 8°
(Veröffentlichungen d. Vereins f. Säuglingsfürsorge im Reg. Bez. Düsseldorf. II.1.)

Berufswahl f.a, Taschenbücher, illustrierte, f. d. Jugend.

Berufswahl: ... Hrsg. von d. Redaktion d. Guten Kameraden. [1.] *Stuttgart, Berlin, Leipzig: Union [1899].* 8° [F.]
— **Taschenbücher,** Illustrierte, f. d. Jugend. 1. [04. 8138

Berufswahl: Armee und Marine. Mit 57 Abb. Hrsg. von d. Red. d. Guten Kameraden. 3. Aufl. *Stuttgart, Berlin, Leipzig: Union [1899].* (128 S.) 8° [F.]
— **Taschenbücher,** Illustrierte, f. d. Jugend. 1. [00. 3983

Berufswahl: Die vier Fakultäten. Mit 15 Abb. Hrsg. von d. Red. d. Guten Kameraden. *Stuttgart, Berlin, Leipzig: Union [1900].* (127 S.) 8° [F.]
— **Taschenbücher,** Illustrierte, f. d. Jugend. 9. [00. 443

Berufswahl. Handb., hrsg. v. d. deut. Landeskommission f. Kinderschutz u. Jugendfürsorge in Böhmen (Sonderausschuss f. Jugendkde). Red. v. Frz Tomaschek. 1., 2. u. 5. Heft. Lex8° Prag. (Reichenbg, P Sollors Nf.)
3 u. 4 sind noch nicht erschienen.
1. Geistliche Berufe. A. kathol. geistl. Berufe. B. evang. geistl. Berufe. C. israelit. geistl. Berufe. II. Lehrberufe. A. Volks- u. Bürgersch. B. Mittelsch. C. Fachsch. D. Hochsch. Mitarbeiter: Heinr. Gottlieb, Karl Hilgenreiner, A. Kisch u. a. (25) '12. — 40 ‖ 2. Thom, Aug.: Militärberufe. (45) '12. — 60 ‖ 5. Frauenberufe, v. Ottilie Altschul Alb. Gottlieb, Lucie Laube u. a., Sektion f. Erziehg u. Unterr. d. deut. Vereines „Frauenfortschritt". Red.: Alb. Gottlieb. (34) '12. — 50

Berufswahl und körperliche Anlagen. Im Auftr. d. Ver. f. Volkshygiene in München unter Mitarb. von ... hrsg. von Prof. Dr. M[artin] Hahn, München. 9 Textfig. 2. Aufl. *München & Berlin: R. Oldenbourg 1902.* (64 S.) 8° [F.]
— **Veröffentlichungen** d. Deutschen Vereins f. Volks-Hygiene. H. 2. [03. 303

Berufswahl und körperliche Anlagen. Im Auftr. d. Ver. f. Volkshygiene in München unter Mitarbeit von ... hrsg. von Prof. Dr. M[artin] Hahn, München. 9 Textfig. 3. Aufl. München & Berlin: R. Oldenbourg 1904. (64 S.) 8° [F.]
— **Veröffentlichungen** d. Deutschen Vereins f. Volks-Hygiene. H. 2. [05. 4107

— Die, u. d. **Berufswechsel** nebst d. Bedinggn d. Erfolges im selbständ. u. dienstbaren Berufe, s: Fröbel's Volksbibliothek.

Die **Berufswahl** der schulentlassenen Jugend in den Großstädten. Ergebnis e. statist. Untersuchung, zsgest. v. Deutschnationalen Handlungsgehilfen-Verband. Hamburg: (Hanseat. Dr.- u. Verl.-Anst.) 1908. (96 S.) 8° [Umschlagt. F.]
Aus: Archiv f. kaufmänn. Sozialpolitik. 1908, Maiheft. [08. 11671

— Die, f. Mädchen u. Frauen u. d. Stellg d. weibl. Geschlechts im Berufs- u. Erwerbsleben, s: Fröbel's Volksbibliothek.

Die **Berufszählung** im Großh. Baden vom 14. Juni 1895. Hrsg. v. Statist. Landesamt. Karlsruhe: C. F. Müller [1907]. (397 S.) 4° [F.]
— **Beiträge** z. Statistik d. Großh. Baden. N. F. H. 9. [08. 30 4

Berufs- und Betriebs**zählung** vom 12. Juni 1907. Hrsg. v. Kais. Statist. Amt. [1. 2.] Berlin: Puttkammer & Mühlbrecht 1907. 4° [Umschlagt.]
[1.] Berufs-Liste (vorläufige) in systemat. u. alphab. Ordnung.
[2.] Gewerbe-Liste (vorläufige) in systemat. u. alphab. Ordnung. [07. 6763 D

Berufs- u. Betriebszählung vom 12. VI. 1907. Berufs-Liste in systemat. u. alphabet. Ordng. Hrsg. vom kaiserl. statist. Amte. (5, 66 u. 110 S.) 33,5×26,5 cm. Berlin 909. Puttkammer & Mühlbrecht. 1. —
Sonderabdruck aus „Statistik d. Deutschen Reichs".

— — **dasselbe,** s.: Statistik des Deutschen Reiches. 203., 210., 214., 216. Bd.

— — **die, vom 12. VI. 1907 im Bremischen Staate.** 1. u. 2. Heft. Lex. 8. Bremen, F. Leuwer. 6. —
1. Allgemeine Ergebnisse. Hrsg. vom brem. statist. Amt. (XX, 58 S.) 909. 2. —
2. Gewerbl. Betriebszählg. Hrsg. vom brem. statist. Amt. (IV, 102 S.) 910. 4. —

Berufung, die herrliche, und Hoffnung der Versammlung oder der Kirche Gottes, nebst einer kurzen Zusammenstellung der die Wiederkunft Christi begleitenden Ereignisse. 2. Aufl. gr. 8. (61 S.) Elberfeld [Godesberg] 869, (Langewiesche.) *

Berufung u. Hoffnung, die herrliche, der Versammlung oder der Kirche Gottes. 3. Aufl. 8. (44 S.) Elberfeld 877. Langewiesche in Comm n. — 40

Berufung, die herrliche, u. Hoffnung der Versammlung od. der Kirche Christi. 4. Aufl. 8. (40 S.) Elberfeld 882. (Faßbender.) n. — 20

Berufung u. Hoffnung, die herrliche, d. Versammlg. od. d. Kirche Gottes. 5. Aufl. 12. (40 S.) Elberfeld 896. R. Brockhaus (durch J. Faßbender). n. — 20

Berufung u. Hoffnung, die herrliche, der Versammlung oder der Kirche Gottes. 6. Aufl. (40 S.) 8. Elberfeld 910. R. Brockhaus. — 20

Berufung, die, der Provinzial-Synoden. Ein Wort an die evangel. Gemeinden der sechs östlichen Provinzen gerichtet von dem Vorstande des Berliner Unions-Vereins. Berlin 869. Geelhaar in Comm. gr. 8. (40 S.) n. 5 ngr.

Berufung, Eine, an das Schweizervolk zu Gunsten der Gewissensfreiheit. [Basel 1894.] V: *Holser, H. P.* (Zuwachsverz. d. Bibliotheken in Zürich 1898 ff.)

Berufung, Die, in Strafsachen. Ein einfacher Weg zum Ziele. Berlin 1893. V: *Schmidt, Alexander.* (Centralbl. f. Bibliotheksw. XIX, 336.) (Berl)

Berufung, die, in Strafsachen. Ein einfacher Weg z. Ziele. gr. 8. (32 S.) Berlin 893. C. Heymanns Verl. n. — 50

Berufung, eine, auf Thatsachen u. gesunden Menschenverstand, od. eine vernünftige Beweisung d. verderbten u. verlornen Standes des Menschen. (Von J. Fletscher.) Aus d. Engl. übers. v. W. Bersch. 12. (248 S.) Neu-Berlin 839. (Philadelphia, Schäfer & Koradi.) n. 1 ℳ

Berufung.–Eine Berufung an das kritische U r t h e i l deutscher Volksvertreter. Berlin 1848. 4°

Berufung a. d. Urtheil e. unparth. Publikums in Sachen d. Schr.: Schöner großer Dank ꝛc. **wider J. H. F. Ulrich. 8. Berl. 779. Rottmann. 8 ℊ**

Berufung auf das Urtheil eines unparth. Publicums in Sachen der Schrift: Schöner grosser Dank. Franckf. und Leipzig 1779. 8.

(**Berufung** einer bewaffneten Volksversammlung unter den Zelten.) An sämmtliche Einwohner Berlins. — Die von der Volksversammlung unter den Zelten ernannten Commission. Druck von E. Litfaß. 1 Bl. Fol.

Flugblatt. Berlin, 13. Mai 1848.

Berufung. Die B' des Dr. Zeller. Bern 1847 s. [Fellenberg, Ludwig von].

Berufungsschrift. – Berufungsschrift gegen die E n t s c h e i d u n g der Königl. Regierung vom 23. Juni 1818, in Betr. der von Hr. Paravey aufgestellten Foderung, wegen der im hiesigen Sicherheitshafen ausgeführten Arbeiten. Köln a.Rh. 1818.

Berufungsverfahren beim Reichsgericht in Patentsachen, s. d. Gareis, C., deutsche Reichsgesetze in Einzel-Abdrucken.

Berufungsverfahren beim Reichsgericht in Patentsachen vom 6. Dezember 1891. (Gareis, Reichsgesetze 157) Giessen 1893

Beruhigung, zur, für Jedermann bei Annäherung d. Cholera. Schreiben e. Familienvaters in St. Petersburg an seinen Freund in Deutschland. gr. 8. Hamb. 831. Hoffmann u. Campe. 1 ℛ

Beruhigung eines Katholiken über die päpstlichen Bullen wider die Freymaurerei von Bruder M***. Kosmopolis 5782 [Nürnb. 1782]. V: *Michaeler, Carl Jos.* (GGr) (WBL) (SJL)

Beruhigung, Meine, Gott. Welt. Unsterblichkeit. Christus. Gegen Materialismus und Pantheismus. Berlin 1860. V: *Hermes, Hermann Daniel.* (ZU)

Beruhigung, meine. Gott. Welt. Unsterblichkeit. Christus. Gegen Materialismus und Pantheismus. Berlin 860. Dümmler's Buchhdlg. gr. 8. (VI, 62 S.) n. 10 ngr.

Beruhigung, meine, in Anseh. d. Begr. v. Gott ic. 8. Leipz. Breitkopf. 778.

Beruhigung u. Trost im Gebete zu Gott. Gebetbuch für kathol. Christen. Mit 5 Kpfrn. u. Vign. Nebst Anhang aller Kirchengesänge u. Litaneien. 4e Aufl. gr. 12. Wien 834. Pfautsch. 2 ƒ

Beruhigung und Trost im Gebete zu Gott. Gebetbuch für kathol. Christen. Mit 6 Kpfrn. u. Stahlst. Nebst Anhang aller Kirchengesänge und Litaneien. 5. verb. u. verm. Aufl. 12. Wien 845. Pfautsch u. Comp. 1 1/6 ƒ

Beruhigungen des Herzens bey äusserlichen Weltunruhen, . . . eine Wochenschrift. Hirschberg 1760. V: *Volkmar, Johann Theodor.* (ML) (Nent)

Beruhigungsgründe
— für d. gem. Mann, vorzügl. f. d. Landmann, in Absicht auf seinen Stand. Eine Predigt. gr. 8. Augsb. 802. Kranzfelder. 3 ℛ

Beruhigungsgründe wegen der neuen Veränderungen des Lehrbegriffs der protestantischen Kirche. Berlin und Libau 1790. V: *Rink, Chph Friedr.* (Ky) (MGT)

Beruhigungsgründe wegen der neuen Veränderungen d. Lehrbegriffs der protestant. Kirche. Bei Gelegenheit einer Preisaufgabe der Societät der Unternehm. der Jenaischen Allgem. Literatur-Zeitung. Mit einem Vorbericht von den Herausgeb. derselben. 8. Berlin 790. (Leipzig, Fr. Fleischer.) 1/2 ƒ

Beruhigungsgründe weg. d. neuen Veränder. d. Lehrbegr. d. protest. Kirche. 8. Berl. 790. Lagarde. (Köchly). 12 ℛ

Deutsche Berühmte in Amerika. Cleveland, 1888.

Berühmtheiten, die, der Welt, nach Stand u. Beruf geordnet u. mit kurzen biograph. Notizen versehen. Ein Vademecum für Jedermann. [4486 Biographien u. 134 Verweise.] 8. (158 S.) Leipzig 882. Ellisson. n. 1. —; geb. n. 1. 50

Beruna, A, s.a. Bernau, A.

Beruna, A., darf die Frau denken? 1.—3. Aufl. gr. 8. (47, 48, 48 S.) Minden i/W. 892. 893. W. Köhler. n. —60

Beruete, Aureliano de, Velazquez. Mit e. Vorwort v. Léon Bonnat. Deutsche, vom Verf. durchgeseh. u. erweit. Ausg., hrsg. von Valerian v. Loga. (102 S. m. 63 Taf. u. 1 Bildnis.) 40,5×30 cm. Berlin 909. Photograph. Gesellschaft.
Geb. in Leinw. m. Perg.-Rücken 210.—; auf japan. Büttenpap. in altspan. Perg.-Bd. 525.—

Beruth, H. Die ungarischen Staats-Finanzen. Mit Rücksicht auf die oesterreichisch-ungarischen Ausgleichsverhandlungen und die bevorstehenden ungarischen Goldrenten-Emissionen. Wien 1877.

Beruti, Josué A., a. Buenos Aires (Argentinien): Der tiefe Querstand mit besonderer Berücksichtigung seiner Ätiologie. Emmendingen: Druck- u. Verlags-Ges. vorm. Dölter 1907. (94 S.) 8°
Freiburg i. B., Med. Fak., Ref. Krönig, Diss. v. 1907
[Geb. 13. Febr. 82 Buenos Aires; Wohnort: Freiburg i. B.; Staatsangeh.: Argentinien; Vorbildung: Gymn. in Argentinien; Studium: Berlin 2, Freiburg i. B. 8 S.; Rig. 29. Dez. 07.]

Bervid, Alb., die Landes-Finanzen der Markgrafschaft Mähren. Hrsg. v. Landes-Ausschusse d. Markgrafsch. Mähren. gr. 8. (VIII, 89 S. m. 1 Tab. u. 2 graph. Darstellgn.) Brünn 901. (C. Winiker). n.n. 2.—

Berwald: Kompendium d. prakt. Kinderheilkde. (10, 322) 8° Lpzg, G Thieme '11. L 6 —

Berwald, Joh. Gottfr., Abhandl. v. Geschlecht d. Pflanzen u. d. Befruchtung. Zum Nutzen d. Blumenliebhaber. 8. Hamburg, 1778. Herold.

Berwald, Ludw., vereinfachte Herleitung unharmon. trigonometr. Reihen, s.: Sitzungsberichte der königl. bayer. Akademie der Wissenschaften. Mathem.-phys. Kl. 1900, V.

Berwald, Ludwig, a. Lyck: Krümmungseigenschaften der Brennflächen eines geradlinigen Strahlensystems und der in ihm enthaltenen Regelflächen. München 1909: Wolf. 67 S. 8°
München, Phil. Diss. v. 18. Dez. 1908, Ref. Voß
[Geb. 8. Dez. 83 Prag; Wohnort: München; Staatsangeh.: Preußen; Vorbildung: Luitpold-Gymn. München Reife Juli 02; Studium: München 12 S.; Rig. 18. Dez. 08.] [U 09. 3441

Berward, Chr.: Interpres phraseologiae metallurgicae, oder Erklärung der fürnehmsten terminorum. . . welche bey den Bergleuten (usw.) gebräuchlich sind. 1702.

Berwerth, Fritz, üb. Alnöit v. Alnö. [Aus: „Annalen d. k. k. naturhistor. Hofmuseums".] Lex.-8. (16 S. m. 1 farb. Taf.) Wien 893. A. Hölder. n. 2. —

Berwerth, Fritz, üb. vulcanische Bomben v. d. canar. Inseln, nebst Betrachtgn. üb. der. Entstehg. [A.: „Annalen d. k. k. naturhistor. Hofmuseums."] Lex.-8. (16 S. m. 2 Abb. u. 2 Taf.) Wien 894. A. Hölder. n. 3. —

Berwerth, Frdr., u. G **Tammann:** Üb. d. natürl. u. künstl. Brandzone d. Meteoreisen u. d. Verhalten d. „Neumannschen Linien" im erhitzten Kamacit. [Aus: „Sitzgsber. d. k. Akad. d. Wiss."] (17 m. 1 Taf.) gr8° Wien, A Hölder '11. — 80

Berwerth, Friedr., der meteorische Eukrit v. Peramiho. (39 S. m. 2 Taf.) gr. 8. Wien 903. (A. Hölder.) n. 1. 60

Berwerth, Frdr.: Künstl. Metabolit. [SA] (14 m. 1 Taf.) gr8° Wien, (A Hölder) '05. — 50

Berwerth, Fritz, das Meteor vom 21. April 1887. [Aus: „Annalen d. k. k. naturhistor. Hofmuseums".] Lex.-8. (22 S.) Wien 887. Hölder. n. 1. —

— der Meteoreisenzwilling v. Mukerop, Bez. Gibeon, Deutsch-Südwest-Afrika. (21 S. m. 2 Fig. u. 1 Taf.) gr. 8. Ebd. 902. n. — 80
3 Sonderabdr. aus: „Sitzungsber. d. k. Akad. d. Wiss."

— petrograph. Mittheilungen, s.: Raimann, E.

Berwerth Fritz, Dr.: Über Nephrit aus Neu-Seeland. S. 80. 1. 102 . . . . — 40
Separatabdruck

Berwerth, Fritz, über Nephrit u. Bowenit aus Neu-Seeland. [Aus: „Sitzungsber. d. k. Akad. d. Wiss."] Lex.-8. (19 S.) Wien 879. (Gerold's Sohn.) n. — 40

— dritter Nephritfund in Steiermark. [Aus: „Annalen d. k. k. naturhistor. Hofmuseums".] Lex.-8. (4 S.) Ebd. 888. n. — 40

BERWERTH, F.
Neue Nephritfunde in Steiermark. Von F. Berwerth. (Annalen des k. k. naturhistorischen Hofmuseums. Separatabdruck aus Bd. XIII. Heft 2—3.) Wien. 1899. [In Comm.] Hölder. Lex.-8°. Paginirt: S. 116. 117. fl. —.20

— Quarz und Tridymit als Gemengteile der meteorischen Eukrite (mit 1 Taf. und 1 Textfigur). S. 121. I. 763 . . . . 1.50
Separatabdruck

— mikroskop. Structurbilder d. Massengesteine in farb. Lithographien. N. d. Natur lith. v. A. Berger u. L. Steiner. 32 lith. Taf. 1.—3. Lfg. gr. 4. (Je 8 Taf. m. eingedr. Text.) Stuttgart 895—98. E. Schweizerbart. In Mappe à n. 20. —

Berwerth, Fritz, mikroskopische Structurbilder der Massengesteine in farbigen Lithographien. Nach der Natur lith. v. A. Berger u. L. Steiner. 32 lith. Taf. 4. (Schluss-)Lfg. gr. 4. (8 Taf. m. eingedr. u. V S. Text.) Stuttgart 900. E. Schweizerbart. In Mappe n. 20. —
1.—3. Lfg. Ebd. 895—898 in Mappe à n. 20. —.

— Verzeichnis der Meteoriten im k. k. naturhistorischen Hofmuseum Ende Oktober 1902. Mit 2 Anh.: I. Alphabetisch geordnete Liste sämtl. Meteoriten m. Nachweisgn. der wichtigst. Namens- u. Ortsbezeichngn. II. Verteilung der Meteoriten nach Ländern. (90 S.) Lex.-8. Ebd. 903. n. 4. —
Sonderabdr. aus: „Annalen d. k. k. naturhist. Hofmuseums".

Berwerth, Fritz. Vesuvian-Pyroxen-Fels vom Piz Longhin. Lex.-8. (6 S.) Wien 889, Hölder. * — 40
Aus: Annalen d. k. k. naturhistor. Hofmuseums, besonders abgedruckt.

— Über die chemische Zusammensetzung der Amphibole. S. 85. I. 138 . . . . vgr.
Separatabdruck

Berwerth, Wilh., u. Theod. Fabini Fachwissenschaftlicher Katalog der Bibliothek des Gymnasiums in Schäfsburg, mit einer Einleitung über deren Entwicklung. I. Teil. Theologie. 59 S. II. VI, S. 61—166. III. S. 167—200. IV. S. 201—259.
Progr. Schässburg 1880. 1881. 1882. 1883.

Berwick. Campagnen der Franzosen unter dem Marschall v. . . . . . in den Niederlanden, am Rhein und in Italien etc. Von ihm selbst beschrieben; Nebst wichtigen Anekdoten von der Revolution in England im Jahre 1688. Mit einer Karte. (2 Bde.) 8. Bern 1793.

v. Berwick. Denkwürdige Nachrichten des Marschalls von Berwick. A. d. Französ. übers. 8. Basel 1780.

v. Berwick, Marschall, ... denkwürd. Nachrichten, von ihm selbst beschrieben. 2 Thle. A. u. d. T.: Campagnen d. Franzosen in d. Niederland., am Rhein 2c. Aus d. Französ. 8. Bern 780. Mit n. Titel 793. Typogr. Soc. 2 ₰

Berwick Post: 1901 –1908

Republican weekly, published in English and German. Circulation: 1905, 400. Edited & published by R. F. Leppla, 1901 –08. Berwick, ND

Berwig, Em., Trost in Noth u. Tod. Ein Andachtsbuch beim öffentl. u. häusl. Gottesdienst m. besond. Rücksicht auf die Verehrg. der heil. 14 Nothhelfer. gr. 16. (VI, 256 S. m. 1 Steintaf.) Königsbach 876. (Speyer, Kleeberger.) geb. n. 1. —

Berwin, Adolfo, s.: Fach-Katalog der internationalen Ausstellung f. Musik u. Theaterwesen Wien 1892, Abtheilg. d. Königr. Italien.

Berwin, Moritz (geb. Schwersenz 28. 4. 1843): De vi ac potestate obligationis alternativae. Berolini (1866). (VIII, 82 S.) 8°
Berlin, Jur. Diss. v. 21. Aug. 1866

Berwin, Moritz, de vi ac potestate obligationes alternativae. Dissertatio inauguralis. gr. 8. (83 S.) Berlin 866, (Calvary und Comp.) *

Berwind, Ferd., der kleine landwirthschaftliche Buchhalter. Eine kurze Anleitg. zur landwirthschaftl. Buchführg., zunächst f. die Schüler der Fortbildungsanstalten, der Sonntags- u. oberen Werktagsschulen, sowie zum Selbstunterrichte der Landwirthe. 4. Aufl. gr. 8. (X, 42 S.) Würzburg 871. Staudinger. n. — 60

— dasselbe. 5. Aufl. Nach dem neuen Geld, Maß u. Gewicht umgearb. u. durch e. Zusatz üb. Genossenschaftswesen, Viehversicherg. u. dgl. erweitert v. e. unterfränk. Lehrer. gr. 8. (XIV, 80 S.) Ebend. 875. n. — 75

— der gewerbliche Leseschüler. Lehren der Weisheit u. Tugend erläutert durch Beispiele aus dem Leben der Handwerks-Lehrlinge, Gesellen u. Meister, u. als Musterbilder zur Nachahmg. gesammelt u. aufgestellt. 8. (XI, 161 S.) Würzburg 871. Stahel. n. 1. 40

Berwind, Ferd., Rechtschreibregeln mit Uebungsaufgaben. Eine Anweis. zur sicheren Begründ. d. orthograph. Unterr. bei d. Schülern d. deutschen Werktagsschulen. Nach d. bayer. Lehrplane bearb. Mit e. Vorr. v. ein. Schulfreunde. gr. 12. (6 B.) Würzburg 841, Voigt u. Mocker.

Berwind, Ferd., der Satz in Verbindung mit den gebräuchlichsten Satztheilzeichen. Ein stufenweise geordneter Stoff als Beitrag zur Erzielung eines grammatisch richtigen schriftlichen Gedankenausdruckes. Für die Schüler in den Mittel- u. Oberklassen der deutschen Schulen bearb. Würzburg 861. Kellner. gr. 8. (XII, 132 S.) n. 10 ngr.

—— Schatzkasten für Schul-Präparanden, Seminaristen und Lehrer. Ein Lese-, Denk-, Memorir-, Schreib- und Sprachstoff, gesammelt und in alphabet. Ordnung aufgestellt. Mit einer Vorrede von J. B. Heindl. gr. 8. (XV, 251 S.) Würzburg 871, Stahel'sche Buchh. *

Berwinski: Einige Betrachtungen über die ältesten Zustände Lithauens und deren Umgestaltung im 13. und im 14. Jahrh. 21 S. Progr. Trzemeszno 1857.

Beryber, d. kl. Herodot., od. d. Begräbniß d. Ameis. in Gespr. 8. Lemgo, Meyer. 754.

Beryber, d. kl. Herodot, od. d. Begräbniß d. Ameisen, in 9 Gesprächen; aus d. Französ. übers. v. Chr. Fr. Helwing. 8. Lemgo 755. Meyer. 4 gr.

Beryber, Lettres Berybériennes suivies d'un essai sur l'esprit humain. 12. Berl. 754.

BERYKIO, Anastasios Johannes (Zante/Griechenl.): De rachitide. (Titel nach der Urkunde) 13.4.1850 – Urk; P 67

Diss. Ingolst.-Landsh.-Mchn.

Berz: Die technische Benützung des Säugethierkörpers. 2 S. Progr. Brünn OR. 1858.

Berz & Schwede (Inh. O. Berz): Gartenkunst 1899/1910. 10. Jahreskatalog. (Mit Abbild.) Stuttgart (1910).

Berz-Schilling, Chr. Otto: Volkstüml. Grabmalkunst u. Friedhofgestaltg, s: „Vom Garten e. Strauss".

Die hereditären Beziehungen der dementia praecox. Beitrag z. Hereditätslehre von Dr. Josef Berze. Leipzig & Wien: Deuticke 1910. IV, 158 S. 8°

Über das Primärsymptom der Paranoia. Von Dr. Josef Berze, Wien. *Halle a. S.: C. Markold 1903.* (57 S.) 8°

— Über das Verhältnis des geist. Inventars zur Zurechnungs- u. Geschäftsfähigkeit, s. Grenzfragen, juristisch-psychiatrische VI. 5. 6.

Berzelius, (Johann) Jacob, s. Berzelius, Joens Jacob

Berzelius, Joens Jacob

Berzelius, J. Jak., von d. Anwend. d. Löthrohrs in d. Chemie u. Mineralogie. Aus d. Handschr. übers. v. Hnr. Rose. Mit 4 Kpft. gr. 8. Nürnb. 821. 2e A. 828. Schrag. 3 ℛ

— die Anwendung des **Löthrohrs** in d. Chemie u. Mineralog. 3e Aufl. Mit 4 Kpfrtaf. gr. 8. Nürnb. 837. Schrag. $2\frac{1}{2}$ ℛ

— die Anwendung d. **Löthrohs** in d. Chemie u. Mineralogie. 4. verb. Aufl. Mit 4 Kpft. gr. 8. Nürnb. 844, Schrag. $1\frac{3}{4}$ ℛ

Berzelius, Joh. Jac. v., **Atomgewichts-Tabellen.** (Gratiszugabe zu des Verfassers Lehrbuch der Chemie. 5. Aufl.) gr. 8. (31 S.) Leipzig 847, Arnoldische Buchh.

Berzelius, Jacob. [1.] JakobB'. Selbstbiographische Aufzeichnungen. Hrg. im Auftrage der Königlich Schwedischen Akademie der Wissenschaften von H[enrik] G[ustaf] Söderbaum. Nach der wörtlichen Übersetzung von Emilie Wöhler bearb. von Georg W[ilhelm] A[ugust] Kahlbaum. — [2.] Amedeo Avogadro und die Molekulartheorie. Von Icilio Guareschi. Deutsch von Dr. Otto Merckens. [Mit Porträt-Tafel.] XIV + 194 S. 8. Leipzig, Johann Ambrosius Barth, 1903. [M. 5. —, geb. 6. 30]

Monographieen aus der Geschichte der Chemie. Hrg. von Dr. Georg W. A. Kahlbaum ... Basel. Heft 7.

BERZELIUS, JÖNS JACOB.
Saidschitzer (Das) Bitterwasser, chemisch untersucht von J. Berzelius, mit Bemerkungen über seine Heilkräfte von A. E. Reuss. Zweite Auflage. Prag, 1843. 12mo.

Berzelius u. Liebig. Ihre Briefe von 1831—1845 m. erläuternden Einschaltungen aus gleichzeitigen Briefen v. Liebig u. Wöhler, sowie wissenschaftlichen Nachweisen, hrsg. m. Unterstützg. der kgl. bayer. Akademie der Wissenschaften von Just. Carrière. gr. 8. (VIII, 279 S. m. 2 Bildnissen.) München 893. J. F. Lehmann's Verl. n. 6. —

Berzelius, Jonas Jak. u. Liebig. Ihre Briefe v. 1831—1845, m. erläut. Einschaltgn. a. gleichzeit. Briefen v. Liebig u. Wöhler, sow. wissenschaftl. Nachweisen hrsg. m. Unterstützg. d. kgl. bayer. Akademie der Wiss. v. Just. Carrière. 2. [Titel-] Aufl. gr. 8. (VII, 279 S. m. 2 Bildn.) München (893) 898. J. F. Lehmann's Verl. n. 8. —

Zwanzig Briefe gewechselt zwischen Jöns Jakob **Berzelius** und Christian Friedrich Schönbein in den J. 1836—1847. Hrsg. v. Georg W. A. Kahlbaum, Prof. a. d. Univ. Basel. *Basel: B. Schwabe 1898.* (2 Bl., 97 S., 1 Bl.) 1 Bd 8. [98. 1181]

Berzelius, Jac., s. a. Aus Jac. Berzelius' u. Gustav Magnus Briefwechsel.

Aus [Jöns] Jac. **Berzelius'** und Gustav Magnus' Briefwechsel in den Jahren 1828–1847. Hrsg. von Edvard Hjelt. *Braunschweig: F. Vieweg & Sohn 1900.* (X, 187 S.) 8° [00. 3231]

Briefwechsel zwischen J(ak.) **Berzelius** und F(riedrich) Wöhler. Im Auftr. d. Kgl. Ges. d. Wiss. zu Göttingen mit e. Kommentar von J[ulius] v. Braun hrsg. von O(tto) Wallach. Bd 1. 2. *Leipzig: W. Engelmann 1901.* 2 Bde 8° [01. 1180]

— **Chemie du fer.** Trad. par le Chevalier Hervé. gr. 8. Strassb. et Paris 820. Levrault. 1 ℛ

BERZELIUS, JÖNS JACOB.
Elemente der Chemie der unorganischen Natur. Aus dem schwedischen von Blumhof. Leipzig, 1816. 8vo.

BERZELIUS, JOHANN JACOB.
Fortschritte und gegenwärtiger Zustand der thierischen Chemie. Aus dem Englischen übersetzt. Nürnberg, 1815.

Berzelius, J. J. Jahresbericht über die Fortschritte der physischen Wissenschaften (vom Jahrgang 21 an: „Ueber die Fortschritte der Chemie und Mineralogie"). Aus dem Schwedischen übersetzt von C. G. Gmelin und (vom 4. Jahrg. an) von F. Wöhler. 27 Jahrgänge. Tübingen. 1822—1848. 8. Dazu: Vollständiges Sach- und Namen-Register von dem 1. bis 17. Jahrg. Tübingen. 1839. 8. Ein gleiches für den 1. bis 25. Jahrgang. Tübingen. 1847. 8. Die Fortsetzung des Jahresberichtes s. unter Svanberg.

— **Jahresbericht** üb. d. Fortschritte der phys. Wissensch. Aus d. Schwed. v. C. G. Gmelin u. Fr. Wöhler. 1r—11r Jahrg. gr. 8. Tübing. 822—32. Laupp. 14 ℛ Sachregister z. 1n bis 5n Jahrg. gr. 8. Ebd. 826. 4 ℊ

— **Jahresbericht** über die Fortschritte der physischen Wissenschaften. Aus d. Schwed. übersetzt von Fr. Wöhler. 12r — 19r Jahrg. 16 Hft. gr. 8. Tübingen 833 — 40. Laupp. (12r J. $1\frac{1}{2}$ ℛ; 13r J. $1\frac{1}{4}$ ℛ; 14r J., 2 Hfte., 1 ℛ 17 ℊ; 15r J., 2 Hfte., $2\frac{1}{8}$ ℛ; 16r J., 2 Hfte. 837, 2 ℛ; 17r J., 2 Hfte. 838, $2\frac{1}{3}$ ℛ; 18r J., 1s u. 2s Hft. 838, 39, $3\frac{7}{12}$ ℛ; 19r J., 1s Hft. 840, $1\frac{3}{4}$ ℛ) 19 ℛ — Vollständ. Sach- u. Namenregister zu dem 1. — 17. Jahrg. gr. 8. Ebd. 839. $\frac{1}{2}$ ℛ

— Jahres-Bericht über die Fortschritte der physischen Wissenschaften. Eingereicht an die schwed. Akademie der Wissenschaften den 31. März 1839. Im Deutschen herausgeg. von F. Wöhler. 19. Jahrg. 2. Heft: Pflanzenchemie, Thierchemie und Geologie. gr. 8. Tübingen 840, Laupp. $2\frac{1}{4}$ ℛ

— dass. 20. Jahrg. 1. u. 3. Heft: Physik. — Organische Chemie. Geologie. gr. 8. Ebd. 841. $2\frac{11}{12}$ ℛ

— dass. 20. Jahrg. 2. Heft: Unorganische Chemie, Mineralogie. gr. 8. Ebd. 841. $1\frac{1}{3}$ ℛ

— dass. 21. Jahrg. 2. Heft: Unorganische Chemie u. Mineralogie. gr. 8. Ebd. 842. $1\frac{1}{4}$ ℛ

— dass. 21. Jahrg. 3. Heft: Organische Chemie u. Geologie. gr. 8. Ebd. 842. $1\frac{11}{12}$ ℛ

— dass. 22. Jahrg. 2. Heft: Unorgan. Chemie u. Mineralogie. gr. 8. Ebd. 842. $1\frac{1}{6}$ ℛ

— dass. 22. Jahrg. 3. Heft: Pflanzenchemie, Thierchemie u. Geologie. gr. 8. Ebd. 843. 2 ℛ

— dass. 23. Jahrg. 1. Heft: Unorganische Chemie u. Mineralogie. gr. 8. Ebd. 843. $1\frac{7}{12}$ ℛ — 2. Heft: Pflanzen- u. Thierchemie. gr. 8. Ebd. 844. $2\frac{1}{12}$ ℛ

— dass. 24. Jahrg. 1. Heft: Unorganische Chemie. gr. 8. Ebd. 844. $1\frac{5}{12}$ ℛ — 2. Heft: Mineralogie und organische Chemie. gr. 8. Ebd. 845. $2\frac{5}{12}$ ℛ

— dass. 25. Jahrg. 1. Heft: Unorganische Chemie. gr. 8. Ebend. 845. $1\frac{3}{4}$ ℛ — 2. Heft: Mineralogie. Organische Chemie. gr. 8. Ebd. 846. 3 ℛ

—— vollständiges **Sach- und Namen-Register** zum Jahres-Bericht über die Fortschritte der physischen Wissenschaften, der Chemie und Mineralogie. 1—25. Jahrg. gr. 8. (180 S.) Tübingen 847, Laupp'sche Buchh.

— dass. 26. Jahrg. 1. Heft: Unorganische Chemie und Mineralogie. gr. 8. Ebd. 846. 2 ℛ

— **Jahres-Bericht über die Fortschritte der Chemie u. Mineralogie.** Eingereicht an die schwed. Akademie der Wissenschaften den 31. März 1846. 26. Jahrg. 2. Heft. Organische Chemie. gr. 8. (XVI u. S. 397—926.) Tübingen 847, Laupp. $2\frac{5}{6}$ ℛ

— ders. Eingereicht an die schwed. Akademie d. Wissenschaften den 31. Mai 1847. 27. Jahrg. 1. Hft.: Unorganische Chemie u. Mineralogie. gr. 8. (262 S.) Ebd. 848. $1\frac{1}{3}$ ℛ — 27. Jahrg. 2 Hft.: Pflanzenchemie. gr. 8. (S. 263 — 556.) Ebd. 1848. $1\frac{1}{2}$ ℛ — 27. Jahrg. 3. Hft.: Thierchemie. gr. 8. (XIV u. S. 557—690.) Ebd. 848. 22 ℊ

— **Lehrbuch** d. Chemie, nach der 2n Schwed. Originalausg. u. den eigenhänd. Zusätzen d. Verf. übersetzt v. K. A. Blöde u. K. Palmstedt. 1r Bd. Mit 4 Kpft. 820. 2e Aufl. u. 2r Bd. 823. 9 ℛ 16 ℊ 1r Bd. 3e Aufl. in 2 Abtheill. übers. u. bearb. v. Fr. Wöhler. Mit 5 Kpf. 825. 5 ℛ 2r Bd. in 2 Abtheill. 2e Aufl. 826. 5 ℛ 3r u. 4r Bd. à 2 Abtheill. übers. v. Wöhler. Mit 8 Kpft. 827 — 31. 14 ℛ 18 ℊ gr. 8. Dresd. 820—31. Arnold. 24 ℛ 18 ℊ Hbg. Pr. 18 ℛ 18 ℊ (4r Bd. 1e Abtheil. A. u. d. T.: Die Thierchemie. 831. 3 ℛ 16 ℊ 4r Bd. 2e Abtheil. A. u. d. T.: Chem. Operationen u. Geräthschaften rc. Mit 7 Kpft. 831. 4 ℛ 8 ℊ)

Berzelius, J. Jak., Lehrbuch der Chemie. Aus der schwed. Handschrift des Verf. übersetzt von F. Wöhler. 3e umgearb. Aufl. 9 Bde. gr. 8. Dresden u. Leipzig 833—40. Arnold. $30^3/_4$ ß 4e verb. Original-Aufl. 16—176 Hft. Mit Kpfrtaf. gr. 8. Ebd. 835, 36. Prän.-Pr. für alle 17 Hfte. $8^1/_2$ ß — 5r Bd. 4e Aufl. gr. 8. Ebd. 836. 2 ß

—— Lehrbuch d. Chemie. A. d. schwed. Handschr. d. Verf. übers. v. F. Wöhler. 10 Bde. gr. 8. Dresden u. Leipzig, Arnoldische Buchh.
Bd. 1—5. Anorganische Chemie. 4., verb. Orig. Aufl. M. 3 Kpfrt. 835. 15 Thlr.
6—8. Pflanzenchemie. 3., umgearb. u. verm. Orig.-Aufl. 3 Thle. [1. M. 1 Kpfrt. 837. 3 Thlr. 8 Gr., 2. M. 1 Kpfrt. 838. 3 Thlr. 12 Gr., 3. 839. 4 Thlr.] 10 Thlr. 20 Gr.
9. Thierchemie. 3., umgearb. u. verm. Orig.-Aufl. 840. 4⅔ Thlr.
10. Chemische Operationen u. Geräthschaften, nebst Erklär. chem. Kunstwörter, in alphabet. Ordn. M. 7 Kpfrt. u. 25 (eingedr.) Holzschn. 3., umgearb. u. verm. Orig.-Aufl. 841. 3 Thlr. 16 Gr.

— dass. 5. umgearb. Original-Aufl. Bd. I.—IV. 1. 2. Liefg. gr. 8. Ebd. 843—47. n. 18 ß

Berzelius, J. J. (Freih., — † d. 7. Aug. 1848.), Lehrbuch der Chemie. 5. umgearb. Orig.-Aufl. Bd. IV. Lfg. 3—4. Bd. V. 4 Lfgn. gr. 8. (Bd. IV.: S. 385—725. Bd. V.: XII u. 943 S.) Leipzig 847. 48, Arnold. n. 7 ß (I—V.: n. 25 ß) Als Gratiszugabe hierzu: Atomgewichts-Tabellen. Besond. Abdr. aus Bd. III. gr. 8. (31 S.)

Berzelius, J. J., Lehrbuch der Chemie. 5., umgearb. Orig.-Aufl. [2. wohlf. (Titel-)Ausg.] 5 Bde. gr. 8. (LII und 4625 S. mit 1 Stnt., 2 Kpfrt. in qu. gr. 4. und 10 eingedr. Holzschn.) Leipzig 856, Arnoldische Buchh. [1. Bd. 2 Thlr. 7½ Ngr.; 2. und 4. Bd. à 2 Thlr.; 3. Bd. 3 Thlr. 7½ Ngr.; 5. Bd. 2 Thlr. 15 Ngr.]

—— Lehrbuch d. Chemie. In vollständigem Auszuge, mit Zusätzen u. Nachträgen aller neueren Entdeckn. u. Erfindn., zu Vorlesn. u. z. Selbststud. f. Aerzte, Apotheker, Fabrikanten rc. bearb. v. H. F. Eisenbach u. C. A. Hering. 3 Bde. (od. 12 Lfgn.) gr. 8. (98 B. u. 6 Stnt.) Stuttgart 832, 33, Metzler.

—— Lehrbuch d. Chemie in gedrängter Form. Bearb. u. mit d. nöth. Nachträgen vers. v. Friedr. Schwarze. (In 4 Bdn. od. 8 Hftn.) 1—3. Hft. M. 2 Taf. Abbild. (in gr. 4.) gr. 8. (35½ B.) Quedlinburg 832—34, Basse. à Hft.

— Lehrbuch der Chemie in gedrängter Form. Bearbeitet und mit den nöthigen Nachträgen versehen von Fr. Schwarze u. A. 4.—6. Hft. (Schluß des 2. Bdes.) gr. 8. Quedlinburg 841, Basse. $2^3/_4$ ß (1.—6.: 5 ß) — 3. 4. u. letzt. Bd. Organische Chemie. Mit 2 Steintaf. gr. 8. Ebd. 842, 43. 5 ß — Alle 4 Bde. 10 ß

BERZELIUS, JÖNS JACOB.
Lehrbuch der Chemie in gedrängter Form. Bearbeitet und mit den neuesten Entdeckungen bereichert von Fr. Schwarze und Anderen. Quedlinburg, 1838–40. 4 vols., 8vo.

Lehrbuch der Pflanzen- und Thierchemie. Dritte Auflage. Dresden, 1837–41.

Lehrbuch der Thierchemie, aus dem schwedischen übersetzt von F. Wöhler. Dresden, 1831. 8vo.

— neues chemisches Mineralsystem nebst einer Zusammenstellung seiner älteren hierauf bezügl. Arbeiten. Herausg. von C. F. Rammelsberg. Als 2. Aufl. von Berzelius's neuem System der Min. aus dem Schwed. übers. von Christian Gmelin u. W. Pfaff. gr. 8. (VIII u. 262 S.) Nürnberg 847, J. L. Schrag. 1½ ß

BERZELIUS, JOHANN JACOB.
Chemische Operationen und Geräthschaften, nebst Erklärung chemischer Kunstwörter, in alphabetischer Ordnung. Aus dem Schwedischen übersetzt von F. Wöhler. Dresden, 1831. 8vo.
Vierte Auflage. Dresden und Leipzig, 1841.

Berzelius, J. J. Neues System der Mineralogie; übersetzt von Chr. Gmelin u. W. Pfaff. (Aus Schweigger's Journal für Chemie u. Physik.) Nürnberg. 1816. 8.

— neues System d Mineralogie. Aus d. Schwed. v. Chr. Gmelin u. J. W. Pfaff. gr. 8. Nürnb. 816. Schrag. 18 gr

Berzelius, Joens Jacob: Überblick über die Zusammensetzung der thierischen Flüssigkeiten. Aus d. Engl. übers. v. Johann Salomo Christoph Schweiger. Nürnberg: Schrag 1814. IV, 79 S. 8°

— Ueberblick üb. d. Zusammensetzung d. thier. Flüssigkeiten. Aus dem Engl. von J. S. C. Schweigger. gr. 8. Nürnb. 815. Schrag. 9 gr

Uebersicht der Fortschritte und des gegenwärtigen Zustandes der thierischen Chemie. Aus dem schwedischen ins englische übersetzt von Gustav Brunnmark. Aus dem englischen ins deutsche übersetzt von G. C. L. Sigwart. Tübingen, 1814. Nürnberg, 1815. 8vo.

— Untersuchung d. Mineralwasser von Karlsbad, Töplitz u. Königswart. Uebersetzt v. G. Rosse, herausg. v. L. W. Gilbert. Mit e. Anh. (Aus Gilberts Annalen abgedr.) gr. 8. Leipz. 823 u. 25. Barth. 18 gr

—— über das Vanadium, s. Sefström.

— über das Vanadium, s. N. G. Sefström.

Berzelius, Jac. Versuch, die bestimmten u. einfachen Verhältnisse aufzufinden, nach welchen die Bestandtheile der unorganischen Natur mit einander verbunden sind, s. Klassiker der exakten Wissenschaften.

Berzelius, Jak., Versuche, die bestimmten u. einfachen Verhältnisse aufzufinden, nach welchen die Bestandteile d. unorganischen Natur m. einander verbunden sind, s. Natur-Bibliothek 3. 4.

Berzelius, Jac., Versuch, die bestimmten u. einfachen Verhältnisse aufzufinden, nach welchen die Bestandtheile der unorganischen Natur m. einander verbunden sind, s. a. Ostwald's Klassiker der exakten Wissenschaften.

Versuch, die bestimmten und einfachen Verhältnisse aufzufinden, nach welchen d. Bestandtheile der unorgan. Natur mit einander verbunden sind, v. Jacob Berzelius, Prof. ... zu Stockholm. '(1811–1812.)' Hrsg. v. W[ilhelm] Ostwald. *Leipzig: W. Engelmann 1892.* (218 S.) 1 Bd 8.
= Klassiker, Ostwald's, d. exakten Wissenschaften. No 35.

Berzelius (J. J.), Versuch durch Anwendung der electrisch-chemischen Theorie und der chemischen Verhältnisslehre ein rein wissenschaftliches System der Mineralogie zu begründen. Aus dem Schwedischen übersetzt von A. F. Gehlen. Nürnberg 1815. 8. (Aus Gehlen's Journal für Chemie u. Physik, Band 11 u. 12.)

Berzelius, J. Jak., Versuch über d. Theorie der chemischen Proportionen u. über d. chemischen Wirkungen d. Elektricität; nebst Tabellen. Nach d. schwedischen u. französ. Originalausg. bearb. v. K. A. Blöde. gr. 8. Dresd. 820. Arnold. 2 ß 8 gr

— u. Lagerhjelm's, alphabet. Verzeichniß der Gehalte sämmtl. bekannter chem. Verbindungen. Aus d. Französ. mit Bemerkk. üb. chem. Nomenclatur v. Dr. Meinecke. (A. d. Journal f. Chemie 27ster Bd. einzeln abgedr.) gr. 8. Nürnb. 820. Schrag. 16 gr

— üb. d. Zusammensetzung d. Schwefelalkalien. A. d. Schwed. v. K. Palmstedt. gr. 8. Nürnb. 822. Schrag. 9 gr

Berzeviczy, Alb. v., Italien. Reisebilder u. Studien. Mit 30 Bildertaf. gr. 8. (XIV, 264 S.) Leipzig (899). W. Friedrich. n. 6.—; geb. n. 7.50

Das Unterrichtswesen Ungarns im Jahre 1903. (Verf.: Dr. Albert v. Berzeviczy.) Budapest 1905: Kgl. Ung. Univ.-Buchdr. (36 S.) 8°

Berzeviczy, Gregor von

— Ansicht d. Asiat.-Europäischen Welthandels. 8. Pesth 808. Eggenberger. 12 gr

v. Berzeviczy, Greg., († d. 23. Febr. 1822.) die Erweiterung des nordisch. Handels, dem hohen Wiener-Congreß unterthänig dargestellt. gr. 8. Wien 814. Geistinger. (Gerold). 4 gr

— Ungarns Industrie u. Commerz. 8. Weimar (Berl.) 802. Gädike. 10 gr

Aus den Lehr- und Wanderjahren eines ungarischen Edelmannes im vorigen Jahrhunderte. Briefe Gregor v. Berzeviczy's an s. Mutter aus Deutschl., Frankr. u. Engl. in den J. 1784 bis 1787. Hrsg. u. eingel. v. Aladár v. Berzeviczy. M. d. Bildn. Gregor v. B.'s. *Leipzig: G. H. Meyer 1897.* (IV, 72 S., 1 Portr.) 1 Bd 8.

Ⓑ **Berzeviczy**, G. v., aus den Lehr- u. Wanderjahren e. ungar. Edelmannes. 897. Jetzt: Berlin, F. Wunder.

Berzeviczy, G v., Nachr. üb. d. Zust. d. Evang. in Ungarn, s.a. Beiträge z. Gesch. d. Protest. in Ung.

Berzeviczy, Gregor v. Nachrichten über den jetzigen Zustand der Evangelischen in Ungarn. 8. Leipzig 1822.

— Nachr. üb. d. jetzigen Zustand d. Evangelischen in Ungarn. 8. 822. (Wigand in Kaschau). 1 ℔

— s. Zustand d. Protestanten in Ungarn.

Berzl, Otto: Ursprung, Aufgabe und Wesen der christlichen Synoden. Würzburg 1908: Staudenraus. 85 S. 8°
Würzburg, Jur. Diss. v. 31. Aug. 1908, Ref. Meurer
[Geb. 9. Aug. 84 Gunzenhausen; Wohnort: Passau; Staatsangeh.: Bayern; Vorbildung: Gymn. Amberg Reife Juli 04; Studium: Greifswald 1, München 1, Würzburg 6 S.; Rig. 17. Juli 08.] [U 09. 4037

Berzsenyi, s.: Lieder u. Gedichte, 36 Ungarische.

Sinuthii (archimandritae) vita Bohairice. (Verf.: **Besa**.) (Ed. Iohannes Leipoldt adiuvante Walter E[ving] Crum.) [1.] Textus. Parisiis: C. Poussielgue; Lipsiae: O. Harrassowitz 1906. 8°
— Sinuthius [Senoyte]: Vita et opera omnia. 1.
— Corpus scriptorum christian. oriental. Script. copt. Ser. 2. T. 2, 1.

Besac, philosoph. Aufsätze. 8. Petersb. Logan. 792.

Besack, Gottlob Christian (Lausitz), Grammaticarum observationum jus civile illustrantium specim. I. Präs. Carl Ferdinand Hommel. Lpz. (Langenheim) 14. VIII. 1749. 24 S. (4.60) 2388

Beseda, serbska, w latinskom pismu. Jedan knjizevni zbornik za ogled novog typa organicke latinice. (Sammlung serbischer Schriften, mit latein. Lettern gedruckt.) gr. 8. (III und 164 S.) Wien 860, Seich's Buchh.

Besanez, s. Gorup-Besanez.

Besange, ..., s. J. B. Bossuet, Abhandl.

Besange, Hieron., Die 7 Bußpsalmen samt einer buchstäblichen Erklärung mit sittlichen Anmerkungen begleitet zum Behufe aller derjenigen, die Verlangen tragen, Gott ein zerknirschtes u. gedemütigtes Herz darzubieten. Salzburg, 1776, 8°, 131 S.

Besange, Hieron. Lamy, Introductio in Vetus Testam. critico-hermeneutico-historica, qua exhibetur, quidquid ex ss. patrum aliorumque eruditorum sententia ad genuinum litterae sensum eruendum facere videtur. Steyr, 1765, gr. 4°.
Vol. I. continens generalia et ea, quae ad libros legales, historicos, morales specialim pertinent. 648 S.
Vol. II. complectens ea, quae ad librorum propheticorum lectionem pertinent. 711 S.

Besant, Annie
— u. C. W. **Leadbeater**, der Äther im Weltenraume, s.: Vorträge, geisteswissenschaftliche.

Besant, Annie: Die Aufg. d. theosoph. Gesellsch. — Die Aufg. d. Politik im Leben d. Völker, s.: Vorträge, geisteswiss.

Besant, A., Die Aufgabe der Politik im Leben der Völker. (Vortrag. Verdeutscht von A. v. Ulrich.) (15 S.) gr. 8. Leipzig, Theosoph. Verlagshaus. 1909 —. 40.
Vorträge, geisteswissenschaftliche. Durch Licht zum Licht! 10. H.

— H. P. **Blavatsky** u. die Meister der Weisheit. Übers. v. Frl. A. Dunkhase. Mit 2 Portr. u. Schriftproben v. Mahatma Kurt Humi u. Mahatma Morya (auf 8 Taf.). (71 S.) 8. Leipzig (909). Theosoph. Verlagshaus. 1.50

— Die **Bruderschaft** der Religionen. (The brotherhood of religions.) Autoris. Übersetzg. v. Helene Lübke. (47 S.) kl. 8. Leipzig (908). Th. Grieben. —60

Besant, Annie, u. C.W. Leadbeater
— — Okkulte Chemie. Atomlehre. Mit Beiträgen üb. „Forschgn. betr. der „Okkulten Chemie" u. „Wie die „Okkulte Chemie" geschrieben wurde" v. Johan van Manen, s.: Bibliothek, theosophische. I.

Besant, Annie, esoterisches Christentum od. die kleineren Mysterien. Autoris. Übersetzg. v. Mathilde Scholl. (VIII, 296 S.) gr. 8. Leipzig 903. Th. Grieben. n. 3. 60; geb. n. 4. 60

Besant, Annie: Esoter. Christentum od. Die kleinen Mysterien Übers. v. Mathilde Scholl. 2. Afl. (7, 280) 8° Lpzg, Th. Grieben '11. 3.60; geb. n 4.60

— Das Denkvermögen, Seine Beherrschg, Entwickelg u. richt. Anwendg. Aus d. Engl. v. L Deinhard. (167) 8° Berl/02. Lpzg, M Altmann. 3 —: geb. 4 —

Besant, Annie, das **Denkvermögen**. Seine Beherrschung, Entwickelg. u. richt. Anwendg. Autoris. Bearbeitg. aus d. Engl. v. Ludw. Deinhard. 8. (167 S.) Berlin 902. C. A. Schwetschke & Sohn. n. 3. —

— Das **Denkvermögen**. Seine Beherrschg. (Entwickelg.) u. (richt.) Ausbildg. 2., neu durchgeseh. Aufl. der autoris. deutschen Bearbeitg. des engl. Originals. Von Ludw. Deinhard. (XII, 156 S.) 8. Leipzig 908. M. Altmann. 3.—; geb. 4.—

— Dharma. 3 Vortr. Deutsch v. A Wagner. (87) 8° Lpzg, T Grieben (04). 1.20; geb. 1.80

— **Dharma**. 3 Vorträge. Geh. in Benares auf der 8. Jahresversammlg. der ind. Sektion der theosoph. Gesellschaft am 25., 26., 27. X. 1898. Autoris. deutsche Ausg. v. A. Wagner. 2. verb. Aufl. (III, 65 S.) 8. Leipzig (910). Th. Grieben. 1.20; geb. n 1.80

— Geistige Dunkelheit, s.: Vorträge, geisteswissenschaftl.

Besant, Annie, die **Entwicklung** des Lebens u. der Form. 4 Vorträge, geh. bei der 23. Jahresversammlg. d. theosoph. Gesellschaft zu Adyar bei Madras in Indien 1898. Uebers. v. Günth. Wagner. 8. (182 S.) Berlin 902. C. A. Schwetschke & Sohn. n. 3. 60

Ⓑ **Besant**, Annie, d. Entwicklung d. Lebens u. d. Form. 902. Jetzt: Leipzig, M. Altmann.

Besant, Annie, D. Geburt u. Entwicklg. d. Seele, e. theosoph. Studie. Autor. Übersetzg. n. d. engl. 2. Aufl. von Ludw. Deinhard. 8. (62 S.) Leipzig 898. W. Friedrich. n. 1. —

Besant, Annie, u. C. W. Leadbeater
— — Gedankenformen. Autoris. Übersetzg. aus dem Engl. v. der literar. Abteilg. des theosoph. Verlagshauses. Mit e. Begleitwort zur deutschen Ausg. v. Frz. Hartmann. (VIII, 112 S. m. 58 Abb. auf 30 z. Tl. farb. Taf.) gr. 8. Leipzig 908. Theosoph. Verlagshaus. 10.—; geb. n 12. —

— Das Geheimnis der Entwickelung, s.: Vorträge, geisteswissenschaftliche.

— Geist u. Welt. Sinnbilder d. Religion. — Geistesentfaltg. — Entstehg. d. Weltalls. — D. Elementarkräfte. — D. Wert d. ind. Geheimlehre. — E. Selbstbekenntnis. — Erklärg. d. Fremdwörter. 12. (VIII, 210 S.) Braunschweig 895. C. A. Schwetschke & Sohn. n. 3. —

Ⓑ — Geist u. Welt. 895. Jetzt: Leipzig, M. Altmann.

Besant, Annie, das Gesetz der Bevölkerung. Ins Deutsche übertr. v. G. Stille. gr. 8. (51 S.) Berlin 881. F. Luckhardt. n. — 80

— Die Gesetze d. höheren Lebens, s.: Vorträge, geisteswiss.

— Hâtha-Yoga u. Râja-Yoga od. Geistige Entwicklung nach altindischer Methode, s.: Vortäge, geisteswissenschaftl.

— Die Hüter der Menschheit, s.: Vorträge, geisteswiss.

— Karma. Autoris. deutsche Uebersetzg. 12. (III, 82 S.) Leipzig 899. Th. Grieben. n. 1.20; geb. in Leinw. n. 1.80

Karma. Von e. Schüler d. Theosophie. [Verf.: Mrs. Annie Wood Besant.] Autor. Übers. d. Point Loma-Ausg. Nürnberg: Heller [1907]. VIII, 52 S. 8°
(Theosophische Handbücher [Theosophical Manuals]. 3.) [11. 6660

— Karma. Autoris. deutsche Übersetzg. 2. unveränd. Aufl. (III, 76 S.) 8. Leipzig 910. Th. Grieben. 1.20; geb. n 1.80

— die Mahâtmâs, ihre thatsächl. Existenz u. d. v. ihnen verkörp. Ideal, s.: Schriften, theosoph.

Annie Besant. Der Mensch und seine Körper. E. theosoph. Studie. Autoris. Übs. v. Günther K. Wagner. *Leipzig: W. Friedrich [1898].* (2 Bl., 96 S.) 1 Bd 8. [98. 3447

— der Mensch u. seine Körper. Eine theosoph. Studie. Autoris. Übersetzg. v. Günth. Wagner. 2. verm. Aufl. (III, 118 S.) 8. Leipzig 906. M. Altmann. n. 1.50; geb. n. 2.20

— Die Notwendigk. d. Wiederverkörperg, s.: Vorträge, geisteswiss.

— Okkultismus. Semi-Okkultismus u. Pseudo-Okkultismus. 8 Vorlesgn., geh. Donnerstag den 80. VI. 1898 in der Blavatsky-Loge zu London. Autoris. Übersetzg. v. Elsb. Heinecke. (III, 89 S.) 8. Leipzig 907. M. Altmann. 1.20; geb. 1.80

Besant, Annie, der Pfad der Jüngerschaft. 4 Vorträge, geh. am 20. Stiftungsfest der theosoph. Gesellschaft zu Adjar Madras, den 27., 28., 29., 30. XII. 1895. Autoris. Übersetzg. v. Gräfin H. Scheler. (III, 162 S.) 8. Leipzig 905. M. Altmann. n. 2.—; geb. n.n. 3.—

— die sieben Prinzipien od. Grundteile d. Menschen, s.a. Bibliothek esoterischer Schriften. VI. Bd.

— d. sieben Prinzipien od. Grundteile d. Menschen. 8° (160) Lpzg 95, W Friedrich. 2 —

— Das Rätsel d. Lebens im Lichte d. Theosophie. Aus d. Engl. übers. u. hrsg. v. d. Gesellsch. z. Verbreitg d. Theosophie, Düsseldorf. Entnommen d. Theosophist. Ausg. A. (60) 8° Düsseld., E Pieper, Ring-Verl. '11. — 50; Ausg. B auf Japanpap. 1 —

— Reinkarnation od. Wiederverkörperungslehre, s.a. Bibliothek esoterischer Schriften. VII, VIII.

— Reinkarnation od. Wiederverkörperungslehre. 8. (III, 182 S.) Ebd. 895. n. 3.—

— Die Reinkarnations- od. Wiederverkörpergslehre. Deut. Ausg. v. Frz Hartmann. (182) 8° Lpzg, Theosoph. Verlagshaus ('11). 3 —; geb. 4 —

— die vier grossen Religionen. 4 Vorträge vor der 21. Jahresversammlg. der theosoph. Gesellschaft zu Adyar bei Madras. Autoris. Übersetzg. von Günth. Wagner. (X, 197 S.) 8. Berlin 904. Leipzig, M. Altmann. n. 3.20

Die vier großen Religionen [Four great religions]. 4 Vorträge vor d. 21. Jahresversammlung d. Theosoph. Gesellschaft zu Adyar von Annie Besant. Autor. Übers. von Günther Wagner. Berlin: C. A. Schwetschke & Sohn 1904. (X, 197 S.) 8° [05. 2630

– Die Sphinx der Theosophie, s. Schriften, Theosoph.

— Der Stammbaum des Menschen. 4 Vorlesgn., geh. bei Gelegenheit der 28. Jahresversammlg. der Theosoph. Gesellschaft zu Adyar, im Dezbr. 1903. Autoris. Übersetzg. v. Elsb. Heinecke. (VII, 143 S.) 8. Ebd. 907. 2.—; geb. 3.—

— eine Studie über das Bewusstsein. Ein Beitrag zur Psychologie. Autoris. Übersetzg. v. Günth. Wagner. (VII, 260 S.) 8. Leipzig 906. M. Altmann. n. 4.—; geb. n. 5.—

— Das Suchen n. Glück, s.: Vorträge, geisteswiss.

Symbolik. Vortrag. Von Annie Besant. Braunschweig: Schwetschke & Sohn 1895. 40 S. 8°. [Umschlagtit.] (Theosoph. Schriften. 22/23.)

— Theosophie in Beziehung zum menschl. Leben. 4 Vorträge, geh. am 29. Jahrestag der theosoph. Gesellschaft zu Benares im Dezbr. 1904. Autoris. Uebersetzg. v. Camilla Wandrey. (III, 118 S.) 8. Leipzig 907. M. Altmann. 1.80; geb. 2.60

— Theosophie u. moderne psychische Forschung. 6 Vorträge. Autoris. Übersetzg. v. Helene Lübke. (XI, 138 S.) 8. Ebd. 907. 2.—; geb. 3.—

– Theosophie u. soz. Fragen, s. Schriften, Theosoph.

— der Tod — u. was dann? Autoris. Übersetzg. aus dem Engl. 8. (146 S.) Leipzig 894. W. Friedrich. n. 3.—

— der Tod — u. was dann? Autoris. Übersetzg. Hrsg. v. Frz. Hartmann. 2. Aufl. 8. (IV, 144 S.) Leipzig (902). Lotus-Verlag. n. 3.—; geb. n. 4.—

Ⓑ — Der Tod — u. was dann? 902. Jetzt: Leipzig, Theosoph. Verlagshaus.

— Der Vegetarismus im Lichte d. Theosophie, s.: Vorträge, geisteswiss.

— Im Vorhof. 5 Vorträge. Autor. Uebersetzg. a. dem Engl. 12. (VII, 142 S.) Leipzig 898. Th. Grieben. n. 1.80; geb. n. 2.50

— Im Vorhof. 5 Vorträge. Autoris. Übersetzg. aus dem Engl. 2. durchgeseh. Aufl. (IV, 186 S.) 8. Leipzig 910. Th. Grieben. 1.80; geb. n 2.50

— Populäre Vorträge üb. Theosophie. (4, 137) 8° Ebd. '11. 1.80; geb. n 2.40

— Zwei Vorträge üb. die Meister. Uebers. u. hrsg. v. der Blavatzky-Loge Düsseldorf. (V, 84 S.) 8. Düsseldorf (908). (Schmitz & Olbertz.) — 60

— Ein Wandel der Welt u. Vorträge vor theosoph. Schülern. 15 Vorträge, geh. in London während Mai, Juni u. Juli 1909. Übersetzung. (III, 329 S.) 8. Leipzig 910. Th. Grieben. 4.—; geb. n 5.—

— D. uralte Weisheit. E. kurzgef. Darstellg. d. Lehren d. Theosophie. Autor. deutsche Ausg. v. Ludw. Deinhard. 12. (XV, 331 S. m. 1 Taf.) Ebd. 898. n. 4.—; geb. n. 5.—

— uralte Weisheit. Die Lehren der Theosophie, kurz dargestellt. 2., neu durchgeseh. Aufl. der autoris. deutschen Übersetzg. v. Ludw. Deinhard. Mit dem Portr. der Verf. u. 1 Taf. (XVI, 303 S.) 8. Leipzig (905). Th. Grieben. n. 4.—; geb. n. 5.—

— Uralte Weisheit. Die Lehren d. Theosophie, kurz dargestellt. 3. Afl. d. autoris. deut. Übersetzg v. Ludw. Deinhard. (16, 303 m. Bildn. u. 1 Taf.) 8° Ebd. ('12). 4 —; geb. n 5 —

— Welt-Relig. u. uns. nahe Zukunft. Vorträge. Übersetzg hrsg. v. Hübbe-Schleiden. (7, 166 m. Bildn.) 8° Lpzg, M Altmann '12. 2.50; geb. 3.50

— Winke zum Studium der Bhagavad Gitâ. 4 Vorträge, geh. bei der 30. Jahresversammlg. der theosoph. Gesellschaft zu Adyar-Madras im Dezbr. 1905. Autoris. Übersetzg. v. Helene Lübke. (III, 97 S.) 8. Leipzig 907. M. Altmann. 1.60; geb. 2.40

Besant, Annie: Der Zeitgeist, s.: Vorträge, geisteswiss.

— D. Zukunft d. unser wartet. Autor. Übersetzg. von Ludw. Deinhard. 8. (55 S.) Leipzig 897. W. Friedrich. n. 1.—

Besant, Walter

Besant, W., all in a garden fair, s.: Asher's collection of English authors.

By Celia's Arbour. A tale of Portsmouth town. By Walter Besant and James Rice. Copyright ed. In 2 vol. Vol. 1. 2. Leipzig: Tauchnitz 1893. 8°
(Collection of British authors. Tauchnitz Ed. Vol. 2887/8.)

Besant, Walt., Armorel of Lyonesse, s.: Collection of British authors.

Besant, W.: the bell of St. Paul's, s. Collection of British authors.

— and J. Rice, the golden butterfly, s.: Collection of British authors.

Besant, W., and J. Rice, the chaplain of the fleet. s.: Asher's collection of english authors.

– children of Gibeon, s. Collection of British authors.

The Master Craftsman. By Walter Besant. Copyright ed. In 2 vol. Vol. 1. 2. Leipzig Tauchnitz 1896. 8°
(Collection of British authors. Tauchnitz Ed. Vol. 3147/8.)

Beyond the dreams of avarice. By Sir Walter Besant. Copyright ed. In 2 vol. Vol 1. 2. Leipzig: Tauchnitz 1895. 8°
(Collection of British authors. Tauchnitz Ed. Vol. 3070/1.)

– for faith and freedom, s. Collection of British authors.

Besant, Walt.: For faith and freedom, s: Library, English (Lion)

— Dorothy Forster, s.: Collection of British authors.

A Fountain sealed. By Walter Besant. Copyright ed. Leipzig: Tauchnitz 1897. 311 S. 8°
(Collection of British authors. Tauchnitz Ed. Vol. 3227.)

— the ivory gate. s.: Library, the Engl.

Besant, Walt., the fourth generation, s.a.Collection of British authors.

The fourth Generation. By Walter Besant. Copyright ed. Leipzig: Tauchnitz 1900. 319 S. 8°
(Collection of British authors. Tauchnitz Ed. Vol. 3447.)

The orange girl. By Walter Besant. In 2 vols. Vol. 1. 2. Leipzig: B. Tauchnitz 1899. 2 Bde 8°
(Collection of Brit. Authors. Tauchnitz Ed. Vol. 3388/9.)

Besant, Walter, u. James Rice

— — des Verlorenen Heimkehr, s.a. Eisenbahn-Unterhaltungen.

— — d. Verlorenen Heimkehr. Roman. Roman-Beilage z. „Preßburger Zeitung". gr. 8. (83 S.) Preßburg 882. (G. Heckenast's Nachf.). 1.20

— The history of London, s: Authors, English (Hallbauer).

– the inner house, s. Collection of British authors.

— and James Rice, 'Twas in Trafalgar's bay. Für den Schulgebrauch hrsg. v. G. Opitz. I. Tl. Einleitung u. Text. II. Tl. Anmerkungen u. Wörterverzeichnis. (Freytags Sammlg. französ. u. engl. Schriftsteller.) 8. (VIII, 240 S. m. 1 Abbildg.) Leipzig 900. G. Freytag. Geb. in Leinw. u. geh. n. 1.80

't was in Trafalgar's Bay by Walter Besant and James Rice. Für den Schulgebrauch herausgegeben von Professor G. Opitz. I. Theil: Einleitung und Text. II. Theil: Anmerkungen und Wörterverzeichnis. Mit 1 Abbildung (Freytags Sammlung französischer und englischer Schriftsteller.) Wien und Prag. 1900. Tempsky. VIII, 240 S. Geb. K 2.20

The Lady of Lynn. By Walter Besant. Copyright ed. In 2 vol. Vol. 1. 2. Leipzig: Tauchnitz 1901. 8°
(Collection of British authors. Tauchnitz Ed. Vol. 3512/13.)

— das Leben u. Wirken Edward Henry Palmers, ehem. Professor d. Arabischen an der Universität Cambridge u. Fellow v. St. Johns College. Deutsch bearb. v. M. Heusler. gr. 8. (VII, 199 S.) Gotha 886. F. A. Perthes. n. 4.—

— London, s: Library, The English.

— Elizabethan London, s: Teubner's, BG. school texts.

— London past and present, s: Schulbibliothek französ. u. engl. Prosaschriften a. d. neuern Zeit (Flaschel).

Besant, W, and J Rice, such a good man, s.: Asher's continental library.

Besant, W., and J. Rice, the monks of Thelema, s. Asher's Collection of English Authors.

Besant, Walter, u. James Rice

— — Ready-Money Mortiboy, s.: Collection of British authors.

— Nora u. Was aus dem Puppenheim ward. Nach dem Engl. v. Eug. Oswald. Einzig ermächt. Uebertragg. 12. (61 S.) Hamburg 891. C. Kloß. n. —50

– Herr Paulus, s. Collection of British authors.

– Katharina Regina, s. Collection of British authors.

— the revolt of man, s.: Collection of Brit. auth.

Besant, Walter, u. James Rice

— — the captains' room, s.: Asher's collection of English authors.

— St. Katherin's by the Tower, s.: Library, the English.

Besant, Walter, u. James Rice

— — all sorts and conditions of men, s.: Asher's collection of English authors.

— All sorts and conditions of men, s: Perthes' Schulausgaben engl. u. franz. Schriftsteller (Deckner).

Besant, Walter, u. James Rice

— — in Trafalgars Bay, s.: Roman-Bibliothek, englische.

— — der Traukaplan d. Fleet. Autoris. deutsche Ausg. 2 Thle. in 1 Bd. 8. (436 S.) Berlin 884. (Ed. Krause.) 3.—

Verbena Camellia Stephanotis etc. By Walter Besant. Copyright ed. Leipzig: Tauchnitz 1892. 270 S. 8°
(Collection of British authors. Tauchnitz Ed. Vol. 2844.)

Besant, Walter, u. James Rice

— — when the ship comes home, s. Asher's continental library.

- the world went very well then, s. Collection of British authors.

— die gute alte Zeit, s.: Collection Spemann.

Besas, Georg, Kammergerichtsrefer.: Die Bedeutung der Anzeige des Gläubigers an den Schuldner von der Verpfändung einer Forderung nach dem Bürgerlichen Gesetzbuch für das Deutsche Reich. o. O. [1908]. 31 S. 8°
Heidelberg, Jur. Diss. v. 1908, Ref. Bekker
[Geb. 10. Sept. 86 Berlin; Wohnort: Berlin; Staatsangeh.: Preußen; Vorbildung: Kölln. Gymn. Berlin Reife M. 04; Studium: Berlin 5, Heidelberg 1 S.; Rig. 4. Aug. 08.] [U 09. 1745

Besatzung, die, von Mainz sollen Bundestruppen sein. gr. 8. (88 S.) Leipzig 861, Weber.

Besatzungsetat für die Schiffe und Fahrzeuge der Kaiserlichen Marine. Berlin 1890. Reichsmarineamt

Besch, Eduard, s.a. Beschi, Eduard

Besch, Eduard, Das Artillerie-Wesen auf der Pariser Weltausstellung vom Jahre 1889. Mit 8 Tafeln. (Separat-Abdruck aus den „Mittheilungen über Gegenstände d. Artillerie- und Genie-Wesens".) 8. (130 S.) 2.—
Wien: Waldheim 1890

Besch, Johs: Aus d. Lernstube d. Lebens. Sammlg neuerer erzähl. Stoffe, z. lebendigeren Gestaltg d. relig. Belehrg in Kirche u. Schule hrsg. 1. u. 2. Afl. (268) 8° Berl., Vaterländ. Verl.- u. Kunstanst. ('11'12). L 3 — d

Besch, Karl
Besch, *Carl* Ableitung einiger Formeln für das sphärische Dreieck durch Zerlegung desselben in rechtwinklige Dreiecke. 4 (S. 3—14 — S. 27—37).
In: Festschrift z. Einweihung der neuen Gebäude des Kgl. Friedrichs-Kolleg. *Königsberg i. Pr.* 1892.
Progr.
Nicht im Tauschverkehr. Hartung

Besch, Karl Bestimmung der bei der linearen Umformung der Θ funktionen auftretenden Transformationskonstanten. 29 S.
Progr. Pr. Koll. *Königsberg* 1877.

Besch, Theophil: Friedrich von Heydeck, ein Beitrag zur Geschichte der Reformation und Säkularisation Preussens. *Königsberg in Pr. 1897: R. Leupold.* (63 S.) 8° ¶ [Aus: Altpreussische Monatsschrift, N.F. Bd 34.]
Königsberg, Phil. Diss. v. 18. Okt. 1897

Besch, Willi Martin, appr. Arzt a. Neuhausen: Ein Beitrag zur Lehre der primären Orbitalsarkome, besonders der Sarkome mit Höhlenbildung. (15 S.) 8° ¶ (Aus: Klin. Monatsblätter f. Augenheilkunde 1904.)
Leipzig, Med. Fak., Ref. Sattler, Diss. v. 27. März 1905
[Geb. 21. Dez. 79 Neuhausen, Kr. Königsberg i. Pr.; Wohnort: Karlsruhe; Staatsangeh.: Preußen; Vorbildung: Wilhelmsgymn. Königsberg Reife O. 97; Studium: Königsberg 10 S.; Coll. 30. März 05; Approb. 2. März 05.]

Beschaffenheit
— ächte, des reichsgräfl. Fränkischen Collegii u. dessen Voti curati separati von beider Ursprung an, bis auf gegenwärtige Zeiten rc. (v. Chr. H. H. Fischer). 8 Thle. Fol. 781. ...

— die eigentl., des im Februar 1787 m. Hess. Kriegsvölkern gescheh. Ueberzugs d. Grafsch. Lippe. Fol. Lemgo 787. Meyer. 12 ℊ

— über d. gegenwärtige, der Schulpforte, (v. K. A. Böttiger). 8. Leipz. 791. Hilscher. 3 ℊ

Beschaffenheit, Ueber die, des k. k. Infanterie-Percussions-Gewehres mit dem kleinen Schlosse und über die Conservirung desselben. (Mit 2 Taf.) 4. Wien 1843.

Beschaffenheit, Physisch-chemische, des Pattenhofschen Brunnens. [1807]. V: *Praetorius, Benjamin Gottlieb & David Georg Kurtzwig.* (R-N)

Beschaffenheit, die wahre, des Donners, e. neue Entdeckung, (v. Ant. Felkel). 8. Wien 780. Gheln. 2 ℊ

Beschaffenheit, Wahre, eines zweifelhafften Handels in Nicht-Bezahlung eines acceptirten Wechselbriefes ... [Hamb.] 1705—7. V: *Leser, A.* (CBH)

Beschaffenheit, Die wahre, des gegenwärtigen Krieges. ... 1759. V: *Handel.* (wr)

— d. wahre, des jetzig. Krieges. 4. Frkf. u. Lpz. 759.

Beschaffenheit, Wahre, des zum Ambte Coburg und desselben Anschlag wesentlich gehörigen Gerichts Neustadt ... O. O. 1736. V: *Gruner, Joh. Frdr.* (Holz)

Beschaffenheit, Wahre, des Zwistes zwischen dem apostolischen Nuntius zu Kölln und den drey geistlichen Churfürsten. Aus dem Französischen. O. O. 1788. V: *Feller, Franz Xaver.* (KGBerlin I, 1370)

Die **Beschaffung** hypothekarischer Darlehen für Baugenossenschaften. Berlin: C. Heymann 1908. (XI, 164 S.) 8° [J.]
— Schriften d. Zentralstelle f. Arbeiter-Wohlfahrtseinrichtungen. No 33.

Beschaffung (Die) von Geldmitteln für Baugenossenschaften. Verhandlungen der Conferenz vom 9. Mai 1894. (Schriften d. Centralstelle für Arbeiterwohlfahrtseinrichtungen, Nr. 5.) gr. 8⁰. Berlin 1894.

Die Beschaffung von Geldmitteln für Baugenossenschaften. Berlin: Heymann 1895. - Schriften der Zentralstelle für Arbeiterwohlfahrtseinrichtungen. 5.

Beschaffung, Die, d. Geldmittel f. d. Bestrebgn d. freien Liebestätigk., v. Alb. Levy u. Hedw. Götze, s: Schriften d deut. Vereins f. Armenpflege u. Wohltätigk.

Beschaffung. – Über Beschaffung zweiter unkündbarer Hypotheken durch Pfandbrief - oder Handfesteninstitute. (Aus d. Verhandlungen d. 12. ordentl. Landesverbandtages 1909 in Berlin.) Spandau 1909: Graßmann in Stettin. 22 S. 8⁰.
(Mitteilungen d. Preuß. Landesverbandes d. Haus- u. Grundbesitzer-Vereine. H. 49.)

Beschäftigung, Angenehme und lehrreiche, für Kinder in ihren Freystunden. Wien 1788. V: *Strommer, Joh.* (Rapport von Wien 1788, S. 276.) (BIBlPORT)

Beschäftigung, Die, der Angestellten in Gastwirthschaften. Enth. die Bekanntmachung vom 23. Januar 1902 mit Erläuterungen, sowie die für die Ueberstunden u. Ruhezeiten zu führenden Verzeichnisse. (16 S.) Leipzig 1902. Rossberg u. Berger. —.60

Beschäftigung, die, der Angestellten in Gastwirtschaften. Enth. die Bekanntmachg. vom 23. I. 1902 m. Erläutergn., sowie die f. die Überstunden u. Ruhezeiten zu führ. Verzeichnisse. 2. Aufl. (16 S.) qu. Lex.-8. Leipzig 904. Roßberg'sche Verlagsbuchh. n. — 60

— die, jugendlicher Arbeiter in Werkstätten der Kleider- u. Wäschekonfektion. Auszug aus den Verordngn. vom 31. V. 1897 (R.-G.-Bl. S. 459) u. vom 17. II. 1904 (R.-G.-Bl. S. 62). Plakat. 40,5×50,5 cm. Hagen (904.) O. Hammerschmidt. n. — 30

Beschäftigung von Arbeiterinnen und jugendlichen Arbeitern in Ziegeleien. Vom 18.10.98. (Gareis Reichsgesetze 249) Giessen 1898

— die, v. Arbeiterinnen üb. 16 Jahre in Werkstätten der Kleider- u. Wäschekonfektion. Auszug aus den Verordngn. vom 31. V. 1897 (R.-G.-Bl. S. 459) u. vom 17. II. 1904 (R.-G.-Bl. S. 62). Plakat. 44×80 cm. Ebd. (904). n. — 30

Beschäftigung (Die) der Arbeitslosen. (Schriften des Deutschen Vereins für Armenpflege u. Wohlthätigkeit, Heft 4, 1887.)

Die Beschäftigung verheiratheter Frauen in Fabriken. Nach d. Jahresberichten d. Gewerbe-Aufsichtsbeamten f. d. J. 1899 bearb. im Reichsamt d. Innern. Mit 1 tabell. Uebersicht. *Berlin: R. v. Decker 1901.* (VIII, 259 S.) 8° [F.] (os. 057

Beschäftigungen der Andacht. Danzig 1777. V: *Goldbeck, Johann Friedrich.* (KY) (MGT)

Beschäftigungen d. Andacht. 8. Danzig. (Sommer, L.) 777. (Nauck)

— d. Andacht u. des Nachdenkens. s. Niemeyer.

BESCHÄFTIGUNGEN, Angenehme, in der Einsamkeit oder 1000 Stück auserlesener Anekdoten. Frankfurt u. Leipzig 1775. 8°. (In Breslau, Kgl. u. Univ.-Bibl.) (Th. 1—5, 7—8, Leipzig 1782—93 (!), waren für Mk. 5.— in L. Rosenthals's Cat. 114. [1907] angeboten.)

— angenehme, in d. Einsamkeit, od. tausend Stück auserles. Anecdoten. 8 Thle. (d. 5te — 8te Thl. h. a. d. Tit.: Vademecum Antihypochondrisches. 1r — 4r Thl.) 8. Leipz. Schneider. (Linke.) 788—94.

Beschäftigungen, Angenehme, für Kinder von reiferem Alter, ... Göttingen und Lüneburg 1784—1785. V: *Michaelsen, Ludolph Christian.* (KY) (ML)

— angenehme, f. Kinder v. reiferm Alter. 4 Thle. 8. Lüneb. 784 — 86. Lemke. 1 rthl 8 gr

Beschäftigungen, Angenehme, für kleine Kinder, ... Lüneburg 1778-86. V: *Michaelsen, Lud. Chn.* (KY) (ML)

— angenehme u. nützl., f. d. Jugend; od. theoret.-prakt. Anweis. im Blumen-Zeichnen u. Malen. 3e Aufl. Mit 32 ill. u. schwarz. Kpf. In Etui. Leipz., Magazin f. Industrie. 1 rthl 12 gr

— angenehme, f. kl. Kinder z. Bildung d. Herzens u. Verstandes. 10 Thle. 8. Lüneb. 782 — 86. Lemke. 2 rthl 20 gr

— angen., z. Unterhalt. im Hause u. in Gesellsch. ꝛc. 8. Berlin, Lange. 789.

— angenehme, zu vernünft. Unterhaltungen in Gesellschaften ꝛc. 8. Berl. 789. (Reimer). 8 gr

Beschäftigungen, Arithmetische, oder Magazin zum Nutzen und Vergnügen für die Liebhaber der Rechenkunst. Budissin 1780—1781. H: *Goldberg, Johann Gottlieb.* (KY) (MGT) (OL)

— arithmet., od. Magaz. f. Liebh. d. Rechnenkunst, (v. J. G. Goldberg). 2 Bde. à 6 Stcke. 8. Budiss. 780, 81. Deinzer. 2 rthl Fortsetz., s. Unterhaltungen, arithm.

Arithmetische Beschäftigungen oder Magazin zum Nutzen und Vergnügen für die Liebhaber der Rechenkunst. 3ter B. 3-6. St. Zittau und Leipz. Schöps, 4 Bog. 8. Allg. Lit. Zeit. 1788. B. 1. p. 697.

BESCHÄFTIGUNGEN, Berlinische, u. Lesereyen für angesehene unstudirte Männer u. vornehme Bürger nach geendigten Geschäften. Erstes, Zweytes Vierteljahr 1770 = 26 Nrn. (soviel erschienen). Gedruckt bey C. S. Bergemanns Wittwe. Gr. 8°. 412. S.

Dieses sehr selten gewordene, gute Wochenblatt enth. u. a. viel über Kinderzucht (-züchtigung), Gesundheitsregeln, „Von den Austern", „Vom Gesundheittrinken" (wird verworfen), auch Gedichte u. Fabeln. (Dr. Franz Schnitzer's Bibl. München 1902. Nr. 55.)

Beschäftigungen mit Breslau und dessen Merkwürdigkeiten. Breslau 1777. V: *Roppan, Johann Carl.* (KY) (MGT) »1778« (LVS)

Beschäftigungen mit Bresslau, dessen Geschichte und Merkwürdigkeiten. Stück 1. Bresslau 1778. V: *Roppan, Johann Carl.* (BGE I³, 441)

— mit Breslau, dessen Merkwürdigkeiten, (v. J. K. Roppan). 18 Stck. 8. Bresl. 778. J. F. Korn. 4 gr

— des denkenden Bürgers mit sich selbst u. d. Welt. gr. 8. Bern 784. Haller. 1 rthl

Beschäftigungen, Christliche, der Privatandacht an den Sonn-, Fest- und Feyertagen, ... Nürnberg 1783-1784. V: *Bunzel, Joh. Paul Siegm.* (MGT)

— einsame, z. Erweck. u. Vergnügen d. Herzens. 8. Manh. 773. Löffler. 1 rthl 8 gr

— in der Einsamkeit, (v. S. G. Feige). 8. Liegn. 781. Siegert. 5 gr

— f. meine Eleven. 2 Thle. 8. Quedlinb. 794 — 96. Ernst. 1 rthl (1798 mit d. neuen T.: Mannichfaltigkeiten zur Unterhalt. f. d. Jugend. 20 gr)

Beschäftigungen meiner Feierstunden, ... Breslau 1795. V: *Wallenrodt, Johanna Isabelle Eleonore von geb. Freiin von Koppy.* (schl)

Beschäftigungen, Froebelsche. XII.—XVI. Serie. 16,5×22,5 cm. Ravensburg, O. Maier. 5. 40
XII. Papier-Falten. 2 Hfte. (Je 7 Bl. m. 1 Bl. Text in Lex. 8.) (909.) à — 60
XIII. Modellier-Arbeiten. (5 farb. Bl.) (909.) — 40
XIV. Legen einfacher Formen. 2 Hefte. (Je 6 farb. Bl. m. 1 Bl. Text.) (909.) à — 40
XV. Serie. Legen einfacher Formen. 2 Hefte. (Je 6 farb. Taf. m. 1 Bl. Text.) (910.) à — 80
XVI. Serie. Glanzpapier-Arbeiten. 2 Hefte. (Je 6 Bl.) (910.) à — 60
Vgl.: Hoffmann, C., Kindergarten-Spiele nach Froebel.

Beschäftigungen des Geistes bey den Gräbern geliebter Verwandten. Frankfurt und Leipzig 1774. V: *Seidel, Johann Friedrich.* (GGr)

— des Geistes, bei d. Gräbern geliebter Verwandten. 8. Halle 776. Hendel. 6 gr

— d. Geistes u. Herzens, (v. J. G. Müchler). 14 Stcke. 8. Berl. 755 — 59. Klüter. 1 rthl 4 gr

— des Geistes u. Herz. 1r u. 2r Bd. u. 5n Bds. 16 u. 26 Stck. 8. Berlin, Klüter. 755 — 59.

BESCHÄFTIGUNGEN DER BERLINISCHEN GESELLSCHAFT NATURFORSCHENDER FREUNDE.
Bd. 1—4. Mit Kupfern. Berlin 1775—1779. Bey Joachim Pauli. 8°.

— der Berliner Gesellschaft Naturforſ. Freunde. 4 Thle. m. Kpfrn. gr. 8. 775—79. jetzt Reimer in Berlin.
Forts.unt.d.T.:Schriften d.Berlin.Ges.naturf.Freunde.

BESCHÄFTIGUNGEN, Gesellschaftliche. (Motto aus Horaz.) (Vignette, unsign.: Ein Bienenkorb.) Berlin, 1770. Bey G. J. Decker u. G. L. Winter. Schmal. 8°.
Tit. m. Bordüre, 7 Bll. Vorr., 366 S. (sämmtl. in Einfassg.). — Inh.: 1. Character eines Weltweisen. 2. Wisterbury, e. engl. Gesch. (a. d. Zeit Alfred's d. Gr., dessen Feldherr W. war). (S. 27—32.) 3. Sidney u. Whiston. 4. Des Marius Rede an das römische Volk. Nach d. Lat. d. Sallusts. 5. Ist die Liebe eine Leidenschaft, u. muß sie es immer seyn? 6. Schreiben üb. die Ruhe u. üb. die Verschwiegenheit. A. d. Frz. 7. Gespräch des Alexanders u. des Diogenes üb. die Gleichheit der Güter. 8. Ueb. die Unterredungen in den Gesellschaften. 9. Auf d. Tod des Herrn F**. A. i. d. a. L. (!). 10. Die Vergnügungen u. die Vortheile der Arbeitsamkeit. Nach d. Engl. 11. Anmerkgn. üb. die Mahlerey. 12. Ueb. die Kunst, sich zu ergetzen. 13. (Gerdil, P.) Abhdlg. von der Natur u. den Wirkungen des Luxus. Nach d. Frz. (Orig.: Turin 1768.) (S. 197—344.) 14. Der Weise. (Moralisirender Aufsatz.) — Wenig bekannt und selten!

— geſellſchaftliche. 8. Berl. 770. Rottmann. 20 gr

— d. Gottſeligk. ſ. Kirſch.

— heil. u. tägl., e. Gott gewidmet. Seele. 4. Halle, Waiſenhaus. 758.

— heilſame, f. chriſtl. Kommunikanten. Mit e. Vorrede v. C. G. Ulber. 2 Thle. 8. Leipz. 774. Göſchen. 20 gr N. A. 8. Hamb. 780. (Roſt., Stiller). 16 gr

Beschäftigungen des Herzens mit Gott, nebst einer Anweisung zur Uebung des Gebets. Hannover 1810. V: *Reich, Joh. Chn Frdr.* (Seidensticker, German Printing in America. Philad. 1893.)

— d. Herzens mit Gott in d. Morgen- u. Abendſtunden. 1r Thl. 3 Abtheill. 8. Braunſchw. 768—70. Meyer. 1 Rthl

— d. Herzens m. Gott in d. Morgen- u. Abendſtunden, (v. J. C. F. Reich). 2 Thle. 8. Berl. 784. Lange. (Reimer). 1 Rthl 8 gr

Beschäftigungen des Herzens mit Gott in den Morgen- und Abendstunden. Easton 1826. V: *Reich, Johann Chn Frdr.* (Seidensticker, German Printing in America. Philad. 1893.)

Beſchäftigungen für die Jugend aller Stände, zur Belehrung und Unterhaltung, insbeſondere zur Anregung des Kunſt- und Gewerbſinnes. Von einer Geſellſchaft Gelehrter und Erzieher. 1r u. 2r Bd. à 6 Hfte. Mit Steintaf. gr. 8. Stuttg. 834—36, Balz'ſche Buchh. (à 1½ Rthl) 3 Rthl — daſſ. Jahrgg. 1837. u. 88. (oder 3r u. 4r Bd.) Von v. Schubert, Frhrn. v. Weſſenberg, Dr. Döbereiner, Eiſenbach, Fleiſcher, Fr. Güll, Kauffmann, Klumpp, Dr. Kurr, v. Poppe, Dr. Rion, Dr. Werner. à 4 Lfrgg. Mit vielen Abbildd. gr. 8. Ebd. 837. (à 1½ Rthl) 3 Rthl — daſſ. Jahrg. 1839. oder 5r Bd. 4 Hfte. 1½ Rthl (NB. Der 4e Bd. koſtet, mit 1 Titelkpfr., 1⅔ Rthl, in verz. Umſchl. 5/12 Rthl mehr.)

Beſchäftigungen f. d. Jugend, zur Gewöhn. an zweckmäß. Thätigkeit, zur erheiternden Unterhalt., ſo wie zur Anregung d. Kunſt- u. Gewerbſinnes. Hrsg. v. G. H. v. Schubert u. And. Jahrg. 1835—39. od. 5 Bde. Mit vielen Abbildn. gr. 8. Stuttgart, [Becher.] [1. u. 2. Bd. à 6 Hfte., 3—5. Bd. à 4 Hfte. à Bd. 1½ Thlr.] 7½ Thlr., m. Ttlkpfrn.

Beſchäftigungen für die Jugend aller Stände zur Gewöhnung an zweckmäßige Thätigkeit zur erheiternden Unterhaltung ſowie zur Anregung des Kunſt- und Gewerbſinnes. Mit Beiträgen von Hofr. von Schubert, Freih. von Weſſenberg, Pfr. Dr. Barth, Fr. Güll ꝛc. 4 Bde. 2. umgearb. Aufl. Mit 11 (lith.) Kupfertaf. (in 4. u. qu. Fol.) Stuttgart 854. Becher. 8. (XV, 247 S.; VI, 248 S.; IV, 288 S.; IV, 281 S.)
Jeder Bd. 18 ngr

Beschäftigungen f. d. Jugend aller Stände z. Gewöhng an zweckmäss. Thätigk., z. erheit. Unterhaltg etc. 4 Bde. 2. Afl. 8. (1064) Stuttg. 54, Kröner. à — 18

— f. d. Jugend im Zeichnen u. Mahlen. ſ. Blumenzeichner II.

— kleine, ſ. Kind. ſ. Funk.

— kleine, f. Kinder. 8. Kopenh. Mumme. 765.

— kleine, f. Kinder, (v. G. B. Funck). 8. Kopenh. 766. Mumme. 12 gr 2e A. 8. Magdeb. 772. Scheidhauer. 12 gr

Beſchäftigungen f. fleißige Knaben. qu. 4. (12 Chromolith. auf Carton.) Stuttgart 875. G. Weiſe. 1. 50

— f. Kranke, e. Handb. f. Jedermann, (v. J. G. Heinzmann). 2 Bde. gr. 8. Baſel 794. Bern 796. Typogr. Soc. 2 Rthl

— landwirthſchaftl., ein ſchönes Bilderbuch mit 7 ill. Steintaf. 8. Reutlingen 835. Fleiſchhauer u. Spohn. ⅓ Rthl

— landwirthſchaftl., ein ſchönes Bilderbuch m. 7 ill. Stnt. 8. (2 B.) Reutlingen 835, (Mäcken Sohn.) *

Beſchäftigungen, lehrreiche, f. d. Jugend. 8. Münſt. 781. (Aſchendorf). 6 gr

— lehrr., d. Wiſſenſchaft. f. d. Jugend. 8. Cölln, Fabricius.

— d. Liebe, Freundſchaft u. d. Vergnügens. 4 Stcke. 8. Frankf. u. Berl. 756—60. (Braun in Karlsr.) 16 gr

BESCHÄFTIGUNGEN der Liebe, der Freundschaft und des Vergnügens (Gedichte.) 4 Stücke (soviel ersch.). O. O. 1756—66. 8°. Selten!
Bibl. Martin. Berol. 1779. p. 83.

— für fleißige Mädchen. qu. 4. (12 Chromolith. auf Carton.) Ebend. 875. 1. 50

— meine, einſamer Stunden, (v. E. C. Dreßler). 8. Bayr. 758. 6 gr

Beschäftigungen, Meine, einsamer Stunden. Bayreuth 1759. V: *Dressler, Ernst Christoph.* (BrMm) (Ky) (ML)

Beschäftigungen, monatl., s.: Münchhausen, Otto v.

Beschäftigungen, Monatliche, für einen Baum- und Plantagengärtner, . . . Hannover 1771. V: *Münchhausen, Otto Baron von.* (BrMm)

— meiner Muſe u. Rückerinnerungen an Rußland. Nach d. Franzöſ. (des A. W. Nariſchkin) (von F. U. Albaum), 8. Riga 794. (Hartknoch in Leipz.) 12 gr

Beſchäftigungen, nützliche, ſ. die Kleinen. Vademecum f. Kleinkinderſchulen u. die Familie. Zuſammengeſtellt von den Schweſtern Athanaſia u. Euſebia. Mit e. Vorrede v. H. Rolfus. 8. (XII, 182 S. mit 10 Taf.) Mainz 890. Kirchheim. n. 2. 20

Beſchäftigungen, nützliche, ſ. die Kleinen. Vademecum f. Kleinkinderſchulen u. die Familie, hrsg. v. d. Schweſtern Athanaſia u. Euſebia. Mit e. Vorrede v. Herm. Rolfus. gr. 8. (XII, 182 S. m. 10 Taf.) Mainz 891, Kirchheim. * 2 20

—— dass. — 2. verb. u. verm. Aufl. gr. 8. (XVI, 290 S. m. 10 farb. Taf.) Ebd. 892. * 3 60

— poetisches e. Versuch religiös. Lieder, (v. J. W. Prüße). 8. Helmst. 787. (Fleckeisen). 2 ggr

— poetische, e. Vers. religiös. Lieder. 8. Helmst. Kühnlin. 787.

Beschäftigungen, Poetische, moralische, ökonomische und kritische, einer Gesellschaft auf dem Lande. Halle 1777—1778. H: *Lange, Samuel Gotthold.* (JL)

— poet., moral., ökonom. u. krit., e. Gesellschaft auf d. Lande. 3 Stcke. gr. 8. Halle 777, 78. Curt. (Laue in Berl.) 1 Rthlr 6 ggr

Beschäftigungen mit d. heil. Schrift. Von d. Verfass. d. Betrachtungen üb. einzelne Abschnitte d. heil. Schrift. gr. 8. Hamburg 827. Perthes u. B.

— in still. Stund. d. Einsamk. 8. Flensburg. (Christiani, Schlesw.) 783.

Beschäftigungen in stillen Stunden der Einsamkeit. Aus d. Tagebuch eines Ungenannten. 8. 783. jetzt Hammerich in Altona.

Beschäftigungen, Vauxhalls, im Vauxhall zu Berlin, . . . Berlin 1781. V: *Cranz, August Friedrich.* (BGE) (GGr) (Ky)

— wöchentl., f. Liebhaber d. schönen Wissenschaften, (v. J. K. G. Wernich). 2 Thle. 8. Berl. 772. Maurers B. 1 Rthlr

Beschäftigungsbücher, kleine, f. Kinderstube u. Kindergarten. Hrsg. v. Lili Droescher. 1.—5. Bdchn. kl. 8. Leipzig, B. G. Teubner. 5. —
Blanckertz, Minna, was schenkt die Natur dem Kinde? Anleitung zur Naturbeobachtg. u. Beschäftigg. (IV, 67 S. m. 28 Abbildgn. u. 1 farb. Taf.) 910. (2. Bdch.) 1. —
Droescher, Lili, das Kind im Hause. (IV, 65 S. m. 10 Abbild.) 910. (1. Bdch.) — 80
Gierke, Hildeg., u. Alice Davidsohn, geb. Kuczynski, allerlei Papierarbeiten. (VI, 73 S. m. 28 Abbildgn., 114 Zeichngn. auf 7 Taf u. 1 farb. Taf.) 910. (5. Bdch.) 1. 20
Humser, Emma, Geschenke v. Kinderhand. (IV, 76 S. m. 151 Abbildgn.) 910. (4. Bdch.) 1. —
Zinn, Clara, geb. Schöne, Kinderspiel u. Spielzeug. (IV, 95 S. m. 41 Abbildgn.) 910. (3. Bdch.) 1. —

Beschäftigungsbücher, Kloine, f. Kinderstube u. Kindorgarton. Hrsg. v. Lili Droescher. NAfl 1—5. Bdchn. (Mit Abb.) kl8° Lpzg, BG Teubner. d
Blanckerts, Minna: Was schenkt d. Natur d. Kinde? Anleitg z. Naturbeobachtg u. Beschäftigg. (4, 67 m. 1 farb. Taf.) '10 [2] 1 —
Droescher, Lili: Das Kind im Hause. (4, 65) '10 [1] — 80
Gierke, Hildeg. v., u. Alice Davidsohn, geb. Kuczynski: Allerlei Papierarbeiten. 2. Afl. (8, 80 m. 8 [1 farb.] Taf.) '12 [5] 1.20
Humser, Emma: Geschenke v. Kinderhand. 2. Afl. (6, 85) '12 [4] 1 —
Zinn, Clara, geb. Schöne: Kinderspiel u. Spielzeug. 2. Afl. (6, 108) '12 [3] 1 —

Beschäler auf dem Großherzogl. Mecklenb.-Schwerin. Landgestüt zu Redefin. (6 Bl. mit Erklär.) Roy.-Fol. Berlin 824, Lüderitz.

Beschauer, Der aërostatische, von Deutschland. O. O. [1795.] V: *Hess, Jonas Ludwig von.* (schr)

„Beschauliches und Erbauliches." Ein Familien-Bilderbuch. Leipzig 1870. Fol,

Ne **Bescheerunge** bie Knibbels. Ne Geschichde for Weihnachden von Emme. Leipzig-Berlin: Fisher 1910. 24 S. 8° [illegible]

Bescheid, christlicher, auf nicht christliche Fragen. gr. 8. Gotha 817. Hennings. 5 ggr

Gemeiner **Bescheid.** betreffend die Einschärfung der wegen Beobachtung kanzeleimässiger Schrift in den gerichtlichen Eingaben erlassenen Anordnungen. d. d. Glückstadt, den 9. April 1861. Glückstadt. (1861.) 4°.

Gemeiner **Bescheid** betreffend das Verfahren bei Einsprüchen, welche gegen gerichtlich vollstreckte Pfändungen von dritten Personen erhoben werden. Kiel, den 11. März 1846. o. O. u. J. 4°.

Bescheid, Geziemender, auf das Gutachten (und insonderheit auf die darin abgelassene Fragen) des Wohl-Ehrwürdigen und Wohlgelahrten Herrn M. Johannis Vake . . ., abgestattet von dem Autore des Gesprächs zweier Gelehrten. O. O. 1703. V: *Thode, Carsten.* (schr)

Bescheid des Königlichen Cultus-Ministeriums in der Disciplinar Untersuchung wider den Consistorialrath Münchmeyer zu Buer wegen verschiedener Beschuldigungen. Hannover 863. Hahn. gr. 8. (16 S.) n. 2 ngr

Bescheid auf die Petition der Dienstmädchen [und] **Verordnung zur Bewaffnung** [je 7 Punkte voll obszöner Anspielungen auf politische Forderungen des Jahres 1848 enthaltend. Auf dem links von dem Textbl. befindl. Blatt eine obszöne Lithographie, Dienstbotenversammlung darstellend, mit obsz. Randleisten.] 2 Bll. 4°. (In Wien, Stadtbibl.: Secr. E 528.)

Bescheid an einige Professoren der Lemberger Universität. Wien 1786. V: *Kratter, Franz.* (WBL 13/144) (BIBLPORT)

Bescheid, Wiederholter, auf einige und zwar allermeist im P. S. der Antwort wegen des Unpartheiischen Guth-Achten enthaltener Puncten Ihrer Wohl-Ehrwürden Herrn M. Johannis Vake, ergangen von dem Autor des Gesprächs . . . Hamburg 1703. V: *Thode, Carsten.* (schr)

Bescheide, die gemeinen, d. königl. Justiz-Canzlei zu Hildesheim, nach d. Inhalte zusammengestellt u. mit einigen Bemerkk. begleitet. 8. Hildesh. 828. Gerstenberg. 8 ggr

Eines Hochedlen . . . Raths der Kaiserl. freyen . . . Reichs-Stadt Lübeck Gemeine Bescheide die Taxam der Gebühren der Advocatorum, Ober- u. Nieder-Gerichts-Procuratorum (usw.) betr. Lübeck 1756.

Bescheinigung, Ad. Imp. allerunterthänigst-beurkundete, des unvordenklichen Besitz-Standes und Widerlegung gegenseitiger falschen Vorspiegelungen . . . Lübeck 1777. V: *Evers, Christ. Dav.* (Holz)

Bescheinigungen üb. die Endzahlen aus der Aufrechnung der Quittungskarten (der Invaliditäts- u. Altersversicherung). 16. (58 S.) Lingen 891. (J. Veldmann.) — 15

— über die Resultate der Aufrechnung der abgelieferten Quittungskarten zur Invaliditäts- u. Altersversicherung. gr. 8. (32 S.) Brieg 892. (A. Bänder.) Geb. — 30; in Karton — 40

Beschel, Ernst, vollständ. anatomisch-theoret.-prakt. Lehrbuch d. Zuschneidekunst u. Bearbeitung zum Rocke, Frack, Paletot, Waffenrock ꝛc. 2. verb. Aufl. Lex. 8. (44 S. u. 7 lith. Taf. in Fol.) Gotha 847, Müller. n. 2 Rthlr

Beschel, E., vollständige anatomisch-theoret.-prakt. Zuschneidekunst zu Oberröcken, Waffenröcken, Frackröcken, Reitfracks, Palletots, Uniformen, Tweed, Twine, Bournussen ꝛc. Mit 29 Lithogr. Gotha 846, Müller. n. 2 Rthlr

Beschel, Ferd., vollständiges anatomisch-theoretisch-praktisches Lehrbuch der Zuschneidekunst für Damenkleidermacher und Näherinnen von Kleidern, Corsetts ꝛc., sowie für regelmäßigen als für unregelmäßigen Körperbau, nebst einem Anhange über die prakt. Bearbeitung und einer Reductionstabelle. hoch 4. (20 S. u. 6 Stnt. in gr. 4. u. gr. Fol.) Gotha 847, (Müller.) *

Beschel, H., Arbeit und Armuth, oder gereimte Wahrheiten. gr. 8. (16 S.) Berlin 871, Rubenow.

Beschel, Heinr., der Sohn der Zeit. Politisches Zeitgemälde und Charakterbild in 3 Abthlgn. (Den Bühnen gegenüber Mscr.) gr. 8. (68 S.) Schkeuditz 867. (Reudnitz, Förster.) *

Beschel, M. M., Magiae artificialis phaenomena quaedam magis curiosa accuratius discussa et explicata una cum thesibus ex universa philosophia. Wirceb. 12°. 1750

Bescherer, hat d. Landm. wohl Recht, wenn er s. der Einführ. neuer Gesangbüch. widersetzt? 8. Zeitz, Webel. 801.

Bescherer, Jul., Lehrbuch d. Naturwissenschaften, f. höh. Bürgerschulen, Gymnasien, Realgymnasien u. techn. Bildungsanstalten, so wie z. Selbstbelehr. 1. Bd. Oryktognosie. 1. u. 2. Abthl. Terminologie u. Physiographie. gr. 8. (22 B.) Dresden u. Leipzig 840, Arnoldische Buchh.

Bescherer, Jul., Lehrbuch der Naturwissenschaften, für höhere Bürgerschulen, Gymnasien ꝛc., sowie zur Selbstbelehrung bearb. 1. Bd.: Oryktognosie. 1. und 2. Abthl.: Terminologie und Physiographie. 2. (Titel-)Ausg. gr. 8. (XX und 346 S.) Leipzig 850, Arnoldische Buchh. Thlr.

Bescherer, Jul., Methodik des naturwissenschaftl. Unterrichts, für Schulen überhaupt, höhere Bürgerschulen, Gymnasien u. Realgymnasien insbesondere. gr. 8. Dresden u. Leipzig 838. Arnoldische Buchh. 5/12 Thlr

—— Methodik des naturwissenschaftl. Unterrichts für Schulen. 2. (Titel-)Ausg. gr. 8. (80 S.) Leipzig 850, Arnoldische Buchh.

Bescherer, W., (J. H. Meynier,) kleines naturhistor. Bilderbüchlein f. wißbegierige Kinder. Mit 12 ill. Kpf. 16. Nürnb. 818. Stein. 1 Thlr 8 gr

— kleine unterhaltende Erzählungen aus der Thierwelt. M. 6 ill. Kpf. 12. Nürnb. 817, Stein. 1 Thlr

— kleine Kindergeschichten mit ausgemalten Kupfern, zur Warnung vor Gefahren u. zur Bildung u. Besserung des jugendlichen Herzens. Mit 10 ill. Kpf. 8. Nürnb. 817. Stein. 1 Thlr 12 gr

Bescherung, Die. [Berl. 1827.] V: *Bernstein, Caroline.* (GGr)

Beschi, Eduard, s.a. B e s c h , Eduard

Beschi, Ed., das Artilleriewesen auf der Pariser Welt-Ausstellung v. J. 1889. Mit 8 Taf. [Aus: „Mittheilgn. üb. Gegenstände d. Artillerie- u. Genie-Wesens".] gr. 8. (132 S.) Wien 890. (v. Waldheim.) n. 4. —

Beschicken oder Nichtbeschicken! Ein Wort zur Verständigung. 8. (14 S.) Linz. Danner'sche B. (Ewert.) 1867 10 kr.

Beschiessung, Comparative, von 270 mm Panzerplatten verschiedener Provenienzen am Schiessplatze Monte cane zu Pola. Wien 1894 V: *Hermann, Anton.* (EB)

Beschießung der Düpp'ler Schanzen ⟨von den Batterien bei Gammelmark Broaker⟩ gezeichnet während des Gefechts am 16. März 1864 v. Th. Freih. v. Z. N. Berlin. o. J. 1 Bl. 50/34 cm. Lithogr.

Beschießung, die, von Verdun am 13. bis 15. Octbr. 1870 und die Ursachen ihres Mißerfolges. gr. 8. (24 S.) Teschen 874, Prochaska. *
Aus: Oesterreichisch-ungar. Militär. Blätter, besonders abgedruckt.

Beschirrung der Batt. u. Kol., u. d. einzelnen Geschirr-Stücke. Coblenz 1829.

Beschke, ..., s. Correspondenz.

Beschke, Erich: Ueber die Kondensationsprodukte von 2,7 Dioxynaphthalin mit aromatischen Aldehydammoniaken und deren Spaltung. Giessen 1908: v. Münchow. 61 S. 8°
Gießen, Phil. Hab.-Schr. v. 1908 [U 09. 1253

Beschke, Erich, a. Magdeburg: Über das Verhalten der Nitrite einiger cyklischer Kohlenwasserstoffe. Hildesheim 1904: A. Lax. (59 S.) 8°
Göttingen, Phil. Fak., Ref. Wallach, Diss. v. 10. Dez. 1904
[Geb. 3. Aug. 78 Magdeburg; Wohnort: Magdeburg; Staatsangeh.: Preußen; Vorbildung: Realgymn. Magdeburg Reife M. 99; Studium: Charlottenburg T.H. 5, Göttingen 5 S.; Rig. 27. Juli 04.]

Beschke, W., polytechn. Archiv, s. Archiv.

Beschlagnahme, über die, der Ablösungs-Obligationen von Zehenten wegen der Pflichtigkeit der Zehentherren zu Kirchenbauten — in Folge der Ministerial-Entschließung vom 19. Okt. 1850. Worte zu gütlicher Ausgleichung aller Interessen. 8. (87 S.) Landshut 852, Krüll. 1/4 Thlr

Beschlagnahme des Arbeits- u. Dienstlohnes, s.: Gareis, C., deutsche Reichsgesetze in Einzel-Abdrucken.

Beschlagnahme, die, des Vermögens König Georg V. von Hannover, s. Windthorst.

Beschlagschmied, der. Central-Organ f. Lehrschmiede- u. Schmiede-Fachschulenwesen. Red. unter Mitwirkg. hervorrag. Fachleute v. P. Brand. 7. u. 8. Jahrg. 1905 u. 1906. (à ca. 4 S.) 4. Berlin, W. Mannstaedt & Co. à Jhrg. n. 3. —

Beschlagschmied, der. Zentral-Organ f. Lehrschmiede- u. Schmiede-Fachschulwesen. Unentgeltl. Beilage z. Deutschen Schmiede-Zeitg. Red. unter Mitwirkg. hervorrag. Fachleute v. Adph. Schulz. 9.—12. Jahrg. 1907—1910. à 24 Nrn. (à 4 S.) 22,5×23 cm. Berlin, W. Mannstaedt & Co. à Jhrg. 3. —
Die Jhrgge. 9—11 sind v. P. Brand redigiert.

Beschlagschmied, Der. Zentralorgan f. Lehrschmiede- u. Schmiede-Fachschulwesen. Unentgeltl. Beil. d. „Deut. Schmiede-Zeitg." Red.: Adph Schulz, seit '11 H Deubel. 12—14. J. '10—12 je 24 Nrn. ('12, Nr 1: 4 m. Abb.) 32,5 ×23 cm. Berl., W Mannstaedt & Co. je 3 — d

Beschluß. In Erwägung, daß die Gründe. — Berlin. Königliches Polizei-Präsidium: v. Hinckeldey. Deckersche Geheime Ober-Hofbuchdruckerei 1 Bl. Fol.
Flugblatt. Berlin, 15. Mai 1849.

Beschluss des Abgeordnetentags vom 1. October 1865.
Enthält: einen Beschluss einer Versammlung von Mitgliedern deutscher Landesvertretungen d. d. 21. December 1865 betreffend das Selbstbestimmungsrecht des Schleswig-Holsteinischen Volkes und eine Adresse des engeren Ausschusses der schleswig-holsteinischen Vereine in den Herzogthümern an den Ausschuss von Mitgliedern deutscher Landesvertretungen in Frankfurt a. M., unterzeichnet:
Altona, den 27. Sept. 1865. Der Engere Ausschuss u. s. w. P. Jessen, Vorsitzender. o. O. u. J. 2 Bl. 4° in 8° geb.

Beschluss der Antwort auf das demüthige Schreiben eines Mitarbeiters der Beyträge zur Schilderung Wiens an den hochwürdigen hochgelehrtesten Herrn Verfasser der Erörterung aller Zweifel der Beyträge. Wien 1781. V: *Fast, Patr.* (Realzeitung 1783, Nr. 6, S. 95) (BiblPort)

Beschluss über Beschränkung des Verkaufs von Waldungen. Luzern 1836.

[F.] Beschluss betr. die Erhebung von Beiträgen zu den Herstellungskosten der Wasserleitung in der Stadt Cassel. *Cassel: Dr. v. Gebr. Gotthelft 1895.* (7 S.) 1 Bd 8. [96. 4346

[Kopft.:] [F.] Beschluss betr. die Erhebung einer Kanalbenutzungsgebühr in der Stadt Cassel. *(Cassel 1894.)* 2 Bl. 8. [94. 4347

Beschluss betreffend die Erhebung einer Canalbenutzungsgebühr in der Gemeinde Wehlheiden. *(Wehlheiden 1898.)* (5 S.) 8° [F.] [00. 6519

Beschluss der Gemeindeversammlung der Stadt Zürich betreff. die Wasserversorgung. 28. Okt. 1873.

Beschluss vom 16. März 1906 zur Genehmigung der Prüfungsordnung der juristischen Fakultät. Freiburg, den 16. März 1906. 8°.
Freiburg i. Schw. Univ.-Schr. 1905/1906.

Beschluss vom 20. September 1881 betreffend die Gesammterneuerung der Bundes- und Kantonsgeschworenen. In-8°, 24 S. Fribourg, imprim. L. Fragnière. **1881**

[Beschluß der Juristen-Fakultät wegen Entrichtung der Honorarien und Errichtung einer Quästur für die juristische Fakultät.] [Am Ende:] Ordinarius, Dechant und übrige Mitglieder der Juristen-Fakultät in der Königlichen vereinigten Friedrichs-Universität. Dat. Halle 20. April 1818. 1 Bl. 4° (2°)

Versuchsstation für Obst-, Wein- und Gartenbau in Wädenswil. Beschluss des Kantonsrates (des Kantons Zürich) betreffend die Abtretung an den Bund. Antrag des Regierungsrates. 27. Februar 1902. 22 S. 8.

(Kanton Zürich.) Beschluss des Kantonsrates betreffend das Ergebnis der Volksabstimmung ... 1901. 8.
[1.] ... vom 24. März 1901. 13 S. — [2.] ... vom 2. Juni 1901. 8 S. — [3.] ... vom 15. Dezember 1901. 8 S.

(Kanton Zürich.) Beschluss des Kantonsrates betreffend das Ergebnis der Volksabstimmung ... 1902. 8.
[1.] ... vom 16. März 1902. 13 S. — [2.] (... vom 27. April 1902. [Und]) Beschluss des Kantonsratsbureau betreffend das Ergebnis der Erneuerungswahl ... des Regierungsrates. 21 S. — [3.] ... vom 26. Oktober 1902. 8 S.

[Universität] Hochschule (Zürich), Kantonsschule (Zürich) und kantonales Technikum (in Winterthur). Beschluss des [zürcher.] Kantonsrates betreffend Erstellung neuer Unterrichtslokalitäten und Erteilung des hiezu erforderlichen Kredites. Antrag des Regierungsrates. 20. November 1902. 59 S. 8.

Beschluss des [zürcherischen] Kantonsrathes betreffend Zuschuss zur Liebessteuer für die im Jahr 1881 durch Hochgewitter und Ueberschwemmung Geschädigten: Antrag des Regierungsrathes ([vom] 31. Dezember 1881). [SA.] 8. [Zürich 1882.]

(Evang. Kirchgemeinde Ermatingen.) Beschluss des Evangelischen Kirchenrates des Kantons Thurgau betreffend die Pfarrwahl in Ermatingen. (1903 Juni 4.) 16 S. 8. [Frauenfeld, Huber & Co.]

Beschluß d. k. Consistoriums der Prov. Brandenburg vom 2. Dezbr. 1872 in der Disciplinar-Untersuchg. wider den Prediger Dr. Sydow zu Berlin. Amtlicher Abdr. gr. 8. (III, 79 S.) Berlin 873. Wigandt & Grieben. n. -- 80

Beschluß der Kritik über die bisherige geologische Theorie, von Nose. gr. 8. Köln 833. Pet. Schmitz. 1/6 ℔ Vgl. K. W. Nose.

(Beschluß der National-Versammlung die Anerkennung der Revolution betreffend.) Die National-Versammlung hat in ihrer heutigen Sitzung folgenden Beschluß gefaßt: — Gedruckt bei W. Moeser und Kühn. 1 Bl. Fol.
Flugblatt. Berlin, 9. Juni 1848.

(Beschluß der National-Versammlung, ihre Berathungen in Berlin fortzusetzen.) An das preußische Volk! Das Ministerium Brandenburg — Die National-Versammlung. Gedruckt bei W. Moeser und Kühn. 1 Bl. Fol.
Flugblatt. Berlin, 1o. Nov. 1848.

(Ueber den Beschluß der Nationalversammlung vom 9. Juni 1848.) Mitbürger. Wenn Euch ein Fremder früge: — Der Name des Verfassers ist in der Druckerei einzusehen. Druck von Reichardt u. Co. 1 Bl. Fol.
Flugblatt. Berlin, 9. Juni 1848.

Beschluß des Evangelischen Ober-Kirchenraths vom 18. Juni 1878 in der Disziplinar-Untersuchungssache wider den Pfarrer Kalthoff in Nickern, u. Erkenntniß des kgl. Gerichtshofes für kirchliche Angelegenheiten vom 15. Febr. 1879, in der Berufungssache des Pfarrer Kalthoff. [Aus: „Kirchl. Gesetz- u. Verordnungsbl."] gr. 8. (41 S.) Berlin 878. Kortkampf. n. — 40

Beschluß des Evangelischen Ober-Kirchenraths vom 18. Juni 1878 in der Disziplinar-Untersuchungssache wider den Pfr. Dr. Kalthoff in Nickern, und Erkenntniß des kgl. Gerichtshofes für kirchl. Angelegenheiten vom 15. Febr. 1879, in der Berufungssache des Pfr. Dr. Kalthoff. gr. 8. (41 S.) Berlin 879, Kortkampf. *
Aus: Kirchliches Gesetz- und Verordnungsblatt, besonders abgedruckt.

Beschluß, der, des königl. Ober-Tribunals vom 29. Jan. d. J. vor dem Hause der Abgeordneten. Lex.-8. (16 S.) Berlin 866, (Heinicke.) *
Aus: Jahrbücher für Gesellschaft und Staatswissenschaften, besonders abgedruckt.

Beschlusz der Römischen Octavia etc. Nürnberg. 1704. 8o. — Zugabe zum Beschlusz der Römischen Octavia. Nürnberg. 1707. 8o.

(Beschluss [und] Proklamation des Grossen Rathes des Kantons Luzern an das Volk desselben. [Vom] 6. Weinmonat 1847. – Kommissional-Bericht. [Vom] 5. Weinmonat 1847.) 8. *o. O.*

Beschluss des Grossen Raths (des Kantons Basel) als Folge der stattgehabten Abstimmung über die Trennungsfrage. Gegeben den 6. Dezember 1831. [SA.] 8. [Basel 1831.]

Beschluss des Grossen Raths des Kantons Basel, als Folge der nicht ausgesprochenen Handhabung der Verfassung. Vom 22. Hornung 1832. 8.
Ausg. A: o. O. — *Ausg. B.* [SA. Basel 1832.]

Beschluss. Ueber den B' des Grossen Rathes der Republik Bern, vom 22. Merz 1834, in Betreff der vorläufigen Trennung der sogenannten Reaktions-Prozeduren, vor dem Urtheil über dieselben. 8. Bern (im Merz) 1834.

Beschluss der Regierungs- und Organisations-Commission des Cantons Freyburg in der Schweiz, in Betreff der bevorstehenden Wahlen. (17ten März 1803.) 4. *o. O.*

Beschluss (des Regierungs-Rathes der Republik Bern) über die Errichtung der Bürgerwache. (Bern, den 10. Herbstmonat, 1832.) 8. *o. O.*

Beschluss des Regierungsrates [des Kantons Zürich] betreffend die Erhebung einer Liebessteuer (zu Gunsten der durch das Hochgewitter vom 20. Juli 1897 vorzugsweise geschädigten Einwohner der Gemeinden Kappel, Hirzel ... Hinweil und Bäretsweil ...). (Zürich, den 31. August 1897.) [SA.] 8. [Zürich 1897.]

Beschluss des Regierungsrates betreffend die Unfallversicherung von Studierenden, Assistenten und Abwärten an der Hochschule und der Tierarzneischule Zürich vom 26. Mai 1900. 4 S. 8°.

Beschluss der Revision der Böhmischen Litteratur. Prag 1780. V: *Ungar, Carl Raph.* (Doucha S. 274) (Boehm, Litt. 1780, S. 56) (Biblport)

Altenburg: Beschluss des Sparkassenvereins [in Altenburg. Altenburg o. J.: Bonde & Dietrich.] 1 Bl. 4° [Kopftit.]
Nebst Vorschlag des Logen-Vorstandes in bezug auf diesen Beschluss.

([Beschluss des] Staatsraths des Cantons Bern ... über die Vollziehung des Dekrets des Kleinen Raths vom 3ten November 1806, [betreffend Aussetzung] einer Unterstützung für die in den Feldzügen von 1798, 1802, und 1804, im Dienst des Vaterlandes Verwundeten, so wie für die Familien der Umgekommenen .... Bern, den 1ten Christmonat 1806.) 4. *o. O.*

Beschluss des Grossen Stadt-Rathes von Bern über die Errichtung einer obern Mädchenschule. Dat. Bern 4. Jen. 1834. 4 S. 8°

[F.] Der **Beschluss** der berliner Stadtverordneten-Versammlung gegen den Religionszwang der Dissidenten-Kinder in den Gemeindeschulen. Amtl. stenogr. Bericht üb. d. Sitzg d. Stadtverordneten-Vers. v. 27. Sept. 1894. *Berlin: Comm.-Verl. v. W. Rubenow; (Dr. v. W. Siebenmarck) (1894).* (23 S.) 1 Bd 8. [94. 4109

(Beschluß der Studenten-Versammlung, die Ordnung aufrecht erhalten zu wollen.) Die heutige Studenten-Versammlung — Nau. Druck von C. Litfaß. 1 Bl. Fol.
Flugblatt. Berlin, 14. Mai 1848.

Beschluss der Synode der evang.-reform. Landeskirche des Kantons Freiburg vom 29. Oktober 1906, die Abberufung des Herrn S[amuel] Schaffner, Pfarrer (der Kirchgemeinde) in Kerzers, aussprechend. ([Hrg. durch] Die Synodalkommission. Murten, den 7. Januar 1907.) 11 S. 8. [Murten, Buchdr. P. M. Strüby, 1907.]

Freiburg, Beschluss vom 17. Heumonat 1877 über die Verwaltung der Schulfonde. 8 S. 8. Freiburg, Expedit. des feuille officielle. 1877

Beschluss des Verwaltungsrathes der Grossloge Alpina, betreffend Einladung der g.·. u. v.·. St. Joh. □ Henri IV. Or. von Paris zur Niedersetzung eines Areopags in einer Klage gegen Wilhelm und Friedrich von Hohenzollern. [Dat.:] Aarau 1870. 2 Bl. 4° [Kopftit.]
Abgedr. in: FZ. 25 (1871) S. 17—18; Reform. 6 (1871) S. 41—42.
Tt. 366.

Beschluss betreffend Waldumgänge. Aarau 188.

Beschlüsse d. III. Agrar-Kongresses d. ungar. Landwirthe sz. Budapest 1895. gr. 8. (78 S.) Budapest 896. (F. Kilián.) n. 3. —; franz. Ausg. (71 S.) n. 3. —
Die Beschlüsse d. I. u. II. Agrartages kamen nicht in d. Handel.

Beschlüsse des allgemeinen deutschen **Arbeiterkongresses** zu Frankfurt a. M. Gefaßt in den Monaten Juli, August und Septbr. 1848. gr. 8. (16 S.) Darmstadt 848, Pabst.

Beschlüsse des Arbeiterkongresses zu Berlin. Vom 23. Aug. — 3. Sept. 1848. gr. 8°. Berlin, J. C. Fuchs, 1848.

— der ärztlichen Berathungs-Kommission zu München im Winter-Semester 1850. Hrsg. v. Ludw. Ditterich. gr. 8. (59 S.) München 850, Expedition der neuen medicinisch-chirurgischen Zeitung. 8 ngr

Beschlüsse des **Bundesrathes** vom 12. Juli 1888 betr. die vorläufigen Ausführungsbestimmungen zum Branntweinsteuergesetz. A. Ermittelung d. Alkoholgehaltes des zur steuerl. Abfertigg. gelang. Branntweins. B. Anderweite Regelg. der Branntweinsteuer-Berechtigungsscheine. C. Export-Bonifikation bei der Ausfuhr v. Branntwein u. Branntweinfabrikaten. 4. (28 S.) Berlin 888. C. Heymann's Verl. n. 1. —

Beschlüsse der Delegirten-Konferenz der Internationalen Arbeiterassociation zu London 1871. 8°. Leipzig s. a.

Beschlüsse, die Dresdener, und der Wiener Stenographen-Verein. Verhandlungen des Central-Vereines der Stenographen des österr. Kaiserstaates zu Wien, über den vom Vereinsmitgliede Falkbeer gestellten Antrag auf Revision der „Dresdener Beschlüsse" und Einberufung einer allgemeinen Versammlung Gabelsbergerscher Stenographen nach Wien. Hrsg. und autogr. von Ant. P. Kühnelt. gr. 8. (75 lithogr. S.) Wien 862, (Rospini.) * *

— die ersten, der vatikanischen Kirchenversammlung lateinisch u. deutsch. Mit e. Vorw. von Casp. Willi u. mit e. Nachworte des Uebersetzers Mart. Marty. Einsiedeln 870. Benziger. 8. (47 S.) 4½ ngr

Internat. Friedensbureau. **Beschlüsse** der acht ersten internationalen Friedenskongresse 1889–1897. *o. O. [1897].* (31 S.) 8° [Kopft.] [00. 3476 B

— geheime, der Ministerial-Konferenzen zu Karlsbad. Vom 20. Septbr. 1819. gr. 8. (22 S.) Leipzig 848, Thomas. ⅛ rf

Beschlüsse, die geheimen, der wiener Kabinets-Conferenzen v. J. 1834. Nebst Anhang, die geheime preuß. Denkschrift v. J. 1822. gr. 8. (2¼ B.) Straßburg 844. (Schmidt u. Grucker.) **

Die geheimen Beschlüsse der Wiener Kabinets-Konferenzen vom Jahre 1834. Nebst Anhang: Die geheime preußische Denkschrift vom Jahre 1822. Kassel, W. Appel, 1848. 31 S. 8°.
Herausgeber: G. Heinrich. Dat. Kassel 17. März 1848. — Aus Anlaß des zum 25. März angekündigten Fürstenkongresses in Dresden. Nachschrift: Wien in Revolution, damit ist der Kongress vereitelt. Preußen hat die Gelegenheit an die Spitze Deutschlands zu treten, versäumt. Die deutsche Kaiserwürde wäre ihm nicht entgangen.

— die geheimen, der Wiener Kabinets-Konferenzen (vom J. 1834.) gr. 8. (16 S.) Leipzig 848, R. D. Schulze. 1/12 rf

— dieselben. Nebst Anh.: Die geheime preuß. Denkschrift vom J. 1822. gr. 8. (32 S.) Leipzig 848, Thomas. ⅙ rf

Beschlüsse (Die geheimen) der Wiener Conferenz vom 12. Juni 1834 (gegen die demokrat. Partei). Authentisches Aktenstück aus den Papieren eines jüngst verstorbenen Diplomaten. gr. 8°. Deutschland 1843.

— die geheimen, der Karlsbader Ministerial-Konferenzen vom 20. Septbr. 1819. gr. 8. (16 S.) Leipzig 848, R. D. Schulze. 1/12 rf

— des Generallandtages der schles. Landschaft vom J. 1846. Amtlicher Abdr. Lex. 8. (68 S.) Breslau 848, Korn. n. 6 ngr

Beschluesse des 18 ff. Generallandtages der Schlesischen Landschaft. Amtl. Abdr. Breslau 1901 ff. 8°.
Gen.-Landt. 18, 1901; 19. 1904; 20, 1909.

Beschlüsse der evangelischen Generalsynode zu Berlin im Jahre 1846. Uebersichtlich aus den Urkunden zusammengestellt von G. W. Weiß. gr. 8. Königsberg 846, Gräfe u. Unzer. n. ⅔ rf

—— der evangelischen Generalsynode zu Berlin im J. 1846. Uebersichtlich aus den Urkunden zusammengestellt von G. W. Weiß. gr. 8. (142 S.) Königsberg 847, Gräfe und Unzer. *

—— der evangelisch-lutherischen Generalsynode zu Breslau. 3. Heft: Beschlüsse der im Septbr. und Octbr. 1848 gehalt. 3. Generalsynode. gr. 8. (60 S.) Leipzig 849, Dörffling. Orthaus.
1. und 2. Heft. Ebendas. 1842,45. 22½ Ngr.

— der von der evangelisch-lutherischen Kirche in Preußen im September u. October 1841 zu Breslau gehaltenen Generalsynode. Zum Drucke befördert von d. Ober-Kirchen-Collegium der evangel.-luther. Kirche Preußens. gr. 8. Leipzig 842, Beyer. ½ rf

Beschlüsse der von d. evang.-lutherischen Kirche in Preußen im Septbr. u. Octbr. 1841 zu Breslau gehaltenen Generalsynode. Zum Drucke beförd. v. d. Ober-Kirchen-Collegium der evang.-luther. Kirche Preußens. gr. 8. (7 B.) Leipzig 842. [Orthaus.]

— dies. 2. Heft. Beschlüsse der im Sept. u. Oct. 1844 gehalt. 2. Generalsynode. gr. 8. Leipzig 845, Orthaus. ¼ rf

Beschlüsse, die, der im Septbr. u. Oktbr. 1856 gehaltenen General-Synode der evangelisch-lutherischen Kirche in Preußen. Amtl. Zusammenstellung. Breslau 857. Dülfer in Comm. gr. 8. (46 S.) n. 3 ngr

— die, der im September und October 1860 gehaltenen General-Synode der evangelisch-lutherischen Kirche in Preußen, Nassau und Baden. Amtliche Zusammenstellung. Breslau 862. Dülfer in Comm. gr. 8. (46 S.) n. 3 ngr.

Beschlüsse, die, der im Septbr. u. Oktbr. 1864 gehaltenen General-Synode der evangel.-luther. Kirche in Preußen, Nassau, Baden u. Waldeck. Amtliche Zusammenstellg. Breslau 865. Dülfer in Comm. gr. 8. (56 S.) n. 3 ngr.

Beschlüsse, d., d. im Sept. 1868 gehalt. Gen.-Synode d. ev.-luth. Kirche in Preussen, Baden u. Waldeck. 8. (62) Bresl. 69, Dülfer. n. — 3

— die, der im Septbr. 1873 gehaltenen General-Synode der evangelisch-lutherischen Kirche in Preußen, Baden u. Waldeck. Amtliche Zusammenstellg. (9. Hft.) gr. 8. (58 S.) Breslau 874. Dülfer. n. — 30

— die, der im September 1878 geh. General-Synode der evang.-lutherischen Kirche in Preußen, Baden u. Waldeck. Amtliche Zusammenstellung. gr. 8. (78 S.) Breslau 878. Dülfer in Comm. n. — 30

Beschlüsse, die, der im Aug. u. Septbr. 1882 gehaltenen General-Synode der evang.-lutherischen Kirche in Preußen, Baden u. Waldeck. Amtliche Zusammenstellg. gr. 8. (VIII, 61 S.) Breslau 883. (Dülfer.) n. — 30

— die, der im Septbr. 1886 geh. General-Synode der evangel.-luther. Kirche in Preußen, Baden u. Waldeck. Amtliche Zusammenstellg. gr. 8. (VI, 62 S.) Breslau 887. (Dülfer.) n. — 30

Beschlüsse, die, der im Septbr. 1890 geh. General-Synode der evangelisch-lutherischen Kirche in Preußen, Baden u. Waldeck. Amtliche Zusammenstellg. 13. Hft. gr. 8. (V, 84 S.) Breslau 891. (C. Dülfer.) n. — 30

Beschlüsse, die, d. i. Septbr. 1894 geh. General-Synode d. evang.-luther. Kirche i. Preußen, Baden u. Waldeck. Amtl. Zusammenstellg. 14. Hft. gr. 8. (VII, 62 S.) Breslau 894. (C. Dülfer.) n. — 30

— dasselbe, 15. Hft. General-Synode, i. Septbr. 1898 geh. gr. 8. (VIII, 56, 24, 52 u. 8 S.) Ebd. 898. n. — 70

Beschlüsse, die, der im September 1902 geh. General-Synode der evangelisch-lutherischen Kirche in Preußen. Amtliche Zusammenstellg. 16. Heft. (VI, 48 u. 26 S.) gr. 8. Breslau 902. (C. Dülfer.) n. — 30

Beschlüsse, die, der im Oktbr. 1906 geh. General-Synode der evangelisch-lutherischen Kirche in Preußen. Amtliche Zusammenstellg. 17. Heft. (VIII, 51 u. 81 S.) gr. 8. Breslau 907. (C. Dülfer.) — 80

Beschlüsse, Die, d. im Septbr '10 geh. Gen.-Synode d. evang.-luther. Kirche in Preussen. Amtl. Zusammenstellg. 18. Heft. (6. 55 u. 33) 8° Bresl., C Dülfer '10. — 80 d

Beschlüsse des Gesamt-Ausschusses des Deutschen Sängerbundes betr. die Umgestaltung der Bundesfeste des Deutschen Sängerbundes in musikalischer Hinsicht . . . (Wien. 1899.) 8°

Beigedruckt: Die Umgestaltung des Deutschen Sängerbundes in musikalischer Hinsicht. Gutachten des . . . . Eduard **Kremser.** (Wien. 1899.)

Beschlüsse und Glaubensregeln des hochheiligen allgemeinen Concils zu Trient unter den Päpsten Paul III., Julius III. und Pius IV. Regensburg 1869. Ü: *Loch, Valentin.* (Vereinsbuchh in Innsbruck.)

Beschlüsse u. Glaubensregeln des hochheiligen allgemeinen Concil's zu Trient unter den Päpsten Paul III., Julius III. u. Pius IV. Mit Sachregister u. Bullen, welche das Concil betreffen. Stereot.-Ausg. Regensburg 869. Manz. gr. 8. (XVI, 268 S.) 15 ngr.

— u. Glaubensregeln d. hochheiligen u. allgemeinen Vaticanischen Concils, eröffnet v. Sr. Heiligkeit dem Papste Pius IX. am 8. Decbr. 1869. gr. 8. (VI, 50 S.) Regensburg 875. Manz. — 45

[F.] Die zur Zeit gültigen **Beschlüsse** sämtlicher Verbands-Tagungen des Kyfihäuser-Verbandes der Vereine Deutscher Studenten. Im Auftr. der 17. Verb.-Tagg 1897 zusgest. v. derz. Vorortsvorsitz. stud. iur. Ernst **Becker** u. hrsg. vom Vorortsausschuss '(Vorort Berlin)'. *Berlin: (Dr. c. Knoll & Wölbling) 1898.* (34 S., 1 Bl.) 1 Bd 8. [98. 11489 Bo

— die, des ersten deutschen Handelstages über die Einführung des allgemeinen deutschen Handelsgesetzbuches und die Organisation von Handelsgerichten. Denkschrift den hohen deutschen Regierungen vorgelegt vom bleibenden Ausschusse des deutschen Handelstages. Berlin 862. Fr. Schulze. gr. 8. (41 S.) n. 7½ ngr.

Beschlüsse der Conferenzen zu München am 22.—24. Septbr. 1884 u. Dresden am 20. u. 21. Septbr. 1886 üb. einheitliche Untersuchungs-Methoden b. d. Prüfung v. Bau- u. Constructions-Materialien auf ihre mechanischen Eigenschaften, zusammengestellt im Auftrage der Dresdener Conferenz v. der Redactions-Commission: J. Bauschinger, Fr. Berger, G. Ebermayer, Hartig u. L. Tetmajer. gr. 8. (IV, 50 S.) München 887. Th. Ackermann's Verl. n. — 50

Beschlüsse d. 8. internationalen tierärztlichen Kongresses. Budap. 1906. 38 S. P.
[O. m. ungarsk, fransk og engelsk Tit. og Tekst].

Beschlüsse des 5. internationalen Kongresses für angewandte Chemie. Berlin 1904

— des Kongresses der Vereinigten Staaten zur Regulation der Auswanderung auf Kauffahrteischiffen. Uebers. von einem Ausgewanderten. Rastatt 854. Hanemann. 8. (22 S.) n. 2 ngr.

— des wissenschaftlichen Congresses zu Frankfurt a. M., vom 27., 28. u. 29. Aug. 1848, zur Gründung einer freien akad. Universität. gr. 8. (14 S.) Frankfurt a. M. 848, Meidinger. 2 ngr.

— der vereinigten Berliner Kreissynoden über die theilweise Aufhebung der Stolgebühren, Einführung einer Kirchensteuer rc. vom 18. u. 19. März u. vom 5. April 1880, sowie vom 23. u. 27. Mai 1881, nebst Bestimmungen wegen der Ausführung von Umlagebeschlüssen der vereinigten Kreissynoden Berlins vom 10. September 1881 u. Taxe der Gebühren für Taufen, Aufgebote u. Trauungen, sowie der kirchlichen Atteste bei den evangel. Kirchen Berlins. [Aus: „Deutscher Reichs- u. k. preuß. Staats-Anzeiger".] gr. 8. (16 S.) Berlin 881. C. Heymann's Verl. n. — 20

— des schlesischen Landtages. I. u. II. Tl. Hrsg. vom landesstatist. Amte d. schles. Landesausschusses. 4. Troppau, (Buchholz & Diebel.) n.n. 11. —
I. I.—XXI. Session. J. 1861—1883. (XXII, 259 S.) 902. n.n. 3. —
II. XXII.—XXXIX. Session. J. 1884—1902. (XXII, 577 S. m. 1 Tab.) 904. n.n. 8. —

Beschlüsse der Landwirtschaftskammer f. d. Prov. Schleswig-Holstein über die Höhe der landwirtschaftlichen Zölle im Vergleich mit den vom Deutschen Reichstag am 13./14. Dez. 1902 angenommenen Zollsätzen. Kiel. 1903. Anlage zu: Protokoll der 16. Plenarversammlung. Kiel. 1903. 4°.

Grossherzogliche Technische Hochschule zu Darmstadt. **Beschlüsse** des Lehrerraths, betr. die Wahl eines Bauplatzes für Neubauten der Grossherzoglichen Technischen Hochschule zu Darmstadt. (Unterz..: Darmstadt, den 1. Nov. 1890. Die Direction der Grossherzogl. Techn. Hochschule.) 1 Bl. 4°

Beschlüsse der Limes-Conferenz. Heidelberg 1890. 4°.

Beschlüsse der ersten National-Buchdrucker-Versammlung zu Mainz am 11., 12., 13. und 14. Juni 1848. Frankfurt a. M. 1848. 20 S. 8.

—— der sächsischen Nations-Universität, s. Landes-Gesetze, siebenbürgische.

Organische Beschlüsse über die Armenpflege im Königreich Baiern. *München d. 22. Februar* 1808.

Beschlüsse und Protokolle der internationalen Stimton-Conferenz in Wien 1885. 8°. Wien, Schulbücher-Verlag. fl. —.30. 1886

Beschlüsse des Provinzial-Arbeiter-Congresses für Südwestdeutschland. Gehalten am 28. und 29. Januar 1849 in Heidelberg. 8°. Heidelberg, Druckerei der „Republik", s. a. (1849).

—— die, des Provincial-Concils von Prag im J. 1860. Aus dem Latein. übers. und mit einem vollständ. Sachregister versehen von P. Joh. Wawřik. gr. 8. (XX und 829 S.) Prag 864, Credner. *

—— d., d. Provinc.-Concils v. Prag im J. 1860. A. d. Lat. v. PJ Wawřik. 8. (829) Prag 64, Fuchs. n. 1. 10

— der außerordentl. Rheinischen Provinzial-Synode, betreff. die Verfassung der evangel. Kirche der Rheinprovinz. Nebst dem die Motive enthalt. Gutachten der Verfassungs-Commission. gr. 8. (37 S.) Solingen 849, Pfeiffer in Comm. n. ⅙ ℳ

Beschlüsse über die politische Stellung der Internationalen Arbeiter-Association, gefasst auf dem Congress zu Philadelphia vom 11.-13. April 1874. (Flugblatt, englisch und deutsch.) 8°. Philadelphia 1874.

— des Subkomitees der juridischen Kommission des Herrenhauses üb. die Novelle zum allgem. bürgerl. Gesetzbuch (Juli 1909). (70 S.) Lex. 8. Wien 909. (Hof- u. Staatsdruckerei.) — 70

Beschlüsse der ersten Synode der Altkatholiken des deutschen Reiches gehalten zu Bonn am 27., 28. und 29. Mai 1874. Amtl. Ausg. gr. 8. (71 S.) Bonn 874, Neusser. *

Beschlüsse der zweiten Synode der Altkatholiken des deutschen Reiches, gehalten zu Bonn am 19., 20. und 21. Mai 1875. Amtl. Ausg. gr. 8. (130 S.) Bonn 875, Neusser. *

—— der dritten Synode der Altkatholiken des deutschen Reiches, gehalten zu Bonn am 7. und 8. Juni 1876. Amtliche Ausg. gr. 8. (89 S.) Ebendas. 876. *

Beschlüsse der 4. Synode der Altkatholiken des deutschen Reiches, geh. zu Bonn, am 23., 24. u. 25. Mai 1877. Amtliche Ausg. gr. 8. (101 S.) Bonn 877. Neusser. n. 1. 80

Beschlüsse der Tagsatzungen d. nordamerikanischen Turnerbundes, betreffend Turnen, Turnfeste u. Preisturnen, zsgest. i. A. d. Tagsatzung zu Cleveland, 1878, v. C. A. Zapp, hrsg. v. Techn. Komit. d. Bundesvororts, Saint Louis, Mo., 1878, 12 S., 1 Tab., Kl.-8°.

Beschlüsse des deutschen Vereins gegen den Mißbrauch geistiger Getränke, bezüglich die Reform des Konzessionswesens und der Erlaubniserteilung zum Gewerbe der Gastwirtschaft. 8°. 16 S. Hildesheim. 1897.

— die, der Freien Vereinigung katholischer Socialpolitiker üb. die Sonntagsheiligung, die internationale Arbeitsschutzgesetzgebung u. den Versicherungszwang m. Erläutergn. hrsg. v. e. deutschen Mitgliede der Freien Vereinigg. kathol. Socialpolitiker. gr. 8. (84 S.) Frankfurt a/M. 885. Foesser Nachf. n. — 60

Beschlüsse und Verordnungen von Behörden der Stadt Zürich. Amtliche Sammlung. Band 6. (1897—)1902. VIII + 302 S. 8. Zürich, Buchdr. des Schweiz. Grütlivereins.

Beschlüsse und Verordnungen von Behörden der Stadt Zürich. Amtliche Sammlung. Band 7. (1902—)1906. VIII + 347 S. 8. Zürich, Buchdr. des Schweiz. Grütlivereins.

Beschlüsse und Verordnungen von Behörden der Stadt Zürich. Amtliche Sammlung. Band 8. (1905—)1908. VIII + 343 S. 8. Zürich. Buchdr. des Schweiz. Grütlivereins.

Beschlüsse und Verordnungen von Behörden der Stadt Zürich. Amtliche Sammlung Band 9. (1908—)1910. VIII + 352 S. 8. Zürich, Buchdr. des Schweiz. Grütlivereins.

Beschlüsse der vom 16.—19. 9. 1873 stattgehabten Versammlung der Vertrauensmänner des Gauverbandes der deutschen Turnvereine von Steiermark, Kärnten, Krain u. d. Küstenlande, Graz 1873, 20 S., 8°.

Beschlüsse über die Verwaltung der Strafanstalt St. Jakob. Nebst den Statuten des Schutzaufsichtsvereins für entlassene Sträflinge. St. Gallen 1841.

Beschlüsse des Vorstandes des Verbandes der Deutschen Buchdrucker über die zu gewährenden Unterstützungen. Beschlossen in d. Vorstandssitzung am 27. Juli 1899. *Berlin (1899): Münch.* (32 S.) 8° [F.] [00. 1093] 10

Beschlüsse, welche die unter Sr. Königl. Hoheit des Kurfürsten von Hessen, Wilhelm II. Allerhöchsten Confirmation und Protection bisher gestandene Gr. Mutterloge von Kurhessen in ihrer Sitzung am 21. July 1824 gefasst hat. [Kassel 1824.] 2 Bl. 4° [Kopftit.]
Betr. Einstellung aller mrischen Tätigkeit in Kurhessen.

Beschlüsse der sechs ersten Weltfriedens-Congresse in Paris 1889, London 1890, Rom 1891, Bern 1892, Chicago 1893, Antwerpen 1894. Systemat. geordn. durch d. internat. Friedensbureau. Oct. 1894. *o. O. [1894?]*. (40 S.) 8° [Umschlagt.] [00. 4043] 5

Beschlüsse, Die widerrechtlichen, der Fünf-Stände-Konferenz zu Bern 1874 ... Luzern 1875. V: *Lachat, Eugen*. (Cat. d. Stadtbibl. Zürich. Zürich 1864—97.)

Beschlüsse des Zimmer-Gewerkes — Hedemann, Sommer. Druck von W. Moeser und Kühn. 1 Bl. 4.
Flugblatt. Berlin, 5. Apr. 1848.

Beschluss-Entwurf über die Feodal-Rechte, an den helvetischen grossen Rath. von der dazu geordneten Commission. (Arau den 6ten Juni 1798.) 8. Arau.

Beschlussesentwurf und Weisung des Regierungsrates betreff. den Bau einer neuen Irrenanstalt. Zürich 1863.

Beschmann: Quaestionum Aeschylearum specimen. Progr. Spandow 1857.

Beschmann, Friedrich Wilhelm: De Jeremia propheta ejusque aetate Halle-Wittenberg, Phil. Diss. v. 18. März 1846
Geb. [Stettin 4. 3. 1822]
Ms. fehlt.

Die Beschneidung in ihrer geschichtlichen, ethnographischen, religiösen u. medizin. Bedeutung. Z. ersten Male umfassend dargest. u. unt. Mitw. v. ... hrsg. v. A. Glassberg. *Berlin: C. Boas Nachf. 1896.* (XXXII, 355 S.) 1 Bd 8. [96. 7639

Beschnidt, E. Die Biographie des Trobadors Guillem de Capestaing und ihr historischer Wert. Diss. Marburg 1879. 31 S.

Beschnidt, E[mil], Prof. Dr.: Hervorhebung von Redeteilen durch Stellung, resp. Verstärkung im Französischen. Breslau 1904. (S. 1—23.) 4°
Breslau, evangel. R 2 P 1904 (265)

Beschnitzungsordnung (des provisorischen Präfekturraths von Graubünden). für die Kriegsbeschwerden der Gemeinen. (Chur, den 18ten April, 1801.) 4. *o. O.* 1801. April.

Beschoren u. W. Fricke, Lesebuch für Töchterschulen. Obere Stufe. 2. Abth. Bielefeld 870. Thiele & Co. gr. 8. (VIII, 323 S.) n. 20 ngr.

Beschoren, Adf: Bastel-Chronik 1857—07, s.: Hamann, L.

Beschoren, Aug., pia vota in Betreff der Regeneration der evangel. Landeskirche in Preußen. 8. Halle 843, Lippert u. (Schmidt.) n. 1/12 ₰

Beschoren, K: Ein neuer Heckraddampfer-Typ f. d. Oberweser. Erbaut v. d. norddeut. Maschinen- u. Armaturenfabrik GmbH (jetzt: Atlas-Werke Akt.-Gesellsch.) Bremen-Hamburg. [Aus: „Schiffbau".] (7 m. Abb. u. 3 Taf.) Lex8° Berl., Verl. C Marfels '11. 1.—

Beschoren, Karl, historisch-geographisch-statistisch-topograph. Uebersicht vom Preußischen Staate. gr. 8. Leipzig 841, O. Wigand. n. 1/2 ₰

Beschoren, Ludw., Bedenken gegen die Ertragsfähigkeit der projectirten Dresden-Tharander Eisenbahn und Vorschlag an die Actionaire zur Zurückgabe der Bauconcession an den Staat. Meißen 853. Mosche. gr. 8. (26 S.) n. 5 ngr

Beschoren, L., Kritik des vorläufigen Entwurfs eines allgemeinen Berggesetzes für das Königr. Sachsen. gr. 8. (47 S.) Zwickau 863, Richter'sche Buchh. *

— die Neubelebung des Eisenhüttenwesens als Mittel gegen den Nothstand im Obererzgebirge. Freiberg 856. Engelhardt. gr. 8. (28 S.) 5 ngr

—— d. Neubelebg d. Eisenhüttenwes. als Mittel geg. d. Nothstand im Obererzgeb. 8. (28) Freib. 56. (Lpzg. Felix.) n. — 5

—— statistische Tafel aller im Königr. Sachsen am Jahresschluss 1863 staatlich anerkannten industriellen Actien-Gesellschaften. Unter Berücksichtigung der von dem allgemeinen deutschen Handels-Gesetzbuche vorgeschriebenen Hauptbestimmungen der Statuten zusammengestellt. Imp.-Fol. Zwickau 864, Richter'sche Buchh. *

Beschoren, Max. Beiträge zur nähern Kenntnis der brasilian. Provinz São Pedro do Rio Grande do sul, s. a. Petermann's, A., Mitteilungen aus Justus Perthes' geograph. Anstalt.

Beschoren, Max: Beiträge zur näheren Kenntnis der brasilianischen Provinz São Pedro do Rio Grande do Sul. Reisen und Beobachtungen während der Jahre 1875—1887. — Gotha: J. Perthes 1889. IV, 91 S. mit 1 Kt. 4° (Petermanns Mitteilungen. Erg. H. Nr 96.)

Beschoren, Reinhold
Beschoren, Rhold., die neuen Bodengesetze. Darstellung u. Rathgeber f. das Publikum. [Aus „Bielefelder Wochenblatt."] gr. 8. (47 S.) Bielefeld 873. (Gütersloh, Bertelsmann in Comm. n. — 60

Beschoren, R, d. deut. Reichsstrafrecht. 1. Thl. Das Strafgesetz. 8. (371) Berl. 76, Eisenschmidt. 4. —

Beschoren, Rhold., das deutsche Reichsstrafrecht. 1. Thl.: Das Strafgesetz [enthaltend und behandelnd sämmtliche reichsstrafgesetzlichen Bestimmungen, incl. des Militärstrafgesetzbuches]. gr. 8. (IV, 371 S.) [Berlin 876, C. Pfeiffer.] Brandenburg, Ad. Müller.

Das Problem der Willensfreiheit in theoretischer u. praktischer Beziehung. Von Dr. Richard **Beschoren.** Hannover: Hahn 1910. 36 S. 8° [illegible] 7

Beschoren, Richard [aus Prenzlau]: Die sanitären Verhältnisse der Stadt Greifswald in den Jahren 1884—1893 ... Greifswald, Druck v. J. Abel, 1895; 40 S. 8.
Greifswald, Med. Fak., Inaug.-Diss. v. 25. Febr. 1895

Wie kann die Mutter ihr Kind gesund erhalten und zur kraftvollen Entwicklung bringen? Von Dr. [Richard] **Beschoren,** Arzt in Prenzlau. Prenzlau: C. Vincent [1906]. (12 S.) 8° [J.] [illegible]

Beschorner u. Frdr. Richter: Tiefatemübgn im Turn- u. Gesangsunterr. u. im Zehnminutenturnen. Vortr. (22 m. Abb. u. 1 Taf.) 8° Lpzg, P Eberhardt ('11). — 40 d

Beschorner, Friedericus (Guilielmus) *(geb. Breslau [23. 3.] 1806)*: De spermatirrhoea. Vratislaviae (1830). (40 S.) 8°
Breslau, Med. Diss. v. 30. Jan. 1830

Beschorner, Friedr., der Weichselzopf. Nach statist. u. physiolog. Beziehungen dargestellt. Lex.-8. (5 B.) Breslau 843. [Hirt's Verl.]

Denkschrift über die Herstellung eines Historischen Ortsverzeichnisses für das Königreich Sachsen. Im Auftr. d. Königl. Sächs. Kommission f. Gesch. ausgearb. von Dr. H[ans] **Beschorner.** *Dresden 1903: W. Baensch.* (VII, 68 S.) 8° [illegible] 8

Beschorner, Hans, d. sächs. Amt Freiberg u. s. Verwaltg. um d. Mitte d. 15. Jahrh., s. a. Studien, Leipziger, a. d. Gebiet d. Geschichte.

Beschorner, Hans *Oskar* [aus Dresden]: Das Amt Freiberg und seine Verwaltung um die Mitte des 15. Jahrhunderts dargest. an d. Hand Freiberger Münzmeisterpapiere aus d. Jahren 1445—1459. Tl 1 ... [Erschien vollst. als Heft 1 d. 4. Bds von: Leipz. Stud. aus d. Geb. d. Gesch.] Leipzig, Duncker & Humblot, 1896; IV, 38 S., 1 Bl. 8.
Leipzig, Phil. Fak., Inaug.-Diss. v. [19. Nov.] 1896

Beschorner, Hans, Geschichte der sächs. Kartographie im Grundriss. (27 S.) Lex. 8. Leipzig 907. B. G. Teubner. 1.20
Erweiterter Sonderabdr. aus „Die historisch-geograph. Arbeiten im Königr. Sachsen".

Beschorner, H, s.: Lehnbuch, d., Friedrichs d. Strengen, Markgrafen v. Meissen.

Beschorner, H, s: Leitfaden f. d. Tuberkulose-Ausschüsse im Bez. d. Amtshauptmannsch. Dresden.

Beschorner, H., Volksschule u. Tuberkulose. Vortrag. (31 S.) 8. Nossen 911. W. H. Möller. (Nur direkt.) — 50

Beschorner, Johann Gotthelf, s. Bemerkungen üb. d. Schr.: Luther u. s. Zeitgenossen.

Beschorner, J. Gthlf., Grundzüge eines Gemeinwesens, Beleuchtung der Engl. Staatsverfassung; u. Bemerkk. über England u. die Engländer. 1r Bd. 1e u. 2e Abtheil. u. 2r Bd. 1e Abtheil. gr. 8. Leipz. 820, 21. Göschen. 4 ₰ 18 gl (A. u. d. T.: Prüfung d. Engl. Staatsverfassung rc. 3 Thle.)

Beschorner, Johann Gotthelf, Dissertatio quaestiones nonnullas ad jus lottariarum pertinentes sist. Präs. Christ. Gottl. Haubold. Dresden (Meinhold) 30. X. 1806. 34 S. (4.80) 2389

— s. Sendschreiben an Gravell.

Beschorner, Julius Herrmann
Beschorner, Jul. Herrm., prakt. Anleit. zur Verwaltung von Untergerichten, insbesond. Patrimonialgerichten. Zum Gebr. f. angehende Gerichtsdirigenten, Actuarien, Advocaten rc. gr. 8. (10¾ B.) Dresden u. Leipzig 845, Arnoldische Buchh. Thlr.

Beschorner, J. H., aus e. 50jährigen Anwaltspraxis. Erfahrungen u. Rathschläge, aphoristisch zusammengestellt u. seinen Berufsgenossen, insbesondere den jüngeren als e. Vermächtniss gewidmet. gr. 8. (47 S.) Dresden 885. W. Baensch. n. 1. —

Beschorner, die Beurtheilung der Verfassungsmäßigkeit von Gesetzen gehört nicht zum Bereich der richterlichen Entscheidung. Ein Votum gerichtet gegen die Schrift des Herrn Dr. Schaffrath: „Gehört auch die Verfassungsmäßigkeit von Gesetzen zum Bereich der richterlichen Entscheidung?" (Abdr. aus der Zeitschrift für Rechtspflege u. Verwaltung.) Leipzig 863. B. Tauchnitz. gr. 8. (30 S.) 5 ngr

Beschorner, Jul. Herm., über die Billigkeit und deren Einfluss auf Gesetzgebung, Staatsverwaltung und Rechtspflege. Eine juristisch-philosophische Abhandlung. gr. 8. (40 S.) Dresden 858, Adler und Dietze.

Beschorner, Jul. Herm., das deutsche Eisenbahnrecht mit besonderer Berücksichtigung des Actien- und Expropriationsrechtes. Erlangen 858. Enke. gr. 8. (IX, 319 S.) n. 1 ₰ 22 ngr

Beschorner, J. H., die Ministerverantwortlichkeit u. der Staatsgerichtshof im Königr. Sachsen, nebst vergleich. Darstellung der bezügl. Gesetzgebung einiger anderer Länder. gr. 8. (V, 70 S.) Berlin 877. C. Heymann's Verl. n. 1. 50

—— und Wehrmann, die Notariatspraxis im Königr. Sachsen. Ein Handbuch für Notare und Advokaten enthaltend einen Commentar zur Notariatsordnung vom 3. Juni 1859 nebst Formularen. gr. 8. (XII und 316 S.) Leipzig 861, Roßberg'sche Buchh. *

Beschorner, Jul. Herrm., die Reform des Advokatenstandes in Deutschland, mit besond. Beziehung auf das Königr. Sachsen, nebst einer Darstellung der Fortschritte der jenen Stand betreff. Gesetzgebung in Ländern innerhalb u. außerhalb Deutschlands u. einem Entwurfe zu einer Advokatenordnung. gr. 8. Dresd. u. Leipzig 840. Arnoldische Buchh. 7/8 ß

Beschorner, M., Verfälschungen ätherischer u. fetter Oele vermittelst Jod, Brom, Kalium u. verschied. anderer Reagentien sicher zu erkennen; für Pharmaceuten, Droguisten, Kaufleute und Destillateure bearb. gr. 8. Berlin 840. Duncker u. Humblot. 1/4 ß — dass. französisch. gr. 8. Ebd. 840. 1/4 ß

Beschorner, Osc., üb. chronische essentielle fibrinöse Bronchitis (Bronchialcroup), s.: Sammlung klinischer Vorträge.

Beschorner, Osk. Die neuere Meteorologie und die Vorausbestimmung des Wetters. 24 S. Progr. Glatz 1876.

— Über die Vorausbestimmung des Wetters. 15 S. Progr. Glatz 1884.

Beschränkung, die, der Bevölkerungszunahme oder das sogenannte Zweikindersystem, von socialen u. ethischen Gesichtspunkten aus beurteilt von einem Geistlichen. 8. (60 S.) Leipzig 882. Hoffmann & Ohnstein. n. — 80

Beschränkung, über d. gesetzl., der weißen Bierwirthe in Baiern. 8. Landsh. 803. Krüll. 2 gr

Beschränkung. – Die gesetzliche Beschränkung der Maximalarbeitszeit der in Handel und Industrie Deutschlands beschäftigten Arbeiter und Angestellten. Bericht der Deutschen Sektion der Ges. f. Soziale Reform, erstattet der 4. Generalversammlung der Internationalen Vereinigung für gesetzlichen Arbeiterschutz. 1906. – 8°

Beschränkung, die, der Competenz der Geschwornengerichte Rheinhessens nach der Großh. Hess. Strafgesetzgebung mit Hinblick auf jene der Assisenhöfe in Rheinpreußen durch die neuesten Strafgesetzentwürfe, beleuchtet von einem Freunde der Geschwornengerichte. gr. 8. (IV u. 66 S.) Mainz 848, Kirchheim & Schott. 8 ngr

Beschreibung d. OA. Aalen. Her. v. K. Statist. Landesamt. Stuttgart 1854

—— der Oberämter: Aalen, Balingen, Besigheim, Biberach, Blaubeuren, Brackenheim, Calw, Cannstatt, Crailsheim, Ehingen, Ellwangen, Eßlingen, Freudenstadt, Gaildorf, Geislingen, Gerabronn, Gmünd, Göppingen, Hall, Heidenheim, Heilbronn, Kirchheim, Künzelsau, Laupheim, Leonberg, Leutkirch, Ludwigsburg, Marbach, Maulbronn, Mergentheim, Münsingen, Nagold, Neckarsulm, Neresheim, Neuenbürg, Oberndorf, Oehringen, Ravensburg, Reutlingen, Riedlingen, Rottenburg, Rottweil, Saulgau, Schorndorf, Stuttgart-Amt, Tettnang, Tübingen, Tuttlingen, Ulm, Urach, Vaihingen, Waldsee, Wangen, Weinsberg, Welzheim. Hrsg. vom k. statistisch-topogr. Bureau. gr. 8. (à Heft ca. 16 S. mit je 1 Kärtchen und Ansichten.) Stuttgart 885,86, Kohlhammer. à Heft * 40 Pf. *

Beschreibung u. Abbildd. dreier neuen Anagraphen od. für d. Abdruck verkehrt nachgebild. Instrumente 2c. Mit 3 Kpf. 8. Leipz. 821. Magazin f. Ind. 10 gr Hbg. Pr. 8 gr

Beschreibung und Abbildung einer Anlage öconom. Maschinen auf dem von Wedemeyerschen Gute Anrode. 8. (1 B. u. 3 Kpfrt. in Fol.) Muelhausen 830, (Heinrichshofen.)

— u. Abbild. e. Autographs od. Selbstschreibers. M. 2 Kpf. 8. Leipz. 803. Baumgärtner. 12 gr

— u. Abbild. d. eisern. Brücke z. Laasen. gr. 4. Lpz. Baumgärtner. 798.

— u. Abbild. d. eisernen Brücke in Niederschlesien. Mit 1 Abbild. gr. 4. Leipz. 798. Baumgärtner. 6 gr

— u. Abbild. 1) d. r Dionaa Muscipula v. Ellis. 2) einer noch unbeschr. fälschl. für d. Dionaa ausgegeb. Pflanze von Sowerb.r. m. 3 K. 4. Erl. Walther. 780.

— u. Abbild. e. neuen Doppelpfluges, erfunden v. V. Krebs. M. 1 Kpft. 4. Halle 805. Schwetschke u. S. 8 gr

Beschreibung u. Abbildung eines neuen Doppelpfluges, erfunden v. V. Krebs ... Wien u. Halle 1805. 8 S. 1 Tvl.

— u. Abbild. e. neuen Dreschmaschine. m. 1 K. gr. 4. Leipz. Baumgärtner. 803.

— u. Abbild. e. Dreschmühle, womit sechs Arbeiter so viel als achtzehn Arbeit. 2c. dreschen. 4. Wien, Kupfer u. W. 806.

— u. Abbild. dreier ökonom. Geräthe, 1) verbesserte Pflanzart d. Kartoffeln, 2) der Nachrechen Günthers, 3) das Dobesche Sturmfaß; herausg. v. F. G. Leonhardi. M. 1 Kpf. 8. Lpz., Baumgärtner. 6 gr

Beschreibung und Abbildung zweier neuer ökonom. Geräthe 1) eines neu erfundenen dreischaarigen Pflugs 2) des Pflugs aus der kgl. sächs. Stadt Barby. Leipz. 1803. V: *Leonhardi, Fr. Glob.* [?] (Engoec)

— und Abbild. der Petersburger Hausirer. gr. 8. Petersb. (Gräff, L.). 794.

— u. Abbild. d. Petersburger Hausirer. gr. 8. St. Petersb. 794. (Wienbrack in Leipz.) 6 ß 4 gr

Beschreibung u. Abbildung schlesischer Insekten. 1r Bd. Schmetterlinge, mit 48 ill. Taf. Bresl. 837. Forster. 5 ß 8 gr

— u. Abbild. e. neuen Instruments, mit welchem geometr. u. freie Handzeichnungen in Perspektive gebracht werden können. Mit 2 Kpf. Leipz., Mag. f. Industr. 8 gr

— — u. Abbildung der neuen kathol. Kirche zu Leipzig nach ihrer (einstigen) Vollendung. 4. Leipzig 1846, Jackowitz. 3 Ngr. — 12 kr.

— u. Abbild. einer Maschine, durch welche man mit Schwefelrauch die Feldmäuse 2c. gänzlich ausrotten kann. 8. Leipz. Linke. 802.

— u. Abbildung ein von Hochstetten erfundenen Maschine, z. Rettung d. Menschen u. des bewegl. Eigenthums bei Feuersbrünsten, herausgeg. von Poppe, m. K. gr. 8. Frankf. am M. Herrmann. 815.

— u. Abbild. einer in Schottland erfund. Maschine, um d. Korn von allen Getreidearten frei zu machen. Mit 1 Kpf. gr. 4. Lpz. 803. Baumgärtner. 6 gr

— u. Abbild. einer Maschine zum Ziegelstreichen, v. Jung 2c. Herausg. v. Rößig. Mit 1 Kpf. 4. Leipz. 803. Baumgärtner. 6 gr

— u. Abbild. zweier nützl. Maschinen, s. G. Saubert.

— u. Abbild. 2 nützl. Maschinen, 1) eine wohlf. u. leicht anwendb. Wasser- u. Entwässerungsmaschine. 2) eine Masch. um Wasser mit Leichtigkeit aus der Tiefe zu heben. m. K. 4. Ebend.

— u. Abbild. e. einfachen Mittels, um ein Boot auf d. Wasser leicht fortzubringen, besonders auf Kanälen u. engl. Wassergärten anwendbar. Erfunden v. A. C. F. K. u. herausg. v. F. G. Baumgärtner. Mit 2 Kpf. 4. Leipz. (805.) Baumgärtner. 12 gr

— und Abbildung aller neuerfundenen und verbesserten Oefen und der sämmtlichen übrigen Feuerungs-Anlagen. (Zeitung für Feuer- und Ofenbaumeister. 1.) 8. (Mit 3 Steintaf.) Leipzig 842. (Quedlinburg, Schmalz.) n. 6 1/4 ngr

Beschreibung u. Abbild. von Schweizer-Bädern u. Kurorten. Zür. 1808–32. Pb. 4. 6. —
Neujahrsstücke der Gesellschaft z. Schwarzen Garten. Neue Folge. Cplt.

— u. Abbild. e. durch Wasser getriebenen Siede- u. Häckselmühle u. e. Pflugs 2c. (v. J. G. Krünitz). Mit 2 Kpf. gr. 8. Berl. 793. (Reimer). 6 gr

— u. Abbild. ein. durch Wasser getrieb. Siebe- u. Häckselmühle u. ein. Pflugs ꝛc. gr. 8. Berl. Pauli. 796.

Beschreibung und Abbildung des Telegraphen oder der neuerfundenen Fernschreibemaschine in Paris. Leipzig 1794

— u. Abbild. d. Telegraphen. gr. 8. Leipz. Baumgärtner. 795.

— — dasselbe. 4. Nürnberg, Bieling. 796.

. **Beschreibung** der Abbildung des Vollmondes in seiner Pracht und des Planeten- und Kometentanzes, ... Riga 1826. V: *Wittenburg, Ferdinand Wilhelm Freih. von.* (Ky) (R-N)

— u. Abbildung ein. Vorrichtung zum Waschen und Walken f. einzelne Familien sowohl als f. Lazarethe u. Hospitäl. gleich brauchbar ꝛc. Zur Vorbeugung d. Gefahr Krankheitsstoff einzusaugen ꝛc. Mit 2 Kupfert. gr. 4. Lpz. Hinrichs. 814.

— u. Abbildung des Wappens v. Ungarn im engeren Sinne u. der Länder d. ungarischen Krone. (8 [4 farb.] Taf. m. 4 S. deutschem u. ungar. Text.) 50×87 cm. Budapest 896. (L. Toldi.) n. 4. —

— u. Abbild. zweyer sehr vortheilh. Wasserleit. z. Wässern d. Wiesen u. Felder. m. K. 4. Leipz. Baumgärtner.

Beschreibung und Abbildung eines bisher nicht bekannten sehr auffallend gebildeten deutschen Wasservogels, ... Braunschw. 1829. V: *Eimbeck.* (EBHN)

— u. Abbild. d. hydraul. Widders, als d. beste Bewässer.-Maschine f. Oecon. m. K. gr. 8. Leipz. Bruder u. H. 807.

— u. Abbild. d. hydraul. Widders, als d. besten Bewässerungsmaschine f. Oekonomen. Mit 2 Kpft. gr. 8. Leipz. 807. (Schönian in Elberf.) 12 gr

— und Abbildung des hydraulischen Widders, als der besten Bewässerungs-Maschine ꝛc. 2 Aufl. gr. 8. Ist Verlag v Büschler in Elberfeld.

— u. Abbildung d. bei Leipzig von H. Lüders erbauten Windpapiermühle n. holländischer Art. Herausg. v. dem Besitzer J. C. Ludwig. Mit 1 Kpf. 4. Leipz., Baumgärtner. 12 gr

Beschreibung und Abbildungen inlaendische Giftpflanzen. Aachen, 1827. fol.

Beschreibung und Abdruck der Grundgerichts-Siegeln sämmtlicher Vorstädte und Gemeinden der k. k. Haupt- und Residenzstadt Wien. [Wien] 1829. V: *Jung, Anton.* (EB)

(Vignette: *Allegorie*, 28 [illegible]) Beschreibung eines Ab[illegible]feuers in Mexiko.
Kol.: Mülhausen, gedruckt bei J. P. Risler und Komp.
o. J. [illegible], 1 Bl., zweiseitig bedruckt, [illegible] 21 [illegible]
B:P 4 Z [illegible]

Beschreibung des Abkomm-Laufs n/A. nebst Zeichnungen sowie Anleitung zur Bedienung u. Behandlung desselben. (Abk.-L. n/A.) (D. E. Nr. 389.) (10 S. m. Abbildgn. u. 3 farb. Taf.) 8. Berlin 906. (E. S. Mittler & Sohn.) -- 80

Beschreibung des Abkomm-Laufs n/A. nebst Zeichnungen, sowie Anleitung z. Bedienung u. Behandlung desselben. ⟨Abk.-L. n/A.⟩ Berlin: Reichs-Marine-Amt 1907. (10 S.) 8° [F.]
(D. E. No 389.) 07. 14336

— u. Abrisse der Schlachten u. Treffen des Kriegs von 1756 bis 1763 in Deutschland. 4. Dresd. 781. Hilscher. (Leipz., Wienbrack). 10 ß 12 gr

Beschreibung der 1851 vom Kaiserl. Königl. Ministerium in England angekauften Ackergeräte samt den Berichten von K v Kleyle über englische Ackergeräte und Drainage. Wien 1852

Beschreibung der für die k. u. Landwehr-Erziehungs- und Bildungs-Anstalten systemisierten Adjustierungs- und Ausrüstungsstücke. 4. Wien 1898.

. **Beschreibung** der Affaire bey Wesel im Jahr 1794. O. O. V: *Schmid, Andreas.* (MGT)

Beschreibung Aegyptens, s.: Wochenbände.

— von Aegypten, in geograph.-polit. Hinsicht. Mit 2 Kpf 8. Nürnb., Bieling. 4 gr

Accurate **Beschreibung** Welchergestallt die Königl. Schwedische Armee Unterm Commando des Herrn General-Feldmarschals, Grafen Magnus Stenbocks, Sich hinter den Flüssen Treen und Eyder feste gesetzet, und nach dem Eyderstättischen gezogen, auch sich ferner der Haupt-Festung Tönningen bemächtiget etc. etc. Mit darzu dienlichen Kupffern. Zum Druck gebracht. o. O. Anno 1713. im Monath Mai. 4° k.

— der Stadt u. des Hafens Alexandrien in Aegypten, (v. Chr. A. Wichmann). Mit Kpf, 8. Leipz. 799.

Beschreibung, Allerneueste, der Provintz Carolina in West-Indien ... Hamb. 1712. V: *Lawson, John.* (Lipsius)

— alles dessen, was bei dem d. 29. Juni 1740 zu Coburg gefeierten Buchdruckerjubil. abgehandelt worden. 8. Cob. 796. Ahl. 4 gr

Beschreibung, Allgemeine geographisch-historisch-chronologisch-genealogische, von Europa in drey Hauptabtheilungen. München 1786—87. H: *Herzer, Franz Xaver.* (Ky) (ML)

— allgem. geograph.-histor.-chronolog., von Europa, in drei Hauptabtheil., (v. F. Herzer u. A.) 1r Hauptabtheil. 1r Bd. 1s, 2s Stck. 8. Münch. 786, 87.

— und Statistik, allgemeine, der Schweiz. Im Verein mit einer Anzahl schweizerischer Gelehrten und Staatsmänner hrsg. von Max Wirth. 1.—6. Heft. Lex.-8. Zürich, Orell, Füssli und Comp. *

Inhalt:

Heft 1. 1. Bd. 1. Buch. Das Land [2. unveränd. Ausg.] (S. 1—273 mit eingedr. Holzschn., 2 Tab. und 3 Stnt. in gr. 4. und Fol.) 870. *M 6.

Heft 2. 1. Bd. 2. Buch. Das Volk. — 3. Buch. Der Verkehr. 1. Heft. (S. 275—538.) 870. *M 5,70.

» 3. 1. Bd. 3. Buch. Der Verkehr. 2. Heft. — 4. Buch. Versicherungswesen. — 5. Buch. Justizstatistik. Anhang: Hauptergebnisse der Volkszählung von 1871. (VII, S. 539—782 mit 4 Chromolithogr. in qu. Fol.) 871. *M 6.

» 4. 2. Bd. 6 Buch. Verfassung und Gesetzgebung. 1. Heft. Das Gemeindewesen. (S. 1—256.) 872. *M 5,70.

» 5. 2. Bd. 6. Buch. Verfassung und Gesetzgebung. 2. Heft. Gemeinde- und Kantonalverfassungen. (S. 257—551.) 873. *M 6,60.

» 6. 2. Bd. 6. Buch. Verfassung und Gesetzgebung. 3. Heft. S. 552—696 mit 3 Tab. in qu. 4.) 874. *M 3,20.

— allgemeine, und Statistik der Schweiz. Im Verein mit einer Anzahl schweizer. Gelehrten und Staatsmänner hrsg. von Max Wirth. 7. (Schluss-)Heft: Unterrichtswesen. Lex.-8. (431 S. mit Tab. in qu. 4. und qu. Fol.) Zürich 875, Orell, Füssli und Comp. *

1.—6. Heft. Ebendas. 1870—74. *M 33,20.

— allgemein faßliche, des Verfahrens zur Herstellung galvanischer Kpfrstiche u. zur Darstellung v. Copieen gravirter Kupferplatten, so wie bronzener Medaillen ꝛc. 8. Leipzig 840. (Polet.) n. 1/3 ß

Beschreibung des im Herzogthum Schleswig im 1. Dänisch-Wohlder Güterdistrict belegenen adelichen Guts Alt-Bülck, nebst den Bedingungen, nach welchen dieses Gut am 16. Januar 1828 zu Kiel öffentlich verkauft werden soll. Schleswig. 1827. Fol.

— der Residenzstadt Altenburg und ihrer Umgebung, mit durchgäng. Berücksichtigung der Vergangenheit für Fremde und Einheimische. Mit 1 Grundriß von Altenburg und dem Laufe der Eisenbahn von Leipzig über Altenburg, Plauen nach Hof. 16. Altenburg 841, Schnuphase'sche B. n. 1/4 ₰ (Die Karte einzeln 1/12 ₰)

Beschreibung d. Altenlandes u. der Stadt Buxtehude, nebst Fremdenführer. Allgemein- u. Special-Schilderg. d. Altenlandes u. der Stadt Buxtehude in deren Geographie, natürl. u. eigenart. Beschaffenheit, Sehenswürdigkeiten, Reisetouren, Geschichte 2c. Mit e. (lith.) Karte d. Altenlandes. 12. (VII, 106 S.) Blankenese 882. (Altona, Harder.) n. — 75

Beschreibung der Burgen Alt- und Neu-Rapperswil. (1849) s. Keller, Ferdinand.

— des Portugies. Amerika von Cudena; ein Span. Manuscript in d. Wolfenbütt. Bibl., herausg. v. G. E. Lessing; mit Anmerkk. u. Zusätzen v. Chr. Leiste. 8. Braunschw. 780. Schulbuchh. 8 gr

Beschreibung einer Amputationssäge ... Würzburg 1817. V: *Heine, Joh. Georg.* (call)

— einer Amputationssäge u. deren erforderl. Eigenschaften. 8. Würzb. 818. Stahel. 6 gr

— d. Amtsjubelfeier d. C. G. Aster, nebst dessen Bildniß. gr. 8. Neust. 810. Wagner. 12 gr

—— der Amtsjubelfeyer d. Hrn. M. Jac. Fäsch in Basel. gr. 8. ... Basel 827, Neukirch.

*Beschreibung vom Anbau der Erdäpfel. Klgft., 1775.

Beschreibung des heiligen Berges Andex (sic) in Oberbaiern, u. des hochwürdigsten *Schatzes*, welcher sich daselbst befindet, *sammt der Abbildung desselben in Kupfern*, u. einigen andächtigen Gedanken zur Unterhaltung frommer Seelen, die dahin zu wallfahrten pflegen. Neu hrsg. im Jahre 1797. Mit Erlaubniss der Obern. München, gedr. bey Jos. Zängl, bürgerl. Stadtbuchdr. 8°. Gleichzeit. Ppb., hübsches Expl. TKpf. (in Doppelformat) m. Handschrift, 181 S. (incl. 6 Bll. Vorst.), nebst 25 num. (unsign.) Kpftaf.

Beschreibung der romantischen Anlage des Freyherrn von Andlau Birseck, zu Arlesheim ohnweit Basel. ⟨Aus dem Bade daselbst an einen Freund.⟩ 8. Freyburg im Breisgau 1814.

Beschreibung der romantischen Anlage des Freiherrn von Andlaw-Birseck zu Arlesheim unweit Basel. ⟨Aus dem Bade daselbst an einen Freund.⟩ 8. Freiburg im Breisgau 1837.

Beschreibung der baulichen Anlagen der im Jahre 1875 vollendeten Strafanstalt bei Rendsburg. (Rendsburg.) o. J. Fol.

Beschreibung von Anlagen und Erzeugnissen der Elektrizitäts-Aktiengesellschaft vormals Schuckert & Co., Nürnberg. 1. u. 2. Jg. (1901 u. 1902) [Schluß]. Nürnberg, 1901—1902

Beschreibung und Anleitung für den Gebrauch des kleinen Entfernungsmessers. Berlin 1895: Artillerie-Prüfungs-Kommission. 17 S. 8° [11. 1908

Beschreibung u. Anleitung f. d. Gebrauch d. Stellfunts. München 1888.

— Anleitung u. Gutachten zu „Gortig's neuem Leseapparat" f. den ersten Leseunterricht. Geschützt unt. No. 48000. Ebbecke's eisern. Kartonständer „Ferror". Geschützt unter No. 93004. Begleitwort u. Gutachten f. die Patrunky'sche Anschauungstafel zur Einführg. in den Zahlenraum bis 1000. gr. 8. (24 S. m. 2 Abbildgn.) Lissa (900). F. Ebbecke. n. — 20

— — — dasselbe. 2. Aufl. Im Anschluss: Verzeichnis anderer neuer u. altbewährter Lehrmittel für den Unterricht in der Volksschule. gr. 8. (32 S. m. 5 Abbildgn.) Ebd. (901). n. — 20

Beschreibung und Anschlag des im Herzogthum Schleswig, im Schwansener District, belegenen Adel. Guts Crisebuy. Schleswig. 1807. Fol.

Beschreibung und Anschlag von dem adelichen Guthe Fresenhagen, mit den dazu gehörigen Hufen, Kathen und Wohnungen etc., nebst dem Meyerhofe, Berg genannt. Schleswig. 1787. Fol.

Beschreibung und Anschlag derer im Hertzogthum Hollstein belegenen ... Gühter Seedorff und Hornsdorff. nebst dazu gehörigen Meyer-Höfen Blumenath und Seekamp, welche ... den 8. Maji a. c. zu Kiel verkauft werden sollen.

— u. Ansicht von Longwood-House auf St. Helena. Mit 1 ill. Kpf. gr. 4. Leipz. 817. Mag. f. Industr. 6 gr Hbg. Pr. 4 gr

Beschreibung und photographische Ansichten der Schachtanlagen der Gewerkschaft des Steinkohlenbergwerks „Ewald" zu Herten und Recklinghausen. o. O., 1902. Mit 7 Taf.

Beschreibung der in neuerer Zeit entstandenen und noch bestehenden communistischen Ansiedelungen. (Deutsches Bürgerbuch für 1845.)

Beschreibung, antholog., der Reise d. Graf. v. Falkenstein. 4. Schwab. 778. Enderes. 8 gr

Beschreibung des Antichrists. Hamburg u. Leipzig 1726. V: *Seitz.* (Myl)

— u. Anweis., zum Gebrauch e. neuen, bis jetzt unbekannten, vortheilhaften Instruments zum Pfropfen d. Bäume 2c. gr. 4. Ulm 820. Ebner. 3 gr Mit d. Instrument dazu 2 ₰ 12 gr

— u. Anweis. zum Gebrauch der Klärmaschine, von Storch erfunden u. vom k. Preuß. Handels-Ministerium patentirt; m. 1 Kpf. 8. Königsb. 819. (Unzer). 16 gr

Beschreibung, Anwendung und Abbildung der vorzüglichsten, gegenwärtig gebräuchlichen Arzneypflanzen, in 2 Bden. Bd. 1.2. Augsburg: Engelbrecht 1820. 8°
(=Unterhaltungen aus der Naturgeschichte des Pflanzenreichs. Th. 8.9.)

Beschreibung, Anwendung und Abbildung der vorzüglichsten, gegenwärtig gebräuchlichen Arzneypflanzen ... Wien 1821. V: *Wilhelm, Glieb Tob.* (EB)

— Anwendung u. Abbildung d. Gräser, Futterkräuter u. Pflanzen, deren Früchte u. Säfte zu Getränken u. deren Fasern u. and. Theile zur Bekleidung u. zum Färben angewendet werden. Mit 62 ill. Kpft. 8. Augsb., Schlosser. 1 ₰ 18 gr

— Anwendung u. Abbild. d. vorzügl. Heil- oder Arznei-Pflanzen. Mit 100 ill. Kpft. 2 Bde. 8. Augsb., Schlosser. 3 ₰ 12 gr

Beschreibung der Apotheke (in Meldorf). nebst Bedingungen, unter welchen dieselbe am 9. Sept. 1851 verkauft werden soll. (Meldorf. 1851.) Fol.

Beschreibung der in der Reichs-Telegraphen-Verwaltung gebräuchlichen Apparate. Berlin
1878
1888
1899
Ergänzungen 1—4 (1900), 1—2 (1901), 1—2 (1902) zur Ausgabe 1899 und Berichtigungen 1—18 zur Ausgabe 1899 und zu den Ergänzungen 1—4 (1900). 1900—1903
Ergänzungen 1903 und Berichtigungen Nr 19—123 zur Ausgabe von 1899 und zu den Ergänzungsheften 1—4 (1900) und 1—2 (1901). 1903
Ergänzungen 1904 [zur Ausgabe 1899]. 1904
Ergänzungen 1906 [zur Ausgabe 1899]. (Neuaufl.) 1906
Ergänzungen 1907 und Berichtigungen Nr 124—236 zur Ausgabe von 1899 und zu den Ergänzungsheften. 1907
Ergänzungen 1908 [zur Ausgabe 1899]. 1908
Ergänzungen Nr 12 [zur Ausgabe 1899]. 1910
Ergänzungen Nr 13 [zur Ausgabe 1899]. 1911
Ergänzungen nebst Figurentafeln (zur Ausg. 1899) H. 1. 1916ff.

— d. in d. Reichs-Telegraphenverwaltg gebräuchl. Apparate. 4. (159 m. Fig.) Berl. 88, v. Decker. n. 10. —

— der in der Reichs-Telegraphenverwaltung gebräuchlichen Apparate nebst Figurentaf. Abänderungen. 4. (17 S. m. 21 Taf.) Berlin 890. (R. v. Decker.) n. 1. 20

[F.] Beschreibung der in der Reichs-Telegraphenverwaltung gebräuchlichen Apparate. Nebst e. Hefte Figurentaf. *Berlin: Gedr. in d. Reichsdr. 1899.* 2 Bde 4.
Beschreibg. (VI, 217 S.) Figurentaf. (VIII S., 5 Bl., 203 Taf.) [92. 3081]

Beschreibung der Arbeiten der Donau-Regulierung. Wien 1873

— des französischen Armee-Gewehrs M./86. [System Lebel.] gr. 8. (20 S.) Hannover 888. Helwing's Verl. n. — 40

— des Armenhauses z. Torgau. 8. Dresd. 737.

— d. öffentl. Armenversorgungsanstalten in Prag, s. Thdr. Bayer

— d. öffentl. Armenversorgungsanstalt. in Prag. (v. Edl. v. Bayer.) m. K. gr. 4. Prag, Herl. 793.

Beschreibung der Bergreviere Arnsberg, Brilon u. Olpe, sowie d. Fürstenthümer Waldeck u. Pyrmont. Hrsg. m. Genehmigg. d. Hrn. Ministers der öffentl. Arbeiten v. dem königl. Oberbergamte zu Bonn. Nebst e. geolog. Übersichtskarte v. den Erzlagerstätten im südl. Theile des Bergreviers Olpe u. 6 Blättern mit Skizzen der interessanteren Lagerstätten. gr. 8. (IV, 252 S.) Bonn 890, Marcus. * 7 50
Beschreibung der Bergreviere Siegen I, Siegen II, Burbach u. Müsen. Ebd. 1887. * 7 50.

des Regierungsbezirkes Arnsberg in der Königl. Preufsischen Provinz Westphalen. Arnsberg 1810. 4.

— des Regierungsbezirks Arnsberg in d. K. Preuß. Provinz Westfalen. 4. Hamm, Schultz u. W. 819.

— des Regierungsbezirks Arnsberg in d. K. Preuß. Provinz Westphalen. 4. Hamm 819. Wundermann. 1 Thlr. 16 Gr.

Beschreibung, Artistisch-topographische, des Panoramas der Stadt Frankfurt. Frankfurt a. M. 1811. V: *Hundshagen, B.* (Gwinner, F., Kunst und Künstlerin. Frankfurt a. M. 1862.)

Beschreibung des Dorfes und der Gemeinde Aesch Aesch 1867. V: *Brunner, Adam.* (Cat d Stadtbibl. Zürich. Zürich 1864—97.)

Beschreibung des im Herzogthum Holstein, und zwar im Preetzer adelichen Güter-District belegenen adelichen Guts **Ascheberg**, nebst den Bedingungen, unter welchen solches am 15. Jan. 1825 zu Kiel verkauft werden soll. o. O. (1824?) Fol.

— des alt. Athens. s. Breitenbauch.

— des alten Athens, (v. G. A. v. Breitenbauch); nebst Grund- u. Aufrissen. 4. Leipz. 794. (Fr. Fleischer). 16 Gr.

Beschreibung, auf welche Art die von Sr. Majestät anbefohlene Uniformirung bei dem Civil-Personale des Kriegs-Departements Statt haben soll. Fol. Wien 1802.

Beschreibung der Aufbereitung auf Kurprinz Friedrich August Erbstoln zu Grossschirma, . . . [Dresden 1793.] V: *Freiesleben, Johann Carl.* (MGT)

— eines Aufenthalts im Schlangenbade, (v. Woldem. von Budberg). 1777. 8. Riga 779. (Hartknoch in Leipz.) 3 Gr.

— meines Aufenthalts im Schlangenbade 1777. 8. Riga. (Hartknoch in Leipz.) 779.

— der Aufstellung der vom Hauptmann Busch in Frankfurt a. M. erfundenen u. in der Eisengießerei zu Morgenröthe gegossenen Zimmer-Oefen. Mit 1 Abbild. kl. Fol. Schneeb. 829. Gedruckt bei Schumann. 4 Gr.

— der elastischen Auftragewalzen in den Buchdruckereien, deren Anfertigung, Behandlung beim Gebrauch derselben und den Erfahrungen darüber, vom Verfasser des prakt. Handbuchs für Buchdrucker. Mit einer Steindruckzeichn., zweierlei Gußformen, deren einzelne Theile u. dergl. m. vorstellend. 8. Berl. 823. (H. Schultze.) 1/3 Thlr.

— d. elast. Auftrage-Walzen in d. Buchdruckereien, deren Anfertigung etc. Vom Verf. d. prakt. Handbuchs f. Buchdr. M. 1 Steinzeichn. 8. Leipz. 823. Leich. 8 Gr.

Beschreibung, Des ... in ... Augspurg ... verstatteten ... Auf- und Umzug Eines Ehrbaren Weber-Handwercks, samt einer Historischen Beschreibung von dem ... wieder die Hunnen auf dem Lech-Feld erhaltenen Sieg etc. Wie auch deren Gemählde an dem hiesigen Weber-Haus, Nebst beygefügter Nachricht, von des Handwercks Ursprung, Alterthum und Nutzbarkeit. Allda gedruckt und zu finden bey Maximilian Simon Pingitzer [1760].
Tit., 3 Bl., 44 S.; 1 Taf. in Rad. 8°.
1. Ausg. 1718.
Der Umzug fand alljährlich zur Erinnerung an die Schlacht auf dem Lechfeld statt und war nach 100jähriger Pause 1760 wiederaufgenommen worden.

Beschreibung des, in dem Herzogthum Schleswig, und zwar im 2. dänischen Wohlder adel. Güterdistrict belegenen, adelichen Guts **Augustenhoff**, nebst den Bedingungen, wornach dieses Gut den 4. July 1816 in Kiel verkauft werden soll. Schleswig. (1816.) Fol.

— vom u. in das Augustusbad u. dem berühmten Seifersdorfer Thale bei Radeberg in Sachsen, mit 4 illum. Kupf. 12. Dresd. Beger. 813.

Beschreibung, Ausführliche und accurate, nebst e. genauen Abbildung einiger vorhin fabelhafter Geschöpfe, welche i.d. heutigen Naturgeschichte berühmter Schriftsteller gänzlich verändert ins Licht gestellt sind. Mit 8 Kpf. 8° Altona 1784. Bechtold (Leipzig W. Nauck). (Fr. Fleischer). (vergl. Abbildung.)

— ausführl. anatomische, d. menschl. Körpers. 2 Thlr. (Knochen- u. Muskellehre). Mit Kpf. gr. 8. Gotha 803. Hennings. 3 Thlr. ohne Kpf. 1 Thlr. 8 Gr.

Ausführliche Beschreibung einer ungemein seltsam erhörten Anmerkung, oder sogen. Schlaff-Sucht zu Stollwyk. Mit 1 Taf. Amst. 4°. 1707

— ausführl., d. Schmidt'schen Augen-Wassers u. Haupt- u. Fluß-Schnupftabaks etc. 8. Leipz. 805. Bruder. 6 Gr.

Ausführliche | Beschreibung · des ermordeten Obersten Aviti | zu | Parma in Italien. | Bremen. | Druck von George Feilner.
o. J., 4 Bl. n. n., 185 × 109.
LBO Bänkelsängerlit. I, 21.

— ausführl., d. Bastille u. der Art, wie die Gefangenen behandelt werden; aus d. Französ. (v. K. Spener). 4. Berl. 789. Haude u. Sp. 2 Gr.

Ausführliche Beschreibung einer Begebenheit, die sich mit Maria Anna Oberhuberin aus München bey Herrn Gaßner in Ellwangen den 8. Dec. 1774 zugetragen. 775. 4. u. 8.

ausführliche Beschreibung der Belagerung u. Eroberung der Stadt Prag. 4. Prag 1744.

— ausführliche, zur Bereitung des kohlensauren Bleioxyds oder Bleiwassers, nebst Anleitung, dasselbe auf electrochem. Wege zu erhalten. 8. Stuttgart 834. Köhler. 1/6 Thlr.

Beschreibung ausführliche, zur Bereitung d. kohlensauren Bleioxyds u. Bleiweißes, nebst Anleit. dass. kostenfrei auf electro-chem. Wege zu erhalten. gr. 8. (1½ B.) Stuttgart 834. [Beck u. Fränkel.] Thlr.

Ausführliche Beschreibung des Doms zu Ulm. Ulm. 1825. 8.

Ausführliche Beschreibung der Einweihung und Eröffnung der neuen Mädchenschule zu Mühlhausen. — Mühlhausen 1832. 32 S. 8°

Beschreibung, A u s f ü h r l i c h e , des Einzuges der Kanonen in München . . . , s. B a u m g a r t n e r , Anton

Beschreibung, Ausführliche, von dem traurigen Ende der beyden Dänischen Grafen und Staatsverbrecher Struensee und Brandt. Zittau 1772. V: *Spieckermann, Adam Jacob.* (ML)

Beschreibung. Ausführliche B' einer Merkwürdigen Entdeckung, verschiedener Antiquitäten: In dem... Dorff Nider-Lunneren... 1741 s. (Sulzer, J[ohann] G[eorg]).

— ausfühl., der Ereignisse in Berlin v. 15. bis 24. März 1848. Nebst d. Listen d. Gefallenen d. Civils u. Militairs. 8. (15 S.) Berlin 848, Logier. 3 ℊ

Beschreibung, Ausführliche, der Exercierzeit und der gemachten Evolutionen der Garnison zu Potsdam unter Friedrich II. St. Petersburg 1801. V: *Diebitsch, Carl Friedrich Wilhelm von.* (Ky)

— ausführl., der Exercierzeit u. d. gemachten Evolutionen d. Garnison zu Potsdam unt. Friedrich II. (Von K. Fr. W. v. Diebitsch,) gr. 8. St. Petersb. 801. (G. W. Korn in Bresl.) 1 ℛ 16 ℊ 14 Kpft. mit Erklär. u. 1 Grundr. v. Potsdam. gr. 4. Ebd. 802.

AUSFÜHRLICHE BESCHREIBUNG DER FEIERLICHKEITEN bei Gelegenheit der Seiner Majestät dem Königo Friedrich Wilhelm III. in Begleitung Ihrer Majestät der Königin zu Königsberg in Preussen 1798 geleisteten Erbhuldigung. Nach den Akten E. Erl. Königl. Etatsministeriums, der Königl. Kriegs- und Domainen-Kammer und des Magistrats bearbeitet und herausgegeben von der Königl. Deutschen Gesellschaft zu Königsberg in Preussen. Königsberg, im Verlag der Königl. Preuss. Hof- und Akademischen Hartungschen Buchdrukkerei. 8°.

Ausführl. Beschreibung des ungar. Feldzugs ao. 1716, unter Direction Printzens Eugenii v. Savoyen, mit d. Türck. Niederlage d. 5. Aug. ohnweit Peterwardein sieghaft angefangen u. nach der den 13. Oct. erfolgten Eroberung der Festung Temeswar glückl. geendiget. 4. M. K. Nürnberg 1716.

Ausführl. Beschreibung des Ungar. Feldzugs ao. 1717. Wie derselbige unter Direction Herzogens Eugenii v. Savoyen, mit Passirung des Donau-Stroms (d. 15. Junii) glückl. angefangen, mit der totalen Türck. Niederlage und Uebergab der Vestung Belgrad sieghaft geendiget worden. (64.) 4. Nürnberg 1717.

Beschreibung. Ausführliche B' des Festes, welches zu Ehren Sr. Kaiserl. Königl. Hoheit, des Erzherzogs Johann von Oestreich, von der Hohen Regierung des Kantons Basel angeordnet, und den 4. September 1815. gefeyert wurde. (Mit 2. Kupfertafeln.) 8. Basel.

— ausführl., der zur Feier d. 25jähr. Regierung d. Königs Maj. v. Preußen zu Königsberg in Pr. am 15., 17. u. 18. Nov. 1822 statt gefund. Festlichkeiten. 8. (Berl., Th. Enslin). 12 ℊ

— ausführliche, der Festlichkeiten bei d. neuen Weihung d. Johanniskirche in Zittau, d. 23. Juli 1837. Nebst gesproch. Reden, Gebeten, Festliedern, ein. geschichtl. Einleit. u. 1 Abbild. d. Kirche von d. Abendseite. gr. 8. (4 B.) Zittau 837, Birr. *

— ausführliche, der Festlichkeiten bei der Weihung des neuen Rathhauses in Zittau im September 1845. Nebst e. kurzen Abriß der Geschichte der Rathhäuser in Zittau, einer Chronik der regierenden Bürgermeister u. 3 Ansichten (auf 1 lith. Taf. in 4.) 8. Zittau 845, Birr. n. 1/6 ℛ

— ausführliche, des Festzuges in Wien zur Jubelfeier des allerhöchsten Kaiserpaares am 25. April 1879. 8. (16 S.) Wien 879. Neidl. n. — 20

— ausführl., des Fichtelberges. m. K. 4. Leipz. Fritsch. 716.

Beschreibung, Ausführliche, des Fichtelberges in Norgau liegend, in dreyen Theilen abgefasset . . . Leipz. 1716. V: *Pachelbel von Gehag, Joh. Chph.* (BrMm) (Fiker) (MS) (Mz) (Adel) V: *Bachhelbel von Gehag, Joh. Chph & Hamer.* (Myl)

Ausführliche Beschreibung | des | doppelten Giftmordes, welcher von dem | Hausschlachter Müller | in, Freiburg | verübt worden ist. | Oldenburg. | Schnellpressendruck von Büttner & Winter.
o. J., 4 Bl. n. n., 180 × 108.
LBO Bänkelsängerlit. II, 32.

BESCHREIBUNG, Ausführliche, von dem Glückshafen der verliebten Frauenzimmer. O. O. u. J. (c. 1785). 4°. Sehr rar!
Haydinger's Bibl. I. 2. (Wien 1876.)

Ausführliche | Beschreibung | der | Goldgruben Californiens, durch ein | mechanisches Kunstwerk | nach der | Natur | dargestellt. | Hamburg. | Druck von J. Kahlbrock Wwe.
o. J., 2 Bl. n. n., 168 × 102.
Dt. Vl. Arch. Freiburg V 1. 1135/1.

Beschreibung, A u s f ü h r l i c h e und grundrichtige, des ganzen Elbstroms, s. S c h n e i d e r, Caspar

Beschreibung, A u s f ü h r l i c h e und grundrichtige, des ganzen Rheinstroms, s. R i e g e l, Chr.

Beschreibung.– A u s f ü h r l i c h e Beschreibung der Hegung des Hochnothpeinlichen Hals-Gerichts, und insonderheit wie es von E.E. Hochweisen Rathe zu Leipzig . . . gehalten wird.
Heilbronn u. Leipzig 1798.

Ausführliche historische und geographische Beschreibung des an dem großen Flusse Mississippi in Nord-Amerika gelegenen herrlichen Landes Louisiana. *Leipzig: Bei dem Sohn des verstorbenen J. Fried. Gledetschen 1720.* . . . S.

Ausführl. u. histor. Beschreibung des gegenwärtigen Türkenkriegs zw. Kays. Maj. u der Republic Venedig einerseits u. der Ottoman. Macht and. Theils 4. M. K. Augspurg 1717.

Beschreibung, Ausführliche, einer mehrere Jahre lang gedauerten hartnäckigen Hypochondrie, wie diese endlich ohne den Gebrauch innerer Arzneien ganz gründlich ist gehoben worden. Für alle diejenigen, welche mit der Hypochondrie behaftet sind und ihre baldige gründliche Genesung wünschen. Von einem Arzte, der selbst mehrere Jahre von der Hypochondrie gequält worden ist.
8. Berlin 1808.

— ausführl. cameral. ökonom., des Amtes Tondern. gr. 8. Hamb. Bohn. 789.

— ausführl. kameral.-ökonom., des Amtes Tondern. gr. 8. Hamb. 789. (A. Campe). 14 ℊ

Ausführliche Cameralistisch-oekonomische Beschreibung des Amts Tondern. (Besonderer Abdruck aus: Urkunden und Materialien zur nähern Kenntniss der Geschichte und Staatsverwaltung nordischer Reiche. Bd. 3.) o. O. 1790. 8°.

Beschreibung, Ausführliche des Kriegsschauplatzes zwischen dem Rhein, der Nahe und der Mosel ... Berl. 1798—99. V: *Massenbach, Chn Carl Aug. Ludw. v.* (Ky)

Ausführliche Beschreibung der Krönung ... Caroli VI. So den 22. Decembr. 1711. in der Kayserl. freyen Reichs-Wahl- und Handels-Stadt Franckfurt am Mayn ... vollzogen worden. Nach dem zu Wien gedruckten Original. Erffurdt o. J.
30 S. 8°.

Ausführliche Beschreibung der den 25. Juny in der Königlichen hungarischen freyen Reichs Stadt Presburg glücklich vollzogenen prächtigen Krönung ihrer Allerdurchleuchtigsten Majestät Mariae, &c. zur Königin in Ungarn 1741. Wien 1741: Joan. Peter v. Ghelen. 8 S. - 4°

AUSFÜHRLICHE Beschreibung der Krönung ihrer Majestät Marien Theresiens Erz-Herzoginn zu Österreich, vermählten Herzogin zu Lothringen und Baar, Großherzogin zu Toscana zur Königin von Ungarn. Vollzogen in der königl. ungarischen freyen Reichs-Stadt Pressburg den 25. Juny 1741. Aus einer gleichzeitigen Schrift. Wien 1790. Gedr. im k. Taubstummen-Institute. 32 S. - 8°

Außführliche Beschreibung der Königlich-Böheimischen Crönungen ... Caroli VI. Römischen Kaysers ... Und ... Elisabethae Christinae ... So geschehen den 5. und 8. Sept. 1723. in ... Prag ... Verlegt und zu finden Bey Johann Christoph Kolb, Kupfferstecher in Augspurg [1723].
8 Bl.; 1 Taf. in Kupferst. von Joh. Christoph Kolb. 8°.

— ausführl., des Lebens, Leidens und Sterbens Jesu Christi. Hrsg. von einem Vereine kathol. Geistlichen. 2 Bde. (8 Lfgn.) gr. 8. (886 u. 1120 S. m. 2 Lithogr.) Landshut 847. 48, Thomann. (à Lfg. 3/4 ℳ) 2 1/4 ℳ

Ausführliche Beschreibung des feyerlichen Leichenbegängnisses, welches für Se. hochselige Majestät König Friedrich den Zweyten, am 9. Sept. zu Potsdam veranstaltet worden ist. Wesel 1786. 8.

Beschreibung, Ausführliche, des Leichenbegängnisses der verwittweten Prinzessin von Preussen, Louise Amalia. Berlin 1780. V: *Kluge, Joh. Daniel.* (MGT)

Ausführliche Beschreibung der Leichen-Processions-Ordnung · welche bey ... Begräbniß Caroli des XII. der Schweden ... König am 26. Febr./7. Martini 1719 zu Stockholm ... beobachtet worden. Nach dem Schwedischen ins Teutsche übersetzet. Nach dem gedruckten Original.
16 S. 8°.

Beschreibung ausführliche Mineralbäder
Ausführliche Beschreibung sämmtlicher Mineral-Bäder, Gesundbrunnen und Heilquellen des Königreiches Ungarn, Croatien, Slavonien und Siebenbürgen, hinsichtlich ihrer chemischen Bestandtheile, medicinischen Wirkung, Unterkunft, Lage, Umgebungen, Lebensart, Zerstreuungen, Theurung oder Wohlfeilheit etc. 240 S., gbd.

Kaschau: Werfer 1834

— ausführl., aller seit 100 Jahren üblich gewesenen Mittel, d. Leder an Schuhen, Stiefeln u. Pferdegeschirren ꝛc. zu putzen u. glänzend zu machen ꝛc. 8. Landsh. 819. Weber in Münch. 4 K

Ausführliche Beschreibung | einer gräßlichen | Mordthat, welche | eine Tochter in Norwegen an ihrem | eigenen Vater verübte. | (Fig.: *Vierteilung mit Zuschauern und Stadtkulisse*, 70 × 75).
o. O., o. J., 8 S., 175 × 115.
LEO Jahrmarktslit. R. c. 1, 1.

— ausführliche, des Münsters in Ulm. Mit 4 Kpf. 8. Ulm 825. Ebner. 16 K

Beschreibung, Ausführliche, des Meissnischen Ober-Erzgebürges. Leipzig 1747. V: *Lehmann, Chn.* (EB)

Beschreibung, Ausführliche, von Ost-Europa in 2 Theilen. Besondere Ausgabe für Zeitungs-Leser aus dem bekannten Werke: „Beschreibung der Erde", von Wilh. Hoffmann, Karl Pfaff, und Wilh. Pahl. Ein Hand- und Lesebuch in 6 Bänden. I. Th.: Russland und Polen. — II. Theil. Ungarn, Türkei und Griechenland. (2 Bde.) 8. Stuttgart 1853.

Beschreibung, ausführliche, der *neuen Pfarrkirche* in der Vorstadt Au. Mit Angabe aller bei dem Baue beschäftigten Künstler u. Meister. Als Anhang das Programm zu der feierl. Einweihung (hrsg. von *Fernbacher*, Bürgermstr.). Im Verlage des Herausgebers. 1839. 8°. Tit. u. letztes Bl. fleckig. Cart.
16 S. Die Einweihung erfolgte am Geburtstage König Ludwigs, d. 25. Aug. 1839.

Beschreibung, Ausführliche, des Pferde-Göpels auf der Grube Neuer Morgenstern, ... Freyberg und Annaberg 1792. V: *Erler, Leberecht Johann Friedr.* (ML)

— ausführl., der Reise des Großf. Paul Petrowitz von Petersburg nach Berlin u. zurück, (v. J. G. H. Oelrichs). gr. 8. Berl. 776. Haude u. Sp. 14 K

Ausführliche | Beschreibung des Räuberhauptmanns Hermann Rohland | und | seiner Bande. | Nebst einem dazu abgefaßten schönen Liede. | *(Text)*.
o. O., o. J., 1 Bl., zweiseitig bedruckt, 340 × 190.
LBO Bänkelsängerlit. II, 38.

Ausführliche Beschreibung | des | Räuberhauptmanns Hermann Rohland | und | seiner Bande. | Zu Ende des Jahres 1850. Nebst einem dazu abgefaßten schönen Liede. | Bremen, 1851. Gedruckt und zu haben bei Buschmann & Wiehe.
o. J., 4 Bl. n. n., 188 × 110.
LBO Jahrmarktslit. R. c. 2, 48.

Beschreibung, Ausführliche, des Salbungs-Festes Friederich des Fünften ... 1747. Kopenhagen. V: *Jessen-Schardebøl, Ernst Joh.* (Bruun, Bibl. Danica. III, 382.)

— ausführliche der Insel St. Helena, nebst 1 illum. Abbildung. 8. Prag, Enders. 816.

Ausführl. Beschreibung des am 6. May erfochtenen Sieges bey Prag. (2 Bl.) 4.

Beschreibung, Ausführliche, der Sprachmaschinen oder sprechenden Figuren mit unterhaltenden Erzählungen und Geschichten erläutert ... Nürnberg 1798. V: *Brunner, Heinrich Marcus.* (will)

— ausführl., e. Thermo-Lampe, welche mehrere Zimmer u. einen Saal beleut. 8. Dresd. 802. Arnold. 6 K

Beschreibung, Ausführliche topographische, des Herzogthums Magdeburg und der Grafschaft Mansfeld, Magdeburgischen Antheils. Berlin 1785. V: *Heineccius, Johann Ludwig von.* (BrMm) (EngG) (MGT) (MS)

Ausführliche | Beschreibung der Verbrechen | des | Räuberhauptmanns | Hermann Rohland | und seiner Bande. | Nebst einem dazu verfaßten schönen Liede. | (Fig.: *Duell*, in ovalem Rahmen, 50 × 66) | 1850. | Druck von J. F. Rohr in Vegesack.
8 S., 190 × 110.
LBO Jahrmarktslit. R. c. 2, 47.

Beschreibung, Ausführliche und wahrhafte, von dem abermahligen schnellen Brande zu Görlitz. Laub. 1726. V: *Funcke, Christian Gabriel.* (OL)

Beschreibung, Ausführliche, der Wallfahrt zum gnadenreichen Jesukindlein in Filzmoos. Innsbruck 1874. V: *Jäger, Matthias.* (Hr)

Beschreibung, Ausführliche und wahrhaftige derer Feierlichkeiten, so bei der Vermählung d.s wohlgebohrnen Herrn Max Stammler mit dem wohlgebohrnen Frewlein Julia Dürnberger vollführet worden, item: was sich dabei für Mummenschanz eräugnet, und was für lieblich Liederspiel fürgebracht worden; Allen Junggesellen zu Nutz und Frommen, ingleichen für Eheleute gar lehrreich und anmuthig zu lesen. 8. (30 S.) Wien. Keck und Pierer. 1854.

Beschreibung, Ausführliche, der grossen Wasserfluth zu Nürnberg vom 27. und 28. Febr. 1784. Nürnberg 1784. V: *Truckenbrot, Michael.* (will)

BESCHREIBUNG, Ausführliche, der ganzen weit bekannten Stadt Wien. Wien 1713. 8°. Rarl (In Wien Stadtbibl.)

Beschreibung, Ausführliche, der grausamen Zerstörung der Stadt Görlitz. Laub. 1717. Budissin 1717. V: *Funcke, Christian Gabriel.* (OL)

Beschreibung, Ausführliche, des Zeugmacher-Handwercks, ... Leipzig und Dresden [1730?]. V: *Marperger, Paul Jacob.* (BrMin)

Ausführl. Beschreibung des feierl. Zuges bei der Frohnleichnams-Prozession in der k. Haupt- u. Residenzstadt München. Nebst Angabe aller Fahnen, Standarten u. Bruderschafts-Insignien; von deren Entstehung bis zur jetzigen Zeit. München, 1841. In Commiss. beim k. Hofbuchbinder Fuchs am Schrannenplatz. 12°. 24 S. Cart.

Beschreibung, Ausführlich-historisch-geographische, der Insel und Stadt Cadix, wie auch der Stadt und Meerenge Gibraltar. Frankf. u. Leipz. 1783. V: *Hörschelmann, Friedrich Ludwig Anton.* (Ky) (MGT) (Pr)

Beschreibung der Ausgrabungen Herculanums. Mit Illustr. (schlechten Holzsch.). Scafati-Pompei, Pompejanische Druckerei u. Verlagshandl. (188*). 8°. Cart. *)
40 S. Lat. Lettern.

Beschreibung des Hachinger Baches. Ein statistisch (sic) - topogr. Beitrag zu Münchens Umgebungen. Mit 1 Karte. München, Jos. Lindauer, 1820. 8°. Beibd.
31 S. Betrifft vornehmlich München's Wasserversorgung.

Beschreibung d. OA. Backnang. Her. v. K. Stat. Landesamt. Stuttgart 1871

— d. Oberamts Backnang. 8. (12 m. 1 Karte) Stuttg. 85, Kohlhammer. — 30

Beschreibung der Oberämter: Backnang, Böblingen, Herrenberg, Horb, Nürtingen, Spaichingen, Sulz, Waiblingen. Hrsg. vom k. statistisch-topogr. Bureau. gr. 8. (à Heft ca. 16 S. mit je 1 Kärtchen und Ansichten.) Ebendas. 885,86.
à Heft * 30 Pf. * 2 40
aus: Das Königreich Württemberg, besonders abgedruckt.

— eines m. mehr Holzerspar. eingericht. Backofens. m. K. 8. Marburg, Krieger. 804.

Beschreibung des Habsburgischen Bades. Zürich 1787. V: *Murer, R.* (Ky)

Beschreibung des neu errichtenden Bades bey dem aufgelassenen Hieronimitaner Kloster am St. Josephberg nächst Meran, Gerichts Forst. Hg. von N. V. A. Augsburg 1796. V: *Verdross, Nicolaus.* (BiblPort)

Beschreibung des Teinacher Bades nach seiner Lage ... Tübingen 1788. V: *Zahn, Johann Georg.* (Call)

— d. Badehauses an d. langen Brücke. 8. Berl. 804. W. Oehmigke. (Sander). 4 gr.

— ein. neuen Badehaus. in Berlin. 8. Berl. Schmidt. 803.

Beschreibung der Stadt Baden in Niederösterreich und der daselbst befindlichen Gesundheitsbäder. Den hohen Badgästen gewidmet. Wien u. Prag 1794. V: *Schönfeld* (?). (Ky 1/233) (Rollet Nr. 17) (BiblPort)

— d. Stadt Baaden im Niederösterr. 8. Prag 794. Schönfeld. 3 gr.

Beschreibung aller berühmten Bäder in der Schweiz. Aarau 1830 s. [Malten. Heinrich von].

— aller berühmten Bäder in d. Schweiz. Nebst e. allgemeinen Uebersicht d. Bäder zweiten Ranges u. der unbenutzten Heilquellen. Ein Handbuch zum Gebrauche für Kranke u. Gesunde, besonders für Reisende. gr. 12. Aarau 830. Sauerländer. 1 Rthlr 8 gr. Weiß Pap. 1 Rthlr 20 gr.

Beschreibung der Bäder von Leuk. (Njbl.) s. [Meyer, Johann Ludwig *II*].

— d. warmen Bäder zu Wiesbaden. 8. Frankf. a. M. 763. (Andreä). 6 gr.

Beschreibung des Oberamts Balingen. Hrsg. von dem K. statistisch-topograph. Bureau. Mit 5 Tab., einer geognostisch kolor. (lith.) Karte des Oberamts u. 3 lith. Ansichten. gr. 8. (XI, 568 S.) Stuttgart 880. Kohlhammer.
n. 5. —

— der Oberämter Balingen, Besigheim, Biberach, Blaubeuren, Brakenheim, Calw, Cannstadt, Ehingen, Eßlingen, Geislingen, Gmünd, Göppingen, Hall, Heidenheim, Heilbronn, Kirchheim, Künzelsau, Laupheim, Leonberg, Leutkirch, Marbach, Maulbronn, Mergentheim, Münsingen, Nagold, Neckarsulm, Neresheim, Neuenburg, Oberndorf, Oehringen, Ravensburg, Reutlingen, Riedlingen, Rottweil, Saulgau, Schorndorf, Tettnung, Tübingen, Tuttlingen, Ulm, Vaihingen, Waldsee, Wangen, Weinsberg u. Welzheim. Hrsg. v. dem k. statist. Landesamt. Mit je 1 Kärtchen u. Ansichten. gr. 8. (à ca. 16 S.) Stuttgart 885. 86. Kohlhammer. à n. — 40

— d. Oberämter: Balingen, Biberach, Blaubeuren, Calw, Ehingen, Freudenstadt, Geislingen, Gmünd, Göppingen, Hall, Heidenheim, Kirchheim, Künzelsau, Laupheim, Leutkirch, Maulbronn, Mergentheim, Münsingen, Nagold, Neckarsulm, Neresheim, Neuenbürg, Oberndorf, Oehringen, Ravensburg, Reutlingen, Riedlingen, Rottenburg, Rottweil, Saulgau, Schorndorf, Tettnang, Tübingen, Tuttlingen, Ulm, Vaihingen, Waldsee, Wangen, Weinsberg u. Welzheim. Hrsg. v. d. K. statist. Landesamt. Mit je 1 Kärtchen u. Ansichten. 8. (à ca. 16) Stuttg. 86. Kohlhammer. à n. — 40

Beschreibung des Banats, der Walachey, Moldau u. der Königreiche Servien u. Bosnien. Ein Beitrag zur Kenntnis des gegenwärtigen Kriegsschauplatzes. Leipzig 1789. 96 S. Schneider

— d. Bannats, d. Wallachei u. d. Königr. Servien, (v. K. Gebhard). 8. Leipz. 790. Schneider. 4 gr.

Beschreibung des B a n d w u r m e s nebst den Mitteln wider denselben besonders desjenigen, welches. . . in Frankreich bekannt gemacht worden. Lindau 1783. 24 S.

— d. Bandwurms; nebst Mittel wider denselben. M. Kpf. 8. Lindau 786. (Belitz in Berl.) 5 ℊ

B e s c h r e i b u n g von Barcelona in Catalonien. 1706.

Beschreibung der im Herzogthum Holstein, und zwar im Oldenburger Güter-District, belegenen Besitzung **Bardien**, nebst den Verkaufs-Bedingungen, wornach dieselbe am 8. Oct. 1817 in Kiel verkauft werden soll. o. O. (1817.) Fol.

Beschreibung der Barometer und Thermometer... Neue Ausgabe. Nürnberg 1781. V: *Adelbulner*, *Michael*. H: *Heppe*, *Joh. Chph.* (EngMt)

— d. B a r o m e t e r u. Thermometer. m. K. gr. 8. Nürnb. Monath u. K. 781.

— der Bastille, von ihrer Erbauung bis zur Zerstörung derselben. M. 2 Kpft. 4. Frankf. a. M. 789. Jäger. 9 ℊ

— des sehr nutzbaren Baues d. türk. Waizens, auf Erfahr. gegründet. 8. Dresd. 783. Walther. 1 ℊ

Beschreibung der B a u a r t, des Aufbaues u. d. Abbruchs, sowie der Verpackg. transportabler Lazarethbaracken. [Aus: „Friedens-Sanitäts-Ordng." Beil. 11 a.] 8. (14 S. m. Grundrissen u. 1 Abbildg.) Berlin 891. E. S. Mittler & Sohn. — 15

— einer sonstig. Bauernhochzeit. 8. Frberg 819. Craz u. G. 3 ℊ

Beschreibung.— Beschreibung der B a u m a n n s h ö h l e und deren Merkwürdigkeiten bei Rübeland. o.O. (um 1790.) 16 S. 8°

— der B a u m a n n s h ö h l e bei Rübeland am Harz und deren Merkwürdigkeiten. Nebst 6 Zeichnungen. 16. Braunschweig 845, Oehme u. Müller. n. 1/6 ℛ

B e s c h r e i b u n g des Bauprojektes für die neue U n i v e r s i t ä t in Zürich. Mit Bildern und Plänen [13 Tafeln]. Dem Kantonsrate vom Regierungsrat vorgelegt im Juli 1910. 12 S. 8. [Zürich,] Buchdr. Züricher Post.

Beschreibung, Dess durchläuchtigsten Hauses Bayern genealogisch-historische, worinnen dieses höchsten Hauses Ursprung, ... erläutert u. aussgeführet wird. ... Augspurg 1742. V: *Rau*, *Dav. Wilh.* (HThPP)

Beschreibung einer wahren und rührenden | Begebenheit aus | den jüngsten Kriegsereignissen | in Spanien. | Die Wege des Herrn sind wunderbar. Nebst einem schönen moralischen Liede.
Kol.: Druck von J. J. Spiegel in Hannover.
o. J., 4 Bl. n. n., 182 110.
LBO Jahrmarktshr. R. c. 2, 50.

Beschreibung des, im Herzogthum Schleswig, und zwar im 2. Wohlder District belegenen, adelichen Guts **Behrensbroock** mit dem Meyerhofe R o t h e n s t e i n und N e u d o r f, nebst den Bedingungen, wornach dieses Gut den 3. July 1816 in Kiel verkauft werden soll. Schleswig. (1816.) Fol.

— des B e y l a g e r s des Erbprinz. z. Brandb. Onolzb. 1754. m. K. Fol. Onolzb. 755.

— erstaunensw. Bekehrung, Lebenswandel, Buße ꝛc. einiger G e i s t l i c h e n des Klosters la Trappe in Frankreich ꝛc. a. d. Franz. 8. Augsb. Veith.

— der Bekleidungs- u. Ausrüstungsstücke der ostasiatischen Besatzungs-Brigade. (19 S.) 8. Berlin 904. E. S. Mittler & Sohn. n. — 20

Beschreibung d. Bekleidungs- u. Ausrüstungs-Stücke d. Mecklenb., Hess. u. Braunschweig Truppentheile. o. O. 1869.

B e s c h r e i b u n g der Bekleidungs- und A u s r ü s t u n g s - S t ü c k e der großherzogl. mecklenburgischen, großherzogl. hessischen und herzogl. braunschweigischen Truppentheile. gr. 8. (78 S.) Berlin 878, (v. Decker's Verlag.)

—— der B e k l e i d u n g s - und A u s r ü s t u n g s - S t ü c k e der großherzogl. Mecklenburgischen, großherzogl. Hessischen und herzogl. Braunschweigischen Truppentheile. 4. Nachtrag. gr. 8. (1 Bl.) Berlin 886, Mittler und Sohn. **
Die Beschreibung und die ersten 3 Nachträge sind nicht in den Handel gekommen.

B e s c h r e i b u n g von Belagerung der Festung Belgrad. fol Wien 1717.

Beschreibung der Belagerung und Einnehmung der Reichsstadt Colmar durch die Schweden 1632. Colmar 1857 u. 1878. V: *Rapp*, *Anton J. Jacques*. (Pr)

Beschreibung der Belagerung und Einnahme von Copenhagen durch die Königl. englische Armee. o. O. 1807. 8°

— d. Belagerung v. Mainz 1689. M. Kpf. 4. Frankf. a. M. 793. Jäger. 18 ℊ

— d. Belagerung v. Mainz im J. 1689. Vom Verfass. d. a. militär. Journals. Mit 1 Plan. 8. Hannov. 793. Hellwing. 3 ℊ

Beschreibung und praktische Bemerkungen über die Draisine oder Reisemaschine nebst Abbildung derselben. [Dresden 1817.] V: *Erdmann*, *Carl Gottfr.* (MGT)

— des altherzogl. Berg- u. Stammschlosses der Landshut. Trausnitz, mit Rücksicht auf das Geschichtliche u. übrige Merkwürdige derselben ꝛc., (v. F. A. Furthner). 12. Augsb. (812).

Beschreibung des altherzoglichen Berg- und Stammschlosses der Landshutischen Trausnitz, ... Landshut 1812. V: *Furthner*, *P. F. Ant.* (EngG) (Kn) (Ky) (MGT)

Beschreibung der neuen B e r g s c h u l e in Bochum. *Bochum 1899: W. Stumpf.* (9 S.) 4°
(Beilage zu d. Bericht über d. Verwalt. d. Westf. Berggewerkschaftskasse während d. Rechnungsj. v. 1. Apr. 1898 bis z. 31. März 1899.) [illegible]

— v. B e r l i n u. Potsdam. s. Fr. N i k o l a i.

Beschreibung von Berlin und Potsdam. Berlin 1769. 2. A. 1779. 3. A. 1786. V: *Nicolai*, *Christoph Frdr.* (Mitth. Grolig.)

— d. königl. Residenzstädte, Berlin u. Potsdam, (v. Fr. Nicolai). 8. Berl. 769. Neue umgearb. Aufl. 2 Bde 779. 3e Aufl. mit Grundr. u. 1 Karte. 3 Bde. Mit Anh. gr. 8. Ebd. 786. Nicolai. 5 ℛ 22 ℊ

B e s c h r e i b u n g der königlichen Residenzstädte B e r l i n und P o t s d a m und aller daselbst befindlichen Merkwürdigkeiten. Nebst einem Anhange, enthaltend die Leben aller Künstler, die seit Churfürst Friedrich Wilhelms des Grossen Zeiten in Berlin gelebt haben und deren Kunstwerke daselbst befindlich sind. (Mit 2 Plänen.) 8. Berlin 1795.

Beschreibung der Englischen Inseln Bermudas oder Somers in Amerika. [Braunschw. 1782.] V: *Heise*, *Joh. Chph. Friedrich.* (MGT)

Beschreibung der Stadt und Republik Bern. Bern s. (Heinzmann, Johann Georg).

— d. Stadt u. Republik Bern, (v. B. Fr. Haller). 2 Thle. gr. 8. Bern 794 — 96. Typogr. Soc. 1 ℔ 8 gr

Beschreibung der Bernhardus-kirche, der Grossherzoglichen Schlosskirche und katholischen Stadtpfarrkirche in Rastatt. Rastatt 1856. V: *Beust*, *Carl Freih. von.* (EngG) (BaBb)

Beschreibung der Bernharduskirche, der großh. Schloßkirche und kathol. Stadtpfarrkirche in Rastatt, nebst einer Darstellung des Todes des Markgrafen Ludwig Wilhelm von Baden und dessen Beisetzungsfeierlichkeiten in Baden. Ein Andenken an die Grundsteinlegung der kathol. Stadtpfarrkirche in Rastatt im J. 1750. gr. 8. (IV und 40 S.) Rastatt 856, (Hanemann.)

Beschreibung, Die, Der Beschreibung des Saalgrundes. Bdchen. 1. 2. Kahla 1802—1804. V: *Mehlis*, *Joh. Friedr. Jul.* (schles)

Beschreibung des Oberamts Besigheim. Herausgegeben vom Königlichen Statistischen Landesamt. Stuttgart 1853

—— d. Oberamts Besigheim. 8. (16 m. 1 Karte) Ebd. 85. — 40

Beschreibung der im Kreise Neuss am Niederrhein gelegenen Besitzungen (Abtei Knechtstaden) des Herrn Wilhelm von Hövel zu Dortmund. [Köln 1860.] V: *Weinhagen*, *N.* (stBKöln II, 9)

Beschreibung der Betriebseinrichtung für den Bau zweier Trockendocks auf der Kaiserlichen Werft zu Kiel. Frankf. 1900. V: *Sonntag*, *Carl.* (Zuwachsverz. d. Bibl. Zürich 1898 ff.)

Beschreibung d. OA. Biberach. Her. v. K. Stat. Landesamt. Stuttgart 1837

— des Bielagrundes und seiner Schönheiten. Eine Erinnerungsgabe für die Freunde der Wasserheilanstalt bei der Schweizermühle und zum Gebrauch für Touristen und Naturfreunde. Pirna 855. Diller. 16. (2 Bl., 39 S.) 5 ngr

Beschreibung der Herzoglichen Bilder-Gallerie zu Salzthalum. Braunschweig 1776. V: *Eberlein*, *Christian Nicolaus.* (Mn)

— d. Bildergallerie in Salzthalum. gr. 8. Braunschw. Schulbuchhandl. 777.

Beschreibung der königl. Bildergallerie und des Kabinets zu Sanssouci. Berlin 1770. V: *Oesterreich*, *Matth.* (Ky)

— d. Bildergallerie zu Sanssouci. 8. Berl. 770. Boß. 16 gr Dass. franzöſ. gr. 8. Ebd. 772. 16 gr

Beschreibung der Churfürstlichen Bildergallerie in Schleisheim. München 1775. V: *Weizenfeld*, *Johann Nepomuk Edler von.* (HThPP) (Ky)

— d. Bildergallerie in Schleisheim, (v. J. N. v. Weitzenfeld). 8. Münch. 776. (Stein in Nürnb.) 1 ℔ 4 gr

— der d. General Ziethen erricht. Bildsäule. Mit 1 Kpf. Berl. 794. (Nauck). 6 gr

— der d. General Ziethen erricht. Bildsäule. Mit 1 Kupf. Berlin 797. (Nauck.)

Beschreibung d. Bildwerke d. christl. Epochen in d. kgl. Museen zu Berlin. 2. Afl. (1. Tl.) Die Elfenbeinbildwerke. Bearb. v. W Vöge. 8° (100) Berl. 1900, W Spemann. 1 —
Die 1. Afl. war bearb. v. W Bode u. H v. Tschudi.

— d. Bildwerke d. christl. Epochen in d. kgl. Museen zu Berlin. 2. Afl. 1. u. 2. Bd. 4° Berl., G Reimer. Je 25 —
1. Die Elfenbeinbildwerke. 24 Lichtdr. Mit Text. (16)'02. In L.-Mappe 24 —; m. Textbd 25 —
2. Die italien. Bronzen. 81 Lichtdr. (140)'04. Geb. 25 —

— d. Bildwerke d. christl. Epochen. Hrsg. v. d. kgl. Museen zu Berlin. III. Bd, 1. Tl. 33×27 cm. Berl., G Reimer. L. nn 35 —
Wulff, Osk.: Altchristl. u. mittelalterl. byzantin. u. italien. Bildwerke. 1. Tl: Altchristl. Bildwerke. 2. Afl. (330 m. Abb. u. 75 Taf.)'09. [III,1.] L. nn 35 —

— d. Bildwerke d. christl. Epochen. Hrsg. v. d. kgl. Museen zu Berlin. III. Bd, 2. Tl u. IV. Bd. 33×27 cm. Berl., G Reimer. (I, III u. IV: nn 126 —)
Bd II s. Zt vergriffen.
Vöge, Wilh.: Die deut. Bildwerke u. die d. and. cisalp. Länder. Neue Afl. (8, 338 m. 36 Taf.) '10 [IV] L nn 43 —
Wulff, Osk.: Altchristl. u. mittelalterl. byzantin. u. italien. Bildwerke. 2. Tl: Mittelalterl. Bildwerke. 2. Afl. (8, 144 m. Abb. u. 29 Taf. u. 2. Nachtrag 18 m. Abb. u. 1 Taf.) '11 [III,2] L nn 23 —

—— der Pergamenischen Bildwerke. Hrsg. von der Generalverwaltung der königl. Museen zu Berlin. 1. und 2. Aufl. (19 S.); 3. Aufl. 8. (23 S.) Berlin 881, Weidmann'sche Buchh. **

—— der Pergamenischen Bildwerke in den königl. Museen zu Berlin. Hrsg. von der Generalverwaltung. 4. Aufl. (25 S.) 1881; 5. Aufl. (29 S.) 1882; 6. Aufl. 8. (30 S.) [Berlin 883, Weidmann'sche Buchh.] Stuttgart, Spemann. **

—— der Pergamenischen Bildwerke. Hrsg. von der Generalverwaltung der königl. Museen. 7. Aufl. 8. (28 S.) Berlin 885, Spemann. **

— der Pergamenischen Bildwerke. Hrsg. v. der Generalverwaltg. der königl. Museen. 7. Aufl. 8. (28 S.) Berlin 885. Weidmann. n.n. — 10

Beschreibung der pergamenischen Bildwerke. Berlin 1889. 8°.

Beschreibung des im Herzogthum Schleswig im 1sten Dänisch-Wohlder Güter-District belegenen adelichen Guts **Birkenmoor**, nebst Conditionen, wornach dieses Gut den 4. July dieses Jahres zu Kiel verkauft werden soll. Schleswig. (1825.) Fol.

Beschreibung des OA Blaubeuren. Her. v. K. Statist. Landesamt. Stuttgart 1830

Beschreibung des Bleyberg-werks zu Bleyberg bey Villach in Kärnthen. [Klagenfurt 1783.] V: *Ployer*, *Carl v.* (MGT)

— der Blutscenen d. 10. Aug. u. 2. Sept. 1792 in Paris ꝛc. 8. Thal Ehrenbreitst. 793. Gehra. 3 gr

Beschreibung des Oberamts Böblingen. Herausgegeben vom Königl. Statistischen Landesamt. Stuttgart 1850

—— d. Oberamts Böblingen. 8. (12 m. 1 Karte) Ebd. 85. — 30

Beschreibung des im Herzogthum Holstein belegenen adelichen Gutes **Bockhorn** nebst den Bedingungen, wornach dieses Gut am 15. März 1815 in Kiel verkauft werden soll. o. O. (1815.) Fol.

Beschreibung des im Herzogthum Holstein belegenen adeligen Gutes **Bockhorn,** nebst den Bedingungen, wonach dieses Gut am 16. Jan. 1846 in Kiel verkauft werden soll. o. O. (1845?) Fol.

Beschreibung des Bodensees. 8. Ulm 782. Wohler. 9 gr

Beschreibung des Bodensees. Ulm und Lindau 1783 s. [Hünlin, David].

Beschreibung einer Bohrmaschine mit Hydromotor. [Zürich 1875.] V: *Brandt*, *Alfr* (Zuwachsverz d. Bibl. Zürich 1898 ff.)

Beschreibung des im Herzogthum Schleswig im 2ten Wohlder District belegenen, zur Verlassenschaft des Carl August Martens gehörigen ... adelichen Guts **Borchhorster-Hütten,** nebst Conditionen, wornach dieses Gut den 4. Juli auf dem Rathhause der Stadt Kiel öffentlich verkauft werden soll. Schleswig. (1825.) Fol.

Beschreibung des, im Herzogthum Schleswig und zwar im zweiten dänisch-Wohlder Güterdistricte belegenen adelichen Guts **Borghorst,** nebst den Bedingungen, wornach dieses Gut am 3. Julii 1815 in Kiel verkauft werden soll. (Schleswig. 1815.) Fol.

Beschreibung des im Herzogthum Holstein belegenen adelichen Guts **Borstel.** o. O. (vor 1807). Fol.

Beschreibung des im Herzogthum Holstein belegenen adelichen Guts **Bossee** nebst denen Bedingungen unter welchen es am 25. July 1806 zu Kiel verkauft werden soll. o. O. (1806.) Fol.

Beschreibung des im Herzogthum Holstein, und zwar im Kieler Güter-District belegenen adelichen Guts **Bossee** und dessen Meyerhöfe, so wie des zum Gute Klein-Nordsee gehörigen Gehöftes Mohrrägen, nebst den Bedingungen, unter welchen diese Immobilien den 6. Juli 1824 zu Kiel verkauft werden sollen. o. O. (1824.) Fol.

— des Boston- und Whistspiels, nebst Tabellen. 8. Brem. 812. (Heyse). 4 gl Hbg. Pr. 1 gl

— botan., der Gräser nach ihren Bestandtheilen rc. (v. Chr. Fr. Reuß). M. Kpf. 8. Frankf. a. M. 788. Gebhardt u. Kpf. 8 gl

— botanische, sämmtl. offizinellen Pflanzen rc., s. *Herbarium pharmaceut.*

— d. Bou-Magie, od. der Kunst, Schattenrisse zu vervielfältigen, (v. J. v. Döhren). M. 1 Kpf. 8. Münst. 780. Perrenon. 4 gl

Beschreibung der Bou-Magic ... Münster usw. 1780 2. Aufl. 1786. V nicht *Jakob v. Döhren.* Wahrscheinlich: *Müller, Friedrich Chph.* (?). Vgl. Jahrb. d. Samml. Kippenberg 1 (1921) (DARP)

Beschreibung des Oberamts Brackenheim. Herausgegeben vom Königl. Statistischen Landesamt. Stuttgart 1873

—— d. Oberamts Brackenheim. 8. (16 m. 1 Karte) Ebd. 85. — 40

Beschreibung des verhängnissvollen Brandes von Maria Zell ... 2. Aufl. Bruck a. d. M. [1827]. V: *Lazarini, Ignaz Freiherr von.* (EB)

Beschreibung der Reichsdomaen Brandeis mit dem Gute Přerow und Dektar ... Prag 1856. V: *Urban, Jos.* (WFM)

— Brandenburgs. s. Vorstädt.

— der Brandschiffe (Brander) u. d. damit verwandten Brandfeuer, nebst deren Anwend. in ältern u. neuern Zeiten. M. 2 Kpf. gr. 8. Augsb. 823. Bäumer. (Leipz., Hinrichs). 6 gl

—— d. gr. Brandunglücks, welches am 2. Aug. 1856 Schleiz betr. hat. 8. (7) Schleiz 56. (Gotha, Heyn.) — 1⅓

— v. zwei neuen Schottischen Branntweinblasen od. Destillirkolben. M. 2 Kpf. gr. 4. Leipz. 803. Baumgärtner. 12 gl

—— der Stadt Braunschweig u. ihrer Umgebungen. 2., verm. Aufl. M. 9 lith. Ansichten. 8. (3 B.) Braunschweig 830, Lucius. *

Beschreibung eines aus dem 14ten Jahrh. stammenden Brautschmuckkästchens nach den Zeichnungen und Angaben des Dr. Stantz von L. Ettmüller. (Aus den Mittheilungen der antiquarischen Gesellschaft in Zürich. 7r. Bd. 1s. Heft) Zürich. 1850. 8. ½ Thlr.

Beschreibung des zu dem adelichen Gute **Cronsburg** gehörigen Dorfes Bredenbeck, sammt den Stellen zu Audorff und Schacht, nebst den Bedingungen, unter welchen solches am 22. Dec. 1827 in Kiel verkauft werden soll. o. O. (1827.) Fol.

Beschreibung des im Herzogthum Holstein, und zwar im Kieler adelichen Güter-District, belegenen, vom adelichen Gute **Cronsburg** abgelegten Meyerhofes Bredenmohr, nebst den Bedingungen, wornach dieser Meyerhof am 8. Oct. 1817 in Kiel verkauft werden soll. o. O. (1817.) Fol.

Beschreibung der Garnison Bremen, vom Standpunkt d. Gesundheitspflege aus aufgest. nebst e. Beschreibung des in Bremerhaven z. Aufnahme der aus China zurückkehrenden Truppentransporte d. Ostasiat. Expeditionskorps errichteten Barackenlazaretts. Hrsg. von d. Medizinal-Abt. d. Kgl. Preuß. Kriegsminist. Mit 29 Abb., 8 statist. Anl., 2 Beil. u. 43 Taf. *Berlin: E. S. Mittler & Sohn 1903.* (VIII, 210 S.) 8° [J.]
— **Garnisonbeschreibungen,** v. Standpunkt d. Gesundheitspflege. Bd 7.

Beschreibung von Breslau der Hauptstadt des Herzogtums Schlesien. Breslau 1825. V: *Knie, Johann Georg & J. M. L. Melcher.* (Kat. d. Druckschr. über Breslau. Breslau 1903. S. 72.)

.. **Beschreibung** der Stadt Breslau im Herzogthum Schlesien. Brieg 1794. V: *Zimmermann, Friedrich Albert.* (EngG) (MGT)

— d. Stadt Breslau in Schlesien. 8. Brieg 794. (Gehr in Bresl.) 1 ß 12 gl

Beschreibung der bis jetzt bekannten Briefmarken (mehr als 2200 Sorten) nebst Notizen über die nachgedr. Marken und einer Anleitung zur Einrichtung von Sammlungen. 12. (XIV und 103 S.) Strassburg 864, Wwe. Berger-Levrault und Sohn.

— e. gesellschaftl. Brockenreise rc. M. 1 ill. Ansicht v. Brocken. kl. 8. Köthen 804. Aue. 6 gl

— der von d. Oberstlieutenant Lona erfund. hölzernen Brücke. Aus d. Engl. übersetzt vom Lieut. C. J. Gauß. Mit 7 lithogr. Taf. gr. 8. Hannover 840. Hahn'sche Hofbuchh. 1 ß

Beschreibung. — Beschreibung der Brunnen-Anlagen bey dem Gesund-Brunnen zu Dryburg. o.O. 1791. 14 S. 8°

Beschreibung des im Herzogthum Schleswig und zwar in dem 1. Angler Güther-District belegenen adel. Stammguths **Brunsholm** nebst den Bedingungen wornach dieses Guth am 7. April d. J. auf dem Hofe Brunsholm verkauft werden soll. Schleswig. 1819. Fol.

Beschreibung der güldenen Bulle, ... Hildburghausen 1792. V: *Treiber, Johann Wilhelm.* (Ky) (ML)

— d. güldenen Bulle, besond. der Frankfurter Urschrift. 8. Hildburgh. 792. Hanisch. 6 gl

Beschreibung des Geschlechtes v. Bülow. Brandenb. 1780. V: *Bülow, v.* (Pr)

Beschreibung des Bundesfestes zum Andenken an den Eintritt Berns in den Schweizerbund. Bern 1853.

Beschreibung der Buräten oder nach Russischer Mundart Buratsky, ... [Augsburg 1780.] V: *Regnier.* (MS)

Beschreibung des im Herzogthum Holstein belegenen adel. Guts **Bürau.** o. O. (1804?) Fol.
Bedingungen, nach welchen das adeliche Gut Bürau (den 10. Jan. 1805 zu Kiel) verkauft werden soll. o. O. (1804.) Fol.

— d. Bürgerschule in Leipzig, m. Abbildung. gr. 4. Leipz. Gräff 806

— d. Bürgerschule in Leipzig; m. Abbild. gr. 4. Leipz. 809. (Wienbrack). 8 gr

Beschreibung der Bürgerschule in Osnabrück. 8. Osnabrück 834. Rackhorst. 1/3 Thlr

— von Bürgstein, Habichtstein und Bösig in Böhmen. Für Besucher dieser höchst merkwürdigen Orte. (Mit 3 Ansichten.) gr. 8. Zittau 841, Schöpsische Buch- u. Kunsth. 1/8 Thlr

Beschreibung des Burschenfestes auf der Wartburg. Jena 1818. V: *Massmann, Hans Ferd.* (Russell VI, 98)

— der Insel u. Stadt Cadix, u. d. Festung Gibraltar, (v. F. L. A. Hörschelmann). 8. Nürnb. 763. Felssecker. 6 gr

Beschreibung des Oberamts Calw. Her. v. K. Statist. Landesamt. Stuttgart 1860

Beschreibung des OA. Cannstatt. Her. v. Kgl. Stat. Landesamt. Stuttgart 1832 u 95

— d. Oberamts Cannstadt. 8. (19 m. 1 Karte) Ebd. 85. — 40

Beschreibung d. Oberamts Cannstatt. Hrsg. v. d. k. statist. Landesamt. M. Abb. i. Text, e. Karte u. Kilometerzeiger d. Oberamts, sow. e. Stadtplan. gr. 8. (VII, 732 S.) Stuttgart 895. (W. Kohlhammer.) n. 4. —

Beschreibung von Carolina in Nord-Amerika. [Braunschw. 1777.] V: *Heise, Johann Christoph Friedrich.* (MGT)

Beschreibung der Stadt Celle. Celle 1826. V: *Spangenberg, Ernst Peter Joh.* (Hauptkat. d. Univ.-Bibl. Tübingen. F. S. 331.)

Beschreibung, Des Düc dü Chatelet, seiner Reise in Portugal in Rücksicht auf Cultur, Wissenschaften und Künste. Aus dem Franz. Leipz. 1799. V: *Desoteux, Baron de Cormatin, Pierre Marie Felicité.* (EB)

— v. China, od. histor. Erzähl. v. d. Sitten rc. d. Chinesen. 8. Bern 789. Typogr. Soc. 16 gr

— d. Kaiserth. China in Asien, 8. 820. (Wien, Wimmer). 12 gr

— der Chinesen, s. Bibliothek d. Gesch. d. Menschheit.

Beschreibung der Chinesen, aus den besten Reisebeschreibungen gesammlet. Leipzig 1784—1785. V: *Heinze, Valentin August.* (Ky) (MGT)

— d. Chineser, a. d. best. Reisebeschr. 4 Thle. 8. Leipzig, Weidmann. 784—85. (d. Biblioth. d. Gesch. d. Menschheit. 5r—8r Bd.)

Beschreibung und Chronik der Stadt Ratzeburg, hrgg. v. **Max Schmidt**, mit einer Stadt-Ansicht in Lichtdruck nach einem Bilde vom Jahre 1588. Ratzeburg. 1882. 8°.

— des Regierungs-Bezirkes Cleve, nach seinem Umfange, seiner Verwaltungs-Eintheilung u. Bevölkerung; nebst angehängtem Adreß-Buche sämmtl. dermalen fungirender Verwaltungs- u. Justiz-Behörden. 4. Cleve 819. Koch. 12 gr (1818)

des Regierungsbezirkes Cleve nach seinem Umfange und seiner Verwaltungseinrichtung. Emmerich und Cleve. 1821. 4.

Beschreibung der Stadt Como und des Comersees und dessen Umgebungen . . . Como 1823. V: *Haller v. Königsfelden, F. Ldw.* (Bibliogr. d. Schweiz. Landeskunde. Bern 1892 ff. III.)

Beschreibung des Condé eines alten Leibreitpferdes seiner Majestät Friedrichs des Einzigen. Berlin 1798. 8. (14 S.)

— des Oberamts Crailsheim. Hrsg. von dem k. statistisch-topograph. Bureau. Mit 1 Titelbild, 9 Tab. und 1 Karte des Oberamts. 8. (XII, 552 S.) Stuttgart 884, Kohlhammer. *

Beschreibung des im Herzogthum Schleswig und zwar im Schwansener adelichen Güter-District belegenen adlichen Gutes **Crisebye**, nebst den Bedingungen wornach dieses Gut am 11. Oct. 1815 in Kiel verkauft werden soll. Schleswig. (1815.) Fol.

Beschreibung des im Herzogthum Holstein, und zwar im Kieler adelichen Güterdistricte, belegenen adelichen Guts **Cronsburg** nebst den Bedingungen, unter welchen solches am 17. Jan. 1826 zu Kiel verkauft werden soll. o. O. (1825?) Fol.

— des Gall'schen Dampfbad-Apparats, mittelst dessen Dampfbäder, zur schnellen Erwärmung des Körpers u. Wiederherstellung d. Blutumlaufs, im Bette liegend, genommen werden können, insbesonders als neuerdings bewährtes u. wiederempfohlenes Heilmittel der Cholera. 3. verm. Ausg. Mit Abbildgn. 8. (VIII u. 26 S. m. 1 lith. Taf.) Trier 849, Gall. 1/4 Thlr

— der ersten Dampfwagenfahrt von Leipzig nach Dresden und von da zurück, am 7. und 8. April 1839. Von e. Augenzeugen. Nebst den dabei gehaltenen Reden u. Gesängen. gr. 8. Leipzig 839. Glück. 1/12 Thlr

— eines neuen wohlfeilen Dampf-Waschapparats, für jede Haushaltung anwendbar. Mit erläut. Zusätzen u. Abbildn. 12. (1 B.) Ulm 843. [Adorf, Müller's Buchh.]

— eines neuen wohlfeilen Dampf-Waschapparats, für jede Haushaltung anwendbar. Mit erläut. Zusätzen u. Abbildungen. 12. Ulm 843, Seitz. Verklebt. 1/6 Thlr

— d. Königr. Dänemark, Norwegen, dazu gehör. Herzogth. u. Nebenbesitz. rc. Mit 1 Landkarte. 8. Wien 808. Gerold. 12 gr

— d. Dardanellen. 8. Leipz. Gräff. 807.

— d. Dardanellen. Mit 1 Plane. 8. Leipz. 807. (Wienbrack). 8 gr

— u. **Darstellung** elektrischer Werke, welche nach den Projekten u. unter Leitung des technischen Bureaus Oscar v. Miller, München, ausgeführt sind. qu. gr. 4. (132 S. m. Abbildgn., Plänen u. 17 Taf.) Berlin (900). J. Springer. — München, R. Oldenbourg. (Auslieferung durch Springer.) Kart. n.n. 6. —

— d. Denkmals, welches in Rheinsberg errichtet ist. M. Kpf. gr. Fol. Berl. 791. Rottmann. Velinp. 2 Thlr 12 gr Engl. Pap. 3 Thlr 8 gr

Beschreibung der Fürstlichen Denkmale und Grabschriften in der Stiftskirche und der darinn befindlichen Gruft zu Stuttgardt, wie auch derer zu Tübingen und Ludwigsburg. Stuttgart 1798. V: ***Merkel, Friedrich.*** **(BMarsch 372)**

Beschreibung der dem Herrn General-Lieutenant v. Bonin am 24. Juni 1856 überreichten Denksäule. Lithogr. 1 Bogen Fol.

Beschreibung des im Herzogthum Holstein belegenen adelichen Haupthofes **Depenau** nebst den Bedingungen, wornach selbiger am 16. Januar 1815 in Kiel verkauft werden soll. o. O. (1814.) Fol.

— aus röm. Dichtern, übersetzt u. m. erläut. Anmerkungen versehen, m. gegenüberstehendem lat. Text, als Hülfsmittel zur Bildung eines darstellenden Styls. gr. 8. Wien 811. Geistinger. 10 ℛ (Gerold). Hbg. Pr. 819. 6 ℛ

— d. jüdisch. Diebes- u. Räuberbanden. Fol. Cassel. 758.

Beschreibung des Diebstahls u. der vorsetzlichen Brand-Stiftung, welche der Bediente Joh. Chr. Höpner, aus Landsberg a.d. W., seiner Herrschaft am 12. März 1786 zugefüget. (Berlin) 1786.

Beschreibung, Diplomatische, des gräflichen Hauses Henneberg, mit Urkunden. Bd. I. II. Hildburgh. 1788-91. V: *Schultes, J. Adolph.* (EngG)

Beschreibung von Doberan und dem Seebade am Heiligen Damm. 8. (16 S.) Wismar 857, Hinstorff'sche Hofbuchh. *

Beschreibung des adelichen Guts **Dollrott** in dem ersten Angeler adelichen District.
Bedingungen unter welchen das in dem Herzogthum Schleswig in dem 2ten [!] angeler adelichen District belegene adeliche Gut **Dollrott** am 3. Dec. 1813 verkauft werden soll. o. O. (1813.) Fol.

—— mit einigen Abweichungen im Druck nebst Bedingungen unter welchen das ... Gut **Dollrott** am 6. Juli 1819 zu Kiel verkauft werden soll. o. O. (1819.) Fol.

Beschreibung des adelichen Guts **Dollrott** in dem ersten Angeler adelichen District. o. O. (Zwischen 1816 u. 1826.) Fol.

— des Doms in Güstrow. 4. Rost. 745.

— des **Domes** v. Mailand. (56 S.) kl. 8. Mailand 905. (Ascona, C. v. Schmidtz.) n. — 60

Beschreibung des Domes von Mailand. Mailand 1910: Artigianelli. 56 S. 8° [11. 16307]

Beschreibung der Domainen-Waldungen in den Forstbezirken Baden, Gernsbach und Herrenwies, sowie des Stadtwaldes von Baden. – Karlsruhe 1857. 51 S., 1 Kt. – (Forstl. Mitt. a. Baden H.1.)

Beschreibung der im Amte Reinbeck belegenen Mühlenbesitzung **Domhorst** nebst Bedingungen, unter denen dieselbe am 15. Oct. 1850 verkauft wird. o. O. u. J. 1 Bl. Fol. Lithographirt.
Das Titelblatt ist von H. Biernatzkis Hand geschrieben.

Beschreibung der Domkirche von Chur. Zürich 1857 s. [Burckhardt, Jacob *II*, und Keller, Ferdinand].

— der **Domkirche** von Chur, s. **Mittheilungen** d. antiquar. Gesellsch. in Zürich.

Beschreibung der erzbischöflichen Domkirche in Salzburg [ca. 1860]. V: *Schallhammer, Anton Ritter von.* (WBL)

Beschreibung des im Herzogthum Schleswig, und zwar im Schwansener adel. Güterdistrict belegenen adel. Guts **Dörphoff,** nebst den Bedingungen, wornach dieses Gut am 17. April 1816 auf dem Schlosse Gottorff verkauft werden soll. Schleswig. (1816.) Fol.

— v. Dresden. s. Daßdorf.

Beschreibung der Königlich Sächsischen Residenzstadt Dresden ... Bd. I. II. Dresden 1807. V: *Krause, C. F. & J. C. L. Albanus.* (EngG) (Ky)

— d. Königl. Sächß. Resid. Dresden ꝛc., nebst Plan. 2 Thle. 8. Dresden, Walther. 807.

— — Samml. v. 11 hiezu gehör. Prospect. 4. Ebend. 807.

— — der Plan v. Dresden, n. Erklär (einzeln.) Ebend.

— d. churf. Residenzst. Dresden ꝛc. 2 Bde. 8. Leipz. Schwickert. 781—83.

Schreibp.

Beschreibung des Bergreviers Düren. Hrsg. mit Genehm. d. Min. f. Handel u. Gewerbe vom kgl. Oberbergamt zu Bonn. Mit 1 geol. Karte, 1 Flötzkarte d. Indebeckens u. 1 Bl. Profile. *Bonn: A. Marcus & E. Weber 1902.* (250 S.) 8° [02. 4616

Beschreibung des Regierungsbezirks Düsseldorf nach seinem Umfange, seiner Verwaltungseintheilung und Bevölkerung. Düsseldorf 1817. 4.

Beschreibung des im Herzogthum Schleswig und zwar in dem ersten Angler-Güter-District belegenen adelichen Stammguts **Düttebüll** mit den dazu gehörigen Kathen, nebst den Bedingungen, wornach dieses Gut den 11. October 1822 auf dem Rathhause der Stadt Kiel verkauft werden soll. Schleswig. (1822.) Fol.

Beschreibung des im Herzogthum Schleswig und zwar in dem ersten Angler-Güter-District belegenen adligen Stammguts **Düttebüll,** nebst den Bedingungen, wornach dieses Gut in Kiel den 11. Oct. 1837 zum Aufgebot gebracht werden soll. o. O. (1837.) Fol.

—— nebst den Bedingungen, wornach dieses Gut zu Kiel den 19. Febr. 1839 zum Aufgebot gebracht werden soll. Schleswig. 1838. Fol.

Beschreibung, Achte und deutliche, der Bastille. Leipzig 1789. V: *Vulpius, Christian August.* (MGT)

— ächte u. deutl., d. Bastille, v. ihrem Ursprunge an; a. d. Französ. M. Kpf. 8. Leipz. 789. 2e A. 790. (Wienbrack). 8 ℛ

— acht u. deutl., d. Bastille, v. ihr. Urspr. an. a. d. Franz. m. K. 8. Leipz. Gräff. 790.

Beschreibung des im Herzogthum Schleswig und zwar im 1sten Dänisch-Wohlder adelichen Güterdistrict belegenen adelichen Guts **Eckhoff,** nebst den Bedingungen, nach welchen dasselbe am 16. Januar 1828 zu Kiel verkauft werden soll. Schleswig. 1827. Fol.

Beschreibung des Oberamts Ehingen. Mit einer Karte des Oberamts, und einer Ansicht von Ober-Marchthal. Herausgegeben, aus Auftrag der Regierung, von Memminger. Stuttgart u. Tübingen 1826. 208 S. 8°.

Beschreibung des Oberamts Ehingen. Hrsg. v. dem k. statist. Landesamt. Mit Abbildgn. im Text, 1 Karte u. e. Kilometerzeiger d. Oberamts. 8. (VI, 837 u. 261 S.) Stuttgart 893. (W. Kohlhammer.) n. 3. —

Beschreibung der Ehrenpforte, welche bei Gelegenheit als Seine kaiserl. königl. apostol. Majestät Leopold II. erwählter römischer Kaiser nach glücklich zu Frankfurt am Mayn vollbrachter kaiserl. Wahl und Krönung zurückkam ... auf dem Stock am Eisenplatz von dem Magistrate und der Bürgerschaft der Stadt Wien errichtet ward. Wien 1791. V: *Gruber, Leopold (Piarist).* (wrztg 1790, S. 2978) V: *Regelsberger, J. Chr.* (WBL 25/130) (biblport)

Beschreibung der Ehrenpforte, welche bey Gelegenheit der Durchreise Ihrer Königlichen Hoheit der Dauphine Erzherzogl. Oesterreichischen Prinzeßinn Antonie von der hohen Schule zu Freyburg im Breyßgau errichtet worden. [Freiburg], gedruckt bey Johann Andreas Satron, 1770. 4°. *Prachtvolles gefaltetes Frontispiz, die Ehrenpforte darstellend, „dirigente Prof. Archit. del. Harscher discip., perfecit et sculpsit Petrus Mayr Friburg."*, und 16 Bl. Text *mit entzückenden typographischen Verzierungen im Rokokostil.*

Eigentl. u. ausführl. Beschreibung der Bloquir- u. Belagerung Corfu, von den Türcken, vom 8. Juli biss 22. Aug. 4. M. Krtn. u. Pl. Augspurg 1716.

Eigentliche Beschreibung der welt-berühmten Dom-Kirchen zu Magdeburg etc. Magdeburg 1720. 8°.

Beschreibung, Eigentliche, deren berühmten dreyen Gesundheits-Bädern in dem Ertz-Hertzogthum Oesterreich unter der Enns als Baaden, Teutsch-Altenburg u. Pyrenwarth ... in lat. Sprach ... nunmehro ... übers. von J. A. C. v. S. Nürnberg u. Wien 1735. V: (Baaden): *Dietman, Johann Maximilian.* V (der übrigen): *Lehr, J. W. J.* (BrMm)

Beschreibung, Eigentliche, des Görlitzischen heiligen Grabes. Görlitz 1779. V: *Cunerth.* (Hugendubel 101/1726) (BiblPort)

Eigentl. Beschreibung des Toggenb. Krieges, darinn Ursach, Schlachten u. Scharmützeln wie Belagerungen, Eroberungen. (12.) 4. Zürich 1712

Beschreibung. Eigentliche B', Des Alten, hinter Ennetbüel,... im Thurthal gelegenen Rieth-Bads. oder Kurtze Andeutung seines Ursprungs, Mineralien,... auch bequemer Gelegenheit.... Wörtlicher Abdruk einer im Jahr 1734... in St. Gallen erschienenen Schrift, mit einem Anhange: Das Rietbad, wie es jezt ist. Hrg. von Andreas Giezendanner, Badwirth. 8. Lichtensteig 1849.

Beschreibung. – Eigentliche Beschreibung der grossen Sonnen-Finsternuß, welche anno M.DC. XXIV. (!) den 22. May... zu sehen sein wird. Aus d. Calculo gezogen von J.G. Augsburg: Brechenmacher (1724?). 4 Bl., 6 Taf. 8°

Beschreibung, Eigentliche, der Vestung Temeswar, wie selbige unter Anführung des Prinzens Eugenii von Savoyen den 1. Sept. 1716 belagert, und denen unglaubigen Muselmännern den 12. Octobr. glücklichst entrissen worden. Wien, o. Dr., 1716. Mit einer doppelblattgroßen Kupfertafel (Festungsplan), altkoloriert. 8 S. Fol. Kart. 50.—

Nicht bei Apponyi und Dragulin. Beschreibt nach einem historischen Rückblick auf die Eroberung von Temesvar durch die Türken 1552 die Rückeroberung durch Pálffy und den Prinzen Alexander von Württemberg unter dem Kommando des Prinzen Eugen.

Eigentl. u. umständl. Beschreibung der ungar. Haupt-Vestung Temesvar, wie solche durch Eugen. Franc. Printzen v. Savoyen am 1. Sept. 1716 zu belagern angefangen u. d. 12. Oct. erobert worden. 4. Augspurg.

Eigentliche **Beschreibung** Deren zu Franckfurth am Mayn Anno 1711. Vollzogenen Wahl- und Crönungs-Actuum, Ihrer Römisch. Kayserl. Mayest. Caroli VI. Mit beygefügung Deren ... Wahl-Capitulation und Reversalen ... Mayntz / Zufinden bey Johann Mayern / Hoff- und Universitäts-Buchtruckern Anno 1712.
40 + 34 S., 5 Bl., 56 S., 5 Pläne, 5 Taf. in Kupferst. 4°.

Beschreibung des Eigentums der bisherigen Gewerkschaft Königsborn zu Unna-Königsborn nebst einer allgemeinen Übersichtskarte und einer Situationskarte des konsolidierten Steinkohlen- und Salzsoolbergwerks Königsborn. Dortmund, 1895—1900. 22 S. mit 2 Karten.

— der im menschlichen Körper vorkommenden Eingeweide Würmer, Leberegel, Krätzmilben u. Trichinen. München 864. (L. Finsterlin.) 16. (15 S.) 1⅓ ngr

Beschreibung der Einkammer-Luftdruckschnellbremse. Berlin 1900

— d. Einnahme v. Belgrad unter Laudon rc. 4. Klagf. Walliser. 791.

Beschreibung der Einrichtung und Gebrauchsweise der unter dem engl. Namen Shrapnel-schells oder Spherical-case-shot bekannten Kartetschgranaten und der unter dem Namen Congrevesche oder Brandraketen bekannten Kriegsraketen, nebst einer Beurtheilung ihrer Wirksamkeit u. Anwendbarkeit im Kriege. Gestützt auf ihre Theorie, auf die Ergebnisse der damit angestellten Versuche und auf die Kriegserfahrungen seit 1808. Von einem deutschen Artillerie-Officier. 2 Hfte. Mit 2 lith. Fig.-Taf. gr. 8. Leipz. 837. Leich. à ⅔ ßf

Beschreibung der Einrichtung und Gebrauchsweise der unter dem engl. Namen Shrapnel-schells oder Spherical cases-shot bekannten Kartetschgranaten ... Leipzig 1837–38. V: *Schlieper, Moritz Ferdinand.* (Nowack, Schles. Schriftst.-Lex. Breslau 1836—43. V, 151.)

Beschreibung der gegenwärtigen Einrichtung der ev. Bürgerschule in Oedenburg. Oedenburg [1801.] V: *Halasy, Mich.* (KU) (Pk)

— der Einricht. d. niedern Seminarien in Würtemberg. Nebst Vorschlägen zu ihrer Verbess., nach d. Beobachtt. eines mehrjähr. Vorstehers (Jak. Fr. Abel). gr. 8. Oehringen 819. (Stuttg., Sattler). 1 ßf 3 K

Beschreibung der Einrichtungen für die Wohlfahrt der Arbeiter in den grösseren gewerblichen Anlagen im preuss. Staate. 4°. Berlin 1876.

Beschreibung der Einsidelei der hl. Verena bei der Stadt Solothurn in der Schweiz, 1824. 8. Solothurn.

Beschreibung der am 2. Septbr. 1873 erfolgten Einweihung d. Denkmals, welches die Stadt Rathenow u. ihre Bürger den in den Feldzügen 1864, 1866, 1870 u. 1871 gefallenen Kriegern aus der Stadt u. ihrer Garnison dem königl. Brandenburg. Husarenregiment (Zieten'sche Husaren) No. 3. gesetzt haben. Mit Abbildg. (Holzschntaf.) gr. 8. (16 S.) Rathenow 873. Haase. n. — 25

Beschreibung der Einweihung des neuen Gebäudes der K. polytechnischen Schule in Stuttgart, vom 29. September bis 1. Oktober 1864. Hrsg. von der Fest-Commission. Stuttgart: Nitzschke 1864. 47 S., 2 Taf. 4° S

Beschreibung der Einweihung des neuen Universitätshauses zu Tübingen am 31. Oct. 1845. Tüb. 1846. V: *Keller, Adalbert von.* (Heyd)

Beschreibung des feyerlichen Einzugs Kaiser Ferdinands I. in der Hauptstadt Prag den 8ten November 1558... Prag 1802. V: *Collin v. Choterina, Mathäus.* (EB)

Beschreibung des triumphirenden Einzuges, welchen Friedrich der Grosse am 28. Dec. 1745 in Berlin gehalten. Nebst angestellten Illuminationen wie auch einer Nachricht von den öffentl. Freudensbezeugungen der Stadt Potsdam. Berlin. 4. (4 Bl. u. 88 Seiten.)

Beschreibung des Einzugs, welchen der Römische Kayser Carolus ... in drey Prager-Stätte den 30. Juni 1723 gehalten. Prag [1723]. V: *Martin, Gtfr. Jos.* (EB)

Beschreibung von dem Einzuge, welchen . Ludewig Rudolph, Herzog zu Braunschweig und Lüneburg, nebst dero Frau Gemahlin ... den 15ten Octobr. dieses 1731ten Jahres gehalten haben. Helmstedt, gedruckt bey Paul Dieterich Schnorrn o. J.
Tit., 25 Bl. 2°.
Es handelt sich um das Universitätsfest in Helmstedt.

Beschreibung der Eisenberg- und Hüttenwerke zu Eisenärz in Steyermark. ... Wien und Leipzig 1788. V: *Schreber, Dan. Gtfr.* (BrMm) (Ky)

— d. Eisen-, Berg- u. Hüttenwerke z. Eisenärz in Steiermark, (v. D G. Schreber). M. Kpf. gr. 4. Wien 788. (Beck). 1 ßf

— der Eisen-, Berg- u. Hüttenwerke z. Eisenärz in Steyermar. m. K. gr. 4. Wien, Wappler. 788.

— eines Ellipsographs, womit man wahre Ellipsen ohne Berechn. d. Brennpunkte sehr leicht beschreiben kann. M. 2 Kpft. 8. Gotha 784. Ettinger. 8 K

—— des Oberamts Ellwangen. Hrsg. vom k. statistisch-topogr. Bureau. gr. 8. (XXIV, 883 S. mit 1 lithogr. Titelbild, Textbildern und 1 lithogr. Karte des Oberamts.) Ebendas. 886. * 7 —

— des festlichen Empfanges u. der feierlichen Consecration d. Hochwürdigsten Bischofs v. Mainz. Nebst allen dabei gehalt. Reden u. dem bischöfl. Hirtenbriefe. 12. (84 S.) Mainz 850, Kirchheim & Schott. 1/6 ℛ

Beschreibung des freudenreichen und glücklichen Empfangs der Herrschaft Hohenelber Grundobrigkeit ... am 23. Junius 1798. O.O. V: *Meyer, Franz Anton von.* (GGr)

— der Empfangs-Feierlichkeiten beim Einzuge ihrer Majestäten des Königs und der Königin in Berlin am 25. September 1844. 8. Berlin 844. (Wolff u. Comp.) 1/24 ℛ

Beschreibung der in der Reichsstadt Zell am Hammerspach den 11. Dec. 1760 entstandenen Empörung ... Straßb. 1763. V: *Schöll, Theob. Frdr.* (Holz)

Berlin, Reichs-Marine-Amt, Beschreibung der d'Entrecasteaux-Inseln, der Nord-ost-Küste von Neu-Guinea vom Ost-Kap bis zum Kap d'Urville und der benachbarten Inselgruppen. Berlin 1891.

Beschreibung über die Entstehung der Filial-Kirche der h. Jungfrau Maria auf dem Kumitzberge in Oberstorf nächst Aussee in Obersteiermark Gmunden 1862. V: *Grimm, Thomas August.* (Schlossar)

— u. Entstehung d. Jubeljahres, mit Bezug auf d. künftige, welcher d. Uebers. d. Bulle Leo XII. über dieses heilige Jahr beigefügt ist. 8. Aachen 825. (la Ruelle u. D.) 4 K

Beschreibung der Entwässerungsanlage der Volksheilstätte des 'Rothen Kreuzes' am Grabowsee. Hrsg. aus Anl. d. Congresses z. Bekämpfung der Tuberculose als Volkskrankheit ⟨Berlin 1899⟩. *(Berlin 1899).* (4 Bl.) 4° 109. 2755

— der Hannöverschen Epidemie, nebst Warnung gegen die Lentin. Pulver, (v. F. G. Sulzer). 8 Altenb. 177..

Beschreibung der Epidemie welche im Frühjahre des J. 1782 in mehreren Gegenden von Europa geherrscht ... Giessen 1782. V: *Müller, Carl Wilhelm Christian von.* (HS) (Ky) (stri)

— der Epidemie, welche im J. 1782 unt. d. Namen d. Russischen Krankheit herrschte, (v. Karl W. Chr. Müller). 8. Marb. 782. Krieger. 3 K

Beschreibung des bayerschen Erbfolgekrieges nach Absterben Herzog Georg des Reichen. 8. Frankfurt 1792. 1,50.

— des Bayerschen Erbfolgekriegs unt. Friedr. August III. (ist aus v. Beust's Feldzügen der Königl. Sächs. Armee bes. abgedruckt). 8. Altenb. Petersen. 804.

Beschreibung der vor Gottorff in Schleswig belegenen Königlichen Erbpachts-Wassermühle, der auf dem s. g. alten Garten neu erbaueten Eigenthums-Wind-Oel-Mühle etc. etc. o. O. (1824.) Fol.

— des Erdbebens, welches Lissabon u. viele Städte in Portugall beschädigt hat. 3 Stück. m. K. 4. Danzig, Schuster. 756.

— der Erde, nach der Mathematik. 4. Osnabr. 765. Hechtl. 8 K

Beschreibung d. Hegel'schen Erd-Stampfmaschine. 8. Dorpat, 1806. (Leipzig, Kummer). — 2½

— der Hegelschen Erd-Stampfmaschine, 8. Dorpat 806. Leipz., Kummer). 2 K

Beschreibung der denkwürdigen Ereignisse des März 1848 in Berlin. Frankfurt a. O. 16 S. 8.

Beschreibung der kriegerischen Ereignisse in und um Leipzig v. 13.—19. Okt. 1813. Von e. Augenz. (16.) 8. s. l. (1813.)

— e. ganz neuen Erfindung, allerlei Arten v. Getreide mit geringen Kosten u. auf e. leichte u. bequeme Art, mit Erspar. d. halben Aussaat auszusäen. Nebst beigefügter Bezeichnung d. dazu gehör. Maschine. 4. Bresl. 752. W. G. Korn. 4 K

— der Erfindungen und Verbesserungen, für welche in den kaiserl.-königl. österreich. Staaten Patente ertheilt wurden, und deren Privilegiums-Dauer nun erloschen ist. 1. Bd., welcher die Privilegien vom Jahre 1821—1835 enthält. Herausgeg. auf Anordnung der kaiserl. königl. allgemeinen Hofkammer. gr. 4. (Mit 10 Kpfrtaf.) Wien 841. (Braumüller u. Seidel.) n. 2⅔ ℛ

— dass. 2. Bd., welcher die Privilegien vom J. 1836—1840 enthält. Mit 30 Kpfrt. gr. 4. Ebd. 842. n. 4 ℛ

— dass. 3. Bd., welcher die Privilegien vom Jahre 1841 bis theilweise 1843 enthält. Mit 37 lithogr. Taf. gr. 4. Ebd. 845. n. 2⅔ ℛ

— der Erfindungen u. Verbesserungen, für welche in den k. k. österreich. Staaten Patente ertheilt wurden, u. deren Privilegiums-Dauer nun erloschen ist. 4. Bd., welcher die Privilegien von theilweise 1843 bis theilweise 1845 enthält. gr. 4. (402 S., m. 43 Kpfrtaf. in qu. Fol.) Wien 846. (Braumüller.) n. 2⅔ ℛ — 5. Bd., welcher Privilegien v. 1845 u. 1846 enthält. gr. 4. (452 S. m. 40 Kpfrtaf. in qu. Fol.) Ebd. 847. n. 2⅔ ℛ (1—5.: n. 14⅔ ℛ)

Beschreibung der Erfindungen und Verbesserungen, für welche in den k. k. österreichischen Staaten Patente ertheilt wurden, und deren Privilegiumsdauer nun erloschen ist. Sechster Band, welcher Privilegien von 1846 und 1847 enthält. Herausgegeben auf Anordnung der k. k. allgemeinen Hofkammer. Wien, 1847. Aus der k. k. Hof- und Staats-Aerarial-Druckerei. (334 S. 4. Mit 46 lithogr. Tafeln.)

Beschreibung des im Herzogthum Holstein im Itzehoer Güterdistricte belegenen adeligen Gutes **Erfrade**, nebst den Bedingungen, unter welchen dieses Grundstück am 17. Januar 1850 zu Kiel verkauft werden soll. (Glückstadt. 1849.) Fol.

Beschreibung, Erklärende, der ersten allgemeinen, deutschen Industrie-Ausstellung. Mainz 1842. V: *Rehner, A.* (Tübz 2, 15)

Beschreibung und Erklärung der Gruppen, Statuen, Bruststücke, Basreliefs, Urnen und Vasen, welche die Sammlung des Königs von Preussen ausmachen. Berlin 1775. V: *Oesterreich, Mathias.* (Süddeutsches Antiquariat 96/753) (biblPort)

Beschreibung und Erklärung der Merkwürdigkeiten und Antiquitäten im Archiv des Rathhauses der k. k. Stadt Wiener-Neustadt. Neustadt 1824. V: *Fronner, J. N.* (Feil)

Beschreibung und Erklärung der im Jahre 1759 auf dem alten Fleischmarkte zu Wien ausgegrabenen zwei römischen Särge ... 2. Aufl. Wien 1765. V: *Lambacher, Phil. Jac.* (Feil)

Beschreibung, Mit nützlichen Nachrichten und Anmerkungen erläuterte, seiner im Jahre 1751 in das Kayser Carlo Bad gethanenen Reise. Von C. G. G. Scheinberg 1754. V: *Grunding, C. G.* (Auction Renz 2055) (BiblPort)

Beschreibung und Erläuterung zu den bildlichen Darstellungen der eichfähigen Gasmesser-Konstruktionen. Hrsg. von der Kaiserlichen Normal-Eichungs-Kommission. Mit Atlas. Berlin (1885). Atl. Fol.

Beschreibung und Erläuterung zu den bildlichen Darstellungen der eichfähigen Gattungen von Maaßen und Meßwerkzeugen, Gewichten und Waagenkonstruktionen. Hrsg. von der Kaiserl. Normal-Eichungs-Kommission. Berlin (1885)

Beschreibung und Erläuterung zu den bildlichen Darstellungen der eichfähigen Gattungen von Waagenkonstruktionen. Mit Atlas. Hrsg. von der Kaiserl. Normal-Eichungs-Kommission. Berlin 1880. Atl. Fol.

Beschreibung und Erläuterung zweyer in der Nähe von Schleswig gefundenen Runensteine. Friedrichsstadt 1799. V: *Schultz, Johann Matthias.* (ErschDL) (Gi) (Ky) (NN)

— u. Erläuterung zweier in der Nähe von Schleswig aufgefund. Runensteine, (v. J. M. Schulz). Mit Kpf. 8. Schleswig. 800. Röhß. 8 gr

— d. Aerndten- u. Rosenfestes, in Gegenwart Franz II. &c. durch d. Landesstände veranstaltet. 4. Prag 792. Calve. 7 gr

Beschreibung der Ertz-Aufbereitung auf der Grube Kurprinz Friedrich August, zu Grossschirma, ohnweit Freyberg. [Dresden 1786.] V: *Karsten, Dietrich Ludw. Gustav.* (MGT)

Beschreibung des im Kreise Eckernförde belegenen adeligen Guts Eschelsmark. (Kiel, den 23. Okt. 1908.) Fol. Hektographiert.

— des Oberamts Eßlingen, s. Beschreibung von Würtemberg.

— des Oberamts Eßlingen, s. Memminger.

Beschreibung d. OA Esslingen. Her. v. K. Stat. Landesamt. Stuttgart 1845

— d. Oberamts Esslingen. 8. (16 m. 1 Karte) Ebd. 85. — 40

— des Schlosses Esterhazy in Ungarn. m. K. gr. 4. Presb. Löwe. 784.

Beschreibung deren für ... Johann Theodor, Kardinal von Bayern, Bischoffes zu Freysing ... den 16ten, 17ten, 18ten und 19ten Febr. 1763 zu Freysing gehaltenen Exequien ... Freysingen 1763. V: *Bugniet des Croisettes, Ferdinand Freih. von.* (MGT)

— der Exercierzeit u. den gemachten Evolutionen der Garnison zu Potsdam unter Friedrich II. gr. 8. St. Petersburg. (G. W. Korn, Breslau). 801.

Beschreibung der von der 27. Wanderversammlung deutscher Land- und Forstwirte unternommenen Exkursion nach Sassin (Ungarn). Wien 1869.

— d. Exkursionstour ... in die Reviere A) eines Teiles d. Reviers Paschnitz, B) Vollmau, C) Hochofen. Prag 1903. 24 S.
[Alle disse og omstaaende Beskrivelser anlässlich d. Generalversamml. d. böhm. Forstvereins; tysk og tjekkisk].

— deutscher Fabrik- u. Handelsstädte. s. Handbuch für Kaufleute auf 1785 u. 86.

Beschreibung deutscher Fabrik- u. Handelsstädte. Leipzig 1787. V: *Crome, August Friedrich Wilhelm.* (Ky)

— des Fahrwassers, der Seemarken, Baaken, Tonnen und Lootsenanstalten in den Mündungen der Elbe und Weser. Zur Erläuterung und Gebrauch der Charte von den Mündungen der Elbe und Weser, nebst einem Theile der Nordsee. Herausg. von der Schiffahrts- und Hafen-Deputation zu Hamburg. (Holl., franz., u. engl. Mit 1 Karte.) Hamburg 1826. . . . . (HC.)

— der Fahrzeuge der Munitions-Kolonnen. gr. 8. (86 S. m. eingedr. Fig. u. 12 Steintaf.) Berlin 888. Voß. cart. n. 1. —

Beschreibung d. Fahrzeuge d. Munit.-Kolonnen. München 1884.

— der Burg Falkenstein am Unterharze. M. 1 Abbild. 8. (1 B.) Quedlinburg 834, Basse.

Beschreibung der Mergenthalischen Familie, Von Anno 1476 an, biss Anno 1745. O. O. 1745. V: *Mergenthal, August Philipp von.* (BMarsch 557)

Beschreibung des im Herzogthum Holstein und zwar im Oldenburger Güter-District belegenen adelichen Guts Farve, nebst den Bedingungen, unter welchen solches am 2. July 1827 zu Kiel verkauft werden soll. o. O. (1827.) Fol.

Beschreibung des Gutes Farve im Kreise Oldenburg. Zsgest. für den Besuch der Landwirtschaftskammer im Jahre 1910. (Oldenburg i. H. 1910.) 8°

Beschreibung der Feier des Albrechts-Festes zu Grimma am 27. Juli 1843. (Von R. Dietsch.) gr. 8. (2 B.) Grimma 843, Verlags-Comptoir.

Beschreibung der Feier des fünfzigjährigen Doctor- und Professor-Jubiläums des Herrn Ignatius Menzinger. Freib. i. Br. 1826. V: *Schultze, C. A. S. Dr.* (BiblPort)

Beschreibung der Feier des funfzigjährigen Freimaurer-Jubiläums des Br. Joh. Mich. Palmié in der Grossen Landes-Loge der Freimaurer von Deutschland am 21sten Jan. 1840. (Als Ms. für Frmr.) Berlin 1841: Mittler. 56 S. 2 Kpfr. 8°
Kl. 3020.

Beschreibung der großen und denckwürdigen Feyer ..., s.a. Mosheim, Johann Lorenz von

Beschreibung der großen und denckwürdigen Feyer die bey der ... Anwesenheit ... George des Andern ... auf Deroselben Georg Augustus hohen Schule in der Stadt Göttingen ... 1748 ... begangen ward. Göttingen 1749. V: *Mosheim, Joh. Lorenz von.* (Erman & Horn, Bibliogr. d. dtsch. Universitäten. 2. Leipzig und Berlin 1904.)

Beschreibung der Feier des Jubelfestes der Reformation zu Biberach in den Jahren 1717 und 1817. Ulm 1817. V: *Essich, Chn Fr.* (Heyd)

Beschreibung der Feier des 12. März 1820 in der Kirche zu Uexküll. [Riga 1820.] V: *Brockhusen, Christian Wilhelm.* (R-N)

Beschreibung der Feyer des Stiftungsfestes und der darauf erfolgten Schwester[n]-Loge am 17. März 1811 in der Loge zum Zirkel der Eintracht in Weissenfels. [Weissenfels 1811.] 4 Bl. 4⁰ [Kopftit.]

Beschreibung der zu Ertheilung der Ehrenmitgliedschaft an den hochverehrten Br. Gebhard Lebrecht v. Blücher Fürsten von Wahlstadt und zu Aufstellung der Büste desselben in der Loge Archimedes zu den drei Reissbretern in Altenburg den 21. Sept. 1814 veranstalteten Feier. Gedr. als Ms. f. Brr. o. O. [1814]. 23 S. 1 Taf. 8⁰
Abgedr. in: Neues JfFr. 1812—1820 S. 398 bis 430; A. 4 (1828) S. 138—170; SL. 7 (1887) S. 123—125, 127—133, 135—136.
Kl. 2975; Tt. 1960. Mit Abdr. des Diploms

— d. Feier, welche zur Erinnerung an den vor 10 Jahren geschlossenen denkwürdigen Frieden Statt gefunden hat. Mit 1 Vign. gr. 8. Berl. 824. Mittler. 6 gGr.

— d. Feier, welche zur Erinnerung an den vor 10 Jahren geschlossenen denkwürdigen Frieden Statt gefunden hat. Mit 1 Vign. gr. 8. Berlin 825, Mittler.

— d. Feier auf Wittelsbach in d. Nacht v. 15. zum 16. Febr. 1825. 8. München, Finsterlin.

Beschreibung der merkwürdigen Feyerlichkeit, welche am heil. Ostersonntage, den 31. März, zu St. Stephan, bey dermaliger Anwesenheit Seiner päbstlichen Heiligkeit Pius des VI. vollzogen worden. Klgft., Kleinmayer, 1782. 24 S.

— der Feierlichkeit bei der Weihe der schwarz-gold-rothen Fahne, welche die Fürstin von Schwarzburg-Sondershausen der hiesigen Bürgerwehr am 24. April verehrte. gr. 8. (14 S.) Sondershausen 848, Eupel. 1 ngr.

— aller bei der Enthüllung des Gustav-Adolph-Monuments den 6. Novbr. 1837 stattgefundenen Feierlichkeiten. 2e verb. u. stark verm. Aufl. 16. Leipzig 837. Glück. 1/12 Thlr.

— aller beim 300jähr. Jubelfeste der Uebergabe der Augsburg. Confession am 25. Juni 1830 u. bei dessen Nachfeier am Reformationsfeste den 31. Oct. 1830 in Leipzig stattgefundenen Feierlichkeiten. gr. 8. Leipz. 830. Glück. 6 gGr. Velinp. 8 gGr.

—— aller bei d. vierten Säcularfeier d. Erfindung d. Buchdruckerkunst am 24., 25. u. 26. Juni 1840 in Leipzig stattgefund. Feierlichkeiten. Ein Denkmal f. d. Mit- u. Nachwelt. 1. u. 2., verb. u. verm. Aufl. M. 1 ill. Ansicht d. Festgebäudes. gr. 8. (à 6⅛ B.) Leipzig 840, Glück. à ⅙ Thlr.

— der Feyerlichkeiten bey Anwes. der Kais. Alexander u. Napoleon ꝛc. in Weimar u. Jena am 6. u. 7. Oct. 1808. ꝛc. mit deutsch. u. franz. Text u. Kupf. Imper. Folio. Weimar, Land. Ind. Comt. 809.

— — dasselbe mit ausgemalt. K. näml. die Ansicht der Hirschjagd u. des Napoleonberges, die übr. K. schwarz. Ebend.

— — dasselbe mit vier ausgemalten u. einer schwarzen Kupfertafel. Ebend.

— der Feierlichkeiten bei der am 20. Decbr. 1806 erfolgten Ausruf. der Königswürde ꝛc. Friedrich Augusts. gr. 8. Leipz. 807. Tauchnitz. 6 gGr.

— der Feierlichkeiten u. Beleucht. bei d. Anwesenh. Napoleons in Dresden im Juli 1807. gr. 8. Leipz. 807. Tauchnitz 8 gGr.

Beschreibung der Feyerlichkeiten in Bernburg beym Einzuge des Erbprinzen [Alexius Friedrich Christian] und der Erbprinzessin [Marie Friederike] von Anhalt-Bernburg. Bernburg 1795. V: *Klebe, Friedrich Albert.* (GGr) (MGT)

Beschreibung der Feyerlichkeiten bey dem Einzuge des Herrn Erbprinzen Karl Friedrichs von Sachsen-Weimar und ... seiner Gemahlin. Weimar 1804. V: *Vulpius, Christian August.* (MGT)

Beschreibung der bey dem Einzuge Sr. königl. Hoh. des Kurprinzen von Baden ... in Mannheim stattgefundenen Feyerlichkeiten. Mannheim 1806. V: *Römer, Georg Christian.* (GGr) (Ky) (MGT)

— d. Feierlichkeiten bei Erledig. u. Wiederbesetz. d. päbstl. Stuhles. Mit 20 Kpfrn. gr. 8. Augsb. 824, Engelbrecht.

— — der Feierlichkeiten bei Erledigung u. Wiederbesetzung des päpstl. Stuhles. Mit 20 Kpfrn. gr. 8. Augsburg 1824, Schlosser. 1⅓ Thlr. — 2 fl.

—— der Feierlichkeiten in Freiberg, bei Gelegenheit der Erbhuldigung d. Königs Anton v. Sachsen. 4. ... Freiberg 828, Craz u. Gerlach.

—— der Feierlichkeiten bei d. Huldigung Sr. Maj. d. Königs Friedrich Wilhelm III. v. Preußen zu Berlin am 6. Juli 1798. (Aus den im J. 1798 im Druck erschien. Nachrichten zusammengest.) gr. 8. (2⅓ B.) Berlin, Posen u. Bromberg 840, Mittler.

— der Feierlichkeiten bei der Huldig. Sr. Maj. des Königs Friedrich Wilhelm IV., am 15. October 1840. 8. Berlin 840. Recht. n. 1/6 Thlr.

— der Feyerlichkeiten bey der 4n Jubelfeyer zu Leipzig. 8. Leipz. Böhme. 809.

— d. Feierlichkeiten bei der 4ten Jubelfeier d. Universität zu Leipzig. 8. Leipz. 809 (Cnobloch). 4 gGr.

Beschreibung derer bey vorgewest ... vollzogenen Konsekration Sr. königl. Hoheit Clementis Wenceslai I., Bischoffes zu Freysing und Regensburg vorgegangenen Feyerlichkeiten ... Freysingen 1766. V: *Bugniet des Croisettes, Ferdinand Freiherr von.* (MGT)

Beschreibung der Feyerlichkeiten bey der erwünschten Krönung Seiner itzt so glücklich als weise regierenden kais.-kön.-apost. Majestät Leopolds des Zweiten, den 15. November des 1790-igsten Jahres ... Pressburg. V: *Windisch, Carl Glieb v.* (GGr VII, 54)

— der Feyerlichkeiten bey der Krön. Leopold II. in Presburg. 8. Presb. Mahler. 791.

Beschreibung der Feyerlichkeiten bey der Krönung eines Königs von Ungarn. Wien 1790. V: *Oehler, Joseph Gg.* (Haydinger)

Beschreibung der in Sebnitz am 3. Jahrhundertfeste der Reformation 1817 stattgefundenen Feierlichkeiten. Budissin o. J. V: *Frenzel, Joh. Hnr.* (EB)

Beschreibung der Feyerlichkeiten an dem Ufer des Neckars, welche bey Gelegenheit eines ... am 15. Jul. 1788 gehaltenen Lustjagens, ... veranstaltet worden. Heidelberg O.J. V: *Wigard, Johann Bonifaz.* (MGT)

Beschreibung der Feyerlichkeiten bey der Vermählung des regierenden Herzogs Ernst von Sachsen-Coburg-Saalfeld mit der Prinzessin Louise von Sachsen-Gotha und Altenburg. Coburg 1817. V: *Szymborski, Johann Nepomuk Maximilian & von Gruner.* (Ky) (MGT)

— der Feierlichkeiten bei d. Vermählung d. Herzogs Ernst v. Sachsen-Coburg-Saalfeld mit d. Prinzessin Louise v. Sachsen-Gotha-Altenburg. Mit 2 Portr. gr. 8. Cob. 818. Sinner. 1 ₰ 3 ℳ

— der Feierlichkeiten der hohen Vermählung des Herzogs Ernst von Sachsen-Cob.-Gotha, s. Beiträge zu Coburgs Annalen.

Beschreibung der Feyerlichkeiten bey der Wahl und Krönung eines deutschen Kaisers oder eines römischen Königs. Hannover 1790. V: *Fröbing, Joh. Chph.* (Ky 2/276) (Fideicommiss-Bibl., Wien, 1/570, Nr. 22061b) (Biblport)

— der Feierlichkeiten, welche am 3. Jubelfeste d. Augsb. Confession d. 25., 26. u. 27. Juni 1830 im Königr. Sachsen stattgef. haben. Nebst einigen Jubelpred. u. Angabe d. zu diesem Feste in Sachsen erschien. Schriften. gr. 8. (56 B.) Leipzig 830, Glück.

Beschreibung der Feierlichkeiten, welche am 27. December 1835 zur Feier des achtzigsten ... Wiegenfestes ... Anton Clemens Theodor von Sachsen in Dresden veranstaltet wurden; nebst mehreren auf die Feierlichkeiten Bezug habenden Abbildungen und einer ... Biographie des ... Königs. Dresden 1835—1836. V: *Schäfer.* (Bem I, 1, S. 493)

— der Feyerlichkeiten, welche bey Ableg. der Gelübde in dem hohen Maltheserorden beobachtet werden. 4. München, Lentner. 783.

Beschreibung der Feierlichkeiten, welche bei Anwesenheit Georg IV. am 30. und 31. October von der Universität Göttingen begangen worden. Göttingen 1822. V: *Heeren, Arnold Herm. Ludw.* (Ky)

— d. Feierlichkeiten, welche bei Anwesenheit Georg IV. am 30. Oct. u. 31. October v. d. Universität Göttingen begangen werden. gr. 4. Göttingen 822, Dietrich.

— der Feierlichkeiten, welche bei d. 50jähr. Amtsjubelfeste des Regier.-Präsident. Frhrn. v. Cocceji d. 14. Sept. 1802 in Glogau statt gehabt haben. Glog. 802. N. Güntersche B. 8 ℳ

— der Feierlichkeiten, welche bei der Vermählung des Erbprinzen von Hessen-Cassel mit d. Prinzessin Auguste v. Preußen in Berlin u. beim Einzuge in Cassel vorgegangen sind. (Von Dav. v. Apell.) 8. Cassel 797.

Beschreibung der Feierlichkeiten, welche bei der Vermählung des Kronprinzen von Preussen K. H. mit der Prinzessin Elisabeth von Baiern K. H. so wie bei der Ankunft der Prinzessin K. H. in Berlin und an andern Orten Statt gefunden haben. Nach offiziellen Mittheilungen bearbeitet ... Berlin 1824, bei Theod. Chr. Friedrich Enslin.
XXIV + 164 S., 3 Taf. in Kupferst., davon 1 kol. 8°.
Das die Ehrenpforte an der Schloßbrücke in Berlin darstellende Kupfer bez. Schwechten fec.

— der Feierlichkeiten, welche bei der zu Oldenburg vollzogenen Vermählung Sr. Maj. des Königs Otto I. v. Griechenland u. Ihrer Hoh. der Herzogin Amalia v. Oldenburg stattgefunden haben. 8. Bremen 837. Kaiser. 3/8 ₰

— der Feierlichkeiten, welche bei Einkleidung d. St. Johanniter-Maltheser-Ordens-Ritter in d. Balley Brandenburg beobachtet werden, (v. F. H. Stubenrauch). gr. 8. Berl. 793.

Beschreibung der Feyrlichkeiten, welche bey Gelegenheit der Durchreise ... Der ... Frau Dauphine. Marien Antonien, Erzherzoginn zu Oestreich, etc. von den Vorderöstreich-Braißgauischen Landständen veranstaltet worden. [Freiburg i. Br.], Gedruckt bey Johann Andreas Satron ... 1770.
Tit., 8 Bl., 3 Taf. in Rad. v. Peter Mayr 4°.
Vinet 526.

Beschreibung der Feyerlichkeiten, welche bey Gelegenheit des Geburtsfestes ... des regierenden Herrn Herzogs den 11ten und folgenden Tage des Hornungs 1763 angestellt worden. Stuttg. 1763. V: *Uriot, Jos.* (Heyd)

Beschreibung der Feierlichkeiten, welche bei Gelegenheit des Saecular-Festes am 29. und 30. September 1810 in Reval veranstaltet worden sind. Reval 1810. V: *Willigerod, Joh. Conr. Philipp.* (R-N)

Beschreibung der Feyerlichkeiten, welche ... bey Wilhelm I. Antritt Höchst Dero Kurwürde begangen worden sind. Göttingen 1803. V: *Apell, David von.* (MGT) »Cassel« (Ky) (Stri)

Beschreibung der Feyerlichkeiten, welche des ... Herrn Reichsfürsten Karl Anselm von Thurn und Taxis Hochf. Durchl. bey der Ankunft des neuvermählten Ehepaars Höchstihres Durchl. Erbprinzen Karl Alexander ... auf dem Schlosse Trugenhofen zu geben geruhten. O. O. 1789. V: *Kayser, Albrecht Christoph.* (MGT)

Beschreibung der Feyerlichkeiten wodurch das Reformations-Jubelfest am 1ten und 2ten November 1817 von der Georg-August-Universität zu Göttingen begangen wurde. Göttingen 1818. V: *Pott, David Julius.* (Erman & Horn, Bibliogr. der dtsch. Universitäten. 2. Leipzig und Berlin 1904.)

— d. Feierlichkeiten wodurch d. Reformations-Jubelfest am 1n u. 2n Nov. 1817 von der Georg-August-Universität zu Göttingen begangen wurde. Mit Beylagen. gr. 4. Göttingen, Vandenhoeck. 818.

Beschreibung der Feyerlichkeiten, womit Seine Herzogliche Durchlaucht .... den Jahrs-Tag Höchst Dero Militair-Acadamien ... begangen. 1773. Stuttgard. V: *Hoffmann.* (Heyd)

— der Feierlichkeiten u. des Ceremoniels bey d. Vermählung Ihrer kaiserl. Hoheit Maria Louise mit Sr. kaiserl. königl. Maj. Napoleon d. I. zu Wien u. Paris im März und April 1810. 8. (Bamberg, Comptoir d. Zeit.) 810.

— des fahrbaren Feldbackofens (System Manfred Weiß) M. 1901. (23 S.) 8. Wien 903. (Hof- u. Staatsdruckerei.) n. — 20

Beschreibung d. Feldbahn-Lokomotive. Berlin 1894.

Beschreibung des, zu dem adelichen Gute **Klein-Nordsee** gehörigen Dorfes Felde, nebst den Bedingungen, unter welchen solches am 21. Dec. 1817 in Kiel verkauft werden soll. o. O. (1817.) Fol.

Beschreibung des zu dem adelichen Gute **Klein-Nordsee** gehörigen Dorfes Felde, nebst den Bedingungen, unter welchen solches am 21. Dec. 1827 in Kiel verkauft werden soll. o. O. (1827.) Fol.

Beschreibung der Eliseischen Felder zu Pyrmont. Eine Ode an den Prinzen von Ithaca. O. O. 1749. V: *Köhler, Joh. Tob.* (Pyrmonter Brunnenarchiv) (Auct. Renz 1010) V: *Lenz, Ludw. Fch.* (Bibl. Weisstein 1/3654) (BiblPort)

— d. Feldzugs im J. 1756; (v. Friedrich II.), aus d. Französ. 4. Dresd. 757. Walther. 3 gr

Beschreibung des Feldzuges des 1756. Jahres, sowohl in Böhmen, als auch in Sachsen u. Schlesien. 4. (1756.)

Beschreibung des Feldzuges der Braunschweig. Truppen vom J. 1815. O.O. V: *Wachholtz, Fr. Lebr. von.* (MGT)

Beschreib. d. Feldzugs, welcher 1755 in d. Mayen v. Ury wieder ihre rebell. Underthanen in die Landvogteien Livinen geschehen. 4. Zug 1755.

Beschreibung des Festes auf der Wartburg. Ein Sendschreiben an die Gutgesinnten. [Essen] 1818. V: *Hoffmeister, Carl.* (Erman & Horn, Bibliogr. d. dtsch. Universitäten. 1. Leipzig und Berlin 1904.) (GGr VIII, 135) (ADB)

— des Festes auf der Wartburg, ein Sendschreiben für Gutgesinnte. 8. Essen u. Duisb. 818. Bädeker. 7 gr

Beschreibung der dem Br. K. J. Th. Winkler, (Theod. Hell) Grossmeister der Gr. L. L. von Sachsen und Meister von St. der vereinten Loge z. d. 3 Schwertern u. Asträa z. gr. R. bei seinem vollendenten 70 Lebensjahre von dieser Bauhütte gewidmeten Festfeier. Am 9. Februar 1845. Dresden, Druck v. Ramming. gr. 8. 31 S. 1 Kpfr.
Das Protocoll über Winkler's 50jähr. Maurer-Jubelfeier (1854) ist gleichfalls im Druck erschienen. — Vgl. Asträa 1855/56, S. 310. Frmrztg. 1854, S. 81, 85, 103, 107 u. 376. Handb. d. Frmrei III, S. 478.

— der Festlichkeit bei d. Einweihung des neuen Schulhauses in Eisenberg, nebst den dabei gesprochenen Reden u. gesung. Liedern. 8. Eisenberg 833. Schöne. 1/12 ℛ

— derjenigen Festlichkeiten, welche am 2., 3. u. 4. Novbr. 1849 zu Ludwigslust bei Gelegenheit der Vermählung Sr. K. Hoh. d. Großherz. Friedrich Franz v. Mecklenburg-Schwerin m. Ihrer Durchl., der Prinzessin Auguste Reuß, so wie am 7. u. 8. Novbr. 1849 zu Schwerin bei Gelegenheit d. Einzuges d. Allerdurchlauchtigsten Fürstenpaares stattgefunden haben, nebst d. zu Schwerin gehalt. Anreden u. überreichten Gedichten. Lex. 8. (34 S.) Schwerin 850, Kürschner. (jetzt Hildebrand.) n. 1/6 ℛ

Beschreibung der Festlichkeiten welche bei der Vermählung I. Hoh. der Prinzessin Elisabeth, Herzogin zu Sachsen ꝛc. mit Sr. k. Hoh. dem Erbgroßherzoge Peter von Oldenburg vom 10. bis 14. Febr. 1852 zu Altenburg Statt gefunden haben. gr. 8. (38 S.) Altenburg 852, Jacob'sche Buchh. Thlr. * Binp. *
(Bonde)

Beschreibung der Festlichkeiten, welche bei der zu Dessau vollzogenen Vermählung ... des Erbprinzen Ernst von Sachsen-Altenburg Herzogs zu Sachsen und ... der Prinzessin Agnes von Anhalt-Dessau ... sowie bei Höchstderen Einzuge in Altenburg stattgefunden haben. Mit der Traurede, gehalten von ... Hofprediger Richter in Dessau. Altenburg 1853. Tit., 1 Bl., 124 S. 8°.

— des Festspielhauses, nach Angaben d. Erbauers, des herzogl. Hofbaumeisters Otto Brückwald (in Leipzig), u. Führer durch Bayreuth u. Umgebung m. e. Stadtplan u. Ansichten. [Aus: „Bayreuth".] 12. (S. 113–148.) Leipzig (899). C. Wild. n. — 30

Beschreibung der Vestungswerke der Stadt Maynz u. Belagerung derselben i. J. 1689. Mit 1 Pl. Hannover 1793. 14 S.

Beschreibung | der | Feuersbrunst in Stuttgart | in der Nacht vom 20.–21. Februar 1860, | wobei | drei Personen lebendig verbrannt | und | mehrere jämmerlich beschädigt worden sind. | Nebst | der Grab-Rede der Verbrannten | und | einem poetischen Anhang. | Motto: Wo der HErr nicht die Stadt behütet, | So wacht der Wächter umsonst. | Reutlingen. | Verlag und Schnellpressendruck von Grözinger u. Schauwecker. | 1860.
8 S., 210 × 140, Vignette auf S. 6.
UB Tü Gd. 456. XXXVII, 57.

— der Feuersbrunst in Tangermünde am 22. April 1810. 4. Stendal 817. Franzen u. Gr. 1 gr

— der großen Feuersbrunst und der Zerstörung in der freien Hansestadt Hamburg am 5. 6. 7. u. 8. Mai 1842. 2 Liefg. 3. u. 2. Aufl. gr. 8. Ofen 842. (Leipzig, Kummer.) 1/12 ℛ

Beschreibung des Fichtel-Berges. Leipzig 1716. V: *Bachelbel, D.* (Bibl. d. Germ. Nat. Mus. Nürnberg 1855.)

Beschreibung des Fideris-Bades im Prettigau. (Njbl.) *s.* [Meyer, Johann Ludwig *II*].

<u>Beschreibung</u> <u>Fieber</u> <u>gelben</u>

Beschreibung des gelben Fiebers für Aerzte und Wundärzte der k. auch k.k. österreichischen Staaten. - Opisanie żółtey febry dla lekarzów i chyrurgów w c. i c.k. Austryackich kraiach. (Dt.u.Poln.) 40 S., gbd.

Wien - Wiedeh: 1805

Beschreibung des niederschlagenden Fieber-Pulvers und der kühlenden Fieber-Tinctur. Jena 1739. V: *Loeber, Emanuel Christian.* (Myl)

— der Fischerei in der Oberpfalz. Hrsg. v. dem oberpfälz. Kreis-Fischerei-Vereine in Regensburg im Dezbr. 1892. Mit 1 Übersichtskarte üb. das Wassergebiet der Oberpfalz u. 48 Abbildgn. gr. 8. (VIII, 140 S.) Regensburg 893. F. Pustet. n. 1. 20

— des Flachsbaues in Schlesien ꝛc. 8. Breslau, Gehr. 8o7.

— d. Flachsbaues in Schlesien, dessen Wartung u. Zubereitung, bis auf den Handel, von einem prakt. Landwirthe. 8. Bresl. 812. (W. G. Korn). 6 gr

— d. sogen. Fladenkriegs v. 1542 n. d. übrigen Feldzügen bis 1648. (Aus v. Beust's Feldzügen ꝛc. besond. abgedr.) 8. Altenb. 801. Petersen. 1 ℛ 8 gr

Beschreibung von Florida, Louisiana in Nord-Amerika. [Braunschweig 1780.] V: *Heise, Johann Christoph Friedrich.* (MGT)

— d. Française- u. Lanciers-Quadrille-Touren. 32. (8 S.) Esslingen 897. (M. Harburger.) n. — 20

— der Française- u. Lanciers-Quadrille-Touren. (Commando-Büchlein.) 16. (16 S.) Eßlingen 902. [M. Harburger.] Stuttgart, A. Lung. n. — 20

Beschreibung der Garnison Frankfurt a. O., vom Standpunkt der Gesundheitspflege aus aufgestellt. Hrsg. von d. Mediz.-Abth. d. Kgl. Preuss. Kriegsminist. Mit 1 Abb., 8 Anl., 2 Kartenbeil. u. 64 Taf. *Berlin: E. S. Mittler & Sohn 1899.* (VI, 201 S.) 8° [A.]
= Garnisonbeschreibungen, v. Standpunkte d. Gesundheitspflege aus aufgest. Bd 5.

— von Frankreich nach seiner neuen Eintheil. in 83 Depart. gr. 8. Dresden, Richter. 795.

Beschreibung d. Kaiserthums Frankreich, dargest. in seiner Grösse vor d. Schlacht bei Leipzig. Mit 1 Karte. Memmingen 1814.

Beschreibung vom Franzenbrunnen bei Eger. Prag 1799. V: *Hoser, Joseph Carl Eduard.* (Call)

Beschreibung des zu Friedrichsberg in der Stadt Schleswig, sub Nr. 164 des 8. Quartiers, belegenen sogenannten **Goerzischen Freihauses.** o. O. (1823.) Fol.

— d. Französ. Freiheitskriegs v. J. 1793 bis 1796. (Ist aus v. Beust's Feldzügen d. k. Sächs. Armee besond. abgedr.) 8. Altenb. 804. Petersen. 12 gr

Beschreibung, freimüth., der Geschichte meines Freundes. 3 Bde. 8. Düsseld. 788, 89. Dänzer. 1 ₰ 12 gr

Beschreibung, Freimüthige, des neuesten kirchlichen Zustandes im Herzogthum Würtemberg. Frankfurt u. Leipzig 1791. V: *Schuler, Phil. Heinr.* (Ky) (MGT) (Winer)

— freimüthige, des neuesten kirchl. Zustandes im Herzogth. Würtemberg, (von Ph. H. Schuler). Mit Beilagen. gr. 8. (Halle) 791. Gebauer. 15 gr

Beschreibung d. eidgenössischen Freischießens abgehalt. in Aarau vom 1. bis 8. Juli 1849. Mit Ansichten (auf 1 lith. Taf. in Fol.) gr. 8. (70 S.) Aarau 849, Christen. 12 ngr

Beschreibung des eidgenössischen Freischiessens in St. Gallen 1838. St. Gallen 1838. V: *Merz, Joh.* (Cat. d. Stadtbibl. Zürich. Zürich 1864—97.)

Beschreibung der Fresken an der Stadt-Kanzlei zu Konstanz . . . [Const.] 186? V: *Marmor, J.* (Cat. d. Stadtbibl. Zürich. Zürich 1864—97.)

— d. Friedens-Pulver- u. Munitions-Magazines. Fol. (9 m. 1 Pl.) Wien 93. (Hof- u. Staatsdr.). 1 —

Beschreibung des in dem Herzogthum Schleswig im 2. Dänisch-Wohlder District belegenen, adelichen Guts **Friedensthal,** nebst den Bedingungen, unter welchen solches den 6. October 1823 in Kiel v[illegible] orden soll. Schleswig. 1823. Fol.

— des Friedrich-Wilhelm-Seebades bei Putbus. Mit 1 Vign. gr. 8. Berl. 824. Th. Enslin. 6 gr

Beschreibung der Freudensbezeugungen und Illuminationen der Königl. Preussischen Haupt- und Residenzstadt Bresslau und der übrigen Städte Schlesiens, über den den 15. Febr. 1763. zu Hubertusburg in Sachsen glücklich geschlossenen Frieden. Bresslau, bey Wilhelm Gottlieb Korn u. Gampert o. J.
Tit., 7 Bl., 331 S.; 1 Taf. in Kupferst. 8°.
Zeichner: Schultz.

Beschreibung der Freudenbezeigungen und Illuminationen, welche wegen des nach geendigten Schlesischen Kriege geschlossenen Hubertsburgischen Friedens in der Stadt Lenzen den 14. April 1763 angestellet worden sind. Berlin. 4. (20 S.)

Beschreibung des in dem Herzogthum Holstein belegenen adelichen Guts **Freudenholm,** nebst den Bedingungen, wornach dieses Gut am 1. Juli 1814 in Kiel verkauft werden soll. o. O. (1814.) Fol.

Beschreibung des Oberamts Freudenstadt. Herausgegeben vom Königlichen Statistischen Landesamt. Stuttgart 1858

— der neuen Frohnfeste in München, mit 7 lithogr. Abbildd. Fol. Münch., Finsterlin. 1 ₰

— der pracht. Fronleichnams-Prozession, wie selbige, auf Anordnung Herzog Wilhelm's des Frommen v. J. 1581 angefangen, zwei Jahrh. lang in der Haupt- und Residenzstadt München begangen worden. gr. 12. München 839. Fleischmann. 1/6 ₰

— d. Früchte z. Obst-Anschauungs-Tafel. 1—4. Reifezeit. Eigenschaften d. Frucht. Eigensch. d. Baumes. Eigensch. d. Strauches. (22, 24, 24 u. 18) Lex8° Wiesb., R. Bechtold & Co. ('11'12). jo — 50

Beschreibung der. . . K. Bayer. Fürstengruft . . ., s. Baumgartner, Anton

— d. Fürstenschule zu St. Afra zu Meißen. 8. Dresd. 783. (Lpz., Weygand). 4 gr

— einiger Futterkräuter, als: Lucerne, Burnet oder Pimpinelle, Thimothil, Birdgraß, Trefoil u. s. w., nebst Anweis., wie selbige zu cultiviren u. zu nutzen. Fol. Bresl., W. G. Korn. 3 gl

— einer neuen Fütterungsmethode, s. Beyer, M.

Beschreibung einer neuen, für die Landwirthschaft äusserst wichtigen und vortheilhaften Fütterungsmethode, . . . Leipz. 1838. V: *Beyer, Moritz.* (Engoec)

Beschreibung des in dem Herzogthum Holstein belegenen adelichen Gutes **Gaartz,** nebst den Bedingungen, wornach dieses Gut am 10. Oct. 1815 in Kiel verkauft werden soll. o. O. (1815.) Fol.

Beschreibung des in dem Herzogthum Holstein belegenen adelichen Gutes **Gaartz,** nebst den Bedingungen, wornach dieses Gut am 15. Januar 1822 in Kiel verkauft werden soll. o. O. (1821.) Fol.

Beschreibung des OA Gaildorf. Her. v. K. Stat. Landesamt. Stuttgart 1853

Beschreibung des Gartens zu Bel-Oeil nebst einer kritischen Uebersicht der vornehmsten Gärten in Europa. Aus dem Französischen von W. G. Becker. Dresden 1799. V: *Ligne, Charl. Joseph Prince de.* (Des Fürsten von Ligne Erinnerungen und Briefe a. d. Franz. übers. u. hgbn. von Victor von Klarwill. Wien 1920. S. 395) (WBL 3/216) (KY 3/555) (BiblPort)

— d. botan. Gartens z. Halle. 1r Nachtr. 8. Halle, Hendel.

Beschreibung des Gartens zu Dieskau. [Leipzig 1799.] V: *Krause, Chn Siegm.* (MGT)

— von Gärten zur Ehre deutscher Kunst. 8. Altona, Helmann. 784.

— v. Gärten z. Ehre deutscher Kunst u. deutschen Geschmacks. (Aus Hirschfeld's Theorie d. Gartenkunst u. dessen Gartenkalender. 8. Altona, 1785. Heldmann. — 15

— des königl. neuen Gartens u. des Marmorhauses an d. heiligen See bei Potsdam, erbauet von Friedrich Wilhelm II. gr. 8. 820. (Potsd., Horvath). 6 gr

— des Gartens zu Machern, s. C. G. Glasewald.

— des Gartens zu Schwetzingen, s. Zeyer.

— d. Schwetzinger Gartens. Ein Führer f. Reisende. Mit Plan. gr. 8. Heidelberg, 1838. (Frankfurt, J. Baer). (— 12½) — 6

— des Schwetzinger Gartens. Ein Führer für Reisende. Mit 1 neuen Wegeplane des Gartens (in Fol.). gr. 8. Heidelb. 838. Engelmann. n. 5/12 Thlr — Mit Kpfrn. n. 1 1/3 Thlr

— d. Gartenanlagen zu Schwetzingen, s. Zeyher.

— der deutschen Gaue. Herausg. durch den Gesammt-Verein der deutschen Geschichts- u. Alterthums-Vereine. 1. Bd. A. u. d. T.: Beschreibung des Gaues Wettereiba, von G. Landau. Mit 1 (lith.) Karte (in Fol.). Kassel 855. (Bertram.) gr. 8. (X, 250 S.) nn. 1 Thlr 10 Ngr

—— dass. — 2. Bd. A. u. d. T.: Beschreibung des Hessengaues von G. Landau. gr. 8. (VIII und 208 S. mit 1 lithogr. Karte in Fol. Ebds. 850(57.) *

— der deutschen Gaue. Herkg. durch den Gesammt-Verein der deutschen Geschichts- u. Alterthums-Vereine. Halle 867. Barthel. gr. 8. (866)
2. Bd.: Landau, G., Beschreibung des Hessengaues. Mit 1 (lith.) Karte (in 4.). 2. Ausg. (VIII, 288 S.) n. 1 Thlr

— der Gebäude der kaiserl. Akademie, Bibliothek rc. nebst Anz. aller das. befindl. Kunst- u. Natursachen rc. Petersburg. (Hartknoch, Leipz.).

— mineral. merkw. Gebirge u. Vulkane Italiens. m. K. a. d. Ital. von F. A. Weber. 2 Bde. 8. Bern, Typ. Gesellsch. 792.

— u. Gebrauch der Funkischen Erdkörper. gr. 8. Berl. 789. Maurers B. 8 gr

Beschreibung u. G e b r a u c h d. Rechenmaschine, s. B a u e r , Johann Bernhard

— u. Gebrauch d. Transparent-Spiegels, für Zeichner rc. 8. Nürnb. 805. Monath u. K. 4 gr

Beschreibung und Gebrauch zweyer Werkzeuge zum senkrechten Ausziehen eines Zahns aus seiner Höhle, nebst 2 Kupfertafeln. [Gött. ca. 1780.] V: *Hellwaag, Christian Friedrich.* (MGT)

— u. Gebrauchsanweisung f.: I. Lambrecht's neues Aspirations-Psychrometer, II. Lambrecht's neuen Aspirations-Psychrometrogr., III. Lambrecht's neues Reise- u. Fenster-Aspirations-Psychrometer, sämmtlich z. Bestimmg d. wahren Lufttemperatur u. Feuchtigkeit. 12° (14 m. Fig.) Gött. 96, W Lambrecht. — 25

— u. Gebrauchsanweisung des v. F. Alsen construirt. Drewshöfer Pfluges, vierspännigen Räderpfluges und von demselben verbesserten Beatson'schen Acker-Instruments; nebst 6 lithogr. Abbildd. 4. Elbing. 834. (Berlin, Stuhr'sche Buchh.) 1 1/3 Thlr

Beschreibung der in der Freimaurer-Anstalt zu Dresden gehaltenen Gedächtnissfeier des am 9. Jan. 1912 entschlafenen [Br] Carl Victor August von Broizem. Dresden 1812. H: *Iphofen, K. Heinrich.* (KL 1437) (TT 1959) (WOLFSTIEG I, 726)

Beschreibung der Gedächtnissfeier Friedrich Wilhelm's III. des Unvergesslichen in der ger. und vollk. Freimaurer-Loge zum hellen Licht im Or. zu Hamm am 24. Juni 1840. [Hamm 1840.] 7 S. 4⁰ [Kopftit.]
Kl. 1491b, Tt. 1961. Rede von R. Stern.

Beschreibung der deutschen Gedichte des Mittelalters ... in der Herzogl. Bibliothek zu Gotha. ... Lpz. 1837. V: *Jacobs, Christian Friedrich Wilhelm.* (EB)

—— der deutschen Gedichte d. Mittelalters, welche handschriftl. in d. hrzgl. Bibliothek zu Gotha aufbewahrt werden. gr. 8. (7 B.) Leipzig 837, Dyk'sche Buchh.
Aus: Beiträge z. ält. Literatur v. Fr. Jacobs u. F. A. Ukert, 4. Hft., besond. abgedruckt.

— gedrängte, d. Stadt Meißen, ihrer Sehenswürdigkeiten u. ihrer interessantesten Umgebungen. Ein Wegweiser f. Reisende. 12. Meißen 817. Goedsche. 6 gr

Beschreibung | des | für die Deutschen | siegreichen Gefechts | im | Eckernförder Hafen | am 4. April, | wo das dänische Linienschiff »Christian VIII.« mit | 84 Kanonen und 200 Mann in die Luft gesprengt | wurde, und die deutschen Truppen die feindliche | Fregatte »Gefion« von 42 Kanonen eroberten.
o. O., o. J. (1849), 8 S., 182 × 113.
LBO Jahrmarktslit. R. c. 1, 25.

Beschreibung der | Gefechte bei Liebau, Trau- | tenau und Skalitz, | sowie | die Schlacht bei Königgrätz | zwischen Preußen und Oesterreicher. (sic) | Das Gefecht der Oldenburger | bei | Werbach u. Hochhausen | gegen | Badenser und Würtemberger. | Oldenburg | Druck von Büttner & Winter.
o. J., 4 Bl. u. n., 178 × 110.
LBO Bänkelsängerlit. III/144.

Beschreibung der Benderschen Gegend u. was seyd dreyen Jahren bey anwesenheit des Königs von Schweden daselbst observiret. 4. 1713.

Beschreibung der Holsteinischen Gegenden in Briefen. [Kopenh.] 1790. V: *Grosch, Heinr. Aug.* (SCHLES)

— aller Gegenstände in e. Umsicht a. d. Kuppel d. Frauenkirche zu Dresden, nebst e. großen Rundgemälde, aufgenommen u. gezeichn. u. gestochen v. C. A. Richter. gr. Fol. Dresd. 824. Arnold. 2 Thlr Ill. 5 Thlr

Beschreibung d. OA Geislingen. Her. v. K. Stat. Landesamt. Stuttgart 1842

— verschied. Geldsorten d. Wechsel- u. Waarenzahlung, der brabanter u. preuß. Thaler, der französ. Franken u. d. sächs. Geldes. 16. Frankf. 831. Streng. 9 gr

— aller Gemälde u. Antiken, im neuen Schloß bei Sanssouci. 8. Potsd. 772. (Voß in Berl.) 16 gr

Beschreibung von allen Gemälden und Antiquen, wie auch verschiedenen andern Kostbarkeiten im Neuen Schlosse bey Sans Souci. Potsdam 1772. V: *Oesterreich, Matthias.* (BIBLPORT)

Beschreibung einiger Gemählde aus der Bildersammlung des Dechanten von Harsewinkel zu Wiedenbrück im Osnabrückischen. Holzminden 1784. V: *Bartscher, Friedrich Wilhelm Ludwig.* (KY) (MGT)

—der Gemälde d. k. k. Bildergallerie in Wien. 2 Thle. 8. Wien 796, 97. Rötzl. 1 ₰ 16 gr

Beschreibung und Gemälde des herzoglichen Parks bei Weimar und Tiefurt. Erfurt 1797. V: *Schumann, W.* (Mitt. G. Herzfeld.)

— u. Gemälde d. herzogl. Parks b. Weimar u. Tiefurt. (Aus Neuenhahns Annalen d. Gärtnerei. 8. Erfurt, 1797. Keyser. — 3¾

—des in d. St. Peters-Pfarrkirche zu Köln sich befind. Gemäldes von Rubens. Mit 1 Kpf. 8. Köln 815. Mathieux. 2 gr

Beschreibung der Gemählde, welche sich in der Bildergallerie im Kgl. Schlosse zu Berlin befinden. Berlin 1790. V: *Oesterreich, Mathias.* (weg 120/1199) (BIBLPORT)

—d. gräfl. Algarottischen Gemälde- u. Zeichn.-Gallerie in Venedig. 8. Strasb. 780. Bartholomäi. 6 gr

Beschreibung der königlichen Gemäldegallerie in Dresden. Dresd. 1806. V: *Pechwell, August Joseph.* (Ky) (MGT)

—der k. Sächs. Gemälde-Gallerie zu Dresden. 8. Dresd. 807. Walther. 22 gr Neue mit Anmerkk. u. einem alphabet. Künstlerverzeichnisse verseh. Aufl. 8. Ebd. 812. 20 gr

Beschreibung der Hendelschen Gemäldesammlung in Halle. Halle 1805. V: *Hendel, Johann Christian.* (Mn)

— der Hendelschen Gemäldesamml. in Halle ꝛc. 8. Halle, Hendel. 805.

Beschreibung einer kleinen Gemälde- und Kunstsammlung zu Dresden ... Dresden 1812. V: *Walther, Georg Friedrich.* (Ky) (MGT)

Beschreibung der vortreflichen Gemähldesammlung der grössten Künstler Frankreichs in der Kathedralkirche Notre Dame zu Paris. O. O. [ca. 1790.] V: *Frentzel, Carl Heinrich.* (MGT)

Fortgesetzte Beschreibung der Königlich-Baierischen Gemaelde-Sammlungen. Dritter Band: Die Gemaelde zu Schleisheim und Lustheim. München 1810. 8°.

— der 8,7 cm Gelenklaffete. [Blatt II A 5 bis II A 10 der Zeichngn. d. Schiffsartillerie-Materials.] 8. (8 S.) Berlin 883. Mittler & Sohn. —15

—genaue u. ausführl., des 4n Jubelfestes d. Universität Leipzig am 4n Dec. 1809. 8. Leipz. 810. (Hinrichs). 6 gr Velinp. 10 gr

Genaue Beschreibung der Bastille v. ihrer Erbauung an bis zur Zerstörung derselben. 4. M. 2 Kpfrn. Frankfurt 1789.

— genaue u. ächte, des Erndte- u. Rosenfestes in Bubentsch bey Prag ꝛc. 4. Prag, Calve. 792.

Beschreibung. Genaue B' des Fritschizuges «Bilder aus [Friedrich von] Schillers Werken», Donnerstag den 2. März 1905 in Luzern. (Nach Worten aus Sch' W' und aus einem Prolog Georg Herweghs zusammengestellt.) [Illustriert.] 16 S. 8. (Luzern, H. Keller.) [fr. —. 20]

2 Ex., wovon eines auf Kunstdruckpapier (Auflage a' K' 500 Ex.).

Beschreibung, Genaue, der ... Inokulation der Hornviehseuche. Bützow u. Wismar 1779. V: *Schumacher, Chn Wilh. Christlieb.* (Ky) (MGT)

Genaue *Beschreibung* d. v. v. Bülow, auf Prützen zuerst versuchten, u. nachher ... mit dem besten Erfolg angewandten Inoculation d. Rind-Vieh-Seuche. Bützow u. Wismar 1779. 22 S. P.

—— genaue, eines höchst einfachen, keine Kosten verursach. u. ganz unschädl. Mittels: „aus ein. guten Mittel-Caffee ein. besond. schön. ganz fein. Caffee zu bereiten" wodurch jed. Kaufmann ein. nicht zu berechn. Gewinn zu erziel. im Stande ist. Hrsg. v. ein. prakt. Kaufmanne. Ein versiegeltes Couvert. Breslau 834, Pelz.

— möglichst genaue, d. merkw. Insel Elba u. ihr. Bewohner von F. F. 8. Leipz. Barth. 815.

Geneal. Beschreibung des hochadligen Geschlechts von Lockstädt in Pommern. 1744.

Beschreibung, Genealogische, derer Graffen und Herren von Stubenberg. Regensburg 1703. V: *Seifert, Joh.* (Gundlach, Biblioth. nobilium. 1897.)

Beschreibung, Genealogisch-historische, des Geschlechts von Koseritz, von Nauendorff, von Berbissdorff, von Krosigk, aus dem Winckel, von Weissenbach, von Hesser. O. O. 1706—15. V: *König, Valentin.* (Bibl. d. Germ. Nat. Mus. Nürnberg 1855.)

Beschreibung, Genealogisch-Historische, Nebst denen Stamm- und Ahnen-Tafeln des Alt-Adelichen Geschlechts derer von Feilitzsch ... Anno 1725. Hof. V: *Feilitzsch, Moritz Heinrich von.* (BMarsch 526)

Beschreibung, G e n e r e l l e , d. Herrschaft Föderann-Tarvis, s. B o e g l

Königsberger Wohnungs-Baugenossenschaft. E. G. m. b. H. **Beschreibung** der Sackheimer Genossenschaftshäuser, aufgestellt zu der am 23. Sept. 1903 stattfindenden Besichtigung. *(Königsberg i. Pr. 1903: Ostpr. Dr.)* (2 Bl.) 8° [Kopfst. F.] [04. 7313 10

—der Stadt u. Republik v. Genua. M. Kpf. Nürnb. 800. Bieling. 4 gr

Beschreibung, G e o g n o s t i s c h - b e r g m ä n n i s c h e , d. Kinzigthaler Bergbaues, s. B e i t r ä g e zur Statistik d. inneren Verwaltung d. Großherzogthums Baden.

Geognostische Beschreibung der Gegend von Berlin. von G. Berendt und W. Dames. 4 Blätter, sowie 1 Heft Erläuterungen. Berlin, 1880.

Beschreibung, geognostische, des Königreichs Sachsen, s. Erläuterungen zu d. geognost. Karte d. Königr. Sachsen.

Beschreibung, geognost., des Königr. Sachsen andere s. Erläuterungen in s. Naumann, C. F.

— und Geographie des Herzogthums Warschau, siehe Opis

Beschreibung, Geographische, von Schlesien Preuß. Antheils, der Grafschaft Glatz und der Preuß. Markgrafschaft Ober-Lausitz. Herausg. von J. G. K. u. J. M. L. Melcher. [Breslau 1827—1830.] V: *Knie, Johann Georg* & *J. M. L. Melcher*. (Nowack, Schles. Schriftst. Lex. Breslau 1836—43. II, 86.)

Beschreibung, Geographische, der Chur-Braunschweig-Lüneburgischen Länder. Hannover 1795. V: *Fröbing, Joh. Chph.* (KY 1/233; 2/276) (BIBLPORT)

—geograph., d. Grafsch. Hanau-Münzenberg u. Gesch. d. ehemals regier. Herren u. Grafen v. Hanau, (v. J. B. Hundeshagen). 8. Hanau 782. (Gelehrt.-Buchh. in Dessau). 14 ℊ

Beschreibung, Geographische, der Grafschaft Hanau-Münzenberg, und Geschichte der ehmals regierenden Herren und Grafen zu Hanau ... Hanau 1782. V (Hanau-Münzenberg): *Hundeshagen, Johann Balthasar.* V: (Lichtenb. Linien): *Wegener, O. A.* (BrMm) (KY)

—— geographische, oder Heimathkunde des kgl. Bez.-Amts Ochsenfurt. Bearb. von einem Lehrer des Bezirksamts. 8. (48 S.) Würzburg 876, Staudinger'sche Buchh. *

—geograph., d. Kur-Braunschw.-Lüneburg. Länder gr. 8. Hannov. 795. Hellwing. 8 ℊ

Beschreibung. Geographische, der Provinz Louisiana, in Canada, von dem Fluß St. Lorenz bis an den Ausfluß des Flusses Missisipi, samt einem kurtzen Bericht von dem jetzo florirenden Actien-Handel. Einblattdruck, doppelseitig, 2×3 Sp. O. O., Dr. u. J. (Um 1717.) Gr.-Qu.-Fol. (39:48 cm). 150.—

Reklameschrift für die 1717 gegründete Missisippi-Gesellschaft des John Law. Sie behandelt ausführlich die Entdeckungs- und Kolonisationsgeschichte von Louisiana, die geographische Lage des Landes, seine Fauna und Flora, seine natürlichen Bodenschätze sowie seine Bevölkerung und die allgemeine wirtschaftliche Entwicklung. Daran schließt sich eine kurze Schilderung des Aktien-Handels der West-Indianischen-Missisipischen Handels-Compagnie, deren Vorteile gegenüber anderen ähnlichen Gesellschaften nachdrücklich hervorgehoben werden. Bei jenen komme es nur auf den ungewissen Gewinn an, während sich der französische Aktien-Handel auf die Ländereien selbst erstrecke, die den Geldgebern zur freien Verfügung, d. h. zum freien Verkauf überlassen würden, woraus sich so große Gewinnmöglichkeiten ergäben, daß jedermann an diesen großen Profiten teilhaben könne und wolle. — Äußerst selten.

—geograph., von Neuschottland u. d. Stadt Halifax. Mit Kpf. 8. Frankf. a. M. 750. Brönner. 6 ℊ

Beschreibung, Geographische, der gesammten Niederlande. O. O. 1784. V: *Geissau* [*Geusau*], *Ant. Ferd. Edler von.* (WBL)

Beschreibung, Geographische, der Landvogtei Ortenau. K. 1795. V: *Pehem.* (BaBb)

—geograph., der Landvoigtei Ortenau. 8. Karlsr. 795. (Braun). 9 ℊ

— geogr., der Landvoigtey Ortenau. 8. Carlsr. Macklot. (Gebr. u. K. Frankf.). 795.

—geograph., v. Polen u. Geschichte der Zertheilung. 8. Hamb. 774. Buchenröder. 8 ℊ

Beschreibung, Geographische, des dänischen Staats, von Theodor Gliemann. Frei übersetzt aus dem Dänischen. Altona 1818. V: *Gleiss, Caspar Dietrich.* (NN)

Beschreibung, Geographische, des Zackenflusses zur Anleitung der Untersuchung von der Ursache seines geschehenen Stillstehens in seinem Laufe. Breslau 1782. V: *Volkmar, Joh. Tob.* (KY)

—geograph., des Zackenflusses, zur Anleit. d. Untersuchung von d. Ursache seines geschehenen Stillstehens in seinem Laufe. gr. 8. Bresl. 782. W. G. Korn. 2 ℊ

Beschreibung, Geographische, des neuesten Zustandes von Korsika, nebst Paoli's Leben ... Aus dem Englischen. Leipzig 1796. V: *Neuhof, Friedrich Baron von.*

—geograph., d. neuesten Zustandes von Korsika, nebst Paoli's Leben rc., (v. Friedrich, Sohn d. Königs v. Korsika). Aus d. Engl. 8. Leipz. 796. Weygand. 12 ℊ

Beschreibung, geographische und historische, des Archipelagus. Aus dem Französ. Petersb. 792. 8. 12 gr.

— geograph.-histor., d. Kanäle; e. Beitr. zu d. ältern u. neuern Erdbeschreib., gesammelt von A. B. M. 8. Köln 802. (Fabricius; Central-Compt. in Leipz.) 12 ℊ

— geograph. u. histor., d. durch den Friedensschluß v. Campo Formio an Oestr. gelangten venezianischen Länder und Städte. ital. u. deutsch. 8. Wien, Rehm. 798.

—geograph.-histor., d. merkwürd. Städte Loretto u. Rom. 8. (Leipz., W. Rauck). 4 ℊ

Beschreibung, Geographisch- und historische, des Hertzogthums Pommern und Fürstenthums Rügen ... Frankf. u. Leipz. 1716. V: *Seitz, Joh. Chn.* (Bruun, Bibl. Danica. III, 278.) (Collin, Anonymer. Kiobenh. 1869.)

Beschreibung, Geographisch-historisch- und statistische, eines Theils des Oberrheinischen Kreises, dann der Westphälisch Nieder- und Obersächsischen Kreise. (5 Bde.) 8. Schwabach und Leipzig 1792—1798.

Geographisch-historisch-statistische Beschreibung von Ungarn, Slavonien, dem Banat, Dalmatien, der Bukowina und Siebenbürgen. Leipzig: André 1789.

— geograph. naturhist. und mineralog., des Harzgebirges. 2 Bde. Leipz. Sommer. 800.

— geograph., naturhist. u. mineralog., d. Harzgebirges, s. Jh. Cph. Stübner, Denkwürdigkeiten.

—geogr.-polit.-merkantil., d. Venetian. Staats u. seinen Verhältn. vor d. Revolution rc. 8. Wien 798. Rehm. 12 ℊ

Beschreibung geographisch-statistische, der im Jahre 1802 dem preussischen Staate zugefallenen Entschädigungs-Provinzen. Mit 1 Karte. 8. Berlin 1802.

—geogr.-statist., der Preußen zugefall. Entschädigungsprovinzen. Mit 1 Karte. gr. 8. Berl. 803. Maurers B. 16 ℊ

— geogr. statist., des Herzogthums Hollstein, Lübeck rc. 8. Altona. (Montag u. W. in Regensb.). 790.

Geographisch- und statistische Beschreibung des Herzogthums Holstein, Bisthums Lübeck, der Insel Femern, der Hauptstadt Dänemarks und der freyen Reichsstädte Hamburg und Lübeck. Ein nicht unwichtiger Beytrag zur Länder- und Völkerkunde. Altona. 1790.

— geogr. stat., der nach dem Friedensvertr. zu Lüneville von Deutschl. an Frankr. abgetret. Länder rc. 8. Leipz. Sommer. 803.

— geograph.-statist., d. nach dem Friedensvertr. zu Lüneville von Deutschland an Frankreich abgetretenen Länder. gr. 8. Regensb. 804. (Körner in Frankf. a. M.) 2 ₰ (Nauck in Leipz.) 1 ₰ 4 gr

— — ebendasselbe. 2. Thle. Heilbronn, Rausche. 803.

Beschreibung, Geographisch-statistische, der nach dem Friedensvertrag von Lüneville von Deutschland an Frankreich abgetretenen ... Lande. Regensburg 1803. V: *Gentner, Joh. Dan.* (Kat. d. stat. Bureaus. Dresden 1890.) (Kat. d. ständ. Bibl. Stuttg. 1907. S. 209.)

Beschreibung, Geographisch-statistische, der nach dem Friedensvertrage zu Luneville von Deutschland an Frankreich abgetretenen und den ehemaligen Besitzern als Entschädigung dagegen ertheilten Länder. 2. verbess. und mit einem Anhang verm. Auflage. 1. Th. enthält die von Deutschland an Frankreich abgetretenen Länder. 2. Th. enthält die zur Entschädigung ertheilten Länder. 8. Heilbronn 1804.

— geogr. stat., vom See-Oestreich u. der Cisalpin. Republik. m. Chart. gr. 8. Leipz. Linke. 798.

— geogr.-statist., d. k. k. Herzogth. Venedig, Dalmatien u. Albanien. Mit 1 Karte. 8. Wien 798. (Wärth in Prag). 10 gr

— geograph.-statist.-hist., d. Großherzogth. Mecklenburg-Schwerin u. Mecklenburg-Strelitz. Aus d. Quellen bearb. Weimar 824. Ind.-Compt. 12 gr

Beschreibung, Geographisch statistisch topographische, von dem Kurfürstenthum Baden. Karlsruhe 1804. H: *Müller, Christian Friedrich.* (BrMm)

Beschreibung, geogr.-stat.-topogr., v. d. Churfürstenthum Baden. 2 Thle. 8. Carlsruh, Müller. (a. Jacobäer, L.) 805. Rthlr.

Beschreibung, geologische, der Gegend von Baden, s. Beiträge zur Statistik der inneren Verwaltung in Baden.

Beschreibung, geologische, der Umgebungen von Badenweiler, s. a. Beiträge zur Statistik der inneren Verwaltung des Großherzogth. Baden.

Beschreibung. Geologische B' des Kantons St. Gallen und seiner Umgebungen (° *Abtheilung 3:* der Kantone Appenzell, St. Gallen, Glarus und Schwyz), enthalten auf Blatt 9 des eidg. Atlas, mit Benutzung des Nachlasses von A(rnold) Escher v(on) d(er) Linth, bearb. von Reallehrer Gutzwiller, Prof. Kaufmann, Dr. Cas. Mösch. 3 Abtheilungen. Beitr. Geol. Karte Schweiz. Liefg. 14. 4. Bern 1877–1881.

Abtheilung 1. Molasse und jüngere Ablagerungen ... von A[ndreas] Gutzwiller. [Mit 2 Tafeln.] 1877.

Abtheilung 2. Kalkstein- und Schiefergebiete der Kantone Schwyz und Zug und des Bürgenstocks bei Stanz ... von Franz Joseph Kaufmann. ([Mit Text-Figuren, 5 Tafeln und] Anhang: Palaontologie der Pariserstufe von Einsiedeln und seinen Umgebungen von Karl Mayer .... [Mit 4 Tafeln und 1 Tabelle.]) *o. O. u. J.*

Abtheilung 3. Geologische Beschreibung der Kalkstein- und Schiefergebilde der Kantone Appenzell, St. Gallen, Glarus und Schwyz von Dr. Casimir Mœsch. Mit 4 Doppeltafeln Profilen in Farbendruck und 10 in den Text gedruckten Holzschnitten. 1881.

— geologische, der Umgebungen der Bäder Glotterthal und Suggenthal,
— — der Renchbäder,
} s. Beiträge zur Statistik der inneren Verwaltung d. Großherzogth. Baden.

Beschreibung, geologische, der Umgebungen von Badenweiler, Ueberlingen, Baden, Glotterthal, Suggenthal und der Renchbäder. Karlsruhe 1858—63. 4.

Beschreibung, Geologische, des Thüringer Waldgebürges. Meiningen 1796—1812. V: *Heim, Joh. Ludw.* (MGT)

— geolog., des Thüringer Waldgebirges. 8. Meiningen u. Hildburgh. 796—812. Hanisch. 6 ₰ 20 gr (3r Thl. A. u. d. T.: Uebersicht d. Thüringer Waldes rc. 1 ₰ 8 gr)

Beschreibung. Geologische B' des Weissensteintunnels und seiner Umgebung. A. Stratigraphie und Tektonik. Von Dr. Aug[ust] Buxtorf; B. Temperaturen und Wasserverhältnisse. Von Dr. E(mil) Künzli; C. Geologische Karte (= Spezialk' Nr. 47) und Profile. Von Dr. L(ouis) Rollier. Mit zwei geologischen Spezialkarten, Nr. 46 und 47, in 1 : 25,000, 6 Profiltafeln und vielen Clichés im Text. XII + 148 S. 4. Bern, Komm. A. Francke, Buchdr. Stämpfli & Cie., 1908. (fr. 10. —)

Beiträge zur geologischen Karte der Schweiz... . Neue Folge, Liefg. 21; des ganzen Werkes Liefg. 51.

Beschreibung der Provinz Georgien in Nordamerika. [Braunschw. 1777.] V: *Heise, Joh. Chph Friedr.* (MGT)

Geog-statistisch-topographische Beschreibung. Eine, für Einwanderer und Freunde d Länder- und Völker-kunde (Büttner). Bayreuth, 1849.

Beschreibung des OA. Gerabronn. Herausgeg. v. Statist. Landesamt.

Beschreibung zweier neuer ökonom. Geräthe, 1) e. neuerf. dreischaar. Pflugs, 2) des Pflugs aus Barby. M. 2 Kpf. 4. Lpz. 803. Baumgärtner. 12 gr

Beschreibung und Geschichte der Bastille während der Regierungen Ludwig XIV—XVI. Aus d. Franz. Berlin 1784. 2. Aufl. [Hamb.] 1790. V: *Linguet, S. N. H.* (L. Rosenthal 146/1003) (Auct. Weigel, N. F. 52/460) (Auct. Dörling 9/1302) (Liebisch 200/60) (Gilhofer 102/402) (BiblPort)

Beschreibung und Geschichte der Bastille. Hamburg 1790. V: *Linguet, Sim. Nic. Henri.* Ü: *Unger, Friderike Helene geb. von Rothenburg.* (Ky) (MGT) (Schl)

— u. Geschichte d. Bastille, (v. Friederike H. Unger). gr. 8. Hamb. 790. Herold. 12 gr

Beschreibung und Geschichte der Stadt Cannstatt. Unter Berücksichtigung des Wichtigsten über die Amtsorte. Cannstatt 1878. V: *Daiber, R.* (Heyd)

— und Gesch. d. ganzen Erde u. d. ganzen Welt. Zu Jedermanns nützl. u. faßl. Gebrauche, besond. aber z. Vergnügen u. Belehrung d. Jugend." 8. (12 B. u. ill. Titlkpfr.) München 831, [Jaquet.]

— u. Geschichte d. ganzen Erde u. d. ganzen Welt rc. Mit 1 ill. Kpf. 8. Münch. 832. Jaquet. 12 gr

Beschreibung und Geschichte der Hauptstadt in dem Holländischen Ostindien Batavia nebst geographischen, politischen u. physikalischen Nachrichten von der Insel Java. Übers. von Johann Jacob Ebert. Th. 1–4. Leipzig: Weidmann & Reich 1785–86. 8°

1: Up 8616. 2. 3. 4. 7. 8. 12: Belg. 72. 24. 27. 33. 34. 205. 300: 29 V 4.

12.8024

— u. Geschichte d. Amtes Hohenstein mit Lohmen, s. Wilh. Lebr. Götzinger.

Beschreibung u. Geschichte der Kynsburg. 8. s. l. 1837.

Beschreibung und kurze Geschichte der Stadt Neuwied. ... Neuwied 1838. V: *Faust, Friedrich.* (EngG)

—— und kurze Geschichte d. Stadt Neuwied, s. Einheimische u. Fremde. Mit d. Ansichten v. Neuwied, Montrepos, Rothhausen u. den Abbildn. mehr. antiker Gegenstände. gr. 8. (4 B.) Neuwied 838, (Lichtfers.)

— u. Geschichte von Ostindien, ein Lesebuch 2c. 3 Bdchn. gr. 12. Weißenf. 791, 92. Böse. (Weygandt in Leipz.) 1 rß 3 ggr (vgl. Thom, Förster, Erzähll.)

— u. Geschichte d. Stadt u. Universität Tübingen, in Verbind. mit mehr. Gelehrten herausg. v. H. F. Eisenbach. Mit 8 Kpf. u. 1 Karte. 8. Tübing. 822. Osiander. 1 rß 20 ggr Schrbp. 2 rß 6 ggr ill. 2 rß 12 ggr Schrbp. 2 rß 18 ggr

BESCHREIBUNG ungemeiner Geschichte und sonbarer Merckwürdigkeiten. D. i. Aussbund curiöser Dinge, Historien etc. Sehr angenehm zu lesen. Hamburg, H. F. Hoffmann, 1701. (Nebst Kupfertitel.) 12°. 5 Bll., 276 SS. (5 Mk. L. Rosenthal, 1906.)

— u. Geschichte v. Westindien. Ein Lesebuch z. Nutzen u. Vergnügen f. den Bürger u. Landmann. gr. 12. Weißenf. 792. (Leipz., Weygand). 9 ggr (vergl. Thom. Förster, Erzähll.)

(U.-Titel:) Beschreibung : einer ganz wunderbaren Geschichte sammt dem dazu gehörigen | Gebete, mittels dessen eine arme Seele aus dem Fegfeuer ge- | kommen und erlöst wurden ist. ' *(Text)*.
Kol.: A. Schauberger's Buchdruckerei in Freyung.
o. J., 4 S. n. n., 164 104.
Diöz.-B Rottenburg.

Beschreibung, Geschichtsmässige, der Landgräfl. Hessischen ganzen und halben Thaler, ... Regensb. 1784. V: *Schwarzenau, Joachim Ludw. von.* (Ky) (ML)

Geschichtsmäßige Beschreibung der landgräflichen Hessischen ganzen und halben Thaler, wie auch einiger Denkmünzen. Regensburg, 1784. 4. Nachtrag 1785. 4.

Beschreibung, geschichtsmäß., d. landgräfl.-hessischen Thaler u. Münzen. 4. Regensb. Kaiser. 784. Rthlr.

— fabelhafter Geschöpfe. s. Abbildung.

— aller Gesundbrunnen u. Bäder der bekannten Länder, vorzügl. Deutschlands, (v. G. F. C. Fuchs u. A.) 2 Bde. 8. Jena 798, 99. 2e A. 799, 801. Gabler. (Mohr in Heidelb.) 5 rß

Beschreibung des Driburger Gesundbrunnens, u. Erfahrr., die mit diesem Wasser angestellt worden, (v. Frhr. Frz. v. Beroldingen). gr. 8°. Hildesh. 1782. Waisenh.-B.

— dreyer Gesundheitsbäder in Oesterreich. 8. Wien. 735.

Beschreibung derer zu Skarsine befindlichen Gesundquellen, ... Oels 1716—20. V: *Preuss, Meyer, Volkmann & Wilhelm.* (LVS)

— der neuen Getreide-Mühle zu Berg bei Stuttg. (Von Grundler.) Mit Zeichnungen in VI. besond. Beilagen. Fol. Stuttgart 837. Ebner's Kunsth. 1 1/3 rß

Ganz getreue Beschreibung aller derjenigen Feierlichkeiten, welche bei der Huldigung Seiner Majestät Friedrich Wilhelm IV. Königs von Preußen in der Haupt- und Residenzstadt Berlin den 15. Oktober 1840 stattgefunden haben. (Nach den besten Zeitungs-Berichten.) Frankfurt a. d. O. und Berlin, Trowitzsch und Sohn (1840). 24 S. 8.

Beschreibung. – Getreue Beschreibung wie die Hinrichtung des Posträubers u. Mörders Chr. Lenz, alt 34 Jahr in Berlin am 19. Jan. 1790 geschehen (usw.). Berlin 1790.

— der Gewehrsammlung d. Herzogs Heinrich v. Würtemberg. Nebst Angabe d. Behandlung d. Percussions-Gewehre 2c. 8. Ulm, Ebner. 8 ggr

[**Beschreibung der**] Mansfeld'schen Kupferschiefer bauenden Gewerkschaft zu Eisleben. Festschrift zum 10. [Allgemeinen] Deutschen Bergmannstage, 10.—12. Sept. 1907 in Eisenach. Eisleben, 1907. 215 S. mit 32 Abb. u. 6 Taf.

Beschreibung der Gewerkschaft König Ludwig zu König Ludwig bei Recklinghausen. Düsseldorf, 1902. 86 S. mit Abb., 1 Karte und 1 Bildn.

Beschreibung der Gewichten und Maaßen der Stadt und Landschaft Zürich. Zürich 1765. V: *Schinz, Joh. Hnr.* (ADB) (Cat. der Stadtbibl. Zürich. Zürich 1864—97.) (Doubletten-Anzeiger. 1903. Nr. 7.)

Beschreibung des **grünen Gewölbes** oder der Schatzkammer zu Dresden und der kaiserlichen Schatzkammer in Wien. Leipzig 1786. 8°. Schneider

— der Fest. Gibraltar nebst einen Plan, 8. Berl. Braunes. 808.

— der Festung Gibraltar, jetzt Verlag v. Rücker in Berl. Dasselbe französisch. Ebend.

— der Fest. Gibraltar u. merkw. Geschichte ihrer dreizehn Belagerungen 2c. 8. Wien, Schrämbl.

Beschreibung der Festung Gibraltar, nebst merkwürdiger Geschichte ihrer 13 Belagerungen. Wien s. a. [1808]. 2,00.

Beschreibung von Gibraltar nebst der Meerenge. 4. Berlin [178*].

Beschreibung der Stadt und Festung Gibraltar, der Insel Minorka ... 2. Auflage 1783. V: *Seyfart, Johann Friedrich.* (Ky)

— der Stadt u. Festung Gibraltar, der Insel Minorca 2c. M. 1 Kpf. 8. Leipz. ... 2e A. 783. Kummer. 12 ggr

— der bekannt. Giftpflanzen u. Giftschwämme. M. Kpf. 4. Prag 789. Schönfeld. 12 ggr

— d. gefährlichsten Giftpflanzen u. Giftschwämme Deutschlands. M. Kpf. 4. Regensb. 806. 2e A. 812. 3e A. ... 4e A. 825. Daisenberger. 1 rß

Beschreibung der gefaehrlichsten Giftpflanzen, und Giftschwaemme ... Deutschlands. Ed. 4. Regensb. 1820. 8°.

— d. gefährlichsten Giftpflanzen u. Giftschwämme 2c. 4e Aufl. Regensb. 825, Daisenberger.

—— inländischer Giftpflanzen, s. Giftpflanzen.

—— d. Gipsabgüsse d. in Olympia ausgegrab. Bildwerke. 6. Abdr. 8. (27) Berl. 85, Spemann. n. — 20

— der Gipsabgüsse der in Olympia ausgegrabenen Bildwerke. Hrsg. v. der Generalverwaltg. der königl. Museen. 6. Abdr. 8. (27 S.) Berlin 885. Weidmann. n. — 20

— der Gipsabgüsse der in Olympia ausgegrabenen Bildwerke der königl. Museen zu Berlin. Hrsg. v. d. Generalverwaltg. 7. Aufl. 12. (32 S.) Berlin 891. G. Reimer. — 30

Kgl. Museen zu Berlin. **Beschreibung** der Gipsabgüsse der in Olympia ausgegrabenen Bildwerke. 8. Aufl. Berlin: G. Reimer 1909. 32 S. 8° Iq. 11579

—— der Glyptothek Sr. Maj. d. Königs Ludwig I. von Bayern. Architekton. Theil v. Leo v. Klenze, Verzeichniss d. Bildwerke u. Gemälde v. Ludw. Schorn. gr. 12. (9½ B.) München 830, Literar.-Artist. Anstalt.
Vgl. Klenze, v.

Beschreibung der Glyptothek Sr. Maj. des Königs Ludwig I. von Bayern. Architekton. Theil von *Leo v. Klenze*, Verzeichniss der Bilderwerke u. Gemälde von *Ludw. Schorn*. München 1863. 12°. 227 S. Cart.

Beschreibung des Oberamts Gmünd. Herausgegeben vom Königlichen Statistischen Landesamt. Stuttgart 1870

--- Ein Beschreibung wunderbarer Gnad, so die hochheiligste Dreyfaltigkeit durch die Fürbitt Mariae und des heil. Erz-Engels Michael bey uns geistlichen Ordens der heiligen Mutter Clara in Ofen, in diesem erschröcklichen Erdböben des 1763. Jahrs gewirket: zur Danksagung und Erhöhung grosserer Ehre und Glory Gottes, Mariam und des heil. Erz-Engels Michael geben wird dieses in Druck. Pest (1763). Gedr. mit Eitzenbergischen Schriften. 8 S. - 12°

Beschreibung Des Kaiserl. Gnaden- Und Frey-Schiessen, Welches von Ihro ... Majestät Carolo Sexto Der Wienerischen Burgerschaft durch vierzehen Täg gegeben worden. In dem Jahr 1739. Wien in Oesterreich / Gedruckt bei Johann Peter v. Ghelen .. [1739]. 68 S., 10 Taf. in Kupferst. 4°.
Die Kupferst. von An. u. Jo. Schmutzer und von Elias Schaffhauser nach Zeichn. von F. T. Kollmann.

Beschreibung des Oberamts Göppingen. Herausgegeben vom Königlichen Statistischen Landesamt. Stuttgart 1844

— von Görlitz, nebst Aufzählung des Wichtigsten aus der Geschichte der Stadt. Ein Handbüchlein, sowohl f. Einheimische als Fremde. Mit den Abbildd. der Peterskirche und des heil. Grabes. 8. Görlitz 838. Baumeister. 1/2 ₰

— von Görlitz, nebst Aufzähl. d. Wichtigsten aus d. Gesch. d. Stadt. Ein Handbüchlein sowohl f. Einheimische als Fremde. Mit d. Abbildn. d. Peterskirche u. d. heil. Grabes. 8. (8 B.) Görlitz 838, [Kobitz.]

— der Stadt Göttingen. 5 Thle. 4. Hannover, Helwing. 731—38.

— des heil. Grabes zu Görlitz, (herausg. v. J. K. G. Cunerth). N. verb. Aufl. Mit 5 Steindr. gr. 8. Görlitz 823.

— des heil. Grabes zu Görlitz. Nebst 5 Steintaf. N. verb. Aufl. gr. 8. Görlitz 823. (Zobel.) 7 gr.

Beschreibung des in dem Herzogthum Holstein belegenen adelichen Guths **Grabau**, nebst den Bedingungen, wornach dieses Guth am 25. April 1820 auf dem Hofe Grabau zum Verkauf gestellt werden soll. (Kiel. 1820.) Fol.

Beschreibung der bischöflichen Grabdenkmäler in der Domkirche zu Bamberg. Nürnb. 1827. V: *Heller, Jos.* (EB)

— d. Grabdenkmäler in d. Domkirche zu Bamberg. M. Kpf. 8. Nürnb. 827. Campe. 16 gr.

Beschreibung der im Herzogthum Schleswig und zwar im 2. Angler Güterdistrict belegenen Adlichen Güter **Gramm** und **Nübbel** nebst der dazu gehörigen Meierhöfe **Billeslund** und **Schaugaard** und der übrigen dazu gehörigen Pertinenzien. o. O. (aus den 20er Jahren des 19. Jahrh.) Fol.

— der k. k. Hauptstadt Grätz. 2 Thle. 8. Salzb. 781. Mayr. 1 ₰

Beschreibung der bukowinaer-rumänischen Grenz-Demarkation. Hrsg. v. k. k. Ministerium des Inneren. 12 Bl. (1:25.000.) Wien: Verl. d. k. k. Min. d. Inneren 1889.

Beschreibung der bukowinaer-rumänischen Grenz-Demarkation. Hrsg. v. k. k. Ministerium des Inneren. 1 H. mit 2 Bl. (1:40.000.) Wien: Verl. d. k. k. Min. d. Inneren 1889.

Beschreibung der Grenze zwischen der Bukowina und Rumänien. 2 Bde. Mit 12 Grenzkartenblättern. Wien: Hof- u. Staatsdruckerei 1889.

— v. Grönland u. Spitzbergen, s. Bilderbuch, geograph.-naturhistor.

— von Großbritannien, nebst Gesch. seiner Schifffahrt u. Seemacht. M. Kpf. gr. 8. Berl. 770. Mylius. 1 ₰ 8 gr.

Beschreibung des im Herzogthum Holstein, im Kieler adelichen Güter-Districte belegenen adelichen Guts **Gross-Nordsee** mit dem Dorfe Crumwisch, nebst den Bedingungen, nach welchen dieses Gut den 2. März 1819 zu Kiel verkauft werden soll. o.O. 1816. Fol.

— einer chinesischen Grossstadt, s.: Missionsschriften f. Kinder.

— des Plauensch. Grundes bey Dresden. 4. Dresd. Hilscher. m. K.

Beschreibung des Plauischen Grundes bei Dresden; ... Dresden 1781. V: *Weingart, von.* (EngG) V: *Lehninger, Johann August.* (Ky) (ML)

— d. Plauischen Grundes u. Tharand in hist. mineral. u. romant. Hinsicht, m. K. 12. Ebend. 811.

— d. Plauenschen Grundes, des Badeorts Tharand u. sein. Umgebungen. m. K. 12. Dresd. Beger. 813. ohne Kupf.

Gründliche, wahre und ausführliche Beschreibung der vor anderhalb hundert Jahren von Marien Thomssen, eines jungen Bauer-Mägdgens in Hollstein gethanen Prophezeiungen, welche in diesem 1756sten Jahre erfüllet werden sollen. Gedruckt nach dem Leipziger Exemplar. U. St. 1756. P.

— Grundriß und Abbildung der neuen katholischen Kirche in Leipzig nach ihrer Vollendung. gr. 4. Leipzig 846, Jackowitz. n. 1/12 ₰

—, Grundriß und Abbildung der neuen kathol. Kirche in Leipzig nach ihrer Vollendung. gr. 4. (1/2 Bog.) Leipzig 847, Jackowitz.

Beschreibung der Grundsteinlegung u. Enthüllung d. k. russ. Monuments bei Priesten, nebst Geschichte d. merkwürd. Begebenheiten bei Kulm im J. 1813. 2. Aufl. (M. 1 Ansicht.) 8. (1 1/4 B.) Leitmeritz u. Teplitz 838, Medau. Thlr.

Beschreibung etlicher Grundstücke des adelichen Guts **Karrharde**, nebst Bedingungen, nach welchen dieselben den 24. Oct. 1828 auf dem Haupthofe des adel. Guts Klixbüll stückweise aufgeboten werden sollen. Schleswig. (1828.) Fol.

Beschreibung des, im Herzogthum Schleswig, und zwar in dem Schwansener District belegenen adelichen Guts **Grünholz**, mit dem Meierhofe Grünthal und dem Dorfe Schubye, nebst den Bedingungen, wornach dieses Gut den 7. Oct. 1817 in Kiel verkauft werden soll. Schleswig. (1817.) Fol. Nebst:
Nachtrag zu den distribuirten Bedingungen, unter welchen das adeliche Guth Grünholz mit dem beschriebenen Pertinenzien am 10. Nov. zu Kiel verkauft werden soll. o. O. (1817?) Fol.
und einer handschriftlichen Aufstellung der Steuern des Gutes.

Beschreibung des im Herzogthum Schleswig und zwar im 2. Dänischen Wohlder-Güter-Districkt belegenen adelichen Guts **Grünhorst** nebst den Bedingungen wornach dieses Gut den 11. October 1820 in Kiel verkauft werden soll. Schleswig. (1820.) Fol.

Beschreibung des, im Herzogthum Schleswig, im Dänischen Wohlde, 2ten Districts belegenen, adelichen Guts **Grünhorst**, nebst Conditionen, wornach dieses Gut den 1. July dieses Jahrs in Kiel verkauft werden soll. Schleswig. 1823. Fol.

Beschreibung des im Herzogthum Holstein im Oldenburger Güterdistrict belegenen adelichen Guts **Güldenstein** nebst den Bedingungen, unter welchen dasselbe am 22. April (1839) zu Kiel verkauft werden soll. o.O. (1839.) Fol.

Beschreibung des Amtes Güntersberge. [Bernb. 1798.] V: *Gottschalck, Casp. Fr.* (StAt)

Beschreibung des Gurnigel-Bades im Canton Bern. (Njbl.) s. [Meyer, Johann Ludwig *II*].

— von Güstrow. Abdr. aus der „Mecklenburgischen Vaterlandskunde (von Raabe)." Wismar 856. Hinstorff. gr. 16. (24 S. u. 1 lith. Plan in 4.) n. 6 ngr

— von Güstrow. 8. (24 S. mit 1 lithogr. Plane in qu. 4.) Wismar 857, Hinstorff'sche Hofbuchh. Thlr.
Aus: Meklenburgische Vaterlandskunde, besonders abgedruckt.

Beschreibung eines adelichen Guths in Holstein nebst einigen Betrachtungen. u. St. 1760. (U. B.).

Beschreibung des neuen Gymnasialgebäudes zu Neustadt a. d. Haardt. . . . Neustadt a. d. Haardt, J. H. Ziegler's Buch- u. Steindr., 1880; 11 S., 8 Taf. 8°
Neustadt a. d. Haardt, G, P 1880 •

Beschreibung des Gyrenbades im Turbenthal. (Njbl.) *s.* [Meyer-Pestalozzi. Johann Ludwig *III*].

Beschreibung des Habspurger- oder Schinznacherbades. (Njbl.) *s.* [Meyer. Johann Ludwig *II*].

Beschreibung des Oberamts Hall. Herausgegeben vom Königlichen Statistischen Landesamt. Stuttgart 1847

— der Stadt Halle. M. Kpf. 8. Halle 792. Dreyssig. 4 gr

Beschreibung der Stadt Hamburg. [Leipzig 1723.] V: *Fassmann*, *David*. (schles)

Beschreibung des im Weichbilde der Stadt Kiel belegenen Erbpachtsgehöfts **Hammer** nebst den Bedingungen wonach dieses Gut am 9. Oct. 1822 in Kiel verkauft oder verpachtet werden soll. Kiel. (1822.) Fol.
Abschrift von H. Biernatzkis Hand.

Beschreibung der Handels-Ausstellung (überseeische Rohstoffe und Halbfabrikate) im Anschluss an die Hamburger Gewerbe- und Industrie-Ausstellung 1889.

— des Handels u. d. Industrie d. Städte Triest u. Fiume. 8. Lpz. (Zwickau) 804. Schumann. 16 gr (Wien, Gräffer u. Schmidl). 8 gr.

Beschreibung der feyerlichen Handlung, den 26. April 1772 auf der Solitude bey Legung des Grundsteins zu dem Erziehungshause vor die militärische Pflanzschule vorgegangen. Ludwigsburg: Ch. F. Cotta 1772.

— d. Handlung u. Industriefleiß. d. Residenzst. Wien, od. merkantil. Wegweiser d. Wien u. Oesterr. 8. Zwickau 803. Schumann. 1 rthl 8 gr

Beschreibung der Handlung und des Industriefleisses der Städte Triest und Fiume. Leipz. und Triest 1804. V: *Schumann*, *A.* (CBH)

— der Handlung d. vornehmst. Europ. Staaten, (v. K. A. v. Struensee u. J. C. Sinapius). 2 Thle. gr. 8. Liegn. 778—82. Siegert. 1 rthl 22 gr

— der Handwerker u. Künstler, s. P. N. Sprengel.

— — als Roth- ꝛc. Gießer, Gürtler ꝛc. m. K. 8 Ebend. 797.

— — als Schlächter, Lohgerber ꝛc. m. K. 8. Ebend. 797.

— der Handwerker u. Künstler, als Tapetenfabr., Strumpfwirk. ꝛc. m. K. 8. Berl. Realschulb. 797.

— — als Wollfabrik., Zeugfabrik. ꝛc. m. K. 8. Ebend. 797. (sind vier neue Titel zu versch. Theilen von Sprengels Künsten u. Handw.).

— der in Hamburg entstand. Handwerksunruhen im Aug. 1791 ꝛc. 8. Hamb. 792. Bachmann. 4 gr

[F.] Beschreibung der Garnison Hannover, v. Standpunkt der Gesundheitspflege aus aufgestellt. Hrsg. v. d. Mediz.-Abth. d. Kgl. Preuss. Kriegsminist. M. 20 Abb. im Text, 2 Ktnbeil. u. 36 Taf. *Berlin: E. S. Mittler & Sohn 1896.* (VII, 258 S., 31 Pl., 1 Kt., 16 Taf.) 1 Bd 8.
— Garnisonbeschreibungen, v. Standpunkt d. Gesundheitspflege. Bd 4. [97. 1894]

BESCHREIBUNG von einem alten vermaskirten Deutschen Hans Siebenwurst oder Hanns Sieben uf a mol. Mit dem Gedicht: Der Vogelfänger. Papageno, ein ganz neues Opern-Stuck aus der Zauberflöte. Mit 1 Titelvign. (Nürnberg, ca. 1780.) 8°. 8 S. (1 Mk. 25 Pfg. B. Seligsberg, Bayreuth, 1906.) Nirgends citirt!

Beschreibung der Harburg, nebst e. Nachtrage betr. die Anlagen zur Verschönerung daselbst. 8. (10 S.) Wernigerode 886. Angerstein. n. — 50

Beschreibung des, in dem Herzogthum Schleswig, und zwar im 2. Wohlder-District, belegenen adelichen Guts **Harzhof**, nebst den Bedingungen, wornach dieses Gut den 16. Januar 1817 in Kiel verkauft werden soll. Schleswig. (1816.) Fol.

Beschreibung des im Herzogthum Holstein belegenen adelichen Guts Hasselburg nebst den Bedingungen, wornach selbiges am 12. Januar 1816 in Kiel verkauft werden soll. o.O. (1815.) Fol.

Beschreibung des im Herzogthum Schleswig und zwar im 1. Angler Güterdistricte belegenen Haupthofes des Adlichen Gutes **Geltingen** und der dazu gehörigen Halbinsel Beveroe nebst den Bedingungen, wonach dieses Landwesen den 19. Nov. 1817 auf gedachtem Haupthofe anderweitig verpachtet werden soll. o. O. (1817.) Fol.
Abschrift von H. Biernatzkis Hand.

Beschreibung der Hauptparticipantschaft des im Herzogthum Schleswig, in der Cropp-Harde, Amts Gottorff, belegenen **Megger-Koegs**, nebst den Bedingungen, nach welchen dieselbe am 6. Nov. 1835 im herrschaftlichen Gebäude des Megger-Koegs verkauft werden soll. Schleswig. 1835. Fol.

Beschreibung des Haubt- und Freyschießen, welches von Ihro ... Majestät Carolo sexto wegen erfreulichster Geburt Leopoldi ... der Wienerischen Bürgerschaft gegeben worden. (Mit Kupfertafeln) Wien, Andreas Heyinger, 1716.

Beschreibung der Hauptteile u. allgemeine Bemerkungen über d. Behandlung, d. Auseinandernehmen, Reinigen u. Laden ꝛc. d. großherzogl. mecklenb.-schwerinschen Spitzkugelgewehrs. Schwerin 1852. 23 S.

— des heil. Hauses zu Loretto. 8. Frankf.

Beschreibung des von Stolleschen Hauses zu **Kiel** in der Schlossstrafse sub Nr. 70 belegen, nebst den Bedingungen, nach welchen solches am 6. Julius d. J. in Kiel verkauft werden soll. o. O. (1825 oder 26.) Fol.

1780. **Beschreibung** einer neuerfundenen Hebmaschiene zum Ausrotten der Stöcke in den Waldungen. In einem Sendschreiben an einen Freund. Ex varietate temporum nova quotidie phantasmata et variae rerum speculationes in hominibus generantur, et ideo non est aufferenda posterioribus facultas ulterius cogitandi. Mannheim bey Schwan, in 4, 2 Bogen Text 2 Kupf.
Allg. d. Bibl. 47 Band 1 St. p. 154.

— einer neuerf. Hebmaschine zur Ausrottung der Stöcke in den Wäldern. m. K. gr. 4. Mannh. Schwan u. G. 799.

(Beschreibung der helvetischen Heidengräber und Todtenhügel ...) *s.* Keller, Ferdinand. Die alten Wandverzierungen. (Zürich, 1846.)

Beschreibung des Oberamts Heidenheim. Herausgegeben vom Kgl. Statistischen Landesamt. Stuttgart 1844

Beschreibung der Heilbäder zu Baden im Aargau. (Njbl.) *s.* [Meyer, Johann Ludwig *I.* und Meyer, Johann Ludwig *II*].

Beschreibung des Heilbades zu Pfeffers. (Njbl.) *s.* [Meyer, Johann Ludwig *II*].

Beschreibung des Oberamts Heilbronn. Herausgegeben vom Königl. Statistischen Landesamt. Stuttgart 1865

— d. Oberamts Heilbronn. 8. (20 m. 1 Karte) Ebd. 85. — 40

Beschreibung des Oberamts Heilbronn. Hrsg. von d. Statist. Landesamt. T. 1. 2. *Stuttgart: W. Kohlhammer in Komm. 1901—03.* 2 Bde 8° [F.]
1. Mit Karte, Kartenskizze d. Altertümer u. Kilometerzeiger d. Bezirks. 1901.
2. Mit zahlr. Abb. 1903.
— [Beschreibung d. Kgr. Württemberg nach Oberamtsbezirken. Neue Bearb. 6, 1. 2.] [03. 1844

— dasselbe f. den Unterricht in der Heimatkunde. (Von Remppis.) 8. (24 S. m. Abbildgn.) Heilbronn 901. A. Scheurlen. n.n. — 25

— des Heil- Trink- und Baadbrunnens nächst Kißingen. 8. Würzb. Stahel.

Beschreibung derjenigen Heiligthümer, so Ludovicus Barbatus, Hertzog zu Bayern . . . zu der Schönen U. L. Frauen Pfarr-Kirch in Ingolstatt überreichet hat. Um das J. 1430. Ingolstadt 1739. V: *Hohenecker, A.* (Bücher-Samml. d. hist. Ver. v. u. f. Oberbayern. München 1867.)

— und Heilungsart der Krankheiten in Feldlagern. gr. 8. Wien, Kendler. 777.

— u. Heilungsart d. Krankheiten im Feldlager. gr. 8. Wien 777. Trattner. 6 gr. Dass. Italien.: Descrizzione (breve) della maladie che regnavano nella armata. 8maj. ibid. 759. 9 gr.

Beschreibung des neuentdeckten Heilwassers zu Ehrlosen. (Njbl.) *s.* [Meyer, Johann Ludwig *II*].

— des (Gust.) Schäuffelen'schen Heizapparates. (Mit 1 großen lithogr. Taf., welche d. Einrichtungen worauf Patente ruhen enthält. Gedruckt zu Paris.) gr. 8. Heilbronn 837. (Claß.) n. $2^1/_6$ fl (NB. die Taf. wird nur auf feste Bestellung nachgeliefert.)

Beschreibung des Nordseebades Helgoland. Bearb. u. hrgg. v. d. Badeverwaltung. Mit 6 Illustrationen. Cuxhafen-Helgoland. 1897. 8°.

Beschreibung des Nordseebades Helgoland. Bearbeitet und herausgegeben von der Badedirection. Cuxhaven-Helgoland 1898. V: *Gaissert.* (Berl 1904, S. 1405)

Beschreibung des Nordseebades Helgoland. Bearb. u. hrsg. von d. Badedir. Mit 8 Ill. Cuxhaven-Helgoland 1899: Rauschenplatt. 80 S. 8°
[Umschlagt.:] Nordsee-Bad Helgoland. [11. 380 7

Boschreibung des Nordseebades Helgoland. Bearb. u. hrsg. von d. Badedirection. Mit 8 Ill. *Cuxhaven-Helgoland 1902: G. Rauschenplat & Sohn.* (71 S.) 8° [04. 6705

Beschreibung des Nordseebades Helgoland. Bearb. u. hrgg. von der Badedirection. Mit 8 Ill. Cuxhaven-Helgoland. 1903. 8°.

Beschreibung des Nordseebades Helgoland. Cuxhaven-Helgoland. 1904. 8°
—— ebd. 1906. 8°
—— ebd. 1907. 8°

BESCHREIBUNG der feyerlichen Heiligsprechung der fünf Seligen Franziskus Caracciolo, Benedikt von St. Fradelo, Angela Merici, Coleta Boliet, Hyacintha Marescotti . . . Welche . . . den 24. May 1807 vorgenommen wurde. Oedenburg 1808. Gedr. mit Siessischen Schriften. 42 S. - 170 mm

—— der großen u. kleinen Heiligthümer, die in d. Dom-Kirche, in der St. Adalberts- u. Theresianer-Kirche in Aachen, in Burtscheid auf St. Johann Baptist u. zu Cornelimünster aufbewahrt u. alle sieben Jahre v. 10—24. Juli, öffentl. zur Verehr. vorgezeigt werden. Nebst ein. kurzen Gesch. d. Stadt Aachen u. einer Andacht z. frommen Verehr. d. h. Reliquien. 12. (3 B.) Aachen 838, 39, Hensen u. Comp.

Beschreibung des im Herzogthum Schleswig und zwar in dem Schwansener adelichen Güter-District belegenen adel. Guts **Hemmelmark,** bestehend aus dem Haupthofe Hemmelmark, mit dem Dorfe Barkelsbye und dem Meierhofe Neu-Barkelsbye, dem Hofe Louisenberg und dem Meierhof Aukamp, nebst den Bedingungen, unter welchen dasselbe den 30. Juny 1817 in Kiel verkauft werden soll. Schleswig. (1817.) Fol.

— von Henneberg. s. Schultes.

Beschreibung des Oberamts Herrenberg. Herausgegeben vom Königlichen Statistischen Landesamt. Stuttgart 1855

—— der Oberämter Herrenberg, Horb, Nürtingen, Sulz u. Waiblingen. 8. (à 12 m. 1 Karte u. Ansicht. Ebd. 85. à *n.*—80

Beschreibung des unweit Stuttgard gelegenen Hirschbades, . . . Stuttgart 1746. V: *Gesner, Johann Albrecht.* (ML)

— der großen Hirschjagd zu Ehren der Kaiser Alexander u. Napoleon am 6. Oct. 1808 auf dem Ettersberge bey Weimar. m. K. gr. Fol. Weim. Land. Ind. Comt. 810.

Beschreibung, Historische, der Adjustirung und Bewaffnung der russischen Heere vom Jahre 862—1801, verfasst auf allerhöchsten Befehl. I.—VII. Th. (7 Bde.) Fol. St. Petersburg 1841—1848.

— histor., d. Bergstädtchens Brand; n. Urkunden, (v. Oberbergmeister Schmid). 8. Freiberg 802. Craz u. G. 4 gr.

Historische u geog Beschreibung der zwölf Colonien v Na, nebst einer Beschilderung d gegenw Zustandes v Großbrittanien. Bunzlau, 1772.

Historische und geog Beschreibung des an dem großen Fluße Miss in Na gelegnen herrlichen Landes . . . Lpz. 1720.

Beschreibung, Historische, des alten Frauen-Closters Himmelcron in dem Markgrafthum Brandenburg-Culmbach. . . . Bayreuth. 1739. V: *Teichmann, Joh. Ernst.* (Fiker)

— histor., des alten Frauenklosters Himmelkron in Brandenburg. C, Kulmb. 793. (Grau in Hof). 5 gr.

Beschreibung. Historische B' des im 14ten Jahrhundert gestifteten Herzoglich-Oestreichischen Klosters Königsfelden im Aargau, seit der Kirchenverbesserung zu einem Amt- und Armenhaus gewiedmet. 8. *o. O.* 1812.

Beschreibung. Historische B' des im 14ten Jahrhundert gestifteten Herzoglich-Oestreichischen Klosters Königsfelden im Aargau, seit der Kirchenverbesserung zu einem Amt- und Armenhaus gewiedmet (* *Ausg. B:* gewidmet). 8. *o. O.* 1819.
Ausg. A. — Ausg. B.

Beschreibung, Historische, der weltberühmten Universität Leipzig, nebst Einigen remarquablen Sachen und erlittenen fatis . . . Leipzig 1710. V: *Lehms, Georg Chn.* (Erman & Horn, Bibliogr. d. dtsch. Universitäten. 2. Leipzig u. Berlin 1904.) (Zuwachsverz. d. Bibl. Zürich 1898 ff. 8.)

Beschreibung. Historische B' des Munots zu Schaffhausen. Schaffhausen 1846 *s.* H[arder]. H[ans] W[ilhelm].

Beschreibung, Historische, der, den 12. Sept. abgebrannten St. Magdalenen-Kapelle . . . Wien 1781. V: *Geissau [Geusau], Ant. Ferd. Edler von.* (WBL) (weber)

— hist., d. wahren Ursachen vom Untergange des Gothisch. Reichs in Spanien rc. a. d. Schwed. 8. Kopenhag. Prost. 749.

Beschreibung, Historische, der Westmünster-Abtey, ihrer Denkmahle und Merkwürdigkeiten; aus dem Englischen. Zürich u. Leipzig 1796. Ü: *Hausleutner, Philipp Wilhelm Gottlieb.* (Ky) (MGT)

— hist., d. Westmünster-Abtey. a. d. Engl. 8. Zürich, Ziegler. 796.

Historisch-geographische Beschreibung von Amerika für Jünglinge.
Nürnberg: Zeh. 1784. 12, 372 S. 8°.
Bayerische Staatsbibliothek München
Ausg. ebd. 1794 [H. Meyer, Nordamerika im Urteil des deutschen Schrifttums, Hamburg 1929, S. 133] konnte nicht gefunden werden.
Frankfurt-Leipziger Meßkatalog, Ostermesse 1784, S. 780.
Sabin 32102. Palmer.

Beschreibung, Historisch-geographische, derjenigen Aemter, Städten etc., welche (im Frieden von Teschen 13. Mai 1779) an das Erzhaus von Oesterreich etc. überlassen worden sind. 2. Aufl. 8. Prag (1780).

— hist. u. geogr., d. Königr. Böhmen. 2 Thle. m. K. 746.

— histor. u. geograph., des Kursächs. Erzgebirges. Geschichte u. Beschreib. d. Kreisamts Schwarzenberg, (von A. L. Peck). 16 Bdchn. Mit 1 Kpf. 8. Schneeb. 796.

Beschreibung, Historische und Geographische, der Stadt Fellin. [St. Petersburg 1764.] V: *Winckler, Johann Abraham.* (R-N)

Beschreibung, Historisch-geographische, von ganz Frankreich nach seiner jetzigen Eintheilung in 83 Departements. Dresden und Leipzig 1795. V: *La Mesangere, Pierre.* (EngG)

— histor.-geograph., v. ganz Frankreich, nach seiner neuen Eintheilung in 83 Departem. gr. 8. Dresd. 795. Richter. (Leipz., Central-Compt.) 1 ₰ 8 gr

Beschreibung, Historisch-geographische, von Hildesheim. Berlin 1802. V: *Bratring, Frdr. Wilhelm August.* (Hitzig)

Beschreibung, Historisch-geographische, des Erzstifts Köln. Frankfurt a. M. 1783. V: *Mastiaux, Caspar Anton von.* (Ky)

Beschreibung. – Historisch-geographische Beschreibung des Erzstiftes Köln. E. nöthige Beil. zu des Herrn C.R. Büschings Erdbeschreibung. Frankfurt a.M. 1783.
– 2. Aufl. Frankfurt a.M. u. Leipzig 1783.

Beschreibung, Historisch-geographische, des Erzstifts-Köln. Frankf. a. M. 1783. V: *Eichhoff, J. P.* (Verh. des naturhist. Vereines d. preuss. Rheinlande. Bd. 44. S. 181 ff.) (Mitth. Erich Haarmann-Charlottenburg.)

— hist. geogr., des Erzstifts Cölln. 8. Frankf. Guilhaumann. 783.

— histor.-geograph., der 12 vereinigten Kolonien von Nordamerika, nebst e. Schilderung d. gegenwärt. Zustandes von Großbritannien, (v. A. F. Löwe). 8. Bunzlau 777.

Beschreibung, Historische und geographische, der zwölf vereinigten Kolonien von Nordamerika, ... Bunzlau 1777. V: *Löwe, Andreas Friedrich.* (Ky) (MGT)

— histor.-geograph., d. Grafsch. Lippe u. d. Paderborn.-Lippeschen Sammtämter Oldenburg u. Odenhausen. (Von W. G. L. v. Donop.) Mit 1 ill. Karte. 4. Bückeburg 786. N. Aufl. f. Donop.

Beschreibung, hist. geogr., der Insel Malta u. des Mitterordens daselbst. 8. Regensb. Montag. 782. Rthlr.

— histor.-geograph., v. Messina u. Kalabrien, u. meteorolog. Beobachtt. über d. Erdbeben. 2 Stcke, mit Kart. u. Kpf. gr. 4. Straßb. 783. Acad. B. (Hinrichs in Leipz.) 8 gr

Historische und geographische Beschreibung von Neuschottland, *wie auch von den Sitten und Gewohnheiten der Indianer, und von den merkwürdigen Begebenheiten, die sich zwischen den Cronen Frankreich und England seit deren Besitznehmung zugetragen, hinlängliche Nachricht ertheilet wird. Frankfurt und Leipzig: H. L. Brömer 1750. 216 S.*
[Werbeblatt, aus dem Englischen ins Deutsche übersetzt von dem Agenten Köhler.]

— histor.-geogr., d. Städte u. Festungen rc. in den Französ. Niederlanden, dem Elsaß u. Lothringen. 1s Bdchn. (v. ... Riese). u. 2s Bdchn., mit 29 Plän. gr. 8. Frankf. a. M. 793, 94. Hermann (à 1 ₰) 2 ₰

Historisch-geographische Beschreibung der Städte, Festungen u. merkwürd. Orte rc. oder des Kriegstheaters an der französ. Grenze. Mit Pl. Bd 1. 2. Frankfurt a M. 1793. 1794.
Bd 1. Französ. Niederlande.
Bd 2. Elsaß u. Lothringen.

Beschreibung, Historische und geographische, von Hungarn. [Wien u. Pressburg 1772.] H: *Korn, Christoph Heinrich* oder *Carl Gottlieb von Windisch* [?] (ML)

— histor.-geograph., Wittenbergs u. seiner Universität, v. Sam. Psik Schalscheleth: (Jh. Gtl. Heynig.) 8. Frankf. u. Lpz. 795. (Haller in Gera). 18 gr

Beschreibung, Historische, geographische und physikalische, des Schweitzerlandes, in alphabetischer Ordnung abgehandelt. Aus dem Franz. übers. ... Bern 1782—83. Ü: *König, Ludwig Friedr.* H: *Wyttenbach, Jac. Sam. u. andere.* (AarK)

Beschreibung. Historische, geographische und physikalische B' des Schweizerlandes. Bern 1782–1783 s. [Tscharner, Vincenz Bernhard. und Haller, Gottlieb Emanuel von].

— histor.-geograph. u. polit., v. Algier. M. 1 Karte u. 1 Plan d. Stadt Algier u. deren Umgebn. 8. (2½ B.). Hamburg 830, Hoffmann u. Campe.

— hist. geogr. statist. des Königr. England, Irrland, Schottland u. Portugal. 8. Schwabach, (Bauer in Leipz.). 796.

— histor.-geograph.-statist., d. Königr. England, Irrland, Schottland u. Portugal. 8. Schwab. 790. (Andrä in Lpz.) 1 ₰

— histor.-geograph.-statist., d. herzogl. Sächs., fürstl. Anhalt., fürstl. Schwarzburg., fürstl. u. gräfl. Reuß. Länder rc. Mit 1 Karte. 4. Hamb. 796. (Herold jun.) 1 ₰. (Auch m. d. T.: v. Bube, alphabet. Verzeichn. aller in d. herzogl. Sächs., Anhalt., Schwarzb. u. Reuß. Landen befindl. Städte, Aemter, Schlösser rc. Mit 1 Karte. Ebd. 796. 1 ₰) vergl. Er. Jul. Walch.

— histor. geograph. statist., der herzogl. Sächsisch., fürstl. Anhalt. rc. m. Ch. 4. Hamb. Vollmer. 796.

— historisch-geographisch-statistische, des Königlich Sächs. Amtsbezirkes Leisnig-Döbeln. (Von Carl Wlh. Hingst.) 1. Heft. gr. 8. Leipzig 844, Klinkhardt. n. ¼ ₰

— historisch-geographisch-statistische, v. Palästina, das ist v. dem gelobten heiligen od. Juden-Lande, als dem Vaterlande unsers heiligen Religionsstifters Jesus Christus; wie es zur Zeit, als derselbe lebte, war, u. wie es heut zu Tage ist 2c. 2e gänzl umgearb., durchaus verb. u. sehr verm. Aufl., mit 2 Kpfrn und 8 Holzschnittbildern., 1 Landkarte u. 1 Plan von Jerusalem. 8. Gräz 836. Ferstl (Greiner). 1/3 Rthl

— hist. geogr. stat., von Paris. gr. 8. Ulm, Stettin.

— histor.-geogr.-statist., des Königr. Preußen, Polen, Litthauen, Kurland 2c. 8. Schwabach 795. (Andrä in Leipz.) 18 gr

— hist. geogr. stat., des Königr. Preußen, Polen, Litthauen, Kurland u.s.w. 8 Schwabach. (Bauer in Leipz.). 795.

— histor.-geograph.-statist., d. Europäischen Rußlands. 8. Schwabach 795. (Andrä in Leipz.) 1 Rthl

— histor. geograph. statist., d. europäischen Rußlands. 8. Schwab. (Bauer in Leipz.) 795.

— histor. geogr. statist., d. Königr. Spanien, f. Kaufleute, Geschäftsm. 2c. 8. Weißenb. (Bauer in Leipz.) 809.

— histor.-geogr.-statist., d. Königr. Spanien, f. Kaufleute, Geschäftsmänner 2c. 8. Weißenb. 809. (Andrä in Leipz.) 12 gr

— histor. geogr. topogr., des Stifts Naumburg Zeitz. 8. Dresd. Gerlach. 789.

— histor.-geograph.-topograph., der Stift. Naumburg u. Zeitz. 8. Dresd. 789. (Leipz., Weygand). 5 gr

Beschreibung, Historisch-geographische und topographische, des hohen Stifts Naumburg-Zeitz, ... Dresden 1790. V: *Pollmächer, Ch. Sal.* (EngG)

Beschreibung, Historische kurze, des heiligen Hauses zu Loreto, Sodann Merckwürdigen Anfangs, beglückten Fortgangs, und bewehrten Gnaden-Stands des in der Kupfergassen zu Cöln erbauten Closters deren unter dem Ordinario stehenden Theresianischen Carmeliten Discalceatissen, S. Josephi Kirchen, und in selber sich befindenden Lauretanischen Capellen ... Bonn 1759. V: *Gondola, Joseph Franz Graf von.* (StBKöln I, 151)

Beschreibung, Historisch-physicalische, des berühmten mineralischen Bades von der Würtembergischen kleinen Amts-Stadt Lieben-Zell das Zeller Bad genannt. Stuttgart 1748. V: *Gesner, Johann Albrecht.* (MI.)

Beschreibung, Historisch-Physicalische, des bey dem Würtembergischen Flecken Boll, Göppinger Amts befindlichen Bades, insgemein das Boller Bad genannt. Hgbn. von J. A. G. M. D. Stuttgart 1754. V: *Gessner, Joh. Albrecht.* (Auct. Renz 1582) (BiblPort)

Beschreibung, Historisch-Physikalische, des Würtembergischen Wild-Bades Sowohl zum Dienst derjenigen, welche sich dieses Bades bedienen wollen. Als auch zu einem Versuch einer nachfolgenden Beschreibung aller Flüsse, Bäche, Seen, Sauerbrunnen und der Bäder des Hertzogthums Würtemberg. Hgbn. vom J. A. G. M. D. Stuttgart 1745. V: *Gessner, Joh. Albrecht.* (Auct. Renz 174) (BiblPort)

Beschreibung, Historisch-politisch- und geographische, des Königreichs Schweden. 2. Ausg. Frankfurt u. Leipz. 1708. V: *Goelgelius.* (Adel)

— hist. polit. u. geogr., des Königr. Schweden. mit K. 8. Nürnberg. 708.

— histor.-statist., d. gefürst. Grafschaft Henneberg. Mit Urkunden. (Von J. A. Schultes.) 1r Bd. in 4 Abtheill. u. 2r Bd. 1e Abtheil. 4. Hildburgh. 794—803. (Er. Fleischer in Leipz.) 6 Rthl 16 gr

— historisch-statist., der gefürsteten Grafschaft Henneberg; besteht in: 1r Bd. (4 Abthlgg.) u. 2r Bd. (1e u. 2e Abthlg.). 794—815.

— hist.-statistische aller Kirchen in Augsburg, s. F. C. v. Seida u. Landenberg.

— histor. u. statistische, d. Rezat-Kreises. 1s Heft. Landger. Ansbach; bearb. v. Lang, Büttner u. Schulz. gr. 4. Nürnb. Schneider. 809.

— histor. u. statist., d. Rezat-Kreises. 1s Heft, Landger. Ansbach; bearb. von K. H. Lang, H. C. Büttner, Schulz u. Knappe. 2 Hefte. gr. 4. Nürnb. 809, 10. (Winter). 12 gr

Beschreibung, Historisch-statistische, des k. k. landesfürstlichen Marktes Ried im Innviertel. Ried 1820. V: *Listle, Franz Xav.* (Feil)

Beschreibung, hist.-statistisch-topographische, d. berühmten Wallfahrtsortes Altenötting in Baiern. m. K. 8. München, Fleischmann. 815.

— histor.-statistisch-topographische, d. berühmten Wallfahrtsortes Altenötting in Baiern. M. Kpf. 8. Münch. 816. Fleischmann. 9 gr

— histor.-statist.-topogr., von Südpreußen u. Neu-Ostpreußen, oder die k. Preuß. Besitznehmung v. Polen in d. J. 1793 u. 95. Von e. Gesellschaft Gelehrten. M. Kpf. u. Karten. gr. 8. Lpz. 798. Druck. 3 Rthl Schrbp. 4 Rthl 12 gr

Beschreibung, Historisch-statistisch-topographische, von Südpreussen und Neu-Ostpreussen; oder die Königlich Preussischen Besitznehmungen von Polen in den Jahren 1793 und 1795. Leipzig 1798. V: *Sirisa.* (EngG) (CBII)

— historisch-statistisch-topographische, des Herzogth. Steyermark. Ein unentbehrl. Leitfaden zur Kenntniß dieses Landes, so wie ein getreuer Wegweiser durch dasselbe für Reisende. Mit 1 Karte von Steyermark, 1 Plan u. 2 Ansichten von Grätz. gr. 8. Grätz 825. Ferstl.

Beschreibung, histor.-topograph., d. uralten Wallfahrtsortes Alten-Oetting (von Fel. Lipowsky). 8. München 1816, Fleischmann. 9 ggr. — 36 kr.
Geschichte u. Beschreibung 2c. bei Franz in M.

Beschreibung, Historisch-topographische, des berühmten Wallfahrts-Ortes Altenötting in Bayern. München 1817. V: *Hoheneicher, Franz von Paula Ludwig.* (sch)

Beschreibung, Historisch-topographische, von Bosnien und Serbien. 8. Wien 1810.

— histor.-topograph., des Breslauer k. k. Diöcesantheils, unter d. bischöfl. Regierung d. Fürsten Emman. v. Schimonsky. Herausg. v. d. General-Vicariate zu Fribeck, (J. G. Schipp). gr. 8. Teschen 828. (Wien, Beck). 20 gr

Beschreibung, Historisch-topographische, des Fürstenthums Fürstenberg i. Schwab. Ulm 1803. V: *Müller.* (EngG) »vom Fürstenthum« (BaBb)

— histor.-topograph., vom Fürstenth. Fürstenberg in Schwaben. gr. 8. Ulm 803. Stettin. 3 gr

Beschreibung, Historisch-topographische, des Schlosses Fürstenstein und seiner nächsten Umgebung. O. O. 1812. V: *Giersberg.* (LVS)

—— histor.-topographische, von Graz en Miniature, enthalt. Fragmente ausgezeichn. Schriftsteller, gesammelt durch Gustav Grafen Stainach. 8. (8½ B. u. 1 Tint.) Graz 845. (Kienreich's Vrls.-Compt.)

Beschreibung, Historisch-topographische, der Stadt Halle im Magdeburgischen. Grottkau 1788. V: *Brieger, Johann Georg.* (Ky) (MGT)

— histor. u. topograph., der Stadt Halle u. Magdeburg, (v. Jh. G. Brieger). 8. Grottkau 788. (Bellitz in Berl.) 6 gr

Histor. u. topograph. Beschreibung von Leipzig. 8. M. 2 Pl. Leipzig 1816.

— histor. u. topograph., des Ober-Pinzgaues in Salzburg, (von F. A. Reissigl). Mit 1 Kpft. gr. 8. Salzb. 786. Duhle. 6 gr

Beschreibung, Historisch-topographisch-statistische, der Stadt Celle im Königreich Hannover. . . . Celle 1826. V: *Spangenberg, Ernst Peter Johann.* (BrMm) (EngG) (Ky) (Pr)

— histor.-topogr.-statistische, d. Stadt Celle im Königr. Hannover, (v. E. Spangenberg). Mit 1 Kpf., 1 Pl. u. 2 Steindrr. gr. 8. Celle 826. Schulze. 2 rℓ Schrbp. 2 rℓ 4 gr Velinp. 2 rℓ 12 gr

Beschreibung, Historisch-topographische, der dem Stifte Kremsmünster einverleibten Pfarren und der in ihrem Bezirke befindlichen Schlösser und Erdensitze. Wien 1833. V: *Kartenschneider, Ulrich.* (Guppenberger, Bibliogr. d. Clerus der Dioecese Linz. Linz 1893. S. 76.)

Beschreibung, Historisch-topographische und ökonomische, des Salzburgischen Pfleggerichts Liechtenberg oder Salfelden. Salzburg 1802. V: *Lürzer von Zehendthall, Cajetan.* (Hr)

Beschreibung, histor.-topograph.-statist., des Amtsbez. Mosbach, nebst e. kurzen Abrisse aus der bad. Geschichte hrsg. v. d. freien Lehrer-Konferenz Mosbach 1884. Red. v. Jak. Hoffmann. (289 S. m. 1 farb. Karte.) 8. Bühl 885. Konkordia. 2.—

— der land- und forstwirthschaftlichen Akademie Hohenheim. Herausg. von dem Direktor u. den Lehrern der Anstalt. Mit 18 Holzschn. (im Text) u. 3 lith. Karten (in 8. u. Fol.) Stuttgart 863. Ebner & Seubert. gr. 8. (VIII, 324 S. u. 1 Tab. in qu. Fol.) n. 1 rℓ 21 ngr; feine Ausg. n. 2 rℓ 12 ngr

—— d. land- u. forstwirthsch. Akad. Hohenheim. 8. (324 m. H. u. 3 K.) Stuttg. 63, Schickhardt u. E. cart. n. 1. 21; geb. n. 2. 12

— v. Hohenheim, nach seinen vorzügl. Gartengebäuden u. Anlagen. A. u. d. T.: Ansichten d. Herzogl. Würtemberg. Landsitzes z. Hohenheim. Nach d. Natur gez. v. Wilh. Heideloff. 12 Hfte. Mit Kpf. Royal-Fol. Nürnberg. 1795—98. Frauenholz. (Korn.) à 4. 15. ill. à 9. 7½

Beschreibung des Kgl. Württembergischen landwirthschaftlichen Instituts Hohenheim. Plieningen: Find 1896.

Beschreibung des im Herzogthum Holstein belegenen adelichen Guts **Hohenholtz,** nebst den Bedingungen, wornach dasselbe am 7. Oct. 1806 in Kiel verkauft werden soll. o. O. (1806). Fol.

—— nebst den Bedingungen, wornach dasselbe am 12. Jan. 1810 in Kiel verkauft werden soll. o. O. (1809?) Fol.

Beschreibung des im Herzogthum Holstein, und zwar im Kieler Güter-District, belegenen adelichen Guts **Hohenschulen,** nebst den Bedingungen, wornach dieses Gut am 15. Jan. 1817 in Kiel verkauft werden soll. o. O. (1816?) Fol.

Beschreibung der Veteranischen Höle im Temeswarer Banat, welche vom 10ten bis den 31ten August 1788 von dem Obersten von Stein gegen die Türken vertheidigt wurde. Nebst einer Kupfertafel. (Donation Liechtenstein.) 4. Frankfurt am Mayn 1789.

— der veteran. Höhle u. der ältern u. neuern Kriegsvorfälle bei derselben, (v. J. Kohr. Engelhard). Mit 1 illum. Plan. gr. 4. Bayr. 789. Hof 791. (Jäger in Frankf.) 8 gr

— merkw. Höhlen, ein Beytrag zur physik. Gesch. der Erde. herausg. von Rosenmüller u. Tilesius. m. K. 1r u. 2r Bd. gr. 8. Leipz. Breitkopf. 799. (à 3 Thlr.).

Beschreibung des Guts **Holsbüttel,** nebst den Bedingungen, wornach dasselbe am 24. Sept. 1806 in Altona verkauft werden soll. o. O. (1806.) Fol.

— der Holzfärberey &c. 8. Leipz. Böhme. 788.

— d. Holzfärberei, od. Beitzen v. verschied. Sorten &c. 8. Lpz. 788. (Knobloch). 4 gr

— einer Holzsägemaschine. Grätz, Ferstl. 810.

Beschreibung d. Oberamts Horb. Herausgegeben v. Kgl. Statist. Landesamt. Stuttgart 1865

Beschreibung einer Art Hornviehseuche, welche aus einer Lungenfäulung od. sogen. Lungensucht besteht. 4. Nürnberg 759. Felssecker. M. —.25

— einer Art Hornviehseuche, die aus einer Art Fäulung der Lunge entsteht. 4. Nürnb. Felsecker. 760.

Beschreibung der Erbpachtshöfe Hörst und Holzkoppel (adelichen Guts **Saxdorff**).

Bedingungen unter welchen die, zu dem adelichen Gute **Saxdorff** in dem Schwansener adelichen Güterdistrict gehörigen, Erbpachtshöfe Hörst und Holzkoppel den 30. Sept. 1822 zu Eckernförde verkauft werden sollen. (Schleswig, 1822.) Fol.

Beschreibung des Kreises Höxter. 2 Thle. nebst Anh. gr. 8. (280, 392 u. 142 S. m. 8 chromolith. Karten in gr. 4.) Höxter 870. (Buchholtz.) geb. n. 6.—

Beschreibung des Kreises Höxter. Höxter 1870—77. V. *Wolff-Metternich, Friedrich Freih. v.* (Kat. d. Bibl d. dtsch. Reichstages. Berl. 1882.) (Landes-Bibl Detmold.)

Beschreibung der zum adlichen Gute **Schönhorst** gehörigen .... Hufen, nebst den Bedingungen, wornach diese Hufen am 18. Dec. 1829 auf dem Hofe zu Oppendorff vererbpachtet werden sollen. o. O. (1829.) Fol.

Beschreibung der im allerhöchsten Namen Ihro Römisch-kaiserl. Majestät Herrn Leopold des zweyten durch Se. Hochfürstliche Durchlaucht Karl Anselm des Herrn R. Fürsten von Thurn und Taxis etc. von der des H. R. R. Stadt Regensburg am 31. März 1791 eingenommenen Huldigung. Regensburg 1791. V: *Keyser, Joh. Chph.* (Allg. Litt. Zeitung. Jena 1791. Int.-Bl., Sp. 715) (BIBLPORT)

Beschreibung der im allerhöchsten Namen ... Franz II. ... durch Sr. Hochf. Durchl. Karl Anselm, des H. R. R. Fürsten von Thurn und Taxis, von der des H. R. R. Stadt Regensburg am 11. April 1793 eingenommenen Huldigung. Regensburg 1793. V: *Kayser, Albrecht Christoph.* (MGT)

. **Beschreibung** der Huldigungsfeyerlichkeiten in Mannheim. Mannheim 1803. V: *Römer, Georg Chn.* (GGr) (MGT)

— d. Huldigungsfeierlichkeiten in Zeitz am 3n Aug. 1815, (v. Wlh. Webel). gr. 8. Zeitz, Webel. 4 gr

BESCHREIBUNG DER HULDIGUNGSZEREMONIE

Beschreibung der am 25. August 1791 zu *Lützemburg* feyerlichst gehaltenen Huldigungs-Zeremonie nebst einigen Nebenumständen. Zusammengetragen und verfasset von einem Augenzeugen. Luxemburg in der Perlschen Buchdruckerei. 1791.
58 S., 8°.

Beschreibung der schrecklichen Hungersnoth in Indien, welche seit mehrern Monaten in jenem Lande wüthet und traurige Verheerungen unter der armen wie reichen Bevölkerung anrichtete, indem sie schon tausende von Opfern, die dem Hungertode preisgegeben waren, dahinraffte.
Kol.: Mülhausen, gedruckt bei J. P. Risler und Comp.
1 Bl., zweiseitig bedruckt, 280 × 220.
BNP 4 Z. 77.

— d. schönsten Hyacinthen, s.: Kampen, Nic. v.

Hydrographische und wasserwirtschaftliche Beschreibung des Flußgebietes der Hauensteiner Alb im südlichen Schwarzwald. - Karlsruhe 1889. 178 S.

— einer Hypochondrie u. wie diese ohne innere Arzneymittel gehoben worden rc. 8. Berl. Schöne. 808.

— einer mehrere Jahre lang gedauerten Hypochondrie u. wie diese ohne innere Arzneimittel gehoben worden rc. 8. Berl. 808. N. A. 8. Ebd. 816. Stuhr. 12 gr

Beschreibung des siebten [u.] achten Jahrs-Tags der hrzgl. Militair-Akademie. Stuttgart, den 14. Dec. 1777 [u.] 1778. 2 Bde. Stuttgart: Cotta. Kaps.

Beschreibung derjenigen Jauner, Zigeuner, Mörder, Straßen-Rauber, Kirchen-Markt-Tag- und Nachtdiebe, falschen Geldmünzer, Wechsler, Briefträger, Spieler u. a. herumvagirenden liederlichen Gesindels, welche von denen verurtheilten 7 Erzjaunern, und Jaunerinnen entdeckt worden sind. Stuttgart 1784. V: *Schäffer, Gg Jac.* (Kat. der ständ. Bibl. Stuttg. 1907. S. 311.)

— von Jena, (v. J. A. L. Faselius). 8. Eisenach 793. (Bärecke). (Hinrichs in Leipz.) 4 gr

— von Jena, 8. Eisenach, Wittelind. (Hinrichs, Leipz.). 793.

Beschreibung der von Ihrer Durchlaucht der Herzogin am 15. April 1787 in Dero Residenzstadt Mitau mit gnädigstem Beyfall beehrten Illumination. Mitau 1787. V: *Watson, Matthias Friedrich.* (R-N)

Beschreibung der von unserer Durchlauchtigsten Landesherrschaft am freudenvollen 19. November 1779, in Höchstdero Residenzstadt Mitau, mit gnädigstem Beyfall beehrten Illumination. Mitau 1779. V: *Watson, Matthias Friedrich.* (R-N)

BESCHREIBUNG der Illumination zu Dreßden bey der Königlichen Sicilianischen in Vollmacht vollzogenen Vermählung, Nebst andern dahin gehörigen Vorstellungen und verschiedenen Kupffer-Stichen. Dresden, F. Hekel & G. C. Walther, 1738. 4°. 140 S. und *10 Kupferstichtaf. (inkl. Frontispiz)*, wovon *8 gefaltet*. HPgt. d. Z.
120.—
Vinet 737.

Beschreibung der grossen Illumination auf dem Max-Joseph-Platze zu München, bei der Vermählung S. K. Hoheit des *Kronprinzen von Baiern* mit Ihro Durchl. der *Prinzessin Therese von Sachsen-Hildburghausen* am 13. Octob. 1810. Mit Titelpf. München, im Comptoir d. k. priv. baier. Nationalzeitung. 4°. 4 Bll. Cart. Etw. bestaubt.

... illustrirte, der Stiftshütte, sowie der durch Moses eingesetzten und beobachteten heiligen Gebräuche und Ceremonien. Aus dem Engl. Bremen 862. Verlag des Tractathauses. gr. 8. (18 S. m. Holzschn. im Text.) n. 5 ngr.

Beschreibung der im Schwansener Districte belegenen Immobilien des adelichen Guts **Marienhoff** und einiger unter dem Gute Staun situirten Ländereien, nebst den Bedingungen, wonach selbige den 16. Jan. 1830 in Kiel werden verkauft werden. Schleswig. (1829.) Fol.

Beschreibung der zu der Tedsen Seegaarder Concursmasse auf Pellworm gehörenden Immobilien daselbst, nämlich: des adelichen Guts **Seegaarden**, und einiger Landstücke, die das forum der Landschaft Pellworm sortiren, nebst den Bedingungen, nach welchen diese Immobilien von der Landvogtei auf Pellworm am 14. März 1828 im Gerichtshause auf Pellworm verkauft werden sollen. Schleswig. 1827. Fol.

Beschreibung der Immobilien des adelichen Guts **Ludewigsburg**. Schleswig. 1823. Fol.
Am Schlusse: Bedingungen, unter welchen verschiedene Grundstücke des adelichen Guts **Ludewigsburg** mit den darauf befindlichen Hölzungen und Gebäuden den 10. und 11. Decbr. 1823. auf dem Schlosse Gottorff verkauft werden sollen.

— der Infanterie-Ausrüstung M/87. Mit 2 Taf. in Lichtdr. 8. (20 S.) Berlin 887. Mittler & Sohn. n.n. — 25; cart. n.n. — 40

— des neuen bayerischen Infanterie-Gewehrs, Muster 1869 [System Werder] nebst den für dessen Handhabung erlass. Vorschriften. gr. 16. (83 S. mit 1 Holzschntaf. in 4.) Eichstädt 870, Krüll'sche Buchh. *

Beschreibung des Inneren und der Fassade des Domes von Mailand. 5. verbesserte und vermehrte Ausgabe. 8. (62 S. 1 Plan.) Mailand. Aus der Buchdruckerei Pirola. 1854

— der von K. J. v. Bülow mit Erfolg angewandten Inokulation d. Hornviehseuche, s. Gefahr, die gehobene.

Beschreibung der Balearischen und Pithyusischen Inseln. Frankf. u. Leipzig 1755. V: *Seyfart, Johann Friedrich.* (ML)

Beschreibung der gemeinnützigen Institute und Vereine der Stadt Basel. 3 Hefte. 4°. Zürich 1873—75.

— u. Instruktion für den Gebrauch der Meerwasser-Destillirapparate in der kaiserl. Marine. Mit 3 Taf. in Steindr. gr. 8. (IV, 72 S.) Berlin 880. Mittler & Sohn. n. 2. 40

Beschreibung der an dem k. k. Hydrographischen Amte (Marine-Sternwarte) zu Pola in Verwendung stehenden meteorolog. Instrumente. Zusammengestellt von Emil Kneusel-Herdliczka und Leonidas Pichl. (Beilage zu den „Mittheilungen aus dem Gebiete des Seewesens." No. VII und VIII, 1882.) Pola 1882.

Beschreibung des im Herzogthum Holstein, und zwar im Oldenburger Güter-District, belegenen adelichen Guts **Johannisthal**, nebst den Bedingungen, wornach dieses Gut am 8. Oct. 1817 in Kiel verkauft werden soll. o. O. (1817.) Fol.

— von Island, s. J. G. Gruber.

(Beschreibung des Fabrikorts Islikon und Lebensgeschichte von) Bernhard Greuter. 1833 s. [Hanhart. Rudolf].

Beschreibung der akademischen Jubelfeyer Sr. Excellenz des . . . Hrn. Ernst Christophs . . . Grafen von Mantensel . . . Leipzig 1743. V: *Schwabe, Joh. Joachim.* (Erman & Horn, Bibliogr. d. dtsch. Universitäten. 2. Leipzig und Berlin 1904.)

Beschreibung der Jubelfeier des 25jährigen Bestehens des Anklamer Turnvereins, Anklam 1888, 16 S., 8°.

Beschreibung d. Jubelfeier in Annaberg d. 21n Sept. 1790. gr. 8. Annab. 790. Freyer. 9 gr

Beschreibung der Jubelfeier des 50jährigen Bestehens der königl. Technischen Hochschule zu Hannover im Juni 1881, nebst einem Namens-Verzeichniß ehemal. Studirender der Hochschule, sowie der Hörer des Studienj. 1880/81. gr. 8. (IV, 112 S. mit 1 Lichtdr.) Hannover 881, Hahn'sche Buchh. *

—— der Jubelfeier des 200jährigen Bestehens der Stadt Altona am 23. Aug. 1864. gr. 8. (50 S.) Altona 864, (Mentzel.)

— der 3ten Jubelfeier des Gymnasiums zu Gotha, nebst den am ersten Tage dieses Festes gehaltenen Reden. gr. 8. (Gotha Glaser.) 825.

Beschreibung der 25jährigen Jubelfeier der Diakonissen-Anstalt zu Dresden am 28. Mai 1869 nebst den dabei gehaltenen Predigten und Ansprachen. Mit einem Titelblatt: Die Diakonissen-Anstalt im Festschmucke (in Holzschn. in qu. 4.) 8. (80 S.) Dresden 869, (Bach.) *

—— der Jubelfeier d. Hrn. Stadtgerichtsdir. Dr. Iffland in Hannover. gr. 8. ... Lüneburg 829, Herold u. Wahlstab.

— der Jubelfeyer des Gr. v. Manntenfel. 4. Leipz. Breitkopf. 743.

Beschreibung der dem Br. Heinr. Leonh. Schwabe gewidmeten Jubelfeier von den Mitgliedern der Loge [zum aufblühenden Baum in Eisleben] am 22. Oct. 1839. o. O [1839]. 12 S. 8° [Umschlagtit.]
Kl. 3015 c. Zum 25jährigen Mrjubiläum Schwabes.

— d. tausendjähr. Jubelfeier d. Hochstifts Kempten, wie sie im 1777ten Jahre gehalten worden. Fol. Kempten, Kösel. 14 gr

Beschreibung des dritten Jubelfestes der hzl. Wurtembergischen Eberhard-Karls-Universität zu Tubingen vom 11.–17. October 1777. Tubingen: Fues 1778. 4°.

Beschreibung | des Jubelfestes, | zu Ehren der Mutter | Maria, | Trösterin der Betrübten, | Als selbe vor mehr denn hundert Jah-|ren, zur allgemeinen Patroninn und | Beschützerinn der Stadt Lützem-|burg und des ganzen Landes ist | erwählet worden. | Nebst den verschiedenen Auszierungen der | Kirche sowohl als der Stadt. | [Verzierung] | Lützemburg, | Gedruckt in der Schevalierischen Buch-|handlung. 1781. | Mit Erlaubniß der Oberen. |
29 S., mit 5 Faltafeln (unterschiedl. Größen), kl-8° (165 × 100 mm).

Beschreibung des Jubelfestes der Erfindung der Buchdruckerkunst in der Officin in Potsdam am 25sten und 26sten September 1840. [Potsdam 1840.] V: *Sommer, F. L.* (cb)

—— des ersten Jubelfestes d. k. Universität zu Dorpat, 25 Jahre nach ihrer Gründ. gefeiert am 12. Dec. 1827. 4. (12 B.) Dorpat 828, (Severin.) *

Beschreibung der beiden Jubelfeste, die am 17ten und 19ten Junius d. J. 1791 zu Lesten in Kurland gefeiert worden. Königsberg 1791. V: *Urban, Friedrich Casimir.* (Ky) (R-N)

Beschreibung des 50jährigen Jubiläums der Vereinigung der Stadt Hof mit der Krone Bayern 1860. 4° Hof 1860

Beschreibung der Jubiläumsfeier des Director E. Nölting. 4 (S. 18—24). Progr. Gr. Stadtsch. *Wismar* 1886

— der 200jähr. Jubiläumsfeier d. Congregation Mariä Verkündigung, welche in d. Stadt Straubing in Niederbayern v. 17.—25. März 1846 abgehalten wurde, nebst den während ders. in der Congregationskirche gehalt. Predigten. 12. (XX u. 169 S.) Straubing 847, Schorner in Comm. 1/6 ℔

Beschreibung des Cabinets von Gemählden verschiedener berühmten Mahler, des Herrn Johann Gottlieb Stein. Berlin 1763. V: *Oesterreich, Matthias.* (Kat. der Bibl. d. Akad. d. Künste zu Berlin. Berlin 1893.)

— d. kurfürstl. Kabinets in Dresden, s. *Description* du Cabinet.

Beschreibung . der schrecklich gewordenen Mutter Anna Kaiser, Wittwe eines Eisenbahnbeamten in | Wien, welche aus dringender Noth, Elend und Armuth ihre 70 Jahre alte Mutter, drei ihrer Kinder und sich selbst vergiftet hat, in der Nacht vom 12. August 1868.
Kol.: Saargemünd, gedruckt bei Ant. Weiß
1 Bl., zweiseitig bedruckt, 278 × 210.
BNP 4° Z. 77.

— d. Kaiser Carls-Bades u. dess. Denkwürdigkeit. 8. Nürnberg, Felsecker. 736.

— d. neuerf. pensylvanischen Kamine od. Oefen rc. Aus d. Engl. u. Holländ. übers. M. 1 Kpf. 8. Gotha 794. Ettinger. 4 gr

Beschreibung von Canada. [Braunschw. 1776.] V: *Heise, Johann Christoph Friedrich.* (MGT)

— v. Karlsbad, (v. J. K. F. Hoser). Mit ill. Kpf. gr. 8. Prag 797. Calve. 22 gr

— von Karlsbad, zur Bequemlichkeit d. Gäste. 8. Prag 788. v. Schönfeld. 8 gr

— des im Oesterr. Schlesien gelegenen Bades Karlsbrunn. 12. Breslau, J. F. Korn d. ä. 812.

Beschreibung der Hohen Karls-Schule zu Stuttgart. [Stuttg.] 1783. V: *Batz, August Friedrich.* (Heyd) (Ky) (MGT)

Beschreibung der Hohen Karls-Schule zu Stuttgart. Mit Pl. Stuttgart 1783. 256 S.
(l. a. Wagner, H.)

Beschreibung des adelichen Guts **Karrharde**, welches im Herzogthum Schleswig, im zweiten Angler adelichen District, Kirchspiels Klixbüll belegen ist, insbesondere des Stammhofes desselben; nebst Bedingungen, nach welchen dieses Immobile den 23. Oct. 1828 auf dem Hofe zu Klixbüll verkauft werden soll. Schleswig. (1828.) Fol.

—— mit geringen Abweichungen.

— e. hydrograph. u. physikal. Charte v. Deutschl. m. 3c Charten, franz. u. deutsch. Text. Fol. Leipz. Hinrichs. 803.

Beschreibung der Karte von einem Theile der Nordsee, des Elbe Stroms, der Mündung der Weser ... 1787. 8. . . . . (HC.)
——, —— Neue Aufl., mit der Bemerkung, dass sie auch noch für die »Karte von den Mündungen der Elbe, Weser und Jahde ... auf Kosten der hamburgischen Commerz-Deputation herausg. 1802« noch brauchbar und daher nicht verändert sey. (Deutsch, franz., span., engl. u. holl.)

Beschreibung einer sehr vortheilhaft. Kartoffelmühle. gr. 8. Bremen, Müller. 782. Rthlr.

— von Kassel u. seinen Umgebungen. Ein Führer f. Fremde. 16. Kassel 839. (Fischer.) n. 1/3 ₰

Beschreibung des Kattegats mit der Einsegelung des Sundes nach der Reede von Helsingör. Copenh. 1841. V: *Zahrtmann*. (WFM)

— der Kattun- und Leinwanddruckerey. 8. Leipz. Böhme. 788.

— der Kattun- u. Leinwanddruckerei, 2c. 8. Leipz. 788. (Enobloch). 6 gl.

Beschreibung der Stadt Kiel. [Leipzig 1723.] V: *Fassmann, David*. (schles)

Beschreibung der Reviere Kimratshofen und Kirnach des k. bayerischen Forstamtes Kempten. Kempten 1856.

— der lauretanischen Kirche u. Kapelle Schönenberg. 16. (124 S. m. 1 Stahlst.) Waldsee 882. Liebel. n. — 60

Beschreibung der zur katholischen Pfarrgemeinde Liebau i. Schles. gehörigen Kirchen. Eine Ergänzung zu der von demselben Verf. hrsg. 'Heimatkunde'. 2. Aufl. Liebau i. Schl.: J. Heisig 1908. (8 S.) 8° [F.]

Beschreibung der Neuen Kirchen zur H. Dreyfaltigkeit allhier in ... Ulm. ... [1717.] V: *Ammann, Johann Adam*. (Heyd)

Beschreibung der Kirchen und Schulen in der Stadt Hannover. O. O. [17??]. V: *Kotzebue, Chn Ldw*. (Rotermund, Gel. Hannover. Bremen 1823.)

Beschreibung des Oberamts Kirchheim. Herausgegeben vom Königlichen Statistischen Landesamt. Stuttgart 1842

Beschreibung des im Herzogthum Holstein, und zwar im Kieler Güter-District, belegenen adelichen Guts **Klein-Nordsee** nebst den Bedingungen, wornach dieses Gut am 15. Januar 1817 in Kiel verkauft werden soll. o. O. (1816.) Fol.

Beschreibung des Klosters und der Wallfahrt zu Einsiedeln. Einsiedeln 1823. V: *Tschudi, Joseph*. (Bibliogr. der Schweiz. Landeskunde. Bern 1892 ff. III.)

— des Klosters und der Wallfahrt zu Maria-Einsiedeln. Einsiedeln 840, Gebr. Benziger. 1/8 ₰

— dass. mit 12 lithogr. Bildern. 16. Ebd. 841. 1/4 ₰

Beschreibung des Klosters und der Wallfahrt zu Maria Einsiedeln, sammt dem Flecken und der Umgebung. 8. Einsiedeln.
Ausg. A. 1830. — *Ausg. B.* 1834.

Beschreibung des Klosters und der Wallfahrt zu Maria-Einsiedeln, sammt dem Fleck und der Umgebung. [Mit 4 Tafeln.] 8. Notre-Dame des Hermites 1836.
(Diese kurze B' ist ein Auszug aus der Einsiedler-Chronik, welche von P. Joseph Tschudi ... neu hrg ... worden. 1838.)

Beschreibung des Klosters und der Wallfahrt zu Maria Einsiedeln, sammt dem Flecken u. der Umgebung (*Nachtitel: sowie der Wallfahrtskirche. mit ihren Altären ... u. s. w.). [Mit 12 Tafeln und illustriertem Umschlag.] 8. Einsiedeln 1844.

Beschreibung des Klosters und der Wallfahrt zu Maria Einsiedeln, sammt dem Flecken und der Umgebung (*Nachtitel: sowie der Wallfahrtskirche, mit ihren Altären ... u. s. w.). [Mit 12 Tafeln und illustriertem Umschlag.] 8. Einsiedeln 1850.

Beschreibung des Klosters und der Wallfahrt zu Maria-Einsiedeln sowie der Wallfahrtskirche mit ihren Altären, Gemälden, der Beichtkirche, Reliquien, Randbildern 2c. Ein Andenken an die 1000jährige Jubelfeier. Einsiedeln 861. Gebr. Benziger. 24. (VI, 84 S. u. 9 lith. Taf.) 6½ ngr; geb. n. 15 ngr.

Beschreibung des Klosters und der Wallfahrt zu Maria Einsiedeln. Neue Ausgabe. Mit 9 Holzschn. 96 Stn. 16. Einsiedeln, Gebr. Benziger. —. 45
1873

Beschreibung des im Herzogthum Holstein, und zwar im Oldenburger Güter-District, belegenen adelichen Guts **Kuiphagen** nebst den Bedingungen, wornach dieses Gut am 5. März 1816 in Kiel verkauft werden soll. o. O. (1816.) Fol.

Beschreibung der zum adelichen Gute **Windebuy** gehörenden Dorfschaft Kochendorf. (Schleswig. 1823.) Fol.

Beschreibung eines alten Teutschen evang. Codex. Altd. 1762—1765. V: *Will, Georg Andreas*. (ML)

Beschreibung der italienischen Kohlungs-Methode. - Wien 1812

— d. italienischen Kohlungs Methode. mit K. u. Tabell. 8. Ebend. 813.

— d. europ. Colonien in Amerika. 2 Bde. m. K. gr. 8. Lpz. Weidmann. 778.

— d. neuen Komödienhauses zu Breslau, mit Kpf. 4. Berl. 783. Sandersche B. 8 gl.

— der Bergfest. Königstein. 4. Dresd. Walther. 705.

Beschreibung der Festung Königstein. O. O. 1697. 1705. 1710. V: *Buchhäuser, B. F.* (Adel)

Beschreibung des Römischen Conclave. Leipzig 1740. V: *Schumann, Gottlieb*. (ML) (OL)

-- von Konstantinopel. Mit 7 Kpfk. gr. 8. Düsseld., (Stahl). 1 ₰

— v. Constantinopel und den Dardanellen. 8. Berlin, Maurersche Buchh. 771.

Beschreibung der Kaiserstadt Constantinopel, ihrer Umgebungen, der Sitten und Gebräuche daselbst. Darmstadt 1828. V: *Zrecin, J.* (KatDMG)

—— der Kaiserstadt Constantinopel, ihr. Umgebn., d. Sitten u. Gebräuche das. M. 1 Ansicht d. Stadt, 1 Bildn. Sultan Mahmud II., 1 Karte d. europ. Türkey u. 1 lith. Copie eines türk. Firmans. A. zuverläss. Quellen. gr. 8. (9¼ B.) Darmstadt 828. (Frankfurt a. M., Guilhaumann.)

— der Construction d. Potsdamer Kachel-Ofens. Für Baumeister, Töpfer u. Bauherren. gr. 8. (6 S. m. 1 Taf.) Potsdam 884. Döring. n. — 50

— der Contreapproschen, wie sie anzulegen u. zu beurtheilen sind. M. Kpf. 8. Hersf. 778. Hermbstädt. 4 ℛ

Beschreibung von Kopenhagen. Kopenhagen 1770. V: *Hauber*, *Ernst Chn.* (Collin, Anonymer. Kiobenh. 1869.)

Beschreibung der . . . Hauptstadt Copenhagen. Kiöbenhavn 1748. V: *Thurah*, *Laur. de.* (Hauptkat. d. Univ.-Bibl. Tübingen. F. Nachtr. 11.)

— eines neuerf. Kornbehälters, um Roggen und Waitzen ganze Jahrh. durch sicher zu verwahren. m. K. Fol. 746.

— der allhier erricht. Korndörrmaschine ꝛc. gr. 8. Wien, Teubler. 789.

BESCHREIBUNG. - der auf Kosten des Aerarii allhier errichteten Korn-Dörrmaschine und der damit vorgenommenen Dörrung. Trattner, Wien 1789. 1 vol. 24 S. + 1 Tab. + 6 Kpfst.

— d. allhier errichteten Korndörrmaschine ꝛc. gr. 8. Wien 789. Trattner. 12 ℛ

—— des menschlichen Körpers, s. Wochenbände.

Beschreibung des Correctionshauses, des Waisen- und Armenhauses zu Waldheim. 1726. Jd. 1787. *Dresden und Leipzig.* 1726

— v. Corsica. s. Friedrich.

Beschreibung von Corsica. Aus dem Englischen. Livorno 1769. V: *Boswell*, *J.* Ü: *Klausing*, *Aug. Ernst.* (WI)

Beschreibung von Corsica und Geschichte der Vereinigung dieser Insel mit der Krone Grossbritannien: . . . Aus dem Englischen übersetzt. Leipzig 1796. V: *Neuhof*, *Friedrich Baron von.* (EngG) (Ky) (EngG)

Beschreibung von Korsika und Geschichte der Vereinigung dieser Insel mit der Krone Grossbritannien etc. nebst der Lebensbeschreibung des General Paoli und einem der Nationalversammlung in Frankreich übergebenen Aufsatze über die Benutzung der Wälder dieser Insel und die Wiederherstellung des Flors derselben. Aus dem Englischen. Mit 1 Karte. 8. Leipzig 1796.

— von Korsika u. Geschichte u. Vereinigung dieser Insel mit d. Krone Großbritannien; nebst d. Lebensbeschreib. d. Grafen Paoli ꝛc., (v. Friedrich, Sohn d. Königs v. Korsika); aus d. Engl. Mit 1 Karte. gr. 8. Leipz. 796. Kummer. 16 ℛ

— d. Krankenhauses zu Bamberg. Mit Kpf. gr. 8. Weim. 797. Ind.-Compt. 6 ℛ

Beschreibg d. neuen Krankenzeltes, nebst dazu gehör. Abbildgn. (2 Blatt.) Berlin 1887. Fol. 1 Mappe.

Beschreibung des Olau'schen Kreises. [Brieg 1783.] V: *Zimmermann*, *Friedrich Albert.* (Nent)

Beschreibung des Rattiborschen Kreises. [Brieg 1784.] V: *Zimmermann*, *Frdr. Albert.* (Nent)

Beschreibung des Kreuzganges an der Cathedrale zu Brixen. Brixen 1880. V: *Tinkhauser*, *Georg.* (Mitth. d. Buchh. A. Weg in Brixe..)

Beschreibung der alten Kriegsmaschinen. 1773

Beschreibung eines kleinen sechseckichten Kriegs-Platzes von einer neuen u. des jetzigen gewaltsamen Angrifs mehr proportionirten Erfindung. Mit Taf. Frankfurt 1764. 55 S.

— eines kleinen regulair. sechseckigt. Kriegsplatzes. m. K. 4. Frankf. Bronner. 764.

Beschreibung des Kriegsschauplatzes in Nordchina. Berlin 1900. 8°.

— des Kriegsschauplatzes zwischen d. Rhein, d. Nahe u. Mosel. (v. A. L. v. Massenbach). Mit Pl. 1r Bd. 1s u. 2s Stck. gr. 8. Berl. 798, 99. Unger. (Reimer). 6 ℛ 12 ℛ

— der Kriegsverricht. bey der Belagerung von Bergen ob Zoom. 8. Leipz. 750.

Beschreibung des Mächtigen Königreichs Krinke Kesmes . . . Leipzig 1721. V: *Smeeks*, *H.* (Ullrich, Robinson u. Robinsonaden. Weimar 1898. S. 102.)

— der engl. Krönung Georgs II. 4. Hannover, Helwing. 728.

— der Krönung der Kaiserin von Rußland. Fol. Petersb.

BESCHREIBUNG der königl. hungarischen Krönung als Seine Apostol. Majestät Leopold der Zweyte zu Pressburg zum hungarischen Könige gekrönt wurde. Neusohl 1790: (Joh. Jos. Tumler) 60 S. - 155 mm

— d. Krönung Maria Ludovica, zur Königin v. Ungarn ꝛc. v. Preßb., Weber. 4 ℛ

Beschreibung des im Herzogthum Holstein und zwar im Itzehoer Güterdistrict belegenen adelichen Guts **Krumbeck,** nebst den Bedingungen, wornach dieses Gut am 22. Febr. 1825 in Kiel verkauft werden soll. o. O. (1825.) Fol.

Beschreibung des im Herzogthum Holstein belegenen Kanzeleyguts **Kuhlen,** nebst den Bedingungen, wornach dasselbe am 17. Jan. 1817 in Kiel verkauft werden soll. o. O. (1816?) Fol.

Beschreibung des im Herzogthum Holstein, im Preetzer Güterdistrict belegenen Kanzeleigutes **Kuhlen,** nebst Bedingungen, wornach dasselbe . . . den 5. Juli 1854 in Kiel verkauft werden soll. Glückstadt. (1854.) Fol.

— der Kunst d. Tauben-Post, s. Sabbagh.

— der Kunst d. Tauben-Post, welche seit der Zeit der Erlösung gebraucht wird. A. d. Arab. v. Th. F. Arnold. 8. Erfurt, Müller. 816.

— d. Künste u. Handwerke, s. Ortloff.

— d. Künste u. Handwerke. 8. Grätz 794. Ferstl. 5 ℛ

—— des Oberamts Künzelsau. Hrsg. von dem k. statistisch-topograph. Bureau. Mit 5 Tab., 1 (lithogr.) Karte des Oberamts und 5 Ansichten. gr. 8. (XI, 911 S.) Stuttgart 883, Kohlhammer. *

Beschreibung der im Herzogthum Schleswig, in der Wies-Harde zu **Crusau,** unweit Flensburg, belegenen Kupfer- und Messingfabrik, so wie der dazu gehörigen Landstellen, nebst den Verkaufs-Bedingungen. o. O. (1842.) Fol.

Curiöse Beschreibung, Der Auserleßnesten Merkwürdigkeiten, So in denen dreyen Welt-Theilen Asia, Africc(!) und America zu finden: Als eine Fortsetzung der bereits herausgegebenen Nachricht von Europa. Aus berühmter Männer Reiß Beschreibung fleißig zusammen getragen, und zum Druck befördert. Augsburg, A. Brinhaußer, 1772. 12°. *Koloriertes Titelkupfer*, 2 Bl. 362 S. 9 Bl. *Mit 2 gefalteten kolor. Kupfern.* Abgenutzter und lädierter Pbd. d. Z.

Erstausgabe. Sabin (V, 17986) kennt nur einen späteren Druck (von 1784).

Curiöse Beschreibung der auserlesensten Merkwürdigkeiten, so in den dreyen Welt-Theilen Asia, Africa und America zu finden: Als eine Fortsetzung der bereits herausgegebenen Nachricht von Europa.
Aus berühmter Männer Reis-Beschreibung fleißig zusammen getragen, und zum Druck befördert.
Augsburg: Brinhaußer. 1784. 4, 380 S. 12°.
Bayerische Staatsbibliothek München
Sabin 17985. Palmer.

BESCHREIBUNG, CURIEUSE, Eines armen, jedoch Verliebten Narren, Durchgehends Mit Verliebten Arien untermengt. Gedruckt zu Liebenau 1717. 8°.
8 Bll. Aeusserst rar! — Besass Wendelin v. Maltzahn.

— d. Provinz Kurland. (Von Pt. Ev. v. Keyserlingk u. Er. Gtthrd. v. Derschaw.) 4. Mitau 805.

der Lindewiesener Kurmethode u. der Umgebung des Ortes, v. Riach (Innentitel: Rieach). Ein Durfttagsbrief e. Kurgastes an seinen Freund. (8 S.) 8. Freiwaldau (909). A. Blažek. — 20

Beschreibung, kurze, von Abbildungen des Rittersaales im Schlosse zu Erbach im Odenwalde und der in demselben aufgestellten Rüstungen und Waffen. (Mit 19 Abbildd. unt. d. Tit.: Rittersaal im Schlosse zu Erbach im Odenwalde, gezeichnet u. in aqua tinta geätzt von G. L. v. Kreß.) gr. Roy.-4. Offenbach 832. (Brede.) 3 ₰

Beschreibung, Kurze, von Abyssinien und seinen heutigen Bewohnern ... Lpz. 1792. V: *Ehrmann, Theoph. Fr.* (AarF).

Beschreibung, kurze, v. Aegypten. 8. Tub. Heerbrand. 799.

Beschreibung, kurze, v. Aegypten. 8. Tübing. 799. (Osiander). 6 gr

Beschreibung (Kurze) der Accise, was dabei zu loben und zu schelten ist, auch wie denen zu eines Landesfürsten und aller seiner Unterthanen höchsten Schaden bisher von Tage zu Tage mehr einreissenden Gebrechen gar leicht und beständig abgeholfen werden könnte. Leipzig, Boëtius, 1717. (Verfasser nach Inama-Sternegg: Gottl. Christian v. Happe.)

Beschreibung, Kurze, der Altenburg. Bamberg 1819. V: *Jäck, Heinrich Joachim.* (Ky)

Kurze Beschreibung der Stadt Altona, s. Gähler, Casp. Siegfried. 1802.

Beschreibung, Kurze, der an der Elbe belegenen Stadt Altona, nach deren Beschaffenheit am Schlusse des 18. Jahrhunderts. Hamb. 1802. V: *Gähler, Caspar Siegfried.* (LS I, Nachtr. S. 699)

Beschreibung, kurze, der öffentl. Anlagen f. die Beleuchtung, Wasserversorgung u. Entwässerung der Stadt Hamburg, sowie der seit dem J. 1883 in Ausführg. begriff. Bauten f. den Anschluss Hamburgs an das deutsche Zollgebiet. Für die Theilnehmer der XXVII. Jahresversammlg. d. deutschen Vereins von Gas- u. Wasserfachmännern in Hamburg unter Benutzg. amtl. Quellen zusammengest. v. dem Ortsausschuss. Hamburg im Juni 1887. 4. (30 S. m. 17 Taf.) Hamburg 887. O. Meissner's Verl. geb. n. 6. —

Beschreibung, Kurze, und Anleitung zum Gebrauch des Goldschmid'schen Aneroid-Barometers Constr. 1. Zürich [187?]. V: *Weilemann, August.* (zuwzür 13, 1909, IV, S. 121)

Kurze Beschreibung und Anleitung zum Gebrauche des Goldschmid'schen Selbstregistrirenden Aneroid-Barometers. [Zürich o. J.]

Kurze Beschreibung und Anleitung zum Gebrauche des Goldschmid'schen Mikroskop-Aneroides, Constr. 3. Nach Prof. Dr. Weilenmann. [Zurich o. J.]

Kurze Beschreibung und Anleitung zum Gebrauche des neuen Procent-Hygrometers mit Justirvorrichtung nach Dr. C. Koppe. [o. O. u. J.]

Kurze Beschreibung und Anleitung zum Gebrauche des Goldschmid'schen Taschen-Aneroid-Barometers Construction 2. [Zurich o. J.]

Kurze doch ausführliche Beschreibung wie die Königlich Preussisch- und Churfürstlich Brandenburgische Hauptstadt und Festung Cüstrin den 15. August 1758 durch die Kaiserl. Russischen Truppen jämmerlich verwüstet und durch das starke Bombardiren in Schutt und Asche verwandelt worden ist. Berlin 1758. 4. (2 Bl.)
Die von Gott abgewischten Thränen der Verunglückten wurden in der ersten nach der den 15. August 1758 geschehenen Einäscherung der Stadt Cüstrin am 15. .. Sonntage nach Trinit. über Jerem. 31, 16. 17. daselbst gehaltenen Predigt von Joh. Christ Gründler, Archidiakonus. Berlin. 4. 16 S.

Beschreibung.—K u r z e und ausführliche Beschreibung von der grossen Theuerung, welche sich in Nürnberg in den Jahren 1770, 1771 und 1772 bis Anfang 1773 ereignet, ... aufgezeichnet durch einen Anonymum. Nürnberg (1773?) (de Launoy).

Beschreibung, Kurze, des Habspurger Schintznacher Bades. O. O. 1708. V: *Hertzog, Samuel.* (Adel)

—kurze, der Barometer u. Thermometer; auch anderer zur Meteorologie gehörigen Instrumente, (v. Mich. Adelbulner). Mit Kpf. gr. 8. Nürnb. 768. N. A. (umgearb. v. J. C. Heppe). 8. Ebd. 781. Monath u. K. 12 gr

Beschreibung, Kurze, der Stadt und des Kantons Basel. ... Basel 1811. V: *Lutz [Luz], Marcus.* (NN) (MGT)

Beschreibung, Eine kurtze, des cabalistischen Baums ... Copenhagen 1721. V: *Christlieb, Wilh.* (Bruun, Bibl. Danica. III, 317.)

Kurze Beschreibung der Belagerung von Danzig. 4. Leipzig 1734.

— kurze, des großen Brandunglücks welches am 2. Aug. 1850 die Stadt Schleiz betroffen hat. gr. 8. (7 S.) Schleiz 850, (Hübscher's Buchh.) **.

Beschreibung, kurze, des Bruderkriegs in Deutschland im J. 1866 mit den Schlachten Königgrätz, Langensalza Kissingen, Aschaffenburg, Tauberbischofsheim u. Würzburg. Reutlingen 866. (Stuttgart, Fischhaber.) 16. (16 S.) 2 ngr.

Beschreibung, Kurtze, der alten Thüring. Residentz Burg-Scheidung, ihrem Alterthum, Wachsthum, ... Halle 1711. V: *Schröter, J. F.* (BrMm)

Beschreibung, Kurze, des hochadeligen Gotteshauses Cappenburg und Scheda, wie auch des hochadeligen Stifts Avendorp und des Klosters Weddinghausen mit den nöthigen Urkunden. Dortmund 1741. V: *Steinen, J. D. von.* (Auct. Schöningh 10/1007) (schöningh 56/1264; 89/273) (Bibl port)

Kurtze **Beschreibung** Des von Ihr. Königl. Maj. in Pohlen, und Churfl. Durchl. zu Sachsen ... Den 17. Februarii 1722. zum Beschluß des Carnevals allhier in Dressden gehaltenen Carousel Comique ... Dressden, gedruckt und zu finden bey Joh. C. Stössein (1722).
Tit., 18 S., 2 Taf. in Holzschn. 4°.

Kurze Beschreibung der Republik Chile. Nach offiziellen Angaben geschrieben.
Berlin 1900. 80 S., 1 Krt. 8°.

Beschreibung, Kurze, der Republik Chile. Leipzig 1901. V: *Polakowsky, H.* (EB)

Kurze **Beschreibung** der Republik Chile. Nach offiziellen Angaben. Mit 1 Kt. u. 36 Abb. Leipzig: Brockhaus 1901. 103 S. 8° (ca. 1,80)

Kurze **Beschreibung der Herzoglich Sächsischen Residenzstadt Coburg.** Ein Taschenbuch für Fremde. ([Mit e. Stich:] Coburg gegen Süden [nach] F[riedrich] Rauscher.)
Coburg: Sinner (1846). 67 S., 1 Bl., 1 Taf. 8°

— kurze, der Herzogl. Sächs. Residenzstadt Coburg. Ein Taschenbuch f. Fremde. 8. (67 S. u. Stahlst.) Koburg 847, Sinner. n. 8 ngl

Beschreibung, Kurze, der Eigenschaften des gemeinen Salzes. Erlangen 1708. V: *Jäger, Chn Frdr.* (Gatterer, Repert. d. mineral. Litt. Giessen 1798—99. II, 111.)

— kurze, des feierl. Einzuges d. Kronprinzessin v. Preußen in Breslau am 2. Sept. 1824. Mit 1 ill. Kpft. 4. Bresl. 826. Buchteister. 4 gl

— kurze, des Elephanten. Mit Kpf. 4. Augsb. 773. v. Jenisch u. St. 1 gl

Beschreibung, Kurze, der Entstehung u. des Bestandes des Ursulinen-Klosters zu Klgft. in Kärnten. Klgft., St. Hermagoras-Druck., 1878. 71 S.

KURZE Beschreibung der Entstehung des Nonnenklosters der Gesellschaft der heiligen Ursula in Pressburg und der Schicksalschläge, welche dasselbe während seines zweihundertjährigen Bestandes trafen. Als Andenken an die 2. Säcular-Feier des obenerwähnten Klosters. Pressburg 1876: Carl Angermayer, vormals Alois Schreiber. 52 S.
1 t. - 220 mm

— kurze, der zur Enthüllung des Brustbildes des Herrn H. W. M. Olbers auf der Stadtbibliothek am 11. Juli 1833 angeordneten Feier. gr. 8. Bremen 833. Heyse. 1/8 ngl

Kurze Beschreibung der Feyerlichkeit dess (!) heil. *Blut-Ritts*, die jährlich am Freytag nach der Auffahrt JEsu Christi in dem löbl. Reichs-Gotteshause Weingarten gehalten wird. Zu grösserer Ehre des Heil. Bluts, u. Auferbauung der Wallfahrtenden in den Druck befördert, von *Geo. Fidelis Herkner*, Buchdrucker. (Ornament.) Altdorf (b. Weingarten) 1781. 12°. Cart.
16 Bll., unpag. Am Schluss 3 Lieder.

— kurze, der Feierlichkeiten auf dem Eben zu Ehren der heil. Nothburga. 8. (24 S.) Innsbruck 862, Vereinsbuchhandlung.
Aus: Tiroler Stimmen, besonders abgedruckt.

Kurze **Beschreibung** der Feierlichkeiten bei der Wahl und Krönung eines römischen Kaisers. Mit den nöthigen Vorerinnerungen zur Kenntniss der deutschen Reichsverfassung. Vermehrte u. verb. Auflage. Frankfurt, bei Johann Daniel Knoop 1792.
157 S., 7 Taf. in Kupferst. 8°.
2 Taf. bez. Neubauer sculp.

Beschreibung, kurze, d. Feld- u. Wiesenbaues u. d. Baumzucht im Russ. Staate; aus d. Russ. übers. v. J. H. Tüllmann; mit Anmerkk. v. J. Riem. gr. 8. Dresd. 791. Walther. 3 gl

Beschreibung, Kurze, des Flachsbaues. Zunächst für das Voigtland. Plauen 1821. V: *Engel, Mor. Erdmann.* (MGT)

— kurze, der Friedensfeier d. Universität Jena am 18., 19. u. 21. Jan. 1816, (v. J. Tr. L. Danz); nebst der Friedenspredigt des Hrn. Dr. Schott. gr. 8. Jena 816. Cröker. 8 gl

— eine kurze, der religiösen Gemeinschaft der Freunde, die man Quäker nennt. 8. (24 S.) Philadelphia 877. (Schäfer & Koradi.) n. — 25

— kurze, des Geneserdistrikts in Nordamerika. 8. Brem. 792. Müller. 3 gl

— kurze, geogr., des Königr. Bosnien. 8. Wien, Nößl u. Kaulf. 789.

— kurze, geograph., d. Königr. Bosnien. 8. Wien 789. (Schaumburg). 3 gl

— kurze geograph., d. Kurilischen u. Aleutischen Inseln. Aus d. Russ. übersetzt, mit 1 Karte. 8. Ulm 792. Wohler. 4 gl

— kurze geogr., aller Länder in der Welt. 8. Pirna, Friese. 804.

Beschreibung. Kurze geographische B' des Schweizerlandes. Solothurn 1835 *u.* 1843 *s.* [Roth, Jacob Alois].

Beschreibung, Kurze, und Geschichte der Altenburg bei Bamberg ... Bamberg 1883. V: *Schmelzing, M.* (BMarsch 146)

— u. Geschichte, kurze, der Altenburg bei Bamberg. Mit e. (lith.) Karte: „Die Umgebg. der Altenburg". 8. (80 S.) Bamberg 883. (Hübscher.) n. — 40

Beschreibung, K u r z e , u. Geschichte des Kanton Basel, s. L u t z , M.

— kurze, u. muthmaßl. Geschichte d. uralten thüringschen Götzen Püstrich, nebst e. getreuen Nachbildung desselben in Gips, (von J. Chr. Bertram). 8. Sondersh. 811. (Eupel). 4 gl

— kurze, u. muthmaßl. Geschichte d. uralten thüringschen Götzen Püstrich, nebst ein. getreuen Nachbildung desselben in Gips. 8. Sondershausen, Voigt. 812.

Beschreibung. Kurze B' und Geschichte des Kantons Thurgau. Frauenfeld 1843 *s.* [Pupikofer, Johann Adam].

— kurze geschichtliche, des wunderthätigen Gnadenbildes Maria Schutz u. geistliche Wallfahrt nach St. Achazi nächst Hals. Passau 862. Elsässer & Waldbauer. 16. (64 S.) 3 ngl

— kurze geschichtliche, der Ruinen und öffentlichen Haupt-Gebäude der Kreishauptstadt Speyer. Speyer 853. Lang. 8. (16 S.) 3 ngl

Beschreibung, Kurtze, des mineralischen Gesundheits- und Heilbronnen bei Zeitzenhausen. Einem unter das Churfürstlich Pfältzischen Ober-Amt Bretten gehörigen Flecken. Mannheim 1763. V: *Heimhilger, Fz.* (Auct. Renz 1905) (Bibl port)

— kurze, des grünen Gewölbes in Dresden. 8. Leipz. 786. 3e A. 8. Dresd. 811. Beger. 4 gl

Beschreibung, Kurze, des Gnadenortes genannt das Höttingerbild oder des Studenten Zuflucht in der Pfarre Hötting ... Innsbruck [1886]. V: *Zacher, Adrian.* (Margr)

Beschreibung, Kurtze, doch gründliche, der Eigenschaften des edlen gemeinen Saltzes. 1708. 4.

Kürtze doch gründl. Beschreibung des Feldzugs von d. Stand Uri wider ihre rebellische Underthanen der Landvogtey Livinen. (4.) fol. Zug 1755. — (8.) 4. ib. 1755. -- (8.) 4. Basel 1755.

Beschreibung. Kurtze. doch grundliche B' des Feld-Zugs, Welcher Anno 1755. in dem Mayen von dem Hochloblichen Stand Ury wider ihre rebellische Underthanen der Landvogtey Livenen geschehen. 2. Auflag.... 4. Zug 1755.

Beschreibung. Kurtze Doch Grundliche und warhaffte B' Deß Vortrefflich- und weitberühmten Habspurger- zuvor genanten Schintznacher-Bads. 1708 *s.* [Herzog, Samuel].

Beschreibung, Kurze, versteinerter Gryphiten, daß solche zurückgebliebene Zeugen der allgemeinen Sündfluth nebst andern Fossilien so um Gera befindlich sind. Gera 1745. V: *Hoppe, Tobias Conr.* (Gatterer, Repert. d. mineral. Litt. Giessen 1798—99. I, 99.)

Beschreibung, Kurze, der Handschriften in der Stadtbibliothek der . . . Reichsstadt Regensburg. Regensb. 1791. V: *Gemeiner, Carl Theodor.* (BrMm) (MGT)

— kurze, e. Harzreise d. Dessauischen Erziehungsinstituts. 8. 780. (Leipz., W. Vogel). 2 gr

Beschreibung. Kurze B' der Heilquellen im Heustrich. Bern 1836 *s.* ([Hofstetter. J , und] Gautschy, [Rudolf]).

Beschreibung kurze Heilungsart

Kurze Beschreibung und Heilungsart der Krankheiten, welche am öftesten in dem Feldlager beobachtet werden.

s.a. (Swieten, Gerard Freiherr van): Kurze Beschreibung und Heilungart der Krankheiten, welche am öftesten in dem Feldlager beobachtet werden.

Beschreibung und Heilungsart, Kurze, der Krankheiten, welche am öftersten in den Feldlägern beobachtet werden. Wien, Prag u. Triest 1758. V: *Swieten, Gerhard Freih. von.* (ML)

Beschreibung, Kurze, und Heilungsart der Krankheiten, welche am öftesten in dem Feldlager beobachtet werden. Wien 1763. V: *Swieten, Gerard van.* (CLZür Forts. III)

Heimarbeit-Ausstellung zu Frankfurt a. M. Kurze Beschreibung der Heimarbeit im Rhein-Mainischen Wirtschaftsgebiete. Hrsg. im Auftr. d. wissenschaftl. Ausschusses d. Heimarbeit-Ausstellung von Prof. Dr. Paul Arndt. (4. u. 5. Taus.) Frankfurt a. M. 1908: Lieber & Co. (160 S.) 8° [F.] [c8. 1097]

— kurze historische, des alten, in der Kirche zu Frauenpriesnitz befindl. Erb-Begräbnisses d. Freih. v. Schenk etc. 8. Naumb. 820. Wild. (Leipz., Cnobloch). 8 gr

Beschreibung, XXIV anjetzo florirender hoher Familien, kurtze historische und genealogische. Regensb. 1708. V: *Seifert, Joh.* (Mitth. M. Grolig.)

Beschreibung, kurze historische u. statistische, von Gibraltar u. aller Belagerungen desselben. 8. 1808.

Beschreibung, Kurze historische, der wahren Ursachen vom Untergange des Gothischen Reiches in Spanien . . . A. d. Schwed. Copenh. u. Leipz. 1749. V: *Nordencrantz, Anders.* (Bygdén, Svenskt anon. och pseud. lex. Upsala 1898 ff. I.) (Bruun, Bibl. Danica. II, 540.)

Gibraltar, kurze historisch-statistisch-topographische Beschreibung. 8. M. Pl. Leipzig, Dessau 1808. 400

— kurze histor.-topographische, d. Stadt Hannover. 8. Goslar 805. Lohmann. (Schmidt in Leipz.) 4 gr

Kurtze Beschreibung des Königl. Polnisch u. Chur-Fürstlich Sächsischen ganz ungemein prächtigen Hof- u. Feld-Lagers bey Mühlberg in Sachsen. (24) 4. M. 1 Pl. s. l. 1730.

Beschreibung, Kurze, von Jena für Reisende und Studirende, . . . Eisenach 1793. V: *Faselius, Johann Adolph Leopold.* (Ky) (MGT)

Kurtze Beschreibung der feyerlichen Illumination, mit welcher die zahlreiche Königsbergische Kaufmannschafft durch des Herrn Commercien-Rath Gansewind Hochedelgebohrnen gütige Besorgung ihre Börse bey dem allgemeinen Friedens-Fest ausgezieret hat. Königsberg, gedruckt bei Daniel Christoph Kanter. 1746. fol.

Kurze *Beschreibung* zu genauer Kenntniss d. Pferdes ... zu richtiger Beurtheilung desselben. Erfurt 1803. 64 S. (Særtr.). P.

— kurze, zur genauen Kenntniß des Pferdes u.s.w. 8. Erf. Keyser. 803.

Beschreibung, Kurze, der Stadt Kopenhagen . . . Kopenhagen 1843. V: *Lorentzen, G. L.* (Collin, Anonymer. Kiobenh. 1869.)

Kurze Beschreibung der unter dem Schutze des Genossenschaftsgesetzes stehenden Kreditgenossenschaften. Budapest 1907.

KURZE Beschreibung der Krönung ihrer Majestät der Kaiserin Carolina Augusta geb. durchlauchtigsten Prinzessin von Bayern, zur Königin von Ungarn, welche den 25. Sept. 1825. zu Preßburg vollzogen wurde. Ein Auszug aus der lateinischen Krönungsordnung. Preßburg 1825: S. Sim. Weber. (4 S.) - 8°

KURZE Beschribung der Krönung ihrer kais. königl. Majestät Maria Ludovika zur Königin von Ungarn: welche den 7. Sept. 1808 zu Preßburg vollzogen worden. Preßburg 1808. Gedruckt bey S. P. Weber. 32 S. - 8°

Beschreibung, Kurze, der Künste und Handwerke. . . . Erlangen 1791. 4. A. 1803. V: *Seiler, Georg Friedrich.* (Fiker) (MGT)

— kurze, der Künste u. Handwerke aus den vornehmsten Autoren. 8. Bamb. Göbhard. 792.

— kurze, d. Künste u. Handwerker aus d. vornehmsten Autoren. 8. Bamb. 792. (Wesché in Frankf.) 3 gr

BESCHREIBUNG. Kurze – des Kunstkabinets. o. V. u. O. 1784. 1 vol. 15 S.

— kurze, der Preuß. Länder. gr. 8. Dessau 782. Gel. Buchhandl. 16 gr

Beschreibung. kurze. der öffentlichen Ländereien der Vereinigten Staaten von Amerika. Von dem Kommissionär des General-Landamtes. Washington 1872.

Beschreibung, Kurze, des Lebens, Thaten u. Wunderwerken des seligen Joannis Francisci Regis, Priesters der Gesellschaft Jesu ... Dillingen 1716. V: *Rassler, Maximilian.*

— kurze, d. Stadt Leipzig. 8. Leipz. 810. Fischer. 3 gr.

— kurze, d. bisherigen Lesemethode, besond. d. Lautmethode, nebst e. kurzen Anweis. zum rechten Gebrauche, mit ABC- u. Leseb. 2e Ausg. 8. Görlitz 815. Anton in Halle. 5 gr. ohne ABC. 3 gr.

— kurze, d. freien Hansestadt Lübeck, nebst e. Plane d. Stadt. 8. Lübeck, Michelsen. (Rein u. C. in Leipz. in Comm.) 814.

Beschreibung, Kurze, der unüberwindlichen Stadt und Festung Luxemburg, welche den 1. Juni 1795 von dem kaiserl. königl. General-Feldmarschall Bender an die Franzosen durch Capitulation übergeben worden etc. Nebst einem Kupferstich, wie solche belagert worden. 4. (Ohne Druckort zirka 1800.)

— kurze, einiger in d. Landwirthschaft nützl. Maschinen, welche durch ein großes Ziehrad von Pferden oder Ochsen in Bewegung gesetzt werden können, (v. Chr. D. G. Gerzimsky). Mit 1 Kpf. 8. Mitau 816.

Kurtze Beschreibung derer Landschafft Massachusetts-Bay, in Neu Engellandt. *Absonderlich des Landstrichs an der Breyten Bay, so dem Königlichen Britischen Obersten, Samuel Waldo, Erbherrn des Breyten Bay, zugehörig, sampt denen Hauptbedingungen nach welchen sich fremde Protestanten daselbsten, ansiedeln mögen. Speyer, 1741.*

Beschreibung, Kurze, einiger Merkwürdigkeiten von dem königl. englischen Ritterorden des blauen Hosenbandes. Onolzbach 1749. V: *Christ, Gottl. Paul.* (MGT)

— kurze, von Moskau u. den umliegenden Gegenden. 8. Leipz. 812. Bruder. 3 gr.

Beschreibung, Kurze, der Stadt Paris. ... Bamberg 1814. V: *Jäck, Heinrich Joachim.* (EngG) (Ky)

— kurze, der Stadt Paris. Mit einem Wegweiser, auf 12 Straßen dahin. 8. Bamberg, Compt. d. Zeitung. 814.

— kurze, der Stadt Paris. Mit e. Wegweiser, auf 12 Straßen dahin. 8. Bamb. 814. Drausnik. 4 gr.

— kurze, von mehr als 300 in Apotheken gebr. Pflanzen. 8. Berl. 765. Wever. (Sander). 6 gr.

Beschreibung, Kurze, des Osmanischen Reichs. Wien [ca. 1790]. V: *Ascher, Joseph.* (Ky) (MGT)

Beschreibung, Kurze, einer Reise von Arcot in Ostindien nach dem Vorgebirge der guten Hofnung, und von da über Frankreich und Engelland nach Deutschland. ... Hamburg 1788. H: *Watermeyer, A. A.* (BrMm) *nicht: von Scharnhorst.* (Ky) (MGT)

— kurze, einer Reise von Arcot in Ostindien nach dem Vorgebirge der gut. Hoffnung u.s.w. 8. Hamb. Hoffmann. 788.

Beschreibung, Eine Kurtze, einer langen Reise aus Babylon nach Bethel. 2. Aufl. Germantown 1755. V: *Crisp, Stephen.* (Seidensticker, German Printing in America. Philad. 1893.)

Beschreibung, Kurze, des kön. bayerischen Landgerichts Rosenheim und des gräfl. Preysing'schen Herrschafts-Gerichts Hohenaschau. München 1841. V: *Bayerlacher.* (Bücher-Samml. d. hist. Ver. v. u. f. Oberbayern. München 1867.)

Beschreibung, Kurze, der Insel Rügen. Ein Führer für Reisende. Berlin 1851. V: *Furchau, Adolph Frdr.* (EngG)

— kurze, der Insel Rügen. Ein Führer f. Reisende. Mit 1 (lith.) Karte (in Fol.) 8. (20 S.) Berlin 851, D. Reimer. In Engl. Einb. n. 2/3 ngr; die Karte apart n. 12 ngr

Beschreibung, Kurze, des ehemaligen Reichsstifts Salein. Bruchsal 1890. V: *Häringer, B.* (BaBb)

— kurze, eines neuerfund. Schaufel-Beils u. Zelt-Tuchs, zur Vermehrung d. Stärke d. Armee im Felde. (Von Th. v. Szumski.) gr. 8. (3½ B.) Posen 829, Munk. (Leipzig, Wienbrack.)

Beschreibung, kurze, der *hitzigen Schlacht* u. des *fürchterlichen Brandes* am 23. April 1809 in Regensburg u. Stadtamhof. Zum Besten einer daselbst verunglückten Familie hrsg. von einem unpartheiischen Augenzeugen. Augsb., Regensb. u. Stadtamhof, in Kommiss. bei J. M. Daisenberger, Buchh., o. J. (1809). Kl. 8°. Wasserfl. Cart. 24 S. — Anh. 4 Bll. Daisenberger'sche Verlagsbücher.

Beschreibung, Eine kurze, von dem Lande Schleswig-Holstein und seinen Rechten. Stuttgart [1850]. V: *Elben, Otto.* (Hauptkat. d. Univ.-Bibl. Tübingen. F. S. 319.)

— eine kurze, von dem Lande Schleswig-Holstein und seinen Rechten, nebst einem Mahnwort für das Volk. 2. bis zum 1. Januar 1864 fortgeführte Aufl. Mit 1 Kärtchen von dem Lande in Holzschn. Stuttgart 864. Metzler. 32. (36 S.) 1½ ngr.

— Kurze, d. antiken Skulpturen im alten Museum. Hrsg. v. d. Generalverwaltg d. kgl. Museen zu Berlin. (126 m. 1 Grundr.) kl8° Berl., G Reimer '11. nn — 50

Eines engelländischen Sclaven kurtze Beschreibung der südlichen Barbarey. Hrsg. von Simon Ockley, aus d. Engelländ. übers. von [Ludwig Friedrich] Vischer. — Hamburg: v. Wiering 1717. 96 S.
1:3 in Uq 2540. 12: H. Afr. 4301. 2. 4. 7.
1.8767

— kurze, der östreich.-venetian. Staaten etc. gr. 8. Nürnb. 788. (Lauffer in Leipz.) 16 gr.

— kurze, der östreich.-venetian. Staaten etc. gr. 8. Nürnb. Grattenauer 798.

— kurze, d. vereinigten Staaten von Nordamerika. 8. Freiburg 819. Herder. 6 gr.

— kurze, der Stiftskirche U. L. Frau zur Alten Kapelle in Regensburg. 12. (23 S. m. 2 Abbildgn.) Regensburg 892. J. Habbel. n. — 25

— kurze, des nördlichen Theiles des Staates Missouri, in den Vereinigten Staaten von Nord-Amerika. Eine Schilderung der großen Fruchtbarkeit seines Bodens, Milde seines Klimas und großer Mannigfaltigkeit seiner Erzeugnisse, welches Alles ihn zum wünschenswerthesten Staate für Auswanderer aus Europa macht, um sich dort eine behagliche, gedeihliche und glückliche Heimath zu gründen. gr. 8. (48 S. mit 1 Karte in Holzschn. in qu. gr. 4.) New-York 859. (Bremen, Strack.)

Kurze Beschreibung des in der Oberforstmeisterei Colditz liegenden Timmlitzwaldes und des Revieres Wendishain. - Colditz 1861. 80 S. Festg.f. d. Mitgl. d. Sächs. Forstver., welche d. z. Leisnig stattfind. 11. Vers. besuchen

Beschreibung. Kurze B' der Zugerschen Truppensendung nach Basel, samt der Rede an die marschfertigen Truppen am Eidleistungstage den 13ten Brachmonats: gehalten von Johann Konrad Bossart.... 8. 1792.

Ausg. A. Zug. — *Ausg. B.* Zug, bey ... Blunschi.

— kurze, aber umständl., der Insel Gulden. 8. Königsb. 763. Hartung. 3 gr.

— kurze und unparth., der Bischofs-Angelegenheiten in Cöln, nebst Portrait des Erzbischofs C. A. v. Droste-Vischering. Von e. Sachsen aus gemischter Ehe. gr. 4. Leipzig 838. Pönicke u. Sohn. n. 1/3 ß

— Kurze, von der entdeckten Ursache der Viehseuche, ihre schädliche Wirkung und Todesbeförderung. Rostock 700.

Kurtze Beschreibung, von dem Ursprung, Beschaffenheit, Würckung u. Gebrauch dess nit unlängst erfundenen *Gesund-Bads, genannt: Maria-Brunn*, in dem Chur-Fürstl. Land-Gericht Dachau, Ober-Lands Bayrn, nächst Moching gelegen. Männiglich zur Wissenschafft widerumen, nach dess von Doctor *Thiermayr* ersteren Verfassung, in offentlichen Truck gegeben. München, getruckt bey Heinr. Theod. von Cöllen, Kays. Hof-Buchdrucker, u. Buchhandler, 1743. 8°. Ppb. m. Goldschn., schönes Expl. (aus Föringer's Bibl.).

TKpf. (M. Wening sc.), Tit., 2 Bll. Vorr. (unterz.: Dachau, d. 28. Junii, Anno 1674. Franciscus Ignatius Thiermayr, Ihrer Churfürstl. Durchl. in Bayrn, etc., Rath u. Leib-Medicus), 1 Bl.

Kurtze Beschreibung von dem Ursprung der heiligen Statuen der Schmerzhafften Mutter Gottes zu Sassing. o. O. 1739. o. Dr. 4 S. - 12°

Kurze Beschreibung der forstlich-statistischen Verhältnisse der Domänen Dobrawitz, Lautschin und Wlkawa. - Prag 1865. 24 S. Festgabe f. d. Mitgl. d. böhm. Forstver. z. 18. Generalvers. z. Jungbunzlau

Kurze Beschreibung der forstlich-statistischen Verhältnisse der Commune Stadt Pisek. - Prag 1861. 23 S., 1 Kt.

Kurtze Beschreibung des Dressdnischen großen Vogelschießens am 19. Septembr. Anno 1707 und des Pritzschmeisters darbey gehaltener Reden. Dresden, Riedel, 1707. 4 Bl.

Beschreibung, Kurze und wahrhaftige, des großen Burschenfestes auf der Wartburg bei Eisenach am 18ten und 19ten des Siegesmonds 1817. [Jena]. V: *Massmann, Hans Ferdinand.* (Erman & Horn, Bibliogr. d. dtsch. Universitäten. I. Leipzig und Berlin 1904.)

Kurze und wahrhaftige Beschreibung des großen Burschenfestes auf der Wartburg bei Eisenach am 18. und 19. des Siegesmonds 1817, n. Reden u. Liedern, 1817, 64 S., 16°.

— kurze u. wahrhaftige, des großen Burschenfestes auf der Wartburg bei Eisenach am 18. u. 19. des Siegesmonds 1817; nebst Reden u. Liedern. 8. Gedruckt in diesem Jahr. 819. 8 gr.

Beschreibung, Kurze und wahrhaftige, des bisherigen Lebens derjenigen zweyen aus Israel neu-bekehrten Mit-Christen, welche in Wollishofen getauft worden sind. O.O. [1766]. V: *Schmuz, Joh.* (Cat. d. Stadtbibl. Zürich. Zürich 1864—97.)

Kurze Beschreibung des Zellaer Waldes. - Colditz 1858. 38 S. Festgabe f. d. Mitgl. d. sächs. Forstver., welche d. z. Nossen stattfindende 9. Vers. besuchen

Kurze Beschreibung der in Niederbaiern gelegenen, berühmten *Wallfahrt zu der wunderthätigen Mutter GOttes Maria auf dem Bogenberge*, auf wiederhollten (!) Ansuchen andächtiger Pilgrimme, u. mit Bewilligung der Obern, von einem Priester des benachbarten Benediktinerstiftes Oberalteich zum Druck befördert. Straubing, gedr. mit hetzischen Schriften. 1791. Kl. 8°. Cart.

38 S. — Selten!

Beschreibung. Kurze B' der weltberühmten und herrlichen Wallfahrte der schmerzhaften Mutter Gottes Mariä zu Werdenstein.... Zusammen getragen. und in den Druck gegeben von den allda wohnenden Vätern Franziskanern.... 8. Zug 1781.

— kurze, der großen Wasserfluth, welche am 22. Juli 1884 e. großen Theil der Kreisstadt Plauen zerstört hat. Mit e. Photographie. 4. (4 S.) Plauen 884. Neupert. n. — 60; ohne Photographie n. — 10; Photographie apart n. — 50

Beschreibung, Kurze, der grossen Wasserfluth, welche den 27 u. 28ten Februar 1784 hiesige Stadt und Gegend überschwemmt hat. (Extract aus der hiesigen K. K. Ober-Postamts-Zeitung Nr. 18 und 19.) Nürnberg. V: *Sattler.* (G. A. Will, Von der ... Überschwemmung, S. 5) (BIBLPORT)

— kurze, v. Weissenstein b. Cassel. m. K. 8. Cassel. (Kuchler, Leipz.) 797.

Kurtze Beschreiung der Stadt Wyl im Turgaw samt Capitulation, auch grundl. Bericht von Uebergab der Stadt u. Schloss Baden im Ergöw, 1. Junii 1712. (8.) 4. s. l. & a.

Beschreibung. Kurze B' der Stadt und des Cantons Zürich. Zürich, s.a. [Hofmeister, Heinrich].

Beschreibung, Kurze, der Stadt und des Kantons Zürich. Zürich [1802]. V: *Hofmeister, Johann Hnr.* (Bibliogr. der Schweiz. Landeskunde. Bern 1892 ff. III.) (Cat. d. Stadtbibl. Zürich.)

Kurze doch zuverlässige Beschreibung der Stadt und Festung Gibraltar, der Insel Minorka und des Forts St. Philipp. 2. Aufl. Leipzig 1783. 8°. (1. Aufl. 1782.)

Beschreibung, Kurze doch zuverlässige, der Insel Minorka, des Forts Sankt Philipp und der Festung Gibraltar. Leipzig 1782. V: *Seyfart, Johann Friedrich.* (ML)

Beschreibung, Kurze doch zuverlässige, der grossen Orgel in der Hauptkirche zu Görlitz. Görlitz 1797. V: *Hortzschansky, Johann.* (MGT) (OL)

— kurzgefaßte, v. Aegypten, s. Lage, Fruchtbarkeit, Einwohnern, Handel, Alterthümern u. s. w. 8. Brünn ... 2e A. 796. 3e A. ... Gastl. 3 gr.

Beschreibung, Kurzgefasste, der königl. Haupt- und Residenzstädte Berlin und Potsdam. 1819. V: *Schaden, Johann Nepomuk Adolph von.* (NN) (SCH)

Beschreibung, Kurzgefasste geographische, der vornehmsten Vestungen ... des Felszeckerischen neu-eröffneten Kriegs-Theatri in Ungarn. ... Nürnberg 1737. V: *Scharffenstein, M. J. F.* (PK)

Beschreibung, Kurzgefasste geographische, aller Länder in der Welt. Lauban 1764—1787. V: *Hausknecht, Balthasar.* (Ky) (MGT)

Beschreibung, Kurzgefasste, geographisch-statistische, des k. k. Herzogthums Venedig, und des damit verbundenen Dalmatien und Albanien. 8. Wien 1798.

Beschreibung, Kurzgefasste, der Grafschaft Hanau. [Dessau 1782.] V: *Hundeshagen, Johann Balthasar.* (MGT)

Beschreibung, Kurzgefasste, der Handlung der vornehmsten Europäischen Staaten. Leipzig und Liegnitz 1778—1779. V: *Struensee, Carl August, später von Carlsbach.* V: [II. 2.] 1787: *Sinapius, Johann Christian.* (MGT) »1778—1782« (Ky) (CBH)

— kurzgefaßte, sämmtl. Kunstwörter d. Jagd- u. Forstwesens rc. (v. K. S. Contius). 8. o. O. (Leipz.) 803. Köhler. 12 gr

Beschreibung, Kurzgefasste, sämmtlicher Kunstwörter des Jagd- und Forstwesens. Leipz. 1818. V: *Contius, Constantin Selma.* (Engoec) (Ky) (MGT)

Kurzgefasste Beschreibung des Lebens und der Thaten des Jos. Balsamo oder sogenannten Grafen Kagliostro, gezogen aus dem wider ihn zu Rom 1790 angestellten Prozesse: zur Beleuchtung der wahren Beschaffenheit der Freymaurersekte. Aus d. Ital. ins Deutsche übers. Augsburg: Styx 1791. 86, 40, 112, 23 S. 8°
[Dasselbe.] Aus dem in der päbstlichen Kammerdruckerey erschienenen Orig. übers. 2. Aufl. Ebendas. 1791. 112, 120 S. 8°
Kl. 3374, Tt. 926.

— kurzgef., von neuern Maschinen u. einem Koch- u. Bratofen. m. K. gr. 8. Leipz. Breitkopf. 771.

— kurzgef., verschied. Maschinen u. eines Koch- u. Bratofens, (v. J. F. Hähn). Mit 1 Kpft. gr. 8. Leipz. 772. Breitkopf u. H. 1 Thlr

Kurzgefasste *Beschreibung* verschiedener Maschinen u. eines Koch- u. Bratofens z. Gebrauche u. Nützen d. Oeconomie zu Closter Bergen. Leipz. 1772. 166 S. 8 Tvl.

— kurzgefaßte, von Schlesien, bearb. zu d. Wandcharte v. Schlesien, in 9 Blättern v. Wiesner. gr. 8. Breslau 827, Grüson u. C.

Beschreibung, kurzgef., von Schlesien, bearb. zu d. Landkarte v. Schlesien, in 9 Bl., v. Wiesner. gr. 8. Bresl. 827. (Hentze). 4 gr

— kurzgefaßte, des Starnberger-Sees, seiner Ufer u. Umgebungen, als Beilage zu der neuesten Karte dieses Sees u. den dieselbe begleitenden 17 malerischen Ansichten. Mit 1 Kpft. in gr. 4. gr. 8. Münch. 832. J. Lindauer. 10 gr

Beschreibung, Kurzgefasste, der Reichsstadt Ulm; ... Ulm 1791. V: *Schmid, Joh. Chph.* (MGT)

Beschreibung, Kurzweilige und wahrhafte, der Schlachten bey Leipzig. Leipzig 1814. V: *Friedrich, Wilh.* (Kat. d. stat. Bureaus. Dresden 1890.)

Beschreibung, Kurzweilige u. wahrhafte, der Schlachten bey Leipzig, von einem Augenzeugen mit gar lustigen Anekdötchen u. erbaulichen Gesprächen Napoleons versehen, nebst einem colorirtem Spottbilde und einem sehr deutlichem Schlachtplane. Leipzig 1814. 8°. (30 sh., polished calf., Charles Meuel & Co., London, 1912.) Rar!

— kurzweilige u. wahrhafte, d. Schlachten bei Leipzig, u. alles dessen, was sich vor- u. nachher zugetragen hat. Von einem Augenzeugen. Nebst 1 ill. Spottbilde u. 1 Schlacht-Plane. 8. Leipz. 814. (Schönian in Elberf.) 18 gr

— kurzweil. u. wahrhafte, d. Schlachten bey Leipz. rc. 8. Ist Verl. v. Büschler in Elberfeld.

Beschreibung d. Küsten v. Calabrien u. Sicilien. M. Kart. Wien, Schrämbl. 9 gr

— d. Lagers zu Pillnitz im Sept. 1783; f. Kinder, (v. J. A. L. Rath). 8. Dresd. 783. Gerlach. 4 gr

Beschreibung des Forstreviers Lampersdorf. München 1854. V: *Thielau, Frdr. v.* (Nent)

Beschreibung aller Länder und Völker der Erde, zur Belehrung und Unterhaltung.
Mit Landkarten und Kupfern.
Halle: Dreyßig. [1796]. 488 S. 8°.
Sächsische Landesbibliothek Dresden
2. Aufl. ebd. 1800 [Frankfurt-Leipziger Meßkatalog, Ostermesse 1800, S. 17] konnte nicht gefunden werden.
Michaelismesse 1796, S. 255: mit geringfügig abweichendem Titel.

— aller Länder, Völker u. Städte. Mit Kart. u. Kpf. 10 Thle. 8. Halle 803—5. Dreyssig. 7 Thlr 12 gr (7r u. 8r Bd. 4e Aufl. 8. 812.)

— aller Länder in d. Welt, (v. B. Hausknecht). 8. Lauban 764, 75, 79, 87. 9e A. 8. Pirna ... Friese. 12 gr

Beschreibung der zu dem im Kirchspiel Loit, Amts Apenrade, belegenen Guthe Höckeberg gehörigen Ländereyen, so wie sie in Parcelen getheilet worden und mit dem völligen Eigenthums-Recht an den Meistbietenden verkaufet werden sollen. Flensburg. 1773. Fol.

— der Landeskrone bei Görlitz nebst den Sagen u. d. Geschichte dieses Berges. 24. (82 S. u. 1 Lith.) Görlitz 847, Heinze & Co. n. 1/6 Thlr

Beschreibung des ehemaligen Rougemont-Sonoré'schen Landhauses Nr. 3 zu Weiden im Landkreise Köln ... Köln 1887. V: *Lempertz, Heinrich.* (StB Köln I, 235)

Beschreibung der zu Kieholm, adel. Guths Oehe, gehörigen, daselbst belegenen Landstelle, nebst den Bedingungen, wornach diese Parcele den 5. May 1817 auf dem Hofe zu Oehe verkauft werden soll. o. O. (1817.) Fol.

Beschreibung der Landwirtschaft auf dem Roten Hause bei Basel. ca. 1810.

— d. Holstein. Landwirthschaft, (v. D. W. Janeke). 8. Hamb. 783. Hoffmann. 10 gr

— landwirthschaftl., d. Badischen Fleckens Ischerheim im Breisgau, (v. ... Camerer). 8. Straßb. 786.

Landwirthschaftliche kurze **Beschreibung** der Sr. Excellenz Herrn Grafen Csekonics gehörenden Herrschaft Zsombolya im Torontáler Komitat ⟨Ungarn⟩ veranlaßt durch d. Studienreise d. Mitglieder d. Deutschen Landwirthschafts-Gesellschaft daselbst 1897. Budapest 1897: Buchdr. d. Pester Lloyd-Gesellsch. (33 S.) 4° [illegible] 10

Beschreibung des Oberamts Laupheim. Herausgegeben vom Königl. Statistischen Landesamt. Stuttgart 1856

Beschreibung des Lebens und tragischen Endes der Königin Marie Antoinette. Leipzig 1823. 8°. (1 Mk. 50 Pfg. P. Neubner, Cöln, c. 1890.)

— von d. Leben, Tod, Tugend rc. des B. J. Labre aus Frankreich. 8. Köln, (Fabricius). 3 kr

— d. tugendreichen Lebens vom h. Einsiedler u. Abt Wendelini, geborenen Königssohn in Schottland, m. e. Andacht zu diesem Heiligen, wie auch m. Morgen-, Abend-, Meß-, Beicht-, Kommunion- u. anderen Andachten u. Gebeten. 46. Aufl. 16. (216 S. m. 1 Bild.) Saarlouis 892. F. Stein Nachf. — 25

Beschreibung einer lateinischen Legende vom h. Franciscus und seinen ersten Ordensbrüdern. [Altd. 1778.] V: *Schwarz, Georg Christoph.* (will)

Beschreibung der feierlichen Legung des Grundsteines zu dem neu zu erbauenden Universitäts-Gebäude in Tübingen. Tübingen 1841. V: *Mohl, Robert von.* (Mohl, Lebens-Erinnerungen. I. S. 274.) (Erman & Horn, Bibliogr. d. dtsch. Universitäten. 2. Leipzig und Berlin 1904.)

— der feierlichen Legung des Grundsteins zu dem neu zu erbauenden Universitäts-Gebäude in Tübingen. Mit 1 Ansicht des Universitäts-Gebäudes. Fol. (Mit Einfassung.) Tübingen 811, Fues. 5/12 rß

Beschreibung des im Herzogthum Holstein, und zwar im Preetzer adelichen Güterdistrict belegenen adelichen Guts **Lehmkuhlen**, nebst den Bedingungen, unter welchen solches am 4. Julii 1826 zu Kiel verkauft werden soll. o. O. (1826.) Fol.

—— nebst den Bedingungen, unter welchen solches am 19. Jan. 1842 zu Kiel verkauft werden soll. (Glückstadt. 1841.) Fol.

Beschreibung der Malchinschen feuersichern Lehmschindeldächer. [Schwerin 1791.] V: *Timm, Joachim Christian.* (MGT)

Beschreibung der Lehrgegenstände für den Unterricht in praktischen Arbeiten in den Werkstätten der kaiserl. Moskauer technischen Schule. Moskau 1873.

Beschreibung des feyerlichen Leichenbegängnisses König Friedrich Wilhelm des II. von Preußen. Berlin, am elften December 1797.
37 S., 3 Taf. in Kupferst. 8°.

Beschreibung von Leipzig. ... Leipz. 1806. V: *Becker, Gottfried Wilh.* (MGT)

— von Leipzig für Fremde u. Reisende. m. Chart. u. Pl. 8. Leipz. Baumgärtner. 795.

— von Leipzig, für Fremde u. Reisende, die ihren Aufenthalt zweckmäßig u. angenehm benutzen wollen. 2te verbesserte Auflage, vermehrt mit dem Wegweiser durch die Schlachtfelder um Leipzig. Mit 2 Planen u. 1 Karte. 12. Leipzig, Baumgärtner. 816.

— der Stadt Leipzig nebst Nachtr. m. K. 8. Leipz. Böhme. 784—87.

der Nachtrag apart

— d. Stadt Leipzig, (v. Jh. Glo. Schulz), n. Nachtr., mit Kpf. 8. Leipz. 784—87. (Knobloch). 1 rß 16 kr Der Nachtrag einzeln 4 kr

Beschreibung des Oberamts Leonberg. Herausgegeben vom Königl. Statistischen Landesamt. Stuttgart 1852

—— d. Oberamts Leonberg. 8. (16 m. 1 Karte) Ebd. 85. — 40

—— einer neuen Lesemaschine und Anweisung zum Gebrauch derselben als Vorübung zu jeder Handfibel. Von einem pract. Schulmanne. Mit einem empfehlenden Vorworte von Kehr. gr. 8. (18 S. mit 1 Stnt. in 4.) Langensalza 860, Verlags-Comptoir.

Beschreibung des Oberamts Leutkirch. Herausgegeben vom Königl. Statistischen Landesamt. Stuttgart 1843

Beschreibung d. z. ... Herrschaft Landskron gehörigen Revieres Lichwe ... Prag 1900. 92 S. 1 Kt.

[F.] **Beschreibung** der Garnison Liegnitz, vom Standpunkt d. Gesundheitspflege aus aufgestellt. Hrsg. v. d. Medizinal-Abth. d. Kgl. Preuss. Kriegsminist. M. 2 Kartenbeil. u. 13 Taf. *Berlin: E. S. Mittler & Sohn 1896.* (VI, 103 S., 1 Pl., 1 Kt., 13 Taf.) 1 Bd 8.
— **Garnisonbeschreibungen** v. Standpunkt d. Gesundheitspflege. Bd 3. [illegible]

Beschreibung des im Herzogthum Holstein belegenen, zum adelichen Gut **Depenau** gehörigen adelichen Meierhofes Löhndorf, nebst den Bedingungen, wornach dieser Meierhof am 4. Oct. 1814 in Kiel verkauft werden soll. o. O. (1814.) Fol.

Beschreibung des im Herzogthum Holstein belegenen, zum adelichen Gut **Depenau** gehörigen adelichen Meierhofes Löhndorf, nebst den Bedingungen, wornach dieser Meierhof am 16. Januar 1815 in Kiel verkauft werden soll. o. O. (1814.) Fol. **SHc 10: Nr. 22**

— lokal. des Heilbads z. Baden in d. Schweiz. 8. Zürich, Ziegler. 790.

— von London. Engl., Französ. u. Deutsch. 4. Hamb., (Herold jun.) 5 kr

— von London, englisch, französisch u. deutsch. 4. Hamb. Vollmer.

Beschreibung des in dem Herzogthum Schleswig, im Schwansener District, belegenen adelichen Guts **Ludewigsburg**, insbesondere des Haupthofes, und der Meyerhöfe desselben. ⟨Mit 14 Beilagen.⟩ Schleswig. (1822.) Fol.

Beschreibung des Oberamts Ludwigsburg. Herausgegeben vom Königl. Statistischen Landesamt. Stuttgart 1859

Beschreibung von Ludwigslust. Wismar 1856. V: *Raabe, Wilh.* (Bachmann, Mecklenburg. Güstrow 1889. S. 423.)

— der Luftdruck-Straßen-Eisenbahn-Wagen der Pneumatic-Tramway-Engine-Company in New-York. Aus dem Engl. gr. 8. (15 S.) Dresden 879. Lehmann'sche Buchdr. — 39

Beschreibung eines Luftkastens, mittelst dessen sich alle Gattungen hydraulischer Arbeiten unter dem Wasser verrichten lassen. A. d. Franz. Pest 1821. V: *Coulomb, Charles Aug. de.* Ü: *Köszeghi, Martin Carl.* (SZMJ)

— der Luftmaschine, welche zu Schemnitz in Nieder-Ungarn von Höllerbauet u. 1753 ist angelassen worden. Mit Kpf. 8. Prag 771. Widtmann. 8 kr

— d. drei ersten Luftreisen, die in Rußland 1803 v. Garnerin angestellt sind. A. d. Französ. gr. 8. St. Petersb. 805. Drechsler. (Rein in Leipz.) 6 kr

Beschreibung des im Herzogthum Schleswig und zwar in dem 1. Angler District belegenen adel. Stammguts **Lundsgaarde**, nebst den Bedingungen wornach dieses Gut den 9. Nov. 1821 auf genanntem Hofe verkauft werden soll. Schleswig. (1821.) Fol.

— d. Lustfeuerwerks zu Hannover wegen d. Krönung Georg II. gr. 4. Hannov. 752. Helwing. 4 kr

— des Lustschl. u. Gart. zu Reinsberg. 8. Berl. Nicolai. 777.

— d. Lustschlosses u. Gartens d. Prinzen Heinrich v. Preussen z. Rheinsberg etc. (Von C. W. Hennert). 8. Berlin, 1778. Nicolai. — 10

Beschreibung des im Herzogthum Schleswig, und zwar in dem Schwansener District belegenen adel. Stammguts Maasleben, nebst den Bedingungen, wornach dasselbe am 13. Mai 1818 in Kiel verkauft werden soll. Schleswig. (1818.) Fol.

— der Span. Macht in Nordamerika. 4. Sorau 767. Hebold. 8 gl

— neuer Magazin- u. Schwarmbienenkörbe. Nebst Angabe der vorzüglichsten Gewächse, welche den Bienen gute und viele Nahrung liefern und von Bienenhaltern vorzüglich gepflanzt werden sollen. gr. 8. Ulm... Ebner. 5 gl

— d. Festung Mainz u. d. Umstände, unter welchen sie im Oct. 1792 den Franzosen übergeben ward. Mit e. Vorr. u. Anmerkk. v. Frhrn. v. Gymnich. 8. Frankf. a. M. 793. Pech. 6 gl

— malerische, der rheinischen Eisenbahn und der von ihr durchschnittenen Gegend zwischen Köln und Lüttich, deren Sagen und geschichtliche Erinnerungen, nebst einem Führer durch Köln, Aachen, Lüttich, Spaa u. seine Umgebungen rc. mit 1 Spezial-Karte des Schienenweges (20 Zoll lang). 8. (Mit 1 Tabelle.) Köln 844, Mathieux. n. $18^1/_3$ ngl

Beschreibung, malerische, der Eisenbahn Köln-Aachen. Köln 1841.

— d. Inseln Malta, Gozo u. Comino. Mit 1 Kpf. gr. 4. Offenb. 798. Brede. 6 gl

— d. Mangen- u. Kalendermaschinen. Mit d. neuesten Verbesserungen u. Abbild. von 5 verbess. großen u. kleinen Mangen. M. 1 Kpft. gr. 8. Nürnb. 829. Leuchs u. C. 12 gl

— — aller Manns- u. Frauenklöster in d. Schweiz. 8. Murten, 1839. Sgraggen 6 ggr. — 24 kr.

Beschreibung der Festung Mantua. 4. M. K. Frankfurt 1796. 1,15.

Beschreibung der Vestung Mantua und gedrängte Erzählung der daselbst vorgefallenen kriegerischen Ereignisse bis zum Jannuar 1797. (Mit 1 Tafel.) (Donation Liechtenstein.) 4. Frankfurt a/M. (1797).

— der Festung Mantua rc. Mit Kpf. gr. 4. Frankf. a. M. 797. Behrens. 9 gl

Beschreibung der Vestung Mantua u. gedrängte Erzählung der daselbst vorgefallenen kriegerischen Ereignisse bis zur Uebergabe an die Franken (1796—1797). 2. verm. Aufl. (Mit 1 Taf.) 4. Frankfurt a/M. 1797.

Beschreibung der Festung Mantua, nebst Erzählung der daselbst vorgefallenen kriegerischen Ereignisse bis zur Uebergabe an die Franken. 4. Frankfurt 1797. — 2. verm. A. 1798. 1,15.

Beschreibung des Oberamts Marbach. Herausgegeben vom Königlichen Statistischen Landesamt. Stuttgart 1867

—— d. Oberamts Marbach. 8. (16 m. 1 Karte) Ebd. 85. — 40

Beschreibung des im Herzogthum Holstein und zwar im Preetzer Güter-District belegenen adlichen Guts Margarethenhoff nebst den Bedingungen, wornach dieses Gut am 14. Januar 1820 in Kiel verkauft werden soll. o. O. (1819.) Fol.

— des Klosters u. der Wallfahrt Maria-Einsiedeln. Einsiedeln 868. Benziger. 16. (94 S. u. 9 Holzschn.) 4 ngr.

Beschreibung des Klosters und der Wallfahrt Maria-Einsiedeln. [Mit Illustrationen, Tafeln und illustriertem Umschlag.] 8. Einsiedeln....
Ausg. A [9 Tafeln.] 1873.
Ausg. B [24 Tafeln.] *o. J.* [ca. 1895].

Beschreibung des Klosters u. der Wallfahrt Maria-Einsiedeln. Mit Gedichten von P. Gall Morel, O. S. B. Neue Ausgabe. In-16°, 128 S., mit 35 Illustrationen. Einsiedeln, Gebr. Karl & Nikolaus Benziger. — 25
— Dasselbe mit noch 16 Einschaltbildern in rother Einfassung und zweifarbig gedruckt. Ebendaselbst. 1881 Cart. — 50

Beschreibung des Wallfahrtsortes Maria-Hilf ob Guttaring in Kärnten. Klgft., St. Hermagoras-Druck., 1888. 48 S.

— der Marmor- u. and. Stein-Brüche in Carelien. s. Alopäus.

— des Kaiserthums Marocco. 8. Hamb. 754.

Beschreibung des im Herzogthum Holstein, und zwar im Kieler Güter-District, belegenen adelichen Guts Marutendorf nebst den Bedingungen, wornach dieses Gut am 15. Januar 1817 in Kiel verkauft werden soll. o. O. (1816.) Fol.

Beschreibung der Nordamerikanischen Provinz Maryland. [Braunschw. 1776.] V: *Heise, Joh. Chph Friedr.* (MGT)

Beschreibung der von dem Grafen Leopold von Neipperg etc. während seiner Gesandtschaft am königl. sicilianischen Hofe, seit dem Jahre 1762 erfundenen neuen Maschine, benannt: „Jedermann's geheimer Copist", mittelst welcher man ohne Abschreiben sein eigener Copist wird etc. Nebst der Anweisung zum gemächlichen Gebrauche derselben. (Mit 6 Taf.) 4. Wien 1764.

— einer Maschine, worauf man sich von Höhen sicher u. bequem herunterlassen kann. Mit 1 Kpf. gr. 4. Leipz. 802. Gr. Fleischer. 10 gl

Beschreibung einiger zum Gebrauch der dephlogistisirten Luft bey dem Blaserohr eingerichteten Maschinen; ... Tübingen 1785. V: *Weber, Jacob Andreas.* (KY) (ML)

— einer zum Gebrauch der dephlogistisirten Luft einger. Maschine. 8. Tüb. Heerbrand. 785.

Beschreibung einer zum Gebrauch d. dephlogistisirten Luft eingericht. Maschine. Mit 2 Kpf. 8. Tüb. 785. (Osiander). 4 gl

Beschreibung einiger in England erfundener Maschinen, um verschiedene Arbeiten, ... ganz unschädlich zu machen. London 1798. V: *Berchtold, L. Graf v.* (CBH)

Beschreibung der am 20. Februar vorgestellten allegorischen Masken. Erlangen 1798. V: *Wendt, Christian Ernst.* (Fiker)

— d. köln. Maskenfestes v. 1827; beigef. ist d. Skizze d. Pl. u. d. Festprogramm. gr. 4. Köln, Du Mont-Schauberg. 4 gl

— der Maskenzüge am 30n Januar u. 16n Februar 1810 zu Weimar, mit 2 color. Kpf. gr. 8. Weimar 810. Ind.-Compt. 18 gl

Beschreibung der Maskerade zu W. im Stol. [St. Petersburg 1806.] V: *Musaeus, Carl.* (R-N)

Beschreibung des Oberamts Maulbronn. Herausgegeben vom Kgl Statistischen Landesamt. Stuttgart 1870

Beschreibung des herrlichen Mausolei oder Kaiserlich und Königlichen Grabs Maximiliani I . . . zu Innsbruck. [Innsbruck] 1765. V: *Reineck, Felix.* (Margr)

Beschreibung des Mausolei Max I. Innsbruck 1750. V: *Reinbeck, Felix.* (Mittb. Dr. Ign. Schwarz-Wien.)

— der Großherzogth. Mecklenburg-Schwerin u. Mecklenburg-Strelitz f. Volksschulen. 3. verb. Aufl. gr. 10 (20 S.) Lübz 872. Schnelle. n. — 2:

Beschreibung der in Dresden auf den Teschener Frieden verfertigten Medaille. [1779.] V: *Stieler.* (Bem I, 1, S. 467)

Beschreibung der Medaille, welche auf die durch den Herzog Ferdinand von Braunschweig und den Prinzen Friedrich von Hessen-Cassel bewirkte Verbindung der GL. der Niederlande mit den vereinigten Logen geschlagen wurde. 1779.
Kl. 3036.

Beschreibung des kurfürstlichen Hessisch-Hanauischen Medaillenkabinets. Hanau 1783. V: *Wegener, Otto August.* (ML) »hochfürstlichen« (Ky)

— einer Berl. Medaillensammlung. s. Möhsen.

— des todten Meeres. 8. (Altenb., Schnuphase). 4 K

Beschreibung des Todten Meeres in Palästina. Hamburg 1766. V: *Büsching, Anton Friedrich.* (Ky)

Beschreibung des im Herzogthum Holstein und zwar im Itzehoer Güterdistrickt belegenen adelichen Guts **Mehlbeck** nebst den Bedingungen, wornach dieses Gut den 10. October 1820 in Kiel verkauft werden soll. Schleswig. (1820.) Fol.

Beschreibung des im Herzogthum Holstein, und zwar im Itzehöer Güter-District belegenen adel. Marschgutes **Mehlbeck**, nebst den Bedingungen, nach welchen dieses Gut am 15. Jan. 1824 zu Kiel verkauft werden soll. o. O. (1823?) Fol.

Beschreibung des im Herzogthum Holstein belegenen zur Herrschaft **Breitenburg** gehörigen adlichen Meierhofes Meierhusen oder Breitenberg nebst den Bedingungen nach welchen dieser Meierhof am 28. Sept. 1822 in Itzehoe verkauft werden soll. o. O. 1822. Fol.
Abschrift von H. Biernatzkis Hand.

Beschreibung der [goldnen] Meisterkette [die Christian Adolf Wendler bei seinem 25jähr. Jubiläum als Mstr. v. St. der Loge Minerva zu den drei Palmen in Leipzig am 20. Febr. 1852 überreicht wurde]. [Leipzig 1852.] 1 Bl. 2° [Kopftit.]
Tt. 1963.

1701. * Beschreibung einer grossen Menge allerhand Arten von Mühlen als Wasser, Wind, Hand- und Pulvermühlen, welche durch Theorie und Praxis zu grosser Vollkommenheit gebracht und durch viele neue Erfindungen und Kunstgriffe dergestalt verbessert worden sind, dass sich jeder derselben mit grossen Vortheil sowohl zu seinem eigenen als des allgemeinen Besten Gebrauch bedienen kann. Cassel. 8. 84. S.

— von Menschen, Thieren, s. Abbild. merkw. Völker.

Beschreibung des Kurortes Menzberg Willisau 1857. V: *Käch, J.* (Bibliogr. d Schweiz. Landeskunde. Bern 1892 ff. IV 3.)

— des Oberamts Mergentheim. Hrsg. von dem k. statistisch-topograph. Bureau. Mit 4 Tab., einer historisch kolor. Karte des Oberamts u. 4 lith. Ansichten. gr. 8. (XI, 804 S.) Stuttgart 880. Kohlhammer. n. 6. —

Merkwürdige Beschreibung | einer edlen Griechin, | die sich für das Leben ihres Vaters opferte, | und ein rührendes Beispiel der Kindes- und | Geschwisterliebe giebt. | (Fig.: *Hinrichtung der Griechin und Pardon*, 77 × 94) | Herausgegeben und im Selbst-Verlag | von Hermann Müller's Buchdruckerei in Berlin, | Adlerstraße 7.
Kol.: Druck von Hermann Müller in Berlin.
o. J., 4 Bl. n. n., 175 × 110.
LBO Bänkelsängerlit. III, 125.
Ein anderer Druck des gleichen Textes (ebenda III, 124) erschien ohne die Titel-Fig. mit dem Vermerk »Verlag und Eigenthum von | Louis Henneberg in Salzhemmendorf.« und dem Kol.: Druck von Gebr. Gerstenberg in Hildesheim.

Merkwürdige | und | wahre Beschreibung | einer | kindlichen Liebe, | welche ein Sohn von 19 Jahren gegen seinen | armen Vater und gegen seine blinde Mutter | bewiesen hat. | (Fig.: *Zwei Putten*, 47 × 55) | Welches zu Hamburg geschehen ist. | E. Tragmann's Druckerei in Torgau.
o. J., 4 Bl. n. n., 187 × 117.
LBO Bänkelsängerlit. I, 43.

Beschreibung der auffallendsten Merkwürdigkeiten der Haupt- und Residenzstadt Wien. Wien 1793. 1797. V: *Gaheis, Franz de Paula Anton.* (EB)

Beschreibung der auffallendsten Merkwürdigkeiten der kaiser-königl. Haupt- und Residenzstadt Wien. 1793. 2. Aufl. 1799. V: *Gaheis, Franz Anton de Paula.* (Hdschr. Mitth. von Gustav Gugitz, Wien) (Kat. d. nö. Landesbibliothek, S. 18, Nr. XX/223) (BiblPort)

Beschreibung der äusseren und innern Merkwürdigkeiten der Königlichen Schlösser in Berlin, Charlottenburg, Schönhausen und bey Potsdam, ein Handbuch für Fremde und Einheimische. Berlin 1794. V: *Rumpf, Fch.* (BiblPort)

Beschreibung der äussern Merkwürdigkeiten der St. Stephanskirche. Wien 1792. V: *Gaheis, Franz Anton de Paula.* (BiblPort)

Beschreibung der innern Merkwürdigkeiten der St. Stephanskirche. Wien 1792. V: *Gaheis, Franz Anton de Paula.* (BIBLPORT)

— d. Merkwürdigkeiten e. Röm. Kaiserwahl u. Krönung; nebst e. Nachr. v. den dazu bestimmten Reichsinsignien, (v. Jh. W. Müller). Mit 2 Kpf. 8. Nürnb. 790.

— der vorzügl. Merkwürdigkeiten Dresdens, (v. Karl Wlh. Daßdorf). 2 Bde. M. Kpf. 8. Dresd. 782. Walther. N. A. unt. d. T.: Beschreib. d. königl. Sächs. Residenz Dresden ꝛc. (Herausg. v. K. C. F. Krause u. J. K. L. Albanus.) M. Plan. 2 Thle. 8. Dresd. 807. Ebd. 2 ℛ 8 ℊ Dass. ins Französ. übers. (v. L. A. de Guezery u. Abbé Jaubert). 2 Thle. 8. Ebd. 807. 2 ℛ 8 ℊ Samml. von 11 hierzu gehör. Prospekten. 4. Ebd. 807. 12 ℊ Der Plan v. Dresden u. Erklär. einzeln. Ebd. 18 ℊ

— ein. Methode, aus inländischen, z. Theil wildwachsenden Pflanzen eine der Baumwolle ähnliche Wolle zu bereiten. 8. Wien, Degen. 813.

— e. neuen Methode, d. Inhalt aller Figuren zu erforschen, (v. J. S. Lilienthal). Mit 1 Kpft. 8. Königsb. 759.

Beschreibung der Metropolitankirche zu St. Stephan in Wien. Wien 1779. V: *Ogesser, Joseph.* (EngG) (Adel)

— d. Milchblätter-Schwämme im Großherzogth. Baden u. dessen nächsten Umgebungen, als Beitr. z. Toxicologie. Vom Verf. d. Flora Badensis Alsat. et confin. regionum (Gmelin). Mit 1 ill. Steint. gr. 8. Karlsr. 825. Müller. 9 ℊ

Beschreibung des zur Concursmasse des N. Garmsen gehörigen Canzelei-Guts **Mildstedthoff** und anderer vom Cedenten besessenen, das forum des Amts Husum sortirenden Ländereien, nebst Bedingungen, unter welchen diese Immobilien am 31. März 1821 auf Mildstedthoff werden verkauft werden. Schleswig. (1821.) Fol.

Beschreibung, militärische, des Paschalik's Herzegowina und des Fürstenthum's Crnagora. Mit 1 Karte von Paulin y. 3. Auflage. 1870. 8. (80 S.) Wien, Dirnböck's B. (E. Traudt.) 50 kr.

Beschreibung der Militärkuranstalten und Genesungsheime vom Standpunkt der Gesundheitspflege aus. Hrsg. von d. Medizinal-Abt. d. Kgl. Preuß. Kriegsminist. Mit 5 Pl. u. 36 Taf. Berlin: E. S. Mittler & Sohn 1907. (123 S.) 8° [F.]
— **Garnisonbeschreibungen** v. Standpunkt d. Gesundheitspflege. Bd 8. [08. 1073

— von Milleniumhall u. d. benachb. Gegend. 8. Hamb. 761. Gleditsch. 12 ℊ

— von Millenium hall u. d. benachb. Gegend. 8. Hamb. Gleditsch. 768.

— des Milzbrandes bei den Thieren und der dadurch auf den Menschen übertrag. Milzbrandkarbunkel, als einer das Leben auf das höchste gefährdenden Krankheit, u. des Rotzes und Wurmes bei den Pferden und Eseln, nebst Angabe der Art, wie sich diese Krankheit auf den Menschen verpflanzt, nebst den einzig sichern Mitteln dagegen; von einem Arzte. 12. München 841, Jaquet. n. 1/6 ℛ

Beschreibung des neuen Stuttgarter Mineralbades bei Berg. Stuttgart

Beschreibung des Rosenheimer Mineral- u. Soolenbades (v. M. Schmidt.) 2. München 822, Lentner. Rthlr.

Beschreibung der Mineralien des Habichtswaldes bei Kassel, ... Kassel 1799. V: *Wittich, Christian Carl Friedrich.* (Ky) (MGT) (stri)

— einer auserles., nach d. Bergrath Werner geordn. Mineraliensammlung ꝛc. 8. Dresd. 807. Walther. 6 ℊ

Beschreibung, Mineralogische, der vorzüglichsten Bergwerksreviere zu Mexico oder Neuspanien. Greiz 1804. V: *Sonnenschmidt, Fr. Traug.* (MGT)

— mineral., merkw. Gebirge u. Vulkane Italiens. M. Kpf. A. d. Italien. v. F. A. Weber. 2 Bde. 8. Bern 792. Typogr. Gesellsch. 1 ℛ 12 ℊ

Beschreibung der Mineralquelle zu Jenatz im Prättigau. (Njbl.) s. [Schrämli, Johann Jacob].

— der warmen Mineral-Quellen, der Stahl-Quellen und der Molken-Kur in Baden-Baden. Baden-Baden 804. Reichel. 8. (16 S. m. Holzschn. im Text.) 3 ngr.

Beschreibung des Dinkholder Mineralwassers. Marburg 1801. V: *Baldinger, E. G. J.* (Verb. d. naturhist. Vereines d. preuss. Rheinlande. 44. S. 181 ff.) (Mitth. Erich Haarmann, Charlottenburg.)

— d. Insel Minorka, mit Kart. u. Pl. 8. Basel 756. Thurneysen. 4 ℊ

Beschreibung einer englischen Missionsreise nach dem südlichen stillen Ocean in den Jahren 1796, 1797 und 1798 im Schiffe Duff, unter Commando des Capitains James Wilson. Aus dem Englischen übersetzt ... von M. C. Sprengel. [= BR. 2. Band.] Weimar 1800.

— des Landes Missisippi. 8. Leipz.

BESCHREIBUNG der beften und tauglichften Mitteln, vermög welchen alle Ehemänner ihre Frauen, wenn fie auch noch fo böfe find, fromm und gehorfam machen und dadurch den Hausfrieden erhalten können. Wien, o. J. (ca. 1780). 8°. 8 S.

— eines Mittels, hölzerne Häuser gegen Anzündung zu bewahren. 8. Salzb. 797. Duyle. 2 ℊ

— ein. einfach. Mittels, um e. Boot a. d. Wass. leicht fortzubewegen ꝛc. erf. v. Köhler. herausg. v. Baumgärtner. m. 2 K. 4. Leipz. Baumgärtner. 805. (a. d. Magaz. all. n. Erfind. bes. abgedr.)

— e. einfachen Mittels, die Uebergälle d. Hornviehes glücklich zu kuriren. 8. Stuttg. 797. Löflund u. S. 1 ℊ

Beschreibung der im königlichen Zeughause zu Berlin aufgestellten merkwürdigen Modelle mehrerer französischen Festungen ... Berlin 1819. V: *Schaden, Johann Nepomuk Adolph von.* (sch) (NN)

Beschreibung des im Herzogthum Schleswig und zwar im Schwansener Districte belegenen adel. Guts **Möhlhorst** und der unter der Dorfschaft Holm in der Hüttener Harde situirten Ländereien, nebst den Bedingungen, wornach dieses Gut den 1. Julii 1817 in Kiel verkauft werden soll. Schleswig. (1817). Fol.

Beschreibung des im Herzogthum Schleswig und zwar in dem Schwansener adelichen Güter-District belegenen adel. Guts **Mohrberg** und des Meierhofes Sophienruhe, nebst den Bedingungen, unter welchen diese Grundstücke den 6. Oct. 1817 in Kiel verkauft werden sollen. Schleswig. (1817.) Fol.

Beschreibung des im Amte Kiel belegenen Gehöftes **Mönkeberg** nebst den Bedingungen, nach welchen selbiges am 6. Julius d. J. in Kiel verkauft werden soll. o. O. (1826?) Fol.

Beschreibung des Monuments, welches der Kardinal von Rohan dem Französischen Marschall von Turenne im Jahr 1782 errichten liess. [Mannheim 1799.] V: *Menu, von.* (MGT)

Beschreibung der römischen Monumente in Baden-Baden. Karlsruhe 1811. V: *Wielandt, C. L.* (BaBb)

(Vignette: *Bücher und Blumen*, 35 × 100) | Beschreibung einer elffachen schrecklichen Mordgeschichte, an einem polnischen | Gutsbesitzer, seinen Kindern und Dienstboten. | Der grausame Verbrecher wurde hingerichtet am 15. Januar, in der Stadt Warschau, 1862.
Kol.: Mülhausen, gedruckt bei J. P. Risler (1862).
1 Bl., zweiseitig bedruckt, 280 × 230.
Arch. Bas-Rhin, Strasbourg T. 211.

Beschreibung der Anno MCCCL. vorgenommenen Mord-Nacht; zu Ehren einer L. Zunft zum Widder, bey ihrem ansehenlichen Aufzug an Tag gegeben. Zürich 1716. V: *Ziegler, Johann Rudolph.* (CLZür Forts. III) (Cat. d. Stadtbibl. Zürich. Zürich 1864—97.) (Doubletten-Anz. 1903. Nr. 7.)

Beschreibung einer gräulichen Mordthat, verübt in Ebenheim am Nieder-Rhein von einer Mutter an ihrer 21jährigen Tochter, deren Körper von derselben in 21 Theile geschnitten, gekocht und vergraben wurde. (Fig.: *Leiche auf dem Tisch, Mörderin hält sie, 2. Figur ausgekratzt, Gesicht am Fenster*, 68 × 79) Hamburg. Druck von J. Kahlbrock Wwe., Grünensood No. 52.
o. J. (1860), 4 Bl. n. n., 168 × 102.
Dt. VL-Arch. V 1 1135/1.
Mit fast gleichem Titel, aber ohne die Figur auch »Oldenburg: Schnellpressendruck von Büttner & Winter«, o. J., 4 Bl. n. n., 168 × 117. (LBO Bänkelsängerlit. II/65). –

Beschreibung einer schrecklichen, grausamen Mordthat an 140 Personen durch den Räuberhauptmann Carlo, welche sich im vorigen Jahre im Dorfe Villa auf Corsika zugetragen hat. Nach getreuen Berichten erzählt und gedruckt. 1837.
Kol.: Druck von J. F. Rohr in Vegesack.
8 S., 185 × 105.
LBO Bänkelsängerlit. I, 1

BESCHREIBUNG des Mord-Verfuches, welchen ein Franzofe an feiner Geliebte, einer Witwe, mit deren Bewilligung verübte, und fich dann felbft durch einen Piftolenfchuß entleibte. Gefchehen im Wandsbecker Holze am 27. April 1836. Gedr. bei J. Kahlbrock, Grünenfoodftraße 52. — Am Schluß »Das Lied«. [Die Moral von der Gefchicht'!] Sehr feltener gleichzeitiger Einblattdruck.

Beschreibung der im Herzogthum Holstein belegenen sogenannten Lubschen Güter **Mori** und **Eckhorst** nebst Bedingungen, unter denen diese Güter am 18 Januar 1821 zu Kiel verkauft werden sollen. o. O. (1821.) Fol.

Beschreibung d. 21 cm Mörsers C 71. Berlin 1874.

Beschreibung von Otto's neuem Motor liegender Construction. Köln 1887. Beigeb.: Beschreibung und Vorschriften zur Aufstellung und Bedienung von Otto's neuem Motor liegender Construction, betrieben mit Petroleum oder Benzin. Köln (1888)

Beschreibung des in dem Herzogthum Holstein belegenen adelichen Guts **Muggesfelde** nebst den Bedingungen, wornach dieses Gut am 11. Januar 1810 in Kiel verkauft werden soll. o. O. (1809.) Fol.

Beschreibung des in dem Herzogthum Holstein belegenen adlichen Guts **Muggesfelde** und des dazu gehörigen Meierhofes Grönwoldt nebst den Bedingungen, wornach dieses Gut am 20. August 1807 in Segeberg verkauft werden soll. Kiel. (1807.) Fol.

Beschreibung des Oberamts Münsingen. Mit einer Karte des Oberamts, zwei lithographirten Blättern und mit Tabellen Herausgegeben, aus Auftrag der Regierung, von Memminger. Stuttgart u. Tübingen 1825. 232 S. 8°.

— d. Oberamts **Münsingen**. Hrsg. v. k. statist. Landesamt. 2. Bearbeitg. (11, 937 m. Abb., 1 farb. Taf., 2 Ktn u. 1 Tab.) 8° Stuttg., W Kohlhammer '12. 7 —; geb. n 8.50; in 2 Bde geb. n 8.90 d

— des Straßburger **Münsters**. Neue umgearb. Aufl. (etwa d. Gesch. d. Münsterthurms v. N. Müller. Ebd. 797?) besorgt v. Th. Schuler. 8. Straßb. 828. (Schmidt u. Gruker). 10 ℋ

Beschreibung der Münsters-Kirche zu Basel. Basel 1788 s. [Falkeisen, Hieronymus].

— der **Münsterkirche** zu Basel. 8. Basel 788. Flick. (Neukirch). 8 ℋ

— der **Münsterkirche** und ihrer Merkwürdigkeiten in Basel. Herausgeg. von Hasler u. Comp. Mit 17 Abbildungen u. 1 Plane. Fol. Basel 842. (Schweighauser'sche Buchh.) Velinpap. n. $5^1/_2$ ß — Chines. Pap. n. $7^1/_2$ ß

— aller dänischen **Münzen** u. Medaillen in der kön. Samml. 2 Thle. m. K. gr. Fol. Kopenh. Brummer. 803.

— alter russischer **Münzen**. (v. Alex. Tschertkow.) Mit 28 lithogr. Taf. gr. 8. Moskau 834. ...

Beschreibung dreyer alten Russischen Münzen. [Riga 1785.] V: *Brotze, Johann Christoph.* (R-N)

— der antiken **Münzen** der königl. Museen zu Berlin 1. u. 2. Bd. 8. Berlin 888. 889. [W. Spemann]. G. Reimer Geb. n.n. 72. 50
1. Taurische Chersonesus, Sarmatien, Dacien, Pannonien, Moesien, Thracien, thracische Könige. (VIII, 357 S.) Mit 8 Taf. u. 63 Zinkdr. n.n. 25. —
2. Paeonien, Macedonien, die macedon. Könige bis Perdiccas III. (VIII, 207 S. m. 70 Zinkdr. u. 8 Taf.) n.n. 20. —

— der antiken **Münzen** in den königl. Museen zu Berlin 3. Bd. 1. Abth. 8. Berlin 894. W. Spemann. Geb. in Leinw. n.n. 27. 50 (1—3, I.: n.n. 72.50)
Italien. Aes rude, Aes signatum, Aes grave. Die geprägten Münzen von Etrurien bis Calabrien. (Von Heinr. Dressel.) (X, 315 S. m. 4 Doppel-, 14 einfachen Taf. u. 89 Zinkdr.)

Beschreibung der im ehemal. Hochstifte Eichstädt geprägten Münzen. Ingolstadt 1845. V: *Buchau, Fr. von.* (Th)

— der im ehemaligen Hochstift Eichstätt geprägten **Münzen**. gr. 8. (3 B.) Ingolstadt 845, Fromm.

— von **Münzen** u. Medaillen d. Fürstenhauses u. Landes Baden i. chronolog. Folge a. d. Samnlg. d. grossherzogl. bad. Kommerzienraths Otto Bally i. Säckingen. 1. Thl.: Münzen u. Medaillen d. Zähringenbad. Fürstenhauses. Imp.-4. (XXXVII, 122 S. m. Fig., 2 farb. u. 12 Lichtdr.-Taf.) Aarau 897. H. R. Sauerländer & Co. Geb. in Leinw. n. 40. —

Beschreibung von Münzen und Medaillen des Fürstenhauses und Landes Baden aus der Sammlung des grossherzoglich badischen Kommerzienrats Otto Bally in Säckingen. Fortgesetzt und erweitert auf Grund in- und ausländischer öffentlicher Sammlungen. Teil II: Einzeluntersuchungen — Neuer Zugang — Literaur — Register. Liefg. 1 u. 2. fol. Aarau, H. R. Sauerländer & C°., 1905.
Liefg. 1 *u. d. bes. T.:* Hilger, Constantin. Studien über die Schaumünzen der Markgrafen von Baden aus der Zeit der Renaissance. [Mit 1 Tafel.] II + 30 S. Aarau ... 1904. (M. 4. –)
Liefg. 2: (Brambach, Wilhelm. Zähringer Symbole und Wappen auf Münzen.) [Mit Illustrationen und 1 Tafel.] II S. + S. 31—45 (M. 2. –)

— v. **Münzen** u. Medaillen des Fürstenhauses u. Landes Baden aus der Sammlung des großherzogl. badschen Kommerzienrats Otto Bally in Säckingen. Fortgesetzt u. erweitert auf Grund in- u. ausländ. öffentl. Sammlgn. II. Tl. Einzeluntersuchgn. Neuer Zugang. Litratur. Register. 3. u. 4. Lfg. (S. 47—70 m. 1 Abb. u. 1 Taf.) 39,5×31,5 cm. Aarau 906. 08. H. R. Sauerländer & Co. nn 1. 50: (I—II. 4: nn 47. 50.
Liefg. 3: (Brambach, W[ilhelm]. Die Badischen Ehewappen auf Münzen und Medaillen. Zum Andenken an den 20. Septembr 1906.) [Mit 1 Tafel.] II S. + S. 47—62.

— merkw. u. rar. **Münzen** u. Medaillen. 8. Hamb. Neuß. 783.

Beschreibung höchst seltener und merkwürdiger Münzen. Hamb 1783. V: *Neumann, Johann Heinrich.* (E3)

Beschreibung Über der Stadt Zoffingen Müntz-Gerechtigkeit... 1721 *s.* [Suter, Hans Rudolf].

Beschreibung des K. K. Münz- und Antiken-Kabinettes. Wien 1845. V: *Arneth, Jos. Ritt. v.* (Bibl. d. arch. Inst. in Rom. 1. Rom 1900.)

Beschreibung der Kölnischen Münzsammlung des Domherrn und kurfürstl. Hofgerichts-Präsidenten von Merle. Köln 1792. V: *Wallraf, Ferdin. Franz.* (Ky) (MGT)

Beschreibung Museum Hunter

Beschreibung von Hunter's anatomisch-pathologischem Museum des Collegiums der Wundärzte in London. Aus dem Engl.für deutsche Aerzte und Wundärzte bearb.u.mit Anmerkungen begleitet von Michael Jäger. 83 S., gbd.

Erlangen: Palm & Enke 1835

Beschreibung. Musical-Historische B' des Pfaffen-Kriegs. 1712 *s.* [Wild, Marquard].

—— des Musik-Festes in Rottweil, gehalten am 27. Aug. 1835. 4. (2⅓ B.) Rottweil 837, Herder'sche Buchh.

— des Musik-Festes in Rottweil, gehalten am 27. August 1835. 4. Rottweil 837. Willmann. 1/6 ₰

Beschreibung und Nachricht von dem neuen Cometen dieses jetztlaufenden Jahres 1744. Stuttg. V: *Hecker, Constantin Gabr.* (EB)

Beschreibung und zuverlässige Nachricht von Herrnhut in der Ober-Lausitz, wie es erbauet worden etc. Mit 1 Taf. Leipzig 1735. 8°. Rar! (1 Mk. 20 Pfg. B. Liebisch, 1901.)

Beschreibung des O.A. Nagold. Herausgegeben vom Königlichen Statist. Landesamt. Stuttgart 1862

Beschreibung des Oberamtes Nagold. Neu bearb. im Juli 1897. 8. (? S. m. 1 Karte.) Nagold 897. (G. W. Zaiser). n.n. — 18

Beschreibung einer Nähmaschine O. O. u. J. V: *Madersperger, Jos.* (Kat d Bibl. d Kais. Patentamtes. Berlin 1896)

Beschreibung der menschlichen Nahrungsmittel ... Leipzig 1806. V: *Sommer, Joh. Gottfr.* (= *Volte*). (GGr)

Beschreibung aller Nationen des Russischen Reichs, ... Petersb. 1776. V: *Georgi, Johann Gottlieb.* (BrMm) (MGT) (Ky) »1776—1780« (CBH)

— aller Nationen d. Russ. Reichs, ihrer Lebensart, Religion, Gebräuche, Wohnungen u. s. w., (v. Jh. Gli. Georgi). 4 Thle, mit Kpf. gr. 4. St. Petersb. 776—81. Dass. 1783. mit seinen Namen u. folg. n. Titel: Rußland, Beschreib. aller Nationen des weitläuft. Reichs, ihrer Lebensart, Religion, Gebräuche, Kleidungen rc. in 2 Bden. Mit 2 Kpf. u. Vign. gr. 4. Ebd. (Lpz., Dyck). 8 ₰

— aller Nationen d. Russischen Reichs. 4 Thle. m. K. 4. Riga, Hartknoch. 777—81.

— d. königl. Naturalienkabinets zu Dresden, mit Plänen u. Vign. Fol. Dresd. 755. Walther. 1 ₰ 8 gr. Dass. französ. Fol. Ebd. 755. 2 ₰

Beschreibung des schreklichen Natur-Ereignisses, durch welches am zweiten Herbstmonat 1806 die Ortschaften und Wohnungen zu Goldau, Röthen, Buosingen, Lowerz und Seewen, im Kanton Schwyz, ... zu Grunde gerichtet, oder beschädiget worden sind. Aus authentischen Quellen gezogen. [Mit 2 Kupfertafeln.] 4. Aarau 1806.

Beschreibung der Naturgeschichten des Schweizerlandes v. Seltsamer Naturgeschichten Des Schweitzer-Lands wochentliche Erzehlung.

— naturhist., des Orang-Outangs u. and. doppelart. Naturgeschöpfe. 8. Mannh. Löffler. 803.

— der Staaten Neapolis u. Sicilien. 4. Frankf.

— d. Nebellochs bei Pfullingen im Würtembergischen. 8. Stuttg. 805. (Andrä in Leipz.) 8 gr.

— des Nebellochs bey Pfullingen im Würtemb. 8. Stuttg. Magaz. f. Liter. 805.

— des Oberamts Neckarsulm. Hrsg. v. dem k. statistisch-topograph. Bureau. Mit 5 Tab., einer historisch kolor. (lith.) Karte des Oberamts u. 3 lith. Ansichten. 8. (XI, 716 S.) Ebend. 881. n. 6. —

— einer Nelken u. Aurikel-Stellage. gr. 8. Freyberg, (Arnold, B.). 788.

— e. Nelken- u. Aurikel-Stellage. gr. 8. Frberg 788. (Gnobloch in Leipz.) 4 gr.

Beschreibung des Oberamts Neresheim. Herausgegeben vom Königlichen Statistischen Landesamt. Stuttgart 1872

Beschreibung des im Herzogthum Holstein belegenen, zum adelichen Gut Depenau gehörigen adelichen Meierhofes N e t t e l a u , nebst den Bedingungen, wornach dieser Meierhof am 16. Januar 1815 in Kiel verkauft werden soll. o.O. (1814.) Fol.

Beschreibung des Neubaues. (Nach dem Bericht des Stadtbaumeisters [Hermann] Bolle in der Festschrift.) S. 26. 4. Progr. Realprogymn. (Realgymn. i. E.) *Altena i. Westf.* 1904

Beschreibung des Neubaues. (Vom städtischen Bauamt.) (Umschlagtitel: Der Neubau der Anstalt und seine innere Einrichtung.) S. 3—13, 2 Bl. Taf. 4. Progr. Hamm, Realschule i.E. 1906

Beschreibung des im Herzogthum Schleswig im 1sten Dänisch-Wohlder adlichen Güterdistrict belegenen adelichen Guts **Neu-Bülck**, nebst den Bedingungen, nach welchen dieses Gut am 16. Januar 1828 zu Kiel verkauft werden soll. Schleswig. 1827. Fol.

Beschreibung des N e u b u r g e r w a l d e s im Forstamte Passau. – München 1851. 57 S. 1 Kt.

Beschreibung des im Herzogthum Holstein im Oldenburger adelichen Güterdistrict belegenen adelichen Guts **Neudorf** mit den Dörfern Schmiedendorf und Hasberg mit Howacht, nebst den Bedingungen, nach welchen dieses Gut den 4. September 1821 zu Kiel verkauft werden soll. o. O. (1821.) Fol.

Beschreibung, Neue, der uralten warmen Brunnen und Bäder zu Wiesbaden ... Vierte ... Auflage. Wiesbaden [1761.] V: *Speth, Johann & J. G. Rauch.* (BrMm)

— ganz neue, d. ganzen Erde, ihrer Gestalt, Erzeugung u. d. Völker, welche darauf wohnen. In Fragen u. Antworten. Nach d. Engl. 8. Münch. 830. Jaquet. 3 gr. Weiß P. 4 gr.

— n. geograph.-histor., des Archipelagus; aus d. Französ. 8. St. Petersb. 792. Logan. 12 gr.

—— und Geschichte, neue, von Meiningen, nebst Ausflügen in die Umgebungen. gr. 18. (38 S. und 13 Stnt.) Meiningen 850, (Blum.)

— neue kurzgef., d. Vorgebirges d. guten Hoffnung, mit Anmerkk. v. Allemand u. Klockner. Aus d. Holländ. 3 Stcke., mit Kpf. gr. 8. Leipz. 779, 80. Weygand. 1 Rthlr 1 Gr.

— neue, v. Leipzig. Handb. f. Fremde u. Einheimische, (v. G. W. Becker). Mit e. Vorr. v. J. G. Leonhardi. Mit 3 Kpf. u. 1 Pl. 8. Leipz... N. A. 808. Hinrichs. 16 Gr. Französ. 1 Rthlr Der Plan dazu apart 8 Gr. Dass. umgearb. u. d. T.: Gemälde von Leipzig u. seiner Umgebung, f. Fremde u. Einheimische, mit besond. Rücksicht auf d. Schlachten bei Leipzig v. *r. (Becker). 8. Ebd. 823. 1 Rthlr 6 Gr. Mit 1 Pl. u. 16 Kpf. 2 Rthlr

— — dieselbe franz. 8. Ebend.

— neue, d. barbarischen Staaten, Marocco, Algier, Tunis u. Tripolis. Mit 1 Karte u. den Ansichten d. sechs großen Häfen d. Seeräuber: Tunis, Tanger, Oran, Tripolis, Anger u. Salee. qu. Fol. Leipz. 817. Mag. f. Ind. 1 Rthlr 3 Gr. Hbg. Pr. 1 Rthlr

Beschreibung d. Oberamts Neuenbürg. Her. v. Kgl. Stat. Landesamt.

Beschreibung von Neu-England und dessen vier Provinzen, Massachusetsbay, Connecticut, Rhode-Island u. Neu-Hamshire. [Braunschw. 1777.] V: *Heise, Johann Christoph Friedrich.* (MGT)

Beschreibung des im Herzogthum Holstein im adlichen Gute Erfrade belegenen Erbpachtsgehöftes Neu-Erfrade nebst den Bedingungen unter welchen dieses Grundstück am 8. Jan. 1851 auf der Ricklinger Mühle verkauft werden soll. o. O. (1850.) Fol.

— neueste, geogr.-histor.-statist., von Ungarn u. d. Banat, Slavonien u. Syrmien, Kroazien, Dalmatien, Gallizien u. s. w. 8. Schwabach 795. (Andrä in Leipz.) 1 Rthlr

Beschreibung, Neueste geographisch-statistisch-naturhistorische, der Königreiche Dänemark, Norwegen und der dazu gehörigen Herzogthümer Schleswig, Holstein und anderen Nebenbesitzungen. (2 Bde) 8. Wien 1808.

— neueste, geographisch-statistisch-naturhistorische, des Königreichs Portugall u. dessen Besitzungen in Amerika, Asien u. Afrika. 8. Wien 808. Gerold. 12 Gr.

Beschreibung, Neueste, geographisch-statistisch-naturhistorische, des Königreiches Spanien, und dessen Besitzungen in Süd- und Nordamerika und anderen Welttheilen, nebst Schilderung der Sitten und Gebräuche ihrer Einwohner, derselben Anzahl, Handel, Fabriken, Künste, Gewerbe etc. 8. Wien 1808.

Neueste historische u. geographische *Beschreibung* d. Caspischen Meeres, Daria-Stroms, u. d. übrigen da herum liegenden Länder, Städte u. Völcker ... Dantzig 1723. 112 S. 1 Tvl.

Beschreibung, Neueste, aller Merkwürdigkeiten Wiens. Wien 1779. V: *Kurzböck, Joh. Ritter von.* (WBL)

— neueste, aller Merkwürdigkeiten Wiens. Mit Kpf. gr. 8. Wien 779. Camesina. (Heubner). 1 Rthlr

Beschreibung, neueste, von Paris, der Hauptstadt Frankreichs u. ihren Umgebungen. 8. Wien 809. 1 Rthlr 16 Gr. Neue umgeänderte Aufl. Mit d. Prospekte d. Schloßgebäudes der Thuilerien u. dem neuesten u. richtigsten Grundrisse der Stadt. 8. Wien 814. Gerold. 12 Gr.

• — neueste, des königl. Schlosses in Berlin, u. allen darin befindl. Merkwürdigkeiten. Mit Abbildungen des Schlosses. 8. Berl. Neue Societätsbuchh. 801.

Beschreibung, Neueste, des Starnberger-Sees, ... 2. vermehrte Auflage. München 1837. V: *Schaden, Joh. Nepomuk Adolph von.* (EngG)

— neueste, des Starenberger-Sees seiner Ufer u. Umgebungen, als Beil. zu d. neuesten Karte dieses Sees u. den dieselbe begleitenden 13 malerischen Ansichten. 2e verm. Aufl., gr. 8. (1 Bd., 1 Karte mit 18 Randansichten, in gr. 4. auf Leinwand, u. 1 Karte in gr. 4. München 837. Lindauer'sche Buchh. In Etuis. n. 5/12 Rthlr

— neueste, statistisch-geographische, des Königreichs Ungarn, Croatien, Slavonien und der ungarischen Militär-Grenze. 2e Ausg. gr. 8. Leipzig 824. (Pesth, Heckenast.) 1 1/3 Rthlr

Beschreibung, Neueste statistisch-geographische, des Königreichs Ungarn, Croatien, Slavonien und der ungarischen Militärgrenze. Leipz. 1832. V: *Magda, Paul.* (EngG) (KU) »2. Aufl. 1834« (WFM)

—— neueste statist.-geograph., d. Königr. Ungarn, Croatien, Slavonien u. d. ungarisch. Militär-Grenze. (1. Bd.) (34 B.) 832. 8 Thlr. 12 Gr., 2., (unveränd.) Ausg. gr. 8. Leipzig 834, O. Wigand.

— neueste, u. Verfass. d. Stadt Nürnberg, nebst einem Verzeichniß d. dasigen Kaufleute u. 100 Postreiserouten nach verschied. Richtungen d. In- u. Auslandes. Mit 3 Kpf. 12. Nürnb. 813. Schrag. 1 Rthlr

—— neueste, vollständ., des Domes zu Köln. M. 23 Abbild. v. F. Massau. — Description nouvelle et complète de la Cathédrale de Cologne, trad. de l'allemand p. F. J. Kiefer, ornée de 23 fig. (Deutsch u. franz.) qu. 16. (5 1/4 B.) Köln 840, Eisen.

— neueste, d. Hauptst. Wien, u. deren Schlösser, Gärten rc. m. Grdr. d. Stadt u. Vorstädte. 8. Wien, Binz. (Liebeskind, Leipz.) 809. Rthlr.

— neueste, von Wien, mit vorzügl. Rücksicht auf alle Merkwürdigkeiten dieser großen Kaiserstadt. 8. Wien, Geistinger. 812.

Beschreibung, Neueste, von Wien mit vorzüglicher Rücksicht auf alle Merkwürdigkeiten dieser grossen Kaiserstadt. Wien u. Triest 1812. 1818. V: *Pezzl, Johann.* (Gustav Gugitz: J. Pezzl, S. 212) (BiblPort)

— neueste, von Wien, mit vorzügl. Rücksicht auf alle Merkwürdigkeiten dieser großen Kaiserstadt. N. A. Mit Kpf. u. Plan. 12. Wien 821. Geistinger. 1 Rthlr 4 Gr.

— neueste, v. Wien u. allen Merkwürdigkeiten nebst Plan u. Kpfrn. 12. Wien 822, Geistinger.

Beschreibung des im Herzogthum Holstein belegenen adelichen Guts Neu-Nordsee nebst den Bedingungen, wornach dasselbe den 13. März 1810 auf dem Rathhause der Stadt (Kiel) verkauft werden soll. o. O. (1810.) Fol.

Beschreibung von Neu-York und Neu-Jersey. [Braunschw. 1776.] V: *Heise, Johann Christoph Friedrich.* (MGT)

— der Niederlausitz. 4. Soran.

Beschreibung von Nigritien. Aus dem Französ. Leipzig 1790. V: *Pruneau de Pommegorge.* (EngG)

— von Nigritien. a. d. Franz. gr. 8. Leipz. Göschen. 790.

Beschreibung Nischnii-Nowgorod's mit seinem berühmten Jahrmarkte nebst der Ansicht der Stadt und dem Plane des Jahrmarktes. Dorpat 1839. 45 S., 1 Krt. 8°

Beschreibung der in dem Herzogthum Schleswig, in der 2ten Hälfte des Dänisch-Wohlder Districts belegenen, zu der Concurs-Masse des Detlev Hinrich Hilmers gehörigen, adelichen Güter **Noer** und **Grünewald**, welche den 11. October 1822, auf dem Rathhause der Stadt Kiel verkauft werden sollen. Schleswig. 1822. Fol.

— d. Insel Nukahiwa, d. vorzügl. d. Washingtons-Inseln, im großen Südmeer; nach A. J. v. Krusensterns Reise um d. Welt; nebst Langsdorffs u. Blumenbachs Abhandl. üb. d. Tatowiren. Mit 3 Kpf. gr. 8. Weim. 811. Industr.-Compt. 15 gr

Beschreibung der Reichsstadt Nürnberg. 4. Frankfurt. Rthlr.

Beschreibung des Oberamts Nürtingen. Herausgegeben vom Königl. Statistischen Landesamt. Stuttgart 1848

Beschreibung.– Beschreibung des Nutzens von dem so genandten spanischen Klee.– Halle im Magd.: Renger (um 1710). 6 ungez. Bl. 8°

Beschreibung des Nydelbades im Canton Zürich. (Njbl.) *s.* [Meyer-Pestalozzi, Johann Ludwig *III*].

— von Ober- u. Nieder-Elsaß samt dem Sundgau. m. K. 8. Nürnb. Kelsecker. 734.

— des Meißnischen Ober-Erzgebirges. m. K. 4. Leipzig, Junius. 747.

Beschreibung des Oberamts Oberndorf. Herausgegeben vom Kgl. Statistischen Landesamt. Stuttgart 1868

— von drei ganz neu konstruirten Obstdörrofen, für Gemeinden u. Privatökonomen höchst beachtungswerth. Mit 4 lithogr. Planen. gr. 8. St. Gallen 842. (Scheitlin u. Zollikofer.) 1/6 rf

— schweizerischer Obstsorten. Herbg. vom schweizerischen Obst- u. Weinbauverein. Bearb. von der Kommission für Obstbeschreibung. 1. Heft. Frauenfeld 870. Huber. gr. 8. (XVIII, 164 S. m. Holzschn.) n. 20 ngr.

— d. Obstsorten in d. Central-Obstbaumschule am ständischen Musterhofe z. Grätz. Hrsg. v. d. k. k. Landwirthschaftsgesellschaft in Steiermark. 1. Lief. Aepfel. 2. Lief. Birnen. br. gr. 8. Grätz, 1827 u. 29. 2 Aufl. 1833 u. 44. (Damian u. Sorge). à — 25 — 1. 20

— eines für Handwerker erf. vortheilhaften Ofens. m. K. 8. Bresl, W. Korn. 800.

— neuer holzspar. Oefen u. Feuerheerde; zum Militär- u. Civilgebrauche. Mit Kpf. gr. Fol. Wien 808. (Beck). 3 rf

Beschreibung der Pihal'schen Oefen. *Kaschau. C. Werfer.* 8 S., 4°. Mit 3 Taf. Abbild. Ohne Pr.
Taf. A.: Entwurf des Pihal'schen Ofens. Taf. B.: Details desselben. Taf. C.: Neuartige Gussofen-Construction für Steinkohlen zum Heitzen von Aussen.

Beschreibung des Oberamts Öhringen. Herausgegeben vom Königl. Statistischen Landesamt. Stuttgart 1865

— sämmtl. Octoberfeste zu München, seit ihrem Entstehen. gr. 8. München, Jaquet. 3 gr

Beschreibung sämmtlicher Oktoberfeste zu München seit ihrem Entstehen. München 1827. 8°.

Beschreibung des im Herzogthum Schleswig, und zwar im Schwansener adel. Güterdistrict belegenen adel. Guts **Olpenitz**, nebst den Bedingungen, wornach dieses Gut am 17. April 1816 auf dem Schlosse Gottorff verkauft werden soll. Schleswig. (1816.) Fol.

Beschreibung des wahren Opobalsam-Baumes de Mecha. Copenhagen 1745. V: *Winneke, Chn.* (Bruun, Bibl. Danica. I, 830.) (Collin, Anonymer. Kiobenh. 1869.)

Beschreibung des im Herzogthum Holstein belegenen adelichen Guts **Oppendorf**. o. O. (Vor 1805.) Fol.

Beschreibung des im Herzogthum Holstein im Kieler adlichen Güter-District belegenen adlichen Gutes **Oppendorff**, nebst den Bedingungen, nach welchen dieses Gut am 7. July 1819 zu Kiel verkauft werden soll. o. O. (1819.) Fol.

— der im Großherzogthum Luxemburg vorkommenden Orchideen. Luxemburg 864. (Bück.) gr. 8. (22 S.) 6 ngr.

Beschreibung der Orden aller europäischen und nichteuropäischen Regenten und Staaten. Zugleich als Anhang zu dem Farbendruck-Werk: „Die Orden. Wappen und Flaggen aller Regenten und Staaten in chromolithographischen Abbildungen. Vollständige Ausgabe." 4. Leipzig (1896).

Beschreibung der neu-erbauten vortrefflichen Orgel in der Sophien-Kirche zu Dreßden, 1720.– (Dresden), Joh. Conrad Stössel, (1720). 8°, 4f.

— des Orgelbaues, (von C. L. Deimling). gr. 8. Offenb. 792. 2e Aufl. 796. 3e Aufl. (mit s. Namen) 819. Brede. (Heidelb., Oswald; Leipz., Hinrichs). 16 gr

Beschreibung des im Herzogthum Holstein und zwar im Oldenburger Güter-District belegenen adelichen Gutes **Oevelgönne** nebst Meierhof Altona nebst Bedingungen, nach welchen dieses Gut am 22. Februar 1820 zu Kiel verkauft werden soll. o. O. (1819.) Fol.

Beschreibung der completen neuartigen Packpferde-Rüstung mit der Vorschrift über die Sattlung und Packung der Packpferde, nebst der Uebersicht über das Gewicht eines complet gepackten Packsattels. 4. 1854.

—— von Palästina, s. Palästina.

— von Palästina, seiner Lage, Fruchtbarkeit &c. 12. Wien 799. (Brünn), Gastl. 4 gr

Beschreibung von Palästina als dem gelobten Lande und von den Reisen Jesu in demselben. Mit Karten und Kupfern. Ergänzungsband zu Chr. Schmids bibl. Geschichte. Graz, 1834, 8°, 2. Aufl., 1 Mk.

— — v. Palästina u. den Reisen Jesu in d. gelobten Lande; als Ergänzungs-Band zu Chr. Schmid's bibl. Geschichte. 2e Aufl. Mit Karten u. Kupfern. 8. Gräz 1834, Ferstl.. 10 Ngr. — 36 kr.

— von Paris, seinen Umgebungen u. Merkwürdigkeiten, aus den neuesten Quellen. gr. 8. Nürnb. 814. Riegel u. W. 8 gr

— des herzogl. Parks bey Weimar und Tiefurt. 8. Erfurt, Keyser. 797.
Holl. Pap.

Beschreibung der aus dem **Kleinhanstorfer Broock** im Amte Tremsbüttel abgelegten Parzelen nebst einer Zubauerstelle, welche an Ort und Stelle unter nachstehenden Bedingungen verkauft werden sollen. o. O. (1810 oder 11.) Fol.

Beschreibung der aus den Hof-Feldern des in Schwansen, des Herzogthums Schleswig belegenen adelichen Guths **Gerebuy** und des dazu gehörigen Meyerhofes Bockholt, abgelegten Parcelen, so wie selbige den 20. Aug. dieses Jahres verkauft werden sollen. Schleswig. 1789. Fol.

Beschreibung der aus den Hoffeldern des adelichen **St. Johannis-Klosters** abgelegten Parcelen, so wie selbige den 17. Dec. und folgende Tage verkauft werden sollen. Kiel. 1798. Fol.

Beschreibung der von den Ländereyen des adel. Guths **Rundhof**. in Angeln, des Herzogthums Schleswig, abgelegten 57. Parcelen, welche nach den dazu gedruckten Conditionen, am 16. Dec. und den folgenden erforderlichen Tagen dieses Jahres verkauft werden sollen. Schleswig. 1799. Fol.
—— 3. rectificirter Abdruck. ebd. 1806.

Landesbibliothek, Nachtrag 1.

Beschreibung der 8. und 50. contribuablen Parcelen des adelichen Guts **Mansleben**, nebst den Bedingungen, wornach diese beiden Parcelen am 13. Mai 1818 in Kiel verkauft werden sollen. Schleswig. (1818.) Fol.

Beschreibung der zu dem Guthe **Pahlhorn** gehörigen Parcelen, so wie sie verkauft werden sollen. Flensburg. 1773. Fol.
Conditiones, wornach die, zu dem in der Landschaft Stapelholm belegenen Königl. Guthe **Pahlhorn** gehörige Ländereyen verkaufet werden sollen. (Flensburg. 1773.) Fol.

Beschreibung der aus den **Lindauer** und **Nottfelder** Hof-Ländereyen gemachten Parcelen, so wie sie, gegen Erlegung des in dieser Beschreibung vestgesetzten Canonis, an den Meistbietenden mit dem völligen Eigenthums-Recht öffentlich verkauft werden sollen. Flensburg. 1783. Fol.

Conditiones, wornach die zu dem im Angelschen District belegenen Gutte Lindau und Meyerhofe Nottfeldt gehörige in Parcelen getheilte Ländereyen . . . verkaufet werden sollen. Flensburg. 1783. Fol.

Kurzgefasste Taxation von dem auf den Lindauer und Nottfelder Parcelen vorräthigen Holze. Flensburg. o. J. Fol.

Beschreibung der von den zu dem bisherigen Königlichen Pacht-Stück **Tyrstrupgaarde** gehörigen Ländereyen, gemachten Parcelen, so wie selbige gegen Erlegung des in Conditionibus bemerkten Canonis, mit dem völligen Eigenthums-Recht verkauft werden sollen. Nebst: Conditiones wornach die zu dem im Amte Hadersleben belegenen Vorwerk Tyrstrupgaard gehörige Ländereyen . . . verkauft werden sollen. (Flensburg. 1771.) Fol.

Beschreibung der aus den Ländereyen des im Amte Flensburg. und zwar in der Wies-Harde belegenen Königl. Guths **Lindewitt** gemachten Parcelen, so wie selbige am 7. März d. J., an Ort und Stelle, zum Aufgebot gebracht werden sollen. Schleswig. 1796. Fol.

Bedingungen, wornach die Ländereyen des . . . Königl. Guts **Lindewitt** . . . am 7. März dieses Jahrs an Ort und Stelle zum Aufgebot gebracht werden sollen. Schleswig. (1796.) Fol.

Beschreibung des aus den Ländereyen des in der Wies-Harde, Amts Flensburg, belegenen bisherigen Hofes **Lindewitt** gemachten Parcelen, so wie selbige am 6. April an Ort und Stelle zum Aufbot gebracht werden sollen. Flensburg. 1830. Fol.

Angehängt: Bedingungen, wornach die zu **Lindewitt-Hof** gehörigen Ländereyen verkauft werden sollen. o. O. u. J. Fol.

Beschreibung der aus den **Ahrensböck**ischen Vorwerks-Ländereyen gemachten Parcelen, so wie sie, gegen Erlegung des in dieser Beschreibung festgesetzten Canonis verkauft werden sollen. Flensburg. 1775. Fol.

Nebst: Conditiones, nach welchen die zu dem . . . Vorwerke Ahrensböck gehörige Ländereyen . . . verkauft werden sollen. ebd. 1775. Fol.

Beschreibung der 8 *mm* scharfen Patronen M. 1888/90, M. 1890, M. 1892 u. M. 1893. 8. (5 S.) Wien: Hof-u. Staatsdruck. 1893

— einer neuen und richtigen Pendeluhr. a. d. Franz. des le Paute. m. K. 8. Augsb. Wolf. 769.

Beschreibung der Provinz Pensylvanien. [Braunschw. 1777.] V: *Heise, Johann Christoph Friedrich.* (MGT)

— der großen Pest zu Wien 1679. 8. Wien 779. Trattner. 2 gr

— der Stadt Petersburg und des Seehafens Cronschlot. 8. Leipz. 728.

Beschreibung der Peterskirche. [1830.] V: *Seidel, Carl Ludwig.* (NN)

Beschreibung des in dem Herzogthum Holstein belegenen adelichen Guts **Peterstorff**, nebst den Bedingungen, wornach dieses Gut am 6. Oct. 1812 in Kiel verkauft werden soll. o. O. (1812.) Fol.

—— nebst den Bedingungen, wornach dieses Guth am 5. April 1820 auf dem Haupthofe Petersdorf verkauft wird. o. O. (1820.) Fol.

—— nebst den Bedingungen unter welchen solches am 17. Jan. 1826 zu Kiel verkauft werden soll. o. O. (1825.) Fol.

Die letzte Beschreibung auch in Abschrift von H. Biernatzkis Hand.

— d. Pfaueninsel, ohnweit Potsdam, angelegt v. Friedr. Wilhelm II. gr. 8. Potsdam, 1816. Horvath. — 5

— der Pfaueninsel ohnweit Potsdam, angelegt von Friedr. Wilhelm II. gr. 8. Potsdam 820. Horvath. 4 gr

— des Pferdegöpels auf d. Grube Neuer Morgenstern, Erbstollen am Muldenberg bei Freiberg. Neue Ausg., (v. C. J. F. Erler u. F. G. v. Busse) 811. Mit 7 Kpf. 8. Freib. 792. Craz u. G. 1 rß

— der engl. u. französ. Pflanzstädte in Amerika, (v. Jh. Nast). 8. Stuttg. 761.

— der Westphäl. Pforte. 8. Leipz. 796. (W. Nauck). 4 gr

— der Westphäl. Pforte. 8. Leipz. Sommer. 796.

Beschreibung, Physikalisch-chemische, des . . . Gesund-Brunnens zu Driburg . . . Hildesheim 1783. V: *Beroldingen, Franz Freiherr von.* (EngM)

— physic. chem., des Gesundbr. Driburg in Paderborn ꝛc. gr. 8. Hildesh. Waisenh. 784.

— physical., u. Abbild. einer Hiäne. gr. 8. Nürnb. Winterschmidt. 766.

— physikal. u. statist. d. Fichtelgebirgs ꝛc. s. Goldfuß, G. A. u. G. Bischoff.

Beschreibung, Physikalische, der Taurischen Statthalterschaft, nach ihrer Lage und allen drei Naturreichen. Aus d. Russ. von Ludolf Guckenberger. Hannover u. Osnabrück 1789. V: *Hablizl, Carl.* (BrMm) (EBHN) (EngG) (Ky)

— physikal., d. Taurischen Statthalterschaft, n. ihrer Lage u. allen drei Naturreichen. A. d. Russ. (des Hofr. Hablizl) v. L. Guckenberger. gr. 8. Hannov. 789. Hahn. 1 rß 4 gr

— physikal.-geogr. u. histor., des Schweizerlandes, mit Zusätzen u. Verbess. A. d. Franz. (v. L. F. König u. J. S. Wyttenbach). 3 Thle. gr. 8. Bern 782—84. Haller. 2 rß 20 gr

Beschreibung des Brixener Pilgerzuges nach Rom 1888. Unter Mitwirkung mehrerer Pilger herausgegeben von Johann Stippler. Mit Porträt Sr. Heiligkeit Papst Leo XIII. u. 16 Illustrationen. 8. (254 S.) Brixen: Wagner 1890 —.50

— eines Planetarium, Tellurium u. Lunarium u.s.w. m. K. 8. Leipz. Herzog.

— eines neuen Planimeters, wodurch man den Inhalt ebener geradliniger Figuren ohne Rechnung finden kann. Eine Zugabe f. d. Anfangsgründe d. Mathematik. 1r Theil (v. G. G. Schmidt.) gr. 8. Frankf. 826, Varrentrapp.

Beschreibung der Herrschaft P o d e b r a d mit besonderer Rücksicht auf ihre Forste nebst Beschreibung der Excursions-tour des Böhmischen Forstvereins in obengenannte Forste im Jahre 1896. – Prag 1896.

Beschreibung, Poetische, des Oesterreich-Preussischen Haupttreffens, welches den 10. April 1741 . . . vorgefallen . . . Budissin. V: *Thomas, Joh. Ehrenfried.* (Euphorion, 4. Ergheft, S. 136.)

— poet.-komische, e. Bauernhochzeit. 8. Potsd. 780. Horvath. 3 gr

Beschreibung, Politisch-geographisch und historische, des Königreichs Ungarn. Pressburg 1772. V: *Windisch, Carl Gottlieb von.* (ML) (WBL) V: *Korn, Chph Hnr.* (Ky)

— polit. geogr. hist., des Königr. Hungarn. 8. Presb. Löwe. 772.

Beschreibung von Pommern und Rügen, nebst nordischem Kriegsdiario von 1700–1715. 8. Frankfurt 1716.

Beschreibung, Des Herrn Juan de Posos, des mächtigen Königreichs Krinke Kesmes ... Delitzsch 1748 [1751]. 4. Aufl. Schweinfurt u. Leipzig 1776. V: *Smeeks, H.* (Ullrich, Robinson u. Robinsonaden. Weimar 1898. S. 103.)

Beschreibung der Garnison Potsdam, vom Standpunkt der Gesundheitspflege aus aufgestellt. Hrsg. von d. Med.-Abth. d. Kgl. Preuss. Kriegsminist. Mit 17 Abb., 3 statist. Anlagen, 5 Beil. u. 74 Taf. *Berlin: E. S. Mittler & Sohn 1900.* (VIII, 303 S.) 8°
Garnisonbeschreibungen, vom Standpunkt d. Gesundheitspflege. Bd 6.

— von Potsdam: Sanssouci, d. Bildergallerie, das neue Schloß u. der Antikentempel, erbauet von Friedrich II. gr. 8. Potsdam 820. Horvath. 10 gr

— von Prag, Vom Syndikus P. 8. Leipz. 800. N. Aufl. 808. (M. Nauck) 18 gr

— von Prag. 8. Leipz. Sommer. 800.

— die königl. Hauptstadt Prag. 2 Thle. 8. Prag 787. Schönfeld. 2 Thlr (vergl. J. F. Opitz).

Beschreibung, Praktische, der von mir erfundenen Pictographie oder Schriftmalerkunst. [Gotha 1796.] V: *May, Chn Gottlieb.* (MGT) (OL)

— der am 11., 12. u. 13. Sept. 1834 in d. Nähe der Stadt Celle abgehaltenen Preis-Rennen. Nebst e. Anhange, d. Statuten des Hannoverschen Vereins zur Beförderung d. Pferdezucht enthaltend. gr. 8. Celle 834 Schulze. 1/6 Thlr

Beschreibung der königlichen Freistadt Pressburg u. ihrer Umgebungen. Pressb. 1822. V: *Ballus, Paul.* (KU) (Pk)

— der ungar. Hauptst. Presburg; nebst e. Anh. (v. J. M. Korabinsky). 1r Thl. gr. 8. Preßb. 784. Weber. 20 gr

— der ungar. Hptst. Presburg. m. K. 1r Thl. gr. 8. Pre b. Weber. 785.

Beschreibung des adel. Guthes **Priesholz** und der zweiten Priesholzer Parcele. Schleswig. (1807.) Fol.
Bedingungen, unter welchen das im ersten Angelschen District belegene adeliche Guth **Priesholz** und die zweite Priesholzer Parcele am 4. Nov. 1807 auf dem Schlosse Gottorff verkauft werden sollen. Schleswig. (1807.) Fol.

— der bisher bekannten böhmischen Privatmünzen und Medaillen. Herausg. von dem Vereine für Numismatik zu Prag. Mit Abbildgn. (In ca. 16—18 Heften.) 1. Abth.: Personenmünzen. 1—12. Heft. Prag 852—56. (Leipzig, Brockhaus.) gr. 4. (S. 1—260. u. 48 lith. Taf.) n. 9 Thlr 18 Ngr

—— der bisher bekannten böhmischen Privatmünzen und Medaillen. Hrsg. von dem Vereine für Numismatik zu Prag. Mit Abbildungen. 1. Abthl.: Personenmünzen. Beschrieben von Heinr. Otokar Miltner. 1—19. Heft. gr. 4. (408 S. mit 76 Stnt.) Prag 852—61, (Storch.)

Beschreibung der bisher bekannten böhmischen Privatmünzen und Medaillen. Herausgegeben von dem Vereine für Numismatik zu Prag 1. Abtheilung. Personenmünzen. IX Heft. Mit Abbildungen. Prag. 1855. Druck von C. W. Medau. Im Verlage des Vereines. (S. 177—200. Text u. Taf. XXXIII—XXXVI. 4.)

—— der bisher bekannten böhmischen Privatmünzen und Medaillen. Hrsg. von dem Vereine für Numismatik zu Prag. Mit Abbild. 1. Abthl.: Personenmünzen. Beschrieben von Heinr. Otokar Miltner. 20.—25. Heft. gr. 4. (S. 409—696 mit 6 Stnt.) Prag 862—67, (Storch.) à Heft * 1 Thlr. *
1.—19. Heft. (Ebendas.) 1852—61. * 16 Thlr. 18 Ngr.

—— der bisher bekannten böhmischen Privatmünzen und Medaillen. Hrsg. von dem Vereine für Numismatik zu Prag. 26.—28. (Schluss-)Heft. Beschrieben von Heinr. Ottok. Mittner. Prag 868,70, (Grégr und Dattel.) à Lfg. *
Inhalt:
Lfg. 26. Abthl. I. Personenmünzen. (S. 697—730 mit Abbildungen.)
» 27. » II. Münzen der Geistlichkeit. (S. 731—772 mit 2 Stnt.)
» 28. » III. Münzen der Städte und Ortschaften. S. 773—848 mit 1 Stnt.)
Complet 28 Hefte. Prag 1852—70. [Calve'sche Universitäts-Buchh.] (*M 96.) geb. M 45.

Beschreibung des Projektes der Wasserleitung für Triest. Triest, 1855. Weis'sche Buchdruckerei. (10 S. 4.)

— des Psychometers, s. Portius.

Beschreibung des Psychometers. [Leipzig 1834.] V: *Portius, Carl.* (EngM)

Beschreibung der unter Jurisdiction des adel. Klosters Itzehoe belegenen Erbpachtsstelle **Pünstorf**, nebst den Bedingungen, nach welchen dieselbe am 14. Sept. 1822 in Itzehoe verkauft werden soll. o. O. (1822.) Fol.

Beschreibung des im Herzogthume Holstein, und zwar im Kieler adelichen Güter-District, belegenen adelichen Guts **Quarnbeck** nebst den Bedingungen, unter welchen solches am 15. Januar 1827 zu Kiel verkauft werden soll. o. O. (1826.) Fol.

— des Quells der Wünsche, mit 1 Karte, dritter Landkartenversuch. 4. Leipz. 770. Breitkopf u. H. 4 gr

Beschreibung des Wallfahrtsortes Rankweil und seiner Umgebung. Andenken ... Rankweil [1857]. V: *Frick, Rupert.* (margr)

Beschreibung des im Herzogthum Schleswig und zwar im ersten Dänisch-Wohlder adelichen Güterdistrict belegenen adelichen Guts **Rathmannsdorff** nebst den Bedingungen, nach welchen dasselbe am 16. Januar 1827 zu Kiel verkauft werden soll. Schleswig. (1826.) Fol.

— der Räuber u. Mörder, welche jetzt noch Deutschland beunruhigen. 8. Halle 804. Dreyssig. 4 gr

Beschreibung eines fünfzehnfachen Raubmordes, welcher bei Paris am 14. December verübt und durch zwei unmündige Kinder an's Tageslicht gebracht wurde. Hiebei ein auf die Geschichte sich beziehendes Lied von J. H. Wiedefeldt. Jever. Druck von C. L. Mettcker u. Söhne.
o. J., 6 S., 117 × 111.
HBO Bänkelsingerlit. II, 58.

Beschreibung | des | gräulichen Raubmordes, | verübt in einem | Gehölz unweit Gardelegen, | an den | Schlossergesellen Weber, | von seinem | Collegen Ahrend. | (Fig.: *Zwei Männer vor einer Tür,* 64 × 70) | Hamburg. | Druck und Verlag von J. Kahlbrock Wwe.
o. J. (1860), 4 Bl. n. n., 168 × 104.
Dt. Vl.-Arch. Freiburg V 1. 1135/1.

Beschreibung des schrecklichen Raubmordes, verübt von dem 28jährigen Joh. Aug. Ludw. Parrent, an die Hindelsfrau Löb, in Hamburg. (Fig., 55 × 87) Druck, Verlag und Eigenthum von J. Kahlbrock Wwe., Grünersood No. 52.
o. J., (1859) 4 Bl. n. n., 168 × 102.
Dt. Vl.-Arch. Freiburg V 1. 1135/1.

— der Räucherungs-Apparate, welche nach d'Arcets Angabe in Hospitälern z. Behandlung d. Hautkrankheiten eingerichtet sind. Aus d. Französ. von G. C. Woost. Mit 9 Kpf. 4. Leipz. 821. Baumgärtner. 1 Thlr

— d. Räucherungs-Apparathe, welche nach d'Arcets Angabe in Hospitälern z. Behandlung d. Hautkrankheiten eingerichtet sind. A. d. Franz. v. G. C. Woost. M. 9 Kpfrn. 4. Leipz. 822. Baumgärtner.

Beschreibung derer Raupen, Maden, Käfer, Heuschrecken und andern ungeziefer. Umständliche, insonderheit in baum- und kraut-gärten, desgl. anderer orten: wie solche sich generiren und zeugen, und wie solche durch geringe mühe nechst göttlichen seegen zu vertreiben: von einem Wohlmeynenden Christl. Nachbar. 1731. 8.

Beschreibung des Oberamts Ravensburg. Herausgegeben vom Königlich Statistischen Landesamt. Stuttgart 1836

[Umschlagt.:] **Beschreibung** des neuen Realschulgebäudes vom städtischen Hochbauamt. (Unterzeichnet: Uhlmann.) Mannheim, Druck v. F. Raisberger, 1894; 1—8 S., 1 Taf., 2 Pl. 4.
Mannheim, R '(m. Fachkl.)', MP 1894 (624)

Beschreibung des Realschulhauses. Chemnitz 1894 s. **Schaarschmidt**, Ulrich Constantin [Vf.]

Beschreibung der zu Erfindung der Factoren dienenden Rechenmaschine... O. O. 1776. V: *Felkel, Ant.* (EB)

Beschreibung des 30-zölligen Refractors und des astrophysikalischen Laboratoriums. (Zum 50-jährigen Bestehen der Nicolai-Hauptsternwarte). St. Petersburg 1889

Beschreibung der Gegenwärtigen Regierung des Teutschen Staats. ... Frkf. u. Lpz. 1764. V: *Necker, Carl Friedrich.* (EB)

— der Regierung des deutsch. Staats. gr. 8. Frankf. Metternich. 764.

— d. Chinesischen Reichs. 2 Bdchn. 12. Weißenf. 790. Böse. (Weygand in Leipz) 18 ℛ (vergl. Thom. Förster. Erzähll.)

— d. chinesisch. Reichs. 2 Bdchn. (od. Förster Erz. 16, 25.) 12. Weissenf. Severin. 790. (à 9 gr.)

Beschreibung des Chinesischen Reichs und seiner Herrlichkeit. [Leipz. 1723.] V: *Fassmann, David.* (schles)

Beschreibung des Reichs der Liebe ... Leipzig 1777. V: *Breitkopf, Johann Gottlob Immanuel.* (BGE)

BESCHREYBUNG des Reiches der Liebe, mit beygefügter Landkarte. Ein zweyter Versuch im Satz und Druck geographischer Charten, durch die Buchdruckerkunst, von J. G. J. B. Leipzig. Aus der Breitkopfischen Buchdruckerey, den 19ten Oktober 1777. 8 S., 1 Karte. 1777. 24,6×19,7 cm.
[B. I, 345.]
Dieser zweite Versuch erschien in etwas kleinerem Format schon kurz vorher in Form einer Hochzeitsadresse (Rodenberg, Deutsche Pressen S. 211.)

BESCHREYBUNG des Reichs der Liebe mit beygefügter Landcharte. Herrn D. Gehler und Demoiselle Marschall am Tage ihrer Verbindung zugeeignet von O. und B. am 19. Oktober 1777. Gedruckt mit Breitkopfischen Schriften. Mit Schlußvignette in Holzschnitt [die im vorigen Druck fehlt]. 8 S., 1 Karte, 1777. 21×17 cm.

— des Reichs der Liebe. m. Chart., zweyter Landchartenvers. 4. Leipz. Breitkorf. 778.

—— des Reichs der Liebe. Mit beigefügtem (lithogr.) Kärtchen. (in qu. 8.) Leipzig 871, Dyk'sche Buchh. *

Beschreibung der k. bayerischen Salinen Reichenhall und Berchtesgaden. Reichenhall 1853.

— der sämmtl. Reichskleinodien. m. K. gr. 8. Nürnb. Schneider. 790.

— von den Reichstagen. 8. Regensb.

Beschreibung einiger Reichstäge in Nürnberg. [Altd. 1757.] V: *Martini, Johann Christoph.* (will)

—— d. Reichswaldes bei Nürnberg in gesch. u. wirthsch. Beziehg. 8. (80) Münch. 53, Grubert. n. 1. —

— des Reichswaldes bei Nürnberg in geschichtlicher und wirthschaftlicher Beziehung. Mit 1 (lith. u. illum.) Uebersichtskarte (in gr. Fol.). München 853. Palm. gr. 8. (1 Bl., 80 S. u. 1 Tab. in 4.) n. 1 ℳ

—— einer Reise in d. Achenthal, u. durch einige Gegenden des Isarkreises. Von J. Th. v. R. 8. (12 B.) München 830, (Lindauer.)

Beschreibung einer Reise aus Teutschland durch einen Theil von Frankreich, England und Holland. Breslau 1783. V: *Günderode, Friedrich Justinian Freiherr von gen. von Kellner.* (EB)

Beschreibung einer Reise, die im Jahre 1776 durch einen Theil der Bernischen Alpen gemacht worden. Bern 1776 [1777]. V: *Wyttenbach, Jac. Sam.* (Bibliogr. d. Schweiz. Landeskunde. Bern 1892 ff. III.)

Beschreibung der Reise und des Einzuges Sr. Majestät des Königs Friedrich Wilhelm II. von Preussen etc. etc. in der ehemaligen Fürstlichen Residenzstadt Ansbach; der daselbst ... errichteten ... Ehrenpforte; nebst einer ... Abbildung dieses ... Gebäurs, von einem Brandenburger. Nürnberg und Leipzig 1792.
83 S.; 1 Taf. in Kupferst. 8°.
Zeichner Krämer, Stecher v. Schad, Nürnberg 1792.

— der Reise Friedrich Wilhelm III., König v. Preußen, mit Kpf. 2 Hefte. 8. Berl. 798. Schöne. 12 ℛ Schrbp. 16 ℛ

— e. geschwinden Reise auf dem Luftschiffe nach d. obern Welt. Mit Kpf. 8. Frankf. u. Leipz. 784. Gerlach. 4 ℛ

Beschreibung einer Reise von Cairo nach Suez und dem rothen Meere; aus dem Schwed. übersetzt. [Hannover 1768.] V: *Beckmann, Johann.* (MGT)

Beschreibung einer Reise durch einen kleinen Theil des Schwarzwalds, ... Frankft. 1781. V: *Günderode, Hector Wilh. von.* (Heyd) (ML) V: *Günderode, Fr. Justinian Freih. von gen. von Kellnrr.* (Ky) (Adel)

— e. Reise durch d. kl. Theil d. schwarzen Waldes, welcher Gesundbrunnen u. s. w. enthält. gr. 8. Frankf. a. M. 781. Eichenberg. 4 ℛ

— e. Reise, welche 1769 n. d. Sierra Morena in Spanien von Elsaß aus unternommen wurde. 8. Leipz. 781. Weygand. 5 ℛ

Beschreibung der Reiseroute von Cairo nach Selahie, ... in einem vergleichenden Auszuge. Weimar [1800]. Ü: *Hartmann, Johann Melchior.* (MGT)

Beschreibung eines neu verfertigten Reliefs, welches eine der interessantesten Schweizergegenden nach der Natur darstellt. Aarau 1803. V: *Meyer, Johann Rudolph.* (SB)

— der Religion u. heil. Gebräuche d. malabarischen Hindus, nach Bemerkk. in Hindostan gesammelt. 4 Thle. gr. 8. Berl. 791. Acad. B. 20 ℛ (Nauck). Hbg. Pr. 12 ℛ

Beschreibung aller Religionen in der Welt, ... Lauban 1761. N. A. 1775. 3. Aufl. Breslau 1787. V: *Hausknecht, Balthasar.* (BrMm) (Ky) (MGT) (MS)

— aller Religionen in der Welt, (v. B. Hausknecht). gr. 8. Lauban 785. Bresl. 782. (Schiegg in Leipz.) 12 𝒦

Beschreibung des Religionswesens in Nürnberg. Leipzig 1789. V: *Rott, Johann Ferdinand.* (BB) (Ky) (MGT)

Beschreibung eines auf höchste Anordnung des durchlauchtigsten Herrn General-Genie-Inspectors Erzh. Johann k. k. Hoheit, im k. k. Ingenieur-Corps zu Stande gebrachten Rettungs-Apparates in irrespirabler Luft und der Art seiner Anwendung. Mit 9 Plänen. Fol. Wien 1833.

Beschreibung des Oberamts Reutlingen. Mit einer Karte des Oberamts, zwey lithographirten Blättern und Tabellen. Herausgegeben, aus Auftrag der Regierung, von Memminger. Stuttgart u. Tübingen 1824. 158 S. 8°.

— des Oberamts Reutlingen. Hrsg. v. dem k. statist. Landesamt. Mit Abbildgn. u. Karten. 8. (XIII, 504 u. 500 S.) Stuttgart 893. (W. Kohlhammer.)
Subskr.-Pr. n. 3. —; Ladenpr. n. 4. —

— des Preuß. Rheinlandes. Ein Schul- u. Familienbuch f. Rheinpreußens Volk u. seine erwachsene Jugend. Zugleich Anhang zu „Rossel's Real-Buch." Lex.-8. Aachen 832. Rossel. (Moschütz u. Comp.) 5/12 ℛ

Eine richtige Beschreibung und Anschlag von dem Adelichen Guhte Fresenhagen, nebst dem Meyer-Hof Bärg genannt, wie auch von dem Guhte Gaarde, als einem separaten Guhte und dessen Zubehörungen, wie es anitzt unter jetziger Inspection zusammen betrieben wird. Fresenhagen, den 9. Junii 1765. (Flensburg. 1765.) Fol.

Beschreibung des Oberamts Riedlingen. Herausgegeben vom Königlich Statistischen Landesamt. Stuttgart 1827

— des Oberamts Riedlingen für Schüler. Hrsg. von den beiden Schulinspektoraten des Bezirks. 8. (8 S. m. 1 Karte.) Riedlingen 887. Ulrich. n. — 20

Beschreibung d. Oberamts Riedlingen f. Schüler. 2. Aufl. gr. 8. (8 S. m. 2 Abb.) Riedlingen 895. Ulrich. n. 10. —; m. farb. Karte n. — 20

— des Schlesischen Riesengebirges od. Schneekoppe. 8. Leipz. 756.

Beschreibung und Riss einer zum gesunden Wachsthum der Pflanzen sehr vortheilhaften Nelken- und Aurikelstellage. Freiburg 1788. V: *Ranft, C. Sam.* (EngOec)

— aller Ritterorden. m. K. 10 Thlr. 4. 743.

Beschreibung aller deutschen und der vornehmsten fremden Ritter-Orden . . . Ulm o. J. V: *Hebra, H. C.* (BMarsch 328)

— aller deutschen u. der vornehmsten fremden Ritter-Orden. Bearbeitet nach authentischen Quellen, Mit (vielen ill.) Abbildungen. gr. 12. Ulm 839. Ebner'sche Buchh. n. 3 1/3 ℛ

— der Ritterordencommenden, Collegiatstifter, d. Abteien u. Probsteien ꝛc. in Bayern, (v. Aeg. Fischer). 8. Regensb. 799. Montag u. W. 12 𝒦

Beschreibung des bis hiezu zum adelichen Guthe Saxtorff gehörigen Meyerhofes Rögen. Schleswig. 1797. Fol.

— Roms. Ein Auszug aus der Beschreibung der Stadt Rom von Ernst Platner und Ludw. Urlichs. Mit 1 lithogr. Plane der Stadt. gr. 8. Stuttgart 845, Cotta'sche B. 3 ℛ

—— der Stadt Rom, s. a. Platner, E.

— der Stadt Rom. Herausg. v. E. Platner, C. Bunsen, Ed. Gerhard u. W. Röstell: Mit Beitr. v. B. G. Niebuhr u. e. geognost. Abhandlung von F. Hoffmann. Erläutert durch Pläne, Aufrisse u. Ansichten von den Architekten Knapp u. Stier, u. begleitet von e. besondern Urkunden- u. Inschriftenbuch von Ed. Gerhard u. Em. Sarti. 1r Bd. Allgemeiner Theil. Mit (18) synchronist. Tabb., 1 Plan u. 1 geognost. Blatte. gr. 8. Stuttgart 829. v. Cotta. 4 ℛ 8 𝒦

Platner, Ernst, Bunsen, Carl, Gerhard, Eduard, und Röstell, Wilhelm. Beschreibung der Stadt Rom. 3 Bde. Nebst 1 Bd. Tabellen zum ersten Bande und einem Bilderheft. Stuttgart und Tübingen 1830—1842. 8°, 4° u. Fol.

— der Stadt Rom. Herausg. v. Ed. Platner, C. Bunsen, Ed. Gerhard u. W. Röstell. Mit Beiträgen v. B. G. Niebuhr ꝛc. 2r Bd. das vaticanische Gebiet u. die vatican. Sammlungen. 1e u. 2e Abthl. oder der Beschreibung 1s u. 2s Buch. gr. 8. Stuttgart 832. Cotta. 6 ℛ — 3r Bd. 1e u. 2e Abthl. mit Ldw. Urlich, d. sieben Hügel, der Pincio, d. Marsfeld u. Trastevere. — die Foren, der Esquilin, Viminal und Pincius nebst ihren Umgebungen, od. d. Beschreibungg. 3s—9s Buch. Nebst Ergänzungen des 3n u. 5n. Mit Plänen ꝛc. gr. 8. Ebd. 834 - 38. 9 ℛ — Bilderheft hierzu. 1e u. 2e Abthl. 25 Bl. In 1 Mappe in 1/2 Imp.-Fol. Ebd. 833 u. 37. n. 12 2/3 ℛ 1r Bd. 4 1/3 ℛ

Beschreibung des im Herzogthum Holstein belegenen adelichen Gutes Rosenhof, nebst den Bedingungen, wornach dieses Gut, am 10. October 1815 in Kiel verkauft werden soll. o. O. (1815.) Fol.

Beschreibung des im Herzogthum Holstein belegenen adelichen Guts Rosenhof, nebst den Bedingungen, unter welchen solches am 14. April 1828 zu Kiel verkauft werden soll. o. O. (1828.) Fol.

—— mit einigen Abweichungen und dem 15. Jan. 1829 als Verkaufstermin. o. O. (1828?) Fol.

— d. Rosenmontagszuges, s. a. Carneval, Kölner.

—— des Rosenmontagszuges zum Kölner Carneval 1892. Hrsgbr. für das Fest-Comite: Aug. Wilde. gr. 8. (20 S.) Köln 892, (J. G. Schmitz). * — 50

— e. Roßmühle, zum Sägen des Brennholzes, überall mit Vortheil anwendbar ꝛc. (Von Ch. D. G. Gerzimsky.) Mit 1 Holzschn. 8. Mitau 812.

Beschreibung des Oberamts Rottenburg. Herausgegeben vom Königlichen Statistischen Landesamt. 2 Bde Stuttgart 1828 und 1899-1900

Beschreibung des Oberamts Rottenburg. Hrsg. von d. K. Statist. Landesamt. Mit Titelb., Karten u. Bild. im Text. T. 1. 2. *Stuttgart: W. Kohlhammer in Komm. 1899—1900.* 2 Bde 8° [J.]
= [Beschreibung d. Königr. Württemberg nach Oberamtsbez. 5.] (00.8.97)

Beschreibung d. OA. Rottweil. Her. v. K. Statist. Landesamt. Stuttgart 1875

— der Ruinen von Tharand, in hist.-romant. Hinsicht. Mit Kpf. 12. Dresd. 811. (Leipz., Weygand). 6 𝒦

Beschreibung, Dess Saal-Strohms, Wie er wächset Von Fichtelberg an Hoch- und starck bis zur Elb. Durch Reim- und Anmerkungen ... Jena 1707. V: *Kittelmann, Johann Friedrich.* (Erman & Horn, Bibliogr. der dtsch. Universitäten. 2. Leipzig u. Berlin 1904.)

— d. Chürfürstenth. Sachsen ꝛc. 8. Leiden.

Beschreibung der Säkularfeier der Aufnahme Friedrichs des Grossen, Königs von Preussen, in den Freimaurer Bund. Festlich begangen in der grossen National Mutter-Loge der preussischen Staaten gen. Zu den drey Weltkugeln [in Berlin] und ihren sämmtlichen Tochter-Logen. Berlin 1838. V: *Etzel, Franz August von.* (KI 3015) (TT 367) (wolfstieg I, 780)

Beschreibung der Säkular-Feier der Aufnahme Friedrichs des Grossen, Königs von Preussen in den Freimaurer-Bund. Festlich begangen (am 14. August 1838) in der Gr. National-Mutterl. der Preuss. Staaten, genannt z. d. 3 Weltkugeln und ihrer sämmtlichen Tochterlogen. Berlin, Decker. 1838. 8. VI. 136 S. 2 Lithogr. (Friedr. d. Gr. als Frmr u. dessen Meisterhammer). 1 Musikblatt u. 1 Facsimile in 4.
Kloss 3015. — Enthält die ausführliche Beschreibung der Feier der Grossloge u. Mittheilungen über die Feier des Festes in 90 auswärtigen Logen, sowie die Lebensbeschreibung Friedrichs d. Gr. als Frmrei mit 8 aktenmässigen Beilagen. — Handb. d. Frmrei I. S. 452.

Beschreibung der vierten Secularfeier d. Erfindung d. Buchdruckerkunst, wie dies. d. 24., 25., 26. Juni in Leipzig 1840 gefeiert wurde. gr. 8. (1¾ B. u. Titbild.) Leipzig 840. (Meißner.)

— der vierten Säcularfeier d. Universität Leipzig am 4. Decbr. 1809. Mit color. Kpf. 4. Leipz. 810. Ind. = Compt. 1 ₰ 16 ℊ

Beschreibung der ersten Säcular-Feier der St. Joh. Loge „Der Pilger" Nr. 238 am 1. October 1879 in Freemasons' Hall, im Or. zu London. London, Druck v. Siegle. 1879. 8. 24 S.
Berichte darüber Bauh. 1879, S. 374,

Beschreibung des 1803 zur Trebnitz gehaltenen 6. Säkular-Jubelfestes des Fürstl. Stifts . . . Breslau 1803. V: *Bach, Alois.* (Nent)

Beschreibung des Salmen-Stübli, Brauerei F. J. Dietschy „Zum Salmen", Rheinfelden. ([Von] H F . [Mit Vignetten.]) 8. (München) *o. J.* [–1898].

Beschreibung der hochfürstlich-erzbischöflichen Haupt- und Residenzstadt Salzburg und ihrer Gegenden vorzüglich für Ausländer und Reisende. Salzburg 1794. V: *Hübner, Lorenz.* (Mitt. von A. H. Huber, Salzburg.)

— d. k. Preuß. Salzwerks z. Schönebeck. 8. Berl. 791. Schöne. 2 ℊ

Beschreibung 1. einer leicht anzufertigenden Säemaschine, . . . Mitau 1812. V: *Gerzimsky, Christoph Dietrich Georg.* (R-N)

Beschreibung der neuesten Hofwylischen Säemaschine. Bern 1815. V: *Fellenberg, Philipp Emanuel von* [?]. (BrMm)

— der ägyptischen Sammlung des niederländischen Reichsmuseums der Altertümer in Leiden. Die Denkmäler der Zeit zwischen dem alten u. mittleren Reich u. des mittleren Reiches. 1. u. 2. Abtlg. 41,5×31,5 cm. Haag, M. Nijhoff. In Mappe nn 95. —
1. Stelen v. P. A. A. Boeser. Mit 58 Abbildgn. auf 40 Taf. (IV, 14 S. Text.) 909. nn 60. —
2. Grabgegenstände, Statuen, Gefässe u. verschiedenart. kleinere Gegenstände. Mit e. Suppl. zu den Monumenten des alten Reiches v. P. A. A. Boeser. Mit 143 Abb. auf 22 Taf. u. im Text. (IV, 15 S. Text.) 910. nn 35. —
1. Sammlg. (Denkmäler d. alt. Reichs.) Ebd. 905. Krh. Pr. nn 76. 50

Beschreibung der ägyptischen Sammlung des niederländischen Reichsmuseums der Altertümer in Leiden. Die Denkmäler des alten Reiches v. A. E. J. Holwerda, P. A. A. Boeser u. J. H. Holwerda. Hrsg. im Auftrag des Ministeriums des Innern. Atlas. (30 Taf.) 70×49 cm. Text. (XI, 23 S. m. Abbildgn.) 4. Leiden 905. Buchh. u. Druckerei vorm. E. J. Brill. In Mappe n.n. 75. —

Beschreibung der neu errichteten Sammlung vaterländischer Prospecte von Alexander Thiele und Canaletto. Dresden 1834. V: *Matthaey, Frdr.* (Kat. der Bibl. d. Akad. d. Künste zu Berlin. Berlin 1893.) (Kat. d. stat. Bureaus. Dresd. 1890.)

Beschreibung derjenigen Sammlung verschiedener Original-Gemählde von italienischen, holländischen, französischen und deutschen Meistern, welche das Cabinet ausmachen von Johann Georg Eimbke. Berlin 1761. V: *Oesterreich, Matthias.* (Kat. der Bibl. der k. Akad. der Künste zu Berlin. Berlin 1893.)

— des normirten Sanitäts-Feld-Ausrüstungs-Materiales. Hiezu 1 Hft. m. 35 (lith.) Taf. (in qu. gr. Fol.). 8. (VI, 170 S.) Wien 881. Hof- u. Staatsdruckerei. n. 10. —

Nachtrag 2 zu der „Beschreibung des normirten Sanitäts-Feld-Ausrüstungs-Materiales". 8. (8 S.) Wien: Hof- u. Staatsdruckerei 1890 —.4

Beschreibung (N—11) des normirten Sanitäts-Feld-Ausrüstungs-Materiales. Hiezu 1 Hft. mit 35 Taf. Beigeb.: 1. Nachtrag. 1887. 2. Nachtrag. 1889. (1 Bd. Text in 8. u. 1 Atlas in Fol.) Wien 1881—1889.

Beschreibung der churfürstlich Sächsischen Land-Schule St. Afra in der Stadt Meissen. Dresden 1783. V: *Chladenius, Carl Gfr. Theod.* (Kat. d. stat. Bureaus. Dresden 1890.)

Beschreibung der St. Apollinaris-Kirche zu Remagen nebst Führer durch Remagen, z. Victoriaberge u. Apollinarisbrunnen. *(Bonn: S. Foppen [1901].)* (46 S.) 8°

— d. Insel St. Helena ꝛc. (v. T. F. Ehrmann). Mit 1 Kpf. gr. 8. Weim. 807. Industr.-Compt. 1 ₰ (s. auch Bibliothek d. Reisebeschreib. 33r Bd.)

— d. Insel St. Helena, Bonapartes Verbannungsort, m. 1 Charte u. Ansicht v. Jamestown. Aus d. Engl. franz. u. deutsch. gr. 4. Leipz. Ind. Comt. 815.

Beschreibung der Prager Domkirche St. Veit, zugleich die Grabeskirche des heiligen Johann von Nepomuck. 8. (24 S.) Prag, Fr. Rohliček, 1853.

Beschreibung der Prager Domkirche St. Veit, zugleich der Grabeskirche des h. Johann von Nepomuck. Prag. 1855. Druck von Friedr. Rohliček. (24 S. 8.)

Beschreibung der Prager Domkirche St. Veit, zugleich der Grabeskirche des heiligen Johann von Nepomuk. Prag, 1857. Dr. und Verlag von Fried. Rohliček im fürsterzbischöfl. Seminar. (24 S. 8.)

Beschreibung der Prager Domkirche St. Veit, zugleich der Grabeskirche des heil. Joh. v. Nepomuk. *Prag* 1858. *Friedr. Rohlíček.* 24 S., 16°. 6 kr.

Beschreibung von Sans-Souci, dem neuen Palais und Charlottenhof mit Umgebungen, ... Potsdam 1844. V: *Haeberlin, Carl Ludw.* (EngG) (Ky)

— von Sans-Souci, dem neuen Palais und Charlottenhof mit Umgebungen, als den Ruinenberg, Belvedere, Wildpark, Fasanerie, Dampfmühle ꝛc. (Von H. E. H. Belani.) 16. Potsdam 844, Stuhr'sche Buchh. 1/6 ₰ — Mit einem Situationsplan von Sans-Souci. 1/4 ₰

Beschreibung des im Herzogthum Holstein im Itzehoer Güter-Districte belegenen adelichen Guts Sarlhusen und der damit verbundenen Hufe zu Wiedenborstel, nebst den Bedingungen, unter welchen solches am 3. Juli 1838 zu Kiel verkauft werden soll. (Glückstadt. 1838.) Fol.
—— nebst den Bedingungen, unter welchen diese verschiedenen Grundstücke am 17. Jan. 1846 zu Kiel verkauft werden sollen. (Glückstadt. 1845?) Fol.

Beschreibung des Sauerbrunnens bey St. Moritz. (Njbl.) *s.* [Meyer, Johann Ludwig *II*].

— d. sechs Säulen-Ordnungen, u. richtige Anweis., den Grund u. Aufriß zu bearbeiten. gr. 8. Celle 827. Schulze. 4 gr

Beschreibung des OA. Saulgau. Her. vom K. Stat. Landesamt. Stuttgart 1829

Beschreibung der Stadt Schaffhausen. Hrg. von ... Lips & Spalinger. (Schaffhausen) *s.* [Zebender, Ferdinand].

— der baier. Schatzkammer u. der Kostbarkeiten d. Stadt München. 8. Augsb. 778. (Frankf., Streng). 5 gr

— d. Schatzkammer u. deren Kostbarkeit. d. St. München. 8. Augsb. Bartholomäi. 778.

Beschreibung der kk. Schatzkammer in Wien. Nürnberg 1771. V: *Murr.* (Stadtbibl. Wien S. 78) (BiblPort)

Beschreibung | des | schaudervollen Schicksals | eines | treuen und guten Soldaten | vom 4. russischen Regiment, | welcher | von den Wölfen schrecklich zerfleischt und ge- | tödtet wurde, und welch unsägliches Unglück | dieser traurige Fall über eine brave Familie | gebracht hat. | Herausgegeben und im Selbst-Verlag | von Friedrich Stellberger in Stralsund. Kol.: Druck von Hermann Müller in Berlin, Adlerstr. 7. o. J., 4 Bl. n. n., 180 × 108.
LBO Bänkelsängerlit. III/128.

— u. Schicksale d. Stadt Cadix. M. Plan. Wien, Schrämbl. 9 gr

Beschreibung u. Schicksale der Stadt Cadix. 8. M. Pl. Wien, s. a. (1810?)

Beschreibung der frühesten Schicksale der Stadt Luzern. (Luzern) *s.* [Rietschi, Nicolaus].

Beschreibung der Schicksale u. Leiden d. ehemal. Korporals Büttner, jetzt Aufschlags-Untereinnehmers in Renneling, während sein. 19monatl. Gefangenschaft in Rußland, in d. J. 1812 u. 1813. Von ihm selbst beschrieben. 8. (7 B.) Nürnberg 831, (Riegel u. Wießner.) Thlr.

Beschreibung der Schicksale und Umwandlungen des Klosters Königsfelden. (Njbl.) *s.* [Schuler, Johann Melchior].

Beschreibung des in dem Herzogthum Schleswig und zwar im 2. dänisch Wohlder adel. Güterdistrict belegenen adel. Guts Schirnau nebst den Bedingungen, wornach dieses Gut am 10. Oct. 1816 in Kiel verkauft werden soll. Schleswig. (1816.) Fol.

Beschreibung des für den Kanal Schwerin-Wismar projectirten Schiffshebewerkes auf geneigter Ebene. Düsseldorf 1897

—— des Schiller-Festes in Rottweil, gehalt. am 8. Juni 1835. 4. (1 1/2 B.) Rottweil 837, Herder'sche Buchh.

Beschreibung des Schiller-Festes in Rottweil, gehalten am 8. Juni 1835. 4. Rottweil 837. Willmann. 1/12 ₰

Beschreibung der hitzigen Schlacht in Regensburg. 23. April 1809. 8. Augsburg 1810.

Aus d. Pilgramshainer Schöppenbuch. **Beschreibung** der Schlacht bei Hohenfriedeberg, soweit sie der Verf., wahrscheinlich d. damalige Lehrer in Pilgramshain, als Augenzeuge beobachtet hat. Striegau: R. Mitschke 1905. (8 S.) 8° [F.]

Beschreibung der Schlacht bei Hohenfriedberg. Von einem Augenzeugen. Aus dem Pilgramshainer Schöppenbuch. Breslau (1907). 8°.

Beschreibung der Schlacht bey Jena. o. O. 1806. 8°.

Beschreibung der Schlacht bei Laupen (1339). [Bernische Neujahrsstücke III.] Bern 1810.

— d. Schlacht bei Lützen u. Gustav Adolphs Tod am 6. Nov. 1632. Nebst 1 Pl. d. Schlacht u. d. Bildn. Gust. Adolphs. gr. 8. Lpz. 832. Köhler. 6 gr

Beschreibung der Schlacht bei Morgarten. 1315 [Bernische Neujahrsstücke II.] 4. Bern 1809.

Beschreibung der Schlacht bei Sempach. 1386. [Bernische Neujahrsstücke IV.] 4. Bern 1811.

Beschreibung von der Schlacht bey Vilmergen. Geg. Zürich, 28. Heumonat 1712. 4.

Beschreibung der bey Vilmergen vorgefallenen Schlacht sampt Erzehlung des bey der Seisser Brugg beschehenen denkwürdigen Ueberfalls. (16.) 4. 1712.

— d. Schlacht von Wagram nach d. Bulletins beider Theile, mit deutsch. u. franz. Text u. 2 Pl. gr. 4. München, Giel, in Comm. 810.

Beschreibung der Schlachten bei Leipzig u. dessen, was sich vor- u. nachher zugetragen. Von e. Augenz. (160.) 8. M. 1 Pl. Leipzig 1814.

— d. Schlachten von Ligni u. Belle-Alliance, v. 16—18. Juli 1815, (v. K. F. Klöden). Mit Plan. Fol. Berl. 815. Schropp. 12 gr

— d. Schlachten v. Ligny u. la belle Alliance am 16. u. 18. Juni 1815. (Beil. z. Volkskalend. 1836.) 8. Burg 836. Otto. 1/12 ₰

— d. optisch. Schleifmaschine d. Abts Toffoli. Aus d. Ital. gr. 8. Berl. 796. Belitz. 4 gr

Beschreibung der neuen optischen Schleifmühle des D. B. Toffoli, wodurch alle Arten von Glaslinsen leicht und in kurzer Zeit aufs Genaueste geschliffen werden können. Aus dem Italienischen von Hath. Berlin 1796. 8.

— d. Herzogth. Schlesien. 4. 741.

— d. Berlin. kön. Schlosses ꝛc. 8. Berlin, W. Oehmigke. 804.

Beschreibung des Grossherzoglichen Schlosses in Rastatt, mit einer ausführlichen Darstellung des Lebens und der Thaten seines berühmten Erbauers, des Markgrafen Ludwig Wilhelm von Baden. Rastatt 1854. V: *Beust, Carl Freih. von.* (EngG) (BJBb)

Beschreibung des Großherzogl. Schlosses in Rastatt, mit einer ausführlichen Darstellung des Lebens u. der Thaten seines berühmten Erbauers, des Markgrafen Ludwig Wilhelm v. Baden, des großen Feldherrn und Siegers über die Türken. Nebst einem wohlgelungenen (lith.) Bildnisse desselben. (Abgedr. aus d. Wochenblatte für Aemter Rastatt, Ettlingen u. Gernsbach.) Rastatt 854. (Hanemann.) gr. 4. (1 Bl., 98 S.) n. 12 1/2 ngr

— des königl. Schlosses in Berlin. 8. Berl. 804. (Sander). 8 gr

— des königl. Schlosses in d. Stadt Potsdam u. des Lustgartens. gr. 8. Potsd. 820. Horvath. 6 gr

Beschreibung vom Neuen Schlosse und Sanc Souci desgleichen von denen neu erbauten Gallerien, Sälen und Appartements, in dem ehemals gewesenen Orangen Hause. Potsdam 1777. V: *Österreich, Matthias.* (Perl 78/404) (Friedr. Müller 7/386) (BiblPort)

Beschreibung der kön. Preuß. Schlösser in Berlin, s Rumpf Wegweiser 2c.

— d. Schlösser u. Ruinen Würtembergs, mit 12 Kpf. 12. Stuttg. 802. Löflund. 12 gr

Beschreibung des auf dem Gebiete der freyen Hansestadt Lübeck belegenen Landgutes **Schönböcken** cum pertinentiis, nebst den Bedingungen, unter welchen solches am 25. März 1830 auf dem Hofe zu Schönböcken verkauft werden soll. (Lübeck. 1830.) Fol.

Beschreibung des im Herzogthum Holstein und zwar im Preetzer Güterdistrict belegenen adlichen Guts **Schönböken** nebst den Bedingungen wonach selbiges am 18. Jan. 1816 zu Kiel verkauft werden soll. o. O. (1815?) Fol.
Abschrift von H. Biernatzkis Hand.

Beschreibung des im Herzogthum Holstein belegenen adlichen Guts **Schönböken** nebst den Bedingungen, wornach dasselbe am 17. Januar 1817 in Kiel verkauft werden soll. o. O. (1816.) Fol.

Beschreibung des kais. Lustschlosses Schönbrunn und des dabey befindlichen Gartens. Wien 1805. V: *Oehler, Joseph Georg* (Haydinger)

Beschreibung des im Herzogthum Schleswig und zwar im Schwansener District belegenen adel. Guths **Schönhagen**, nebst den Bedingungen, wornach dieses Guth den 25. Febr. 1817 in Kiel verkauft werden soll. (Schleswig, 1817.) Fol.

Beschreibung des im Herzogthum Holstein im Kieler adlichen Güter-District belegenen adlichen Gutes **Schönhorst**, nebst den Bedingungen, nach welchen dieses Gut am 7. July 1819 zu Kiel verkauft werden soll. o. O. (1819.) Fol.

Beschreibung des in dem Herzogthum Holstein belegenen adelichen Lehnguts **Schönwelde**, nebst den Bedingungen, wornach dieses Gut am 13. August 1813 in Kiel verkauft werden soll. o. O. (1813.) Fol.

Beschreibung d. OA Schorndorf. Her. v. K. Stat. Landesamt. Stuttgart 1851

Beschreibung des neuen Schulgebäudes. (Aus d. städtischen Baubureau.) Königsberg, Hartungsche Buchdr., 1890; S. 84–85; 4°
Königsberg in Pr., Altstädtisches G, OP 1890 (9)

— von Schumla u. Varna, d. Dardanellen u. d. Kanals v. Constantinopel. 1. Aufl. (1¼ B. u. 3 Stnt.) 828. 9 Gr., 2., mit d. Abbild. u. Beschreib. v. Varna verm. A. (2 B. u. 3 Bl. in 4., mit Planen, Ansichten, Abbild. u. Karten.) gr. 8. Karlsruhe 829, Müller.

— des ersten großen deutschen Schützen-Festes, welches am 27, 28. und 29. Mai 1850 in Cincinnati, O., abgehalten worden, nebst einer kurzen Geschichte dieser Gesellschaft. Hrsg. von C. B(ühler.) gr. 8. (16 S.) Cincinnati 850. (Leipzig, Hermann.)

— der Königr. Schweden mit Finnland u. Nebenbesitzungen. Mit 1 Karte. 8. Wien 808. Gerold. 12 gr

Beschreibung der kalten asphaltischen Schwefelquellen zu Grossen-Nendorf in der Grafschaft Schaumburg. Bremen 1788. V: *Schröter, Ludwig Philipp.* (ML)

Beschreibung des im Herzogthum Holstein, und zwar im Oldenburger Güter-Districte belegenen adelichen Guts **Schwelbeck** nebst den Bedingungen, wornach dieses Gut am 2. Julii 1816 in Kiel verkauft werden soll. o. O. (1816.) Fol.

— der großen Schwemm-Anstalt auf d. Herrsch. Krummau in Böhmen. (A. d. „allgem. österr. Zeitschr. f. d. Landwirth, Forstmann u. Gärtner" abgedr.) M. 2 (lith.) Planen (in Fol.) u. 8 lith. Ansicht. (in gr. 4.) gr. 8. (4½ B.) Wien 831, Gollinger.

— von Schwerin. Abdr. aus der „Mecklenburgischen Vaterlandskunde (von Raabe)". Mit (6) neuen (lith.) Orig.-Ansichten nebst dem (lith.) Stadt-Plan von Schwerin (in qu. Fol.). Wismar 857. Hinstorff. gr. 16. (3 Bl., 64 S.) n. 20 ngr

Beschreibung der Haupt- und Residenzstadt Schwerin. Wismar 1857. V: *Raabe, Wilh.* (Bachmann, Mecklenburg. Güstrow 1889. S 459.)

Beschreibung des jährlichen Schwörtages der Reichsstadt Esslingen. ... Esslingen 1789. V: *Keller, Johann Jac.* (Heyd) (Ky) (MGT)

Reichs-Marine-Amt. **Beschreibung** der wichtigsten deutschen Seefischerei-Fanggeräte in der Nord- und Ostsee und ihrer Kennzeichnung nach Angaben des deutschen Seefischerei-Vereins. 2. Aufl. Mit 1 Taf. u. 21 Abb. Berlin: E. S. Mittler & Sohn [1903]. (16 S.) 4° (03-13330

Reichs-Marine-Amt. **Beschreibung** der wichtigsten deutschen Seefischerei-Fanggeräte in der Nord- und Ostsee und ihrer Kennzeichnung nach Angaben des deutschen Seefischerei-Vereins. 3. Aufl. Mit 1 Taf. u. 24 Abb. Berlin: E. S. Mittler & Sohn 1904. (20 S.) 4°
— **Nachrichten** f. Seefahrer. Jg. 35. No 14, Beil. (05-440

Reichs-Marine-Amt. **Beschreibung** der wichtigsten deutschen Seefischerei-Fanggeräte in der Nord- und Ostsee und ihrer Kennzeichnung nach Angaben des deutschen Seefischerei-Vereins. 4. Aufl. Mit 1 Taf. u. 25 Abb. Berlin: E. S. Mittler & Sohn 1905. (20 S.) 4°
— **Nachrichten** f. Seefahrer. Jg. 36, No 13, Beil. (06-3473 II

— der wichtigsten deutschen Seefischerei-Fanggeräte in der Nord- u. Ostsee u. ihrer Kennzeichnung nach Angaben des deutschen Seefischerei-Vereins. Hrsg. vom Reichs-Marine-Amt. 5. Aufl. (20 S. m. 26 Abbildgn. u. 1 Taf.) Lex.-8. Berlin 906. E. S. Mittler & Sohn. n. — 40

Reichs-Marine-Amt. **Beschreibung** der wichtigsten deutschen Seefischerei-Fanggeräte in der Nord- und Ostsee und ihrer Kennzeichnung nach Angaben des Deutschen Seefischerei-Vereins. 8. Aufl. Mit 1 Taf. u. 40 Abb. Berlin: Mittler 1909. 27 S. 4°(8°) (10. 7010

— der großen Seeschlacht v. Navarin, am 20. Oct. 1827; m. 1 Plane ders. gr. 8. (1 B.) Kassel 828, Luckhardt.

Beschreibung der von B. Wiesemann erfundenen Segelwindmühle. Leipzig, 1794.

— d. von Wiesemann neu erfund. Segel-Windmühle mit horizontal-liegenden Flügelbäumen 2c. Mit 4 Kpf. gr. 4. Leipz. (797). Baumgärtner. 12 gr

Beschreibung der Sehens- und Merkwürdigkeiten in und um Würzburg. ... Würzburg 1824. V: *Erbacher, E.* (Ky) (MGT)

Beschreibung des Sehens- und Merkwürdigsten in und um Würzburg. Den gebildeten Reisenden gewidmet ... Würzburg 1824. V: *Erbacher, E.* (BMarsch 737)

— d. Sehens- u. Merkwürdigsten in u. um Würzburg. Mit Grundriß d. Stadt. 12. Würzb. 824. Etlinger. 16 gr.

Beschreibung des im dänischwohlder adeligen Güterdistrict, der Eckernförder Harde, Herzogthums Schleswig, belegenen adl. Guts Sehestedt nebst den Bedingungen, wie solches in Eckernförde den 6. Jan. 1854 verkauft werden soll. Eckernförde. (1853.) Fol.

Beschreibung des in dem Herzogthum Schleswig, und zwar im 2. dänisch Wohlder adel. Güterdistrict, belegenen adel. Guts Sehestedt, nebst den Bedingungen, wornach dieses Gut am 16. Jan. . . . in Kiel verkauft werden soll. Schleswig. o. J. Fol.
—— mit hinzugefügter Jahreszahl 1813 und im Text mit verschiedenen Abweichungen.
—— nebst den Bedingungen, wornach dieses Guth am 5. July 1814 in Kiel verkauft werden soll. Schleswig. (1814.) Fol.

Beschreibung der im dänischen Walde im Herzogthum Schleswig gelegenen adlichen Güter Sehestedt und Grünhorst. [Kiel 1787.] V: *Reiche, K. F.* (MGT)

Beschreibung aller Seltenheiten der Kunst und übrigen Alterthuemer; besonders an Statüen in dem Königl. Lust-Schlosse Charlottenburg. Berlin 1768. 8°.

Beschreibung verschiedener Seltenheiten ... in dem Morerschen Cabinet zu Hamburg. Th. I. II. ... Hamburg 1779. V: *Schultz, Ernst Christoph.* (MGT)

—— der Bergreviere Siegen I, Siegen II, Burbach und Müsen. Bearb. im Auftrage des königl. Oberbergamts zu Bonn von den Bergräthen Thdr. Hundt, Geo. Gerlach, Friedr. Roth und Wilh. Schmidt. Nebst 1 Lagerstättenkarte und 8 Blättern mit Skizzen der interessanteren Erzlagerstätten. gr. 8. (IV, 280 S.) Bonn 887, Marcus. *

Beschreibung des im Herzogthum Holstein, und zwar im Oldenburger Güter-District, belegenen adelichen Guts Siggen, nebst den Bedingungen, wornach dieses Gut am 2. Julii 1816 in Kiel verkauft werden soll. o. O. (1816.) Fol.

Beschreibung der im Herzogthum Holstein, und zwar im Oldenburger adlichen Güterdistricte belegenen adlichen Güter Siggen und Süssau, nebst den Bedingungen, wornach diese Güter am 13. Juny 1843 in Oldenburg verkauft werden sollen. o. O. (1843.) Fol.

— d. Silbermünzen v. Nürnberg, s. a. Hagen.

Beschreibung der Silbermünzen der wohllöblichen freyen Reichsstadt Nürnberg. Th. I ... Nürnberg 1766. 2. Auflage. V: *Hagen auf Obernbürg, Johann Georg Friedrich.* (BrMm) (ML)

(Beschreibung des in Holstein belegenen adelichen freyen Canzeleyguts Silck. o. O. u. J.) 2 Bl. 4° geb. in Fol.

Beschreibung | der | sechs deutschen Sklaven oder Handwerksburschen | welche | in der Tunischen Sklaverey über 10 Jahre am Pfluge haben ziehen | müssen, | worunter auch | Johann Ehrenfried Weishaupt, | ein Schornsteinfegers-Gesell aus Lygnitz, | dessen ganzer Lebenslauf allhier in einem Lied von 25 Versen nach den | 25 Buchstaben seines Namens verfaßt und enthalten ist; welcher nebst seinen | Kameraden jeder um 600 fl. von einem Maltheserritter, Grafen | v. Persie, losgekauft worden ist. | (Fig.: *Die sechs Sklaven vor dem Pflug*, 79 × 117) | Abbildung der 6. deutschen Handwerkspursche, welche in der Tunischen Sklaverey über | 10 Jahre den Pflug haben ziehen müssen. | Reutlingen, bey Christoph Philipp Fischer. 1812.
2 Bl. n. n., 4°.
Bad. Generallandesarchiv Karlsruhe 236 /150.

— der antiken Skulpturen m. Ausschluss d. pergamen. Fundstücke. Hrsg. v. der Generalverwaltg. der kgl. Museen zu Berlin. Lex.-8. (XII, 554 S. m. 1266 Abb.) Berlin 891. [W. Spemann.] G. Reimer. n. 25. —; geb. n. 26. 50

— d. Skulpturen a. Pergamon. I. Gigantomachie. Hrsg. v. d. General-Verwaltg. d. kgl. Museen z. Berlin. Lex.-8. (IV, 40 S. m. Abb. u. 4 Taf.) Berlin 895. W. Spemann. n. 1. 85

— der Skulpturen aus Pergamon. I. Gigantomachie. Hrsg. v. der Generalverwaltg. der königl. Museen zu Berlin. 2. Aufl. gr. 8. (III, 41 S. m. Abbildgn. u. 4 Taf.) Berlin 902. (G. Reimer.) n. 1. —

Kgl. Museen zu Berlin. **Beschreibung** der Skulpturen aus Pergamon. Mit Abb. Hrsg. von d. Generalverwaltung. (Vorr.: [Reinhard] Kekulé v. Stradonitz.) 3. unveränd. Aufl. 1. *Berlin: G. Reimer 1904.* 4°(8°) [illegible]

Kgl. Museen zu Berlin. **Beschreibung** der Skulpturen aus Pergamon. 4. Aufl. 1. Berlin: G. Reimer 1910. 8° [illegible]

— der v. Frankenstein erfundenen Solar- u. Lunarlampen. Nebst e. Anweisg. zur Verfertigung der dazu gehör. Leuchtbrenner. Mit Abbildgn. (in Holzschn.) [Aus Hassenstein's polytechn. Wochenblatte abgedr.] gr. 8. (8 S.) Leipzig 848, Brügmann. n. 1/6 ₰

— d. hannöverschen Solennitäten, welche bey d. Krönung Georg II. angestellt worden. 4. Hannov. Helwing. 728.

Beschreibung der Solenniteten, mit welchen auf allergnädigsten Befehl des allerdurchl. . . . Monarchen Friderich des Vierten das zweite Jubilæum nach der angefangenen Reformation gantzer acht Tage celebriret worden. Kjøbenhavn. (1717.) 8°

Beschreibung der Sonn-, Fest- und Feiertage des evangelischen Kirchenjahrs. Nürnberg 1730. V: *Schmid, Hieronymus Wilhelm.* (Volbeding, Index dissertatt. Lips. 1849.)

Beschreibung des im Herzogthum Holstein und zwar im Preetzer Güter-District belegenen adelichen Guts Sophienhoff, nebst den Bedingungen, wornach dieses Gut am 2. July 1823 in Kiel verkauft werden soll. o. O. (1823.) Fol.

— des Oberamts Spaichingen. Hrsg. v. dem k. statistisch-topograph. Bureau. Mit 3 Tab., einer geognostisch kolor. (lith.) Karte d. Oberamts (in gr. Fol.) u. einer lith. Ansicht. gr. 8. (XII, 417 S.) Stuttgart 876. Kohlhammer. n. 4. —

— d. Königr. Spanien. 8. Neustadt.

— des Königr. Spanien u. dessen Besitzungen in Süd- u. Nordamerika u. andern Welttheilen. 2 Bdchn., mit Landkart. 8. Wien 809. Gerold. 1 ₰

— von Spanien u. Portugall. 12. Nürnb.

— d. Königr. Spanien u. Portugall, n. Charte. 8. Wien, Linz. (Liebeskind, Leipz.) 809.

Beschreibung d. Sparheerds im Georgenhause zu Leipzig u. seines Nutzens bei grossen Versorgungs-Anstalten. Nebst einigen Gedanken üb. wohlfeile u. zweckmässige Speisung d. Armen. Leipz. 1803. 15 S. 2 Tvl. 4°.

— d. Sparheerdes im Georgenhause zu Leipzig, u. seines großen Nutzens ꝛc. Mit 2 Kpfr. gr. 4. Leipz. 803. Barth. 12 gr.

—— der Speise-Anstalt von Georg Egestorff in Linden bei Hannover. Novbr. 1855. Fol. (14 S. mit einem lithogr. Grundplane der Anstalt.) Hannover 855, Hahn'sche Hofbuchh.

— specielle, der Orden aller europäischen u. nichteuropäischen Regenten u. Staaten. Zugleich als Anh. zu dem Farbendr.-Werk: Die Orden, Wappen u. Flaggen aller Regenten u. Staaten in originalgetreuen Abbildgn. 4. (IV, 63 S.) Leipzig 884. Ruhl. n. 2. 50

— specielle, der Orden aller europäischen u. nichteuropäischen Regenten u. Staaten. Suppl. 4. (III, 18 S.) Leipzig 887. Ruhl. n. 1. — (Hauptwerk u. Suppl. n. 3. 50)

—einer n. Spinn-, Zwirn-, Haspel-, Krätz- u. Krempelmaschine. Mit Kpf. gr. Fol. Köthen 789. Aue. 10 Thlr. Hbg. Pr. 5 Thlr.

— einer höchst einfachen u. zweckmäß. Spiritusreinigungs-Methode, wobei sich die Kosten auf den Eimer so zu reinigenden Spiritus', daß ders. ohne rectificirt zu werden, zu allen doppelten u. feinen Branntweinen verwendet werden kann, nur auf einige Pfennige belaufen ꝛc. 8. Leipzig 847, R. D. Schulze. Versiegelt. n. 1 Thlr.

—— einer höchst einfachen und zweckmäßigen Spiritusreinigungs-Methode, wobei sich die Kosten auf den Eimer so zu reinigenden Spiritus', daß ders. ohne rectificirt zu werden, zu allen doppelten und feinen Branntweinen verwendet werden kann, nur auf einige Pfennige belaufen ꝛc. 8. (... S.) Leipzig 848, R. D. Schulze. *

—der Sprachmaschinen oder sprechenden Figuren. Mit 2 Kpf. 8. Nürnb. 799. Zeh. 8 Gr.

— d. dreizehn unabhängigen Nordamerikan. Staaten z. aus d. engl. Quellen. 8. Köln 783. (Fabricius). 3 Gr.

Beschreibung der dreizehn unabhängigen Nordamerikanischen Staaten, aus den bästen Englischen Quellen.
Nach dem Französischen des Herrn Abbe ***
Köln: Haas. 1783. 71 S. 8°.
Stadtbibliothek Trier
Andere Ausg. u. d. T. Kurze Beschreibung ..., 1783 [Sabin 38358 u. Palmer - mit Nachweis für Bayerische Staatsbibliothek München; dort verbrannt -] konnte nicht gefunden werden.
Sabin 5041. Palmer.

— der östreichisch-venetian. Staaten, gr. 8. 789. jetzt Lauffer in Leipzig.

— der Vereinigten Staaten v. Nordamerika, s.: Wochenbände.

—sämmtl. Oesterr. Staatspapiere. Mit Erklärung, was beim Besitze, Kaufe u. Verkaufe derselben zu beobachten ist. Wien 825. (Kupfer). 8 Gr.

— d. Staatsrechts des Röm. deutsch. Reichs ꝛc. 8. Frankfurt u. Leipz. 741.

Beschreibung des Stachelberger- und des Wichler-Heilbades. (Njbl.) s. [Meyer, Johann Ludwig *II*].

Beschreibung des neu entdeckten Stahlwassers bey Liebwerda im Kgr. Böhmen. O. O. 1790. V: *Hansa, Matth.* (weber)

— des neuentdeckten Stahlwassers in Liebenwerda. 8. Dresd. 790. (Walther). 3 Gr.

Beschreibung des im Herzogthum Schleswig und zwar im Amte Gottorff belegenen Stammhofes des Kanzleiguts **Tolkschubye** mit Inbegriff der 4. und 5. Parcele nebst den Bedingungen, wornach dieses Gut den 9. October 1820 in Kiel verkauft werden soll. Schleswig. (1820.) Fol.

Beschreibung der Stammparcele des im Herzogthum Schleswig im 2. Angler Güterdistrict belegnen niedergelegten adlichen Guts **Ballegaarde** nebst der 4. und 5. Parcele der Ballegaarder Koppel Leensholdt und der Ballegaarder Mühle. o. O. 1819. Fol.
Abschrift von H. Biernatzkis Hand.

Beschreibung, Statistische, des Churfürstenthums Braunschweig-Lüneburg oder Hannover. [Hamburg 1785.] V: *Stöver, Johann Hermann.* (MS)

Beschreibung, Statistische, der Domäne Dasič 1871. Königgrätz 1871. V: *Ponetz, Carl.* (EB)

— statistische, von Elsass-Lothringen, hrsg. vom statist. Bureau d. kaiserl. Oberpräsidiums zu Strassburg. 1. Abth. gr. 8. (1848.) Strassburg 878. Schmidt. n. 4. —

— statist., der dem Churh. Pfalzbaiern zugefall., im baier. Kreise geleg. Entschädigungsländer. 18 Heft. 8. Passau, Ambrosi. (a. Heigl, St.). 804.

— statistische, d. Kreises Franzburg, aufgestellt auf Grund der statistischen Aufnahmen vom Jahresschlusse 1867, unter vergleich. Zusammenstellg., theils m. den Resultaten der Aufnahmen v. 1864, theils m. den Angaben der früheren Kreisstatistik [1858—1861]. Hrsg. vom Landrathsamte. 4. (III, 127 S.) Franzburg 870. (Stralsund, Hingst Nachf.) n. 3. —

Beschreibung.– S t a t i s t i s c h e Beschreibung der Excellenz Friedrich Graf Thun'schen Domaine Gross-Zdikau. – Winterberg 1873. 61 S., 1 Kt.

— statistische, der katholischen Seelsorge-Stellen und übrigen geistlichen Pfründen im Regierungsbezirke Niederbayern. Mit höchster Ministerial-Genehmigung nach amtl. Quellen bearb. Landshut 863. Thomann. gr. 8. (172 S.) n. 18 ngr.

Beschreibung, Statistische und topografische, der fürstlich Schwarzenberg'schen Herrschaft Winterberg ... Prag 1870. V: *John, Jos.* (EB)

—— statistische, des Reg.-Bez. Wiesbaden. Hrsg. von der königl. Regierung zu Wiesbaden. 1.—4. Heft. gr. 4. Wiesbaden, Limbarth. *

Inhalt:

Heft 1. Land und Leute. — Historischer Ueberblick. — Bodengestalt. — Höhenlage aller Ortschaften. — Geologische Verhältnisse. — Gewässer. — Bemerkungen zur geolog. Karte. (53 S. mit 1 geolog. chromolithogr. Karte und 4 hydrogr. lithogr. Karten in gr. Fol.) 876. * M 3.
" 2. Forststatistik, bearb. von dem Ob.-Forstmstr. Adf. Tilmann. Mit 1 (chromolithogr.) Forstübersichtskarte (2 Bl. in Imp.-Fol.) (56 und Anlagen 52 S.) 876. * M 5.
" 3. Die öffentlichen Korporationen im Regierungs-Bezirk und dessen Belastung mit directen Steuern von D. Sartorius. (93 S. mit 1 Tab.) 877. * M 6.
" 4. Die Mineralquellen im Reg.-Bez. Wiesbaden, bearb. von Stein und D. Sartorius. — Der Bergbau und das Hüttenwesen, bearb. von E. Giesler. Anlagen: 1 (chromolithogr.) Uebersichtskarte der Mineralvorkommen und 4 graph. Darstellungen (in Lithogr.), angefertigt von Oberbergamts-Markscheider A. Schneider. (46 S.) 877. * M 4.

—— statistische, des Reg.-Bez. Wiesbaden. Hrsg. von der königl. Regierung zu Wiesbaden. 5. und 6. Heft. gr. 4. Wiesbaden, Limbarth. *

Inhalt:

Heft 5. Sartorius, D., Ortschafts-Verzeichniß. (IV, 78 S.) 880. * M 2.
" 6. Tilmann, Adf., Jagd und Fischerei. (IV, 78 S.) 883. * M 4.
1.—4. Heft. Ebendas. 1876,77. * M 18.

—statist.-geograph., d. Afrikan. Seeräuber-Staaten Algier, Tunis, Tripolis, u. der Reiche Fez u. Marocco. Mit e. kurzen Geschichte ihrer Entstehung u. der bisher v. Europ. Mächten gegen sie unternomm. Kriege ꝛc. Aus d. besten Quellen, Mit 1 Karte. 2 Hfte. 8. Stuttg. 816, 17. Steinkopf. 1 Thlr.

—statist.-geograph. u. topograph., d. Länder, welche d. königl. Preuß. Hof im J. 1802 nach d. Entschädigungsplane in Besitz genommen hat. 1r Bd, 1r Thl. 8. Berl. 803. Müller. (Petsch) auch Stuhr. 22 Gr.

—statist.-topograph., d. Kurmark Brandenburg, (v. A. H. Borgstede). 1r Thl. 1r Bd. gr. 4. Berl. 788. Unger. (Reimer). 2 Thlr. 12 Gr.

Beschreibung, Statistisch-topographische, d. Erwein Graf Schlik'schen Domainen ... Prag 1902. 94 S. 1 Kt.

Beschreibung.– S t a t i s t i s c h - t o p o g r a p h i s c h e Beschreibung der hochfürstlich-Liechtenstein'schen Domänen Eisgrub, Feldsberg, Lundenburg und Rabensburg mit besonderer Beziehung auf ihre Forste.– Wien 1886. 40 S., 1 Kt.

—, Statistisch-topographische u. forstliche, d. Domaine d. kgl. Stadt Pilgram . . . Sst. 1901. 137 S. 1 Kt.

Beschreibung.– S t a t i s t i s c h - t o p o g r a p h i s c h e Beschreibung der Carl Graf von Buquoy'schen Fideicommis-Herrschaft Gratzen mit besonderer Rücksicht auf ihre Forste nebst Beschreibung der Excursionstour des Böhmischen Forstvereins in obengenannte Forste. – Prag 1895.

Beschreibung, Statistisch-topographische, der Grafschaft Ravensberg. [Berlin 179?] V: *Hohenhausen & Hochhaus, Jos. Sylvius Freih. von.* (MGT)

Beschreibung, statistisch-topographische, des Regierungs-Bezirks Trier, s. Adreß-Kalender.

— statistisch-topographische, des Regierungs-Bezirks Trier, nach seinem Umfange, seiner Verwaltungs-Eintheilung u. Bevölkerung. gr. 4. Trier, Hetzrodt. (Ohne Jahrz.)

— statistisch-topographische, des Regierungs-Bezirks Trier. 16. Trier 841, Lintz'sche Buchh. 1/4 ₰

— der Statue zu Pferde, Kön. Friedrich V. geweiht. Mit Kpf. gr. Fol. Kopenh. 774. Rothe. 3 ₰ 8 gr.

Beschreibung des im Herzogthum Schleswig, und zwar im Schwansoner adel. Güterdistricte, der Eckernförder Harde belegenen adl. Guts **Staun**, nebst den Bedingungen, wornach dieses Gut in Eckernförde am 8. Juni (handschr. verb. in 27. Juli) 1854 öffentlich verkauft werden soll. Eckernförde. (1854.) Fol.

Beschreibung eines unlängst entdeckten altrömischen Steins zu Baden bey Rastatt. [Stuttg. 1813.] V: *Klüber, Joseph Ludwig.* (MGT)

Beschreibung einer neuen Steindruckpresse. Mannheim, 1835.

Beschreibung einiger der vornehmsten geschnittenen Steine mythologischen Inhalts. ... Aus dem Franz. ... v. J. G. Jacobi. Zürich 1796. V: *La Chau Géraud de & Gaspard Michel dit Le Blond.* (AarF)

— einiger geschnitt. Steine mytholog. Inhalts, aus d. Kabinette d. Herz. v. Orleans. Aus d. Französ., mit Anmerkl. v. J. G. Jacobi. Mit Kpf. gr. 4. Zürich 796. Orell. 2 ₰ Velinp. 4 ₰

Beschreibung des Gutes Stendorf. ... Eutin 1847. V: *Berg, A. v.* (Schles)

[F.] **Beschreibung** der Garnison Stettin, vom Standpunkt der Gesundheitspflege aus aufgestellt. Hrsg. v. d. Medizinal-Abth. d. Kgl. Preuss. Kriegsminist. M. 2 Ktbeil. u. 34 Taf. *Berlin: E. S. Mittler & Sohn 1895.* (VI, 181 S., 2 Kt., 34 Taf.) 1 Bd 8.
— **Garnisonbeschreibungen** v. Standpunkt d. Gesundheitspflege. Bd 2. [96. 278

Beschreibung des zum adelichen Gute **Depenau** gehörigen Dorfes Stolpe mit den Kielerkamper Stellen, nebst den Bedingungen, wornach dieses Dorf am 15. März 1815 in Kiel verkauft werden soll. o. O. (1815.) Fol.

Beschreibung des zum adelichen Gute **Depenau** gehörigen Dorfes Stolpe, mit den Kielerkamper Stellen, nebst den Bedingungen, nach welchen dieses Dorf am 17. November 1823 in Kiel verkauft werden soll. o. O. (1823.) Fol.

— des Schlosses u. der Stadt Stolpen nebst geschichtl. Umriß. 8. (32 S.) Neustadt i. S. 888. Mißbach. n. — 30

Beschreibung eines sehr einfachen ... Storchschnabels. Münster usw. 1780. V nicht: *Jak. v. Döhren.* Wahrscheinlich: *Müller, Friedr. Chph.* Vgl. Jahrb. d. Samml. Kippenberg 1 (1921), S. 169, Nr. 12. (DARP)

— e. geogr. Stundenzeigers, oder mechan. Anzeiger d. verschied. Tageszeit in den vornehmst. Oertern d. Erde zu einander. Nach d. Engl. Mit 1 Kpf. Leipz., Mag. f. Industr. 4 gr.

Beschreibung des OA Stuttgart. Her. vom Kgl. Statist. Landesamt. Stuttgart 1851

— des Stadtdirektionsbezirks Stuttgart. Her. v. Kgl. Statist. Landesamt. Stuttgart 1856

—— des Stadtdirektionsbezirks Stuttgart. Hrsg. von dem k. statistisch-topogr. Bureau. Erweit. Sonderabdr. aus: „Das Königr. Württemberg". gr. 8. (74 S. mit den Holzschn.-Bildnissen des Königspaares, 1 Kärtchen und 2 Ansichten.) Stuttgart 885, Kohlhammer. * — 80

Beschreibung des OA. Sulz. Herausgeg. v. K. Statist. Landesamt. Stuttgart 1863

Beschreibung, summarische — der im Kronlande Böhmen gelegenen gräflich Albert Nostitz'schen Domainen Türnitz und Groß-Czernosek, nebst Angabe deren Bewirthschaftung, gewidmet den deutschen Herren Landwirthen der 18. Versammlung in Prag, welche jene am 13. September 1856 besuchen. K. k. Hofbuchdr. von Gottlieb Haase Söhne. (8 S. 4. Mit 3 Tabellen und einen Kulturplan von Liebwerd 1856. Gez. Wilhelm Ritter v. Obentraut Zögling.)

Beschreibung der Nordsee-Bäder Sylt, Westerland und Wenningstedt. Hrgg. von der Seebade-Direktion. Westerland. 1895. 8°.

Beschreibung der Nordsee-Bäder Sylt, Westerland und Wenningstedt. Hrgg. v. d. Seebade-Direktion. Westerland. 1899. 8°.

Beschreibung, systemat., u. Abbild. aller in Deutschland wohnenden Holzpflanzen u. strauchartigen in- u. ausländ. Holzarten. Mit 60 ill. Kpf. 8. Augsburg (1828). Schlosser. 1. 22⅔

Beschreibung.– S y s t e m a t i s c h e Beschreibung aller Gesundbrunnen und Bäder der bekannten Länder vorzüglich Deutschlands, sowohl nach ihrer physisch-chemischen Beschaffenheit als auch ihrem med. Gebrauch. . . . von einigen Aerzten und Chemisten. (Mitarb.: Georg Friedrich Christian Fuchs.) Bd. 1.2. Jena & Leipzig: Gabler 1798 - 99. 8°

Beschreibung systematische Gesundbrunnen
Systematische Beschreibung aller Gesundbrunnen und Bäder der bekannten Länder, vorzüglich Deutschlands, sowohl nach ihrer physisch-chemischen Beschaffenheit als auch ihrem medicinischen Gebrauch. Bd 1: 2.Aufl. Bd 1 - 2, gbd.

Jena u.Leipzig: Gabler {Bd 1: 1801 / Bd 2: 1799}

— systemat., d. Europ. Schmetterlinge, (v. D. H. Schneider). 3 Thle. (1r Thl. Tagschmetterlinge. 2r Thl. Sphinxe rc. 3r Thl. Phalänen rc.) 8. Dessau u. Leipz. 785—90. (Schwetschke u. S. in Halle.)

Beschreibung aller in Handel vorkommenden Tabaks-Gattungen, ... Bremen 1833. V: *Boires, G. C.* (BrMm)

— tabellar., d. Bisthums Freysingen, nach Ordnung d. Decanate, (v. Mt. Deutinger). gr. 8. Münch. 820. Lentner. 4 ₰.

— tabellar., d. Bisthums Freysingen, nach Ordnung d. Decanate. gr. 8. München 826, Lentner.

Beschreibung.– T a b e l l a r i s c h e Beschreibung aller schädlichen Waldinsecten und ihrer Feinde, mit illuminierten Abbildungen und Bemerkungen ihres nachtheiligen Einflusses auf die verschiedenen Holzarten. – Erfurt 1798. H. 1.

.. **Beschreibung** derer Thaler des gräfl.- und fürstlichen Hauses Mansfeld. Nürnberg 1758. V: *Hagen auf Obernbürg, Johann Georg Friedrich.* (BB) (Ky) (ML)

Beschreibung eines besonderen Taschenkrebses. Hamburg 1779. V: *Schultz, Ernst Christoph.* (MGT)

— eines besondern Taschenkrebses. gr. 8. Hamb. 779. Reuß. 8 gr

Beschreibung | der | Gräßlichen That | einer Mutter, | die | ihre 7 Kinder tödtete und sich dann | selbst entleibte. | Ein wahres Ereigniß, | welches sich in der Gegend von Moskau | im Jahre 1842 zutrug. | (Fig.: *Frau führt alten Mann an der Hand*, 37 × 54).
o. O., o. J., 8 S., 184 × 120, Fig. S. 2: *Mutter und Kind*, 56 × 40.
LBO Jahrmarktslit. R. c. 1, 5.
Schenda VoB S. 331.

— d. Teichdurchbrüche u. Ueberströmung. in Holland im J. 809. m. K. u. Charten. 2 Bde in holl. Sprache. Amsterdam, Buder u. Sülpke.

BESCHREIBUNG DES ÖSTLICHEN THEILES DER GRAFSCHAFT GLATZ (Landeck und Umgegend) nebst Touren und Ausflügen. Neuester Führer für Fremde und Touristen herausgegeben von der Landecker Section des Glatzer Gebirgsvereins. Stadt und Bad Landeck i. Schles. 1882. A. Bernhard. 8°.

— des östlichen Theiles der Grafsch. Glatz [Landeck u. Umgegend], nebst Touren u. Ausflügen. Neuester Führer f. Fremde u. Touristen, hrsg. v. der Landecker Section d. Glatzer Gebirgsvereins. 2., verm. u. verb. Aufl. 8. (IV, 125 S.) Landeck 885. Bernhard. n. — 75

— des östlichen Theiles der Grafschaft Glatz [Landeck u. Umgegend], nebst Touren u. Ausflügen. Neuester Führer f. Fremde u. Touristen, hrsg. v. der Landecker Section d. Glatzer Gebirgsvereins. 3., verm. Aufl. 12. (IV, 134 S.) Landeck i/Schl. 890. Bernhard. n. — 60

— d. östl. Theiles d. Grafsch. Glatz (Landeck u. Umgegd.), nebst Touren u. Ausflügen. Neuest. Führer f. Fremde u. Touristen, hrsg. v. d. Landecker Section d. Glatzer Gebirgsvereins. 4., verm. u. verb. Aufl. 12. (IV, 187 S.) Landeck 895. A. Bernhard. n. — 60

Beschreibung des östlichen Theiles der Grafschaft Glatz ⟨Landeck u. Umgegend⟩ nebst Touren u. Ausflügen. Neuester Führer hrsg. von d. Landecker Sect. d. Glatzer Gebirgsver. 5. verm. u. verb. Aufl. *Landeck i. Schl.: A. Bernhard 1900.* (IV, 120 S.) 8° [F.] [st. jetzt 2

— des östlichen Teiles der Grafsch. Glatz (Landeck u. Umgegend) nebst Touren u. Ausflügen. Neuester Führer f. Fremde u. Touristen, hrsg. v. der Ortsgruppe Landeck des Glatzer Gebirgsvereins. 7. verb. Aufl. (127 S.) kl. 8. Landeck 909. A. Bernhard. — 60

— der k. k. Telephon-Centralen in Wien. Hrsg. v. k. k. Handels-Ministerium. gr. 4. (IV, 65 S. m. 13 Textbildern u. 25 Taf.) Wien 899. Hof- u. Staatsdruckerei. Kart. n. 5. 40

— der vorhandenen Telegraphen, mit Berücksichtigung des preußischen, nebst e. Vorschlage z. Verbesserung derselben. Mit 2 lithogr. Taf. 8. Quedlinburg 833. Hanewald. 1/4 rthl

— d. Theseums u. dessen unterirdischer Halle in d. öffentl. Garten, nächst d. k. k. Burg. Mit 1 Kpf. 16. Wien 827. Heubner.

Beschreibung von Töplitz (T e p l i t z) in Böhmen. Mit Kpf. Prag: Calve 1798.

Beschreibung von Töplitz in Böhmen. Prag 1799 [1798]. V: *Hoser, Joseph Carl Eduard.* (call)

— von Teplitz u. d. umliegenden Gegenden u. Oertern. 8. Prag 805. Haas in Wien. 6 gr

Beschreibung von Töplitz und seinen malerischen Umgebungen ... Prag 1808. V: *Eichler, Andreas Chrysogon.* (MGT)

Beschreibung von T e p l i t z und seinen mahlerischen Umgebungen. Ein Taschenbuch für Brunnengäste und Reisende. . . Von E. k. k. R. (d.i. Andreas Chysogon Eichler.) 2. verb.Ausg. Prag: Gerzabek 1815.

Beschreibung von T e p l i t z u. seinen malerischen Umgebungen. 6. ganz umgearb. Aufl. v. A. C. Eichler. Teplitz: Spengler, Helm, Gerabek 1830.

— von Teplitz u. seinen pittoresken Umgebungen, v. C. v. W. 8. Leipz. 811. Hinrichs. 8 gr französ. 8 gr

— dasselbe in franz. Sprache, s. Description.

Beschreibung d. OA. Tettnang. Her. v. K. Statist. Landesamt. Stuttgart 1838

— der höchst sonder- u. wunderbaren, landkundigen u. merkwürdigen Teufels- u. Geisterspuck- auch Hexen- u. Zauber-Geschichte zu Seißen auf der Schwäb.-Alp, im J. 1850. Zu Ernst u. Scherz, auch zur belehrenden Unterhaltg. humoristisch in zierliche Reime gesetzt. Mit Holzschn. 2. Aufl. gr. 8. (IV u. 17 S.) Blaubeuren 850, Mangold. baar 1 1/2 ngl

Theatralische Beschreibung des Ehestandes, Aus dem Nieder-Teutschen Ins Hoch-Teutsche versetzet, Von C. F. [Hamburg?] Gedruckt, Im Jahr 1706. 4°. 16 Bl. In Umschlag.
Wohl die deutsche Originalausgabe dieser bürgerlichen Komödie, deren holländisches Original wir nicht ermitteln konnten. Als Übersetzer könnte *F. Christian Feustking* (1678—1739) in Betracht kommen, der um diese Zeit für das Hamburger Theater tätig war.

BESCHREIBUNG, T h e a t r a l i s c h e, d e s E h e s t a n d e s. Aus dem Nieder-Teutschen in's Hochdeutsche versetzet. O. O. 1706. 4°. (1/8 Rthl. Scheible, c. 1870; jetzt theurer!) Rar!

Beschreibung der ledig genannten orthodoxen Theologen. O. O. 1725. V: *Stenius, Sim.* (Myl)

Beschreibung, Theologisch-historische, des evangelischen Kirchenjahres, worinnen verschiedene schwehre Stellen der Evangelien gehoben sind. Nürnberg 1729. V: *Schmid, Hieron. Wilh.* (will)

Beschreibung des ersten Theresien-Volksfestes in Bamberg. Gefeiert zu Ehren und unter dem besonderen Schutze ... Königin Therese von Bayern ... Bamberg 1833. V: *Hornthal, Franz Ludwig von.* (BMarsch 1157)

— des ersten Theresienvolksfestes zu Bamberg. Gefeiert zu Ehren u. unter. besond. Schutze Ihrer Maj. der regierenden Königin Therese v. Bayern. Vom 8. bis 12. Juli 1833. Mit 7 Abbildd. gr. 8. Bamberg 833. Dresch. 5/6 rthl

— der Daisenbergersch. Thermolampe. M. Kpf. 8. Augsb., Daisenberger. 8 gr

—— des Theseums u. dessen unterirdischer Halle in dem öffentl. Garten nächst d. k. k. Burg. M. 1 Kpfrt. 12. ... Wien 827, Heubner.

Beschreibung von Thun und dessen Umgegend, nach dem Panorama von Marquard Wocher. Basel 1815. V: *König, Frdr. Nic.* (Bücherverz. d. Zentralbibl. des D. u. Ö. A. V. München 1906.)

— von d. Tinctur d. Weisen u. d. Kur aller Krankheiten, (v. Jak. Böhme). 8. Berl. 780. Maurers B. 3 gr Schrbp. 4 gr

Beschreibung der Gefürsteten ... Graffschafft Tyrol, Wie solche ... 1363 an das Ertz-Haus Oesterreich kommen. Augspurg 1703. V: *Beer, Johann Christoph.* (CLZür Forts. I)

Beschreibung der gefürsteten und sehr mächtigen Grafschaft Tirol. (Mit 23 Abbildungen und 1 Titelbild.) 8. Augsburg 1703.

— Toffolis, s. Beschreib. ein. Schleifmaschine.

— d. Tollwuth oder Wasserscheu d. Hunde. Worte d. Erfahrung v. C. W. gr. 8. Augsb, Baumer. (Lpz. Hinrichs.)

Beschreibung d. Herrschaft Tolna. Gewidmet v. d. Guts-Administration. 8. (32 S. m. 1 Karte.) Wien, *Wilhelm Frick. 80 kr. 1885

Beschreibung der Festung Tönningen. [Leipz. 1723.] V: *Fassmann, David.* (schles)

Beschreibung von Töplitz ..., s. Beschreibung von Teplitz. ...

— topograph., d. Sachs.-Meiningschen Antheils an Coburg. 4. Dessau 784. Gel.-Buchh. 1 Thlr 12 gr

— topogr., des Herzogthums Hollstein. 8. Kiel, Schulze. 772.

— topograph., d. Landsch. Lungau in Salzburg, (v. I. B. Hueber). Mit 1 Kpf. gr. 8. Salzb. 786. Duyle. 6 gr

— topograph., d. Herzogth. Magdeburg u. d. Grafsch. Mansfeld, (v. J. L. Heineccius). gr. 4. Berl. 785. Rottmann. 1 Thlr 16 gr

Beschreibung, Topographische, von München. [1700.] V: *Wening, Michael.* (HThPP)

Beschreibung, Topographische, des Cantons Rheinbach. Ein Beitrag zur Kunde des linken Rhein-Ufers. Coblenz 1816. V: *Stramberg, Christian von.* (StBKöln I, 15)

Beschreibung, Topographische, des Herzogthums Schleswig ... Kiel 1772. V: *Schulze, J. H.* (EngG) (MS)

— topographische, des Regierungs-Bezirks Trier. Mit e. Anhange, enthaltend e. Samml. statistischer Uebersichten. gr. 4. Trier 833. (Lintz.) 1 1/8 Thlr

Beschreibung, Topographische, der Stadt Wahren. [Schwerin 1792.] V: *Schmidt, Friedrich Traugott.* (MGT)

— topograph.-histor., v. Bosnien u. Servien. M. Karten. 8. Wien, Schrämbl. 1 Thlr 8 gr

— topogr.-histor., d. Moldau u. Wallachei. 8. Wien, Schrämbl. 1 Thlr 8 gr

Beschreibung, Topographisch-historische, der beiden Fürstenthümer Moldau und Wallachei. 8. Wien 1810.

— — (Neue Ausgabe.) 8. Wien 1811.

Beschreibung, Topographisch-historische, des Oberpinzgaus im Erzstifte Salzburg. ... Salzburg 1786. V: *Reisigl, Franz Anton.* (Ky) (MGT) (weber)

Beschreibung, Topographisch-historisch-statistische, der Stadt Münster. ... Münster 1836. V: *Guillaume.* (EngG)

— topographisch-historisch-statistische, der Stadt Münster. Ein Handbuch für Einheimische und Fremde. gr. 8. Münster 836. Coppenrath. 3/4 Thlr

Beschreibung, Topographisch-statistische, des Rheinthals. [St. Gallen 1805.] V: *Am Bühl, Johann Ludwig.* (MS)

Beschreibg eines neuen Tornisters. 6 Photogr. 4. 1 Mappe.

Beschreibung des Torso im Belvedere zu Rom. [Leipzig 1759.] V: *Winckelmann, Johann Joachim.* (ML)

Beschreibung des adlichen Ritter-Guths Toestorff. o. O. u. J. 4° geb. in Fol.

Beschreibung der Todtenfeier zum Andenken des verstorbenen Allerdurchlauchtigsten Fürsten und Herrn, Herrn Friederich Ludwig, Erbgrossherzogs von Mecklenburg-Schwerin. Veranstaltet von der Provincial-Loge von Mecklenburg zu Rostock am 25sten März 1820. [Rostock 1820.] 56 S. 8° [Umschlagtit.]

Auszug, Bericht und Rede von v. Nettelbladt, in: Kalender f. d. Prov.-Loge von Mecklenburg. 7 (1830) S. 70—93.
Kl. 1457. Reden von Chr. K. F. W. Frh. v. Nettelbladt u. v. Both.

Beschreibung der Todtenfeier zum Andenken des Brs v. Neander [v. Petersheiden] gehalten in der St. Johannis-Loge zum Tempel der Wahrheit im Osten von Rostock am 22sten Jan. 5818. o. O. [1818]. 24 S. 8° [Umschlagtit.]

Kl. 1447. Enth. nichts Biogr., sondern die Beschreibung der Trauerloge.

Beschreibung der Todtenfeier und des Trauergerüstes für Weil. Sr. Kais. Kön. Apost. Majestät Leopold II. in der Rathhauskapelle zu Köln a. Rh. 1792. [Köln 1792.] V: *Wallraf, Ferdinand Franz.* (StB Köln I, 202)

Beschreibung des so genannten Todten-Tantzes,
s. H i l s c h e r , Paul Christian

Beschreibung des Tracé der Bahn Seebach-(Oerlikon-)Zürich-(Hirschengraben). Winterthur [1876]. V: *Pollacsek, Michael.* (Cat. d. Stadtbibl. Zürich. Zürich 1864—97) (Kat. d. Bibl. d. techn. Hochsch. Graz.)

Beschreibung des im Herzogthum Holstein, und zwar im Preetzer Güter-District belegenen adelichen Gutes Tralau, nebst Bedingungen, unter welchen dasselbe am 7. July 1824 in Kiel verkauft werden soll. o. O. (1824.) Fol.

Beschreibung des Trauergerüstes, welches zum Andenken Ihrer Majestät Maria Theresia von dem wienerischen Stadtmagistrate zum H. Stephan errichtet worden ist. Wien 1781. V: *Schneller, Joseph.* (EB)

Beschreibung der zum Andenken des verstorbenen Bruders, Jacob Heinrichs von Born, Erb- Lehn- und Gerichtsherrn auf Weissenborn Churfürstl. Sächs. Hof- und Justitienraths etc. von den Mitgliedern der Loge zu den Drey Schwerdtern, in Dresden, am 19. April 1782 gehaltenen Trauerloge. Dresden, Druck von Meinhold. 1782. kl. 4. 1 Kpfr. Titel mit Vignette. 20 S. 2 Bl. in Kupfer gestochene Noten.
Kloss 1555. — Enthält ausser der Beschreibung der Feier eine Ansprache an den Herzog von Curland Seitens des Mstrs. v. St. J. F. B. z. R., die Trauerrede von von F . . . . und ein Lied.

Traurige Beschreibung | eines | fünffachen Verbrechers | wo ein junger Soldat mit Beihülfe seiner Verlobten, | einer Müllerstochter, ihre Schwiegereltern, den Schw ger, die Schwägerin und ihren Mann ums Leben | brachte. | Hingerichtet am 20. April im vorigen Jahre | in Steiermark in Oesterreich. | Herausgegeben und im Selbstverlag | von Johann Fleischer in Dortmund.
Kol.: Druck von Carl Hermann Müller in Berlin.
o. J., 4 Bl. n. n., 178 × 113.
LBO Bänkelsängerlit. III, 89.

— des Treffens bei Brienne u. d. Schlacht bei la Rothiere, m. 1 Pl. 8. Bresl. 814. Holäufer. (Graß, B. u. C.) 8 gr

— des Treffens v. Hagelsberg unweit Belzig am 27. Aug. 1813. (Von Generalmaj. v. d. Marwitz.) Mit Pl. 4. Berl. 817. Mylius. 1 rthl 16 gr

Beschreibung des O.A. Tübingen. Her. v. K. Stat. Landesamt. Stuttgart 1867

Beschreibung des letzten siebenzehnjährigen Türcken-Krieges. (131.) fol. Wien 1702.

— der beiden neu erbauten Thürme auf d. Friedrichstädt. Markte zu Berlin rc., (v. K. L. v. Oesfeld). Mit 2 Kpft. 4. Berl. 785.

— des am 1. Weinmonat zu Burgdorf gefeierten T u r n f e s t e s für Knaben u. Mädchen, nebst der zur Eröffnung desselben gehaltenen Rede. gr. 8. Bern 836. Jenni, Sohn. 1/8 rthl

— des bei d. Theresien-Volksfeste zu Bamberg am 10. Juli 1833 abgehalt. T u r n i e r s. 4. Bamb. ... Literar.-Art.-Inst. 1 1/2 gr

— des Oberamts Tuttlingen. Hrsg. von dem k. statistisch-topograph. Bureau. Mit 3 Tab., einer geognostisch kolor. (lith.) Karte des Oberamts, 8 (lith.) Ansichten u. 1 (lith.) Plan. gr. 8. (XII, 595 S.) Ebend. 879. n. 5. —

Beschreibung der feierlichen Uebergabe der großen goldenen Verdienst-Medaille . . . an Herrn Joh. Wilhelm Klein, . . . am 3. December 1840. Wien [1840]. . . . V: *Castelli, Ignaz Franz.* (Mitth. Dr. A. Mell.)

Beschreibung, Übersichtliche, des Herzogthums Sachsen Coburg und Gotha. Coburg und Leipzig 1842. V: *Plänckner, J. v. & Otto.* (EB)

—— übersichtliche, d. Herzogth. Sachsen-Coburg u. Gotha. 8. (1 1/2 B.) Coburg 842. [Leipzig, Brauns.] * .

— übersichtliche, d. Herzogthums Sachsen Coburg u. Gotha. 8. Coburg 842, Sinner'sche Hofbuchh. n. 1/4 rthl

Beschreibung einer astronomischen Uhr . . . Wien 1771. V: *Rendler, Joseph.* (KY)

Beschreibung der astronomischen Uhr auf dem Frohnwaag-Thurm in Schaffhausen s. S[pleiss], J[ohann] J[acob].

Beschreibung der astronomischen Uhr . . . in Schaffhausen. Schaffhausen 183?. V: *Schalch, Johann Jacob.* (Cat. d. Stadtbibl. Zürich. Zürich 1864—97.)

Beschreibung der astronomischen Uhr in der St. Marienkirche zu Rostock. Rostock 1885. V: *Mann August.* (Bachmann, Mecklenburg. Güstrow 1889. S. 453.)

— der astronomischen Uhr in der St. Marienkirche zu Rostock. gr. 8. (16 S.) Rostock 885. (Stiller.) n. — 25

Beschreibung der berühmten Uhr und Kunstwerke am Altstädter Rathhause und auf der Königlichen Sternwarte zu Prag. Prag u. Dresden 1791. V: *Strnadt, Anton.* (WBL 40/50) (KY 5/353) (Fideicommissbibliothek Wien 2/33, Nr. 3649) (ENGG S. 778) (BIBLPORT)

Beschreibung des astronomischen Uhrwerks in der Kirche zu St. Marien in Lübeck. 4.

— d. Oberamts Ulm. Hrsg. v. k. statistischen Landesamt. M. Titelbild, Karte d. Oberamts u. d. ehemal. Reichsstadt-Gebiets, Kilometerzeiger d. Bezirks, Grundriß d. Münsters, Abb. d. Münsterturms u. zahlr. Bild. i. Text. 2 Bde. gr. 8. (VIII, 812 u. IV, 701 S.) Stuttgart 897. (W. Kohlhammer.) n. 6. —

— d. Reichsstadt Ulm, (v. Jh. Eph. Schmid). gr. 8. Ulm 791. (N. Aufl. 1801. Stettin. 5 gr

— der Stadt Ulm in allen ihren Verhältnissen. Mit 8 Kpf. u. 2 Plän. gr. 8. Ulm. Ebner. 4 rthl 12 gr

Pension Villa Schlössli in Spiez am Thunersee. Beschreibung der Umgebung von Spiez, Ausflüge und Bergtouren. [Mit Illustrationen und 1 Tafel.] II + 40 S. 8. Selbstverlag des Herausgebers; Interlaken, Impr. Otto Schläfli, [1902].

— umständl., der kurfürstl. Residenzst. Dresden, mit allen seinen Merkwürdigkeiten rc. (v. J. Chr. Hasche). 2 Bde. 8. Leipz. 781

Beschreibung, Umständliche, Dresdens . . . Leipz. 1781—1784. V: *Hasche, Johann Christian.* (MS) (MGT) S. a.

Umständliche Beschreibung der Stadt u. Festung Gibraltar. 4. Berlin 1727.

— umständliche, des heiligen Grabes zu Görlitz. Nebst einer in Kpfr. gestoch. Vorstellung u. George Emrich's Bildniß.) 8. Görlitz 835. (Grüson'sche Buchh.) ½ rß

Beschreibung, Umständliche, vom Leinbau, ... Flensburg 1760. V: *Lüders, Philipp Ernst.* (Ky) (ML)

— umständl., d. im Jan. u. Hornung 1784 die Städte Heidelberg, Manheim u. a. Gegenden d. Pfalz, durch d. Eisgänge u. Ueberschwemmungen betroff. großen Noth. Mit Kpf. 8. Manh. 784. Löffler. 12 K

Beschreibung. Umständliche, der Haupt-Stadt und Vestung Ryssel, von den Alliirten unter Printz Eugen und Marlborough, den 13. Aug. 1708 belagert, und nach Gegenwehr des Marchal de Boufleur den 23. Oct. bezwungen; Wie Entwurff der Gegend, in welcher die Action zwischen dem Alliirten Corpo unter Webb und der Frantzösischen Armee unter Graff de la Motte ohnfern Wynendal den 28. Sept. vorgefallen. Leipzig, Joh. Theod. Boetio, 1708. Mit Titelkupfer, I. T. B. sc. Nor., und einer Kupfertafel. 3 Bl., 28 S. 4°. Kart. 20.—

Titelkupfer: Plan und Ansicht von Lille; Kupfertafel im Innern: Schlacht bei Wijnendaele.

Umständliche **Beschreibung** der ... Salbung und Crönung der ... Frauen, Anna Joannowna Kayserin und Selbstherrscherin von gantz Rußland ... wie solche den 28. April 1730. in ... Moscau ... vollzogen worden. Nach dem Rußischen Original Teutsch übersetzet, und mit denen dazu gehörigen Kupffern versehen. St. Petersburg, Gedruckt bey der Kayserl. Academie der Wißenschafften 1731.
Tit., 28 S., 2 Bl. m. 2 Kupferst.; 16 Taf. in Kupferst. 4°.
Porträt d. Kaiserin gest. von Wortmann nach Gemälde von Caravaque.
Vinet 776.

Beschreibung, Umständliche, 1. einer leicht zu verfertigenden Säemaschine.... Mitau 1803. V: *Gerzimsky, Christoph Dietrich Georg.* (Ky) (R-N)

— umständl., 1) einer neuen leicht zu verfertigenden Säe-Maschine ꝛc. 2) einer bei schwerem Boden nützl. Egge, 3) eines Queckenbrechers u. e. Kleesaamenrechens. (Von Chr. D. G. Gerzimsky.) Mit 2 Kpf. 8. Mitau 803. 2e Aufl. verm. mit einer mit eisernen Schienen beschlagenen Feldwälze. Mit 2 Kpf. 8. Ebd. 812.

umständl. Beschreibung des Treffens, w. 1742 den 17. May bei Chottositz gehalten worden. (2 Bl.) 4. Breslau 1742.

Beschreibung, Umständliche, der beyden neuerbauten Thürme auf dem Friedrichsstädtischen Markte zu Berlin, ... Berlin 1785. V: *Oesfeld, Carl Ludwig von.* (Ky) (MGT)

Umbständliche Beschreibung des Treffens, welches 1742 den 17. Maji in Böhmen bei Chotusitz, zwischen unseres Königes und der Königlich Ungarischen Armee gehalten worden. 1742. 4. (2 Bl.)

BESCHREIBUNG. Umständliche – der Verfassung von den Armenversorgungsanstalten zu Graz ... 1796. Widmannstättische Schriften, o. O. (Graz) o. J. (1796). 1 vol. 32 Bl.

Umständliche und wahrhafte Beschreibung der den 25. 26. und 27. Augusti 1758 zwischen Zorrendorf und Cüstrin vorgefallenen sehr grossen und blutigen Schlacht. Mit diesen Nachrichten sendeten ... der König alle drey Tage nacheinander einen Courier mit 24 blasenden Postillons nach Berlin. 4. (2 Bl.)

Umständl. u. wahrhafte Beschreibung der d. 25., 26. und 27. Aug. 1758 zw. Zorrndorf u. Cüstrin vorgef. Schlacht. (2 Bl.) 4. (Berlin) 1758.

Umständliche **Beschreibung** der grossen Wasserfluth am 7. October 1756. o. O. und J. 8°.

Beschreibung, Umständlichere, der holländischen Kleymühle. Dresden u. Leipzig 1777. V: *Aster, Frdr. Ludwig.* (Gatterer, Repert. d. mineral. Litt. Giessen 1798–99. II, 338.)

Ohngefehrliche Beschreibung der dreyen Adelichen Marsch-Güter **Campen, Beckhoff** und **Beckmünde.**
Conditiones, wornach die drey Adeliche Marsch-Güther **Campen, Beckmünde** und **Beeckhoff,** den 15. März 1764 zu Kiel verkaufet werden sollen. o. O. (1764.) Fol.

Ungefähre Beschreibung des im Herzogthum Schleswig und zwar im 1. Angler Güterdistrict belegnen Haupthofes des adlichen Gutes **Töstorff.** o. O. u. J. (um 1830?) Fol.
Abschrift von H. Biernatzkis Hand.

Beschreibung | des Unglücks | im | Hauenstein-Tunnel, | erfolgt den 28. Mai 1857, | bei welchem 49 Arbeiter durch Erstickung den Tod | gefunden haben. | Mülhausen, | Druck und Verlag von J. P. Rißler. | 1857.
8 S., 187 × 110.
BNP Lk 7. 1 (12).

Beschreibung d. Uniform- u. Ausrüstungsstücken. Sammlung von lith. Kr.-Min.-Erl. Mit Zeichn. München 1821–1855. 2°

Beschreibung. Unpartheyische B' Alles dessen Was sich ... Denckwürdiges zugetragen mit denen Separatisten .... 1754 *s.* [Kyburz, Abraham].

Beschreibung d. Unterbringung d. Tornister b. d. m. Material C/73 ausgerüst. Friedensbatt. München 1875.

— unterhalt., d. Sclavenküste ꝛc., s. Beschreib. d. Königr. Whidah ꝛc.

— unterhalt., d. Sclavenküste u. e. daran greuz. Staaten, nach d. Nachr. alt. u. neuerer Reisenden. 8. Lpz. Joachim.

— unterhalt. topogr. u. statist., e. Sommerreise durch d. Provinzen Magdeburg, Braunschweig, Halberstadt, (v. Chr. K. Plato). 3 Thle. 8. Halle 791. Hendel. 1 rß 12 K

Beschreibung der industriellen Unternehmungen der Kaiserlich Königlichen Staatseisenbahngesellschaft. Wien 1873

Beschreibung und Unterricht des Weinbaues it. vom Nutzen und Wirkung des Rheinweines. 1709. (Wahrscheinlich identisch mit: Sentiment Von Fürtrefflichkeit/ Unterscheid / Nutzen und Wirckungen Des Rhein-Weins ... 1709.)

— unterrichtende, d. Gesundheits- u. Ersparungs-Oefen, d. in d. Winter 1825 u. 26 zuerst in Mainz bekannt, u. im J. 1826 u. 27 daselbst eingeführt wurden. Mit 16 Steindr. 4. Frankf. a. M. 827. Streng. 1 rß 16 K Supplement zur Erläuter. d. Stellen S. 16, 45, 46. im Werke selbst. Unter fortlauf. Seitenzahlen mit d. Werke, um demselben angefügt zu werden. Mit 1 Steint. gr. 4. Mainz 828. Stenz. 4 K Noch ein unvorhergesehener, jedoch unerläßl. Nachtrag zu d. Supplement. (3 Bogen 15, 16, 17 u. 2 Steintaf.) gr. 4. Ebd. 829. 3 K

Beschreibung und chemische Untersuchung des Bades Knutwyl. Aarau 1851 *s.* [Fix, Christoph Nathanael].

Unvorgreifliche Beschreibung und Anschlag des in dem Herzogthum Holstein unter Gemeinschaftl. Regierung, belegenen Adelichen Gutes **Küren,** wie solches am 20. Januarii 1764 in Kiel auf die gedruckten Conditiones verkauft werden soll. o. O. (1763.) Fol.

Unvorgreifliche Beschreibung und Anschlag des in dem Herzogthum Holstein belegenen Adelichen Guthes **Lehmkuhlen.**
Conditiones nach welchen das ... Adeliche Guth **Lehmkuhlen,** den 20 Januar 1766. zu Kiel verkauft und adjudiciret werden soll. o. O. (1765.) Fol.

Unvorgreifliche Beschreibung und Anschlag des in dem Herzogthum Holstein belegenen Adelichen Guthes **Lehmkuhlen** und dessen Zubehörungen. o. O. u. J. (Defekt!) Fol.

Ohnvorgreifliche jedoch richtige Beschreibung Des im Herzogthum Hollstein belegenen Adelichen Marsch-Guths **Haselau** und **Heteln,** Welches den 17. Dec. (1731) in der Stadt und Veste Rendsburg verkauffet werden soll. o. O. (1731.) Fol.

Beschreibung d. OA. Urach. Herausgeg. v. K. Statist. Landesamt. Stuttgart 1831

Beschreibung des Oberamts Urach. Hrsg. v. K. Statist. Landesamt. 2. Bearb. Mit Höhenkurvenkt., Entfernungskt. u. mit Stadtpl. von Urach. Stuttgart: Kohlhammer 1909. IX, 778 S. 8°
[Beschreibung d. Kgr. Württemberg nach Oberamtsbezirken. Neue Bearb. 7.]
log. 11987

Beschreibung d. OA. Vaihingen. Her. v. K. Stat. Landesamt. Stuttgart 1856

Beschreibung von Venedig. Frankfurt und Leipzig 1787—1791. V: *Maier, Johann Christoph.* (KY) (MGT) (MS)

— von Venedig. 1r Thl. 8. Leipz. Hertel. 787.

— von Venedig. Mit Kpf. 3 Thle. gr. 8. Frankf. a. M. 787—89. Hermann. 4 ₰ N. Aufl. s. Jh. Cph. Maier II.

— d. ältesten Veränder. d. Erdkörpers. 8. Marb. 790. Krieger. 10 ℊ

Beschreibung der ältesten Veränderungen des Erdkörpers, wie auch der Entstehung der Steinkohlen und des Basaltes durch Vulkane. Leipzig 1796. 8.

Beschreibung eines schauderhaften Verbrechens. Geschehen im Amte Heiden in Westfalen, wo ein Raben-Elternpaar die eigene Tochter 18 Monate angekettet in einem dunklen engen Raume, ohne Bekleidung und Reinigung bei dürftiger Kost dem Tode weihete. (Vignette: *Pute an einem Grabe.* 45 — 45) Preis 10 Pfg. Hannover. Druck und Verlag von Fr. Rodewald, Hallerstraße 20.
o. J. (um 1880), 4 Bl. u. n., 18 — 11.
USB Göttingen Poet. Germ. IV, 7588, 16

Beschreibung eines schauderhaften Verbrechens, welches im Monat September 1869 in der Nähe von Paris verübt wurde.
Kol.: Mülhausen, gedruckt bei J. P. Risler u. Comp.
o. J. (1870), 1 Bl. zweiseitig bedruckt, 266 — 288
BNP 4 Z. 77.

Beschreibung des Verfahrens bei den Bohrversuchen und warmen Quellen in Ehrenbreitstein. Coblenz 1838. V: *Althans, C. L.* (Verh. d. naturhist. Vereines d. preuss. Rheinlande. 44 (1887), S. 181 ff.) (Mitth. Erich Haarmann, Charlottenburg.)

—— des Verfahrens bei d. Bohr-Versuchen nach warmen Quellen in Ehrenbreitstein. Nebst 1 Karte u. 2 lith. Bl. gr. 8. (3½ B.) Koblenz 838, (Bädeker.) *

Beschreibung eines k. k. ausschl. priv. Verfahrens bei der Puddlings- und Herdfrischerei Wien 1864. V: *Weniger, Anton & Jos. Rosswall.* (EB)

—— und Verfassung des Cultus des höchsten Wesens oder der Religion der Ein-Gotts-Lehre, gen. Deismus. Verfaßt im Geiste der Zivilisation unsers Zeitalters. 16. (29 S.) Herisau 854, (Meisel's Buchh.) *

Beschreibung der Verhältnisse u. Einrichtungen d. Georgs-Marien-Hütte bei Osnabrück. Ausgest. auf d. Internat. Ausstellung in Wien im Jahre 1873. — Osnabrück: Kisling 1873. 21 S, 8 Taf. 4°

—— der Verhältnisse und Einrichtungen der Georgs-Marien-Hütte zu Osnabrück. Aufgestellt unter Gruppe I. Nr. 8642 auf der internationalen Ausstellung in Wien im J. 1873. Fol. (21 S. und 7 Stat. in gr. Fol. und Imp.-Fol.) Osnabrück 873. Hannover, (Schmorl und v. Seefeld.) *

— d. milchwirthschaftl. Verhältn. i. Doutschon Roiche. Hrsg. v. doutschen milchwirthschaftl. Vorein unt. Mitarboitorschaft v. Potorsen, Frz. Jos Horz, du Roi etc. gr. 8. (170 S.) Borlin 895. (Loipzig, M. Hoinsius Nachf.) n. — 60

Beschreibung der Milchwirthschaftlichen Verhältnisse im Deutschen Reiche. Hrsg. v. Deutschen Milchwirthschaftl. Verein unter Mitarbeiterschaft der Herren ... *Berlin: R. Mosse 1895.* (170 S.) 1 Bd 8. 196. 492

Beschreibung und Verkaufsbedingungen über **Freudenholm.** o. O. (1811.) 8° geb. in Fol.

Beschreibung nebst Verkaufsbedingungen über die aus den herrschaftlichen Pachtländereien beim Flecken **Wandsbeck** ausgelegten Parcelen, welche den 4. März 1846 zu Wandsbeck verkauft werden sollen. o. O. (1846.) Fol.

Beschreibung, Verkürzte, der Eidgenossenschaft. Zürich 1755. V: *Faber, Claude Emanuel.* (Bibliogr. der Schweiz. Landeskunde. Bern 1892 ff. III.)

—— der Vermählungsfeier zu Coburg, s. Beiträge z. Coburgs Annalen.

— zweier Rechnungs- u. Verstandesspiele; als des Kriegsspiels u. des Friedensspiels. 2e Ausg., durch mehrere Sachverständige u. durch eigene Erfahrung berichtiget, sammt den verbess. Planen u. Abbildd. d. Figuren. Wien, Müller. 16 ℊ

Beschreibung eines Versuchs, bald nach dem Herbstäquinoctio auf den Brocken zu reisen ... [Göttingen 1782.] V: *Schröder, Christian Friedrich.* (MGT)

Beschreibung der Verwüstungen, welche der am 15. Junii 1816 in Tiefenhöchstadt gefallene Wolkenbruch bewirkte. ... Bamb. 1816. V: *Jäck, Heinrich Joachim.* (MGT)

— u. Verzeichn. d. Toreutica-Waare der Klauerschen Kunstfabrik. 1s u. 2s Heft. Mit Kpf. gr. 4. Weimar 800. Ind.-Comtr. (à 1 ₰) 2 ₰

—— der Victori bei Lützen 1632, s. Jollivet.

Beschreibung der Kolonie Viktoria. 1873.

Beschreibung von Virginien. [Braunschw. 1777.] V: *Heise, Joh. Christoph Friedrich.* (MGT)

Beschreibung des feierlichen Vivats, welches dem Erbprinzen des Mecklenburgischen Hauses Friedrich Ludwig am 21. Oct. 1794 von den hiesigen Studirenden gebracht worden. ... Rostock [1794]. V: *Kosegarten, Friedrich Franz v.* (GGr) (R-N)

— merkwürd. Völker, s. Abbildung.

— d. großen Völkerschlacht bei Leipzig, an den Tagen des 16. 18. u. 19. Oct. 1813, mit 2 Plänen. gr. 4. Leipz., Leo. 12 ℊ

Beschreibung der grossen Völkerschlacht bei Leipzig am 16., 18. u. 19. Okt. 1813. A. d. Hauptqu. Rötha, d. 19. Oct. 1813. (4 Bl.) 4. M. 1 Pl.

Beschreibung der grossen Völkerschlacht bei Leipzig in den Tagen des 16., 18. u. 19. Oct. 1813. (8.) 4. M. 2 Pl. Leipzig 1815.

—— des Volks-Festes und der Fahnenweihe zu Meisenheim, am 9. und 10. Juli 1848, mit den bei der Feier der Fahnenweihe gehalt. Reden des Frl. Elisabetha Persinger, und der HH. Dr. Kempff, Koch und Venedey. gr. 8. (21 S.) Meisenheim 848, Krull.

— d. Volksschulstellen im Reg.-Bez. Schwaben u. Neuburg Hrsg. v. schwäb. Kreislehrerverein. 2 Bde. (24, 591 u. 12, 683 m. 1 farb. Kte.) gr8° Augsbg, Bayer. Schulmuseum '11. L nn 12.50 d; Karte allein nn 1—

Beschreibung, vollständige, des Domes zu Köln. Mit Abb. von Massau. quer 16. Köln 1840, Eisen. cart. 12 Ngr. — 45 kr.
Boisserée, Binzer, de Noel, Püttmann.

Beschreibung.– V o l l s t ä n d i g e Beschreibung der ganzen Einrichtung des in der Haupt-Kirche zu S. Elisabeth zu Bresslau,. . . offentlich eingeweiheten neuen grossen Orgel-Werkes . . . mit zugleich vorangesetzter Nachricht von dem vorher seit 1657 in gedachter Kirche befindlich gewesenem älteren Werke. Breslau, 1761. 8° 8 S.

Vollständige **Beschreibung** der Feyer des Tübinger Vertrags, Herrn Assessor Heinrich Emm. [Immanuel] Klüpfel, Burgermeister u. Repräsentanten der Stadt Stuttgart, zur Ehre gehalten am St. KiliansTag (8. Juli) 1816. [Stuttg. 1816.]

Beschreibung, Vollständige, aller Feyerlichkeiten bey der hohen Vermählung der ... Herzogin zu Mecklenburg, Therese Mathilde Amalia, mit dem Erbprinzen von Thurn und Taxis, Karl Alexander. Neustrelitz 1789. V: *Bonin, Christian Friedrich von.* (MGT)

—vollständ. u. genaue, wie der Hanf u. Flachs im Stifte Osnabrück gebauet u. bereitet werde. 8. Duisb. 787. Bädeker. 2 ℛ

Vollständige Beschreibung des Geschlechts der Reichsgraf- und Burggrafen von Kirchberg in Thüringen, ans Licht gestellt durch H. F. Avemann. Franckfurt am Mayn. 1747. Anhang der Diplomatum, Urkunden, Briefe u. dgl. ebd. dass J. 4° k.

Beschreibung, Vollständige, der ... Haupt- und Residenzstadt Prag. Prag 1787. V: *Opitz, Fr. Joh.* (Karajan)

— vollständ., Salzburgs 2c. m. K. 8. Hall., Kingér.

Beschreibung, Vollständige, der weltberühmten Churfürstlich - Baierschen Schatzkammer und derselben Kostbarkeiten in der Residenzstadt München. Augsburg 1778. V: *Zapf, Gg. Wilhelm.* (Chph. Weidlich 4/276/18) (BiblPort)

Beschreibung, vollständige, der weltberühmten Churfl.-Baierschen (!) Schatzkammer u. derselben Kostbarkeiten in der Residenzstadt München. Augsburg, bey Albert Frdr. Bartholomäi (m. Signet). 1778. 8°. 80 S. Eleg. blau Hsrsbd.

—vollst., der Seeschlacht bei Trafalgar, nebst 1 Plan. 8 umb., (Herold jun.) 4 ℛ

— vollst., aller Solennitäten bey d. kön. sicil. Vermählung. Fol. Dresden. 738.

Vollständige Beschreibung der Ceremonien, welche sowohl bey den englischen Crönungen überhaupt vorgehen, besonders aber bey dem ... Crönungs-Fest ... Georgii des II. und Wilhelminae Carolinae von Groß-Britannien, Franckreich und Irrland, etc. etc. am 11./22. Octob. dieses 1727. Jahres feyerlichst beobachtet sind. Nebst vielen merckwürdigen Umständen, alles aus den besten englischen und andern Nachrichten genommen, und mit nöthigen Kupffern erkl. — Hanover: Förster 1728. 144 S.
1:4° Tu 2932. 12: Brit. 59e. 2. 5. 7. 8. 89.
1.5643

Beschreibung.– V o l l s t ä n d i g e Beschreibung der ersten erstaunlichen Wundergeschicht, Wegen welcher Vnser Marianisches Gnadenbild, Maria Zur Ketten genannt wird. Denen Andächtigen Wahlfahrterern zu Lieb, in folgendem eigents genannten Capellen-Lied verfasset. Getruckt zu Rottweil bey Joan. Thaddäo Feyrer/ Anno 1749. 8° 2 Bl.

Beschreibung des Vorgebürgs der guten Hoffnung. Frankfurt und Leipzig 1787. Ü: *Hübner, Eberhard Fr.* (MGT) (Ky)

— des Vorgebirges d. guten Hoffnung, (von E. F. Hübner). 8. Stuttg. 787.

Beschreibung des, im Herzogthum Schleswig in dem Bezirk der Aemter **Bredstedt** und **Tondern** belegenen Vorlandes, nebst Bedingungen, wornach dieses Vorland den 19. April 1826 auf dem Schlosse Gottorff verkauft werden soll. Schleswig. (1826.) Fol.

— e. neuen Vorrichtung, im Zimmer zu destilliren, s. Erfindung, im Zimmer zu destilliren.

— e. neuen sehr einfach. Vorricht. im Zimmer zu destilliren. m. K. gr. 4. Leipzig. Joachim. 802.

Beschreibung u. Vorstellung des solennen Stück-Schiessens, welches auf hohen oberherrl. Befehl eines hochlöbl. Raths des Heil. Röm. Reichs Freyer Stadt Nürnberg, im Jahr Christi 1733, d. 8. Junii, ohnweit des gewöhnl. Schiess-Platzes bey St. Johannis Kirchhof, gegen drey Wochen lang, *aus neun sechs-pfündigen Canons*, der löbl. Burgerschafft zur Ergötzung, besonders aber denen sämmtl. Constablern zur nöthig- u. nützlichen Ubung gehalten .... worden .... Nürnberg, zufinden bey *Geo. Dan. Heumann*, u. *Joh. Geo. Hofmann*, beyde Kupferstecher. Gedr. bey Lorenz Bieling, 1734. Breit gr. Fol. Modern. Hpgmtb. m. Goldtit. auf Deckel.
12 S. Text à 2 Col. (incl. Tit.) u. 14 grosse Kpftaf. (z. Th. in Doppelformat) von den auf d. Tit. gen. Künstlern. — Selten!

— d. blanken Waffen d. k. u. k. Heeres. 8. (III, 14 S. m. 1 farb. Taf.) Wien 898. Hof- u. Staatsdruckerei. n. — 48

— d. blanken Waffen d. k. u. k. Heeres, 8° (14 m. 1 Farbdr.) Wien 99, Hof- u. Staatsdr. — 48

WAHRE und ausführliche Beschreibung dess wunderbahr-weynenden, und anjetzo in der Academischen Kirchen der Gesellschaft Jesu zu Clausenburg auf dem Hoch Altar zierlichst vorgestellten Gnaden-Bilds der allerseeligsten Mutter Gottes Mariae sammt beygefügten etwelchen, von denen, die es verehrten, erhaltenen wunder-würdigen Wohltaten, auf vilfältiges Verlangen der, besonders in Siebenbürgen wohnenden, Teutschen Nation, und zum allgemeinen Antrib, sich dessen Verehrung in allerley Nöthen zu gebrauchen. Clausenburg 1770. Gedr. in der Collegii Buchdr. durch Simonem Thaddeum Weichenberg. 156 S. 6 f. - 120 mm

Beschreibung. Wahre und eigentliche, des von den H a n n ö v e r i s c h e n Alliirten unter Anführung des Herzogs F e r d i n a n d von B r a u n s c h w e i g über die Franzosen, unter Commando des Grafens von C l e r m o n t den 23. Junii 1758 erfochtenen herrlichen Siegs. Cassel, o. Dr. 1758. 2 Bl. 4°. Kart. 18.—
Die Schlacht bei K r e f e l d (F i s c h e l n) am 23. Juni 1758.

— wahre u. kurze, d. merkwürdigsten Ereignisse u. wohlthätigen Handlungen d. Fürsten Alexi v. Hohenlohe, in Briefen. 1s Heft. 2e Aufl. u. 2s Heft. Würzb. 821. Stabel.

Wahre Beschreibung des herrlichen grossen Siegs, den Se. Königliche Majestät in Preussen den 25. Aug. 1758 über die Russische Armee unter dem General Fermer bey Zorndorf in der Neuen Mark erhalten. Berlin 1758. 4. (2 Bl.)

Beschreibung, Eine wahre und zuverlässige, von den Kennzeichen und der Cur der Entzündung des Magens und der Gedärme. Kopenhagen 1781. V: *Hennings, Wilh.* (EB)

Beschreibung, warhafftige, u. gründlicher Bericht v. d. unerhörten verräterischen Mörderey zu Paris in Frankreich, deßgleichen zu Leon, Scherter, Harles, Castelro unnd Orliens, welche sich begeben hat, den 24. tag Augusti, in disem 72. Jar auff des Hochgebornen Fürsten und Herren, herren Johan Printzen zu Conde, u. Hertzog von Nauerren, Hochzeit zu Paris inn Frankreich, unnd wie sie bey Nächtlicher weyl ungewarneter sachen Fälschlich unnd verräterisch uberfallen haben, und manche hoch und wol geborne Gestrengen Edlen Ritter und Herren sein leben heimlicher weiß abgestolen haben, und bis in die 500. Grafen, und võ der Ritterschaft und in die 12000. reisiter unnd jügõ, und auch gemeine burgers leuth erschlagen und ermordet haben, wie Ir hernach kürtzlich in disem lesen beschriben finden wirt. (Eine deutsche Flugschrift aus dem Jahre der Pariser Bluthochzeit 1572. Fksm.-Ausg.) (8 S.) 8. Berlin (904). E. Frensdorff. n. 1.—

BESCHREIBUNG, Warhaffte und eigentliche, Des Heut zu Tag Unglücklichen Heyrathens, Wie man in solchem hintergangen, und mit dem so genannten Frauen-Zimmer betrogen wird. Allen jungen Gesellen, und auch denen so bereits verheyrathet sind, zur sonderbaren Warnung und Nachricht beschrieben und zum Druck befördert. Von einem der dieses alles erfahren, und ein lebendiger Zeug seyn kan. Gedruckt unter der Press, 1706. 12°.
Pikant u. rar! 74 SS. (incl. Tit. u. 1 Bl. Vorr.).

Wahrhafte Beschreibung | des furchtbaren | Einsturzes | des | Kohlenbergwerkes zu Harloz | bei Lüttich, | wobei | 26 Menschen das Leben verloren und | vier schwer verwundet wurden. | Am 30. April vorigen Jahres. | 1858.
Kol.: Gedruckt bei Johannes Bock in Lübeck.
8 S., 184 × 116.
LBO Bänkelsängerlit. III, 130. und Jahrmarktslit. R. c. 3, 81.

Beschreibung, Warhaffte und freymüthige, des Zustandes von Europa im 1737. Jahr. . . . [Halle 1776.] V: *Lynar, Rochus Fr. Graf zu.* (ML)

Beschreibung, wahrhaftige, des jüngsten Gerichts im Thal Josaphat, s. Volksbücher, deutsche, von Carl Simrock.

Wahrhafte und getreue Beschreibung | der Mordthaten, | welche | in einer Mühle unweit Augsburg | am 20. Mai 1850 verübt | und | durch einen Hund | gerächt worden sind. | Nebst einem schönen Liede.
Kol.: Calbe a. S., 1853. | Gedruckt bei Johann Friedrich Döring.
8 S., 4°.
StaatsB Bremen II c. 4966, 15.
Schenda VoB S. 357, 411.

Beschreybung, wahrhafftige u. getrewe, d. Paznaunthalls in Land Tyroll, insonderh. auch d. Jamthalls, verf. zu Nutz u. Frommen derer Mitglieder d. Sektion Schwaben d. teut. u. österr. Alpenver. u. geben bey d. Jahrfeyer am 21.I.'99. 8° (16) Stuttg. 99, (H. Lindemann). nn — 50

Beschreibung.– W a r h a f f t i g e Beschreibung von denen drey wilden Hunden, welche sich unweit Leipzig in der gegend Dölitzsch, Brena . . . im Jahre 1710 . . . sehen lassen und was sie vor grossen Schaden an Schaff-Vieh gethan . . . (Leipzig) 1711. 13 Bl. 8°

Wahrh. curieuse Beschreibung von dem mit 1701—1711 gewährten 9jährigen Rebellions-Kriege in Ungarn. (167.) 12. Leipzig 1711.

Warhaftige u. unpartheyische Beschreibung welchergestalt die Dän. Armee d. 12. Dec. in Mecklenburg einmarschiret u. d. 20. mit der Schwed. in Action gerathen. 4. 1712.

E. wahrh. Beschreibung wie es bey der Action auf der Bellen hergegangen, d. 22. Julii 1712. 8.

Beschreibung.– W a h r h a f t e u. ganz umständliche Beschreibung der wunderbaren Gefangennehmung des seit 9 Wochen durch Steckbriefen gesuchten Schlächter-Gesellen Chr. Lenz, welcher als vermuthlicher Post-Räuber u. grausamer Mörder der drey sich darauf befundenen Personen den 18. Aug. d. J. in Berlin eingebracht worden. Berlin 1789.

Wahrheitsgetreue Beschreibung | eines gräßlichen dreifachen Raubmordes | begangen am 13. Oktober vorigen Jahres | an dem Müller- und Bäckermeister Dieckmann, | dessen Ehefrau, geb. Klewitz, und dem Müllerge- | sellen Friedrich Lach auf der Pietzpuhler Mühle, | unweit Burg. | Nach mündlichen Mittheilungen des der Ermordung entgange- | nen Holzhackers Hellmuth Windberg in Detershagen und eigenen Anschauungen auf dem Mordplatze. | Herausgegeben und im Selbstverlag | von Florenz Harder in Hamburg.
Kol.: Druck von Hermann Müller in Berlin.
o. J., 4 Bl. n. n., 180 × 115.
LBO Bänkelsängerlit. III, 96.

Beschreibung d. OA. Waiblingen. Her. v. K. Stat. Landesamt. Stuttgart 1850

Beschreibung des Waisenhauses zu Dresden. *Dresden.* 1737

— **d. Hallischen Waisenhauses u. d. übrigen damit verbund. Frankischen Stiftungen, (v. A. R. Köhler). Mit Kpf. gr. 8. Halle 799. Waisenh. - B. 1 ß**

Beschreibung des Waisenhauses und der übrigen damit verbundenen Frankischen Stiftungen; . . . Halle 1799. V: *Knapp, Georg Christian, J. L. Schulze, & A. Hrm. Niemeyer.* (MGT) V: *Köhler, Andreas Rudolph.* (Ky) (MGT)

Beschreibung des Waisenhauses zu Torgau. *Dresden.* 1775

Beschreibung des Waisenhauses zu Waldheim. *Dresden.* 1787

— d. Wälderschau in die Erwein Graf Schlik'schen Reviere . . . U. St. (1902). 26 S.

Beschreibung des Oberamts Waldsee. Herausgegeben, aus Auftrag der Regierung, von von Memminger. Mit einer Karte des Oberamts, einer Ansicht von Waldsee und vier Tabellen. Stuttgart u. Tübingen 1834. 228 S. 8°.

Beschreibung des von dem Forstmann Adolf Hohenstein in Basel erfundenen W a l d t e l e g r a p h e n , resp. Drathriese.– o.O. 1868. 16 S., m. Lithogr.

Beschreibung der Waldungen auf dem Sandsteingebirge der Pfalz (Pfälzerwald) und Wirtschaftsregeln für dieselben. Speyer 1861.

— einer **Wanderung** nach d. Rigi. Mit histor.-geograph. Notizen. Rückerinnerung an d. J. 1837 des Einsamen vom Berge. Mit e. Anh. vermischter Gedichte. gr. 12. (U B. u. 4 Ansichten.) Ulm 840, Rübling. *

— der **Wandgemälde** in der ägyptischen Abteilung. Hrsg. von der General-Verwaltung der königl. Museen zu Berlin. 5. Aufl. 8. (IV, 40 S. mit 1 Plan.) Berlin 886, Spemann. ** — 30

— d. Kirche **Wang** im schlesischen Riesengebirge. 8. (8 S.) Warmbrunn (891). E. Gruhn. n. — 10

Beschreibung d. OA. Wangen. Her. v. Kgl. Statist. Landesamt. Stuttgart 1841

— **d. z. Herzogth. Oldenburg gehörenden Insel Wangeroge u. ihrer Seebade-Anstalt. M. 3 Steindr. gr. 8. Oldenburg 822, Schulze.**

— **der z. Herzogth. Oldenburg gehör. Insel Wangeroge u. ihrer Seebade-Anstalt. M. 3 Steindr. gr. 8. Oldenb. 823. (Schulze). 8 gr.**

Beschreibung des zum adelichen Gute **Depenau** gehörigen Dorfes Wankendorf, mit den Obendorfer und Bockelhorner Stellen, nebst den Bedingungen, wornach dieses Dorf am 15. März 1815 in Kiel verkauft werden soll. o. O. (1814.) Fol.

Beschreibung des zum adelichen Gute **Depenau** gehörigen Dorfes Wankendorf, mit den Obendorfer und Bockelhörner Stellen, nebst den Bedingungen, nach welchen dieses Dorf am 17. November 1823 in Kiel verkauft werden soll. o. O. (1823.) Fol.

Beschreibung des im Herzogthum Schleswig und zwar im ersten Dänisch-Wohlder adelichen Güterdistrict belegenen adelichen Guts **Warleberg** nebst den Bedingungen, nach welchen dasselbe am 16. Jan. 1827 zu Kiel verkauft werden soll. Schleswig. (1826.) Fol.

Beschreibung, w a s den 28. Januarii 1711 bey Eröffnung des Kayserl. u. Reichs-Cammer-Gerichts vorgegangen. – Wetzlar (1711).

Beschreibung der am 27. u. 28. Februar 1784 in Nürnberg gewesenen grossen Wasserfluth in einem Briefe eines Nürnbergers an seinen Freund in A. Nürnberg. V: *Schmid (?) Joh. Michael.* (G. A. Will, Von der Ueberschwemmung . . . S. 5) (Ferd. Weigel 1/99) (BIBLPORT)

Beschreibung der zu Rostock auf die Ao. 1624 grassirende Seuche den 10. Febr. Ao. 1625 erfolgten unerhörten und erschrecklich großen Wasserflut. Rostock 1740. V: *Stever. Johann Val.* (Bachmann, Mecklenburg. Güstrow 1889.)

Beschreibung der von C. Siklósy gegründeten Wasser-Heilanstalt in Ofen am Fusse des kleinen Schwabenberges. Pest 1859. V: *Siklósy, Car.* (EB)

Beschreibung einer Wasserkraft-Anlage ... am Rhein bei Laufenburg s. [Trautweiler, Alexander].

—— der Wasserscheu od. Hundswuth nach d. neuesten Beobachtn., welche d. kgl. preuß. Sanitätscommission bekannt gemacht hat ꝛc., nebst d. einzig sichern Mitteln wodurch sie verhütet u. abgewendet werden kann; mitgetheilt von e. Arzte. 12. (2 B.) München 841, Jaquet.

— u. Wegweiser v. Tharand u. d. berühmten Plauischen Grundes in Sachsen, m. 6 illum. K. v. D. E. Lange. 12. Dresd. Beger. 813.

— dasselbe ohne Kupf.

— d. Weinbaues nebst d. offenherzig. Weinarzte. 8. Dresden, Walther. 711.

— von Weinheim u. Ladenburg. gr. 8. Frankf. a. M. 846. Hermann. 6 gr.

Beschreibung des OA. Weinsberg. Her. v. Kgl. Statist. Landesamt. Stuttgart 1861

— welchergestalt Theer- u. Kohlen-Oefen einzurichten sind. Aus d. Schwed. v. Dymäus. 8. Lüneb. 780. Herold u. W. 8 gr.

Beschreibung des im Herzogthum Holstein, zwey Meilen von Hamburg belegenen Kanzleyguts **Wellingsbüttel**, nebst der dabey befindlichen Wassermühle und übrigen Zubehörungen; und Bedingungen, unter welchen dieses Gut den 26. März 1817 in Altona verkauft werden soll. Schleswig. (1817.) Fol.

Beschreibung des im Herzogthum Holstein belegenen Kanzleigutes **Wellingsbüttel**, sammt den mit demselben in Einer Hand verbunden gewesenen Besitzungen im Königlichen Dorfe Wellingsbüttel, nebst den Bedingungen, unter welchen diese verschiedenen Grundstücke nebst dem Gutsinventar den 23. Sept. 1846 auf dem Hofe Wellingsbüttel verkauft werden sollen. Altona. (1846.) Fol.

Beschreibung des Fürstenthums Welsch-Neuenburg. Berlin ... 1783 s. (Osterwald, Frédéric).

Beschreibung des Fürstenthums Welsch-Neuenburg und Vallengin. Berlin, Leipzig und Dessau 1783. V: *Osterwald, Friedrich.* [?] (MS) V: *Osterwald, Sam. Fr.* H: *Bernoulli, Jac.* (BrMm) (EngG) (AarK)

— des Fürstenthums Welsch-Neuenburg u. Valengin. (od. 1r überzähl. Bd. von Bernoulli Reisen). 8. Berlin, Bernoulli. 783.

— eines besond. Weltauges in einem Cabinet zu Hamburg, (von Cr. Cph. Schulz). Mit Kpf. gr. 4. Hamb. 779. Neuß. 16 gr.

— d. ganzen Weltgebäudes, s. Degen.

— der Weltkugel, mit 1 Glob. in Kpf. 8. Basel 767. Schweighäuser. 3 gr.

Beschreibung d. OA. Welzheim. Her. v. K. Statist. Landesamt. Stuttgart 1845

Beschreibung der Werksanlagen der Abteilung Aachener Hütten-Verein Aachen-Rothe Erde der Gelsenkirchener Bergwerks-Aktiengesellschaft. Aachen, 1910. 24 S. mit 12 Taf.

— dreier neuer ökonom. Werkzeuge, 1) e. neuerf. Werkzeugs zum Legen ꝛc. der Kartoffeln, 2) e. Pflugs zum Anhäufeln der Runkelrüben ꝛc., 3) des Queckenziehers. Mit 2 Kpf. 4. Lpz. 803. Baumgärtner. 12 gr.

— dreier neuer ökonom. Werkzeuge, 1) einer Heuegge, 2) einer Getreide-Wurfmühle, 3) eines Sackhalters zum Einmessen ꝛc. Mit 2 Kpf. 4. Leipz. 804. Baumgärtner. 12 gr.

— vier neuer ökonom. Werkzeuge, 1) eines Wasserfurchenpfluges, 2) eines neuen Saatpfluges, 3) einer Mörtelmühle, 4) üb. den Kartoffelbau durch Keime. 4. Ebend. 803.

Beschreibung des im Herzogthum Holstein im Kieler adel. Güterdistricte belegenen adeligen Gutes **Westensee** nebst den Bedingungen, unter welchen dieses Grundstück am 6. März d. J. zu Kiel verkauft werden soll. Kiel. 1857. 4° geb. in Fol.

Beschreibung der Nordseebäder Westerland und Wenningstedt, Insel Sylt. Hrsg. von d. Seebadedir. in Westerland. Westerland-Sylt (1902): Rossberg. 70 S. 8°
[Umschlagt.:] Nordseebäder. Sylt. 1902. (n. 7

Beschreibung der Nordseebäder Westerland und Wenningstedt, Insel Sylt. Hrgg. v. der Seebadedirektion in Westerland auf Sylt. Westerland-Sylt. (1902.) 8°
[Umschlagt.:] Nordseebäder Sylt. 1902.
—— (Saison 1903.) ebd. (1903.) 8°
[Umschlagt.:] Nordseebäder Westerland und Wenningstedt auf Sylt.

— der Westinghouse-Schnellbremse, nebst Anweisg. f. die Handhabg. derselben. 8. (36 S. m. Abbildgn. u. 1 Taf.) Hannover 891. (Schmorl & v. Seefeld Nachf.) Kart. n.n. — 50

— des ersten großen Schlesischen Wettrennens zu Breslau am 31. Mai 1833. (Nebst 1 Abbild. desselben.) Eine humorist. Gabe von Jocoso. gr. 4. Breslau 833. Aderholz. 5 sgr.

— der Königr. Whidach, Ardrah, Benin, Loango, Kongo, Angola u. einiger daran gränzender Staaten, (h. u. d. Tit.: Beschreib. d. Sclavenkünste ꝛc.) 8. Leipz. 804. Joachim. 1 rthl 16 gr.

— wie der Uebergang über Ströme mittelst d. Schiffbrücken u. e. and. Veranstaltungen zu bewerkstelligen ist, (v. F. A. Cochius). Mit 2 Kpf. gr. 4. Berl. 814. Reimer. 12 gr.

Beschreibung, wie es bey der Fürstin Elisabethae Christinae ... Krönung gehalten worden. Prag [1723]. V: *Martin, Gtfr. Jos.* (EB)

Beschreibung, wie es bey dess ... Kaysers Caroli ... fürgegangenen ... Krönung gehalten worden. Prag [1723]. V: *Martin, Gtfr. Jos.* (EB)

Beschreibung, wie man ohne Meßkette eine Wiese, Feld oder Gegend, aus einem Stand, wie auch einen Wald circumferenz messen und in Grund legen kann, ingleichem einen perspektivischen Riß auf das accurateste aufzunehmen, und nach zu zeichnen. – Nürnberg 1768.

Beschreibung, wie sich die bey denen Pferden hin und wieder einreissende Kranckheiten angelassen und wie solche nach beschehener Aufhauung oder bey Eröffnung befunden worden. Nebst ... Artzney-Mitteln... Leipzig 1712, 4 Bl.

Beschreibung, wie Theer- und Kohlenöfen einzurichten sind. Aus dem Schwedischen ... Lüneburg 1780. V: *Funk, Baron.* (EngMt)

Beschreibung von Wien, nebst Bericht von der Belagerung 1683. fol. m. K. Wien 1702

— von Wien, nebst Plan, 12. Wien, Geistinger. (Leipz., W. Vogel.) 818.

Beschreibung der k. k. Haupt- und Residenzstadt Wien ... Wien 1770. V: *Weiskern, Friedrich Wilhelm.* (WBL)

— d. Haupt- u. Residenz-Stadt Wien, s. Grundr. Taschenf. Wien, Degen. 802.
Holl. Pap.

— der Residenz Wien, (v. J. de Luca). 1r Thl. 8. Wien 785. Carmesina (Heubner). 1 rß 4 gl

Beschreibung der Stadt Wien und ihrer Merkwürdigkeiten. Wien 1773. Ü: *Wasserberg, Franz Xaver August von.* (WBL) (weber)

— der Bergreviere Wiesbaden u. Diez. Hrsg. m. Genehmigg. des Hrn. Ministers f. Handel u. Gewerbe v. dem königl. Oberbergamte zu Bonn. Mit 1 Übersichtskarte des Vorkommens der nutzbaren Mineral-lagerstätten in den Bergrevieren Wiesbaden u. Diez, 5 Blättern u. Skizzen der interessanteren Mineral-Lagerstätten u. 11 Gangbildern v. d. Erzgängen der Gruben Mercur bei Ems, Friedrichssegen bei Oberlahnstein, Holzappel bei Holzappel u. Leopoldine-Luise bei Obernhof. gr. 8. (IV, 254 S.) Bonn 893. A. Marcus. n. 7. 50

Beschreibung der vorzüglich ... Wiesen- und Weidengräser, wie man d. Saamen davon selbst einsammeln kann, und was bei der Aussaat derselben beobachtet werden muss, nebst einem Herbarium vivum. Berlin 1802. 8.

— der Wiesen- u. Weide-Gräser rc. 4. Berl. 804. Nauck. 8 gl
Mit Herbarium 2 rß

Beschreibung des Würtembergischen Wildbaches. Stuttg. 1748. V: *Gessner, Joh. Albrecht.* (System. Beschreibung aller Gesundbrunnen. Jena u. Leipzig 1798. S. 100) (biblport)

Beschreibung des Wildbades bei Kreuth und seiner Umgebungen ... München [1825]. V: *Krämer, Carl Philipp.* (Bücher-Samml. d. hist. Ver. v. u. f. Oberbayern. München 1867.)

— d. Wildbades bei Kreuth u. seiner Umgebungen. In histor.-topograph. u. medicin. Bezieh. Mit 7 lithogr. Ansichten u. 2 Kärtchen d. Umgebb. gr. 8. München 826. Lentner. 1 rß 8 gl

Beschreibung des Wildbades bei Kreuth u. seiner Umgebungen. In histor., topogr. u. medizin. Beziehung. Mit 7 lithogr. Ansichten u. 2 Kärtchen der Umgebungen. München, Lentner, o. J. (c. 1828). 8°. Roth. Ppb. m. G., gebr. u. mit Randnoten.
X–244 S.

— d. Kurfürstl. Landsitzes Wilhelmshöhe bei Cassel, (v. Jh. W. Döring). Mit Kpf. 8. Cassel 804. Lubel. Dass. französ. 8. Ebd. 805.

Beschreibung des in dem Herzogthum Schleswig im 2. Dänisch-Wohlder District belegenen adelichen Guts **Windebuy** insbesondere des Haupthofes und des Meyerhofes desselben, Westerthal. Schleswig. 1823. Fol.

Bedingungen, unter welchen das adeliche Gut Windebuy exclusive des dazu gehörigen Dorfes Kochendorf; ferner der Haupthof desselben und der Meyerhof Westerthal den 6. Oct. 1823 in Kiel verkauft werden sollen. (Schleswig. 1823.) Fol.

Beschreibung der im Herzogthum Schleswig und zwar im zweiten Dänisch-Wohlder adelichen Güter-Distrikt belegenen adelichen Güter **Windebuy und Friedensthal**, bestehend aus dem Haupthof Windebuy, dem dazu gehörigen Meierhof Westerthal und dem Dorfe Kochendorff; imgleichen aus dem adlichen Gute Friedensthal etc. etc. nebst den Bedingungen unter welchen diese Güter den 9. October 1821 in Kiel verkauft werden sollen. Schleswig. 1821. Fol.

— des Hubert-Reichenbach'schen Winkelmeß-Instrum., nebst Anweisung zur Manipulation desselb. bei d. Horizontal- und Vertikal-Winkelmessen, vom Salinen- und Forstinspector Huber zu Reichenhall. Mit 2 Abbildd. gr. 8. Erfurt 834. Hennings u. Hopf. 7/12 rß

Beschreibung des im Herzogthum Holstein, und zwar im Oldenburger Güter-District belegenen adelichen Guts **Wintershagen**, nebst den Bedingungen, wornach dieses Gut am 5. März 1816 in Kiel verkauft werden soll. o. O. (1816.) Fol.

— von d. Wirkungen d. Linkischen Arzneien. 8. Leipz. 772. Heinsius. 3 gl

Beschreibung typischer Wirthschaften aus verschiedenen Kreisen der Provinz Schleswig-Holstein. Separat-Abdruck aus dem „Jahres-Bericht der Landwirthschaftskammer ... pro 1898". Kiel. 1899. 8° m.

Beschreibung der königlichen Wirthschaftshöfe zu Windsor. Aus dem Engl. übersetzt. Chemnitz 1801. V: *Findlater, James Earl.* (Ky) (MGT)

— d. kön. Wirthschaftshöfe zu Windsor. 8. Chemn. 801. Mauke. (Starke). 6 gl

Beschreibung und Wirtschaftsplan über die Stadtwaldungen von Winterthur. – Winterthur 1862. 59 S., 2 Kt.

— von Wismar. Abdr. aus der „Mecklenburgischen Vaterlandskunde (von Raabe)." Wismar 856. Hinstorff. gr. 16. (44 S., 5 Lithogr. u. 1 lith. Plan in 4.) n. 10 ngl

—— von Wismar. 8. (44 S. mit 5 Stnt. in Tondr. und 1 lithogr. Plan in qu. 4.) Wismar 857, Hinstorff'sche Hofbuchh. *
aus: Mecklenburgische Vaterlandskunde, besonders abgedruckt.

Beschreibung der fürstlich Schwarzenberg'schen Domäne Wittingen in Böhmen in allen ihren wirthschaftlichen Verhältnissen. - Wien 1873. 69 S., 1 Kt.

Beschreibung der Wohlfahrts-Einrichtungen für die Arbeiter. (Chem. Fabrik Griesheim in Frankfurt a. M.) Frankfurt a. M. 1883

Beschreibung des in der Stadt **Kiel** (in der Dänischen Strafse sub Nr. 32 des 3. Quartiers) belegenen Wohnhauses mit dessen Zubehörungen, nebst den Bedingungen, wornach dieses Haus am 17. Jan. 1821 in Kiel verkauft werden soll. o. O. (1821?) Fol.

Beschreibung eines bei Potsdam erbauten Wohnhauses. Querfol.

Wortgetreue Beschreibung der schrecklichen geheimen Vorrichtungen, welche die Demokraten zum Untergange des Beamtenthums vorbereitet haben. 1 Bl. Fol.
Flugblatt. Berlin 1848/49.

Beschreibung des Bondenhofes **Wragaard**, Kirchspiels Klixbüll der Karrharde Amts Tondern, nebst den Bedingungen, nach welchen derselbe den 24. Oct. 1828 auf dem Haupthofe des adel. Guts Klixbüll aufgeboten werden soll. Schleswig. (1828.) Fol.

Beschreibung des im Herzogthum Schleswig, und zwar im ersten Dänischen Wohlder adlichen Güterdistricte, belegenen adlichen Guts **Wulfshagener-Hütten**, nebst den Bedingungen, nach welchen solches am 10. Oct. 1826 in Kiel verkauft werden soll. Shleswig. 1826. Fol.

—— d. Braunschweig. Würste u. Mumme v. J. 1662 v. Marcus Knackwurst. 16. (48) Lpzg 60. (Cob., Sendelbach.) n. — 5

—— der braunschweigischen Würste und Mumme vom J. 1662 von Marcus Knackwurst. Aufs Neue ans Licht gesetzt 1860. 16. (48 S.) Leipzig 860, Wengler.

— des Königr. Württemberg, herausg. v. d. K. statist.-topogr. Bureau. 14. Heft. Beschreib. von Tettwangen. gr. 8. Stuttgart 838, Cotta. 2/3 rß
1 - 13. Heft, s. J. D. G. Memminger.

— dass. 15. Heft. — A. u. d. T.: Beschreibung d. Oberamts Wangen. Herausgeg. v. d. K. statist.-topogr. Bureau, verfaßt v. Prof. Pauly. Mit 1 Karte d. Oberamts, 1 Ansicht v. Wangen. u. 4 Tabellen. gr. 8. Ebd. 841. 2/3 rß

— dass. 16. Heft. — A. u. d. T.: Beschreib. d. Oberamts Kirchheim. Herausg. v. d. K. statist.-topogr. Bureau, verfaßt vom Finanzassessor Moser. Mit 1 Karte d. Oberamts, 1 Ansicht v. Kirchheim u. 4 Tabellen. gr. 8. Ebd. 842. ⅔ ℛ

— dass. 17. Heft. A. u. d. T.: Beschreib. d. Oberamts Geislingen. Verfaßt v. Bibliothekar Prof. Stälin. Mit 1 Karte des Oberamts, 1 Ansicht v. Geislingen u. 4 Tabellen. gr. 8. Ebd. 842. ⅔ ℛ

— dass. 18. Heft. — A. u. d. T.: Beschreibung d. Oberamts Leutkirch. Herausgeg. v. d. K. statist.-topogr. Bureau, verfaßt vom Prof. v. Pauly. Mit 1 Karte, 1 Ansicht u. 4 Tabell. gr. 8. Ebd. 843. 1 ℛ

Beschreibung des Königreichs Würtemberg 2c. 19. Heft. Beschreib. des Oberamts Heidenheim. Herausgeg. v. d. K. statist.-topogr. Bureau. Mit 1 Karte des Oberamts, 1 Ansicht von Heidenheim u. 4 Tabellen. gr. 8. Stuttgart 844, Cotta. 1 ℛ

— dass. 20. Heft. Beschreib. des Oberamts Göppingen. Herausgeg. v. d. K. statist.-topogr. Bureau, verfaßt v. Finanzrath Moser. Mit 1 Karte des Oberamts, 1 Ansicht v. Göppingen u. 4 Tabellen. gr. 8. Ebd. 844. 1 ℛ.

— dass. 21. Heft. Beschreib. des Oberamts Eßlingen. Herausgeg. v. d. K. statist.-topogr. Bureau. Mit 1 Karte des Oberamts, 1 Ansicht von Eßlingen und 4 Tabellen. gr. 8. Ebd. 845. 1 ℛ

— dass. 22. Heft. Beschreib. des Oberamts Welzheim. Herausgeg. v. d. K. statist.-topogr. Bureau, verfaßt v. Finanzrath Moser. Mit 1 Karte, 1 Ansicht und 4 Tabellen. gr. 8. Ebd. 845. 1 ℛ

Beschreibung d. Königr. Württemberg. 23—28. Hft. gr. 8. 23. Hft.: Oberamt Hall. Hrsg. v. d. K. statist.-topogr. Bureau, verf. v. Moser. Mit 1 (lith.) Karte (in Fol.), 1 (lith.) Ansicht u. 4 Tab. (in gr. 4.) (330 S.) — 24. Hft.: Oberamt Gerabronn. Hrsg. von d. K. statist.-topograph. Bureau, verf. v. Fromm. Mit 1 (lith.) Karte (in Fol.), 1 (lith.) Ansicht (in gr. 8.) u. 4 Tab. (in gr. 4. u. qu. Fol.) (VI u. 311 S.) — 25. Heft.: Oberamt Nürtingen. Hrsg. v. dem K. statist.-topograph. Bureau. Mit e. (lith.) Karte d. Oberamts (in Fol.), 1 (lith.) Ansicht u. 4 Tab. (in qu. gr. 4. u. qu. Fol.) (232 S.) — 26. Hft.: Beschreibung d. Oberamts Waiblingen. Hrsg. v. dem Königl. topograph. Bureau Mit 1 (lith.) Karte d. Oberamts (in Fol.) 1 (lith.) Ansicht v. Waiblingen u. 4 Tab. (in gr. 4. u. qu. gr. Fol.) (220 S.) — 27. Hft.: Beschreibung d. Oberamts Böblingen. Hrsg. v. dem Königl. topograph. Bureau. Mit 1 (lith.) Karte d. Oberamts (in Fol.), 1 (lith.) Ansicht der Kirche zu Sindelfingen u. 4 Tab. (in gr. 4. u. qu. gr. Fol.) (237 S.) — 28. Hft.: Beschreibung d. Oberamts Stuttgart, Amt. Hrsg. v. dem Königl. topograph. Bureau. Mit 3 Tab. (in qu. gr. 4. u. qu. Fol.) u. e. (lith.) Karte d. Oberamts (in gr. Fol.), nebst (lith.) Titelbild u. 3 Holzschn. (IV u. 276 S.) Stuttgart 847—51, Cotta. 23 u. 24: à n. 1 ℛ 6 ngr 25: n. 1 ℛ 26 u. 27: à n. 24 ngr 28: n. 1 ℛ 6 ngr

— dass. 29. u. 30. Hft. gr. 8. 29. Hft.: Beschreibg. d. Oberamts. Schorndorf. Hrsg. v. dem Königl. statistisch-topograph. Bureau. Mit 3 Tab. (in qu. Fol.) u. e. (lith.) Karte d. Oberamts (in Fol.) nebst (lith.) Titelbild u. 2 (eingedr.) Holzschn. (IV u. 200 S.) 30. Hft.: Beschreibg. d. Oberamts Leonberg. Hrsg. v. dem Königl. statistisch-topograph. Bureau. Mit 3 Tab. (in qu. Fol.) u. e. (lith.) Karte d. Oberamts (in gr. Fol.), nebst (lith.) Titelbild, u. 4 Holzschn. (VIII u. 276 S.) Stuttgart 851. 52. J. B. Müller. 29: n. 28 ngr 30: n. 1 ℛ 6 ngr

— des Königreichs Württemberg. 31—33. Heft. Stuttgart 853. J. B. Müller. gr. 8.
31. Heft: Beschreibung des Oberamts Galldorf. Herausg. von dem Königl. statistisch-topographischen Bureau. Mit 3 Tabellen (in qu. 4.) u. 1 (lith.) Karte des Oberamts (in Fol.), nebst (lith.) Titelbild u. 1 Holzschn. (im Text.) (VI, 242 S.) 27 ngr
32. " Beschreibung des Oberamts Besigheim. Herausg. 2c. Mit 3 Tabellen (in qu. Fol.) u. 1 (lith.) Karte des Oberamts (in Fol.), nebst (lith.) Titelbild u. 4 Holzschn. (im Text.) (2 Bl., 308 S.) 1 ℛ
33. " Beschreibung des Oberamts Aalen. Herausg. 2c. (Von Bauer.) Mit 3 Tabellen (in qu. Fol.) u. 1 (lith.) Karte des Oberamts (in Fol.), nebst (lith.) Titelbild. (2 Bl., 333 S.) 1 ℛ 6 ngr

— — 34—37. Heft. Stuttgart 855, 56. Ed. Hallberger. gr. 8.
34. Heft: Beschreibung des Oberamts Herrenburg. Herausg. von dem Königl. statistisch-topographischen Bureau. (Von Paulus.) Mit 3 Tabellen (in qu. Fol.) u. 1 (lith.) Karte des Oberamts (in Fol.), 1 (in Kpfr. gest.) Titelbild u. 2 weiteren Ansichten. (2 Bl., 315 S.) 1 ℛ 6 ngr
35. " Beschreibung des Oberamts Laupheim. Herausg. 2c. (Von Paulus.) Mit 3 Tabellen (in qu. Fol.) u. 1 (lith.) Karte des Oberamts (in Fol.), 1 (lith.) Titelbild u. 1 (lith.) weiteren Ansicht. (2 Bl., 315 S.) 1 ℛ 6 ngr
36. " Beschreibung des Stadtdirections-Bezirkes Stuttgart. Herausg. 2c. (Von Moser.) Mit 1 (lith.) Ansicht u. 1 (lith. u. in Farben gedr.) Karte (in Fol.) (VII, 450 S.) 1 ℛ 22½ ngr
37. " Beschreibung des Oberamts Vaihingen. (Von Paulus.) Mit 3 Tab. (in qu. Fol.) u. 1 (lith.) Karte des Oberamts (in Fol.), 1 (lith.) Titelbild u. 1 weiteren (lith.) Ansicht. (2 Bl., 255 S.) n. 28 ngr

— des Königreichs Württemberg. Herausg. von dem Königl. statistisch-topograph. Bureau. 38—44. Heft. Stuttgart 858—63. Aue. gr. 8.
38. Heft: Beschreibung des Oberamts Freudenstadt. Mit 3 Tab., 1 (lith.) Karte (in Fol.) u. 2 Stahlst. 858. (342 S.) n. 1 ℛ 10 ngr
39. Heft: Beschreibung des Oberamts Ludwigsburg. Mit 3 Tab. u. 1 (lith.) Karte (in Fol.), 2 Ansichten (in Stahlst.) u. 1 Holzschn. 859. (IV, 346 S.) n. 1 ℛ 10 ngr
40. Heft: Beschreibung des Oberamts Calw. Mit 3 Tab. u. 1 (lith.) Karte des Oberamts (in Fol.), 2 (lith.) Ansichten u. 1 Holzschn. 860. (IV, 378 S.) n. 1 ℛ 24 ngr
41. Heft: Beschreibung des Oberamts Neuenbürg. Mit 3 Tab., 1 (lith.) Karte (in Fol.) u. 3 (lith.) Ansichten. 860. (VI, 265 S.) n. 1 ℛ 6 ngr
42. Heft: Beschreibung des Oberamts Nagold. Mit 3 Tab. u. 1 (lith.) Karte (in Fol.) u. 3 (lith.) Ansichten. 862. (IV, 272 S. m. Holzschn. im Text.) n. 1 ℛ 6 ngr
43. Heft: Beschreibung des Oberamts Weinsberg. Mit 3 Tab. u. 1 (lith.) Karte (in Fol.), 2 (lith.) Ansichten u. 1 Holzschn. 861. (VI, 421 S.) n. 1 ℛ 24 ngr
44. Heft: Beschreibung des Oberamts Sulz. Mit 3 Tab. u. 1 (lith.) Karte (in Fol.) u. 3 (lith.) Ansichten. 863. (VI, 276 S.) n. 1 ℛ 6 ngr

— des Königr. Württemberg. Herag. von dem königl. statistisch-topograph. Bureau. Stuttgart 865—70. Lindemann. gr. 8.

45. Heft: Beschreibung des Oberamts Heilbronn. Mit 3 Tabb. (in Fol.), 1 (lith.) Karte (in Fol.) u. 2 (lith.) Ansichten. (V, 301 S.) n. 1 ℔

46. Heft: Beschreibung des Oberamts Oehringen. Mit 3 Tabb. (in Fol.), 1 (lith.) Karte (in Fol.) u. 2 (lith.) Ansichten. (VII. 372 S.) n. 1 ℔

47. Heft: Beschreibung des Oberamts Horb. Mit 3 Tabb. (in Fol.), 1 (lith.) Karte (in Fol.) u. 2 (lith.) Ansichten. (V, 277 S.) n. 20 ngr.

48. Heft: Beschreibung des Oberamts Marbach. Mit 3 Tabb. (in Fol.), 1 (lith.) Karte (in Fol.) u. 2 (lith.) Ansichten. (VI, 317 S.) n. 24 ngr.

49. Heft: Beschreibung des Oberamts Tübingen. Mit 3 Tabb. (in 4. u. Fol.), 1 (lith.) Karte (in Fol.) u. 2 (lith.) Ansichten. (IV, 491 S.) n. 1 ℔ 6 ngr.

50. Heft: Beschreibung des Oberamts Oberndorf. Mit 3 Tabb., 1 (lith.) Karte, 2 (lith.) Ansichten u. 1 Grundriß (in 8, 4. u. Fol.) (VI, 335 S.) n. 27 ngr.

51. Heft: Beschreibung des Oberamts Gmünd. Mit 3 Tabb. (in 4. u. Fol.), 1 (lith.) Karte (in Fol.), 2 (lith.) Ansichten u. 3 Holzschn. (im Text.) (VI, 468 S.) n. 1 ℔ 6 ngr.

— des Königr. Württemberg. Hrsg. v. dem königl. statistisch. topograph. Bureau. 52—55 Hft. gr. 8. Stuttgart 870—72. Lindemann. n. 12. 90

52. Beschreibung d. Oberamts Maulbronn. Mit 3 Tabellen, e. (lith.) Karte d. Oberamts. (gr. Fol.) e. (lith.) Situationspl., 5 (eingedr.) Holzschn. u. 1 Holzschntaf. (V, 310 S.) n. 2. 40

53. Beschreibung d. Oberamts Backnang. Mit 3 Tabellen (in qu. Fol.) e. (lith.) Karte d. Oberamts (in gr. Fol.), e. (lith.) Ansicht u. 2 (eingedr.) Holzschn. (VIII, 335 S.) n. 2. 70

54. Beschreibung d. Oberamts Neresheim. Mit 3 Tab. (in qu. Fol.), e. (lith.) Karte d. Oberamts (in Fol.), e. lith. Ansicht u. 2 Autographien. (454 S.) n. 3. 60

55. Beschreibung d. Oberamtes Brackenheim. Mit 3 Tabellen, e. (lith.) Karte d. Oberamtes (in qu gr. 4.) 3 lith. Ansichten u. e. (lith.) Grundriß. (VII, 450 S.) n. 4. 20

—— des Königreichs Württemberg. Hrsg. von dem königl. statist. topogr. Bureau. 56.—58. Heft. 8. Stuttgart, [Lindemann.] Knapp. *

Inhalt:

Heft 56. Beschreibung des Oberamts Rottweil. (379 S. mit 3 Tab., 1 color. Karte des Oberamts, 1 Farbendr.-Bilde und 6 Lithogr.) 875. *M 5.

" 57. Beschreibung des Oberamts Spaichingen. (XII, 417 S. mit 3 Tab., 1 color. Karte des Oberamts und 1 lithogr. Ansicht.) 876. *M 4.

" 58. Beschreibung des Oberamts Tuttlingen. (XII, 595 S. mit 3 Tab., 1 color. Karte des Oberamts, 3 Ansichten und 1 Plan.) 879. *M 5.

Beschreibung des Königreichs Württemberg. Hrsg. von dem königl. statist. topograph. Bureau. 59. Heft: Beschreibung des Oberamts Mergentheim. 8. (XI, 864 S. mit 4 Tab., 1 Karte des Oberamts und 4 lithogr. Ansichten.) Stuttgart 879, Kohlhammer. *

Beschreibung des Königreiches Württemberg. Herausgegeben von dem k. statistisch-topographischen Bureau.
60. Hft. Beschreibung des Oberamts Balingen. Mit 5 Tabellen (im Texte), 1 geognostisch kolorirten Karte des Oberamts und 3 lithogr. Ansichten. 1880. 61. Hft. Beschreibung des Oberamts Neckarsulm. Mit 5 Tabellen (hievon 4 im Texte), 1 historisch kolorirten Karte des Oberamts und 3 lithogr. Ansichten. 1881. 62. Hft. Beschreibung des Oberamts Künzelsau. Mit 5 Tabellen (hievon 4 im Texte), 1 Karte des Oberamts und 5 Ansichten (hievon 3 im Texte). 1883. 63. Hft. Beschreibung des Oberamts Crailsheim. Mit 1 Titelbild, 9 Tabellen (im Texte) und 1 Karte des Oberamts. 1884. 64. Hft. Beschreibung des Oberamts Ellwangen. Mit 1 Titelbild, Abbild. im Text (2 Taf.) und 1 Karte des Oberamts. 1886. (64 Bde.)
8. Tübingen, Stuttgart 1824—1886.

—— des Festes: Der Zauber d. weissen Rose, gegeben in Potsdam am 13. July 1829, zum Geburtstage ihrer Maj. d. Kaiserin v. Russland. — M. 2 Ansichten, nach d. Natur gez. u. lith. v. Gaertner. — 10 lebende Bilder, nach Angabe d. H. G. R. Schinkel gez. u. lith. v. I. Schoppe. (10. Bl. ill.) Der Zug d. Prinzen u. Ritter, gez. v. Stürmer, lith. v. Hosemann. (12 ill. Bl.) 2 Hfte. qu. gr. Fol. (4 B. Text.) Berlin 830, Gropius. Thlr.

Beschreibung und Zeichnung der praktischen Anwendung der Luftschifffahrt. Siegen 1865. V: *Oechelhäuser, Joh.* (EB)

—— und Zeichnung der v. J. Kirchberger erfund. Verbesserungen d. Luft- u. Feuer-Malz-Dörre u. d. Heizofens; mit allen seither weiter gefund. Verbessern. gr. 8. (2½ B. u. 2 Kpfrt.) Prag 829, (Calve.)

— eines musikal. Zeitmessers, (von A. Burja). 8. Berl. 789. Schöne. 3 gr.

Beschreibung von den sieben neu erbauten Zimmern, zwey Sälen und zwey Gallerien im Orangen Hause in Sanssouci aller Gemählde. Im Monat July 1775. V: *Oesterreich, Mathias.* (Süddeutsches Antiquariat 96/753) (Friedrich Müller 7/386) (Perl 78/404) (Auct. Bruckstein 58/485) (BiblPort)

Beschreibung der Garnison Zittau vom Standpunkte der Gesundheitspflege aus aufgestellt. Hrsg. von d. Med.-Abt. d. Kgl. Sächs. Kriegsminist. Mit 1 Stadtpl., 17 Taf. u. 17 Abb. Leipzig: Grieben 1909. 8, 99 S. 8°

(Garnisonbeschreibungen v. Standpunkte d. Gesundheitspflege aus aufgestellt. Hrsg. v. Sächs. Kriegsminist. Bd 1.)

— des Zobtenbergs in Niederschlesien, e. Reisegeschichte. 8. Bresl. 788. (W. G. Korn). 12 gr.

Beschreibung der Stadt Zofingen. Zofingen 1811 s. [Frikart, Johann Jacob]. Chronik der Stadt Z. Zofingen 1811–1812.

— die, der Stadt Zschopau. s. Simon.

Beschreibung des Chur-Sächsischen allgemeinen Zucht-Waisen- u. Armenhauses, ... in dem ... Städtgen Waldheim... Dresd. u. Lpz. 1726. V: *Loewendal.* (ABJP)

Beschreibung des Zucht-und Waisenhauses zu Waldheim, 9 Nachrichten. 8. *Dresden, Heckel.* 1720

Beschreibung des Zugs der Urner in das rebellische Livinenthal 1755. Zug 1755.

— d. Stadt u. d. Kantons Zürich. Mit Kpf. gr. 8. Zürich, Orell, Füßli u. C. 16 gr.

— e. Zurüstung, welche die anziehende Kraft d. Erde gegen die Gewitterwolken u. die Nützlichkeit d. Blitzableiter beweißt; nebst e. Kupfert. u. e. Beschreib. verschied. nützl. Maschinen rc. Aus Fergusons Vorles. übers. v. N. J. A. Kirchhof. 8. Hamb. u. Berl. 781. Nicolai. 5 gr.

— des gegenw. Zust. von Frankfurt a. M. 8.

Beschreibung des gegenwärtigen Zustandes der Universität zu Greifswald. Greifswald 1799. V: *Schlegel, Gottlieb.* (KY 1/241; KY 5/90) (BiblPort)

— des gegenwärt. Zustandes d. Universität zu Greifswalde. 4. Greifsw. 799. Mauritius. 6 gr.

Beschreibung des häuslichen, ... Zustandes der Römer, ... Erfurt 1788-1790. ... V: *Nitsch, Paul Friedrich Achat.* (ErschDL) (Gi) (ML)

— vom Zustande d. kais. Hofmarken. 8. Schwab. 767. Enderes. 5 gr.

Beschreibung, Zuverlässige, der hohen Generalität ... Görlitz 1756. V: *Zirschke, J. G.* (Pr)

(Beschreibungen und Abbildungen merkwürdiger Insekten in der Schweiz.) Njbl. s. [Römer, Johann Jacob].

Beschreibungen und Abrisse der Schlachten und Treffen des Kriegs von 1756—1763 in Teutschland. 4. Dresden 1778.

Beschreibungen und Abrisse der Schlachten und Treffen des Kriegs von 1756 bis 1763 in Teutschland. T. 1. (1756 bis 1757.) Mit Tab. Dresden 1779. 4°

Beschreibungen und Abrisse der Schlachten und Treffen des Kriegs von 1756—63 in Teutschland. Bd 1. Dresden 1781. 4°.

Beschreibungen, Ausführlich und gründliche vier, 1. des Einzugs, welchen Carolus VI.... mit dero Frau Gemahllin ... in die Kön. drey Pragerstädte gehalten ... Prag 1723. V: *Martin, Gtfr. Jos.* (EB)

Beschreibungen, Besondere, etlicher Berge des Entlibuches mit verschiedenen historischen Anekdoten . . . Luzern 1783—85. V: *Schnyder v. Wartensee, Jos. Xav.* (Bücherverz. d. Zentralbibl. d. D. u. Ö. A. V. München 1906.) (AarK)

Elektrizitäts-Aktienges. vormals Schuckert & Co., Nürnberg. Beschreibungen über städtische Elektrizitätswerke. Mit Benutz. d. Veröffentl. v. [Karl] Helm [u. a.] — Nürnberg 1896: Bieling-Dietz. VII, 242 S., 63 Taf. 4° [Umschlagt.:] Elektrizitätswerke d. Elektrizitäts-A.-G. vorm. Schuckert & Co. Nürnberg.

Beschreibungen, illustrirte, neuer und bewährter landwirthschaftlicher Maschinen und Ackergeräthschaften aus der Maschinen-Fabrik von J. Pintus und Comp. in Brandenburg a. d. H. und Berlin. gr. 4. (40 S. mit eingedr. Holzschn.) Berlin 860, Bosselmann. *

—— dass. — Jahrg. 1861. 6 Nrn. (Bog. mit eingedr. Holzschn.) gr. 4. Ebendas. 861. *

Beschreibungen, illustrirte, neuer und bewährter landwirthschaftlicher Maschinen aus der Eisengießerei und Maschinenfabrik von J. Pintus & Co. in Brandenburg a. d. H. u. Berlin. Jahrg. 860—62. à 6 Nrn. (à ½ Bgn. mit Holzschn. im Text.) Berlin. (Wigandt & Hempel.) gr. 8. Jeder Jahrg. n. 7½ ngr.

Beschreibungen, Malerische, von Sanspareil und von der Schwalbenhöhle. [Bayreuth 1795.] V: *Zschokke, Johann Heinrich.* (MGT)

Beschreibungen, Militärische, einiger Landes-Strecken in Italien. Aus dem topographischen Bureau in Mailand gezogen. 8. 1814.

Beschreibungen der Oberämter des Königreichs Württemberg. Herausgegeben vom Königl. Statist. Landesamt. 64 Bde *S. d. betr. Oberamtsstädte.*

Beschreibungen alter dän. Volkstänze. Hrsg. v. „Foreningen til Folkedansens Fremme" in Kopenhagen. Übersetzg v. Ad. Herrmann. 1. u. 2. Heft. (37 u. 28) gr8° Kopenh., W Hansen '11. je 1 —

Beschreibungen, Zwei, der Stadt Lyck aus den Jahren 1692 und 1740. [Lyck 1902.] V: *Maczkowski, Carl.* (Berl)

Beschreybung. — s. Beschreibung. —

Beschrieb, kurzer und gründlicher, über die Kolonie in Afrika. Zum Gebrauch der Auswanderer u. Auswanderungslustigen. 2. Aufl. Colmar 853. (Freiburg im Br., Ramsperger.) gr. 8. (1 Bl., IV, 96 S.) n. 14 ngr

Beschriewung wu dat by den Errw - Prinzen Herrn Friedrich Ludwig, Herzog to Mecklenburg sine Ankunft to Rostock hergink ... Rostock 1792. V: *Babst, Diederich Georg.* (GGr) (ML) (GGr)

Beschuldigung, abgelehnte, daß die Pietisten keine irrigen Lehrsätze haben rc. 8. Götting. 774. Dieterich. 2 gr

Beschuldigung, Die, Wredes durch E. M. Arndt. Ein Wort der Vertheidigung von einem bayerischen Offizier. München 1860. V: *Ehrhard* (Major) (?). (Treitschke, Dtsch. Gesch. II, S. 630.) (Zeitschr. f. Büch. 1923, S. 80.)

Beschuldigung, die, Wrede's durch E. M. Arndt. Ein Wort der Vertheidigung von einem bayerischen Offizier. München 860. Franz. gr. 8. (XII, 71 S.) 9 ngr

Beschuldigung, die, Wrede's durch E. M. Arndt. Ein Wort der Vertheidigung von einem bayer. Offizier. gr. 8. (XII und 71 S.) München 861, Franz. Thlr.

Marschal Luckner im Nationalkonvent gemachten Beschuldigungen, die dem, nebst seiner Rechtfertigung. Aus dem Französischen. U. St. 1792. P.

Beschütz, die Fahrlässigkeit innerhalb der geschichtlichen Entwicklung der Schuldlehre, s. Abhandlungen, strafrechtliche. 76. Hft.

Beschütz, Julius, Referendar a. Salzwedel: Die Fahrlässigkeit innerhalb der geschichtlichen Entwicklung der Schuldlehre. Teil 1. Vom primitiven Strafrecht bis zur peinlichen Gerichtsordnung Karls v. Breslau: Schletter 1906. (148 S.) 8° ¶[= Strafrechtliche Abhandlungen H. 76. 1907.]

Göttingen, Jur. Fak., Ref. v. Hippel, Diss. v. 12. Jan. 1907

[Geb. 27. Aug. 82 Salzwedel; Wohnort: Salzwedel; Staatsangeh.: Preußen; Vorbildung: Gymn. Salzwedel Reife M. 01; Studium: Göttingen 1, München 1, Berlin 2, Göttingen 2 S.; Rig. 31. Okt. 05.]

Beschuetz, Ludwig (Tangermünde), De Euthanasia medica. Diss. med. Bln. (Nietack) 22. X. 1832. 48 S., mit Biogr. (M.: T. Ury.) (4.50) 2390
Oppon.: H. Bamberger, W. S. Wolff, L. Philippson. — Gew.: Ed. Wolff.

Beschütz, Max, Referendar in Hamburg: Einfluss der Fälschung von Unterschriften auf Wechseln auf die Wechselverbindlichkeiten; Bedeutung des nachträglichen Versprechens desjenigen, dessen Namen fälschlich geschrieben wurde, die Fälschung nicht geltend machen zu wollen. *Hamburg 1902: C. Koyser.* (48 S.) 8°
Erlangen, Jur. Diss. v. 6. Juni 1902

Beschütz, S., das Unfallsgesetz. Vorschläge zur Aenderg. der jetz. Gesetzgebg. gr. 8. (46 S.) Berlin 883. Puttkammer & Mühlbrecht. n. 1.—

Beschützer, Dem erhabenen, unsers Ordens Sr. Majestät dem König Friedrich Wilhelm dem Dritten zur Vorfeier des hohen Geburtsfestes ehrfurchtsvoll dargebracht ... Breslau. den zweiten Aug. 1833. »Dem König Heil! so tönt von Mund zu Munde ...« Breslau 1833. V: *Kudrass, Karl Immanuel.* (wolfstieg I, 789)

Beschützung. Kurtze und auf die Wahrheit gegründte B' sambtlicher in bekanter Conventions-Schrifft underschribener ... Herren. Wider die jenigen imputationen so man jhnen durch ein gewüsses ohnunterschribenes Factum Tale jüngsthin wider Rechtlich hat bey messen wollen. 4. *o. O. u. J.* [ca. 1729].

Beschwerde einer Anzahl von Handelsvorständen, Dampfschifffahrts-Korporationen und Schiffern gegen die preussische Regierung in Betreff der zwischen Köln und Deutz im Baue begriffenen Brücke. [Mannheim 1858.] V: *Mohl, Rob. v.* (Tübz 5,28)

Beschwerde der Lea Brasey in Ollon gegen den Entscheid des Appellationshofes des Kantons Freiburg vom 1. Juli 1901 (*betr.* Verweigerung des Glockengeläutes beim Begräbnis ihrer Mutter). Bundesratsbeschluss. ⟨Vom 30. Juni 1902.⟩ 20 S. 8. [Bern, Stämpfli & Cie.,] 1902.

Beschwerde der Direktion der Gotthardbahn gegen den h. Bundesrat der schweiz. Eidgenossenschaft an die h. Bundesversammlung betreffend den Bundesratsbeschluss vom 2. Februar/10. August 1906 über die Anlage des zweiten Geleises von Giubiasco bis Chiasso und einer Ausweiche auf der Strecke Luzern-Meggen. (1906 Oktober 12. [Mit] 10 Beilagen.) 13 [+ *Beilagen* 50] S. 4. [Luzern, H. Keller.]

Beschwerde des Christian Egger in Kirchhofen bei Sarnen, betreffend Verweigerung eines Wirtschaftspatentes. Bundesratsbeschluss. ⟨Vom 21. Dezember 1901.⟩ 17 S. 8. [Bern, Stämpfli & Cie.,] 1901.

Beschwerde des V. Ehrenberg, Telephon-Erstellers, an die schweizerische Bundesversammlung über die Einbeziehung des Telephon in das Monopol des elektrischen Telegraphen. O. O. [1878]. V: *Ziegler, Theodor.* (Cat. d. Stadtbibl. Zürich. Zürich 1864—97.)

Beschwerde, Ehrerbietige, für den Herrn Johann Jenzer ... an den großen Rath der Republik Bern. Bern 1838. V: *Hermann, Glieb Dav.* (Cat. d. Stadtbibl. Zürich. Zürich 1864—97.)

BESCHWERDE des Herrn Fickrich gegen die Witwe Fummel. (Um 1909.) 8°.
Verb. d. Ldg. Leipzig IV. 273/09.

Beschwerde von Julius Geissmann und Konsorten, Viehhändler in Freiburg, gegen Art. 4 des freiburgischen Gesetzes vom 2. Dezember 1899 ... und eventuell Art. 2 des Staatsratsbeschlusses betreffend die Sicherheitsleistungen zur Ausübung des Viehhandels. Bundesratsbeschluss. ⟨Vom 29. April 1902.⟩ 20 S. 8. [Bern, Stämpfli & Cie.,] 1902.

Beschwerde der Mutter Gieperden über den Berger-General A. Sch. Offen und Major Bläschaf. Lejeunesche Offizin. 1 Bl. 4.
Flugblatt. Berlin 1848/49.

Beschwerde des W. Glitsch, Ingenieurs in Genf, gegen den Regierungsrat des Kantons Zürich wegen Verbots des Gebrauchs von Benzinbrennapparaten. Bundesratsbeschluss. ⟨Vom 30. Dezember 1902.⟩ 35 S. 8. [Bern, Stämpfli & Cie.,] 1902.

Beschwerde des Joh. Huwyler, von Auw (Aargau), gegen die Regierung des Kantons Schwyz, betreffend Verweigerung einer Wirtschaftsbewilligung. Bundesratsbeschluss. ⟨Vom 21. Dezember 1901.⟩ 17 S. 8. [Bern, Stämpfli & Cie.,] 1901.

Beschwerde des Balz Inderbitzin und Mithafte, Kutscher, in Brunnen, gegen den Regierungsrat des Kantons Schwyz wegen Verletzung der Handels- und Gewerbefreiheit. Bundesratsbeschluss. ⟨Vom 14. November 1902.⟩ 21 S. 8. [Bern, Stämpfli & Cie.,] 1902.

Beschwerde von J. Jauchs Söhne, in Altdorf, gegen Zürich, betreffend Entschädigung für viehseuchenpolizeiliche Tötung von Pferden. Bundesratsbeschluss. ⟨Vom 17. März 1902.⟩ 17 S. 8. [Bern, Stämpfli & Cie.,] 1902.

Beschwerde der Bürgergemeinde Lotzwyl ... wegen gesetzwidriger Bevogtung. O. O. [1886]. V: *König, Carl Gust.* (Cat. d. Stadtbibl. Zürich. Zürich 1864—97.)

Beschwerde des E. Mettler-Baumgartner in St. Gallen gegen die Schlussnahme des Regierungsrates des Kantons St. Gallen betreffend die Anordnung einer Volksabstimmung über das Gesetz betreffend die Lehrersynode. Bundesratsbeschluss. ⟨Vom 3. Mai 1901.⟩ 19 S. 8. [Bern, Stämpfli & Cie.,] 1901.

Beschwerde des Siegfried Müller in Reussbühl, Luzern, betreffend die Verweigerung des Grabgeläutes. Bundesratsbeschluss. ⟨Vom 19. April 1901.⟩ 20 S. 8. [Bern, Stämpfli & Cie.,] 1901.

Beschwerde der Gr. Mutterloge des Eklektischen Freimaurerbundes gegen die Ehrw. Gr. National-Mutterloge zu den drei Weltkugeln, in Berlin, die Ehrw. Gr. Landesloge der Freimaurer von Deutschland, in Berlin, die Ehrw. Gr. Loge von Preussen gen. Royal-York zur Freundschaft, in Berlin. [Dat.] Frankfurt a. M. 1897. 3 Bl. 2° [Kopftit.]

Beschwerde d. bischöfl. Speier'schen Regierung betr. d. Gebahren d. Commandanten d. Festung Philippsburg. fol. Bruchsal 1795.

Beschwerde (Die) an die Reichskommission betreffend das 2. Verbot der „Südd. Post". 8°. München, Pollner, 1884. (Socialpolit. Zeit- u. Streitfragen, Heft 14.)

Beschwerde des Gottfried Senften, Lehrers in der Lenk ..., und Genossen, betreffend dessen Wahl zum Gerichtspräsidenten des Amtsbezirkes Obersimmental. Bundesratsbeschluss. ⟨Vom 26. Juli 1902.⟩ 28 S. 8. [Bern, Stämpfli & Cie.,] 1902.

Beschwerde des Staatsrates des Kantons Wallis gegen den Bundesratsbeschluss vom 26. November 1901 in Sachen Pacolat, Maurice, und Duay, Julien, in Orsières (*betr.* Zahl der Abgeordneten in den Grossen Rat des Kantons Wallis). Bericht des Bundesrates. ⟨Vom 21. April 1902.⟩ ([Mit] Beilage: Bundesratsbeschluss.... Vom 26. November 1901.) 19 S. 8. [Bern, Stämpfli & Cie.,] 1902.

Nebst: Nachtragsbericht des Bundesrates.... ⟨Vom 28. Juni 1902.⟩ 4 S. 1902.

Beschwerde, Staatsrechtliche, ... in Sachen der Gemeinde Ingenbohl, Schwyz, Namens der dortigen Gemeinde ... Zürich 1894. V: *Meili, Frdr.* (Cat. d. Stadtbibl. Zürich. Zürich 1864—97.)

Beschwerde von Arnold Waser und Walter Blättler in Stans..., betreffend Verweigerung eines Wirtschaftspatentes. Bundesratsbeschluss. (Vom 22. November 1901.) 21 S. 8. [Bern, Stämpfli & Cie.,] 1901.
Bibliograph. Bulletin 1903.

Beschwerdeführung des Landmanns über die langsame Entschliessung der Bürger zu Mainz.... Mainz 17. Dec. [1792]. V: *Metternich, Matthias.* (serap. XXVIII, 8)

Beschwerde-Memorial in Sachen der Eisenbahngesellschaft der Ligne d'Italie ... Bern 1861. V: *Niggeler, Nicolaus.* (Cat. d. Stadtbibl. Zürich. Zürich 1864—97.)

Beschwerden, des baier. Adels vorzüglichste, Schreiben an Herrn Marktsvorsteher Platner, als Ersatzmann für den, von d. Stadt Nürnberg erwählten Abgeordneten z. Ständeversammlung Hrn. Magistratsraths, Rath Bestelmeyer, v. A—Z. gr. 8. Nürnb. 831. Monath u. Kußler. 3 gr

Beschwerden, d. bayer. Adels vorzüglichste, Schreiben an Hrn. Markts-Vorsteher Platner, als Ersatzmann f. d., von d. Stadt Nürnberg erwählt. Abgeord. zur Ständeversamml. Hrn. Magistrats-Rath Bestelmeyer, v. A—Z. gr. 8. (1½ B.) Nürnberg 831, [Recknagel.]

— der Weimarischen Geistlichkeit. Ein Beitr. z. neuesten Geschichte d. deutsch-protestant. Kirche rc. 8. Sondersh. 819. Voigt in Ilmenau. 10 gr

Beschwerden. Gerechte B' über die vielfältigen Uebertrettungen des allgemeinen Bundsbriefs... 1795 *s.*(Wilczek, [Johann Joseph]).

(Beschwerden. Gerechte B' Ueber die Verhandlungen der gewesten konstitutionswidrigen Versammlung zu Chur) *s.*(Wilczek, [Johann Joseph]).

— hundert, d. deutschen Nation rc. wider d. Röm. Hof. Aus d. Lat. 8. Wien 783. Hörling. 6 gr (vergl. G. M. Weber).

Beschwerden der Innungen der Kleinfeuer-Arbeiter in Zella und Mehlis über das Verfahren der Herzoglich Gothaischen Domänenverwaltung. Gotha 1887. V: *Müller, E. A.* (BMarsch 1093)

Beschwerden des Jungfernstandes im Elsas (sic!), besonders zu Strasburg. (Wünsche der Jungfern von 12 bis über 60 Jahren betreffs der Männer, Heirathen, Putz, Vergnügungen etc. — Vorr. unterz.: *Amandus Philokalus*, p. t. Sekretär d. löbl. Jungfrauenstandes.) Nebst 2 *Anhängen:* 1) Einer zweiten Fabel, die noch im Manuscripte des Zundelpatschers, Joh. Heinr. Kress entdekt (sic) wurde. 2) Dem Fragmente einer Reichstagsrede im Finkweiler gefunden. Gedruckt in Parthenopolis 1788. 8°. (In Darmstadt.)
Höchst seltene satyrisch-pikante Schrift. 36 SS.

KATHOLISCHE Beschwerden und das Kabinett Széll. (Chrisostomus) übersetzt von Alföldi. Budapest 1899: Neuwald. 15 S. - 230 mm

Beschwerden und Klagen, Die, der Slaven in Ungarn über die gesetzwidrigen Übergriffe der Magyaren. Leipzig 1843. V: *Stúr, Ludw.* (KU)

Beschwerden, die, u. Klagen der Slaven in Ungarn über die gesetzwidrigen Uebergriffe der Magyaren. Vorgetragen von einem ungarischen Slaven. Lex.-8. Leipzig 843, Binder. (Bamberg.) n. 1 ℳ

Beschwerden, die, u. Klagen der Slaven in Ungarn über die gesetzwidrigen Uebergriffe der Magyaren. Vorgetr. von einem ungarischen Slaven. Lex.-8. (5⅛ B.) Leipzig 843. [O. A. Schulz.] *

Beschwerden Sr. Königlichen Majestät in Pohlen über das Betragen der Sächsischen Generalität, bey der Uebergabe Dero Armee. Nebst einem Schreiben des General-Feld-Marschalls Grafen Rutowsky an den Grafen von Brühl vom 8. Jan. 1757. 4.

— die, gegen d. Bisthums-Verweser von Constanz, Frhr. v. Wessenberg. gr. 8. Tüb. 817. Laupp. 4 gr

— Wünsche u. Hoffnungen d. deutschen Nation; an den Wiener Congreß gerichtet rc. 8. Elberf. 816. Mannes. (Leipz., Engelmann). 3 gr

Beschwerden und Wünsche des schwäbischen Reichskreises, ... Stuttgart V: *Seckendorf, Joh. Carl Chph Freih. v.* (MGT)

Beschwerden und Wünsche des schwäbischen Reichskreises, gesammelt bey dem allgemeinen Kreisconvent v. J. 790, aus Veranlassung der bevorstehenden Kaiserwahl u. zu verfassenden Wahlcap. (*Stuttg.*) 790.

Beschwerdeordnung f. d. kaiserl. Marine. (B. O.) 1. Thl.: Bestimmgn. üb. d. Beschwerdeführg. d. Offiziere d. kaiserl. Marine, sow. d. Beamten d. Marineverwaltg. 2. Thl.: Bestimmgn. üb. d. Beschwerdeführg. d. Personen d. Soldatenstandes d. kaiserl. Marine v. Deckoffizier abwärts. 8. (19 S.) Berlin 896. E. S. Mittler & Sohn. n. — 20

Beschwerde-Sache wegen Verletzung der Handels- und Gewerbefreiheit. Zürich 1899. V: *Ambühl, Gottwalt & Frdr. Meili.* (Zuwachsverz. d. Bibliotheken in Zürich 1898 ff.)

Beschwerdeschrift des vorm. Amtes Ahrensbök in Holstein an Se. Königl. Hoheit den Großherzog von Oldenburg. Elmshorn. (1906.) 8°

Beschwerdeschrift an die hohe Bundesbehörde der schweizerischen Eidgenossenschaft gegen die Beschlüsse der Diöcesan-Conferenz ... Solothurn 1873. V: *Amiet, Jac.* (Cat. d. Stadtbibl. Zürich. Zürich 1864—97.)

Beschwerdeschrift der Helgolander Bürgerschaft wider den Gouverneur Maxse wegen Verletzung der der Insel Helgoland garantirten Rechte u. Privilegien. Husum 866. (Flensburg, Herzbruch.) gr. 8. (27 S.) n. 5 ngr

Beschwerdeschrift d. Helgolander Bürgersch. wider d. Gouvern. Maxse weg. Verletzg d. d. Ins. Helgoland garant. Rechte. 8. (27) Hus. 66. (Flensb., Westphalen.) n. — 5

Beschwerdeschrift aus der Stadt Leipzig an die Ständeversammlung des Königreichs Sachsen. Leipzig 1845. V: *Reichel, Rob. & Andere.* (Kat. d. stat. Bureaus. Dresden 1890.)

Beschwerdeschrift für die französische Ostbahngesellschaft und die bernische Jurabahngesellschaft gegen Tit. Bürgermeister und Rath des Kantons Basel-Stadt... Biel 1872. V: *Bützberger.* (BSchwLk V, 9 h)

Beschwerdeschrift des Bez. Ursern gegen die neurevidierte Urnerverfassung. 1850.

Beschwerdevorstellung, die, d. Mitglieder der protestant. Generalsynoden in Bayern vom J. 1844 u. die hierauf ergangenen allerhöchsten Entschließungen. gr. 8. (8½ B.) St. Gallen 846, Huber u. Comp. •

Beschwerlichkeit, Die, des Neujahrstages; an Madame Z** in Leipzig. Eine poetische Epistel. Leipzig 1784. V: *Wezel, Johann Carl.* (GGr)

Beschwerniss-Anzeige, An ein hochpreissl. Corpus Evangelicum zu Regensburg unterthänigstgehorsamste äusserst bemässigte, mit angehängten Bitten, ... Namens der Augsb. Konf. zugethanen Gemeinde in der Hofmarkt zu Fürth ... einen ... neu aufzudringen vermeynten Catholischen Gerichtsschreiber betreffend. O. O. 1748. V: *Lochner, Michael Friedrich.* (ML)

Beschwerung, An das Corpus Evangelicorum, derer von Zedtwitz gegen die Cron Böhmen. [Hof] 1765. V: *Moser, Johann Jacob.* (ML)

Beschwerung, An E. H. C. E. zu Regenspurg nothgedrungenste und wehmüthigste, in Betreff der von dem königl. Böhmischen Lehenhof ... sich neuerlich anmaßende Landeshoheit ... Hof 1765. V: *Moser, Joh. Jac.* (Holz)

Beschwerungsanzeige und angefügte Bitte der sämmtlichen Geschlechtsverwandten der v. Tucher'schen Familie etc. 1764. fol.

Beschwerungs-Memorial, An Ihro Churf. Durchl. in Bayern, mein Phil. Carl. Gr. zu Öttingen-Öttingen und Öttingen-Wallerstein ... Mit 2 Beyl. [Nördlingen] 1745. V: *Scheid, Georg Friedrich von.* (ML)

Beschwitz-Dresden, Freiin Olga v.: Begleitschrift zu der Petition des Bundes deutscher Frauenvereine an den Reichstag betr. d. Familienrecht d. neuen Bürgerlichen Gesetzbuchs f. d. Deutsche Reich. Im Auftr. d. Vorstandes d. Bundes deutscher Frauenvereine verf. — Frankenberg: Reisel 1899. 14 S. 8° (Schriften d. Bundes deutscher Frauenvereine. 3.)

Besdek, Ant., Donaucanal-Absperrungs-Project. gr. 4. (2 S. m. e. Steintaf.) Wien 873. Ficht in Comm. n. — 20

Besdziek, C. M. Leonhard [cand. med.]: Ueber die in der Zeit von Ostern 1886 bis Ostern 1889 in der Universitäts-Frauenklinik zu Breslau operierten Urogenitalfisteln. . . . Breslau, Druck v. Th. Schatzky, 1889; 51 + 1 S. 8°
Breslau. Med. Fak., Inaug.-Diss. v. 24. Jun. 1889

Besdziek, Felix [1. Volontärarzt an d. Prov.-Irrenanst. Leubus]: Beiträge zur Lehre vom Aneurysma dissecans ... Breslau, Druck d. Bresl. Gen.-Buchdr., 1895; 2 Bl., 41 S., 1 Bl., 1 Taf. 8.
Breslau, Med. Fak., Inaug.-Diss. v. 7. Nov. 1895

Besdziek, Fel., Beiträge z. Lehre v. Aneurysma dissecans. Diss. gr. 8. (42 S. m. 1 Taf.) Breslau 895. (Schletter.) n. — 70

Bese, A., die freie Benutzung u. Bewirthschaftung der Privatholzgrundstücke vertheidigt. Mit geschichtl. u. statist. Notizen, sowie mit einem Anhange, einen prakt. Plan u. Kostenanschlag zur Kultivirung kahler Kalkberge mit Wald enthaltend. 8. Eisenberg 845, Schöne'sche B. n. ⅓ ₰

Besecke, Chr. Wlh., († d. 1. Juni 1787.) ABC-Buch. f. ABC- u. Lese-Buch. 8. Halle

— Frage: Ob die allgemeine oder Privatbeichte einzuführen? 8. Halle 786. Waisenhaus-B. 1 gr

— Religion d. Jugend n. d. Stufen ihres Verstandes. 8. Halle 786. Waisenh.-B. 5 gr

— Unterr. zu e. accuraten Verwaltung d. Kirchenvorsteheramts. Fol. Halle 776. Waisenh.-B. 16 gr Schrbp. 20 gr

Besecke, Heinrich, aus Irxleben, Preussen: **Ueber Cetylphenylhydrazin.** *Rostock 1898: E. Russow.* (31 S.) 8°
Rostock, Phil. Diss. v. [27. Dez.] 1897

Besecke, Johann August Christoph

Besecke, Jh. Aug. Cph., Belehr. u. Warn. für diejen., welche mit Würfeln spielen wollen. gr. 8. Aurich 788. (Müller in Bremen). 4 gr

1788. * *J. A. Cp. Besecke* — Belehrung u. Warnung für diejenigen, so mit Würfeln spielen wollen, durch die Beantwortung der Frage: Wie kann man die mit drey Würfeln mögliche Würfe, auf eine leichte u. deutliche Art finden, und wie oft kommt jede Zahl, so durch diese Würfe entstehet, vor? Nebst einem Anhange, von den mit 2 u. 4 Würfeln möglichen Würfen, Aurich. Winter. 2½ B. gr. 8.
Allg. Lit. Zeit. 1788. III B. 293 S.
Allg. deut. Bibl. B. 95. St. 1. S. 210.

— Karten zur Erleichterung des deutschen Lesenlernens. 12. Emden 783.

Besecke, Johann Melchior Gottlieb, s. B e s e k e , Johann Melchior Gottlieb

Besecke, Karl Ferdinand Wilhelm, s.a. B e s e k e , Carl Ferdinand Wilhelm

Besecke, Karl Fd. Wlh., († d. 16. Mai 1798.) Hypothek; e. Artikel d. Krünitzschen Encyklopädie, bearb. 8. Berl. 783, Pauli. (NB. sind nur 12 Exempl. apart gedr.)

Besecke, Wilh., Entwicklungsgeschichtliche Untersuchungen üb. den anatomischen Aufbau pflanzlich. Stacheln. Am 17. VI. 1908 v. der hohen philosoph. Fakultät der Georg-August-Universität zu Göttingen gekrönte Preisschrift. (93 S. m. 6 Taf.) Lex. 8. Berlin 909. (R. Friedländer & Sohn.) 4. —

Besecke, Wilhelm, a. Gandersheim: Entwicklungsgeschichtliche Untersuchungen über den anatomischen Aufbau pflanzlicher Stacheln. Mit 6 Taf. Berlin 1909: Trenkel. 93 S. 8° ¶(Gekr. Preisschr.)
Göttingen, Phil. Diss. v. 27. Mai 1909, Ref. Peter
[Geb. 13. Mai 84 Vilshofen; Wohnort: Göttingen; Staatsangeh.: Braunschweig; Vorbildung: Realgymn. Braunschweig Reife O. 03; Studium: Göttingen 11 S.; Rig. 10. Febr. 09.] [U 09. 1332

Besedniák, mali, slovénskiga in néms'nkiga jesika. — A. u. d. T.: Kleines Wörterbuch d. slowenischen u. deutsch. Sprache. Zunächst für Slowenen, welche die deutsche Sprache lernen wollen. breit 8. Laibach 834. (Paternolli.) n. 1/2 ℛ

Besednják, mali, slovénskiga in némškiga jezika. Posébno za Slovénce, kéri se hóčejo némškiga jezika učiti. 3., pomnóženi natis. — Kleines Wörterbuch der slovenischen und deutschen Sprache. Zunächst für Slovenen, welche die deutsche Sprache lernen wollen. 3., verm. Aufl. 8. (201 S.) Laibach 854, v. Kleinmayr und Bamberg.

Besedy, slovanské. Sbírka románů původních a překladů ze všech národů slovanských. Red.: Vítězslav Hálek. Ročník I. Svazek 1—12. Prag 861. Kober. 8. Jedes Heft n. 12 ngr; cart. n. 13½ ngr
Inhalt: 1. 2. Komediant. Román od Vítězslava Hálka. 2 díla. (183; 183 S.) — 3—6. Oblomov. Román od Iv. A. Gončarova. Z ruštiny přeložil E. Vávra. 4 díla. (708 S.) — 7. 8. Gottšalk. Dějepisná pověst z XI. století od Mil. Jos. Hurbana. 2 díla. — Harač. Povídkal od Prok. Chocholouška. (VIII, 173; 219 S.) — 9. 10. Kordecký. Historická pověst od Jos. Ign. Kraševského. Z polského přeložil Frant. Lad. Vorlíček. 2 díla. (577 S.) — 11. 12. První Češka. Román od Karoliny Světlé. 2 díla. (392 S.)

Besedy, slovanské. Sbírka románů původních a překladů ze všech národů slovanských etc. Ročník II. Svazek 1—12. Prag 862. Kober. 8. Jedes Heft n. 12 ngr; cart. n. 13½ ngr
Inhalt: 1—3. Mrtvé duše. Román od Mikuláše Gogola. Z ruštiny přeložil E. Vávra. 3 díla. (554 S.) — 4—6. Švédové v Polště. Historický román z počátku druhé polovice XVII. století od Mich. Čajkovského. Z polštiny přeložil Frant. Lad. Vorlíček. 3 díla. (534 S.) — 7—9. Zdracený život. Román od Gust. P. Moravského. 3 díla. (631 S.) — 10. Král Vyhnanec. Historický román z polštiny přeložil P. V. Š. (212 S.) — 11. Dvě modly. Od Bohoboje Atanackoviče. Ze srbštiny přeložil K. Stefan. (184 S.) — 12. Peklu zpluzenci. Fantastický román od Jos. Jiřího Kolara. (222 S.)

— — Ročník III. Svazek 1—12. Ebend. 863. 8. Jedes Heft n. 13 ngr
Inhalt: 1—4. Na poušti. Román od Karla Sabiny. 4 díla. (848 S.) — 5—7. Dábel. Pověst z časův Stanislava Augusta. Od Jos. Ign. Kraševského. Z polského přeložil Frant. Lad. Vorlíček. 3 díla. (618 S.) — 8. 9. Rodinná kronika Aksakova. Z ruského jazyka přeložil Jan Slavomír Tomíček. 2 díla. (535 S.) — 10—12. Z malého světa. Roman od Gust. Pf. Moravského. 3 díla. (578 S.)

Beseitigung, die, d. Grundcredit-Bedarfs. Vorschläge zur leichtesten, kostenfreien u. natürlichsten Aufhebg. aller hypothekarisch auf Grundstücke eingetrag. Schulden. Eine volkswirthschaftl. Skizze f. Jedermann rc. 8. (35 S.) Gotha 871. Stollberg. n. — 80

Beseitigung. – Die Beseitigung d. polit. u. soz. Übelstände durch Einführung der Accreditive. . . , s. Uthemann, W. L.

Beseke, C., die feierliche Grundsteinlegung für die Schleusen-Anlage bei Holtenau zum Beginn der Arbeiten für die Herstellung des Nord-Ostsee-Kanals am 3. Juni 1887, Vormittags 10 Uhr. Ein Führer und Erinnerungsblatt, mit Situationszeichnungen und Ansichten. gr. 4. (20 S.) Kiel 887, (Lipsius und Tischer.) ** 1 —

Beseke, C., der Nord-Ostsee-Kanal. Seine Entstehungsgeschichte, sein Bau u. seine Bedeutg. in wirthschaftlicher u. militär. Hinsicht. Mit 3 Karten, sowie zahlreichen Skizzen, Tab. u. graph. Darstellgn. gr. 8. (VII, 148 S.) Kiel 893. Lipsius & Tischer. n. 3. 60

Beseke, C. (Hrsg.), s. Redaktions-Anzeiger.

Beseke, Carl Ferdinand Wilhelm, s.a. Besecke, Karl Ferdinand Wilhelm

Beseke, Carl Ferd. Wilh. (Burg), De criminibus delictorum carnis utplurimum accessoriis diss. Präs. Joh. Christoph Rudolph. Erlangen (Walther) Febr. 1763. 36 S. (4.80) 2392
Gew.: J. J. v. Voigts. — Widm. v.: Christian Ernst v. Windheim, J. Gerl. Just. v. Voigts (Celle), Joh. Chn. Zindel (Ansbach, dtsch.), J. Wolfg. Chn. Krausenek (Bayreuth), Joh. v. Hartlieb (Memmingen, dtsch.).

Beseke, Johann Melchior Gottlieb

Beseke, J. Melch. Gli.: De alienatione hereditatis ad explicandam l. 2. Dig. de hereditate vel actione vend. et componendas clarissimorum ICtorum lites. *Hal.*, **Hendel. 774. 8maj. (12 Gr.)**

Beseke, Johann Melchior Gottlieb, s. Anmerkung zu den Anmerkungen. . .

— über Armenanstalten. Nebst e. Nachr. über die Mitauische Armenanstalt. 8. Mitau 795.

— über Armenrechte, nebst e. zweiten Nachr. über d. Mitauische Armenanstalt. 8. Mitau 796. Nachtrag. Ebend. 802.

Beseke, Jh. Melch. Gli., Beitrag zur Naturgeschichte der Vögel Kurlands. Mit ill. Kpfr. und e. Anhange. gr. 8. Berlin ... (Crans.) 1⅓ ℛ

Besecke, Jh. Melch. Gli., Beitr. z. Naturgeschichte d. Vögel Kurlands. Mit 6 ill. u. 2 schwarz. Kpf. 8. Mitau 792. N. L. Berl. 821. Schöne. 1 ℛ 12 gℊ

— Buch d. Weisheit, s. Buch.

— Buchstabier- u. Lesebuch. 8. Mitau 790.

— comment. de cretione, jure deliberandi et inventario in adeunda hereditate. 4. Halle 773. Hendel. 3 gℊ

— über Elementarfeuer u. Phlogiston, als Uranfänge der Körperwelt, insbesond. über elektr. Materie. (Aus d. Leipz. Magazin z. Naturkunde abgedr.) gr. 8. Lpz. (786). Müller. (Joachim). 4 gℊ

— Entwurf e. Lehrbuchs d. natürl. Pflichten. 8. Mitau (777). 2e Aufl. (Nur neues Titelbl.) 8. Berl. 794. Schöne. 8 gℊ

— Entwurf e. Systems d. transcendentalen Chymie. gr. 8. Leipz. 787. Müller. 1 ℛ

— neue Fibel, oder Anweis., ohne zu buchstabiren, in kurzer Zeit lesen zu lernen. 16. Mitau 788.

— über das moral. Gefühl. 8. Dessau 782. (Schöne in Berl.) 8 gℊ

— über die wahren Grenzen d. Erziehung u. des Unterrichts. 8. Mitau 783.

BESEKE JO. Melch. Gottlieb: Disputatio de homicidio ex vitae taedio ad oppetendam mortem commisso non mortis poena, sed perpetuis carceribus puniendo. Halae 1772, 4°. —

— judicatio codicis critici pandectar. 8. maj. Berol. Hesse. 783.

— judicatio codicis critici pandectarum. 8 maj. Berl. 783. (Stuhr). 3 gℊ

— Johann Melchior Gottlieb (Burg), De jure cogendi. Dissert. jur. natur. Präs. Joh. Christian Foerster. Halle (Fr. Aug. Grunert) 25. IV. 1772. 30 S. (4.80) 2393
Gew.: Carl Abrah. Frh. v. Zedlitz (Capsdorf). — Widm. v.: Ludw. Wilh. Grf. v. Gessler (Schles.), Jo. Christian Foerster, Wilh. Albert v. Karstedt (Priegnitz), Aug. Wilh. v. Bismarck.

— commentatio de frumentaria largitione et legibus frumentariis etc. c. fig. aen. 8 maj. Mitau 775. (W. Nauck in Leipz.) 14 Gr.

— de frumentaria largitione et legibus frument. etc. c. fig. 8. maj. Mitau. (Sommer, L.) 775.

Beseke, J. M. G., prakt. Logik; s. Versuch.

— — Num litis contestatio semper malam fidem inducat? ex sententia icti Pauli n. L. 40. pr. D. de hered. petit. Ad commilitones honoratissimos. Halle (Hendel) 10. X. 1772. 22 S. (4.50) 2395
Mit handschriftl. Widmung.

Beseke, Johann Melchior Gottlieb, s. Offenbarung Gottes.

— — De origine modorum contrahendi apud Romanos. Diss. jur. Halle (Hendel) 7. X. 1772. 46 Seiten. (5.—) 2394
Widm. v.: Carl Ferdin. Wilh. u. Otto Christian Friedrich Beseke (Brüder).

Beseke, Johann Melchior Gottlieb, s. Patriotismus, Vom.

— Probe e. krit. Commentars über Kants Kritik der reinen Vernunft. 8. Mitau 789. N. T. Riga 792. Müller. 3 Gr.

— über die Quellen der Fabellei. 8. Riga u. Leipz. 794. Meinshausen. 4 Gr.

— über die Quellen d. Moralität u. Verbindlichkeit, als die ersten Gründe d. Moralphilosophie u. des Naturrechts. 8. Halle 774. Hendel. 5 Gr.

— thesaurus juris cambialis. Pars. I. II. 4 maj. Berl. 782, 83. Voss. 5 Thlr. 12 Gr.

Besecke, J. Mich. Gli.: Thesaurus jur. camb. c. Editor. Bibl. jur. camb. *Berlin*, Voss. 783—84. 2 Tom. gr. 4. (5 Thl. 12 Gr.)

— — Versuch einer Abbildung eines römischen Rechtsgelehrten als eine Vorbereitung zum Unterricht in der römischen Rechtswissenschaft. Mitau (Jak. Friedr. Hinz) 1774. 24 S. (4.80) 2396

— Versuch e. Entwurfs zu e. vollst. Gesetzplan f. Verbrechen u. Strafen. 8. Dessau 783. N. T. 794. Berl., Schöne. 9 Gr.

— Versuch e. Geschichte d. Hypothesen über d. Erzeug. der Thiere, wie auch e. Geschichte des Ursprungs der Eintheil. der Naturkörper in drei Reiche. gr. 8. Mitau 797. (Hartknoch in Lpz.) 16 Gr.

— Versuch e. Geschichte d. Naturgeschichte. 1r Thl. Allgem. Geschichte d. Naturgeschichte von Erschaffung d. Welt bis auf das Jahr n. C. G. 1791. 8. Mitau 802. (Riga, Hartmann). 20 Gr.

— Vers. einer Gesch. der Naturgesch. gr. 8. Riga, Hartmann. 805.

— Zuruf an Naturforscher, s. Zuruf.

Besel, Ab., Grammaire franç. od. gründl. Anweis. z. franz. Sprache. 8. Halle, Kümmel. 741.

Beseler, Georg, und die Kieler Juristenfakultät. Mitteilungen aus den Akten der Fakultät zur hundertsten Wiederkehr von Beselers Geburtstag 1909. Kiel 1909. V: *Pappenheim, Max.* (Berl 1909, S. 1407)

Beseler, August

Beseler, A., d. prakt. Lackirer, oder gründl. leichtfaßliche Anweisung zum Lackiren. 8. Berl. 824. Logier. 4 Gr.

Beseler, Aug., der Staffirmaler, Lackirer und Anstreicher. Ein prakt. Handbuch, zunächst f. nicht ganz kundige Männer dieser Fächer u. zum Nutzen für Eigenthümer, Bauliebhaber u. Dilettanten. 8. Berlin 838. (Curths.) 5/12 Thlr.

Beseler, Georg

Beseler, Acten in Anklagesachen wider Tiedemann, s. Acten.

Beseler, Geo., zur Beurtheilung d. sieben göttinger Professoren u. ihrer Sache. In Briefen. 8. (6¾ B.) Rostock 838, (Schmidtchen.)

Beseler, Georg: Darstellung der Lehre vom Besitz als Kritik des v. Savigny'schen Buches: „Das Recht des Besitzes. 6. berb. Aufl." von e. preuß. Juristen. – Berlin 1840.

Beseler, Geo., Erlebtes u. Erstrebtes. 1809 – 1859. Mit Anlagen. gr. 8. (VIII, 302 S.) Berlin 884. Hertz. n. 6. —

Festrede in der Aula der Friedrich-Wilhelms-Universität zu Berlin am 3. Aug. 1880 gehalten von Georg **Beseler**, d. Z. Rector. [Über die Bedeutung der historischen Rechtsschule]. Berlin 1880. (15 S.) 4°
¶ Wieder abgedr. in d. Verf. Erlebtes und Erstrebtes. Berlin: W. Hertz 1884 S. 131-140.

Festrede auf der Universität zu Berlin am 3. Aug. 1863 gehalten von G[eorg] **Beseler**. [Über den Stillstand in der Justizgesetzgebung unter Friedrich Wilhelm III.] Berlin 1863. (20 S.) 4°

Beseler, Geo., die englisch-französische Garantie vom J. 1720. Mit Anlagen. gr. 8. (IV und 76 S.) Berlin 864, Weidmann'sche Buchh.

Beseler, Geo., zur Geschichte des deutschen Ständerechts. gr. 4. (10 S.) Berlin 860, (Hertz.)

Beseler, Geo., über die Gesetzeskraft der Capitularien, s. Festgaben für G. Homeyer.

BESELER, GEORG, De juramento partium cum consacramentalibus in Slesvico-Holsatia abrogato diss. inaug. Kiliæ. 1833. 4. P.

Beseler, Geo., Kommentar üb. das Strafgesetzbuch f. d. Preuß. Staaten u. das Einführungsgesetz vom 14. April 1851. Nach amtl. Quellen. 3 Hfte. 1. u. 2. Hft.: Einleitung. Das Strafgesetzbuch §. 1—240. 3. Hft.: Das Strafgesetzbuch §. 241—349 — das Einführungsgesetz — Sachregister. gr. 8. (IV u. 647 S.) Leipzig 851, Weidmann. (1 u. 2: à n. 28 Ngr. 3: n. 24 Ngr.) n. 2⅔ Thlr.

—— die Lehre v. d. Erbverträgen. 2 Thle. gr. 8. Göttingen, Dieterich'sche Buchh.
A. u. d. Titln.:
Thl. 1. Die Vergabungen v. Todeswegen nach d. ält. deutsch. Rechte. (13⅛ B.) 835. 1 Thlr. 8 Gr.
„ 2. (Der Erbeinsetzungsvertrag.) in 2 Bden.
1. Bd.: Allgem. Theil; der Erbeinsetzungsvertrag im Allgemeinen. (22⅛ B.) 837. 1 Thlr. 16 Gr.
2. „ Besond. Arten d. Erbeinsetzungsvertrags; d. Erbverzicht; Anhang. (22⅛ B.) 840. 1 Thlr. 16 Gr.

Beseler, Georg (Hrsg.), s. Lorensen, Uwe: Die Unions-Verfassung Dänemarks und Schleswig-Holsteins.

Beseler, Ueber die Mittel zur Unterdrückung der vagabundirenden Bettelei. 8°. Berlin 1881.

Beseler, Geo., Rede, geh. in der Sitzung des Reichstags am 9. Juli 1879. Nach dem stenograph. Bericht. gr. 8. (16 S.) Berlin 879. Weidmann. — 80

Beseler, Geo.: Üb. d. Stellg d. BGB Deutschlds zu d. Familienrechte d. hohen Adels. Denkschrift. (53) 8° Berl., Weidmann '11. 1.20

—— über d. Stellung d. röm. Rechts zu dem nation. Recht d. german. Völker. Academ. Antrittsrede. gr. 8. (1⅛ B.) Basel 836, (Schweighauser'sche Buchh.)

Beseler, Georg (Hrsg.), s. Symbolae Bethmanno Hellwegio . . .

—— System des gemeinen deutschen Privatrechts. 1. Bd. gr. 8. (X und 387 S.) Leipzig 847, Weidmann'sche Buchh.

Beseler, Geo., System des gemeinen deutschen Privatrechts. 2. und 3. (letzter) Bd. gr. 8. (VIII und 554 S.) Leipzig. [Berlin,] Weidmann'sche Buchh. [2. (VIII und 554 S.) 853. 2 Thlr. 25 Ngr., 3. (VIII und 552 S.) 855. 2 Thlr. 20 Ngr.]
1. Bd. Ebendas. 1847. 2 Thlr.

Beseler, Geo., System des gemeinen deutschen Privatrechts. 2. Aufl. Berlin 866. Weidmann. gr. 8. (XVI, 1088 S.) n. 5 ℛ

—— System des gemeinen deutschen Privatrechts. 3. verm. und verb. Aufl. 2 Abthlgn. gr. 8. Berlin 873, Weidmann'sche Buchh. *
Inhalt:
Abthl. 1. Allgemeiner Theil. Das gemeine Landrecht. (XX, S. 1—596.)
„ 2. Spezialrechte mit Einschluß des Ständerechts. (S. 597—1091.)

— System d. gemeinen deutschen Privatrechts. 2 Abthlgn. 4., verm. u. verb. Aufl. gr. 8. (XIX, 1258 S.) Berlin 885. Weidmann. n. 20. —

—— der Londoner Vertrag vom 8. Mai 1852 in seiner rechtlichen Bedeutung geprüft. Mit Anlagen. 1. und 2. Aufl. gr. 8. (48 S.) Berlin 863, Weidmann'sche Buchh.

Beseler, Geo., Volksrecht u. Juristenrecht. gr. 8. (23¼ B.) Leipzig 843, Weidmann'sche Buchh.

—— dass., 1. Nachtrag: G. F. Puchta. gr. 8. (2 B.) Ebds. 844.

Beseler, Zeitschrift f. deutsches Recht, s. Zeitschrift.

Beseler, Gerh.: Beiträge z. Kritik d. röm. Rechtsquellen. (1.) u. 2. Heft. gr8° Tüb., JCB Mohr. 0.60
1. (3, 122) '10. 3.60 ‖ 2. (3, 181) '11. 6 —

Beseler, Gerh.: Betrachtgn üb. d. Recht d. ehel. Verwaltgsgemeinschaft, s.: Festgabe d. Kieler Juristen-Fakultät, Alb. Hänel dargebracht.

Das Edictum de eo quod certo loco. Eine rechtshist. Untersuchung von Dr. Gerhard Beseler, Privatd. Leipzig: A. Deichert Nachf. 1907. (VI, 116 S.) 8° [07. 6887]

Beseler, Gerhard, aus Berlin: **Erörterungen zur Geschichte der Novation und zur Geschichte des Litteralkontraktes.** *Kiel 1904: Schmidt & Klaunig.* (62 S.) 8°
Kiel, Jur. Diss. v. [18. Juni] 1904

Beseler, Hans

Beseler, H., der Freiheitskampf Nordamerikas u. d. Burenkrieg. Vortrag, geh. in der militär. Gesellschaft zu Berlin am 20. III. 1901. Mit 3 Skizzen in Steindr. gr. 8. (36 S.) Berlin 901. E. S. Mittler & Sohn. n. — 80
Sonderabdruck aus: „Beiheft z. Militär-Wochenblatt."

—dasselbe, s.: Beiheft z. Militär-Wochenblatt. 1901. Hft. 4.

Beseler, H v.: Vom Soldatenberufe. (37) gr8° Berl., ES Mittler & S. '12. — 75 d

Beseler, H., Blüchers Zug nach Lübeck, s. a. Beiheft zum Militär-Wochenblatt.

Beseler, H. Blücher's Zug nach Lübeck 1806. Berlin 1892. 8°. (Bh. z. M. W. B.)

Beseler, Max., de natura actionis art. 83 ordinis communis cambialis germanici in id, quod ad trassantem sive acceptantem pervenit, propositae. Dissert. inaug. Berlin 866. (Calvary & Co.) gr. 8. (44 S.) n. 10 ngr.

Beseler, Otto. Ueber Züchtung unserer Getreidearten u. Mittel zu deren Förderung, s. Preisschriften u. Sonderabdrücke d. Deutschen Landwirtschaftlichen Presse.

Beseler, Wilhelm (Hrsg.), s. Acten in Anklagesachen des schleswigschen Obersachwalters wider den Landinspector. . .

Beseler, (W.), Anklage und Vertheidigung, s. Volksversammlung.

Beseler, Wilh., zur östreichischen Frage. gr. 8. (36 S.) Leipzig 860, Hirzel.

—— zur skandinavischen Frage und zur schleswig-holsteinischen Sache im Juli 1857. gr. 8. (142 S.) Braunschweig 857, Schwetschke und Sohn.

Beseler, Wilh., der Proceß Gervinus. Verhandlungen vor dem Großherzoglich Badischen Oberamt Heidelberg u. dem Großherzoglichen Hofgericht des Unterrhein-Kreises zu Mannheim nebst dem Rechtsgutachten der Juristen-Facultät der Universität Göttingen u. dem Hofgerichtlichen Urtheil vom 8. März. Braunschweig 853. Schwetschke u. Sohn. gr. 8. (2 Bl., 223 S.) 1 ℛ 6 ngr.

— — 2. Thl. — Verhandlungen vor dem Großherzoglich Badischen Oberhofgericht zu Mannheim. Mitgetheilt von ꝛc. Ebend. 853. gr. 8. (12 S.) n. 2 ngr.

Beseler, Wilh., das deutsche Interesse in der italienischen Frage. 1. u. 2. Abdr. Leipzig 859. Hirzel. gr. 8. (60 S.) 7½ ngr.

—— ein Mahnruf an das deutsche Volk. gr. 8. (86 S.) Leipzig 860, Hirzel.

Zur Schleswig-Holsteinischen Sache. Von Wilhelm Beseler. 8°.

im August 1856. Braunschweig. 1856.
im Juli 1857. (U. d. T.:) Zur Skandinavischen Frage und zur Schleswig-Holsteinischen Sache. ebd. 1857.
im November 1858. ebd. 1858.
im März 1859. (U. d. T.:) Die Verfassungsfrage in der Holsteinischen Ständeversammlung. ebd. 1859.

Beseler, Wilh., Zur schleswig-holstein. Sache im August 1856. gr. 8. (IV und 159 S.) Braunschweig 856, Schwetschke und Sohn.

— zur Schleswig-Holsteinischen Sache im November 1858. Braunschweig 858. Schwetschke & Sohn. gr. 8. (58 S.) 7½ ngr.

Staats- und Verwaltungsrecht des Fürstentums Schaumburg-Lippe. Von Wilhelm Beseler, Oberbürgermeister a. D. Hannover: Jänecke 1910. 119 S. 8°
(Bibliothek d. öffentlichen Rechts. Bd 17.) [10. 8437]

—— die Verfassungsfrage in der holsteinischen Ständeversammlung. Zur schleswig-holsteinischen Sache im März 1859. gr. 8. (42 S.) Braunschweig 859, Schwetschke und Sohn.

— das deutsche Verfassungswerk nach dem Kriege. 1. u. 2. Abdr. Leipzig 859. Hirzel. gr. 8. (64 S.) n. 10 ngr.

Was die holsteinischen Stände zu thun haben? (Aus dem Decemberheft der „Preussischen Jahrbücher".) (Anzeige von) Zur schleswig-holsteinischen Sache im November 1858. Von Wilhelm Beseler. (Braunschweig. 1858.) Berlin. 1858. 8°.

Beseler, W., Was die Schleswig-Holsteiner ohne Verzug zu thun haben. gr. 8. (7 S.) Bremen 848, Heyse. 1 ngr.

Beseler-Weende, der Kampf gegen das Unkraut. (47 S.) 8. Hannover (908). [Göhmann'sche Buchdr.] Berlin, P. Parey. — 60

Beselin, Augustus (Frid.) (geb. Jarmen in Pomm. 9. 9. 1821): De hydrocephalo acuto. Berolini (1840). (31 S.) 8°
Berlin, Med. Diss. v. 19. Sept. 1840

Beselin, Lucas

1701. * Diss. de triplici Algebrae Cartesianae algorithmo quam censurae Eruditorum publicae submittunt praes. M. *Lucas Beselin*, ejusd. facult. adjunctus, et respond. *Herm. Albert. Schuckman*, Megapol. Gustrov. LL. St. Halae Magdeb. typis Johannis Jacobi Krebsii, acad. typogr. 4. 36 S. nebst einer Kupfertafel.

Beselin, O., üb. Contractur- u. Lähmungs-Zustände d. exterioren u. interioren Augenmuskeln b. Hysterie, s.: Nonne. M.

Beselin
— **Valentin Johann** (Rostock), De reluitione feudi oppignorati. Disput. jur. Präs. Matth. Stein. Rostock (Joh. Weppling) 27. VIII. 1716. 56 S. (5.—) 2401

— — Theoriam generalem de pertinentiis. Diss. jur. Göttingen (Joh. Christ. Dieterich) 30. IX. 1782. 33 S. (4.80) 2402

Beselius, G., Altes u. Neues aus d. Schriften geistreicher Männer. 8. Nürnb. 822. (Raw). 16 gl

Besemfelder, Eduard Rudolf [aus Mannheim]: Über die Reduktions-Produkte der β-Naphtoësäure. . . . Stuttgart, Hofbuchdr. C. Liebich, 1890; 60 S. 8°
München, Phil. Fak., Inaug.-Diss. v. 1890

Besemfelder O, 15 kalligraphische Musterblätter. Memmingen

Besenbeck, C. J., s. Besenbeck, Kaspar Jakob

Besenbeck, Geo., († d. 7. Nov. 1762.) Beitrr. zu d. exeget. Gottesgelahrtheit. 2 Bde. 8. Erl. 756, 57. Müller. 1 Rthlr. Neue Beitrr. 2 Bde. (à 6 Stcke.) 8. Erl. 761—66. Palm. 1 Rthlr.

Besenbeck, Georg (Hrsg.), s. Beiträge, Neue, zu der exegetischen Gottesgelahrtheit.

Besenbeck, Gottlieb Ferdinand
Besenbeck, Gtll. Ferd., Antrittspred. üb. Römer I. 16. am Palmsonnt. 1835 in d. Kirche zu St. Aegydien in Nürnberg gehalten. Mit d. Einführungsrede d. Hrn. rc. G. E. F. Seidel. gr. 8. (1 ½ B.) Nürnberg 835, Korn.

— Einsegnungsworte, am Grabe des Hrn. Dr. Gotth. Em. Fr. Seidel, k. baier. Kirchenraths u. ersten Pfarrers an St. Aegydien gesprochen. gr. 8. Nürnberg 838. v. Ebner. 1/12 Rthlr.

Besenbeck, Gtl. Fd., Gedächtniß-Predigt auf Herrn Leonhart Hering, zweiten Pfarrer an St. Aegidien in Nürnberg, gehalten am 23. Sonntag nach Trinitatis 1841. Auf Verlangen gedruckt. gr. 8. Nürnberg 841, Raw'sche B. 1/12 Rthlr.

Besenbeck, Gtll. Ferd., Grabrede, bei d. Beerdigung d. Hrn. Leonh. Hering, d. 8. Nov. 1841 gehalten. — Mit d. Einsegn. d. sel. Entschlafenen durch Friedr. Bauer. gr. 8. (1 ½ B.) Nürnberg 841, Raw'sche Buchh. · Thlr.

Besenbeck, Kaspar Jakob
— Progr. Einige Bemerkk., wie der Vernachlässigung d. latein. Sprache bei d. Schülern am besten abgeholfen werden kann. 1e u. 2e Abtheil. 4. Erl. 806, 7.

Besenbeck, Kasp. Jak., († d. 22. März 1815.) über die Dreieinigkeit Gottes. Ein Versuch, diese wichtige Lehre zur bibl. Reinheit u. Einfachheit zurückzuführen. gr. 8. Bamb. 814. 2e Aufl. 818. Kunz. (Leipz., Centr.-Cpt.) 12 gl

Besenbeck, K. J., über die Dreieinigkeit Gottes. 2e Aufl. gr. 8. Bamberg 818. (Dresch.) 1/3 Rthlr.

Besenbeck, Caspar Jacob (Erlangen), Aeschyli locorum quorundam interpretatio. Präs. Gottl. Chph. Harles. Erlangen (Fried. Lor. Ellrodt) 14. X. 1784. 12 S. (3.—) 2403

Besenbeck, C. J., Aeschyli locorum quorundam interpretatio. 2 Tle. Diss. u. Pr. 1784 u. 1793. 12 S. 4°. 1.—

Besenbeck, Ksp. Jak., s. Kritik über Beurtheilung d. vertrauten Briefe.

Besenbeck, C. J., Disp. de invidia et male volontia *τοῦ θείου* ad locum Herodoti. Erlang. 787. 4.

— Lazarus, od. üb. d. Unstatthafte d. natürl. Erklär. d. Wundergeschichte im Neuen Test. gr. 8. Erl. 810. Palm. 12 gl

— d. Religion d. Christen, od. Untersuchung d. Frage: Ob d. posit. Christenth. blos f. d. erste Kindesalter desselben gehören? gr. 8. Fürth 803. (Campe in Nürnb.) 21 gl

— s. J. A. Schmeller, Wörterbuch.

— Stricturae in quaedam loca tragoediae Aesch., quae Choephorae inscribitur. 1810. 7 S. 4°. —.80

Besenbeck, C. J., Progr. Vindiciae Iliad. XV, 1-48. Erlang. 798. 4.

Besenbinder, Posse, s. Lustspiele v. Jul. v. Voß. 5r Band.

Besenbruch, Peter, Marine-Assistenzarzt a. Wilhelmshaven: Aus dem pathologischen Institut des Stadtkrankenhauses Friedrichstadt zu Dresden. Direktor: Prof. Dr. Schmorl. Ein Fall von Plattenepithelkrebs des Nierenbeckens mit Riesenzellen. Kiel 1907: Schmidt & Klaunig. (31 S.) 8°
Kiel, Med. Fak., Ref. Heller, Diss. v. 25. Juli 1907
[Geb. 30. März 79 Elberfeld; Wohnort: Wilhelmshaven; Staatsangeh.: Preußen; Vorbildung: Städt. Gymn. Elberfeld Reife O. 01; Studium: Kiel 3, Berlin 1, Kiel 2, München 3, Berlin 1, Kiel 3 S.; Coll. 27. Aug. 06; Approb. 10. Febr. 06.]

Besencenet s. Bezencenet.

Besenstiel (Pseud.), s.a. Weinholz, Heinr. Albert (wirkl. Name)

Besenstiel's, Memoiren. Herausgeg. von A. Weinholz. 8. Berlin 846. Weinholz. 1/8 Rthlr.

BESENSTIEL, Habakuk (ps.), Lord Stiefelton's wunderbare Reiseabenteuer und Erlebnisse 1869.
Weller, Lex. Ps. p. 71.

Besentoni, der, von Birkenfeld, s.: Aus dem Leben u. f. das Leben.

Besenval, Pierre de, Erzählungen, s.a. Meistererzähler, romanische.

BESENVAL, Pierre Baron de, Erzählungen. Mit Einleitung und Anmerkungen v. K. Brand. Leipzig 1905. Gr.-8°. (Br. Mk. 2.—; eleg. gebd. 3.—; Ganzldrbd. 4.—.) (3 Kr. 60 hl., Halm & Goldmann, 1907.)
Auch titulo: Romanische Meistererzähler. Hrsg. von F. S. Krauss. Bd. 9. Der Band enth. 4 Nrn.: Der Spleen. — Die Liebenden als Soldaten. — Alonzo. — Der Einsiedler.

Erzählungen von Pierre (Victor B[on]) de **Besenval**. Mit Einl. u. Anm. von K. Brand. Leipzig: Deutsche Verlagsactienges. 1906. VII, 93 S. 8°
(Romanische Meistererzähler. Bd 9.) [10. 3170

Besessenen, üb. die, in d. Evangel. Geschichte; aus d. Engl. v. J. W. Link. 8. Gotha 778. Ettinger. 4 gl

Ueb. d. Besessensein, od. d. Dasein u. d. Einfluss d. bösen Geisterreichs in d. alten Zeit; m. Berücksicht. dämonischer Besitzungen d. neuen Zeit. *Heilbr.*, **Drechsler. 833. gr 8° 12 gl**

Besessensein, über das, oder das Dasein und den Einfluß des bösen Geisterreichs in der alten Zeit. Mit Berücksichtigung dämonischer Besitzungen der neuen Zeit. gr. 8. Heilbronn 838. Drechsler. 1/2 Rthlr.

Besetzny, Emil, Sphinx. Freimaurerisches Taschenbuch. 8. (IV, 172 S. mit 1 Stnt. in 4.) Wien 873, Rosner. *

Besetzung, die, von Ferrara vom Standpunkte des internationalen Rechts betrachtet. Aus d. „Portefeuille, Revue diplomatique." Nebst 1 (lith. u. col.) Plane (in gr. 4.) gr. 8. (13 S.) Leipzig 847. F. Fleischer in Comm. 6 ngl

Besetzung u. Feuerleitung e. Batt. <Entw.>
Berlin 1880.

Besetzung, d., d. obersten Gerichtshofes. Von e. kurhess. Jur. 8. (72) Cass. 63, Hotop. — 10

Besetzung, die, des obersten Gerichtshofes. Zur Kritik der landständ. Verhandlungen vom 12. Juni d. J. Von e. kurhessischen Juristen. Cassel 863. Trömner & Dietrich. gr. 8. (72 S.) 10 ngr.

Hamburg's Besetzung durch die Dänen i. J. 1801. 8. Deutschland 1801.

Besetzung, Hannovers, durch die Preussen im Juni 1866. Braunschweig 1866. V: *Hodenberg, Wilh. von.* (Kat. d. Bibl. d. dtsch. Reichstages. Berl. 1882.) (Löwe, Bibl. d. Hann. u. Braunschw. Gesch. Hann. 1908. S. 107.)

Besetzung, Hannovers, durch die Preussen im Juni 1866 und die hannoversche Armee. Hannover 1866. V: *Hartmann, J.* (CBH) (Löwe, Bibliographie der Hann. u. Braunschw. Gesch. Hann. 1908. S. 107.)

Besetzung, die, der Berliner neutestamentl. Professur im Urteile der kirchlichen Parteien, s. Bewegungen, kirchliche, der Gegenwart. II. 2.

Die **Besetzung** der Berliner neutestamentlichen Professur im Urteile der kirchlichen Parteien. Leipzig: Dieterich 1909. 70 S. 8°
(Kirchliche Bewegungen d. Gegenwart. Jg. 2, H. 2.) 109. 8808

Besetzung, die, der Subaltern- u. Unterbeamtenstellen bei den Reichs- u. Staatsbehörden m. Militäranwärtern. Bekanntmachungen ꝛc. der kgl. bayer. Staatsministerien. 1. Lfg. 8. (85 S.) Würzburg 886. Stahel. — 75

Besgen, Fritz, Referendar: Die Wirkung der Eingemeindung auf Polizeiverordnungen nach preußischem Rechte. Borna-Leipzig 1909: Noske. x, 56 S. 8°
Leipzig, Jur. Diss. v. 15. Juli 1909
[Geb. 10. Sept. 83 Eschweiler b. Aachen; Wohnort: Eschweiler; Staatsangeh.: Preußen; Vorbildung: Kaiser-Wilhelms-Gymn. Aachen Reife Mai 03; Studium: Bonn 3, München 1, Heidelberg 1, Berlin 1 S.; Rig. 21. Juli 06.] [U 09. 2451

Besgen, Johann, Referendar: Die Konkurrenzklausel des Handlungsgehilfen. Borna-Leipzig 1909: Noske. VIII, 80 S. 8°
Leipzig, Jur. Diss. v. 16. Okt. 1909
[Geb. 21. Okt. 84 Eschweiler b. Aachen: Wohnort: Eschweiler; Staatsangeh.: Preußen; Vorbildung: Kaiser-Wilhelms-Gymn. Aachen Reife O. 03; Studium: Freiburg i. B. 2, München 1, Berlin 1, Bonn 2 S.; Rig. 21. Juli 06.] [U 10. 2661

Besi, A., die Beerdigung u. Verbrennung der Leichen, betrachtet vom Standpunkte der Religion, der Geschichte, der Hygieine, der Gesetzgebg., der Ökonomie u. d. Gefühles. Übers. von E. Holzinger v. Weidich. gr. 8. (VIII, 119 S.) Regensburg 889. Verlags-Anstalt. n. 1.50

Besichtigung d. Fußart.-Geräts d. Pion.-, Telegr.-, Eisenbahn- u. Luftschiffer-Feldgeräts sowie d. Brückentrains. München 1900.

Besídka čtenářská. 3. Ročník. 12 Hfte. (à 4 Bgn. m. Holzschn.) Brünn 864. Buschak & Irrgang. gr. 4. Jedes Hft. 5 ngr.

Die Besiedlung der an Deutschland angrenzenden jetzt russischen Gebiete mit Deutschen. o. O. 123 S.

Besiegung, Die, des Pfaffenthums; Angabe eines höchst einfachen und sichern Weges, wie die gegenwärtigen Kämpfe zwischen Regierung und Clerus sofort ... zum vollständigen Siege des Staates beendigt werden können. Zürich 1875. V: *Lempens, Carl Franz.* (CLZür Forts. II)

Besiegung, die, d. Pfaffenthums. Angabe e. höchst einfachen u. sichern Weges wie die gegenwärt. Kämpfe zwischen Regierg. u. Clerus sofort auf e. Weise zum vollständ. Siege d. Staates beendigt werden können, welche dem Clerus nicht einmal die Möglichkeit e. Klage wegen angebl. Bedrohg. der Religion zurückläßt u. doch denselben f. alle Zukunft schachmatt u. unschädlich macht. Von L. S. (40 S.) Zürich 875. Verlags-Magazin. — 75

Geschichte des 4. Oberschlesischen Infanterie-Regiments Nr. 63. Im Auftr. d. Rgts bearb. f. d. Unteroffiziere u. Mannschaften von F[ritz] **Besig**, Oberlt. Oppeln: H. Muschner 1907. (26 S.) 8° [F.] 107. 13380

Besig, Karl: Die Dampfturbine als Schiffsmotor. Vergleichsrechnung für verschiedene Systeme. (Zoelly, Rateau, Curtis, Parsons, Melms-Pfenninger) Diss. TH Berlin. Stettin 1910

Besig, Karl: Die Dampfturbine als Schiffsmotor. Vergleichsrechng f. verschied. Systeme (Zoelly, Rateau, Curtis, Parsons, Melms-Pfenninger). (75 u. 14 S. Fig.) Lex8° Berl., J Springer '11. 3 —

Besig, Maximil. Traugott Curtius (geb. Annaburg in d. Prov. Sachs. 20. 3. 1833): Infantium, juvenum, senum pulmones physiologice et pathologice comparantur. Berolini (1856). (27 S.) 8°
Berlin, Med. Diss. v. 7. Aug. 1856

Besigheim [Schlagwort]

Besigheim, s.: Geognostische Karten. Spezialkarte.

Besigheim, s.: Geognostische Karten (Württemberg).

Der selige **Besitz** in Christo Jesu. 3 Vorträge. [Paul] Bornhak, (Pastor in Elberfeld): Mit Christo gekreuzigt. [Ferdinand] Herbst: Mit Christo auferstanden. Limbach, (Missionar in Zürich): Mit Christo ins himmlische Wesen versetzt. Elberfeld: Ev. Gesellsch. f. Deutschl. 1905. (45 S.) 8° [F.] 106. 14638

Besitz Venetiens, der, und die Bedeutung des Neu-Italischen Reiches. Berlin 861. J. Springer. gr. 8. (IX, 187 S.) n. 24 ngr.

Besitzer, Die, von Aschach bei Volders. [Innsbruck] 1863. V: *Ruf, Sebastian.* (MARGR)

Besitzergreifungs-Patent beim Antritt der Regierung (de dato München, d. 30. Dec. 1777, gegengez. „*Kreytmayer*"). Placat, breit gr.-Fol. Feuchtfleckig u. etw. ausgebess. Beibd. Cart.

Zur schleswig-holsteinschen **Besitz-Frage.** Berlin. 1865 8°

Ueber die Besitznahme des Churfürstenth. Hannover durch die Neufranken. 8. Bremen 1803. 0,65.

Besitznahme, üb. die, Hannovers. 8. Bremen 803. Müller. 5 gr.

Besitznahms-Patent und Vereinigungs-Urkunde des Bezirks Birseck mit dem Kanton Basel. 1815. [SA.] 8. [Basel 1815.]

Besitznehmung, Gründlich und standhaft vertheidigte, derer dem durchl. Hause Bayern von K. Ferdinand I. erlangten ... Anwartschaft auf alle Wolfsteinischen Reichslehen ... 1748. V: *Ickstatt, Joh. Ad. von.* (WEBER)

. **Besitzstand, Der,** des römischen Hofes, Gesandten ... in Teutschland abzuschicken, historisch untersucht ... [Bonn] 1789. V: *Wreden, Carl Joseph von.* (HS) (MGT)

Besitzstands-Karte von Deutsch-Süd-West-Afrika. Zur Darstellung d. Land- u. Minenrechte. ⟨Stand am 1. April 1901.⟩ Massst. 1:2,000,000. *Berlin: D. Reimer (1901).* (1 Kartenbl. 66 × 73 cm.) 8° [farbig] [01. 9033

Besitzstands-Karte v. Deutsch-Südwest-Afrika. Stand am 1.I. '02. Aufgestellt im Bureau d. Landesvermessg Görgens. 1: 1,000,000. 2 Bl. 74,5×109,5 cm. Farbdr. Berl., (D Reimer) ('02). 6 —

Besitzstands-Karte v. Deutsch-Südwestafrika. Stand am 1. 10. '11. Bearb. im Bureau d. kais. Landesvermessg (in Windhuk). 1: 800,000. 3 Bl. Farbdr. Berl., D Reimer. 30 —; auf L in M od. m. St. n 42 — Nordbl. 57×137 cm. 10 —; auf L in Taschenformat. n 13 — ‖ Mittelbl. 62,5×114,5 cm. 10 —; auf L in Taschenformat. n 12.75 ‖ Südbl. 54,5 ×90,5 cm. 10 —; auf L in Taschenformat. n 12 —

Besitzungen. Bd. I–III, Abthlg. 1—3. Mit vielen Stamm-, Wappen- u Siegeltfln. Magdeburg 1877—85. 8. Nicht im Handel.

Besitzungen, d. deut., im Stillen Ozean. Mit Angabe d. Besitzverhältnisse sämtl. europ. Staaten u. unter Berücks. d. deutsch-engl. Abkommens v. 14.XI.'99 betr. Samoa u. Togo. Hrsg. v. d. deut. Kolonialgesellsch. 1 : 12,000,000. 61×55,5 cm. Farbdr. Mit Text auf d. Umschl. Berl. 99, D Reimer. 1 —

Die **deutschen Besitzungen** im Stillen Ocean und Kiautschou. Mittl. Maßst. 1:3,000,000. *[Berlin: D. Reimer 1903.]* (9 Kartenbl. je 98 × 89 cm.) quer-gr. 2° [kol.] [03. 13181

Besitzungen.– Über die eigenthümlichen Besitzungen der Bauern, in wie fern sie dem gemeinen Wesen am nützlichsten seyn können. – Kopenhagen 1787 (Höke).

Besitzungen, Einkünfte, Freyheiten, Rechte und Prärogativen, Die, der Teutschen Reichsfürsten, ... im Elsass, vertheidiget gegen die Beschlüsse der Französischen National-Versammlung ... [Bruchsal] 1790. V: *Becke, Frz Arnold von der.* (Ky) (Wr) V: *Jochim.* (MGT)

Besitzungen, die, Einkünfte, Freiheiten, Rechte u. Prärogativen d. deutschen Reichsfürsten, Kirchen u. Körper in Elsaß ec., (von F. A. v. d. Becke). Fol. Nürnb. u. Leipz. (Bruchsal). 790.

Die Besitzungen des Herrn Haan in Ebersberg. München 1872.

Ländliche Besitz- und Schuldverhältnisse in 27 Gemeinden Steiermarks. Erhebung durchgeführt v. Statist. Landesamte von Steiermark unter d. Leitung von Dr. Ernst Mischler, Prof. Th. 1–3. *Graz: Leuschner & Lubensky in Comm. 1901–03.* 3 Bde 4°(8°)
1. Die Besitzverhältnisse. 1901. 2. Die Schuldverhältnisse. 1902. 3. Einzelbeschreibungen. Gesindewesen. Besitzveränderungen. 1903.
— **Mitteilungen,** Statistische, über Steiermark. H. 8. 10. 12. [04. 1634

Beskiba, Joseph
Beskiba, Giuseppe, Aritmetica mercantile per uso delle scuole commerciali di — — Versione italiana di Giuseppe Dottor Zampieri. 8. (XII, 512 p. XVII tav.) Vienna. Coi tipi di Carlo Ueberreuter. 1850. Prezzo 1 fior. 57 Car. C. M.

Beskiba, J., Auflösungslehre der Gleichungen des 1n und 2n Grades, sammt einer Samml. v. Aufgaben. gr. 8. Wien, Geistinger. (Leipz. F. C. W. Vogel in Comm.) 819.

Beskiba, Jos., Auflösungslehre der Gleichungen des ersten u. zweiten Grads, sammt e. Samml. von Aufgaben. 8. Wien 819. 1 Thlr 8 gr 2e Aufl. gr. 8. Ebd. 832. Gerold. 1 Thlr 16 gr

Beskiba, Jos., Auflösungslehre d. Gleichungen sammt einer Samml. v. Aufgaben, deren Auflös. auf bestimmte Gleichungen d. ersten u. zweiten Grades führt. 2., verm. u. d. gegenwärt. Stande d. Wissenschaft anpass. bearb. Aufl. gr. 8. (29 B.) Wien 832, Gerold.

Beskiba, Jos., Lehrbuch d. Algebra. 2. verm. Auflage. Leipzig. gr. 8. Wien 846, Braumüller u. Seidel. 2 Thlr

Beskiba, Jos., Lehrbuch der Algebra. Zum Gebrauche f. Ober-Realschulen, Ober-Gymnasien, u. zum Selbst-Studium. 3. verm. Aufl. Lex. 8. (XVI u. 402 S.) Wien 851, Braumüller. n. 2 Thlr

Beskiba, Jos. Lehrbuch für die juristische, politische und kameralistische Arithmetik. gr. 8°. Wien 1842.

Beskiba, Jos., Lehrbuch für die juristische, politische und kameralistische Arithmetik. Neue Ausg. Wien 862. Braumüller. gr. 8. (XIX, 360 S.) n. 2 Thlr

Beskiba, Joseph —. Lehrbuch der Arithmetik für Realschulen und zum Selbstunterrichte. Von — —. Erster Theil. Dritte Auflage. 8. (240 S.) Wien. Gedruckt bei Leopold Sommer. Wilhelm Braumüller. 1854.

Beskiba, Jos., Lehrbuch der Arithmetik für Realschulen und zum Selbstunterrichte. 3. Aufl. Neue Ausg. Wien 858. Braumüller. gr. 8. (2 Bl., 240 S.) n. 1 Thlr

—— Lehrbuch d. Elementar-Mathematik. 1. Thl. Arithmetik. (1. Bd.) 1. Abschn. (A. u. d. T.: Theoret.-prakt. Lehrb. d. Rechenkunst. 1. Absch.) gr. 8. (15¼ B.) Wien 822, Wallishausser.

Beskiba, (J.,) Lehrbuch d. Elementar-Mathematik. 1r Thl. Arithmetik 1r Abschn. — A. u. d. T.: Theoret.-prakt. Lehrbuch d. Rechenkunst. 1r Abschn. gr. 8. Wien 824, Wallishauser.

—— dass. 2. Thl. Lehrb. d. Algebra. gr. 8. (34 B.) Ebds. 823.

— dess. 2r Thl. — A. u. d. T.: Lehrbuch d. Algebra. gr. 8. Ebend. 824.

—— dass. 3. Thl. Lehrb. d. Geometrie. gr. 8. (34 B. u. 8 Kpfrt. Fol.) Ebds. 826.

—— dass. 1. Thl. Arithmetik. 2. Bd. gr. 8. (31¼ B.) Ebds. 829.

—— dass. 1. Thl. Arithmetik. (1. Bd.) 2—4. Abschn. gr. 8. (16 B.) Ebds. 834.

Beskiba, Jos., Lehrbuch d. Elementar-Mathematik. 1. Thl.: der Arithmetik, 1. Bd. Die vollständ. Darstellung d. Rechnungsarten in ungenannten ganzen Zahlen, ferner in gemeinen, Ketten- u. Dezimalbrüchen, nach d. vorzügl. Abkürzungs-Methoden. 2. Aufl. gr. 8. (21¼ B.) Wien 839, Wallishausser.
1. Thl. 2. Bd u. 2. u. 3. Thl. Ebendas. 1829, 23, 26. 6 Thlr. 12 Gr.

—— Lehrbuch der Geometrie. 2., verm. Aufl. gr. 8. (IV und 300 S. mit 6 Stnt. in Fol.) Wien 847, (Braumüller.)

Beskiba, Joseph, Lehrbuch des kaufmännischen Rechnens für Kommerzial-Schulen. Von — —. 8. (XII. 536 S. 16 Tab.) Wien. 1847. Preis: broschirt 1 fl. 56 kr. C. M.

Beskiba, Giuseppe, Trattato d'Aritmetica per uso delle scuole reali di — —. Versione italiana di Giuseppe Zampieri. 8. (XVI, 390 p. XVII tav.) Vienna. Coi tipi di Carlo Ueberreuter. 1849. Prezzo: 1 fior. 30 Car. M. C.

Beskiba, Karl, Predigt bei d. Gedächtnißfeier d. heil. Benedict, Erzabtes u. Ordensstifters. gr. 8. (1¼ B.) Wien 838, Wimmer.

Beskiba, Marianne: Aus meinen Erinnergn an Dr. Karl Lueger. (8, 144 m. Abb.u. Fksms.) 8° Wien (IX, Liechtensteinstr. 21), (E & J Edhoffer) ('11). 3 —

— Aus Erdmännleins Klause. Ein Waldmärchen. Text n. d. Schwed. v. Stora Max. (Dietrich's Münch. Künstler-Bilderbb.) (32 m. z. Tl farb. Abb.) 25,5×33,5 cm. Münch., GW Dietrich ('11). HL 3.50 d

Beskiden [Schlagwort]

Beskiden. Hadaszczok, Joh., Special-Karte d. mährisch-schlesischen Beskiden. (Von der Beczwa bis zum Jablunka-Passe.) Im Auftrage d. Section „Friedeck" des Beskiden-Vereines, f. tourist. Zwecke bearb. Ausgeführt im k. u. k. militär-geograph. Institute in Wien. 1 : 75,000. 48 × 71,5 cm. Photolith. u. Farbendruck. M.-Ostrau 895. R. Papauschek. Auf Leinw. in Leinw.-Karton n. 2. 25

— Schlesinger, Wilh., Special-Karte der schlesisch-galizischen Beskiden. (Von der Weichsel bis zur Babiogóra.) Für tourist. Zwecke bearb. Ausgeführt im k. u. k. militär-geograph. Institute in Wien. 1 : 75,000. 51,5 × 83,5 cm. Farbendr. Ebd. 896. n. 2. —; auf Leinw. in Leinw.-Decke n. 3. —

Beskiden. Spezialkarte der Beskiden für Touristen. 1 : 150,000. 34,5×85 cm. Farbdr. Teschen (905.) S. Stuks. n. — 85

Beskiden. Spezialkarte der Beskiden f. Touristen. 1 : 150,000. 3. Aufl. 34,5×85,5 cm. Farbdr. Teschen (908). S. Stuks. — 85

Beskow, Bernhard von. Schwedens Ahnen ... Gedicht. Übersetzung mit beigefügtem Originaltexte ... Lübeck 1838. Ü: *Dunkel* (Hofprediger). (Bl. f. liter. Unterh. 1840, S. 80.) (Zeitschr. f. Büch. 1923, S. 80.)

v. Beskow, Bernh., Schwedens Ahnen, ein, mit dem großen Preise von der Schwed. Akademie belohntes Gedicht. Uebersetz. mit beigefügt. Originaltexte, wie auch mit geschichtl. Anmerkk. versehen. 8. Lübeck 838. v. Rohden'sche Buchh. (v. Rohden u. Bruhn.) 5/12 ꝛc.

Beskow, Bernh. v., die Gesundheit der Seele. In deutscher Uebersetzung von Ed. Prätorius. 16. (VII, 94 S.) Frankfurt a. M. 868, Boselli'sche Buchh. *

v. Beskow, Bernh., die Gesundheit der Seele. Nach der 2. Aufl. des schwed. Orig. übers. u. mit e. kurzen biograph. Abriß des Verf. versehen von Chrn. v. Sarauw. Berlin 869. C. Duncker. 16. (VII, 73 S.) n. 12 ngr; geb. n. 20 ngr

— dass. — (Neue Ausg.) 16. (VII, 94 S.) Leipzig 874, Gnobloch. [Halle, Gesenius.] * geb. *

Beskow, Bernh. v., die Gesundheit der Seele. In deutscher Uebersetzg. v. Ed. Prätorius. gr. 16. (VII, 94 S.) Leipzig 875. Halle, Gesenius. n. 1. —; geb. n. 2. —

— Gustave III jugé comme roi et comme homme. Traduit du Suédois. Tome I. Stockholm 868. (Leipzig, A. Dürr.) gr. 8. (V, 405 S.) n. 1 ⅓ 24 ngr

Beskow, B(ernhard) v., dramatische Schriften. Aus dem Schwed. von Adam Oehlenschläger. 1—3. Thl. (Neue Titel-Ausg.) 8. Leipzig 847, Lorck. à Thl. * 20 Ngr.
Thl. 1. Gustav Adolph. Tragödie. (248 S.)
„ 2. Torkel Knutson. Tragödie. (205 S.)
„ 3. Birger und sein Geschlecht. Tragödie. (223 S.)

— schwedische Tragödien. Uebers. v. Adam Oehlenschläger. 3 Thle. 8. (38⅓ B.) Leipzig 841, Weber. à 1 Thlr. 8 Gr.
A. u. d. Titn.:
Thl. 1. Gustav Adolph.
„ 2. Torkel Knutson.
„ 3. Birger u. sein Geschlecht.

Beskow, Frl. Elisabeth [geb. 1870 in Stockholm] = Runa [Autorname].

Beskow, Elsa, s. a: Runa.

— Blondchen in Blüten. Ein neues Bilderb. Reime v. Geo. Lang. 1. u. 2. Afl. (29 m. 18 farb. Vollbildern.) 32×26 cm. Münch., GW Dietrich (08.09). Kart. 3 — d

Beskow, Elsa: Däumelis'chen. s.: Andersen, Hans Christian.

Beskow, Elsa, Hänschen im Blaubeerenwald. Ein neues Bilderbuch. Mit Reimen v. Karsten Brandt. (16 Bl. m. farb. Abbildgn.) qu. gr. 4. Stuttgart (903). Loewe. Geb. 2. 50; auf Pappe od. in Leporelloform 3. —

— dasselbe. Kleine Ausg. Mit 16 Bildern in Farbdr. Text v. Karsten Brandt. (16 Bl.) qu. 16. Ebd. (904). Geb. 1. 20; auf Pappe (16 S.) geb. 1. 80

— Häns'chens Skifahrt. Bilderb. (Text v. M Cornelius.) 1. u. 2. Afl. (27 m. 18 farb. Vollbildern.) 32×26 cm. Münch., GW Dietrich (08.09). Kart. 3 — d

Beskow, Natanael: An uns. Jugend! Gedanken u. Ratschläge f. d. Lebensweg. Aus d. Schwed. v. Wilh. Heerberger. (151) 8° Stuttg. (06). Darmst., P Hobbing. 1 —; L. 1.75; m. G. 2 — d

Besler, *Basilius*, Apotheker in Nürnberg (Besleria L.). * Nürnberg . . . 1561, † Nürnberg . . . 1629.
Biographie médicale II. 216.
— Hortus Eystettensis sive diligens et accurata omnium plantarum, florum, stirpium ex variis orbis terrae partibus singulari studio collectarum, quae in celeberrimis viridariis, arcem episcopalem ibidem cingentibus hoc tempore conspiciuntur, delineatio et ad vivum repraesentatio; in quatuor partes divisus.
* Ed. III: 1713. folio. 367 tab. absque textu latino. (Editio valde rara; duae aliae reimpressiones laudantur, quas non vidi: anni 1727 teste *Mochsen*, Epist. p. 75. et anni 1750, teste *Falkenstein*, Bibliothek zu Dresden, p. 128.)

Besler, Basilius: Hortus Eystettensis, sive Diligens et accurata omnium Plantarum, Florum Stirpium . . . quae in . . . viridariis arcem episcopalem ibidum cingentibus olim conspiciebantur . . . 2. Aufl. Eichstätt 1713.
Die Geschichte dieses großartigen Kupferstichwerkes (Tafeln 50 x 40 cm!) im Vorwort von Dr. Sthenander. Das Werk geht auf den Nürnberger Arzt Basilius Besler zurück.

Besler, Basilius: Rariora musei Besleriani quae olim Basilius et Michael Rupertus Besleri coll ... nunc commentariolo ill. a Johanne Henrico Lochnero (von Hummelstein) . . . exstaret monumentum, denuo luci publicae commisit et laudationem ejus funebrum adj. Michael Fridericus Lochnerus. o.O. 1716. 112 S. 4°

Besler, J.C.: Ueber die Nothwendigkeit des relig. Geistes in den gelehrten Mittelschulen. 15 S.
Progr. Erfurt e. 1828.

Besler, J. C.: Das rechte Verhältnis des geogr. Unterrichts, besond. für die Gymnasien. 14 S.
Progr. Erfurt e. 1836.

Besler, *Max* [Dir. Prof.]: Beiträge zur Geschichte der höheren Schule in Forbach. Forbach, Buchdr. v. W. Albrecht, 1896; 3—52 S. 4.
Forbach '(Lothr.)', PG, P 1896 (519)

Besler, M, Geschichte d. Schlosses, d. Herrschaft u. d. Stadt Forbach. 8° (151 m. 10 Taf.) Forb. 95, W Albrecht & Co. 2.50 geb. in Hlblnw. 3 —

Besler, Max, Geschichte d. Schlosses, d. Herrschaft u. d. Stadt Forbach. M. e. Anh. gr. 8. (VIII, 144 u. 7 S m. 10 Taf.) Forbach 895. R. Hupfer. n. 2. 50; geb. in Halbleinw. n. 3. —

Besler, M[ax], Dir. Prof.: Die Forbacher Mundart und ihre französischen Bestandteile. *Forbach 1900: W. Albrecht.* (S. 3—31.) 4°
Forbach (Lothr.), R, P 1900 (562)

Besler, Max Die Ortsnamen des lothringischen Kreises Forbach 4 (1 Bl., 55 S.). Progr. Prg. *Forbach* 1888

Besler, M. [Oberl.]: Die Ortsnamen des lothringischen Kreises Forbach. II. Tl. (Forts. d. P-Beil. 1888.) Forbach, Buchdr. v. R. Hupfer, 1891; 2 Bl., 49 S. 4°
Forbach (Lothr.), PG, P 1891 (503)

Besler, Michael Rupert
Beslerus M. R.: Gazophylacium rerum naturalium e regno vegetabili, animali & minerali depromptarum ... Lips. et Francof. 1716. 34 Tvl. u. Text. Fol.

Besler, Michael Rupert: Rariora musei Besleriani, s. Besler, Basilius

Besmöhn, Jul., kleines Rechenbuch für ländliche Elementar- u. Fortbildungsschulen. Bevorw. von v. d. Goltz. 2. verm. u. verb. Aufl. Königsberg 868. Gräfe & Unzer. 8. (88 S. u. 2 lith. Taff.) n. 6 ngr.

v. Besnard, u. Reindl, das Wissenswürdigste aus d. Anatomie u. Chirurgie für Wund- u. Landärzte etc. Mit 2 Kpfr. 8. Ulm 840. Ebner. 11/12 Thlr. 2s (letztes) Bdchn. 8. Ebd. 840. 11/12 Thlr.

Besnard, Anton [app. Arzt]: Ein Fall von idiopathischer Herzhypertrophie infolge von Ueberanstrengung ... München, Buchdr. Kastner & Lossen, 1896; 22 S. 8.
München, Med. Fak., Inaug.-Diss. v. 1896

Besnard, Anton Franz
Besnard, A. F., Altes und Neues zur Lehre über die organische Art. Regensburg 1864. 8.

Besnard, A(nton) F(ranz), Bericht über die wissenschaftlichen Leistungen im Gebiete der Mineralogie, s. Abhandlungen des zoolog.-mineral. Vereins in Regensburg.

Besnard, Ant. Fr., Bayerns Flora. Aufzählung der in Bayern diesseits u. jenseits des Rheins wildwachsenden phanerogam. Pflanzen, mit Angabe ihrer Standorte, Blüthezeit, der Linné'schen Klassen u. der natürlichen Familien. Als Führer bei botan. Excursionen bearb. München 866. Grubert. 16. (XV, 478 S.) n. 1 Thlr. 10 ngr.

Besnard, Ant. Frz., zur Geschichte, Therapie, Prophylaxis und Sanitäts Polizei der Trichinen. In übersichtlicher Zusammenstellung mitgetheilt. München 864. Lentner. gr. 8. (38 S.) 7½ ngr.

—— die Mineralien Bayerns nach ihren Fundstätten. Eine mineralogisch-topograph. Skizze. gr. 16. (60 S.) Augsburg 854, Kollmann'sche Buchh.

— die Mineralogie in ihren neuesten Entdeckungen, in: Abhandlungen des zool.-mineral. Vereins in Regensburg, 3—6. Heft.

Besnard, Ant. Frz., das Titan u. seine Verbindungen. Inaug.-Abhandlung. Mit Genehmigung der medizin. Facultät zu Würzburg dem Drucke übergeben. gr. 8. Münch. 836. (Finsterlin.) n. 1/3 Thlr.

—— über d. Unterschied zwisch. genus (Geschlecht), species (Art), u. varietas (Abart), u. üb. d. Ursachen, wodurch in d. organ. Natur d. Entstehen d. Ab- od. Spielarten begründet wird. Inaug.-Abhandl. gr. 8. (2½ B.) München 835, (Lindauer'sche Buchh.)

Besnard, Ant., Inaug.-Abhandlung üb. d. Unterschied zwischen genus (Geschlecht), species (Art) u. varietas (Abart) und über die Ursachen, wodurch in der organ. Natur d. Entstehen d. Ab- oder Spielarten begründet wird. gr. 8. München 836. (Lindauer'sche Buchh.) 1/4 Thlr.

Besnard, Carl v., Handbuch f. d. Gemeindebehörden d. Pfalz, s.: Welb, A.

BESNARD, Carl August (Zweibrücken): De tussi convulsiva.- Monachii: Poessenbacher 1834. 20 S., 1 Bl. 21.7.1834 - Urk; F 61

Besnard, Franz Anton von, s. Arnobius des Afrikaners sieben Bücher wider die Heiden.

Besnard, Franz Anton von (Hrsg.), s.a. Beiträge zur mystischen Theologie.

v. Besnard, Frz. Ant., Beiträge zur mystischen Theologie. gr. 8. (XII u. 490 S.) Augsburg 847, Schmid. 1⅚ Thlr.

Besnard, Franz Anton von, s. R. Bellarmin's fünf Bücher von der ewigen Glückseligkeit.

v. Besnard, Frz., s. Literaturzeitung f. d. kathol. Geistlichkeit.

Besnard, Frz. Ant. v., kathol. Literatur-Zeitung, s. Literatur-Zeitung.

Besnard, F.A.v. (Hrsg.), s. Repertorium für katholisches Leben, Wirken u. Wissen.

v. Besnard, Frz. Ant., s. Tertullian's, sämmtl. Schriften.

Besnard, Franz Joseph
— analyt. Erklärung, über Entstehung, Natur u. Wirkung des venerischen Giftes etc. 8. München 811.

Besnard, Frz. Jos., Theses ex universa medicina. 4. Strasburg 785.

(Besnard, Franz Joseph): Verpflegungs-Anstalten in den Churpfalzbaierischen Militär-Spitälern. (Nebst) Beylagen. 22 S., gbd., Tab.

München: mit Zänglischen Schriften 1801

Besnard, Frz. Jos., († d. 16. Juni 1814.) Warnungen gegen d. Gebrauch d. Quecksilbers in vener. Krankheiten. 2 Hefte. gr. 8. Münch. 808 u. 11. Fleischmann. 5 K

BESNARD, Otto (München): Ueber die Behandlung rachitischer Curvaturen.- München: Wolf 1883. 17 S. 21.4.1883 - Urk (Titel: De curvaturis rachiticis curandis.); Chr 1882/83,18

Besnier, Ernest, s.: Atlas, internat., selt. Hautkrankheiten.

— s.: Musée, le, de l'Hôpital Saint-Louis.

Besobrasof, Marie, über Plotin's Glückseligkeitslehre. gr. 8. (89 S.) Leipzig 887. (Fock.) n. 1. —

Besobrasow, Nikolai

—— по вотчинному вопросу мнѣніе и развязка. (Der vaterländischen Frage Meinung und Lösung.) gr. 16. (V und 88 S.) Berlin 860, Behr's Buchh.

—— о старомъ и новомъ порядкѣ и объ устроенномъ трудѣ (travail organisé) въ примѣненіи къ нашимъ помѣстнымъ отношеніямъ. Изданіе второе. (Besobrasof, über die alte und neue Ordnung in den Organisationsarbeiten in Bezug auf die Bauernfrage. 2. Aufl.) gr. 16. (23 S.) Berlin 863, Behr's Buchh. *

Безобразовъ, Ник. А., предложенія дворянству. (Besobrasof, Vorlagen für den Adel.) gr. 16. (XIV und 114 S.) Berlin 862, Behr's Buchh. *

Безобразовъ, Никол., двѣ записки по вотчинному вопросу съ предисловіемъ и общимъ заключеніемъ. (Besobrazow, Nicol., zwei Notizen über die vaterländische Frage mit einer Vorrede und der allgemeinen Beschlussfassung.) gr. 16. (VIII und 156 S. mit 1 Tab. in qu. Fol.) Berlin 859, Behr's Buchh.

Besobrasow, Wladimir
Besobrasof, W., études sur l'économie nationale de la Russie. Région [centrale] industrielle de Moscou. Tome I et II. gr. 8. St.-Pétersbourg. Leipzig, Voss' Sort. n. 13. 30
I. (IV, 249 u. Anh. 159 S.) 883. n. 5. 30.
II. (V, 314 u. Anh. 381 S. m. Illustr.) 886. n. 8. —

Besobrasof, W., Etudes sur les revenus publics. Impots sur les actes. 1. et 2. Partie, s. Mémoires de l'acad. impér. des sciences de St. Pétersbourg. 7. Série Tome X. Nr. 14 et Tome XI. No. 8.

Besobrasof, W, études s. les revenus publ. Impots s. les actes. 1. Partie. 4. (50) Pétersb. 66. Lpzg, Voss. n. — 15 || 2. Partie. (48) 67. n. — 13

—— de l'influence de la science économique sur la vie de l'Europe moderne, s. Mémoires de l'acad. impér. des sciences de St. Pétersbourg. 7. Série Tome XI. Nr. 10.

—— le même. Revenus des mines. 1. Partie. 4. (36) Ebd. 70. *n.* — 10

Besoje, Nicolaus Janus (Dordrecht), De iis qui testamento tutores dari possunt, von testamentirlichen Vormündern. Disp. jur. Rector Arnold Drakenborch. Utrecht, 21. IX. Halle (Hendel) 1724. 24 S. (5.—) 2404

Besold, A., Die Herren von Witoltzhofen; geschichtl. Skizze über dieses Geschlecht. Weilheim 1889. 8.

Besold, C., Comment. in var. quaestiones polit. - jurid. 4. Ulm, Stettin. 729.

— delibata juris. 4.

— Thesaur. pract. 2. Tmi. fol. Peclep. (Weidmann. L.) 740.

— Thesaurus pract. cum additionib. et contin. L. Dietherri et. Append. Ahasv. Fritschii. II Tmi. fol. Ratisb. Andrae. 740.

— Thesaurus pract. c. nov. addit. Hist. Polit. etc. C. L. Dietherri. fol. Nürnb. Endters.

Besold's, Chr., Motive seiner Rückkehr z. römisch-kathol. Kirche. Bearb., übers. u. herausg. v. P. W. K. 8. Augsb. 828. Kranzfelder. 1 ₰

BESOLD, Florian (Weiden): Ueber Blutungen aus dem Darmkanal.- München: Wöhlthaler 1871. 16 S. 25.7.1870 - Urk (Titel: De haemorrhagiis tractus alimentarii.); F 72; Chr 1870/71,14

Besold, Fr(itz), Rechtsprakt.: Der österreichische Postscheck. Erlangen 1909: Junge. VIII, 79 S. 8°
Erlangen, Jur. Diss. v. 10. März 1909, Ref. Sehling
[Geb. 29. Juni 85 Erlangen; Wohnort: Erlangen; Staatsangeh.: Bayern; Vorbildung: Gymn. Erlangen Reife 04; Studium: München 6, Erlangen 2 S.; Rig. 13. Okt. 08.] [U 09. 664

Besold, Gertr., s: Lent, Gertr.

Die Anstaltsbehandlung der Tuberkulose der Atmungswege. 3. Aufl. d. Buches: 'Die Behandlung d. Lungenschwindsucht in geschlossenen Heilanstalten' von Dr. P[eter] Dettweiler im Auftr. d. Verf. völlig neu bearb. u. hrsg. von Dr. Gustav **Besold**, 2. Arzte d. Heilanst. Falkenstein i. T. *Berlin: G. Reimer 1902.* (VIII, 211 S.) 8° [02. 10574

Besold, Gustav [aus Öttingen]: Klinische Beiträge zur Kenntniss der Friedreich'schen Krankheit ... Leipzig, Druck v. J. B. Hirschfeld, 1894; 33 S. 8.
Erlangen, Med. Fak., Inaug.-Diss. v. 1894

Pathologie und Therapie der Kehlkopf-Tuberkulose von Dr. G[ustav] **Besold** u. Dr. H[ermann] Gidionsen. Mit e. Geleitworte von Wirkl. Geheimrat Prof. Dr. Moritz Schmidt, [Frankfurt a. M.]. Mit 7 Taf. u. 1 Textabb. Berlin: G. Reimer 1907. (119 S.) 8° [08. 2076

Besold, Hans: Die reichsrechtliche Regelung der Gleichberechtigung der Konfessionen. Greifswald 1910. 8°
Greifswald, Jur. Diss. v. (1910).

BESOLD, Mathias (Grünberg): De variis vitae humanae periodis.- Monachii 1834. 9.8.1834 - Urk; F 61

Besoldung, fixe, oder Sporteln? Noch ein Wort über die Patrimonialgerichte und über die Nachtheile des auf Sporteleinkommen angewiesenen Richteramtes. Ein Nachtrag zu der Schrift „Die Patrimonialgerichte aus dem Gesichtspunkte der Sicherheits- und Strafrechtspflege und des Sportulwesens". gr. 12. Grimma, 841, Verlags-Comptoir. n. $^1/_6$ ₰

Besoldung, die, der Lehrer u. Leiter an Fortbildungsschulen in Preußen. Hrsg. v. e. preuß. Fortbildungsschulmanne. (16 S.) gr. 8. Wittenberg 903. R. Herrosé. n. — 25
Sonderabdruck aus: „Die deutsche Fortbildungsschule".

Besoldung, die, der Reichsbeamten u. Offiziere. Die Bestimmgn. der Besoldungsordng. vom J. 1909 u. die einschläg. Verhandlgn. im Reichstage, dargestellt u. erläutert v. e. Mitglied der Zentrumsfraktion. (159 S.) 8. M. Gladbach 909. Volksvereins-Verlag. Kart. 1. 50

Die **Besoldung** der Rektoren, Lehrer und Lehrerinnen an den öffentlichen mittleren Schulen in Preußen. [Halle: Schroedel 1910.] 16 S. 4° [Kopft.]
Aus: Mittelschule. 1910, H. 2. [10. 14031

Besoldung und Verpflegung der helvetischen Truppen. (Gesez [vom] 26. Weinmonat 1799. [Mit 1 Tabelle.]) 4. [Bern.]

Die Besoldungen der Primarlehrer im Kant. Bern, verglichen mit den Besoldungsverhältnissen der übrigen Schweizerkantone. 63 Stn. 4. Bern, Druck v. Lang & Co. 1874?

Besoldungen, die, der juristischen Civildiener im Königr. Hannover. Von e. Justizbeamten. Göttingen 866. Vandenhoeck & Ruprecht. gr. 8. (20 S.) 3 ngr

Besoldungsfrage, die, der geistlichen Stellen im Großherzogth. S.-Weimar. Denkschrift, den Mitgliedern d. hohen Landtages u. der evangel. Landes-Synode gewidmet vom Kreisverein der Eisenacher Geistlichen. gr. 8. (12 S.) Eisenach 874. Bacmeister. n. — 25

Besoldungsfrage, die, der geistlichen Stellen im Großherzogth. Sachsen-Weimar. Denkschrift, den Mitgliedern des hohen Landtages und der evangel. Landes-Synode gewidmet vom Kreisverein der Eisenacher Geistlichen. gr. 8. (12 S.) Eisenach 874, Baerecke. *

[F.] Die **Besoldungsfrage** der Volksschullehrer in Preussen unt. Berücks. des 'Entwurfs eines Gesetzes, betr. d. Diensteinkommen d. Lehrer u. Lehrerinnen an d. öffentl. Volksschulen' ... Unt. Mitw. ev. u. kathol. Lehrer hrsg. vom Vorst. d. Lehrerver. d. Diözese Osnabrück. *Lingen a. d. E.: R. van Acken 1896.* (20, XXV S.) 1 Bd 2. [96. 1810

Besoldungsgesetz. (Nach den Beschlüssen des Reichstags in 3. Beratg.) (59 S.) 31×22,5 cm. Berlin (909). C. Heymann. — 80

Besoldungsgesetz vom 15. VII. 1900. Nebst den Besoldungsordngn., s.: Reichsgesetze, deutsche, in Einzelabdrucken Nr. 887—93.

Besoldungsgesetz vom 15. 7. 1909 nebst Ausführungsbestimmungen, Gehaltsvorschriften und Diätenordnung für den Bereich der Marineverwaltung. Berlin: Reichs-Marine-Amt 1909. 79 S. 8° [09. 13222

Besoldungsgesetze, die neuen. (84 u. 16 S.) 8. Berlin (909). (O. Nahmmacher.) — 40

Besoldungsnachweisung f. die großherzogl. sächs. Staatsbeamten. Gültig vom 1. I. 1908 an. (24 S.) gr. 8. Weimar (908). (H. Böhlau's Nachf.) — 60

Besoldungsnoth und Verwaltungsreform, s. Blätter, fliegende, aus Bayern.

Die **Besoldungsordnung** '(Normaletat)' für die höheren Knabenschulen *der Stadt Barmen.* Barmen, Druck v. Steinborn & C., 1894; 25—26 S. 4.
Barmen, G. P 1894 (424)

[F.] **Besoldungs-Ordnung** für die Mittel- und Unterbeamten der Residenzstadt Cassel v. 1. April 1897. *Cassel: Dr. v. Weber & Weidemeyer 1897.* (8 S.) 1 Bd 8. [98. 8474

Besoldungs-Ordnung für die Mittel- und Unterbeamten der Residenzstadt Cassel v. 1. Apr. 1897. *Cassel 1900: F. Scheel.* (8 S.) 8° [F.] [04. 8374

Besoldungs-Ordnung für die Mittel- und Unterbeamten der Residenzstadt Cassel vom 1. April 1904. *Cassel 1904: Weber & Weidemeyer.* (8 S.) 8° [F.] [04. 7150

Besoldungsordnung, die preußische, vom 26. V. 1909 nebst der Nachweisung üb. die Dienstbezüge der diätarisch beschäftigten Beamten, den Gesetzen, betr. Wohnungsgeldzuschuß u. Kommunalsteuerprivileg, sowie den Vorschriften üb. die Anrechnung v. Militärdienstzeit, auf das Besoldungsdienstalter. (95 S.) gr. 8. Berlin 909. R. v. Decker. — 80

Besoldungsplan für die Leiter, Lehrer und Lehrerinnen sämtlicher städtischer Schulen (v. 9. Sept. 1904). *(Königsberg 1904.)* (8 S.) 8° [Kopft. F.] [04. 14994 10

[F.] Schulverwaltung Altona. **Besoldungspläne** und Umzugskosten. *[Altona: Dr. v. H. W. Köbner & C. 1897.]* (15 S.) 1 Bd 8. [98. 986

Die **Besoldungs-Reform** im Reiche. Amtl. Vorlagen f. d. Reichstag. Berlin: Ullstein 1908. 107 S. 8° [09. 17023 8

Besoldungs- und Pensions-Steuerwesen in Württemberg, sammt Resolvirungstabelle. 8°. Stuttgart, Becher, 1843.

[F.] **Besoldungs-Tafeln** für die höheren, mittleren und unteren Beamten des Deutschen Reiches u. Preussischen Staates nebst Ausführgs-Bestimmgn. Giltig v. 1. April 1897. Nach amtl. Quellen bearb. *Berlin: Siemenroth & Troschel 1897.* (2 Bl., 216 S.) 1 Bd 8.

Besoldungs-Tafeln f. d. höh., mittl. u. unt. Beamten d. Deut. Reiches u. preuss. Staates. Giltig v. 1.IV.'08. 2 Tle. 8° Berl., F Siemenroth '09. Je — 50 d
1. Die Besoldgsordng d. preuss. unmittelbaren Staatsbeamten. (127) ‖ 2. Die Besoldg d. Reichsbeamten. (88)

— dasselbe. 1—6. Tausend. (V, 224 S.) 8. Ebd. 909. 1.—

Besoldungstafeln. – Die neuen Besoldungs-Tafeln für die preußischen Beamten. Pensions-Gesetz u. Gesetz betr. Fürsorge f.d. Witwen u. Waisen d. unmittelbaren Staatsbeamten. . . hrsg. von Max Stöbsand & Wilhelm Reinert. (Berlin): Selbstverl. (1908). 59 S. 8°

Besoldungstitel, die, des Reichshaushalts-Etats für die Civil-Verwaltungen. 8. (24 S.) Berlin 888, Moeser. * — 80

Besoldungsverhältnisse, die gegenwärtigen, der Volksschullehrer in Mecklenburg-Schwerin. (64 S.) 8. Wismar 905. (Eberhardt'sche Hof- u. Ratsbuchdr.) (Nur direkt.) n. — 50

Besoldungs-Verhältnisse, die, der Volksschullehrer im Herzogt. Sachsen-Meiningen. Im Auftrage des Vorstandes des meining. Landeslehrervereins bearb. (89 S.) gr. 8. Pößneck 908. B. Feigenspan. 1.—

Besoldungsvorschrift f. d. bayer. Heer i. Frieden. München 1889. 1898.

Besoldungsvorschrift f. das preußische Heer im Frieden. [Friedens-Besoldungsvorschrift.] Fr. Bes. V. 8. (XII, 158 S.) Berlin 889. Mittler & Sohn. n. 1. 35; cart. n. 1. 60

Besoldungsvorschrift f. das preußische Heer im Frieden. I.—III. Nachtrag. gr. 8. Berlin, E. S. Mittler & Sohn. n. — 75 (Hauptwerk u. Nachtrag I—III.: n. 2. 10)
I. (12 S. u. S. 147—150.) 892. — 10
II. (S. 13—18.) 893. — 15
III. (S. 19—34, 123 146, 146a—f, 151—156 u. 156a—d.) 894. n. — 50

[F.] Besoldungsvorschrift für das Preussische Heer im Frieden. '(Friedens-Besoldgsvorschr.)' Fr. Bes. V. *Berlin: E. S. Mittler & Sohn 1898.* (XII, 213 S.) 1 Bd 8.

Besoldungsvorschrift f. d. preuss. Heer im Frieden. (Friedensbesoldgsvorschrift.) Fr.Bes.V. Vom 26. '11. '11. Entwurf. (14, 256) 8° Berl., ES Mittler & S. '11. † 1.70: HL † 1.95 d

— f. die kaiserl. Marine im Frieden. [F. B. B.] gr. 8. (XIII, 317 S.) Ebd. 892. n. 3. 25

Besoldungsvorschrift f. die kaiserl. Marine im Frieden. (F. B. B.) gr. 8. (XIII, 420 S.) Berlin 902. (E. S. Mittler & Sohn). n. 3.50; kart. n.n. 4.—

Besoldungsvorschrift f. die kaiserl. Marine im Frieden. (F. B. B.) Neudr. (D. E. Nr. 248.) (XII, 292 S.) gr. 8. Berlin 909. E. S. Mittler & Sohn. 2.—; geb. in Leinw. 2. 75

***Besombes*, Jak.**, moralis christiana e scriptura sacra, traditionibus, conciliis, partibus et insignioribus etc. IV Tom. 8. Augsb. ... Ed. nov. et aucta 785. Wolf. 3 ℔ 12 gl

Einige **Besonderheiten** v. d. feind. Betragen der Schweden in Fehrbellin u. von den Vorfällen in diesem Orte u. in benachbarten Gegenden mit den Preussen. (8.) 4. Berlin 1758.

Besorgniß, über die, vor den Gefahren des hereinbrechenden Pietismus. 3. Aufl. gr. 8. Berlin 841, Dümmler. 1/6 ℔

Ueber die **Besorgnisse**, welche die Protestanten sich wegen des Jesuitismus machen könnten. Von Carl J. A. K. J. N. Berlin: Matzdorff 1790. 48 S. 8°
Kl. 3395. Gegen die übertriebene Furcht vor den Jesuiten. Auf S. 17 werden Cagliostro u. Baron Hirschen als Werkzeuge der Jesuiten gedacht und S. 23 ff wird die Vermutung ausgesprochen, „dass die Spaltungen, womit die Loge der Maurer seit einigen Jahren heimgesucht wird, Jesuitenwerk ist".

Besorgung, über ärztliche, u. Behandl. d. Füße, s. Fußarzt.

Die Chronik des Cerbonio **Besozzi** 1548–1563. Erl. u. hrsg. von Walter Friedensburg. *Wien: C. Gerold's Sohn in Komm. 1904.* (185 S.) 8° = Fontes rerum Austriacarum. Abt. 1. Bd 0, Hälfte 1.

Besozzi, Max, s.: Andenken, d., Karl Morre's.

Besozzi, Max, späte Einsicht, s.: Collection Hartleben.

Besprechung, offenherzige, üb. christl. Kindererziehung. 12. Nürnberg 846. Raw'sche Buchh. $1^3/_4$ ngl

Besprechung üb. das Wohl der ärmern Volksklassen. (Von Rud. Schüller.) II.: Verwendung der Kräfte. III.: Die Stellung der Arbeiter. 8. (29 S.) IV.: Die Freiheit des Einzelnen. 8. (20 S.) Aachen 848. 849, Schulz in Comm. 2—3: $4^1/_2$ ngl — 4: 3 ngl (1. Hft.: siehe: Beiträge zur Besprechung etc.)

Besprechung von Heinrich Steffens: Die gegenwärtige Zeit und wie sie geworden, m. besond. Rücksicht auf Deutschland. Berlin 1817. 20 S., 10°.

Besprechungen über das Eigenthum. A. d. Ruthenischen. Wien 1862. V: *Lozinskij, Josif.* (EB)

Besprechungen über „das Eigenthum". Aus dem Ruthenischen. gr.-8°. Wien, Sommer, 1862.

Bess, Bernh., s.: Bibliothek, evang.-theol.

— s.: Erzieher, unsere religiösen.

Bess, Bernhard [Predigtamtskand. u. Erster Repetent an d. Seminarium Philippinum]: Johannes Gerson und die kirchenpolitischen Parteien Frankreichs vor dem Konzil zu Pisa. . . . Marburg, Druck v. Oscar Ehrhardt. 1890; 43 S. 8°
Marburg, Theol. Fak., Hab.-Schr. v. 8. März 1890

Bess, Bernh., zur Geschichte d. Konstanzer Konzils. Studien. 1. Bd. gr. 8. Marburg i/H. 891. O. Ehrhardt. n. 6.—
Frankreichs Kirchenpolitik u. der Prozess d. Jean Petit üb. die Lehre vom Tyrannenmord bis zur Reise König Sigismunds. (XIV, 236 S.)

Beß, Bernh., das ewige Hohepriestertum Jesu Christi. Zwei Predigten üb. Hebr. 4, 14—16 u. Ev. Joh. 14, 19. gr. 8. (24 S.) Marburg 899. N. G. Elwert's Verl. n. — 40

Beß, Bernh., Luther u. das landesherrliche Kirchenregiment. Ein Vortrag, geh. in der akadem. Ortsgruppe des Evangel. Bundes zu Marburg am 9. Juli 1894. gr. 8. (23 S.) Marburg i/H. 894. O. Ehrhardt. n. — 40

Bess, Bernhard (Hrsg.), s. Zeitschrift für Kirchengeschichte.

Bess, Frederick Bodo. Eine pop Gesch d Stadt Peoria. Peoria, Ill. 1906.

Bessau, Geo., die Pupillenenge im Schlafe u. bei Rückenmarkskrankheiten. Inaugural-Dissertation. 8. (48 S.) Königsberg 879. Hartung. n. 1. 50

Bessau, Georg: Aus d. med. Univ.-Polikl. in Breslau ⟨Prof. Stern⟩. Untersuchungen über den Gehalt der Nahrungsmittel an Purinkörpern. Breslau 1909: Breslauer Genossensch.-Buchdr. 22 S. 8°
Breslau, Med. Diss. v. 29. Juli 1909, Ref. Minkowski
[Geb. 25. Jan. 84 Elbing; Wohnort: Elbing; Staatsangeh.: Preußen; Vorbildung: Gymn. Elbing Reife O. 03; Studium: Breslau 4, Würzburg 1, Bern 2, Breslau 3 S.; Coll. 9. Juli 09; Approb. 20. Juli 09.] [U 09. 541

Bessau, Willy, Referendar a. Elbing: **Zeitpunkt und Rechtsgrund für die Entstehung der Verpflichtung aus der Schuldverschreibung auf den Inhaber nach den Vorschriften des Bürgerlichen Gesetzbuchs.** (Elbing 1907: R. Kühn.) (99 S.) 8°
Jena, Jur. Fak., Ref. Fehr, Diss. v. 21. Dez. 1907
[Geb. 26. April 85 Elbing (Westpr.); Wohnort: Christburg; Staatsangeh.: Preußen; Vorbildung: Gymn. Elbing Reife O. 03; Studium: Breslau 4, Königsberg 3 S.; Rig. 15. Okt. 07.]

Besse, s.: Geologische Karten. Karte (Preussen).

Bessé, Alfr. de, l'empire turc. Histoire et statistique état politique et religieux moeurs et usages — situation actuelle. Accompagné d'un aperçu géographique du pays. Traduit de l'original sur la 4. édition par Paulin Niboyet. Orné du portrait d'Omer Pacha d'après une photographie. Leipsic 854. Remmelmann. (Kaiserslautern, Meuth.) gr. 8. (104 S. u. 1 Holzschn.) n. 16 ngr

— das türkische Reich. Geschichte und Statistik; Religions- u. Staatsverfassung, Sitten u. Gebräuche; Gegenwärtige Lage. Mit Erklärung aller in der türkischen Staats-, Militär- u. Religionsverfassung üblichen Ausdrücke. Für Zeitungsleser, Geschichtsfreunde rc. aus authentischen Quellen, namentlich auch aus dem Koran, dargestellt. Nebst einer Karte der europäischen Türkei u. der angrenzenden Länder (Kpfrst. in 4.). 1. u. 2. unveränd. Aufl. Ebend. 854. Lex.-8. (64 S.) n. 10 ngr

— — Nebst 1 großen (lith. u.) color. Karte der europ. Türkei (in Fol.) u. dem Portrait Omer Pascha's (in Holzschn.). 3. u. 4. verm. Aufl. Ebend. 854. Lex.-8. (80 S.) n. 12 ngr

Bessé, D., nouveau choix de contes et nouvelles modernes, s.: Reformbibliothek, neusprachl., 6. Bd.

Besse, Jean Chr. de, Abrégé de la grammaire Turque, cont. outre les principes de cette langue, des idiotismes, des discours familiaires, et un petit Vocabulaire en Français, Turc et Hongrois. Lex.-8. (11¼ B., 8 Seiten (das Türk. Alphabet u. eine Leseübung) sind in Kpfr. gest.) Pest 829. [Leipzig], O Wigand. Thlr.

Besse, J. Chr. de, Abrégé de la Grammaire turque, contenant outre les principes de cette langue, des idiotismes des discours familiers et un petit Vocabulaire en français, turc et hongrois. gr. 8. (Pesth 829. (Heckenast.) 1½ ℔

Besse, J. Chr. de, Abrégé de la Grammaire turque, cont. outre les principes de cette langue, des idiotismes des discours familiers et un petit vocabulaire en français, turq. et hongrois. gr. in-8. Pesth 839, Heckenast.

Besse, Ludovic de, O. Cap., die Wissenschaft des Gebetes. Autoris. Übersetzg. v. Emil Prinz zu Oettingen-Spielberg. (XVI, 285 S.) 8. Regensburg 909. Verlagsanstalt vorm. G. J. Manz. 3. —

Besse, P., Geschichte der Deutschen bis zur höchsten Machtentfaltung des römisch-deutschen Kaiserthums unter Heinrich III. 7 Lfgn. gr. 8. Leipzig, Webel. [1.—5. Lfg. (S. 1—400.) 880. à Lfg. *ℳ 1,20.; 6. und 7. Lfg. (XVI, S. 401—584.) 881. *ℳ 3.] *

Besse, P., die Königin Luise von Preußen und ihre welthistorische Bedeutung. gr. 8. (70 S.) Köln 870, Bädeker. *

Bessé, Petrus: Alcmaeonidea. Halis Saxonum (1856): Gebauer-Schwetschke. 30 S. 8°
Halle-Wittenberg, Phil. Diss. v. 7. Mai 1856
Geb. Köln 20. 11. 1829. V.
Teildr.

Bessé: Beitrag zur Bedeutung des Wortes „Eupatriden" (Lat.) 20 S.
Progr. Konitz 1858.

Bessé, P.: Eupatridea. 20 S.
Progr. Konitz 1858.

Bessé, P., Pragmatisches a. Gesetzgebung des Drako. Pr. 1855. 12 S. 4°.

Bessé: De statu rei publicae Atheniensis Codro mortuo. 19 S.
Progr. Culm 1860.

Bessé: Das Studium des klassischen Alterthums vermag die religiöse, moralische und politische Gesinnung der Jugend in hohem Grade zu veredeln.
Progr. Wipperfürth 1856.

Bessé: Die Verfassung des Solon und ihr pragmatischer Zusammenhang mit der athenischen Geschichte.
Progr. Wipperfürth 1855.

Bessel als Bremer Handlungslehrling. Aus den Jugendjahren e. großen Gelehrten. Hrsg. v. der Gesellschaft „Union" [Kaufmänn. Verein] zu Bremen. 8. (86 S.) Bremen 890. Kühtmann. n. 1. —

Bessel, Diss. Momenta quaedam generaliora circa affectionem hystericam. Gött. 4°. 1798

Bessel, Aletta, s. Stammbaum d. Familie Bessel.

Bessel, August

— und Ed. **Kühlwetter**, das preussische Eisenbahnrecht. 2 Thle. Köln 855, 57. Eisen. gr. 8. (VIII, 165 S.; 1 Bl., 328 S.) n. 2 ℔ 15 ngr

—— und Ed. Kühlwetter, das preussische Eisenbahnrecht. (In 2 Thln.) 1. Thl. gr. 8. (VIII und 165 S.) Cöln 856. F. C. Eisen. *

Bessel, Aug., und Ed. Kühlwetter, das preussische Eisenbahnrecht. 2. Thl. gr. 8. (328 S.) Köln 857, [Assenheimer und Comp.] *
1. Thl. Ebendas. 1856. * 25 Ngr.

Bessel, Aug., das Mieth-Recht in der preussischen Rheinprovinz u. denjenigen Ländern, in welchen das franzö. Gesetzbuch Geltung hat. Nebst e. Zusammenstellung sämmtlicher in der Rheinprovinz bei Miethverhältnissen geltenden Ortsgebräuche. 3. verm. u. verb. Aufl. Cöln 866. Frühbuss. (Coblenz, Baedeker.) gr. 8. (150 S.) n. 20 ngr

Bessel, A, d. Mieth-Recht in d. preuss. Rheinprovinz. 3. Afl. 8. (150) Cöln 66, (Hafferburg & M.) n. — 20

Bessel, Aug., das Mieth-Recht in den Rheinprovinzen Preußens, s. Weyer, J. P., das Baurecht.

—— d. Ordreverfahren d. rhein. [franz.] Rechts. 2 Thle. 8. (328) Köln 53, (Kobl., Bädeker.) n. 2. —

Bessel, Aug., das Ordreverfahren des Rheinischen (Französischen) Rechts. 2 Thle. I. Grundsätze u. Bedingungen der gerichtlichen Ordre. II. Erläuterung der Artikel 749—779 der Bürgerlichen Proceß-Ordnung. Köln 853. Eisen. Lex.-8. (XIV. 1 Bl., 328 S.) n. 2 ℔

Bessel, Aug., die Subhastation nach Rheinischem Rechte. 2 Thle. in 1 Bd. I. Grundsätze u. Bedingungen der Subhastation [expropriation forcée]. II. Die Subhastations-Ordnung vom 1. Aug. 1822, paragraphenweise erläutert unter vollständ. Berücksicht. der bisher. Jurisprudenz. Lex. 8. (XVI u. 208 S.) Köln 852. F. C. Eisen. n. 1⅓ ℔

Bessel, Aug., System der Subhastation [expropriation forcée] des französischen Rechts nebst e. Anh. als Commentar der Subhastations-Ordnung vom 1. Aug. 1822. 2. umgearb. u. verm. Aufl. Coblenz 870. Baedeker. gr. 8. (XVI, 228 S.) n. 1 ℔ 10 ngr

Hebemaschinen. Eine Sammlung von Zeichnungen ausgeführter Konstruktionen mit besond. Berücks. d. Hebemaschinen-Elemente von C. Bessel, Ingen., Altona. Berlin: J. Springer 1906. (34 Taf.) 4° [07.1103 11

Bessel, C: Hebemaschinen. Sammlg v. Zeichngn ausgeführter Konstruktionen m. bes. Berücks. d. Hebemaschinen-Elemente. 2. Afl. (34 Doppel-Taf. m. 7 S. Text.) 38×27 cm. Berl., J Springer '11. L 6.60

Bessel

— Christoph Heinrich (Minden), De origine successionis testamentariae. Disp. jur. Präs. Christ. Thomasius. Halle (Chph. Andr. Zeitler) 15. IV. 1705. 48 S. (4.80) 2407

— — Dasselbe. Von dem Ursprung der Testamentlichen Erb-Folge. (Literis Hendel.) 46 Seiten. (4 80) 2408

Bessel, F., s. Bessell, F.

v. Bessel, Fr. Wlh., taktische Beobachtt. b. Exerciren d. Infanterie betr. gr. 8. Hannov. 779. Helwing. 2 rß 20 gr

— Entwurf e. militär. Feldreglements. Mit Kpf. 8. Hannov. 778. Hellwing. 2 rß Wohlf. Ausg. Ebd. 802. 1 rß 8 gr

— militär. Handbuch, enth. Alles, was e. Offizier zu wissen nöthig ist. 1r Thl. 1r 2r Bd. gr. 8. Petersb. 787, 88. Rusconi. 1 rß 16 gr

— Kunst, nach d. heutigen Art Krieg zu führen, od. takt. Bemerkk. d. Exerciren ꝛc. betr. 8. Straßb. 783. (Weigel in Nürnb.) 20 gr

Bessel, Friedr. Wilh., Abhandlungen. Hrsg. von Rud. Engelmann. 3 Bde. gr. 4. Leipzig, Engelmann. *

Inhalt:

Bd. 1. I. Bewegungen der Körper im Sonnenschein. II. Sphärische Astronomie. Mit dem (phototyp.) Bildniss Bessel's und 2 lithogr. Taf. (XXXI, 345 S.) 875. *M 18.

» 2. III. Theorie der Instrumente. IV. Stellarastronomie. V. Mathematik. (VIII, 404 S. mit 2 lithogr. und autogr. Taf. und verschiedenen eingedr. Holzschn.) 876. *M 18.

» 3. VI. Geodaesie. VII. Physik. VIII. Verschiedenes. — Literatur. Mit einem (phototyp.) Bildniss Bessel's aus dem J. 1839, 5 lithogr. Taf. und dem Facs. eines Briefes an Encke. (X, 504 S.) 876. *M 22.

Bessel, F. W., Hagen, Remers ꝛc. Königsberger Archiv, s. Archiv.

— über die scheinbare u. wahre Bahn des im J. 1807 erschienenen Kometen. 4. Königsb. 810. Nicolovius. 1 rß

— Beitrag zur Kometen-Theorie. (Astronomische Abhandl., herausgegeben von Schumacher.) Altona 1823.

Bessel, Friedr. Wilh., siehe: Beobachtungen, astronomische. —

— astronomische Beobachtungen auf d. Sternwarte in Königsberg. 1ste Abtheil. Fol. Königsberg, Nicolovius. 815.

Bessel, F. W., astronomische Beobachtungen a. d. Königl. Universitäts-Sternwarte in Königsb., 2te, 3te 4te u. 5te Abtheil. von 1815, 16, 17 u. 18. Fol. Königsberg, Universitäts-Buchhandl. 816—20. à 4 Rthlr.

Bessel, (F. W.,) astronom. Beobachtt. auf d. kön. Universitäts-Sternwarte in Königsberg. 6e—11e Abtheil. v. 1819—25. Mit Kpfrn. Fol. Königsb. 821—27, Univers. Buchh. (1e—11e Abtheil. v. 813—25. 54 Rthlr. 4 gr.)

Bessel, Friedr. Wilh., astronom. Beobachtn. auf d. Kgl. Universitäts-Sternwarte in Königsberg. 12—16. Abthl., vom 1. Jan. 1826 — 31. Dec. 1830. Königsberg 833. (Leipzig, Rein.) [12. (27 B.) 827. 4 Thlr., 13. (28 B.) 828. 4 Thlr., 14. (33½ B.) 829. 4 Thlr. 16 Gr., 15. (35½ B. u. 1 Kpfrt.) 831. 4 Thlr. 4 Gr., 16. (25½ B.) 833. 2 Thlr. 16 Gr.]

1—11. Abthl. Ebendas. 1815—25. 54 Thlr. 4 Gr. — 1—15. Abthl. hrbgs. Pr. 50 Thlr.

Bessel, Friedr. Wilh., astronomische Beobachtungen auf d. k. Univers.-Sternwarte in Königsberg. 17—20. Abthl., v. 1. Jan. 1831 bis 31. Dec. 1834. Fol. Königsberg. (Leipzig, Rein'sche Buchh.) *

Abthl. 17. v. 1. Jan. — 31. Dec. 1831. (31 B.) 835. * 2 Thlr. 16 Gr.
- 18. desgl. 1832. (38 B.) 836. * 2 Thlr. 16 Gr.
- 19. desgl. 1833. (29 B.) 838. * 2 Thlr. 16 Gr.
- 20. desgl. 1834. (21½ B.) 840. * 2 Thlr. 16 Gr.
1—15. Abthl., hrbgs. Pr. * 26 Thlr. 16 Gr., 16. Abthl. * 2 Thlr. 16 Gr. Ebendas. 1815—33.

Bessel, Friedr. Wilh., astronomische Beobachtungen auf der kgl. Universitäts-Sternwarte in Königsberg. 21. Abthl., v. 1. Jan. bis 26. Decbr. 1835. Fol. (26 B.) Königsberg 844. (Leipzig, Rein'sche Buchh.) *

Fortsetzung vgl. Busch, A. L.

1—20. Abthl. Ebendas. 1815—40. * 40 Thlr.

—— Bestimmung d. Länge des einfachen Secundenpendels f. Berlin. gr. 4. (13 B.) Berlin 837, (Dümmler.) *

Besond. abgedruckt aus den: Abhandlungen d. Akademie s. Berlin f. 1835.

Bessel, zwölf Briefe an Olbers. gr. 8. (18 S.) Berlin 900. (G. Reimer.) n. 1. —

Sonderabdruck aus: „Sitzungsber. d. preuss. Akad. d. Wiss."

Bessel, F. W., und W. Olbers, Briefwechsel, s. Briefwechsel.

Bessel, Frdr. Wilh., s.: Briefwechsel zwischen Gauss u. Bessel.

—— Darstellung d. Untersuchungen u. Maassregeln, welche, in d. Jahren 1835 bis 1838, durch d. Einheit des preuss. Längenmaasses veranlasst worden sind. Bekannt gemacht durch d. Ministerium d. Finanzen u. d. Handels. M. 7 Kpfrt. gr. 4. (10 B.) Berlin 839, (Alex. Duncker.) *

— fundamenta astronom. deducta ex observationibus Jam. Bradley. Fol. Königsb. 818. (Nicolovius). 15 rß

! Bessel, FW: Fundamenta astronomiae. Jetzt: Lpzg, TO Weigel. Preis 6 1818 I

— u. Baeyer, Gradmessung in Ostpreußen u. ihre Verbindg. mit Preußischen u. Russischen Dreieckketten. Mit 7 Kpfrtaf. gr. 4. Berlin 838. (Dümmler.) n. 5 rß

Bessel, F. W., Einige Resultate aus Bradley's Beobachtungen gezogen. Königsberg 1813.

— Recensionen. Hrsg. v. Rud. Engelmann. gr. 8. (VI, 885 S.) Leipzig 878. Engelmann. n. 7. —

— Tabulae Regiomontanae reductionum observationum astronomicarum ab anno 1750 usque ad annum 1850 computatae. gr. 8. Königsb. 830. Bornträger. 6 rß 16 gr

Bessel, F. W., Mitglied der Akademien von Berlin und Petersburg etc. Untersuchung der Grösse und des Einflusses des Vorrückens der Nachtgleichen. 4. Berlin 1815.

— Untersuchung d. Größe u. des Einflusses d. Vorrückens d. Nachtgleichen. gr. 4. Berl. 816. Reimer. 12 gr

Bessel, F. W. Untersuchung des Teils der planetarischen Störungen, welcher aus der Bewegung der Sonne entsteht. Berlin 1825. 4.

Bessel, Fr. Wlh., astronomische Untersuchungen. 1. u. 2. Bd. gr. 4. Königsberg in Preußen, 841, 42, Gebr. Bornträger. à n. 5⅓ rß

Bessel, F. W. Untersuchungen, veranlasst durch die Einheit des preussischen Längenmasses. Berlin 1839.

Bessel, F. W. Untersuchungen über die Länge des einfachen Secundenpendels, s. a. Klassiker der exacten Wissenschaften. 7.

Bessel, F. W., Untersuchungen üb. die Länge d. einfachen Secundenpendels, s. a. Ostwald's Klassiker der exacten Wissenschaften. 7

— Untersuchungen über die Länge des einfachen Secundenpendels. Mit 2 Kpft. (Aus d. Abhandll. d. Acad. zu Berlin für 1826 abgedr.) gr. 4. Berl. 828. (Dümmler). 1 rß 16 gr

— Versuche über die Kraft, mit welcher die Erde Körper von verschiedener Beschaffenheit anzieht. (Besonders abgedruckt aus den Abhandl. der Akad. zu Berlin für 1830.) Berlin 1832.

—— Versuche üb. d. Kraft, mit welcher d. Erde Körper von verschied. Beschaffenheit anzieht. M. 1 Kpfrt. Abgedr. a. d. „Abhandln. d. Akad. zu Berlin f. 1830.“ gr. 4. (8 B.) Berlin 833. (Dümmler.)

Bessel, Friedr. Wilh., († d. 17. März 1846), populäre Vorlesungen üb. wissenschaftl. Gegenstände. Nach dem Tode des Verf. hrsg. von H. C. Schumacher. gr. 8. (VI u. 636 S.) Hamburg 848, Perthes-Besser & Mauke. n. 3 Thlr.

(**Bessel**, Gottfried v., u. Fr. Jos. v. Hahn:) Chronicon Gotwicense, seu annales liberi et exempti monasterii Gotwicensis, ordinis St. Benedicti inferioris Austriae. . . . T. 1. (einz.) Tegernsee 1732.

(**Bessel**, Godofr.,) Quinquaginta romano-catholicam fidem omnibus aliis praeferendi motiva. Moguntiae 1708.
Auch deutsch: Fünfzig Motiven . . . Ebendas. 1708.

Bessel, H., d. herrl. Reichthum, das Geheimniß Gottes in uns z. betracht. 8. Hannover, Helwing. 721.

Bessel, Jo. Frc.: Jus publicum Romano-ecclesiasticum statum Romanae ecclesiae complectens. *Erf.* 714. 4.

Bessel, L., Beleuchtung der Frauendorfschen Schrift in Hinsicht auf die Rechtsverfassung Preußens. gr. 8. Koblenz 830. Bädecker. 12 Gr.

— über die gemischten Ehen in kirchlicher u. legislativer Hinsicht. gr. 8. Frankfurt a. M. 839. Sauerländer. n. 1/3 Thlr.

Bessel, ..., die Rechtsgrundsätze in d. erzbischöflichen Streitsache. gr. 8. Frankfurt a. M. 838. (Herrmann.) 1/3 Thlr.

† **Bessel** (preuß. Regg.-Präsident) die Rechtsgrundsätze in der Erzbischöflichen (Kölnischen) Streitsache. gr. 8. Frkft. 1839. (Kersten in H.) 10 Nar. — 36 kr.

Bessel, Leop. (Otto) (geb. Bielefeld 16. 2. 1824): De chorea St. Viti, adjuncto specimine morbi, quem choream St. Viti magnam vocant. Berolini (1847). (51 S.) 8°
Berlin, Med. Diss. v. 20. Febr. 1847

Bessel, Moritz Karl August: Denkschrift betr. die Revision der Gesetzgebung des preußischen Staats für Gerichtsverfassung und Formen der Civil- und Strafrechtspflege. Als Ms. gedr. Coblenz 1826.

Bessel, der Jüngere, über die Gesetzgebung f. d. Rechtspflege mit besonderer Rücksicht auf d. Beschränkung d. Untersuchungsverfahrens ꝛc. für die Preuß. Staaten. gr. 8. Paderb. 818. (Wesener, auch Kummer in Leipz.) 8 Gr.

Bessel, Otto. Die Frage wegen Annahme oder Ablehnung d. Ruhegehaltsgesetzes vom 26. Jan. 1880 u. d. Pfarrwittwen- u. Waisen-Fürsorgegesetzes vom 15. Juli 1889, durch die Rheinische Provinzial-Synode, erörtert. gr. 8. (22 S.) [Kreuznach u.] Lpz. 890, Voigtländer's Verlag. * — 70

Bessel, Wilhelm, s. Bessell, Wilhelm

Bessel-Hagen, Fritz, die Grabstätte Immanuel Kants mit besond. Rücksicht auf die Ausgrabung und Wiederbestattung seiner Gebeine im J. 1880. gr. 8. (81 S.) Königsberg 881, (Beyer's Buchh.) *

Bessel-Hagen, Fritz, die Pathologie u. Therapie d. Klumpfusses. Untersuchungen. 1. Thl. Aetiologie u. Pathogenese. gr. 8. (XV, 259 S. m. 2 Uebersichtsplänen u. 5 Taf.) Heidelberg 889. Petters. n. 6. —

Bessel-Hagen, Fritz, Immanuel Kant's Schädel, } s. Kupffer, Carl.
—— Schädel und Skelete der anthropologischen Sammlungen zu Königsberg i. Pr., } s. Kupffer, Carl.

Besseld, Karl, s. Besseldt, Karl

[Gedicht.] Zum Stiftungsfeste der g. u. v. St. Johannis-Loge Memphis zu Memel. Den 23sten Febr. 5824, vom Br. **Besseldt**. [Memel 1894]: Horch. 6 S. 8° [Umschlagtit.]
„Wenn nach des Vaters Tod ein Ackersmann . . .“

Besseldt, Karl, Beiträge z. Prosodie u. Metrik d. deutschen u. griech. Sprache. 8. Halle 813. Renger. 16 Gr.

Besseldt, C., Erklärende Einleitung zu Homer. Odyssee, f. die ersten Anfänger. 8. Königsberg, Universitäts-Buchhandlung. 816.

— erklärende Einleit. zu Homer's Odyssee, für d. ersten Anfänger. Königsb. 816. (Leipz., Hinrichs.) 14 Gr.

Besseld, Karl, Feyerstunden, e. Bildungsbuch f. gemüthliche Kinder z. Begründung d. religiös. Gefühls, m. 16. ill. K. 12. Leipz. Bruder u. Hoffm. 811.

— Feierstunden, e. Bildungsbuch f. gemüthl. Kinder z. Begründung des religiös. Gefühls. Mit 16 ill. Kpf. 12. Leipz. 811. (Schönian in Elberf.) 1 Thlr.

— Handbuch d. deutschen Sprache, s. F. F. Heydenreich.

— — neue Mährchen, zur Bildung der Phantasie f. reifere Knaben u. Mädchen, mit 16 illum. Kpfrn. N. A. 8. Elberfeld, Büschler. 817.

— neue Mährchen, zur Bildung d. Phantasie, f. reifere Knaben u. Mädchen. Mit 16 ill. Kpf. N. Aufl. 8. Elberf. 817. (Schönian). 18 Gr.

Besseldt, K., von dem Verhältniß altdeutscher Dichtungen z. volksthümlichen Erziehung. 8. Königsb. Nicolovius. 815. Rthlr.

— von dem Verhältniß altdeutscher Dichtungen z. volksthüml. Erziehung. 8. Königsb. 815. (Leipz., Serig). 5 Gr.

Besseler, Heinrich: Die Funktion des Stickstoffs in β-Naphtochinolin und einigen Alkylderivaten des β-Naphtochinolin. *Köln [1897]: W. Hassel.* (46 S.) 8°
Freiburg i. B., Phil. Diss. v. 1897

Besselich, N., die Bonbon-Fabrikation. Illustr. Lehrbuch f. die Fabrikation aller Arten Karamell-Bonbons u. Dragées, sowie f. die Kandiszuckerfabrikation im Klein- u. Grossbetrieb. Unter Mitwirkg. hervorrag. Fachleute hrsg. (VI, 200 S.) gr. 8. Trier (909). N. Besselich. Geb. in Leinw. 4. —

Besselich, N: Die Gehülfenprüfg im Konditoreigewerbe. Leitf. f. Konditorlehrlinge v. Beginn d. Lehre an u. z. Vorbereitg auf d. Gehülfenprüfg. (120 m. Abb.) 8° Trier, N Besselich ('10). L (1.30) 1.50 d

— Honigkuchen u. Lebkuchen. Anleitg z. Herstellg d. Honig- u. Lebkuchen, sowie d. einschläg. Marktartikel. (96 m. Abb. u. 6 farb. Taf.) gr8° Ebd. ('11). L 3 —

— Mein Rezeptbuch. Selbstgesammelte Rezepte aus dem ganzen Konditoreifache. (118 S. u. 7 Bl.) 8. Ebd. (908.) Geb. in Leinw. 1. 60

— Die Schokolade. Ihre Fabrikation. (88 m. Abb.) 8° Ebd. ('12). L 5 —

— Süssspeisen u. Backwerke. Ein Lehr- u. Handbuch der gesamten Pâtisserie. Unter Mitwirkg. hervorrag. Fachleute hrsg. (176 S. m. 60 Abbild.) gr. 8. Ebd. 910. Geb. in Leinw. 2. 50

— s.: Taschen-Kalender f. Konditorei u. Zuckerwarenfabrikation.

— Wie werde ich Konditormeister? Ein Lehrbuch zur Vorbereitg. auf die Meisterprüfg. (179 S.) 8. Ebd. (910.) Geb. in Leinw. 1. 50

Bessell, Adf: 3 Dichtungen. 2. Afl. (3,141) kl8° Hann., W Otto ('12).) —; L 1.50 d

Bessell, Adf., der Kuß. Die Waldkapelle. Unasten. 3 Dichtgn. 8. (III, 141 S.) Dresden 901. E. Pierson. n. 2.—; geb. n. 3.—

Tristan und Isolde. Trauerspiel in 5 Aufz. von A[dolf] Bessell. Kiel: Lipsius & Tischer 1895. (112 S.) 8° [F.]

Bessell, F., die Beweise f. die Bewegung der Erde, s. a. Sammlung gemeinverständl. wissenschaftl. Vorträge.

Bessell F, die Beweise für die Bewegung d. Erde. (Slg w. V. 132) Berlin 1871

Bessell F. Ueber die Entwickelung der höheren Differentiale zusammengesetzter u. impliciter Functionen. 1872. 4. Math. Diss. Jena

Bessell, F., — über Zahl und Maß, } s. a. Sammlung gemeinverständlicher wissenschaftlicher Vorträge.

Bessell F, über Zahl und Mass. (Samml. wissensch. Vorträge 405) Berlin 1883

— dreistellige trigonometrische Zahlen und vierziffrige Quadrat- und Cubik-Wurzeln. Für Schule und Praxis. gr. 8. (8 S.) Hannover 874, Th. Schulze's Buchh. *

Bessell, Frz., Arithmetik für Baugewerk- u. ähnliche Schulen. 1. Heft. Hildesheim 866. Gerstenberg. gr. 8. (VI, 178 S.) n. 1 ₰

Das gewerbliche Schulwesen im ehemaligen Königreich Hannover. Geschichte u. Kritik von H[ans] Bessell, Oberl. zu Magdeburg. *Leipzig: Seemann & Co. 1904.* (IV, 242 S.) 8°

Bessell, Wilhelm
Bessell, W., über das Leben des Ulfilas und die Bekehrung der Gothen zum Christenthum. Göttingen 860. Vandenhoeck & Ruprecht. gr. 8. (120 S.) n. 15 ngr

Bessell, W., über Pytheas von Massilien und dessen Einfluß auf die Kenntniß der Alten vom Norden Europa's insbesondere Deutschlands. gr. 8. (XVI und 266 S.) Göttingen 858, Vandenhoeck und Ruprecht's Verlag. *

Bessell, Guil., de rebus Geticis. Commentatio in certamine literario civium academiae Georgiae Augustae di IV. Junii 1853 praemio regio ornata. 4maj. (VI und 85 S.) Gottingae 854, (libr. Dieterich.) *

— die Schlacht am Lokkumer Berge im Jahre 16 nach Chr. Geb. Eine histor. Untersuchung. 12. (44 S. mit 2 Karten auf 1 Stnt.) Göttingen 857, (Dieterich'sche Buchh.) *

Bessels, Emil, Anitigka. Eine poet. Erzählg. aus dem hohen Norden. Nach dem Tode d. Verf. hrsg v. Otto Balsch. 12. (XXIV, 284 S.) Stuttgart 891. A. Bonz & Co. n. 3. —; geb. in Leinw. n. 4. —

Bessels, Emil, die amerikanische Nordpol-Expedition. Mit zahlreichen Illustr. in Holzschn., Diagrammen u. einer Karte in Farbendr. gr. 8. (XX, 647 S.) Leipzig 879. Engelmann. n. 16. —; geb. n. 18. —

Bessemer, Hry. Notice sur le classement, l'élaboration et la qualité des aciers Bessemer. Martin et Pernot. Vienne 1878. 4.

Bessemer, Herm., der besessene Magister. Novelle. (120 S.) 8. Leipzig 908. Berlin, H. Seemann Nachf. n. 2. —

BESSEMER, Hermann. Der Mann mit dem Spiegel. Berlin, J. Hegner (um 1900). 8°
Verb. d. Ldg. Leipzig 6 A. 256/04.

— der Mann m. dem Spiegel. Geschichte e. Niedergangs. (339 S.) 8. Leipzig (908). [Magazin-Verlag], F. Rothbarth. n. 4. —

Bessemer, Herm., Mondnacht in Amalfi. Novelle. (102 S.) 8. München 909. A. Langen. 1.50; geb. 2. 50

Bessemer Hermann: Spinello Aretino. Diss. Wien, Univ. M. 1005 PN 1860 1889

— Sumpffieber. Novelle. 1—4. Taus. (99 S.) 8. Ebd. 909. 1.50; geb. 2. 50

Bessen, G. J., Geschichte d. Bisthums Paderborn. 2 Bde. 8. Paderborn 820. Wesener. 2 ₰ 16 gr

Bessen, H. G., Geschichte des Bisthums Paderborn. 2 Thle. (2e Aufl.) 8. Paderborn 1820, Wesener. 1⅔ Thlr. — 3 fl.

Bessenyei, G. v., Geschäfte d. Einsamkeit. 8. Wien, Weingard. 779.

Besenyei, Georg von (Hrsg.), s. a. Mann, Der, ohne Vorurtheil in der neuen Regierung

BESSENYEI Georg von). Der Mann ohne Vorurtheil in der neuen Regierung. (Von –). Hartl, Wien 1781. 6 Auftritte in 1 vol.

(BESSENYEI Georg). Fromme Wünsche bezüglich einer ungarischen gelehrten Gesellschaft (von –). Hummel, Wien 1790. 1 vol. 46 S.

Besser als Horus, oder die Sieben wie u. warum? 8. Berl. 784. Schöne. 2 gr

Besser als Zucker und Kuchen. qu. 4. (24 S. mit 6 Chromolithogr.) Wesel 869, Düms. cart.

Besser getrennt als ungeliebt, von d'Arien, s. Samml. n. Originalstücke ɪc.

Besser, Kirchenrath Dr. W. F., s.: Zum Gedächtniß ɪc.

Besser, v., Ausbildung d. Infanteristen im Patrouillendienst der Vorposten, nebst e. Anh. üb. Marschsicherheitsdienst. Zusammengestellt auf Grund der neuesten Bestimmgn. 2., verm. Aufl. 16. (40 S.) Hannover 892. Helwing's Verl. n.n. — 30

Besser, v., Ausbildg d. Infanteristen im Patrouillendienst d. Vorposten, nebst e. Anh. üb. Marschsicherheitsdienst. 2. Afl. 16° (40) Hannov. 92. Lpzg. Zuckschwerdt & Co. n.n. — 30

— der Gefechtsdienst bei der Infanterie. Zusammengestellt auf Grund der neuesten Bestimmgn. 16. (68 S. m. Fig.) Ebd. 892. n. — 80

Besser: De novissimo quodam, eoque Parisino, Genii Socratici interprete. 6 S.
Progr. Hirschberg 1830.

Besser (Red.), s. Invaliditäts- und Altersversicherung im Königreich Sachsen.

Besser, ..., über die Lehrgegenstände in den mecklenburg. Landschulen. Eine Rede, auf Verlangen d. Druck übergeben. gr. 8. Güstrow 835. Opitz. 1/3 ₰

Besser, der Unterschied zwischen Thier u. Pflanze Dresden. 1865
Schul-/Univ.-Schrift

Besser, Alfr. v. Geschichte d. Garde-Schützen-Bataillons während d. ersten 75 Jahre seines Bestehens. Mit Abbildgn., Karten u. Plänen. gr. 8. (VII, 294 S.) Berl. 889, Mittler u. Sohn. * 8 50

[F.] Geschichte des Garde-Schützen-Bataillons. Bearb. v. Alfred v. Besser, s. Zt. Hauptm. ... im Garde-Schützen-Bataillon. 2. Aufl. M. Abb., Ktn u. Plänen. *Berlin: E. S. Mittler & Sohn 1898.* (VII, 304 S., 1 Portr., 4 Taf., 8 Kt., 2 Pl.) 1 Bd 8.

Besser, Alfr. v.; Geschichte des Garde-Schützen-Bataillons. Unveränd. Abdr. der 2. Aufl. (VII, 320 S. m. z. Tl. farb. Abb. [Taf.], z. Tl. farb. Karten u. Plänen.) gr. 8. Berlin 910. E. S. Mittler & Sohn. 9.—; geb. n 10. 50

Besser, Anna, Magdalena u. andere Erzählungen. (187 S.) 8. Dresden 908. E. Pierson. n. 2. —; geb. n. 3. —

Besser, C.M., s. Besser, Konrad Moritz

Besser, Carl August, De gastrotomia. Diss. med.-chirurg. Präs. Adam Michael Birkholz. Leipzig (Saalbach) 17. V. 1805. 58 S. (5.—) 2410

— **Carl Christoph** (Sylov. / Lausitz), De jure relvendi bona subhasta vendita eiusque praesertim spatio legitime computando. Exerc. jur. Saxon. elect. Präs. Franz. Carl Conradi. Leipzig (Breitkopf) 12. IV. 1726. 34 S. (4.80) 2411

Besser, Carl Friedrich

— — (Herrengosserstädt/Thür.), De angina polyposa seu membranacea. Diss. med. Jena (C. W. Th. Joch) 2. I. 1817. 22 S. (4.80) 2414

— — De donatione bonorum receptitiorum ab uxore Saxonica absque mariti consensu speciali facta valida. Diss. jur. Saxon. Präs. Joh. Tobias Richter. Lpz. (Langenheim) 28. IX. 1753. 23 S. (4.80) 2413

Gew.: Carl Heinr. v. Heinecken (Altdoebern).

— **Carl Friedrich** (Kalckwitz/Neumark), De excusatione tutorum et curatorum impropria, spec. acad. domino Joanni Friderico a Patow (Mallenichen . .) . . nec non viduae Dorotheae Fridericae Eleonorae a Kleist natae ab Herold, inclytaeque genti Patovianae. Lpz. (Jacobaeer) 30. III. 1752. 16 S. (4.—) 2412

— **Christfried Ernst** (Liebenw. Sax. Kalckwiz), De resignatione dominii judiciali, jure Sax. elect. necessaria. Von gerichtlicher Auflassung oder Verzicht. Diss. jur. Rector Jo. Joach. Hahn. Präs. Conr. Wilh. Strecker. Erfurt (Grosch) 7. IX. 1722. 12 S. (3.50) 2417

— **Christian Sigismund** (Luckau/Laus.), Tutorem in testamento paterno scriptum ob solum defectum cautionis idoneae non posse repudiari. Präs. Heinr. Gottfr. Bauer. Lpz. (Langenheim) 10. XI. 1763. 8 S. (3.—) 2418

Besser, E., Pflanzenkunde, s.: **Berthelt, A.**

Besser, Emil, Ben Hur im Gewande der Dichtung. (383 S.) gr. 8. Dresden 902. (Paderborn, Junfermann.) n. — 90; geb. in Halbleinw. n. 1. 20; in Leinw. n. 1. 50

Ben Hur im Gewande der Dichtung von Emil **Besser**. Dresden: H. L. Diegmann 1902 (1903). (379 S.) 8° (03. 7094

Besser, Emil, Märchen. Für die liebe Jugend erzählt. (III, 114 S. m. 8 Abbildgn.) gr. 8. Cassel 906. Buchdr. Gutenberg. 1.—; geb. in Leinw. 1. 50

— Wie sich Wandersleute grüßen. Gedichte. 1. u. 2. Aufl. (80 S.) kl. 8. Cassel 910. 11. F. Lometsch. Geb. in Leinw. 1. 60

Besser, Ernst Schulz-
s. Schulz-Besser. (09. 8217

Besser, Felix, Beitrag zur Entwickelungsgeschichte und vergleichenden Anatomie von Blüten- und Fruchtstielen. Diss. Leipzig 1886, Gustav Fock. 8°. 32 S.

Besser, Felix [aus Dresden]: Beitrag z. Entwickelungsgeschichte und vergleichenden Anatomie von Blüten- und Fruchtstielen . . . . Lössnitz, Druck v. C. W. Sulze, 1886; 32 S. 8°.
Leipzig. Phil. Fak., Inaug.-Diss. v. 28. Mai 1886.

Besser, Frdr., Beiträge zum Wachsthum in der Heiligung, in Betrachtungen über den 3. Artikel. Rawicz 869. (Breslau, Gosohorsky in Comm.) gr. 8. (2 Bll., 152 S.) n. 10 ngr.

Besser, Friedr., Gedächtniß-Rede, s. **Wendhausen.**

— **Friedrich Adolf** Luckau/Laus.), De diversis traditionum modis, eorumque effectibus. Diss. jur. Präs. Jo. Georg Brückmann. Erfurt (Jo. Chph. Hering) 9. XII. 1750. 20 S. (1.—) 2419

Besser, Fritz, die Bacterien des Würzburger Leitungswassers. Diss. Würzburg 1887, Stahelsche Univ.-Buchh. 8°. 14 S.

Besser, G., s.a. **Abriß, kurzer, der Geschichte des herzogl. Lehrerseminars zu Altenburg.**

(**Besser**, Gotthold): Kurzer Abriß der Geschichte des Herzoglichen Lehrerseminars zu Altenburg. *Altenburg 1902: Pierer.* (55 S.) 4°
Altenburg, herz. Lehrer-Sm, Festschr. 1902**

Besser, G., Beiträge zur Geschichte d. freiadeligen Magdalenen-Stifts zu Altenburg im Herzogt. Sachsen-Altenburg. 8. (VIII, 160 S. m. 1 Ansicht.) Altenburg 892. O. Bonde's Verl. n. 2. 50; geb. n. 3. —

Besser, Gustav: Der Lupus und seine Behandlung. Halle (1870): Plötz. 27 S. 8°
Halle-Wittenberg, Med. Diss. v. 19. Febr. 1870
Geb. Kistritz (Kr. Weissenfels) 5. 12. 1844. V.

Besser, Gustav Adolf, a. Polkwitz: Geschichte der Frankfurter Flüchtlingsgemeinden 1554—1558. Halle a. S. 1906: E. Karras. (VI, 30 S.) 8° ¶[Erschien vollst. als Hallesche Abhandlungen z. neueren Geschichte H. 43.]
Halle, Phil. Fak., Ref. Droysen, Diss. v. 20. April 1906
[Geb. 16. Juli 83 Polkwitz, Kr. Glogau; Wohnort: Halle a. S.; Staatsangeh.: Preußen; Vorbildung: Ev. Gymn. Glogau Reife O. 01; Studium: Theol. u. Phil. Halle 3, Breslau 2 Halle 6 S.; Rig. 13. Nov. 05.]

Geschichte der Frankfurter Flüchtlingsgemeinden, 1554–1558, von Gustav Adolf **Besser**. Halle a. S.: M. Niemeyer 1906. (VI, 77 S.) 8°
— **Abhandlungen**, Hallesche, z. neueren Geschichte. H. 43. (06. 10936

Besser, Gust. Ferd. (geb. Wiehe in Thür. 30. 12. 1831): De aneurysmate aortae. Berolini (1855). (30 S.) 8°
Berlin, Med. Diss. v. 22. Mai 1855

Besser, H., u. R. **Herrmann**, die Neustädter Chronik, I. (Umschlag: Bau-Steine zur Geschichte Neustadts. Die Neustädter Chronik, I. 1. Heft.) (IX, 64 S.) kl. 8. Neustadt (Orla) 910. (Hertel.) — 75

Besser, Herm., zur Hamletfrage. Versuch einer Erklärung des Stücks. 8. (48 S.) Dresden 882. Pierson. n. 1. —

Besser, J., Plutarchs Bericht über die Catilinarische Verschwörung in seinem Verhältnis zu Sallust, Livius und Dio. Gel. O. J. 27 S. 4°. 1.20

— **Besser, J.**, De coniuratione Catilinaria. Diss. 1880. 49 S.

Besser, J. F., Beiträge z. Geschichte d. Vorderstadt-Güstrow. 16 Heft. 8. Rostock 820. Stiller. 12 gr.

Besser, Johann von

(v. **Besser**:) Ceremoniale Brandenburgicum. *Tremoniae* 691. 2. Ausg. *Friburgi.* 700. 8.

v. Besser, Joh., auserlesene Gedichte, s. **Bibliothek deutscher Dichter XIV.**

Besser, Joh. v., s.a. **Krönungs-Geschichte, preußische.**

[**Besser, Johann von.**] Preußische Krönungs-Geschichte / Oder Verlauf der Ceremonien / Mit welchen . . . Herr Friderich der Dritte / Marggraf und Churfürst zu Brandenburg / Die Königliche Würde Des von ihm gestifteten Königreichs Preussen angenommen / Und Sich und Seine Gemahlin . . Frau Sophie Charlotte . . . Den 18. Januarii des 1701. Jahres Durch die Salbung als König und Königin einweihen lassen. Nebst allem was sich auf Ihrer Majestäten Preußischen Hin- und Her-Reise bis zu Ihrer Wiederkunft und Einzuge in Berlin

. . . zugetragen: Aufs sorgfältigste beschrieben . und . . . in lauter nach dem Leben gezeichneten Kupfern vorgestellet. Cölln an der Spree / Druckts Ulrich Liebpert . . . 1702.
Titelkupfer nach Zeichnung von J. F. Wentzel gest. von P. Decker. Tit., 15 Bl., 95 + 87 S., 10 Bl. m. 1 Kupferst. 4°.
Die auf dem Tit. erwähnten Kupfer sind noch nicht beigegeben. Erschienen erst in der 2. Aufl. von 1712.
Graesse I, 353. Vinet 699.

Besser, Johann von. Dasselbe . . . in diesem andern Druck an vielen Orten gebessert / und mit denen darzu gehörigen Kupffern ausgegeben. Cölln an der Spree / Bey Ulrich Liebpert . . . 1712.
Titelkupfer, Tit., 1 Bl., 76 S. (S. 56. 57 in der Zählung ausgelassen) m. 4 Kupferst., 8 Bl., Tit., 27 Taf. in Kupferst. 2°.
Beschreibung der Ehrenpforten, Illuminationen und Feuerwerke fehlen. Zeichner: Hofmaler Johann Friedrich Wentzel. Stecher: Johann Georg Wolffgang. Zu Taf. I (am Schluss): gebratener Ochse und Weinfontänen Vorzeichnungen vorhanden, dgl. zu Taf. 13—16 s. Sb 11.

Preussische **Krönungs-Geschichte**, Oder Verlauf der Ceremonien, Mit welchen Friedrich der Dritte, Churfürst zu Brandenburg, die Königl. Würde d. Königr. Preussen angenommen, u. Sich u. S. Gemahlin als König u. Königin einweihen lassen. (Verf.: Johann v. **Besser**.) Cölln a. d. Spree 1702. (Neudruck, veranstaltet von d. Verein f. d. Gesch. Berlins.) *Berlin: E. S. Mittler in Vertrieb 1901.* (100 S.) 4° [F.] (01. 773

Johann von Bessers Lob-Schrifft auf HERRN Jacob Friedrich Freyherrn von Maydel. ... ZERBST, Bey H. W Göckingen, 1739. 8°. (In Prosa.)

Besser, Johann von, Des // Herrn von B. // Schrifften, // Beydes // in gebundener und ungebundener Rede; // So viel man derer, // theils aus ihrem ehemahligen Drucke, theils auch // aus guter Freunde schrifftlichen Communication, // zusammen bringen können. // Leipzig, // bey Johann Friedrich Gleditsch und Sohn, // Im Jahr 1711. - 8 Blatt (nicht paginiert) Titelkupfer (von Bernigeroth), Titelblatt und Bericht an den Leser. + 490 S. und noch 8 Blatt (nicht paginiert) Register und Druckfehler.

Des Herrn von B. Schrifften, Beydes in gebundener und ungebundener Rede, ... Andere Auflage. LEIPZIG, Bey J. F. Gleditschens seel. Sohn, 1720. 8°. M. Portrait.

Verf. Joh. von Besser. Sehr selten; fehlt bei G. S. 584 Nr. 309. Die erste Ausgabe erschien 1711.

BESSER, Joh. v. (1654—1729). Des Herrn *von Besser* Schrifften, Beydes in gebundener und ungebundener Rede. Erster (u. Zweiter) Theil. Ausser des Verfassers eigenen Verbesserungen, mit vielen seiner noch nie gedruckten Stücke und neuen Kupfern, Nebst dessen Leben Und einem Vorberichte (und einer Untersuchung von der Beschaffenheit der einsylbigen Wörter in der teutschen Ticht-Kunst) ausgefertiget von Johann Ullrich König. Leipzig, bey Johann Friedrich Gleditschens sel. Sohn, 1732. 8 Bl., CXXXIV, XX, 901 S. u. 7 S. Inhalt. Gr. 8°. (7 Mk., schönes Expl., Rich. Bertling, Dresden, 1889; 13 Mk. 50 Pfg. Auction Graf York v. W., Berlin, Octob. 1907, no. 38; 18 Mk. Adolf Weigel, 1908.)

Besser, Johann August Wilhelm

Besser, Joh. Aug. Wilh., Antrittspredigt in d. St. Nikolaikirche zu Quedlinburg, gehalt. am 18. Sonnt. nach Trinitatis d. 24. Aug. 1834. gr. 8. (1 B.) Quedlinburg, Becker.

Besser, J. A. W., katechet. Belehrungen e. evangel. Landpfarrers über d. sonn- u. festtägl. Evangelien. 2 Bde. 8. Halle 823. Waisenh.-B. 18 gr.

— erster Curs. einer Grammatik d. franz. Sprache. 2 Thle. gr. 8. Quedlinb. 815. 10 gr. 2e wohlf. A. (blos n. T.) 818. Ernst. 6 gr.

Besser, J. A. W., Dr. Aug. H. Niemeyer als edler Menschenfreund in seinem segensreichen Leben u. Wirken. (A. d. Hauerschen Zeitschr.: „Der Menschenfreund" mit Berichtigungen u. Zusätzen rc. abgedr.) Mit Niemeyers Bildniß. gr. 8. Quedlinb. 829. (Basse u. Potsd., Vogler). 8 gr.

—— Sammlung v. Gesprächen u. Gedichten bei Schul- u. Familien-Festen. 8. (6 B.) Quedlinburg 832, Becker.

Besser, J. A. W., Sammlung v. Gesprächen u. Gedichten zum Gebrauch bei Schul- u. Familienfesten. 8. Quedlinburg 833. Becker'sche B. (Franke) 3/8 Thlr.

— Samml. kurzer Reden. Gespr., Gedichte u. Lieder, z. Behufe d. öffentl. Prüff. in deutschen Schulen, zunächst d. königl. Preuß. Staaten. Mit Anh. 8. Halle 824. Waisenh.-B. 8 gr.

Besser, Wilhelm, über Volksspiele und deren Einfluß auf Erweckung und Erhaltung deutscher Kraft und deutschen Sinnes, E. Vorschlag z. volkstüml. Gedächtnisfeier d. 18. 10., Quedlinburg, 44 S., 8°.

— über Volksspiele, zur Feier d. 18n Octobers. 8. Quedlinb. 816. Ernst. 6 gr.

— was fangen wir heute an? Eine Samml. gesellschaftl. Spiele u. Lieder f. gebild. Zirkel, nebst einigen Melodien. 8. Halle 807. (ohne s. Namen). 2e Aufl. 812. 3e Aufl. mit Melodien 829. Schwetschke u. S. 18 gr.

—— was fangen wir heute an? — Samml. gesellschaftl. Spiele u. Lieder f. gebild. Kreise. 3., sehr verm. u. verb. Ausg., nebst einigen Melodieen. 8. (13¾ B.) Halle 829, Schwetschke u. Sohn.

— über d. hohen Werth einer vernünft. christl. Kinderzucht. gr. 8. Goslar 812. Lohmann. 3 gr.

Besser, Joh. Polycarpus, Judæus conversus (gebürtig aus d. Stadt Zülz in Oberschlesien), die Mittel wie auch die *Hindernisse bey der heutigen Juden-Bekehrung* .... aus eigener Erfahrung kürtzlich vorgestellet .... Leipzig, im J. Christi, 1727. 4°. Tit. beschr. u. wasserfl. Cart.
4 Bll. u. 30 num. S. Selten!

Besser, Johannes

Besser, J, Vorschläge z. Reform d. Orthographie. 8. (33) Brnschw. 88. Appelhans & P. n. — 50

Besser, Johs., Vorschläge zur Reform der Orthographie. 8. (33 S.) Braunschweig 888, Bruhn's Verlag. * — 50

Besser, K. M., der Kosmos u. die ewigen Ideen. 8. (VI, 104 S.) Heidelberg 887. Weiß' Verl. n. 1. 80

Besser, KM, d. Kosmos, jetzt Berlin, Philos.-histor. Verl., Dr. Salinger.

Besser, Karl, appr. Arzt a. Quedlinburg: Versuche zur Züchtung der Choleravibrionen. Halle a. S. 1906: C. A. Kaemmerer. (27 S.) 8°

Halle, Med. Fak., Ref. Fraenkel, Diss. v. 9. Aug. 1906

[Geb. 11. Dez. 80 Quedlinburg am Harz; Wohnort: Halle a. S.; Staatsangeh.: Preußen; Vorbildung: Gymn. Quedlinburg Reife M. 99; Studium: Kiel 2, Berlin 1, Heidelberg 1, Berlin 4, Halle 2 S.; Coll. 9. März 06; Approb. 1. Aug. 06.]

Besser, Konrad Moritz

Besser, Conradus Mauritius: De animo. Halae (1828): Ruff. 23 S. 8°

Halle-Wittenberg, Phil. Hab.-Schr. v. 27. Sept. 1828

Mit Nebent. ohne den Charakter der Schrift und das Datum der Habilitation.

Im Buchhandel Halle: Anton 1824. [So Kayser, Jahr wohl Druckfehler.]

Besser, C[onradus] M[auritius]: * De risu. 22 Bl. 8° (4°)

Halle-Wittenberg, Phil. Diss. v. 29. Dez. 1827

Geb. [Zeitz 24. 3. 1806]

Besser, K. M., System des Naturrechts. gr. 8. Halle 830. Reineke. 1 Thlr. Fein Pap. 1 Thlr. 8 gr.

Besser, L., Experimenteller Beitrag zur Kenntniss der Ruhr. Diss. Dorpat. 8°. 81 pp.

Besser, L., experimenteller Beitrag zur Kenntniss der Ruhr. gr. 8. (81 S.) Dorpat 884. (Schnakenburg.) 1. 20

Besser, L. v., aus der Campagne 1870—71. Der Ehrentag der deutschen Cavallerie am 16. August 1870 bei Vionville u. Mars la Tour. Mit e. (lith.) Taf. (in Fol.) [Aus „Jahrbücher f. die deutsche Armee u. Marine"] Lex.-8. (63 S.) Berlin 873. Schneider & Co. n. 1. 50

Besser, L. v. Der Ehrentag der deutschen Kavallerie bei Vionville und Mars-la-Tour. Berlin 1873.

v. Besser, L., das Magdeburgische Husaren-Regiment Nr. 10 in der Campagne d. J. 1866. Berlin 867. A. Duncker. 8. (IV, 92 S.) 12½ ngr.

—— die preußische Kavallerie in der Campagne 1866. gr. 8. (240 S. mit 16 Karten und Plänen in eingedr. Holzschn. und 7 Stnt., wovon 5 in Buntdr.) Berlin 868, A. Duncker. [Gebr. Paetel.] (ℳ 4,80.)

—— Cavalleristische Mosaiken. gr. 8. (31 S.) Berlin 870, C. Duncker. *

Besser, Leop., Altes und Neues oder drei neue preußische Schul-Regulative. Ein Parallelismus. Berlin 861. Janke. gr. 8. (XLV, 130 S.) n. 20 ngr.

Besser, L., Armuth oder Arbeit. (A. u. d. T.: Die Naturgeschichte der Arbeit, als Grundlage für die volkswirthschaftlichen Disciplinen.) 8°. Leipzig 1855.

Besser, Leop., die Aerzte in der Concurrenz und was da Noth thut. Göttingen 855. Wigand. 8. (2 Bl., VII, 100 S.) n. 10 ngr.

Besser, Leop. (II.), die Aerzte in der Concurrenz und was da Noth thut. 2. Aufl. 8. (100 S.) Göttingen 858, Wigand.

Besser, Leop., Beiträge zur Waisenhaus-Frage. Die Principien der Waisen-Erziehung und die Organisation neuer Waisenpflege-Anstalten. Nebst einem Anh.: Die Communal-Waisenpflege in Berlin. gr. 8. (VIII und 87 S.) Berlin 863, Springer's Verlag. *

—— die Benutzung der ersten Lebenstage des Säuglings zu dessen Eingewöhnung in eine naturgemäße Lebensordnung. 1. und 2. Aufl. 1853. und 3. Aufl. gr. 12. (IV und 66 S.) Göttingen 855, Wigand. *

—— d. Benutzg d. ersten Lebenstage d. Säuglings zu dess. Eingewöhng in e. naturgem. Lebensordng. 4. Afl. 12. (67) Gött. 68, Wigand. n. — 10

Besser, Leop., die Ehe. Herrschen oder Dienen, eine Antwort an Ed. Lasker vom Verfasser „Der Mensch u. seine Ideale". gr. 8. (VII, 74 S.) Bonn 879. Strauß. n. 1. 80

Besser, Leop., das d. Menschheit Gemeinsame. Auch e. christl.-soc. Studie. M. e. Anh.: „Ist d. Welt Schein od. Wirklichkeit?" gr. 8. (III, 119 S.) Bonn 895. E. Strauß. n. 2. —

Unser Leben im Lichte der Wissenschaft oder die wissenschaftl. Auffassung d. menschl. Empfindens, Vorstellens u. Bewußtseins. Von Dr. L[eopold] Besser. *Bonn: C. Georgi 1903.* (136 S.) 8° [09. 11161

— der Mensch u. seine Ideale. Betrachtungen theoret. u. prakt. Art. gr. 8. (III, 264 S.) Ebend. 878. n. 6. —

— der Mensch und sein Leben, oder was über die Gesundheit aller irdischen Dinge entscheidet. Mit einem Vorwort von M. J. Schleiden. Leipzig 854. Engelmann. gr. 8. (XXIV, 248 S.) 2 ₰

Besser, Leop. (Hrsg.), s. Mittheilungen aus der Werkstätte der Natur.

—— die Naturgeschichte der Arbeit als Grundlage für die volkswirthschaftlichen Disciplinen. A. u. d. T.: Armuth oder Arbeit. gr. 8. (XV und 343 S.) Leipzig 855, Engelmann.

Besser, L: Naturgesch. d. Arbeit. Jetzt: Lpzg, F Meiner. 51/55

Besser, Leop. (Hrsg.), s. Reichen, Aus allen, der Natur.

Besser, L., die Religion der Naturwissenschaft. gr. 8. (125 S.) Bonn 890. Strauß. n. 2. —

Seele und Sittlichkeit. Von Dr. Leopold Besser. *Bonn: M. Hager 1904.* (14 S.) 8° [F.] [04. 13771

Besser, Leop., die menschliche Sittlichkeit als sociales Ergebnis der monistischen Weltanschauung. gr. 8. (X, 106 S.) Bonn 899. (C. Georgi.) n. 3.—; ermäß. Pr. n. 2.—

—— Zur Verständigung in der Gefängnißfrage, oder: Einiges über die modifizirte Einzelhaft, gegenüber den Bestrebungen der neuesten Zeit, die Behandlung der Verbrecher betreffend. gr. 12. (45 S.) Hamburg und Gotha 853, [F. A. Perthes.] *

Besser, Leop., Was ist Empfindung? Vortrag, in der Herbstversammlung [1880] des psychiatr. Vereins der Rheinprovinz gehalten. gr. 8. (38 S.) Bonn 881, Strauß. *

Besser, Leop. (II.), das Werden und Wachsen unserer Kinder. Ein Buch über Kindespflege. 16. (VIII und 344 S.) Frankfurt a. M. 858, [Hirsch.] 1 Thlr.; geb. Thlr.

— das Werden und Wachsen unserer Kinder. Ein Buch über Kindespflege. Frankfurt a. M. 858. Meidinger. 16. (4 Bl., 344 S.) 1 ₰

— den deutschen Müttern und Vätern ein Buch über das Werden und Wachsen ihrer Kinder als Schlüssel zu deren gesünderer Erziehung. 2. unveränd. (Titel-)Ausg. Berlin 862. M. Hirsch. (Hamm, Grote.) 16. (VIII, 344 S.) 1 ₰

—— das Werden und Wachsen unserer Kinder. Ein Buch über Kindespflege. 2. Aufl. gr. 16. (VI und 344 S.) Hamm 864. [Berlin], Grote'sche Verlagsh. geb.

— über das Wohl der Arbeiter-Kinder in Klein-Kinder-Bewahr-Anstalten und Kindergärten. Vortrag gehalten im Auftrage des Centralvereins in Preußen für das Wohl der arbeitenden Klassen am 21. März 1859. Leipzig 859. Hübner. (Werl.) gr. 8. (34 S.) n. 5 ngr.

Besser, M., Luther im Augustinerkloster zu Erfurt. Ein Festspiel. 8. (28 S.) Halle 889. Mühlmann's Verl. n. — 60

Besser. MW. s.: Ausonius. Decimus Magnus. Mosellied.

Besser, Martin, a. Halle a. S.: Das condicionis implendae causa datum nach römischem, gemeinem und heutigem bürgerlichen Rechte. Dresden 1907: Dr. Güntzsche Stiftung. (47 S.) 8° [F.]
Rostock, Jur. Fak., Ref. Matthiaß, Diss. v. 30. Okt. 1907
[Geb. 24. Juni 83 Salbke a. E.; Wohnort: Gehlsdorf; Staatsangeh.: Preußen; Vorbildung: Gymn. Magdeburg, Halle Reife O. 07; Studium: Berlin 1, Tübingen 1, Halle 5, Rostock 1 S.; Rig. 28. Sept. 07.]

[F.] **Besser,** *Matthias:* Paedagogische Brosamen, gesammelt in langjähriger Amtserfahrung. '(Beitrag z. method. Behandlung d. deutschen Aufsatzunterrichtes)'. Apolda, Druck v. R. Birkner, *1893*; 1—14 S. 4.
Apolda, grossh. W. & L. Zimmermann's R, OP 1893

Besser, Max, approb. Arzt aus Lissa i. P.: Die Erfolge der Lawson Taitschen Dammplastik bei completen Dammrupturen. *Berlin (1902): G. Schade.* (31 S.) 8°
Berlin, Med. Diss. v. 30. Juli 1902

Besser, Max: Die Juden in d. modernen Rassentheorie. (29) gr8° Köln '11. Berl.-Wilmersd., Jüd. Verl. — 40

Besser, Maximilianus: De notione subiectivae fidei quae exstat in quatuor evangeliis. Fasc. 1. Halis Saxonum 1871: Hendel. 63 S. 8°
Halle-Wittenberg, Theol. Hab.-Schr. v. 23. Okt. 1871
Geb. Wiehe (Thür.) 11. 3. 1844. V.

Besser, Moritz: Ludwig der Bayer und Friedrich von Oesterreich im März und April 1325. Altenburg, Druck v. O. Bonde (1890); S. 1—15; 4°
Altenburg, Friedrichs-G, OP 1890 (609)

Besser, Mor., Ludwig der Bayer u. Friedrich v. Oesterreich im März u. April 1325. Progr. 4. (15 S.) Altenburg 890. (Schnuphase.) n. 1. —

Besser, Mor. Konr., neue Principien der politischen Oekonomie. Berlin 868. Stilke & van Muyden. gr. 8. (XI. 127 S.) n. 25 ngr.

— **Otto Ludwig von** (Limbsee/Westpr.), De salicinio. Diss. med.-therapeut. Bln. (A. Petsch) 24. XII. 1831. 32 S., mit Biogr. (M.: W. Beneckendorff v. Hindenburg.) (4.50) 2424
Oppon.: E. Michaelis, G. Peiffer, A. Leiner. — Gew.: Eduard Wolff.

Stimmen aus einer modernen Hölle. Erlebnisse des Herrn Paul Besser in d. franz. Fremdenlegion. (Algerien u. Tonkin 1883–1890.) Bearb. von El Desconocido. Dresden: 'Kamerad' 1898. VIII, 157 S. 8° [10. 10097

Besser, Reinhold, Dr.: John Ruskins Beziehungen zu Thomas Carlyle. Dresden 1907: Ramming. (34 S.) 4°
Dresden, Wettiner G OP 1907 (674)

Besser. Reinhold: Das Verhältnis von Remy Belleau's Steingedicht Les Amours Et Nouveaux Eschanges Des Pierres Precieuses, Vertus Et Proprietez D'Icelles zu den früheren Steinbüchern und den sonstigen Quellen .... (Sep.-Abdr. aus: Zeitschr. f. nfrz. Sprache u. Lit. VIII.) Oppeln, Eugen Franck's Buchh., 1886; 46 S. + 1 Bl. 8°.
Leipzig, Phil. Fak., Inaug.-Diss. v. 27. Okt. 1886.

— **Reinhold** (Dresden), Das Verhältnis von Remy Belleau's Steingedicht Les Amours Et Nouveaux Eschanges Des Pierres Precieuses, Vertus Et Proprietez D'Icelles zu den früheren Steinbüchern u. d. sonstigen Quellen. Diss. philos. Leipzig/Oppeln (E. Franck [Gg. Maske]) 1886. 47 S., mit Biogr. (4.50) 2425

Besser, R[einhold]: Verzeichnis der vom Wettiner Gymnasium in den Jahren 1887 bis 1904 mit dem Reifezeugnis abgegangenen Schüler. Unter freundlicher Beihülfe mehrerer ehemaliger Schüler zusammengestellt von R. B. 16 S. 4.
Progr. Wettiner Gymn. *Dresden* 1904.

Besser, Richard, aus Heinsendorf: Colley Cibber's The double Gallant und seine Quellen. *Halle a. S. 1903: C. A. Kaemmerer & Co.* (104 S.) 8°
Halle, Phil. Diss. v. 1903

Besser, Rud., ein großer Gewinn. Halle 860. Fricke. 8. (43 S.) n. 5 ngr

— Leben Herzog Ernst's des Frommen, s. Sonntags Bibliothek.

Besser, R., Leben E. G. Woltersdorf's, s. Sonntags-Bibliothek.

Besser, Th.: Ueber den Unterricht in der deutschen Sprache als Muttersprache.
Progr. Oberschützen 1855.

Besser, W. v., aus dem Irrenhause. 1—4. Aufl. gr. 8. (30 S.) Berlin 884. R. Pohl. n. — 60

Besser, W.S.J.G., s. Besser, Willibald

Besser, Wilhelm, s. Besser, Johann August Wilhelm

Besser, Wilhelm Friedrich

Besser, W. F., e. goldenes ABC zum richtigen Buchstabiren d. Namens Jesus. Eine Neujahrsgabe. gr. 16. (IV, 40 S.) Leipzig 873. J. Naumann. n. — 50

— und H. A. Pistorius, Begürtet die Lenden eures Gemüths! Mein Fuß gehet richtig. 1. Petri 1, 13—25 und Psalm 20, in zwei Morgenstunden zu Rothenmoor in Mecklenburg ausgelegt. Berlin 853. W. Schultze. gr. 8. (42 S.) n. 5 ngr

Besser, W. F. Die Bergpredigt. Ein Lebensführer f. evangel. Christen. 8. (140 S. m. 1 Photogr.) Halle a. S. 892, Mühlmann's Verlag. * 2 —; geb. m. Goldschn. * 3 —

Besser, W. F., Bericht über d. berliner Missionsfest, in der Missionsstunde der Gemeinde mitgetheilt. 8. (1 B.) Berlin 844. (Wohlgemuth, Brlsh.) *

— Bibelstunden. Auslegung d. heil. Schrift für's Volk. 1. u. 2. Bd. 8. Halle, Mühlmann. *

Bd. 1. Das Evangelium St. Lucä. (8 Hfte.) (49 B.) 844. * 1 Thlr. 10 Ngr.
" 2. Die Leidensgeschichte nach den 4 Evangelisten. 2 Hfte. (24¼ B.) 846, 47. à * 10 Ngr.

Besser, W. F., Bibelstunden. Auslegung der Heil. Schrift für's Volk. 1. Bd. A. u. d. T.: Das Evangelium St. Lucä in Bibelstunden für's Volk ausgelegt. 2. neu bearb. Aufl. 8. (XII u. 742 S.) Halle 849, Mühlmann. 1¼ ℛ

— dies. 2. Bd. 1. Abthl. die Leidens- u. Herrlichkeits-Geschichte, nach den vier Evangelisten in Bibelstunden für's Volk ausgelegt. 1. Abth.: Die Leidensgeschichte. 2. Aufl. 8. (VIII u. 374 S.) Ebd. 849. ¾ ℛ

— dies. 2. Bd. 2. Abth. A. u. d. T.: Die Leidens- u. Herrlichkeits-Geschichte, nach den vier Evangelisten in Bibelstunden für's Volk ausgelegt. 2. Abth.: Die Herrlichkeitsgeschichte. 8. (VIII u. 238 S.) Ebd. 850. — 2. Aufl. 8. (VIII u. 240 S.) Ebd. 852. ½ ℛ

— u. K. Williger, Bibelstunden. Auslegung der heil. Schrift für's Volk. 3. Bd. A. u. d. T.: Die Apostelgeschichte. Von K. Williger. 8. (VIII u. 762 S.) Halle 848, Mühlmann. 1 ℛ 6 ngr — 2. Aufl. 8. (X u. 791 S.) Ebd. 852. 1¼ ℛ

— dies. 4. Bd. A. u. d. T.: Das Evangelium St. Johannis in Bibelstunden f. die Gemeinde ausgelegt. 8. (X u. 927 S.) Ebd. 852. 1¾ ℛ

— dies. 5. Bd. A. u. d. T.: Die Briefe St. Johannis in Bibelstunden f. die Gemeinde ausgelegt. 8. (X u. 451 S.) Ebd. 853. 1 ℛ (1—5.: 6 ℛ 13½ ngr)

Besser, W. F., Bibelstunden. Auslegung der heiligen Schrift für's Volk. Halle, Mühlmann. 8.
1. Bd.: Das Evangelium St. Lucä in Bibelstunden für die Gemeinde ausgelegt. 3., durchgängig neu bearb. Aufl. 854. (XVI, 794 S.) 1 ℛ 7½ ngr — 4. 2c. Aufl. 857. (XVI, 876 S.) 1 ℛ 15 ngr
2. Bd.: Die Leidens- und Herrlichkeitsgeschichte nach den vier Evangelisten in Bibelstunden für die Gemeinde ausgelegt.
1. Abth.: Die Leidensgeschichte. 3., von Neuem durchges. Aufl. 853. (X, 444 S.) — 4. 2c. Aufl. 855. (X, 459 S.) — 5. 2c. Aufl. 858. (X, 456 S.) 22½ ngr
2. " Die Herrlichkeitsgeschichte. 3., von Neuem bearb. Aufl. 854. (5 Bl., 252 S.) — 4. 2c. Aufl. 857. (4 Bl., 259 S.) 15 ngr
3. " Die Apostelgeschichte St. Lucä in Bibelstunden für die Gemeinde ausgelegt 2c. 1. Thl.: Cap. 1 bis 12. 858. (XII, 611 S.) 1 ℛ 6 ngr
4. " Das Evangelium St. Johannis in Bibelstunden für die Gemeinde ausgelegt. 2. neu bearb. Aufl. 854. (XII, 930 S.) — 3. 2c. Aufl. 857. (XII, 954 S.) 1 ℛ 22½ ngr
5. " Die Briefe St. Johannis in Bibelstunden für die Gemeinde ausgelegt. 2., neubearb. Aufl. 855. (X, 469 S.) 1 ℛ
6. " Die Briefe St. Petri in Bibelstunden für die Gemeinde ausgelegt. 854. (6 Bl., 568 S.) — 2. neu bearb. Aufl. 857. (XII, 598 S.) 1 ℛ 6 ngr

Besser, W. F., Bibelstunden. Auslegung der heil. Schrift für's Volk. Halle, Mühlmann. 8.
1. Bd.: Das Evangelium St. Lucä in Bibelstunden für die Gemeinde ausgelegt. 5. neubearb. Aufl. 860. (XVI, 888 S.) 1 ℛ 18 ngr
2. Bd. 2. Hälfte: Die Herrlichkeitsgeschichte nach den vier Evangelien in Bibelstunden für die Gemeinde ausgelegt. 5. Aufl. 862. (VIII, 280 S.) 15 ngr
3. Bd.: Die Apostelgeschichte St. Lucä in Bibelstunden für die Gemeinde ausgelegt. 2. Thl.: Cap. 13—28. 860. (VI, 668 S.) 1 ℛ 6 ngr
4. Bd.: Das Evangelium St. Johannis in Bibelstunden für die Gemeinde ausgelegt. 4., neubearb. Aufl. 860. (XII, 972 S.) 1 ℛ 24 ngr
5. Bd.: Die Briefe St. Johannis in Bibelstunden für die Gemeinde ausgelegt. 3., neubearb. Aufl. 862. (X, 486 S.) 1 ℛ
7. Bd.: St. Pauli Brief an die Römer in Bibelstunden für die Gemeinde ausgelegt. 1. Hälfte: Cap. 1—8. — 2. Hälfte: Cap. 9—16. 861. (X, 732; VI, 586 S.) 1.: 1 ℛ 15 ngr; 2.: 1 ℛ 6 ngr
8. Bd.: St. Pauli erster Brief an die Corinther in Bibelstunden für die Gemeinde ausgelegt. 862. (X, 810 S.) 1 ℛ 21 ngr
9. Bd.: St. Pauli zweiter Brief an die Corinther in Bibelstunden für die Gemeinde ausgelegt. 863. (X, 511 S.) 1 ℛ 3 ngr

Besser, WF, Bibelstunden. N. T. 1—9. Bd. 8. Halle, Mühlmann. 15. —

Das Evang. St. Lucä. 5. Afl. (888) 61. 1. 18
Die Leidens- u. Herrlichkeitsgesch. 1. Thl. 5. Afl. u. 2. Thl. 6. Afl. (763) 62. 65. 1. 15
Die Apostelgesch. St. Lucä. 2 Thle. (1279) 59. 60. 2. 12
Das Evang. St. Johannis. 4. Afl. (972) 61. 1. 24
Die Briefe St. Johannis. 3. Afl. (486) 62. 1. —
Die Briefe St. Petri. 2. Afl. (598) 57. 1. 6
Pauli Brief an d. Römer. (1318) 61. 2. 21
— 1. Brief an d. Corinther. (810) 63. 1. 21
— 2. Brief an d. Corinther. (511) 63. 1. 3

Besser, W. F., Bibelstunden. Auslegung der heil. Schrift für's Volk. Neues Testament. Halle, Mühlmann. 8.
2. Bd.: Die Leidens- u. Herrlichkeitsgeschichte. 1. Hälfte: Die Leidensgeschichte nach den vier Evangelisten in Bibelstunden für die Gemeinde ausgelegt. 6., von neuem bearb. Aufl. 864. (X, 483 S.) 1 ℛ
10. Bd.: Das Evangelium St. Matthäi in Verbindung mit dem Ev. St. Marci. 868. (X, 761 S.) 1 ℛ 18 ngr
11. Bd.: St. Pauli Brief an die Galater. 869. (X, 387 S.) 27 ngr

—— Bibelstunden. Auslegung der heiligen Schrift für's Volk. Neues Testament. 2. Bd. 1. und 2. Abthl., 6. Bd., 7. Bd. 1. Abthl., 11. und 12. Bd. 8. Halle, Mühlmann.

Inhalt:

Bd. 2. 1. Abthl. Die Leidens- und Herrlichkeitsgeschichte. 1. Hälfte. Die Leidensgeschichte nach den vier Evangelisten in Bibelstunden für die Gemeinde ausgelegt. 7. von neuem bearb. Aufl. (X, 508 S.) 874. ℳ 3,75.

„ 2. 2. Abthl. Die Herrlichkeitsgeschichte nach den vier Evangelisten in Bibelstunden für die Gemeinde ausgelegt. 6. Aufl. (296 S.) 873. ℳ 1,80.

„ 6. Die Briefe St. Petri mit Einschluß des Briefes St. Judä in Bibelstunden für die Gemeinde ausgelegt. 3. neubearb. Aufl. (XIV, 640 S.) 873. ℳ 4,50.

„ 7. 1. Abthl. St. Pauli Brief an die Römer in Bibelstunden für die Gemeinde ausgelegt. 1. Hälfte. 2. Aufl. (XII, 781 S.) 873. ℳ 6.

„ 11. St. Pauli Brief an die Galater. (X, 337 S.) 869. ℳ 2,70.

„ 12. St. Pauli Brief an die Epheser. (VIII, 561 S.) 873. ℳ 4,50.

1., 3.—5. Bd., 7. Bd. 2. Hälfte, 8.—10. Bd. Ebendas. ℳ 37,20. —

Besser, W. F., Bibelstunden. Auslegung der heiligen Schrift für's Volk. 1. u. 3. Bd. 8. Halle 877. 78. Mühlmann. n. 16. 75

1. Das Evangelium St. Lucä in Bibelstunden f. die Gemeinde ausgelegt. 6., neu bearb. Aufl. (XII, 834 S.) 6. 75.

3. Die Apostelgeschichte St. Lucä. 2 Abtheilungen. 2. Aufl. (XII, 1264 S.) 10. —

—— Bibelstunden. Neues Testament. 2. Bd., 1. Hälfte; 2. Bd., 2. Hälfte; 4. Bd.; 7. Bd., 2. Hälfte; 8. Bd. u. 10. Bd. 8. Ebd. 21 70

2. I. Die Leidensgeschichte nach den vier Evangelien. 8. Aufl. (X, 508 S.) 890. 3 75. — 2. II. Die Herrlichkeitsgeschichte nach den 4 Evangelisten. 7. Aufl. (VII, 295 S.) 889. 1 80. — 4. Das Evangelium St. Johannis. 5. verm. u. verb. Aufl. (X, 1028 S.) 889. 6 —. — 7. II. Der Römerbrief. 2. Hälfte. Cap. 9—16. 2. verb. Aufl. (VIII, 641 S.) 889. 4 —. — 8. St. Pauli 1. Brief an die Korinther. 2. Aufl. (X, 810 S.) 892. 5 10. — 10. Das Evangelium St. Matthäi in Verbindung m. d. Evangelium St. Marci. 2. Aufl. (X, 752 S.) 892. 4 80.

1., 3., 5.—7. I., 9., 11. u. 12. Bd. Ebd. 1862—1878. 40 75; compl. in 12 Bdn. * 40 —; geb. * 50 —.

— dasselbe. Neues Testament. II. Bd. 2. Hälfte, V., VIII. u. X. Bd. 8. Ebd. 14. 70

II, 2. Die Herrlichkeitsgeschichte nach den 4 Evangelisten. 7. Aufl (VII, 295 S.) 892. 1. 80

V. Die Briefe St. Johannis. 4. Aufl. (X, 500 S.) 893. 3. —

VIII. St. Pauli 1. Brief an die Korinther. 2. Aufl. (X, 810 S.) 892. 5. 10

X. Das Evangelium St. Matthäi in Verbindung m. dem Evangelium St. Marci. 2. Aufl. (X, 752 S.) 892. 4. 80

Besser, W. F., Bibelstunden. Auslegg. d. hl. Schrift fürs Volk. Neues Testament. 1. Bd., 2. Bd. 1. Hälfte, 3. Bd. 2 Abthlgn., 4. Bd., 7. Bd. 2 Hälftn., 9. u. 11. Bd. 8. Halle, R. Mühlmann's Verl. 42. 60

1. D. Evangelium St. Lucä, i. Bibelstunden f. d. Gemeinde ausgel. 7. Aufl. (XI, 910 S.) 895.(96) 6. 75

2. D. Leidens- u. Herrlichkeitsgeschichte. 1. Hälfte: D. Leidensgeschichte. A. u. d. T.: D. Leidensgeschichte, n. d. 4 Evangelisten i. Bibelstunden f. d. Gemeinde ausgel. 9. Aufl. (VII, 608 S.) 897. 3. 75

3. D. Apostelgeschichte St. Lucä, i. Bibelstunden f. d. Gemeinde ausgel. 2 Abthlgn. 3. Aufl. (XI, 1264 S.) 896. 10.

4. D. Evangelium St. Johannis. 6. Aufl. (X, 1015 S.) 895. 6. —

7. St. Pauli Brief a. d. Römer. 3. Aufl. I. (XII, 781 S.) 897. 6. —. — II. (VIII, 630 S.) 897. 4. —

9. St. Pauli Brief a. d. Korinther. 2. Aufl. (X, 518 S.) 895. 3. 30

11. St. Pauli Brief a. d. Galater; i. Bibelstunden f. d. Gemeinden ausgel. 2. Aufl. (X, 387 S.) 898. 2. 70

Besser, W. F., Bibelstunden. Auslegung der hl. Schrift fürs Volk. Neues Testament. Bd. 2. 2. Hälfte. 6., 10. u. 12. 8. Halle, R. Mühlmann's Verl. n. 15. 60

2. II. Die Leidens- u. Herrlichkeitsgeschichte. 2. Hälfte: Die Herrlichkeitsgeschichte. A. u. d. T.: Die Herrlichkeitsgeschichte, nach den 4 Evangelisten in Bibelstunden f. die Gemeinde ausgelegt. 8. Aufl. (VII, 295 S.) 900. n. 1. 80

6. Die Briefe St. Petri m. Einschluß des Briefes St. Judä, in Bibelstunden f. die Gemeinde ausgelegt. 4. Aufl. (XIV, 640 S.) 899. 4. 50

10. Das Evangelium St. Matthäi in Verbindg. m. dem Evangelium St. Marci in Bibelstunden f. die Gemeinde ausgelegt. 3. Aufl. (X, 752 S.) 900. n. 4. 80

12. St. Pauli Brief an die Epheser, in Bibelstunden f. die Gemeinde ausgelegt. 2. Aufl. (X, 561 S.) 899. 4. 50

Besser, W. H., Bibelstunden. Auslegung der hl. Schrift fürs Volk. Neues Testament. 8. Bd.: St. Pauli erster Brief an die Korinther, in Bibelstunden f. die Gemeinde ausgelegt. 3. Aufl. (X, 810 S.) II. 8. Halle 908. R. Mühlmann's Verl. 5. —

Besser, W. F., Bibelstunden. Auslegung der heil. Schrift fürs Volk. Billige Gesammtausg. 40 Lfgn. 8. (à ca. 15 B.) Halle 889. Mühlmann's Verl. à n. 1. — (cplt.: n. 40. —; geb. in 14 Bde. n.n. 50. —)

—— dass. — Auslegung der heiligen Schrift für's Volk. 1. u. 2. bill. Gesamt-(Titel-)Ausg. (40 Lfgn.) 8. (à Lfg. 15—16 Bog.) Ebd. 889—90,92. à Lfg. * 1 —; * 40 —

— dasselbe. 3., bill. Gesamtausg. In 40 Lfgn. 8. (à ca. 15 Bog.) Ebd. 895. à n. 1. —

— dasselbe. 4. bill. Gesamtausg. In 80 Lfgn. 8. (à ca. 8 Bog.) Ebd. 900. à n. — 50

Besser, W. F., Bilder aus d. Thierwelt, in Liedern f. unsere Kinder. Mit 15 Kpfrn. gr. 12. Berlin 838. Hasselberg. 1 ℛ

Besser, W. F., das Brot des Lebens. Auslegung des sechsten Capitels des Evangelii St. Johannis. Aus der 2. Aufl. der Bibelstunden über das Evang. Johannis nach wiederholter Durchsicht besonders abgedr. Halle 854. Mühlmann. 8. (2 Bl., 71 S.) n. 5 ngℛ

—— Bunsen u. Dorner. 8. (87) Schwer. 56. (Halle, Schwabe.) n. — 12

— Bunsen und Dorner. Eine Streitschrift wider falschberühmten Protestantismus. Aus Kliefoth u. Mejer's „kirchl. Zeitschrift" abgedr. Schwerin 856. Stiller. gr. 8. (IV, 87 S.) n. 12 ngℛ

—— der heilige Columban. Ein Lebensbild aus der alten Kirche. 16. (87 S.) Leipzig 856(57.) Dörffling und Franke. *

— s.: Gedenkbuch. christl.

—— der Herr tröstet Zion. Predigt über Jesaias 51, 3—5. 8. (1 B.) Berlin 844. (Wohlgemuth, Brlsh.) *

—— unsere Krone. Reformationspredigt über Offenb. 3, 11. am 22. Sonntage nach Trin. 1860 in der luther. Gemeinde Waldenburg in Schlesien gehalten. gr. 8. (22 S.) Leipzig 861, Dörffling und Franke. *

—— s. a. Lebensjahr, letztes.

—— letztes Lebensjahr. 12. (39 S.) Halle 885. Fricke's Verl. n. — 40

—— Licht und Glanz. Epiphanien-Betrachtungen. 8. (166 S.) Leipzig 873, J. Naumann. *
geb. mit Goldschn. *

—— die Lichtfreunde. Ein Sendschreiben an die leipziger evangel.-luther. Pastoralconferenz. 8. (1½ B.) Halle 844, Mühlmann. *

— Martinus v. Tours. Ein Lebensbild aus der alten Kirche. Leipzig 856. Dörffling u. Franke. 32. (38 S.) 4½ ngℛ

— die Mission, der Kirche Schuldigkeit. Predigt über Röm. 1, 14—16 gehalten am Missionsfest in Nürnberg den 17. Juni 1856. Nürnberg 856. Raw. 8. (16 S.) 2 ngℛ

—— der Missionar u. sein Lohn od. die Früchte des Evangeliums in der Südsee. Nach George Pritchards gleichnamiger Schrift bearb. Mit e. Anh.: Die Franzosen u. die Jesuiten in der Südsee. 8. (9⅓ B.) Halle 846, Mühlmann. *

—— der Missionar und sein Lohn, oder: die Früchte des Evangeliums in der Südsee. Nach George Pritchard's gleichnamiger Schrift bearb. Nebst einem Anhang: Die Franzosen und Jesuiten in der Südsee. 2. Aufl. 8. (IV und 160 S.) Halle 852, Mühlmann. *

— Morgen- u. Abendsegen aus den Psalmen u. Propheten an der Hand der Evangelien u. Episteln des Kirchenjahres der Hausgemeinde dargeboten. gr. 8. (VIII, 760 S.) Ebend. 879. n. 8. —; geb. n. 9. —; m. Goldschn. n. 9. 60

—— Moses und Pharao. Predigt am Martinitage (23. Sonntag nach Trin.) 1860 in der Universitätskirche St. Pauli in Leipzig gehalten. gr. 8. (20 S.) Leipzig 861, Dörffling und Franke.

— s. Nitsch, Geo., Uebung in der Heiligung.

Besser, W. Friedr., Predigten und Predigtauszüge. Aus Nachschriften gesammelt, mit einem kurzen Lebensabriß des sel. Verfassers. gr. 8. (IV, 200 S.) Breslau 885, Dülfer. *

— das Sacrament d. Altars. Ein Beitrag zur schriftgemäß. Erkenntniß der Herrlichkeit. Dem luther. Volke deutscher Zunge dargeboten. [Aus dessen Bibelstunden, Leidensgeschichte 2. Aufl. abgedr.] 8. (30 S.) Halle 849, Mühlmann. n. 2 ngr

— Schlecht u. recht, das behüte mich! Eine Streitschrift wider unirtes Lutherthum. gr. 8. (19 S.) Leipzig 849, Dörffling & Franke. 3 ngr

— biblische Seelenbilder als Spiegel der mannigfaltigen Klarheit des Herrn. 1. (Bdchn.) A. u. d. T.: Petrus. Maria. Johannes. Nach der heil. Schrift gezeichnet in 3 Predigten aus der Osterzeit 1856. Leipzig 856. Dörffling u. Franke. 8. (VIII, 120 S.) n. 12 ngr

— biblische Seelenbilder als Spiegel der mannigfaltigen Klarheit des Herrn. 2. (Bdchn.) A. u. d. T.: Paulus. In zehn Betrachtungen nach der heil. Schrift gezeichnet. Ebend. 861. 8. (VIII, 235 S.) n. 24 ngr

— biblische Seelenbilder als Spiegel der mannigfaltigen Klarheit des Herrn. I. A. u. d. T.: Petrus. Maria. Johannes. In drei Predigten nach der heil. Schrift gezeichnet. 2. Aufl. Leipzig 865. Dörffling & Franke. 8. (VIII, 129 S.) n. 12 ngr

— wahre u. falsche Union. Offenes Sendschreiben an unsre reform. Brüder zunächst im Wupperthale z. H. des Past. C. F. Ball. Im Namen u. Auftrag der zu Neustadt Eberswalde versammelt gewesenen luther. Pastoralconferenz ausgefertigt. gr. 8. (23 S.) Leipzig 847, C. L. Fritzsche. 3 ngr

—— John Williams, der Apostel der Südsee. Ein Volksb. gr. 8. (14⅓ B. u. 1 Karte der Südsee-Inseln.) Berlin 845. (Besser, Brlsh.) *

— John Williams, der Apostel der Südsee. Volksbuch. Mit 1 Karte von den Südsee-Inseln. 2. Aufl., nebst einem Anhange. gr. 8. (VI u. 252 S.) Berlin 847, Bessers Verlag [Fr. Duncker.] n. 1/12 Thlr cart. n. 2/3 Thlr

—— John Williams, der Missionar der Südsee. Nebst einem Anh.: „Wie es seit Williams' Tode der Südsee-Mission ergangen ist." 8. Aufl. gr. 8. (VII und 200 S.) Halle 868, Mühlmann.

[J.] John Williams, der Missionar der Südsee, u. die Londoner Südseemission. Von D. W[ilhelm] F[riedrich] Besser. 4. Aufl., durchges. u. bis auf die Gegenw. fortgef. v. G. Kurze, Pfarrer in Bornshain (S.-Altenburg)'. *Berlin: Buchh. d. Berl. ev. Missionsges. [1896].* (2 Bl., 239 S., 1 Portr.) 1 Bd 8. [97. 1901

—— drei Wochen auf dem Kriegsschauplatze. 1.—8., bericht. und verm. Aufl. 8. (III und 152 S.) Halle 864, Mühlmann. *

—— Sechs Wochen im Felde. 1.—8., bericht. und verm. Aufl. 8. (V und 236 S.) Halle 867, Mühlmann. *

—— sechs Wochen im Felde. 3. Afl. 8. (236) Ebd. 68. n. — 16

— sechs Wochen im Felde. 3. Aufl. 2. (Titel-) Ausg. 12. (III, 236 S.) Halle a/S. 891. R. Mühlmann's Verl. n. 1.60

Besser, Wilhelmine v.: Die Musterküche. (9, 395 u. 20) gr8° Stuttg., W Spemann '12. L 10 — d

Besser, Willibald
— enumeratio plantarum hucusque in Volhynia, Podolia etc. nasc. 8 maj. Wilna 824. Zawadsky. (Leipz., Kummer). 1 Thlr

Besser, Willibald: Primitiae florae Galiciae (Austriacae) utriusque. 2 Bde. Wien: Doll 1809.

Besser, W. S. J. G., primitiae Florae Galiciae utriusque. II Part. 12. Wien 810. Ant. Doll. 2 Thlr 16 gr

Das Universum als Perpetuum Mobile, die Schwer- und Wiederstandskraft [!] sind die Ur- und treibenden Kräfte seiner Bewegungen: Besser-Kienappel. *Wandsbeck 1902: C. Bobers.* (20 S.) 8° [J.] [03. 3

Besserer, Adolphus (geb. 1809 in Aachen): Observationes de ungulum anatomia atque pathologia ... Cum tab. lithographica ... Bonnae, typ. C. Georgii (1834). 4 Bl., 70 S., 1 Bl., 1 Taf. 8.
Bonn, Med. Fak., Diss. v. 7 Jan. 1834

Besserer, Alwin, approb. Arzt aus Duisburg: Zur Frage der Krystallbildung im Auge. *Duisburg a. Rh. 1899: J. Ewich.* (36 S.) 8°
Freiburg i. B., Med. Diss. v. 1899

Besserer, C., s. Besserer, Karl

Besserer, Corn. Jb. Jak., s. J. W. Reche, Belehrungen aus d. bibl. Geschichte u. dessen goldener Hausschatz.

Besserer, E., Gedächtnißpredigt, bei der Trauerfeier am 22. März 1888 f. d. hochsel. Kaisers u. Königs Majestät Wilhelm I. geh. gr. 8. (8 S.) Wesel 888. Kühler. n. — 20

Klänge aus des Lebens Frühling von Pfarrer E. Besserer. Duisburg: Dietrich & Hermann [1908?]. 95 S. 8° [09. 14919 5

— **Georg Philipp** (Schweinfurt), De eo quod justum est circa renuntiationes filiarum nobilium immediatorum accepta congrua dote et de hujus recadentia. Diss. jur. Erlangen (Jo. Diet. Mich. Camerarius) Sept. 1758. 32 S. (5.—) 2427
Widm. v.: Gg. Chph. Kleibert, Joh. Volpert Eber (Schweinfurt, dtsch.).

Besserer, Heinrich
Besserer, H.: Commentatio de indole juris criminalis Romanorum usque ad imperatorum tempora. Fasc. I. et II. *Heidelbergae*, Mohr. 827. 8maj. (12 Gr.) Fasc. II. et. s. tit.: De mitigatione poenarum juris crimin. Romanor. inter reipubl. tempora. (6 Gr.)

— **Heinrich** (Obernzenn), De natura poenarum illustrata ex historia juris criminalis Romanorum usque ad imperatorum tempora. Dissert. jur. Würzburg (Carl Wilh. Becker) 1827. 84 Seiten. (4.80) 2428

— **Jo. Paul** (Wetzlar), De interventione post sententiam. Diss. jur. Giessen (E. H. Lammers) März 1744. 40 S. (5.—) 2430

Besserer, Johann Wilhelm
— — (Wetzlar), De foro competente provocationis ex lege diffamari tam secundum jus commune quam ordinationem cameralem. Diss. jur. Präs. Jo. Christoph Koch. Giessen (Joh. Jac. Braun) März 1777. 40 S. (4.80) 2432

— **Joh. Wilhelm** (Schweinfurt), De usuris pretii non soluti. Disp. jur. Präs. Heinr. Bodin. Halle (Chn. Henckel) Juli 1703. 23 S. (4.20) 2431

Besserer, Julius, a. Staßfurt: Über Dauererfolge der Alexander-Adamsschen Operation. Jena 1906: A. Kämpfe. (42 S.) 8°
Jena, Med. Fak., Ref. Franz, Diss. v. 9. Okt. 1906
[Geb. 24. Mai 82 Staßfurt; Wohnort: Staßfurt; Staatsangeh.: Preußen; Vorbildung: Gymn. Goslar Reife O. 00; Studium: München 1, Berlin 4, Jena 3, Leipzig 1, Jena 2 S.; Coll. 24. Sept. 06; Approb. 22. April 08.]

Besserer, Karl, Versuch e. systemat. Entwickel. d. Rechtsverhältnisse d. beiden Geschlechter. 1r Thl. 8. Gießen 800. Heyer. 20 gr

Besserer, C.: Versuch einer philosophischen u. positiv-juridischen Erörterung d. Rechtsverhältnisses d. beiden Geschlechter. Thl. I. *Giessen*, Heyer, Vater. 800. 8. (20 Gr.)

Besserer, Konr. Arn. Herm., katechet. Anleit. z. Bienenzucht. 8. Frankf. a. M. 775. Hermann. Gebhardt u. K. 6 gr

— Kraft des Wortes der Wahrheit bei denen, die seelig werden u. bei denen, die verloren gehen. gr. 8. Frankf. a. M. 767. Raspe. 1 ₰

— der in Christo den Sündern geöffnete Weg des Lebens in Predigten. gr. 8. Frankf. a. M. .... 2e Aufl. 773. Brönner, auch Hermann, Gebhardt u. K. 1 ₰

Besserer, L. Frhr. v., **Materialien zur bayerischen Ornithologie**, s.: **Parrot, C.**

Besserer, Paul, Gerichtsrefer.: Die Entwehrung von Grundstücken, die einem Miterben bei der Erbesauseinandersetzung zugefallen sind. Duisburg a. Rh. 1909: Dietrich & Hermann. VII, 57 S. 8°
Münster, Rechts- u. staatsw. Diss. v. 21. Jan. 1910, Ref. Jacobi, Krückmann
[Geb. 31. Aug. 87 Duisburg; Wohnort: Duisburg; Staatsangeh.: Preußen; Vorbildung: Realgymn. Duisburg Reife O. 05; Studium: Berlin 1, München 3, Münster 2 S.; Rig. 21. Juli 09.] [U 10. 3735

Besserer, R., Erinnerungen z. Beförd. ächter Lebensweisheit. 8. Aachen, Forstmann. 815.

Bessermann, Maurice [prakt. Arzt aus Nusshof (Kt. Baselland)]: Über amyloid-ähnliche Fibrinablagerungen in den Glomerulis der Niere. Zürich 1897. 20 S. 8°.
Zürich. Med. Diss. 1897/98.

Bessert, Alex. Ottom., der Keuchhusten [Tussis convulsiva]. Inaugural-Dissertation. gr. 8. (82 S.) Jena 882. (Neuenhahn.) n.n. 1. 50

Bessert, Alfons, Referendar: Die Pflichten des stillen Gesellschafters. Borna-Leipzig 1909: Noske. IX, 43 S. 8°
Leipzig, Jur. Diss. v. 21. März 1910
[Geb. 14. April 85 Samter; Wohnort: Ostrowo; Staatsangeh.: Preußen; Vorbildung: Gymn. Ostrowo Reife O. 04; Studium: Breslau 3, Halle 3 S. Rig. 21. März 10.] [U 10. 2662

Bessert, P., welche Wege empfehlen sich, um der evangelischen Kirche zur Verbesserung ihrer äußeren Lage eine einheitliche, geordnete Verwaltung zu geben, und die vielen Ursachen des Widerwillens ihrer Glieder zu beseitigen? Entwurf zu einer zeitgemäßen Lösung eines dem Geiste und Wesen entsprechenden Kirchenverfassungsbaues für die evangel. Kirche. Unter Mitwirkung und in Verbindung mit einem Nichtgeistlichen bearb. gr. 8. (34 S.) Görlitz 875, [Wollmann.] (Liegnitz, Kaulfuß'sche Buchh.) *

Besserung, zur christl., s. Basedow.

Besserung, die sittl. u. bürgerl., der Verbrecher. Frei nach d. Engl. v. E. Spangenberg. gr. 8. Landsh. 821. Krüll. 1 ₰

Katholische Besserungsanstalt für verwahrloste Personen des weiblichen Geschlechts in Oberzell bei Würzburg. München 1857. 8°. 24 S. Cart.

Bessey, Ernst, A(thearn), aus Ames: Über die Bedingungen der Farbbildung bei Fusarium. *Halle a. S. 1904: V. Höfling, München.* (S. 301—334.) 8° ¶ Aus 'Flora oder Allg. Bot. Zeitung, 1904, Bd 93, H. 4.
Halle, Phil. Diss. v. 1904

Bessey, Ernst A., Vegetationsbilder aus Russisch Turkestan, s.: **Vegetationsbilder.** III, 2.

Bessler, Mme., les myrtilles, hrsg. v. M. Mühry, s.: **Schulbibliothek, französische u. englische.** C, 2. Bd.

Bessière, Georges: Die französ. Handelsgesetzgebg. s: Marx, Arth.

Bessiger, MA: Die Unterklasse e. 2klass. Volksschule im Lichte d. Arbeitsidee. (13, 253 m. Abb.) gr8° Lpzg, E Wunderlich '12. 2.80; geb. n 3.40 d

Bessin, W., vollständ. Spiritus-Procent-Tabelle, oder: genaue Berechnung der Procent-Zahlen von 2 bis 1100 Quart Spiritus zu je 70 bis 91 Grade Alkohol, nach Tralles, wobei selbst jedes halbe Procent berechnet worden. gr. Fol. Beeskow 812. (Berlin, Heymann.) n. 1 ₰

Bessire, Emile. Stabio. I. Le crime, poëme. In-8°, 11 p. Berne, chez l'auteur. 1881[2] — 50

Beßke, C. A., vollst. u. gründl. Unterr. auf d. leichteste Art d. best. Aquavite rc. zu fabriciren rc. 8. Leipzig, Joachim. 803.

Beßke, C. A., gründl. Unterricht, auf die leichteste Art die besten Aquavite, Liqueure u. gebrandten Wasser ohne große Kosten selbst zu fabriciren rc. 8. Pirna (803). Friese. 8 Gr.

* **Beßke**, C. A., gründl. Unterr. auf die leichteste Art, die besten Aquavite, Liqueure u. gebrannt. Wasser ohne große Kosten selbst zu fabriciren. 8. Augsburg, Bolling. 805.

Bessler, Ch., meine Reise um die Erde 1889/90. gr. 8. (VIII, 295 S.) Langensalza 892. (Mühlhausen i/Thür., G. Danner.) n. 7. —

Waidmanns Struwwelpeter. Verbrochen von Ch[arles] **Bessler.** [Charlottenburg]: Selbstverl. [1907]. (16 S.) 8° [F.] [08. 0694

Bessler, Ch., Waidmanns **Struwwelpeter.** Verbrochen v. B. (16 Bl. m. farb. Abbildgn.) gr. 8. Neu-Ruppin (908) (K. F. R. Schallehn.) Kart. 2. 50

Die Waldschänke. Von Ch[arles] **Bessler.** [Charlottenburg]: Selbstverl. [1907]. (29 S.) 8° [F.] [08. 0693

— Die **Waldschänke.** (20 Bl. m. farb. Abbild.) gr. 8. Ebd. (908.) Kart. 2. 50

Bessler, Christian [cand. med. aus Voigtsberg in Sachsen]: Untersuchungen über alimentäre Glykosurie ... Leipzig, G. Fock, 1896; 21 S. 8.
Erlangen, Med. Fak., Inaug.-Diss. v. 20. Juli 1896

Bessler, Friedr.: Quaestionum livianarum specimen quo continetur libri XXXI. part I. 26 S.
Progr. Salzwedel 1847.

Beßler, Frd.: Explicationis Aeschyleae symbola. 20 S. [Ueber Septem c. Thebas v. 270 sqq.]
Progr. Salzwedel 1858.

Bessler, Gerhard [cand. med. aus Voigtsberg in Sachsen]: Ein Fall von Fibrosarcom der weichen Gehirnhaut in der hinteren Schädelgrube mit Compression der Oblongata und des Cerebellum ... Erlangen, Druck d. Univ.-Buchdr. v. E. Th. Jacob, 1896; 25 S. 8.
Erlangen, Med. Fak., Inaug.-Diss. v. 31. Jan. 1896

Beßler, J. G., **Blütenkalender** f. den Bienenzüchter. [Aus: „Illustr. Lehrbuch der Bienenzucht".] 8. (16 S.) Stuttgart 887. Kohlhammer. n. — 20

Beßler, J. G., Geschichte der Bienenzucht. Ein Beitrag zur Kulturgeschichte. Mit e. Gedenkbl. hervorrag. Bienenfreunde (in Lichtdr.). gr. 8. (VI, 275 S.) Ludwigsburg 885. (Nördlingen, Beck.) n. 3. —

— Geschichte der Bienenzucht. Ein Beitrag zur Kulturgeschichte. Mit einem Gedenkblatt hervorragender Bienenfreunde (in Lichtdr.). gr. 8. (VI, 275 S.) [Ludwigsburg 886.] Ebendas. *

— illustrirtes **Lehrbuch** der Bienenzucht. 8. (VIII, 218 S.) Ebd. 887. n. 1. —; in Leinw. cart. n. 1. 25

Beßler, J. G., ill. Lehrbuch d. Bienenzucht. 2., verm. Aufl. M. 170 Abb. u. Dr. Dzierzons Bildn. 8. (X, 280 S.) Stuttgart 890. W. Kohlhammer. n. 1. 80; geb. n.n. 1. 70

J. G. **Beßler's** illustriertes Lehrbuch der Bienenzucht. 3. Aufl. Neu bearb. von J. Elsäßer. Mit 170 Abb. Berlin, Stuttgart, Leipzig: W. Kohlhammer 1903. (VI, 304, 16 S.) 8° [F.] [03. 0894

Bessler, Johann Ernst Elias: Das triumphirende Perpetuum mobile Orffyreanum... In gebürender Submission zu etwanniger Erhandlung vorgestellet, und als ein Antrag entworffen von dessen Inventore, Orffyreo (d.i. Johann Ernst Elias Bessler). Cassel: Verf. 1719. 168 S. 8°. (Text deutsch u. lat.)
(Nebent.:) Triumphans perpetuum mobile.

Bessler, Johannes Ferdinand, Cand. d. Theol. aus Voigtsberg b. Oelsnitz: **Unterricht und Übung in der Religion am Philanthropin zu Dessau.** *Niederlössnitz 1900: A. Adam.* (101, VII S.) 8°
Leipzig, Phil. Diss. v. [13. Dez.] 1900

Bessler, T: Das bürgerl. Recht einschliessl. d. Handels- u. Wechselrechts u.d.württemberg. Landesrechts. I. Bd. Die allg. Lehren. Für d. Unterr.-Kurs d. Notariatskandidaten bearb. (190) 8° Stuttg., W Kohlhammer'03. 3.60: geb. 4.30 d

Die Grundlagen der Seelenstörungen. Von Julius Beßmer S. J. Freiburg im Br.: Herder 1906. (VIII, 192 S.) 8° [F.]
— Stimmen aus Maria-Laach. Erg.H. 94.

Bessmer, Jul.: Philos. u. Theol. d. Modernismus. Erklärg d. Lehrgehaltes d. Enzyklika Pascendi, d. Dekretes Lamentabili u. d. Eides wider d. Modernismus. (12, 611) 8° Freiburg B., Herder '12. 7 —; L 8— d

Störungen im Seelenleben. Von Julius Beßmer S. J. Freiburg im Br.: Herder 1904. (XI, 172 S.) 8° [F.]
— Stimmen aus Maria-Laach. Erg.H. 87.

Beßmer, Jul., S. I., Störungen im Seelenleben. 2., verm. u. verb. Aufl. (XV, 227 S.) gr. 8. Freiburg i/B. 907. Herder. 8. 60

Bessmertny, Ch[ana]. Über die Beziehungen zwischen Vagus und Accelerans. Diss. Med. Bern. [Mit 1 Figur. Sep.-Abdr. aus: Zeitschrift für Biologie.... Band 47. Neue Folge Band 29. Heft 3.] *Kopftitel:* Aus dem physiologischen Institut der Universität Bern. 41 S. 8. München, R. Oldenbourg, 1905.

Bessmertny, Marie, s: Von d. Wolga bis z. Donau.

Besson, Diss. de extravasatione et commotione cerebri. Erf. 4°.
Doering, I. 223. 1781

Besson, Msgr., der Gottmensch. Conferenzen. Autoris. Uebersetzg. nach der 15. französ. Aufl. Mit e. Vorrede v. J. B. Heinrich. gr. 8. (XV, 342 S.) Mainz 890. Kirchheim. 8. —

Besson, . Manuel pour les savans et les curieux qui voyagent en Suisse. Par Mr. B'. Avec des Notes par Mr. [Jacob Samuel] W[yttenbach]. 2 tomes. 8. Berne 1786.

***Besson,* ..., manuel p. les savans et les curieux, qui voyagent en Suisse. II Vols. gr. 8. Bern 786. Halle. 1 ℔ 4 gGr**

— le même. gr. 8. Münster 786. Coppenrath. 1 ℔ 10 gGr

Besson, Albert, aus Engollon (Schweiz): **Über das Thiomethylpyrazol und dessen Homologen.** *Rostock 1903: C. Boldt.* (47 S.) 8°
Rostock, Phil. Diss. v. [29. Mai] 1903

Das Ende der Zeiten ('Les derniers Temps et la fin du monde'). Versuch e. Zusammenstellung d. bibl. Weissagungen über d. Zukunft d. Welt u. d. Reiches Gottes. Von H. **Besson,** Pfarrer. Übers. von Annie de Quervain. Mit e. Vorw. z. deutschen Übers. von Pfarrer D. Hadorn. Basel: Kober 1910. 178 S. 8°

Besson, J. H., les fleurs de la morale semées sur le sentier de la jeunesse. Ouvrage dédié à la jeunesse chrétienne, aux chefs d'institutions et aux pères et mères de famille. Leipsic 858. Fr. Fleischer. 8. (VIII, 270 S.) 20 ngr

Besson, M. Notice sur la phenomène de la scintillation. 8 S.
Progr. Prot. G. *Strassburg* 1876.

Besson, Marius. Antiquités du Valais (Ve — Xe siècles). Ouvrage orné de 50 planches, dont deux en héliogravure [hors texte] et quatre en trichromogravure et de 38 figures dans le texte. (... publié sous les auspices du Département de l'instruction publique du Valais....) 112 p. 4. Fribourg (Suisse), Fragnière Frères, 1910. [souscr. fr. 25. —, en libr. 40. —]

Besson. M[arius]: Contribution à l'histoire du diocèse de Lausanne sous la domination franque 534—888. Fribourg (Suisse) 1908. 207 S. 8°.
Freiburg i Schw. Hab.-Schr. 1908/09.

Besson, M[arius]. Contribution à l'histoire du Diocèse de Lausanne sous la domination Franque, 534–888. [Avec des vignettes.] 207 p. gr.-8. Fribourg, Suisse, Fragnière Frères, 1908. [fr. 6.—]

Besson, M(arius). Recherches sur les origines des évêchés de Genève, Lausanne, Sion et leurs premiers titulaires jusqu'au déclin du VIe siècle. II+XX+253p. gr.-8. Fribourg (Suisse), Otto Gschwend; Paris, Alph. Picard & fils, 1906.
Ed. A: Thèse Lett. Fribourg en Suisse.
Ed. B, en librairie. [fr. 6.—]

Besson, M., s.: Zeitschrift f. schweiz. Kirchengeschichte.

Besson, Paul, das Radium u. die Radioaktivität, allgemeine Eigenschaften u. ärztliche Anwendungen. Mit e. Vorwort v. A. d'Arsonval. Autoris. deutsche Ausg. von W. v. Rüdiger. Mit e. Vorwort v. Alfr. Exner. (VIII, 115 S.) gr. 8. Leipzig 905. J. A. Barth. n. 3. 60

Bessonet, Jak., erbaul. Predigten über verschied. Stellen d. heil. Schrift; aus d. Französ. von Jh. Melch. Goez. Mit e. Vorr. von Rom. Teller. 8. Leipz. 750. Hilscher. 8 gGr

Bessonow, P.: Zur Frage von dem Einfluß des Alkohols auf die Schnelligkeit der Resorption einiger Medikamente vom gesunden menschlichen Magen aus. D. 1895. (Russisch.)

Besson's Leben, s. Lear, H. L. S.

Bessungen, s.: Darmstadt.

Best u. Kumker, Bemerkungen zur Zwangserziehungs-Gesetzgebung, s.: Grenzfragen, juristisch-psychiatrische. III, 8.

— s.: Bericht der oberhess. Gesellschaft f. Natur- u. Heilkunde zu Giessen.

Best, das Gesetz, das Eigenthum an Kirchen, Pfarrhäusern rc. betr. Vom 6. VIII. 1902. Hrsg. u. erläutert. 8. (III, 22 S.) Mainz 902. F. Diemer. n. — 80

— das Gesetz, die Vereinfachung des Verfahrens u. die Verminderung der Kosten bei der Eröffnung v. Erbschaften, bei Theilungen, Versteigerungen, Rangordnungs- u. Distributionssachen in der Prov. Rheinhessen betr., vom 6. VI. 1849. In Ansehg. seiner Anwendbarkeit nach dem Inkrafttreten des B.G.B. erörtert u. m. Anmerkgn. hrsg. 8. (52 S.) Ebd. 901. n. — 60

Best's pract. Handbuch f. Radfahrer u. solche, d. es werden wollen. 8° (31 m. Abbildgn.) Stett. 95. F Nagel. — 50

Die Weltpolitik des Deutschen Reiches im 20. Jahrhundert. Eine volkstüml. Studie f. jeden Vaterlandsfreund unter Benutzung auth. Quellen von Adolf **Best.** *Charlottenburg & Leipzig: A. Michow (1900).* (78 S.) 8° [F.]

Best, Albert [Arzt aus Bonn]: Aus d. med. Poliklinik. Zur Symptomatologie der Interstitiellen Nephritis.... Bonn. Buchdr. Joseph Bach Wwe., 1890; 30 S. — 1 Bl. 8°
Bonn, Med. Fak., Inaug.-Diss. v. [28. Jul.] 1890

Best, C.C.
Best, C. C., ein Brief üb. die Insel St. Helena. 2te ver. beff. Aufl. m. 1 K. gr. 8. Leipz. Göschen. 815.

Best, C. C., Briefe über Ostindien, das Vorgebirge d. guten Hoffnung, u. d. Insel St. Helena rc. Herausg. (v. K. G. Küttner). 4. Leipz. 807. Göschen. Mit Umrissen u. Landsch. 5 ℔ Schrbp. mit schw. u. ill. Kpf. 15 ℔

— Christoph Heinrich (Wallmoda/Hildesh.), Experimenta nonnulla cum aqua ostracodermatum instituta. Diss. med. Präs. Jo. Gottlob Krüger. Helmstedt (P. D. Schnorr) 11. VI. 1754. 24 S. (4.50) 2438
Gew.: Paul Gottlieb Werlhof. — Widm. v.: Präs., Chn. Ludw. Gelpcke (Osterode/Harz).

Best, E.E., s. Best, C.C.

Best, Franz, Dr., aus Niederwürzbach: Ein Fall von Hennochscher Purpurahämorrhagica[!] mit entzündlichem Oedem. *Heidelberg 1903: J. Hörning.* (45 S.) 8°
Heidelberg, Med. Diss. v. 1903

Zur Physiologie und Pathologie der Magenverdauung. 4 Arbeiten von Franz **Best** u. O[tto] Cohnheim. Heidelberg: Winter 1910. 12 S. 8°
(Sitzungsberichte d. Heidelberger Akad. d. Wiss. Math.-naturw. Kl. Jg. 1910. Abh. 23.)

Best, Frz: Ueb. d. Verweildauer v. Salzlösgn im Darme u. d. Wirkgsweise d. salin. Abführmittel. [Aus: „Sitzgsber. u. Abhandlgn d. naturforsch. Gesellsch. zu Rostock".] (26) Lex8° Rost., H Warkentien '12. — 60

Die lokale Anästhesie in der Augenheilkunde. Von Prof. Dr. [Friedrich] Best, Gießen. Halle a. S.: C. Marhold 1905. (52 S.) 8°
= Sammlung zwangloser Abhandlungen aus d. Geb. d. Augenheilkunde. Bd 6, H. 3.

Best, Friedrich, aus Darmstadt: Beitrag zur Kenntniss der α- und β-Naphtyldithiocarbazinsäure sowie der o-Anisyldithiocarbazinsäue[!] und ihrer Condensationsprodukte. *Erlangen 1899: E. Th. Jacob.* (32 S.) 8°
Erlangen, Phil. Diss. v. 8. März 1899

Best, über die regressiven Ernährungsstörungen im Auge bei bandförmiger Hornhauttrübung, s. a. Beiträge zur Augenheilkunde. 43. Hft.

Best, Friedrich, Dr. med., Assistenzarzt d. Universitäts-Augenklinik in Giessen: Über die regressiven Ernährungsstörungen im Auge bei bandförmiger Hornhauttrübung. (Mit 1 Doppel-Taf.) *Hamburg & Leipzig: L. Voss 1900.* (59 S.) 8° [Umschlagt.] ¶(= Beiträge zur Augenheilkunde, H. 43.)
Giessen, Med. Hab.-Schr. v. 1900

Best, Friedrich [app. Arzt aus Wermelskirchen]: Korektopie ... (Aus: v. Graefe's Arch. f. Ophthalmol., Bd XL Abth. 4.) Leipzig, W. Engelmann, 1894; 23 S. 8.
Heidelberg, Med. Fak., Inaug.-Diss. v. [27. Apr.] 1894

Best, G: Die hess. Ges., Verordngn u. Dienstanweisgn z. Ausführg d. BGB u. s. Nebenges. I—VIII. Abth. 8° Mainz 1900, J Diemer. Subskr.-Pr. 26.70
I. A. Ges. betr. d. Notariat. — B. Ges. betr. d. Anlegg d. Grundbuchs. (37 u. 59) 1.40
II. Ges., d. Ausführg d. BGB betr. (307) 4.20; geb. nn 5 —
III. Ges., d. Ausführg d. Ges. üb. d. Angelegenh. d. freiwill. Gerichtsbarkeit betr. (140) 1.80
IV. Freiwill. Gerichtsbarkeit. (Fortsetzg.) (141—560) 4.90; m. III in 1 Bd geb. nn 8.20
V. Kleinere Ges., Verordngn etc. (340) 4.40; geb. nn 5.20
VI. Grundbuchwesen. (Fortsetzg.) (61—315 m. Formularen.) 3.60; geb. nn 5.20
VII. Lorbacher: Die Kostenges. (182 u. 106) 1900. 4.80; geb. nn 5.60
VIII. Becker, H: Sachregister zu Bd I—IV. (120) 1900. 1.60; geb. nn 2.20

Best, G., d. Grundbuch- u. Hypothekenrecht d. neuen bürgerl. Gesetzgebg. f. d. Deutsche Reich. Unt. bes. Berücksicht. d. preuß. u. hess. Gesetzgebg. dargest. u. erört. 2 Thle. gr. 8. Gießen 896. E. Roth. à n. 2. —; in 1 Leinwbd. n. 5. —
1. D. Grundbuchrecht. (IV, 146 S.)
2. D. Hypothekenrecht. (IV, 169 S.)

Best, G. (Hrsg.), s. Rundschau, Illustrierte, der medicinisch-chirurgischen Technik.

Best, Hans, Architektur-Skizzen. gr. 4. (80 Bl. m. III S. Text.) Berlin (902). Leipzig, Baumgärtner. In Leinw.-Mappe n. 12. —

Best, Hans, aus Frankfurt an d. Oder: Ueber die höheren Chloride des Mangans und Chroms. *Berlin 1899: Vogel.* (63 S.) 8°
Berlin, Phil. Diss. v. 5. Aug. 1899

Best, Heinrich [aus Schmitten i/Taunus]: Studien über die amyloide Entartung der Nieren ... Würzburg, J. M. Richter's Buchdr., 1892; 29 S. 8.
Würzburg, Med. Fak., Inaug.-Diss. v. 1892

Best, Hermann [Gerichtsref. aus Wermelskirchen (Rheinl.)]: Darlehn und depositum irregulare ... Bonn, Buch- u. Steindr. J. Bach Wwe, 1896; 107 S. 8.
Erlangen, Jur. Fak., Inaug.-Diss. v. 1896

Best, Hermannus *Philippus* [Bretzenheimensis]: De Cypriani quae feruntur metris in Heptateuchum ... Marpurgi Catt., typ. Friederici typogr. acad., 1891; 59 S. 8.
Marburg, Phil. Fak., Inaug.-Diss. v. [13. Apr.] 1892

— **Johann Heinrich** (Osterode/Harz), De fideicommissorum illustrium constitutione et dispositione. Disp. jur. Präs. Sam. Stryk. Halle (Joh. Gruner) Nov. 1701. 71 S. (5.—) 2435

Best, Karl, a. Frankfurt a. M.: Die persönlichen Konkreta des Altenglischen nach ihren Suffixen geordnet. Straßburg 1905: M. DuMont-Schauberg. (VIII, 45 S.) 8°
Straßburg, Phil. Fak., Ref. Koeppel, Diss. v. 1. Aug. 1905
[Geb. 29. April 81 Frankfurt a. M.; Wohnort: Frankfurt; Staatsangeh.: Preußen; Vorbildung: Wöhlerrealgymn. Frankfurt Reife O. 00; Studium: Freiburg i. B., Berlin, Straßburg.]

Best, Ludw.: Elementarer Beweis d. Fermat'schen Satzes. (4) gr8° Darmst., HL Schlapp '12. — 50

Best, Ludw., Beweis des Fermat'schen Satzes. (8 S.) gr. 8. Darmstadt 908. H. L. Schlapp. — 80

Best, *Johann* Otto [aus Osthofen, Rheinhessen]: Über γ-Oxyterpenylsäure, ein Oxydationsprodukt des Carvols mit Permanganat ... Leipzig, Druck v. Breitkopf & Härtel, 1893; 34 S., 1 Bl. 8.
Leipzig, Phil. Fak., Inaug.-Diss. v. [17. März] 1893

Best, Philipp [aus Wölfersheim in Hessen]: Einige Fälle von Anomalien des Bruchsacks. ... Würzburg, Druck d. Ferdinand Röhrl'schen Buchdr., 1888; 45 + 1 S. u. 1 Taf. 8°
Würzburg, Med. Fak., Inaug.-Diss. v. 1888

Berlin und seine Arbeiter in englischer Beleuchtung [A comparison. The brassworkers of Berlin and of Birmingham]. Ein vergleich. Bericht von (R. H.) **Best**, (W. J.) Davis u. (C.) Perks aus Birmingham. Deutsch hrsg. von Dr. Waldemar Zimmermann. Mit e. Vorw. von Prof. Hans Delbrück. Berlin: Wedekind & Co. 1907. (78 S.) 8° [J. u. Ant.]

Best, R. I., s.: Anecdota from irish manuscripts.

Best, Thos. T. [aus Liverpool (England)]: Ueber das Orthoanisidin .... Erlangen, Druck d. Univ.-Buchdr. v. Junge & Sohn, 1888; 27 S. 8°
Erlangen, Phil. Fak., Inaug.-Diss. v. 1888

Best, W., das Gesetz, betr. die Fürsorgekasse f. die Beamten u. Bediensteten der Landgemeinden u. Kommunalverbände vom 29. VII. 1908 nebst Ausführungsanweisung, s.: Gesetzgebung, kommunale. 4

— Das grossh. hess. Ges., d. Wertzuwachssteuer betr., v. 14. XII. 07 sowie d. Vorschriften üb. d. Erhebg v. Besitzwechselabg. durch d. Gemeinden, s.: Gesetzgebung, kommunale.

— Gesetz üb. den Versicherungsvertrag vom 30. V. 1908 (RGBl. 1908 Nr. 30). Erläutert v. B. (263 S.) 8. Stuttgart 908. Deutsche Verlags-Anstalt. Geb. in Leinw. 5. —

Best, W: Gesetz, betr. d. innere Verwaltg u. d. Vertretg d. Kreise u. d. Provv. (Kreis- u. Prov.-Ordng). — Die Landgemeinde-Ordng f. d. Grossh. Hessen. — Die Städte-Ordng f. d. Grossh. Hessen, s: Gesetzgebung. Kommunale.

— Die hess. Verwaltgsgesetze. Verwaltgsrechtspflege, Kreis- u. Prov.-Ordng, Gesetz üb. Anstellg u. Disziplinarverhältn. d. Kreis- u. Prov.-Beamten, Städte-Ordng, Landgemeinde-Ordng. Amtl. Handausg., m. Erläutergn. (81; 4, 56, 3; 5, 120; 5 u. 108) 8° Darmst., Buchh. d. grossh. hess. Staatsverl. '11. L 3.50 d

— Verwaltgsrechtspflege f. d. Grossh. Hessen, s: Gesetzgebung. Kommunale.

Best's, W. M., Grundzüge d. englischen Beweisrechts, bearb. u. m. Anmerkgn. u. Beilagen üb. d. engl. Prozess hrsg. v. Heinr. Marquardsen. Mit einer Einleitung üb. die Bedeutung der engl. Beweislehre v. (Carl Jos. Ant.) Mittermaier. gr. 8. (XLII u. 500 S.) Heidelberg 851. J. C. B. Mohr. 2⅓ ₰

Best, Wilhelm
Bestii, Gul., Ratio emendandi leges Pandectarum Florentinarum auctoritate. Ed. Neuhaus. Lips. 745. 8. 18 gr.

Besta, Carlo Fabio. Aufrichtig und Gründlicher Bericht; So Dr. C F Besta ab der Thell: Denen Ehrsamen R. und G Loblicher Gemeiner Dreyer Pündten über die vom Herren Cavallier Jacomo Albert von Worms wieder sein... Privilegium, gemachten Einwurff/ mit einer so genanten Handels-Gesellschafft... under dem Tittel eines... Anno 1666 erhaltenen Privilegio aller Ertz-Gruben in den Underthanen Landen gründlich Erstatten thut. 4. Chur Gedruckt/ Anno 1705.

Besta, Carolus (Melchior) *(geb. Ratibor 2.1.1850)*: De verborum compositione Plautina. Vratislaviae (1876). (42 S.) 8°

Breslau, Phil. Diss. v. 27. März 1876

Besta, Johann

Besta, J., u. C. Richter, Fibel f. utraquistische Schulen. Nach der Schreiblesemethode bearb. Mit 22 (eingedr. Holzschn.=)Abbildungen. gr. 8. (XII, 52 S.) Ober=Glogau 877. Handel. n. — 30

Besta, J., i A. Cygan, polsko-niemiecka książka do czytania dla katolickich szkół elementarnych. Część 1. (Polnisch-deutsches Lesebuch für die kathol. Elementarschulen. 1. Thl.) 8. (148 S. mit eingedr. Holzschn.) Ober-Glogau 860, Handel. geb. *

Besta, J., i A. Cygan, polsko-niemiecka książka do czytania dla katolickich szkół elementarnych. Cześć 1. (Polnisch-deutsches Lesebuch für kathol. Elementarschulen. 1. Heft.) 2.—8. wydanie, poprawne i pomnożone. 8. (172 S. mit eingedr. Holzschn.) Ober-Glogau 861—68, Handel. *

Besta i A. Cygan, polsko-niemiecka ksiazka do czytania dla katolickich skól elementarnych. Część 1. Wydanie 9—12. 8. (172 S. mit eingedr. Holzschn.) Ober-Glogau 868—70, Handel. *

— — Cześć II. 1—5. wyd. Ebend. 865—70. 8. (336 S.) n. 10 ngr.

— i A. Cygan, polsko-niemiecka ksiażka do czytania dla katolickich szkól elementarnych. Cześć pierwsza. Za pozwoleniem zwierzchnosci duchowndj. Wydanie pietnaste. 8. (172 S.) Ebend. 872. n. — 50

Besta, Joh., deutsches Lese- u. Bildungsbuch für katholische Schullehrer-Seminarien. Ober-Glogau 870. Handel. gr. 8. (IX, 645 S.) n. 1 𝔞𝔣 20 ngr.

Besta, Joh., deutsches Lese- u. Bildungsbuch f. katholische Schullehrer-Seminarien. 2. Aufl. gr. 8. (X, 155 S.) Ober-Glogau 872. Handel. n. 4. 50

Besta, Joh., deutsches Lese- u. Bildungsbuch f. katholische Schullehrer-Seminare. 3. Aufl., vollständig umgearb. v. P. Wimmers u. A. Weinstock. gr. 8 (XVI, 744 S.) Ober-Glogau 884. Handel. n. 5. 50

Besta, Joh., deutsches Lese- und Bildungsbuch für katholische Schullehrer-Seminare. 4. verb. Aufl., bearb. von P. Wimmers und A. Weinstock. gr. 8. (XV, 671 S.) [Ober-Glogau 887.] Breslau, Handel. *

Besta, Joh. Deutsches Lese- u. Bildungsbuch f. katholische Schullehrer-Seminare. 5. verb. Aufl., bearb. v. P. Wimmers u. A. Weinstock. gr. 8. (XV, 675 S.) Bresl. 890, Handel. 5 —

Besta, Joh., deutsches Lese- u. Bildungsbuch f. katholische Schullehrer-Seminare. 6. Aufl., bearb. v. P. Wimmers u. A. Weinstock. gr. 8. (XV, 676 S.) Breslau 892. H. Handel. n. 5. —; geb. n. n. 5. 75

Besta, J, deut. Lese- u. Bildungsbuch f. kathol. Schullehrer-Seminare. 7. Afl., bearb. v. P Wimmers u. A Weinstock. 8° (678) Bresl. 95. H Handel. 5 —: Einbd n. n. n. — 75

Besta, Joh., deutsches Lese- u. Bildungsbuch f. kathol. Schullehrer-Seminare 8. Aufl., bearb. v. Wimmers u. A. Weinstock. gr. 8. (XV, 674 S.) Breslau 898 H. Handel. n. 5.—; geb. n. 6.—

Deutsches Lese- und Bildungsbuch für katholische Schullehrer-Seminare von Johann Besta. 9. Aufl. bearb. von Schul-R. Dr. [Peter] Wimmers u. A[dolf] Weinstock, Sem. Oberl. *Breslau: H. Handel 1901.* (XV, 677 S.) 8° [5.-] [5.-?]

Bestand der in Schneeberg von Seiten der Loge Archimedes zu den Reisbretern in Altenburg errichteten Deputationsloge. Gefertigt den Tag nach ihrer Gründung den 6. Februar 1809. 2 Bl. 4°. [Umschlagtit.]

Bestand und Eintheilung der Eidgenössischen Armee... 1847–1848. Bern 1848 s. (Dufour, G[uillaume-Henri]). Allgemeiner Bericht des eidgenössischen Oberbefehlshabers über... den Feldzug von 1847. fol.

Bestand, Erwiesener, der von dem engern Ausschuss ... gegen den grundgesetzlichen neuen Rostockschen Erbvertrag anwendlich befundenen Erinnerungen ... Rostock 1789. V: *Mantzel, Ernst Johann Friedrich.* (MGT) (Adel)

Bestand. Zum 25-jährigen B' des hinterländischen Bezirks-Krankenhauses in Herisau. 1879—1904. [Mit 8 Tafeln und 2 graphischen Tabellen.] 38 S. 8. Herisau, W. Schiess & Zwicki, (1906).

— u. Geist des eidgenöss. Kriegswesens, wie sie sein sollten. gr. 8. Bern 821. Jenni. 5 gl

Bestand des russischen Kaisertitels. Riga 1724. V: *Grundling, Jacob Paul von.* (Oa)

Der Bestand der Deutschen Kauffahrteischiffe am 1. Jan. 1884—92, 94, 95—98 und die Bestands-Veränderungen in den Jahren 1883—92, 1894—97. (Sonder-Abdruck aus den Vierteljahrsheften zur Statistik des Deutschen Reiches. 1885—93, I; 1895—99, I.) Nebst:
a) Die Deutsche Seeschiffahrt in den Jahren 1883—93, 96 und 97.
b) Die Verunglückungen Deutscher Seeschiffe in den Jahren 1895 u. 96.
c) Die Schiffsunfälle an der Deutschen Küste während des Jahres 1896.
Berlin 1885—93, 95—98.

Reichs-Marine-Amt

—— der kathol. Kirche auf d. ganzen Erdkreise. A. d. 3. Aufl. der „chronolog. Reihenfolge der röm. Päbste" besond. abgedr. gr. 8. (6 B.) Würzburg 828, Ettinger'sche Brigsbuchh.

Bestand der kathol. Kirche auf d. Erdkreis, mit Benennung der apostol. Nuntii, Geschäftsträger, Patriarchen, Beschreibung der Diözesen u. Erzbisthümer, Benennung der denselben vorstehenden Bischöfe u. s. w. In 2 großen Tabellen. Imp. Form. Augsb. 1829, Schlosser ⅓ Thlr. jetzt 7¼ Ngr. — 27 kr.

Bestand d. kathol. Kirche auf d. ganzen Erdkreis. 2 Tab. in Roy.-Fol. (A. d. „Biographie Pius VIII. u. Leo XII." abgedruckt.) Augsburg 830, Schlosser.

Bestand der Würde und Krohn des Königreichs Preussen im Jahre 1701. o.O.

Beständig, Clem.: Tabellen, worin der kubische Gehalt eines jeden Stammes nach seiner verschiedenen Länge und Stärke richtig berechnet zu finden; sammt angehängten Tabellen über die Preise des Holzes. – Wien 1832. VIII, 111 S.

BESTÄNDIGE T., Der, s. Talander = Aug. Bohse.

BESTÄNDIGKEIT, Die gekrönte, in einer curiösen Liebes-Geschichte der Marquisinn de Mauleon. Aus dem Frantzösischen. Franckfurt und Leipzig 1719. 12°. 213 S. (Dem Berliner Expl. fehlt Titel; derselbe ist aus Schwabe, Cat. Bibl. selectae. P. II. Lips. 1785.)
War auch in Heerdegen's in Nürnb. 78. Cat. p. 67 mit „Leipzig 1719. 12." angeführt.
— — Dasselbe. Ibid. 1720. 12.
Cat. Meissner II. — Wirklich neuer Druck?

Beständigkeit, die seltene, Lustsp. v. Weikard. 8. Frankfurt, Andreä. 792. Rthlr. —

BESTÄNDIGKEIT, Die Triumphirende, und Belohnte Treue. Oder ... Lebens-Geschichte HYPOLITE, Graffen von Duglas ... Erst- und Ander Theil. (Aus d. Französ. der Mme. *d'Aulnay* (= *Aulnoy*) von P. J. v. S.) Mit Titelkpf. Franckfurth und Leipzig, ver:egts J. M. Hagen. MDCCXI. (1711.) 8°.

W. v. Maltzahn's Bücherschatz, S. 517, wo weder Name d. Verf. noch d. Uebersetzers. — Goedeke citirt das Buch III, 262, 61, unter den Romanen Meletaon's (Joh. Leonh. Rost's) als Nr. 51

Orig. (in Carlsruhe): Sc 669): Histoire d'Hypolite Comte de Douglas (par Mme. d'Aulnoy). Bruxelles 1704.

Beständigkeit, Die weibliche, ein Schauspiel in 5 Aufzügen. Frankfurt a. M. 1781. V: *Günderode gen. von Kellner, Friedrich Justinian Freiherr von.* (BrMm) (Ky) (ML) (Mn) (Adel)

— die weibliche,. Schausp. 8. Frankf. Fleischer. 781.

Beständigkeit, die weibliche, od. Gesch. d. Fräuleins Belville, entworfen v. der verstorbenen Miß Palmer, a. d. Engl, 5 Thle. 8. Leipz. Schwickert. 783–785. (à 18 gr.)

Bestand-Liste der Grossloge und der sämmtlichen Bundeslogen des Freimaurerbundes „zur Eintracht". Darmstadt 1882. 8. 71 S.

Bestand-Liste d. Communalgarde in Leipzig, wie selbige am 7. Juni 1831 vor Sr. kgl. Hoheit d. Prinzen Johann die Revue passirte, mit genauer Angabe d. einzel. Compagn. u. Chargen. 16. (7 B.) Leipzig 831, Glück.

Bestandliste der Grossen Loge von Hamburg und der unter ihrer Constitution arbeitenden fünf vereinigten Freimaurer-Logen in Hamburg: Absalom, St. Georg, Emanuel, Ferdinande Caroline und Ferdinand z. Felsen. 2 Hefte. Hamburg 1868. 1880. 8.

Bestand-Liste der Grossen Mutterloge des Eklektischen Freimaurerbundes sowie der unter ihrer Constitution arbeitenden Joh. Logen: zur Einigkeit, Sokrates z. Standhaftigkeit, Carl z. aufg. Licht, zur aufg. Morgenröthe, Carl z. Lindenberg, nebst Verzeichniss der übrigen Eklekt. Bundeslogen. 3 Hefte. Frankfurt a M. 1874, 1876, 1882. 8.

Or .·. Frankfurt am Main ... **Bestand-Liste** der Grossen Mutterloge des Eklektischen Freimaurerbundes, sowie d. unter ihrer Constitution arbeitenden Joh .·. Logen zur Einigkeit, Sokrates z. Standhaftigkeit ... nebst Verzeichniss d. übrigen eklektischen Bundeslogen. [1.] Frankfurt a. M. 1897: Mahlau & Waldschmidt. 8°

(10. 1533)

[Bestandliste der Grossen Provinzial-Loge von Niedersachsen zu Hamburg und der unter ihrer Autorität resp. Constitution daselbst arbeitenden 5 Freymaurerlogen: Absalom, St. George, Emanuel, Ferdinande Caroline u. Ferdinand zum Felsen:] 1798; 1799 (Supplement); 1801; 1802; 1803 (Supplem.); 1804; 1805 (Supplem.); 1806 (Supplem.); 1807; 1808; 1809 (Supplem.); 1810 (Supplem.).

Bestandteile, s. Bestandtheile

Bestandtheile und Behandlung der Waffen bei der Reiterei. 8. Dresden 1828.

Bestandtheile u. Behandlung d. Waffen b. d. Reiterei. Grimma 1839.

Bestandtheile. Ueber die B' und Heilkräfte der Bad- und Trinkquelle zu Knuthwyl. ([Von] H** C** Docktor der Arzneywissenschaft. [Mit 1 Tafel.]) 8. Luzern 1791.

Bestandteile, Die, u. d. Kurgebrauch d. Hubertus-Brunnens in Thale a.H., nach ärztl. Gutachten u. chem. Analyse zusammengest. (8 m. Abb.) kl8° Thale, (R Jacoby) ('09). - 20

Bestandtheile. Die B'. Wirkung und Gebrauch der Mineralquellen von St. Moritz. Chur 1856 ea. [Mosmann, Georg].

Bestandteile, Die, Wirkung und Gebrauch der Mineralquellen von St. Moritz. Chur 1856. V: *Mosmann, Ch.* (Bibliogr. d. Schweiz. Landeskunde. Bern 1892ff. IV, 3)

Bestandtheile, die, Wirkung und Gebrauch der Mineralquellen von St. Moritz im Oberengadin, Kanton Graubünden. 2. Aufl. Chur 856. (St. Gallen, Huber u. Co.) 32. (30 S., 1 Lithogr. u. 2 Tab. in 4.) n. 4 ngl

Bestärkung des Entwurfs einer gründlichen Nachricht von den ehemahligen landesherrlichen Vogteyen ... in Teutschland ... Lübeck 1742. V: *Krohn, Hermann Georg.* (ML)

Bestärkung, Gründliche, des aktenmässigen Berichts von dem im hochlöbl. Schwäb. Creyss herkömmlichen iure et modo praesentandi Assessorem A. C. Camerae Imper. ... Stuttg. 1742. V: *Renz, Günther Albrecht.* (ML)

Bestätigung, Apparente, der Herschelschen Entdeckungen im Monde. Nebst e. kurzen Notiz über das Hydro-Oxigen-Gas-Mikroskop. gr. 12. Hamb. 836. Erie. 1/6 ngl (Vgl. Berichte, die höchst merkwürd. über die großen astronom. Entdeckungen im Monde.)

Bestätigung der Bibelberichte durch die Ausgrabungen in Babylon u. Ninive, s.: **Volksaufklärung.**

Bestätigung, u. Erläuterung d. Paulin. Lehrbegriffe vom heil. Abendmahle. gr. 8. Frankf. a. M. 780. Eichenberg. 3 gl

Bestätigung, Kurze, meiner Gedanken über den Hauptpastornamen ... in Hamburg. ... Hamb. 1780. V: *Misler, Johann Gottfried.* (schr)

Bestätigung, landesherrliche, d. Ritterschaftl. Credit-Vereins aller 3 Kreise in Mecklenburg. 4. Schwerin 824. (Stiller.)

Bestätigung, Urkundliche, der Herzoglich-Mecklenburgischen hohen Gerechtsamen, über dero Akademie und Rath zu Rostock ... O. O. 1754. V: *Aepinus, Angelius Johann Daniel.* (Ky) (ML) (Schz)

Bestätigungs-Urkunde des (1777) erneuerten Brandenburgischen rothen Adler-Ordens. (Dat.:) Berlin den 12. Junius 1792.

[Bestätigungs-Urkunde der bei der Freimaurer-Loge Karl zur gekrönten Säule zu Braunschweig zu errichtenden Wittwen- und Waisen-Societät. (Gegeben von Karl Wilhelm Ferdinand, Herzog von Braunschweig-Lüneburg. Dat.:] Braunschweig 1806. 8 S. 4°

Bestattung, die, der in Berlin am 18. u. 19. März gefallenen Helden. 8. (8 S.) Grünberg 848, Levysohn. n. 1 ngl

Bestattung. Bei der B' von Christian Friedr(ich) Schönbein, den 2. September 1868 [in Basel]. 8. Basel.

Bestattungsfeier d. am 18. Mai 1872 entschlafenen Herrn Georg Wilhelm Förtsch, kgl. protest. Oberpfr. u. Decan zu Schweinfurt. Gehalten am 21. Mai 1872. gr. 8. (12 S.) Schweinfurt 872. Giegler. n. — 20

Bestattungsfeier des am 17. Januar 1861 entschlafenen Herrn Heinr. Chrn. Ullrich, protest. Oberpfarrer, Dekans und Kirchenraths zu Schweinfurt. Gehalten am 19. Januar 1861. Schweinfurt, Giegler. gr. 8. (15 S.) n. 2 ngr.

Beste, das, vom Leben, od. die heil. Barbara, Patronin d. guten Todes. Enth. ihr Leben u. Gebete zu ihrer Verehrg. u. Anrufg. um e. sel. Tod. 16. (32 S.) Paderborn 876. Junfermann. n. — 20

Beste, d., vom Leben ist e. sel. Tod. Oder Leben u. Verehrg d. heil. Barbara, Patronin d. guten Todes. 2. Afl. 16. (32) Paderb. 76, Junfermann. n. — 20

Das Beste vom Leben ist ein seliger Tod. Oder Leben u. Verehrung d. heil. Barbara, Patronin d. guten Todes. 4. Aufl. *Paderborn: Junfermann 1901.* (32 S.) 8° [F.] [01. 4517]

Beste, das, vom Leben ist e. seliger Tod. Oder Leben u. Verehrg. der hl. Barbara, Patronin des guten Todes. 5. Aufl. (32 S.) 16. Paderborn 910. Junfermann. — 25

Beste, Das wahre, der löblichen Zünfte und Handwerker. O. O. 1770. V: *Reimarus, Johann Albert Heinrich.* (schr)

Beste, das, in der Welt. Psalm 84, v. 11. „Prüfet alles, u. das Beste behaltet." 8. (38 S.) Cöthen 892, Schriften-Niederlage d. evangel. Vereinshauses. Mit Goldschn. — 75

Beste: Nellie, e. liebl. Frucht d. Mission im Kafferland, s.: Missionsschriften, neue.

Beste, Carl [pr. Arzt aus Schwerin i. M.]: Ein Fall von Harnblasenectopie bei einem 7 Monate alten Mädchen. . . . Freiburg i. B., Buchdr. „Zum Gutenberg" v. F. Thiergarten, 1889; 30 S. 8°
Freiburg i. B., Med. Fak., Inaug.-Diss. v. 1889

Beste, Ferdinand: Beiträge zur Geschichte der Grundherrschaft des Klosters Dalheim, insbesondere zur Entstehungs- und Verfassungsgeschichte der grundherrlichen Dörfer Meerhof u. Oesdorf. Münster: Regensberg 1909. 45 S. 8° ¶ (Aus: Zeitschrift f. vaterl. Gesch. u. Altertumsk. Bd 67, Abt. 2.)
Münster, Phil. Diss. v. 1. Okt. 1909, Ref. Meister
[Geb. 25. Aug. 81 Kalle; Wohnort: Münster i. W.; Staatsangeh.: Preußen; Vorbildung: Gymn. Brilon Reife O. 04; Studium: Münster 8 S.; Rig. 6. März 09.] [U 10. 3763

Beste, G., De generis dicendi inter Horatii carmina sermonesque discrimine. Diss. 1876. 149 S. 3.50

Beste, Henry Digby, Armuth u. Wohlstand. Katholische Novelle. Aus d. Engl. übertr. v. J. A. M. Brühl. 2 Thle. 18. (695 S.) Aachen 849, Cremer. 3/4 ₰

Beste, Henry Digby, die Familie des Baronets, oder Armuth und Wohlstand. Katholische Novelle. Aus dem Engl. übertragen von J. M. Brühl. 2., durchgeseh. Aufl. 12. (494 S.) Aachen 863, Cremer'sche Buchh.

Album der evangelischen Geistlichen der Stadt Braunschweig mit kurzen Nachrichten über ihre Kirchen. Von Johannes **Beste**, Superint. zu Schöppenstedt. Mit 35 Abb. *Braunschweig & Leipzig: H. Wollermann 1900.* (IV, 138 S.) 8° [F.] [00. 4369]

Beste, Johs. Wilhelm Beste. Ein Lebensbild. Mit dem (Lichtdr.-) Bildnis d. Verewigten. 8. (VIII, 332 S.) Wolfenbüttel 891, Zwißler. * 3 —; geb. * 4 50

— Geschichte der Konferenz v. Dienern u. Freunden der lutherischen Kirche im Herzogt. Braunschweig. Festschrift zu ihrem 50jähr. Jubiläum. gr. 8. (70 S.) Wolfenbüttel 902. J. Zwißler. n. 1. —; kart. n. 1. 20

—— Geschichte der braunschweigischen Landeskirche von der Reformation bis auf unsere Tage. gr. 8. (XI, 730 S.) Ebd. 889. * 15 —; geb. * 17 —

[F.] Das Kloster Riddagshausen. E. Geschichtsbild v. Johannes **Beste**, Superint. . . . zu Schöppenstedt. (Vorr.: G. Eissfeldt, Pastor.) *Wolfenbüttel: J. Zwissler 1898.* (54 S.) 1 Bd 8. [98. 3707]

Die rechtliche Stellung unserer braunschweigischen Landeskirche nach ihrer geschichtl. Entwickelung u. gegenwärt Lage. Vortrag von D. Johannes **Beste**, Superint. Braunschweig & Leipzig: Wollermann 1910. 47 S. 8° [10. 18206]

Beste, Paul, Gedächtnis-Predigt f. den verewigten Pastor Moshagen, am Sonntag Misericordias domini in der St. Andreaskirche zu Braunschweig geh. 8. (18 S) Braunschweig 885. Wollermann. n.n. — 26

Beste, Paul, Licht auf dem Wege. Predigten üb. die Episteln d. 2. Jahrganges der in der braunschweig. Landeskirche gült. Perikopen. 1. u. 2. Hälfte. gr. 8. Braunschweig 891. H. Wollermann. n. 5. —; geb. in Halbfrz. n. 6. —
1. Die festliche Zeit. (VIII, 308 S.) n. 3. —
2. Die festlose Zeit. (IV, 258 S.) n. 2. —

Beste, Wilhelm
— s. W. Busch, Geschichte der christl. Kirche.

Beste, Wilh., über den Geist der romantischen Dichterschule. Ein Vortrag im Sale des Altstadtrathauses zu Braunschweig geh. 8. (38 S.) Braunschweig 881. Grüneberg. n. — 60

Beste, W, üb. d. Geist d. romant. Dichterschule. Vortrag. 8. (38) Brnschw. 81, Wollermann. n. — 60

— die Geschichte Katharina's von Bora. Nach den Quellen bearb. 8. Halle 843, Mühlmann. 1/2 ₰

—— der Glaube macht selig. Ein Wort an evangel. Christen. Im Anh.: Stimmen der Kirchenväter über d. Seligkeit aus dem Glauben. gr. 8. (2 1/2 B.) Braunschweig 842, Leibrock.

—— Martin Luther's Glaubenslehre aus u. in den Quellen dargestellt. gr. 8. (18 1/2 B.) Halle 845, Mühlmann.

Beste, W, d. bedeut. Kanzelredner d. ält. luth. Kirche bis zu Spener in Biogr. u. e. Ausw. 1. u. 2. Bd. Lex.-8. Lpzg. (Hamb., Haendcke u. L.) n. 3. —
Reformationszeitalter. (460) 56. n. 1. 20
Nachreformat. Kanzelredner d. 16. Jahrh. (380) 58. n. 1. 10

Beste, Wilh., die bedeutendsten Kanzelredner der ältern lutherschen Kirche von Luther bis zu Spener, in Biographien und einer Auswahl ihrer Predigten dargestellt. Leipzig 856, 58. G. Mayer. gr. 8.
1. Bd. Die bedeutendsten Kanzelredner der lutherschen Kirche des Reformationszeitalters, in Biographien etc. (XI, 460 S.) n. 1 ₰ 20 ngr
2. „ Die bedeutendsten nachreformatorischen Kanzelredner der lutherschen Kirche des 16. Jahrh., in Biographien etc. (XX, 380 S.) n. 1 ₰ 10 ngr

Beste, Wilh., die bedeutendsten Kanzelredner der älteren lutherschen Kirche v. Luther bis Spener, in Biographieen u. e. Auswahl ihrer Predigten dargestellt. 3. Bd. XVII. Jahrh. Von Arndt bis Spener. gr. 8. (VIII, 385 S.) Dresden 886. Dieckmann. n. 4. 50 (1—3.: n. 13. 50)

Beste, W, d. bedeutendsten Kanzelredner d. ält. luther. Kirche v. Luther bis Spener, in Biographieen u. e. Ausw. ihrer Predigten dargestellt. 3. Bd. XVII. Jahrh. Von Arndt bis Spener. 8. (385) Lpzg 86. Dürr'sche Bh. n. 4. 50 (1—3.: n. 13. 50)

— Luthers Kinderzucht, in Lehren u. Lebensbildern dargestellt. Ein Vortrag, am Abende vor Luther's Todesfeier, den 17. Febr. 1846 gehalten. fl. 8. (Mit d. Abbild. Luther im Kreise s. Familie am Christabende 1536.) Braunschweig, 1846, Meyer sen. n. 1/6 ₰

Beste, Wilhelm, s. J.B. Koppe, Gesangbuch.

— Kriegsbettagspredigt am 27. Juli 1870 in der St. Petrikirche zu Braunschweig geh. gr. 8. (8 S.) Braunschweig 871. Graff & Müller. n.n. — 25

Beste, Wilh., Laienphilosophie od. Weisheitslehren f. die Gebildeten im Volke. 2. stark verm. Aufl. 16. (152 S.) Wolfenbüttel 850, Holle. n. 1/3 ℛ; in Engl. Einb. m. Goldschn. u. Futteral. n. 24 ngr

Beste, Wilh. Laienphilosophie od. Weisheitslehre f. die Gebildeten im Volke. 3., m. e. Stahlst.-Portr. verseh. u. aus dem Nachlasse des Verf. verm. Aufl. Hrsg. durch P. Beste. 16. (XII, 150 S.) Braunschw. 890, Wollermann. geb. m. Goldschn. * 2 25

Beste, Wilh., Goethe's u. Schiller's Religion. Zwei Vorträge im Saale d. Altstadtrathhauses zu Braunschweig geh. gr. 8. (IV, 91 S.) Gotha 873. F. A. Perthes. n. 1. —

—— Sendschreiben an den hochverehrl. Bürgerverein zu Braunschweig, zugl. eine populäre Kritik d. von dem Hrn. Dr. Hanne gegen die Aechtheit der Evangelien vorgebrachten Gründe. gr. 8. (5¾ B.) Braunschweig 840, G. C. E. Meyer sen.

—— Wegweiser zum inneren Frieden. Christliche Meditationen. 8. (XV und 150 S.) Leipzig 855, G. Mayer.

— Wegweiser zum inneren Frieden. Christliche Meditationen. 2. Aufl. 8. (166 S.) Braunschweig 883. Wollermann. n. 1. 50; geb. n. 2. —; m. Goldschn. n. 2. 25

Beste, Wilh., Wegweiser z. inn. Frieden. Christl. Meditationen. 3. Aufl. M. d. Bildn. d. Verf. i. Stahlst. Hrsg. v. Paul Beste. 12. (XIV, 172 S.) Braunschweig 898. H. Wollermann. Geb. in Leinw. m. Goldschn. n. 3. —

Besteck, das tägliche. Vollständige Tabellen der veränderten Breite und Abweichung etc. Genau revid. von P. Porath. Hamburg, (853.) Perthes-Besser u. Mauke. Lex.-8. (1 Bl., 77 S.) n. 1 ℛ

Schweizer Besteckfabrik, Aktiengesellschaft (Fabrique Suisse de Coutellerie et Services), Delémont. [Illustrierte Beschreibung.] Separatabdruck aus: Die Industrielle und Kommerzielle Schweiz beim Eintritt ins XX. Jahrhundert. II + 12 S. quer gr.-8. Zürich, Polygraphisches Institut A.-G., [1902].

Besteck-Tafel zum täglichen Gebrauch auf der See für jeden ¼ Strich und jeden Grad des Compasses von 1 Minute bis 300 Minuten in der Distanz nebst den dazu gehörigen Breiten und Abweichungen. gr. 8. (63 S.) Hamburg 860, Salomon und Comp. geh.

Bestehen, Das dreihundertjährige, des geistlichen Studienstifts St. Wilhelm zu Straßburg. [Straßburg 1843.] V: *Röhrich*, *Tim. Wilh.* (Erman & Horn, Bibliogr. d. dtsch. Universitäten. 2. Leipzig und Berlin 1904.)

Das fünf und zwanzigjähr. **Bestehen** der am 21. April 1827 in Riga gegründeten Commilitonen-Stiftung. Den Mitgliedern am 21. April 1852, dem fünfzigsten Eröffnungstage der Universität Dorpat, dargebracht. — Riga 1852: Häcker. 49 S. 4°

Zum 25jährigen Bestehen der Ortskrankenkasse Göppingen. 1884-1909. (35 S 2 T) 4° Göppingen 1910

1883—1908. Zum 25jährigen **Bestehen** des Krefelder Wanderbundes, d. 18. Okt. 1908. Krefeld: Kramer & Baum (1908). 96 S. 8° [09. 11419 5

1857—1907. Zum 50jährigen Bestehen der Firma Wilh. Adolph Dietz, (Agentur- und Kommissionsgeschäft,) Frankfurt a. M. [Mit Abb.] Frankfurt a. M. (1907): Kornsand. 22 S. 8° [Umschlagt.]

Zum 50jährigen **Bestehen** der Militärischen Gesellschaft zu Berlin am 24. Januar 1893. Ein Rückblick. Als Hs. gedr. *Berlin: E. S. Mittler & Sohn 1893.* (55 S.) 8° [F.]

Zum 50jährigen **Bestehen** der Kreis-Sparkasse des Kreises Ragnit 1857—1907. Königsberg i. Pr. (1907): Ostpr. Dr. (31 S.) 8° [F.] [07. 7578 10

Zum 50jährigen Bestehen der Firma Rud. Otto Meyer, Inh.: Ernst Schiele. Ingenieur-Bureau u. Fabrik für Heizungs- und Lüftungsanlagen, Hamburg, Berlin, Bremen, Kiel, Frankfurt a. M., Posen. (1858—1908.) [Nebst] Anl. — (Hamburg 1908.) 88 S., 1 Mappe. 4°

Zum fünfzigjährigen **Bestehen** der Ober-Postdirektionen. 1850 — 1. Januar — 1900. *Berlin 1899: Reichsdruckerei.* (89 S.) 4° [F.]

Zum 50jähr. Bestehen der Firma Gebr. Schüller, jetzt: Gebr. Schüller Actiengesellschaft, Baumwoll- Spinnereien u. Zwirnerei in Venusberg, Gelenau, Weißbach u. Griesbach. (1858—1908.) — (Chemnitz 1908: R. Müller.) 17 S., 18 Bl. quer-8°

Zum 100jähr. Bestehen der Handelskammer (zu Krefeld im Jahre 1904). — (Krefeld 1904.) 11 S. 4° [Kopft.]

1806—1906. Zum 100jähr. Bestehen der Lyra-Bleistiftfabrik (Nürnberg). — (Nürnberg 1906: Nister.) 32 Bl. quer-8° [Umschlagt.:] Gedenkschrift anläßlich d. 100jähr. Bestehens der Lyra-Bleistiftfabrik, Nürnberg.

Zum 150jähr. Bestehen des Bankhauses von der Heydt-Kersten & Söhne zu Elberfeld am 1. Okt. 1904. (1754—1904.) — (Elberfeld 1904: Lucas.) 31 S. 4°

Zum 400jähr. Bestehen der Sirlenbacher Hütte (1504—1904). — (Siegen 1904: Vorländer.) 7 S. 8°

UEBER DAS BESTEHEN UND WIRKEN DER NATURFORSCHENDEN GESELLSCHAFT ZU BAMBERG.
Bericht 3. ib. 1856. Druck von J. M. Reindl.
4. ib. 1859. Druck der W. Gärtner'schen Officin. Darin: BENEDICT ELLNER, Die Entdeckungen des XVII. Jahrhunderts. Geschichtlich-astronomische Studien. (2. Abdruck.) s. l. & a.

UEBER DAS BESTEHEN UND WIRKEN DES NATURFORSCHENDEN VEREINS ZU BAMBERG.
Bericht 1. (Mit 2 Tafeln.) Bamberg 1852. Gedr. bei J. M. Reindl. 4°.
2. ib. 1854. Gedr. in der Fr. Humann'schen Offizin.

Bestehen, das zehnjährige, des Modernen Gesammt-Gymnasiums zu Leipzig, gefeiert am 16. April 1859. Leipzig, (O. Klemm.) 8. (30 S.) 3 ngr

Zum 10jähr. Bestehen der Fleischerei-Berufsgenossenschaft. (1897—1907.) Im Auftr. d. Genossenschaftsvorst. bearb. von der Geschäftsführung . . . — Mainz 1907: (Falk). 91 S., 25 Bl. 8°

Bestehen. — Zum zehnjährigen Bestehen der Deutschen Juristen-Zeitung. Aus Anlaß des zehnjährigen Bestehens d. Dt. Jur.-Zeitung 1896-1906 gewidmet von Otto Liebmann. Berlin 1906.
(S.-A. a.: Deutsche Juristen-Zeitung 1906, H. 1.)

Zum zehnjährigen Bestehen des Bayerischen Landesverbandes und der Bayerischen Zentraldarlehnskasse 1893—1903. München 1903.

Zum 10jährigen Bestehen der Spielriege des Aachener Turnvereins, 1847, 1900—1910, 24 S., 4°.

Zum zehnjährigen **Bestehen** der Göttinger Vereinigung für angewandte Physik und Mathematik. Festbericht enth. die bei d. Feier am 22. Febr. 1908 gehaltenen Reden u. Ansprachen. Mit 2 Fig. Leipzig 1908: B. G. Teubner. (54 S.) 4° [08. 11470 7

Bestehorn, Perspectivische Vorstellung des berühmten Blocken (!) oder Bloks-Bergs mit derjenigen Gegend soweit solche von der Spitze des Berges gesehen werden kann, gez. 1732 von —. Color. Kpfrst., Homann exc. 1749, mit Erklärgn. 48½: 57 cm. (3 Mk. B. Seligsberg, Bayreuth, 1906.)
Hexen reiten durch die Luft auf die Spitze des Berges zu.

Bestehorn, L. S. Perspectivische Vorstellung des berühmten Brocken- oder Blockenbergs. Nürnberg, 1732.

Besteht e. allgemeines Interesse f. Ausführung d. Projektes zur Korrektion der Unterweser? Gegenschrift wider das von der Bremer Handelskammer üb. das Projekt erstattete Gutachten. gr. 8. (IV, 52 S.) Bremerhaven 883. v. Vangerow. n. 1. —

Bestehung des gestirnten Himmels im J. 1774. [München 1774.] V: *Helfenzrieder*, *Johann Evangelist.* (MGT)

Besteigung, die christliche, der Calvarienberge oder andacht-volle Abbetung am Kreuzwege. Mit 1 Kupf. 8. Salzburg, Duyle.

Besteigung, Die christliche, der Kalvarienberge ... Salzb. 1816. V: *Pillwein, Benedict.* (Hr)

Besteigung, Die, des ewigen Schneeberges. [Salzburg 1852.] V: *Englmayr, Matthias.* (Hr)

Besteigung, Die, des Wetterhorns am 3./4. September 1868. O. O. [1868]. V: *Zuppinger-Zollinger, Heinrich.* (Cat. d. Stadtbibl. Zürich. Zürich 1864—97.)

Bestellschein-Buch zum Gebrauche f. Maler bei Warenbestellungen bei Reisenden. Enth. 100 fortlauf. nummerierte Bestellzettel. qu. 8. Mit e. Beilage: Warenbestellung u. Wareneinkauf. Von Frz. Jos. Wenzel. (12 S.) 8. München (905). G. D. W. Callwey. n.n. 2.—

Bestellungsliste sämmtlicher Gemeinden, Weiler, Höfe etc. des Großherzogthums Baden mit Angabe der Gemeindenamen, der Amtsbezirke, der Postbestellbezirke und der Bestellung. Herausg. von der Direction der Großherzogl. Bad. Verkehrsanstalten. Carlsruhe 859. (Müller.) 4. (2 Bl., 153 S.) n. 1 ℳ

Bestelmeier, G. H., Magazin v. verschied. Kunst- u. andern nützl. Sachen etc. mit 1350 Abbildd. N. A. 4. Nürnb. 823. (Centr.-Compt. in Leipz.) 2 ℳ

Bestelmeier, G.H. (Hrsg.), s.a. Magazin, Pädagogisches.

— pädagog. Magazin. 4 Stcke. Mit Kpf. 8. Nürnb. 793. (Felsecker). 18 ℳ

Bestelmeyer, Adolf

Bestelmeyer, A., u. S. Valentiner, über die Dichte u. die Abhängigkeit derselben vom Druck des Stickstoffs bei der Temperatur der flüssigen Luft. (S. 743 bis 755.) gr. 8. München 904. (G. Franz' Verl.) n. — 40
Sonderabdruck aus: „Sitzungsber. d. bayer. Akad. d. Wiss."

Bestelmeyer, Adolf: Die innere Reibung des Stickstoffs bei tiefen Temperaturen. *Leipzig: J. A. Barth 1903.* (59 S.) 8°
München, Phil. Diss. v. 1903

Bestelmeyer, Dr. R. über Schußverletzungen. Tübingen 1907. 60 S.

Bestelmeyer, Richard, approb. Arzt u. k. b. Unterarzt: Zur vergleichenden Pathologie und pathologischen Anatomie der Hämoglobinurie. *München 1903: C. Wolf & Sohn.* (36 S.) 8°
München, Med. Diss. v. 1903

Besten.– Von tausend Witzen die besten in Wort und Bild. Berlin: A. Weichert. (1899). (16 S.) 8° (Umschlagt.)

Bestenbostel, Fr. Chr., methodolog. Handbuch f. d. Unterricht in d. deutschen Sprache. 1e — 3e Abtheil. gr. 8. Hannov. 827. 29. Hahn. 12 ℳ (1e Abthl. Handbuch d. deutschen Sprache. 2 ℳ 2e Abthl. Methodenlehre. 6 ℳ 3e Abthl. Uebungsaufgaben. 4 ℳ)

Bestenbostel, Fr. Chr., methodolog. Handbuch f. d. Unterr. in d. deutsch. Sprache. Für Lehrer an Volksschulen. 3. Abthl. Vorlegeblätter. gr. 8. (5½ B.) Hannover 829, Hahn.
1. Abthl.: Handb. d. deutsch. Sprache. 2 Gr. — 2. Abthl. Methodenlehre. 6 Gr. Ebendas. 1827.

Bestenbostel, Fr. Christ., methodolog. Handbuch f. d. Unterr. in d. deutschen Sprache. Für Lehrer an Volksschulen. 3 Thle. 2., verb. u. verm. Aufl. gr. 8. Hannover, Hahn'sche Hofbuchh.
Thl. 1. Lehrbuch d. deutschen Sprache. (3 B.) 834. 2 Gr.
" 2. Vorlegeblätter. (11½ B. nur auf ein. Seite bedruckt.) 838. 8 Gr.
" 3. Methodenlehre. (8¼ B.) 839. 6 Gr.

—— Leitfaden z. Unterr. in d. christl. Religion. N. d. hannover. Katechismus bearb. 8. (1½ B.) Hannover 830, Hahn'sche Hofbuchh.

— geistliche Lieder, s. Jh. B. Koppe, christliches Gesangbuch.

Bestendonk, Hermann, approb. Arzt aus Capellen: Aus d. chirurg. Klinik d. Universität Marburg. Ein Fall von Lendenbruch. *Marburg 1899: C. L. Pfeil.* (35 S.) 8°
Marburg, Med. Diss. v. 10. Juli 1899

Alphabetisches Sachregister zur Allgemeinen Dienstanweisung für Post und Telegraphie, zsgest. von H[ans] **Bester,** Ober-Postprakt., u. W[alter] v. Oven, Postinsp. Berlin: C. Heymann 1906. (217 S.) 4°(8°) [F.] [07. 44]

Besteuerung (Die) der preussischen und andern Actien-Gesellschaften in deutschen Ländern, vornehmlich in Hannover. gr. 8°. Berlin, H. Müller, 1865.

Besteuerung (Die) der Actiengesellschaften in Verbindung mit der Gemeindebesteuerung. gr. 8°. Köln 1859.

Besteuerung (Die) des Branntweins oder die Umwandlung der Maischsteuer in eine Fabriksteuer. Denkschrift der Handelskammer zu Osnabrück 1868. 4°. Osnabrück 1868.

Besteuerung, die, d. Branntweins. Reichsgesetz vom 24. Juni 1887, bezw. 7. April 1889, nebst allen einschläg. bis 1889 erschienenen Gesetzen u. e. Sachregister. 8. (IV, 52 S.) Würzburg 889. Stahel. — 60; cart. — 75

[F.] Die **Besteuerung** des Gewerbebetriebes im Umherziehen, des Wanderlagerbetriebes und der Eisenbahnen. Gesetze nebst Ausführgsbestimmgn. Erläut. v. Dr. jur. [Georg] Strutz, ... vortr. R. im Finanzminist. *Berlin: C. Heymanns 1897.* (VIII, 168 S.) 1 Bd 8.
— Taschen-Gesetzsammlung. No 33. [97. 5155]

Besteuerung (über die) der geistlichen Grundstücke im Herzogth. Sachsen-Altenburg. gr. 8° Altenburg, Schnuphase, 1849.

Besteuerung (Ueber) im Grossherzogthume Hessen. 4°. Darmstadt, Heyer; auch Leske 1814.

Besteuerung, Die, der Kreditgenossenschaften und Konsum-Vereine in Württemberg. Vortrag ... [Ulm 1892.] V: *Oswald, Jac.* (Berl)

Besteuerung des Schecks als Nachtrag zu der v. Max Apt bearb. 5. Aufl. des Scheckgesetzes, s.: Guttentag's Sammlung deutscher Reichsgesetze. 56.

Besteuerung (Die) der Staatsbeamten-Gehälter. Ein publicistisches Blatt, dem Herrenhause und dem Hause der Abgeordneten gewidmet von O. A. gr. 8°. Berlin, Decker, 1856.

Besteuerung und Steuerbewilligung in Würtemberg. 8°. Tübingen, Osiander, 1819.

Besteuerung (Ueber die unverhältnissmässige) der katholischen Geistlichen in Baiern. 8°. München, Lentner, 1810.

Besteuerung (Verhältnissmässige) oder Wie jeder Staatsangehörige nach der Grösse seiner finanziellen Kraft zu den Allgemeinlasten beitragen würde. gr. 8°. Mit 2 Tab. Leipzig (Magaz. f. Indust.) 1834.

— die, der Wechsel im Gebiete des norddeutschen Bundes. Das Gesetz, betr. die Wechselstempel-Steuer im norddeutschen Bunde vom 10. Juni 1869 [nebst Tarif u. Ausführungs-Bestimmungen] sowie e. Nachtrag zu dem 1868 erschienenen Post- u. Telegraphen-Handbuche für den Verkehr innerhalb Deutschlands. Supplem. zu dem Post- u. Telegraphen-Handbuch für den Verkehr innerhalb Deutschlands. Zusammengestellt nach amtlichen Quellen. 3. Aufl. Düsseldorf 870. J. P. Mischel. gr. 8. (11 S.) 3⅓ ngr

Besteuerung des Zuckers, s. a. Gareis, C., deutsche Reichsgesetze in Einzel-Abdrucken.

Besteuerung des Zuckers. Vom 31.5.91. (Gareis, Reichsgesetze 138) Giessen 1891

Besteuerung (Ueber die) des Zuckers aus Runkelrüben, eine staatswirthschaftliche und finanzielle Betrachtung. Von einem Finanz-Beamten. Lex.-8°. Frankfurt a. O., Hoffmann, 1852.

Besteuerungs-Cataster, Die vorhandene, des Herzogthums Schleswig und Holstein, ... Altona 1825. V: *Iversen, Jac.* (MGT) (schles)

Besteuerungs-Cataster (Die vorhandenen) des Herzogthums Schleswig und Holstein, in wie ferne sie das Areal und die Ertragsfähigkeit des Bodens derselben richtig aussprechen oder nicht; nebst Ideen und Vorschlägen zu einem neuen Cataster. Von einem Landwirthe. gr. 8°. Altona, Hammerich, 1825.

Besteuerungsfrage, die, der israelitischen Cultus-Gemeinde in Lemberg. Vom Vereine für Bildung der Geselligkeit. 8. (31 S.) Lemberg 863, (Wild.)

Besteuerungs-Vorschlag (Ein) für Nichtverheirathete. 8°. s. l. s. a (ca. 1840).

Bestgen, Fritz, aus Köln: Rechtsstellung einer Ehefrau, welche selbständig ein Erwerbsgeschäft betreibt. *Halle a. S. 1902: C. A. Kaemmerer & Co.* (45 S.) 8°
Leipzig, Jur. Diss. v. 1902

Besthorn, Emil. Ueber den Sulfoharnstoff des Phenylhydrazin's und seine Derivate. (Freiburg) München, 1882. Diss.

Besthorn, RO, s: Codex Leidensis.

Bestius, Jul., s. Best, Wilhelm

Bestimmung. Ein Roman von Regine Frohberg. 2 Thle. 8. Wien, Pichler. 814.

Bestimmung. Roman von B. v. S. S. 8. (256 S.) Dresden 892. E. Pierson. n. 3. —; geb. n. 4. —

Bestimmung des Alkoholgehalts des Weines und seiner übrigen Bestandtheile. 1842.

Allerhöchste Bestimmung des bei Polizei- und anderen Kontraventionen in Absicht auf Militairpersonen stattfindenden Verfahrens. Potsdam, den 24sten September 1812. Fol. Berl. o. J.

Bestimmung v. Azimuten i. Harzgebirge, — d. Polhöhe u. d. Intensität d. Schwerkraft auf 22 Stationen v. d. Ostsee b. Kolberg b. z. Schneekoppe, } s. a. Veröffentlichung d. kgl. preuss. geodät. Instituts.

Bestimmung von Azimuten im Harzgebiete. Berlin 1898. V: *Löw, Moritz.* (EB)

Bestimmung der Bahn-Elemente. (Als Manuskript gedruckt.) Wien, 1857. Gedr. bei Leopold Sommer. (33 S. 8.) (Mit einer Tafel.)

Bestimmung der zwanzig Bezirke des wohlthätigen Frauen-Vereins in Pest. Pest. 1855. Gedruckt bei Landerer und Heckenast. (16 S. 8.)

Bestimmung des Dampfverbrauchs an einer Abdampfturbine. Mitteilung des Dampfkessel-Überwachungs-Vereins der Zechen im Oberbergamtsbezirk Dortmund zu Essen-Ruhr. Essen-Ruhr, 1907. 4 S. mit 2 Abb.

Bestimmung der Dauer d. Welt u. ihrer Hauptabtheilung bis ans Ende der Tage. 8. Wism. 770. Bödner. 6 gr

— über die noch deutlichere, d. kaiserl. Wahlkapitulation. Art. XVII. §. 18 u. 19. d. Lehnstaxen betr. (Von G. W. Wipprecht.) 4. Bayr. 791. Lübecks. 5 gr

Bestimmung, Einrichtung und Gebrauch der Geschütze des k. k. Batterie-Geschützsistems vom Jahre 1859. (Mit 5 Tafeln.) (Donation Liechtenstein.) 8. Wien 1860.

Bestimmung und Einrichtung der königlichen Realgymnasien Bayerns. Absolutorium des Realgymnasiums. Berechtigungen. 8 (S. 3—9 resp. 7).
Progr. Rg. *Augsburg* 1886. 1887. 1888. 1889. 1890.

Bestimmung der erdmagnetischen Elemente an 40 Stationen im nordwestlichen Deutschland, ausgeführt im Auftrage der Kaiserlichen Admiralität in den Jahren 1887—1888 von M. Eschenhagen. Hrsg. von dem Hydrographischen Amt des Reichs-Marine-Amts. Berlin 1890

— über, der Entschädigungsmittel f. d. Erbfürsten, (v. K. Th. v. Dalberg). 8. Mörsburg 802. (Joachim in Leipz.) 4 gr

Bestimmung und Erziehung, über weibliche, im Allgemeinen. (Nach dem gekrönten Werke der Frau Necker de Saussure.) Von M. D. 8. Schaffhausen 845, Brodtmann. n. ⅙ rf

— über die, des Fiebers u. Heilung des Scirrhus u. Krebses, (von Schafenecker u. Winter). 8. Ingolst. 804. Attenkofer. 4 gr

— über die, und den Geist, das innere Leben u. äußere Wirken des Ordens d. barmherzigen Schwestern. Sechs Reden, gehalten in d. königl. Residenzstadt München in Baiern, bei Gelegenheit feierl. Einkleidungen der Schwestern gedachten Ordens. Zur allgemeinen Auferbauung z. Druck befördert. 12. Sulzbach, 836. v. Seidel'sche B. ¼ rf 2s Bdchn. 12. Ebd. 839. ¼ rf

Bestimmung, Die, des evangelischen Geistlichen. Heidelberg 1815. V: *Zimmer, Johann Georg.* (H. W. B. Zimmer 1888, S. 323) (Zeitschr. f. Büch. 1923, S. 80)

— die, des evangel. Geistlichen. 8. Heidelb. 815. Mohr. 6 gr

Bestimmung, Die, des katholischen Geistlichen ... München 1817. V: *Rugel, Joseph Alexander August.* (Ky) (MGT)

— die, des kathol. Geistlichen, oder Bemerkl. über d. Schr.: Die Bestimmung des protestant. Geistlichen. 8. Münch. 817. Giel; auch Ulm, Ebner. 4 gr

— über innere u. äußere, des Jünglings; nebst e. Abhandl. über d. Bestimm. d. Mädchens, (v. Jh. Chr. Sommer). 8. Halberst. 794. Mit n. Tit. 8. Leipz. 807. (W. Nauck). 18 gr Holländ. Pap. 1 rf

— üb. innere u. äuss. d. Jünglings, n. e. Abhandl. üb. die Bestimm. d. Mädchens. 8. Leipzig, Sommer. 807.

Bestimmung d. Menschen, die irdische u. himml., ein nützl. u. unterhalt. Buch f. Jedermann, welcher d. Wichtigkeit seines Berufs kennt, zc. Ein unerschöpfl. Stoff üb. sich selbst nachzudenken zc. Bearb. v. ein. Manne, welcher an d. Marken seines Lebens seine Ansichten z. Nutzen u. Frommen seiner Mitbrüder u. zu seiner eigenen Beruhigung mittheilt. 8. (7 B.) Berlin 835, [Lewent.]

Bestimmung d. Menschen, die irdische u. himmlische, e. nützl. u. unterhalt. Buch für Jedermann, welcher die Wichtigkeit seines Berufs kennt ꝛc. Ein unerschöpflicher Stoff üb. sich selbst nachzudenken ꝛc. Bearbeitet von e. Manne, welcher an den Marken seines Lebens seine Ansichten z. Nutzen u. Frommen seiner Mitbürger u. zu seiner eigenen Beruhigung mittheilt. 8. Berlin 835. Schumann. 1/3 ꝛf

BESTIMMUNG der Jungfrau und ihr Verhältniß als Geliebte und Braut. Neusalza, b. Herm. Oeser. (c. 1860.) 8°. (1/2 Rthl.)
Anzeige des Verlegers.

Bestimmung der Längendifferenz zwischen Berlin und Wien auf telegraphischem Wege ausgeführt von den Herren Förster und Weiss. [Publication des königl. preuss. geodät. Instituts.] gr. 4. (III, 47 S.) Leipzig 871, Engelmann.

Bestimmung des geographischen Längenunterschiedes zwischen Leipzig und München durch Carl v. Bauernfeind und Carl Bruhns und deren Assistenten H. Seeliger, L. Weinek und J. H. Franke. gr. 4. (66 S. mit 1 Stnt.) München 876, (Franz'sche Buchh.) *
Aus: Abhandlungen der k. bayer. Akademie der Wissenschaften, besonders abgedruckt.

Bestimmung u. Liebe. Schausp. 8. Bresl. Kehr. 796. —

Bestimmung, Die, des Menschen,
s.a. Spalding, Johann Joachim

Bestimmung, Die, des Menschen. Greifswald und Stralsund 1748. V: *Spalding, Joh. Joach.* (Ky) (MGT)

— die, des Menschen, (v. J. J. Spalding). 4. Greifsw. 748. 10e Aufl. gr. 8. Leipz. 768. 13e mit Zusätzen verm. Aufl. 794. Weidmann'sche B. 8 gr. Fein Pap. 1 ꝛf Dass. französ. (v. Elisabeth). gr. 8. Berl. 776. Rottmann. 12 gr.

Bestimmung, d., d. Menschen, od. moral. Gespr. zwisch. ein. Prinzen u. s. Mentor; e. morgenländ. Gesch. von J. J. Berghaus. 8. Lpz. Gräff. 794.

— des Menschen; ein Blick in die Zukunft ꝛc. 2 Thle. 8. Leipzig, Rower. (1r a. u. d. Tit. Philosophische Betrachtungen ꝛc. 808. 16 gr.; 2r Theil a. u. d. Titel Anthropologische und psycholog. Betrachtung ꝛc. 809. 20 gr.)

Bestimmung, die, des Menschen od. das demselben gesetzte Ziel! (Von O. Brandt.) gr. 8. (24 S.) Magdeburg (901). Evang. Buchhandlg. n. — 25

— die, des Menschen, f. d. Jugend, (v. J. G. Gruber). 8. Lpz. 799.

Bestimmung, Die, des Menschen beym Landleben. Leipzig 1764. V: *Sturm, Christoph Christian.* (Ky) (ML)

— die, des Menschen beim Landleben. gr. 8. Leipz. 764. Weidmann. 5 gr.

— üb. die, d. Menschheit, des Staats u. der Kirche ꝛc. 12. Landsh. 822. Thomann. 4 gr.

— über menschliche, u. freien Willen, ein Beitr. zur Beförder. religiöser Gesinnungen in den Palästen der Fürsten, wie in d. Hütten der Armen. 8. Manh. 816. Schwan u. G. 5 gr.

Bestimmung, Merkwürdige, der Rigaschen Stadt-Rechte über gerichtliche Sühne-Versuche. [Riga 1811.] V: *Streich, Benjamin Traugott.* (R-N)

D. Bestimmg üb. d. Militärdienst i. Norddtsch. Bunde. Berlin 1868.

Bestimmg üb. d. Mil.-Veterinär-Wesen. Berlin 1874.

Bestimmung, Napoleons. [Leipzig 1809.] V: *Pahl, Joh. Gottfr.* (MGT)

— noch eine, für unsere Söhne, od. des Vaterlandes nahe und dauerhafte Wiederbereicherung. 4. Frankf. a. Mayn, Wosell, 816.

Bestimmung, die, v. Normal-Profilen f. die Elbe von der sächsisch-preussischen Grenze bis Geesthacht m. Rücksicht auf die f. die Schifffahrt zu erfüllenden Anforderungen. Auf Grund der bis zum Aug. 1884 gewonnenen Beobachtungs-Resultate bearb. v. der königl. Elbstrom-Bauverwaltg. zu Magdeburg. Mit Atlas, enth. 20 Taf. u. 2 Uebersichtskarten. Fol. (III, 124 S.) Magdeburg 885. E. Baensch jun. cart. n.n. 18. —

— der Oerter der Himmelskörper, f. den Seemann ꝛc. gr. 4. Hamb. 789. Matthiesen. 10 gr.

Bestimmung der Polhöhe und des Azimutes auf der Sternwarte in Kiel im Jahre 1887. (Berlin. 1889.) 4°. sa. Veröffentlichung d. K. Preuss. geodätischen Instituts. Astronomisch-geodätische

Bestimmung der Polhöhe und der Intensität der Schwerkraft in der Nähe des Berliner Meridians von Arkona bis Elsterwerda, sowie auf einigen anderen Stationen nebst Azimutmessungen auf 3 Stationen. Mit 2 Taf. (Vorr.: [Robert] Helmert.) *Berlin: P. Stankiewicz 1902.* (II, 302 S.) 4°
— Veröffentlichung d. k. Preuss. geodät. Institutes. N. F. No 9.

Bestimmung der Polhöhe und der Intensität der Schwerkraft auf zwei und zwanzig Stationen von der Ostsee bei Kolberg bis zur Schneekoppe. M. 4 Taf. (Hrsg.: [Friedr. Rob.] Helmert.) *Berlin: P. Stankiewicz 1896.* (XIV S., 1 Bl., 288 S., 4 Taf.) 1 Bd 4.
(Veröffentlichung d. Kgl. preuss. geodät. Institutes.)

Bestimmung der Längedifferenz Potsdam-Borkum und der Polhöhe auf Station Borkum im Jahre 1904. Berlin 1906. V: *Albrecht, Theodor.* (Berl)

Bestimmung der Längendifferenz Potsdam-Brocken im Jahre 1906. Versuche über die Anwendbarkeit der drahtlosen Telegraphie bei Längenbestimmungen. (Hrsg.: Prof. Dr. Th[eodor] Albrecht.) Berlin: P. Stankiewicz 1907. (61 S.) 4°
(Astronomisch-geodätische Arbeiten 1. Ordnung.)
— Veröffentlichung d. Kgl. Preuß. geodät. Institutes. N. F. No 31.

Bestimmung der Längendifferenz Potsdam-Bukarest im Jahre 1900. (Hrsg.: Prof. Dr. Th[eod.] Albrecht.) *Berlin: P. Stankiewicz 1901.* (56 S.) 4°
(Astronomisch-geodätische Arbeiten 1. Ordnung.)
— Veröffentlichung d. k. Preuss. geodät. Institutes. N. F. No 5.

Bestimmung der Längedifferenz Potsdam-Bukarest im Jahre 1901. (Hrsg.: Prof. Dr. Th[eod.] Albrecht.) *Berlin: P. Stankiewicz 1902.* (II, 56 S.) 4°
(Astronomisch-geodätische Arbeiten 1. Ordnung.)
— Veröffentlichung d. k. Preuss. geodät. Institutes. N. F. No 7.

Bestimmung der Längendifferenz Potsdam-Greenwich im Jahre 1903. (Hrsg.: Prof. Dr. Th[eod.] Albrecht.) *Berlin: P. Stankiewicz 1904.* (77 S.) 4°
(Astronomisch-geodätische Arbeiten 1. Ordnung.)
— Veröffentlichung d. k. Preuß. geodät. Institutes. N. F. No 15.

Bestimmung der Längedifferenz Potsdam-Pulkowa im Jahre 1901. (Hrsg.: Prof. Dr. Th[eod.] Albrecht.) *Berlin: P. Stankiewicz 1902.* (II, 56 S.) 4°
(Astronomisch-geodätische Arbeiten 1. Ordnung.)
— Veröffentlichung d. k. Preuss. geodät. Institutes. N. F. No 7.

Bestimmung, betreffend die Prüfung von Lehren für die Füße und Fassungen von Edison-Glühlampen nach den Vorschriften des Verbandes Deutscher Elektrotechniker. Berlin 1896—1899

Bestimmung des Ranges einer Sultanin bey den Türken-Ceremoniel und Vergnügungen ... [Erfurt 1775.] V: *Tott, Baron von.* (MS)

Bestimmung über die Scharfschützen der grossherzoglich hessischen Infanterie. 8. Darmstadt 1860.

Bestimmung, Shakespeares, Schauspiel in 1 Act. [Berlin 1820.] V: *Stein, Carl.* (GGr)

Bestimmung des Verhältnisses der Vorturner zum Turn-Verein, Chemnitz 1867, 8°.

— des Werthes der bekannt. in- u. ausländ. Münzen rc. 4. Leipzig. Fritsch. 786.

— des Werthes der bekannt. in- u. ausländ. Gold-, Silber-, Kupfer- u. fingirten oder Rechnungs-Münzen in d. Welt rc., (von K. C. A. Neuenhahn). 4. Leipz. 786. (Hahn) 10 gr

— des todten Winkels im Profile d. Wälle u. Brustwehren, z. Berichtigung d. wirklichen, od. eingebild. Bestreichung d. Festungswerke u. Feldschanzen, (von J. G. v. Hoyer). 8. Berl. 820. Sander. 2 gr

— des Wochentages e. gegebenen Datums. Von R. H., S. J. gr. 8. (18 S.) Linz-Urfahr (901). (Verlag des kathol. Preßvereines.) n. — 20

— u. Würde des schönen Geschlechts, zur Beherzigung für d. Schönen u. selbst für die Gesetzgebung, von J. G. P..f..s. gr. 8. Pesth 818. (Wien, Wimmer). 6 gr

Bestimmungen über die Abhaltung der Abgangsprüfungen an der Grossherzogl. Hessischen technischen Hochschule zu Darmstadt. 1879.

Bestimmungen über die Abhaltung der Abgangs-Prüfungen an der Grossherzogl. Technischen Hochschule zu Darmstadt. 1886.

Bestimmungen über die Abhaltung der Absolutorialprüfungen an der K. bayerischen technischen Hochschule zu München (v. 18. 6. 1877). 1877.

Bestimmungen über die Abhaltung der Absolutorialprüfungen an der K. bayerischen technischen Hochschule zu München. Entwurf, als Ms. gedr. 1883. — [Dasselbe] (v. 4. 6. 1883). 1883. *Entwurf: M**

[Dasselbe] (v. 27. 8. 1887). 1887. — [Dasselbe] (v. 27. 8. 1887 u. 22. 7. 1890). 1894. — [Dasselbe] (v. 27. 8. 1887, 22. 7. 1890, 11. u. 29. 7. 1896).

Bestimmungen über die Abhaltung der Absolutorial-Prüfungen der an der kgl. polytechnischen Schule in München studirenden Candidaten des Cultur-Ingenieurfachs (v. 17. 7. 1874). 1874.

Bestimmungen über die Abhaltung der Absolutorial-Prüfungen der an der Landwirthschaftlichen Abtheilung der Kgl. polytechnischen Schule in München immatriculirten Studirenden (v. 29. 1. 1874). 1874.

Bestimmungen über die Abhaltung der Absolutorial-Prüfungen der an der Ingenieur-, Hochbau-, mechanisch-technischen und chemisch-technischen Abtheilung der kgl. polytechnischen Schule in München immatriculirten Studirenden (v. 29. 5. u. 26. 8. 1869, 4. 1. u. 13. 7. 1873). 2. rev. Abdr. 1873.

Bestimmungen über die Abhaltung der Absolutorial-Prüfungen der an der kgl. polytechnischen Schule zu München studirenden Verkehrs- und Zolldienst-Adspiranten (v. 28. 1. 1871). 1871. — 2. verb. Abdr. (mit Änderungen v. 5. 7. 1872 u. 13. 7. 1873). 1873.

Stuttgart. Kgl. Polytechnische Schule. **Bestimmungen** über die Abhaltung von Diplom-Prüfungen an den Fachschulen für Architektur, Ingenieurwesen, Maschinenbau, chemische Technik, Mathematik und Naturwissenschaften. 1875.

Bestimmungen über die Abhaltung der Diplomprüfungen an der Grossherzogl. Technischen Hochschule zu Darmstadt. 1889. — [Neudr.] 1893.

Bestimmungen über die Abhaltung der Diplomprüfungen an der Grossherzogl. Technischen Hochschule zu Darmstadt (v. 28. 7. 1896). 1896. (Nebst Deckbl. zu § 5.)

Bestimmungen über die Abhaltung der Diplomprüfungen an der Grossherzogl. Technischen Hochschule zu Darmstadt (v. 23. 3. 1899). 1899.

[Dasselbe] (v. 7. 1. 1903). 1903.

Bestimmungen über die Abhaltung von Diplomprüfungen an der K. bayerischen technischen Hochschule zu München (v. 30. 9. 1879). 1879.

Bestimmungen über die Abhaltung der Diplomprüfungen an der K. B. Technischen Hochschule zu München [v. 29. 4. 1901]. 1901. [Nebst] Nachtrag betr. Abänderung der §§ 63 u. 64 v. Mai 1902. — [Dasselbe unter Berücksichtigung der Abänderungen. 1903.]

Bestimmungen über die Abhaltung von Diplom-Prüfungen an der Kgl. polytechnischen Schule zu München (v. 27. 4. 1870). 1870. [Nebst] Nachtrag zur Diplomprüfungsordnung für die Studirenden der Kgl. polytechnischen Schule in München (v. 4. 1. 1873).

Bestimmungen über die Abhaltung der Diplomprüfungen an der K. Technischen Hochschule zu München. 1900.

Bestimmungen über die Abhaltung von ausserordentlichen Prüfungen für Ausländer an der Grossherzogl. Technischen Hochschule zu Darmstadt (v. 27. 7. 1888). 1889. — [Neudr.] (1902.)

Bestimmungen über die Abhaltung von Prüfungen für Privatlehrer an der Kgl. polytechnischen Schule zu München (v. 9. 2. 1870). 1870.

Grossherzogl. Technische Hochschule zu Darmstadt. **Bestimmungen** über die Abhaltung von Semestral-Schlussprüfungen (v. 12. 1. 1898).

— über die Ablegung der Cadettenprüfung ohne vorhergegangene Absolvirung e. Cadettenschule. (Zusammengestellt nach der diesbezügl. m. dem Verordnungsblatt f. das k. u. k. Heer, XIII. Stück vom J. 1891, ausgegebenen Vorschriften u. nach den Wehrvorschriften, I. Thl. vom J. 1889.) gr. 8. (48 S.) Wien 894. L. W. Seidel & Sohn. n. — 60

— üb. die Ableistung der Schulpraxis, die Erfüllung der Fortbildungspflicht, die Ablegung der Anstellungsprüfung u. s. w. der Kandidaten u. Kandidatinnen des Volksschuldienstes im Reg.-Bez. Schwaben u. Neuburg. (48 S.) gr. 8. Augsburg (910). Bayer. Schulmuseum. 1. —

Bestimmungen ü. Abstellung v. Telegraphenbeamten . . . f. d. Feld- u. Etappen-Telegraphenformationen. München 1886.

Bestimmungen des deutschen Acetylen-Vereins über den Carbidhandel. gr. 4. (1 Bl.) Halle (900). C. Marhold. n. — 10

— Allerhöchste, üb. die Sr. Maj. dem Kaiser u. Könige zu erstattenden persönlichen militärischen Meldungen u. die Allerhöchsten Ortes nachzusuchenden Audienzen, s.: Garnisondienst-Vorschrift.

Allgemeine Bestimmungen ü. Abhaltung d. Schießübungen d. Feld- u. Fuß-Art. . . . Berlin 1873.

Allgemeine Bestimmungen ü. Abhaltung d. Schießübungen d. Feld- u. Fuß-Art. . . . München 1876.

Allgemeine Bestimmungen über die Abhaltung der Übungen der k. k. Artillerie im Batteriebau, in der Erzeugung und Behandlung der Munition und im Schießen. 2. Aufl. Wien 1880. 4°. (1. Aufl. 1876.)

Bestimmungen, allgemeine, üb. die Abhaltung der Uebungen der k. k. Artillerie im Batteriebau, in der Erzeugung u. Behandlung der Munition u. im Schießen. 2. Aufl. Mit Berichtiggn. vom 14. Febr. 1882. gr. 4. (V, 108 S. m. 3 Steintaf.) Wien 883. Hof- u. Staatsdruckerei. n. 2. 60

Bestimmungen allgemeine über die Abhaltung der Uebungen der k. k. Artillerie im Batteriebau, in der Erzeugung und Behandlung der Munition und im Schießen. Mit 4 Tafeln. 3. Auflage. 4. (V, 137 S.) Wien: Hof- u. Staatsdruckerei 1889 1.50

Bestimmungen, Allgemeine, für den Administrations-Dienst bei der technischen Artillerie. (Lithographiert.) (Donation Liechtenstein.) Fol. Wien 1855.

Allgemeine Bestimmungen über Ausbildung und Prüfung für den Königl. Forstverwaltungsdienst, nebst Regulativ für die höhere Forstlehranstalt zu Neustadt-Eberswalde, vom 7. Februar 1864. Berlin, Deckersche Geh. Oberhofbuchdruckerei. 4. (3 Bog.)

Bestimmungen, allgemeine — für die Bediensteten auf der ausschl. priv. Kaiser Ferdinands-Nordbahn. (8 S. 8.) 1857

Bestimmungen, Allgemeine, für die Bediensteten auf der k. k. östlichen Staats-Eisenbahn. 8. Krakau 1856.

Bestimmungen, Allgemeine — über die Besetzung der Büchsenmacherstellen und die Ausführung des Waffen-Reparatur-Geschäftes bei den Ersatz- und Besatzungs-Truppen. München 1872. 8.

Allgemeine Bestimmungen u. Garn.-Befehle f. Berlin. Jüterbog 1894.

Entwurf] Allgemeine **Bestimmungen** für die große allgemeine Gartenbau-Ausstellung 1897 z. Feier d. 75 j. Jubiläums d. Vereins z. Beförderung d. Gartenbaues in d. Kgl. Preuß. Staaten. Berlin 1895: W. Büxenstein. (8 S.) 8° [illegible]

Allgemeine Bestimmungen über den Geschäftsverkehr mit der Reichsbank. Berlin. 19. Ausgabe (October 1877). 21., 23., 25. Ausgabe. 32. » (October 1893) ff.

Bestimmungen, allgemeine, üb. d. Kegelspiel. (M. 1 Vign.) 1 Bl. in Roy.-Fol. Karlsruhe 838, [Holtzmann.]

Bestimmungen, allgemeine, über d. Kegelspiel. (Mit 1 Vign.) 1 Bl. in Roy.-Fol. Karlsr. 838. Cabinet f. Literatur rc. 1/2 *ß*

Allgemeine Bestimmungen ü. Pflanzungen u. Hecke anlagen i. d. Festungen . . . Berlin 1846.

— allgemeine polizeiliche, üb. die Anlegung v. Dampfkesseln, nebst dem Hamburger Gesetz üb. den Betrieb u. die Beaufsichtigung derselben. [Fassung vom 7. Juli 1882.] 16. (22 S.) Hamburg 883. Eckardt & Meßtorff. n. — 50

— dasselbe. Mit Abänderg. vom 28. Juni 1883. 16. (25 S.) Ebend. 883. n. — 60

— allgemeine polizeiliche, üb. die Anlegung v. Dampfkesseln. Vom 5. Aug. 1890. 16. (13 S.) Hamburg 890 Eckardt & Meßtorff. — 30

— allgem. polizeiliche, üb. d. Anlegg. v. Dampfkesseln. V. 5. Aug. 1890. 3., rev. Ausg. 16. (15 S.) Hamburg 895. Eckardt & Meßtorff. n. — 30

— allgemeine polizeiliche, üb. die Anlegung v. Dampfkesseln, vom 5. VIII. 1890, üb. die Prüfg. der Maschinisten auf Flußdampfschiffen u. Dampfbarkassen, vom 1. VII. 1899, u. üb. die Anmeldg. der auf Flußdampfschiffen beschäftigten Maschinisten, vom Febr. 1884. 5.—7. Aufl. 12. (à 18 S.) Hamburg 899—902. Eckardt & Meßtorff. — 30

Bestimmungen, allgemeine polizeiliche, üb. d. Anlegung v. Dampfkesseln, vom 5. VIII. 1890, üb die Prüfg. der Maschinisten auf Flussdampfschiffen u. Dampfbarkassen, vom 1. VII. 1899, u. üb. die Anmeldg. der auf Flussdampfschiffen beschäftigten Maschinisten, vom Febr. 1884. 9. Aufl. (18 S.) 8. Hamburg 905. Eckardt & Messtorff. n. — 30

— allgemeine polizeiliche, üb. die Anlegung v. Dampfkesseln vom 5. VIII. 1890, üb. die Anmeldung der auf Flußdampfschiffen beschäftigten Maschinisten vom Febr. 1884 u. üb. die Prüfung der Maschinisten auf Flußdampfschiffen u. Dampfbarkassen vom 1. VII. 1899. (Neue Aufl.) (16 S.) 11. 8. Hamburg 908. Eckardt & Meßtorff. — 30

— dasselbe vom 17. XII. 1908, üb. die Anmeldung der auf Flußdampfschiffen beschäftigten Maschinisten vom Febr. 1884 u. üb. die Prüfung der Maschinisten auf Flußdampfschiffen u. Dampfbarkassen vom 1. VII. 1899. (24 S.) 11. 8. Ebd. 909. — 35

Allgemeine polizeiliche Bestimmungen über die Anlegung von Landdampfkesseln nach d. Bekanntmachung v. 17. Dez. 1908 mit d. Material- u. Bauvorschriften. Mit 23 Fig. u. 5 Formularen. Berlin: Heymann 1909. 62 S. 8°

— dasselbe nach der Bekanntmachung vom 17. XII. 1908 m. den Material- u. Bauvorschriften. Mit 23 Fig. u. 5 Formularen. 2. Aufl. (II, 62 S.) 8. Berlin 909. C. Heymann. — 60

— dasselbe. Bekanntmachung des Reichskanzlers v. 17. XII. 1908 nebst Ministerialerlaß vom 28. I. 1909. (16 S.) 11. 8. Hagen 909. O. Hammerschmidt. — 30

— allgemeine polizeiliche, üb. die Anlegung v. Landdampfkesseln vom 17. XII. 1908. (IV, 66 S. m. Fig.) 8. Hamburg 909. Boysen & Maasch. — 60

Allgemeine polizeiliche Bestimmungen über die Anlegung von Landdampfkesseln v. 17. Dez. 1908 u. Anweisung betr. d. Genehmigung u. Untersuchung d. Dampfkessel v. 16. Dez. 1909. Hagen i. W.: Hammerschmidt 1910. 44 S. 8°

Bestimmungen, allgemeine polizeiliche, üb. die Anlegung v. Schiffsdampfkesseln. Bekanntmachung des Reichskanzlers vom 17. XII. 1908 nebst Ministerialerlass vom 28. I. 1909. (16 S.) kl. 8. Hagen, O. Hammerschmidt. '09 —. 30.

— allgemeine polizeiliche, üb. die Anlegung v. Schiffs-Dampfkesseln v. 17. XII. 1908. (IV, 57 S. m. Fig.) 8. Hamburg 909. Boysen & Maasch. — 50

— dasselbe nach der Bekanntmachung vom 17. XII. 1908 m. den Material- u. Bauvorschriften. Mit 11 Fig. u. 5 Formularen. 1. u. 2. Aufl. (55 S.) 8. Berlin 909. C. Heymann. — 60

— allgemeine, für den Postverkehr in Bayern, nach den übrigen deutschen Staaten, Luxemburg und Oesterreich-Ungarn. hoch 4. (4 S.) München 875. (Eichstätt, Krüll'sche Buchh.) *

— allgemeine, f. den Postverkehr in Bayern, nach den übrigen deutschen Staaten, Luxemburg u. Oesterreich-Ungarn. Giltig vom 1. Jan. 1876 ab. Hoch 4. (4 S.) München 876. (Eichstätt, Krüll.) n. — 20

— allgemeine, auf die Rennen bezügliche. (Zusammengestellt durch das General-Sekretariat des Union-Klubs, Berlin N. W., Schadow-Strasse 9.) 8. (43 S.) Berlin 892. (W. H. Kühl.) n. 1. 80

Allgemeine Bestimmungen über das Ressort-Verhältniß der schiedsrichterlichen und der leitenden Behörden bei Ausführung der größeren Manöver. Berlin 1858. 8°.

— allgemeine, zur Sicherung des Betriebes auf den preußischen Staats- und unter Staats-Verwaltung stehenden Privat Eisenbahnen. Vom 27. Mai 1859. Nebst Cirkular-Erlaß vom 8. Juni 1859. Berlin, v. Decker. 8. (24 S.) 2½ ngr.

— allgemeine, zur Sicherung des Betriebes auf den preußischen Staats- u. unter Staats-Verwaltung stehenden Privat-Eisenbahnen. Vom 1. Juli 1868. Berlin 868. v. Decker. 8. (23 S.) 2½ ngr.

— Allgemeine, f. d. Veranstalten v. Preisbewerbgn im Rahmen d. Reit- u. Fahr-Sports. Gült. ab 1. 4. '12. (Kartell f. Reit- u. Fahr-Sport.) (52) 8° Berl., Grethlein & Co. ('12). 1 —

— Allgemeine, betr. Vergebg v. Leistungen u. Lieferga u. Bedinggn f. d. Bewerbg um Arbeiten u. Lieferga v. 22. 3. '12. (28) 8° Berl., Polytechn. Bh. A Seydel '12. — 50 (Pp.) d

— allgemeine, betr. die Vergebung v. Leistungen u. Lieferungen im Geschäftsbereiche des Reichsamts des Innern, der Reichs-Post- u. Telegraphenverwaltung, der Heeresverwaltung u. der Marineverwaltung. (Drucksachen des Reichstags. 12. Legislatur-Periode. I. Session. 1907/1909. Nr. 989.) (167 S.) 31,5×22,5 cm. Berlin, 908. (C. Heymann.) nn 2. 10

— allgemeine, betr. die Vergebung von Leistungen u. Lieferungen nach dem Ministerialerlaß über das Verdingungswesen v. 23. XII. 1905. 1. u. 2. Aufl. (à 12 S.) Lex.-8. Berlin (906). C. Heymann. n. — 50

— Allgemeine, betr. d. Vergebg v. Leistungen u. Lieferga nach d. Ministerialerlass üb. d. Verdinggswesen v. 23. 12. '05. [Ministerium der öffentl. Arbeiten — f. Handel u. Gewerbe v. 30. 1. '06. — d. Finanzen v. 31. 1. '06 — d. geistl., Unterr.- u. Medizinal-Angelegenh. v. 7. 2. '06.] 3. Afl. (12) Lex8° Berl., C Heymann ('11). — 50 d

— allgemeine, betr. die Vergebung von Leistungen und Lieferungen, sowie allgemeine Vertragsbedingungen für die Ausführung von Hochbauten. 1. und 2. Aufl. 4. (20 S.) Berlin 885, C. Heymanns Verlag. *
Aus: Eisenbahn-Verordnungsblatt, besonders abgedruckt.

[5.] Allgemeine Bestimmungen über Vermessungen, Entwürfe und Ausführungen von Park- und Gartenanlagen, sowie Kostenberechngn, Gebührenfordergn u. s. w. Angenommen u. hrsg. v. Ver. Deutscher Gartenkünstler Berlin, im Febr. 1888. *Neudamm: J. Neumann (1896).* (16 S.) 1 Bd 8.
= Schriften d. Vereins Deutscher Gartenkünstler. H. 1.

— allgemeine, des königl. preußischen Ministers der geistlichen, Unterrichts- u. Medicinal-Angelegenheiten vom 15. Octbr. 1872, betr. das Volksschul-Wesen. 8. (16 S.) Münster 878. Obertüschen. — 15

— allgemeine, des königl. preuß. Ministers der geistlichen, Unterrichts- und Medicinal-Angelegenheiten vom 15. Oktbr. 1872, betr. das Volksschul-, Präparanden- und Seminar-Wesen. gr. 8. (62 S.) 1872. 50 Pf., und [Neue Ausg.] 16. (92 S.) Berlin 873, Hertz. *

— dass. — 1.—3. Aufl. 8. (48 S.) Hannover 872, Meyer. *

— dass. — 1.—4. Aufl. 1872. * 50 Pf.; cart. * 60 Pf., und 5. Aufl. 8. (VI, 58 S.) Berlin 873, Kortkampf. cart. *

Bestimmungen, allg., d. k. preuss. Ministers d. geistl., Unterrichts- u. Medicinal-Angelegenheiten v. 15. Octbr. 1872, betr. d. Volksschul-Präparanden- u. Seminar-Wesen. 8. (62) Berl. 72, Hertz. — 75 ‖ 16. (92) 73. — 30 ‖ 5. Afl. 8. (58) Berl. 73, Kortkampf. cart. n. — 60 ‖ 3. Afl. (48) Hann. 73, Meyer. n. — 50 ‖ (47) Neuw 73, Heuser. n. — 50.

— dass. — 4. Aufl. (48 S.) 1873. * 60 Pf.; 5. Aufl. gr. 8. (96 S.) Hannover 875, Meyer. *

— dass., nebst Prüfungs-Ordng f. Lehrerinnen u. Schulvorsteherinnen v. 24. April 1874, u. d. Schulaufsichtsgesetze. v. 11. März 1872. 5. Afl. 8. (96) Hann. 75, Meyer. n. 1. — ‖ (96) Neuw. 75, Heuser. n. — 80

— allg., d. k. preuss. Ministers d. geistlichen, Unterrichts- u. Medicinal-Angelegenh. betr. d. Volksschul-, Präparanden- u. Seminar-Wesen vom 15. Octbr. 1872, nebst Prüfungs-Ordng f. Lehrerinnen u. Schulvorsteherinnen etc. 6. Afl. 8. (101) Hann. 76. Meyer. n. 1. 20

— dasselbe, betr. das Volksschul-, Präparanden- u. Seminar-Wesen vom 15. Octbr. 1872, nebst Prüfungs-Ordnung f. Lehrerinnen u. Schulvorsteherinnen, f. Turnlehrerinnen u. Handarbeitslehrerinnen u. dem Schulaufsichtsgesetze vom 11. März 1872. 6. Aufl. Mit den später erlassenen erläut. u. ergänz. Bestimmungen, fortgeführt bis zum April 1877. gr. 8. (104 S.) Hannover 877. Meyer. n. 1. 20

— allgemeine, über das Volksschul-, Präparanden- und Seminar-Wesen des königl. preußischen Ministers der geistlichen, Unterrichts- und Medicinal-Angelegenheiten vom 15. Oktbr. 1872, nebst Prüfungs-Ordnung für Lehrerinnen und Schulvorsteherinnen vom 24. April 1874 und dem Schulaufsichtsgesetze vom 11. März 1872. Mit den später erlassenen erläut. und ergänz. Bestimmungen. 2.—4. Aufl. gr. 8. (79 S.) Neuwied 877, Heuser'sche Verlagsb. *

— dasselbe. 5. Aufl., m. den später erlassenen erläut. u. ergänz. Ministerial- u. Regierungs-Bestimmungen versehen v. Ad. Liese. 8. (94 S.) Ebend. 878. n. 1. —

—— allgemeine, über das Volksschul-, Präparanden- und Seminar-Wesen des königl. preußischen Ministers der geistlichen, Unterrichts- und Medicinal-Angelegenheiten vom 15. Oktbr. 1872, nebst Prüfungs-Ordnung für Lehrerinnen und Schulvorsteherinnen, für Turnlehrerinnen und Handarbeitslehrerinnen und dem Schulaufsichtsgesetze vom 11. März 1872. 7. durchges. und vervollständ. Aufl. gr. 8. (135 S.) Hannover 881, Meyer. *ℳ 1,40.; cart. *

[F.] Allgemeine Bestimmungen über das preussische Volksschul-, Präparanden- und Seminar-Wesen v. 15. Oktober 1872, nebst verschied. Prüfgs-Ordngn, d. Schulaufsichtsges. v. 11. März 1872, sowie d. Pensionsges. v. 6. Juli 1885 u. den bis 1897 erlass., erläut. u. ergänz. Ministerial- u. Regiergs-Bestimmgn, m. Anm. u. Erläut. v. Ad. Liese, Kgl. Kreis-Schulinsp. in Simmern. 11. verm. Aufl. *Neuwied & Leipzig: Heuser 1897.* (V S., 1 Bl., 192 S.) 1 Bd 8. [98. 4368

— allgem., d. kgl. preuß. Ministers d. geistl., Unterrichts- u. Medicinal-Angeleg., v. 15. X. 1872, betr. d. Volksschul-, Präparanden- u. Seminar-Wesen. (Neudr.) gr. 8. (64 S.) Berlin 898. Besser. — 75; Taschenausg. 16. (92 S.) — 30

Bestimmungen, Allgemeine, des Königlich Preussischen Ministers der geistlichen, Unterrichts- und Medizinal-Angelegenheiten vom 15. Oct. 1872, betreffend das Volksschul-, Präparanden- und Seminar-Wesen. Berlin 1906. 8°.

— allgemeine, f. die Vorbereitung, Ausführung u. Prüfung v. Bauten aus Stampfbeton. Aufgestellt vom deutschen Ausschuss f. Eisenbeton 1908. 1.—5. Aufl. (à 29 S.) 8. Berlin 908—10. W. Ernst & Sohn. — 40

— Allgemeine, f. d. Vorbereitg, Ausführg u. Prüfg v. Bauten a. Stampfbeton. Aufgestellt v. deut. Ausschuss f. Eisenbeton '08. 6. Afl. (29) 8° Ebd. '11. — 40

Allgemeine Bestimmungen über den Wirkungskreis, die Verhältnisse und Verpflichtungen des Directoriums, der Vorsteher und der Lehrer bei den drei Abtheilungen des Carolinums (v. 25. 3. 1836). Braunschweig

Allgemeine Bestimmungen, die in die Lehr- und Erziehungs-Anstalt zu Friedrichstadt-Dresden aufzunehmenden Zöglinge betreffend. [Dresden] o. J. 2 Bl. 4°. [Kopftit.]

Allgemeine Bestimmungen, die in die Lehr- und Erziehungs-Anstalt zu Friedrichstadt-Dresden aufzunehmenden Zöglinge betreffend. (Von Ostern 1867 an giltig.) [Dresden 1867: Ramming.] 11 S. 8° [Kopftit.]

Bestimmungen, die allgemeinen, des königl. preußischen Ministers der geistlichen, Unterrichts- u. Medizinal-Angelegenheiten vom 15. Oktbr. 1872. Mit Angabe der wichtigsten bis Ende 1880 zu denselben erlassenen Ministerial-Verfügungen, dem Schulaufsichtsgesetze u. der Prüfungsordnung f. Taubstummenlehrer u. Turnlehrer. gr. 8. (89 S.) Leipzig 881. Dürr'sche Buchh. cart. n. 1. —

[F.] Die Allgemeinen Bestimmungen des Königlich Preussischen Ministers der geistlichen Unterrichts- u. Medizinal-Angelegenheiten v. 15. Okt. 1872, betr. das Volksschul-, Präparanden- u. Seminar-Wesen, nebst den Prüfgs-Ordngn f. Volksschul-Lehrer u. Lehrerinnen ... erläut. v. E[duard] Sperber, Geh. Regiergs- u. Schulr. 4. Aufl. ergänzt bis 1. Jan. 1899. *Breslau: F. Hirt 1894.* (207 S.) 1 Bd 8. [99. 6316

Bestimmungen für das Deutsche Amateur-Fechtturnier veranstaltet v. Deutsch-Italienischen Fechtklub zu Berlin 1906. Berlin 1906. 10 S.

Bestimmungen, amtliche, für die Konstruktion der Dachrinnen nebst Musterzeichnungen. Entworfen in der Abtheilung für Bauwesen im Königl. Preuß. Ministerium für öffentl. Arbeiten. Hrsg. von der Redact. der deutschen Klempner-Zeitung. 16. (8 S. mit 1 Taf.) Berlin 888, Pataki. *

— die amtlichen französischen, vom 26. II. 1901 üb. die Vereinfachung der Syntax u. Orthographie. gr. 8. (14 S.) Marburg 901. N. G. Elwert's Verl. n. — 20
Sonderabdruck aus: „Heim, die amtl. Schriftstücke zur Reform der französ. Syntax u. Orthographie".

— betr. Anlage, Betrieb u. Untersuchung v. Dampfkesseln. 12. (24 S.) Bremerhaven 892. L. v. Vangerow. — 75

Bestimmungen ü. Anlage ... d. Blitzableiter f. Milit.-Hochbauten. München 1890.
— — 1896: Provisorische Anleitung ...

Bestimmungen f. d. Anlage u. Einrichtung d. Militärstallungen. Mit Pl. München 1860.

Bestimmungen ü. Anlage, Untersuchung u. Unterhalt d. Blitzableiter f. Militärgebäude. Mit Pl. München 1861.

[F.] Die Bestimmungen über die Anlegung und den Betrieb von Dampfkesseln in Preussen. M. Anm. hrsg. v. H. Jaeger, Kgl. Gewerbe-Insp. *Berlin: C. Heymanns 1897.* (VI S., 1 Bl., 170 S.) 1 Bd 8. [97. 5136

—— über Annahme, Abweisung, Verpflegung, Ausbildung, Behandlung ꝛc. der einjährigen Freiwilligen. 8. (26 S.) Dresden 867, Meinhold und Söhne. *

Bestimmungen über die Annahme und die Beschäftigung der Civil-Supernumerare bei der Verwaltung der Residenzstadt Cassel. *Cassel 1903: F. Scheel.* (5 S.) 8° [F.] [03. 3661

— f. d. Annahme v. Rossarzt-Aspiranten. (Auszug a. d. Militär-Veterinärordng. v. 8. 6. 97.) gr. 8. (4 S.) Berlin 897. E. S. Mittler & Sohn. — 15

Bestimmungen über die Annahme der Supernumerare bei der Königlichen Verwaltung der indirekten Steuern. Breslau, Druck v. Grass, Barth & C., 1894; S. 20. 4.
Breslau, ev. R I, OP 1894 (224)

— üb. d. Anschluss d. Nivellements an den preuss. Landeshorizont. Laut Beschluss d. Centraldirektoriums d. Vermessgn. i. preuss. Staate v. 12. Jan. 1895. gr. 8. (8 S. m. 1 Fig.) Berlin 895. R. v. Decker. n. — 35

Bestimmungen über den Anschluss der Nivellements an den Preussischen Landeshorizont. Laut Beschl. d. Centraldirektoriums d. Vermessgn im Preuss. Staate v. 12. Jan. 1895. *(Berlin: Gedr. in d. Reichsdr. 1895.)* (8 S.) 1 Bd 8. [96. 805

Bestimmungen über den Anschluss der Nivellements an das Präcisionsnivellement der Landesaufnahme. (Berlin 1882.) 8.

— über den Anschluss der Nivellements an das Präzisionsnivellement der Landesaufnahme. Laut Beschluss d. Centraldirektoriums der Vermessgn. im Preuss. Staate vom 16. Dezbr. 1882. gr. 8. (7 S. m. 2 Fig.) Berlin 884. (v. Decker.) — 30

Bestimmungen über den Anschluss der Spezialvermessungen an die trigonometrische Landesvermessung. Laut Beschluss des Centraldirektoriums der Vermessungen im Preuss. Staate vom 29. Dezbr. 1879. Lex.-8. (21 S. mit 1 Stnt.) Berlin 880, v. Decker's Verlag. *

— üb. die Anstellung der königl. Bauschreiber u. technischen Secretäre in der allgemeinen Bauverwaltung. Lex.-8. (12 S.) Ebd. 893. n. — 60

Bestimmungen über die Anstellung und Besoldung der Rektoren etc. *Cassel 1899: Drewjs & Schönhoven.* (6 S.) 8° [F.] [00. 6380

Bestimmungen für die Anstellung städtischer Schwestern im Krankenpflegedienst zu Charlottenburg. ⟨Gemeindebeschluß v. 1904.⟩ Charlottenburg 1904: A. Gertz. (7 S.) 8° [F.] [07. 14120

— über die Anwendung gleichmässiger Signaturen f. topographische u. geometrische Karten, Pläne u. Risse. Laut Beschluss des Centraldirektoriums der Vermessungen im Preussischen Staate vom 20. Dezbr. 1879. gr. 8. (17 S. m. 8 lith. u. chromolith. Taf.) Berlin 880. v. Decker. cart. n. 2. —

— über die Anwendung gleichmässiger Signaturen f. topographische u. geometrische Karten, Pläne u. Risse. Laut Beschluss des Centraldirectoriums der Vermessgn. im Preuss. Staate vom 20. Dezbr. 1879, m. Berücksicht. der durch die Beschlüsse vom 16. Dezbr. 1882 u. 12. Dezbr. 1884 herbeigeführten Aendergn. 2. Aufl. gr. 8. (17 S. m. 8 z. Thl. farb. Steintaf.) Berlin 885. v. Decker. cart. n.n. 2. 50

— üb. die Anwendung gleichmässiger Signaturen f. topographische u. geometrische Karten, Pläne u. Risse. Laut Beschluss d. Centraldirektoriums der Vermessgn. im preuss. Staate vom 20. Dezbr. 1879, m. Berücksicht. der durch die Beschlüsse vom 16. Dezbr. 1882, 12. Dezbr. 1884, 15. Dezbr. 1886 u. 21. Dezbr. 1887 herbeigeführten Abänderungen. 3. Aufl. gr. 8. (18 S. m. 8 Taf.) Berlin 888. v. Decker. cart. n. 2. 50

Bestimmungen über die Anwendung gleichmässiger Signaturen für topographische und geometrische Karten, Pläne und Risse. Laut Beschluss d. Centraldirektoriums d. Vermessgn im Preuss. Staate v. 20. Dez. 1879, m. Berücks. der durch die Beschl. v. 16. Dez. 1882, 12. Dez. 1884, 15. Dez. 1886 u. 21. Dez. 1887 herbeigeführten Abändergn. 4. Aufl. *Berlin: R. v. Decker 1895.* (18 S., 8 Taf.) 1 Bd 8. [96. 6078

— über die Anwendung gleichmässiger Signaturen für topographische u. geometrische Karten, Pläne u. Risse. Laut Beschluss des Zentraldirektoriums der Vermessgn. im Preuss. Staate vom 20. XII. 1879, m. Berücksicht. der durch die Beschlüsse vom 16. XII. 1882, 12. XII. 1884, 15. XII. 1886 u. 21. XII. 1887 herbeigeführten Abänderungen. 5. Aufl. (18 S. m. 2 Fig. u. 8 z. Tl. farb. Taf.) 8. Berlin 904. R. v. Decker. Kart. n. 3. —

— über die Anwendung gleichmässiger Signaturen f. topograph. u. geometr. Karten, Pläne u. Risse. Laut Beschluss des Zentraldirektoriums der Vermessgn. im preuss. Staate v. 20. XII. 1879, m. Berücksicht. der durch die Beschlüsse v. 16. XII. 1882, 12. XII. 1884, 15. XII. 1886 u. 21. XII. 1887 herbeigeführten Abändergn. 6. Aufl. (18 S. m. 8 farb. Taf.) 8. Berlin 909. R. v. Decker. Kart. 3. —

— d. XIII. (kgl. württ.) Armee-Corps üb. d. Kaisermanöver 1892. 16° (24) Stuttg. 92, (JB Metzler's V.). || 1893. (18) 93. à — 30

— für das XIII. (kgl. württ.) Armeekorps u. d. Kavallerie-Division A zum Kaiser-Manöver 1899. 12. (40 S. m. 5 Anlagen u. 1 Muster) Stuttgart 899. (J. B. Metzler's Verl.) n. — 80

Bestimmungen über die Arzneigelder-Fonds der Truppen und über die Arzneiverpflegung der Familien der mit den Unteroffizieren der Armee rangirenden Individuen des Garnisons-Bauwesens, des Festungs- und Zeug-Personals, sowie der Zeughaus-Büchsenmacher. München 1877. 8.

Bestimmungen für den Arznei-Verkehr beim Gewerks-Kranken-Verein zu Berlin. Für die Apotheken. Bearb. v. Reinsdorf u. B. Scholz. 6. Ausg. Für d. J. 894. gr. 8. (44 S.) Berlin, R. Gaertner. n. 1. —

— f. d. Arznei-Verkehr beim Gewerks-Kranken-Ver. zu Berlin. Für d. Apotheken. Bearb. v. Reinsdorf u. B Scholz. 8. Asg. Für 1896. 8° (47) Berl. 95, R Gaertner. || Für Aerzte. 5. Asg. (36) 93. à 1 —

Bestimmungen, Astonomische, f.d. europäische Gradmessung. s. Baeyer, J.J.

[Bestimmungen betr. die Atteste über die von den Studierenden angenommenen Vorlesungen.] [Bonn, gedr. bei C. Georgi 1865.] *Anf.:* Nachdem die Senate sämmtlicher Landesuniversitäten *etc.* *Ende:* Bonn, d. 20 Apr. 1865. Der Königl. Curator ... An des Herrn Rektors Prof. Dr. Argelander Magnificenz u. d. acad. Senat hier. 1 Bl. 2.

Bestimmungen über die Aufnahme und Abhaltung der Aufnahmeprüfungen an der kgl. Höheren Maschinenbauschule zu Stettin. *Stettin 1901: L. Pasenow.* (12 S.) 8° [02. 3009 B

Bestimmungen über die Aufnahme und Abhaltung der Aufnahmeprüfungen an der Kgl. Höheren Maschinenbauschule zu Stettin. Stettin 1905: L. Pasenow. (12 S.) 8° [06. 3009 B

Bestimmungen üb. d. Aufnahme in d. militärärztl. Bildungs-Anstalten z. Berlin. 1852. 76, 90 u. 1901 (dopp.). 8 Bde.

— über die Aufnahme in die militärärztlichen Bildungs-Anstalten zu Berlin. gr. 16. (10 S.) Berlin 876. Mittler & Sohn. n. — 20

—— üb. d. Aufnahme in d. militärärztl. Bildgs-Anstalten zu Berlin. 16. (10) Berl. 77, Mittler u. S. n. — 20

Bestimmungen über die Aufnahme in die militärärztlichen Bildungsanstalten zu Berlin. 16. (10 S.) Berlin 882, Mittler und Sohn. *

— üb. d. Aufnahme in d. kgl. preuss. militärärztl. Bildungsanstalten zu Berlin. 12° (15) Berl. 95, ES Mittler & S. — 15

Bestimmungen über die Aufnahme von Eleven in die königl. Militär-Rossarzt-Schule. gr. 8. (4 S.) Berlin 886, Mittler und Sohn. **

Bestimmungen für die Aufnahme in das Erziehungsinstitut in der —, Bogenhauserstr. 11½. München 1878. 12°. 6 S. Cart.

Bestimmungen üb. die Aufnahme v. Jünglingen in d. königl. bayer. Cadetten-Corps. gr. 8. (16 S.) München 851, Lindauer in Comm. n. 4 ngr

Bestimmungen über die Aufnahme von Jünglingen in das königl. bayerische Cadetten-Corps. Neue Aufl. 856. (15 S.) n. 4 ngr — 3. Aufl. München 857. Lindauer in Comm. 8. (22 S.) n. 6 ngr

Bestimmungen über die Aufnahme von Jünglingen in das königl. bayer. Cadeten-Corps. 4. Aufl. Ergänzender Nachtrag. München 868. Lindauer in Comm. gr. 8. (10 S.) n. 2 ngr

Bestimmungen über die Aufnahme von Jünglingen in das k. bayer. Cadetten-Corps. 5. Auflage. München 1871. 8.

— in Betreff der Aufnahme v. Knaben in das Königl. Cadetten-Corps. gr. 8. (39 S.) Berlin 850, Mittler & Sohn in Comm. ¼ ℛ

— in Betreff der Aufnahme von Knaben in das Königl. Cadetten-Corps. Vom 18. Dezbr. 1856. Berlin 857. Decker. gr. 8. (16 S.) 2½ ngr

— in Betreff der Aufnahme von Knaben in das königl. Cadetten-Corps. Berlin 857. Mittler u. Sohn in Comm. 8. (37 S.) 7½ ngr

— für die Aufnahme von Knaben in das königl. preußische Kadetten-Korps. [Auf Grund der durch Allerh. Kabinets-Ordre vom 18. Jan. 1877 genehmigten Reorganisation desselben.] 8. (16 S.) Ebend. 881. n. — 40

Bestimmungen für die Aufnahme in die Militär- und Marine-Erziehungs- und Bildungsanstalten. Handbuch für Landwehr-Bezirks-Kommanden, Ersatz-Behörden, Landraths-Aemter etc. und für Eltern, Vormünder und Schulvorstände, deren Söhne, bezw. Mündel oder Schüler in eine der nachbenannten Anstalten einzutreten resp. aufgenommen zu werden wünschen etc. Im Wortlaut nach amtlichen Quellen zusammengestellt von Theophil Bromer. Militärschriftsteller. 8. Berlin 1895.

[F.] Bestimmungen über die Aufnahme von Studirenden in die Kaiser-Wilhelms-Akademie f. d. militärärztl. Bildgswesen zu Berlin. *Berlin: E. S. Mittler & Sohn 1896.* (20 S.) 1 Bd 8. [96. 5764

Bestimmungen über die Aufnahme v. Studirenden in die Kaiser Wilhelms-Akademie f. das militärärztliche Bildungswesen zu Berlin. 12. (20 S.) Berlin 901. E. S. Mittler & Sohn. — 15; kart. n.n. — 25

— über die Aufnahme v. Studierenden in die Kaiser-Wilhelms-Akademie f. das militärärztliche Bildungswesen zu Berlin vom 30. III. 1906. (D V. E. Nr 316.) (20 S.) kl. 8. Berlin 906. E. S. Mittler & Sohn. n. — 15; kart. n. — 25

— üb. die Aufnahme v. Studierenden in die Kaiser Wilhelms-Akademie f. das militärärztliche Bildungswesen zu Berlin vom 1. VI. 1907. (D. V. E. Nr. 316.) (20 S.) kl. 8. Berlin 907. E. S. Mittler & Sohn. — 20; kart. n — 30

— üb. d. Aufnahme v. Studier. in d. Kaiser Wilhelms-Akademie f. d. militärärztl. Bildgswesen zu Berlin v. 28. 11. '11. (D.V.E. Nr 316.) (20) kl8° Berl., ES Mittler & S. '11. — 20; IIL — 30 d

Bestimmungen ü. Aufnahme v. Zöglingen i. d. Kadetten-Corps. München 1875–1887.

—— über die Aufnahme von Zöglingen in das königl. bayer. Cadetten-Corps. 6. Aufl. gr. 8. (28 S.) München 878, Lindauer'sche Buchh. *

Bestimmungen üb. die Aufnahme v. Zöglingen in das königl. bayr. Cadeten-Corps. gr. 8. (16 S.) München 875. Lindauer in Comm. n. — 40

— über die Aufnahme v. Zöglingen in das königl. bayer. Kadetten-Korps. (20 S.) gr. 8. München 897. (J. Lindauer. n — 60;
2 Stammlisten dazu. (4 u. 1 S.) à n. — 10

— über die Aufnahme v. Zöglingen in das königl. bayer. Kadettenkorps. (20 S.) 8. München 910. J. Lindauer. — 60

— üb. d. Aufnahme v. Zöglingen in d. kgl. bayer. Kadettenkorps. (20) 8° Münch., J Lindauer '12. — 60 d

— über die Aufnahmsprüfung f. die protestant. Pfarramts-Kandidaten. [Amtshandbuch f. protest. Geistliche rc. Bd. III, S. 64—111.] 8. (48 S.) Erlangen 888. (Blaesing.) cart. n. 1. —

— vom 16. V. 1890 — III. 8686. — üb. die Aufstellung v. statischen Berechnungen zu Hochbau-Constructionen sowie üb. die hierbei anzunehmenden Belastungen u. Beanspruchungen. gr. 8. (29 S. m. 12 Abbildgn.) Berlin 899. W. Ernst & Sohn. n. 1. —

Bestimmungen für die Aufstellung der techn. Vorarbeiten zu Eisenbahnanlagen. Berlin (Ernst u. Korn) 1872. (1 Bogen lith. Text Fol. 2 kartograph. Beilagen A u. B. in Imp. Fol.)

— für die Aufstellung der technischen Vorarbeiten zu Eisenbahn-Anlagen vom Octbr. 1871. Normen f. die Aufstellg. v. Bahnhofs-Projecten vom 27. Juli 1873. Fol. (16 lith. S.) Berlin 876. Bohne. n. — 60

[Kopft.:] [J.] **Bestimmungen**, betreffend die Ausbildung und Anstellung der Büreau- und Kassenbeamten der Stadtgemeinde Potsdam. *(Potsdam: Krämer'sche Buchdr. (1895).)* (14 S.) 1 Bd 8. [96. ...

Bestimmungen, betreffend die Ausbildung und Anstellung der Büreau- und Kassenbeamten der Stadtgemeinde Potsdam. *Potsdam ([1898]: Krämer).* (13 S.) 8° [Kopft. J.] [99. ...

— üb. d. an Frauensch. erfolg. Ausbildg v. Kindergärtnerinnen u. Jugendleiterinnen. (15) gr8° Berl., JG Cotta Nf., Zweigniederlassg '11. — 30 d

Bestimmungen, betr. die Ausbildung der Jäger und Schützen. gr. 16. (VII, 40 S. mit 1 Tab. in Fol.) Berlin 868, v. Decker'sche Geh. Ober-Hofbuchdr. *

Bestimmungen ü. Ausbildung d. Kav. i. Zerstören v. Schienen-Geleisen u. Telegraphenleitungen sowie i. Feld-Pionier-Dienst. Berlin 1884.

Bestimmungen ü. Ausbildung v. Mannschaften f. d. Telegraphenformationen d. Besatzungsheeres. München 1885.

Bestimmungen über die Ausbildung von Militärmusikern zu Stabshoboisten, Stabshornisten und Stabstrompetern u. über d. Besetzung von Stabshoboisten- u. s. w. Stellen. *Berlin: E. S. Mittler & Sohn 1901.* (13 S.) 8° [J.] [01. 10177

— üb. die Ausbildung v. Militärmusikern, Berlin 1901. Nachtrag. Mai 1910. (7 S.) 16. Berlin (910.) E. S. Mittler & Sohn. — 10

[Kopft.:] [J.] **Bestimmungen** über Ausbildung, Prüfung und Anstellung für die unteren Stellen des Forstdienstes in Verbindung mit dem Militairdienst im Jägercorps. Vom 1. Okt. 1897. *(Berlin: J. Springer 1897.)* (35 S.) 1 Bd 4. [98. 736

[J.] **Bestimmungen** über Ausbildung, Prüfung und Anstellung für die unteren Stellen des Forstdienstes in Verbindg m. d. Militärdienst im Jägerkorps. Vom 1. Okt. 1897. *(Neudamm: J. Neumann 1897.)* (35 S.) 1 Bd 8. [98. 12023

— dass. (Asg. f. Elsass-Lothr.) 4° (33) Berl. 98, J Springer. nn — 50
Frühere Ausg. erschienen u. d. T.: Regulativ u. s. w.

— über Ausbildung, Prüfung u. Anstellung f. die unteren Stellen des Forstdienstes in Verbindung m. dem Militairdienst im Jägerkorps vom 1. X. 1897 unter Berücksicht. der bis zum 1. IX. 1903 verfügten Änderungen. (35 S.) 4. Berlin (903). J. Springer. n. — 60

Bestimmungen über Ausbildung, Prüfung und Anstellung für die unteren Stellen des Forstdienstes in Verbindung mit d. Militärdienst im Jägerkorps v. 1. Okt. 1897 unter Berücks. der bis z. 1. Sept. 1903 verfügten Änderungen. (Berlin: J. Springer [1904].) (35 S.) 4° [Kopft. J.] [05. 390

—— üb. Ausbildg u. Prüfg f. d. Forstverwaltgsdienst. 4. (23) Berl. 64, (v. Decker.) — 7½

—— über Ausbildung und Prüfung für den königl. Forstverwaltungsdienst. 4. (14 S.) Berlin 874, v. Decker'sche Geh. Ober-Hofbuchdr.

— über Ausbildung u. Prüfung f. d. königl. Forstverwaltungsdienst vom 1. Aug. 1883. gr. 8. (15 S.) Berlin 883. Springer. n.n. — 30
Dass. 2.Aufl. Ebda.1885
Dass.m.d.durch d.Verfüg.v.17.12.1888 u.v.27.2.1892 getroffenen Abänder. Ebda.1892.

[Kopft.:] [J.] **Bestimmungen** über Ausbildung und Prüfung für den Königlichen Forstverwaltungsdienst v. 1. Aug. 1883 m. den durch d. Verfüggn v. 17. Dec. 1888 u. v. 27. Febr. 1892 getroffenen Abändergn. *(Berlin: J. Springer [1898].)* (13 S., 1 Bl.) 1 Bd 8. [98. 6036

Bestimmungen über Ausbildung und Prüfung für den Königlichen Forstverwaltungsdienst vom 1. Juni 1899. *(Berlin: J. Springer 1899.)* (13 S.) 8° [Kopft. J.] [99. 17086

Bestimmungen über Ausbildung und Prüfung der Lehrerinnen der weiblichen Handarbeiten und der Lehrerinnen der Hauswirtschaftskunde. — Berlin: Cotta 1908. 21 S. 8°

— üb. Ausbildg u. Prüfg d. Lehrerinnen d. weibl. Handarbeiten u. d. Lehrerinnen d. Hauswirtschaftskde. (40) gr8° Berl., JG Cotta Nf., Zweigniederlassg '11. — 60 d

— für die Ausbildung v. Schiffsjungen in der kaiserl. Marine. Anlage zum Marineverordnungsblatt Nr. 8 f. 1886. Lex.-8. (48 S.) Ebend. 886. n. 1. —

[J.] Entwurf. **Bestimmungen** für die Ausbildung von Schiffsjungen in der Kaiserlichen Marine. *Berlin: E. S. Mittler & Sohn 1896.* (VI, 53 S.) 1 Bd 8. [97. 2903

Bestimmungen des Finanzministers vom 20. Mai 1892 für die erstmalige Ausführung des Gewerbesteuergesetzes v. 24. Juni 1891. ⟨Gesetzsamml. S. 205.⟩ *Berlin 1893: Reichsdruckerei.* (17 S.) 8° [J.] [04. 9036

Schleswig-Holst. Landesbrandkasse. **Bestimmungen** über die Ausführung der allgemeinen Gebäude-Revision. ⟨§ 32 d. Reglements d. Landesbrandkasse v. 31. Okt. 1899.⟩ Kiel 1901: Vollbehr & Riepen. (25 S.) 8° [Umschlagt. F.] [07. 17031 8

— über die Ausführung v. Gemeindearbeiten der Stadt Strassburg nebst Lastenheft m. Preisverzeichnis üb. die v. 15. VIII. 1906 bis zum 14. VIII. 1909 auszuführenden Unterhaltungsarbeiten. (318 S.) 8. Strassburg 906. (Schlesier & Schweikhardt.) Kart. n.n. 5.50

Bestimmungen zur Ausführung des Gesetzes, betreffend die Besteuerung des Branntweins. Entwurf. (o. O. Um 1887)
Beigeb.: Vorläufige Bestimmungen zur Ausführung der Reichsgesetze, betreffend die Besteuerung des Branntweins vom 24. Juni 1887 und vom 8. Juli 1868, und betreffend die Steuerfreiheit des Branntweins zu gewerblichen Zwecken vom 19. Juli 1879. Hrsg. vom Verein der Spiritusfabrikanten in Deutschland. (o. O. Um 1887)

Bestimmungen wegen Ausführung des Gesetzes vom 9. November 1848, die Erfüllung der Militärpflicht betreffend.
8. Dresden 1848.

— f. d. Ausführg v. Konstruktionen a. Eisenbeton bei Hochbauten. Amtl. Ausg. (16 m. Abb.) 4° Berl., W Ernst & S. '04. — 60

Amtliche Ausgabe. **Bestimmungen** für die Ausführung von Konstruktionen aus Eisenbeton bei Hochbauten. Berlin: W. Ernst & Sohn 1905. (7 Bl.) 4° [05. 11747

— f. d. Ausführg v. Konstruktionen a. Eisenbeton bei Hochbauten v. 24. V. '07. Amtl. Ausg. 1—4. Ausg. (21 m. Fig.) 34,5×21 cm. Ebd. '07. '08. — 60

Amtl. Ausg. **Bestimmungen** für die Ausführung von Konstruktionen aus Eisenbeton bei Hochbauten v. 24. Mai 1907. 3. Ausg. Berlin: Ernst 1907. 21 S. 4° A 12.2911

— dasselbe. (84 S. m. Abbildgn.) 11. 8. Karlsruhe 907. J. Lang. — 60

— dasselbe. Amtliche Ausg. 5. Aufl. m. Runderlassen vom 11. IV. 1908 (betr. Auslegg. der Bestimmgn....), vom 21. I. 1909 (betr. baupolizeil. Behandlg. ebener massiver Decken bei Hochbauten), vom 18. IX. 1909 (betr. Berechng. v. Säulen aus eisenumschnürtem Beton), vom 21. XII. 1909 (betr. Berechng. v. Säulen aus eisenumschnürtem Beton). (25 S. m. 15 Abbildgn.) 34×22 cm. Berlin 910. W. Ernst & Sohn. — 60

— f. die Ausführung v. Konstruktionen aus Eisenbeton bei Hochbauten vom 24. V. 1907. Amtliche Ausg. 6. Aufl. (25 S.) 34,5×22 cm. Ebd. 910. — 60

— dasselbe nebst den Ministerial-Erlassen vom 21. I. u. 18. IX. 1909. (32 S.) 8. Berlin 910. C. Heymann. — 50

— f. d. Ausführg v. Konstruktionen a. Eisenbeton bei Hochbauten v. 24. 5. '07. Amtl. Ausg. 9. Afl. m. Runderlassen v. 11. 4. '08 (betr. Auslegg d. Bestimmgn . . .), v. 21. 1. '09 (betr. baupolizeil. Behandlg ebener massiver Decken bei Hochbauten), v. 18. 9. '09 (betr. Berechng v. Säulen a. eisenumschnürten Beton), v. 21. 12. '09 (betr. Berechng v. Säulen a. eisenumschnürtem Beton), v. 9. 2. '12 (betr. Berechng v. Eisenbetonbalken m. eingelegten Drahtwicklgn in d. Druckschicht. (25 m. Fig.) 34,5×22,5 cm. Berl., W Ernst & S. '12. — 60

Bestimmungen zur Ausführung des Lokalstatuts der Johannis-Freimaurerloge „Zum Tempel der Eintracht" im Or. Posen vom 14. März 1900 (§ 21) betreffend die Bewirtschaftung des Logengrundstücks und den geselligen Verkehr in der Loge. Vom 18ten März 1903. Posen 1903: Neumeyer. 11 S. 8° [Umschlagtit.]

— zur Ausführung des § 27 des Gesetzes v. 17. Juni 1887, betr. die Fürsorge f. die Wittwen u. Waisen von Angehörigen des Reichsheeres u. der kaiserl. Marine. 4. (6 S.) Berlin 887. Mittler & Sohn. n. — 20

— üb. das Ausmass v. Bauarbeiten. Als Auszug aus der vom württ. Geometer-Verein im J. 1891 hrsg. techn. Anweisg. Neu zusammengestellt vom Architekten-Club, dem Baugewerkeverein in Stuttgart u. dem württ. Geometer-Verein. gr. 8. (30 S. m. 40 Fig.) Stuttgart 900. K. Wittwer. n. 1.20

Bestimmungen, betreffend die Ausrüstung und Einrichtung von Eisenbahnwagen für Militärtransporte, Vorschrift über die Hergabe von Personal u. Material d. Eisenbahnverwaltungen an d. Militärbehörde u. Instruktion, betr. Kriegsbetrieb u. Militärbetrieb d. Eisenbahnen. Ausgegeben durch d. Reichs-Eisenbahn-Amt. *Berlin: J. Springer 1902.* (VIII, 44 S.) 8° [F.]
— Militär-Eisenbahn-Ordnung. Th. 2. [04 1776

Bestimmungen für die Ausrüstung der königl. bayerischen Genietruppen. Ausrüstung für den Geniedienst. 12. München 1855.

Bestimmungen für die Ausschiffung und Auflösung der im Jahre 1902 aus Ostasien heimkehrenden Truppentransporte. Ausschiffungs-Bestimmungen 1902. ⟨Aussch. B. 02.⟩ Berlin 1902: Reichsdr. 81 S. 8° [Umschlagt.] [03. 6907

Bestimmungen für den Ausschuss der Studierenden der Technischen Hochschule zu Hannover. Genehmigt 24.1.1888.

Bestimmungen für den Ausschuss der Studierenden der Technischen Hochschule zu Hannover. Genehmigt 4. 3. 1897. 1902.

Bestimmungen über die zur Zeit bestehenden Ausschüsse der Loge Apollo zu Leipzig. (Festgestellt durch Beschluss vom 11. April 1870.) [Leipzig 1870: Polz.] 14 S. 8°

Bestimmungen über die bei der Königlichen Akademie der bildenden Künste zu Dresden bestehenden akademischen Auszeichnungen. 2. Auflage. Dresden 1885. 4°.

Bestimmungen von Azimuten im Harzgebiete. Ausgeführt in d. J. 1887 bis 1891. Bestimmg d. Längendifferenz Jerxheim-Kniel mittelst optischer Signale. (Vorr.: [Friedr. Rob.] Helmert.) *Berlin: P. Stankiewicz 1898.* (3 Bl., 86 S., 1 Bl., 1 Taf.) 1 Bd 4.
(Veröffentlichg d. Kgl. Preuss. Geodät. Institutes.) [98. 6736

— d., f. d. Grossh. Baden gelt. reichs- u. landesgesetzl., üb. d. Verkehr m. Wein, Nahrgsmitteln, Genussmitteln u. Gebrauchsgegenständen (insbes. auch m. Milch, Honig, Presshefe, Gewürzen, Petroleum, Butter, Margarine, blei- u. zinkhalt. Gegenständen, künstl. Süssstoffen u. a.), sowie üb. Schlachtvieh- u. Fleischbeschau, nebst Zusätzen u. Verweisgn. (118) 8° Karlsr. '02. Weinh., F Ackermann. L. 1.80 d

— die f. das Großherzogthum Baden geltenden reichs- u. landesgesetzlichen, üb. den Verkehr m. Wein, Nahrungsmitteln, Genußmitteln u. Gebrauchsgegenständen (insbesondere auch m. Milch, Honig, Preßhefe, Gewürzen, Petroleum, Butter, Margarine, blei- u. zinkhaltigen Gegenständen, künstl. Süßstoffen u. a.), sowie üb. Schlachtvieh- u. Fleischbeschau, nebst Zusätzen u. Verweisgn. 8. (VII, 118 S.) Karlsruhe 902. K. Scherer. Geb. in Leinw n. 1.80

Bestimmungen für den Bau der k. k. Militär-Ober-Erziehungshäuser. (Lithographiert. Mit 3 Tafeln.)
Fol. (Wien 1854.)

Bestimmungen über die Bauart der Fahrbetriebsmittel der österreichischen Eisenbahnen mit normaler Spurweite und Einführung eines erweiterten Normal-Profiles des lichten Raumes. 8. (39 S. mit Tabellen) —.20
Wien: Hof-u.Staatsdruck.1892

— über die Bauart der v. der Staats-Bauverwaltung auszuführenden Gebäude, unter besond. Berücksicht. der Verkehrssicherheit. Fol. (15 S.) Berlin 892. W. Ernst & Sohn. n. 1.50

— baupolizeiliche, s. d Stadtkreis Berlin, betr. Aufbewahrg. v. Brennmaterialien. — Eigengewichte u zuläss. Beanspruchg. v. Bautheilen u. Baumaterialien. — Holzbearbeitungs-Werkstätten. — Die Anlage v. Theatern, Circusgebäuden u. öffentl. Versammlungsräumen (Auszug). — Anbringung v. Fahnenschild. u. ähnl. Ankündigungsmitteln. — D. gärtner. Anlagen auf Höfen. — Einrichtg. v. Stallgn. unt. bewohnten Räumen. Nebst e. alphabet. Sachreg. 12. (45 S.) Berlin 898. G. Siemens. n. — 60

— des württembergischen Beamtengesetzes betr. die Regelung des Pensionswesens nebst Pensionstabelle, m. besond. Berücksicht. der Verhältnisse des höheren Lehrerstandes. gr. 8. (12 S.) Stuttgart 900. W. Kohlhammer. n. — 20

— über die Befähigung von Bahnpolizeibeamten und Lokomotivführern vom 12. Juni 1878. 1.—3. Aufl. 8. (15 S.) Berlin 878, C. Heymann's Verlag.
Aus: Centralblatt für das Deutsche Reich, besonders abgedruckt.

— dass. — Text der Bestimmungen. Durchgesehen im Reichs-Eisenbahn-Amt. Mit Anhang: Zusammenstellung der bezügl. Bestimmungen des Strafgesetzbuchs. 8. (30 S.) Berlin 878, Kortkampf. ** 30 Pf.; cart. *

— über die Befähigung von Bahnpolizeibeamten u. Lokomotivführern vom 12. Juni 1878. [Aus: „Centralbl. f. das Deutsche Reich".] 4. Aufl. 8. (16 S.) Berlin 881. C. Heymann's Verl. — 30

— dasselbe. Text der Bestimmungen durchgesehen im Reichs-Eisenbahn-Amt. Mit Anh.: Zusammenstellung der bezügl. Bestimmungen des Strafgesetzbuchs. 2. vervollständ. Ausg. 8. (30 S.) Berlin 882. Kortkampf. n. — 30; cart. n. — 40

— über die Befähigung v. Bahnpolizei-Beamten u. Lokomotivführern. Durchgesehen im Reichs-Eisenbahn-Amt. 12. (19 S.) Berlin 886. Ernst & Korn. cart. n.n.—80

— über die Befähigung v. Bahnpolizeibeamten u. Lokomotivführern. 7. Aufl. 8. (16 S.) Berlin 886. C. Heymann's Verl — 80

— üb. d. Befähigg v. Eisenbahnbetriebsbeamten. Vom 5. Juli 1892. 8. Afl. 8° (15) Berl. 92, C Heymann's V. — 30
u 9. Afl. 8° (20) 92. — 30

—— dass. — Durchgesehen im Reichs-Eisenbahn-Amt. 12. (19 S.) Berl. 892, Ernst u. Sohn. cart. ** — 30

— dasselbe, s.: Betriebsordnung f. d. Haupteisenbahnen.

— über die Befähigung v. Eisenbahn-Betriebs- u. Polizeibeamten. (B. V.) Gültig vom 1. V. 1906 ab. (Reichs-Gesetzblatt 1906. S. 391.) Im Reichs-Eisenbahn-Amt. durchgeseh. Ausg. (20 S.) 8. Berlin 906. W. Ernst & Sohn. n. — 20

— über die Befähigung v. Eisenbahn-Betriebs- u. Polizeibeamten. (BV.) Gültig vom 1. V. 1906 ab. (Reichs-Gesetzblatt 1906 S. 391.) Im Reichs-Eisenbahn-Amte durchgeseh. Ausg. 2. Aufl. (20 S.) 8. Berlin 908. W. Ernst & Sohn. — 20

— üb. Beförderung von Personen, Reisegepäck, Equipagen u. Thieren, sowie üb. den Güterverkehr auf den k. b. Eisenbahnen. 8. (35 S.) Nördlingen 851, Beck. 2 ngr

— üb. Beförderung v. Personen, Reisegepäck, Equipagen u. Thieren, sowie über den Güterverkehr auf den k. bair. Eisenbahnen. 8. Nördlingen, Beck. 1854.

— üb. Beförderung der Unteroffiziere im Frieden. Vom 14. Juni 1894. 8. (15 S.) Berlin 894. E. S. Mittler & Sohn. — 15

Bestimmungen über die Beförderung der Unteroffiziere im Frieden. ⟨Uffz. Bef. B.⟩ Genehmigt durch Allerhöchste Kabinetts-Ordre v. 11. April 1903. *Berlin 1903: Reichsdr.* (18 S.) 8° [F.]
— Armee-Verordnungs-Blatt f. 1903. No 9. Beil. [03. 5665

— über die Beförderung der Unteroffiziere im Frieden. (Uffz. Bef. B.) Gültig vom 1. X. 1906 ab. Genehmigt durch Allerhöchste Kabinetts-Ordre vom 1. VI. 1906. (Beilage zu Nr. 15 des Armee-Verordnungsblattes für 1906.) (23 S.) 8. Berlin 906. (E. S. Mittler & Sohn.) n. — 15

Bestimmungen für die Beförderung der Unteroffiziere im Frieden. ⟨Uffz. Bef. B.⟩ Genehmigt durch Allerh. Kabinetts-Ordre v. 28. Aug. 1909. Berlin 1909: Reichsdr. 27 S. 8°
(Armee-Verordnungsblatt f. 1909. Nr 20, Beil.) [10. 11666 II

— betr. die Befugnisse zur Beurlaubung v. Offizieren, Militärärzten u. Mannschaften. V. 1. Aug. 1895. 8. (18 S.) Ebd. 895. — 15

Bestimmungen über die Behandlung der Anzeigen von Mitgliedern des Lehrkörpers über Unterrichtsausfall (v. 10. 2. 1905).

Bestimmungen für den Beitritt zur Sterbekasse für Br Freimaurer vom Jahre 1800 zu Hamburg. o. O. u. J. 2 Bl. 8° [Kopftit.]
L. G. Rat Fischer, Gera.

Bestimmungen für den Beitritt zur Sterbekasse für Brüder Freimaurer vom Jahre 1800 zu Hamburg. [Hamburg 1896.] 2 Bl. 8° [Kopftit.]

[Dasselbe.] [1897.] 2 Bl. 8°

[Dasselbe.] [1907.] 2 Bl. 8°

Bestimmungen ü. Bekleidung u. Anzug d. Offiz., Uffize u. Gem. d. 3. Art.-Inspektion. Koblenz 1827.

— über die neue Bekleidung u. Ausrüstung des ostasiatischen Expeditionskorps. Beilage zu Nr. 5 d. Armee-Verordnungs-Blattes f. 1901. 8. (15 S.) Ebd. 901. — 15

Bestimmungen der **Bekleidungsordnung** ⟨Bkl. O.⟩ vom 12. Febr. 1901 nach d. Gegenstande alphabet. u. abgekürzt zsgest. ⟨Th. 1.⟩ *Berlin: E. S. Mittler & Sohn 1901.* 8° [F.] [01. 20430

Bestimmungen üb. d. Bekleidungs- u. Ausrüstgs-Wesen d. Armee während d. Krieges. Berlin 1861

Bestimmungen über die Bekleidungs-Wirthschaft in der königl. sächsischen Armee. 8. Dresden 1848.

Universität Tübingen. **Bestimmungen** über die **Beköstigung** der Kranken, Assistenzärzte und Assistenten sowie der Beamten und des Personals der Kgl. Württ. Universitätskliniken, beschlossen von dem akademischen Verwaltungsausschuss am 18. Januar 1900 ... *Tübingen 1900: G. Schnürlen.* (4 S., 10 Bl.) 8° [F.]
[Sondert.] (A.) Univ. Tübingen. Speise-Ordnung für die Medizinische Klinik . . . (B.) Univ. Tübingen. Speise-Ordnung für die Chirurgische Klinik . . . (C.) Univ. Tübingen. Speise-Ordnung für die Augenklinik . . . (D.) Univ. Tübingen. Speise-Ordnung für die Frauenklinik . . . (E.) Univ. Tübingen. Speise-Ordnung für die Psychiatrische Klinik . . .

— für Belastung v. Bau-Konstruktionen u. f. Beanspruchung v. Baumaterialien, aufgestellt vom österr. Ingenieur- u. Architekten-Verein. gr. 8. (12 S.) Wien 902. (Spielhagen & Schurich.) n. — 60
Sonderabdruck aus: „Zeitschr. d. öst. Ingenieur- u. Architekten-Vereins".

Amtl. Ausg. **Bestimmungen** über die bei Hochbauten anzunehmenden Belastungen u. d. Beanspruchungen der Baustoffe u. Berechnungsgrundlagen f. d. statische Untersuchung von Hochbauten. Vom 31. Jan. 1910. Mit 25 Textabb. Berlin: Ernst 1910. 19 S. 4° [Umschlagt.] [10. 8312

Bestimmungen üb. d. bei Hochbauten anzunehm. Belastgn u. d. Beanspruchgn d. Baustoffe u. Berechngsgrundlagen f. d. stat. Untersuchg v. Hochbauten. Vom 31. 1. '10. 2. Afl. m. Runderlass v. 5. 1. '12 (u. 13. 2. '12). (20 m. Abb. u. 1 Bl. in 16×21 cm.) 33,5×21 cm. Berl., W Ernst & S. '12. — 80

— für die einheitliche Benennung der zu Bauzwecken verwendeten hydraulischen Bindemittel. Hrsg. vom österreich. Ingenieur- u. Architekten-Verein. (2 S.) Fol. Wien 880. (Spielhagen & Schurich.) n. — 40

Bestimmungen über die Benutzung der Bibliothek der Kgl. Gewerbe-Akademie (v. 12. 12. 1878).

Bestimmungen für die Benutzung der Bibliothek der Herzogl. Technischen Hochschule zu Braunschweig durch die Studierenden und Zuhörer (v. 8. 4. 1909) [Folgt:] II. Bestimmungen für die Benutzung des Lesezimmers der Studierenden in der Herzogl. Technischen Hochschule zu Braunschweig v. 8. 4. 1909.

Bestimmungen über die Benutzung der Bibliothek der Kgl. Technischen Hochschule zu Berlin (v. 15. 6. 1887. Nebst Deckbl. zu § 1 v. 4. 4. 1895). — [Dasselbe] (v. 15. 6. 1887 u. 24. 11. 1903)

Bestimmungen für die Benutzung der Bibliothek und des Lesezimmers der Herzogl. technischen Hochschule (v. 6. 10. 1877). Braunschweig

Bestimmungen für die Benutzung der Bibliothek und des Lesezimmers durch die Studirenden und Zuhörer der Herzogl. technischen Hochschule (v. 1. 10. 1892). Braunschweig

Bestimmungen für die Benutzung der Bibliothek und des Lesezimmers durch die Studierenden und Zuhörer der Herzogl. Technischen Hochschule (v. 1. 10. 1901). — [Neudr. mit anderer Schreibung: ... Studirenden ... technischen.] o. J. Braunschw.

Bestimmungen für die Benutzung der Bibliothek der Ober-Realschule. Oldenburg, Druck v. G. Stalling, 1891; S. 15; 4°
Oldenburg, st. OR u. VS, P 1891 (664)

Bestimmungen für die Benutzung der technischen Bibliothek des Collegii Carolini durch die Studirenden (v. 1. 1. 1867). Braunschweig

Bestimmungen für die Benutzung des Kühlhauses im städtischen Schlachthofe zu Cassel. *Cassel: C. Richartz 1893.* (9 S.) 8° [F.] [94. 1376

Bestimmungen über die Benutzung des Kurländischen Landesarchivs zu Mitau. (Mitau '04.) 3 S.

Bestimmungen über die Benutzung der städtischen Leichenhallen auf den Friedhöfen der Residenzstadt Cassel. (Cassel 1906: Gebr. Schneider.) (4 S.) 8° [F.] [06. 8977

Bestimmungen über die Benutzung der Logenbibliothek [der Loge Amalia]. [Dat.:] Weimar den 11. Mai 1891. 1 Bl. 8° [Kopftit.]
Abgedr. in: Mitgl.-Verzeichn. d. L. Amalia, Weimar. 1891/92 Anh.

Bestimmungen über die Benutzung der Logenräume [der Loge zu den drei Gleichen]. [Arnstadt 1902: Bussjaeger.] 1 Bl. 8° [Kopftit.]

Bestimmungen über die Benutzung der Räume der Loge Hermann zur Bruderliebe zu geselligen Vereinigungen. [Soldin 1909.] 2 Bl. 8° [Kopftit.]
Enth. auch Bestimmungen üb. die Zulassung von Personen, welche der Loge nicht angehören.

Bestimmungen über die Benutzung der Stadtbibliothek zu Danzig v. 19. Dez. 1898, genehmigt durch Stadtverordneten-Beschluss v. 31. Jan. 1899. *Danzig 1899: A. Schroth.* (10 S.) 8° [F.] [00. 2079 10

Bestimmungen über die Benutzung der Königlichen Universitäts-Bibliothek zu Göttingen. (Datiert: Berlin, den 7. April 1899.) *[Göttingen 1900: Dieterich.]* (8 S.) 8° [Kopft.] [F.] ¶ [Ersatz f. d. Bestimmungen in: Vorschriften für die Studirenden der Kgl. Georg-Augusts-Universität zu Göttingen, 1890.]

Bestimmungen über die Benutzung der Königl. Universitäts-Bibliothek zu Münster. (Münster [1905]: J. Bredt.) (4 S.) 8° [Kopft. F.] [06. 8097

Bestimmungen für die Benutzung der Universitätsbibliothek zu Rostock vom 31. Dezember 1906 nebst Gebührenordnung der Universitätsbibliothek vom 25. Mai 1906. Rostock 1907: Adlers Erben. (16 S.) 8° [F.]

Bestimmungen über die Benutzung der Wasserleitung zum Privatgebrauch in Wehlheiden. *Wehlheiden (1898): Becker & Rennert.* (20 S.) 8° [F.] [00. 6381

[F.] **Bestimmungen** über die Benutzung der städtischen Wasserleitung zum Privatgebrauch [in der Stadt Cassel]. *Cassel: Dr. v. Weber & Weidemeyer 1895.* (25 S.) 1 Bd 8. [96. 4346

Bestimmungen über die Benutzung der städtischen Wasserleitung zum Privatgebrauch. *Cassel 1901: Weber & Weidemeyer.* (27 S.) 8° [F.] [01. 8376

— über die Benutzung des Truppenübungsplatzes Zeithain. (Z. V.) 12. (77 S. m. 2 Karten.) Dresden 901. (C. Heinrich.) Kart. n. 1.—; Deckblätter 1—22. (6 Bl. u. 5 S.) (902). n. — 20

— über die Benutzung des Truppenübungsplatzes Zeithain. Z. V. Deckblätter Nr. 23 bis 29. Febr. 1903. Nebst Anlage 7. (3 u. 1 Bl.) 12. Dresden (903). C. Heinrich. n. — 10
(Hauptwerk u. Deckblätter 1—29: n. 1.30)

Bestimmungen üb. d. Benützung d. Staats-Telegraphen in Württemb. Stuttgart 1851

Bestimmungen über die Benützung der k. Universitäts-Bibliothek Würzburg. *Würzburg, Becker's Univ.-Buchdr.. 1891:* 1 Bl. 8°

— die im Bereich d. preußischen allgemeinen Landrechts geltenden, üb. die Eheschließung nebst den wichtigsten Bestimmungen d. Gesetzes üb. die Beurkundg. d. Personenstandes u. die Form der Eheschliessg. vom 9. März 1874. 8. (16 S.) Elbing 874. Neumann-Hartmann's Verl. — 20

Bestimmungen über die Beschaffung und das Tragen von Dienstkleidung der städtischen Unterbeamten. *Cassel (1904): Becker & Rennert.* (7 S.) 8° [F.] [04. 15337 4

Bestimmungen, betr. die Beschäftigung jugendlicher Arbeiter in Hechelräumen u. dergl., nach der Bekanntmachg. vom 29. Apr. 1892. Plakat. Fol. Leipzig 893. Roßberg. n. — 15

— betr. d. Beschäftigg v. Arbeiterinnen u. jugendl. Arbeitern in Ziegeleien. (Nach d. Bekanntmachg v. 27. Apr. 1893.) Plakat. Fol. Lpzg 93, Rossberg. n.n. — 20

Bestimmungen, die Beschäftigung d. Milit.-Gefangenen . . . u. d. Verwaltung betr. München 1879.

— üb. d. Beschwerdeführung d. Offiziere, Sanitätsoffiziere u. Beamten d. Heeres. (Beschwerde-Ordng. I.) 8. (11 S.) Berlin 895. E. S. Mittler & Sohn. — 10

— üb. die Beschwerdeführung der Personen des Soldatenstandes des Heeres vom Feldwebel abwärts. 8. (7 S.) Berlin 894. E. S. Mittler & Sohn. — 10

— dasselbe der kaiserl. Marine vom Deckoffizier abwärts. gr. 8. (3 S.) Ebd. 894. — 15

Besondere Bestimmungen f. Aufbewahrung u. Revision d. i. Frieden scharf geladen aufzubew. Geschosse m. Feldgranatzündern C/73. München 1876. 4°

Besondere Bestimmungen für die Schüler und Zuhörer der technischen Schule zu Darmstadt. 1864.

Bestimmungen, die Betheiligung von Privat-Personen bei der Bank betreffend.
1. Bekanntmachung des Chefs der Bank, Staats-Ministers Rother, vom 20. Juli 1846.
2. Allerhöchste Kabinetsordre vom 18. Juli 1846 nebst
a) Entwurf der Bankordnung,
b) Status der Bank vom 13. Mai 1846. Berlin. 20. Juli 1846.

Bestimmungen über den Betrieb der Desinfections-Anstalt des städtischen Krankenhauses. *(Cassel 1902.)* (4 S.) 8° [Kopft. F.] [04. 166]

Bestimmungen zur Beurteilung des Turnens der Musterriegen bei den Gauturnfesten des Gaues Hessen (Umdr.), 4 S., 4°.

— f. d. Bewerbg um Liefergn u. Leistgn f. d. Bekleidungswirthschaft d. Truppen bezw. d. Wirthschaftsbetrieb d. Korps-Bekleidungsämter. 8. (7) Berl. 90. Mittler & S. — 10

Bestimmungen ü. Bezeichnung der i. d. Armee eingestellten Fahrzeuge. München 1890.

Die Bestimmungen über die ärztlichen Bezirksvereine im Königreich Sachsen. M. d. Entwurfe e. ärztl. Standesordnung u. d. Satzgn d. deutschen Aerztevereinsbundes hrsg. u. erläut. v. Dr. med. Johannes Grosse, Arzte zu Dresden . . . *Dresden: C. Heinrich 1896.* (60 S.) 1 Bd 8.

Bestimmungen über den Bezug von Wasser aus dem Wasserwerk der Gemeinde Hohenwestedt. Hohenwestedt. 1908. 8°

Bestimmungen für die Bildung e. Ostasiatischen Expeditionskorps. Berlin 1900.
Angeb: Etat u. Gebührnis-Nachweisungen f. d. Ostas. Expeditionskorps. 1900.

Bestimmungen über die Bildung eines Stammzuchtbezirkes für den braunen Voigtländer Rindviehschlag. Regensburg 1873.

[F.] Bestimmungen über die Bildung eines Wohlthätigkeitsstocks u. d. Verwendg d. Einkünfte desselben f. Arme d. Residenzstadt Cassel. *Cassel: Dr. v. Weber & Weidemeyer 1897.* (6 S.) 1 Bd 8. [98. 8471]

Bestimmungen, das Börsenblatt und seine Verwaltung betreffend. Angenommen in der Hauptversammlung vom 15. Mai 1881. Bestimmungen über die Aufnahme in das Verzeichniss der erschienenen Neuigkeiten a. des deutschen Buch- und Landkartenhandels, b. des deutschen Kunsthandels, c. des deutschen Musikalienhandels. Leipzig 1881. Druck von B.G. Teubner. 8°

*— üb. d. Branntweinsteuerstatistik. Hrsg. im Reichsschatzamt. Berl., R v. Decker. ca — 40

Bestimmungen für die Bücherei der Königlichen Technischen Hochschule Danzig. Genehmigt durch Erlass d. Ministers der geistl., Unterrichts- u. Medizinalangelegenheiten v. 30. Juni 1909. Danzig 1909: Schwital & Rohrbeck. 23 S. 8° [09. 16553 B]

Bestimmungen, die, des Bundesgesetzes vom 1. Mai 1850 betreff. die Verbindlichkeit zur Abtretung von Privatrechten. Solothurn 1853.

Bestimmungen der C. W. Hase-Stiftung vom 12. 7. 1892 für Stipendien geeigneter, die Architektur-Abtheilung der Kgl. Technischen Hochschule zu Hannover besuchenden[!] Studirenden[!], Hospitanten oder Zuhörer (v. 12. 7. 1892).

Bestimmungen für die Demobilmachung und Auflösung der zum Ostasiatischen Expeditionskorps gehörigen Marinetruppen. ‹Auflösungsbestimmungen.› *Berlin: Mittler & Sohn 1901.* (8 S.) 8° [F.] [02. 1969]

Bestimmungen für eine Deputation zur Pflege der äusserlichen brüderlichen Theilnahme bei der Loge Harmonie im Or. Chemnitz. [Chemnitz 1855: Pickenhahn.] 4 S. 8° [Kopftit.]

Bestimmungen über den Dienst der französischen Armee im Felde. <Ordonnance sur le service des armées en campagne.> Mit Pl. Ins Deutsche übertr. u. mit Anm. v. L. Starosi. 2. Aufl. Neisse 1859. 109 S.
S. a. Verordnungen.

Bestimmgn üb. d. ärztl. Dienst an Bord Sr. Majestät Schiffe u. Fahrzeuge im Kriege. Berlin 1864.

— für den Dienst an Bord. Entwurf. 1. Thl. gr. 8. Ebd. 894. n. 1. 80; kart. n.n. 1. 85; geb. in Leinw. n.n. 2. — Kap. I. Täglicher Dienst. Kap. II. Wach- u. Sicherheitsdienst. Kap. III. Anleitung zur Aufstellg. v. Rollen. (IX, 187 S.)

— f. d. Dienst an Bord. Entwurf. (D. E. Nr. 49.) 2 Tle. 8° Berl., (ES Mittler & S.)'08. 6 —; kart. 7.25 d
1. (D. a. B., I.) (506) 4.50; kart. 5.25 | 2. (D. a. B., II.) (197) 1.50; kart. 2 —

Bestimmungen f. den Dienst an Bord. (D. a. B.) (D. E. Nr. 49.) (XXII, 621 S.) gr. 8. Berlin 909. (E. S. Mittler & Sohn.) 5.—; geb. in Leinw. n 6. —

— über den einjährig-freiwilligen Dienst im stehenden Heere u. in der Marine, sowie üb. die Dienstverhältnisse im Beurlaubtenstande. Anh.: 1. Verordnung über die Organisation d. Sanitätskorps vom 6. Febr. 1873. [Sanitäts-Ordng.] nebst Auszug aus den Ausführungs-Bestimmgn. 2. Bestimmungen üb. das Militär-Veterinär-Wesen vom 15. Jan. 1874 [Veterinär-Ordng.] Für das Publikum zusammengestellt auf Veranlassg. d. königl. preuß. Kriegs-Ministeriums. gr. 8. (IX, 153 S.) Berlin 876. Mittler & Sohn. n. 1. 20

Bestimmungen ü. Dienstbetrieb u. Benützung d. Garn.-Schwimmanstalt u. d. Badeplatzes. München 1902.

— f. d. 1. u. 2. Dienstprüfg. d. Volksschullehrer. [Aus: „Württ. Schulwochenbl."] 8. (31 S.) Stuttgart 898. Ch. Belser. n. — 20

— für die 1. u. 2. Dienstprüfung der Volksschullehrer. (Neuer Abdr.) (31 S.) 8. Stuttgart 903. Ch. Belser. n. — 20
Sonderabdruck aus: „Württ. Schulwochenbl."

für die 1. u. 2. Dienstprüfung der Volksschullehrer. (31 S.) 8. Stuttgart 908. Ch. Belser. — 20
Sonderabdruck aus „Württ. Schulwochenbl."

— üb. d. 1. u. 2. Dienstprüfg. kathol. Volksschullehrer. gr. 8. (16 S.) Stuttgart 898. („Deutsches Volksblatt".) n. — 30

— über die erste u. zweite Dienstprüfung kathol. Volksschullehrerinnen. gr. 8. (15 S.) Stuttgart (900). Deutsches Volksblatt. n.n. — 30

— üb. d. Dienstverhältn. d. Deckoffiziere d. Vermessungswesens. [Aus: „Organisator. Bestimmgn. f. d. Personal d. Soldatenstandes der kais. Marine".] gr. 8. (3 S.) Berlin 897. E. S. Mittler & Sohn. — 15

— über die Dienstverhältnisse der Deckoffiziere des Vermessungswesens. gr. 8. (3 S.) Berlin (899). E. S. Mittler & Sohn. — 15
Sonderabdruck aus: „Organisator. Bestimmgn. f. das Personal des Soldatenstandes der kaiserl. Marine".

— über die Dienstverhältnisse u. Dienstfunktionen d. Feuerwerks- u. Zeugpersonals bei den Werften u. Artilleriedepots der kaiserl. Marine. [Auszug aus den Organisator. Bestimmgn. f. die kaiserl. Marine.] gr. 8. (32 S.) Berlin 885. Mittler & Sohn. n. 1. —

— über die Dienstverhältnisse des Marine-Ingenieurkorps. gr. 8. (5 S.) Ebd. 899. n. — 20
Sonderabdruck aus: „Organisator. Bestimmungen f. das Personal des Soldatenstandes der kaiserl. Marine."

— über die Dienstverhältnisse des Marine-Zahlmeisterpersonals. (Anlage 24 der organisator. Bestimmgn.) (22 S.) 8. Ebd. 906. n. — 40

— üb. d. Dienstverhältn. des Maschineningenieurskorps. [Aus: „Organisator. Bestimmgn. f. d. Personal d. Soldatenstandes der kais. Marine".] gr. 8. (5 S.) Ebd. 898. n. — 20

— betr. die Dienstverhältnisse der Offiziere ꝛc. d. Beurlaubtenstandes der kaiserl. Marine. gr. 8. (35 S.) Berlin 874. v. Decker. n. — 50

— üb. d. Dienstverhältn. d. Torpedomechanikerpersonals u. d. Torpedoingenieurkorps. [Aus: „Organisator. Bestimmgn. f. d. Personal d. Soldatenstandes d. kais. Marine".] gr. 8. (11 S.) Berlin 898. E. S. Mittler & Sohn. n.n. — 25

— über die Dienstverhältnisse d. Torpedo-Mechanikerpersonals u. des Torpedo-Ingenieurkorps. gr. 8. (11 S.) Ebd. (899). n.n. — 25
aus: „Organisat. Bestimmgn. f. d. Personal d. Soldatenstandes d. kais. Marine" besonders abgedruckt.

— üb. d. Dienstverhältnisse d. Torpedopersonals d. Minenwesens. [Aus: „Organisator. Bestimmgn. f. d. Personal d. Soldatenstandes d. kais. Marine".] gr. 8. (17 S.) Ebd. 898. n. — 40

— über die Dienstverhältnisse des Torpederpersonals des Minenwesens. gr. 8. (19 S.) Berlin (899). E. S. Mittler & Sohn. n. — 40

— üb. d. Dienstverhältn d. Torpedopersonals d. Torpedowesens. [Aus: „Organisator. Bestimmgn. f. d. Personal d. Soldatenstandes d. kais. Marine".] gr. 8. (14 S.) Ebd. 898. n. — 30

— über die Dienstverhältnisse des Torpederpersonals des Torpedowesens. gr. 8. (14 S.) Ebd. (899). — 30

— üb. die Dienstverhältn. d. militär. Unterpersonals der Bekleidungsämter. [Aus: „Organisator. Bestimmgn. f. d. Personal d. Soldatenstandes der kais. Marine".] gr. 8. (3 S.) Berlin 898. E. S. Mittler & Sohn. — 15

— über die Dienstverhältnisse der Zahlmeister u. Zahlmeister-Aspiranten. Im Wortlaut nach amtl. Quellen. gr. 8. (V, 102 S.) Berlin 875. Mittler & Sohn. n. 1. 60

— üb. d. Dienstverhältn. d. Zahlmeisterpersonals. [Aus: „Organisator. Bestimmgn. f. d. Personal d. Soldatenstandes d. kais. Marine".] gr. 8. (16 S.) Berlin 898. E. S. Mittler & Sohn. — 30

— üb. die Dienstverhältnisse d. Zahlmeisterpersonals. gr. 8. (16 S.) Berlin (899). E. S. Mittler & Sohn. — 30
Sonderabdruck aus: „Organisator. Bestimmgn. f. das Personal des Soldatenstandes der kaiserl. Marine."

Bestimmungen über die Dienstwohnungen in der Verwaltung der Residenzstadt Cassel. (Cassel 1905.) (11 S.) 8° [J.] (04. 8976

Bestimmungen der Direktor Wolf-Stiftung. *Rochlitz 1903: M. Bode.* (S. 50.) 4° [J.]
Rochlitz i. S., st. R m. PG, P 1903 (604)

Universität Basel. Philosophische Fakultät. Bestimmungen für Doktoranden. (Laut Fakultätsbeschluss vom 2. Juli 1909 in Ergänzung von § 21 der Fakultätsordnung). 2 S. 8°.
Basel. Univ.-Schr. 1909/10.

Bestimmungen über die Doktorpromotion bei der Juristischen Fakultät der Universität zu Breslau (vom 22. Oktober 1904). (Breslau 1904: Bresl.-Genoss. Buchdr.) (2 Bl.) 8° [Kopft.]

Bestimmungen über die Doktorpromotion bei der Juristischen Fakultät der Universität Marburg. O. O. u. J. (1 Bl.) 4° [Kopft.]

— für die Garnison Dresden. 8. (124 S.) Dresden 884. (Höckner.) cart. n.n. 1. —

Grossherzogl. Technische Hochschule zu Darmstadt. Bestimmungen für die Drucklegung der Doktor-Ingenieur-Dissertationen (v. 18. 6. 1909).

— f. Druckversuche bei d. Ausführg v. Bauten a. Stampfbeton. Aufgest. v. deut. Ausschuss f. Eisenbeton 08. 1—4. Afl. (7 m. Abb.) 8° Berl., W Ernst & S. '08.'09. — 15

— für Druckversuche bei der Ausführung v. Bauten aus Stampfbeton. Aufgestellt vom deutschen Ausschuss f. Eisenbeton 1908. 3.—5. Aufl. (Je 7 S. m. 3 Abbildgn.) 8. Ebd. 909. 10. — 15

— f. Druckversuche bei d. Ausführg v. Bauten a. Stampfbeton. Aufgestellt v. deut. Ausschuss f. Eisenbeton '08. 6. u. 7. Afl. (7 m. Abb.) 8° Berl., W Ernst & S. '11. — 15

— zur Durchführung der Vorschrift für den ökonomisch-administrativen Dienst bei den Unterabtheilungen des k. k. Heeres. 4. (61 S.) Wien 887, Hof- und Staatsdruckerei. *

Bestimmungen zur Durchführung des allgemeinen Zolltarifes für das österreichisch-ungarische Zollgebiet vom 25. Mai 1882, umfassend die Verordnungen der Ministerien der Finanzen und des Handels vom 29. Mai 1882: I. Bedingungen des Bezuges von Feigen zur industriellen Verwendung um den Begünstigungszoll von 40 kr. pro 100 Kilogramm. II. Zollbegünstigter Bezug v. rohem gezwirnten Hanfgarn, Geweben zu Krämpelbelägen, Kautschukdrucktüchern u. Stärke. III. Mahlverkehr. IV. Zollbehandlung v. Maschinen. V. Instruction zur zollämtl. Untersuchung der Baumwollgarne, Baumwollgewebe u. wollenen Webewaaren. Mit Anleitung u. Hilfstabellen. 8. (54 S.) Prag 882. Mercy. n. — 80

Bestimmungen über die Eheschliessung von Offizieren des Kgl. Preussischen Heeres. Auf Grund der darüber besteh. Vorschriften zsgest. von P.O. *Berlin: R. Eisenschmidt 1901.* (37 S.) 8° [J. u. Ant.] (04. 8149

Bestimmungen über die Ehrenbezeigungen der Gendarmerie überhaupt, sowie zwischen letzterer und dem Linien-Militär im Besonderen. 8. Darmstadt 1860.

— über die Sr. Maj. dem Kaiser u. Könige, sowie anderen fürstlichen Personen bei Reisen in den Preußischen Staaten seitens der Militärbehörden zu erweisenden Ehrenbezeugungen, s.a. Garnisondienst-Vorschrift.

— über die Gr. Maj. dem Kaiser u. Könige, sowie anderen fürstlichen Personen bei Reisen in d. Preußischen Staaten seitens der Militärbehörden zu erweisenden Ehrenbezeugungen. [Anlage II zur Garnisondienst-Vorschrift vom 13. Sept. 1888.] 8. (S. 71—84.) Berlin 889. Mittler & Sohn. —15

Bestimmungen hinsichtlich des Eigenthums- und Verfügungsrechtes der Mitglieder der Loge über die in der Erstern Besitze befindlichen maurerischen Gegenstände; zu näherer Erläuterung der bezüglichen Aeusserungen in § 4. S. 50 der Verfassungsurkunde der ger. und vollk. St. Johannis-Freimaurer-Loge Archimedes zu den 3 Reissbretern im Aufgange zu [3. Ausg.: in] Altenburg, vom Jahre 1836; getroffen durch ordnungsmässigen Logenbeschluss vom 9ten Aug. 1838: verabf. vom Br. [Karl] Back. [Altenburg 1838.] 2 Bl. 8° [Kopftit.]

[Dasselbe.] [3. Ausg.] Altenburg [1838]: Hofbuchdr. 4 S. 8° [Umschlagtit.]

Abgedr. in: Zd. 3 (1839) S. 43—46; 2. Aufl. 1839 S. 43—46; Bh. 1 (1858) S. 181—182; Findel, J. G.: Geist u. Form d. Frmrei. 1874 S. 274 bis 275; 2. Aufl. S. 305-306.

[Dasselbe.] [2. Ausg. Altenburg 1838: Hofbuchdr.] 2 Bl. 8°

Bestimmungen über die Einführung und Einübung der Infanterie-Pionniere bei der grossherzoglichen Infanterie. 8. Darmstadt 1855.

— für die Einführung e. Landverpflegungsgeldes. (D. V. 896/05.) (87 S.) 8. Berlin 905. (E. S. Mittler & Sohn.) n. — 60

Bestimmungen für die Einführung eines Landverpflegungsgeldes. Berlin: Reichs-Marine-Amt 1905. (37 S.) 8° [F.] (D.V. 396.05.) [05. 11384

Bestimmungen über die Einführung der Rettungskästen bei den Personen- und Postzügen auf der Kaiser-Ferdinands-Nordbahn. Von der Direktion der a. p. Kaiser-Ferdinands-Nordbahn. Gedruckt bei Josef Stöckholzer v. Hirschfeld in Wien. (8 S 8.) 1856

Bestimmungen: 1. zum Einführungsgesetze z. Militärstrafgerichtsordnung; 2. zur Militärstrafgerichtsordnung; 3. zum Gesetze, betr. d. Dienstvergehen d. richterl. Militärjustizbeamten u. d. unfreiwill. Versetzung derselben in e. and. Stelle oder in d. Ruhestand. *Berlin [1900]: E. S. Mittler & Sohn.* (26 S.) 8° [F.] [00. 9331

— f. d. Einjährig-Freiwilligen-Militärdienst nebst Formularen. [Aus: „Doell, Prüfgsaufg. f. d. Einj.-Freiw.-Dienst".] (12) 8° Münch., J Lindauer ('12). — 30 d

Bestimmungen über die Einrichtung der Bergschulen im Bezirke der Kgl. Bergwerksdirektion zu Saarbrücken. St. Johann a. d. Saar 1907: Saardr. (23 S.) 8° [F.] [07. 1370

— über die Einrichtung des theoretischen Curses für jene Berufs-Bau-Rechnungsofficiale, welche die tourliche Beförderung in die höheren Chargen anstreben. 4°. (7 S.) Ebd. d. — 10. 1887

Bestimmungen zur Einrichtung von Lehranstalten für Unteroffiziere und Gemeine bei den Regimentern und Bataillonen. (Berlin 1812.) 4°.

Bestimmungen üb. Einrichtg u. Lehrpläne gewerbl. Fortbildungsschulen. (12) Lex8 Berl., C Heymann ('11). — 40 (Pp.) d

— üb. Einrichtg u. Lehrpläne kaufmänn. Fortbildungsschulen u. kaufmänn. Fachkl. an gewerbl. Fortbildgssch. (12) Lex8° Ebd. ('11). — 40 (Pp.) d

Bestimmungen über Einrichtung und Verwaltung des städtischen Progymnasiums mit Realabteilung zu Gandersheim. *Gandersheim (1900): C. F. Hertel.* (11 S.) 8° [F.]
Gandersheim, st. PG m. Realabt., OP 1900 (746)

Bestimmungen ü. d. baulichen Einrichtungen f. d. Unterricht im Reiten, Fechten u. Voltigiren d. Cav. Mit Pl. München 1863.

— über die zollsichere Einrichtung der Eisenbahnwagen im internationalen Verkehre. Kundmachung der Minister der Finanzen u. d. Handels v. 10. Febr. 1887, R. G. Bl. Nr. 12. Amtliche Ausg. gr. 8. (6 S.) Wien 887. Hof- u. Staatsdruckerei. n. — 10

Bestimmungen über die Eintheilung eines mobilen Ponton-Trains. Berlin 1832. 2°.

— über den freiwilligen Eintritt in die Armee. Mit besond. Berücksicht. d. Eintrittes als einjährig Freiwilliger. gr. 16. (34 S.) Ansbach 873. Brügel & Sohn. n. — 80

Bestimmungen für die Einweihungs-Feier des neuen Logengebäudes der Loge Royal York zur Freundschaft Or. Berlin. [Berlin 1882]: Denter & Nicolas. 13 S. 8° [Umschlagtit.]

Bestimmungen für das Entlehnen von Werken aus der k. k. Hofbibliothek. *Wien: Selbstverl. d. Hofbibl. 1901.* (9 S.) 8° [01. 868

Bestimmungen f. d. Erbauung d. milit. Beschlagschmieden u. Beschlagbrücken. Mit Pl. München 1861.

— die, über Erfüllung der Militairpflicht im Königr. Sachsen, nach dem Gesetze u. der Ausführungs-Verordnung vom 24. Decbr. 1866, in übersichtl. u. gemeinfaßl. Darstellung erläutert von W. M. D. Meißen 867. Mosche. 8. (44 S.) n. 5 ngr.

(F) Ergänzende Bestimmungen zum IV. Theile und zum Anhange des Reglements für den Sanitätsdienst des k. u. k. Heeres 8°. (11 S.) Wien: Hof-u. St. Dr. 1902 K —.05

— über die Ergänzung, Ausbildung u. Prüfung der Subaltern- u. Unterbeamten d. Militär-Intendanturen der königl. sächsischen Armee. (Nr. 58 des S. D. V. E.) 8. (20 S.) Dresden 899. C. Heinrich. — 30

— üb. d. Ergänzung u. Ausbildung d. Registratur-Personals bei den kaiserl. Werften. gr. 8. (IV S.) Ebd. 891. n. — 20

Bestimmungen ü. Ergänzung . . . d. Beamten u. d. Unterpersonals f. d. Fortifikations- u. Garnisonsbau-Dienst. Mit 1 Beil. München 1882.

— v. 1. I. 1897 z. Ergänzg. d. Einführungsordre z. der Verordng. üb. d. Ehrengerichte d. Offiziere i. preuß. Heere v. 2. V. 1874. gr. 8. (8 S.) Berlin 897. R. v. Decker. — 10

— über die Ergänzung des Marine-Ingenieurkorps. (Anlage 8 der D. V.) gr. 8. (10 S.) Ebd. (900). n. — 20

— über die Ergänzung des Marine-Ingenieurkorps. (Anlage 8 der D. V.) Nachtrag. (8 S.) gr. 8. Ebd. (903). n. — 20

— über die Ergänzung des Seeoffizierkorps, nebst Ausführungsbestimmgn. f. die Annahme u. Einstellg. als Kadett bei der kaiserl. Marine. Entwurf. gr. 8. (40 S.) Ebd. 893. n. — 50

Bestimmungen über die Erhebung des Schulgeldes in sämtlichen städtischen Schulanstalten der Residenzstadt Cassel. *Cassel 1903: Weber & Weidemeyer.* (8 S.) 8° [F.] [04. 13338 4

— z. Erlangg. d. philosoph. Doktorgrades an allen Universitäten d. Deutschen Reichs. Nebst e. Anh., enth. d. Bestimmgn. d. Universitäten d. Schweiz u. Österreichs. Zusammengest. nach amtl. Unterlagen. gr. 8. (III, 72 S.) Leipzig 805. Sellmann & Henne. n. 1. —

— zur Erlangung des philosophischen Doktorgrades, neue Ausg., s.: Wie erlangt man die Doktorwürde.

Bestimmungen über den Erlaß des Honorars und die Verleihung von Stipendien und Unterstützungen an der Kgl. Technischen Hochschule zu Aachen (v. 14. 4. 1903).

Bestimmungen betr. Erlass des Honorars, sowie Verleihung von Stipendien und Unterstützungen an der Kgl. Technischen Hochschule zu Berlin (v. 4. 3. 1881, 4. 2. 1887, 24. 7. 1891 u. 9. 6. 1893). — [Dasselbe] (v. 4. 3. 1881 . . . u. 14. 10. 1898). — [Dasselbe] (v. 4. 3. 1881 . . . u. 18. 3. 1904). *1. u. 2. Ausg.: Be**

Bestimmungen, Erläuternde, für die Ausführung der flüchtigen Befestigungs-Arbeiten. Abth. 8 ad Nr. 2974 ex 1869. (Mit 1 Taf.) (Lithogr.) Fol. (Wien 1869.)

Bestimmungen, Erläuternde, für die Ausführung von Feld-Schanzen. (8. Abth. Nr. 4251 vom 5. August 1870.) (Mit 4 Plänen.) (Lithographiert.) Fol. (Wien 1870.)

Bestimmungen, erläuternde, zum preußischen Exerzier-Reglement. Berlin 1867. 8.

Bestimmungen und Erläuterungen über das bei den Forsttaxations-Nachträgen zu beachtende Verfahren (vom 6. April 1846). – Dresden 1850. 53 S. – Dass. Ebd. 1873. 75 S. – Dass. ebd. 1887. 71 S. – Dass. ebd. 1897. 77 S.

Bestimmungen und Erläuterungen über das bei den Königl. Sächsischen Forstvermessungsarbeiten zu beobachtende Verfahren (von 21. April 1841). – Dresden 1841. 43 S.

Bestimmungen für Ertheilung von Preisaufgaben an Studirende der Kgl. Technischen Hochschule zu Berlin (v. 13. 4. 1886).

— z. Erwerbg. d. juristischen Doctorwürde a. allen deutschen Universitäten. Nebst e. Anh., enth. die allgem. Verfügg. v. 18. I. 1897 betr. d. erste jurist. Prüfg. N. amtl. Quellen zusammengest. gr. 8. (64 S.) Berlin 897. Struppe & Winckler. n. 1. —

Bestimmungen zur Erwerbung der Juristischen Doctorwürde an allen deutschen Universitäten. Nebst e. Anh., enth. d. Allg. Verfügg v. 10. Jan. 1897 betr. d. erste jurist. Prüfg. Nach amtl. Quellen zsgest. *Berlin: Struppe & Winckler 1898.* (64 S.) 1 Bd 8. [97. 6337

Bestimmungen zur Erwerbung der Juristischen Doctorwürde an allen deutschen Universitäten. Nebst e. Anh. enth. d. Allgem. Verfügung v. 18. Jan. 1897 betr. d. erste jurist. Prüfung. Nach amtl. Quellen zsgst. 2. Aufl. *Berlin: Struppe & Winckler 1899.* (63 S.) 8° [99. 11777

Bestimmungen zur Erwerbung der Juristischen Doctorwürde an allen deutschen Universitäten. Nebst e. Anh., enth. d. Allgem. Verfügung v. 18. Jan. 1897, betr. d. erste jurist. Prüfung. Nach amtl. Quellen zsgest. 3. Aufl. *Berlin: Struppe & Winckler 1902.* (68 S.) 8° [02. 4618

Bestimmungen zur Erwerbung der Juristischen Doktorwürde an allen deutschen Universitäten. Nebst e. Anh. enth. d. wichtigsten Vorschriften f. d. beiden jurist. Prüfungen. Nach amtl. Quellen zsgest. 4. Aufl. *Berlin: Struppe & Winckler 1904.* (68 S.) 8° [04. 5949

— zur Erwerbung der juristischen Doktorwürde an allen deutschen Universitäten. Nebst e. Anh., enth. die wichtigsten Vorschriften f. die beiden jurist. Staats-Prüfgn. Nach amtl. Quellen zusammengestellt. 5. Aufl. (IV, 84 S.) gr. 8. Berlin 906. Struppe & Winckler. n. 1. —

Bestimmungen zur Erwerbung der Juristischen Doktorwürde an allen deutschen Universitäten. Nach amtl. Quellen zsgest. 6. Aufl. Berlin: Struppe & Winckler 1907. (74 S.) 8° [08. 8865 II

Bestimmungen über das Etappen-Wesen. 8. Dresden 1850.

Bestimmungen für das Exerzieren der k. bayer. Pionier-Bataillone. München 1875. 8.

Bestimmungen über Extrapost und Courir-Beförderung. Berlin 1838.

Bestimmungen f. Fabriken u. Motorwerkstätten üb. die Beschäftigung v. Arbeiterinnen u. jugendlichen Arbeitern. §§ 135 bis 139 b der Gewerbeordng. f. das Deutsche Reich u. kaiserl. Verordng. vom 9. VII. 1900, sowie Bekanntmachg. des Bundesraths vom 13. VII. 1900, betr. die Ausführungsbestimmgn. des Bundesraths üb. die Beschäftigg. v. jugendl. Arbeitern u. v. Arbeiterinnen in Werkstätten m. Motorbetrieb. Allgemein verständl. Bearbeitg. der vorgenannten Bestimmgn. zum Gebrauche f. Inhaber v. Fabriken u. Motorwerkstätten u. f. die m. Revision dieser Betriebe beauftragten Beamten der Aufsichtsbehörden. 8. (32 S.) Dresden 901. (G. A. Kaufmann's Buchh.) n. — 60

Bestimmungen über die Fähnrichsprüfung. *Berlin: E. S. Mittler & Sohn 1903.* (14 S.) 8° [F.] [03. ....

— bezüglich des Fahrens m. dem Fahrrade, s.: Verordnung des k. k. Statthalters vom 17. V. 1902 usw. f. die gefürstete Grafsch. Tirol u. Vorarlberg.

— f. die Feld-Artillerie-Schießschule. Entwurf. 8. (IV, 18 S.) Berlin 891. E. S. Mittler & Sohn. n. — 20; kart. n. — 35

Bestimmungen f. d. Feldart.-Schießschule. (Mit 1 Entw.) München 1891—1893.

— für d. Feldartillerie-Schießschule. 8. (IV, 25 S.) Berl. 892, Mittler u. Sohn. * — 20

— für die Feldartillerie-Schießschule. gr. 8. (IV, 30 S.) Ebd. 893. n. — 35; kart. n. — 50

— für die Feldartillerie-Schießschule (B. F. S.). 8. (V, 37 S. m. 1 Karte.) Berlin 901. E. S. Mittler & Sohn. n. — 40; kart. n. — 55

Bestimmungen für d. Felddienst. Hannover 1889.

— der Felddienst-Ordnung. 1887. 1.—4. Aufl. Anhang zum Weißhun'schen Dienst-Unterricht des Infanterie-Gemeinen. 20. Jahrg. 8. (15 S.) Potsdam 887, Döring. *

— der Felddienst-Ordnung. 1887. 5. Aufl. Anh. zum Weißhun'schen Dienst-Unterricht d. Infanterie-Gemeinen. 8. (15 S.) Potsdam 889. Döring. n. — 15

Bestimmungen (d. Preuß. Kriegsmin.) für die Förderung des Studiums neuerer Fremdsprachen. *Berlin: E. S. Mittler & Sohn 1903.* (11 S.) 8° [04. ....

Bestimmungen für die Förderung des Studiums neuerer Fremdsprachen. Berlin: E. S. Mittler & Sohn 1906. (12 S.) 8° [F.] [07. 1388, II.

— über die Form der Entwürfe f. Central-Weichen- u. Signal-Sicherungs-Apparate. Fol. (4 S. m. 22 Fig.) Berlin 886. Ernst & Korn. n.n. — 30

— üb. d. Form d. Entwürfe f. Central-Weichen u. Signal-Sicherungs-Apparate. Fol. (4 m. Fig.) Berl. 87. Ernst & S. *n.n.* — 30

Bestimmungen über die Form der Entwürfe für Central-Weichen- und Signal-Sicherungs-Apparate. Berlin 1892? Fol.

— in Betreff der Forstdienstprüfungen. Kgl. Verordng. vom 20. Oktbr. 1882. [Reg. Bl. 1882, S. 312 ff.] 8. (8 S.) Tübingen 885. Fues. n. — 40

— Forstrechtliche, f. Kärnten. Hrsg. v. kärntner. Forstvereine. NAfl (4, 263) kl8° Klagenf., (J Heyn) '12. L † 3.50 d

Bestimmungen für die Frachten-Beförderung auf der Buschtěhrader Eisenbahn. Prag, 1856. Druck des artistisch-typographischen Instituts von Karl Bellmann. (16 S. 8.)

— über die einjährig Freiwilligen beim 12. [königl. sächsischen] Armee-Corps. Umgearb. Ausg. der Bestimmungen über Annahme, Abweisung, Verpflegung 2c. der einjährig Freiwilligen. 8. (68 S.) Dresden 869, Meinhold und Söhne. *

Bestimmungen ü. Führung v. Kriegs-Tagebüchern u. Einsendung v. Kriegs-Akten. München 1895. 4°

Bestimmungen über die Führung und Verwaltung des Heerdbuchs für in Ostpreußen gezogenes rothbuntes Vieh der Breitenburger- und Wilstermarsch-Rasse. Nach d. Beschlüssen d. Gen.-Versamml. d. landw. Central-Ver. f. Littauen u. Masuren 1889 in Insterburg u. 1900 in Angerburg. Insterburg 1900: A. Bittner. (13 S.) 8° [F.] [04. 1938, 10

Bestimmungen für den Fünfkampf des Mittelschles. Flachlandgaues, Ol., 1888, 2 Bl., 8°.

Bestimmungen betreffend die Fürsorge für invalide städtische Arbeiter und für die Hinterbliebenen von Arbeitern der Residenzstadt Cassel. *Cassel 1901: Weber & Weidemeyer.* (10 S.) 8° [F.] [02. 9330

Bestimmungen betreffend die Fürsorge für invalide städtische Arbeiter und für die Hinterbliebenen von Arbeitern der Residenzstadt Cassel. *Cassel 1903: J. G. Oncken Nachf.* (10 S.) 8° [F.] [04. 13333 4

Bestimmungen betreffend die Fürsorge für invalide städtische Arbeiter und für die Hinterbliebenen von Arbeitern der Residenzstadt Cassel. Cassel 1904: Weber & Weidemeyer. (10 S.) 8° [F.] [06. 8979

— für die Fuß-Artillerie-Schießschule. Entwurf. 8. (IV, 19 S.) Berl. 891, Mittler u. Sohn. * — 20: cart. * — 85

— für die Fußartillerie-Schießschule. 8. (26 S.) Ebd. 894. n. — 20; kart. n. — 35

Bestimmungen für die Fussartillerie-Schiessschule. *Berlin: E. S. Mittler & Sohn 1900.* (28 S.) 8° [F.] [00. 20431

Bestimmungen des Fußballvereins zu Jena, zugl. e. Anleitung z. Erlernung d. „Fußballspieles ohne Aufnehmen des Balles" (Association), Jena 1898, 19 S., 8°.

Bestimmungen für die Gefechtsübungen mit gemischten Waffen unter Betheiligung der schweren Artillerie des Feldheeres. Vom 21. Aug. 1902. *Berlin: E. S. Mittler & Sohn 1902.* (20 S.) 8° [F.] (D. V. E. No 377.) [03. 2096

Bestimmungen f. d. Gefechtsübungen m. gemischten Waffen u. Beteiligung d. schweren Art. d. Feldheeres. München 1903.

Bestimmungen, Gemeinsame, für die Arbeiter aller Dienstzweige der Preußisch-Hessischen Staatseisenbahnverwaltung. Gült. v. 1. April 1895. Ausg. 1910 unt. Berücks. d. inzwischen eingetret. Änderungen. Breslau 1910. 8°

Bestimmungen über Generalstabsreisen (Best. Genstbsreisen) vom 14. April 1908. Berlin: E. S. Mittler & Sohn 1908. (VI, 26 S.) 8° [F.] (D. V. E. No 40.) [08. 19169

Bestimmungen über die jährlichen **Generalstabsreisen.** 8. Berlin 1888.

Bestimmungen ü. d. jährl. Generalstabsreisen. München 1889.

— über die jährlichen Generalstabsreisen. (Beilage zu Nr. 6 des Armee-Verordnungs-Blattes f. 1900.) 8. (24 S.) Berlin 900. (E. S. Mittler & Sohn.) — 30

Bestimmungen aus dem Geschäftsbereich der K. preussischen Archivverwaltung. Leipzig: S. Hirzel 1908. (38 S.) 8°
— **Mitteilungen** d. K. Preussischen Archivverwaltung. H. 10. [08. 481 3

— über den Geschäftsbetrieb der im § 35 Absatz 2 u. 3 in der Reichsgewerbe-Ordnung verzeichneten Gewerbetreibenden. 4. (8 S.) Wiesbaden 885. Bechtold & Co. — 25; gesetzl. Formulare zur Buchführg. solcher Geschäfte pro Buch — 60

Bestimmungen über den Geschäftskreis des Kgl. Kommissars bei der Technischen Hochschule in Breslau (v. 30. 8. 1910). [19]10.

Bestimmungen über den Geschäftskreis des Königlichen Kommissars bei der Technischen Hochschule in Danzig (v. 2. Okt. 1904). (Danzig [1905]: Schwital & Rohrbeck.) (2 Bl.) 8° [F.] [06. 6444 10

Bestimmungen für den Geschäftsverkehr der Österreichisch-ungarischen Bank. Wien 1902/03. — 1911.

— für den Geschäftsverkehr der Fortifikationen, Artillerie-Depots m. den Reichs-Post-Behörden in Angelegenheiten der Militär-Telegraphie. gr. 8. (4 S.) Berlin 892. E. S. Mittler & Sohn. — 10

— die, des bürgerlichen Gesetzbuches f. das Königreich Sachsen mit Verweisungen auf den Entwurf e. bürgerl. Gesetzbuches f. das Deutsche Reich [amtl. Ausg. v. 1888] u. die Motiven dazu. gr. 8. (49 S.) Leipzig 889. Roßberg. n. 1.20; cart. n. 1.50

— gesetzliche, üb. Aufnahme, Entlassung, Zahlungspflicht, Höhe der Verpflegskosten u. Einbringung derselben, giltig f. die 3 k. k. Wiener Krankenanstalten. Nebst e. Anh. m. Formularien u. e. Auszuge aus dem Statute der nieder-österreich. Landes-Findelanstalt. 8. (VI, 76 S.) Wien 874. Manz. n. 1.20

Gesetzliche **Bestimmungen für die Beamten-Conferenzen der Loge Ferdinande Caroline in Hamburg. Rev. und genehmigt am 24. Jan. 1867. [Hamburg 1867]: Nobiling. 8 S. 8° [Umschlagtit.]**

Bestimmungen, gesetzliche, über Buchführung. Stuttgart

— gesetzliche, über die Einrichtung der im Königr. Polen eingeführten Kaufmanns-Gilde. Ein unentbehrlicher Wegweiser für alle das Königr. Polen bereisende Kaufleute. Aus dem Poln. 8. (24 S.) Thorn 853, Lambeck.

— gesetzliche, üb. die Errichtung, Verwaltung u. Verwendung der Religionsfonde der im Reichsrathe vertret. Königr. u. Länder. Veröffentlicht im Auftrage d. k. k. Ministers f. Cultus u. Unterricht. Lex.-8. (III, 66 S.) Wien 871. Gerold's Sohn. n. 1.60

— gesetzliche, üb. Gemeinde-Waldungen u. Gehöferschaften. 8. (21 S.) Trier 893. Paulinus-Druckerei. n. — 25

Gesetzliche **Bestimmungen** über den Handel mit Arzneimitteln und Giften ausserhalb der Apotheken im Regierungsbezirk Merseburg. *Merseburg: F. Stollberg 1899.* (47 S.) 8° [F.] [00. 4698

Gesetzliche **Bestimmungen** über den Handel mit Arzneimitteln und Giften ausserhalb der Apotheken im Reg.Bez. Merseburg. 2. veränd. Aufl. *Merseburg: F. Stollberg 1902.* (55 S.) 8° [F.] [02. 3140 3

Gesetzliche **Bestimmungen** über den Handel mit Arzneimitteln und Giften außerhalb der Apotheken in Preußen und besonders im Regierungsbezirk Merseburg. 3., neubearb. Aufl. Merseburg: F. Stollberg 1906. (79 S.) 8° [F.] [07. 2390

— gesetzliche, üb. die eingeschriebenen Hülfskassen. 8. (III, 30 S.) Frankenberg 884. Roßberg. — 80

Gesetzliche **Bestimmungen** über Mischehen, religiöse Kindererziehung und kirchliche Aus- u. Übertritte in den Thüringischen Ländern und anderen Thüringen benachbarten deutschen Bundesstaaten. Hrsg. v. Zweigver. Weimar d. Ev. Bundes. Weimar: (L. Thelemann in Komm.) 1907. (32 S.) 8° [F.]
Aus: Kirchen- u. Schulblatt f. d. Großherzogt. Sachsen. 1907. [07. 18810

— gesetzliche, üb. das Physikatsexamen. Kgl. Verordng., betr. die Prüfg. f. den ärztl. Staatsdienst od. die öffentl. Anstellg. als Gerichtswundarzt vom 17. Juli 1876 u. vom 4. März 1878. gr. 8. (8 S.) Tübingen 885. Fues. n. — 40

— gesetzliche, üb. die Prüfungen der Regiminalisten. Kgl. Verordng., betr. die höheren Dienstprüfungen im Departement des Innern. Vom 7. Novbr. 1885. gr. 8. (13 S.) Tübingen 886. Fues. n. — 40

Gesetzliche Bestimmungen zur Regelung des Logenbesuches in der Loge Barbarossa z. d. Treue [in Kaiserslautern] festgestellt in der Conferenz-Loge am 21. Juli 1877. [Kaiserslautern 1877.] 1 Bl. 8°. [Kopftit.]

Gesetzliche Bestimmungen, soweit sie für den Lagerhalter als Geschäftsleiter von Bedeutung sind. Hamburg 1907.

—— gesetzliche, über den Verkehr mit Nahrungsmitteln, Feilhalten und Verkauf von Arzneimitteln, giftigen Farben, Petroleum, Sprengstoffen. Hrsg. von der Redact. des Reichs-Gesetzbuches. gr. 8. (16 S.) Berlin 887. Hamburg, Bruer und Comp. geb. *

— gesetzliche, in Betreff der Vorausbezahlung der Rhein-Schiffahrts Abgaben, der Führung von Oberlasten und Rhein Zoll Tarif. Mannheim 864. Schneider. 8. (15 S.) 2 ngr.

Bestimmungen, d. gesetzl., üb. Aktiengesellsch. in Preussen. 8. (29) Königsb. 64, Beyer. — 6

Bestimmungen, die gesetzlichen, über Aktiengesellschaften in Preußen. Königsberg 864. Theile. gr. 8. (29 S.) 6 ngr.

Die gesetzlichen Bestimmungen für das Apothekenwesen in Bayern. E. vollst. Sammlg aller reichs- u. landesgesetzl. Bestimmgn üb. d. Apothekenwesen. Zsgest. u. m. Erläut. vers. v. Dr. Max Biechele, Apotheker. [Nebst] Nachtr. 2. Aufl. *Eichstätt: A. Stillkrauth* (Deckelt. u. Nachtr.: *Halle a. S.: C. A. Kaemmerer & C.) 1891—96.* 2 Bde 8.
Bestimmungen 1891. (VII, 191 S.)
Nachträge ... enth. die seit 1891 erschienenen ... Gesetze u. Verordngn. 1896. (1 Bl., 96 S.) [96. 3331

Die gesetzlichen Bestimmungen für das Apothekenwesen in Bayern. E. vollst. Sammlg aller reichs- u. landesgesetzl. Bestimmgn üb. d. Apothekenwesen. Zsgest. u. m. Erläut. vers. v. Dr. Max Biechele ... 3. Aufl. *Halle a. S.: C. A. Kaemmerer & C. 1899.* (X, 270 S.) 1 Bd 8. [99. 1859 3

— die gesetzlichen, über die Einrichtung der Schulhäuser in Württemberg. Zusammengestellt zum Gebrauche f. Ortsvorsteher, Orts- u. Bezirksschulinspektoren, Verwaltungsbeamte, Aerzte u. Baumeister. 12. (72 S.) Stuttgart 881. Grüninger. cart. n. 1. —

(F) Die gesetzlichen Bestimmungen über die Erlangung der Zuständigkeit in österreichischen Gemeinden für In- und Ausländer Auf Grund des am 1. Jänner 1901 in Kraft tretenden neuen Heimatsgesetzes gemeinfasslich dargestellt und mit allen nöthigen Gesuchsformularen versehen. Wien. 1900. Volksbuchhandlung. Brand. 16°. 32 S. K —.50

—— die gesetzlichen, üb. das Militär-Versorgungswesen. Neue Ausg., m. Nachträgen bis 1. Oktbr. 1888. gr. 8. (IV, 383 S.) Berl. 888, Mittler u. Sohn. * 7 —
Aus: Die Militärgesetze d. deutschen Reichs, hrsg. auf Veranstaltg. d. königl. preuß. Kriegsministeriums, besonders abgedruckt.

— dasselbe. Neue Bearbeitg. gr. 8. (VI, 390 S. m. 2 Tab.) Ebd. 890. n. 7. —

—— die gesetzlichen, über Naturalleistungen für das Heerwesen. Hrsg. auf Veranlassung des königl. preuß. Kriegsministeriums. Neue Bearbeitung. gr. 8. (III, 261 S.) Ebendas. 888. *
Aus: Die Militärgesetze des Deutschen Reichs, besonders abgedruckt.

— dasselbe über Naturalleistungen f. das Heerwesen. Sonderabdr. aus: „Die Militärgesetze d. Deutsch. Reichs", hrsg. auf Veranlassg. d. kgl. preuß. Kriegsministeriums. Neue Bearbeitg. gr. 8. (IV, 271 S.) Ebd. 890. n. 5. —

— die gesetzlichen, üb. die ärztlichen Prüfungen f. das Deutsche Reich. 8. (24 S.) Berlin 883. Hirschwald. n. — 40

—— die gesetzlichen, über die ärztlichen Prüfungen für das Deutsche Reich. 8. (28 S.) Berlin 888, Hirschwald. *

— die gesetzlichen, über die ärztlichen Prüfungen f. das Deutsche Reich. 8. (28 S.) Berlin 891. A. Hirschwald. n.n. — 50

D. gesetzl. Bestimmgn üb. d. ärztl. Prüfungen f. d. Dtsch. Reich. Berlin 1896.

Die gesetzlichen Bestimmungen über die ärztlichen Prüfungen für das Deutsche Reich. *Berlin: A. Hirschwald 1899.* (30 S.) 8° [99. 3838

Die gesetzlichen Bestimmungen über die ärztlichen Prüfungen für das deutsche Reich vom 28. Mai 1901. *Berlin: A. Hirschwald 1901.* (32 S.) 8° [01. 9910

Die gesetzlichen Bestimmungen über die ärztlichen Prüfungen für das Deutsche Reich v. 28. Mai 1901 u. 12. Febr. 1907. Berlin: Hirschwald 1908. 32 S. 8° [08. 81

Bestimmungen, die gesetzlichen, nebst den Prüfungsordnungen für Lehrerinnen u. Schulvorsteherinnen in Preußen. Auszug aus den Allgemeinen Bestimmgn. vom 15. Oktbr. 1872, nebst den erläut. u. ergänz. Bestimmgn. gr. 8. (47 S.) Hannover-Linden 891. Manz & Lange. n. — 80

[F.] Die gesetzlichen Bestimmungen des Deutschen Reichs und des Königreichs Preussen betreffend den Verkehr mit Arznei- und Geheimmitteln, Giften etc., die Einrichtg, den Betrieb u. d. amtl. Revisionen v. Apotheken, sowie v. Drogen- u. ähnl. Handlgn nebst d. bezgl. Entscheidgn deutscher Gerichtshöfe etc. in neuester Fassg. E. Hand- u. Nachschlagebuch ... v. W. Assmann, Polizei-Commissar zu Bochum. *Mülheim-Ruhr: J. Bagel (1895).* (109 S.) 1 Bd 8. [96. 650

[F.] Die gesetzlichen Bestimmungen über das Religions-, Vereins- und Versammlungswesen in Preussen. Textausg. m. Anm. u. Formularen. Zsgest. u. hrsg. v. Walter Kautz, Amtssekr., u. Fritz Scheffer, Verwaltgssekr. in Weidenau. *Siegen: Kogler 1897.* (60 S.) 1 Bd 8. [98. 4670

— die gesetzlichen üb. den Verkauf, das Feilhalten u. die Aufbewahrung v. Petroleum, Mineralölen u. Sprengstoff. Zum Handgebrauch f. Kaufleute, Händler u. Beamte zusammengestellt v. e. Verwaltungsbeamten. 16. (19 S.) Greiz 883. (Leipzig, G. Schulze.) n. — 20

—— und Vorschriften, die gesetzlichen, über die medicinischen Staatsprüfungen. gr. 8. (40 S.) Berlin 882, Hirschwald. *

—— die gesetzlichen, über die Wahl der Landtagsabgeordneten im Königr. Bayern. gr. 16. (27 S.) München 863, Franz.
Aus: Sammlung der neuen Gesetze und Verordnungen, besonders abgedruckt.

—— die gesetzlichen, über Wehrpflicht und Organisation des Reichsheeres. Hrsg. auf Veranlassung des königl. preuß. Kriegsministeriums. Neue Bearbeitung. gr. 8. (IV, 282 S.) Berlin 888, Mittler und Sohn. *
Aus: Die Militärgesetze des Deutschen Reichs, besonders abgedruckt.

—— d. gesetzl., üb. Wehrpflicht u. Organisation d. Reichsheeres. Neue Bearbeitg. 8. (244) Berl. 90. Mittler & S. n. 4. 50

— üb. d. Gewährg v. freier Fahrt u. Fahrpreis-Ermässiggn auf d. kgl. Militär-Eisenbahn. 8° (12) Berl. 94, ES Mittler & S. — 10

— üb. d. Gewährg v. Verpfleggsgebührnissen bei Kommandos u. auf Märschen. (7) 8° Berl., ES Mittler & S. '09. — 10 d

— üb. d. Gewährg v. Verpfleggsgebührnissen bei Kommandos u. auf Märschen. (7) 8° Berl., ES Mittler & S. '10. — 15 d

Bestimmungen, Einige gewerbepolizeiliche. Hrsg. vom Institut für Gewerbehygiene usw. Anzeigenteil. Berlin 1902

Bestimmungen über die Gewichtsermittelung durch Eichaufnahme. o.O. (1908). 7 S. 8° (Umschlagtit.)

— grundsätzl., f. d Durchführg. hydrometrischer Erhebgn. Hrsg m. Genehmigg. d. k. k. Ministeriums d. Innern v. k. k. hydrograph. Centralbureau. gr. 8. (29 S. m. 4 Beilagen.) Wien 896. (W. Braumüller.) n.n. 1. 60

— grundsätzliche, für die Errichtung u. den Betrieb öffentlicher Schlachtanlagen u. Normalpläne für öffentliche Schlachthäuser. (8 S. m. 4 Taf.) 4. Wien 905. A. Hölder. n. 1. 50
Sonderabdruck aus: „Das öst. Sanitätswesen".

— die f. die Gemeindewahlen derzeit giltigen, nach Massgabe der bayerischen Gemeindeordnung f. die Landesteile diesseits des Rheins vom 29. IV. 1869, samt deren Abänderungen, u. des neuen Gemeindewahlgesetzes vom 15. VIII. 1908. Hrsg. vom Kreisverband d. liberalen Vereine Altbayerns. (96S.) 24×12 cm. München-Gern 908. Buchh. Nationalverein. — 75

Bestimmungen über die Habilitation. Philosophische Fakultät. Freiburg. 4 p. 8°.

Bestimmungen über die Habilitation von Privatdocenten an der k. bayer. technischen Hochschule in München (v. 17. 9. 1880). 1880. —⟨2. Abdr.⟩ 1898. —[Neudr.] 1903.

— für den Hafenverkehr in Danzig. (D. E. Nr. 14.) (49 S.) 8. Berlin 905. (E. S. Mittler & Sohn.) n. — 60; kart. n. — 80

Bestimmungen für den Hafenverkehr in Danzig. Berlin: Reichs-Marine-Amt 1905. (49 S.) 8° [F.]
(D. E. No 14.)

Bestimmungen für den Hafenverkehr in Sonderburg. Berlin: Reichs-Marine-Amt 1909. 12 S. 8°
(D. E. Nr 440.)

— über Handelsgesellschaften, siehe Vorträge über Gesetzeskunde u. Verwaltung No. 2.

— des Handelsgesetzbuches [Codice di Commercio] d. Königr. Italien [Ausg. v. 1886], welche auf die Gründung, Organisation, Geschäftsführung u. Auflösung v. anonymen Gesellschaften, insbesondere v. Actiengesellschaften, sowie auf Antheilgeschäfte [einfache Gesellschaften, Consortialgeschäfte] [associazione in partecipazione] Bezug haben. gr. 8. (48 S.) Basel 889. [Georg's Verlag.] Georg u. Comp. * 2 —

Bestimmungen über Handelsreisende. 4° Berlin 1891

Loge Karl zum Lindenberg. Bestimmungen für die Harmonie-Verwaltung. Genehmigt in der Lehrlingsloge vom 4. Nov. 1893. [Frankfurt a. M. 1893: Weisbrod.] 5 S. 8° [Kopftit.]

— die hauptsächlichsten üb. die Vormundschaft, s.: Vorträge üb. Gesetzeskunde u. Verwaltung. 1. Hft.

— betreffend das Heirathen der Militairpersonen der Preußischen Armee. Nach amtl. Quellen zusammengestellt. gr. 12. (23 S.) Berlin 852, Decker. 1/12 ₰

— über das Heirathen der aktiven Offiziere in Berücksicht. aller Formalitäten u. unter Beifügung der erforderlichen [Probe-]Schriftstücke. Zum praktischen Gebrauch. Nach amtl. Quellen zusammengestellt. 24. (20 S.) Glogau 877. Flemming in Comm. cart. n. — 25

Bestimmungen über die Herausgabe besonderer Abdrücke von den Abhandlungen der Denkschriften. Berlin 1855.
Kgl.Akad.d.Wissensch.

Bestimmungen für die Technischen Hochschulen in Deutschland. Aufnahme-Bedingungen, Diplomprüfungs-Ordnungen, Promotions-Ordnungen u. Preisbewerbungen, Stipendien usw. erg. durch einige Ministerial-Erlasse. *Halle a. S.: Waisenhaus 1901.* (319 S.) 8°

K. S. Technische Hochschule zu Dresden. Anlage zu der Studienordnung [Nr 1305]. Bestimmungen über den Honorarerlass bei wiederholtem Hören von Vorlesungen (v. 7. 2. 1899).

Bestimmungen, unsere jagdgesetzlichen u. jagdpolizeilichen. 8. Münch. 884, Pohl. * 1 50

Bestimmungen der „Jahnkneipe" im Neunkirchner Turnverein, Neunkirchen, 12 S., Kl.-8°.

Bestimmungen über die Inlandslegitimierung der ausländischen Arbeiter. Berlin 1910. V: *Stosch, Erich von.* (Berl 1913, S. 1321)

Bestimmungen über die Inlandslegitimierung der ausländischen Arbeiter. Berlin: Deutsche Landbuchh. 1910. 88 S. 8° [Umschlagt.]

Instructive Bestimmungen f. d. Geschäftsgang bei d. Zeughaushauptdirection u. d. ihr untergeordneten Zweigen . . . München 1831. 4°

Die Bestimmungen der Jubiläumsstiftung der höh. Bürgerschule. 4 (8. 15). Progr.
Grossh. Höh. Bürgersch. mit d. Lehrplane der Rg. *Schwetzingen* 1894.

Bestimmungen, betreffend die Jubiläums-Stiftung der Leibnizschule. *Hannover 1901: W. Riemschneider.* (S. 14—15.) 4° [F.]
Hannover, st. Leibniz-S, P 1901 (353)

Bestimmungen, die, der preuß. Justizverwaltung über Seelsorge, Unterricht u. Lektüre in d. Gerichtsgefängnissen u. die Anweisung d. Ev. Oberkirchenrathes f. Gerichtsgefängniß-Geistliche. Hrsg. f. die Prov. Sachsen v. dem leit. Ausschuß der Gefängniß-Gesellschaft zu Halle a. S. gr. 8. (17 S.) Halle 888. (Fricke's Sort.) n. — 25

XI. Armee-Korps. Bestimmungen für das Kaiser-Manöver 1903. [Nebst] Erg. u. Berichtigungen. Cassel 1903. 8°

— f. Kandidaten u. Kandidatinnen d. Volksschuldienstes im Reg.-Bez. Mittelfranken. [Aus: „Mittelfränk. Schulanz."] (20) gr8° Ansb., F Seybold ('12). — 15 d

— d. kirchenrechtl., d. Verfassungsgesetze d. Kgr. Bayern. Zusammengestellt f. d. Gebr. d. ev. Theologen. 8° (32) Lpzg 09, A Deichert Nf. — 45

Bestimmungen, die kirchenrechtlichen, der Verfassungsgesetze des Königr. Bayern. 2. Aufl. (40 S.) 8. Leipzig 909. A. Deichert Nachf. — 60

— betr. die Kommandirung bezw. Beurlaubung der im aktiven Militärdienst befindlichen Militäranwärter im Interesse ihrer Civilversorgung. 4. (4 S.) Berlin 885. Mittler & Sohn. n. — 20

Bestimmungen für die Kommandirung von Marine-Ingenieuren zur Technischen Hochschule in Charlottenburg. *Berlin: E. S. Mittler & Sohn 1901.* (12 S.) 8° [F.]

Bestimmungen für die Kommandirung von Marine-Ingenieuren zur Technischen Hochschule in Charlottenburg. *Berlin: Reichs-Marine-Amt 1901.* (12 S.) 8°

Bestimmungen für die Kommandos zur Infanterie-Schießschule ⟨B. J. S.⟩ vom 21. Okt. 1905. Berlin: E. S. Mittler & Sohn 1905. (IV, 26 S.) 8° [F.]
(D. V. E. No 110.)

— für die Kommandos zum Lehr-Infanterie-Bataillon (B.L.J.B.) vom 14. VII. 1906. (D.V.E. Nr. 245) (IV, 26 S.) 8. Berlin 906. E. S. Mittler & Sohn. n. — 20; kart. n. — 35

Bestimmungen, Die, des Dänischen Königsgesetzes in Beziehung auf die Erbfolge. Hamburg 1851. V: *Bremer, Jürgen.* (A)

Bestimmungen, die, d. Dänischen Königsgesetzes, in Beziehg. auf die Erbfolge. gr. 4. (12 S. m. 1 Stammtaf. in qu. gr. Fol.) (Hamburg 851, Perthes-Besser & Mauke.) n. 1/4 ℛ︀

— f. d. Korpsmanöver d. XIII. (kgl. württ.) Armee-Korps 1895. 16° (31) Stuttg. 95. (JB Metzler's V.). — 35

— f. d. Korpsmanöver d. XIII. (königl. württ.) Armee-Korps 1897. 12. (40 S.) Stuttgart 897. (J. B. Metzler's Verl.) n. — 40

— für die Korpsmanöver des XIII. (königl. württ.) Armee-Korps 1900. 12. (46 S.) Stuttgart (900). (J. B. Metzler's Verl.) n. — 40

Bestimmungen für das Korpsmanöver 1904. Cassel 1904: Hof- u. Waisenhaus-Buchdr. 16 S. 8° 11. 604 7

Bestimmungen, betreffend die Correspondenzen nach u. aus den dem Weltpost-Vereine angehörigen Ländern. Zusammengestellt aus dem Post-Verordnungsblatte Nr. 18 unter Beifügung einschlägiger Anmerkungen. gr. 8. (23 S.) Prag 879. Kosmack & Neugebauer in Comm. n. — 60

Bestimmungen für die K. Kreis- und Studienbibliothek in Dillingen. Genehmigt auf Grund d. Minist.-Entschließung v. 11. Okt. 1906 ... Dillingen (1907): J. Keller. (8 S.) 8° [Umschlagt. F.] 07. 13884

Bestimmungen für das 13. Kreisturnfest des VI. Turnkreises (Hannover-Braunschweig) zu Harburg, 4.—6. 8. 1906, Hannover 1906, 11 S., 8°.

Bestimmungen über die Kriegsreserve, infolge des Gesetzes über Erfüllung der Militärpflicht vom 1. Aug. 1846. Mit Tab. Dresden 1846. 27 S.

Bestimmungen bezüglich des Legitimationsblattes. (B.—9.) 4. (4 S.) —.02
Wien: Hof-u.Staatsdruck.1898

Bestimmungen über die Leistung der Kriegs-Bedürfnisse und die Verwaltung und Verpflegung des deutschen Bundes-Heeres während eines Bundes-Aufgebotes. 4. Wien 1864.

Bestimmungen für einheitliche Lieferung und Prüfung von Portland-Cement. Wien 1878.

— für die einheitliche Lieferung u. Prüfung v. Portland-Cement. Hrsg. vom österreich. Ingenieur- u. Architekten-Verein. (7 S. m. 1 Fig.) Fol. Wien 899. (Spielhagen & Schurich.) n. — 60

— für die einheitliche Lieferung u. Prüfung v. Roman-Cement (Cement-Kalk). Hrsg. vom österreich. Ingenieur- u. Architekten-Verein. (7 S. m. 1 Fig.) Fol. Wien 890. (Spielhagen & Schurich.) n — 60

Bestimmungen über den von der Loge zur Brudertreue an der Elbe im Or. Hamburg begründeten Logenhausbaufond. Zum Gesetz erhoben durch die Mitglieder-Loge, am 19. Dec. 1883. [Hamburg 1883]: Tohmfor. 10 S. 8° [Umschlagtit.]

Locale Bestimmungen für den Dresdener geschichtlichen Engbund nach dem Beschluss vom 31. Mai 1861. [Dresden 1861: Heinrich.] 1 Bl. 8° [Kopftit.]

Bestimmungen, lokalstatuarische der Freimaurer-Loge „Friedrich Wilhelm zur Gerechtigkeit" im Or. Ratibor. Druck v. Schmeer & Söhne. 1877. 8. 33 S. Enthält auch die Statuten von 4 Wohlthätigkeits-Instituten.

Die Bestimmungen über das Mädchenschulwesen vom 31. Mai 1894. (Breslau [um 1894].) (2 Bl.) 4° [Kopft. F.] 05. 5750 10

— die, üb. das höhere Mädchenschulwesen, s. Abhandlungen, pädagogische, 105. Heft.

Die Bestimmungen über das höhere Mädchenschulwesen. Bielefeld: Helmich [1908]. 10 S. 8°
(Pädagogische Abhandlungen. H. 105.) 15. 2317

Bestimmungen über das höhere Mädchenschulwesen in Preußen. Mit erg. Anh. Berlin: Cotta 1910. XXXII, 110 S. 8° 10. 1107

— üb. d. höh. Mädchenschulwesen in Preussen. Mit ergänz. Anh. (6, 32, 116) gr8° Berl., JG Cotta Nf., Zweigniederlassg '12. 1.20 d

— über das Mädchenschulwesen, die Lehrerinnenbildung u. die Lehrerinnenprüfungen vom 31. Mai 1894. Nebst e. Anh., enth. die Prüfungsordngn. gr. 8. (80 S.) Berlin 894. Besser. n. — 75

— üb. d. Mädchenschulwesen, d. Lehrerinnenbildg u. d. Lehrerinnenprüfgn v. 31. Mai 1894. Nebst e. Anh., enth. d. Prüfungsordngn. (Neue Asg.) 8° (84) Berl. 95. Besser. — 75

[F.] Bestimmungen über das Mädchenschulwesen, die Lehrerinnenbildung und die Lehrerinnenprüfungen v. 31. Mai 1894. Nebst e. Anhang, enthaltend d. Prüfgsordngn. [Neue Ausgabe.] *Berlin: W. Hertz 1895.* (83 S.) 1 Bd 8. 96. 113

— üb. d. Mädchenschulwesen, d. Lehrerinnenbildg. u. d. Lehrerinnenprüfgn. v. 31. V. 1894. Nebst e. Anh., enth. d. Prüfungsordngn. (Neudruck.) gr. 8. (84 S.) Berlin 898. Besser. n. — 75

[F.] Bestimmungen über das Mädchenschulwesen, die Lehrerinnenbildg u. d. Lehrerinnenprüfgn v. 31. Mai 1894. Nebst e. Anh., enth. d. Prüfgsordngn. *Berlin: W. Hertz 1898.* (83 S.) 1 Bd 8. 98. 4073

Bestimmungen über das Mädchenschulwesen, die Lehrerinnenbildung und die Lehrerinnenprüfungen vom 31. Mai 1894. Nebst e. Anh., enth. d. Prüfungsordnungen. *Berlin: W. Hertz 1900.* (83 S.) 8° [F.] 01. 2491 11

— üb. d. Mädchenschulwesen, d. Lehrerinnenbildg u. d. Lehrerinnenprüfgn in Preussen v. 31.V.1894. Nebst e. Anh., enth. d. Prüfgs-Ordngn. (Neue Afl.) (130) 8° Berl., JG Cotta Nf., Zweigniederlassg '08. 1 — d

Bestimmungen über das Mädchenschulwesen, die Lehrerinnenbildung und die Lehrerinnenprüfungen in Preußen vom 31. Mai 1894. Nebst e. Anh., enth. d. Prüfungs-Ordnungen. Nach amtl. Quellen erg. u. erl. [Neue Ausg.] Berlin: J. G. Cotta Nachf. 1904. (130 S.) 8° [F.] 04. 8869 11

Bestimmungen über das Mädchenschulwesen, die Lehrerinnenbildung und die Lehrerinnenprüfungen in Preussen vom 31. Mai 1894. Nebst e. Anh., enthaltend d. Prüfungs-Ordnungen. Nach amtl. Quellen erg. u. erl. Berlin: Cotta 1906. 133, 21 S. 8° 09. 7139 7

Bestimmungen über die Manöver ... und über die Inspizirungen der Truppen. Zum Gebrauch für das III. Armee-Korps. Berlin 1858. 8°.

Bestimmungen über die elektrischen Maßeinheiten im Deutschen Reiche. Berlin 1901

— die, über das neue Maß-, Gewichts- und Aichwesen erläutert aus den Motiven und ergänzt durch die Verordnungen der Normal-Aichungs-Commission. Mit 3 lithogr. Taf. (in qu. gr. 4.) und 8 in den Text eingedr. Zeichnungen (in Holzschn.) Mit einem ausführl. alphabet., nach Schlagwörtern abgefaßten Materienregister. 8. (133 S.) Prag 875, Mercy. *

— betr. die Militär-Bäckerabtheilungen. 8. (10 S.) Berlin 894. E. S. Mittler & Sohn. — 10

— über den Militairdienst im norddeutschen Bunde. Für das Publikum zusammengestellt auf Veranlassung des königl. preuß. Kriegs-Ministeriums. 1. Aufl. (XI, 176 S.) 1868, und 2. verstärkte und vervollständ. Aufl. gr. 8. (XI, 184 S.) Berlin 869, Mittler und Sohn. *

— für den Drei- und Einjährig-Freiwilligen Militärdienst in Bayern nebst Verzeichniß der deutschen Lehranstalten, welche zur Ausstellung der betr. Qualificationszeugnisse berechtigt sind. [Auszug aus der Militär-Ersatz-Instruktion für Bayern.] 8. (S. 1—55.) Würzburg 872, Stahel'sche Buchh. *

— dass. — 2. Lfg.: Instruction für die Prüfungs-Commission für Einj.-Freiwillige nebst Nachträgen zu den Verzeichnissen der deutschen Lehranstalten, welche zur Ausstellung der betr. Qualificationszeugnisse berechtigt sind. 8. (S. 57—64.) Ebendas. 878.

—— dass. — 3. Lfg.: Die zur Ausstellung von Zeugnissen für den einjährig-freiwill. Dienst berecht. Lehranstalten. Bekanntmachung vom 4. Mai 1874. Nebst einem Nachtrags-Verzeichniß solcher höheren Lehranstalten, welche zur Ausstellung gült. Zeugnisse über die wissenschaftl. Qualification zum einjährig-freiwill. Militärdienst berechtigt sind. 8. (S. 65—78.) Ebendas. 874.
Aus: Würzburger Volksausg. bayer. und deutscher Gesetze, besonders abgedruckt.

— die, für den einjährig-freiwilligen Militärdienst, m. Berücksicht. der f. den Erwerb der Berechtigung zum einjähr. Dienste u. f. das Verhalten der Inhaber solcher Berechtigung bis zum Dienstantritt bezw. bis zur Erfüllung der Militärpflicht gegebenen Vorschriften, nach der Wehr- u. Heer-Ordnung vom 28. Septbr. 1875 zusammengestellt. 8. (16 S.) Schwerin 879. (Stiller.) n. — 50

Bestimmungen (Reglements) ü. Milit. Transporte auf Eisenbahnen a. d. Jahren 1856—1866. Berlin 1857—1867.

Bestimmungen über Militär-Transporte auf Eisenbahnen. I. Reglement für die Beförderung von Truppen, Militär-Effecten und sonstigen Armee-Bedürfnissen auf den Staats-Eisenbahnen. II. Instruktion für den Transport der Truppen und des Armee-Materials auf Eisenbahnen nebst Anhang. III. Organisation des Transports grösserer Truppenmassen auf Eisenbahnen. IV. Instruktion für die den (Eisenbahn-) Etappen-Kommandanten beigegebenen Verpflegs-Beamten. (In 1 Bd.) 8. Berlin 1867.

— über Militair-Transporte auf Eisenbahnen. Berlin 867. v. Decker. gr. 8. (144 S. m. Holzschn. u. 2 Tabb. in 4. u. Fol.) n. 12⅔ ngr

—— über das Militär-Veterinär-Wesen. 8. (58 S.) Berlin 874, C. Pfeiffer.

—— über das Militär-Veterinär-Wesen vom 15. Jan. 1874. 5. Nachtrag. gr. 8. (12 Bl.) Berlin 888, (Liebel'sche Buchh.) **

Bestimmungen über eine im Laufe des Jahres 1867 auszuführende Mobilmachung. Berlin 1867. 8°.

— betr. die Nachmittagspausen der in Spinnereien beschäftigten jugendlichen Arbeiter, nach der Bekanntmachg. v. 8. Dezbr. 1893. Plakat. Fol. Leipzig 893. Roßberg. n. — 20

— — über den Nachweis der für die Beförderung zum Major erforderlichen theoretischen Kenntnisse. (Punkt 19 der Beförderungs-Vorschrift für die Personen des Soldatenstandes im k. u. k. Heere.) (Zu Präs.-Nr. 6395 vom Jahre 1897 — N. V. Bl. 41. Stück.) 4. Wien 1897.

— betr. d. Nachweis d. Kenntnisse, welchen d. auf Beförderg. z. Major aspirier. Hauptleute (Rittmeister) zu erbringen haben, s. a. Militär-Vorschriften.

Bestimmungen, betreffend den Nachweis der Kenntnisse, welchen die auf Beförderung zum Major aspirirenden Hauptleute (Rittmeister) zu erbringen haben. 4. (4 S.) —.03
Wien: Hof-u.Staatsdruck.1895

Nachere Bestimmungen der Kriegsverfassung des deutschen Bundes <Beil. zum Bundesbeschlusse v. 4. I. 1855>. Frankfurt 1855. 16 S. 4°

—— d. näheren, d. bayer. Zahlen-Lotterie. 8. (38) Nürnb. 55, Abel-Kl. — 7½

— die näheren, der Bayrischen Zahlenlotterie u. Verzeichniß der sämmtlichen seit Entstehung des Lotto vom Jahre 1761 an gezogenen Nummern nebst Zusammenstellung wie oft auf den 1. 2. 3. 4. u. 5. Zug jede einzelne Nummer herausgekommen ist. Nürnberg (855.) Klinger. gr. 8. (1 Bl., 38 S.) 7½ ngr

—— neue, seit dem 1. Jan. 1861 gültige, über Postsendungen 8. (8 S.) Potsdam 861. [Berlin,] Schlesier. **

Neue Bestimmungen über die Vorbildung u. die Prüfungen d. Lehrer u. Lehrerinnen an Volks- u. Mittelschulen u. d. Rectoren nebst den noch geltenden Vorschr. über d. Aufnahme in d. Präparandenanst. u. Seminare v. 28. Nov. 1878 bezw. 15. Oktober 1872, sowie d. Ordnung d. ersten Lehrerprüfung v. 15. Oktober 1872. *Breslau: F. Goerlich [1901].* (128 S.) 8° [ℌ.] [oe. 1970

Die neueren Bestimmungen über den Zeichenunterricht in Preußen. *Berlin: Albrecht Dürer-Haus [1904].* (32 S.) 8° [oe. [illegible]

Die neueren Bestimmungen über den Zeichenunterricht in Preußen. 2. Aufl. erw. u. nach amtl. Quellen bearb. Berlin: Albrecht Dürer-Haus [1905]. (48 S.) 8° [o5. 19567

Die neueren Bestimmungen über den Zeichenunterricht in Preußen. 3. Aufl. Erw. u. nach amtl. Quellen bearb. Berlin: Albrecht-Dürer-Haus 1907. (48 S.) 8° [o8. 13939

— neueste, über den freiwilligen Dienst im Heere. Auszüglich aus der Wehr- u. Heerordng. v. 22. Novbr. 1888. 8. (IV, 44 S.) Berlin 889. Mittler & Sohn. n. — 40

— neueste, üb. den Freiwilligen-Dienst im Heere. Auszüglich aus der Wehr- u. Heerordng. vom 22. Novbr. 1888 unter Berücksicht. der bis Jan. 1894 ergangenen Abändergn. gr. 8. (VI, 51 S.) Berlin 894. E. S. Mittler & Sohn. n. — 50

— neueste, üb. d. Verkehr m. Velocipeden i. d. Stadt Augsburg, nebst d. oberpolizeil. Vorschriften üb. d. Radfahrer-Verkehr i. Königr. Bayern ab 1. III. 1898 i. Kraft tretend. 4. Aufl. M. 1 Stadtplan. 16. (21 S.) Augsburg 898. Lampart & Co. n. — 40

—— die neuesten, und veränderten Gebührensätze für den deutschen Postverkehr, gültig vom 1. Jan. 1875 an. Nebst Tabellen der in Reichswährung ausgerechneten Portobeträge für Packete und Briefe mit Werthangabe, Postvorschusssendungen etc. Nach amtl. Vorlagen bearb. 1. und 2. Aufl. gr. 8. (7 S.) Leipzig 875, Ruhl. *

— die neuesten instruktiven, mit Formularien über die Geschäftsanzeigen der Untergerichte des Königr. Bayern in den Landestheilen dießseits des Rheins in Bezug auf die streitige Civilrechts-Pflege, sowie über die Anfertigung der Verlassenschafts- und Pflegschafts-Tabellen von Seite derselben abgedruckt mit den hiezu erschienenen höchsten Entschliessungen des königlichen Staats-Ministeriums der Justiz. Regensburg 859. Manz. gr. 4. (47 S.) n. 12 ngr

Bestimmungen über die Neuordnung des höheren Mädchenschulwesens. [Dat.] Berlin, d. 18. Aug. 1908. Tilsit 1910: Jagomast. S. 23—32. 4°
Tilsit, Königin-Luisen-S u. L OP 1910 [263] [S 10. 25

— üb. d. Neuordng d. höh. Mädchenschulwesens in Preussen. Nebst d. Bestimmgn üb. d. Zulassg d. Frauen z. Univ.-Studium. (27) gr8° Berl., JG Cotta Nf., Zweigniederlassg 08. — 30 d

— dasselbe, vom 18. VIII. 1908. (31 S.) 8. Halle 908. Buchh. des Waisenhauses. — 30

— über die Neuordnung des Mittelschulwesens in Preußen vom 3. II. 1910. (VI, 62 S.) gr. 8. Berlin 910. J. G. Cotta Nachf., Zweigniederlassg. — 50

— dass. [Aus: „Die Mittelschule".] (50) gr8° Halle, H Schroedel '10. — 40 d

Bestimmungen über die Neuordnung des Mittelschulwesens in Preußen vom 3. Februar 1910. Halle a. d. S.: Waisenhaus 1910. 56 S. 8° [10. 12500

Bestimmungen über die Neuordnung des Mittelschulwesens in Preussen v. 3. Febr. 1910. Langensalza: Beyer 1910. 68 S. 8° [11. 737

Die für die Gesellschaft Freiwilliger Armenfreunde in Kiel und deren Organe geltenden normativen Bestimmungen, zsgest. u. hrgg. vom Vorstande der Gesellschaft Freiwilliger Armenfreunde. August 1907. Kiel. 1907. 8°

— d. kgl. Oberbergamts zu Halle a. d. S. betr. d. Benutzg d. Seiles z. Ein- u. Ausfahrt d. Belegsch. in Schächten. (59) kl8° Halle, (Pfeffer) '12. — 60 d

Bestimmungen über die Oberlehrerinnenprüfung in Preußen. Nebst Erg. u. Abänd. v. 3. April 1909. Berlin: Cotta 1909. 26 S. 8° [09. 15670

Obligatorische Bestimmungen über Verladung von Brettern, Bohlen ... auf offenen Eisenbahn-Wagen. Berlin 1880. 8°.

— — für die zur Kriegs-Schule zu Potsdam kommandierten Offizier-Aspiranten. Potsdam 1860. 12 S.

—— für die Officiers-Aspiranten-Schulen zur Heranbildung von Officieren für den nicht activen Stand der k. k. Landwehr, nebst einem Auszug aus den Vorschriften, betr. die Organisation des Landsturms [§§. 16, 18 und 19], hinsichtlich Designirung von Civilpersonen für Officiersstellen im Landsturme. gr. 8. (IV, 63 S.) Wien 887, Hof- und Staatsdruckerei. *

— für die Offiziersaspiranten-Schulen zur Heranbildung v. Offizieren f. den nicht activen Stand der k. k. Landwehr. Neuaufl. gr. 8. (IV, 79 S.) Wien 890. Hof- u. Staatsdruckerei. n. 1.40

— üb. d. Offiziersaspiranten-Schulen z. Heranbildg. v. Officieren f. d. nichtactiven Stand d. k. k. Landwehr. gr. 4. (IV, 59 S.) Wien 895. (Hof- u. Staatsdruckerei) n. 1.40

Bestimmungen ü. Offiz.-Chargen-Pferde. Berlin 1825. 4°

Ökonomische und allgemeine dienstliche Bestimmungen für die Topographen der Kgl. Preuß. Landesaufnahme. Berlin 1877. 8°.

— f. d. Herzogth. Oldenburg üb. d. Sonntagsruhe i. Handel u. Gewerbe. 8. (32 S.) Oldenburg 895. Schulze. n. — 40

Bestimmungen für die liquidierenden Organe, Censur-Organe und Pauschalempfänger des k. u. k. Heeres, deren Amtssitz in den im Reichsrathe vertretenen Königreichen und Ländern, beziehungsweise im Occupations-Gebiete gelegen ist, in Betreff der von den Dienstbezügen einzuhebenden österreichischen Personal-Einkommensteuer und Besoldungssteuer. (Zu Abth. 11, Nr. 690 von 1900 — Normal-Verordnungsblatt für das k. u. k. Heer, 10. Stück.) [Wien. 1901. Hof- und Staatsdruckerei.] Lex.-8° IV. 74 S. K — 80 netto

— — über Organisation u. Dienstbetrieb d. (bayer.) Kriegsschule. München 1884. 35 S.

Bestimmungen über Organisation u. Dienstbetrieb der Kriegsschulen. Vom 27. Febr. 1873. gr. 8. (40 S.) Berlin 873. v. Decker. n. — 50

— über Organisation u. Dienstbetrieb der Kriegsschulen [„Kriegsschulinstruktion"] vom 1. Juli 1882. gr. 8. (IV, 57 S.) Berlin 882. Trowitzsch & Sohn. n. — 50

Bestimmungen über die Organisation u. den Geschäftsgang der Militair-Examinations-Commission für d. Eintritts- u. Offizier-Prüfungen, so wie über die Anforderungen, welche künftig im Offizier-Examen an die zu Prüfenden zu machen sind. gr. 8. Berlin 846, Decker. 1/4 ℳ

Bestimmungen über Organisation der (preuß.) Kriegs-Schulen. Berlin 1859. 16 S.
— — 2. Abdr. 1866.

Bestimmungen ü. Organisation . . . d. Milit.-Examinations-Commissionen f. d. Eintritts- u. Offiz.-Prüfungen. Berlin 1846.

— über die Organisation der Militär-Intendanturen der königlich sächsischen Armee. (Nr. 36 d. S. D. V. E.) 8. (33 S.) Ebd. 899. n. — 40

— — über Organisation der Oberfeuerwerkerschule. Berlin 1878. 16 S.

— über die Organisation der Oberfeuerwerkerschule vom 17. Aug 1878. Nachtrag Nr. 2. gr. 8. (2 S.) Berlin 886. Mittler & Sohn. n. — 7

Organisatorische Bestimmungen für die Besatzung des Schutzgebiets Kiautschou und deren Stammkompagnien. (K. O. B.) *Berlin: E. S. Mittler & Sohn 1902.* (20 S.) 8° [F.] [02. 6987

— Organisatorische, f. d. Besatzg d. Schutzgebiets Kiautschou u. deren Stammmarineteile. (KOB) Neudruck unter Berücks. d. bis Mai '11 eingetret. Ändergn (DE Nr 12). (6, 22) gr8° Ebd. '11. — 50; geb. — 75 d

Organisatorische Bestimmungen für die Kommandobehörden am Lande der Kaiserlichen Marine. *Berlin: E. S. Mittler & Sohn 1899.* (15 S.) 8° [F.] [99. 8019

Organisatorische Bestimmungen f. d. württ. Kriegsschule. Mit 1 Beil. Stuttgart 1855. 6 S.

— organisatorische, f. die kaiserl. Marine. gr. 8. (VIII, 299 S.) Ebend. 885. n. 2. 80; geb. n. 3. 50

— organisatorische, f. die kaiserl. Marine. gr. 8. (VIII, 387 S.) Berlin 888. Mittler & Sohn. n. 3. —; geb. n.n. 3. 60

[F.] Organisatorische Bestimmungen für das Personal des Soldatenstandes der Kaiserlichen Marine nebst Anlagen. '(O. B.)' *Berlin: E. S. Mittler & Sohn 1898.* (VI S., 1 Bl., 330 S.) 1 Bd 8. [98. 2039

Organisatorische Bestimmungen f. d. Personal d. Soldatenstandes d. Marine, nebst Anl. Berlin 1885—1889.

Organisatorische Bestimmungen für das Personal des Soldatenstandes der Kaiserlichen Marine nebst Anlagen. (O. B.) *Berlin: E. S. Mittler & Sohn 1899.* (VI, 370 S.) 8° [F.] [99. 8000

— organisatorische, für das Personal des Soldatenstandes der kaiserl. Marine, nebst Anlagen. (O. B.) Neuabdr. unter Berücksicht. der bis Juli 1906 eingetretenen Ändergn. (VIII, 619 S.) gr. 8. Berlin 906. (E. S. Mittler & Sohn.) n. 5. —; geb. in Leinw. n. 6. 75.

Organisatorische Bestimmungen für das Personal des Soldatenstandes der Kaiserlichen Marine nebst Anlagen (O. B.). Neuabdr. unter Berücks. der bis Juli 1906 eingetret. Änderungen. Berlin: Reichs-Marine-Amt 1906. (VIII, 620 S.) 8° [F.]
(D. E. No 15.) [07. 14933

— organisatorische, f. die kaiserl. Schutztruppe f. Deutsch-Ost-Afrika. gr. 8. (XXIV S.) Berlin 891. E. S. Mittler & Sohn. n. — 35

[F.] Organisatorische Bestimmungen für die Kaiserlichen Schutztruppen in Afrika. '(Schutztruppen Ordng.)' '(Sch. O.)' *Berlin: E. S. Mittler & Sohn 1898.* (VII, 136 S.) 1 Bd 8. [98. 11491

— organisatorische, f. die kaiserl. Schutztruppen in Afrika (Schutztruppen-Ordnung), Fassung vom Aug. 1908. (II, 42 S.) gr. 8. Berlin 909. E. S. Mittler & Sohn. — 80
Sonderabdruck aus „Die deutsche Kolonialgesetzgebg."

Bestimmungen, organische, für die Armee im Felde. 4. (64 S.) Wien 878, k. k. Hof- und Staatsdruckerei. geh. *

—— organische, für die Armee im Felde. 8. (VI, 119 S. mit 1 Tab.) Wien 884, Hof- und Staatsdruckerei. *

— organische, f. die Armee im Felde. 8. (VI, 37 S. m. Tab.) Wien 893. Hof- u. Staatsdruckerei. n. — 80

— — für die Armeediener. 4. Wien 1857.

Bestimmungen, organische, f. d. Armeestand. Grundz. f. d. Befördergn. i. Armeestande. 4. (3 u. 2 S.) Wien 895. (Hof- u. Staatsdruckerei.) n.n. — 06

— organische, f. das Artillerie-Zeugswesen, s. a. Taschen-Ausgabe der Militär-Vorschriften. 80. Hft.

Bestimmungen, Organische, für das Artillerie-Zeugswesen. 4. (15 S.) —.11
Wien: Hof-u. Staatsdruck. 1895

Bestimmungen, Organische, betreffend den landwehr-thierärztlichen Dienst. 4. Wien 1898.

Bestimmungen, organische, u. Dienst-Instruction f. d. k. u. k. Militär-Polizeiwach-Corps. gr. 8. (VII, 70 S.) Wien 895. (Hof- u. Staatsdruckerei.) Kart. n. 1.—

— Organische, und Dienstvorschrift für die Feldgendarmerie der k. und k. Armee. (Beigeb.: Nachtrag I. 1901. II. 1902.) kl. 8. Wien 1897—1902.

I. Nachtrag zu den organischen Bestimmungen und der Dienstvorschrift für die Feldgendarmerie der k. und k. Armee. (Zu Präs. Nr. 8855 vom Jahre 1901. — Normal-Verordnungsblatt für das k. und k. Heer, 28. Stück.) [Wien. 1901. Hof- und Staatsdruckerei.] 8°. 8 S. K —.05

Bestimmungen, organische, u. Dienstvorschrift f. die Feldpost der k. k. Armee. 8. (V, 68 S.) Wien 884. Hof- u. Staatsdruckerei. n. — 30

— — und Dienstvorschrift für die Feldpost bei der k. und k. Armee im Felde. (Zu Präs. Nr. 1217 vom Jahre 1891, N.-V.-Bl. für das k. und k. Heer, 12. Stück.) kl. 8. Wien 1891.

— organische, u. Dienstvorschrift f. die Feldpost bei der Armee im Felde. (VI, 140 S.) 8. Wien 904. (Hof- u. Staatsdruckerei.) n. 1.—

Organische Bestimmungen und Dienstvorschrift für die Feldpost bei der Armee im Felde. 8°. (VI, 140 S.) K 1.—
Wien: Hof- und Staatsdruckerei 1905

(F) **Organische Bestimmungen** und Dienst-Vorschrift für die Gendarmerie der k. u. k. Armee. 2. Nachtrag. 8°. (23 S.) K —.10
Wien: Hof-u.Staatsdruck.1902

—, Organische (A—q.) und Dienst-Vorschrift für den General-Pionnier-Inspicierenden. (Zu Praes. Nr. 1137 v. J. 1899 — N. V. Bl. für das k. u. k. Heer, 9. Stück.) 4. Wien 1899.

Organ. Bestimmgn u. Dienstvorschrift f. d. k. k. Landwehrwaffendepot, s.: Taschenausgabe d. Vorschriften d. k. k. Landwehr.

Bestimmungen, (A—1, bb.) Organische, und Dienst-Vorschrift für die Militär-Fechtmeister. (Zu Praes. Nr. 1918 vom Jahre 1898. — N. V. Bl. für das k. k. Heer, 16. Stück.) 4. (Wien 1899.)

— organische, u. Dienstvorschrift f. d. Militär-Lehrer, s.: Militär-Vorschriften. 99. Hft.

— Organische, und Dienstvorschrift (A. 20.) für die Truppen-Rechnungsführer und Rechnungs-Hilfsarbeiter vom Jahre 1885. (In 1 Bd.) kl. 8. Wien 1886.

(F) **Organische Bestimmungen** und Dienst-Vorschrift für die Waffenmeister des k. u. k. Heeres. Lex.-8°. (16 S.) K —.20 no.
Wien: Hof-u.Staatsdruck.1903

— — dasselbe f. die Waffenmeister der k. k. Landwehr, s.: Taschen-Ausgabe der Vorschriften der k. k. Landwehr. 17. Heft.

Bestimmungen, Organische, und Dienstes-Vorschriften für das k. k. Marine-Central-Archiv. (Genehmigt mit Allerhöchster Entschliessung vom 5. Juni 1885, P. K./M. S. Nr. 1457.) 4. Wien 1885.

Bestimmungen, Organische, (A—1, aa.) für das Eisenbahn- und Telegraphen-Regiment und für das Feldeisenbahn- und Feldtelegraphenwesen. (Zu Praes. Nr. 39 vom Jahre 1887, N.-V.-Bl. für das k. k. Heer, 1. Stück.) (Die in Kraft stehenden Bestimmungen von Jahre 1892 sind dem N.-V.-Bl. Jahrg. 1892 beigebunden.) 4. Wien 1887.

— organische, f. d. k. u. k. Feld-Artillerie, s. a. Militär-Vorschriften.

Bestimmungen, Organische, für die k. u. k. Feld-Artillerie. 1894. 4. (32 S.) .20
Wien: Hof- u.Staatsdruckerei

— organische, f. die Feld-Gendarmerie der k. k. Armee. 8. (12 S.) Wien 884. Hof- u. Staatsdruckerei. n. — 20

Bestimmungen, Organische (A—1 tt.), für die Feld-Gendarmerie der k. k. Armee. (2 Bde.) kl. 8. Wien 1884 und 1889

Organische Bestimmungen für d. Feldpost-Abtheilung. Wien 1861.

Bestimmungen (A. 1 w w.), Organische, für die Feld-Signal-Abtheilung vom Jahre 1888. Beigeb.: Nachtrag 1. (1897.) 2. (1902.) kl. 8. Wien 1889—1902.

Organische Bestimmungen für d. Feld-Signal-Abtheilungen. Wien 1889.

Nachtrag I zu den organischen Bestimmungen für die Feldsignal-Abtheilungen vom Jahre 1891. 8. (7 S.) —.05
Wien: Hof-u. Staatsdruckerei 1896

. (F) **Organische Bestimmungen** für die Feld-Signal-Abtheilungen. 2. Nachtrag. 8°. (7 S.) K —.06
Wien: Hof-u.Staatsdruckerei 1902

Organische Bestimmungen für die Feld-Signal-Abteilungen. Wien 1884. 17 S.

Organische *Bestimmungen* f. die Gartenbauschule in Hohenheim. Nebst Lehrplan u. Haus-Ordnung. Plieningen 1891. 15 S. P.

Bestimmungen (A. 1. [s.].), Organische, für den Generalstab, vom Jahre 1883. kl. 8. Wien 1885.

Organische Bestimmungen für den Generalstab. (Zu Praes. Nr. 819 vom Jahre 1900 — Normal-Verordnungsblatt für das k. u. k. Heer 6. Stück.) [Wien. 1900. Hof- und Staatsdruckerei.] Lex.-8°. 8 S. K —.10

— organische, f. d. Genie-Stab, f. d. Militärbaudienst u. f. d. Militär-Bauingenieure u. d. Hilfspersonal f. den Militärbaudienst, s.: Militär-Vorschriften.

Bestimmungen, organische, für das Heerwesen. Mit 2 lithograph. Tafeln. 4. 1869. (10) S.) Wien, k. k. Hof- und Staatsdruckerei. 80 kr.
— — Dasselbe. 2. Heft. 4. 1869. (32 S.) Ebds. 30 kr.
— — Dasselbe. 3. Heft. 4. 1869. (34 S.) Ebds. 30 kr.
— — Dasselbe. 4. Heft. Personen des Heeres nach ihren verschiedenen Rangs- und Dienst-Verhältnissen. Dienst-Vorschrift für den Cadeten überhaupt und als Offizier-Stellvertreter, dann für den Feldwebel und Rechnungsfeldwebel (beziehungsweise Oberjäger, Wachtmeister, Feuerwerker). — Truppenkörper: Linien-Infanterie; Jäger. 4. (II u. 52 S.) Ebds. 40 kr.
— — Dasselbe. 5. Heft. Die Militär-Bau-Directionen. — Die Militär-Stations-, Festungs- und Platz Commanden. — Weitere Bestimmungen rücksichtlich der Aufnahme einjährig Freiwilliger. — Organische Bestimmungen, dann Dienstvorschrift für den Grenz-Truppen- und Landes-Verwaltungs-Rechnungsdienst. — Grenz-Rechnungs-Offiziers-Corps. 4. (II. u. 40 S.) Ebds. 30 kr.
— — Dasselbe. 6. Heft. Pionnier-Truppen. Pionnier-Zeugs-Depôt. 4. 1869. (18 S.) Ebds. 10 kr.
— — Dasselbe. 7. Heft. Cavallerie. 4. 1869. (22 S.) Ebds. 15 kr.
— — Dasselbe. 8. Heft. Höhere Commanden und Special-Stäbe. — Technisches und administratives Militär-Comité. 4. (23 S.) Ebds. 15 kr.
— — Dasselbe. 9. Heft. Höhere Commanden und Special-Stäbe: Der Genie-Stab. — Die Genie-Truppe. 4. (40 S.) Ebds. 20 kr.
— — Dasselbe. 10. Heft. Militär-Verpflegs- und Militär-Betten-Magazine. — Dienstvorschrift für die Militär-Beamten und für die Mannschaft dieser Heeres-Anstalten. 4. (58 S.) Ebds. 40 kr.
— — Dasselbe. 11. Heft. Höhere Commanden und speciale Stäbe: Der Artillerie-Stab; Truppenkörper: Feld- und Festungs-Artillerie. 4. (40 S.) Ebds. 30 kr.
Dass.12.H.(63 S.).-13.H.(17 S.)

Bestimmungen, Organische, für das k. und k. Heerwesen. Vollinhaltlich zusammengestellt und mit den neuesten Berichtigungen versehen von den Generalstabs-Officieren Ant. v. Hilleprandt, k. k. Oberstlieut. im Freiherr v. Ramming-Inft.-Reg. Nr. 72 und Othmar Jelussig, k. k. Hauptm. im Pionnier-Reg. 1. und 2. Th. (2 Bde.) kl. 8. Wien 1872.

— — (A. 1. [k.]), Organische, für das Heerwesen, betreffend die Militär-Intendantur und die Militär-Intendanz, vom Jahre 1882. Provisorische Geschäfts-Ordnung und Geschäfts-Eintheilung der Intendanzen vom Jahre 1882. kl. 8. Wien 1886.

Bestimmungen (A. 1. e. r. f. g.), Organische, für das Heerwesen, betreffend: Die Militär-Territorial-Kommanden, die Truppen-Divisions- und Brigade-Kommanden. Die General-, Flügel- und Personal-Adjutanten. Sämmtlich vom Jahre 1882. Die Militär-Stations-, Festungs- und Platz-Kommanden, vom Jahre 1877. Die Ergänzungsbezirks-Kommanden, vom Jahre 1882. (Jene v. J. 1877 berichtigt bis Ende Dezember 1882.) kl. 8. Wien 1883.

Bestimmungen (A. 1. a.), Organische, für das Heerwesen, betreffend die Personen des k. k. Heeres nach Standesgruppen, Chargengraden (Rangclassen) und Dienstverhältnissen vom Jahre 1875. (Berichtigt bis Ende August 1886.) kl. 8. Wien 1886.

Organische Bestimmungen für das Heerwesen, betr. das Reichs-Kriegs-Ministerium, vom Jahre 1869 und das Kriegs-Archiv, vom Jahre 1876. Wien 1880. 8°.

— — für das Hilfsämter-Personal. 4. Wien 1887.

Organische Bestimmungen für die k. b. technische Hochschule in München. München 1877. 30 S.

— organische, f. d. k. u. k. Infanterie, s.a Militär-Vorschriften.

Organische Bestimmungen für d. Inf. u. Jäger, 1890 u. für den Gen.-Inf.-Inspector, 1888. Wien 1891.

Bestimmungen (A—1, v), Organische, für die k. und k. Infanterie vom Jahre 1895. 8. Wien 1895.

(F) Organische Bestimmungen für die k. u. k. Infanterie vom Jahre 1895. [A—1. V. Taschen-Ausgabe der Militär-Vorschriften. Zusammengestellt für den Feldgebrauch.)] Wien. 1901. Hof- und Staatsdruckerei. 8°. 9 S. mit 1 Tafel K —.40

Bestimmungen (A—1, c e), Organische, für das militär-geographische Institut. (Zu Präs. Nr. 4434 vom Jahre 1886, N.-V.-Bl. für das k. k. Heer, 33. Stück.) 4. (Wien 1886.)

Bestimmungen (A—1, c e), Organische, für das militär-geographische Institut. (Taschen-Ausgabe.) kl. 8. Wien 1887.

Bestimmungen, Organische, für das k. u. k. militär-geographische Institut. 4. (11 S.) * —.13 netto.
Wien: Hof-u.Staatsdruck.1898

Bestimmungen, Organische, und Instruction für die k. k. Feldpost-Abtheilung. (Abth. 5, Nr. 590, vom 10. April 1861.) 8. Wien 1861.

Bestimmungen, Organische, und Instruction für die k. k. Feld-Telegraphen-Abtheilung. (Abth. 5, Nr. 590, vom 10. April 1861.) 8. Wien 1861.

Bestimmungen, Organische, für die k. k. Cadettenschulen. (Zweite Gruppe der Militär-Erziehungs- und -Bildungs-Anstalten.) 4. (III, 18 S.) —.15
Wien: Hof-u.Staatsdruck.1891

Bestimmungen (A—1, x), Organische, für die k. und k. Cavallerie vom Jahre 1890. kl. 8. Wien 1895.

Bestimmungen, Organische, für höhere Commanden und Stäbe der k. k. Landwehr. Beigeb.: I. und II. Nachtrag vom Jahre 1889. 4. Wien 1889.

— organische, f. die höheren Commanden der k. k. Landwehr. — Bestimmungen üb. die Versehung des Generalstabsdienstes bei der k. k. Landwehr. — Durchführungs-Bestimmungen zur Organisation des Generalstabsdienstes bei der k. k. Landwehr, s.: Taschen-Ausgabe der Vorschriften der k. k. Landwehr. 8. Hft.

— organische, f. die k. k. Landsturmbezirks-Commanden, s.a Taschen-Ausgabe der Vorschriften der k. k. Landwehr. 6. Hft.

(F) Organische Bestimmungen für die k. k. Landsturm-bezirks-Commanden. (Ausgegeben mit Circular-Verordnung vom 2. Juli 1901, Praes.-Nr. 1555 — Verordnungsblatt für die k. k. Landwehr Nr. 24 vom Jahre 1901.) [Wien. 1901. Hof- und Staatsdruckerei] Lex.-8°. 20 S. K —.20

— organische, f. das k. k. Landwehr-Auditoriat, s.: Taschen-Ausgabe der Vorschriften der k. k. Landwehr. 4. Hft.

— organische, f. die k. k. Landwehr-(Landesschützen-) Ergänzungsbezirks-Commanden, s.: Taschen-Ausgabe der Vorschriften der k. k. Landwehr. 9. Hft.

Bestimmungen, Organische, für die k. u. Landwehr-Erziehungs- und Bildungs-Anstalten. 4. Wien 1898.

— organische, f. die k. k. Landwehrfußtruppen, s.a Taschen-Ausgabe der Vorschriften der k. k. Landwehr. 14. Hft.

— — für die k. k. Landwehr-Fusstruppen. Nebst Anhang betreffend die aus dem Heere in die Landwehr übersetzten Gagisten und Mannschaften der Specialwaffen, Branchen und Anstalten. Beigeb.: I. und II. Nachtrag vom Jahre 1889. 4. Wien 1889.

(F) Organische Bestimmungen für die k. k. Landwehrfußtruppen vom Jahre 1904. [Taschenausgabe der Vorschriften der k. k. Landwehr. Heft 14.] 8°. (V, 16 S.) K —.40
Wien: Hof- und Staatsdruckerei 1904

— organische, f. die k. k. Landwehr-Gerichte, s.: Taschen-Ausgabe der Vorschriften der k. k. Landwehr. 3. Hft.

— organische, f. d. k. k. Landwehrintendanz. Organische Bestimmungen u. Dienstvorschrift f. die k. k. Landwehrintendantur. Provisorische organische Bestimmungen f. den Rechnungskontrolldienst in der k. k. Landwehr. Organische Bestimmungen u. Dienstvorschrift f. den Truppenrechnungsführer u. Rechnungshilfsarbeiter der k. k. Landwehr. Provisorische Dienstvorschrift f. die k. k. Landwehr-Rechnungskontrollbeamten, s.a Taschenausgabe der Vorschriften der k. k. Landwehr. 22.

(F) Organische Bestimmungen für die k. k. Landwehrintendanz. [Taschenausgabe der Vorschriften der k. k. Landwehr. Heft 22.] 8°. (IV, 79 S.) K 1.20
Wien: Hof- und Staatsdruckerei 1907

— organ., f. d. k. k. Landwehr-Cadettenschule. gr. 4. (III, 27 S.) Wien 895. (Hof- u. Staatsdruckerei.) n. — 80

Bestimmungen, Organische, für die k. u. Landwehr-Cavallerie. 4. Wien 1898.

— organische, f. die k. k. Landwehr-Monturverwaltungsanstalten. Organische Bestimmungen u. Dienstvorschrift f. das k. k. Landwehrwaffendepot, f.: Taschenausgabe der Vorschriften der k. k. Landwehr. 23.

— organische, f. a) das k. k. Landwehroberkommando, b) die k. k. Landwehrkommanden u. das k. k. Landesverteidigungskommando, c) die k. k. Landwehr-Infanterietruppen-Divisions-Kommanden, d) die k. k. Landwehr-Infanterie(Landesschützen)brigadekommanden, s.: Taschen-Ausgabe der Vorschriften der k. k. Landwehr. 18. Hft.

— — Organische, für die k. u. Landwehr-Rechnungs-Controle. 4. Wien 1898.

Bestimmungen, Organische, für die Landwehr-Sanität. Für das k. u. landwehrärztliche Officierscorps. Für die k. u. Landwehr-Sanitäts-Anstalten. 4. Wien 1898.

— organische, für die k. k. berittenen Landwehrtruppen, s.a Taschen-Ausgabe der Vorschriften der k. k. Landwehr. 15. Hft.

— — für die k. k. berittenen Landwehr-Truppen. Gr.-8. (42 S.) —.25
Wien: Hof-u.Staatsdruck.1889

— — berittenen Landwehr-Truppen. Beigeb.: I. Nachtrag vom Jahre 1889. 4. (Wien 1889.)

(F) Organische Bestimmungen für die k. k. berittenen Landwehrtruppen vom Jahre 1894. [Taschenausgabe der Vorschriften der k. k. Landwehr. Heft 15.] 8°. (VI, 32 S.) K —.70

Bestimmungen (A—2, a.), Organische, für die k. und k. Leibgarden. (Zu Praes. Nr. 6201 vom Jahre 1892 — N. V. Bl. für das k. und k. Heer 47. Stück.) Mit 1. Nachtrag 1894. 4. Wien 1892—1894.

— organ., f. d. k. u. k. Leibgarden. 4° (37 u. 1 Nachtr. 2) Wien 98, (Hof- u. Staatsdr.). — 90

Organische Bestimmungen für die k. u. k. Leibgarden vom Jahre 1900. [Taschen-Ausgabe für die Militär-Vorschriften. Heft 4] Wien. 1900. Hof- und Staatsdruckerei. 8°. V, 34 S. K —.60

(F) Berichtigung zu den organischen Bestimmungen für die k. u. k. Leibgarden. Zur Taschenausgabe der Militär-Vorschriften. Heft 4. Wien. 1901. Hof- u. Staatsdruckerei. 8°. 3 S. K —.4

— dass., s.: Militär-Vorschriften.

Organische Bestimmungen für die k. u. k. Leibgarden. (Zu Praes.-Nr. 38 vom Jahre 1900. — Normal-Verordnungsblatt für das k. u. k. Heer 2. Stück.) [Wien. 1900. Hof- und Staatsdruckerei.] Gr.-8°. 16 S. K —.28 netto

— organische, s. die Leibgarden Sr. Maj. des Kaisers u. Königs. (30 S.) Lex.-8. Wien 905. (Hof- u. Staatsdruckerei.) n. — 40

1. Nachtrag zu den organischen Bestimmungen für den Militär-Baudienst. Heft 37 der Taschenausgabe. (Mit Bewilligung des k. u. k. Reichs-Kriegs-Ministeriums.) Wien. 1898. Hof- u. Staatsdruckerei. 8°. 5 S. fl. —.04

Bestimmungen, Organische (A—1, dd.). Für die k. k. Militär-Erziehungs- und Bildungs-Anstalten. (Zu Präs. Nr. 123 vom Jahre 1887. N.-V.-Bl. für das k. k. Heer. 2. Stück.) 4. Wien 1887.

(F) Organische Bestimmungen für die k. u. k. Militär-Erziehungs- und Bildungs-Anstalten. (Zu Praes. Nr. 6812 vom Jahre 1900 — Normal-Verordnungsblatt für das k. u. k. Heer, 44. Stück.) [Wien. 1901. Hof- und Staatsdruckerei.] Lex.-8°. V, 28 S. K —.36

— organische, f. die k. u. k. Militär-Erziehungs- u. Bildungs-Anstalten, s.a. Taschen-Ausgabe der Militär-Vorschriften. 103.

Organische Bestimmungen für die k. u. k. Militär-Erziehungs- und Bildungs-Anstalten vom Jahre 1900. [Taschen-Ausgabe der Militär-Vorschriften. (Zusammengestellt für den Feldgebrauch. Heft 103.)] Wien. 1901. Hof- und Staatsdruckerei. 8°. VII, 40 S. K —.70

Bestimmungen, Organische, (A—1, rr.) Für die Militär-Gefangenhäuser und deren Aufsichtspersonal. (Zu Präs. Nr. 259 vom Jahre 1896 — N.-V.-Bl. für das k. und k. Heer, 5. Stück.) gr. 8. Wien 1896.

— Organische, für die Militär-Kassen und Militär-Zahlstellen und Dienstvorschrift (A. 18. b.) für die Militär-Kassen-Beamten, vom Jahre 1886. (In 1 Bd.) kl. 8. Wien 1887.

Bestimmungen, organische, f. d. techn. Militär-Comité, f.: Militär-Vorschriften.

Organ. Bestimmgn für d. K. u. K. Militär-Medikam.-Anstalten v. 27. 3. 92. Wien 1892. 4.

Organische Bestimmungen für die k. u. k. Militär-Medicamenten-Anstalten. (Im Hefte 87 der Taschen-Ausgabe der Militär-Vorschriften an Stelle der ungiltigen Seiten 70 bis 83 einzuschalten.) (Mit Bewilligung des k. u. k. Reichs-Kriegs-Ministeriums.) Wien. 1899. Hof- und Staatsdruckerei. 8°. Paginirt: S. 69—83. fl. —.10

(F) Organische Bestimmungen für die k. k. Militär-Medicamenten-Anstalten. 1. Nachtrag vom Jahre 1901. 8°. (15 S.)
Wien: Hof-u.Staatsdruck.1902 K —.20

(F) Organische Bestimmungen für die Militär-Rechnungscontrole, vom Jahre 1893. — Dienstvorschrift für die Militär-Rechnungscontrolbeamten, vom Jahre 1891. — Vorschrift zur Vornahme der Prüfung der auf die Beförderung zu Militär-Rechnungsräthen aspirierenden Militär-Rechnungs-Officiale und Truppen-Rechnungsführer, vom Jahre 1895. [Taschen-Ausgabe der Militär-Vorschriften. Heft 88.] Wien. 1899. Hof- und Staatsdruckerei. 8°. 23 S. fl. —.20

— organische, üb. die Militär-Sanität. Instruction zur Vornahme der Prüfgn. der auf die Beförderg. zu Stabsärzten aspirier. Regimentsärzte 1. Classe u. Strafbefugnisse der Militär-Ärzte, s.a. Militär-Vorschriften.

Bestimmungen (A—1. m.), Organische, für die Militär-Sanität. 1. Für das k. und k. militär-ärztliche Officierskorps. 2. Für die k. und k. Sanitäts-Truppe. 3. Für die k. und k. Militär-Sanitäts-Anstalten. 4. Für die k. und k. Militär-Medicamenten-Anstalten. (Beigeb.:) Instruction (A—55.) zur Vornahme der Prüfungen der auf die Beförderung zu Stabsärzten aspirierenden Regimentsärzte 1. Classe. (In 1 Bd.) kl. 8. Wien 1891.

— organische, f. die k. u. k. Militär-Sanitäts-Anstalten, f.: Militär-Vorschriften.

Bestimmungen, Organische, für die Militär-Seelsorge. 4. (8 S.) —.06
Wien: Hof-u.Staatsdruck.1892

Bestimmungen, Organische, für die Militär–Territorial–Kommanden vom Jahre 1882.
Nachtrag.
— — 3 vom Jahre 1889 zu den organischen Bestimmungen für die Militär-Territorial-Commanden vom Jahre 1882. (A.—1, e.) (Heft 24 der Taschen-Ausgabe.) 8. (9 S.) —.6
Wien: Hof- u. Staatsdruckerei 1889

— organische, f. die k. u. k. Militär-Verpflegs-Anstalten vom J. 1891, u. die k. u. k. Militär-Bettenmagazine vom J. 1890, f.: Militär-Vorschriften.

Org. Bestimmungen für Monturs-Verwaltungs-Anstalten. 8. (12 S.) geh. 20 kr.
Wien: Hof-u.Staatsdruckerei 1881

— Organische, für die k. und k. Montur-Verwaltungs-Anstalten vom Jahre 1890. — Dienstvorschrift (A. 22. d.) für das technische Hilfspersonal der k. und k. Montur-Verwaltungs-Anstalten vom Jahre 1890. (In 1 Bd.) kl. 8. Wien 1891.

Beilagen 1 und 2 zu den organischen Bestimmungen für die Montur-Verwaltungs-Anstalten vom Jahre 1890. 8. (3 S.) —.06
Wien: Hof-u.Staatsdruck.1896

Organische Bestimmungen für die k. u. k. Montur-Verwaltungsanstalten. Gr.-8°. (4 S.) K —.06
Wien: Hof-u.Staatsdruck.1903

Nachtrag, 1., vom Jahre 1892 zu den organischen Bestimmungen für die Montur-Verwaltungs-Anstalten vom Jahre 1890. 8. (7 S.) —.06

— — 2 vom Jahre 1889 zu den organischen Bestimmungen für die Monturs und Verwaltungs-Anstalten vom Jahre 1883. (A.—1, ii.) (Heft 49 der Taschen-Ausgabe.) 8. (8 S.) —.4

— organische, f. das k. k. landwehrärztliche Offizierskorps. Organische Bestimmungen f. die k. k. Landwehrsanitätsanstalten, f.: Taschenausgabe der Vorschriften der k. k. Landwehr. 24.

— organische, f. die k. u. k. Pionnier-Truppe, s.a. Militär-Vorschriften. 98. Hft.

Bestimmungen, Organische, (A—1, z.) für die k. u. k. Pionnier-Truppe. (Zu Praes. Nr. 1137 v. J. 1899 — N. V. Bl. f. d. k. u. k. Heer, 9. Stück.) 4. Wien 1899.

Organische Bestimmungen für die k. u. k. Pionnier-Truppe. Gr.-8°. (8 S.) K —.14
Wien: Hof-u.Staatsdruck.1903

—. Organische (A—1. l.) für die Pionnier-Zeugs-Anstalten. (Zu Praes. Nr. 1137 v. J. 1899 — N. V. Bl. f. d. k. u. k. Heer, 9. Stück.) 4. Wien 1899.

Organische Bestimmungen für die k. u. k. Pionnier-Zeugs-Anstalten. Gr.-8°. (4 S) K —.06
Wien: Hof-u. Staatsdruckerei 1903

Organische Bestimmungen für das Kgl. Polytechnikum zu Stuttgart. Vom 21. 8. 1876. ¶ Abgedr. in: Regierungs-Blatt f. d. Kgr. Württemberg v. J. 1876. S. 345 ff. u. in: Jahres-Bericht f. 1876/77 [Nr 2827].

Bestimmungen, organische, f. den Rechnungskontrolldienst in der k. k. Landwehr, f.: Taschenausgabe der Vorschriften d. k. k. Landwehr.

Organische Bestimmungen für die Kgl. politechnische[!] Schule zu Stuttgart. Vom 16. 4. 1862. ¶ Abgedr. in: Regierungs-Blatt f. d. Kgr. Württemberg v. J. 1862. S. 109 ff. u. in: Zur Feier des Geburtsfestes des Königs. 1863 [Nr 2824]; geändert u. ergänzt 18. 7. 1870 (Reg.-Bl. S. 389 ff.).

Bestimmungen, Organische, f. d. polytechnische Schule in Darmstadt, s. Verordnung, die Erhebung der technischen Schule zu Darmstadt . . .

— organische, für die polytechnische Schule in München. 8. (80 S.) München 868, Fleischmann'sche Hofbuchh. [A. Ackermann.]

— organische, f. d. k. u. k. Traintruppe, s. a. Militär-Vorschriften. 27. Hft.

Bestimmungen (A--1, cc.), Organische, für die k. und k. Train-Truppe, vom Jahre 1891. Bis Ende März 1895 berichtigt. (Mit 4 Beil. und Berichtigung.) Mit Schema I und II. (1898). (Separat gebunden in 1 Schuber.) (2 Bde.) kl. 8. Wien 1895–1898.

— — (Neuauflage.) (Zu Praes. Nr. 7238 v. J. 1900 — N. V. Bl. f. d. k. u. k. Heer, 45. St.) (Mit 1 Beilage.) 4. Wien 1900.

Organische Bestimmungen für die k. u. k. Train-Truppe. (Zu Praes. Nr. 7238 vom Jahre 1900 — Normal-Verordnungsblatt für das k. u. k. Heer, 45 Stück.) [Wien. 1901. Hof- und Staatsdruckerei.] Lex.-8°. 14 S. K —.24

Bestimmungen, (A—1, mm.) Organische für die Train-Zeugs-Anstalten. (Zu Praes. Nr. 419 v. J. 1898 — N. V. Bl. f. d. k. u. k. Heer, 5. Stück.) 4. Wien 1898.

— — für den Transport der Artillerie auf Eisenbahnen. Nebst 10 Tafeln Abbildungen. 8. Berlin 1859.

— — für den Transport der Cavallerie auf Eisenbahnen. 8. Berlin 1859.

— — für den Transport der Pionniere und der zu denselben gehörenden Fahrzeuge und Colonnen auf Eisenbahnen. 8. Berlin 1859.

Bestimmungen, die organischen, f. die Armee im Felde vom 1. Aug. 1870. 16. (VI, 94 S.) Prag 870. Mercy. n. — 60

[F.] Die ortspolizeilichen Bestimmungen der Stadt Siegen. Z. Handgebr. zsgest. v. Rudolf Hoch, Polizei-Kommissar . . . *Siegen: Kogler 1897.* (1 Bl., VIII, 295 S.) 1 Bd 8. [97. 4400

— ortsstatutarische, der Residenzstadt Meiningen seit 1875. gr. 8. (31 S.) Meiningen 877. Brückner & Renner. n. — 60

— ortsstatutarische u. polizeiliche, über bauliche Anlagen innerhalb des Gemeindebezirkes der Stadt Magdeburg. gr. 8. (23 S.) Magdeburg 877. Creutz. cart. n.n. — 50

Bestimmungen über das von den Staatsbehörden zu verwendende Papier. (Berlin: Springer 1904.) 5 S. 4° [11. 5700

— üb. das v. den Staatsbehörden zu verwendende Papier. (5 S.) Lex.8. Berlin (910). J. Springer — 20

Bestimmgn üb. d. Personal d. Lazarettgehülfen b. d. K. preuß. Marine. Berlin 1853.

Bestimmungen für den Personen-Verkehr auf der Buschtěhrader Eisenbahn. Prag, 1856. Druck und Papier von Karl Bellmann. (16 S. 8.)

Bestimmungen über die Pflanzungen und Heckenanlagen in den Festungen. Berlin 1846. fol.

Bestimmungen über das Plänkeln der Kgl. Württemb. Infanterie. Stuttgart 1846. 8°.

Bestimmungen, polizeiliche, üb. d. Anlage, Betrieb u. Beaufsichtigung von Dampfkesseln vom 5. August 1890. 4., veränd. Aufl. 16. (27 S.) Hamburg 890. Friederichsen & Co. n. — 60

— polizeiliche, der Freien- u. Hansestadt Hamburg über die Anlage, Betrieb u. Beaufsichtigung von Dampfkesseln, nebst Instruktion, betr. die Konservirung der Schiffsdampfkessel der kaiserl. deutschen Marine. gr. 8. (25 S.) Hamburg 882. Friederichsen & Co. n. 1. —

Die polizeilichen Bestimmungen über das Droschkenfuhrwesen in Königsberg i. Pr. (Amtl. zsgest.) (Publiziert in No 338 d. 'Ostpreuß. Zeitung' v. 10. Dez. 1902.) *Königsberg i. Pr.: Ostpr. Dr. & Verlagsanst. 1903.* (39 S.) 8° [F.] [04. 8865 10

— die, des Polizei-Strafgesetzbuches von 1861 für das Königr. Bayern. Auszugsweise dargestellt für den Bürger und Landmann. 1 Tab. in Imp.-Fol. München 862, Franz.

Bestimmungen für die Pontonier-übung des 2. Pionier-Bataillons auf der Donau ꝛc. 1895. (Lith.) Mit 1 Skz. München 1895. 11 S.

— bezüglich directer Post-Sendungen im Verkehr zwischen Verlags- u. Sortiments-Buchhandlungen. 4. (III, 29 S.) Aschersleben 875. Schlegel. n. — 80

— d. kgl. preuss. Ministers d. geistl., Unterr.- u. Medizinal-Angelegenh. v. 1.VII.'01, betr. d. Präparanden- u. Seminarwesen, sowie d. Prüfgn d. Volkschullehrer, d. Lehrer an Mittelsch. u. d. Rektoren. (80) 8° Berl.'01. Stuttg., JG Cotta Nf., Zweigniederlassg Berlin. — 75 d

Bestimmungen des Königlich Preussischen Ministers d. geistl., Unterrichts- u. Medicinal-Angelegenheiten vom 1. Juli 1901, betr. das Präparanden- u. Seminarwesen sowie d. Prüfungen d. Volksschullehrer, d. Lehrer an Mittelschulen u. d. Rektoren. *Berlin: W. Hertz 1901.* (80 S.) 8° [F.] [04. 1091]

— dasselbe. 8. (III, 67 S.) Breslau (901). Priebatsch. n. — 50

Bestimmungen des Königlich Preussischen Ministers der geistlichen &c. Angelegenheiten vom 1. Juli 1901, betr. Präparanden- u. Seminarwesen, Prüfungen d. Volksschullehrer u. d. Lehrer an Mittelschulen u. d. Rektoren. *Cammin i. Pom.: Formazin & Knauff 1901.* (96 S.) 8° [F.]

Bestimmungen des Königlich Preussischen Ministers der geistlichen, Unterrichts- u. Medizinal-Angelegenheiten vom 1. Juli 1901, betr. das Präparanden- u. Seminarwesen sowie d. Prüfungen d. Volksschullehrer, d. Lehrer an Mittelschulen u. d. Rektoren. *Halle a. S.: Waisenhaus 1901.* (80 S.) 8° [F.]

— des königl. preuß. Ministers der geistlichen, Unterrichts- u. Medizinal-Angelegenheiten vom 1. VII. 1901, betr. das Präparanden- u. Seminarwesen, sowie die Prüfungen der Volksschullehrer, der Lehrer an Mittelschulen u. der Rektoren. Nebst den Vorschriften üb. die Aufnahmeprüfg. an den königl. Schullehrer-Seminaren u. der Prüfungsordng. f. Volksschullehrer (erste Lehrerprüfg.) vom 15. X. 1872. 2. Abdr., ergänzt durch einige Ministerial-Erlasse. (80 S.) gr. 8. Halle 909. Buchh. des Waisenhauses. — 75

— dass. Nebst d. Vorschriften üb. d. Aufnahmeprüfg an d. k. Schullehrer-Seminarien u. d. Prüfungsordng f. Volksschullehrer (1. Lehrerprüfg) v. 15. 10. 1872 u. d. Prüfg f. d. endgült. Anstellg d. Volksschullehrer (2. Lehrerprüfg) v. 13. 7. '12. 3. Abdr. (87) gr8° Halle, Buchh. d. Waisenh. 09. — 75

— d. kgl. preuss. Ministers d. geistl., Unterr.- u. Medizinal-Angelegenh. v. 1. 7. '01, betr. d. Präparanden- u. Seminarwesen sowie d. Prüfgn d. Volksschullehrer, d. Lehrer an Mittelsch. u. d. Rektoren. Mit Ergänzgn u. Anmerkgn. (117) gr8° Berl., JG Cotta Nf., Zweigniederlassg '12. — 75 d

Bestimmungen über die alljährlich für die Studirenden der Kgl. Technischen Hochschule zu Berlin zu stellenden Preisaufgaben (v. 12. 7. 1889).

Bestimmungen über die alljährlich für die Studirenden der Kgl. Technischen Hochschule zu Berlin zu stellenden Preisaufgaben (v. 4. 5. 1894).

Bestimmungen über die alljährlich für die Studierenden der Kgl. Technischen Hochschule zu Berlin zu stellenden Preisaufgaben (v. 9. 4. 1907). — [Neudr.] (1911.)

Bestimmungen über die Preisbewerbungen an der K. Bayer. Technischen Hochschule zu München (v. 20. 12. 1906).

Bestimmungen über die akademischen Preise der Kgl. Technischen Hochschule Stuttgart (v. 12. 2. 1907).

— preußische, f. die Ausführung v. Konstruktionen aus Eisenbeton bei Hochbauten, m. 7 durchgerechneten, prakt. Beispielen m. Skizzen: Wohnhaus, Fabrik, 2 Geschäftshäuser u. Eisenbetonpfeiler. (Rundschreiben des preuß. Ministers f. öffentl. Arbeiten, 16. IV. 1904.) (20 S.) 8. Weimar 904. [R. Wagner Sohn.] München, G. D. W. Callwey. n. — 60
Sonderabdruck aus: „Bautechn. Zeitschr."

— preußische, f. Gebäude, welche ganz oder teilweise zur Aufbewahrung e. größeren Menge brennbarer Stoffe bestimmt sind. (Warenhäuser, Geschäftshäuser usw.) (11 S.) 8. Weimar 904. [R. Wagner Sohn.] München, G. D. W. Callwey. n. — 50
Sonderabdruck aus: „Bautechn. Zeitschr."

Bestimmungen über die Promotionen an der Universität Gießen. (Gießen 1908) v. Münchow. (25 Bl.) 8° [Umschlagt. [F.]

Bestimmungen über die **Promotionen** bei der Großherzoglichen **Landes-Universität** zu **Gießen.** *Gießen 1902: v. Münchow.* (40 S.) 8° [F.]

Provisorische **Bestimmungen** über die Abhaltung der Abgangsprüfung für Consolidations-Geometer an der Grossherzogl. Technischen Hochschule zu Darmstadt. 1883.

Bestimmungen, provisorische — in Bezug auf die Einrichtung der Gemeinden, in welchen bis zum Zeitpunkte der Aktivirung der Bezirksämter die obrigkeitliche Jurisdiktion nicht durch eigene Magistrate, sondern von den Dominien besorgt wurde. Lemberg, 1856. Aus der k. k. galizischen Uerarial-Staatsdr. (24 S. 8.)

— provisorische, f. die mit fahrbaren Feldbacköfen ausgerüsteten Feldbäckereien. (IV, 80 S. m. Abbildgn. u. 2 Taf.) 8. Wien 903. Hof- u. Staatsdruckerei. n. — 80

— prov. organ., f. d. k. u. k. Festungs-Artillerie v. J. 1892, s.: Militär-Vorschriften.

Bestimmungen (A XVIII a), Provisorische organische, für die k. k. **Landsturmbezirks-Commanden.** (Ausgegeben mit Circ. Verordn. v. 1. September 1898, Praes. Nr. 2250 — V. Bl. f. d. k. k. Landwehr Nr. 38 v. J. 1898.) 4. Wien 1898.

— einige provisorische, über die Tax- u. Stempelgebühren in bürgerlichen Rechtssachen. Gesetz vom 21. Juni 1870. Würzburg 870. Stahel. 8. (8 S.) 2 *ngr.*

Provisorische Bestimmungen u. Verpflegung d. Milit.-Gefangenen i. Garnisons- u. Festungs-Gefängnissen. München 1874. 1879.

—— prov., f. d. Vertretg u. Verwaltg d. ev. Landeskirche A. B. in Siebenbürgen. 8. (67) Hermannst. 62, Schmiedicke. — 15

— provisorische, für die Vertretung und Verwaltung der evangelischen Landeskirche Augsburger Bekenntnisses in Siebenbürgen. Aemtliche auf Grundlage der Verordnung des k. k. Ministeriums für Cultus und Unterricht vom 4. December 1860, d. Vollzugsverordnung d. Landesconsistoriums vom 24. Mai 1861 und der Beschlüsse der Landeskirchenversammlung aus dem Jahre 1862, veranstaltete Ausg. Hermannstadt 1862. Steinhaußen in Comm. gr. 8. (67 S. u. 1 Tab. in Fol.) 15 *ngr.*

— für die Prüfung u. Beglaubigung v. Schrauben. Mittheilung aus der physikalisch-techn. Reichsanstalt. [Aus: „Zeitschr. f. Instrumentenkde."] hoch 4. (7 S. m. 1 Fig.) Berlin 894. J. Springer. n.n. — 5

Bestimmungen über die Prüfung und Beglaubigung von Schraubengewinden. Berlin (1893) (Mittheil. a. d. Physik.-Techn. Reichsanst.)

— — (Instruktion) ü. d. Prüfung z. Feuerwerks-Leutnant. <Zweite Berufsprüfung.> Berlin 1872. 7 S.
— — Dass. 1900. 13 S.

Bestimmungen über die **Prüfung** zum **Feuerwerks-Leutnant.** ⟨2. Berufsprüfung.⟩ *Berlin: E. S. Mittler & Sohn 1900.* (13 S.) 8° [F.]

— über die Prüfung v. Sprengstoffen gemäß Anlage C. In der Eisenbahn-Verkehrsordnung. (24 S.) Lex. 8. Berlin (909). J. Springer. 1. 20

Bestimmungen über die zur Erlangung von Stipendien, Freitischen und Fleisszeugnissen erforderlichen Prüfungen. [Am Ende:] Die Juristenfacultät. Bruns, d. Z. Decan. Dat. Halle 1. April 1854. 1 Bl. 8° (4°) [Kopft.]

— — [Am Ende:] Die Juristen-Facultät. Göschen, d. Z. Decan. Dat. Halle 1. Oct. 1855. 1 Bl. 8° (4°) [Kopft.]

— üb. d. Prüfgn an d. **Lyzeen** u. üb. d. Prüfg d. Volksschullehrerinnen in Preussen. (40) gr8° Berl., JG Cotta Nf., Zweigniederlassg '11. — 40 d

— üb. d. Prüfgn an d. **Lyzeen** (wissenschaftl. Abschlussprüfg u. Ordng d. Lehramtsprüfg) u. üb. d. Prüfg d. Volksschullehrerinnen in Preussen v. 11. 1. '11. (40) gr8° Halle, Buchh. d. Waisenh. '11. — 40 d

Bestimmungen über die **Prüfungen** und die **Versetzung** der Schüler an den höheren Lehranstalten in Preussen 1901. *Berlin: J. G. Cotta 1902.* (28 S.) 8° [F.]

Bestimmungen ü. Radfahren akt. Milit.-Pers. a. d. niederen Zweirad. München 1893. 4°

Bestimmungen des Deutschen Radfahrer-Bundes für den Wettbewerb im Bahnfahren. Essen 1904. 18 S.

Bestimmungen des Deutschen Radfahrer-Bundes für den Wettbewerb im Radballspiel. Essen 1907. 8 S. (Anh. zu den W. B. 1902.)

Bestimmungen des Deutschen Radfahrer-Bundes für den Wettbewerb im Saal- und Korsofahren. Essen 1902. 27 S.

Bestimmungen des Deutschen Radfahrer-Bundes für den Wettbewerb im Straßenfahren. Essen 1907. 7 S. (1. Anh. zu den W. B. 1904.)

Bestimmungen u. Ratschläge f. die Vorbereitung zur Dolmetscher-Prüfung. (14 S.) kl. 8. Oldenburg (909). G. Stalling's Verl. — 20
Sonderabdruck aus „Deut. Offizierbl."

— betr. die vierteljährliche Rechnungslegung bei den Truppen. gr. 8. (86 S.) Berlin 892. E. S. Mittler & Sohn. n. — 80; kart. n. 1. 10

Bestimmungen betreffend die Regelung des Chaussee-Aufsichtswesens und die Dienstführung der Chaussee-Aufseher. Kiel. 1872. 8°.

Bestimmungen zur Regelung der Verhältnisse der executiven **Polizei** bei ihrem Einschreiten **gegen Officiere**, Unterofficiere und Gemeine der Armee. 8. Berlin 1856.

— zur Regelung der Verhältnisse der exekutiven Polizei bei ihrem Einschreiten gegen Offiziere, Unteroffiziere u. Gemeine der Armee. 3., unveränd. Abdr. der im J. 1856 emanirten Ausg. gr. 8. (8 S.) Berlin 889. v. Decker. — 15

Reglementarische Bestimmungen f. d. Ausbild. d. Infanteristen. Bearb. v. Küster. Leipzig 1899.

Reglementarische Bestimmungen für d. Gefecht. Hannover 1889.

Thurgauische Kantonsschule [in Frauenfeld]. Reglementarische Bestimmungen über die Vereine an der Th. K. [3 S.] 8. [Frauenfeld, Huber & Co., 1902.]

Reglementarische Bestimmungen über die Verhältnisse der Post zu den Staats-Eisenbahnen. Berlin, 1856.

— die f. das Deutsche Reich geltenden, üb. die Prüfungen der Aerzte u. Zahnärzte. 8. (23 S.) Leipzig 884. Roßberg. — 30

— die f. d. Deutsche Reich geltenden, üb. d. Prüfungen der Aerzte u. Zahnärzte. 2. Ausg., verm. durch die Bekanntmachg., betr. die Ausdehng. der ärztl. Prüfg. auf die Schutzpocken-Impfg., vom 25. April 1887. 8. (25 S.) Leipzig 888. Roßberg. n. — 40

— die reichsgesetzlichen, über die Ausbildung u. Prüfungen der Apotheker u. Apothekergehilfen. Nebst einem Anh., enth. die darauf bezügl. preuß. Ministerial-Verfügungen. gr. 8. (III, 24 S.) Berlin 880. v. Decker. n. — 40

[F.] Die Reichsgesetzlichen Bestimmungen betr. den Gewerbebetrieb im Umherziehen nebst d. preuss. Gesetzen betr. d. Besteuerg d. Hausier- u. Wanderlager-Gewerbebetriebes in neuester Fassg. Textausg. m. Anm. u. Sachreg. ... v. W[ilh.] Assmann, Polizei-Komm. zu Bochum. *Mülheim a. d. Ruhr: J. Bagel 1897.* (152 S.) 1 Bd 8. [97. 5151

Bestimmungen der Reisesparkasse des Turnvereins Bautzen, gegr. 1.5.1884, Bautzen 1884, 4 S., Kl.-8°.

Bestimmungen über die Reisesparkasse für Mitglieder des Männerturnvereins zu Schwerin i. M., Schwerin, 3 S., Kl.-8°.

Bestimmungen, revidierte, f. die [gemeinsame] Gemeinde-Krankenversicherung der Gemeinde ... (11 S.) Fol. Flöha (903). A. Peitz & Sohn. n. — 60

— d. russischen, üb. Nachtmärsche u. Nachtgefechte. Uebers. v. Harck. gr. 8. (31 S.) [Leipzig 896. G. Lang.] Berlin, Liebel. n. — 60

Bestimmungen für Saal-Fahrräder. Deutscher Radfahrer-Bund. (E. V.) Offenbach 1903. 4 S.

— über Satteln, Packung u. Zäumung. Nach der Adjustirungs- u. Ausrüstungs-Vorschrift für die k. k. Cavallerie. 12. (38 S.) Wien 887. Seidel & Sohn. n. — 80

Bestimmungen ü. d. Scharfschützen d. Inf. Darmstadt 1880.

Bestimmungen über das Scheibenschießen der Jäger und Schützen. Berlin 1876. 8°.

— über das Scheiben-Schießen der Infanterie. 16. (VI, 62 S. m. 1 Tab. in qu. Fol.) Berlin 875. v. Decker. n. — 60

— über das Schießen m. dem Revolver f. die Fußtruppen. Mit 1 lith. Taf. 16. (IV, 26 S.) Berlin 885. Mittler & Sohn. n.n. — 30

Bestimmungen über die Schlussprüfung an den sechsstufigen höheren Schulen ⟨Progymn., Realprogymn. u. Realsch.⟩ in Preussen. 1901. Mit d. Bestimmungen über d. Versetzung d. Schüler an d. höh. Lehranst. *Halle a. S.: Waisenhaus 1901.* (10 S.) 8° [F.] [01. 8610 3

Bestimmungen zur Schulordnung des Königlichen Friedrichs-Kollegiums zu Königsberg Pr. Königsberg Pr. 1899: Hartung. (8 S.) 8° [03. 8939 10

Bestimmungen über die Semester- und Schlußzeugnisse der Kgl. Technischen Hochschule in Stuttgart. Vom 30. 5. 1900 bzw. 15. 2. 1908.

Bestimmungen des akademischen Senats über die Theilnahme an dem Feste der Einweihung des Universitäts-Gebäudes: 1) [bis] 7) [Am Ende:] Halle, den 22. Oct. 1834. Der Prorector der Königl. vereinten Friedrichs-Universität Dr. Germar. 1 Bl. 8° (4°)

— üb. d. Serviskompetenz in d. Marine. 8° (III) Ebd. 97. — 15

— üb. d. Serviskompetenz i. d. Marine. gr. 8. (III S.) Ebd. 898. — 15

— sicherheitspolizeil., f. d. Betrieb v. Automobilen u. Motorrädern, s.: Ministerialverordnung usw., betr. d. Betrieb v. Automobilen.

— — über die Signatur der für die k. bayer. Armee nach dem Mobilmachungsplane 1878 bereit zu stellenden Fahrzeuge. München 1878. fol.

Bestimmungen ü. Signatur der . . . bereit zu stellenden Fahrzeuge. Mit Pl. München 1873. 1878. 4°

— die, üb. die Sonn-, Fest- u. Bußtagsfeier im Königr. Sachsen, aus den Gesetzen, Verordngn. u. Entscheidgn. zum prakt. Gebrauch f. Polizeibeamte, Kirchenvorsteher, Executivpersonen, Gewerbtreibende rc. tabellarisch zusammengestellt. gr. 8. (20 S.) Mittweida 883. (Leipzig, Roßberg.) n. — 40

— üb. d. Sonntagsruhe i. d. Industrie. gr. 8. (58 S.) Leipzig 895. C. E. M. Pfeffer. n. — 60

Kgl. rheinisch-westphälische polytechnische Schule zu Aachen. Specielle **Bestimmungen** über die Diplom-Prüfungen der verschiedenen Fächer. ⟨Nach den Beschlüssen des Lehrer-Collegiums in den Plenar-Sitzungen v. 14., 16., 18. u. 25. 1. 1873.⟩

Bestimmungen und Spielregeln für Lawntennis und Croquet d. Akt.-Gesellsch. Flora, Köln 1895, 35 S., 16°.

Bestimmungen für die Sprachstudien der Offiziere der Kaiserlichen Marine ⟨Offizier-Sprachenvorschrift⟩. Berlin: Reichs-Marine-Amt; Mittler [in Komm.] 1910. 11 S. 8°
(D. E. Nr 447.) [10. 10068

Kgl. Technische Hochschule in Stuttgart. **Bestimmungen** über die Staatsprüfungen im Baufache ⟨Hochbau-, Bauingenieur- und Maschineningenieurfache⟩ in Württemberg. 1892.

— vom 24. Jan. 1889, betr. die Statistik der Branntweinbrennereien u. der Branntweinbesteuerung. gr. 4. (19 S.) Berlin 889. C. Heymann's Verl. n. — 60

— üb. die Statistik der Seeschiffahrt. Vom 27. VI. 1907. (28 S.) Lex. 8. Berlin (907). C. Heymann. — 60
Sonderabdruck aus „Zentralbl. f. d. Deutsche Reich."

Statutarische Bestimmungen bei dem Kur- und Neumärkischen Ritterschaftlichen Kredit-Institute nebst Kommentar. Veranst. von d. Kur- u. Neumärkischen Haupt-Ritterschafts-Direktion. Berlin 1892 [beigeschr.: 1900]. *o. O. [1900].* (Getr. Pag.) 4° [F.] [00. 13313

Bestimmungen. – S t a t u a r i s c h e Bestimmungen bei dem Neuen Brandenburgischen Kredit-Institute nebst Kommentar. Berlin 1906.

Statutarische Bestimmungen des Verbandes der Rindviehzucht-Vereinigungen Westfalens. *Münster i. W. [1900]: 'Der Westfale'.* (7 S.) 8° [F.] [00. 8331 6

Statutenmäßige **Bestimmungen** für das Propsteier Schieds gericht in landwirthschaftlichen Angelegenheiten. Kiel. 1867. 8°

—— Schönberg i. Holst. 1894. 8°

Bestimmungen betreffend die Franz Horn'sche Stiftung und die Verwendung der Zinsen des Stiftungs-Capitals. (Vom 20. Februar 1884.) (Berlin o. J.) (1 Bl.) 4° [Kopft.] ¶ Wieder abgedr. bei Daude, Die Kgl. Friedrich-Wilhelms-Univ. zu Berlin 1887 S. 735.

Bestimmungen für die Studierenden der Kgl. Sächs. Technischen Hochschule ⟨Studienordnung⟩ (v. 23. 5. 1898). Dresden

Bestimmungen für die Studierenden der Kgl. Sächs. Technischen Hochschule ⟨Studienordnung⟩ (v. 8. 3. 1902). — [Dasselbe.] (Mit Nachtrag zu § 22 v. 13. 12. 1902 u. § 17, 20, 24 v. 10. 9. 1903.) Dresden

— u. **Tarife** für die in- u. ausländische Correspondenz der österreichischen Telegraphen-Stationen. Red. im k. k. Handelsministorium. Giltig vom 1. Septbr. 1882 an. Lex.-8. (V, 52 S.) Wien 882. Hof- u. Staatsdruckerei. n. 1. —

— u. **Tarife** f. den in- u. ausländischen Telegraphen-Verkehr der österreichisch-ungarischen Monarchie, nebst e. Anh. üb. die pneumat. Beförderg. der Correspondenzen in Wien. Red. im k. k. Handelsministerium. Ausg. am 1. Juni 1875. Mit 1. (lith.) Welttelegraphen-Karte (in gr. Fol.) Lex.-8. (73 S.) Wien 875. k. k. Hof- u. Staatsdr. n. 2. —; ohne Karte n. — 80; Karte ap. n. 1. 40

Bestimmungen über die Tätigkeit der Rindviehkontrollvereine in der Rheinprovinz. Bonn 1903: C. Georgi. (14 S.) 8° [F.]
— **Veröffentlichungen** d. Landwirtschaftskammer f. d. Rheinprovinz. 1903, No 5.

Bestimmungen über die Tätigkeit der Rindviehkontrollvereine in der Rheinprovinz. 2. Aufl. Bonn 1901. 8°.
(Veröffentlichungen d. Landwirtschaftskammer f. d. Rheinprov. 1903, Nr 5.)

— **temporäre, über Vereine, Verbände u. Versammlgn.** vom 4. III. 1906. Nach dem offiziellen russ. Text übers. von C. v. Plato. (20 S.) gr. 8. Riga 906. N. Kymmel's Verlag. n. 1. —

Bestimmungen für den Transport der Infanterie auf Eisenbahnen. 8. Berlin 1859.

Bestimmungen für die größeren Truppenübungen. – Manöver-Ordnung ⟨M.O.⟩ Berlin: E. S. Mittler & Sohn 1908. (61 S.) 8° [F.]
(D.V.E. No 270.)

Bestimmungen f. d. 2. Turnf. d. Gauverbandes v. Ober-Österreich u. Salzburg in Steyer 16.—17. 5. 1869, Salzburg, 8°.

Bestimmungen für die Turnfeste und Wetturnen des Märkischen Turngaues im VIII. Deutschen Turnkreise Iserlohn, 12 S., 8°.

Bestimmungen für die Turnfeste und Wetturnen des VIII. Deutschen Turnkreises (Rheinland, Westfalen, Lippe) vom 25. 10. 1890, M.-Gladbach, 16 S., 8°.

[Bestimmungen für Überlassung der Logenräume der Loge zur siegenden Wahrheit an Nichtmaurer.] [Gleiwitz] o. J.: [Neumann]. 1 Bl. 8°

— f. d. Uebgn d. Beurlaubtenstandes im Etatj. 1892/93. 8° (41) Ebd. 92. — 40 || 1893/94. (32) 93. — 30 || 1894/95. (30) 94. — 30 || 1895/96. (30) 95. — 30

— dasselbe i. Etatsjahr 1896/97. 8. (32 S.) Ebd. 896. — 30

— für die Uebungen des Beurlaubtenstandes im Rechnungsj. 1900. Beilage zu Nr. 39 des Armee-Verordnungs-Blattes f. 1899. 8. (36 S.) Berlin 899. E. S. Mittler & Sohn. — 30

— dasselbe im Rechnungsj. 1901. Beilage zu Nr. 4 des Armee-Verordnungs-Blattes f. 1901. 8. (39 S.) Ebd. 901. — 30

— dasselbe im Rechnungsj. 1902. (Ueb. Best. 1902.) Beilage zu Nr. 6 des Armee-Verordnungs-Blattes f. 1902. 8. (39 S.) Ebd. 902. — 30

— f. die Übungen des Beurlaubtenstandes im Rechnungsj. 1905. (Üb. Best. 1905.) (Beilage zu Nr. 5 des Armee-Verordnungsblattes f. 1905.) (48 S.) 8. Berlin 905. (E. S. Mittler & Sohn.) n. — 30

— f. die Übungen des Beurlaubtenstandes im Rechnungsj. 1907. (Üb. Best. 1907.) (Beilage zu Nr. 5 des Armee-Verordnungsblattes f. 1907.) (48 S.) 8. Berlin 907. (E. S. Mittler & Sohn.) — 30

— dasselbe im Rechnungsj. 1908. (Üb. Best. 1908.) (Beilage zu Nr. 6 des Armee-Verordnungsblattes f. 1908.) (48 S.) 8. Ebd. 908. — 30

— dasselbe im Rechnungsj. 1910. (Üb. Best. 1910.) Beilage zu Nr. 6 des Armee-Verordnungsblattes f. 1910. (52 S.) 8. Ebd. 910. nn — 25

Bestimmungen für die in Folge der Verordnung vom 3/4. Februar 1844 auszuführende Umgestalt. d. Divisions-Schulen. gr. 8. (1½ B.) Berlin 846, Decker'sche Geh. Ober-Hofbuchdruckerei.

— üb. die Umgestaltung des Kadetten-Corps u. das bei der Anmeldung u. Aufnahme v. Zöglingen, Pensionairen u. Hospitanten in die K. Militair-Schule zu Berlin, sowie in die K. Erziehungs-Anstalten zu Potsdam, Culm, Wahlstatt u. Bensberg zu beobacht. Verfahren. gr. 8. (19 S.) Berlin 849, Decker. 1½ ngr

— unsere jagdgesetzlichen u. jagdpolizeilichen, u. deren Mängel von A. v. S. 8. (73 S. m. 1 Tab.) München 884. Killinger. n. 1. 50

—— für die Unterbringung, Behandlung und Pflege von im Felde verwundeten und erkrankten Kriegern außerhalb der Militär-Sanitäts-Anstalten. 8. (24 S.) Wien 878, k. k. Hof- und Staatsdruckerei.

Bestimmungen über den nach § 7 der Vorschrift für die Kgl. Bau-Akademie vom 18ten März 1855 in dem Lehrgange für künftige Bauführer ertheilten Unterricht im Zeichnen und Entwerfen baulicher Gegenstände, so wie in dem des Ornament- und Maschinenzeichnens (v. 6. 6. 1856).

— üb. d. Unterr.-Betrieb in d. kgl. Seminar-Übungsschule in Quedlinburg. (Ausgearb. v. Breitrück, durchberaten u. angenommen v. d. Seminarkollegium '11.) (15) kl8° Quedlinbg, H Schwanecke ('11). nn — 25 d

Bestimmungen über den Unterstützungsfonds des Ruhrturngaues, Kreis VIIIb, 2 Bl., 8°.

Bestimmungen für eine freiwillige Unterstützungskasse der Turngemeinde Jena E. V., v. 14. 11. 1902, 4 S., Kl.-8°.

Bestimmungen für die Untersuchung frischen Fleisches, welches in die Residenzstadt Cassel eingeführt wird. [Nebst] Nachtrag. *(Cassel 1895–99.)* (6 S.) 8° [Kopft. F.]

Bestimmungen für die Untersuchung frischen Fleisches, welches in die Residenzstadt Cassel zum Zwecke des Feilbietens oder der Zubereitung in Gast- und Speisewirtschaften eingeführt wird. Cassel 1905: R. Trömner. (7 S.) 8° [F.]

Bestimmungen über die Unterweisung von Unteroffizieren und Gefreiten der Infanterie als Wagenmeister. München 1876. 8.

Bestimmungen, Urkundliche, über Deutschlands Freiheit und Einheit, . . . Frankfurt 1848 (Mai). V: *Bernhardi, Carl Christian Siegmund.* (Gd)

Urkundliche Bestimmungen über Deutschlands Freiheit und Einheit, insoweit solche bereits zu wirklicher Geltung gelangt sind. Frankfurt a. M., Jäger 1848. 32 S. 8.

Bestimmungen in Betreff einiger, vom Jahre 1851 an, hinsichtlich der Geldgebührnisse der Mannschaften bei der königl. sächsischen Armee eintretender Veränderungen. 8. Dresden 1850.

Bestimmungen wegen einiger Veränderungen, welche vom Jahre 1850 an, in Bezug auf die Equipirung der Truppen eintreten. 8. Dresden 1849.

— über die civilrechtliche Verantwortlichkeit für Leistungen der Architekten u. Ingenieure. Aufgestellt vom Verbande deutscher Architekten- u. Ingenieur-Vereine. Fol. (2 S.) Berlin 889. Ernst & Korn. — 80

Bestimmungen über die zivilrechtliche Verantwortlichkeit für Leistungen der Architekten und Ingenieure. Aufgest. v. Verbande Deutscher Architekten- u. Ingen.-Vereine 1886. ⟨Rev. durch d. 32. Abgeordneten-Versammlung d. Verbandes in Dresden 1903.⟩ Berlin: Deutsche Bauzeitung in Komm. 1904. (7 S.) 8° [05. 1301

Bestimmungen zur theilweisen Vereinfachung des militärischen Geschäfts-betriebes. 4. (46 S.) Wien, Hof- und Staatsdruckerei. 1861 84 kr.

Bestimmungen zur theilweisen Vereinfachung des militärischen Geschäfts-Betriebes. C. K. Nr. 4076. Beigeb. 1., 2., 3. und 5. Nachtrag 1861/1864. (Lithographirt.) 4. 20. Juli 1861—1864.

Grossherzogl. Technische Hochschule zu Darmstadt. **Bestimmungen,** das Verfahren bei Beitreibung der Unterrichtsgelder betr. (v. 12. 10. 1895).

Bestimmungen über das Verfahren bei Festsetzung und Auszahlung der durch die Ermittelung des Reinertrags der Liegenschaften, behufs anderweiter Regelung der Grundsteuer, entstehenden Kosten. Vom 21. Juni 1861. Berlin, Decker, 1861. (1/3 Bog.)

Bestimmungen vom 6. Juli 1908 über das Verfahren bei Festsetzung und Verrechnung der Kosten der dritten Gebäudesteuerrevision. Berlin 1908: Reichsdr. 11 S. 4° [09. 3151

Bestimmungen über das formelle Verfahren hinsichtlich der für die Studirenden der Theologie in Bezug auf die Ableistung ihrer Militairpflicht zur Zeit bestehenden Vergünstigungen. (Halle [1860/64]: Hendel.) 1 Bl. 4° [Kopft.]

— — . . . ihrer Militairdienstpflicht . . . o. O. [etwa 1864/69]. 1 Bl. 4° [Kopft.]

Grossherzogl. Technische Hochschule zu Darmstadt. **Bestimmungen** über das Verfahren bei Zahlung der Unterrichtsgebühren (v. 24. 2. 1897).

Bestimmungen über die Verfassung des Lehrkörpers bei der Kgl. Bau-Akademie zu Berlin (v. 10. 11. 1875).

Bestimmungen [der Polizeibehörde Hamburg] über Vergütung für Dienstreisen und Dienstaufwand, vom 1. November 1907. Hamburg (1907)

Bestimmungen über die Vergütung der Handarbeitslehrerinnen im städt. Schulorganismus zu Cassel. — Cassel 1886: Scheel. 4 S. 8°

Bestimmungen über das Verhalten in der Reserve für die Jäger der Klasse A vom 1. April 1906. ⟨Gemäß § 20 d. Bestimmungen v. 1. Okt. 1905.⟩ (Neudamm: J. Neumann 1906.) (17 S.) 8° [F.] [07. 8397

Bestimmungen über den buchhändlerischen Verkehr mit der Stadtbibliothek zu Frankfurt a. M. Neue Ausg. Frankfurt a. M. 1909: Knauer. 8 S. 8° [09. 3324

Bestimmungen über den Verkehr der Züge auf der k. k. priv. ersten Eisenbahn. 8. (16 S.) Linz. 1854. Eurich's Buchdruckerei.

Bestimmungen über die Verlassenschaftspflege der Loge Akazia in Winterthur 1905. [Winterthur 1905.] 12 S. 8°

Bestimmungen über die Verlassenschaftspflege der Loge Akazie in Winterthur 1905. o. O. (1905). 12 S. 8°.

— über die Verleihung des Arbeiterinnenkreuzes f. langjährige treue Pflichterfüllung. 8. (6 S.) Karlsruhe 902. G. Pillmeyer. — 15

Bestimmungen über die Verleihung von Reisestipendien an Diplom-Ingenieure, welche die Diplomprüfung auf der Technischen Hochschule in Danzig abgelegt haben (v. 15. 7. 1906). (1910.) — [Dasselbe] (mit Abänderung v. 13. 2. 1912). ¶ Abgedr. in: Damm 1909. S. 283 f.

Bestimmungen über die Vermehrung der Universitäts-Bibliothek. *Rostock i. M. 1904: Adlers Erben.* (10 S.) 4°

— einige, aus den allerhöchsten Verordnungen über die größeren Truppenübungen vom J. 1861. Dresden 868. Meinhold & S. 8. (34 S. u. 3 lith. Taff.) 3 ngr.

— f. d. ärztl. Verordngn. b. d. Kassen m. freier Arztwahl z. Berlin. Hrsg. v. Vorst. d. freigew. Kassenärzte z. Berlin u. Umg. schmal 12. (47 S.) Berlin 896. J. Goldschmidt. n. — 75; geb. in Leinw. n. — 90
Erschien auch u. d. T.: Verordnungs-Buch, ärztl., f. d. Kassenpraxis.

Bestimmungen für die ärztlichen Verordnungen bei den Kassen mit freier Arztwahl zu Berlin . . . *(Berlin: Dr. W. Röver [1897].)* (47 S.) 1 Bd 8. [97. 7181

Bestimmungen für die ärztlichen Verordnungen bei den Kassen mit freier Arztwahl zu Berlin für das Jahr 1898. Hrsg. vom Vorstand d. Vereins d. freigewählten Kassenärzte zu Berlin. *Berlin: Med. Reform 1898.* (44 S.) 8° [99. 10087

— dasselbe für das Jahr 1898. 12. (44 S.) Berlin (R. Trenkel). n. 1. —

Bestimmungen über die Verpflegs-Entschädigung für die Mannschaften vom Feldwebel etc. abwärts bei Beurlaubungen und Einberufungen; mit einem Stundenzeiger und dem Gebührs-Tarif zur Berechnung. 4. München 1851.

Bestimmungen betreffend Versicherung gegen Unfall von Studierenden, Zuhörern und Assistenten [an der Universität Basel]. Von der Regenz beschlossen am 12. März 1901. Basel 1901. 4 S. 8°.

Universität Basel. Bestimmungen betreffend Versicherung, gegen Unfall von Studierenden, Zuhörern und Assistenten. (Von der Regenz beschlossen am 12. März 1901.) 4 S. 8°.
Basel. Univ.-Schr. 1908/09.

Bestimmgn üb. d. Versorgung d. Hinterbliebenen v. Angehör. d. Reichsheeres. Berlin 1894. (Dopp.) 2 Bde.

Bestimmungen über die Vertretung von Lehrern und Lehrerinnen an den der Stadtschulkommission unterstehenden städtischen Schulen der Residenzstadt Cassel. *(Cassel) 1900: F. Asshauer.* (4 S.) 8° [F.] [00. 6377

Bestimmungen über die Vertretung von Lehrern und Lehrerinnen an den der Stadtschulkommission unterstehenden städtischen Schulen der Residenzstadt Cassel. Cassel 1904: Gebr. Gotthelft. (5 S.) 8° [F.]

Bestimmungen über Verwaltung und Benutzung des alten Archivs der Stadt Flensburg. Flensburg 1910: Schmidt. 6 S. 8°

Bestimmungen über die Verwaltung und Benutzung der Bibliothek des Vereins für Geschichte und Altertümer der Herzogtümer Bremen und Verden und des Landes Hadeln in Stade. *(Stade [1903]: A. Pockwitz.)* (1 Bl.) 8° [Kopft. F.]

Bestimmungen über die Verwaltung und die Benutzung der Großherzoglichen Universitäts-Bibliothek zu Gießen. Gießen 1907: v. Münchow. (16 S.) 8° [F.]

BESTIMMUNGEN ÜBER DIE VERWALTUNG DES BÖRSENBLATTES. Genehmigt von der Hauptversammlung des Börsenvereins der Deutschen Buchhändler am 3. Mai 1896. Gültig vom 1. Juli 1896 ab. Anhang: Bestimmungen über die Aufnahme in das Verzeichnis der erschienenen Neuigkeiten
a) des deutschen Buch- und Landkartenhandels,
b) des deutschen Kunsthandels.
c) des deutschen Musikalienhandels.
Leipzig 1896. Geschäftsstelle des Börsenvereins der Deutschen Buchhändler. Deutsches Buchhändlerhaus, Hospitalstrasse. 8°.

Bestimmungen (Vorschrift) ü. Verwaltung d. Feld- u. Übungsgerätes d. Eisenbahn-Batl. München 1894.
— — 1895: Desgl. f. d. Luftschiffer-Abteilung.

Bestimmungen üb. d. Verwalt. öffentl. Gelder durch Aktiengesellschaft. Strassburg 1875

Bestimmungen für die Verwaltung des Logen-Heims [der Loge Friedrich zum goldnen Zepter]. [Breslau 1891: Grass, Barth & Co.] 4 S. 8⁰ [Kopftit.]

K. Universität Tübingen. **Bestimmungen** für die Verwaltung der Universitätsbibliothek. Beschlossen am 19. Dezember 1901. Genehmigt am 27. Januar 1902. *Tübingen 1902: H. Laupp jr.* (2 Bl.) 4° [F.]

Bestimmungen über die Verwaltung und Verwendung des „Werkschatzes des Vereins deutscher Freimaurer. o. O. u. J. 1 Bl. 4⁰. [Kopftit.]

(**Bestimmungen** der Verwaltungsordnung für das Stadtbauamt vom 16. März 1904.) *[Cassel 1904.]* (5 S.) 8° [F.]

Bestimmungen über die Verwendung usw. der für Gefechts- und Schießübungen im Gelände usw. aus Kap. 24 Tit. 21. d. Militär-Etats gewährten Geldmittel. *Berlin 1904: Reichsdr.* (16 S.) 8° [F.]
= Armee-Verordnungsblatt. 1904, No 14. Beil.

Bestimmungen über die Verwendung und Verwaltung des Stiftungsvermögens der vormaligen Lehr- und Erziehungsanstalt für Töchter gebildeter Stände in Friedrichstadt-Dresden. [Dresden 1888: Pässler.] 4 S. 8⁰ [Kopftit.]
Abgedr. in: Statut d. Frmrl. z. gold. Apfel, [Dresden]. [1891] S. 125—129.

Bestimmgn üb. d. Verwundeten-Transportverfahren i. d. Marine. (Unvollst.) 1882.

Bestimmungen über das jährliche Volkswetturnen auf der Elme vom Mai 1867. Hs., 4°.

— über Vorbereitung u. Anstellung im königl. Forstschutzdienst vom 1. X. 1905. Anlagen: 1. Satzungen f. die Forstlehrlingsschulen. 2. Allgemeine Grundzüge f. die forstl. Fortbildg. der Jäger während des aktiven Militärdienstes vom 1. X. 1905. 3. Vorschriften üb. die Försterprüfg. (§ 23, 5 der Bestimmgn. üb. Vorbereitg. u. Anstellg. im königl. Forstschutzdienst) vom 1. X. 1905. (42 S.) Lex.-8. Neudamm (906). J. Neumann. n. — 60

Bestimmungen über die Vorbereitung für den Königlichen Forstverwaltungsdienst vom 25. Jan. 1903. (Berlin: J. Springer [1903].) (14 S.) 8° [F.]

Bestimmungen über die Vorbereitung für den Königlichen Forstverwaltungsdienst v. 25. Jan. 1903. *Neudamm: J. Neumann 1903.* (12 S.) 8° [F.]

— über die Vorbereitung f. den königl. Forstverwaltungsdienst vom 19. II. 1908 nebst den Satzungen f. die Studierenden der königl. Forstakademien zu Eberswalde u. Münden. (11 S.) Lex. 8. Neudamm 908. J. Neumann. — 80

— vorläufige, zur Ausführung der Reichs-Gesetze betr. die Besteuerung des Branntweins u. betr. die Steuerfreiheit des Branntweins zu gewerbl. Zwecken. Erlassen vom Bundesrath am 27. Septbr. 1887. Mit Anlagen, Tabellen u. lith. Zeichngn. gr. 4. (IV, 154 S.) Berlin 887. C. Heymann's Verl. n. 3. 60

— dasselbe. Anlagen C u. D. 4. (22 S. m. eingedr. Fig. u. 6 Taf.) Ebd. 888. n. 1. 40

Bestimmungen, vorläufige, für den Fall des Ausbruchs d. Cholera in den Städten, Flecken u. größern Ortschaften des Königr. Hannovers. gr. 4. (Hannov. 832. Hahn). ½ ℛ

Vorläufige Bestimmungen f. d. Transport a. Eisenbahnen. München 1875. 4⁰

Bestimmungen, Vorläufige, über die Wirthschaft der Truppen-Abtheilungen im Friedensstande. Für die k. sächsische Armee. 8. Dresden 1822.

Vorläufige Bestimmungen ü. d. bei den Schießübungen d. Art. vorgeschriebenen Ziele, die Schußlisten u. d. Dienst a. d. Art.-Schießständen. München 1868. 4⁰

— betr. die Vornahme v. Feldbäckerei-Übungen im Frieden. 8. (11 S.) Wien 895. (Hof- u. Staatsdruckerei.) n. — 04

1. Nachtrag zu den „Bestimmungen betreffend die Vornahme von Feldbäckerei-Uebungen im Frieden". (Zu Abth. 12, Nr. 1218 vom Jahre 1899 — Beiblatt Nr. 15 zu dem Normal-Verordnungsblatte für das k. u. k. Heer.) [Wien. 1899. Hof- & Staatsdruckerei.] 8°. Paginirt S. 12—18. fl. —.02

— zur Vornahme der Prüfungen der auf die Beförderung zum Militär-Bauverwalter aspirirenden Militär-Bau-Rechnungsofficiale I. Classe. 4⁰. (2 S.) Ebd. fl. —.02. 1887

Bestimmungen, die, üb. die Vorsichtsmaßregeln gegen schlagende Wetter. Bearb. v. der bergrechtl. Abtheilg. der preuß. Schlagwetter-Kommission. gr. 8. (175 S.) Bonn 884. Marcus. n. 3. —

Bestimmungen d. Vorstandes d. Mittelschles. Turngaues üb. d. Riegenwetturnen b. Gauturnf. u. d. Einzelwetturnen an Geräten — (lithogr.), Kl.-8°.

— über die Wahl der Mitglieder des Hauses der Abgeordneten. 12. (III, 128 S.) Berlin 882. Moeser. — 60

Kgl. Preuß. Wasserbauverwaltung. **Bestimmungen**, betr. die Wasserstraßenbeiräte. Zusammenstellung Mai 1908. Berlin (1908): P. Stankiewicz. (50 S.) 4°(8°) [Umschlagt. F.]

Verein schweizerischer Zeitungsverleger. Wegleitende Bestimmungen über die Bekämpfung des Schmarotzertums am Textteil, sowie ungebührliche Ausnützung des Textteiles der Zeitungen durch Aufnahme von Einsendungen, welche in den Annonceteil gehören. 7 S. 8. (Bern, H. Jent, [1902].)

[F.] Weitere **Bestimmungen** zur Ausführung des Branntweinsteuergesetzes vom 24. Juni 1887. (Beschlüsse d. Bundesr. v. 27. Juni u. 4. Juli 1895 u. Verfügg d. Finanzminist. v. 9. Juli 1895 III 10208.) *Berlin: Gedr. b. O. Droritz 1895.* (71 S.) 1 Bd 4.

— die wesentlichsten, üb. die Handelsgesellschaften, nebst e. Anh.: Einiges üb. Inhaberpapiere, s.: Vorträge üb. Gesetzeskunde u. Verwaltung. 2. Hft.

— d. wesentl., üb. d. Militär-Pensionswesen, s.: Vorträge üb. Gesetzeskunde u. Verwaltg.

— dasselbe, s.: Militär-Vorschriften.

Bestimmungen über die in der Nähe der Stadt Schleswig abzuhaltenden Wettrennen und eine damit zu verbindende Thierschau und Auction. Schleswig. 1830. 8°

Bestimmungen, wichtigste — des im J. 1851 von der n. ö. Handels- und Gewerbekammer begutachteten Entwurfes einer Wasserordnung. 1856. Druck und Papier von Leop. Sommer. (7 S. 8.)

Die wichtigsten Bestimmungen der Feld-Vorschriften zum Gebrauche der Herren Militär-Ärzte. Zusammengestellt von Oberstlieutenant Leopold Schleyer. 2. Auflage. Wien. 1901. In Comm. Šafař. 8°. 187 S. K 2.60

—— die wichtigsten, des Gesetzes über die Beurkundung des Personenstandes und die Form der Eheschließung vom 9. März 1874. Nebst Gebühren-Tarif. Gültig für den Umfang der Monarchie, mit Ausnahme des Bezirks des Appellationsgerichtshofes zu Cöln und des Gebiets der ehemal. freien Stadt Frankfurt a. M. 1. und 2. Aufl. 16. (16 S.) Berlin 874, Staude.

—— d. wichtigsten, d. Gesetzes üb. d. Beurkundg d. Personenstandes u. d. Eheschliessg. 16. (16) Berl. 75, Staude. — 10

— d. wichtigsten gesetzl. u. polizeil., üb. d. Bergbau in Anhalt. 12. (188 S.) Dessau 895. C. Dünnhaupt. n. 2. —

— die wichtigsten noch gültigen, der Gesinde-Ordnung f. die Herzogtümer Schleswig u. Holstein vom 25. II. 1840. (Nebst Anh. u. den vom 1. I. 1900 an gült. Abändergn.) 12. (15 S.) Garding (899). H. Lühr & Dircks. n. — 20

Die wichtigsten Bestimmungen über Maximal-Arbeitstag und Sonntagsruhe im Bäckereigewerbe. Hrsg. von d. Red. d. Bäcker-Zeitung. *Berlin: Selbstverl. 1898.* (31 S.) 8° [F.] [illegible]

— die wichtigsten, über die Pensionirung u. Versorgung der Mannschaften vom Feldwebel ꝛc. abwärts, unter besond. Berücksicht. der Grundsätze f. die Besetzung der Beamtenstellen vom 25. März 1882. Hülfsbuch bei dem Dienstunterricht der Mannschaften aller Waffen u. f. das Selbststudium. gr. 8. (41 S.) Berlin 882. Mittler & Sohn. n. — 80

Die wichtigsten Bestimmungen der Reichsgewerbeordnung vom 21. Juni 1869, in d. Fassung v. 26. Juli 1900 für den Gendarmen zsgest. u. nach d. Ausführungsanweisungen ... erl. von v. den Brincken, Oberstlt., Wohlau. *Berlin: Kaiser-Wilhelm-Dank 1904.* (XI, 73 S.) 8° [F.] [illegible]

Die wichtigsten Bestimmungen über die Staatsprüfungen im Baufache ⟨Hochbau-, Bauingenieur- und Maschineningenieurfache⟩ in Württemberg. Für die Studierenden der Technischen Hochschule zsgest. auf Grund der Kgl. Verordnung v. 13. 4. 1892 ⟨Reg.-Bl. S. 149 ff.⟩ u. der Ministerial-Verfügungen v. 10. 5. 1892 bezw. 13. 6. 1892 ⟨Reg. Bl. S. 162—192.⟩ — [Neudr.] 1903.

Bestimmungen, Die wichtigsten, über die Verfassung und Verwaltung der Universität Freiburg . . . Freiburg i. B. 1898. V: *Rosin*, *Heinrich*. (Berl) (E&H 2, 206)

— die wichtigsten, üb. den Versand u. Empfang v. Gütern u. Expreßgut m. der Bahn, sowie e. Verzeichnis der vorgeschriebenen Begleitpapiere nach fast allen Ländern, nebst prakt. Winken f. Kauf- u. Geschäftsleute (auch f. Schalterbeamte u. Spediteure.) Bearb. v. e. Fachmann. (27 S.) 8. Nürnberg 910. F. Korn. — 30

Bestimmungen, betreffend den Wirtshaus-Besuch und dergleichen der Schüler. — Verordnung, den Verkehr der Schüler in öffentlichen Lokalen betreffend. (Unterzeichnet: Herz. Anhalt. Regierung ... Oelze.) Cöthen, Druck v. P. Schettlers Erben, *1893*; 51—52 S. 4.
Cöthen, herz. Ludwigs-G, OP 1893 (676)

Bestimmungen der Wittwen- und Waisen-Kasse [in Chemnitz]. Gestiftet den 3. Aug. 1822. (Neu rev. und giltig seit 1. Juli 1885.) [Chemnitz 1885.] S. 9—16. 8° [Kopftit.]
(Supplemente zum Gesetzbuch der Loge zur Harmonie in Chemnitz. 2.)
[N. Ausg. u. d. Tit.:]
Aenderung der Bestimmungen der Unterstützungs-Anstalt für Wittwen u. Waisen, Suppl. 2. (Laut Beschluss der Gesetzgebungs-Conferenz vom 10. Mai 1895.) [Chemnitz 1895.] 1 Bl. 8° [Kopftit.]
(Suppl. zum Gesetzbuch der Loge zur Harmonie, Chemnitz. 8.)

— die in Württemberg geltenden, über die Fischerei, hrsg. u. m. Anmerkgn. versehen vom Gauverband der Fischereivereine u. Fischereiinteressenten d. oberen Neckar. 12. (28 S.) Tübingen 890. (Fues.) n. — 40

— die in Württemberg geltenden, üb. die Fischerei, hrsg. u. m. Anmerkgn. versehen vom Gauverband der Fischereivereine u. Fischereiinteressenten d. oberen Neckar. 2. Aufl. 12. (31 S.) Tübingen 891. (F. Fues.) n. — 40

—— die in Württemberg geltenden, üb. die Fischerei, hrsg. u. m. Anmerkgn. versehen vom Gauverband der Fischereivereine u. Fischereiinteressenten d. oberen Neckar. 1. Aufl. 12. (28 S.) 890. 2. Aufl. 8. (31 S.) Tübingen 892, (Fues). * — 40

— Die f. Württemberg gelt. reichs- u. landesrechtl., üb. Dampfkessel, s: Gesetzessammlung, Württembergische.

Bestimmungen über den Zeichenunterricht in Preußen. 4. Aufl. erw. u. nach amtl. Quellen bearb. Berlin 1910. 8° *[1. Aufl. 1904.]*

Bestimmungen über den Zeichenunterricht in Preussen. 4. Aufl., erw. u. nach amtl. Quellen bearb. Berlin: Albrecht Dürer-Haus 1910. 59 S. 8° [10. 12149

— die, der Zeiteinrichtung durch Papst Gregor XIII. als immerwährender Kalender zusammengestellt u. erläutert von H. W*. Köln, (857.) M. Greven. (1 Bgn. in gr. Fol.) 8 Ngr.

—— d., d. Zeiteinrichtg durch Papst Gregor XIII. als immerwähr. Kalender. 1 B. Fol. Köln 58, W Greven. — 8

Bestimmungen der Preußischen Central-Genossenschafts-Kasse über den Geschäftsverkehr. Als Ms. gedr. Berlin 1898: Paul. 247 S. 8° [11. 18741

Bestimmungen d. preuß. Central-Genossenschafts-Kasse üb. d. Geschäftsverkehr. Als Mskr. gedr. 12. (247 S.) Berlin 898. (W. Weber). Kart. n. 1. 20

Bestimmungen der Preussischen Central-Genossenschafts-Kasse über den Geschäftsverkehr. Berlin 1898. 1901.

Bestimmungen für die Zöglinge des Kgl. Gewerbe-Instituts (v. 15. 12. 1858).

— zoll- u. handelsrechtliche, des Auslandes. Hrsg. im Reichsamte des Innern. 1.—5. Heft. 8. Berlin, E. S. Mittler & Sohn. 11. 90
1. Spanien. (IV, 161 S.) 908. 2. —
2. Belgien. (IV, 80 S.) 908. 1. 25
3. Niederlande. (V, 156 S.) 908. 2. 25
4. Die Schweiz. (V, 272 S.) 908. 4. —
5. Schweden. (IV, 150 S.) 909. 2. 40

— Zoll- u. handelsrechtliche, d. Auslandes. Hrsg. im Reichsamte d. Innern. 6.Heft. Österr.-Ung. (17, 511) 8° Berl., ES Mittler & S. '11. 6 — (1—6: 17.90) d

Bestimmungen ü. Zulassung z. d. d. Militäranwärtern i. . . . Ressort d. Kriegsministeriums vorbehalt. Stellen . . . München 1894.

Bestimmungen über die Zulassung zur ärztlichen Praxis im Auslande. Hrsg. von Dr. J[ulius] Schwalbe in Berlin. *Leipzig: G. Thieme 1899.* (VI, 152 S.) 8° [11. 407]

Bestimmungen über die Zulassung von Privatdocenten an der Kgl. polytechnischen Schule zu Dresden (v. 28. 3. 1872).

Bestimmungen, die Zulassung, die Rechte und die Pflichten der Privatdocenten an der Herzogl. technischen Hochschule zu Braunschweig betr. (v. 1. 10. 1897).

Bestimmungen, die Zulassung, die Rechte und die Pflichten der Privatdozenten an der Herzogl. Technischen Hochschule zu Braunschweig betr. (v. 1. 10. 1903).

— über die Zusammensetzung, Ausbildung u. Beförderung des **Maschinenpersonals** der Torpedoabtheilungen. (Anlage 10 d. O. B. Abschn. B.) gr. 8. (8 S.) Ebd. (900). — 15

— über die Zusammensetzung, Ausbildung u. Beförderung des **Maschinenpersonals** der Werftdivisionen. (Anlage 9 d. O. B.) gr. 8. (6 S.) Ebd. (900). — 15

— über **Zusammensetzung,** Ergänzung u. Beförderung rc. d. Maschinen-Ingenieurkorps der kaiserl. Marine. [Auszug aus den Organisator. Bestimmgn. f. die kaiserl. Marine.] gr. 8. (4 S.) Berlin 885. E. Heymann's Verl. — 15

— dasselbe, d. Torpederpersonals der kaiserl. Marine. gr. 8. (18 S.) Ebend. 885. n. — 55

Freies Deutsches Hochstift zu Frankfurt a. M. **Bestimmungen** über den Zutritt zu den vom Hochstift veranstalteten Lehrgängen. *Frankfurt a. M. (1897): Gebr. Knauer.* (2 Bl.) 8° [12. 644]

Bestimmungs-Gründe für die Errichtung einer Wohlthätigkeits-Anstalt um die Bildung der Jugend zu unterstützen. Frankfurt a. M. 1801: Brönner. 35 S. 8°
Kl. 550. 1800 von der Loge zur Einigkeit in Frankfurt a. M. errichtet.

Bestimmungs-Gründe und Gesetze, der mit der Gesellschaft, oder dem im Jahr 1742 zu Frankfurt am Main gebildeten, und seit dieser Zeit unter dem Namen zur Einigkeit bestandenen Verein, unzertrennlich verbundenen Wohlthätigkeits-Anstalt für die Erziehung und Bildung der Jugend zu guten Menschen, aufrichtigen Verehrern der Religion, und dem Staate getreuen nützlichen Bürgern. Entworfen und von dem Verein sanctionirt im Jahr 1800, zum erstenmal rev. und sanctionirt 1812 und 1813, und zum zweitenmal in diesem laufenden Jahr 1824. [Frankfurt a. M.] 1824: Brönner. 35 S. 8°

[**Dasselbe.**] Ebendas. 35 S. 4°
Kl. 633.

Bestimmungs-Tabelle d. europ. Coleopteren. 36—41. Hft. 8° Brünn u. Paskau. (Berl., R Friedländer & S.) nn 13 —
36. Escherich, K: Meloidae. II. Thl. Zonitidae. Brünn 97. nn 2 —
37. Reitter, E: Curculionidae. V. Thl: (Stierlin's 29. u. 30. Gruppe). Cossonini u. Calandrini. (20) Pask. 98. nn 1 —
38. Reitter, E: Melolonthidae a. d. europ. Fauna u. d. angrenz. Ländern. II. Thl: enth. d. Gruppen d. Dynastini, Euchirini, Pachypodini, Cetonini, Valgini u. Trichiini. (93) Brünn 98. nn 3.50
39. Fleischer, A: Carabidae: Abth.: Scaritini. (Unter Mitwirkg v. E Reitter.) (88) Pask. 90. nn 1.50
40. Pic, M: Hylophilidae (früher Euglenini u. Xylophilini). Bearb. unter Mithülfe v. Frau T Pic. (21) Pask. 1900. nn 1 —
41. Reitter, E: Carabidae. Abth.: Harpalini u. Licinini. (133) Brünn 1900. nn 4 —

Die früheren Hfte sind nur noch antiquarisch zu erhalten.

Bestius, Gul., s. B e s t , Wilhelm

Bestlin, Johann Nepomuk

Bestlin, Joh. Nep., Advents-Buch od. Betrachtungen über die vom bischöfl. Ordinariate Rottenburg bei der tägl. Andacht angeordneten Vorlesestücke. Zunächst für katholische Geistliche. 8. Ulm 840. Ebner'sche Verlagsbuchh. 5/12 Thlr.

— christkathol. **Andachtsbuch** f. **Erwachsene.** Ausg. mit grobem Druck f. ält. Personen. M. 1 Stahlst. 8. (22 1/4 B.) Wiesensteig 839, Schmid'sche Buchh. 12 Gr., Vlnp.

— christkathol. **Andachtsbuch** für Erwachsene. Ausgabe mit grobem Druck für ältere Personen. Mit 1 Stahlst. 8. Wiesensteig 840. Schmid'sche Buchh. 1/2 Thlr. — Velinp. 3/4 Thlr.

Bestlin, (Pfarrer) Jh. Nepom., christkathol. **Andachtsbuch** für Erwachsene. Ausg. mit grobem Druck f. ältere Personen. 2. Abdruck. Mit 1 Stahlst. 8. Wiesensteig 843, Schmid. (Leipz. Melzer.) 1/2 Thlr. Velinp. 3/4 Thlr. — 2. verm. Aufl. Mit 1 Stahlst. 12. Ebd. 845. 1/4 Thlr. — 3. unveränderter Abdruck 846. 1/2 Thlr.

— christkathol. **Andachtsbuch** f. d. Jugend. 2., verm. Aufl. 12. (9 B. u. 1 Stahlst.) Wiesensteig 845, Schmid'sche Buchh. (Leipzig, Stadler.)

— kathol. **Andachtsbuch** f. d. **Jugend** u. Erwachsene. M. 1 Stahlst. 16. (14 1/2 B.) Wiesensteig 838, Schmid'sche Buchh. 8 Gr., Vlnp. mit Goldschn. *

— liturgische **Andachtsformulare** zu Betstunden wegen verschiedenen Anliegen, für katholische Geistliche und das Volk. 8. Mit 1 Musikbeilage. Ulm 840. Ebner'sche Buchh. 5/12 Thlr.

— **Ansichten** ein. Bürgers von d. Volksschule. Eine Gabe f. christl. u. israelit. Glaubens-Genossen. gr. 12. (2 1/2 B.) Wiesensteig 839, Schmid'sche Buchh.

— **Ansichten** eines Bürgers von der Volksschule. Eine Gabe für christl. und israelit. Glaubensgenossen. gr. 12. Wiesensteig 840. Schmid'sche Buchh. 1/6 Thlr.

— **Bild** eines christl. Bürgers. Ein Lesebuch für männl. Sonntagsschulen, so wie für jeden biedern Bürger Würtembergs. 8. Wiesensteig 838. Schmid'sche Buchh. 3/8 Thlr.

— **Bild** d. christl. **Keuschheit.** Ein freundschaftl. Geschenk f. Seelsorger, Eltern u. Erzieher, besond. aber f. christl. Jünglinge u. Jungfrauen. 16. (8 1/2 B.) Gmünd 837. [Freudenstadt, Dillenius.]

— **Bild** der christl. Keuschheit. Ein freundschaftl. Geschenk für Seelsorger, Eltern u. Erzieher, besond. aber für christl. Jünglinge und Jungfrauen. 16. Gmünd 837. Roach'sche Buchh. (Leipzig, Meißner.) 1/4 Thlr.

— der christkathol. **Ehestand.** Ein Braut- u. Hochzeits-Geschenk, sowie e. Beitrag z. Bildung guter christl. Eheleute, u. e. Anleit. f. jüng. Geistliche, wie sie d. Braut-Unterr. zu ertheilen haben. 8. (4 3/4 B.) Schw. Gmünd 835. [Freudenstadt, Dillenius.]

— der christ-katholische **Ehestand.** Ein Braut- und Hochzeits-Geschenk, sowie ein Beitrag z. Bildung guter christl. Eheleute, und eine Anleitung für jüngere Geistliche, wie sie den Braut-Unterricht zu ertheilen haben. 8. Schw. Gmünd 835. Roach. (Leipzig, Meißner.) 5/12 Thlr.

Bestlin, Joh. N., der christkathol. Ehestand. Ein Braut- u. Hochzeits-Geschenk, sowie ein Beitrag z. Bildung guter christl. Eheleute, u. eine Anleitung f. jüngere Geistliche, wie sie den Braut-Unterricht zu ertheilen haben. 2. verb. Aufl. 8. (156 S.) Tübingen 847, Laupp. 12 ngr

— s. Geschichte, bibl. f. Kinder, im Ausz.

— der öffentliche, pfarrliche, christ-katholische Gottesdienst. Ein Buch für christ-katholische erste Kommunikanten 2c. Mit Titelbild. 8. Reutlingen 837. Kurtz. 1/2 Thlr.

—— vollständ., prakt., christkathol. Kranken-Buch. Zunächst f. kathol. Geistliche, dann auch f. Kranke u. Sterbende u. für ihre Freunde. 1. Thl. Christkathol., geistl. Krankenpflege im Allgemeinen. gr. 8. (8½ B. u. 1 Stahlst.) Wiesensteig 839, Schmid'sche Buchh. Für 3 Thle. * 1 Thlr., Vlnp. 4

— vollständ., prakt., christ-kathol. Krankenbuch. Zunächst für kathol. Geistliche, dann auch für Kranke u. Sterbende und für ihre Freunde. 1r Thl. Christ-katholische geistl. Krankenpflege im Allgemeinen. (Mit Titel-Stahlst.) 3 Thle. gr. 8. Wiesenst. 840. Schmid'sche Buchh. n. 1 Thlr., Velinp. n. 1¼ Thlr.

—— vollständ. prakt. christkathol. Kranken-Buch. Zunächst für kathol. Geistliche, dann auch f. Kranke u. Sterbende u. für ihre Freunde. 2., verm. u. verb. Aufl., besorgt v. Karl Bestlin. 3 Thle. 12. (30½ B. u. 1 Stahlst.) Wiesensteig 844, Schmid'sche Buchh. (Leipzig, Stadler.)

— die Lebensbahn junger Christen. Ein Andachtsbuch f. die christ-kathol. Jugend beim Austritt aus dem elterlichen Hause in die Welt, unter fremde Menschen. Ein Geschenk für Eltern und Seelsorger. Mit Stahlst. 12. Wiesensteig 839. Schmid'sche Buchh. ½ Thlr.

—— die Lebensbahn junger Christen. Ein Andachtsb. f. d. christkathol. Jugend beim Austritte aus d. elterl. Hause in die Welt, unter fremde Menschen. 2., verm. Aufl. 12. (6½ B. u. 1 Stahlst.) Wiesensteig 844, Schmid'sche Bh. (Leipzig, Stadler.)

— die Lebensbahn junger Christen. Ein Andachtsbuch für die christkathol. Jugend beim Austritte aus dem elterl. Hause in die Welt, unter fremde Menschen. Ein Geschenk der Eltern u. Seelsorger. 3. verb. Aufl. Mit 1 Stahlst. 24. (220 S.) Wiesensteig 851, Schmid. 6 ngr

Bestlin, Jh. Nep., († d. 14. Jul. 1831.) Leichenrede zum Andenken Jos. Wagners. gr. 8. Gmünd 816. Ritter. 4 gr

—— 55 Leichen-Reden. Nach d. Tode des Verf. hrsg. v. Joh. Nep. Bestlin. gr. 8. (13½ B.) Ebds. 846.

Bestlin, Joh. Nep., 55 Leichen-Reden. Nach dem Tode des Verfassers herausg. von Joh. Nep. Bestlin. (Aus des Verf. großem Predigtwerke abgedr.) Wiesensteig 859. Schmid. 8. (254 S.) 21 ngr

Bestlin, Joh. Nep., (Prof. Dr.), Predigten. Nach dem Tode des Verf. hrsg. v. Joh. Nep. Bestlin. 1. Aufl. 2 Bde u. Anh. (100½ B. u. 1 Stnt.) 842, 43. u. 2. Aufl. 3 Bde. gr. 8. Wiesensteig 846, Schmid'sche Buchh. (Leipzig, Stadler.) [1. (30½ B. u. B's Bildn.) 845. 1½ Thlr. 2. (32½ B.) 3. (33½ B.) 46. 2½ Thlr.]

Bestlin, Karl Borromäus

Bestlin, Karl, das heilige Abendmahl als Opfer, d. i.: Die heil. Messe. Aus dem Glauben der ganzen Kirche dargestellt. gr. 12. (404 S.) Wiesensteig 851, Schmid. 1 Thlr.

— s. Jh. Nep. Bestlin, vollständ. christkathol. Kranken-Buch.

Bestlin, Karl (Borrom.), Gebet- und Erbauungsbuch für die katholische Jugend. Regensburg 854. Pustet. 8. (VI, 290 S. u. 1 Holzschn.) 9 ngr

— der Gottesacker. Ein Beitrag zur Feier d. Allerseelentages. 18. (VI u. 62 S.) Augsburg 847, Kollmann. 3 ngr

Bestlin, Karl, das Jenseits. Betrachtungen üb. d. Zustand des Menschen in der andern Welt. 12. (6½ B.) Augsburg 840, Kollmann'sche Buchh.

— Legende der Heiligen für katholische Schulen. Mit 1 Stahlst. Wiesensteig 857. Schmid. 8. (400 S.) 1 Thlr. 6 ngr

—— Legende der Heiligen für kathol. Schulen und kathol. Familien. 8. (658 S. mit 1 Stahlst.) Wiesensteig 857, Schmid'sche Buchh.

Bestlin, Karl Borromaeus, Legende der Heiligen f. katholische Schulen u. Familien. 2. sehr verm. u. verb. Aufl. Mit 6 Farbendr. u. vielen in den Text gedr. Holzschn. nach Zeichngn. v. C. Clasen in Holz geschn. v. P. Meurer. gr. 8. (615 S.) Leipzig 874. Peter. geb. n. 6. — u. n. 7. —

Bestlin, K. B. Legende d. Heiligen. 3. Aufl. gr. 8. Lpz. 883. Bresl., König. 2 —

Bestlin, Karl Borromäus, Legende der Heiligen f. katholische Schulen u. Familien. (Billige Ausg.) 3. Aufl. Mit vielen in den Text gedr. Holzschn. u. Initialen. gr. 8. (615 S.) Leipzig 883. Peter. 2. —; Einbd. n.n. — 50

[F.] Legende der Heiligen für katholische Schulen und Familien. Von Karl Borromäus Bestlin, Pfarrer in d. Diöcese Rottenburg ... 4. Aufl. M. 6 Farbendr. u. vielen in d. Text gedr. Holzschn. *Heiligenstadt '(Eichsfeld)': F. W. Cordier [1897].* (615 S., 6 Taf.) 1 Bd 8. [98. 0384

Bestmann, Hugo Johann

Bestmann, H. J., die Anfänge d. katholischen Christentums u. d. Islams. Eine religionsgeschichtliche Untersuchg. gr. 8. (IX, 151 S.) Nördlingen 884. Beck. n. 2. 80

Die Aufgaben der Kirche und ihrer Theologie in unserer Zeit. Ein theol. Traktat, auch f. Nichttheologen von H[ugo] J[ohann] Bestmann. *Kropp: Eben-Ezer 1893.* (IV, 77 S.) 8° [F.]

Bestmann, H. J., Entwicklungsgeschichte d. Reiches Gottes unt. d. Alten u. Neuen Bunde a. d. Hand e. Analyse d. Quellen. I. D. Alte Testament. gr. 8. (III, 421 S.) Berlin 896. Wiegandt & Grieben. n. 8. 50

Bestmann, H. J., Entwicklungsgeschichte des Reiches Gottes unter dem Alten u. Neuen Bunde an der Hand e. Analyse der Quellen. II. gr. 8. (VIII, 446 S.) Leipzig 900. Dieterich. n. 9. —
I jetzt Ebd. 896. n. 8. 50.

— Geschichte der christlichen Sitte. 1. Tl. A. u. d. T.: Die sittl. Stadien, in ihrer geschichtl. Entwickelung dargestellt. gr. 8. (XII, 461 S.) Nördlingen 880. Beck. n. 8. —

— dasselbe. 2. Tl.: Die kathol. Sitte. 1. Lfg. [Die judenchristl. Sitte.] gr. 8. (VIII, 128 S.) Ebend. 882. n. 2. 80

Bestmann, H. J., Geschichte der christlichen Sitte. 2. Tl. 2. Lfg.: Die katholische Sitte der alten Kirche. gr. 8. (X S. 129—711.) Nördlingen 885, Beck'sche Buchh.
1. Tl. und 2. Tl. 1. Lfg. Ebendas. 1880. * M 10.80.

—— s. Hofmann, J. Ch. K. v., Encyclopädie der Theologie.

— die evangelischen Missionen u. das deutsche Reich m. Beziehg auf die Verhandlung d. Reichstags vom 28. Novbr. 1885. Vortrag. gr. 8. (16 S.) Leipzig 886. Dörffling & Franke. n. — 40

Die Nicolaikirche in Mölln, wie sie wurde, wie sie war und wie sie ist, geschildert v. H. J. Bestmann und R. J. Dethlefsen. Mölln. o. J. 8°

[F.] Die kirchliche Not der deutschen Lutheraner in Südamerika. E. Mahnwort an d. luth. Kirche Deutschlands v. Lic. Dr. H[ugo] J[ohann] Bestmann, ev.-luth. Pastor in Mölln. *Kropp: Buchh. 'Eben-Ezer' 1894.* (22 S.) 1 Bd 8. 194. 7915

— Predigt üb. Joh. 16, V. 5—15, geh. in der St. Petri-Kirche zu Frankfurt a. M. am Sonntag Cantate 1883. gr. 8. (10 S.) Halle 883. Fricke's Sort. n. — 30

— d. Protestantismus u. d. theolog. Fakultäten. gr. 8. (19 S.) Kiel 895. Lipsius & Tischer. n. — 50

Bestmann, Hugo Joa., qua ratione Augustinus notiones philosophiae graecae ad dogmata anthropologica describenda adhibuerit. Commentatio historica. gr. 8. (78 S.) Erlangen 877. Deichert. Diss n.n. 2. —

Bestmann, H(ugo) J(oannes), [Lic. theol.]: Quaestionum ethicarum part. I. Halis Saxonum 1884: Orphanotropheum. 24 S. 8°
Halle-Wittenberg, Phil. Diss. v. 8. [Diplom v. 1.] März 1884
Geb. Delve (Kr. Norderdithmarschen; Holstein) [21.] 2. 1854. V.

Bestmann, H. J., das deutsche Volkslied. gr. 8. (V, 44 S.) Mölln 888. (Leipzig, Buchhandlg. des Vereinshauses.) n. — 80

— die theologische Wissenschaft und die Ritschl'sche Schule. Eine Streitschrift. gr. 8. (58 S.) Nördlingen 881, Beck'sche Buchh. *

Über Friedhofskunst sonst und jetzt. Von Johannes Bestmann, Pastor. Gütersloh: Bertelsmann 1909. 83 S. 8°

Bestrafung des Arbeitervertragsbruches (Ueber). Gutachten auf Veranlassung des Vereins für Socialpolitik, abgegeben von F. Knauer, C. Roscher, G. Schmoller, F. W. Brandes, L. Brentano, Max Hirsch. (Schriften des Vereins f. Socialpolitik, Heft 7.) Leipzig 1874.

Bestrafung, die, des kathol. Pfarrers Zell in Würtemberg wegen Verdacht, die Benediction einer gemischten Ehe verweigert zu haben. (Mit der Beilage: Leichenrede, gehalten auf dem Grabhügel des fränkischen Couriers.) gr. 8. Schaffhausen, 842, Hurter'sche Buchh. 1/8 ℳ

Bestrau, Geo., Sündenvergebung. Schauspiel in 1 Aufzug. 8. (47 S.) Patschkau (902). G. Buchal. (Nur direkt.) — 75

Bestreben, M. von Egidy's christliches. Abendgespräche ländlicher Arbeiter ... 2. Aufl. Heidelberg 1895. V: *Paulsdorff*, *Fritz*. (Mitth. Prof. Dr. K. Albrecht-Oldenburg.)

Bestreben, M. von Egidy's christliches, und darauf bezügliche religiöse Anschauungen aus den unteren Volksschichten. Heft II der Abendgespräche ... Bergen a. R. 1891. V: *Paulsdorff*, *Fritz*. (Mitth. Prof. Dr. K. Albrecht-Oldenburg.)

Bestreben, das unnutze,. Singsp. in 2 Akt. 8. Wien. v. Mosle. 787.

Bestrebung, über die, des Erziehervereins zu Nürnberg, sowohl in festerer Begründung fr. Anstalt für allgem. vorbereit. u. gelehrte Bildung, als auch in Errichtung e. Waisenanstalt z. Bildung künft. Volksschullehrer. gr. 8. Nürnb. 823. (Riegel u. W.) 18 ℳ

Bestrebungen auf dem Gebiete des gewerblichen Bildungswesens in Deutschland ... [Zürich 1898.] V: *Zollinger*, *Frdr.* (Zuwachsverz. d. Bibl. in Zürich 1898 ff.)

Bestrebungen, Die bisherigen, im Kirchspiele Schneefeld aus einer Gemeinde drei Gemeinden zu schaffen ... Rendsburg 1856. V: *Neelsen*, *Hans B.* (zu) (collin) (Ky)

Bestrebungen (Die) der Berliner Buchdruckergehülfen und der „Publicist". Ein Wort an die Arbeiter Berlins vom Berliner Buchdruckergehülfen-Verein. 8°. Berlin, Selbstverlag d. Berl. Buchd.-Geh.-Ver., 1864.

Bestrebungen des Comité Maritime International betr. Haftung des Reeders. Berlin 1900.

Bestrebungen, Die, zur Erstellung einer Gäubahn in Verbindung mit einer Broyethal-Bahn ... Solothurn [1871]. V: *Dietler*, *Herm.* (BSchwLk V, 9 h)

Bestrebungen des Erziehervereins zu Nürnberg. Nürnberg 1822. V (Abschnitte über Raumlehre, Pflanzen-, Tier-, Steinkunde, Sinnesübungen, Leibesübungen, Zeichnen): *Massmann*, *Hans Ferd.* (Hitzig)

(Gegen die freiheitsfeindlichen Bestrebungen des Magistrats.) Mitbürger! Der Magistrat — Der demokratische Club. Vereins-Druckerei. 1 Bl. Fol.
Flugblatt. Berlin, 27. Juni 1848.

Bestrebungen, die, der sogenannten protestant. Freunde unpartheiisch gewürdigt v. e. sächs. Theologen. gr. 8. Münster 816, Theissing. 1/3 ℳ

Bestrebungen, die, der Handwerkskammer zu Altona auf Verbesserung der Häfen u. Wasserstraßen ihres Bezirks. (28 S.) 8. Altona 909. (Schlüter). — 20

Bestrebungen. Künstlerische B' in Zürich bis auf die Reformation. (Njbl.) s. [Hardmeyer, Carl Wilhelm].

— u. Leistungen breslauer Publicisten in d. J. 1842, 1843 u. 1844. Sechzig Aufsätze von Ottomar Behnsch, Moritz Elsner, Carl Aug. Milde, Friedr. v. Sallet, Leop. Schweitzer, Aug. Semrau, Jul. Stein u. Rob. Werner, gesammelt u. hrsg. v. Leop. Schweitzer. gr. 8. (23½ B.) Breslau 844. (Graß, Barth u. Comp., Verlag.) *

Bestrebungen, Die modernen, einer Generalkatalogisierung. [Leipzig 1898.] V: *Dziatzko*, *Carl.* (Cat. d. Lipperheide'schen Costümebibl. Berl. 1896 ff.)

Bestrebungen, Ueber die, der Neuzeit auf dem Gebiete der Naturwissenschaft. Vortrag. 8. (16 S.) geh. 20 kr.
Pilsen: Steinhauser 1882

Die Bestrebungen Ronges u. seiner Partei. Ein ernster Zuruf an die Katholiken. Von einem kath. Priester. Mainz, Kirchh., 1844, gr. 8°, 40 S.

— die, Ronge's u. seiner Partei. Ein ernster Zuruf an die Katholiken v. einem kathol. Priester. gr. 8. Mainz 845, Kirchheim, Schott u. Thielmann. 1/8 ℳ

Bestrebungen, die, d. höh. Staatstechniker Preussens n. Gleichberechtigg. m. d. Verwaltungsbeamten. Bericht u. Kritik üb. d. jüngsten Verhandlgn. d. Hauses d. Abgeordneten. [Aus: „Ztschr. f. Architektur- u. Ingenieurwesen".] gr. 8. (46 S.) Hannover 897. Gebr. Jänecke. — 60

Verein f. Handlungs-Commis von 1858 ... Unsere **Bestrebungen** für die Einführung der Sonntagsruhe. Hamburg 1907: (Th. Rougemont). (31 S.) 8° [F.]

Die **Bestrebungen** des Preußischen Verbandes hauptamtlicher Direktoren, Lehrer u. Lehrerinnen an gewerblichen, kaufmännischen, land- u. hauswirtschaftlichen öffentlichen Unterrichts-Anstalten. Jg. 1. Düsseldorf (1910): Bagel. 8°

Bestrebungen d. preuss. Verbandes hauptamtl. Direktoren, Lehrer u. Lehrerinnen an gewerbl., kaufmänn., land- u. hauswirtschaftl. öffentl. Unterr.-Anst. Hrsg.: Hugo Sittel. Red.: Nikol. Weinandy. 1.J. Apr. '10—März '11. 12 Nrn. (116) gr8° Düsseld. (Burgplatz 28), Th. Geitmann. viertelj. nnn — 75; einz. Nrn nnn — 30 d

— dass. 2. J. 1. Halbj. Apr.—Sept. '11. 6 Nrn. (96) gr8° Ebd. viertelj. nnn — 75; einz. Nrn nnn — 30 d
Fortsetzg s. u. d. T.: Fortbildungsschulzeitung, Preussische.

[Kopft.:] [J.] Die Bestrebungen der Vereine deutscher Studenten. *(Leipzig: Dr. v. P. Eisert & Kurtze) [o. J.]* (6 S., 1 Bl.) 1 Bd 8. [9ª 5449 Bc

Bestrebungen für eine allgemeine Volksgesundung und für die Schaffung deutscher Nationalfeste v. v. P., Wandsbeck 1898, 8 S., 8°.

Bestrebungen u. Wirksamkeit der Commerz-Deputation in Hamburg während der 25 Jahre 1840–1864. Notizen bei Gelegenheit des 200jähr. Jubiläums der Commerz-Deputation am 10. Janr. 1865. Hamburg 865. (Nolte.) 8. (XI, 61 S.) n. 8 ngr.

Bestürmung des Collegiums der G. J. zu Grätz in der Vorstadt Münzgraben am 15ten März 1848. O. O. 1848. V: *Scherer, Franz von Sales.* (Jes)

Bestürmung, die, von Smolensk, s. Schauspiele von Fr. von Weissenthurn 6i Bd.

Bestuchef-Rjumin, (C). A., s. Bestushew-Rjumin, Alexei Petrowitsch

Bestushew, Alexander Alexandrowitsch (wirkl.Name), s. Marlinski, Al. (Pseud.)

Bestushew-Rjumin, Alexei Petrowitsch
Bestuchef (Riumin), A. Grf. von, Gross-Cauzl. von Russland, Schreiben an den Sächs. Premier-Minister Grfn. von Brühl. d. d. Petersbourg d. 30. Novbr. 1756. 4.

Bestuchef (Rumin), C. A. Graf von, Gross-Kanzl. von Russl. Circular-Schreiben an den Primas, Senatoren u. Ministern der Krone u. Republ. Pohlen. (Petersburg d. 12/28. Nov. 1756)

Bestushew-Rjumin, Konstantin Nikolajewitsch
Bestushew-Rjumin, Geschichte Rußlands. Uebers. v. Thdr. Schiemann. Vom Verf. autoris. Ausg. 1. Bd. 1—3. Lfg. gr. 8. (III, 550 S.) Mitau 873—76. Behre's Verl. n. 8. 80

Bestuschew-Rjumin, Geschichte Rußlands. Ubers. v. Th. Schiemann. I. Bd. gr. 8. (III, 550 S.) Mitau 878—76. Riga, C. J. Sichmann. n. 8. 80; erm. Pr. n. 3. —

— Quellen u. Literatur zur russischen Geschichte von der ältesten Zeit bis 1825. Uebers. v. Thdr. Schiemann. Vom Verf. autoris. Ausg. Aus: „Geschichte Rußlands. 1. Bd."] gr. 8. (183 S.) Ebend. 876 n. 3. —

K. N. Bestushew-Rjumin, Quellen u. Literatur zur russischen Geschichte von der ältesten Zeit bis 1825. Übers. von Th. Schiemann, Mitau 1896.

Besuch, der,; od. die Sucht zu glänzen. Lustsp. in 4 Akt. v. Kotzebue. 8. Leipz. Kummer.

— der. Kleines Schausp. 8. Frkft. Möller. 762

Besuch, der. Eine Naturzeichnung v. Verf. des Traums. Zugl. ein Seitenstück z. d. offenbacher Schrift „d. Nachbarn." 12. (4 B.) Mainz 846, Kirchheim, Schott u. Thielmann.
Aus: Kathol. Sonntagsblätter besond. abgedruckt.

Besuch, Der, ein kleines Schauspiel für junges Frauenzimmer ... Frankfurt a. M. 1759. V: *Dörrien, Cathar. Hel.* (Ky) (ML)

Besuch, Amors, auf dem Lande, in den merkwürdigen Begebenheiten eines unschuldigen Landmädchens; nach dem Französischen [des Marivaux]. Warschau 1797. V: *Heidemann, August Wilhelm.* (Ky) (MGT)

Besuch, Amors, auf dem Lande. In den merkwürdigen Begebenheiten eines unschuldigen Landmädchens. Nach d. Französ. des Mariveaux bearbeitet. Warschau 1797. V: *Heidemann, Theophil.* (GGr VII, 660, 251, 6) (Allg. Lit. Ztg. 1797, Nr. 212, Sp. 48) (BGE IV³, 419)

ANDÄCHTIGER Besuch des Kalvarienberges errichtet in der Pfarre und Markt Moor des Stuhlweißenburger Kirchensprengels. Grobdruck. Moor o. J.: Verl. Eugen Hochstädter, Buchbinder. Druck Kol. Rózsa u. Frau Buchdruck. A.G. 32 S. - 170 mm

Christlicher Besuch eines theilnehmenden Freundes am Krankenbette. Schleswig. 1833. P.

— ein empfindsamer, im Invaliden-Hotel zu Paris. Nebst historischen Notizen über dessen Entstehung, Fortgang und gegenwärtigen Zustand. Vom Verf. von Frankreich unter d. Neffen seines Onkels xc. Berlin 853. A. Duncker. 8. (1 Bl., 124 S.) 1 ₰

—— e. empfinds., im Invaliden-Hotel zu Paris. 8. (124) Berl. 55, Paetel. 1. —

Besuch, Der, nach dem Essen, oder auch Etwas über den Konkurs der Geistlichen zu Wien. Wien 1790. V: *Lütgendorf, Carl Friedr. Aug. Freih. v.* (MGT)

Der Evangelische Besuch: Apr. 1852—1911?
Monthly. Organ of die Brüderkirche. German edition of THE MONTHLY GOSPEL VISITER. Subtitle: Eine Zeitschrift für Wahrheitsliebende und Wahrheitssuchende, Apr. 1852—1860? Subtitle on joint title-page, Jahrgang 1—3: Eine Monats-Schrift. In Begleitung und als Dolmetscher des MONTHLY GOSPEL VISITER's (*sic*); Gewidmet der Darstellung und Vertheidigung Evangelischer Grundsätze und Übungen in ihrer ursprünglichen Reinheit und Einfachheit zur Beförderung Christlicher Eintracht, brüderlicher Liebe, und allgemeinen Wohlwollens. Place of publication varies: imprint of Jahrgang 1—6: Gedruckt unweit Poland, Mahoning County, Ohio, in der Druckerey des GOSPEL VISITER's; imprint of Jahrgang 7—?: Gedruckt in Columbiana County, Ohio, in der Druckerey des GOSPEL VISITER's.; Dayton, Ohio. Octavo, each issue 16—24 pages; joint title-page and contents, Jahrgang 1—3. Circulation, 1852, 300. Subscription held by Harmony Society, 1861. Edited by Heinrich Kurtz, Apr. 1852—?

Besuch, Des Freundes, im Trauerhause. Berlin 1842. Ü: *Dielitz, Joh. Gottlieb Ludwig Carl.* (Koner)

Besuch, Freundschaftlicher, auf der Armen-Colonie Frederiksgabe ... Copenhagen 1822. V: *Wendt, Johann Chn Wilhelm.* (Bruun, Bibl. Danica. III, 711.)

— ein freundschaftl. im Trauerhause; a. d. Engl. 8. London, (Meichard in Braunschweig.)

— ein freundschaftlicher, im Trauerhause. Aus d. Engl. gr. 12. Lond. 806. (Vieweg in Braunschw.) 6 gl

Besuch, ein, der Gewerbe-Ausstellung in Leipzig im April 1850. [Abdr. d. vorläuf. Berichtes der Leipziger Handels-Zeitung.] 8. (128 S.) Leipzig 850, Lorck. ¼ ₰

Besuch. Ein B' des Grand Hôtel du Lac in Vevey. [Illustriert.] Auszug aus der Revue Universelle Internationale Illustrée. 12 S. quer-8. (Vevey, Klausfelder Frères, [19]04.)

Besuch, Ein, im Hauptquartier der Berliner Stadtmission. Berlin [1897]. V: *Braun, Max.* (Berl)

Besuch, ein, in Hereroland. Mit vielen (eingedr. Holzschn.-) Bildern. 8. (47 S.) Barmen 880. Wiemann in Comm. n.n. — 80

Besuch, ein, am Hofe zu Stettin im J. 1617. Berlin 857. Decker in Comm. 8. (28 S.) 10 ngr
Aus dem Reisetagebuche des Phil. Hainhofer aus Augsburg.

Besuch, Der, Sr. Durchlaucht des Kaiserlichen Statthalters in Elsass-Lothringen Fürsten zu Hohenlohe-Langenburg bei den Ausgrabungen der Königspfalz der Merovinger und Karolinger zu Kirchheim i. E. . . . Molsheim 1900. V: *Jansen.* (Berl)

Besuch, Sr. Majestät des Königs Johann von Sachsen, der Universität Leipzig am 4., 5. und 6. August 1857 . . . Leipzig 1858. V: *Bülau, Frdr.* (Ky) (Kat. d. statist. Bureaus. Dresden 1890.) (Cat. d. Stadtbibl. Zürich. Zürich 1864—97.) (E&H 2, 682) (Centr.-Anz. f. Freunde d. Litt. 1, 1858. S. 206.)

Besuch, der königl., aus Holland in Berlin (1892), s.: Wochschriften, deutsche.

Besuch am Krankenbette des Vaterlandes. Der Regierung den Wählern von 1831 und der Kammer von 1832 gewidmet. Stuttgart 1831. V: *Zahn, Hnr.* (Kat. der ständ. Bibl. Stuttgart 1907. S. 264.)

Besuch am Krankenbette des Vaterlandes. Der Regierung, den Wählern von 1831 u. der Kammer von 1832 gewidmet v. Verfasser. gr. 12. Stuttg. 831. Brodhag. 6 gr

— der, des Kreuzwegs Jesu. 8. Dortm. 800. (Andrä in Lpz.) 3 gr

[J.] Ein Besuch auf dem Lande. Betrachtgn a. d. Sommerfrische . . . *Berlin: Christl. Zeitschriftenver. 1897.* (54 S., 1 Bl.) 1 Bd 8.
— Broschüren, Religiöse, f. Gebildete. H. 2. [97. 6096

Besuch, e., auf dem Lande. (18 S. m. z. Tl. farb. Abbildgn.) qu. Lex.-8. Nürnberg (904). Th. Stroefer.
Auf Pappe od. in Leporelloform 8. —

— der, auf dem Lande u. in d. Stadt, ein Karrikatur-Gemälde in 2 Bl. v. Geisler, erklärt v. Fr. Müller. Leipz. 80. Magazin f. Industr. 16 gr Hbg. Pr. 8 gr

—— e.; in London währ. d. grossen Industrie-Ausstellg. 8. (128) Wien 51, Capellen. n. — 18

— ein, in London während der großen Industrie-Ausstellung. Ein verläßl. Führer u. Wegweiser f. den deutschen Reisenden aus den besten Quellen bearb. M. e. (lith.) Außenansicht u. e. (lith.) Plane des Innern des Ausstellungsgebäudes (in 4.) 8. (128 S.) Wien 851, Greß. n. 18 ngr

Besuch, e., in Ludwigsburg. Kurze Beschreibg. der Sehenswürdigkeiten der zweiten Residenzstadt Württembergs. gr. 8. (80 S.) Ludwigsburg 902. F. Aigner. — 80

Besuch, Ein, Lusernas, der bedeutendsten deutschen Sprachinsel Wälschtirols . . . Innsbruck 1880. V: *Pedrazza, Matteo.* (FB)

Besuch, mein, s. Mein.

Besuch. Mein B' Amerika's im Sommer 1824. Aarau 1827 s. S[uchard, Philippe].

Besuch, ein, in Mettenbuch im Herbste des J. 1877. Von einem Weltpriester. 1. und 2. verm. Aufl. 16. (64 S. mit 2 eingedr. Holzschn.) Regensburg 877, Pustet.

— der nächtliche, s.: Zehnpfennig-Unterhaltungshefte f. National-Stenographen. Nr. 8.

Besuch, Napoleons, im Himmel und in der Hölle. O. O. 1813. V: *Jansen, Friedrich August.* (GGr) (Schr)

Besuch, Napoleons zweiter, im Himmel und in der Hölle. O. O. 1816. V: *Jansen, Friedrich August.* (GGr) (Schr)

Besuch, Ein, bei Friedrich Rückert. Von einem Ostpreussen. Königsberg 1867. V: *Minden.* (GGr VIII, 148)

Besuch, ein, bei Friedrich Rückert im Sommer 1865. Von e. Ostpreußen. Zur Erinnerung an den 31. Janr. 1866, den Todestag des Dichters. Königsberg 867. Hübner & Matz. 16. (14 S.) n. 2⅓ ngr

Den Besuch der Kgl. Sammlungen, öffentlichen Bauten und technischen Etablissements betr., welcher den Schülern der technischen Bildungs-Anstalt zu Dresden zu ihrer Belehrung und Ausbildung gestattet ist. 1849. [Nebst] Neuere Bestimmungen v. 9. 5. 1851.

— ein, bei Schamyl. Brief eines Preußen. Berlin 855. F. Schneider. gr. 8. (22 S.) n. 5 ngr

—— e., bei Schamyl. 8. (22) Berl. 55, Weber. n. — 5

— d. in der Schweitz bey der Insurrection. 8. Bayreuth, Lübeck. 804.

Besuch, ein — beim General von der Tann. Leipzig 1867. 4.

— ein, im Tiergarten. Für brave Kinder erzählt v. Onkel Peter. gr. 4. (12 S. m. farb. Abbildgn.) Reutlingen (902). R. Bardtenschlager. n. 1.25;
auf Pappe, geb. od. in Leporelloform 2.50

— der, nach dem Tode. Schausp. v. Plümicke. 8. Berlin, Maurer. 783.

Besuch, e., in Trakehnen im Sommer. Eine Reise-Erinnerg. v. P. A. H. Mit e. Plan d. Gestüts u. einigen Abbildgn. 8. (III, 46 S.) Stuttgart 885. Schickhardt & Ebner. n. 1. —

— der, im Vaterhause. Ein Gespräch zwischen einem Vater u. seinem Sohne. Zur Zerstörung polit. Wahnes u. z. Aufbaue polit. Wahrheit. Erste v. e. Gesellschaft patriot. Frauen gekrönte Preisschrift. gr. 8. (22 S.) Berlin 849, J. A. Wohlgemuth. n. 4 ngr

Besuch, Ein verfehlter und ein gelungener, bei Goethe. 1819 und 1827. Handschrift für Freunde. O. O. u. J. V: *Parthey, Gustav Friedrich Constantin.* (streisandKat. 23) (Hdschr. Mitth. von G. Herzfeld, Berlin.)

Besuch, Ein, in Wisby. Zürich 1885. V: *Meyer v. Knonau, Gerold.* (Cat. d. Stadtbibl. Zürich. Zürich 1864—97.)

— der, von einer Woche. 2 Bdchn., s. a. Schreibepult, d. geöffnete.

Besuch, d., v. 1. Woche; od. Winke z. nützl. Gebrauch d. Zeit in Erzähl. a. d. Natur u. Sittengesch. 2 Thle. (a. u. d. Tit. das geöffnete Schreibepult. 4s 5s Bdchen.) m. K. u. Vign. 16. Lpz. Gräff. 795–803. (à 12 gr.)

Besuch, Der, von Einer Woche oder Winke ... Aus dem Englischen übersetzt. Leipzig 1798—1799. Ü: *Weisse, Christian Felix.* (MGT)

Besuch, Alfred: Studien zur Wortstellung im Alt- und Mittelhochdeutschen. *Breslau 1903: H. Fleischmann.* (39 S.) 8° ¶(Die vollst. Arbeit erscheint u. d. T.: Einfluß von Metrum u. Reim auf d. Wortstellung d. Nibelungenliedes.)
Breslau, Phil. Diss. v. 5. Aug. 1903

Den Besuchenden. [Lied aus der Loge „Friedr. Aug. z. treuen Bunde" in Wurzen.] [Unterz.:] K. [Wurzen o. J.] 1 Bl. 8°. [Kopftit.]
„Seyd uns gegrüsst, beym trauten Brudermahle ..."

Besuchenden, Den. Lied »Willkommen heut' geliebte Maurer-Brüder ...« O. O. 1850. V: *Ney, Heinrich* (?). (wolfstieg II, 830)

Unser Besucher: 1901t—1922t
Republican weekly. Circulation 1905, *800*; 1910, 1000; 1920, 1075. Edited & published by J. J. Baergen [also as: Bergen, Bargen], 1901–16; by W. J. Toews, 1917—22. Mountain Lake was a Mennonite stronghold. Germans from Russia started coming in 1873 and in 1886 founded a Deutsche Vorbereitungs-Schule. Mountain Lake/MN

Besuchs-Anstalt, die ärztliche, d. erkrankten Armen u. d. ambulante Klinik z. Würzburg. 8. Würzb. 821. (Stahel). 8 gr.

Besuchszeiten bei den hervorragendsten Firmen Berlins, in denen Geschäftsreisende u. Agenten empfangen werden. Nebst Angabe der Empfangschefs resp. Einkäufer. Zusammengestellt auf Grundlage schriftl. Mittoilgn. der aufgeführten Geschäftshäuser (70 S.) 8. Berlin (SW. 48, Wilhelmstr. 133). 904. K. Borgmann. n. 1.—

Besuchung, Die, der sieben Altäre in der Domkirche zu Salzburg. Salzburg 1870. V: *Schwaiger, Stephan.* (Hr)

ANDÄCHTIGE Besuchung des Calvari-Berges; Errichtet in der Pfarr, und Markt Moor, des Stuhlweissenburger Kirchen-Sprengels. Komorn 1806. Gedr. bey Klara Weinmüller Wittwe. 30 S. - 170 mm

Besuchung, andächtige, des heil. Kreuzweges mit dem Volke. 12. Augsb. 787. Rieger. 1 gr (d. Dutz. 1/4 rthl). 2e Aufl. 790.

Besuchung, andächtige, des schmerzhaftigen Kreuzwegs. Freiburg, Wagner. 1 gr

Besuchung, andächtige, d. schmerzhaften Kreuzweges Jesu Christi in 15 Stationen zur Erlangung aller Ablässe wie zu Jerusalem. 32. (38 S.) Marktheidenfeld 867. (Würzburg, Stahel.) — 1[illegible]

Besuchung, andächtige u. kurze, des schmerzhaften Kreuzweges f. die Verehrer des Leidens Christi. Nach dem Gebrauche der Diözese Metz. (70 S. m. Abbildgn.) 16. Saarlouis (902). F. Stein Nachf. n. — 15; geb. n. — 30

Besuchung, andächtige u. kurze, des schmerzhaften Kreuzweges f. die Verehrer des Leidens Christi. (Umschlag: Andachtsübung des hl. Kreuzweges unsers Heilandes Jesu Christi.) Nach dem Gebrauche der Diözese Metz. (70 S.) 16. Saarlouis (907). F. Stein Nachf. — 15

Besuchung des heil. Kreuzweges. 8. Innsbruck 845, Wagner'sche Buchh. 1 3/4 ngr

— d. allerheil. Sakraments in frommen Gebeten. 8. Augsb. 817. Doll. 1 gr

Besuchung, tägliche, des allerheil. Altarsakraments, s. a. Sonnenblume, geistl.

Besuchung, tägliche, d. allerheil. Altarssakramentes, nebst vielen and. Andachtsübun. Ein Gebethb. bekannt u. d. T.: Geistl. Sonnenblume. gr. 12. (16 B. u. 1 Stndr.) Einsiedeln 826. (Augsburg, Kollmann.)

(F) Besuchungen des allerheiligsten Altars-Sacramentes und Begrüssung der seligsten Jungfrau Maria. 16°. (804 S.) †
Graz: Styria 1902 geb. K —.50

Besuchungen des allerheiligsten Altars-Sakramentes und der allzeit unbefleckten Jungfrau Maria für jeden Tag des Monats. Von dem heiligen Alphons Maria von Liguori. Neue, vermehrte zweite Ausgabe. 8. (630 S. und 2 Blätter.) Verlag von Karl Ueberreuter. Wien. 1853

Besuchungen des heiligsten Altars-Sakramentes u. der seligsten Jungfrau Maria vom heil. Alphonsus Maria v. Liguori. 2. Aufl. 8. (80 S.) Dülmen 878. Laumann. n. — 25

Besuchungen, 31, zum allerheiligsten Sakrament. Nach dem hl. Alphons v. Liguori. 24. (56 S. m. Titelbild.) Frankfurt a/M. (901). B. Kreuer. n. — 20

— **15,** d. allerheiligsten Sakramentes f. Kommunikantenkinder. Im Auftr. d. Generaldirektion d. P. A. hrsg. v. Verf. d. „Weißen Sonntag". (F. H. Fecht.) M. e. Vorrede versehen v. Joh. Künzle. 16. (104 S.) Feldkirch 896. Lindau, Verl. des Pelikan. Geb. n. — 30

Besuchungen des heil. Joseph, s. a. Perlenkranz, geistlicher.

Besuchungen d. heil. Joseph, d. Schutzpatrons der ganzen kathol. Kirche, f. jeden Tag d. Monats. Allen eifrigen Verehrern d. großen Heiligen gewidmet v. e. geistl. Tochter der hl. Theresia. Mit Titelbild (in Holzschn.). 16. (128 S.) Regensburg 885. Pustet. — 30

Besuchungen des heiligen Joseph für jeden Tag des Monats. Allen eifrigen Verehrern dieses großen Heiligen gewidmet von e. geistlichen Tochter der heil. Theresia. Nach der 3. Aufl. aus dem Französ. übers. u. durch e. Anh. von Gebeten vermehrt. Mit 1 Titelbild (in Stahlst.). Regensburg 869. Pustet. 32. (128 S.) 3 ngr

Besuchungen, d. heil. Joseph f. jeden Tag d. Monats. Allen eifrigen Verehrern dieses großen Heiligen gewidmet v. e. geistl. Tochter der heil. Theresia. Nach der 3. Aufl. aus d. Franz. übersetzt u. durch e. Anh. v. Gebeten verm. Mit Titelbild (in Stahlst.) 32. (128 S.) Regensburg 871. Pustet. — 30

Besuchungen, neue, des allerheiligsten Altarssakraments nebst Andachten für das vierzigstündige Gebet, oder wenn sonst das Hochwürdigste Gut ausgesetzt u. der Segen gegeben wird. Aus dem Engl. Regensburg 856. Manz. 24. (256 S.) 4 1/2 ngr

Besuchungen, neue, d. allerh. Altarssakr. nebst Andachten f. d. vierzigstünd. Gebet. A. d. Engl. 24. (250) Rgsbg 57, Manz. — 4 1/2

Besuchungen, neue, d. heiligsten Altarssakramentes unt. Zugrundlegg. d. „Hohen Liedes". Hrsg. v. Klosterfrauen d. ewigen Anbetg. 12. (VI, 231 S.) Augsburg 898. Literar. Institut v. Dr. M. Huttler. Geb. in Leinw. n. 2. 50

Besuchungen, Neue, d. hlst. Altarssakramentes unter Zugrundelegg d. „Hohen Liedes". Hrsg. v. Klosterfrauen d. ewigen Anbetg. 2—3. Aufl. (6, 231) kl8° Augsbg, Lit. Instit. v. Dr. M Huttler ('12). L 1.50 d

Besuchungen d. allerheil. Sacram. ıc. 8. Augsb. Bolling. 792.

BESUCHUNGEN des allerheiligsten Sakraments des Altars. Preßburg 1857: Alois Schreiber. 8 S. - 8°

Besuchungen des heil. Sakramentes. Dülmen 1863. V. *Eming, Johann Heinrich.* (Rass)

Beszard, Lucien, de Mamers (France): Les larmes dans l'épopée, particulièrement dans l'épopée française jusqu'à à la fin du XIIe siècle. Étude de littérature comparée. *Halle a. S. 1903: E. Karras.* (98 S.) 8°
Straßburg, Phil. Diss. v. 1903

Beszard, Lucien: Register, s: Zeitschrift f. roman. Philol.

Beszédes, Frdr., ungarische Militär-Sprache, s. Seidel's Militär-Sprachlehren. Nr. 1.

Beszèdes Frdr., ungarische Militär-Sprache. Ein Handbuch f. den Vorgesetzten im Verkehre m. den Untergebenen. gr. 16. (134 S.) Wien 875. Seidel & Sohn. n. 1. 60

Beszédes, Frdr., ungarische Militär-Sprache. Ein Handbuch f. den Vorgesetzten im Verkehre m. den Untergebenen. 2. verm. Aufl. gr. 16. (172 S.) Wien 880. Seidel & Sohn. n. 1. 60

Beszédes, Frdr., ungarische Militär-Sprache. Ein Handbuch f. den Vorgesetzten im Verkehre m. den Untergebenen. 3. Aufl. 12. (V, 176 S.) Wien 886. Seidel & Sohn. n. 1, 60

Beszédes, Frdr., ungarische Militär-Sprache. Ein Handbuch f. den Vorgesetzten im Verkehre m. den Untergebenen. 4. Aufl. 12. (III, 175 S.) Wien 894. L. W. Seidel & Sohn. n. 1. 60

Beszédes, F., Ungarische Militär-Sprache. 5. Aufl. [Seidel's Militär-Sprachlehren, Nr. 1.] 16°. (174 S.) K 1.60
Wien: Seidel u.S. 1902

Besztercze (Bistritz) 42° 47°. [Neue Generalkarte von Mittel-Europa 1:200.000. Wien. 1900. Militär-geographisches Institut. [In Comm.: R. Lechner (Wilh. Müller).] 1 Bl. 56·5×39 *cm.* K 1.20

Bet ha Midrasch, s. B e t h ha-Midrasch

Beta, Eduard, a. Althaldensleben: Untersuchungen zur Metrik des mittelniederdeutschen Valentin und Namelos. Borna-Leipzig 1907: R. Noske. (69 S.) 8°
Leipzig, Phil. Fak., Ref. Sievers-Köster, Diss. v. 30. März 1907
[Geb. 23. Nov. 83 Althaldensleben; Wohnort: Althaldensleben; Staatsangeh.: Preußen; Vorbildung: Gymn. Neuhaldensleben Reife O. 02; Studium: Tübingen, Berlin, Leipzig; Rig. 6. Dez. 06.]

Beta, H., die Bewirthschaftung des Wassers u. die Ernten daraus. Mit e. Vorw. von Brehm. Mit 40 Abbildgn. in Holzschn. Leipzig 868. C. F. Winter. gr. 8. (VIII, 318 S.) n. 2 Thlr

— aus dem Herzen der Welt. 2 Bde. 866. — 2. Ausg. Ebend. 867. 8. (4 Bll., 552 S.) 2 Thlr

— das neue deutsche Reich auf dem Grunde germanischer Natur u. Geschichte. 8. (81 S.) Leipzig 871. C. F. Winter. n. — 80

— neue Werke und Winke für die Bewirthschaftung des Wassers [Hydronomie]. gr. 8. (III, 44 S. mit 2 Abbild. [1 eingedr. und 1 Taf.] in Holzschn.) Leipzig 870, C. F. Winter'sche Verlagsh. *

— der wirthschaftliche Werth der Wassernutzung durch Fischzucht, s. Sammlung gemeinverständl. wissenschaftl. Vorträge. 174

Beta, H., der wirthschaftliche Werth der Wassernutzung durch Fischzucht. 8. (44 S.) Berlin 1873. Habel. n. — 80.

Beta, Heinrich [Pseud.], s. B e t t z i e c h, Heinrich

Beta, Ottomar [Pseud.], s. B e t t z i e c h, Ottomar

Bétail, le, suisse de race brune et de race tachetée, s.: Braun- u. Fleckvieh, d. schweiz.

Bet-Altar, christlicher, f. jugendliche Herzen. Herausgeg. v. Ed. Sparfeld. 8. (VIII, 136 S. u. Titel in Stahlst.) Leipzig (847), Bönicke u. Sohn. n. 12 Ngr

Bet- u. Singaltar d. Kinder Gottes. 2 Thle. 8. 736.

Bétancourt: Versuch über die Zusammensetzung der Maschinen, s. Lanz

Bétant, Car., An fuerint apud Graecos iudices certi litibus inter civitates componendi Diss. 1857. 88 S. 1.

Bétant, Carl (Genf), An fuerint apud Graecos judices certi litibus inter civitates componendis. Diss. Bln. (E. Steinthal) 1862. 32 S., mit Biogr. (M.: L.: Oltramare.) (3.50) 2440
Gew.: Ernst Poppe, Carl Ludw. Longchamp.

Bétant, E. A., Dictionnaire de Thucydide ou répertoire complet des mots et des phras de cet auteur. I. (Annonce du dictionnaire). Pr. 1843. 19 S. 4°. 1.

Bétant, E. A., Lexicon Thucydideum Vol. I. *A—Θ.* 8maj. Genevae 843. Kessmann. n. 5 Thlr

— Lexici Thucydidei suppl. II et III ed E. F. Poppo. Pr. 1847, 1854. 18, 8. 4°. à 1.

Betaz, J D [Übers.]
s. Apeltern, H.v.: Der Schutzgeist. 1844.

v. Betaz, J. D., s. Ausland, das belletristische, von Karl Spindler. 130.—135. Bdchen. — Dresselhuis, H. C., Albrecht Beyling und seine Zeitgenossen. — v. d. Hage, J., das Schloß Loevenstein. — Toussaint, A. L. G., das Haus Lauernesse.

v. Betaz, J. D., s. Hermingard v. Eikenterpen.

Betbibel, die, od. kurze Gebete auf jed. Capitel d. heiligen Schrift. 8. Duisburg, Helwing, (Bädecker u. Kürzel.) 790.

Bet-Bibel, darin auf ein jedes Kapitel der Heil. Schrift ein besond. Gebet, kurz und also: daß des Kapitels rechter Verstand, vornehmste Lehren und heilsamer Gebrauch gewiesen und zu der Seelen Erbauung gute Anleitung gegeben wird. 2 Bde. 8. Eisleben 863, Christlicher Verein im nördlichen Deutschland. [1. Bd. (VIII und 443 S.) 15 Ngr., 2. Bd. (IV und 367 S.) 12 Ngr.] geb.

Betbruder, Der. Ein Lustspiel in 5 Akten nach Moliere frei übers. Berlin 1787. Ü: *Unger, Friederike Helene geb. v. Rothenburg.* (EE) (Ky) (schl)

Betbruder, der, ein Lustspiel, nach Moliere's Tartüffe bearbeitet. 8. Berlin. Unger. 787. (Sommerbrodt.)

Betbuch Christian des Ersten, Herzogs und Churfürsten zu Sachsen, vom Jahre 1589. Mit Gebeten des Churfürsten August von Sachsen. Aufs Neue herausg. von Joh. Konr. Irmischer. Erlangen 853. Deichert. gr. 12. (XXII, 312 S.) 15 ngr

— für Freimaurer. 8. Leipz. u. Prag. 784. Schönfeld. 20 xr

— katholisches, von e. Böhmen. 18. Prag 782. Schönfeld. 3 xr Dass. im groben Druck. 6 xr

— kernhaftes, zu tägl. Gebeten. 12. Augsb. 788. M. Rieger. 3 xr

NEUES Betbuch für katholische Christen. Pest 1784: Trattner. 192 S. 1 t. - 130 mm

Betbuch, neues, e. kathol. Christen. 12. Wien 791. Gerold. 8 xr Schrbpap. 9 xr

Betbüchlein zum kleinen Katechismus Martin Luther's. Eine Gabe f. Katechismuslehrer u. Katechismusschüler. 8. (IV, 42 S.) Rothenburg o/T. 887. Peter. n. — 35; cart. n. — 50

Betbüchlein, katholisches, s.: Reuter's Bibliothek f. Gabelsberger-Stenographen. 98. Bd.

— katholisches. Eine Auswahl frommer Gebete aus den Schriften der Väter, der heil. Gertrudis u. Mechtildis u. aus den Meßbüchern der Kirche. 2. Aufl. 32. (137 S. m. 1 Holzschn.) Augsburg 887. Litterar. Institut von Dr. M. Huttler. n. — 50; geb. n. 1. —

Betbüchlein f. Kinder. Hrsg. v. Wilh. Löhe. 16. (4 ½ B.) Stuttgart 840, Liesching's Vrlsbuchh. * 2 Ngr.; Vlnp. 3 Ngr.; Vlnp. geb. mit Goldschn.

—— für Kinder. 1. Thl. gr. 8. (2⅔ B.) Stuttgart 846, Liesching's Vrlsbuchh. *
Aus: Löhe, W., Haus-, Schul- u. Kirchenbuch besond. abgedruckt.

Betbüchlein d. sel. Gottesmannes Dr. Martin Luther, aus seinen eigenen geist-, trost- u. lebensvollen Worten gezogen. In neuer Auswahl hrsg. vom Calwer Verlags-Verein. 12. (VIII, 120 S.) Calw 888. Vereinsbuchh. n.n — 50; geb. n. 1. —

Bet- und Singbüchlein für Kinder, s. Sing- und Betbüchlein.

Betcke, *Ernst Friedrich*, Arzt in Pentzlin in Mecklenburg (Betcken DC.)
—— Animadversiones botanicae in Valerianellas. D. Rostockii, typ. Adler. 1826. 4. 28 p., 4 tab.
Cat. of sc. Papers I. 638.

***Betcke*, E. Fr., Animadversiones botanicae in Valerianellas. Dissert. inaug. Acced. tab. aenea. 4 maj. Rost. 826. Neubrandenb., Dümmler. 12 xr**

Bete im Geiste Jesu Christi. Katholisches Erbauungsbuch für Frauen und Töchter gebildeter Stände. 16. (IV, 372 S. mit 1 Stahlst.) Olmüz [Wien] 868, Hölzel. *
geb. mit Goldschn. * M 7,20.; mit Schließen * M 8.; * M 10. u. *

Bete und arbeite, s. Spare und arbeite.

Bete und arbeite! Ermunterung zur ächtchristlichen Thätigkeit anschließend an das Gebet des Herrn. Frankfurt a. M. (854.) Völcker. 8. (16 S.) 3 ngr

Bete u. arbeite! Ein Gebet-, Erbauungs- u. Belehrungsbuch für katholische Christen. 4. Aufl. München 865. (J. A. Finsterlin.) 16. (XII, 524 S. u. 1 Stahlst.) 15 ngr

(Bete und arbeite.) — Eine ausgewählte Sammlung von Erzählungen, Gedichten, Fabeln, Parabeln und Aufsätzen aus der Geschichte, Geographie, Natur- und Vaterlandskunde, nebst Biographien berühmter ausgezeichneter Staatsmänner. Wien, 1855. Druck und Verlag von Leopold Grund. (119 S. 8.)

Bete und arbeite; ein wohlgemeintes Wort an die Arbeiter in drei gekrönten Volksschriften über den Segen der Sparkassen ... 2. Aufl. Stäfa 1859. V: *Wuhrmann, Ulrich, Bernhard Becker & Theodor Hoffmann-Merian.* (Cat. d. Stadtbibl. Zürich. Zürich 1864—97.)

Bete u. arbeite! Ein wohlgemeintes Wort an die Arbeiter, gegeben in drei gekrönten Volksschriften über den Segen der Sparkassen. Zur Förderung d. geist. u. materiellen Wohles aller Arbeiter hrsg. v. der Seiden-Industrie-Gesellschaft d. Kantons Zürich. 5. Aufl. 8. (67 S.) Zürich 882. Schmidt. n. — 50

—— —— od. Gott verläust auch d. Sünder nicht. 8. (84) Straub. 57. Mautor. — 5

Bete und arbeite oder Gott verläßt auch den Sünder nicht. Eine Erzählung für die erwachsene christl. Jugend, zu deren Ermunterung und Warnung. 8. (IV und 84 S.) Straubing 857, Schorner.

Bete u. Vertraue! Dein Erlöser hört dich. Gebetbuch f. kathol. Christen. 32. (384 S. m. 1 Lith.) Passau 849, Elsässer & Waldbauer. In Leder geb. m. Goldschn. ⅓ ℛ

Bete und vertraue. Ein Gebetbuch von einem kathol. Pfarrer in der Erzdiöcese Köln. 32. (XVI, 566 S. mit 1 Stahlst. und Farbendr.-Titel.) [Köln und Neuß 875.] Düsseldorf, Schwann.

— u. vertraue. Ein Gebetbuch von einem kathol. Pfarrer in der Erzdiöcese Köln. 32. (XVI, 566 S. m. 1 Stahlst. u. Farbendr.-Titel.) Düsseldorf 877. Schwann. 1. 25.

Bete, vertraue, dein Erlöser lebt. Ein Gebetbuch für katholische Christen. Herausg. v. einem ihrer Seelsorger. Mit 4 Kpfrtaf. und 1 Vign. Nebst Anhang aller Kirchengesänge u. Litaneien. 3e Aufl. gr. 12. Wien 834. Pfautsch. 1⅓ ℛ — dass. mit 5 Kpfrn. und 1 Vign. 1 2/3 ℛ

Bete, vertraue, dein Erlöser lebt. Ein Gebethbuch f. kathol. Christen. 4., verb. u. verm. Aufl. Nebst Anh. aller Kirchengesänge u. Litaneyen. M. 6 Kpfr.- u. Stahlst. gr. 12. (11 B.) Wien 841, Pfautsch u. Comp. Thlr.

Bete, vertraue, dein Erlöser lebt. Ein Gebetb. f. kathol. Christen. 5., verb. u. verm. Aufl. Nebst Anh. aller Kirchengesänge u. Litaneyen. 12. (11 B. u. 6 Kpfr.- u. Stahlst.) Wien 844, Pfautsch u. Voß.

Bethe, Vertraue! Dein Erlöser lebt! Gebethbuch für kathol. Christen. 6. Aufl. (192 S. und 5 Stahlst.) 847. 22½ Ngr. und 7. Aufl. 8. (204 S. und 6 Stahlst.) Wien 851, Pfautsch und Voß.

Beteiligung, s.a. Betheiligung

Beteiligung, die, des Grossh. Baden an der Universalausstellung zu Paris 1867. Karlsruhe 1867.

— dio, Deutschlands an der internationalen Meeresforschung. I. Bericht bis zum Schluss des Etatsj. 1902, erstattet v. dem Vorsitzenden der wissenschaftl. Kommission W. Herwig. Mit 3 Anlagen: Berichte der Abtlgn.: Kiel (2) u. Helgoland (1). (X, 112 S. m. Fig., 8 Taf., 3 farb. Karten u. 3 Tab.) Lex.-8. Berlin 905. O. Salle. n. 6. —

— dasselbe. III. Jahresbericht. Erstattet von dem Vorsitzenden der wissenschaftl. Kommission W. Herwig. (VI, 191 S. m. Fig., 15 Tab., 8 Taf. u. 9 Karten.) Lex.-8. Ebd. 906. n. 10. —

Beteiligung, die, Deutschlands an der internationalen Meeresforschung. IV./V. Jahresbericht. Erstattet v. dem Vorsitzenden der wissenschaftl. Kommission W. Herwig. (VIII, 288 u. 90 S. m. Abbildgn. u. 9 Taf.) Lex. 8. Berlin 908. O. Salle. 14. —

Beteiligung (Die) des Handwerks an Staats- und Kommunallieferungen. 8°. M.-Gladbach, Volksvereinsverlag, 1910. (Sociale Volksbibliothek, Nr. 24.)

Die **Beteiligung** der Landes-Versicherungsanstalt der Hansestädte an der Bekämpfung der Tuberkulose, nebst Beschreibung u. Plänen der von ihr f. Lungenkranke errichteten Anstalten. ⟨Heilstätten, Genesungsheime, Invalidenheim.⟩ *Lübeck: R. Quitzow in Komm. 1904.* (89, XXI S.) quer-4° [04. 8744

Beteiligung, die, der deutschen Marine an den Kämpfen in China. Sommer 1900. Nach amtl. Quellen. Mit Skizzen u. 1 Plan v. Tientsin. gr. 8. (68 S.) Berlin 901. E. S. Mittler & Sohn. n. 1. —
Sonderabdruck aus: „Marine-Rundschau".

Betemann, C., meine Sonntage. Rückblicke u. Erinnergn. 8. (VIII, 244 S.) Leipzig 882. Abel. geb. n. 4. —

Betemann, Clelie [Clem. Abel]. Sprüche, Strophen u. Stimmungsbilder. 8. (189 S.) Lpz. 889, Abel. geb. 3 —

Beten und Rufen, Andachtsvolles, vor den König Und die Weiszheit eines Landes das huldigen soll ... Bresl. 1741. V: *Raschke, Johann David.* (Kat. d. Druckschr. üb. Breslau. Breslau 1903. S. 13.)

Betensted u. **Stecher**, Die Jugendkompagnie, Breslau, 16°. 22 Bde.

1. Was fordern Kaiser u. Vaterland v. d. dtschn. Jugend? 10 S.
2. Das Heer, Entwicklung u. Einteilung, 32 S.
3. Die Marine, Entwicklung u. Einteilung, 36 S.
4. Laufbahnen u. Versorgung in Heer u. Marine, 36 S.
5. Exerzierausbildung d. einzelnen Jungmannes (geschlossene Ordnung) ohne Gewehr, 28 S.
6. Exerzierausbildung ohne Gewehr d. Jungmannes in d. Abteilung. Stärke: Rotte bis Zug (geschlossene Ordnung), 24 S.
7. Schützenlinienausbildung ohne Gewehr d. Jungmannes (geöffnete Ordnung), 35 S.
8. Sehen im Gelände, Augengewöhnung, Geländebeschreibungen, 28 S.
9. Entfernungs-Ermittlung, 32 S.
10. Marschdienst, 32 S.
11. Marschlieder, Marschsicherung, 32 S.
12. Die rein körperliche Ausbildung d. Jungmannes durch Frei- u. Laufübungen, einfache Sportspiele, Gymnastik, 35 S.
13. Vorpostendienst, 32 S.
14. Vorübungen z. Patrouillen- u. Meldedienst, 36 S.
15. Patrouillen- u. Meldedienst, 40 S.
16. Pionierdienst, Herstellen v. Schwimmkörpern, Brückenstegen u. Übergängen aller Art, 36 S.
17. Feldbefestigungen, Anlagen v. Schützengräben, 32 S.
18. Einnisten v. Schützenlinien, Beobachtungswarten. 32 S.
19. Biwakseinrichtungen, 32 S.
20. Anleitung f. d. Zubereitung einzelner Gerichte im Biwak, 44 S.
21. Winterdienst, Benutzung d. Karte, Fernsprecher, 28 S.
22. (Doppelheft a und b), Krankenträgerdienst, bearb. v. Dr. Mueller (Claus), 47 S.

Beter, der andächtige. Oder Gebetbuch für jeden wahren Christen ꝛc. Neue verbesserte u. vermehrte Aufl. 12. Berlin 843, Krause. 1/4 ß

— d. andächtige, des heil. Vater-Unsers; wie man es beten, den Kindern beibringen u. besser gebrauchen soll. 8. Manh. 818. Löffler. 8 gl. Vgl. Bether...

Bêtes sauvages. qu. 8. (8 color. Steintaf.) Leipzig 874. Dürr. n. — 17
Auch in englischer u. schwedischer Sprache zu gleichem Preise.

Betet Du [illegible] (Text)
Köln: Niedersächsische Gesellschaft zur Verbreitung christlicher Erbauungsschriften. Zu haben in Hamburg, Brennerstraße [illegible] Druck von Gebrüder Lüdeking [illegible]
Hamburg.
o. J., 32 S., 16° [illegible]

Betest Du? Harburg 867. Elkan in Comm. 8. (32 S.) n. 1½ ngr.

Betet für die Buren! Ein fliegender Brief an d. Zionspilger von H. K. *Berlin: Berl. Stadtmiss. 1901.* (23 S.) 8° [F.] [02. 6,88

Betet f. d. Buren! Ein flieg. Brief an d. Zionspilger v. H K. (23) 8° Berl., Vaterländ. Verl.- u. Kunstanst. '01. — 25 d

Betet f. einander. 64. (16 S.) Carlsruhe 875. (Barmen, Klein.) — 9

— im heiligen Geiste! Ein vollständiges Gebetbuch für kathol. Christen. Nebst 1 Titelkupfer. gr. 12. Coesfeld 846, Riese'sche Buchh. n. 1/3 ß — auf Maschinen-Velinpapier 1/2 ß

— ohne Unterlaß! Ein Gebet- und Erbauungsbuch für kathol. Christen jed. Standes, nebst einem Anhang frommer Betrachtungen aus der Nachfolge Christi. (Mit 1 Stahlstich.) 8. Dillingen 839. Aulinger'sche Buchh. 7/12 ß

Betet ohne Unterlaß! Ein Gebet- u. Erbauungsbuch f. kath. Christen jeden Standes. In 2. umgearb. u. stark verm. Aufl. hrsg. v. Matth. Roming. Mit 1 Stahlst. gr. 8. (XVI u. 548 S.) Augsburg 849, Rieger. 1/8 ß

Betet ohne Unterlaß! Vollständiges Gebet- und Andachtsbuch für kathol. Christen. Mit Meß- und Vesperandachten, Litaneien und Gesängen in latein. und deutscher Sprache. 16. (447 S. mit 1 Stahlst. und 1 lithogr. und color. Titelbl.) Einsiedeln 872, Wyß, Eberle und Comp. 70 Pf.; Velinpap.

Betet ohne Unterlaß! Gebetbuch f. römisch-katholische Christen. Hrsg. v. Pfarrgeistlichen der Diözese Münster. 16. (VII, 676 S. m. Titelbild u. farb. Titel.) Dülmen 890. Laumann. n. 1. —; geb. n. 1. 60

Betet ohne Unterlaß! Ein Merkbüchlein f. anhaltendes Gebet. (67 S.) 17×9 cm. Neumünster (907). Vereinsbuchh. G. Ihloff & Co. Geb. 1.—; in Ldr. m. Goldschn. 1.50

Betet! So wird euch Erhörung. Ein Gebetbuch für katholische Christen. Vom Verf. der Hosiana. 32. Neuß 838. (Köln, Renard.) n. 1/4 ß, Velinp. n. 1/3 ß

Betet! So wird euch Erhörung. Ein Gebetbuch f. kathol. Christen. Vom Verf. d. Hosiana. 32. (302 Seit., Ttlbild u. lith. Ttl.) Neuß 838. (Köln, Welter.) * 6 Gr., Vlnp. *

Betet: so wird euch Erhörung! Ein Gebetbuch für katholische Christen vom Verfasser der Hosianna. 2. verb. u. verm. Aufl. (Mit 1 Stahlst.) 12. Köln 842, Welter. 5/12 ß — 4. Aufl. 16. Köln 846, Du Mont-Schauberg. 1/3 ß

Betet und bittet. Vollständiges Gebet- und Erbauungsbuch für kathol. Christen. 16. (VIII, 506 S. mit 1 Stahlst.) Münster 878, Russel's Verlag.

Betet viel! Vollständiges römisch-katholisches Gebetbuch, bestehend aus Gebeten v. Heiligen, mit besonderer Berücksichtigung der Andacht zum allerheiligsten Sakramente, zum göttlichen Herzen Jesu u. zur Mutter Gottes. Mit 1 Stahlst. gr. 16. (VIII, 448 S.) Paderborn 878. Bonifacius-Druckerei. 1. 20

Betet viel! Vollständiges römisch-kathol. Gebetbuch bestehend aus Gebeten v. Heiligen m. besond. Berücksicht. der Andacht zum allerheiligsten Sakramente, zum göttl. Herzen Jesu u. zur Mutter Gottes. Mit e. Stahlst. Ausg. in grobem Druck. 12. (848 S.) Paderborn 884. Bonifacius-Druckerei. 1. 60

Betge, Karl: Die Stellung der französischen Revolution zum Kultus und Unterricht. Neustettin, Druck v. R. G. Hertzberg, 1889; S. 1—8; 4°
Neustettin, k. G, OP 1889 (120)

Betglöckchen. Ein Taschenbüchlein für kathol. Christen, welches sie immer zur Hand haben können, wenn's im Innern zum Gebete und zur Betrachtung läutet. 64. (152 S. mit 1 Holzschnt.) Münster 857, [Aschendorff'sche Buchh.] Thlr.

Betglöckchen. Ein Taschenbüchlein für katholische Christen, welches sie immer zur Hand haben können, wenn's im Innern zum Gebete und zur Betrachtung läutet. Münster (857). Deiters. 64. (152 S. u. 1 Holzschn.) 3 ngl.

Betglocke, die. Ein mahnender Klang an alle Herzen zu einer würdigen Sonntagsfeier. 8. (67 S.) Berlin 851, W. Schultze in Comm. n. 1/6 ß

[F.] **Betglöcklein.** E. kathol. Gebet-Buch f. kindl. Seelen ... *Saarlouis: Hausen & C. [1897?].* (190 S.) 1 Bd 8. [98. 4057

Beth ha-Midrasch

Beth Ha midrasch. Sammelschrift. Beiträge zur rabbinisch-talmud. Literatur u. Altertumskunde. Im Verein mit namhaften jüdischen Gelehrten hrsg. v. M. J. Bardiczewsky. 1. Hft. (In hebr. Sprache.) gr. 8. (VIII, 112 S.) Krakau 888. (Wien, Lippe.) n. 1. 20

Bet ha Midrasch. Sammlung kleiner Midraschim und vermischter Abhandlungen aus der ältern jüdischen Literatur. 1—4. Thl. Nach Handschriften u. Druckwerken gesammelt u. nebst Einleitungen herausg. von Adph. Jellinek. Leipzig 853—57. (C. L. Fritzsche.) 8. (XXXI, 159 S.; XXXVI, 126 S.; XLVIII, 200 S.; XVI, 152 S.) Jeder Thl. n. 1 ⅓ 10 ℳ

Bet ha-Midrasch. Sammlung kleiner Midraschim u. vermischter Abhandlgn. aus der ältern jüd. Literatur. 5. Thl. Nach Handschriften u. Druckwerken gesammelt u. nebst Einleitgn. hrsg. v. Adph. Jellinek. gr. 8. (LXII, 208 S.) Wien 873. Brüder Winter. n. 5. — (1-5.: n. 21. —)

Bet ha-Midrasch. Sammlung kleiner Midraschim u. vermischter Abhandlungen aus der ältern jüd. Literatur. 6. Thl., enth.: 15 kleine Midraschim oder midraschartige Stücke. Nach Handschriften u. Druckwerken gesammelt u. nebst Einleitgn. hrsg. v. Ad. Jellinek. gr. 8. (XLVIII, 156 S.) Wien 877. D. Löwy. n. 5. — (1—6.: n. 26. —)

Bet ha-Midrasch. Sammlung kleiner Midraschim und vermischter Abhandlungen aus der ältern jüdischen Literatur. 6. Thl., enth.: 15 kleine Midraschim oder midrasch-artige Stücke. Nach Handschriften und Druckwerken gesammelt und nebst Einleitungen hrsg. von Ad. Jellinek. gr. 8. (XLVIII, 156 S.) Wien 877, [Brüder Winter.] Picker's Buchh. *
1. und 2. Thl. vergriffen; 3.—5. Thl. Ebendas. 1855—73. ℳ 21.

— Talmud. Zeitschrift f. rabbin. Literatur u. Geschichte. Hrsg. v. J. H. Weiss u. M. Friedmann. 1.—5. Jahrg. 1880, 1882, 1884, 1886, 1888. à 12 Lfgn. (à 2 B.) gr. 8. Wien, Lippe. à Jahrg. n. 7. —

Beth, Ignaz, Dr. jur.: Die Baumzeichnung in der deutschen Graphik des XV. und XVI. Jahrhunderts. ⟨T. 1. XV. Jh.⟩ Strassburg 1910: Heitz. 57 S. 8° ¶(Ersch. vollst. als: Studien z. dtsch. Kunstgesch. H. 130.)
Freiburg i. B., Phil. Diss. v. 1910, Ref. Vöge
[Geb. 9. Aug. 77 Pribram; Wohnort: Freiburg i. B.; Staatsangeh.: Österreich; Vorbildung: Anna-Gymn. Krakau Reife O. 95; Studium: Wien 1, München 1, Berlin 4, Freiburg i. B. 1 S.; Rig. 30. Juli 10.] [U 10. 1028

Die Baumzeichnung in der deutschen Graphik des XV. und XVI. Jahrhunderts. Ein Beitrag z. Geschichte d. deutschen Landschaftsdarstellung von Ignaz **Beth**. Mit 112 Abb. Strassburg: Heitz 1910. XI, 174 S. 8°
(Studien z. deutschen Kunstgeschichte. H. 130.) [10. 13883

Beth, Karl, Borngräbers Giordano Bruno (Das neue Jahrhundert), das erste der Berliner „Akademischen Bühnenspiele". (42 S.) 8. Berlin (903). C. A. Schwetschke & Sohn. — 60
Sonderabdruck aus: „Deutschland".

Die orientalische Christenheit der Mittelmeerländer. Reisestudien z. Statistik u. Symbolik d. griech., armen. u. kopt. Kirche von Karl Beth, Priv.-Doc., Berlin. *Berlin: C. A. Schwetschke & Sohn 1903.* (XVI, 427 S.) 8° [03. 13336 9

Beth, Karl, der Entwicklungsgedanke u. das Christentum. (VII, 272 S.) gr. 8. Gr.-Lichterfelde-Berlin 909. E. Runge. 3.75; geb. in Leinw. 4.75

Beth, Karl: Die Grundanschauungen Schleiermachers in seinem ersten Entwurf der philosophischen Sittenlehre. *Berlin (1898): E. Ebering.* (63 S.) 8°
Berlin, Phil. Diss. v. 30. Juli 1898

Beth, Karl, D. Grundanschauungen Schleiermachers i. s. ersten Entwurf d. philosoph. Sittenlehre. Diss. gr. 8. (64 S.) Berlin 898. (M. Warneck.) n. 1. 60

Hat Jesus gelebt? Eine Kritik der Drews'schen Christusmythe von Prof. D. Dr. Karl **Beth**. Berlin: Borussia 1910. 53 S. 8° [10. 10413

Die Moderne und die Prinzipien der Theologie von Karl **Beth**, Prof. Berlin: Trowitzsch & Sohn 1907. (347 S.) 8° [07. 3084

Beth, Karl [cand. theol. aus Stendal, Prov. Sachsen]: Theologische Thesen ... zur Erwerbung des Grades eines Licentiaten der Theologie ... Berlin, Buchdr. v. G. Schade, *1897;* 2 Bl. 4.
Berlin, Theol. Fak., Thes. v. 28. Juli 1897

Urmensch, Welt und Gott. Zwei religions- u. entwicklungsgeschichtliche Vorträge von D. Dr. Karl **Beth**, Prof. in Wien. Gr. Lichterfelde-Berlin: Runge 1909. 89 S. 8° [10. 879

Das Wesen des Christentums und die moderne historische Denkweise. Von Lic. Dr. Karl **Beth**, Privatd. in Berlin. *Leipzig: A. Deichert 1904.* (135 S.) 8° [F.] [04. 11979 8

— Das Wunder, s. a. Zeit- u. Streitfragen, biblische. IV, 5.

Das Wunder. Prinzipielle Erörterung d. Problems. Von Lic. Dr. Karl **Beth**, Prof. 3. Taus. Gr. Lichterfelde-Berlin: Runge 1908. 48 S. 8°
(Biblische Zeit- u. Streitfragen. Ser. 4. H. 5.) [09. 18188 11

Das Wunder. Prinzipielle Erörterung d. Problems. Von Lic. Dr. Karl **Beth**. 5. Taus. Gr. Lichterfelde-Berlin: Runge 1908. 48 S. 8°
(Biblische Zeit- u. Streitfragen. Ser. 4. H. 5.) [09. 1797

Die Wunder Jesu. Von Lic. Dr. Karl **Beth**, Privatd. Gr. Lichterfelde-Berlin: E. Runge 1905. (40 S.) 8° [F.]
— Zeit- u. Streitfragen, Biblische, z. Aufklär. d. Gebildeten. Ser. 2. H. 1. [05. 18068

Beth, N., Neueste Eisenbahnkarte von Mittel-Europa mit Angabe sämmtlicher Eisenbahn-Stationen sowie der meisten Post-Stationen und Dampfschiff-Verbindungen. Cöln, Fuhrmann & Co., 1872. Fol.

Betha von Reuthe, Die gute selige. Ein Gebet- und Erbauungsbüchlein ... Freiburg 1877. V: *Dolfinger, Carl.* (Jes)

Betham-Edwards, Matilda
Betham-Edwards, M., s. a. Edwards, M. Betham.

Betham-Edwards, M.: Two aunts and a nephew, s. Collection of British authors.

Betham-Edwards, M., Barham Brocklebank, M. D., s.: Collection of British authors.

Betham-Edwards, M.: A Suffolk courtship, s. Collection of British authors.

Betham-Edwards, M.: The curb of honour, s. Collection of British authors.

Betham-Edwards, Miss: disarmed, s. Collection of British authors.

Betham-Edwards, M.: A dream of millions and other tales, s. Collection of British authors.

Betham-Edwards, M.: The Dream-Charlotte, s. Collection of British authors.

Betham-Edwards, M.: East of Paris, s. Collection of British authors.

**Betham-Edwards: Entwaffnet. Roman. Deutsch v. J Kahle-Hilser. Magdebg, Monist. Verl. ca 1.80

Betham-Edwards: Exchange no robbery and other novelettes, s. Collection of British authors.

Betham-Edwards, M., forestalled, s.: Collection of british authors.

Betham-Edwards, M.: France of to-day, s. Collection of British authors.

Betham-Edwards, M.: Brother Gabriel, s. Collection of British Authors.

Betham-Edwards, M.: Mock Beggars' hall, s. Collection of British authors.

— The white house by the sea, s: Collection of Brit. auth. 4271.

Betham-Edwards: Dr. Jacob, s. Collection of British authors.

Betham-Edwards, Miss, Kitty, s. Asher's Collection of English Authors.

Betham-Edwards, M.: The lord of the harvest, s. Collection of British authors.

— A humble lower, s.: Collection of British authors.

Betham-Edwards, M.: Next of kin wanted, s. Collection of Brit. authors.

Betham-Edwards, M.: For one and the world, s. s. Collection of Brit. auth.

Betham-Edwards, M.: The parting of the ways, s. Collection of Brit. authors.

Betham-Edwards, M.: Reminiscences, s. Collection of British authors.

Betham-Edwards, M., a close ring or episodes in the life of a French family, s.: Unwin's library. 50.

Betham-Edwards, M.: A romance of Dijon, s. Collection of British authors.

Betham-Edwards, M.: The romance of a French personage, s. Collection of British authors.

— Martha Rose, teacher, s.: Collection of British authors. 3896

Betham-Edwards, M.: A storm-rent sky, s. Collection of British Authors.

Bethania. Blätter a. d. Bethanienverein, Verein f. Krankenpflege z. Frankfurt a/M. F. d. Bethanienverein hrsg. v. H. Mann. 12. Jahrg. 1894. gr. 8. Bremen (Verlag d. Tractathauses.) Nur f. Mitglieder d. Vereins.
Erscheint in zwanglosen Nummern.

Bethania. Sonntagsgruss a. d. Brüdergemeine. Red.: H Bauer. 9. u. 10. Jahrg. 1904 u. 5 je 52 Nrn. (1904. Nr. 1. 4) 4° Niesky. (Dresd., CL Ungelenk.) Viertelj. — 40 d

Bethania. Sonntagsgruss a. d. Brüdergemeine. Red.: H Bauer. 11–14. J. 06—9 je 52 Nrn. (Nr 1. 4) 32,5×23 cm. Herrnh. (Dresd., CL Ungelenk.) Viertelj. — 40 d

Bethania. Sonntagsgruss a. d. Brüdergemeine. Schriftleitg: H Bauer. 15—17. J. '10—12 je 52 Nrn. ('12, Nr 6: 4) 33×23,5 cm. Herrnh. Dresd., CL Ungelenk. viertelj. — 40; seit '12 nn — 45 d

Bethanie, e. Stätte d. Lebens unter d. Bakuena, s.: Missionsschriften, kleine Hermannsburger.

Bethanien. Die ersten fünfzig Jahre und der gegenwärtige Stand des Diakonissenhauses Bethanien zu Berlin. [Berlin] 1897. V: *Schulze, Gustav.* (Berl)

Bethany, M., Cäsarius v. Heisterbach. [Aus: „Monatsschr. d. Berg. Geschichtsver."] gr. 8. (16 S.) Elberfeld 896. Baedeker. — 30

— Engelbert, d. Heilige, s.: Cäsarius v. Heisterbach.

Bethcke, Ernst
Bethcke: Friedrich d. Gr. in d. Katastrophen sr Feldzüge, s: Militär-Wochenblatt.

Die Gaudi-Handschriften für das Jahr 1758 im Auftr. ... d. großen Generalstabes bearb. von [Ernst] Bethcke, Oberlt. im Füsilierreg. Nr. 37. (Vorarbeiten.) Berlin: E. S. Mittler & Sohn 1905. (S. 115–123.) 8° [F.]
— Militär-Wochenblatt. 1905, Beih. 3, [2.] [05. 3159]

Die Gaudi-Handschriften für das Jahr 1759. Bearb. in d. Kriegsgeschichtl. Abt. II d. Großen Generalstabes von [Ernst] Bethcke, Hauptm. Berlin: E. S. Mittler & Sohn (1907). (S. 193–208.) 8° [Umschlagt. F.]
— Militär-Wochenblatt. 1907. Beih. 6, [1.] [07. 8330]

BETHCKE, J., Ist Tanzen Sünde? Aus den Schriften lutherischer Kirchenväter. Stettin 1877. 8°. 420 S. (2 Mk. 50 Pfg. Ernst Frensdorff, Berlin, 1903.)

Bethcke, Max, baccalaureus iuris a. Berlin: Die l. 38 D. 6,1 und ihre Bedeutung für die Impensenlehre des römischen Rechts mit einem Ausblick auf das Bürgerliche Gesetzbuch. Borna-Leipzig 1905: R. Noske (VII, 55 S.) 8° [F.]
Leipzig, Jur. Fak., Diss. v. 15. Sept. 1905
[Geb. 11. Aug. 74 Cassel; Wohnort: Spangenberg, Reg.-Bez. Cassel; Staatsangeh.: Preußen; Vorbildung: Realgymn. Cassel Reife O. 93; Studium: Berlin 6 S.; Rig. 22. Juli 05.]

Bethe! — s. Bete!

Bethe, s.: Kolonien, die deutschen.

Allgemeine Anatomie und Physiologie des Nervensystems. Von Albrecht Bethe, Privatd., Straßburg i. E. Mit 95 Abb. u. 2 Taf. *Leipzig: G. Thieme 1903.* (VII, 487 S.) 8° [03. 10464]

Bethe, Alb., Dürfen wir d. Ameisen u. Bienen psychische Qualitäten zuschreiben? [Aus: „Archiv f. d. ges. Physiol."] gr. 8. (88 S. m. 5 Fig. u. 2 Taf.) Bonn 898. E. Strauss. n. 8. —

(B) Bethe, A., dürfen wir d. Ameisen u. Bienen psych. Qualitäten zuschreiben? 898. Jetzt: Bonn, M. Hager.

Bethe, Albrecht [aus Stettin]: Die Otocyste von Mysis ... Jena, G. Fischer, 1895; 21 S. 8.
München, Phil. Fak., Inaug.-Diss. v. 1895

Bethe, Albrecht: Ueber die Primitivfibrillen in den Ganglienzellen vom Menschen und anderen Wirbelthieren. *Jena: G. Fischer 1898.* (21 S.) 8° ¶ [Separatabdruck.]
Strassburg, Med. Diss. v. 1898

Bethe, Albr., neue Versuche üb. die Regeneration der Nervenfasern. Notiz üb. die Unfähigkeit motorischer Fasern m. rezeptorischen Fasern zu verheilen. — Dogiel, J., u. K. Archangelsky, die gefäßverengernden Nerven d. Kranzarterien d. Herzens. 3 Hfte. (S. 385—494 m. 10 Taf.) gr. 8. Bonn 907. M. Hager. 7. —
Sonderabdruck aus „Archiv f. d. ges. Physiologie".

— Bethe, C., Athen unter der Herrschaft des Pisistrates und des Hippias. Pr. 186 54 S. 4°. Merseburg 1.5

Bethe: Rede am hundertjährigen Geburtstage Schillers. 10 S. Progr. Merseburg 1860.

Bethe, Eduard (Ern. Justus) (geb. Berkenbrügge in d. Neum. 21. 5. 1828):
De spermatozois observationes nonnullae novae. Berolini (1851). (30 S.) 8°
Berlin, Med. Diss. v. 18. Aug. 1851

Bethe, Erich, Hektors Abschied, s.: Abhandlungen der königl. sächs. Gesellschaft der Wissenschaften. Philol.-histor. Kl. XXVII. 12.

Bethe, E., Das Alter der griech. Sternbilder. S.-A. 1900. 21 S.

Bethe, E., Aratillustrationen. S.-A. 1893. 19 S.

Bethe, Erich, die troianischen Ausgrabungen u. die Homerkritik. Vortrag, geh. am 9. X. 1903 vor der 47. Versammlg. deutscher Philologen u. Schulmänner zu Halle. (13 S. m. 1 Kartenskizze.) Lex.-8. Leipzig 904. B. G. Teubner. n. — 80
Sonderabdruck aus: „Neue Jahrb. für das klass. Altertum, Gesch. u. deut. Litt."

Ad scholas, quae ... per sem. aest. inde a d. xv m. Apr. usque ad d. xv m. Aug. a. 1897 habebuntur, invitant ... — Inest Erici Bethe Demosthenis scriptorum corpus ubi et qua aetate collectum editumque sit. *Rostochii ... 1897;* 16 S. 4.

Ad scholas, quae ... per sem. aest. inde a d. xv m. Apr. usque ad d. xv m. Aug. a. 1896 habebuntur, invitant ... — Inest Erici Bethe de Theocriti editionibus antiquissimis commentatio. *Rostochii ... 1896;* 13 S. 4.

Bethe, Erich, thebanische Heldenlieder. Untersuchungen üb. die Epen d. thebanisch-argiv. Sagenkreises. gr. 8. (VI, 191 S.) Leipzig 892. S. Hirzel. n. 4. —

Bethe, E, theban. Heldenlieder. Untersuchgn üb. d. Epen d. thebanisch-argiv. Sagenkreises. 8°(191) Lpzg94, S Hirzel. 4 —

Bethe, Erich. Homer und die Heldensage: die Sage vom Troischen Kriege. Von Erich Bethe [Professor in Basel]. Mit einer Kartenskizze. Sonderabdruck aus den «Neuen Jahrbüchern für das klassische Altertum, Geschichte und deutsche Litteratur». Jahrg. 4 (1901). Band 7 und 8. II + 20 S. gr.-8. Leipzig, B. G. Teubner, 1902. [M. —. 80]

Ad scholas, quae ... per sem. aest. inde a d. xv m. Apr. usque ad d. xv m. Aug. a. 1895 habebuntur, invitant ... — Insunt Erici Bethe interpretationes duae Aristotelis de Athen. Rpb. 20 '(de Clisthene)', Livi xxvi 7 cum Polybio ix 3, 4 comparati. Accedit Plutarchi Moralium codicis Matritensis N 60 specimen. *Rostochii* ... *1895;* 16 S. 4.

— Mythus. Sage. Märchen. (46 S.) gr. 8. Ebd. 905. n. 1. —
Sonderabdruck aus: „Hess. Blätter f. Volkskde."

Bethe, Erich, Prolegomena z. Geschichte d. Theaters i. Altertum. Untersuchgn üb. d. Entwickelg. d. Dramas, d. Bühne, d. Theaters. gr. 8. (XIV, 350 S.) Leipzig 896. S. Hirzel. n. 6. —

Bethe, Erich, quaestiones Diodoreae mythographae. Dissertatio inauguralis philologica. gr. 8. (106 S.) Göttingen 887, (Vandenhoeck und Ruprecht.) *

— Unters. zu Diodors Inselbuch. S.-A. 1889. 46 S.

Ad scholas, quae ... per sem. aest. inde a d. xv m. Apr. usque ad d. xv m. Aug. a. 1894 habebuntur, invitant ... — Inest Erici Bethe de scaenicorum certaminum victoribus. *Rostochii* ... *1894;* 11 S. 4.

Bethe. E., Die Zeit des Heauton Timorumenos u. des Kolax Menanders. S.-A. 1902. 5 S.

Bethe, Johann Christian Jakob: Commentatio de Hispaniae antiquae re metallica ad locum Strabonis lib. 3. Gottingae (1808:) Dieterich. 64 S. 4°
Göttingen, Phil. Preisschr. v. 17. Sept. 1808.

Bethe, J. Cph. Jak., comment. de Hispaniae antiquae arte metallica ad locum Strabonis. 4 maj. Götting. 809. Dieterich. 9 gr.

Bethe, (J. C. J.) engl. Fabeln, s. Fabeln, englische.

— engl. Fabeln, s. Faerno.

— Tabellen für Erd-, Völker- u. Staatenkunde, als Leitfaden f. den geograph. Schulunterricht. gr. Fol. Götting. 811. (Vandenhöck u. Rupr.)

Bethe, L., das Kostbarste des Landwirthes, oder: die Verdoppelung der Erndten bei Getreide u. Gartengewächsen, durch Anwendung der elektro-magnetischen Kraft. Nach d. Beobachtungen ausgezeichneter Naturforscher u. den eigenen Erfahrungen. 8. (64 S.) Magdeburg 847, Baensch. n. 1/2 ß

Bethe, L., die neueste Weinessig-Fabrikation, mit d. Anweis., den Essig sogleich als Sprit zu gewinnen. (Prenzl., Ragoczy). Versiegelt. 4 ß

Bethe, L., die neueste Weinessigfabrikation, mit d. Anweis. d. Essig sogleich als Sprit zu gewinnen. 8. Prenzlau 831, (Kalbersberg.) *

Bethe, M. F., das königl. Seminar zu Weißenfels und die mit demselben verbundene Provinzial-Taubstummen-Anstalt. Festschrift zur Feier des 50jähr. Bestehens der Provinzial-Taubstummen- und der Präparanden-Anstalt. gr. 8. (IV, 126 S.) Gotha 879, Thienemann. *

Bethe, M. F., die Volksschule u. die nationale Bildung. Vortrag, in der Lehrer-Konferenz zu Weißenfels am 18. Aug. 1881 geh. [Aus: „Pädagog. Blätter".] gr. 8. (22 S.) Gotha 882. Thienemann. — 30

Bethe, Martin [pr. Arzt aus Stettin]: Beiträge zur Kenntniss der Zahl- und Maassverhältnisse der rothen Blutkörperchen ... (Sep.-Abdr.) Naumburg a/S., G. Pätz'sche Buchdr., 1891; 1 Bl., 34 S., 2 Taf. 8.
Strassburg, Med. Fak., Inaug.-Diss. v. 1891

Bethe, Wilh., zur Alphabetologie. gr. 8. (XIV, 282 S. m. 4 autogr. Beilagen in Fol.) Stade 876. Steudel in Comm. n. 9. —

—— zur poetischen Formenlehre. gr. 8. (14 S.) Stade 875, (Pockwitz.) *

Bethe, Wilhelm, prakt. Arzt aus Danzig: Über Pathogene Hefe. *Greifswald 1900: H. Adler.* (IX, 54 S.) 8°
Greifswald, Med. Diss. v. 2. Okt. 1899

Bethe, Wilh., Psychologisches zur Willens-Erziehung. gr. 8. (84 S.) Stade 873. (Leipzig, Siegismund und Volkening.) *

— zum fremdsprachlichen Unterricht. [Als Mscr. gedr.] gr. 8. (32 S.) Stade 875. Pockwitz. n. 1. —

—— Versuch einer sittlichen Würdigung der sophistischen Redekunst. gr. 8. (V, 77 S.) Stade 873, Pockwitz. *

Bethe-Kuhn, Anna, Märchen. (140 S.) 8. Straßburg 907. F. Bull. n. 1. 60; kart. n. 2. —

Betheiligung, s.a. Beteiligung

Betheiligung (Ueber) der Arbeiter am Unternehmergewinn. Gutachten auf Veranlassung des Vereins für Socialpolitik, abgegeben von E. Plener, Max Weigert, J. Neumann, J. Werthheim. (Schriften d. Vereins für Socialpolitik, Heft 6.) Leipzig 1874.

Betheiligung (Die) des Bundes an der Hagelversicherung. Bericht an das Schweiz. Handels- u. Landwirthschafts-departement. 8°. Bern, Fiala, 1885.

Betheiligung, die, des Bundes an der Hagelversicherung. Bericht an das Schweizer. Handels- und Landwirthschafts-departement. 8. (42 S.) Bern 885, (Kaeser und Comp.) *

Die Betheiligung der deutschen Industrie auf der Internationalen Ausstellung zu Melbourne vom 1. August bis 31. Dezember 1888. Herausgegeben vom Centralverein für Handelsgeographie und Förderung deutscher Interessen im Auslande. Zweite Auflage. Berlin 1897. 40 S. 8°.

Betheilung (E— 60.) mit Karten und photographischen Copien der Aufnahmssectionen im Frieden und im Kriege. (Zu Abth. 5. Nr. 2211 v. J. 1892. N. V. Bl. f. d. k. u. k. Heer 31. Stück.)
Wien: Hartleben 1892 kl. 8.

Betheiligung, Die, der Physik.-Techn. Reichsanstalt an der Weltausstellung in Chicago. (Mittheilung a. d. Physik.-Techn. Reichsanstalt.) [S.-A. a. d. „Zeitschrift für Instrumentenkunde", 1893.] Berlin 1893. 4.

Betheiligung, Die, der Commune Wien an der Durchführung der Bewässerung des Marchfeldes. Wien 1877. V: *Podhagsky, J. v.* (WFM)

Betheke. Die Gaudi-Handschriften für das Jahr 1738. Berlin 1905. 8°. (Bh. z. M. W. B.)

Bethel [Sachliches OW]
Bethel. Blicke a. Gottes Haus in Gottes Welt. Red.: W Heienbrok. 1. J. 09. 12 Nrn. (264 m. Abb.) gr8° Bethel b/Bielef., Pfennigverein. (Nur dir.) Viertelj. — 50 d

Bethel. Blicke a. Gottes Haus in Gottes Welt. Red.: Heienbrok. 2. u. 3. J. '10'11 je 12 Nrn. ('11, Nr 1: 24 m. Abb.) gr8 Bethel b/Bielef., Pfennigverein. (Nur dir.) nnu 2 — d

Bethel [Schlagwort]
Bethel. Thieme, E., Uebersichts-Karte der Anstalten Bethel, Sarepta u. Nazareth. 1 : 5000. 35×62 cm. Lith. u. kolor. Bielefeld-Gadderbaum 894. Schriften-Niederlage der Anstalt Bethel. n. — 20

Bether, d. andächtige, des Vater Unsers. 8. Stuttg. 736.
Vgl. B e t e r...

Der Bote Bethesda: 1884?--1893?
Lutheran monthly. Philanthropic. Edited & published by F. F. Henning.
Chicago/IL

Der Bethesda Herold: Band 1 – ?, July 15, 1902--?
Monthly. Organ of Die Allgemeine Conferenz der Mennoniten von Nord-Amerika. Quarto, each issue 4 pages. Editors: H. R. Voth; P. H. Richert; H. Banman; C. Frey; C. C. Wedel. Published by Der Mennonitische Hospital-Verein. Newton/KS

Die geschichtliche Entwicklung der Württembergischen Bodenseedampferschiffahrt ⟨e. Gedenkblatt z. 50jähr. Bestehen d. Staatsbetriebs dieser Dampfschiffahrt⟩ nach amtl. Quellen unter Berücks. d. allgem. Schiffahrtsverhältnisse auf d. Bodensee dargest. von **Bethge**, Dampfschiffahrtsinsp. Stuttgart: J. B. Metzler 1905. (23 S.) 4° [05. 5366

Bethge, A., die Hohenzollern-Anlagen Potsdams. Historisch-gärtner. Skizzen. 8. (XXXII, 224 S.) Berlin 888, (Gebr. Radetzki.) geb. *

Bethge, Emil: Das Blutgefässsystem von Salamandra maculata, Triton taeniatus und Spelerpes fuscus; mit Betrachtungen über den Ort der Athmung beim lungenlosen Spelerpes fuscus. *Halle a. S. 1898: (Breitkopf & Härtel in Leipzig).* (28 S.) 8° ¶ (Aus: Zeitschrift für wissenschaftliche Zoologie, Bd 63 H. 4. — Mit 2 Tafeln.)
Halle, Phil. Diss. v. [10. Juni] 1898

Bethge, Ernst Heinr.: Lebende Bilder. Schattenspiele m. Gesang. 1. Heft. (28) 8° Lpzg, A Strauch ('12). 1.50 d

Bethge, Ernst Heinr., unter Blumen u. Bäumen, s.: Jugendbühne. 3. Heft.

— Unter Blumen u. Bäumen, s: Universal-Bibliothek 5418, Kinder-Theater.

Bethge, Ernst Heinrich: Das C h r i s t w u n d e r (Text), s. M ö h r i n g, Max (Musik)

— Deutschland, erwache! Heldentaten u. Erlebn., Urkdn, Gedichte u. Lieder a. d. Zeit d. Befreigskriege sowie e. zusammenhäng. Darstellg d. Erhebg in Preussen. (11, 165 m. Abb., 28 Taf. u. 2 Ktn.) gr8° Langens., J Beltz '13. L 3 — d

— Feierstunden d. Jugend! Deklamationen, Lieder, Reigen u. dramat. Szenen. (Kleine Aufführgn f. Schule u. Haus.) Kaiserfeier (Kaisers Geburtstag), Weihnachtsfeier, Schulentlassgsfeier (Konfirmandenfeier), Königin Luise-Feier u. Sedan-(Vaterlands-)Feier. (6, 118) 8° Lpzg, A Strauch ('12). 2 — d

— Freude ins Leben!, s: Kopisch, Aug.

— das Glück im Sack. Ein Märlein f. den heil'gen Christ. Musik v. Alb. Mattausch. (47 S.) 8. Magdeburg (908). C. E. Klotz. 1. 25

— Der Gorillajäger v. Usambara, s: Jugend-Vereins-Bühne.

— Die Gutsherrin von Paretz, s.: Jugendbühne. 4. Heft.

— s: Jugendbücher. Neue deut..

— Marko d. Schmied, s: Jugend- u. Volksbühne.

— Die lieben Nachbarn. — Eine schauerliche Nacht, s: Jugendvereins-Bühne.

— Die Räuber, s: Jugendvereins-Bühne, Schiller.

— Schattenspiele. Heitere u. ernste Aufführgn m. erläut. Vorwort u. techn. Anweisgn. 1. Heft: Der Geiger v. Gemünd. Jung Deutschlands Kameraden. Der beherzte Flötenspieler. Auf Urlaub. Der Zauberer v. Amsterdam. (47) 8° Lpzg, A Strauch ('12). 1.50 d

— Was sollen wir vortragen? 130 Programme als Wegweiser f. Vortrags- u. Elternabende in Jugendver., Schulen u. Kreisen edler Geselligk. (196) gr8° Ebd. ('12). 2 —; geb. 2.80 d

— Fröhliche Weihnachten! s.: Jugendbühne. 1. Heft.

— Wir sind Deutschlds Jugend!, s: Jugend- u. Volksbühne.

Bethge, Ernst Heinrich: Der W u r z e l m a n n, s. F r a n k e, Paul

Bethge, Friedrich
Bethge, Frdr., Abendglocken. Abendpredigten u. geistl. Lieder. gr. 8. (IV, 207 S.) Göttingen 879. Peppmüller. n. 3. —

— Pfalzgräfin Agnes. Schauspiel in 5 Aufzügen. 8. (131 S.) Ebend. 878. n. 2. —

Bethge, Frdr., Christussucher, Gottsucher, Seelensucher. Biblische Bilder. (329 S.) 8. Kassel (909). J. G. Oncken Nachf. Geb. in Leinw. 3. --

Bethge, Friedr., Du mußt zeugen. Eine Zeitpredigt über Apostelgeschichte 23, 11., gehalten zur Einführung des Past. sec. H. gr. 8. (16 S.) Göttingen 877, Peppmüller.

Das Hohelied des Glaubens. Römer 8, 28–30 ausgelegt durch Friedrich **Bethge**. *Halle a. S.: R. Mühlmann 1901.* (172 S.) 8° [F.] [01. 4782

— Das Hohelied d. Glaubens, Römer 8,28—39, ausgelegt. (Neue [Tit.-]Ausg.) (172) 8° Ebd. [01]'07. 1.50; geb. 2 — ‖ 2. Afl. (186) (09.) L. 2 — d

— Das Hohelied d. Liebe. 1. Korinther 13. Ausgelegt. (197) 8° Ebd. (06). 1.50; geb. 2 -- d

Das Hohelied der Liebe. 1. Korinther 13. Ausgelegt durch Friedrich **Bethge**. 2. Aufl. Kassel: J. G. Oncken Nachf. [1906]. (197 S.) 8° [F.] [07. 17903 7

Bethge, Friedr., die paulinischen Reden der Apostelgeschichte. Historisch-grammat. und biblisch-theolog. ausgelegt. gr. 8. (VI, 336 S.) Göttingen 887, Vandenhoeck und Ruprecht's Verlag. *

Bethge, Hans, Elisa. Das Tagebuch eines Liebenden. Schmuck v. Heinr. Vogeler. (70 S. m. Titelbild.) kl. 4. Leipzig 903. Berlin, H. Seemann Nachf. Geb. n. 2. —

Hans Bethge. Die Feste der Jugend. Ein Gedichtbuch mit Zeichn. von J. M. Olbrich u. 1 Bildn. *Berlin: Schuster & Loeffler 1901.* (179 S.) 8° (4°) [01. 10606

Bethge, Hans [aus Dortmund]: Über die multiplen Fibroadenome der Mamma ... Halle a. S., Hofbuchdr. v. C. A. Kaemmerer & C., 1895; 29 S. 8.
Halle, Med. Fak., Inaug.-Diss. v. 3. Apr. 1895

— Die chinesische Flöte. (Nachdichtgn. chines. Lyrik.) (1. u. 2. Aufl.) (117 Bl.) 8. Leipzig 907. 10. Insel-Verl. 5.—; Vorzugsausg. geb. in Seide 12. —

— Die chines. Flöte. (Nachdichtgn chines. Lyrik.) (4. Afl.) (118 Bl.) 8° Lpzg, Insel-Verl. ('12). kart. 5 —; Vorzugsausg. auf chines. Pap., geb. in Seide 12 —

— Japanischer Frühling. (125 Bl.) 8° Ebd. '11. Pappbd 5 —; Vorzugsausg., Ldr 12 —; m. Hafis u. Die chines. Flöte in 1 Karton als „Der östl. Divan" 15 —

— H a f i s. (Nachdichtgn. der Lieder d. Hafis.) (117 Bl.) 8. Ebd. 910. 5.—; Vorzugsausg. auf chines. Pap., geb. in Seide 12. —

Hölderlin. Von **Hans Bethge.** *Berlin & Leipzig: Schuster & Loeffler [1904].* (95 S.) 8°
— Dichtung, Die. Bd 6. [04. 13440

Jacobsen von Hans **Bethge.** Berlin & Leipzig: Schuster & Loeffler [1905]. (91 S.) 8°
— Dichtung, Die. Bd 29. [05. 11667

— Die Courtisane Jamaica. Novellen. (157) 8° Karlsr. '11. Berl., Morawe & Sch. 3 —; geb. n 3.50; Luxusausg. 10 — d

Hans Bethge. Die stillen Inseln. E. Gedichtb. *Berlin: Schuster & Loeffler 1898.* (110 S.) 1 Bd 8. [98. 4638

Hans **Bethge.** Die stillen Inseln. Gedichte. 2. Aufl. Berlin: Schuster & Loeffler 1904. (91 S.) 8° [05. 1895

Bethge, Hans, Don Juan. Tragikomödie. (Radierung, Titel u. Einbd. v. Erich Gruner.) (VIII, 189 S. m. 1 Taf.) 8. Leipzig (910). Xenien-Verlag. 3.—; in Halbperg. n 4.50; Vorzugsausg. n 40. —

Der gelbe Kater. Novellen von Hans Bethge. (Buchausstattung von Leo Prochownik.) *Berlin: Schuster & Loeffler (1902).* (109 S.) 8° [02. 14 11

— bei sinkendem Licht. Dialoge. (102 S.) 12. Leipzig 903. Berlin, H. Seemann Nachf. Kart. n. 2. —

— Lieder an e. Kunstreiterin. (43) 8° Lpzg, Xenien-Verl. '10. Pappbd 10 — d

— Die Lyrik d. Ausl. in neuerer Zeit. 1—5. Taus. (399) kl8° Lpzg, M Hesse (07). 1.80; L. 2 —; Geschenkbd 3 —; Ldr 5 — d

Bethge, Hans, deutsche Lyrik seit Liliencron. (XXXII, 297 S. mit 8 Bildn.) kl. 8. Leipzig (905). M. Hesse. Kart. n. 1.80; geb. in Leinw. n. 2.—; in Geschenkbd. n. 3.—

— Deutsche Lyrik seit Liliencron. 26—30. Taus. (32, 297 m. 8 Bildn.) kl8° Ebd. (09). 1.40; kart. 1.80; L. 2 —; Geschenkbd 3 —; Ldr 5 — d

— Deutsche Lyrik seit Liliencron. Neue, durchges. Ausg. 31.—35. Taus. (XXXII, 311 S. m. 10 Bildnissen.) kl. 8. Leipzig (910). Hesse & Becker Verl. 1.40; kart. 1.80; geb. in Leinw. 2.—; in Geschenkbd. 3.—; in Ldr. 5. —

— Deut. Lyrik seit Liliencron. Neue, durchgesch. Ausg. 31—35. Taus. (32, 311 m. 10 Bildn.) kl8° Lpzg, Hesse & Becker V. ('11). kart. 1.80; L. 2 —; Geschenkbd 3 —; Ldr 5 — d

— dass., s.: Hesse's, Max, Volksbücherei 280—86.

— Arab. Nächte. (Nachdichtgn arab. Lyrik.) (119) 8° Lpzg, Insel-Verl. '12. Pappbd 5 —; Vorzugsausg. auf chines. Pap., geb. in Seide 12 —

— Deut. Oden. s.: Hesse's. M. Volksbücherei.

— Saitenspiel. (Die Holzschn. sind v. E. R. Weiss.) (75 S.) 8. Berlin (909). K. Schnabel. Kart. 6. —

Hans Bethge. Sonnenuntergang. Eine Dichtung. Buchschmuck von Heinrich Vogeler in Worpswede. *Berlin: Fischer & Franke 1900.* (20 Bl.) 8° [09. 9231 II

— Sonnenuntergang. Dichtg. (37) 8° Berl. 1900. Düsseldf, Fischer & Fr. 1 —

— Sonnenuntergang. Jetzt: Berl., Morawe & Sch. 01/05

Hans Bethge. Mein Sylt. Ein Tagebuch mit Bildern von Walter Leistikow. *Berlin: Fischer & Franke 1900.* (158 S.) 8° [00. 1069

[F.] Syrinx. E. Skizzenb. v. Hans Bethge. *Breslau: S. Schottlaender [1898].* (171 S.) 1 Bd 8.(4.)
(Unterwegs und Daheim.) [98. 6459

— Totenspiele in Versen. (85 S.) 4. Stuttgart 904. A. Juncker. n. 3. —

Worpswede ⟨Hans am Ende, Fritz Mackensen, Otto Modersohn, Fritz Overbeck, Karl Vinnen, Heinrich Vogeler⟩ von Hans Bethge. Umschlagzeichn. u. Buchschmuck von Heinrich Vogeler. Mit 1 Lichtbild u. 13 Vollbild. Berlin: Bard, Marquardt & Co. [1904]. (81 S.) 8°
= Kunst, Die. Bd 32. [05. 6793

Worpswede ⟨Hans am Ende, Fritz Mackensen, Otto Modersohn, Fritz Overbeck, Carl Vinnen, Heinrich Vogeler⟩ von Hans Bethge. Umschlagzeichn. u. Buchschmuck von Heinrich Vogeler. Mit 14 Vollbild. 2. Aufl. Berlin: Marquardt & Co. (1907). (81 S.) 8°
= Kunst, Die. Bd 32. [07. 11641

Bethge, Johannes, aus Dessau: Zur Technik Molières. *Berlin: W. Gronau 1899.* (24 S.) 8° (Erscheint vollst. in: Zeitschrift f. französ. Sprache u. Litteratur, Bd 21.)
Erlangen, Phil. Diss. v. 3. März 1899

Bethge, Karl Christlieb, s. Bethke, Karl Christlieb

Bethge, Käthe: Die Weihnachtsfee in d. Kochküche, s: Theater f. d. weibl. Jugend.

Bethge, Konrad, Assistenzarzt im Inf.-Reg. Nr. 98: Ueber Malariapsychosen. Leipzig 1909: Georgi. 32 S. 8°
Leipzig, Med. Diss. v. 27. Jan. 1909, Ref. Flechsig
[Geb. 13. Dez. 80 Cade; Wohnort: Metz; Staatsangeh.: Preußen; Vorbildung: Gymn. Quedlinburg Reife O. 01; Studium: Jena 1, Berlin K. W. A. 8 S.; Coll. 30. Jan. 09; Approb. 8. Juli 07.] [U 09. 2752

Bethge, (Car. Christian.) Ludov. (geb. Berlin 11. 9. 1818): De scarlatina. Berolini (1847). (31 S.) 8°
Berlin, Med. Diss. v. 8. Jan. 1847

Bethge, Oskar: Das Klima Arabiens. *Cassel, Druck v. Gebr. Gotthelft, 1891;* 87 S. 4°.
Cassel, R in d. Hedwigstr., OP 1891 (894)

Bethge, R., Bildnisse ausgezeichn. Personen, s. Volks-Bildergallerie.

Bethge, Ricardus [Dr.]: De Septem adversus Thebas fabulae Aeschyleae episodio altero. Berlin, R. Gaertners Verlagsbuchh., 1890; 28 S. 4°
Berlin, IV. st. HB, OP 1890 (111)

Bethge, Rich., s.: Ergebnisse u. Fortschritte der germanistischen Wissenschaft.

Bethge, R., s.: Laut- u. Formenlehre d. altgerman. Dialekte.

Bethge, Rich. (geb. Kolberg 28. 6. 1859): Wirnt von Gravenberg. Teil I. Berlin 1881. (29 S.) 8° * Vollst. ersch. Berlin: Weidmann 1881.
Berlin, Phil. Diss. v. 1. Juni 1881

Bethge, Rich., Wirnt v. Gravenberg. Eine literarhistor. Untersuchg. gr. 8. (80 S.) Berlin 881. Weidmann. n. 2. —

Bethge, Robert

Bethge, Rob.: Der deut. evang. Choral, s. Bedeut. f. d. relig. Leben, s. Gestaltg in d. Gegenwart, s. a. Archiv, Kirchenmusikalisches.

Der deutsche evangelische Choral, s. Bedeutung f. d. religiöse Leben, s. Gestaltung in d. Gegenwart. Vortrag zu Eisleben 1909 geh. von R. **Bethge,** Superint. a. D. Leipzig: Klinner 1909. 36 S. 8°
Aus: Die Orgel.
(Kirchenmusikal. Archiv. [H. 2.]) [10. 17464

Bethge, R., Choralbuch für gemischten Chor, sowie für Klavier und Harmonium. Zum Gebrauche in Kirche, Schule und Haus nach den Tonsätzen des „Choralbuches für die Provinz Sachsen" eingerichtet und mit Genehmigung des Königl. Konsistoriums zu Magdeburg hrsg. 8. (VIII, 132 S.) Wittenberg 887, Herrosé Verlag. ℳ 1.—.; geb. *

— Choralbuch f. gemischten Chor in Stimmheften. Zum Gebrauche in Kirche, Schule u. Haus nach den Tonsätzen d. „Choralbuches f. die Prov. Sachsen" eingerichtet u. m. Genehmigg. d. Königl. Konsistoriums zu Magdeburg hrsg. 4 Hfte. 8. (à 40 S.) Ebd. 888. à n. — 35

Bethge, R., Festbüchlein. Kirchliche Andachten f. die Hauptfeste d. Kirchenjahres. Musikalische Agende zum Gebrauch f. den Organisten u. Liturgen. hoch 4. (VII, 88 S.) Halle a. S. 872. Lippert'sche Buchh. n. 3. —

— dasselbe. Textbuch. gr. 8. (20 S.) Ebend. 872. n. — 10

Bethge, Rob., Robert Franz. Ein Lebensbild. Vortrag, auf dem Robert Franz-Abend des Volksbildungsvereins zu Halle a. S. am 24. X. 1907 geh. (30 S.) 8. Halle 908. M. Niemeyer. — 40

— s: Franz, Rob., gesammelte Schriften üb. d. Wiederbelebg Bach'scher u. Händel'scher Werke.

Gedenkfeier am Grabe von Robert Franz am 5. Juli 1900. (Rede von Robert Bethge, Superint.) *Halle a. S. 1900: E. Karras.* (15 S.) 8° [F.] [00. 7830 3

—— über die liturgische Gestaltung der Nebengottesdienste in der evangelischen Kirche. Ein Conferenzvortrag. 8. (30 S.) Halle a. S. 872, Lippert'sche Buchh.

— die evangelische Kirchengemeinde- u. Synodal-Ordnung vom 10. Septbr. 1873 f. die Provinzen Preußen, Brandenburg, Pommern, Posen, Schlesien u. Sachsen. Für den prakt. Gebrauch, insbesondere der Gemeindevertretgn., m. erläut. Anmerkgn. zu der Kirchengemeinde-Ordng. hrsg. gr. 8. (60 S.) Halle 875. Schwabe. n. — 80

Bethge, R., die evangelische Kirchengemeinde- u. Synodal-Ordnung vom 10. Septbr. 1873 für die Provinzen Preußen, Brandenburg, Pommern, Posen, Schlesien u. Sachsen u. die General-Synodalordnung vom 20. Jan. 1876 für die evangel. Landeskirche der 8 älteren Provinzen der Monarchie. Für den pract. Gebrauch mit erläut. Anmerkungen. 2. Aufl. 8. (XII, 215 S.) Halle 877. Schwabe. n. 2. 40

— die Vermögens-Verwaltung in den evangelischen Kirchengemeinden. Systematische Darstellung der in den östl. Provinzen Preußens besteh. Rechtsverhältnisse. Für Geistliche u. Gemeinde-Kirchenräthe bearb. 2. umgearb. u. verm. Aufl. 8. (XII, 160 S.) Berlin 882. Kortkampf. geb. n. 1. 50

— die Verwaltung d. kirchlichen Vermögens in den evangelischen Kirchengemeinden der Provinzen Preußen, Brandenburg, Pommern, Posen, Schlesien u. Sachsen nach den Vorschriften der Kirchengemeinde-Ordng. vom 10. Septbr. 1873 u. nach den übrigen zur Zeit gült. staats- u. kirchengesetzl. Bestimmgn. dargestellt u. den Gemeinde-Kirchenräthen als Entwurf e. provisor. Verwaltungs-Ordng. dargeboten. gr. 8. (66 S.) Ebend. 876. n. 1. —

Der Einfluss geistiger Arbeit auf den Körper unter besond. Berücks. d. Ermüdungserscheinungen. Von W[alter] Bethge. Halle a. S.: Marhold 1910. 51 S. 8°
(Sammlung zwangloser Abhandlungen aus d. Geb. d. Nerven- u. Geisteskrankheiten. Bd 9, H. 3.) [11. 100: 3

Bethge, Walter, Assistenzarzt am Knappschaftslaz. Laurahütte, z. Z. Einj. Marinearzt: Aus d. Kgl. Psychiatr. u. Nervenklinik zu Kiel. Über psychische Störungen bei Sydenham'scher Chorea. ⟨Bericht über einen Fall von Chorea minor mit akuter halluzinatorischer Verwirrtheit.⟩ o. O. [1909]. 22 S. 8°
Kiel, Med. Diss. v. 20. Juli 1909, Ref. Siemerling
[Geb. 11. Aug. 80 Altona; Wohnort: Wilhelmshaven; Staatsangeh.: Preußen; Vorbildung: Realgymn. Bromberg Reife O. 02; Studium: Greifswald 5, München 1, Kiel 3 S.; Coll. 18. Dez. 08; Approb. 11. Juni 08.] [U 09. 2251

Bethge jun., Wilh., Blüthen u. Blätter. Eine Sammlung zwei-, resp. dreistimmiger Lieder für Schulen. 1. Heft. Aschersleben 870. Schnock. gr. 16. (IV, 30 S.) n. 2 ngr.

Beth-ha-midrasch, s. Beth ha-Midrasch.

Bethke, A., über die Bastarde der Veilchen-Arten. Inaugural-Dissertation. gr. 4. (20 S.) Königsberg 882, (Beyer's Buchh.) 1 20

Bethke, A., üb. die Bastarde der Veilchen-Arten. Inaugural-Dissertation. gr. 4. (20 S.) Königsberg 882. (Koch & Reimer.) n. — 75

Bethke, C. C., s. Bethke, Karl Christlieb

Bethke, Ernst, Kammergerichtsreferendar a. Berlin: Zur Lehre von den Einseitigen letztwilligen Verfügungen in einem Erbvertrage. ⟨B.G.B. § 2299⟩. Borna-Leipzig 1904: R. Noske. (VIII, 40 S.) 8° [Jt.]
Rostock, Jur. Fak., Ref. Matthiass, Diss. v. 1. Dez. 1904
[Geb. 3. Dez. 79 Berlin; Wohnort: Berlin; Staatsangeh.: Preußen; Vorbildung: Humboldt Gymn. Berlin Reife M. 99; Studium: Berlin 6 S.; Rig. 22. Sept. 04.]

Bethke, Ernst [aus Berlin]: Über den Stil Hadamars von Laber in seiner „Jagd" ... Berlin, Mayer & Mueller, 1892; 3 Bl., 190 S., 1 Bl. 8.
Berlin, Phil. Fak., Inaug.-Diss. v. 30. Sept. 1892

Bethke, Fritz, appr. Arzt a. Schneidemühl, Unterarzt im 2. Lothring. Inf.-Reg. Nr. 131: Über die Prophylaxe der Fußkrankheiten in der Armee. Berlin (1905): G. Schade. (29 S.) 8°
Berlin, Med. Fak., Ref. Rubner, Diss. v. 27. Apr. 1905
[Geb. 1. Dez. 79 Schneidemühl; Heimatsort: Schneidemühl; Staatsangeh.: Preußen; Vorbildung: Gymn. Spandau Reife O. 99; Studium: Berlin, K. Wilh. Akad. 9 S.; Coll. 22. Apr. 05; Approb. 4. Apr. 05.]

Bethke, Fritz, Schneeglöckchen, s. Karl Fröhlich.

Bethke, Hermann

Bethke, Herm., architektonisches Allerlei. Enth.: Baudetails, neuere Dach- u. Decken-Constructionen, Grundrisse, Ziergebäude. Zum Gebrauch f. Praktiker hrsg. (In ca. 6 Lfgn.) 1. u. 2. Lfg. Fol. (à 10 Steintaf.) Dresden 882. Gilbers' Verl. à n. 3. —

— Architektur-Hefte moderner Bauwerke. Sammlung v. meistentheils kleinen, in der Praxis öfter vorkommenden Bauwerken, als: Wohn- u. Landhäusern, Schweizer- u. Gartenhäuschen, Garten- u. Cafésalons, Portierhäusern, Grabkapellen etc. 1. u. 2. Abth. Fol. (à 30 Bl. in Stein- u. Lichtdr. u. 24 lith. Bl. Details.) Ebend. 880. 81. In Mappe. à n. 40. —

Bethke, Herm., d. polychrome Backsteinbau ohne Anwendg. v. natürl. Gestein. Enth. Hauptgesimse, Giebel, Gurtgesimse, Fenstervordachgn. u. Brüstgn., Eingangsthüren u. Einfahrtsthore, Flächenverziergn., Sockelgesimse etc. etc. 9 Lfgn. gr. Fol. (85 Farbdr.) Stuttgart 897. 98. K. Wittwer Kplt. in Mappe n. 85. —

Bethke, Herm., Details für decorativen Holzbau. Eine Sammlung von Zierbrettern, Eck- und Giebelblumen, Rosetten, Füllungen, Einfriedigungen, Balken und Sparrenköpfen, Verandatheilen, Dachgiebeln, Trägern, Thür- und Fenster-Einfassungen, kleinen Holzbauten etc., überhaupt Details für alle bei decorativem Holzbau vorkomm. Gegenstände. 12 Lfgn. Fol. (à Lfg. 6 Stnt.) Stuttgart 874,75, Wittwer. à Lfg. *M. 3.; in Mappe *

— Details für decorativen Holzbau. Eine Sammlung v. Details für alle bei decorativem Holzbau vorkomm. Gegenstände, als Zierbretter, Eck- u. Giebelblumen, Rosetten, Füllungen, Einfriedigungen, Balken u. Sparrenköpfe, Verandatheile, Dachgiebel, Träger, Thür- u. Fenster-Einfassungen, kleine Holzbauten etc. 72 (lith.) Taf. (Neue Aufl.) 12 Lieferungen. Fol. Stuttgart 881. Wittwer. à n. 3. —

Bethke, Herm. Details fur decorativen Holzbau. Stuttgart. [1888.] Fol.

Bethke, Herm., Ein-Familien-Häuser. Kleine Häuser zum Alleinbewohnen, für die prakt. Ausführung in kleineren Städten und in Vororten grösserer Städte entworfen und gezeichnet. 10 Lfgn. Fol. (à Lfg. 6 Chromolithogr.) Stuttgart 887,88, Wittwer's Verlag. à Lfg. * compl. in Mappe *

Bethke, H., Ein-Familien-Häuser. Kleine Häuser zum Alleinbewohnen, f. die prakt. Ausführg. in kleineren Städten u. in Vororten grösserer Städte entworfen u. gezeichnet. 10 Lfgn. Fol. (à 6 Chromolith.) Stuttgart 887—889. Wittwer's Verl. à Lfg. n. 6. —; cplt. in Mappe n. 60. —

— Gebäudetheile f. Holzbauten. Enth.: Verschied. häng. u. steh. Zierbretter, Haupt- u. Gurtgesimse, Giebelverziergn., Verandatheile, Flächenverziergn. f. Blockwandhäuser, Balkone, Ecken u. Vorhallen f. Eingänge u. s. w. 20 Lfgn. (à 5 lith. Taf.) gr. Fol. Ebd. 896. à 3. 60; (kplt. in Mappe: 72. —)

Bethke, Herm., städtische Geschäfts- u. Wohnhäuser. Deutsche Renaissance-Façaden m. entsprech. Grundrissen, f. prakt. Ausführg. entworfen u. gezeichnet. 10 Lfgn. Fol. (à 4 farb. u. 2 schwarz. Steintaf.) Stuttgart 885—86. Wittwer. à n. 6. —

Bethke, Herm., Häuser in reinem Ziegelbau. Enth Wohn- u. Geschäftshäuser, Villen u. Landhäuser in Grundrissen, Ansichten u. Durchschnitten, sowie Details. (In 10 Lfgn.) 1.—5. Lfg. gr. Fol. (à 6 farb. Taf.) Stuttgart 894. K. Wittwer's Verl. à n. 6. —

— Häuser in reinem Ziegelbau. Enth.: Wohn- u. Geschäftshäuser, Villen u. Landhäuser i. Grundrissen, Ansichten u. Durchschnitten, sow. Details. 6.-10. (Schluss-)Lfg. gr. Fol. (à 6 farb. Taf.) Ebd. 894. à n. 6.—

— decorativer Holzbau. Neue Folge. Eine Sammlung v. allen in der Praxis vorkomm. Baulichkeiten, als: Villen, Gartenhäuschen, Lauben etc. 20 Lfgn. gr. Fol. (à 5 Steintaf.) Ebend. 879. 80. à n. 3. 60

— decorativer Holzbau. 2. Serie. Eine Sammlg. v. allen in der Praxis vorkomm. Arbeiten, als Villen, Gartenhäuschen, Lauben, Veranden, Eingangspforten f. Gärten u. Friedhöfe, Vorhallen, Colonnaden, Brunnenhäuschen, Musiktribünen, Treppenhäuser, Ausstellungsbauten etc. 20 Lfgn. Fol. (à 5 lith. Taf.) Ebd. 891. à n. 3. 60

— - Holzbauten. Wohnhäuser, Villen u. ähnl. Bauten a. Block-Ständer u. Riegelwerk. Mit Benutzg altdeut. u. schweizer Motive f. zeitgemässe Bedürfnisse entworfen u. gezeichnet. 10 Lfgn. Fol. (à 5 Chromol.) Stuttg. 84. 85, Wittwer. à n. 6. —

— Kleinbauten aller Art. (Privat- u. Gemeindebauten. Serie V.) E. Sammlg. v. einf. Wohn-, Land- u. Geschäftshäusern in kl. Städten u. a. d. Lande. 20 Lfgn. Fol. (à 5 z. Tl. farb. Taf.) Ebd. 896. 97. à 3. —

— Land- u. Gartenhäuser, Vorhallen, Gartensitze, Gartenlauben, kleine Wohnhäuser, Pavillons etc. mit vorzügl. Rücksicht auf ornamentale Holzarbeiten f. Bauhandwerker u. techn. Schulen. 12 Lfgn. gr. Fol. (à 6 farb. Taf.) Ebd. 892—894. à n. 6. —

—— Privat- und Gemeindebauten für Stadt und Land. Eine Sammlung leicht ausführbarer Häuser für Handwerker und Geschäftsleute, sowie Communalbauten aller Art. (In 20 Heften.) 1.—4. Heft. Fol. (à Heft 5 Bl.) Ebendas. 888. à Heft *ℳ 3.—. *

—— Privat- und Gemeindebauten f. Stadt u. Land. Eine Sammlg. leicht ausführbarer Häuser f. Handwerker u. Geschäftsleute, sowie Communalbauten aller Art. 5.—20. (Schluß-)Heft. Fol. (à Heft 5 Bl.) Ebd. 889—91. à Heft 3 —; 48 —
1.—4. Heft. Ebd. 1888. * 12 —; compl. in Mappe * 60 —.

Bethke, H., Privat- u. Gemeindebauten für Stadt u. Land. Eine Sammlg. leicht ausführbarer Häuser für Handwerker u. Geschäftsleute, sowie Communalbauten aller Art. 20 Hfte. Fol. (à 5 Bl.) Stuttgart 889. 890. Wittwer's Verl. à Hft. n. 3. —

— einfache Wohnhäuser. Arbeiter-Wohngn. Einzel-Häuser f. 1 Familie u. Gruppen-Häuser f. 2 u. 4 Familien. 20 Taf. Grundrisse, Ansichten u. Durchschnitte. 5 Lfgn. Fol. (à 4 farb. Taf.) Ravensburg 892. [Dorn.] O. Maier. à n. 1. 40; Aufbewahrungs-Mappe n.n. 1. —

— praktische Wohnhäuser u. Villen, theils in Ziegelbau ohne Mörtelputz, theils solchen m. Gliederungen in Natur- oder imitirtem Stein, grösstentheils in Formen der Renaissance, entworfen u. gezeichnet. (In 10 Lfgn.) 1. Lfg. Fol. (5 Chromolith.) Ebend. 882. n. 6. —

Bethke, Herm., praktische Wohnhäuser u. Villen, theils in Ziegelbau ohne Mörtelputz, theils solchen m. Gliederungen in Natur od. imitirtem Stein, grösstentheils in Formen der Renaissance, entworfen u. gezeichnet. 2—10. (Schluss-)Lfg. Fol. (à 5 Chromolith.) Stuttgart 883—84. Wittwer. à n. 6. —

— decorativer Ziegelbau ohne Mörtelputz. Enth. verschiedene Gegenstände in dieser Bauweise, als Mauerflächen, Fussgesimse, Band- oder Gurtgesimse etc. 1—10. Lfg. Fol. (à 6 Chromolith. m. 2 Bl. Text.) Ebend. 877. 78. à n. 6. —

Bethke, Karl Christlieb

Bethke, Carl Christlieb (Leipzig), De diagnosi vitae foetus et neogeniti. Dissert. med. posterior. Präs. Ernst Gottlob Bose. Lpz. (Langenheim) 20. XII. 1771. 37 S. (4.80) 2443

Bethke, Karl Christl., († d. 27. Juli 1812.) über Schlagflüsse u. Lähmungen, oder Geschichte der Apoplexie, Paraplegie ꝛc. gr. 8. Leipz. 797. Gr. Fleischer. 2 ℛ (524 S.)

Bethke, Karl Christlieb: Schlagflüsse und Lähmungen oder Geschichte der Apoplexie, Paraplegie und Hemiplegie aus ältern und neuern Wahrnehmungen. Th. 1 - 2, gbd.

Ofen: K. Hung. Pester Universitätsbuchdruckerey 1799

Bethke, Rob. Wilh., Stammtischabend. Ein national-politisch-antiultramontan Gedicht. Verf. im Jambus u. Reim 1520 Verse. 8. (40 S.) Berlin (902). (Berolina-Versand-Buchh.) — 30

Bethlehem: 1909—?

Sub-title: Deutsch-Englischer Kirchenbote der Ev.-Luth. Bethlehem-Gemeinde, St. Louis. Edited by Rev. H. B. Hemmeter. St. Louis/MO

Bethlehems erste Weihnachtsfeier. Ueber Luc. 2, 1—14. 8. Görlitz 828. (Reimer in Berl.) 1½ ℊ

Bethlehems erste Weihnachts-Feier über Luc. 2, 1—14. Reutlingen 860. Rupp & Baur. 16. (IV, 36 S.) 1½ ngr

Bethlehemskalender. Mecklenburgisches Volksbuch auf die J. 1880—1885. Hrsg. von Joh. Krabbe. 21.—26. Jahrg. 8. (à Jahrg. ca. 180—190 S. mit 1 Titelbilde in Holzschn. und vielen eingedr. Holzschn.) Ludwigslust, (Hinstorff'sche Hofbuchh.) à Jahrg. ** — 50

Bethlehemskalender. Mecklenburg. Volksbuch auf die J. 1886—1889. Hrsg. von Joh. Krabbe. 27.—30. Jahrg. 8. (à Jahrg. ca. 180—190 S. mit 1 Titelbilde in Holzschn. und vielen eingedr. Holzschn.) Ludwigslust, (Hinstorff'sche Hofbuchh.) à Jahrg. **

Bethlehemstift, das Lausitzer, u. das Frauen-Genesungsheim des Vereins f. innere Mission zu Leipzig, s.: Stätten u. Werke der inneren Mission im Königr. Sachsen. 5.

Bethlen, Bericht über eine Reise nach Rangoon. Triest 1874

v. Bethlen, Graf Alex., Ansichten v. Siebenbürgen. gr. 8. Hermannst. 818. (Leipz., Weygand). 12 ℊ

v. Bethlen, (Gr. Alex.,) Ansichten von Siebenbürgen. gr. 8. Herrmannstadt 823. (Leipz., Weygand.)

(BETHLEN, ALEXANDER GRAF): Geschichtliche Darstellung des deutschen Ordens in Siebenbürgen, mit dem lithograph. Schloß Törzburg, als ursprünglichem Sitzthum des deutschen Ordens in Siebenbürgen und dem in Kupfer gestochenen Wappen der deutschen Ordensbrüder. Wien 1832. Druck von M. Adolf. 127 S. - 8°

Bethlen, Edmund, Graf. Eine Reise nach Rangoon. Bericht des ..... an die Handels- und Gewerbe-Kammer in Triest und auf Veranstaltung dieser veröffentlicht. (Streng nach dem italienischen Originaltext übersetzt.) kl. Fol. Triest 1874.

Bethlen, Graf Gregor, E. Wolf, L. Roesler, welche internationale Vereinbarungen wären zur Erleichterung d. Weinhandels zu treffen? (Internationaler land- u. forstwirthschaftl. Congress zu Wien 1890, 147. Hft.) gr. 8. (7 S.) Wien 890. (Frick.) n. — 40

v. Bethlen, Graf Jos., commentarii de rebus Transsylvan. prox. ab obitu Gabriel. G. Betlenii XXXIV annis gest. 8. Wien 779. (Heubner). 16 ℊ

de Bethlen, Joa. Historia rerum Transilvanicarum libri IV ab a. 1629 ad ann 1663. 12. s. l. 1664. — 12. Amsterdam 1664. — 2 p. 8. Vindobonae 1780.

de Betlen, Jo. Historia rerum Transylvaniae ab ao 1662 ad ann. 1673. 2 v. 8. Vindobonae 1782 83.

— historia rerum Transsylvan. ab ann. 1762—63. ed. Alex. Horanyi. II Prts. Wien 783. (Heubner). 1 ₰ 12 gr.

Bethlen, Nikolaus Graf, ein Wort an Deák. 8. (15 S.) Wien 865. (Gerold's Sohn.)

v. *Bethlen*, Wlfg., historia de rebus Transsylvan. VI Prts. 8 maj. Pesth 782—93. Eggenberger. 9 ₰ id. lib. 8 maj. Wien, Schaumburg u. C. 9 ₰ id. lib. IV Tom. 8. Cibinii. Ed. II. 782—85. (Brünn), Gastl, 4 gr 16 gr

Betlen, Wolfg. de., hist. de reb. Travsylvan. 6 part. 8. maj. Pest, Eggenberger. 782—95.

— — — p. V. VI. Mahler, 794.

Bethmann, Simon Moritz von, und seine Vorfahren. Frankf. a. M. 1898. V: *Pallmann, Hnr.* (Berl) (Rothsch)

Bethmann, ..., Chronicon Novaliciense, s. Scriptores rerum Germanicarum.

Bethmann, August

Eine Sorgenfreie Zukunft. Prakt. erprobte Rathschläge e. modernen Naturmenschen. E. Beitrag z. Lösg d. heiklen Magenfrage v. [David Friedr. August] Bethmann-Alsleben. *Remscheid: A. Bethmann 1898.* (30 S., 1 Bl.) 1 Bd 8. [98. 6757

Bethmann-Alsleben, eine sorgenfreie Zukunft. Praktische erprobte Ratschläge e. modernen Naturmenschen. Ein Beitrag zur Lösg. der heiklen Magenfrage. Mit Randbemerkgn. v. Heinr. Clausen. 2. Aufl. gr. 8. (31 S.) Remscheid 898. A. Bethmann. (Nur direkt.) — 60

Bethmann, Aug., u. Aug. Engelhardt, eine sorgenfreie Zukunft. Das neue Evangelium. Tief- u. Weitblicke f. die Auslese der Menschheit — zur Beherzigg. für alle — zur Überlegg. u. Anregg. 5., völlig umgearb. u. erweit. Aufl. (109 S.) gr. 8. Insel Kabakon b. Herbertshöhe (906). (Alsleben, Th. Siebert.) n. 1. 50

Eine Sorgenfreie Zukunft. Das neue Evangelium. Tief- u. Weitblicke f. d. Auslese d. Menschheit, z. Beherzigung f. alle, z. Überlegung u. Anregung von August Bethmann u. August Engelhardt. 5. völlig umgearb. u. erw. Aufl. Insel Kabakon bei Herbertshöhe: Bethmann & Engelhardt 1906. (111 S.) 8° [06. 6108

Bethmann, Fritz, aus Halberstadt: **Ueber o-Xylalphtalid und einige Derivate.** *Berlin (1899): E. Ebering.* (53 S.) 8°
Berlin, Phil. Diss. v. 25. Febr. 1899

Bethmann, Gust. Ad., Ich bin gekommen, daß ich ein Feuer anzünde auf Erden. Predigt, gehalten am 7. Aug. 1837 in einer Missionsstunde im Dom zu Magdeburg. gr. 8. Magdeburg 837. (Bühler.) 1/8 ₰

Bethmann, Gustav Adolf

Bethmann, G. A., Joseph, eine vorbildl. Erscheinung Christi in alter Zeit. Dargestellt in Predigten. 1. Heft: Die vier Adventspredigten. gr. 8. (35 S.) Genthin 872. (Brandenburg, Müller.) *

— zwölf Predigten vor d. Dom-Gemeinde zu Magdeburg gehalt. gr. 8. (10 B.) Magdeburg 837, (Bühler'sche Buchh.)

Bethmann, H. E., mein Weihnachtsgeschenk f. d. Königsstädter Theater. 8. Berl., Krause. 6 gr

Bethmann, Heinrich Georg [aus Leipzig]: Über die Affinitätsgrössen einiger organischen Säuren und ihre Beziehungen zur Konstitution derselben. . . . (Aus: Zeitschr. f. phys. Chem. V. Bd. 5. H.) Leipzig, Wilhelm Engelmann. 1890: 40 S. + 1 Bl. 8°
Leipzig, Phil. Fak., Inaug.-Diss. v. 14. Jan. 1890

Bethmann, Hugo: Kurzer Abriss d. Spinnerei, Weberei u. Appretur, s: Leiner's techn. Bibliothek.

Die Hebezeuge. Elemente d. Hebezeuge, Flaschenzüge, Winden u. Krane. Ein Handbuch f. Entwurf, Konstruktion u. Gewichtsbestimmung f. Schule u. Praxis bearb. von **Hugo Bethmann.** Mit 704 Abb. u. 74 Tab. *Braunschweig: F. Vieweg & Sohn 1903.* (XII, 475 S.) 8° [04. 3072 7

Die Hebezeuge. Elemente d. Hebezeuge, Flaschenzüge, Winden u. Krane, mit besond. Berücks. d. elektr. Antriebes. Ein Handbuch f. Entwurf, Konstruktion u. Gewichtsbestimmung. Für Schule u. Praxis bearb. von Hugo **Bethmann.** 2. verb. u. verm. Aufl. Mit 1077 Abb., sowie 119 Tab. Braunschweig: F. Vieweg & Sohn 1908. (XVI, 710 S.) 8° [08. 16660

— Die Kalkulation im Maschinenbau, s: Sammlung Göschen 486.

— Die Pumpen, deren Berechng u. Konstruktion, s: Leiner's techn. Bibliothek.

— Sägegatter u. Hülfsmaschinen f. Sägewerke. Für Studierende an techn. Anstalten, Techniker u. Industrielle. (III, 94 S. m. 111 Abbildgn.) gr. 8. Leipzig 907. C. Scholtze. 4.—; geb. 4. 80

Bethmann, Johannes, aus Göttingen: **Die Sprache des Grafen Rudolf.** *Berlin: Mayer & Müller 1903.* (50 S.) 8° ¶(Erscheint vollst. als: Palaestra, H. 30.)
Göttingen, Phil. Diss. v. [19. Juli] 1903

Untersuchungen über die mhd. Dichtung vom Grafen Rudolf. Von Dr. Johannes Bethmann. *Berlin: Mayer & Müller 1904.* (VII, 170 S.) 8° — Palaestra. 30. [04. 16773 4

Bethmann, K., s.: Adreßbuch der Haupt- u. Residenzstadt Gera.

Bethmann, L., Bausteine zur Geschichte des Nordostthüringer Turngaues d. XIII. Kr. Thüringen d. D. T., 1877—1892, 4°.

Bethmann, L., Erinnerungen an Leipzigs Tage 1863, 8 S., 8°.

Bethmann, L., Ein Erinnerungsblatt für Gustav Adolf Leutheußer, geb. 28. 10. 1853, gest. 12. 2. 1909. (Angeb.) Gedächtnisrede d. Hofprediger Keßler b. d. Trauerf. 14. 2. 1909 f. Gustav Adolf Leutheußer, Leipzig 1909, 2 S., 4°.

Bethmann, L., u. Otto, Festschrift zum 200 jähr. Bestehen der Landwaisen-Anstalt Langendorf, 1910, 105 S., 8°.

Bethmann, L., Festschrift zur 25 jähr. Jubelfeier des Männerturnvereins Merseburg, 18. 2. 1886, i. A. d. V. gestellt, 1886, 46 S., 8°.

Bethmann-Alsleben, August, s. Bethmann, August

Bethmann-Hollweg, Moritz August von

Bethmann-Hollweg, M. A. v., das 20. Buch der Pandekten als Beispiel klassischer Jurisprudenz für Studirende erläutert. 1. Hft. Titel 1. gr. 8. (VIII, 88 S.) Bonn 877. A. Marcus. n. 1. 50
Nicht weiter erschienen.

Bethmann-Hollweg, M. v., Christenthum u. bildende Kunst. Vortrag in der Special-Conferenz für religiöse Kunst auf dem Kirchentage zu Stuttgart im September 1857. Gotha 857. J. Perthes. Lex.-8. (26 S.) n. 5 ngr

Bethmann-Hollweg, M. A. v., Christenthum u. bildende Kunst. Nebst e. Blumenlese aus den Bekenntnissen e. großen deutschen Künstlers. Der Conferenz f. christl. Kunst auf dem Congreß f. innere Mission in Dresden als Festgabe gewidmet. gr. 8. (66 S.) Bonn 875. A. Marcus. n. 1. 20

— Erinnerung an Friedrich Carl v. Savigny als Rechtslehrer, Staatsmann u. Christ. [Abdruck aus der Zeitschrift für Rechtsgeschichte.] Weimar 867. Böhlau. gr. 8. (55 S.) n. 10 ngr

Bethmann-Hollweg, Moritz August von, s. Fragmenta locarum ex jure Romano.

v. Bethmann-Hollweg, Gerichtsverfassung u. Prozess d. sinkenden röm. Reichs. Bonn 834. (5. 75)

v. Bethmann-Hollweg, Moritz Aug., üb. die Germanen v. d. Völkerwanderung. Festgabe dem Fürsten Deutscher Rechtslehrer Frdr. Carl v. Savigny zur Jubelfeier des 31. Oktbr. 1850 überreicht. gr.8. (VI u. 64 S.) Bonn 850, Marcus. 1/3 ℛ

— die Gesellschaft des h. Vincenz de Paula, ein Verein f. innere Mission. Festgabe, dem 1. Congreß f. innere Mission zu Wittenberg am 13—15. Septbr. 1849 dargeboten. gr. 8. (15 S.) Berlin 849, Hertz in Comm. n. 2 ngℛ

Bethmann-Hollweg, M. A. von: Ueber Gesetzgebung und Rechtswissenschaft als Aufgabe unserer Zeit. Bonn 1870

— **Johannes Goßner am 30. März d. J. zu seines Herrn Freude eingegangen. Abdruck aus d. „Deutschen Zeitschrift für christl. Wissenschaften" ꝛc. Berlin 858. Wiegandt u. Grieben. 8. (28 S.)** n. 5 ngℛ

BETHMANN-HOLLWEG, A.: Grundr. z. Vorless. üb. den gemein. Civilprocess. *Berl.*, Nicolai. 821. gr. 8. (8 Gr.) — 3. Aufl. *Bonn*. 832.

Bethmann-Hollweg, Aug., Grundriß zu Vorlesn. üb. d. gemeinen u. Preuß. Civilproceß, mit einer Vorr. z. Einleit. in d. Civilpraxis. 3., verm. Ausg. gr.8. (8½ B.) Bonn 832, Marcus.

Bethmann-Hollweg, Aug., Handbuch des Civilprocesses. 1e Abthlg. 1r Bd. Justinian.-Röm. Recht. A. u. d. T.: Gerichtsverfassung und Prozeß des sinkenden Röm. Reichs, ein Beitr. zur Geschichte des Röm. Rechts bis auf Justinian. gr. 8. Bonn 834. Marcus. 1 11/12 ℛ

Bethmann-Hollweg, Moritz August von, s. Jh. Chr. Hasse: Die Culpa des Röm. Rechts.

—— und Wichern, das evangelische Johannesstift, s. Johannesstift, das evangelische.

Bethmann-Hollweg, Augustus: De causae probatione. Berolini 1820. (VI, 119 S.) 8° ¶ Diese Schrift, 1818 als Göttinger Dissert. benutzt, wurde erst vollendet und gedruckt zum Zwecke der Habilitation in Berlin.
[Berlin, Jur. Fak., Hab.-Schr.]
nachgeliefert von dem am 8. Mai 1819 habilitirten Verf.

***Bethmann-Hollweg*, Aug., de causae probatione Dissert. 8 maj. Berl. 820. Nicolai. 12 gℛ**

Bethmann-Hollweg, A. v., Reaction und Sonderthümlerei. Sermon an die Conservativen. Geschrieben zu Marienbad in Böhmen, den 1. Septbr. 1848. Berlin, C. G. Brandis, 1848. 39 S. 8°.

— Reaction u. Sonderthümlerei. Sermon an d. Conservativen. Geschrieben zu Marienbad in Böhmen, den 1. Septbr. 1848. gr. 8. (39 S.) Berlin 848, Schneider & Co. in Comm. n. 4 ngℛ

Bethmann-Hollweg, Moritz August von. Die Reaktivirung der preußischen Provinziallandtage. Berlin, Besser, (W. Hertz) 1851. 25 S. 8.

—— Referat über evangelische Katholicität auf dem Kirchentage zu Stuttgart am 23. September 1857. gr. 8. (18 S.) Berlin 857, Hertz.
Aus den Protokollen besonders abgedruckt.

—— s. Symbolae Bethmanno-Hollwegio.

v. Bethmann-Hollweg, M. A., Ursprung der lombardischen Städtefreiheit. gr. 8. Bonn 846, Marcus. 1 ℛ 6 ngℛ.

—— der Verein für innere Mission in Hamburg, s. Verein

—— Versuche üb. einzelne Theile d. Theorie d. Civilprocesses. gr. 8. (24¼ B.) Berlin 827, Nicolai.

—— Vorschlag einer evangel. Kirchenversammlung im laufenden J. 1848. gr. 8. (10 B.) Bonn 848, Marcus.

Bethmann-Hollweg, M. A. v., der Civilprozeß des gemeinen Rechts in geschichtlicher Entwicklung. 1.—3. Bd. gr. 8. Bonn, Marcus. *

Inhalt:
Bd. 1. Der römische Civilprozeß. 1. Bd.: Legis Actiones. (XVII und 205 S.) 864. * 1 Thlr. 5 Ngr.
" 2. —— dass. — 2. Bd.: Formulae. (XV und 841 S.) 865. * 4 Thlr. 10 Ngr.
" 3. —— dass. — 3. Bd.: Cognitiones. (IX und 383 S.) 867. * 2 Thlr.

Bethmann-Hollweg, M. A. v., der Civilproceß des gemeinen Rechts in geschichtlicher Entwicklung. 4.—6. Bd. gr. 8. Bonn, A. Marcus. *

Inhalt:
Bd. 4. A. u. d. T.: Der germanisch-romanische Civilproceß im Mittelalter. 1. Bd. Vom 5. bis 8. Jahrh. Die Staaten der Völkerwanderung. (XI, 562 S.) 869. * ℳ 9.
" 5. dass. — 2. Bd. Vom 8. bis 11. Jahrh. Die Carolinger und ihre Nachfolger [in Italien]. 1. Abthl. (XII, S. 1—184.) 871. * ℳ 3.; 2. Abthl. (XII, S. 185—450.) 874. * ℳ 5.
" 6. dass. — 3. Bd. Vom 12. bis 15. Jahrh. Der römisch-canonische Civilproceß. 1. Abthl. (XI, 270 S.) 874. * ℳ 5,50.
1.—3. Bd. Ebendas. 1864—66. * ℳ 22.50.

Bethmann-Hollweg, Theob. v., s: Volksentrechtung.

Bethoncourt, Heinrich Jacquin von (Mömpelgard), De regressu ad bona ab illustribus praecipue filiabus renunciata, etiam in casu stemmatis prorsus sublati, vere, vel solum apparenter praecluso. Tractatio synoptica inaug. Präs. Ferdin. Christoph Harpprecht. Tübing. (Hiob Francke) 25. VI. 1711. 64 S., stellenw. dtsch. (6.—) 2444

Bethor, Alex., s: Zodiakus.

***de Bethune*, le Prince, tables généalog. des mille vingt quatres quartiers des princes de Prusse. IV Parts. gr. Fol. Berl. 796. Belitz. 2 ℛ**

Bethune, Petr. Augustus (geb. Gross-Königsdorf im Rheinl. 12. 11. 1829): De parturientium eclampsia. Berolini (1856). (29 S.) 8°
Berlin, Med. Diss. v. 3. Nov. 1856

Bethune, Philipp Isidor: Ueber traumatische Plexus-brachialis-Lähmungen. *München 1898: M. Ernst.* (27 S.) 8°
München, Med. Diss. v. 1898

Bethune, Bⁿ de Rosny, Duc de Sully, Maximilien de s. Sully. [11. 1906]

v. Bethusy — d'Huc, Graf E., s. Betrachtt. über d. Blasenzins.

Bethusy-Huc, Graf, offener Brief an meine Wähler. gr. 8. (15 S.) Creuzburg 867, Thielmann's Buchh.

Bethusy-Huc, Astrid Gräfin: Was ich in meiner Kinderstube erlebte u. träumte. (71) kl8° Münch., Allg. Verl.-Gesellsch. '12. 1 —; geb. 1.80 d

Bethusy-Huc, Eduard Graf. Die städtischen Rechte mit Bezug auf Polizei und Kreis. Berlin, R. Wagner 1860. 60 S. 8.

Bethusy-Huc, Max Graf, Jenseits des Alltags. Gedichte. (93 S.) gr. 8. Heidelberg 904. C. Winter, Verl. n. 1. 20; geb. in Leinw. n. 2. —

Bethusy-Huc, Gräfin Valeska, s. a. Reichenbach, Moritz von.

Bethusy-Huc, Valeska Gräfin
Alte und Junge. Roman.
Dresden, Leipzig: Reißner 1895. 284 S. 8°

[F.] Amor in Perrücke. Rococo-Geschichten v. Moritz v. Reichenbach [d. i. Gräfin **Valeska Bethusy-Huc**]. *Berlin: R. Eckstein Nachf. [1896].* (161 S.) 1 Bd 8.
— Reisebibliothek, Ecksteins. No 161. [97. 4838]

Die Ballnacht von Roditz. Roman von Moritz v. Reichenbach ⟨Valeska Gräfin **Bethusy-Huc**⟩. Berlin: E. Trewendt 1904. (222 S.) 8° [F.] [05. 3336]

— Aus den Chroniken schlesischer Städte. Mit Buchschmuck v. Rich. Knötel. (IV, 180 S.) 8. Kattowitz 910. Gebr. Böhm. Geb. in Leinw. 3. 50

— Die Czarolskys, s.: Hesse's, Max, Volksbücherei 508.9.

Zwischen den Dünen. Novelle v. Moritz v. Reichenbach [d. i. Valeska Bethusy-Huc]. Ill. v. Willy Werner. 1.—3. Taus. *Berlin: R. Eckstein [1897].* (120 S.) 1 Bd 8.

Der schöne Erwin. Roman von Moritz v. Reichenbach [d. i. Valeska Gräfin Bethusy-Huc]. Dresden & Leipzig: Reissner 1899. 281 S. 8°

[F.] Frau Eva. Luttka. Zwei Novellen v. Moritz v. Reichenbach [d. i. Gräfin Valesca Bethusy-Huc]. *Berlin: R. Eckstein Nf. [1898].* (128 S.) 1 Bd 8.
— Reisebibliothek, Ecksteins. No 178.

[F.] Gnädige Frau. (An der Grenze. Mohrenwäsche.) Novellen v. Moritz v. Reichenbach (d. i. Valeska Gräfin Bethusy-Huc). M. 25 Ill. v. R. A. Jaumann. *Berlin, Eisenach, Leipzig: A. Hillger [1897].* (118 S.) 1 Bd 8.
— Bücherschatz, Kürschners. No 6.

— Seine Frau. Roman. 2.Afl. (200) Asch, C Schneider ('11). 1.80; geb. 2.50 d

Frauen. Roman von Valeska Gräfin Bethusy-Huc. (Moritz v. Reichenbach.) Bd 1—3. *Dresden & Leipzig: C. Reissner 1894.* 3 Bde 8° [F.]

— Die Freier d. Witwe, s: Hesse's Volksbücherei 542.

Die Freier der Wittwe. Erzählg v. Moritz v. Reichenbach [d. i. Valeska Bethusy-Huc]. Ill. v. E. Zimmer. *Berlin: R. Eckstein Nachf. [1895].* (209 S.) 1 Bd 8.

— Oberschles. Geschichten. (240) 8° Berl., A Schall (03). 3 —; geb. 4 — d

Oberschlesische Geschichten von Valeska Gräfin Bethusy-Huc (Moritz v. Reichenbach). *Berlin: A. Schall [1904].* (240 S.) 8° [F.]
— Verein d. Bücherfreunde. [Jg. 13, 2.]

Glückimwald. Roman von V[aleska] Gräfin Bethusy-Huc. (Moritz v. Reichenbach.) Dresden & Leipzig: Pierson 1899. 312 S. 8°

— Glückimwald. Jetzt: Berl., Verl. Berlin-Wien. 96/00

— Glückimwald. Roman. 2.Afl. (244) 8° Kattow., Gebr. Böhm '13. 4 —; geb. 5 — d

— Glückskinder, s.: Kürschner's Bücherschatz 684.85.

— Glückskinder, s.: Veröffentlichungen d. Ver. d. Bücherfreunde.

[F.] Glückskinder. Roman v. Valeska Gräfin Bethusy-Huc (Moritz v. Reichenbach). 8.—10. Taus. *Berlin: Ver. d. Bücherfr. [1897].* (2 Bl., 294 S.) 1 Bd 8.
— Verein d. Bücherfreunde. Jg. VI. [No] 6.

Glückskinder. Roman von Valeska Gräfin Bethusy-Huc (Moritz v. Reichenbach). 2. Aufl. (In 4 Lfgen.) Berlin: A. Schall [1902]. (234 S.) 8° [F.]
— Romane, Deutsche. [6.]

— Glückskinder. Roman. 2. [Titel-]Aufl. (224 S.) 8. Berlin [897] (903). A. Schall. n. 3. —; geb. n. 4. —

Hans der Pole. Roman von Valeska Gräfin Bethusy-Huc (Moritz v. Reichenbach). 3. Aufl. Berlin: A. Schall [1907]. (434 S.) 8° [F.]
— [Verein d. Bücherfreunde. Jg. 16, 3.]

Nach stillen Inseln. Roman von Moritz v. Reichenbach (Valeska Gräfin Bethusy-Huc). *Berlin: O. Janke (1903).* (229 S.) 8° [F.]

[F.] Josefa. Roman v. Moritz v. Reichenbach [d. i. Gräfin Valesca Bethusy-Huc]. M. Ill. v. M. Ränike. *Berlin, Eisenach, Leipzig: H. Hillger [1898].* (128 S.) 1 Bd 8.
— Bücherschatz, Kürschners. No 101.

Maud. Geschichte e. Ehe von Valeska Gräfin Bethusy-Huc (Moritz v. Reichenbach). *Berlin: A. Schall [1901].* (231 S.) 8° [F.]
— [Verein d. Bücherfreunde. 10, 1.]

— Mein Oberschlesien. Skizzen u. Geschichten. (5, 207 m. Abb. u. Bildn.) 8° Ebd. '12. 3.50; L 4 — d

Der Platz an der Sonne. Roman von Valeska Gräfin Bethusy-Huc (Moritz v. Reichenbach). Berlin-Charlottenburg: Vita (1910). 337 S. 8°

Die Prinzessin. Roman von Moritz v. Reichenbach [d. i. Gräfin Valeska Bethusy-Huc]. Bd 1. 2. *Leipzig: C. Reissner 1892.* 2 Bde 8° [F.]

Sie liebten sich. Mit Blut verschrieben. Wilma. Von Moritz v. Reichenbach [d. i. Valeska Gräfin Bethusy-Huc]. Mit Ill. von A. v. Schrötter. *Berlin, Eisenach, Leipzig: H. Hillger [1901].* (127 S.) 8° [F.]
— Bücherschatz, Kürschners. No 272.

— Sühnopfer. E. Land- u. Waldgeschichte. 12. (220 S.) Dresden 897. E. Reissner. n. 3. —; geb. n. 4. —

Wanderndes Volk. Ein schlesischer Adelsroman von Moritz v. Reichenbach (Valeska Gräfin Bethusy-Huc). *Breslau & Berlin: E. Trewendt 1903.* (274 S.) 8° [F.]
(Trewendt's Zweimarkbibliothek.)

[F.] Monsieur Xaver. E. altmodische Liebesgeschichte v. Moritz v. Reichenbach [d. i. Gräfin Valeska Bethusy-Huc]. *Berlin: A. Goldschmidt 1895.* (1 Bl., 106 S.) 1 Bd 8.
— Bibliothek, Goldschmidts, f. Haus u. Reise. Bd 36.

Betinelli, üb. d. Enthusiasm. d. schönen Künste a. d. Ital. 5 Thle. 8. Typogr. 778.

Betinelli, Vom Werth des Enthusiasmus. Geschichte seiner Wirkungen in der Philosophie, in den Wissenschaften u. in d. Regierungskunst. Herausgeg. v. Prof. *Werthes.* Neue Ausg. 517 S. Lpz. 1794. 8°.

Betke: Das Acetylen u. s. techn. Verwendg, s.: Hilliger.

Betke (Resp.): De daemoniacis quorum in evangeliis sit mentio, s. Semler, Jo. Sal. (Praes.)

Betke, C., De Hesiodi „Operum et Dierum" fine, compositione et dictionis proprietate in comparationem vocatis Homericis ceterisque Hesiodeis carminibus. p. I. Diss. 1872. 66 S. 2.—

Betke, G., curiöser Harzwald. 4. 744.

Betke, Karl Matthias Claudius als Lyriker. 28 S. *Rheine* 1878. Progr.

Betke, Karl [Dr.]: Der hebräische Unterricht auf dem Gymnasium. Erster Teil: Berechtigung des Unterrichts und Methode desselben auf der unteren Stufe. Rheine, Druck v. J. Altmeppen, 18?0; S. 3—24; 4°
Rheine, G Dionysianum, P 1800 (864)

Betke, Mart. (geb. [Wilsnack] 7. 2. 1837): De diabete mellito. Berolini (1861). (32 S.) 8°
Berlin, Med. Diss. v. 9. Aug. 1861

Betke, Richard, aus Lindow i. d. M.: Ueber Tuberkulose der Hornhaut. *Forst i. L. (1902): E. Hoene.* (34 S.) 8°
Berlin, Med. Diss. v. 5. Apr. 1902

Betkowska, Elise, der kleine Briefsteller für Kinder. 16. (42 S.) Bromberg 870, Aronsohn. [Posen, Jolowicz.]

Betkowska, Elise, Mutterliebe. Geschichtchen für artige Kinder oder solche die gern artig werden wollen. Mit 9 (lith.) color. Bildern von Hosemann. Berlin 861. Winckelmann & Söhne. 16. (IV, 212 S.) 17½ ngr.

Betkunst, Die rechte, die höchst nöthige . . . Anweisung wie man gottgefällig . . . beten solle . . . Pappenheim 1762. H: *Lang, Frz Chph Ludw. von.* (ML)

Betlen, s. Bethlen

Betlheim, Isolde, aus Kopreinitz (Kroatien): Aus dem Kinder-Spital Zürich. Über Dystrophia musculorum progressiva et Pseudohypertrophia bei Kindern. Zürich 1907. 41 S. 8°. [30. VII. 07.]
Zürich. Med. Diss. 1906/1907.

Betlheim, Isolde. Über Dystrophia musculorum progressiva et Pseudohypertrophia bei Kindern. Diss. Med. Univ. Zürich. *Kopftitel:* Aus dem Kinder-Spital Zürich. 41 S. 8. Zürich-Selnau, Gebr. Leemann & Co., 1907.

Beton, armierter. Monatsschrift f. Theorie u. Praxis d. ges. Betonbaues. Hrsg. v. E Probst u. M Foerster. 1. u. 2. J. '08 u. 9 je 12 Hefte. (812 u. 540 m. Abb.) Lex8° Berl., J Springer. Je 10 —

Beton, Armierter. Monatsschr. f. Theorie u. Praxis d. gesamten Betonbaues. Hrsg. v. E Probst u. M Foerster. 3—5. J. '10—12 je 12 Hefte. (1. Heft: 40 m. Abb.) Lex8° Berl., J Springer. je 10 —; seit '11 je 14 —: einz. Hefte 1.40

Beton und Eisen. Internationales Organ für armierten Beton. 2. Jahrg. 1903. 4°. erscheint in 4—5 Heften. kompl. K 22.— Wien: Hölder 1903

Beton & Eisen. Internationales Organ für armierten Beton. Hrsg.: Fritz v. Emperger. (Umschlag: Neuere Bauweisen u. Bauwerke aus Beton & Eisen.) 3. Jahrg. 6 Hefte. (à ca. 50 S. m. Abbildgn. u. Taf.) gr. 4. Wien [Verlag „Beton u. Eisen"]. Berlin, W. Ernst & Sohn. n. 21. —

— — dasselbe. Beton et fer. Concrete and steel. Internationales Organ für Betonbau (u. neuere Bauweisen u. Bauwerke). Hrsg. u. Schriftleitg.: Fritz v. Emperger. 4. u. 5. Jahrg. 1905 u. 1906. à 12 Hefte. (à ca. 24 S. m. Abbildgn. u. Taf.) 4. Berlin, W. Ernst & Sohn. à Jhrg. n. 16. —
Vergl.: Bauweisen u. Bauwerke, neuere, s. Beton u. Eisen.

— u. Eisen. Beton et fer. Concrete and steel. Internationales Organ f. Betonbau (neuere Bauweisen u. Bauwerke.) Hrsg. u. Schriftleitg.: Fritz v. Emperger, f. Deutschland: A. Laskus. 6. Jhrg. 1907. 12 Hefte u. 7.—9. Jhrg. 1908—1910. à 16 Hefte. (VIII, 828; VIII, 412; VIII, 400 u. VIII, 412 S. m. Abb. u. 20, 27, 21 u. 21 Taf.) 34,5×26,5 cm. Berlin, W. Ernst & Sohn. à Jhrg. 16. —

— u. Eisen. Beton et fer. Concrete and steel. Internat. Organ f. Betonbau (neuere Bauweisen u. Bauwerke). Hrsg. u. Schriftleitg: Fritz v. Emperger u. A Laskus. 9—11. J. '10—12 (je) 16, v. '11 an je 20 Hefte. (1. Heft: 32 u. 20 m. Abb. u. 2 Taf.) 34,5×26,5 cm. Berl., W Ernst & S. viertelj. 4 —; einz. Hefte 1.50

— dass. 11. J. '12. 1. Ergänzgsheft. (30 m. Abb.) 34,5×26,5 cm. Ebd. 1.50

— umschnürter (béton fretté). Seine Theorie u. Anwendg. im Bauwesen. Hrsg. v. Wayss & Freytag A. G., Neustadt a. d. Haardt. (55 S. m. Abbildgn.) Lex. 8. Stuttgart 910. K. Wittwer. 2.—; geb. in Leinw. 2.80

Betonbrücke über die Donau bei Munderkingen. Herausgegeben von der Kgl. Ministerial-Abteilung für Strassen- und Wasserbau. (11 S 5 T) 4° Stuttgart 1893

Beton- u. Eisenbetondecken in landwirtschaftl. Ställen. (Deut. Beton-Verein E.V.) (35 m. Abb.) 8° Berl., W Ernst & S. '12. 1 —

Beton-Eisen-Brücken n. Bauweise „Melan". (27 m. Abb.) 8° Prag, (JG Calve) '04. nn 1.80

Betonjeff, Sascha: Das Opfer d. armen Werra, s: Bibliothek Wolf.

Beton-Kalender. Taschenbuch für den Beton- und Eisenbetonbau sowie verwandte Fächer. Jg. 1—3 (1906—1908). Berlin, 1905—1907.

Beton-Kalender ... Taschenbuch f. d. Beton- u. Eisenbetonbau, sowie verwandte Fächer. Unter Mitw. hervorrag. Fachmänner hrsg. von d. Zeitschrift 'Beton u. Eisen'. Jg. 1. (1906.) 6. u. 7. Taus. Berlin: W. Ernst & Sohn 1905. 8°

Beton-Kalender 1907. Taschenbuch f. den Beton- u. Eisenbetonbau sowie die verwandten Fächer. Unter Mitwirkg. hervorrag. Fachmänner hrsg. v. der Zeitschrift „Beton u. Eisen". II. Jahrg. 2 Tle. Mit über 850 in den Text eingedr. Abbildgn. u. 1 Taf. (VIII, 296 u. 426 S.) kl. 8. Berlin, W. Ernst & Sohn. Geb. in Leinw. u. geh. n. 4. —

Beton-Kalender 1910. Taschenbuch f. Beton- u. Eisenbetonbau sowie die verwandten Fächer. Unter Mitwirkg. hervorrag. Fachmänner hrsg. v. der Zeitschrift „Beton u. Eisen". 5. Jhrg. 2 Tle. (VIII, 349 u. VIII, 491 S. m. 1107 Abbildgn.) kl. 8. Ebd. Geb. in Leinw. u. geh. 4. —

Beton-Kalender '13. Taschenb. f. Beton- u. Eisenbetonbau sowie d. verw. Fächer. Hrsg. v. d. Zeitschr. „Beton u. Eisen". 8. J. 2 Tle. (8, 388 u. 8, 404 m. Abb.) kl8° Berl., W Ernst & S. L u. geh. 4 —

Beton-Taschenbuch. [1.] 1906. Berlin: Tonindustrie-Zeitung 1906. 8° [Ant. u. J.]

Beton-Taschenbuch 1907. 2 Tle. (X S., Schreibkalend., 144 u. 149 S. m. Abbildgn.) kl 8. Berlin, Tonindustrie-Zeitg. Geb. in Leinw. u. geh. n. 2. - -

Beton-Taschenbuch '09. 3 Tle. (15, Schreibkldr; 171 u. 248 m. Abb.) kl8° Berl., Tonindustrie-Zeitg. L u. geh. 2 —

Beton-Taschenbuch 1910. 2 Tle. (XV S., Schreibkalender; IV, 225 S. m. Abb.) kl. 8. Berlin-Tonindustrie-Zeitg. Geb. in Leinw. u. geh. 2. —

Beton-Taschenbuch '13. 2 Tle. (11 S., Schreibkaldr u. 310 m. Abb.) kl8° Berl., Tonindustrie-Zeitg. L u. geh. 2 —

Beton-Zeitung. Illustr. Fachbl. f. d. Beton-, Kunststein- u. Zement-Industrie. Red.: W Panecke. 1. J. Febr.—Dezbr '07. 23 Nrn. (452) 31×24 cm. Halle, Beton-Zeitg. ‖ 2. J. '08. 33 Nrn. (800) ‖ 3. J. '09. Hrsg. v. Carl Weber. Verantwortlich: Karl Heindle. 52 Nrn. (1020) Viertelj. 2.75

Beton-Zeitung. Illustr. Fachbl. f. d. Beton-, Kunststein- u. Zement-Industrie. Verantwortl.: Hans Gabler. 4. u. 5. J. '10 u. '11 je 52 Nrn. ('11, Nr 1: 18) 31×24 cm. Halle, Beton-zeitg. viertelj. 2.75; einz. Nrn — 30

— Illustr. Fachbl. f. d. gesamte Beton-, Kunststein-, Zement-, Kalk-, Gips- u. Steinindustrie u. d. Industriemaschinenfabrikation. Verantwortl.: Hans Gabler. 6. J. 1—3. Viertelj. '12. 39 Nrn. (Nr 1: 16) 30,5×23,5 cm. Ebd. viertelj. 2.75; einz. Nrn — 50 δF

Bet- u. Bußpredigt beim Eingange des Jubiläums. 8. Augsburg 795. Rieger. 1/12 ₰

Betrachtung s.a. Betrachtung/Betrachtungen

Betrachtung, Ausführliche, über die gröbere Scheidemünze, ... Frankfurt u. Leipzig 1755. V: *Richter, Christoph Gottlieb.* (BrMm) (Ky)

Betrachtung über die Berliner Beantwortung der königl. Preuss. Association ... Wien 1786. V: *Pacassi, Johann Frh. von.* (MGT)

Betrachtung über des Deutschen Reichs-Staats besondere Beschaffenheit bey Kaysers Carls des VI. Ableben, den gesammten Reichs-Ständen zu weiterer Prüfung geziemend übergeben. Verf. im Nov. 1740. o.O. 1741.

Betrachtung, Bescheidene, des Sterns der Weisen ... O. O. u. J. V: *Marqvard, Conrad Theophilus.* (Dunkel, Hist.-Crit. Nachrichten v. verstorb. Gelehrten. Dessau u. Cöthen 1753—56. 2, S. 213.)

Betrachtung über die Bestimmung des Menschen ... Greifswalde und Stralsund 1748. V: *Spalding, Johann Joachim.* (BrMm) (Neuest. Gel. Berlin 2, 176).

Ein CHRISTENLICHE Betrachtung der Meß, nach dem, und wie Christus der Herr in seynem letzten Nachtmahl auffgesetzt, synem yeden Christen gaystlich zu nemen, fast nützlich. o. O. o. J. o. Dr. (14 Bl.) - 4°

Betrachtung, christl., v. e. hohen Standesperson; aus d. Französ. 8. Frankf. a. M. 782. (Eichenberg). 4 gr

Betrachtung, Eigene, über die allgemeinen Grundsätze der Sittenlehre, ... Breslau 1798. V: *Garve, Christian.* (JL)

Betrachtung über den fruchtbaren Einfluß der Bemühungen der Deutschen Gesellschaften in das Deutsche Staatsrecht ... O. O. 1761. V: *Tröltsch, Joh. Frdr. Freiherr von.* (Bibliotheca Norica Williana. Altdorf 1772—78. II, 2, 214.)

Betrachtung über die neuesten kirchlichen Ereignisse aus dem Standpunkte des Rechts und der Politik. Von einem rechtsgelehrten Staatsmanne. Mainz 1845. V: *Linde, Justus Timotheus Balthasar Freiherr von.*

Betrachtung der neuesten kirchlichen Ereignisse aus dem Standpunkte des Rechts u. der Politik. Von einem rechtsgelehrten Staatsmann. gr. 8. Mainz 845, Kupferberg. 3/8 rf

Betrachtung des neuen Finanzwerkes. Aus dem Französ. Hamburg 1720.

Betrachtung. Flüchtige B', welche das Landvolk zur Annahme des helvetischen Verfassungs-Entwurfs vom 27 Hornung 1802. bewegen soll. 8. *o. O.*

Betrachtung über die Frage: Kann man das Römische, ... Recht, auf wenig einfache ... Regeln bringen? Frankfurt u. Leipzig 1777. V: *Springer, Joh. Chph Erich von.* (ML) »der Frage« (Stri) »1778« (Ky)

Betrachtung, Freimüthige, über den gegenwärtigen Zustand in Polen ... Hamburg 1770. V: *Kaulfuss, Johann Georg.* (Ky) (MGT)

Betrachtung, Eine geistliche, der Finsternüß ... Bresl. 1715. V: *Broestedt, Johann Sigismund.* (Kat. d. Druckschr. üb. Breslau. Breslau 1903. S. 11.)

Betrachtung bey Gelegenheit des Kometen. [Leipzig 1742.] V: *Kästner, Abraham Gotthelf.* (ML)

Betrachtung über das weibliche Geschlecht und dessen Ausbildung in dem gesellschaftlichen Leben. Hannover 1802. V: *Brandes, G. F.* (ErschDL)

Betrachtung üb. die Gnade Gottes, in der kathol. Kirche zu leben u. zu sterben. 16. (4 S.) Villingen 852, Förderer. 1/3 Ngl.

Betrachtung, Gottholds Christliche, Was ein jeder Mensch zu thun habe Bey entsezlichen Missethaten, gerichtet auf ... Elisabetha Bluntschli. [Zürich] 1730. V: *Ziegler, Johann Rudolph.* (ClZür Forts. III)

Betrachtung, Gründliche, über M. Joh. Haeufflers aufrichtige Unterredung. O. O. 1703. V: *Siegvolck, Gg Paul.* (Myl)

Das Böse: **Betrachtung** über die Hindernisse der Tugend. In einer zum Andenken der Stiftung des E. Freymåurer-Ordens am 5. Julii 1771 gehaltenen feyerlichen Versammlung vorgetragen von dem Redner des Ordens. Berlin [1771]: Decker. 24 S. 8°

cf. Frmr-Bibliothek. 2 (1782) S. 148.

Kl. 892. Selten. Verf. sieht Erziehung, Gesellschaften, Müssiggang, Geschäfte u. Lieblingsleidenschaften als Feinde der Tugend an.

Betrachtung, Historisch- und Rechtliche, des Recurses von denen höchsten Reichs-Gerichten an den Reichs-Convent. Frankfurth 1750. V: *Moser, Joh. Jacob.* (EB)

Betrachtung, Historische, des Holsteinischen Wappens. Kiel 1778. V: *Christiani, Wilh. Ernst.* (Collin, Anonymer. Kiobenh. 1869.)

—histor.-polit., der Innungen u. deren zweckmäß. Einrichtung, (v. J. H. Firnhaber). gr. 8. Hannov. 782. Helwing. 18 gr

Betrachtung, Höchst nöthig erfundene, was von ... der menschlichen Gelehrtheit und von denen ... Bemühungen der Gelehrten, nach vernünftiger und christlicher Bescheidenheit zu halten; ... Frankfurt 1716. [1746.] V: *Lange, Johann Christian.*

—über die franz. sogenannte Julius-Revolution vom J. 1830; nebst Gedanken e. Cosmopoliten beim Anblick der Napoleons-Säule auf dem Vendome-Platz in Paris. Von M. sl. r. Mit 2 lithogr. Abbildd. gr. 8. Altona 839. Hammerich. 1/3 rf

Betrachtung in der Kirche und zur häuslichen Gottes-Verehrung über die Freiheit des Menschen. Tractätlein Nr. 39. (Preis: 3 Silberkreuzer.) 8. (16 S.) Eger, beim Herausgeber Gotthilf Liebreich. Druck bei M. J. Landau in Prag. 1854.

Betrachtung in der Kirche und zur häuslichen Gottes-Verehrung über die Gemüthsruhe eines wahren Christen im Gewitter. Traktätlein Nr. 4. 8. (16 pag.) Eger. Beim Herausgeber, Gotthilf Liebreich. Buchdruckerei von M. J. Landau in Prag. 1853.

Betrachtung in der Kirche und zur häuslichen Gottes-Verehrung über die Unsterblichkeit. Traktätlein Nr. 5. (20 S.) Eger, 1853. Gotthilf Liebreich.

Betrachtung von der Klugheit eines Predigers . . . über Ezech. 34,17. Lauban 1752. V: *Gregorius, Immanuel Friedrich.* (ML)

Betrachtung über den jetzigen Krieg, und die Ursachen seiner falschen Beurtheilung . . . [Berlin] 1794. V: *Knesebeck, Carl Friedrich v. d.* (BrMm)

KURZE Betrachtung der Bewegungsgründe des einzigen wahren seligmachenden katholischen Glaubens und der christlichen Wahrheiten, sammt einer kurzen Lebensregel. Ofen 1799. Gedr. bey Kath. Landererin. (40 S.) - 170 mm

* Kurze Betrachtung der Frage, wie sind jedesmal und in jedem vorgegebenen Falle die Kräfte zu bestimmen und durch Hülfe der Geometrie und Mechanic festzusetzen, welche einen festen Körper von irgend einer gegebenen Gestalt und Schwere in Bewegung setzen. Lübeck. 8. 22 S. (m. 6 Figuren in der Mitte des Textes). 1733.

Betrachtung, Kurze und in dem Worte Gottes gegründete, über die Kraft des göttlichen Worts, . . . Frankfurt und Leipzig 1757. V: *Götten, Gabriel Wilhelm.* (ML)

Betrachtung, Kurze, der Geschichte von der Geburt Jesu . . . O. O. 1748. V: *Lork, Josias.* (Adel)

Eine kurze Betrachtung über das Dänische Königsgesetz. Ein Beitrag zur Kenntnis der Zustände in Schleswig-Holstein (v. Friedrich Hedde). Kiel. 1846. 8°.

Betrachtung, Kurze, über die Lehnserbfolge der Seitenverwandten des letzten Besitzers, . . . Erlangen 1791. V: *Füsslein, Johann Friedrich.* (Ky) (MGT)

— über d. Lehnserbfolge d. Seitenverwandten des letzten Besitzers, welche mit ihm vom ersten Erwerbe nicht abstammen ꝛc., (v. J. Füßlein). 8. Erlang. 791. (Heyder). 2 K

Betrachtung der christlichen Lehre, wie sie Luther im Kleinen Katechismus darstellt . . . Königsberg 1817. V: *Hagenauer, G. Andreas.* (MGT) (AarF)

Betrachtung der Lehre, des Wandels, des Leidens . . . Jesu. O. O. [1783]. V: *Müller, Franciscus.* (Cat. der Stadtbibl. Zürich. Zürich 1864—97.)

(U.-Titel:) Betrachtung . des bittern Leidens Christi ; für Dienstboten. (· *Schutzengelbrief*, 137).
Kol.: Druck und Verlag der Buchhandlung L. Auer in Donauwörth.
o. J. (um 1890), 8 S., 124 × 84.
Diöz.-B. Rottenburg.
Es handelt sich um das Thema der Geistlichen Hausmagd.

— des Leidens Christi nach Anleitung einer büßenden Seele. Von einem kathol. Geistlichen. Mit 15 Stations-Abbild. 8. Landshut 845. (Thomann.) 1/8 ß

Betrachtung des Leidens Christi, nach Anleitung einer büßenden Seele. Von e. kathol. Geistlichen. Mit 15 (eingedr.) Abbild. gr. 12. Straubing 846. (Schorner.) 1/6 ß

—— des heiligsten Leidens unsers Herrn Jesu Christi auf alle Tage des Monats nebst äußerlichen und innerlichen frommen Uebungen. 8. (4 S.) Villingen 852, Förderer.

— des Leidens Jesu Christi, nebst vielen Gebeten. 24. Grätz, Miller. 4 K

Betrachtung einiger Mittel wider den Aberglauben. [Altdorf 1757.] V: *Löhe, Johann Conrad.* (will)

— eine, üb. die Napoleons-Verehrung, od. e. Parallele zwischen Napoleon Bonaparte und Friedrich d. Gr. 8. Berlin 846, Weinholz. 1/6 ß

Betrachtung ein. russ. Patrioten üb. d. unglaublich schnellen Fortschritte d. Zerstörungssystems d. franz. Regierung. 8. Braunschw. Pluchart. 813.

Betrachtung, Philosophische, über Theologie und Religion überhaupt und über die jüdische insonderheit. Frankf. u. Leipz. 1784. V: *Schulz, Johann Heinrich.* (Ky) (MGT)

Betrachtung, philosophische, e. lebenserfahrenen Urgroßvaters üb. die Fragen: Wird die Menschheit glücklicher? Wer u. was befördert Menschenglück am meisten? gr. 8. (34 S.) Leipzig 892. M. Spohr. n. — 50

Betrachtung, Physiko-theologische, über die Ameisen, . . . Nürnb. 1773. V: *Bach, Johann Michael.* (MGT)

Betrachtung über die Rechenkunst der teutschen Beamten u. Einnehmer, . . . Nürnberg 1779. V: *Springer, Johann Christoph Erich von.* (Ky) (Stri)

Rechtsgegründete Betrachtung der in der Schaumbergischen Successions-Sache an Herz. Anton Ulrich zu Sachsen-Coburg und Meiningen ergriffenen Possession in dasige Reichs- und Mannlehne etc. 1730.

Betrachtung --- Eines // Redlichen Ph. MeD. ac Theo. St. // Betrachtung // des // Menschen /// nach Geist / Seel und Leib // Und zwar // Nach dessen unterschiedenen Tempe- // ramenten / Neigungen / Passionen / Erziehung // Kinder= Zucht / bürgerlichen Societat / Hauß= Lehr= Nehr= // und Wehr=Stand; dem Decoro, Religion, // Gesundheit / Kranckheit und Tod. // Mit verschiedenen Theosophische= Moral-Poli- //tische= und Medicinischen Anmerckungen // Reflexionen /// Maximen; auch zur Erhaltung der Gesundheit und Cure der // Kranckheiten dienenden Medicinen; dabey gezeiget / wie ein // jeder sein bester Artzt seyn könne; und daß eine Universal- //Medicin seye / gründlich behauptet wird. // Denen Kindern der Weisheit zur An= // leitung und Unterricht; denen Männern // aber zur Prüfung übergeben. // Est profecto Dei donum, agnoscere quod vitiosum // est, et mentem ad meliora convertere. Comi- // naeus in histor. Ludov. XI. // Gedruckt auf Kosten des Autoris, und zu finden in // Franckfurt und Amsterdam. 1726. - 9 Blatt (nicht paginiert) Titelkupfer, Titelblatt, Widmung u.s.w., Vorrede. - 22o S.
B. S. T. 8°.63

Betrachtung über Polens Regierungsform . . . [Hannover 1771.] V: *Heise, Joh. Chph Frdr.* (Rotermund, Gel. Hannover. Bremen 1823.)

Betrachtung, Eine religiöse, theils wissenschaftlichen theils ascetischen Inhalts. Wien 1886. V: *Mayer, Joh. Nep. Eman.* (EB)

Betrachtung, Schrift- und vernunftmässige, der allerheiligsten Lehre von der Genugthuung Christi, ... Görlitz 1743. V: *Walpurger, Johann Gottlieb.* (ML)

Betrachtung, Sternliebs erste, des Cometen, ... Danzig 1742. V: *Hanov, Michael Christoph.* (ML)

Betrachtung, Theologische, von den Absichten Gottes bey der Verfluchung der Erde über I. Mos. 3, 15—19. Nürnberg 1773. V: *Bach, Joh. Michael.* (MGT)

Betrachtung über den Tod Ihro Majestät Maria Theresia ... Pressb. 1780. V: *Windisch, Carl Gottlieb von.* (GGr) (Pk)

Betrachtung, Unpartheyische, der freymüthigen Gedanken über die Entvölkerung unserer Vaterstadt [von Isaak Iselin]. O. O. [1757.] V: *Iselin, Johann Rudolph.* (ML)

Betrachtung über die Unzulänglichkeit des 14. Artikels der Deutschen Bundesakte ... Heidelberg 1833. V: *Löwenstein-Werthheim, Constantin Prinz zu.* (EngJ)

Betrachtung über die Unzulänglichkeit des 14. Artikels der deutschen Bundesakte zur Befriedig. der mediatisirten Reichsstände, die daraus hervorgegangenen und dermalen noch bestehenden gerechten Ansprüche dieser an den deutschen Bund, und die Art und Weise, solche ohne Störung der bestehenden Verhältnisse durch Vergleich zu beseitigen. gr. 8. Heidelberg 833. (Oßwald.) 1/3 ℔

Betrachtung, Vernunftmässige, der übernatürlichen Begebenheiten. Amsterdam [Berlin] 1743. N. A. Haag 1743. V: *Gebhardi, Carl August.* (Wr) (ADB)

Betrachtung einiger Verschiedenheiten in den Werken der ältesten und neuern Schriften insbesondere der Dichter. [Leipzig 1770.] V: *Garve, Christian.* (ML)

Betrachtung über die mislungene Vertheidigung der Maasnehmungen protestantischer Stände in Betreff der Reichsgräflichen Deputations-Befugnis. O.O. 1776. V: *Hertwig, Carl Casp. v.* (Holz)

VIERZEHNTE **Betrachtung**, was sich bei dem Grabe der allerseligsten Jungfrau und Mutter Gottes Mariä zugetragen. Pressburg 1858. Druck v. Alois Schreiber. 4 S. - 8°

Betrachtung über die Vortheile derjenigen, die von Jugend auf Gott fürchten, ... Hamburg 1772. V: *Folger, Daniel Emanuel.* (MGT)

Betrachtung, wie das tägliche Leben ein Gottesdienst sein soll ... Zürich [1861]. V: *Freitag, Hs Hnr.* (Cat. d. Stadtbibl. Zürich. Zürich 1864—97.)

Betrachtung, wissenschaftliche, des Menschen, der Theologie, der Religion, des Christenthums, der religiösen und theologischen Entwickelung u. des höheren Religions-Unterrichts in ihrer wechselseitigen Beziehung. Aus dem „Dageraad" einer niederländischen Zeitschrift zur Verbreitung d. Wahrheit u. Aufklärung etc. übertr. von J. Leutbecher. Amsterdam 857. (Leipzig, Thomas.) 8. (3 Bl., 112 S.) n. 20 ngr

Betrachtung über die wahre Würde eines ... Lehrers der Rechte ... Zum Ehrengedächtnis weil. Georg Heinr. Ayrers, ... Kiel, Riga u. Leipz. 1779. V: *Springer, Johann Christoph Erich von.* (ML) (stri)

Betrachtung Von der wahren Würde eines hohen Schullehrers der Rechte in Teutschland, zum Ehren-Gedächtnis ... Georg Heinrich Ayrers ... Kiel 1779. V: *Springer, Joh. Chph Erich.* (Erman & Horn, Bibliogr. d. dtsch. Universitäten. 1. Leipz. u. Berl. 1904. S. 203.)

Betrachtung von dem mittlern Zustand der Seelen ... [A. d. Lat.] Amsterdam [Leipzig] 1703. N. A. 1725. V: *White, Th.* Ü: *Arnold, Gottfried.* (Myl) (Wr)

Betrachtung/Betrachtungen s.a. Betrachtung

Betrachtung/Betrachtungen s.a. Betrachtungen

Betrachtung, Betrachtungen.

— über d. Absichten d. Vorsehung u Anordnung verheerender Naturbegebenheiten. 8. Meißen 784. (Svedsche). 6 gr

— über die Französ. Besetzung d. Kurbraunschweig. Staaten. 8. Braunschw., Schulbuchh.

— üb. Deutschlands Einigung, s. J. G. R. Philalethes.

— erbaul., des Kreuzweges unsers Heilandes Jesu Christi. 8. Salzb., 2e A. 805. Mayr. 2 gr

— freimüth., vom 27. Oct. in Betreff des Finanzwesens, (v. Fr. Buchholz). 8. Berl. 810. Maßdorf. 12 gr

— christl. Gebete u. Lieder f. Sträflinge in Zucht- u. Arbeitshäusern. gr. 8. 825. (Tübing., Fues). 8 gr

— über Prof. Spittlers Geschichte v. Würtemberg. gr. 8. Stuttg. 784. Metzler. 2 gr

— des Glaubens an Gott. In Oden abgefaßt v. G. J. D. H. 8. Wien 805. Haas. 2 gr

— humoristische. 8. Berl. 805. (Braunschw.) Vieweg. 12 gr

— kurze, auf alle Tage in d. Woche, nebst d. theolog. Haupttugenden. 16. Landsh. 786. Storno. 1 gr

— über die großen Modesträußer. 8. Halle 750. Schwetschke u. S. 1 gr

— e. Philosophen, über d. vorgebl. Spaltung d. französ. Kirche. 8. Manh., Löffler. 2 gr

— philoph., über Pfaffenwunderwesen u. Teufel. 8. Rom. (Zürich) 790. Orell. 10 Gr.

— psycholog., üb. den Antichrist. 8. Germ. (Stend.) 801. Franzen u. Gr. 8 Gr.

— über d. Rekruten-Aushebung in Würtemberg. gr. 8. Stuttg. 821. Metzler. 2 Gr.

— üb. d. christl. Religion; aus d. Engl. v. G. Aug. Ebert. 8. Hannov. 777. Helwing. 5 Gr.

— über gewisse Tugenden gegen Gott, d. Nächsten u. sich selbst. 8. Münch. 781. Lentner. 3 Gr.

— über d. Wiederherstellung d. neunten Kur rc., (v. Cph. L. Pfeiffer). 8. Frankf. a. M. 791.

— über d. ungewöhnl. Witterung am 15n u. 16n Mai 1802. Von e. Verehrer d. Vorsehung u. d. Natur. 8. St. Gallen 802. Huber u. C. 1 Gr.

— über den gegenwärt. Zustand d. Rhein- u. Moselschiffahrt u. über d. Mittel, wie dieselbe in ihren ehemal. Flor zurückzubringen sei. 8. Andernach 802. Lassaulx u. H. 4 Gr.

Betrachtungen, s. a. B e t r a c h t u n g / B e t r a c h t u n g e n

Betrachtungen über das A b e n d m a h l, zur Erbauung junger Tischgenossen des Herrn. 3e verm. Aufl. .. Bern 837. Jenni Sohn. 1/12 Thlr.

Betrachtungen über Abschnitte aus dem Evangelium des Johannes. ... Hamburg 1848. V: *Gemmingen, von.* (ZU)

— über Abschnitte aus d. Evangelium des J o h a n n e s. Zur häusl. Erbauung. 12. (IV u. 120 S.) Hamburg 848, Agentur des Rauhen Hauses. 1/4 Thlr.

Betrachtungen über einzelne A b s c h n i t t e d. heil. Schrift. 8. Hamburg 823. (Perthes u. Besser.)

— über das A b s t e r b e n der Durchl. Fürstin Sophie Charlotte, Fürstin zu Isenburg. 8. Offenb. 781. Brede. 1/12 Thlr.

Betrachtungen über die A b s t i n e n z - P o l i t i k v. einem kathol. Conservativen. gr. 8. (23 S.) Prag 877. Mercy. n. — 04

Betrachtung über die Accise, benebst dem ausführlichen Vorschlage einer statt derselben einzuführenden neuen Art von Gewerbesteuern. Vide: Justi: Neue Wahrheiten, t. I, p. 627, 1754.

Betrachtungen, Allgemeine freimüthige, über die Verbindung einer fürstlichen Bedienung mit einer Reichsstädtischen Stimmführung, ... O. O. 1782. V: *Grimm, Friedrich Wernhard.* (MGT)

— allgem., üb. d. Geschichte. 8. Berl. 762. Rüdiger. 3 Gr.

— allgemeine, über die bisherige K r i e g f ü h r u n g u. nächste Operationsfrage in der Krim, vom Standpunkte der Strategie und Geschichte aus dargestellt. Ansbach 855. Junge in Comm. gr. 8. (23 S.) n. 4 Xr.

Betrachtungen, Allgemeine, über Recht, Staat und Strafe. Leipzig 1818. V: *Schaumann, L.* (Schletter, Handb. d. jurist. Litt. Grimma 1843. S. 321.)

Betrachtungen, Allgemeine, über das Weltgebäude. Aus Herrn Bode „Anleitung zur Kenntniss des gestirnten Himmels“. 8. Augsburg 1791.

— allgem., üb. d. Weltgebäude; aus Bode's Anleit. zur Kenntniß d. gestirnten Himmels. 8. Augsb. 792. Rieger. 8 Gr.

Betrachtungen, Allgemeine, über Wohlwollen, Sympathie und Freundschaft; ... Leipzig 1784. V: *Hungar, Carl Ferdinand.* (MGT)

— über das allerheiligste A l t a r s - S a k r a m e n t. Aus dem Franz. übers. v. C. B. 16. (262 S.) Paderborn 879. Junfermann. n. — 80

Betrachtungen über das Alte im Tode. Halle 1757. V: *Kleiner, Gottl. Vertraugott.* (Baumgarten, Nachrichten v. merkw. Büchern. Halle 1752—57. 11, 542.)

— üb. d. hohenpriesterl. Amt Jesu. 8. Freiberg 783. (Craz u. G.) 4 Gr.

F. R. O. S. J. D. Betrachtungen bey dem Amte der heil. Messe nebst dem Kirchengebeth für unsern allergnädigsten Landes-Monarchen so in der Ordenskirche der W. W. E. E. Barmherzigen Brüder alle Sonntage um 8 Uhr musikalisch abgehalten und abgesungen wird. Zur grösserer Ehre Gottes verfasset von F. R. O. S. J. D. Pesth 1796. Gedr. mit Trattner'schen Schriften. 24 S. - 12°
- Dass. Preßburg 1796: Fr. Aug. Patzko. 24 S. - 12°

— eines Anbetenden, v. d. Verfass. d. Gemälde d. Tugend (Chr. Gf. Aßmann.) 8. Dresd. 776. Hilscher. 6 Gr.

— und Gebete, a n d ä c h t i g e, an den in mehreren Orten üblichen sogenannten drei goldenen Samstagen. Zur zweckmäß. Begehung derselben in 2 Abthl. bearbeitet. Mit Titelkpfr. 8. Linz 836. (Haslinger.) 5 Xr.

ANDÄCHTIGE Betrachtungen und Gebethe zur Zeit des Jubiläums und des von Sr. Päpstliche Heiligkeit Leo XII. verliehenen allgemeinen Jubel-Ablasses bei Besuchung der vorgeschriebenen vier Kirchen. Der Umschlagtitel lautet: Verkündigung und Ordnung des von Sr. Heiligkeit Papst Leo XII. verliehenen Jubel-Ablasses für Ofen und Pesth. Pesth 1826: Jos. Leyrer mit königl. hung. Universitäts-Schriften. 71 S. - 150 mm

— andächtige, der L e i d e n s - G e s c h i c h t e unseres Herrn und Heilandes Jesu Christi. 8. Deutsch-Crone 840. (Landsberg, Volger u. Klein.) 1/8 Thlr.

— andächtige, v. d. sieben Schmerzen Mariä, d. sel. Jungfrau rc. auf 7 Freitage in d. Fasten rc. 8. Landsh. 792. Storno. 4 Xr.

A n d ä c h t i g e Betrachtungen über die unerschrockenen Taten der drei Götterboten, so an unterschiedlichen Orten gewirket und geprediget, dem wahren alten Kirchen- und Hausgesang zu gottgefälliger Stärkung und Kräftigung ihr Augenmerk geliehen und dafür weder Sorge noch Mühe gescheuet, sondern dieselben Gedanken in diesem Jahre auch in einem Handbuch von Weisheit und Tugend der Religion, sowohl zur Erbauung als auch zu besserem Wissen künftiger Cantoren, Organisten und Theologen, der Welt mitgetheilet. Zu größerer Verbreitung der wahren Ideen und aus Dankbarkeit von wohlmeinenden Freunden mit drei mal drei von deren noch nicht allgemein bekannten geistlichen Liedern ans Licht gegeben.
[o.O. 1779–8°–(18) 333 (27) Sn.]

Betrachtungen über das Andringen auf erhöhten Schutz der Gewerbsamkeit im deutschen Zollverein gegen fremde Mitbewerbung. Berl. 1846. V: *Hoffmann.* (CBH)

Betrachtungen über das A n d r i n g e n auf erhöhten Schutz d. Gewerbsamkeit im deutschen Zollverein gegen fremde Mitbewerbung. gr. 8. (3 B.) Berlin 846. (Leipzig, Hermann.)

Betrachtungen und Winke, Der Preissch. angeh. über den religiösen Geist unserer Zeit mit Hinsicht auf die neu einzuführende preußische Kirchenagende. Frankf. a. M. 1822. V: *Brunn, Friedrich August.* (StAt I, 52)

— über die Angelegenheiten v. Europa. (v. J. v. Sonnenfels). 8. Wien 778. (Mayr in Salzb.) 3 gr

Betrachtungen über die gegenwärtigen Angelegenheiten von Europa, von Herrn v. ***an H. ***
Erster [Zweytes] Stück.
Graz: Widmanstätter [- Wien]. 1778 [- 1779]. 8o.
Universitätsbibliothek Salzburg
Ausg. u. d. T. Betrachtungen über die gegenwärtigen Staatsangelegenheiten von Europa, Offenbach 1778 [Kayser, I, 247]

Betrachtungen über die gegenwärtigen Angelegenheiten von Europa, von Herrn v. *** an H. (2 Bde.) 8. (Prag) 1778—1779.

Betrachtungen über die gegenwärtigen Angelegenheiten von Europa von Herrn von *** an H—— [Salzburg] 1778. V: *Sonnenfels, Joseph von.* (Ky) (MGT) (Pr)

— üb. d. gegenw. Angelegenh. v. Europa. 2 Stck. 8. Klagenf. (Mayr, Salzburg.) 779.

Betrachtungen über die gegenwärtigen Angelegenheiten von Europa, von Herrn v. *** an H. —— Erstes Stück. Ueber die Einrückung der preussischen Truppen in Böhmen. 1778. 8. 40 S.
— Betrachtungen über die gegenwärtigen Angelegenheiten von Europa von Herrn v. *** an —— Zweites Stück. Ueber die Vereinigung der sächsischen Truppen mit der preussischen Armee, Russlands Erklärung, und dem Interesse einiger noch neutralen Höfe. Wien 1779. 39 S.

Betrachtungen über d. wicht. Angelegenheiten u. d. letzten Dinge d. Menschen. Ein nützl. Handbüchl. f. kathol. Christen, d. zur Erkenntn. Gottes u. ihrer selbst zu kommen, u. auf d. Pfad d. wahren Heils zurückzukehren od. darauf zu beharren wünschen. Von d. Verf. d. „Geist des heil. Vincenz v. Paul." A. d. Span. übers. v. W. K. K. Deutschmann. 12. (4⅔ B.) Aachen 831, Cremer.

— über die wichtigsten Angelegenheiten u. die letzten Dinge des Menschen. Ein nützl. Handbüchl. für kathol. Christen etc. Von d. Verfass. des: „Geist des heil. Vincenz von Paul." A. d. Span. übers. v. W. K. K. Deutschmann. 12. Aachen 832. Cremer. 6 gr

— über die neuesten Angriffe auf die Ehre der kathol. Kirche. Eine Epistel an Herrn Generalsuperint. Röhr zu Weimar und Herrn Hofprediger Zimmermann zu Darmstadt. Von e. Katholiken des Großherzogth. Hessen u. bei Rhein. gr. 8. Schaffhausen 838. Hurtersche Buchh. ⅓ Rthlr

Betrachtungen über die neuesten Angriffe auf die Ehre der kath. Kirche. Eine Epistel an Herrn Generalsup. Röhr zu Weimar u. Herrn Hofprediger Zimmermann zu Darmstadt. Von einem Katholiken des Großherzogtums Hessen u. bei Rhein. Schaffhausen, Hurter (jetzt Regensburg, Verlagsanst.), 1839. gr. 8°. 1 Mk.

Betrachtungen über die Anlegung einer Eisenbahn vom Bodensee nach Zürich. Frauenfeld 1852.

— aphoristische, üb. die Stellung d. Artillerie-Offiziers in der preuß. Armee. 8. (29 S.) Leipzig 852, Müller. 6 ngr

Applikatorische Betrachtungen über das Exerzierreglement der Infanterie. *Berlin: E. S. Mittler & Sohn 1899.* (S. 173–208.) 8° [F.]
= Militär-Wochenblatt. 1899, Beiheft 5. (-) [00. 12672]

Betrachtungen über die französische Armee mit besonderer Berücksichtigung des moralischen Elementes. Wien 1868. V: *Hutten-Klingenstein, Mor. v.* (KA) (Hr)

Betrachtungen über die französische Armee mit besonderer Berücksichtigung des moralischen Elementes. Von M. v. K. Wien 868. Seidel & S. in Comm. gr. 8. (IV, 118 S.) n. 20 ngr

Betrachtungen über die französische und österreichische Armee und deren Gefechtsweise im Feldzuge von 1859 ... München 1862. V: *Roth, A.* (KA) (Pr)

— über des Frhrn. v. Closen Schrift: Die Armee als militär. Bildungs-Anstalt der Nation m. besond. Rücksicht auf Bayern. Von einem bayer. Stabsoffizier. gr. 8. (44 S.) München 851, Lindauer. ¼ Rthlr

— über die beste Art Volksvertreter zu wählen. Von Philandronippus Heroldinger, einem wandernden Philosophen. gr. 8. (16 S.) Regensburg 849, Manz. 1/12 Rthlr

— einig. Artikel in d. Encyklopädie d. Wissensch. gr. 4. Frankfurt, Andreä. 766.

Betrachtungen über den 19n Artikel der deutschen Bundesakte. s. Eichhoff.

Betrachtungen über die reitende Artillerie, ... O.O. 1803. V: *Kerner, Carl Friedrich Freih. von.* (NN)

— über die reitende Artillerie, deren Organisation, Gebrauch u. Tactik. v. einem Artillerieofficier, m. 1. K. 8. Leipzig, Joachim. 803.

— üb. d. reitende Artillerie, deren Organisation, Gebrauch u. Taktik, v. e. Artill.-Officier. Mit 1 Kpf. 8. Leipz. 803. (Mittler). 14 gr

— e. unpartheiischen Arztes, üb. Lavaters Gründe z. Untersuchung der Gaßnersch. Curen. 8. Regensb. 775. Montag u. W. 3 gr

Betrachtungen, Des unpartheiischen Arztes, über Herrn Lavaters Gründe zu Untersuchungen derer Gassnerischen Kuren. Sulzbach 1775. V: *Schleiss von Löwenfeld, Bernhard Joseph.* (Kl)

Betrachtungen über die Aerzte- und Apothekerfrage und die Stellung der Staatsregierung und des Reichstages hiezu sowie über d. bevorstehenden allgem. Deutschen Aerzte-Streik. München: J. Lindauer 1903. (39 S.) 8° [07. 14563·4]

Betrachtungen über die Aufrichtigkeit nach den Wirkungen der Natur und Gnade. Frankf. u. Leipzig 1753. V: *Moser, Fr. Carl Frh. v.* (Ky) (MGT) (ML) (Stri)

— üb. d. Aufrichtigkeit n. d. Wirkungen der Natur und Gnade. 8. Frankf. Raspe. 763.

— über die Aufrichtigkeit nach d. Wirkungen d. Natur u. Gnade, (v. F. K. v. Moser). 8. Frankf. a. M. 763. (Schäfer). 6 gr

— über d. Aufstand d. Braunschweiger u. d. gewünschten endlichen Regierungs-Antritt Sr. Durchl. d. Herzogs Wilhelm v. Braunschweig-Oels, aus d. Standpunkte d. Naturrechts, d. posit. Staatsrechts u. d. Politik. gr. 8. (1¼ B.) Braunschweig 830, Vieweg.

— einige, über die kontagiöse, sogenannte ägyptische Augenentzündung der Soldaten, und über die asiatische Cholera. Militairs und Aerzten vorgelegt und zur Berücksichtigung empfohlen. Königsberg 860. Richter. gr. 8. (VII, 39 S.) n. 10 ngr

— des heiligen Augustins. 2 Thle. 8. München, Giel. 819.

Betrachtungen über die Ausbildung der Infanterie bei zweijähriger Dienstpräsenz. Darmstadt 1866. V: *Marschall von Biberstein, Ferdinand von.* (Kat. der ständ. Bibl. Stuttg. 1907. S. 391.)

F. v. M. Betrachtungen über die Ausbildung der Infanterie bei zweijähriger Dienstpräsenz.
8. Darmstadt und Leipzig 1866.

— über die Ausbildung der Infanterie bei zweijähriger Dienstpräsenz von F. v. M. Darmstadt 866. Bernin. gr. 8. (VI, 130 S.) n. 16 ngr

— über die Ausbildung und Taktik der Reiterei, mit besonderer Beziehung auf die neuesten Veränderungen im Kriegswesen. Von einem Reiteroffizier. Großenhain 860. Pieper. gr. 8. (92 S.) n. 8 ngr

Betrachtungen über den Ausgleich. Von dem Verfasser der Broschüre »Die Verfassungspartei . . .« Wien 1871. V: *Hohenwart, Carl Sigmund Graf.* (EB)

Betrachtungen üb. den Ausgleich Von dem Verf. der Broschüre: „Die Verfassungspartei u. das Ministerium Hohenwart." gr. 8. (66 S.) Wien 871. Manz. n. 1. 60

BETRACHTUNGEN über die Ausschweifungen seiner Jugend, angestellt von F***. Leipzig 1731. 8°. Rar!

Betrachtungen über Auswanderung der Völker.
o. O. u. J. [1791]. 8 S. 8°.
Rigsarkivet København
Erschienen im Zusammenhang mit dem Auswanderungsprojekt der Genesee-Association, s. Nr. 531, 539.

Betrachtungen über die religiöse Bedeutung Shakespeares. Heidelberg 1858. V: *Holtzmann, Heinrich Julius.* (ZU)

Betrachtungen über die religiöse Bedeutung Shakespeare's. Heidelberg 858. Mohr. 16. (100 S.) n. 10 ngr

Betrachtungen über die Bedeutung und Wichtigkeit des von der helvetischen Verfassung geforderten Bürgereides. Eine Predigt.... Einer Landgemeine im Kanton Argäu vorgetragen den 11ten Augustmonat 1798. 8. Bern 1798.

Betrachtungen über die Befestigung von Paris . . . Cassel 1842. V: *Ditfurth, Maximilian Jos. Carl.* (Mitth. A. Rosenbaum.) (Gerland. 1863. 1, 282)

Betrachtungen über die Befestigung von Paris, mit besond. Bezugnahme auf die Schrift: „Betrachtungen eines Militairs über einen bevorstehenden Krieg zwischen Deutschland und Frankreich. gr. 8. Cassel 842. Fischer. 1/2 ℛ

Betrachtungen über die gegenseitigen Befugnisse der kriegführenden Mächte und der Neutralen auf der See. Kiel 1802. V: *Tetens, J. N.* (OA) (CBH)

— über die gegenseitigen Befugnisse der kriegführenden Mächte und der neutralen auf der See. 8. Kiel, Academ. Buchhandlung. 802.

Betracht. üb. d. gegenseit. Befugnisse d. kriegführ. Mächte u. d. Neutralen auf d. See. *Kiel*, Hesse. 802. 8. (16 Gr.)

Betrachtungen über allgemeine Begebenheiten des gegenwärtigen Jahrhunderts in wöchentlichen Unterhaltungen zweyer freymüthigen unpartheiischen Denker. Vom 1. Junius, 1781. 8.

— üb. d. allgem. Begebenheiten d. gegenwärt. Jahrhunderts. 2 Thle. 8. Berl. u. Leipz. 783, 84. Böhme. (Cnobloch). 2 ℛ

— üb. d. Begebenheiten d. jetz. Jahrhunderts. 2 Thle. 8. Dess. 781. Gelehrten-Buchh. 1 ℛ

Betrachtungen über die neuesten Begebenheiten in Deutschland. 2. Aufl. Berlin, Posen u. Bromberg 1830.

— über d. neuest. Begebenheiten in Deutschland. 2., unveränd. Aufl. gr. 8. (1½ B.) Berlin 830, Mittler.

— üb. d. pohlnisch. Begebenh. 2 Thle. 4.

Betrachtungen über einige der wichtigsten Begebenheiten unserer Tage. Wiesbaden 1814. V: *Weitzel, Johann Ignaz.* (HS) (KY) (MGT)

— über das von der franz. Regierung an die Schweiz gestellte Begehren, den Louis Napoleon Bonaparte aus dem Gebiete der Eidgenossenschaft zu entfernen. (Von Dr. jur. B. Paris.) 8. Bern 830. Fischer. n. 1/6 ℛ

— über das von d. französ. Regierung an d. Schweiz gestellte Begehren, den Louis Napoleon Bonaparte aus d. Gebiete d. Eidgenossenschaft zu entfernen. (Von B. Paris.) 8. (3 B.) Bern 838, Fischer.

Betrachtungen üb. d. Begriffe der verschiedenen Völker von Ehre u. Schande. Hann. 8°. 1786

Betrachtungen und Beherzigungen der heiligen Schrift. Hamburg 1819—1821. V: *Stolberg, Friedrich Leopold Graf zu.* (GGr)

BETRACHTUNGEN im Beichtstuhle. 9 Thle. Leipzig 1750 bis 65. 8°. Sehr selten!
3 fl. Cat. Cammerer II. Erlang. 1796. 8. p. 57.

Betrachtungen über den Beitrag zur Darstellung der Schlacht von Solferino. Leipzig 1864. V: *Wimpffen, Franz Graf v.* (Mitth. Dr. H. Friedjung.)

— über den Beitrag zur Darstellung der Schlacht von Solferino. Von einem österreich. Offizier. Leipzig 864. Volckmar. gr. 8. (32 S.) n. 8 ngr

— über den Beitritt Badens zu d. deutschen Zollverein. Veranlaßt durch die Denkschrift, für den Beitritt Badens, v. C. F. Nebenius. (Von Karl Mathy. Aus d. Zeitschrift „der Zeitgeist" abgedr.) Mit e. Anhang, enthalt.: Der Zollvereinigungs-Vertrag zwischen Baiern und Würtemberg einerseits, dann Preußen u. den beiden Hessen andererseits, vom 22. März 1833. 8. Karlsr. 834. (Heidelberg, Winter.) 1/3 ℛ

Betrachtungen über den Beitritt Mecklenburgs zum deutschen Zollverein. Schwerin 1853. V: *Prosch, Carl Frdr. Wilh.* (Bachmann, Mecklenburg. Güstrow 1889. S. 252.) (Kat. d. Bibl. d. dtsch. Reichstages.)

Betrachtungen über den Beitritt Mecklenburgs zum deutschen Zollverein. gr. 8. (XIV und 302 S.) Schwerin 853, Stiller'sche Hofbuchh.

— über den Beitritt Oldenburgs zu den Hannöver.-Braunschweig. Zollverein. gr. 8. Oldenburg 835. Schulze. n. 1/6 ℛ Vgl. Anschluß, über den projekt., Oldenburgs.

—— üb. d. Bekenntnissfrage in d. christl. Kirchen. 8. (39) Wiesb. 60, Bodrian. n. — 4

— über die Bekenntnißfrage in den christlichen Kirchen, insbesondere über das Verhältniß der evangelisch-christlichen oder protestantischen Pfarrgeistlichkeit in dieser Beziehung zu dem Kirchenregiment und zu der Gemeinde. Eine Stimme aus der Gemeinde. Wiesbaden 860. Schellenberg. 8. (39 S.) n. 4 ngr.

—— über d. Königr. Belgien in polit. Beziehung. Von G. v. L. gr. 12. (2⅓ B.) Berlin 832, Herbig.

— üb. das Königr. Belgien, in polit. Beziehung. Vom Graf v. L. 8. Berlin 833. Herbig. 1/3 ℛ

Betrachtungen und Beobachtungen über die ungarische Nationalsynode vom J. 1822. Sulzbach 1824. V: *Fabrius, J.* (MGT)

Betrachtungen über die denen Rechten gemäße Berechnung des sogenannten nutznießlichen Pfandkontrakts, antichreseos, nebst Anwendung der politischen Rechenkunst auf einige besondere Rechtsfälle. o.O. u. J.

— üb. d. Beschaffenh. d. gegenw. Angelegenh. zw. Frankr. u. Großbrit. a. d. Franz. 4. Leipz. 757.

— üb. die Bestimmung d. Menschen. 4. Greifsw. 754. Weitbrecht. 3 gr

— üb. die Bestimmung des Unglückes. 4. Frankf. 754. Strauß. 3 gr

Betrachtungen über das von der Republic Pohlen bey gegenwärtigen Zeitläuften zu haltende Betragen. [1756.] V: *Hertzberg, Ewald Friedrich Graf von.* (Preuss. Staatsschriften. III. Berl. 1892. S. 626.)

Betrachtungen, Betrübte, welche der Tod Traugott Lebr. Meissner's in Görlitz veranlasset. Laub. 1756. V: *Meisner, Christian Gottfried.* (ML) (OL)

— die Bewaffnung, Ausbildung, Organisation u. Verwendung der Reiterei. Berlin 1883. 96 S.

— üb. d. Bezahlung feindl. Kontribution. 6 Stck. 8. Stuttgard, Erhard. 797.

Betrachtungen, Biblische, eines Christen. O. O. u. J. V: *Hamann, Joh. Gg.* (Hamann's Schriften. Hg. Roth. I.)

— biblische, auf alle Sonn- u. Festtage des Jahres, für den kirchl. u. häusl. Gebrauch. gr. 8. Leipzig 837, 38. Barth. 3 ℛ

BETRACHTUNGEN – über die k. k. Bildergallerie . . . s.a. Rittershausen Josef Sebastian von)

Betrachtungen über die K. K. Bildergallerie zu Wien. Bregenz 1785—1786. V: *Rittershausen, Jos. Seb. von.* (Kn) (MGT)

Betrachtungen über die philosophische Bildung unserer Zeit. Berlin 1836. V: *Afzelius, Pehr Wilh.* (Bygdén, Svenskt anon. och pseud. lex. Upsala 1898 ff. I.)

—— über d. philosoph. Bildung unserer Zeit. gr. 8. (2¼ B.) Greifswald 836, Koch.

— üb. d. Clemens XIII. v. d. Jesuiten überreichte Bittschrift. 8. Frankf. a. M. 760. Eßlinger. (Schäfer). 6 gr

Betrachtungen über den durch das Gesetz vom 8. Febr. 1809 angeordneten Blasenzins. Breslau [1809]. V: *Bethusy-Huc, E. Graf von.* (Ky) (MGT)

— über den durch das Gesetz vom 8. Febr. 1809 angeordneten Blasenzins, (v. Graf v. Bethusy-Huc). 8. Bresl. (819).

Betrachtungen über den sogen. Bockenkrieg. Zürich 1875 s. [Stroheker, Adrian].

Betrachtungen aus dem Bockenkriege 1804. Zürich, Verlag des Aemtler-Vereins. 1875 —. 40

—— über die Briefe des Apostels Paulus. I—IV. gr. 8. Elberfeld 862—64, [Langewiesche.] à * 8 Ngr. *

Inhalt:

I. Der Brief an die Römer. (IV und 106 S.) 862.
II. Der 1. Brief an die Korinther. (110 S.) 863.
III. Der 2. Brief an die Korinther. (78 S.) 864.
IV. Der Brief an die Galather. (78 S.) 864.

— über die Briefe d. Apostels Paulus. 1—3. 2. Aufl. 8. Elberfeld 877. Langewiesche. n. 3. 40

1. Der Brief an die Römer. (140 S.) 1872. n. 1. 20
2. Der 1. Brief an die Korinther. (160 S.) n. 1. 20
3. Der 2. Brief an die Korinther. (117 S.) n. 1. —

—— über die Briefe des Apostels Paulus. 1—3. 2. Aufl. 8. Prag, Mercy. *

Inhalt:

1. Der Brief an die Römer. (140 S.) 872. * ℳ 1,20.
2. Der 1. Brief an die Korinther. (160 S.) 877. * ℳ 1,20.
3. Der 2. Brief an die Korinther. (117 S.) 877. * ℳ 1.

—— über die Briefe d. Apostels Paulus. 1. u. 3. Bd. 2. Aufl. 8. Elberf., (Faßbender). * 1 40

1. Der Brief an die Römer. (140 S.) 872. * — 75.
3. Der 2. Brief an die Korinther. (117 S.) 890. * — 65.
2. Bd. Prag 1877, Mercy. * 1 20.

— üb. Lessings Bruchstücke, den Horus rc. 8. Leipzig, Kummer. 787.

— üb. d. 1. Buch d. Könige, v. HR. Aus d. Franz. (240) 8° Elberf., R Brockhaus '08. 1.20 d

[F.] Betrachtungen über das Buch der Richter und das Buch Ruth v. H. R. A. d. Franz. *Elberfeld: R. Brockhaus 1896.* (198 S.) 1 Bd 8. 97. 2993

Betrachtungen über symbolische Bücher. ... [Leipz. 1777.] V: *Schmid, Ludwig Benjamin Martin.* (ML)

Betrachtungen über die Buchhandlung: ... [Leipzig 1766.] V: *Reich, Philipp Erasmus.* (ML)

— über das heilige Bündniß, besonders in Vergleich mit ähnlichen Ereignissen des sechszehnten Jahrhund. 8. Ham. Hoffmann u. Campe. 817.

— über das heilige Bündniß, besonders in Vergleich mit ähnlichen Ereignissen des sechszehnten Jahrhund. 8. Hamb. 818. (A. Campe). 1 ℛ

Betrachtungen für den teutschen Bürger durch die gegenwärtigen Zeitumstände veranlasst. O.O. 1798. V: *Schreiber, Alois Wilh.* (GGr) »1792« (Kn) (MGT) (NN)

Betrachtungen eines dresdener Bürgers üb. d. beabsicht. Abgabe d. Gerichtsbarkeit u. Sicherheits-Polizei an d. Staatsregierung d. Königr. Sachsen, vorzügl. mit Rücksichtnahme auf d. Stadt Dresden. gr. 8. (1½ B.) Dresden u. Leipzig 810, Arnoldische Buchh.

— e. kathol. Bürgers über d. Französ. Gesetze, die Protestanten betreff. Aus d. Französ. 8. Bern 779. Haller. 5 gr

— über das große Burschenfest auf der Wartburg, v. Fr. v. Bw. 8. Ebend. 818.

Betrachtungen über den Charakter Kaiser Karls des Grossen. Frankf. 1806. V: *Dalberg, Carl Theodor Anton Maria Freih. von.* (Pr)

— üb. Karl's XII., Königs in Schweden, Charakter u. Talente. 8. Leipz. 786. Breitkopf u. H. 6 gr

Betrachtungen über die verschiedenen Charactere des Menschen. Helmstädt 1754. V: *Stockhausen, Joh. Chph.* (Katalog Nr. 19. Oskar Rauthe-Berlin. S. 36. Nr. 533.) (MI.)

— üb. verschiedene Charaktere d. Menschen. 8. Helmst. 754. (Weygand in Leipz.) 5 gr

— üb. d. Charaktere d. europ. Nationen. s. Museum, brittisches, 2r Theil.

Betrachtungen eines evangel. Christen über das Eindringen der Freimaurer in den hohen Rath der Kirche in Preussen. Hamburg, Pontt u. v. Döhren. Ausgegeben von Otto Meissner. 1860. 8. 22 S.

Einem Zeloten u. Finsterlinge, der von der Frmrei redet, wie der Blinde von der Farbe, graut vor d. Zukunft bei dem Gedanken daran, dass d. Protector der preuss. Frmrei, Prinz von Preussen, jetzt als Prinzregent zugleich Oberhaupt der Kirche geworden ist. Der Verf. scheint selber nicht recht an das zu glauben, was er ausspricht u. so weiss man auch meist nicht, ob er im Ernste spricht oder ob er ironisirt. — Bauh. 1860. S. 262. Kalender f. Frmr 1861. S. 157.

— gutgesinnt. Christen üb. Gegenst. d. Naturreligion rc. 8. Altenburg, Schnuphase. 808.

— eines Christen auf d. 12 Monate u. Tageszeit. 8. Hamb. 773. Buchenröder. 8 gr

— ein. Christen in d. Morgen- u. Abendstunden der Woche. 8. Ebend. 773.

— eines Christen in d. Morgen- u. Abendstunden; nebst erbaul. Gesprächen auf alle Tage in d. Woche. 8. Brem. 796. (Heyse). 8 gr Hbg. Pr. 2 gr

— e. Christen in Morgen- u. Abendstunden. 8. Bremen, Müller. 796.

— e. standhaften Christen in jetz. Zeit. 8. Meiß. 795. (Kaven in Alt.) 6 gr

Betrachtungen über das Christenthum nach Rousseauschen Grundsätzen. Lemgo 1792. V: *Wachler, Joh. Friedr. Ludwig.* (Ky) (MGT) (stri) (NN)

— üb. d. Christenthum, nach Rousseau'schen Grundsätzen. 8. 792. (Meyer in Lemgo). 8 gr

Betrachtungen: Christholds vermischte Betrachtungen

③ unregelmäßig erscheinende Flugblätter unter dem Titel: Christholds Gedanken .... Christholds erbauliche Gedanken ... u. a. (datierte Exemplare von 1730 und 1732) ⑤ 1756 [vielleicht 1757, doch ist es möglich, daß die diesem Jahre zugeschriebenen Wochenblätter nur in Buchform, in der Gestalt eines Sammelbandes erschienen sind] ⑥ 8° ⑦ Wochenblatt ⑧ Zürich: Johann Kaspar Ziegler ⑩ Johann Rudolf Ziegler ⑪ Johann Rudolf Ziegler (Verfasser) ⑬ BGSZ: 99 (p. 75/76, Nr. 3) ⑭ Zh: Z (nur in der späteren Buchform von 1757 und 1758) ⑮ Buchtitel: Christholds vermischte Betrachtungen zur Erbauung christlich gesinnter Leser in LII Wochenschriften und nun sämtlich zu haben (1757). — Christholds fortgesetzte Betrachtung zur Erbauung christlich gesinnter Leser in 52 Werken Anfang 1757 herausgegeben (1758). — Enthält religiöse Betrachtungen, die öfters an Tagesereignisse anknüpfen.

— christliche; aus d. Französ. 8. Bamb. 766. (Wesché in Frankf. 8 gr

— — dieselben. 8. Bamberg, Göbhard. 766.

— christl. a. d. Franz. gr. 8. Wien. Trattner. 766.

— christliche, von Frau v. B. — S. Wien 853. Seidel. 16. (1 Bl., III, 193 S.) n. 15 ngr

Christliche Betrachtungen, Gebete und Lieder für Sträflinge in Zucht- und Arbeitshäusern, (von der würtemb. Tractaten-Gesellschaft.) 1825. *Tübingen.*

— christl., als Geist d. Christenthums rc. 8. Berl. 782. Rottmann. 1 Rthlr 12 gr

Betrachtungen, Christliche, über den gegenwärtigen Krieg Oesterreichs mit der Pforte. Prag 1788. V: *Pilati von Tassulo, Carl Anton.* (Ky 4/439) (WBI. 22/288) (BiblPort)

Betrachtungen, Christliche, und Sittenlehren, s.a. Sporck, Aloysia Cajetana Francisca von

Betrachtungen --- Christliche Betrachtungen Und Sitten-Lehren, Zusammen gezogen So wohl auß der H. Schrifft und den H. H. Vattern, als auch auß den bewehrtesten alten und neuen Scribenten, mit beygefügten vielen vortrefflichen Gedancken, verschiedener Lateinischen und Frantzösischen berühmten poeten, Vormahls in Frantzösischer Sprache verfaßt, Durch Einen Abbten, und der heiligen Schrifft Doctor, Anjetzo aber ins Teutsche übersetzt, Durch A. C. F. G. V. S. Cum licentia Ordinarii. Prag im Königs-Hoff, gedruckt bey Wolffgang Wickhart, Ertz-Bischofflichen Buchdrucker. 1714. 376 S.

E. S. T. 8°. 17.

— christl. v. ein. hoh. Standesperson a. d. Franz. 8. Frankf. Eichenberg. 782.

Betrachtungen, christ-kathol., zur Beförderung d. häusl. Belehrung u. Erbauung, in 3 Abtheill., jede zu 2 Bden. 1r Bd. 8. Prag 827. Schlosser. 17 gr Postp. 16 gr Dass. 1r, 2r Bd. 8. Köln 827. Compt. f. Kunst. 1 Rthlr

Betrachtungen über den Propheten Daniel. 2. Aufl. 8. (202 S.) Elberf. 881, (Faßbender). * 1 —

Betrachtungen üb. d. Propheten Daniel. 3. Afl. (223) 8° Elberf. lt Brockhaus '12. 1.25; L 1.75 d

Betrachtungen über die herzogl. Mecklenb. Declaratorverordnung vom 12. Febr. 1802, in Betreff der agnatischen Rechte beim Verkauf der Lehngüter ... Schwerin und Wismar 1802-03. V: *Krüger, Chn Friedr.* (MGT) (NN)

Betrachtungen üb. das Demontiren v. S. gr. 8. (44 S.) Berlin 883. Boß. n. — 80

Betrachtungen, Deutsche zeitgemässe. Zürich 1839. V: *Froebel, Carl.* (Schr)

— eines Deutschen, üb. die Feldzüge d. Franzosen u. ihr. Verbünd. gegen Rußland. 8. Hamb. 814. (Herold jun.) 14 gr

— eines Deutschen üb. die Feldzüge d. Franzosen und ihr. Verbünd. gegen Rußland. 8. Hamb. Vollmer. 814.

Betrachtungen eines Deutschen über die durch das Senatusconsult vom 16. November 1813 in Frankreich ausgeschriebene Conscription von 300.000 Mann. Frankfurt a. M. 1813. V: *Pilat, Jos. Ant. v.* (GGr) (Mitth. A. Rosenbaum.)

— e. Deutschen, über die durch d. Senatusconsult v. 16. Nov. 1813 in Frankreich ausgeschriebene neue Conscription von 300,000 Mann. gr. 8. Frankf. a. M. 813. Eichenberg. 6 gr

— üb. d. engl. Dichter. 8. Berl. Realsch. 779.

— üb. die Engl. Dichter. 8. Berl. 779. (Reimer). 5 gr

— üb. landwirthschaftliche Dinge. 5 Stcke, sammt Zugabe. 8. Tübing. 769. v. Cotta. 18 gr

Betrachtungen über landwirtschaftliche Dinge in dem Herzogthume Würtemberg. ... Stutgard 1767—68. V: *Schiller, Johann Caspar.* (Heyd) (Ky)

— üb. d. letzten Dinge f. denkende Christen. 8. Leipz. Comt. f. Literat.

Betrachtungen über die vier letzten Dinge ... Leipzig 1781. V: *Bauer, Georg Lorenz.* (Ky) (MGT)

— üb. d. vier letzt. Dinge 2c. 8. Leipzig, Comt. f. Litt. 781.

— d. zukünftigen Dinge od. Wahrheit d. Vernunft u. Offenb. 8. Glog. 795. (J. F. Korn in Bresl.) 8 gr

— im Dom zu Wetzlar 18. Juli 1846. gr. 16. (32 S.) Wiesbaden 847, Friedrich in Comm. n. 4 ngr

— über Dorfgefechte und die Kriegführung der Gegenwart von einem alten Soldaten seinen jüngeren Kameraden gewidmet. Mit 2 (lith.) Plänen (in 4.). Berlin 860. Mittler & Sohn. gr. 8. (IV, 212 S.) 1 thl

— drei auserles., üb. Leben, Auferstehung, Gericht u. fröhliches Wiedersehen. 8. Straßb. 781. Stein. 4 gr

Betrachtungen, Dreyssig, über das Leiden Jesu Christi. Von P. M. B. Klgft., Leon, 1818. 363 S. (Verf.: Markus Baader.)

— 33, f. Kinder, v. e. salesian. Mitarbeiter. Mit e. Vorwort an d. Kinder v. P. Hurter. 12. (VII, 120 S. mit 1 Stahlst.) Paderborn 890. F. Schöningh. n. — 60; geb. n. 1.—

— dreyzehn geistr., v. d. menschl. Seele. 8. Magdeb. 747.

— e. großpoln. Edelmannes, üb. d. Preuß. Patent, vermittelst dessen Preußen von Polnisch-Preußen Besitz genommen. 8. Königsb. 773. Hartung. 6 gr

—— über bedingte Ehen, mit besond. Rücksicht auf d. zwischen Bayern u. Baden streit. Erbfolge in d. sponheimischen Surrogat-Lande. gr. 8. (2¼ B.) München 827, Finsterlin.

— u. Einfälle üb. d. Bauart d. Privatgebäude in Deutschland, mit 60 Kpft. Herausg. v. F. C. v. B. (Karl v. Bothmer). gr. Fol. Augsb. 779. v. Jenisch u. St. 5 thl

Betrachtungen, Einfältige und christliche, über die jährlichen und heiligen Evangelia .... zum Drucke befördert im Jahre 1730. O.O. V: *Denner, Jacob.* (schr)

Betrachtungen über den Einfluss der Teutschen Staatsverfassung auf das Nationalglück der Teutschen, ... [Berl. 1792.] V: *Hegewisch, Dietrich Hermann.* (MGT)

BETRACHTUNGEN in der Einsamkeit. Drei Gesänge. Von einem katholischen Weltgeistlichen. o. O. 1793. o. Dr. 36 S. - 165 mm

Betrachtungen in meiner Einsamkeit; ... Brünn 1776. V: *Friedel, Joh.* (ML) (WBL)

— z. Einsicht dargestellt dem Congresse zu Wien, von Ritter Herb. Cresst. gr. 8. Prag. Krammer. 814.

— e. Einsiedlers üb. kirchl. u. staatl. Dinge. (Es ist etwas faul — im Staate Dänemark.) 6. Afl. 8° (121) Brem. 91, E Hampe. 1.20

Betrachtungen e. Einsiedlers üb. kirchliche u. staatliche Dinge. (Es ist etwas faul — im Staate Dänemark.) 1.—6. Aufl. gr. 8. (III, 121 S.) Bremen 893. E. Hampe. n. 1. 20

— e. Einsiedlers üb. kirchl. u. staatl Dinge. (Es ist etwas faul im Staate Dänemark.) Wohlf. [Titel-]Ausg. gr. 8. (III, 121 S.) Bremen (891) 896. E. Hampe. n. — 60

Betrachtungen einiger Einwürfe wider die Vorsorge Gottes. Eisenach 1760. V: *Trier, Johann Paul.* (ML)

BETRACHTUNGEN DER CHEMISCHEN ELEMENTE, ihrer Qualitäten, Aequivalente und Verbreitung; weihet den Manen seiner Lehrer . . . aus Anlass der dritten Secularfeier der Universität zu Jena, ein Veteran derselben. Prag, 1858. 8vo.

—— der chemischen Elemente, ihrer Qualitäten, Aequivalente und Verbreitung. (Von Carl Aug. Neumann.) gr. 8. (51 S.) Prag 858, (Tempsky.)

— elf harm- u. zwanglose, e. Unbefangenen üb. die päpstliche Unfehlbarkeit. Allen Denkenden insbesondere den sogenannten Altkatholiken gewidmet v. e. höheren königl. preuß. Staatsbeamten. gr. 8. (22 S.) Breslau 872. Aderholz. — 30

Betrachtungen, Empfindsame, bei der Leiche der Kaiserin von F. E—l. V: *Eberl, Ferdinand.* (M. A. Rezensionen Nr. 8 St. Nr. 34) (Biblport)

— üb. Empfindungs- u. Erkenntnißkräfte, 1793, s. S. Ascher. Skolien.

Betrachtungen eines Engländers über den Einfluss der Musik [aus dem Englischen]. [Leipzig 1804.] Ü: *Michaelis, Christian Friedrich.* (MGT)

Betrachtungen eines Engländers über das jetzige politische System von Europa. Aus dem Engl. Paris [Leipzig] 1792. Ü: *Gebhardt, Adam Glib.* (Ky) (MGT) (Wr)

—— eines Engländers über die österreichischen Zustände. gr. 8. (101 S.) Stuttgart 860, Göpel.

Betrachtungen über das Entstehen der Burgunderkriege. (Zürich) s.a.[Meister, Ulrich].

Betrachtungen über das Entstehen der Burgunderkriege und den Verlauf des Tages von Murten 1476. Zürich [1877]. V: *Meister, Ulr.* (Cat. d. Stadtbibl. Zürich. Zürich 1864—97.)

Betrachtungen über die Entstehung und rechtliche Entwicklung der menschlichen Gesellschaft. Zürich 1884. V: *Nüscheler von Neueck, Conrad von.* (Cat. d. Stadtbibl. Zürich. Zürich 1864—97.)

Betrachtungen üb. die politische, wirtschaftliche u. gesellschaftliche Entwicklg. unserer Aristokratie. Von e. böhm. Grossgrundbesitzer. (12 S.) gr. 8. Wien 907. C. W. Stern. — 50
Sonderabdruck aus „Die militär. Welt".

Betrachtungen über die Entwickelung des Turnens in Iserlohn, Iserlohn 1893, 16 S., 8°.

—— zu dem der frankfurter Nationalversammlung zur Berathung vorliegenden Entwurf eines Gesetzes über die deutsche Wehrverfassung. gr. 8. (47 S.) Berlin 848, Mittler und Sohn.

Betrachtungen über den Entwurf eines Strafgesetzbuches für den Norddeutschen Bund. Von einem preussischen Juristen. Breslau 1869. V: *Deutsch, Paul.* (centr XIX, 337)

— über den Entwurf e. Strafgesetzbuches für den norddeutschen Bund. Von e. prakt. Juristen. Breslau 870. Bial & Freund. gr. 8. (30 S.) n. 6 sgr

— zu dem der Frankfurter Nationalversammlung zur Berathung vorliegenden Entwurf eines Gesetzes über die deutsche Wehrverfassung. gr. 8. (47 S.) Berlin 848, Mittler & Sohn. 1/4 ₰

Betrachtungen, Erbauliche, im Beichtstuhle, ... Leipzig 1760—1765. V: *Messerschmidt, Johann Chn.* (Ky) (ML)

— erbaul., im Beichtstuhle, od. Absolutionsformeln. 9 Thle. 8. Leipz. 760—65. Eurich. 4 ₰ 6 gr

— erbauliche, für nachdenkende Christen. Herausg. v. einem kathol. Geistlichen. gr. 8. Neuburg a. D. 841, Prechter'sche Buchh. 1/3 ₰

— erbaul., üb. d. Feldbau. 8. Frankf. u. Leipz. 765. Cramer. 18 gr

— erbaul., über auserles. Trostsprüche d. heil. Schrift. 8. Leipz. 775. Hilscher. 6 gr

Betrachtungen über die jüngsten Ereignisse in Italien. (72.) 8. Leipzig 1859.

Betrachtungen über die jüngsten Ereignisse in Italien mit Bezug auf Österreichs Zukunft ... Leipzig 1860. V: *Puffer, Jos.* (KA)

—— üb. d. jüngsten Ereignisse in Italien m. Bez. auf Oesterr. Zukunft. 2. Afl. 8. (72) Lpzg 60, Gebhardt. — 10

— über die jüngsten Ereignisse in Italien mit Bezug auf Oesterreichs Zukunft. Vom Verf. der „Skizze der Ereignisse an der unteren Donau in den Jahren 1848/49 &c." 1. u. 2. Aufl. Leipzig 860. Schrag. gr. 8. (72 S.) 10 ngr

Betrachtungen der neuesten kirchlichen Ereignisse aus dem Standpunkte des Rechtes und der Politik ... Mainz 1845. V: *Linde, Justin Timotheus Balthasar von.* (cramerBkde S. 82)

— der neuesten kirchlichen Ereignisse aus d. Standpunkte des Rechtes u. der Politik. Von e. Staatsmann (v. Linde in Gießen). gr. 8. Mainz 1845, Kupferberg. 9 ggr. — 40 kr.

Betrachtungen über die unglücklichen Ereignisse im Kanton Luzern in den Jahren 1844 und 1845. von einem Bürger am Zürichsee. 8. (Stäfa 1845.)

Betrachtungen über einige der wichtigsten Ereignisse unserer Tage. 8. Wien 1814.

— üb. einige d. wichtigsten Ereignisse uns. Tage. gr. 8. Wiesb. 814. Schellenberg. 5 gr

BETRACHTUNG. Erhebliche — in ... der Ehesache zwischen dem Domcellherr Johann Grafen von Spaun und einem Fräulein von Wittgenstein. Sonnleithner, Wien 1781 82.

— und Erhebungen eines kathol. Christen. Von M. F(rhr). v. Fr(eyberg). Mit 1 Stahlstich. 12. Regensburg 843, Manz. 1/2 ₰

— und Erhebungen des Herzens zu Gott. Ein christkathol. Hausbuch mit 365 Betrachtungen auf alle Tage des Jahres. Aus den Werken der Kirchenväter u. anderer kathol. Schriftsteller. 1. Liefg. mit 1 Stahlst. gr. 8. Marienburg 845, Dormann. n. 1/6 ₰ — 2. Aufl. In 2 Bdn. oder 12 Liefg. 1.—1. Liefg. Mit 2 Stahlst. gr. 8. Ebd. 845, 46. à n. 1/6 ₰

—— und Erhebungen des Herzens zu Gott. Ein häusl. Erbauungsb. f. fromme Katholiken in 365 Betrachtungen auf alle Tage d. Jahres. 2. Aufl. 1—4. Lfg. gr. 8. (17 B. u. 2 Stahlst.) Marienburg 846, Dormann. à
Soll in circa 12 Lfgn. erscheinen.

—— und Erhebungen d. Herzens zu Gott üb. d. dreißig ersten Psalmen. Zur Förderung d. häusl. Andacht in christkathol. Familien. gr. 8. (28 B.) Frankfurt a. M. 831, Jäger.

— — u. Erhebungen des Herzens zu Gott, üb. die 30 ersten Psalmen. (Von weil. Joh. Nep. v. Schwerz, würtemb. Landwirthsch.-Direktor.) gr. 8. Frkft. 1831, Jäger. 1⅓ Thlr. — 2 fl. 24 kr.

— u. Erhebungen d. Herzens zu Gott über die 30 ersten Psalmen. (A. u. d. T.: Andachtsstunden, katholische.) gr. 8. Frankf. a. M. 832. Jäger. 1 ₰ 8 gr

Betrachtungen und Erinnerungen eines alten Bergknappen. 8°. Lissa i. P., Ebbecke, 1906.

— u. Erinnerungen e. alten Bergknappen. 1. u. 2. Afl. (38) kl8° Lissa. O Kulitz'06(07).

— zur Erkenntniß d. großen Gottes d. d. Kenntn. seiner Naturwerke, (v. J. G. Pietsch). 2 Thle. gr. 8. Quedlinb. 780. N. A. 789. Ernst. 2 ₰ 8 gr

Betrachtungen und Ermahnungen für Seeleute, die es sind und werden sollen. Schleswig 1843. V: *Rehhoff, Johann Andreas.* (schr)

— veranlaßt durch die Ermordung des Etatsraths von Kotzebue. 8. Deutschl. 819. (Frankf., Boselli). 6 gr

Betrachtungen, Ernste, über eine staatliche, obligatorische Fahrhabe-Versicherung im Kanton Zürich. 3. Aufl. Zürich 1894. 4. Aufl. 1898. V: *Meyer, Conr.* (Cat. d. Stadtbibl. Zürich. Zürich 1864—97.)

— ernste, üb. die sociale Stellung d. Lieutenants a. D. Eine Mahnung an den Staat. Von *.*. gr. 8. (31 S.) Berlin 892. Charlottenburg, Schreiter.

— ernste, eines 12 Jahre gedienten Unteroffiziers. (Gedicht.) 12. Borken 815, Brunn. 2 ngl

—— ernste, eines 12 Jahre gedienten Unteroffiziers. (Gedicht.) 12. (1/2 B.) Borken 845. [Münster, Coppenrath'sche Buchh.]

Betrachtungen, Ernste und wichtige des Robinson Crusoe, etc. Amsterdam 1721. V: *Defoe, Daniel.* (Mitt. von Prof. Dr. H. Ullrich, Brandenburg a. H.) (Ullrich, H., Robinson und Robinsonaden. Weimar 1898. S. 52.)

Betrachtungen, Ernstliche, über das Glauben. [Berlin 1786.] V: *Reimarus, Joh. Albert Heinr.* (MGT) (Schr)

Ernstliche und wichtige Betrachtungen des Robinson Crusoe etc. benebst seinem Gesicht von der Welt der Engel. Aus dem Engl. und Franz. übersetzt. *Mit Kpfrn.* Amsterdam. 1721. 8o.

— über die sogenannten Errungenschaften der Neuzeit u. einige ihrer Folgen. gr. 8. (15 S.) Dresden 850, Naumann. 3 Ngr

— erweckl., üb. d. Geschichte d. Heilandes, weil er noch 40 Tage rc. 8. Jena 755. Gollner. 6 Gr

— einige, über die Erziehung u. Ausbildung der Infanteristen. Von e. Infanterie-Offizier. gr. 8. (15 S.) Berlin 888. Eisenschmidt. n. — 40

— über die Erziehung d. Kinder. 4. Halle 752. Kümmel. 1 Gr

— über die erste Erziehung d. Kinder in ansehnl. Häusern; aus d. Französ. v. Chr. Fr. Scherwinsky. 8. Riga 797. Müller. (Meinshausen). 2 Gr

— üb. öffentl. u. Privat-Erziehung rc. gr. 8. Wien 797. Schaumburg u. C. 16 Gr

Betrachtungen über Erziehung der Söhne und Töchter, aus Erfahrungen gesammelt. Halle 1779. V (?): *Rambach, Eva Marie Elisabeth, geb. Boysen.* (Journal, Hamburg u. Altona 1803. Bd. 3, S. 374.) (schr VI, 152)

— üb. Erziehung d. Söhne u. Töchter. gr. 8. Halle 779. Gebauer. 12 Gr

— üb. verständ. u. christl. Erziehung d. Kinder, (v. P. E. Layritz). 8. Barby 776. (Kummer in Leipz.) 4 Gr

— üb. d. Evangelia u. Epist. a. alle Tage d. J., a. d. Fr. 5 Bde. gr. 8. Salzb. Mayr. 787—88.

Betrachtungen über die Evangelien: aus dem Dänischen übers. Flensb. 1793. Ü: *Bischoff, Jacob.* (Ky) (MGT)

Betrachtungen über die Sonn- Fest- und Feyertäglichen Evangelien. Frankfurt u. Leipz. [Esslingen] 1774. V: *Moser, Johann Jacob.* (Ky) (ML)

— d. Sonn- u. Festtägl. Evangelien in Liedern. 12. Wernigerode 755. (Halle, Waisenhaus-B.) 5 Gr

— d. freudenvoll. Ewigkeit m. Sinnbild. 8. Nürnberg.

über das Exerzier Reglement der Infanterie. Berlin 863. Heinicke. 8. (54 S.) 7½ Ngr

— f. d. monatl. Exerzitien d. Ordensfrauen. Aus d. Holl. v. M Paula, s.: Handbibliothek, ascet.

Betrachtungen über eine Fahrhabe-Versicherung, siehe: *Meyer, Betrachtungen.*

Betrachtungen über eine staatliche, obligatorische Fahrhabe-Versicherung im Kanton Zürich. Zürich 1879. V: *Meyer, Konrad.* (zuwzür 13, 1909, I, S. 79)

Betrachtungen über Feld- und Gartenproducte ... Leipzig 1791—1795. V: *Moser, Heinrich Christoph.* (Fiker)

—— über d. bevorsteh. Feldzug d. Russen u. Türken im Jahre 1829. 8. (4 B.) Berlin, Mittler.

Betrachtungen über den Feldzug des Generals Bourgoyne in Canada und Neu-York.
In einem Schreiben an denselben.
Aus dem Englischen übersetzt.
Braunschweig. 1780. 46 S. 8°.
Niedersächsische Landesbibliothek Hannover
Übers. v. A. Supplement to the State of the Expedition from Canada, 1780
Palmer: mit Verfasser John Burgoyne.
John Burgoyne, 1722-1792

— üb. d. Feldzug Bourgoyne's in Canada u. Neuyork; a. d. Engl. gr. 8. Braunschw. 780. Schulbuchh. 3 Gr

— üb. d. Feldzug, den d. alliirt. Armeen 1794 in den Niederlanden führen werden. m. K. gr. 8. Frankf. Eßlinger. 795.

— üb. d. Feldzug, den d. alliirten Armeen 1794 in den Niederlanden führen werden. Mit 2 Kpft. gr. 8. Frankf. a. M. 795. (Schäfer). 1 Rthlr 8 Gr

Betrachtungen über die Feldzüge der alliirten Armeen 1792, 1793 u. 1794. M. 2 Taf. 1795.

Betrachtungen über die Feldzüge Osterreichs und Preussens gegen Frankreich in den Jahren 1792—94. O. O. 1795. V: *Massenbach, Chn Carl Aug. Ldw. v.* (Kat. d. Bibl. d. K. Preuss. gr. Generalstabes. Berlin 1878.)

— üb. die Feldzüge Oesterr. u. Preußens gegen Frankreich in d. J. 1792—94. gr. 8. Frankf. a. M. 795. (Schäfer). 20 Gr

Fernere Betrachtungen eines Einsiedlers über die Anzeige gegründeter Ursachen nach welchen eine Reichsmediation nicht stat habe und über andere Umstände des iezigen Kriegs. Im Heumonat 1757. 4. (16 S.)

BETRACHTUNGEN für das Fest und die darauf folgende acht Tage des seligen Vaters Petri Forerii, Ordensstifter der regulirten Chorfrauen de la Congrégation de Notre Dame. Preßburg 1777: F. A. Patzko. 109 S. 1 t. - 170 mm

Betrachtungen über die F i n a n z e n und die Gewerbe im Preussischen Staate. . . , s.a. B e r g i u s , C.J.

—— über d. Finanzen u. d. Gewerbe im Preuß. Staate, veranlaßt durch d. Schrift d. Hrn. G. O. F. R. Ferber, üb. Preußens gewerbl. u. kommerziellen Zustand. gr. 8. (5 B.) Berlin 830, Logier

Betrachtungen über die Finanzen Portugals für Capitalisten und Speculanten. gr. 8°. Frankfurt a. M. (Herrmann) 1843.

Betrachtungen über das Hamburgische Finanzwesen. 8°. Hamburg 1857.

— flüchtige, über die Fr.: Ob ein Commissionair bei den Obligations-Geschäften f. den Bezug haften müsse? gr. 8. Augsb. 821. (Frankf. a. M., Andreä). 3 Gr

Betrachtungen, Flüchtige, über den Gang der französischen Revolution ... Coblenz im Septbr. 1792. V: *Hartleben, Theodor C.* (HS) (MGT)

— flüchtige, üb. d. kurbraunschw. Ministerialnote in Betreff d. Elsasser Angelegenheiten 2c., (v. F. Jos. J. v. Linden). gr. 8. Lpz. 794. Gräff. (Wienbrack). 12 gr

— flüchtige, üb. Umwandlung d. königl. preuß. Militair-Reit-Instituts in e. Central-Reit-Schule f. das gesammte deutsche Heer. gr. 8. (13 S.) Berlin 871. (Hannover, Schmorl & v. Seefeld.) — 30

— flüchtige, üb. die Volks-Souverainität, das Revolutionsrecht u. die Mittel, der bewaffneten Revolution vorzubeugen. Von einem Franzensbader Kurgaste. gr. 8. (44 S.) Leitmeritz 850, Medau. 2 ngr

— flüchtige, üb. die Wichtigkeit d. Bayer. Ostbahn von München über Rosenheim nach Salzburg u. ihren Einfluß auf die Süd-Nordbahn. gr. 8. (15 S.) München 847, Franz in Comm. 3 ngr

— üb. d. Folgen d. Eröffnung d. Schelde in Abs. m. dem Handel. 4. Berl. 785. Nicolai. 14 gr

— über die Folgen d. neuen Gesetzgebung in den Preuß. Staaten. gr. 8. Berl. 825. Dümmler. 4 gr

— über die Formation, Verwendung und Leistungen der Reiterei, angeregt durch die Schrift: Campagne de 1870. — La cavalerie française par le lieutenant colonel T. Bonie. gr. 8. (84 S.) Berlin 872. Mittler und Sohn. *
Aus: Militair-Wochenblatt, besonders abgedruckt.

Betrachtungen über die verschiedenen Formen der bewaffneten Macht. ... Leipzig u. Altenburg 1817. V: *Schulz, Gustav.* (BrVV)

— über die verschied. Formen der bewaffneten Macht. Von e. vormal. Land-Officier. gr. 8. Leipz. 817. Brockhaus. 12 gr

– fortges. üb. d. neuest. histor. Schr. 4 Bde. à 3 Stck. gr. 8°. Halle, Gebauer, 1774-78.
Früher u.d. T.: Betrachtungen über die neuesten historischen Schriften.

Betrachtungen, Fortgesetzte, über die eigentlichen Wahrheiten der Religion, ... Berlin [1789—94]. V: *Riem, Andreas.* (Ky)

— üb. Napoleon Bonoparte's Fortschritte z. Unterjochung aller Staaten u. Völker v. Europa, u. d. Verbindung d. noch freien Monarchen z. Rettung d. Völker 2c. 8. Leipz. 814. Joachim. 6 gr

Betrachtungen über die erörterte Frage: wie dem Bauernstande Freyheit und Eigenthum ... verschafft werden könne? Flensb. 1769. V: *Blatt, Jürgen.* (Ky) (MGT)

— über die Fr.: Kann man das römische, in Deutschland sogen. allgem. Recht auf wenige u. allgem. Regeln bringen? (v. J. C. C. Springer). 8. Riga 778. (Hartknoch in Leipz.) 6 gr

Betrachtungen über die Frage: Ob aus einem ... Reichhofräthlichen Bescheide, ... die Prävention mit der Wirkung entstehe, dass sich Appellat bey dem kaiserl. Reichshofrathe in der Hauptsache einzulassen verbunden sey ... Wien 1779. V: *Brainl, Carl Friedrich.* (MGT)

Betrachtungen, Einige, über die Frage: was für eine Einrichtung zur Erzielung der Justitzbeförderung am Reichskammergericht zu treffen? O. O. 1786. V: *Hueber von der Wildan, Joh. Daniel Clemens von.* (MGT)

Betrachtungen, Einige, über die Fragen: Was ist ein Landtag? ... Gotha [Stuttgart] 1796. V: *Hehl, Christian.* (MGT) (Wr)

Betrachtungen über die Frage: Was soll ich thun, dass ich selig werde? ... Halle 1820. V: *Knapp, Georg Chn.* (Ky)

— über die Frage: Was soll ich thun, daß ich selig werde? und über die Antwort darauf: Glaube an den Herrn Jesum Christum, so wirst du und dein Haus selig. 8. (Halle, Waisenhaus-Buchh.) 820.

Betrachtungen über die Frage: Welches sind die Nachtheile, welche dem Herzogthum Anhalt durch die preussische Zoll- und Verbrauchssteuer erwachsen? 8°. Köthen, Aue, 1822.

Betrachtungen über die Frage: Wie dem Bauernstande Freiheit und Eigenthum in den Ländern, wo ihm beides fehlt, verschafft werden könne? (Von J. Blatt.) 8°. Flensburg 1769.

— über einige Fragen aus dem Bundes-Austrägal-Verfahren, s.a. Archiv für das öffentliche Recht des deutschen Bundes.

Betrachtungen über einige Fragen aus den Bundes-Austrägal-Verfahren, und über die rechtliche Natur der auf das Rheinschifffahrts-Octroi gelegten Renten. Giessen 1854. V: *Linde, Justinus Timotheus Balthasar Freih. v.* (Kat. d. Bibl. d. dtsch. Reichstages. Berl. 1882.)

Betrachtungen über die vier Fragen eines Ostpreußen Berlin, Oehmigke 1841. 16 S. 8.

— über die wichtigsten Fragen der Gegenwart, s.a. Archiv f. das öffentl. Recht. 1. Hft.

Betrachtungen über die wichtigsten Fragen der Gegenwart, ... Giessen 1850. V: *Linde, Justinus Timotheus Balthasar Freih. von.* (Ky)

— über Frankreich. Bregenz, Brentano.

— üb. die Frauenzimmer: Thue Buße u. heirathe, (v. Frz. X. Oberer). 8. Salzb. 790. Mayr. 8 gr

Betrachtungen über die Frauenzimmer. Thue Buss und heurathe. Salzburg 1791. V: *Oberer, Franz Xaver.* (Ky) (MGT)

Betrachtungen, Freie, über die Religion für denkende Leser. Halle 1771. V: *Bahrdt, Carl Fr.* (GGr) (Ky) (ML)

— freie, üb. d. Religion, f. denkende Leser, (v. Karl Fr. Bahrdt). 2e Aufl. 8. Leipz. 785. Gräffe. 12 gr (A. u. d. T.: freie Betrachtt. ꝛc.)

Freie Betrachtungen über den Successionspunkt von dem Kurhause Baiern der Löblichen Landschaft gewidmet. . . v. R. 1778. 8. 15 S.

Betrachtungen eines Freimaurers über den Tod. Simbach 1872. V: *Ullepitsch, F.* (Tt)

Betrachtungen, Freimaurerische, über [Adolf] Harnack's Wesen des Christenthums. Vom Verf. des »Christenthum, Humanität und Freimaurerei«. Berlin 1901. V: *Wolfstieg, August.* (wolfstieg II, 141)

— freimaurerische, üb. Harnack's Wesen des Christenthums. Vom Verf. v. „Christenthum, Humanität u. Freimaurerei". gr. 8. (21 S.) Berlin 901. P. Stankiewicz. —50

Freimaurerische Betrachtungen über Harnack's Wesen des Christenthums. Vom Verf. von 'Christenthum, Humanität u. Freimaurerei.' 2. Aufl. *Berlin: P. Stankiewicz 1901.* (21 S.) 8°

Betrachtungen, Freimüthige, über die allerwichtigste Angelegenheit Teutschlands; . . . Germanien 1794. V: *Hendrich, Franz Joseph von.* (Ky) (MGT)

— freimüthige, über die wichtigste Angelegenheit Deutschlands, (v. F. J. v. Hendrich). 8. Germanien 794 ... 3e Aufl. 796.

Betrachtungen, Freymüthige, üb. d. neuen preuss. Anordnungen in geistl. Sachen. Germ. 1791. 8.

Freimüth. Betrachtungen über die französ. Besetzung der Kur braunschweigischen Staaten. 8. Germanien (Braunschweig) 1803.

Betrachtungen, Freymüthige, über alte und neue Bücher nebst einigen ungedruckten Auszügen und Anmerkungen hrsg. von Z[apf]. Augsb. 1784. V: *Am Ende, Christian Carl.* (RHMB IV, 316)

— freimüth., üb. alte u. neue Bücher, nebst einigen ungedruckten Sachen, Auszügen u. Anmerkk. u. s. w. (v. C. K. Amende). 1s Bd. gr. 8. Augsb. 784. Klett. 20 gr

Betrachtungen, Freymütige, über das Christenthum. Berlin 1780. . . . V: *Starck, Johann August Freih. von.* (Kl) (Ky) (Stri) (R-N) (winer)

— freymüth., üb. d. Christenth., gr. 8. Berlin, Himburg. 782.

Betrachtungen, Freimüthige, über das Edikt vom 9. Julius 1788, . . . Frankfurt und Leipzig 1788. V: *Villaume, Pierre.* (Ky) (MGT)

— freimüth., üb. d. Edikt v. 9. Juli 1788, die Religionsverf. in d. Preuß. Staate betr., (v. P. Villaume). 2 Stcke. 8. Frankf. u. Leipz. 788. (W. Vogel). 6 gr

— freimüthige, üb. d. Entschädigungsgeschäft d. westphäl. Reichsgrafen. 8. Augsb. 803. v. Jenisch u. Stage. 4 gr

— freymüth., üb. Gegenstände des Lutherthums in Ungarn. 8. Presb. Weber. 784.

Betrachtungen, freymüth., über die Gesetzgeb. der Deutsch. b. Geleg. der Kaiserwahl. 8. Frankf. Fleischer. 790. Rthlr.

— freim., üb. d. Gesetzgebung d. Deutschen, bei Gelegenh. d. Wahl e. röm. Kaisers, (v. K. F. v. Kruse). 8. Hamb. 790. (Herold jun., auch Guilhaumann in Frankf.) 4 gr

Betrachtungen, Freimüthige, über die Gesetzgebung der Teutschen bei Gelegenheit der Wahl eines römischen Kaisers. [Wiesbaden] 1790. V: *Kruse, Carl Friedrich Freih. von.* (EngJ) (HS) (Ky) (MGT) (Adel)

— freymüth., üb. Heß. Schr.: Hamburgs bestes Glück nicht von außen. gr. 8. Altona, Hammerich. 801.

— freimüthige, üb. d. neue preuß. Kirchenagende u. die project. Einführ. ders. im Großhrzgth. Baden. Von ein. evangel.-protestant. Pfarrer in Baden. gr. 8. (3 B.) Stuttgart 831, Metzler.

Freim. Betrachtungen üb. das Baiersche Concordat. Aarau, Sauerländer. 818. gr. 4. (4 Gr.)

Betrachtungen, Freimüthige, über die dogmatischen Lehren von Wundern und Offenbarung. . . . [Bayreuth] 1792. V: *Schmerler, Johann Adam.* (ML) (MP) (will) (BB)

— freymüth., üb. d. dogmat. Lehr. v. Wundern u. Offenbahr. in Brf. 8. Bayr. Lübeck. 792.

— freimüthige, über den wahren und falschen Liberalismus, über die Ertheilung des Staatsbürgerrechtes an die Juden, u. über die Schrift von Dr. Steinheim: „Meditationen über die Verhandlungen der Holsteinischen Ständekammer in Betreff der Petition mosaischer Glaubensgenossen ꝛc." Den guten Holsteinern zur Beherzigung von e. Landsmanne. gr. 8. Kiel 839. (Baurmeister u. Comp.) n. 1/6 Thlr.

— freimüthige, üb. den wahren u. falschen Liberalismus, üb. d. Ertheilung d. Staatsbürgerrechtes an die Juden, u. üb. d. Schrift v. Dr. Steinheim: „Meditationen üb. d. Verhandln. d. holstein. Ständekammer in Betreff d. Petition mosai. Glaubensgenossen ꝛc." Den guten Holsteinern z. Beherzig. von ein. Landsmanne. gr. 8. (2 B.) Kiel 839. [Hamburg, Schuberth u. Cp.]

Freimüthige Betrachtungen eines deutschen Mannes über kriegerische Massregeln zur Hemmung des Handels. gr. 8. Hamburg [Altenburg] 1801.

Betrachtungen freimüthige, eines teutschen Mannes über kriegerische Maßregeln z. Hemmung d. Handels ꝛc. gr. 8. 801. ist jetzt Verl. v. Schnuphase in Altenburg.

Betrachtungen, Freimüthige, über die Organisation der landschaftl. Ausschüsse. H. 1. 1797. V: *Danz, Wilhelm August Friedrich.* (HS) (MGT)

Anonym: „Freimüthige Betrachtungen eines preussischen Patrioten über Wiederherstellung und Aufrechterhaltung des Credits. Den ständischen Deputirten gewidmet im Jahre 1814". Metallographierte Abschrift. — Vorh.: Preuß. Staatsbibliothek Berlin.

Betrachtungen, Freymüthige, über das vor einiger Zeit herausgekommene Raisonnement über die protestantischen Universitäten in Teutschland. . . . Th. 1. Frankf. u. Tüb. [Frankfurt a. M.] 1769. V: *Eberhard, Johann Friedrich.* (ML) V: *Eberhard, J. H.* (Ky)

— freymüth., üb. d. Raisonnement d. protestant. Univer=sität. 8. Frankf. Brönner. 769.

— freimüthige, üb. Steuerwesen u. Steuerrectificatjon, Staats=schulden u. deren Tilgung, Kredit=Anstalten u. andere wichtige Gegenstände d. Staatshaushaltung 2c. 1s Heft. gr. 8. Würzb. 819. Stahel. (Berl., Rücker). 8 gl

— freimüthige, üb. d. Streitigkeiten d. Hierarchie. 8. Berl. 789. Schöne. 4 gl

Freimüth. u. unparth. Betrachtt. üb. d. gegenw. Friedens-Congress zu Soissons u. üb. dasjen., was auf selb. abgehand. od. angebracht werd. möchte. *Soissons.* 728. 8.

Betrachtungen, Freimüthige, über den medizinischen Unterricht auf der hohen Schule zu Wien. 1795. V: *Bonelli, Sigismund.* (Salzb. med. chirurg. Zeitung. 1795. Bd. III, p. 428.)

— freimüthige, über d. medicin. Unterricht auf d. hohen Schule zu Wien. gr. 8. Salzb. 795. Duyle. 2 gl

Betrachtungen (Freimüthige) über die Verordnung vom 27. Oct. in Betreff des Finanzwesens (von Fr. Buchholz). 8°. Berlin, Matzdorf, 1810.

Betrachtungen, Freymüthige, und ehrerbietige Vorstellungen über die neuen Preuss. Anordnungen in geistlichen Sachen. Germanien [Braunschweig] 1791. V: *Trapp, Ernst Christian.* (MGT) (StAt) (Wr) »1792« (Ky)

Betrachtungen, Freymüthige, über die wahren Vortheile eines Staats. Leipzig 1779. V: *Yve, Marquis d'.* (Ky) (ML)

— freimüth., über d. wahren Vortheile eines Staats. 8. Leipz. 779. Weidmann. 12 gl

Freimüthige Betrachtungen eines Weltbürgers, s.a. Lange, Karl Jul. 1801.

— freimüthige, e. philosoph. Weltbürgers, über wichtige Gegen=stände, entsprech. d. Bedürfnissen unsers Zeitalters u. d. Men=schengeschlechts. 8. Kopenh. 793. Schubothe. 14 gl

— freimüth., e. Weltbürgers üb. d. Revolutionen d. 18n Jahrh. 8. Philadelphia 801. (Braun in Berl.) 1 rf 20 gl

Betrachtungen, Freymüthige, eines Weltbürgers über eine . . . Schrift, genannt: Hamburgs bestes Glück nicht von Aussen [von L. v. Hess]. 1801. V: *Lange, Carl Julius* [= *Alexander Daveson*?] (E. Schmidt, Lessing [2] II, 591.) (Ky) (MGT)

Betrachtungen, Freymüthige, eines Weltbürgers zum Wohl von Aachen. Düsseldorf 1788. V: *Clermont, Joh. Arnold v.* (Euph 1892, 2, 447) (Mitth. A. Rosenbaum.)

— freimüth., e. Weltbürgers zum Wohl von Aachen 2c. gr. 8. Düs=seld. 788. Dänzer. 5 gl

Betrachtungen, Freimüthige, über die Wiederherstellung der neunten Kur . . . Frankfurt a. M. 1791. V: *Pfeiffer, Christoph Ludwig.* (Ky) (MGT)

— freimüth., über d. gegenwärt. Zustand von Polen 2c. (v. J. G. Kaulfuß). 8. Hamb. 770. Herold. 4 gl

— freymüthige. üb. d. gegenw. Zust. v. Pohlen. 8. Frankf. Herold. 771.

— e. Freundes bei d. Grabe d. Hrn. v. Matuschka. 8. Bresl. 780. J. F. Korn. 12 gl

Betrachtungen über den Frieden zu Adrianopel . . . Leipzig 1830. V: *Bergk, Johann Adam.* (Pr) (Ky)

Betrachtungen üb. d. Frieden zu Adrianopel, (abgeschl. d. 14. Sept. 1829.) Nebst ein. Schilderung d. gegenwärtig polit. Zustandes v. Europa, vorzüglich in Bezug auf Rußland, die Türkei u. Griechenland. Von ein. diplomat. Agenten. 8. (10 B.) Leipzig 830, Expeb. d. europ. Aufsehers. Thlr.

Betrachtungen über den Frieden, Herrn Pitt und den Franzosen gewidmet. Aus dem Franz. [Berlin 1795.] V: *Staël-Holstein, Anne Louise Germaine Baronne née Necker.* (BrMm)

— über den Frieden, Pitt u. den Franzosen gewidm. 8. Berl. 795. Unger. 8 gl

Betrachtungen über den Teschenschen Frieden 1779. Erstes Stück. Ueber einige Urtheile der Menschen von diesem Frieden. 1779. 8. 47 S.

Betracht. üb. d. Frieden zu Wien. Mit e. Charte d. österr. Kaiserthums. *Wien.* 809. gr. 8.

— über den Frieden von Wien d. 14. October 1809, (v. J. A. Bergk). M. 1 Karte. gr. 8. Wien 810. (Leipz., Rein). 12 gl

Betrachtungen über die fünf Friedensschlüsse. Altona 1802. V: *Lange, Carl Julius.* (Ky) (MGT)

— üb. d. fünf Friedensschlüsse zwischen Frankreich, Oesterreich, Portugal, Rußland u. d. Pforte. 8. Alt. 802. Hammerich. 12 gl

— über die letzten Friedensunterhandlungen. 8. o. O. (Berl.) 800. (Dunker u. H.) 4 gl

— über Prof. Frohschammer und Bayerisches Unterrichtswesen vom Standpunkte des bayerischen Staatsbürgerthums. Nürnberg 863. Riegel & Wießner in Comm. gr. 8. (30 S.) n. 7½ ngr.

—— üb. Prof. Frohschammer u. Bayer. Unterrichtswes. v. Standp. d. bayer. Staatsbürgerth. 8. (36) Nürnb. 63, (Sichling.) (?) n. — 7½

— fromme, aus alten Tagen. Nach der Ordng. d. Kirchenjahres. Dem christl. Volke dargereicht v. Herm. Keßler u. Frdr. Senf. gr. 8. (VIII, 458 S.) Leipzig 870. Teubner. 5. 40

— dasselbe. 2. Ausg. gr. 8. (VIII, 458 S.) Ebend. 873. 2. 70

Betrachtungen über das Fundament der Kräfte ... Königsberg 1784. V: *Kant, Immanuel.* (MGT)

— fünfzig, üb. das Leiden u. Sterben Jesu Christi. 8. (319 S.) New-York 851. (Philadelphia, Schäfer & Koradi.) In Engl. Einb. n. ⅚ ₰

—— fünfzig, über das Leiden und Sterben des Herrn Jesu Christi. 8. (310 S.) New-York 851. (Philadelphia, Schäfer.) *

Betrachtungen am Fusse des Kreuzes.... Pest 1850. V: *Mann, Joh. Aem.* (Pk)

Betrachtungen über die Gährung und die dadurch erhaltene Produkte ... Halle 1784. V: *Gren, Friedrich Albrecht Carl.* (Ky) (ML)

— üb. d. Gährung, u. d. dadurch erhaltn. Producte und Educte. 8. Halle, Waisenh. 785.

Betrachtungen üb. d. heutige Gartenwesen, durch Beispiele erläutert. Aus d. Engl. d. Thom. Whately v. Joh. Er. Zeiher. 8. Leipzig. 1771. (Brockhaus.) — 12⅓

— üb. d. heutige Gartenwesen, 8. Leipzig, Eurich. 771.

Betrachtungen über das Gebet des Herrn. [Stuttg. u. Tüb. 1836 (nicht 1846)]. V: *Kölle, Chph Frdr. Carl v.* (Zu) (GGr VIII, 254, 3)

— über das Gebet des Herrn. 8. Stuttgart u. Tübingen 836. Cotta'sche Buchh. ⅓ ₰

Betrachtungen über das Gebet des Herrn. [Stuttg. & Tüb. 1846.] V: *Kölle, Christoph Friedrich Carl von.* (Zu) (GGr)

— u. Gebete, z. Beförderung d. Hausandacht. 8. Brem. 795. Müller. 10 gr

— u. Gebete über die Bosheit der Sünde auf alle Tage der Woche. gr. 16. (16 S.) Dülmen 879. Laumann. n. — 10

— u. Gebete zur würdigen Feier d. heil. Abendmahls. 8. Nürnb. 791. Grattenauer. 8 gr

Betrachtungen und Gebete zum Gebrauche bei den für den Jubiläums-Ablaß im Jahre 1858 vorgeschriebenen Andachts-Uebungen. München (858). (Finsterlin.) 16. (72 S.) 3 ngr

— und Gebete zum Gebrauche der Kreuzwegandacht. 18. Neuburg 843, Prechter. ¹⁄₂₄ ₰

—— Gebete und Gesänge zum Gebrauche beim vierzigstündigen Gebete. Hrsg. von Aug. Bröckelmann. 8. (80 S.) Warendorf 886, Schnell'sche Buchh. *

— u. Gebete am Grabe unsers Erlösers, zum Gebr. der Betstunden. 12. Dresd. 830. Walther. 3 gr

Betrachtungen und Gebete über den Hingang Jesu nach Golgatha. Albendorf i. Schl. o. J. V: *Schneider.* (Russell XVI, I, 1, S. 37)

— u. Gebete f. Kranke, s. Krankenfreund, d. christl., 2r Bd.

— u. Gebete f. Kranke u. Sterbende etc., s. Kranken-Freund. 2r Thl.

— üb. Gebete der Landleute etc. gr. 8. Halle 779. Gebauer. 9 gr

Betrachtungen und Gebete für Leute vom Lande, ... Halle 1776. V: *Reiche, Carl Christoph.* (Ky) (ML)

Betrachtungen, Gebete und Lieder für Zuchthaus- und Baugefangene. Bremen 1811. H: *Tidemann, Franz.* (Ky) (GGr)

— Gebete u. Lieder für Zuchthaus- u. Baugefangene, nebst e. Anh. 8. Brem. 811. Heyse. 6 gr

Betrachtungen und Gebete über die ganze Lauretanische Litanei zur seligsten Jungfrau Maria. Mit Morgen-, Abend-, Meß-, Beicht- u. Kommuniongebeten. Ein Andachtsbuch für fromme Verehrer Mariens. Mit 1 Holzschn. gr. 12. Luzern 838. Gebr. Räber. (St. Gallen, Scheitlin u. Zollikofer; Augsburg, Kollmannsche Buchh.) ¼ ₰

Betrachtungen, Gebete und Litaneien. Versuch eines Handbuches für Seelsorger ... Augsburg 1838. V: *Leinfelder, Anton.* (Th)

— Gebete u. Litaneien. — Versuch eines Handbuches f. kathol. Seelsorger, zum Gebrauche beim öffentl. Gottesdienste. Von e. kathol. Geistlichen. Mit 1 Stahlstich. Lex.-8. Augsburg 838. Kollmannsche Buchh. 1½ ₰

— u. Gebete üb. d. Psalmen. Mit e. Vorrede v. C. C. Sturm. gr. 8. Halle 777. (Hahn in Hannov.) 18 gr

— und Gebete auf jeden Tag in der Fasten von einem Priester der Gesellschaft Jesu. Nebst einem Anhange von Morgen-, Abend- und Meßgebeten. Paderborn 853. Junfermann. 8. (VIII, 308 S.) n. 12 ngr

Betrachtungen und Gebethe für Verbrecher, die ihr Urtheil erwarten; sammt einem Anhange für Zuchthausgefangene. Ein Handbuch für Straf-Anstalten. Herausgegeben von der asketischen Gesellschaft. *Zürich.* 1828

— u. Gebete f. Verbrecher, die ihr Urtheil erwarten, sammt e. Anhange f. Zuchthausgefangene. Ein Handbuch f. Strafanstalten. Herausg. von d. asket. Gesellschaft. 3e verm. Aufl. gr. 8. Zürich 828. Orell. 1 ₰ 8 gr

Betrachtungen über das Gebirge bey Königshayn in der Oberlausiz. Dresden 1780. V: *Schachmann, C. A. von.* (BrMn)

— u. Gedanken üb. verschied. Gegenstände d. Welt u. Literatur, (v. F. M. v. Klinger). 3 Thle. 8. (Leipz.) 802—5. Hartknoch. 4 ₰ Holl. Pap. 6 ₰ 10 gr

Betrachtungen und Gedanken über verschiedene Gegenstände der Welt und der Litteratur. Nebst Bruchstücken aus einer Handschrift. Cöln 1803—05. V: *Klinger, Friedrich Maximilian.* (schstr S. 215)

— üb. d. drohendsten Gefahren d. weibl. Jugend. 8. Stendal 795. Franzen u. Gr. 6 gr

Betrachtungen, über das Gefecht der Infanterie und dessen Durchführung in der Sohlacht in Rücksicht auf die ferntragenden Schusswaffen. Hannover 1884. V: *Goltz, Colmar, Freiherr von.* (zuwzür 7, 1903, II, S. 74)

— über das Gefecht der Infanterie u. dessen Durchführung in der Schlacht in Rücksicht auf die ferntragenden Schußwaffen. [Führung u. Verwendg. der Truppen.] Von H. Frhr. v. d. G. v. N. gr. 8. (35 S.) Hannover 884. Helwing's Verl. n. 1. —

Betrachtungen, Einige, über die Gegenantwort eines Protestanten ... über den Satz: Alle Religionen machen selig, gehalten von K. Scheiblen. Speyer 1790. V: *Berg, Jacob Friedrich von.* (MGT)

— üb. allerlei Gegenstände. 1r Bd. gr. 12. Wien 769. Trattner. 8 gr

— über mehrere Gegenstände der Kriegs-Philosophie, welche die Aufmerksamkeit unserer Zeitgenossen verdienen. Geschrieben im J. 1825. Aus d. Papieren eines Generals, herausg. v. L. Blesson. Mit 2 Plänen. gr. 8. Berl. 835. Schlesinger. $1^2/_3$ rl

— üb. Gegenstände d. Religion, in Predigten. 8. Halberst. 795. Groß. (W. Nauck in Leipz. Mit n. Tit. 808.) 18 gr

— üb. Gegenst. d. Religion in Predigt. 8. Halberstadt. (Sommer in Leipz.) 795.

Betrachtungen über verschiedene Gegenstände. Hamburg 1763. V: *Camerer, Johann Friedrich.* (BB) (Ky) V: *Willebrand, Johann Peter.* (ML)

— über verschied. Gegenstände, (v. J. F. Camerer). 8. Hamb. 764. Bock. 6 gr

Betrachtungen über verschiedene Gegenstände der ... Glückseligkeit. Aus d. Ital. Copenh. 1775. V: *Bianchi, von.* (EB)

— üb. verschied. Gegenstände d. allgem. u. einzelnen Glückseligkeit. 8. Linz 793. Haslinger. 16 gr

— üb. verschied. Gegenstände d. Infanterie-Dienstes ꝛc. 8. Bresl. 801. (H. Richter in L.) 14 gr

— üb. verschied. Gegenst. d. Welt u. d. Literat. (v. Klinger.) 3 Thle. 8. Leipzig, Hartknoch. 803—5. (à 1 Rthlr. 12 gr.)

— — dasselb. 5 Thl. 8. St. Petersb. 805.

— über einige wichtige Gegenstände des Glaubens ꝛc., s. Channing.

— üb. wichtige theolog. Gegenstände u. Fragen. 8. Liegn. 771. Siegert. 6 gr

— über Gegenstände d. schriftl. Civilprocesses u. Advokatenwesen. gr. 8. ($4^1/_2$ B.) Erlangen 845, Enke. *

— über die Gegenwart v. e. Hamburger Arbeiter. Mit e. Geleitwort von Mor. v. Egidy. Das Buch behandelt wirtschaftl., religiöse u. künstler. Fragen. (IV, 93 S.) 8. Altona (906). Gebr. Harz. n. 1. —

Betrachtungen üb. die Geheimnisse d. Leidens u. Sterbens Jesu Christi. 12. Karlsr. 810. Braun. 2 gr

— für Geistlich u. Weltlich auf alle Tage d. Jahres. Autoris. Uebersetzg. aus dem Franz. im Vereine m. Mitarbeitern besorgt durch Ludw. Wahl. 1—3. Bd. 8. Regensburg 874. 75. Manz. à 4. 50

1. Vom ersten Sonntag d. Advents bis zum Passionssonntag. (696 S.)
2. Vom Passionssonntag bis zum 8. Sonntag nach Pfingsten. (663 S.)
3. Vom 8. bis 24. Sonntag nach Pfingsten. (672 S.)

— f. Geistlich u. Weltlich a. alle Tage d. Jahres. (Von Hamon.) Autor. Übersetzg. a. d. Franz., i. Vereine m. Mitarbeitern besorgt v. Ludw. Wahl. 2., verb. u. veränd. Aufl. 2 Bde. gr. 8. (XII, 660 u. VIII, 643 S.) Regensburg 897. Nationale Verlagsanstalt. n. 10. —

— f. Geistlich u. Weltlich auf alle Tage d. Jahres. (Von Hamon.) Aus d. Franz., besorgt v. L Wahl. 3. Afl. 2 Bde. 8° (660 u. 648) Rgnsbg 97, Verl.-Anst. vorm. GJ Manz. 10 —; geb. in H.-F. 13 —

— für Geistlich u. Weltlich auf alle Tage des Jahres. (Von Hamon.) Autoris. Übersetzg. aus dem Franz., im Vereine m. Mitarbeitern besorgt v. Ludw. Wahl. 3. Aufl. 2 Bde. gr. 8. (XII, 660 u. VIII, 643 S.) Regensburg 901. Verlagsanstalt vorm. G. J. Manz. n. 10. —; geb. in Halbfrz. n. 13. —

— f. Geistlich u. Weltlich auf alle Tage des Jahres. Autoris. Übersetzg. aus dem Franz. im Vereine m. Mitarbeitern besorgt v. Ludw. Wahl. 4. Aufl. 2 Bde. (XI, 660 u. VIII, 643 S.) gr. 8. Regensburg 910. Verlagsanstalt vorm. G. J. Manz. 10.—; geb. in Hlbfrz. 18. —

GEISTLICHE BETRACHTUNGEN der Eigenschaften Gottes. Tyrnau 1750. Academ. Buchdruck. der Societ. Jesu. 84 S. - 160 mm

- Dass. u. d. T. Geistliche Betrachtung, und dem Menschen zur Beförderung des Heils höchst nützliche Erinnerung der Eigenschaften Gottes. Gedichte. Pest o. J. (1767): Druck Fr(anz) A(nton) Eitzenberger. 94 S. - 105 mm

— geistl., d. Eigenschaft. Gottes. 8. Bamberg, Göbhard. 767.

— geistl., d. Eigenschaften Gottes. 8. Bamb. 767. (Wesché in Frankf.) 3 gr

Geistliche Betrachtungen der göttlichen Eigenschaften. Lutzemburg, Erben J. B. Ferry 1736.
8°.

Betrachtungen, Geistliche, von dem würdigen Gebrauche des heil. Abendmahls; aus dem Französischen [des Daniel Superville] ... Budiss. 1728. Ü: *Lessing, Johann Gottfried.* (ML)

Betrachtungen, Geistliche, wie man ..., s.a. Sporck, Franz Anton von

Betrachtungen, Geistliche, wie man Gott dienen ... soll. König-Gratz 1724. V: *Sporck, Franz Anton Graf von.* (Haydinger)

— geistl., über d. Zustand d. Menschen, wenn sie durch d. Leiter d. Schöpfung zu Gott steigen. 8. Ulm 752. Stettin. 8 gr

Betrachtungen, Geistreiche, Von dem Würdigen Gebrauche des Heiligen Abendmahls, Und denen wahren Mitteln selbiges heilsam zu geniessen, Ehemals In Frantzösischer Sprache Von einem hochberühmten Lehrer herausgegeben, Nunmehro aber ... ins Teutsche übersetzt, und zum Druck befördert von M. Johann Gottfried Lessing ... Budissin 1728. V: *Superville, Daniel de.* (LESS 109)

— d. Gelehrsamk. 8. Breslau, Korn d. Jüng. 762.

Betrachtungen über die Mecklenburg-Schwerinsche Gemeinde-Ordnung für Domanial-Ortschaften. Rostock 1866. V: *Schröder, Franz Wilhelm Ferdinand.* (ADB)

— über die Mecklenburg-Schwerinsche Gemeinde-Ordnung für Domanial-Ortschaften vom 31. Julius 1865. Rostock 866. Stiller. gr. 8. (XVIII, 103 S.) n. 15 ngr

—— und Gemüths-Erhebungen zu Gott. M. 1 Kpfr. u. Titvign. gr. 16. (16 B.) Frankfurt a. M. 831, Andreä.

—— über die Gerichts-Verfassung in Deutschland und insbesondere in Bayern. gr. 8. (V und 196 S.) Stuttgart 855, Gebr. Scheitlin.

—— üb. d. dänischen Gesammtstaat. 8. (24) Hamb. 57. (Lpzg, Mauke.) n. — 6

— über den dänischen Gesammtstaat. März 857. Hamburg 857 Perthes-Besser u. Mauke. gr. 8. (24 S.) n. 6 ngr

— u. Gesänge f. Christ. s. a. Teubern.

Betrachtungen und Gesänge für Christen ... Züllichau 1767. Neue Aufl. 1787. V: *Teubern, Hans Ernst v.* (Kläbe, Neuestes Gel. Dresden. Leipz. 1796.)

— üb. d. Geschäfte u. Vergnügen. 8. Leipz.... 3e A. 783. Weidmann. 6 gr

Betrachtungen üb. die Geschichte Abrahams. Zum Gebr. in Wochen-Betstunden u. Haus-Andachten, bearb. von einem evangel. Geistlichen in Bayern, u. hrsg. v. Heinr. Brandt. 8. (IV u. 212 S.) Sulzbach 849, v. Seidel. 2/3 rß

— geschichtliche, über die Pferderacen. Mit 1 Vign. u. 1 Tab. Lex.-8. Cassel 840, Fischer. n. 5/6 rß

— geschichtl. u. polit., über d. jetzigen Zustand d. Fränk. Ritterschaft ꝛc. 8. Würzb. 804. Rienner. 6 gr

Betrachtungen über den veröffentlichten Gesetzesentwurf für das bernische Armenwesen. Bern 1857. V: *Wurstenberger von Wittikofen.* (BSCHWL V, 10 f., S. 145)

— über den vom mecklenburgischen Staats-Ministerium unterm 24. September 1853 herausg. Gesetzentwurf, betr. die Zuständigkeit des Criminal-Collegiums zu Bützow und das Verfahren wegen der dahin gehörenden Verbrechen, nebst Motiven. Hamburg 854. Gaßmann. gr. 8. (XII, 155 S.) n. 7 1/2 ngr

— über d. am 18. Sept. 1826, d. 2ten Kammer d. Landstände d. Großh Hessen vorgelegten Gesetzentwürfe, d. gerichtl. Verfahren in bürgerl. Rechtsstreitigkeiten betreffend. gr. 8. Straßb. 826. (Kupferberg in Mainz.)

—— zur deutschen socialen Gesetzgebung. Von e. Industriellen der Prov. Hannover. gr. 8. (23 S.) Hannov. 889. (Linden-Hannov., Manz u. Lange). * — 50
Aus: Hannov. neueste Nachrichten, besonders abgedruckt.

Betrachtungen, Einige, über den Getreide-Handel zwischen England und dem übrigen Europa. [Frankf. a. M. 1829.] V: *Wessenberg, Joh. Freih. v.* (EB)

—— einige, üb. d. Getreide-Handel zwischen England u. d. übrigen Europa. gr. 8. (5 1/2 B.) Frankfurt a. M. 829, Boselli.

Betrachtungen über das apostolische Glaubensbekenntniss und über die Evangelien an den Sonntagen und kirchlichen Festen vom 6. Nov. bis 9. April. Münster 1836. V: *Stolberg, Alfred Graf zu.* (RASS)

— über das apostol. Glaubensbekenntniß und über die Evangelien an den Sonntagen u. kirchl. Festen v. 6. Nov. bis 9. April. Aus d. Nachlaß eines früh Verstorbenen. gr. 12. Münster 836. Aschendorff. 1 rß

— üb. d. eigenthüml. Glaubenslehre d. Christenth. ꝛc gr. 8. Breslau, Korn d. ält. 800.

Betracht. üb. d. Gleichgewicht v. Europa mit Teutschland in Rücks. auf d. Umtausch v. Beyern. *s. l.* 785. 8.

Betrachtungen über das Gleichgewicht von Europa auf Teutschland in Rücksicht auf den Umtausch von Baiern. Frankf. u. Leipz. 1786. V: *Moser, Joh. Jacob.* (BIBLPORT)

— d. allgem. Gnaden- u. Liebeswege Gottes. 8. 742.

— Gottes u. s. liebr. Eigenschaft. 8. Frankf.

— über die heil. Gottesliebe. Aus dem Italien. 12. (Mit 1 Stahlstich.) Wien 843, Mechitaristen-Congr.-B. geb. 1/4 rß

Betrachtungen, Gottgeheiligte, über das N. Testament. Stuttg. 1735. V: *Moser, Johann Jacob.* (ML)

— gottselige, best. in lehrr. u. erbaul. Stell. a. gedr Predigt. u. Schr. 8. Coburg, Ahl. 805.

— gottselige, üb. d. Sonn- u. Festtägl. Evangelien d Jahrs. 8. Leipz. Sommer.

— gottselige, über d. Gebete, nebst gründl. Erklärung d. heil. Vater Unser, mit bibl. Bemerkk. 2 Thle. gr. 8. Manh. 821. Schwan u. G. 1 rß 8 gr

Betrachtungen bei dem, durch die Trauerrede des v. Trenck entweihten Grabe Friedrichs des Grossen, von A. W. von Hansen. (Motto: O desiderium, tum cari capitis! Hor.) Hamburg 1786. 8.

Betrachtungen eines Greises über die Religion. Aurich 1785. V: *Derschau, Christoph Friedrich von.* (ML)

— vor der Gruft zu Dreux. Aufgezeichnet am 4. Aug. 1842. gr. 8. Berlin 842. (Plahn'sche Buchh.) n. 1/4 rß

Betrachtungen über die Grundfeste des durchlauchtigsten Hauses Pfalzbaiern. Mannheim 1780. V: *Bachmann* (Pfalz-Zweybrückscher Archivar). (St.-Arch.-Wien Staatskzlei Bayern, Fasz. 54, Nr. 142.)

—gründl., d. drei großen Propheten, Eliae, Elisae u. Danielis. 8. Stuttg. 780. Erhard. 8 K

— gründl., in welch. d. apostol. u. constantinop. Glaubensbekennt. erklärt wird. gr. 8. Salzburg, Waisenhaus. 782

— gründl., d. luther. Lehre v. d. Beichte. 8. Lübeck. 737.

Betrachtungen nach den Grundsätzen der Bücher-Censur über die zeither wegen der Ursache des gegenwärtigen Krieges herausgekommenen Streitschriften. 1757. 4. 24 S.

Betrachtungen über das neue Sächsische Grundsteuer-Cataster ... Leipzig 1844. V: *Runde, Franz Ludwig.* (BRVV)

Betrachtungen über das neue sächsische Grundsteuer-Cataster und die zu dessen Instandhaltung neuerdings getroffenen Veranstaltungen. gr. 8°. Leipzig, Brockhaus, 1844.

Betrachtungen über Gründung von Leih- und Sparkassen für gering bemittelte Staatsbürger Badens, nebst hierauf bezüglichem Verordnungs-Entwurf. gr. 8°. Karlsruhe, Braun, 1850.

[F.] Betrachtungen über die wichtigsten Grundwahrheiten der Religion. ... SA. aus d. 'Gesang- u. Gebetbuch f. d. Diöz. Limburg'. *Saarlouis: Hansen & C. 1895.* (1 Bl., 64 S.) 1 Bd 8. [98. 4059]

*—üb. d. Gutachten, wie d. Reichsstand die Ostfriesische Sache anzusehen habe. 4. Hann. Hellwing. 724.

Betrachtungen über das Gutachten wie ein patriotisch-gesinneter unpartheiischer Reichs-Stand die Ostfriesische Sache anzusehen habe. o.O. 1753.

Betrachtungen Habacucs nach dem Unterscheid der Zeit. Leipzig 1715. V: *Loeffler, Friedrich Simon.* (Myl)

— über den ersten deutschen Handelstag. (Aus der Haude und Spenerschen Zeitung abgedr.) Mit erläut. Anmerkgn. Berlin 861. Fr. Schulze. gr. 8. (44 S.) n. 6 ngr.

Betrachtungen über die Hauptspitäler Wiens. Wien 1784. V: *Quarin, Jos. v.* (WBL XXIV/137) (BiblPort)

Betrachtungen über das preuß. Heer bei dessen bevorstehender neuen Organisation. Hirschberg 1859. 19 S.

Betrachtungen über die preuß. Heeresorganisation. Von einem höheren preuß. Offizier. Leipzig 1863. 8°.

Betrachtungen, Etzliche heilige, höchstnöthige, und nützliche, in dieser letzten betrübten Zeit durch Gottes reichen Seegen zur Beförderung seines allerheiligsten Nahmens Ehre ... ans Licht gebracht ... O. O. u. J. V: *Sylvius, Andr.* (Bygdén, Svenskt anon. och pseud. lex. Upsala 1898 ff. I.)

Betrachtungen Teutschen Patrioten heilig. Frankf. und Leipzig [Riga] 1776—1780. V: *Springer, Johann Christoph Erich von.* (Ky) (ML) (Stri)

Betrachtungen, deutsch. Patrioten heilig', (3 Thle. 8. Frankf. u. Leipz. (Hartknoch in Leipz.) 776 — 80. (1r 1 Rthlr. 8 gr., 2r 20 gr., 3r 1 Rthlr.) Rthlr.

Betrachtungen, Heilige, eines Kommunikanten, ... Halle 1765. II. Aufl. 1788. V: *Sturm, Christoph Christian.* (ML) »Halle 1781« V: *Sturm, J. J.* (Ky)

—heil., e. Kommunikanten, (v. J. J. Sturm). 2 Thle. gr. 8. Halle 781. Kümmel. 12 K

Betrachtungen, Heilige, über die Leidens- und Sterbens-Geschichte unsers Heilandes Jesu Christi. O. O. [1772]. V: *Röding, Johann Hinrich.* (schr)

Betrachtungen, Heilige, über das Seelen-Leiden Jesu im Garten Gethsemane. O. O. [1772]. V: *Roeding, Johann Hinrich.* (schr)

— „ heilsame, und Ermahnungen üb. d. Geheimnisse der Menschenerlösung. Zusammengetragen vom (G. Blum) Verfasser der „Schritte z. Liebe Gottes". gr. 8. Würzburg 1849. Stahel'sche B. 10 Ngr. — 36 kr.

— u. Ermahnungen, heilsame, üb. die Geheimnisse der Menschenerlösung. Zusammengetragen vom Verf. d. Gebetbuches: „Schritte zur vollkommenen Liebe Gottes." gr. 8. (VI u. 205 S. m. 1 Stahlst.) Würzburg 849, Stahelsche B. 12 ngr.

Betrachtungen, Gebete und Lieder, Heilsame, welche vor, bey und nach dem Gebrauch des heil. Abendmahls nützlich zu gebrauchen. Nürnberg 1765. V: *Kiesling, Johann Paul.* (ML) (Will)

Betrachtungen über die grossen Heilswahrheiten der christlichen Religion, ... 2. Aufl. Münster 1849. V: *Westhoff, Ebert Wilhelm.* (Ky)

— üb. d. Helden. 8. Amsterd. Crusius. 780.

Betrachtungen, Hermanns, über das Schreiben des Papstes Pii VI. an den Herrn Fürstbischof zu Freysingen vom 18. Okt. 1786. Damiat [Bonn] 1787. V: *Waldenfels, Freih. von.* (MGT)

Betrachtungen über das heiligste Herz Jesu. Gratz 1832. V: *Jacobs, Peter* (Jes)

— histor. u. mor., üb. d. Constit. Unigenitus. 8. Frankf. u. L. Scheidhauer. 753.

Betrachtungen, Historische und politische, über die Polnischen Begebenheiten. Lpz. 1733. V: *Schaumburg, Johann Gottfried.* (stri)

Betrachtungen, histor. u. polit., üb. d. Kolonien, besonders in Rücksicht auf d. Engl.-Amerikanischen. 8. Bern 779. Haller. 9 gr

— hist. u. rechtl., des Recurses v. d. höchst. Reichsgericht. a. d. Reichsconvent. 8. Frankf. 750.

— histor. u. staatsrechtl., üb. d. Reichsritterschaft in Franken, Schwaben u. am Rhein. (Von K. Jul. Lange.) 8. Berl. 804. Dunker u. H. 10 gr

Betrachtungen, Historische und staatsrechtliche, über die Reichsritterschaft in Franken, ... Regensb. [Berlin] 1804. V: *Lange, Carl Julius* [= *Alexander Daveson*?] (E. Schmidt, Lessing [2] II, 591.) (EngJ) (Ky) (Co) (Wr)

— ~~historisch-politische,~~ über die Theilung Galiziens. 8. (60 S.) Lemberg 862, Poremba.

— histor.-publicist., üb. d. Entstehung u. Veränd. d. geistl. Reichsstandschaft in Deutschland ꝛc. 8. Altenb. 802. (Schnuphase, a. Hinrichs in Leipz.) 16 gr

— üb. Horus, Europens Aufklär. ꝛc. 8. Leipzig, Kummer. 787.

— 100, für die Sonntage u. die vorzüglichsten Festtage des Kirchenjahres. Von B. v. M. Mainz 869. Kirchheim. 8. (VIII, 364 S.) 20 ngr

— üb. d. Infanterie. Von C. [Carl XV. v. Schweden u. Norw.] Uebertr. v. C v. Sarauw. 8. (91) Lpzg 69. Schlicke. n. — 24

— d. Innungen. s. Firnhaber.

— üb. d. Johannes-Evangelium, v. M v. O. 5 Hefte. (295) 8° Schwer., F Bahn 09. Je — 85: in 1 L.-Bd 2.50 d

— über das Johannes-Evangelium, von M. v. O. 5 Hefte. (205 S.) 8. Schwerin 910. F. Bahn. à — 85; in 1 Leinw.-Bd. 2. 50

— über das Buch Josua, v. H. R. Aus dem Französ. 8. (140 S.) Elberfeld 888. Faßbender. n. — 75

— über die Katastrophe von 1866 in Deutschland vom Verf. der „Gedanken über Cavallerie" ꝛc. Stendal 866. Franzen & Große in Comm. 8. (16 S.) n. 1⅓ ngr

— katechetische, in den. d. Inhalt des Röm. Glaubens vorgetr. wird. 8. Bamb. Göbhard. 774.

— — dasselbe. 8. Bamberg. (Haslinger in Linz.) 774.

— katechetische, in denen d. Inh. des römisch. Glaubens dergestalt vorgetragen wird, daß Personen ꝛc. 8. Münster, Aschendorff. 788.

Betrachtungen, Katechetische, in welchen der Inhalt des Römischen Glaubens vorgetragen wird. Bamberg 1774. V: *Strasser, B.* (Ky)

— eines Katholiken am 31. Octbr. 1817. 8. 817. (Leipz., Rein). 4 gr

— katholische, üb. d. z. Mainz ꝛc. wid. d. Isenbiehlisch. Vers. v. Emmanuel ausgebr. Censuren. 8. Bamb. Göbhard.

— kathol., üb. die zu Mainz, Heidelberg u. Straßburg wider d. Isenbiehlisch. Versuch v. Emanuel ausgebrachten Censuren. 8. Bamb. (Wesché in Frankf.) 6 gr

— kavalleristisch-reglementarische. Von einem alten Kavalleristen. gr. 8. (16 S. m. Fig.) Magdeburg 888. Faber. n.n. — 75

— üb. z. verständ. u. christl. Kindererziehung. 8. Bamb. Göbhard. 776.

— üb. e. verständige u. christl. Kindererziehung. 8. Bamb. 776. (Wesché in Frankf.) 6 gr

Betrachtungen über die römisch-katholische Kirche mit ihren Jesuiten, in besonderer Beziehung auf Kotzebues Ermordung durch Sand; ... Eisfeld 1819. V: *Jäck, Heinrich Joachim.* (Ky) (MGT) (Th) (NN)

— über die römisch-katholische Kirche mit ihren Jesuiten in besonderer Beziehung auf Kotzebue's Ermordung durch Sand. 8. Eisfeld. (Erlangen, Palm und Enke.) 819.

Betrachtungen über die Kirchenmusik. Breslau 1767. V: *Steinberg, Chn Gottlieb.* (Ky)

— üb. d. Kirchenmusik. 8. Bresl. 767. Pietsch. 4 gr

— — eines Klausners (v. St. Norbert bei Rom) üb. d. Wahrheit d. Religion. 8. Augsburg 1836, Kollmann. 4 ggr. — 18 kr.

Betrachtungen über Kleinkinderschulen. Berlin 1839. V: *Perschke, Friedrich Wilhelm.* (NN)

— über den Clerical- u. Mönchsgeist im 19ten Jahrhund., (v. F. R. Baur). Mit Baur's Portr. 8. Rudolst. 804. (Hildebrand in Arnst.) 1 Thlr 8 gr Hbg. Pr. 1 Thlr

— üb. d. Clerical- u. Mönchsgeist im 19ten Jahrh. m. K. 8. Rudolst. Klüger. 804.

Betrachtungen über die Klugheit eines Predigers bey Beurtheilung deren ihm anvertrauten Heerde über Ezech. 34,17. [Lauban 1752.] V: *Gregorius, Immanuel Friedrich.* (OL)

Betrachtungen über das Kommen des Verheissenen und die Tage seines sichtbaren Wandels auf Erden ... Dresden 1853—54. V: *Schlieffen, Auguste Gräfin von.* (Zu)

— über das Kommen des Verheißenen und die Tage seines sichtbaren Wandels auf Erden. Zum Behuf häuslicher Erbauung. Mit einem Vorworte von G. C. A. Harleß. (4 Abthlgn.) Dresden 852—54. Naumann. gr. 8. n. 1 Thlr
1. Abth.: Advents- und Weihnachtsbetrachtungen. Zum Behuf häuslicher Erbauung. 853. (VIII, 96 S.) n. 8 ngr
2. „ Betrachtungen über das Leben unsers Herrn während der Zeit seines Lehramtes. 853. (136 S.) n. 8 ngr
3. „ Passionsbetrachtungen zum Gebrauch bei Hausandachten. 2. unveränd. Abdr. 852. (VII, 98 S.) — 3. Aufl. Mit ausgedruckten Texten. 854. (1 Bl., IV, 120 S.) n. 8 ngr
4. „ Oster- und Himmelfahrts-Betrachtungen. Zum Behuf häuslicher Erbauung. 853. (3 Bl., 89 S.) n. 8 ngr

— vor u. n. d. hl. Kommunion. N. e. alten Schriftsteller. Hrsg. v. Ingold. Autor. Übersetzg a. d. Franz. v. J. Nowack. 16. (VIII, 307 S.) Straßburg 898. F. X. Le Roux & Co. n. 1. 50; geb. in Leinw. m. Rot- od. Goldschn. n. 2. —

Betrachtungen über das Concordat. Aus dem Französischen. Leipzig 1813. V: *Uwarov, Sergei Semenowič Graf.* Ü: *Arndt, Ernst Moritz.* (EngJ) (Ky)

—üb. das Konkordat; a. d. Französ. (d. Hrn. v. Ouwarow, v. E. M. Arndt). 8. Leipz. 814. Hartknoch. 2 ℛ

Betrachtungen über das baier. Konkordat. 1818. (I, 6179.) V: *Zschokke, Joh. Hch. Daniel.* Vgl. Goed X, 96, 78, 2. (DARP)

Betrachtungen über das baierische Konkordat. Aarau 1818. V: *Rudhard, Ignaz.* (Ky)

— üb. das Baiersche Konkordat. gr. 4. Arau 818. Sauerländer. 4 ℛ

Betrachtungen, Korpsstudentische. Kassel 1895. V: *Köhler* (?). (VAK)

Betrachtungen, corpsstudent. Von e. jüngeren A. H. 8° (34) Cass. 95, TG Fisher & Co. — 60

Betrachtungen, Kortum's, über die Erbcontracte der Prediger. Neustrelitz 1797. V: *Paschen, Joh. Christoph.* (Winer)

— kosmopolit., über Staatseinkünfte. gr. 8. Marb. 791. Krieger. 16 ℛ

— kosmopolit., üb. Staatseinkünfte. gr. 8. Marburg, Krieger. 792.

Betrachtungen über die leidende Kraft des Menschen. Mannh. 1786. V: *Dalberg, Joh. Fr. Hugo Freih. von.* (GGr) (Ky) (MGT) (Ludwig)

— üb. d. leidende Kraft des Menschen, (v. Jh. Fr. H. v. Dalberg). 8. Manh. 805. Schwan u. G. 12 ℛ N. A. gr. 12. Ebd. 830. 12 ℛ

* Einige Betrachtungen über die bewegenden Kräfte bei den bewegten Körpern von einem der Mathematik Beflissenen. Hamburg. 8. 17 S.

— des Creuzes Jesu Christi. 8. 745.

— üb. d. Krieg v. 1812, s. Tschulkewitsch.

— über den Krieg in Frankreich 1870 bis zur Entwaffnung der französischen Armee bei Sedan. Mit 5 Taf. strateg. Situationen. gr. 8. (II, 235 S. m. 10 Steintaf. in gr. 8., qu. gr. 4., qu.-gr.- u. Imp.-Fol.) Wien 872. Gerold's Sohn in Comm. n. 8. —

Betrachtungen über den gegenwärtigen innerlichen Krieg der Teutschen, und dessen Absicht auf die Religion. Gosslar 1757. 4. (23 S.)
— Betrachtungen über den gegenwärtigen innerlichen Krieg der Teutschen. 2. In Absicht auf die Reichsverfassung. Gosslar 1757. 4. (24 S.)
— Dasselbe: 3. In Absicht auf die Neutralität der Reichsstände. Gosslar 1757. (12 S.)

— über den, zwischen den Griechen u. Türken bestehenden Krieg, von e. Griechen. Aus d. Franz. v. Dr. Z. 8. Berl. 824. Enslin.

Betrachtungen über den zw. den Griechen u. Türken bestehenden Krieg. Von e. Griechen. A. d. Frz. v. Dr. Z. (88.) 8. Berlin, Strassburg 1824. 1,00.

— üb. d. jetzigen Krieg gegen Frankreich, (von K. F. v. Knesebeck). 8. Berl. 794. Vieweg in Braunschw. 8 ℛ

Betrachtungen über die Kriegsbaukunst. Berlin 1799. V: *Menu von Minutoli, H.* (Ky) (MGT)

— üb. d. Kriegsbaukunst. m. K. 8. Berlin, Belitz. 799.

— üb. d. Kriegsbaukunst, (v. H. Menu v. Minutoli). M. 2 Kpf. 8. Berl. 799. (Leipz., Wienbrack). 10 ℛ

Betrachtungen. Einige B' über den auswärtigen Kriegsdienst der Schweizer. mit besonderer Berücksichtigung der Bedürfnisse und Verhältnisse des Kantons Graubünden. 8. Chur 1828.

Betrachtungen über die bisher. Kriegführung u. nächste Operationsfrage in der Krim. (23.) 8. Ansbach 1855. 0.40.

Betrachtungen über die Kriegskunst . . . O. O. 1797—99. V: *Bärenhorst, Georg Heinrich von.* (Ky) (MGT)

— üb. d. Kriegskunst, üb. ihre Fortschritte, ihre Widersprüche ꝛc. (v. G. H. v. Berenhorst). Mit 2 Anh. 8. Leipz. „ 2e A. 798, 99. 3e A. 827. Gr. Fleischer. 2 ℛ 12 ℛ

— üb. d. heutige Critik d. Deutsch. 8. Strasb. (Jacobäer, a. Hertel in Leipzig.) 768.

Betrachtungen, Critische, über einige Auftritte der Gottschedischen Uebersetzung der Iphigenia des Racine. Zürich 1743. V: *Bodmer, Johann Jacob & Joh. Jacob Breitinger.* (ML) (GGr)

Betrachtungen, Kritische, über die Eisenindustrie der österreichischen Alpenländer. Die Ursachen ihres Verfalles und ein Beitrag zu ihrer Neugeburt. Graz 1868. V: *Fleckner, A.* (JOANSTYRA)

—— kritische, über die Eisen-Industrie der österreichischen Alpenländer. Die Ursachen ihres Verfalles und ein Beitrag zu ihrer Neugeburt. Von einem Fachmanne. gr. 8. (48 S.) Graz 868, Pock.

—— krit., üb. d. Eisen-Industrie d. österr. Alpenländer. 8. (48) Graz 68, Verl. d. Leykam. — 10

—— kritische, über den von der großherzogl. Staatsregierung den Ständen des Großherzogth. Hessen vorgelegten Entwurf eines Gesetzes, die rechtliche Stellung der Kirchen und kirchlichen Vereine im Staate betr. gr. 8. (79 S.) Darmstadt 868, Jernin. *.

Betrachtungen, Critische, über die Poetischen Gemählde der Dichter. Mit einer Vorrede von Johann Jacob Breitinger. Zür. 1741. V: *Bodmer, Joh. Jac.* (GGr)

— kritische, über die von dem ärztl. Congresse zu München vorgeschlagene Medicinalreform, unter Zugrundlegung der in der Pfalz gesetzlich geltenden Normen über das Medicinalwesen v. einem pfalz. Arzte. gr. 8. (IV u. 23 S.) Neustadt a. d. H. 849, Gottschick. 6 ℛ

— kritische, üb. die Niederlagen der Armee d. zweiten Kaiserreichs. Mit e. (lith.) Karte (in Fol.) [Aus „Militär. Blätter."] gr. 8. (39 S.) Berlin 871. Exped. d. „Militär. Blätter." n. 1. 20

Betrachtungen, Kritische, über die neue Organisation des Reichsfürstenraths. [Wien?] 1805. V: *Fahnenberg, A. J. C. von.* (BrMm)

Betrachtungen, Kritische, über verschiedene Poesien und Mahlereyen und andere darin zu unterrichteten Personen. Zürich 1778. V: *Bob, Fz. Jos.* (wrztg 1781, Beil. zu Nr. 12, Bücherverzeichn. Kurzbeck Nr. 21.) (biblrort)

Critische Betrachtungen über die Siege Friedrich des Andern, gedr. nach d. Schlacht bey Prag. (32.) 4. Wien 1757.

Betrachtungen, Kritische, über verschiedene Staatsfragen, s.a. Riefel, Josua Josef

Betrachtungen, Kritische, über verschiedene Staatsfragen. Frankfurt 1770—1775. V: *Rieffel, Joseph Josua.* (EB)

– Kritische, üb. d. Tätigk. d. Konsumvereine in d. Schweiz. s.a. Zeitfragen, Gewerbliche.

Betrachtungen. Kritische B' über die Tätigkeit der Konsumvereine in der Schweiz. 32 S. 8. Bern, Verlag des Schweizerischen Gewerbevereins (Komm. Büchler & Co.),

Ausg. A: Mit einem Anhang, enthaltend die Steuergesetzgebung gegenüber den Konsumvereinen. 2. bedeutend vermehrte Aufl. *(ohne den Anhang!).* — Gewerbliche Zeitfragen. Heft 23.

Ausg. B: Separatabdruck aus dem ersten Teil der «Gewerblichen Zeitfragen». Heft 23.

Betrachtungen, Critische, und freye Untersuchungen zur Aufnahme und Verbesserung der Teutschen Bühne; mit einer Zuschrift an die Frau Neuberin. Bern 1743. H: *Bodmer, Joh. Jac.* (GGr) (ML) (JL)

— kritische, e. Volksphilosophen. Hrsg. zur Fördrg. idealer Weltanschaug. u. sittlich-nationalen Bewusstseins. gr. 8. (40 S.) Leipzig 893. E. Rust. n. -- 60

Betrachtungen, Kunstarchäologische, über das Portal zu Remagen. Fest-Programm zu Winkelmanns Geburtstage am 9. Dezember 1859. Bonn 1859. V: *Braun, Joh. Wilh. Jos.* (Bücher-Samml. d. hist. Ver. v. u. f. Oberbayern. München 1867.) (zuwzür)

—— und Bemerkungen, kurze, über d. inländischen Handel mit Vieh u. Brod. 8. (1½ B.) München 845. (Fleischmann.) *

Betrachtungen, Kurze, bei der Besuchung des heiligen Grabes Christi am Charfreytage. Klgft., Leon, 1801. 32 S.

— kurze, zu Ehren der Mutter Gottes, für alle Samstage d. Jahres u. für ihre Festtage. gr. 12. Wien 826. 2e A. 829. Mechitaristen-Congr.-Buchh. 8 K

— — kurze, zur Ehre der Mutter Gottes für alle ihre Festtage. 2e Auflage. gr. 12. Wien 1829, Wimmer, u. Mechitar. B. 8 ggr. jetzt 6 ggr. — 27 kr.

— kurze, zu Ehren d. Mutter Gottes, für alle Samstage d. Jahres u. für ihre Festtage. gr. 12. Wien 326, Wimmer.

—— kurze, zu Ehren d. Mutter Gottes, f. alle Samstage d. Jahres u. f. ihre Festtage. Verfaßt v. e. Priester a. d. Orden d. Diener Mariä. 2. Aufl. gr. 12. (12¼ B.) Wien 829, Mechitaristen-Congreg.-Buchh.

—— kurze, üb. Deutschlands Einigung in seinen Merkantilinteressen. (Von J. G. R. Philalethes (Reinwald.) gr. 12. (1½ B.) Mainz 830, Kupferberg.

—— kurze, über einige wichtige Gegenstände des Glaubens und Lebens aus W. E. Channing's Schriften. Ein Erbauungsbüchlein für denkende Freunde des Christenthums. 8. (39 S.) Oldenburg 835, Stalling. *

Betrachtungen, Kurze und in dem Worte Gottes gegründete, über die Kraft des göttlichen Worts. Frankfurt u. Leipzig 1757. V: *Goetten, Gabriel Wilh.* (Rotermund, Gel. Hannover. Bremen 1823.)

— kurze u. innige, üb. das bittere Leiden Jesu Christi. Nebst einigen Gebeten u. Uebgn. f. Freunde des inneren Lebens v. e. Priester aus dem Orden des heil. Benedictus. Aus dem Franz. 16. (124 S.) Paderborn 874. Junfermann. -- 60

— kurze, üb. d. Leiden u. Sterben Jesu. 2e Aufl. 8. Rotweil 821. Herder. 2 K

— kurze, üb. d. Leiden u. Sterben Jesu. Zweite Aufl. 8. Rotweil 823, Herder.

Betrachtungen, Kurze, der Leidensgeschichte Jesu, ... O. O. 1785. V: *Hagen, J. H. E.* (Ky) (MGT) (Schr)

— kurze, über d. Leidensgeschichte Jesu, in Frag u. Antwort, nach J. J. Rambachs harmon. Betrachtt., (v... Hagen). 8. Hamb. 785.

Betrachtungen, Kurze, über die Leidensgeschichte Jesu auf alle Tage der Fasten. Leipzig 1808. V: *Schneider, J. Alois.* (Th)

— kurze, üb. d. Leidensgeschichte Jesu auf alle Tage in d. Faste, v. e. kathol. Geistlichen. Mit 1 Kpf. 8. Leipz. 808. Baumgärtner. 18 K

— kurze, üb. das allerheiligste Sakrament d. Altares f. Mitglieder der sakramental. Bruderschaft u. alle andächt. Verehrer d. allerheiligsten Sakramentes. Von e. Ordensmanne. 16. (138 S.) Mainz 870. Kirchheim. n. — 50

Betrachtungen, kurze, u. Trostgründe in den Widerwärtigkeiten dies. Lebens, s. auch Bibliothek guter kathol. Bücher.

Betrachtungen, Kurze, und Trostgründe in den Widerwärtigkeiten dieses Lebens. Vom Verfasser der »Schritte zur vollkommenen Liebe Gottes«. Regensburg 1844. V: *Blum, Joh. Gg.* (Russell IX, 398)

— kurze u. Trostgründe in den Widerwärtigkeiten dieses Lebens. Vom Verf. der Gebet- und Andachtsbücher: „Schritte zur vollkommenen Liebe Gottes; Kathol. Kanzelberedsamkeit aus d. vor. Jahrhundert &c." Mit 1 Stahlstich. 8. Regensburg 844, Manz. 3/8 ß

— üb. die dermalige Lage u. die Zukunft Ungars. gr. 8. (62 S.) Stuttgart 851, Hallbergers Verlagsh. ½ ß

—— über d. polit. Lage Europa's. (Von d. Donau.) Mit nöthigen Erläutern. gr. 8. (2½ B.) Nürnberg 831, Riegel u. Wiessner.

-- eines Laien über die neue Betrachtungsweise der Evangelien des Dr. D. F. Strauß. 8. Göttingen 837. Dieterich'sche Buchh. n. 1 ß

— eines Laien üb. d. neue Betrachtungsweise d. Evangelien d. Dr. D. F. Strauß. 8. (15½ B.) Göttingen 838, Dieterich'sche Buchh.

Betrachtungen eines Laien über das evangelisch-lutherische Glaubenssystem ... Lübek 1823. V: *Hudtwalcker, Martin Hieronymus.* (Ky) (MGT) (Schr)

— eines Laien, über d. evangel.-luther. Glaubenssystem u. üb. den Nationalismus, mit besond. Rücksicht auf Hamburg. gr. 8. Lübeck 823. Aschenfeldt. (Hamb., Perthes u. B.) 20 gl

— eines Laien über d. evangel. luther. Glaubenssystem u. über den Nationalismus, mit besond. Rücksicht auf Hamburg. gr. 8. Lübeck 824, Aschenfeldt.

Betrachtungen eines Laien über die Confessionen ... Strassburg 1873. V: *Böckel, Eug.* (Cat. d. Stadtbibl. Zürich. Zürich 1864—97.)

Betrachtungen eines Laien über das Leben Jesu von Strauß. Göttingen 1837. V: *Canitz und Dallwitz, Carl Wilh. Ernst Freih. v.* (ADB)

Betrachtungen eines Layen über die Sensation, welche der Tod des Ritters J. D. Michaelis gemacht hat. [Fulda u. Nürnberg 1791.] V: *Schmid, Christian Heinrich.* (ML)

— eines Laien über das Wehrgesez in Oesterreich-Ungarn. Von E. H(olenia). 12. (25 S.) Wels 880. (Traunec.) n. — 60

— über das Länderei-Vertheilungs-Gesetz und die Colonisation in Brasilien. gr. 4. (8 S.) Rio de Janeiro 851. (Hamburg, Kittler.) *

Betrachtungen über das Laenderei-Vertheilungs-Gesetz und die Colonisation in Brasilien. — Rio de Janeiro 1854: (Laemmert). 8 S. 4°

— eines preuß. Landwehrmanns üb. den neuen mit Bonaparte bevorstehenden Krieg. 8. Halle, Schimmelpfennig. 815.

— eines Landwirthes bei d. fortwähr. Klagen üb. d. in Deutschland herrsch. Nothstand, od.: Sind es die constitution. Formen u. Verfassungen, durch welche die in Deutschland so lang entbehrte Wohlfahrt zurückgeführt u. sichergestellt wird? 8. (5¾ B.) Holzminden 830, [Erdmann u. Müller.]

— über das Leben und die Geheimnisse Jesu Christi, nach der Anweisung des heil. Ignatius. Aus d. Franz. von Claud. Perrot. 3 Bde. gr. 8. Einsiedeln 842. (Gebrüder Benziger.) 2 ℛ 10 ngl

— üb. das Leben u. die Geheimnisse Jesu Christi, nach der Anweisung des heil. Ignatius. Aus dem Franz. übers. von Claudius Perrot. 3 Bde. 2. Aufl. Mit 1 Stahlst. gr. 8. (X u. 1475 S.) Einsiedeln 849, Gebr. Benziger. n. 1 ℛ 28 ngl

— über das Leben und die Geheimnisse unsers Herrn Jesu Christi nach der Anweisung des heil. Ignatius. Aus dem Französ. übers. von Claudius Perrot. 5 Thle. 3., verb. und mit den „Betrachtungen auf die Festtage der Heiligen" verm. Ausg. 2 Bde. gr. 8. Einsiedeln, Gebr. Benziger. [1. (VIII und 952 S. mit 3 Stahlst.) 1 Thlr. 13 Ngr., 2. (710 S. mit 4 Stahlst.) 850. 1 Thlr. 3 Ngr.]

— über das Leben u. die Geheimnisse unsers Herrn Jesu Christi nach der Anweisung des heiligen Ignatius. Aus dem Französ. übers. von Claud. Perrot. 2 Bde. 4. verb. u. mit den „Betrachtungen auf die Festtage der Heiligen" verm. Ausg. Mit 7 feinen (lith.) Bildern. Einsiedeln 867. Benziger. gr. 8. (VIII, 1663 S.) 2 ℛ 16 ngr

— über das Leben Jesu Christi mit Berücksichtigung seines Lebens im allerheiligsten Sacramente für alle Tage des Jahres. Autorisirte Uebersetzung aus dem Französ. Aachen 870. Jacobi & Co. 8. (XXIII, 659 S.) 25 ngr

Betrachtungen über das Leben und die Lehre Jesu Christi ... Deutsch bearb. ... Münster 1850. B: *Meyer, Bernh.* (Rass) (Mitth. A. Rosenbaum.)

— über Leben, Lehren u. Thaten Jesu u. d. von ihm gestifteten christl. Religion ɩc. Geschrieben von e. kathol. Christen in Briefen; herausg. v. K. R. v. Bundschuh. gr. 8. Prag 824. (Krauß). 1 ℛ 4 gl

Betrachtungen über das Leben und Leiden Jesu und die vorzüglichsten Geheimnisse des Glaubens ... Deutsche Ausgabe von J. B. Kempf. Mainz 1873. V: *Arnaya, Nicolás de.* (Uriarte, Catálogo de obras anón. y seudón. I. Madrid 1904.) (Jes)

Betrachtungen über das Leben und Leiden unsers Herrn Jesu Christi. Kempten u. Leipzig 1791. V: *Spiegler, Wilhelm.* (Ky) (MGT)

— über d. Leben u. Leiden unsers Herrn Jesu, (v. W. Spiegler). 8. Kempten 791. Dannheimer. 5 gl

— üb. d. Lehre u. Aufführung in d. Kinderzucht, gegen Rousseau. A. d. Französ. v. P. Gerbil. 8. Wien 771. Trattner. 14 gl

— üb. Leib u. Seele, Tod und Leben. 8. Breslau. 754.

Betrachtungen über die Leibeigenschaft. Wien 1776. V: *Wiegand, Johann.* (Ky) (ML)

Betrachtungen über Leibeigenschaft. 8°. Wien, Kurzbök, 1776.

Betrachtungen über das bittere Leiden des Erlösers, der Gegenstand einer dreytägigen Geisteserneuerung auf dem Kais. Königl. erzherzogl. Hauptgymnasium zu Innsbruck 1782 Vorgetragen von A. v. St. Innsbruck [1782]. V: *Sterzinger, Anton von.* (Margr)

— der Leiden uns. Heilandes z. Erbauung frommer Christen. Nebst e. Anh. v. Morgen-, Abend- ɩc. Gebeten. 8. (8 B.) Elwangen 827, Schönbrod. 4 Gr., Schrbp.

Betrachtungen über das Leiden Jesu Christi. Wien 1878. V: *Leutner, J.* (Hr)

— über das Leiden Jesu Christi. 8. (400 S.) Wien 878, Grottendiek's Verlag. *

—— über das Leiden unseres Herrn Jesu Christi. Nach dem Vläm. des Rumold Backx bearb. von H. Rütjes. gr. 12. (X und 183 S.) Emmerich 856, Romen.

— über das Leiden unseres Herrn Jesu Christi auf jeden Tag d. Monats. Aus dem Französ. übers. u. mit den gewöhnlichen Gebeten versehen von einem Priester der Diöcese Rottenburg. Schaffhausen 858. Hurter. 16. (VIII, 204 S.) 10 ngr

Betrachtungen über die Leiden unsers Herrn und Heilandes Jesu Christi, zugleich eine Meßandacht. Regensburg 1821. V: *Buchfelner*, *Simon.* (Russell IX, 398)

— über das Leiden unsers Herrn u. Heilandes Jesu Christi, zugleich e. Meßandacht. 8. Eichst. 821. Beyer. (Barth in Lpz.) 2 gr

— des Leidens Jesu Christi auf alle Tage der heil. Fastenzeit. Mit Approbation. 2 Jahrgg. 8. Augsb. 803. Rieger. 3/8 rthl

— über das Leiden und Sterben unsers göttl. Erlösers Jesu Christi. Oder neue Fastenandacht auf die sieben Wochen der heil. Fastenzeit. (Vom Pastor Mähler.) 8. Lingen 820. (Osnabrück, Rackhorst.) 1/2 rthl

—— über d. Leiden u. Sterben uns. göttlichen Erlösers Jesu Christi. Oder neue Fastenandacht auf d. sieben Wochen d. heil. Fastenzeit. (Von J. Mähler.) 8. (8½ B.) Lingen 833. (Osnabrück, Rackhorst.)

Betrachtungen über die ganze Leidensgeschichte Jesu. Nürnberg 1786. V: *Roth*, *Johann Ferdinand.* (BB) (Ky) (MGT)

— üb. d. ganze Leidensgesch. Jesu. gr. 8. Nürnb. Grattenauer. (Barth, Leipz.) 786.

Betrachtungen über die Leidensgeschichte Jesu — Siehe Bischof Schneider.

— üb. Lethargie od. Scheintod u. kurze Beschreibg d. patentirten Rettgsmittel „Karnice". (Von Graf v. Karnice-Karnickt.) 8° (31) Berl. 97. (P Stankiewicz). 1 —

Betrachtungen über diejenigen Großen Leute welche im Scherze gestorben. Frankf. u. Leipz. 1747. Ü: *Boureau-Deslandes*, *André Fréd.* (Kat. d. Bibl. Fr. Schnitzer. München 1902. S. 10.)

Betrachtungen über diejenigen grossen Leute, welche in Scherzen gestorben. Aus dem Französischen. Frankfurt 1747. Göttingen 1748. V: *Boureau-Deslandes*, *A. F.* (Hdschr. Mitth. von Graf Carl Klinckowström, München, 12. III. 1927.)

Betrachtungen über die sechs ersten Lieder im 3. Buche der horazischen Oden. Coburg [1851]. V: *Trompheller*, *Ernst Ludw.* (Zuwachsverz. d. Bibliotheken in Zürich 1898 ff.)

Betrachtungen über die Mahlerey,
s.a. Hagedorn, Christian Ludwig von

Betrachtungen über die Mahlerey. Leipz. 1762. V: *Hagedorn*, *Christian Ludwig von.* (ML) (schr)

Betrachtungen, Eines freien deutschen Mannes freimüthige, über kriegerische Massregeln zur Hemmung des Handels und deren verderbliche Folgen. Deutschland 1801. V: *Amsinck*, *Wilh.* (schr)

Betrachtungen über das Markus-Evangelium ... Schwerin i. M. 1906. V: *Oertzen*, *Margarethe von.* (zuwzür 1910)

— über das Markus-Evangelium für Helferkreise u. jugendliche Bibelleser v. M. v. O. Mit Titelbild v. Hofmann. 2. Aufl. (VIII, 184 S.) 8. Schwerin 906. F. Bahn. n. 1. 80; geb. n. 2. 50

— üb. kriegerische Maaßregeln z. Hemmung des Handels. gr. 8. Hamb, Bohn. 801.

— üb. d. Materie d. Senates s.a. Ompteda.

Betrachtungen über d. Materie d. Senate d. kaiserl. u. Reichskammergerichts, (v. D. H. L. v. Ompteda). 1s Stck. 8. Regensb. 788, Montag u. W. 12 gr

Betrachtungen über ständische Mediatisirte, Edelleute, ... bey der ersten Ständeversammlung in Bayern 1819. V: *Jäck*, *Heinrich Joachim.* (MGT)

— medicin., über alchymist. Medicinen ꝛc. gr. 8. Wien 792. Röbl. 5 gr

Betrachtungen, Meine, in mitternächtlichen Stunden über christliche Tugenden. ... Augsburg 1795. V: *Menne*, *Edilb.* (Ky) (MGT)

— meine, in mitternächtl. Stund. üb. christl. Tugend, v. Verf. d. u. ausgearb. Predigtentw. 2 Bde. 8. Augsb. Wagner. 795.

Betrachtungen, meine, in mitternächtl. Stunden über christl. Tugenden. Ein Betrachtungs-Buch für denkende Christen aller Stände. Vom Verf. d. neu bearbeit. Predigt-Entwürfe. 2 Bände, neueste Aufl. Mit 2 Vign. gr. 8. Wien 824. (Wimmer.)

— über d. Menschen, nebst e. allegor. Gesch. d. menschl. Seele, (v. Chph. M. Wieland). 4. Berl. 755.

Betrachtungen über den Menschen. Nebst einer allegorischen Geschichte der menschlichen Seele. Zürich 1755. V *Wieland*, *Christoph Martin.* (GGr) (Ky) (MGT,

— d. Menschen, über sich selbst. gr. 8. Kopenh. 768. Schubothe. 4 gr

Betrachtungen über den Menschen, seinen Ursprung, Wesen und Pflichten. Kochendorf 1799. V: *Simon*, *Ernst Heinrich.* (Ky) (MGT)

—— über d. Menschen u. sein Wissen, von C v. S. Allen gewidm., denen es um wahre Aufklär. üb. d. Begriffe v. Gott, Seele u. Freiheit ernstlich zu thun ist. Mit Vorr. v. C. Venturini. 8. (5½ B.) Braunschweig 829, G. C. E. Meyer.

Anonym: „Betrachtungen über Menschen- und Bürger-Pflichten und -Rechte und Andeutungen zu einer Verbesserung der allgemeinen Volkszustände. Von einem hamburger Kaufmanne", Hamburg 1847. — Vorh.: Com. Bibl. Hamburg.

— des unbefang. Menschenverstandes in England, über den Krieg mit Dänemark gleich nach d. ersten Nachr. von d. Bombardement von Kopenhagen. Aus d. Engl. (v. G. S. Franke). 8. Schlesw. 808.

Betrachtungen über einige Methoden, eine gewisse Schwierigkeit in der Berechnung der Wahrscheinlichkeit beym Spiel zu heben. Göttingen 1770. V: *Lichtenberg*, *Georg Christoph*. (Lauchert, Lichtenberg. Göttingen 1893.)

— eines Militairs über einen bevorstehenden Krieg zwischen Deutschland und Frankreich. gr. 8. Leipzig 841, Otto Wigand. n. 2/3 ℔

— üb. d. Militär, v. e. Sächs. Offizier. 8. Leipz. 770. Jacobäer. (Auein Alt.) 3 gr

— üb. d. Militär, v. e. sächs. Officier. 8. Leipz. Jacobäer. 779.

Betrachtungen, militairische, über unsere Armee. Von e. preuß. Offizier. Berlin 862. Mittler & Sohn. gr. 8. (IV, 114 S.) 15 ngr.

Betrachtungen, Militärische, über die Bedürfnisse unserer Landesvertheidigung. Burgdorf 1878. V: *Schnell*, *Albert*. (Cat. d. Stadtbibl. Zürich. Zürich 1864—97.)

Betrachtungen, militärische, über d. Bedürfnisse unserer Landesvertheidigung, von A. S., Hauptmann b. d. Positionsartillerie. In-8°, 21 S. Burgdorf, C. Langlois. 1879 — 50

Betrachtungen und Erfahrungen, Militärische. Berlin 1838. V: *Holleben*, *Hnr. v.* (Doubletten-Anzeiger. 1903. Nr. 6.)

Betrachtungen, Militärische, über einige Erfahrungen des letzten Feldzuges und einige Zustände deutscher Armeen. Darmstadt 1860. V: *Abendroth*, *Heinrich von*. (Kat. d. ständ. Bibliothek. Stuttgart 1907. S. 391.)

— militärische, über einige Erfahrungen des letzten Feldzuges und einige Zustände deutscher Armeen. Den Führern deutscher Truppen und den Mitgliedern deutscher Ständekammern gewidmet. 1. u. 2. unveränd. Aufl. Darmstadt 860. Zernin. gr. 8. (94 S.) 15 ngr.

Betrachtungen, Militärische, aus den Erfahrungen eines Preussischen Offiziers. Berlin 1838. V: *Holleben*, *F. von*. (Pr)

— militairische, aus den Erfahrungen eines preuß. Offiziers. Mit 32 Figuren u. 9 Plänen. Berlin 838. Reimer. 3 ℔

—— militärische, aus Frankreich im Sommer 1867, von einem norddeutschen Offizier. 8. (IV, 107 S.) Berlin 868, Mittler und Sohn. *

— militärische, üb. den Krieg in Südafrika, s. a.: Beiheft zum Militär-Wochenblatt. 1901. Hft. 8.

Militärische Betrachtungen über den Krieg in Südafrika. (Unterz.: G.) *Berlin: E. S. Mittler & Sohn 1901.* (S. 367–398.) 8° [J.]
— Militär-Wochenblatt 1901, Beih. 8.

— militär. u. polit., über d. jetzigen Zustand von Europa, von e. deutschen Offizier im J. 1804 entworfen. 8. Leipz., Dyck. 6 gr

Betrachtungen, Militärische und politische, über den jetzigen Zustand von Europa und die Operationen in einem eventuellen Kriege, von einem deutschen Offizier. 8. 1804.

—— militairische, über die Vertheidigung von Sebastopol. 8. (94 S.) Berlin 856, [Schneider.] *

—— milit., üb. d. Vertheidigg v. Sebastopol. 8. (94) Berl. 56, Weber. n. — 10

— u. Abhandlung, militärisch-politische, üb. die Heeres-Dislooirung, das Mobilisiren u. Centralisiren v. e. älteren österreich. Officier u. loyalen Staatsbürger. gr. 8. (197 S.) Agram 885. (Hartman's akadem. Buchh.) n. 2. 40

Militärisch-politische Betrachtungen über den Einfluß des schweizer. Eisenbahnnetzes auf ein Vertheidigungssystem der Schweiz in seinem Anschlusse an das süddeutsche Vertheidigungssystem. (Stuttgart 1859.) 8°. (Aus: Deutsche Vierteljahrsschrift.)

Betrachtungen über die Mittel zur Förderung des Gewerbefleisses besonders in der Pfalz. 8°. Speyer 1872.

— üb. d. Mittel, d. Revolutionswes. z. dämpfen. 8. Wien, Rözl u. Kaulf. 794.

— über d. Mittel, das Revolutionswesen zu dämpfen. 8. Wien 794. (Schaumburg). 5 gr

— über die gelehrten Mittelschulen u. über das Bedürfniß höherer Bürgerschulen als allgemeine Bildungsanstalten für alle Stände. Von e. Freunde d. Jugend. gr. 8. Mainz 834. Kupferberg. 1/4 ℔

— auf d. neun Mittwochen u. d. Festtag d. heil. Johann v. Nepomuk. 8. Münch. 781. Lentner. 3 gr

Betrachtungen, Moralische, über nöthige und nützliche Dinge, wie diese zur Beförderung der ... Glückseeligkeit nützlich können gebraucht werden; ... Schmalkalden 1768. V: *Merkel*, *Salomon Tobias*. (ML) (stri)

Moralische Betrachtungen eines Klausners über die Wahrheiten der Religion. Augsburg, Kollmann, jetzt Regensburg, Verlagsanst., 1836, 12°, VI u. 96 S., 0,50 Mk.

Betrachtungen, Moralische, über den Werth des Lebens; aus dem Franz. übersetzt. Frankf. und Leipzig 1787. Ü: *Beigel*, *Johann Georg*. (Ky) (MGT)

— moral., üb. d. Werth d. Lebens. 8. Frankf. und Leipz. Gebhardt. 787.

— moral., über d. Werth d. Lebens. Aus d. Französ. übers. (v. J. G. Beigel). 8. Frankf. u. Leipz. 787. (Wesché). 8 gr

—— moralische, über jeden der 54 Wochen-Abschnitte des Pentateuch, nebst einem Anhang von Erklärungen und Midraschim. 8. (.. S.) Berlin 884, W. Lobethal. * 4 —
geb. mit Goldschn. * 6 —

—— über das 1.—4. Buch Mose von C. H. M. Aus dem Engl. übers. 4 Bde. 8. Elberfeld 877, (Langewiesche's Buchh.) [1. Bd. 1.—3. Aufl. (366 S.); 2. Bd. 1. und 2. Aufl. (VI, 898 S.); 3. und 4. Bd. 1. Aufl. (411; VI, 470 S.)] à Bd. * ℳ 2,40. *

— über das 1. Buch Mose von C. H. M. Aus dem Engl. übersetzt. 805. — 2. Aufl. Elberfeld 869. Langewiesche in Comm. gr. 8. (242 S.) n. 18 ngr

— über das 1. Buch Mose, von C. H. M. Aus dem Engl. übers. 3. Aufl. 8. (366 S.) Elberfeld 890. Faßbender. n. 1. 60

— üb. d. 1. Buch Mose v. CH M. Aus d. Engl. 4. Afl. 8° (354) Elberf. 92, R Brockhaus (durch J Fassbender). 1.60

—— über das 2. Buch Mose von C. H. M. Aus dem Engl. übers. gr. 8. (277 S.) Elberfeld 867, (Langewiesche.) *

— über das 2. Buch Mose, von C. H. M. Aus dem Engl. übers. 3. Aufl. gr. 8. (394 S.) Ebd. 889. n. 1. 60

— über das 3. Buch Mose, von C. H. M. Aus dem Engl. übers. 2. Aufl. gr. 8. (387 S.) Ebd. 881. n. 1. 60

— üb. d. 3. Buch Mose v. CH M. Aus dem Engl. 3. Afl. 8° (388) Elberf. 96, R Brockhaus (durch J Fassbender). 1.60

— üb. d. 3. Buch Mose v. CH M(ackintosh). Aus d. Engl. 4. Afl. (396) kl8° Elberf., R Brockhaus '11. 1.80; L 2.30 d

— über das 4. Buch Mose, von C. H. M. Aus dem Engl. übers. 2. Aufl. gr. 8. (448 S.) Ebd. 886. n. 1. 60

Betrachtungen über das 4. Buch Mose, v. C. H. M. Aus dem Engl. übers. 3. Aufl. (448 S.) 8. Elberfeld 903. R. Brockhaus (durch R. Faßbender). n. 1. 60

—— über das 5. Buch Mose, v. C. H. M. 2 Bde. Aus dem Engl. übers. gr. 8. (379; 432 S.) (Ebd.) 883,86. à Bd. * 1 60; * 3 20

Betrachtungen über das fünfte Buch Mose von C. H. M. 2. Aufl. Elberfeld 1900—05. V: *Mackintosh, Charles H.* (Berl)

— üb. d. 5 Bücher Mose, v. CH M. Aus d. Engl. 6 Bde. 8. Elberf., (Fassbender). à n. 1. 60
1. 3. Afl. (366) 90. — 2. 3. Afl. (394) 89. — 3. 2. Afl. (387) 87. — 4. 2. Afl. (448) 86. — 5. 2 Bde. (379 u. 432) 83. 86.

Betrachtungen über die Motion des Abgeordneten Trefurt auf Aufhebung des peinlichen Gerichtsstandes der Militärpersonen. Karlsr. 1835.

Betrachtungen einer Mücke. Entgegnung auf den offenen Brief des Hrn. Rabb. Samson Raph. Hirsch. gr. 8. (12 S.) Frankfurt a. M. 877, Baist. *

Betrachtungen einer Mutter über Erziehung, modernes Schulwesen und das Leben. Bern 1878. V: *Schatzmann-Immer.* (BSchwLk V, 10c)

—— einer Mutter über Erziehung, modernes Schulwesen und das Leben. Der Heimath, dem Volke und der Familie gewidmet. gr. 8. (56 S.) Bern 878, Haller. *

Betrachtungen e. Mutter über Erziehung, mod. Schulwesen u. d. Leben. (56 S.) Bern 1879. Haller. —.80

Betrachtungen über die Nachtmalsbulle. A. d. Ital. des P. A. C. Freyberg [Zürich] 1770. V: *Pilati, Carlo Ant.* (Wr)

— über d. Nachtmahlsbulle; aus d. Italien. 8. Zürich 785. Orell. 16 gr

—in Hinsicht d. jüdischen Nation rc. 8. Berl. 805. Schöne. 12 gr

Betrachtungen über Nation und Nationalitäten. Über Volksbewaffnung und stehende Heere. ... Augsburg 1848. V: *Pappenheim, Albert Graf.* (Ky)

Betrachtungen, Einige, über die Nationalbahnfrage. 1876. [Winterthur 1876.] V: *Sulzer-Steiner, Heinrich.* (Cat. d. Stadtbibl. Zürich. Zürich 1864—97.) (BSchwLk V, 9 h)

— üb. d. Natur, nicht nach Bonnet u. Sander. 8. Leipz Liebeskind. 801.

— über die Natur in besond. Rücksicht auf Entstehung u. Verwesung d. Pflanzen. gr. 8. Stettin 845. (Morin.) n. 1/3 ₰

Betrachtungen über d. Natur in besond. Rücksicht auf Entstehung u. Verwesung d. Pflanzen. gr. 8. (3¾ B.) Stettin 845. (Saunier.) Thlr. *

— aus d. Natur u. Erzähll. aus d. sittl. Leben. 1r Thl. 8. Dessau 782. Gel. Buchh. 3 gr

—— über Natur u. Fürsehung, auf alle Tage d. Jahres. (Von Borott.) 2 Thle. 8. (47 B.) Zittau 829, (Schöps.)

— naturhistor.-ökonom., über d. verschied. Arten d. Eingeweidwürmer d. Schafe u. den mittelbaren Einfluß dieser Würmer auf d. Gesundheit d. Schafe selbst rc. Mit 4 Kpft. u. 1 Tab. 8. Danzig 831. Gwert. 1 ₰

Betrachtungen, Natürliche, über das gegenwärtige Betragen Sr. Majestät des Königs in Preußen: über den Antheil, welchen Engelland an den gegenwärtigen Unruhen im Reiche nimmt; über die Parthey, welche dasselbe dabey zu ergreifen hat; über das Gleichgewicht in Europa, und über die Staats-Klugheit der englischen Hannoveraner; welche alle aus dem Lesen des Rescripts und der Anzeige des Königs in Preußen, die unlängst von Seinem Minister am englischen Hofe dem Herrn Andrié bekannt gemacht worden, herfließen. In einem Briefe an einen Edelmann auf dem Lande. Aus dem Englischen übersetzt. Cöln 1744. V: *Stanhope Earl of Chesterfield, Philipp Dormer.* (Preuss. Staatsschriften I. Berlin 1877. 582 ff.)

— natürl. wirthschaftl., d. Bienen. 8. Leipz. 755. Hilschr. 4 gr

Betrachtungen, Neue, über eine staatliche obligatorische Fahrhabe-Versicherung im Kanton Zürich. Zürich 1888. V: *Meyer, Konrad.* (zuwzür 13, 1909, I, S. 79)

— neun, für die Novene zu Ehren des hl. Laienbruders Gerard Majella aus der Kongregation des allerhlst. Erlösers. Von einem Priester derselben Kongregation. (160 S. m. 1 Farbdr.) 16. Münster 905. Alphonsus-Buchh. Geb. in Leinw. n. — 50

— Neunzig, üb. das Leiden u. Sterben unsers lieben Herrn Jesu Christi nach den Betrachtungen des frommen Ludwig de Ponte bearb. von Ant. Etzinger. 3. revid. u. verm. Aufl. gr. 8. (XVI u. 544 S.) Sulzbach 847, v. Seidel. 1½ ₰

Betrachtungen, Einige nicht-offizielle, über die offiziellen Projekte für die Quai-Anlagen in Zürich; von einem Laien. Zürich 1874. V: *Pestalozzi-Wiser, Rudolph.* (Cat. d. Stadtbibl. Zürich. Zürich 1864—97.)

Betrachtungen, einige nicht offizielle, über die offiziellen Projekte für die Quai-Anlagen in Zürich. Nebst Plan. 8. Zürich 1874 Orell. Füssli & Co. —.50

— währ. d. Novene z. Ehren d. sel. Clemens Maria Hofbauer a. d. Congregation d. allerhlst. Erlösers. Von e. Priester. 16° (95) Rgnsbg 91, F Pustet. — 40

Betrachtungen (Nüchterne) über die Frauenfrage. Von einem Junggesellen. gr. 8°. Neustadt a. d. H., A. H. Gottschick-Witter's Sort., 1894.

Betrachtungen (Auch ein paar nüchterne) über die Frauenfrage, von einer Frau. gr. 8°. Bad Ems, R. Sommer, 1894.

Betrachtungen über die päpstlichen Nunciaturen in Teutschland, ... O. O. 1786. V: *Hausen, Carl Renatus.* (MGT)

Betrachtt. üb. d. Päbstl. Nunziaturen in Deutschland zu Aufklär. d. neuesten Wahlkapitulation u. d. Kais. Rescr. v. 12. Oct. 1785. 786.

Betrachtungen über die Ober-Appellat.-Ger.-Ordnung für das Grossherzogl. Mecklenburg. Ober-Appellat.-Gericht . . . Güstrow 1818. V: *Bornemann, H. E.* (MGT)

— üb. d. Ober-Appellations-Gerichts-Ordnung f. das gemeinsame Großherz. Mecklenb. Ober-Appellations-Gericht u. über d. dabei befindl. Publikations-Verordn. v. 1n Julius 1818. 8. Rostock, Stiller. 4 gr

— e. Oberbeamten am Rhein, über d. Französ. Emigranten in Deutschland; nebst e. Paragraphen üb. d. Elsässer im Schwäb. Kreise. 8. Cassel, Thurneysen. 10 gr

Betrachtungen eines Oberbeamten am Rhein über die französischen Emigranten in Deutschland. 8. Cassel (1791).

Betrachtungen eines Ober-Beamten am Rhein über die französischen Emigranten in Teutschland. Basel 1798. V: *Drais von Sauerbronn, Carl Wilhelm Fr. Ludwig Freih. von.* (NN)

—— über die Offenbarung. 2. Aufl. 8. (239 S.) Elberfeld 877, Langewiesche's Buchh. *
1. Aufl. war nicht im Handel.

—— über die Offenbarung. 2. Aufl. 8. (239 S.) Elberf. 890, (Faßbender). 1 —

Betrachtungen eines Offiziers über die Festung Philippsburg. 4. Schwabach 1776.

— über den Officier in Praxis u. Theorie, von einem Deutschen. gr. 8. Cassel 841, Fischer. 3/8 ₰

Betrachtungen über das Lustspiel: Der Oheim ... Berlin 1836. V: *Lessing, Mich. Benedict.* (Koner) (Mitth. A. Rosenbaum.)

— über das Lustspiel: Der Oheim. Von e. Arzte. 8. Berlin 836. Hirschwald. 1/6 ₰

Betrachtungen, Oekonomische, über die Leibeigenschaft. Wien 1776. V: *Wiegand. Joh.* (Holz)

Anonym: „Oekonomische Betrachtungen über die Leibeigenschaft", Wien 1776 (Kurzböck).

Betrachtungen, Ökonomische, über die Wirthschaft des Herrn Landcammerraths von Schönfeld in Trachenau. [Leipzig 1780.] V: *Hohenthal, Peter Carl Wilhelm Graf von.* (NN)

— über d. großen Operationen u. Schlachten d. Feldzüge von 1813 u 1814. Von C. v. W. (General v. Müffling.) gr. 8. Berlin 825, Mittler.

—— über d. Operationen d. gegenwärt. russisch-türk. Krieges. Geschrieb. im Aug. 1828. 8. (2¼ B.) Berlin, Mittler.

Betrachtungen über die möglichen Operationen im russisch-türkischen Feldzuge 1828. Berlin 1828. V: *Ciriacy, Ludwig Friedrich v.* (ADB)

Betrachtungen über die Operationen der französischen Ost-, West- und Nord-Armee im Monate Jänner 1871 ... Wien 1890. V: *Kuhn v. Kuhnenfeld, Frz Freih. v.* (KA)

Betrachtungen üb. die Operationen der französischen Ost-, West- u. Nord-Armee im Monate Jänner 1871 vom Verf. der strateg. Skizze üb. den Feldzug 1866 in Böhmen. gr. 8. (105 S. m. 3 Uebersichts-Karten u. 1 Skizze.) Wien 890. (Seidel & Sohn.) n. 6. —

Betrachtungen, üb. d. Organisation d. österr. Artillerie. 8. (116) Wien 75, Seidel u. S. n. 2. —

Betrachtungen über die Organisation der österreichischen Artillerie. 2. Aufl. Wien 1875. V: *Johann Nepomuk Salvator Erzh. v. Österreich.* (Kat. d. Bibl. d. dtsch. Reichstages. Berl. 1882.)

—— über die Organisation der österreichischen Artillerie. 2. Aufl. gr. 8. (116 S.) Wien 875, Seidel und Sohn. *
Vergriffen.

— über die Organisation u. Verwaltung der Heere u. über die Herrichtungen am Kriegsschauplatze. (Von J. Gallina.) 2 Hefte. Mit 2 (lith.) Karten. Wien 868. Gerold's Sohn. gr. 8. (119; 140 S.) Jedes Heft n. 24 ngr.

Betrachtungen über die Organisation und Verwendung der Heere und über die Herrichtungen am Kriegsschauplatze. Wien 1868. V: *Gallina, Jos. v.* (Zuwachsverz. d. Bibl. in Zürich 1898 ff., 7) (Ky)

Betrachtungen über den Orient aus Reisebeschreibungen zur Aufklärung der heutigen Schrift. Aus dem Engl. übers. u. mit Anmerkungen versehen von Johann Ernst Faber. Hamb. 1772. V: *Harmer, Thomas.* (EB)

— f. d. Passions- u. Osterzeit. s. Gerhard.

— über d. Patent vom 20n Febr. 1811, Wien, Gerold. 6 gl.

Betrachtungen eines deutschen Patrioten über einige Umstände des jezigen Kriegs, nebst einem Auszuge aus Eberhardi Wassenbergii eröfneten und wieder verschlossenen Goldgrube, woraus zu ersehen, wodurch Frankreich so mächtig geworden, mit besond. Anmerkungen über gewisse Stellen des Machiavels u Antimachiavels . . . ans Licht gestellet. (Mit Anmerkungen.) Im Hornung 1758. 4. (48 S.)

—— eines unbefang. Patrioten üb. d. für d. Königr. Sachsen am 1. März 1831 erschienenen Kgl. Entwurf d. Staatsverfassung. Geschlossen (od. z. Druck gegeb.) am 12. März 1831. gr. 8. (4½ B.) Dresden, [Grimmer.]

Betrachtungen. Patriotische B'. Freystadt 1764 s.[Bawier. Ragut].

— patriot., üb. d. Besteurungsrecht in Reichsstädten. Fol. Nürnberg, Stein. 786.

Patriotische Betrachtungen über das große Burschenfest auf der Wartburg am 18./19ten des Siegesmonds 1817 v. Fr. Fr. d. Blw., Hamburg 1818, 78 S., 8°.

Patriotische Betrachtungen über das Hinableuchten (der Stubenmädchen) in Wien. 2. Auflage. Wien 1781. 8°.
Karajan's Bibl. II. no. 4151. — Vorher, titulo: Patriotische Briefe eines Reisenden über das Hinableuchten in Wien. Wien 1781. 8°. (In Wien, Stadtbibl.) Beides selten!

— patriotische, über verschied. Landesangelegenheiten bei dem dermal. allgem. Landtage im Königr. Sachsen. (Eine Forts. der Schrift: Patriot. Bemerkk. üb. d. Erwartungen v. d. allgem. Landtage im Königr. Sachsen, v. dems. Verfasser. (O. H. Schweib. v. Schlegel.) 8. Leipz. 820. Voß. 1 Thlr.

Betrachtungen, Patriotische, über verschiedene Landesangelegenheiten bey dem dermaligen allgemeinen Landtage im Königreiche Sachsen. . . . Leipzig 1821 [1820]. V: *Schlegel, Otto Heinr. Schweibold von.* (EngJ) (Ky) (MGT)

— patriot., über d. Prager Polizei. 8. Prag 772. Mangold. 8 gl.

Betrachtungen, Patriotische, über das Verderben des teutschen Vaterlandes, aus der unvollkommenen Verfassung des Justitzwesens; . . . Halle 1780. V: *Pietsch, Johann Gotthold.* (Ky) (MGT) »1781« (EngJ)

— patriot., üb. d. Verderben des deutsch. Vaterlandes o. d. unvollkommn Verf. des Justizwesens. 8. Halle, Hesse. 781.

Betrachtungen, Patriotische, über den jetzigen Zustand des Graubündtner Lands . . . Freyst. [Ulm] 1764. V: *Bawier, R.* (BrMm) (Wr)

Betrachtungen über die Pflichten und Nutzbarkeit des Klosterstandes für die Kirche und für den Staat. Aus d. Franz. übers. v. Seb. Schaaf. Fulda 1770. V: *Deforis, J. Petr.* (AarF)

— — üb. d. wichtigsten Pflichten e. wahren Christen. 2 Hfte. 8. Regensburg 1821—22, Rotermundt (Rußwurm). ⅙ Thlr. — 48 kr.

— über d. wichtigsten Pflichten eines wahren Christen, wie sie d. verehrlichen Sodalität d. Kongregation Mariä Verkündigung zu Regensburg am Vorabende ihres hohen Titularfestes, den 24. März 1822 vorgetragen wurden. 8. Regensburg. 822. (Landshut, Krüll.)

— Fortsetzung derselben. 8. Ebend. 823.

Betrachtungen, Philosophische. Riga 1779. V: *Ehrlich, Johann Gottlieb.* (MGT) (schr)

— philosophische, (v. Chr. L. A. Patje). 8. Hannov. 814. Hahn. 10 gl.

Betrachtungen, Philosophische, eines Christen über Toleranz in Religion, zur Grundlage der Vereinigung sämmtlicher christlicher Religionen. Dessau 1780. V: *Brinckmann, Johann Peter.* (ADB 47)

Philosophische Betrachtungen eines Christen über Toleranz in Religion, zur Grundlage der Vereinigung sämmtl. christl. Religionen. Frankfurt u. Leipzig 1780.

— philos., e. Christen üb. Toleranz u. Relig. 8. Dessau, Gel. Handl. 782.

Betrachtungen, Philosophische, über Empfindungs- und Erkenntnißkraft. Berlin 1793. V: *Ascher, Saul.* (call)

— philos., des Gottesdienst. d. erst. Mensch. im St. d Unschuld. 3 Stck. 8. Rostock, Koppe. 776—78.

— philos., d. geheim. Natur in ihr. Wirk. d. Begebenh. so viel selts. Regenarten entdeckt. 8. Berlin, Lange. 744.

BETRACHTUNGEN, Philosophische, über Pfaffen, Wunderwerke u. Teufel. Rom (Orell in Zürich) 1790. 8°. (5 Mk. 50 Pfg. R. Bertling, Dresden, 1889.)
214 SS. (incl. VI SS. Vorst.). Stellenw. pikantes und ziemlich seltenes Buch, voll interess. Anekdoten. Vorber. d. Herausgebers ist M. unterzeichnet. Er beginnt: „Aus d. Ganzen sieht man, dass d. Verf. diese . . . . Betrachtungen zwey Jahre nach d. glückl. Regierungsantritt des von der Welt u. s. Unterthanen geliebten u. bewunderten Josephs in Wien geschrieben."

Betrachtungen, Philosophische, über die thierische Schöpfung. Aus dem Englischen. Leipzig 1769. Ü: *Garve, Christian.* (BrMm) (Ky) (MGT) (ML) (JL)

— philos., üb. d. thierische Schöpfung. a. d. Engl. 8. Lpz. Dyk. 769.

— philosoph., über Theologie u. Religion überhaupt u. über d. jüdische besonders, (v. J. H. Schulz). 8. Berl. 784. 2e A. 786. Unger. 16 gl.

Betrachtungen, philosophische, e. lebenserfahrenen Urgroßvaters üb. die Fragen: Wird die Menschheit glücklicher? Wer u. was befördert Menschenglück am meisten? gr. 8. (34 S.) Lpz. 892, Spohr. * — 50

— philos. religiöse, auf d. Gottesacker ꝛc. 8. Leipzig Joachim. 805.

— physikal., üb. d. Erdbeben u. Wasserbewegung d. 1755ten Jahres, mit e. Beschreib. d. zerstörten Stadt Lissabon. M. 3 Kpf. 8. Frankf. a. M. 1e u. 2e A. 756. Brönner. 6 gl.

— physiolog., üb. d. Antichrist. 8. Stendal, Franzen u. Gr. 801.

Betrachtungen, Physiologische, über den mechanischen Körperbau des Menschen ... Cöln 1783. V: *Bährens, Johann Christian Friedrich.* (Ky) (MGT)

— physiolog., üb. den Körperbau d. Menschen, oder Untersuchung der Zwecke des Schöpfers nach Bildung derselben, (von Jh. Ch. F. Bährens). 8. Köln 784. Barth. 4 K

— physisch u. moralische, üb. d. Schönheit, Unschuld, Keuschheit, Temperament, Mannbarkeit, Ehestand, Unfruchtbarkeit, Alter u. Tod d. Frauenzimmers. 8. Salzb. Oberer. 813.

Betrachtungen über den zweckmässigsten Platz zum Bau einer neuen Börse. Von einem Bürger. Mai 1827. O. O. V: *Chateauneuf, Alexis de.* (schr)

— über d. zweckmäß. Platz zum Bau einer neuen Börse. Von ein. Bürger. gr. 8. (1½ B. u. 2 Stnt.) Hamburg 827, Perthes u. Besser.

Betrachtungen und Lieder, Poetische. Rostock und Wismar 1753. V: *Hudemann, Ludwig Friedrich.* (schr)

— poetische u. Lieder. 8. Rost. 755.

Betrachtungen, Poetische, in freyen Stunden ... Wien 1828. V: *Craigher, Jacob Nicolaus.* (AarK)

— über die auswärtige Politik Bayerns. gr. 8. (30 S.) München 869, Kaiser. *
Vgl.: Antwort.

— üb. die Politik d. dänischen Regierung, s. a. A. W. Schlegel.

— über d. Politik d. Dänischen Regierung, von e. Deutschen (A. W. v. Schlegel). gr. 8. Greifsw. 813. Mauritius. 6 K

Anonym: „Politische Betrachtungen über die Bergwerke", Berlin 1743.

Betrachtungen, Politische, über die Ereignisse Ende 1875 auf 76. Schwyz 1876. V: *Linden, Ernst von.* (Cat. d. Stadtbibl. Zürich. Zürich 1864—97.)

— politische, für die Gegenwart u. die nächste Zukunft von e. alten [nicht Alt-] Liberalen. Bremen 866. (Celle, Schulze.) 8. (15 S.) 1⅓ ngr.

— einige politische, angestellt bei Gelegenheit eines im politischen Handelsvertrags. 1. u. 2. revid. Aufl. Leipzig 862. Kollmann. gr. 8. (2 Bl., 57 S.) n. 8 ngr.

Politische Betrachtungen zur heutigen Lage. Zu Nutz u. Frommen aller wahlberecht. Reichsbürger. Von e. Deutschen u. Konservativen. *Kolberg: J. Courtois 1902.* (13 S.) 8° [F.] (ot. 1088 9

Betrachtungen, Politische und moralische, über die Spartanische Gesetzgebung des Lycurgus. Lindau 1763. V: *Wegelin, Jacob Daniel.* (ErschDl.) (Gi) (Ky) (Ml.)

— polit. u. moral., üb. d. Spartan. Gesetzgebung des Lykurgus. 8. Lindau, Otto. 763.

— u. Nachrr., (politische). Nr. 1. 2. gr. 8. Wien 785. (Heubner). 4 K

— polit., u. Nachr. über d. Zustand d. deutschen Reichs. 2 Stcke. gr. 8. Wien 786. Kurzböck. 8 K

Betrachtungen, Politische, durch die über das Verfassungswerk erschienenen Streitschriften veranlasst. Kopenh. 1831. V: *David, C. G. N.* (CBH)

Betrachtungen, Politische, eines Unabhängigen. Wien 1883. V: *Benedikt, Moriz.* (EB)

— politische, e. Unabhängigen. gr. 8. (55 S.) Wien 883. Rosner. n. 1. —

— politische, e. alten Verwaltungsbeamten über Ereignisse u. Vorgänge in Russland im letzten Viertel des 19. Jahrh. (In russ. Sprache.) (480 S.) 8. Stuttgart 904. [J. H. W. Dietz Nachf.] Paris, A. Schulz. n. 8. —

— polit., e. alten Verwaltgsbeamten üb. Ereignisse u. Vorgänge in Russl. im letzten Viertel d. 19. Jahrh. (In russ. Sprache.) (480) 8° Stuttg. 904. Paris, Soc. nouv. de librairie et d'édition. 8 —

Betrachtungen, Politische, über die großen Vortheile, welche die von Frankreich ausgegangenen Verwüstungen Europas in der bessern Zukunft gewähren können. Vom Verfasser der Ideen über das politische Gleichgewicht. Leipzig 1814. V: *Baumgärtner, Friedrich Gotthelf.* (Russell VII, 1, 223)

— politische, üb. d. großen Vortheile, welche d. von Frankreich ausgegangene Verwüstung Europas in d. beff. Zukunft gewähren kann u. soll. Von d. Verf. d. Ideen üb. das Gleichgewicht von Europa. gr. 8. Leipz. 814. Baumgärtner. 12 K

Betrachtungen, Politische, über das Circularschreiben des Herrn von Hay Bischof zu Königgrätz an die Geistlichkeit seiner Diöcese über die Toleranz sammt dem Circularschreiben selbst. Frankfurt 1782. V: *Fast Patrit.* (Hch. Wolfgang Behrisch, Die Wiener Autoren. Pressb. 1784. S. 64.) (BiblPort)

Betrachtungen, Politische, über den jetzigen politischen Zustand von Curland. 1760. V: *Heyking, Dietrich Ernst von.* (Ky) (R-N)

Betrachtungen, Politisch-medicinische, welche von Jedermann zur Erhaltung der Gesundheit ... gar nützlich können gebraucht werden, ... Schmalkalden 1768. V: *Merkel, Salomon Chph.* (stri)

Betrachtungen (Populäre) über die österr. Finanzfrage. gr. 8°. Leipzig, O. Wigand, 1862.

— praktische, über die Psalmen. Aus dem Engl. von J. N. D. 8. (VIII, 428 S.) Schaffhausen 876. (Elberfeld, Langewiesche's Buchh.) *

— zu der gekrönten Preisschrift des Frhrn v. Holzschuher, die materielle Noth der untern Volksklassen, ihre Ursachen u. Abhilfe betreff. gr. 8. (52 S.) München 850, Franz. 8 ngr

Betrachtungen eines deutschen Proletariers üb.: Volksbedürfnisse u. Reformen. II.

Betrachtungen eines deutschen Proletariers. (Volksbedürfnisse u. Reformen, Heft II.) München, Geo. Franz, 1848. Kl. 8°. 80 S. Cart.

Betrachtungen e. Proletariers üb. Volksbedürfn. u. Reformen. Münch. 848.

Betrachtungen über den Protestantismus. Heidelberg 1826. V: *Jochmann, Carl Gustav.* (BrMm) (Ky) (Zu)

— über d. Protestantismus. gr. 8. Heidelb. 826, Winter, 2 Rthlr. Schreib-Pap.

Betrachtungen (Prüfende) des Gewerbestandes der Stadt Schrobenhausen über die Gewerbefreiheit und ihren Einfluss auf die Real-Rechte in Bayern. gr. 8°. Schrobenhausen 1860. (München, J. A. Finsterlin.)

Betrachtungen über d. 60sten Psalm Davids; aus d. Französ. übers. v. Jos. Al. Rink. 8. Augsb. 784.

Betrachtungen über die Psalmen Davids. Lübeck 1752. V: *Grabow, Friederike Elise von geb. v. der Kettenburg.* (Ky)

— über d. Psalmen Davids. gr. 8. Lübeck 752. Donatius. 6 gr

— üb. d. Psalmen Davids. gr. 8. Lübeck, Niemann u. R. 752.

— psychologische, über den Kompagnie-Chef u. seine Kompagnie. gr. 8. (III, 80 S.) Berlin 877. Mittler & Sohn. n. 1. 50

— psycholog., üb. d. Schulunterricht n. Forts. 4. Berl. Realsch. 771.

Betrachtungen, psycholog., üb. d. Schulunterricht, nebst Fortsetzung. 4. Berl. 771. Reimer. 3 gr

Betrachtungen eines teutschen Publizisten über das Kayserliche Commissions-Decret an Eine . . . allgemeine Reichs-Versammlung zu Regenspurg de dato 14. Apr. 1760 — eine abermalen anverlangende ergiebige Verwilligung von Römer-Monathen betreffend. Regenspurg 1760. 4. (28 S.)

Betrachtungen über die Quellen der Geschichte aus der Natur. [Halle 1775.] V: *Springer, Joh. Chph Erich Freih. von.* (MGT) (ML)

— über die Reblaus nach dem gegenwärtigen Stande der Sache. [Sommer 1889.] Hrsg. vom Rheingauer Verein f. Obst-, Wein- u. Gartenbau. 2. Aufl. gr. 8. (20 S. m. 1 farb. Taf. u. 1 Holzschn.) Wiesbaden 889. (Bechtold & Co.) —75

— über d. Rechnenkunst d. deutschen Beamten. (Von J. C. E. v. Springer). 8. Nürnb. 779. Felssecker. 8 gr

Betrachtungen über das Recht bey der Bezahlung in veränderten Münzen. Braunschw. und Hildesh. 1764. V: *Guden, Philipp Peter.* (Ky) (ML)

Betrachtungen üb. d. Recht bei Bezahlungen in verschiedenen Münzsorten. *Braunschweig*, Schröder. 765. 4. (8 Gr.)

Betrachtungen über das Recht der Bayrischen Erbfolge. O. O. 1778. V: *Herzberg, Ewald Friedrich Graf von.* (ML)

Betrachtungen über das Recht der bayerischen Erbfolge. (Mit Beilagen u. 1 Stammtafel.) Berlin 1778. 8.

— Dasselbe. 4. (19 S. — anderer Druck.)

Betrachtungen über das geschichtliche Recht der deutschen Sprache . . . . s. a (G[arraux], E[mil] F).

Betrachtungen über das geschichtliche Recht der deutschen Sprache im bernischen Jura. Von e. Deutschjurassier. *Bern: A. Francke 1904.* (VI, 46 S.) 8° [Umschlagt.] 1904. 0044

Betrachtungen über die Rechte des Schriftstellers und seines Verlegers. Aus dem Französischen. Bremen 1778. V: *Linguet, Sim. Nic. Henri.* (EngJ) Ü: *Reich, Ph. Erasmus.* S. a. »Linguet«.

— über das Rechtsverhältniß der Feuerversicherungs Anstalten zu ihren Versicherten. Danzig 864. Kafemann. gr. 8. (46 S.) 7½ ngr.

— über Rede- u. Preßfreiheit u. Censur. Aus „C. Hoffmann's staatsbürgerl. Garantieen" abgedr. 8. (3 B.) Zweibrücken 831, Ritter.

— über die von Dr. Ernst Hilarius Fröblich verfaßte Brochüre „Reformen für Bad Robitsch." 8. (30 S.) Graz, Tanzer. 30 kr. 1861

— über d. Regel d. heil. Benedikts. Aus d. Französ. v. B. Mößl. gr. 8. Augsb. 782, Kranzfelder. 18 gr

— üb. d. Regel des heil. Benedikts. Aus d. Französ. v. B. Mößl. gr. 8. Augsburg 1782. (Lampart.) 18 ggr. — 1 fl. 15 kr.

— üb. d. Regel des Heil. Benedicts gr. 8. Augsb. Wolf. 782.

Betrachtungen, Reichsverfassungsmässige, über die Fortsetzung des Reichstags . . . O. O. 1790. V: *Bauer, Conrad Alois.* (MGT)

— über d. schweizer. Reiterei. 8. Zürich 822. Orell. 4 gr

Betrachtungen über die Religion . . . Berlin 1773. V: *Damm, Chn Tob.* (Mitth. M. Grolig.)

— üb. d. Religion. 4 Thle. 8. Berlin, Maurer. 773.

— üb. d. Religion, a. d. Engl. v. Ebert. 8. Hannover Helwing. 777.

— üb. die Religion Jesu f. Denker. 8. Leipz. Graffé. 785

— üb. d. Buch: d. einzige wahre Religion. 8. Frankfurt, Hechtel. 751.

Betrachtungen über Das Buch: Die eintzige wahre Religion, Denen Christen zur weitern Einsicht und Eintracht vorgeleget, Von einem Freunde des Friedens und der Wahrheit. Halle 1751. 48 S. (inkl. *Titelkupfer*). 208 S.

— üb. d. Religion, v. e. Weltmann; aus d. Französ. v. J. L. Reich. 2 Bde in 3 Thlen. gr. 8. Dessau 783, 84. (Barth in Leipz.) 2 rß 3 gr

— über Religionsphilosophie u. d. wichtigsten Probleme ders. Mit e. Vorw. v. D Schulz. Eine erläut. Zugabe z. Euchariston. gr. 8. (12 B.) Leipzig 828, [Lehnhold.]

— üb. d. Religionsverbesser. gr. 8. Breslau, Korn, 774.

Betrachtungen, Religiöse, nebst einigen Gedichten sinnverwandten Inhalts. Neue Aufl. München 1826. V: *Hölderich, J.* (Ky)

— religiöse, nebst e. Gedichten sinnverwandt. Inhalts, (v. J. Hölderich). 12. Münch., J. Lindauer. 10 Kr Fein P. 12 Kr N. A. 826. Hbg. Pr. 8 Kr Fein P. 10 Kr

— religiöse, e. Verstorbenen. gr. 8. (60 S.) Breslau 870. (Kern's Sort.) n. 1. —

— religiöse, e. Verstorbenen. Breslau 870. (Lichtenauer.) gr. 8. (60 S.) n. 10 ngr

— einige, üb. das Rennen-Reiten unserer Herren-Reiter, nebst e. tabellar. Zusammenstellg. der Leistgn. sämmtl. Herren-Reiter von 1827 bis 1885 incl., v. e. Freunde d. Renn-Sports. 8. (93 S.) Berlin 886. (Kühl.) geb. n. 3. 30

— über die Repräsentation moral. Personen, besond. des Staats. Von e. Königl. Preuß. Beamten. gr. 8. Glogau 833, Heymann in Berlin. 1/2 Rthlr

Betrachtungen über die Revolution. (Aus Nr. 55 der Neuen preußischen Zeitung.) Berlin 1848. 16 S. 8.

Betrachtungen über die französische Revolution und das nene sogenannte demokratische System in Frankreich. Wien 1790. V: *Pergen, Joh. Anton Graf.* V (Vorrede) u. H: *Schilling, Friedrich.* (WBL 22, 4 u. 29, 326)

Betrachtungen über die helvetische Revolution. [Stuttgart 1804.] V: *Rengger, A.* (MGT)

— üb. d. Revolution in d. Schweiz. a. d. Franz. m. Anm. 8. Straßb. Levrault. 802.

Betrachtungen über die Revolution im K. Zürich. Basel 1839 s.a. [Böhringer, Friedrich].

Betrachtungen über die Revolution im Kanton Zürich . . . Basel 1839. V: *Böhringer, Frdr.* (Cat. d. Stadtbibl. Zürich. Zürich 1864—97.)

— über die Revolution im K. Zürich, in Briefen eines Zürchers an einen Basler. gr. 8. Basel 839. Schweighauserſche Buchh. 1/3 Rthlr 2e verb, mit e. Vorwort u. e. fünften Briefe verm. Aufl. gr. 8. Ebd. 839. 5 gr

— über d. letzten Revolutionen in Europa, v. H. v. S. Aus d. Französ., mit chronolog. Uebersicht, Anmerkk. u. d. wichtigsten Actenst. begleitet, (v. K. W.) gr. 8. Gotha 825. Ettinger. 1 Rthlr

Betrachtungen über die letzten Revolutionen in Europa von H. v. S. Gotha 1826. V: *Salvo, Charles Marq. de.* (Barbier)

— über d. lezt. Revolutionen in Europa. Von Hrn. v. S. Aus d. Franz. mit chronolog. Uebersicht, Anmerkk. u. d. wichtigsten Aktenstücken begl. (v. K. W.) gr. 8. Gotha 826, Ettinger.

Betrachtungen über die Revolutionen und das sogenannte demokratische System in Frankreich. Mit einer Vorrede von Fr. Schilling. Wien 1791. V: *Pergen, Johann B. Anton Graf von.* (Ky) (MGT) (WBL)

— üb. d. Revolutionen u. d. sogenannte demokrat. System in Frankreich, (v. Graf v. Pergen). Mit e. Vorrede v. Fr. Schilling. 8. Wien 791. (Heubner). 8 Kr Latein. u. d. T.: Animadversiones in revolutionem novumque sic dictum systema democraticum in Gallia. 8. Ibid. eod. (Schaumburg). 8 Kr

Betrachtungen über den von den Franzosen bei Kehl unternommenen Rheinübergang. Frankfurt a. M. 1796. V: *Miller, von.* (Ky) (MGT) (Pr)

– üb. den v. d. Franzos. b. Kehl unternomm. Rheinübergang. gr. 8. Frankf. Eßlinger. 796.

— üb. den v. den Franzosen bei Kehl unternommenen Rheinübergang, (v. . . v. Miller). gr. 8. Frankf. a. M. 796. (Schäfer). 8 Kr

— über die Richtung der östlichen Eisenbahn u. deren Einfluß auf das geistige u. materielle Wohl der Provinz Preußen. gr. 8. Elbing 844, Levin. n. 1/6 Rthlr

— über das allerheil. Sacrament des Altars. Aus d. heil. Schrift gezogen. Aus d. Engl. 18. Wien 833. (Mechitaristen-Congregat.-Buchh.) 1/4 Rthlr

Betrachtungen üb. d. allerh. Sakrament des Altars. Aus d. Englischen. 18. Wien 1834. N. Ausg. 1842. Leipz., Fr. Fleischer. 7 1/2 Ngr. — 27 kr.

Betrachtungen über das allerheiligste Sacrament d. Altars. Aus der heiligen Schrift gezogen. Aus d. Engl. (Neue Ausgabe.) 18. Wien 842. (Leipz., Fr. Fleischer.) 1/4 Rthlr

Betrachtungen über das erste Buch Samuel von H. R. Aus d. Franz. Elberfeld: R. Brockhaus 1904. (158 S.) 8° [J.]

Betrachtungen über das zweite Buch Samuel von H. R. Aus d. Franz. Elberfeld: R. Brockhaus 1905. (203 S.) 8° [J.]

— d. Sätze, daß wir tägl. viel sündigen &c. 8. Eisenach, Griesbach. 760.

— üb. d. größere Scheidemünze s. a. Gedanken vom Gelde.

Betrachtungen über die grössere Scheidemünze. O. O. 1755. V: *Richter, Christoph Gottlieb.* (ML)

Betrachtungen über das Schiessen mit der Schrotflinte. Aus dem Engl. Leipzig 1800. V: *Hoyer, Johann Gottfried von.* (MGT)

Betrachtungen, üb. d. Schießen m. d. Schrotflinte. a. d. Engl. 8. Leipz. Baumgärtner. 800. Rthlr

— über die Schiessübungen der Infanterie, Verwendung u. Behandlung d. modernen Infanterie-Gewehres, nebst Andeutungen über die Construction einer handl. Armee-Waffe u. Einführung eines Magazin-Gewehres. Von einem preuss. Stabs-Officier. gr. 8. (III, 118 S.) Berlin 882. F. Luckhardt. n. 3. —

Betrachtungen, Einige, über grössere Schlachten. Beihft. z. „Milit.-Wochenblatt". — Berlin 1867.

— d. Schönheit in d. Wissenschaft. 8. Breslau, Korn. 763.

— über das, vom König von Preußen an d. Herzogin v. Anhalt-Cöthen angeblich erlassene Schreiben; (v. L. Wolff.) 2e Aufl. 8. Würzb. 827. (Etlinger.)

— üb. die neuesten historischen Schriften. 5 Bde. od. 15 Stcke. gr. 8. Altenb. (Academische Buchhandl. in Jena.) 773. (à Stck. 10 gr.)

— über die neuesten histor. Schriften. 5 Bde od. 15 Stcke, (v. J. G. Meusel). gr. 8. Altenb. 769—74. (Hennings in Neisse). 6 ₰ 6 K Fortgesetzte Betrachtt. üb. die neuesten histor. Schriften. 4 Bde. à 3 Stcke. (v. J. G. Meusel). gr. 8. Halle 774—78. Gebauer. 6 ₰

Betrachtungen, Schriftmässige, über einige Eigenschaften Gottes in einer Ode. Hamb. 1744. V: *Hagedorn, Friedrich von.* (schr)

Betrachtungen, Schriftmässige, über 1. das Haus Israel. 2. die letzte Zeit. 3. die Zeit, in welcher wir ... jetzt wirklich leben, und 4. über die Offenbarung selbst, ... Leipz. 1796. V: *Grosse, Johann Gottlob.* (Ky) (MGT) (ML) aufgesetzt v. einem Layen, im Jahre 1794. 8. 796, ist Verl. v. Reinicke u. C. in Halle. Rthlr.

— über das Schuldenwesen der Staaten u. anderer Gesellschaften, den Finanz- u. Gesetzgebungs-Ausschüssen der hohen Kammern Deutschlands gewidmet v. M. L. W. 8. (16 S.) Nürnberg 850, Riegel & Wießner. 2 ngr

— über unser classisches Schulwesen. gr. 8. (56 S.) Leipzig 881. Abel. 1. 50

Betrachtungen über die Schwängerungen und die verschiedenen Systeme der Erzeugung. Aus d. Engl. übers. ... von Dr. Chn. Fr. Michaelis. Zittau u. Leipzig 1791. V: *Couper, Rob.* (BGG)

— üb. d. Schwängerungen u. d. verschiedenen Systeme d. Erzeugung; aus d. Engl. (v. Chr. Fr. Michaelis II.). 8. Zittau 791. Schöps. 12 K

Betrachtungen eines Schweizers über die Bewegungsgründe des gegenwärtigen Krieges. Zürich 1757. O. O. 1757. V: *Maubert de Gouvest, H.* (Histoire de la vie de H. Maubert. Londres 1761. S. 52.) (bibl port)

— Dasselbe. Cölln 1757. fol.

— über die barmh. Schwestern, s. Hauber, J. M.

— sechs, über die Sielbau-Angelegenheit. gr. 8. Altona 843, Hammerich. 1/8 ₰

Betrachtungen, Sechs theologisch-philosophische, über wichtige Gegenstände. Riga 1779. V: *Ehrlich, Johann Gottlieb.* (Ky) (R-N)

— e. wahrhrft büßenden Seele. 8 Wien 764. Jahn. 6 K

— e. frommen u, ihres Heils begierigen Seele. 8. Bregenz 703. Brentano. (Luzern, Salzmann). 9 K

Betrachtungen einer stillen Seele über die Hülfe von oben. O. O. 1764. V: *Stoy, Johann Siegmund.* (will)

Betrachtungen eines See-Offiziers über die Verbindung der Donau mit dem adriatischen Meere. Wien 1861. V: *Wüllerstorf und Urbair, Bernhard v.* (KA)

— eines See-Offiziers über die Verbindung der Donau mit dem adriatischen Meere. gr. 8. (48 S.) Wien 861, (Gerold's Sohn.)

— über Seetaktik aus fremden Quellen. [Aus: „Deutsche Heeres-Ztg."] gr. 8. (62 S.) Berlin 892. [F. Luckhardt.] Militär-Verlag R. Felix. n. 1. 50

Betrachtungen uebr die Selbständigkeit und Unabhängigkeit der Kirche Gottes von einem Weltmann. Augsburg 1817. V: *Sicherer, Kasimir von.* (cramerBkde S. 80)

Betrachtungen über die Selbständigkeit u. Unabhängigkeit der Kirche Gottes. Augsburg, Wolff, 1817, 8°.

— über die Selbstständigkeit und Unabhängigkeit der Kirche Gottes. 8. Augsburg, Wolff. 818.

Betrachtungen über die Selbstständigkeit und Unabhängigkeit der Kirchengewalt u. die Schutzpflicht d. D. Bundes u. der Teilnehmer an dem Westphäl. Frieden. 1855. V: *Linde, Just. Timoth. Balth. von.* (Kat. d. ständ. Bibl. Stuttg. 1907. S. 99.)

— über das Sendschreiben von Joh. Ronge. Von e. Pfarrer der Diözöse Trier. 16. Coblenz 845, Reiff. 1/12 ₰

— üb. d. Fürst. Serbien. 8. (85) Wien 51, Capellen. — 14

— über das Fürstenthum Serbien. 8. (85 S.) Wien 851, Gress. 14 ngr

— über die Sicherstellung gegen Feuersgefahr u. Brandschaden so wie üb. die Ausübung der Feuer- u. Bau-Polizei im Preuß. Staate, m. besond. Anwendg. auf die Provinz Brandenburg u. namentlich auf die Stadt Berlin. (Von W. Emmich.) gr. 8. (15 S.) Berlin 848. (Ernst & Korn.) n. 4 ngr

— über die Sicherstellung gegen Feuersgefahr und Brandschaden so wie über die Ausübung der Feuer- und Bau-Polizei im preuß. Staate, mit besond. Anwendung auf die Provinz Brandenburg und namentlich auf die Stadt Berlin. (Von W. Emmich.) gr. 8. (15 S.) Berlin 818, (Reimarus.) *

Betrachtungen über die Sicherstellung gegen Feuersgefahr u. Brandschaden, sowie üb. d. Ausübung d. Feuer- u. Bau-Polizei im preuss. Staate, m. besond. Anwendg. auf die Provinz Brandenburg und namentlich auf die Stadt Berlin. gr. 8. Berlin, Ernst & Korn. 1851.

— sieben, des andächtigen Pilgers auf dem Wege gen Zion nach der Stadt des lebendigen Gottes. Nach Anleitung der heil. Schrift in der Kürze gefasset von G. C. 12. Graudenz 843, Röthe'sche Buchh. 1/4 ₰

— einige, über den Hamburger Sielbau, von e. Architecten. gr. 8. Altona 843, Hammerich. 1/8 ₰

Betrachtungen, veranlasst durch das Riess'sche Bildwerk »Der Singeverein!« Berlin 1840. V: *Ritter, H. W. L.* (Ky)

Betrachtungen über das fortwährende Sinken der Getreidepreise; ... Berlin 1824. V: *Dehne, P.* (Ky)

— über d. fortwähr. Sinken d. Getreidepreise. (Aus Buchholz's Monatsschrift abgedr.) gr. 8. Berlin 824. Enslin.

Betrachtungen über die Sittenlehre der Vernunft. Berlin 1749—51. V: *Köhnsen, Achaz Dietr.* (Mitth. M. Grolig.)

— üb. d. Sittenlehre d. Vernunft. 7 Thle. 8. Berlin, Voß. 749.

— sittl. a. alle Tage d. Fastenzeit. 8. Wien, Rötzl und Kaulf. 796.

— sittliche, a. alle Tage d. Fastenzeit. 8. Wien 796. (Schaumburg). 12 gr

— sokratische, üb. ein. wichtige Gegenstände d. menschl. Lebens. 8. Marb. 809. Krieger. 16 gr

— sokratische, üb. ein. wichtig. Gegenstände d. menschl. Lebens. 8. Marb. Krieger. 810.

— üb. d. Soldatenstand. 8. Bayr., Lübeck. 808.

— üb. d. Soldatenstand. 8. Bayreuth. jetzt Schnupfhase in Altenb. 808.

— über den Sommerdienst der Infanterie. Von einem Officier. Großenhain 858. Mohr. gr. 8. (32 S.) n. 5 ngr

—— über den Sommerdienst der Infanterie. Von einem Officier. gr. 8. (32 S.) Großenhain 858. [Pieper.] *

— auf alle Sonn- u. Festtage, v. e. fürstl. Pers. 8. Nürnb. 740.

Betrachtungen über die Sonn- und Festtags-Evangelien ... Aus dem Französischen. Salzburg 1787—1788. Ü: *Gäng, Philipp.* (Hr) (Ky) (MGT)

— üb. d. Sonn- u. Festtags-Evangelien u. Episteln auf alle Tage d. Jahres. Aus d. Französ., (v. P. Gäng). 5 Bde. gr. 8. Salzb. 787, 88. Mayr. 4 fl

Betrachtungen über die jährlichen Sonn- und Festtags-Evangelien. Aus dem Dän. Hamb. 1793. V: *Bugge, Søren.* Ü: *Bischoff, Jac.* (Bruun, Bibl. Danica. I, 483.) (Collin, Anonymer. Kiobenh. 1869.) (Pettersen. Anon. og Pseudonymer. Kristiania 1890.)

— üb. d. jährl. Sonn- u. Fest-Evangel. a. d. Dän. 1r Thl. 8. Flensb. (Gräff, Leipz.) 793.

— üb. d. jährl. Sonn- u. Fest-Evangelien; aus d. Dän., (v. J. Bischof). 1r Thl. 8. Flensb. 793. (Wienbrack in Leipz.) 1 fl 8 gr

— üb. d. Spielsucht. 8. Altenb. Richter. 778.

—— üb. d. Spiritus-Steuer, m. Beziehg auf Bayern. 8. (40) Münch. 65. (Beck.) n. — 6

— über die Spiritus-Steuer, mit Beziehung auf Bayern. Von e. bei der Sache in keiner Weise Betheiligten. (Von Nikol. Witt.) München 865. L. Finsterlin. gr. 8. (40 S.) n. 6 ngr

—— über die Spiritus-Steuer, mit Beziehung auf Bayern. Von einem bei der Sache in keiner Weise Betheiligten. gr. 8. (II und 40 S.) München 865. (Gummi.) *

Betrachtungen über die Spiritus-Steuer, mit Beziehung auf Bayern. Von einem bei der Sache in keiner Weise Betheiligten. (Von Nikol. Witt.) gr. 8. (40 S.) München 866. L. Finsterlin. *

— üb. etl. Sprüche d. heil. Schr. m. K. u. Sinnbild. 2 Thle. 8. 729.

— üb. Staatenverhältnisse u. Blicke in d. Zukunft. 8. Berl. 799. Maurers B. 7 gr

— üb. Staatenwohl u. Bürgerglück. gr. 8. Leipz. Reinicke. 792.

— üb. Staatenwohl u. Völkerglück, nach d. Italien., v. F. B. Bücher. gr. 8. gr. 8. Leipz. 792. Reinike in Halle. 1 fl

— üb. d. gegenwärt. Staatsangelegenheit v. Europa. 2 Stcke. 8. Offenb. 778. Brede. 4 gr

Betrachtungen aller hungarischen und nicht adelichen Staatsbürger, über denjenigen Abschnitt des Diploms, nach welchen auch eingebohrene Vaterlandssöhne, wenn sie nicht Edelleute sind, von allen öffentl. Staatsämtern ausgeschlossen werden sollen. Dem hohen Adel des Königreichs wie auch den lobl. Ständen an das Herz gelegt. Aus dem Latein. übersetzt von einem Freunde der hung. Bürgerjugend. O. O. 1790. Ü: *Belnay, Georg Alois.* (GGr VII, 71)

Betrachtungen eines östreichischen Staatsbürgers ... veranlasst durch das Schreiben des Herrn von M*** ... über die französische Republik. Wien 1793. V: *Sonnenfels, Joseph von.* (Ky) (MGT)

— e. österr. Staatsbürgers (J. v. Sonnenfels) an seinen Freund, veranlaßt durch d. Schreiben d. Hrn. M** an Abbé Sabatier über d. Französ. Republik. gr. 8. Wien 793. v. Möβle. 3 gr

Betrachtungen über das Staatsinteresse der Europäischen Höfe. Nürnberg 1783. H: *Schubart, Ludwig Albrecht.* (GGr) (MGT)

— üb. d. Staatsinteresse d. europ. Höfe. gr. 8. Nürnb. Grattenauer. 793.

— über das Staatsinteresse d. Europäis. Höfe. gr. 8. 793. Hat jetzt Lauffer in Leipzig.

— üb. das constitutionelle deutsche Staatsrecht, s. Beiträge zum constitut. deutschen Staatsrechte. 1s Hft.

Betrachtungen über das constitutionelle teutsche Staatsrecht im Allgemeinen, sowie die Staatsgewalt in der constitutionellen Monarchie und das Verhältniß der Polizei zur Criminaljustiz insbesondere. Vier Abhandlungen eines teutschen Staatsrechtsgelehrten, aus der teutschen Vaterlands-Zeitung besonders abgedruckt. Darmstadt 1833. XVI 150 S. 8.

— einige staatsrechtl., üb. die zwischen Kurmainz u. Kurpfalz gewechselten Staatsschriften aufgestellten Grundsätze, die Kurpfälz. Reichsvicariats- u. Kurmainz. Erzkanzleriatsgerechtsamen während d. Zwischenreiche. 8. Frankf. a. M. 790. Andreä. 3 gr

— staatsrechtl., üb. d. Vertrag d. zwisch. d. König v. Bay. u. d. Johanniterorden abgeschloss. rc. 8. Regensburg, Reitmayer. 805

Betrachtungen, Staatswirthschaftliche, über die Bezahlung feindlicher Kontributionen; ... Stuttgart 1796. V: *Trefz, Benjamin.* (MGT) »1797« (Ky)

Betrachtungen (Staatswirthschaftliche) über die Bezahlung feindlicher Contributionen (von B. Trefz). 8 Stücke. 8°. Stuttgart, Erhard, 1797.

— üb. einige ausgew. Stellen d. heil. Schrift, von Karoline*** gesammelt, u. herausg. v. J. G. Schnee. 8. Frankf. 794. Keßler. 10 gr.

Betrachtungen über die wichtigsten Stellen der Evangelien. Ein Erbauungsbuch für ungelehrte nachdenkende Christen. Dessau und Leipzig 1783—1790. V: *Lavater, Johann Kaspar.* (schstr S. 120)

Betrachtungen über die wichtigsten Stellen der Evangelisten; ... Winterthur 1789—1790. V: *Lavater, Johann Caspar.* (JL)

— über die Stellung der Schule zum Leben, oder: Dürfen Eltern mit ihren Kindern machen was sie wollen? gr. 8. Danzig 837. Homannsche Buchh. 1/8 Rthlr.

Betrachtungen über Steuern und Steuergesetz in Zürich. [Bern 1898.] V: *Beust, Frdr.* (Zuwachsverz. d. Bibliotheken in Zürich 1898 ff.)

Betrachtungen über die Steuerreformfrage. Rostock 1846.

— über Steuerwesen, Staatsschulden u. deren Tilgung, Credit-Anstalten u. andere Gegenstände d. Staats-Haushaltung. gr. 8. Berlin, Rücker. 819.

Stille Betrachtungen eines Einsiedlers über die vorhabende Achtserklärung Ihro Königl. Majestät in Preussen als Churfürsten von Brandenburg. 1757. 4. (14 S.)

— auf dem Gebiete der Strafprozeßlehre. Breslau (858.) Graß, Barth u. Co. gr. 8. (1 Bl., 53 S.) n. 8 ngr

Betrachtungen über Strassenbau im Odenwalde ... Darmstadt 1834. V: *Schulz, Ernst Theodor.* (HS)

Betrachtungen, Strategische, über den Feldzug von 1796 in Deutschland und Italien. — Siehe: „Jahrbücher für die deutsche Armee und Marine." 102. Bd. Gruppe A b. Berlin 1897.

Betrachtungen in den Stunden der Einsamkeit. Ein Erbauungsbuch für alle Stände, besonders zum Gebrauche bei geistl. Uebungen und Missionen, von einem kathol. Geistlichen hrsg. 12. (VII und 170 S.) Landshut 851(52,) Krüll'sche Universitäts-Buchh. Thlr. *

Betrachtungen in mitternächtlichen Stunden für christliche Tugenden.... 1800. Neue Auflage. Wien 1824. V: *Feigerle, Ign.* (Kalemkiar) V: *Menne, Edilbert.* (Th)

— — in mitternächtlichen Stunden üb. christl. Tugenden. (Von P. Edilb. Menne.) 2 Bde. gr. 8. Wien (Augsb.) 1824, Mech. B. 2 Thlr. jetzt 1⅓ Thlr. — 3 fl.

— über den Subaltern-Offizier der schweizerischen Infanterie. Ein Wort an die Kameraden v. der Infanterie v. e. Basler Offizier. Vortrag, geh. in der Offiziers-Gesellschaft in Basel. gr. 8. (60 S.) Basel 873. Schweighauser. n. — 80

— üb. d. Successionsordn. in Brandenburg. 4. Wien, Kurzböck. 778.

Betrachtungen über die Successions-Ordnung in den Brandenburgischen Fürstenthümern im Fränkischen Kreise. (Wien) 1778. 4. 58 S.

— üb. die Supplicationen eines Theils der Grundeigenthümer vom 14. Mai u. 6. Aug. 1847. gr. 8. (48 S.) Hamburg 848, Herold. n. 4 ngr

— üb. das System d. reitenden Artillerie. 8. Berl. 823. Dümmler. 10 gr.

— für alle Tage und Feste des Jahres, nach der Methode des heil. Ignatius, über das Leben und die Geheimnisse unsers Herrn Jesu Christi. Aus dem Französ. übers. Zum Gebrauche der Klosterfrauen. 1—5. Thl. 8. (1906 S.) Saarlouis 853—54, Stein. à Thl. 20 Ngr.

— für alle Tage und Feste des Jahres, nach der Methode des heil. Ignatius, über das Leben und die Geheimnisse unsers Herrn Jesu Christi. Aus dem Französ. übers. Zum Gebrauche für Klosterfrauen. 5 Thle. 2. Aufl. 8 (1905 S.) Saarlouis 868, Stein.

— f. alle Tage u. Feste d. Jahres, nach der Methode d. hl. Ignatius, üb. das Leben u. die Geheimnisse unsers Herrn Jesu Christi. Zum Gebrauche f. Klosterfrauen. Aus dem Franz. übers. 5 Thle. 5. Aufl. 12. (400; 380; 404; 376; 343 S.) Saarlouis 890, Stein Nachf. 10 —

[F.] **Betrachtungen** für alle Tage und Feste des Jahres, nach der Methode des heil. Ignatius, üb. d. Leben u. d. Geheimnisse unseres Herrn Jesu Christi. Z. Gebr. f. Klosterfrauen. A. d. Französ. übs. 6. Aufl. ... Th. 1—5. *Saarlouis: Hausen & C. 1894.* 5 Bde 8.
1. (393 S., 3 Bl.) 2. (VI, 3—372 S., 4 Bl.) 3. (VI, 3—394 S., 5 Bl.) 4. (VI, 3—368 S., 4 Bl.) 5. (VI, 3—330 S., 4 Bl.) '93 4060

— für alle Tage u. Feste d. Jahres, nach der Methode d. hl. Ignatius, üb. das Leben u. die Geheimnisse unseres Herrn Jesu Christi. Zum Gebrauche f. Klosterfrauen. Aus dem Franz. übers. 5 Thle. 6. Aufl. 8. (400; IV, 380; IV, 404; IV, 376 u. IV, 343 S.) Saarlouis 894. F. Stein Nachf. 10. —; geb. in Kaliko 13. —; in Halbldr. 13. —; in Ldr. n. 15. 50; einzelne Bde. geh. n. 2. —

— f. alle Tage u. Feste des Jahres, nach der Methode des hl. Ignatius, üb. das Leben u. die Geheimnisse unseres Herrn Jesu Christi. Zum Gebrauche f. Klosterfrauen. Aus dem Franz übers. 7. Aufl. 5 Tle. 8. (400, 384, 408, 380 u. 347 S.) Saarlouis 899. F. Stein Nachf. 10. —; geb. in Leinw. n. 13. 50

— für alle Tage u. Feste des Jahres, nach der Methode des heil. Ignatius, über das Leben u. die Geheimnisse unseres Herrn Jesu Christi. Besonders zum Gebrauche f. Klosterfrauen. Aus dem Französ. 8. Aufl., besorgt durch Jos. Mayer, C. Ss. R. 5 Tle. (398, 379, 392, 377 u. 356 S.) kl. 8. Saarlouis 905. F. Stein Nachf. n. 10. —; geb. in Leinw. n. 13. 50

— f. alle Tage u. Feste des Jahres, nach der Methode des hl. Ignatius, üb. das Leben u. die Geheimnisse unseres Herrn Jesu Christi. Besonders zum Gebrauche f. Klosterfrauen. Aus dem Franz. 9. Aufl. Neubearb. v. Jos. Mayer, C. Ss. R. 5 Tle. (398, VI u. S. 3—379, VI u. S. 3—392, VI u. S. 3—377 u. VI u. S. 3—356.) kl. 8. Saarlouis 909. F. Stein Nachf. 10.—; geb. in Leinw. n 13. 50

Betrachtungen f. alle Tage u. Feste d. Jahres, nach d. Methode d. hl. Ignatius, üb. d. Leben u. d. Geheimnisse uns. Herrn Jesu Christi. Bes. z. Gebr. f. Klosterfrauen. Aus d. Franz. 10. Afl. v. Jos. Mayer. 5 Tle. (398, 6 u. 3—379, 6 u. 3—392, 6 u. 3—377 u. 6 u. 3—356.) kl8° Saarl., F Stein Nf. ('12). 10.10; L n 13.50 d

— auf alle Tage u. d. vorzügl. Festtage d. Jahres, z. Gebr. d. Brüder d. christl. Lehre u. d. Schwestern d. göttl. Vorsicht. 2 Thle. gr. 12. Straßb. 822 u. 23. (Mainz, Müller)

Betrachtungen am Tage der ersten Sitzung der Stadt-Verordneten zur Feier desselben seinen Amtsgenossen mitgetheilt. Glogau 1809.

— d. sieben Tagewerke m. Vergl. d. sieben Bitten etc. 8. Frankf. (Erhard, Stutt.) 746.

— tägliche, ein. Christ. 8. Züllichau. Frommann. 766.

— tägliche, eines Christen, (v. H. E. v. Teubern). 8. Züllich. 766. N. A. 787. Frommann in Jena. 12 gr.

Taktische **Betrachtungen** über den Angriff auf befestigte Feldstellungen. *Berlin: E. S. Mittler & Sohn 1903.* (S. 365–388.) 8° [F.]
= Militär-Wochenblatt. 1903, Beih. 8, [2.] '03 9789

Taktische **Betrachtungen** zum Kampf um Festungen. Von L. M. Mit 1 Skizze. Berlin: E. S. Mittler & Sohn 1907. (S. 119–152.) 8° [Umschlagt. F.]
— **Militär-Wochenblatt.** 1907, Beih. 4. [07. 98]

Betrachtungen, Fortsetzung der taktischen. Als Manuscript. (Weitere taktische Betrachtungen, grösstentheils hervorgerufen durch Arcolay's „Taktik der Neuzeit".) 8. Linz 1869.

Betrachtungen über den Thalweg des Rheins als Grenzscheide zwischen Deutschland und Frankreich. Germanien 1802. 8.. . . . . (D.)

— üb. d. Thalweg des Rheins, als Grenzscheide etc. gr. 8. Hadamar, n. gel. Buchhdl. 802.

— üb. d. Thalweg d. Rheins, als Grenzscheide etc. gr. 8. Hadam. 802. (Lanz in Weilb.) 6 gr.

— über die gemeinnützige Tendenz der neuen Wasserkunst d. Hrn. Edw. J. Smith zu Hamburg, u. über dessen beigefügte Erläuterungen: (Erläuterungen über die neue Wasserkunst und den dazu errichteten Thurm bei der Alster, v. Edw. J. Smith. 2 Thle.) gr. 8. Hannover 833. (Hahn.) 1/3 Thlr.

Betrachtungen über das neue Testament. 2 Stücke. Stuttg. 1735. V: *Moser, Joh. Jacob.* (Moser, Joh. Jacob, Lebensgeschichte von ihm selbst beschrieben. Frankf. u. Leipzig 1777. III, 161/2.)

— theol., üb. Krankh. des menschl. Leibes, u. Gebrt. 8 Hamb. u. Leipz. Böhme. 783.

— tiefsinnige, über den Dalles in tragi-komischen Versen vom Verf. d. „Wie macht man pleite". 8. (16 S.) Leipzig 882. Milde. — 15

Betrachtungen über den Thierschutz. Klgft., v. Kleinmayr, 1873. 12 S.

Betrachtungen über die, in der kurbrandenburgischen Äusserung vom 25. Sept. 1778 angeführte Titel . . . O. O. 1779. V: *Langhaider, Sylvester.* (Ky) (ML)

— bei d. Tode Gellerts, v. J. H. F. 8. Frankf. a. M. 770. Andreä. 8 gr.

BETRACHTUNGEN über den Tod Ihro Majestät Maria Theresia vor einer Versammlung, von einem Ungr. Preßburg 1780. Gedr. Bey Franz Xaver Thiel. 8 S. - kl. 8°

Betrachtungen über das jetzige Toleranzwesen in denen Kayserl. Oesterreichischen Ländern. Frankf. 1783. V: *Fleischer.* (EB)

— üb. d. Toleranzwesen in Oesterreich. 2 Stcke. 8. Frankf. u. Leipz. 783, 84. Kummer. 8 gr.

[Umschlagt.:] **Betrachtungen** über die Transvaalfrage und die Verstimmung zwischen Deutschland und England v. Vs. *Berlin: D. Reimer [1897].* 16 S.) 1 Bd 8. [98. 4673]

— über das wirthschaftliche Trauerspiel in Oesterreich u. Versuch dessen Abschluss herbeizuführen. gr. 8. (20 S.) Wien 874. Rosner. n. — 60

— über die Treffen-Taktik der Kavallerie v. e. Verehrer d. General Schmidt. Mit 15 Croquis. gr. 8. (III, 51 S.) Berlin 884. Wilhelmi. n. 1. 50

— üb. die Treffen-Taktik der Kavallerie. Mit 15 Croquis. 2. unveränd. [Titel-]Aufl. gr. 8. (III, 51 S.) Leipzig [884.] (897.). A. Strauch. n. 1. 50

— — u. Trostgründe in d. Widerwärtigkeiten d. Lebens. (Von G. Blum.) 16. Regensburg 1844, Manz. 9 sgr. — 36 kr.

Betrachtungen über den Truppen-Transport auf Eisenbahnen, unter Zugrundelegung des darüber bestehenden französischen Reglements vom November 1855. Nach dem Journal des armes spéciales deutsch bearb. Darmstadt 861. Jonghaus. gr. 8. (30 S.) n. 5 ngr.

Betrachtungen über die Umgestaltung des Ostseehandels zu Gunsten des allgemeinen Verkehrs. Hamburg 1834. V: *Godeffroy. Charles.* (Mitth. Dr. A. Goldmann.)

— üb. d. Umstände d. Dissidenten in Polen. 4. Berl. 767. Haude u. Sp. 4 gr.

Betrachtungen über die Umstände der Dissidenten in Polen. Warschau [Berlin] 1767. V: *Wolf, Nathaniel Matthäus von.* (Wr)

— unbefangene nähere, über das ächte, reine Christenthum. Im Hinblicke auf die Menschen-, Welt-, Kirchen- u. Literaturgeschichte angestellt. gr. 8. Leipzig 840. Otto Wigand. n. 1/3 Thlr.

Betrachtungen über das Universum. Mannheim 1777. 4. Aufl. 1805. V: *Dalberg, Carl Theodor Anton Maria Freih. von.* (ErGr) (ErschDl.) (JL)

Betrachtungen über das Universum. 3. Aufl. Mannheim 1787. 8.

— üb. d. Universum (v. Großherz. v. Frankf.) 12. Mannh. Schwan. 805.

— — unparteiische, üb. d. Gesetz des geistl. Cölibats u. das feierl. Keuschheitsgelübde etc. Vom Prof. C. A. P. (zu Lugano gedruckt), den Gesetzgebern vorgestellt. Aus dem Italien. übertragen, mit Zusätzen von Dr. Carové. (30 Bogen stark). gr. 8. Frankf. 1832, Brönner. 1⅔ Thlr. — 3 fl.

unparteyische Betrachtungen über die gegen denen Gräntzen des H. R. Reichs machende starke Frantzös. Kriegrüstungen (8 Bl.) fol. Wien 1733.

Anonym: „Unpartheyische Betrachtungen Über den Verfall Des Müntz-Wesens, Und darüber gemachten Anmerckungen / wie solches durch Annehmung des Leipziger Fusses / und Torgauischen Recesses, wiederum könte in Ordnung gebracht werden. Nebst Einen (sol) Anhang Das Müntz-Wesen und den Silber-Preiss insonderheit betreffend / wie auch Des Torgauischen Recesses vom 28. Febr. Anno 1690", Regensburg 1738 (Joh. Leop. Montag). fol. — Vorh.: StB Nürnberg.

Betrachtungen, Unpartheyische, über die Vorrechte und Vortheile der Kaiserkrone. [Wien 1770.] V: *Daiser, Johann Baptist.* H: *Mumelter, Franz Josef von.* (Margr)

Betrachtungen, Unpartheiische, über die Vorrechte und Vorurtheile der Kaiserkrone. [Wien] 1790. V: *Schweighofer, Joh. Michael.* (EB)

— unparth., üb. d. Vorrechte u. Vortheile d. Kaiserkronen. 8. Wien 790. Degen. 5 gr.

— unpolitische, über Erscheinungen u. Zustände der Gegenwart. 8. (92 S.) Frankfurt a/M. 879. Auffarth. n. 1. 50

Betrachtungen über einige Unrichtigkeiten in den Betrachtungen über die Kriegskunst. Berlin 1802. V: *Massenbach, Aug. Ludw. von.* (Russell XVI, I, 2, 1850)

Betrachtungen über einige Unrichtigkeiten in den „Betrachtungen (von Berenhorst) über die Kriegskunst, über ihre Fortschritte, ihre Widersprüche und ihre Zuverlässigkeit. Auch für Layen verständlich, wenn sie nur Geschichte wissen". (Angeblich von Dietrich Heinrich Freiherrn v. Bülow.)
8. Berlin 1802.

— üb. einige Unrichtigk. in d. Betracht. üb. d. Kriegsk. ꝛc. 8. Berl. Nicolai. 802.

Betrachtungen über unser medicinisches Unterrichtswesen. Wien 1886. V: *Billroth, Theodor.* (Erman & Horn, Bibliogr. d. dtsch. Universitäten. 1. Leipz. u. Berl. 1904.)

— über unser medicinisches Unterrichtswesen. gr. 8. (23 S.) Wien 886. Szelinski. n. — 50

Betrachtungen über das Unterrichtswesen, insbesondere über die juridische Studien in Oesterreich. Wien 1853. V: *Philipps, Georg.* (Strakosch-Grassmann, Bibliogr. zur Gesch. d. österr. Unterrichtsw. Wien 1902. II, 14.)

Betrachtungen über den angenommenen Unterschied zwischen Nord- und Süd-Deutschland. Münch. 1809. V: *Thiersch, Friedrich.* (ADB)

BETRACHTUNGEN. Unterschiedliche geistliche Betrachtungen, Lehre und Reguln. Raab 1732. Streibig. 112 S. - 150 mm

Ohnvorgreifliche Betrachtungen über die drey zu Mannheim gekrönten Schriften von der besten ausführbaren Verhütung des Kindermordes.
Dresden u. Leipzig 1785.

Betrachtungen über die grosse Unwissenheit der heutigen Christen, . . . Leipzig 1777. 1778. V: *Becher, Carl Anton Ernst.* (Ky) (MGT)

— üb. die große Unwissenheit d. heut. Christen, deren Ursachen u. Mitteln, sie zu heben, (v. K. A. E. Becher). 1r Thl. 8. Leipz. 777. Compt. f. Litt. 12 gr 2r Thl. 8. Gotha 778. Ettinger. 9 gr

— über die Ursache der Erfolge Napoleons III. im letzten italienischen Feldzuge. Aus d. Französ. Leipzig 861. Gerhard. gr. 8. (13 S.) 3 ngr

Betrachtungen über die Ursachen der Erfolge Napoleons III im letzten italien. Feldzuge. A. d. Frz. (13.) 8. Leipzig 1859.

Betrachtungen über die Ursachen der Erfolge Napoleons III. im letzten italienischen Feldzuge. Aus dem Franz. Leipzig 1861. 13 S.

— üb. d. Ursachen d. Erdbebens. 8. Leipz. 756. Crusius. (W. Vogel). 3 gr

— über Ursachen u. Folgen d. Brandtweintrinkens u. üb. d. Mittel dieser schädl. Gewohnheit Schranken zu setzen. Als Einlad. z. Mäßigkeits-Gesellschaft, hrsg. v. Verein geg. d. Mißbrauch gebrannter Wasser. gr. 8. (1 B.) Dresden 831, Gärtner.

Betrachtungen über die Ursachen der Grösse und des Verfalles der Römer. Aus dem Franz. übers. Berl. 1742. V: *Montesquieu, Charles de Secondat de la Brède et de.* Ü: *Bielfeld, Jac. Friedr. von.* H: *Lambrecht, Jac. Friedrich.* (Gleim-Uz, Briefwechsel, S. 115.)

Betrachtungen über die vornehmsten Ursachen der geringen Erkenntniss des grössten Theils unsrer heutigen Christen . . . Berlin und Leipzig 1758. V: *Hindenberg, G. J.* (BrMm)

Betrachtungen über die Ursachen, warum sich die meisten Festungen in den Feldzügen des gegenwärtigen Jahrhunderts so kurze Zeit vertheidiget haben. 4. Wien und Prag 1756.

— üb. einige Ursachen, wodurch sehr viele Menschen körperlich, geistig u. moralisch krank ꝛc. werden. Allen, welche sich f. Menschen-Wohl u. Weh interessiren gewidmet. gr. 8. (36 S.) Oldenburg 840, Schulze. n. 1/6 ℛ

— veranlaßt durch die gegenwärtige Vacanz der Professur d. bibl. Philologie am hamburgischen akadem. Gymnasium. gr. 12. Hamburg 840, Kittler. n. 1/6 ℛ

Betrachtungen über muthmassliche Veränderungen, welche die Taktik u. s. w. durch Einführung des leichten Percussionsgewehres erleiden werden. Beihft. z. „Milit.-Wochenblatt". — Berlin 1849.

Betrachtungen über die neuesten Veränderungen in dem Zustand der Katholischen Kirche . . . Hannover 1808. V: *Planck, Gottlieb Jacob.* (GGr)

Betrachtungen über die Verbesserung des Justizwesens. Leipzig 1769. V: *Hauswald, Johann Fr.* (Ky)

— üb. d. Verbesserung d. Justizwesens. 8. Leipz. 769. Hilscher. 3 gr

Betrachtungen über die Verbesserung des Justitz-Wesens in teutschen Landen. Leipzig 1769.

Betrachtungen üb. die Verbesserung d. Landwesens in Dännemark. Von einem Patrioten entworfen. Kopenh. 1769. 42 S. P.

— v. Verbesser. d. deutsch. Schaubühne. 8. Bern.

Betrachtungen über die Verbindung der Donau mit dem adriatischen Meere. Wien 1861. V: *Wüllerstorf und Urbair, Bernhard von.* (KA II/3, 1653)

— üb. d. Verfahren mit verstorb. Personen bei Christen u. Juden. gr. 8. Bresl. 798. J. F. Korn. 3 gr

Betrachtungen üb. d. Verfassungsentwurf d. Kantons Bern. In-8°, 25 S. Thun, J. J. Christen, 1884.

— üb. Vergangenheit, Gegenw. u. Zukunft. 8. (256) Münch. 60. (Franz.) n. — 24

— üb. Vergangenheit, Gegenwart u. Zukunft d. Deutschen Reichs v. e. Süddeutschen. gr. 8. (38 S.) Strassburg 896. Schlesier & Schweikhardt. n. — 60

— über Vergangenheit, Gegenwart und Zukunft — über Zeit und Ewigkeit — über Himmel und Erde, über Gott und Menschen nach biblischen und andern heil. Texten. München 860. (Franz.) gr. 8. (VII, 256 S.) n. 24 ngr

Betrachtungen über das V e r h ä l t n i s der beiden gelehrten Anstalten Hamburgs, d. akadem.Gymnasii u.d. Johannei, zueinander. s.a. B a u m e i s t e r , Herrmann

Betrachtungen über das Verhältniß der beiden gelehrten Anstalten Hamburgs . . . Altona 1829. V: *Baumeister, Hermann.* (Schr) (Mitth. A. Rosenbaum.)

Betrachtungen üb. d. Verhältniß d. beiden gelehrten Anstalten Hamburgs, d. akadem. Gymnasii u. d. Johannei, zu einander u. zu d. Anforderungen d. Zeit; veranlaßt durch die jüngst erschien. amtl. Schriften d. Hrn. Prof. Hipp u. Lehmann. gr. 8. (5¼ B.) Altona 829, Hammerich. Thlr.

— üb. das Verhältniß d. Staatsdiener gegen d. gewerbtreib. Stände in Hinsicht d. theuern Zeit ꝛc. 8. Altbrandenb. 801. (Hessenland in Magdeb.) 4 Gr.

— über d. dermal. Verhältnisse in Elsaß, von e. Pfälzer Patrioten, (v. G. A. Bachmann), gr. 8. Frankf. a. M. 792. Brönner. 1 Rthlr. 12 Gr.

Betrachtungen über die ehemaligen Verhältnisse im Elsass, . . . Frankfurt 1791. V: *Bachmann, Georg Aug.* (Engl) (MGT) »dermaligen Verhältnisse. 1792« (Ky)

Betrachtungen über die Verhältnisse der katholischen Kirche im Umfange des deutschen Bundes. Karlsruhe 1818. V: *Wessenberg, Ignaz Heinrich Carl Freiherr von.* (ADB)

— üb. d. Verhältnisse d. kathol. Kirche im Umfange d. deutschen Bundes. 8. Karlsr. 818. Braun. 16 Gr.

—— über militärische Verhältnisse der Schweiz. 1. und 2. unveränd. Aufl. gr. 8. (20 S.) Darmstadt 881,82, Zernin. * — 80
Aus: Allgemeine Militär-Zeitung, besonders abgedruckt.

Betrachtungen über die Verhältnisse der preuß. Pferdezucht. Berlin 1872. 8°. (Bh.z.M.W.B.)

Betrachtungen über die Verhältnisse der christlichen Religion zur gegenwärtigen Lage Frankreichs. Bern 1831. V: *Felice, G. de.* (AarK)

Betrachtungen. Einige B' über den Verkauf der St. Gallischen Staat-Domäne in Ragaz. Ragaz 1863 s.[W i d r i g , Joseph Thomas].

— üb. d. Verklär. Christi ꝛc. 8. 726.

Betrachtungen über D. Heumann's Vermächtniss . . . Giessen 1765. V: *Benner, Johann Hermann.* (ML) (stri)

Betrachtungen, Vermischte, über den Blutbann der unmittelbaren freyen Reichs-Ritterschaft in Schwaben. O. O. 1783. V: *Spittler, Hnr. Aaron.* (Pütter, Litt. d. Teutsch. Staatsr. Gött. 1773—91. IV, 664 f.)

Betrachtungen, Vermischte, über Meinungen und Urtheile der feinen Welt; aus dem Französischen. Liegnitz und Leipzig 1784. Ü: *Schreiter, Carl Gottfried.* (BrMm) (Ky) (MGT)

— vermischte, über Meinungen u. Urtheile d. feinen Welt; aus d. Französ., (v. K. G. Schreiter). 8. Liegn. 784. Siegert. 18 Gr.

— verm., üb. Regent. u. Unterth., Herrsch. u. Landeshoh. 2 Thle. Münster, Perrenon, (Vandenhök, G.). 779 und 82.

— verm., über Regenten u. Unterthanen, Herrscher u. Landeshoheit ꝛc., (v. K. D. Gräbe). 1r, 2r Abschn. 8. Götting. 780, 82. Vandenhöck u. R. 6 Gr.

Betrachtungen, Vermischte, auf alle Tage im Jahre. Frankf. u. Leipz. 1777. V: *Häfeli, Johann Caspar & Johann Jacob Stolz.* (GGr)

— verm., auf alle Tage im J. (od. Allerley a. d. Schrift gr. M. 2r) 8. Leipz. Weidmann. 777.

Betrachtungen über das im Herzogthum Westfalen erlassene Vermögens-Edict. O.O. 1804. V: *Spiegel zum Diesenberg-Canstein, Franz Wilhelm Freih. von.* (MGT)

— vernünft., über Gegenstände d. Natur u. Kunst. gr. 8. Nürnb. 789. Monath u. K. 2 Rthlr.

— üb. d. Mecklenburg. Verordn. im Betreff d. agnatischen Rechte bei Verkauf d. Lehngüter; n. Nachtr. 8. Schwerin 802. Bödner. 1 Rthlr. 14 Gr.

Betrachtungen über Vertauschung teutscher Reichslande, . . . O. O. 1785. V: *Hausen, Carl Renatus.* (MGT)

Betrachtungen über die Virilstimmen im Reichsfürstenrathe . . . 1803. Frankf. a. M. 1804. V: *Benzel auf Sternau und Hohenau, Baptist Joseph Graf.* (MGT) (Ky)

— üb. d. Virilstimmen im Reichsfürstenrathe u. d. §. 32. d. Reichs-Deputations-Hauptschlusses v. 25n April 1803. (Von Graf. v. Benzel-Sternau). 8. Frankf. a. M. 804. (Schäfer). 8 Gr.

Betrachtungen über das Volksschulwesen, insbesondere unter den Katholiken Schlesiens. Breslau 1827. V: *Krüger, Daniel.* (Th)

— über d. Volksschulwesen, insbesondere unter d. Katholiken in Schlesien. In freundschaftlichen Briefen an e. Schullehrer auf d. Lande. 1s Heft. 8. Breslau 827, Max u. C.

—— und Vorahnungen eines alten preußischen Soldaten. gr. 8. (16 S.) Jena 860, Frommann.

üb. Vorkommnisse a. d. Gebiete d. Spiritismus u. Erklärg. d physikal. Ursachen d. Tischrückens. Von Cajus Sempronius. gr. 8. (32 S) Oldenburg 896. Schulze. n. — 40

Betrachtungen über die götliche Vorsehung. Halle 1756. V: *Basch, Erdm. Siegm.* (Baumgarten, Nachrichten v. merkw. Büchern. Halle 1752—57. 10, 275.)

Betrachtungen u. Vorstell. üb. d. neuen Preuß. Anordnungen in geistl. Sachen, (v. E. Chr. Trapp). 8. Germ. 792. (Braunschw., Schulbuchh.) 4 Gr.

— — üb. d. Vorzüge u. Pflichten des Ordens der barmherzigen Schwestern. N. Ausg. v. M. Hauber. 12. Sulzb. 1835. Seidel. 7 ggr. — 27 kr.

Betrachtungen für die Berner Wahlen im Mai 1850. (Von einem Bauersmanne geschrieben, im März 1850.) 8. (Bern [1850].)

— üb. Wahrheiten — s. d. reinere Christenth.

— über evangelische Wahrheiten auf alle Tage des Jahrs, s. a. Kerning, J. B.

— über evangelische Wahrheiten auf alle Tage des Jahrs. Als Beitrag zur wahren Verständigung der heil. Schrift hrsg. von Freunden des Verf. 12 Lfgn.: Januar bis December. gr. 16. (735 S.) Stuttgart 850, Schweizerbart'sche Buchh. à Lfg. 3 Ngr.

— über einige Wahrheiten d. christl. Religion, (v. Il. Schwarz). 8. Bamb. 793. (Wesché in Frankf.) 12 gr

Betrachtungen über die vornehmsten Wahrheiten der Religion ... Th. 1. Braunschweig 1768. Th. 2. 1772—1779. V: *Jerusalem, Joh. Friedrich Wilh.* (ADB) (EB)

— über die vornehmsten Wahrheiten der christkatholischen Religion in Predigtform. Von einem Geistlichen des Erzbisthums Freiburg. 1. und 2. Reihe. 8. Regensburg 855, Manz.
Inhalt:
Reihe 1. Begründung des Christenthums und der kathol. Kirche. (220 S.) 18 Ngr.
" 2. Die kathol. Rechtfertigungslehre. (256 S.) 21 Ngr.

Betrachtungen über einige der wichtigsten praktischen Wahrheiten der Christlichen Religion. Bamb. u. Würzb. 1793. V: *Schwarz, Ildephons.* (Ky) (ML) (Th)

— — üb. einige der wichtigsten Wahrheiten der Religion (v. Ild. Schwarz). 8. Bamberg 1793. Wesche in Frkft. ½ Thlr. — 48 kr.

— über die allgemeine Wehrpflicht. Von e. Veteranen. Leipzig 867. Thomas. gr. 8. (31 S.) n. 4 ngr

Betrachtungen des Weihnachtsfestes ... Berlin 1754. V: *Hähn, Johann Friedrich.* (Fiker)

Betrachtungen über die Weisheit. Eine maurerische Rede, gehalten bey der feyerlichen Einführung des von Ihro Majestät dem Könige der Loge zu denen drey Weltkugeln [in Berlin] allerhuldreichst geschenkten Höchsteigenen Bildnisses. Berlin, den 18. Julius 1777. [Berlin 1777]: Decker. XII S. 8° (Sammlung neuer Frmr.-Bden. [1, 6.]) Abgedr. in: Almanach od. Taschen-Buch f. d. Brr. Frmr. 3 (1778) Bl. 67—71.

Betrachtungen über die von Matthäo angeführte Weissagung Jeremiä, Matth. 27, 9. [Giessen 1733.] V: *Runckel, Christoph Ludwig.* (stri)

Betrachtungen, Weitere, über die Nationalbahnfrage. [Winterthur 1876.] V: *Bühler, A. & Hnr. Sulzer-Steiner.* (BSchwLK V, 9 h)

Betrachtungen, welche jeden Vaterlandsfreund zur Annahme des helvetischen Verfassungs-Entwurfes vom 27. Hornung 1802 bewegen sollen. 1802 s [Wyss, David *II.* von, und Anderwert, Joseph].

— d. best. Welt, od. üb. Güte, Weish. Gottes rc. a. dem Holl. gr. 8. Amsterd. 783.

— e. philos. Weltbürg., üb. wicht. Zeitgegenstände. 8. Kopenh. Schubothe. 793.

Betrachtungen über die neueste Weltlage. A. d. Franz. Philadelphia [Nürnb.] 1794. Ü: *Schubart, Albrecht Ludwig.* (Ky) (MGT) (Wr) »1792« (GGr)

— über d. neueste Weltlage; aus d. Französ., (v. L. A. Schubart). 8. Nürnb. 794. Grattenauer. 6 gr

— eines Weltmannes über den Mangel von Kandidaten zum geistl. Stande. 8. Augsb. Wolff. 817.

Betrachtungen über die Werbung. (Breslau 1774.) 8°. (Aus: Neue Kriegs-Bibl. 1.) (Vern. Jähns.)

Betrachtungen über den Werth der Rechte Bell's aus dessen Patent auf das Telephon. (o. O. Um 1883) Fol.

— üb. d. Wesen d. Menschen, von e. Naturphilosophen. 8. Kempten 826. Dannheimer. 2 gr

— über d. Wesen d. Menschen, von e. Naturphilosophen. 8. Kempten 827, Dannheimer.

Betrachtungen, Einige, über das Wesen der Pressfreiheit, ... St. Gallen 1836. V: *Borberg, K.* (AarK)

— einige, üb. das Wesen d. Preßfreiheit, veranlaßt durch den v. St. Galler Kl. Rathe entworf. Gesetzes-Vorschlag geg. d. Mißbrauch d. Presse. 8. (2½ B.) St. Gallen 836, [Scheitlin u. Zollikofer.]

— einige, über das Wesen der Preßfreiheit, veranlaßt durch den vom St. Galler Kl. Rathe entworfenen Gesetzes-Vorschlag gegen den Mißbrauch der Presse. 8. St. Gallen 836. Wartmann u. Scheitlin. ⅛ ₰

Betrachtungen, wesentliche, s. d. Dies.

— „ wichtige über die schwere Sündhaftigkeit rc. des Fluchens und Schwörens, allen christlichen Seelen zur Warnung. gr. 8. Passau 1848, Elsäßer. ¼ Thlr. — 15 kr.

— wichtige, üb. die schwere Sündhaftigkeit u. die schreckl. Folgen des gottlosen Fluchens u. Schwörens, allen christl. Seelen zur Warnung u. zum Abscheu vor diesem Laster an das Herz gelegt. gr. 8. (69 S.) Passau 849, Elsäßer & Waldbauer. ¼ ₰

Betrachtungen für die Wiedergedächtnisstage der Leiden Jesu ... St. Gallen 1785. V: *Zollikofer, Caspar.* (Ky) (ML)

— f. d. Wiedergedächtnißtage d. Leiden Jesu. gr. 8. St. Gallen. Reutiner. 785.

— üb. d. Wiederherstellung d. polit. Gleichgewichts. (Von e. ber. Staatsmanne.) 8. Hannov. 814. Hahn. 20 gr

Betrachtungen über die Wiederherstellung des politischen Gleichgewichts in Europa. 8. Leipzig 1814.

— u. Winke üb. d. religiösen Geist unserer Zeit, besond. mit Hinsicht auf d. neu einzuführ. Preuß. Kirchen-Agende. Von e. evangel. Geistl. 8. Frankf. 822. Andreä. 4 gr

— über d. Wirkungen d. Zeitgeistes u. dessen künft. Richtung zum guten Zweck. 8. Glogau 812, Neue Günter'sche Buchh. 6 gr

Betrachtungen, Wissenschaftliche, auf einer Reise in das Petschora-Land, im Jahre 1843. St. Petersburg 1846. V: *Keyserling, Alexander Graf & Paul von Krusenstern.* (EngG)

Betrachtungen und Gebetter, Wochentliche, Auss der Frantzösischen in die Teutsche Sprach übersetzt. Prag 1707. Ü: *Sporck, An. Ca. Fr. Gräfin von.* (EB)

Betrachtungen über die Zürcherischen Wohnhäuser, ... Zürich 1778. V: *Waser, Johann Heinrich.* (ML)

— über d. sieben Worte unsers sterbenden Erlösers. Mit Gebeten, Beispielen und Gesängen für die heil. Fastenzeit und Charwoche. Mit einer Vorrede des Domdecans und Ritters Carl Egger. Mit 1 Stahlstich. gr. 12. Augsburg 842, Schmid'sche Buchh. 1/6 ₰ — 2. verm. u. verb. Aufl. Mit 1 Stahlst. 8. Ebd. 846. 1/3 ₰

—— üb. d. sieben Worte unseres sterbenden Erlösers. Mit Gebeten, Beispielen u. Gesängen f. d. 7 Wochentage des Jahres, insbesond. aber f. die heil. Fastenzeit u. Charwoche. 1. Aufl. (7¼ B. u. 1 Stahlst.) gr. 12. 842. 5 Ngr. u. 2., verm. u. verb. Aufl. 8. (13 B. u. 1 Stahlst.) Augsburg 846, Schmid'sche Buchh.

— üb. Wundergaben u. Schwärmerey ꝛc. gr. 8. Berlin, Nicolai. 777.

§ BETRACHTUNGEN über Wundergaben, Schwärmerey, Toleranz .... (von *Johann August Eberhard*). Berlin u. Stettin 1777. 8°. (In München: Polem. 287 m.)

— über d. Wunderwerke d. Evangeliums. z. Beantwort. Rousseau's; aus d. Französ. des Hrn. Claparede übers. (v. Kop. Gesner). 8. Zürich 771. Orell. 12 gr

Betrachtungen über d. Wünsche d. Menschen. (Von Er. Fr. Ockel.) 8. Mitau 771. Hinz. (W. Nauck in Leipz.) 3 gr

— üb. d. Wünsche d. Menschen. 8. Mietau, Hinz. (Sommer in Leipz.) 771.

— über das Wurffeuer v. S., Verf. der Betrachtgn. üb. das Demontiren. gr. 8. (57 S.) Berlin 884. Voß. n. 1.—

— e. Würtembergers üb. d. geheim. Friedensartikel mit d. Französ. Republik. 8. Reutl. 798. Würzb., Köl. 3 gr

Betrachtungen, Zehn, über die unbefleckte Empfängniß Mariens nach dem Italienischen des J. Riva mit einem kurzen Bericht über die Erscheinung der seligsten Jungfrau in Lourdes und einem Anhang verschiedener Gebete, bearbeitet u. zusammengestellt von einem Mitgliede d. Marianischen Congregation. 12. (IV, 204 S.) —.40
Weger, Brixen 1891.

— zehn geistreiche, f. d. Fasten, z. Privat- u. Kanzelgebrauch. 8. Augsb. 796. M. Rieger. 8 gr

— a. d. festl. Zeit. d. Christ. s. a. Zollikofer.

— auf d. festl. Zeiten d. Christen, allermeist nach Anleit. d. evangel. Geschichte, (v. Chr. Zollikofer). 2 Thle. gr. 8. St. Gallen 787, 88. Huber u. C. 1 ₰ 12 gr

—— über locale Zeitfragen. Aufgehobene Baupolizeiverordng. f. den Teltower Kreis. Terrainspeculation. Sicherung der Bauhandwerker. Von C. L. 1.—3. Aufl. gr. 8. (16 S.) Berl. 892, Zimmermann. — 50

Betrachtungen. Zeitgemässe B'. Zürich 1839 s. [Fröbel, Carl].

(F) Zeitgemässe Betrachtungen über unsere taktische Ausbildung. Ein Beitrag zur Lösung der Frage der Ausgestaltung der Wehrmacht Oesterreich-Ungarns von A. B. Wien. 1899. Seidel & Sohn. Gr.-8°. 58 S. fl. —.80

Betrachtungen, Zeitgemässe, für das gebildete Europa über Zeitliches und Ueberzeitliches, ... Zürich 1839. V: *Fröbel, Carl.* (ZU) (Ky)

—— zeitgemäße, für d. gebild. Europa, üb. Zeitliches u. Ueberzeitliches, veranlaßt durch e. Würdigung der in d. Schweiz herrsch. Lebensansichten. Von e. Deutschen. gr. 8. (15¼ B.) Zürich 840, Höhr.

— i. d. „Kgl. Sächs. Leipziger Zeitung" üb. Umsturzparteien u. Umsturzgesetze u. i. Anschl. a. diese e. Kritik d. heut. Wirthschaftsordng., nebst Angabe d. Wege z. Ersetzg. derselben durch e. neue. V. e. Unparteiischen. gr. 8. (89 S.) Leipzig 895. E. Klinner. n. — 50

.. Betrachtungen über die österreichisch-deutsche Zoll- und Handelseinigung. Dresden, Adler u. Dietze, 1850. 31 S. 8°.

— zufäll., in d. Einsamkeit. 5 Thle. 8. Leipzig, Gleditsch. 761.—63.

Betrachtungen, Zufällige, in der Einsamkeit in drei Gesängen. Leipz. 1761—63. V: *Fritsch, Thomas Freih. von.* (ML) (Ky)

— zufällige, in d. Einsamkeit, in 3 Gesängen, (v. Jos. Lorey). 8. Offenb. 761 — 63. 9 gr

Zufällige *Betrachtungen* im Jahr 1784. U. St. 15 S.

— zufällige, üb. d. Merkwürdige d. gegenw. Kriegs. 3 Stck. 8. Bresl. 759—61.

Zufäll. Betracht. ein. deutschen Patrioten üb. d. gebräuchl. Völkerrecht gegenwärt. Zeit. 745. 4.

Betrachtungen über Deutschlands gegenwärtigen Zustand im Jahre 1848. Von einem Vaterlandsfreunde. Ingolstadt, Fr. X. Attenkorn. 17 S. 8°.

Betrachtungen über den gegenwärtigen Zustand der französischen Colonie zu San Domingo. Aus dem Franz. übers. ... Leipzig 1779. V: *Hilliard d'Auberteuil.* (CBH) Ü: *Engelbrecht, Johann Andreas.* (EngG) (Ky) (MGT) (schr)

— über d. gegenwärt. Zustand d. Französ. Kolonien v. St. Domingo. Aus d. Französ. u. mit Anmerkk., (v. G. A. Engelbrecht). 2 Thle. gr. 8. Leipz. 779. (Brockhaus). 1 ₰ 8 gr

— üb. d. gegenwärt. Zustand der franz. Colonien v. St. Domingo a. d. Franz. 2 Thle. gr. 8. Leipz. Gleditsch. 779.

— über d. gegenwärt. Zustand d. Philosophie in Deutschland überhaupt u. über d. Schellingsche Philosophie im Besond. gr. 8. Nürnb. 813. Schrag. 1 ₰ 6 gr

Betrachtungen über den Zustand der deutschen Pharmacie. Eine Gratulationsschrift zur Jubelfeier funfzigjähriger pharmaceutischer Wirksamkeit und fünfundzwanzigjähriger Amtsführung als Oberdirector des Apotheker-Vereins in Norddeutschland dem Herrn Dr. L.F. Bley Medicinalrath und Apotheker in Bernburg gewidmet von seinen Freunden und Collegen T. Geiseler, C. Herzog und Wilms. Hannover 1867. Hahn'sche Hofbuchhandlung. 8°

Betrachtungen über kirchliche Zustände der lutherischen Kirchengemeinde zu Frankfurt a. M. Frankfurt a. M. 1843. V: *Becker, Karl Christian.* (StBFrankf I, 65)

—— über die politischen Zustände des Herzogth. Sachsen-Altenburg bei Anlaß des gegenwärtigen Regierungswechsels. gr. 8. (36 S.) Berlin 853, [Schneider.] *

—— üb. d. polit. Zustände d. Herz. Sachs.-Altenburg. 8. (36) Berl. 53, Weber. n. — 5

Betrachtungen über den Zweck des menschlichen Daseins. Wismar 1769. V: *Gentzkow, Joh. Ad. Friedr. v.* (Ky)

—— über die Zweckmäßigkeit d. Lage d. Bahnhofes d. Berlin-Stettiner Eisenbahn bei Berlin. gr. 8. (1½ B. u. 1 Zeichn.) Berlin 841, (Logier.) *

— zwei, v. d. ewigen Freuden d. Auserwählt. rc. 8. Brixen 786. Weger. 3 Kr

Betrachtungen über die politischen ... Zwiste von Pohlen ... Frankf. u. Leipz. 1773. V: *Meister, Leonh.* (Cat. d. Stadtbibl. Zürich. Zürich 1864—97.)

— üb. d. kirchl. u. polit. Zwiste in Polen, m. Anm. v. Meister. 8. Winterthur, Steiner. 773.

— zwölf, gesammelt aus Christian Scrivers Seelenschatz. 16. Berlin 834. Eichler. ⅙ Rthlr

Betrachtungsbuch für Alle. Von mehreren seligen Geistern geschrieben durch das Medium Adelma. Wien 867. Lechner in Comm. 16. (140 S.) n. 18 ngr; Velinp. n. 26 ngr

Betrachtungsbuch für Alle. Von mehreren seligen Geistern, geschrieben durch das Medium Adelma. 2. Aufl. 16. (190 S.) Budapest 877. (Tettoy & Co.) geb. n. 3. —

Betrachtungs-, Belehrungs- u. Gebetbuch f. Verehrer Mariä. Ein Handbuch f. alle, die Maria zu ihrer besond. Beschützerin erwählt haben, insbesondere f. die Mitglieder der Marian. Jungfrauen-Congregation. gr. 16. (IV, 901 S. m. 1 Stahlst.) Paderborn 871. Schöningh. n. 1. 60 geb. m. Goldschn. n. 3. —

Betrachtungs- und Gebetbüchlein, Kleines, zur Verehrung und Nachfolge der 7 heil. Väter ... Innsbruck 1888. V: *Moser, Johann Paul Maria.* (Margr)

Betrachtungs- u. Gebetbüchlein zur Verehrung und Nachfolge der sieben heiligen Väter. 16. (IV, 136 S.) Innsbruck 888. Vereinsbuchhandlung. n. — 48

KURZE Betrachtungs-Methode. Gewissens-Erforschung. Aufopferungen des Breviergebetes. Ehrenabbitte. Weihegebet an die allersel. Jungfrau usw. (Anhang). Kalocsa (Kalotscha) 1895: Malatin. 64 S.

Betrachtungsreden, Dreissig kurze, über die vier letzten Dinge des Menschen auf einen jeden Tag des Monats. Ein neuer Beitrag zu dem Buche: »Herr, bleib bei uns, denn es will Abend werden«. Zusammengetragen aus den Werken ehemaliger Bußprediger und mehreren hieher passenden Schriften ... Regensburg 1836. V: *Blum, Joh. Gg.* (Russell IX 398) (Schmal)

Betrachtungsreden, dreißig kurze, über die vier letzten Dinge des Menschen, auf einen jeden Tag des Monats. Ein neuer Beitrag zu dem Buche: „Herr! bleib bei uns, denn es will Abend werden! Zusammengetragen aus d. Werken ehemaliger Bußprediger und mehrern hierher passenden Schriften. Zum Gebrauche für Prediger u. das gläubige Christenvolk. Von den Verf. der Gebet- u. Andachtsbücher: „Schritte zur vollkomm. Liebe Gottes; Herr bleib bei uns, denn es will Abend werden rc." Mit Titelkpfr. gr. 12. Regensb. u. Landshut 836. Manz. 1 Rthlr

Betrachtungsreden f. d. Fasten. 2. Jahrg. 8. Augsb. Doll. 789—92.

Betrachtungsreden, Kurze, auf alle Sonntage und Muttergottes-Feste des ganzen Jahres. Zur Belehrung und Erbauung für katholische Christen, vorzüglich für die Verehrer der heiligen Mutter Gottes. Regensburg 1838—39. V: *Blum, Johann Georg.* (Russell IX, 399)

—— kurze, auf alle Sonntags- u. Muttergottes-Feste d. ganzen Jahres. Zur Belehr. u. Erbau. f. kathol. Christen, vorzügl. f. d. Verehrer d. heil. Mutter Gottes. Von d. Verf. der: „Schritte zur vollkomm. Liebe Gottes rc." 1—7. Thl. gr. 8. Regensburg, Manz. Thlr.

A. u. d. Titln.:

Thl. 1—4. Jesus u. Maria. 4 Thle. (59⅓ B.) 838. à 14 Gr. Hiermit ist d. Sonntagscyclus geschlossen.

„ 5., 6. Kurze Betrachtungsreden auf d. Festtage d. Heiligen f. d. ganze Jahr. 2 Thle. (28 B.) 839. à 14 Gr.

„ 7. Kurze Betrachtungsreden f. d. heil. Fastenzeit. (8 B.) 839. 9 Gr.

— a. alle Marientage. Augsb. Doll. 790.

Betrachtungsreden, neun, über die Sünde, s. Kanzelberedsamkeit, kathol., 7. u. 8. Bdchn.

Betrachtungsreden, zehn geistreiche, für d. Fasten rc. 8. Augsb. 796. M. Rieger. 10 Kr

Betrachtungs-Uhr, geistliche, das ist: Uebung eines ununterbrochenen inneren Umganges mit Jesus Christus in seinem Leben, Leiden und in seiner Glorie, nach den 24 Stunden des Tages u. d. Nacht abgetheilt. 2. unveränd. Aufl. 24. München 845. (Palm.) n. 6 ngr

Betrachtungs-Uhr, geistliche — das ist: Uebung eines ununterbrochenen innern Umganges mit Jesus Christus in seinem Leben, Leiden und in seiner Glorie, nach den vierundzwanzig Stunden des Tages und der Nacht abgetheilt. Mit Approbation des hochwürdigsten fürsterzbischöflichen Ordinariates Salzburg. Salzburg, 1856. Oberer'sche (Endl & Penker) Buchdruckerei. (XVI. 284 S. 16.)

Betrachtungs-Uhr, Geistliche. Salzburg 1856. 3. Aufl. 1865. V: *Singer, Peter.* (Hr)

Betrachtungsuhr, geistliche, d. i. Uebung eines ununterbrochenen innern Umganges mit Jesus Christus in seinem Leben, Leiden und in seiner Glorie, nach den 24 Stunden des Tages und der Nacht eingetheilt. 16. München 873, Stahl.

Betrag, Der, von Frankreichs auswärtigem Handel während der ersten Hälfte des Jahres 1792, ... Leipzig 1794. Ü: *Gebhardt, Adam Gottlieb.* (Ky) (MGT)

Betragen, Das, der Franzosen in der Rheinischen Pfalz ... geschildert von einem Augenzeugen ... Chemnitz 1795. H: *Girtanner, Christoph.* (BrMm)

Betragen, das, d. Franzosen in d. Rhein-Pfalz. 8. Chemn. 795. Maute. (Starke). 1 ℔ 20 ℋ

— über das, d. Gelehrten bei Vertheidigung d. Wahrheit; nebst d. Schrift über d. nothwend. Thätigkeit im Christenthum, (v. Eugen Fr. Heinrich). 8. Bresl. 789.

Das gerechtfertigte Betragen des Hofes zu Wien nach den Regeln der Staats-Kunst 1757. 4.

Betragen, Das gerechtfertigte, Sr. Königl. Majestät in Preußen gegen die falsche Beschuldigungen des Dreßdenschen Hofes. Berlin 1756. Titelaufl. 1756. Halberstadt 1756. V: *Fink von Finkenstein, Carl Wilh. Graf.* (Preuss. Staatsschriften III. Berlin 1892. S. 393.)

— Dasselbe. (Cölln) 1756. fol.

Betragen, Das, Sr. Churfürstl. Gnaden zu Kölln bey der Eröffnung des heimgefallenen Manderscheidischen Lehns ... [Ulm 1783.] V: *Brandis, Johann Friedrich.* (ML)

— d. Großen u. Kleinen, wie es sein sollte, od. d. Fabeln d. Indian. Weisen Pilpai; aus d. Französ. (v. J. C. Vollgraf). 8. Eisenach 803. (Bärecke). 10 ℋ

— d. Groß. u. Kl., w. es seyn sollte, od. d. Fabeln d. Ind. Weis. Pilpai. a. d. J. C. Vollgraf. 8. Eisenach, Wittekind. 803.

Betragen, Der hochgräfl. O. W. Canzler u. Räthe rechtmässiges, bey der von des Grafen Phil. Carl's zu Öttingen-Öttingen und Öttingen-Wallerstein ergriffenen Possession von der Hälfte der Grafsch. Wallerstein ... [Nördlingen] 1745. V: *Scheid, Georg Friedrich.* (ML)

Betragen d. Kön. in Frankr. geg. England. 4. Frankf. 758.

Das Betragen des Königs von Frankreich entgegengestellt dem des Königs von England, Kurfürsten von Hannover wegen Bruchs der Capitulation von Closter Seeven. A. d. Frz. 4. s. l. (1758.)

Betragen, Das, der Französisch-Oesterreichisch- und Russischen Kriegsvölker in der Schweiz. Frankf. u. Leipz. 1800. V: *Ezdorf, Glieb Graf v.* (Gradmann, Gel. Schwaben. 1802.)

Betragen, Das, der Französisch-Oestreichisch- und Russischen Kriegsvölker in der Schweitz. Frankf. u. Leipz. 1800. V: *Pahl, Johann Gottfried von.* (Ky) (MGT) (NN)

— das, d. französ., östert. u. russ. Kriegsvölker in d. Schweiz. 8. Frankf. u. Leipz. 800. (Ritter in Gmünd). 9 ℋ

Das Betragen Seiner Allerchristlichsten Majestät, des Königs in Frankreich, entgegengestellt dem Betragen des Königs in England, Churfürsten zu Hannover, in Ansehung derer gegenwärtigen Reichsumstände und insonderheit der auf Hannöverischer Seite gebrochenen Kloster-Sevischen Convention. Strassburg 1758. 4.

Betragen der verschiedenen Helvetischen Regierungen, ... Bern 1803. V: *Erlach, Ludwig Rudolph von.* (MGT)

Reichs-Satzungs-mässiges Betragen der Beyden Königl. Preussisch- und Chur-Brandenburgisch- und Chur-Pfälzischen Wahl-Gesandtschafften bey dem jüngst vorgewesenen Wahl-Convent zu Franckfurth am Mayn. 1745. kl. fol. (20 Seiten.)

Betragen, Solyman des 2ten, in der Belagerung von Rhodus. [Braunschweig 1774.] V: *Heise, Johann Christoph Friedrich.* (MGT)

Ueber das Betragen der Baierischen Truppen im Inn-Kreise. 8. s. l. 1809.

Das unter dem Vorwand der Freundschaft begunte unanständige Betragen des verliebten Kleant Nasche-Spatz, einer ledigen Mannsperson, gegen Lisette, eine Ehefrau. Auf Veranlassung einer zu B. gedruckten hämischen und lügenhaften Spötterschrift beschrieben von einem, der jenes mit Erstaunen mit angesehen hat. Verona 1752. 4°.

Betragen, Das unjustifizirliche, des Herrn Zoglio, Nuntius in München. Frankfurt 1788. V: *Mayer, Andreas U.* (Ky) (MGT)

Das unjustifizirliche Betragen des Herrn Cäs. Zoglio, Nunzius in München. Sammt der von Pius VI. an den Herrn Nunzius erlassenen Dezimazionsbulle (usw.) Frankfurt u. Leipzig 1788.

— das unjustificirte, d. Cäsar Zoglio, Nuntius in München, (v. A. U. Mayer). 8. (Frankf.) 788. Montag u. W. in Regensb. 10 ℋ

Unverantwortliches Betragen des Chur-Maynzischen Reichs-Directorii gegen Se. Majestät von Preussen, die Verweigerung der Dictatur des Königl. Preussischen Schreibens an die Reichs-Versammlung zu Regenspurg vom 30. Octobr. 1756, ingleichen des Chur-Brandenburgischen Gesandtschaffts-Memorials vom 23. December 1756 betreffend. 1757. 4. (23 S.)

— das, des Weisen, in versch. Verhältniss. des Lebens ꝛc. 8. Wien, Doll. (Liebeskind, Leipz.) 792.

Das Betragen des Weisen in d. verschiedenen Verhältnissen des Lebens u. in dem Umgange mit Menschen. Dem Freyherrn A. von Knigge dem Weisen. 183 S. Wien u. Lpz. 1796. 8°.

Über das Betragen des Feldmarschall-Lieutenants Baron v. Werneck, während des Feldzuges am Nieder-Rhein. 8. s. l. 1797.

Betragung, Die unbrüderliche, derer Reformirten Theologen in der Pfaltz gegen Evangelische, ... O. O. 1721. V: *Cyprian, Salomon Ernst.* (Myl)

Betreffend städt. Elektricitätswerk Köln. [Köln 1902.] V: *Geist, C. H.* (StBKöln II, 172)

Betreibungsbuch, schweizerisches. Sammlung der Betreibungsgesetze sämmtlicher Kantone der Schweiz, nach ausschliesslich amtl. Quellen zusammengestellt. gr. 8. (318 S.) Bern 879. Costenoble. n. 4. —

Betreibungs- und Konkursgesetz, Das eidgenössische. Stäfa 1887. V: *Stauber, Wilhelm.* (Cat. d. Stadtbibl. Zürich. Zürich 1864—97.)

Betrieb und Beaufsichtigung von Dampfkesseln. (Preussische Gesetze mit Anmerkungen 15) Berlin 1873

Betrieb u. Beaufsichtigung v. Dampfkesseln. Gesetz vom 3. Mai u. Verordng. vom 24. Juni 1872. Für den prakt. Gebrauch erläut. v. e. höheren Regierungs-Beamten. gr. 8. (32 S.) Berlin 873. Kortkampf n. — 50

Betrieb und Beaufsichtigung von Dampfkesseln. Gesetz vom 3. Mai und Verordnung vom 24. Juni 1872. Für den praktischen Gebrauch erläutert. Köthen 1873. V: *Jacobi. L.* (Russell XVI. II, 1412)

Betrieb von Fabriken von Dr. F. W. R[udolf] Zimmermann, Geh. Finanzrat, Braunschweig, A. Johanning, Fabrikdir. [u. a.]. Leipzig: Teubner 1905. VI, 436 S. 8°
(Teubners Handbücher f. Handel u. Gewerbe.)

Betrieb, der, d. Hufbeschlaggewerbes, Gesetz vom 1. März 1884, u. die Prüfung der Hufschmiede, Vollzugs-Verordng. vom 1. März 1884. 8. (6 S.) Würzburg 884. Stahel. — 20

DER BETRIEB DER DEUTSCHEN LANDWIRTSCHAFT am Schluss des XIX. Jahrhunderts. L'Agriculture allemande, son mouvement, son activité à la fin du XIXme siècle. Der Société des Agriculteurs de France in ihrer Sitzung am 30. Juni zu Paris überreicht von der Deutschen Landwirtschafts-Gesellschaft. En hommage à la Société des Agriculteurs de France dans la séance du 30 juin 1900, à Paris de la part de la Deutsche Landwirtschafts-Gesellschaft. — A. u. d. T.: Der Betrieb der Deutschen Landwirtschaft am Schluss des XIX. Jahrhunderts. Der Société des Agriculteurs de France in ihrer Sitzung am 30. Juni überreicht von der Deutschen Landwirtschafts-Gesellschaft. Berlin 1900. Berlin. Imprimerie Gebr. Unger. 8°.

Betrieb, der, der Landwirthschaft in Gegenden v. Braunschweig, Prov. Sachsen u. Anhalt. Bericht einer vom Malchiner District d. mecklenburg. patriot. Vereins im Sommer 1878 entsendeten Commission. gr. 4. (41 S.) Wismar 879. Hinstorff's Verl. 1. —

Betrieb, der moderne, in der Brau-Industrie, Hopfen- u. Malzfabrikation u. seine Bezugsquellen unter Mitwirkg. hervorrag. Fachmänner m. Einleitg. v. Paul Droverhoff hrsg. v. dem Verleger. gr. 8. (X S., 80 Sp. u. S. 81—88.) Jena (901). H. Jackob. Kart. n. 1. 80

— der moderne, in der gesamten Gerberei, Leder- u. Schuhfabrikation u. seine Bezugsquellen, unter Mitwirkg. hervorrag. Fachmänner hrsg. vom Verleger. Mit e. Orig.-Abhandlg. v. Rich. Rieder. (In 3—4 Abtlgn.) 1. Abtlg. Lex.-8. (VIII u. S. 1—28.) Ebd. (901). n. — 50

— der moderne, in der Mahl- u. Sägemühle u. seine Bezugsquellen. Unter Mitwirkg. hervorrag. Fachmänner hrsg. vom Verleger. 2. verm. Aufl. Lex.-8. (32 S.) Ebd. (902). n. — 60; kart. n. — 80

Über den praktischen **Betrieb** der Gymnastik bei der Infanterie v. H. v. Z., Berlin 1830, 20 S., Gr.-8°.

Der **Betrieb** und die Schaltungen der elektrischen Telegraphen. Unter Mitw. von einigen Fachmännern bearb. von Prof. Dr. A[dolf] Tobler, [Zürich], u. Prof. Dr. [Karl] E[duard] Zetzsche. Mit 209 Abb. Halle a. S.: W. Knapp 1891. (XVI, 554 S.) 8°
— Telegraphie, Die elektr., im engeren Sinne. Hälfte 2.
— **Handbuch** d. elektr. Telegraphie. Bd 3, Hälfte 2. 10. 9830

Betrieb, der vortheilhafteste, der Milchwirthschaft, s. Belehrungen über die gesammten Zweige der Viehzucht.

Betriebe, elektr. u. maschinelle. Zeitschr. f. Bau, Betrieb u. Bewirtschaftg. Organ f. d. Ges.-Interessen d. Elektrotechnik u. d. Maschinenbaues. Hrsg. u. Red.: A Plümecke. Für Österr.-U. verantwortlich: Br. Böhm-Raffay. 11. J. '08. 24 Nrn. (292 m. Abb.) 32×24,5 cm. Lpzg, M v. Criegern. 12 — ‖ 12. J. '09. (202 u. 356) 8 — *Bildet d. Fortsetzg d. (nicht eingesandten) „Rundschau f. Elektrotechnik u. Maschinenbau".*

Betriebe, Elektrische u. maschinelle. Zeitschr. f. d. Gesamtinteressen der Elektrotechnik u. des Maschinenbaues. Chef-red.: Fritz Hoppe. 13—15. J. '10—12 je 24 Nrn. ('11: 192, 320 m. Abb.) 31,5×23,5 cm. Lpzg, M v. Criegern. halbj. 4 —

— die gewerblichen, Münchens 1907, s.: Mitteilungen des statistischen Amtes der Stadt München. 3. Heft.

Betriebe u. Unternehmungen, die gewerblichen, d. Kantons Bern, s. Mittheilungen d. bernischen statistischen Bureaus.

Betriebe, technische, s.: Miniatur-Bibliothek.

Die **Betriebe** und die Zahl der darin [d. i. in landwirtschaftl., indutr. u. Handelsbetrieben] beschäftigten Personen. Les entreprises et le nombre des personnes actives dans ces entreprises. Hrsg. v. Statist. Bur. d. eidg. Dep. d. Innern … H. 1, Fasc. 1. Bern: A. Francke in Komm. 1906. 4°
— Ergebnisse d. eidg. Betriebszählung … 1905. Bd 1, H. 1.
— **Statistik,** Schweizerische. Lfg 154. 17. 1769

Betriebs-Abschluß des städtischen Wasserwerks zu Düsseldorf für das Jahr 1875. Düsseldorf 1876

Die Betriebsanlagen der Aktien-Gesellschaft Niederlausitzer Kohlenwerke, Berlin, in Wort und Bild zum 25jähr. Bestehen d. Ges. (1882—1907). — (Berlin-Charlottenburg 1907: Schlemm.) 13 S., 26 Taf. quer-8°

Betriebsanleitung für die Schweizerischen Poststellen. Vom . Oktober 1907. Mit Genehmigung des Post- und Eisenbahndepartements hrg. von der Schweizerischen Oberpostdirektion. [Mit Figuren.] XVI + 438 S. [+ 2 Bl.]. kl.-4. Bern, Rösch & Schatzmann, VIII. 1907. [geb.] fr. 3. —
Schweizerische Postverwaltung. [Amtliche Druckschriften.]

Verband d. Pferdezüchter in d. Holsteinischen Marschen … Dresur- u. Verkaufsanstalt, Reit- und Fahrschule zu Elmshorn … **Betiebs-Bestimmungen.** 4. Aufl. (Glückstadt) 1903: (J. J. Augustin). 19 S.) 8° [F.] 10. 9737 3

Betriebsbudget der Alkoholverwaltung…. Botschaft des Bundesrates. 8. [Bern, Stämpfli & Cie.]
…pro 1901. (Vom 30. Oktober 1900.) 18 S.
…pro 1902. (Vom 18. Oktober 1901.) 21 S.
…pro 1903. (Vom 25. Oktober 1902.) 24 S.

Betriebsdaten, Technische, betr. die Alexanderschächte. Hrsg. von de Brüxer Kohlenbergbaugesellschaft. Brüx, 1899. 12 S. mit 4 Taf.

Betriebsdienst, der, in der preuss. Staatseisenbahn-Verwaltung. Von e. alten Betriebsbeamten. gr. 8. (27 S.) Leipzig 899. W. Engelmann. n. — 80

Betriebs-Ergebnisse von Actien-Zuckerfabriken der Campagne 1888/89. Zusammengestellt nach eingesandten Berichten, den Veröffentlichungen in Staatsanzeiger. Herbertz' Zuckerindustrie durch S. v. Ehrenstein. Jhg. 4. Magdeburg 1890. 8.
Ist: Ratkke's Bibliothek für Zucker-Interess.

Betriebs-Ergebnisse der Eisenbahnen Deutschlands für die Jahre 1867 bis 1873. Cassel 1874. Fol. . . . . (HC.)
—— der Eisenbahnen Deutschlands für das Betriebsjahr 1878—79 verglichen mit früheren Jahrgängen nebst ergänzendem Anhang, graphischen Darstellungen und erläuternden Bemerkungen. [Vorher: Uebersichtliche Zusammenstellung der wichtigsten Angaben der deutschen Eisenbahn-Statistik.] Berlin 1879—89. Fol. (LBK.)

Betriebsergebnisse der schweizerischen Eisenbahnen. 1883. 84. fol Bern 1884.85

Betriebsergebnisse der schweizer. Eisenbahnen mit Lokomotivbetrieb im Jahr 1884. Herausgeg. vom schweizer. Post- und Eisenbahn-Departement. 15 S. Bern, Buchdruckerei Körber. 1885

Betriebs-Ergebnisse der Orts-, Betriebs- und Innungskrankenkassen Stuttgart. 1902-05. 4° Stuttgart 1903-08

Betriebs-Ergebnisse der Orts-, Betriebs- und Innungskrankenkassen Stuttgart. 1905-11. 4° Stuttgart 1906-12

Ueber die Betriebsergebnisse der Staats-Hüttenwerke in den Jahren 1853 bis 1860. Nach amtlichen Quellen. Berlin, Decker, 1862. 4. (Enth. eine Vertheidigung gegen die Angriffe auf die Verwaltung der Staatswerke in der obigen Schrift mit gleichem Titel.) 4. (2^{1}, B.)

Ueber die Betriebs-Ergebnisse der Staats-Hüttenwerke in den Jahren 1853 bis 1860. Berlin, Geh. Ob.-Hofbuchdr. (R. Decker). 1862.

Die **Betriebsfuehrung** von Wasserwerken. Bearb. von . . . Hrsg. von Th[eod] *Weyl.* M. 82 Abb. u. 3 Tab. Leipzig 1909. 8°.

Betriebsführung, die, städtischer Werke. Im Verein m. Hygienikern, Ingenieuren u. Verwaltungsbeamten hrsg. v. Th. Weyl. I.—III. Bd. Lex. 8. Leipzig, Dr. W. Klinkhardt.
34.—; geb. 37.—; Subskr.-Pr. 28.50; geb. 31.35
I. Die Betriebsführg. v. Wasserwerken. Bearb. v. C. Bärenfänger, W. Elsner, Eug. Götze u. a. Hrsg. v. Th. Weyl. Mit 82 Abb. u. 3 Tab. (XIII, 259 S.) 909. 12.—; geb. 13.—; Subskr.-Pr. 10.—; geb. 11.—
II. Die Betriebsführg. v. Gaswerken. Von W. Bertelsmann. Mit 211 Abb. u. 5 Taf. (XV, 287 S.) 910. 13.—; geb. 14.—; Subskr.-Pr. 11.—; geb. 12.—
III. Die Betriebsführg. städtischer Elektrizitätswerke. Von Bruno Thierbach. (XI, 144 S. m. 19 Abbildgn.) 911. 9.—; geb. 10.—; Subskr.-Pr. 7.50; geb. 8.35

Betriebsjahre, Fünfzig, der Maschinenfabrik Esslingen 1846—97. Stuttgart 1897. V: *Gross, A.* (Zuwachsverz. d. Bibliotheken in Zürich 1898 ff.)

Die **Betriebskrankenkasse.** Organ d. Verbandes rhein.-westfäl. Betriebskrankenkassen. Jg. 1. Essen (Ruhr): Haarfeld 1908. 4° [11. 2347

Forstliche **Betriebslehre** und Forstliches Ingenieurwesen. In Verbindung mit ... hrsg. von Hermann Stoetzer. Mit 250 Abb. *Tübingen: H. Laupp 1903.* (XIII, 586 S.) 4° (8°) [F.]
— Handbuch, Lorey's, d. Forstwissenschaft. 2. Aufl. Bd 3. [03. 3030

Landwirtschaftliche **Betriebslehre**. Unter Mitw. von ... u. dem Hrsg. Dr. Karl Steinbrück. Hannover: Jänecke 1908. Getr. Pag. 8° (Handbuch d. gesamten Landwirtschaft. Bd 1.) [10. 9306 7

Betriebs-Ordnung der städtischen Bibliothek und Lesehalle. *Cassel (1898): F. Asshauer.* (7 S.) 8° [F.] [00. 6380

Betriebsordnung der bayerisch pfälzischen Eisenbahnen. Ludwigshafen 1870. 8.

Betriebs-Ordnung für die Herzogl. Braunschweigischen Eisenbahnen. 1845.

Betriebs-Ordnung für die unter k. Hannover'scher Verwaltung stehenden Eisenbahnen. Hannover 1849.

Betriebsordnung für die Haupteisenbahnen Deutschlands. Vom 5. Juli 1892. 15. Aufl. (36 S.) 16. Aufl. gr. 8. (48 S.) Berl. 892, C. Heymann. * — 60
Frühere Auflagen s. Bahnpolizei-Reglement.

— dasselbe. 16. Aufl. 8. (48 S. m. 2 Abbildgn.) Ebd. 892. n. — 60

— dasselbe. Durchgesehen im Reichs-Eisenbahn-Amt. 12. (48 S. m. Abbildgn.) Berlin 892. W. Ernst & Sohn. Kart. n.n. — 60

— dasselbe u. Bestimmungen üb. die Befähigung v. Eisenbahnbetriebsbeamten. — Signalordnung. — Normen f. den Bau u. die Ausrüstung der Haupteisenbahnen. — Bahnordnung f. die Nebeneisenbahnen. Durchgesehen im Reichs-Eisenbahn-Amt. 12. (48, 19, 40, 26 u. 32 S. m. Abbildgn.) Ebd. 892. Kart. n.n. 3.—

— dass. u. Bestimmgn üb. d. Befähigg d. Eisenbahnbetriebsbeamten. 12° (57 m. Abbildgn.) Berl. 93, Siemenroth & Tr. — 50

— dasselbe u. Bestimmungen üb. die Befähigung der Eisenbahnbetriebsbeamten. 12. (VIII, 57 S. m. Abbildgn.) Berlin 893. Siemenroth & Worms. n. — 60

Betriebsordnung für die Haupteisenbahnen Deutschlands. Vom 5. Juli 1892. Nach den auf Grund d. Artikel 42 u. 43 d. Reichsverfassung vom Bundesrath in d. Sitzungen v. 30. Juni 1892 ... gefassten Beschlüssen. Hrsg. vom Reichs-Eisenbahn-Amt. [Nebst] Abänderungen. Nach d. Bekanntmachung d. Herrn Reichskanzlers v. 22. Jan. 1902. Durchgesehen im Reichs-Eisenbahn-Amt. *Berlin: W. Ernst & Sohn 1898–1902.* 2 Bde 8° [F.] [02. 11631

Betriebsordnung f. d. Haupteisenb. Deutschlds. Vom 5. VII. '92. Nach d. auf Grund d. Artikel 42 u. 43 d. Reichsverfassg v. Bundesrath in d. Sitzgn v. 30. VI. '92, v. 4. III. '97 u. v. 12. V. '98 gef. Beschlüssen. Hrsg. v. Reichs-Eisenb.-Amt. 12° (50 m. 2 Grundrissen.) Berl. 98, W Ernst & S. Kart. — 60

Betriebsordnung für die Haupteisenbahnen Deutschlands. Vom 5. Juli 1892. Nach den auf Grund der Art. 42 u. 43 d. Reichsverfassung v. Bundesrath in d. Sitzungen v. 30. Juni 1892, v. 4. März 1897 u. v. 12. Mai 1898 gefassten Beschlüssen. Hrsg. vom Reichs-Eisenbahn-Amt. [Neue Ausg.] *Berlin: W. Ernst & Sohn 1901.* (50 S.) 8° [F.] [02. 10939 11

Betriebsordnung f. d. Haupteisenb. Deutschlds. Vom 5. VII. 1892. Hrsg. v. Reichs-Eisenb.-Amt. (50 m. Fig.) 12° Berl., W Ernst & S. '01. Kart. — 60 || Abändergn. (4 Bl.) '02. — 20 || Ausg. 1903. (50 m. Fig.) Kart. — 60

Betriebsordnung für die Haupteisenbahnen Deutschlands. Vom 5. Juli 1892. Nach den auf Grund d. Artikel 42 u. 43 d. Reichsverf. vom Bundesrath gefaßten Beschlüssen. Durchges. im Reichs-Eisenbahn-Amt. *Berlin: W. Ernst & Sohn 1903.* (50 S.) 8° [F.] [04. 339

Betriebs-Ordnung für den Kaiser-Wilhelm-Kanal nebst Anlagen. Kais. Kanalamt Nr. 260. Kiel. (1895.) 4°.

Betriebsordnung für den Kaiser-Wilhelm-(Nord-Ostsee-)Kanal ... *Kiel: Dr. v. Vollbehr & Riepen 1898.* (45 S.) 1 Bd 4. [99. 9199

Betriebs-Ordnung für den Kaiser Wilhelm-(Nord-Ostsee-) Kanal nebst Anlagen. Kiel 1900: Vollbehr & Riepen. 72 S. 8° [10. 18780 3

Betriebs-Ordnung für den Kaiser Wilhelm-(Nord-Ostsee-) Kanal nebst Anlagen. (Neudr. von 1901.) ... *Kiel 1901: Nord-Ostsee-Zeitung.* (60 [vielm. 70] S.) 4° [04. 7068

Betriebs-Ordnung für den Kaiser Wilhelm-(Nord-Ostsee-) Kanal nebst Anl. Kiel 1906: Vollbehr & Riepen. 72 S. 4° [10. 18919 7

Betriebs-Ordnung für das anorganisch-chemische und elektrochemische Laboratorium der K. Technischen Hochschule in München (v. 16. 12. 1905).

Betriebsordnung u. Maximal-Tarif f. das Platzfuhrwerk in Wien, s. a. Handausgabe der österreich. Gesetze u. Verordngn. Heft 5.

(F) **Betriebsordnung** und Maximaltarif für das Platzfuhrwerk in Wien. [Handausgabe der österr. Gesetze und Verordnungen. Heft 5.] 8°. (59 S.) K —.30

— für die Wiener öffentlichen Platzdiener. (20 S.) 16. Wien (905). (Hof- u. Staatsdruckerei). n. — 15

Betriebsordnung der Centralmeldestelle für Pflegepersonal. [Aufgestempelt: Abt. Königsberg i. Pr.] o. O. [1904]. (1 Bl.) 8° [Kopft.] [05. 8940 10

Betriebsordnung für die Zweispänner (Fiaker) und Einspänner im Wiener Polizei-Rayon. 4. (12 S.) Wien: Staatsdruckerei 1892 —.10

(F) **Betriebsordnung** für die Zweispänner (Fiaker) und Einspänner im Wiener Polizeirayon vom 1. December 1891 unter Einbeziehung der Abänderungen vom 4. Mai 1892, 2. Auflage. Wien. 1899. Hof- und Staatsdruckerei. 4°. 12 S. fl. —.15

(F) **Betriebsordnung** für die Zweispänner (Fiaker) und Einspänner im Wiener Polizeirayon. 3. Aufl. 8°. (36 S.) K —.40
Wien: Hof-u. Staatsdruckerei 1903

Konsumverein Aadorf.
Betriebsrechnung und Bilanz für das Jahr 1902.
Zürich: Buchdr. d. Schweiz. Grütlivereins 1903. 7 S.

Betriebsregeln für Dampfkessel und Dampfmaschinen. In Gemeinschaft mit dem Magdeburger Bezirksverein deutscher Ingenieure aufgestellt und bearb. [1872 resp. 1878] vom Directorium des Magdeburger Vereins für Dampfkesselbetrieb [R. Weinlig, Dürre, H. Liebau]. 2 Plakate (in qu. gr. Fol.) mit einem Abdruck des Inhalts derselben, sowie bezügl. gesetzl. Bestimmungen für den Handgebrauch. gr. 8. (8 S.) Magdeburg 878, Creutz'sche Buchh. *

Betriebs-Reglement der **I. k. k. priv. Donau-Dampfschiffahrts-Gesellschaft vom J. 1876 u. 1883.** In Faulmann'scher Stenographie ausgeführt v. Emil Kramsall. Photolith. gr. Fol. Wien 885. (Bermann & Altmann.) n.n. 1. 20

Betriebs-Reglement für die Berlin-Hamburger Eisenbahn. 1847.

Betriebs-Reglement für die Lübeck-Büchener Eisenbahn. 1851.

Betriebs-Reglement für die Magdeburg-Wittenbergesche Eisenbahn. Magdeburg 1849.

Betriebs-Reglement für die Niederschlesisch-Märkische Eisenbahn. 1846.

4. Nachtrag zu dem Betriebs-Reglement für die Eisenbahnen. Mit Giltigkeit vom 1. August 1900. (Zu Abth. 5, Nr. 1958/E. B. vom Jahre 1900 — Normal-Verordnungsblatt für das k. u. k. Heer. 26. Stück.) [Wien. 1900. Hof- und Staatsdruckerei.] Lex.-8°. 7 S. K —.08

Betriebsreglement für die Eisenbahnen. In polnischer Sprache. 8. (105 S.) —.16, cartonnirt Wien: Hof-u. Staatsdruckerei 1893 —.20

— für die Eisenbahnen im Norddeutschen Bunde vom 10.6.70. (Volksausgabe Norddeutscher Bundesgesetze) 12° Berlin 1870

Betriebs-Reglement für die Eisenbahnen im norddeutschen Bunde. [Veröffentlicht 10. Juni 1870.] Berlin 870. v. Decker. 8. (71 S. u. 2 Tabb. in 4.) n. 5 ngr

—— dass. — 8. (71 S.) Bremen 870, Kühtmann und Comp. *

Betriebs-Reglement für die Eisenbahnen Deutschlands. Veröffentlicht im Bundesgesetzblatte durch Bekanntmachung des Bundeskanzlers vom 10. Juni 1870, respective im Reichsgesetzblatt durch Bekanntmachung des Reichskanzlers vom 22. December 1871. (Mit 3 Anlagen.) kl. 8. Berlin 1872.

—— für die Eisenbahnen Deutschlands. 8. (III, 68 S.) Berlin 872, v. Decker'sche Geh. Ober-Hofbuchdr. *
Aus: Bundesgesetzblatt, besonders abgedruckt.

—— dass. — Bekanntmachung vom 10. Juni 1870 und 22. Dezbr. 1871. 1.—8. Aufl. Mit ausführl. Sachregister. 8. (56 S.) Berlin 872, Kortkampf. cart. *

Betriebs-Reglement f. die Eisenbahnen Deutschlands. Gültig vom 1. Juli 1874 ab. 8. (76 S.) Berlin 874. v. Decker. n. — 50

—— dass. — Publizirt im Centralblatt für das deutsche Reich. 1. und 2. Aufl. 8. (63 S. mit Beilagen.) Berlin 874, C. Heymann's Verlag. 75 Pf.; cart. *

— dasselbe. 3. wohlfeile Ausg. 8. (63 S.) Ebend. 874. n. — 50.

—— dass. — Mit Einleitung, Anmerkungen und den abweich. Bestimmungen des Betriebs-Reglements für Oesterreich-Ungarn vom 10. Juni 1874. 9.—11. [Gesammt-]Aufl. 8. (83 S.) Berlin 874, Kortkampf. * 50 Pf.; cart. *

—— dass. — Publicirt durch das Reichskanzleramt. Gültig vom 1. Juli 1874 an für sämmtl. deutsche Eisenbahnen. Mit ausführl. Sachregister. 1.—4. Aufl. 8. (63 S.) Berlin 874, Rauh. * 50 Pf.; cart. *

— dasselbe. 8. (59 S.) Elberfeld 874. Bädeker. n. — 50

—— dass. — 16. (54 S.) Potsdam 874, Rentel. *

—— dass. — vom 1. Juli 1874, mit den Veränderungen vom 1. Juni 1876 an. 4. verb. Aufl. 8. (64 S. mit 2 Formularen in qu. gr. 4.) Berlin 876, C. Heymann's Verlag. cart. *

Betriebs-Reglement für die Eisenbahnen Deutschlands vom 11. Mai 1874. Mit den späteren Abänderungen. Mit Einleitung, Anmerkungen und den abweichenden Bestimmungen des Betriebs-Reglements für Oesterreich-Ungarn. 11. Aufl. 2. vervollständ. Ausg. 8. (84 S.) Berlin 878, Kortkampf. *

—— dass. — in der vom 1. Octbr. 1879 ab geltenden Fassung. Mit den Specialbestimmungen des Tarifverbandes, sowie mit dem Haftpflichtgesetz vom 7. Juni 1871 und dem Gesetz betr. die Errichtung eines Reichs-Eisenbahnamtes vom 27. Juni 1873. Erläutert durch die Rechtsprechung des Reichsoberhandelsgerichts. 8. (IV, 83 S.) Berlin 879, H. W. Müller. *

Betriebs-Reglement für die Eisenbahnen Deutschlands vom 11. Mai 1874, mit den später ergangenen Abänderungen. 5. Aufl. 8. (79 S. m. 1 Frachtbriefformular.) Berlin 880. C. Heymann's Verl. n. — 80

— dasselbe. 7. Aufl. 8. (84 S.) Ebend. 881. n. 1. —

Betriebs-Reglement für die Eisenbahnen Deutschlands (Vom 11. Mai 1874). 7. Aufl. Berlin 1882.

— für die Eisenbahnen Deutschlands vom 11. Mai 1874. Mit allen späteren Abändergn. Mit Einleitg., Anmerkgn. u. den abweich. Bestimmgn. d. Betriebs-Reglements f. Oesterreich-Ungarn, sowie den bezügl. Vorschriften d. Bahnpolizei-Reglements u. d. Strafgesetzbuchs. Unter Benutzg. d. Werkes: „Vorschriften üb. die Beförderg. v. Personen ꝛc. auf deutschen Eisenbahnen" bearb. v. e. Fachmann. 12. Aufl. 8. (XXII, 124 S.) Berlin 883. Kortkampf. n. 1. —

Betriebs-Reglement für die Eisenbahnen Deutschlands vom 11. Mai 1874 in der vom 1. Oktbr. 1883 ab geltenden Fassung. Mit Erläuterungen. gr. 8. (IV, 58 S.) Berlin 883, H. W. Müller. *
Aus: Schroetter, J. A., das preußische Eisenbahnrecht in seiner heutigen Gestalt, besonders abgedruckt.

—— dass. — 6. und 7. Aufl. (84 S.) 1881,82; 8. Aufl. 8. (86 S.) Ebendas. 884. * 1 —

— für die Eisenbahnen Deutschlands. 8. Aufl. 8 (86 S.) Berlin 884. C. Heymann's Verl. n. 1. —

—— dass. — [Central-Blatt für das Deutsche Reich.] In der durch die Beschlüsse des Bundesraths abgeänderten Fassung. Nebst Spezial-Bestimmungen. 8. (VI, 112 S. mit 1 Formular.) Berlin 884. Siemenroth. geb. * — 80

—— für die Eisenbahnen Deutschlands. 9.—11. Aufl. 8. (92 S. mit 1 Formular.) Berlin 885—87, C. Heymanns Verlag. *
—— dass. — Vom 11. Mai 1874. [Central-Blatt für das deutsche Reich.] In der durch die Beschlüsse des Bundesraths abgeänderten Fassung. Nebst Special-Bestimmungen. 2. Aufl. 12. (VI, 112 S.) Berlin 885. Siemenroth und Worms. geb. *

Betriebs-Reglement für die Eisenbahnen Deutschlands. Durchges. im Reichs-Eisenbahn-Amt. Berlin 1888
Nebst: Nachtrag 1. 2. 1889—1891

Betriebs-Reglement f. die Eisenbahnen Deutschlands. In der vom 1. April 1891 ab gelt. Fassg. 12. Aufl. 8. (111 S. m. 1 Formular.) Berlin 891. C. Heymanns Verl. n. 1. —

— dasselbe. 3. Aufl. (VI, 111 S. m. 1 Formular.) Berlin 891. Siemenroth & Worms. Kart. n. — 80

Betriebsreglement f. d. Eisenbahnen Deutschlands m. d. Zusatzbestimmgn. f. d. Reichsbahnen i. Elsaß-Lothringen, s.: Gesetzsammlung f. Elsaß-Lothringen.

Betriebsreglement für die Holsteinischen Eisenbahnen. Gültig vom 1. Januar 1849. Altona. 1849. 8°.

— für die Eisenbahnen der im Reichsrathe vertretenen Königreiche u. Länder. Amtliche Ausg. vom J. 1881. 8. (84 S. m. 2 Frachtbriefformularen.) Wien 881. k. k. Hof- u. Staatsdruckerei. n. — 32

Betriebs-Reglement f. die Eisenbahnen d. im Reichsrathe vertretenen Königreiche u Länder. Amtl. Ausg. v. J. 1884. 8. (87 S.) Wien, k. k. Hof- u. Staatsdruckerei. 12 kr. N. b. 1884

Betriebs-Reglement für die Eisenbahnen der im Reichsrathe vertretenen Königreiche und Länder. 8. (103 S. mit 3 Anlagen)
Wien: Staatsdruckerei 1892

(F) Betriebs-Reglement für die Eisenbahnen der im Reichsrathe vertretenen Königreiche und Länder. (Enthalten im LXXIV. Stücke des Reichsgesetzblattes vom 10. December 1892 unter Nr. 207.) II. amtliche Ausgabe. Unter Einbeziehung der mit den Verordnungen vom
1. Sept. 1893, R.-G.-Bl. Nr. 188. (1. Nachtrag zur 1. Ausgabe)
1. März 1895, „ „ 85. (II. „ „ I. „)
15. April 1898, „ „ 48. (III. „ „ I. „)
eingeführten Abänderungen und Ergänzungen. Wien. 1900. Hof- und Staatsdruckerei. 8°. 122 S. mit 2 Tafeln.
K —.40, cart. K —.80

Nachtrag, II., zum Betriebs-Reglement für die Eisenbahnen der im Reichsrathe vertretenen Königreiche und Länder. Enthalten im XVIII. Stücke des Reichsgesetzblattes, unter Nro. 35. Kl.-8. (6 S.) —.01
Wien: Hof- und Staatsdruckerei 1895

— — III. zum Betriebs-Reglement der Eisenbahnen. Italienisch. Mit zwei Tabellen. 8. (7 S.) —.05
— — Polnisch. Mit 2 Tabellen. 8. (7 S.) —.05
Wien: Hof- und Staatsdruckerei 1898

— — III. Zum Betriebs-Reglement für die Eisenbahnen der im Reichsrathe vertretenen Königreiche und Länder. Mit Anlagen. 8. (40 S.) * —.11
Wien: Hof- und Staatsdruckerei 1898

(F) Betriebs-Reglement für die Eisenbahnen der im Reichsrathe vertretenen Königreiche und Länder. (Enthalten im LXXIV. Stücke des Reichs-Gesetz-Blattes vom 10. December 1892 unter Nr. 207.) III. Amtliche Ausgabe. Wien. 1901. Hof- und Staatsdruckerei. 8°. 124 S.

(F) IV. Nachtrag zum Betriebsreglement für die Eisenbahnen der im Reichsrathe vertretenen Königreiche und Länder. Enthalten im XLIV. Stücke des Reichsgesetzblattes unter Nr. 104. (I. Nachtrag zur amtlichen Ausgabe vom Jahre 1900.) [Wien. 1900. Hof- und Staatsdruckerei.] 8°. 12 S.

(F) V. Nachtrag zum Betriebsreglement für die Eisenbahnen der im Reichsrathe vertretenen Königreiche und Länder. Wien. 1901. Hof- und Staatsdruckerei.] 8°. 22 S.

(F) Betriebsreglement für die Eisenbahnen der im Reichsrathe vertretenen Königreiche und Länder. 6. Nachtrag. 8°. (6 S.)
Wien: Hof- und Staatsdruckerei 1903

Nachtrag IX, zum Betriebs-Reglement für die Eisenbahnen der im Reichsrathe vertretener Königreiche und Länder. 8. (27 S.) —.5
Wien: Hof- und Staatsdruckerei 1889

— f. d. österr. Eisenbahnen v. 10. Decbr 1892, u. d. internat. Übereinkommen üb. d. Eisenbahnfrachtverkehr v. 14. Octbr 1890, sammt d. Ausführungsbestimmgn., d. Reglement f. d. Eisenbahncentralamt, d. Vorschriften üb. bedingungsweise z. Beförderg zugelassene Gegenstände. Ergänzt durch d. Verordng v. 11. Decbr 1892 betr. d. Verwendg v. Eisenbahnfrachtbriefen m. aufgedruckten Stempelzeichen. 8° (225 m. 8 Formularen.) Prag 93. Höfer & Kl. 2.60

— für die Eisenbahnen Oesterreich-Ungarns publicirt durch Verordng. d. österreich. Handelsministers u. d. ungar. Communikationsministers vom 10. Juni 1874. Gültig vom 1. Juli 1874 an f. sämmtl. oesterreichisch-ungar. Eisenbahnen. Mit ausführl. Sachregister u. Angabe der Abweichgn. der Ausg. f. das deutsche Reich. 8. (63 S.) Berlin 874. Rauh. n. — 50; cart. n. — 70

— das, für die Eisenbahnen Oesterreich-Ungarns nach den Abänderungen vom 25. Juli 1877, 20. März u. 30. April 1878. Mit einem Anh. zu § 48 u. 50 u. zwei Beilagen, enth. die vom 1. Jan. 1879 an vorgeschriebenen neuen Frachtbrief-Formulare. Mit alphabet., nach Schlagwörtern abgefaßtem Materien-Register. 8. (86 S.) Prag 878. Mercy. n. — 90

— das, für die Eisenbahnen Oesterreich-Ungarns, mit einem Anhang, enthaltend die Abänderungs-Verordnungen vom 1. Juli 1880, die Beförderung explodirbarer und ähnl. Güter betr., und die (2) vorgeschriebenen Frachtbrief-Formulare als Beilage. Mit alphabet. nach Schlagwörtern abgefaßten Materien-Register. 2. verm. Ausg. 8. (IV, 77 und Anhang 32 S.) Prag 880, Mercy. *

— für die Eisenbahnen Oesterreich-Ungarns und Deutschlands. Gültig vom 1. Juli 1874 ab. Mit ausführl. Sachregister. 16. (134 S.) Teschen 874, Prochaska. cart.

— dass. — 2. Aufl. gr. 8. (78 S.) Ebendas. 874. *
cart. *

Betriebs-Reglement der Friedrich Wilhelms Nordbahn. Kassel 1848.

Betriebs-Reglement für den Güterverkehr der Düsseldorf-Elberfelder Eisenbahn. 1844.

König Christian VIII. Ostseebahn. Betriebs-Reglement. Altona. 1844. 8°.

Betriebs-Reglement für die Main-Weser-Bahn. 1853

Betriebs-Reglement für den Personen- etc. Transport auf der Oberschlesischen Eisenbahn. Breslau 1847.

Betriebs-Reglement für die Prinz Wilhelm Eisenbahn. Düsseldorf 1849.

Verband landwirtschaftlicher Genossenschaften der Zentralschweiz [mit Sitz in Luzern]. Betriebs-Reglement. (In Ausführung ... bezüglicher Beschlüsse ... vom 11. Mai 1901.) 6 S. 8.

Betriebs-Reglement des Vereins Deutscher Eisenbahn-Verwaltungen. Gültig vom 1. Januar 1881 an. Berlin 1881
Nebst: Nachtrag 1. 2. 1881

Betriebs-Reglement des Vereins Deutscher Eisenbahn-Verwaltungen. Gültig vom 1. Januar 1893 an. Berlin 1892
Nebst: Nachtrag 1—3. 6. 7. 9. 11. 1893—1901

Betriebs-Reglement des Vereins deutscher Eisenbahn-Verwaltungen. Gültig vom 10. X. 1901 an. Veröffentlicht durch die „Zeitung des Vereins deutscher Eisenbahn-Verwaltgn.", Jahrg. 1901. Ausg. v. der geschäftsführ. Verwaltg. des Vereins. Berlin, im Septbr. 1901. (146 S. m. 1 Formular.) 8. Berlin (J. Springer). n.n. — 75

— dasselbe. I—III. Nachtrag. 8. Ebd. n.n. — 75; mit dem Hauptwerk zusammen bezogen n.n. 1. 25
I. Gültig vom 1. I. 1903 an. Ausg. Berlin, im Dezbr. 1902. (6 S. u. S. 43—100.) n.n. — 45
II. Gültig vom 15. VII. 1903 an. Ausg. Berlin, im Mai 1903. (2 S.) n.n. — 15
III. Gültig vom 1. I. 1905 an. Ausg. Berlin, im Novbr. 1904. (1 S.) n.n. — 15

Betriebs-Reglements f. die österreichischen Eisenbahnen vom 10. Decbr. 1892 u. das internationale Übereinkommen üb. den Eisenbahnfrachtverkehr vom 14. Octbr. 1890, sammt den Ausführungsbestimmgn., dem Reglement f. das Eisenbahncentralamt, den Vorschriften üb. bedingungsweise zur Beförderg. zugelassene Gegenstände. Ergänzt durch die Verordng. vom 11. Decbr. 1892 betr. die Verwendg. v. Eisenbahnfrachtbriefen m. aufgedruckten Stempelzeichen, nebst (2) Formularien. Mit e. ausführl. alphabet. Sachregister. 8. (225 S.) Prag 893. Höfer & Klouček. n. 2. 60

Betriebs-Resultate der herzogl. Braunschweigischen Eisenbahnen v. J. 1852. 4.

Berufs- und Betriebszählung vom 12. Juni 1907. Gewerbliche **Betriebsstatistik**. Bearb. im Kais. Statist. Amte. Abt. 1, H. 1. Berlin: Puttkammer & Mühlbrecht 1909. 4°
(Statistik d. Deutschen Reichs. Bd 213, 1.) [09. 11922

Betriebsstatistik, Gewerbliche, [nach der] Berufs- und Betriebszählung vom 12. Juni 1907. Hrsg. vom Kais. Statist. Amte. Abt. 1—8. [Nebst] Erg.-Bd. Berlin 1909—1914. 4°
— Ua 2745, 213 g. —
1. Reichsübersichten: Einführ. Glieder. d. Betriebe. D. in d. Betrieben beschäft. Personen. D. Hausgewerbe. Offene Verkaufsstellen. Haupt- u. Zweiggeschäfte. 1910.
2. Reichsübersichten: Motoren. Arbeitsmaschinen. Unternehmungsformen. Betriebe in d. Hand e. Inhabers. Öffentl. Betriebe. 1910.
3. Bundesstaaten: Glieder. d. Betriebe. D. in d. Betrieben beschäft. Personen. D. Hausgewerbe. 1910.
4. Bundesstaaten: Offene Verkaufsstellen. Motoren. Öffentl. Betriebe. 1910.
5. Großstädte. 1910.
6. Kleinere Verwaltungsbezirke: Preußen. 1909.
7. Kleinere Verwaltungsbezirke: Bundesstaaten außer Preußen. 1909.
8. Gliederung u. Verteil. d. Gewerbebetriebe im Deutschen Reiche. Zsfass. Darst. 1914.
Erg.-Bd. Gewerbeverzeichnis. 1911.

Landwirthschaftliche **Betriebsstatistik** nach der allgemeinen Berufszählung vom 5. Juni 1882. Hrgg. vom Kaiserlichen Statistischen Amt. Berlin. 1885. = Statistik des Deutschen Reichs. Neue Folge. Bd. 5. 4°.

Berufs- u. Betriebszählung v. 12. Juni 1907. Landwirtschaftliche **Betriebsstatistik**. Hrsg. v. Kais. Statist. Amte. T. 1ᵃ. Berlin: Puttkammer & Mühlbrecht 1909. 4°
(Statistik d. Deutschen Reichs. Bd 212, 1ᵃ.) [09. 17601 2

Landwirtschaftliche Betriebsstatistik, 12. Juni 1907. Statistik des Deutschen Reichs Bd. 212, Tl. 1, a: Gliederung der Betriebe, Reich und Bundesstaaten. - Berlin 1909. V, 14, 366 S. - Dass. Bd. 212, Tl. 1, b: Betriebe der landwirtschaftlichen Arbeiter und Tagelöhner. Art der Bestellung. Die in den Betrieben beschäftigten Personen. ebd. 1909. S. 367-681. - Dass. Bd. 212, Tl. 2, a: Viehstand, Maschinen, Nebengewerbe, Hauptberuf der Betriebsleiter, Weinbau- und Forstbetriebe, kleinere Verwaltungsbezirke. ebd. 1910. 368 S. - Dass. Bd. 212, Tl. 2, b: Zusammenfassende Darstellung der Ergebnisse. ebd. 1912. IV, V, 100 u. 189 S., 6 Kt.

Betriebs- u. Arbeitsverhältnisse, Die, in d. Karosseriebau-Werkstätten. Nach e. v. d. Zentralkommission d. Stellmacher im Herbst '10 vorgenomm. Erhebg bearb. u. hrsg. v. Vorstand d. deut. Holzarbeiter-Verbandes. (32) 8° Berl., Verl.-Anst. d. deut. Holzarbeiter-Verbandes '11. — 50 d

Betriebsverhältnisse d. deut. Landw., v. J Fülberth u. F Bornemann u. v. F Hangen u. F Wellmann, s.a. Arbeiten d. deut. Landw.-Gesellsch.

Betriebsverhaeltnisse der deutschen Landwirtschaft. Hrsg. von d. Betriebs-Abt. d. Deutschen Landwirtschafts-Ges. Stück 1—3. Berlin 1906—1909. 8°.
— La 3115, 118. 123. 130. 133. 137. 149. 164. —
1: [von] P. Teicke, W. Ebersbach, R. Langenbeck. 1906.
2: [von] M. Aussel, A. Lurz. 1906.
3: [von] P. Gutknecht. 1907.
4: [von] G. Steinhoff, R. Franz, R. Toepley. 1907.
5: [von] F. Hangen, F. Wellmann. 1908.
6: [von] J. Fülberth, F. Bornemann. 1908.
7: [von] W. Gelle, J. Magnus. 1909.
(Arbeiten d. Deutschen Landwirtschafts-Ges. H. 118. 123. 130. 133. 137. 149. 164.)

Betriebsverhältnisse der deutschen Landwirtschaft. Hrsg. von d. Betriebs-Abt. d. Deutschen Landwirtsch.-Gesellsch. St. 1. Verf.: P. Teicke, W. Ebersbach, E. Langenbeck. Berlin: Deutsche Landwirtschafts-Gesellsch. 1906. 8° [F.]
— Arbeiten d. Deutschen Landwirtschafts-Gesellschaft. H. 118. . . . 6

Ueber die Betriebsverhältnisse der Staatshüttenwerke in den Jahren 1858—60. Nach amtlichen Quellen. Berlin 1862. 4.

Betriebsvorschriften für den Postanweisungsdienst. [Dienstvorschrift für die k. k. Postanstalt. II. Bd. 3. Abt.] Gr.-8°. (V, 145 S.) † Wien: Manz 1908.

Betriebszählung. Eidgenössische B'. 9. August 1905. [Durchzuführen durch das Eidg. Statistische Bureau.]
1. Bundesbeschluss vom 24. Juni 1904; — 2. Vollziehungsverordnung vom 4. April 1905. 30 S. 8. [Bern, Stämpfli & Cie.,] 1905.
Spaziergang eines Zählers durch seinen Zählkreis. Einige erläuternde Bemerkungen und praktische Beispiele zur Erleichterung der Aufgabe der Zähler. Vom eidg. statistischen Bureau. 24 S. 4. [Bern, Neukomm & Zimmermann, 1905.]

Betriebszählung. Eidgenössische B' vom 9. August 1905. Heft 1: Die Betriebe und die darin beschäftigten Personen in Zürich und Umgebung. [Mit 1 Planskizze im Text.] 8. Zürich, Komm. Rascher & Cie., Druck Buchdr. des Schweiz. Grütlivereins, 1907.
Statistik der Stadt Zürich. Hrg. vom Statistischen Amt der St' Z'. Nr. 8.
Ausgabe A (ohne tabellarischen Anhang). 36 S. fr. —.50. — Ausgabe B (mit tabellarischem Anhang). 50 S. fr. 1.—

Betriebszählung, die, in Halle a. S., s.a.: Beiträge zur Statistik der Stadt Halle a. S. 11. Heft.

Die **Betriebszählung** in Halle a. S. nach den Ergebnissen der Berufs- und Betriebszählung vom 12. Juni 1907. Halle a. S. 1910: Gebauer-Schwetschke. VI, 70 S. 8°
(Beiträge z. Statistik d. Stadt Halle a. S. H. 11.) [10. 10034

Die land- und forstwirthschaftliche **Betriebszählung** im Großherzogthum Baden vom 14. Juni 1895. Hrsg. v. Statist. Landesamt. Karlsruhe: C. F. Müller (1910). XXIV, 130 S. 4°
(Beiträge z. Statistik d. Großherzogt. Baden. N. F. H. 10.) [10. 14004 4

Betrifft Herabsetzung des Preises für den zu gewerblichen Zwecken dienenden elektrischen Strom. Breslau 1899. V: *Leitgebel, Benno.* (Kat. d. Druckschr. üb. Breslau. Breslau 1903. S. 106.)

Betrifft den Zustand der städtischen Forsten. O. O. 1888. V: *Kieke.* (Kat. d. Druckschr. üb. Breslau. Breslau 1903. S. 112.)

Bétrix, A., schwere Blutung nach e. ausgedehnten Cauterisation der Vagina. [Aus: „Frauenarzt".] gr. 8. (7 S.) Neuwied 890. Heuser's Verl. — 80

Betrogenen, Die. Lustspiel in einem Aufzuge nach dem Französischen. Cöthen 1808. V: *Niemeyer, Gottlieb Anton Christian.* (EE) (GGr) (Ky)

Betrogenen, die. Lustsp. n. d. Franz. v. A. Niemeyer. 8. Cöthen, Aue. 808.

Betrug für Betrug oder Wer hat nun die Wette gewonnen? Ein Lustspiel in drey Aufzügen. Wien 1780. V: *Schletter, Salomo Fch.* (GGr V/322, Nr. 54/6) (DARP) (Diblport)

— üb. Betrug; od. die schnelle Bekehrung. Lustsp. v. Sulpius. gr. 8. Berlin, Sander 785.

Betrug für Betrug, oder das verkleidete Frauenzimmer, eine Posse in Versen, v. Sievers. 8. Innsbruck, Wagner. 793.

Betrug für Betrug. Lustsp. v. Sievers. 8. Hamb. Vollmer. 805.

Betrug für Betrug oder Bedientenstreiche. Lustspiel in 1. A. [Augsb. 1816.] V: *Bonafont, Carl Philipp.* (GGr)

— und Eifersucht. Lustspiel, v. Stephanie. gr. 8. Leipzig, Rein. 795.

— und Eigenliebe. Schausp. 8. Breslau. 790.

Anonym: „Der entdeckte Betrug aller Menschen im Handel und Wandel. Erste und Zweyte Eröfnung", Frankfurt und Leipzig o. J. — Vorh.: Büch. der Industrie- und Handelskammer Leipzig.

Betrug, d. entdeckte, aller Menschen im Handel u. Wandel. 4 Thle. 8. Halle, Renger. 8 ℛ

— der fromme. Nachspiel v. Seidel. 8. Leipz. Fleischer. 789.

— der glückliche. Schäfersp. 8. Breslau, Pietsch. 763. —

— der, aus Liebe. Operette. 8. Leipz. Böhme. 777.

— aus Liebe. Lustsp. in 4 A. 8. Wien, Wallishausser. 806. —

Betrüger, Der; ein Lustspiel. St. Petersburg 1787. V: *Catharina II., Kaiserin von Russland.* (Ky) (MGT)

Betrüger, der. Lustsp. gr. 8. Riga, Hartknoch. 787.

Betrüger, der bekehrte kleine. Geschrieben für den Amerikan. S. S. Verein. 12. (70 S. m. eingedr. Holzschn.) Philadelphia 851. (Schäfer & Koradi.) n. ⅓ ß

— der betrogene. Kom. Oper n. d. Franz. d. Bernard Valville. 8. Wien, Degen. 805.

— — derselbe. Nachsp. von B. v. Mokkoul. 8. Leipzig, Kohler. 707.

Betrüger, der betrogene, komische Oper. 8. Wien, Degen. 805. (Armbruster.)

— die gestraften. Schausp. 8. Hamb. Hertel. 766. —

Die Gestraften Betrüger. Ein Schauspiel von 5 Handlungen. 2te Aufl. 1766. 8o.

Betrüger, Der redliche; ein Lustspiel. Nürnberg 1772. V: *Pfahler, Isaac.* (Ky) (will)

— der redliche.. Nachsp. 8. Wien, Doll. 797.

Betruger, d. schwedische, od. Begebenheiten Gundbachs. 8. Koppenhagen, Rothe. 772.

Betrügerei, Die galante. Lustspiel in Einem Akte. Leipzig 1779. V: *Wezel, Joh. Carl.* (Meyer 24/2423) (biblport)

Betrügereien, die, d. Ammen; e. gemeinnützige Schrift, (v. Strack). dem Publikum in deutscher Sprache mitgetheilt v. F. A. Waiz. 8. Leipz. 782. (Knobloch). 2 gr.

— d. enthüllten, d. Schäfer. Von e. prakt. Schafzüchter. 8. Eisenach 825. Bärecke. 4 gr.

Betrügereien, Die enthüllten, der Schäfer . . . Eisenach 1825. V: *Gumprecht, Theod. Gfr.* (Nowack, Schles. Schriftst.-Lex. III, 42.) (Mitth. A. Rosenbaum.)

Betrügereien vorgeblicher Freimaurer. [Dat.:] Dresden 1812. 2 Bl. 4° [Kopftit.]

Betr. verschiedene gefälschte Briefe u. Empfehlungsschreiben von „Wanderbrrn", die der Loge zum goldenen Apfel zugegangen sind.

Betrügereien der Pachter und die Lieblosigkeit der Gutsbesitzer; ein Beitrag zur ökonomischen Geschichte etc. 8°. Pirna, Friese, 1803.

Betrügerey, die galante. Lustsp. v. Wezel. 8. Leipzig, Dyk.

Anonym: „Ueber die Betrügereyen der Pächter; nebst einem Anhange über die Lieblosigkeit mancher Gutsbesitzer; als ein Beytrag zur ökonomischen Geschichte unsers Zeitalters", Leipzig 1802 (Compt. für Literatur).

Betrugsanzeige in Religionsschriften, bei der deutschen Übersetzung von Cl. Fleury's Kirchengeschichte des Neuen Testaments. Mainz 1756. V: *Goldhagen, Hermann.* (Ky)

Betrugsanzeige in Religionsschr., bei d. deutschen Uebersetz. v. Cl. Fleury's Kirchengesch. d. N. Test. rc. 1s u. 2s Stck. 4. Mainz 756. Varrentrapp in Frankf. 3 gr.

Betrugs-Historie, Politische, von Frankreich oder die wenig aufrichtige Aufführung des französischen Hofes, aus den Kriegs und Friedens Handlungen so seit etlich hundert Jahren Frankreich mit den Mechten von Europa insonderheit mit Oesterreich u. Lothringen gepflogen, erläutert. [Wien] 1745. V: *Fritsch, Gottfr. Ernst.* (Kat. d. ständ. Bibl. Stuttg. 1907. S. 545.)

Betrugs-, Fälschungs- und Unterschlagskünstler, die kolossalen: L. G. Muralt, Eggimann, Rott, Brawand, Zwahlen, R. Faulmann u. W. Novitzky (Firma: Sachse & Co.) vor den Geschwornen sammt Strafurtheil. 8. Bern, R. Jenni. —. 20
1872

Betsch, Georges [von Ponte-Campovasto (Kt. Graubünden)]: Über Paradiaminochinon. Basel 1899. 32 S. 8°.
Basel. Phil. Diss. 1898/99.

. (F) Betsch, I., Cellulose, Celluloseprodukte und Kautschuksurrogate. [Chem.-technische Bibliothek. Bd. 269.] 8°. (ill. VIII, 400 S.) * K 6.60, geb. * K 7.50

Betschart, Rektor, das Gymnasium in Schwyz. 20 Stn. kl. 4. Aarau, Druck v. H. R. Sauerländer.
Separatabdruck a. d. 4. Jahresheft des Vereins schweiz. Gymnasiallehrer. 1872

Betschart, E. Über die Diagnose maligner Lungentumoren. Mit 1 Tfl. 17 S. In-8°. Zürich. These. 1896

Betschart, Erasmus, aus Muotathal (Ct. Schwyz): Aus der Medicinischen Klinik des Herrn Prof. Eichhorst in Zürich. Ueber die Diagnose maligner Lungentumoren aus dem Sputum. Mit einer Tafel. (S. A. aus: Virchow's Archiv f. pathol. Anatomie u. Physiologie, Bd 142 [S. 86–100]). Berl. (G. Reimer) 1895. 17 S., Taf. IV. 8°.
Zürich. Med. Diss. [v. 11. Oct. 1895].

Betschart, J. (Hrsg.), s. Erziehungsfreund.

Betschart, Joseph. Die Loreto-Capelle zu Biberegg, ihre Entstehung und ihre Privilegien. [Mit 1 Tafel.] 8. Einsiedeln ... 1882.

Betschart, Jos., himmlisches Palmengärtlein, s.: Nakatenus.

Betscher, Nikol., ohne Selbstabtödtung gehts nicht dem Himmel zu. Ein Lese- u. Erbauungsbuch für alle Christen. 8. Augsb. 807. Doll, (Landsh., Krüll). 10 gr.

Betsching, Joh. Nep., Der geistige Kampf der kath. Kirche zum Wohle der Menschen durch ihre Priester, in seinen Hauptzügen dargestellt. Kempten, Kösel, 1857, gr. 8°, 14 S., 20 Pf.

Betschler, J. Üb. d. Bericht (362,20). Nebst eigenen Vorschlägen. Breslau 1849.

Betschler, J. Über den Bericht der . . . zur Einleitung einer Reform des Militair-Medizinalwesens niedergesetzten Commission. Breslau 1849. 8°.

Betschler, J. Üb. d. Erfordernisse z. ärztl. Praxis. 1840.

Betschler, J. Vers. e. Rechtfertig. d. Existenz d. med.-chirurg. Lehranstalten. 1829.

Betschler, J. W. s. a. Annalen d. klin. Anstalten.

Betschler, J. W., Annalen d. klinischen Anstalten d. Universität zu Breslau, f. Geburtshülfe u. Krankheiten d. Weiber u. Kinder. 1. Bd. gr. 8. (15 B. u. 1 B. Tab. in gr. Fol.) Breslau 832, Gosohorsky.

— dass. 2 Bd. gr. 8. (21½ B.) Ebds. 834.

Betschler, Jul., über den Bericht der vom Kriegs-Ministerium am 16. Aug. 1848 zur Einleitung einer Reform des Militair-Medicinalwesens niedergesetzten Kommission. Nebst eigenen Vorschlägen. 8. (IV u. 55 S.) Breslau 849, Gosohorsky. 8 ngr

Betschler, Jul. Wilhelm (Hrsg.), s. Beiträge, Klinische, zur Gynaekologie.

Betschler, Julius Guilelmus: Commentatio dystociae decursum in pelvi rhachitica sistens. Vratislaviae (1837). (27 S.) 4°
Breslau, Glückwunsch d. med. Fak. z. 50-jähr. Dr.-Jubil. v. Elias Henschel am 3. Jan. 1837

Betschler, Jul(ius) Guil. (geb. Landsberg a. W. 14. 10. 1796): Disquisitio physiologica, num a foetu urina secernatur et secreta excernatur. Berolini (1820). (59 [vielmehr 60] S.) 8°
Berlin, Med. Diss. v. 30. Dez. 1820

Betschler, Julius Guilielmus: De naturae auxilio dystocias e situ infantis vitioso ortas absolvente. Vratislaviae (1834). (56 S.) 4° *[Im Buchhandel 1834 bei Gosohorsky in Breslau.]*
Breslau, Med. Fak., Antr.-Progr. als ord. Prof. v. 2. Aug. 1834

Betschmann, Traugott [prakt. Arzt von Flawil, Kt. St. Gallen]: Aus dem Pathologisch-Anatomischen Institut der Universität Zürich. Ueber ein fibro-epitheliales, traubiges Papillom des Ovarium und seine Beziehungen zu Keimepithelcysten. (Mit 5 Tafeln.) Zürich 1902. 57 S. 8°.
Zürich, Med. Diss. 1901/1902.

Betschmann, Traugott. Über ein fibro-epitheliales, traubiges Papillom des Ovarium und seine Beziehungen zu Keimepithelcysten. Diss. Med. Univ. Zürich. *Kopftitel:* Aus dem pathologisch-anatomischen Institut der Universität Zürich. — [Mit 5 Tafeln.] 57 S. 8. Zürich, Polygraphisches Institut, A.-G., 1902.

Betschule, Das ist: Kurtze und gantz klare Weiß zu betrachten . . . Wienn 1711. V: *Mündl, Caspar.* (Jes)

Betsi oder Eigensinn des Schicksals. Eine Englische Geschichte. Frankfurt a. M. 1770. Ü: *Wernich, Johann Karl Gustav.* (Jahrb. d. D. Shakesp.-Ges. 54, 1918.) (Zeitschr. f. Büch. 1923, S. 80)

BETSI; oder der Eigensinn des Schicksals. Eine englische Geschichte. Frankfurt a. M., Brönner, 1770. 8°. Zahm.
Auch mit d. Tit.: Das wunderbare Verhängniß.
Französ. Uebers.: Betsi ou les Bisarreries du destin. 2 vols. Amst. 1769. 8°. (1 fl. Beck, Nördlingen, vor 1870.)

Betstunde, eine, vor dem allerheiligsten Altarsakramente. 12. (24 S.) Villingen 852, Förderer. 1 ngr

Betstunde in großen und schweren Anliegen. Zum Troste seiner leidenden Mitbrüder nach einer älteren Handschrift bearb. u. herausg. von einem Diener Christi. Regensburg 856. Manz. 12. (47 S.) n. 2 ngr

Betstunde vor dem Tabernakel. Besuchung des allerheil. Altarssakramentes. (18 S.) 11,6×7,6 cm. Saarlouis (909). F. Stein Nachf. n — 05

Betstunden, christliche. In der Domkirche zu Braunschweig still innerlich gehalten von einem weltlichen Diener des heil. Geistes. Nr. 1—13. gr. 8. (B.) Leipzig 849, Kollmann. 1 ß

Betstunden für Kirche u. Haus, oder 52 Betrachtt. kürzerer religiöser Betrachtt. rc. von zwei evangel. Pfarrern im Herzogth. Sachsen. gr. 8. Leipz. 833. (eigentl. 832.) Hartmann. 16 gl

Betstunden zur Verehrung d. allerheiligsten Altarssakramentes. Zum Gebrauche f. gemeinschaftl. Andachten bei der „Ewigen Anbetg.“, 13- u. 40stunden-Gebet, Frohnleichnam rc., sowie zum Privatgebrauche zusammengestellt. Nebst Morgen-, Abend- u. Meßgebeten, Litaneien u. Liedern. Ster.-Ausg. 12. (VIII, 120 S.) Münster i/W. 891. Regensberg. n. — 30

— dasselbe. Erweitert zu e. vollständigen Gebetbuche. 16. (XVI, 280 S.) Ebd. 891. n. — 40; m. großem Druck (408 S. m. 1 Stahlst.) n. — 80

Betstunden zur Verehrung des allerh. Altarssakramentes. Zum Gebrauche f. gemeinschaftl. Andachten bei der ewigen Anbetg., Dreizehn- u. Vierzigstunden-Gebet, Frohnleichnam rc., sowie zum Privatgebrauche. Auf besond. Anordng. d. Hochw. Hrn. Bischofs Hermann. Erweitert zu e. vollständ. Gebetbuche (Grobdr.) gr. 16. (408 S. m. 1 Stahlst.) Münster 898. Regensberg. n. — 80

Betstundenbuch, oder biblische Capitel rc. 8. Nürnberg, Endters.
Schreibp.

Bett, Heinr., Marco u. Elvira. Drama in 1 Akt. (20 S.) 8. Berlin (905). A. Hoffmann. n. 1. —

Bett, J, s.: Simulation.

Bett, Kasimir
Bett, K., der Konkurs der Aktiengesellschaft u. ihre Erneuerung, s.a.: Studien, Rostocker rechtswissenschaftliche. III. 2.

Bett, Kasimir, Rechtskandidat a. Warschau: Der Konkurs der Aktiengesellschaft und ihre Erneuerung. (116 S.) 8° ¶ Aus: Rostocker rechtswissensch. Studien. [Nur 12 Exemplare abgeliefert.]
Rostock, Jur. Fak., Ref. Wachenfeld, Diss. v. 30. Aug. 1904
[Geb. 21. Juli 81 Warschau; Wohnort: Berlin-Charlottenburg; Staatsangeh.: Rußland; Vorbildung: Sophien-Gymn. Berlin Reife O. 00; Studium: Berlin 7 S.; Rig. 4. März 04.]

Der Konkurs der Aktiengesellschaft und ihre Erneuerung. Von Dr. K. Bott. *Leipzig: A. Deichert 1904.* (XIII, 121 S.) 8°
— Studien, Rostocker Rechtswissenschaftliche. Bd 3, H. 2.

Bett, St.: Formfragen bei Grundstücksveräussergn (§ 313 BGB). (14, 98) gr8° Lpzg, A Deichert Nf. '11. 2 —

Bett-Hauss, Christliches, Worinnen Gott anzubetten. Clgft., Kleinmayr, 1757. 690 S.

de Betta, Edvardo, Catalogo dei Rettili della Valle di Non nel Tirolo Italiano. Vienna 852. (Verona, Münster.)

— Descrizione di due nuove Conchiglie terrestri del Veneto. Con 1 tavola litogr. gr. 8. Verona 852. (Münster.)

— Osservazioni sulla Helix Pollinii da Campo. gr. 8. Ebd. 852.

Betta, Frz. Edler v.
— Handbuch f. Justizmänner, od. die im Lande Niederösterreich unt. d. Ems bestehende Justizverfassung; 5 Bde, nebst Register. gr. 8. Wien 812. v. Mösle. 4 ß

v. Betta, Frz. Edler, Versuch über d. in Niederösterreich unt. d. Ems besteh. Justizverfassung. 5 Thle, gr. 8. Wien 800—804. (Gastl in Brünn). 12 ß

Betta, Moriz Edl. v. Die Mailänder-Geiseln auf der Festung Kufstein. 8. Wien 1850.

Bettac, Gustav, appr. Arzt: Aus d. chirurg. Universitätsklinik zu Leipzig. Zur Kasuistik der ulcera nach Gastroenterostomie. Leipzig 1905: B. Georgi. (24 S.) 8°
Leipzig, Med. Fak., Ref. Trendelenburg, Diss. v. 30. Juni 1905
[Geb. 13. Juni 72 Vierraden, Brandenbg.; Wohnort: Dresden; Staatsangeh.: Preußen; Vorbildung: Gymn. Schwedt Reife O. 94; Studium: Leipzig 2, Kiel 2, Erlangen 1, Würzburg 10 S.; Coll. 7. Juli 05; Approb. 18. Nov. 00.]

Bettac, J., u. G. Poppleton, prakt. engl. Sprachlehre, s.: Poppleton.

Kirchenrat des Kantons Zürich. Bettagsansprache 1902. an die reformierten Kirchgemeinden. 4 S. 4.

Kirchenrat des Kantons Zürich. Bettagsansprache 1903. an die reformierten Kirchgemeinden. 3 S. 4.

Bettagsmandat, Das helvetische, im Jahr 1798. [Aussers. 1884.] V: *Egli, Em.* (Cat. d. Stadtbibl. Zürich. Zürich 1864—97.)

Bettags-Predigt. O. O. 1792. V: *Lavater, Johann Kaspar.* (schstr S. 127)

Bettags-Predigt. 12. Herbstmonat 1793. O. O. 1793. V: *Lavater, Johann Kaspar.* (schstr S. 129)

Bettagspredigt an die Gottlosen im eidgenössischen Volke. Zürich... 1840s.a. [Bitzius, Albert].

Bettagspredigt an die Gottlosen im eidgenössischen Volke. 8. Frauenfeld 841, Beyel. 1/12 ₰

Bettags-Predigt über 2. Könige XXII: II, gehalten den 12. Herbstmonat 1771. V: *Lavater, Johann Kaspar.* (schstr S. 100)

Bettagspredigt für die eidgenössischen Regenten, welche weder in den Kirchen noch in den Herzen den eidgenössischen Bettag . . . feiern. Zürch 1839. V: *Bitzius, Alb. (pseud. Jerem. Gotthelf).* (Zuwachsverz. d. Bibl. Zürich 1898 ff.)

Bettany, G. T., die Morphologie des Schädels, s. Parker, W. K.

Bettauer, Fritz Ernst [wirkl. Name]
s. **Ernst,** Fritz [Pseud.] A 12.117-9

Bettdecke, die. Eine wahre Geschichte aus einem Militär-Spital. 1.—4. Aufl. 8. (8 S.) Basel 870—88, Spittler. Preis für 100 Exempl. *

Bette, E., **Bud & Lachmann:** Special-Preisliste über Baby-Artikel und Kinder-Wäsche. Berlin (1895)

Bette, E., **Bud & Lachmann:** Special-Preisliste über Puppen und Spielwaaren. Berlin (1895?)

Bette, E., **Bud & Lachmann,** Waarenhaus für Kinder-Bedarfs-Artikel: Preisliste. Berlin 1895

Bette, Henricus Iosephus (geb. am 4 Jan. 1805 in Köln): Dissertatio ... de perforatione ventriculi eiusque varietate speciali ... Coloniae ad Rh., ex off. I. P. Bachemii (1832). 2 Bl., II, 3—26 S., 1 Bl. 4.
Bonn, Med. Fak., Diss. v. 22 Sept. 1832

Bette, Johann Franz (Siculus), De gangraena pulmonum. Diss. med. Halle (Hendel) 10. III. 1845. 30 S., mit Biogr. (M.: Flavia Minasi.) (3.50) 2446 Oppon.: C. Lerche, R. Schreiber. — Gew.: Georg Gabain (Hamburg).

Geschichte der Gemeinde Gladbeck. Von Dr. Ludwig **Bette.** (Gladbeck 1910: Theben.) 96 S. 4°
Festschrift z. Einweihung des neuen Amtshauses d. Gemeinde Gladbeck i. W. am 6. Dez. 1910. [11. 1443

Bette, Ludwig: Das Vest Recklinghausen in der arenbergischen und französischen Zeit. (1802—13.) Münster i. W. [1908]: Westf. Vereinsdruckerei. (VIII, 78 S.) 8° [F.]
Münster, Phil. Fak., Ref. Meister, Diss. v. 31. Juli 1908
[Geb. 21. Dez. 83 Gladbeck; Wohnort: Münster; Staatsangeh.: Preußen; Vorbildung: Gymn. Paulinum Münster Reife O. 04; Studium: München 1, Münster 2, Berlin 1, Münster 4 S.; Rig. 2. März 08.]

Bette, W., soll auf Realschulen Differentialrechnung gelehrt werden? Halberstadt. 4. 34 S. u. *Tafel.*
Schul-/Univ. Schrift 1865

Bette, W., Unterhaltungen über einige Capitel der mécanique céleste u. der Kosmogonie. Mit 1 lith. Taf. Halle 870. Nebert. gr. 8. (84 B.) n. 20 ngr

Bettelei (Ueber) und deren Abhülfe. 8°. Erlangen, Ferd. Enke, 1839.

Bettelgräfin, d., od. d. Schicksale e. Grafentochter. Roman nach d. Leben v. V v. B. . . . . . 1. Hft. 8° (24 m. 1 Bild u. 1 Brief-Fksm.) Berl. 95, Verlagshaus f. Volkslitt. u. Kunst. — 10

Bettelgräfin, die, od. d. Schicksale e. Grafentochter. Roman n. d. Leben i. 2 Bdn. 2.—100. Hft. gr. 8. (S. 25—2392 m. je 1 Bild.) Berlin 895. 96. Verlagshaus f. Volkslitteratur u. Kunst. à — 10; in 20 Bdn. à — 50; kplt. geb. in Leinw.: 6. —

Bettelheim, Anton, Acta diurna. Gesammelte Aufsätze. Neue Folge. (Reclam's Universal-Bibliothek. — Fragen der Volksbildung. — Gründer-Prospect einer jüdischen Schweiz. — Trutzjuden. — Ein Wiener Widmann-Abend. — Aus dem Burgtheater von Laube's bis zu Schlenther's Berufung. — Mitterwurzer. — Charlotte Wolter. — Helene Hartmann. — Literarische Chroniken für Cosmopolis &c.) 8. (XII, 312 S.) Wien: Hartleben 1898 2.20
Dasselbe. Gebdn. (nur fest) 3.—

Bettelheim, Ant., acta diurna. Ges. Aufsätze. N. F. 8. (XII, 312 S.) Wien 899. A. Hartleben. n. 4.—; geb. n. 5.40

[Ant. u. F.] Acta diurna. Gesamm. Aufsätze. N. Folge. Von Anton **Bettelheim** ... *Wien, Pest. Leipzig: A. Hartleben 1899.* (XII, 312 S.) 1 Bd 8. [98. 8324

Bettelheim, Ant. (Hrsg.), s. Anzengruber, Ludwig: Briefe.

Bettelheim, Ant. (Hrsg.), s. Anzengruber, Ludwig: Gesammelte Werke.

Bettelheim, Ant., Ludwig Anzengruber, s.a. Geister, führende.

— Anzengruber, s.a. Geisteshelden.

[F.] Ludwig Anzengruber. Der Mann. — Sein Werk. — Seine Weltanschauung. Von Anton **Bettelheim.** *Berlin: E. Hofmann & C. 1894.* (4 Bl., 245 S., 1 Portr., 1 Facs.) 1 Bd 8.
— **Geisteshelden.** '(Sammlg 1.)' Bd 4. [98. 9700 Ko

[F.] Anzengruber. Der Mann. — Sein Werk. — Seine Weltanschauung. Von Anton **Bettelheim.** M. d. Bildn. v. Scherpes Anzengruber-Denkmal. 2. verm. Aufl. *Berlin: E. Hofmann & C. 1898.* (VII, 286 S., 1 Taf.) 1 Bd 8.
— **Geisteshelden.** '(Sammlg 1.)' Bd 4. [98. 3303

Bettelheim, Anton. Berthold Auerbach. Der Mann — Sein Werk — Sein Nachlass. Mit einem Bildnis des Dichters [Tafel]. XII + 450 S. 8. Stuttgart und Berlin, J. G. Cotta Nachfolger, 1907. [M. 8.—, geb. 9.—]

Bettelheim, Ant., Beaumarchais. Eine Biographie. gr. 8. (XII, 659 S. m. 1 rad. Portr.) Frankfurt a/M. 886. Literar. Anstalt, Rütten & Loening. n. 10.—; geb. n.n. 11.—

Beaumarchais. Eine Biographie von Anton **Bettelheim.** 2., neubearb. Aufl. Mit 1 Bildn. München: C. H. Beck 1911. XIII, 530 S. 8° [10. 17060

Zum fünfzigjährigen Bestande des Wiener Zweigvereines der Deutschen Schiller-Stiftung 1859—1909. Rückblick u. Ausblick. (Verf.: Anton **Bettelheim.**) Wien: Wiener Zweigver. d. Deutschen Schiller-Stiftung 1909. 35 S. 4° [10. 21

Bettelheim, Anton (Hrsg.), s. Blätter, Biographische.

Deutsche und Franzosen. Biogr. Gänge, Aufsätze u. Vorträge von Anton **Bettelheim.** Wien, Pest, Leipzig: Hartleben 1895. 316 S. 8° A 18. 13611 II

Marie von Ebner-Eschenbach. Biograph. Blätter von Anton Bettelheim. Mit 3 Bild. *Berlin: Gebr. Paetel 1900.* (VIII, 256 S.) 8° [F.] [00. 6706

Zur Enthüllung des Berthold Auerbach-Denkmals. Ansprache, geh. 1909 ... Von Anton Bettelheim. Wien 1909: Herrmann. 14 S. 8°
Aus: Neue Freie Presse v. 6. Juni 1909. [09. 11380

Bettelheim, Ant., s.: François, Louise v., u. Conrad Ferdinand Meyer, Briefwechsel.

Bettelheim, Anton: Freundesgabe z. 60. Geburtstag von Peter Rosegger, s. Heimgarten, 60. Jg. 1. Geburtstagsheft.

— s. Geister, führende.

— s.: Geisteshelden.

— s.: Hohenlohe, Fürstin Marie zu, u. Ferdinand v. Saar.

— s.a. Jahrbuch, biographisches, u. deutscher Nekrolog.

* Biographisches **Jahrbuch** und Deutscher Nekrolog. Unter ständiger Mitwirkung v. F. v. Bezold, Alois Brandl, Heinrich Friedjung u. a. hrgg. v. Anton Bettelheim. Bd. 1 ff. Berlin. 1897 ff. 8°.

— Ferdinand v. Saars Leben u. Schaffen. Mit 5 Bildnissen, e. Wiedergabe des Grabdenkmals des Dichters u. e. Briefe als Handschriftprobe. (Aus: „Saars sämtl. Werke, hrsg. v. Jak. Minor.) (215 S.) kl. 8. Leipzig (908). Hesse & Becker Verl. 1. 50

Ferdinand von Saars Leben und Schaffen. Von Anton Bettelheim. Mit 5 Bildn., e. Wiedergabe d. Grabdenkmals u. e. Briefe als Handschriftprobe. Leipzig: Hesse [1909]. 213 S. 8°
(Saar, Ferdinand v.: Sämtl. Werke. Bd 1.)
(Max Hesses Neue Leipziger Klassiker-Ausgaben.) [09. 441

Bettelheim, Ant. Die Zukunft unseres Volkstheaters. 10 Aufsätze aus den J. 1882—1892. gr. 8. (VI, 95 S.) Berl. 892, Fontane u. Comp. * 1 50

Das Recht des Erfinders in Österreich nach dem Gestze vom 11. Jänner 1897. Systemat. dargest. mit vergl. Berücks. d. deutschen u. anderer Patentrechte d. Auslandes von Dr. Ernst Bettelheim, Gerichtsadjunct. *Wien: Manz 1901.* (VI, 360 S.) 8° [F.] [01. 9971

Das internationale Wechselrecht Österreichs. Von Dr. Ernst Bettelheim. *Wien: Manz 1904.* (IV, 274 S.) 8° [F.] [04. 10814

Bettelheim, J., Elena. Roman aus der Bukarester Gesellschaft. (164 S.) Dresden 890. Pierson. n. 1. 50
! **Bettelheim, J: Elena. Jetzt: Berl., Verl. Berlin-Wien.**

Bettelheim, J. (Hrsg.), s. Salon, Der Bukarester.

Bettelheim, Jakob
Bettelheim, J., Im Banne d. Leidenschaft, s.a. Weichert's Wochen-Bibliothek.

Im Banne der Leidenschaft. Roman aus d. Grossstadt von J[akob] Bettelheim. *Berlin: A. Weichert [1899].* (95 S.) 8° [F.]
— Wochen-Bibliothek. Weichert's. Bd 26. [00. 731

Moderne Ehen. Ein Großstadtbild aus Berlin W. von Carl Tellheim [d. i. Jakob Bettelheim]. Berlin: Berliner Roman-Verl. [1904]. (48 S.) 8° [F.]
— Geschichten, Intime. 39. [05. 7504

Epilog. Zeitbild in 1 Akt von J[akob] Bettelheim. *Berlin: A. Hoffmann [1900].* (15 S.) 8° [F.] [00. 1347

Bettelheim, J., intime Geschichten, s.: Eckstein's Reisebibliothek.

Der fremde Herr. Lustsp. in 1 Aufzug. Nach d. Französ. von J[akob] Bettelheim. *Berlin: A. Hoffmann [1899].* (20 S.) 8° [F. u. Ant.] [00. 6854

Herrenrecht! Schauspiel in 1 Akt von J[akob] Bettelheim. *Berlin: A. Hoffmann [1900].* (19 S.) 8° [F.] [00. 1348

Kulissengeheimnisse. Ein Theaterroman von Carl Tellheim [d. i. Jakob Bettelheim]. Wien: C. Hölzer [1904]. (48 S.) 8° [F.]
— Geschichten, Intime. 53. [05. 7515

P. P. C. ⟨Um Abschied zu nehmen.⟩ Komödie in 1 Akt von J[akob] Bettelheim. *Berlin: A. Hoffmann [1900].* (12 S.) 8° [F.] [00. 1349

[F.] Der Retter. Komödie in 1 Akt v. J[acob] Bettelheim ... *Berlin: A. Hoffmann [1898].* (13 S.) 1 Bd 8. [99. 5084

Bettelheim, Jak., s.a. Tellheim, Carl.

— wie wird man e. guter Redner? Eine auf Erfahrg. begründete Anleitg. f. Jedermann, durch Selbstunterricht in kurzer Zeit e. guter Redner zu werden, seine Stimme zu kräftigen u. deutlich zu sprechen. Besonders wichtig f. Berufsredner, Advokaten, Kaufleute, Lehrer, Schauspieler, Geistliche u. a. m. 1.—5. Taus. gr. 8. (à 78 S.) Berlin (900.) H. Steinitz. n. 1. —

Wie wird man ein Guter Redner? Eine auf Erfahrung begründete Anleitung f. jedermann durch Selbstunterr. in kurzer Zeit e. guter Redner zu werden ... Von J[akob] Bettelheim, Rezitator. 3. vollst. umgearb. Aufl. Berlin: H. Steinitz (1905). (80 S.) 8° [F.] [06. 704

Bettelheim, K., die Bandwurmkrankheit d. Menschen, s.: Sammlung klinischer Vorträge.

Bettelheim-Gabillon, Helene, s.: Gabillon, Ludw., Tagebuchblätter.

Amalie Haizinger, Gräfin Louise Schönfeld-Neumann. Biogr. Blätter gesammelt von Helene Bettelheim-Gabillon. Wien: C. Konegen 1906. (VIII, 203 S.) 8° [F.] [06. 34

Bettelheim-Gabillon, Helene: Lilith u. Eva u. and. unmoderne Betrachtgn. (162) 8° Wien, C Konegen '07. 2.50 d

Bettelheim-Gabillon, Helene (Hrsg.), s. Paolis, Betty: Gesammelte Aufsätze.

Bettelini, Arnoldo, La flora legnosa del Sottoceneri, s.a. Exkursionen, botanische, u. pflanzengeographische Studien in der Schweiz, 4. Hft.

Bettelini, Arnoldo. La Flora legnosa del Sottoceneri ⟨Cantone Ticino meridionale⟩. [Con 6 Tavole, 1 Profilo ed 1 Carta.] Diss. Fil. [II.] Univ. Zurigo. 218 p. 8. Bellinzona, Tip. e Lit. Cantonale, 1904.
Ed. A: Umschlag = Titel.
Ed. B: Umschlag ohne Bezeichnung als Diss. [fr. 6. —]
Ed. C: (**Umschlag:* Zurigo, comm. Alberto Raustein, 1905.) [fr. 6. —.] — (*Umschlag:* [Botanische Exkursionen ... =] Escursioni botaniche e studi fitogeografici nella Svizzera.... Fascicolo 4.)

Bettelknabe, d., s.: Zehnpfennigbibliothek, Regensburger, f. Volk u. Jugend.

Bettelleute, die. Oper. 8. Berlin.

Bettelmönche, die, in Bayern und ihre reichsfeindlichen Umtriebe nebst Zubehör. Ein Nachweis, wie Bayern auch noch heute seinem alten Wesen als pfäffisch versumpftes Klein-Spanien in jeder Hinsicht thatsächlich treu bleibt. Mit Rücksicht auf das Mißtrauensvotum der Klerikalen im letzten Landtage. 8. (40 S.) Zürich 874, Verlags-Magazin.

Bettelmönche, Die, in Bayern und ihre reichsfeindlichen Umtriebe. Zürich 1875. V: *Lempens, Carl Franz.* (Cat. d. Stadtbibl. Zürich. Zürich 1864—97.)

Bettelorden. Die B' in Basel. (Njbl.) s. [Hagenbach, Carl Rudolf].

Bettelorden, die, in Basel, s. Neujahrsblatt für Basels Jugend.

Bettelprobe, die, ein dramatisirter Schwank nach ein. wahren Begebenheit. Mit ein. Zueign. an d. 19. Jahrh. u. ein. erläut. Anh. v. Athanasius Görres, Prof. d. geistl. Magie, Doktor d. gelehrten Kunstgriffe d. Mittelalters u. Vorstandsmitglied d. berühmt. Gesellschaft z. Beförderung u. Unterhalt. d. Stockfischfangs. (M. 1 schön. Bildnus geziert.) gr. 8. (2 B.) M..... 839, im Verl. d. neuetabl. Buchh. z. Verbreit. d. Talmuds. (Wiesbaden, Beyerle u. Fischer.) *

Bettels, Joseph, a. Hildesheim: Die Kohlenhydrate der Meeresalgen und daraus hergestellter Erzeugnisse. Hildesheim 1905: A. Lax. (54 S.) 8°
Münster, Phil. Fak., Ref. König, Diss. v. 6. Mai 1905
[Geb. 18. Apr. 77 Hildesheim; Wohnort: Hildesheim; Staatsangeh.: Preußen; Vorbildung: Gymn. Hildesheim Reife O. 97; Studium: Münster 7, Göttingen 2 S.; Rig. 11. März 05.]

Der Bettelsack.
Edited by Dr. Otto Mehlis (Raunick gives: Mehling). & Carl Herbst. Comfort, TX

Bettelsprüche aus M. Sailer's „Weisheit auf der Gasse", illustrirt v. A. R. Schmal 8. (6 Chromolith.) Augsburg 875. Kranzfelder in Comm. In Couvert. n. 1. 50.

Bettelstand, Der, ein guter Stand. Basel 1759. V: *Annone, Hieron. d'.* (Cat. d. Stadtbibl. Zürich. Zürich 1864—97.)

Bettelstolz. Schausp. von J. D. Bell. 8. Zürich, Ziegler. 797.

Bettelstudent, Der, oder das Donnerwetter. Original-Lustspiel in 2 Akten. Wien 1776. 1834. V: *Weidmann, Paul.* (Ky)

— der; od. d. Donnerwetter. Lustsp. in 2 Akt. 8. Lpz. Köhler. 796.

Bettelstudent, der,. Kom. Oper in 2 Aufz. von Huber. 8. Wien, Wallishauser. 800.

Bettelstudent, Der, oder das Donnerwetter; komische Oper. Wien 1802. V: *Huber, Franz Xaver.* (Ky)

Bettelstudent, Der, oder das Donnerwetter. Ein Originallustspiel in zwey Aufzügen. Wien 1802. Neue Aufl. Wien 1834. V: *Weidmann, Paul.* (GGr V/314, Nr. 28/40) (BiblPort)

Bettelstudent, d., in Wien, od. Armuth, Mitleid u. Liebe haben mir d. Weg zu meinem Glücke gebahnt. 8. Linz, Akadem. Buchhdl. 803.

Bettelstudent, der, in Wien, od. Armuth, Mitleid u. Liebe haben mir den Weg zu meinem Glücke gebahnt. Eine wahre Geschichte. 8. Linz 804. Akad. B. 6 *K*

BETTELWEIBER, Die, ein Gespräch. Schrobenhausen nächst der Almosenstr. (München) 1779. 8°. 8 Bll. (20 Mk., mit 3 ähnl. Schriften, Emil Hirsch, München, 1907.)
Sehr seltene derb-komische Satyre mit vielen originellen Münchener Lokal-Ausdrücken.

Betten, Fritz, S. J., Tom Playfair, s.: Finn, Frz.

Betten, R. (Hrsg.), s. Führer, Erfurter, im Gartenbau.

Betten, Rob., unsere Blumen am Fenster. Anweisung zur Zimmerblumenzucht u. Pflege. gr. 8. (VI, 262 S. m. 102 Illustr.) Frankfurt a/O. 895. Trowitzsch & Sohn. n. 3. —; geb. n.n. 4. —

[F.] Unsere Blumen am Fenster. Anweisg z. Zimmerblumenzucht u. Pflege v. Robert Betten, Redakt. d. 'prakt. Ratgebers im Obst- u. Gartenbau'. M. 115 Ill. 2. Aufl. *Frankfurt a. O.: Trowitzsch & Sohn (1895).* (VI, 276 S.) 1 Bd 8. [96. 11€]

Praktische Blumenzucht und Blumenpflege im Zimmer. Von Robert Betten. Mit 240 Abb. *Frankfurt a. O.: Trowitzsch & Sohn 1900.* (VI, 296 S.) 8° [F.] [01. 3874]

Praktische Blumenzucht und Blumenpflege im Zimmer. Von Robert Betten. 4. verm. u. verb. Aufl. Mit 270 Abb. Frankfurt a. d. O.: Trowitzsch & Sohn 1904. (VII, 290 S.) 8° [F.] [05. 4914]

Betten, Rob., praktische Blumenzucht u. Blumenpflege im Zimmer. 5. verm. u. verb. Aufl. (VII, 292 S. m. 270 Abb.) gr. 8. Frankfurt a/O. 907. Trowitzsch & Sohn. Geb. in Leinw. 4. —

Betten, Rob.: Prakt. Blumenzucht u. Blumenpflege im Zimmer. 6. Afl. (8, 316 m. Abb.) gr8° Frankf.O., Trowitzsch & S. '11. L 4 — d

— Erziehung, Schnitt u. Pflege d. Weinstocks i. kält. Klima an Wänden, Spalieren u. i. Weinhäusern. gr. 8. (VII, 179 S.) Ebd. 898. Geb. in Leinw. n. 3. —

— Erziehg., Schnitt u. Pflege d. Weinstocks im kälteren Klima an Wänden, Spalieren u. in Weinhäusern. 2. Aufl. gr. 8. (VIII, 180 S. m. 152 Abbildgn.) Ebd. 901. Geb. in Leinw. n. 3. —

— Erziehung, Schnitt u. Pflege des Weinstockes im kälteren Klima an Wänden, Spalieren u. in den Rebhäusern. 3., verm. u. verb. Aufl. (VIII, 180 S. m. 16 Abbildgn.) gr. 8. Ebd. 909. Geb. in Leinw. 3. —

— Das Mistbeet, s. a. Gartenführer-Bibliothek.

Betten, Rob., das Mistbeet, seine praktischste Anlage u. gewinnbringendste Ausnutzung im Frühjahr, Sommer u. Winter. (IV, 124 S. m. 175 Abbildgn.) gr. 8. Erfurt (904). J. C. Schmidt. n. 1. 20; geb. n. 2. —

Das Mistbeet, seine prakt. Anlage u. gewinnbringendste Ausnutzung im Frühjahr, Sommer u. Winter. Von R[obert] Betten. Mit 175 Abb. Erfurt: Erfurter Führer im Gartenbau [1905]. (124 S.) 8° [F.] [05. 9034 8]

— Neue richtige Pflanzweise der Obstbäume u. ihre richtige Düngung, sowie die neue Richtung in der Auswahl der Obstsorten, s.: Gartenführer-Bibliothek.

— Rationelle Pflege unseres Beerenobstes (Johannisbeeren, Stachelbeeren, Himbeeren, Brombeeren, Erdbeeren) sowie preisgekrönte Fruchtmark-Rezepte, s.: Gartenführer-Bibliothek.

— Wildwachs. essbare u. gift. Pilze sowie Winke f. ihre Zucht, s.: Amelung, A, prakt. u. lohn. Champignonkultur.

[F.] Die Rose. ihre Anzucht und Pflege. Prakt. Handb. f. Rosenfreunde v. Robert Betten, Red. d. Prakt. Ratgebers im Obst- u. Gartenbau. M. 135 Abb. v. Minna Laudien. *Frankfurt a. O.: Trowitzsch & Sohn 1896.* (VII, 222 S.) 1 Bd 8. [96. 8318]

— d. Rose, ihre Anzucht u. Pflege. Prakt. Handbuch f. Rosenfreunde. M. 138 Abb. v. Minna Laudien. gr. 8. (VIII, 222 S.) Ebd. 897. Geb. in Leinw. n 4. —

Die Rose, ihre Anzucht und Pflege. Prakt. Handbuch f. Rosenfreunde von Robert Betten. Mit 138 Abb. von Minna Laudien. 2., verb. Aufl. *Frankfurt a. O.: Trowitzsch & Sohn 1903.* (VIII, 243 S.) 8° [F.] [03. 1318]

— Die Rose, ihre Anzucht u. Pflege. 3. Afl. (7, 240 m. Abb.) gr8° Ebd. '11. L 4 — d

— Die guten alten Veredlungsarten, s.: Gartenführer-Bibliothek.

— Neueste Versuche u. Erfahrungen m. d. Karbolineum, s. a. Gartenführer-Bibliothek.

— Neueste Versuche u. Erfahrgn m. d. Karbolineum als sicheres Mittel geg. Blutlaus, Krebs u. Brand, geg. Fusikladium u. Ungeziefer aller Art. II. Ausg. (56 m. Abb.) gr8° Erf., JC Schmidt (07). — 75 d

Bettendorf, Heinrich [Thierarzt aus Altenberge '(Westf.)']: Ueber Musculatur und Sinneszellen der Trematoden ... M. 5 lithogr. Taf. u. 1 Texfig. [!] Jena, G. Fischer, 1897; 54 S., 5 Taf. 8.
Rostock, Phil. Fak., Inaug.-Diss. v. [13. Febr.] 1897

Bettenhausen, Fr., Katechismus der brandenburgisch-preußischen Geschichte. Für Land-, Bürger- u. Militärschulen zusammengestellt. Langensalza 865. Verlags-Comptoir. 8. (125 S.) 7½ ngr

Better, Paul: Der Apokryphe dritte Korintherbrief. Wien: Mechitaristen 1894, 4°, 100 S., 4 Mk.

Betteridge, Frederic H(enry), aus Manchester: I. Zur Kenntniss alkylirter Bernstein- und Glutarsäuren. II. Ueber das kryoskopische Verhalten substituirter Oxyketone in Naphtalin. *Breslau 1898: R. Galle.* (39 S.) 8°
Heidelberg, Naturw.-math. Diss. v. [19. Okt.] 1898

Betters, Balthasar: Bezauberte Welt, neu übersetzt von J.M. Schwager, durchgesehen und vermehrt von Jo.Sa. Semler. Lpz. 1781. 3 Bde. 8°

Bettex. Friedrich

Bettex, Fr[édéric]. Balak und Bileam. 4. Mose 22—24. (Zuerst in «Licht und Leben» 1904 erschienen.) [Mit illustriertem Umschlag.] 31 S. 8. Striegau, Theodor Urban, 1908. (M. —. 25)

Bettex, F[rédéric]. Die Bibel, Gottes Wort. 240 S. 8. Stuttgart, J. F. Steinkopf, 1902. [br. M. 3. —, geb. M. 4.—]

Bettex, F., d. Bibel Gottes Wort. gr. 8. (236 S.) Stuttgart 903. J. F. Steinkopf. n. 3.—; geb. in Leinw. n. 4.—

Bettex, Fr., die Bibel Gottes Wort. 3. verm. Aufl. (318 S.) gr. 8. Stuttgart 908. J. F. Steinkopf. n. 3.—; geb. in Leinw. n. 4.—

Bettex, Fr.: Die Bibel Gottes Wort. 5. Afl. (279) 8° Stuttg., JF Steinkopf '12. 3 —: L 4 — d

Bettex, F[rédéric]. Bildung. 1.—5. Tausend. 92 S. 8. Berlin, Martin Warneck, 1904. [cart. M. 1. 50]

Bildung. Von F[riedrich] Bettex. 7. Taus. *Berlin: M. Warneck 1906.* (91 S.) 8° [F.]

Bettex, Fr[édéric]. Moses Bitten. (Teilweise erschienen im «Evangelischen Sonntagsblatt», Stuttgart.) [Mit illustriertem Umschlag]. 27 S. 8. Striegau, Theodor Urban, 1908. (M. —. 25)

— Das 1. Bl. d. Bibel, s.a. Urban's christl. Volksbb.

Bettex, Fr., das erste Blatt der Bibel. [Aus: „Der Christenbote".] 8. (56 S.) Stuttgart 885. J. F. Steinkopf. n. — 30

Bettex, Fr., das erste Blatt der Bibel. [Aus: „Christenbote".] (2. Abdr.) 8. (56 S.) Stuttgart 886. J. F. Steinkopf. n. — 30

Bettex, Fr. Das erste Blatt der Bibel. Neuer Abdr. 8. (56 S.) Stuttg. 890, J. F. Steinkopf. * — 30
Aus: Christenbote, besonders abgedruckt.

Bettex, F: Das 1. Blatt d. Bibel. Neuer Abdr. 8° (56) Stuttg. 1900, JF Steinkopf. — 30

Bettex, Fr[édéric]. Das erste Blatt der Bibel. Aus dem «Christenboten». 64 S. 8. Stuttgart, J. F. Steinkopf. [M. —. 30]
Neue vermehrte Aufl. 1901.
18. Aufl. 1906.

Bettex, Fr[édéric]. Das erste Blatt der Bibel. [Geschenkausgabe.] 108 S. 8. Stuttgart, J. F. Steinkopf, 1906. [geb. M. 1. 50] N 4721

— Das erste Blatt der Bibel. 21. Aufl. (59 S.) kl. 8. Stuttgart 909. J. F. Steinkopf. — 30
Sonderabdruck aus: „Christenbote".

Das Buch der Wahrheit. Von Fr[iedrich] Bettex. Striegau: Th. Urban 1907. (131 S.) 8° [F.]

Das Buch der Wahrheit. Von Fr[iedrich] Bettex. 2. Aufl. Striegau: T. Urban 1907. (136 S.) 8° [F.]

Das Buch der Wahrheit. Von Fr[iedrich] Bettex. 3. Aufl. Striegau: Th. Urban 1908. (136 S.) 8° [F.]

Das Buch der Wahrheit von Fr[iedrich] Bettex. 4. Aufl. Striegau: Urban 1909. 136 S. 8°

— Daniel. (53) kl8° Strieg., Th. Urban '10. — 40 d

Bettex, Fr[édéric]. Fremdes Feuer. 3. Mose 10, 1—7. (Zuerst im «Friedensboten» 1906 erschienen.) [Mit illustriertem Umschlag]. 20 S. 8. Striegau, Theodor Urban, 1908. (M. —. 25) N 6995

— auf d. Galeeren. Memoiren e. Hugenotten, s.: Familienbibliothek, Calwer.

Bettex, Fr[édéric]. Aus Israels Geschichte. [6 Hefte.] 181 S. 8. Striegau, Theodor Urban, 1908. [M. 1. 50]
(*Die 6 Hefte a. u. bes. T.:* Israels Hungern — Moses Bitten — Die Stiftshütte — Fremdes Feuer — Balak und Bileam — Gideon.)

— Aus Israels Geschichte. 1. u. 2. Bd. (181 u. 159 S.) kl. 8. Ebd. 908. 910. à 1.50; geb. 2. 25

— Aus Israels Gesch. 2 Bde. 8° Ebd. je 1.50; geb. je 2.25 d
I. 2. Afl. (190) '11. II. (159) '10.

— Vom Geschmack. E. Plauderei. 8. (93 S.) Bremen 898. C. E. Müller. Kart. n. 1. 50

Vom Geschmack. Eine Plauderei. Von F[réderic] Bettex. 2. Aufl. *Halle a. S. & Bremen: C. E. Müller 1900.* (93 S.) 8° [F.]

Vom Geschmack. Eine Plauderei. Von F[rédéric] Bettex. 3. rev. u. verm. Aufl. *Halle: C. E. Müller 1904.* (118 S.) 8° [F.]

Bettex, Fr[édéric]. Gideon. Richter 6—8. (Zuerst erschienen in «Für Haus und Herd» 1905.) [Mit illustriertem Umschlag.] 40 S. 8. Striegau, Theodor Urban, 1908. [M. —. 25]

— Gideon. Richter 6—8. (40 S.) 8. Ebd. 909. p — 25
Sonderabdruck aus „Für Haus u. Herd".

Glaube und Kritik. Ein Wort an d. Gläubigen von F[riedrich] Bettex. (Vorr.: H[ermann] Krafft, Pastor.) Barmen: Elim [1904]. (VI, 64 S.) 8° [F.]

Glaube und Kritik. Ein Wort an d. Gläubigen von F[riedrich] Bettex. (Vorr.: H[ermann] Krafft, Pastor.) 2. durchges. u. erw. Aufl. Barmen: Elim [1904]. (VI, 90 S.) 8° [F.]

Bettex, Fr[édéric]. Glaube und Kritik. Ein Wort an die Gläubigen von Fr. (* 2. *Aufl.:* F.) B'. 8. Barmen, Elim, Buchh. des Blauen Kreuzes.
2. durchgesehene und erweiterte Aufl. 4—8. Tausend. VI + 90 S. [1904.] [cart. M. —. 80]
3. vermehrte Aufl. 9.—11. Tausend. VI + 138 S. [1906.] [cart. M. 1. 50]

— Von d. Grösse d. dreieinigen Gottes. (109) kl8° Ebd. '11. 1 — d

— Die Heldenkämpfe d. Camisarden, s: Urban's christl. Volksbb.

— Die Hoffnung Israels. (31 S.) 8. Striegau 910. Th. Urban. — 40

Bettex, Fr[édéric]. Israels Hungern. (Bearb. nach früher im «Christlichen Volksfreund» und in den «Sabbathklängen» erschienenen Aufsätzen.) [Mit illustriertem Umschlag.] 32 S. 8. Striegau, Theodor Urban, 1908. [M. —. 25]

— Das Lied d. Schöpfg. 8° (429) Stuttg. 1900, JF Steinkopf. 4 —; geb. in L. 5 —

Bettex, F[rédéric]. Das Lied der Schöpfung. 8. Stuttgart, J. F. Steinkopf. [M. 4. —, geb. 5. —]
3. Aufl. 480 S. 1901.
4. [unveränderte] Aufl. 480 S. 1902.
5. durchgesehene Aufl. 432 S. 1906.

[F.] Mann und Weib. Von F[rédéric] Bettex. Erweit. Abdr. a. des Vfs „Natur u. Gesetz". *Bielefeld & Leipzig: Velhagen & Klasing 1897.* (2 Bl., 188 S.) 1 Bd 8.

Bettex, F[rédéric]: Mann und Weib. 2., durchges. u. verm. Aufl. — Bielefeld u. Leipzig: Velhagen & Klasing 1900. 219 S. 8°

Umgearb. u. wesentl. verm. Abdr. v. Bettex: Natur u. Gesetz, Kap. 4. 1897. — 3. Aufl. 1898. — 4. Aufl. 1900. — 5.–19. Taus. 1921.

Bettex, Frédéric s. (Marteilhe, Jean.) Auf den Galeeren.... Calw... 1896.

[F.] Natur und Gesetz. Von F(rédéric) Bettex. *Bielefeld & Leipzig: Velhagen & Klasing 1897.* (461 S.) 1 Bd 8. [97. 3706

[F.] Natur und Gesetz. Von F[riedrich] Bettex. 3. Aufl. *Bielefeld & Leipzig: Velhagen & Klasing 1898.* (VI S., 1 Bl., 468 S.) 1 Bd 8. [98. 8199

Natur und Gesetz. Von F[rédéric] Bettex. 4. Aufl. *Bielefeld & Leipzig: Velhagen & Klasing 1900.* (VI, 493 S.) 8° [F.] [00. 9333

Bettex, F[rédéric]. Natur und Gesetz. 11. und 12. Tausend. VIII + 472 S. 8. Bielefeld und Leipzig, Velhagen & Klasing, 1905. [geb. M. 5. —]

[F.] Naturstudium und Christentum. Von F. Bettex. *Bielefeld & Leipzig: Velhagen & Klasing 1896.* (323 S.) 1 Bd 8. [96. 4376

[F.] Naturstudium und Christentum. Von F. Bettex. 2. durchges. Aufl. *Bielefeld & Leipzig: Velhagen & Klasing 1896.* (333 S.) 1 Bd 8. [96. 6803

[F.] Naturstudium u. Christentum. Von F[rédéric] Bettex. 4. durchges. Aufl. Mit 1 Portr. *Bielefeld & Leipzig: Velhagen & Klasing 1898.* (333 S., 1 Portr.) 1 Bd 8. [98. 5240

Naturstudium und Christentum. Von F[rédéric] Bettex. 5. durchges. Aufl. Mit 1 Portr. Bielefeld & Leipzig: Velhagen & Klasing 1898. (333 S.) 8° [F.] [05. 31 9

— Naturstudium u. Christentum. 6.—8. durchgeseh. Aufl. 8. (à 333 S. m. Bildnis.) Ebd. 899—902. Geb. in Leinw. n. 4. —

Naturstudium und Christentum. Von Frédéric Bettex. 19.–21. Taus. Mit 1 Portr. Bielefeld & Leipzig: Velhagen & Klasing 1905. (VI, 326 S.) 8° [F.] [06. 3474 6

— Naturstudium u. Christentum. 22. u. 23. Taus. (7, 328 m. Bildn.) 8° Bielef., Velh. & Kl. '12. L 4 — d

– Salomo. (59) kl8° Strieg., Th. Urban '10. — 40 d

Bettex, F[rédéric]. De schepping, door F. B'. Uit het duitsch vertaald door B W[ielenga, predikant te Arnhem]. 2e druk. 86 blz. 8. Kampen, J. H. Kok, 1903. [fl. —. 65, geb. 1. —]

— Zum Schöpfgsbericht. 1. u. 2. Afl. (30) kl8° Berl., Deut. ev. Buch- u. Traktat-Gesellsch. '12. — 20 (Pp.) d

Bettex, Fr[édéric]. Die Stiftshütte. [Mit illustriertem Umschlag.] 32 S. 8. Striegau, Theodor Urban, 1908. [M. —. 25]

[F.] Symbolik der Schöpfung und ewige Natur. Von F[réderic] Bettex. *Bielefeld & Leipzig: Velhagen & Klasing 1898.* (440 S.) 1 Bd 8. [98. 7486

Symbolik der Schöpfung. Von F[riedrich] Bettex. 3. rev. Aufl. *Bielefeld & Leipzig: Velhagen & Klasing 1899.* (466 S.) 8° [F.] [00. 21

Bettex, F[rédéric]. Symbolik der Schöpfung. 7. und 8. Tausend. VI + 466 S. 8. Bielefeld und Leipzig, Velhagen & Klasing. 1905. [geb. M. 5. —]

Bettex, F., was dünkt dich v. Christo? 1. u. 2. Aufl. 8. (101 S.) Bielefeld 893. Velhagen & Klasing. n. 1. —

[F.] Was dünkt dich von Christo? Von F[riedrich] Bettex. 3. Aufl. *Bielefeld & Leipzig: Velhagen & Klasing 1898.* (101 S.) 1 Bd 8. [98. 8730

Was dünkt dich von Christo? Von F[riedrich] Bettex. 4. Aufl. Bielefeld & Leipzig: Velhagen & Klasing 1899. (101 S.) 8° [F.] [07. 3505 2

Was dünkt dich von Christo? Von F[riedrich] Bettex. 5. Aufl. Bielefeld & Leipzig: Velhagen & Klasing 1900. (101 S.) 8° [F.] [06. 8016 6

— was dünkt dich v. Christo? 6. u. 7. Aufl. (à 101 S.) 8. Bielefeld 903. 905. Velhagen & Klasing. n. 1. —

Christliche Wissenschaft ("Christian Science"). Von Prof. F[riedrich] Bettex. Berlin: Deutsche Ev. Buch- & Traktat-Gesellsch. 1910. 30 S. 8° [10. 14721

— Das Wunder. 12° (97) Stuttg. 99, JF Steinkopf. Kart. 1 — ll 3. Afl. (106) 99. 1.50

Bettex, F(r[édéric]). Das Wunder. 4. (*Umschlag:* vermehrte) Aufl. 108 S. 8. Stuttgart, J. F. Steinkopf, 1901. [cart. M.]1.50]

Bettex, Fr., das Wunder. 6. Aufl. 11.—14. Taus. (108 S.) 8. Stuttgart 907. J. F. Steinkopf. Geb. in Leinw. 1. 50

Bettex, F[rédéric]. Zweifel? 1. Unbekannte Welten. 2. Zweifel? 3. Offenbarung. 216 S. 8. Stuttgart, J. F. Steinkopf, 1906. [geb. M. 3. 20]

Bettex, F[rédéric]. Zweifel? 1. Unbekannte Welten. 2. Zweifel? 3. Offenbarung. 2., stark vermehrte Aufl. 6. bis 10. Tausend. [Mit Porträt-Tafel.] 368 S. 8. Stuttgart, J. F. Steinkopf, 1909. [geb. M. 5. —]

Bettex, Gust., l'Allemand pratique. Guide permettant d'apprendre très rapidement et sans l'aide d'un maître à lire, à écrire et à parler la langue allemande. Contenant: un résumé très complet de la grammaire, deux vocabulaires français - allemand et allemand-français, des morceaux de lecture et de nombreux exercices de conversation. 12. (VI, 192 S.) Bern 897. J. Heuberger. n. 1. —

Bettex, Gust., l'Allemand pratique. Guide permettant d'appendre très rapidement et sans l'aide d'un maître à lire, à écrire et à parler la langue allemande. Contenant: un résumé très complet de la grammaire, deux vocabulaires français-allemand et allemand-français, des morceaux de lecture et de nombreux exercices de conversation. 2. éd. (XII, 200 S.) kl. 8. Bern 900. F. Semminger. 1. —

Bettgenhaeuser, Karl Richard, s. Bettgenhaeuser, Richard

Bettgenhaeuser, Rich. (Bearb.), s. a. Die Industrien des Herzogthums Braunschweig

Bettgenhaeuser, Rich., die Industrieen des Herzogth. Braunschweig, s. a. Veröffentlichungen d. Handelskammer f. das Herzogth. Braunschweig. I.

Die Industrieen des Herzogthums Braunschweig. Im Auftr. d. Handelskammer f. d. Herzogth. Braunschweig bearb. von Dr. Richard Bettgenhaeuser, Assist. d. Handelskammer. Th. 1. *Braunschweig: Verl. f. kaufm. Unterrichtswesen u. Wirtschaftskunde 1899.* 4° 8")
– Veröffentlichungen d. Handelskammer f. d. Herzogthum Braunschweig. Bd 1. [00. 1087

— Die Mainz-Frankfurter Marktschiffahrt, s. a. Studien, Leipz., a. d. Gebiet d. Gesch.

Bettgenhaeuser, *Karl* Richard [aus Düsseldorf]: Die Mainz-Frankfurter Marktschiffahrt im Mittelalter ... Leipzig, Duncker & Humblot, 1895; 1 Bl., 59 S., 1 Bl. 8.
Leipzig, Phil. Fak., Inaug.-Diss. v. [31. Dez.] 1895

Die Mainz-Frankfurter Marktschiffahrt im Mittelalter. Von Richard Bettgenhaeuser. *Leipzig: Duncker & Humblot 1895.* (VII, 105 S.) 8.
= Studien, Leipziger, aus d. Gebiet d. Geschichte. Bd 2. H. 1. [96. 1190

BETTGER, Theodor (Grünstadt): Ueber die Operation der Amputation aus dem Gelenke des Unterkiefers.- München 1840. 31 S., Taf.
31.8.1838 - Urk (Titel: De exarticulatione maxillae inferioris.); P 64

Diss. Ingolst.-Landsh.-Mchn.

Bettges, Wilhelm, aus Meiderich (Rheinprov.): Quantitative Bestimmungen und Trennungen durch Hydrazinsalze. *Heidelberg 1902: J. Hörning.* (56 S.) 8°
Heidelberg, Naturw.-math. Diss. v. 1902

Betti, Enrico, Lehrbuch der Potentialtheorie u. ihrer Anwendungen auf Electrostatik u. Magnetismus. Autoris. deutsche Ausg. Besorgt, u. m. Zusätzen, sowie e. Vorwort versehen v. W. Frz. Meyer. gr. 8. (XV, 434 S.) Stuttgart 885. Kohlhammer. n. 12. —

Bettin, Adf., König Albert als Feldherr. Sein Wirken im deutsch-französ. Kriege von 1870/71. Mit dem Portr. Sr. Maj. in Lichtdr. 1. und 2. Aufl. (47 S.) 1883. *M 1,25.; 3. Aufl. gr. 8. (47 S.) Dresden 883, Höckner. *

— Generalfeldmarschall Prinz Friedrich Karl v. Preußen. Militairische Lebensbeschreibg. Mit dem Portr. in Lichtdr. u. dem Fcsm. gr. 8. (62 S.) Frankfurt a/O. 882. (Berlin, Chun.) n. 1. 50

Bettin, Aug., die Evangelisationskraft der ärztlichen Mission, s.: Missions-Schriften. rheinische. Nr. 140.

Bettin, Hans, Heinrich II. v. Champagne, s.a. Studien, historische. 85. Heft.

Bettin, Hans: Heinrich II. von Champagne. Seine Kreuzfahrt und Wirksamkeit im heiligen Lande ⟨1190—1197⟩. Berlin 1910: Ebering. 45 S. 8° ¶(Ersch. vollst. als: Histor. Studien. H. 85.)

Jena, Phil. Diss. v. 26. Mai 1910, Ref. Cartellieri

[Geb. 24. März 86 Dornburg a. S.; Wohnort: Weimar; Staatsangeh.: Sachsen-Weimar; Vorbildung: Realgymn. Weimar Reife O. 05; Studium: Straßburg 1, Jena 10 S.; Rig. 19. Jan. 10.] [U 10. 2323

Bettina, Geistes- u. Charaktergemälde dieser ausgezeichn. Frau, s. 1) Z. Funk. 2) Günderode, die.

Bettina, eine Geschichte in Briefen, (von Fr. v. Oertel). 8. Leipz. 794. L.-o. 1 ℔ 8 gl

Bettina und ihr Königsbuch. ... Hamb. 1844. V: *Stahr*, *Adolph*. (GGr)

Bettina u. ihr Königsbuch. Von A. St.... gr. 8. (3⅝ B.) Hamburg 844. [Kittler.] *

Bettina u. ihr Königsbuch. Von A. St.... gr. 8. Hamburg 844, Verlags-Compt. n. ½ ℔

(Bettina,) Briefwechsel Goethe's m. ein. Kinde, s. Briefwechsel.

(Bettina,) dies Buch gehört dem König s.a. Dies.

Bettina's, (v. Arnim), Dies Buch gehört dem König. Des Königsbuchs 1. Bd. 2. (Titel-)Aufl. 8. (VIII und 507 S.) Berlin 852. [Weimar, Kühn.] *

—— Gespräche mit Daemonen. Des Königsbuchs 2. Bd. gr. 8. (VIII und 371 S.) Berlin 852. [Weimar, Kühn.] *

(——) die Günderode, s. Günderode.

Bettina's [v. Arnim] sämmtl. Schriften. 11 Bde. 8. Berl. 53. (Lpzg, Rein.) n. 11. —
Clem. Brentano's Frühlingskranz. 1. Thl. (473)
Die Günderode. 2 Thle. (746) einz. n. 4. 15
Goethe's Briefw. m. e. Kinde. 3 Thle. 2. Afl. 2. Asg. (931) n. 5. –
Ilius Pamphilius u. d. Ambrosia. 2 Thle. 2. Afl. (747) n. 3. –
Dies Buch gehört d. König. 2 Thle. (597) n. 3. –
Gespräche m. Dämonen. 2. Asg. (371) n. 3. –

Bettina's (v. Arnim) sämmtliche Schriften. (In 11 Bdn.) (Neue Titel-Ausg.) Berlin (844.) 853. (Weimar, Kühn.) 8. Bei Abnahme der ganzen Sammlung n. 8 ℔
1. Bd.: Clemens Brentano's Frühlingskranz aus Jugendbriefen ihm geflochten, wie er selbst schriftlich verlangte. 1. Thl. 2. Ausg. (5 Bl., 473 S.) n. 2 ℔ 20 ngl
2. 3. " Die Günderode. 2 Thle. (6 Bl., 440; 1 Bl., VIII, 306 S.) n. 4 ℔ 15 ngl
4—6. " Goethe's Briefwechsel mit einem Kinde. Seinem Denkmal. 3 Thle. 3. Aufl. 2. Ausg. (7 Bl., IV, 364 S.; 2 Bl., 324 S.; 2 Bl., 243 S. u. 3 Kupfertaf.) n. 5 ℔
7. 8. " Ilius Pamphilius und die Ambrosia. 2 Thle. 2. Aufl. (3 Bl., 383; 2 Bl., 384 S.) n. 3 ℔
9. 10. " Dies Buch gehört dem König. 2 Thle. (2 Bl., VIII, 304; 2 Bl., S. 305—597.) n. 3 ℔
11. " Gespräche mit Dämonen. — Des Königsbuches 2. Bd. 2. Ausg. (2 Bl., VIII, 371 S.) n. 3 ℔

Bettinelli, Saverio. Über den Enthusiasmus der schönen Künste; aus dem Ital. Bern 1778. Ü: *Werthes*, *Friedrich August Klemens*. (MGT)

Bettinelli, üb. den Enthusiasmus d. schönen Künste; aus d. Italien. v. F. A. K. Werthes. 8. Bern 778. Mit n. Titel Leipz. 794.

Bettingen, F. Wilhelm von Warlewast, Bischof von Exeter. Ein Beitrag zu den englischen Kirchenstreitigkeiten. 13 S. G. *Crefeld* 1885. Progr.

Bettingen, F. Schillers Weltanschauung in seiner Lyrik. 26 S. Progr. G. *Crefeld* 1882.

Bettingen, Franz
Bettingen, Frz. Grundzüge der dramatischen Kunst m. Rücksicht auf die Behandlung der Dramen-Lektüre in den höheren Lehranstalten. 8. (III, 46 S.) Berl. 889, Weidmann. * 1 —

Bettingen, Frz., Wesen u. Entwickelung d. komischen Dramas. gr. 8. (99 S.) Berlin 891. Weidmann. n. 2. —

Bettingen, Franz Das Wesen des Tragischen. 4 (S. 3 – 22). Progr. G. *Crefeld* 1888

Bettinger, C. L.: „Der zum Besten des gemeinen Wesens in den Wohlstand versetzte und darinnen erhaltene Bauer", Hersfeld 1770. — Vorh.: Bibl. des Oberlandesgerichts Celle — (an Ob. 442).

Bettinger, Friedr., Französisches Abc- u. Lesebuch nach einer neuen Methode. gr. 12. (2 B.) Zweibrücken 829, Ritter.

Bettinger, Friedr., französ. Abc- u. Lesebuch nach ein. neuen Methode. 12. (2 B.) Zweibrücken 844, Ritter'sche Buchh.

—— vollständ. Lehrbuch d. französ. Sprache, f. Studienanstalten u. z. Privatgebrauch. 1. Aufl. ... Zweibrücken 831, Ritter. 1 Thlr. 12 Gr., 2., mit ein. Inhalts-Register nach Kapiteln u. Paragraphen verm. Ausg. (31½ B.) gr. 8. Heidelberg 834, A. Oßwald.

Bettinger, Friedr., vollständ. Lehrbuch d. franz. Sprache, f. Studienstalten u. z. Privatgebr. 3., gänzl. umgearb., Aufl. gr. 8. (35 B.) Mannheim 840, Bensheimer. *

Bettinger, Frdr., vollständ. Lehrbuch der französischen Sprache für Studienanstalten u. zum Privatgebrauche. 4. neu bearb. Aufl. gr. 8. (VIII u. 456 S.) Mannheim 852, Bensheimer. n. 1 ℔

BETTINGER, Julius (Zweibrücken): Ueber laesio enormis bei dem Vergleiche.- München: Weiss 1852. 32 S.
13.12.1852 - Urk (Titel: De laesione enormi in transactionibus.); F 49
Diss. Ingolst.-Landsh.-Mchn.

Bettinger, Ludw. Knr., Der zum Besten des gemeinen Wesens in den Wohlstand versetzte und darin erhaltene Bauer. Thl. 1. 8°. Hersfeld 1770.

Bettinghaus, *August Alwin Edmund* Alfred [aus Wienhausen '(Hannover)']: Geognostische Beschreibung des Rathsberger Höhenzuges ... Erlangen, k. b. Hof- u. Univ.-Buchdr. v. F. Junge, 1896; 3 Bl., 49 S. 8.
Erlangen, Phil. Fak., Inaug.-Diss. v. 30. Juli 1895

Bettinghaus, W, Zur Heimathskunde des Lüneburger Landes m. bes. Berücksicht. d. Klosters u. d. Gemeinde Wienhausen. 2 Thle. gr. 8. Celle. (Schulze.) à n.n. 1. 25
1. B. d. ältesten Zeiten b. z. Reformation. (68 S.) 897.
2. B. d. Reformation b. z. J. 1855. (95 S.) 898.

Bettini, Ottone: Voci dell'anima. (Versi.) (63) gr8° Trieste '10. (Triest, M Quidde.) 2 —

Bettkober, *Arthur Franz* Oskar [aus Löwenberg in Schles.]: Über Blasenscheidenfisteln. Aus d. Universitätsfrauenklinik zu Greifswald ... Greifswald, Druck v. J. Abel, 1893; 37 S. 8.
Greifswald, Med. Fak., Inaug.-Diss. v. 24. Apr. 1893

Bettler, der. Lustsp. 8. Leipz. Hilscher. 784.

Bettler, der. Bild aus d. Jugendzeit des Joh. Zizka von Trocnow. Herausgeg. v. Fr. Ed. Sandtner. Mit (3) Bildern. 16. Prag 844, Sandtner. 1/2 ₰

Bettler, Der, für die durch die Wassergefahr verunglückten Armen an die Herzen aller Menschenfreunde. Wien 1784. V: *Hoffmann, Leop. Alois.* (wrztg 1784, S. 495) (L. A. Hoffmann, Vermischte kleine Schriften 2/225) (BiblPort)

Bettler, Der furchtbare, oder der verlassene Meyerhof ... Leipzig [1802]. Wien u. Leipzig 1803. V: *Ducray-Duminil, Franç. Guill.* (GGr VII, 676, 6) (Allg. Lit. Ztg. 1805, Nr. 195, Sp. 144.) (Zeitschr. f. Büch. 1923, S. 80)

Bettler, der furchtbare, od. der verlassene Meierhof. 8. Leipz. 802. Joachim. 22 gr

— — derselbe m. K. 8. Wien. Ant. Doll. 803.

Bettler u. Fürstensohn. Roman aus unseren Tagen. 1—25. Lfg. gr. 8. (1. Bd. 666 S. u. 2. Bd. S. 1—528.) München 870. Arenz. à — 50

Bettler, Die glücklichen. Tragisch-komisches Mährchen, in 3 Akten nach Carlo Gozzi. Frankfurt 1784. V: *Zimdar, K. F.* (Ky)

— d. glücklichen. Trag. Mährchen. 8. Frkft. Andreä. 784. —

Bettler, die glücklichen, ein tragi-komisches Maskenspiel in 5 Aufzügen von C. Gozzi. Frey nach dem Ital. für die deutsche Bühne bearbeitet von G. N. Bärmann. 8. Leipzig, Kollmann. 819.

Bettler, der hinkende, oder die Begebenheiten des Ambrosius Gwinett, a. d. Franz. des Castilhon, 1ter Th. 8. Frankf. 771. Varrentrapp. 10 sgl.

— der, v. Neapel. Schausp. in 4 Aufz. 8. Hamb. Vollmer. 805.

Bettler, Die unglücklichen. Mährchen in 3 Aufzügen nach Gozzi frei bearbeitet. Frankfurt a. M. 1784. V: *Jünger, Johann Friedrich.* (BiblPort)

Bettler-Büchlein, Das. Mittheilungen von F. Bertram, H. Beta ... und C. Rienitz. Berlin [1864]. H: *Gubitz, Frdr. Wilh.* Vgl. Goed. IX, 447, 68. (DARP)

Bettler-Büchlein, das. Mittheilgn v. F Bertram, H Beta, FW Gubitz etc. 8. (91) Berl. 64, Kühling. — 15

Bettler-Büchlein, das. Mittheilungen von Fr. Bertram, H. Beta, F. W. Gubitz rc. 8. (91 S. mit vielen eingedr. Holzschn.) Berlin 864, Vereins-Buchh.

Bettlerin, d. schöne, frey nach d. Engl. m. K. 2 Bde. 8. Lpzg. Joachim. 804.

Bettlerknabe, Der. Leipzig 1812. V: *Kerndörffer, Heinrich August.* (Ky)

Bettlerknabe, der, (v. Kerndörfer) hat Joachim.

Bettlerknabe, der, vom Verf. des Urach d. Wilde. 8. Leipz. Seeger. 812.

— der hinkende, oder Begebenheiten Gwinetts, aus dem Franz. d. Castilhon. Thle. 8. Prag, Mangold. 771.

— — dasselbe. 8. Frkft. Varrentrapp u. W. 771.

Bettlermädchen, das, u. ihre Wohlthäter; aus d. Engl. d. J. Miß Bernet, (von Fr. Tratt, Voigt u. K. G. F. Schwalbe). 4 Thle. 8. Leipz. 798—801. Baumgärtner. 5 ₰ 16 gr

Bettlermädchen, das, u. ihre Wohlthäter, a. d. Engl. v. C. F. J. Voigt. 4 Thle. 8. Lpzg. Baumgärtner. 802.

Bettler-Mantel, Der Lutherische. Hier sitzt ein Bettler auf dem Stock — Von vilen Flecken ist sein Rock. — Bedeut des Luthers gflickte Lehr, — Von alten Ketzern kompt sie her. ... [Wien 1588.] V: *Scherer, Georg.* (Mayer)

Bettlers, des, Weihnachts-Abend. Eine Erzählung für Jedermann. 12. (47 S.) Innsbruck 849. (Wagner.) 3 gr

Bettmann, Gesundheitsbuch f. d. Tuch- u. Buckskinfabrikation, s.: Wegweiser d. Gewerbehygiene.

Bettmann u. v. Wasselewski: Zur Kenntnis d. Orientbeule u. ihres Erregers, s.: Archiv f. Schiffs- u. Tropenhygiene.

BETTMANN, Abraham (Welthausen): Der Scheintod.- München: Giesser 1839. 20 S.
5.5.1837 - Urk (Titel: De asphyxia.); F 63
Diss. Ingolst.-Landsh.-Mchn.

Handbuch für deutsche Freimaurer, enthaltend Erklärungen und Anleitungen zur Ertheilung der drei symbolischen Grade, die Ceremonien bei Einsetzung von Beamten und maurerischen Begräbnissen. Mit zahlreichen Illustrationen. Zsgest. auf Beschluss der Hanselmann Loge No 208 F. und A. M., in Cincinnati, Ohio, von Bernh. Bettmann. Cincinnati, Caldwell 1874. 104 S. 8°

Handbuch für deutsche Freimaurer von Bernh. Bettmann. 2. unveränd. Aufl. Cincinnati: Selbstverl. d. Hanselmann □ 1900.
[Nach hs. Kat. d. □ Hanselmann, Cincinnati.]

Bettmann, H. [Referendar aus Rheydt]: Die Mahnung ... Bonn, Buch- u. Steindr. J. Bach Wwe, 1896; 72 S. 8.
Erlangen, Jur. Fak., Inaug.-Diss. v. 1896

Bettmann, J: Anatomie u. Symptomatol. d. behinderten Nasenatmg. s.: Beiträge z. pädagog. Pathol.

Bettmann, Isidor [aus Geisa]: Anatomischer Befund in einem Falle von Hornhauterkrankung im Gefolge der Blennorrhoea neonatorum ... Würzburg, P. Scheiner's Buchdr., 1891; 24 S. 8.
Würzburg, Med. Fak., Inaug.-Diss. v. 1891

— Gesündheitsb. f. d. Tuch- u. Buckskinfabrikation, s.: Wegweiser d. Gewerbehygiene.

[F.] Gesundheitsbuch für die Tuch- und Buckskinfabrikation. Von Dr. med. [Isidor] Bettmann in Crimmitschau. *Berlin: C. Heymann 1898.* (VII, 100 S.) 1 Bd 8.
— Wegweiser d. Gewerbehygiene. No 3. [98. 6975

Bettmann, Max, appr. Arzt a. Geisa: Aus der Universitäts-Frauenklinik zu Jena. Über die Beziehungen der Appendicitis zu den weiblichen Adnexorganen. Jena 1906: B. Vopelius. (26 S.) 8°
Jena, Med. Fak., Ref. Franz, Diss. v. 16. Juni 1906
[Geb. 3. Mai 82 Geisa; Wohnort: Geisa; Staatsangeh.: Sachsen-Weimar; Vorbildung: Carl Friedr.-Gymn. Eisenach Reife O. 01; Studium: Leipzig 5, Berlin 1, München 1, Jena 2 S.; Coll. 21. März 06; Approb. 3. März 06.]

Bettmann, Siegfried
Bettmann, S., die prakt. Bedeutung der eosinophilen Zellen, s.a. Sammlung klinischer Vorträge.

Die praktische Bedeutung der eosinophilen Zellen von S[iegfried] Bettmann, (Heidelberg). *Leipzig: Breitkopf & Härtel 1900.* (30 S.) 8°
— Sammlung klinischer Vorträge. N. F. No 266.

Bettmann, Siegfried [app. Arzt aus Bayreuth]: Ueber die Beeinflussung einfacher psychischer Vorgänge durch körperliche und geistige Arbeit ... (Aus: Kraepelin, Psychol. Arb., Bd. 1 Heft 1.) Leipzig, W. Engelmann, 1894; 63 S. 8.
Heidelberg, Med. Fak., Inaug.-Diss. v. [1. Dez.] 1893

Bettmann, Siegfried: Ueber den Einfluss des Arseniks auf das Blut und Knochenmark des Kaninchens. *Heidelberg 1897: J. Hörning.* (88 S.) 8° (Enthält nur Theil 1.)
Heidelberg, Med. Hab.-Schr. v. [22. Dez.] 1897

Zur Kenntnis der Orientbeule und ihres Erregers. Von Dr. [Siegfried] Bettmann, Prof., u. Dr. [Theodor] v. Wasielewski, Prof. ⟨Aus d. Univ.-Hautklinik u. d. Inst. f. wissenschaftl. Krebsforschung zu Heidelberg.⟩ Mit 5 Taf. Leipzig: Barth 1900. 56 S. 8°
(Archiv f. Schiffs- u. Tropenhygiene. Bd 13, Beih. 5.) [09. 11374

Bettmann, S: Die Missbildgn d. Haut, s: Morphologie, Die, d. Missbildgn d. Menschen u. d. Tiere.

Bettmann, S. (Bearb.), s. Technik, Therapeutische, für die ärztliche Praxis

Die ärztliche Ueberwachung der Prostituierten von Prof. Dr. S[iegfried] Bettmann in Heidelberg. Mit 2 Kurven. Jena: G. Fischer 1905. (VI, 280 S.) 4°(8°)
— Handbuch d. sozialen Medizin. Bd 7, [1.] [05 6,43

— Üb. d. Vererbg v. Hautanomalien. [Aus: „Verhdlgn d. naturhist.-med. Ver. zu Heidelberg".] (29) gr8° Heidelbg, Carl Winter '12. 1 —

Bettmeisterin, d. geschickte, oder Anweis. zur Kenntniß, Prüfung u. Behandl. d. Bettfedern rc. 8. (Leipz. 827. Centr.-Compt.) 8 gr

Fossili Domeriani della provincia di Brescia per Andrea Bettoni. 9 Tav. *(Basel: H. Georg; Berlin: R. Friedländer & Sohn) 1900.* (88 S.) 4°
— Abhandlungen d. Schweiz. paläontol. Gesellschaft. Vol. 27, 3. [01. 9045

Bettnang, N., das Ganze der Käse-Fabrikation, oder Anweisung zur leichten und vortheilhaften Bereitung der Käse im Allgemeinen, sowie insbesond. des Schweizer-, Neufchateler-, Kräuter- rc. Käses. Im Ganzen 30 verschiedene Sorten Käse. Erprobt durch langjähr. eigene Fabrikation und Erfahrung. 8. (72 S.) New-York 861. (Philadelphia, Schäfer und Koradi.)

Betts, Anson Gardner, Bleiraffination durch Elektrolyse, s.a. Monographien üb. angewandte Elektrochemie.

Bleiraffination durch Elektrolyse [Lead Refining by electrolysis]. Von Anson Gardner Betts. Aus d. Engl. übers. von Viktor Engelhardt. Mit 74 Abb., 135 Tab. u. 10 Taf. Halle a. S.: Knapp 1910. XII, 285 S. 8°
(Monographien über angewandte Elektrochemie. Bd 35.) [10. 6843

Betty die Gläubige. Roman. Nürnberg 1836. V: *Neumann, G.* (Antiqu. Büchermarkt Alfred Lorentz. Nr. 65, 435.)

Betty, Tante, s.: Puppen-Kochbuch.

Betty, Tante, s.: Puppen-Kochbuch, Nürnberger.

Betty, Die wilde. Eine Ehestandsgeschichte. Leipzig 1779. V: *Wezel, Joh. Carl.* (Grisebach, Weltlitteraturkat. Berl. 1898—1900.)

Betty, die wilde, eine Ehestandsgeschichte (von Wezel) 8. Leipzig, 779. Dyk. 13 gl.

Betty Reinhard, s. Schneider, Chr. Jac. 1808.

Bettziech, Heinrich
Beta, (Heinr.), Berlin an die Aufwiegler der Provinzen. Ein wahres Wort zur Scheidung zwischen Lüge u. Wahrheit. 1 Bl. in Fol. Berlin 848, Hirschfeld. 1 ngr

Beta. Berlin am 14. und 15. Juni 1848. Die neuesten Unruhen und ihre Folgen. Zu haben bei L. Schlesinger. 1 B. Fol.
Flugblatt. Berlin, 15. Juni 1848.

—— Berlin und Potsdam, s. a. Berlin.

— Berlin u. Potsdam. Ihre Vergangenheit, Gegenwart und Zukunft, geschildert. Mit 24 Ansichten. 8 Hefte. Lex.-8. München 846, 47, Poppel und Kurz. (à n. 1/4 ₰) compl. geb. n. 2 5/12 ₰

Beta, Hnr., Berlin in d. Westentasche. Lust- u. Lehrbuch f. An- u. Abkömmlinge. kl. 12. Berlin 843, Leipzig, Hentze. 4 ngl

Beta, H., die Dichtkunst der Börse, — die Geheimmittel u. Unsittlichkeits-Industrie, | s.: Zeit- u. Streitfragen, deutsche.

Beta, H. Erst recht faul, oberfaul! II. Druck von C. A. Schiementz. 1 Bl. Fol.
Flugblatt. Berlin, 8. Juli 1848.

(Bettziech, Heinrich),[1]) Beta, Die rothe Fahne wird über ganz Europa wehen! Eine Prophezeiung der neuen Preußischen Zeitung. Berlin, Fr. Gerhard, 1850. 32 S. 8°.

Bettziech-Beta, H, Benj. Franklin, s.: Belehrgn, unterhalt.

Beta. Die weiße Frau im Schlosse zu Sanssouci. Druck von W. Fähndrich. 1 Bl. Fol.
Flugblatt. Berlin, 16. Juli 1848.

— Freihandels-Katechismus. 8. (66 S.) Berlin 847, Weinholz. 1/4 ₰

Beta, H., deutsche Früchte aus England. Erzählungen und Erlebnisse. 2 Bde. Leipzig 864. Grunow. 8. (VIII, 540 S.) 2 ₰ 15 ngr.

Beta, H., deutsche Früchte aus England. Erzählungen u. Erlebnisse. 2 Bde. 2. Ausg. Leipzig 867. Grunow. 8. (4 Bll., 540 S.) 2 ₰

Beta, H., die Dichtkunst der Börse, —— die Geheimmittel- und Unsittlichkeits-Industrie, } s. a. Zeit- und Streit-Fragen, deutsche. 11

BETA, Heinr. (d. i. *Heinrich Bettziech*), Die Geheimmittel und Unsittlichkeits-Industrie in der Tagespresse. Berlin 1872. 8°. (60 Pfg. A. Bielefeld.)

Bettziech (Beta), H.: „Geld und Geist. Versuch einer Sichtung und Erlösung der arbeitenden Volks-Kraft", Berlin 1845. — Vorh.: Com. Bibl. Hamburg.

Beta, Hnr., das Jubeljahr 1840 und seine Ahnen. Vergangenheit als Gegenwart. kl. 8. Berlin 840. Vereins-Buchh. 5/6 ₰

Beta. Der constitutionelle König und sein Veto. Druck von J. Pleßner. 1 Bl. Fol.
Flugblatt. Berlin, 13. Juli 1848.

— der Krystallpalast von Sydenham, s. Weber's illustrirte Reisebibliothek.

— s. Nibelungenlied, das, als Volksbuch.—

— der Genius Octroa. Politisch-satyrische Posse. Mit 6 (lith.) Illustr. v. W. Scholz u. G. Hell. gr. 8. (16 S.) Berlin 850, Lassar. n. $^{1}/_{6}$ ℛ︎

—— Physiologie Berlins. (In Heften mit Federzeichn. v. W. Scholz.) 1—4. Hft. 8. (12⅝ B., 3 Federzeichn. u. 1 col. Abbild.) Berlin 846, 47, Weinholz. à $^{1}/_{4}$ Thlr.

Beta. Berlins Revolutions-Feier am 4. Juni 1848. Zu haben bei L. Schlesinger. 1 Bl. Fol.
Berlin, 4. Juni 1848. Flugblatt.

— die rothe Fahne wird über ganz Europa wehen! Eine Prophezeihung der neuen Preuß. Zeitung. 8. (32 S.) Berlin 850, Gerhard. (jetzt: Grobe.) n. 4 ngl

Beta, Heinr., der Sonntag in London, s. Sonntag.

Beta, H., der Spieler, s.: Bachem's Novellen-Sammlung.

—— die Stadt-Gifte und deren Umwandlung in neue Geld- und Lebens-Quellen unter Leitung eines deutschen Gesundheits-Parlaments. gr. 8. (48 S.) Berlin 870, Logier's Buchh. *

— Sünden-Register der preußischen Regierung seit der Revolution. Zu haben bei L. Schlesinger. 1 Bl. Fol.
Flugblatt. Berlin, 30. Juni 1848.

(Bettziech, Heinrich), Beta, Deutschlands Untergang und Aufgang durch Amerika. Cassel, J. C. J. Raabé u. Comp., 1851. 39 S. 8⁰.

Beta (H), Deutschl. Untergang u. Aufgang durch Amerika. 8. (39) Cass. 51, Württenberger. — 7½

— Herrn Schampelmeiers humorist. Wallfahrten. 1. Fahrt: Berlin. 8. (31 S. u. 1 Holzschn.) Berlin 847, L. Schlesinger. $^{1}/_{12}$ ℛ︎

— Wohl- u. Uebelthäter in unseren Großstädten, s.: Zeit- u. Streit-Fragen, deutsche. 61

Beta. Ein freies Wort an den König von Preußen. Druck von C. A. Schiementz. 1 Bl. Fol.
Flugblatt. Berlin, 30. Juni 1848.

Beta. Das königliche Wort Friedrich Wilhelms IV. und was haben Minister und Nationalversammlung daraus gemacht? Druck von C. A. Schiementz u. Co. 1 Bl. Fol.
Flugblatt. Berlin, 8. Juli 1848.

Bettziech, Ottomar
Beta, Ottomar, russische Bilderbogen. Reise-Skizzen m. Rand-Glossen. 8. (VI, 182 S.) Leipzig 875. Schulze & Co. n. 2. —

[F.] Barbarossas Botschaft. Satirisches Epos v. Ottomar Beta [d. i. Ottomar Bettziech]. *Berlin: Buchdr. f. Handel u. Gewerbe [1896].* (83 S.) 1 Bd 8. [96. 4851]

Beta, Ottomar, das Buch v. unsern Kolonien. Schilderungen. gr. 8. (VII, 240 S. m. 108 Abbildgn., 8 Farbdr. u. 2 farb. Karten.) Berlin 902. U. Meyer. n. 2. 40; geb. n. 3. —

Das Buch von unsern Kolonien. Schilderungen von Ottomar Beta [d. i. Ottomar Bettziech]. Mit 3 Bild. 2. Aufl. *Berlin: U. Meyer 1902.* (240 S.) 8° [F.] [02. 1911]

Beta, Ottom., das Buch v. unsern Kolonien. Mit 8 farb. Kunstbeilagen nach Originalen v. Rud. Hellgrewe, 107 Bildern im Text u. 2 farb. Karten des deutschen Kolonialbesitzes. Neubearbeitung. 1.—6. Aufl. (Je 255 S.) gr. 8. Leipzig 908. F. Hirt & Sohn. 3.—; geb. in Leinw. 4. —

Die Dame aus dem Elsaß. Roman von Ottomar Beta [d. i. Bettziech]. Berlin: O. Janke [1904]. (402 S.) 8° [F.] [03. 19966]

—— Darwin, Deutschland und die Juden oder der Juda-Jesuitismus. 33 Thesen nebst einer Nachschrift über den vergessenen Factor der Volkswirthschaft. 1. Aufl. 1875; 2. und 3. Aufl. gr. 8. (48 S.) Berlin 876. (Leipzig, Schulze und Comp.) *

— Deut. Recht d. deut. Volke! Warum ist d. deut. Volk auf Leihkapital a. 2. Hand angewiesen? (Rede.) (28) 12° Berl., (GA Dewald) (03). (?) (Lpzg. P Eberhardt.) — 10 d

Deutsches Recht dem deutschen Volke! Warum ist das deutsche Volk auf Leihkapital aus zweiter Hand angewiesen? (Rede von O[ttomar] Beta [d. i. Heinrich Bettziech], geh. in Eisenach 1902.) *(Berlin [1903]: Staatsbürgerzeitung.)* (28 S.) 8° [F.] [04. 883]

— die andere Ehe als Quelle seelischer u. sozialer Erkenntnis. (VIII, 265 S.) 8. Rudolstadt (904). K. Keil. n. 4. —; geb. n. 5. —
! — Die and. Ehe. Jetzt: Erfurt, K Keil. 01/05

Beta, Ottomar, die zweite Ehe. Stiefeltern und Stiefkinder. Eine Beleuchtung vom socialen und rechtl. Standpunkte für Alle, die es angeht. 8. (IV, 223 S.) Berlin 888, v. Decker's Verlag. *ℳ 2.80.; geb. *ℳ 3.50.; mit Goldschn. *

Beta, O., die zweite Ehe. Stiefeltern u. Stiefkinder. Eine Beleuchtg. vom socialen u. rechtl. Standpunkte für Alle, die es angeht. gr. 8. (VIII, 228 S.) Berlin 889. v. Decker. n. 2. 80; geb. n.n. 3. 50; m. Goldschn. n. 4. —

— Fass u. Volk der Danaïden. Beitrag zur Reichsfinanzreform. (12 S.) gr. 8. Weimar 909. Verlag des „Rechtshort". — 50

Beta, Ottom.: Die Frage d. Bodenrechts u. d. 4 Fakultäten. (Beitrag z. deutsch-engl. Kulturgemeinsch.) (48) gr8° Weim., Rechtshort-Verl. '10. — 60 d

Beta, O., der Geist Bleichröders, u. der Geist Friedrichs des Grossen. (Ein Nachklang vom Sedantage.) gr. 8. (8 S.) Berlin 893. (Nossen, P. Westphal.) n. — 10

Beta, O., Preußens Geschichte und die deutsche Einheit. Ein Leitfaden der vaterländ. Geschichte und ein unterhalt. und belehr. Gesellschafts-Spiel. Mit 25 Bildern (in Holzschn.) im Text und 15 Taf., enthaltend 25 Bilder (in Holzschn.) und 104 Textkarten. gr. 4. (15 S.) Berlin 870, Mode's Verlag. cart.

Beta, Ottomar. Die Gräuel der „französischen Revolution", ihre Naturgeschichte u. Pathologie der Gegenwart. gr. 8. (IV, 182 S.) Berl. 889, v. Decker. * 3 —

— gesunde Grossstädte, gesunde Kapitalbildung. gr. 8. (S. 103—139.) Ebd. 900. — 75
Sonderabdruck aus: „Deutschlands Verjüngung".

Beta, O., Jeder f. Alle, s. a. Zeitfragen, soziale.

Beta, Ottomar, Jeder für Alle. Glossen zur Wirthschaftsreform. (Sociale Zeitfragen, Serie 2. Heft 6.) gr. 8⁰. Berlin, George u. Fiedler, 1886.

—— s. Kernpunkt, der bisher verheimlichte, der socialen Frage.

[Umschlagt.:] [F.] Kolonisation in Polen und Die Fuchsmühler Bauerntragödie. Zwei Bilder aus d. Deutschen Rechts- u. Wirtschaftsleben nebst Beleuchtg politischer Gesichtspunkte. Von Ottomar Beta [d. i.: Bettziech]. *Berlin: Deutsche Schriftsteller-Genossenschaft 1896.* (48 S.) 1 Bd 8. [96. 1571

—— die Kunst, verheiratet, und doch glücklich zu sein! Strategie und Taktik im Ehekriege. Nach „How to be happy though married" frei bearb. 1.—4. Tausend. 8. (254 S.) Berlin 887, Steinitz. *ℳ 3.50.; geb. *

[F. u. Ant.] Die Kunst, verheirathet und doch glücklich zu sein. Strategie u. Taktik im Ehekriege. Nach 'How To Be Happy Though Married' frei bearb. v. Ottomar Beta [Bettziech]. 5. Taus. *Berlin: H. Steinitz 1895.* (246 S.) 1 Bd 8. [96. 7444

Die Kunst verheiratet und doch glücklich zu sein. Strategie u. Taktik im Ehekriege. Nach 'How to be happy though married' frei bearb. von Ottomar Beta [d. i. Bettziech]. 6. Aufl. Berlin: Steinitz [1909]. 250 S. 8° [10. 4316

Beta, Ottomar, in Liebesbanden. Neue Novellen. [Optimistische Geschichten. — Pessimistische Geschichten.] 2 Bde. 8. (264 u. 259 S.) Leipzig 877. Schlicke. n. 8. —

—— vor der Meute. Lustspiel in 3 Aufzügen. 8. (64 S.) Berlin 887, S. Fischer Verlag. *

— eine neue Partei in Sicht! Das Geheimniß d. engl. Wirthschaftspolitik. 2. Aufl. (der Schrift: „Jeder f. Alle"). gr. 8. (XXIV, 76 S.) Berlin 890. Georgonna & Co. n. 1. 20

Beta, O., die wirthschaftliche Nothwendigkeit u. politische Bedeutung einer deutschen Agrarverfassung f. Stadt u. Land, u. die Ursachen der Abhängigkeit Deutschlands v. England. Beitrag zur Lösung der socialen Frage. gr. 8. (XVI, 261 S.) Leipzig 878. H. Voigt. n. 3. —

— „Old-Iniquity". Der Schlüssel zu Goethes „Faust". Eine Zurückweisg. verflach. Ausleger. (18 S.) gr. 8. Leipzig 908. Th. Fritsch. —.50
Sonderabdruck aus „Bayreuther Blätter".

—— Peregrine. Novelle. 8. (221 S.) München 886, Callwey. *ℳ 2.50.; geb. *
—— dass. — 2. Aufl. 8. (221 S.) Ebendas. 887. *

—— bei der Baronin v. Plettenbach. Roman aus dem Highlife. (264 S.) Ebendas. 888. *ℳ 2.50.; geb. *

— die Politik d. Unbewußten. 2. (Titel-)Aufl. gr. 8. (II, 108 S.) Leipzig 891. Renger. n. 2. —
Die 1. Aufl. erschien u. d. T.: Politik, die, d. Unbewußten v. Malthus II.

— die Rache ist mein. Roman. 8. (252 S.) Stuttgart 893. Deutsche Verlags-Anstalt. n. 3. —

— Die Rache ist mein. Roman. (Neue wohlf. [Titel-] Ausg.) 8. (252 S.) Stuttgart (893) 898. Deutsche Verlags-Anstalt. n. 1. —; geb. n. 1. 25

Beta, d. Rassen u. d. Rente od. semit. u. german. Socialismus. Berl. 872.

— Deut. Recht, s: Flugschriften d. vaterländ. Schriftenverbandes.

— Det olle Röm'sche Recht — Jeht denn det immer noch? Beweis für die wirthschaftliche Nothwendigkeit und politische Bedeutung einer Deutschen Agrarverfassung. 8⁰. Berlin u. Leipzig, Voigt, 1878.

—— Schmollis, s. Bibliothek für Haus und Reise.

-- Werner v. Siemens, s.: Volksabende. 31. Heft.

Standesamt und Grundbuchamt. Vortrag von Ottomar Beta [d. i. Bettziech] (geh. am 18. April vor d. Bunde f. Bodenbesitzreform). Zugl. e. Aufruf an d. Bauhandwerker ... Berlin 1895: C. Regenhardt. (10 S.) 8° [F.]
Erw. aus: Die Kritik. Bd 3. 1895. [95. 11911

— unter Unkraut. Roman. 2 Bde. 8. (205 u. 211 S.) Ebend. 877. n. 7. 50

Deutschlands Verjüngung. Zur Theorie u. Gesch. d. Reform d. Boden- u. Creditrechts von Ottomar Beta [d. i. Bettziech]. (In 10 Heften.) *Berlin: J. Harrwitz Nachf. 1900.* (512, XX S.) 8° [F. u. Ant.] [00. 437

—— Warum? Warum liegen wir Deutsche in den Ketten der Schuldknechtschaft? Nach e. Vortrag üb. Real- u. Personal-Credit. Hrsg. vom deutsch-sozialen antisemit. Verein f. Berlin u. Umgegend. 12. (48 S.) Berl. 892, (C. Schneider). * — 40

-- Hermann v. Wißmann, s.: Volksabende 11. Heft.

Bettziech-Beta, Heinrich, s. Bettziech, Heinrich

Betulia liberata Oratorio. Pragae 1779. V: *Metastasio, Pietro.* (Boehmische Litteratur auf das Jahr 1779. Prag 1779. S. 69) (BiblPort)

Betulia servata, ... Cassoviae 1750. V: *Abel, Franz.* (Jes)

Betulia pia Judithae fraude servata carmine suavissimo latino, ... Cassoviae 1749—50. V: *Abel, Franz.* (Jes)

Betulius, H., s. Hiller, Fr., nützliches Andenken für Confirmirte.

Betulius, Sigmund, siehe Sigmund von Birken.

Betulius, Xystus, ist Sigism. von Birken

Betulius, Xystus, Susanna, s.: Litteraturdenkmäler, lateinische, des XV. u. XVI. Jahrh.

Német Betüzö az ausztriai birodalombeli elemi tanodák számára. Bécs, 1855. A cs. k. Iskolakönyv-aruló hivatal számára. (44 S. 8.) (Deutsches ABC-Buch für die Elementarschulen des österr. Kaiserstaates. Wien, 1855. Im k. k. Schulbücherverlag.) (Magyar.)

Betyar, Der — Volksdrama mit Gesang in fünf Akten. Nach dem Romane des Baron von Eötvös „Der Dorfnotär" von Szigeti. Aus dem Ungarischen übersetzt und für die deutschen Bühnen bearbeitet. Als Manuskript gedruckt und auf rechtlichem Wege nur durch Ludwig Adler in Wien zu beziehen, engagirt im k. k. priv. Theater an der Wien. (37 S. 8.) 1856 :

Arvefølgens Betydning for Slesvig-Holsten og det aabne Brevs Følger. En kort og fattelig Fremstilling for Landmanden i Nordsleswig. Hamburg. (1846.) 8°.

Betz
Heilbronn*. 1894—1904. Festschrift zum zehnjährigen Stiftungsfest des Vereins für Feuerbestattung. Verfaßt von Betz, Heilbronn. Druck von Carl Wulle, 1904.

Betz, Gebet an den heil. Nepomuk. 4. Maynz.

Betz, Aug., kurzgefaßte Predigten f. alle Sonn- u. Festtage des Kirchenjahres. Mit Angaben zur freien Benützg. u. Verwertg. Zunächst f. jüngere Geistliche hrsg. (XIV, 237 S.) gr. 8. Würzburg (906). F. X. Bucher. n. 2. 80

[F.] Aus den Erlebnissen und Erinnerungen eines alten Offiziers v. E[mil] Betz, Oberst z. D. *Karlsruhe: J. J. Reiff 1894.* (2 Bl., 266 S.) 1 Bd 8. [94. 1351

Betz, Friedr. (Hrsg.), s. Memorabilien aus der Praxis.

Betz, Friedr., meine Stellung in dem Impfstreite. Heilbronn 855. Landherr. Lex.-8. (16 S.) 5 ngr.

Betz, Friedr. (Heilbronn), Die ammoniakalische Uraemie. Ein Festgruss f. d. an der Einweihung d. Universität Strassburg d. 1. V. 1872 theilnehmenden Aerzte u. Studirende der Medizin. Heilbr. (Schnell) 22. S. (3.50) 2447

Betz, Friedr., das württembergische Verjährungsgesetz vom 6. Mai 1852. Erläut. von F. B. 8. (144 S.) Tübingen 888, Laupp'sche Buchh. cart. *

Betz, Friedr. Das württembergische Verjährungsgesetz vom 6. Mai 1852, erläutert. 2. durch Nachtrag verm. Ausg. gr. 8. (144 S.; Nachtr. III, 15 S.) Tüb. 890, Laupp. cart. * 3 —
Nachtrag allein * — 60

Botz, H., oin Ausflug naoh den Yangtze-Grotton, s.: Rundsohau, ostasiatisohe. I. 6.

Die wirtschaftliche Entwicklung der Provinz Schantung seit der Eröffnung Tsingtaus (1898–1910). Von Dr. jur. Heinrich **Betz.** 2., erw. Aufl. Tsingtau: Haupt; [Hamburg: Bangert] 1911. Getr. Pag. 8° A 12. 10912

[F. u. Ant.] **Betz,** Heinrich [Kammerger.-Ref.]: **Das Forum delicti commissi und der Ort der That im Sinne des Strafgesetzbuches ... Mainz, Druck v. Ph. v. Zabern, 1896; 68 S. 8.**
Giessen, Jur. Fak., Inaug.-Diss. v. 1896

Betz, Heinrich [app. Arzt aus Heilbronn a. N.]: Ueber Placenta praevia unter Zugrundlegg v. 14 Fällen ... Tübingen, F. Pietzcker, 1895; 75 S., 1 Tab. 8.
Tübingen, Med. Fak., Inaug.-Diss. v. 1895

Betz, J., der Bezirksrath, seine Stellung, u. Zuständigkeit mit dem Verfahren vor demselben. Für den Gebrauch der Bezirksräthe. Heidelberg 865. Emmerling. 16. (31 S.) n. 4 ngr.

Betz, J., Geschäftskalender für die Großherzogl. Badischen Aemter, nach den darin angeführten Gesetzen und Verordnungen zusammengestellt. Karlsruhe 853. Braun. (1 Bgn. in Imp.-Fol.) n. 6 ngr.

Betz, J. Geschichte Herzog Ulrichs von Württemberg. 8. Leipzig 1746.

Betz, J., s. Preßgesetz.

Betz, Karl [app. Arzt aus Hilpoltstein]: **Zwei Fälle von primärem Carcinom der Gallenblase bei Cholelithiasis ... München, kgl. Hof-Buchdr. Kastner & Lossen, 1897; 27 S. 8.**
München, Med. Fak., Inaug.-Diss. v. 1897

Betz, Karl, Eine Folge von Frei- und Ordnungsübungen in der Form eines Reigens mit Musikbegleitung (Schottisch), m. Abb., Milwaukee, Wis., 1882, 11 S., 8°.

Betz, Karl: Das Krematorium auf dem Friedhof in Heilbronn a. N. Hrsg. von dem Verein für Feuerbestattung Heilbronn. Heilbronn: Wulle 1906.

Betz. Karl: Das Krematorium auf dem Friedhof in Heilbronn a. N. 2. Aufl. Heilbronn: Wulle 1909. [1. Aufl. 1906.]

Betz, LP, Heine in Frankreich. Litterarhistor. Untersuchg. 8° (464 m. 1 Fksm.) Zür. 95. A Müller. 8 —: geb. in Lnw. 9.50

Betz, Dr. phil. Louis P[aul], aus New-York: Pierre Bayle und die 'Nouvelles de la République des Lettres' '(Erste populärwissenschaftliche Zeitschrift)' 1684—1687. Zür. J. Schabelitz Dr. [A. Müller Verl.] 1895. 1 Tafel, XII. 132 S. 8°.
Zürich, Phil. Fac., Habilitationsschrift.

Pierre Bayle und die 'Nouvelles de la République des Lettres'. '(Erste populärwiss. Zeitschr.)' 1684—1687. Von Louis P. **Betz,** Dr. phil. M. 1 Facs. d. Titelbl. d. Zeitschr. *Zürich: A. Müller 1896.* (XVI, 132 S., 1 Facs.) 1 Bd 8. [96. 653

Betz, Louis P., Bibliographie der Werke Jacob Heinrich Meisters, s.: Aus romanischen Sprachen u. Literaturen.

Betz, Louis P(aul), aus New-York: Heine in Frankreich Eine litterarhistorische Untersuchung. Zür. J. Schabelitz Dr. [A. Müller Verl.] 1894. VIII, 434 S., 1 Bl. 8°.
Zürich, Phil. Diss. [v. 17. Nov. 1894].

Betz, Louis P., Heine in Frankreich. Eine litterarhistor. Untersuchg. gr. 8. (XII, 464 S. m. 1 Fksm.) Zürich 895. A. Müller's Verl. n. 8. —; geb. in Leinw. n. 9. 50

(B) **Betz,** Louis P., Pierre Bayle 896. — Heine in Frankreich 895. (XIII, 29.) Jetzt: Strassburg, K. J. Trübner.

H. Heine und Alfred de Musset. Eine biogr.-litterar. Parallele v. Louis P. **Betz.** *Zürich: A. Müller 1897.* (VIII, 117 S.) 1 Bd 8. [97. 4933

— D. französ. Litteratur i. Urteile Heinrich Heine's s.a. Studien, französische.

Die französische Litteratur im Urteile Heinrich Heine's v. Dr. Louis P. **Betz,** Privatdoz. an d. Univ. Zürich. *Berlin: W. Gronau 1897.* (VIII, 67 S.) 1 Bd 8.
— Studien, Französische. N. F. H. n. [98. 10337

Botz, Louis P., la littérature comparée. Essai bibliographique. Introduction par Jos. Texte. gr. 8. (XXIV, 123 S.) Strassburg 900. K. J. Trübner. n. 4. —

Louis-P[aul] **Betz.** La Littérature comparée. Essai bibliogr. Introd. par Joseph Texte. 2. éd. augm., publ. avec un index méthod. par Fernand Baldensperger, Prof., Lyon. *Strasbourg: K. J. Trübner 1904.* (XXI, 410 S.) 8° [04 13080

Betz, Louis P[aul]. Studien zur vergleichenden Litteraturgeschichte der neueren Zeit. [Von] Louis P. Betz (Zürich). VIII + 365 S. 8. Frankfurt a/M., Literarische Anstalt, 1902. [M. 4. 50]

Louis P[aul] **Betz.** Studien zur vergleichenden Litteraturgeschichte der neueren Zeit. *Frankfurt a/M.: Rütten & Loening 1902.* (364 S.) 8° [02. 13387

Betz, Max, approb. Arzt aus Freystadt: **Zur Statistik der melanotischen Geschwülste.** *München 1898: M. Ernst.* (33 S.) 8°
München, Med. Diss. v. 1898

Betz, O., vier sagittale Schädeldurchschnitte in Bild u. Wort als Erklärung zu den Gypsmodellen der Nasenhöhle u. ihrer Nebenräume in natürlicher Grösse u. in natürlichen Farben. 2. Ausg. m. 3 lith. Taf. (18 S.) 8. Heilbronn (906). Dr. J. Determann. n. 1. —

Betz, P.L., s. Betz, Louis Paul

Betz, Paul: Beitrag zu der Lehre von den angeborenen Formfehlern des Ellenbogengelenks. Anbei 2 Photographien. *Strassburg 1897: Elsäss. Druckerei.* (35 S. mit Taf.) 8°
Strassburg, Med. Diss. v. 1897

Betz, Paul, Skizzen u. Tabellen üb. Maschinen-Elemente, s.: Thiem, Frdr.

Betz, W: Üb. Korrelation, s: Zeitschrift f. angew. Psychol. u. psycholog. Sammelforschg.

Betz, Wilhelm: Eine Methode zur Bestimmung der Dicke und optischen Konstanten durchsichtiger Metallschichten. Leipzig 1905: O. Leiner. (30 S.) 8°
Leipzig, Phil. Fak., Ref. Wiener, Des Coudres, Diss. v. 4. Sept. 1905
[Geb. 2. Febr. 82 Mainz; Wohnort: Mainz; Staatsangeh.: Hessen; Vorbildung: Gymn. Mainz Reife O. 00; Studium: München 2, Heidelberg 2, Leipzig 5 S.; Rig. 2. März 05.]

Betz Wladimir: Über den Blutstrom in der Leber, insbesondere den in der Leberarterie (mit 1 Taf.). S. 46. II. 238 . . . . vgr.
Separatabdruck

Betzdorf [Schlagwort]
Betzdorf, s.: **Preussen.** Messtischblätter.

Betze, Opis Marienbadu. 12. Poznan 847. (Leipzig, Brockhaus.) n. ½ ℛ

Betzel, Carl, Feldausrüstung der bayer. Militär-Sanität. gr. 8. (38 S.) München 848. Kaiser. ⅛ ℛ

Betzel, Carl Wilh., das Schweizer Bruch-Pflaster. Augsburg 863. v. Jenisch & Stage. gr. 8. (16 S.) 6 ngr.

BETZEL, Carl Wilhelm (Freising): Das Wechselfieber.- München: Lindauer 1836. 34 S.
11.3.1834 - Urk (Titel: De febre intermittente.); F 61
Diss. Ingolst.-Lan[illegible]-Mchn.

Betzhold, Franz, Ansichten u. Erfahrungen üb. d. Anbau d. Zucker-Runkelrübe, aus Veranlass. d. Versamml. deutsch. Landwirthe zu Carlsruhe. M. 1 lith. Abbild. gr. 8. (7½ B.) Wien 841, (Gerold.) *

Betzhold, Frz., die deutschen Handels- und Gewerbspflanzen, oder Anleitung zur Kultur der wichtigsten Gespinnst-, Oel-, Farbe-, Gewürz- u. sonstigen Fabrikspflanzen. Mit Angabe der botanischen Charakteristik, Klima, Boden, Lage rc. rc. gr. 8. Brünn 841, Winiker. (Seidel u. Comp.) n. 1 ℛ

Betzhold, Wilh. (geb. Elberfeld 17. 8. 1844): Ueber Pemphigus. Berlin (1867). (31 S.) 8°
Berlin, Med. Diss. v. 13. Aug. 1867

Betzholdt, A., Bei den Mennoniten an der Molotschna und in Bergthal. — Ein Reisebericht aus dem Jahre 1855

Betzi, ou l'amour comme il est. II Vols. 12. Leipz., Wolff u. C. (Schmidt). 1 ℛ 4 gr

— od. d. Liebe wie sie ist, e. Roman d. keiner ist, a. d. Franz. v. J. G. Grohmann. 8. Lpzg. Hinrichs. 803.

Betzi, oder die Liebe wie sie ist. Ein Roman d. keiner ist; a. d. Franz. v. J. G. Grohmann. 8. Halle 823, ist Verl. v. Reinicke u. C.

Betzien, C. F., der Fluch der Geburt oder die Folgen verletzter göttl. u. menschl. Gesetze. Dramat. Erzählung einer erlebten Begebenheit. 1r Thl. 8. Oldenburg 840. Schulze. ¼ ℛ

Betzinger, B. A., di mondo in mondo. Florilegio Dantesco colla traduzione tedesco di contro — Von Welt zu Welt. E. Dante-Album m. deutscher Uebersetzung. qu. 8. (IX, 308 S.) Freiburg i/B. 896. Herder. n. 3. —; geb. in Leinw. n. 4. —

Betzinger, B. A., Fundgold am Weg z. Frieden. Distichа. (94 S.) 10,5×14,5 cm. Baden-Baden 908. P. Weber. 1. 20

— Seneca-Album. Weltfrohes u. Weltfreies aus Senecas philosoph. Schriften. Nebst e. Anh.: Seneca u. das Christentum. 12. (X, 224 S.) Freiburg i/B. (899). Herder. n. 3. —; geb. in Leinw. n. 4. —

Betzinger, Bernhard Anton
Betzinger, B, d. Beweislast im Civilprocess. Theorie, Kasuistik u. Präjudiciensammlg. 8° (383) Karlsr. 94, J Lang. 6.50; geb. n.n. 8 —

Die Beweislast im Civilproceß mit besond. Rücks. auf d. BGB. Ein Handbuch f. d. Praxis von B[ernhard] **Betzinger,** Oberlandesger.R. 2. umgearb. Aufl. *Berlin: C. Heymann 1904.* (XVI, 196 S.) 8° [04. 1633 6

Die Beweislast im Zivilprozeß mit besonderer Rücksicht auf das Bürgerliche Gesetzbuch. Ein Handbuch f. d. Praxis von B[ernhard] **Betzinger,** O.L.G.R. a. D. 3. durchges. u. erg. Aufl. Berlin: Heymann 1910. XVI, 198 S. 8° [10. 10391 2

Betzinger, BA: Dienst-Kalender f. d. grossh. bad. Amtsgerichte. 11. Asg. Nach d. Stande v. 20.XII.'98. Als Anh.: I. Die reichs- u. landesrechtl. Vollstreckgstitel. II. Parallel-Tab. d. Gerichts- u. Anwaltsgebühren. 12° (26) Tauberbisch. 99. Karlsr., J Lang. Durchschossen — 60

Betzinger, B. A., Dienst-Kalender f. d. großh. badischen Amtsgerichte. Zusammenstellg. d. regelmäßig wiederkehr. Dienstgeschäfte unter Aufführg. der bezügl. Gesetze, Verordngn. u. Erlasse. Als Anh.: I. Die Geschäfte der Uebergangszeit. II. Die reichs- u. landesrechtl. Vollstreckungstitel. III. Parallel-Tabelle der Gerichts- u. Anwaltsgebühren. 12. Ausg. Nach dem Stande vom 15. I. 1900 bearb. v. Frdr. Gut. 12. (28 S.) Karlsruhe 900. J. Lang. Durchschossen n. 1. 10

Entscheidungen zur Beweislast. Die auf d. Beweislast bezügl. Rechtsprechung d. Reichsgerichts, d. Reichsoberhandelsgerichts u. anderer deutscher Gerichtshöfe in 316 Urtheilsauszügen. Zsgest. von B[ernhard] **Betzinger,** Oberl.Ger.R. in Karlsruhe. 2., verm. Aufl. *Karlsruhe: J. Lang 1904.* (VI, 259 S.) 8° [04. 3626

— Deutsche Gerichts- u. Amts-Stenographie. System Gabelsberger. Kurze Grammatik d. sog. stenograph. Schulschrift, nebst Fach-Kürzgn. u. Lesestücken. Insbes. z. Selbstunterr. f. Juristen, Theologen u. Lehrer. gr. 8. (VIII, 32 u. 32 autogr. S.) Hannov. 895. Helwing. n. 1. 80

— Güterrechts-Tabelle zum bürgerlichen Gesetzbuch. Vergleich. Übersicht der 6 ehel. Gütersysteme d. BGB's. 1. u. 2., verb. Aufl. Imp.-Fol. Ebd. 899—900. n. — 60

Betzinger, B[ernh.] A[nt.], Güterrechts-Tabelle zum Bürgerlichen Gesetzbuch. Vergleich. Übersicht der 6 ehel. Gütersysteme d. BGB's. 3. Aufl. Karlsruhe 1904. 8°. *[1. Aufl. 1899.]*

Güterrechts-Tabelle zum Bürgerlichen Gesetzbuch. Vergleich. Übersicht d. 6 ehelichen Gütersysteme des BGB's. Von B[ernhard] A. **Betzinger.** 3. Aufl. Karlsruhe: J. Lang 1904. (1 Bl. 58×88 cm.) 8° [F.] [04. 9097

Handbuch der Liegenschaftsvollstreckung für das Grossherzogthum Baden. Das Zwangsversteigerungsgesetz v. 24. März 1897 u. d. Normen d. Zwangs- u. Arresthypothek nebst den eingreifenden Vorschriften u. Kostenbestimmungen d. Reichs- u. Landrechts zsgest. u. erl. von B[ernhard] **Betzinger,** Oberlandesger.R. in Karlsruhe. *Tübingen & Leipzig: J. C. B. Mohr 1901.* (X, 425 S.) 8° [F.] [01. 10711

— Handbuch der Liegenschaftsvollstreckung f. d. Großherzogt. Baden. Das Zwangsversteigerungsgesetz vom 24. III. 1897, nebst Einführungsgesetz u. m. den reichs u. landesrechtl. Ausführungs- u. Vollzugsbestimmungn. sowie e. Anh. weiter eingreif. Vorschriften zusammengestellt u. erläutert. 2., durchgeseh. Aufl., besorgt v. L. Mainhard. (XII, 416 S.) gr. 8. Tübingen 908. J. C. B. Mohr. 8.—; geb. 9.

— dasselbe. Nachtrag, enth. die f. die Zwangsvollstreckg. in das unbewegl. Vermögen maßgeb. Vorschriften des bad. Kostengesetzes vom 24. IX. 1908. (32 S.) gr. 8. Ebd. 909. —.60

— die badischen Landesgesetze u. Verordnungen zur Ausführung u. Ergänzung der Civilprozeßordng. u. des Zwangsversteigerungsgesetzes, s.a. Sammlung d. landesrechtl. Civil-Prozeß-Normen. 1.

Die badischen Landesgesetze u. Verordnungen zur Ausführung u. Ergänzung der Civilprozessordnung u. des Zwangsversteigerungsgesetzes. Zsgest. u. im Anschl. an d. CPO. erl. von B[ernhard] Betzinger, Oberlandesger.R. in Karlsruhe. 2. umgearb. Aufl. d. 'Normen d. badischen Landesrechts'. T. 1. *Tübingen, Freiburg i. B. & Leipzig: J. C. B. Mohr 1900.* 8° [F.]
= Sammlung d. landesrechtlichen Civil-Prozess-Normen. 1.
[oo. 6771 II

Die badischen Landesgesetze und Verordnungen zur Ausführung und Ergänzung der Civilprozessordnung u. des Zwangsversteigerungsgesetzes. Zsgest. u. im Anschl. an d. CPO. erl. von B[ernhard] Betzingor, Oberlandesger.R. in Karlsruhe. 2. umgearb. Aufl. d. 'Normen d. bad. Landesrechts'. (T. 1. 2. in 1 Bde.) *Tübingen & Leipzig: J. C. B. Mohr (1900–)1902.* (IX, 379 S.) 8° [F.]
= Sammlung d. landesrechtl. Civil-Prozess-Normen. 1. [oo. 8537

— die Liegenschaftsvollstreckung im Großherzogt. Baden. Zusammenstellung der civilrechtl., prozessualen u. rechtspolizeil. Vorschriften im Anschlusse an die Vollstreckungsordng. vom 10. Juli 1891. Mit Erläutergn. aus Entstehungsgeschichte, Rechtsprechg. u. Wissenschaft. 12. (X, 190 S.) Tauberbischofsheim 892. J. Lang. Geb. in Leinw. n. 4. 30

Die Liegenschafts-Vollstreckung ⟨Zwangsversteigerung⟩ nach dem Reichsgesetze vom 24. März 1897 in Aktenform an e. Rechtsfalle dargest. Mit e. systemat. Einführung in d. reichsrechtl. Grundbuchs- u. Vollstreckungsnormen unter vergleich. Bezugnahme auf d. derzeit. preuß. u. bad. Gesetzgebung. Von B[ernhard] Betzinger. *Freiburg i. B., Leipzig & Tübingen: J. C. B. Mohr 1897.* (VII, 128 S.) 8° [F.] [oo. 4445 8

— d. Liegenschafts-Vollstreckung (Zwangsversteigerg.) nach dem Reichsgesetze vom 24. III. 1897, in Aktenform an e. Rechtsfalle dargestellt. Beilage. Badische Ausführungsnormen. gr. 8. (4 S.) Tübingen (900). J. C. B. Mohr. Unentgeltlich.
Hauptwerk. Ebd. 897. n. 2. 50.

Betzinger, Bernh., die a. d. Civilprozeß bezügl. Normen d. bad. Landesrechts, s.: Gaupp, L., d. Civilprozeßordnung f. d. Deutsche Reich.

— Übersichts-Tabellen zum Zwangsversteigerungs-Gesetz v. 25. III. 1897 unt. Berücksicht. d. Ausführungsbestimmungen f. Preußen, Bayern, Sachsen, Württemberg, Baden, Hessen u. Elsaß-Lothringen. Imp.-Fol. (1 Bl.) Karlsruhe 902. J. Lang. n. — 60

Betzinger, B., wie der Kaufmann Bücher führen muss nach deutschem Buchführungsrecht. Die Vorschriften des Handelsgesetzbuchs u. seiner Nebengesetze üb. d. Buchhaltg. u. Rechnungsführg. d. Einzelkaufleute u. d handelsrechtl. Vereiniggn., nach dem neuesten Stande der Gesetzgebg. u. Rechtsprechg. systematisch dargestellt f. Kaufleute u. Juristen, nebst e. Anh.: Überblick üb. das Buchführungsrecht des Auslandes. (Dr. Ludw. Huberti's moderne kaufmänn. Bibliothek.) (VIII, 128 S.) 8. Leipzig (905). Verlag der modernen kaufmännischen Bibliothek. Geb. in Leinw. n. 2. 75

Betzinger, B, Civilprozess-O, s. Sammlg. d. Civilpros.-Normen.

Betzinger, G., s. Rechtspraxis, badische.

Betzkowsky, J.F.A., s. Beckovsky, Jan František

Betzler, Fernsprechgebühren-Tarif f. Groß-Stuttgart. Unter Benutzg. amtl. Quellen bearb. (63 S.) 8. Stuttgart 908. (O. Gerschel.) nn — 60

Betzler, Erwin, Gerichtsreferendar in Ahrweiler Rhld.: Die Erhaltung von Familiengütern. Eine Untersuchung der im Reichsrecht gegebenen Mittel unter Berücksichtigung des preußischen Landesrechts. Greifswald 1907: J. Abel. (99 S.) 8°
Greifswald, Jur. Fak., Ref. Jung, Diss. v. 14. Aug. 1907
[Geb. 23. Aug. 84 Horn, Lippe; Wohnort: Bonn a. Rh.; Staatsangeh.: Preußen; Vorbildung: Gymn. Elberfeld, Solingen Reife O. 03; Studium: Freiburg i. B. 1, Greifswald 1, Bonn 1, Leipzig 1, Bonn 3, Greifswald 1 S.; Rig. 14. Febr. 06.]

Betzler, J. S., Primiz- u. Todes-Opfer d. Priesters Karl Kurz z. Laupheim. Zwei Reden. gr. 8. ... Stuttgart 834, Metzler.

Betzler, J. S., Princip u. Todesopfer des Priesters Karl Kurz zu Langheim. 2 Reden vom Pfarrer Betzler. 8. Stuttg. 834. Metzler. 1/12 ℔

Betzner, Jacob [aus Köln]: Zur Kenntnis der ulcerösen Darmaffektionen ... München, Buchdr. v. M. Ernst, 1893; 34 S. 8.
München, Med. Fak., Inaug.-Diss. v. 1893

Betzonich, Humoresken, s.: Sammlung v. besten Werken der Literatur der Gegenwart.

Das Ostseebad Prerow auf dem Darß. Führer f. Kurgäste u. Touristen bearb. im Auftr. d. Badeverwaltung von Dr. med. Hans Beu. Mit e. Ortspl. Stettin [1910]: Bauchwitz. 37 S. 8° [16. 5365

Beu, Julius [app. Arzt aus Rostock (Ribnitz)]: Untersuchungen über die Giftigkeit der Exspirationsluft ... Rostock, C. Boldt'sche Hof-Buchdr., 1893; 19 S., 1 Taf. 8.
Rostock, Med. Fak., Inaug.-Diss. v. [22. März] 1893

Beuch, Jh. Fr., († d. 16. Febr. 1758.) Geschichte u. Beschreibung d. Stadt Cottbus bis z. J. 1741. Aus d. Handschr. herausg. u. mit Zusätzen verm. v. Jh. Bernoulli. 8. Berl. 785.

Beuch-Apparat, der englische, für Bleich- u. Wasch-Anstalten, durch F. Breunlin in Stuttgart wesentlich verbessert u. deßhalb von der würtemberg. Regierung mit dem chemischen Jahres-Preise für 1839 gekrönt. Mit 1 Steintaf. Lex.-8. Stuttgart 840. Hallberger. 1/4 ℔

Beuch-Apparat, der englische, für Bleich- und Wasch-Anstalten durch F. Breunlin in Stuttgart wesentlich verbessert und deßhalb von der württembergischen Regierung mit dem chemischen Jahres-Preise für 1839 gekrönt. Nebst einem Anhang: das Waschen des Weißzeugs. 2. verm. u. verb. Aufl. gr. 8. (Mit 1 Steindrucktafel.) Stuttgart 844, Hallberger. 1/4 ℔

Beuchel, Carl Sigismund (Meissen), De expensis concursus reliquisque damnis creditori a fidejussore indefinite obligato refundendis. Dissert. jur. Erfurt (Nonne) 21. V. 1770. 25 S. (4.20) 2448

— **Ernst Sigismund** (Meissen), De fure poenitente ejusque poena. Disp. Präs. Tobias Jac. Reinharth. Erfurt (Joh. Chph. Hering) 19. XII. 1733. 30 S. (5.—) 2449

Beuchel, F., De legione Romanorum I. Italica. Diss. 1908. 124 S. u. 1 Kart.

— **Friedrich Ferdinand** (Meissen), De remedio l. II. c. de resc. vendit. in locatione conductione. Spec. jur. I. Präs. Ernst Heinrich Mylius. Lpz. (Langenheim) 13. IV. 1740. 16 S. (3.50) 2450

— **Jo. Benjamin** (Meissen), De cauta librorum lectione ad Fabii librum X, Disp. I—II. Präs. Jo. Wilh. Berger. Wittenbg. (Sam. Creusig) 21. XII. 1718. 40 S. (1.—) 2451
Respond. v. Tl. II: Friedr. Gottlob Jacobi (Grimma).

Beuchot, I., Le clergé de la Haute-Alsace en exil pendant la révolution. [Aus: „Revue cathol. d'Alsace".] Lex.-8. (XV, 135 S.) Rixheim 896. (Colmar, H. Hüffel.) n. 2. —

Beuchot, I: Les origines de la congrégation des soeurs de la providence de Ribeauvillé. (129) 8° Rixh. 01 (Umschl.'02). (Colmar, H Hüffel.) nn 1.50

Beuchs, A.: Einleitung zur allgemeinen Haushaltungskunst", Halle 1763 (Renger).

Beuck, Carl, deutsches Hausbuch. E. reichhalt. Sammlg. edler Aussprüche u. Gedichte. M. (z. Tl. farb.) Jll. v. Rob. Beyschlag, Lud. v. Kramer, Alex. v. Liezen-Meyer u. A. 2 Bde. 4. (à 184 u. VIII S.) Nürnberg 895. Th. Stroefer. Geb. in Leinw. à 4. —; m. Goldschn. à 5. —; in 1 Leinwbd. m. Goldschn. 8. —

Beucke, Carl [aus Oschersleben]: Über die Regenzeiten in Ostafrika. . . . Jena, Frommannsche Buchdr. (Hermann Pohle), 1890; 31 S. 8°
Jena, Phil. Fak., Inaug.-Diss. v. 1890

Beucke, Karl: Die geodätischen Linien und die als „geodätische Ellipsen und Hyperbeln" betrachteten Krümmungskurven auf dem dreiachsigen Ellipsoid. Halle a/S. 1885: Hendel. 29 S. 8°
Halle-Wittenberg, Phil. Diss. v. 4. Juli 1885
Geb. Schwanebeck (Kr. Oschersleben) 23. 10. 1860. V.

Beucke, Karl, Dr.: Über die optischen Täuschungen. Mit 1 Figurentaf. *Berlin: R. Gaertner 1900.* (31 S.) 4°
Berlin, Königstädt. G, OP 1900 (59)

Beucker's J., Buch v. der einfachen, doppelten u. amerikanischen Buchführung im Warengeschäfte. Ein Leit- u. Begleitbuch in Besprechgn. u. vergleich. Darstellgn. f. Lehrer u. Schüler an kaufmänn. Fortbildungsschulen u. f. den Selbstunterricht. Ein Nachschlage- u. Hülfsbuch f. angeh. Buchhalter. (VII, 180 S. m. 1 Taf.) Hagen 900. H. Hohendahl. n. 3. 25; geb. n. 3. 75

**Beucker, J: Geschäftsvorfälle f. d. Unterr. in d. Buchführg. Hagen, H Hohendahl. ca 1 —

J[ulius] **Beucker** u. W. H. Schmidt: Die Bezugsquellen von Eisen- und Metallwaren und Maschinen in alfabetischer Artikel- und Firmenfolge. Mit Warenbenennungen u. besond. Reg. ... 5. verb. u. verm. Aufl. Hagen i. W.: O. Hammerschmidt 1908. (613 S.) 8° [08. 11345 6

Beucker, J, u. WH Schmidt: Die Bezugsquellen v. Eisen- u. Metallwaren u. Maschinen in alfabet. Artikel- u. Firmenfolge. Mit Warenbenenngn u. bes. Reg. in deut., engl. u. französ. Sprache. 6. Afl. (6, 812) 8° Hag., O Hammerschmidt '12. L 12 —

J[ulius] **Beucker** und W. H. Schmidt. Die Bezugsquellen von Eisen- und Metallwaren und Maschinen in Westfalen, Rheinland und Thüringen. Ein fachmännisch gegliedertes Doppelverzeichnis aller leistungsfähigen Werkstätten u. Vertriebe. Mit Warenbenennungen u. bes. Reg. in engl. u. franz. Sprache. 2./4. verb. u. verm. Aufl. *Hagen i. W.: O. Hammerschmidt 1902.* (IV, 441, LXXXIV S.) 8° [03 11-

Beucker, J., & M. **Louvet**: Bezugsquellen für Maschinen und sämtliche Erzeugnisse der Eisen- und Metallwaaren-Jndustrie. Hagen i. W. 1895

Beucker, J, u. M Louvet, westfälisch-rheinisch-thüring. Bezugsquellen f. Maschinen u. sämtl. Erzeugnisse d. Eisen- u. Metallwaren-Industrie in alfabet. Artikelfolge. Nebst Ergänzgn a. and. Bezirken, sowie mit Waren-Benenngn u. besond. Registern in engl. u. französ. Sprache. 8° (228) Hag. 95, O Hammerschmidt. Geb. in Lnw. 6 —
Bildet d. Neubearbeitg v.: L Post u. O Sandfort, Bezugsquellen-Nachweiser f. sämtl. Fabrikate d. Eisen-, Stahl- u. Messingwaren-Branche, u. v.: O Sandfort, Deutschlands Metall-Industrie.

Beudant's Naturgeschichte des Mineralreichs, s. Glaser.

Beudant, François Sulpice

Beudant, F. S., Lehrbuch d. Mineralogie. Deutsch bearb. von Karl Fr. Alex. Hartmann. Mit 10 Steint. gr. 8. Leipz. 826. Brockhaus. 4 ℔

Beudant, F. S., Lehrbuch d. Physik. Nach d. 4. franzöſ. Orig.-Ausg. überſ. v. Karl Fr. Alex. Hartmann. M. 15 lith. Taf. (in gr. Fol. u. gr. 4.) gr. 8. (56 B.) Leipzig 830, Brockhaus.

Beudant, F. S., († d. 9. Decbr. 1850), die Mineralogie, s.: Wochenbände, Nr. 261—268.

— Die Mineralogie u. Geologie. Aus d. Franz. v. L. Carl. 4 Bd. (1 Vol.). Stuttg. 1844. Fig.
(= Populäre Naturgesch. d. drei Reiche. Bd. 5-8). (1-2. Mineralogie (400) S. — 3-4. Geologie (505) S.). 52.

Beudant, F. S., Naturgeschichte des Mineralreichs, s. Glaser, 2.

Beudant, F. S., Milne-Edwards, A. v. Jussieu, populaire Naturgeschichte der drei Reiche. Vollständig in 12 Bdn., mit mehr als 1000 Abbild. Aus d. Franz. übers. u. hrsg. v. d. Gesellschaft zur Verbreitung guter u. wohlfeiler Bücher. 16. (185½ B., 12 Tab. u. 2 Stnt.) Stuttgart 844, Scheible, Rieger u. Sattler. (à Bd. 5⅓ Ngr.)
Bd. 1—4. Die Zoologie, v. Milne-Edwards. Uebers. v. Ludw. Carl. 4 Bde. 22½ Ngr.
„ 5—8. Die Mineralogie u. Geologie v. Beudant. 4 Bde. 22½ Ngr.
„ 9—12. Die Botanik von v. Jussieu. Uebers. von G. Kißling. 4 Bde. 22½ Ngr.

—— dieselbe, vollständig in 1 Bde. 3 Abthln. gr. 4. (70¾ B.) Ebds. 845. à Abthl. ⅔ Thlr.
Abthl. 1. Zoologie.
„ 2. Mineralogie und Geologie.
„ 3. Botanik.

——, Milne-Edwards und A. v. Jussieu, populäre Naturgeschichte der drei Reiche, für den öffentl. und Privatunterricht. 3 Bde. (8 Abthlgn.) mit mehr als 1000 (eingedr.) Abbildungen. 2., verb. deutsche Ausg. 8. Stuttgart 848, [Rieger'sche Brlgsb.] (à Abthl. 12 Ngr.)
Bd. 1. (1. und 2. Abthl.) Zoologie. Von Milne-Edwards. Nach der abermals verm. Aufl. aus dem Franz. neu übers. von Gust. Widenmann. (600 S. und 1 Tab. in qu. Fol.)
„ 2. (3—5. Abthl.) Die Mineralogie und Geologie. Von F. S. Beudant. Nach der abermals verm. Aufl. aus dem Franz. neu übers. von J. G. Kurr. (720 S.)
„ 3. (6—8. Abthl.) Die Botanik. Von Adrien v. Jussieu. Nach der abermals verm. Aufl. aus dem Franz. neu übers. von J. G. Kurr. (692 S. und 6 Tab. in 4. und Fol.)

Beudant, F. S., Milne-Edwards, A. v. Jussieu, populäre Naturgeschichte der drei Reiche, für den öffentlichen und Privatunterricht. Vollständig in 3 Bdn. mit mehr als 1000 getreuen Abbild. (in eingedr. Holzschn.) 2., durchaus verb. deutsche Ausg. 2., billiger Abdr. 8 Abthlgn. 8. Stuttgart 858, Rieger'sche Verlagsbuchh. à Abthl. 9 Ngr.
Inhalt:
Abth. 1., 2. (1. Bd.) Milne-Edwards, die Zoologie. Nach der abermals verm. Aufl. aus dem Französ. neu übers. von Gust. Widenmann. (III und 600 S. mit 1 Tab. in Imp.-4.)
„ 3—5. (2. Bd.) Beudant, F. S., die Mineralogie und Geologie. Nach der abermals verm. Aufl. aus dem Französ. neu übers. von J. G. Kurr. (720 S.)
„ 6—8. (3. Bd.) Jussieu, Adr. v., die Botanik. Nach der abermals verm. Aufl. aus dem Französ. neu übers. von J. G. Kurr. (692 S. mit eingedr. Holzschn. und 6 Tab. in 4., qu. 4. und gr. 4.)

—mineralogische u. geognostische Reise durch Ungarn im J. 1818. Deutsch im Auszuge bearb. v. C. Th. Kleinschrod. Mit 3 Kart. gr. 8. Leipz. 825. Cnobloch. 4 ℔ 12 K

Beudel (Hrsg.), s. Theater-Almanach der kgl. Haupt- und Residenzstadt Königsberg auf das Jahr 1848.

Der Freimaurer und die religiöse Frage der Gegenwart. Vortrag, gehalten auf der Herbstfeier des nordwestfälischen Logenbundes am 25. Sept. 1904 zu Oeynhausen von [Herm.] **Beudel.** [Berlin 1904: Denter & Nicolas.] 5 S. 8° [Kopftit.]
Abgedr. in: Bbl. 19 (1905) S. 105—109; BrL. 23 (1905—1906) S. 28—30.

Beuelch, Folgen allerley, vnnd Ampter, von dem höchsten biss zu dem nidersten verzeichnet, was jedes Amptsthun vnd lassen, mit kurtzen worten, deren fürnemsten Artickel oder Puncten in 20 Reimen, sampt seinen zugehörigen Figuren verfast vnd erklärt worden, darbey auch ein jeder seines Ampts oder habenden Beuelchs zimlichen bericht wirt finden, was einem in eim Krieg zuu errichten wirt gebüren. (Donation Liechtenstein.)
Fol. (ohne Druckort u. Datum.)

Beuer, Jo. God. (Resp.): Diss. an contrafissura in ..... generari queat?, s. Alefeld, G. L. (Praes.)

Beuerarius, R., üb. den Löffel balbiert, s.: Theater, kleines.

Beuerarius, U. L., die Bürgermeister-Wahl, s.: Theater, kleines.

Beuerlein, Odoric u. Moritz Krapf, Ichnographia conclusionum ex universo jure publ. disput. Präs. Ladisl. Sappel. Bambg. (Joh. Gg. Klietsch) 22. VII. 1784. 24 S. (4.20) 2452

Beuerlin, Karl Edw., s. Länderverlust.

Beuermann, A., die Prov. Hannover, s.a. Landeskunde Preußens. 4. Hft.

Die Provinz Hannover bearb. von A. **Beuermann.** Mit 28 Abb. (Ausg. A.) *Berlin & Stuttgart: W. Spemann 1901.* (VII, 138 S.) 8° [F.]
— Landeskunde Preussens. II. 4. [01. 1105

Die Provinz Hannover bearb. von A. **Beuermann.** Mit 33 Abb. (u. 1 Kt.) 2. Aufl. Berlin & Stuttgart: Spemann 1910. VIII, 143 S. 8°
(Landeskunde Preußens. H. 4.) [11. 10

Beuermann, A: Heimatkde d. Prov. Hannover, s.: Meyer, Johs.

Beuermann, A. (Hrsg.), s. Landeskunde Preußens

Beuermann, E., s. Festalbum, Officielles, zur Basler Gedenkfeier . . .

Beuermann, John Augustus, aus New-York: Aus der medizinischen Universitätsklinik des Herrn Professor Dr. Hermann Eichhorst. Klinische Untersuchungen über die Wirkung des Thermodin. Zür. E. Meyer Dr. [1894]. 24 S. 8°.
Zürich, Med. Diss. [v. 16. Aug. 1894].

Beuermann, J. A. Klinische Untersuchungen über die Wirkung des Thermodin. In-8°. 24 S. Zürich. These. 1895

Beug, K. F., Die Handlungsgehilfen des hansischen Kaufmannes. Diss. 8°. Rostock 1908.

Beugel, J., s.: Minerva, Handbuch d. gelehrten Welt.

Beuggen, Monatsblatt: s. Monatsblatt von Beuggen

Beughem, Ludw. v.
Beughem, v., Bemerkgn zu d. Entw. e. allg. Bergwerksgesetzes. 8. (40) Neuw. 62. Strüder. — 15

Beughem, v., Bemerkungen zu dem Entwurfe eines allgemeinen Bergwerksgesetzes nebst einem Abdrucke desselben. gr. 8. (40 S.) Neuwied 863, Strüder'sche Buchh.

v. Beughem, das allgemeine Berggesetz für die preußischen Staaten vom 24. Juni 1865, mit dem wesentlichen Inhalte der Materialien zusammengestellt u. erläutert. Neuwied 865. Strüder. gr. 8. (XIV, 352 S.) 1 Thlr 10 ngr

Beughem, v.: Erläuterung des Gesetzes vom 27.3.1865. betr. einige Bestimmungen über Rechtsgeschäfte und den Handel mit Hausthieren im Bezirke des Justiz-Senats zu Ehrenbreitstein. Neuwied 1865.

—— das ostrheinische Contracten- und Hypothekenwesen. Eine Erläuterung des Gesetzes vom 2. Febr. 1864 über die Verbesserung des Contracten- und Hypothekenwesens im Bezirke des Justiz-Senats zu Ehrenbreitstein, und des Gesetzes vom 8. Febr. 1864 über die Einführung der Concurs-Ordnung vom 8. Mai 1855, nebst einem Abdrucke des Gesetzes vom 1. Febr. 1864 und des Gesetzes vom 23. Mai 1859 rc. 8. (156 S.) Neuwied 864, Strüder'sche Buchh. *
— — Erg. Neuwied 1868.

Beugnet, A., neue Bahnen auf dem Gebiete des Volksschul-Rechnens. I. Die Zahlwörter, A. Beugnet's Volksschul-Lehrapparat u. die Zahlenkreise 1—10 u. 1—20 auf U b. gr. 8. (III, 74 S.) Straßburg 899. (F. Bull.) n. — 80

Beugnon, H. de, Antonia oder die Märtyrer von Lyon, s.: Zeitbilder in Erzählungen aus der Geschichte der christlichen Kirche.

Beugnon, H. de, Lucia v. Manmor u. Calvin's Schreckensherrschaft in Genf, s.: Zeitbilder in Erzählg. aus der Geschichte der Kirche.

Beugny, G. v., Vogelfrei, s. Familienfreund.

Beugny d'Hagerue, G. de, der Roman e. Jesuiten. Autorisirte Uebersetzung von E. M. Höfler. 8. (458 S.) Münster 889. Aschendorff. n. 5. —

Beuhne, Ad.: Lehrb. d. Linearperspektive m. Konstruktion d. Schattenmassen u. Spiegelgn u. ihrer Anwendg auf d. Darstellg v. Möbeln u. Innenräumen. 2 Hefte. (144 m. Abb. u. 22 Taf.) Lex8° Lpzg, HAL Degener (07). 6.50

Beuhne, Ad., Lehrbuch der Linearperspektive m. Konstruktion d. Schattenmassen u. Spiegelungen u. ihrer Anwendung auf d. Darstellung von Möbeln u. Innenräumen f. Architekten, Fachlehrer u. Zeichner der Innenausstattung u. Dekorationsmaler. Mit üb. 200 Textfig. u. e. aus 22 Taf. besteh. Aufgabensammlg., enth. die Aufgaben u. deren Lösgn. auf durchsicht. Papier. 2 Hefte. (IV, 144 S.) Lex. 8. Leipzig (909). H. A. L. Degener. 6. 50

Beuhne, Ad., Möbel, 20 Blatt Entwürfe im Massstabe v. 1:10. gr. Fol. (2 S. Text.) Hamburg 900. Boysen & Masch. n. 15. —

Beuhne, Adph: Das Schaufenster, s: Bücherei, Kaufmännische.

Beuing, Felix, approb. Arzt aus Altenberge: Aus d. Universitäts-Augenklinik zu Giessen. Beitrag zur Casuistik der Glaskörperblutungen mit spezieller Berücksichtigung von 8 Fällen spontan recidivierender Glaskörperblutungen. *Giessen 1900: v. Münchow.* (60 S.) 8°
Giessen, Med. Diss. v. 1900

Beukemann, Ulr.: Die Gesch. d. Hamburger Mäklerrechts, s: Beiträge, Deutschrechtl.

Beukemann, W., über Veränderungen in dem Ertrage d. Landwirtschaft u. ihren Konkurrenzverhältnissen. Vortrag, geh. am 29. IX. 1898 im landwirtschaftl. Verein der Hamburger Marsch. 8. (62 S.) Schöneberg-Berlin 899. [F. Telge.] Berlin, Deutsche Tageszeitung. n. 1. 50

Beukemann, Wilh., ein Beitrag zur Untersuchung über die Vertheilung der Geburten nach Monaten u. zur Methodologie von Causaluntersuchungen in der Statistik. Inaugural-Dissertation. gr. 8. (60 S. m. 1 autogr. Taf.) Göttingen 881. (Vandenhoeck & Ruprecht.) n. 1. 80

Beukemann, Wilh., Zur Frage d. wirthschaftl. u. soz. Entwicklg. M. 2 Vorträgen (im März 1898.) [Aus: „Beilage zur Allg. Zeitg."] gr. 8. (30 S.) Hamburg 898. L. Friederichsen & Co. n. — 60

Beukemann, Wilhelm (Hrsg.), s. Statistische Mitteilungen über den hamburgischen Staat.

Über Veränderungen in dem Ertrage der Landwirtschaft und ihren Konkurrenzverhältnissen. Vortrag, geh. 1898 im Landwirtsch. Ver. d. Hamburger Marsch, von W[ilhelm] **Beukemann,** Hamburg. *Schöneberg-Berlin: F. Telge 1899.* (62 S.) 8° [F.] [00. 1116 11

Beuker, Johann van (Leeuwarden), De crimine majestatis. Diss. jur. Franeker 1729. (S. 77 bis 198.) (6.—) 2453

Beukert, J. R., Heilung rotzverdächtiger und rotzkranker Pferde. Würzburg 65.

Beulé, der Tod des Phidias. Deutsch von Heinr. Wilh. Braunhard. Berlin 864. E. Kühn. gr. 8. (48 S.) 7½ ngr

Beule, der Tod des Phidias. Deutsch v. H. W. Braunhard. Berlin 1864. 48 S.
Schul-/Univ.-Schrift

Beulé, M., das Blut des Germanicus. Halle 1874. 8.

Beule, M., die römischen Kaiser aus dem Hause d. Augustus u. dem Flavischen Geschlecht. Deutsch bearb. v. Ed. Doehler. 1—4. Bd. gr. 8. Halle 873—75. Buchh. d. Waisenh. n. 6. 50
1. Augustus, seine Familie u. seine Freunde. (V, 140 S.) n. 1. 50
2. Tiberius u. das Erbe d. Augustus. (150 S.) n. 1. 50
3. Das Blut d. Germanicus. (170 S.) n. 1. 50
4. Titus u. seine Dynastie. (VII, 147 S.) n. 2. —

Beulé, M., Nachgrabungen in Karthago. Aus d. Französ. Mit Plänen und Abbildgn. Leipzig 863. Dyk. gr. 8. (IV, 114 S. u. 4 lith. Taf. in 4.) n. 1 ℛ

Beulé, M., Tiberius und das Erbe des Augustus. Deutsch von Ed. Doehler. 1878. 150 S. Gel. 1.50

Beuleke, Otto, appr. Arzt a. Bodenburg in Braunschweig: Empyen und Pneumothorax. Statistische Studie über die in den Jahren 1890—1904 inkl. auf der I. Medizinischen Abteilung des Krankenhauses l. d. Isar in München beobachteten Fälle. München 1906: B. Heller. (17 S.) 8°
München, Med. Fak., Ref. v. Bauer, Diss. v. 13. Juni 1906
[Geb. 24. April 80 Bodenburg; Wohnort: Bodenburg; Staatsangeh.: Braunschweig; Vorbildung: Gymn. Andreanum Hildesheim Reife O. 00; Studium: Göttingen 5, München 2, Göttingen 1, München 4 S.; Coll. 13. Juni 06; Approb. 28. Mai 06.]

Über die **Beulenpost** in Bombay im Jahre 1897. Gesammtbericht der v. d. Kais. Akad. d. Wiss. in Wien z. Studium d. Beulenpest nach Indien entsendeten Commission ... Th. I. (Umschl.: I. u. II A.) II B. *Wien: K.-k. Hof- u. Staatsdr.; in Comm. bei C. Gerold's Sohn 1896.* 2 Bde. 4.
I. (I. u. II A.) '(M. 5 Lichtdr. u. 36 Curventaf.)' (2 Bl., XIII S., 1 Bl., 226 S., 1 Bl., 42 Taf.)
II B. '(M. 14 Taf.)' (2 Bl., 227—580 S., 14 Taf.)
— Denkschriften d. math.-naturw. Classe d. Kais. Akademie d. Wissenschaften. Bd 66. Th. I. II. (99. 1894)

Beulenpest, Über die Beulenpest in Bombay im Jahre 1897. Wien 1898. 4° (dem Inhalte nach identisch mit D B 66, I, II B, II C) . . . . K 69.20
I. Historischer Teil des Berichtes: Zur Geschichte der österreichischen Pestkommission (mit 5 Taf.) von Dr. Heinrich Albrecht.
II. Wissenschaftlicher Teil des Berichtes: *A.* Klinische Untersuchungen (mit 36 Taf.) von Dr. Hermann Franz Müller. *B.* Pathologisch-anatomische Untersuchungen mit Einschluß der pathologischen Histologie und Bakteriologie. Unter Mitwirkung des Hilfsarztes Dr. Rudolf Pöch (mit 14 Taf.) von Dr. Heinrich Albrecht und Dr. Anton Ghon. *C.* Bakteriologische Untersuchungen über den Pestbazillus (mit 6 Taf.) von Dr. Heinrich Albrecht und Dr. Anton Ghon.

Beulewitz, Sammlung gleichlautender Wörter, siehe Sammlung.

Beulin, Isaak, das Corpus luteum u. der obliterirte Follikel. Inaugural-Dissertation. gr. 8. (28 S.) Königsberg 877. (Beyer.) n. 1. —

Beulke, Carl Eduard (Aschersleben), De cicatricibus. Diss. med. Bln. (Friedlaender) 16. VIII. 1836. 36 S., mit Literatur u. Biogr. (M.: Liebetrut.) (4.—) 2454
Oppon.: Gunkel, Benzler, Timpe. — Gew.: Wilh. Heinr. Beulke.

Beulshausen, Friedrich, prakt. Arzt aus Vechta, Grh. Oldenb.: Aus d. Hygien. Institut zu Rostock. Zur Kenntnis der Ursache des Klebrigwerdens von Brot. *Rostock 1901: C. Hinstorff.* (23 S.) 8°
Rostock, Med. Diss. v. [15. Mai] 1901

Beulwitz, Anton Friedrich von, De Caffaribus circa promontorium bonae spei habitantibus. Dissert. histor.-geograph. Präs. Joh. Ernst Müller. Rudolstadt (Urban) 27. V. 1707. 24 S. (4.80)
Widm. v.: Lud. Chph. Blossius, Joh. Nic. Steinmetz, Joh. Elias Sommer.

Beulwitz, Carl Friedrich, s. Beulwiz, Carl Friedrich

Beulwitz, Johann Friedrich, s. Beulwiz, Johann Friedrich

Beulwitz, Karl
— s. Blumen, gesammelt auf d. Wege.

— gedrängte Darstell. des im J. 1812 begonnenen Krieges bis zu d. Thronentsetzung d. Napoleon Buonaparte ꝛc. 8. Heidelb. 815. Engelmann. 16 gr

v. Beulwitz, Karl, († d. 14. Aug. 1822.) Gedichte. 2 Bdchen. Mit 1 Kpf. gr. 8. Manh. 823. Löffler. 1 ℛ 14 gr Schrbp. 2 ℛ Velinp. 2 ℛ 12 gr

v. Beulwitz, Karl, wirkl. Leben in romant. Darstellungen. 2 Bde. 8. Frankf. 817. Gebhard in Grimma. 3 ℛ 8 gr

v. Beulwitz, Karl, die Patrioten von Wahlenheim. 12. Berlin 817. (Heymann.) ½ ℛ

— — die Patrioten von Wahlenheim. Ein Gemälde nach Anleitung des Jahres 813. 12. Berlin, Maurersche Buchhandlung. 817.

Beulwitz, K. von, Handbuch für Jäger- und Schützenoffiziere und die es werden wollen. Mit Planen. gr. 8. Lpz. Magazin für Industrie. 818.

Beulwitz, Ludwig Friedrich, s. Beulwiz, Ludwig Friedrich

Beulwitz, Rud.
Beulwitz, R v, s.: Zola, E, e. Brief an Dr. Laupts üb. d. Frage d. Homosexualität.

Beulwitz, Wilhelm Friedrich v.: An expediat Germaniae . . . , s. Beulwiz, Johann Friedrich v.

Beulwiz
s. a. Beilwitz.

Beulwiz, Carl Friedrich von
— (autor) et LUD. FRID. DE BEULWITZ, Diss. hist. de consensu S. I. R. Electorum ad emendanda Imperii feuda tempore Rudolphi I in usum veniente. Francohusæ. 1753. 4.

Beulwiz, Carl Friedr. v., De testimonio ad praeparandam actionem, vel exceptionem, brevis commentatio . . domino Christoph Ernst v. Beulwiz . . . offert. Frankenhausen (Keil) 1754. 28 S. (4.80)

Beulwiz
— **Friedrich Wilhelm Ludwig von,** De remissione mercedis ob damna fortuita. Comment. jur. Rudolstadt (Joh. Jac. Fried. Straube) 1773. 39 Seiten. (4.80)
— — Dasselbe. (Loewe Erb.) (4.80)

Beulwiz, Johann Friedrich von
— — u. **Wilhelm Friedrich von,** An expediat Germaniae, censere in imperii proceribus exteros reges? . . domino Christoph Ernst von Beulwiz . . demonstr. Halle (Wwe. J. H. Grunert) 1743. 32 S. (5.—)

— — — — De auxiliis hosti praestitis more gentium hodierno hostem non efficientibus. Diss. . . Adam Otto v. Vierek. Halle (Joh. Heinr. Grunert's Ww.) 1743. 32 S. (4.50)

— (autor) et JOA. FRID. DE BEULWITZ, De auxiliis hosti præstitis, more gentium hodierno hostem non efficientibus, diss. Halæ Vened. 1743. 4. P. (Dedikationsskrift til Adam Otto de Vierek).

— **Johann Friedrich von,** Natali die sereniss. domini Joannis Friderici, principis hereditarii terrarum Schwarzburgicarum princip. Rudolstadiensis. Halle (J. H. Grunert) 1742. 23 Seiten. (3.—)

Beulwiz, Johann Friedrich von, und Wilh. Friedr. v. Beulwiz: De excommunicationis in electorem S.R.I. ecclesiasticum, a pontifice Romano decretae, e f f e c t i b u s civilibus, commentatio. Halae Vened. 1743.

Beulwiz, Ludwig Friedrich von, und Carl Friedrich von Beulwiz

— — — — De consensu S. R. I. electorum ad concedenda imperii feuda tempore Rudolphi I. in usum veniente. Frankenhausen (Keil) 1753. 50 S. (5.—)

— — — — De ultima Rudolphi I. cura, ut filius regno succedat. Comment. histor. . . domino Aug. Ludw. v. Wulckeniz . . Frankenhausen (Keil) 1753. 35 S. (5.—)

Beulwiz

— **Ludwig Friedrich von,** De mandato nec domini nec mandatarii voluntate revocando brevis disquis . . domino Carl Georg Adolf v. Zerbst . . dedicat. Frankenhausen (Keil) 1752. 23 Seiten. (4.50)

Beulwiz, Lud. Frid. de et **Beulwiz,** Car. Frid. de: Diss. histor. de memorabilibus in electione Rudolphi I. Gottingae 1750.

— — u. **Carl Friedrich von,** De sepultura imperatorum Spirensi brevis commentatio. Frankenhausen (Keil) 1752. 47 S. (5.—)

de Beulwitz, Ldw. Frdr., († . . , Nov. 1796.) de sepultura Imperatorum spirensi. 4. Gött. et Lpz. 752. Holle. 3 gr

Beulwiz, Wilhelm Friedrich von

— — De nimia extensione jurium singularium, sive casuum, ubi status I. R. G. tanquam unum corpus considerari nequeunt. Diss. jur. Leipzig (Mich. Blochberger) 1748. 52 S. (4.80)

B e u l w i t z, W. Fr. de, de nimia e x t e n s i o n e jurium singul. sive Casuum, ubi Status I. R. G. tanquam unum Corp. considerari nequeunt. 4. Leipz. Holle, 748.

— **Wilhelm Friedr. von,** Cum princeps . . Joannes Fridericus, princ. haeres . . Schwarzburgicarum natalem . . pauca quaedam ex patriae fatis principumque rebus gestis, de Gallis amicis exercitibus atque armis Germaniam olim subeuntibus. Halle (J. H. Grunert) 1742. 24 S. (4.—)

— — Triga dissertationum jurid. 1) Curatorem bonorum in concursu datum debitori . . 2) Non in favorem debitoris res incorporales in executione ultimo loco servari. 3) Usum doctrinae, de exulante debitoris favore circa praelationem rerum corporalium prae incorporalibus . . Lpz. (Mich. Blochberger) 1746. 48 S. (5.50)

Beume, Adolf: Ueber ein Oberkiefercarcinom mit „Zelleinschlüssen". *(Hannover 1898.)* (22 S.) 8°
Würzburg, Med. Diss. v. 1898

Beumelburg, Bernh., praktischer Lehrgang zur gründlichen und schnellen Erlernung der französischen Sprache, s.a. **Baumgarten, J.**

B e u m e l b u r g, Bernh., praktischer Lehrgang zur gründlichen und schnellen Erlernung der französischen Sprache mit besond. Berücksicht. der Aussprache für Schul- und Privatunterricht. 2 Thle. 8. Chemnitz, Focke. *

Inhalt:

Thl. 1. Elementar-Grammatik. 1. Aufl. 1871, und 2. Aufl. (VIII, 246 S.) 874. *ℳ 2.

" 2. Grammatik. (VIII, 279 S.) 874. *ℳ 2,95.

Beumelburg, Fr. Wilhelm

B e u m e l b u r g, F. W., Noth- u. Hülfsbüchlein für angehende Pfarrer. 8. Coburg, Ahl. 798.

Beumelburg, Fr. Wlh., Noth- u. Hülfsbüchlein f. angehende Pfarrer. 8. Koburg 798. (Riemann). 8 gr

— dasselbe mit e. deutsch- latein- u. franz. Titularbuche f. Katholiken. 8. Stadtamhof, Daisenberger.

— Noth- und Hülfsbüchl. f. Schuldiener. 8. Hildburgshaus. Hanisch. 797.

— Noth- u. Hülfsbüchlein f. Schuldiener. 8. Hildburgh. 797. (Leipz., Taubert). 10 gr

Beumelburg, H[ugo]: Die Neuordnung des höheren Mädchenschulwesens in Preußen und die Cäcilienschule. Oldenburg 1909: Schulze. S. 3—14. 8°
Oldenburg i. Gr., Cäcilien-S P 1909 [216]

Beumelburg, H[ugo]: Die Neuordnung des höheren Mädchenschulwesens in Preußen und die Cäcilienschule. 2. Oldenburg 1910: Schulze. S. 1—15. 8° ¶(Forts. d. P-Beil. 1909.)
Oldenburg i. Gr., Cäcilien-S P 1910 [217]

Beumelburg, Hugo: Sir William Alexander, Graf von Stirling als dramatischer Dichter. Halis Saxonum 1880: Ploetz. 73 S. 8°
Halle-Wittenberg, Phil. Diss. v. [10. Aug.] 1880
Geb. Rudolstadt 1. 10. 1855. V.

Beumelburg, Jh. Chr., († d. 1. Juni 1789.) die Berge, welche nach dem Zeugniß d. heil. Geschichte merkwürdig sind. 8. Basel 762.

— Erzähll. u. Fabeln. gr. 8. Basel 790.

— d. Mensch in verschied. Auftritten d. Lebens, des Todes u. d. Ewigkeit. 8. Basel 783. Serini. 4 gr

— besond. Samml. Genfer Predigten. 8. Gotha, Mevius. 767.

— Samml. v. Gelegenheitsgedichten. Verm. Aufl. gr. 8. Basel 790. Tourneysen. 9 gr

— Schilderung d. 4 Jahreszeiten. gr. 8. Lausanne 777.

— Versuche in dichter. Aufsätz. u. Schilderung. 8. Marb. Univers. 779.

Beumelburg, Jo. G., praes. Carl Fr. Kaltschmidt, De convulsionibus ex atra bile. 32 pp. Jen. 4°. Erl. Ann. 51. St. 1758.
1758

Beumelburg, Joh. Valentin (Fischbach/Gotha), De nuptiis propinquorum, jure divino prohibitis, ad examinandum diagramma, de nuptiis propinquorum jure divino non prohibitis, Andreae Hoieri, non ita pridem editum, dissert. prima. Präs. Heinr. Klausing. Lpz. (Imman. Titius) 5. III. 1722. 40 S. (4.80) 2469
Tl. II s. Koechly, E. G.

Beumelburg, M., landwirthschaftliche Buchhaltung. In leichtfaßl. Vorlagen an e. ganzjähr. Betrieb mit Eingangs- und Schlußinventar praktisch dargest. 8. (80 S.) Zürich 887. Orell Füßli & Co. Verl. n. 1.20

Beumenberger, J. G., vollkomm. Juwelier, s. Schauplatz d. Künste, 32r Bd.

Beumer, 25 Jahre Thätigkeit des Vereins zur Wahrung der gemeinsamen wirthschaftlichen Interessen in Rheinland u. Westfalen. Ein geschichtl. Ueberblick. Düsseldorf 896.

Beumer, Versuch einer medicinischen Topographie von Greifswald. gr. 8. (96 S. m. 1 chromolith. Plan.) Greifswald (880). Abel. n. 1.50

Beumer, Hans, Medizinalprakt.: Aus d. med. Poliklinik zu München. Ueber Lecithinausscheidung bei Tabes und Paralyse und ihre Bedeutung. München 1909: Wolf. 21 S. 8°
München, Med. Diss. v. 4. Juli 1910, Ref. v. Bauer
[Geb. 28. Mai 84 Witten; Wohnort: Düsseldorf; Staatsangeh.: Preußen; Vorbildung: Realgymn. Duisburg Reife O. 03; Studium: Bonn 1, München 1, Bonn 3, München 5 S.; Coll. 4. Juli 10; Approb. 23. Febr. 10.] [U 10. 3482

Beumer, Otto, der derzeitige Standpunkt der Schutzimpfungen. gr. 8. (X, 68 S.) Wiesbaden 887, Bergmann.

Beumer, P. J., unterhaltendes u. belehrendes Allerlei für die heranwachsende Jugend. Erzählungen, Gedichte, Mittheilungen aus der Geschichte, Geographie, Naturgeschichte, Himmelskunde u. Anderes. Mit 24 Lithographien. 8. Wesel 844. Bagel. geb. 1 ₰

Beumer, P. J., Auswahl bibl. Geschichten f. d. ersten Unterricht. Ein freundliches Festgeschenk f. gute Kinder. qu. 8. (6¾ B. u. 24 Bild.) Wesel 845, Bagel. Thlr.

Beumer, P. J., alphabet. Bilderlese, s. Bilderlese.

Beumer, P.J. (Hrsg.), s. Bildungsblätter.

—— Biographieen berühmter Männer, od. Heldensaal für Deutschland's aufstrebende Jugend. 12. (7 B. u. 5 col. Abbildgn.) Wesel 844, Bagel.

Beumer, P. J., Blätter für die Kinderstube. Eine Sammlung kleiner Erzählungen, Gedichte u. Lieder für das zarte Jugendalter. Allen Müttern gewidmet. 12. Duisburg 838. Schmachtenberg. ¼ ₰

—— Borussia, s. a. Borussia.

—— Borussia. 45 Lieder mit ein- u. mehrstimm. Melodien. Allen Vaterlandsfreunden, namentlich aber Preußens Jugend gewidmet. A. u. d. T: Liederbuch, wohlfeilstes, 2. Hft. 16. (2 B.) Wesel 842, Bagel.

—— das Buch für die Abendstunden. Eine Zusammenstellung von unterhaltenden und belehrenden Mittheilungen für die Jugend. 12. (III und 283 S. mit 12 Stnt.) Wesel 851, Bagel.

—— das Buch der Belohnung. Eine Sammlung von Erzählungen und unterhalt. geschichtl. Darstellungen. 8. (288 S. und 12 Stnt.) Wesel 848, Bagel.

Beumer, P. J., das Buch d. Erholung. Eine Sammlung des Interessantesten und Bildendsten aus der Geschichte, der Länder-, Völker- und Naturkunde, kleiner Erzählungen und Gedichte. Der lernlustigen Jugend gewidmet. Mit 23 Lithogr. kl. 8. Wesel 846, Bagel. geb. 1 ₰

—— ein Buch für Freistunden. Der Jugend zur Unterhaltung und Belehrung gewidmet. 8. (250 S. und 16 Stnt.) Wesel 848, Bagel.

—— erstes Buch zur Selbstbeschäftigung für Elementarschüler, enthalt.: 126 leicht ausführbare Abbildungen, als Stoff zum Anschauungs- u. Sprechunterrichte u. als Mittel, den Schüler zweckmäßig zu beschäftigen. 8. (1 B.) Wesel 844, Bagel.

—— erstes Buch zur Selbstbeschäftigung für Elementarschüler, enth. 126 leicht ausführbare Abbildungen, als Stoff zum Anschauungs- und Sprechunterrichte und als Mittel, den Schüler zweckmäßig zu beschäftigen. 4. Aufl. 8. (16 lith. S.) Wesel 849, Bagel.

—— zweites Buch zur Selbstbeschäftigung für Elementarschüler, enth. 143 leicht ausführbare Abbildungen zum Nachzeichnen und 4 S. Vorschriften zum Schönschreiben. 12. (24 lith. S.) Wesel 851, Bagel.

—— das Buch für belehrende Unterhaltung. Historische Darstellungen, Biographien, Reisebeschreibungen zc. enthaltend. 8. (250 S. und 16 Stnt.) Wesel 851, Bagel.

—— Charakterzüge u. Anekdoten aus d. Leben der Könige von Preußen u. deren Generale. Ein Schriftchen für Preußens Jugend. 8. (2 B.) Wesel 846, Bagel.

—— Charakterzüge aus d. Leben edler Menschen, z. Belehr. u. Nachahm. d. Jugend. 2., verb. Aufl. M. 4 ill. Bild. 12. (5 B.) Wesel 841, Bagel.

—— biblische Dichtungen, z. Gebr. beim Unterr. in d. heil. Geschichte. gr. 12. (9 B.) Wesel 839, Bagel.
Wurde auch u. d. T.: Fromme Harfenklänge. Eine Samml. bibl. Poesien, allen Bibelfreunden gewid., versendet.

— Erinnerungen an Friedrich Wilhelm III. den Standhaften, den Frommen, den Gerechten. Eine kurze Lebensbeschreibung des großen Heldenkönigs f. Preußens Volk. Mit 1 Abbild. gr. 12. Wesel 840. Bagel. 4¾ gr

—— interessante Erzählungen aus dem Leben edler Menschen. Der Jugend zur Lehre und Erkenntniß mitgetheilt. 16. (112 S. und 4 ill. Stnt.) Wesel 847, Bagel.

(——) kleine Erzählungen z. Veredl. d. Herzens u. Bildung d. Verstandes. 2. Aufl. M. 4 ill. Bild. 12. (5 B.) Wesel 841, Bagel.

— der kleine Geograph, oder Hand-Atlas für Elementarschulen. Enthaltend 9 colorirte Karten nebst Text. kl. 4. Ebend. 841. 6¼ ngr. 2. sehr verb. Aufl. kl. qu. 4. Ebend. 842. n. 6¼ ngr — dass. auch 845. n. 6 ngr

—— Goldperlen. Lehren der Weisheit und Tugend in Erzählungen, Gedichten und Denksprüchen. Eine Festgabe für die Jugend. 16. (VIII und 103 S. mit 6 lithochrom. Bildern.) Wesel 849, Bagel.

— pädagogische Gold- u. Silberstufen. Eine Sammlung class. Stellen aus den besten Schriften älterer u. neuerer Zeit, in sachgemäßer Anordnung. Allen Freunden der Erziehung gewidmet. gr. 12. Wesel 838. Bagel. ⅓ ₰

—— der kleine Gratulant. Eine Sammlung von Briefen und Gedichten, Glückwünsche für das Neujahr, für Geburtstage und andere Familien-Feste enthaltend. Der lieben Jugend gewidmet. 8. (48 S.) Wesel 851, Bagel.

— fromme Harfenklänge. Eine Sammlung biblischer Poesien, allen Bibelfreunden gewidmet. gr. 12. Ebd. 839. $^1/_2$ ₰

—— das Haus d. Hohenzollern. Zeittaf. v. 1415 — 1838. 1 Tab. m. Verziern. Imp.-Fol. Wesel 839, Bagel. *

—— deutscher Jugendfreund. Eine Auswahl von Erzählungen und Gedichten belehrenden Inhalts. 8. (340 S. und 10 Stnt.) Wesel 847, Bagel.

— Königslieder, allen wahren Preußen gewidmet. 15 Lieder mit mehrstimmigen Melodien. 16. Wesel 840. Bagel. n. 1 ℊ

—— Liederbuch f. Elementarschulen, od. Hundert Lieder f. d. Jugend. 16. ($6^1/_2$ B.) Wesel 838, Bagel. *
Melodienbuch hierzu. 16. ($4^1/_2$ B.) Ebendas. 838. 6 Gr.

— Vater Linhard u. seine Kinder, oder: die Jahreszeiten. Ein Festgeschenk für gute Kinder. 16. (Mit 4 Lithogr.) Meurs 844. Dolle. geb. $^1/_2$ ₰

Beumer, P. J., schöne Mährchen, Legenden u. Sagen zur angenehm. Unterhalt. f. brave Kinder. 2., verb. u. verm. Aufl. M. 4 ill. Bild. 12. (5 B.) Wesel 841, Bagel. Thlr.

—— Prämien-Bibliothek f. d. liebe Jugend, s. Prämien-Bibliothek.

—— Prämien-Bibliothek für die liebe Jugend. 1—6. Bdchn. (Neue Folge.) 16. Wesel, Bagel. à Bdchn.
Mit ill. Stnt. à Bdchn.
Auch unter den Titeln:
Bdchn. 1. Kleine Erzählungen, Parabeln und Fabeln zur Veredelung des Gemüthes und Bildung des Verstandes. (112 S. und 4 Stnt.) 847.
2. Neuester Fabelschatz, der Jugend zur Lust und Lehr' herausg. (112 S. und 18 Stnt.) 847.
3. Interessante Erzählungen aus dem Leben edler Menschen. (112 S. und 4 Stnt.) 847.
4. Wanderungen in das Reich der Thiere. (112 S. und 4 Stnt.) 848.
5. Goldperlen. Lehren der Weisheit und Tugend in Erzählungen, Gedichten und Denksprüchen. (110 S. und 4 Stnt.) 851.
6. Wunderliebliches Lustwäldchen schöner Mährchen, Legenden und Sagen, braven Kindern zur angenehmen Unterhaltung gewidmet. (112 S. und 4 Stnt.) 851.
Das 4. Bdchn. kostet einzeln mit ill. Stnt. 10 Ngr.

—— Prämien-Büchlein für fleißige Kinder. Nr. 1—12. 12. (288 S.) Wesel 847, Bagel.

—— Prämien-Büchlein für fleißige Kinder. Neue Folge. Nr. 1—12. 12. (à 24 S. und 1 Stnt.) Wesel 851, Bagel.

—— der kleine Raff, od.: Vater Gotthold's Unterhaltn. m. sein. Kindern üb. d. Reiche d. Natur. Eine Naturgesch. f. d. liebe Jugend. Mit viel. ill. Abbildn. (7 Taf.). 12. (11 B.) Wesel 841, Bagel.

— der kleine Raff, oder Vater Gotthold's Unterhaltungen mit seinen Kindern üb. die Reiche der Natur. Eine Naturgeschichte für die liebe Jugend. 3. verm. Aufl. Mit vielen color. Abbildungen. 16. (256 S. m. 7 lith. Taf.) Ebd. 849. $^1/_2$ ₰

—— der kleine Sänger, s. Sänger.

Beumer, P. J., der Schreibschüler, s. Schreibschüler.

—— der kleine Schriftleser od. Uebungsstücke f. d. Lesen verschiedener Handschriften, nebst vielen Aufgaben zur Anleit. im Anfertigen schriftl. Aufsätze, Briefe ꝛc., sowie Erklärung der Fremdwörter. 1. Aufl. ($^1/_2$ B. u. 40 lith. Blätt.) 843 u. 5. Aufl. gr. 8. ($4^1/_2$ B.) Wesel 846, Bagel. *

—— der kleine Schriftleser, oder Uebungsstücke für das Lesen verschied. Handschriften, nebst vielen Aufgaben zur Anleitung im Anfertigen schriftl. Aufsätze, Briefe ꝛc., so wie Erklärungen vieler Fremdwörter. Ein Lese- und Uebungsbuch für Elementarschüler. 8. Aufl. gr. 8. (VIII und 80 lith. S.) Wesel 849, Bagel.

— geographische Studien für die Jugend, enthaltend Karten mit erläut. Tabellen, nebst Netzen z. Kartenzeichnen. 1s Hft. Die beiden Halbkugeln; Europa; Deutschlands Flußgebiete; Deutschlands Höhenzüge; Deutschlands Staaten; der Preußische Staat. Mit 12 lithograph. Bl. qu. gr. 4. Wesel 840, Bagel. n $^2/_3$ ₰

—— geograph. Studien f. d. Jugend, enth. Karten mit erläut. Tab., nebst Netzen z. Kartenzeichnen. 1. Hft. Die beiden Halbkugeln; Europa; Deutschlands Flussgebiete; Deutschl. Höhenzüge; Deutschl. Staaten; der Preussische Staat. qu. gr. 4. (12 lith. Bl., wovon 6 ill., u. $2^1/_4$ B. Text.) Wesel 841, Bagel. *

— pädagogisches Taschenbuch für 1844. 1. Jahrg. Allen Lehrern gewidmet. Mit 4 saubern Bildern. 12. Wesel 844, Bagel. $^1/_2$ ₰

Beumer, P. J., Geographische Unterhaltungen, oder kurze Beschreibung des Preussischen Staates; nebst einem Anhange über Deutschland, Europa und die Erde im Allgemeinen. Ein Lesebuch für Preussens Jugend. Mit 4 kolor. Bildern. Wesel 1840. 12.

—— der fleißige Zeichner. Vorlegeblätter f. den 1. Unterricht im Zeichnen. 1. Hft. 24 Blätt. 16. Wesel 845, Bagel.

—— dass. 2. Hft. Vorlegeblätter f. den 2. Unterr. im Zeichnen. 18 Blätt. 16. Ebds. 846.

— der fleißige Zeichner. Vorlegeblätter für den ersten Unterricht im Zeichnen. 1. Hft., enth. 24 (lith.) Vorlegeblätter. 3. Aufl. qu. 16. Ebd. 850. 3 ngr — 2. Hft., enth. 18 (lith.) Vorlegeblätter. 2 Aufl. qu. gr. 16. Ebd. 850. $^1/_6$ ₰ — 3. Hft., enth. 12 Blätter. kl. qu. 4. Ebd. 847. — 2. Aufl. Ebd. 850. $^1/_4$ ₰

Beumer, Ph. Jac., zwölf Arbeitshefte für fleißige Kinder, zur nützlichen Beschäftigung in der Schule und zu Hause. 4. (à 24 S.) Wesel 852, Bagel. *

Beumer, Ph. Jac., das neue Aschenbrödel. Eine liebliche Geschichte für die kleinen Leute erzählt. Mit 8 saubern (lith.) Bildern in Farbendr. Wesel 854. Bagel. 8. (16 S.) 5 ngr

—— neuer Atlas über alle Theile der Erde in 28 Karten für Schulen, Zeitungsleser und Geschäftsleute. Erläutert in 18 histor. statist. und geograph. Tabellen und Uebersichten. 7., verb. und verm. Aufl. qu. Fol. (28 chromolith. Karten und 24 S. Text.) Wesel 850, Bagel.

—— und J. B. Sonderland, Aufgepaßt! du kleines Volk! Ein schönes und unzerreißbares Bilderbuch für liebe Kinder. Mit lustigen Bildchen und fröhlichen Liedchen, die zum größten Jubel von Jung und Alt nach bekannten Volks-Melodien abzusingen sind. Nebst einer Beilage: Die Clavierbegleitung zu den Liedchen. gr. 4. (11 Chromolithogr. mit Text und 4 lithogr. S. Noten.) Mülheim a. d. R. 867, Bagel. cart.

— u. J. B. Sonderland, Aufgepaßt! Du kleines Volk! Ein schönes u. unzerreißbares Bilderbuch für liebe Kinder. Mit lustigen Bildchen u. fröhlichen Liedchen, die zum größten Jubel von Jung u. Alt nach bekannten Volks-Melodien abzusingen sind. Nebst e. Beilage: Die Clavierbegleitung zu den Liedchen. Mülheim a. d. R. 868. Bagel. gr. 4. (11 Bll. in Farbendr. m. Text u. 4 lith. S. Noten.)
1 ₰ 5 ngr

— kurze Beschreibung u. Geschichte v. Palästina. Für Volksschulen bearb. Mit 2 (lith. u. color.) Karten (in 4. u. qu. 8.) 12. (24 S.) Ebd. 847. — 2. Aufl. Ebd. 848. — 3. verb. Aufl. 8. (24 S.) Ebd. 852. $^1/_{12}$ ₰

—— kurze Beschreibung und Geschichte von Palästina. Für Volksschulen bearb. 3. Aufl. 1852. und 4. Aufl. gr. 12. (24 S. mit 2 lithogr. und ill. Karten in qu. 8. und 4.) Wesel 854, Bagel.

—— und L. Dicke, das Buch der Natur, s. Dicke.

Beumer, Ph. Jac., das Buch der Toaste. Ein unentbehrlicher Rathgeber für Alle, welche Frohsinn und Heiterkeit bei Vaterländischen-, Vereins- und Familien-Festen ꝛc. erwecken und beleben wollen. Müllheim a. d. R. 860. Bagel. 16. (120 S.) 10 ngr.

Beumer, Ph. Jac., das Buch der Toaste. Ein unentbehrlicher Rathgeber für Festordner u. Alle, welche Frohsinn u. Heiterkeit bei vaterländischen Vereins- u. Familien-Festen ꝛc. erwecken u. beleben wollen. 2. verb. u. verm. Aufl. Mühlheim a. d. R. 867. Bagel. 16. (VIII, 120 S.) 10 ngr.

Beumer, Ph. Jac., das Buch der Toaste. Ein unentbehrlicher Rathgeber für Festordner und Alle, welche Frohsinn und Heiterkeit bei vaterländischen, Vereins- und Familien-Festen ꝛc. erwecken und beleben wollen. 3. verb. und verm. Aufl. gr. 16. (VIII, 120 S.) Mülheim a. d. R. 871, Bagel.

Beumer, Ph. Jak., das Buch der Toaste. Ein unentbehrl. Ratgeber für Festordner und alle, welche Frohsinn und Heiterkeit bei vaterländ., Vereins- und Familienfesten ꝛc. erwecken und beleben wollen. 6. und 7. verb. und verm. Aufl. 12. (128 S.) Mülheim a. R. 887,88, Bagel. cart.

Beumer, Ph. J., das Buch der Toaste. 7., verb. Aufl. 12. (128 S.) Mülheim a/R. 889. Bagel. cart. 1.—

Beumer, Ph. Jak., das Buch der Toaste. Ein unentbehrl. Ratgeber f. Festordner u. alle, welche Frohsinn u. Heiterkeit bei vaterländ., Vereins- u. Familienfesten erwecken u. beleben wollen. 8., verb. u. verm. Aufl. (128 S.) kl. 8. Mülheim a/R. (905). A. Bagel. —75

BEUMER, PH. JAC. *Centifolien.* Hundert Erzählungen für die liebe Jugend. 2. Aufl. Mit 16 farbigen Bildern (= zweiteilige Chromolithogr.) Wesel, A. Bagel [c. 1850]. 192 S. Kl.-8°. Hübscher neuerer Pbd. 24.—
Hübsche Anekdoten u. „wahre Geschichten". — Teilw. leicht fleckig, eine Tafel ausgebessert.

Beumer, Ph. Jac., der wohlgeübte und beliebte Deklamator. Eine Sammlung der neuesten und schönsten Dichtungen in Ernst und Scherz, welche sich besonders zum Vortrage in Gesellschaften eignen; nebst einer vollständigen Anweisung, wie man zu einem schönen Vortrage gelangt. 8. (189 S.) Mühlheim 860, Bagel. Thlr.

— der wohlgeübte und beliebte Deklamator. Eine Sammlung der neuesten und schönsten Dichtungen in Ernst und Scherz, welche sich besonders zum Vortrage in Gesellschaften eignen; nebst einer vollständigen Anweisung, wie man zu einem schönen Vortrage gelangt. 860. (189 S.) 2. Aufl. Ebend. 864. 8. (175 S.) 10 ngr.

Beumer, Ph Jak., d. wohlgeübte u. beliebte Deklamator. E. Sammlg. d. neuesten u. schönsten Dichtgn. in Ernst u. Scherz, welche sich bes. z. Vortrage in Gesellschaften eignen, nebst e. vollständ. Anweisg., wie man zu e. schönen Vortrage gelangt. 8., verm. Aufl 8. (160 S.) Mülheim a/R. 896. J. Bagel. 1.—

— Elementar-Katechismus. Ein Leitfaden für den Unterricht in der deutschen Sprache, im Rechnen, in der Geographie und in der Naturkunde. Wesel 862. Bagel. 16. (IV, 112 S.) 4 ngr.

Beumer, Ph. Jak., Elementar-Katechismus. Ein Leitfaden für den Unterricht in der deutschen Sprache, im Rechnen, in der Geographie u. in der Naturkunde. 6., bericht. u. verm. Aufl. [Neue Orthogr.] 12. (88 S.) Düsseldorf 881. A. Bagel. —80

—— die Erde und ihre Bewohner. Eine vollständige Geographie für Stadt- und Landschulen, wie auch für Fortbildungs- und Handwerkerschulen, erläutert durch eine (lithogr.) Figurentaf. und 16 sauber (lithogr. und) ill. Landkarten. gr. 8. (VIII und 230 S. mit 1 Stnt.) Wesel 856, Bagel.

—— des Kindes erstes Fabelbuch. 1. und 2. Heft. (à 24 S. mit eingedr. Holzschn.) gr. 12. Wesel 855, Bagel. à Heft 3 Ngr.

—— deutscher Jugend-Almanach. Ein Geschenk f. fleißige Kinder. 1. Jahrg. 8. (3⅞ B. u. 4 Stnt.) Wesel 840, Bagel.

— Deutscher Jugendalmanach. Ein Geschenk für fleißige Kinder. 2. Jahrg. 2 Abthlgn. 8. (122 S. u. 8 Lith.) Ebd. 847. à 3 ngr — 1—4. Abthlg. in 1 Bd. a. u. d. T.: Deutscher Jugendfreund. Eine Auswahl von Erzählungen u. Gedichten belehrenden Inhalts. Mit 16 Steinzeichngn. 8. (340 S.) Ebd. 847. ½ rℓ.

— Deutscher Jugend-Almanach. Ein Geschenk für fleißige Kinder. III. u. IV. Jahrg. à 2 Abthlgn. 8. (248 S. m. 16 Steinzeichnungen in Tondr.) Ebd. 848. à Abthlg. 3 ngr
Auch u. d. Tit.:
Ein Buch für Freistunden.

— Deutscher Jugend-Almanach. Ein Geschenk für fleißige Kinder. V. u. VI. Jahrg. à 2 Abthlgn. 8. (248 S. m. 16 lith. Taf. in Tondr.) Ebd. 851. (à Abthlg. 3 ngr) 12 ngr

— ders. Neue Folge. I. Jahrg. 2 Abthlgn. u. II. Jahrg. 1 Abthlg. Mit 12 Steinzeichnungen (in Tondr.) 8. (S. 1—186.) Ebd. 852. (à Abthlg. 3 ngr) 9 ngr

Beumer, Ph. Jac., deutscher Jugend-Almanach. Ein Geschenk für fleißige Kinder. Neue Folge. 2. Jahrg. 2. Abth. 852. — 3. u. 4. Jahrg. (à 2 Abthlgn.) Wesel 857. Bagel. 8. (2. Jahrg.: 187 S. u. 4 Lithogr.; 3. Jahrg.: 2 Bl., 124 S. u. 8 Lithogr.; 4. Jahrg.: 2 Bl., S. 125—250. u. 8 Lithogr.) Jede Abth. 3 ngr

—— deutscher Jugend-Almanach. Ein Geschenk für fleißige Kinder. Neue Folge. 3. und 4. Jahrg. à 2 Abthlgn. 8. (4. Jahrg. 126 S. mit 8 Stnt. in Tondr.) Wesel 858, Bagel. à Abthl. 3 Ngr.
1. und 2. Jahrg. Ebendas. 1852. 12 Ngr.

Beumer, Ph. Jac. (Hrsg.), s. Jugend-Zeitung, Illustrirte, zur belehrenden Unterhaltung für die deutsche Jugend.

— das betende Kind, oder: Gebetbüchlein für die liebe Jugend. Zum Gebrauch in Schule u. Haus. 12. Wesel 838. Bagel. 1/12 rℓ

—— das betende Kind oder Gebetbüchlein für die liebe Jugend. Zum Gebrauch in Schule und Haus. 4., verm. Aufl. 12. (24 S.) Wesel 855, Bagel.

—— populäre Naturgeschichte der drei Reiche, mit besond. Beziehung auf das prakt. Leben. Ein belehrendes Handbuch für Erwachsene und für die reifere Jugend. Mit 333 Abbild. gr. 8. (XII und 677 S. mit 20 Stnt. in Farbendr.) Wesel 854, Bagel.

—— Oberon, der König der Elfen. Ein Märchen für die liebe Jugend erzählt. 8. (78 S. mit 4 lithochrom. Bild.) Wesel 854, Bagel.

— Schönschreibe-Heft. 12 Hfte. (à 16 lith. S.) (Neue verb. Aufl.) Wesel 864. Bagel. 4. n. 10 ngr.

Beumer, Ph. Jac., Schönschreibe-Cursus für deutsche und lateinische Schrift in 18 Heften. 4. (à Heft 20 lithogr. S.) Wesel 865, Bagel. In Couvert

—— kleine deutsche Sprachlehre in 150 Lectionen für den Sprachunterricht in Elementarschulen, mit besond. Rücksicht für die häusl. Beschäftigung bearb. 4., umgearb. Aufl. 16. (95 S.) Wesel 862, Bagel.

—— kleine deutsche Sprachlehre in 150 Lectionen für den Sprach- und Rechtschreibunterricht in Volksschulen, mit besond. Rücksicht für die häusl. Beschäftigung bearb. 5. nach den durch das königl. Ministerium der geistl., Unterrichts- und Medizinal-Angelegenheiten festgesetzten Regeln für die deutsche Rechtschreibung bearb. Aufl. 12. (80 S.) Ebendas. 880.

—— Thirza, d. fromme Judenmädchen, od.: gute Kinder sind e. Segen f. ihre Eltern. Eine anmuth. u. lehrr. Erzähl. Für d. Jugend bearb. 16. (5 B. u. Titelbild.) Mörs 841, Dolle.

—— Thirza, das fromme Judenmädchen, od. gute Kinder sind ein Segen für ihre Eltern. Eine anmuthige u. lehrreiche Erzählung. Für die Jugend bearb. 16. (3 B. u. 1 Stnt.) Mörs 844, Dolle.

— Thirza, das fromme Judenmädchen, oder: gute Kinder sind ein Segen für ihre Eltern. Eine anmuthige und lehrreiche Erzählung. Für die Jugend bearbeitet. 2. Aufl. Mit 1 Titelkpfr. Meurs 854. Dolle. 16. (64 S.) 5 ngr

— der gebesserte Verschwender. Ein Märchen, für die liebe Jugend erzählt. Mit 4 Bildern (lith. u. in Farbendr.). Wesel 854. Bagel. 8. (1 Bl., 62 S.) 6 ngr

Beumer, W.: Die volkswirtschaftliche Bedeutung der rheinisch-westfälischen Industrie. Leipzig, 1908. 12 S. mit 6 Abb.

Beumer, Wilh., s. Adress-Buch doutschor Export-Firmon.

Verband Rhein.-Westfäl. Bildungsvereine. Bericht des Generalsekretärs Herrn Dr. W[ilhelm] Beumer-Düsseldorf, betr. Die Frage der Sonntagsruhe, erstattet auf dem 24. Verbandstage 1892. Hrsg. vom Verbands-Vorst. *Köln 1892: Greven & Bechthold.* (16 S.) 8° [F.] [illegible]

Die Berufswahl oder Was kann d. Schule u. was kann d. Haus z. Erleichterung e. geeigneten Berufswahl d. Jugend thun? Berichte d. Herren Realgymn.L. Dr. W[ilhelm] Beumer-Witten u. Generalsekr. [Henri] Buek [Bueck]-Düsseldorf f. d. Gen.-Versamml. d. Lib. Schulver. zu M.-Gladbach ... 1886. Bonn: E. Strauß 1886. (40 S.) 8° [F.]
= Schriften d. Liberalen Schulvereins Rheinlands u. Westf. No 13. [illegible]

Beumer, Guilelmus, De Decalogo. Jenae 1871. Varia 65. 8.

— die Entwicklg. d. Fortbildungsschulen u. d. gewerbl. Fachschulen in Preußen, s.: Fachschulwesen, d. gewerbl. in Preußen.

Beumer, Wilh., Erziehungsspiegel. Eine pädagogische Anthologie, allen Freunden der Erziehung, insbesondere den Müttern gewidmet. 1. u. 2. Aufl. 8. (VII, 197 S.) Detmold 877. Meyer. n. 3. —

— Erziehungsspiegel. Eine pädagog. Anthologie, allen Freunden der Erziehg., insbesondere den Müttern gewidmet. 4. Aufl. 8. (VII, 197 S.) Detmold 885. Meyer. geb. n. 2. 25

Beumer, Wilh., Kaisertage in Schleswig-Holstein. Dem Volke zur Erinnerung geschildert. gr. 8. (68 S.) Schleswig 881, Meves. *

— wider das Pensionat. 6 Briefe an eine Mutter. 8. (IV, 28 S.) Detmold 876. Meyer. n. — 50

— s.: Stahl u. Eisen.

Fünfundzwanzig Jahre Thätigkeit des Vereins zur Wahrung der gemeinsamen wirthschaftlichen Interessen in Rheinland und Westfalen. E. geschichtl. Ueberblick v. Dr. Wilhelm Beumer, Generalsecr., Mitgl. des preuss. Abgeordnetenhauses. *Düsseldorf: Commissionsv. (u. Dr.) v. A. Bagel 1896.* (2 Bl., 285 S., 1 Portr., 5 Porträttaf.) 1 Bd 8. [illegible]

Beumer, W., das Wirthschaftsjahr 1889. Bericht an die XIX. Generalversammlg. des Vereins zur Wahrg. der gemeinsamen wirthschaftl. Interessen in Rheinland u. Westfalen. Als Beitrag zur Arbeiterfrage auf mehrseit. Wunsch veröffentlicht. gr. 8. (40 S.) Düsseldorf 890. (A. Bagel.) n. — 60

De Marco Beumlero philologo Ramista. Comment. histor.-litter . . gymnasii. Ulmae (Wagner) 25. VI. 1797. 11 S. (4.—) 2471

Beuningen, Frdr. von

Beuningen, F. van, die zweite Bitte des „Vater Unser" (Ev. Matth. 6, 10): Dein Reich komme! Kurzgef. Lehre d. h. Schrift üb. d. bevorsteh. Ende dieser Weltzeit, die Wiederkunft d. HErrn u. das tausendjähr. Reich d. Herrlichkeit. gr. 8. (62 S.) Riga 901. Jonck & Poliewsky. n. n. — 90

Beuningen, F. van, die Enthüllung der eschatologischen Weissagungen u. ihre Gegner. (III, 66 S.) gr. 8. Riga 903. (Jonck & Poliewsky). n. 1. 30
Sonderabdruck aus: „Mittheilgn. u. Nachrichten f. d. ev. Kirche in Rußland."

Beuningen, Frdr. van: Die Enthüllg d. Zukunft durch d. HErrn Jesum Christum, genannt d. Offenbarg St Johannis, erklärt. (4, 240 m. 2 farb. Ktn.) gr8° Riga, G Neuner '11. 3 —; L 4 — d

Das Kommen des Messias, des Königs, und Seines 1000-jährigen Reiches auf Erden nach d. Weissagungen im Buche Daniel u. in d. Offenbarung. Paul W. U[no] van B[euningen]. *Riga: Jonck & Poliewsky in Komm. (1899–)1900.* (217, 19 S.) 8° [F.]
[Sondert.:] Erklärungen z. Tabelle f. d. Guinness'sche Werk 'Licht f. d. letzte Zeit'. [Verf.: Paul W. Uno van Beuningen.] 1899. [illegible] 10

Beuningen, Th. van, das einzig richtige Bild des Heilands u. das allmählich sich verbreitende Licht üb. die Wiederkunft des Heilands. (11 S.) 8. St. Petersburg (909). (Riga, E. Bruhns.) nn — 25

— über Prof. Heinrich Weigel's „Stoffe u. Probleme des Religionsunterrichts". (24 S.) kl. 8. Ebd. (908). nn — 35

— „Wachet!" „Ich komme bald!" Geschichte der Menschheit in Verbindg. m. d. chronolog. Weissagg. 1. u. 2. Lfg. (294 S. u. IV, 296 S. m. 1 Karte.) Lex. 8. St. Petersburg 910. (Riga, E. Bruhns.) à 3. 25

— Die Wiederkunft des Heilands im J. 1932—33 od. die Erfüllung der zweiten u. der letzten Bitte des täglichen Gebets: „Dein Reich komme!" „Und erlöse uns vom Bösen!" (55 S.) kl. 8. Ebd. (908). nn — 65

Beurbarungs-Gesellschaft, d. bürgerl., zu Freiburg im Br., v. ihrem Urspr. bis z. Gegenw., 1790—1860. 8. (62) Freib. 60, (Scheuble.) — 5

Beurbarungs-Gesellschaft, die bürgerliche, zu Freiburg im Breisgau, von ihrem Ursprunge bis zur Gegenwart, 1790 —1860. Ein Abschnitt aus der Geschichte des bürgerlichen Gemeindewesens der Stadt Freiburg. Freiburg im Br. 860. (Wangler.) gr. 8. (VI, 62 S.) 5 ngr

Horst. Door A. F. van Beurden, Landmeter. Sittard 1910: Claessen. 7 S. 8°
(Wandelingen rondom Roermond. 3.)

Beuren [Schlagwort]
Beuren, s.: Preussen. Messtischblätter.

Beuren [Verfasser]
Beuren, Otto, die innere Unwahrheit der Freimaurerei. gr. 8. (IV, 179 S.) Mainz 884. Kirchheim. n. 2. 40

Beuren, Otto, Die inn. Unwahrheit d. Freimaurerei. 2. Aufl s.: Raich, Joh. Mich.

BEURER, Bernhard (Zusmarshausen): Die Lungengangrän.- München 1848. 15 S.
19.8.1847 - Urk (Titel: De gangraena pulmonum.); F 66
Diss. Ingolst.-Landsh.-Mchn.

Beurhaus, Fried. Wilh.: Rechtliche Erörterung der Frage: Ob ein Weidepachter wegen Furcht vor dem sich nähernden Viehsterben von dem vorhin geschlossenen Pachtkontrackte gänzlich abzugehen befugt sei ? Dortmund 1752.

Beurhus, Heinr.: De erroribus Augustanae confessioni, s. Roll, Reinhard Heinrich (Praes.)

Beurhusius, Joh. Friedrich (Dortmund), De appellatione, & speciatim, ea, quae fit ex revisorio. Diss. jur. Rector Joh. van Muyden. Utrecht (Wilh. vande Water) 17. VII. 1713. 16 Seiten. (4.80) 2472

Beurier Conferenzreden wider die Feinde d. Religion. Aus d. Französ. 2 Bde. gr. 8. Augsburg 1781 1 Thlr. 6 ggr. — 2 fl. 15 kr.

Beurier, . . ., Conferenzreden wider die Religionsfeinde; aus d. Französ. 2 Thle. 8. Augsb. 781. Veith. 1 ℛ 12 ℊ

Beuriger, *Joh.:* Historische Übersicht über die Untersuchungen der Verteilung der Wärme im Sonnenspektrum. Neuwied, L. Heuser's Buchdr., 1896; 46 S., 1 Bl., 1 Doppeltaf. 8.
Neuwied, k. G m. RPG, OP 1896 (464)

Beuriger, J[ohannes]: Zur Auflösung der biquadratischen Gleichungen. *(Bonn 1901: C. Georgi.)* (20 S.) 4°
Bonn, k. G, P 1901 (464)

Beuriger, Ioannes Baptista (geb. am 19 Aug. 1825 in Merzig a. d. Saar): De religioso medici officio ... Bonnae, form. C. Georgii (1851). 1 Bl., IV, 24 S., 1 Bl. 8.
Bonn, Med. Fak., Diss. v. 13 Aug. 1851

Beurkundung, die, des Personenstandes und die Form der Eheschließung. Gesetz vom 9. März 1874. 8. (18 S.) Berlin 874, Kortkampf. *

Die Beurkundung des Personenstandes u. die Eheschließung. Reichs-Ges. vom 6. Febr. 1875. Mit der Ausf.-Verordn. d. Bundesraths vom 22. Juni 1875. Nach d. Materialien bearb. von e. prakt. Juristen. Berlin 1875.
(Dt. u. preuss. Gesetzgebung betr. Regelung d. Rechts-Verhältn. zwischen Staat u. Kirche. Bd. 2. Kortkampf'sche Ausg. Tit. 13. H. 12.)

— dasselbe. Reichsgesetz vom 6. Febr. 1875. Mit Gebührentarif. Nach den amtl. Motiven u. Reichstagsverhandlgn. erläutert. 2. Ausg. m. dem sächs. Gesetze vom 5. u. der Ausführungs-Verordng. vom 6. Novbr. 1875. Mit e. ausführl. Sachregister. 8. (IV, 152 S.) Leipzig 876. Roßberg. n. 1. —

Beurlaubten, Die. Gelegenheitsstück in 2 A. Prag 1780. V: *Seipp, Chph Ludwig.* (GGr)

Beurlaubten, die. Lustsp. 8. Prag. Gerle. 780.

Beurlaubung und Danksagung der k. k. Hofschauspielerin M. Weidner. Gesprochen am 29. April 1794. Wien. V: *Schisling, Franz.* (Karajan)

Beurlaubung e. Greises. gr. 8. Mannh. 808. Schwan u. G. 1 ℛ 8 ℊ

Lehr- und Erziehungsanstalt für Knaben zu Dresden-Striesen — Freimaurer-Institut — öffentliche Realschule. Die Beurlaubung unserer Zöglinge. [Unterz.:] [M.] Friedrich. o. O. u. J. 1 Bl. 4°. [Kopftit.]

BEURLAUBUNGS-LIED vor dem Marianischen Gnadenthron zu Gyüd: 1. O Maria, jetzt ist's Zeit. 2. Maria du Himmelskönigin. 3. Liebste Seel. Budapest o. J.: Wimmer. 4 S. - 4°

BEURLAUBUNGS-LIEDER vor dem marianischen Gnadenthron zu Gyüd, nächst Siklos in Ungarn. O Maria, jetzt ist's Zeit, daß man von einander scheid't. Sei gegrüßt zu tausend Malen, sei gegrüßt, Maria rein. Maria, du Himmelskönigin! du Braut des heiligen Geistes. Ungarisch-Altenburg (1846): Alexander Czéh.

BEURLAUBUNGS-LIEDER von dem Marianischen Gnadenthron nächst Siklos in Ungarn. Ofen o. J.: Gedruckt bei M. Bagó. 8 S. - 150 mm

Beurle, C., dreistimmige Chöre für Oberclassen in Volksschulen u. höheren Lehranstalten componirt etc. gr. 8. Tübingen 840. (Osiander.) 1/8 ℛ

Beurle, Carl, die staatswirtschaftliche Bilanz e. Jahrhunderts. Ein Vortrag. (16 S.) 8. Linz 910. F. Steurer. nn — 50

Beurle, Carl, Leitfaden d. österreichischen Handels- u. Gewerbe-Rechtes f. den Gebrauch an Handelsmittelschulen u. zum Selbstunterrichte. gr. 8. (VIII, 144 S.) Wien 886. Manz. n. 2. —

BEURLE, Carl
(F) Leitfaden des österreichischen Handels- und Gewerbe-Rechtes für den Gebrauch an Handelsmittelschulen und zum Selbstunterrichte. Von Dr. Carl Beurle. 2., vermehrte und ergänzte Auflage. Wien. 1900. Manz. Gr.-8°. VIII, 162 S. K 2.40

— die Zolleinigung zwischen Oesterreich u. Deutschland. Oeffentlicher Vortrag, geh. in der Zollversammlg. d. Deutsch-nationalen Vereines in Wien am 6. Mai 1885. [Aus: „Unverfälschte deutsche Worte".] 8. (24 S.) Wien 885. (Kubasta & Voigt.) n. — 20

Beiträge zur Geschichte der deutschen Studentenschaft Wiens. [Verf.: Dr. Karl Beurle]. *Wien: Lesk & Schwidernoch (1892).* (111 S.) 8° [J.]
[90. 117:8 11

Beurlin, Rudolf Philipp: De luxatione et fractura femoris. Altorfii Nor. (1718:) Kohl. 48 S. 8°.–
Altdorf, Med. Diss. v. 9. Dez. 1718.

Beurling, P. J., plantae vasculares seu cotyledoneae Scandinaviae, nempe Sueciae et Norvegiae, juxta regni vegetabilis systema naturale digestae. Stockholm 859. (Bonnier.) gr. 8. (69 S.) n. 20 ngr.

Beurmann, Ed., Frankfurter Bilder. 8. Mainz 835. Kupferberg. 1 1/2 ℛ

— Ludwig Börne als Charakter u. in d. Literatur. Mit Bildn. u. Facsimile. 8. Frankfurt 837. Körner. 1 ℛ

— Ludwig Börne als Charakter und in der Literatur. 2. Ausg. (Mit Bildniß u. Facsimile.) 8. Frankfurt a. M. 841, Körner. n. 1/4 ℛ

— Brüssel u. Paris. 3 Bde. 8. Leipzig 837, 38. Fischer in Kassel. 4 1/3 ℛ

Beurmann, Ed [Übers.]
s. Hugo, V.: Sämmtliche Werke. 1835 - 1839.

— aus dem Leben eines Advocaten, s. Mittheilungen.

— Franz Liszt, s. Zeit, unsere.

— die drei Septembertage der Georgia Augusta im Jahre 1837. 8. Frankfurt a. M. 838. Körner. 2/3 ℛ

— Skizzen aus den Hanse-Städten. 8. Hanau 835. König. 1 2/3 ℛ

— Skizzen aus d. Hanse-Städten. 8. (20 1/2 B.) Hanau 836, König.

— Ein Wort an die Herren Doctoren Oelrichs u. Watermeyer, als Anhang zu meinen Skizzen aus den Hanse-Städten. 8. Hanau 836. König. 5 ℊ

Beurmann, Eduard, über Afghanistan. gr. 8. (20½ B.) Darmstadt 844, Leske.

Beurmann, Eduard (Hrsg.), s. A l m a n a c h der deutschen Bühnen.

— D e u t s c h l a n d u. d. Deutschen. 4 Bde. (16 Lfgn.) M. 4 Stahlst. 8. (100½ B.) Altona 838—40, Hammerich. à 1½ Thlr.

— dass. 4 Bde. Mit 4 Stahlst. 8. Ebd. 838, 40. (à 1½ Thlr) 6 Thlr

— dass. 4 Bde. Ohne Kpfr. 8. Ebd. 2½ Thlr

— der T e l e g r a p h. Neueste Folge, s. T e l e g r a p h.

Beurmann, Eduard (Hrsg.), s. T e l e g r a p h , Der, zur Kunde der Heimath und Fremde.

Beurmann, Emil, En passant. Skizzen u. Plaudereien. gr. 16. (174 S.) Biel 902. E. Kuhn. n. — 80

B e u r m a n n, Emil. Chadigas Europareise und andere Skizzen. [Mit illustriertem Umschlag.] 98 S. 8. Biel, Ernst Kuhn, 1906. [fr. 1.—]

Beurmann, Emil, Malerfahrten im Orient u. in Spanien. 8. (274 S.) Basel 899. Georg & Co. n. 3. —

(B e u r m a n n, Emil.) Dr. Fritz Schider †, geb. 13. Februar 1846 — gest. 15. März 1907. [Nekrolog. Mit 1 Porträt-Tafel.] S. 81—83. 8.

Basler K u n s t v e r e i n. Berichterstattung über das Jahr 1906. (Beilagen: ... 2....) Basel, M. Werner-Riehm, 1907.

B e u r m a n n, G[ustav] F[riedrich]. Sprüche und Reime, aus dem täglichen Leben gegriffen. II + 2 + 24 S. [+ 3 Bl.]. 8. (Basel,) im Selbstverlage des Verfassers, 1906. [fr. —.50]

Beurmann, Johann Christoph (Münden/Hann.), De his quae nobis invitis acquiruntur. Disp. jur. Präs. Jo. Christian Schroeter. Jena (Werther) 29. X. 1701. 36 S. (5.—)
Widm. v.: Christoph Weissenborn.

B e u r m a n n, Mor. v., Glossar der Tigré-Sprache wie sie bei Massaua gesprochen wird, bearb. und mit einer grammat. Skizze und einem Lebensabriss des Sammlers hrsg. von A. Merx. gr. 8. (80 S.) Leipzig 868, Hinrichs' Verlag. *
Aus: 6. Jahresbericht des Vereins von Freunden der Erdkunde zu Leipzig, besonders abgedruckt.

(von B e u r m a n n, Moritz): Moritz von B e u r m a n n's Reise durch die Nubische Wüste, von Korosko nach Abu Hammed und Berber, 1860. Gotha 1862. 3 S.
in: E r g ä n z u n g s h e f t zu P e t e r m a n n's Geographischen Mittheilungen. No. 7. S. (1)–(3). 8°.

— Vocabulary of the Tigré Language. Published with a grammatical sketch by A. Merx. gr. 8. (VIII, 78 S.) Halle 868, Buchh. des Waisenhauses. *

Beurnevésin [Schlagwort]
Beurnevésin, s. Schweiz. Atlas.

Beurnier, David: O b s e r v a t i o n e s juridicae, s. T h u r n e y s e n , Joh. Jakob (Praes.)

Beurnier, David: De p r o b a t i o n i b u s per comparationem litterarum. 16 S.– Basel, Jur.Diss.v. 9 Juni 1775.

Beurnier, Pet. Dav. (Mömpelgard), De damno non damnoso. Dissert. jur. Präs. Joh. Jac. Scherz. Strassburg (Gg. Adam Pieschker) 2. IX. 1732. 4 Blatt, 36 S. (5.—)
Widm. v.: Carl Jerem. Goguel (Mömpelgard), Pet. Heinr. v. Thiele (Mömpelgard), G. D. Brisechoux (Mömpelgard).

— — De damno lucroso. Diss. jur. Strassbg. (Gg. Adam Piescker) 21. XI. 1732. 22 S. (4.50) 2475
Widm. v.: Carl Jerem. Goguel, G. D. Brisechoux (beide Mömpelgard).

Beuron, s. M o l k e n k u r - A n s t a l t.

Beuron im Donautal. Ein Führer durch Kirche, Kloster u. Umgebg. 2. Aufl. (96 S. m. 11 Abbildgn. u. 1 Karte.) kl. 8. Beuron (905). Verlag der Beuroner Kunstschule. n. — 75

Beuron, der Gnadenort, im Donauthale oder: kurzer Bericht über die Wiedereröffnung der Wallfahrt zu dem Gnadenbild im dortigen Benedictinerkloster St. Martin, nebst einem Anh. von Gebeten. Freiburg im Br. 863. Herder. 16. (105 S. u. 1 Holzschn.) n. 2 ngr.

Beurrier, Vinc. Toussaint, Konferenzreden wider die Feinde der Religion. Aus dem Französ. Augsburg, Kranzfelder, 1781, gr. 8°. 2 Bde.

Beurteiler, s. B e u r t h e i l e r

Beurteilung, s.a. B e u r t h e i l u n g

B e u r t e i l u n g des Entwurfs zu einem Bergges. f. d. Königr. Sachsen. Freiberg 1849

Beurteilung der zum Wettbewerb „Gross-Berlin" eingereichten 27 Entwürfe durch das Preisgericht. (Berlin 1910.) 4°. — Wa 5679. —

Beurteilung von Jugend- u. Volksschriften. Hrsg. vom Prüfungs-Ausschuß des Anhalt. Lehrervereins. 4. Heft. gr. 8. (78 S.) Zerbst 890. (Gast). * — 75

Die **Beurteilung** unserer Schülerinnen. Studien von Mitgliedern des Kollegiums. Leipzig 1906: Bär & Hermann. (S. 3—61.) 8°
Leipzig, HM OP 1906 [155]

Theologische Beurteilung der Sätze, welche den Geistlichen der Erzdiöcese Köln zur Unterschrift vorgelegt worden. Von einem kathol. Geistlichen. Frankf. 1837, 8°, 1 Mk.

Beurteilungen, s.a. B e u r t h e i l u n g e n

Beurteilungen v. Jugend- u. Volksschriften. Hrsg. vom Prüfungs-Ausschuß d. Anhalt. Lehrervereins. 1. Hft. gr. 8. (VII, 63 S.) Zerbst 885. (Zeidler.) n. — 75

Beurteilungen v. Jugend- und Volksschriften. Hrsg. vom Prüfungs-Ausschuß des Anhalt. Lehrervereins. 2. und 3. Hft. gr. 8. (V, 51; VII, 68 S.) Zerbst 886. 888. (Gast.) à n. — 75

Beurteilungen v. Jugend- u. Volksschriften. Hrsg. vom Prüfungs-Ausschuß des Anhalt. Lehrervereins. 4. u. 5. Hft. gr. 8. (IV, 77 u. IV, 54 S.) Zerbst 890. 893. (F. Gast.) à n. — 75

Beurtheiler: Der Unpartheiische Beurtheiler
① Eine Monatsschrift für's Volk (Untertitel für die gebundenen Jahrgänge) ⑤ 1845—1848 (?) ⑥ 8° ⑦ Monatsblatt ⑧ Basel: Baur sel. Erben ⑩ A. Scharf ⑪ A. Scharf (Verfasser) ⑫ radikal ⑭ Bs: U ⑮ Religiöses Volksblatt freisinniger Tendenz. Trotz der Versicherung politischer Unparteilichkeit zeigt sich eine deutliche Stellungnahme für die politischen Ziele der Basler Radikalen der damaligen Zeit: gegen die kirchliche Orthodoxie und die Universität, für die Hebung des Volksschulwesens, für eine großzügige Aufnahme fremder Handwerker in die Zünfte mit Ablehnung der Handels- und Gewerbefreiheit.

Beurtheiler, der unpartheiische. Eine Monatsschrift für's Volk. 1–3. Jahrg. 1845–1847. [Von A. Scharf.] 8. Basel. Fischer in Comm. (à ½ Thlr) 1½ Thlr

Beurtheilung, s.a. B e u r t e i l u n g

Beurtheilung der zu Berlin erschienenen Abhandlung über die Frage: Ob der weiblichen Nachkommenschaft ..., die aus der Herrschaft Schwedt herauszuzahlenden Gelder zu gleichen Theilen zustehen müssen? Dessau 1789. V: *Friedel, Chn Ludwig.* (MGT)

Beurtheilung des Trauerspiels: die Albaneserin von A. Müllner. ... Leipz. 1821. V: *Malsburg, Ernst Friedrich Otto Freiherr von.* (BRVV)

Beurtheilung des Trauerspiels: die Albaneserin v. A. Müllner. (Aus d. IX. Stck d. Hermes abgedr.) gr. 8. Leipz. 821. Brockhaus. 10 gr.

Beurtheilung einer Schrift: Alterthümer am Nordgestade des Pontus von Peter von Köppen. St. Petersburg 1723. V: *Koehler, Hnr. Carl Ernst.* (HIIBD III, 58)

Beurtheilung jener Anmerkungen, welche der Katholische Kirchenboth, Zeitungsblatt für Geistliche im 18. Stücken des Jahrgangs 1785 über einen Vorschlag Ein neues Defizienten Haus zu errichten gemacht hat ... Wien 1785. V: *Hempel, Jos.* (WRZTG 1786, S. 154) (Bespr. Allg. Wiener Bücher-Nachrichten 1786, S. 9/10) (BIBLPORT)

Beurtheilung des Antrages des Herrn S. C. Rosenkart über die Meeres-Ausfüllung vom neuen Lazareth bis Barcola zur Verbesserung der Rhede von Triest in Folge des Bittgesuches an Seine k. k. apostol. Majestät Franz Josef am 27. Juli 1857. *Triest* 1858. Buchdruckerei des *Oesterreichischen Lloyd.* 40 Bl. 4°.

— d. vorzüglichsten, in Deutschland gebräuchl. Arten d. Versicherung gegen Feuersgefahr. gr. 8. Leipz. 821. Brockhaus. 6 gr.

Beurtheilung, Aesthetische, der Phönikierinnen des Euripides ... Königsberg 1834. V: *Gotthold, Fr. Aug.* (BSCE)

Zur Beurtheilung der Schrift: „Beleuchtung der in Nr. 316 bis 336 der deutschen Zeitung enthaltenen Angriffe gegen die Universität Heidelberg, ihre Lehrer, Anstalten und ihren Curator. Von Letzterem am Schlusse seiner Geschäftsführung" in ihrer Richtung gegen die großherzogliche Regierung. Karlsruhe, C. Macklot 1849. 45 S. 8.

— über d. wichtige u. weise Benutzung menschl. Leiden. 8. Leipz. 799. Graffé. 6 gr.

— über d. wichtige u. weise Benutzung e. widriger Zeitumstände. Ein Versuch in Predigten über epistol. Texte. 8. Leipz. 794. Rein. 6 gr.

Beurtheilung eines Berichts ans Publikum, üb. Zuckerraffinerien. 8. Prag, Diesbach. 792.

— u. Berichtigung d. Hansenschen Schr.: Kann d. Herrnhutsche Gemeinde e. wahrhaft evangel. christl. genannt werden. 8. Lpz. 822. Kummer. 10 gr.

Beurtheilung der Vossischen Schrift: Bestätigung der Stolbergischen Umstände ... Leipzig 1821. V: *Körte, Wilhelm.* (BRVV)

— d. Vossischen Schrift: Bestätigung d. Stolbergischen Umtriebe, nebst einem Anhang über persönl. Verhältnisse. (Aus Hermes IX. besond. abgedr.) gr. 8. Leipz. 821, Brockhaus. 8 gr.

Beurtheilung der Betrachtungen über das Verhältniß der beiden gelehrten Anstalten Hamburgs, des Akademischen Gymnasii und des Johannei, zu einander und zu den Anforderungen der Zeit; veranlaßt durch die jüngst erschienenen amtlichen Schriften der Prof. Higg u. Lehmann. Altona. 1829. 8°

Beurtheilung der „Betrachtungen üb. d. Verhältniß d. beiden gelehrten Anstalten Hamburgs, d. akadem. Gymnasii u. d. Johannei, zu einander u. zu d. Anforderungen der Zeit etc." gr. 8. (3½ B.) Altona 829, Hammerich.

— d. vertraut. Briefe üb. d. Religion. 8. Amsterd. (Schulbuchhandl. in Braunschw.) 786.

Beurtheilung d. vertrauten Briefe über d. Religion, (v. Jh. Chr. Schulz). 8. Amsterd. 786. (Vieweg in Braunschw.) 9 gr.

Zur **Beurtheilung** der dänischen Depesche vom 29. Juli d. J. (betreffend die Finanzverhältnisse des Herzogthums Holstein). o. O. (1861.?) 4°.

— d. Einleitung zu näherer u. deutl. Aufklärung d. Offenbarung Jesu Christi od. St. Johannis. 8. Karlsr. 784. (Braun). 6 gr.

Beurtheilung des Entwurfs zu einem Berggesetze für das Königreich Sachsen insbesondere vom Standpunkte der Gewerken. Von einem Juristen u. Gewerken (Carl Ludw. Uhlich). 8. (XII u. 88 S.) Freiberg 849, Craz & Gerlach. n. 12 ngr.

Beurtheilung des Entwurfs zu einem Pressgesetze für das Königreich Sachsen welcher von der Deputazion des Vereins der Buchhändler zu Leipzig der an die Hohe Ständeversammlung Sachsens am 29. August überreichten Petizion untergelegt worden ist. Leipzig. Druck von Breitkopf und Härtel. 8°.

Beurtheilung, Einer hochwürdigen theologischen Fakultät in Göttingen, der Schrift, welche den Titel führet: J. M. Goezens theologische Untersuchung ... Hamburg 1769. V: *Less, Gfr.* (Gött. Gel. Anz. 1902. Nr. 7, S. 556.)

— zur, d. Fehde, die alten Kirchenagenden betreffend. gr. 8. Helmstädt, Fleckeisen. 796.

Beurtheilung, Fernere, der Gedanken über den Werth der Gefühle im Christenthume nebst beygefügter Beantwortung derselben. Bützow und Wismar 1770. V: *Schleef, Johann.* (ML)

— d. Gedanken v. Werth d. Gefühle. 2 Stck. 8. Wism. Bödner. 771. 772.

Zur **Beurtheilung** der polnischen Frage im Grossherzogthum Posen im Jahre 1848. Berlin. o. J. 4°.

Beurtheilung der Frage: Worauf es bey Entscheidung des Graf Hörwarthischen Fideicommiss ankomme. O. O. 1767. V: *Lipowsky, Anton Johann.* (BB) (ML) (Weber)

Beurtheilung der wichtigen Fragen: Ob es für einen Ackerbau treibenden Staat gerathener sey, einen gesetzlichen Korn-Preiss auf ein oder mehrere Jahre einzuführen? Göttingen 1771 [1772]. V: *Scharnweber, J. L. F.* (CBH)

Zur **Beurtheilung** der Hengstenberg-schen Schrift: Die Freimaurerei und das evangelische Pfarramt. Von einem Freimaurer mit Zustimmung seiner Bundes-Behörde. Berlin: Mittler & S. 1854. 32 S. 8⁰
Recens: °Protestant. Kirchenztg. 31 1854, abgedr. in: FZ. 8 (1854) S. 295—296.
Tt. 1466.

Beurtheilung, Freymüthige, der teutschen Disputation, die Hr. Kasp. Ruef zur Erhaltung der Juristischen Doktorwürde den 9. Aug. 1785 zu Freyburg im Breisgau hielt: ... Freyburg 1786. V: *Sautier, Henr.* (SO)

— freimüth., d. neuern polit. Ereignisse Deutschlands. Von e. Sachsen. 8. Jena 817. (Schmidt), 8 gr

— freymüthige, d. neuern polit. Ereignisse Teutschlands. Von einem Sachsen. 8. (Jena, Schreiber.) 817.

Beurtheilung, Freymüthige, des zurückgelegten Landtages vom Jahre 1791. ... Erstes Heft. Germanien 1791. V: *Hatvani, S.* (PK)

— freymüth., des Landtages v. 1791. 1s Heft. 8. German. (Gebr. Kilian in Pest.)

— freimüth., d. neueste Literatur betreff., (v. Jh. Fr. Schwarz). 3 Bde. 8. Jena 764—70. Gollner. 1 rf 12 gr

Beurtheilung, Freimüthige, der Österreichischen Normalschulen ... Berlin 1783. V: *Gruber, Johann Leonhard.* (Ky) (MGT) V: *Nicolai, Chph Fr.* [?] (ErschDL)

— freimüth., d. Oesterreich. Normalschulen u. aller zum Behuf derf. gedruckten Schulschriften. gr. 8. Berl. 783. Nicolai. 16 gr

Freimüth. Beurtheilung der Operationen der österr. u. französ. Armeen 1795. 8. Berlin 1796. 1,00.

Beurtheilung, Freymüthige, der Operationen der Oesterreichischen und Französischen Armeen in dem vierten Feldzuge 1795 ... Germanien 1796. V: *Massenbach, Chn Carl Aug. Ludw. v.* (Kat. d. Bibl. d. K. Preuss. gr. Generalstabes. Berl. 1878.)

Beurtheilung, Freimüthige, der Schrift des Präpositus Schmidt in Lübz: Ueber Reform des geistl. Standes ... Berlin u. Leipz. [Rostock] 1818. V: *Boll, Fr. Chn.* (Ky) (MGT) (Wr)

— freymüthige, der Schrift des Präpos. Schmidt: Ueber Reform des geistl. Standes u. s. w. gr. 8. Rostock, Stiller. 818.

Beurtheilung. Freimüthige B' eines Schweizers über die neuesten politischen Ereignisse im Kanton Basel. 8. St. Gallen 1831.

Beurtheilung, Freimüthige, sämmtlicher in der Angelegenheit des Frhrn. Ign. Heinr. v. Wessenberg erschienenen Streitschriften ... Amsterdam [Leipzig] 1820. V: *Rotteck, Carl von.* (BrVV)

—— freimüthige, d. Unruhen, welche im Juni u. im Sept. 1830 zu Dresden stattgef. haben. A. d. Feder eines Vaterlandsfreundes. 8. (4 B.) Nürnberg 830, Campe.

Beurtheilung, Freimüthige, des Verfahrens der Dänischen Regierung bey Einführung der neuen Kirchenagende in Schleswig und Holstein. Hamburg 1798. V: *Funck, Nicolaus.* (Ky) (MGT) (NN)

Beurtheilung, freimüthige, des Verfahrens der dänisch. Regier. bei Einführung d. neuen Kirchenagende rc. 8. Altona, Hammerich. 798. Rthlr.

Beurtheilung der bisher gedruckten Gedächtnisspredigten auf den ... Herzog Friedrich zu Mecklenburg. Schwerin 1785. V: *Hane, Paschasius Hnr.* (MGT)

— d. Gedächtnißpredigten auf d. verstorb. König Friedrich Wilhelm II. 1s Heft. 8. Berl. 798. Dieterici. (Mittler). 4 gr

Beurtheilung der Gedanken vom Werth der Gefühle, s. Beurtheilung, Fernere

Beurtheilung der Winckelmannschen Gedanken über die Nachahmung der Griechischen Werke in den schönen Künsten. [Kopenhagen 1786.] V: *Klopstock, Friedrich Gottlieb.* (MGT)

Beurtheilung einiger Gemählde aus der heiligen Geschichte. [Kopenhagen 1770.] V: *Klopstock, Friedr. Gottlieb.* (MGT)

— d. Geschichte des Christenth. 8. Lindau, Otto. 769.

Beurtheilung, gewissenhafte, des Lern- u. Lesebuchs des Prediger Dr. Harnisch zu Luther's kleinem Katechismus. 8 (1½ B.) Aschersleben 845, Laue.
Aus: Looff's pädagog. Literaturzeitung besond. abgedruckt.

— d. Schr., d. schirpende Grille. 4. Köthen 757. 4 gr

Beurtheilung, Gründliche, des Zeitpunkts, darinnen wir nach der Offenbarung Jesu Christi gegenwärtig ... Frankf. u. Leipz. [Tüb.] 1757. V: *Christlieb, Wilhelm Bernhard.* (Ky) (ML)

— gründl., d. Zeitpunktes, darinnen wir nach d. Offenbarung Jesu Christi gegenwärtig leben rc., mitgetheilt v. W. B. C. (Christiani). 8. (Tübing.) 757. 2e verb. Aufl. 758. 2r Thl. 759. 3r Thl. A. u. d. T.: Grundveste d. Bengelschen Erklärung d. Offenbarung Jesu rc. v. W. B. Christiani. 759. 8. Ebd. Cotta. 1 rf

— gründl., des Zeitpuncts, darin. w. n. d. Offenbar. gegenwärt. leben. 3 Thle. 8. Tübing. Cotta. 769.

— d. Mode gewordn. polit. Grundsätze rc. 8. Leipz. Comt. f. Litt. 798.

Die Beurtheilung von Hagelschäden. Z. Gebr. bei Hagelschädentaxen f. Landwirthe zsgest. v. e. Landwirth. *(Magdeburg: Kommv. [S.] Dr. v. E. Baensch jun. 1896.)* (86 S.) 1 Bd 8. [96. 8877

Beurtheilung des Heldengedichts der Noah. Zürich 1750. V: *Tscharner, Nicolaus Emanuel.* (Cat. d. Stadtbibl. Zürich. Zürich 1864—97.)

Zur Beurtheilung der Holz-Auctionen und der Mittel zu deren Abhülfe. - Dessau 1848. 24 S.

Beurtheilung (Zur) des rheinisch-westphälischen Catasters. 8°. Münster s. a.

Zur Beurteilung der Schrift: „Die kath. Kirche Schlesiens. Von einem evang. Geistlichen". Breslau, Max u. Co., 1826, 8°, 59 S. – 2. Aufl. 1827, 8°, 93 S.

Beurtheilung der Anhalt-Dessauischen Landes-Bank und die Erklärungen der Herzogl. Anhalt-Dessauischen Regierung. Leipzig 861. E. Schäfer in Comm. gr. 8. (37 S.) n. 6 ngr.

— der Schrift: „Die alte und die neue Lehre, od. wer lehrt den Weg Gottes recht?" vom rein evangel. Standpunkte aus. 8. (2¾ B.) Detmold 845, Meyer'sche Hofbuchh. *

— des Welteschen Lehrgangs in der Schule zu Steinbach bei Bühl. Von e. Badischen Schulmanne. gr. 8. Heidelberg 833. Groos. 1/6 rf

Beurtheilung, Leipziger, des Catalogi der Wienerischen alten Stadt-Bibliothek. Wien 1751. V: *Lambacher, Philipp Jacob* [?] (EB)

Beurtheilung der Weissenbachischen Lobrede auf den heil. Bernhard mit dem Titel: Der Mann zu seinen finstern Zeiten, wie wir in unsern aufgeklärten einen brauchen von den Verfassern der wöchentlichen Wahrheiten für und über die Prediger in Wien. Wien 1783. V: *Hoffmann, Leopold Alois.* (wrztg 1793, Nr. 20 Anhg.) (BIBLPORT)

— d. Menschen dies. Zeit. 8. Berl. 745.

Beurtheilung, Christiani Mothis, [= Carsten Tode's ?] einiger Schriften, insonderheit des Philalethis. O. O. 1705. V: *Edzardi, Sebast.* (SCHR)

— d. Note des Graf v. Goerz rc. f. Strangschwerd.

Beurtheilung der Ramlerischen Oden. Hamb. 1773. V: *Reinhard, Adolph Friedrich von.* (ML)

— der Operation d. österr. u. franz. Armee. 1795. gr. 8. Berl. Unger. 796.

Beurtheilung der Panthea, eines sogenannten Trauerspiels der Frau L. A. V. G. Zürich 1746. Halle 1749. Nebst einem Vorbericht. Köln 1746. V: *Breitinger, Joh. Jac.* V (Vorbericht): *Bodmer, Joh. Jac.* (Waniek, Gottsched. Leipz. S. 535; Archiv f. Litt. IV, 295; VSBS II, 33).

Die *Beurtheilung* v. Pferden bei Ausstellungen. Aus d. Russ. ins Deutsche übertr. v. Jessen. Dorpat 1872. 28 S. 4°.

Beurtheilung zwölf in der Kirche zu Petri gehaltener Probepredigten. O. O. 1786. V: *Bothe, Peter Friedr. Gottlieb.* (MGT)

Zur Beurtheilung der Relation über die ständischen Ausschußversammlungen in der Königsberger Zeitung. Von einem Ostpreußen. Danzig 1843. 16 S. 8.

— über die, der Religion, u. zwar überhaupt z. Bruchstücke (v. W. Crichton). 8. Königsb. 795.

— über d. wichtigsten Religionsschriften, f. Hand- u. Taschenbibliothek. IV, 1.

Beurtheilung der allgemeinen Renten-Anstalt in Stuttgart, sowohl ihrem Wesen nach an und für sich, als namentlich auch in Beziehung auf die angeblich wahrscheinlichen Leistungen derselben, und auf das Verhältniss der Anstalt zur Direction. (Von J. Ph. Weydmann.) gr. 8°. St. Gallen (Huber u. Co.) 1838.

Beurtheilung der im Jahr 1838 gegründeten Preussischen Rentenversicherungs-Anstalt, mit Verbesserungs-Vorschlägen. Stuttgart 1839. V: *Kapff, S. E.* (KY)

Beurtheilung der im 23. Bd. der allgemeinen deutschen Bibliothek befindlichen Recension meines Unterrichts im Generalbassspielen. Riga 1775. V: *Telemann, Georg Michael.* (R-N)

— üb. d. richtige, einig. Zeitumstände in Predigten. 8. Leipz. Rein. 794.

— d. Schönen in d. zeichnenden Künsten, nach d. Grundsätzen e. Sulzer u. Mengs; aus d. Italien. übers. v. Chr. Fr. Prange. gr. 8. Halle 785. Hendel. 8 gr.

Beurtheilung des Schreiben eines Dänischen Bürgers an den Kronprinzen. Schlesswig und Leipzig. 1793. Bei: Schreiben eines dänischen Bürgers an den Kronprinzen. 8°.

— einer anonym. Schrift: üb. d. Werth. u. d. Folg. der ständisch. Freyheit. 8. München, Lentner. 800.

— einer klein. Schrift einig. reformirt. Prediger. 8. Brem. Müller.

Beurtheilung der Schrift, die im Jahre 1755 den Preis von der Academie zu Berlin erhalten hat [Herrn Adolf Friedrich Reinhards Examen de l'Optimisme]. Nebst einem Schreiben an den Verfasser der Dunciade für die Deutschen. Frankfurt u. Leipz. 1757. V: (der 1. Hälfte) *Waser, Heinrich* (der 2. Hälfte) *Wieland, Christoph Martin.* (GGR)

Beurtheilung der Schrift: Sur le Système continental . . . Hamburg 1813. V: *Brandis, Joach. Dietr.* (Bruun, Bibl. Danica. III, 577.)

Beurtheilung d. Schrift: sur le Système continental etc. 8. Copenh. Brummer. 814. —

Beurtheilung der Schrift: sur le Systeme continental et sur les rapports avec la Suede. Hambourg 1813, in so weit sie Dännemark betrift. Kopenhagen. 1814. 8°

Beurtheilung der Vossischen Schrift: »Wie ward Fritz Stolberg ein Unfreier« ... Amsterdam 1820. V: *Körte, Wilhelm.* (Ky) (BrVV)

— d. Vossischen Schrift: Wie ward Fritz Stolberg ein Unfreier? u. einiger andern damit verwandten Schriften. (Aus d. 6n Hefte d. Hermes besond. abgedr.) 8. Amsterd. 820. (Ebd.) 14 gr

— d. Schr.: Vom Werth d. Gefühle im Christenthum, (v. S. F. Tresc̈ho). gr. 8. Frankf. a. M. 764. Brönner, Gebhardt u. K. 6 gr

Beurtheilung einer Schrift, welche den Titel führt: Göz'ens Untersuchung der Sittlichkeit der heutigen Schaubühne. Göttingen 1770. V: *Less, Gottfried.* (Ky) (ML)

„Beurtheilung einer Schrift: über die Zulässigkeit und den Nutzen der gänzlichen Dismembration adlicher Güter in Schlesien und Gedanken über den wahren, dauerhaften Nutzen und die Zulässigkeit, oder aber über den sowohl mittel- als unmittelbaren Schaden und die Unzulässigkeit dieser Dismembrationen" (vom Grafen A. Magni in Schlesien), o. O. 1803. — Vorh.: Preuß. Staatsbibliothek Berlin.

Beurtheilung einer Schrift über die Zulässigkeit ... der gänzlichen Dismembration adelicher Güter in Schlesien 1803. O. O. 1803. V: *Merkel, Frdr. Theod.* (Nent) V: *Magni, A. Graf.* (Elsa Cronbach, Das landwirtschaftliche Betriebsproblem. Wien 1907. S. 112—114. 330.)

— des Sendschreibens von Hrn. Dr. H. Schleidon an Hrn. Pastor Mumssen; als Anhang: Der Rationalismus, das Papstthum in unserer Kirche, von Troxler. 8. Hamburg 840. Niemeyer. 1/6 Thlr

— einiger Stellen der Schrift: „Die Zukunft d. deutschen Adels, Berlin bei Brandis 1851." Ebenfalls vom aristokratisch-conservativen Standpunkt. 8. (22 S.) Dresden 851, Naumann. 3 ngr

Beurtheilung der Sächsischen Steuerverfassung, insonderheit der ritterschaftlichen Steuerfreiheit in Sachsen nach den Landesgesetzen. 8°. Halle, Reinicke u. Co., 1805.

— d. Steuerverfass. u. d. ritterl. Steuerfreyheit in Chur-Sachs. n. d. Landesgesetz. 8. Halle, Ruff. 805.

Beurtheilung d. Brochüre: „Stimme aus Bayern an d. berliner Protestanten." Eine kurzgefaßte Darstell. d. Angelegenheiten d. Erzbischofs v. Köln, zu Ehren d. Wahrheit verfaßt v. ein. kölner Katholiken. 8. (2 B.) Magdeburg 838, [Baensch.]

— der Brochüre: „Stimme aus Baiern an die Berliner Protestanten." Eine kurzgefaßte Darstellung der Angelegenheiten des Erzbischofs von Köln, zu Ehren der Wahrheit verfaßt von einem kölner Katholiken. 8. Magdeburg 838. Richter. 1/6 Thlr

Beurtheilung der von d. Herrn Canonicus v. Bruchhausen zur Vertheidigung seiner Controverspredigt verfaßten u. herausgeg. Streitschrift. Von dem Verf. der Beleuchtung der v. Bruchhausen'schen und anderer Controversschriften. gr. 8. Osnabrück 843, Rackhorst. n. 1/8 Thlr

— d. Wessenbergischen Streitschriften u. d. Schrift (v. Koch) unt. d. T.: Untersuchung über d. Einrichtungen d. kathol. Kirche in Deutschland. 8. Ebd. 820. Ebd. 16 gr

— d. Hartmannsch. chronol. bibl. Systems. 4. Wismar, Bödner. 778.

— der Thatsachen, durch welche d. Maßnahme d. preuß. Regierung geg. d. Erzbischof v. Köln, Clemens August, Frhrn. Droste zu Vischering, herbeigeführt worden sind. Nach staatsrechtl., kirchenrechtl. u. rein theolog. Principien. Von e. Freunde d. Wahrheit u. Anhänger d. kathol. Kirche. 1. Aufl. 8. (4 1/2 B.) 1/4 Thlr., 2., vollst. u. durch e. Reihe v. authent. Actenstücken verm. Aufl. Nebst e. Anh. gr. 8. (7 1/4 B.) Frankfurt a. M. 838. (Bonn, Habicht.)

Beurtheilung der Thatsachen, durch welche die Massnahmen d. preuss. Regier. geg. d. Erzb. v. Cöln u. s. w. herbeigeführt worden sind. 2e vervollst. u. durch eine Reihe v. authent. Actenstücken verm. Aufl. Nebst einem Anhange welcher der „Gefangennehmung d. Erzbischofs v. Cöln und ihren Motiven, rechtlich erörtert v. einem pract. Juristen," und d. Schrift „Athanasius" von J. Görres gewidmet ist. *Frkf.* gedr. b. Osterrieth. (Marcus in *Bonn.*) 838. gr. 8. (12 Gr.)

— theologische, der Sätze, welche den Geistlichen der Erzdiözese Köln z. Unterschrift vorgelegt worden. Von e. kathol. Geistlichen. 8. Frankf. 837. (Köln, Du Mont-Schauberg.) n. 1/3 Thlr

Beurtheilung, Theologische, des Isenbiehlischen Versuchs über Jes. VII. ... Mainz 1778. V: *Kleiner, Joseph.* (ML) (SO)

Beurtheilung, unpartheyische, d. profanen Anm. üb. d. Operationen Herrn Gassner's u. der dagegen herausgekommenen Schrift: die Sympathie u. Universalmittel wider alle Teufeleyen. 2 Thle. Lucern. 1775.

Unpartheyische Beurtheilung der prüfenden Anmerkungen über die Operationen des Herrn Gaßners, Pfarrers zu Klösterle, und der dagegen herausgekommenen Schrift, die Sympathie, ein Universalmittel. Lucern 775. 8.

Beurtheilung, Unpartheiische, der am Ende ... 1798 zu Berlin herausg. Schrift unter dem Titel: Beiträge zur Geschichte ... Leipzig 1799. V: *Detenhof, J. Heinrich.* (Kl) (SJL)

— unparth., d. Beitrr. zur Geschichte d. Mutterloge Royal York in Berlin. gr. 8. Leipz. 799. (A. Campe in Hamb.) 4 gr

Beurtheilung, unpartheiische, u. Berichtigung d. Hansenschen Schrift: Kann d. Herrnhutische Gemeine eine wahrhaft evangelisch-christliche genannt werden? von e. Freunde d. Wahrheit. 8. Leipz. 822, Kummer.

— unparth., d. freimüth. Betrachtt. üb. d. Edikt vom 9. Juli 1788. 8. Berl. 789. Rottmann. 12 gr

Beurtheilung, Unpartheyische, des in der reichsadel. Mannsbergischen Familie bevorstehenden ... Lehns- und Successionsfalles. Meiningen 1762. V: *Schäfer, Conrad.* (ML)

Unpartheiische Beurtheilung einer neulich unter dem Titel gedruckten Schrift: Sammlung einiger Nachrichten von dem auf dem Braunschweigischen Carolino vielmals erschienenen Gespenste rc. Braunschweig 747. 4.

— vergleichende, neuerer Katechismen v. e. Geistlichen der Diözese Freiburg m. e. Vorwort v. Alban Stolz. gr. 8. (VIII u. 52 S.) Freiburg im Br. 850, Wagner. 1/8 Thlr

Zur Beurteilung des Verhaltens der badischen Felddivision im Feldzuge d. J. 1866. 2. Aufl. Darmstadt 1866. 63 S.

Beurtheilung, Zur, des Verhaltens der badischen Felddivision im Feldzuge des Jahres 1866. Nach authent. Quellen. 3. unv. Aufl. 8. Darmstadt und Leipzig 1866.

Beurtheilung der Verhandlungen der zweiten Kammer der badischen Ständeversammlung vom Jahr 1820. ... Leipzig 1821. V: *Rotteck, Carl von.* (BrVV)

— d. Verhandl. d. zweiten Kammer d. Badischen Ständeversammlung vom J. 1820. (Aus d. Hermes besonders abgedr.) gr. 8. Leipz. 821. Brockhaus. 1 rß

Beurtheilung der im Druck erschienenen Verhandlungen in der Versammlung der Landstände des Kgr. Württemberg v. J. 1815 und 1816. Heidelb. [1818]. V: *Hegel, Gg Wilh. Frdr.* (Kat. d. ständ. Bibl. Stuttg. 1907. S. 262.)

— der im Druck erschienenen: Verhandlungen in d. Versamml. der Landstände d. K. Würtemberg im Jahr 1815 und 16. 18—33te Abtheilung. (Aus d. heidelb. Jahrb. d. Literatur, besonders abgedruckt.) gr. 8. Heidelb. Mohr und W. 818.

Beurtheilung, Vernunftmässige, zweyer Schreiben an Hrn K. in Z., die Leipziger Schaubühne betreffend ... Leipzig 1753. V: *Steger, Adrian Deodat.* (ML)

Beurtheilung des Cleffordischen Versuchs im philosophischen Denken über die Lehre vom heil. Abendmahl. Altona und Hamburg 1768. V: *Hörschelmann, Ernst August Wilhelm.* (MGT)

Beurtheilung und Verurtheilung der Preußischen Verfassung und aller Verfassungen überhaupt von einem freien und treuen Anhänger der Monarchie. Hannover 860. Meyer. gr. 8. (63 S.) n. 10 ngr.

Beurtheilung, Vorläufige, der neulich erschienenen Schrift: Blicke in das Ständewesen und in die Entwickelung der Landes- und Gutshoheit. [Kiel 1816.] V: *Falck, Niels Nicolaus.* (LS)

Zur Beurtheilung von Werders Vorlesungen über Lessings Nathan. Erwiderg auf e. Schreiben von L. U. '(Ostdeutsche Reform. Insterburg, d. 1. Jan. 1894.)'. *Königsberg i. Pr.: Buchdr. v. R. Leupold; [Kommr. bei F. Beyer] 1894.* (16 S.) 1 Bd 8. (56. 181)

Beurtheilung derjenigen Vorrede, so der Herr Licentiat Wittenberg der Recension seiner Beantwortung vorangesetzt haben. Hamb. 1781. V: *Beckstein, Ernst Daniel.* (Ky) (Schr)

Beurtheilung der Vorschläge des Mönchs P. F. K. in W. in seinem Ersten Schritt zur künftigen Vereinigung der katholischen und der evangelischen Kirche. Ulm 1779. V: *Kern, Johann.* (MGT)

Beurtheilung des Campischen Wörterbuches der Teutschen Sprache. [Heidelberg 1809.] V: *Radlof, Joh. Gottlieb.* (MGT)

— der Gaßnerischen Wunderkuren, von e. Seelsorger ꝛc. (F. Sterzinger). 8. Münch. 775. (Stage in Augsb.) 3 gr.

BEURTHEILUNG EINIGER ZOLLERMÄSSIGUNGEN bei der Einfuhr nach Russland (Tarif A des russischen Handelsvertrags). Nach amtlichen russischen Quellen. Berlin. Druck von Wilhelm Issleib, Inhaber: Gustav Schuhr. 4°.

Beurtheilungen, s.a. Beurteilungen

Beurtheilungen, Freie, die neueste Litteratur betreffend. O. O. 1764—1767. V: *Schwarz, Johann Friedrich.* (MGT) »Jena 1764—1770« (Ky)

Beurtheilungen über die k. k. Hof- und Staatsdruckerei in Wien. In zwei Theilen: Auszüge aus den Zeitungen. Briefliche Zusendungen. 8. (174 S.) Wien. Aus der k. k. Hof- und Staatsdruckerei. 1852.

Beurtheilungen von deutschen Jugend- u. Volksschriften. Ein Wegweiser für Eltern, Lehrer u. Bibliotheks-Vorstände. Hrsg. von dem I. Wiener Lehrerverein „die Volksschule". 1. Hft. gr. 8. (80 S.) Wien 878. Graeser. n. — 80

Beurtheilungen d. wichtigsten Religions-Schriften, s. Hand- u. Taschen-Bibliothek, pädagog.

Beusch, Chr. Festspiel auf. d. Centenar-Feier der Befreiung Werdenbergs von d. Herrschaft des eidgenöss. Standes Glarus (1798) im Sommer 1898 im Graben in Buchs. Nach geschichtl. Quellen bearb. 8°. 57 S. m. 1 Illustr. Buchs, Buchdruck. J. Kuhn. 1899 1 —

Beusch, G., Tractat. Can. legal. de pactis et contractibus. 4. Ingolst. Krüll. 736.

Beusch, Paul, a. Essfeld b. Giebelstadt: Essfeld eine fränkische Bauerngemeinde. Ein Beitrag z. Kenntnis d. hist., wirtschaftl. u. sozialen Verhältnisse d. fränk. Bauernstandes. T. 1. Würzburg 1907: A. Boegler. (109 S.) 8° ¶(T. 2 soll folgen.)

München, Staatswirtsch. Fak., Ref. Brentano, Diss. v. 28. Juni 1907

[Geb. 14. Jan. 83 Eßfeld; Wohnort: Eßfeld; Staatsangeh.: Bayern; Vorbildung: Neues Gymn. Würzburg Reife Juli 03; Studium: Theol. u. Phil. Würzburg 4, Staatsw. München 4 S.; Rig. 28. Juni 07.]

Beusch, Paul, die Reichsfinanzen u. die Steuerreform 1909. 1. u. 2. Aufl. (192 bezw. 195 S.) 8. M. Gladbach 909. Volksvereins-Verlag. Kart. 2. —

Beusch, Paul: Steuerarten u. Steuersysteme. — Allg. Steuerlehre, s: Staatsbürger-Bibliothek.

— Wirtschaftskrisen, s.a. Schriften des Gesamtverbandes der christlichen Gewerkschaften.

Wirtschaftskrisen. Vortrag geh. auf d. Kursus christl. Gewerkschaftssekretäre 1900 von Dr. Beusch. Cöln: Christl. Gewerkschaftsverl. 1900. 62 S. 8°
(Schriften d. Gesamtverbandes d. christl. Gewerkschaften.) 109. 78,8

Beusch, Th., Plan von Stettin. Nach amtl. Material zusammengestellt. Lithogr. und Farbendr. von A. Hochstetter. 1 : 9000. Imp.-Fol. Stettin 879, Dannenberg. *

Beusch, Th. Plan von Stettin. 1 : 9000. Stettin 1881. 1 Bl. c. f..

Beuschel, Karl, u. Hans Pfosch: Leseb. f. Handelssch. 2. Afl. (9, 357) 8° Nürnbg. F Korn '12. L 2.20 d

Beuse, J.

—— Kosmetikon oder der erfahrene Rathgeber über die Geheimnisse der körperlichen Schönheit. Dazu 226 kosmetische Recepte, von welchen viele bisher geheim gehalten wurden, sowie die allerneuesten Schönheitsmittel. gr. 8. (VIII 190 S.) Ebds. 1861. 1 fl. 30 kr.

Beushausen, Louis

Beushausen, L., Beiträge zur Kenntniss d. Oberharzer Spiriferensandsteins u. seiner Fauna', s.: Abhandlungen zur geologischen Specialkarte v. Preussen u. den Thüringischen Staaten.

Beushausen, L., das Devon des nördlichen Oberharzes, s.a. **Abhandlungen d. kgl. preuss. geolog. Landesanstalt. N. F. 30.**

Das Devon des nördlichen Oberharzes mit bes. Berücks. d. Gegend zwischen Zellerfeld u. Goslar. Von L[ouis] **Beushausen.** Mit 11 Abb. u. 1 Karte. *Berlin: S. Schropp 1901.* (383 S.) 4°(8°)
— Abhandlungen d. K. Preuss. geol. Landesanstalt. N. F. H. 30. [04. 9449

Beushausen, L, d. Lamellibranchiaten d. rhein. Devon, s.: Abhandlungen d. kgl. preuss. geolog. Landesanstalt.

Beushausen, Louis (Hrsg.), s. Weltall und Menschheit

Beussel, Alexander: „Die Osnabrückische Eigenbehörige sind schuldig, auch ausserhalb Landes zu fahren, wenn sie den Dienst von Sonnen Aufgang bis zu Sonnen Untergang verrichten können", Osnabrück 1779. — Vorh.: Bibl. des Oberlandesgerichts Celle — (1 an Md. 177).

Beust, Graf. gr. 8. (16 S.) Stuttgart 873, Grüninger. *

Beust, Dr. F. v. [Zürich 1908.] V: *Rudio, Ferdinand.* (zuwzür 12, 1908, IV, S. 104)

Beust, Herr von, der große Regenerator Sachsens und Oesterreichs. Von einem Wiener „Landsmanne". gr. 8. (32 S.) Schleiz 870, Hübscher. *
Vgl.: Ebeling, Fr. W.

Beust, Graf, und die cisleithanischen Wirren. Eine Stimme aus Ungarn. gr. 8. (28 S.) Pest 870, Aigner. *

Beust, Frhr. v., s. a. Beust, Carl Frhr. von

Beust, Frhr. v., s. a. Beust, Friedrich Constantin Frhr. von

Beust Graf v., s. Beust, Friedrich Ferdinand Graf v.

Beust v.: Geschichte, Kurzgefaßte, der Grafen v. Eberstein, s. Beust, C. v.

Beust, C. v., das großherzogl. Schloß Favorite bei Rastatt, s. Favorite.

Beust, v., kurzgefaßte Geschichte der Grafen v. Eberstein, s. Geschichte.

(**Beust**, C. v.,) die Ritter v. Windeck, s.a. Ritter, die, v. Windeck.

Beust, K. v., Die Ritter von Windeck; geschichtl. Darstellung des Geschlechts von Windeck und dessen Fehden mit Strassburg. Rastadt 1857. 8.

Beust, C. F. Frhr. v., s. Beust, Friedrich Constantin Frhr. von

Beust, C. G., annot. ad Stryckii Examen juris feudalis. 4. Leips. 713.

Beust, Carl Frhr. v., Abadonna. Ein Schattenbild. 8. (83 S.) Vevey 887, Benda. geb. mit Goldschn. *

Beust, Carl Freiherr von. Bunte Blätter. Gedichte. In-8°, 126 S. Vevey, B. Benda (Emil Schlesinger). 1887? Eleg. geb. 6 70

Beust, Carl Frhr. v., im Freilicht. Gedichte. (VIII, 156 S.) 8. Dresden 908. C. Reißner. n. 2. —; geb. n. 3. —

Beust, Frhr. v., Gedichte. (IV, 70 S.) 8. Wien 910. H. Heller & Co. 1.50

Beust, Karl Frhr. v., Hermann der Befreier, s.a.: Zuschneid, Karl.

[F.] Hermann der Befreier. E. deutscher Heldensang nach Worten v. Karl F^h^ v. **Beust** f. Männerchor, Solostimmen u. grosses Orchester komp. v. Karl Zuschneid, Op. 20. *Quedlinburg: Ch. F. Vieweg [1897!].* (16 S.) 1 Bd 8. [98. 2289

Beust, Karl Frhr. v., Zeitgenossen. Eine Erzählg. aus unseren Tagen. 12. (128 S.) Stuttgart 891. Deutsche Verlags-Anstalt. n. 2. —; geb. n.n. 3. —

Beust
— **Carl Wilhelm** (Perleberg/Priegnitz), Analecta ad semioticen faciei. Diss. med. Bln. (Th. Brüschcke) 5. VII. 1819. 129 S., mit handschriftl. Widm. d. Verf. (5.—)

Beust
— **Casimir Gottfried von,** De excussione allodii ante feudum. Diss. jur. feudalis. Präs. Heinr. Hildebrand. Altdorf (J. W. Kohles) 9. V. 1712. 72 S. (6.—)
Widm. v.: C. L. Krug v. Nidda, Ph. Fr. Krug v. Nidda, P. Schmid v. Schmidsfelden.

Beust, Ern. Thilo comes de (geb. Weimar 30. 4. 1846): De successione hypothecaria. Berolini (1868). (59 S.) 8°
Berlin, Jur. Diss. v. 11. Jan. 1868

Beust, F. Graf, s. Beust, Friedrich Ferdinand Graf von

Beust, F., kleiner historischer Atlas d. Kantons Zürich. (6 Steintaf.. u. 1 Bl. Text.) Fol. Zürich 873. Schmidt. n. 2. 80

Beust, F., die Grundgedanken von Pestalozzi und Fröbel, s.a Vorträge, vier öffentliche.

Beust, F., D. Grundgedanken v. Pestalozzi u. Fröbel. »Vorträge, 4 öffentl.« (95 S.) Stuttgart 1881. Schröter u. M. 1.—

Beutel, F. Repertorium der auf dem Gebiete des Bauwesens in Bayern bestehenden Gesetze, Verordnungen, Entscheidgn., Vorschriften. Münch. 888, Bassermann. * 2 40

Beust, F. C. Frhr. von, s. Beust, Friedrich Constantin Frhr. v.

Beust, F. Gr., s. Beust, Friedrich Ferdinand Graf von

Beust, F. K. Frhr. von, s. Beust, Friedrich Constantin Frhr. von

Beust, Ferd. Graf, s. Beust, Friedrich Ferdinand Graf von

Beust, Fr., s. a. Beust, Friedrich Ferdinand Graf von

Beust, Fr.
—— das Relief in der Schule. gr. 8. (16 S.) Zürich 881, Orell, Füssli und Comp. *
Aus: Die Praxis der schweizerischen Volks- und Mittelschule, besonders abgedruckt.

Beust, Fr., die pädagogische Schulreise. Lehrern, Eltern und seinen ehemal. Schülern gewidmet. gr. 8. (21 S.) Zürich 885, (Orell, Füssli und Comp. Verlag.) *
Aus: Praxis der schweizerischen Volks- und Mittelschule, besonders abgedruckt.

Beust, Fréderic: Méthode pour enseigner la géographie par l'observation des formes de la terre sur les lieux mêmes et leur reproduction en relief. Cette méthode est employée dans une école d'enfants de 5 à 12 ans. Zürich 1875. 16 S. 8°.

Beust, Friedrich, s. a. Beust, Friedrich Ferdinand Graf von

Beust, Friedrich
—— der wirkliche Anschauungs-Unterricht auf das Schreiben und Lesen angewendet. 1. Thl.: Schreiblesebuch. br. 8. (82 und 72 lithogr. S.) Zürich 867, Verlags-Magazin. *

Beust, Frdr., der wirkliche Anschauungs-Unterricht auf der untersten Stufe der Größenlehre. Zürich 865. Verlags-Magazin. gr. 8. (71 S.) n. 10 ngr

Beust, Frdr., Grundzüge der Organisation e. Volksheeres. Zürich 867. Verlags-Magazin. gr. 8. (32 S.) n. 4 ngr

Beust, Friedrich Constantin Frhr. v.

Beust, F. C. Freih. v., die Bedeutung des Freiberger Berg- und Hüttenwesens gegenüber der Eisenbahnfrage. Freiberg 855. Engelhardt. gr. 8. (15 S.) 3 ngr

Beust, FC v., d. Bedeutg d. Freib. Berg- u. Hüttenwes. gegenüber d. das. Eisenbahnfrage. 8. (14) Freib. 55. (Lpzg, Felix.) — 3

Beust, Friedr. Const. Frhr. v., krit. Beleuchtung d. Werner'schen Gangtheorie a. d. gegenwärt. Standpunkte d. Geognosie. gr. 8. (9 B.) Freiberg 840, Engelhardt.

v. Beust, F. C. Frhr., Bemerkungen zu der „Beurtheilung d. Entwurfs zu e. Berggesetze f. d. Königr. Sachsen v. e. Juristen u. Gewerken." gr. 8. (20 S.) Freiburg 849, Engelhardt. n. 4 ngr

Beust, F. C. v. Bemerkungen zum Entwurf zu einem Berggesetze für Sachsen. Freiberg 1849.

Beust, Friedr. Const. Frhr. v., Bemerkungen über Gegenwart und Zukunft des Freiberger Bergbaues. gr. 8. (28 S.) Freiberg 877, Engelhardt'sche Buchh. *

v. Beust, F. C. Freiherr. Ueber den Einfluss der Gesteine auf die Erzführung der Gänge. Freiberg 1861.

—— die obererzgebirgische Eisenbahn. gr. 8. (24 S.) Freiberg 854, Engelhardt. *

Beust, F. K. Frhr. v., Die Obererzgebirgische Eisenbahn. 2 Aufl. Freiberg, 1854. 24 S.

Beust, F. C. v., die Eisenbahnlinie von Dresden über Freiberg und Chemnitz nach Zwickau. gr. 8. (23 S.) Freiberg 852, Engelhardt. Thlr. *

—— die Eisenbahnverbindung zwischen Zwickau und dem Obererzgebirge als Mittel gegen den Verfall der dasigen Eisenindustrie. gr. 8. (21 S.) Freiberg 851(52,) Engelhardt. *

Beust, F. C. Frhr. v. Ueber die Entwickelungsfähigkeit des Freiberger Silberbergbaues und die Ursachen, welche diese Entwickelung früher zurückgehalten haben. gr. 8°. Freiberg, Engelhardt, 1851.

v. Beust, F. C. Erläuterungen zur Gangkarte über den inneren Theil der Freiberger Bergreviere. Leipzig, 1842.

Beust, F. C. v., über die Erzführung der Freiberger Gänge als Bedingung ihrer Bauwürdigkeit. (Abdr. aus der „Berg- und hüttenmänn. Zeitg.") Freiberg 859. Engelhardt. (Leipzig, Felix.) gr. 8. (20 S.) n. 4 ngr

— — Ueber die Erzgänge im sächsischen Erzgebirge in ihrer Beziehung zu den dasigen Porphyrzügen. Freiberg. 1856. 8.

—— über die Erzgangzüge im sächsischen Erzgebirge in ihrer Beziehung zu den dasigen Porphyrzügen. gr. 8. (31 S.) Freiberg 856, Engelhardt. *

—— die Erzzonen im sächsischen Erzgebirge. gr. 8. (22 S. mit eingedr. Holzschn.) Freiberg 859, Engelhardt. *
Aus „Berg- und hüttenmännische Zeitung" besonders abgedruckt.

— über die Fortschritte des Berg- u. Hüttenwesens in Sachsen seit dem J. 1817. Vortrag gehalten am Wernerfeste zu Freiberg den 25. Septbr. 1850. gr. 8. (30 S.) Freiberg 850, Craz & Gerlach. n. 1/6 ℛ

— Gangkarte über den innern Theil der Freiberger Bergamtsreviere. Leipzig. 1840. Folio. Mit einem Hefte Erläuterungen in 8. Leipzig. 1842.

—— über ein Gesetz der Erzvertheilung auf den freiberger Gängen. gr. 8. (15 S. mit 1 lithogr. Karte in qu. Fol. und 1 Holzschn.) Freiberg 855, Engelhardt. *

— — 2. Heft. Mit 4 lith. Taf. (in qu. Fol.) u. 1 Holzschn. (im Text.) Ebend. 858. gr. 8. (19 S.) n. 8 ngr

Beust, F. C. Frhr. v. Der sächsische Metall-Bergbau in seiner Beziehung zu den Staatsfinanzen. gr. 8°. Freiburg, Engelhardt, 1855.

—— das Obererzgebirge und die Eisenbahnen. gr. 8. (13 S.) Freiberg 855, Engelhardt.

v. Beust, F. C. Der Sächsische Silberbergbau mit Rücksicht auf den Entwurf eines neuen Berggesetzes. Freiberg, 1850.

—— geognost. Skizze d. wichtigsten Porphyrgebilde zwischen Freyberg, Frauenstein, Tharandt u. Nossen. Nebst 1 petrograph. Uebersichtscharte u. 7 Blätt. geognost. Zeichn. (in ½ Fol.) gr. 8. (7½ B.) Freyberg 835, Engelhardt. *

— über den gegenwärt. Zustand u. die Aussichten beim sächsischen Silberbergbau mit Rücksicht auf den Entwurf eines neuen Berggesetzes. gr. 8. (31 S.) Freiberg 850, Engelhardt. n. 1/3 ℛ

Beust, Friedrich Ferdinand Graf von
Beust, Friedrich Graf von (Hrsg.), s. Aufsätze, historische u. statistische, über die sächsischen Lande.

— histor., stat. Aufsätze üb. d. Sächs. Lande. 1r Bd. gr. 8. Altenb. (Academ. Buchh. in Jena.) 798.

— histor.-statist. Aufsätze über d. Sächs. Lande. 1r Bd. gr. 8. Altenb. 798. (Hennings in Neisse. 12 gr

Beust, Fr. v. (Hrsg.), s.a. Beiträge zur Sächsischen Geschichte, bes. des Sächsischen Adels.

Beiträge zur sächsischen Geschichte und des sächsischen Adels (v. Graf R. Beust). Altenburg 1791. 8.

(v. Beust, F. Gr.) Beschreibung des französ. Freiheitskrieges 1793—96. 8. Altenburg 1804. 1,50.

Beust, Ferd. Graf, Erinnerungen zu Erinnerungen. 1. u. 2. Aufl. gr. 8. (III, 80 S.) Leipzig 881. Wöller. n. 1. 60

Beust, F. Graf. Feldzüge der kursächs. Armee. (1542—1796.) Bd 1—4. Erfurt, Leipzig u. Camburg 1801—03. 8°.

v. Beust, Fr. Graf, († d. 4. Dec. 1821.) Feldzüge d. kursächs. Armee. 4 Thle. 8. Camb. 801 u. 4. (Petersen in Altenb.) 3 ℛ 16 gr

v. Beust, Fr. Feldzüge der chursächsischen Armee v. 1542 bis 1790. 4 Bde. 8. Camburg [Altenburg] 1801 1804. 11,00.

Arnim'sche Geschlechtsregister. Beiträge z. sächs. Geschichte, besonders des sächs. Adels (von Graf F. Beust.) 1. Stück. Altenburg 1791. 8.

Beust, Fr. Graf v. (Hrsg.), s.a Jahrbücher des Fürstenthums Altenburg.

— Jahrbücher d. Fürstenth. Altenburg. 4 Thle. gr. 8. Camb. u. Erf. 800. 801. (Altenb., Schnuphase). 2 ℛ 6 r Thl. 8. Eisenb. 804. Schöne. 12 gr

Beust, Friedrich Graf v., s.a. Kinder der Liebe...

KINDER der Liebe deutscher Fürsten (von *Friedrich* Graf *v. Beust*, geb. zu Altenburg, 19. April 1761). Lübben, 1811. In der Gotschischen Buchhdlg. (Preis: 16 Gr.) 1°. (12 Mk. S. Calvary & Co., Berlin, 1904; 12 Mk. E. Freisdorff, Berlin, 1906.)

—— im Lichte d. Wahrheit. 8. (43) Berl. 72, Luckhardt. n. 1. —

Beust, Graf, im Lichte der Wahrheit. Eine Neujahrsgabe für politische Kinder. Leipzig 1872. V: *Angerstein*, *Wilh.* (EB)

Beust, Graf, im Lichte der Wahrheit. Eine Neujahrsgabe für Oesterreichs polit. Kinder. gr. 8. (43 S.) Leipzig 872 Luckhardt'sche Verlagsh. *

Beust, Graf, Oesterreichs Neutralitäts-Politik und das künftige Verhältniß der österreichisch-ungarischen Monarchie zu Deutschland. gr. 8. (71 S.) Pest 871, Aigner. *

Beust, Fr. Graf v. (Hrsg.), s. Provinzialblätter, Sächsische.

— zwei fürstl. Schwestern aus dem Herzogl. Hause Mecklenburg, Stammmütter d. ganzen Kur- u. Herzogl. Hauses in Sachsen. 4. Altenb. 797. Schnuphase. 3 gr.

Beust, Fr. Graf v. (Hrsg.), s.a. Staatsanzeigen, Sächsische.

— Sächs. Staatsanzeigen. 18 Hft. gr. 8. Dresd. 795. Richter. 8 gr.

Beust, Frdr. Ferd. Graf v., aus drei Viertel-Jahrhunderten. Erinnerungen u. Aufzeichngn. 2 Bde. gr. 8. (XV, 462 u. VIII, 579 S.) Stuttgart 887. Cotta Nachf. n. 12. —; geb. n. 15. —

Beust, Fritz
Beust, F., Schlüssel zum Bestimmen aller in d. Schweiz wild wachsenden Blüthen-Pflanzen, sowie der für ein Herbarium wichtigen Sporenpflanzen, nach Ordnungen u. Familien des natürl. Systems. Ausschliesslich für das Anlegen von Herbarien in Schulen zusammengestellt. 8. (46 S. m. 1 Taf. Pflanzenetiketten.) Zürich 881. Meyer & Zeller in Comm. cart. n.n. 1. 50

Beust, F(ritz) v(on). Schlüssel zum Bestimmen aller in der Schweiz wild wachsenden Blüten-Pflanzen, sowie der für ein Herbarium wichtigen Sporenpflanzen.... Ausschliesslich für das Anlegen von Herbarien in Schulen zusammengestellt. [Mit 1 Tabelle.] (2. verbesserte und teilweise umgearbeitete Aufl.) 8. Zürich 1889.

Beust (Fritz), Untersuchung über fossile Hölzer von Grönland. Basel, Genf und Lyon 1884. 4. Mit 6 Taf.

Beust, Fritz, von Zürich: Untersuchung über fossile Hölzer aus Grönland. Mit 4 Tabellen und 6 Tafeln. [S. A. aus: Neue Denkschriften d. allg. schweizer. Ges. f. d. ges. Naturwiss., Bd 29, N. 1]. Zür. Zürcher u. Furrer Dr. [Basel H. Georg] 1884. 43 S., 4 Tab., 6 Taf. 4°. Zürich, Phil. Diss. [v. 6. Febr. 1884].

Beust
— **Heinrich** (Braunschweig), De juribus majestatis circa religionem in genere, et in specie de episcopalibus et patronatus. Diss. jur. Präs. Joh. Thomae. Helmstedt 1693. 19 Bl., teilw. dtsch. (4.80)

Beust, J. v., Handbuch v. d. Kunst seel. z. sterben. 8. Dresd. Gerlach. 733.

Beust, I. E. de, Consiliarius, od. Begr. v. Amte fürstl. Räthe. 4. Gotha, Dieterich. 743.

— Entw. d. Münzgerechtigk. im deutsch. R. 4. Ebend. 745.

Beust, J. E. von. Entwurf der Münzgerechtigkeit im Röm. Reiche. 4°. Leipzig 1745.

— v. d. Jagd- u. Wildbahnsgerechtigk. rc. 4. Jena, (Eßlinger in Frankf.) 747.

Beust, J. E.: Versuch einer ausführlichen Erklärung des Postregals, s. Beust, Joachim Ernst von

Beust, Joachim Ernst
— s. Anmerkk. rc. üb. d. Beweis.

Beust, Joachim Ernst von: Observationes militares, oder Kriegs-Anmerkungen . . ., Gotha. 4°.
[1.] Theil, in welchen sonderlich die Materien von der Beschaffenheit und unterschiedenen Arten des Krieges . . . von Kriegs-Gerichts-Zwang und Kriegs-Gerichten . . . beleuchtet werden. 1743.
2. Theil, in welchen sonderlich die Materien von den Ursachen eines gerechten Kriegs . . . und von der Soldaten Pflicht und Schuldigkeit, beleuchtet werden. 1745.
3. Theil, in welchen, sonderlich die Materien Von Anlandungen der Schiffe in einem fremden Gebiet zu Kriegs-Zeiten . . ., von General-Auditeurn und Regiments-Schultheißen . . ., von Militair-Verbrechen . . . beleuchtet werden. 1746.
4. Theil, in welchen sonderlich die Materien Von Craiß-Völckern, von Geiseln, von Waffenstillstand . . . beleuchtet werden. 1747.
5. Theil, in welchen sonderlich die Materien Von der Retirade und Flucht-Gütern . . . beleuchtet werden. 1756.

— observationes militar. oder Kriegsanmerkungen. 6 Thle. 4. Gotha, (Compt. f. Litt. in Leipz.) 757. (1r 2r à 22 gr., 3r 1 Rthlr., 4r 1 Rthlr. 6 gr., 5r 18 gr., 6r Thl. 2r 1 Rthlr. 6 gr.)

Beust, Joachim Ernst von: „Sciagraphia Juris monetandi in Sacro Imperio Romano-Germanico. Oder Entwurf von der Müntz-Gerechtigkeit im Heiligen Römisch-Teutschen Reich. Nach Anleitung der Reichs-Satzungen, besonders der Reichs-Abschiede . . . . abgefasset und mit einem Register versehen . . . .", Leipzig 1745 (Michael Blochberger). — Vorh.: StB Nürnberg und Bibl. des German. Museums Nürnberg.

Beust, Joachim Ernst von: „Tractatus de jure venandi et banno ferino, von der Jagd- und Wildbanns-Gerechtigkeit", Jenae 1744. — Vorh.: Bibl. des Kammergerichts Berlin — Ec. 2892 — und German. Nat.-Museum Nürnberg.

Beust, Joachim Ernst von: „Versuch einer ausführlichen Erklärung des Post-Regals", 3 Teile, Jena 1747, 1748 (Cröcker).

Beust, Innoc. Wilhelm
Beust, J. W. v., vermischte Gedichte. gr. 8. Gött. Dieterich. 772.

v. Beust, Innoc. Wlh., (†...) verm. Gedichte. Mit d. Portr. d. Verf. gr. 8. 765. 2e A. gr. 8. Gotha 772. 3e A. Jena 775. (Gött., Dieterich). 6 gr. 4e A. unt. d. T.: satyr.-moral. Gedichte. 8. o. O. 777.

— anderweit. verm. Gedichte. 8. Jena, Cuno. 776.

Beust, K. v.: Die Ritter von Windeck, s. Beust, C. v.

Beust, Karl Frhr. v., s. Beust, Carl Frhr. von

v. Beust, Graf Karl Lpld., Bemerkk. zur Lehre vom pflichtwidrigen Verkauf. 8. Leipz. 808.

Beust, Otto: Natürl. Weltanschaug. (148) 8° Lpzg. M Spohr '11. 1.80 d

Beust, Philippine Gräfin, die Familie Willmore, eine romant. Darstell. gr. 12. (6 B.) Breslau 830, (J. F. Korn.)

Beust, R. Graf v., s. Beust, Friedrich Ferdinand Graf von

Beust, R. v., ein Feldzug gegen das Heidenthum der jetzigen Zeit. 2. vollständig umgearb. Aufl. Leipzig 856. Engelmann in Comm. gr. 8. (1 Bl., 58 S.) 9 ngr.

Beust, R. v., ein Feldzug gegen das Heidenthum der jetzigen Zeit. 3., an einzelnen Stellen umgearb. und verm. Aufl. Lex.-8. (80 S.) Leipzig 857, (Engelmann.)

Beust, Theo. B. Frhr. v., Grundlage zur Belehrung der Schuljugend üb. die Fortpflanzung des Lebens. Biologische Unterlagen f. den naturwissenschaftl. Unterricht. Lichtbilder-Vortrag, geh. vor d. Lehrer-Verein zu Dresden 1908. Mit 70 Orig.-Abbildgn. nach mikroskop. Präparaten in 27 Fig. n. a. m. (48 S.) Dresden 908. Holze & Pahl. — 80

Beuster, Johannes Motscheni, s.: Missionsschriften, neue.

Beuster, Ernst, Referendar: Die Rechtsstellung des Beneficialerben den Nachlassgläubigern gegenüber nach gemeinem Recht und Bürgerlichem Gesetzbuch. *Rostock 1902: C. Hinstorff.* (94 S.) 8° [F.]
Rostock, Jur. Diss. v. [30. Mai] 1902

Beuster, Georg. (Ludov.) Aemil. (geb. Lenzen 8. 6. 1836): De specillo uterino. Berolini (1859). (31 S.) 8°
Berlin, Med. Diss. v. 15. Juli 1859

Beuster, Georg Ludwig

Beuster, Geo. Lbw., die latein. Declinationen u. Conjugationen ꝛc. in Verbindung ein. Wörter zum Auswendiglernen. 8. Berl. 807. 2e A. 817. 3e A. 820. 4e A. 826. Gädike. 5 ℛ

Beuster, G. L., Die lateinische Declination und Conjugation, nebst einigen Hauptregeln für die ersten Anfänger. Ausg. 2. Berlin 816. 8. 5 gr. Ebend. 820. 8.

[Lied.] Zur 59jährigen Geburtsfeyer des Br. v. Rapin [-Thoyras]von den Brr. d. Loge [zum flammenden Stern in Berlin] gesungen. [Unterz.:] G[eorge] L[udw.] Beuster. Berlin, den 17. Aug. 1805. 2 Bl. 8° [Umschlagtit.]
Ohne Noten.

Lied beim Eintritt des Br. v. Rapin [-Thoyras] in die Versammlung zur Geburtsfeyer. Berlin den 17ten Aug. 1805 gesungen. [Unterz.:] G[eorge] L[udw.] Beuster. [Berlin 1805.] 2 Bl. 8° [Umschlagtit.]
Ohne Noten: „Dem Tage Heil! der Dich geboren, . . .“

— prakt. Rechnenbuch nach Silbergroschen. Zum Gebrauch für Städter u. Landschulen. 8. Berl. 830. (Sander). 6 ℛ Auflösungen der darin enthalt. Uebungsaufgaben. Ebd. 3 ℛ

— s. Redetheile d. deutschen Sprache.

Beuster, Paul (Red.), s. Zeitungskorrespondenz, Technische.

Beuster, Wilhelm, pr. Arzt: Ueber einen Fall von akuter traumatischer Niereninsufficienz. Leipzig 1909: Lehmann. 22 S. 8°
Leipzig, Med. Diss. v. 6. Dez. 1909, Ref. Curschmann
[Geb. 21. Jan. 69 Alsleben; Wohnort: Berlin; Staatsangeh.: Preußen; Vorbildung: Gymn. Erfurt Reife O. 89; Studium: Halle 5, Greifswald 2, Leipzig 4 S.; Coll. 15. Dez. 09; Approb. 17. Juli 00.] [U 10. 2941

Beute, F.
Anleitung zur ersten Ausführung chemischer Arbeiten in landwirthschaftlichen Lehranstalten. Uelzen, 1885. 8vo.

BEUTEL, Der grüne, aber nicht der englische! Ein Schwänchen (!) in Deutsche Pompadoure nach Blumauer. Breslau, o. J. 8°. 16 S. (Das Warmbruner Expl. der Reichsgräfl. Schaffgotsch'schen Majoratsbibl. war im Sommer 1906 nicht aufzufinden.)
Auch im Cat. von Haydinger's Bibl. — Sehr rar!

Beutel, d. grüne, (aber nicht d. englische). Ein Schwänkchen in deutsche Pompadoure nach Blumauer, v. Spaßvögel. 8. Bresl. 821. Schöne. 4 ℛ

Beutel Ernst, Dr.: Über die Einwirkung der Goldchlorwasserstoffsäure auf wässerige Lösungen von Ferrocyankalium. S. 119. IIb. 665 . . . . vgr.
Separatabdruck

— Über die Einwirkung wässeriger Lösungen von Ferrocyankalium auf Goldcyanür und Goldhydroxyd. S. 119. IIb. 697 . . . . vgr.
Separatabdruck

— Über die Löslichkeit fein verteilten Goldes in Ferrocyankaliumlösungen. S. 119. IIb. 701 . . . . vgr.
Separatabdruck

Beutel, Dr. Ernst, Die Materialien des Kunst- und Dekorationsmalers, des Anstreichers und Lackierers. Ein Lehr- und Handbuch für Künstler und Gewerbetreibende. Wien 1907. Gerlach und Wiedling. K 4.80. (Min.-Erl. vom 22. Jänner 1908, Z. 38604 ex 1907)

Beutel, Ernst: Über die Toluylbiguanide und das Benzylbiguanid. *Leipzig: G. Fock 1899.* (43 S.) 8°
Giessen, Phil. Diss. v. 1899

Beutel, Eug.: Algebr. Kurven, s. a. Sammlung Göschen 435. 436.

Algebraische Kurven. Von Eugen **Beutel**. Mit Fig. T. 1. 2. Leipzig: Göschen 1909–11. 8°
1. Kurvendiskussion. 1909. 2. Theorie u. Kurven 3. u. 4. Ordnung. 1911. (Sammlung Göschen. 435. 436.) A 11. 1304 II

Beutel, F., Repertorium der auf dem Gebiete d. Bauwesens in Bayern bestehenden Gesetze, Verordnungen, Entscheidungen, Vorschriften ꝛc. m. kurzer Angabe des Inhalts u. der Quellen der einzelnen Schriftstücke, unter besond. Berücksicht. d. Straßen-, Brücken- u. Wasserbauwesens. gr. 4. (IV, 52 S.) München 888. Literarisch-artist. Anstalt. n. 2. 40

Beutel, F., Repertorium d. auf d. Gebiete d. Bauwesens in Bayern besteh. Gesetze, Verordngn, Entscheidgn, Vorschriften etc. 4. (52) Münch. 88. Bassermann. n. 2. 40

Beutel, F. J., die freie österreichische Kochkunst. (XIII, 136 S. m. 50 Abbildgn.) gr. 8. Wien (904). A. Hartleben. Geb. in Leinw. n. 5. —

Beutel, FJ: Die moderne kalte Küche. (6, 344 m. 79 [6farb.] Taf.) gr8° Nordhaus., H Killinger ('11). L 10 —

Beutel, Fr., s. Beutell, Fr.

Beutel, Frz. Jos., die Puddingküche. Eine Sammlg. v. 356 Pudding-Rezepten nebst Pudding-Saucen u. Garnituren. 8. (127 S.) Frankfurt a/M. (902). (C. Blažek.) Geb. in Leinw. n. 2. —

Beutel, Frz. Jos., die Puddingküche. Buch der warmen Puddinge. Eine Sammlg. v. 363 Rezepten f. warme Puddinge nebst Pudding-Saucen u. -Garnituren. 2. verm. Aufl. (VIII, 102 S.) 8. Frankfurt a/M. (908). (Blažek & Bergmann.) Geb. in Leinw. 2. —

Bildnisse hervorragender Dresdner aus fünf Jahrhunderten. Mit kurzen Lebensbeschreibungen von Dr. Georg **Beutel**. Reihe 1. Dresden: Römler & Jonas 1908. 4°
(Veröffentlichung d. Vereins f. Geschichte Dresdens.) 109. 2808

Beutel, Georg: Über den Ursprung des Augsburger Interims. . . . Dresden, Druck v. Johannes Pässler, 1888; 123 + 1 S. 8°
Leipzig, Phil. Fak., Inaug.-Diss. v. 17. Nov. 1888

Beutel, Joh. Al., deutsche Sprach- u. Redelehre, mit grammat. u. stilist. Uebungen u. e. Samml. v. Musterstücken aller Darstellungsformen. Ein Lehr-, Lese- u. Uebungsb. f. d. Schule u. d. häusl. Gebr. gr. 8. (30 B.) Prag 840, Haase Söhne.

Beutel, Johann Andreas (Wittenberg), De jure pauperum in foro Saxonico. Diss. jur. Präs. Jo. Heinr. Albinus. Wittenbg. (Ww. Gerdes) 30. XI. 1724. 28 S. (4.80) 2481

Beutel, Tobias

Beutel, Tob., Arithmetik od. Rechenkunst. 8. Leipzig, Weidmann. 735.

— Angelegte besonders fruchtbare Geometrische Gallerie, zu verlangter Vermehrung u. Erweiterung, endlich auch noch an vorgehenden Geometrischen Lust-Garten, in einer Anzahl künstlich u. zu Nutz verfasseter u. solvirter schönen Quæstionum ... verfertiget. Leipz. 1703. 311 S. Fig.
(Indb. m. foreg.).

— Geometrie, m. K. 12. 737.

1658. *Tobias Beutel's* Neu vermehrtes Handbüchlein der Rechenkunst. Leipz. 12.
1663. — 3te Aufl.
1663. — Frft.
1670. — Leipz.
1671. — Dresden.
1678. — Leipzig.
1685. —
1702. —
1712. —
1713. — 9te Aufl.
1721. — 22 Bogen.

— **Tobias (Leipzig),** De jure circa somnum et somnia, Vom Recht des Schlaffs u. der Träume. Präs. Christian Thomasius. 22. III. 1687. (1731.) 110 S. (6.50) . 2482

1714. *Tobias Beutels* neu vermehrter Geometrischer Lustgarten, daran absonderlich eine herrliche schöne geometrische Gallerie. Leipz. Verl. die Tarnovischen Erben. 12.

Beutel v. Lattenberg, F. B., d. Anbetung Gottes im Schmucke seines heil. Wortes. Ein kathol. Gebet- u. Andachtsbuch, geschöpft aus d. heil. Schrift. Nebst e. Anhange von Meßliedern. Mit Titelkpf. 16. Prag 831. v. Mayregg. (Leipz., Central-Compt.) 1 ℔

Beutelbuch-Industrie-Zeitung

(1) Organ des allgemeinen Verbandes der Seidenbeuteltuch-Weberei (3) Die Seidenbeuteltuch-Weberei (4) Der Heimarbeiter (SG) (Fusion) (5) Dezember 1901—16. 9. 1932 (6) 2° (7) Monatsblatt (8) Rheineck: Albert Indermaur (10) Allgemeiner Verband der Seidenbeuteltuch-Weberei (11) Redaktionskomitee in Walzenhausen (? 1906—?), Johann Künzler, Schutz-Walzenhausen (? 1926—1932) (12) sozialistisches Verbandsorgan (13) BGSZ: 944 (p. 365); Im neuen Kleid. «Der Textilarbeiter» Nr. 1, 7. 1. 1916; Friedrich Heeb: Der Schweizerische Gewerkschaftsbund 1880/1930 (Bern 1930) p. 464 (14) Be: L (1916—1932) (15) Motto: Vereinzelt seid ihr nichts Vereint seid ihr alles! — Die Angabe bei BGSZ: 944 (p. 365), daß das Blatt erst im Herbst 1906 erschienen sei, beruht auf einem Irrtum. — v. «Der Textil-Arbeiter» Nr. 19, 12. 9. 1906.

Bockes-Beutel, Der Beschertzte und Beschimpffte. (Verf.: *Paul Beuteler*. . . . . Gedruckt im Jahr m. dc. xlv. (1645.) 4°. Ungemein rar!

4 Bll. Hochzeitgedicht auf den Hamburger Syndicus Dr. J. Christ. Meurer u. Margarethe Müller in Hamburg, 10. Aug. 1640. — W. v. Maltzahn p. 296 no. 659. — Bockes-Beutel: „d. i. ein Beutel, da man vor Alters die Bücher eingesteckt, wenn man zur Kirchen gangen."

Abgedruckt in: Poetische Lustgedanken, no. 14, betit.: „Der bescherzte boeksbeutel", ferner in: Memel, Joh. Pet. de, Lustige Gesellschaft. — Hayn, Bibl. Germ. Nupt. p. 6. no. 33. Von mehreren Ausgaben dieses Gedichts spricht Lappenberg, S. 252, Ein Hochzeitsgedicht „Kört Boocksbüdel". . . . 1656, abgedr. bei Lappenberg, S. 107, 213, Titel S. 208.

— — Dasselbe. (Neudruck.) O. O. u. J. (Cöln, Franz Teubner, 1890. Druck von Elias Neuwald in Budapest.) Kl. 8°.

Vergriffen und selten! 15 beziff. S. (incl. Verlag der Firma auf Rücks. d. Tit. u. der letzten unbez. S.).

Beutelhauser, Michael: Die Förderung der Vaterlandsliebe durch die Schule. S. 3-18. Progr. Passau 1857.

Beutelhauser, Mich., Hilfsbuch z. Einübung d. latein. Formenlehre f. Schüler d. ersten Klasse d. latein. Schulen in Bayern. gr. 12. (10 B.) Passau 837, Winkler. Thlr.

—— Hilfsbuch z. Einübung d. syntact. Regeln d. latein. Sprache, mit e. Anh. v. Uebungsstücken größern, zusammenhäng. Inhalts, nach d. Bestimmn. d. k. b. Schulordn., z. Gebr. f. d. drei höhern Klassen d. latein. Schulen ausgearb. gr. 8. (18½ B.) Regensburg 838, Reitmayr.

Beutell, A., Beiträge zur Kenntniss der schlesischen Kalinatronfeldspäthe. gr. 8. (27 S. mit 2 Stnt.) Leipzig 883. (Breslau, Preuss und Jünger.) *

Aus: Zeitschrift für Krystallographie und Mineralogie, besonders abgedruckt.

Beutell, Albert *(geb. Breslau 6.3.1859)*: Beiträge zur Kenntniss der schlesischen Kalinatronfeldspäthe. Leipzig: W. Engelmann 1883. (32 S.) 8° *(Aus: Zeitschr. f. Krystallogr. u. Miner. Bd 8.) [1884, woselbst auch die den Tauschexemplaren fehlenden Tafeln; im Buchhandel auch bei Preuß & Jünger in Breslau.]*

Breslau, Phil. Diss. v. 24. Nov. 1883

Beutell, Fr., (eigentl. D. G. F.), († d. 10. Jan. 1821.) Aufklärung, d. Volkes Glück u. d. Regenten Stütze. 8. Schwerin 794. (Bödner). (Wienbrack in Leipz.) 4 gr.

— ist d. Aufnahme d. Jugend d. jüd. Volks in christl. Schulen ein Mittel, sie zu nützl. Einwohnern zu bilden ꝛc. 4. Schwerin 792. Bärensprung. 3 gr.

Beutelrechnung. Von Revenuen und Aufwand. 8°. Wien, Wucherer, 1788.

Beutelrock, Jh. Mch., allgem. Geschichte f. Gymnasien u. höhere Lehrinstitute. 1r—3r Bd. gr. 8. Neuburg 832, 33. (Regensb. Pustet). 2 ℔ 6 gr. (vergl. Beitelrock).

Beutelspacher, Fr., biblisches Gebetbüchlein auf alle Tage des Jahres, enthaltend 306 kurze Gebete nebst Liederversen über bestimmte Bibelworte aus den Schriften der gesalbtesten Beter, als: Arnd, Arnold, Bengel ꝛc. gesammelt u. zur Beförderung eines tieferen Christenthums herausg. Stuttgart 856. J. F. Steinkopf. 8. (382 S.) 14 ngr.

Beutelspacher, Fr., Trostbüchlein für Kranke ꝛc, s. Trostbüchlein.

Beutelspacher, Friedr. Erzählungen e. alten Jägers, s. Jugend- u. Volksbibliothek, deutsche.

Beutelspacher, Frdr., Fringilla oder die Zusammenkunft hinter der Aumühle. Ein Bild aus dem Thierleben. Aus den Jugendblättern abgedr. Ludwigsburg 862. (Basel, Balmer & Riehm.) 16. (49 S.) n. 4 ngr.

Beutelspacher, G. (Hrsg.), s. Monatsschrift für die willkührliche Gerichtsbarkeit und das Notariat in Württemberg.

Beutelthiere, d., u. Mäuse, s. d. kleine Büffon 5r

Beutemachen u. Plündern in ihrer historischen Entwickelung u. der Rechtsstand beider in der Gegenwart. [Aus: „Soldatenfreund".] gr. 8. (48 S.) Potsdam 882. Gropius. n. 1. —

Beuter, W: Hilfsbüchlein f. d. Gesch.-Lehrer an Mittelsch. 1. Heft. Das Mittelalter. (76) gr8° Olten, H Hambrecht '12. — 90 d

— Lernheft f. d. Schüler b. Gesch.-Unterr. 1. Heft. Die Völkerwanderg. (12) gr8° Ebd. '12. — 25 d

Beuth, Eddy: Liebes-Abenteuer. Das Schwindelprinzesschen. Erzählgn. (120) kl8° Berl., Weber-Haus (erloschen) '11. (Komm.: Volckmar.) 1 —; geb. 1.50 u. 2 — d

Z. Tl. verramscht an Alfr. Richter, Halle a. S., Röpziger Str. 193 I.

— Die 4 Liebsten, s: Ossen, HFr. v., mein 1. Kuss.

Beuth, Eddy, Berliner Mädels u. andere. Erlauschtes u. Erspähtes. Mit Buchschmuck u. Titelblatt v. Mart. Boy. (56 S. mit Bildnissen.) kl. 8. Mühlhausen i/Th. (905). G. Danner. n. 1. —

Berliner Mädels und andere. Erlauschtes u. Erzähltes von Eddy **Beuth.** Mit Buchschmuck von Martin Boy-Berlin. (Vorr.: Max Laurence.) Mühlhausen i. Th.: G. Danner (1905). (56 S.) 8° [F.] [05. 9938 S]

BEUTH, Eddy. Das Modell. Berlin, Verlagsgesellschaft für Literatur und Kunst (um 1910). 8°.

Verb. d. Ldg. I Berlin 38 J. 145/13.

— der Streit der Weine, s. a. Hochzeits-Album.

Der Streit der Weine. Hochzeits-Aufführung in Versen von Eddy **Beuth.** Mühlhausen i. Th.: G. Danner [1906]. (13 S.) 8° [F.]

== Hochzeits-Album. H. 17. [07. 6993 S]

— über den Wolken. Ein Buch der Sehnsucht. (78 S.) kl. 8. Stuttgart 905. A. Juncker. n. 1. —

Beuth, **Frz., Juliae et Montium subterranea. 8. Dresd. 761. Hilscher. 16 gr. id. lib. 8maj. Düsseld. 776. Wizezky. 16 gr.**

Beuth, G., und Otto Friebel, Adreßbuch für den gesammten deutschen Grundbesitz. Nach den neuesten amtl. Quellen hrsg. 1. Thl.: Prov. Westpreußen. gr. 8. (34 S.) [Berlin 876, Chun.] Thorn, Lambeck. *

2. Thl. nicht erschienen.

Beuth, G.J.

— Anmerkk. über (Rübels) 3ten Thl. des wahren Portraits e. geschickten Hebamme. 8. Cleve 769.

— Anweis., wie d. im Clevischen herrsch. Viehseuche zu behandeln ꝛc. ist. 4. Cleve 796.

Beuth, G. J., etwas von Fiebern. 2 Thle. gr. 8. Cleve 771, 72. (Coppenrath in Münster). 10 gr.

Beuth, J. G., Etwas von Fiebern. 2 Thle. gr. 8. Cleve, Bärstecher. 771.

Beuthe, Paul, Medizinalprakt.: Aus d. Univ.-Frauenklinik München. Über Wiederholung der Eklampsie bei derselben Person in verschiedenen Schwangerschaften. Saalfeld i. Thür. 1909: Stöckigt. 41 S. 8°
München, Med. Diss. v. 13. Juli 1910, Ref. Döderlein
[Geb. 3. Sept. 84 Eisfeld; Wohnort: Eisfeld; Staatsangeh.: Sachsen-Meiningen; Vorbildung: Realgymn. Meiningen Reife O. 04; Studium: Jena 2, München 1, Jena 2, Berlin 1, Kiel 1, München 3 S.; Coll. 13. Juli 10; Approb. 30. Juni 10.]

Beuthen [Schlagwort]
— s. a.: Deutschland. Uebersichtskarte.

— s.a. Europa. Liebenow.

Beuthen. Hilscher, A., Karte der oberschlesischen Industrie-Kreise Beuthen, Kattowitz, Gleiwitz, Tarnowitz, Zabrze, Pless, Rybnik. 1 : 185,000. Farbendr. 40,5×48,5 cm. Gleiwitz 891. P. Raschdorff. n. 1. 25; auf Leinw. in Mappe n. 2. —

Beuthen. Hilscher, A., Karte der Kreise I. Beuthen, II. Kattowitz, III. Zabrze, IV. Tarnowitz. Für den Schul- u. Privatgebrauch entworfen. 1 : 40,000. 6 Blatt Chromolith. qu. gr. Fol. Gleiwitz 889. Raschdorff. n. 8. —; auf Leinw. m. Stäben n.n. 11. —; in Mappe n.n. 12. 50

Beuthen, s.: Industriekarten.

— s.a. Kreiskarten.

Beuthen, s.: Oppeln, Reg.-Bez.

Beuthen,Kreis [Schlagwort]

Beuthen, Kreis. Baron, Paul, Wandkarte der Kreise Beuthen, Kattowitz, Tarnowitz u. Zabrze, entworfen nach den Generalstabs-Karten. 1 : 35,000. 8 Blatt à 86×52 cm. Farbdr. Beuthen (901). (H. Freund.) n. 11. —; auf Leinw. m. Stäben n.n. 15. —

Beuthen, Kreis. Karte der Kreise I. Beuthen, II. Kattowitz, III. Zabrze, IV. Tarnowitz. Für den Schul- u. Privatgebrauch entworfen. 1 : 37,750. 2. Aufl. 6 Blatt à 46×56,5 cm. Farbdr. Riesenburg (903). Kattowitz, G. Siwinna. n. 12. —; auf Leinw. m. Stäben n. 14. —

— Mueller, Kreiskarte von Beuthen O.-S. Nach den neuesten topograph. Aufnahmen des preuss. Generalstabes u. d. kgl. Oberbergamtes hergestellt. 1 : 100,000. 21,5×25 cm. Farbdr. Ebd. (903). n. — 60

— Rieger, J., Schülerkarte des Stadt- u. Landkreises Beuthen O.-S. 1 : 66,667. 29×37 cm. Tarnowitz (904). A. Kothe. n. — 15

Beuthen,Stadt [Schlagwort]

Beuthen, Stadt. Plan von Beuthen O.-S. 1 : 10,000. 86×41 cm. Farbdr. Beuthen (899). H. Freund. n.n. — 75

Beuther, C. G., lehrbegier. Christ, welch. d. S. u. Feyertag veran. in J. zu zubringt. 8. Dresd. Gerlach. 735.

BEUTHER, DAVID.

* Universal und Particularia, worin die Verwandelung geringer Metalle in Gold und Silber klahr und deutlich gelehret wird, nebst einem Anhange von unvergleichlich curieusen alchymischen Kupffern, darin die Kunst von Anfang bis zum Ende vorgemahlet ist, und einer Vorrede von Beuthers Person und Schrifften, Joh. Christoph Sprögels. Hamburg, bey Samuel Heyl in der St. Johannis Kirche, 1718. pp. [xxx]–140–[iv], 12mo. Plates.

Beuther was alchemist to Elector Augustus of Saxony, 1575 to 1582. His adventures, imprisonment, and suicide are graphically told by Kunkel and by Wiegleb.

Beuther, Friedr., kurze Anweis. z. Linear-Perspektive, mit d. nöth. prakt. Vortheilen bei deren Anwend. f. d. ausübende Zeichenkunst. M. 15 lith. Taf. (auf 7½ B. in gr. Fol.) gr. 8. (3 B.) Kassel 833, Bohné.

Beuther, Friedr., kurze Anweis. zur Linear-Perspektive mit d. nöthigen prakt. Vortheilen bei deren Anwend. f. d. ausübende Zeichenkunst. 2, revid. Ausg. gr. 8. (3 B. u. 16 Stnt.) Kassel 845, Bohné. —

Beuther, (F.) Dekorationen f. d. Schaubühne, nebst e. Vorworte über Theatermalerei. 1e Liefg. M. 4 Kpf. gr. Fol. Braunschweig 825. (Hoffmann in Weimar.)

— Dekorationen f. d. Schaubühne. 2. Lfg. M. 2 Kpfr. u. 8 Stnt. gr. Fol. Göttingen 828, Rocca.
1. Lfg. Ebendas. 1825. 2 Thlr.

— über Licht u. Farbe, die prismat. Farben u. die Newton'sche Farbenlehre. M. 13 ill. Taf. (auf 3½ lith. B. in gr. Fol.) gr. 8. (4 B.) Kassel 833, Bohné.

— neue Theater-Decorationen. 1e Lfrg. 20 Bl. qu. gr. 4. Berlin u. Göttingen 836. Gebr. Rocca. 4 ß

Beuther, Fritz, das Goldland d. Plinius. [Aus: „Zeitschr. f. das Berg-, Hütten- u. Salinenwesen im preuss. Staate".] gr. 4. (20 S.) Berlin 891. W. Ernst & Sohn. n. 2. —

Beuther, Johann Conrad, Ingenieur. Tabellarische Aufzeichnung, sowohl zu Mr. Davilers ausführlicher Anleitung zu der ganzen Civilbaukunst, als auch zu des Vignolae Säulenordnungen und Bogenstellungen, wie diese nach eingerichteten Tabellen auf eine sehr leichte und richtige Art, aus dem Axstrich aus aufgezeichnet sind. Zum Dienst und Nutzen der Anfänger von Goldschmieden, Malern, Bildhauern etc. 4. Augsburg (1777).

Johann Conrad Beuther's kurze aber gründlich erklärte Einleitung der vier Hauptarten aller Wechselrechnungen. Als ein Anhang zur practischen Rechenkunst. Augsb. 8. 4 Bog. 1762.

— Einleit. zu d. vier Hauptartikeln aller Wechselrechnungen. 8. Augsb. 762. Klett. 4 gr.

Beuther, J. C.: „Getreidemaassvergleichungstabellen", Augsburg 1772 (Klotz).

— Getraidemaß-Vergleichungstabellen in Europa. 8. Augsb. 772. 2e A. 790. 3e A. 796. Rieger. 4 gr.

Beuther, Jh. Konr., († ... 1783.) Gold- u. Silbergewichtsmanual. gr. 8. Augsb. 765. Klett. 6 gr.

— Münzlexikon. gr. 8. Augsb. 774. v. Jenisch u. Stage. 8 gr.

Johann Conrad Beuther's gründlich erklärte practische Rechenkunst, in welcher alles aufs deutlichste erklärt wird. Mit vielen Exempeln, besonders einer recht ausführlichen italiänischen und französischen Practica versehen. Zwey Theile. 1670.
1765. — 2te Aufl. 1r Band. Augsburg, Klett, 8. 244. S. 1 Blatt.
1765. — 2te Aufl. 2ter Bd. 421 S. 3 Bl. (zusammen 20 gr.)

— gründl. erklär. prakt. Rechnenkunst, nach d. Methode d. Hrn. v. Clausberg, 2 Thle. 8. Augsb. 765. N. A. 772. Ebd., Klett. 20 gr.

Beuther (J. K.), Vergleichungstabellen des Getreidemaasses. 2. Auflage. Augsburg 1790. 8.

Beuther, J. Conr., Vergleichungstabellen des Getraidemaaßes in Europa. 8. Augsb. Rieger. 796. Rthlr.

Beuthien, Angelius, sleswig-holsteener Buerngeschichten. 1. Geschich. Klaas Hinnerk. 3 Bde. 2. Aufl. 8. (VII, 182, VI, 211 u. 252 S.) Braunschweig 876. H. Bruhn. n. 8. —

Beuthien, Angelius, sleswig-holsteener Buerngeschichten. Klaas Hinnerk. 1. Bd. 8. (VII, 182 S.) [Lübeck 876, Seelig.] Hamburg, Nestler und Melle. *

—— dass. — 1. Geschich. Klaas Hinnerk. 2. Uplag. 3 Bde. 8. Braunschweig 878, H. Bruhn. [1. Bd. (186 S.) *ℳ 2,50.; 2. Bd. (VI, 211 S.) *ℳ 2,50.; 3. Bd. (252 S.) *ℳ 3.] * geb. *

Erschien 1878 in 10 Lfgn. à 30 Pf.

— dasselbe. 2. Geschich. De latinsch Buer un sien Nabers. 8. (VI, 206 S.) Kiel 879. Lipsius & Tischer. n. 3. —; geb. n. 4. 50

— Halfblod. En Roman ut Sleswig-Holsteen. 2 Bde. 8. (IV, 459 S.) Lübeck 880. Dittmer. n. 6. —; geb. n. 7. 50

— dasselbe. 2 Bde. 2. Aufl. 8. (IV, 281 u. 459 S.) Ebend. 880. n. 3. —; in 1 Bd. geb. n. 4. 50

Beuthley der Philosoph auf dem Lande, eine Erzählung, a. d. Engl. 8. Leipz. 775. Weidmanns. 10 sg.

Beuthner, A. E., Abfassung d. gebr. Grundreg. üb. d. Aussprache d. engl. Sprache. 8. Jena, Cröcker. 711.

Hamburgisches Staats- und Gelehrten-Lexicon, worin die Namen, das Leben und die Verdienste derjenigen Männer angeführet werden, welche von der Reformation bis auf gegenwärtige Zeit in dieser Stadt und derselben Gebiete ein ansehnliches Amt . . . bekleidet . . . bereits aber das Zeitliche gesegnet haben. Hrgg. v. Arnold Christian **Beuthner**. Hamburg. 1739. 8°

Beuthner, Joh. Heinr. (Hamburg), De praestantia quadam poeseos Germanicae prae Gallica et Italica. *ΠΑΡΕΡΓΟΝ* criticum. Präs. Corn. Diet. Koch. Helmstedt (Gg. Wolfg. Hamm) 22. V. 1715. 32 S. (4.50) 2485
Gew.: Lucas v. Bostel, Joh. v. Som, Bernh. Mattfeld.

Beuthner, Karl

Beuthner, Carl, aus der Bilder-Fibel der Natur. Gedichte für die Jugend. 2. verm. Aufl. Breslau 869. Heidenfeld. 8. (VII, 128 S. u. lith. Titelbl.) n. 20 ngr

Beuthner, Karl, auf der Heimatflur. [Früher: Aus der Bilderfibel der Natur.] Lieder, Fabeln, Legenden, Rätsel rc. aus dem Naturleben für die Jugend. 3. umgearb. und verm. Aufl. 8. (VII, 140 S.) Braunschweig 888, Wollermann cart. * geb. *ℳ 2.—.; mit Goldschn. *

—— Victoria. Blätter zum Ruhmeskranze unsrer deutschen Rheines-Wacht. 8. (57 S.) Neusalz a. O. 871, Lange. *

Beuthner, C., Victoria. Blätter zum Ruhmeskranze unsrer deutschen Rheines-Wacht. 8. (57 S.) Neusalz a. O. 876. Lange. n. — 30

Beuthner, Willy [aus Berlin]: 66 Fälle von Spondylitis . . . Berlin, C. Vogts Buchdr., *1895;* 38 S., 1 Bl. 8.
Berlin, Med. Fak., Inaug.-Diss. v. 8. Febr. 1895

Beutin, Karl, Referendar aus Kambs b. Röbel i. M.: Das Konsensprinzip im Grundbuchrechte nach dem Bürgerlichen Gesetzbuche. *Rostock 1904: Adlers Erben.* (79 S.) 8°
Rostock, Jur. Diss. v. [28. Juni] 1904

Beutinger, Emil

Beutinger E, Arbeitsverträge für das Baugewerbe. (168 S) 4° Darmstadt (1907)

Beutinger, Emil, Arbeitsverträge f. d. Baugewerbe. Für die Praxis u. den Unterricht an techn. Lehr-Anstalten. 5—10. Taus. (IV, 8, 18, 4, 8, 15, 6, 4, 6, 9, 8, 6, 5, 8, 9, 5, 6, 6, 7, 6, 6, 7, 6, 6, 7, 6, 7 u. 10 S.) 34×22 cm. Darmst. 909. Verl.-Anst. A. Koch. Geb. in Leinw. 8. —
Hieraus einzeln:
Allgemeine Vertragsbedingungen f. die Ausführung v. Hochbauten. I. Bedingungen f. die Bewerbg. um Arbeiten u. Lieferg. (3 S.) — 20
— dasselbe. II. Auf Grundlage der Angebots-Bedinggn. (13 S.) — 40
Besondere Bedingungen: A. Für die Ausführung der Erd-Arbeiten. (4 S.) — 20. — B. Für die Betonierungs- u. Zementarbeiten. (8 S.) — 30. — C. Für die Ausführung der Maurer- u. Steinhauerarbeiten. (15 S.) — 50. — D. Für die Steinmetzarbeiten-Steinlieferung. (6 S.) — 30. — E. Für die Ausführung der Asphalt-Arbeiten. (4 S.) — 20. — F. Für die Lieferung v. Walz- u. Gusseisen (Träger, Eisenkonstruktionen u. Formeisen.) (6 S.) — 30. — G. Für grössere Eisenkonstruktionen. (9 S.) — 40. — H. Für die Zimmer-Arbeiten. (8 S.) — 30. — J. Für die Spengler-Arbeiten (Klempner-, Flaschnerarbeiten.) (6 S.) — 30. — K. Für die Schmiedearbeiten (Grobschlosserarbeiten.) (5 S.) — 30. — L. Für die Verputzarbeiten. (8 S.) — 30. — M. Für die Dachdeckungsarbeiten. (9 S.) — 40. — N. Für die Glaserarbeiten. (5 S.) — 30. — O. Für die Bau-Schreinerarbeiten (Tischlerarbeiten.) (6 S.) — 30. — P. Für d. Schlosserarbeiten (Anschlagarbeiten etc., innerer Ausbau, Kunstschlosserarbeiten.) (6 S.) — 30. — Q. Für die Maler- u. Anstreicherarbeiten. (7 S.) — 30. — R. Für die Tapezier-Arbeiten. (6 S.) — 30. — S. Entwässerungsanlagen (Hauskanalisation.) (6 S.) — 30. — T. Pflasterarbeit u. Plattenbelage. (7 S.) — 30. — U. Installationen v. Gas- u. Wasserleitungen (Hausleitungen.) (6 S.) — 30. — V. Allgemeine Bestimmungen üb. Aufzüge f. Speisen, Waren, Lasten u. Personen. (6 S.) — 30. — W. Besond. Bedingungen der Zentralheizungen. (7 S.) — 30. X. Für elektrische Anlagen (Licht- u. Kraftanlagen.) (6 S.) — 30. — Y. Besondere Bedingungen f. d. Anlage v. Blitzableitern. (7 S.) — 30. — Z. Besondere Bedingungen f. die Ausführg. v. Eisenbetonarbeiten (Deckenkonstruktionen, Gewölbe, Treppen etc.) (10 S.) — 40.

Beutinger, Emil: Die Bauführg, s. a. Sammlung Göschen 399.

Die Bauführung. Kurzgef. Handbuch über d. Wesen d. Bauführung von Emil **Beutinger**. Mit 23 Fig. u. 11 Tab. Leipzig: Göschen 1908. 135 S. 8°
(Sammlung Göschen. 399.) A 12. 1292 II

Beutinger, Emil: Handb. d. Feuerbestattg u. ihre geschichtl. Entwickg v. d. Urzeit bis z. Gegenwart. Techn. u. künstler. Anfordergn an neuzeitl. Krematorien u. d. damit zusammenhäng. Anlagen. (7, 282 m. Abb.) Lex 8° Lpzg, C Scholtze ('11). 13.50; geb. 15 —

— s.: Industriebau, der.

— Kostenvoranschläge f. das Baugewerbe. II. Tl. der Arbeitsverträge f. das Baugewerbe. Für d. Praxis u. den Unterricht an techn. Lehranstalten. (IV, 280 S.) 34×21,5 cm. Darmstadt 909. Verlagsanstalt. A. Koch. Geb. in Leinw. 8. —
Hieraus einzeln:
A. Erdarbeiten (Grabarbeiten.) (4 S.) — 20. — B. Beton- u. Zementarbeiten. (8 S.) — 30. — C. Maurerarbeiten. (20 S.) — 50. — D. Steinlieferung (Steinmetzarbeiten.) (8 S.) — 30. — E. Asphaltarbeiten. (4 S.) — 20. — F. Lieferung v. Walz- u. Gusseisen. (4 S.) — 20. — G. Ausführung grösserer Eisenkonstruktionen. (4 S.) — 20. — H. Zimmerarbeiten. (12 S.) — 40. — I. Spenglerarbeiten (Flaschner u. Klempnerarbeiten.) (8 S.) — 30. — K. Schmiedearbeiten (Grobschlosserarbeiten.) (4 S.) — 20. — L. Verputzarbeiten. (8 S.) — 30. — M. Dachbedeckungsarbeiten. (8 S.) — 30. N. Glaserarbeiten. (8 S.) — 30. — O. Bautischlerarbeiten (Schreinerarbeiten.) (20 S.) — 50. — P. Schlosserarbeiten (Anschlagarbeiten.) (16 S.) — 50. — Q. Malerarbeiten. (12 S.) — 40. — R. Tapezierarbeiten. (6 S.) — 30. — S. Hausentwässerungsanlagen. (28 S.) — 50. — T. Pflasterarbeiten u. Plattenbelage. (8 S.) — 30. — U. Installation v. Gas u. Wasser (Hausleitungen.) (32 S.) — 50. — V. Anlage v. Aufzügen f. Lasten u. Personen. (16 S.) — 50. — W. Zentralheizungsanlagen. (12 S.) — 40. — X. Elektrische Anlagen f. Licht u. Kraft (Starkstromanlagen.) (16 S.) — 50. — Y. Blitzableiteranlagen. (6 S.) — 30. — Z. Eisenbetonarbeiten. (8 S.) — 30.

Beutinger, Emil, Leitfaden f. das Veranschlagen (Baukostenberechnung) s. a.: Degeners', Herm. A. L., Leitfäden f. Baugewerkschulen u. verwandte Lehranstalten. XVI.

Beutinger E, Leitfaden für das Veranschlagen (Baukostenberechnung). (80 S) Leipzig 1908

— Die Preisberechnung der Bauarbeiten sowie Arbeitsleistungen u. Materialbedarf. (VIII, 166 S. m. 90 Abbild. u. 87 Tab.) Lex. 8. Leipzig (910). C. Scholtze. Geb. 5. —

— s.: Scholtze's Bautaschenbuch.

— Das Veranschlagen im Hochbau, s. a. Sammlung Göschen 385.

Das Veranschlagen im Hochbau. Kurzgef. Handbuch über d. Wesen d. Kostenanschlags von Emil **Beutinger**. Mit 18 Fig. Leipzig: Göschen 1908. 117 S. 8°
(Sammlung Göschen. 385.) A 13. 1263 II

Beutler (Domprediger), Abschiedspredigt geh. am Sonntage Quasimodogeniti im Dom zu Schwerin 1845. gr. 8. Schwerin 845, Kürschner'sche Buchh. n. 1/12 Thlr.

Beutler: Die soz. Aufg. d. deut. Städte, s.: Adickes.

Beutler (Domprediger), Predigt zum Gedächtnisse des verewigten Allerdurchlaucht. Großherzogs Paul Friederich, am 17. April gehalten über den Text Psalm 112, V. 5 u. 6. gr. 8. Schwerin; Berlin 842, Plahn'sche Buchhandl. (Nitze.) n. 1/12 Thlr.

Beutler, Predigt zum Gedächtnisse des verew. Allerdurchlaucht. Großherzogs Paul Friedrich, am 17. April geh. üb. d. Text Psalm 112, V. 5 u. 6. gr. 8. (1 B.) Schwerin 842, Kürschner'sche Buchh. Thlr. *

Beutler, Aug.: Das Sprachstudium und sein bildendes Element. S. 7 - 77. 8°
Progr. Jägerndorf UR 1872.

Beutler, B.F.: Die choris symphoniacis. (Singchöre). 15 S. Progr. Mühlhausen 1829.

Beutler, B.F.: Ueber den Nutzen des geograph. Studiums. 15 S. Progr. Mühlhausen 1836.

Beutler, Benj. Gotthelf, De obsequio disciplinae scholastiquae nostra in primis aetate cautius temperando. Comment. I. ad orationes in schola cruciana. Dresden (Harpeter) 6. V. 1803. 12 Seiten, mit Namen. (1.60)
— — Dasselbe. Comment. II. Dresden (Harpeter) 27. IV. 1804. 12 S., mit Namen. (1.50)

Beutler, Bruno: Die Anatomie von Paryphanta hochstetteri Pfr. *Jena: G. Fischer 1901.* (44 S.) 8° ¶ (Aus: Zool. Jahrbücher, Abth. f. Anat. u. Ontog. d. Thiere, Bd 14, H. 3.)
Giessen, Phil. Diss. v. 1901

Beutler, C. A., de locis quibusdam, qui in sermonibus Domini temere putantur communes. Viteb. 1780. 4.

— **Carl Fried. Christian** (Gotha), Disp. de Athenarum fatis statu politico et literario sub Romanis. Göttingen (Friedr. Ernst Huth) 11. IX. 1829. 87 Seiten. (5.—) 2488
Gew.: Christ. Wilh. Mitscherlich.

Beutler, Ernst: Vom griechischen Epigramm im 18. Jahrhundert. Leipzig: Voigtländer 1900. 126 S. 8° ¶ (Ersch. auch als: Probefahrten. Bd 15.)
Leipzig, Phil. Diss. v. 8. Okt. 1909, Ref. Köster, Sievers
[Geb. 12. April 85 Reichenbach i. V.; Wohnort: Reichenbach; Staatsangeh.: Sachsen; Vorbildung: Gymn. Altenburg Reife O. 04; Studium: Tübingen 2, Leipzig 7 S.; Rig. 26. Febr. 09.]

Beutler, Friedrich, a. Altenburg ⟨S.-A.⟩: Die Temperaturverhältnisse des außertropischen Südafrika. Mit zwei Karten-Beilagen. Jena 1906: G. Neuenhahn. (74 S.) 8°
Jena, Phil. Fak., Ref. Dove, Diss. v. 24. Juli 1906
[Geb. 28. Febr. 81 Altenburg; Wohnort: Altenburg; Staatsangeh.: Sachsen-Altenburg; Vorbildung: Realgymn. Altenburg Reife O. 01; Studium: Jena 2, Halle 2, Jena 6 S.; Rig. 17. Mai 06.]

Beutler, Gust. Otto, die sozialpolitische Gesetzgebung d. Deutschen Reichs, insbesondere das Gesetz, betr. die Krankenversicherung der Arbeiter vom 15. Juni 1883. 8. (88 S.) Leipzig 884. Duncker & Humblot. n. — 80

Beutler, Heinrich Christian, s. a. Beutler, Jh. Hnr. Chr.

BEUTLER, HEINRICH CHRISTIAN: Sittenlehren und Klugheitsregeln in Versen für Schullehrer zum Vorschreiben und für Kinder zum Lernen. Kaschau o. J.: C. Werfer. 48 S. - gr. 8°

Beutler, J. M., s. Beutler, Jo. Matthaeus

Beutler, Jh. Hnr. Chr., Salomos u. Sirachs Denk- u. Sittensprüche. Leseb. f. d. Schuljugend. 8. Schnepfenth. 809. Erz.-Anst. 3 Gr.

Beutler, J. H. C., Hellmann, od. Unterr. wie d. Mensch erzogen werden soll, um gesund zu seyn. 8. Erf. Keyser.

— s. Sachregister üb. d. Zeit- u. Wochenschr.

Beutler, J. H. Ch.: Sittenlehren . . . , s.a. Beutler, Heinrich Christian

— Sittenlehren u. Klugheitsregeln in Versuchen. 8. Schnepfenth. 793. 9e A. 818. Erz.-Anst. 1 Gr.

— Sittenlehren u. Klugheitsregeln in Vers. 8. Ebend. 806.

J. H. Ch. **Beutler's** Sittenlehren u. Klugheitsregeln in Versen, z. Vorschr. u. Lernen. *Schnepfenth.*, Erz.-Anst. (1-5e A. 793-807.) 6e A. 811. 8° 2 gl

Beutler, J. H. C., Sittenlehren und Klugheitsregeln in Versen für Schullehrer. 7te Aufl. 8. Schnepfenthal, Buchhandl. d. Erziehungsanstalt. 816. Rthlr.

Beutler, (J. H. C.) Sittenlehren u. Klugheitsregeln ꝛc. 8te Aufl. 8. Schnepfenthal, 822, Buchh. d. Erz. A.

— biblisches Spruchbuch f. Schulkinder, mit kurzen Erklärr. für Schullehrer. 8. Schnepfenth. 809. Erz.-Anst. 14 Gr.

— **Jo. Matthaeus** (Flarchheim/Thür.), De Pompejo Hierosolymario. Präs. Jo. Wilhelm v. Berger. Wittbg. (E. G. Eichsfeld) 1741. 46 S. (4.80) 2490

— **Johann Georg Ludwig** (Gotha), Animadversiones criticae in Homerum et Virgilium. Jena (Gg. Schreiber & Co.) 23. IV. 1823. 34 Seiten. (2.50) 2489
Gew.: Joh. Phil. Gabler.

— animadversiones criticae in Homer. et Virgilium. 4maj Jena 823. Crüker. 10 Gr.

Beutler, J. G. Ludw., Anleitung z. Uebers. a. d. Deutsch. in d. Lateinische, f. d. unt. Class. 2 Thle. (od. 3 Abthln.) gr. 8. Göttingen 826, Vandenhoeck u. Ruprecht. [1. (9 B.) 6 Gr., 2. 1. (22 B.) u. 2. 2. (19½ B.) à 16 Gr.]

Beutler, (J. G. L.) Anleit. z. Uebersetzen aus d. Deutsch. ins Latein. 1r u. 2r Thl. gr. 8. Göttingen 827, Vandenhoeck u. R.

Beutler, Joh. Geo. Ludw., Chrestomathie der lateinischen Dichter. 2 Thle. gr. 8. (12½ u. 12 B.) Gotha 835. [Erfurt, Hennings u. Hopf.] à ⅓ Thlr.

Beutler, J. G. Ldw., Elementarbuch zum Uebersetzen aus d. Lat. in das Deutsche, für d. untern Klassen. 2 Thle. gr. 8. Magdeb. 830, 31. Heinrichshofen. (1r 10 Gr. 2r 12 Gr.) 22 Gr. 3r Thl. d. Wörterbuch enthalt. gr. 8. Ebd. 831. 12 Gr.

Beutler, J. G. Ludw., Lateinische Schulgrammatik. gr. 8. (36½ B.) Göttingen 829, Vandenhoeck u. Ruprecht. Thlr.

Beutler, Karl, a. Dresden: Beitrag zur Kenntnis der Bryozoenfauna der älteren Tertiärschichten des südlichen Bayern. Abt. 2. Cyclostomata. ⟨Mit 2 Taf.⟩ Stuttgart: E. Schweizerbart 1908. (S. 205—250, ohne d. Taf.) 4° ¶ (Aus: Palaeontographica Bd 54.)
München, Phil. Fak., Ref. Rothpletz, Diss. v. 19. Juni 1907
[Geb. 10. Juli 81 Dresden; Wohnort: Dresden; Staatsangeh.: Sachsen; Vorbildung: Annen-Realgymn. Dresden Reife O. 02; Studium: München 10 S.; Rig. 19. Juni 07.]

Beutler, Ludwig: Animadversiones criticae ..., s. Beutler, Johann Georg Ludwig

Beutler, Ludw., Jesus, Gottes u. des Menschen Sohn, nach einigen für schwierig gehaltenen Stellen u. Abschnitten der Evangelien. Ein Beitr. zum Ideenstudium der heil. Schrift. Ein Probeheft. 8. (3 B.) Leipzig 842. (Fr. Fleischer.) *

Beutler, Ldw., Jesus, Gottes u. des Menschen Sohn, nach einigen für schwierig gehaltenen Stellen u. Abschnitten der Evangelien. Ein Beitrag zum Ideenstudium der h. Schrift. Ein Probeheft. 8. Leipzig 843. (Fr. Fleischer.) n. 1/6 ℛ

Margarete Beutler. Gedichte. *Berlin: M. Lilienthal [1902].* (116 S.) 8° (03.10873)

Neue Gedichte von Margarete Beutler. Berlin: B. Cassirer 1908. (VIII, 112 S.) 8° [F.] (c8. 13:00

Beutler, Margar.: Leb' wohl, Bohème! Gedichtb. (7, 108) kl8° Münch., G Müller '11. Pappbd 3 — d

Beutler, R.: Animadversiones criticae..., s. Beutler, Johann Georg Ludwig

Beutler, Robert, Gerichtsreferendar: Die Reichsbank als öffentlich-rechtliche Stiftungseinrichtung. Berlin & Leipzig: Rothschild 1909. VII, 151 S. 8° ¶ (Aus: Beutler: Die Reichsbank. Ihre rechtl. Natur u. Zweckbestimmung.)
Bonn, Jur. Diss. v. 12. Jan. 1909, Ref. Zorn u. Cosack
[Geb. 22. Febr. 83 Cöln; Wohnort: Cöln; Staatsangeh.: Preußen; Vorbildung: Gymn. i. d. Kreuzgasse Cöln Reife O. 01; Studium: Bonn 6 S.; Rig. 10. Juli 08.]

Die Reichsbank, ihre rechtl. Natur u. Zweckbestimmung. Von Robert Beutler. Berlin & Leipzig: Rothschild 1909. VIII, 253 S. 8° (09.18500 4

Beutler, Rudolf, approb. Arzt aus Reichenbach i./V.: Beitrag zur Lehre von den Kleinhirntumoren im Anschluß an einen Fall von Rundzellensarkom des Kleinhirns. *München 1904: C. Wolf & Sohn.* (19 S.) 8°
München, Med. Diss. v. 1904

BEUTLER, Tob., in Zwickau, Neuer moralischer Sack-Schreib- und Taschen-Allmanach für das Frauenzimmer deutscher Nation, ans Licht gestellet von —. 4°.
M. M. V. 1745. C 2a.

Beutnagel, Hans, appr. Arzt: Beitrag zur Therapie des Keratokonus. München 1909: Wolf. 26 S. 8°
München, Med. Diss. v. 13. Aug. 1909, Ref. Eversbusch
[Geb. 3. Mai 82 Schackensleben; Wohnort: Schackensleben; Staatsangeh.: Braunschweig; Vorbildung: Martino-Katharineum Braunschweig Reife O. 03; Studium: Bonn 4, München 6 S.; Coll. 13. Aug. 09; Approb. 30. Juni 09.] [U 10. 3484

Beutnagel, Herm., über Metabrombenzoesäure, Bromnitro- u. Bibrom-Benzoesäuren. Inaugural-Dissertation. gr. 8. (41 S.) Göttingen 878. (Vandenhoeck & Ruprecht.) n. — 80

Beutner: Revidierter Entwurf eines automatischen Zolltarifs... s. Grothe, H.

Beutner, die königl. preußische Garde-Artillerie, insbesond. Geschichte d. 1. u 2. Garde-Feld-Artillerie-Regiments. 1. Bd. Mit 4 Bildnissen, 1 Gesamtbild der Kommandeure, 3 Uniformbildern und 5 Karten. Lex.-8. (XI, 426 S.) Berlin 889. Mittler & Sohn. n. 10. —

Beutner, die königl. preußische Garde-Artillerie, insbesondere Geschichte des 1. Garde-Feldartillerie-Regiments u. des 2. Garde-Feldartillerie-Regiments. Auf dienstl. Veranlassg. verf. 2. Bd. Mit 6 Bildnissen, 3 Gesamtbildern der Kommandeure, 1 Bild der 1870 gefallenen Offiziere, 2 Uniformbildern, 9 Karten u. Skizzen. gr. 8. (XII, 331 u. 172 S.) Berlin 894. E. S. Mittler & Sohn. n. 12. 50 (kplt.: n. 22. 60)
Der 1. Bd. ist vergriffen.

Beutner, Gesetze betr. die Gewährung der Rechtshülfe und die Beschlagnahme des Arbeits- und Dienstlohnes, beide vom 21. Juni 1869. Aus den Materialien erläutert. gr. 8. (50 S.) Berlin 871, Kortkampf.

Beutner, Gesetz betr. die Kautionen der Bundesbeamten. Vom 2. Juni 1869. Mit der Verordnung vom 29. Juni 1869, betr. die Kautionen der bei den Verwaltungen der Post, der Telegraphen und des Eichungswesens angestellten Beamten, betr. die Kautionsverhältnisse der im Bereiche der Postverwaltung des norddeutschen Bundes angestellten oder beschäftigten Beamten, Unterbeamten und kontraktl. Diener. Nach den Materialien geordnet. gr. 8. (24 S.) Berlin 870, Kortkampf.

— das Gesetz betr. die Wechselstempelsteuer im norddeutschen Bunde. Vom 10. Juni 1869. Aus den Materialien erläut. Mit einer übersichtl. Tab.: der Tarif zur Wechselstempelsteuer für 13 Valuten und Währungen (in gr. Fol.). gr. 8. (30 S.) Berlin 870, Kortkampf.

Beutner: Die deutschen Handelsverträge . . ., s. Beutner, G. F.

— und G. Herrfurth, das Reichs-Gesetz über den Unterstützungs-Wohnsitz vom 6. Juni 1870. Aus den gesammten amtl. Materialien ausführl. erläut. Mit allen Einführungs-Gesetzen, dem Wortlaut der Reichs-Gesetze betr. Freizügigkeit, und Erwerb und Verlust der Staatsangehörigkeit, sowie der Gothaer Konvention vom 15. Juli 1851. gr. 8. (XXVIII, 295 S.) Berlin 872, Kortkampf. *

— Wahlgesetz für den Reichstag des norddeutschen Bundes vom 31. Mai 1869. Mit Reglement vom 28. Mai 1870. Nach den Materialien erläutert. gr. 8. (36 S.) Berlin 870, Kortkampf.

Beutner: Der Zollanschluß ..., s. Beutner, G. F.

Beutner, Zusammenstellung d. deut. Handels-, Freundschafts-, Schifffahrts-, Consular- u. literarischen Verträge. Berlin 883.

Beutner, Carl Adolph, von Bergzabern, Rheinpfalz: Ueber die Strom- und Druckkräfte des Blutes in der Arteria pulmonalis. Zür. Zürcher u. Furrer Dr. 1850. 42 S., 1 Bl., 1 Taf. 8°.
Zürich, Med. Diss. v. 1. Juni 1850.

Beutner, D., Der Gesetzentwurf über die Unfallversicherungen der Arbeiter. 8°. Berlin 1884.

Beutner, F. (Hrsg.), s. Adressbuch deutscher Exportfirmen.

Beutner, G.F.: Das Gesetz betr. die Portofreiheiten im Geb. des Norddeutschen Bundes vom 5. Juni 1869 . . . dargest. u. erl. nebst e. Anh., enth. die Bundesgesetze u. das Reglement über das Postwesen im Norddeutschen Bunde.
Potsdam 1870.

Beutner, G. F., die deutschen Handels-, Freundschafts-, Schifffahrts-, Consular- und literarischen Verträge. Zusammengestellt und hrsg. gr. 8. (VII, 439 S.) Berlin 883, Norddeutsche Buchdruckerei und Verlagsanstalt. cart. *

Beutner, G. F., Materialien zum Abschlusse eines Handels-Vertrages zwischen Russland u. dem deutschen Reiche. gr. 8. (101 S.) Berlin 881. (Puttkammer & Mühlbrecht.) n. 2. —

Beutner, G. F., Umlageverfahren und Kapitalsdeckung. Glossen zur neuen Unfallversicherungsvorlage. Eine Antikritik. 8°. Berlin, Nordd. Buchdr. u. Verl.-Anst., 1884.

Beutner, GF, d. Zoll-Anschluss d. Hansestädte Hamburg u. Bremen. Eine Zeit-Studie. 8. (131) Berl. 80, Puttkammer u. M. n. 2. —

Beutner, d. Zoll-Anschluss d. Hansestädte Hamb. u. Bremen. Berlin 881.

— die Zoll-Tarife der wichtigeren Länder aller Erdtheile. 1. und 2. Bd. gr. 8. Berlin 883, Norddeutsche Buchdruckerei und Verlagsanstalt. cart. à Bd. * ℳ 10. *
Inhalt:
Bd. 1. Die Zolltarife Europas. (V, 830 S.)
" 2. (a) Nachtrag zu Bd. I. „Europa". b) Die Zolltarife von Asien, Afrika und Amerika. c) Nachtrag zu Bd. II.) (VII, 80; II, 782 S.)

Beutner. Julius [pr. Arzt Landau (Pfalz)]: Ueber mechanische Behandlungsmethode und ihre Erfolge bei tabes dorsalis. . . . Strassburg i. E., Buchdr. C. Goeller, 1890; 44 S. + 1 Bl. 8°
Strassburg, Med. Fak., Inaug.-Diss. v. 1890

Beutner, Karl Samuel: De Polypis ventriculi nec non de aetiologia polyporum in universum. Helae (1822): Grunert. 35 S. 8°.– Halle-Wittenberg, Med.Diss. v. 30. Nov. 1822.
2. Ex.: Mx 149 (2)
3. Ex.: Mx 152 (13)

Beutner, R, kirchl. Festgrüsse, s.: Pfannschmidt, CG.

Beutner, Reinhard: Neue galvanische Elemente. 1908. 54 S. 8° ¶ Ausz. in: Zeitschrift f. Elektrochemie. Jg. 15. 1909.
Karlsruhe, Dr.-Ing.-Diss. v. 29. 7. 1908

Beutner, Renata, Erzählungen f. Mädchen. Mit 2 Farbdr.-Bildern v. R. Wehle. (128 S.) 8. Stuttgart (909). Loewe. Geb. 1. 20

Beutner, Renata, f. frohe Kinderherzen. Erzählungen für kleine Mädchen. 1. u. 2. Aufl. gr. 8. (V, 141 S. mit 4 Farbdr. v. R. Wehle.) Stuttgart 889. 890. Loewe. 1. 80; geb. n. 3. —

Beutner, Renata, f. frohe Kinderherzen. Erzählgn. f. Mädchen. M. 4 Farbdr.-Bildern v. R. Wehle. 3. Aufl. gr. 8. (VII, 141 S.) Stuttgart 896. F. Loewe. Geb. in Leinw. 3. —

Beutner, Renata, für frohe Kinderherzen. Erzählungen f. Mädchen. Mit 4 Farbendr.-Bildern von R. Wehle. 4. Aufl. gr. 8. (VII, 141 S.) Stuttgart (899). Loewe. Geb. in Leinw. 3. —

Beutner, R: Für frohe Mädchenherzen. Erzählgn. (149 m. 4 Farbdr.) 8° Stuttg., Loewe (01). Geb. 3 — d

Beutner, Renata: Goldener Mädchenschatz, s: Ludwig, J.

Beutner Wanda: Transformationsgruppen mit räumlicher Gewichtsfigur (mit 4 Textfiguren). S. 122. Ha. 1907 . . . . —.90
Separatabdruck.

Beuttel, Fritz: Über schwefelhaltige, durch Para- und Meta-Ringschluß entstehende, zyklische Verbindungen. Freiburg i. B. 1909: Wagner. 54 S. 8°
Freiburg i. B., Phil. Diss. v. 1909, Ref. Gattermann
[Geb. 5. Mai 83 Waldshut; Wohnort: Waldshut; Staatsangeh.: Baden; Vorbildung: Realgymn. Karlsruhe Reife Juli 01; Studium: Freiburg i. B. 7 S.; Rig. 26. Nov. 09.]

Beuttel, Joh. Jac. (Marbach), An nobilitet venter? Diss. jur. Präs. Nic. Hieron. Gundling. Halle (Chn. Henckel) 2. X. 1718. 92 S. (5.50) 2493

— **Maximilian Friedrich** (Leonbergensis), Consilia de novo recessu imperii conficiendo hoc et superiori saeculo agitata. Präs. Gottfr. Dan. Hoffmann. Tübing. (Erhard) Nov. 1758. 60 S., teilw. deutsch. (5.—) 2494

Beuttenmüller, C., & Co.: Preisliste für vernickelte und lackirte Haushaltungsartikel. Bretten (Baden) 1894

Beuttenmüller, H: Die Methodik d. Stoffwechseluntersuchgn, s: Mohr, L.

Beuttenmüller, Heinrich, approb. Arzt aus Stuttgart: Ueber den Zusammenhang zwischen Blutdruck und Schmerzempfindlichkeit. *München 1903: Kastner & Callwey.* (25 S.) 8°
München, Med. Diss. v. 1903

Beuttenmüller, Herm., s: Frauenbuch, Deutsches.

Beuttenmüller, Herm., s.: Frauenlob.

— Die goldene Garbe. Heitere Gedichte. (175) 8° Berl., Verl. Berlin-Wien ('12). 2.50; geb. 3.50

— Neue deutsche Gedichte zum Besten der Rich. Wagner Stipendienstiftg. hrsg. m. e. Vorwort v. Jos. Kohler. (212 S.) kl. 8. Leipzig 908. Xenien-Verlag. 2.50; geb. in Ldr. n 4. —

— s: Geschichten, Heitere.

Neue Lieder und Gedichte badischer Dichter hrsg. z. Besten d. bad. Frauenvereins von Hermann **Beuttenmüller.** 1. Taus. Baden-Baden: C. Wild (1907). (123 S.) 8° [F.] [08. 910]

— Deutsches Novellenbuch. Zum Besten des Vereins das Deutschtum im Ausland. (Der Umschlag ist entworfe. v. L. E. Kemmer.) (444 S.) 8. Leipzig (910). F. Moeser Nachf. Geb. 5. —

Beuttenmüller, Hermann: Der rechtliche Schutz des Gehörs. Karlsruhe i. B. 1908: G. Braun. (62 S.) 8°
Heidelberg, Jur. Fak., Ref. v. Lilienthal, Diss. v. 1908
[Geb. 6. Aug. 81 Baden-Baden; Wohnort: Baden-Baden; Staatsangeh.: Baden; Vorbildung: Gymn. Baden-Baden Reife M. 01; Studium: Freiburg i. B. 1, Kiel 1, Berlin 1, München 1, Heidelberg 3 S.; Rig. 8. Aug. 07.]

— A. M. Frey, M. Ringwald, H. Staudacher, Stimmungen. Gedichte. Hrsg. v. Herm. Beuttenmüller. Titelzeichnung v. L. E. Kemmer. (VII, 58 S.) kl. 8. Dresden 909. E. Pierson. 1.—; geb. n 2. —

— s: Vivat Academia!

Beutter, Alex., Akustik u. Gesangunterricht. [Aus: „Neue Blätter aus Süddeutschland f. Erziehg. u. Unterricht".] gr. 8. (32 S.) Stuttgart 892. Ch. Belser. n. — 40

Beutter, Alex., volkstümliche Gestaltung der Notenschrift. Ein Vorschlag zur Bekämpfg. des musikal. Analphabetentums. (24 S.) Lex. 8. Gött. 909. Vandenhoeck & Ruprecht. — 50
Sonderabdr. aus „Monatsschr. f. Gottesdienst u. kirchl. Kunst"

Beutter, E., das württembergische Gesetz üb. die Gemeindeangehörigkeit vom 16. Juni 1885. Handausg. m. Erläutergn. u. e. Anh.: Zusammenstellung der Vorschriften f. Gemeindewahlen; nebst ausführl. Sachregister. gr. 8. (VIII, 140 S.) Stuttgart 886. Kohlhammer. n. 2. 40; geb. n. 3. —

Beutter, E., u. **C. Nicolai**, Leitfaden für die württemb. Gemeindebehörden bei Anwendung der neuen Reichs- u. Landes-Justiz-Gesetze, zugleich Rathgeber für das rechtsuchende Publikum bei Verfolgung unbestrittener Ansprüche, m. vielen Formularien, einem Gebühren-Regulativ u. genauem Sachregister. gr. 8. (VIII, 514 S.) Stuttgart 879. (Knapp.) n.n. 10. —

Beutter, E., und **C. Nicolai**, Leitfaden für die württemberg. Gemeindebehörden bei Anwendung der neuen Reichs- und Landes-Justiz-Gesetze, zugleich Rathgeber für das rechtsuchende Publikum bei Verfolgung unbestrittener Ansprüche, mit vielen Formularien, einem Gebühren-Regulativ und genauem Sachregister. gr. 8. (VIII, 514 S.) Stuttgart 879, (Lindemann's Buchh.) *

Beutter, Emil, approb. Arzt aus Reutlingen: Aus d. med. Klinik in Kiel. Beiträge zur Pneumotomie. *Kiel 1901: A. F. Jensen.* (50 S.) 8°
Kiel, Med. Diss. v. [8. Nov.] 1901

Beutter, E[rhd.]: Das Württembergische Gesetz über die Gemeindeangehörigkeit vom 16. Juni 1885. Mit Erläut. Stuttgart: Kohlhammer 1886.

Beutter, Frz. Sales, Geschichte der heiligen katholischen Kirche. Dem kathol. Volke erzählt. Mit Titelbild u. vielen in den Text gedr. Abbildgn. 8. (VIII, 356 S.) Freiburg i/B. 891. Herder. n. 3. —; geb. in Halbleinw. n. 3. 60

— Geschichte d. hl. kathol. Kirche. D. kathol. Volke erz. 2., verb. Aufl. M. Titelbild u. 74 i. d. Text gedr. Abb. gr. 8. (VIII, 321 S.) Freiburg i/B. 896. Herder. n. 2. 40; geb. in Halbleinw. n. 3. —; in Leinw. n. 3. 60

Beutler, Frz. Sales, Kirchengeschichte, in span. Übersetzg., s.: Carmona, Francisco Diaz, historia de la santa iglesia católica.

Beutler J, über Zündnadelgewehre. Reutlingen

Beuttl, Anton Fidelis: De Usu et natura glandularum. Viennae (1779:) M. A. Schmidt. 44 S. 8°.– Wien, Med. Diss. v. Aug. 1779.

Beuttner, B. (Hrsg.), s. Hauszeitung, Schweizer.

Beuttner, Christoph Aegydius (Nürnberg), An testes digniores in conflictu sint potiores? Diss. jur. Altdorf (Joh. Adam Hessel) 28. XI. 1755. 24 S. (4.80) 2495
Widmung von: Jo. Heumann, Joh. Jonas Schuchardt.

Beuttner, Eug.: Kommentar z. Pharmacopoea helvetica ed. 4. (423 u. 3) Lex 8° Zür.. Art. Instit. Orell Füssli ('11). 15 —

Beuttner, Nicolaus: Catholisches Gesang-Buch. Graz 1718: Widmannstätters Erben. – 10,390 S.

Ueber Antisepsis und Asepsis in der Geburtshilfe. Von Dr. Oscar **Beuttner**, Frauenarzt in Genf. M. 15 Holzschn. *Wien: Urban & Schwarzenberg 1896.* (213—264 S.) 8.
— Klinik, Wiener. 1896. H. 8. 9. [96. 6708

Beuttner, O: Üb. Antisepsis u. Asepsis in d. Geburtshilfe. 8° (58 m. H.) Wien 97, Urban & Schw. 1.60

Beuttner, Osk., zur Behandlung des unvollständigen Abortus, nebst einigen Bemerkgn. üb. Atmokausis, Uterusperforation u. Hysteroskopie, s. a. Klinik, Wiener. 26. Jhrg. 5. Hft.

Zur Behandlung des unvollständigen Abortus nebst einigen Bemerkungen über Atmokausis, Uterusperforationen und Hysteroskopie. Von Dr. Oskar **Beuttner**, Privatd., Genf. Mit 3 Abb. *Berlin, Wien: Urban & Schwarzenberg 1900.* (S. 150–184.) 8°
— Klinik, Wiener. 1900. H. 5. [00. 6 05

Beuttner, Oscar. Beitrag zum Studium der pathologischen Anatomie der Atresia hymenalis congenita. Von Privatdocent Dr. Oscar Beuttner. Mit 4 Textabbildungen. *Kopftitel:* Aus dem histologisch-embryologischen Institut der Universität Genf. — Sonderabdruck aus Band 6, Heft 3 [der] Beiträge zur Geburtshilfe und Gynaekologie, hrg. ... unter Redaktion von A[lfred] Hegar. II S. + S. 381—386. 8. Leipzig, Georg Thieme, 1902.

Beuttner, Oscar. [1.] Suprasymphysärer Bogenschnitt nach Rapin-Küstner. — [2.] Suprasymphysärer Fascienquerschnitt nach Pfannenstiel. ⟨Sonder-Abdruck aus dem Centralblatt für Gynäkologie 1902. No. 29 u. No. 30.⟩ [2 S.] u. 3 S. 8. [Leipzig, Breitkopf & Härtel.]

Beuttner, Oskar, med. pract. von Bischofszell (Kt. Thurgau), z. Z. Assistenzarzt am kantonalen Frauenspital zu Bern: Ueber Elfenbeinimplantation zum Zwecke der Arthroplastik. Zür. E. Lehmann Dr. 1892. 2 Bl., 28 S., 1 Bl. 8°.
Zürich, Med. Diss. [v. 30. Nov. 1892].

— s.: Gynaecologia helvetica.

Beuttner, Oscar. Instrumentelles auf urologischem Gebiet. Von Privatdocent Dr. Oscar Beuttner in Genf. [Mit 2 Figuren.] Separat-Abdruck aus Nr. 49, 1902 [der:] Wiener Medizinische Presse. Organ für praktische Aerzte. Redigirt von Dr. Anton Bum. 6 S. 8. Berlin und Wien, Urban & Schwarzenberg, 1903.

— Die transversale fundale Keilexzision d. Uterus als Vorakt z. Exstirpation doppelseit. erkrankter Adnexe nebst einigen Bemerkgn z. konservativen Chirurgie d. Adnexe überhaupt (frontale Hemisektion d. Ovariums). (67 m. Abb.) Lex8° Stuttg., F Enke '11. 2.40

Beuttner, Oscar. Über Schleimhautpolypen der Uterushöhle. Von Privatdozent Dr. Oskar Beuttner in Genf. Mit 4 Textabbildungen. *Kopftitel:* Aus dem pathologisch-anatomischen Institut der Universität Genf. — Sonderabdruck aus Band 6, Heft 3 [der] Beiträge zur Geburtshilfe und Gynaekologie, hrg. ... unter Redaktion von A[lfred] Hegar. II S. + S. 395—406. 8. Leipzig, Georg Thieme, 1902.

Der anglonormannische Boeve de Haumtone [Beuve de Hanstone]. Z. ersten Male hrsg. v. Albert Stimming. *Halle: M. Niemeyer 1899.* (VIII, XCVI, 270 S.) 8°
= Bibliotheca Normannica. 7. [99. 8999 10

Der festländische Bueve de Hantone [Beuve de Hanstone]. Fassung I nach allen Hs. mit Einl., Anm. u. Glossar zum erstenmal hrsg. von Albert Stimming. Dresden: Gesellsch. f. Roman. Lit. 1911. LXI, 534 S. 8°
(Gesellschaft f. Romanische Literatur. Bd 25.) [11. 11889

Beuvelet, Math., Clericus instructus. V Prte. 8. Augsb. 761. Rieger. 1 fl 18 xr

— meditation. de praecip. veritatib. christianis et ecclesiast. etc. V Tom. 8. Ofen 770. Univers.-B. 1 fl 20 xr

— norma cleri pro institut. clericor. etc. 8. maj. Wien, Camesina.

Beuvellet, Betracht. f. d. geistl. Stand. A. d. Franz. v. D Mettenleiter. 8. (528) Straub. 52, Mauter. — 22½

Beuvellet, Betrachtungen für den geistlichen Stand in 4 Abtheilungen nebst einer Einleitung und einem Anhange. Aus dem Französ. übers. von Domin. Mettenleiter. 8. (XIII und 528 S.) Straubing 852, Schorner. —

Beuvellet, Betrachtungen über die Wahrheiten des christlichen Lebens. Aus dem Französ. übers. von Domin. Mettenleiter. Straubing 858. Schorner. 8. (VIII, 351 S.) 10 ngr

Beuvius, Adam

HENRIETTENS Briefe an Morvina, durchwebt mit histor. und anmuth. Anekdoten u. Bemerkungen, auf eine wahre Geschichte gegründet. Aus d. Engl. Leipzig 1779. 8°.

EIGENSINN, Der, des Glücks in den ausserordentlichen Begebenheiten des Barons von T**** (von *Adam Beuvius*). Berlin 1755. 8°.
Anon.-Lex. II. p. 9 (nach Meusel u. Kayser).

HENRIETTE oder der Husarenraub. In Briefen bey Gelegenheit des gegenwärtigen Kriegs. (Ziemlich harmloser Roman von *Adam Beuvius*.) 3 Thle. Mit 1 Titelkpfr. u. 3 Titelvignetten von Meil. Berlin und Leipzig, bey G. J. Decker. 1779. 8°. (8 Mk. E. Frensdorff, 1906, etw. stockfl.; 4 Mk. 50 Pfg. v. Zahn & Jaensch, Dresden, c. 1902.)
Zuerst gedr. 1775. — Vgl. Heine, Der Roman in Deutschland. Halle 1892. S. 6. — Anon.-Lex. II. p. 278 hat „1778—80" (nach Goedeke).
— — Dasselbe. 3 Thle. Mit (5) Kpfrn. Ebd. 1780. 8°. (54 xr. Alfr. Coppenrath, Regensb., vor 1870; jetzt theurer!)
* — — Dasselbe. 4. verbess. Aufl. Mit (4) Kpfrn. Ebd. 1789. 8°. Tit. u. 412 fortl. pag. S. (In Berlin: Yw 9406.) (6 Kr. Halm & Goldmann, 1907.)
— — Dasselbe. (Nachdruck.) Frankfurt und Leipzig 1779. 8°. 125, 189, 144 S. (2 Mk. Kühl, Berlin, c. 1882.)

LOUISE van H*** oder der Triumph der Unschuld. Eine rührende Geschichte von dem Verfasser des Eigensinns des Glücks (*Adam Beuvius*). 2 Thle. Mit Titelkpfrn. u. Titelvignetten. 2. Aufl. Berlin und Leipzig, Decker, 1775. 8°. 180 u. 167 S. Zahm.
Die 1. Aufl. ist wohl von demselben Jahre. Vgl. Koch II. p. 284; Anon.-Lex. III. p. 88 (nach Meusel u. Kayser).
— — Dasselbe. Ebd. 1784. 8°.
Geschichts- u. Romanen-Litt. (Cat.) Breslau 1798; Kayser p. 80.

Beuzinger: Einige Aufgaben und Lehrsätze aus der niedern und höhern Stereometrie (für practische Zwecke). 40 S. u. Figt. Progr. Coblenz 1849.

Bevan, Eduard

Bevan, E., die Honigbiene; ihre Naturgeschichte, Physiologie u. Behandlung. A. d. Engl. M. 1 Stnt. u. 1 Vign. 8. (24½ B.) Stuttgart 828, Löflund.

Bevan, Mrs. Fr[ances]. Wilhelm Farel, ein Reformator der französischen Schweiz. Mit 4 Bildern [wovon 1 Tafel]. ⟨Nach dem Englischen von Mrs. Fr. B.⟩ (Deutsche Bearbeitung [von] E Dönges.) 8. Verlag: Dillenburg (Druck Frankfurt a. M.). [1897.]
Lebensbilder von Zeugen Gottes.

[Umschlagt.:] [Ant. u. F.] **Bevan, W.** *Lloyd:* Sir William Petty ... Canterbury, J. A. Jennings, "City" Printing Works, 1893; 32 S. 8.
München, Staatswirtsch. Fak., Inaug.-Diss. v. 1894

Bevenroth, A., Exempel-Buch. gr. 16. (36 S.) Hamburg 874, (Nolte.) geb. *

Bevensee, H.

Liederbuch der Kriegervereine, Kampfgenossen und Soldaten. Zsgest. u. hrsg. unter Mitwirkung d. Kriegervereins f. d. Kirchspiel Elmshorn von Organist (H.) Bevensee in Hohenwestedt. *Kiel 1895: C. Jansen.* (x, 210 S.) 8° [F.] [95. 8008

Liederbuch der Kriegervereine, Kampfgenossen und Soldaten. Zsgest. u. hrsg. unter Mitw. d. Kriegerver. f. d. Kirchspiel Elmshorn von Organist (H.) **Bevensee** in Hohenwestedt. 2. Aufl. *Kiel: C. Jansen 1896.* (x, 206 S.) 8° [F.]
[Spätere Aufl. u. d. T.: Singt Kameraden! ... von Bevensee.] [04. 16659 8

Bevensee, H., landwirtschaftlicher Liederschatz. gr. 16. (VIII, 191 S.) Berlin 902. P. Parey. Geb. in Leinw. n. 1.20

Landwirtschaftlicher Liederschatz. Gesammelt von H. **Bevensee**, Organist. 2. Aufl. Berlin: P. Parey 1907. (XII, 193 S.) 8° [F.] [07. 11951

— u. L. Jordan, „Meeresgrüße!" Liedersammlung f. die deutsche Marine u. die deutschen Marine-Vereine. 4. Aufl. 12. (XVI, 203 S. m. 1 Bildnis.) Kiel (900). Deutsche Marine-Zeitg. Geb. n. — 75

Melodieenbuch zu Singt Kameraden! Liederbuch f. deutsche Krieger. Bearb. u. hrsg. von Organist [H.] **Bevensee** in Hohenwestedt. *Kiel: R. Cordes (1901).* (64 S.) 4° [F.] [04. 16633 8

— singt Kameraden! Liederbuch f. deutsche Krieger. Hrsg. unter Mitwirkg. des Kriegervereins für das Kirchspiel Elmshorn. 7. Aufl. (21. bis 25. Taus.) 12. (XIV, 183 S.) Kiel (900). R. Cordes. n.n. — 50; Melodien dazu. gr. Lex.-8. (VI, 64 S.) (901.) Kart. n. 3. —

Bevensee, H: Singt Kameraden! Liederb. f. deut. Krieger. 8. Afl. (183) 12° Kiel, R Cordes ('05). Geb. nn — 50; Melodien dazu. (64) 8° ('01.) Kart. 3 — d

— Singt Kameraden! Liederbuch f. deutsche Krieger. Unter Mitwirkg. des Kriegervereins f. das Kirchspiel Elmshorn hrsg. 9. Aufl. (31.—40. Taus.) (XII, 162 S.) kl. 8. Kiel (909). R. Cordes. Kart. nn — 50

Bevensen [Schlagwort]
Bevensen, s.: Preussen. Messtischblätter.

Bever, Carl Frdr., die Frage des Goldes u. Silbers u. ihrer Währungen, in populär-wissenschaftl. Form erörtert. gr. 8. (VIII, 95 S.) Magdeburg 880. E. Baensch jun. n. 2. —

Bever, Carl Frdr., die Frage des Goldes u. Silbers u. ihrer Währungen, in populär-wissenschaftl. Form erörtert. 3. Bearbeitg. gr. 8. (III, 171 S.) Köln 893. (J. G. Schmitz.) 3. —

Bever, die Frage des Goldes u. Silbers u. ihrer Währungen, in populär-wissenschaftl. Form erörtert. 3. Bearbeitg. Köln 895.

— Streiflichter auf Deutschlands Gegenwart u. Zukunft vornämlich in wirthschaftlicher Beziehung. gr. 8. (IV, 67 S.) Nördlingen 879. Beck. n. 1. —

Bever, Gustav, appr. Arzt a. Aeschach b. Lindau i. B., Assistent an d. Kgl. Universitätsklinik u. Poliklinik f. Ohren-, Nasen- u. Halskrankheiten zu Erlangen: Aus der Kgl. Universitätsohrenklinik in München. Vorstand Hofrat Prof. Dr. Bezold. Die Fortleitungswege von Mittelohreiterungen in das Gehirn bei der Entstehung von Großhirnabszessen. Erlangen 1907: Junge & Sohn. (63 S.) 8°
Erlangen, Med. Fak., Ref. Denker, Diss. v. 20. Dez. 1907
[Geb. 2. Sept. 80 Aeschach b. Lindau; Wohnort: Erlangen; Staatsangeh.: Bayern; Vorbildung: Gymn. Kempten Reife 99; Studium: Tübingen 2, Freiburg i. B. 3. München 4 S.; Coll. 26. Juli 07; Approb. 15. Nov. 05.]

Bever, H., Album für Frohsinn und geselliges Vergnügen. Ein Taschenbuch für Jedermann, namentlich für junge Damen und Herren jeden Standes, zur Unterhaltung in geselligen Kreisen und Familien-Zirkeln. Eine Fortsetzg. des „Maitre de plaisir." Enthaltend: 92 Gesellschaftsspiele, 100 Pfänderauslösungen, 137 Räthsel und Charaden rc. 3., bedeutend verm. u. verb. Aufl. gr. 16. Kempen 860. (Ostrowo, Priebatsch.) 16. (XVI, 256 S.) 20 ngr.

—— der Maitre de plaisir, oder der liebenswürdige Gesellschafter. Eine Anleitung, jede Gesellschaft auf die mannigfaltigste Art in fortwährender Heiterkeit und angenehmer Spannung zu erhalten. Enthaltend: Kartenspiele, Gesellschaftsspiele und Pfänderauslösungen, Declamationen rc. 2. Aufl. 8. (XII und 192 S.) Kempen 859. (Ostrowo, Priebatsch.) *

Bever, Thom., Geschichte d. röm. Staats u. d. röm. Rechts; aus d. Engl. v. L. Völkel. gr. 8. Leipz. 787. (Brockhaus). 1 ₰

Bever, Thom., Gesch. d. röm. Staats u. d. röm. Rechts, a. d. Engl. gr. 8. Leipz. Gleditsch. 787.

Beveridge, W.

— Privatgedanken v. d. Religion. 8. 714.

Beveridge, W., merkw. Reden, v. Wesen d. christl. Kirche rc. betr. a. d. Engl. 7 Thle. 8. Dresd. 732—40.

Beverini, Barthol., Syntagma de ponderib. et mensuris, quo veter. nummor. pretium ac. mensurar. quantitas demonstratur. 8. Lips. Weidmann. 714.

Beverini, Barth., Syntagma de ponderibus et mensuris, quo veterum nummorum pretium ac mensurarum quantitas demonstratur. Lucae 711. 8. 1 rthl. 4 gr. Acc. ejusd. commentatio de Romanorum comitiis. Lips. 714. 8. 6 gr. Jetzt 18 gr. Acc. mantissa numorum Byzantinorum Seb. Pauli. Cum figg. Neap. 719. 8. 1 rthl. 4 gr.

(Hebräische Buchstaben) oder Der Baum der Erkaentnis des Guten und Boesen, mit philosophischen Augen betrachtet von einem Weltbürger (frei nach *A. Beverland* von Eduard Fielding,

einem Pseudonym). Berlin (Gotha, Mevius), 1760. 8°. Titel in Kupfer gestoch. (Vente Bukowski, Novbr. 1884, no. 995.)

Beverland, Adriaan

UNTERSUCHUNG, Philosophische, von dem Zustand des Menschen in der Erbsünde. Wo man die Quelle, die Ursachen u. die Folgen dieser Sünde in der Welt anzeiget. („Prima mali labes" — — —) (Vf.: *Adriaan Beverland*, geb. um 1650 zu Middelburg in Holland, † das. 1712.) Nach der sechsten verbesserten Französischen Ausgabe übersetzt v. M. (d. i. Philipp Ernst Bertram, Weimarischer Hofsekretär). Mit Titelkpf. (Eva u. die Schlange im Paradiese, unsign.). Franckfurt u. Leipzig (Halle) 1746. 8°. (16 Mk. 50 Pfg. Frdr. Klüber, München, c. 1898; 20 Mk., mit der folg. Schrift, Adolf Weigel, 1907; 25 Kr., mit d. folg., Halm & Goldmann, 1907.)

Beverlei, R. M., Briefe über den gegenwärtigen Zustand der sichtbaren Kirche Christi, gerichtet an John Angel James. Aus d. Engl. übers. gr. 8. Leipz. 837. Kirchner u. Schw. $^{11}/_{12}$ ₰

Beverley, tragédie bourgeoise de Mr. Saurin. 8. Frcft. Esslinger. 768.

— Trauersp. v. Saurin. 8. Frkft. Andreä. 776.

Beverley; ein bürgerliches Trauerspiel in 5 Aufzügen, nach Edw. Moore und Saurin frei bearbeitet. O. O. 1782. V: *Huck, Anton.* (Ky)

— od. d. Spieler. Trauersp. 8. Halle. (Stage in Augsb.) 776. —

Beverley, oder der Spieler. Ein Schauspiel .... Nach Moore und Saurin. Schwerin und Wismar 1791. V: *Schröder, Friedrich Ludwig.* (BrMm)

— od. d. Spieler. Schausp. v. Schröder. 8. Wismar, Bödner. 791.

Beverly, Cecilie, od. d. Tugenden d. weiblich. Geschl., nach dem Engl. d. Miß Burney, m. K. 2. Thle. 8. Berl. Nauck. 796.

Holländ. Pap.

Beverley Arthur

Arthur Beverley, des Königs Page. 1829

s.a. White, Charles [Verf.]

Beverley, Arthur, des Königs Page ... Aus dem Engl. von C. Richard. Aachen u. Leipz. 1829. V: *White, Charles.* (Mitth. A. Rosenbaum.)

Beverley, Robert Mackenzie. Briefe über den gegenwärtigen Zustand der sichtbaren Kirche Christi ... Aus dem Englischen übersetzt. Leipzig 1837. Ü: *Pirscher, N.* (BrMm)

Beverley, R. M., Briefe üb. d. gegenwärt. Zustand d. sichtbaren Kirche Christi, gerichtet an John Angel James, Prediger zu Birmingham. A. d. Engl. übers. gr. 8. (15⅓ B.) Leipzig 837, Kirchner u. Schwetschke.

Beverly, Cecilie, nach dem Englischen neubearbeitet. Berlin 1789. V: *Brömel, Wilhelm Heinrich.* (MGT) (JL) (BaBb)

Bevermann, Carl, prakt. Arzt aus Neuenburg (Neumark): Ein Beitrag zur Lehre über Traktionsdivertikel der Speiseröhre. Erlangen 1904: E. Th. Jacob. (35 S.) 8°

Erlangen, Med. Fak., Ref. Hauser, Diss. v. 3. Aug. 1901

[Geb. 5. Jan. 67 Potsdam; Wohnort: Neuenburg; Staatsangeh.: Preußen; Vorbildung: Gymn. Saargemünd Reife 88; Studium: Berlin, Jena, Greifswald, Würzburg; Rig. 3. Aug. 01; Approb. 99.]

Bevermann, Willy, cand. med.: Aus d. pharmakol. Institut d. Universität Würzburg. Zur toxischen Beeinflussung des Geruchssinnes. *Würzburg: F. Scheiner 1898* [vielm. *1899 1900*]. (43 S.) 8°

Würzburg, Med. Diss. v. 1898

Bevern [Schlagwort]

Bevern, s.: Preussen. Messtischblätter.

Bevern [Verfasser]

Bevern, H (C Buschhorn): Moderne Jugend. Zeitgemässe Plaudereien. 5. Afl. 8° (22) Paderb. 98. Detmold, Verl.-Anst. P Buschhorn. — 50
7. Afl. s. u. d. T.: Buschhorn, O.

Bevern, Konr. v., Sudermann. 8. (23 S.) Halle a/S. 892. E. Strien. — 30

BEVERN, OTTO, Ord. S. Franc., Sonntagsprediger: Lobrede auf den Heiligen Bernard Erzvater des preiswürdigsten Cisterzienser Ordens und hönigfliessenden Kirchenlehrers, als dessen hoher Festtag den 20-ten August 1798. In der schon vor 600 Jahren gestifteten und berühmten Abtey Szirz, in dem Wesprimer Kirchensprengel feyerlich begangen wurde. Ofen 1798. Gedr. mit kön. Pester Universitätsschriften. 36 S. - 8°

BEVERN, OTTO: Lob- und Sittenrede auf die heilige Elisabeth. Vorgetragen in dem Gotteshause der W.W. E.E. Elisabethinerinnen in der Wasserstadt von P. Otto Bevern, Franziskaner der Kapistraner Provinz. Ofen 1803. Gedr. mit Königl. Universitäts-Schriften. 32 S. - 200 mm

Bevers, Johann

Bevers, J., Anweisung z. Vernunft-Religion u. vorneml. z. göttl. Heilslehre Jesu, beisammen im Standpunkt d. angefang. 19. Jahrh. n. Chr. Geb. Zum Lehr- u. Lese-Buch d. christl. Religion f. Christen u. Nichtchristen d. Mittelstände beabsichtiget. gr. 8. (18 B.) Altona 830, Hammerich.

— die kleine Bibel z. Erbauung, nach d. Hauptinhalt d. heil. Schrift; od. Auswahl d. allgemeinwicht. Stellen d. alten u. neuen Testaments nach ihrer bibl. Reihenfolge erläut. u. in Anwend. gezeigt ꝛc. 8. (42½ B.) Schleswig 823, Koch.

— da die Anweisungen d. Barmherzigkeit u. Wohlthätigkeit nicht nur wohldenkend ꝛc., sondern auch verständig einzurichten sind, welche sind demgemäß d. zweckmäßigsten Arten d. Barmherzigkeit u. Wohlthätigkeit in unserm Zeitalter u. Vaterlande? 8. Schlesw. 823.

— Das noch immer herrliche Schleswig-Holsteinische Gesangbuch jedoch mit zeitgemäszer Läuterung und Veredlung in manchen Kleinigkeiten und Mängeln. Rendsburg. 1839.

— Zeitgemäsze Läuterung und Vervollständigung des Schlesw.-Holst. Landes-Katechismus. Schleswig. 1832.

Ein Drittel bis ein Halb überaus kurze Predigten, oder ausgewählte Reden, auch große und kleine Entwürfe zu den dreijährigen Lehrtexten der neuen Schleswig-Holsteinischen Kirchen-Agende v. Johann Bevers. Drei Theile in Groß-Octav in einem Paar Probebogen vorgelegt. Schleswig. 1842. 8°.

—s. Die Wohlthat der Aufhebung der Leibeigenschaft. 1805.

Bevers, Thom., Geschichte des röm. Staats und des röm. Rechts. Aus dem Engl. mit Anmerk. von Völkel. Leipzig 787. 8. 1 rthl.

Karte des Mittellaendischen Meers nach Steel's Chart of the Mediterranean Sea published in London. 1823. reducirt und auf Stein gez. v. Wilhelm Bevers. Fol. in: Barbaresken-Staaten. Von P. D. W. Tonnies. Hamburg. 1826. 8°.

Beyersdorf [Schlagwort]

Beyersdorf, s.: Geologische Karten. Preussen 90.

Beversdorff, Gerh., die Streitkräfte der Karthager u. Römer im 2. punischen Kriege. (Diss.) (55 S.) gr. 8. Berlin 910. E. Ebering. nn 1. 80

Beverstedt [Schlagwort]

Beverstedt, s.: Preussen. Messtischblätter.

de Bevilacqua, Matteo, Poesie diverse. II Parti. 8 maj. Wien 815. Beck. 1 ₰ 8 ℊℊ (Gerold). 16 ℊℊ

Beville, der Miß, Gesch. a. d. Engl. 2 Thle. gr. 8. Leipzig, Müller. 770.

Bibel oder Babylon? Von E(dward) L. Bevir. Autor. Uebers. aus d. Engl. *Elberfeld: F. Hassel in Komm. 1901.* (28 S.) 8° [F.] [04. 1. 17]

Bevius, Adm., (†...) f. 1) Eigensinn d. Glücks. 2) Louise v. H. 3) Macht, die, der Verführung.

Bevölkerung. Eidgenössische Volkszählung 10. Decbr. 1870, s. Beiträge zur Statistik der schweizer. Eidgenossenschaft.

Bevölkerung, Eidgenöss. Volkszählg. 10. Decbr. 1870, s.: Statistik, d. schweiz.

— von d., e, Paradoxon ꝛc. 8. Mannh. 782. Schwan u. G. 3 ℊℊ

Bevölkerung, Die, der Alpen. O. O. [1864]. V: *Rütimeyer, Ludw.* (Zuwachsverz. d. Bibliotheken in Zürich 1898 ff.)

Bevölkerung. Alt-Helvetiens B' durch Deutsche Stämme. (NjbL) s.a. [Fisch. Johann Heinrich].

Bevölkerung, Alt-Helvetiens, durch deutsche Stämme. [Aarau] 1822. V: *Fisch, Johann Heinrich.* (ZÜRKL)

Bevölkerung und Arealverhältnisse der Schweiz. 1877. 4.

Bevölkerung des Grossherzogthums Baden nach seinen Kreisen, . . . Baden 1830. V: *Heunisch, A. J. V.* (EngG)

Die **Bevölkerung** Barmens und ihre Entwicklung. (Bearb. v. Statist. Amt d. Stadt.) Barmen 1909: Langewiesche. 39 S. 4°
(Beiträge z. Statistik d. Stadt Barmen. H. 4.) [09. 13360

Baselstadt, Die Bevölkerung d. Kts., 1. XII. 1870. Bericht v. Kinkelin. Varia 181.

Bevölkerung, die bayerische, nach Berufs- und Erwerbsklassen. Ergebnisse der Volkszählung vom 1. Dezember 1871. 34. Heft der Beiträge zur Statistik des Königr. Bayern. Hrsg. vom Königl. statist. Bureau. 4. (467 S.) München 885, (Lindauer'sche Buchh.) *

Bevölkerung der Städte Buda-Pest und ihre Bewegung im J. 1854/55, nach authent. Quellen zusammengestellt von Dr. Karl Tormay. Pest, 1857. Druck von Johann Herz. (41 S. 12 Bl. gr. 8.) (Vide: Tormay.)

Bevölkerung, die, d. Bukowina n. d. Berufe, s.a. Mitteilungen d. statist. Landesamtes d. Herzogth. Bukowina.

Bevölkerung, Die, der Bukowina nach dem Berufe . . . Czernowitz 1896. V: *Zacher, Ant. & Jul. v. Roschmann-Hörburg.* (Berl)

Die **Bevölkerung** des Herzogtums Bukowina nach dem Berufe. Nach d. Angaben d. k. k. statist. Zentralkomm. in Wien, im 46. Bd. H. 12. d. österr. Statistik, zsgest. v. statist. Landesamte d. Herzogt. Bukowina. Veröffentl. von Anton Zachar, Landesamts-Dir. T. 1. Czernowitz: H. Pardini in Komm. 1908. 4°
= **Mitteilungen** d. Statist. Landesamtes d. Herzogt. Bukowina. H. 13. [08. 15169

Bevölkerung, die, deutsche, der Verein. Staaten, ihre Gegenwart u. Zukunft. gr. 8. (15 S.) Cincinnati 846, Eggers & Co. n. 1/12 ₰

Bevölkerung, die, Elsaß-Lothringens nach den Ergebnissen der Volkszählung vom 1. XII. 1905, s.a. **Mitteilungen, statistische, üb. Elsaß-Lothringen. 31. Hft.**

Die **Bevölkerung** Elsaß-Lothringens nach den Ergebnissen der Volkszählung vom 1. Dezember 1905 und der früheren Zählungen. T. (A.) B. (Hrsg. v. Statist. Bureau f. Els.-Lothr.) Straßburg: DuMont-Schauberg 1908. 8°
A. Textlicher T. B. Gemeindeverzeichnis.
(Statist. Mitteilungen über Elsaß-Lothringen. H. 31.) [10. 1300

Die **Bevölkerung** der Erde. Jährliche Uebersicht über neue Arealberechnungen, Gebietsveränderungen, Zählungen und Schätzungen der Bevölkerung auf der gesammten Erdoberfläche. Herausgegeben von E. Behm und H. Wagner (später von Hermann Wagner und Alexander Supan, seit 10. 1899 von Alexander Supan.) 1—11. Gotha 1872—1901. 11 Bde.
= Ergänzungshefte zu Petermann's Geographischen Mittheilungen. No. 33. 35. 41. 49. 55. 62. 69. 101. 107. 130. 135. 8°.

Die **Bevölkerung** der Erde. Periodische Übersicht über neue Arealberechnungen, Gebietsveränderungen, Zählungen und Schätzungen der Bevölkerung auf der ganzen Erdoberfläche ‹begründet v. Ernst Behm und Hermann Wagner›. Hrgg. v. Alexander Supan.
10. Europa. Gotha. 1899. 4°.
11. Asien und Australien samt den Südseeinseln. ebd. 1901. 4°.
12. Amerika, Afrika und Polarländer. Bevölkerung der Erde um die Jahrhundertwende. (Mit Karte.) ebd. 1904. 4°.
= Petermanns Mitteilungen aus Perthes' Geogr. Anstalt, Erg.-Bd. 2: Nr. 130: 29, Nr. 135; 31, Nr. 146.

Kgr. Württemberg. Die evangelische und katholische **Bevölkerung** am 1. Dezember 1900. Maßst. 1:350,000. Hrsg. von d. K. Statist. Landesamt. [Stuttgart: A. Lindemann 1906.] (1 Kartenbl. Blattgröße 54×71 cm.) [lith.] [kol.] [07. 2069

Bevölkerung der Gemeinden mit mehr als 2000 Einwohnern in den im Reichsrathe vertretenen Königreichen und Ländern nach der Zählung vom 31. Dezember 1880. Zusammengestellt und veröffentlicht von der k. k. statistischen Central-Commission. (Beilage zum 4. Hfte. der statistischen Monatschrift, Jahrg. 1881.)
gr. 8. Wien 1881.

Die **Bevoelkerung** der Gemeinden in Elsaß-Lothringen nach der Zählung vom 1. Dez. 1871 ff. Straßburg 1873 ff. 8°
Vom 1. Dez. 1871. 1873.
Vom 1. Dez. 1875. 1877.
(Fortges. u. d. Tit.:)
Die Ergebnisse der Volkszählung in Elsaß-Lothringen vom 1. Dez. 1880 ff. Straßburg 1883 ff. 8°
Vom 1. Dez. 1880 mit 11 kartogr. Darst. 1883.
Vom 1. Dez. 1885. 1886.
Vom 1. Dez. 1890. 1894.
(Fortges. u. d. Tit.:)
Die Bevoelkerung Elsaß-Lothringens nach den Ergebnissen der Volkszählung vom 1. Dez. 1905 u. d. früher. Zählungen. Straßburg 1908. 8°

Bevölkerung, die, und die Gewerbe des Königr. Bayern nach der Aufnahme vom J. 1861, die Gewerbe in Vergleichung mit deren Stande im J. 1847. Hrsg. vom k. statist. Bureau. Fol. (II und 163 S.) München 862, Fleischmann's Buchh. *

Bevölkerung, die, der Provinzen, Regierungs- resp. Landdrostei-Bezirke, Kreise resp. Aemter, Städte u. d. platten Landes in der preussischen Monarchie. Definitives Resultat der Zählung vom 3. Decbr. 1867. Mitgetheilt vom königl. statist. Bureau. Berlin 869. Verlag d. königl. statist. Bureaus. gr. 4. (40 S.) n. 8 ngr.

— Rußland's überhaupt, von d., u. von d. Unschädlichkeit d. Kindsblattern daselbst. Uebersetzt u. herausg. v. J. A. v. W. (Wolter). 2 Thle. 8. Münch. 769. Frits.

Bevölkerung d. Königr. Sachsen am 1. Dec. 1834, s. Mittheilungen d. statist. Vereins etc., 6. Lfg.

— die, des Königreichs Sachsen am 3. Dezember 1867. (Dresden 1868)

Bevölkerung. Die B' der Schweiz unterschieden nach dem Berufe. Auszug aus dem Band 3 der Ergebnisse der eidg. Volkszählung 1900. Vom eidg. statistischen Bureau. II + 25 S. 4. Bern, Buchdr. Gustav Grunau, 9. IV. 1906.

Bevölkerung, die, der Schweiz nach ihren Berufs- und Beschäftigungsarten. Auf Grund amtlicher Erhebungen mitgetheilt durch das Eidgen. Statist. Bureau. 187 Stn. 4. Mit 2 Tafeln in Farbendruck. Zürich, Orell Füssli & Co. 2. —

Bevölkerung der Schweiz. Rasse und Sprache. Druckblätter, fol., in Mappe.

Die **Bevölkerung** des hamburgischen Staates und der Stadt Hamburg nach Beruf und Stellung am 12. Juni 1907. Hamburg: Lütcke & Wulff [in Komm.] 1910. 256 S. 4°
(Statistische Mitteilungen über d. hamburgischen Staat. Nr 1.) [10. 13092

Bevölkerung, üb. d. unverhältnißm., d. Hauptstädte ꝛc. 8. Münch. Lindauer. 806.

Bevölkerung und Viehstand von Böhmen. Nach der Zählung vom 31. October 1857. Herausg. vom k. k. Ministerium des Inneren. Wien 859. (Prag, Credner.) Fol. (38 S.) n. 20 ngr.

Bevölkerung und Viehstand von Böhmen, nach der Zählung vom 31. Decbr. 1869. Hrsg. von der k. k. statist. Central-Commission. gr. 4. (243 S.) Wien 871, (Gerold's Sohn.) *

Bevölkerung und Viehstand von der Bukowina nach der Zählung vom 31. Oktober 1857. Hrsg. vom k. k. Ministerium des Innern. Wien: Gerold 1859.

—— —— von der **Bukowina** nach der Zählung vom 31. Decbr. 1869. Hrsg. von der k. k. statist. Central-Commission. gr. 4. (26 S.) Wien 871, Gerold's Sohn. *

—— —— von **Dalmatien**. Nach der Zählung vom 31. Decbr. 1869. Hrsg. von der k. k. statist. Central-Commission. gr. 4. (51 S.) Wien 871, Gerold's Sohn. *

—— —— von **Galizien** nach der Zählung vom 31. Decbr. 1869. Hrsg. von der k. k. statist. Central-Commission. gr. 4. (75 S.) Wien 871, Gerold's Sohn. *

—— —— von **Kärnten** nach der Zählung vom 31. Decbr. 1869. Hrsg. von der k. k. statist. Central-Commission. gr. 4. (26 S.) Wien 871, (Gerold's Sohn.) *

—— —— von **Krain** nach der Zählung vom 31. Decbr. 1869. Hrsg. von der k. k. statist. Central-Commission. gr. 4. (51 S.) Wien 871, Gerold's Sohn. *

—— —— vom **Küstenland** nach der Zählung vom 31. Decbr. 1869. Hrsg. von der k. k. statist. Central-Commission. gr. 4. (51 S.) Wien 871, Gerold's Sohn. *

—— —— von **Mähren** nach der Zählung vom 31. Decbr. 1869. Hrsg. von der k. k. statist. Central-Commission. gr. 4. (101 S.) Wien 871, Gerold's Sohn. *

—— —— der **Militärgränze**. Nach der Zählung vom 31. Decbr. 1869. Hrsg. von der k. k. statist. Central-Commission. gr. 4. (38 S.) Wien 871, Gerold's Sohn. *

—— —— der im Reichsrathe vertretenen Königreiche und Länder, dann der Militärgränze. Nach der Zählung vom 31. Decbr. 1869. Bearb. und hrsg. von der k. k. statist. Central-Commission. 1.—6. Heft. gr. 4. Wien 871, (Gerold's Sohn.) *

Inhalt:

Heft 1. Bevölkerung nach Geschlecht, Religion, Stand und Aufenthalt. (335 S.) *M 7.
» 2. Bevölkerung nach dem Berufe und der Beschäftigung. (159 S.) *M 3.
» 3. Bevölkerung nach dem Alter. (475 S.) *M 9.
» 4. Viehstand. (43 S.) *M 1.
» 5. Erläuterungen zu den Bevölkerungsergebnissen. (XIV, 170 S. mit 4 chromolithogr. Karten in gr. Fol.) *M 4,80.
» 6. Wohnorte. — Erläuterungen zu den Viehstands-Tabellen. (119 S. mit 4 chromolithogr. Karten in gr. Fol.) *M 4.

—— —— von **Oesterreich u. d. Enns**. Nach der Zählung vom 31. Octbr. 1857. Hrsg. vom k. k. Ministerium des Innern. Fol. (18 S.) Wien 859, (Gerold's Sohn.) * *

Bevölkerung und Viehstand von Oesterreich ob der Enns nach der Zählung vom 31. Decbr. 1869. Hrsg. von der k. k. statist. Central-Commission. gr. 4. (51 S.) Wien 871, (Gerold's Sohn.) *

—— —— von **Salzburg** nach der Zählung vom 31. Decbr. 1869. Hrsg. von der k. k. statist. Central-Commission. gr. 4. (26 S.) Wien 871, (Gerold's Sohn.) *

—— —— von **Schlesien** nach der Zählung vom 31. Decbr. 1869. Hrsg. von der k. k. statist. Central-Commission. gr. 4. (26 S.) Wien 871, Gerold's Sohn. *

—— —— von **Steiermark** nach der Zählung vom 31. Decbr. 1869. Hrsg. von der k. k. statist. Central-Commission. gr. 4. (72 S.) Wien 871, (Gerold's Sohn.) *

—— —— von **Tirol** und Vorarlberg nach der Zählung vom 31. Decbr. 1869. Hrsg. von der k. k. statist. Central-Commission. gr. 4. (72 S.) Wien 871, (Gerold's Sohn.) *

—— —— **Summarische Uebersicht** der Bevölkerung und des Viehstandes der im Reichsrathe vertretenen Königreiche und Länder nach der Zählung vom 31. Decbr. 1869. Hrsg. von der k. k. statist. Central-Commission. gr. 4. (35 S.) Wien 871, Gerold's Sohn. *

Bevölkerung, die, des Kts. Zürich nach ihren Berufsarten. Winterthur 1883. 4.

Bevoelkerungsabnahme im Gebiet der mecklenburgischen Ritterschaft 1850—1905. Rostock i. M. 1908. 8°.
(Landarbeit u. Kleinbesitz, hrsg. von Rich. *Ehrenberg*. H. 5.)

Bevölkerungsaufnahme, die, von Basel-Stadt 1837. 1847. 1870. 4.

Die **Bevölkerungs-**, Gewerbe- und Wohnungs-**Aufnahme** vom 1. December 1875 in der Stadt Berlin. Im Auftrage der städtischen Deputation für Statistik bearbeitet von Richard Böckh. Heft 1. 2. 3. 4. Berlin 1878—1880. 3 Bde. 4°.

Bevölkerungs- u. Wohnungs-Aufnahme, die, in der Stadt Berlin, s.a. Böckh, R.

Bevölkerungs- u. Wohnungs-Aufnahme, die, vom 1. Decbr. 1880 in der Stadt Berlin. Im Auftrage der städt. Deputation f. Statistik bearb. v. Rich. **Böckh**. 1. u. 2. Hft. Imp.-4. (VIII, 160 u. IV, 194 S.) Berlin 883. 85. (Simion.) à n. 6. —

Bevölkerungs- u. Wohnungs-Aufnahme, die, vom 1. Decbr. 1880 in der Stadt Berlin. Im Auftrage der städt. Deputation f. Statistik bearb. v. Rich. Böckh. 3. Heft. 2. Abthl. B. Imp.-4. (IX, 119 S.) Berl. 888, (Simion). * 6 —
1. u. 2. Heft. Ebd. 1883,85. à * 6 —.

Bevölkerungs- u. Wohnungs-Aufnahme, die vom 1. Decbr. 1885 in der Stadt Berlin. Im Auftrage der städt. Deputation für Statistik bearb. von R. **Böckh**. 1. Hft. Imp.-4. (VIII, 102 S.) Berlin 890. (Simion.) n. 6. —

— dasselbe vom 1. Decbr. 1885 in der Stadt Berlin. 2 Hfte. Berl. 891.

Die **Bevölkerungs-** und Wohnungs-**Aufnahme** vom 1. December 1890 in der Stadt Berlin. Im Auftrage der Städtischen Deputation für Statistik bearbeitet von Richard Böckh. Heft 1. 2. Berlin 1893 u. 1896. 2 Bde. 4°.

Bevölkerungs- u. Wohnungs-Aufnahme, die, v. 1. Decbr. 1890 in d. Stadt Berlin. (D. Berliner Volkszählg. v. 1890.) Im Auftr. d. städt. Deputation f. Statistik bearb. v. R. Böckh. 2. Hft. Imp.-4. (V, 113; 66 u. 83 S.) Berlin 896. (L. Simion.) n. 8. —

Die **Bevölkerungs-** und Wohnungs-**Aufnahme** vom 2. December 1895 in der Stadt Berlin. Im Auftrage der Städtischen Deputation für Statistik bearbeitet von Richard Böckh. Th. 1. Berlin 1900. 4°.

[F.] Die **Bevölkerungs-** u. Wohnungs-**Aufnahme** vom 2. Dezember 1895 in der Stadt **Charlottenburg**. *Charlottenburg: Dr. v. A. Gertz 1897.* (1 Bl., II S., 1 Bl., 71 S.) 1 Bd 4. [97. 3633

Bevölkerungsbewegung, Die, d. Schweiz i. d. J. 1867—88. 23 Lfgn. i. 3 Bdn. Bern 1870/89. vide Schweiz. Statistik.

Bevölkerungsbewegung. Die B' in der Stadt Zürich 1899—1903. Mit besonderer Berücksichtigung der Wanderungen und mit zwei graphischen Darstellungen [im Text]. (... textliche Behandlung [bearb.] vom Adjunkten des Amtes, Dr. H[ellmuth] **Wolff**.) IV + 144 S. 8. Zürich, Komm. Rascher & Cie., Druck Aschmann & Scheller, 1907. fr. 2. —
Statistik der Stadt Zürich. Hrg. vom Statistischen Amt der St' Z'. Nr. 4.

Bevölkerungskarten über die dänische Monarchie. (Von Ravn.) 2 Blatt. Kpfrst. und ill. Mit Text. (4 S.) Fol. Kopenhagen 859, (Gyldendal'sche Buchh.) Thlr. *

Bevölkerungs- und Sterbelisten, Einige ältere, von Böhmen. Prag [1787]. V: *Mader, Joseph Ritter von.* (WBL)

Bevölkerungsstand, von dem, in Kurpfalz, besonders in Manheim, (v. F. K. Medicus). 8. Manh. 769. Schwan u. G. 5 ℊ.

Bevölkerungstabellen, Merseburgische, mit andern Bemerkungen über Merseburg. [Leipzig 1784.] V: *Krause, Chn Siegmund.* (MGT)

Bevölkerungs-, sowie **Kultur-Verhältnisse** der Vereinigten Staaten. Graphische Darstellungen. G. M. 1855—56.

Bevölkerungsverhältnisse von Oberrad. Frankfurt a. M. 1854. V: *Varrentrapp, Georg.* (Kat. d. stat. Bureaus. Dresden 1890.)

Bevölkerungswechsel, s. Statistik, Bresl.

Bevölkerungszustand, üb. d., des Fürstenth. Anhalt. 4. Leipz. F. C. W. Vogel. 778.

Bevölkerungszustände, d., u. d. gewerbl. Berufsklassen Thüringens n. d. Volkszählg v. 1871. 8. (61) Jena 75, Fischer. n. 1. —

Bevölkerungszustände, die, u. die gewerblichen Berufsklassen Thüringens nach der Volkszählung v. 1871. Mittheilung d. statist. Bureaus vereinigter Thüringer Staaten. [Aus: „Hildebrand's Jahrb. f. Nat.-Oek. u. Stat."] gr. 8. (61 S.) Jena 875. Mauke. n. 1. —

Bevölkerungszustände und die gewerblichen Berufsklassen Thüringens nach der Volkszählung von 1871. Jena 1876

Bevonsee, s. Bevensee

Bevorwortung u. übergearbeiteter Entwurf eines Vereins-Grundgesetzes f. die Staaten d. Königs v. Dänemark. Von F. A. gr. 8. (63 S.) Kopenhagen 850, Reitzel. n. 1/4 ₰

Bevorwortung eines Vereinsgrundgesetzes. Kopenh. 1850. V: *Lütken, Joh. Chn.* (Collin, Anonymer. Kiobenh. 1869.)

Bevva, Dä, un et Hänneschen om Göözenisch. Fastelovendshöchgen en einem Akt. Köln 1839. V: *Firmenich-Richartz, Johann Matthias.* (STBKöln II, 35)

Bévy, Rose, ou la bergère de Suisse, poëme en quatre chants. 12. Vienne, Sammer. 802.

Bewachung, die, des königl. Schlosses Sanssouci, s. Soldaten-Freund, der.

Bewaffnung, Die, d. deut. Armee. Geschütze, Handfeuerwaffen sowie Maschinengewehre, s: Miniatur-Bibliothek 1017 u. 1016.

Bewaffnung und Ausrüstung des bayerischen Infanteristen, von Hauptm. Heß. 2 Blätter. München 1870. fol.

Ueber die Bewaffnung, Ausbildung, Organisation u. Verwendung der Reiterei. (1883.)

— u. Befestigung großer Handelsstädte. 8. Hamb... Nemnich. —

Bewaffnung, üb. d., deutscher Bürger. 8. Nürnb. 797. Stein. 3 gr.

Bewaffnung, Die, der Cavallerie. (Aus: Beihft. 10 z. „Milit.-Wochenblatt" 1875.) 8. Berlin 1875.

Bewahr-Anstalten für Kinder. Neuestes Handbuch zum Gebrauche der Schw stern der christlichen Liebe des heil. Vincenz von Paul, von einer Schwester derselben Kongregation. (Frei nach dem Französischen.) Krems, 1857. Dr. und Lithographie von Max Pammer. (4 Bl. 393 S. 18 Bl. 8. Mit vier Tafeln geom.trischer Figuren.)

Bewahre die Lilie der Keuschheit! Ein Wort an die Jugend v. e. Priester der Diöcese Limburg. 16. (39 S. m. Titelbild.) Frankfurt a/M. 899. B. Kreuer. n. — 20

BEWAHRE die Lilie der Unschuld. Herausgegeben vom katholischen Landes-Pressverein. Pozsony (Preßburg) o. J. (vor 1903). o. Dr. 22 S. - 130 mm

Bewähret die alte deutsche Treue, ohne dieselbe ist d. Unglück gewiß! Ein deutsches Wort an meine deutschen Mitbürger, besonders in Preußen (von V. Kunzer.) 8. (8 S.) Grünberg 848, Weiß. n. 1 ngr

Bewahrung. Illustr. Kinderblatt d. Blauen Kreuzes. Hrsg. vom deutschen Zentral-Vorstand des Blauen Kreuzes. Schriftleitung: Goebel. 2. u. 3. Jahrg. 1909 u. 1910. à 52 Nrn. (à 4 S. m. Abbildg.) gr. 8. Barmen, Buchh. des Blauen Kreuzes. Geb. in Leinw. à Jhrg. 1.50

[F.] Die **Bewahrung** des ersten Jünglingsalters vor der Sünde der Unkeuschheit. E. ernstes Wort an alle Leiter u. Pfleger d. Jugend. M. e. Vorw. v. D. [Theodor] Braun, Gen.-Superintendent. 1. u. 2. Taus. *Westend-Berlin: W. Faber & C. 1897.* (31 S.) 1 Bd 8. [97. 1903

[F.] Die **Bewahrung** des ersten Jünglingsalters vor der Sünde der Unkeuschheit. E. ernstes Wort an alle Leiter u. Pfleger der Jugend. M. e. Vorw. v. D. [Theodor] Braun, General-Sup. 2. verm. Aufl. *Westend-Berlin: W. Faber & C. 1897.* (36 S.) 1 Bd 8. [97. 5709

Bewahrung, d., d. ersten Jünglingsalters vor d. Sünde d. Unkeuschheit. Mit e. Vorwort v. Braun. 2. Afl. 8° (36) Berl. 97, M Warneck. — 30

Bewährung, Gründliche, der Gerechtsame des hochgräfl. Hauses Lippe auf der Herrschaft Sternberg ... [Lemgo] 1783. V: *Selchow, Johann Heinrich Christian von.* (ML)

Bewährung, Gründliche, des Sr. Königl. Maj. von Grossbritannien und Churfürstl. Durchlauchtigkeit zu Braunschweig und Lüneburg in dem Herzogthum Lüneburg zustehenden Jagd-Regals ... O. O. 1731. V: *Lübbe, Anton Christian.* (ML)

Bewahrungsmittel Hilfsmittel Rettungsmittel

Bewahrung- Hülf- und Rettungsmittel, wel= che in dem 1713 ten Jahr aus dem Nider-Oesterr. Gesundheits-Rath seynd angeordnet ...warten... 31 S.(S. 259-289)

Wien: 1713
(Pestbeschreibung... 1727, 2.Teil)

Bewahrungsmittel Hilfsmittel Rettungsmittel

Bewahrung- Hülf- und Rettungsmittel, welche in dem 1713 ten Jahre aus dem Niederösterr. Gesundheitsrathe sind angeordnet...worden... 31 S.(S. 282-312), gbd.

(Wien): 1713
(Pestbeschreibung... 1763, Teil 2)

Bewaldungskarte des Oderstromgebiets, s.a. Oderstromgebiet.

Bewaldungskarte d. Oderstromgebietes. 1:1,500,000. Bewaldgsgrenzen entworfen im Bureau d. Wasserausschusses. 43,5×34 cm. Farbdr. Berl. 96, D Reimer. 1 —

Bewandniß, wahre, der am 8. May 1776 erfolgt. Trennung d. bisher. Visitation d. kais. u. Reichskammerger. 4. Wien, Kurzböck. 776.

— — dass. s. a. unt. Pütter.

Bewandtnis, Wahre, der am 8. May 1776 erfolgten Trennung der bisherigen Visitation des Kayserlichen und Reichs-Cammergerichts. Göttingen 1776. V: *Pütter, Johann Stephan.* (BrMm)

Bewässerung, über d., u. den Bau d. Wiesen, nebst Beschreibg. u. Abbildg. d. von Hrn. Leorier neu erfund. Bewässerungsmaschine. Nach d. Franz. u sehr verm. herausgeg. v. C. F. W. Berg. Mit 5 Kupfertaf. gr. 8. Leipzig 824, Baumgärtner.

Beweggründe, z. Ablegung d. Meinung, daß d. Klöster d. Staate schädlich seien, dem Lic. Neuberger entgegengesetzt. Münch. 770. J. Lindauer. 6 K

Beweggründe der Bekehrung eines Protestanten, oder: Die kath. Kirche vertcidigt gegen den Vorwurf von Neuerungen durch die hl. Schrift u. die Tradition der 4 ersten Jahrhunderte. Von einem Priester der Diöcese von Paris [de Noirlieu]. Aus dem Französ. übers. Mit einer Vorrede von Dr. Durich. Schaffh., Hurter (jetzt Verlagsanst.), 1858. 16°. VI, 122 S., 60 Pf.

Beweggründe zum Entwurfe d. Gesetzes wegen Entschädigung f. aufgehobene Zwangs- u. Bann-Rechte der Mühlen etc. gr. 8. (32 S.) Oldenburg 850, Schulze. 1/8 ℛ

— funfzig, warum die kathol. Religion allen andern vorzuziehen sei, s. Anton Ulrich.

Beweggründe zu dem Gesetz-Entwurfe üb. die Abschätzung der Grundstücke u. Gebäude im Herzogth. Oldenburg, Behufs einer neuen Veranlagung d. Grund- u. Gebäudesteuern. gr. 8. (37 S.) Oldenburg 852, Stalling. 1/8 ℛ

Beweggründe meines Glaubens an die Fortdauer des menschlichen Geistes ... O. O. 1798. V: *Stiegelheim, K. B. von.* (MGT)

Beweggründe, d., warum d. europ. Großmächte Griechenland nicht früher aus d. Sklaverei d. Türken befreieten. Mit 1 Abbild. gr. 8. Leipzig 827, Baumgärtner.

Beweggründe, warum so viele Protestanten zur katholischen Kirche zurückkehren. Mit einer Beigabe: Controverscatechismus, verfaßt von P. J. J. Scheffmacher, aus der Gesellschaft Jesu. Aus dem Französ. von J. M., Religionslehrer. gr. 8. Regensburg 842, Manz. 1 ℛ — Die Beigabe einzeln 1/2 ℛ

Bewegt sich die deutsche Zivilversorgung der Unteroffiziere in angemessenen Bahnen? Ein Beitrag z. Beantwortung dieser Frage. Vom Kartellausschuß d. Verbandes d. Eisenbahn-Supernumerarvereine, d. Verbandes d. Gemeinde-Zivil-Supernumerare... Hannover: Gebr. Jänecke (1906). (191 S.) 8° [F.] [07. 4018]

Bewegt sich die deutsche Zivilversorgung der Unteroffiziere in angemessenen Bahnen? Ein Beitrag zur Beantwortg. dieser Frage. Vom Kartellausschuß des Verbandes der Eisenbahn-Supernumerar-Vereine, des Verbandes der Gemeinde-Zivil-Supernumerare, des Verbandes der Regierungs- u. Steuer-Zivil-Supernumerare Preußens u. des Verbandes v. Zivilanwärtern des Deutschen Reiches. (191 S.) gr. 8. Hannover (907). Gebr. Jänecke. 3. —

Bewegung. Die B' der schweizerischen Aktiengesellschaften während des Jahres .... Vom eidgenössischen statistischen Bureau = Mouvement des Sociétés anonymes suisses pendant l'année .... Par le Bureau fédéral de statistique. Separatabdruck aus der «Zeitschrift für schweizerische Statistik» .... 4. [Bern, Stämpfli & Cie.]

... 1902. ... Sep' aus ... Jahrg. 1904. 5 S. — ... 1903. ... Sep' aus der 2. Liefg. ... Jahrg. 1905. 6 S. — ... 1904. ... Sep' aus ... Jahrg. 42, 1906. 7 S. — ... 1905. ... Sep' aus ... Jahrg. 42, 1906. 7 S. — ... 1906 u. ... 1907. ... Sep' aus ... Jahrg. 44, 1908. 11 u. 9 S. — ... 1908. .. Sep' aus ... Jahrg. 45, 1909. 10 S. — ... 1909. ... Sep' aus ... Jahrg. 46, 1910. 10 S. — ... 1910. ... Sep' aus ... Jahrg. 47, 1911.

[Jahrg. 1,] 1901 *s. Bulletin 1903, S. 606 u. d. T.:* Beitrag zur Statistik der Aktiengesellschaften .... [Bern ... 1903:]

Bewegung, die antirömische, u. die evangelische Kirche i. Österreich. Eine Abwehr röm. Angriffe. Im Einverständnis m. mehreren Amtsbrüdern v. e. evangel. Pfarrer. gr. 8. (23 S.) Cilli 899. G. Adler. n. — 50

Bewegung, Die antisemitische, ein nationaler Freiheitskampf ... [Spandau 1893.] V: *Roedenbeck, Walther.* (Berl)

Bewegung im Besitz- und Lastenstande des unbeweglichen Eigenthumes im Jahre 1868 in Oesterreich ob und unter der Enns, Salzburg, Steiermark, Kärnten, Krain, Triest, Görz und Gradiska, Böhmen, Mähren, Schlesien, Galizien und der Bukowina. Hoch 4. (135 S.) Wien. Prandel in Comm. 1869. 1 fl. 50 kr.

Bewegung der Bevölkerung, s.a. Statistik, Oesterr.

Bewegung der Bevölkerung. Bearb. im Kais. Statist. Amte. [1.] Im J. 1907. Berlin: Puttkammer & Mühlbrecht 1909. 4°
(Statistik d. Deutschen Reichs. Bd 223.) [09. 9512]

Bewegung der Bevölkerung im Großherzogth. Baden, s.: Beiträge zur Statistik der innern Verwaltung des Großherzogth. Baden.

— der Bevölkerung im Königreich Bayern, s.a. Beiträge zur Statistik des Königreichs Bayern.

Bewegung, die, der Bevölkerung, im Königr. Bayern in den 5 Jahren 18⁶⁷/₆₈ bis 18⁷¹/₇₂ mit Rückblicken auf die 22 Jahre 18⁵⁰/₅₁ bis 18⁶⁶/₆₇. Hrsg. vom k. statist. Bureau. Fol. (IV und 118 S.) München 863, Fleischmann's Buchh. *

Bewegung der Bevölkerung im Königreich Bayern während d. J. 1890. [Aus: „Zeitschr. d. bayer. statist. Bureau".] gr. 4. (21 S.) München 891. (J. Lindauer.) n. — 40

— dasselbe während d. J. 1891. [Aus: „Zeitschr. d. bayer. statist. Bureau".] gr. 4. (19 S.) Ebd. 892. n. — 40

— der Bevölkerung des Königr. Bayern in den J. 1896 u. 1897 m. Rückblicken auf frühere Jahre. gr. 4. (70 S.) München 899. (J. Lindauer). n. 2. —
Sonderabdruck aus „Ztschr. d. k. bayer. statist. Bureau".

Bewegung, die, der Bevölkerung der Stadt Berlin in den J. 1869 bis 1878. Im Auftrage der städt. Deputation f. Statistik hrsg. v. Rich. Böckh. Imp.-4. (V, 342 S. m. 2 farb. Steintaf.) Berlin 884. (Simion.) n. 12. —

Die Bewegung der Bevölkerung mit Einschluss der Wanderungen, im preuss. Staat während d. J. 1886. Hrsg. v. kön. Preuss. Statist. Bureau. Berlin 1888.

— dasselbe in Elsaß-Lothringen, s.a. Mitteilungen, statistische.

Die Bewegung der Bevölkerung (von Elsaß-Lothringen) in den Jahren 1873 u. 1874 ff. Straßburg 1876 ff. 8°
1873 u. 1874. Mit 1 Kte. 1876.
1875 u. 1876. 1878.
1877 bis 1880 u. 1881 bis 1886. 1888.
Rückblick auf d. Zeitraum 1880—1889. Taf. f. d. J. 1887—1890. 1893.

Bewegung, die, der Bevölkerung im Grossherzogt. Hessen in den J. 1870—1881, s.: Beiträge zur Statistik des Grossherzogt. Hessen. 55. Bd.

Bewegung der Bevölkerung in den Jahren von 1834—1850. Dresden 1852. V: *Engel, Ernst.* (Bem I, 1, S. 44)

Bewegung der Bevölkerung der im Reichsrathe vertretenen Königreiche u. Länder s.a. Statistik, österreichische.

Bewegung der Bevölkerung der im Reichsrathe vertretenen Königreiche und Länder im Jahre 1896. Bearbeitet von dem Bureau der k. k. statistischen Central-Commission. Wien. 1899. In Comm. Gerold's Sohn. 4°. LXIV, 277 S. fl. 4.80
Österreichische Statistik. Herausgegeben von der k. k. statistischen Central-Commission. LII. Bd. 2. Heft.

Bewegung der Bevölkerung der im Reichsrathe vertretenen Königreiche und Länder im Jahre 1897. Bearbeitet von dem Bureau der k. k. statistischen Central-Commission. Wien. 1900. In Comm. Gerold's Sohn. 4°. LXIX, 277 S. K 10.—
Oesterreichische Statistik. Herausgegeben von der k. k. statistischen Central-Commission. LIV. Bd. 1. Heft.

Bewegung der Bevölkerung der im Reichsrathe vertretenen Königreiche und Länder im Jahre 1898. [Oesterr. Statistik. Hrsg. v. d. k. k. statistischen Central-Commission. 55. Bd. 3. Heft] 4°. (LXXIII, 263 S.) † K 10.—

Bewegung der Bevölkerung der im Reichsrathe vertretenen Königreiche und Länder im Jahre 1899. (Österr. Statistik. 62. Bd. 3. Heft.) 4°. (LXXV, 269 S.)†
Wien 1902: Gerold.

Bewegung der Bevölkerung der im Reichsrathe vertretenen Königreiche und Länder im Jahre 1900. [Oesterr. Statistik. 65. Bd. 1. Heft.] 4°. (LXXXI, 269 S.) †. K 10.—
Wien: Gerold 1902.

Bewegung der Bevölkerung der im Reichsrate vertretenen Königreiche und Länder im Jahre 1901. [Österr. Statistik. 72. Bd., 1. Heft.] Fol. (VIII, 245 S.) † K 7.50
Wien: Karl Gerolds Sohn: 1905.

Bewegung der Bevölkerung der im Reichsrate vertretenen Königreiche und Länder im Jahre 1902. [Österr. Statistik. 78. Bd. 3. Heft.] Fol. (VIII, 245 S.) † K 7.70
Wien: Carl Gerold's Sohn 1906.

Bewegung der Bevölkerung der im Reichsrate vertretenen Königreiche und Länder im Jahre 1903. [Österr. Statistik. LXXIX Bd. 1. Heft.] Fol. (XIII, 121 S.) † K 4.—
Wien: Gerold 1907.

Bewegung der Bevölkerung der im Reichsrate vertretenen Königreiche und Länder im Jahre 1904. [Österr. Statistik. LXXXIV. Bd. 1. Heft.] 4°. (LXV, 249 S.) † K 9.50
Wien: Gerold 1908.

Bewegung der Bevölkerung der im Reichsrate vertretenen Königreiche und Länder im Jahre 1905. [Österr. Statistik. LXXXIV. Bd. 3. Heft.] Fol. (XIII, 128 S.) † K 4.20
Wien: Gerold 1908.

Bewegung der Bevölkerung der im Reichsrate vertretenen Königreiche und Länder im Jahre 1906. [Österr. Statistik. LXXXVI. Bd. 1. Heft.] Fol. (XIV. 123 S.) † K 4 20
Wien: Gerold 1909.

— dasselbe in Oldenburg, s.: Nachrichten, statistische, üb. d. Grossherzogth. Oldenburg.

— dasselbe der Schweiz, s.: Statistik, schweizerische.

Bewegung, Die, der Bevölkerung in der Schweiz im Jahre 1880. Herausgegeben von dem statistischen Bureau des eidgenössischen Departements des Innern. In-4°, 124 S. und 1 Tafel. Zürich, Orell Füssli & Cie. 1882

Bewegung. Die Bewegung der Bevölkerung in der Schweiz im Jahre 1899. Hrg. vom Statistischen Bureau des eidgen. Departements des Innern. Ausgegeben den 20. April 1901. IV + 32 S. 4. Bern, Komm. Schmid & Francke, Buchdr. Haller, 1901. [fr. 2.—]
Schweizerische Statistik. Lieferung 127.

Bewegung. Die Bewegung der Bevölkerung in der Schweiz im Jahre 1900. Hrg. vom Statistischen Bureau des eidgen. Departements des Innern. Ausgegeben den 24. März 1902. IV + 32 S. 4. Bern, Komm. Schmid & Francke, Buchdr. Haller, 1902. [fr. 2.—]
Schweizerische Statistik. Lieferung 133.

Bewegung. Die Bewegung der Bevölkerung in der Schweiz im Jahre 1901. Hrg. vom Statistischen Bureau des eidgen. Departements des Innern. Ausgegeben den 20. Dezember 1902. IV + 32 S. 4. Bern, Komm. A. Francke, Haller'sche Buchdr., 1902. [fr. 2.—]
Schweizerische Statistik. Lieferung 135.

Bewegung. Die B' der Bevölkerung in der Schweiz im Jahre 1902. Hrg. vom Statistischen Bureau des eidgen. Departements des Innern. Ausgegeben den 8. Januar 1904. IV + 32 S. 4. Bern, Komm. A. Francke, Haller'sche Buchdr., 1903. [fr. 2.—]
Schweizerische Statistik. Liefg. 139.

Bewegung. Die B' der Bevölkerung in der Schweiz im Jahre 1903. Hrg. vom Statistischen Bureau des eidgen. Departements des Innern. Ausgegeben den 10. Januar 1905. IV + 32 S. 4. Bern, Komm. A. Francke, Haller'sche Buchdr., 1905. [fr. 2.—]
Schweizerische Statistik. Liefg. 143.

Bewegung. Die B' der Bevölkerung in der Schweiz im Jahre 1904. Hrg. vom Statistischen Bureau des eidgen. Departements des Innern. Ausgegeben den 26. Februar 1906. IV + 32 S. 4. Bern, Komm. A. Francke, Haller'sche Buchdr., 1906. (fr. 2. —)
Schweizerische Statistik. Liefg. 148.

Bewegung. Die B' der Bevölkerung in der Schweiz im Jahre 1905. Hrg. vom Statistischen Bureau des eidgen. Departements des Innern. Ausgegeben den 22. April 1907. 32 S. 4. Bern, Komm. A. Francke, Haller'sche Buchdr., 1907. [fr. 2.—]
Schweizerische Statistik. Liefg. 155.

Bewegung. Die B' der Bevölkerung in der Schweiz im Jahre 1906. Hrg. vom Statistischen Bureau des eidgen. Departements des Innern. Ausgegeben den 10. Februar 1908. 36 S. 4. Bern, Komm. A. Francke, Haller'sche Buchdr., 1908. (fr. 2. —)
Schweizerische Statistik. Liefg. 160.

Bewegung. Die B' der Bevölkerung in der Schweiz im Jahre 1907. Hrg. vom Statistischen Bureau des eidgen. Departements des Innern. Ausgegeben den 1. März 1909. 38 S. 4. Bern, Komm. A. Francke, Haller'sche Buchdr., 1909. (fr. 2. —)
Schweizerische Statistik. Liefg. 164.

Bewegung. Die B' der Bevölkerung in der Schweiz im Jahre 1908. Hrg. vom Statistischen Bureau des eidgen. Departements des Innern. Ausgegeben den 1. März 1910. 36 S. 4. Bern, Komm. A. Francke, Haller'sche Buchdr., 1910. (fr. 2. —)
Schweizerische Statistik. Liefg. 167.

Bewegung, die, der Bevölkerung des preuss. Staats, s. Statistik, preussische.

D. Bewegung d. Bevölkerung u. die medizin., sowie geburtshilfl. Statistik i. Großherzogt. Baden f. d. J. 1883. Karlsruhe 1884.

— der Bevölkerung im Königr. Ungarn, s. Mittheilungen aus dem Gebiete der Statistik.

Bewegung, Die, der Bevölkerung in Wien im Jahre 1880. Trauungen, Geburten, Sterbefälle. Mittheilungen des stadtischen statistischen Bureaus. (Mit 3 Beilagen.) 8 Wien 1881.

—— die bimetallistische, in England, s.a. Schriften des deutschen Vereins für internationale Doppelwährung.

Die bimetallistische **Bewegung** in England. Bericht über die 1882 unter d. Vorsitz d. Lord-Major d. City... zu London stattgehabte Versamml. d. Internat. Monetary Standard Assoc. Nach d. Suppl. d. Bullionist ins Deutsche übers. von E. Koch-Herne. Berlin: Walther & Apolant 1882. (15 S.) 8° [3.]
Aus: Der Kampf um d. Währung.
— Schriften d. Deutschen Vereins f. internat. Doppelwährung. H. 5.

Bewegung, die deutsche, in Schleswig-Holstein. (A. u. d. T.: Proben schleswig-holsteinischer Preßfreiheit. 2. Thl.) 8. (39½ B.) Leipzig 844, Weidmannsche Buchh.
Vgl. Proben.

Bewegung der Erde und der anderen Planeten von ihrem Ursprunge bis zu ihrem Ende, ... Berlin 1830. V: *Schmitz, J. W.* (EngG)

Bewegung: Die ethische Bewegung
v. Schweizerische Blätter für Wirtschafts- und Socialpolitik.

— die ethische, in Deutschland. Vorbereitende Mitteilgn. e. Kreises gleichgesinnter Männer u. Frauen zu Berlin. (Frühjahr 1892.) gr. 8. (37 S.) Berlin 892. F. Dümmler's Verl. n. — 50

— dasselbe. 2., verm. Aufl. (Sommer 1892.) gr. 8. (52 S.) Ebd. 892. n. — 60

— die ethische, im Judenthum. Ernste Gedanken e. Modernen. gr. 8. (16 S.) Berlin 893. H. Schildberger. n. — 50

Die evangelische Bewegung in Oesterreich. Von e. süddeutschen Pfarrer. *Leipzig: C. Braun 1900.* (32 S.) 8° [F.]
— Flugschriften d. Evangel. Bundes. 173/74. (00. 4980

— dasselbe, s.a. Gustav-Adolf-Hefte, sächsische. Nr. 1.

[F.] Zur Bewegung der Frauen. '(Die modernen Ekklesiazusen.)' *[Königsberg: W. Koch 1898.]* (15 S.) 1 Bd 8. (98. 8476

— die, der Gewerbe in Bayern im J. 1890. [Aus: „Zeitschr. d. bayer. statist. Bureau".] gr. 4. (22 S.) München 891. (J. Lindauer.) n. — 40

— dasselbe im J. 1891. [Aus: „Zeitschr. d. bayer. statist. Bureau".] gr. 4. (23 S.) Ebd. 892. n. — 40

Bewegung, die, d. Gewerbe i. Bayern i. J. 1897. [Aus: „Ztschr. des k. bayer. statist. Bureau".] gr. 4. (23 S.) München 898. (J. Lindauer.) n. — 50

Bewegung, Eine gottgewollte. Jugend-Bund für Entschiedenes Christentum. Kassel 1896. V: *Clark.* (Berl)

Eine gottgewollte Bewegung. Jugend-Bund für Entschiedenes Christentum. *Bielefeld: F. Blecher 1896.* (16 S.) 8° [F.] (00. 10440

— e. gottgewollte. Jugend-Bund f. entschiedenes Christentum. 12. (16 S.) Kassel 896. Berlin-Friedrichshagen, Jugendbund Berl. — 10

Bewegung, d. jetzige, gegenüber d. histor. Recht, s.: Beiträge z. Besprechung ꝛc.

Die Bewegung für Jugend- und Volksspiele (Blätt. f. höh. Schulwes., Jg. 16, Nr. 12, S. 95/96). Grünberg i. Schl. 1899, 2 S., 4°.

Bewegung, Jungliberale, und Reichstagswahlkampf 1907. Köln 1907. 8°. *[Umschlagtit.]*

Bewegung, die, u. die katholisch-politischen Casinos, s.: Sammlung gemeinnütz. Vorträge.

Die BEWEGUNG unter den Katholiken Ungarns. Von einem Ultramontanen. Pressburg 1872. Verlag bei Rudolf Schmidt. (Druck v. Carl Angermayer). 16 S. - 220 mm

Bewegung, die katholische, in Deutschland. Kirchliche Zeitschrift. Hersg. von A. Niedermayer. 1. Jahrg. 10 Hefte (à 3 Bgn.). Frankfurt a. M. 868. (Hamacher.) gr. 8. 2 ℛ

— — 2. Jahrg. 12 Hefte (à 2—3 Bgn.). Würzburg 869. Woerl. gr. 8. n. 1 ℛ 10 ngr

— — 3. Jahrg. 10 Hefte (à 3 Bgn.). Ebend. gr. 8. n. 1 ℛ 10 ngr

—— die katholische, in unseren Tagen. Hrsg. von A. Niedermayer. 2. Jahrg. 12 Hefte. gr. 8. (528 S.) Würzburg 870, Woerl.

—— dass. — 3. Jahrg. 10 Hefte. gr. 8. (à Heft ca. 48 S.) Ebendas. 870.

— die katholische, in unseren Tagen. Hrsg. in Verbindg. m. mehreren Mitarbeitern in Deutschland, Oesterreich u. der Schweiz v. Rody. 4—9. Jahrg. 1871—1876. à 12 Hfte. gr. 8. (à Hft. ca. 3 Bog.) Würzburg, Woerl. à Jahrg. n. 4. —

Bewegung, die katholische, in unseren Tagen. Hrsg. von H. Rody. 10—15. Jahrg. 1877—1882. à 24 Hfte. (3 B.) gr. 8. Würzburg, Woerl. à Jahrg. n. 8. —

-- die katholische, in unseren Tagen. Hrsg. v. H. Rody. 16—19. Jahrg. 1883—1886. à 24 Hfte. (3 B.) gr. 8. Würzburg 883. Woerl. à Jahrg. n. 8. —

Bewegung, die katholische, in unseren Tagen. Hrsg. v. H. Rody. 20. Jahrg. 1887. 20 Hfte. (3 B.) gr. 8. Würzburg 887. Woerl. n. 8. —

—— dass. — Monatsschrift für kirchl. und kirchenpolit. Fragen, Wissenschaft und Kunst. Redact.: Joh. Praxmarer. Neue Folge. 1. Jahrg. Der ganzen Serie 21. Jahrg. 1888. 12 Hefte. (à Heft 4 Bog.) gr. 8. Ebendas.

—— die katholische, in unseren Tagen. Monatsschrift f. kirchl. u. kirchenpolit. Fragen, Wissenschaft u. Kunst. Redact.: Joh. Praxmarer. Neue Folge. 2.—4. Jahrg. — der ganzen Serie 22.—24. Jahrg. 1889—1891. à Jahrg. 12 Hefte. (à Heft 4 Bog.) gr. 8. Würzb., Woerl. à Jahrg. 6 —

— dasselbe. Monatsschrift f. die Gegenwart. Red. f. Oesterreich-Ungarn: M. Herdt v. Hutten. Neue Folge. 5. u. 6. Jahrg. — der ganzen Serie 25. u. 26. Jahrg. 1892. 1893. à 12 Hfte. (2 Bog.) gr. 8. Ebd. à Jahrg. n. 3. —

— dasselbe. Hrsg. v. G. M. Schuler. 27. Jahrg. 1894. 12 Hfte. (2 Bog.) gr. 8. Ebd. n. 3. —

Die katholische Bewegung in unsern Tagen. Monatsschrift für die Gegenwart. Redigiert für Österreich-Ungarn von M. Herdt von Hutten, für Deutschland von Joh. Praxmarer. Würzburg, Woerl, 1894, 27. Jahrgang, 12 Hefte, gr. 8°, 3 Mk.

Bewegung, die kathol., in uns. Tagen. Monatsschr. f. d. Gegenwart. Hrsg. v. G. M. Schuler. 29. Jahrg. 1895. 12 Hfte. (à ca 32 S.) gr. 8. Würzburg. München, R. Abt. n. 3. —

— dasselbe, Fortsetzg., s.: Wahrheit, die.

— die kirchliche, u. deren politische Folgen. Von einem Patrioten beleuchtet. 8. Breslau 845. (Günther.) 1 ℛ

Bewegung, Die coloniale, in Deutschland. [Dresden 1887.] V: *Wächter, Georg.* (Kat. d. stat. Bureaus. Dresden 1890.)

Bewegung, die lettisch-nationale, u. die kurländische Geistlichkeit. Eine unparteiische Stimme aus den Ostseeprovinzen. 8. (60 S.) Leipzig 886. Böhme. n. — 60

— die, der Parteien bei den Reichstagswahlen v. 1871 bis 1893. 1 farb. Blatt. 23,5×18,5 cm. München 893. Verlag d. Münch. Post. n. — 20

Bewegung, die polnische, in Posen. Brief eines Deutschen. gr. 8. (16 S.) Frankfurt a. M. 848, Auffarth. Thlr.

Die Bewegung des Realitäten- und Hypothekar-Verkehres in der Bukowina vom Jahre 1868 bis mit 1892. Tabellen. Czernowitz: H. Pardini in Comm. 1897. (VIII, 305 S.) 4°
— Mittheilungen d. Statist. Landesamtes d. Hzgth. Bukowina. H. 4. (03. 6336

— die serbische, in Südungarn. Ein Beitrag zur Geschichte der ungar. Revolution. Mit 1 (lith. u. color.) Karte (in qu. gr. 4.) 8. (XIV u. 277 S.) Berlin 851, Besser's Verl. [Fr. Duncker.] n. 1⅔ ℛ

— die, des Socialismus u. Humanismus unserer Tage. Mit besond. Bezug auf Deutschland u. die Literatur der letzten 4 Jahre daselbst. Repertorium der socialen Literatur. (Von Benno.) gr. 8. (123 S.) Bautzen 848, Weller. ½ ℛ

— die Stöckersche, u. der evangelische Geistliche. Ein Beitrag zur Erörterg. üb. das Verhältniß d. Christenthums zur Politik v. K. C. 8. (31 S.) Berlin 884. Thormann & Goetsch. n. — 50

— die, der unabhängigen Studentenschaft zu Berlin. Denkschrift d. Comités. gr. 8. (19 S.) Berlin 892. F. Dümmler's Verl. n. — 30

— die wirthschaftliche, v. Handel u. Industrie in Deutschland im Zeitraum von 1884—1888. Fortsetzung d. deutschen Wirthschaftsjahres [Jahrgänge 1880, 1881, 1882 u. 1883]. Nach den Jahresberichten der Handelskammern dargestellt v. dem Generalsekretariat d. deutschen Handelstages. (In 4 Bdn.) 1. u. 2. Bd. gr. 8. (XIV, 851 u. XI, 462 S.) Berlin 890. Mittler & Sohn. n. 15. —; Einbde. n.n. 3. —

Bewegungen der franz. und russischen Armée von Smolensk u. Jelnia über Krasnoy, bis Orsa und Kopys. Stuttgard u. Tübingen 1822, 1: 230,000. 1 Bl. a. d. W.: „Darstellung des Feldzugs der franz. verbündeten Armee gegen die Russen im J. 1812 etc. v. Müller

Bewegungen des Caucasischen Armee-Corps, vom 8. bis 21. Junj 1829. 1 : 127,000. 1 Bl.

Bewegungen der franz. und russ. Armeen unter Napoleon und Barklay vom 24. bis 28. July und die am 25., 26. und 27. statt gehabten Gefechte. (Gegend um Witepsk). Stuttg. u. Tübingen 1822. 1:230.000. 1 Bl. a.d. W.: Darstellung des Feldzugs der französischen verbündeten Armee gegen die Russen i. J. 1812 etc. v. Müller.'

Bewegungen im deutschen Buchhandel. Von J. G. gr. 8. (20 S.) Leipzig 883, Herbig. * — 27
Aus: Grenzboten, besonders abgedruckt.

Bewegungen, die deutschen, im J. 1848, s.: Revolutionen, die, der Gegenwart.

Bewegungen, kirchliche, der Gegenwart. Eine Sammlg. v. Aktenstücken unter Mitwirkg. v. Alfr. Uckeley hrsg. v. Frdr. Wiegand. I. Jahrg. 1907. (V, 188 S.) gr. 8. Leipzig 908. Dieterich. 2.80; geb. 3.50

— dasselbe. II. Jahrg. 1908. 6 Hefte. gr. 8. Ebd. 5.40
1. Schul- u. Kirchenstreit, der Hamburger. (56 S.) 909. 1. —
2. Besetzung, die, der Berliner neutestamentl. Professur im Urteile der kirchl. Parteien. (S. 57—132.) 909. 1. 20
3. Pfarrbesetzungsrecht, das neue, u. die rheinisch-westfälische Kirche. — Stellung, die, der preussischen Kirchenbehörde zur Gemeinschaftsbewegung. (S. 133—171.) 909. — 80
4. Parteibildung, e., in der protestantischen Landeskirche Bayerns. — Ergänzung der Generalkonzession f. die evang.-altluther. Gemeinden in Preussen. — Konferenz, allgemeine evangelisch-lutherische, u. Lutherischer Bund. (S. 173—207.) 909. — 80
5. Kritiker, katholische, der Enzyklika „Pascendi dominici gregis" A. Ehrhard, Germania, Würzburger — B. Schnitzer. — Kathol. Pfarrer u. polit. Liberalismus in Bayern. A. Grandinger — B. Tremel. (S. 209—279.) 909. 1. —
6. Verlöbnis- u. Eheschliessungsrecht, das neue, in der katholischen Kirche. (V u. S. 281—312.) 909. — 60

— die kirchlichen, seit dem J. 1845 nebst Stimmen aus Staat u. Kirche f. Religions- u. Glaubensfreiheit. Ein Spiegel f. die Gegenwart u. zugleich ein religiöses, kirchl. u. rechtl. Votum gegen gewisse Maßnahmen der neuesten Zeit. 8. (52 S.) Leipzig 851, Kollmann. 1/4 ℛ

Bewegungen, Die kirchlichen, in Deutschland und die protestantische Conferenz zu Berlin. ... Mit Vorwort von Dr. Heiberg. Schleswig 1846. V: *Engel, Casp. Arn. Gotthold Joh.* (A) (schles)

Bewegungen, die kirchlichen, in Deutschland u. die protest. Conferenz zu Berlin. Eine Stimme aus Schleswig-Holstein. gr. 8. (6 B.) Schleswig 846. (Bruhn.)

—— polnische, enthalt. die neuesten Ereignisse im Großherzogthum Posen, mit Hinblick auf die Russomanie dargest. von e. Augenzeugen. Mit 1 Ans. von Posen. 8. (2¾ B.) Thorn 846. (Lambeck.) *

— polnische, enth. die neuesten Ereignisse im Großherzth. Posen mit Hinblick auf die Russomanie dargestellt v. e. Augenzeugen. Mit 1 Ans. v. Posen. gr. 8. (42 S.) Thorn 847, Lambeck. n. 6 ngl

— über die religiösen, in der Christenheit, sowohl Altes als Neues. Eine Ansprache an das Volk zum Frieden, vom Hausfreund 1846. gr. 8. Stuttgart 846, Metzler. n. 1 ℛ

Bewegungen, Die socialistischen und communistischen, seit der dritten französischen Revolution. ... Lpz. u. Wien 1848. V: *Stein, Lorenz von.* (ADB) (WFM)

— die socialist. u. communist., seit der dritten franz. Revolution. Anhang zu Stein's Socialismus u. Communismus d. heutigen Frankreichs. br. gr. 8. (201 S.) Leipzig 848, O. Wigand. 1 1/3 ℛ

—— die, unserer Zeit auf dem Gebiete d. evangel. u. kathol. Kirche. Nebst e. offenen Worte, gerichtet an Hrn. Joh. Sporschil, von M. A. 8. (9 B.) Leipzig 845. [Brandstetter.]

Bewegungen, die, unserer Zeit auf dem Gebiete der evangel. u. kathol. Kirche. Nebst einem offenen Worte, gerichtet an Hrn. Joh. Sporschil, von M. A. 8. Leipzig 845, Einhorn's Verlags-Expedition. 12 ngl

Bewegungsgründe, Muthmassgebliche, des Herrn Grafen von Stolberg Friedrich Leopold zum Uebergang in die römische Kirche. ... Leipzig 1801. V: *Teller, Wilhelm Abraham.* (JL)

Bewegungsgrunde, muthmaßliche, d. Gr. zu Stollb. Fr. Leop. z. Uebergang in d. röm. Kirche. 8. Leipz. G. Fleischer. 801.

— d., warum d. europ. Großmächte Griechenland nicht früher aus d. Sklaverei d. Türken befreieten. Mit 1 Abbild: gr. 8. Leipz. 827. Baumgärtner. 9 K

Die Bewegungslehre der geregelten Grundgangarten des Pferdes, als Fundament der Reitkunde. Dargest. von T. H. Leipzig 1853. 67 S.

Bewegungslehre, die, der geregelten Grundgangarten des Pferdes, als Fundament der Reitkunde, zum Selbstunterricht für denkende Reiter und Pferdemaler. Dargestellt von T. H. 1. Aufl. 1853. * 10 Ngr. und 2. (Titel-)Aufl. gr. 16. (XII und 67 S.) Leipzig 854(55,) Hoffmann. *

Bewegursachen, funfzig, u. Betrachtungen, warum unt. so viel Relig. d. röm. kathol. Glauben z. erwählen ꝛc. 12. Wien, Gerold.

Beweis, Abgenöthigter Gründlicher, dass man die Glaubenslehre der Römischkatholischen aus ihren allgemeinen liturgischen Büchern beurtheilen könne ... Braunschweig u. Hildesh. 1747. V: *Koecher, Johann Christoph.* (ML)

§ **BEWEISS**, Abgezwungener, sowohl aus hl. Schrift, als denen Rechten, dass Verlobter Beysammenschlafen vor priesterlicher Copulation keine so grosse Sünde und Schande, dahero auch mit der Kirchen-Busse nicht zu belegen sey. Anfängl. in latein. Sprache, hernach in teutscher Spraehe ausgefertiget. Deventer 1720. 8°.
Rares Curiosum!

Beweis, Aktenmässiger ausführlicher, daß die vom Abt ... des Kloster Banz ... angebrachte vermeintliche Appellatio extraiudicialis durchaus ungegründet ... Coburg 1779. V: *Gruner, Joh. Gerhard.* (Holz)

Beweis, Aktenmässiger Ausführlicher, der dem hohen Hause Sachsen ... zustehenden landesfürstlichen Oberbothmässigkeit ... Altenburg [1778]. V: *Gotter, August Ludwig.* (ML)

Beweis, Actenmässiger, in Sachen weil. der Freyherrn von Stein wider weil. die Freyherrn von Brempt und Clodt ... O.O. 1776. V: *Seyfert, Carl Jacob.* (Holz)

Beweis, Actenmässiger, und Vorlegung, daß iener ... Kocherische Landfriedensbruch, ... aus gegnerisch-eigenen Beylagen sattsam erhelle ... Wezlar 1775. V: *Seyfert, Carl Jacob.* (Holz)

Beweis, Augenscheinlicher, dass die Abhandlung von dem Zweck Jesu und seiner Jünger voll ganz offenbarer Widersprüche und Unwahrheiten sey. Frankfurt und Leipzig [Marb.] 1778. V: *Müller, Johann Daniel.* (ML) (stri)

Beweis, Augenscheinlicher, aus den Miscellaneis tigurinis ... O.O. 1726. V: *Edzardi, Sebastian.* (schr) V: *Neumeister, Erdmann.* (Myl)

* **BEWEISS,** Ausführlicher, Daß der Eheliche Stand Ein Mittel wieder (!) den Selbst-Mord seyn könne, ... Franckfurt und Leipzig 1742. 4°. 2 Bogen.

— ausführl., daß d. wahre Geburtsort d. am 17. Febr. 1448 mit dem Röm. Stuhle geschlossenen Concordaten nicht Aschaffenburg, sondern Wien sei ꝛc. (v. Th. Dolliner) z. herausg. v. J. Fels. 8. Wien 790.

Beweis, Bescheidener, dass das Buddeische Bedenken noch feststehe. Leipzig 1725. V: *Walch, Joh. Georg.* (ML)

Beweis aller Beweise, daß d. Juden nicht emancipirt zu werden verdienen, u. ohne d. Untergang Europa's herbeizuführen, nicht emancipirt werden können. Allen Petitionairs geg. d. Juden-Emancipation u. sonst. Judenhassern gewid. gr. 12. (2⅔ B.) Grimma 837, Verlags-Comptoir.

— biblisch-geschichtl.-vernünft., v. d. geg. Christenth., Vernunft u. Natur streit. Verbot d. Priester-Ehe b. d. kathol. Geistlichkeit. 8. ... Ulm 831. (Augsburg, Kranzfelder'sche Vrlgsh.)

Beweis, Dargelegter, daß die renovatio vocationis so in dem Discursu oder Gespräch zweier Gelehrten auf Göttlichem und Weltlichen Recht wohl gegründet den Platz behalten, entgegengesetzt dem unbesonnenen und untheologischen Bedenken des sogen. Christiani Gottholden von dem, welcher das Gespräch selbst angehoret. O. O. 1703. V: *Thode, Carsten.* (schr)

Beweis, daß alle Aufklärer Atheisten sind. 8. Frankf. u. Leipz. 788. (W. Vogel). 6 K

Anonym: Beweiss, dass alle Conventions-Thaler samt anderem hochhaltigen Silber aus dem Reich entweichen müssen und mit 8 pro Cento Gewinn demselben abgenommen werden können, wann der Thaler gegen Ducaten zu 5 fl. auf 2 fl. 24 kr. gesezt werden solte", o. O. u. J. — Vorh.: StB Nürnberg.

Beweis, daß Arbeiten lernen, e. Hauptlection in Schul. seyn müsse. 8. Berl. 755.

— daß Bahrdts neue Lehrart in d. Theologie anzunehmen sei. 8. Frankf. 776. Hechtel. 3 K

— daß Christus selbst in d. Himmel noch immer für uns alle bitte. 8. Ulm 755. Stettin. 6 K

— daß d. Berliner Gesangb. nicht f. d. Luther. Kirche seyn könne. 8. Stendal, Franzen u. Gr. 783.

Beweis, dass das Bischofflich-Wormsische Hof-Gericht niemalen ein Reichs-Lehen gewesen. [Worms] 1748. V: *Moser, Joh. Jacob.* (Moser, Joh. Jac., Lebensgeschichte von ihm selbst beschrieben. Frankfurt u. Leipzig 1777. III, 149—150.)

Beweis dass das Christenthum so alt als die Welt sey. ... Frankfurt 1741. V: *Tindal, Matthew.* (EB)

— daß d. Christenth. so alt als d. Welt sey, n. Jac. Forsters Widerleg. desselb. a. d. Engl. 8. Frankfurt, Herold. 741.

Beweis, dass das heil. Röm. Reich an dem gegenwärtigen Kriege Theil zu nehmen verbunden sey. O. O. 1746. V: *Gündcrode, Johann Maximilian von.* (Adel)

— daß d. Heiligsprechungsrecht d. Päpste nicht ausschließend zustehe. 8. Grätz 783. (Mayr in Sulzb.) 4 K

Beweis, dass das ius eundi in partes, auch in caussis politicis Platz habe. O. O. 1751. V: *Strube, Julius Melchior.* (ML)

Beweis dass das Kurhaus Baiern nicht erloschen ist. Der Löbl. Landschaft gewidmet. . . 1778. 8. 12 S.

— daß d. neue Berliner Gesangbuch f. die evangel.-luther. Kirche sein kann ꝛc. 8. Stendal 783. Franzen u. Gr. 5 K

— daß das unmaßgebl. Bedenken üb. das neue Preuß. Gesangbuch kindische Verläumdung ist. 8. Stendal 782. Franzen u. Gr. 3 K

Beweis, dass das viele Zureden und Strafen der Geistlichen besonders furchtsamen Kranken nützlich, gut und vortheilhaft sei. Löwen und Leyden [Jena] 1796. V: *Büchner, G.* (wr)

Beweis dass der Grund von der Glückseligkeit der alten Celten mit nichten in dem Mangel der alten Wissenschaft zu suchen sey. Altona 1752. V: *Schütze, Gottfried.* [Waniek, Gottsched. Leipzig 1897. S. 613.]

— daß der Liefländ. od. Ostseeische Leinsaamen in Brschw. zu Erzeugung guten Flachses völlig entbehrl. sey. gr. 8. Glogau, Günter. 807.

— daß d. Magistrat v. Nürnb. 1795. aus laut. Gelehrt. od. Eselsköpf. bestand. 8. Königsb. (Eßlinger, Fr.) 795.

— daß d. Magistrat v. Nürnberg 1793 aus lauter Gelehrten oder Eselsköpfen bestanden. 8. Königsb. 796. (Schäfer in Frankf. a. M.) 8 gr

— daß d. Menschensöhn sichtbarlich in Himmel gefahren sei. 8. Jena 772. Melchior. 3 gr

Beweis, dass der Patriot auf dem Wege der Bestialität einhertrete, ... Hamburg 1724. V: *Edzardi, Sebastian.* (schr)

Beweiss, dass der richterliche Spruch des Dantziger-Raths wider die dortigen Freymaurer, ohne alle rechtsförmige Anklage und Verhör geschehen, daher ungültig und der Ehre der Richter äusserst nachtheilig sey. Im Weinmonath. o. O. 1763. 15 S. 4° [Umschlagtit.]

[Dasselbe.] [Nachdr.] 1764. 8 Bl. 8°

Abgedr. in: Mahlau, R.: Gesch. d. L. Eugenia, Danzig. 1902 S. 20—32.

cf. Demelius, Chr. F.: D. Christenthum als e. gesegneten Orden. 1765 S. 20—30.

Kl. 2909. Selten. Verteidigung der Frmrei.

— daß d. Verfasser d. Buchs: Betrachtt. üb. d. Unwissenheit d. Christen, kein evangel. Christ sei. 8. Frankenh. 779. (Ettinger in Gotha 785.) 5 gr

— daß d. Civilstand durch d. Militärstand wesentl. Vortheile erhalte ɔc. Von e. Preuß. Offizier, (F. Meinert). gr. 8. Berl. 802. Gädike. (Henning in Greiz). 12 gr

Beweis daß der Zivilstand durch den Militärstand wesentliche Vorteile erhalte, oder der Nutzen u. die Notwendigkeit stehender Armeen u. ihr wohltätiger Einfluß auf bürgerl. Verhältnisse in Friedenszeiten. Von einem preuß. Offizier. Weimar 1802. 122 S.

Beweis, dass derjenige, der schon ein Hottentotte ist, nicht erst einer werden dürfte, zur Antwort auf des Pensilvanisch. Preussen Frage: Ob die heut. europ. Völker — — — nebst der Geschichte wie man Preuss. Seits im gegenwärt. Kriege der Menschlichkeit Ehre zu machen bemühet ist. Aufl. 2. Franckfurt a. M. (1760) 4. (50 S.)

Beweis, daß die Abtey Marienstadt wider die Ermächtigungen der Hhn Grafen von Sayn in dem Besitz der Immunität ... allergnädigst zu handhaben sey ... O. O. u. J. V: *Haas, Dan. Ferd.* (Holz)

— daß d. Afrikan. Bauherren, s. Trümmer d. Bauherrnloge 26.

Beweis, dass die actenmässige Nachricht von denen Dompropsteylichen Proceduren actenwidrig sey. [Hildesh.] 1731. V: *Moser, Johann Jacob.* (ML)

— daß die bei d. Protestanten üblichen Ehescheidungen vom Bande auch nach kathol. Grundsätzen giltig sind ɔc. gr. 8. Karlsr. 810. (Braun). 16 gr

Beweis, daß d. bey den Protestant. üblich. Ehescheidungen vom Bande auch nach kathol. Grunds. gültig sind ɔc. gr. 8. Carlsr. Macklot. 810. Rthlr.

Beweis, dass die Berlinische Wittwenkasse nicht bis 1803 bankerott machen müsse. [Berlin 1793.] V: *Michelsen, Johann Andreas Christian.* (ML)

Beweis, daß die Calvinisten Gewissens halber verbunden seyn, zu der der augspurgischen Confession zugethanen Kirche zu treten. O. O. 17??. V: *Schmid, Sebastian.* (Jöch)

Beweis, dass die eifrigsten Vertheidiger der Freiheit und Gleichheit die grössten Despoten sind; ... [Halle 1797.] V: *Beschorner, Johann Gotthelf.* (MGT)

— daß d. Ermordung d. Französ. Gesandten keine so abscheuliche Handlung sei, als die meisten Menschen glauben. 8. Leipz. 799. (W. Rauck). 12 gr

— daß d. Ermordung der franz. Gesandten keine so abscheul. Handlung sey, als d. meist. Menschen glauben. 8. Leipzig, Sommer. 799.

— daß d. Freimaurer Jacobiner sind ɔc. 8. (Köthen) 5797. (1797). Aue. 3 gr

Beweis, daß die Freymäurer-Gesellschaft ... Danzig u. Leipz. [Braunschweig] 1764 ... V: *Harenberg, Joh. Chph.* (Mitth. M. Grolig.)

Beweis, dass die Freymäurer-Gesellschaft in allen Staaten, sowohl etwas Ueberflüssiges als auch ohne Einschränkung, etwas Gefährliches sey. Danzig u. Leipzig [Braunschw.] 1765. V: *Harenberg, Johann Christoph.* (Kl) (Ky) (ML) (Wr) (SJL)

— daß die Freimaurergesellschaften in allen Staaten etwas Ueberflüssiges ɔc. seien. 8. Braunschw. 764. Schröder. 3 gr

Beweiss, dass die Geschlechter derer von Hagen ursprünglich von Einem Urahnherrn und Stammvater herkommen. 4. Berlin 1758.

BEWEIS. –, daß die halbjährige Vorhineinzahlung des Zinss die größte Unbilligkeit sey oder Nichts vor der Zeit. o. V., Wien 1781. 1 vol. 42 S.

— daß die in 8 Procenten d. Rachertrags ausgesprochene Grundsteuer ɔc., s. a. G. A. Däzel.

— daß die in 8 Procenten des Rachertrags ausgesprochene Grundsteuer gerecht und national-ökonomisch sey. 8. Münch. Lindauer. 815.

o. N., Beweis, daß die in 8 Prozenten des Rohertrages ausgesprochene Grundsteuer gerecht und national oekonomisch sey. 1815 München

Beweis, dass die in der Leipz. Litt. Zeit vom 22. Februar 1813 enthaltene Recension der Schrift: Profess. Schaffroths Blicke auf die Schellingisch-Jakobische Streitsache ... weiter nichts als ein gemeines Pasquill sey. [Freyburg] 1813. V: *Schaffroth, Johann August Gottlieb.* (MGT)

Beweis, dass die Insel Fehmarn, weder zu dem Reiche Dennemarck, noch zum Hertzogthumb Schleswig, oder Hollstein gehöre ... O.O. [1728?]. V: *Lackmann, Adam Heinrich.* (SCHLES)

— daß d. kanonische Sippzahl mit d. altröm. wie mit d. alten deutschen u. Longobardischen übereinstimmen. 8. Heilbr. 764. Claß. 4 gr

Beweis, dass die Cron Böhmen auf die Landes-Hoheit des Lehen-Gerichts Asch weder in Processorio noch Petitorio Ansprüche zu machen berechtiget, hingegen derer von Zedtwiz persönliche und reale Reichs-Unmittelbarkeit in Processorio & Petitorio gegründet seyn. [Ebersdorff] 1746. Regensburg 1747. V: *Moser, Johann Jacob.* (Moser, Joh. Jacob, Lebensgeschichte von ihm selbst beschrieben. Frankfurt u. Leipzig 1777. III, 148/149.)

Beweis, daß die Krone Böhmen auf Landhoheit des Gerichts Asch weder in possessorio noch petitorio die geringsten Ansprüche zu machen berechtigt. O. O. 1746. V: *Moser, Johann Jacob.* (Pütter, Litt. d. Teutsch. Staatsr. Gött. 1773—91. III, 810.)

Anonym: „Beweis, daß die Leibeigenschaft mit ihren Ausflüssen, folglich auch die Dienste, Gewinne und Sterbegefälle in dem preussischen Entschädigungstheile des ehemaligen Hochstifts Münster nie wieder eingeführt werden können", Hamm 1818 (Schultz in Komm.).

— daß d. Leibeigenschaft mit ihren Ausflüssen, folglich auch d. Dienste, Gewinne u. Sterbefälle in d. Preuß. Entschädigungsantheile des vorm. Hochstifts Münster nie wieder eingeführt werden rc. (v. K. Giese). 8. Hamm 819. (Coppenrath in Münster). 18 gr

— daß die Leibeigenschaft mit ihren Ausflüssen, folglich auch die Dienste, Gewinne u. Sterbefälle in dem Preuß. Entschädigungsantheile des vorm. Hochstifts Münster nie wieder eingeführt werden rc. 8. Hamm, Schultz u. Wundermann in Comm. 819.

Beweis daß die Männer eigentlich keine Menschen sind! Von Juste Backfisch. 1—5. Aufl. Berlin 861. Lassar. 8. (15 S.) n. 2½ ngr

Beweis, dass die Männer in den Witwenverpflegungs-Gesellschaften über 135 Jahre alt werden ... nebst einem Sendschreiben an ... Herrn ... Dies ... Göttingen 1769. V: (Sendschr.) *Kritter, Joh. Augustin.* (BRMN)

BEWEIS, daß die Mannsbilder keine Menschen sind. — Text ohne Noten für junge Weiber. o. O. 1782. 12°. (1 Mk. Ludolph St. Goar, Frankf. a. M. 1877.)

— daß die Mönche so lange als die Welt existiren, (v. J. Kern). 8. Röm. (Berl.) 790. Nicolai. 6 gr

Beweis dass die Ordensgeistliche und Mönche zur Seelsorge unfähig seien. München [Salzb.] 1769. V: *Mayer, Andreas Ulrich.* (WR 103) (WIESER 1/880) (WRDIAR 1769, Nr. 21) (Chr. Wilh. Bock, Sammlung von Bildnissen gelehrter Männer, Bd. 2) (KY 1/281) (BIBLPORT)

Beweis, daß d. Ordensgeistlichen u. Mönche z. Seelsorge unfähig sind, (v. A. U. Mayer). 4. (Nürnb.) 769. (Mayr'sche B. in Salzb.) 6 gr Latein., s. Bona cleric.

— — dass. gr. 8. Wien, Trattner. 769.

BEWEIS. – daß die Prozesse unter die unnöthigen Übel des Erdbodens gehören. Hartl. Wien 1781/82.

Beweis dass die Processe unter die unnöthigen Übel gehören. Wien 1782. V: *Valari, Marchese.* (Ant. Mayer, Wiens Buchdruckergeschichte. Wien 1887. Bd. 2, S. 123) (Fideicommissbibliothek 2/483, Nr. 13393) (Geissau, Verzeichniss S. 71) (Hch. Wolfg. Behrisch, Die Wiener Autoren, S. 234) (BIBLPORT)

Beweis, daß die Reichskleinodien mit Recht der Stadt Nürnberg zu bewahren gehören ... Frankf. u. Leipzig 1768. V: *Oetter, Samuel Wilh.* (Pütter, Litt. d. Teutsch. Staatsr. Gött. 1773—91. III, 115.)

Beweis, dass die Reichslehnbare immmediate Graf- und Herrschaften ohnzweifelhafte Fahnen und Thronlehn seyen ... Oehringen 1743. V: *Hanselmann, Christian Ernst.* (ML) (HUCH)

Beweis, dass d. Reichslehnbaren immediaten Graf- und Herrschaften ohnzweifentlich Fahnen- und Thronlehen seyen. Mit Beil. *Oehringen.* 744. fol.

Beweis, daß dies Rein mathemat. Auflösung d. Aufgabe: jeden geradlinigen Winkel in drei gleiche Theile zu theilen, v. J. L. Koppers, nicht gelungen sei, v. ein. Freunde d. Mathematik. (J. Riesert.) 8. (1 B.) Münster 828. (Leipzig, Central-Comptoir.)

Gründlicher Beweis, daß die römisch-kath. Kirche die allein wahre sei. Nebst einem Anhange über die Fürbitte der Heiligen rc. Krefeld, Schüller. 1846. 8°. 25 Pf.

Beweis, dass die Rothschild'schen Loose zu 100 fl. wahre Lotterieloose sind. gr. 8°. München, Fleischmann, 1820.

Beweis, daß d. Rothschild'schen Loose zu 100 Fl. wahre Lotterieloose sind. gr. 8. München 821. Fleischmann.

Beweis, dass die 1649 ... nachgesuchte Restitution des Klosters Frauenalb weder ad caput amnestiae, noch gravaminum qualificirt ... Wetzlar 1775. V: *Haas, Damian Ferdinand.* (MGT)

— daß d. Seelen nach d. Tode weder schlafen noch wachen. 8. Halle 755. Schwetschke. 1 gr

BEWEIS, dass die so vielen Klöster und die so grosse Anzahl der Mönche dem Lande grossen Schaden bringen etc. Wahrheitsburg (Wien). 1781.
Weller, fing. Dr.

Beweis, daß die unbedingte Anwendung der Kulturgesetze den Landmann in ungeheure Processe verwickeln muß. München 1804.

Beweis, dass die unter dem grossen Stadtinsiegel im Jahre 1692 von dem Magistrat zu Wetzlar geschehene Erklärung wegen Vollständigkeit der katholischen Religionsübung ... keine blosse Traktaten ... gewesen ... O. O. 1772. V: *Haas, Damian Ferdinand.* (MGT)

Beweis, dass die von den Kaiserl. und Königlichen Truppen im Monath Jänner 1778 in der obern Pfalz occupirten sämmtlichen Ortschaften, Pfleg-Aemter und Districte, sammt der Grafschaft Cham niemals unter die Verlassenschaft des letzten Herzogs Johann zu Straubingen gehörig gewesen. 1778. 4.

Beweis dass die Weibsbilder keine Menschen sind. Aus der Schrift und aus der gesunden Vernunft dargethan. Ein Stück im Jahre 1782. Wien. V: *Ambros, Joh. Michael.* (Geissau, Verzeichniss S. 14) (Hartung, S. 99) (Hch. Wolfg. Behrisch, Die Wiener Autoren. Pressb. 1784, S. 12) (Bibl Port)

BEWEIS daß ein Feldprediger durchaus nicht ohne Frau fertig werden könne. 2te Aufl. Halberstadt 1851. 8°. (1/4 Rthl. H. W. Schmidt, Halle, vor 1870.)

— daß ein Gott ist. 8. Wien 786. v. Mößle. 12 kr.

Beweis, dass ein Prediger alle Einkünfte seines Pfarramts, ... mit Recht fordern ... könne. ... O. O. 1745. V: *Vorsatz, Joh. Gottlieb.* (ML)

Beweis, dass eine Bibelübersetzung möglichst deutlich sein müsse, wenn sie der grosse Haufe mit Nutzen lesen soll. Göttingen 1789. V: *Gladbach, G. L.* (MGT)

Beweis, daß e. Bibelübersetzung möglichst deutl. u. verständl. sein müsse, wenn sie d. große Haufe mit Nutzen lesen soll. 8. Götting. 789. Vandenhöck u. R. 2 kr.

Beweis, dass eine weltliche Obrigkeit Macht habe, die Pfarrer nach ihrem Belieben abzusetzen. O. O. 1713. V: *Brendel, Georg Christoph.* (Myl)

Beweis, dass es gleichviel sey, ob man die Hauptabsicht bey der Erschaffung der Welt in der Kundmachung der göttlichen Vollkommenheiten ... setzet ... [Hannover 1756.] V: *Visbeck, Johann Gottlieb.* (MGT)

Beweis, daß es nicht wider das Völkerrecht sey, bey gewissen Umständen einen frembden Gesandten zu arretiren. [Wolfenbüttel] 1717. [Frankf. u. Leipz.] 1745. V: *Treuer, Glieb Samuel.* (Schletter, Handb. d. jurist. Litt. Grimma 1843. S. 294.) (Bygdén, Svenskt anon. och pseud. lex. Upsala 1898 ff. I.)

Beweisz, dasz gar keine gegründete, weder vernünftige noch rechtliche Ursachen vorhanden, ausser dem Fall, da des Defuncti Brüder und Brüderkinder concurriren, den entfernteren vollbürtigen Verwandten in linea collaterali ein Miterbungsrecht mit den näheren halbbürtigen Blutsfreunden beyzulegen. u. St. 1754. 4. P. — Zusätze. u. St. 1755. 4. P.

Beweis, dass jedem Socio sowohl bey noch fortdauernder, als auch nach wechselseitig aufgehobener Gesellschaft, die Competenz nach rechtlichen Grundsätzen zugetheilt werden müssen. (In Sachen des Dr. u. Prof. Janson, Beklagten u. Appellanten, contra den Hofgerichtsrathen v. Sperl, Kläger u. Appellaten.) o. O. 1800.

Beweis, daß in der Hochfreyherrl. von Hammersteinischen Familie Geßmolder Linie kein Majorat-Recht ... statt finde ... O. O. 1767. V: *Culemann, Aug.* (Holz)

— daß in d. Landesökonomie, d. Liefländ. od. Ostseeische Leinsaamen in Braunschweig zu Erzeugung guten Flachses völlig unentbehrlich sei. gr. 8. Glogau 807. N. Günthersche B. 4 kr.

Beweis, dass Joseph der natürliche Vater Christi sey. Frankfurt a. d. O. 179? V: *Heinsius, Otto Fr. Theod.* (MGT)

— dass Napoleon nie existirt hat. Grosses Erratum. A. d. Franz. n. d. 2. Ausg. übers. 64. (32 Seit.) Berlin 830, Crantz.

— daß nicht die wesentlichen Bestandtheile d. klösterlich. Verfassung, sond. nur schiefe Ansichten Ursache waren, warum uns. Zeitalt. die Aufhebung derselben beschloß. 8. Salzb. Mayr. 816. —

Beweis, daß nur in München der geeignete Platz für die Landesuniversität der herobern pfalzbaierischen Staaten sey ... Amberg und Sulzbach 1802. V: *Jakob.* (Erman & Horn, Bibliogr. d. dtsch. Universitäten. 2. Leipz. u. Berl. 1904.)

Beweis, dass ohne Oberst-Reichs-Richterliche Dazwischenkunft die Reichsberufene kurpfälzische Religionsbeschwerden nicht abgestellt werden mögen ... Heidelberg 1793. V: *Scheid, Peter.* (MGT)

— daß Petrus nicht eine Gleichgiltigkeit aller Nationen gelehrt habe. 8. Budiss. 775. Dainzer. 3 kr.

Beweis dass wir Weibsbilder wirklich Menschen sind. Wien 1782. V: *Meixner, Marianne.* (wrztg, Beil. bei Nr. 59, 1782) (Karajan 1482) (Provinc. Nachr. 1782, S. 149) »Wien 1781« (Geissau, Verzeichniss, S. 14) (wieser 1/840) (Hch. Wolfg. Behrisch, Die Wiener Autoren. Pressb. 1784. S. 142) (biblport)

Beweis, dass Zahlheim als ein Opfer der Unwissenheit seiner Richter ... hingerichtet worden. Otaheite [Wien] 1786. V: *Fezer, Johann Jacob.* (MGT) (Wr)

— daß Zurückhaltung d. überflüssigen Roggenvorräthe auf d. Böden ein Mordverbrechen gegen d. Nation sei. 8. Leipz. 805. (W. Nauck). 4 gr

— daß Zurückhaltung d. überfl. Roggenvorräthe auf d. Böden rc. ein Mordverbrechen geg. d. Nation sey rc. 8. Leipz. Sommer. 805.

Kurtz- doch gründlich-deducirter **Beweiss** Dass die Protestatio und Reservatio So Herr Georg Hinrich Freyherr von Görz. Wegen Dessen an das Adel. Guth Gelting vermeintlich habenden Foderung Bey der Adlicitationem solchen Guths Allerhöchst-verordneten Commission eingesand. Auf Lauterm unerfindl. Vorgeben und irrigen Dingen beruhe Nomine Herrn Magni von Wedderkoppen. Zu des Hn. Protestanten und männiglichens Nachricht abgefasset und zum Druck befodert. o. O. 1717. 4° k.

Beweis, Deutlicher, daß in Sachen der Landschaft obern Theils der Marggrafschaft Baden contra weil. Hn. Marggrafen Friedrichen ... von klagendem Theile nichts Neues ist vorgebracht worden. O. O. 1753. V: *Reinhard, Joh. Jac.* (Holz)

Beweis, Diplomatischer, dass das Reichsschultheissenamt zu Nürnberg niemals burggräflich gewesen sey. [Nürnberg 1780.] V: *Stromer v. Reichenbach, Christoph Wilhelm Friedrich.* (MGT)

Beweis, Diplomatischer, dass die Herren Burggrafen niemals einen Antheil an dem Blutbanne zu Nürnberg gehabt haben. [Nürnberg 1780.] V: *Stromer v. Reichenbach, Chph Wilh. Friedr.* (MGT)

Beweis, Documentirter, daß die vormalige v. Jungkennische Unterthanen ... zu der dem Frhn v. Gültlingen geleisteten Huldigung verbunden gewesen ... Wezlar 1774. V: *Seyfert, Carl Jac.* (Holz)

Beweis, Dreyfacher, 1) dass die Promotion eines Juden zum Doktorn der Medicinae gegen die Christliche Religion ... Frankfurt und Leipzig 1745. V: *Schütte, Johann Heinrich.* (ML)

— der drollige, daß Frauenzimmer keine Menschen sind, beseitigt, durch das wahre Pantoffelregiment. Eine Ansprache zu Ehren aller Frauen und Jungfrauen von Jucunda. 2., verm. Aufl. Leipzig 802. Heuße in Comm. (Literar. Institut.) 16. (64 S.) 5 ngr

Beweis der Ehrerbietung und Liebe dem [Br.] Joh. Christian Anton Theden am Tage der Feier seines funfzigjährigen Dienst-Jubiläums dargebracht von den Mitgliedern der Freimaurer Loge zum aufrichtigen Herzen zu Frankfurth an der Oder. Den 27. Juli 1787. Frankfurth a. d. O. [1787]: Winter. 2 Bl. 8° [Umschlagtit.]

Abgedr. in: Mayer, J. Ch. A.: Thedens Jubelfeyer 1787 S. 156—158.

Kl. 1764. Gedicht: „Auch uns ruft heute heilge Pflicht ...“

Beweis, Fortgesetzter gründlicher, von Altteutscher hergebrachten Fränkischen Erbfolgs-Ordnung ... O. O. 1760. V: *Heuschkel, Johann Melchior.* (ML)

Beweis und Gegenbeweis in Sachen G. O. Grote gegen O. Grote. Hannover 1765. 4.

BEWEIS Gegrundeter ..., daß die Einfuhrung der neuen Grundsteuer f. den Untertanen sehr nachteilig ... ist. Gassl, Brunn 1789. 1 vol. 48 S.

— gegründ., daß Galmey d. wahre minera vitrioli philosophici sei. 8. Jena 771. Cuno. 3 gr

Beweis, In Jure et Facto Gegründeter, der vielfältigen Treulosigkeiten, So das Jetztregierende Dähnische Haus von dem Fürstl. Holstein-Gottorfischen bisher erlitten ... Kopenhagen 1715. V: *Amthor, Chph Heinr.* (schles)

Beweis, Genugsamer, aus der heiligen Schrift von der Seligkeit der ungetauften Christenkinder ... Lobenst. 1764. V: *Schöber, David Gottfried.* (ML)

Beweis, Geschichtsmässig und archivalischer, dass der Hr. Graf Simon August zu Lippe-Detmold nicht befugt sey ... [Stadthagen] 1768. V: *Springer, Johann Christoph Erich.* (ML) (stri)

Beweis, der, des Glaubens. Monatsschrift zur Begründung und Vertheidigung der christl. Wahrheit für Gebildete. Unter leitender Mitwirkung von O. Zöckler und R. Grau, hrsg. von O. Andreä und C. Brachmann. 1865. Juli bis Decbr. 6 Hefte. (à 8 Bog.) gr. 8. Gütersloh 865, Bertelsmann. *

— — Jahrg. 1866—68. [2—4. Bd.] à 12 Hefte (à 2 Bgn.). Ebend. gr. 8. Jeder Jahrg. n. 1 Thlr 15 ngr

Beweis, der, des Glaubens. Monatsschrift zur Begründung und Vertheidigung der christl. Wahrheit für Gebildete. Hrsg. von O. Andreae und C. Brachmann. Jahrg. 1868. 1. und 2. Supplementheft. gr. 8. Gütersloh, Bertelsmann's Verlag. [1. Supplmtheft. (114 S.) *M 1,40.; 2. Supplmtheft. Zöckler, O., die Urgeschichte des Menschen. (118 S.) *M 1,50.] *

— — Jahrg. 1869 u. 1870. [5. 6. Bd.] à 12 Hefte (à 3 Bgn.). Ebend. gr. 8. Jeder Jahrg. n. 2 ₰ 7½ ngr

Beweis, der, d. Glaubens. Monatsschrift zur Begründg. u. Vertheidigg. der christl. Wahrheit f. Gebildete. Unter leitender Mitwirkg. v. O. Zöckler u. R. Grau, hrsg. v. O. Andreae u. C. Brachmann. 7—10. Bd. Jahrg. 1871—74. à 12 Hfte. gr. 8. (à Hft. 48 S.) Gütersloh, Bertelsmann. à Jahrg. n. 6. 75

— dasselbe. 11. u. 12. Bd. Jahrg. 1875 u. 1876 à 12 Hfte. gr. 8. (à Hft. 56 S.) Ebend. à Jahrg. n. 8. —

Beweis, der, des Glaubens. Monatsschrift zur Begründung u. Vertheidigung der christl. Wahrheit für Gebildete. Unter leit. Mitwirkung v. O. Zöckler u. R. Grau hrsg. von O. Andreae u. C. Brachmann. 13—15. Bd. Jahrg. 1877—1879. à 12 Hfte. gr. 8. (à Hft. ca. 56 S.) Gütersloh, Bertelsmann. à Jahrg. n. 8. —

— dasselbe. Neue Folge: 1—3. Bd. [Der ganzen Reihe 16. Bd.] Jahrg. 1880—1882. à 12 Hfte. gr. 8. (à Hft. ca. 56 S.) Ebend. à Jahrg. n. 8. —

Beweis, der, d. Glaubens. Monatsschrift zur Begründg. u. Verteidigg. der christl. Wahrheit f. Gebildete. Unter redaktioneller Mitwirkg. v. O. Zöckler u. R. F. Grau, sowie unter Mitwirkg. v. Behrmann, Christlieb, Cremer etc. hrsg. v. O. Andreä u. C. Brachmann. Neue Folge: 4—7. Bd. [Der ganzen Reihe 19—22. Bd.] Jahrg. 1883—1886. à 12 Hfte. gr. 8. (1. Hft. 64 S.) Gütersloh, Bertelsmann. à Jahrg. n. 8. —

Beweis, der, d. Glaubens. Monatsschrift zur Begründg. u. Verteidigg. der christl. Wahrheit f. Gebildete. Unter Mitwirkg. v. Behrmann, Christlieb, Cremer etc. hrsg. v. O. Andreä, R. F. Grau, O. Zöckler. Neue Folge. 8.—11. Bd. [Der ganzen Reihe 23.—26. Bd.] Jahrg. 1887—1890. à 12 Hfte. gr. 8. (à Hft. ca. 64 S.) Gütersloh, Bertelsmann. à Bd. n. 8. —

— dasselbe. Gesamt-Register zu Bd. I—XXV (1865 bis 1890). gr. 8. (28 S.) Ebd. 890. n. — 40

Beweis, der, d. Glaubens. Monatsschrift zur Begründg. u. Verteidigg. der christl. Wahrheit f. Gebildete. Unter Mitwirkg. v. Behrmann, Cremer, Dieffenbach etc. hrsg. v. O. Andreä, R. F. Grau, O. Zöckler. Neue Folge: 12. Bd. [Der ganzen Reihe 27. Bd.] Jahrg. 1891. 12 Hfte. gr. 8. (à Hft. ca. 64 S.) Gütersloh, C. Bertelsmann. n. 8. —

— dasselbe. Hrsg. v. O. Zöckler u. R. F. Grau. Neue Folge: 13. u. 14. Bd. [Der ganzen Reihe 28. u. 29. Bd.] Jahrg. 1892. 1893. à 12 Hfte. gr. 8. (à Hft. ca. 64 S.) Ebd. à Jahrg. n. 8. —

— dasselbe. Hrsg. v. O. Zöckler u. E. G. Steude. Neue Folge: 15. Bd. [Der ganzen Reihe 30. Bd.] Jahrg. 1894. 12 Hfte. gr. 8. (à Hft. ca. 64 S.) Ebd. n. 8. —

Beweis, der, d. Glaubens. Monatsschrift z. Begründg. u. Verteidigg. d. christl. Wahrheit f. Gebildete. Unt. Mitwirkg. v. Behrmann, Cremer, Dieffenbach u. A. hrsg. v. O. Zöckler u. E. G. Steude. N. F. 16.—18. Bd. u. 3. F. 1. Bd. [Der ganzen Reihe 31.—34. Bd.] Jahrg. 1895—1898. à 12 Hfte. (à 80 S.) gr. 8. Gütersloh, C. Bertelsmann. à Jahrg. n. 8. —

Beweis, der, des Glaubens. Monatsschrift zur Begründg. u. Verteidigg. der christl. Wahrheit f. Gebildete. Unter Mitwirkg. v. G. Behrmann, R. Buddensieg, H. Cremer u. a. hrsg. v. O. Zöckler u. E. G. Steude. Mit Beiblatt: Theologischer Litteraturbericht. 3. Folge. 2.—5. Bd. Der ganzen Reihe 35.—38. Bd. Jahrg. 1899—1902. à 12 Hfte. gr. 8. (960, 964, 980 u. 968 S.) Gütersloh, C. Bertelsmann. à Jahrg. n. 8 —

Beweis, der, des Glaubens. Monatsschrift zur Begründung u. Verteidigg. der christl. Wahrheit f. Gebildete. Unter Mitwirkg. v. G. Behrmann, R. Buddensieg, E. Dennert u. andern hrsg. v. O. Zöckler u. E. G. Steude. Mit dem Beiblatt: Theologischer Literaturbericht. 3. Folge: 6.—9. Bd. Der ganzen Reihe 39.—42. Bd. Jahrg. 1903—1906. à 12 Hfte. (488 u. 488; 384 u. 436; 384 u. 440 u. 388 u. 460 S.) gr. 8. Gütersloh, C. Bertelsmann. à Jhrg. n. 8. —
Wird von 1907 an auch ohne das Beiblatt zum Preise von n. 6. — abgegeben.

Beweis des Glaubens im Geistesleben der Gegenwart. Hrsg. v. Emil Pfennigsdorf. Monatsschrift f. Gebildete zur Begründg. u. Verteidigg. der christl. Weltanschauung. 4. Folge 10. Bd. 1907 u. 5. Folge 1. Bd. 1908. Der ganzen Reihe 43. u. 44. Bd. à 12 Hefte. (800 u. 472 S.) gr. 8. Güterloh, C. Bertelsmann. à Jhrg. 6. —
Fortsetzg., s.: Geisteskampf, der, der Gegenwart.

Beweis von der Göttlichkeit der heiligen Schrift. Dresden 1781. V: *Schmieder, Gottfried.* (ML)

Beweis, Gründlicher und zu mehrerer Deutlichkeit mit einigen Documentis bestärkter, daß nach vorliegender Beschaffenheit derer Acten, es in der, von dem fürstlichen Hause Sachsen-Meiningen ... angezettelten Sache ... bey dem ... kais. Rescript so wenig, als bey der ... Tauschpunctation ... verbleiben könne ... O. O. 1755. V: *Radefeld, Joh. Chph.* (Holz)

Beweis, Gründlicher, dass das H. R. Reich an gegenwärtigem Kriege Theil zu nehmen... verbunden sey. [Giessen] 1746. V: *Günderode, Joh. Maximil. von.* (ML) (Stri)

Gründlicher Beweis, dass das teutsche Reich dermahlen keinen Religions-Krieg zu befürchten. Nebst einigen Erinnerungen über das ohnlängst zum Vorschein gekommene Schreiben eines Brandenburgers. Regenspurg 1757. 4. (15 S.)

Beweis, Gründlicher, dass das Recht einen Fürsten zu wählen, denen Ständen der Herzogthümer Curland und Semgallen von ihren Uhrahnen angestammet, ... O. O. 1737. N. A. 1763. V: *Korff, Joh. Albrecht Freih. von.* (R-N)

Beweis, Gründlicher, dass dem hohen erzstiftischen Domkapitel von Trier die landesherrliche Zwischenregierung in dem ... Fürstenthume Prüm ... ausschliesslich zustehe ... O. O. 1781. V: *Frank, Peter Anton.* (MGT)

Beweis, Gründlicher, dass der Magistrat der teutschen freien Reichsstadt Nürnberg im Jahr 1793 aus lauter Gelehrten bestand... A. d. Poln. Königsberg (Frankfurt) 1795. B: *Golz, v.* (?). (Hayn, Thesaurus librorum Ph. Pfister. München 1883.)

Beweis, Gründlicher, dass der wider den König von Preussen, als Kurfürst von Brandenburg, ... bedrohete Achtsprocess unstatthaft sey ... Halle 1758. V: *Carrach, Johann Philipp.* (MGT)

Gründlicher Beweis, dass der wider Se. Königl. Majestät in Preussen ... wegen Dero genommenen Massregeln gegen den Wiener und Dressdner Hof bedrohete Achtsprocess unstatthaft sey und Allerhöchst-Dieselben nach Vorschrift der Reichs-Gesetze keineswegs in die Acht erkläret werden können. 1758. 4. (16S.)
— Dasselbe. (anderer Druck.) 4. 19 S.

Beweis, Gründlicher, dass die Art, mit welcher ... J. J. Gassner, die Kranken geheilt, den evangelischen Grundsätzen gleichförmig sey. Augsburg 1775. V: *Fidel.* (MGT)

Beweis, Gründlicher, daß die Beschwerden, welche der Magistrat des H. R. Reichst. Nürnberg wider das Hochfürstliche Haus Brandenburg Onolzbach führet, meistens in lauter Simulationen bestehen, ... Onolzbach 1712. V: *Pachelbel von Gehag, Wolfg. Gabr.* (?) (Holz)

Gründlicher Beweis, daß die Heilungsart des Herrn Gaßners den evangelischen Grundsätzen und Gesinnungen der allerersten Kirche ganz gleichförmig sey. Augsb. 775. 8. Erschien auch lateinisch unter dem Titel:

Beweis, Grundtlicher, das die Prälaten und Clöster des Hertzogthums Würtemberg vor 90, 100, 150, 200 vnd mehr Jahren zu dem Land vnd Herzogthumb Würtemberg gehörig gewesen, demnach die jetzigen Inhaber sich gantz vergeblich für ungemittelt Reichsverwandte ausswerfen wollen. O. O. 1641. 1645. [Altdort 1763.] V: *Bidembach, Wilhelm.* (Kat. der ständ. Bibl. Stuttg. 1907. S. 87.) (Holz)

Beweis, gründlicher, daß die Römisch-kathol. Kirche die allein wahre ist! Nebst einem Anhange über die Fürbitte d. Heiligen u. dem Leben eines Märtyrers. Von einem kath. Priester. 8. Crefeld 840, Schüller. 1/12 ℛ

Gründlicher Beweis, dass eine Neutralität der Stände des Reichs in gegenwärtigen Umständen nicht statthaben könne. 1756. 4. 4 S.

Beweis gründlicher daß

Gründlicher Beweis, das es in Wien keine Narren giebt. 24 S., gbd., Abb.

(Wien): 1780

JB 5.601

Beweis, Gründlicher, dass in Reichs-Garantie-Sachen Pluralitas votorum auf dem Reichstag... Statt habe. Wolfenbüttel 1732. V: *Berger, Friedrich Ludwig von.* (Adel)

Beweis, Gründlicher, daß in Sachen des Hochwürd. Domcapitels zu Speyer gegen des Herrn Margrafen zu Baden Durlach Hochfürstl. Durchl. ... die Klage vor die Austräge zu verweisen seye, ... Carlsruhe 1757. V: *Reinhard, Joh. Jac.* (Holz)

Anonym: „Gründlicher Beweiss, Dass Chur-Fürsten und Stände des Reichs durch Ausmüntzung geringhaltiger Müntz-Sorten nicht nur ihren Landen und Unterthanen / sondern auch Sich Selbsten an ihren Cammer-Gefällen / Renten und Intraden den grösten Schaden zufügen", Anno 1736. — Vorh.: StB Nürnberg.

Beweis, Gründlicher, dass sich das römische Recht demonstriren lasse. Rostock u. Leipz. 1745. V: *Berg, Joh. Fr.* (ML)

Gründlicher und aus denen Reichsgesetzen gezogener Beweis, dass die Achtserklärung wider den König in Preussen unmöglich sey. 1757. 4. (32 S.)
— Dasselbe. 1757. 4. (43 S.)

Beweis, Gründlicher, und aus den Reichsgesetzen gezogener, dass die Achtserklärung wider den König in Preussen unmöglich sey. Halle 1758. V: *Carrach, Johann Philipp.* (MGT)

Beweis, Gründlicher, des großen Unterschiedes zwischen dem hohen und niedern Reichs- auch landsässigen Adel, ingleichen den wahren Reichsgrafen und alten Reichsherren vor den alten Titular-Reichsgrafen und Freyherren, auch daher entspringenden Mißheurathen. Marb. 1751. V: *Estor, Joh. Georg.* (Pütter, Litt. d. Teutsch. Staatsr. Gött. 1773—91. IV. 123.)

— über den, durch Handelsbücher im Proceß. (Von Ph. H. F. Hänsel.) 8. Leipz. 830. Hinrichs. 20 K

Beweis, Handgreifflicher, der Unmöglichkeit, dass der Geist Gottes jemahlen durch Lutherum was guts habe wirken können ... Dortmund 1707. V: *Weber, M.* [?] (BrMm)

Beweis, Heraldisch-genealogischer, wie ... Luitpold in Bayern von K. K. Carolingischen Geblüte abstamme ... Augsburg 1783. V: *Einzinger von Einzing, Joh. Martin Maximilian.* (ML)

Beweiss, Hinlänglicher, dass ehedessen eine Weibes Person, nahmens Gilberta, insgemein Pabst Agnese genannt, unter dem Nahmen Pabst Johann des Achten den Stuhl Petri würcklich besessen und verunehret habe. O.O. 1741. 8°. 40 S. (2 Mk. Max Weg, Lpz., 1897.) Rar!

Beweis, Historisch und rechtlicher, in possessorio et petitorio, dass die Reichsfreye Herrschaft Homburg ... kein Kurpfälzisches Lehen ... seye. Wetzlar 1751. V: *Moser, Johann Jacob.* (ML)'

Beweis, Jerenians kurzer, doch gründlicher, dass der Missbrauch des Coffeetrankes ad morbos exanthematicos ... besonders disponire ... Altd. 1762. V: *Jantke, Johann Jacob.* (ML) (will)

BEWEIS, Klarer, dass alle Mannsbilder im Gewissen verbunden sind, zu heurathen. Zum Trost aller' Jungfern und Herzensfreude der Kellnerinnen, Stubenmädchen und Exklosterfrauen, von einer verrosteten Pfarrersköchin. Gedruckt in diesem Jahre. 8°. (1/2 Rthl. Scheible, vor 1870; jetzt theurer!)

— — Dasselbe. O. O. 2871. (d. i. 1782). 8°. 8 S. (1 Mk. 50 Pfg. J. Taussig, Prag, 1907.)

BEWEIS, Curieuser, dass die Weiber nicht zum menschlichen Geschlechte gehören. Frkft. u. Lpz. (Kopenhagen, b. Gabr. Chr. Rothens Wwe.) 1752. 8°. 58 SS. (incl. Tit. u. 1 Bl. Vorr.).

Kurzer Beweis, dass das Königr. Böhmen Sr. K. M. in Preussen zustehe. (Nebst schema genealog.) 1757 (?) 1758. 4.

— Kurzer doch gründlicher Beweis, dass das Königreich Böhmen Sr. Königl. Maj. in Preussen zustehe. 1758. 4.

Kurzer Beweis: dass das Recht der Prävention oder des Zuvorkommens nicht allein unumschränkten Regenten und Völkern, sondern in verschiedenen Fällen auch den Fürsten und Ständen des deutschen Reichs Beides gegen ihre Mitstände und gegen fremde Staaten unleugbar zukomme: womit zu einer deutschen Rede, welche er bey so freudenvoller als demütiger Feyer des am 24ten dieses Monats zum Glücke so vieler Völker erscheinenden sechsundvierzigsten Geburtstages Seiner Königlichen Majestät, Friederichs des Grossen, unsers allergnädigsten Königs und Landesherrn, im grossen Hörsaal des Königlichen akademischen Gymnasii zu Stettin am 24ten Jenner 1757 Nachmittag um 2 Uhr halten wird, unterthänig. gehorsamst, ergebenst und freundschaftlich einladet, M. Christian Friederich Stisser, Königlicher Professor der Historie, der Beredsamkeit und Dichtkunst. Stettin, Gedruckt bey Herm. Gottfr. Effenbart. Königlich Preussischen Pommerschen Regierungs- auch Kriegs- und Domainenkammer-Buchdrucker.

* **BEWEISZ,** Kurtzer, daß unnütze Fragen dem Christenthum schädlich sind. Aus d. Engl. ins Deutsche übersetzet. Cölln 1714. 8°. (In Berlin: an Ft 14, 606.) 16 S. — Auf Polygamie bezügl.

Beweis, Kurzer aus der Curländischen Grund- und Hauptverfassung fliessender, über die Unstatthaftigkeit der im Jahre 1737 den 12. Nov. zu Danzig geschlossenen Convention. O. O. 1765. V: *Heyking, Dietrich Ernst von.* (R-N)

Kurtzer und gründlicher Beweiss, dasz das Hollsteinische Quartal- und Land-Gericht nicht ein Gericht ausmachen, sondern zwey Judicia plane diversa et sibi subordinanda sind. Regenspurg. U. A. Fol. P.

Beweis, Kurzer doch gründlicher, daß das Kgr. Böhmen Sr. Kgl. Majestät in Preußen zustehe. [Berlin] 1756. V: *Carrach. Joh. Philipp.* (Kat. der ständ. Bibl. Stuttg. 1907. S. 427.)

Kurzer jedoch gründlicher Beweis, dass die heute noch florirende hochgräfl. Familie derer Herren Grafen Sternberg in Böhmen den alten eigentlichen Herren und Grafen des Reichs zuzurechnen seien. 1747. fol.

Beweis, Kurzer jedoch gründlicher, dass e. hochf. marggräfl. Haus Baden-Durlach die Restitutionsklage ... gegen die adeliche Abbtey Frauenalb keines weges ... zuständig seyn könne. ... O. O. 1769. V: *Serini, Joh. Gg von.* (ML)

Kurzer, jedoch gründlicher und unwiderleglicher Beweiss, dasz es dem Herrn Obristen de Qureille mit Recht zukomme, die Schwersische so genannte Altonaer Wunder-Essenz zu präpariren und zu debitiren. U. St. 1778. Fol. P.

Beweis, Kurzer, jedoch gründlich historischer, daß die heutig noch florirende Hochgräfl. Familie derer Herren Grafen Sternberg in Böhmen ... zu denen alten eigentlichen Grafen und Herren des Reichs ... zu rechnen seyen. Regensp. 1747. V: *Pistorius auf Preschwitz, Wilh. Frdr.* (Holz)

Beweis, Kurzer, doch aber auch unumstösslicher, der Gebrüder Muffelischen Unschuld ... O. O. 1729. V: *Wolf, Johann Burkhard.* (will)

Beweis, Kurzgefasster, daß Schweden und Sachsen ... iederzeit vor den Riß der Protestanten gestanden ... Frankf. u. Leipz. 1761. V: *Wolff, Joh. Dav.* (Holz)

KURZGEFASSTER freundschaftlicher Beweis, dass sich jene dem kathol. Klerus, oder auch anderen geistlichen Güter in Ungarn auf die Protestanten, in so lange sie sich der kathol. Kirche nicht einverleiben nicht erstrecken, folgsam hierauf kein Recht haben, solche zu fordern. o. O. 1790. o. Dr. 18 S. - 8°

— d. Landeshoh. d. Herzoge in Baiern, üb. d. baier. Bischöffe. 4. Münch. Lentner. 763.

Beweis der Landsässigkeit des Lebens der Vasallen von Gemmingen im Hagenschiesse... Karlsruhe 1784. V: *Brauer, Joh. Nicolaus Friedr.* (HS) (MGT)

Beweis, M. M. Merkels umständlicher, dass die Apokalypse ein untergeschobenes Buch sey ... Frankfurt und Leipzig 1785. V: *Storr, Gottlob Christian.* (BrMm)

— moral., der Gewißheit e. zukünft. Lebens. 8. Bas. (Hilscher, L.) 771.

— moral., v. der Gewißheit e. zukünftigen Lebens. Aus d. Engl. (v. Jh. Geo. Hoffmann). 8. Leipz. 771. Hilscher. 6 *K*

Beweis, Moralischer, von der Gewissheit eines künftigen Zustandes; aus dem Englischen. Leipz. 1755. Ü: *Hofmann, Joh. Georg.* (ML) »1771.« (Ky)

(Neuensteiner) Wahrheits- und rechtsgegründeter Beweis derer, in den H.Waldenburgischer Linie-Antheilen der evangelischen Grafschaft Hohenlohe sowol bey Gelegenheit der Oster-Feyer-Discrepanz, als auch vor- und nachhero immer weitergehenden harten Religions-Bedruckungen und Proceduren, — entgegengesetzet zweyen H.Waldenburgischen Impressis: 1) Grundl. Beweis, 2) einem Promemoria. o. O. 1748. [4 in 1.]

Beweis, Neuer, aus vorhin in Actis noch nicht vorgekommenen Landtagsverhandlungen und Abschieden gezogener, dass das denen Stammverwandten ... nach Maasgab der Jülich- und Bergischen Landesordnung, gebührende Successionsrecht noch vor wirklichen Anfall ... zu halten sey ... Wetzlar 1750. V: *Kortholt, Franz Justus.* (ML)

— von d. Nichtigkeit aller Scheingründe für das Fürstl. Tarische Betragen gegen d. König von Großbritannien. Fol. Gött. 760. Vandenhöcku. R. 10 K

Beweis von der Nichtigkeit aller Scheingründe, womit das ... den Reichsgesetzen zuwiderlaufende Betragen Sr. K. M. von Grossbritannien als Churfürsten zu Braunschweig Lüneburg ... gerechtfertigt werden wollen. Hannover 1760. V: *Strube, David Georg.* (EngJ) (Ky) (ML)

— physischer, d. Existenz Gottes, v. B. v. Fontenelle durch J. J. Rousseau aus d. Reiche d. Todten an Pr. Schulte in Landshut, gelegentlich seiner öffentl. bekannt gemachten Idee d. Unfähigkeit d. Geistlichen zur Tugendbildung. 8. Münch. 817. Lentner. 2 K

Politischer Beweis, dass eine eingeschränkte monarchische Regierungsform vor einer absoluten Monarchie den Vorzug behalte, in so ferne derselbe durch die Geschichte des gegenwärtigen Krieges bestätiget wird. 1758. 4. 24 S.

Beweis, in Possessorio & Petitorio, dass die Herrschaft Homburg an der Mark keine Zugehör der Grafschaft Sayn, mithin auch kein Chur-Pfälzisches Lehen seye. Wezlar 1751. V: *Moser, Joh. Jacob.* (Moser, Joh. Jac., Lebensgeschichte von ihm selbst beschrieben. Frankfurt u. Leipzig 1777. III, 151.)

— eines Predigers, daß er noch rein orthodox sey, m. Anmerk. 8. Frankf. 757.

Beweis der Rechte Sr. Königl. Majest. in Preußen und churfürst. Durchl. zu Brandenburg auf das Harlinger Land oder die drey Herrschaften Esens, Stedesdorff, und Wittmund aus den Reichs-Gesetzen actis publicis und diplomatibus hergeleitet; worinnen zugleich die sämtlichen Anforderungen der Fürst- und Gräflichen Häuser Lichtenstein und Rittberg auf eine überzeugende Art widerleget worden. Berlin 1756. V: *Kahle, Ludwig Martin.* (Preußische Staatsschriften. Berlin 1885. II, 380.)

Beweis, Rechtlich und documentirter, dass das Umgeld-Recht bey der von Geuderischen Ueberlassung des Markts Neunhof keineswegs ausgenommen ... sey. O. O 1761. V: *Lochner, Johann Michael Friedrich.* (ML) (will)

Beweis, Rechtlicher, dass ein, bey einem Reichskrieg selbst überzogener ... Reichsstand sein gestelltes Mannschaftskontingent ferner zu unterhalten nicht schuldig sey ... O. O. 176?. V: *Meyer, Johann Friedrich Anton.* (ML)

Rechtsbeständiger Beweis, dass die Reichsbaronie Schauen jure success. auf den Gen.-Lieut. Otto Grote vererbt etc. Hannover 1765. fol.

Beweis, Rechtsgegründeter, dass weyl. Joh. Wilh. Fürst von Trautsohn in seinem Testamente ... rechtsgültig testirt habe. Wien 1777. V: *Sonnleithner, Christoph.* (ML)

Beweis der Rechtsgültigkeit der in dem Fest d. Landgr. zu Hessen-Rotenburg ... geschehenen Fideicommißstiftung, s. Bauer, Anton

Beweis, Rechts- u. Recessmässiger, dass die Succession in den Genuss des Amts Oldisleben den appanagirten Herzogen der Sächs.-Ernestinischen Linie allerdings zustehe. [Leipzig 1796.] V: *Schultes, Johann Adolph von.* (MGT)

Beweis, Reichsverfassungsmässiger, daß dem regierenden Fürsten Ludwig Otto zu Salm-Salm die Ausübung des ... Sitz- und Stimm-Rechts ... gebühre, ... O. O. 1770. V: *Noel, Pet. Franz v.* (Holz)

— richt. u. unumstößl., daß d. Reichskleinodien Nürnberg zugehören, s. a. Interregnum.

Beweis, Richtiger und unauflöslicher, dass die kaiserl. und Reichskleinodien mit Recht der freyen Reichsstadt Nürnberg zu verwahren gehören ... Frankf. u. Leipz. 1760. V: *Oetter, Samuel Wilhelm.* (ML) »unumstösslicher« (Fiker)

— richt. u. unumstößl., daß d. Reichskleinodien Nürnberg zugehören. 8. Nürnb. Volmann. 760.

Beweis, Sonnenklarer, der sonnenklaresten Buchstaben der neuen Gesetze. Wien 1788. V: *Richter, Joseph.* (Hdschr. Mitth. Dr. Georg Herzfeld-Berlin.) (WBL)

— sonnenklarer, daß d. Hundt-Radowsky der in d. Offenbarung Johannis beschriebene Anti-Christ sei. Verfaßt von e. wahren Christen. Gedruckt in diesem Jahr. — Und: Gespräch über d. Radowsky u. sein Buch: d. Judenspiegel. 2 Hefte. 8. 829. (Stuttg., Hoffmann). 6 gr

—— sonnenklarer, daß d. Hundt-Radowsky d. in d. Offenbahrung Johannis beschrieb. Anti-Christ sey. Verfasset v. ein. wahren Christen. Gedr. in dies. Jahr. — Und: Gespräch üb. d. Radowsky, u. sein Buch, den Judenspiegel. 2 Hfte. 8. (1½ B.) Stuttgart (829), [Weise.]

Beweis, Sonnenklarer, dass die Lehre von der Widerbringung der Verdammten u. Teufel in der heil. Schrift nicht gegründet sey ... Hamb. 1726. V: *Hertel, Jacob.* (schr)

Beweis, Sonnenklarer, daß die meisten so genandte Lutheraner von Christi, Pauli, Lutheri Lehre, in der Augspurgischen Confession bekand, abgefallen. [1662??] V: *Breckling, Frdr.* (?) (Bruun, Bibl. Danica. I, 242.)

— sonnenklarer, daß in Schellings Naturphilosophie nur d. v. Voigt in Jena schon längst vorgetrag. Grundsätze d. Physik wiederholt werden. 8. Leipz. 803. Hinrichs. 6 gr

Beweis, sonnenklar. u. unumstößlicher, daß das Ende d. Welt nahe, u. große Schätze zu sammeln eine Thorheit sey, von Bunlam. 8. Leipz. Seeger. 815.

Beweis, Standhaffter, des Ungrundes des d. 13. Jun. 1775 distribuirten Pro Memoria ... O. O. 1776. V: *Hertwig, Carl Casp. v.* (?) (Holz) (Pütter, Litt. d. Teutsch. Staatsr. Gött. 1773—91. IV, 189.)

Beweis, Theologischer, dass der Doctor Bahrdt schuld an dem Erdbeben in Calabrien sey ... O. O. 1786. V: *Trapp, Ernst Christian.* (GGr) (MGT) (StAt)

Beweis des Lehrsatzes: Die Todten werden auferstehen. ... Hamburg und Leipz. 1741. V: *Kohl, Joh. Pet.* (schr)

Beweis, Überzeugend und unwiderleglicher, dass die Krone Böhmen auf die Landeshoheit des ... GerichtsAsch weder in possessorio noch petitorio Ansprache zu machen berechtigt ... sey. [Ebersdorf] 1746. Regensb. 1747. V: *Moser, Johann Jacob.* (ML) (weber)

— überzeugender, oder Auslegung d. Gleichnißrede Jesu vom Samariter. gr. 4. Hamb. 763. Hertel in Leipz. 4 gr

— überzeugender, daß d. Münzregeln Sachsen Ernest. Linie zustehe. 4. Gotha 760. Mevius. 5 gr

Beweis, Überzeugender, dass die Parabel Lucä am 10. V. 25 bis 37 keine blosse erweckliche Pilgrims-Geschichte, sondern eine der herrlichsten Predigten Jesu sey ... Hamburg 1763. V: *Kohl, Johann Peter.* (schr)

Beweis, Überzeugender, dass eine etwas länger andauernde Getraidesperre gegen die Schweitz den Schwäbischen Kreis in kurzem gänzlich zu Grunde richten müsse. Ulm 1773. V: *Clavell, Franz Xaver.* (ML)

Beweis, Überzeugender, dass von uralten Zeiten her ... dem Hochfürstl. Hause Sachsen, Ernestinischer Linie ... das Münz-Regale zustehe ... O. O. 1759. V: *Koppenfels, Johann Sebastian Kobe von.* (ML)

Beweis, Umständlicher, dass die protestantische Kirche rechtschaffene Priester habe ... Hildesheim 1732. V: *Pertsch, Johann Georg.* (BB) (Fiker) (ML) (Myl)

— für d. Unauflösbarkeit d. Ehebandes durch wahre Auslegung d. heil. Schrift rc. 8. Augsb. 810. (Doll). 16 gr

Beweis, Ohnhintertreiblicher, daß in Sachen des gräflichen ... Hauses Stollberg ... die vom Jahr 1575 bis anietzo ... eingefangene Früchte iene unterm 30. Apr. 1739 ... beschehene Taxation ... gänzlich zerfalle ... Wertheim 1746. V: *Borie, Egid. Valent. Felix Freih. v.* (Holz)

Beweis, Einsweilig jedoch unhintertreiblicher, dass dem Hrn Grafen Phil. Carl von Öttingen und Wallerstein ... kein Recht zukomme gegen die von seinem Hrn Vater Gr. Anton Carl in a. 1736 errichtete ... Primogenitur ... [Nördl.] 1745. V: *Scheid, G. Fr. v.* (ML)

— der Unschädlichkeit, ja Nützlichkeit der Landsmannschaften u. ähnlicher Studenten-Verbindungen für die Regierungen. Zur Beherzigung der Minister-Conferenz zu Wien u. des deutschen Bundestags. 8. Leipzig 834. Klein. ¼ ß

Beweis, Nicht unsinniger, dass die Menschen keine Menschen sind. Wien 1782. V: *Valari, Marchese.* (Bespr. Realzeitung 1782, Nr. 46, S. 734) (Hch. Wolfg. Behrisch, Die Wiener Autoren, S. 234) (BIBLPORT)

Beweis des himmelweiten Unterschiedes der Moral von der Religion ... Halle 1788. V: *Schulz, Joh. Heinr.* (MGT)

Beweis über Hrn. Jägers Untersuchung: Ob die Ehescheidung nach Lehre der Schrift und der Kirche ältesten Geschichte erlaubt sey oder nicht? ... Würzb. u. Bamberg 1805. V: *Werkmeister, Benedict Maria Leonh.* (MGT)

Beweis, Unumstösslicher, dass alle Aufklärer Atheisten sind. 8⁰. Leipzig 1788.

Beweis, unumstößlicher, daß die Buchhändler nicht nach Voigt vom Affen stammen, sondern daß sie Frösche sind. Ein heiteres Gedicht für Buchhändler. Brieg 869. Bräuer. 16. (32 S.) 7½ ngr

— unumstößl., daß d. christl. Religion das Werk Gottes sei. 8. Dessau 783. Gel. Buchh. 3 gr

— unumstößliche, daß d. christl. Religion e. Werk Gottes s. v. 8. Dessau, gel. Hol. 783.

— unumstößlicher, daß die Frauenzimmer keine Menschen sind. gr. 16. (16 S.) Wien 878, Reibl. *

Unumstösslicher **Beweis**, das die Frei-Maurer Jakobiner und Schuld an allem Unheil in der Welt sind. Nebst menschenfreundlichen Vorschlägen. Gegen den Verf. des [2. Aufl.:] Gegenstück zum Augustin und Numa. Cairo, gedr. unter den Pyramiden [Köthen: Aue] 1797. 34 S. 8⁰

[Dasselbe.] 2. verm. Aufl. Ebendas. 1797. 42 S. 8⁰

[Dasselbe.] 2. verm. Aufl. Ebendas. 1797. S. 1—36. 8⁰

[Beigedr.:] Die Ritter d. besseren Zeitalters. Recens: Taschenbuch f. Frmr. 1798 S. 328 bis 336.

Kl. 3499, Tt. 1467. Will nachweisen, dass das Ziel der Frmrei Revolution sei (s. Nr 2031).

— unumstößl., daß d. Handhabung d. Polizei d. Wohlfahrt e. Landes schädlich ist. 8. Ansb. 805. (Gassert). 8 gr

— unumstößl., daß d. Maschinen für d. bürgerl. Gesellschaft von sehr großem Nutzen sind. 8. Quedlinb. 831. Basse. 4 gr

— unumstößl., daß d. Welt dreimal älter ist, als man gewöhnlich annimmt ꝛc., (v. J. A. Bergk). Mit 2 Kpft. 8. Leipz. (803.) Baumgärtner. 12 gr

— unumstößlicher, daß im Jahre 3446 vor Christus am 7. Sptbr. die Sündfluth geendet habe u. die Alphabete aller Völker erfunden worden seien. Ein Beitrag zur Kirchengeschichte des alten Testamentes und zur vierten Säcularfeier des Typendruckes. (Von Gust. Seyffarth.) gr. 8. Leipzig 840. Schulz u. Thomas. 1/8 rth

Beweis, Öhnumstösslicher, dass in Sachen Ihro hochfürstl. Durchl. zu Hess. Darmstadt und Dero Universität zu Giesen, ... der Mandat-Process allerdings Statt habe ... O. O. 1749. V: *Kortholt, Franz Justus.* (ML)

Beweis, Unumstösslicher, dass Kleuker so wenig, als Michaelis, Less und Semler die Wahrheit der christlichen Religion gerettet haben. Berlin 1789. V: *Tieftrunk, Johann Heinrich.* (MGT) »Frankf. u. Leipzig« (KY)

— unumstößlicher, daß Napoleon Bonaparte todt ist, u. daß die kürzl. erschien. Flugschriften, wodurch bewiesen werden soll, er sey als Husseln Pascha wieder auferstanden, baaren Unsinn enthalten. Von einem Freunde d. Wahrheit. 8. (1½ B.) Danzig 829, Ewert.
Vgl. Gründe.

— unumstößlich., d. ohne d. schleun. Niedermetzlung all. Juden ꝛc. d. Welt untergehen müsse ꝛc. e. Sendschr. an Grattenauer. 8. Königsb. Nicolovius. 805.

— unumstößl., daß weder Kleuker noch Michaelis, Leß u. Semmler die Wahrheit d. Christenthums gerettet haben, (v. J. H. Tieftrunk). 8. Frankf. u. Leipz. 789. Vieweg in Braunschw. 12 gr

Beweis, Ohnumstösslicher aus denen von E. höchstpreislich Reichshofraths-Collegio verhandelten Actis gezogener, dass die Stamms-Agnaten von den Töchtern einer erloschenen Linie, die Erbfolge ... zu behaupten berechtiget seyn, ... O. O. 1768. V: *Heuschkel, Johann Melchior.* (ML)

Beweis, Unumstösslicher, des dem ... Grafen Siegmund von Haunhausen auf Absterben seines Herrn Bruders Karls ... zustehenden Erbfolgerechts ... O. O. 1778. V: *Lipowsky, Anton Johann.* (ML)

Beweis, Unumstösslicher, deren zur Kurtrierischen Lehenherrschaft Oberstein gehörigen Lehenstücken ... O. O. 1770. V: *Eys, Matthäus Freih. von.* (MGT)

Beweis, Unwiderleglicher, dass das Bischöfflich-Wormsische Hofgericht niemalen ein Kaiserliches und Reichslehen gewesen ... sey. [Worms] 1749. V: *Moser, Johann Jacob.* (ML)

„Versuchter Beweis, daß die sofortige Wechselacceptation im allgemeinen historisch, juridisch, politisch und mercantilisch zu vertheidigen und für Leipzigs Handel insbesondere wünschenswerth sei" (Mit einer auf dem Schlußblatt abgedruckten Bemerkung von Moritz Seeburg, datiert: Leipzig, den 9. Julius 1822), (Leipzig) 1822. — Vorh.: Bücherei der Industrie- und Handelskammer Leipzig.

— u. Vertheidigung d. Rechte d. Königs an d. Hafen u. Zoll d. Weichsel. gr. 4. Berl. 773. Rottmann. 12 K

— die Wichtigkeit der Scheingründe für das Fürstl. Tarische Betragen gegen Brittannien. Fol. Göttingen, Vandenhoek. 760.

Beweis. Widerholter Standhafter Beweiß Der Stadt Rheinau s. [Ott, Johann Heinrich].

Beweis des Gräflichen Wied-Und Crichingischen Successions Rechts in Ostfriesland. Mit Beylagen Num. 1 und Lit. A biß Eee. Gedruckt im Jahr 1746 (Wetzlar). V: *Calm* (*Rath zu Runkel*) früher: *Joh. Chph Francke*). (Preußische Straatsschriften. II. Berlin 1885. S. 378.)

Beweis von der Wirklichkeit der Zusammenkunft in Bourgfontaine, wo die gräuelvollen Anschläge der Jansenisten zum Verderben des Christenthumes und zum Sturz der katholischen Staaten sind geschmiedet worden. O. O. 1793. V. *Sauvage, Henri Michel.* (CLzür Forts. III)

— von d. Wirklichkeit d. Zusammenkunft in Bourgfontaine, wo d. gräuelvollen Anschläge d. Jansenisten zum Verderben d. Christenthums sind geschmiedet worden. 2 Bde. gr. 8. Augsb. 793. Doll, (Landsh., Krüll). 2 ℛ

Beweis, Zuverlässiger, dass die so betitelte Analysis certa ... weder als wahr noch als ungezweifelt anzusehen. O. O. [17??] V: *Wölkern, Lazarus Carl von.* (ML)

Beweisantretungsschrift der Baugesellschaft Flüelen-Göschenen i. S. gegen die Gotthardbahn-Gesellschaft, an das schweiz. Bundesgericht. Zürich 1887. 4.

Beweise, Aufmunternde, der Achtung für teutsches Schauspiel in mancher teutschen Stadt, Jeremiade eines Schauspielers. [1783.] V: *Fischer, J. K. C.* (MGT)

— daß der Messias, der Sohn Davids, auch der Sohn Gottes ist. In 2 Thln. Neue Aufl. 8. (156 S.) Berlin 858, [Beck.]

Beweise, dass die afrikanischen Bauherren sich auf Kenntnisse der Alterthümer ... legten ... Constantinopel [Berlin] 1790. V: *Stichl, M. C. F.* (WT) (SJL)

Beweise, dass die bei den Protestanten üblichen Ehescheidungen vom Bande auch nach kathol. Grundsätzen gültig seyen. Carlsruhe 1820. V: *Werkmeister, Benedict Maria Leonh.* (Th)

Beweise daß Jesus von Nazareth der Sohn Davids ist. 4. Aufl. Berlin 860. (Beck.) 8. (23 S.) n. 2 ngr

Beweise daß Joseph

Beweise, daß Joseph der Zweite ein Protestant ist. 43 S., gbd.

O.O.: 1785

JB 5.673

Beweise, geschichtliche, daß die römischen Päpste dem ungarischen Reiche zu allen Zeiten in jeder Noth und Gefahr mit Rath und That treulich beistanden. Gesammelt u. herausgeg. von einem Vaterlandsfreunde. gr. 8. Tirnau 842, Wachter. 6¼ ngr

Beweise, neue, dass die Erde sich nicht nach Newton's Gravitationsgesetz um die Sonne bewegen kann! Aus den nachgelassenen Papieren eines deutschen Physikers. gr. 8. (84 S.) München 869, Beck.

Beweise, neue, dass die Erde sich nicht nach Newton's Gravitationsgesetz um die Sonne bewegen kann! Aus den nachgelassenen Papieren e. deutschen Physikers. München 869. Gummi. gr. 8. (34 S.) 5 ngr

Beweise der natürlichen, christlichen und katholischen Religion. Augsb. [17??] V: *Graf, Beda.* (MGT) (Kn)

Beweise für die Unauflösbarkeit des Ehebundes. Augsburg 1810. V: *Brunquell, Pius.* (Th)

Beweise, unumstößliche, für die Unsterblichkeit der menschlichen Seele, niedergelegt in den erhabensten Gedanken und Aussprüchen der hervorragendsten Menschen aller Zeiten und Nationen. Naumburg 858. Garcke. 8. (111 S.) 15 ngr

— unumstößliche, für die Unsterblichkeit der menschl. Seele, niedergelegt in den erhabensten Gedanken und Aussprüchen der hervorragendsten Menschen aller Zeiten und Nationen. 8. (111 S.) Naumburg 858, [Tauerschmidt.]

Beweise, unwiderlegbare, daß die Frauenzimmer wirkliche Menschen sind; wie auch Einiges über die Würde und Bestimmung derselben. Eine Entgegnung auf die bekannte Schrift von J. Wallfisch. Von X. 8. (56 S.) Goslar 862, Brückner.

Anonym: „Beweise und Vertheidigung der Rechte des Königs auf den Hafen und Zoll der Weichsel. Mit einer Landcharte und Beweisurkunden", Berlin 1773. — Vorh.: Preuß. Staatsbibliothek Berlin.

Beweisführung, dass die Häusersperre als Abwehrungsmittel gegen die Verbreitung der asiatischen Cholera nicht allein nicht nützt, sondern vielmehr schädlich und darum zu unterlassen ist. Naumburg 1831. V: *Messerschmidt, Heinrich.* (NN)

Beweisführung, schlagende, daß Napoleon Bonaparte niemals existirt hat. A. d. Franz. übers. n. d. 2. Aufl. (Paris 836.) 12. (26 Seit.) Münster 837, Regensberg.

Beweisführungen, zwei neue, für das Dasein der göttl. Trinität. Bearb. nach dem Werke: Metaphysica sublimior de Deo Trino et Uno des Prof. d. Phil. Mastrofini an der Sapientia zu Rom 1816. Von einem Theologen. gr. 8. (41 S.) Wiesbaden 848, Schellenberg in Comm. n. 6 ngr

Beweisgründe, dass in den teutschen Landen eine Reformation der gegenwärtigen Justiz ... dem gemeinen Mann ... schädlich seye. Ansbach 1753. V: *Brenk, Johann Wolfgang.* (BB)

Beweisgründe, üb. d. einzig mögl., gegen d. Dasein u. Gültigkeit d. natürl. Rechte, (v. A. v. Feuerbach). 8. Gera 795. Heinsius. 12 gr.

Beweisgründe für die Unsterblichkeit der Seele; aus der Vernunft und Erfahrung. Frankfurt a. M. 1805. V: *Döring, Paul Joseph.* (Ky) (MGT)

— f. d. Unsterblichkeit d. Seele, aus d. Vernunft u. Erfahrung, (v. P. J. Döring.) 3 Thle. 8. Frankf. a. M. 807. 3e A. 811. Döring. (Gebhardt u. K.) 1 Rthlr 12 gr.

Beweiss, s. Beweis

Beweisstellen, bibl., zu d. heidelberg. Katechismus. 2. Aufl. 8. (2½ B.) Bern 830, Jenni Sohn.

Beweisstellen zur Dogmatik des Consistorialrath Prof. Dr. Müller. Hrsg. unter Bewilligung des Herrn Consistorialrath mit den betreffenden jedesmaligen Ueberschriften. gr. 8. (X und 186 S.) Halle 863, Anton. *

Beweisstellen, Die dogmatischen, des Alten und Neuen Testaments in Ammons Summa theologiae christianae. Leipz. 1818. V: *Weikert, Johann Carl.* (Ky)

Bewer: Bei Bismarck, s. Bewer, Max

Bewer: Gewerbegerichtsgesetz, s. Bewer, R.

Bewer: Sala, traditio, vestitura, s. Bewer, Rud.

Bewer, Johann Wilhelm: Über das Rechtsmittel der Caßation bei Verletzung der Testamente u. Contracte. Düsseldorf 1818.

– Sammlung einiger bei den Gülich- und Bergischen Dikasterien entschiedenen Rechtsfällen, auch der merkwürdigsten Edikten und Normal-Verordnungen. Bd 1–7. Düsseldorf 1796–1805. 4 Bde

– Ueber das öffentliche mündliche Verfahren in bürgerlichen und in peinlichen Rechtssachen. Düsseldorf 1817.

Bewer, J. W., über d. öffentl. mündl. Verfahren in bürgerl. u. in peinl. Rechtssachen. gr. 8. Düsseld. 818. (Leipz., Central-Compt.) 4 gr.

Bewer. Max. Bismarck. s.a. Dichtung. die. 31. Bd.

Bewer, Max, bei Bismarck. 1.—6. Aufl. gr. 8. (72 S.) Dresden 891. Druckerei Glöß. n. 1. —

Bismarck. Von Max **Bewer**. Berlin & Leipzig: Schuster & Loeffler [1905]. 07 S. 8°
(Die Dichtung. Bd 31.) 10. 5386 11

Bismarck und der Kaiser. [Verf.: Max **Bewer**.] (Grosse Ausg.) *Dresden: Glöss 1895.* (157 S.) 8° [F.] 96. 8071

— Bismarck, Moltke u. Goethe. Eine krit. Abrechnung. m. Dr. Geo. Brandes. gr. 8. (58 S.) Düsseld. 890, F. Bagel. * 1 —

Bewer, Max. Bismarck, Moltke u. Goethe. gr. 8. Düsseld. 890. Frankf. a. M., Jaeger's Verlag. * 1 —

— Bismarck im Reichstage. gr. 8. (64 S.) Ebd. 891. n. — 50

— Bismarck u. Rothschild. 1.—9. Aufl. gr. 8. (43 S.) Dresd. 891, Druckerei Glöß. * — 50

— „Bismarck wird alt!" Von e. Deutschen im Auslande. 1.—4. (Titel-)Aufl. 8. (48 S.) Ebd. 889—91. * 1 —
Aus: Grenzboten, besonders abgedruckt.

Bewer, Max, offener Brief an Hrn. D. Debelius, Oberkonsistorialrath zu Dresden. gr. 8. (35 S.) Dresden 902. Druckerei Glöß. n. — 50

— Off. Brief an Hrn D. Dibelius, Oberkonsist.-Rath zu Dresden (35) 8° Dresd.'02. Laubeg.-Dresd., Goethe-Verl.'02. — 50 d

— der deutsche Christus. War Christus Jude? War Christus Sozialdemokrat? Wie wird Deutschland glaubenseinig? (241 S.) 8. Laubegast-Dresden 907. Goethe-Verlag. Geb. in Leinw. m. Goldschn. n. 5. —

Bewer, Max, Danton. Trauerspiel in 5 Aufzügen. gr. 8. (99 S.) Hamburg 880, Kriebel. * 3 —

— Gedanken. 1.—5. Aufl. gr. 8. (237 S. m. Portr.) Ebd. 892. * 2 —

— Gedanken üb. Bismarck. Politische Aphorismen. 4. Aufl. gr. 8. (123 S.) Dresden 890. Druckerei Glöß. n. 2. —

— Gedanken (Ritualmorde u. Isopathie). gr. 8. (238 S. m. 1 Taf.) Ebd. 892. n. 2. —

Max **Bewer**. Gedichte. Dresden: Glöß 1895. (210, III S.) 8° [F.] 97. 976

Ein Goethepreis von Max Bower. *Dresden: Glöss 1900.* (80 S.) 8° [F.] 00. 10123

! – Ein Goethepreis. Jetzt: Goethe-Verlag in Dresden-Laubegast.

— Grabschriften auf Bismarck. 1.—5. Aufl. 16. (78 S.) Ebd. 892. n. — 50

Bewer, Max: Der deut. Himmel. Weihgedichte a. d. Werken d. Dichters m. e. Handspruch. 3.Afl. (100 m. Bildn.) 14 × 20.5 cm. Lpzg '12. Laubegast. Goethe-Verl. 1 — d°

Bewer, M. s.: Kaiser, d., u. d. Pastoren

— Künstlerspiegel.(100 m.Bildnis.) 8° Laubegast-Dresd., Goethe-Verl.'04. L. m. G. 4.50 d

— göttliche Lieder. (239 S. m. Bildnis.) 8. Ebd. 905. Geb. in Leinw. m. Goldschn. n. 5. —

— 100 Lieder aus 7 Werken des Dichters, m. seinem Bildnis u. e. Handspruch. (85 S.) 13×21,5 cm. Leipzig (910). Laubegast-Dresden, Goethe-Verlag. 1. —

— Lieder aus der kleinsten Hütte. 2. Aufl. (175 S.) 8. Ebd. 904. Geb. in Leinw. m. Goldschn. n. 4 50

— Lieder a. d. kleinsten Hütte. 2. Afl. (175) 8° Ebd.'05. L. m. G. 4.50 d

— Lieder a. d. kleinsten Hütte. 3.Afl. (212 m. Bildn.) 8 Ebd. '08. L m. G 5 — d

— Lieder aus Norwegen. (63 S.) 8. Ebd. 903. Geb. in Leinw. n. 3. —

— Rembrandt u. Bismarck. 1.—10. Aufl. gr. 8. (78 S.) Ebd. 891. n. 1. —

— Schillers letzte Stunden. Lebensbild in 1 Akt, m. e. preisgekrönten Prolog auf Schiller. 2. Aufl. (81 S.) 8. Laubegast-Dresden 909. Goethe-Verlag. — 50

— Sparsold. Ein Vorschlag f. Armee u. Volk. (18 S.) 8. Ebd. (909). p — 50

— s.: Untergang, der, Oesterreichs.

Bewer, Max, Vaterland. (222 S.) 8. Laubegast-Dresden 906. Goethe-Verlag. Geb. in Leinw. m. Goldschn. n. 5. —
Auch die übrigen Schriften desselben Verfassers aus dem Verlage d. Druckerei Glöß sind jetzt Verlag obiger Firma.

Bewer, Max, wie man glücklich wird. (287 S. m. Bildnis.) 8. Laubegast 909. Goethe-Verlag. Geb. in Leinw. 5. —

— s.: Wilhelm II. u. Alexander III.

Bewer, R. (Bearb.), s. Gesetz betr. die Gewerbegerichte.

Bewer, R: Das Gewerbegerichtsges., s.: Wilhelmi. L.

Bewer, Rud., Sala, Traditio, Vestitura. Promotionsschrift. gr. 8. (VIII, 113 S.) Bonn 880, Strauss. * 2 50

Bewer, Rud.: Sala, traditio, vestitura. Prom.-Schr. Rostock 1880.

Bewerbung um die Candidatur eines Abgeordneten nach Frankfurt am Main. [Berlin 1848.] V: *Lippe, Hermann Graf zur.* (wen S. 71)

Bewersdorff, Richard, appr. Arzt a. Daber: Über Syphilis maligna. Halle a. S. 1905: C. A. Kaemmerer & Co. (58 S.) 8°
Halle, Med. Fak., Ref. v. Mering, Diss. v. 24. Mai 1905
[Geb. 4. Juli 80 Daber i. Pom.; Wohnort: Halle a. S.; Staatsangeh.: Preußen; Vorbildung: Gymn. Steglitz Reife O. 00; Studium: Berlin 5, Halle 5 S.; Coll. 20. Mai 05; Approb. 20. Febr. 05.]

Bewerthung, Die, von Weizen und Roggen auf den Weltmärkten im Erntejahre 1901/1902 . . . Berlin 1902. V: *Mancke, Walther.* (Berl)

Bewerunge, Carl [aus Düsseldorf]: Aus d. chirurg. Klinik zu Bonn. Ueber Harnröhrensteine. . . . Bonn, Hauptmann'sche Buchdr., (1890); 27 + 1 S. + 1 Bl. 8°
Bonn, Med. Fak., Inaug.-Diss. v. [28. Jun. 1890]

Bewerunge, Heinrich

Bewerunge, H: Die vatikan. Choralausg. Krit. Studie. (29) 8° Düsseldf, Gesellsch. f. Buchdr. u. Verl. '06. (Nur dir.) 1 —

Die vatikanische Choralausgabe. Eine krit. Studie von H[einrich] Bewerunge. T. [1]. 2. Düsseldorf: Düsseld. Tageblatt 1906–07. 8°
2. Nebst Antwort an meine Kritiker. 1907. [07. 16773

— s.: Lehrbuch d. Choralgesanges.

Bewerunge, Joseph, appr. Arzt a. Letmathe in Westf.: Ein Fall von Cholelithiasis mit Cholecystitis, Cholangitis und sekundärer Thrombose der Pfortader. München 1905: C. Wolf & Sohn. (21 S.) 8°
München, Med. Fak., Ref. v. Bollinger, Diss. v. 3. Juni 1907
[Geb. 31. Mai 78 Letmathe; Wohnort: Letmathe; Staatsangeh.: Preußen; Vorbildung: Kgl. Gymn. Arnsberg Reife O. 98; Studium: Bonn 2, Marburg 2, München 10 S.; Coll. 3. Juni 07; Approb. 11. Mai 07.]

Bewerunge, Wilhelm: Der dingliche Anspruch und die Bedeutung seiner Verjährbarkeit. ⟨Nach dem Bürgerlichen Gesetzbuche.⟩ Leipzig 1907: Metzger & Wittig. (42 S.) 8°
Heidelberg, Jur. Fak., Ref. Endemann, Diss. v. 4 Juni 1907
[Geb. 28. Febr. 80 Letmathe i. W.; Wohnort: Coblenz a. Rh; Staatsangeh.: Preußen; Vorbildung: Kaiser-Karls-Gymn. Aachen, Gymn. Arnsberg Reife 89; Studium: Bonn 1, München 2, Bonn 5 S.; Rig. 28. Febr. 07.]

Bewig, Kurt, Referendar in Braunschweig: Die Wirkung der Todeserklärung auf die Ehe. Borna-Leipzig 1908: R. Noske. (IX, 82 S.) 8° [F.]
Leipzig, Jur. Fak., Diss. v. 24. Jan. 1908
[Geb. 15. Mai 82 Braunschweig; Wohnort: Braunschweig; Staatsangeh.: Braunschweig; Vorbildung: Gymn. Martino-Katharineum Braunschweig Reife O. 02; Studium: Freiburg i. B. 1, Göttingen 2, Berlin 3 S.; Ug. 6. Juli 05.]

Bewilligung einer (eidgenössischen) Nachsubvention an den Kanton St. Gallen für Ergänzungs- und Vollendungsarbeiten an den rheinthalischen Binnenkanälen. 8. [Bern, Stämpfli & Cie.]
Botschaft des Bundesrates. ⟨Vom 23. Juli 1901.⟩ [Mit 1 Karte.] 8 S. 1901.
Bundesbeschluss. ⟨Vom 19. Dezember 1901.⟩ (3 S.)

(Schweizerische Eidgenossenschaft.) Bewilligung von Nachtragskrediten für das Jahr 1901. 8. [Bern, Stämpfli & Cie.,] 1901.

⟨Serie I⟩: [1.] Botschaft des Bundesrates. ⟨Vom 26. Februar 1901.⟩ 29 S. — [2.] Bundesbeschluss. ⟨Vom 29. März 1901.⟩ 8 S.
⟨Serie II⟩: [1.] Botschaft des Bundesrates. ⟨Vom 28. Mai 1901.⟩ 23 S. — [2.] Bundesbeschluss. ⟨Vom 27. Juni 1901.⟩ 5 S.
⟨Serie III⟩: [1.] Botschaft des Bundesrates. ⟨Vom 26. November 1901.⟩ 53 S. — [2.] Bundesbeschluss. ⟨Vom 20. Dezember 1901.⟩ 10 S.

(Schweizerische Eidgenossenschaft.) Bewilligung von Nachtragskrediten für das Jahr 1902. 8. [Bern, Stämpfli & Cie.,] 1902.
⟨Serie I⟩: [1.] Botschaft des Bundesrates. ⟨Vom 25. März 1902.⟩ 38 S. — [2.] Bundesbeschluss. ⟨Vom 18. Juni 1902.⟩ 8 S.
⟨Serie II⟩: [1.] Botschaft des Bundesrates. ⟨Vom 30. Mai 1902.⟩ 9 S. — [2.] Bundesbeschluss. ⟨Vom 27. Juni 1902.⟩ 6 S.
⟨Serie III⟩: [1.] Botschaft des Bundesrates. ⟨Vom 15. September 1902.⟩ 30 S. — [2.] Bundesbeschluss. ⟨Vom 10. Oktober 1902.⟩ 8 S.
⟨Serie IV⟩: [1.] Botschaft des Bundesrates. ⟨Vom 21. November 1902.⟩ 39 S. — [2.] Bundesbeschluss. ⟨Vom 18. Dezember 1902.⟩ 7 S.

Bewillkommensode. Unterthänigste, bey Ankunft des Erbprinzen von Thurn u. Taxis und Gemahlin, geb. Herzogin von Mecklenburg-Strelitz, in Tischingen. G. G. P. Regensburg. Junius 1789. Mit dem Doppelwappen u. 1 Vignette, J. C. Nabholz sc. 2 Bl. Fol. 12.—
Gedicht, 6 Strophen zu je 8 Versen, bei der Vermählung des Erbprinzen Car Alexander von Thurn und Taxis mit der Prinzessin Therese von M.-Strelitz.

Bewillkommung, Die B' des Französischen Herrn Gesandten Ritter von Beauteville. Geschehen zu Solothurn, den 15. Octob. Anno 1764. 4. *o. O.*

Bewillkommung, Freudenvolle, an Ihro Königl. Maj. von Dännemarck-Norwegen . . . 1736. Hamburg. V: *Keyserin, Margr. Susanna.* (Bruun, Bibl. Danica. III, 354.) (Collin, Anonymer. Kiobenh. 1869.)

Bewillkommungs-Lied der Bürgerschaft zu Basel an die Zuzüger-Kontingenter der drey Hochlöblichen Freyständen Uri, Schweitz und Unterwalden bey Ihrer Ankunft im Junius. [Mit Titelvignette.] 8. Basel 1792.

Bewillkommungs-Lied für die zur Gränzenbewachung in Basel gewesenen Truppen des Hohen Standes Zürich. Im Janner 1793. 8. *o. O.* 1793.

BEWILLKOMMNUNGS-REDE an den Hoch und Wohlgebohrnen Hochwürdigsten Herrn Johann Ladislaus von Felsö-Ör . . . als Hochwohlderselbe zu Mindszent in dem dortigen Csáky'schen Schlosse vor dem Einzuge der Zipser Residenz . . . empfangen wurde den 11. May 1819. Leutschau (1819). Gedr. bey Johann Werthmüller. 7 S. - 8°

Bewirkt die Aufklärung Revolutionen? [Berlin 1795.] V: *Bergk, Joh. Adam.* (MGT)

Die Bewirthschaftung und der Ertrag der Kieler Stadtländereien, nebst Vorschlägen zur Vermehrung derselben. Ein Bericht an den Magistrat der Stadt Kiel erstattet von einer Commission und zufolge ihres Beschlusses zum Druck befördert. Mit 4 Anlagen.– Kiel 1833. 8°

Die Bewirthschaftung resp. Cultivierung des Sr. Durchlaucht dem Grafen von Erbach gehörigen Gutes Erching. Freising 1861

Bewirthschaftung, Die, eines Waldreviers ... Leipzig 1794. V: *Moser, Heinrich Christoph.* (Fiker)

Bewirthung, Die reichlich vergoltene. Ein dramatisches Fischergedicht in zween Aufzügen. Salzb. [1772]. V: *Reichssiegel, Florian.* (Hr) (Wagner)

Bewohner. Die ältesten B' der Schweiz. ([Von] G S .) [A.] 4. ([Leipzig] 1864.)

Bewohner Berlins! Alle Berichte, hinsichtlich der Unruhen auf dem Köpnicker Felde, — Sämmtliche Kanalarbeiter. Druck von C. Litfaß. 1 Bl. Fol.
Flugblatt. Berlin, 18. Okt. 1848.

Bewohner, Die deutschen, der XIII und VII Gemeinden in den Veroneser und Vicentiner Alpen von J. K. [Mailand 1831.] V: *Kikinger, J.* (Mz)

Bewohner, die, der Erde. Neuestes Bilderbuch für fleißige Kinder. Fürth 857. Löwensohn. 8. (8 lith. u. color. Bl.) n. 1 ℛ

Bewohner, die, der Erde. Neuestes Bilderbuch für fleißige Kinder. 8. (8 ill. Stnt.) Fürth 868, Löwensohn. *

Bewohner, die, der Erde. 8. (8 color. Stnt.) Reutlingen 874, Enßlin und Laiblin.

Bewohner, die, der Erde. 8. (8 color. Steintaf.) Stuttgart 874. Neugebauer. — 20

Bewohner, die, der Abtey Fontaine Andrée; in den Ruinen. 8. Ronneb. 816. Hahn. ...

— gefiederte, v. Nord u. Süd. 17 color. Abbildgn. (auf 8 Holzschntaf.) m. beschreib. Text üb. Heimath u. Lebensweise der Vögel. gr. 4. (8 S.) Halle 870. Schwetschke's Sep.-Cto. n. 2. 50

Bewohner, die gefiederten, des Waldes u. Feldes. Ein naturgeschichtliches Lese- u. Bilderbuch zur Anregung zartsinniger Gefühle und zur Veredlung jugendlicher Herzen. Mit 24 fein ill. schwarz. Abbildd. 4. Nürnb. ... Renner u. Comp. 1⅓ ℛ

— dass. als Bilderbuch ohne Text, in 24 ill. schwarz. Abbildd. ⅚ ℛ

Bewohner, Gute und vortreffliche, des Landes ob der Enns. O. O. 1796. V: *Eybel, Josef Valentin.* (Hdschr. Mitth. von Gustav Gugitz, Wien.) (BiblPort)

Bewohner, Die, von Lichtenburg. [Wien 1821.] V: *Kviatovska, Josephine von geb. Gerster von Gerstorf.* (Schl)

Bewohner, Ein, Moskau's an seine Landsleute. Im Oktober 1812. St. Petersb. 1812. V: *Merkel, Garlieb Helwig.* (R-N)

Bewohner, an die, des linken Rheinufers u. d. ganzen deutschen Vaterlandes. 8. Frankf. 815. Eichenberg. 2 ℊ

Bewohner. Die B' der Kantone Uri, Schwytz und Unterwalden an das sämmtliche biedere Schweizervolk. (Gegeben in Schwytz den 14ten Augstmonaths 1802. Die Deputierten der drey Kantone Ury, Schwytz und Unterwalden.) 8. *o. O.*

—— vierfüßige, des Thiergartens. 16 color. Abbild. mit beschreibendem Text über Heimath und Lebensweise der Thiere. gr. 4. (8 S. mit 8 color. Holzschntaf.) Halle 874, Schwetschke's Separatconto. cart. *

—— vierfüss., d. Thiergartens. 16 color. Abbildgn m. beschreib. Text 4. (8 m. 8 color. Holzschntaf.) Halle 75, Schwetschke. n. 2. 50

Bewunderer, der, in 53 Blättern abgehandelt. 4. Hamb.

Bewunderer, Der, der allgemeinen besten Stimmung und Verfassung gegen die Feinde der österreichischen Monarchie. Wien 1796. V: *Eybel, Josef Valent.* (Hdschr. Mitth. von Gustav Gugitz, Wien.) (BiblPort)

Bewußtseyn, das. Schauſp. v. Iffland. 8. Berlin, Rottmann. 787.
Schreiber.

— — dass. neue Aufl. 8. Lpz. Göschen.

Bewußtsein, v. d., als allgem. Grund d. Weltweisheit, (v. K. Th. Ant. M. v. Dalberg). 8. Erf. 793. Keyser. 1 ℛ 8 ℊ. Holländ. P. 1 ℛ 16 ℊ

Bewußtsein, religiöses u. nationales. Ein geschichtl. Ueberblick m. Hinweis auf die Gegenwart. Vom Herausgeber der „Deutschen Volksbibel". 8. (IV, 27 S.) Leipzig 894. (E. Kunst.) n. — 40

Bex. Müllhaupt, F., Carte des environs de Bex. 1 : 100,000. Lith. 4. Bern 888. Müllhaupt. n. — 40
Bex [Schlagwort]

Bex, s.: Schweiz. Atlas.

Bey..., s.a. Bei...

Bey Annehmung der hohen Kur-Würde, Sr. Kurfürstlichen Durchlaucht, ihrem ... regierenden Landesfürsten ... gewidmet von den sämmtlichen Gilden und Zünften zu Cassel. — o.O. 1803: Aubel. 2 Bl. 4° 17.
15.

Bey Darmstatts [Darmstadts] Freuden-Fest, als dessen Fürsten-Licht im Schutz der höchsten Macht aufs neue sich verclärte, und seines treuen Volcks geflißne Lust und Pflicht der Vorsicht Huld mit Danck- und Freuden-Opfern ehrte; so bracht ein süsser Reitz genoßner Gnadenblicke in tiefster Schuld ein Hertz voll Treu zur Gabe bey. o. O. [um 1750]. 4 Bl. 4° 17.
15.

Bey dem Actu praemiali in dem Gymnasio zu St. Elisabet von dem Mägdgen von Orleans den 10. Aug. Ao. 1747. wurde folgendes gesungen. — o.O. [1747]. 1 Bl. 8° 2.
15.

Bey dem allgemeinen Froolocken über die glückliche Niederkunft Ihro Königlichen Hoheit ... Frauen Luisa Ulrika, gebohrnen Printzeßin von Preussen, vermählten Kron-Printzeßin von Schweden mit einem jungen Erb-Printzen, welchem bey der hohen Tauf-Handlung der Nahme Gustavus beygeleget worden, wurde ... nachstehende Music aufgeführet von dem Collegio Musico in Wismar. — Wismar 1746: Winckler. 2 Bl. 4° 28.
15.

Bey dem den 19. Novembr. dieses Jahres eingefallenen hohen Nahmens-Feste der ... Römischen Kayserin ... wolte seine ... allerunterthänigste Devotion in einem Pastorell abstatten das Breßlauische Collegium musicum. Breßlau [1721]: Stranvel. 6 Bl. 8° 7.
15.

Bey dem, den 14. Jenner 1764 gefeyerten hohen Geburtsfest des ... Herrn August Georg, regierenden Marggraven zu Baden und Hochberg ... überreicht in tiefster Verehrung nachstehende Ode ... J.A.S. — Carlsruhe [1764]: Lotter. 2 Bl. 4° 16.
15.

Bey dem dritten hundertjährigen Reformationsjubel-Feste den 31. October 1817 wurde dieses zum Andenken herausgegeben. (Prophetischer Traum Churfürst Friedrichs des Weisen zu Sachsen.) — Zittau 1817: Seyfert. 16 S. 8°
1:Cn 21142.
15.

Bey dem Einzug Carl Friedrichs, und Dero Gemahlin Annen Petrownen, Wolten zu Freuden-Bezeugung nachgesetzte Cantata in einer Nacht-Music aufführen Die auf der Universität zu Kiel Studirende. Siehe in: Allerunterthänigstes Freuden-Denckmahl etc. Kiel. 1727. 4°k.

Bey dem erfreulichen Eintritt in das ein tausend, sieben hundert fünf und sechzigste Jahr nach der heil-werthen Geburt unsers Heilandes wollten den hohen Protectori, Mäcenaten, Vorstehern, Lehrern und Gönnern der weltberühmten Universität zu Straßburg mit gegenwärtigen wohlmeynenden Glückwünschungs-Zeilen ihre unterthänigste ... Aufwartung machen die beiden Ministri academici I.G.O. und G.M.I. — Strasburg [1765]: Heitz. 2 Bl. 4° 5.
15.

Bey dem freudenreichen Einzuge ihres Durchlauchtigsten Erbprinzen Karl Georg August und seiner Durchlauchtigsten Gemahlin Friederike Luise Wilhelmine, gebohrnen Prinzessin von Oranien und Nassau ... bezeugte ihre aufrichtige Freude ... die Knochenhauergilde der Stadt Braunschweig. — Braunschweig 1790: J. Ch. Meyer. 2 Bl. 2° 23.
15.

Bey dem glücklich angefangenen dritten Jahrhundert, der Königsbergischen Hohen Schule, verehrten das gesegnete Andencken ihres glorreichen Stifters, des Durchlauchtigsten Marggrafen Albrecht des älteren in Preussen ... Hertzogen ... durch nachstehende ... Ode, einige auf gedachter Academie Studirende. — [Königsberg] 1744: Reußner. 2 Bl. 4° 10.
15.

Bey dem großen Caroussel derer vier Theile der Welt, so den 19. Jun. 1709. zu Ehren Sr. Königl. Maj. in Dennemarck, auf dem großen Amphitheatro zu Dreßden gehalten worden, sind königl., fürstl., gräfl., frey-herrl. und rittermäßige Personen gewesen. — Dreßden [1709]: Riedel. 2 Bl. 2° 3.

Bey dem grossen Todesfalle des Durchlauchtigsten Fürsten und Herrn, Herrn Carl Prinzen zu Stolberg ... wollte ... den angelegentlichsten Antheil ... bezeugen das Fürstl. Stolberg-Gederische Ministerium. — Büdingen [1764]: Stöhr. 2 Bl. 2° 7.
15.

Bey dem höchstschmerzlichen Hintritt Ihrer Königl. Hoheit ... Frau Maria gebohrnen Königl. Princessin von Großbrittannien etc. vermählten Landgräfin zu Hessen ... überreichen ein Denkmahl unterthänigster Ehrfurcht für das Hochfürstlich-Hessische Haus Burgermeister und Rath der Stadt Marburg. — Marburg 1772: Brönnert. 3 Bl. 2° 4.
15.

Bey dem höchstseeligen Hintritt des weiland Durchlauchtigsten ... Herrn Ludwig des Achten regierenden Landgrafen zu Hessen ..., welcher den 17. October 1768 ... dieses Zeitliche verlassen, leget seine schmertzlichste Rührung zu Tage das Fürstliche Berg-Collegium zu Giessen. Giessen [1768]: Schröder. 2 Bl. 4° 4.

Bey dem hohen und höchsterfreulichen Geburtsfeste des ... Herrn Carl, regierenden Herzogs zu Braunschweig und Lüneburg ... bemüheten sich ... Ihrem gnädigsten Fürsten ... als dem ... Stifter des Collegii Carolini in Braunschweig die Regungen ihrer unterthänigsten Freude ... in einer Ode zu offenbaren. Die sämtlichen Hofmeister und Studiosi des gedachten Collegii. — Braunschweig 1747. 4 Bl. 2° 23.
15.

Bey dem hohen und höchsterfreulichen Geburtsfeste des ... Herrn Carls, regierenden Herzogs zu Braunschweig und Lüneburg &c. &c. bezeugten ... ihre ... Ehrfurcht die sämtlichen Hofmeister und Studiosi des Collegii Carolini, den 1sten August 1749. [Ode.] 5 Bl. 2°

Bey dem hohen Vermählungs-Fest des Durchlauchtigsten ... Herrn Ernst Friedrichs, Hertzogs zu Sachsen ... und der ... Printzeßin Sophien Antonien, Herzogin zu Braunschweig und Lüneburg, &c. &c. welches den April 1749 in Wolffenbüttel höchstvergnügt vollzogen wurde, ergrif noch ein und zum letztenmal seine ... Leyer ... ein vormaliger Musen-Sohn, L.D.v.B. — Coburg [1749]: Otto. 4 Bl. 2° 14.

Bey dem hohen Vermählungs-Feste zwischen Ihro Kayserlichen Hoheit ... Frau Anna, gebohrner Printzeßin von Mecklenburg-Schwerin, und dem Durchlauchtigsten ... Herrn Anton Ulrich, Hertzogen zu Braunschweig und Lüneburg, welches in dem itztlaufenden 1739sten Jahre in der rußisch-kayserlichen Residentz-Stadt Petersburg ... glücklich vollzogen wurde, wollte seine unterthänigste Obliegenheit ... an den Tag legen, ein dem Durchlauchtigsten Braunschweig-Wolffenbüttelischen Hause unterthänigst-verbundenster Knecht, G.v.B. — Dreßden [1739]: Harpeter. 6 Bl. 2° 14.
15.

Bey dem Jubelfeste der erfundenen Buchdruckerkunst so wohl als auch insonderheit der Hof- und Academisch-Reußnerischen Buchdruckerey bezeugten ihre Mitfreude einige auf hiesiger Königsbergischer Universität Studierende ... 1740. — Königsberg [1740]: Dorn. 2 Bl. 4° 10.

Bey dem Jubel-Feste, welches der erfundenen Buchdruckerkunst so wohl als den seit hundert Jahren allhier fortgesetzten Reußnerischen Schriften von unserer Academie gewidmet worden, bezeugte seine gerechte Mitfreude ... ein wahrer Freund des Reußnerischen Hauses. 1740. — [Königsberg 1740]: Reußner. 2 Bl. 2° 10.
15.

Bey dem neuen Schein der erwünschten Landes-Sonne, als der Durchlauchtigste Fürst und Herr, Herr Ernst August, Hertzog zu Sachsen ... nach zeitheriger Entfernung mit dero höchst-verlangten Gegenwart ihro Residenz und sämtliche getreue Unterthanen den 23. Januarii 1730. hinwieder beglückte u. erfreuete, erkühnet sich seine unterthänigst-schuldigste Devotion glückwünschend zu erzeigen das Fürstl. Sächs. Cantzelley-Collegium. — Weimar [1730]: Mumbach. 2 Bl. 4° 3.

Bey dem unschätzbaren Glück, als Ernst Ludwig, Landgraf zu Hessen, ... &c. &c. das ein und fünfzigste Jahr dero ruhmwürdigsten Regierung höchst geseegnet antraten, solte hierdurch auch die unterthänigste Devotion bezeigen Ihro Hoch-Fürstl. Durchl. unterthänigst-treuverpflichtetes Ober-Amt zu Giessen. — Giessen [1729]: J. Müller. 2 Bl. 4° 17.
15.

Bey dem wegen hoher Vermählung Ihrer Königlichen Hoheit des Durchlauchtigsten Fürsten und Herrn, Herrn Friedrich August Königlichen Printzens in Pohlen und Litthauen &c. &c. Hertzogs und Chur-Printzens zu Sachsen ... mit Ihrer Königlichen Hoheit der Durchlauchtigsten Fürstin und Frauen, Frauen Maria Josepha Königl. Princeßin zu Hungarn und Böheim, &c. Ertz-Hertzogin zu Oesterreich ... am 7. Sept. 1719 ... im Nahmen der gantzen Academie zu Wittenberg von derselben jetzigem Rectore D. Gebhard Christian Bastinellern, P.P. in der Schloß-Kirche gehaltenen solemnen Panegyrico wurde nachfolgende Cantata musiciret. — Wittenberg: Zimmermann 1719. 2 Bl. 2° 3.

Bey denen, dem weyland Durchlauchtigsten Fürsten und Herrn, Herrn Johann Adolph, Hertzogen zu Sachßen ... den 14. Junii 1746. gehaltenen solennen Exequien wurde folgende Trauer-Cantata in der Schloß-Kirche zu Weißenfels abgesungen. — Weißenfels [1746]: Richter. 4 Bl. 2° 3.
15.

Bey der Abreise des hohen neuvermählten Fürstenpaares: des ... Herrn Friederichs, Landgrafen zu Hessen-Kassel etc. etc. und der ... Frau Karoline Polyxene, Landgräfin zu Hessen-Kassel etc. gebohrnen Fürstin zu Nassau-Usingen etc. etc. legt ihre treuesten Segenswünsche ... nieder die sämtliche höhere Dienerschaft des Fürstlichen Hofs zu Biberich. Am 17. Dez. 1786. — Wiesbaden [1786]: Frey 2 Bl. 2° 6.
15.

Bey der am letzten Tage des Jahres 1797. löblich gestifteten Lob- und Dankpredigt, wird nachstehende neukomponirte Cantate in der Haupt-Kirche zu St. Maria Magdalena zum erstenmal gegeben werden. — Breslau (1797): Kreuzer. 2 Bl. 8° 2.

Bey der Ankunft unsers allergnädigsten Königs Friedrich Wilhelm des zweyten zu Groß-Glogau den 5ten Oct. 1786 legten die Ausdrücke ihrer innigsten Freude zu Ihro Majestät Füßen die Töchter einiger Patrioten. — Glogau [1786]: Günther. 2 Bl. 8° 1:14 in Sw 36.
15.

Bey der auf den 6. Septembr. 1750. als den 15. post Trinit. festgesetzten Einweyhung der neuen Orgel in der Kirche zum Creutze Christi, ist nach dem Schlusse e. Hochedl. und Hochweisen Raths der Stadt Lauban die Ordnung des öffentlichen Gottesdienstes folgender massen veranstaltet worden. — Lauban [1750]: Schill. 4 Bl. 8° 3.
15.

Bey der auffgerichteten Begräbniß- oder Beytrags-Cassa uffn Hohenbirckner Zuge sollen nachgesetzte Puncte ... gehalten werden ... 1714. — o.O. [1714]. 5 Bl. 8° 3.

Bey der doppelten Hohen Königl. Pohln. und Churfürstl. Sächsischen und Bayerischen Vermählung, welche am 13. Junius 1747 zu Dreßden und München höchstfeyerlichst vollzogen wurde, suchte ihre allerunterthänigste Devotion und innigste Freude mittelst einer feyerlichen Rede, und dieser dabey aufgeführten Cantate, in der Universitäts-Kirche pflichtschuldigst an den Tag zu legen die Universität Wittenberg. — Wittenberg [1747]: Eichsfeld. 4 Bl. 2° 1:Yk 9127.
15.

Bey der erfreulichen hohen Anwesenheit der Durchlauchtigsten Hessischen Prinzen Herrn Georg Willhelms, Herrn Carls und Herrn Friedrichs ... bezeiget in tiefster Devotion seine schuldigste Ehrfurcht ... ein Fremdling. — Cassel 1756. 4 Bl. 4° 4.

Bey der Feyer des erneuerten Geburtstages der Allerdurchlauchtigsten, ... Frauen Sophia Dorothea, verwittibten Königin in Preussen, ... erbittet sich in der auf dem Königlichen Schloss den 27. Martii dieses Jahres zu haltenden öffentlichen Rede die hohe und geschätzte Gegenwart grosser Mecänaten und geschätzter Gönner die Königliche Deutsche Gesellschaft. ib. 1747. – fol.

Bey der feyerlichsten Erbhuldigung des Durchlauchtigsten Fürsten und Herrn, Herrn Friedrich Augusts Herzogs zu Sachsen ... suchten die Empfindungen der unterthänigsten Ehrfurcht und Treue ... in gegenwärtigem Gespräche auszudrücken sämtliche treugehorsamste Unterthanen in der Amts-Vorstadt zu Wittenberg ... 1769. — Wittenberg [1769]: Dürr. 4 Bl. 2° 1:2° Yl 8743. 3.
15.

Bey der Freudensvollen Anwesenheit des Königes von Dännemarkens Majestät Christian des Siebenten in Dero Holsteinischen Provinzen besonders da Derselbe die Stadt Altona zum Erstenmal mit Dero hohen Gegenwart allerhuldreichst beehrte suchte in nachgesetzten Zeilen der allgemeinen Freude mit beyzustimmen L. H. S. o. O. Den 30sten Junii 1767. 2 Bl. 4° k.

Bey der glücklichen Ankunft des ... Herrn Friedrich August, Herzogs zu Braunschweig-Lüneburg ... suchten hierdurch ... ihre frohen Empfindungen zu äusern die sämtlichen Lehrer des Herzogl. Seminariums. — Oels [1792]: Ludwig. 2 Bl. 4° 14
15.

Bey der glücklichen Ankunft Friedrichs des Zweyten, Königes in Preussen ... wolten ihre allerunterthänigste Freude bezeugen die alhier Studirende. — Königsberg 1750: Königl. Hof-u. Acad. Buchdr. 2 Bl. 2° 14.
15.

Bey der glücklichen Rückkunft der ... Frauen Henrietten Carolinen Christinen Luisen, regierender Landgräfin zu Hessen ... aus Petersburg, legten die reinsten Empfindungen patriotischer Freude und der tiefsten Ehrfurcht zu Tage Burgermeister und Rath der hiesigen Residenz. — Darmstadt 1773: Hochfürstl. Privil. Hof- u. Canzleybuchdr. 4 Bl. 8° 17.
15.

Bey der höchstbeglückten Ankunft des Herrn Carl Wilhelm Ferdinand, Erb-Prinzens zu Braunschweig und Lüneburg zeigten die Regungen ihrer ... Freude ... die Hofmeister und Studiosi des Collegii Carolini. 1747. [Ode.] [Beigedr.:] Cantate, welche bey der feyerlichen Abend-Musik abgesungen wurde, als über ... Carl Wilhelm Ferdinand, Erb-Prinzen ... Ankunft ihre ... Freude ... bezeugeten sämtliche Hofmeister ... 1747. 4, 2 Bl. 2°

Bey der höchstbeglückten Zusammenkunft Ihro Hoheit der Durchlauchtigsten Fürstin und Frauen Philippinen Augusten Amalien, gebohrnen Königlichen Prinzessin von Preussen vermählten Landgräfin zu Hessen ... mit Ihro Hoheit der Durchlauchtigsten Fürstin und Frauen Fridericen Dorotheen gebohrnen Königlichen Prinzessin von Preussen vermählten Herzogin von Würtenberg wollten ihre tiefste Unterthänigkeit und Freude bezeugen einige hiesige Studirende. — Marburg 1774. 3 Bl. 2° 4.

Bey der höchsten Gegenwart unserer Gnädigsten Landesherrschafft zu Marienberg den 1. September 1773 bezeugten ihre unterthänigstgehorsamste Devotion das Ministerium und Schulcollegium daselbst. — Annaberg [1773]: Friesen. 2 Bl. 2° 14.
15.

Bey der höchsterfreulichen Feyer des hohen Geburtsfestes des ... Herrn Carl, regierenden Herzogs zu Braunschweig und Lüneburg &c. &c., welches den 1. Aug. 1746 zum 33. male ... eintrat, bezeugte das Collegium Carolinum in Braunschweig ... seine ... Ehrfurcht ... in zwoen öffentlichen Glückwunschreden; zu deren Anhörung auf den 2. Aug. ... vermittelst gegenwärtiger Schrift, worinn von den Vortheilen, welche junge Herren vom Stande aus Erlernung der schönen Wissenschaften erlangen, gehandelt wird, alle ... Gönner und Freunde ... eingeladen werden. [Beigedr.:] Text zur Musik, welche an dem ... Geburtsfeste des ... Herrn Carl ... bey Gelegenheit zwoer öffentlich gehaltener Reden aufgeführet worden den 1. Aug. 1746. 14 S., 2 Bl. 8° *Wolfenbüttel HzglB*

Bey der höchsterfreulichen Feyer des hohen Geburtsfestes des ... Herrn Carl, regierenden Herzogs zu Braunschweig und Lüneburg &c. &c., welches den 1. August 1747 zum 34. male ... erschien, bemühete sich das Collegium Carolinum zu Braunschweig ... die Regungen seiner ... Freude ... in zwoen den 2. August ... öffentlich zu haltenden Glückwunschsreden zu offenbaren, welche anzuhören alle Freunde der Wissenschaften ... hierdurch ... ersuchet werden. (Dat. 1. Aug. 1747.) 15 S. 4°

Bey der höchst erfreulichen glücklichen Ankunft des ... Herrn Ludewig des Zehenten, Landgrafen zu Hessen etc. etc. wollte Höchstdemselben ihre Freude ... bezeigen die Judenschaft der Hochfürstlichen Residenz. — Darmstadt, d. 7. Jan. 1797. — Darmstadt 1797: Stahl. 2 Bl. 4° 17.
15.

Bey der hohen Gegenwart der Durchlauchtigsten Landesherrschaft, bezeigten ihre unterthänige Ehrfurcht und Dankbarkeit die Convictoristen der Universität Leipzig. Leipzig [1765]: Jacobäer. 2 Bl. 4° 8. 14.
15.

Bey der hohen Gegenwart Ihro Königlichen Hoheit des Durchlauchtigsten Prinzen Friderich Adolph, der Schweden, Gothen und Wenden Erbprinzen ... reichten die Pflichten ihrer Unterthänigkeit und die Merkmale der vollkommensten Ehrfurcht die auf der Greifswaldischen Akademie Studierende. — [Greifswald] 1771: Röse. 2 Bl. 4° 8.
15.

Bey der hohen Vermählung der Prinzeßin Wilhelmine von Preussen Königliche Hoheit mit dem Erbprinzen von Oranien und Nassau, in aller Unterthänigkeit gewidmet von A. V. M. — Dat. Berlin 1. Okt. 1791. 2 Bl. 8° 14.
15.

Bey der solennen Inauguration derer neuen prächtigen Fahnen, womit Ihro Königl. Maj. von Preussen das Hochlöbl. Wietersheimische Regiment zu beehren geruheten, wolte gegen seinen gnädigen Herrn General ... seine submisse Veneration ... an den Tag legen, ein ... gemeiner Soldat vom Regiment. — Halle 1757: Curt. 7 S. 8°
1: an Yl 4960/20.
15.

Bey der solennen Vorstellung des Magnifici ... M. Johann Andreas Lozzens ... als er den 30. November 1750. von der sämtlichen evangel. Geistlichkeit das Hand-Gelöbniß empfieng, wolten ihren ... Ephoro die schuldigste Devotion in einer schlechten Ode beweisen sämtliche erfurthische Candidati Rev. Ministerii. — Erfurth (1750): Ritschel. 2 Bl. 2° 7.
15.

Bey der zum Andencken der vor dreyhundert Jahren erfundenen und seit hundert Jahren unter uns gestiffteten Reußnerischen Buchdruckerey angeordneten academischen Jubel-Feyer, wurde folgende Cantate ... aufgeführet ... 1740. — [Königsberg 1740]: Reußner. 2 Bl. 4° 10.
15.

Bey der zum Andencken der vor dreyhundert Jahren erfundenen, und seit hundert Jahren unter uns gestiffteten Reußnerischen Buchdruckerey von hiesiger Academie angestellten Jubel-Feyer haben ihre Mit-Freude bezeugen wollen einige Lehrer unserer Universität ... 1740. — [Königsberg 1740]: Reußner. 6 Bl. 4° 10.
15.

Bey der zum Gedächtniß der Allerdurchlauchtigsten, Großmächtigsten Fürstin und Frauen, Frauen Wilhelminen Carolinen Königin von Groß-Britannien ... gehaltenen öffentlichen Rede, wurde in der Universitäts-Kirche folgendes musicalisch aufgeführet. — Göttingen [1738]: Hager. 4 Bl. 4° 1:74 [u.] 77a in 4° Tq 285. 7.
15.

Bey der zweyten Jubelfeyer der im Jahr Christi 1544 gestifteten hohen Schule zu Königsberg übergiebet allen theuren Vätern und Lehrern derselben diese Zuschrift ... ein allhier aus Zittau Studirender. 1745 s. *Belger*, Philipp.

Bey des Durchlauchtigsten Fürsten und Herrn, Herrn Christian, Hertzogens zu Sachsen ... Geburths-Feste, den 23. Febr. Anno 1734. wurde der solenne Gottes-Dienst in der hoch-fürstlichen Schloß-Kirche zur Neuen-Augustus-Burg in Weissenfelß in nachfolgender Ordnung gehalten. Naumburg [1734]: Boßögel. 6 Bl. 4° 3.
15.

Bey des Durchlauchtigsten Fürsten und Herrn, Herrn Friedrich August, Herzog zu Braunschweig-Lüneburg höchsterwünschten Ankunft in Bernstadt den 29. Julius 1793. widmet Höchst-Denenselben nachstehendes demüthiges Opfer der innigsten Freude und Ehrfurcht die gesammte Schützenbrüderschaft der Herzoglichen Stadt Bernstadt. — Oels [1793]: Ludwig. 2 Bl. 8° 14.
15.

Der bey des starcken Mannes Compagnie sich befindende Arlequin, dediciret denen respective hohen und niedrigen Standes-Persohnen seinen immerwährenden Calender. — o. O. [um 1730]. 7 Bl. 8° 18.
15.

Bey eeiner [!] angestellten Abend-Musique überreichten, dem Hoch-Wohlgebohrnen Herrn, Herrn, Anton Christian von Kleist, Sr. Königl. Majest. in Pohlen ... hoch-bestallten Obrist-Lieutenant, den 6. Februar. Anno 1728. gegenwärtige geringe Cantate ... die budißinischen Musen. — Budissin [1728]: Richter. 2 Bl. 4° 3.
15.

Bey Einweihung der neu-erbaueten Orgel in der St. Catharinen Kirchen zu Rostock, ward Nachstehendes am 18. Sonntage nach Trinitatis den 9ten Octobr. Anno MDCCXXXV. ... musiciret und gesungen. — [Rostock 1735.] 4 Bl. 8° 28.
15.

Bey geseegneten Eintritt des 1711ten Jahres solten der Königlichen Preußischen Friedrichs-Universität allhier, ... ihre gehorsamste Schuldigkeit in einen allgemeinen Neuen-Jahrs-Wunsche abstatten die Ministri Academici. Halle [1711]: Zahn. 2 Bl. 2° 3.
15.

Bey gesegneten Eintritt des 1709ten Jahres sollten der Königlichen Preußischen Friedrichs-Universität allhier ... ihre gehorsamste Schuldigkeit in einen wohlgemeynten Neuen-Jahrs-Wunsche abstatten, die Ministri Academici. Halle [1709]: Orban. 2 Bl. 2° 3.
15.

Bey hoher Anwesenheit beyder Königl. Majestäten in Pohlen und Churfürstlichen Durchlauchten zu Sachsen, haben Seiner Königl. Hoheit dem Königl. Churprinzen, und des Prinzen Xaverius Königl. Hoheit, wegen dero beyderseitigen ersten Gegenwart alhier in Leipzig, ihren unterthänigen Glückwunsch in einer öffentlichen Abendmusik abgestattet, die auf hiesiger Universität Studirenden. Im Jahr 1741 d. 30. April. — Leipzig [1741]: Breitkopf. 2 Bl. 2° 14.
15.

Bey hoher Anwesenheit der Durchlauchtigsten Princeßin Carolinen Wilhelminen zu Brandenburg-Onoltzbach wurde auff den grossen Redouten-Sahl eine Taffel-Music praesentiret den 2. Sept. auff der neuen Augustus-Burg zu Weissenfelß. Anno 1703. — Weissenfels [1703]: Brühl. 4 Bl. 4° 15.
15.

Bey Ihro Hochfürstl. Durchlauchtigkeit von Sachsen-Eisenach und Dero Hochfürstl. Frau Gemahlin hohen Gegenwart auf der Neu-Augustus-Burg zu Weissenfels den 5. Decembris 1704. praesentirte sich auf dem Parnasso unter einer glückwüntschenden Tafel-Music Apollo mit seinen Musen. — Weissenfels [1704]. 3 Bl. 4° 15.
15.

Bey seegens-vollen Eintritt des 1721sten Jahres solten löbliche Regenten als Väter an dem preiß-würdigsten Exempel unsers allertheuersten Landes-Vaters schuldigst vorstellen und dabey der Königlichen Preußischen Friedrichs Universität allhier ... ihre unterthänigste und gehorsamste Schuldigkeit in einem wohlgemeinten Neuen-Jahrs-Wunsche abstatten die Ministri Academici. — [Halle 1721]: Lehmann. 2 Bl. 2° 3.
15.

Bey Sr. [Seiner] Königl. Majestät in Preussen abermahl hochfeyerlichen Krönungs-Feste, am 18. Januarii dieses 1703. Jahres ihre allerunterthänigste Schuldigkeit, in einer lustigen Schiffer-Music, folgendermassen abstatten die auf der Spree sich befindende Schiff-Leute. — o. O. [1703]. 2 Bl. 8° 1:an Su 3900.
15.

Bey Seiner Königlichen Majestät von Preußen Friedrich Wilhelms des Zweyten höchsterwünschten Ankunft in Minden bezeugte hiedurch ihre ehrfurchtsvolle Freude die Kaufmannschaft daselbst. Minden, am 5. Jun. 1788. — Minden [1788]: Enax. 2 Bl. 2° 14.
15.

Bey solenner Einweyhung der Anno 1714. am 13. Julii abgebrandten, und nun durch Gottes Seegen wiederum neuerbaueten Kirche zu Radeberg, welche von Ihro Magnificenz, Tit. Hrn. D. Valentin Ernst Löschern hochverdientem Pastore und Superintendenten daselbst, am andern Advent-Sonntage 1730. ... geschahe, wolte seine Gedancken an Tag legen ein Musen-Freund. — Dresden [1730]: Stößel. 2 Bl. 4° 14.
15.

Bey, der, v. Tunis. Eine Erzählung aus der Geschichte Spaniens f. das christl. Volk u. die reifere Jugend. Vom Verf. der „Maienglöckchen." (F. A. Bauer.) 8. (IV u. 204 S. m. 1 Lith.) Augsburg 851, v. Jenisch & Stage. 12 ngr

Bey unverletzter Erhaltung des allertheuersten Lebens und höchst erfreulicher Wiedererscheinung der ... allerglorreichsten Gebuhrts-Feyer des Allerdurchlauchtigsten Großmächtigsten Fürsten und Herrn Herrn Friedrichen II. Großen Königs in Preußen &c. &c. &c. bricht in eifrigsten Trieben der allertieffsten Ehrfurcht glückwünschend aus Allerhöchst Deroselben allerunterthänigster allergehorsamster Diener. — o. O. [1760]. 4 Bl. 4° 4.
15.

Bey vergnüglicher Vorstellung des itzo eingetretenen neuen Jahrs wollten der Königlichen Preußischen Hochlöblichen Regierung und Consistorio des Fürstenthums Halberstadt ... dieses aufrichtige Merckmahl ihres ... Hertzens in tieffster Submission darlegen dero zu Halle verpflegte Tisch-Compagnie. — Halle [um 1720]: Hilliger. 2 Bl. 2° 3.
15.

Bey de: Botanischer Garten, s. Bey, Mathias Hubert de

Bey, Johann Thomas. Catechismuß. Clagenfurt, Kleinmayr, 1734. Quart. 120 S.

Bey, Johann Thomas. Kleiner Katechismuß. Clagenfurt, Kleinmayr, 1734. Quart. 52 S.

Bey, Mathias Hubert de
M. H. DE BEY, Beitrag zur Casuistik des Croups und seiner medicamentösen und operativen Behandlung. Mit 1 photolithographischen Tafel. ib. 1879. Selbstverlag des Verfassers. 4°.

Bey, M. H. de, **Beitrag zur Casuistik des Croups u. seiner medicamentösen u. operativen Behandlung.** Mit einer photolith. Taf. gr. 4. (26 S.) Aachen 879. (Heidelberg, C. Winter.) n. 2. —

de Bey, Mathias Hubert (geb. Aachen 23. 8. 1817): De cerebri compressione. Berolini (1840). (109 S.) 8°
Berlin, Med. Diss. v. 25. März 1840

—— graphische **Darstellung** der Bevölkerungs-Bewegung in der Gemeinde Aachen in dem 60jährigen Zeitraume 1816—1875 mit besond. Rücksicht auf die epidemischen Krankheiten. 1 color. Stnt. Nebst 2 Bl. Text. qu. gr. Fol. Aachen 878, (Barth.) *
Stnt. auf Carton, Text auf Schreibpap. *

Bey, M. H. de, **die intermittirenden Fieber u. verwandte Krankheitsformen in Aachen in den J. 1830—1865. Eine medicinisch-topographische Studie.** gr. 4. (63 S. m. lith. u. color. Plan in Fol.) Aachen 877. (Barth.) n. 3. —

Bey (— de), A. Foerster, & V. Monheim. Botanischer Garten der Stadt Aachen. Aachen, 1879. 4°.

Beyaert, H., belgische Bauwerke der Neuzeit. Gesammtansichten u. architekton. Details als Dachfenster, Portale, Schmiedearbeiten; innere u. äussere Ornamente etc. m. Angabe der Durchschnitte, Profile, Grundrisse u. der genauen Maasse. (In 25 Lfgn.) 1.—16. Lfg. (à 10 Tafeln in Kupferstich.) gr. Fol. Berlin 891—894. Hessling & Spielmeyer. In Mappe. à n. 12. —

Beyaert, H., belgische Bauwerke d. Neuzeit. Gesammtans. u. architekton. Details als Dachfenster, Portale, Schmiedearbeiten, innere u. äussere Ornamente etc. m. Angabe der Durchschnitte, Profile, Grundrisse u. der genauen Maasse. 14. Lfg. gr. Fol. (10 Stahlst.) Berlin 895. Hessling & Spielmeyer. In Mappe n. 12. —

Beyblätter des Schweizerboten
v. Der aufrichtige und wohlerfahrne Schweizerbote (Ag).

Beyckert, Philipp Jacob (Strassburg), Nonnulla de **hernia scrotali. Diss. med.-chirurg.** Strassburg (J. H. Heitz) 19. IV. 1773. 30 S. (5.—) 2498

Beyda, Heinrich Friedrich Theodor
Beyda, Heinr. Frdr. Thdr., das **Ausziehen** der Wurzeln jeglichen Grades sowohl aus den positiven als auch den negativen Zahlen. gr. 8. (42 S.) Bonn 886. (Stuttgart, Metzler's Verl.) n. 1. 20

Beyda, Heinr. Friedr. Thdr., mathematische **Beschäftigungen** aus früheren Jahren. 6 Hefte. gr. 8. (Mit eingedr. Holzschn.) Stuttgart 888, Metzler'sche Buchh. * 10 —

Inhalt:

Heft 1. Von den Parallellinien. Aus dem J. 1869. (S. 1—16.) * 90 Pf.
" 2. Der stereometrische Satz des Archimedes über Umfang und Inhalt einer Kugel, nach seinem richtigen und vollständigen Beweise. Aus dem J. 1863. Von neuem durchgesehen und vervollständigt 1869. (S. 17—48.) * M 1,60.
" 3. Trigonometrische Formeln, nebst einigen daraus hergeleiteten Lehrsätzen. Aus dem J. 1841. (S. 49—122.) * M 3.
" 4. Geometrisches, besonders das Verhältniß der Peripherie eines Kreises zu dem Durchmesser zu bestimmen. Aus den J. 1843 und 1844. (S. 123—154.) * M 1,40.
" 5. Trigonometrisches. Von den Abschnitten der trigonometrischen Linien und namentlich der Tangente. Aus den J. 1844 und 1845. (S. 155—230.) * M 2,80.
" 6. Rechnung des Unendlichen in seiner Verbindung mit endlichen Größen und dem Nichtseienden. Nach den Aufzeichnungen in den J. 1845 bis 1851. (III, S. 231—289.) * M 2.

Beyda, H. F. Th., das **Newton'sche Gravitationsgesetz.** Läßt sich der Fall der Körper od. die Schwere derselben aus e. Anziehungskraft d. Erdkörpers erklären? gr. 8. (37 S.) Bonn 888. (Stuttgart, Metzler's Verl.) n. 1. —

Beyda, Heinr. Frdr. Thdr., **die imaginären Grössen u. ihre Auflösung** [aus d. J. 1863]. gr. 8. (50 S.) Stuttgart 881. Metzler's Verl. n. 1. 60

— **das Sein u. das Werden.** gr. 8. (III, 180 S.) Bonn. Ebend. 885. n. 3. 60

— **das Unendliche, was es den Philosophen u. was es den Mathematikern bisher gewesen u. wie es sich mathematisch darstellt, nach einer neuen Erfindung.** gr. 8. (51 S.) Bonn 880. (Leipzig, Mindo.) 1. 50

Beydemüller, Chrn., das **rosafarbene Billet.** Lustspiel in 1 Akt, frei nach A. Cornelius. 8. (37 S.) Frankfurt a/M. 885. Gebr. Knauer. n. 1. —

Lose Blätter aus meinem Tagebuche. Hrsg. ... von e. Altfrankfurter [übergeklebt: von Christian **Beydemüller**]. Frankfurt a. M.: Schirmer & Mahlau 1892. (IV, 133 S.) 8° [F.]
[07, 8060

Beye, Paul v.: Die Tochter d. Präsidenten, s: Roman-Bibliothek „Mein Ideal".

Bey-Eid des Müllers auf der Mühle zum hohen Rad. — o. O. [um 1750]. 1 Bl. 4° **30.**
15.

Beyel, Christian
Beyel, Chr. Vier Aufgaben über drei- und vierpunktige Berührung von Kegelschnitten. 1880?

Beyel, Chrn., **Axonometrie u. Perspektive, in systematischem Zusammenhange dargestellt.** Mit 9 Taf. in Steindr. gr. 8. (V, 57 S.) Stuttgart 887. Metzler's Verl. n. 2. 40

Beyel, Chr. Zur zürcherischen Bahnhoffrage. Letztes Wort. Zürich 1854. 4.

Beyel, Chr. Zur Beleuchtung der zürch. Bahnhoffrage. Zürich 1854. 4.

Beyel, Chr., **zur Beleuchtung der Zürcherischen Bahnhoffrage, mit besonderer Rücksicht auf das Gutachten an die Direktion der Nordostbahngesellschaft.** Zürich 855. Beyel. 4. (16 S.) nn. $2^1/_2$ ngr

Beyel, C, Beleuchtg d. Zürich. **Bahnhoffrage.** 4. (16) Zür. 55. (Frauenf., Huber.) n.n. — $2^1/_2$

Beyel, Chr., Zur Beleuchtung der Zürcherischen Bahnhoffrage, mit besond. Rücksicht auf das Gutachten an die Direktion der Nordostbahngesellschaft. 4. Zürich, Beyel. 1858. n. n. $2^1/_3$ Sgr.

Beyel. Chr. Ueber perspectivische Dreiecke auf einem Kegelschnitte. 1884.

Beyel. Chr. Eine Erweiterung des Doppelverhältniss-begriffes. 1889.

Beyel, Christian. Ethik, Technik und Christentum. (Nach einem Vortrage, gehalten am 23. Februar 1908 ... in Bern. Sonderabdruck aus Heft 1 des Jahrg. 7 der Monatsschrift »Glauben und Wissen« ..., Stuttgart.) IV + 20 S. 8. Zürich, Buchh. der Evangelischen Gesellschaft, 1909. [fr. —.50]

Beyel, Christian. Darstellende Geometrie. Mit einer Sammlung von 1800 Dispositionen zu Aufgaben aus der darstellenden Geometrie von Dr. Christian Beyel, Dozent... in Zürich. Mit einer Tafel. XII + 189 S. 8. Leipzig, B. G. Teubner, 1901. [geb. M. 3.60]

Beyel, Christ., **über d. Handels- u. Gewerbs-Verhältnisse d. Schweiz, die sie bedroh. Gefahren u. die möglichen Mittel z. Abhülfe.** 2., verm. Aufl. gr. 8. (4 B. u. 1 Tab.) Zürich u. Frauenfeld 810, Beyel.

Beyel, Christian, von Zürich: Centrische Collineation nter Ordnung in der Ebene vermittelt durch Aehnlichkeitspunkte von Kreisen. [S. A. aus: Vierteljahrsschrift der Naturforsch. Ges. in Zür., Bd 26. S. 297—344]. Zür. Zürcher u. Furrer Dr. 1882. 2 Bl., 48 S., 1 Taf. 8°.
Zürich, Phil. Diss. [v. 27. Jan. 1882].

Beyel, Chr. Kommissionalbericht über die schweiz. Verkehrsverhältnisse. Zürich 1843.

Beyel, Chr. Lineare Construction einer Fläche zweiten Grades aus neun gegebenen Punkten. 1883.

Beyel, Chr. Die Curven 4. Ordnung mit drei doppelten Inflexionsknoten. 1884.

Beyel, Chr. Ueber die Mittelpunkte von Kegelschnitten einer Fläche zweiten Grades. 1880?

Beyel, Chr. Ueber Oskulation und vierpunktige Berührung von Kegelschnitten. 1880?

Beyel, Chr. Ueber Pol und Polare eines Kegelschnittes. 1880?

Beyel, Chr. Ueber eine ebene Reciprocität und ihre Anwendung auf die Kurventheorie. 1880?

Beyel, Chr. 57 Sätze über das orthogonale Viereck. Dresden 1889.

Beyel, Chr. Geometrische Studien. Zürich 1886.

— über den Unterricht in der darstellenden Geometrie. gr. 8. (S. 401—410.) Ebd. 899. —30
Sonderabdruck aus: „Ztschr. f. mathem. u. naturw. Unterr."

Beyel, Chr. Noch ein Wort zur zürch. Bahnhoffrage. 4.

Beyel, Henricus (geb. 1819 in Ludendorf bei Bonn): De calore animali ... Bonnae, form. C. Kruegerii 1854. 17 S. 4.
Bonn, Med. Fak., Diss. v. 22 Aug. 1854

Beyel, (J. J.) Versuch, d. Entstehen d. runden Gestalt d. Erde u. übrigen Welt-Körper, sammt ihrer Bewegung, auf eine neue Art zu erklären. gr. 8. Zürich 825, Orell.

Beyel, Jh. Jak., über d. Schädlichkeit d. Kleebaues u. d. Stallfütterung. 8. Zürich 799. (Gädike in Berl.) 5 gr.

Beyel, Werner. Die nächsten Folgen des Kappeler-Krieges. Geschichtliche Darstellung des damaligen zürcherischen Stadtschreibers Werner Biel. Hrg. von J[ohann] B[aptist] E[mil] Rusch. SA. 8. Solothurn 1875.

Beyeler, (Albin). Projet B': Berne-Brigue via Blumenstein-Wildstrubel. Longueur d'exploitation: 116 km.; Pente maximale: 13 ‰; Rayon minimum: 400 m. (Rapport au Comité de la ligne de chemin de fer du Lœtschberg aux soins du Conseil d'Etat du Canton de Berne.) 27 p. 8. Berne, Stæmpfli & Cie., Juin 1903.

Beyendorff, Rudolf
Beyendorff, R., Die Geschichte der Reichsgewerbeordnung. gr. 8°. Leipzig 1900.

Beyendorff, R[udolf], cand. cam.: Die Geschichte der Reichsgewerbeordnung. *(Leipzig: C. L. Hirschfeld 1901.)* (89 S.) 8° [F.]
Tübingen, Staatswiss. Diss. v. 1901
(Nicht für den Austausch)

Die Geschichte der Reichsgewerbeordnung. Eine Einführung in d. deutsche Gewerberecht ... Von Dr. R[udolf] **Beyendorff**. Leipzig: C. L. Hirschfeld 1901 [übergekl.: Tübingen: J.C.B. Mohr 1907]. (89 S.) 8° [F.]
[08. 61a 11]

— der Polizeibeamte, seine Rechte u. Pflichten in populär-staatsrechtlicher Darstellung. gr. 8. (X, 159 S.) Berlin 900. E. S. Mittler & Sohn. n. 2.—; geb. in Leinw. n. 2. 50

— das System der Reichs-Gewerbeordnung. Für den akad. u. prakt. Gebrauch dargest. 8. (304 S.) Berlin 902. J. Guttentag. n. 4.—; geb. in Leinw. n. 4. 60

Beyer, s.a. Baier

Beyer, s.a. Bayer

Beyer, s.a. Beier

Beyer: Auflösung der numerischen Gleichungen vom dritten und einem höheren Grade. 31 S.
Progr. Neu-Stettin 1863.

Beyer: Bergstaatsrechtslehre,
s. Beyer, Adolf

Beyer. Bericht üb. d. öffentl. Gesundheitswesen d. Reg.-Bez. Düsseldorf f. 1880. Düsseldorf 882.

Beyer: Illustrierte Beschäftigungsspiel und Sportbücherei,
s. Beyer's illustriertes Beschäftigungsspiel ...

Beyer: Entferngsk. d. Kreises Saarburg (Reg.-Bez. Trier). 1: 80,000. 42×47 cm. Lith. u. kol. Mit Text am Fusse. Saarbg 95, R Hegner. 1.75; erm. Pr. 1—

Beyer: Exerzier-Reglement ..., s. Beyer, Frz.

Beyer, d. neuen Gesetze üb. d. Erbschafts- u. Urkundenstempel v. 13. Novbr. 1876, in Verbindg m. d. Wechselstempel. 8. (24) Zitt. 77. (Schaeffer). n. — 60

Beyer, ..., über die theolog. Gravität. 8. Leipz. (Bern, Haller). 6 gr.

Beyer (Red.), s. Haus-Apotheke, Die.

Beyer: Kann e. vernünft. Mensch heute noch an e. Gott glauben? (24) 8° Strieg., Th. Urban '11. — 20 d

Beyer: Die bildende Kunst u. d. Zeichenunterricht. 24 S.
Progr. Wien OR R. 1868.

Beyer, mit welchen Gedanken wandern wir Christen der Ewigkeit zu? Letzte Predigt, in der Dreifaltigkeitskirche zu Hannover am 23. XI. 1902, dem 27. Sonntag nach Trinitatis (Totensonntag) üb. die Epistel 2. Petri 3, 3—14. geh. (15 S.) 8. Hannover (903). H. Feesche. n. — 25

Beyer: De notione mutata pronominum ἑ, σφέ, σφίν cet. 11 S. 4°.
Progr. Neustettin 1871.

Beyer: L'Officier interprète. Aufgaben-Sammlg m. u. ohne Lösg. 2 Tle. (66 u. 20 m. 4 Taf.) 8° Dresd., (C Damm)'01. 2.50

Beyer, l'officier interprète. Aufgaben-Sammlg. m. u. ohne Lösg. 2 Tle. gr. 8. (66 u. 20 S. m. 4 Taf.) Dresden 901. (C. Höckner.) n. 2. 50

Beyer, the officers' interpreter. III. part. Translation by O. O. Buckeridge. (III, 18 S.) gr. 8. Dresden 904. C. Damm. n. 1.—

— l'officier interprète. IV. (russ.) Tl. Mit e. Anh., enth. e. Zusammenstellg. einiger Documente aus d. russisch-japan. Krieg v. Saxe (36 S.) gr. 8. Ebd. 906. n. 1.—

Beyer: L'officier interprète. IV. (russ.) Tl. Mit e. Anh., enth. e. Zusammenstellg ein. Documente a. d. russisch-japan. Krieg v. Saxe. (36) gr8° Dresd. '06. Meiss., HW Schlimpert. 1 —

Beyer: Original-Muster ..., s. Beyer, Alex.

Beyer, Ortschafts-Verzeichniß f. Schleswig-Holstein, s.: Moeller.

Beyer: Plan der Stadt Liegnitz, s. Beyer, Th.

Beyer: Probeabschnitte aus einem neuen Lehrbuche der Arithmetik. 33 S.
Progr. Neu-Stettin 1853.

Beyer: Friedrich Rückert ..., s. Beyer, Conrad

Beyer : Deutsche Schulwelt des neunzehnten Jahrhunderts in Wort und Bild. Lief. 2 (S.33–64).
Wien: Pichler 1902.

Beyer: Über die Stammtafel, s. Wigger.

Beyer: Theatrum machinarum molarium, s.
s. Beyer, Johann Matthias

Beyer. Der Thurmbau zu Babel und die Sprachverwirrung. Neustettin, G., 1868. 16 S. 4.

Beyer, ..., (Consistor.-Rath in Breslau), s. Uebersicht d. Bisthums Breslau.

Beyer, ..., s. 1) Uebersicht d. Entschädigungsgegenstände. 2) Verzeichn. d. Entschädigungsobjekte.

Beyer, s. Verzeichniss der Seeleuchten.

Beyer: Viehseuchen-Gesetze,
s. Beyer, Benno

Beyer: Gewerblicher Volksrathgeber für Jedermann, s. Beyer, Engelbert

Beyer's Vorlegeblätter für den Zeichenunterricht in Volks-, Mittel- u. Fortbildungsschulen. 1—14. Hft. qu. gr. 4. (à 10 Steintaf.) Langensalza 879. 80. Beyer & Söhne. à 1. —

Beyer, Vorschule im Klavierspiel, ungarische Ausgabe (Text ungarisch und deutsch) Wien: Universal-Edition 1903.

Beyer, A., Anleitung z. zweckmäß. Anwend. d. Arzneimittel, welche in die Pharmacopoea milit. Boruss. aufgenommen sind. Zum Gebr. d. unterärztl. Personals d. Kgl. Preuß. Armee bearb. 8. (21 B.) Breslau 851, W. G. Korn.

Beyer, A., Arzneiapparat z. Behandl. d. Gicht u. Kurart ihrer verschiedenen Formen. gr. 8. (12¼ B.) Breslau 842, Schulz u. Comp.

Beyer, A.: Beitrag zur Begründung der Erscheinung, daß gerade Linien sich gekrümmt zeigen, wenn sie durch ein gläsernes dreiseitiges Prisma, dessen Kanten jenen Linien parallel liegen, betrachtet werden. 18 S. Figt.
Progr. Neu-Stettin, 1846.

Beyer (A.), Beiträge zur Bergbaukunde, oder geognostische und bergmännische Bemerkungen auf einer Reise aus dem Sächsischen Erzgebirge in die Badenschen Lande. Dresden 1794. 4.

Beyer A.: Bergstaatsrechtslehre,
s. Beyer Adolf

Haus Bergener. Erzählung aus d. Zeit Friedrichs d. Gr. Von A. Beyer. (Mit 4 Vollb.) *Frankfurt a. O.: Trowitzsch & Sohn 1902.* (241 S.) 8° [F.] (o. 13.8.)

Beyer, A., Enchiridium medicum ad modum Jo. Kaempfii cur. 8maj. (30¼ B.) Berolini 839, Th. Enslin.

Beyer, A.: Die Erziehung der weiblichen Jugend ...,
s., Beyer, Anna

Beyer, A.: Die Flexion des Vokativs ...,
s. Beyer, Albert

Beyer, A., Instruction für Militair-Aerzte der königl. preußischen Armee vom 9. Decbr. 1858 das militair-ärztliche Untersuchungs-Geschäft betreffend. Zum prakt. Gebrauch für Militair-Aerzte und Physiker zusammengestellt und mit einer alphabet. geordneten Uebersicht der bei solchen Untersuchungen vorkommenden Krankheiten etc. und deren Beurtheilung versehen. 12. (VII und 64 S.) Breslau 860, Aland's Buchh. * 8 Ngr.; geb. *

Beyer, A., Instruction für Militair-Aerzte der Königlich Preußischen Armee vom 9. December 1858 das militair-ärztliche Untersuchungs-Geschäft betr. Zum prakt. Gebrauch für Militair-Aerzte und Physiker zusammengestellt und mit einer alphabetisch geordneten Uebersicht der bei solchen Untersuchungen vorkommenden Krankheiten und deren Beurtheilung versehen. Breslau 860. Morgenstern. 12. (VII, 64 S.) n. 8 ngr.

Beyer, A.: Lehrbuch der Elementar-Mathematik,
s. Beyer, August

Beyer, A. (II.), der Münster, s. Baudenkmale, mittelalterliche.

Beyer, A.: Observationes de juribus circa metalla,
s. Beyer, August

Beyer, A. Observationes nonnullae medico-chirurgicae ex praxi in nosocomiis militaribus depromtae. Vratislaviae 1834. 4.

Beyer, A.: De ratione describendi formulam integralis $\int \varphi (x)\, dx$ valorem, qui ad verum maxime accedat, exhibentem. 18 S.
Progr. Neu-Stettin 1836.

Beyer, A., Sokrates. Pädagogische Charakteristik. Pr. 1841. 25 S.

Beyer, A.: Tabellen zur Berechnung der Fracht ...,
s. Beyer, Alb.

Beyer A.: Gründlicher Unterricht vom Bergbau...,
s. Beyer, August

Beyer, A., die Worte der Einsetzung d. heiligen Abendmahls m. Berücksicht. d. den Participien διδόμενον u. ἐκχυνόμενον beigefügten Artikels erklärt. [Aus: „Monatsschrift f. d. evang.-luth. Kirche Preußens."] 8. (13 S.) Berlin 873. W. Schultze in Comm. n. — 30

Beyer, A.: Zahn- u. Mundkrankheiten,
s. Beyer, August

Beyer, A. E. H: Prospekt, betr. Oefen, Trockenanlagen usw. Berlin (1903?)

Beyer, A. G., de contagiis. 4. Götting. 805. Brose. 4 gr.

Beyer, A. H., und C. Frantz, Lehrbuch zur Vorbereitung auf das Examen als Actuar erster Klasse. Ein Commentar für diejen. Justiz-Subalt.-Beamten, welche sich zum Examen als Actuar erster Klasse, Rendant und Calculator vorbereiten wollen. gr. 8. (VI und 282 S.) Eilenburg 850, Schreiber.

Beyer, Abraham

— — (Nivimontan.), Quaestio juris controversi an sublocari possint operae. Präs. Chn. Heinrich Breuning. Lpz. (Langenheim) 23. III. 1774. 8 S. (3.50) 2501

— — De clypeo et magna valde mercede Abrami ex Genes. XV, 1. Präs. Adam Rechenberg. Lpz. (Brandenburg Erb.) 25. II. 1710. 44 S. (5.—) 2500
Gew.: Abraham v. Schoenberg. — Widm. v.: Andr. Beyer, Rom. Teller (dtsch.), Joh. Gottlob Pfeiffer.

Beyer, Abraham (Freiberg/Sa.), Diss. de dubitatione via ad veritatem. Tl. I/II. Präs. Henn. Bernh. Witter. Helmstedt (Gg. W. Hamm) 21. III. 1705. 48 S. (4.50) 2499
Widm. v.: Herm. v. der Hardt, Cornel. Diet. Koch, J. H. Conring, Chn. Theophilus (Boerwald/Neu-Mark).

Beyer, Adolph

Beyer, Ad. Berg-Staats-Rechtslehre mit Berichten und Erläuterungen und Zusätz, von F. L. Cancrin. 8°. Halle; 2. Aufl. 1790, Gebauer.

Beyer

— **Adolph** (Nivimontensis), De fidejussore non liberato si renunciatione beneficii ordinis facta prius conveniatur debitor. Spec. cont. caput jur. controv. Präs. Christian Heinr. Breuning. Lpz. (Langenheim) 23. IX. 1767. 8 S. (3.—) 2501a
Gew.: Christian Ludwig Stieglitz.

Beyer, Ad., († ... 1768.) Otia metallica, oder bergmännische Nebenstunden &c. Abhandl. v. Bergsachen, Geschichten, Bergrechten, Naturlehre &c. Mit Kpf. 2 Thle, 8. Schneeb. u. Fulda 748—751.

— s. Pini, Beobachtungen.

Beyer, Adr.: Tr. de jure prohibendi, quod competit opificibus et in opifices, von d. Zunft-Zwang. *Jen.* 683. 4. c. not. Fr. Gl. Struvii. *Jen.* 721. 4.

Beyer, Alb., Tabellen zur Berechnung der Fracht, Ersatz dafür, s.a. Schulte, Heinr.

Beyer, Alb., Tabellen zur Berechnung der Fracht nach dem Reglement des Vereins-Güterverkehr deutscher Eisenbahn-Verwaltungen, in welchen Tarifsätze von 0,1 Groschen bis mit 3 Thaler pro Centner u. 10 Pfund bis mit 10,000 Pfund berechnet sind. Leipzig 870. (Hinrichs.) 4. (181 S.) n. 1 *ℛ* 15 *ngr*; 1. Abth. [Tarifsätze von 0,1 Gr. bis 1½ *ℛ*] apart n. 20 *ngr.*

—— dass. — nach den Bestimmungen des Betriebs-Reglements für die Eisenbahnen Deutschlands vom 1. Juli 1874, in welchen nach den Tarifsätzen von 0,01 bis 10 Mark pro 100 Kilogr. die Frachten von 10 Kilogr. bis 10,000 Kilogr. berechnet sind. Neue verm. und nach der Markwährung abgeänd. Aufl. 1874, und 3. Aufl. gr. 4. (205 S.) (Ebendas.) 875. *

Beyer, Alb., Tabellen zur Berechnung der Fracht nach den Bestimmungen des Betriebs-Reglements für die Eisenbahnen Deutschlands vom 1. Juli 1874, in welchem nach den Tarifsätzen von 0,01 bis 10 Mark pro 100 Kilogr. die Frachten von 10 Kilogr. bis 10,000 Kilogr. berechnet sind. 4. Ster.-Aufl. 8. (205 S.) Leipzig 882. Hinrichs' Verl. in Comm. n. 5. —

Beyer, Albertus Frater: Kurtze Auslegung des Fontinleins oder vierdten Theils Bernhardi. 25 S.(S.273 - 297), gbd.

s.: Bernhardus Graf von der Marck und Tervis: Chymische Schriften von dem gebenedeyten Stein der Weisen. Aus dem Lat.übers.von Kaspar Horn, herausgeg.von Joachim Tanck. Th.4. Nürnberg: 1747

Beyer, Albert [app. Arzt aus Harburg]: Ueber die Déviation conjuguée bei Grosshirnerkrankungen ... Halle a. S., Hofbuchdr. v. C. A. Kaemmerer & C., 1892; 32 S., 2 Bl. 8.
Halle, Med. Fak., Inaug.-Diss. v. 23. Dez. 1892

Beyer, Albertus: Die Flexion des Vokativs im Altfranzösischen und Provenzalischen. Halis Saxonum 1883: Karras. 24 S. 8°
Halle-Wittenberg, Phil. Diss. v. [28. März] 1883
Geb. Konradsdorf bei Hainau (Schles.) 4. 7. 1859. V.
Aus: Zeitschrift f. roman. Philologie. Bd 7. Halle 1883. S. 23—44.

Beyer, Albert [Dr.]: Die Philosophie Friedrich Heinrich Jacobis nach seiner Schrift: David Hume über den Glauben — oder Idealismus und Realismus. Bremen, Druck v. A. Guthe, 1892; 3—22 S. 4.
Bremen, R beim Doventhor, OP 1892 (723)

Beyer, Alex., neue Decken-Dessins. 1. Lfg. gr. Fol. (6 Blatt.) Berlin 846. [Schröder's Verl.]

Beyer, Alex., neue Decken-Dessins. 2. Lfg. gr. Fol. (6 lith. Blätter.) Berlin 847, Schroeder's Verlag.
1. Lfg. Ebendas. 1846. 1 Thlr. 15 Ngr.

—— Original-Muster z. prakt. Gebr. für Stubenmaler, enthalt. alle in d. Stubenmalerei vorkommenden Verzierungen, meist in gleich anwendbarer Grösse u. in Farben gedruckt. 1—4. Hft. gr. Fol. (à 6 Blätt.) Berlin 843, 44, Winckelmann u. Söhne. à * 2 Thlr. 15 Ngr. *

Beyer

— **Amandus Gotthold** (Schkölen), Selectiora juris principia. Disp. jur. XIII. Präs. Jo. Tob. Richter. Lpz. (Langenheim) 20. VIII. 1749. 20 S. (3.20) 2503
Gew.: Christian Friedrich Schaller.

Beyer, Anders, aus Kummerlef: Untersuchungen über Umlagerungen an der Nordseeküste, im besonderen an und auf der Insel Sylt. *Halle a. S. 1901: H. John.* (66 S.) 8°
Erlangen, Phil. Diss. v. 13. Febr. 1900

Beyer, Andr.: Additiones ad Bened. Carpzovii jurisprudentiam ecclesiasticam, vulgo Consistorialia, variis praejudiciis recentioribus, et rescriptis decisivis adornatae ... cura Joh. Chr. Starckii ed. Dresdae et Lipsiae 1718.

Beyer, Andr., s. Carpzovius, Bdct.: Jurisprudentia ecclesiastica - Additiones.

Beyer, Andreas. See Frincke, Johann Traugott.

Beyer, Anna, die Erziehung der weiblichen Jugend in den höh. Berufsklassen, s.: Hagen, Luise.

Beyer, Anna (Red.), s. Frauenheim.

Beyer, A[nna]: Volkserzieher — bildet Menschen! [Offene Briefe an Volkserzieher und alle, denen die Bildung des Menschen zum Menschen eine wahrhafte und ernste Sache ist. Preisgekr. vom Verein deutscher Freimaurer.] Gekrönte Preisschrift. Berlin: Wunder 1910. XVI, 215 S. 8°
In einer für die Öffentlichkeit bestimmten Aufl. mit verkürzten Tit. erschienen.

Beyer, Anselm [aus Coburg]: Der Kaiserschnitt an der Lebenden.... Stuttgart, Grossh. Hess. Hof-Buchdr. v. J. Fink, 1889; 31 + 1 S. + 1 Bl. 8°
Berlin, Med. Fak., Inaug.-Diss. v. 27. Aug. 1889

Beyer, Arthur [pr. Arzt aus Schlesien]: Enterotomie bei Ileus. . . . Greifswald, Druck v. Julius Abel, 1889: 32 S. 8°
Greifswald, Med. Fak., Inaug.-Diss. v. 2. März 1889

Beyer, Arthur: ⌊Über die elektro-analytische Trennung von Cadmium und Zink. 1906. 86 S. 8⁰
Dresden, Dr.-Ing.-Diss. v. 18. 7. 1906

Beyer, August, aus Uladowka (Russl.): **Beiträge** zur Aetiologie der Zahnverderbnis und Stomatitis in Thüringen. *Jena 1900: B. Vopelius.* (26 S.) 8°
Jena, Med. Diss. v. (8. Nov.) 1900

– s. Beiträge zur Bergbaukunde.

Beyer, August
— — (Soest), De carditide et pericarditide acuta. Diss. med. Bln. (Nietack) 21. XII. 1833. 36 S., mit Liter. u. Biogr. (M.: Hennecke.) (3.50) 2511
Oppon.: Fr. Hellersberg, Fr. Bueren, C. von Weys. — Gew.: Ed. Wolff, A. Beyer.
— — De competentia consistoriorum evangelicorum inprimis inferiorum in provinciis electoratus Saxoniae. Disp. jur. eccles. Präs. Chn. Wildvogel. Jena (Müller) 18. XII. 1714. 26 Seiten. (4.—) 2509

Beyer, Aug., Lehrbuch der Elementar-Mathematik für den Schul- und Selbstunterricht. 2. Thl.: A. u. d. T.: Lehrbuch der Elementar-Geometrie für den Schul- und Selbstunterricht. 1. Abthl. gr. 8. (VIII und 140 S. mit 140 in den Text gedr. Holzschn.) Berlin 850, L. Oehmigke's Verlag.

Beyer, Aug., Lehrbuch der Elementar-Mathematik für den Schul- und Selbstunterricht. 1. Thl. A. u. d. T.: Lehrbuch der Elementar-Arithmetik rc. 1. u. 2. Abschnitt. Berlin 853 L. Oehmigke. 8. (XI, 191 S.) n. 24 ngr

Beyer, Augustus: „Specimen continens observationes de juribus circa metalla quod illustris ictorum ordinis gratia praeside D. Christiano Hnr. Breuning socio in auditorio pretrino", Lipsiae 1769. — Vorh.: Preuß. Oberbergamt Dortmund — E. h. 158.

— — (Nivemontan.), Observat. de juribus circa metalla. Präs. Chn. Heinr. Breuning. Leipzig (Rumpf) 14. X. 1769. 16 S. (3.20) 2510
Gew.: Friedr. Ant. v. Heynitz (Troeschkau), Adam Friedr. v. Ponickau, C. E. Pabst d'Ohain.

Beyer
— August (Dresden), Diss. de patientia juridica. Präs. Jo. Friedr. Olearius. Lpz. (J. A. Tschau) 26. IV. 1712. 36 S. (4.50) 2507
— — Dasselbe. Wittbg. 1744. 62 S. (4.20) 2508

Beyer, August
Gründlicher Unterricht vom Bergbau, nach Anleitung der Markscheider-Kunst — von *August Beyern*, Sr. Kön. Maj. in Pohlen und Churf. Durchl. zu Sachsen Berg-Commissario, Markscheidern, auch des Raths und Berg-Schöppenstuhls zu Freyberg Assessore. Schneeberg, zu finden bey Carl Wilhelm Fulden, Buchhändlern. 1741. 3 Bog. Titel, Vorr. Inhalt, 251 Seiten Text, 7 Seiten Register, nebst 8 Bog. Kupfertafeln und 6 halben Bog. Holzschnitte. rec. Nov. Act. Erud. Lipf. 1757. p. 526.
— vermehrt von *Langen*. Altenburg. 4 maj. tab. aen. 52. 1784.

Beyer, Aug., († d. 7. Apr. 1806.) gründl. Unterricht, v. Bergbau, nach Anleit. der Markscheidekunst, wie die Gänge, Klüfte u. Flötze zu untersuchen, Schächte u. Grubengebäude anzutreiben rc. Fol. Schneeb. 749. 2e Aufl. verm. u. verb. von Jh. Fr. Lempe. Mit 52 Kpf. 4. Altenb. 785. (Hennigs in Neisse). 7 ℛ 8 gℓ

Zahn- und Mundkrankheiten. Entstehung, Verhütung, Behandlung u. Heilung gemeinverständl. dargest. von Dr. med. August Beyer, pr. Zahn-Arzt in Berlin. *Berlin: Deutscher Verl. [1904].* (68 S.) 8° [3.] [Lw. ...]

Beyer, B.: Rechtsetzende u. rechtausführende Gewalt, s. Beyer, Bruno

Beyer, Benno
Beyer, B., Reichs-Gesetze u. preußische Landesgesetze über die Abwehr u. Unterdrückung von Viehseuchen, nebst den zur Ausführung derselben ergangenen Vorschriften u. anderen die Handhabung der Veterinär-Polizei betr. Bestimmungen. Text-Ausg. m. Anmerkungen. 8. (VI, 317 S.) Berlin 881. Parey. cart. n. 4. —

Beyer, Benno: Reichs–Gesetze und Preussische Landes–Gesetze über die Abwehr und Unterdrückung von Viehseuchen ... Text-Ausg. mit Anm. Berlin 1881, VI, 317 S.
– 2. Aufl. 1886. VIII, 306 S.
– 3. Aufl. 1895. X, 477 S.
– 4. Aufl. 1987. X, 492 S.

Beyer, B: Viehseuchen-Gesetze,s.a. Nevermann, L.

Beyer, B., Viehseuchen-Gesetze. Reichs-Gesetze u. preuß. Landes-Gesetze üb. die Abwehr u. Unterdrückg. v. Viehseuchen, nebst den zur Ausführg. derselben ergangenen Vorschriften u. anderen das Veterinärwesen betr. Bestimmgn. Text-Ausg. m. Anmerkgn. 2. Aufl. 8. (VIII, 360 S.) Berlin 886. Parey. geb. n. 5. —

Beyer, B, Viehseuchen-Gesetze. Reichs-Gesetze u. preuss. Landes-Gesetze üb. d. Abwehr u. Unterdrückg v. Viehseuchen, nebst d. z. Ausführg derselben ergangenen Vorschriften u. and. d. Veterinärwesen betreff. Bestimmgn. Text-Ausg. m. Anmerkgn. 3. Afl. 8° (478) Berl. 95, P Parey. Geb. in Lnw. 6 —

Beyer, B., Viehseuchen-Gesetze. Reichs-Gesetze u. preuß. Landes-Gesetze üb. d. Abwehr u. Unterdrückg. v. Viehseuchen, nebst d. z. Ausführg. ders. ergang. Vorschriften u. and. d. Veterinärwesen betreff. Bestimmgn. Text-Ausg. m. Anmerkgn. 4., neu bearb. Aufl. 8. (X, 492 S.) Berlin 897. P. Parey. Geb. in Leinw. n. 6. - -

Beyer, B., Viehseuchen-Gesetze. Deutsche Reichs- und preussische Landesgesetze über Abwehr und Unterdrückung der Viehseuchen etc. Berlin 99. (IV.) Parey. Geb. M. 6.--

Beyer, Bernh.: Die Bestrebgn z. Reform d. Irrenwesens. Material zu e. Reichs-Irrengesetz. Ergänzgsbd z. „Psychiatr.-neurolog. Wochenschr." (668) gr8° Halle, C Marhold '12. 12 —

Beyer, Bernhard, Assist. am pathol. Inst. d. Univ. zu Rostock: Aus d. med. Klinik u. d. pathol. Institut zu Rostock. Über die Beziehungen zwischen Pseudoleukämie und Lymphosarkom, auf Grund von anatomischen Untersuchungen. *Schönberg i. M. 1904: Lehmann & Bernhard.* (82 S.) 8°
Rostock, Med. Diss. v. [15. Juli] 1904

Beyer, Bernh. Mor.: Der Kampf m. d. Tode. Phantast. Mythensymphonie in 4 Abtlgn. (93) 8° Lpzg, Xenien-Verl. '12. 2 — d

Beyer, Bernh. Mor., verklungene Töne. Eine romant. Spielmannstragödie. (86 S.) 8. Leipzig 910. Modernes Verlagsbureau. 1.50

BEYER, BRUNO. Ueber einige Derivate der Isophtalsäure. Leipzig, 1882. Diss. G. S., S. I.

Beyer, Bruno, a. Berlin: Über den Gebrauch von „tout" im Alt- und im Neufranzösischen. (Erlangen: Junge & Sohn 1905.) (VII, 72 S.) 8°
Berlin, Phil. Fak., Ref. Tobler, Brandl, Diss. v. 6. Mai 1905
[Geb. 6. Aug. 82 Berlin; Heimatsort: Berlin; Staatsangeh.: Preußen; Vorbildung: Königstädt. Realgymn. Berlin Reife O. 00; Studium: Berlin 4, Paris 1, Berlin 5 S.; Rig. 24. Nov. 04.]

Beyer, Bruno: Rechtsetz. u. rechtausführ. Gewalt, s. a. Abhandlungen a. d. Staats- u. Verwaltgsrecht.

Rechtsetzende und rechtausführende Gewalt. Eine Untersuchung von Dr. Bruno Beyer. Breslau: Marcus 1909. 74 S. 8°
(Abhandlungen aus d. Staats- u. Verwaltungsrecht. H. 19.) [09. 10433

Beyer, Bruno, Referendar a. Rosenberg: Die rechtliche Natur der Konkordate. Marburg 1907. (178 S.) 8°
Marburg, Jur. Fak., Ref. Heymann, Diss. v. 22. April 1907
[Geb. 9. Nov. 82 Rosenberg; Wohnort: Stuhm; Staatsangeh: Preußen; Vorbildung: Friedrichskoll. Königsberg i. Pr. Reife M. 02; Studium: Königsberg 6 S.; Rig. 24. Nov. 06.]

Beyer, C., s. a. Beyer, Carl

Beyer, C., s. a. Beyer, Conrad

Beyer, C., s.a. Beyer, K.

Beyer, C., s. a. Byr, C. (Pseud.)

Beyer, C.: Über d. Bedeutung d. naturwissenschaftl. Unterrichts i.d. Mittelschule. Berl. 4° 8 p. 1864.
Schul-/Univ.-Schrift

Beyer, C., Wilhelm v. Braumüller und Heinrich v. Cotta. Zwei Thüringer Charakterköpfe. gr. 8. (VI, 162 S.) Wien 881, Braumüller. *

Beyer, C, Wilhelm v. Braumüller u. Heinrich v. Cotta. Zwei Thüringer Charakterköpfe. 8. (162) Wien 81. Berl., Parey. n. 2. —

— durch Bruderblut. Erzählung aus Kissingens schwersten Tagen. (Sonderausg. aus: „Zu guter Letzt".) (114 S.) 8. Schwerin (901). (906). F. Bahn. n. 1. 50

Beyer, C., Brumm u. sein Herr Leut—. Dreimal ausgerissen. Kriegsgeschichten. 1. u. 2. Aufl. (Je 90 S. m. Titelbild.) 8. Schwerin 910. F. Bahn. — 90; geb. in Leinw. 1. —

Beyer, C.: Neue Chronik von Erfurt, s. Beyer, Chr.

—— Entfernungs-Karte des Reg.-Bez. Coblenz, rechtsrhein. Theil. 1 : 100,000. Im Auftrage der königl. Regierung unter Benutzung der Kataster- und Generalstabs-Karten bearb. 1882. 2 Bl. Lithogr. und color. qu. gr. Fol. Ebendas. ** 2 50

Beyer, C., Entfernungs-Karte des Reg.-Bez. Coblenz, linksrheinischer Theil. 1 : 100,000. Im Auftrage der königl. Regierung unter Benutzung der Kataster- und Generalstabs-Karten bearb. im J. 1883. 4 Bl. Chromolithogr. gr. Fol. Coblenz, Groos. Subscr.-Pr. ** 4 —

— Festspiel zur Geburtstagsfeier Sr. Maj. d. deutschen Kaisers Wilhelm I. gr. 8. (20 S.) Leipzig 877. Hirschfeld. n. — 80

— Fräulein. Aus der Tiefe. In der letzten Stunde. Erzählungen. (Sonderausg. aus: „Zu guter Letzt".) (S. 115—270.) 8. Ebd. (901) (906). n. 2 20

Beyer, C., de Ignatio, veritatis confessore et martyre. I—II. Lips. 1722. 4.

— Kaisergold. Ein dramat. Festspiel zur goldenen Jubelfeier Ihrer Majestäten des Kaisers Wilhelm I. u. der Kaiserin Augusta. gr. 8. (31 S.) Leipzig 879. Friedrich. n. 1. —

Beyer, C., Deutschland's Kaiser-Willkomm, Festspiel zur Einzugsfeier Sr. Maj. des deutschen Kaisers Wilhelm I. in seine Residenzstadt am 5. Decbr, 1878. 8. (15 S.) Leipzig 878, Friedrich.

— zur deutschen Kircheneinigung. Ein Versuch der Verständigg. üb. Döllinger u. die altkathol. Bewegg. u. e. philosophisch-literar. Zeitvotum an Herrn Lic. A. Mücke. gr. 8. (20 S.) Leipzig 872. Frohberg. n. — 40

— Der verzauberte König. Ein Weihnachtsspiel in 5 Aufzügen. (108 S.) 8. Ebd. 908. 1. 60

Beyer, C: 4 Landschaften, s.: Vorlagen f. Brandmalerei.

Beyer, C.: Leben und Geist Ludwig Feuerbach's. Festrede, am 11. November 1872 auf Veranlassung des Freien Deutschen Hochstiftes für Wissenschaften, Künste und allgemeine Bildung in Goethe's Vaterhause zu Frankfurt a.M. gehalten. Mit dem Bildnisse Feuerbach's nach einem Oelgemälde von Karl Rahl, ... Frankfurt am Main. 1873. Verlag des Freien Deutschen Hochstiftes. 8°.

– Dasselbe. 3. Auflage. Leipzig. 1873. Paul Frohberg.

—— Leben und Geist Ludwig Feuerbachs. Festrede, am 11. Novbr. 1872 auf Veranlassung des Freien deutschen Hochstifts für Wissenschaften, Künste und allgemeine Bildung in Goethe's Vaterhause zu Frankfurt a. M. gehalten. Mit dem Bildnisse Feuerbachs in unveränderl. Lichtdruck von Albert, nach einem Oelgemälde von Karl Rahl. 2. Aufl. gr. 8. (IV, 46 S.) Leipzig 873. Frohberg. *

Beyer, C., de legione Christianorum fulminatrice. Lips. 1759. 4.

— Der Moorschäfer. Eine Erzählg. aus Deutschlands schwerer Zeit. Mit 10 Bildern v. H. Barmführ. 1. u. 2. Aufl. (Je 160 S.) 8. Ebd. 910 2.—; geb. n 2. 50

— Der Moorschäfer. Erzählg a. Deutschlds schwerer Zeit. 4. Afl. (160 m. 10 Bild.) 8° Ebd. '11. 2 —; geb. 2.50 d

— die Nebelnixe. Ein Märchen. (160 S.) 8. Ebd. 905. n. 1. 80; geb. n. 2. 50

[F.] Ein Neubau unter Trümmern. Roman a. d. Zeit nach d. dreissigjähr. Kriege v. C[arl] Beyer. *Schwerin i. M.: F. Bahn 1896.* (2 Bl., 252 S.) 1 Bd 8. [97. 1709

— die Nonnen v. Dobbertin. Roman aus der Zeit der Reformation. (403 S.) 8. Ebd. 907. n. 5. —; geb. n. 6. —

— Die Nonnen v. Dobbertin. Roman a. d. Zeit d. Reformation. 5. Afl. (399) 8° Ebd. '12. 5 —; geb. 6 — d

— Puschel! Volksroman a. d. Franzosenzeit. 1—4. Afl. (400) 8° Ebd. '12. 5 —; geb. 6 — d

— kleine Poetik. Für höhere Schulen u. zum Selbstunterrichte. Abriß der dreibänd. „Deutschen Poetik" d. gleichen Verf. 12. (VIII, 127 S.) Stuttgart 893. Deutsche Verlags-Anstalt. Geb. in Leinw. n. 1. —

Beyer, C., de principe paschatos festum determinante. Lips. 1723. 4.

Beyer, C. (Hrsg.), s. Stenograph, Der praktische.

Beyer, C.: Supplementa ..., s. Beyer, Karl

Beyer, C., Tabelle zur Berechnung der berufsgenossenschaftlichen Jahresbeiträge nach Massgabe der Grundsteuerveranlagung der einzelnen Betriebe. Für land- u. forstwirthschaftl. Berufsgenossenschaften bearbeitet. 1.—3. Aufl. qu. gr. Fol. Berlin 890. Frantz. n. — 40

Beyer, C., Tabelle zur Berechnung der berufsgenossenschaftlichen Jahresbeiträge nach Massgabe der Grundsteuerveranlagung der einzelnen Betriebe. Für land- u. forstwirthschaftl. Berufsgenossenschaften bearb. 4 u. 5. Aufl. qu. gr. Fol. Berlin 891. Frantz. n. — 40

— der Vorkämpfer deutscher Größe Herzog Ernst II. Ein biograph. Volksbuch. gr. 8. (XII, 158 S. m. Bildnissen.) Berlin 894. K. Siegismund. n. 2. —

— Wahrhaft — wehrhaft! Erzählg a. d. Kriege 1870/71. 1. u. 2. Afl. (111 m. Titelbild.) 8° Ebd. 10. 1.20; L. 1.50 d

— s.: Wanderungen durch Thüringen.

Beyer, C. C., meine Erfahrungen bei dem Scheibenschießen, eine prakt. Anleitung f. angehende Scheibenschützen. gr. 8. München 844, Franz. n. 1/3 ß

Beyer, C. C., s.: Lieber's Telegraphen-Schlüssel, auch in Englisch, Französisch u. Spanisch.

Beyer, C. T. G., Diss. inaug. medica de varice aneurysmatico et aneurysmate varicoso. 8. Jena 833 (832). Bran. 6 gr

Beyer, C. T.G., Dissertatio inaug. medica de varice aneurysmatico et aneurysmate varicoso. Cujus prioris morbi casus adjectus est memoratu dignus. 8. Jena 833. Bran. 1/4 ß

Beyer, Carl, s.a. Beyer, Karl

Beyer. Carl [aus Solingen]: Ueber $\alpha - \gamma$ Dimethylchinolin und die Synthese des Cincholepidins und des γ — Phenylchinaldins . . . . Leipzig, Druck v. Metzger & Wittig, 1886: 37 S. 8°.
Rostock, Phil. Fak., Inaug.-Diss. v. 24. Mai 1886.

Beyer, Carl, über α-γ Dimethylchinolin und die Synthese des Cincholepidins und des γ-Phenylchinaldins. Diss. Rostock 1886, G. B. Leopolds Univ.-Buchh. 8°. 37 S.

Beyer, Carl (II.), die Altersstufen des Teufels. Rede am 19. Aug. 1860 vor der deutschkathol. Gemeinde zu Leipzig gehalten. gr. 8. (16 S.) Leipzig 860, Friese.

Beyer, C., Anastasia. Ein histor. Roman aus dem Mittelalter. 3 Thle. in 2 Bdn. 8. (202, 179 u. 213 S.) Leipzig 888. Böhme Nachf. n. 6. 75; geb. n.n. 8. 50

[F.] Anastasia. E. histor. Roman a. d. Mittelalter ... Von C[arl] Beyer. 3 Tle in 1 Bde. 2. Aufl. *Schwerin i. M.: F. Bahn 1896.* (4 Bl., 596 S.) 1 Bd 8. [97. 8707

Beyer, Carl, Anastasia. Ein histor. Roman aus dem Mittelalter. 3 Tle. in 1 Bde. 3. Aufl. 8. (V, 596 S.) Schwerin 903. F. Bahn. n. 7. —; geb. n. 8. 50

L. v. Beethoven. Violinkonzert. Op. 61. Erl. v. Carl Beyer. *Frankfurt a. M.: H. Bechhold [1896].* (15 S.) 1 Bd 8.
= Musikführer, Der. No 100. [97. 1187

— kulturgeschichtliche Bilder aus Mecklenburg, s.a. Geschichte, mecklenburgische, in Einzeldarstellungen. 6.

Kulturgeschichtliche Bilder aus Mecklenburg. Von Pastor em. C[arl] Beyer. [1–3.] *Berlin: W. Süsserott 1903.* 3 Bde 8° [F.]
[1.] Zauberei u. Hexenprocesse. Unter d. Elenden u. Ehrlosen.
[2.] Der Landpastor. Des Bauern Leben u. Sitte.
[3.] Die Regierung u. d. Bauern. Bei d. Leibeigenen.
— Geschichte, Mecklenburg., in Einzeldarstellungen. H. 6–8. [04. 4379

— s.: Brahms, Johannes.

— s.: Chorwerke, d. beliebtesten.

Beyer, Carl, Damen-Vorträge f. Gesellschaftsabende. E. Sammlg. d. besten heit. u. ernsten Vorträge f. Damen. 8. (VII, 128 S.) Berlin 898. Neufeld & Henius 1 —; geb. 1. 50

Beyer, Carl, Damen-Vorträge für Gesellschaftsabende. Eine Sammlg. der besten heiteren u. ernsten Vorträge f. Damen. 2. u. 3. Aufl. 8. (à VII, 128 S.) Berlin (900. 901). Neufeld & Henius. 1. —

Beyer, Carl: Damen-Vorträge f. Gesellschaftsabende. 4. Afl. (7, 128) 8° Berl., Neufeld & H. ('11). 1 — d

Felix Draeseke, Requiem '(H-moll)'. '(Op. 22.)' Erl. v. Carl Beyer. *Frankfurt a. M.: H. Bechhold [1896].* (32 S.) 1 Bd 8.
= Musikführer, Der. No 79/80. [97. 1188

— desselben Symphonia tragica (Op. 40), s: Musikführer, der.

Beyer, Carl, die alte und neue Feier des Erntefestes. Rede, angeordnet zum 9. Septbr., und am 16. Septbr. 1860 vor der deutschkathol. Gemeinde zu Leipzig gehalten. Leipzig, Friese. gr. 8. (15 S.) n. 2 ngr.

Beyer, C., d. Fischer u. d. Meerminne. E. Wald- u. Strandmärchen. 12. (156 S.) Schwerin 896. F. Bahn. n. 1. 80; geb. m. Goldschn. n. 2. 80

— der Fischer u. die Meerminne. Ein Wald- u. Strandmärchen. 2. Aufl. 12. (156 S.) Schwerin 896. F. Bahn. n. 1. 80; geb. in Leinw. m. Goldschn. n. 2. 80

Beyer, C., die Geschichte vom kleinen Buckligen. Erzählung aus dem Volksleben. 8. (197 S.) Schwerin 895. F. Bahn. Kart. n. 2. —; geb. n. 3. —

— d. Geschichte v. kleinen Buckligen. Erzählg a. d. Volksleben. 2. Afl. 8° (197) Ebd. 95. 2 —; geb. 3 —

— Die Geschichte v. kleinen Buckligen. Erzählg. a. d. Volksleben. 3. Aufl. 8. (192 S.) Ebd. 899. n. 2. —; geb. n. 3. —

Die Geschichte vom kleinen Buckligen. Erzählung aus d. Volksleben von C[arl] Beyer. 4. Aufl. Schwerin i. M.: F. Bahn 1899. (192 S.) 8° [F.] [07. 3286

Beyer, Carl, Geschichte der Stadt Erfurt bis zur Unterwerfung unter die Mainzische Landeshoheit im J. 1664, s.: Neujahrsblätter. Hrsg. v. der histor. Kommission der Prov. Sachsen.

Beyer, Carl, Geschichte der Stadt Erfurt von der ältesten bis auf die neueste Zeit. Mit e. Anh.: Das vorgeschichtl. Erfurt u. seine Umgebg. Von Zschiesche. Mit 40 Abbildgn. u. Plänen nach alten u. seltenen Stichen. (In ca. 12 Lfgn.) 1.—7. Lfg. gr. 8. (S. 1—224.) Erfurt 900. Keyser. à n. — 80

Beyer, Carl, Geschichte der Stadt Erfurt von der ältesten bis auf die neueste Zeit, fortgesetzt v. Johs. Biereye. Mit e. Anh.: Das vorgeschichtl. Erfurt u. seine Umgebg. Von Zschiesche. Mit 40 Abbildgn. u. Plänen nach alten u. seltenen Stichen. 8.—14. Lfg. (S. 225—416 u. XXXV, XXXV S. m. 11 Taf., 1 Plan, 1 Karte u. 1 Bl. Erklärgn.) 8. Erfurt 903—906. Keyser. à n. — 80

Beyer, Carl, Geschichte der Stadt Erfurt von d. ältesten bis auf die neueste Zeit, fortgesetzt v. Johs. Biereye. Mit e. Anh.: Das vorgeschichtl. Erfurt u. seine Umgebg. Von Zschiesche. Mit ca. 60 Abbildgn. u. Plänen nach alten u. seltenen Stichen. 15.—17. Lfg. (S. 417—512 m. 12 Taf.) 8. Erfurt 907—09. Keyser. à — 80

Beyer, Carl: Gesch. d. Stadt Erfurt v. d. ältesten bis auf d. neueste Zeit, fortgesetzt v. Johs Biereye. Anh.: Das vorgeschichtl. Erfurt u. s. Umgebg. Von Zschiesche. 17. u. 18. Lfg. (481—544 m. Abb., Pl. u. 8 Taf.) 8° Erf., Keyser '11. je — 80 d

Zur Geschichte der Hospitäler und des Armenwesens in Erfurt. Von Dr. C[arl] Beyer. *(Erfurt [1901]: J. G. Cramer.)* (60 S.) 8° [01. 8612

Beyer, Carl Zur Geschichte der Erfurter Volksschulen bis zur Einverleibung der Stadt in den preussischen Staat im Jahre 1802. 4 (23 S.). Progr. Höh. Bürgersch. *Erfurt* 1887

Beyer, C., Die drei Gleichen. Beschreibg. u. Gesch. d. Burgen Gleichen, Mühlberg u. Wachsenburg zw. Dietendorf. u. Arnstadt. Hrsg. v. Thüringerwald-Verein. 12. (32 S. m. 6 Taf. u. 1 Plan.) Erfurt 898. (H. Güther.) — 30

Die drei Gleichen. Beschreibg u. Gesch. d. Burgen Gleichen, Mühlberg u. Wachsenburg zwischen Dietendorf u. Arnstadt. Von C[arl] Beyer. Hrsg. v. Thüringerwald-Ver. zu Erfurt... *Erfurt: Ohlenroth 1898.* (32 S.) 1 Bd 8. [98. 10902

— gleißendes Gold. Eine Volksschrift. Mit Titelzeichng. v. Geo. Barlösius. 8. (75 S.) Ebd. 903. n. — 90; geb. n. 1. —

Gleissendes Gold. Eine Volksschrift von C[arl] Beyer. Mit Titelzeichn. von Georg Barlösius. 2. Aufl. Schwerin i. M.: F. Bahn 1903. (75 S.) 8° [F.] [07. 5167 0

— Gott kann weder in drei Personen getheilt, noch als dreieiniger verehrt werden. Reproduction der Rede, welche am 23. Septbr. in der Peterskirche zu Leipzig gehalten, während ihrer Abhaltung von Eiferern anderer Confessionen tumultarisch unterbrochen und vor beendigtem Gottesdienste durch den Leipziger Staats-Anwalt im Mscr. weggenommen wurde. Gotha 861. Stollberg. gr. 8. (24 S.) n. 5 ngr.

Beyer, C. [C. Blawis], Grethenwäschen, s.a. Für Schule u. Haus.

C[arl] Beyer: Grethenwäschen. 4. Aufl. *(Stavenhagen i. M.: Beholtz [1896?].)* (1 Bl., 112 S.) 1 Bd 8. [97. 1708

Grethenwäschen. Preisgekr. Erzählung von C[arl] Beyer. 5. Aufl. Stavenhagen: Beholtz [1901]. (108 S.) 8° [F.]
= Schule, Für, u. Haus. No 7. [07. 5168 0

— Gretenwäschen. Preisgekrönte Erzählg. aus dem mecklenburg. Volksleben. 6. u. 7. Aufl. (Je 92 S.) 8. Ebd. 908. — 75; geb. 1. —

— dasselbe. 8. Aufl. Mit Illustr. v. Fritz Greve. (168 S.) 8. Ebd. 910. 2. 20; geb. 3. —

Beyer, Carl (Karl): Gretenwäschen. Erzählg a. d. mecklenburg. Volksleben. 10. Afl. (168 m. Abb.) 8° Schwer., F Bahn '11. 2.20; L 3 — d

Gretenwäschen. Preisgekr. Erzählung aus d. mecklenburg. Volksleben von C[arl] Beyer. Mit Ill. von Prof. Fritz Greve. 9. Aufl. Schwerin: Bahn 1910. 107 S. 8° A 12.5579

Beyer, Carl (H.), praktisches Handbüchlein der Steindruckerei. Nach dem neuesten Stande der Technik zusammengestellt und bearb. gr. 16. (VII und 127 S. mit 7 Stnl. Abbildb.) München 868, Grubert.

Beyer, Carl [Dr.]: Die Händel der Stadt Erfurt mit den Lengenfelds und dem Markgrafen Wilhelm von Meißen 1398—1401. Erfurt, Ohlenroth'sche Buchdr., 1889; 1 Bl., 15 S. 4°
Erfurt, st. HB, OP 1889 (258)

— die alte Herzogin. Roman aus der Zeit des 30jähr. Krieges. 4. Aufl. 8. (309 S.) Schwerin 903. F. Bahn. n. 5. —; geb. n. 6. —
1.—3. Aufl. (à 402 S.) Ebd. 900. n. 5. —; geb. n. 6. —.

— im Kampf um die Freiheit od. Claas Jansen, der tapfere Burensohn. Eine Erzählg. aus dem Befreiungskampfe der Buren im J. 1881. 8. (128 S.) Leipzig (900). Erfurt, F. Bartholomäus. — 60

Im Kampf um die Freiheit oder Claas Jansen, der tapfere Burensohn. Eine Erzählung aus d. Befreiungskampfe der Buren im Jahre 1881 von C[arl] Beyer. *Leipzig: Leipz. Romanverl. [Erfurt: F. Bartholomäus 1901].* (128 S.) 8° [F.]
(Kollektion 'Transvaal'. No 62.) [03. 830

Der schwarze Kapitän oder Ein Teufel des Meeres. Erzählung vom Atlant. Ocean von C[arl] Beyer. *Erfurt: F. Bartholomäus [1904].* (135 S.) 8° [F.]
(Kollektion Fahrten u. Abenteuer. No 29.) [04. 23388 S

Das grosse Kind. Tater. 2 Erzählungen von C[arl] Beyer. 2. Aufl. Schwerin i. M.: F. Bahn 1905. (107 S.) 8° [F.] [07. 5169 0

—— die alte Kirche und der Deutschkatholicismus nach ihren anfänglichen Verhältnissen. Rede am 15. Juli 1860 vor der deutschkathol. Gemeinde zu Leipzig gehalten. gr. 8. (15 S.) Leipzig 860, Friese.

Beyer, C, Johs Brahms' Klavierkonzert s.: Musikführer, d. in D-moll, Op. 15,

— Wilhelm Pickhingst's Kriegsfahrten. 8. (76 S.) Ebd. 896. n. — 90; kart. n. 1. —

Beyer, Carl, Wilhelm Pickhingst's Kriegsfahrten 2. Aufl. 8. (76 S.) Schwerin 896. F. Bahn. n. — 90; kart. n. 1. —

— Wilhelm Pickhingst's Kriegsfahrten. 3. Aufl. (78 S.) 8. Ebd. 904. n. — 90; kart. n. 1. —

Wilhelm Pickhingst's Kriegsfahrten. Von C[arl] Beyer. 4. Aufl. Schwerin i. M.: F. Bahn 1904. (78 S.) 8° [F.] [07. 5170 0

— der Landpastor im evangelischen Mecklenburg. Des Bauern Leben u. Sitte, s.: Geschichte, mecklenburgische, in Einzeldarstellungen. 7.

– Des Bauern Leben und Sitte, s. Geschichte, Mecklenburgische, in Einzeldarstellungen

Von Leuten, die auch mit dabei gewesen. Kriegsgeschichten von C[arl] Beyer. 1. Brumm u. s. Herr Leut-. 2. Wahrhaft-wehrhaft. Schwerin i. M.: F. Bahn 1900. (188 S.) 8° [F.] [07. 5171 0

—— die sogenannte christliche Liebe und Duldung. Rede am 29. Juli 1860 vor der deutschkathol. Gemeinde zu Leipzig gehalten. gr. 8. (16 S.) Leipzig 860, Friese.

Beyer, Carl: Ludwig II König von Bayern, s. Beyer, Conrad

Beyer, C. s: Meisterführer, Tschaikowsky.

Mozart, Requiem. Mit Text. Erläut. v. Carl Beyer. *Frankfurt a. M.: H. Bechhold (1898).* (21 S.) 1 Bd 8.
= Musikführer, Der. No 141. [99. 1585

—— ohne Bruch mit dem Alten — keine Ruhe. (Biographisch.) Rede am 5. Aug. 1860 vor der deutschkathol. Gemeinde zu Leipzig gehalten. gr. 8. (16 S.) Leipzig 860, Friese.

— um Pflicht u. Recht. Roman aus der Zeit der Vitalienbrüder. gr. 8. (III, 389 S.) Ebd. 894. n. 4.50; geb. n. 5.50

[F.] Um Pflicht und Recht. Roman a. d. Zeit der Vitalienbrüder v. C[arl] Beyer, '(Verf. v. 'Anastasia' . . .)' 2. Aufl. *Schwerin i. M.: F. Bahn 1896.* (2 Bl., 382 S.) 1 Bd 8. [97. 2710

— um Pflicht u. Recht. Roman aus d. Zeit d. Vitalienbrüder. 3. Aufl. 8. (III, 382 S.) Ebd. 901. n. 4.50; geb. n. 5.50

— Um Pflicht u. Recht. Roman aus der Zeit der Vitalienbrüder. 4. Aufl. (III, 382 S.) 8. Ebd. 906. 4.50; geb. 5.50

Ut de Preußentid. Ein Schauspiel in 3 Aufz. f. unser Volk. Von C(arl) Beyer, (Pfarrer). *Schwerin i. M.: F. Bahn 1904.* (74 S.) 8° [F.] [03. 12886

Ut de Preussentid. Ein Schauspiel in 3 Aufz. f. unser Volk. Von C[arl] Beyer. 2. erw. Aufl. Mit 1 Titelbild. Schwerin i. M.: F. Bahn 1907. (76 S.) 8° [F.] [07. 3493 9

— Pribislaw. Historischer Roman aus der Zeit der letzten Freiheitskämpfe der mecklenburg. Wenden. 8. (364 S. m. 1 Lichtdr.) Leipzig 888. Böhme Nachf. n. 4.50; geb. n. 5.50

[F.] Pribislav. Histor. Roman a. d. Zeit d. letzten Freiheitskämpfe der Mecklenburgischen Wenden. Von C[arl] Beyer. 2. Aufl. *Leipzig: E. Ungleich 1893.* (2 Bl., 273 S.) 1 Bd 8. [91. 2711

— Pribislav. Histor. Roman aus der Zeit der letzten Freiheitskämpfe der mecklenburg. Wenden. (3. u. 4. Aufl.) (IV, 260 S.) 8. Ebd. (908). 3.20; geb. 4.—

– Die Regierung und die Bauern. Bei den Leibeigenen, s. Geschichte, Mecklenburgische, in Einzeldarstellungen

Beyer, Carl: Johs Brahms' deutsches Requiem, s. Musikführer, Der.

Beyer, Carl, Mozart's Requiem, s.: Musikführer, der.

— offenes Schreiben an die Katholiken und Protestanten Leipzigs. Gotha 860. Stollberg. gr. 8. (15 S.) n. 2 ngr.

—— Sentimentalität und Energie. Rede am 22. Juli 1860 vor der deutschkathol. Gemeinde zu Leipzig gehalten. gr. 8. (15 S.) Leipzig 860, Friese.

Staue und Stine. Von C[arl] Beyer. Mit Titelzeichn. von Georg Barlösius. Schwerin i. M.: F. Bahn 1903. (75 S.) 8° [F.] [03. 3493 9

— Staue u. Stine. 3. Aufl. (75 S. m. Titelbild.) 8. Ebd. 910. —90; geb. in Leinw. 1.—

—— die Stellung der Kirche zu Christo und zur Bibel nach der gewöhnlichen Vernunft und Erfahrung. Rede am 9. Septbr. 1860 vor der deutschkathol. Gemeinde zu Leipzig gehalten. gr. 8. (16 S.) Leipzig 860, Friese.

Beyer, Carl (I.), Bad Sulza, seine Geschichte und seine Heilquellen. Mit Ansicht der Stadt und Saline Sulza (in Stahlst.) 8. (51 S. mit 1 Tab. in qu. 4.) Jena 861, Mauke.

— Swinegel-Geschichten, s.a. Bibliothek, plattdeutsche. Bd. 1.

— Swinegel-Geschichten. 8° (102) Berl. 01, W Süsserott. 1 —; geb. 1.50

— Swinegel-Gesch. 2. Afl. (102) 8° Berl., W Süsserott '01. 1 — d

— Swinegel-Geschichten. 3. Aufl. (102 S.) 8. Berlin, (909) [W. Süsserott.] Potsdam, A. Stein. 1.—

—— der Teufel, die bösen Geister und die Hölle bei den Deutschkatholiken. Rede am 26. Aug. 1860 vor der deutschkathol. Gemeinde zu Leipzig gehalten. gr. 8. (16 S.) Leipzig 860, Friese. *

—— allgemeines Thierarzneibuch oder gründliche Anweisung die Krankheiten der Hausthiere zu erkennen und zu heilen. Für jeden Viehbesitzer. 8. (VIII und 248 S.) Langensalza 859, Schulbuchh. des thüringer Lehrer-Vereins.

Beyer, Carl (II.), allgemeines Thierarzneibuch oder gründl. Anweisung die Krankheiten der Hausthiere zu erkennen und zu heilen. Für jeden Viehbesitzer. 2. Aufl. 1863. und 3. Aufl. 8. (VIII und 248 S.) Langensalza 866, Schulbuchh. von Greßler.

Beyer, Karl, allgemeines Thierarzneibuch oder gründliche Anweisung die Krankheiten der Hausthiere zu erkennen und zu heilen. Für jeden Viehbesitzer. 4. Aufl. [Recepte nach dem neuen Maß und Gewicht.] 8. (VIII, 248 S.) Langensalza 873, Schulbuchh. von Greßler.

—— über die Todtenerweckungen Christi. Rede am 12. Aug. 1860 vor der deutschkathol. Gemeinde zu Leipzig gehalten. gr. 8. (14 S.) Leipzig 860, Friese. *

— Peter Iljitsch Tschaikoffsky's Symphonie in E-moll (No. 5) op. 64, s.a. Musikführer, der.

Peter Iljitsch Tschaikoffsky, Symphonie in E-moll '(No. 5)' op. 64. Erläut. v. Carl Beyer. *Frankfurt a. M.: H. Bechhold (1897).* (16 S.) 1 Bd 8. = Musikführer, Der. No 116. [99. 2587

Beyer, C., Unter uns. Humorist. Vorträge f. geschlossene Herren-Gesellschaften. 8. (VIII, 136 S.) Berlin 898. Neufeld & Henius. 1.—

— unter uns. Humorist. Vorträge f. geschlossene Herren-Gesellschaften. 3. Aufl. 8. (VIII, 136 S.) Ebd. (901). 1.—

— Unter uns. Humoristische Vorträge f. geschlossene Herren-Gesellschaften. 4. Aufl. 10—12. Taus. (VIII, 136 S.) 8. Berlin (908). Neufeld & Henius. 1.—

— Unter uns. Humorist. Vorträge f. geschlossene Herren-Gesellsch. 5. Afl. (8, 136) 8° Ebd. ('12). 1 — d

Beyer, C., Urkundenbuch der Stadt Erfurt, s.: Geschichtsquellen d. Prov. Sachsen u. angrenzender Gebiete.

—— Verfassungs-Segen. Rede zu der am 2. Septbr. 1860 angeordneten Constitutionsfeier vor der deutschkathol. Gemeinde zu Leipzig gehalten. gr. 8. (14 S.) Leipzig 860, Friese.

Beyer, Carl [Dr.]: '[Aus d. medicin. Poliklinik u. d. hygien. Institut in Jena.]' Weitere Versuche über den Einfluss von Eiweisskörpern auf die Temperatur von Säugethieren ... Jena, Univ.-Buchdr. G. Neuenhahn, 1897; 20 S. 8. Jena, Med. Fak., Inaug.-Diss. v. [8. Jan.] 1897

Beyer, O: L van Beethovens Violinkonzert Op. 61, s.: Musikführer. d.

—— Wodurch erweist sich eine Gemeinde als deutschkatholisch und welche Richtung und welches Ziel haben wir als Glieder der deutschkatholischen Gemeinde zu erstreben? Antrittspredigt am 8. Juli 1860 vor der deutschkathol. Gemeinde zu Leipzig gehalten. gr. 8. (15 S.) Leipzig 860, Friese.

– Zauberei und Hexenprozesse im ev. Mecklenburg, s. Geschichte, Mecklenburgische, in Einzeldarstellungen.

— zu guter Letzt. 4 Erzählgn. 8. (V, 270 S.) Schwerin 901. F. Bahn. n. 3. —; geb. n. 4. —

Beyer, Carl August
— — u. **Christian Friedrich Fesler** (Zeitz), De difficultate judicii super disputatione veterum ecclesiae doctorum KAT' OIKONOMIAN. Lpz. (Ww. Langenheim) 10. XII. 1766. 31 S. (4.80) 2513

Beyer, Carl August
— — De haemorrhoidibus ex lege Mosaica impuris ad Levit. XV. comment. . . viro Carl Christian Degenkolb gratulat. Leipzig (Solbrig) 1792. 12 Seiten. (3.50) 2514

Beyer
— **Carl August** (Zeitz), Quo sensu Tertullianus deum dixerit corpus. Epistola . . viro Christ. Gottlieb Kuihnoehl . . gratul. seminar. Petrinum Lips. Lpz. (J. G. Buschel) 6. XII. 1764. 16 S. (4.—) 2512

Beyer
— **Carl Ernst** (Freiberg), De hirudine medicinali. Dissert. med. Lpz. (Sturm & Koppe) 17. III. 1837. 33 S., mit umfangr. Literaturangabe. (4.50) 2515

Beyer
— **Carl Gottlieb** (Halsbrück), De panis multifaria materia collectio posterior. Präs. Gg. Rud. Boehmer. Wittenbg. (C. Chn. Dürr) 13. I. 1794. 24 S. (4.—) 2516

Beyer
— **Carl Theophil** (Dobrilugk), De KATEXONTI THN ANOMIAN 2 Thess. II, 7 comment. Lpz. (Breitk. & Härt.) 1824. 16 S. (3.50) 2517
Gew.: Wilh. Friedr. Loeser (Breitingen); Ferd. Carl Aug. Loeser (Friedersdorf).

Beyer
— **Carl Wilhelm** (Dresden), Veram de praescriptione immemoriali sententiam. Diss. jur. Präs. Jo. Balthas. Werner. Wittenbg. (Gerdes) Sept. 1718. 32 S. (5.—) 2518

Beyer, Carlos, mapa de la república del Paraguay, construido dibujado sobre mapas y croquis de Johnston, Rengger, du Graty, Wisner de Morgenstern, Page, Toeppen y segun observaciones proprias. 1 : 1,000,000. Chromolithogr. Buenos Aires 886. (Hamburg, Friederichsen und Comp.) *

Beyer, Caspar Constantin
ROSMARINSTENGEL, Tobias, oder Abentheuer, Ausflüge und Verwandlungen eines jovialischen Windbeutels, ein komischer Roman (von *Caspar Constantin Beyer*, geb. 1761, † 1829). Bd. 1. (einz.). Mit 3 ausgemalten Karikaturen (wobei 1 in Folio). Erfurt, Beyer u. Maring, 1807. 8°. (3 Mk. Franz Teubner, Düsseldorf, c. 1898; 6 Mk. Isaak St. Goar, Frf. a. M., 1909.)
Selten! Name d. Vf. in Karl Herrmann's Bibl. Erfurtina. Erfurt 1863. S. 159. — Fehlt im Anon.-Lex.

Beyer, Ch.: Supplementa . . . , s. Beyer, Karl

Beyer, Chr., Beschreib. d. Merkwürdigkeiten in Eisleben, die sich auf Dr. M. Luther u. auf die Reformation beziehen. Aufgesetzt zum Besten d. Armen-Frei-Schule in Luthers-Hause daselbst. N. 8. Leipz. 817. Dürr. 8 gr.

Beyer, (C.) Neue Chronik v. Erfurt, od. Erzähl. alles dessen, was sich v. J. 1736 bis 1815 in Erfurt denkwürd. ereignete. 8. Erfurt 821, Keyser.

— neue Chronik v. Erfurt, oder Erzähl. alles dessen, was sich v. J. 1736 bis 1815 in Erfurt denkwürd. ereignete. 8. Erf. 822. (Keyser). 2r u. 3r Anh. dazu gr. 8. Ebd. 823. 16 gr.

Beyer, Chr. Gunth. (Resp.): De febribus continuis longis..., s. Wrisberg, H. Aug. (Praes.)

Beyer, Chr. Ph. Fr., geographische Belehrungen im poetischen Gewande rc. 8. Bresl. 814. Holäufer. 4 gr.

— kleine Tugendlehren, oder Abschilderung d. Tugenden u. Laster, in welche d. Mensch gerathen kann. Nebst den Mitteln, sich erstere eigen zu machen, letztere aber ernstl. fliehen zu lernen, mit belehr. Regeln. Mit ill. Kpf. 8. Nürnb. 804. Endter. 10 gr.

Beyer
— **Christian August** (Dresden), De potestate relaxandi juramentum in Imperio R. G. Präs. Dietr. Herm. Kemmerich. Lpz. (Chn. Scholvin) 4. IX. 1716. 20 Bl. (5.—) 2520
Gew.: Marqu. Ludw. v. Printz.
— — Dasselbe. Lpz. (Gabr. Trog) 1736. 40 Seiten. (4.—) 2521

Beyer
— **Christian Gottlieb** (Coburg), Spec. cont. caput jur. controv. de tutore aut curatore filii familias impuberis vel minoris. Präs. Chn. Heinr. Breuning. Leipzig (Langenheim) 23. III. 1765. 8 S. (3.—) 2522

Beyer
— **Christian Gunther** (Arnstadt), Observationes de febribus continuis longis cum melancholia conjunctis. Diss. med. Präs. Heinr. August Wrisberg. Göttingen (Friedr. Andr. Rosenbusch) 20. VI. 1781. 40 S. (4.80) 2523

Beyer
— **Christian Heinr.** (Borna), Selectas observationes forenses. Präs. Jo. Balth. Werner. Wittenberg (Chn. Gerdes) 16. XI. 1711. 20 Bl., zum gr. Teil deutsch. (5.—) 2524

Beyer
— **Christian Wilhelm Ernst** (Arnstadt), De feudo pignoratitio re fundamenti et utilitatis egena vom Pfand-Lehn, als einer ungegründeten und unnützen Sache. Diss. jur. feudalis. Präs. Jo. Gottlieb Siegel. Lpz. (Langenheim) 10. IV. 1742. 36 S. (4.50) 2525

Beyer, Clarita, vier Landschaften, s.: Vorlagen f. Brandmalerei. 81 Lfg.

Beyer, Conrad, s.a. Byr, C. (Pseud.)

Beyer, Conrad
Beyer, C., Arja. Die schönsten Sagen aus Indien u. Iran. Mit 8 Bildern (Holzschntaf.) v. L. Hutschenreuter. br. 8. (VIII, 527 S.) Leipzig 871. Amelang. geb. m. Goldschn. 6. —

BEYER, C. *Arja. Die schönsten Sagen aus Indien und Iran.* Von Dr. C. Beyer ... Mit acht Bildern [= Holzschnitt-Tafeln] von L. HUTSCHENREUTER, Leipzig, C. F. Amelang, 1872. X, 527 S. Kl.-8°. Gold- und blindgepreßter roter Orlnbd., Goldschnitt. 22.—
★ Erstausgabe der ersten größeren, für die Jugend bestimmten Sammlung indisch-persischer Sagen und Mythen. Selten. — Einband leicht verblaßt.

Beyer, C. (C. Byr), Arja. Die schönsten Sagen a. Indien u. Iran. Mit 8 Bildern v. L. Hutschenreuter. 4. u. 5. Tausd. 8. (XII, 461 S.) Leipzig (899). C. F. Amelang. Geb. in Leinw. n. 2. 50

Beyer-Boppard, Conr., Danneckers Ariadne. Eine kunsthistor. Studie. Mit 4 Abbildgn. u. den biograph. Skizzen v. Dannecker u. S. M. v. Bethmann. gr. 8. (44 S.) Frankfurt a. M. (902). Literar. Anstalt. n. 1. —; Liebhaberausg. n. 3. —; engl. Ausg. zu gleich. Preisen.

Danneckers Ariadne. Eine kunsthist. Studie von Prof. Dr. C[onrad] Beyer-Boppard. Mit 4 Abb. u. d. biogr. Skizzen von v. Dannecker u. S. M. v. Bethmann. Frankfurt a. M.: Rütten & Loening (1902). (44 S.) 8°

Einführung in die Geschichte der deutschen Literatur unter besond. Berücks. d. neuesten Zeit. Von Prof. Dr. C[onrad] Beyer-Boppard. Langensalza: H. Beyer & Söhne 1905. (VI, 459 S.) 8° [F.]

Beyer, Conrad, Erinnerung an Friedrich Rückert. Stenographische Aufzeichnungen der sämmtl. an Rückerts Grab gesprochenen Reden. Mit einleit. Notizen über des Dichters Leben und Ende. gr. 8. (21 S. mit lithogr. Portr.) Coburg 866, Sendelbach.

— die Erziehung zur Vernunft. Beitrag zur erziehl. Literatur. gr. 8. (46 S.) Coburg 864, (C. Riemann jun.) *

Beyer, Conrad, Erziehung zur Vernunft. Philosophisch-pädagog. Grundlinien für Erziehung und Unterricht. 3. neu bearb. Aufl. gr. 8. (XV, 191 S.) Wien 877, Braumüller. *

[F. u. Ant.] Fest-Spiel zur Jahrhundert-Feier für Kaiser Wilhelm I. von Prof. Dr. C[onrad] Beyer. *Kirchheim u. T.: A. Gottlieb sen. 1897.* (8 S.) 1 Bd 8.

Beyer, C., nachgelassene Gedichte Friedrich Rückert's und neue Beiträge zu dessen Leben und Schriften. 8. Wien 877. Frankfurt a. M., Völcker's Verlag. *

Der Geist der Lehrlingsaufnahme. Eine maurerische Dichtung für Maurer und Freunde des Maurerbundes. Von C[onr.] Beyer. Stuttgart: Hohl. [1881] 16 S. 8°
Aus: FZ. 34 (1880) S. 209—212.

[Dasselbe.] [2. Aufl.] Stuttgart: Greiner & Pfeiffer [1896]. 16 S. 8°
cf. FZ. 35 (1882) S. 230.
Tt. 2334. „Es senke Weihe sich in unsre Herzen . . .“

Beyer, Conrad: Handbuch der Poetik, Bd. 3, s. Schärf, Hermann

— der Kampf um den Niederwald. Drama in 5 Aufzügen. (Umschlag: 4. Aufl.) (VIII, 112 S.) 8. Dresden (906). E. Pierson. n. 1. 50

Ⓓ Beyer, Conr., d. Kampf um d. Niederwald. 906. (KVL. 83.) Jetzt: Berlin, Verlag Berlin-Wien.

— Friedrich Rückert's Leben und Dichtungen. 3 Bücher. 8. (XII und 308 S.) Coburg 866, Sendelbach. *

— Friedrich Rückert's Leben u. Dichtungen. 3 Bücher. 866. n. 1 ℛ 15 ngr — 3. billige Ausg. Coburg 870. Sendelbach. 8. (XVI, 302 S.) n. 25 ngr

Beyer, Conr. Lehre vom deutschen Versbau, s. Schärf, Herm.

— Lieb und Leid. Gedichte. (Autographie von W. Gellner.) 8. (12 lithogr. S.) Coburg 864, C. Riemann jun. *

Ludwig II. König von Bayern. Ein Charakterbild nach Mitteilungen hochstehender u. bekannter Persönlichkeiten u. nach anderen authent. Quellen. Des Königs Aufenthalt am Vierwaldstättersee u. s. Verkehr mit Josef Kainz. Von Prof. Dr. C[onrad] Beyer. Mit Portr. Ludwigs II. u. 29 Ill. 3. Aufl. *Leipzig: G. Fock [1897].* (176 S.) 8° [F.]

Beyer, C[onrad]. Ludwig II., König von Bayern. Ein Charakterbild nach Mitteilungen hochstehender und bekannter Persönlichkeiten und nach anderen authentischen Quellen. Des Königs Aufenthalt am Vierwaldstättersee und sein Verkehr mit Josef Kainz. Mit Porträt Ludwigs II. in Lichtdruck [Tafel] und 29 weiteren Illustrationen. 2. Aufl. 8. Leipzig [1898].

Beyer, C., Ludwig II., König v. Bayern. E. Charakterbild n. Mitteilgn. hochsteh. u. bekannter Persönlichkeiten u. n. and. authent. Quellen. Des Königs Aufenthalt a. Vierwaldstättersee u. s. Verkehr m. Josef Kainz. M. Portr. Ludwigs II. in Lichtdr. u. 29 weit. Illustr. 3. Aufl. 8. (176 S.) Leipzig 898. G. Fock Verl. n. 2. —; geb. in Leinw. n. 4. —

— neue Mittheilungen über Friedrich Rückert, und kritische Gänge und Studien. 2 Thle. gr. 8. (XI, 308; III, 224 S.) Leipzig 878, Frohberg. *

— auf dem Niederwalde. Kulturgeschichtlicher Roman aus großer Zeit. gr. 8. (VIII, 596 S.) Leipzig 900. Buchh. G. Fock. n. 3. —

Beyer, C. [PC. Byr]. Orientalische Novellen nach den schönsten Sagen aus Indien u. Iran. Mit 8 Bildern v. L. Hutschenreuter. 4. u. 5. Tausend. 8. (XII, 451 S.) Lpz. 890, Amelang. geb 5 —

Beyer, Conr., i. Pharaonenlande. E. Lesebuch f. Ägyptenreisende u. Ägyptenfreunde. gr. 8. (XI, 220 S. m. 25 Abb. u. 1 Karte.) Leipzig 896. J. J. Weber. n. 5. —; geb. n. 6. —

Deutsche Poetik. Von Conr. Beyer. Theoret.-prakt. Handbuch der deutschen Dichtkunst. Nach den Anforderungen der Gegenwart. Bd 1—3. Stuttgart: Göschen 1882—1884. 8°
Berücksichtigt auch frmrische Schriften.
[ANF. 1 (1882) S. 261. Heinsius.]

Beyer, C. (II.), deutsche Poetik. Theoretisch-prakt. Handbuch der deutschen Dichtkunst. Nach den Anforderungen der Gegenwart. 2. Aufl. 5 Lfgn. oder 3 Bde. gr. 8. (V, XXII, 765; XIV, 576; XIII, 276 S.) Stuttgart 887, Göschen'sche Verlagsh. à Bd. *ℳ 3.—. *

Deutsche Poetik. Theoret.-prakt. Handbuch d. deutschen Dichtkunst. Von Prof. Dr. C[onrad] Beyer. 3. Aufl. Bd 1–3. *Berlin: B. Behr 1900.* 3 Bde 8° [F.]

Beyer, C., Friedrich Rückert. Ein biographisches Denkmal. Mit vielen bis jetzt ungedruckten u. unbekannten Aktenstücken, Briefen u. Poesieen Frdr. Rückert's. Frankfurt a. M. 868. Sauerländer. gr. 8. (XVI, 471 S.) 2 ℛ

— Friedrich Rückert. Ein Lebens- u. Charakterbild f. Haus u. Schule. Mit Portr. gr. 8. (XIII, 156 S.) Frankfurt a/M. 888. Sauerländer. n. 1. 50; geb. n. 2. —

— Friedrich Rückert. Ein Lebens- u. Dichterbild. Festschrift zur Enthüllungsfeier d. Rückert-Denkmals zu Schweinfurt a. M. gr. 8. (52 S. m. Abbildgn. u. Facs.) Stuttg. 890, Süddeutsches Verlags-Institut. * 1 50

— Friedrich Rückert, ein deutscher Dichter. Festrede gehalten zu Neuseß bei der Rückertfeier des Coburger Künstlervereins „Stiftshütte“ am 29. Mai 1867 (nebst einem Anh.) 8. (22 S.) Coburg 867, Sendelbach. *

Rückert, Friedr.: Friedr. Rückert als Dichter und Freimaurer. Eine maurerische Studie von C[onr.] Beyer. Leipzig: Hesse 1880. 31 S. 8°
Auszug in: MW. Ser. 4 Jg. 3 (1883) No 27, 31.
Recens: FZ. 34 (1880) S. 67 (K. Pilz).
cf. DrL. 9 (1879—1880) S. 636 (E. A. F. Rumpelt gen. Walther).
Tt. 973. Üb. Rückert s. Allgem. Deutsche Biographie Bd 29 1889 S. 445—453 (Boxberger); Goedeke: Grundriss zur Gesch. der deutschen Dichtung 2. Aufl. Bd 8 1905 S. 142—177, wo alle Literatur verzeichnet ist.

—— Friedrich Rückert und das Regentenhaus von S. Coburg-Gotha. Lex.-8. (61 S.) Stuttgart 886, Greiner und Pfeiffer. *

—— der Nixe Sang. Ein Gedicht in stenograph. Correspondenzschrift. 16. (16 lithogr. S.) Coburg 868, (C. Riemann jun.) *

Ein Senior von Europiens Monarchen. Grundriss zu e. biograph. Denkmal f. König Oscar II. von Schweden u. Norwegen. Nach d. besten Quellen bearb. u. hrsg. von Prof. Dr. Conrad Beyer-Boppard. *Leipzig: G. Fock 1901.* (233 S.) 4°(8°) [04. 17

– ein Senior v. Europiens Monarchen. Grundriss zu e. biograph. Denkmal f. König Oscar II. v. Schweden u. Norwegen. Nach den besten Quellen bearb. u. hrsg. (2. um die Einführg verm. [Titel-]Ausg.) (XV, 238 S. m. Abbildgn.) Lex.-8. [Leipzig 901.] Frankfurt a/M. (905). J. Strauss. n. 10. —

—— Zillbach. Culturgeschichtliche Schilderung der Grafschaft Henneberg und des Ortes Zillbach und dessen Bedeutung als Forstlehranstalt. Mit den Biographien der beiden Söhne Zillbachs Wilh. Braumüller und Heinr. Cotta. Mit den (photogr.) Bildnissen von Braumüller und Cotta und 2 Ansichten von Zillbach (in Lichtdr.). gr. 8. (XIII, 526 S.) Ebendas. 876. *

— Zillbach, Culturgeschichtliche Schilderung der Grafschaft Henneberg u. des Ortes Zillbach u. dessen Bedeutung als Forstlehranstalt. Mit den Biographien der beiden Söhne Zillbachs Wilh. Braumüller u. Heinr. Cotta. Mit den (photogr.) Bildnissen von Braumüller u. Cotta u. 2 Ansichten von Zillbach (in Lichtdr.). gr. 8. (XII, 526 S.) Wien 878. Braumüller. n. 8. —

Beyer, Conrad, approb. Arzt aus Berlin: Das Zusammentreffen von Gallensteinkolik und Echinokokkus der Leber. *Leipzig 1904: J. B. Hirschfeld.* (16 S.) 8°
Greifswald, Med. Diss. v. 24. Okt. 1903

Beyer, Conr. Er.: Unterricht f. Vormünder od. auf gemeines Recht sich gründende Anweisung, wie Vormünder sich in jeder Lage zu verhalten u. sich neben ihren strengen Pflichten vor jeglichem Schaden zu bewahren haben. Mit Formularen. (*Göttingen,*) *Hannover,* Helwing. 826. gr. 8. (16 Gr.)

Beyer, Constantin v. (Hrsg.), s. Chronik, Neue von Erfurt ...

Beyer, C., Anton Listemann, d. unglückl. Gefangene im Karthäuserkloster zu Erfurt. Ein merkwürd. Seitenstück zu la Tùdes u. Trenks Leidensgeschichten. 8. (11½ B.) Erfurt 829, Knick.

Beyer, Constantin, Anton Listemann, der unglückl. Gefangene im Karthäuserkloster zu Erfurt. Eine merkwürd. Seitenstück zu la Tùdes u. Trenks Leidensgeschichten. 8. Erfurt 829. (Reinbach in Leipz.) 18 gr

Beyer, Christoph
Beyer, Cph., de magno veteris ecclesiae circa poenitentes rigore, Liber V. Cui accedit comment. de legione Christianorum fulminatrice sub imperatore Antonio Philosopho. 4. Leipz. 759. (W. Vogel). 9 gr

Beyer, Dan., († d. .. Nov. 1803.) s. Chr. A. Crusius, Sätze.

Beyer, E., s. a. Beyer, Engelbert

Beyer, E., s. Beyer, Ernst

Beyer, E., s.a. Beyer, Ewald

Beyer, E., s. Adress-Hndb., oberschles.

Beyer, E. (Hrsg.), s. Anzeiger, Evangelisch-Kirchlicher, v. Berlin. Jge. 3-6.

Beyer, E. (Hrsg.), s. Anzeiger, Kirchlicher von Berlin.

Beyer, E., Beiträge z. Kenntniß d. gegenwärt. Zustandes der Kolonie Surinam. 8. Nürnb. 823. Schrag. 16 gr

Beyer, E., die Bibel f. d. Schule, s. Bibel.

Beyer, E., Christian Carl Josias v. Bunsen, e. Vorläufer d. evangelischen Bundes. 8. (79 S.) Barmen 892. D. B. Wiemann. n. 1. —

Beyer, E. Essai sur Vauvenargues et sa morale. Diss. Rostock 1872.

Beyer, E., moderne Fassaden-Ornamente zum Gebrauch f. Architekten, Techniker, Bildhauer, Maler, Studierende, sowie f. Baugewerk-, Kunstgewerbe- u. Handwerker-Schulen. Entworfen u. gezeichnet. 20 Taf. (Mit III S. Text.) gr. 4. Leipzig (904). Seemann & Co. In Mappe n. 10. 50

Beyer, E: Die Gesch. Israels v. Mose bis Elia, s: Thrändorf, E. u. H Meltzer: Der Relig.-Unterr. auf d. Mittelst. d. Volkssch.

— und F Frisch, populäre Gesetzeskunde für Württemberg. Waiblingen 1880

Beyer, E. (Red.), s. Die Landwirthin.

Beyer, E, d. Leben Jesu in Bildern. Ges. v. L Burger. 4. (30 m. 16 Hschn.) Berl. 54, Wiegandt u. G. n. — 25

Beyer, E. (Hrsg.), s. Lehrblatt, Kirchliches.

—— Lehr- u. Bekenntnislieder d. ev. Kirche. 8: (244) Berl. 52, W Schultze. n. — 15

Beyer, E., Nervenleiden zu heilen durch psych. Behandlg. u. Hypnotismus. gr. 8. (19 S.) Rheinbach 897. Rudolstadt, A. Bock. n. — 40

Beyer, E: Zur Pädagogik d. Geigenspiels, s: Musik-Taschenbuch.

— Der Rechtsfreund für das Königreich Württemberg. Zürich 1869

Beyer, E., der Religionsunterricht, s.: Thrändorf, E.

E. A. Beyer epistola de haemorrhoidibus ex lege Mosaica impuris ad Levit XV. Lips. 1792. 4. (Theologi auctoris opus, profluvia immunda ap. 3 Mos. 15. non gonorrhoeas esse, sed haemorrhoides.)

Beyer, Ed., Bericht über die Verwaltung und den Stand des Medizinal- und Veterinärwesens des Regierungs-Bezirks Düsseldorf für das J. 1872. gr. 4. (126 S.) Oberhausen 874. Spaarmann. *

Beyer, Ed., 2. Bericht über das öffentliche Gesundheits-Wesen des Reg.-Bez. Düsseldorf für das Jahr 1880. gr. 4. (IV, 123 S.) Düsseldorf 882. Schwann. n. 4. —

Beyer, Ed., Die Fabrikindustrie des Reg.-Bez. Düsseldorf vom Standpunkte der Gesundheitspflege. Fol. Oberhausen 1876.

Beyer, Ed., das Cistercienser-Stift und Kloster Alt-Zelle in dem Bisthum Meißen. Geschichtliche Darstellung seines Wirkens im Innern und nach Außen auf Grund neuer Forschungen in archival. Quellen. gr. 8. (XIX und 784 S.) Dresden 855, (Janssen.) *

Verwaltungs-Handbuch für den Regierungs-Bezirk Oppeln. Auf Grund amtl. Materials zsgest. von E[dm.] **Beyer,** Reg.-Präsid.-Sekr., Oppeln. *Kattowitz: G. Siwinna 1903.* (VIII, 383 S.) 8° [F.]
— Adreß-Handbuch, Oberschlesisches. T. 2. [04. 8/9

Beyer, Eduard. (geb. Soest 7. 12. 1828): De tetano traumatico. Berolini (1851). (27 S.) 8°
Berlin, Med. Diss. v. 22. Febr. 1851

Beyer, Edward. Cyclorama, malerische Reise von Bremen nach NY und durch die VS v NA zurück nach Hamburg. Dresden, 1846.

Beyer, Emil, Dr.: Der Schulgarten. Fulda 1905: J. L. Uth. (S. 3—8.) 4°
Fulda, OR P 1905 (496)

Beyer, Emil [aus Hanau]: Zur Verbreitung der Tierformen der arktischen Region in Europa während der Diluvialzeit ... M. e. Karte. Marburg, Univ.-Buchdr. v. J. A. Koch, 1894; 3 Bl., 73 S., 1 Bl., 1 Kt. 8.
Marburg, Phil. Fak., Inaug.-Diss. v. [7. Jan.] 1895

Gewerblicher Volksrathgeber für Jedermann. Ein Hülfs- u. Formularbuch. Zsgest. von Engelbert Beyer, Kaufmann. *Berlin: A. W. Hayn's Erben [1899].* (XV, 368 S.) 8° [F.]

Beyer, Engelb., gewerblicher Volksrathgeber f. Jedermann. Ein zuverläss. Hülfs- u. Formularbuch f. Kaufleute, Gewerbetreibende, Fabrikanten, Handwerker, Bauunternehmer, Haus- u. Grundbesitzer. Unentbehrl. im bürgerl. Geschäftsverkehr. Uebersichtlich m. Formularvorschriften zur Selbstanfertigg. v. Verträgen, Eingaben, Klagen aller Art, in Gewerbe-, Handels-, Grundstücks-, Miethe-, Pacht-, Bau-, Gerichts- u. Steuersachen rc. m. Berücksicht. des bürgerl. Gesetzbuches u. des neuen Handels-Gesetzbuches zusammengestellt. (2. [Umschlag-]Aufl.) gr. 8. (XV, 368 S.) Berlin (900). A. W. Hayn's Erben. Kart. n. 2. 60

Beyer, Erdm.
— siehe: Bilder-Bibel f. d. christl. Volk.

Beyer, Erdm., Lehr- und Bekenntnißlieder der evangelischen Kirche. Erklärt und mit histor. Einleitungen versehen nebst einem Anhang über Privatbeichte und Kirchenzucht. 8. (IV und 244 S.) Berlin 852, W. Schultze. *
Vgl.: Bilder-Bibel für das christl. Volk. — Leben, das, Jesu in Bildern.

Beyer, Erdm., die Unterscheidungslehren der evangelischen und römisch-katholischen Kirche. Im „Kirchlichen Lehrblatt" dargestellt und beurtheilt. Berlin 854. W. Schultze. gr. 8. (3 Bl., 299 S.) n. 22½ ngr
Neuer Titel zu: „Kirchliches Lehrblatt. Herausg. von E. Beyer." Jahrg. 1852. Nr. 1—26. u. 1853. Nr. 1—10.

—— die Unterscheidungslehren der evangelischen und römisch-katholischen Kirche. Im „kirchlichen Lehrblatt" dargestellt und beurtheilt. gr. 8. (VI und 300 S.) Berlin 854(55,) W. Schultze. *-

Beyer, Ernst Bemerkungen zur Schulgrammatik der französischen Sprache von K. Ploetz. 13 S. Prcgr. *Höxter* 1882.

Beyer, Ernestus: Die Pronomina im altfranzösischen Rolandsliede. Halis Saxonum [1875]: Hendel. 38 S. 8°
Halle-Wittenberg, Phil. Diss. v. 25. Mai [1875]
Geb. Eisleben 4. 11. 1853. V.

Sokrates. Trauerspiel in 5 Aufz. von Ernst Beyer. Leipzig: A. Hahn 1902. (168 S.) 8° [F.]

Beyer, Ernst [app. Arzt aus Essen]: Untersuchung der Skelettteile aus einem Gräberfelde bei Illkirch ... Strassburg i. E., Buchdr. C. Gœller, 1892; 64 S., 4 Bl. 8.
Strassburg, Med. Fak., Inaug.-Diss. v. 1892

Beyer, Ernst H. [app. Arzt aus Plauen i. V.]: Experimenteller Beitrag zur secundären Degeneration der Pyramiden-Bahnen ... (M. e. Taf.) Jena, Univ.-Buchdr. G. Neuenhahn, 1894; 34 S., 1 Bl., 1 Taf. 8.
Jena, Med. Fak., Inaug.-Diss. v. [10. Jan.] 1894

Beyer, Ewald, die Ablösung der geistlichen Gefälle im Königr. Sachsen. Ein pastorales Bedenken. gr. 8. (39 S.) Plauen 855, Neupert.

Beyer, Ew. Die Ablösung der geistlichen Gefülle im Kgr. Sachsen. Ein pastorales Bedenken. gr. 8°. Plauen, Schröter, 1855.

Beyer, Ewald, Beiträge zur häusl. Erbauung. Ein Jahrg. Predigten. gr. 8. (51⅛ B.) Leipzig 845, Brauns. *

Beyer, Ewald, Beiträge zur häuslichen Erbauung. 2. Jahrg. Evangelische Predigten. 8 Lfgn. gr. 8. (VII, 518 S.) Plauen 868,69, Neupert.
1.—6. Lfg. à * 40 Pf.; 7. und 8 Lfg à * 45 Pf. *
geb. *

Beyer, Ewald, offene Beurtheilung des von den HH. Fricke, Kell, Köchly, Thomas und Zschetzsche für die diesjährige 2. Lehrerversammlung entworfenen Programms. 8. (26 S.) Plauen 848, Neupert. *

Beyer, Ewald, s. Bibel, die, d. i. die heil. Schrift, Alten und Neuen Testaments.

—— Gedanken über die Reform der Schullehrer-Seminarien. gr. 8. (20 S.) Plauen 848, Neupert. *

— Grundzüge der Methodik d. katechet. Religionsunterrichts in evang. Volksschulen durch fremde u. eigne Beispiele, wie auch Aufgaben erläutert. gr. 8. (VIII u. 748 S. m. 2 lith. Bildern in qu. Fol.) Leipzig 848, Brauns. n. 1½ ₰

— Gustav Adolphs letzter Heeres-Zug besungen. 8. Plauen 844. (Schmidt.) n. 1/24 ₰

Beyer, Ewald, Gustav Adolfs letzter Heereszug in 16 Gesängen. Plauen 863. Neupert. 16. (XXIII, 440 S.) n. 1 ₰ 10 ngr.

—— Jubelfestpredigt vom augsburger Religionsfrieden zu Plauen bei der 300jähr. Jubelfeier gehalten. gr. 8. (14 S.) Plauen 855, Neupert.

—— heuristischer Leitfaden beim Unterricht in d. Bibelkunde. Für Schullehrerseminarien bearb. I. Curs. gr. 8. (2¼ B.) Leipzig 845, Brauns.

—— Predigt nach Ausbruch des französischen Krieges am 3. Aug. 1870 zu Plauen gehalten. gr. 8. (14 S.) Plauen 870. Neupert. **

—— Predigt am Erndtefest 1868 über Klagelieder III, 32 in der Stadtkirche zu Plauen gehalten. gr. 8. (15 S.) Plauen 868, (Neupert.) *

—— Predigt am 18. Octbr. 1868 über II. Mose XV. 11—18. zum Gedächtniß der Leipziger Schlacht in der Stadtkirche zu Plauen gehalten. gr. 8. (14 S.) Plauen 868, Neupert. *

Beyer, Ewald, Psalm 84. zur Feier des 300jähr. Jubelfestes der Kirche St. Johannis zu Plauen beim Vormittagsgottesdienste ausgelegt. gr. 8. (12 S.) Plauen 856, Neupert. Thlr. *

Beyer, Ewald, Rede bei der allerhöchst angeordneten Weihe d. eisernen Kreuzes in der Spitze der Fahne d. 2. Bataillons d. 104. Regiments Prinz Friedrich August am 26. Mai 1872 in der Stadtkirche zu Plauen geh. gr. 8. (10 S.) Plauen 872. Neupert in Comm. n. — 20

— Seid fest, seid treu! Ein Mahnruf an die evangel. Christen. Predigt am Reformationsfeste 1868. Elberfeld 868. Langewiesche. 8. (22 S.) n. 3 ngr.

— wie haben wir uns, als gute Protestanten, gegen die deutsch-kathol. Kirche zu verhalten? Zwei Pfingstpredigten zu Plauen gehalten. gr. 8. Leipzig 845, Brauns. n. 3 ngr

— das Wort des Propheten auf den Trümmern seiner lieben Stadt. Brand-Predigt, am 15. p. Trin. in der Pfarrkirche zu Plauen über Klagelieder III. 22—24. gehalten. gr. 8. Leipzig 844. (Barth.) 3 ngl

— zwei Zeitpredigten nach Louis Philipps Sturz u. nach der Erhebg. des Erzherzogs Johann v. Oestreich zum deutschen Reichsverweser, in Plauen gehalten. gr. 8. (14 S.) Plauen 848, Neupert. 3 ngl

Beyer, F., s.a. Beyer, Franz

Beyer, F., s. a. Beyer, Friedrich

Beyer, F., s.a. Beyer, Frz.

Beyer, F. (Hrsg.), s. Anzeiger, Kirchlicher, f.d. evang.-luth. Gemeinde zu Elberfeld. Jge. 22,30-33.

Beyer's, F., Auskunft üb. die verschiedenen Routen nach Scandinavien u. einige empfehlenswerte Touren in Norwegen. (Umschlag: Touren in Norwegen.) (88 S. m. Abbildgn.) 8. Bergen (906). (Leipzig, Woerl's Reisebücher-Verlag.) n. — 50

Beyer, F., ein Beitrag zur Lösung der socialen Frage in 6 Predigten über die christliche Familie in der katholischen Civil und Garnisonkirche gehalten. Potsdam 864. (Gropius.) gr. 8. (2 Bl., 43 S.) n. 5 ngr

Beyer, F., Gedichte, s. Gedichte des Rothenburger Einsiedlers.

Beyer, F., die Kunst, Seide, Baumwolle, Leinen und Wolle in allen Couleuren zu färben. Mit einem Anhange, Wasser- und andere Flecke zu vertilgen, den Werth der Leinwand zu erkennen rc. Altona 853. Verlags-Bureau. 8. (1 Bl., 9 S.) 12 ngl

Beyer's, F., Kursbuch f. Norwegen. 4. Ausg. Juni, Juli u. Aug. 1905. (XII, 72 S.) 16. Christiania (33, Carl Johans Gade), F. Beyer's Reise-Bureau. n. — 75

Beyer's, F., Kursbuch f. Norwegen. — Time-tables for Norway. (In deutscher u. engl. Sprache.) 9. Ausg. Jun.-Jul.-Aug. 1910. (IX, 90 S.) 16. Christiania, F. Beyer's Tourist-Bureau. (Nur direkt.) — 60.

Beyer's, F, Kursb. f. Norwegen. — Time-Tables for Norway. 11. Ausg. Jun.-Jul.-Aug. '12. (106) kl8° Christiania, F Beyer's Tourist-Bureau. (Nur dir.) — 60

— Reise-K. v. Norwegen. Gez. v. G Heramb. 4. Afl. 77,5×55 cm. Farbdr. Ebd. (06). 1 —

—— d. Unterscheidgslehren d. ev. u. röm.-kath. Kirche. 8. (200) Ebd. 54. n. — 22½

Beyer, F., s. Volks-Bibliothek, neue wohlfeile.

Beyer, F.C.: Die volkswirtschaftliche u. sozialpolitische Bedeutung der Einführung der Setzmaschine im Buchdruckgewerbe, s. Beyer, Friedrich Christian.

Beyer, F. H.: Märchen zum Schutze der Tiere, s. Beyer, Friedrich Hermann

Beyer, Ferdinandus: De pertussi. Halis Saxonum (1864): Ploetz. 29 S. 8°
Halle-Wittenberg, Med. Diss. v. 30. Sept. 1864
Geb. Kleve 20. 4. 1842. V.
Verf. erlebte die Diplomerneuerung 1914 als Geheimer Sanitätsrat in Barmen, vgl. Anh. Nr. 433.

Beyer, Fr., theoret. prakt. Baukenntnisse. Mit Kpf. 8. Marb. 801. Krieger. 12 gl

Beyer, Franz
— u. Paul Passy, Elementarbuch d. gesprochenen Französisch. 8. (XIV, 218 S.) Ebd. 893. n. 2. 50; geb. in Leinw. n. 3. —

— — dasselbe. Ergänzungsheft. Bearb. v. Frz. Beyer. 8. (VIII, 104 S.) Ebd. 893. n. 1. —; kart. n. 1. 20

Beyer, Frz. u. Paul Passy, Elementarbuch des gesprochenen Französisch (Texte, Grammatik u. Glossar). 2., völlig neubearb. Aufl. (XI, 191 S) 8. Cöthen 905. O. Schulze Verl. n. 2. 30; geb. in Leinw. n. 2. 80
Ergänzungsheft. 2. Aufl. (IV, 63 S.) n. — 80

Beyer, Frz., das Lautsystem des Neufranzösischen. Mit einem Kapitel über Aussprachereform und Bemerkungen für die Unterrichtspraxis. gr. 8. (VIII, 104 S.) Cöthen 887, Schulze. *

—— französische Phonetik für Lehrer und Studierende. gr. 8. (XIV, 186 S.) Ebendas. 888. *

Französische Phonetik für Lehrer u. Studierende. Von Franz Beyer. 2. verb. Aufl. *Cöthen: O. Schulze 1897.* (XVI, 222 S.) 1 Bd 8. [97. 1443 Br

Französische Phonetik für Lehrer und Studierende von Franz Beyer. 3. Aufl. im Auftr. d. Verf. neu bearb. von H[ermann] Klinghardt. Cöthen: O. Schulze 1908. (XX, 243 S.) 8° [08. 8037

Beyer, Franz: Die Französischen Sprachlaute .... Cöthen, Druck v. Aug. Preuss, 1887; 2 Bl. + 64 S. 8°.
Jena, Phil. Fak., Inaug.-Diss. v. 1887.

Beyer, Franz, die französischen Sprachlaute. Diss. Jena 1887, G. Neuenhahn. 8°. 64 S.

Beyer, Frz., der neue Sprachunterricht. Ergebnisse der Lehrpraxis, nebst Erörtergn. u. Leitsätzen. gr. 8. (VII, 43 S.) Cöthen 893. O. Schulze Verl. n. — 75

BEYER, Franz: Welche Ähnlichkeit findet sich zwischen dem biblischen Schöpfungsberichte und den diesbezüglichen babylonischen Sagen? Besteht eine Abhängigkeit zwischen beiden, und wie beschaffen ist sie? — 1904. 160 S. Diss. Graz, Univ.

Beyer, Friedrich, Referendar in Döhlen: Die Delikte der Schiffsleute nach gemeinem deutschen Recht. Leipzig: Veit & Co. 1904. (VIII, 113 S.) 8°
Leipzig, Jur. Fak., Diss. v. 16. Sept. 1904
[Geb. 19. Juli 80 Wurzen; Wohnort: Leipzig; Staatsangeh.: Sachsen; Vorbildung: Gymn. Wurzen Reife O. 99; Studium: Leipzig 6 S.; Rig. 5. Juli 02.]

Beyer, Friedrich, Medizinalprakt.: Zur Serumbehandlung der fibrinösen Pneumonie. Jena 1908: Neuenhahn. 27 S. 8°
Jena, Med. Diss. v. 30. Juni 1909, Ref. Stintzing
[Geb. 22. Nov. 84 Zeitz; Wohnort: Zeitz; Staatsangeh.: Preußen; Vorbildung: Gymn. Zeitz Reife O. 03; Studium: Würzburg 4, Rostock 1, Berlin 1, Würzburg 1, Halle 1, Jena 2 S.; Coll. 19. Mai 08; Approb. 30. Juni 09.] [U 09. 2129

Beyer, Friedrich Christian
Beyer, Frdr. Christ.: Die volkswirtschaftl. u. sozialpolit. Bedeutg d. Einführg d. Setzmaschine im Buchdruckgewerbe, s.a. Abhandlungen, Freiburger volkswirtschaftl.

Beyer, Friedrich Christian, Gewerbereferendar: Die volkswirtschaftliche und sozialpolitische Bedeutung der Einführung der Setzmaschine im Buchdruckgewerbe. Karlsruhe 1910: Braun. XI, 166 S. 8° ¶ (Ersch. auch als: Freiburger volkswirtsch. Abhandlungen. Bd 1, H. 1.)
Freiburg i. B., Rechts- u. staatsw. Diss. v. 1910, Ref. Diehl
(Nicht für den Austausch, lag nicht vor)
[Geb. 18. Jan. 79 Münden; Wohnort: Freiburg i. B.; Staatsangeh.: Preußen; Vorbildung: Realgymn. Kassel Reife O. 99; Studium: Techn. Hochschulen Berlin 13, München 1, Univ. Freiburg i. B. 3 S.; Rig. 28. Febr. 10.] [U 10. 928

Beyer
— **Fried. Gottlob (Dresden). De dominio mulieris in rebus propter nuptias donatis. Präs. Joh. Friedr. Olearius. Lpz. (J. A. Zschau) 15. VII. 1707. 36 S. (4.80)** 2531

Beyer, Friedrich Hermann
Beyer, Frdr. Herm., Märchen zum Schutze der Tiere. Ein Buch zur Unterhaltg. u. Belehrg. f. Schule u. Haus. (68 S.) gr. 8. Wien 902. (Sallmayer'sche Buchh.) n.n. 1.—

Beyer, Fritz, eitel Jugendlust. Lyrische Gedichte. (XIV, 166 S.) 8. Dresden 906. E. Pierson. n. 2.—; geb. n. 3.—

Fritz **Beyer's** Momentrechner, prakt. Hilfe f. jedes Kontor. Garantiert fehlerfrei berechnet. 2. bis 11. Taus. Berlin: (F. Beyer) [1906]. (11 S.) 2° [Umschlagt. F.] [04. 20633]

Beyer, Frz., s. a. B e y e r, Franz

Beyer, Frz., s: Detaildarstellungen, Taktische, a. d. russ.-japan. Kriege.

Beyer, f.: Exerzier-Reglement, japanisches, f. die Infanterie.

Beyer, Frz., der protestantische Prediger und seine Stellung zu Gott, zu Gottes Wort u. zur Gemeinde; oder: Die Antrittspredigt des Ober-Consistorialraths u. Hofpredigers in Gotha, Herrn Dr. Carl Schwarz, beleuchtet und in ihrem wahren Werthe dargestellt. 1—3. Abdr. Neubrandenburg 857. Brünslow. gr. 8. (54 S.) n. 8 ngr.

Beyer, Frz., Seid fest, seid treu! Ein Mahnruf an die evangel. Christen. Predigt am Reformationsfeste 1868. 8. (22 S.) Elberfeld [Godesberg] 869, Langewiesche. *

Beyer, Frz., was hat das neue deutsche Reich vom neuesten Jesuitismus zu erwarten. Ein Vortrag, auf Grund der Moral-Theologie d. Jesuitenpaters Prof. Gury geh. zu Elberfeld u. Barmen. gr. 8. (26 S.) Barmen 872. Wiemann. n. — 60

Beyer, G., s. a. B e y e r, Georg

Beyer, G.: Die g l a n d u l a sublingualis, s. B e y e r, Gotthard

Beyer, G., W. Conradi und F. Werner, Jugendklänge. Sammlung von ein-, zwei- und dreistimmigen Liedern, mit Gesangübungen verbunden, zunächst für mecklenburg. Schulen bestimmt. 1—3. Heft. 8. (116 S.) Schwerin 855, Hildebrand. [1. Heft * 1¼ Ngr.; 2. und 3. Heft à Heft * 2 Ngr.] *

—— —— —— dass. — 4. (Ergänzungs-)Heft. Enthaltend 58 dreistimmige Lieder und Choräle, zusammengestellt von G. Beyer. 8. (64 S.) Ebds. 856. *

Beyer, G., W. Conradi und F. Werner. Jugendklänge. Sammlung von ein-, zwei- und dreistimmigen Liedern, mit Gesangübungen verbunden, zunächst für mecklenburg. Schulen bestimmt und im Auftrage der Lehrer-Conferenzen der städtischen Schulen Schwerins zusammengestellt. 1—3. Heft. 2., verb. Ster.-Aufl. 8. (28, 40, 48 S.) Schwerin 858, Hildebrand. [1. Heft * 1¼ Ngr.; 2. und 3. Heft à * 2 Ngr.] *

Beyer, G., W. Conradi und F. Werner, Jugendklänge. Sammlung von 1-, 2- und 3stimm. Liedern, mit Gesangübungen verbunden. 1. u. 2. Hft. 3. verb. Stereot.-Aufl. Schwerin 863. Hildebrand. 8. n. 3¼ ngr.
1. Hft. (28 S.) n. 1¼ ngr.; 2. Hft. (40 S.) n. 2 ngr.

Beyer, G.: Zur L e h r e von der Athetose, s. B e y e r, Gustav

Beyer
— **Gabriel Andersson (Bahusia-Gothoburg). Diss. de caussis abrogatae per orbem christianum servitutis. Präs. Joh. Ihre. Upsala, 3. XII. 1745. 18 Seiten. (4.—)** 2432
Gew.: Heinr. Benzel.

Beyer, Ge., s. B e y e r, Georg

Beyer, Georg
Beyer, Geo.: Unvorgreifliches Bedenken vom Rechte d. Sabbaths u. denen üblichen Kirchen-Ceremonien. 703. 4.

Beyer, Georg [Praes.]: De c o n c u b i t u intra tempus luctus, s. a. F r e y b e r g, C. G. [Resp.]

BEYER, Geo., Dissertatio jurid. de concubitu intra tempus luctus, v o m B e y s c h l a f f i n w ä h r e n d e r T r a u e r z e i t. Lipsiae 1700. 4°.
6 Bog. Nur in lat. Sprache. (1 Mk. Theod. Ackermann 44. no. 88.)
— — Dasselbe. Ibid. 1719. 4°.
6 Sgr. Scheible.
* — — Dasselbe. Ibid. 1720. 4°.
— — Dasselbe. Vitembergae 1736. 4°.
Gay III. p. 74.
— — Dasselbe. Jenae 1754. 4°.

Beyer, Georg
— — **Delineatio historiae juris Romani et Germanici ad tit. pand. de origine juris positionibus succinctis compreh. Lpz. (J. Fr. Braun Erb.) 1725. 46 S. (4.50)** 2543
— — **Dasselbe. 1739. 80 S. (4.50)** 2544

Beyer, Geo.: Delineatio jur. civ. sec. Instt. et Pand. *L.* **711. 4.**

Beyer, Geo.: Delineatio juris criminalis sec. constitutionem Carolinam. (*Viteb.* 714.) Edit. III. Auxit *Gust. Mylius. Lips.* 727. 4. — *Lips.* 745. 4.

Beyer, G.: Delineatio juris divini, naturalis et positivi universalis. *Lips.* 726. 4.

Beyer, Georg
— — **Delineatio juris feudalis, ad fundamenta sua revocati, & ad seculi usum accommodati positionibus succ. compr. Ed. IV. Lpz. (J. Fr. Braun Erb.) 1725. 112 S. (4.—)** 2545

Beyer, Geo.: Delineatio jur. Germ. ex recensione Mich. H. Gribneri. *Hal.* 718. — Ed. II. cui praemissa est Chr. God. Hoffmanni diss. de jurisprudentiae Germ. principiis et fontibus. *Lips.* 723. — Ed. III. *ib.* 729. — Ed. IV. prioribus auctior et correctior. cura Chr. God. Hoffmann. *ib.* 740. 4.

Beyer, Ge.: D e l i n e a t i o juris Germanici ad fundamenta sua revocati, opus posthumum. Ed. 3. cura Chr. Godofr. Hoffmanni. Lipsiae 1729.

Beyer, Georg
— — **Disput. inaug. Jo. Christoph Gradehand (Delitzsch). Wittbg., 25. IX. 1712. 8 Bl. (3.—)** 2542
Mit Biogr. (M.: M. Bornmann.)

Beyer, Georg
— — **Disput. inaug. Jo. Friedr. Schlegel. Wittenberg (J. G. Meyer) 1712. 6 Bl. (3.—)** 2540
Mit Biogr. (M.: J. D. Vockel, Wurzen.)

Beyer, Ge.: D i s s e r t a t i o n e s et opuscula de selectis iuris publici et privati argumentis conscripta, in unum vol. collecta. . . Quibus adiecta thematum ex vario iure selectorum centuria. Praemissa est vita auctoris. Lipsiae 1723.

Beyer, G.: Die K a r t e l l e und die Arbeiterschaft.
Hamburg, 1908. 79 S.

Beyer, Georg, Die Kartelle und die Arbeiterschaft. 8⁰. Hamburg, Auer u. Co., 1909. (Sammlung socialist. Schriften, 6.)

Beyer, Georg
— — **Lectori benev.** Wittenbg. (Gerdes) 1709. 8 Blatt. (3.—) 2537
Biogr. v. Joh. Carl Mitternacht (Zeitz. M.: E. D. Foerster).
— — Dasselbe. Wittenberg (Gerdes) 12. X. 1709. 8 Blatt. (3.—) 2538
Biogr. v.: Christian Hoffmann (Wittbg. M.: M. Richter).
— — Dasselbe. Wittenberg (Gerdes) 13. X. 1709. 8 Bl. (1.80) 2539
Biogr. v. Friedr. Erh. Glasewald (Meissen. M.: M. E. Centgraf).

Beyer, Georg
— — **Lectoribus.** Wittenberg (Creusig) 1712. 8 Bl. (3.—) 2541
Biogr. v.: Joh. Christian Oertel (Jessen. M.: A. C. Schreiber).

Beyer, Ge.: De utili et necessaria autorum juridicorum et juris arti inservientum n o t i t i a . Lipsiae.
Specimen 1. ed. 2. 1720. Specimen 2.3.1701.05.

Beyer, Georg: Die Operationen zur Freilegung der oberen Rectumteile ... Augsburg, Druck v. Ph. J. Pfeiffer, 1894; 29 S. 8.
Erlangen, Med. Fak., Inaug.-Diss. v. [21. Dez.] 1893

Beyer, Georg [Mitarb.]. s. P r i n c i p i a jur. Germ. ...

Beyer, Georg
— — **Thematum ex vario jure selectorum decem exercitationibus.** Lpz. (Gross/Chn. Goez) 1703. 8 Bl., 88 S. (5.50) 2536
Respond. d. 10 Arb.: Chn. Lebr. v. Proeck (Magdeburg), Balth. Abr. v. Glaubitz (Schles.), Gottfr. Günther (Lauban), Jo. Chn. Miculinus (Breslau), Jo. Casp. v. Klosen (Schles.), Heinr. Sigism. v. Festenberg gen. Packisch (Schles.), Paul Gottfr. v. Koenigsloew (Lpz.), Rud. v. Bünau, Ehrenfr. Schaeffer (Görlitz), Jo. Friedr. v. Brand (Osterland). — Gew.: Franc. Conr. Romanus.

Beyer, Georg (Paul Ferdinand) *(geb. Konradsdorf bei Haynau in Schles. 25. 1. 1843)*: Untersuchungen über das räumliche Polar-System. Breslau (1868). (41 S.) 8°
Breslau, Phil. Diss. v. 8. Juli 1868

BEYER, Ge.: de utili et necessaria auctor. juridd. et juris arti inservientium notitia sched. I. II. Lips. (698. 701.) 720. sched. III. ib. 726. — contin. G. A. JENICHEN ib. 738. — contin. II. et III. C. F. HOMMEL. ib. 749. 50. 8.

BEYER, Ge.: Volckmannus emendatus s. Manuale advocatorum et notariorum. Handbuch vor Advokaten u. Notarien. Th. 1—3. *Leipzig.* 708. fol.

Beyer, Ge.: Volckmannus emendatus daß ist Vollständige u. verbesserte Notariat -Kunst, oder nützliches u. nöthiges Hand-Buch vor Advocaten u. Notarien, vormahls durch Adam Volckmann hrsg., itzt aber verb. 4. Aufl. Leipzig 1715.
– 5. Aufl. 1721.
– 7. Aufl. 1744.

Beyer
— **Gg. Chn.** (Tübing.), De officio senatoris circa votum. Disp. jur. Präs. Mich. Grass. Tübingen (Hiob Francke) März 1721. 24 S., z. Tl. dtsch. (4.50) 2549
Widm. v.: Chn. Hagmaier, Joh. Friedr. Sutor (Eßlingen).

Beyer
— **Georg Christoph** (Sangerhausen), De furto magno eiusque poena. Diss. jur. Präs. Ferd. Aug. Hommel. Lpz. (Langenheim) 22. VI. 1747. 29 Seiten. (4.80) 2550

Beyer
— **Georg Friedrich** (Leipzig), De poenitentia in delictis eiusque effectu. Diss. jur. Präs. Gebh. Chn. Bastineller. Wittenberg (Gaeberdt) 27. IV. 1726. 32 S. (4.80) 2551

BEYER (Georg Gottlieb)
Leichen-Rede bey dem Sarge der ... Frau Capellmeisterin und ersten Herzoglichen Hofsängerin Barbara Lucietta Frisimelia Westenholz, gehalten den 20ten September 1776, von Georg Gottlieb Beyer ... – *Schwerin, Bärensprung,* (1776). In-4, 16 p.

Beyer, Geo. Gli., (†d. 5. Sept. 1808.) Trauerrede u. Gedächtnißpredigt auf d. Herzog Friedrich von Mecklenburg. gr. 8. Rost. 785. Stiller. 3 K

— s. Unterricht in d. Orthographie f. Frauenzimmer.

Beyer, Geo. Leonh., Atlas v. Bayern. Geograph.-statist.-histor. Handbuch zur bessern Kenntniss d. Vaterlandes f. alle Stände. 9 Lfg. M. 9 lith. u. ill. Karten. qu. 4. (81 ½ B.) Nürnberg 834—30, Stein.
Inh.: Rezat-, Unter- u. Ober-Main-, Regen-, Unter- und Ober-Donau-, Isar-, Rhein-Kreis. — Allgemeine Geographie.

Beyer, Georg Ludwig Friedrich
— **Gg. Ludw. Friedr.** (Roda-Altenburg), De notariis publicis. Disp. Präs. Joh. Gottfr. Moesler. Wittenberg (Ad. Christian Charisius) 3. XI. 1800. 24 S. (4.—) 2552

BEYER, Georg Nikolaus (Mantel): Ueber den Werth des Tampon in der Geburtshilfe.- München 1847. 16 S.
2.8.1847 - Urk (Titel: De dignitate tamponis.); P 66 Diss.Ingolst.-Landsh.-Mchn.

Beyer, Georg Paul Ferdinand: U n t e r s u c h u n g e n über das räumliche Polar-System, s. B e y e r, Georg

Beyer, Gotthard *(geb. Brieg 19. 3. 1856)*: Die glandula sublingualis, ihr histologischer Bau und ihre functionellen Veränderungen. (Ein Beitrag zur Lehre von den Speicheldrüsen.) Breslau 1879. (39 S.) 8° *[Im Buchhandel 1879 bei Koebner in Breslau.]*
Breslau, Med. Diss. v. 3. Sept. 1879

Beyer, Günther *Bernhard Adolf* [aus Krahnsfelde]: Ein Fall von primärem Prostatacarcinom ... Greifswald, Druck v. J. Abel, 1896; 34 S. 8.
Greifswald, Med. Fak., Inaug.-Diss. v. 1. Aug. 1896

Beyer, Gustav, Die Kinderspiele in ihrer geistigen und körperlichen Bedeutung, Leipzig 1891, 8 S., 4°.

Beyer, Gustav *(geb. Badewitz in Schles. 29. 12. 1850)*: Zur Lehre von der „Athetose". Breslau 1878. (44 S.) 8° *[Im Buchhandel 1878 bei Koebner in Breslau.]*
Breslau, Med. Diss. v. 29. Mai 1878

Beyer, Gust. Vita Godefridi Bullionensis. (67) 8. Marburgi 1874.

Beyer, Gustav [app. Arzt aus Bremen]: Ueber das Vorkommen und die Ursache der Urobilinurie bei verschiedenen Krankheitszuständen ... Göttingen, Druck d. Dieterich'schen Univ.-Buchdr., 1895; 38 S. 8.
Göttingen, Med. Fak., Inaug.-Diss. v. [3. Aug.] 1895

[S.] **Beyer,** *Gustav Hermann* [Prof. Dr., Dir.]: *Bericht über seine Einführung als Direktor der Anstalt.* Brandenburg a. d. H., J. Wiesikes Buchdr., 1896; 18—19 S. 4.
Brandenburg a. d. H., v. Saldernsches RG, P 1896 (100 [vielm. 99])

Beyer, *Gustav Hermann*: *Bericht über die Feier des Sedantages 1897 in Paretz.* 4 (S. 19—20).
Progr. v. Saldernsches Rg. *Brandenburg a. d. H.* 1898
Darin ein „Paretz" betiteltes Gedicht.

Beyer, H.: Die spontanen Bewegungen der Staubgefäße ..., s. Beyer, Hermann

Beyer's, H, Bibliothek pädagog. Klassiker. Sammlg d. bedeutendsten pädagog. Schriften älterer u. neuerer Zeit. Hrsg. v. Frdr. Mann. 14. u. 15. Bd. 8° Langens., H Beyer & S. d *Später u. d. T.: Bibliothek pädagog. Klassiker.*
Niemeyer's, AH, Grundsätze d. Erziehg u. d. Unterr. Mit Ergänzg d. geschichtl. lit. Tls u. m. Niemeyer's Biogr. hrsg. v. Wilh. Rein. 2. Afl. 1. Bd. (6, 387) 1882 [14] 3 —; geb. 4 — ‖ 2. Bd. (7, 268) 1884 [15] 2 —; geb. 3 —

Beyer, H.: Der Dom zu Erfurt, s. Beyer, Heinrich

Beyer, H.: Zur punktuellen Erzeugung der Curven 4. Ordnung. 1878. 8°
Math. Diss. Marburg

Beyer, H.: Kurze Geschichte der Stiftskirche Beatae Mariae Virginis zu Erfurt, s. Beyer, Hans

Beyer, H.: Edward Moore, s. Beyer, Hugo

Beyer, H.: Die praktische Unbrauchbarkeit d. Stenotachygr., s. Beyer, Hermann

BEYER, H. F.: Tabellarische Übersicht der zur wilden Baum-, Gesträuche- und Staudenkultur, so wie überhaupt zum Forstwesen nöthigen Kenntnisse. Aus den besten Forstschriften zusammengetragen und in tabellarisch-systematische Ordnung gebracht. - Regensburg 1808

Beyer, Hans, approb. Arzt aus Belgard: **Zur Casuistik der Pulververletzungen des Auges. Elf Fälle aus d. Universitäts-Augenklinik zu Greifswald.** *Greifswald 1899: J. Abel.* (32 S.) 8°
Greifswald, Med. Diss. v. 28. März 1899

Mit welchen Gedanken wandern wir Christen der Ewigkeit zu? Letzte Predigt in d. Dreifaltigkeitskirche zu Hannover am 23. Nov. 1902 über d. Epistel 2. Petri 3, 3–14, geh. von Pastor [Hans] **Beyer.** *Hannover: H. Feesche (1902).* (15 S.) 8° [F.] [03. 3665 7]

Beyer, Hans, über ungerade Potenzen. Ein Beitrag zur Potenzenlehre. (6 S.) 8. München 908. (K. Beck) — Göttingen, C. Spielmeyer's Nachf.) — 20

Über ungerade Potenzen. Ein Beitrag z. Potenzenlehre (Beweis d. Satzes von Fermat, von Hans **Beyer.** 2. verb. u. verm. Aufl. München 1908: Beckel [aufgestempelt: Göttingen: Knauer in Komm.]. 3 Bl. 8° [09. 10558 7]

Beyer, Harry, aus Danzig: **Beiträge zur Anatomie der Anonaceen, insbesondere der afrikanischen.** *Leipzig: W. Engelmann 1902.* (44 S.) 8° ¶(Aus: Engler's Botan. Jahrbücher, Bd 31, H. 4.)
Berlin, Phil. Diss. v. 23. Apr. 1902

Beyer, Heinrich
Beyer, Heinr., der Dom zu Erfurt. Erinnerungsblätter für Einheim. und Fremde. 8. (29 S.) Erfurt 867, (Neumann.) *

— Geschichte des Klosters der Ursulinerinnen, ehemals der weißen Frauen in Erfurt. Aus den Quellen bearb. 8. (III, 82 S.) Erfurt 868, (Neumann.) *

Beyer, Heinr., kurze Geschichte der Stiftskirche Beatae Mariae Virginis zu Erfurt. Mit Benutzg. bisher zum Theil noch unbekannter Quellen bearb. Mit Anmerkgn. u. e. Skizze der Kirche u. ihrer Umgebg. v. Rud. Böckner. Hierzu 1 Steindruck-Taf. (in qu. 4.) [Aus: „Mittheilgn. d. Vereins f. Geschichte u. Alterthumskunde v. Erfurt".] gr. 8. (96 S.) Erfurt 874. Villaret in Comm. n. 1. 50

Beyer, Hnr., s. Jak. Grimm, Weisthümer.

Beyer, Heinr., Burg Stolzenfels. Ein Andenken für Rheinreisende. Mit 1 Ans. in Stahlst., u. 4 Blättern mit gemalten Wappen. gr. 8. (3 B.) Coblenz 842, Hölscher. *

Beyer, Heinr., s.a. **Urkundenbuch zur Geschichte der, jetzt die preussischen Regierungsbezirke Coblenz u. Trier bildenden mittelrheinischen Territorien.**

Beyer, Heinr., Urkundenbuch zur Geschichte der, jetzt die preussischen Regierungsbezirke Coblenz und Trier bildenden mittelrheinischen Territorien. Aus den Quellen hrsg. 1. Bd. Von den ältesten Zeiten bis zum J. 1169. Lex.-8. (VIII und 823 S.) Coblenz 860, Hölscher's Verlag. *

— Weisthümer, s. Grimm, Jac.

Beyer
— Heinr. Ferdinand (Freiberg), Viro Alexander Wilhelm Koehler (Freiberg) diem memoriae quo per decem lustra non solum de re metallica, verum etiam de omni re publ. praeclare meruit, . . gratul. — Subj. est versionis Carm. Joa. Boceri „Fribergum in Misnia" inscr. spec. I. Mariaemontii (C. Hofmann) 1830. 8 Bl. (4.50) 2553

Beyer, Hermann
Beyer, H., die spontanen Bewegungen der Staubgefässe u. Stempel. 8. (56 S.) Colberg 888. Warnke. n. 1. —

Beyer, H, d. spontanen Beweggn d. Staubgefässe u. Stempel. 8. (56) Strals. 88, Meincke. n. 1. —

Beyer, Hermann Die spontanen Bewegungen der Staubgefäfse und Stempel. 8 (56 S.). Progr. G. *Wehlau* 1888

Beyer, Herm., Frdr. Calebow, Osc. Leede, zum Vortrag ernste u. heitere Dichtungen. (50 S.) 8. Dresden (908). F. E. Boden. 1. —

Beyer, *Hugo Edwin* Hermann [app. Arzt]: Ueber Elephantiasis faciei ... Leipzig, Buchdr. R. Hahn, 1895; 37 S., 1 Bl. 8.
Leipzig, Med. Fak., Inaug.-Diss. v. 27. Juli 1895

Beyer, Herm., üb. Elephantiasis faciei. Diss. gr. 8. (38 S.) Leipzig 895. (G. Schlemminger.) n. 1. —

Beyer, Herm., s: Festschrift, Wissenschaftl., z. Enthüllg d. v. Wilhelm II. d. mexikan. Volke gestifteten Humboldt-Denkmals.

Beyer, Herm., Garten- und Schweizerhäuser, farbig ausgeführt zur Bildung des Geschmacks junger Zeichner in Bürger- und Gewerbeschulen. 1. Hft. Langensalza (860.) Greßler. qu. 4. (8 lith. Taf.) 12 ngr.

Beyer, Herm., Garten- und Schweizerhäuser, farbig ausgeführt, zur Bildung d. Geschmacks junger Zeichner in Bürger- u. Gewerbeschulen. 1. Heft. qu. 4. Langensalza, Schulbuchh. d. Thür. L.-V. 1860. 12 Sgr.

Beyer, Herm., Humoristika. Lebensbilder u. Gedichte. 12. (75 S.) Leipzig-Anger (894.) G. Körner. n.n. — 50; kart. 1. —

Beyer, H[ermann]: **Paretz.** *Brandenburg a. H. 1898: J. Wiesike.* (S. 20.) 4° ¶[Gedicht zur Sedanfeier der Anstalt in Paretz 1897.] [F.]
Brandenburg a. d. H., v. Saldernsches RG, P 1898 (100)

Beyer, Herm., u. v. Kunowski, die praktische Unbrauchbarkeit der Stenotachygraphie. 2 krit. Beiträge. gr. 8. (16 S. m. 2 Schrifttaf.) Kreuzburg (899). (Leipzig, Schäfer & Schönfelder.) n. — 25
Sonderabdruck aus: „Nationalstenograph".

Beyer, Hilarius [pr. Arzt aus Semmritz in Posen]: Enucleatio bulbi, exenteratio bulbi und Staphylomabtragung mit einander verglichen. ... Greifswald, Druck v. C. Sell, 1891; 43 S., 1 Bl. 8°
Greifswald, Med. Fak., Inaug.-Diss. v. 10. Jul. 1891

Beyer, Hugo, Kirchengeschichte der Provinz Posen, s.: Sammlung v. Provinzial-Kirchengeschichten. 8. Hft.

Beyer, Hugo [aus Zwickau]: Edward Moore. Sein Leben und seine dramatischen Werke. . . . Leipzig, Druck v. Fr. Richter, 1889; 52 S. + 1 Bl. 8°
Leipzig, Phil. Fak., Inaug.-Diss. v. 7. Okt. 1889

Beyer, Hugo Edwin Hermann, s. B e y e r, Hermann

Beyer, J.: Lebe naturgemäss!, s. B e y e r, Johann

Beyer, J., Normal- u. Zu Schmal-Spur u. die Fairlie-Locomotive. gr. 8. (28 S.) Wien 873. Lehmann & Wentzel. n. — 80

Beyer, J. B., Grabrede auf die ehrwürdige Profeßschwester Eulalia im Orden des göttlichen Heilandes zu Niederbronn. Darmstadt 869. (Köhler.) gr. 8. (12 S.) 2 ngr.

Beyer, J. F.: Über den E p i c t e t und sein Handbuch, s. B e y e r, Johann Franz

Beyer, J. F. Reitkunst zum Selbstunterricht nebst einer Abhandlung von den Krankheiten der Pferde u. ihren Kuren. Leipzig 1792. 224 S.

Beyer, J. F., tabellar. Uebersicht d. zur wilden Baumgesträuch- u. Staudenkultur, so wie überhaupt z. Forstwesen nöth. Kenntnisse. Fol. Regensb. 805. (Schorner u. Straub.) 18 gr. ill. 1 rthl.

Beyer, J. G., prakt. Erfahrungen bei der Bäckerei, oder die Kunst, ohne Lehrmeister ein tüchtiger Bäcker zu werden. 8. Grimma 842. (Brandenburg, Müller.) n. 1/2 rthl.

Beyer, J. G., praktische Erfahrungen bei der Bäckerei. (2. Aufl.) 853. — Der 2. Aufl. Neue (Titel-) Ausg. Leipzig 855. Holtze. 12. (160 S.) 15 ngr.

Beyer, J. G., kurze u. wahre Geschichte des an Mstr. G. B. Hoffmann aus Frankenberg verübten Mordes. 8. (Freiberg, Craz u. G.) 3 gr.

Beyer, J. H. Frz., das Wesen der christlichen Predigt nach Norm und Urbild der apostolischen Predigt, unter besonderer Berücksichtigung der Hauptrichtungen der neueren Theologie. Gotha 861. Besser. gr. 8. (X, 608 S.) n. 2 rthl.

Beyer, J. J., s. N a c h r r . von einer zum Heil der Juden errichteten Anstalt.

Beyer, J. L.: Die T e c h n i k des Heftpflasterverbandes, s. B e y e r, Johann Leberecht

Beyer, J. M.: F o r s t - und Jagd w ö r t e r b u c h ..., s. B e y e r, Johann Markus

Beyer, J. M.: L e p t o l i t h o g r a p h i e ..., s. B e y e r, Johann Michael

Beyer, J. M.: Der R a t h g e b e r für alle Stände im Handel und Wandel, s. B e y e r , Johann Markus

Beyer, J.M.: T h e a t r u m machinarum moliarum, s. B e y e r, Johann Mathias

Beyer, J. P.
Sieben Briefe für und wider die Logen oder geheimen Gesellschaften, dargeboten von J. P. Beyer. St. Louis, Mo. 1890: Luth. Concordia-Verl. 16 S. 8° [Umschlagtit.]
In Versen. Tut dar, dass ein Christ kein Frmr sein kann.

Beyer, J. P. Kurzgefaßte Geschichte der Ev Luth St Johannes-Gemeinde zu Brooklyn, NY, am 6. Mai 1884 bis 8. Mai 1894. NY, 1894.

Beyer, J. P., die mächtige u. gnädige Hülfe, welche wir bei Christo, dem Heilande, allein finden. Predigt, am 14. Sonntage nach Trinitatis 1879 geh. in der separirt evangel.-luther. Kirche zum heil. Kreuz zu Crimmitschau. 8. (16 S.) Zwickau 880. Dresden, H. J. Naumann in Comm. n. — 30

— eine Kinderpredigt, geh. zum 350jähr. Katechismus-jubiläum am 31. Octbr., 1879, vor den Kindern der evangel.-luther. Gemeinde-Schulen zu Pittsburgh u. Allegheny City. 16. (16 S.) Pittsburgh, Pa. 880. Ebend. n. — 20

Beyer, J. R. G.: Die G e s c h i c h t e der Israeliten, s. B e y e r , Johann Rudolf Gottlieb

Beyer, J.W.: Ein K i n d ohne cranio und Haupt. Samml. v. Nat. u. Med. Gesch. 1723, Lpz. u. Bud., 1725, XXV, 311.

Beyer, Johann: Ausführliche B e s c h r e i b u n g eines neuen globi terrestris, oder Erd-Kugel, welcher nach der neuesten und besten Eintheilung der Geographie itziger Zeit eingerichtet; nebenst e. kurtzen u. deutlichen Unterricht, von d. Eintheilung, Nutzen u.. Gebrauch dieses Globi...
Hamburg: König 1722.
56 S. 8°.

Beyer, Johann: B e s c h r e i b u n g einer Himmels- und Erd-Kugel, von einer gantz neuen Invention, darinnen die Sternen und deren Bilder ... wie dieselbe am Himmel in der Concavität erscheinen, zu sehen und zu erlernen sind.
Hamburg: Verf. 1718.
36 S . 8°.

Beyer. Joh. Beschreibung einer geographischen Universal-Sonnen-Uhr. Hamburg 1735. 4.

Bilder aus der Geschichte Bremens im 19. Jahrhundert von Johann Beyer. *Bremen: C. Schünemann 1903.* (231 S.) 8° [F.]

Beyer, Joh., lebe naturgemäß! Ges. Aufsätze üb. naturgem. Lebensweise. 8. (IV, 70 S.) Leipzig 895. Th. Grieben. n. 1. —

Beyer, Johann August v., s.a. L i e d e r, Kleine

* **LIEDER,** K l e i n e (von *Joh. August v. Beyer*). Berlin und Magdeburg 1756. 8°. 64 S. (In Berlin: Yl 4531.)
Anon.-Lex. III. p. 73 (nach Kayser, v. Maltzahn, Jördens u. dem Verz. der v. Meusebach'schen Bibl.); Berliner Monatsschrift 1803, März. S. 191.

Beyer, Johann August, s. a. P o e s i e n, Vermischte

Vermischte Poesien, ... Franckfurth und Leipzig, 1756. 8°.
Verf. Joh. Aug. von Beyer.

Beyer
— **Johann Christian** (Lichtenberg/Sa.), De contemtione mysteriorum temeraria nostrae aetatis disserit simulque viro Johann Daniel Titius . . offert. Wittenberg (Tzschiedrich) 1790. 12 S., mit Namen d. Gratulanten. (3.50) 2557

— — De homine utrum animantibus brutis corpore praestet? Disp. Präs. Ch. Friedr. Matthäus. Tl. I/III. Wittenberg (Ch. Phil. Meltzer) 1800. 60 S. (5.—) 2560
Gewidmet: Friedr. Wilh. Dresde, Carl Ludw. Nitzsch, Gg. Steph. Wiesand, Joh. Matth. Schroeckh. — Mitverfasser bei Tl. II: Joh. Aug. Zeune (Wittenbg.), Tl. III: Joh. Friedr. Erdmann (Wittenbg.). Einzelteile 2.60.

— — De praecipuis studiorum scholasticorum impedimentis disserit simulque viro Friedrich Wilhelm Dresde . . adprecatur. Specim. I. Wittbg. (Tzschiedrich) Dez. 1791. 20 S. (3.—) 2558

— — Dasselbe. Specim. II pars I. Viro Johann Daniel Titius diem LXIV. natalem eiusque filio Salomon Constant. Titius . . gratulat. Wittenberg (A. Ch. Charisius) o. J. 23 S. (3.50) 2559

Beyer, Johann Christian: Herrn Professor Gellerts O d e n, Lieder und Fabeln, nebst verschiedenen Franzoesischen und Italiaenischen Liedern, fuer die Laute uebersetzt, Und mit gehoerigem Gebrauche der Finger bemerket. Leipzig: Breitkopf 1760. 4° – VII, 38 S.

Beyer
— **Johann Christoph** (Naumburg), De repudiatione haereditatis, a debitore moto concursu creditorum facta. Diss. jur. Präs. Friedr. Alex. Kühnold. Lpz. (Imman. Titius) 7. XII. 1724. 38 S. (4.80) 2561

Beyer, Johann Fr.
Beyer, Joh. Fr., der einfache bibl.-christl. Glaube im Lichte eigener Erfahr. u. Prüfung. Mittheiln. a. d. religiös. Bildungsgesch. ein. evangel. Geistlichen, in Briefen an seinen Freund u. Amtsbruder. gr. 8. (13½ B.) Leipzig 830, Wienbrack.

Beyer, Johann Franz
— s. Apollodori mytholog. Bibliothek. [illegible] Liebe.

Beyer, Jh. Frz., über Epiktet u. sein Handbuch. 8. Marb. 794. Krieger. 6 gr

– s.a. S a m m l u n g von Liedern der Liebe . . .

BEYER, Joh. Franz (geb. zu Siegen 9. Jan. 1767), Sammlung von Liedern der Liebe im Geschmacke Salomo's, neu übersetzt u. mit Anmerkgn. versehen. Marburg, Krieger, 1792. 8°. (1 Mk. 80 Pfg. A. Bielefeld, Carlsruhe, vor 1885.)

— Sinngedichte. 8. Herborn 809. Krieger; (auch Rein in Leipz.) 20 gr

Beyer
— **Joh. Franzisk.**, . . virum Gg. Wilh. Lorsbach . . (Novi prorectoratus auspicia) d. 31. X. 1800 rite capienda civibus indicis academia Herbornensis (offic. Brückner). 36 S., mit Bibliographie L.'s. (3.50) 2562
Inest brevis de Zacharia Rosenbach narratio (mit Bibliographie).

Beyer, Johann Gottfried
— — Epistola ad virum Johann Gottlob Richter (Superintendent z. Freiberg). Frbg. (Barthel) 21. III. 1782. 4 Bl. (3.50) 2565

— **Johann Gottfried** (Dresden), De jure relvitionis debitori contra creditorem in Saxonia electorali competente. Diss. jur. Präs. Wilh. Hier. Bruckner. Jena (Müller) 11. III. 1724. 36 S. (4.80) 2563
Widm. v.: Gg. Chph. Zollmann (Coburg), Joh. Friedr. Wachs (Tabarz), Joh. Gottfried Wolff (deutsch).

— — Viro Theoph. Eusebius Traugott Melzer (Augustusburg, Schellenberg) nuptias cum Johanna Maria Heubler nomine societatis philobiblicae Lips. gratul. — Disp. quaedam ad. loc. diffic. Rom., XII. 19—21. Lpz. (Langenheim) 5. III. 1778. 12 S. (4.—) 2564

Beyer
— **Johann Gotthardt** (Altens. Varisc.), Rationes illas, ob quas veritas et fides de homine dici possunt. Präs. Joh. Gottfr. Hartenstein (Plauen). Lpz. (Fleischer) 5. III. 1718. 24 S. (3.50) 2566

Beyer
— **Johann Gottlieb Friedrich** (Aschersleben), De peripneumonia notha. Diss. med. Präs. Andr. Elias Büchner. Halle (Hendel) 12. II. 1757. 44 Seiten. (5.—) 2567
Widm. v.: Joh. Joach. Lange, Joach. Friedr. Beyer (Vater, dtsch.).

Beyer
— **Joh. Gottlob** (Freiberg), De mora creditoris. Präs. Rom. Teller. Lpz. (Loeper) 19. XI. 1765. 52 S. (4.50) 2568
Gew.: Joh. Gg. Friedr. Grf. v. Einsiedel (Seidenberg, Gersdorf)

— — De gabellae detractione ex usu fori Saxonici electoralis aestimanda spec. II. Präs. Sam. Friedr. Junghans. Lpz. (Saalbach) 30. V. 1793. (S. 37—66.) (4.—) 2569

Beyer
— **Johann Heinrich** (Freiberg), De constituendo incisionis loco in cruris amputatione. Diss. med. Lpz. (Stariz) 28. IX. 1853. 12 S., mit Biogr. (M.: J. Held.) (2.50) 2570

Beyer, Johann Leberecht, s. B e y e r , Johannes Leberecht

Beyer, Johann Markus
Beyer, Jh. Mark., Abhandlung über d. Zergliederung d. Schönheiten u. Mängel d. Pferde. 8. Meißen 794. Goedsche. 12 gr

Beyer, Joh. Marc., Abhandlung über die Zergliederung der Schönheiten und Mängel der Pferde. 8. Meissen 794. (Leipzig, Jackowitz.) M. 1.50

— Anfangsgründe d. Reitkunst. 8. Leipz. 790. (W. Vogel). 2 gr

Beyer J. M.: Kurze u. gründliche Anleitung alle Arten zahmes Federvieh mit Nutzen zu erziehen u. zu mästen. Leipz. 1796. 74 S.

B e y e r , J. M., praktische Anweisung, alle Arten Hunde zu dressiren. Für Jäger, für Jagddilettanten, und für andere Liebhaber der Hunde. Vierte Aufl. 8. Leipzig, Sommersche Buchh. 818.

— Bemerkk. über d. Sächs. Forstwissenschaft rc. 8. Halle 797. Hendel. 6 gr

— Forst- u. Jagdwörterbuch. gr. 8. Leipz. 801. Mittler. 1 Rthlr

— Gedanken über Uebergabe u. Uebernahme d. Rittergüter. 8. Meißen 794. Goedsche. 5 gr

B e y e r , J. M.: „Zufällige Gedanken über die Uebergabe und Uebernahme der Rittergüter, besonders über die Taxation, als ein zur Entschädigung unwahrscheinliches Mittel, und die gewöhnliche Uebergebungstermine als unschicklicher", Meissen 1794 (Erbstein).

Beyer J. M.: Practische Handgriffe u. Anweisung alle Arten Hunde zu dressiren, f. Jäger, Jagd-Dilettanten u. andere Liebhaber d. Hunde. Leipz. [1801]. 78 S.

— prakt. Handgriffe u. Anweis., alle Arten Hunde zu dressiren. 8. Leipz. 806. 4e Aufl. 818. (W. Rauck). 8 gr

— leichte Kunst, d. Scheffelzahl jeder Getreideart geschwind zu finden. Mit 2 Kpf. gr. 8. Dresd. 794. Walther. 4 gr Nachtrag, od. Anweis. z. Verfertigung d. Beyerschen Höhenmessers. gr. 8. Ebd. 795. 2 gr

Beyer, Joh. Mark., Lehrb. d. prakt. Feldmesskunst f. Oekonomen, Jäger u. Gärtner, welche diese Wissenschaft blos nach Handgriffen lernen wollen. Mit Kpf. 8. Halle, 1796. Hande u. Spener. — 15

— Lehrbuch der prakt. Feldmeßkunst. Mit 6 Kpf. 8. Halle 797. Hendel. 12 gr

— der Rathgeber f. alle Stände im Handel u. Wandel. 2 Thle. 8. Gotha 796. Ettinger. 16 gr

Beyer, Jh. Mark., Reitkunst z. Selbstunterricht, nebst e. Abhandl. v. d. Krankheiten d. Pferde. 8. Leipz. 793. 2e Aufl. ... 3e Aufl. 808. Voß. 18 gr (NB. auf d. Titel d. 3n A. steht J. F. Beyer.)

— tabellar. Uebersicht d. Küchengartengewächse, wenn, wie u. zu welcher Zeit selbige z. säen, z. pflanzen, u. was z. jedem insbesond. f. e. Boden erfordert wird. 4. Halle, 1815. Hendel. — 5

— tabellar. Uebersicht d. Küchengewächse. 4. Halle 816. Hendel. 4 gr

— Unterr., höchstnöthiger, f. Rittergutsbesitzer, welche ihre Güter u. Ländereien mit Nutzen ausmessen lassen wollen. 8. Lpz. 796. Mittler. 5 gr

Beyer, Johann Matthias

Beyer, Joh. Matth.: Theatrum machinarum molarium, oder Schau-Platz der Mühlen-Bau-Kunst. E. Buch, welches als der 9. Theil von Jac. Leupolds theatro machinarum wird können gebraucht werden. Leipzig 1735.

Beyer JM, Theatrum machinarum molarum. Schauplatz der Mühlenbaukunst. 2 Tle (Angebunden an: Leupold, Theatrum machinarum generale.) Leipzig 1739

Beyer, J. M: Theatrum machinarum molarium, oder Schauplatz der Mühlenbaukunst. Neue Aufl. [Th. 1.] Dresden 1767. Fol.

Theatrum machinarum molarium, oder Schauplatz der Mühlenbaukunst — — als der neunte Theil von des sel. Hrn. *Jac. Leupolds* theatro machinarum — — von *Joh. Mathias Beyern* und Cons. Neue vermehrte Auflage. Dresd. in der Walth. Hofbuchh. Fol. 1 Th. 1 Alph. 10 B. 2 Th. 2 Alph. 4 B. Anhang 13 B. 43 Kupf. 1767.
Allg. d. Bibl. 6. B. 2. St. p. 266.

* *Joh. Mathias Beyers* Theatrum Machinarum molarium, oder: Schauplatz der Mühlenbaukunst, fortgesetzt und erweitert als dessen 3ter Theil, worin das in selbigem Fehlende ersetzt, besonders die französische Horizontalmühlen und schwedische Sägemühlen mit vielen Sägen beschrieben werden; auch mit fünf kürzern Abhandlungen über die Arithmetik, Mechanik, das Maschinenwesen und die Wasserbaukunst vermehrt von *Jos. Karl Weinhold.* Dresden b. Walther. fol. 1 Alphab. 10 Bog. mit 11 Kupfert. 1788.
Allg. Jen. Lit. Zeit. 1789. IV. B. p. 49. und 1791. III. B. p. 374.
Allg. d. Bibl. 91. Band, II. St. p. 468.
Götting. gel. Anz. 1789. I. B. p. 423.
Beckmann's phys. ökonom. Bibl. XV. B. 4. St. p. 569.

Beyer, Johann Mathias. Theatrum machinarum molinarum; oder Schauplatz der Mühlen-Baukunst. Mit 43 Kupfern. (3 Bde. und 1 Atlas.) Fol. Dresden 1788—1803.

Beyer, Johann Michael

Beyer, Joh. Mich., Leptolithographie od. Kunst, auf Steine von 2 bis 6 Linien Dicke ohne Veränderung d. Presse nach allen in d. Lithographie bekannten Manieren zu drucken, nebst e. Abhandl. zur Kenntniss etc., d. Steine, Angabe d. Preise, d. specif. Gewichts, auch d. jetz. Frachten. Mit e. Zugabe mehr., durch d. Erfahr. bewährter, Recepte z. Lithographie. gr. 4. (ca. 2 B.) Eichstädt 831, Beyer. Versiegelt

Beyer, Johann Rudolf Gottlieb

Beyer, Jh. Rud. Gli., († d. 8. Dec. 1813.) Anleit. zum würdigen Gebrauch d. heil. Abendmahls. 8. Leipz. 785. (W. Vogel). 4 gr

— z. Aufklärung d. Volksreligion; e. Beitrag in Predigten. 3 Thle. gr. 8. Leipz. 782—95. (1r Thl. 782. 2e A. 795.). (W. Vogel). 3 thlr 12 gr

— über Bücherlesen. 4. Erf. 795. Keyser. 4 gr

— die Geschichte d. Israeliten, eine Fortsetzung v. d. Gesch. d. Urwelt; in Predigten. 2 Bde. gr. 8. Erf. 811 u. Gotha 825. Hennings. Hbg. Pr. 1 thlr 8 gr

— Geschichte d. Urwelt in Predigten. 2 Bde. oder 8 Stcke. gr. 8. Leipz. 795—800. (W. Vogel). 4 thlr 2 gr (48 Heft. Auch u. d. T. v Anh. zum 2n Bde. d. Predigten ꝛc.)

Beyer, J. R. G., Handbuch üb. Luthers Catechismus. Lpzg. 1785. 3 Bde. 8.

— Handbuch f. Kinder u. Kinderlehrer üb. d. Katechismus Lutheri. 6 Thle. 8. u. Anh. 7r Thl. 8. Leipz. 785—87. 2 thlr 22 gr N. Aufl. in 2 Bden, (d. 1n — 6n Thl. enth.) u. 7r Thl. od. Anh. 8. Ebd. 787. (W. Vogel). 1 thlr 22 gr Register zu beiden Aufl., v. Fr. Lebr. Kämpfe. 8. Ebd. 796. 12 gr Dass. Handbuch im Auszuge. 8. Ebd. 788. 12 gr

— allgem. Magazin f. Prediger. 12 Bde. à 6 Stcke. N. 72 Partr. gr. 8. Leipz. 789—96. (W. Vogel). 18 thlr Anh. zum 1n—4n Bde.: Ueber die theolog. Gravität. Drei Beantwortt. e. Preisfrage, (v. J. M. Möller, ... Parthysius. gr. 8. Ebd. 790. 6 gr

Beyer, Joh. Rudolph Gottlieb (Hrsg.), s. Magazin, Allgemeines, für Priester nach den Bedürfnissen unsrer Zeit.

Beyer, Joh. Rud. Gottlieb (Hrsg.), s.a. Museum für Prediger.

— Museum f. Prediger. 4 Bde. à 2 Stcke. gr. 8. Leipz. 797—801. (W. Vogel). 6 thlr

— Predigten über Gegenstände der Natur ꝛc. nach Anleit. d. evangel. Texte. gr. 8. Leipz. 805. W. Vogel. 3 thlr 12 gr.

— Predigten üb. Sprüchwörter in Verbind. mit d. Sonn- u. Festtags-Evangelien. 2 Bde. gr. 8. Erf. 800, 801. Maring ꝛc. (Otto). 2 thlr 16 gr

— einige Predigten v. d. Zeitumständen veranlaßt. gr. 8. Leipz. 794. (W. Vogel). 8 gr

— s.a. über d. Strafen der Verdammten.

(Beyer, J. Rdf. Gtl.), über die Strafen der Verdammten und deren Dauer. Ein Versuch. Lpz. 782. 8.
— — über die Strafen der Verdammten u. s. w. Fortgesetzter Versuch. Ebend. 784. 8.

— Predigt: Was heißt denn eigentl. Christum predigen? 8. Lpz. 792. (W. Vogel). 2 gr

Beyer, Johann Samuel

— **Joh. Sam.** (Freiberg), De eo, quod justum est circa pecumam lustricam vulgo Pathen- oder Gevatter-Geld. Diss. jur. Präs. Joh. Gottfr. Kraus. Wittenberg (Gerdes' Wwe.) August 1728. 32 S. (4.50) 2571

Beyer (Johann Samuel)

Primae lineae musicae vocalis. Das ist: Kurtze, leichte, gründliche und richtige Anweisung wie die Jugend so wohl in den öffentlichen Schulen, als auch in der Privat-Information ein musicalisches Vocal-Stück wohl und richtig singen zu lernen auffs kürtste kan unterrichtet werden, mit unterschiedlichen Canonibus, Fugen, Soliciniis, Biciniis, Arien und einem Apendice, worinnen allerhand lateinische, französische und italiänische Termini Musici zu finden. Benebenst einer Vorrede Tit. Herrn D. Christiani Lehmanns. Entworfen und ausgefertigt von Johann Samuel Beyern ... – *Freiberg, Elias Nicolaus Kuhfus*, (1703). In-8, 112 p.

Bever. Johann Samuel, Melodien zu E. Neumeisters Erstlingen geistlicher Lieder. Dresden (1705)
siehe Erdmann Neumeister.

Beyer, Johann Samuel: Musicalischer Vorrath,
Neu variierter Choral-Gesänge. 3.T.
Freiberg 1719. 8⁰ –(8) 116 (2); (2) 172; (2) 40 (2) Sn.

Beyer, Johann Wilhelm
Dichtungen von J. B. ‹Fillatri Zeidolyp› [d. i. Johann Wilhelm Beyer].
Kiel: H. Eckardt in Komm. 1894. (III. 108 S.) 8° [F.] [95 09 8]

Beyer, Jh. Wlh., Oestreichs Merkwürdigkeiten, die Bild- u. Baukunst betr. Fol. Wien 779.

— die neue Muse oder der Nationalgarten. Mit 21 Kpft. Fol. Wien 784.

Beyer, Johannes [App. Arzt aus Neustettin]: Zusammenstellung und kritische Verwerthung der mit Galvanopunctur behandelten Fälle von Aortenaneurysma ... Freiburg i. B., Univ.-Buchdr. v. Ch. Lehmann, 1896; 77 S., 1 Bl. 8.
Freiburg i. B., Med. Fak., Inaug.-Diss. v. 1896

Beyer, Johs., Zusammenstellg. u. krit. Verwerthg. d. m. Galvanopunctur beh. Fälle v. Aortenaneurysma. Diss. gr. 8. (77 S.) Freiburg i/B. 896. (Neustettin, F. A. Eckstein.) n.n. 1.—

Beyer, Johannes Leberecht
Beyer, J. L., Silber u. Silbersalze als Antiseptika, s.: Credé, Benno.

Beyer, J. L., die Technik des Heftpflasterverbands. 16. bis 18. Tauf. (31 S. m. 24 Abbildgn.) 8. Leipzig 905. Dieterich. n. 1.—

— über die Verwendung kolloidaler Metalle (Silber u. Quecksilber) in der Medizin, s.a. Bibliothek, moderne ärztliche. 6. Hft.

Uber die Verwendung kolloidaler Metalle ‹Silber u. Quecksilber› in der Medizin. Von Dr. J[ohannes] L[eberecht] Beyer, Dresden. *Berlin: L. Simion 1904.* (40 S.) 8°
— Bibliothek, Moderne ärztliche. II. 6. [04. 5971]

BEYER, Joseph (Heideck): Ueber Kopf-Wunden mit besonderer Berücksichtigung der Lappen-Wunden.- München: Wühlthaler 1871. 18 S.
8.8.1870 – Urk (Titel: De vulneribus capitis imprimis laceratis.); F 72; Chr 1870/71,14
Diss.Ingolst.-Landsh.-Mchn.

Beyer, Josef Wilhelm
Beyer, Jos. Wlh., das Zeitalter d. Aegypt., Griech. u. Römischen Mythen u. Helden. Zur Erläuter. d. Deutsch. u. Latein. Klassiker; in alphabet. Ordnung. 8. Wien 793.

Beyer
— Israel, De belli Punici secundi memorabilibus. Ad actum progymnasmat. Freiberg (Kuhfus). 1703. 4 Bl., mit Namen. (3.—) 2572

Beyer, Jul., üb. den Unterschied der Stände u. die Ungleichheit d. Besitzes. gr. 8. (32 S.) Bautzen 849, Helfer. 1/6 ₰

Beyer, Julius Herm. (geb. Rippach bei Weissenfels 11. 4. 1835): De vulneribus sclopetariis. Berolini (1859). (31 S.) 8°
Berlin, Med. Diss. v. 21. März 1859

Beyer, Justus Israel
— — Numina jureconsultis olim sacra e veteri gentium memoria edisseret. Präs. Christian Gotthold Wilisch. Lpz. (Imman. Titius) 13. II. 1720. 24 S. (4.80) 2574

— Justus Israel (Freiberg/Sa.), Regularum juris privati, quo utimur, naturalis, Romani, canonici, patrii. Präs. Carl Otto Rechenberg. Lpz. (Imman. Titius) 7. XII. 1718. (S. 77—104.) (4.—) 2573

Beyer, K, s.a. Beyer, C.

Beyer K, Eigengewicht, günstige Grundmasse u geschichtliche Entwicklung des Auslegeträgers. (132 S) (Fortschr. d. Ingen.-Wiss. II, 19) Leipzig 1908

Beyer, K., Festschrift zum 25. Stiftungstage der Freiwilligen Turner-Feuerwehr zu Erfurt 1888, 8°. 2 Bde.
T. 1: Geschichte des Erfurter Feuerlöschwesens bis zum Jahre 1858.
T. 2: Die Freiwillige Turner-Feuerwehr.

Beyer, K., zur Geschichte der Güstrower Stadtwaldungen. Ein Beitrag zur VIII. Versammlung d. Vereins Mecklenburg. Forstwirthe am 9. u. 10. Juli 1880 in Güstrow. gr. 8. (21 S.) Güstrow 881. Opitz & Co. n. — 50

Beyer, K., kurzgefaßte deutsche Grammatik für Schulen u. Fortbildungs-Anstalten, s.: Gerberding, W.

Beyer, K., die Schienenschweissungen nach praktischen Ausführungen. gr. 4. (III, 46 S. m. 23 Abbildgn.) Wiesbaden 902. J. F. Bergmann. n. 3.—
Sonderabdruck aus: „Zeitschr. f. Local- u. Strassenbahnwesen".

Beyer, Karl, s. a. Beyer, Carl

Beyer, Karl: Die Bischofs- und Abtswahlen in Deutschland unter Heinrich IV. in den Jahren 1056—1076. Halle a. S. 1881: (Hofbuchdr. in Stolberg am Harz). 63 S. 8°
Halle-Wittenberg, Phil. Diss. v. [28. Okt.] 1881
Geb. Koblenz 26. 1. 1848. V.

Beyer, Karl, der Katechismusunterricht. Präparationen. Nach neueren Grundsätzen methodisch bearb. (Methodisches Hilfsbuch f. den evangel. Religionsunterricht.) (172 S.) 8. Berlin 905. W. Prausnitz. n. 1. 50

Beyer, Karl, der Katechismusunterricht. Präparationen. Nach neueren Grundsätzen methodisch bearb. (Method. Hilfsbuch f. den evangel. Religionsunterricht.) 2. u. 3. Aufl. (190 S.) 8. Berlin 907. W. Prausnitz. Geb. nn 2. 25

Beyer, Karl
— s. Jh. E. J. Müller, Promptuarium.

Beyer, Karl, Supplementa ad Jh. E. J. Mülleri Promptuarium juris novum. IV Voll. 8 maj. Hildburgh. 800—803. (Lpz., Er. Fleischer; auch Taubert). 9 ₰ 12 gr

Beyer, Karl August
— Apologie d. h. Schrift od. Untersuchung d. Lehre v. göttl. Strafen. 8. Halle 779. Waisenhaus B. 6 gr

— etwas von Liturgie, besonders d. Kursächs. Evangelischen. 8. Halle 778.

Beyer, Karl Aug., († d. 11. März 1806.) ganze Pflicht d. Kommunicanten. 8. Halle 771. Waisenhaus B. 5 gr

Beyer, Konrad, s. Beyer, Conrad

Beyer, Korl, s.: Beyer, Carl.

Beyer, Kurt, Eigengewicht, günstige Grundmasse u. geschichtliche Entwickelung des Auslegeträgers, s.a. Fortschritte der Ingenieurwissenschaften. 19. Hft.

Eigengewicht, günstige Grundmaße und geschichtliche Entwickelung des Auslegeträgers von Dr.-Ing. Kurt Beyer, Reg.Bauführer. Mit 70 Fig. Leipzig: W. Engelmann 1908. (VIII, 132 S.) 4⁰(8°)
= Fortschritte d. Ingenieurwissenschaften. Gruppe 2, H. 19. [08. 1930]

Beyer, L.: Kriegsscenen aus den Jahren 1813 — 15 ..., s. Beyer, Leopold

Beyer, L. (ps.), glorreiches Leben u. Thaten der edelen Sennora *Dolores*. Aus d. Span. verteutscht durch —. Leipzig, E. O. Weller, 1847. — *A. E.*: Druck von F. A. Brockhaus in Lpz. Kl. 8⁰. Cart.
Deutsches Original. 24 S. -- Selten!

Beyer, L., Lesebuch zur deutschen Geschichte. 3 Tle. 8. Halle 910. H. Schroedel. nn 6. 50
1. Von der Urzeit bis zum 30jährigen Kriege. (VI, 162 S.) nn 1. 75
2. Von der Gründung der Mark Brandenburg bis zum Wiener Kongreß (VI, 200 S.) nn 2. 25
3. Vom Wiener Kongreß bis zur Gegenwart. (VIII, 240 S.) nn 2. 50

Beyer, L., Rani Mohani, e. indische Heldenfrau, s.: Jugend- u. Volksbibliothek, deutsche.

Beyer, L. (Red.), s. Nachrichten aus der ostafrikanischen Mission.

Beyer, L.: Mary Goldneys Tagebuch, s. Beyer, Lebrecht

Beyer, (L. Chr. C.,) das Vater Unser in 17 neuen poet. Umschreibungen. 2e Aufl. 8. Nürnb. 827, Zeh.

[F.] Mary Goldneys Tagebuch. Aus d. Zeit d. Aufstandes in Indien 1857/58 v. Lebrecht Beyer. *(Weimar &) Berlin: Schriftenvertriebsanst.; (Christl. Zeitschriftenver.) [1897].* (126 S., 1 Bl., 5 Taf.) 1 Bd 8. [97. 6846

Beyer, Leopold. Kriegsscenen aus den Jahren 1813 bis 1815, zur Erinnerung fur ehemalige Krieger und zum Nachzeichnen und Illuminiren für kleine Leute in 12 herrlichen Skizzen von Leopold Beyer. Dresden und Pirna, bei Robert Friese. [Um 1815] [Umschlagtit.] 12 Taf. in Rad 8°.
S auch Xe 214 [Finart. Les alliés à Paris en 1815]

Beyer, L., Kriegsscenen aus d. Jahren 1813 — 15, zur Erinnerung für ehemal. Krieger u. zum Nachzeichnen u. Illuminiren. In 12 Skizzen. 4. Pirna 830. Friese. 9 Gr

Beyer, Louis, der Kartoffelbau nach einer neu entdeckten einfachen Methode, durch welche nicht allein die reichsten Ernten erzielt werden, sondern auch die oft wiederkehrende Kartoffelkrankheit sicher und gründlich geheilt wird. Berlin 861. Schotte & Co. (Stuttgart, Johannsen.) 8. (64 S.) n. 10 ngr

Männerchöre von Louis Beyer. [1.] Halle a. S.: E. Trensinger [1907]. 4°(8°) [07. 24881 8

Beyer, Ludw., keine Kartoffel-Krankheit mehr! Ein Leitfaden zu einer praktischen, auf langjährige Erfahrungen und Beobachtungen gegründeten Methode zur Erzielung der reichsten Kartoffelernte und Sicherung der Knolle gegen die bekannten Krankheiten durch einfache Ackerkultur, als das einzige Mittel, auf Autorität gestützt und bescheinigt. Bonn 854. Habicht. 12. (22 S.) 5 ngr

Beyer, Ludov. (geb Grochow in d Mark 7 6. 1828). De pneumonia ejusque apud adultos, infantes et senes differentiis. Berolini (1853). (34 S.) 8°
Berlin, Med. Diss. v. 19. Juli 1853

Beyer, M.: Beschreibung der Merkwürdigkeiten in Eisleben, s. Beyer, Chr.

Beyer, M.: Illustrirter neuester Bienenfreund, s. Beyer, Moritz

Beyer, M.: Wahret den Geist, den Wodan den Germanen gab!, s. Beyer, Max

Beyer, Martin [aus Karschau in Schlesien]: Ueber (1. 2. 4) — Trimethylanthrachinon .... Freiburg i. B., Druck d. Fr. Wagner'schen Buchdr., 1887; 49 + 1 S. 8°
Freiburg i. B., Phil. Fak., Inaug.-Diss. v. 1887

Beyer, Max, Fräulein Gëno. Tragikom. i. 1 Aufzuge nebst Prolog u. Epilog: „D. Nachbarn". 8. (XIII, VI, 54 S.) Leipzig 897. P. Friesenhahn Nachf. n. 1. —; geb. n. 2. —

Beyer, Max (Hrsg.), s. Gesellschafter, Der.

Beyer, Max (Hrsg.), s. Jung-Deutschland.

— Lichter. Poesien. 8. (VI, 56 S.) Leipzig (902). H. Seemann Nachf. n. 2. 50

Beyer, M, unterm Lindenbaum. Skizzen u. Gedichte. 8° (99) Stuttg. 93, Druckerei u. Verlagsh. Stuttgart, Dr. Foerster & Co. 1. 50; geb. 2.25

Unterm Lindenbaum. Skizzen u. Gedichte von Max Beyer. *Stuttgart: Foerster & C° 1894.* (III, 63 S.) 8° [F.] [04. 4777

— Ewige Messe. Dichtgn. 8° (58 m. Zierstücken.) Lpzg 97, P Friesenhahn. 1 —: geb. 2 —

Die Nazareth-Kirche zu Ehren der Heiligen Familie in Groß-Lichterfelde bei Berlin. Festschrift z. Erinnerung an d. Feier d. Konsekration 1904. Allen Wohltätern d. Kirchenbaues gewidmet von M[ax] Beyer, Kuratus. (Berlin: Germania 1904.) (29 S.) 8° [F.] [04. 3849

Beyer, Max (Hrsg.), s. Stimmen der Gegenwart.

Beyer, Max, wahret den Geist, den Wodan den Germanen gab! (Ein Aufruf an das deutsche Volk.) (V, 49 S.) gr. 8. Dresden (907). E. Pierson. — 60

Beyer, Maximilianus *(geb. Konradsdorf bei Haynau in Schles. 17. 9. 1844)*: De perfecti apud Herodotum usu syntactico. Vratislaviae (1868). (50 S.) 8°
Breslau, Phil. Diss. v. 19. Juni 1868

Beyer, Moritz, s. Archiv der deutschen Landwirtschaft.

Beyer, Mor., das Auswanderungsbuch oder Führer u. Rathgeber bei d. Auswanderung nach Nordamerika u. Texas in Bezug auf Ueberfahrt, Ankunft u. Ansiedelung 2c. Mit 1 Holzschn. 8. Leipzig 846, Baumgärtner. — 2. unveränd. Aufl. 846. 1/2 ℛ

Beyer, Mor., das Auswanderungsbuch oder Führer und Rathgeber bei der Auswanderung nach Nordamerika und Australien, mit Berücksichtigung von Texas und Kalifornien, in Bezug auf Ueberfahrt, Ankunft und Ansiedelung nebst einer vollständ. Schilderung des geograph., polit. und geselligen Zustandes jener Länder und genauen Erörterung aller bei der Auswanderung zu berücksichtigenden Punkte. Grossentheils nach eigner Auffassung während eines zweijähr. Aufenthalts in Amerika. 3., verb. und verm. Aufl. 8. (XII und 297 S. mit 1 Holzschn. und 2 lith. und ill. Karten in qu. gr. 4.) Leipzig 850, Baumgärtners Buchh.

— Beschreibung einer neuen, für d. Landwirthschaft äußerst wichtigen u. vortheilhaften Fütterungsmethode, besond. für Rindvieh, Schaafe, Schweine. 8. Ebd. 838. 1/8 ℛ

Beyer, Mor., illustr. neuester Bienenfreund. Eine vollständ. Unterweisg. in der Behandlg. d. Bienen zu jegl. Jahreszeit; so wie überhaupt zum vortheilhaftesten Betrieb der Bienenzucht auf Grund der neuesten Erfahrungen. Mit besonderer Berücksichtigung der Bienenzucht-Methode v. Dzierzon, so wie der Erfahrungen eines Nutt, Morlett, Fuckel 2c. herausg. Mit zahlreichen in den Text eindr. Abbildgn. (in Holzschn.) 8. (VIII u. 225 S.) Leipzig 851, Spamer. 5/6 ℛ

— u. J. F. O. Kühner, illustrirter neuester Bienenfreund. Eine vollständ. Unterweisung in der Behandlung der Bienen zu jeglicher Jahreszeit; so wie überhaupt zum vortheilhaftesten Betrieb der Bienenzucht auf Grund der neuesten Erfahrungen. Mit besond. Berücksichtigung der Bienenzucht-Methode vom Pfr. Dzierzon u. d. Erfahrungen eines Nutt, Morlott, Fuckel, Kuhnt 2c. 2. verb. u. stark verm. Aufl. Mit 54 in den Text gedr. Abbildgn. (in Holzschn.) 8. (X u. 273 S. m. 1 Holzschnitttaf.) Leipzig 852, Spamer. 3/4 ℛ

— und J. F. O. Kühner, illustrirter neuester Bienenfreund. Eine vollständige Unterweisung in der Behandlung der Bienen zu jeglicher Jahreszeit; sowie überhaupt zum vortheilhaftesten Betrieb der Bienenzucht auf Grund der neuesten Erfahrungen. Mit besonderer Berücksichtigung der Bienenzucht-Methode des Pfarrers Dzierzon und den neuesten Erfahrungen der anerkannt tüchtigsten Bienenwirthe. 3. Aufl. Durchgesehen 2c. von G. Kirsten. Mit 57 in den Text gedr. Abbildgn. (Holzschn.) und einer Ertragstabelle. Leipzig 854. Spamer. (Neumeister.) br 8. (XII. 231 S.) 22½ ngr

—— und J. F. O. Kühner, illustrirter neuester Bienenfreund. Eine vollständige Unterweisung in der Behandlung der Bienen zu jeglicher Jahreszeit; so wie überhaupt zum vortheilhaftesten Betrieb der Bienenzucht auf Grund der neuesten Erfahrungen. Mit besond. Berücksichtigung der Bienenzucht-Methode des Pfr. Dzierzon 2c. 3. Aufl. 1. Abdr. 1854. und 2. Abdr. Durchgesehen, verm. und vielfach verb. von G. Kirsten. br. 8. (XII und 231 S. mit 62 in den Text gedr. Abbild. in Holzschn. und einer Ertragstabelle.) Leipzig 856, Spamer.

— — 2. Abdr. Mit 62 in den Text gedr. Abbildgn. (Holzschn.) und einem Anhange betreffend den neuen von Berlepsch verb. Dzierzon'schen Bienenstock. Ebend. 857. br. 8. (XII, 235 S. u. 1 Holzschnitttaf.) 22 1/2 ngr

Beyer, Mor., J. F. O. Kühner und G. Kirsten, illustrirter neuester Bienenfreund. Eine vollständige Unterweisung in der Behandlung der Bienen in jeglicher Jahreszeit, sowie überhaupt zum vortheilhaftesten Betriebe der Bienenzucht auf Grund der neuesten Erfahrungen. Mit besond. Berücksichtigung der Bienenzucht-Methoden Dzierzon's und v. Berlepsch's, sowie der neuesten Erfahrungen anderer tüchtiger Bienenwirthe. 4., verb. und verm. Aufl. gr. 8. (XII und 251 S. mit 72 in den Text gedr. Holzschn.) Hamm 862. [Berlin], Grote'sche Verlagsh.

Beyer, Mor., das Branntweinbrennen von Seiten seiner Nachtheile f. d. Landwirthschaft u. als Gewerbe. Mit besond. Bezieh. auf d. sächs. Kartoffelbranntweinbrennereien. Nebst e. Anh. 8. (3 B.) Leipzig 838, Polet.
Der Anhang a. u. d. T.:
Beschreibung ein. neuen, f. d. Landwirthschaft äusserst wicht. u. vortheilhaften Fütterungsmethode, besond. f. Rindvieh, Schafe u. Schweine. 8. (1 B.) Ebds. 839. 3 Gr.

Beyer, M. (Hrsg.), s. C e r e s .

— land- u. stadtwirthschaftl. Düngerfabrikation od. die Verwaltg., höhere Verwerthg. u. Beseitig. des üblen Geruchs der Abtritte ꝛc. gr. 8. (VIII u. 54 S.) Leipzig 849, Baumgärtner. 1/4 Thlr.

— Futternoth- und Hülfsbuch. Eine Angabe der hülfreichsten, thunlichsten u. wohlfeilsten Mittel, Futtermangel auszugleichen und ihm vorzubeugen, so wie der stattgehabten Erfolge ihrer Anwendung. Nebst einer kurzen Darstellung der Wirkungen außerord. Dürre zum Andenken an 1842, und beiläuf. Bemerkungen über Getreideausfuhr, Mühlenwesen u. Mehlfabrication Deutschlands. gr. 8. Leipzig 843, Müller. 5/6 Thlr.

— das Ganze der landwirthschaftl. Buchhaltung u. practischer Berechnungen zur Beförderung der zweckmäßigsten, die größten Vortheile gewährenden Wirthschafts-Einrichtungen. Eine Anleitung Ergebnisse landwirthschaftlicher Unternehmungen im Voraus sicher zu beurtheilen ꝛc. In Verbindung m. U. Schwarzwäller hrsg. 2. (Titel-) Ausg. Lex. 8. (X u. 372 S.) Leipzig (848) 851, Thomas. 1 1/2 Thlr.

— und Protz, Landwirthschaftliche Groschenbibliothek, s.a. Groschenbibliothek.

—— landw. Groschenbiblioth., s.a. Protz, W.

—— und Wilh. Protz, landwirthschaftliche Groschenbibliothek. 1. Bd. 1—3. Heft. gr. 16. (S. 1—96.) Nordhausen 851, Büchting. à Heft

—— und Wilh. Protz, landwirthschaftliche Groschenbibliothek. 1. Bd. 4—12. Heft. 16. (S. 97—384.) Nordhausen 851. 52, Büchting à Heft 1 1/4 Ngr.
1. Bd. 1—3. Heft. Ebendas. 1851. 3 3/4 Ngr.

—— dass. — 2. Bd. (12 Hefte.) 16. (384 S.) Ebds. 853.
Die Fortsetzung s. Protz, W.

— u. U. Schwarzwäller, Handbuch der gesammten landwirthschaftlichen Buchhaltung. Zur Beförderung der zweckmäßigsten, die größt. Vortheile gewähr. Wirthschafts-Einrichtungen. Nebst einer Anleitung Ergebnisse landwirthschaftl. Unternehmungen im Voraus sicher zu beurtheilen, den wahren Werth der Grundstücke zu berechnen ꝛc. gr. 8. (X u. 372 S.) Leipzig 848, Thomas. 2 1/2 Thlr. (2. Ausg. siehe oben: — das Ganze der Buchhaltung.)

— prakt. Handbuch der Landwirthschaft zur Beförderung zweckmäß. Einrichtung u. Betreibung derselben. Für Landwirthe aller Klassen. 16. Leipzig 846, Hartung. n. 2/3 Thlr.

— Hauptverbesserungen in der deutschen Landwirthschaft, durch welche meistens mit den aus der Wirthschaft selbst hervorgehenden Mitteln der Ertrag u. Werth der Güter in einer kurzen Reihe von Jahren bedeutend erhöht, oft verdoppelt werden kann ꝛc. Leipzig 843, Baumgärtner. 2/3 Thlr. — 2. Hft. gr. 8. Ebd. 844. 2/3 Thlr.

— Hauptverbesserungen in der deutschen Landwirthschaft, durch welche meistens aus den aus der Wirthschaft selbst hervorgehenden Mitteln der Ertrag u. Werth der Güter bedeutend erhöht, oft verdoppelt werden kann ꝛc. 3. Hft. gr. 8. (VI u. 185 S.) Ebd. 847. 3/4 Thlr. (1—3.: 2 1/12 Thlr.)

— und Wilh. Protz, landwirthschaftliche Haus-Bibliothek. Mit Illustr. In 12 Hftn. (à 6 Bgn. m. Holzschn.) Leipzig 863. Willfferodt. 16. Jedes Hft. n. 4 ngr.

—— das Heil der Landwirthe durch die Chemie und die Patentdünger-Wirthschaft. Nebst einem Vorschlag zur Abhaltung eines Congresses der Agriculturchemiker. gr. 8. (XIV und 138 S.) Leipzig 847, Baumgärtners Buchh.

Beyer, Moritz und Wilh. Protz
—— —— der Landwirth der Gegenwart oder zeitgemäße Anregungen und Belehrungen über alle Berufs- und Gewerbsinteressen des Landwirthes. 1. und 2. Bd. gr. 12. (à 192 S.) Nordhausen 850—51, Büchting. à Bd. 22 1/2 Ngr.

—— —— d. Landwirth d. Gegenwart. 2. Bd. 12. (192) Nordh. 51. (Lpzg, Willferodt.) (à) — 12 1/2

— Landwirthschaft für Frauen. Der Geflügelhof, die Schweizerei, das Milchwesen u. die Zucht u. Benutzung der Schweine. Nach d. Engl. für Deutschland bearbeitet. Mit 16 Holzschn. 8. Pesth 845, Verlags-Magazin. 1 1/3 Thlr.

Beyer, Mor., Landwirthschaft für Frauen. Der Geflügelhof, die Schweizerei, das Milchwesen und die Zucht und Benutzung der Hausthiere. Meist nach dem Engl. bearb. Mit Holzschn. (im Text.) 2. Aufl. Leipzig 860. Haendel. 8. (XVIII, 374 S.) 1 Thlr. 10 ngr.

— **Louis Koch u. Albert Koch,** Lebensbilder u. Reisen in Amerika. Für Auswanderer u. alle Interessenten der Zustände u. Verhältnisse in Nordamerika hrsg. v. Mor. Beyer. 2 Bde. in 4 Abthlgn. Neue (Titel-) Ausg. gr. 12. (1: X u. 447 S. 2: IV u. 437 S.) Leipzig (839) 850, Müller. 1 2/3 Thlr.

—— Mittheilungen f. Landwirthe. 1—3. Hft. 8. Leipzig, Müller. [1. u. 2. (14 1/2 B.) 837. à 1/2 Thlr., 3. (8 B.) 838. 7/12 Thlr.]
Hft. 3. a. u. d. T.: Ansichten v. Amerika. Eine Schilderung amerikan. Zustände, f. Alle, die sich f. Nordamerika interess., insbesond. f. Auswanderer u. Landwirthe.

B e y e r, M.: „Praktische Mitteilungen für Landwirthe", 1.—3. Heft, Leipzig 1837, 1838 (Müller).

—— u. C. A. Fritsch, Noth- u. Hilfsbüchlein gegen die Kartoffelseuche. 8. (5 5/6 B.) Leipzig 845. [Keil u. Comp.]

Beyer, Moritz (Hrsg.), s. O r i g i n a l - M i t t h e i l u n g e n über die gesamte Landwirtschaft ...

—— und L. Koch, amerikanische Reisen. 4 Thle. gr. 12. (38 B.) Leipzig 839, Müller.

Beyer, Moritz, s. R i c h t e r, C. F.: Der Pflug im Allgemeinen .

— Schaf- und Wollbüchlein, oder Belehrungen über die gewinnbringendste Erzeugung, Veredlung u. Verwerthung der Schafwolle für Landwirthe, Wollproducenten u. Fabrikanten. gr. 8. Leipzig 842, Tauchnitz jun. 1/2 Thlr.

—— die goldene Schatzkammer, ein amerikan. Familienbuch. Nach der 20. Aufl. des amerikan. Originals für deutsches Bürgerthum bearb. und von allem Unpraktischen und Unwirksamen sorgfältig gesichtet. 32. (XXXII und 331 S. mit 1 Stahlst.) Grimma 851, Verlags-Comptoir. *

Beyer, Mor., die goldene Schatzkammer, ein amerikan. Familienbuch. Nach der 20. Aufl. des amerikan. Originals für deutsches Bürgerthum bearb. und von allem Unpraktischen und Unwirksamen sorgfältig gesichtet. 2. Bd. A. u. d. T.: Gewerbliche Goldgrube. Neue Erfindungen, verb. Verfahrungsweisen, chem. Geheimmittel und techn. Vortheile im Gebiete der Künste und Gewerbe. 32. (XVIII und 239 S. mit 1 Holzschn.) Grimma 852. [Wurzen, Verlags-Comptoir.]
1. Bd. Ebendas. 1851. * 25 Ngr.

— die Sommerstall- und Hürdenfütterung d. Schafe. Praktisch erwiesenes Mittel, die Schäfereien ohne Weidebedarf ansehnlich zu vergrößern u. zu verbessern, den Ackerbau zu vervollkommnen u. d. Wirthschaftsertrag zu erhöhen. Mit Angabe des Erfolgs der Sommerfütterung der Schafe der Rittergüter Stennschütz in Sachsen und Rettlingen in Hannover. Nebst einem Anhang über verbess. Pferdefütterung. gr. 8. Leipzig 842, Müller. 1/2 ℛ

— die vermeintlichen und wirklichen Ursachen der Kartoffelkrankheit, s. Büchner's, G., neues Kartoffelbuch.

Beyer, Mor., und G. v. Werneburg, allgemeines praktisches Vieharzneibuch, s. Werneburg.

Beyer. Moritz: Wie gestaltet sich nach gemeinem Rechte die Abrechnung einer von dem Schuldner mehrerer Forderungen ohne nähere Bestimmung gezahlten Summe? . . . Halle a. S., Plötz'sche Buchdr. (R. Nietschmann), 1888: 40 S. + 1 Bl. 8°
Erlangen. Jur. Fak., Inaug.-Diss. v. 18. Jul. 1888

— das goldene Wirthschaftsbuch. Ein zeitgem. Rathgeber f. Land- u. Hauswirthe, Gewerbsleute u. jede Familie zu Verbesserungen, Fortschritten u. den besten Hülfsmitteln in der Lebensweise u. Haushaltg. überhaupt — Bodencultur u. Pflanzenbau ꝛc. — Haltung, Zucht u. Pflege der wirthschaftl. Hausthiere u. Behandlg. ihrer Krankheiten — Holzzucht, Fischerei, Bienen- u. Seidenraupenzucht — Branntweinbrennerei, Bierbrauerei ꝛc. gr. 8. (X u. 291 S.) Leipzig 850, Haendel. 1 ℛ

— s. Zeitschrift, prakt.-ökonomische.

Beyer's, Mor., allgemeine Zeitung f. die deutschen Land- u. Forstwirthe. Unter vielseitiger Mitwirkung hrsg. v. Thdr. Kerndt. 29. Jahrg. 1852. 52—60 Nrn. (à 1 B. m. eingedr. Holzschn.) gr. 4. Leipzig, Reichenbach. n. 4 ℛ

Beyer's, Mor., allgemeine Zeitung für die deutschen Land- und Forstwirthe. Unter vielseitiger Mitwirkung herausg. von Thdr. Kerndt. 30. Jahrg. 853. 52 Nrn. (à 1 Bgn. mit Abbild. in Holzschn.) gr. 4. Leipzig, Hoffmann in Comm. n. 4 ℛ

Fortsetzung s. Zeitung ꝛc.

Beyer, Moritz (Hrsg.), s. Zeitung, Allgemeine, für die deutschen Land- und Hauswirthe, zugleich als Fortsetzung des Universalblattes.

— siehe: Zeitung für die Deutschen Land- u. Forstwirthe.

— Zeitung f. Land- u. Hauswirthe, s. Zeitung.

Beyer, O.: Die Himmelsleiter, s. Beyer, Ottilie

Beyer, O. (Hrsg.), s. Novitäten, Medicinische.

Beyer, O.: Die Oberlausitz, s. Beyer, Otto

Beyer, O.W.: Deutsche Ferienwanderungen, s. Beyer, Otto Wilhelm

Beyer, Oskar

Beyer, Osk., alte Möbel f. moderne Bedürfnisse, s.: Storck, Jos. Ritter v.

Beyer, Osk., d. Nadel-Schrift z. Beschreibg. v. Zeichngn. Vorlagen f. d. Gebr. in Schulen u. Zeichen-Ateliers. Im Auftr. d. k. k. Ministor. f. Cultus u. Unterr. hrsg. Ausg. A. 4 Wandtaf. à 71,5 × 96,5 cm. Wien 895. R. v. Waldheim. n. 8. 50; auf starkem Pappdeckel dopp. cachirt n. 12. —

— dasselbe. (Ausg. B.) qu hoch 4. (4 Taf. m. 3 S. Text.) Ebd. 895. n. — 75

— Die Nadel-Schrift z. Beschreibg v. Zeichngn. Vorlagen f. d. Gebr. in Schulen u. Zeichen-Ateliers. Asg. A. 4 Wandtaf. à 71,5×96,5 cm. Wien 96, R v Waldheim. 8.50; auf starkem Pappdeckel doppelt cachirt 12 — ‖ Asg. B. 4° (4 Taf. m. 3 S. Text.) 95. — 75

Beyer, Oskar, aus Zürich: Untersuchungen über aromatische o-Dithiole. Zürich 1908. 62 + 1 S. 8°. [20. II. 08.]
Basel. Phil. Diss. 1907/08.

Beyer, Oscar. Untersuchungen über aromatische o-Dithiole. Diss. Phil. Basel von Oskar B'.... 63 S. 8. Zürich, W. Coradi-Maag, 1908.

Beyer, Osc., Versuche zur Erforschung der höheren Luftschichten. Progr. 4. (21 S. m. 2 Fig.) Berlin 899. [R. Gaertner.] Weidmann. n. 1. —

Beyer, Ottilie, d. Himmelsleiter, s: Edelweiß.

[F.] Beyer, Otto: Der Abfall und die Belagerung von Parma im Jahre 1247. Fraustadt, L. S. Pucher's Buchdr., 1892; 16 S. 4.
Fraustadt, k. G. '(m. RG)', OP 1892 (151)

Beyer, Otto [aus Erdmannsdorf in Sachsen]: Der Basalt des Grossdehsaer Berges und seine Einschlüsse sowie ähnliche Vorkommnisse aus der Oberlausitz .... (Aus: „Mineralog. u. petrograph. Mittheilungen" hsg. v. Tschermak. X. Bd.). Wien, Alfred Hölder, k. k. Hof- u. Univ.-Buchh., 1888; 1 Bl. + 51 S. + 1 Bl. u. 1 Taf. 8°
Leipzig, Phil. Fak., Inaug.-Diss. v. 12. Jul. 1888

Beyer, Otto: Beiträge zur Casuistik der congenitalen Sacraltumoren. Halle a. S. 1885: Hendel. 38 S., 1 Taf. 8°
Halle-Wittenberg, Med. Diss. v. 25. März 1885
Geb. Halle a. d. S. 28. 5. 1859. V.

Beyer, Otto, approb. Arzt aus Ball (Pommern): Über Extrauterin-Gravidität. *Greifswald 1900: H. Adler.* (33 S.) 8°
Greifswald, Med. Diss. v. 30. Juli 1900

Beyer, Otto, a. Flensburg: Über die Identität des Carbacetessigesters mit Isodehydracetsäureester. Kiel 1906: Lüdtke & Martens. (50 S.) 8°
Kiel, Phil. Fak., Ref. Harries, Diss. v. 29. Mai 1906
[Geb. 1. Dez. 79 Flensburg; Wohnort: Flensburg; Staatsangeh.: Preußen; Vorbildung: Oberrealsch. Flensburg Reife M. 02; Studium: Kiel 7 S.; Rig. 5. Mai 06.]

Beyer, O, Cl. Förster u. Chr. März: Die Oberlausitz, s.a. Landschaftsbilder a. d. Kgr. Sachsen.

Die Oberlausitz. Von Prof. Dr. O(tto) Beyer, Sem.Dir., Pirna, Dr. Cl(emens) Förster, Sem.Oberl., Bautzen, u. Dr. Chr(istian) März, Sem.Oberl., Löbau. Mit 24 Abb., 4 Karten im Text, 2 Profilen, 1 top. u. 1 orohydr. Karte. Meißen: H. W. Schlimpert 1906. (195 S.) 8° [F.]
— Landschaftsbilder aus d. Königr. Sachsen. 8. [06. 3090 B

Dissertatio historica de Originibus et Incrementis civitatis Flensburgi ad praesentem usque Statum. Quam Eruditorum Examini sistunt Praeses M. Otto Beyer, Flensb: Cimbricus. et Respondens Woldemar a Kirchring. Nobilis Holsatus. Ad Diem ... Februar 1684. Jenae. (1684.) 4° k.

Beyer, Otto: Schuldenwesen der Stadt Breslau im 14. und 15. Jahrhundert mit besonderer Berücksichtigung der Verschuldung durch Rentenverkauf. T. 1. *Breslau 1900: R. Nischkowsky.* (32 S.) 8° [F.]
Breslau, Phil. Diss. v. 5. Mai 1900

Beyer, Otto: Die Stellung der Schule im Mittelalter bis zur Zeit der Kreuzzüge. Posen, Merzbach'sche Buchdr., 1897; 14 S. 4.
Posen, k. Friedrich-Wilhelms-G, OP 1897 (168)

Beyer, Otto Wilhelm

Beyer, Otto W: Die erziehende Bedeutg d. Schulgartens, s.a. Magazin, Pädagogisches.

Die erziehende Bedeutung des Schulgartens. Von Dr. Otto W. Beyer in Leipzig-Gohlis. *Langensalza: H. Beyer & Söhne 1895.* (24 S.) 1 Bd 8.
— Magazin, Pädagogisches. H. 68. [96. 6…

— z. Errichtg. pädagog. Lehrstühle an uns. Universitäten. gr. 8. (IV, 72 S.) Langensalza 895. H. Beyer & Söhne. n. 1. —

Deutsche Ferienwanderungen. Schülerreisen als Anschauungsgänge in deutscher Landes- u. Volkskunde. Von Otto Wilhelm Beyer. *Leipzig: G. Reichardt 1894.* (IV, 73 S.) 8° [F.] [94. 370

— zur Geschichte d. Zillerschen Seminars, s.a. Magazin, pädagogisches.

Zur Geschichte des Zillerschen Seminars. (M. e. Anh.: Praktikanten-Verz. des Zillerschen Seminars.) Von Otto W. Beyer in Leipzig-Gohlis. *Langensalza: H. Beyer & Söhne 1897.* (v, 147 S.) 1 Bd 8.
= Magazin, Pädagogisches. H. 85.

Beyer, Otto Wilhelm [Schuldirektor z. D. aus Kahla]: Der Giftapparat von Formica rufa, ein reducirtes Organ. . . . Jena, Gustav Fischer, 1890; 50 S. 8°
Jena. Phil. Fak., Inaug.-Diss. v. 1890

— e. Jahrbuch des französischen Volksschulwesens, s.a. Magazin, pädagogisches.

Beyer, O. W., E. Jahrb. d. franz. Volksschulwesens. (16 S.) Langensalza 1894. H. Beyer u. Söhne. —.20

Beyer, Otto Wilh., die Naturwissenschaften in der Erziehungsschule. Nebst Vorschlägen f. Schulreisen, Tierpflege, Schulgarten, Schulwerkstatt u. Schullaboratorium. gr. 8. (VII, 205 S.) Leipzig 885. Reichardt. n. 3. —

Deutsche Schulwelt des neunzehnten Jahrhunderts in Wort und Bild. Von Otto Wilhelm Beyer in Leipzig. Mit 467 Bildn. (In 12 Lfgen. *Leipzig & Wien: A. Pichlers Wwe & Sohn 1902–03.* (392 S.) 8° [F.]

— Die Wassernot v. Nov. 1890, s.a. Piltz, Ernst: Hochwasser v. Mittellaufe d. Saale.

— die Wassersnot vom Novbr. 1890 in Wenigenjena-Camsdorf. Schilderungen v. Augenzeugen. Nebst e. Berichte d. Hilfskomitees in dessen Auftrage hrsg. Mit 2 Taf. in Lichtdr., 1 Karte d. Überschwemmungsgebiets u. 1 Abbildg. im Texte. gr. 8. (67 S.) Wenigenjena-Camsdorf 891. (Jena, H. Pohle.) n.n. — 60

Beyer, P: Prakt. Aufg. f. d. Rechnen f. Maurer, s: Gewerbetreibende. Der rechn., Richter.

Beyer, P. E.: Über den Nachweis v. Eiweiss im Tierharn m. Merck's Tabletten, s. Beyer, Peter Ernst

Beyer, Paul, der Aufsatz auf der Mittelstufe der Elementarschule. Methodische Anleitung, nebst einem zweijähr. Cursus vollständig ausgeführter Aufsätze. gr. 8. (48 S.) Köln 881. Warnitz & Co. n. — 75

Beyer, Paul, a. Erfurt: Beitrag zur Dioptrik doppelbrechender Körper. Erfurt o. J.: H. Bussjäger Nachf. (47 S., 1 Karte.) 8°
Rostock, Phil. Fak., Ref. Weber, Diss. v. 23. Dez. 1907
[Geb. 27. Mai 77 Corbetha; Wohnort: Erfurt; Staatsangeh.: Preußen; Vorbildung: Realgymn. Erfurt Reife O. 97; Studium: Landw. Hochsch. Berlin 2, Univ. Bonn 2, Berlin 5 S.; Rig. 19. Dez. 07.]

Beyer, Paul: Der junge Heine. s: Forschungen. Bonner.

Beyer, Paul. Krystallographische Untersuchungen von Terpenderivaten. (Erlangen) Breslau, 1888 [?]. Diss. G. S., S. I.

Beyer, Paul [aus Sprottau]: Krystallographische Untersuchungen von Terpenderivaten. . . . Breslau, Druck v. Grass, Barth u. Comp. (W. Friedrich) (1890); 26 S. 8°
Erlangen. Phil. Fak., Inaug.-Diss. v. 1890

Beyer, *Paul* [Dr.]: Krystallographische Untersuchungen von Terpenderivaten. Breslau, Druck v. Grass, Barth u. Comp. (1890); 26 S. 8°
Breslau, st. ev. G zu St. Elisabet, OP 1890 (167)

Beyer, Paul Gerhardt: Die mitteldeutschen Segremorsfragmente. Untersuchung und Ausgabe. Marburg 1909: Richter, Frankfurt a. M. 121 S. 8°
Marburg, Phil. Diss. v. 25. Mai 1909, Ref. Vogt
[Geb. 16. Juni 86 Eckenheim; Wohnort: Frankfurt a. M.; Staatsangeh.: Preußen; Vorbildung: Gymn. Offenbach Reife O. 04; Studium: Göttingen 1, Marburg 1, Heidelberg 1, Göttingen 2, Marburg 5 S.; Rig. 25. Aug. 08.] [U 09. 3161

Beyer, Peter Ernst. Über den Nachweis von Eiweiss im Tierharn mit Merck's Tabletten. Diss. Vet.-Med. Bern. [Mit 4 Tabellen.] *Kopftitel:* Aus dem Physiologischen Institut der Königl. Tierärztlichen Hochschule zu Hannover... 40 S. 8. Eschweiler, Cornel Herzog, 1909.

Beyer, R.: Beiträge zur Flora der Thäler Grisanche u. Rhêmes ..., s. Beyer, Rudolf

v. Beyer, R., gesammelte Schriften, s.: Rupertus.

Beyer, R.: Die Surrogation bei Vermögen im BGB, s. Beyer, Reinhard

Beyer, R.A.: Die sächsischen Forststraf- u. Jagdgesetze, s. Beyer, Robert Alexander

Beyer, Reinhard, Referendar aus Hanau a. M.: Die gesetzliche Erbenausgleichung nach dem Bürgerlichen Recht. *Marburg 1900: J. A. Koch.* (102 S.) 8° [F.]
Marburg, Jur. Diss. v. [12. Dez.] 1900

Die Surrogation bei Vermögen im Bürgerlichen Gesetzbuche. Von Dr. Reinhard Beyer, Ger.Assess. Marburg: N. G. Elwert 1905. (353 S.) 8° [F.]

Beyer, Reinhold, a. Tennstedt b. Erfurt: Über Herpes zoster. Mitteilung eines Falles von generalisierter Lokalisation. Greifswald 1905: H. Adler. (62 S.) 8°
Greifswald, Med. Fak., Ref. Strübing, Diss. v. 4. Mai 1905
[Geb. 22. Mai 80 Tennstedt b. Erfurt; Wohnort: Bad Sachsa a. H.; Staatsangeh.: Preußen; Vorbildung: Gymn. Nordhausen Reife O. 99; Studium: Halle 2, Leipzig 5, Greifswald 2 S.; Coll. 3. Juni 04; Approb. 1. Juni 04.]

Beyer, Richard: J. G. Herder als Prediger. T. 1. Seine religiösen Anschauungen. Königsberg Pr. 1906: Hartung. (65 S.) 8°
Königsberg, Kneiphöfisches G P 1906 (9)

Beyer, Richard: Joh. Gottfried Herder als Prediger. T. 2. Herders Offenheit und Freimut auf der Kanzel. Königsberg Pr. 1907: Hartung. (22 S.) 8° ¶[Forts. d. P-Beil. 1906.]
Königsberg Pr., Kneiphöfisches G OP 1907 (9)

Beyer, Richard: Die Privatlektüre der deutschen Dichtung des 19. Jahrhunderts im Lehrerinnenseminar 1. Ein Lehrbericht nebst e. Anh. von Themen. Königsberg Pr. 1907: Hartung. (40 S.) 8° [F.]
Königsberg, Krause'sche Lehr-A, HM usw. P 1907 [152]

Beyer, Richard: Nietzsches Versuch einer Umwertung aller Werte. Eine krit. Studie. Königsberg i. P. 1909: Hartung. 56 S. 8°
Königsberg i. P., Kneiphöfisches G P 1909 (9) [S 09. 25

Beyer, Richard, Assessor in Bromberg: Wie ist der § 2007 des Bürgerlichen Gesetzbuchs zu verstehen und in welchen Fällen findet er Anwendung? Bromberg [1905]: A. Dittmann. (23 S.) 8°
Greifswald, Jur. Fak., Ref. Pescatore, Diss. v. 3. Aug. 1905
[Geb. 23. Dez. 76 Berlin; Wohnort: Bromberg; Staatsangeh.: Preußen; Vorbildung: Gymn. Bromberg Reife O. 96; Studium: Berlin 3, Bonn 1, Breslau 2 S.; Rig. 22. März 05.]

Beyer, Robert Alexander
Beyer, Rob. Alex., die sächsischen Forststraf- und Jagdgesetze und die damit in Verbindung stehenden neuern Gesetze, sowie die dazu gehörigen Staatsverträge mit Erläuterungen als Handbuch für Juristen, Friedensrichter, Forstbeamte rc. gr. 8. (89 S.) Leipzig 864, [Löwe und Staackmann.]

Beyer, [Rob. Alex.], die neuen Gesetze über den Erbschafts- und Urkundenstempel vom 18. Novbr. 1876, in Verbindung mit dem Wechselstempel alphabetisch und mit 1 Tab. bis zum Betrage von 50,000 Mark, resp. 80,000 Mark, sowie mit Anmerkungen zum Handgebrauch zusammengestellt. 8. (24 S.) Zittau 877, (Schaeffer.) *

Beyer, Rudolf: Beiträge zur Flora der Thäler Grisanche und Rhêmes in den grajischen Alpen. Berlin, R. Gaertner, 1891; 30 S. 4°
Berlin, Andreas-RG, OP 1891 (93)

Beyer, Rudolf (Hrsg.), s. Protestant, Der steiermärkische.

Beyer, R: Berliner Schulflora. Taschenb. z. Bestimmen d. um Berlin wildwachs. u. d. häufiger angebauten Blüten- u. Farnpflanzen. (7. 277) 8° Berl., Gebr. Borntraeger '09. L 2.80

Beyer, R., nordostdeutsche Schulflora. Tabellen zur Bestimmg. der wildwachs. u. häufiger angebauten Blüten- u. Farnpflanzen der Provinzen Brandenburg, Pommern, Posen, Ost- u. Westpreussen u. Sachsen (Nordhälfte), der Grossherzogtümer Mecklenburg u. des Herzogt. Anhalt, nach der Flora des norddeutsch. Flachlandes v. P. Ascherson u. P. Graebner unter Mitwirkg. d. Verff. bearb. 8. (VI, 16, 344 S. m. 12 Abb.) Berlin 902. Gebr. Borntraeger. Geb. in Leinw. n.n. 2.60

Beyer, R., s.: Verhandlungen des botan. Vereins der Prov. Brandenburg.

Beyer, S, d. junge Christin. A. d. Dän. v. M Rosenhrands. 8. (64) Berl. 54, Wohlgemuth. — 6

Beyer, S., die junge Christin. Eine Erzählung. Aus dem Dänischen übers. von Maria Rosenhrands. Berlin 855. Wohlgemuth. gr. 16. (64 S.) 6 ngr.

v. Beyer, Sam. Chr. Ldw., Betrachtt. über einige Gegenstände d. Religion u. Moral. 8. Berl. 791. Nicolai. 7 gr.

— f. Entwurf d. christl. Lehre.

Beyer, Th.: Gesch. d. röm. Staats u. d. römisch. Rechts, a. d. Engl. m. Anm. v. L. Völkel. *Lpz.*, Junius. 787. 8. (1 Thl.)

Beyer, Th., Plan der Stadt Liegnitz. 1:4000. Aubeldr. Imp.-Fol. Liegnitz 877, (Kaulfuss'sche Buchh.) *
Ausg. in qu. gr. Fol. *

Beyer, Th., Plan der Stadt Liegnitz. 1:8000. Chromolithogr. qu. Fol. Liegnitz 884, Kaulfuss'sche Buchh. *

Beyer, Th., Plan von Liegnitz. 1:8000. 2. Aufl. Chromolithogr. Fol. Liegnitz 886, Kaulfuss'sche Buchh. *

Beyer, Th. Plan der Stadt Liegnitz. 1:8000. 3. Aufl., ergänzt unter Benutzg. amtl. Quellen. Farbendr. 31×49 cm. Mit e. Verzeichniss der Strassen, Plätze, öffentl. Gebäude etc. auf dem Umschlag. Liegnitz 891, Kaulfuss. * — 75

Plan der Stadt Liegnitz. Angefertigt im J. 1884 durch d. Kgl. Kataster-Kontrol. (Th.) Beyer. 1:8,000. 5. verb. (vollst. neubearb.) Aufl. 1899. (Mit e. Verz. d. Strassen, Plätze, öffentl. Gebäuden etc.) *(Liegnitz: Th. Kaulfuss 1899); Lith. P. Baron.* (1 Kartenbl. 49×30 cm.) 8° [kol.] [illegible]

Beyer, Theodor
Beyer, Th., die Abiturienten des königl. Fürstin-Hedwig-Gymnasiums von 1793 bis 1906. Auf Grund der Vorarbeiten v. Reclam hrsg. (69 u. III S.) gr. 8. Neustettin 907. (F. A. Eckstein) nn 1,25

Beyer, Th[eodor], Prof.: Die Abiturienten des Königlichen Fürstin-Hedwig-Gymnasiums von 1793 bis 1906. Auf Grund der Vorarbeiten von Prof. [Franz] Reclam. Neustettin 1907: R. G. Hertzberg. (69, III S.) 4° [F.]
Neustettin, k. Fürstin-Hedwig-G P 1907 (176)

Beyer, Thdr., die v. Harnack, Egidy u. der ethischen Gesellschaft auf den christlichen Glauben gemachten Angriffe vor dem Richterstuhle der hl. Schrift. Vortrag, auf der luther. Pastoralkonferenz in Belgard i. P. am 27. Juni 1893 geh. gr. 8. (III, 64 S.) Neustettin 893. F. A. Eckstein. n. — 75

Beyer, Th., die v. Harnack, Egidy u. der ethischen Gesellschaft auf den christlichen Glauben gemachten Angriffe vor dem Richterstuhle der hl. Schrift. Vortrag, auf der luth. Pastoralkonferenz in Belgard i. P. am 27. VI. 1893 geh. 3. Aufl. gr. 8. (88 S.) Braunschweig 903. H. Wollermann. n. — 75
2. Aufl. (74 S.) Ebd. 902. n. — 75.

Beyer, Th., Bibel u. Religions-Unterricht. Eine schlichte Antwort auf Professor Kautzschs „Bibelwissenschaft u. Religions-Unterricht". (80 S.) 8. Braunschweig 904. H. Wollermann. n. — 80

Beyer, Thdr., die Bibel Gottes Wort. Ein schlichtes Laienzeugnis f. den göttlichen Ursprung u. die Irrtumslosigkeit der Hl. Schrift. Eine Preisschrift, gekrönt u. hrsg. vom Ev. Preßverein in Schlesien. 8. (63 S.) Leipzig 893. E. Ungleich. n. — 40

Beyer, Thdr., d. Bibel Gottes Wort. E. schlichtes Laienzeugn. f. d. göttl. Ursprung u. d. Irrtumslosigkeit d. Hl. Schrift. E. Preisschrift d. evang. Preßvereins. 2., verm. Aufl., hrsg. v. d. schles. Provinzialverein f. inn. Mission. 8. (70 S.) Liegnitz 896. Christl. Schriftenniederlage. (Neustettin, F. A. Eckstein.) n.n. — 20

— d. erste Buch Mose i. d. vier Evangelien. E. schlichtes Zeugnis f. Gottes Wort 2. Aufl. gr. 8. (40 S.) Ebd. 895. n. — 40

— Christus d. Wahrheit. E. schlichtes Laienzeugnis geg. Prof. Meinholds Irrlehre v. irr. Jesus. 8. (55 S.) Braunschweig 896. H. Wollermann. n. — 40

— Erdbestattung u. Leichenverbrennung im Lichte des Wortes Gottes u. der Geschichte. Vortrag. (32 S.) 8. Braunschweig 910. H. Wollermann. — 40
Sonderabdruck aus „Monatsbl. d. Bibelbundes".

Beyer, Th.: Erdbestattg u. Leichenverbrenng im Lichte d. Wortes Gottes u. d. Gesch. Vortr. 2. Afl. (32) 8° Braunschw.. H Wollermann '10 (Umschl. '11). — 40 d

Beyer, Thdr., Gelände u. Feldsanitätsdienst. — Studie üb. die Einleitung der Evakuation m. Vollbahn aus Anlaß v. Gefechten, s.: Oron, Karl.

Beyer, Theodor [Oberl.]: Geschichte des Königl. Gymnasiums zu Neustettin während der Jahre 1640—1890. Neustettin, Druck v. R. G. Hertzberg, 1890; 1 Bl., 92 S. 8°
Neustettin, k. Fürstin-Hedwig-G, Festschr. 1890 [1891 (135)]

Beyer, Thdr., Geschichte d. königl. Gymnasiums zu Neustettin während d. J. 1640—1890. [Festschrift zur Feier d. 250jähr. Bestehens d. königl. Fürstin-Hedwig-Gymnasiums z. Neustettin.] gr. 8. (92 S.) Neustettin 890. (Eckstein.) n.n. — 75

— Jesus Christus, wahrer Gottes- u. Mariensohn. Ein Zeugnis f. das Apostolikum wider die moderne Irrlehre. gr. 8. (40 S.) Braunschweig 892. H. Wollermann. n. — 50

— dasselbe. 2., verm. Aufl. gr. 8. (48 S.) Ebd. 893. n. — 60

— Jesus Christus, wahrer Gottes- u. Mariensohn. Ein Zeugnis f. das Apostolikum wider die moderne Irrlehre. 3. Aufl. (58 S.) gr. 8. Ebd. 904. n. — 60

Beyer, Theodor: Die Integration der simultanen linearen Differentialgleichungen mit konstanten Koeffizienten. Berlin: Trenkel 1909. 44 S. 8°
Greifswald, Phil. Diss. v. 15. Nov. 1909, Ref. Thomé
[Geb. 18. März 86 Ranchi, Brit. Vorder-Indien; Wohnort: Hohenmocker; Staatsangeh.: Preußen; Vorbildung: Gymn. Steglitz Reife M. 04; Studium: Berlin 4, Greifswald 5 S.; Rig. 28. Juli 09.] [U 10. 1599

Beyer, Theodor, appr. Arzt a. Bönitz (Kreis Liebenwerda): Über abgelaufene Lungentuberkulose. Statistischer Beitrag nach Sektionsprotokollen des städt. Krankenhauses Moabit zu Berlin. Leipzig 1906: B. Georgi. (33 S.) 8°
Leipzig, Med. Fak., Ref. Marchand, Diss. v. 26. Febr. 1906
[Geb. 4. Juli 76 Bönitz; Wohnort: Berlin; Staatsangeh.: Preußen; Vorbildung: Gymn. Luckau Reife M. 98; Studium: Berlin 9 S.; Coll. 26. Febr. 06; Approb. 1. Juli 04.]

[Umschlagt.:] Beyer, Theodor [Prof.]: Die ältesten Schüler und Gönner des Neustettiner Gymnasiums. Tl 1. Neustettin, Druck v. R. G. Hertzberg. 1893; 1—30 S. 4.
Neustettin, k. Fürstin-Hedwig-G, OP 1893 (130)

— die ältesten Schüler u. Gönner d. Neustettiner Gymnasiums. (I. Tl.) Progr. gr. 4. (30 S.) Neustettin 893. (F. A. Eckstein.) n. 1. —

Beyer, Theodor [Prof.]: Die ältesten Schüler des Neustettiner Gymnasiums. Tl II. [Forts. d. P-Beil. 1893.] Neustettin, Druck v. R. G. Hertzberg, 1894; 1—32 S. 4.
Neustettin, k. Fürstin-Hedwig-G, OP 1894 (138)

Beyer, Theodor [Prof.]: Die ältesten Schüler des Neustettiner Gymnasiums. Tl III. (Forts. d. P-Beil. 1893. 94.) Neustettin, Druck v. R. G. Hertzberg, 1896; 11—33 S. 4.
Neustettin, k. Fürstin-Hedwig-G, P 1896 (138 [vielm. 141])

Beyer, Theodor: Die ältesten Schüler des Neustettiner Gymnasiums (⟨bis 1740⟩). T. IV. *Neustettin 1898: R. G. Hertzberg.* (1—44 S.) 4° ¶ [Fortsetzung d. P-Beilagen 1893. 94. 96.]
Neustettin, k. Fürstin-Hedwig-G, P 1898 (138 [vielm. 147])

— d. ältesten Schüler d. Neustettiner Gymnasiums. II.—IV. Tl. Progr. gr. 8. (32, 25 u. 44 S.) Neustettin 894, 96 u. 98. (F. A. Eckstein.) à n.n. 1.—

Beyer, Theodor, Prof.: Die ältesten Schüler des Neustettiner Gymnasiums. T. 5. ⟨Schluß.⟩ (Dazu Register üb. alle Teile.) *Neustettin 1902: R. G. Hertzberg.* (S. 1—20, I—XVIII.) 4° ¶ [Schluß d. P-Beil. 1893. 94. 96. 98.]
Neustettin, k. Fürstin-Hedwig-G, P 1902 (155)

— die ältesten Schüler des Neustettiner Gymnasiums. Progr. 5. Tl. Schluss; dazu Register üb. alle Teile. gr. 4. (20 u. XVIII S.) Neustettin 902. (F. A. Eckstein.) n.n. 1.—

Beyer, Theodor: Die ältesten Schüler des Hedwig-Gymnasiums. Nachtrag über die Zeit von 1773—1800. Ausserdem Ergänzungen zu dem Verzeichnis der Abiturienten ⟨Ostern 1907⟩. Neustettin 1909: Hertzberg. 54, VIII S. 4° ¶ [Forts. d. P-Beil. 1893. 94. 96. 98. 1902. 07.]
Neustettin, k. Fürstin-Hedwig-G P 1909 (201) [S 09. 26

— Das Alte Test. im Lichte d. Zeugnisses Christi, s.a. Veröffentlichungen d. Bibelbundes.

[F.] Das Alte Testament im Licht des Zeugnisses Christi. Vortrag, im Kirchl. Ver. zu Hamburg ... 1896 geh. v. Th[eodor] Beyer, Prof. ... in Neustettin ... *Berlin: Wiegandt & Grieben 1897.* (48 S.) 1 Bd 8.
[97. 3703

— d. Alte Testament i. Licht d. Zeugnisses Christi. Vortrag, i. kirchl. Verein z. Hamburg a. 7. X. 1896 geh. Hrsg. a. Flugschrift d. Bibelbundes. gr. 8. (48 S.) Berlin 897. Wiegandt & Grieben. n. —50

Beyer, Theodor [aus Schwemsal]: '(Aus d. hygien. Institut d. Univ. Jena.)' Ueber Wäschedesinfection mit dreiprocentigen Schmierseifenlösungen und mit Kalkwasser ... (Aus: Zeitschr. f. Hyg. u. Infectionskrankh., Bd XXII.) Leipzig, Veit & C., 1896; 39 S. 8.
Jena, Med. Fak., Inaug.-Diss. v. [16. Juni] 1896

— Christi Zeugnis üb. d. Alte Testament. E. schlichter Beitrag z. Kampfe f. Gottes Wort. 8. (IV, 99 S.) Ebd. 896. n. 1.—

— St. Petri Zeugnis üb. das Alte Testament, s.: Veröffentlichungen des Bibelbundes. Nr. 10.

Beyer, Valentin, a. Dossenheim bei Zabern: Die Begründung der ernsten Ballade durch G. A. Bürger. Straßburg: K. J. Trübner 1905. (40 S.) 8° ¶ (Erscheint vollst. in Quellen u. Forschungen [z. Sprach- u. Culturgeschichte der germanischen Völker] H. 97.)
Straßburg, Phil. Fak., Ref. Henning, Diss. v. 25. Febr. 1905
[Geb. 9. Mai 81 Dossenheim; Wohnort: Dossenheim; Staatsangeh.: Elsaß-Lothringen; Vorbildung: Oberrealsch. Straßburg Reife 00; Studium: Genf 2, Straßburg 7 S.]

Die Begründung der ernsten Ballade durch G. A. Bürger. Von Valentin Beyer. Straßburg: K. J. Trübner 1905. (113 S.) 8°
— Quellen u. Forschungen z. Sprach- u. Kulturgeschichte d. german. Völker. 97.
[05. 13997

Beyer, Volkmar. (Car. Clemens) (geb. Dobrilugk 3. 10. 1827): De cholera epidemica. Berolini (1850). (31 S.) 8°
Berlin, Med. Diss. v. 21. Sept. 1850

Beyer, W.: Predigt zur Erinnerung an die im Sennefelder See Verunglückten, s. Beyer, Wilhelm

Beyer, W.G.
— Betrachtungen über die Vergangenheit, Gegenwart u. Zukunft der Stadt Parchim. gr. 8. Parchim u. Ludwigslust 839. Hinstorffsche Hofbuchh. 1/3 ₰

Der Limes Saxoniae Karls des Grofsen. Festschrift zu dem Dienstjubiläum des Dr. G. C. F. Lisch v. **W. G. Beyer.** Mit 3 autograph. Zeichnungen. Schwerin. 1877. 4°. Bärensprung.

Beyer, W. G., der Limes Saxoniae Karls des Grossen. Festschrift zu dem 50jähr. Dienstjubiläum des Geh. Archiv-R. Dr. G. C. F. Lisch. gr. 4. (34 S. mit 3 autogr. Zeichnungen.) Schwerin 877. (Parchim, Wehdemann's Buchh.) *

Beyer, W. G., Repertorium d. Gesetzgebung f. d. Mecklenburg.-Schwerinschen Lande, von 1824 bis 1834. incl. 4 Abthll. 4. Parchim 835, 36. Hinstorff. n. 6 ₰

Beyer, Walter, appr. Arzt: Untersuchungen über das häufige Vorkommen von systolischen Herz-Geräuschen bei Kindern; nebst Bemerkungen über die physikalische Natur der Pulmonal-Geräusche, über Accentuation der II. Töne, über unreine Töne und Nonnensausen in den großen Venen. Leipzig 1907: B. Georgi. (46 S.) 8°
Leipzig, Med. Fak., Ref. Curschmann, Diss. v. 29. Juli 1907
[Geb. 7. Juni 78 Neudeck O.-Schl.; Wohnort: Reiboldsgrün; Staatsangeh.: Preußen; Vorbildung: Gymn. Kattowitz O.-Schl. Reife O. 98; Studium: Jena 1, Breslau 3, München 1, Berlin 2, Freiburg i. B. 3 S.; Coll. 7. Aug. 07; Approb. 27. Juni 03.]

BEYER Wilhelm. Die neue Muse oder der Nationalgarten den akademischen Gesellschaften vorgelegt von ihrem Mitglied –. Trattner, Wien 1784. 1 vol. 1 Bl. + 21 S.

Beyer, Wilh., Predigt zur Erinnerung an die im Sennfelder See Verunglückten. Gehalten am 3. Februar 1861 in der Kirche zu Sennfeld. Schweinfurt, Giegler. gr. 8. (15 S.) n. 2 ngr.

BEYER Wilhelm. Versuch über die Ursachen des Wasserschadens und die Mittel, demselben vorzubeugen. Von –. Hraschansky, Wien 1785. 1 vol. 29 S.

Beyer, Wilhelm Gottlieb
Bericht über die am 24. April begangene Jubel-Feier der Gründung des Vereins für meklenburgische Geschichte und Alterthumskunde am 24. April 1835 v. **Wilhelm Gottlieb Beyer.** Schwerin. 1860. Siehe in: Jahrbücher des Vereins für meklenburgische Geschichte etc. Jahrg. 25. 8°.

Beyer, Wilhelm Gottlieb (Hrsg.), s. Quartalbericht des Vereins für mecklenburgische Geschichte und Alterthumskunde.

Beyer-Boppard, Conrad, s. Bayer, Conrad

Beyer-Maune, Kurt, Referendar: Das Notwegrecht nach den §§ 917, 918 BGB. unter Berücksichtigung seiner Entwicklung bis zum Bürgerlichen Gesetzbuche. Borna-Leipzig 1910: Noske. VI, 55 S. 8°
Leipzig, Jur. Diss. v. 13. Mai 1910
[Geb. 7. Nov. 84 Röhrsdorf b. Wilsdruff; Wohnort: Geithain; Staatsangeh.: Sachsen; Vorbildung: Fürstensch. Meißen Reife O. 04; Studium: Leipzig 8 S.; Rig. 18. Febr. 09.] [U 10. 2663

Beyerbach, Joh. Conradin (Frankfurt a.M.) [Auctor]
De provocationibus secundum leges Moeno-Francofurtenses.
Giessae Mai 1791: Joh. Jac. u. Joh. Wilh. Braun. 40 S. 4°
pro licentia summos in utroque jure honores rite consequendi.

Beyerbach, Johann Konrad
Beyerbach, Jh. Konr., vom Beweise d. Frachtgüter. 8. Frankf. a. M. 801. Varrentrapp. 2 K

Beyerbach, Jh. Konr., Erörterung: an welchen Termin ist eine Ehefrau gebunden, d. ihre Illaten an d. Concurs d. Gläubiger ihres Mannes zurückfordert? 4. Frankf. a. M. 796. Varrentrapp. 5 K

— s.a. Samml. d. Verordnn. d. St. Frankfurt.

Beyerbach, Sammlg. d. Verordngn. 11 Bde. Frankfurt 797–818.

Beyerbach, J. Kr.: Samml. d. Verordnn. d. Reichsst. Frankfurt (bis 1800). 10 Thle. *Frankf. a. M.*, Hermann. 798—801. 8. (6 Thl. 12 Gr.)

Beyerhaus, Aug., Pestalozzi als Charakter. Ein Vortrag. 8. (14 S.) Breslau 892. (C. Dülfer.) n. — 20

Beyerhaus, Eduard
Beyerhaus, E: Die Abflussmengenmessgn d. Rheinstrombauverwaltg zu Coblenz '01—7, s.a. Jahrbuch f. Gewässerkde Norddeutschlds.

Die Abflussmengenmessungen der Rheinstrombauverwaltung zu Coblenz in den Jahren 1901 bis 1907. Beschreibung d. Ausführungsweise u. d. benutzten Vorrichtungen u. Instrumente von E. **Beyerhaus.** Mit 10 Abb. u. 9 Beil. Berlin: Mittler 1910. 16 S. 4°
(Jahrbuch f. d. Gewässerkunde Norddeutschlands. Besond. Mitteilungen. Bd 2, H. 3.) [10. 16111 4

Beyerhaus, E: Der Herr ist mein Hirte. Lebensführgn d. Kurpred. Karl Beyerhaus. (136) 8° Frankf. a/M. 1900. Bonn, J Schergens. 1.20; kart. 1.50; geb. 2 — d

Der Herr ist mein Hirte. Lebensführungen d. Kurpredigers Karl Beyerhaus, Pfarrer a. D. von Nied a. M. Dargest. von s. Zwillings-Bruder Eduard **Beyerhaus,** Reg.Baumeister. Frankfurt a. M.: Schergens 1900. VIII, 136 S. 8° [11. 3550

Der Rhein von Strassburg bis zur holländischen Grenze in technischer und wirtschaftlicher Beziehung. Unter Benutzung amtl. Quellen im Auftr. d. Herrn Minist. d. öff. Arbeiten bearb. im Frühjahr 1902 von E[duard] Beyerhaus, Wasserbauinsp. in Coblenz. [Aufgeklebt: *Coblenz: W. Groos 1902.*] (VIII, 128 S.) 4° [02. 14003

Beyerhaus, Georg, appr. Arzt a. Potsdam ⟨Brandenburg⟩: Über die Wirkung des Orexin bei Salzsäuremangel im Magensafte. Erlangen 1905: Junge & Sohn. (50 S.) 8°
Erlangen, Med. Fak., Ref. Penzoldt, Diss. v. 21. Nov. 1905
[Geb. 6. Febr. 81 Potsdam; Staatsangeh.: Preußen; Vorbildung: Gymn. Potsdam Reife 99; Studium: Berlin 5, Rostock 2, Breslau 2, Erlangen 2 S.; Coll. 30. Juni 05; Approb. 19. Mai 05.]

Beyerhaus, Gisbert: Calvins Staatsanschauung im Senecakommentar von 1532. Berlin: Trowitzsch 1910. 31 S. 8° ¶ (Ersch. vollst. u. d. T.: Studien z. Staatsanschauung Calvins m. bes. Berücks. a. Souveränitätsbegriffs, in: Neue Studien z. Gesch. d. Theol. u. d. Kirche.)
Bonn, Phil. Diss. v. 6. Juli 1910, Ref. v. Bezold
[Geb. 30. Juli 82 Niederschüttlau; Wohnort: Wesel; Staatsangeh.: Preußen; Vorbildung: Gymn. Neuwied Reife O. 03; Studium: Göttingen 4, Bonn 9 S.; Rig. 28. Juli 09.] [U 10. 349

Beyerhaus, Gisbert: Studien z. Staatsanschaug Calvins, s.a. Studien, Neue, z. Gesch. d. Theol. u. d. Kirche.

Studien zur Staatsanschauung Calvins m. besond. Berücks. seines Souveränitätsbegriffs. Von Gisbert **Beyerhaus.** Berlin: Trowitzsch 1910. XVI, 162 S. 8°
Ein T. ersch. als Inaug.-Diss. Bonn 1910.
(Neue Studien z. Geschichte d. Theologie u. d. Kirche. Stück 7.) [10. 17367

Beyeri, s. B e y e r

Beyerinck, M. W., Beobachtungen üb. die ersten Entwicklungsphasen einiger Cynipidengallen. Veröffentlicht durch die königl. Akademie der Wissenschaften zu Amsterdam. Mit 6 (lith.) Taf. gr. 4. (IV, 198 S.) Amsterdam 882. J. Müller. n.n. 7. —

Beyerle: G r u n d e i g e n t h u m s v e r h ä l t n i s s e u. Bürgerrecht im mittelalterl. Konstanz, s. B e y e r l e , Konrad

Beyerle, Ant., über die Todesstrafe. Vortrag im königl. Württemberg. Justizministerium erstattet. Stuttgart 867. Metzler. Lex.-8. (VIII, 76 S.) n. 16 ngr

Beyerle, C[arl]. † Hofrat Ludwig Leiner von Konstanz. Von C. Beyerle, Rechtsanwalt. [Mit 1 Porträt-Tafel. — Separatabdruck aus den Schriften des Vereins für Geschichte des Bodensees.... Heft 30. 1901.] II + IX S. gr.-8. [Frauenfeld, Huber & Co.]

Beyerle, Conrad, s. B e y e r l e, Konrad

Beyerle, Fr. J.: G e s c h i c h t e einer merkwürdigen Epilepsie ..., s. B e y e r l e, Friedrich Josef

Beyerle, Franz
Beyerle, Frz., Untersuchungen zur Geschichte des älteren Stadtrechts v. Freiburg i/Br. u. Villingen, s.a. Beiträge, deutschrechtliche. 5. Bd.

Beyerle, Franz, Rechtsprakt.: Untersuchungen zur Geschichte des älteren Freiburger Stadtrechts. Heidelberg: Winter 1910. S. 15—79. 8° ¶ (Ersch. vollst. u. d. T.: Untersuchungen z. Gesch. d. ält. Stadtrechts v. Freiburg i. B. u. Villingen a. Schw., als: Deutschrechtl. Beiträge. Bd 5, H. 1.)
Göttingen, Jur. Diss. v. 18. Mai 1910, Ref. Frensdorff
[Geb. 30. Jan. 85 Konstanz; Wohnort: Konstanz; Staatsangeh.: Baden; Vorbildung: Lehranst. Sekkau in Steiermark Reife M. 03; Studium: Breslau 4, Freiburg i. B. 2, Göttingen 1 S.; Rig. 26. Febr. 09.] [U 10. 1326

Beyerle, Friedrich Josef
Beyerle, Fr. J., Geschichte e. merkwürdigen Epilepsie unter mancherlei Gestalten u. Verbindungen. 8. Manh. 814. Löffler. 6 gl

Friedr. Jos. Beyerle über den Krebs der Gebärmutter, ein historisch-klinischer Versuch. Mannheim 1818. 8.

— über d. Krebs d. Gebärmutter. 8. Manh. 819. Löffler. 1 rthl

Beyerle, Jean Pierre Louis de, s. B e y e r l e , Johann Ludwig von

Beyerle, Jos., neuverbesserte Rechnungs-Tabellen der Frucht- u. Weinpreise xc. 2. Aufl. 16. (264 S.) Ravensburg 847. Ulm, Nübling in Comm. 12 ngr

Beyerle, Konrad
Beyerle, K., s. Beiträge, deutschrechtliche, H. 1.

Beyerle, K., s. Beiträge, staatsrechtliche.

— Ergebn. e. alamannisch. Urbarforschg., s.a. F e s t g a b e f. Fel. Dahn.

Beyerle, Konr.: E r g e b n i s s e einer alamannischen Urbarforschung.
Breslau 1905.

— Die Geschichte des Chorstifts u. der Pfarrei St. Johann zu Konstanz. (XII, 458 S. m. 89 Abbildgn.) gr. 8. Freiburg i/B. 908. Herder. 5. —
Erweit. Sonderabdr. aus dem Freiburger Diözesan-Archiv.

Beyerle, Konrad: Von der Gnade im Deutschen Recht. Göttingen 1910: Kaestner. 22 S. 8°
Göttingen, Rede am Geburtstage des Kaisers 1910 [U 10. 1488

— Von der Gnade im deutschen Recht. Rede, zur Feier d. Geburtstages Sr. Maj. des Kaisers u. Königs am 27. I. 1910 geh. (22 S.) Lex. 8. Göttingen 910. Vandenhoeck & Ruprecht. — 40

Beyerle, Konr., G r u n d e i g e n t u m s v e r h ä l t n i s s e u. Bürgerrecht im mittelalterl. Konstanz. Eine rechts- u. verfassungsgeschichtl. Studie, m. e. Urkundenbuche u. e. topograph. Karte. I. Bd. 1. Tl. Das Salmannenrecht. gr. 8. (169 S.) Heidelberg 900. C. Winter. n. 5. —

— Grundeigentumsverhältn. u. Bürgerrecht im mittelalterl. Konstanz. Rechts- u. verfassgsgeschichtl. Studie, m. e. Urkundenb. u. e. topograph. Karte. II. Bd. Die Konstanzer Grundeigentumsurkunden d. J. 1152—1371. (536) 8° Hdlbg, C Winter, V/02. 16 — (I, 1 u. II.: 21 —)
I. Bd. 2. Tl ist noch nicht erschienen.

— s.: H ä u s e r b u c h, Konstanzer.

— Konstanz im 30jährigen Kriege, s.a. Neujahrsblätter der badischen histor. Kommission. N. F. 3.

Konstanz im Dreissigjährigen Kriege. Schicksale d. Stadt bis z. Aufhebung d. Belagerung durch die Schweden. 1628–1633. Von Konrad **Beyerle.** *Heidelberg: C. Winter 1900.* (84 S.) 8° [J.]
— Neujahrsblätter d. Badischen Histor. Kommission. N. F. 3. [00. 185

Beyerle, Conrad. Das Radolfzeller Marktrecht vom Jahr 1100 und seine Bedeutung für den Ursprung der deutschen Städte. Von Dr. jur. Konrad Beyerle ao. Professor... [zu] Freiburg i. Br. [Mit 1 Tafel.] Separatabdruck aus den Schriften des Vereins für Geschichte des Bodensees. Heft 30. 1901... (Vorträge, gehalten... August 1901). II + 19 S. gr.-8. [Frauenfeld, Huber & Co.]

Geschichtliche Ortsbeschreibung [von Konstanz] von Dr. Konrad Beyerle, Prof., u. Dr. Anton Maurer am Stadtarchive zu Konstanz. Hälfte 1. Heidelberg: Winter 1908. 4°
(Konstanzer Häuserbuch. Bd 2, 1.) [10. 6165

— die Pfarrkirche St. Peter u. Paul in Reichenau-Niederzell, s.: Künstle, Karl.

Beyerle, Konr., s: Ratslisten, d. Konstanzer, d. Mittelalters.

Beyerle, Johann Ludwig von

Des Br L[udovici] a Fas[cia d. i. Joh. Ludw. v. Beyerle] Abhandlung über die allgemeine Zusammenkunft der Freymaurer, bey dem Gesundbrunnen in Wilhelmsbad, ohnweit Hanau. Ins Teutsche übers., mit Anm. und Erl., von [dem] R[itter] v[on] S[chwan. d. i. Adolf Frh. v. Knigge.] [Frankfurt a. M : Brönner] 1784. 276 S. 8°
cf. D. neuesten Religionsbegebenheiten. 7 (1784) S. 795.
Kl. 2318, Tt. 808.

R. F. L[udovici] à Fas[cia d. i. Joh. Ludw. v. Beyerle] de conventu generali latomorum, apud aquas Wilhelminas, prope Hanauviam. Oratio. o. O. [1782]. 256 S. 8°

[Dasselbe.] Nachdr. [Frankfurt a. M.: Brönner 1782.] 256 S. 8°
Recens: WJ. 1, 4 (1784) S. 203—209.
Kl. 2317. In franz. Sprache. Mehrere Verhandlungen des Konvents werden hier hart angegriffen.

Freimaurer Regeln. o. O. 1784. 32 S. 8°

[Dasselbe.] [Elbing: Flörke.] 1785. 32 S. 8°

[Dasselbe.] Elbing 1785. 32 S. 8° [Umschlagtit.]
Abgedr. in: Volksgeschichten d. Teutschen. 1 (1786) S. 88—112.

[N. Ausg. u. d. Tit.:]
Freymaurerregeln nach dem Franz. des Conventschlusses zu Wilhelmsbad. Den Brüdern gewidmet von [Jean Pierre Louis de] B[eyerle. Übers. von Heinr. Ant Cornill.] [Wien: Wappler] 1785. 48 S. 8°

°[Dasselbe.] [Danzig: Brückner.] 1785. 38 S. 8°

°[Dasselbe.] Leipzig: [Göschen]. 1787. 8°

Versuch über die Freymaurerey, oder Von dem wesentlichen Grundzwecke des Freymaurer-Ordens; von der Möglichkeit und Nothwendigkeit einer Vereinigung seiner verschiedenen Systeme und Zweige; von derjenigen Verfassung, welche diesen vereinigten Systemen die zuträglichste seyn würde; und von den maurerischen Gesetzen. Aus d. Franz. des Br. [Joh. Ludw. v.] B[eyerle] übers. durch A[dolf] R[itter] v[om] S[chwan, d. i. Adolf Frhn v. Knigge]. Bd. 1. 2. [Frankfurt: Brönner] 1785. 8°
1. LIV, 248 S.; 2. 408 S.
Recens: WJ. 3, 8 (1786) S. 201—210.
cf. D. neuesten Religionsbegebenheiten. 9 (1786) S. 223—226.
Kl. 171, Tt. 994. Von Fessler für seinen Grundvertrag stark benutzt.

Beyerle, Ludwig von, s. Beyerle, Johann Ludwig von

Beyerle, Rudolf [aus Darmstadt]: Ein Fall von grosszelligem Sarkom der Haut ... Würzburg, Becker's Univ.-Buchdr., 1892; 21 S., 1 Taf. 8.
Würzburg, Med. Fak., Inaug.-Diss. v. 1892

Beyerlein, Bilse u. Genossen. Von e., der auch gedient hat. (1.—4. Taus.) (Je 27 S.) gr. 8. Berlin 904. E. S. Mittler & Sohn. n. — 40

Beyerlein, Bilse und Genossen. Von einem, der auch gedient hat. 5. bis 7. Taus. *Berlin: E. S. Mittler & Sohn 1904.* (27 S.) 8° [F.] [04. 9418

Beyerlein: Besitzerwerb durch Konnossement, s. Beierlein, Gustav

Beyerlein, Franz Adam

Similde Hegewalt. Roman von Franz Adam Beyerlein. 1. bis 25. Taus. *Berlin: Vita [1904].* (437 S.) 8° [F.] [04. 10830

— Similde Hegewalt. Roman. 1—50. Taus. (437) 8° Ebd. (04). 3.50; geb. 5 — d

— Jena od. Sedan? Roman. 2 Bde. (737 S.) gr. 8. Ebd. (903). n. 7. —; geb. n. 10. —

— dasselbe. 3. Aufl. m. e. Vorwort des Verf. 2 Bde. (IV, 737 S.) gr. 8. Ebd. (903). n. 7. —; geb. n. 10. —

Beyerlein, Franz Adam. Jena oder Sedan? Roman. 6. Auflage mit einem Vorwort des Verfassers. (2 Bde.) 8. Berlin 1903.

Jena oder Sedan? Roman von Franz Adam Beyerlein. 10. Aufl. mit e. Vorw. d. Verf. Bd 1. 2. *Berlin: Vita [1903].* 2 Bde 8° [F.] [04. 1636 11

— dass. 25—200. Taus. Ungekürzte Volksausg. (737) 8° Ebd. (03/04). 2 —; geb. 3 — d

Beyerlein, Frz Adam: Jena od. Sedan? Roman. Jubiläums-Druck. 250. Taus. (5, 737 m. Bildn.) 8° Berl.-Ch., Vita ('11). (3.50) 5 —; L (4.50) 6 —

Beyerlein, Frz. Adam, das graue Leben. Ein Beitrag zur Psychologie des vierten Standes. Roman. 8. (397 S.) München 902. A. Langen. n. 3. 50; geb. n. 4. 50

— das graue Leben. Ein Beitrag zur Psychologie des vierten Standes. Roman. 2. Aufl. (397 S.) 8. München 903. A. Langen. n. 3. 50

Beyerlein, Frz Adam, s.: Lebensfluten.

— Die Lüge d. Frühlings, s.a. Eckstein's moderne Bibliothek.

Die Lüge des Frühlings. Novelle von Franz Adam Beyerlein. 1. bis 10. Taus. Berlin: R. Eckstein Nachf. [1905]. (96 S.) 8°
— Bibliothek, Ecksteins Moderne. No 34. [05. 4916

Beyerlein, Frz. Adam, Dämon Othello. Trauersp. i. 4 Aufzügen. 1.—4. Aufl 8. (76 S.) Leipzig 895. C. Wild. n. 2. —

— Stirb u. werde. 1.—10. Tauf. (Je 368 S.) 8. Berlin-Ch. (910). Vita. 4.—; geb. in Leinw. 5. —

— ein Winterlager. 1.—15. Tauf. (Je 298 S.) 8. Berlin (906). Vita. n.n. 3. 50; geb. n.n. 4. 75

Ein Winterlager. Von Franz Adam Beyerlein. 16. bis 20. Taus. Berlin: Vita (1906). (298 S.) 8° [F.]

— Das Wunder d. hl. Terenz. Lustsp. a. d. M.-A. (1. u. 2. Afl.) (121) 8° Ebd. ('11). (2 —) 2.50; geb. 3.50 d

— Zapfenstreich. Drama. 1—26. Afl. (158) 8° Berl., Vita (03). 2 —; geb. 3 — d

Zapfenstreich. Drama in 4 Aufz. von Franz Adam Beyerlein. 21. Taus. Berlin: Vita [1904]. (127 S.) 8° [F.]

— Zapfenstreich. Drama. 30. Taus. (129) 8° Ebd. ('12). 2 —; geb. 3 — d

Beyerlein, Gustav [Referendar]: Besitzerwerb durch Konnossement ... Freiburg i. B. & Leipzig, J. C. B. Mohr, 1896; 2 Bl., 38 S. 8.
Strassburg, Rechts- u. staatswiss. Fak., Inaug.-Diss. v. 1896

Beyerlein, G: Besitzerwerb durch Konnossement. 8° (38) Freibg i/B. 96. Tüb., JCB Mohr. 1 —

Beyerlein, Karl. Was ist in Bad Kissingen kurgemäss? Eine balneolog. Skizze. 8. (62 S.) Kissingen 889, Weinberger. * — 80

Beyerlen, A., Lehrkurs der Gabelsberger'schen Stenographie f. den praktischen Unterricht in Lehranstalten u. Privatkreisen. 1. u. 2. Thl. 8. Stuttgart, Wittwer. n. 2. —
1. Schreiblehre. (XI, 84 S.) 883. n. 1. 20
2. Kürzungslehre. (VIII, 52 S.) 884. n. — 80

Beyerlen, A., Lehrkurs der Gabelsberger'schen Stenographie. 1. Thl.: Schreiblehre. 2., verb. Aufl. 8. (VIII, 81 S.) Stuttgart 888. Wittwer's Verl. n. 1. 20

Beyerlen, A., Lehrkurs der Gabelsberger'schen Stenographie f. den praktischen Unterricht in Lehranstalten u. Privatkreisen. I. Tl.: Schreiblehre. 3., verm. Aufl. 8. (VI, 90 S.) Stuttgart 894. K. Wittwer's Verl. n. 1. 20

Beyerlen, A., Lehrkurs d. Gabelsberger'schen Stenographie f. d. prakt. Unterr. in Lehranstalten u. Privatkreisen. 2. Tl.: Kürzungslehre. 2., umgearb. Aufl. 8. (XII, 58 S.) Stuttgart 897. K. Wittwer n. — 80; (1 u. 2.: n. 2. —)

Beyerlen, A. Die deutsche Schnellschrift auf Grund der gewöhnlichen Schreibschrift. Allgemein verständl. Stenographie f. private u. geschäftl. Zwecke, zugleich e. Vorstufe f. höhere Ausbildg. in Stenographie. 8. (60 S.) Stuttg. 889, Wittwer's Verlag. * 1 —

Beverlingk, Promptuarium, vid. Staptetoni.

— Theatrum vitae humanae. 12. Vol. Leyd.

Beyern, August, s. Beyer, August

Beyern, Konr. v. Sudermann. 8. (23 S.) Halle a. S. 892, Strien. — 30

Beyer's illustr. Beschäftigungs-Spiel u. Sportbücherei. 1.—19. Bd. 8. Leipzig (910). H. Beyer. à Bd. — 60
Konwiczka, Anna, Gesellschafts- u. Pfänderspiele. (29 S. m. 3 Abbildgn.) (Bd. 3)
— Papier- u. Pappearbeiten, Papierspiele etc. (32 S. m. 81 Abbildgn.) (Bd. 8)
— Physikalische Belustigungen. (29 S. m. 27 Abb.) (Bd. 1)
— Das Tennisspiel u. andere beliebte Ballspiele. (31 S. m. 7 Abbildgn.) (Bd. 4)
— Verwandlungsspiele, Rätselscherze u. Scherzfragen. (40 S. m. Abbildgn.) (Bd. 5)
Konwiczka, Hans, Chemie des täglichen Lebens. (32 S. m. 8 Abbildgn.) (Bd. 19)
— dasselbe. I. Tl.: Elemente. (40 S. m. 3 Abbild.) (Bd. 16)
— dasselbe. II. Tl.: Elemente. (38 S. m. 5 Abbild.) (Bd. 17)
— dasselbe. Versuche m. einfachen Präparaten u. Elementen. (32 S. m. 39 Abbildgn.) (Bd. 18)
— 32 Kugel- u. Kegelspiele. (24 S. m. Abbildgn.) (Bd. 7)
— Mathematische Scherze, Aufgaben u. Kurzweil. (20 S. m. Abbildgn.) (Bd. 2)
— Die Physik des täglichen Lebens. Mit besond. Berücksicht. der im prakt. Leben, besonders im Haushalte vor sich geh. physikal. Vorgänge. (39 S. m. 24 Abbildgn.) (Bd. 6)
— dasselbe. II. Die Eigenschaften der festen, flüss. u. gasförm. Körper. (40 S. m. 30 Abbildgn.) (Bd. 9)
— dasselbe. III. Tl. Licht u. Wärme. (48 S. m. 37 Abb.) (Bd. 10)
— dasselbe. Galvanische Elektrizität. (40 S. m. 39 Abbildgn.) (Bd. 14)
— dasselbe. Reibungselektrizität. (37 S. m. 22 Abb.) (Bd. 13)
— dasselbe. Schall u. Magnetismus. (38 S. m. 28 Abbild.) (Bd. 12)
— Spiele m. Naturkräften. Ein Physikbuch f. die Jugend. (35 S. m. 39 Abbildgn.) (Bd. 11)
— dasselbe. II. Magnetismus u. Elektrizität. (35 S. m. 31 Abbildgn.) (Bd. 15)

Beyersdorf, Oskar, Referendar: Die rechtliche Natur der Eisenbahnfahrkarte. *Berlin 1903: H. S. Hermann.* (65 S.) 8°
Göttingen, Jur. Diss. v. [13. Febr.] 1903

Beyersdorf, Osk., die rechtliche Natur der Eisenbahnfahrkarte. Diss. (65 S.) gr. 8. Berlin 903. (Göttingen, Vandenhoeck & Ruprecht.) n. 1. 60

Beyersdorff, F.
Weihnachtsklänge. Eine Samml. von Weihnachtsgedichten, Wechselgesprächen u. Liedern mit e. Anh., enth. Programme z. Weihnachtsfeier. Hrsg. von F. Beyersdorff. *Osterwieck: A. W. Zickfeldt 1902.* (VIII, 119 S.) 8° [F.]

Beyersdorff, Robert
Beyersdorff, Rob. Giordano Bruno u. Shakespeare. 4. (46 S.) Oldenb. 889. (Lpz., Fock.) * 1 50

Beyersdorff, Robert [Oberl. Dr.]: Giordano Bruno und Shakespeare. Oldenburg, Druck v. G. Stalling, 1889; S. 1—46; 4°
Oldenburg, grossh. G, OP 1889 (680)

Beyersdorff, Rob., die Raumvorstellungen. Metaphysische Untersuchung. gr. 8. (59 S.) Berlin 880. C. Duncker. n. 1. —

Beyersmann, F: Zeichnungen und Preisliste über Beschlagtheile für Locomotiven, Tender und Wagen. Hagen (Westfalen) 1892

Beyersmann, F: Zeichnungen und Preisliste über Blatthacken und Mauerkellen usw. Hagen (Westfalen) 1892

Beyersmann, F: Zeichnungen und Preisliste über Lochpressen usw. Hagen (Westfalen) 1892

Beyersmann, F: Zeichnungen und Preisliste über Meßwerkzeuge. Hagen (Westfalen) 1893

Beyersmann, F: Zeichnungen und Preisliste über Militär-Schanzzeuge und Marine-Bedarfsartikel. Hagen (Westfalen) 1893

Beyersmann, F: Zeichnungen und Preisliste über Pfahlschuhe usw. Hagen (Westfalen) 1892

Beyersmann, F: Zeichnungen und Preisliste über Schaufeln usw. Hagen (Westfalen) 1892

Beyersmann, F: Zeichnungen und Preisliste über Telegraphen-Bedarfs-Gegenstände. Hagen (Westfalen) 1892

Beyersmann, F: Zeichnungen und Preisliste über Wegeschranken usw. Hagen (Westfalen) 1892

Beyersmann, F: Zeichnungen und Preisliste über Werkzeuge und Geräthe für Tischler und Zimmerleute. Hagen (Westfalen) 1892

Beyersmann, F: Zeichnungen und Preislisten. Hagen (Westfalen) 1898
Abth. 1. Hebezeuge.
Abth. 2. Ambosse.
Abth. 3. Schraubstöcke.
Abth. 4. Schmiede- und Schlosserwerkzeuge.
Abth. 5. Werkzeuge und Geräthe für Klempner und Kupferschmiede.

Beyersmann, F: Zeichnungen, Verzeichniß und Preisliste über zur Ausrüstung eines Rettungswagens erforderliche bei Wiederaufgleisungen entgleister Eisenbahn-Fahrzeuge zur Verwendung kommende Werkzeuge und Geräthe. Hagen (Westfalen) 1892

Beyfus, Diss. de dolore capitis. Giss. 4°. 1749

Beyfuß, A., sibyllische Blätter d. neuesten Zeit. 14 Heft, gr. 8. Berl. 826. (Cosmar u. Kr.) 9 gr.

Beyfuß, C., neuestes Verzeichniß aller bis jetzt ausgegebenen in- und ausländischen Briefmarken mit genauer Beschreibung derselben. 16. (VII und 68 S.) Hannover 863, Wedekind.

Beygang, Willy, blühende Gärten. Gedichte. (84 S.) kl. 8. Leipzig 908. Verlag f. Literatur, Kunst u. Musik. 2.—; geb. n 3.—

Beygrau, Adalbert

Englisch-deutsche Handelskorrespondenz. E. prakt. Anl. f. Kaufleute, die tüchtige engl. u. deutsche Korrespondenten werden wollen. Nebst e. engl.-deutschen Telegraphenschlüssel u. e. Zwiegespräch ... Hrsg. v. A(dalbert) Beygrau, Lehrer d. engl. Sprache, Chemnitz i. S. *Berlin: Friedberg & Mode 1897.* (XII, 155 S.) 1 Bd 8.

Beyhl, Jakob

Beyhl, Jak., die Befreiung der Volksschullehrer aus der geistlichen Herrschaft. gr. 8. (26 S.) Berlin-Schöneberg 902. Verlag der „Hilfe". —20
Sonderabdruck aus: „Patria".

Die Befreiung der Volksschullehrer aus der geistlichen Herrschaft. Von Jakob Beyhl, Lehrer in Würzburg. 2., stark verm. u. verb. Aufl. *Berlin-Schöneberg: 'Die Hilfe' 1903.* (59 S.) 8° [J.]

Beyhl, Jak. (Gottfr. Martinus), Friede auf Erden. Eine deutsche Weihnachtsdichtg. Festspiel m. leb. Bildern. 2. Aufl. (31 S.) 8. Leipzig 907. Siegismund & Volkening. n. —60

Beyhl, Jak. (Gottfr. Martinus), Friede auf Erden. Eine deutsche Weihnachtsdichtg. Festspiel m. leb. Bildern. 2. Aufl. (31 S.) 8. Leipzig 908. Siegismund & Volkening. —60

— ultramontane Geschichtslügen. Ein Wort der Abwehr u. Aufklärg. gegenüber den Angriffen des Jesuiten v. Berlichingen auf Luther u. die Reformation. 1. u. 2. Aufl. (Je VIII, 44 S.) gr. 8. München 908. J. F. Lehmann's Verl. n. —50

Beyhl, Jak.: Wir fordern uns. Recht! Ein Wort z. wirtschaftl. Befreig d. Volksschullehrer. 1.Tl. Allg. Untersuchgn. 2.Tl. Die Kämpfe um Recht u. Ehre in d. deut. Bundesstaaten, in Oesterr. u. in d. Schweiz. (7, 330) gr8° Berl.-Schöneberg '12. (Würzbg, S Perschmann.) 3 —; Vorzugspr. bis 6. 7. '12 2.40 d

Beyhofer, J., Antrittsrede in d. kathol. Kirche zu Heidelberg. 8. Heidelb. 819. Oßwald. 4 gr.

— das weise u. gute Verhalten d. Christen nach gesegneter Erndte. gr. 8. Ebd. 817. 4 gr.

Beyhofer, Johann Baptist

— f. Predigten, zwei, bei Veranlassung d. Besetzung d. obern Stadtpfarrei Mannheim.

Beyhofer, Jh. Bapt., kleines Pädagogisches Vademekum. 16. Heidelberg 841, Groos. 1/3 ₰

Beyhülffe, s.a. Beihilfe.

Christliche Bey-Hülffe in Freud und Leid, vermittelst einer zu Mittweyda gestiffteten Casse, für ledige Mann- und Weibes-Personen. — Chemnitz [1716]: Stössel. 12 S. 8° 3.
15.

Christliche Bey-Hülffe in Freud und Leid, vermittelst einer zu Nieder-Lichtenau gestiffteten Casse, für ledige Manns- und Weibes-Personen. — Chemnitz [1716]: Stössel. 14 S. 8° 3.
15.

Beykert, Jean-Daniel, professeur au gymnase de Strasbourg. Notice biographique. Relation de sa captivité à Dijon etc. Lettres à sa femme, 1793. 1794. 8° (148 m. 1 Silhouette.) Strassb. 98, JHE Heitz. 3.20

Beykirch, Joseph: Ueber den Strontianit des Münsterlandes. *Stuttgart: E. Schweizerbart 1900.* (45 S.) 8°
Münster, Phil. Diss. v. [9. Aug.] 1900

Beykirch, Th., Prophetenstimmen m. Erklärungen. Möglichst vollständ. Sammlung aller Prophezeiungen aus alter u. neuer Zeit, üb. die Gegenwart u. Zukunft, m. Erklärung der dunklen Stellen. Ein Kalender f. unsere verhängnißvolle Zeit. gr. 12. (132 S.) Paderborn 849, Schöningh. — 2. verm. u. verb. Aufl. 12. (144 S.) Ebd. 849. — 3. Aufl. 12. (144 S.) Ebd. 849. 1/4 ₰

Beykovsky, Siegfr., Sehschärfe u. Refraktions-Bestimmungen vom praktischen Standpunkte des Truppenarztes, s.a. Publikationen, militärärztliche. N. 85.

Beykovsky, S.: Sehschärfe- und Refraktionsbestimmungen vom praktischen Standpunkte des Truppenarztes. [Militärärztliche Publikationen. Nr. 85]
Wien: Safar 1905
44 S. 8°.

Beyl, praxis pietatis; od. üb. d. Gottseligkeit. 12. Leipzig, Comt. f. Lit. 724.

Beylage, s.a. Beilage

Beylage zu der Abbildung des Gebhard Santalier, Obersten des Regiments Dampierre, welches gegenwärtig den Nahmen Hohenzollern führt und seinen Durchzug durch Wien hält. — Wien: (Grund [usw.]) 1812. 4 Bl. 8° 302.
15.

Beylage zur Apologie der Illuminaten, hrsg. in Frankfurt u. Leipzig in d. Grattenauerischen Buchhandlung 1786. — München: Lentner 1787. 4 Bl. 8°
1: Nb 9729. 12: Bavar. 4005-XIV,7. 16.
15.

— z. d. Briefen a. Berl. üb. versch. Paradoxe dies. Zeitalt. ꝛc. 8. Wien, (Mayr, Salzb.) 784.

— z. Heynatz Brief., d. deutsche Spr. betr. 3 Thle. 8. Liegn. Siegert. 775—76.

Beylage zu Herrn Spaldings Briefen an Herrn Gleim. Von e. Freunde Herrn Spaldings. — Zürich 1771. 8 S. 8° 5.
15.

Beylage zum Ehren-Bouquet auf die allerhöchste Namensfeyer Ihrer Majestät der Königin Karolina von Baiern unterthänigst-gehorsamst überreicht von ** — o.O. 1807. 2 Bl. 8° 12: Bavar. 4003-I,4.
15.

Erweckliche Beylage zu denen bisher edirten Zuverläßigen Relationen von denen saltzburgischen Emigranten, bestehend in einer poetischen Betrachtung über dieses Zeichen unserer Zeit, welche von einem Liebhaber der evangelischen Wahrheit aufgesetzet, und mit nöthigen Anmerckungen erläutert worden. (Verf.: G. A. S.) — o.O. 1732. 6 Bl. 4° 12: 2° H. ref. 10 m/30. 17. 24.
15.

— o.O. 1732. 16 S. 8° ●21.
15.

— Franckfurt a. M.: Chr. G. Meyer 1732. 18 S. 8°
12: 4° H. ref. 622/1. 30.
15.

— Hildesheim 1732: Matthäi. 20 S. 8° 1: Sy 11330.
15.

— Leipzig: Walther 1732. 16 S. 8°
1: 8 an Sy 10932-1. 14. 18.
15.

Beylage, z. Krampens Geschichte der Aerostatik. 8. Gotha, Ettinger. 785.

— z. Jahr 1740. 8. Kokos. (Meyer in Breslau.) 781.

Katholische Beylage zur k.k. Eheverordnung, und ächte Erklärung derselben, nebst einigen Anmerkungen, wider eine jüngsthin in Wien erschienene Beylage, die der katholischen Lehre eben so, wie dem Sinne dieser allerhöchsten Verordnung zuwider läuft. vom J.v.G***. — Freyburg 1783. 109 S. 8°
12:Var. 562. 26.
15.

— z. französ Constitution: Vorschr. d. Nation an ihre Stellvertreter im J. 1789. 8. Leipz. Dyk. 792.

Kritische Beylage zu dem dritten Theile der Geogenie, oder nähere Darstellung der vertheidigten Geogenie in Beziehung auf d. Recension d. Herrn Michaelis u. d. Philosophisch-physikalischen Fragmente eines Ungenannten. — Göttingen [usw.]; Breslau: Löwe 1784. 203 S. 4°
1:an 4° Mp 542. 2[unvollst.] 4. 10. 15. 24. 302.
15.

— kritische, z. d. dritt. Theile v. Silberschlags: Geogenie. gr. 8. Gött. u. L. (Löwe, W.) 784.

— neue, z. 4ten Theile der Lavaterischen Aussicht. in d. Ewigk. 8. Leipz. Barth.

Nöthige Beylage eines Briefes anonymi zu Hr. Joh. Friedrich Menckens, Pfarrers zu Großbresen, letzten Vertheidigung seiner Meinung und Lehre von der Privat-Communion, welche er kürtzlich wider 5. sächsische Prediger im M.N. herausgegeben. — o.O. [um 1735]. 29 S. 8° 24.
15.

Nöthige Beylage zur Schrift: Ueber Freymaurer. Erste Warnung. 1784 s.a. *Babo*. Josef Marius.

Nöthige Beylage zur Schrift: Ueber Freymaurer, erste Warnung. [Hrsg. von der Loge Theodor zum guten Rat in München.] [München: 1784] 2 Bl. 8° [Kopftit.]

Abgedr. in: Real-Ztg. (Erlangen). 1784 No 102; Babo, J. M.: Ueber Frmr. 1784 S. 64—67; BayrBbl. 5 1904—1905 S. 269—270; Neueste Samml. jener Schriften, die z. Steuer d. Wahrh. im Druck ersch. sind. 17 (1785) S. 89 bis 93 der 2. Pag.

cf. D. neuesten Religionsbegebenheiten. 9, Zugabe 1 (1786) S. 2—5.

Kl. 3218, Tt. 873. Die Verf. der „Warnung" werden aufgefordert, sich zu nennen, ihre Anklagen vor Gericht zu beweisen und die Originale, der in der Warnung gedr. Briefe von Athen und Ephesus vorzuzeigen.

Nöthige Beylage zur Schrift, welche unter dem Titel: Nöthige Beylage zur Schrift über Freymaurer — erste Warnung ... erschienen ist. (Mitarb.: Cosandey [u. a.]) — (München [1784]: Vötter.) 7 Bl. 8°
1:2 in Nb 9702. 12:J. can. P. 477/7a [2 Ex.] 17.
15.

Nothwendige Beylage zum neuesten Landständischen Bundbrief. — o.O. 1800. 32 S. 8°
12:Bavar. 1579/3 [2 Ex.] 17. 29.
15.

Beylage zu dem vor einiger Zeit herausgekommenen Reich der Eitelkeit und der Thorheit; bestehend in e. anmuthigen Brunnen-Gespräch zwischen e. vornehmen Staats-Mann u. e. rechtschaffenen Hoff-Prediger. — Hirschberg: Nicolai 1733. 70 S. 8° 9. 18. 24.
15.

— z. d. neuest. Religionsstreitigkeiten. 8. Hamburg, Buchenröder. 774.

Beylage zu dem Schreiben an das Helvetische Vollziehungs-Direktorium .... Von [Johann] Jakob Schweizer.... Geschrieben im Dezember 1799. – Enthaltend zwey über dies Schreiben gewechselte Briefe. ([Hrg. von] Salomon Hess. Diakon.) 8. [Zürich] 1800.

Beylage zu dem Wiener Taschenb. für 1805. Das Schloß auf d. Leopoldsberge u. d. Entsteh. d. Stadt Wien betreffend. 8. Wien, Wimmer.

Beylage zu dem Wiener-Taschenbuche für 1805 bei J.V. Degen, das Schloß auf dem Leopoldsberge und die Entstehung der Stadt Wien betreffend. Wider d. im obigen Taschenbuche befindlichen Aufsatz d. Herrn Doctors u. Prof. Schultes. — Wien: Grund [um 1805]. 44 S. 8°
Als Verfasser werden Anton Rr v. Geusau u. Alois Grappenberger Edler v. Bergenstamm genannt.
12:Don. Lud. XII,4. 300:34.937–B. 302.

Beylage zur Neuen Zürcher-Zeitung
v. Neue Zürcher-Zeitung.

— zwei u. vierzigste, z. d. zwei Bänden d. Reisebeschr. d. Fr. Nicolai 2c. gr. 8. Wien, Camesina. 784.

Beylagen. [Aktenstücke betr. d. Streit zwischen Ritter- u. Landschaft u. d. Stadt Rostock über mehrere Bestimmungen d. neuen Grund-Gesetzlichen Erbvertrages.] — o.O. 1780]. 31 S. 4° 28.
15.

Beylagen zu der Abhandlung über die Religiosität des Maltheserordens. 1797 s. *Amortisationsgesetze.* — Von den österreichischen Amortizationsgesetzen in Rücksicht auf den Johanniter- oder Maltheserorden. Beil.

Einige Beylagen zur Geschichte der Religionsveränderung des Herrn Commercienraths Herwigs. An ihn selbst. Frankfurt [usw.] 1771. 26 S. 8° 14.
15.

Beylagen zu denen an die, bey noch führwehrendem Reichs-Convent, anwesende derer Hoch-Löbl. des Heiligen Reichs-, so dann in specie evangelischer Ständen, Herren Rähte, Bottschafften, und Gesandte. Von seithen der Stadt Wormbs, puncto der, Oster-Montags 1702. occasione damaliger Procession, von denen Hoch-Fürstl. wormßischen Unterthanen am Speyer-Thor außgeübter Grausamkeiten, abgegebenen Memorialien. — Wormbs 1702: Krantzbichler. 34 S. 4°
1:25 in 4° Gw 11160–1. 24. 27.
15.

Nöthige Beylagen zu dem Römisch-Kayserlichen Manifest, darinnen diejenigen abgelassenen Brieffe, welche Ihro Röm. Kayserliche Majestät an die Durchl. Repbulique[!] in Pohlen, ... enthalten sind. — Franckfurt [usw.] 1733. 8 Bl. 8° 29.
15.

Beylagen [zu d, Schreiben d. Rates d. Stadt Frankfurt a. M. an d. Corpus Evangelicorum in Regensburg betr. d. wegen d. Schmalcald. Artikel eingeschickte Klage]. — o.O. [um 1738]. 10 Bl. 4°
Das Hauptwerk selbst liegt nur handschriftlich vor.
30.
15.

Beylagen zu dem ad Corpus Evangelicum übergebenen Stadt Speyerischen Schreiben. — o.O. [1717]. 14 S. 4°
1:42 in 4° Gw 11160.
15.

Beylagen zum ersten Theil (der Constitutio criminalis Theresiana). 66 S., gbd., Abb.

Wien: typ.v.Trattnern 1769
in: Constitutio criminalis Theresiana...
Th.1 - 2. 1769

Beylager, das lustige. Singsp. in 2 Aufz. v. Perinet. 8. Wien, Wallishäuser. 797.

Beyle, Henri [wirkl. Name], s. a. S t e n d h a l [Pseud.]

Die Äbtissin von Castro [Abbesse de Castro]. Eine Renaissancenovelle von Stendhal ⟨Marie Henri **Beyle**⟩. Ins Deutsche übertr. u. mit Einl. vers. von Hans Heinrich Bockwitz. Halle a. S.: Hendel (1909). XI, 140 S. 8°
(Bibliothek d. Gesamtliteratur d. In- u. Auslandes. Nr 2159. 2160.) (10. 1639

v. Stendhal ⟨Henry **Beyle**⟩. Essays. Aus d. Franz. u. mit Einl. von Artur Schurig. Berlin, Leipzig, Paris: Hüpeden & Merzyn 1904. (270 S.) 8° [Ꞙ.] (03. 9908

Novellen von Stendhal ⟨M. H[enry] **Beyle**⟩. Aus d. Franz. übertr. von Herman Scheidemantel. Leipzig: Reclam [1909]. 207 S. 8°
(Universal-Bibliothek. 5088–5090.) (09. 11205

Stendhal ⟨Henry Beyle⟩. Racine et Shakspeare. Études sur le romantisme. Paris: C.-Lévy [1905?]. (324 S.) 8° (05. 9739 2

Von Stendhal-Henry **Beyle**. Römische Spaziergänge ⟨Promenades dans Rome⟩. Mit 24 Taf. nach Kupfern von Piranesi, verdeutscht von Friedrich v. Oppeln-Bronikowski u. Ernst Diez. Jena: Diederichs 1910. LIII, 432 S. 8° (10. 15275 4

Über ein altes Torfmoor im hohen Elbufer vor Schulau v. **M. Beyle.** (Hamburg. 1901.) 8°.
Separat-Abdruck aus den Verhandlungen des Vereins f. naturwissenschaftl. Unterhaltung zu Hamburg, Bd. 9.

— Vanina Vanini, s: Sprachenpflege.

Beyle, Henry, s. B e y l e, Henri

Beyle, M., s: Wie entstand d. Boden uns. Heimat?

Beyle, Marie Henri, s. B e y l e, Henri

Beyle de Stendhal, Henri, s. B e y l e, Henri

Beyleid der Deutschen Gesellschaft zu Erlangen [zum Tode Hermann August Ellrods, General-Superintendent d. Fürstentums Brandenburg-Culmbach]. — o. O. [1760]. 2 Bl. 4° **12:2°** Biogr. 5/2.
15.

Höchst schuldigstes Beyleid über das frühzeitige Absterben . . . [Trauergedicht von B. T. zum Leichbegängnüß der Margareta Catharina **Moldenitten**, geb. Schröderin, † 22. Nov. 1721, begraben am 4. Febr. 1722.] — Glückstadt 1722: Kgl. privil. Buchdr. 2 Bl. 2°

Beyler, Art., u. Adf Griner: Wandtafelskizzen z. Gebr. b. Unterr. 1. Bd: Geschichte. (19, 197 m. Fig.) gr8° Strassbg, J Singer '12. 2.80 d

Beyli, s. a. Bayly.

Beyli, Bertha
Beyli, Frau B., neues praktisches Kochbuch f. den gut bürgerlichen u. den feinern Tisch. 4., verm. Aufl., enth. 500 erprobte Rezepte. 8. (IV, 226 S.) Luzern 902. (Aarau, Sauerländer's Nachf.) n. 1. 50

Beyli, Frau B[ertha]. Neues Praktisches Kochbuch für den gut bürgerlichen und den feinern Tisch von Frau B. B' in Muri ⟨Aargau⟩... 6. Aufl., enthaltend 500 erprobte Rezepte. IV + 226 [+ *Inserate* 6] S. 8. Luzern, H. Keller, 1905. (fr. 1. 60)

Beyli, Frau B[ertha]. Neues Praktisches Kochbuch für den gut bürgerlichen und den feinern Tisch. 9. Aufl., enthaltend 531 erprobte Rezepte. IV + 226 S. + *Inserate*. 8. Muri ⟨Aargau⟩, Frau B. Beyli (Buchdr. Keller, Luzern, 1910). (fr. 1. 60)

Beyli, Frau B[ertha]. Praktisches Kochbüchlein für den einfachen Haushalt. Hrg. vom Schweizerischen Gemeinnützigen Frauenverein. Zusammengestellt von Frau B. B', vormals Vorsteherin der Haushaltungs- und Dienstbotenschule in Lenzburg. (10. Aufl.: 130. Tausend.) IV + 56 S. 8. Verlag des Sch' G' Frauen-Vereins (Luzern, Buchdr. H. Keller,) 1903. (fr. —. 10)

Beyli, F[ritz]. Mitteilungen aus dem Stillleben und Haushalte der Gemeinde Wohlen. Jahrg. 3. Wohlen im Mai 1901. 22 S. 8. Wohlen, Joh. Keller.

Beyli, F[ritz]. Mitteilungen aus dem Stillleben und Haushalte der Gemeinde Wohlen. Jahrg. 4. Verfasst von F. Beyli und hrg. vom Gemeinnützigen Ortsverein. Wohlen im Juni 1902. [Mit Illustrationen und 1 Plan.] 44 S. 8. Wohlen, Graphisches Bureau ⟨G. Nauer⟩.

Beyli, F[ritz]. Mitteilungen aus dem Stillleben und Haushalte der Gemeinde Wohlen. Jahrg. 5. Verfasst von F. Beyli und hrg. vom Gemeinnützigen Ortsverein. Wohlen im Juni 1903. VI + 39 S. 8. Wohlen, Graphisches Bureau ⟨G. Nauer⟩.

Beyli, F[ritz]. Mitteilungen aus dem Stillleben und Haushalte der Gemeinde Wohlen. Jahrg. 6 und 7. (Das Dorf Wohlen. Die Häuser und ihre Bauart.) Hrg. vom Gemeinnützigen Ortsverein 1905. Illustriert.] 84 S. 8. Zürich, Polygraphisches Institut A.-G., 1904.

Beylich, O., Bericht über die pfälzische Industrie-Ausstellung zu Kaiserslautern im Herbste 1860 und über den derzeitigen Standpunkt der pfälzischen Industrie überhaupt. Herausg. vom Centralcomité der pfälz. Industrie-Ausstellung. Kaiserslautern 861. Meuth. gr. 8. (IV, 69 S.) n. 16 *ngr.*

Beylich O. über Zahnräder-Mechanismen als Gelenke für Wellen und über Universalräder. 4° München 1866

Beylich, Otto: Die Maße, ihre wesentlichen Arten, deren Bedeutung und Beziehungen. pg. 1 - 13. 4°. J. Kayser.
Progr. Kaiserslautern 1854/55.

Beyling, K.
Beyling: Versuche zwecks Erprobg d. Schlagwettersicherh. bes. geschützter elektr. Motoren u. Apparate sowie z. Ermittlg geeigneter Schutzvorrichtgn f. solche Betriebsmittel. [SA] (89 m. Fig.) Lex8° Ess., Verl. d. „Glückauf" '06. 2.30

Beym allgemeinen Jubel über die Verdemüthigung des Stolzen, die Herstellung der Ruhe Europa's, die Befreyung des teutschen Vaterlandes, und den dadurch begründeten allgemeinen Frieden des Staats, und der Kirche, den großmüthigen, heldenherzigen Anstrengungen der Allerhöchsten, Allerdurchlauchtigsten, Grossmächtigsten Fürsten, und Herren Herren, Franz II, Alexander I, Friedrich Wilhelm III, Glorwürdigsten Kaiserlichen, Kaiserlichen, Königlichen Majestaeten von Oesterreich, Russland, und Preussen ... dieses kleine Hagiographon gewiedmet von einem Bürger Augsburgs MDCCCXIV. — (Augsburg [1814]: Doll in Komm.) 42 S. 4°
30: 527.134-C.
15.

Beym U e b e r e i l e n kann man sich irren oder Antwort an den Verfasser des Ungrunds der Behauptung des Reichsstädtischen Kollegiums, zur Konkurrenz bey der Wiederverleihung aller dem Reich eröfneten Reichs-Lehen berechtiget zu seyn. — o. O. 1780. 35 S. 8°
115 in Gx 13000-38. **7. 12:4°** J. publ. G. 674 7
[2 Ex.] **21. 24.**
15.

Beyme
[F. u. Ant.] Wie ist der landwirthschaftlichen Nothlage abzuhelfen, ohne Aenderung der jetzigen Zollgesetze? Von Rittergutsbes. **Beyme**-Ottendorf, früher Dir. d. Haupt-Genossensch. schles. Landwirthe. *Berlin: F. Huldschinsky (1895).* (31 S.) 1 Bd 8. (96. 973

Beyme, Friedrich, von Berlin, Preussen: Ueber die Fortpflanzungsgeschwindigkeit des Schalles in gesättigten Dämpfen. Zür. Orell Füssli Cie Dr. 1884. 44 S. 8°.
Zürich, Phil. Diss. [v. 15. Dec. 1884].

Beyme, Wilhelm, aus Pechau ⟨Prov. Sachsen⟩: Ueber **Methyl-Dibenzoylmethan** und einige seiner Derivate. *Leipzig-R. 1900: O. Schmidt.* (32 S.) 8°
Leipzig, Phil. Diss. v. [21. Febr.] 1900

Beyme-Ottendorf, s. B e y m e

Beynon, Gl., barmherz. Samariter, allerh. Gebrechen u. Krankheiten mit geringen Mitteln zu kuriren, nebst R. Loeweri Haferkur. 2 Thle. 8. Nürnb. 752. Stein. 6 *gr* (Prenzl., Ragoczy). 3 *gr*

Beynon, El., barmherz. Samariter, allerh. Gebrech. u. Krankh. m. gering. Mitteln z. kuriren. 2 Thle. 8. Nurnb. Stein. 752.

Beynuhnen, eine Kunstschöpfung in Littauen. [Als Manuscript gedr.] hoch 4. (15 S. mit 1 Holzschntaf.) Leipzig 869. (Königsberg, Meyer und Comp.) *

Beyr, Matthias, Betrachtungen über die lauretanische Litanei in zwei Monaten. Maipredigten. gr. 8. (IV, 208 S.) Graz 873, Moser. *

Beyr, Mathias, die Dreieinigkeit oder die Drei-Persönlichkeit in der Wesens-Einheit Gottes das Heil der Welt. Sistematische Darstellung der gesammten christkathol. Dogmatik. I. Thl.: Das Heil vom Vater. gr. 8. (VI und 272 S.) Brünn 850, Winiker's Buchh. *

—— Glaube und Kirche und deren volksverständliche Vertheidigung, oder vielmehr die, hierüber, dem Unglauben der Gegenwart gegenüber, aus der heil. Geschichte und deren göttl. Urkunden, besonders der heil. Schrift, verständl. nachgewiesene Wahrheit. Eine Schrift für das einfache gläubige, aber nun der Verführung durch die Presse und alle Mittel des Unglaubens preisgegebene Volk und für Alle, der gläubigen Auffassung der Menschenwürde noch nicht unfähig gewordenen, Gebildeten verfaßt und hrsg. gr. 8. (II, 296 S.) Klagenfurt 872, (Bertschinger und Heyn.) *

— christkatholisches Haus-Buch, od. faßl. Unterricht in unserer gesammten heil. Religion also in ihren Glaubenslehren, Sittengeboten u. heil. Anstalten, Handlungen u. Gebräuchen, dargestellt in Form von Predigten auf alle Sonn- u. Festtage d. kathol. Kirchenjahres. 1. Jahrg.: Größtentheils Glaubenslehren. gr. 8. (596 S.) Znaim 850. (Prag, Credner & Kleinbub.) n. 1 ℛ 6 ngr (Wien, Seidel.) n. 1 ℛ 18 ngr

— institutiones theologiae dogmaticae. Pars I—II. Lib. I—II. gr. 8. Pars I. Apologetica christ.-catholica. (339 S.) Pars II. Dogmatica christ.-catholica. Lib. I. Salus in Christo. (286 S.) Lib. II. Salus per Spiritum S. (414 S.) Viennae 847. 48, Braumüller. 4 1/4 ℛ

Beyr, Matthias, Die Kirche oder das Reich Gottes auf Erden. In den wichtigsten Fragen der Gegenwart mit besonderer Rücksichtnahme auf gebildete Laien u. auf Verbreitung unter dieselben zur Klärung u. Stärkung des kath. Bewußtseins in derselben beleuchtet. Klagenfurt. (Kleinmayr.) 1870. 8°, III, 97 S., 1,20 Mk.

Beyr, Matthias, Predigten auf alle Sonn- und Festtage des katholischen Kirchenjahres. 1.—3. Jahrg. gr. 8. Klagenfurt, (Bertschinger und Heyn.) à Jahrg.

Inhalt:

Jahrg. 1. Größtentheils dogmatischen Inhaltes. (VIII, 448 S.) 871.
" 2. Größtentheils moralischen Inhaltes. (VI, 478 S.) 871.
" 3. Größtentheils sakramentalen, mysteriösen und parabolischen Inhaltes. (VII, 556 S.) 872.

—— die Sprache des Teufels oder die Konsequenz das ist die Dickschädeligkeit der Blindheit, Dummheit und Tücke der Hasser der Wahrheit. gr. 8. (24 S.) Klagenfurt 872, (Bertschinger und Heyn.)

Beyr, Math., Trinitas in unitate Dei salus mundi per Jesum Christum dominum nostrum redemti. Systema totius theologiae dogmaticae. Operis „Institutiones theologiae dogmaticae" editio altera aucta emendata. gr. 8. (704 S.) Graz 875, Moser.

BEYR, Matthias: De veritate ecclesiae Romano-catholicae contra Graecam. — (1841) 234 S. 8° (Handschr.) Diss. Wien Univ. Diss. 53

Beyr, Rob. Die Einnahme der Stadt, des Passes und Schlosses Bregenz durch d. Schweden i. J. 1647. (16.) 8. m. 1 Pl. Lindau 1873. 0,50.

Beyreiss, Johannes Christoph

Beyreiss, JC: An d. Schwelle d. Jahrh. (Seeberg's Schrift), s.a. Altes u. Neues a. d. luth. Kirche.

'An der Schwelle des Jahrhunderts'. Beleuchtung der so betitelten Schrift d. Prof. D. Seeberg hinsichtl. ihres Urteils über Kirche u. Union von J[ohannes] Chr[istoph] Beyreiß. (Elberfeld): Luth. Bücherverein 1901. (40 S.) 8° [F.]
= Altes u. Neues aus d. luth. Kirche. Bdch. 9. [06. 4019

Beyrer, Magnus Bartholomaeus

— Guide des Voyageurs dans la ville d'Innsbruck. Avec fig. gr in-8. Kbd. 1 1/3 ℛ

Beyrer, Magnus Bartholomaeus. Guide des voyageurs dans la ville d'Innsbruck et ses environs. Innsbruck [1830?] Ü: *Mahl-Schedl, J.* (BrMm)

Beyrer, M. B., Wegweiser in der Provinzial-Hauptstadt Innsbruck u. deren Umgebung für Reisende. gr. 12. Innsbruck ... (Wagner.) 1 1/3 ℛ

Beyrhammer, Maurus, († d. 8. Juni 1787.) Passionspredigten, welche auf öffentl. Kanzel gesprochen worden. 4. Kaufbeuern 760.

Beyrich

Der Sinn des Lebens. Rede gehalten beim Totenfest in der Loge zur gekrönten Schlange [in Görlitz] von Beyrich. Dez. 1896. Görlitz: Vierling 1897. 12 S. 8° [Umschlagtit.]

Beyrich, Cl. s. a. Helm, Clementine.

HELM, CLEMENTINE [= Cl. Beyrich]. *Doris und Dora.* Erzählung f. junge Mädchen [nach Josephine Colomb]. 2. Aufl. Leipzig, Hirt, 1881. 2 Bl. 236 S. 16 S. Verlagsanzeigen, 12 Holzschnitt-Tafeln u. viele Holzschnitte im Text. 8°. Illustr. Orlwd. 10.—
Mit Clementine Helm, der Verf. des in mehr als 100 Aufl. erschienenen Buches: „Backfischchens Leiden u. Freuden" erreichte die Jungmädchenliteratur „einen Tiefstand, der kaum noch zu unterbieten war ..." (I. Dyrenfurth). Einband ganz leicht bestoßen.

Beyrich, Clemens

[F.] Früchte und Getränke. Anleitg z. Verwerthg d. Früchte im Haushalt ... sowie üb. d. Herstellg v. diversen kalten u. warmen Getränken. Hrsg. v. Clemens Beyrich, Conditor in Chemnitz, Sachsen. *(Chemnitz: Dr. v. A. Wiede;* [aufgest.:] *Coepenick-Berlin: W. H. Osterwald [1896].)* (95 S.) 1 Bd 8. [96. 7951

— neues Rezeptbuch über Hefen- u. Feinbäckerei. (5. Aufl.) gr. 8. (192 S.) Ebd. 900. Kart. n. 2.—

— neues Rezeptbuch üb. Hefen- u. Feinbäckerei (kleine Ausg. des neuen Rezeptbuches üb. Conditoreiwaaren, 6. Aufl.) (192 S.) gr. 8. Ebd. (903). Kart. n. 2.—

— neues Receptbuch f. Conditoreiwaaren. E. erprobtes Anleitgs.- u. Nachschlagebuch f. Conditoren, Bäcker, Köche, Gasthofsbesitzer, sow. f. jede Hausfrau. 2., umgearb., verm. u. verb Aufl. gr. 8. (164 S.) Chemnitz 895. (Leipzig, H. Dege.) Kart. n. 3. —

Beyrich, Clemens, neues Rezeptbuch für Conditoreiwaaren. Praktisches Anleitungs- u. Nachschlagebuch. 6. (Umschlag 5.) Aufl. gr. 8. (94 S.) Chemnitz (900). (Berlin, Berolina-Versand-Buchh.) Kart. n. 3.—

Beyrich, Clemens, neues Rezeptbuch für Conditoreiwaaren. Praktisches Anleitungs- u. Nachschlagebuch. 6. Aufl. (192 u. 94 S.) gr. 8. Chemnitz (903). (Berlin, Berolina-Versand-Buchh.) Kart. n. 3.—

Beyrich, Clem.: Neues Rezeptb. f. Konditoreiwaren. 8. Afl. (272) 8° Berl. (SW 61, Waterloo-Ufer 14), Alex. Würst. 3 —

— Tafel-Aufsätze. Lehrreichste Anl. d. verschiedensten Aufsätze in leichtfasslichsten Vorlagen, nebst sämmtl. Einzelheiten. 4° (26 Taf. m. 68. Text.) Chemn. 96. (Lpzg, H Dege.) 4 —

— Tafel-Aufsätze. 2. Aufl. Leicht ausführbare geschmackvolle Vorlagen. schmal. Fol. (28 Taf. m. VI S. Text.) Ebd. (902). Kart. n. 4.—

— Torten-Verziergn. 4° (28 Taf.) Ebd. 95. 3 —; Asg. m. kolor. Taf. 6 —

— Torten-Verziergn. Mustersammlg effectvoller u. leicht ausführbarer Verziergn. 2. Afl. 4° (28 Taf. m. 4 S. Text.) Lpzg 96, (H Dege). 3 —

— Torten-Verzierungen. Anleitungen effectvoller u. leicht ausführbarer Verziergn. aller Arten Torten. Aus der Praxis f. die Praxis. 4., verb. Aufl. schmal Fol. (56 Taf. m. IV S. Text.) Ebd. (902). Kart. n. 3. —

Beyrich, Frau Clementine, s.: Helm, Clementine.

Beyrich, E.: De Goniatites in montibus rhenanis occurrentibus, s. Beyrich, Henr. Ern.

Beyrich, Ernst, Beiträge zur Kenntniß der Versteinerungen des Rheinischen Uebergangsgebirges. 1s Hft. Mit 2 lithogr. Taf. gr. 4. Berlin 837. (Dümmler.) 2/3 ₰

— Bemerkungen zu einer geogn. Karte des nördlichen Harzrandes von Langelsheim bis Blankenburg. (Aus d. Zeitschr. d. deutsch. geol. Gesellsch.) Berlin. 1851. 8.

Beyrich (E.), Ueber geognostische Beobachtungen G. Schweinfurth's in der Wüste zwischen Cairo und Suës. Anhang: Untersuchung der vulkanischen Gesteine aus der Gegend von Abu-Zäbel am Ismaïlia-Canal durch Herrn Dr. Arzruni. (Aus d. Sitz.-Ber. d. Kgl. Akademie d. Wissenschaften zu Berlin vom Jahre 1882.) 8.

Beyrich, E., Bericht über die von Overweg auf der Reise von Tripoli nach Murzuk u. von Murzuk nach Ghat gefundenen Versteinerungen. Mit 3 (lith.) Taf. [Aus den Monatsberichten über die Verhandlungen der Gesellsch. f. Erdkunde zu Berlin. Bd. IX. 1852. S. 154 ff.) 8. (17 S.) Berlin 852, Trowitzsch & Sohn. (*Kam nicht in den Handel.*) (In d. Zeitschrift der Deutschen geolog. Gesellschaft. IV. Bd. wieder abgedr.)

Beyrich, E., über einige Cephalopoden aus dem Muschelkalk der Alpen u. über verwandte Arten. Mit 5 Taff. (in Kpfrst.) [Aus d. Abhdlgn. der königl. Akad. der Wiss.] Berlin 867. Dümmler's Verlhdlg. in Comm. gr. 4. (45 S.) n. 1 ₰ 6 ngr

Beyrich, Ernst, die Conchylien des norddeutschen Tertiärgebirges. 1—5. Lfg.: Univalven. gr. 8. (S. 1—296 mit 25 Kpfrt.) Berlin 853—56, (Hertz.) à Lfg. * 1 Thlr. 15 Ngr. *

Beyrich, Ernst, die Conchylien des norddeutschen Tertiärgebirges. 6. Lfg.: Univalven. gr. 8. (S. 297—336 mit 5 Kpfrt.) Berlin 857, (Hertz.) *
1—5. Lfg. (Ebendas.) 1853—56. * 7 Thlr. 15 Ngr.

—— über die Crinoiden des Muschelkalks. Imp.-4. (49 S. mit 2 Kpfrt.) Berlin 857, (Dümmler's Verlagsh.) *

Beyrich, E. Geognostische Karte des nördlichen Harzrandes von Langelsheim bis Blankenburg. (Aus der Zeitschr. der deutsch. geolog. Gesellschaft.) Berlin. 1851. Folio.

Beyrich und **Hauchecorne.** Geologische Karte von Europa. Berlin. 1894.

Beyrich, Ernst (Mitarb.), s. Karte, Geologische, von dem niederschlesischen Gebirge ...

Beyrich, E. Zur Kenntniss des tertiären Bodens der Mark Brandenburg. (Aus Karsten's und Dechen's Archiv für Mineralogie. Berlin. 1847. 8.

—— über eine Kohlenkalk-Fauna von Timor. gr. 4. (40 S. mit 3 Kpfrt.) Berlin 865, (Dümmler's Verlag.) cart. *
Vorstehende Schriften des Verf. wurden aus: Abhandlungen der k. Akademie der Wissenschaften, besonders abgedruckt.

Beyrich (E.), Ueber die Lagerung der Kreideformation im schlesischen Gebirge. (Vorgetr. in der Kgl. Akademie der Wissenschaften zu Berlin. 1854.) Berlin 1855. 4.

Beyrich. Ueber die Lagerung der Lias und Jurabildungen bei Vils. (Aus den Monatsb. d. k. Akad.) Berlin. 1862. 8.

—— über Semnopithecus pentelicus. gr. 4. (26 S. mit 1 Stnt.) Berlin 860, (Dümmler's Verlagsh.) *
Letztere zwei Schriften des Verf. sind aus: Abhandlungen der k. Akad. der Wissenschaften zu Berlin, Jahrg. 1857 und 1860, besonders abgedruckt.

Beyrich, E. Ueber Semnopithecus pentelicus. (Aus den Abh. der kgl. preuss. Akad.) Berlin. 1861. 4.

Beyrich, E. Ueber die Stellung der hessischen Tertiärbildungen. (Aus den Monatsb. d. k. Akad.) Berlin. 1854. 8.

Beyrich, Ernst, über einige böhmische Trilobiten. gr. 4. (6½ B. u. 1 Kpfrt.) Berlin 845, G. Reimer. *

—— dass. 2. Stück. Untersuchungen üb. d. Trilobiten. gr. 4. (5¼ B. u. 4 Kpfrt.) Ebds. 846. *

Beyrich. Ueber das Vorkommen St. Cassianer-Versteinerungen bei Füssen. (Aus d. Monatsb. d. k. Akad.) Berlin. 1862. 8.

—— über den Zusammenhang der norddeutschen Tertiärbildungen zur Erläuterung einer geologischen Uebersichtskarte. gr. 4. (20 S. mit 1 chromolith. Karte in qu. gr. Fol.) Berlin 856, (Dümmler's Verlag.) *

Beyrich, F., Berechng. u. Ausführg. d. Wasserräder, s.a. Lehrhefte, technische.

Beyrich, F: Berechnung und Ausführung der Wasserräder. Hildburghausen 1898 (= Technische Lehrhefte. Maschinenbau. H. 8)

Beyrich, Henr. Ern. (geb. Berlin Aug. 1815): De Goniatitis in montibus Rhenanis occurrentibus. Berolini 1837. (18 S.) 4°
Berlin, Phil. Diss. v. 12. Apr. 1837

Beyrich, Johannes: Untersuchung über den Stil Oswalds von Wolkenstein. Weida i. Th. 1910: Thomas & Hubert. 134 S. 8°
Leipzig, Phil. Diss. v. 3. Aug. 1910, Ref. Sievers, Köster
[Geb. 19. Mai 86 Schönfeld; Wohnort: Stollberg, Erzgeb.; Staatsangeh.: Sachsen; Vorbildung: Fürstensch. Grimma Reife O. 05; Studium: Erlangen 2, Greifswald 1, Leipzig 6 S.; Rig. 3. Mai 10.] [U 10. 3101

Beyrich, Konr., Stoff u. Weltäther, e. leichtfasslich geschriebene Naturanschaug. m. Gründen f. die Auffassg. des Weltäthers als Stoff u. seiner bedeutsamen entscheid. Rolle bei allen Naturerscheingn. Speculative Resultate nach inductiv-naturwissenschaftl. Methode. gr. 8. (X, 136 S.) Herischdorf 894. (Warmbrunn, M. Leipolt.) n. 3. —

— d. System d. Ubergewalt od. d. analytisch-synthet. Princip d. Natur. Ein Beitr. z. Weltäther-, Stoff- u. Kraftlehre u. z. Lösg naturphilosophisch-kosm. Probleme in 11 Hauptthesen. 8° (164 m. Fig.) Berl. 95, R Oppenheim. 3.60

Beyrich, Konr., d. System d. Übergewalt od. d. analyt.-synthet. Princip d. Natur. E. Beitrag z. Weltäther-, Stoff- u. Kraftlehre u. z. Lösg. naturphilosoph.-kosm. Probleme in 11 Hauptthesen. gr. 8. (XI, 164 S. m. 7 Fig.) Berlin 895. G. Schmidt. n. 3. 60

Beyrich, [Robert]: [Direktor Dr. Ernst Baron † am 22. September 1903.] 1 Bl. 4.
Progr. Realprogymn. (Realgymn. i. E., nach Frankfurter Syst.)
Görlitz 1904

[5.] **Beyrich,** *Robert* [Dr.]: Die Behandlung des deutschen Aufsatzes in den oberen Klassen der Realschule. Görlitz, Druck d. Akt.-Ges. Görl. Nachr. u. Anzeiger, 1895; 14 S. 4.
Görlitz, st. R, OP 1895 (230)

Beyrich. Robert: Vergleichende Darstellung und Beurteilung der sittlichen Prinzipien bei Plato und Kant. . . . Görlitz, Druck d. Görl. Nachr. u. Anzeiger, 1889; 53 + 1 S. 8°
Leipzig, Phil. Fak., Inaug.-Diss. v. 17. Aug. 1889

Beyrlin, H. (Resp.): De transmigratione animarum humanarum..., s. Osiander, Jo. Adam (Praes.)

Beyrodt, Ed., Stoffe für den Unterricht im Stil für Volksschulen und die unteren Klassen höherer Schulen. gr. 8. (VII, 196 S.) Berlin 885, Hertzberg's Buchh. *
geb. **

Beyrodt, Ed., Stoffe f. den Unterricht im Stil f. Volksschulen u. die unteren Klassen höherer Schulen. gr. 8. (VII, 196 S.) Berlin 886. (G. Winckelmann's Filiale.) n. 1. 50; geb. n.n. 1. 90

Beyroth, L., der Bürgerwehrmann in seinen Dienstverrichtungen. Eine kurze leichtfaßl. Anleitung beim Exerciren, zur Führung des Gewehrs und Säbels, sowie eine Uebersicht der nöthigsten militair. Kenntnisse. 8. (32 S.) Eisleben 818, Kuhnt.

Beys, Franc. (geb. Puffendorf im Rheinl. 5. 8. 1840): De herniis cruralibus. Berolini (1863). (31 S.) 8°
Berlin, Med. Diss. v. 6. Aug. 1863

Beysasseneid. — Niederräder Beysassen-Eid. — o.O. [um 1787]. 1 Bl. 4° 20.
15.

Beysassenordnung. — Beysassen-Ordnung. (5. Juni 1708.) [Frankfurt a.M. 1708.] 2 Bl. 4° 1:31 in 2° Gp 20500. 20.
15.

— — Ebd. 8 Bl. 4° 20.
15.

Des Heil. Reichs-Stadt Franckfurt am Mayn, Beysassen-Ordnung, wie solche Anno 1708. den 5. Junii publiciret ... Anno 1735. den 7. Julii renoviret worden. — [Frankfurt a. M.]: Varrentrapp [1735]. 4 Bl. 4°
4. 7. 14. 23. 20.
15.

Beyschlaf, s. a. Beischlaf

— üb. d., eine Predigt. 8. Königsb. Nicolovius. 793.

— der, Eine physiologische, histor. u. philosophische Darstellung. 3 Bde. m. Kupf. Neue verb. Aufl. 8. Berl. Neue Societätsbuchh. (Ir 1797 1 Rthlr. 8 gr. IIr 1795 1 Rthlr. 20 gr. IIIr 1796 1 Rthlr.)
Auch unt. d. Titel:
Gynäologie. 2r., 3r u. 4r Bd.

– über den, a. d. Lat. 8°. Leipz. Gothe 1799.

Beyschlaf, der, e. physiol. histor. u. philos. Darstell. 1r bis 4r Bd. m. ill. K. 8. Berl. Oehmigke, d. jüng. 805.
(sind Theile von der Gyneologie)

Beyschlaf, üb. den, als Beförderung d. Gesundheit u. als Mittel ein langes u. frohes Leben zu genießen, v. D. S. W. B. 8. Leipz. Sommer. 816.

— über den, als Beförderung der Gesundheit und als Mittel, ein langes frohes Leben zu genießen; aber auch als Zerstörer der Lebenskräfte rc. Von D. C. W. B. 8. Leipz. Sommer. 817.

Beyschlag, Willibald. Halle a. S. 1900. V: *Hering, Hermann.* (Berl)

Beyschlag, Willibald. †. 8° (21) Halle 1900, E Strien.

Beyschlag, Willibald. † gr. 8. (21 S.) Ebd. 900. —30
Sonderabdruck aus: „Deutsch-evangel. Blätter".

Beyschlag, geistl. Krankenkur. 8. 721.

— sylloge varior. opusculor. 2 Tomi. 8. Nürnb. Endters. 72..

Beyschlag, ...: „Versuch einer Münzgeschichte Augsburgs im Mittelalter ....", Stuttgart und Tübingen 1835.

Beyschlag, Adolf
Die Ornamentik der Musik von Adolf Beyschlag. (Vorr.: Ernst Rudorff.)
Leipzig: Breitkopf & Härtel 1908. (VI, 285 S.) 4°
(Urtext klass. Musikwerke. Suppl.Bd.) (08. 14…)

Beyschlag, C., Geschichte der Stadt Nördlingen bis auf die neueste Zeit. gr. 8. (IV u. 213 S.) Nördlingen 851. (Beck.) 5/6 ₰

Beyschlag, C. („Literat"), Geschichte der Stadt Nördlingen bis auf die neueste Zeit. Nördlingen, Selbstverlag d. Verf., 1851. Druck von G. P. Geuss in Ulm. Gr. 8°. Ppb.*)
Tit., 1 Bl. Vorw. (dat.: Nördlingen, im Reactions-, nicht im Völker-Mai 1851), 219 S., 1 Bl. Err.

Beyschlag, Daniel Eberhard
— kurzer Begriff aller Künste, Handwerke u. Geschäfte. Nürnb. ... 4e Aufl. 819. 5e Aufl. 826. Geh. 6 gr.

Beyschlag, Dn. Ebhrd., Beitrr. z. Nördling. Geschlechtshistorie, 1r Thl. Die Nördling. Epitaphien enth. 2r u. 3r Thl. (fortges. von Jh. Müller). 8. Nördl. 801 — 3. Beck. 2 ₰ 8 gr.

Beyschlag, Dan. Eberh. (Rektor d. Lyceums das., geb. 1759), *Beyträge z. Kunstgeschichte der Reichsstadt Nördlingen*. Stück 1—7 (cplt. in 1 Bde.). (Als Schul-Programme erschienen.) Nördlingen, gedr. bey Karl Glo. Beck. 1798—1801. 4°. Moderner Hpgmtb. m. Rothschnitt u. Schwarzdruck-Titel auf Deckel.
St. 1: Von d. Formschneiderey. 20 S. 2: Von d. Formschneiderey u. Buchdruckerkunst. 20 S. 3: Von d. Buchdruckerkunst u. d. Buchhandel. 20 S. 4: Von d. Buchbinderey, d. Papier- u. d. Münzwesen. 20 S. 5—7: Von d. Münzwesen. 16, 7 u. 12 S. — So cplt. selten!

Beyschlag, Daniel Eberhard: Etwas zur Beantwortung der Frage: Was können und sollen öffentliche Schulen zum glücklichen Erfolg der Rettungsanstalten für Scheintodte beytragen? Nebst e. kurzen Geschichte der Augsburger Rettungsanstalten. Eine Gelegenheitsschrift ...
Augsburg: Deckardt 1804
22 S. 8°.

— Gedanken über die brauchbarste Einricht. e. latein. Schule. 8 Stcke. 8. Nördl. 791—801. Beck. 18 gr.

Beyschlag, Dan. Eberh., die Augsburg. Confession, s. Confession.

Beyschlag (D. E.,) Reisebuch für junge Professionisten auf ihrer Wanderschaft. 2 Thle. 4e Aufl. 8. Nürnb. 826, Geh.

— Samml. ausländ. Wörter, die im alltägl. Leben öfters vorkommen. gr. 8. Nördl. 794. 2e Aufl. 806. Beck. 12 gr.

— Samml. ausländ. Wörter, d. im alltägl. Leben öft. vorkommen. gr. 8. Ebend. (Feind, Leipz.) 806.

— Sammlung ausländ. Wörter, die im alltägl. Leben öfters vorkommen, zum Gebrauch für Bürgerschulen u. Unstudirte, nebst angehängten Declinations- u. Conjugations-Tabellen d. deutschen Sprache. N. Ausg. der 2n Aufl. gr. 8. Nördlingen 838. Becksche Buchh. 1/4 ₰

— Progr. Von der Verbindung d. häusl. Erziehung mit d. öffentl. 3 Stcke. in 4. u. gr. 8. Nördl. 789—90. (Beck).

— Versuch e. Kunstgesch. d. Reichsst. Nördlingen. 1s—5s Stck. 8. Nördl. 798—800. Beck. 18 gr.

Beyschlag, Dan. Ebrhrd., Versuch e. Münzgeschichte Augsburgs in dem Mittelalter, nebst Beiträgen zur Münzgeschichte der übrigen Alemannisch-Suevischen Lande in dem nämlich. Zeitraume. Mit 8 lithogr. Münztaf. Lex.-8. Stuttg. u. Tübing. 835. v. Cotta. 1 1/2 ₰

— Versuch e. Schulgeschichte d. Reichsst. Nördlingen. 1s Stck. 8. Nördl. 793. Beck. 6 gr.

Beyschlag, F.: Die Anklage des Sokrates, s. Beyschlag, Friedrich

Beyschlag, F.: Volkskunde und Gymnasialunterricht, s. Friedrich

Beyschlag, F.: Vorträge über innere Mission, s. Beyschlag, Franz

Beyschlag, Franz
Beyschlag, F., Die Braunkohlenformation in Niederhessen (Regierungsbezirk Kassel). Halle a. S., 1907. 5 S. mit 8 Abb.

Beyschlag, Franz: Haideröschen, s. Beyschlag, Franz Wilhelm Traugott

Beyschlag, F, Höhenschichtenkarte d. Thüringer Waldes. 1:100,000. 58×85 cm. Farbendr. Berl. 93, (S Schropp). n.n. 6—

Beyschlag, F, s.: Carte géolog. internat. de l'Europe.

Beyschlag, F., s: Karte d. nutzbaren Lagerstätten Deutschlds.

Beyschlag, F., O. Krusch u. J. H. L. Vogt, die Lagerstätten der nutzbaren Mineralien u. Gesteine, nach Form, Inhalt u. Entstehung dargestellt. (In 3 Bdn.) I. Bd. 2 Hälften. Lex. 8. Stuttgart, F. Enke. 15. 60; geb. in Leinw. n 17. —
1. Erzlagerstätten. Allgemeines. (XII, 238 S. m. 166 Abbildgn. 909. 7. —
2. Magmat. Erzausscheidgn. Kontaktlagerstätten. Zinnsteingang-Gruppe u. Quecksilbergang-Gruppe. (XXXII u. S. 239—509 m. 291 Abbildgn.) 910. 8.60

— P **Krusch**, JHL **Vogt**: Die Lagerstätten d. nutzb. Mineralien u. Gesteine, n. Form, Inhalt u. Entstehg dargest. (3 Bde.) I. Bd, 2. Hälfte u. II. Bd, 1. Hälfte. Lex8° Stuttg., F Enke. 17 —
I, 2. Magmat. Erzausscheidgn. Kontaktlagerstätten. Zinnsteingang-Gruppe u. Quecksilbergang-Gruppe. (32, u. 239—509 m. Abb.) '10. 8.60 (I. Bd: 15.60; n 17—)
II, 1. Art u. Ursache d. Spaltenbildg. Junge Gold-Silbererz-Ganggruppe. Alte Golderz-Ganggruppe. Metasomat. Goldlagerstätten. Alte Blei-Silber-Zinkerz-Ganggruppe. Radiumerzgänge. Metasomat. Blei-Silber-Zinkerz-Gruppe. Antimonerz-Ganggruppe. (12, 278 m. Abb.) '12. 8.4

— **Zwei Predigten über Philipper 1, 27 u. II. Korinther 12, 14 gehalten beim Austritt aus dem Hülfsgeistlichenamt an der evangel. Gemeinde zu Koblenz am 3. Juli und bei der Einführung in die jüngere evangel. (un.-luth.) Gemeinde zu Neuwied am 10. Juli 1853. Neuwied 853. (v. d. Beeck.) gr. 8. (19 S.)** n. 5 ngr

—— zwei Pred. üb. Phil. 1, 27 u. II. Kor. 12, 14. 8. (19) Neuw. 53. (Mind., Hufeland.) n. — 5

Beyschlag (F.). Rhacopteris sarana n. sp. (Zeitschr. f. Naturw. Bd. 55. 1882.) Halle. 8.

Beyschlag (F.), Geognostische Skizze der Umgegend von Crock im Thüringer Walde. (Sep.-Abdr. a. d. Zeitschrift für Naturwissensch. Band 55. 1882.) Halle 1883. 8.

Beyschlag, Franciscus: Geognostische Skizze der Umgegend von Crock im Thüringer Walde. Accedit una tabula. Halis Saxonum 1883: Gebauer-Schwetschke. 45 S. 8°
Halle-Wittenberg, Phil. Diss. v. 19. März 1883
Geb. Karlsruhe (Baden) 5. 10. 1856. V.
Diplom v. 11. März 1883. — Taf. fehlt!
Teildr. (nur Einl. u. Abth. 1) aus: Zeitschrift f. Naturwissenschaften. Jg. 55. Berlin 1882. S. 571—615. Die vollst. Arbeit (nebst Abth. 2, Anhang, Inhalt) ersch. ebda S. 571—648 m. Taf. 7 (Karte). — Verf. erlebte die Diplomerneuerung als Dr. sc. nat. 1933 als Geheimer Oberbergrat, Präsident a. D. der geologischen Landesanstalt, Professor in Berlin-Wilmersdorf. vgl. Anh. Nr. 786.

Beyschlag, Frz. u. Karl v. Fritsch, das jüngere Steinkohlengebirge u. das Rothliegende in der Prov. Sachsen u. den angrenzenden Gebieten, s.a. **Abhandlungen** der königl. preuss. geolog. **Landesanstalt.** N. F. 10.

Das Jüngere Steinkohlengebirge und das Rothliegende in der Provinz Sachsen und den angrenzenden Gebieten von den Herren **Franz Beyschlag** u. Karl v. Fritsch. *Berlin: S. Schropp 1899.* (XXII, 263 S.) 8°
— Abhandlungen d. Kgl. Preuss. geol. Landesanstalt. N. F. H. 10. (00. 19814

Geognostische Uebersichtskarte des Thüringer Waldes. Nach d. Aufn. d. kgl. Preuss. Geolog. Landesanst. zsgest. v. Prof. Dr. **Franz Beyschlag.** Entw. u. gez. v. F. Beyschlag u. M. Pütz. Hrsg. v. d. kgl. Preuss. Geolog. Landesanst. u. Bergakad. Maasst. 1:100000. *Berlin: In Comm. b. S. Schropp 1897.* 1 Ktnbl. quer-gr. 2. m. 1 Erl.-Bl. (97. 4319

Beyschlag, Frz. Geologische Uebersichtskarten der Gegend v. Halle a. S. Die Mansfelder Mulde u. ihre Ränder. Auf Grund der Aufnahme der kgl. geolog. Landesanstalt bearb. 1 : 100,000. Farbendr. 32,5×60 cm. Berl. 892, (Schropp). ** 3 —

— Geol. Übersichtsk. d. Gegend v. Halle a/S. Die Mansfelder Mulde u. ihre Ränder. 2. Afl. 32,5×60 cm. Farbdr. Berl. (NW. 4, Invalidenstr. 44), Vertriebsstelle d. geolog. Landesanst. '07. nn 3 —

Beyschlag, F., Geologische Übersichtskarte der Kalisalzvorkommen am Südharz. Nach den Aufnahmen der Kgl. Preuß. Geolog. Landesanstalt zsgest. 1 : 100 000. Berlin, [1907]. 1 Bl.

— Geol. Übersichtsk. d. Kalisalzvorkommen am Südharz. 1 : 100,000. 85×58,5 cm. Farbdr. Ebd. ('08). nn 1 —

Beyschlag, F., Geologische Übersichtskarte der Kalisalzvorkommen im Werragebiet. Nach den Aufnahmen der Kgl. Preuß. Geolog. Landesanstalt entworfen. 1 : 100 000. Berlin, [1907]. 1 Bl.

— Geol. Übersichtsk. d. Kalizalzvorkommen im Werrageb. 1 : 100,000, 82×86,5 cm. Farbdr. Ebd. ('08). nn 1 —

—— **Vorträge über innere Mission für die Gebildeten in der Gemeinde gehalten. Hrsg. von Willib. Beyschlag. br. 8. (VIII und 127 S.) Berlin 863, Rauh.**

Beyschlag, Franz Wilhelm Traugott

Beyschlag, Franz. Haideröschen. Nachgelassene Gedichte. Berlin 1857. H: *Beyschlag, Willib.* (Ky)

Beyschlag, Frz., Haideröschen. Nachgelassene Gedichte. 16. (X und 124 S.) Berlin 857, Rauh. geb.

Beyschlag, Frz., Haideröschen. Nachgelassene Gedichte. (Herausg. von Willib. Beyschlag.) 857. 1 ℳ. — (Neue Titelausg.) Berlin 858. Rauh. 16. (XI, 124 S.) 20 ngr

Beyschlag, Frz. (W. T.), Haideröschen. Nachgelassene Gedichte. 2. Aufl. 16. (X und 124 S.) Berlin 863, Rauh.

Beyschlag, Frz., Haideröschen. Nachgelassene Gedichte. 3. Aufl. 16. (XII, 124 S.) [Zeitz] Halle 879, Strien's Verlag. *
geb. mit Goldschn. *

Beyschlag, Franz Wilhelm Traugott. Die Berliner Catastrophe und ihre Ergebnisse für Deutschland. . . . Nebst Vor- und Nachwort. Frankfurt am Main 1848. V: [Vor- u. Nachwort]: *Beyschlag. Wilibald.* (BrMm)

Beyschlag, Friedrich: Die Anklage des Sokrates. Kritische Untersuchungen. 8 (58 S.).
Progr. Kgl. humanist. G. *Neustadt a. d. H.* 1900.
I. Favorinus und die Anklage. II. Xenophon und die Anklage. III. Platon und die Anklage. IV. Schanz und die Anklage.

Beyschlag, Friedrich, Gymnasialassist.: Die **Anklage** des Sokrates. Kritische Untersuchungen. *Neustadt a. d. H. 1900: W. Kranzbühler.* (58 S.) 8°
Neustadt a. d. H., k. humanist. G, P 1900*

Beyschlag, Frdr., Volkskunde u. Gymnasialunterricht. gr. 8. (46 S.) Leipzig 900. B. G. Teubner. n. — 80
Sonderabdruck aus: „Zeitschr. f. den deutschen Unterricht".

Beyschlag, Friedr., einige Worte zur Beleuchtung d. Schrift: Ueber die Zurückberufung des Baumeisters d. Ludwig-Kanales von dem Baue desselben u. dessen Versetzung in den Ruhestand. 2. Aufl. gr. 8. (1 ½ B.) München 844, Franz.

Beyschlag, Heinrich: Über die Einwirkung von Schwefel auf Meta-Toluylendiamin. 1908. VIII, 71 S. 8° ¶ Vgl. Berichte d. Deutschen Chem. Gesellschaft. Jg. 42. 1909.
München, Dr.-Ing.-Diss. v. 29. 7. 1908

Beyschlag J. F.: Dissertatio inaug. physico-medica de ebore fossili Svevico Halensi. Halæ Magd. 1734. 29 S.

Beyschlag, Robert
BEYSCHLAG, R., Frauenlob. Gestalten weiblicher Anmuth und Schönheit im Costüm verschiedener Jahrhunderte. 12 Pastellgemälde. München 1885. Fol. Orig.-Buchmappe. (Mk. 20—.) (10 Mk. H. Hugendubel, München, c. 1905.)
— — Dasselbe. . . . . Pastellgemälde. 14 prächtige Bildnisse in photogr. Schnellpressendruck. 4 Aufl. Ebd. 1889. Gr. Fol. Origcart. (Mk. 12—.) (5 Mk. Frdr. Klüber, München, 1906.)

Beyschlag, Rob., aus der Jugendzeit. 12 Photogr. nach Orig.-Gemälden. Fol. (1 Blatt Text.) München 892. Verlagsanstalt f. Kunst u. Wissenschaft. In Leinw.-Mappe. 30. — ; Kabinet-Ausg. 12. —

Beyschlag, R., s.: Schiller-Galerie.

Beyschlag, Rob. Willkommen! (12) Bilder aus dem Familienleben in Kpfrdr. nach Aquarell- u. Oelgemälden, nebst 1 Titelbilde in Chromograv. gr. Fol. (Mit 2 S. Text) Münch. 890, F. A. Ackermann. geb. m. Goldschn. 25 —

Beyschlag, Willibald

Beyschlag, Willib., z. Abhülfe geg. d. ultramontane Noth. E. Votum zu Graf Paul v. Hoensbroech's neuestem Buche: D. Ultramontanismus, s. Wesen u. s. Bekämpfg. [Aus: „Deutsch-evangel. Blätter".] 8. (33 S.) Halle 897. E. Strien. n. — 50

Beyschlag, Willib., Abschiedspredigt an die Schloßgemeinde in Karlsruhe gehalten am 23. September 1860. 1—3. Aufl. Karlsruhe 860. Gutsch. gr. 8. (15 S.) 2 ngr.

—— Alles ist euer; ihr aber seid Christi. Ein evangel. Zeugniß zur allgemeinen deutschen Schillerfeier. Predigt, am 20. nach Trin. 6. Nov. 1859 in der Schloßkirche zu Carlsruhe gehalten. gr. 8. (21 S.) Carlsruhe 859, Gutsch.

Beyschlag, Willibald, der Altkatholicismus. Eine Denk- und Schutzschrift an das evangel. Deutschland. 1.—3. Aufl. gr. 8. (VI, 66 S.) Halle 883, (Strien Verlag.) * 1 —

— zum Andenken an den verewigten Curator der Universität Halle-Wittenberg Dr. Carl Mor. v. Beurmann, geb. d. 28. Nov. 1802, gest. d. 29. Jan. 1870. Academische Gedächtnißrede, gehalten am 3. Febr. 1870. Halle, Barthel. 8. (11 S.) n. 2 ngr.

Beyschlag's (Willib.), Anklagen gegen den hochwürdigsten Bischof v. Trier. Zur Kennzeichng. der Friedensliebe u. Wahrheitsliebe des Evang. Bundes, s. Flugschriften, katholische, zu Wehr u. Lehr'.

Beyschlag, Willib. Die römisch-katholischen Ansprüche an die preußische Volksschule, s. Flugschriften d. Evangelischen Bundes.

Beyschlag, Willib., Artikel XV. der preußischen Verfassung u. die Frage der bindenden Vorschlagsliste. Ein Synodalreferat. Halle 870. Barthel. 8. (36 S.) n. 4 ngr.

— die Auferstehung Christi u. ihre neueste Bestreitung [in Straußens Leben Jesu fürs deutsche Volk.]. Vortrag, gehalten zu Stettin den 24. Janr. 1865. Berlin 865. Rauh. 16. (80 S.) 9 ngr.

Beyschlag, Willibald: Die Auslegung des IX. Kapitels im Brief an die Römer. (Berlin 1868: Krüger.) 24 S. 8° (4°)
Halle-Wittenberg, Oster-Progr. 1868

— üb. d. Ausspr. Jesu a. Petrus, Ev. Matth. 16, 17—19, s.a. Flugschriften d. Evang. Bundes.

[F.] Ueber die Aussprüche Jesu an Petrus Ev. Matth. 16, 17—19. Von Prof. D. Willibald **Beyschlag**. *Leipzig: C. Braun 1896.* (IV, 24 S.) 8.
= Flugschriften d. Evangel. Bundes. [No] 124. '(Reihe XI, 4.)' (96. 6554

—— die Bedeutung der neuen Kirchenordnung und der bevorstehenden Gemeindewahlen. Ein Vortrag zur Orientirung der Gemeinde auf Veranlassung des Vereins für kirchl. Zwecke in der Prov. Sachsen gehalten zu Halle den 24. Novbr. 1873. gr. 8. (15 S.) Berlin 873, Rauh.

Beyschlag, Willib., die Bedeutung der neuen Kirchenordnung u. der bevorstehenden Gemeindewahlen. Ein Vortrag zur Orientirg. der Gemeinde auf Veranlassg. d. Vereins f. kirchl. Zwecke in der Prov. Sachsen geh. zu Halle den 24. Novbr. 1873. gr. 8. (15 S.) Berlin 874. Rauh. — 15

— über die Bedeutung des Wunders im Christenthum. Vortrag gehalten im Evangel. Verein zu Berlin den 31. März 1862. 1. u. 2. Aufl. Berlin 862, 63. Rauh. 16. (36 S.) 6 ngr.

Das Bedürfniß einer engeren Verbindung der deutschen protestantischen Landeskirchen. Referat auf d. Jahreskonferenz d. Ev. Vereins in d. Prov. Sachsen von D. Willibald **Beyschlag**, Prof. Halle a. S.: Strien 1890. 14 S. 8° [Umschlagt.]
Aus: Deutsch-evang. Blätter. 1890, H. 7. A 12. 4187 9

Beyschlag, Willibald, evangelische Beiträge zu den alten u. neuen „Gesprächen üb. Staat u. Kirche." [Abdr. aus der Deutschen Zeitschrift f. christl. Wissenschaft u. christl. Leben.] gr. 8. (IV u. 83 S.) Berlin 852, Wiegandt & Grieben. n. 1/2 ngr

— Beleuchtung der Heidelberger Vorstellung und Agitation wider das neue Kirchenbuch. 3. mit einer Antwort auf das „Vorwort der Vorstellung" versehene Aufl. Karlsruhe 859. Gutsch. 8. (VIII, 16 S.) n. 1 ngr.

Beyschlag, Willib., Bescheid an den bischöfl. Seminarprofessor in Trier, Hrn. Einig, in Sachen meines offenen Briefes an Hrn. Bischof Korum. Allen wahrheitlieb. Katholiken u. Protestanten zur Prüfung vorgelegt. 1.—4. Taus. gr. 8. (44 S.) Leipzig 893. Buchh. des Evang. Bundes v. C. Braun. n. — 20

Beyschlag, Willibald, zur deutsch-christlichen Bildung. Gesammelte popular-theolog. Vorträge. gr. 8. (VII, 375 S.) Halle 880. Strien. n. 6. —; geb. n. 7. 20

Zur deutsch-christlichen Bildung. Popular-theolog. Vorträge von D. Willibald **Beyschlag**. 2. Aufl. in überwiegend neuer Auswahl. *Halle a. S.: E. Strien (1899).* (VI, 308 S.) 8° [F.] 99. 8963 5

Beyschlag, Willibald (Hrsg.), s. Blätter, Deutsch-evangelische.

— e. Blick i. d. jungdeutsche naturalist. Drama (H. Sudermann, G. Hauptmann) v. Standpunkt d. inn. Mission. Referat a. d. Thüring. Conferenz f. i. M. zu Weimar, 8. Mai 1895. 2. Aufl. 8. (32 S.) Halle 895. E. Strien. n. — 50

— Blüthenstrauß vom Lebenswege. Gesammelte Gedichte. 1. u. 2. Aufl. 12. (150 S.) Halle 893. E. Strien. Geb. in Leinw. n. 3. —

— d. Brief d. Jacobus, s.: Kommentar, kritisch exeget., üb. d. Neue Testament.

—— der Brief des Jacobus, s. a. Mayer, H. A. W., kritisch exegetischer Kommentar über das Neue Testament.

Der Brief des Jacobus, von der 4. Aufl. an bearb. v. Dr. Willibald **Beyschlag**, o. Prof. an d. Univ. Halle. 6. verb. Aufl. *Göttingen: Vandenhoeck & Ruprecht 1897.* (IV, 237 S.) 1 Bd 8.
= **Meyer**, Heinr. Aug. Wilh.: Krit.-exeget. Kommentar üb. d. Neue Testament. Abth. 15. (96. 4674

— offener Brief an den Hochwürdigsten Bischof v. Trier, Hrn. Korum. Allen wahrheitlieb. Katholiken u. Protestanten zur Prüfg. vorgelegt. 2. u. 3. Tausd. gr. 8. (45 S.) Leipzig 893. Buchh. d. Evang. Bundes v. C. Braun. n. — 30

— dass. 4—7. Taus. Mit e. Nachwort üb. d. seither. Gegenrede d. klerikalen Presse. 8° (52) Ebd. 93. — 30; m. d. „Bescheid an Hrn Dr. Einig" in 1 Hft — 50

— Christenlehre auf Grund des kleinen lutherischen Katechismus. Hülfsbuch zur Ertheilg. des Konfirmandenunterrichts u. zum Selbstunterricht v. Erwachsenen. 1. u. 2. unveränd. Aufl. gr. 8. (à VIII, 222 S.) Halle 900. 901. E. Strien. n. 3. 50; geb. in Leinw. n. 4. 50

— Christenlehre auf Grund des kleinen lutherischen Katechismus. Hilfsbuch zur Erteilg. des Konfirmandenunterrichts u. zum Selbstunterricht v. Erwachsenen. 3. unveränd. Aufl. (VIII, 222 S.) gr. 8. Halle 904. E. Strien. n. 3. 50; geb. in Leinw. n. 4. 50

— die Christologie des Neuen Testaments. Ein biblisch-theolog. Versuch. Berlin 866. Rauh. gr. 8. (XLIII, 260 S.) n. 1 ₰ 8 ngr

Beyschlag, Wilibaldus: De Cyprian [!] omago [!] et martyre Calderonicae tragoediae persona primaria dissertatio. Halis 1866: Hendel. S. 6—13. 8° (4°)
Halle-Wittenberg, Progr. z. akad. Preisverteilung 1866

Deutschland im Laufe des neunzehnten Jahrhunderts. Akad. Gedenkrede, geh. ... am 12. Jan. 1900 von Willibald Beyschlag. *Halle a. S.: E. Strien 1900.* (10 S.) 8° [Umschlagt. J.]

Beyschlag, Wilibaldus: De ecclesiae Corinthiac factione Christina. Halis 1861: Hendel. 22 S. 8° (4°)
Halle-Wittenberg, Theol. [Nostrifik.-Abdlg und] Antr.-Progr. pro loco als ord. Prof. v. 18. Juli 1861

— die Einsetzung d. heiligen Abendmahls. Vortrag geh. zu Bremen am 10. März 1871. gr. 8. (24 S.) Bremen 871. Müller's Verl. n. — 50

— dasselbe, s.: Vorträge, zeitgeschichtliche.

— vaterländisch-kirchliche Erinnerungen aus Trier. Ein protestantisch-patriot. Promemoria zur Trierer Rockausstellg. v. 1891. gr. 8. (31 S.) Ebd. 891. n. — 50

—— Erinnerungen an Albrecht Wolters. Mit dem (photogr.) Bildniß des Verewigten und einer Auswahl seiner Gedichte. 8. (XVI, 351 S.) Ebendas. 880. *ℳ 5,50.; geb. * 6 75

—— Erkenntnißpfade zu Christo. Auswahl academ. Predigten gr. 8. (III, 236 S.) [Berlin 877, Rauh.] Halle, Strien's Verlag. *

—— Erkenntnißpfade zu Christo. 1. u. 2. Sammlg. Auswahl, resp. Nachlese academ. Predigten. gr. 8. Ebd. 889. [1. Sammlg. 2. Aufl. (IV, 244 S.) * 2 80; 2. Sammlg. (VIII, 198 S.) * 2 40.] * 5 20

Erkenntnispfade zu Christo. Von Willibald Beyschlag. 3. Aufl. Sammlung 1. *Halle a. S.: E. Strien 1902.* 8° [J.]

—— Göthe's Faust in seinem Verhältniß zum Christenthum. Vortrag, gehalten in Brandenburg und Potsdam am 22./23. Octbr. 1877. 16. (37 S.) [Berlin 877, Rauh.] Halle, Strien's Verlag. *

—— Festpredigt, s. Felgenträger, W.

Zwei Akademische Festreden von Willibald Beyschlag. *Halle a. S.: E. Strien [1902].* (41 S.) 8° [J.]

—— zur Johanneischen Frage. Beiträge zur Würdigung des vierten Evangeliums gegenüber den Angriffen der krit. Schule. [Erweiterter Separ.-Abdr. aus: „Theolog. Studien und Kritiken".] gr. 8. (XVI, 260 S.) Gotha 876, F. A. Perthes. *

—— und Thdr. Frhr. v. der Goltz, die sociale Frage im Lichte des evangelischen Christenthums. Referat und Correferat, erstattet auf der Generalversammlung der Evangel. Vereine Magdeburg den 8. Octbr. 1878. gr. 8. (40 S.) [Zeitz] Halle 878, Strien's Verlag. *
Aus: Deutsch-evangelische Blätter, besonders abgedruckt.

— die Frage e. „Vereinigung der deutsch-evangelischen Landeskirchen zur Wahrnehmung ihrer gemeinsamen Interessen" auf der Prov.-Synode der Prov. Sachsen. Synodalrede am 28. X. 1899. gr. 8. (8 S.) Halle 899. E. Strien. n. — 30
Sonderabdruck aus: „Deutsch-evangel. Blätter".

—— die größere Freiheit der evangelischen Kirche nach römischem Muster. Ein Warnungswort an das protestant. Preußen. 1.—3. Aufl. gr. 8. (18 S.) Halle 886, Strien.
Aus: Deutsch-evangel. Blätter, besonders abgedruckt.

—— der Friedensschluß zwischen Deutschland und Rom, s. Flugschriften des Evangelischen Bundes.

— s.: Für die Feste u. Freunde d. Gustav-Adolf-Vereins.

—— Gedächtnißpredigt auf weil. Se. Maj. Kaiser und König Friedrich, gehalten in dem feierl. Trauergottesdienst der Universität Halle-Wittenberg 1. Juli 1888. 8. (10 S.) Halle 888, Strien.

Beyschlag, W[illibald]: Die Gedenkfeier der fünfzigjährigen Vereinigung von Halle-Wittenberg am 20. und 21. Juni 1867. Festbericht im Auftrag des academischen Senates erstattet. Halle: Waisenhaus 1867. 58 S. 4°

—— d. Gedenkfeier d. 50jähr. Vereinigg v. Halle-Wittenberg am 20. u. 21. Juni 1867. 4. (58) Halle 68, Bh. d. Wais. n. — 10

— gehören die Jesuiten ins Deutsche Reich? Ein Beitrag zur Tagesfrage. 1.—3. Aufl. [Aus: „Deutsches Wochenblatt".] gr. 8. (62 S.) Berlin 891. H. Walther. n. 1. —

Gehören die Jesuiten ins Deutsche Reich? Ein Beitrag z. Tagesfrage. Von D. Willibald Beyschlag, weil. Prof. 4. Aufl. Berlin: H. Walther 1903. (70 S.) 8° [J.]

—— die christliche Gemeindeverfassung im Zeitalter des neuen Testaments. Von der Teyler'schen theolog. Gesellschaft gekrönte Preisschrift. gr. 8. (XI, 112 S.) Haarlem 874. (Leipzig, Richter und Harrassowitz.) *

—— und Köstlin, die außerordentliche Generalsynode der evangelischen Landeskirche in Preußen. Referat und Correferat. gr. 8. (56 S.) Halle 876, Pfeffer. *
Aus: Mittheilungen des evangelischen Vereins in der Provinz Sachsen, besonders abgedruckt.

— die erste ordentliche Generalsynode der altpreußischen Landeskirche. Ein Rechenschaftsbericht aus dem Kreise der „Evangel. Vereinigung". [Aus: „Deutsch-evangel. Blätter".] gr. 8. (44 S.) Ebend. 880. n. 1. —

Beyschlag, Willibald: Die Gleichnissreden Jesu Matth. 9, 14—17, Marc. 2, 18 bis 22, Luc. 5, 33—39 kritisch, exegetisch und biblisch-theologisch erörtert. Halle: Waisenhaus 1875. 32 S. 8°
Halle-Wittenberg. Oster-Progr. 1875

—— Godofred. Ein Märchen fürs deut. Haus. 2. Afl. 8. (61 m. Portr.) Ebd. 86. geb. m. G. n. 2. 50

—— Godofred. Ein Märchen fürs deutsche Haus. 8. (III, 61 S. mit dem Bildniß des Verf.) Ebendas. 888. geb. mit Goldschn. *

—— Godofred. Ein Märchen fürs deutsche Haus. Mit dem Bildniß d. Verf. 2. Aufl. 8. (61 S.) Ebd. 889. geb. m. Goldschn. * 2 50

Godofred. Ein Märchen fürs deutsche Haus, erzählt von Willibald Beyschlag. Mit d. Bildn. d. Verf. 4. Aufl. *Halle a. S.: E. Strien [1897].* (64 S.) 8° [J.]

— Griechenthum u. Christenthum in ihrer ersten Wechselwirkung. — Die ersten deutschen Christen. Zwei Vorträge zur Einführg. in das Verständniß d. 1. Korinther- u. d. Galaterbriefes. gr. 16. (79 S.) Berlin 879. Rauh. n. 1. —

—— Griechenthum und Christenthum in ihrer ersten Wechselwirkung. — Die ersten deutschen Christen. Zwei Vorträge zur Einführung in das Verständniß des ersten Korinther- und des Galaterbriefes. gr. 16. (79 S.) [Berlin 879, Rauh.] Halle, Strien's Verlag. *

— der Gustavadolfsverein im ersten Vierteljahrhundert seines Bestehens, s. Geistliches u. Weltliches zur Gustav-Adolf-Stiftung.

Hat der Apostel Paulus die Heidengötter für Dämonen gehalten? Osterprogr. d. Univ. Halle-Wittenberg verf. v. D. Willibald Beyschlag, o. Prof. d. Theol. u. d. Z. Rector d. Univ. Halle a. S., E. Strien, 1894; 22 S. 8.

—— Luthers Hausstand in seiner reformatorischen Bedeutung. 12. (39 S.) Barmen 888, Klein. *

— i. Herzpunkt d. deutschen Vaterlandes, s.: Deutsch-Evangelisch.

— die Hohenzollern in der deutsch-protestantischen Kirchengeschichte. Akademische Festrede, gehalten am Geburtstage des Königs. Berlin 869. Rauh. 16. (24 S.) n. 4 ngr.

— „Ich lebe, u. ihr sollt auch leben", s.a. Predigt-Hausschatz, evangelischer. Nr. 11.

[F.] 'Ich lebe, und ihr sollt auch leben'. Ev.-Joh. 14, 19. Osterpred., geh. in d. deutsch-evangel. Gastkapelle zu Lugano 17. April 1892 v. D. W[illibald] Beyschlag, Prof. ... in Halle. *Halle a. S.: E. Strien [1899].* (16 S.) 1 Bd 8.
= Predigt-Hausschatz, Evangelischer. No 11. [99. 1745

Das zweihundertjährige Jubiläum der Universität Halle-Wittenberg. Festbericht erstattet im Auftrag d. academ. Senates v. d. Prorector Prof. D. *Willibald* **Beyschlag.** Halle '(Saale)', Gebauer-Schwetschke'sche Buchdr., 1895; 1 Bl., 139 S., 1 Bl. 4.

— d. 200jähr. Jubiläum d. Universität Halle-Wittenberg. Festber., erstatt. i. Auftr. d. academ. Senates. gr. 4. (66 S.) Halle 895. (M. Niemeyer.) n. 1. —

(Beyschlag, Willibald.) Die berliner Catastrophe und ihre Ergebnisse für Deutschland. Zwei vom frankfurter Journal zurückgewiesene Berichte aus Berlin, nebst Vor- und Nachwort. Frankfurt a. M., H. Zimmer 1848. 24 S. 8.

— die evangelische Kirche als Bundesgenossin wider die Socialdemokratie. [Aus: „Deutsches Wochenblatt".] gr. 8. (30 S.) Berlin 890. Walther & Apolant. n. — 50
Vgl.: Sammlung theolog. u. sozialer Reden u. Abhandlgn. II. Serie, 9. Lfg.

—— das Königswort d. Auferstandenen an das deutsche Volk dieser Tage. Predigt über Ev. Matth. 28, 16—20, gehalten am Sonntag Mis. dom. 1859. 8. (16 S.) Carlsruhe 859, Gutsch.

— zur Kritik der neuen Agende. [Aus: „Deutsch-evangel. Blätter".] gr. 8. (62 S.) Halle 894. E. Strien. n. 1. —

— der große Kurfürst als evangelischer Character. 8. (62 S.) Ebd. 893. n. — 80

—— aus dem Leben eines Frühvollendeten, des evangel. Pfarrers Franz Wilhelm Traugott Beyschlag. Ein christl. Lebensbild aus der Gegenwart. 2 Thle. 1. Aufl. 1858,59. (XV und 611 S. mit lithogr. Porträt.) 2 Thlr. 15 Ngr. und 2. Aufl. br. 8. (X und 614 S.) Berlin 861. 62, Rauh.

—— aus dem Leben eines Frühvollendeten, des evangelischen Pfarrers Franz Beyschlag. Ein christl. Lebensbild aus der Gegenwart. 2 Thle. 3. Aufl. 1863,64. und 4., unveränd. Aufl. br. 8. (X und 826 S., 288 S.) Berlin 867, Rauh.

Beyschlag, Willib., aus dem Leben eines Frühvollendeten, des evangel. Pfarrers Franz Beyschlag. Ein christl. Lebensbild aus der Gegenwart. 2 Thle. 5. unveränd. (Titel-)Aufl. 8. (VIII, 326; 288 S.) [Zeitz] Halle 879, Strien's Verlag. geb. in 1 Bd. *

Beyschlag, Willib., aus dem Leben eines Frühvollendeten, des evangelischen Pfarrers Franz Beyschlag. 6. Aufl. 8. (VIII, 476 S.) Halle 888, Strien Verlag. *
geb. *

— aus dem Leben e. Frühvollendeten, d. evangel. Pfarrers Franz Beyschlag. Ein christl. Lebensbild aus der Gegenwart. 6., unveränd. Aufl. 8. (VIII, 476 S.) Halle 889. Strien. n. 6. —; geb. n. 7. —

— a. d. Leben e. Frühvollendeten, d. evangel. Pfarrers Franz Beyschlag. E. christl. Lebensbild a. d. früh. Zeiten d. Jahrhunderts. 7., unveränd. Aufl. gr. 8. (VIII, 477 S) Halle 895. E. Strien. n. 6. —; geb. in Leinw. n. 7. —

—— d. Leben Jesu. 1., untersuch. Thl. 8. (451) Ebd. 85. n. 9. —

—— dass. 2., darstell. Thl. (In 5—6 Lfgn.) 1. Lfg. 8. (80) Ebd. 85. n. 1. 50

— — d. Leben Jesu. 2. darstell. Thl. 2—6. (Schl.-)Lfg. (81—495) Ebd. 86. à n. 1. 50 (cplt.: n. 18. —)

—— das Leben Jesu. 2 Thle. gr. 8. Ebendas. *
Inhalt:
Thl. 1. Untersuchender Theil. 1. Aufl. (VII, 451 S.) 885; 2. Aufl. (XXXI, 464 S.) 887. *ℳ 9.—.
" 2. Darstellender Theil. 1. Aufl. 6 Lfgn. (495 S.) 885. à Lfg. *ℳ 1.50.; 2. Aufl. (508 S.) 888. *ℳ 9.—.

— das Leben Jesu. 2 Thle. 3. Aufl. gr. 8. Ebd. 893. à n. 9. —; cplt. geb.: n. 21. —
1. Untersuchender Thl. (XLIII, 482 S.)
2. Darstellender Thl. (509 S.)

Das Leben Jesu von Willibald Beyschlag. 4. Aufl. Th. 1. 2. *Halle a. S.: E. Strien 1901–02.* 2 Bde 8° [F.]
1. Untersuchender Th. 1902. 2. Darstellender Th. 1901. [01. 13308 11

Beyschlag, Willib.: Das Leben Jesu. 2.Tl. 5.Afl. (508) gr8° Gross-Salze, E Strien '12. 9 — d

Beyschlag, Willib., über das „Leben Jesu" von Renan. Vortrag, gehalten zu Halle a. S. den 13. Januar 1864. 1. u. 2. unveränd. Aufl. Berlin, Rauh. 16. (60 S.) 9 ngr.

[F.] Aus meinem Leben. Von Willibald Beyschlag. Th. [1.] 2. *Halle a. S.: E. Strien 1896—99.* 2 Bde 8.
[1.] Erinnerungen u. Erfahrungen d. jüngeren Jahre. 1896. (VIII, 558 S., 1 Bl.)
2. Erinnergn ... d. reiferen Jahre. 1899. (VIII, 722 S., 1 Bl.) [99. 1996

—— das Mahnwort der Reformationszeit an die unsere. Akademische Predigt über Gal. III. 3. gr. 16. (24 S.) Halle 868, Barthel. *

— Philipp Melanchthon. Eine kirchengeschichtliche Skizze. (Aus dem Evangel. Kirchen- und Volksblatt für Baden abgedr.) Karlsruhe 860. Gutsch. gr. 8. (89 S.) n. 10 ngr.

— Philipp Melanchthon u. s. Antheil a. d. deutschen Reformation. Festschr. z. 400jähr. Geburtstag d. Reformators. 1.—3. Aufl. 8. (III, 82 S. m. 1 Bildn.) Freiburg i/Br. 897. P. Waetzel. n. 1. —

—— Lessings Nathan der Weise und das positive Christenthum. Vortrag, gehalten zu Halle a. S. den 5. März 1863. 16. (33 S.) Berlin 863, Rauh.

— Karl Immanuel Nitzsch. Eine Lichtgestalt der neueren deutsch-evangel. Kirchengeschichte. gr. 8. (IX, 471 S. m. 1 Steintaf.) Berlin 872. Rauh. n. 8. —

— Karl Immanuel Nitzsch, eine Lichtgestalt der neueren deutsch-evangel. Kirchengeschichte. 2. wohlf. (Titel-)Ausg. gr. 8. (XVIII, 471 S. m. Portr. in Stahlst.) Ebend. (1872) 882. n. 6. —

—— die Offenbarung Johannis. Vortrag gehalten zu Magdeburg und Halle im Jan. 1876. gr. 16. (48 S.) [Berlin 876, Rauh.] Halle, Strien's Verlag. *

—— das preußische Paritätsprincip. Eine kirchenpolit. Zeitfrage. gr. 8. (53 S.) Halle 886, Strien. *

Beyschlag, Willib., Predigt, s. Verhandlungen der 23. Versammlung des brandenb. Vereins d. Gustav-Adolph-Stiftung.

—— Predigt gehalten bei der kirchlichen Eröffnungsfeier der Ständeversammlung 19. Novbr. 1857. gr. 8. (12 S.) Carlsruhe 857, Gutsch. *

— Predigt über Psalm 127, gehalten in Karlsruhe am 5. S. nach Trinit., im Dankgottesdienst für die Geburt des Erbprinzen. Karlsruhe 857. Gutsch. gr. 8. (16 S.) n. 2 ngr.

— Academische Predigten. Berlin 1867. 8.

Beyschlag, Willib., akademische Predigten. 2. Aufl. gr. 8. (V, 167 S.) Halle 892. E. Strien. n. 2. —

——, Baur und Rüling, 3 Predigten bei der 20. Hauptversammlung des evangelischen Vereins der Gustav-Adolf-Stiftung in Lübeck am 1., 2. und 3. Septbr. 1863, gehalten. gr. 8. (41 S.) Lübeck 863, v. Rohden'sche Buchh. *

—— evangelische Predigten. 3. Sammlung. A. u. d. T.: Academische Predigten. gr. 8. (XI und 170 S.) Berlin 867, Rauh. *

— evangelische Predigten. 3. Sammlung. A. u. d. T.: Academische Predigten. Berlin 868. Rauh. gr. 8. (XI, 170 S.) n. 20 ngr.

—— evangelische Predigten aus siebenjähriger Amtsführung in der rheinpreußischen Kirche. 1. Sammlung. gr. 8. (VIII und 189 S.) Berlin 858, Rauh. *

—— evangelische Predigten aus 7jähriger Amtsführung in der rheinpreußischen Kirche. 1. Sammlung. 2. Aufl. gr. 8. (VIII und 192 S.) Berlin 863, Rauh. *

— evangelische Predigten aus siebenjähriger Amtsführung in der rheinpreußischen Kirche. [1. Sammlung.] 3. Aufl. gr. 8. (VIII, 189 S.) Ebend. 882. n. 2. —

— evangelische Predigten aus siebenjähriger Amtsführung in der rheinpreußischen Kirche. 4. Aufl. gr. 8. (VIII, 189 S.) Ebd. 892. n. 2. —

—— evangelische Predigten aus der Schloßkirche zu Carlsruhe. 2. Sammlung. gr. 8. (VII und 224 S.) Berlin 861, Rauh. *

—— evangelische Predigten aus der Schloßkirche zu Karlsruhe. (2. Sammlung.) 2. Aufl. gr. 8. (VIII und 224 S.) Berlin 864, Rauh. *

— evangelische Predigten aus der Schloßkirche zu Karlsruhe. [2. Sammlg.] 3. Aufl. gr. 8. (VIII, 221 S.) Ebend. 884. n. 2. —

— evangelische Predigten aus der Schloßkirche zu Karlsruhe. 4. Aufl. gr. 8. (VII, 233 S.) Ebd. 893. n. 2. —

— Protestantismus u. Volksschule, s. a. Flugschriften d. Evang. Bundes.

[F.] Protestantismus und Volksschule. Vortr. geh. . . . v. Prof. D. (Willibald) Beyschlag, Halle a. S. *Leipzig: C. Braun 1896.* (28 S.) 8. = Flugschriften d. Evangel. Bundes. [No] 127. '(Reihe XI, 7.)' [96. 7149

—— Rede im Wartburghofe, s. Flugschriften des Evangelischen Bundes.

Beyschlag, Willib., und Leuschner, Reden in der Erfurter Vor-Conferenz des Evangelischen Bundes, 5. Oktbr. 1886. gr. 8. (16 S.) Halle 888, Strien.

—— Reformation u. soziale Frage. Vortrag. gr. 8. (27 S.) Lpz. 890, Buchh. d. Evangel. Bundes v. C. Braun. * — 25

—— dass. — s. Flugschriften des Evangelischen Bundes.

—— die Reformation in Italien, s. Für die Feste und Freunde des Gustav-Adolf-Vereins.

— das deutsche Reich u. das vaticanische Concil. Zur Kennzeichng. unserer inneren Lage. Vortrag, geh. im Evangel. Bunde zu Frankfurt a/M. u. Karlsruhe, 11. u. 13. März 1893. gr. 8. (21 S.) Ebd. 893. — 30

Bischof D. Reinkens und der deutsche Altkatholizismus. Von D. Willibald Beyschlag, Prof. Berlin: H. Walther 1896. (21 S.) 8° [F.]
Aus: Deutsches Wochenblatt [96. 7711

—— die Religion und die moderne Gesellschaft. 8. (43 S.) Halle 887, Strien. *

—— Schleiermacher als politischer Charakter. Rede, gehalten beim Antritt des Rectorats der Universität Halle-Wittenberg den 12. Juli 1866. 16. (40 S.) Berlin 866, Rauh.

— Sei wacker und stärke das Andere, das sterben will! Predigt über Offenbarg. Joh. 3, 1—6, gehalten bei der Hauptversammlung des Gustav-Adolphs-Vereins der Provinz Sachsen zu Nordhausen den 13. August 1862. Nordhausen, Haacke in Comm. gr. 8. (16 S.) n. 2½ ngr.

—— ein antiker Spiegel für den „neuen Glauben" von D. Fr. Strauß. Vortrag gehalten zu Erfurt und Halle im März 1873. 16. (44 S.) Berlin 873, Rauh.

Beyschlag, Wilibaldus: De ecclesiae Romanae statu quem Pauli epistola respicit dissertatio. Halis 1862: Hendel. 22 S. 8° (4°)
Halle-Wittenberg. Oster-Progr. 1862
[Zwischent.:] Qualem ecclesiae Romanae statum respiciat Pauli apostoli ad Romanos epistola.

— über die Sündlosigkeit u. menschliche Entwickelung Jesu, s.: Vorträge, wissenschaftliche, über religiöse Fragen.

—— die paulinische Theodicee Römer IX—XI. Ein Beitrag zur bibl. Theologie. gr. 8. (VI, 79 S.) Berlin 869, Rauh. *

[F.] Die paulinische Theodicee Römer IX—XI. E. Beitr. z. bibl. Theol. v. D. Willibald Beyschlag, ord. Prof. . . . zu Halle. 2. Aufl. *Halle a. S.: E. Strien (1895).* (IV, 85 S.) 1 Bd 8. [96. 3526

-- d. paulin. Theodicee Römer IX—XI. E. Beitrag z. bibl. Theologie. 2. Aufl. gr. 8. (IV, 85 S.) Halle 896. E. Strien. n. 1. 50

—— Neutestamentliche Theologie oder geschichtl. Darstellg. der Lehren Jesu u. d. Urchristenthums nach den neutestamentl. Quellen. 2 Bde. gr. 8. Halle, Strien. [1. Bd. (VIII, 410 S.) 891. * 8 —; 2. Bd. (III, 540 S.) 892. * 10 —.] * 18 —; geb. * 21 —

[F.] Neutestamentliche Theologie oder Geschichtl. Darstellg d. Lehren Jesu u. d. Urchristenthums nach d. neutestament. Quellen. Von D. Willibald Beyschlag, o. Prof. . . . zu Halle. 2. Aufl. In 2 Bdn. Bd 1. 2. (In 10 Heften.) *Halle: E. Strien 18(95.) 96.* 2 Bde 8.
1. (XXIII, 420 S.) 2. (VIII, 552 S.) [96. 7045

—— über echte und falsche Toleranz. Vortrag, gehalten auf der zweiten Generalversammlung des Evangel. Bundes Duisburg, 13. August 1888. 1.—3. Tausend. gr. 8. (15 S.) Ebendas. 888.

— Unser Trost in der kommenden Kriegsnoth. Unsre Siegeshoffnung im vaterländischen Kampfe. Zwei Predigten, gehalten im academ. Gottesdienst zu Halle am 17. u. 31. Juli 1870. Halle, Barthel. 16. (33 S.) n. 6 ngr.

— D. Carl Ullmann. Blätter der Erinnerung. Lebensbild. Eigenhändige Denkschrift über seinen Antheil an der Regierung der evangel. Kirche Badens. [Abdr. aus d. „Theolog. Studien u. Kritiken."] Gotha 867. F. A. Perthes. gr. 8. (III, 179 S.) n. 24 ngr.

—— zur Verständigung über den christlichen Vorsehungsglauben. 8. (VI, 114 S.) Ebendas. 888. *

Beyschlag, W., zur Verständigung über den christlichen Vorsehungsglauben. 8. (VII, 114 S.) Halle 889. Strien. n. 1. 60

— gegen die neue Volksschulgesetz-Vorlage. [Aus: „Deutsches Wochenblatt".] 1. u. 2. Aufl. gr. 8. (15 S.) Berlin 892. H. Walther. n. —. 40

— dasselbe. Erweit. Sonderabdr. aus dem „Deutschen Wochenblatte". 3.—5. Aufl. gr. 8. (18 S.) Ebd. 892. n. — 40

[Umschlagt.:] [F.] Das Vorsehungsvolle in Luthers Sendung. Vortr. geh. am . . . 9. Nov. 1894 im Ev. Bunde zu Berlin v. D. Willibald Beyschlag, Prof. in Halle. *Berlin: F. Rühe 1895.* (8 S.) 1 Bd 8. (Flugschriften d. Berliner Zweigvereins d. Evangel. Bundes.) [96. 435

— was ist Rom gegenüber der evangelische Christ seiner Kirche u. seinem Vaterlande schuldig? Vortrag, geh. zu Berlin am 25. Octbr. 1882 auf der Conferenz der landeskirchl. evangel. Vereinigung. 1—3. unveränd. Abdr. gr. 8. (28 S.) Ebend. 882. n. — 40

— welche Entwickelung hat das Verhältniß v. Staat u. Kirche in Preußen im 19. Jahrh. genommen u. welcher Verbesserungen ist es fähig u. bedürftig? Referat auf der diesjähr. Conferenz der landeskirchl. evang. Vereinigg. 1.—4. Aufl. gr. 8. (25 S.) Halle 891. E. Strien. n. — 40

— welchen Gewinn hat die evangelische Kirche aus den neuesten Verhandlungen über das Leben Jesu zu ziehen? Vortrag, gehalten auf dem deutsch-evangel. Kirchentag zu Altenburg, den 13. Septbr. 1864. 16. (VII und 51 S.) Berlin 864, Rauh.

— Woran fehlt's uns gläubigen Predigern, um in weiterem Umfang geistliches Leben zu wecken? Vortrag vor der Versammlung evangel. Christen aus allen Ländern in der königl. Garnisonkirche zu Berlin im Septbr. 1857 gehalten. gr. 8. (XXIII und 26 S.) Berlin 858, Rauh. *
Aus den Verhandlungen abgedruckt und mit einem Vorwort über erfahrene Angriffe versehen.

— woran fehlt's uns gläubigen Predigern, um in weiterem Umfange geistliches Leben zu wecken? Vortrag, vor der Versammlung evangel. Christen aus allen Ländern zu Berlin gehalten. 2. Aufl. (Mit einem Vorwort über erfahrene Angriffe versehen.) 16. (76 S.) Berlin 864, Rauh.

— ein politisches Wort aus dem Munde Jesu. Vortrag gehalten zu Magdeburg und Halle am 30. 31. März 1870. 16. (36 S.) Berlin 870, Rauh.

— zur Würdigung der Einig'schen „Zweiten Antwort" in Sachen meines „Offenen Briefes". 1. u. 2. Aufl. gr. 8. (32 S.) Leipzig 894. Buchh. d. Ev. Bundes v. C. Braun. n. — 20; m. dem „Bescheid an Hrn. Einig" in 1 Hft. n. — 40

Beyse: Goldene Schatzkammer, s. Beyse, J.

Beyse, A. W., s. a. Beise, A. W.

Beyse, A. W., Beiträge zum pract. Eisenbahnbau, nebst ein. Methode: hohe Dämme u. tiefe Einschnitte zu erbauen, so wie Erfahrn. bei engl., amerikan., belg. u. deutschen Eisenbahnen. 2 Thle. gr. 4. Karlsruhe, Macklot. [1. (13¾ B. u. 5 Stnt.) 840. 1½ Thlr., 2. (20¾ B. u. 20 Stnt.) 841. 5 Thlr.]
Thl. 2. enth.: Tunnelarbeiten in England, Frankreich, Belgien u. Deutschland, nebst einigen Bemerkn. üb. Schienen, Schienenstühle ꝛc.

Beyse, A. W., Beiträge zum prakt. Eisenbahnbau. 2. Thl. Tunnelarbeiten in England, Frankreich, Belgien u. Deutschland, nebst einigen Bemerkk. über Schienen, Schienenstühle, Querschwellen, Würfel ꝛc. Mit 20 Steindrucktaf. gr. 4. Karlsruhe 841, Macklot. 5 ₰ (1. 2.: 6½ ₰) — 3. Thl. 3 Hfte. 1. 2. Mit 36 Steindruckt. gr. 4. Ebd. 844. 10½ ₰

— Beschreibung d. Eisenbahnbaues auf Pfählen nach dem Schnellbausystem in Amerika, dessen Bauzeit u. Kosten im Vergleich mit der bis jetzt in Europa befolgten Bauweise sehr geringe sind. Mit e. Zeichn. u. Beschreib. d. zu diesem Schnellbau angewandten Dampframmmaschine (in ½ kl. Fol.) Nebst Bemerkgn. über Eisenbahnen in Europa verglichen mit jenen in Amerika. gr. 4. (3 B.) Karlsruhe 842, Macklot.

Beyse, A. W., unpartheiische Beurtheilung der letzten Schrift des Herrn David Hansemann üb. die Ausführung der Preuß. Eisenbahnen. gr. 8. Köln 843. (Dunst.) ⅓ ₰

Beyse, A. W., neueste Erfahrungen im Eisenbahnwesen. 3 Hefte. Carlsruhe. 1844. 4. 4⅔ Thlr.

Beyse, *Gustav* [Dr.]: Schul-Flora von Bochum. 1. Tl. Bochum, Druck v. W. Stumpf, 1894; 2 Bl., 57 S. 8.
Bochum, st. OR, P 1894 (380)

Beyse, *Gustav* [Dr.]: Schul-Flora von Bochum. 2. Tl. [Forts. d. P-Beil. 1894.] Bochum, Druck v. W. Stumpf, 1896; 1 Bl., 57—113 S. 8.
Bochum, st. OR, P 1896 (380)

Beyse, (Gustav): Der chemische Unterricht in den oberen Klassen der Oberrealschule. Der biologische Unterricht in den oberen Klassen der Oberrealschule. Bochum 1910: Stumpf. S. 21. 4°
Bochum, st. OR P 1910 (511) [S 10. 27

Beyse, Gust., Untersuchungen über den anatomischen Bau u. das mechanische Princip im Aufbau einiger Arten der Gattung Impatiens. Mit 4 (lith.) Taf. [Aus: „Nova Acta d. ksl. Leop.-Carol.-deutschen Akad. d. Naturforscher".] gr. 4. (63 S.) Halle 881. Leipzig, Engelmann in Comm. n. 8. —

Beyse, H., Katechismus der Kellerwirthschaft für Weinproducenten, Weinhändler und Weinwirthe. Vierte Auflage, gänzlich neu bearbeitet von Antonio dal Piaz. 8. (XI, 126 S.) Gebdn. Wien: Hartleben 1892. 1.—

Beyse, J., Handbuch der gesammten Land- und Hauswirthschaft nach den neuesten Fortschritten, Erfahrungen und Verbesserungen. Mit zahlreichen in den Text gedr. Holzschn. nach Orig.-Zeichngn. des Verf. 4 Abthlgn. Wien 863, 64. Hartleben. gr. 8. 6 ₰ 15 ngr.
1. Abth.: Die vollkommenste Landwirthschaft, dann die landwirthschaftl. Geräthe u. Maschinen, sowie Fruchtkasten, Kukuruzgóre, Fruchtgruben in Ungarn; nebst einem Anh.: Der Ankauf von Grund und Boden in Ungarn. (VIII, 199 S.) 1 ₰ 7½ ngr.
2. Abth.: Reichthumsquelle des Landwirths durch rationelle Viehzucht; nebst einem Anh.: kurzgefaßte, populäre Thierarzneikunde nach allopath. u. homöopath. Behandlungsweise. (VII, 402 S.) 2 ₰ 15 ngr.
3. Abth.: Die Lehre vom Weinbau, dann von den Wiesen und Weiden. Die populäre Feldmeßkunst. (VII, 198 S.) 1 ₰ 7½ ngr.
4. Abth.: Die eigentliche Hauswirthschaft. 200 neue Erwerbsquellen mit einem Kapital von 100 Gulden angefangen; darunter viele neue Erwerbsquellen für das Frauengeschlecht. Populäre Belehrung über die Verfälschung von Nahrungsmitteln u. Getränken. Die landwirthschaftl. Gewerbe. (VIII, 274 S.) 1 ₰ 15 ngr.

— s. Hellenthal's, K. A., Hilfsbuch für Weinbesitzer.

Beyse, J., Katechismus der Kellerwirthschaft für Weinproduzenten, Weinhändler u. Weinwirthe. Nach langjährigen Erfahrungen in den vorzüglichsten Weinländern, mit besond. Berücksichtigung der französ. Kellerwirthschaft, praktisch u. leichtverständlich zusammengestellt. Wien 866. Hartleben. 8. (VIII, 128 S.) 12 ngr.

Beyse, J., Katechismus der Kellerwirthschaft f. Weinproduzenten, Weinhändler u. Weinwirthe. Nach langjährg. Erfahrgn. in den vorzüglichsten Weinländern, m. besond. Berücksicht. der französ. Kellerwirthschaft praktisch u. leichtverständlich zusammengestellt. 2., vollkommen verb. u. verm. Aufl. 8. (VIII, 170 S.) Wien 872. Hartleben. 1. 50

Beyse, J., Katechismus der Kellerwirthschaft für Weinproducenten, Weinhändler u. Weinwirthe. Nach langjähr. Erfahrungen in den vorzüglichsten Weinländern, mit besond. Berücksicht. der französ. Kellerwirthschaft u. der neuesten wissenschaftl. Erfahrungen praktisch u. leichtverständlich zusammengestellt. 3., vollkommen verb. u. verm. Aufl. 8. (VIII, 173 S.) Wien 880. Hartleben. cart. n. 1. 50

Beyse, J., Katechismus der Kellerwirthschaft f. Weinproducenten, Weinhändler u. Weinwirthe. 4. Aufl., gänzlich neu bearb. v. Antonio dal Piaz. 12. (XI, 126 S.) Wien 893. A. Hartleben. Geb. in Leinw. n. 1. 80

Beyse, J., Katechismus der Kellerwirtschaft f. Weinproduzenten, Weinhändler u. Weinwirte. 5. Aufl., gänzlich neu bearb. v. Antonio dal Piaz. (VIII, 160 S.) 8. Wien 910. A. Hartleben. 2. —

Beyse, J., Kellerbüchlein des wohlerfahrenen Weinwirthes unserer Zeit, welches leichtfaßlich und praktisch lehrt, wie man jeden leichten Wein zu einem vorzüglichen Mittelwein, jeden Mittelwein nach Belieben zu einem feinen Dessertwein auf naturgemäße Art und Weise umgestaltet, wie man gesunde Weine erzieht und sie gesund erhält ꝛc. Alles nach den Fortschritten der Chemie und der Weinkellerei bis in die neueste Zeit, nebst nützl. und neuen Unterweisungen aus der Kellerwirthschaft. 8. (IV und 104 S. mit in den Text gedr. Holzschn.) Wien 861, Hartleben's Verlags-Expedition. Thlr.

Beyse, J., Kellerbüchlein des wohlerfahrenen Weinwirthes unserer Zeit, welches leichtfaßl. und pract. lehrt, wie man neue und alte Weine aufbessert; wie man die Weine auf naturgemäßem Wege um 200—400 Procente vermehrt; wie man den Wein zum Exporte behandelt ꝛc. Alles nach den Fortschritten der Chemie und der Weinkellerei bis in die neueste Zeit, nebst nützl. und neuen Unterweisungen aus der Kellerwirthschaft. Mit in den Text gedr. Holzschn. 2. Aufl. (138 S.) 1869, und 3. gänzlich umgearb. und vergröß. Aufl. 8. (144 S.) Wien 873, Hartleben's Verlag.

Beyse, J, Kellerbüchlein d. wohlerfahrenen Weinwirthes uns. Zeit, welches leichfasslich u. praktisch lehrt, wie man neue u. alte Weine aufbessert; wie man d. Weine auf naturgemässem Wege um 200—400 Procent vermehrt; wie man d. Wein z. Exporte behandelt; wie man gesunde Weine erzieht, u. sie gesund erhält etc. 4. Afl. 8. (146 m. H.) Wien 83. Hartleben. 1. 50

— Kellerbüchlein des wohlerfahrenen Weinwirthes der Neuzeit, unter Berücksicht. der neuesten Erfahrgn. auf kellerwirthschaftl. Gebiete. 5. Aufl., gänzlich neu bearb. v. Antonio dal Piaz. 8. (VIII, 168 S. m. 11 Abbildgn.) Ebd. 894. n. 1. 50

Beyse, J., Kosmetikon oder der erfahrene Rathgeber über die Geheimnisse der körperl. Schönheit. Eine gründl. Anweisung den ganzen Körper, so wie alle Theile desselben zu pflegen, auf den höchsten Grad der Schönheit zu bringen und bis in's vorgerückte Alter darauf zu erhalten ꝛc. Dazu 226 kosmet. Rezepte ꝛc. 8. (VIII und 190 S.) Wien 861, Hartleben's Verlags-Expedition.

Beyse, J., goldene Schatzkammer von tausend Geheimmitteln zur Verbesserung des Wohlstandes und der Gewerbe, nach den neuesten Entdeckungen in der Landwirthschaft, der technischen Chemie u. der Gewerbekunde. Ein unerschöpfliches Handbuch zur nützlichen Anwendung f. Haus-, Stadt- und Landwirthe, für Fabrikanten und Industrielle jeder Art. 8. (226 S.) Pest und Wien, Hartleben. 1860 1 fl. 40 kr.

Beyse, J., goldene Schatzkammer von 1000 Geheimmitteln zur Verbesserung des Wohlstandes und der Gewerbe, nach den neuesten Entdeckungen in der Landwirthschaft, der techn. Chemie und der Gewerbekunde. Ein unerschöpfliches Handbuch zur nützlichen Anwendung für Haus-, Stadt- und Landwirthe, für Fabrikanten und Industrielle aller Art. Wien 860. Hartleben. 8. (IV, 226 S.) 27 ngr.

— goldene Schatzkammer von 1000 Geheimmitteln zur Verbesserung des Wohlstandes und der Gewerbe, nach den neuesten Entdeckungen in der Landwirthschaft, der techn. Chemie und der Gewerbekunde. Ein unerschöpfl. Handbuch zur nützl. Anwendung für Haus-, Stadt- und Landwirthe, für Fabrikanten und Industrielle jeder Art. Neue (Titel-)Ausg. 8. (IV und 226 S.) Wien (860)64, Hartleben.

— goldene Schatzkammer von tausend Geheimmitteln zur Begründung und Vermehrung des Wohlstandes und zur Hebung der Gewerbe. Nach den neuesten Entdeckungen in der Landwirthschaft, der technischen Chemie und Gewerbekunde. Ein unerschöpfl. Handbuch zur nützlichen Anwendung für Haus-, Stadt- und Landwirthe, für Fabrikanten und Industrielle jeder Art. 3. (Titel-)Aufl. (1864)68, ℳ 2., und 4. vollständig umgearb., verm. und verb. Aufl. gr. 8. (VIII, 242 S.) Wien 874, Hartleben's Verlag.

Beyse's goldene Schatzkammer v. 1400 Vorschriften zur Begründung u. Vermehrung des Wohlstandes u. zur Hebung der Gewerbe. Nach den neuesten Erfahrgn. in der Landwirtschaft, der techn. Chemie u. der Gewerbekunde. Ein unerschöpfl. Handbuch zur nützl. Anwendg. f. Haus-, Stadt- u. Landwirte, f. Fabrikanten u. Industrielle jeder Art. 5. vollständ. umgearb., verm. u. verb. Aufl. (XII, 281 S.) 8. Wien (906). A. Hartleben. 1. 80

— der Schönheitsfreund und erfahrene Rathgeber über die Geheimnisse der körperlichen Schönheit. Eine gründl. Anweisung, den ganzen Körper, sowie einzelne Theile desselben zu pflegen, auf den höchsten Grad der Schönheit zu bringen und bis in's vorgerückte Alter darauf zu erhalten. Dazu 200 kosmetische Recepte ꝛc. 2., umgearb. Aufl. des „Kosmetikon." gr. 8. (VIII und 176 S.) Wien 867, Hartleben.

— der Schönheitsfreund u. erfahrene Rathgeber über die Geheimnisse der körperlichen Schönheit. Eine gründl. Anweisung, den ganzen Körper, sowie alle Theile desselben zu pflegen, auf den höchsten Grad der Schönheit zu bringen u. bis in's vorgerückte Alter darauf zu erhalten. Dazu 200 kosmet. Recepte, von welchen viele bisher geheim gehalten wurden, sowie die allerneuesten Schönheitsmittel, durchgehends aus der Gesundheit vollkommen unschädl. Ingredienzen bereitet. 3., vollständig umgearb. Aufl. gr. 8. (VIII, 184 S.) Ebend. 881. 1. 50

Beysell, A., und W. Feldges: Lehrbuch der Weberei. Mit Atlas. Berlin 1863. Atl. Fol.

Beysen, Kurt [aus Frankfurt a. d. Oder]: Beiträge zur Kenntnis der Dinitro-p-toluylsäuren und einiger ihrer Derivate.... Freiburg i. B., Buchdr. v. Chr. Ströcker, 1891; 48 S., 1 Bl. 8°
Freiburg i. B., Phil. Fak., Inaug.-Diss. v. 1891

Beyser, August (Eberstadt)
Die Lehre von den Blasenbrüchen.
Giessen: W. Keller 1867. 41 S.
Diss. med. 19.11.1867. vorh. 26. 7.

Beyspiel, s.a. Beispiel

Beyspiel der Abschätzung eines zur Veräußerung bestimmten Forst-Reviers. — [Berlin 1810: Decker.] 2 Bl. 4°
1:50 in 2° An 8630-17.
15.

— z. Bildung e. Soldaten. 1s Stck. 8. Hamb. (Proft, C.) 764.

— daß Tugend u. Rechtschaffenh. d. sich. Mittel z. Glückseligkeit sey. 8. Frankf. u. L. Hausse. 772.

Beyspiel, das, oder Geschichte der Luzie Cleveland, a. d. Engl. 8. Leipzig, 780. Schwickert. 20 sgl.

Beyspiel, d., od. Gesch. d. Lucie Cleveland, v. einem jungen Frauenzimmer geschrieben, a. d. Engl. 8. Lpzg. Schwickert. 782.

— v. Glückswechsel. 1r Thl. 8. Riga, Meindhausen. 795.
Schreibp.

Beyspiel, das große. 8. Anasb. Stage. 778.

— das große; od. welch ein Mensch! Schausp. 8. Prag, Gerle, 778.

— d. gute. Eine Operette. 8 Magdeb. Schütz. 800.

Ein Beyspiel der Heiligkeit aus unsern Jahrhundert für alle Stände, oder Leben des seligen Bonaventura von Potenza, Priesters aus dem Orden der Franciscaner Konventualen, aus d. Proceßen d. Seligsprechung gezogen von e. Priester dieses Ordens. — Konstanz: Bez 1776. 274 S. 8°
10.
15.

Beyspiel der ruchlosen Jugend in einem klägl. Exempel, des heute den 12. April 1726. durch das Schwerdt vom Leben zum Tode gebrachten ... Christian Friedrich Opels. — [Dresden 1726.] 16 S. 8° 3. 12.

Klagens- und Receß-mäßigen ahndens-wehrtes Beyspiel, so offenbahrlich - übel - gehandhabter Justice, als ... verstockten Ampts-Frevels ... abseiten der wider Recht bedrängten Michael Webers, Peter Gansberg, und Andreas Bandauen. — [Hamburg 1707.] 16 Bl. 8° 1:Sp 1458/64. 18.
15.

Neues Beyspiel eines rechabitischen Fürstens an der hohen Person des Johann Friederichs, Fürstens zu Schwartzburg, etc. 1749 s. *Acker*, Johann Heinrich.

Seltnes Beyspiel Treu und Glauben zu halten und von Vergeltung getreuer Dienste. In d. Betragen einiger Herren u. Vorstehere d. Creichgauischen Reichs-Ritterschafft gegen ihren Consulenten u. Archivs-Vertrauten, Adam Friderich Genth. — o.O. 1758. 64 S. 4° 24.
15.

— ein, f. alle Staaten gez. a. d. Fall d. Holländ. Fabriken. gr. 8. Wien, Trattner. 784.

Unerhörtes Beyspiel der Undankbarkeit und Grausamkeit eines lutherischen Geistlichen gegen seinen reformirten größten Wohlthäter. Wahre Anekdote. — [Hamburg] 1781. 16 S. 8° 1:2 an Eb 11441.
15.

Das Beyspiel, welches der Durchlaucht. Herr, Herr Carl Egon, des H. R. R. Fürst zu Fürstenberg ... durch die auf seinen Herrschaften in Böhmen Ao. 1773. angefangene ... Einführung der Normal-Schule ... giebt ... Von e. Freund d. Wahrheit. — Frankfurt [usw.] 1776. 48 S. 8° 7.
15.

Ein Beyspiel von der moralischen Würckung der ächten Thon-Kunst leget ... in der Brüderstrasse zu Berlin wöchentlich sich versamlenden Music-übenden Gesellschaft bey feyerlicher Begehung ihres Stiftungs-Tages ... vor Augen ... ein Ausländer. – *Memel*, 23. Aug. 1751. In-8, 8 f.

Beyspiele, s. Beispiele.

Beyspiele von allen Arten des deutschen prosaischen Styles, aus den besten Schriftstellern gezogen, nach der Adelungischen Eintheilung geordnet. — Leipzig: Schwickert 1799. IV,452 S. 8° 17.
15.

Beyspiele zur Belehrung und Erbauung der christl. Jugend, besonders auf d. Lande. 8. Fulda. (München, Giel in Comm.) 820.

— v. Briefen u. Aufsätz. f. alle Fälle d. gem. Lebens ꝛc. m. e. kl. deutsch, lat. franz. u. ital. Titularbuch. 8. Wien, Wallishauser. 802.

Beyspiele, daß Tugend und Rechtschaffenheit das sicherste Mittel zur menschlichen Glückseligkeit sey, gezeiget in den Begebenheiten verschiedener Freunde. — Frankfurt [usw.]: Hauffe 1772. 352 S. 8° 1:Yv 7419.
15.

Beyspiele des Glaubens an Jesus Christus. 1s Heft. Münch. Giel. 815.

Beyspiele des lebendigen Glaubens an Jesum Christum. 2 Hefte. 8. München 1817, Giel. 5 ggr. — 18 kr.

— der Gottseligkeit u. eines frommen Wandels, dargestellt in ausgewählten kurzen Lebensgeschichten d. Heiligen Gottes. 9. Salzburg, Mayr. 819.

— gute, wider das heutig. Aerger. d. Welt. 8. Augsb. Doll. 795.

Beyspiele, des Guten, eine Sammlung edler u. schöner Handl. ꝛc. 3 Thle. m. K. 8., Stuttg. Steinkopf. 809. Rthlr.

— des Guten, eine Sammlung edler u. schöner Handlungen u. Charakterzüge aus d. Welt- u. Menschengeschichte all. Zeiten u. Völker. Nebst ein. Vorrede v. Joh. Ludw. Ewald. 3 Bde. mit Titelk. 3te Aufl. gr. 8. Stuttgart, Steinkopf. 813.

— des Guten. Eine Sammlung edler u. schöner Handlungen u. Charakterzüge aus der Welt- und Menschen-Geschichte aller Zeiten und Völker. Mit einer Vorrede von Dr. J. L. Ewald. Mit 1 Titelkupfer 4te verb. Aufl. 3 Thle. 8, Stuttgart, Steinkopf. 817.

— Dasselbe 4r Thl. 8. Ebend. 819.
auch unter dem Titel:
Edelsinn und Tugend. Poetische Darstell. aus d. Alt. u. N. Welt- u. Menschengeschichte.

Beyspiele d. Guten. Eine Samml. edler u. schöner Handln. u. Charakter-Züge aus d. Welt- u. Menschen-Geschichte aller Zeiten u. Völker. Der Jugend u. ihren Freunden gewidmet. (Hrsg. v. J. C. F. Steudel.) 5. Thl. — A. u. d. T.: Edelsinn u. Tugend. Poet. Darstellungen aus d. älteren u. neueren Welt- u. Menschengesch., mit kurzen histor. Erläutern. 2. Thl. 8. (21½ B.) Stuttgart 830, Steinkopf. Thlr.
1—3. Thl. 5. Aufl. 1821. 1 Thlr., 4. Thl. od. Edelsinn ꝛc. 1. Thl. 2. Aufl. Ebendas. 1824. 18 Gr.

Beyspiele d. Guten aus d. weibl. Wirkungskreise. Geschichtl. Darstelln. edler Gesinnungen u. Handln. z. Förderung christl. Tugend u. Glückseligkeit, von d. Hrsgeb. d. „Beyspiele d. Guten mit Vorr. v. J. L. Ewald". 8. (25 B.) Stuttgart 834, Steinkopf.

Beyspiele für Kinder aus dem Leben heiliger Kinder. — München: Giel 1819. 153 S. 8° 12:Paed. Pr. 402.
15.

— kriegerische, v. Muth, List ꝛc. s. Kriegslisten.

— seltner Menschen u. Geistermährchen z. Abwechslung. 2 Thle. 8. Hof, Grau. 779.

Beyspiele seltner Menschen und Geistermährchen zur Abwechselung, oder Erzählungen aus verschiednen Sprachen zur Erweckung sittlicher Gefühle. Aus d. Franz. übers. Th. 1. — Hof [usw.]: Vierling 1779. 8° 29.
15.

—— merkwürdige, d. göttl. Vorsehung. Eine Auswahl glaubwürd. Erzähln. f. d. Gebr. in Schulen u. Familien. Der Jugend u. ihren Freunden gewid. v. d. Hrsgeb. d. Werks: „Vorsehung u. Menschen-Schicksale ꝛc." 8. (24 B.) Stuttgart 833, Steinkopf.
Vgl. Beispiele.

— d. moralischen, d. Schr. des A. Test. 2 Thle. gr. 8. Leipz. (Graffé in W.) 799. 800. (1r 1 Rthlr. 21 gr., 2r 2 Rthlr. 18 gr.)

— Muster u. Beylagen z. Eschstruths musikalisch. Bibliothek. 4. Marburg, Krieger.

— v. Tugend u. Laster, a. d. Gesch. d. Menschh. 2 Thle. 8. Altenb. (Academ. Handl. in Jena.) 779.

— der Tugend, in Lebensbeschreibungen guter und edler Menschen älterer u. neuerer Zeit, 1r u. 2r Bd. 8. Leipz. Sommer. 819 u. 20.

Beyspiele von allerley Unglücksfällen zur Belehrung und Warnung besonders für die Jugend. Nebst e. Anh. über giftige Pflanzen. — Göttingen: Dieterich 1798. XVI, 168 S. 8°
Darin außerdem: Hoffmann, Georg Franz: Von besonders giftigen u. gefährlichen Pflanzen.
7. 17.
15.

— unterhalt. u. belehrende, zum Kopfrechnen. 8. Gotha. Steudel. 810.

— v. Volkstugenden, a. alle Tag. d. Jahr. ꝛc. 2 Thle. 8. Bamb. Göbhard. 809.

Beyspielsammlung, von edeln Thaten u. Niederträchtigkeiten, aus d. Leben guter u. böser Menschen neuerer Zeit. 3 Bde. 8. Quedlinb. Basse. 811.
Auch unter dem Titel:
Anecdoten und Charakterzüge aus dem Kriege 1809. 6 Hefte.

Beyssel (Pseud.), s.a. N a t h a n, Jacob

Beyssell, die Kegelschnitte. Ein Leitfaden für Gewerbeschulen und das gewerbliche Leben. Mit in den Text gedr. Holzst. Braunschweig 862. Vieweg & Sohn. gr. 8. (VIII, 82 S.) n. 12 ngr.

und W. Feldges, Lehrbuch der Weberei zum Gebrauche in Webeschulen und zum Selbstunterricht. Mit 1 Atlas von 41 lith. Taf. (in Fol.) Berlin 863. F. Schneider. (Stille & van Muyden.) gr. 8. (XI, 215 S.) n. 6 ₰.

—— u. W Feldges, Lehrb. d. Weberei. 8. (215 m. 41 L.) Berl. 63. Weber. n. 6. —

Beyssell, A., Berliner Bauernfänger oder die Geheimnisse der Residenz. Sittenroman aus Berlins Neuzeit. Berlin 869. Freitag. gr. 8. (951 S.) 2 ₰

Beyssell, Johs., die Börsenjobber od. Oben u. Unten. Humoristischer Roman. 2 Bde. gr. 8. (312 u. 495 S.) Berlin 871. C. A. E. Meyer. 5. 10

Beyssel, J, d. Börsenjobber od. Oben u. Unten. Humorist. Rom. 57 Hfte. 8. (807) Berl. 71. 72, CAE Meyer. h -- 30

Beyzner, L., der Straßen-Gärtner. Gründliche Unterweisg. zu erfolgreicher Auswahl, Zucht, Pflanzung u. Unterhaltung der f. die öffentlichen Straßen u. Schmuckplätze in Deutschland geeigneten Nutz- u. Zierbäume. Nach J. Nanot bearb. Mit 82 Textabbildgn. gr. 8. (VI, 154 S.) Berlin 887. Parey. n. 3 —

Beystand, s.a. B e i s t a n d

Der Beystand Gottes als die beste Hülfe in menschlichen Verrichtungen wurde bey Legung des Grund-Steins zu der kleinen Michaelis Kirche vorgestellet von R.M. Hamburg ... 1754. — [Hamburg 1754]: Harmsen. 8 S. 8° 18.
15.

Höchstnöthiger Beystand denen Seveneser oder Europa in Dienstbarkeit ... Aus d. Frantz. übers. — o.O. 1704. 44 S. 8° 29.
15.

Die freywillige Beysteuer zu dem ober-herrlich decretirten Bau der Zwischen dem 7. und 8. Julii A. 1696. ohnversehens in der Nacht leider in Brand gerathenen und eingeäscherten uralten Kirche bey St. Egidien allhier in Nürnberg betreffend. Im Jahr Christi 1710. — o.O. [1710]: Endter. 4 Bl. 8° 14.
15.

Beyte, Fridericus [Groningensis]: Quaestiones Appuleianae ... Lipsiae, typ. Alexandri Edelmanni, typogr univ., 1888; 67 + 1 S. 8°
Göttingen, Phil. Fak., Inaug.-Diss. v. 16. Jan. 1888

Beyte, Friedr., quaestiones Apuleianae. Inaugural-Dissertation. gr. 8. (67 S.) Leipzig 888, (Fock.) *

Beythan, Karl, Anleitung zur Abschätzung der natürl. Triften. gr. 8. (VIII u. 40 S.) Rudolstadt 850, Fröbel in Comm. n. 8 ngr.

Beythien, A.
— C Hartwich, M Klimmer: Handb. d. Nahrgsmitteluntersuchg. Mit e. Anh., enth. d. Beurteilg d. Nahrgs- u. Genussmittel sowie Gebrauchsmittel auf Grund d. besteh. Gesetze Deutschlds, Österr.-U.s, d. Schweiz usw. in 3 Bdn. 1. Chemisch-physikal. Tl. 2. Botanisch-mikroskop. Tl. 3. Bakteriolog. u. biolog. Tl. (In 30 Lfgn.) 1. u. 2. Lfg (1 Bd: 1—176 m. Abb.) Lex8° Lpzg, Ch. H Tauchnitz '12. je 2.50

Beythien, A., Jahres-Bericht d. chem. Untersuchungsamtes d. Stadt Breslau, s.: Fischer, Bernh.

Beythien, A., s. M e r c k ' s Warenlexikon, 5. Auflage

Beythien, A., die Nahrungsmittelverfälschung, ihre Erkennung u. Bekämpfung. (140 S.) Lex. 8. Stuttgart 910. F. Enke. 3. 60
Sonderabdr. aus „Sammlg. chem. u. chem.-techn. Vortr.".

Beythien, A. [aus Quakenbrück]: Untersuchungen über Raffinose. . . . Quakenbrück, Druck v. Heinrich Buddenberg, 1889; 46 S. + 2 Bl. 8°
Göttingen, Phil. Fak., Inaug.-Diss. v. 8. Jun. 1889

Beythien, A., Untersuchungen üb. Raffinose. Inaug.-Diss. gr. 8. (46 S.) Quakenbrück 889. (Göttingen, Vandenhoeck & Ruprecht.) n. — 80

Beythien, A: Warenlexikon, s.: Merck, Klem.

Beythien, A.: Über saccharinhaltige sog. „süße Weizenmalzextrakte" Sep.-Abdr. Berlin. 1901.

Beythien, H.: Eine neue B e s t i m m u n g des Pols der Landhalbkugel, s. B e y t h i e n, Hermann

Beythien, H.: Die E n t w i c k l u n g des gemeinnützigen Rabattsparvereins-Wesens, s. B e y t h i e n, Heinrich

Beythien, Heinrich
Beythien, H., Die Entwicklung des gemeinnützigen Rabattsparvereins-Wesens und seine Einwirkung auf die wirtschaftliche Lage des Detailhandels. Vortrag, gehalten auf dem Verbandstag des Verbandes der Rabatt-Sparvereine Deutschlands, 21.—24. Juli 1907 in München. Bremen, 1907 54 S.

Beythien, Heinr., Die Entwicklung des gemeinnützigen Rabattsparvereinswesens und seine Einwirkung auf die wirtschaftliche Lage des Detailhandels. 8°. Hannover, Verlag d. Verb. d. Rabattsparvereine Deutschl., 1908.

Verband d. Rabattsparvereine Deutschlands. Der deutsche Kleinhandel im Lichte der neueren Zeit. Rede geh. in Freiburg i. Br. von Heinrich Beythien, Hannover. Bremen 1910: Nicolaus. 21 S. 8°
[11. 9948 8

Kleinhandelsfragen. Bearb. in Verbandseingaben u. Schriften von H[einrich] Beythien-Hannover. Bremen 1910: Nicolaus. 24 S. 8°
[11. 5941] 8

Beythien, [Heinrich]: Die hannoversche Landeskreditanstalt. Vortr nebst Erörter Spandau 1910 8°

Beythien, Hermann: Eine neue Bestimmung des Pols der Landhalbkugel. *Kiel & Leipzig: Lipsius & Tischer 1898.* (29 S.) 8°
Kiel, Phil. Diss. v. [13. Aug.] 1898

Beytrag, s.a. B e i t r a g .

Beytrag, s.a. B e y t r a g / B e y t r ä g e .

Beytrag zu denen den 22sten Juny d. J. zu Regensburg verkauften Aktenstüken (2: Aktenstücken) die fränkische Grafensache in specie den jüngsthin gehaltenen Fränkischen Grafentag betreffend. [1.] 2. — o.O. 1785. 8°
12: J. publ. G. 1244-8. 21.
15.

— angebotener, z. Klopstocks Gesangbuch. 8. Mietau, Hinz 770.

Angebotener Beytrag zum Klopstokschen Gesangbuch. Von R. u. S. — Mitau [usw.]: Steidel 1770. 48 S. 8°
18. 38.
15.

— zu den Annalen d. Ritterorden. 3te Abtheil. m. ein. K. gr. 8. Wien, Gräffer. (Leipzig, Gräf.) 811. Rthlr.

Beytrag zu den Annalen der Tonkunst in Dresden. — o.O. 1800. 23 S. 8° 1:Mus.Cb 240. 14. 15.

— auch ein, z. Beförder. reiner Sittlichkeit in Pred. ꝛc. 8. Salzb. Mayr. 800.

— auch ein, z. Beurtheil. d. geg. d. H. v. Brabeck angezett. Verfolgung ꝛc. gr. 8.

Beytrag, auch ein, z. Vertheidigung der heil. kathol. Kirche —

Beytrag zur Aufklärung in religiöser und politischer Hinsicht für deutsche Handwerker und Landleute disseits des Rheins. — Nürnberg: Raw 1798. 79 S. 8° 17. 15.

Beytrag zur Aufnahme des Gesangs aus den Wercken der grösten Tonsezer gezogen fürs Clavier ... [Jahrgang I, H. 1–12; II, H. 1–7]. – *Mannheim und München, J. M. Götz*, [c. 1786–89]. In-fol. obl.

A. C. Brand, Ditters v. Dittersdorf, J. M. Götz, Grétry, Monsigny, Paisiello, Ruprecht, Salieri, Sarti, Schubaur, Winter, Anon.

D DO (1ter Jahrg., 3–6, 7–12; 2ter Jahrg., 1–2); GBR (2ter Jahrg., 1–3, 7); Mbs (1ter Jahrg., 2ter Jahrg., 1–3, 7) – GB Lbm (1ter Jahrg.)

(Jahrgang 1: „ ... gesetzt von A. Streicher ...“; Jahrgang 11: „ ... gesetzt von A. C. Brand ...“).

— z. Beförder. richt. Grunds. der Sittlichkeit. 8. Düsseld. Dänzer. 801.

Beytrag zu den Beobachtungen des H. Professors Reichmayr über die Erschütterung der Berge in der Gegend von Schwäblweis. Samt e. kleinen Beyl. über das musikalische Zwischenspiel zu St. Paul. — o.O. 1783. 71 S. 8° 1:5 in Ml 20503. 12:Phys. sp. 547/1. 15.

— z. d. Beobachtungen Reichmayr's, üb. d. Erschütter. d. Berge in d. Geg. v. Schwäbelweis ꝛc. gr. 8. Regensb. Montag u. W. 783. Rthlr.

Berichtigender Beytrag zur Bestimmung der weiblichen Erbfolgeordnung in den osnabrückschen Lehngütern. — Osnabrück: Kißling 1808. 54 S. 8° 1:Ha 11394. 7. 17. 21. 23. 24. 27. 15.

Beytrag zur Berichtigung der herrschenden Ideen über deutsches Feudal-Wesen, nebst e. Worte über d. leibfälligen Bauern-Güter oder d. sogenannten Fall-Lehen in Schwaben. — Rotweil: Herder 1818. 18 S. 8°

Aus: Gemeinnütziger Anzeiger von Rotweil. 1818.

24. 15.

Anonym: „Beytrag zur Berichtigung der Theorie vom Anerbrechte bey Osnabrückschen freyen jedoch reihepflichtigen Bauergütern“, Osnabrück 1802. — Vorh.: Bibl. des Oberlandesgerichts Celle — (4 an No. 24).

Ein Beytrag zur Berichtigung der Urtheile über die Industrie in den deutschen Erbländern des österreichischen Kaiser-Staates. — Wien: Rehm 1817. 47 S. 8° 300:27 Ff 72. 302. 15.

— z. deutsch. Bühne, v. W. H. Brömel. 8. Dessau. (Gräff in Lz.) 79..

Beytrag zu einer historischen, politischen und statistischen Entwickelung der von Napoleon Bonaparte während seines Obercommando und seiner Regierung befolgten Maaßregeln und Entwürfe mit e. Sammlung dahin gehöriger Staatsschriften. — Hamburg: Bohn 1814. XII, 371 S. 8° 1:Stala 888. 6. 8. 14. 17. 18. 21. 23. 300:80 J 15. 15.

Erläuterter Bey- und Nachtrag zur Budißinischen Tabeera oder so genannten Brand-Stelle...
Dem Druck überlassen von D. S.–
Budißin 1735: Richter. 39 S. 8°

Beytrag zur Erläuterung des XII. Artikels des Preßburger Friedensschlusses, in so weit derselbe den teutschen Ritter-Orden betrifft. Mit Urkunden. — Teutschland 1807. 160 S. 8° 1:Sz 1554. 12:J. publ. G. 913–8. 21. 24. 38. 302. 15.

Beytr. z. Erört. d. Frage: in wie weit ist die Gerichtsbark. d. Kaisers üb. reichsständ. Unterthanen, und bes. ihrer Beamten gegründet? b. Gelegenh. neuerer Vorfälle. (*Regensb.*, Montag.) 795. 4.

— erster, z. Deportationsgeschichte, d. kön. baierschen Civilbeamten nach Ungarn u. Böhmen. 8. 811.

Beytrag z. Erziehung, s. Kind Erinnerungen.

— freymüth., z. Gesch. des österr. Militärdienst. 4. Bresl. Löwe. 779.

Freymüthiger Beytrag zur Geschichte des österreichischen Militairdienstes, veranlaßt durch d. Schrift über den ersten Feldzug des vierten preußischen Krieges. — Frankfurt [usw.] 1770 [vielm. 1779]. 166 S. 8°

Als Verfasser werden Jakob v. Cognazo u. Ferdinand Wilhelm Frhr v. Wittenburg genannt.

2. 14. 15. 24. 30. 300:43.348–B. 15.

— Ebd. 1780. 166 S. 8° 1:Sb 9352. 4. 6. 7. 209. 302. 15.

Beytrag zu den zufälligen Gedanken, und Anmerkungen über die Bulle Dominus, ac Redemptor noster Clemens des XIV. ddo. Rom, den 21sten Jul. 1773. — Straßburg 1774. 28 S. 8° 2. 6. 12:Jes. 103/2[u.5.] 17. 25. 15.

Beytrag zur Geschichte des Bauernkriegs in Franken, besonders im Bißthum Bamberg. Aus e. gleichzeitigen Handschrift hrsg. von Georg Ernst Waldau. — Nürnberg: Grattenauer 1790. 100 S. 8° 1:Ry 2458. 2. 3. 7→11. 12:Germ. sp. 296u/1. 14. 24. 26. 302. 15.

Beytrag zur Geschichte des Schwäbischen Bundes und des Bauernkriegs, bestehend in Urkunden u. Briefen, hrsg. von B. F. Hummel. — Fürth: Geyer 1792. 110 S. 8° 1:Sa 5503. 2. 3. 4. 15.

Beytrag zur Geschichte der vormaligen Burkgrafen zu Meißen aus dem Geschlecht der Herren von Plauen oder sichere Nachricht von d. Rechtsstreit weiland Herrn Heinrichs des V. Burkgrafen zu Meißen ... mit einem gewissen Heinrich, der sich für einen ältern leiblichen Bruder desselben ausgegeben, u. des leztern sonderbaren Begebenheiten aus Archival Urkunden gezogen. [Hrsg.: Johann Karl Bretschneider.] — Schleiz: Mauke 1770. 47 S. 8°

Als Verfasser wird Heinrich XXVI. Reuss j.L. genannt.

14. 30. 15.

— Ebd. 1771. 47 S. 8° 3. 7. 10. 14. 23. 15.

BEYTRAG ZUR GESCHICHTE DER HÖHEREN CHEMIE ODER GOLDMACHERKUNDE IN IHREM GANZEN UMFANGE. Ein Lesebuch für Alchemisten, Theosophen und Weisensteinsforscher, auch für alle, die wie sie, die Wahrheit suchen und lieben. Leipzig, 1785. pp. [xv]–695, 8vo.

The author, who conceals his name under the pseudonym "Carbonarius," treats of the history of alchemy from the earliest times in 60 chapters. He gives, in closing, a chronological list of "adepts"; another of fraudulent alchemists; and a bibliography, comprising 634 titles, with annotations. The latter is chronologically arranged under three heads, and is quite good in its details.

— z. Gesch. d. höh. Chymie. 8. Leipz. Compt. f. Litt. 785.

Beytrag zu der Geschichte der Feldzüge 1814 u. 1815 in Frankreich, in besonderer Beziehung auf das Commando des Kronprinzen v. Würtemberg, herausg. v. den Offizieren des Würtemb. General-Quartiermeister-Staabs. Quer-Royal-Folio. Velinpap. 3 Hefte mit 12 Planen. Stuttgart, Metzlers Buchh. 818. Rthlr.

Beytrag, z. Gesch. d. Frauenzimmer d. 18ten Jahrh. od. merkwürd. egebenh. d. Fräulein Sophie. 8. Frkft. Weissenstein. (Herrmann.) Gräff. Lpz. 781.

Anonym: „Beytrag zur Geschichte der Frohn- oder Schaarwerke in Bayern", 2 Teile, Frankfurt a. M. 1798, 1800 (Leipzig, Wolf in Kommiss.).

Beytr. z. Gesch. d. Hornviehseuche i. einigen Kreisen d. Altmark. Stendal 1777. Franzen.

— zur Geschichte der kathol. Kirche in Würtemberg seit Anfang dieses Jahrh. gr. 8. Augsburg 1842, Kollmann. 4 ggr. — 15 kr.

Beytrag zur Geschichte des gegenwärtigen Krieges zwischen dem Russischen und Türkischen Reiche, als auch zuverläßige Nachrichten von d. Schlacht bey Choczim 1769. u. d. bey Kahul 1770 ... Von e. Person von Stande. Breslau: Korn 1771. 8,208 S. 8°
1:8° Bibl. Diez 1223. 2. 9. 10. 15. 18. 300:63 K 45.
15.

Beytrag zur Geschichte der Liebe aus einer Sammlung von Briefen, 2 Theile, 8. Leipzig, 778. Weygand. 7 sgl.

Beytrag zur Geschichte der Menschheit. Oder aktenmäßige Sammlung d. blutdürstigen Urtheile d. berüchtigten Revolutions-Kommission Schneiders u. Consorten; so wie auch derjenigen Urtheile, unter d. Vorsitz d. Bürger Mainoni u. Delâtre in Straßburg im 2. Jahr d. Franken-Republik. — Straßburg: Lorenz & Schuler [1794/95]. 92 S. 8°
1:Rh 5338. 27.
15.

— z. neuest. Gesch. des Freymäurerordens in 9 Gespr. 8. Frankf. Andreä. 786.

Beytrag zur Geschichte der VII.P.r.[o]-v.[in]z ... Halle: Waisenhaus. Im Jahr, da alle Prophetiae Ordinis richtig erfüllt sind. [1777.] 47 S. 8°

Kl. 2306. Selten. Gegen G. H. v. Rosskampfs (Eq. ab Equo bellicoso) Schrift: Meine Gedanken üb. das System des R[itters] a. C[ygno] t[riumphante d. i. G. Frh. v. Gugomos]. 1777. Nimmt Gugomos in Schutz. Kl. 2303 gibt an, dass nach Röperts Brief an Starck vom 8. Sept. 1780 er selbst Verf. dieses Schreibens sei, von dem nur 30 Exemplare gedruckt wurden.

Beytrag zur Geschichte der christlichen Religion, enthaltend vernunft- u. schriftmäßige Urtheile groser Männer catholischer Religion, geistlichen u. weltlichen Standes, älterer u. neuester Zeiten, über d. Gewaltthätigkeit wegen Verschiedenheit d. Meynungen. Als e. Anhang ist d. Verordnung d. Durchlauchtigen Republik Venedig, vom September 1767. d. geistlichen Stiftungen u. Güter betr., hinzugefüget worden. — o. O. 1768. 168 S. 8°
12:H. eccl. 130.
15.

— z. Gesch. d. christl. Religion. 8. Nürnb. Grattenauer. 768.

— zur Geschichte d. christl. Religion. 8. 768. Hat jetzt Lauffer in Leipzig.

— z. Gesch. d. Polnischen Revolution 1794. gr. 8. Frkf. u. Leipz. (Walther, Dresd.) 796.

Beytrag z. Gesch. d. Rindviehseuche i. Hannöver. Altenburg 1771.

— z. Gesch. d. Rindviehseuche im Hannöv. 8. Altenb. (Academ. Handl. in Jena.) 776.

Beytrag zur Geschichte der Rindviehseuche im Hannöverischen. Nebst 2 Briefen über die Lentinischen Pulver. Altenburg: Richter 1776. 68 S. 8° 2. 7. 9. 15. 17. 26. 28.

Beytrag zur Geschichte der deutschen Schaubühne. — o. O. 1774. 16,62 S. 8°
Sondertitel:
1. Kritik über d. Marchandische Schauspielergesellschaft. Ein Brief, dato M.... 29. Febr. 1774.
2. (Marchand, Theobald): An d. Verfasser d. Schmähschrift unter d. Titel Kritik über d. Marchandische Schauspielergesellschaft.
3. (Nesselrode, F. G. Frhr v.): Sendschreiben an Herrn Marchand ... Hofschauspielern dermalen in Frankfurt am Mayn, von d. Verf. des Ahnenstolzen
8.

Beytrag zur Geschichte der allgemeinen Viehseuche in der Mark Brandenburg. — Leipzig: Fritsch 1767. 78 S. 8°
1:7 in Ks 9102. 2. 3. 7. 9. 18. 27. 300:76 X 14. 302.
15.

Beytr. zur Gesch. der Virilstimmen im Reichsfürstenrath. (Ohne Dr. O.) 804. 8. (16 Gr.)

— zur Geschichte der Zärtlichkeit, aus den Briefen zweyer Liebenden von J. M. Miller, mit 1 Kpf. 8. Daselbst, 780. Derselbe. 27 sgl.

Geschichts-mäßiger Beytrag zu der im Jahr 1748. vorläuffig ausgegangenen Nachricht von der wahren Beschaffenheit des hohen Ausschreib-Amts in dem Fränckischen Reichs-Crayß. 1751 s. *Baumgartner*, Christoph Konrad.

Zur hohen Geburts-Feyer Sr. Hochfürstl. Durchl. Carl Egon des H. R. Reichs Fürsten zu Fürstenberg ... Beytrag aus der Geschlechts-Geschichte von e. unterthänigsten Verehrer E. F. H. F. — Wetzlar 1769. 2 Bl. 4°
25.

Zur hohen Namens-Feyer Sr. Hochfürstl. Durchl. Carl Egon, des H. R. Reichs Fürsten zu Fürstenberg ... Beytrag aus der Geschlechts-Geschichte von e. unterthänigsten Verehrer E. F. H. F. — Wetzlar 1768. 2 Bl. 4°
25.

— z. peinl. Gesetzgebung. 8. Frankf. u. Leipz. (Kaffke in Stettin.) 785.

— z. Rothwellischen Grammat., od. Wörterb. v. d. Zigeunerspr. 8. Dresd. 755.

Beytrag zur rotwellischen Grammatik, oder: Wörter-Buch, von d. Zigeuner-Sprache, nebst e. Schreiben eines Zigeuners an seine Frau. — Frankfurt [usw.] 1755. 39 S. 8° 1:an Yc 3301. 2. 8. 10. 14. 15. 16. 23. 25. 28. 30. 302.
15.

Beytrag zu den allgemeinen Grundsätzen der Forstökonomie, s.a. Beyträge...

Anonym: „Beytrag zu den allgemeinen Grundsätzen der Forstökonomie", Leipzig 1797 (Köhler).

— hist., z. Ehrengedächtnisse Melanchthons rc. gr. 8. Altenb. (Academ. Handl. in Jena.) 760.

Historischer Beytrag zu dem wohlverdienten zweyhundertjährigen Ehrengedächtniß Philipp Melanchthons, worinnen zugleich ein seltnes Buch ... zu dessen Vertheidigung bekannt gemacht wird von e. gewissenhaften Bekenner d. Wahrheit. — Altenburg: Richter 1760. 32 S. 8°
1:Cn 11500. 2. 3. 4. 12:Biogr. 757. 14. 21. 23. 24. 30.
15.

Beytrag zu den Kirchen-Agendis, das ist: Anordnung, wie sich die Pfarr-Herrn und Kirchen-Diener in der Hochgräfl. Reuß-Pl. Herrschaft Schleiz, so wohl öffentlich bey den Kirchenversammlungen, als auch privatim, oder insbesondere in ihrem Amte und Dienst halten sollen. — Schleiz [1760]: Goderitsch. 228 S. 8° 29.
15.

Beytrag zur Kirchengeschichte von Hamburg. — o. O. 1782. 51 S. 8°
8.
15.

— z. Kirchengesch. v. Hamb. gr. 8. Hamb. Profft. 782.

Beytrag zur Kirchen-Geschichte und dem Iure pastorali, besonders im Dithmarschen. — Altona [usw.]: Iversen 1760. 16,32,16 S. 8°
5. 8. 17. 18.
15.

***Beytrag** zur Kirchen u. Religionsgeschichte alter u. neuerer Zeiten. Klgft., (Walliser), 1785.

— — kleiner, zur Berichtigung eines großen Mißverständnisses. Offene Antwort an die Verfasser der „histor.-polit. Blätter" etc. gr. 8. Hannover 1837, Hahn. 10 Ngr. — 36 kr.

— ein kleiner, zur Historie v. Dresden, od. Untersuch. d. Ursprungs, woher die Gassen dieser Stadt ihren Namen erhalten. 8. (Academ. Buchhandl. in Jena.) 761.

Ein kleiner Beytrag zur Historie von Dreßden, oder Untersuchung d. Uhrsprungs, woher d. Gassen dieser Stadt ihre Nahmen bekommen, wohlmeynend mitgetheilet von e. ehrlichen Dreßdner. — Schneeberg: Fuld 1761. 32 S. 8° 1:1 in Sr 4544. 14. 15. 23.
15.

Kleiner aber nothwendiger Beytrag zu der Reise durch den bayrischen Kreiß. — Augsburg: Wolff 1784. 14 S. 8° 12: Bavar. 374 X. 25.
15.

Ein kleiner Beytrag zu Untersuchung der Frage: Ob und wie weit es einem weisen Manne ... erlaubt sey, sich zu den Meynungen und Irrthümern anderer herabzulassen? u. ob u. in wie fern dieses mit d. Pflicht d. Wahrhaftigkeit ... bestehen könne? — Breßlau: E. G. Meyer 1791. 220 S. 8° Als Verfasser wird Karl Viktor Hauff genannt.
1: Np 18396. 5.
15.

Ein kleiner Beytrag zur Würdigung des weiblichen Geschlechts. — Darmstadt 1807: Will. X,100 S. 8° 17.
15.

Beytrag zur Critick [Kritik] des neuesten Kirchenrechts durch prüfende Beurtheilungen der neuesten Erscheinungen in demselben. — Tübingen 1806. 104 S. 8°
Aus: Critisches Archiv der neuesten juridischen Litteratur und Rechtspflege in Teutschland. 5. 1806.
24.
15.

Beytrag zur neuesten Kulturbeförderung in Baiern. o. O. 1803. 39 S. 8° 12: Bavar. 373.
15.

— z. neuest. Kulturbeförderung in Baiern. 8. Landsh. Krüll. 803.

Kurzer Beytrag zu einer jüngst herausgekommenen gründlich-praktischen, regelmäßigen und nutzbaren Forsthaushaltung. Von J. S. — Prag: v. Schönfeld 1785. 16 S. 8°
16.
15.

Beytrag zu der heylsamen Lehre von der allgemeinen Gnade Gottes, so allen Menschen offen stehet; bestehend aus zweyen Schrifften berühmter Theologorum über d. IX. Capitel an d. Römer ... mit beygefügten Anm. u. e. Vorr. Joh. Reinhard Rusens mitgetheilet, von S. S. [d. i. Wolfgang Adolf Schroen]. — Jena: Cröker 1734. 128 S. 8°
Darin:
1. [Baier, Johann David]: Eines vornehmen Theologi gegebenes Responsum über d. IX. Capitel ad Romanos.
2. Castellio, Sebastianus: Anmerckung über d. neunte Capitel an d. Römer [Annotationes in caput nonum ad Rom., deutsch].
1: Cy 3720. 29. 75.
15.

Beytrag zur Lebensgeschichte eines großtalentichen Comedianten Martinus Seraphinus gewesener Ludimagister in Pensilphanien und Directorial-Cantor zu Pumpelmus. — Berlin [usw.] 1791. 38 S. 8° 18.
15.

BEYTRAG zur empfindsamen und moralischen Lectüre. Altenburg, Richter, 1774. 8°.
Bibl. Schwabii II. p. 407; Anz. d. Verlegers.

Beytrag, vielleicht der lezte, zu der neusten Haasischen Untersuchung. 1785 s. *Albini*, Franz Josef v.

Lübeckischer Beytrag zur verehrungswürdigen andern Jubelfeyer des theuren Religionsfriedens im Jahr 1755, in e. ... pragmatischen Nachricht ... von e. Anbeter d. göttlichen Vorsorge. — Lübeck: Green 1756. 20 S. 8°
Erschien zuerst in: Lübeckische Anzeigen. 15.17-22. 1756.
1:5 in Tc 4268.

Beytrag zu dem Leipziger Magazine und zu den Sächsischen Annalen zur Berichtigung der Leske'schen Lebensgeschichte nebst e. Mittelwege zur Stallfütterung bey d. Gemeindehuthung ... dann von Verbesserung eines Guthes durch nachzuahmenden Wiesenbau u. beßere Viehzucht. — Dresden [usw.]: Breitkopf 1787. 45 S. 8°
Aus: Riem's physikalische ökonomische Monats- u. Quartalschrift. 1787, 4.
15. 16.

Magdeburgischer Beytrag zum Lobe Gottes, wegen der vor dreyhundert Jahren erfundenen Buchdrucker-Kunst, anzeigend, wie d. Andencken dieser göttl. Wohlthat in denen sämtlichen evangel. luth. Stadt-Kirchen ... sey erneuret worden. — Magdeburg [1740]: Faber. 16,22, 44 S. 8°
Sondert.: 1. Struve, Johann Julius: Jubel-Predigt, in welcher von d. allergrösten Geschenck d. Sohnes Gottes in die Welt, desgleichen von d. hochschätzbaren Geschenck d. reichlich mitgetheilten Wortes Gottes durch d. Buchdruckereyen, gehandelt wird, als d. Andencken d. vor 300 Jahren erfundenen Buchdrucker-Kunst ... in d. Alt-Stadt Magdeburg zum Lob u. Preis Gottes erneuert wurde.
Sondert.: 2. Walther, Samuel: Die Ehre d. vor dreyhundert Jahren erfundenen Buchdrucker-Kunst, u. was d. Stadt Magdeburg von derselben vor Dienste u. Vortheile gehabt.
1: An 3720.
15.

Musikalischer Beytrag für Liebhaber des deutschen Singspiels, beym Clavier, herausgegeben von Johann Christoph Kaffka. Erstes und zweytes Heft. – *Breslau, W. G. Korn*, 1783. In-fol., 26 p.
Grétry, J. C. Kaffka, Anon.
B Bc – US R; Wc

Beytrag zu den Nachrichten von wohlfeilen Nahrungs-Mitteln. — o. O. [um 1770]. 3 Bl. 8° 23.
15.

BEYTRAG zum Nachtische für muntere und ernsthaffte Gesellschaften. Eine Wochenschrift. 3. May 1766—25. October 1766. (Hrsg. von Wilh. Adolph Paulli.) — Neuer Beytrag 1. Novbr. 1766—25. April 1767 (später von Joh. Matth. Dreyer hrsg.). Hamburg bey Gottfried Dalençon.
Fortges. u. d. T.: Beytrag zur Unterhaltung munterer Gesellschaften.

— z. Nachtische, f. muntere u. ernsth. Gesellsch. 2 Thle. 8. Hamburg, Herold. (Linke, Leipz.) 779.
Fortges. u. d. T.: Beytrag zur Unterhaltung ...

— neuer, z. Gesch. d. Zärtlichkeit; e. wörtlich wahre Gesch. 8. Lpzg. Schwickert. 788.

— neuer, z. natürl. Magie, e. Lesebuch. m. K. gr. 8. Berl. (Schneider u. W., Nürnb.) 791.

Neuer Beytrag zum regelmäßigen Theater der Deutschen. 1796 s. *Ayrenhoff*, Kornelius v.

Beytrag, neuer, z. Weisheit und Menschenkenntniß. 2 Bdchn. 8. Leipz. Barth. 787. Rthlr.

Beytrag zu Nro 175 des Relations-Couriers. Dienstags, den 2 November 1762. (Extrablatt über den Sieg der Preussen bei Freyberg.) 4.

— Oberlausitzer, z. Gelahrheit u. deren Historie. 4 Bde. m. Reg. 4. Görlitz. 739—43.

Praktischer Beytrag zu der Lehre von den Austrägen der Löblichen Reichs-Städte.
Frankfurt u. Leipzig 1775.

Praktischer Beytrag zum allgemeinen Unterrichte für Kinder von fünf bis funfzehen Jahren. Hrsg. von Ernst Adolph Eschke. Versuch 1.(2.) — Königsberg: Nicolovius 1791. 210 S. 8° 1: Ne 996. 10.
15.

Beytrag zur evangelischen Predigergeschichte in den Sechsstädten der Oberlausitz. Hälfte 1.2. — Friedersdorf 1803. 90 S. 8°
Die Schrift ist eine Fortsetzung zu: Dietmann, Karl Gottlob: Die gesamte der ungeänderten Augsb. Confeßion zugethane Priesterschaft in d. Marggrafthum Oberlausitz. 1777.
1: an Sr 2788. 8. 14.
15.

Beytrag zur Prüfung der Schrift Über den Werth und die Folgen der ständischen Freyheiten in Baiern. — o.O. 1798. 19 S. 8°
2. 12: Bavar. 2885/1 [u.] 2889/1.
15.

— z. angewandt. Rechenkunſt. 2 Stck. 8. Halberſt. (Sommer, L.) 786—89.

Beytrag zur angewandten Rechenkunſt 1s St. Halberſtadt, Groſs. 32 Seit. 8. 1787.
Alg. deut. Bibl. B. 77. St. 2. p. 439 und B. 79. St. 2. p. 448.
Allg. Lit. Zeit. 1788. B. 1. p. 7.

Beytrag zu denen bey einem Göpel vorkommenden Rechnungsaufgaben. 1788.
Siehe Bergmänniſches Journ. 1. Jahrg. 2. B. 7. St.

Beytrag zur Reformation in Deutschland, bestehend in e. Lied über d. Ordensgeistlichen, nebst e. gar erbaulichen Nonnen-Lied. — o.O. 1782. 15 S. 8° **1:**
15.

Beytrag zur Reichsberathung über die Bewilligung neuer Römermonate. — Nürnberg 1799. 24 S. 8°
7. 12: J. publ. G. 91 w [2 Ex.] **17. 21.**
15.

Beytrag zu der Reise durch den baierischen Kreis. Augsburg 1784. 8°. (In München: Bav. 374x.)
— — Neue Auflage (des Hauptwerks). Ebd. 1785. 8°.

Beytrag zu Hrn. Dr. Galls Schedellehre [Schädellehre], oder kurze Lebensbeschreibung d. Franz Mühlbergers, eines Jünglings, dessen, als e. vorzüglichen Rechners, Büste in d. Hrn. Dr. Galls Sammlung merkwürdiger Köpfe aufgestellt ist. — Wien: Doll [usw.] 1801. 20 S. 8° **9. 14.**
15.

Beytrag zu kleinen Schauspielen für die Jugend. — Frankfurt a.M.: Esslinger 1779. 192 S. 8° **15.**
15.

Beytrag zu dem Schreiben eines Portugiesen an einen Freund in Rom, das widrige Schicksal der Jesuiten betreffend, wodurch d. Historie dieses Ordens in e. besseres Licht gesetzet wird. — o.O. 1761. 274 S. 8° **27. 35.**
15.

§ **BEYTRAG** zur Sittengeschichte Berlins im J. 1807. (Nur — reine Wahrheit.) In: Neue Feuerbrände. Ein Journal in zwanglosen Heften. Hrsg. v. d. Verf. der vertrauten Briefe über d. innern Verhältnisse am Preuss. Hofe seit d. Tode Friedrichs II. (Von *Friedr. v. Cölln*). Hft. 5. Amsterd. u. Lpz. (Lpz., Gräff) 1807, bei Pet. Hammer. S. 134—140. (Ziemlich frei.)

Beytrag zu der Staats und Kriegsgeschichte während der Feldzüge der Deutschen gegen die Franzosen vom Jahr 1792. bis 1795. u. Widerlegung d. Bemerkungen über d. von Sr. Majestät dem Könige von Preußen ... gemachte Erklärung, im Betreff d. am 5ten April 1795. geschlossenen Friedenstraktats, d. Demarkations-Linie u. d. Neutralität mit d. fränkischen Republik von e. Preußen. Deutschland [vielm. Hof: Grau] 1795. 76 S. 8°
1: Qm 6668. **6. 12:** Ph. Pr. 1055 p/3. **14. 17. 21. 24. 29.**
15.

— z. Staats- u. Kriegsgeſch. währ. d. Feldz. 1792—95. 8. Hof, Grau. 796.

Beytrag zur Silligischen Streitigkeit, aus welchem zu ersehen ist, was in derselben Lutheri Lehre gemäs sey. [Nebst] Anh. [1.] 2. — Leipzig: Büschel 1774. 8°
Anh. 1. Anmerkungen über d. gründliche Untersuchung u. nöthige Widerlegung d. Hrn. Stadtschreibers Wolfs, der von Herrn M. Sillig ... 1772 gehaltenen Predigt.
Anh. 2. Fernere Anmerkungen.
3. 14 [∞ Anh. 27].

Beytrag zum deutſchen Theater, s. a. Lambrecht, M. G.

— z. deutſch. Theater. 8. Leipz. 759.

— z. deutſch. Theater. 5 Thle. 8. Ebend. Dyk. 771.

— zur Uebung für junge fleißige Zeichner in 12, in Eravon-Manier geſt. Blättern. Braunſchweig, Spehr. 819.

— z. angenehm. Unterhalt. in Abendſtund. ꝛc. 8. Preßb. Weber.

BEYTRAG zur angenehmen Unterhaltung in Abendstunden und auf Spaziergängen, in Geschichten u. Erzählungen. Kaschau in Ober-Hungarn, Scheibler, 1794. 8°.
Anon.-Lex. I. p. 165 (nach Meuse[1] u. Schröder).

— zur angenehmen Unterhaltung in Abendſtunden und auf Spatziergängen, in Geſchichten und Erzählungen, z. Leipzig, (Hertel in Kommißion.) 796. 10 ſgl.

§ **BEYTRAG** zur Unterhaltung munterer Gesellschaften. Hamburg 1767. 8°.
Vorh. u.d.T.: Beytrag zum Nachtische.

— z. Unterhalt. munter. u. ernſthaft. Geſellſch. 3 Thle. 8. Hamb. Herold. 768—69.
Vorh. u. d. T.: Beytrag zum Nachtisch

— z. Unterhalt. beym Nachtiſch. f. Frauenzimm. v. Stande. m. 110 K. gr. 8. Bresl. Korn d. ält. 782.

* **BEYTRAG** zur Unterhaltung beim Nachtische für Frauenzimmer vom Stande. Prag, verlegt bey Johann Balzer .... Gedruckt bey Johann Ferdinand Edlen von Schönfeld. 1782. 8°. (In Berlin: Yz 5451; Bibl. Lipperheide no. 567:)
67 S.; 110 regellos und mehrfach doppelt bez. Tafeln in Kpfst. — Sehr selten, besonders cplt.!

Beytrag zu den Freundschaftlichen Unterredungen über die Würkungen der Gnade. — Schwerin [usw.] Buchenröder 1776. 124 S. 8° **3. 14.**
15.

Anonym: „Beytrag zur Verbesserung des verderbten und verfälschten Münz-Wesens Worinnen von einem angeblich Kayserlich- und 11 Holländischen falschen Ducaten Nachrichten ertheilet Und ihre Kenn-Zeichen bekannt gemacht werden. Nebst einigen nützlichen Anmerkungen, so beym Geld-Einnehmen und Auszahlen zu beobachten, um nicht in Schaden zu kommen", Anno 1749. „II. Beytrag ..... worinnen von noch andern 16 schlechten und falschen Ducaten eine Beschreybung enthalten. Und anbey, nebst denen vorigen zwölf Stücken, dieselbe .... in Kupfer gestochen, mitgethellet werden ....", Anno 1749. — Vorh.: StB Nürnberg.

Beytrag zu den Verbesserungs-Vorschlägen in Betreff der Kaiserlichen Freyen Reichsstadt Aachen besonders ihrer Tuch-Manufacturen. — o.O. 1789. VIII, 59 S. 8° **6.**
15.

— z. d. Verbeſſer.-Vorſchlägen in Betr. d. Stadt Aachen. 4. Düſſeld. Dänzer. 789.

Beytrag, ein, zur würdigen Verehr. d. heil. Jungfrau u. Gottes Mutter Maria, in e. Erklär. d. Lauretan. Litaney, v. ein. Verehrer d. heil. Jungfrau. 12. (2 B.) Regensburg 835, Manz.
Vgl. Beitrag.

Ein Beytrag zur würdigen Verehrung der heiligen Jungfrau und Gottes Mutter Maria in einer Erklärung der Lauretanischen Litaney von e. Verehrer d. heiligen Jungfrau Regensburg 1835: Rotermundt. 48 S. 8°
12: Asc. 5319 19

Weimarischer Beytrag zu feyerlicher Begehung des dritten hundertjährigen Jubel-Festes einer wohllöblichen Buchdrucker-Kunst, darinnen nebst d. dabey gehaltenen solennen Predigt (Verf.: Laurentius Reinhard), andre dahin gehörige Betrachtungen, enthalten. Nebst e. Vorr. Johann Georg Webers. — Weimar: Mumbach 1740. 136 S. 8°
1: An 3746. **3. 12:** 4° Typ. 3a/21. **14. 15. 21. 27. 30.**
15.

Wichtiger Beytrag zur Geschichte des zweyten und folgenden Septembers und der neuesten französischen Revolution. — Frankfurt [usw.] 1793. 116 S. 8° **7. 10.**
15.

Ein Beytrag zur Widerlegung der Schimäre von den materiellen Ideen. — o.O. 1776. 14 S. 8° **25.**
15.

Beytrag zum nützlichen Zeitvertreibe in Fabeln und Erzehlungen. — Frankfurt [usw.] 1764. 48 S. 8°
1:Yl 7661.
15.

Beytrag zur Civil-Bau-Kunst [Zivilbaukunst] betreffend die vornehmste Stücke der Bequemlichkeit in einem Wohn-Gebäude, wobey einige Gedanken von der sogenannten Wadel- oder Wahl-Zeit beym Holtzfällen, auf verlangen entworffen. — oO. 1744. 15 S. 8° 24.
15.

Beytrag / Beyträge, s.a. Beitrag (e)

Beytrag / Beyträge, s.a. Beytrag

Beytrag / Beyträge, s.a. Beyträge

— z. christl. Andachts=Feyer. 8. Berl. Barth. 810.

— z. Anstands= u. Sittenlehre in e. krit. Bearbeit. der Chesterfield. Erziehungsmaximen ꝛc. 8. Bamberg, Gebhard. 805.

— z. e. Apologie d. Mönchsstandes, a. statist. u. relig. Gr. a. d. Franz. 8. Strasb. (Mayr, S.) 783.

— z. Archive d. Lieblingslectüre. 1s Stck. 8. Dessau, gel. Handl. 781.

— auch e., z. Verbreit. des Reichs Gottes auf Erd. In gemeinfaßl. Gelegenheitspredigt. 8. Bamb. Göbhard. 803.

— z. Aufklär. d. Jug. in d. Naturgesch. 8. Nürnb. Stein. 798.

— z. Aufklär. d. Jülich=Bergisch. Landrechte üb. Gemeinsch. d. Güter. 8. Düsseld. Dänzer. 789.

— z. Aufklär. unserer Zeiten. 8. Frankf. Gebhardt u. K. 787.

— z Ausbild. d. deutsch. Sprache, s.a. Campe.

— zur fortschreitenden Ausbildung d. deutschen Sprache, v. e. Gesellschaft v. Sprachfreunden, herausg. v. J. H. Campe. 9 Stcke. gr. 8. Braunschw. Schulbuchh. 795—98. (à 12 gr.)

— z. Ausbreit. des wahr. Lichts der Bibel. 4 Qtle. 8. Aurich, (Vandenhök, G.) 793.

— z. Beantw. d. Fr.: ob Aufklär. schon genug gediehen, s. Buch v. Abergl.

— z. Beantw. d. Fr.: Ob d. Glaube an Christum, als den höchst. Geist u. Gott, schriftmäßig sey? 8. Ansp. Gaßert. 793.

— z. Beantw. e. Preisfr. d. Hamb. Ges.: Ueb. d. Einfl. d. Handelsstädte auf benachb. Staat. gr. 8. Hamb. Bohn. 798.

— z. Pütterischen rechtl. Bedenken üb. e. merkwürd. Vormundschaftsgesch. Fol. Schwerin, Bodner. (Grass, Leipz.) 795.

— z. Beförd. des ält. Christenth. s. Ruef.

— z. Beförder. der Erkenntniß u. Gottseligk. n. d. Lichte d. Bibel. 1s—4s Quart. 8. Aurich. (Müller in Bremen.) 792.

— z. Beförder. d. Erkenntn. d. Wahrh. z. Gottseligk. gesamml. v. Rambach. 4 Thle. 8. Halle, Kummel. 751—59.

— z. Beförd. e. nützl. Lectüre. 2 Thle. 8. Leipz. Kummer. 781. 82.

— z. Beförder. geometr. u. geogr. Messungen. gr. 8. Frkf. Andreä. 804.

— z. Beförder. des Nachdenkens u. d. Freude in Charaden. 8. Leipzig, P. F. Vogel. 798.

— z. Beförd. e. vortheilhaft. Predigermethode. 8. Neust. Riedel. 785.

— z. Beförd. d. rein. Religion u. Tugendlehre. 1s Hft. 8. Magdeburg, Creutz. 798.

— z. Beförder. d. deutsch. Weinbaues m. K. 1s Heft. gr. 8. Meissen, Gödsche. 802.

— z. Belehr. u. Unterhalt. 1r Bd. 1s u. 2s Stck. 8. Halle, Hemmerde u. Schw. 797. 800. (à 6 gr.)

— u. Bemerk. z. Landwirthschaft. s. Sprenger.

— z. Bergbaukunde, (v. A. Beyer.) m. K. 4. Dresden, Walther. 794.

— f. angehende Bergmänner ꝛc. in Bezug auf Eisen. 8. Grätz, Tusch. 802.

— z. Berichtig. d. Urth. über Browns Syst. gr. 8. Jena, Göpfert. 797.

— z. Berichtig. d. Urtheile üb. d. franz. Revolution. 2 Stck. 8. Danzig, Troschel. (1s 14 gr., 2s 15 gr.)

— z. Berichtig. herrschender Vorstellungsarten in der Religion, oder neuer Religions=Unterricht für Aufgeklärtere. 8. Leipzig, Joachim.

— z. Bestimmung d. weibl. Erbfolgeordnung in d. Osnabr. Lehngütern. 8. Hannov. Hahn. 808.

— z. e. richtig. Beurtheil. der Capitulation v. Mannh. 8. Varrentrapp. 796.

— z. Michaelis oriental., exeget. Biblioth. 8. Hamburg, Hoffmann. 787.

— bibl. z. d. v. J. G. Münch beantw. Frage: werden wir uns wiedersehen n. d. Tode? 8. Dresd. Gerlach. 801.

— z. d. Bruchst. f. Joseph II. Lebensgesch. 6 Hefte 8. Quedlinb. Ernst. 790.

— z. Chronik v. Berlin. 3 Stck. n. Zus. 8. Berlin, Hesse. 781.

— z. Dämonologie, od. Widerleg. Grimms exeget. Aufs. 8. Frankf. u. Leipz. 793.

— z. e. vernünft. Denken in Rechtsangeleg. 3 Hfte. 8. Eisenach, Wittekind. 795.

— — dasselbe. 2 Bde. 8. Leipz. Hinrichs. 799.

— z. e. vernünft. Denken u. Verfahr. in Rechtsangelegenh. 1s, 2s u. 3s Hft. 8. Berl. (Wittekind, E.) 795.

— z. körperl. u. Seelen=Diätetik f. Nervenschwache. gr. 8. Zürich, Orell. 798.

- diplom., z. d. Gesch. u. deutsch. Rechten. gr. 8. Leipzig, Böhme. 777.

— diplomat.=pract., z. d. deutsch. Lehnrecht u. z. d. Westphälisch. Fehmgerichtsverf. 2 Thle. 4. Dortmund, Mallinkrodt. 798.

— z. Ehre u. z. d. Ephemeriden d. Menschheit. 8. Frankf. Gebh. u. K. 776.

— z. Encyclopädie f. alle Stände. 4 Thle. (N. T. v. Keysers Handbibl.) 8. Königsb. Hartung. 797.

— z. e. christl. vernünft. Erbauung. 8. Altenb. Lit. Comt. 803.

— z. Erdkunde Deutschl. ꝛc. m. Zeichnung. 1s Heft. 8. Lübeck, Niemann u. N. 810.

— z. Erkenntn. u. Heilung d. Krankheit. s. Balk.

— z. Erkenntn. u. Liebe Gottes ꝛc. 5 Stcke. 8. Linz, Haslinger. 808.

— z. richt. Erklärung d. Cryptopelagianism. ꝛc. 8. Dessau, gel. Handl. 783.

— z. Erläuter. d. neuen franz. Maaß- u. Gewichtsystems. gr. 8. Hamb. Bohn. 798.

— z. Erläut. u. Prüfung des Kant. Systems. 8. Gotha, Ettinger. 794.

— z. Erläut. einig. mathemat., ontol. u. philos. Wahrh. 8. Berlin, Unger. 790.

— z. Erörter. d. Leben v. d. Erbfolg. d. weibl. Nachkommensch. in subsidiar. Weiberlehn. 8. Stuttg. Metzler. 802.

— z. Erweit. d. Länder- u. Völkerkunde, herausg. v. Forster u. Sprengel, m. K. 14 Bde. 8. Leipz. Weygand. 781—90. (1r, 3r, 4r, 7r, 8r, 11r u. 14r à 18 gr. 2r 21 gr. 5r u. 6r 1 Rthlr. 18 gr. 9r u. 10r 1 Rthlr. 12 gr. 12r u. 15r 1 Rthlr. 16 gr.)

— z. Erziehungskunst, herausg. v. C. Weiß u. C. Tillich. 1r u. 2r Bd. 8. Leipz. Gräff. 803—6. (à 1 Rthlr.)

— z. e. Exempelbuche, a. d. Dän. 8. Straßb. Ettinger. 781.

— z. Förder. des wahr. Christenth. 2 Bde. 8. Stuttg. 753.

— f. Freunde der Oeconomie ꝛc. 8. Leipz. Compt. f. Litt. 790.

— z. d. Gedanken des Baumelle. 8. Berlin. Günther. 751.

— z. d. Gedanken derj. Frauenzimmer, die sich verheir. wollen. 8. Leipz. Barth. 793.

— geheime, z. Lebensgesch. berücht. Favorit. u. Staatsm. a. d. Franz. 8. Wien, Wucherer. 788.

— geogr. statist. z. Kenntniß aller Besitz. in Asien, Afrika u. Amerika. 8. Duisb. Bädecker u. K. 790.

— z. Gesch. des Anabaptism. in Deutschl. 8. Nürnb. Schmidmers. 773.

— z. Gesch. d. Bastille in Ausz. u. Abschr. 3 Stck. 8. Frankf. Varrentrapp u. W. 789. 90. (à 9 gr.)

— z. Gesch. u. Beschr. v. Süd- u. Neu-Ostpreußen. 1s u. 2s Heft. gr. 8. Berlin, Maurer. 802. u. 3. (à 10 gr.)

— z. Geschichte d. Bibel. 8. Bremen. Müller.

— z. bürgerl. Gesch. ꝛc. a. d. Schrift. d. Akad. z. Brüssel. 1r Bd. m. K. herausg. v. Adelung. gr. 8. Leipz. Kleefeld. 785.

— z. Geschichte u. Characterist. Catharina II. ꝛc. gr. 8. Ebd. 808.

— z. Gesch. d. röm. Eingriffe in d. Freyheit d. deutsch. Kirche. 8. Mainz, Fischer. (Gräff. Leipz.) 791.

— z. Gesch. u. Empfehl. d. Kartoffelfrucht ꝛc. 8. Rudolst. Hofbuchhandl. 810.

— z. Gesch. d. Feldzugs v. 1796. 8. Altona. (Behrens, F.) 797.

— z. Gesch. d. Frohne od. Scharwerke in Baiern. 2 Bde. 8. München, Fleischmann. 798.

— z. geh. Gesch. des menschl. Verst. s. Wieland.

— z. e. Gesch. v. Gerlingswalde. 4. Leipz. Müller. 784.

— z. Gesch. d. Glaubensreglements. 8. Heilbr. Claß. 780.

— z. Gesch. d. k. k. Gränitzregimenter. gr. 8. Wien, Wucherer. 788.

— z. Gesch. d. menschl. Herzens ꝛc. 8. Stuttg. Metzler. 780. —

— z. Gesch. d. Kiefernraupe. m. K. gr. 8. Dresden, Gerlach. 800.

— z. Gesch. d. Krieges in Preußen. s. Briefe üb. Preußen ꝛc.

— z. Gesch. des Kriegs in Preußen, Schles. u. Pohl. in d. Jahr. 1806 u. 1807. 5 Thle. m. K. u. Planen. 8. Leipzig, Gräff.

— — dasselbe in gr. 8. Ebend.

— z. Gesch. d. zweyt. Schles. Krieges, a. d. Pap. des Gen. v. Nassau. gr. 8. Frankf. (Walther, Dr.) 780.

— z. Gesch. d. Kunst. gr. 8. Nürnb. Felsecker. 784.

— z. Gesch. d. Künstl. u. Gewerke ꝛc. 8. Leipz. Weber. 776.

— z. Geschichte u. Literat. a. Handschr. d. Badisch. Bibl. gr. 8. Frankf. Gebhardt. 798.

— z. Geschichte Ludwig XVI. 8. Leipz. Graffé. 785.

— z. Gesch. des Medicinalwes. in Chursach. 8. Leipz. Joachim. 804.

— — Ebendasselbe. 8. Neustadt, Wagner.

— z. Gesch. d. Menschh. u. Unmenschh. 8. Leipz. Weygand. 785.

— z. neuest. Gesch. d. Literat. v. J. 1757. u. 58. 8. Altona, Iversen.

— z. philosoph. Gesch. d. heut. geheim. Gesellsch. gr. 8. Wien, Graffer. 786.

— z. Gesch. d. franz. Revolution. 7 Bde in 21 Stck. m. K. 8. Leipz. Schmidt. 795. 96. (à Stck. 14 gr.)

— z. Gesch. Rußl. v. J. 1727. bis 744. a. d. Franz. 8. Brem. Cramer. 771.

— z. sächsisch. Gesch. bes. des sächs. Adels. 2 Stck. gr. 8. Altenb. (Academ. Handl. in Jena.) 793.

— z. Gesch. d. Schatzgräberey. u. a. Vorurtheile. 8. Leipz. Weygand. 786.

— z. Gesch. groß. Staatsmänner, od. Nachr. v. Leben A. Carpzovs. 8. Coburg, Ahl. 796.

— z. Gesch. u. Statist. Sachsens. 1794. ist Journal f. S.

— z. Gesch. des deutsch. Theaters. 4 Stcke. 8. Berl. Birnstiel. 776.

— z. Gesch. d. Urverfassung Deutschlands, v. Ver. Janus. 8. Sulzbach, Seidel. 797.

— z. Nördling. Geschlechtshistorie. s. Beyschlag.

— d. deutsch. Gesellsch. in Leipz. z. crit. Hist. d. deutsch. Spr. ꝛc. 32 Thle. 8. Quedlinb. Ernst. 732—44.

— z. republ. Gesetzbuch. 8. Königsb. Nicolov. 800.

— z. republ. Gesetzbuche m. Anm. z. preuß. Landrecht. 8. Königslutter. Culemann. 798.

— Hamburg., z. d. Werk. des Witz. u. d. Sittenlehre. 2 Bde. od. 6 Thle. 8. Hamb. Compt. f. Litt. in Leipz. 753—55.

— Hannover. z. Nutz. u. Vergn. a. 1759—62. (e. Forts. d. nützl. Samml.) 4. Hannov. Helwing. (Jg. à 4 Rthlr. 12 gr.)

— — dess. Forts. s. Hannöv. Magazin.

— hist., z. Gesch. d. franz. Kriegs. 8. F. Behrens. 796.

— hist. u. statist. z. Staats= u. Kriegsgesch. in d. letzt. Lebensjahr. Friedr. d. Großen. 8. Mecklenb. (Schöne, B.) 793.

— hist. geogr. stat., z. Kenntn. versch. Länder rc. 3 Bde. 8. Quedlinb. Ernst. 791—95.

— histor.=geogr.=statist. z. nähern Kenntniß Westphalens. 2 Thle. (v. P. F. Weddigen.) 8. Elberfeld, Büschler. 805.

— hollstein., z. Literatur. 2 Stck. 8. Lübeck, Niemann u. C. 771.

— z. Homiletik f. Prediger. 2 Hefte. gr. 8. Marb. Krieger. 796.

— z. Homiletik f. Seelsorger rc. 3 Bdch. 8. Salzb. Duyle. 792.

— z. Kenntn. d. Spanisch. Besitz. in Amerika. a. d. Sp. v. C. A. Fischer. 8. Dresd. Beger. 802.

— z. Kenntn. Großbritann. 8. Lemgo, Meyer. 780.

— z. Kenntniß u. Heil. d. Kolik od. Darmgicht d. Pferde. 8. Halle, Waisenh. 804.

— z. Kenntn. d. Justizverf. u. jurist. Literat. in d. Preuß. Staat. v. Eisenberg u. Stengel. 5 Bde. gr. 8. Berl. Nauck. 796—98. (à 1 Rthlr. 12 gr.)

— — dess. 6r Bd. gr. 8. Berlin, Voß. 799.

— — dess. 7r—18r Bd. od. neue Beiträge 1r—12r Bd. von Stengel allein. gr. 8. Halle, Waisenh. 799—804. (à 1 Rthlr. 12 gr.)

— — Register z. 1ten—6ten Bde. gr. 8. Ebend. 799.

— z. nähern Kenntniß etl. Ostindischen Besitzung. der verein. Niederl., u. d. Holl. d. Stavorinus. gr. 8. Rost. Stiller. 796.

— — Nachtr. dazu, s. Uebers. sämmtl. Holländ. Reis.

— z. näh. Kenntn. d. Tartarei. gr. 8. Weim. Ind. C. 804. (aus d. Biblioth. d. Reis. 1ir Bd.)

— z. Kenntniß des böhmischen Rechts rc. 1s Heft. gr. 8. Nürnb. Grattenauer. 806.

— z. Kenntniß d. deutschen Rechtspflege in peinl. Sachen a. d. Churfürstenth. Trier. 8. Wetzlar, Winkler. (B. Fleischer, Leipz.) 794.

— z. Kenntniß vorzügl. d. innern Englands u. dess. Bewohner (v. Küttner) 16 Stck. gr. 8. Leipz. Dyk. 791—96. (1s—15s à 9 gr. 16s 18 gr.)

— — Anhang unt. d. Tit. üb. d. öconom. polit. Zust. Großbritann. 796.

— z. dissidentisch. Kirchengesch. u. Kenntn. v. Großpohlen. 4. Bresl. Korn d. ält. 789.

— z. fränk. Kirchenhistorie, in e. Gesch. d. Wiedertäufer. 8. Nürnb. Bauer. 770.

— kl., z. Hannöv. Dramaturgie. 4 Stck. 8. Hannov. Helwing. 789.

— kl., z. Kenntn. d. Naturgesch. in Schul. rc. 8. Nürnb. Riegel. 802.

— kl., ob es einem weis. Manne erlaubt s., sich z. d. Meinung. u. Irrth. andr. herabzulass. rc.? 8. Br. El. Meyer. 791.

— z. Kopfrechnen f. Kind. u. Schulfreunde. gr. 8. München, Fleischmann. 806.

— z. Kriegsgesch. des Churf. Friedr. Wilhelm in d. Lebensbeschr. D. Freyh. v. Sparr. gr. 8. Stendal, Franzen u. Gr. 793.

— z. Criminalrecht. gr. 8. Leipz. Joachim. 805.

— z. neuern deutsch. Critik. gr. 8. Jena, Gollner. 767.

— kritisch. z. Storr's Dogmatik. gr. 8. Heidelb. Mohr u. Zimmer. 805.

— krit., z. Metaphysik, in e. Prüf. d. Stattler. Antikant. 8. Frankf. (Hartknoch, R.) 795.

— f. d. Kunde des Preußischen Staats. gr. 8. Stendal, Franzen u. Gr. 799.

— z. d. deutsch. Land= u. Stadtrechten. 4. Wetzlar, Winkler. 778.

— z. deutsch. Landstaatsrechtslehre. 4. Frankf. Gebhardt u. K. (auch Macklot, Carlsruhe.) 786.

— z. Lebensbeschr. Wilhelm Hogarths. a. d. Engl. gr. 8. Leipzig, Breitkopf. 783.

— z. Lebensgesch. u. Character Basedows. 8. Magdeb. Scheidhauer. 791.

— z. Lebensgesch. Friedrichs des Großen. 8. Berl. Realsch. 788.

— z. d. Lehre v. d. Austrägen d. Reichsstädte. 4. Nürnb. Monath. 775.

— z. angen. u. lehrr. Lectüre in Poes. u. Pros. m. Mus. 16. Düsseld. Dänzer. 799.

— z. angen. u. nützl. Lectüre. E. Scherflein z. Leserey f. Frauenz. 2 Bdchn. 8. Offenb. Brede. 799.

— z. deutsch. Lectüre. 8. Leipz. Büschel. 773.

— z. Lectüre f. junge Leute. 1r Bd. 8. Hamb. Hoffmann. 785.

— z. moral. u. empfindf. Lectüre. 8. Altenb. (Academ. Handl. in Jena.) 774.

— z. gemeinnütz. Lesung d. heil. Schrift. 5 Stck. 8. Leipz. Jacobäer. 784—86.

— — Forts. s. Pauli.

— z. Liederhist., betr. d. Gesangb. 8. Leipz. Hilscher. 769.

— z. Literatur u. Theaterkunde. 1s Stck. 8. Hamb. Matthiesen. 785.

— mathemat., z. Ausbild. angeh. Geometer. gr. 4. Königsberg, Unzer. 803.

— z. Methodik f. Bürgerschullehr. rc. 8. Berl. W. Wieweg. 788.

— z. Mineralogie v. Italien. gr. 8. Frankf. Varrentrapp u. W. 789.

— mineral. vorz. in Rücks. a. Wirtemberg u. d. Schwarzwald. gr. 8. Gotha, Ettinger. 807.

— z. e. Monographie d. Mecklenburg. Schmetterlinge. 8. Rost. Stiller. 802.

— z. deutsch. Museum. 8. Leipz Gräff 783

— z. Naturhistorie, besond. des Mineralreichs. 2 Thle. m. K. gr. 8. Altenb. (Academ. Handl. in Jena.) 774.

— zur Naturkunde, in Verbindung mit ihren Freunden, verfaßt u. herausgegeben v. Fr. Weber u. D. M. H. Mohr. 1r, 2r Bd. m. 11 K. gr. 8. Kiel, Academ. Buchhandl. 805—10. (1r 2 Rthlr. 8. gr. II. 2 Rthlr.)

— z. e. Naturlehre. s. Ehrmann.

— z. e. redend. Naturlehre u. Physignomik. d. Menschheit. 2 Thle. m. K. 8. Nürnb. Schneider u. W. 793. (1r 16 gr., 2r 18 gr.)
illum. (1r 1 Rthlr., 2r 1 Rthlr. 8 gr.)

— z. Naturrecht. 2 Samml. 8. Halle, Renger. 794.

— z. Nutz. u. Vergnüg. f. beiderley Geschl. 8. Danz. Flörke. 778.

— e. britt. Offic., z. Gesch. des gegenw. Kriegs, a. d. Engl. 8. Zürich, Geßner. 797.

— z. Pastoralmedicin. 8. Halle, Hendel. 785

— patriot., z. ewig. Frieden, ges. bis Ende 1800. 8. Berl. 801.

— z. Pflanzen Anatomie, s. F. C. Medicus.

— poet. u. pros., z. Nutz. u. Vergnüg. 2 Thle. 8. Brünn. Hilscher. 778.

— pract., z. Bildung e. allgem. Lehrbegr. f. d. Unterämter ꝛc. 2 Stck. gr. 8. Potsdam, Horvath. 785.

— pract., z. topographisch. Vermessungen ꝛc. m. K. gr. 8. Nürnb. Stein. 810.

— z. deutsch. Rechtschreibung f. Anfänger ꝛc. gr. 8. Helmst. Fleckeisen. 796.

— z. neuest. deutsch. Reichs u. Staatspraxin. 4 Stck. 4. Wetzlar, Winkler. 778.

— z. d. neuest. Religionsvereinigungsschr. 5 Stck. 8. Frankf. Bayrhofer. 782—83.

— z. Revision d. 5 erst. Titel des Concepts d. r Kammergerichtsordn. 2 Thle. 4. Lemgo, Meyer. 778. (1r 16 gr., 2r 12 gr.)

— z. Revolutionsgesch. v. Worms 1792. 93. 8. Offenbach. Brede. 793.

— z. d. Samml. d. best. poet. u. prosaisch. Schriftsteller. 16 Stck. 8. Frankf. Mayers Erb. n. 778.

— z. Schul- u. Erziehungsgesch. in Bayern. 8. München, Strobl. 779.

— z. Sittenlehre, Oeconomie, Arzneywissensch. 4 Stck. 8. Mannh. Schwan u. G. (Frankf. Hermann.) 770—81.

— z. deutschen Sprachkunde. 2 Thle. gr. 8. Berl. Matzdorf, (Maurer) 794—96. (1r 1 Rthlr. 8 gr. 2r 1 Rthlr. 4 gr.)

— z. neuest. Staatsgeschichte d. russisch. Reichs. 8. Lübeck, Niemann u. R. 764.

— aus d. ält. deutsch. Staatsrecht z. freymüth. u. gründl. Beurtheil. d. neuest. deutsch. Staatsbegeb. 8. Heilbr. Claß. 797.

— z. neuen deutschen Staatsrecht ꝛc. 1s Heft. 8. Regensb. Neitmayer. 806.

— z. Statistik v. Göttingen. 8. Götting. Vandenhök. 785.

— unserer Tage z. d. Siegen des Lichts üb. d. Finsterniß in d. Liturgie. 8. German. (Herold, L.) 798.

— z. Tactik u. Strategie. 1te Abth. m. K. 8. Glogau, Günter d. i. 804.

— z. erst. Theile d. Characteristik d. Bibel. gr. 8. Gera, Rothe. 776.

— z. Theologie, Critik u. Historie. 2 Thle. 8. Chemnitz, Mauke. 777. 78.

— z. d. gel. Wissensch. Theologie, Philol. u. Hist. 16—6s Stck. Frankf. u. Leipz. Fritsch. 764.

— z. Toilettenlectüre ist e. 2r Tit. z. Noldes Gallerie d. Gesundheitslehre.

— z. Unterhalt. f. Freunde d. Religion. 2 Stck. gr. 8. Liegnitz, Siegert. 793.

— z. gemeinnütz. Unterhalt. in Bezieh. auf d. Voigtl. 12 Stck. 8. Greiz, Schneider. 789.

— z. nutzl. u. lehrreich. Unterhalt. 1r Thl. 8. Hannover, Hahn. 793.

— u. Urkund. z. Trenks Lebensgesch. 8. Wien, Doll. 793.

— z. Verbess. u. richtig. Führung d. Kirchenbücher. 8. Hildburgh. Hanisch. 764.

— z. Verbess. des Gottesdienstes. s. Hermes.

— z. Verbesser. d. arzneyl. Hülfe auf d. Lande. 8. Quedlb. Ernst. 785.

— z. Verbesser. d. Stadt- und Landschulen in Baiern. 8. Landshut, Krüll. 802.

— z. Veredlung d. Menschheit. 1r Beytr. 8. Mannheim, Schwan. 804.

— z. Verfert. u. Verbesser. d. Barometers. gr. 8. Frankf. W. Fleischer. 795.

— z. Völker- u. Länderkunde. 10. Th. ist Auswahl klein. Reisebeschr. 13r—22r.

— z. Volksbibliothek. 8. Kempten, Dannheimer. 807.

— z. Wahrheit d. christl. Religion. 8. Bresl. Korn d. ält. 767.

— z. Weisheit u. Menschenkenntniß. 4 Bdch. 8. Gotha, Ettinger. 780—81.

— z. d. Werken d. Weltweisen z. Sanssouci. 8. Magdeb. Hechtel. 761.

— z. Zeitvertr. in Fabeln. gr. 8. Jena. Melchior. 764.

Beyträge, s.a. Beiträge.

Beyträge, s.a. Beytrag / Beyträge.

Beyträge, agronomisch-chemisch-technische. 2r Bd. — Auch u. d. Titel: Grundsätze der Kunst, Wein zu machen, vorzüglich in Beziehung auf die Bereitung und Verbesserung einheimischer Fruchtweine; nach dem engl. des J. Macculoch bearb. von J. H. F. Lohmann. gr. 8. Hannover, Helwing. 819.

Beyträge zu den Aktenstüken [Aktenstücken], die bekannte reichsgräflich fränkische und westphälische Strittigkeiten betreffend. — o.O. 1784. 16 S. 8°
12:J.publ.G.1245-25. 21.
15.

Allerneueste Beyträge zur vollständigsten Jesuitengeschichte aus den unglaublichsten Urkunden gezogen, zum allgemeinen Gebrauche aller Jesuitenfreunde u. Feinde, vorzüglich d. Herrn Verfassers d. Geschichtlichen Würdigung d. Jesuitenordens. Mit e. nothwendigen Nachrede. o. O. 1816. 59 S. 8°
1:Ci 6820. 21.
15.

— allerneueste, z. vollständigsten Jesuitengeschichte. Aus Urkunden. 8. Augsb. Wolff. 816.

Beyträge: Ältere und neuere Wöchentliche Beyträge zur Geschichte der Gebräuche und Sitten der Kunst und Natur
⑤ 2. 1. 1785—Dezember 1785 ⑥ 8° ⑦ Wochenblatt ⑧ Zürich: Orell, Geßner, Füßli & Compagnie ⑩ der Drucker ⑪ Leonhard Meister ⑬ BGSZ: 99 (p. 104—105, Nr. 31) ⑭ Bs: U; Zh: Z.

— z. d. Anecdoten und Charakterzüge König Friedrich II. 4 Stcke. 8. Frankf. Academ. Buchhandl. 788.

— zu den Anekdoten und Charakterzügen Friedrich II. 4 Hefte, 8. jetzt Fill.tner in Berlin.

Beyträge zu den Anecdoten und Charakterzügen aus dem Leben Friedrichs des Zweiten. H. (1)-4. — Berlin (2ff: Berlin [usw.]): Kunze 1788-89. 8°
1: Sv 296 [auch H. 1-3 = 8° Bibl. Diez 4600]. 2. 4. 6 [∞ 3. 4]. 10 [∞ 1. 2. 4]. 12: Bor. 27. 14 [∞ 4]. 16. 17. 102 [∞ 1. 4].

Beyträge zu den chemischen A n n a l e n : von Lorenz (v.) Crell. Bd. 1-6. Helmstädt & Leipzig: J. G. Müller (5 ff.: Helmstädt: Fleckeisen) 1786 - 98. 2 Bde. 12 Hefte 8°
Bd. 1: 1786.
Bd. 2: 1787.
Bd. 3: 1787 - 88.
Bd. 4: 1789 - 90.
Bd. 5. St. 4: 1794.
Bd. 6. St. 1-3: 1795 - 98.

Beyträge in das Archiv des deutschen Parnasses
⑤ 1776—1777 (3 Stück) ⑥ 8° Ⓔ Bern: Typographische Gesellschaft ⑫ literarische Zeitschrift ⑬ BGSZ: 99 ⑭ Zh: Z.

Beyträge zum Archiv der medizinischen Polizei und der Volksarzneikunde. Hrsg. v. Joh(ann) Christian Friedrich Scherff. Bd 1-5. gbd.

Leipzig: Weygand 1789-95

Beyträge zum Archiv der medizinischen Polizei und der Volksarzneikunde. Hrsg. von Joh(ann) Christian Friedr(ich) Scherf, Bd. 2-8. Leipzig: Weygand 1790 - 98. 12 Bde. 8°
Bd. 2, Samml. 1.2: 1790.
Bd. 3, Samml. 1.2: 1791 - 92.
Bd. 4, Samml. 2.: 1793.
Bd. 5, Samml. 1.2: 1793 - 95.
Bd. 6, Samml. 1.2: 1795 - 96.
Bd. 7, Samml. 1.2. 1797 - 98.
Bd. 8, Samml. 1: 1798.

— z. Aufheb. d. Gemeinheit u. Verbesser. der Landwirthsch. 4 Samml. 4. Brandb. Halle. 774—80.

Beyträge zur A u f k l ä h r u n g der Gülich- u. Bergischen Landsrechten, in einer system. Abh. über die Gemeinschaft von Güther unter den Gülich- u. Bergischen Eheleuten. Düsseldorf 1789.

— z. Aufklär. d. Landleute, s. Unger.

A u s e r l e s e n e Beyträge zur Thierarzneykunst. Stück 1–4. Leipzig 1786-88.

— auserles., z. Thierarzneykunst. 4 Stcke. 8. Leipzig, Weidmann. 787. 88. (1s 14 gr. 2s 18 gr. 3s 14 gr. 4s 16 gr.)

— ausgesuchte, f. d. Entbindungskunst. 2 Stck. 8. Leipz. Weygand. 788—89. (1s 1 Rthlr. 4 gr. 2s 20 gr.)

Beyträge zur Badechronik von Ischl. 104 S., gbd.

Wien: PP. Mechitaristen 1836
Fortsetzung von: Götz, (J.): Ischl und seine Soolenbäder vom Jahre 1826 bis inclusive 1833. Wien: 1834

JB 2.792

Beyträge, baierische, zur schönen u. nützl. Litteratur. (Herausg von *Lorenz Westenrieder.*) Jahrg. 1—3 (à 2 Bde. = 6 voll.). München, J. B. Strobl, 1779—81. 8°. Hfrzbde. m. schönem Ex-libris (d. Barons Frz. Xav. Schneider v. Negelsfürst).
I. 1: 5 Bll., 610 S. 2: 5 Bll. u. S. 611—1216. Enth. u. a. den Roman: „Leben des guten Jünglings Engelhof" (von Lorenz Westenrieder).
II. 1: 8 Bll., 580 S. 2: 1 Bl. u. S. 581—1426 (cplt.?). Enth. u. a. die „Geschichte einer Bürgerstochter von München".
III. 1: 3 Bll., 1026 S. 2: 1 Bl. u. S. 1027—1592. Enth. u. a. die Biogr. „Aus dem Leben Junker Höhers aus der Pfalz".
In allen 3 Jahrgängen auch viele Beiträge zur Geschichte des Münchener Theaters. — Selten!

Beyträge zur Beantwortung der Frage: Wie ist Wucher ohne Strafgesetze aus einem Staate zu verbannen? Von D.C.C.R. — Dreßden [usw.]: Richter 1791. 92 S. 8°
10. 24.
15.

— z. Beantw. d. Fr.: wie ist Wucher ohne Strafges. zu verbannen? 8. Dresd. (Seeger, L.) 791.

Anonym: „Beyträge zur Beantwortung der Frage: Worauf gründet sich Landstandschaft? Hängt es von der Willkür des Fürsten ab, wenn die Landstände als Repräsentanten seines Volkes zusammen kommen sollen oder nicht?" Rostock 1797 (Stuttgart, Erhard).

— z. Beförder. des vernunft. Denkens in d. Religion, herausg. v. Conradi. 1s—20s Heft. gr. 8. Winterthur, Steiner. 780—801. (1s, 2s, 4s—12s, 14s—16s u. 18s à 12 gr. 5s 8 gr. 13s 14 gr. 17s 13 gr. 19s u. 20s à 16 gr.) (19s u. 20s a. u. d. Tit. neue Beyträge rc. 1s u. 2s Heft.)

— z. Beförderung d. vernünftigen Denkens in d. Religion. Frnkfrt. u. Lpzg. 1780. Wint. 1790. 5 Thle. i. 6 Bd. 8.

Beyträge zur B e f ö r d e r u n g der Gerechtigkeit. E. Schrift woran jedermann Antheil nehmen darf. Halle 1781.

Beyträge zu Beförderung bürgerlicher und religiöser Glückseligkeit. [Hrsg.: Johann Gottlieb Picht.] St. 1. — o. O. 1790. 32 S. 8° 1. Die Einrichtung d. Weberamts in Gingst.
9.
15.

Beyträge zur Beförderung der Haushaltungskunde, und anderer damit verwandter Wissenschaften. Hrsg. von Daniel Gottfried Schrebern. — Münster: Perrenon 1776. 300 S. 8° 6. 7. 17. 38.
15.

— z. Beförder. theolog. u. and. wichtig. Kenntnisse, herausg. v. Cramer. 4 Thle. 8. Hamb. Bohn. 777—83. (jeder Thl. 20 gr.)

Beyträge z. Beförderung ein. Curmethode rc., s. a. J. C. Reil u. Hofbauer.

Beyträge zur B e f ö r d e r u n g einer Kurmethode auf psychischem Wege. Hrsg. von Johann Christian Reil u. Joh(ann) Christ(oph) Hoffbauer. Bd. 1.2.
Halle: Curt 1807 - 08. 6 H.
Bd. 1. St. 1-4: 1807 - 08.
Bd. 2. St. 1.2.: 1808.

Beyträge zur Beförderung der Preuß. Nationalerziehung. Hrsg. v. K. A. Zeller. Königsberg.
s. Zeller, K. A.: Die Schulmeisterschule. 1817. Tc 135

— z. Beförder. d. Naturkunde, 1r Bd. gr. 8. Halle. (Hahn in Hannover.) 774.

Beyträge zur Beförderung der populären Philosophie. — Halberstadt: Groß 1791. IV, 189 S. 8° 12: Ph. U. 51.
15.

— z. Beförder. d. populär. Philosophie rc. 8. Halberst. (Sommer, Leipz.) 791.

Beyträge zu den Bemerkungen über Kleinschrods Entwurf des peinlichen Gesetzbuches. H. 1. 2. — o. O. 1803. VI, 105 S. 8° 7. 12: Crim. 22. 14.
15.

— z. d. Bemerkungen üb. Kleinschrods Entw. des peinl. Gesetzbuchs. 1s u. 2s Heft. gr. 8. Münch. Lentner. 803.

— und Bemerkungen zu den gekrönten Preisschriften über Güter-Arrondirung. 8. München, Lindauer (in Commission.) 819. Rthlr.

Beyträge, z. Berathschlag. üb. d. Handlungsgrundsätze. gr. 8. Cosmopoli. Koppe. 772.

— z. Berichtig. d. Wahrheiten d. christl. Religion (v. A. Riem.) 8. Berl. (Vieweg in Braunschw.) 787.

— u. Berichtigungen z. Bahrdts Leben. 8. Halle, Hendel. 791.

Beyträge und Berichtigungen zu Karl Friedr. Bahrdts Lebensbeschreibung; in Briefen eines Pfälzers. o. O. 1791. VIII, 248 S. 8°
Verf. bezeichnet im Vorw. „Hochachtung gegen die Maurer" als einen der Gründe zur Hrsg. dieser Biogr.

— Berliner, z. Landwirthschaftswissensch. 8 Bde. à 12 Stck. u. Register. gr. 8. Berl. Pauli. 774—91.
Fortges. u. d. T.: Beiträge, Neue Berliner.

Beyträge zu dem cammergerichtlichen gemeinen Bescheid vom 13ten May 1785. die Einschränkung der Fristerstreckungen betreffend. — Wezlar 1785. 24 S. 8°
7. 21.
15.

— z. Beschr. v. Schlesien. 13 Bde. (v. F. A. Zimmermann.) z. 5 Stck. m. K. 8. Bresl. Korn d. jüng. 785—97. (à 5 gr.)

Beyträge zur Beschreibung von Schlesien. (Hrsg. v. Friedr. Alb. Zimmermann.) Bd. 1-13.
Brieg: Tramp 1783 - 96.

Beyträge zur Betrachtung über die Wahrheit der christlichen Religion. — Schwabach: Enderes 1775. 319 S. 8°
17.

— beurkundete, z. Gesch. d. Erzbischöfe z. Salzb. als Herz. v. Bayern. 8. Salzb. Duyle. 788.

Beyträge zur Beurtheilung [Beurteilung] der Frage: ob und in wie weit Ritter- und Landschaft des Mecklenburgischen und Wendischen Kreises der Herzogthümer Mecklenburg die Kosten zu tragen haben, welche in Friedenszeiten die Unterhaltung des mecklenburgischen Contingents zum Deutschen Bunde erfordert? — Rostock 1827: Adler. 44 S. 8°
28.
15.

Beyträge zu gründl. Beurtheilung d. besond. staatsrechtl. Verhältnisse d. Kgl. Sächs. Oberlausitz, auf d. Grund d. vorhand. Verträge, Urkunden u. a. Quellen, mit Rücksicht auf die Constitution d. Königr. Sachsen. (Von G. F. Wiesand.) 1. Thl. gr. 8. (25 B.) Camenz 832. (Dresden, Walther.)

— zur Beurtheilung d. neuen franz. Maaß- u. Gewichtssystems. gr. 8. ist jetzt Verl. v. Schnuphase in Altenb.

Beyträge zur Beurteilung [Beurteilung] der kirchlichen und staatsbürgerlichen Rechte der lutherischen Bürger der freyen Reichsstadt Bremen. — o. O. 1803. 101 S. 8°
1:2 in Sp 9840-2. 4. 7. 8. 15. 18. 23.
15.

BEYTRÄGE zur Beurteilung des Selbstmordes in auffallenden Erzählungen seltener Selbstmörder. Ronneburg, Hahn 1816, 8°.

Beyträge zur Bildung für Jünglinge. Bdch. 1.2. — Wien: Härter 1817-18. 8°
19. 300:47 X 21. 302[∞2].

— Bremische, z. Unterhal. 4 Qtle. 8. Brem. Müller. 795. (à 14 gr.)

— Bremische etc. Jahrg. 795. 8. ist Verl. v. Heyse in Bremen.

Beyträge der vaterländischen Bühne, gewidmet von F. L. W. Meyer. 8. Berlin, Unger. 793. (Sommerbrodt.)

— zu einer Charakteristik der neuen deutschkathol. Kirche etc. Von e. Bresl. Bürger. Nebst Beleuchtung von Ronge's Flugschriftchen. gr. 8. Grünb. 1846, Weiß.
3 Ngr. — 12 kr.

Beyträge zur Charakteristik Napoleons. Von der Feder e. unbefangenen u. scharfblickenden Beobachters. — o.O. 1806. 12 S. 8°
7.
15.

— z. Characteristik d. franz. Staatsverfassung. gr. 8. Königsb. Nicolovius. 815.

— z. Chemie u. Physik, in Verbindung mit J. J. Bernhardi, J. Berzelius, L. v. Crell, A. F. Gehlen etc. herausg. von J. S. C. Schweigger, s. Journal, neues, f. Chemie u. Physik.

Beyträge. (Danziger), zur neueren Staats- und Krieges-Geschichte. Zweyte Auflage. 1. 190. Stück. (Mit 27 Karten und 1 Beilage.) (19 Bde.)
8. Danzig 1757—1764

Beyträge zu denen Denkwürdigkeiten Friederichs des Allergrößesten jetztregierendem Königes von Preussen. Neue, verm. Aufl. Th. [1.]2. — Frankfurth [usw.] 1762. 8°
1:Sv 170. 7. 15. 23.
15.

Beyträge zu denen Denkwürdigkeiten Friederichs des Großen jetztregierendem Königes von Preussen. (Hrsg.: Daniel Christian Hechtel.) — Frankfurth [usw.]: Hechtel 1760. 54 S. 8°
7. 8.
15.

Diplomatische Beyträge zur sächsischen Geschichte und Staatskunde, hrsg. von Christian Ernst Weiße. — Leipzig: Martini 1799. 290 S. 8°
1:Sq 456. 2. 3. 7. 14. 15. 17.
15.

Diplomatische Beyträge zur weisen Gesetzgebung überhaupt, besonders in Rücksicht der Policey. (2.3: Hrsg. von Christian Heinrich Ludwig Wilhelm Spiller v. Mitterberg.) 1-3. — Coburg: Ahl 1790-93. 8°
1 mit Nebent.: Sammlung d. wichtigsten neuern vaterländischen Gesetze. 1790.
5[∞1.2]. 7[∞3]. 12:[∞3]:4° Pol. g. 26. 14[∞3]. 15[∞3]. 16[∞2.3]. 24.
15.

— diplomat., z. Untersuch. der schlesisch. Rechte u. Gesetze. 1r Bd. 4 Thle. u. 2n Bds. 1 u. 2r Thl. m. K. gr. 4. Berl. Haude. 771—75.

— dramatische, von Theod. Körner. s. Körner, Th. im Alphabet.

— dramatische, z. Characteristik d. Zeit. 8. Berl. Weiß. 808.

— dramatische, f. d. Hoftheater in Dresden, v. Bösenberg. 8. Dresd. Richter. (Hinrichs in Lpz.) 791.

— Duisburg., gel. u. gemeinnütz., a. d. J. 1777. 8. Quedlinb. Ernst.
Fortges. u. d. T.: Unterhaltungen, Duisburgische wöchentliche.

Echte und wahrhafte Beyträge zur Geschichte des österreich. Militärdienstes. 8. Wien 1781.

— ächt. u. wahrh., z. Gesch. d. österr. Militärdienst. 8. Klagenf. Walliser. (a. Kummer, L.) 782.

Beyträge (Entomologische). I. Heft. – *Winterthur*, 1802. In-4°.
10 pl. gravées par *J. R. Schellenberg*.

Beyträge zur letzten philosophischen Epoche, nach den Buchstaben der göttlichen Offenbarung in einer Reihe Briefe. Th.1. — Dessau [usw.]: Buchh. d. Gelehrten 1783. XX,365 S. 8°
17. 28.

— zur Erbauung der Brüdergemeine. Jahrg. 817. etc. 818. 8. (Leipzig, Kummer in Comm.) à Jahrg. v. 6 Heften. 1 Thlr.

Beytrr. zu neuen Erfahrr. d. Rechts- u. Gesetzkunde, od. Jahrgg. d. Rechtspfl. b. d. Holstein. Obergerr. *Alt.*, Hammerich. Jg. 795. in 3 Abthh. 797. 8. (2 Thl. 4 Gr.)

Beyträge zur Erläuterung und Ergänzung der Geschichte der Stadt Gotha, nebst darzugehörigen Urkunden, gesammlet im Jahr 1767. — Gotha: Mevius [1767]. 192 S. 8°
Verfasser nach handschriftlicher Notiz im Exemplar 27 Madelung.
1:Ss 5010. 2. 3[unvollst.] 5. 7. 8. 12[unvollst.]: 4° Germ. sp. 34s. 14. 15. 27.
15.

Beyträge z. Erläut. d. Gesch. d. Stadt Gotha. 4. Gotha, Mevius. 767. Rthlr.

Beyträge Zur Erläuterung der Kirchen-Reformations-Geschichten Des Schweitzerlandes
Ⓢ 1741—1753 Ⓑ Zürich Ⓢ Als Zeitschrift abgelehnt. — v. BGSZ: 99, p. 158.

— zur Erörterung u. Prüfung v. Tages-Meinungen üb. Politik, Staatsrecht und Staatswirthschaft. 1s u. 2s Heft. gr. 8. Augsb. Wolff 817 u. 18. à 14 Gr.

Beyträge zur rechtlichen Erörterung der Frage, ob das im Rieß liegende Gotteshaus und Frauenkloster Maria Kirchheim sowohl für sich selbst als in Rucksicht seiner Güther und Unterthanen der öttingischen Landeshoheit unterworfen sey. — Wien 1782: Sonnleithner. 45 Bl. 4°
300:8665-C.
15.

— exegetische, z. d. Schriften d. neuen Bundes, v. K. Ch. L. Schmidt. 1r Bd. 6 Stck. u. 2r Bd. 3 Stck. 8. Frankf. Gebhardt u. K. 791—95.

— — dess. 3r Bd. 1s Stck. 8. Hadamar, gel. Buchhdl. 796.

— z. Exerziren d. Landwehr, als Anhang z. Unterricht z. Ausarbeitung d. neuen Mannes. 8. Leipz. Rein und Comp. 814.

— fernere, z. Beleuchtung d. Basler Friedensschlusses. 8. Erl. Palm. 795.

Richter, Johann Daniel (Herausgeber): „Beyträge zur Finanzgelahrtheit überhaupt, vorzüglich in den Preußischen Staaten", Band 1—3, Frankfurt und Leipzig 1785—1788 (Breitkopf). — Vorh.: UB Breslau.

– Zur Finanzlitteratur in d. preuß. Staat. 2 Bde. in 9 Stckn. gr8°.– Leipzig, Breitkopf 1779 - 85.

Beyträge zur Finanz-Litteratur in den Preußischen Staaten. Bd. 1. 2.= Stück 1 - 9. Verf. wohl Dan. Richter. Frankfurt und Leipzig 1781 - 85. 2 Bde.

—— zu dem Forstwesen. Nebst e. Anh. f. pract. Forstmänner. gr. 8. (5 B.) Leutschau 829. (Leipzig, Andrä.)

— für Forst- u. Jagdwesen. 1s Hft: Mit Tabellen. (Aus Andre's ökon. Neuigkeiten und Verhandl. bes. abgedr.) 8. Prag, Calve. 820.

Beyträge zur Forstwirthschaft. — Leipzig: Gräff 1796. 64 S. 8°
Aus: Unächter Acacien-Baum. 2.
17.
15.

Anonym: „Beyträge zur Forstwirthschaft", Leipzig 1796 (Wienbrack).

Beyträge zur Forstwissenschaft. 1. Etwas über die Frage des Hrn. Büchtings 'Ob der Holzanbau nicht vortheilhafter, als der Getraidbau sey?' Als ein Beitrag zur Verbeugung des Holzmangels. 2. Einzelne Gedanken und Reflexionen über das Forstwesen. 3. Die Wohlgeordnete Oekonomie bei Gelegenheit über die Ausmachung der Stöcke. — Prag [usw.]: Neureutter 1798. 77 S. 8°
12: Oecon. 267.
15.

— z. Forstwissensch. a. d. pract. Geometrie. m. K. 8. Leipz. Crusius. 785.

Anonym: „Beyträge zur praktischen Forst- und Flözhandelswissenschaft", Ulm 1790.

Beyträge zur Fortification. — St. Petersburg: Pluchart 1826. 126 S. 8° 1: Hy 1852. 7. 17.
15.

Freymüthige [Freimütige] Beyträge über den Frieden von Lüneville. Zur Reichstags-Berathschlagung über Entschädigung u. Säcularisation. — Germanien [vielm. Ulm: Stettin] 1802. VIII,88 S. 8°
7. 12: J. publ. G. 225/3 [u. 5.] 14. 16. 17. 21. 25. 29. 30.
15.

— z. häusl. Freuden auf 1801. 8. Braunschw. (Herold, L.) 801.

Beyträge, z. häuslichen Freuden, v. Krakow. 8. Lüneb. Herold u. W. 801.

Beyträge zu den Friedensschlüssen der entferntesten Zeiten. St. 1.2. — o.O. 1779. 49 S. 8°
1. Ueber d. Rechte d. Welfischen Hauses an d. Herzogthum Bayern.
7. 12: Bavar. 359. 14 [= 2]. 21. 24. 26. 30.
15.

— gel., d. Braunschweig. Anzeig. v. 761—83. 4. Braunschweig, Schulbuchhandl. (d. Jahrg. à 1 Rthlr.)
Fortges. u. d. T.: Magazin, Braunschweigisches.

— von christlichen und jüdischen Gelehrten zur Verbesserung der Bekenner des jüdischen Glaubens. Herausgegeben von Dr. H. E. G. Paulus. gr. 8. Frankf. a. M., Hermann. 817.

— gemeinnütz., z. d. Dresdner Anzeig. Ein Handbuch f. Hist. u. Pädagogen ꝛc. e. Quart. Schr. 4. Dresden, Addreß-Comt. 803. Rthlr.

Beyträge, gemeinnütz. z. d. Dresdner Anz. f. Vaterlandsfreunde ꝛc. auf 1805. e. Quart. Schr. 4. Dresden. Arnold.

BEYTRÄGE, Gemeinnützige medicinische (hrsg. von Weikard). Frankfurt und Leipzig 1770. 8°. (3 Mk. Georg Lissa, Berlin, 1895.)
U. A.: Betrachtungen über die Musik u. das Tanzen. — Nicht im Anon.-Lex.

— gemeinn. u. Miscellen f. Vaterlandsfreunde, Pädagogen ꝛc. 4 Jahrg. in 4. Dresd. Arnold. 803—6. (à 1 Rthl.)

Beyträge zur Geognosie, besonders zu derjenigen der Schweiz und ihrer Umgebungen. Hrsg. von A. Rengger. Bd 1, Lfg 1. — Stuttgart [usw.]: Cotta 1824. 254 S. 8°
1: Mn 11135. 3. 4. 7. 15. 21. 24. 300: 38 K 52.
15.

BEYTRÄGE zur Geschichte des menschlichen Aberglaubens; als Paraphrase und Kommentar zur Geschichte der Flagellanten des Abt Boileau, Doktor der Sorbonne, etc. von Einem, der nicht Doktor der Sorbonne ist. Nach der zweiten englischen Ausgabe übersetzt. Leipzig, Schwickert, 1785. 356 S.
Gehört zu den größten Seltenheiten der älteren Flagellanten-Literatur und bietet inhaltlich viele kuriose Fakta und interessante psychologische Fingerzeige.
Verfasser: J. L. de Lolme.

Beyträge zur Geschichte des Aufenthaltes der Franzosen im Salzburgischen und in den angränzenden Gegenden. Hrsg. von Judas Thaddäus Zauner. Bd 1-3.=St 1-9. — Salzburg: Mayr 1801-02. 8°
1: Sc 1040. 7. 12: Germ. sp. 540 m. 16. 17. 24. 302.
15.

Johann Carl Conrad Oelrichs Beyträge zur brandenburgischen Geschichte. — Berlin [usw.]: Rüdiger 1761. XIV,584 S. 8° 1: Tc 212 [u.] 213.
2→5. 9. 10. 11. 12: Bor. 28. 14. 17. 18. 27. 28. 30. 38.
15.

— Beyträge zur brandenburgischen Geschichte. (Hrsg.: Johann Carl Conrad Oelrichs.) — Ebd. 1761. XIV,584 S. 8° 21. 23. 29. 300: 39 L 8.
15.

— z. Geschichte d. Deutschen im Mittelalter, in Anecdoten u. Characterz. 8. Weißenf. (Volat in Jena.) 798.

— z. Geschichte d. russ.-franz. Feldzugs im J. 1812. 1s Stück. 8. Bresl. Joh. Fr. Korn. 814.

— z. Geschichte d. Feldzüge von 1813 u. 14. von einem Offizier d. alliirten Armee. gr. 8. Berlin, Realschulbuchhandl. 815.

Beyträge z. ges. Geschichte des menschl. Verstandes u. Herzens. A. d. Archiven d. Natur gezogen. 2 Th. 272 u. 203 S. Lpz. 12°.
(6 Bücher mit philos. Gesprächen u. Mährchen.) 1770

Beyträge zur Geschichte der berühmtesten Gesundbrunnen und Bäder in unsrer Schweiz. (Hrsg.: Rahn.) H. 1.2. — Zürich (2: Zürich: Füeßli) 1787-88. 203 S. 8°
1. Maurer, Hans Rudolf: Beschreibung d. Habspurgerbads. Abschn. 1. Chorographische Beschreibung von J. Rudolf Murer
2. Chemische Untersuchung d. Schinznacherbads u. einiger anderer Mineralwasser im Canton Bern.
7. 12[∞ 2]: M. med. 682 o-1. 15.
15.

— z. Gesch. d. berühmt. Gesundbr. d. Schweiz. 2 Hefte. 8. Zürich, Ziegler. 787. 88. (1s 7 gr., 2s 6 gr.)

Beyträge zur Geschichte Hannovers im Jahr 1803. (Hrsg.: H. L. Villaume.) H. [1.] 2. — Hamburg: Villaume [1803]. 8°
7. 15. 18. 23. 28.
15.

— (Hrsg.: H. L. Villaume.) 2. Aufl. [H. 1.] Hamburg: Villaume [1803]. 32 S. 8°
18. 23. 28.

— z. Gesch. Hannovers im Jahr 1803. Jena, Voigt.

Beyträge zu einer Geschichte des Dorfes Heiligenstatt. Wien: Kupffer & Wimmer in Komm. 1807. 23 S. 8°
300: 79 Ee 377. 302.
15.

— z. Gesch. d. deutsch. Justizpflege. 4 Stck. 4. Nürnb. Grattenauer. (a. Palm in Erlang.) 787—89.

Beyträge zur Geschichte der Kapuziner in Oesterreich. Aus d. neuesten Kirchengeschichten unsers Jahrhunderts. Kölln: Peter Marteau [vielm. Wien: Hörling] 1783. 47 S. 8°
Als Verfasser werden Johann Rautenstrauch u. Ignaz Aurel Fessler genannt.
12: Jud. 22f/1. 302.

— zur Geschichte der kathol. Kirche im 19en Jahrh. in Beziehung auf die Verhältnisse derselben gegen d. röm. Curie. gr. 8. Heidelb. 1818. — 2e Auflage mit Zusätzen v. † Prof. Paulus. Ebd. 1823, Winter. 1 Thlr. — 1 fl. 36 kr.

— z. Gesch. d. Kirchenspaltg. d. 16en Jahrh. — Siehe d. Leipz. Allg. Zeitg. v. d. Richterstuhl rc.

— z. Gesch. d. deutschen kathol. Kirchenverfassung in der Oberrhein. Kirchen-Provinz. gr. 8. Straßburg 1823, Leroux. 10 ggr. — 45 kr.

— z. Gesch. des amerikan. Krieges, a. Originalbr. rc. 1r Thl. 8. Philad. Klett. 783.

— z. Geschichte d. 30jährigen Kriegs, s.a. Breyer.

Beyträge zur Geschichte des dreyßigjährigen Kriegs. Aus bisher ungedruckten Papieren. Hrsg. von Carl Wilhelm Friedrich Breyer. — München: Lindauer 1812. IV, 244 S. 8°
1: Ry 5480. 2. 3. 5. 7. 8. 9.
12: Eur. 114. 14. 16. 18. 24. 29. 300: *38 L 137. 302.
15.

— z. Gesch. d. dreyßigjähr. Krieges, Pommern betr. 8. Stralsund, Röse. 772.

Beyträge z. Geschichte des thier. Magnetismus. Zürich. 8°. A. D. B., LXXXVI, 112. 1787

Beytrr. z. Gesch. d. Menschh., in Erzähll. aus wichtigen Gerichtsacten. *Altenburg*, Richter. 790—93. 2 Thle. 8. (1 Thl.)

— z. Gesch. d. Menschheit, in Erzählungen aus wichtigen Gerichtsacten. 1r Th. u. 2n Th. 1r Abschn. 8. Jena, Academ. Buchh. 790—98. (des 2n Th. 1r A. a. unt. d. Titel neue Beyträge rc. v. Fr. W. Freitag. 1r Bd.) (à 12 gr.)

BEYTRAGE zur Geschichte der Menschheit, Freunden und Freundinnen gewidmet. Bd. 1. Frankfurt 1788. 8°. (4 Mk. 50 Pfg. Ludw. Rosenthal, 1907.)
Enth. d. Romane: Wildenberg u. Ernstthals Schicksale. — Wilhelmine. — Sophie und Ulrike. — Flandora u. Juliane

Beyträge zur Geschichte der menschlichen Narrheit. Wochenschrift für den Fasching 1778. (Hrsg. von Joh. Rautenstrauch, geb. 1746, † 1801.) 12 Stücke. Wien 1778. 192 S. 8°. 24 Kr. Ppbd. Gilhofer & Ranschburg, Wien, 1912.
[illegible]

* — z. naturhist. ökonom. u. polit. Geschichte d. Ober- u. Niederlausitz, s. C. A. Pescheck.

Beyträge zur Geschichte Peters des Großen, hrsg. von Hartw. Ludw. Christi. Bacmeister. Bd 1-3. — Riga: Hartknoch 1774-84. 8°
1.2. [Petr I. Kaiser v. Russland:] Tagebuch Peters d. Großen [Żurnal ili podennaja zapiska ... s 1698 g., deutsch]. 1774-76.
3. Beilagen zu d. Tagebuch Peters d. Großen. 1784.
1: Ue 2692. 2. 3. 7. 10. 12: Russ. 9m. 24. 27.
300: *31 G 4.

Beyträge zur pfälzisch-bayerischen Geschichte aus der Geschichte von Schlesien. Nebst e. vollständigen Verzeichniße aller im Jahre 1778 bey Gelegenheit d. Absterbens d. lezten Churfürsten von Bayern u. der daher entstandenen Erbfolgs-Streitigkeiten herausgekommenen Schriften. — Breslau: Gutsch 1779. 44 S. 8°
1: Flugschr. 1779-5. 2. 12: 4° Bavar. 327. 30.

Beyträge zur Geschichte des Pulvers, des Geschützes und der Kugeln. 1811 s.a. *Abt*, Ephraim Ludwig Gottfried.

— z. Geschichte d. Pulvers, d. Geschützes u. d. Kugeln, mit Bezug auf Schlesien u. Breslau, m. 1 Kpf. 8. Liegnitz, Kuhlmey. 811.

— z. Gesch. d. deutschen Reichs u. deutscher Sitten, e. Roman. 1r Thl. 8. Liegnitz, Siegert. 775.

— z. Geschichte d. spanischen Revolution. s. Meisel, H.

Beyträge zur Geschichte der Grossen Mutterloge Royale York zur Freundschaft im Orient von Berlin. Nur für Logen u. Brüder hrsg. [von Johann Gottlieb Rhode]. — Berlin 1798: Decker. 111 S. 8° (Jahrbuch d. Hochw. Grossen Loge Royale York zur Freundschaft. Anh.)
1: Nb 3231.
15.

— z. Geschichte des Rückzugs d. Franzosen nach der Schlacht bei Leipzig. 8. Leipz. Joachim. 814.

Beyträge zur Geschichte Schwabens seit dem Rheinübergange der Franken bey Kehl. 1797
s.a. *Bardili*, Heinrich Friedrich.

— z. Gesch. Schwabens. 16 Stck. gr. 8. Nürnb. Raw. 797.

Beyträge zur Geschichte des Tages
⑤ 15. 6. 1801—Ende 1801 (4 Bändchen) ⑥ 8° ⑦ Monatsschrift ⑧ Bern: L. A. Haller ⑩ L. A. Haller ⑫ Oppositionsblatt zur Helvetik ⑬ BGSZ: 107, 973 ⑭ Be: L. S. St.

Beyträge zur Geschichte, Topographie u. Statistik des *Erzbisthums München u. Freysing.* Unter Beyhülfe mehrerer Mitarbeiter hrsg. von Dr. *Mart. v. Deutinger*, Dompropst in München. 6 Bde. (à 3 Hfte., in 6 Voll.). M. Abbildungen in Steindr., 1 Portr. in Galvanographie). München 1850–54. 8°. Hlwdbde. Schönes, wie neues Ex.
[illegible]

Beyträge zur Geschichte, Topographie u. Statistik d. Erzbisthums München u. Freysing. Unter Beyhülfe mehrerer Mitarbeiter hrsg. v. Mart. v. Deutinger. 2 Bde. in 6 Hftn. u. 3. Bd. gr. 8. (1. Bd. 384 S. 2. Bd. S. 3. Bd. XII u. 568 S. m. 1 lith. Taf.) München 850. 51, Lindauer in Comm. (à Bd. n. 2 ₰) n. 6 ₰

Beyträge zur Geschichte der Türkenkriege. Nebst e. merkwürdigen Kriegsmanifest d. Sultans Mahomed gegen d. römischen Kaiser Leopold. — o. O. 1789. VIII, 176 S. 8°
5. 12: Turc. 11 c. [illegible]
15.

— z. Gesch. d. Türkenkriege. 8. Augsb. (Gleditsch in Leipz.) 789.

Beyträge zur Geschichte der Türkenkriege. (176.) 12. Leipzig u. Mannheim 1789. 1,00.

— z. Gesch. d. Türkenkriegs. 8. Mannh. Löffler. 789.

Beyträge zur Geschichte der Verirrungen des menschlichen Geistes und der Thorheiten gelehrter Männer. H. 1. 2. — Leipzig: Schödel 1804. IV,192 S. 8°
21. 23 [°°2].
15.

— z. Gesch. d. Verirr. des menschl. Geist. rc. 1s—3s Heft. 8. Leipz. Brüder v. Hofmann. 806.

— zur Geschichte der Verirrungen d. menschl. Geistes rc. 8. Ist Verlag von Büschler in Elberfeld.

Beyträge zur Geschichte der Wurmtrockniß in der Harz-Gegend vom Jahr 1779 bis 1785 von L. G. F. S. — Frankfurt a. M.: Fleischer 1787. 56 S. 8°
Als Verfasser wird fälschlich J. G. F. Schuster genannt.
1: an Op 5550. 7. 9.
15.

— d. Wetterauischen Gesellschaft f. d. gesammte Naturkunde zur Zoologie. 1r Bd. 1s u. 2s Hft. gr. 4. Leipz. Joachim. 815.

— dieselben z. Botanik. 1r Bd. 1s u. 2s Heft. gr. 4. Ebend. 814.

Beyträge zum behuf der Gewissens-Freyheit und zur Geschichte der Zensur-Kollegien von keinem Zensor nebst einem Brief von A****. — o. O. 1798. 138 S. 8°
1: Fm 16238. 12: Pol. g. 84 [2 Ex.]
15.

— z. Behuf d. Gewissensfreyh. u. z. Gesch. d. Censur-Collegien. 8. Nürnb. Pech. 798.

— z. Magdeb. Greise. 2 Thle. 8. Frankf. u. Leipz. Hechtel. 770. Vorh. u. d. T.: Der Greis.

Beyträge zu den allgemeinen Grundsätzen der Forstökonomie, s.a. Beytrag ...

— z. d. allgem. Grunds. d. Forstöconomie. 8. Zwickau. (Köhler, L.)

— hallische, z. jurist. Gelehrtengeschichte. 5 Bde. m. Reg. 8. Halle, Renger. 754—62.

Hallische Beyträge zu der Juristischen Gelehrten Historie. (Hrsg. Dan. Nettelbladt.) Bd. 1-3. Halle im Magdeb.: Renger 1755 - 62.

— Hessische, z. Gelehrsamk. u. Kunst. 7 Stck. gr. 8. Frankf. Varrentrapp u. W. 784—87. (à 12 gr.)

Beyträge zur Historie der Gelahrtheit worinnen die Geschichte der Gelehrten unserer Zeiten beschrieben werden. Th. 1–2. Hamburg. 1718. 8°.

— z. kritisch. Historie d. deutsch. Sprache. 32 Stcke. 8. Quedlinb. Ernst. 732—43.

Beyträge zur critischen Historie der Deutschen Sprache, Poesie und Beredsamkeit. herausg. von Einigen Mitgliedern der Deutschen Gesellschaft in Leipzig. St. 1—20. Leipzig 1732—38. 8. Vlg. Breitkopf . . . . (D.)

—— ... [wie oben], herausg. von einigen Liebhabern der deutschen Literatur. St. 21—24. — Bd. 7. 8. St. 25—32. Ebda 1739—44. 8.

Beyträge zur Historie derer Chur- und Fürstlichen Sächsischen Lande gesam. v. George Christoph Kreysig. Th. (1)—2. Altenburg. 1754—55. 8°.

Beyträge zur vaterländ. Historie, Geographie, Statistik u. Landwirthschaft, samt e. *Uebersicht d. schönen Literatur.* Hrsg. von *Lorenz Westenrieder* . . . . 10 Bde. Mit 10 Titel-Portr. München, Jos. Lindauer, 1788—1817. 8°. Hfrzbde. Schönes Expl. (aus Roming's Bibl.).

— hist., polit., geogr., statist., militär., d. Königl. Preuß. Staaten betr. 3 Bde. 8. Berl. Pauli, a. Unger. 781—85. (1r 2 Rthlr., 2r 2 Rthlr. 8. gr., 3r 2 Rthlr.)

Beyträge, hist., polit., z. nähern Kenntn. unsr. Zeit. 8. Hamb. (Compt. f. Litt. in Leipz.) 787. Rthlr.

— — dasselbe. 8. Leipz. Kobler.

Beyträge, Historisch-Kritische- zur Aufnahme der Musik von Friedrich Wilhelm Marpurg. Band I—V. Berlin 1754—1762. 1778.

Beyträge, Historisch-merkwürdige, zur Kriegsgeschichte des Grossen Churfürsten Friedrich Wilhelms, in der Lebensbeschreibung Otto Christophs Freiherrn v. Sparr etc. Mit einer Kupfertafel.
8. Stendal 1702.

Historisch-merkwürdige Beyträge zur Krieges-Geschichte des großen Churfürsten Friedrich Wilhelm in der Lebensbeschreibung Otto Christophs Freyherrn v. Sparr, General-Feldmarschalls.
Stendal 1793.

— höchstwichtige, zur Geschichte der neuesten Literatur in Deutschland s. a. Alethelos.

— höchstwichtige, z. Geschichte d. neuesten Literat. in Deutschland, aus d. Papieren d. Mag. Alethelos, herausgegeben von Autibarbaro Lablenus. 4 Bde. gr. 8. St. Gallen, Huber. 813—15.

Beyträge zur Homiletik für Seelsorger, Prediger und Katecheten. Ges. u. hrsg. von einigen Weltpriestern. [Hrsg.: Philipp Josef Brunner.] [Nebst] Neue Beiträge. Bdch. 2. — Salzburg: Duyle (Neue Beiträge: Heilbronn a. N. [usw.]: Claß) 1791-1804. 8°
Neue Beiträge zur Homiletik für Prediger u. Katecheten. Hrsg. von Philipp Josef Brunner. 2. 1804.
300: 569.602-B.
15.

—— zur pragmat. Jesuiten-Geschichte, aus Urkunden, die älter sind als d. Jesuiten, hervorgesucht v. ein. Liebhaber d. Antiquitäten. Nebst ein. Gutachten d. französ. Bischöfe üb. d. Gesellsch. Jesu in Frankreich, als Zugabe. Neue Ausg. 8. (4 B.) Augsburg 833, (Kollmann.)

— zur Baierischen Insektenfauna, oder Beschreibung u. Abbildung neuentdeckter Käfer, mit angehängtem Namensverzeichnisse d. Eleuteraten d. Landgerichtsbezirks Zusmeshausen. m. 7 illum. Kupf. gr. 8. Ebend. 817.

Interessante Beyträge zu einer Geschichte der Ereignisse in Tyrol vom 10. April 1809 bis zum 20. Februar 1810. [Leipzig: Rein] 1810. XII,210 S. 8°
Als Herausgeber werden Josef v. Hoermann u. Josef Frhr v. Hormayr zu Hortenburg genannt.
1: Sc 8370. 7. 12: Austr. 600. 14. 17. 23. 300: 43 J 9 302.
15.

— Carlsruher, z. d. schön. Wissensch. 3 Bde od. 18 St. gr. 8. Carlsr. Macklot. 762—65.

— zur Kenntniß u. Beförderung des Handels u. d. Schifffahrt. herausgeg. v. B. E. v. Nau. I. 1—6, II. 1—4s Heft. gr. 4. Mainz, Kupferberg. 818 u. 819. (I. 1—3s 1 Rthlr. 8 Gr. 4s u. 5s à 8 Gr. 6s 9 Gr. 7s bis 10s 1 Rthlr. 18 Gr.)

— zur Kenntniß des Forstwesens in Deutschland, herausg. von C. P. Laurop und G. W. v. Wedekind. 1s—3s Hft. gr. 8. Leipzig, Baumgärtner. 818—820. (1s Hft. 18 Gr. 2s Hft. 1 Thlr. 12 Gr. 3s Hft. 1 Thlr. 6 Gr.)

Laurop, C. P. und Wedekind, G. W. Freih. von (Herausgeber): „Beyträge zur Kenntniss des Forstwesens in Deutschland", 1.—4. Heft, Leipzig 1819—1821 (Baumgärtner).

Beyträge zur Kenntniß [Kenntnis] der Dänischen Monarchie. Hrsg. von C. U. D. v. Eggers. St. 1. — Schleswig [usw.]: Röhß, Christiani & Korte 1807. XII,152 S. 8°
(Beiträge zur Kenntniß von Holstein. 2.)
1: So 6808-2. 7. 8. 35.
15.

Beyträge zur näheren Kenntniß des Galvanismus und der Resultate seiner Untersuchung. Hrsg. von J(ohann) W(ilhelm) Ritter. Bd. 1.2.
Jena: Frommann 1800 - 05. 8°
Bd. 1. St. 1-4: 1800 - 02.
1/2: 1800.
3/4: 1802.
Bd. 2, St. 1-4: 1802 - 05.
1.2: 1802.
3/4: 1805.

Beyträge zur näheren Kenntnis des Schweizerlandes
Ⓢ 1783—1787 Ⓑ Zürich Ⓢ Als Zeitschrift abgelehnt. — v. BGSZ: 99, p. 160.

Beyträge zur Kenntniß [Kenntnis] des Salariatszustands der Reichsstadt Regensburg. — o.O. 1801. 30 S. 8°
7. 15.
15.

Beyträge zur Kenntniss [Kenntnis] der altdeutschen Sprache und Litteratur. Von George Friederich Benecke. Bd 1.Th. 1. Hälfte [1.]2. — Göttingen: Dieterich 1810–32. 8°
1,1,1. Minnelieder. Ergänzung d. Sammlung von Minnesingern. 1810.
1:Yf 7211. 2→7. 10. 11. 12:P. o. germ. 95h. 14. 15. 17. 21. 26. 29. 30. 302.

Beyträge zur Kentniß [Kenntnis] der Staatsverfassung von Rußland. Hrsg. von Christoph Schmidt gen. Phiseldeck. — Riga: Hartknoch 1772. 216 S. 8°
1:Ue 221. 7. 8. 12:Russ. 149. 14. 17. 21. 24. 28.
15.

— z. Kenntniß d. Verfassung, d. königl. Residenzstadt Hannover. 1s Hft. gr. 8. Hann. Hahn. 815.

Beyträge, z. Kenntniß d. gegenw. Zust. v. Frankr. u. Holl. gr. 8. Leipz. Dyk. 792. Rthlr.

— Kieler, 1r Bd. gr. 8. Schlesw. (Leipz. Tauchnitz.) 820. (ist die Forts. v. d. Kieler Blättern.)

Kieler Beyträge. [Hrgg. v. Nikolaus Falck u. a.] Bd. 1—2. Schleswig. 1820—21. 8°

— z. Kirchen-, Gel.- u. Ländergesch. d. Oberlausitz. 2 Stk. 8. Bautz. Deinzer. 772. 73.

— zur Kirchengeschichte des 19en Jahrhunderts in Deutschland, od. über die neuesten kirchl. Verhältnisse daselbst (besonders im K. Preußen). gr. 8. Augsburg 1835. K. 1 Thlr. — 1 fl. 30 kr.

— z. pohln., weltl. Kirchen- u. Gel.-gesch. 2 Thle. 8. Danzig, Mißner. 764.

— z. deutsch. Kirchenrechte. 2 Stk. 8. Frankf. u. Leipz. Hermann. 786 u. 87. (1s 9 gr. 2s 10 gr.)

— kleine, z. Aufnahme d. Münzwissensch. s. Spies.

— kl., z. deutsch. Bühne, v. d. neuern französ. entlehnt. 8. Hamb. Nestler. 802.

— kleine, zur geschichtl. Kenntniß des Fürstenthums Lippe (von Clostermeier.) 4. Lemgo, Meyer. 816.

Beyträge, kleine, zur Unterhaltung für Liebhaber von Rätseln und Devisen, ein Wochenblättchen in Taschen-Formate. Magdeburg 1779. In dem königlichen Posthause zu haben, bey den (!) Post- etc. Einnehmer Meinecken. 8°. (6 Mk. Max Perl, Berlin, 1904; 6 Mk., „2 Thle. in 1 Bde.,", Bernh. Liebisch, Lpz., 1908:)
137 gereimte Rätsel. Mit zahlr. hübschen Holzschnittvignetten und Randleisten.

— kleine, z. Unterhalt. f. Liebhaber v. Räthsl. 2 Bch. 8. Magdeb. Scheidhauer. 780.

— zur Kriegsgeschichte der Feldzüge 1813 u. 14. Von einem Offizier der allirten Armee. gr. 8. Berlin, Reimer. 815.

— z. neuesten Kriegsgeschichte in Spanien u. d. Norden v. Europa 1811 u. 12, s. Sammlung v. Anekdot. u. Charakterzügen 39s Hft.

— zur Kriegsgeschichte Oestreichs, aus den vergriffenen Jahrg. 1811 u. 12. der östreichisch militär. Zeitschr. 2 Bde. Mit Plänen. 8. Wien, Heubner.

— z. Kriegskunst in Fragm. rc. 4 Hefte. 8. Königsb. Unzer. 802—4. (1s 12 gr. 2s 16 gr. 3s 12 gr. 4s 16 gr.)

— zur Kriegskunst, in Fragmenten üb. verschied. taktische Gegenstände. 5s Heft. 8. (v. Obr. Lieutnant Seydel.) Königsberg, Unzer. 818.

Criminalistische Beytraege. Eine Zeitschrift in zwanglosen Heften. Hrsg. von M[art.] H[ieron.] Hudtwalcker u. Carl Trummer.
Bd 1–3. Hamburg 1824–27. 3 Bde

— zu einer Kritik der neuen deutschkathol. Glaubensbekenntnisse. Von e. Bresl. Bürger (!) Heft I. gr. 8 Bresl. 1845, Trewendt. 5 Ngr. — 18 kr.

— z. Kritik d. schön. Wissensch. 2 Stck. gr. 8. Liebau, Friedrich. 786.

— krit., z. neuest. Gesch. d. Gelehrsamk. 10 Stck. in 5 Bdn. 8. Leipz. Hertel. 786—91. (à Stck. 14 gr.)

Beyträge zur Kultur der Oekonomie in Preußen. Hrsg. von e. Königlich-Ostpreußischen Physikalisch-Oekonomischen Gesellschaft. (Hrsg.: S.C. Dittmann.) — Königsberg: Göbbels & Unzer 1800. XIV,264 S. 8° (Acta d. Königlich-Ostpreußisch-Mohrungschen Physikalisch-Oekonomischen Gesellschaft. 3.) 1:Ou 12640-3. 2. 7.
15.

— zur Kunde Preußens. Herausgeg. von K. G. Hagen, E. H. Hagen u. L. Gervais. Mit Kupf. 1r Band 1s bis 6s Hft. gr. 8. Konigsberg, Universitäts-Buchhandlung (in Comm.) 817.
2r — 4r Band. 1s — 6s Heft. gr. 8. Ebend. 818 — 820. à 3 Rthlr.

Beyträge zu des Grafen von Brühls Leben. Gedruckt bey Peter Hammer (ebd.). 8°. 48 S. (6 Mk., zus. mit Thl. 1—2 obiger Biogr., 1760—61, Max Harrwitz, Berlin, c. 1903.)

Beytrage zu des Herrn Grafen von Brühls Leben. — [Köln 1763]: Hammer. 46 S. 8°
12:Biogr. 146/1 [2 Ex.] 17.
15.

— [Köln 1763]: Hammer. 47 S. 8°
1:an Sq 4850. 2. 3. 7. 12: Var. 518/4. 14. 16. 28.
15.

— Beytrage zu des Herrn Grafen von Brühls Leben. Ebd. [1763]. 52 S. 8° 1:Sq 4866. [illegible] 302.
15.

— Ebd. [1763]. 53 S. 8° 12:Biogr. 1[illegible]. [illegible]
15.

— Ausführliche und wahrhaftige Nachricht, woher die Fatalitäten über das unglückliche Sachsen-Land entstanden. Nebst d. rechtmäßigen Vertheydigung d. chursächsischen Armee. — Cöln [1763]: Hammer. 54 S. 8° [illegible]

— zum Leben J. L. Burckhardts, s.a. Neujahrsblatt.

Beyträge zum Leben und der Charakteristik Johann Ludwig Burckhardts aus Basel genannt Scheik Ibrahim ... Für d. Jugend bearb. — Basel: Neukirch 1828. 20 S. 4° (Neujahrs-Blatt für Basels Jugend. 8.)
In d. Exemplaren von 1, 12 u. 25 fehlt das Haupttitelblatt.
1:Ru 9114-8. 7. 12:4° Helv. 271-8. 25. 27.
15.

— z. Lebensgesch. Abbts. 8. Brem. Müller.

Beyträge zur Lebensgeschichte des Schauspieldirektor Abbt's. Dem Herrn Professor Schlözer ... zur Berichtigung ihrer Anzeigen gewidmet. — Frankfurt [usw.] 1784. 142 S. 8° 1:Yp 1556. 8. 10. 11.
12:Biogr. 3071 k. 18. 300:183.744-A [2 Ex.]
15.

Beyträge zur Lebensgeschichte des Patriarchen Nikon. 1788 s.a. *Bacmeister*, Johann. 1776.

Beyträge z. Lebensgesch. des Patriarch. Nikon. a. d. Russ. 8. Riga. (Hartknoch in Leipz.) 788. Rthlr.

Beyträge zum braunschweig-lüneburgischen Lehnrechte, hrsg. von Theodor Hagemann. — Helmstädt: Fleckeisen 1791. 174 S. 8°
1: Ha 13908. 2. 3. 4. 7. 8. 14. 17. 21. 23. 28.
15.

— z. Lehre v. der Seelenwanderung. 8. Dessau, gel. Handl. 785.

Beyträge zur Lehre von der Seelenwanderung. — Leipzig: Buchh. d. Gelehrten 1785. XVI, 210 S. 8° 14. 19. 26.
15.

— f. d. Lectüre u. d. Theater. (v. H. Schulze.) 8. Riga, Müller. 794.

Beyträge zur unterhaltenden Lectüre [Lektüre] in Erzählungen und kleinen Romanen. Bd [1–]3. — Wien: Alberti 1794. 8° 1: Yw 3815.
15.

Beyträge, z. unterhaltenden Lectüre in kleinen Roman. u. Erzähl. 3 Thle. 8. Wien, Alberti. 797. Rthlr.

Beyträge zur Literärgeschichte u. Bibliographie (hrsg. von Dr. *Joach. Meyer* u. Antiquar *J. N. Peischer* in München). Nr. 1—26 (v. 2. Jan. bis 25. Juni 1828), tit.: Bayer. literärischer u. merkantilischer Anzeiger f. Literatur- u. Kunstfreunde etc. — Nr. 27—53 (v. 2. Juli—31. Decbr. 1828) u. Nr. 1—3 (v. 7.—21. Jan. 1829), tit.: Beyträge z. Literärgeschichte u. Bibliogr., nebst e. Anzeiger f. literarisch-merkantilischen Verkehr. (Mehr nicht erschienen.) München, im Selbst-Verlag d. Redaktion (Hofgraben Nr. 233). 1828—29. 4°. Expl. auf Schreibpapier (aus Föringer's Bibl., m. dessen Autogr.).
Haupttit., 2 Bll. (Einlad. z. Pränum.), 426 + 20 Spalt-Seiten. Lat. Lett.

— aus d. ält. Literatur, f. Lesebibliotheken. 3 Thle. 1789. ist ein neuer Tit. d. Romans: Arvile, d. Prinzessin, Gesch. 3 Thle. 1769. welchen siehe.

— z. jurist. Literat. im Preuß. 7 Samml. gr. 8. Berlin, Voß. 775—85.

Beyträge zur juristischen Litteratur in den Preußischen Staaten. E. period. Schrift. (Hrsg.: Joh. Wilh. Bernh. v. Hymmen.)
Samml. 1-7. Berlin 1775.
8. Dessau 1785.
1. Zugabe zum 6. Absch. von statutarischen Rechten. Berlin 1780. Repertorium. 1790.

— z. jurist. Litteratur in d. preuß. Staaten. 8te Samml. 8. Leipz. Barth. 787.

Beyträge zur Lösung der Preisfrage des durchlauchtigsten Erzherzogs Johann, für Geographie und Historie Innerösterreichs im Mittelalter. [Hrsg.: Josef Frhr v. Hormayr zu Hortenburg.] H. 1.2. — Wien 1819: A. Strauß. 8°
1: Sc 4840. 2. 8. 10. 12: Austr. 601. 15. 16. 18. 24. 30.
300: 31 X 7. 302.
15.

— Marburgische, z. Gelehrsamk. rc. 5 Thle. 8. Marb. Keßler. 749.

— medicinische. 1r Thl. m. K. 8. Gött. Dieterich. 785.

— meine, z. Arzneywissensch. u. Geb.-Hülfe. 1s Heft. 8. Stend. Franzen u. Gr. 793.

— merkw., z. d. Weltlaufe d. Gelehrten. 3 Thle. 8. Langensalza, Schneider. 766.

Beyträge z. Mädelektüre, von Theadiskus. 1r Bd.
Auch unt. dem Titel:
Unterhaltungen in den Abendstunden. 8. Berl. Braunes. 811. Rthlr.
— — 2r u. 3r Bd. auch unt. d. Titel:
Skizzen biographisch-historische. 1r u. 2r Bd. 8. Ebendas. 812.

Beyträge, monatliche, z. Belehr. u. Unterh. f. Jederm. herausg. v. Göpfert u. Klinghardt. 12 Stck. 8. Zwickau, Schumann. 805. Rthlr.

— monatl., z. Bildung d. Bürgers u. Landmanns. 2 Bde. jed z. 6 Heften. 8. Prag, Gerle. 783—87.

Beyträge zu denen bisher bekanntgemachten Nachrichten von der am 5ten November 1757. bey Roßbach vorgefallenen höchst merkwürdigen Schlacht, und einigen hieher gehörigen Umständen. — Leipzig 1757. 12 S. 8°
1: Flugschr. 1757-92. 18. 27.
15.

— z. Nationalbühne. 8. Lpz. Weygand. 781.

Beyträge zu der Naturgeschichte des Schweizerlandes
④ Bernerisches Magazin der Natur, Kunst, und Wissenschaften ⑤ 1773—1774 (3 Stück) ⑥ 8° ⑧ Bern: Typographische Gesellschaft ⑩ Jak. Sam. Wyttenbach ⑫ wissenschaftlicher Charakter ⑬ BGSZ: 99, 973 ⑭ Zh: Z ⑮ Von Lang (BGSZ: 99, p. 159) werden die „Beyträge" nicht als Zeitschrift angesprochen

— z. Naturgesch. des Schweizerlandes. 1r Bd. 3 Stck. 8. Bern, Typogr. Gesellsch. 775.

— z. Naturgesch. d. Wallfischarten. 1r Thl. a. d. Engl. 8. Leipz. Kühn. 794.

Beyträge zur Naturgeschichte der Wallfischarten. Th. 1. Leipzig: Schäfer 1795. 258 S. 8°
1. Hunter, John: Anmerkungen über d. Bau u. d. Oekonomie d. Wallfische [Observations on the structure and oeconomy of whales, deutsch]. Übers. von Joh. Gottlob Schneider.
1: Ln 11460. 2. 3. 8. 9. 10. 12: Zool. 203. 17. 18. 21. 24. 28. 30. 312.
15.

Taube, Johann (Herausgeber): „Beyträge zur Naturkunde des Herzogthums Zelle", Celle 1766 (Gsellius, Schulze). — Vorh.: UB Tübingen.

— neue, z. pract. Anwend. des thier. Magnetism. rc. 8. Strasb. Akademie. 786.

Beyträge, Neue, für angehende Bergmänner zur Erlangung mineralogischer Kenntnisse in Bezug auf Eisen. Grätz 1802. 8.

— neue Berl., z. Landwirthschaftswissensch. 2 Bde. zu 12 Stck. gr. 8. Berl. Pauli 791—94.
Vorh. u. d. T.: Beyträge, Berliner ...

Beyträge, neue, z. Beschr. v. Schlesien. 8. Breslau, Gehr. 799—802. (1s 7 gr., 2s 8 gr., 3 u. 4s 12 gr.) (1s Stck. ist üb. d. Steuerverfass. in Schlesien.) Rthlr.

— n. Bremische. 2 Bde. 8. Braunschw. Schulbuchhandl. 768.
Schreibp.

— n. geschmackvolle, z. Kenntn. des menschl. Herz. 8. Berl. u. Leipz. (Ferstl, Grätz.) 804.

— neue, z. d. Cameral- und Haushaltungswissensch. 6 Thle. 8. Jena, Stahl. 766—69.

Neue Beyträge zu der Cameral- u. Haushaltungswissenschaft, aus Natur u. Erfahrung bestärkt von einer Gesellschaft in Thüringen. Jena 1766-74. (Neue Beyträge.)

— neue, z. Kenntn. v. Afrika, u. Norris Reise n. Guinea rc. übers. v. Forster. gr. 8. Berl. Voß. 791.

— — dess. 2s od. Follies Reise. Ebend. 794.

— neue, z. Länder- u. Völkerkunde v. Sprengel u. Forster. 13 Thle. 8. Leipzig, Kummer. 790—91. (1r 1 Rthlr. 2r 18 gr. 3r 1 Rthlr. 4r—13r à 18 gr.)

— — dess. Forts. s. Sprengels Auswahl.

Beyträge, Neue, zur Deutschen Maculatus,
s. a. Pfeffel, Gottlieb Conrad (Hrsg.)

— N., z. deutsch. Makulatur. 8. Frankf. Hermann. 766.

— neue monatliche, z. Naturkunde. 5 Stck. 8. Dessau, gel. Handl. 782.

Pallas, Peter Simon (Herausgeber): „Neue nordische Beyträge zur physikalischen und geographischen Erd- und Völkerbeschreibung, Naturgeschichte und Oekonomie", Band 1—7, St. Petersburg und Leipzig 1781—1796 (J. Z. Logan; Cnobloch in Leipzig). — Vorh.: Preußische Staatsbibliothek Berlin — Lc 35350. (Band 5—7 u. d. T.: „Neueste nordische Beyträge Band 1—3").

— neue, für die deutsche Schaubühne, in Originalen und Uebersetzungen s. Iffland im Alphabet.

Neue Beyträge zum (2,1: zu dem Staatsrechte und zu der Geschichte von Sachsen ... Ges. u. hrsg. von Christian Heinrich Ludwig Wilhelm Spiller v. Mitterberg (2,1: Hrsg. von C.H.L.W.Spiller v. Mitterberg). Bd[1.]2,Abth.1. — Eisenach: Wittekindt (2,1: Coburg: Sammler u. Hrsg.) 1801-03. 8°
1:Sq 464. 3. 7.
15.

Neue Beyträge zum deutschen Theater. — Quedlinburg: Reußner 1774. 454 S. 8°
Sondertitel:
1. Wilhelmine von Bilberg, oder die glückliche Wittwe. Lustspiel.
2. Der Jesuit. Trauerspiel.
3. Ein Narr kommt über den andern. Lustspiel.
4. Die Braut im Portrait. Trauerspiel.
1:Yp 5923. 8. 78.
15.

— z. theatral. B. Halle, Curt. 774.

BEYTRÄGE, NEUE, ZUM VERGNÜGEN DES VERSTANDES UND WITZES. Band I und III (je 6 Stücke). [Hrsg. von K. Chr. Gärtner]. *Mit 2 gestoch. Titelvignetten.* Bremen und Leipzig 1744—46. 8°. Pgtbd. d. Z. und Ppbd. d. Z. 180.—
G. IV. I. 65. Diesch 580. Kirchner, Grundlagen Nr. 584. Es erschien Band 1—6 (in je 6 Stücken), 1744—59, in mehreren Auflagen.

Neue Beyträge zum Vergnügen des Verstandes und Witzes. Neue Aufl. Bd 1.2. — Braunschweig: Fürstl. Waisenhausbuchh. 1768. 8°
Erschien zuerst in: Neue Beyträge zum Vergnügen d. Verstandes u. Witzes. 1-4. 1744-48.
11[**2]. 18. 302.
15.

— neue, Westphälische. 5 Stck. gr. 8. Altona, Hammerich. 791.

William Cruikshank's und anderer neuere Beyträge zur Geschichte und Beschreibung der einsaugenden Gefäße oder Saugadern des menschlichen Körpers. Mit einigen Anm. u. e. Uebersicht der Litteratur der Saugaderlehre (Chronologisches Verzeichniß (Verzeichnis) der Schriftsteller, welche die Saugaderlehre von 1564 oder seit Entdeckung des Milchbrustgangs bis auf die neuesten Zeiten erl. haben) verm. hrsg. von Christian Friedrich Ludwig. VII, 156 S. 4°.
Leipzig: Weidmann 1794.

Neueste Beyträge zu der Geschichte der Jesuiten aus wahrhaften Urkunden gezogen. — Hamburg 1781. 48 S. 8°
1:Ci 6604. 5. 6. 12:Jes. 118[u.5.] 25. 27.
15.

— neueste, z. Kunde v. Indien, a. d. Engl. v. T. F. Ehrmann, 3 Bde. m. K. u. Chart. (a. d. Bibl. d. Reisebeschr. 30r, 31r u. 32r Bd.) gr. 8. Weim. Land. Ind. Comt. (à 2 Rthlr. 12 gr.)

— neueste, z. Kunde von d. Insel Madagaskar, s. Bibliothek d. Reisebeschreib. 46r Bd.

Beyträge, Neueste Nordische (Nebent.) 1793-96, s. Beyträge, Neue Nordische.

— neueste, z. Religionslehre u. Kirchengesch. 5 Jahrg. gr. 8. Wien, Tendler. 790—92.

— Nordische, s. Beytr. z. Erd- u. Völkerbeschr.

— nordische, z. physikal. Erd- u. Völkerbeschr., Oekonomie etc. 7 Bde. gr. 8. Petersb. Logan. 781—96.

— nordische, z. Wachsthum d. Naturgesch., Haushaltungsk. etc. 1r Bd. 1s—5s u. 2ten Bds. 1s Stck. 8. Alt. Iversen. 756.

— z. Nutz. u. Vergnügen. 5 Thle. auf 1755—57. 4. Greifswald, Mylius.

— z. Nutz. u. Vergnüg. d. Jugend. m. K. 12. Stuttg. Mag. f. Lit. 803.

Krohne, J. W. F. von (Herausgeber): „Nützliche Beyträge zu den Strelitzischen Anzeigen ...." Neu-Brandenburg 1765 bis 1768 (Christian Heinrich Oesten). — Vorh.: UB Rostock. Bandtitel: Sammlung Strelitzischer wöchentlicher, nützlicher Abhandlungen.

— nützliche, z. d. neuen Strelitzisch. Anzeigen. Jahrg. 1799. 1800. 1805. 4. Neustrelitz, Albanus. 805. (à 1 Rthlr.)
Vorh. u. d. T.: Beyträge, Nützliche, zu den Strelitzischen Anzeigen.

Beyträge, nützliche, z. d. neuen Strelitzisch. Anzeigen. Jahrg. 1805. 4. Neustrelis. Albanus. Rthlr.

— nützl., zu den neuen Strelitzischen Anzeigen f. das J. 1811—15. 4. Neustrelitz, Albanus. (à 1 Rthlr.) erscheinen jährl. ch.

— nützl. u. bewährte, z. Oekonomie. 2 Hefte, mit illum. Kupf. 8. Nürnb. Zeh. 811.

— nützl., auf Erfahrung gegründete aus d. Oekonomie-, Garten- u. Forstwissenschaft. 8. Mannh. Löffler. 812.

Nützliche Beyträge zur Oeconomie und dem landwirtschaftlichen Leben, entworfen von J.W.C.A.Freyh.v.H. L.z.K. — Frankfurt [usw.]: Metternich 1766. 160 S. 8°
10. 24. 302.
15.

— nützliche, z. d. angenehm. u. nöth. Wissensch. 2 Bde. 8. Freiberg, Craz u. Gerlach. 790.

„Oberdeutsche Beyträge zur Naturlehre und Oekonomie, für das Jahr 1787" gesammelt und herausgegeben von K. E. von Moll, Salzburg 1787.

Beyträge zur Oekonomie, Technologie, Polizey und Cameralwissenschaft, (hrsg.) von Johann Beckmann. Th. 1-3.— Göttingen: Vandenhoeck 1779 - 1780. 1 Bd. 8°
Th. 1: 1779.
Th. 2: 1779.
Th. 3: 1780.

— z. Oeconomie-, Cameral- u. Polizeywissensch. m. K. 8. Leipz. Compt. f. Litt. 788.

Beyträge, ökonomische, s. Jahrbuch f. d. kathol. Geistlichkeit.
Vgl. Beiträge.

— Oeconomische, v. L. G. R. 8. Bayr. Lübeck. 781.

— Oeconomische, z. Beförder. d. Wohlstandes etc. s. Betr. üb. landwirthschaftl. Dinge.

Beyträge zur Organisirung des Medizinalfaches in Baiern. H.1. — o.O. 1802. 35 S. 8°
4. 12: Bavar. 363. 17.
15

— z. Organisir. des Medicinalfaches in Bayr. 1s Hft. 8. Straub. v. Schmid. 802.

— z. neuest. Pädagogik. 8. Marburg, Krieger. 80 .

Beyträge zur neuesten Pädagogik. — ([Marburg]: Waysenhaus-Buchh.) 1801. 22,77 S. 8°
Sondert.: [Langsdorf, Daniel Isaak]: Ankündigung e. neuen Lehrinstitutes für Veredlung u. Vervollkommung [!] d. in Verfall gerathenen Scheerenschleiferey. Von e. Landgeistlichen.
8.

Beyträge, Pfalzbayerische, zur Gelehrsamkeit, s. Beyträge, Rheinische Jg. 1782 ff.

Beyträge, philologische aus der Schweiz. s. Breml R. H. u. Döderlein.

— z. Philosophie, Menschenkenntniß u. Erziehungskunst. 4 Stck. 8. Berlin, Maydorf. 790.

„Beyträge zur Philosophie des Rechts", Heidelberg 1836. — Vorhanden: Bibl. des Oberlandesgerichts Celle — An. 32.

BEYTRÄGE ZUR PHYSIK, OECONOMIE, CHEMIE, TECHNOLOGIE, MINERALOGIE UND STATISTIK, besonders der russischen und angränzenden Länder, von B. F. Hermann. 3 vols., 8vo. Berlin, 1786–'88.

Hermann, Benedict Franz Joh. (Herausgeber): „Beyträge zur Physik, Oekonomie, Mineralogie, Technologie und Statistik, besonders der russischen und angränzenden Länder", Band 1—3, Berlin und Stettin 1786—1789 (Nicolai).

BEYTRÄGE zur Poesie der Niedersachsen. (Hrsg. von Chrn. H. Schütze.) Hamburg 1782 in der Heroldischen Buchhdlg. Gr. 8°. (In Breslau, Königl. u. Univbibl.)
Magaz. d. Buch- u. Kunst-Handels. Jahrg. 1782. Lpz. Gr. 8°. S. 43; Anon.-Lex. I. p. 159 (nach Kayser).

— Pommer. u. Rügische, z. Diensten d. Wissenschaft. rc. 1r Bd. 4 Stck. u. 2n Bds. 1s u. 2s Stck. 8. Rost. u. Wism. 761.

Praktische Beyträge für Freunde der Oeconomie, Cameralwissenschaft, Arzneykunde und Scheidekunst. — Leipzig: Hilscher 1790. IV,360 S. 8° 12: Oecon. 272. 14. 16. 15.

Praktische Beyträge z. Landwirthschaft. Herausg. v. H. C. Gerke. H. 1. Hann. 1806.

— praktische, zur neuen Staatsverfassungslehre deutscher Staaten. Landständische Verfassung. gr. 8. Frankfurt a. Main. Jaacr. 817.

Problematische Beyträge zur Staatskunst in Hoffnung beßrer Zeiten. — Lauban [usw.]: Wirthgen 1778. 133 S. 8° 38. 15.

Gerhardt, Marcus Rudolf Balthasar (Herausgeber): „Beyträge zur kaufmännischen Rechnungskunde", Stück 1, Berlin 1788. — Vorh.: Preuß. StB Berlin — Fg. 6482 — und Bücherei der Industrie- und Handelskammer Leipzig.

Beyträge zu den deutschen Rechten des Mittelalters aus d. Handschriften u. alten Drucken d. akademischen Bibliothek in Helmstädt hrsg. von Paul Jakob Bruns. — Helmstädt 1799: Fleckeisen. VIII,447 S. 8°
1: Gl 1780. 2→11. 12: J. germ. 27. 14. 15. 16. 18. 21. 24. 25. 26. 29. 30. 300: 13. 145-B. 302. 51.

BEYTRÄGE zur populären Rechtsgelehrsamkeit (hrsg. von Martin Wilhelm Götz). Nürnberg 1781—88.
Anon.-Lex. I. p. 159 (nach Engelmann, Kayser, Meusel, Nopitsch).

— z. populär. Rechtsgelehrsamk. 1r Bd. 4 Stck. u. 2n Bds. 1—3s Stck. 8. Nürnberg, Raspe. 787—85. (à Stck. 6 gr.)

— zur Reformation d. christl. Religion überhaupt u. d. kathol. Dogmat. insbes. (Von J. Danzer.) 1s Hft. gr. 8. Ulm 1793. Wohler. ⅓ Thlr. — 45 kr.

Beyträge zur Reformation der christlichen Theologie überhaupt, und der katholischen Dogmatik insbesondere. Von einigen Freunden d. Wahrheit. [Mitarb.: Jakob Danzer.] H. 1. — o.O. 1793. 190 S. 8° 6. 15.

— Ulm 1793. 190 S. 8° 24. 15.

— z. neuesten Regierungsgeschichte d. Großherzogth. Frankfurt. gr. 8. Wiesbaden, Schellenberg. 814.

— Rheinische, unt. d. Tit.: Pfalzbayr. Beytr. z. Gelehrsamk. f. d. J. 1782. 8. Ebend.

— Rheinische, z. Gelehrsamkeit. 24 Hfte. gr. 8. Mannh. Schwan u. G. 777. 78.

— Rheinische, z. Gelehrsamk. a. d. J. 1777. 778. 781. gr. 8. Mannh. Löffler. (d. Jahrg. à 3 Rthlr.)

— romantische, z. angenehmen Lectüre. 1r Thl. 8. Lpzg. Voß. 794.

— z. Rückzuge der Franzosen aus Moskau. Eine Samml. höchst anziehender u. wahrer Anekdoten. 8. Berlin, Sommerbrodt. 813.

Beyträge zum wohlverdienten Ruhme der sogenannten besten Köpfe Deutschlandes. — Frankfurth [usw.] 1769. 32 S. 8°
Aus: Hamburgische Nachrichten aus d. Reiche d. Gelehrsamkeit. 1768.
1: 3 in Al 4363 [u.] an Al 5506. 3. 15.

Beyträge zur Salzkunde. Aus der Schweiz. Abschn. 1. Winterthur: Steiner 1784. VIII,95 S. 8° 7. 21. 24. 15.

— für die deutsche Schaubühne, von Freih. v. Thumb. 1s Bändchen enthält: 1) die Familie Anglade, 2) Catharina von Curland. 8. Frankfurt a. M., Schäfer. 818.

— z. N. Schauspielen für d. Jugend. 8. Frkft. Eßlinger 779.

Beyträge zur Schilderung Wiens. [Mitarb.: Josef Maria Weissegger v. Weisseneck u.a.] Bdch 1. — o.O. 1781. 96 S. 8° 23. 302. 15.

— Bdch. 1. — o.O. 1781. 135 S. 8°
7. 12: Austr. 605-1 [2 Ex.] 14. 18. 27. 300: 176.746-B. 15.

— Bdch 1. Wien: v. Kurzbeck 1781. 138 S. 8° 30. 302. 15.

— 2., von d. Verf. umgearb. Aufl. [1.] Ebd. 1781. 141 S. 8° 13. 302. 15.

— [1.] Ebd. 1782. 96 S. 8°
1: Sc 3774. 4. 12: Austr. 606. 300: + 44 Y 86. 15.

— Von J. Neuberger [d.i. Josef Maria Weissegger v. Weisseneck u.a.] Bdch 2. — (Wien [1783]: Sonnleithner.) 242 S. 8° 12: Austr. 6205- [2 Ex.] 23. 30. 302. 15.

— z. Schilderung Wiens. 2 Theile. 8. Wien, Cannesina. 781—83.

§ BEYTRÄGE zur Schilderung Wiens. 2 Bdchn. (1 von *K. M. Weissegger von Weissenegg* und *J. Franz;* 2 von *J. Neuberger* und *M. Riggler.*) O. O. (Wien, Heubner oder Hörling?) 1781. Kl. 8°. (In Dresden nur Bdchn. 1: Hist. Austr. 8°. 1408, 1; cplt. in Wien, Stadtbibl.) (10 Kr., cplt., Gilhofer & Ranschburg, 1904.)
Die Verfasser sind genannt im Doubletten-Cat. der Wiener Stadtbibl. 1877, no. 518.

— — Dasselbe. 2. umgearb. Ausgabe. — Katholischer Unterricht und Erörterung aller Zweifel, welche in den Beiträgen zur Schilderung Wien's aufgeworfen werden. 10 Stücke. Demüthiges Schreiben eines Mitarbeiters der Beiträge etc.

„Schleswig-Glücksburgische Beyträge zur Aufnahme oeconomischer Wissenschaften, so aus eigener Erfahrung von P. E. L. abgefasset", Glückstadt ab 1759.

— z. n. Staats- u. Kriegsgesch. m. Landchart. 190 Stck. 8. Danzig, (Voß, B.) 756—63.

Beytraege zur neuern Staats- und Krieges-Geschichte. Bd 1–19. (Verf. N*** u. C. F. Wernich.) Danzig 1757—1764.

— z. braunschw. Staats- u. Privatrechte. 1r Th. 8. Hannov. Hahn. 772.

Beyträge zum braunschweigschen und hildesheimschen Staats- und Privat-Rechte, auch Historie dieser Lande. (Hrsg.: Hinüber.) Th. 1–3. — Hannover: J.W. Schmidt (2: Braunschweig [usw.]: Meißner) 1772–78. 8°
2 [∞3]. 4 [∞2]. 7 [∞3]. 14 [∞3]. 21. 23. 28 [∞2]. 30. 15.

— z. neuest. franz. Staatsrechte. 6 Stcke. 8. Strasb. Akad. 789.

— — Fortsez. s. Gesch. d. Reichsversamml.

— zur Statistik des Herzogthum Berg. 2 Hefte. 8. Düsseldorf, Schreiner (in Comm.) 806.

— z. Statistik u. Geographie. s. Rößler.

— zur Statistik des Preußischen Staats. Aus amtlichen Nachrichten, von d. Königl. statistischen Bureau zu Berlin bearbeitet und herausgeg.ben. gr. 4. Berlin, Dunker u. H. 821.

Beyträge zu einigen Stellen der Kaiserlichen Wahlkapitulation Art. VIII § 6.11.12.17.18. und des Reichsschlusses vom $\frac{17}{7}$ Februar 1671 die Erleichterung der Commerzien im deutschen Reiche und die Abstellung der willkührlichen Imposten betreffend. — Wetzlar 1790. 20 S. 8°
7. 12:4° J. publ. G. 671/2. 14. 17. 21. 25. 302.
15.

— z. Steuerrectification. s. System einer Steuerrectification rc.

— z. deutsch. Theater. 8. Leipz. 759.

— z. deutsch. Theater, v. C. G. Klemms. 1r Thl gr. 12. Wien, Trattner. 767.

— z. deutsch. Theater. 5 Thle. 8. Lpz. Dyk. 771.

— für das deutsche Theater, in Originalen und Uebersetzungen. 1r Bd. 8. Berlin, Braunes. 812. (Rücker.) und der Preis

* — zum Mannheimer Theater. 8. Mannheim, Schwan.

— z. Theater, z. Musik u. angenehmen Lektüre. 8. Stendal, Franzen u. Gr. 785.

— z. regelm. Theater d. Deutsch. v. Verf. des Postzugs. gr. 8. Wien, Alberti. 796.

— z. span. Theater. 8. Riga. (Hartknoch in Lpz.) 771

— z. Theorie d. schönen Künste rc. gr. 8. Berlin, Schöne. 814.

Beyträgo zur loichtorn Uebersicht dos Zustandes dor Philosophio beym Anfango dos 19. Jahrhundorts. Horausgog. von C[ARL] L[EONH.] REINHOLD. 1—6. H. Hamburg. 1801—03. (Mero udkom ikke). Perthes.

BEYTRÄGE zu freundschaftlichen Unterhaltungen, gesammelt aus den Unterredungen einer Kräntzel-Gesellschaft. Breslau, Hirschberg, Lissa in Südpreussen 1799, bey Joh. Fried. Korn d. ältern . . . . 8°. 3 Mk. 50 Pfg., wie neu, Friedr. Klüber, München, 1905.)

Tit., 1 Bl. Inh., 127 S., 1 S. Druckanz.: Breslau, gedr. in d. Grassischen Officin. — Ausser Einleitg.: 1. Wer verliert in der Ehe mehr von seiner Freiheit, der Mann od. die Frau? 2. Tragen zu unzufriednen Ehen die Männer od. die Weiber am meisten bey? 3. Ein Brief voll Frauenlob. 4. Ein Anhang zu dem Capitel von der Eifersucht. 5. Welche Frau verdient den Namen einer guten Wirthin. 6. Woher kommt es, dass der Aberglaube bey dem weibl. Geschlechte gemeiner ist, als bey dem männlichen. 7. Warum können manche Frauen ihre Dienstboten nicht lange erhalten? — Selten u. nirgends citirt!

Beyträge zum praktischen Unterricht im Felde für die Officiere der österr. Armee. Bd 1. 2. Wien 1808—16. 8°.

— zum pract. Unterricht im Felde f. d. Officiere d. Oesterr. Armee. 2 Bde. M. 43 in Kpfr. gest. u. col. Plänen. gr. 8. (40⅔ B.) Wien 825, (Heubner.)

Beyträge zum Unterricht im Schachspiel von W. S[chlesinger] einem Oesterreicher. — Preßburg 1804: Belnay. 211 S. 8°

Darin: Stamma, Philippe: Des Arabers Philipp Stamma Schachspiel-Geheimnisse, das ist: dessen hundert Spielendungen, [Essai sur le jeu des échecs, deutsch] neu hrsg. . . . von W. S[chlesinger].
1:Os 15595. 5.
15.

Urkundliche Beyträge zu der Geschichte der Unruhen im Bernerischen Oberlande. — o.O. 1814. Getr. Pag. 8°
1:Rv 466. 12:Helv. 60.
15.

Beiträge. Urkundliche Beyträge zu der Geschichte der Unruhen im Bernerischen Oberlande. [4 Theile.] 4. [Baden, Diebold,] 1814.

Beyträge zur Vaterlandskunde Bayerns oder freymüthige Schilderung der Geistlichkeit und des Bürgerstandes; auch des Betragens der Franzosen in diesem Lande. H.1. — o.O. 1801. 31 S. 8°
12: Bavar. 372 [2 Ex.] 19.
15.

— z. Verbess. des äußern Gottesdienstes in der kathol. Kirche von J. Blau und A. Dorsch. Band 1. 1s. (Weiter nichts erschienen.) gr. 8. Frankfurt 1789. Andreä. 20 ggr. — 1 f. 15 kr.

Beyträge zur Verbesserung der Kirchenpolizey in Deutschland. Th. 1–3. — Frankfurt [usw.] 1787. 31? S. 8°
1:1 in Fp 706. 6. 7. 12: J can. P. 1037. 16.
15.

— Th. 1–3. Ebd. 1788. 242 S. 8°   5. 6. 12: J. can. P. 131.
15.

— z Verbesser. d. Kirchenpolizey in Deutschl. 3 Thle. 8. Mannh. Schwan u. G. 788.

— z. Verbesser. d. Kirchen- u. Schulwes. s. a. Boysen.

Beyträge zur Verbesserung des Kirchen- und Schulwesens in protest. Ländern. Altona 1797—98. 2 Bde. 8.

— z. Verbesserung der kathol. Liturgie in Deutschland. 1s Heft. (Von B. M. Werkmeister.) 8. Ulm 1789. Wohler. ⅔ Thlr. — 1 fl.

Beyträge zur Verbesserung des Mühlenbaues. 2 von d. Hamburgischen Gesellschaft zur Beförderung d. Künste u. nützlichen Gewerbe gekrönte Preisschriften. (Verf.: W. Meißner u. Uhlhorn.) — Hamburg: Perthes 1804. IV, 20 S. 4°   1:4° Nz 9724. 12:4° A. civ. 19. 16. 17. 18. 202.
15.

Beyträge zur Verbesserung der deutschen Schulen im Herzogthum Wirtemberg. Nebst e. Anh. über d. lateinische Schulwesen daselbst. — Tübingen: Heerbrandt 1798. 42 S. 8°
21. 24.

— z. Verklär. Jesu in d. Gläubigen. 3 Stck. 8. Nürnberg, Monath. 766.

— vermehrte, z. Verbess. d. Justizwesens am Kammerger. 2 Thle. gr. 8. Marb. Krieger. 768—69. (à 8 gr.)

Beyträge, Vermischte

— verm., z. Beförd. d. Kenntn. u. Behandl. d. Knochenkrankh. 1s u. 2s Stck. 8. Bresl. Korn d. ält. 803.

— verm. z. physical. Erdbeschreib. 6 Bde. 8. Brandenb. (Hessenland in Magdeb.) 773—87.

„Vermischte Beyträge zur physikalischen Erdbeschreibung“, vier Bände, Brandenburg 1774—1783. — Vorh.: Preuß. Oberbergamt Dortmund — M. 197.

Vermischte Beyträge zu der alten und neuen allgemeinen, besonders aber schwäbischen Kirchen- und Gelehrten-Geschichte. [Mitarb.: Christian Karl am Ende u. a.] Bd 1, St. 1.2. — Franckfurt [usw.]: Merz in Augspurg 1765. 174 S. 8°
5 [∞2]. 12 [∞2]: Th. U. 36–1,1. [2 Ex.] 15 [∞2]. 24.

BEYTRÄGE, Vermischte, zum Nutzen und Vergnügen; eine moralische Wochenschrift (hrsg. von Rudolph Wedekind). Göttingen 1746—47.
Anon.-Lex. I. p. 162 (nach Meusel).

Beyträge, verm., z. d. Philosophie u. d. schön. Wissensch. 2 Bde. in 4 Stck. gr. 8. Breslau, W. G. Korn. 762—64. Rthlr.

— z. Vertheid. d. Lehre d. kathol. Kirche. (Vom Bischof A. Hille.) gr. 8. Leitmeritz 1827, Medau. ⅔ Thlr. — 1 fl. 12 kr.

— z. Vertheidigung d. pract. Religion Jesu Christi. 9 Bde. u. Anh. 8. Gotha, Mevius. 751—64.

Beyträge zur Vervollkommnung des Feldhospitalwesens oder Leitfaden für militairische Medizinalbehörden, Feldärzte ... Aus d. Franz. übers. u. mit e. Anh. versehen von M.E.C.F. Richtsteig. — Glogau: Neue Günterache Buchh. 1807. XXVIII,310 S. 8°
1:Kq 7456. 7. 17.
15.

— z. Vervollkommnung d. Feldhospitalwesens, od. Leitfad. f. milit. Medicinalbehörd. a. d. Franz. m. Anh. v. Richtsteig. Glogau, Günter. 808.

— Ebd. 1809. XXVIII,310 S. 8° 21.
15.

Beiträge. Beyträge zu Vervollständigung der Schrift, betittelt: Ueber den Schweizerischen Bundes-Verein. 1814 s. [Fischer, Emanuel Friedrich von].

„Voigtländische Beyträge zur Polizeykunde", 2 Stücke, Hof 1786, 1789.

— vogtländ., z. Polizeykunde. 3 Stck. 8. Hof, Grau. 793.

— od. Vorschläge z. Erleichter. in d. bürgerl. Gesellsch. 1r Beitr., Finanz- u. Steuersystem f. Europa ꝛc. 8. Heidelb. Schwan. 804.

— od. Vorschl. z. Erleichter. d. Menschheit in d. bürgerl. Gesellsch. 1r Beytr., Finanz- u. Steuersyst. f. Europa. 8. Mannh. Schwan. 805.

Beyträge zu der beständigen Wahlkapitulation für das mainzische Erzstift. Von der Feder e. Unpartheyischen. H. 1. — Frankfurt a. M. 1789. XIV,30 S. 8°
7. 12: J. can. P. 322/1. 16. 24.
15.

Beyträge zur Wassergeschichte von Böhmen. Bd 1.2. Leipzig [usw.]: Höchenberger 1770–72. 8°
1: Stala 885. 3[=2]. 7. 12[=2]: M. med. 121. 15. 17.
300: 49 V 21. 302.
15.

— z. Wassergesch. Böhmens. 2 Thle. m. Chart. 8. Prag, Gerdtmann. 770.

— z. d. Sibyll. Weissagung. 8. Nürnb. Grattenauer. 793.

Beyträge zu den sibyllinischen Weissagungen aus dem Tagbuche eines Politikers. Nebst e. Zueignungsschrift an d. sämmtlichen Professoren d. Staatsrechts in Deutschland. Kosmopel 1210 h. (1795). 48 S. 8° 24.
15.

Beyträge, weitere, zu dem Verfahren der kathol. Oberkirchenbehörden in Würtemberg geg. kathol. Geistliche. gr. 8. Schaffh. 1842, Hurter. ⅓ Thlr. — 36 kr.
Cf. Bestrafung, Memorandum.

— westphälische, zur deutschen Geschichte. 1r Thl. 8. Darmstadt, Tasché. 820.

— wichtige, z. Oberpfälzisch. Staats- u. Kirchengesch. 2 Bde. gr. 8. Bayr. Lübeck. 804.

Wienerische Beyträge zur praktischen Arzneykunde, Wundarzneykunde und Geburtshilfe. Hrsg. von Joseph (Frh. von) Mohrenheim. Bd. 1.2. Wien: Gräffer (2: Dessau u. Leipzig: Buchh. der Gelehrten) 1781-83. 8°

Beyträge zu verschiedenen Wissenschaften von einigen oesterreichischen Gelehrten. (Hrsg.: Augustin Bernardi.) Wien: Bernardi 1775. 448 S. 8°
2. 3. 7. 12: Var. 289 [2 Ex.] 300: BE 8 H 53. 302.
15.

Beyträge zur Witterungsgeschichte des harten Winters im Jahre 1783/4. — Preßburg 1784: Löwe. 21 [vielm. 23] S. 8° 23.
15.

Wöchentliche Beytraege zur Befoerderung der Gottseligkeit. Ersten Bandes erster Theil, B ... Z Buetzow und Wismar, in der Berger- und Boednerschen Buchhandlung. 1771.

— wöchentl. z. Beförder. d. ächt. Gottseligkeit. 18 Abchn.
Wöchentliche Beytraege zur Befoerderung der Gottseligkeit. Zweyten Bandes erster Theil.
B Z Buetzow und Wismar, in der Berger- und Boednerschen Buchhandlung, 1772.

—— zur richtigen Würdigung d. Rationalismus. gr. 8. (6¼ B.) Leipzig 829, Tauchnitz.
Vgl. Beiträge.

Beyträge zur Würdigung der Streitsache zwischen dem Gotteshaus und der Waldstatt Einsiedeln. — o. O. 1829. 24,50 S. 8° 1: Hm 400.
15.

— z. Civilbaukunst. m. K. (N. Tit. v. Arnould. Beytr.) 8. Frankf. Guilhaumann. 796.

Beyträge zur Civilbaukunst, worin die Stärke des Holzes und des Eisens erläutert wird. - Frankfurt 1796

— Zürcher, zur wissenschaftl. und gesellig. Unterhaltung v. J. Stolz, J. J. Hottinger u. J. Horner. 3r Bd. oder 7r—9r Heft. Zürch, Ziegler u. Söhne. 815. 16. à 12 Gr.

— Züricherische, z. wissenschaftl. u. gesell. Unterhaltung, herausgeg. v. J. J. Hottinger, J. J. Stolz u. J. Horner. 2 Bde od. 6 Hefte. 8. Zürich, Ziegler u. S. 815. (à 12 gr.)

An den ächten und wahrhaften Beyträger etc. oder den sogenannten militarischen österr. Patrioten ... Und an den Versucher einer militarischen Geschichte des bayr. Erbfolgekrieges. Kurzgefaßte ... Erinnerungen. Frankfurt 1783. 8°

Beyttenmiller, Theodor
Beyttenmiller, Thdr., Blumengewinde deutscher Lyrik. Eine Auslese neuerer Gedichte. Mit 25 Orig.-Illustr. (in Holzschn.) von R. E. Keppler. 8. (VI, 374 S.) Stuttgart 884. Hänselmann. geb. mit Goldschn. *

Beyttenmiller, Thdr., Blumengewinde deutscher Lyrik. Eine Auslese neuerer Gedichte. Mit 24 Orig.-Illustr. v. R. E. Kepler. 2. Aufl. 8. (VI, 374 S.) Stuttgart 885. Hänselmann. geb. m. Goldschn. n. 6. —

Beyttenmiller, Thdr., Blumengewinde deutscher Lyrik. Eine Auslese neuerer Gedichte. 2. und 3. Aufl. 8. (VIII, 374 S. mit 25 Orig.-Illustr. von R. E. Kepler.) Stuttgart 885,88, Süddeutsches Verlags-Institut. geb. mit Goldschn. *

Beyttenmiller, Thdr., unsere alt- und mittelhochdeutschen Dichter. Ein Lehr- und Handbuch. Stuttgart 861. Gebr. Mäntler. (Kröner.) gr. 8. (VII, 220 S.) n. 24 ngr.

— Furchtlos u. treu! Württembergischer Liederschatz. Illustriert v. Th. Hoffmann. Zur 25jähr. Regierungsfeier Sr. Maj. d. Königs Karl I. 8. (XI, 272 S.) Stuttgart 889. Greiner & Pfeiffer. geb. n. 3. —

Beyttenmiller, Thdr., Maiglöckchen. Zweiter Liederstrauß. 24. (IX und 120 S.) Cannstatt 854, Bosheuyer.

—— deutsche Mythologie. Eine Studie. gr. 8. (20 S.) Tübingen 883, Fues'sche Sortimentsbuchh. *
Aus: Correspondenzblatt für die Gelehrten- und Realschulen Württembergs, besonders abgedruckt.

— Sagenkranz. Eine Sammlg. episch-lyr. Gedichte, ausgewählt v. Th. B. Der Jugend u. den Vereinen Deutschlands gewidmet. Mit 12 Orig.-Illustr. v. W. Eißel. 8. (VIII, 403 S.) Stuttgart 888. Süddeutsches Verlags-Institut. geb. m. Goldschn. n. 6. —

Beyttenmiller, Thdr., deutsche Sprach- u. Stillehre mit 40 Musteraufsätzen, vielen Dispositionen u. Aufgaben. Ein Handbuch für Lehrer u. Lernende, für Prüflinge, u. namentlich für Einjährig-Freiwillige. gr. 8. (VIII, 136 S.) Stuttgart 877. Levy & Müller. n. 2. 40

— Tempelhalle christlicher Lyrik. Eine Auslese religiöser Gedichte. Mit 18 Illustr. in Lichtdr. u. 4 Bildnissen. 8. (VIII, 312 S.) Stuttgart 884. Hänselmann geb. m. Goldschn. n. 6. —

—— Tempelhalle christl. Lyrik. Eine Auslese relig. Gedichte. 8. (312 m. Illustr.) Stuttg. 85, Hänselmann. geb. m. G. n. 6. —

— Tempelhalle christlicher Lyrik. Eine Auslese religiöser Gedichte. Mit 18 Illustr. in Lichtdr. u. 4 Bildnissen. 2., verm. Aufl. 8. (X, 392 S.) Ebd. 888. geb. m. Goldschn. n. 6. —

Beyttenmiller, Thdr., Tempelhalle christl. Lyrik. E. Auslese relig. Gedichte. 3., verb. u. verm. Aufl. 8. (IV, 392 S. m. 14 Lichtdr.-Taf. u. 4 Bildn.) Stuttgart (898). Süddeutsches Verlags-Institut. Geb. in Leinw. m. Goldschn. n. 6. —

Beywl, Cleophas, Reimwörterbuch zu Ulrichs Lanzelet, s.: Studien, Prager deutsche. 15. Hft.

Bez, Carl, Geschichte des Dorfes Stotternheim, s.: Andreä, Frdr. Wilh.

Bez, Casp.: De erroribus Augustanae Confessioni ..., s. Roll, Reinhard Heinrich [Präs.]

Bez, Jo., Sistens paraphrenitidis rationem et curationem. 22 pp. Heidelb. 4°. 1751

Beza, ..., Schriften, s. J. Calvin.

Beza, Thdr., de Franciae linguae recta pronuntiatione. Berlin 868. F. Schneider. (Weber.) 8. (VIII, 948.) n. 20 ngr.

Bezahlungs-Tarif f. Boston-Whist. 1 Tabelle. 8. Quedlinb. 829. Ernst. 4 gr.

Bezahlungs-Tarife für den Einkauf von fremden Erzen und Gekrätzen auf den fiskalischen Hüttenwerken am Oberharz. Clausthal 1870. 8. — Desgl. ein zweites Exemplar.

Bezahlungstarife für den Einkauf von Erzen bei den Werken der General-schmelz-Administration zu Freiberg. Freiberg, 1861.

Bezähmung d. Zunge, v. d. Verfass. d. ganzen Pflicht des Mensch. a. d. Engl. 8. Berl. Haude. 745.

Bezalel. Illustrirte Zeitschrift f. christl. Judentum. Red. u. Hrsg.: Ed. E. Gedalius. Jahrg. 1893. 12 Nrn. (à ca. 8 S.) Fol. Berlin, Expedition. n. 4. 50; halbjährl. n. 2. 50; vierteljährl. n. 1. 25

Bezange, P. H., d. sieben Bußpsalmen, sammt e. Erklär. gr. 8. Salzb. Mayr. 776.

Bezanis, Albertus de
s. Albertus de Bezanis. [09. 1318]

Bézard, Johann Ritter von

Bézard, J. R v., Über Croquierübungen, feldmäßige Skizzen und Orientierungsaufgaben. 2 Teile. Gr.-8°. (183, X, 108 S. mit Beilagen) Wien: Seidel 1910. K 12.—

Bézard, Joh. Ritter v.: Ub. Croquierübgn, feldmäss. Skizzen u. Orientiergs-Aufg. 1. Heft. Erläuterte Auszüge a. d. folg. z. Tl vergriff. Dienstbb.: Instruktion f. d. Evidenzhaltg d. Ktnwerke (E—49.), Taschenb. f. militär. Rekognoszenten (E—44.), vergriffen, Erläuterg z. Zeichenschlüssel zu (E—45, vergriffen), u. sonst hiefür gelt. Bestimmgn (Tab. 2). (1 Ktnausschn. m. Beisp. f. Berichtiggsangaben u. 1 Taf. d. Signaturen d. Spezialkte.) 2. Afl. (10, 97) gr8° Wien, LW Seidel & S. '12. 4.50

Bezard, Joh. v., neue Mittel zur Steigerung der Genauigkeit der flüchtigen Terrainaufnahme u. zur verlässlichen Lösung aller Arten v. Orientierungsaufgaben, die an den Soldaten u. Touristen herantreten können. Mit 12 Textfig., e. Textanh. u. e. Kartenbeilage. (11 S.) Lex. 8. Wien 908. L. W. Seidel & Sohn. 1. —
Sonderabdruck aus „Streffleurs militär. Ztschr."

— Orientiergsaufg. unter schwierigen Verhältn. (m. 3 Taf. u. 1 Beil.). (35 u. 16 m. Fig.) kl8° Ebd. '12. 1.20

Bezard, Lucien, Toponymie communale de l'arrondissement de Mamers (Sarthe). (91 S.) Lex.-8. Strassburg 905. (J. H. E. Heitz.) n. 3. —

Bezauberten, die, Oper nach Javard. 3. Berl. Himburg. 777.

Bezauberung, Rittergesch. u. Erzähl. 2 Thle. 8. Dresd. Hilscher. 804.

BEZAUBERUNGEN. Rittergeschichten und unterhaltende Erzählungen. 2 Thle. Dresden, o. J. (c. 1800). 8°. Rarl

Bezaure, Gaston de, auf dem „Blauen" Flusse. Reise in das westl. China. Autoris. deutsche Uebersetzung v. Th. Schwarz. Mit 5 Holzschn.-Illustr. u. e. Karte in Lithogr. gr. 8. (IV, 132 S.) Leipzig 880. Frohberg. n. 3. 60

Bezaure, Gaston de, auf dem „Blauen" Flusse. Reise in das westl. China. Autoris. deutsche Uebersetzung von Th. Schwarz. 2. (Titel-)Ausg. gr. 8. (IV, 132 S. mit 5 Holzschn.-Illustr. und 1 Karte in Lithogr.) Leipzig 885, [Frohberg.] Baldamus. *

Bezdek Ferdinand (Oberlehrer in Brünn), Bericht über Einrichtung, Zweck und Ergebnisse der bestehenden ausländischen Schulsparkassen unter Berücksichtigung ihrer erziehlichen und volkswirtschaftlichen Bedeutung. Brünn 1906. Selbstverlag. K —.50.

Bezdek, Ferd., Moderne ethische und wirtschaftliche Grundlage des Genossenschaftswesens und Volkswohlstandes. gr. 8°. Brünn, C. Winiker, 1906.

Bezdeky, Frant. S., zakladowe maudrosti a opatrnosti, cili prawidlo wezdejsiho ziwota. S predmluwau od Pawla Jos. Safarika. 12. W Praze 844, Calve. 1/4 ℔

Bezdiček, Jos., doppelte landw. Buchführung, praktisch durchgeführt als Nachtrag zu seiner einfachen landwirtschaftl. Buchführg. 2. geänd. Aufl. (59 S.) Lex. 8. Königgrätz 907. (Prag, F. Řivnáč.) 2. —

Bezdzik A. und Friedlaender P.: Über indigoide Farbstoffe. 2. Mitteilung. S. 117. II b. 135 . . . vgr.
— — Über indigoide und indoligoide Farbstoffe der Naphthalinreihe und deren Spaltungsprodukte (Oxynaphthaldehyde). 4. Mitteilung über indigoide Farbstoffe. S. 118. II b. 43 . . . . vgr.
— — Über indigoide Farbstoffe der Anthracenreihe. 5. Mitteilung über indigoide Farbstoffe. S. 118. II b. 663 . . . . vgr.
Separatabdruck

Bezdzik, Anton. Über die Einwirkung von Oxydationsmitteln auf Thionaphtenderivate und auf die zu diesen führenden Ausgangsmaterialien. Diss. Math.-Naturw. Freiburg, Schweiz. 48 S. 8. Freiburg ⟨Schweiz⟩, St. Paulus-Druckerei, 1910.

Beze, *Claude de.*
—— Description de quelques arbres et de quelques plantes de Malacque. Exstat in Mémoires pour servir à l'histoire naturelle des plantes dressés par *M. Dodart.* Amsterdam et Leipzig, Merkus. 1758. 4. p. 637—644.

Bèze, Théodore de *s.* Vitae quatuor reformatorum. Berolini 1841.

Bezecny: Die Rechte der priv. Kaiser Ferdinands-Nordbahn, s. Bezecny, Ant.

Bezecny, Ant., Entwurf e. Gesetzes f. die im Reichsrate vertretenen Königreiche u. Länder betr. den Sprachengebrauch im Amte. (VI, 59 S.) Lex. 8. Wien 909. Manz. — 85

Bezecny, Ant., die Rechte der ausschließlich privilegirten Kaiser Ferdinands-Nordbahn. Eine eisenbahnrechtl. Studie. gr. 8. (VIII, 174 S.) Wien 887, Manz'sche Hof-Verlags- und Universitäts-Buchh. *

Bezecny, Ant., s. a. Thronreden, Die, Sr Maj. d. Kaisers Franz Josef I.

(F) Bezecny, A., Die Thronreden Sr. Majestät des Kaisers Franz Josef I. Gr.-8°. (160 S.) Wien: Manz 1908. K 8.—

Bezecny, Emil, Liederbuch zum Gebrauche an österreichischen Lehrerinnen-Bildungsanstalten, Mädchen-Lyzeen und verwandten Anstalten. Prag 1902. Rohlíček & Sievers. Preis, gebunden 2 K 60 h.

Bezecny, Hans, Tarifratgeber f. den Land- u. Forstwirt., s.a. Archiv f. Land- u. Forstwirtschaft. 39.

Tarifratgeber für den Land- und Forstwirt. Von Hans Bezecny. Wien: R. Hitschmann & H. Hitschmann 1906. (x, 104 S.) 8° [F.]
— Archiv f. Landwirtschaft. 38.

BEZECNY, Hans: Tarifratgeber für den Land- und Forstwirt. - Wien 1906. X, 104 S. - (Archiv f. Land- u. Forstwirtsch. Beilage z. "Wiener landwirtsch. Ztg." XXXIX) - 2. Aufl. ebd. 1910

Bezeichnung, Einheitliche, der Fahrwasser und Untiefen in den deutschen Küstengewässern. Berlin (1892?) Fol.

Bezeichnung, einheitliche, d. Lokomotiven. (Beschluss der Vereinsversammlg., in Amsterdam am 8/5. IX. 1908.) Ausg. v. der geschäftsführ. Verwaltg. des Vereins deutscher Eisenbahnverwaltgn. (8 S.) 8. Berlin 908. (Wiesbaden, C. W. Kreidel.) —20

Die Bezeichnung der Freiübungen. Bearb. v. Turnausschuß der Deutschen Turnerschaft. Leipzig 1910. 44 S. Dd 60

Bezeichnung, Die, d. Freiübgn. Zur Herbeiführg e. Einheitlichk. d. Uebgsbezeichngn bearb. v. Turnausschuss d. deut Turnersch. (44 m. Abb.) 16×24,5 cm. Lpzg, P Eberhardt ('11). HL 1 — d

Die Bezeichnung der Stabübungen, zur Herbeiführung einer Einheitlichkeit d. Übungsbezeichnungen, bearb. v. Turnausschuß d. D.T., m. Abb., Leipzig, 45 S., 8°.

Bezeichnungsvorschrift f. d. Geschütze u. Fahrzeuge der Fußart. München 1897. 1903. 4°

Bezel, A. Ch., De paraphrenitide. 40 pp. Hal. 4°. 1742

Bezemer, T.
Volksdichtung aus Indonesien. Sagen, Tierfabeln u. Märchen übers. von T. J. Bezemer, Oberl., Wageningen, mit Vorw. von Prof. Dr. H[endrik] Kern. *Haag: M. Nijhoff 1904.* (VIII, 429 S.) 8°

Bezenberger. Märe v. St. Annon. Varia 46. 8.

Bezenšek: Übertragg d. Gabelsb.'schen Stenogr. auf d. südslav. Sprachen, s.: Stammbuch d. Gabelsb.'schen Systems.

Bezenšek, Anton. Bolgarija in Srbija. V Celovcu, St. Hermagoras-Druck., 1897. 239 S.

Bezenšek, Anton. Spominek besede, katero so napravili slovenski dijaci v Zalcu, 30. avgusta 1874. V Celovcu, St. Hermagoras-Druck., (1874). 15 S.

Bezerédy, Amalie, Novellen u. Erzählungen. Aus hinterlass. Papieren. 2 Bde. gr. 12. (30⅞ B.) Pesth 810, Heckenast.
Bd. 1. Die Pädagogen. — Die Mädchenschule. — Die Schicksalsschule.
" 2. Die Brautschau. — Musikal. Bekanntschaften. — Cäcilie.

Bezjak, J.: Slovenska jezikovna vadnica ..., s. Schreiner, H.

Bezjak, J.: Übungsbuch, s. Schreiner, H.

BEZJAK, Johann: Die Hersmaere des Konrad von Würzburg. — 1882. 34 S. Diss. Graz, Univ.

Beziczka, Ambros, s. Becziczka, Ambros

Beziehung, die, unserer Masse, Gewichte u. Münzen zum dekadischen Zahlensystem; dargestellt durch die gesetzlichen Abkürzungszeichen. 1 □ m. Korneuburg 893. (J. Kühkopf.) n. 1.—; auf Leinw. m. Stäben n. 3.60

Beziehungen, Die, der schweizerischen Eidgenossenschaft zum Reiche bis zum Schwabenkrieg. [Bern 1890.] V: *Oechsli, Wilhelm.* (Cat. d. Stadtbibl. Zürich. Zürich 1864—97.)

Beziehungen des Feld-Sanitätsdienstes zum Felddienste. (Von Cron u. Wolff), s.a. Publikationen, militärärztliche. Nr. 58.

Beziehungen des Feld-Sanitätsdienstes zum Felddienste. Mit 40 Figuren im Texte. [Militärärztliche Publicationen. Nr. 58.] Wien. 1902. Šafář. Lex.-8°. 136, IV S. K 3.60

Beziehungen, Die gegenseitigen, zwischen Handel und Wissenschaft. Chemnitz 1854. V: *Noback, Frdr.* (Kat. d. stat. Bureaus. Dresden 1890.)

Beziehungen, Goethes, zu seiner Vaterstadt. Ein Commentar zu Wahrheit und Dichtung 1749—75. Frankf. a. M. 1862. V: *Volger, Otto gen. Senckenberg.* (MN)

Beziehungen. Goethe's B. zu Zürich. Zürich s.a.[Hirzel, Ludwig].

Beziehungen, Goethes, zu Zürich ... Zürich [1888]. V: *Hirzel, Ludw.* (Cat. d. Stadtbibl. Zürich. Zürich 1864—97.)

Beziehungen, die handelspolitischen, zwischen Oesterreich und Russland. Vom Standpunkte des einigen österreichischen Gesammtstaates beleuchtet. gr. 8. (84 S.) Wien 865, (Gerold's Sohn.) *

Über die Beziehungen zwischen Landwirthschaft und Forstwirthschaft im Großherzogthum Baden. - Tübingen 1885. 48 S.

Beziehungen, die österreichisch-preußischen, und ihre verkehrte Auffassung. Von einem Deutsch-Oesterreicher. 8. (30 S.) Leipzig 870, O. Wigand. *

Beziehungen, Rippachs historische. Rippach [ca. 1905]. V: *Pleines, Wilhelm.* (EB)

Beziehungen, Schillers, zu Eltern, Geschwistern und der Familie von Wolzogen. Aus den Familienpapieren mitgetheilt. Stuttgart 1859. V: *Wolzogen, Alfr. Freih. von.* (Heyd)

Beziehungen, die vertragsmässigen, zwischen dem Deutschen Reiche und dem Auslande auf dem Gebiete von Handel und Industrie. gr. 8. (15 S.) Berlin 886, (Walther und Apolant.) *
Aus: Export, besonders abgedruckt.

Beziehungen auf die Bahrdtschen Vorschläge z. Berichtigung des Lehrbegriffs 2c. (v. Karl Fr. Bahrdt). 8. Leipz. 773. Hartknoch. 14 K

Beziehungen, Die wirtschaftl., zw. d. deut. Industrie u. Landwirtsch. (Verhandlgn d. 39. Plenarversammlg d. deut. Landwirtschaftsrats '11.) [Aus: „Archiv d. deut. Landw.-Rats".] (40) Lex8° Berl., P Parey '11. nu 1.20 d

Beziehungen, Württembergische, zu Russland. [Stuttgart 1882.] V: *Hartmann, Julius.* (Heyd)

Bézler, s.: Guerre de 1870/71.

Bezirck, s. a. Bezirk

Bezirck der gantzen Graveschafft Dietz. Anno 1555 auffgezeichnet. [Hs., um 1700.]

Bezirk, s. a. Bezirck

Bezirk, der hl., v. Delphi. (Wandtafel, gezeichnet v. R. Restle.) 65,5×75,5 cm. Nebst Erläuterg. v. H. Luckenbach. (32 S. m. Abbildgn.) Lex.-8. München 904. R. Oldenbourg. n.n. 6. —

Bezirke. Die vereinigten (äussern) B' des Kantons Schwyz (March, Einsiedeln, Küssnacht und Pfeffikon) an die Tit. souvränen Behörden der Eidsgenossenschaft. (Lachen. den 11 April 1831.) ([Mit Anhang:] Beilagen.) 8. *o. O.* (1831.)

Bezirksanzeiger (SG)
⑤ 1891—1893 ⑦ Wochenblatt ⑧ Gossau (SG) ⑫ Anzeigeblatt ⑬ BGSZ: 1045, 1047.

Bremgarter Bezirks-Anzeiger
v. Bremgarter Wochenblatt.

Bezirks-Anzeiger für das Fricktal
⑤ 1909—1917 ⑧ Rheinfelden: G. Küpfer ⑫ Gratisanzeigeblatt.

Bezirks-Anzeiger für das appenzellische Hinterland
① Amtliches Publikationsmittel für die Gemeinden Herisau, Hundwil Schönengrund, Schwellbrunn und Stein ⑤ 6. 1. 1899—1. 9. 1899 ⑥ 2° ⑦ Wochenblatt ⑧ Herisau: Schläpfer & Cie, ⑫ neutrales Anzeigeblatt mit unterhaltendem Teil: Gratisabgabe in 5000 Exemplaren ⑭ He: G.

Bezirks-Anzeiger für Neutoggenburg
① Amtliches obligatorisches Publikationsmittel für die Gemeinden: Wattwil, Lichtensteig, Krinau, Oberhelfenswil, Brunnadern, St. Peterzell und Hemberg (16. 12. 1885). Amtliches obligatorisches Publikationsorgan der Gemeinden Wattwil, Lichtensteig, Oberhelfenschwil, Brunnadern, St. Peterzell, Hemberg, Krinau und Bütschwil. Allgemeines Anzeigeblatt für das Toggenburg und angrenzende Gebiete (seit 4. 7. 1930) ② Amts-Anzeiger (seit 4. 7. 1930) ⑤ 16. 12. 1885 (cont.) ⑥ 2° ⑦ wöchentlich 2×, dann Wochenblatt (ab 7. 7. 1888) ⑧ Lichtensteig: J. A. Furrer (16. 12. 1885—3. 3. 1886), Furrer'sche Buchdruckerei: S. Meyer-Würth (6. 3. 1886—30. 10. 1886), A. Mäder (3. 11. 1886—29. 8. 1918), A. Mäder Söhne (seit 5. 10. 1918) ⑩ die Drucker ⑫ Anzeigeblatt ⑬ BGSZ: 1045. 1047 ⑭ Lichtensteig: A. Mäder Söhne.

Bezirks-Anzeiger für das Untertoggenburg
v. Anzeiger für den Bezirk Untertoggenburg.

Winterthurer Bezirks-Anzeiger und Anzeiger von Töß
v. Anzeiger von Töß und Winterthurer Bezirks-Anzeiger.

Bezirks-Armen-, Arbeits- u. Vorsorgungshäuser (Die sächsischen). 8⁰. Berlin 1866.

Bezirksarmenverein (Der) zu Mühltroff. Mittheilungen über dessen Zweck und bisherige Wirksamkeit. gr. 8⁰. Plauen, Neupert, 1864.

Bezirksarmenverein, der, zu Mühltroff. Mittheilungen über dessen Zwecke und bisherige Wirksamkeit. gr. 8. (18 S.) Plauen 867, Neupert. *

Die **Bezirks-Bau-Ordnung** für den Regierungsbezirk Minden vom 24. Okt. 1900 nebst d. Ausführungs-Bestimmungen dazu vom 31. Dez. 1900 u. d. sonst. für d. ganzen Regierungsbezirk gelt. baupoliz. Vorschriften. Im amtl. Auftrage erl. u. hrsg. von W(illy) Feigell. Reg.R. *Minden i. W.: J. C. C. Bruns 1901.* (XIII, 188 S.) 8° [B.]

Bezirks-Baupolizei-Verordnung, Die, f. d. Reg.-Bez. Minden v. 1. 11. '12, nebst d. Ausführgs-Bestimmgn dazu u. d. in ihr angezog. Sondervorschriften. (16, 304) kl8° Mind., JCC Bruns ('12). L nn 1.50 d

Arlesheimer Bezirksblatt (I)
⑤ 1881 (?)—? ⑦ wöchentlich 2× ⑧ Arlesheim: Krenkel (Anfang 1881 ?): Basel: Krenkel (Ende 1881): Birsfelden: S. Bloch (Januar 1882—?) ⑩ Buchdrucker Krenkel (1881), S. Bloch, Birsfelden (1882—?) ⑪ die Herausgeber ⑬ Basellandschaftliche Zeitung Nr. 2, 4. 1. 1882: Helvetische Typographia 1882, Nr. 2.

Arlesheimer Bezirksblatt (II)
④ Taeblatt für das Birseck. Birsig- und Leimental ⑤ 1910 (?)—1912 ⑦ wöchentlich 3× ⑧ Arlesheim ⑫ neutral ⑬ BGSZ: 18. Jg. 1912.

Waldenburger Bezirksblatt
① Offizielles, obligat. Publikationsorgan der Gemeinden: Langenbruck, Waldenburg, Oberdorf, Niederdorf, Hölstein, Lampenberg, Bretzwil (3. 1. 1918—?). Offizielles Publikationsorgan für die Gemeinden Langenbruck, Oberdorf, Liedertswil, Niederdorf, Hölstein, Bennwil, Lampenberg, Arboldswil, Titterten, Reigoldswil, Lauwil, Bretzwil, Diegten, Eptingen (um 1941 cont., Eptingen erst nach 1941 hinzugefügt) ② Waldenburger Bezirksblatt Anzeiger (3. 1. 1918 cont.) ⑤ 3. 10. 1876 (cont.) ⑥ 2° ⑦ wöchentlich 2× (3. 10. 1876—29. 12. 1917); Wochenblatt (3. 1. 1918 cont.) ⑧ Waldenburg: J. Friedrich Köchlin (1876—1884), Johann Bapt. Diehl-Förster (1. 1. 1885—1893), Wwe. Diehl (1894—1918), Othmar Diehl (1919 cont.) ⑩ die Drucker ⑪ die Drucker ⑫ freisinnig (1876—1917), neutrales Anzeigenblatt (1918 cont.) ⑬ H. Joneli: Zur Geschichte des Basellandschaftlichen Zeitungswesens »Der Rauracher« 18 (1946), p. 1—6 ⑭ Be: L (1915—1918); Binningen: Walter Lüdin (1880); SW (einzelne Nummern v. 1941, 1943, 1949).

Waldenburger Bezirksblatt Anzeiger
v. Waldenburger Bezirksblatt.

Bezirks-Bote, Illustrierter Graslitzer, nebst vollständ. Adressb. f. Stadt- u. Landleute f. '13. 1. J. (52, 124, 25, 32 u. 16) gr8° Graslitz, F Tirichter. (Nur dir.) nn 1 — d

Bezirksbote, Neunkirchner, Illustrierter Kalender für das Jahr 1893. II. Jahrg. Mit einem Adreßbuch sämmtl. Aemter, Behörden 2c. Gr.-8. (114 u. 32 S.) Neunkirchen: Liepsch 1892. —.65

Bezirks-Bote, Neunkirchner. Illustr. Volkskalender f. d. J. 1894. 3. Jahrg. Mit e. Adreßbuch sämmtl. Aemter, Behörden, Genossenschaften, Institute, Schulen u. Vereine, sowie v. Handels- u. Gewerbetreibenden des Bezirkes. Zusammengestellt v. Frz. Liepsch. gr. 8. (48, 150, 32, 22 u. 8 S.) Neunkirchen, N.-Oe. 893. P. Liepsch. n. 1. —; geb. n. 1. 30

Bezirks-Bote, Neunkirchner. Illustr. Volkskalender f. 1895. 4. Jahrg. Mit e. Adressbuch sämmtl. Aemter, Behörden, Genossenschaften, Institute, Schulen u. Vereine, sowie v. Handels- u. Gewerbetreib. d. Bezirkes. Zusammengestellt v. F Liepsch. 8° (289) Neunkirch., N.-Oe., P Liepsch. 1 —; geb. 1.30

Bezirksbote, Neunkirchner. Illustrirter Volkskalender für 1896. V. Jahrg. Gr.-8. (202 S.) Neunkirchen: Liepsch 1895. —.50, geb. —.65

Bezirks-Bote, Saazer. Reich illustr. Kalender f. d. J. 1903. 14. Jahrg. Mit reichem unterhalt. u. belehr. Inhalte, m. Titelbild u. vielen anderen, in den Text gedr. größeren u. kleineren Illustr., nebst e. Anh.: Adreßbuch der k. k. Bezirkshauptmannschaft Saaz. (Gerichtsbezirke Saaz u. Postelberg.) gr. 8. (154, 18 u. 59 S.) Saaz (A. Ippoldt's Nachf.). n.n. 1. —

(F) **Saazer Bezirks-Bote.** Reichillustrierter Kalender für das Schaltjahr 1904. 15. Jahrg. (ill. 154, XIV, 40, 28 36 S.) † Saaz: Kern 1903 (Ippoldt's Nachf.) K 1.—

(F) **Saazer Bezirksbote** für das Jahr 1905. 16. Jahrg. Gr.-8°. (ill. 162, 152, 116 S.) Saaz: Dern (Ippoldts Nf.) 1904. 1.20

Bezirks-Bote, Saazer. Kalender f. 1906. 17. Jahrg. Nebst e. Anh.: Adressb. d. k. k. Gerichtsbezirke Saaz, Postelberg, Podersam, Jechnitz, Kaaden, Duppau, Pressnitz u. Weipert. (34, 16, 147—162, 82, 123, 67, 52, 50 u. 48 m. Abb.) 8° Saaz, (A Ippoldt's Nf.). nn 1.20 d

Bezirks-Bote, Saazer. Reich illustr. Kalender f. d. J. 1907. 18. Jahrg. Mit reichem unterhalt. u. belehr. Inhalte, m. vielen in den Text gedr. größeren u. kleineren Illustr., nebst e. Anh.: Adreßbuch der k. k. Gerichtsbezirke Saaz, Postelberg, Podersam u. Jechnitz. (34 S., S. 115—162, 16, 92, 70 u. 51 S.) gr. 8. Saaz (A. Ippoldt's Nachf.) n.n. 1. 20

(F) **Saazer Bezirksbote.** 1908. 19. Jahrg. Gr.-8° K 1.20
Saaz: Kern 1907 (Ippolett's Nachf.).

(F) **Saazer Bezirksbote.** 1909. 20. Jahrg. Gr.-8°. (ill. 106, 60, 56, 44, 16 S.) Saaz: Kern 1908 K 1.20

Bezirks-Bote, Saazer, u. Adreßbuch der k. k. Gerichtsbezirke Saaz, Postelberg, Podersam, Jechnitz, Kaaden u. Duppau. Reich ill. Kalender f. d. J. 1910. 21. Jhrg. Mit reichem unterhalt. u. belehr. Inhalte u. vielen anderen in den Text gedr. größeren u. kleineren Illustr. (IV, 41, 23, 101, 116, 68, 63 u. 22 S.) gr. 8. Saaz (A. Ippoldt's Nachf.). nn 1.—

— Saazer, u. Adressb. d. k. k. Gerichtsbezz. Saaz, Postelberg, Komotau, Kaaden, Duppau, Podersam u. Jochnitz. Illustr. Kaldr f. '12. 23. J. (6, 35, 29, 104, 80, 65, 63, 45 u. 16) gr8° Saaz, (A Ippoldt's Nf.). nn 1 — d

Der Bezirks-Central-Verein und die octroyirte Verfassung. Gedruckt bei Gebr. Unger. 1 Bl. Fol.
Flugblatt. Berlin, 16. Dez. 1848.

Bezirks-Kalender f. Kufstein, Kitzbühel u. Rattenberg m. Geschäfts-Adreßbuch d. 8 Städte u. österreichischem Marktverzeichnis. 1911. (18, 104 u. XVI S. u. S. 89–101.) 8. Kufstein, E. Lippott. —50

Bezirks-Kalender '13 f. Kufstein, Kitzbühel u. Rattenberg m. Geschäfts-Adressb. d. 3 Städte u. v. Brixlegg, St. Johann i. T., Kössen, Hopfgarten, Wörgl u. österr. Marktverz. (4, 80, 16 u. 27 m. Abb.) gr8° Kufst., E Lippott. — 80 d

— f. Schwaz, mit Geschäfts-Adreßbuch v. Schwaz, Jenbach, Mayrhofen, Zell a. Z. u. Fügen u. m. österr. Marktverzeichnis. 1911. (VI, 186 S. m. Abbildgn. u. Titelbild.) gr. 8. Ebd. —50

Bezirkskarte von Saaz mit Stadtplan. 1:2500. 4 Blätter. 122 × 134 cm. † Saaz: Kern 1903. K 15.—

Bezirkskarte von Trautenau, gezeichnet von H. Stelzig. Maßstab 1 : 100.000. Unaufgezogen gefalzt. Trautenau: Lorenz 1898. * —.10

Bezirks-Kinder-Erziehungsanstalt, Die, zu Bohnitzsch. [Meissen 1884.] V: *Bosse, Hans Alex.* (Kat. d. stat. Bureaus. Dresden 1890.)

Bezirks-Plan von Wien. 1:4320. Hrsg. unter Leitung des Wiener Stadtbauamtes. Bezirk I—X. 7 Bl. Chromolithogr. Fol. Wien 885, Lechner's Sortiment. *

Inhalt:

Bez.	I.	Innere Stadt. *M 1.20.
»	II.	Leopoldstadt. *M 1.80.
»	III.	Landstrasse. *M 1.80.
»	IV—VI.	Wieden, Margarethen, Mariahilf. *M 1.80.
»	VII. VIII.	Neubau, Josefstadt. *M 120.
»	IX.	Alsergrund. *M 1.20.
»	X.	Favoriten. *M 1.60.

Bezirkspläne der Wiener Gemeindebezirke. Querfolio. Wien, Artaria. I. Bez. schwarz 75 kr., colorirt 1 fl.; II.-VII., IX., X. Bez. à 60 und 75; VIII. Bez. 40 und 50 kr. 1886.

Bezirks-Pläne, Grösste, von Wien mit der gesammten Nummerirung sowie Angabe der Telegraphen-Aemter und Telephon-Sprechstellen. Masstab: 1 Zoll = 55 Klafter. Ausgabe 1893. Platten-Druck und Handcolorit. Folio. Wien: Artaria 1893.

I. Bezirk: Innere Stadt, mit Inbegriff des Stadterweiterungs-Gebietes, sowie mit einem grossen Theile der Vorstadt-Bezirke,

			schwarz,	colorirt
			—.60	—.80
II.	Bezirk:	Leopoldstadt	—.60	—.80
III.	„	Landstrasse	—.60	—.80
IV.	„	Wieden	.60	—.80
V.	„	Margarethen	—.50	—.60
VI.	„	Mariahilf	—.60	—.80
VII.	„	Neubau	—.50	—.60
VIII.	„	Josefstadt	—.50	—.60
IX.	„	Alsergrund	—.60	—.80

Bezirks-Pläne der kaiserl. königl. Haupt- und Residenzstadt Wien. Mit den alten und neuen Haus-Nummern. In 7 Blättern. gr. Fol. (4 S. Text.) Wien 868, Dirnböck. geb. *
Einzelne Blätter à *

Freytag's Wiener Bezirksplankarten. II. Bezirk Leopoldstadt. 1 : 25.000 Wien: Freytag & Berndt 1910. K —.40

Freytag's Wiener Bezirksplankarten. III. Bezirk Landstraße. 1 : 15.000 Wien: Freytag & Berndt 1910. K —.20

Freytag's Bezirksplankarten. XIII. Bezirk Hietzing. 1:20.000 Wien: Freytag & Berndt 1910. gefalzt K —.20

G. Freytag's Wiener Bezirksplankarten. XV. Fünfhaus Wien: Freytag & Berndt 1909. K —.12

Freytag's Wiener Bezirksplankarten. XVI. Bezirk Ottakring. 1 : 20.000 Wien: Freytag & Berndt 1910. K —.12

G. Freytag's Wiener Bezirksplankarten. XVII. Bezirk, Hernals. 1 :20.000 Wien: Freytag & Berndt 1909. K —.15

G. Freytag's Wiener Bezirksplankarten. XIX. Döbling Wien: Freytag & Berndt 1909. K —.20

Bezirks-Plankarten. XX. Bezirk. Brigittenau. 1 : 15.000 24 × 30 cm Wien: Freytag & Berndt 1905. K —.12

Bezirks- und Fortbildungsschule zu Aarau für das Schuljahr 1870/71. Aarau, Christen. 36 S. 8. (Enthält im Anhange: Auszug aus einer handschriftl. Chronik der Stadt Aarau.)

Bezirks-Taschen-Plan u. Führer, neuester, v. Wien in Buchform. Ein Führer durch Wiens Strassen, Sehenswürdigkeiten, Vergnüggn., Behörden u. Umgebg. m. 21 (farb.) Spezial-Karten d. Bezirke Wiens u. 1 (farb.) Uebersichts-Plan. Nach den neuesten amtl. Quellen bearb. Nebst: Kurzer Führer durch die Jagd-Ausstellg. Wien 1910; m. 1 (eingedr.) Situations-Plane. (106 u. 7 S.) kl. 8. (Plan: 45,5 ×54 cm.) Wien (010). Mor. Stern. 1.25

Bezirks-Taschen-Plan u. Führer, Neuester, v. Wien in Buchform. 3. Afl. (109 m. farb. Ktn u. farb. Plänen.) kl8° Wien, Mor. Stern ('11). 1.35; L 2—

Bezirksverein, Der Berliner, deutscher Ingenieure 1856—1906. Bericht über die Festsitzung zur Feier seines 50jährigen Bestehens am 1. Dezember 1906 im Landesausstellungspark. Berlin 1906

Bezirks-Verein, Der Berliner, Deutscher Ingenieure: Den Festtheilnehmern der 17. Hauptversammlung des Vereins Deutscher Ingenieure. Berlin 1876 (20 Photographien in Mappe)

Erste **Bezirksversammlung** des Vereins deutseher Freimaurer 12. Juni 1910 in Chemnitz. o. O. [1910]. 12 S. 8°.

[1.]—7. Bezirks-Versammlung des Vereins deutscher Freimaurer zu Frankfurt a. M... [Frankfurt a. M. 1906 ff.] 8° [Kopftit.]
[1.] am 29. April 1906. 35 S. Aus: Bh. 50 (1907) S. 41—43, 51—53, 59—62, 68—70, 76 bis 77. cf. L. 29 (1906) S. 149—151.
2. am 21. Okt. 1906. 44 S.
3. am 14. April 1907. 54 S.
4. am 24. Nov. 1907. 30 S. Aus: Bh. 51 (1908) S. 201—203, 212—214, 217—220.
5. Am 18. Okt. 1908. 48 S. Aus: Bh. 52 (1909) S. 60—62, 67—69, 76—79, 85—87, 90 bis 93.
6. u. 7. am 25. April u. 24. Okt. 1909. 76 S. Abgedr. in: Bh. 52 (1909) S. 298—301, 307 bis 310, 316—318, 324—327; 53 (1910) S. 85 bis 87, 91—92, 101—102, 118—119, 124—126, 131—133.

Erste **Bezirksversammlung** des Vereins deutscher Freimaurer in Halle a. S. Sonntag, den 24. Mai 1908, in der Loge zu den drei Degen. [Merseburg 1908: Stollberg.] 1 Bl. 4° [Kopftit.]
Enth. Tagesordnung u. Leitsätze zu den Vorträgen.

Erste **Bezirksversammlung** des Vereins deutscher Freimaurer in Leipzig in der Loge „Zu den drei Palmen" am 22. Nov. 1908. [Leipzig: Zille 1908.] 68 S. 8° [Umschlagtit.]
Aus: FZ. 62 (1908) S. 386—390, 394—397, 401 bis 406. Andrer Bericht in: Brh. 5 (1908) S. 243, 245, 247, 249, 251; 6 (1909) (W. Kunis).

Bezirksversammlung der Mitglieder des Vereins deutscher Freimaurer aus Württemberg, Baden, Elsass-Lothringen und dem Saargebiet. o. O. [1909]. 8° [Kopftit.]
1. Am 28. März 1909 zu Freiburg im Br [Unterz.:] Wilh. Boerner. [Dat.:] Freiburg 1909. 28 S. Aus: Bh. 52 (1909) S. 122 bis 127, 129—133.

Bezirks-Vorschussvereine (Die). fol. Berlin 1849.

Bezirks-Zentralverein, s. Bezirks-Centralverein.

Bezloja, Al[ois]: Das Schließungsproblem. S. 3—16. 8. Progr. K. k. Staatsgymn. *Mähr.-Weißkirchen* 1908.

Bezner, Ludw., unser evangelisches Kirchenwesen, s.: Bibliothek der Rechts- u. Staatskunde. 23. Bd.

Bezold: Die Feier des 50 jähr. Bestehens des Königl. Meteorologischen Instituts am 16. Oktober 1897, s. Bezold, Wilhelm von

Bezold v.: Geschichte der deutschen Reformation, s. Bezold, Friedrich von

Bezold: Der Heirathskonsens der Eltern u. Vormünder... s. Bezold, Andreas

Bezold: Die Reichsgesetze betreffend Zinsen, Aufhb. d. Schuldhaft, Beschlagn. d. Lohnes erläut., s. Bezold, Ernst.

Bezold, A., s. Tabellen der chemischen Mischungsgewichte.

Bezold, A.v.: Untersuchungen üb. d. electr. Erregg. d. Nerven u. Musk., s. Bezold, Alb.

Bezold, Alb.
Bezold A. v.: Untersuchungen üb. die Einwirkung d. amerikan. Pfeilgiftes (Curare) auf das Nervensystem. 2. Abhandl. [1860]. (22) S. (Særtr.). P.

Bezold, Alb. v., Untersuchungen über die electrische Erregung der Nerven und Muskeln. Mit 2 Kpfrtaf. (in 4.) u. 14 Abbildgn. in Holzschn. Leipzig 861. Engelmann. Lex.-8. (XIII, 330 S.) n. 2 ℛ

Bezold, Alb. v., Untersuchungen über die Innervation des Herzens. 2 Abthlgn. Lex.-8. (XIV und 328 S.) Leipzig 863, Engelmann. [1. Abthl. 27⅓ Ngr., 2. Abthl. 1 Thlr.] 1

—— Untersuchungen aus dem physiologischen Laboratorium in Würzburg, s. Untersuchungen.

[F.] Bezold, Andreas: Der Heiratskonsens der Eltern und Vormünder in Bayern nach dem Reichszivilehegesetz vom 6. Februar 1875 ... Leipzig, A. Deichert Nachf., 1894; 2 Bl., 50 S. 8.
Erlangen, Jur. Fak., Inaug.-Diss. v. 1894

Das Züchtigungsrecht in der bayerischen Volksschule. Von Dr. A[ndreas] Bezold. Augsburg. München: C. H. Beck 1906. (VI, 109 S.) 8° [F.]

Bezold, Carl, die Achämenideninschriften, s. Bibliothek, assyriologische.

Bezold, Carl: Astronomie, Himmelschau u. Astrallehre bei d. Babyloniern, s: Sitzungsberichte d. Heidelb. Akad. d. Wiss.

Bezold, Carl, de Babyloniorum extispicio, s.: Versuche u. Vorarbeiten, religionsgeschichtliche. II. 4.

Bezold, C., die Fortschritte der Keilschriftforschung in neuester Zeit, s.a. Sammlung gemeinverständlicher wissenschaftlicher Vorträge.

Bezold C. die Fortschritte der Keilschriftforschung in neuester Zeit. (Slg gemeinverständlicher wissenschaftlicher Vorträge N F 65) Hamburg 1889

Bezold, Carl, Grammatik der äthiopischen Sprache, s.: Dillmann, Aug.

— s.: Kebra Nagast.

Bezold, Carl, üb. Keilinschriften, s.a. Sammlung gemeinverständlicher wissenschaftlicher Vorträge.

Bezold C, über Keilinschriften. (Sammlung gemeinverst. wissensch. Vorträge 425)

Die babylonisch-assyrischen Keilinschriften und ihre Bedeutung für das Alte Testament. Ein assyriolog. Beitrag z. Babel-Bibel-Frage von Dr. C[arl] Bezold, Prof. zu Heidelberg. (Vortrag, geh. zu Karlsruhe 1903.) Mit 100 Anm. u. 12 Abb. *Tübingen & Leipzig: J. C. B. Mohr 1904.* (67 S.) 8°

— Keilschrift-Typen der akademischen Buchdruckerei v. F. Straub in München. hoch-4. (8 S.) Leipzig 884. (O. Schulze.) n. 2. —

— Die Kulturwelt d. alten Orients, s: Weltgeschichte.

Bezold, Carl, s.: Literaturen, d. oriental.

BEZOLD, Carl (Ansbach): De morbo tuberculoso.- Monachii: Rösl 1840. 32 S.
20.12.1839 - Urk: F 64
Diss.Ingolst.-Landsh.-Mchn.

— Ninive u. Babylon, s.a. Monographien zur Weltgeschichte.

Ninive und Babylon. Von Prof. Dr. C[arl] Bezold. Mit 107 Abb. 2. erw. Aufl. *Bielefeld & Leipzig: Velhagen & Klasing 1903.* (148 S.) 4°(8°) [F.]
-- Monographien z. Weltgeschichte. 18. 11

Ninive und Babylon. Von Prof. Dr. C(arl) Bezold. Mit 110 Abb. 3. abermals erw. Aufl. Bielefeld & Leipzig: Velhagen & Klasing 1909. 155 S. 4°(8°)
(Monographien z. Weltgeschichte 18.)

— u. Frz Boll: Reflexe astrolog. Keilinschriften bei griech. Schriftstellern, s: Sitzungsberichte d. Heidelb. Akad. d. Wiss.

— s.: Religionen, die orientalischen.

— die Schatzhöhle, syrisch u. deutsch hrsg. 1. Tl. A. u. d. T.: Die Schatzhöhle, aus dem syr. Texte dreier unedirten Handschriften ins Deutsche übers. u. m. Anmerkgn. versehen. gr. 8. (XI, 82 S.) Leipzig 883. Hinrichs' Verl. n.n. 8. —

Bezold, Carl, die Schatzhöhle, syrisch und deutsch hrsg. 2. Tl. A. u. d. T.: Die Schatzhöhle nach dem syr. Texte der Handschriften zu Berlin, London und Rom, nebst einer arab. Version nach den Handschriften zu Rom, Paris und Oxford, hrsg. von C. B. gr. 8. (XX, 273 S.) Leipzig 888, Hinrichs'sche Buchh. **
1. Thl. Ebendas. 1883. **ℳ 8.—

— Eberhard Schrader. Eine Lebensskizze nebst e. Verzeichnis seiner meisten Schriften. (31 S.) gr. 8. Strassburg 909. K. J. Trübner. 1. —
Sonderabdruck aus „Ztschr. f. Assyriol".

Bezold, Carl, s.: Studien, semitische.

— Das arab.-äthiop. Testamentum Adami, s.: Studien, oriental.

— s: Texte, babylonisch-assyrische.

Bezold, C. Kurzgefasster Überblick über d. babylonisch-assyrische Literatur. gr. 8. Lpz. 886. Berl., Felber. * 12 —

— kurzgefasster Überblick üb. die babylonisch-assyrische Literatur, nebst e. chronolog. Excurs, zwei Registern u. e. Index zu 1700 Thontafeln d. British-Museum's. gr. 8. (XV, 395 S.) Leipzig 886. O. Schulze. n. 12. —

— Verbalsuffixformen als Alterskriterien babylonisch-assyr. Inschriften, s.a. Sitzungsberichte d. Heidelberger Akademie d. Wissensch. Philol.-histor. Klasse. 1910, IX.

Verbalsuffixformen als Alterskriterien babylonisch-assyrischer Inschriften. Von Carl Bezold. Heidelberg: Winter 1910. 28 S. 8°
(Sitzungsberichte d. Heidelberger Akad. d. Wiss. Philos.-hist. Kl. Jg. 1910. Abh. 9.)

— Veröffentlichungen d. königl. preuss. meteorolog. Instituts.

Bezold, Carl (Hrsg.), s. Zeitschrift für Assyriologie und verwandte Gebiete.

Bezold, Carl (Hrsg.), s. Zeitschrift für Keilforschung und verwandte Gebiete.

Bezold, Ernst, Erörterungen aus dem Gebiete d. Assecuranzwesens. 1. Hft. Lex.-8. (45 S.) München 873. Oldenbourg. n. 1. 50

dasselbe. 2. Hft. Lex.-8. (S. 46—112.) Ebend. 874. n. 2. 40

Bezold, Ernst, Geschichts-Tabellen v. Italien zunächst als Supplement zu Massari, Biographie Cavour's. gr. 8. (65 S.) Leipzig 874. Barth. n. 1. 20

Bezold, Ernst, s. Gesetzgebung, die, des deutschen Reichs.

s.a. Materialien der deutschen Reichs-Verfassung.

Bezold, Ernst: Materialien der Deutschen Reichs-Verfassung. Sammlung sämmtl. auf die Reichs-Verfassung, ihre Entstehung u. Geltung bezüglich Urkunden u. Verhandlungen. Bd. 1-3. Nebst. Alphab. Sprech- u. Sach-Reg. nebst 2 Congruenz-Reg. Berlin 1873. 4 Bde.

Bezold E, Reichsgesetz über die Aufhebung der Schuldhaft etc. mit Erläuterungen. (Gesetzgebung des Deutschen Reiches I, 1) Erlangen 1879

Bezold E, Reichsgesetz über die Beschlagnahme des Arbeits- oder Dienstlohnes mit Erläuterungen. (Gesetzgebung des Deutschen Reiches I, 1) Erlangen 1879

— die Reichsgesetze, betr.: 1) die vertragsmäß. Zinsen. Vom 14. Novbr. 1867. 2) Die Aufhebg. der Schuldhaft. Vom 29. Mai 1868. 3) Die Beschlagnahme d. Arbeits- od. Dienstlohns. Vom 21. Juni 1869 erläutert. [Aus: „Gesetzgebg. d. deutschen Reiches m. Erläutergn."] gr. 8. (VIII, 138 S.) Erlangen 875. Palm & Enke. n. 2. 80

— alphabetisches Sachregister zum Handbuch d. deutschen Strafrechts, s.: Handbuch d. deutschen Strafrechts.

— alphabetisches Sprach- u. Sach-Register, nebst 2 Congruenz-Registern zu der Verfassung d. norddeutschen Bundes u. der Deutschen Reichsverfassung, sowie zu den Verhandlgn. u. Verträgen der verbündeten norddeutschen u. beziehungsweise der süddeutschen Regiergn. u. den Reichstags- beziehungsweise Landtags-Verhandlgn. Zunächst als Register zu: „Materialien der Deutschen Reichs-Verfassg." Bd. 1—3. gr. 8. (120 S.) Berlin 873. Habel. n. 4. —

— alphabetisches Sprach- und Sach-Register, nebst zwei Congruenz-Registern zu der Verfassung des norddeutschen Bundes und der Deutschen Reichsverfassung, sowie zu den Verhandlungen und Verträgen der verbündeten norddeutschen und beziehungsweise der süddeutschen Regierungen und den Reichstags- beziehungsweise Landtags-Verhandlungen. Zunächst als Register zu: „Materialien der Deutschen Reichs-Verfassung." Bd. 1—3. gr. 8. (120 S.) Berlin 873, Lüderitz'sche Verlagsh. (* ℳ 4.) *

— das Versicherungswesen, s.a. Zeit- u. Streitfragen, deutsche.

Bezold E, das Versicherungswesen. (Zeit- und Streitfragen 39) Berlin 1874

Bezold Ernst Christian (Röderau) De ista theoretica et practica quaestione: utrum sententia judicis injusta debitori per illam absoluto plenam praestare valeat liberationem? Disp. jur. Präs. Ernst Tenzell. Erfurt (J. H. Grosch) 18. IX. 1713. 23 S. (5.—) 2580

Bezold, F., die Perforation d. Warzenfortsatzes vom anatomischen Standpunkte, s.: Mittheilungen u. Auszüge aus dem aerztl. Intelligenzblatt.

Bezold, Ferdinand, a. Mainz: Das Verhalten chemischer Verbindungen im Methylacetat. Mainz 1906: K. Theyer. (35 S.) 8°
Gießen, Phil. Fak., Ref. Naumann, Diss. v. 17. Okt. 1906
[Geb. 13. Juni 83 Mainz; Wohnort: Gießen; Staatsangeh.: Hessen; Vorbildung: Realgymn. Mainz Reife O. 02; Studium: Berlin 2, München 1, Gießen 5 S.; Rig. 2. Aug. 06.]

Bezold, Friedr. v., Rudolf Agricola, ein deutscher Vertreter der italienischen Renaissance. Festrede zur Vorfeier des Allerhöchsten Geburts- und Namensfestes Sr. Maj. des Königs Ludwig II., gehalten in der öffentlichen Sitzung der k. Akademie der Wissenschaften zu München am 25. Juli 1884. gr. 4. (20 S.) München 884, (Franz'sche Buchh.) **

Über die Anfänge der Selbstbiographie und ihre Entwicklung im Mittelalter. Rede b. Antritt d. Prorektorats d. Kgl. Bayer. Friedrich-Alexanders-Universität Erlangen am 4. Nov. 1893 geh. v. Dr. phil. Friedrich von Bezold, K. o. Prof. d. Gesch. Erlangen, k. b. Hof- u. Univ.-Buchdr. v. F. Junge, 1893; 24 S. 4.

Bezold, Frdr. v., üb. die Anfänge der Selbstbiographie u. ihre Entwickelung im Mittelalter. Rede, beim Antritt des Prorektorats der königl. bayer. Friedrich-Alexanders-Universität Erlangen am 4. Novbr. 1893 geh. gr.4. (24 S.) Erlangen 893. (Th. Blaesing.) n. — 80

Bezold, Frdr. v., Briefe des Pfalzgrafen Johann Casimir m. verwandten Schriftstücken, gesammelt u. bearbeitet. Auf Veranlassung u. mit Unterstützung Sr. Maj. des Königs v. Bayern hrsg. durch die histor. Commission bei der königl. Academie der Wissenschaften. 1. Bd. 1576—1582. gr. 8. (X, 590 S.) München 882. Rieger. n. 16. —

— Briefe d. Pfalzgrafen Johann Casimir m. verwandten Schriftstücken, gesammelt u. bearb. 2. Bd. 1582—1586. gr. 8. (V, 476 S.) München 884. Rieger. n. 14. — (1. u. 2.: n. 30. —)

Bezold, Frdr. v., Briefe des Pfalzgrafen Johann Casimir, m. verwandten Schriftstücken gesammelt u. bearb. Auf Veranlassg. u. m. Unterstützg Sr. Maj. des Königs v. Baiern hrsg. durch die histor. Kommission bei der königl. Akademie der Wissenschaften. 3. Bd. 1587—1592. (XIII, 872 S.) gr. 8. München 903. M. Rieger. n. 30. — (1.—3.: n. 60. —)

Das Bündnisrecht der deutschen Reichsfürsten bis zum westfälischen Frieden. Rede bei Antritt d. Rektorats d. Rhein. Friedr. Wilh.-Univ. 1903 geh. von Friedrich v. Bezold. *Bonn: Röhrscheid & Ebbecke 1904.* (39 S.) 8° [04. 1637 B

Bezold, Friedr., Erklärungsversuch zum Verhalten der Luft- und Knochenleitung beim Rinne'schen Versuch, mit einem Obductionsfall. Vortrag, gehalten in der VII. Versammlung süddeutscher und Schweizer Ohrenärzte in München. gr. 8. (16 S.) München 885, J. A. Finsterlin. *
Aus: Aerztliches Intelligenzblatt, besonders abgedruckt.

Festrede zur Feier der vor 25 Jahren erfolgten Gründung des Deutschen Reiches im Auftr. d. Akadem. Senates d. Kgl. Univ. Erlangen am 17. Jan. 1896 geh. in d. Aula d. Univ. v. Dr. Friedrich von Bezold, kgl. o. ö. Prof. d. Gesch. Erlangen, k. bayer. Hof- u. Univ.-Buchdr. v. F. Junge, 1896; 11 S. 4.

Bezold, Friedr. v., zur Geschichte des Husitentums. Culturhistorische Studien. gr. 8. (114 S.) München 874, Th. Ackermann. *

Bezold, Friedr. v. Geschichte der deutschen Reformation, s.a. Geschichte, allgemeine, in Einzeldarstellungen.

v. Bezold, Geschichte d. dtschen. Reformation. Berlin 890.

Das Hörvermögen der Taubstummen m. bes. Berücks. d. Helmholtz'schen Theorie, d. Sitzes d. Erkrankg u. des Taubstummen-Unterrichts. F. Ärzte u. Taubstummen-Lehrer v. Dr. Friedrich Bezold, Prof. ... an d. Univ. München ... *Wiesbaden: J. F. Bergmann 1896.* (VIII, 156 S., 5 Taf.) 1 Bd 8. [96. 634

— dasselbe. Nachträge I. D. Stellg. d. Consonanten i. d. Tonreihe. II. Nachprüfg. d. i. J. 1893 unters. Taubstummen. M. 2 Taf. [Aus: „Ztschr f. Ohrenheilkde."] gr. 8. (31 S.) Ebd. 897. n. 1. —; (Hauptwerk m. Nachträgen: n. 6. —)

Bezold, Frdr., das Hörvermögen der Taubstummen. Für Aerzte u. Taubstummenlehrer. Nachträge. 2. Hft. Statistischer Bericht üb. die Untersuchungsergebnisse a. 2. Serie v. Taubstummen. gr. 8. (III, 78 S. m. 9 Taf.) Wiesbaden 900. J. F. Bergmann. n. 3. 60
Sonderabdruck aus: „Zeitschr. f. Ohrenheilkde".
Hauptwerk u. 1. Nachtr. Ebd. 896. 897. n. 6. —.

Bezold, Friedr. v., die letzten Jahre der Pfalzgräfin Elisabeth, Gemahlin Johann Casimirs. gr. 4. (26 S.) München 879, (Franz'sche Buchh.) **
Aus: Abhandlungen der k. bayer. Akademie der Wissenschaften, besonders abgedruckt.

Bezold, Friedr., die Corrosions-Anatomie des Ohres. Festschrift, der Julius-Maximilians-Universität zu Würzburg zur Feier ihres 300jähr. Bestehens gewidmet von dem Aerztl. Verein in München. gr. 4. (VII, 80 S. mit 6 Taf. in Lichtdr.) München 882, Literar.-artist. Anstalt. *

— Labyrinth-Necrose u. Paralyse d. Nervus facialis. Mit e. Lichtdr.-Taf. gr. 8. (VII, 93 S.) Wiesbaden 886. Bergmann. n. 2. 70

Lehrbuch der Ohrenheilkunde für Ärzte und Studierende. In 32 Vorträgen von Dr. Friedrich Bezold, Prof., München. Mit 75 Textabb. u. 1 Taf. Wiesbaden: J. F. Bergmann 1906. (XV, 340 S.) 8° [06. 7990

— über Otomykosis, s.: Zur Aetiologie der Infectionskrankheiten m. besonderer Berücksichtigung der Pilztheorie.

Über die funktionelle Prüfung des menschlichen Gehörorgans. Gesammelte Abhandlungen u. Vorträge von Dr. Friedrich Bezold, Prof. Mit Taf. u. Abb. Bd [1]—3. Wiesbaden: Bergmann 1897—1909. 8°
[1.] 1897. 2. 1903. 3. Mit e. Vorw. von Prof. [Alfred] Denker. 1909. [09. 14429

— Kaiser Rudolf II. u. die heilige Liga, s.a. Abhandlungen der historischen Classe der königl. bayerischen Akademie der Wissenschaften.

— Kaiser Rudolf II. und die heilige Liga. 1. Abthl. gr. 4. (46 S.) München 883, (Franz'sche Buch.) **
Aus: Abhandlungen der k. bayer. Akademie der Wissenschaften, besonders abgedruckt.

— Schuluntersuchungen üb. das kindliche Gehörorgan. Mit 4 Curventaf. u. 3 Holzschn. gr. 8. (III, 94 S.) Ebend. 885. n. 3. 60

— König Sigmund und die Reichskriege gegen die Husiten bis zum Ausgang des dritten Kreuzzugs. gr. 8. (156 S.) München 872, Th. Ackermann. *

— König Sigmund und die Reichskriege gegen die Husiten. 2. und 3. Abthl. gr. 8. München, Th. Ackermann. à Abthl. * ℳ 3. *
Inhalt:
Abthl. 2. Die J. 1423—1428. (168 S.) 875.
» 3. Die J. 1428—1431. (176 S.) 877.
1. Abthl. Ebendas. 1872. * ℳ 3.

Bezold, Fr. v., E. **Gothein**, R **Koser**, Staat u. Gesellsch. der neueren Zeit (bis zur französischen Revolution), s.a. Kultur, die, der Gegenwart. II, 5, 1.

Staat und Gesellschaft der neueren Zeit (bis zur französischen Revolution). Von Fr(iedrich) v. Bezold. E. Gothein. R. Koser. Berlin & Leipzig: B. G. Teubner 1908. (VI, 349 S.) 4°(8°)
= Kultur, Die, d. Gegenwart. T. 2, Abt. 5, 1. [08. 11605

Die Taubstummheit auf Grund ohrenärztlicher Beobachtungen. Eine Studie z. Gewinnung e. künftigen verlässigen Taubstummenstatistik. Für Ärzte u. Taubstummenlehrer. Von Dr. Friedrich Bezold. Prof., München. Mit 6 Abb. u. 1 Taf. *Wiesbaden: J. F. Bergmann 1902.* (VI, 133 S.) 4°(8°) [02. 7274

— Ueberschau üb. d. gegenwärt. Stand d. Ohrenheilkunde. Nach d. Ergebnissen m. 24jähr. statist. Beobachtg. gr. 8. (IX, 196 S.) Ebd. 895. n. 7. —

— s.: Verhandlungen der Versammlung deutscher Ohrenärzte u. Taubstummenlehrer in München.

Bezold, Gustav v.

Bezold, Gust. v., die kirchliche Baukunst des Abendlandes, s.: Dehio, G.

— die Baukunst der Renaissance in Deutschland, Holland, Belgien u. Dänemark, s.a. Handbuch der Architektur. 2. Thl. 7. Bd.

Die Baukunst der Renaissance in Deutschland, Holland, Belgien und Dänemark. Von Gustav v. Bezold. Dir. in Nürnberg. Mit 340 in d. Text eingedr. Abb., sowie 7 in d. Text eingeheft. Taf. *Stuttgart: A. Bergsträsser 1900.* (VIII, 209 S.) 4°(8°)
— Handbuch d. Architektur. T. 2, Bd 7. [00. 6700

Bezold, Gust v.: Die Denkmäler d. deut. Bildhauerkunst, s: Dehio, Geo.

— die Entstehung u. Ausbildung der gothischen Baukunst in Frankreich. Beiträge zur Denkmalkunde u. zur Entwickelungsgeschichte d. Stils. [Aus: „Zeitschr. f. Bauwesen".] gr. Fol. (20 S. m. Holzschn. u. 3 Taf.) Berlin 891. W. Ernst & Sohn. Kart. n. 10. —

Bezold, Gust. v., Berth. Riehl u. Geo. Hager, die Kunstdenkmale des Reg.-Bez. Oberbayern, s.a. Kunstdenkmale, die, des Königr. Bayern.

—— Panorama d. Berchtesgadener Alpen. Ausgeführt v. L. Sailer. Fol. Mit Text. 12. (4) Münch. 84, (Fritsch). n. — 60

Bezold, H(einrich) v., a. Augsburg: Zur Kenntnis der Phosphorsulfide. (Berlin 1908: A. W. Schade.) (42 S.) 8°
Berlin, Phil. Fak., Ref. Fischer, Diss. v. 5. Juni 1908
[Geb. 20. Aug. 83 Lohr a. M.; Wohnort: Würzburg; Staatsangeh.: Bayern; Vorbildung: Realgymn. Augsburg Reife O. 03; Studium: München 4, Berlin 4 S.; Rig. 5. März 08.]

Bezold
— Johann Andreas (Frankenheyn/Gotha), Apoplexiae therapiam specialem. Diss. med. Erfurt (J. C. Goerling) 25. XI. 1791. 16 S. (4.—) 2582

BEZOLD, Johann Daniel Christoph (Rothenburg): De angina pectoris.- Landshut: Thomann 1812. 74 S. 29.8.1812 - Pn 526; P 57
Diss.Ingolst.-Landsh.-Mchn.

Bezold, Wilhelm von
Gesammelte Abhandlungen aus den Gebieten der Meteorologie und des Erdmagnetismus von Wilhelm v. Bezold. In Gemeinsch. mit A[rthur] Coym hrsg. v. Verf. Mit 66 Abb. u. 3 Taf. Braunschweig: F. Vieweg & Sohn 1906. (VIII, 448 S.) 4°(8°) [06. 20634

— Ueber eine neue Art elektrischer Staubfiguren. (Sitzungsber. der Königl. bayer. Akad. der Wissensch. Mathem.-physik. Classe. Sitzung vom 3. Juli 1869.)

Bezold, Wilh. v., über die physikalische Bedeutung der Potential-Funktion in der Elektricitätslehre. Habilitationsschrift. gr. 8. (35 S. mit 1 Stnt. in gr. 4.) München 861, Literarisch-artistische Anstalt. *

— Ein Beitrag zur Gewitterkunde. (Aus: Poggendorff's Ann., Bd. CXXXVI., 1869, No. 4.)

— Beobachtungen über die Dämmerung. (Aus: Poggendorff's Ann., Bd. 123.)

v. Bezold (Hrsg.), s. Beobachtungen der meteorologischen Stationen im Königreich Bayern unter Berücksichtigung der Gewittererscheinungen im Königreich Württemberg, Grossherzogthum Baden und den Hohenzollerschen Landen.

Bezold, Dr. v., u. Lang, Beobachtungen der meteorologischen Stationen des Königreichs Bayern. München 1879 — Band 1 — 4°.

Bericht über die Thätigkeit des Königlich Preussischen Meteorologischen Instituts im Jahre — von Wilhelm von Bezold, Direktor. 1891—1900. Berlin 1893 ff. 8°.

Bezold, W., von, Betrachtungen über die Ergebnisse der wissenschaftlichen Luftfahrten. Braunschweig 1900. 4°.

Bezold, Wilh. v., theoretische Betrachtungen üb. die Ergebnisse der wissenschaftlichen Luftfahrten des deutschen Vereins zur Förderung der Luftschiffahrt in Berlin. gr. 4. (31 S. m. 17 Abbildgn.) Braunschweig 900. F. Vieweg & Sohn. n. 1. —
Sonderabdruck aus: „Wissenschaftl. Luftfahrten".

— Ueber das Bildungsgesetz der Lichtenberg'schen Figuren. (Aus: Annalen der Physik und Chemie, Bd. CXLIV, 1871, No. 11.)

Bezold, Wilh. v., üb. zündende Blitze im Königr. Bayern während d. Zeitraumes 1833 bis 1882. Mit e. (chromolith.) Karte. gr. 4. (60 S.) München 884. (Franz' Verl.) n.n. 1. 50

— Ueber objective Darstellung von Zerstreuungs-Bildern. (Aus: Archiv für Ophthalmologie.) München 1869.

— Ueber das Entstehen und Verschwinden des Magnetismus in Elektromagneten. (Aus: Poggendorff's Annal., Bd. CV.)

Bezold, W., von u. Neumayer, G., von, Erläuterung betr. die Herausgabe internationaler Dekadenberichte der Witterung. 1899. 4°.

Bezold, W., von, Atmosphärisch-optische Erscheinungen im Hochgebirge. (S.-Abdr.) 1878. 8°.

Bezold, Wilh. v., die Farbenlehre im Hinblick auf Kunst u. Kunstgewerbe. Mit 63 (eingedr.) Fig. (in Holzschn.) u. 9 (chromolith.) Taf. gr. 8. (XX, 290 S.) Braunschweig 874. Westermann. n. 13. 50

— Ueber binoculare Farbenmischung.

Die Feier des fünfzigjährigen Bestehens des Königlichen Meteorologischen Instituts am 16. Okt. 1897. (Vf.: Dr. [Wilhelm] Bezold.) *Berlin: A. Asher & C. 1898.* (27 S.) 1 Bd 4. [98. 6060

— Ueber das Gesetz der Farbenmischung und die physiologischen Grundfarben. (Aus: Poggendorff's Annalen, Bd. CL.)

Bezold, Wilh. v., Hermann v. Helmholtz. Gedächtnissrede, geh. i. d. Singakademie z. Berlin a. 14. Dezbr. 1894. M. 1 Portr. n. e. Oelgemälde v. Frz. v. Lenbach. gr. 8. (31 S.) Leipzig 895. J. A. Barth. n. 1. 50

— s.: Jahrbuch, deutsches meteorologisches.

Bezold, Wilh. v., das königl. preussische meteorologische Institut in Berlin u. dessen Observatorium bei Potsdam. Aus amtl. Anlass hrsg. [Aus: „Die königl. Observatorien f. Astrophysik, Meteorologie u. Geodäsie bei Potsdam".] Lex.-8. (76 S. m. 4 Taf. Berlin 890. Mayer & Müller. n. 2. 50

—— die Kälterückfälle im Mai. gr. 4. (89 S. mit 1 chromolithogr. Taf.) (Ebendas.) 883. **
Vorstehende zwei Schriften sind aus: Abhandlungen der k. bayer. Akademie der Wissenschaften, besonders abgedruckt.

— Ueber die elektro-motorische Kraft des galvanischen Lichtbogens. (Aus Poggendorff's Annal., Bd. CXL.)

Bezold, Wilh. v., August Kundt. Gedächtnisrede, geh. in der Sitzg. der physikal. Gesellschaft zu Berlin am 15. Juni 1894. gr. 8. (22 S.) Leipzig 894. J. A. Barth. n. — 60

— Zur Lehre von den identischen Netzhautpunkten.

— s.: Luftfahrten, wissenschaftliche

Bezold, Wilhelm von, Ueber das doppelte Maximum in der Häufigkeit der Gewitter während der Sommer-Monate. (Besprochen in der Sitzung der math.-phys. Klasse vom 3. Juli 1875 von Herrn Beetz.) 1875.

— die Meteorologie als Physik der Atmosphäre, s.a. Sammlung populärer Schriften, hrsg. v. der Gesellschaft Urania.

Bezold W v, die Meteorologie als Physik d. Atmosphäre. (Slg d. Urania 16) Berlin 1892

— über klimatologische Mittelwerthe f. ganze Breitenkreise. gr. 8. (14 S.) Berlin 901. (G. Reimer.) n. — 50
Sonderabdruck aus: „Sitzungsber. d. preuss. Akad. d. Wiss."

Bezold, Wilhelm von, Einige analoge Sätze der Photometrie und Anziehungslehre. (Aus: Poggendorff's Annalen.)

Bezold, W. v., Ueber gesetzmässige Schwankungen in der Häufigkeit der Gewitter während langjähriger Zeiträume. (Sitzungsber. d. k. b. Akad. d. W., II. Cl., 1874, 3). [München 1874].

— Ueber binoculares Sehen.

— Elektrische Staubfiguren als Prüfungsmittel für die Art der Entladung. (Sitzber. der Königl. bayer. Akad. der Wissensch. Mathem.-physik. Kl. Sitzung vom 6. Nov. 1869.)

— Die Theorie des Elektrophors. (Sitzung der mathem.-physik. Classe vom 7. Januar 1871.)

— zur Theorie d. Erdmagnetismus. [Aus: „Sitzungsber. d. preuss. Akad. d. Wiss. z. Berlin".] gr. 8. (36 S. m. 2 Fig. u. 2 Taf.) Berlin 897. (G. Reimer.) n. 2. —

—— zur Theorie des Condensators. Inaugural-Dissertation. gr. 8. (60 S.) Göttingen 860, (Vandenhoeck und Ruprecht's Verlagsh.) * ⁄

— Zur Thermodynamik d. Atmosphaere. 5. Mittheilg. 8° (17 m. Fig.) Ebd. 1900. 1 —
Mittheilg 1—4 sind nur in d. Sitzgsber. d. preuss. Akad. d. Wiss. erschienen.

von Bezold, Wilhelm: Ueber die von den Herren Professor Dr. Eschenhagen und Dr. Edler in Potsdam ausgeführten Untersuchungen über den Einfluss elektrischer Strassenbahnen auf die erdmagnetischen Untersuchungen. Vortrag, gehalten in der Sitzung des Elektrotechnischen Vereins am 19. December 1899. ([S.-A.] Elektrotechnische Zeitschrift (Centralblatt für Elektrotechnik). 1900. Heft 8.) (Berlin u. München 1900.) 10 S. 8°.

— Untersuchungen über den Elektrophor. (Sitzung der mathem.-physik. Cl. vom 2. Juli 1870.)

— Dieselben. (Aus Poggendorff's Annal., Bd. CXLIII.)

— Untersuchungen uber die elektrische Entladung. Vorläufige Mittheilung. (Aus: Poggendorff's Annal., Bd. CXL.)

— Untersuchungen uber die elektrische Entladung. (Sitzungsber. der Konigl. bayer. Akad. der Wissensch. Mathem.-physik. Classe. Sitzung vom 5. Febr. 1870.)

— Untersuchungen über die Innervation des Herzens. (2 Abthlgn.) Ebend. 863. Lex.-8. (XI, 328 S.) 1 ℛℬ 27½ ngr.

— Untersuchungen uber elektrische Staubfiguren. (Aus: Poggendorff's Ann., Band CXL.)

— Ueber das Verhalten der starren Isolatoren gegen Elektricitat. (Sitzung der math.-physik. Classe vom 16. Mai 1863.)

— Ueber das Verhalten der isolirenden Zwischenschicht eines Condensators. (Aus: Poggendorff's Annal., Bd. CXXXVII.)

— s.: Veröffentlichungen des königl. preussischen meteorologischen Instituts.

— u. Adf. Schmidt, Vorschlag zu e. magnetischen Vermessung e. ganzen Parallelkreises zur Prüfung der Grundlagen der Gauss'schen Theorie des Erdmagnetismus. (8 S. m. 1 Taf.) gr. 8. Berlin 903. (G. Reimer.) n. — 50
Sonderabdr. aus: „Sitzungsber. d. preuss. Akad. d. Wiss."

Bezold, W.v. [Hrsg.], s. Wetterbericht d. Meteorolog. Zentralstation

Bezold, W. v. [Hrsg.], s. Wetterkarte und Wetterbericht.

— über Wolkenbildung, s.a. Sammlung populärer Schriften, hrsg. v. der Gesellschaft Urania.

Bezold W v, über Wolkenbildung. (Sammlung der Urania 25) Berlin 1894

Bezold, Wilhelm von, Ueber Zerstreuungsbilder auf der Netzhaut. (Aus: Archiv für Ophthalmologie, XIV, 2.)

— über die Zunahme der Blitzgefahr während d. letzten 60 Jahre. gr. 8. (10 S.) Berlin 899. (G. Reimer.) n. — 50
Sonderabdruck aus: „Sitzungsber. d. preuss. Akad. d. Wiss."

Bezold-Frischmann, Anna Cäcilie v.: Die Narrenfiedel u. and. Skizzen. (40) gr8° Lpzg, Xenien-Verl. '11. Pappbd 2 — d

Bezout, ..., Abhandlung über die Kugelbahn. A. d. Französ. (v. A. L. v. Massenbach). Mit Kpf. 8. Stuttg. 782. Metzler. 8 gr

— cours de mathématiques à l'usage du corps de l'artillerie. 4 Vol. 8. Par. Schoell, 799.

Bezout, Cours de mathématiques à l'usage du Corps de l'Artillerie. 4 vol. et, Cours de Mathematique à l'usage des gardes du Pavillon et de la marine. 6 vol. ensemble 10 vol. in 8. Paris. 820.

— Géométrie à l'usage de la marine et de l'artillerie. 6me édition. par F. Peyrard, in 8. Paris, 820.

— Lehrbuch d. Algebra u. ihrer Anwendung mit erläut. Noten v. A. L. Reynaud; aus d. Französ. v. F. v. Kausler. M. 1 Steindr. gr. 8. Stuttg. 823. Frankh. 1 ℛℬ 6 gr

— Lehrbuch d. Arithmetik, Geometrie u. ebenen Trigonometrie. Uebers. v. Fr. v. Kaußler. Mit 6 Stein-Abdr. gr. 8. Stuttgart, Sattler. 820.

— Lehrbuch d. Arithmetik, Geometrie u. ebenen Trigonometrie. Bearb. von Fr. v. Kausler. Mit 6 Steindr. gr. 8. Stuttg. 820. 2 ℛℬ 2e Aufl. 828. Hoffmann. 1 ℛℬ 12 gr

Bezout, Lehrbuch d. Arithmetik, Geometrie u. ebenen Trigonometrie. Bearb. v. Fr. v. Kaußler. M. 6 Stndr. 2. Ausg. gr. 8. (27 B.) Stuttgart 828, [Weise.]

Bezout, Etienne. Über die Kugelbahn; aus dem Französischen. Stuttgart 1782. Ü: *Massenbach, Aug. Ludw. von.* (KY) (MGT)

[Russ.] Političeskaja bezprincipnost' S[ergěeviča] Ju[lieviča] Vitte (Witte). Tajnye cirkuljary i doklady. *Berlin: G. Šteinic 1903.* (128 S.) 8°
[Auf d. Umschl.:] Die polit. Prinzipienlosigkeit d. Herrn v. Witte.
(Sobranie lučšich russkich proizvedenij. Č. 43.) [03. 20604

Bezugsbuch, deutsches, f. Baubedarf, hrsg. v. Karl H. L. Engelhart. 1. Jahres-Ausg. 1890. gr. 8. (110, 30, 39 S.) Siegen 890, (A. Engelhart). * 3 —

Bezugsquellen. Adressenverzeichnis zusammengestellt aus dem Anzeigenteil der „Zeitschrift des Vereins deutscher Ingenieure". [Ausg. 1] (1908.) Berlin, 1908. 47 S.

Des Buchdruckers beste Bezugsquellen. E. Hilfsb. z. vortheilhaften Bezuge täglicher Bedarfsartikel sowie b. Neueinrichtg u. Vergrösserg v. Buchdruckereien. Hrsg. v. Wilhelm Möller. 6. Aufl. *Berlin: W. Möller 1897.* (74 S.) 1 Bd 8. [98. 4063

Die Bezugsquellen des Schreib-, Kurz- u. Spielwaaren-Handels. Bijouterie-, Galanterie-, Glaswaaren u. einschlägiger Artikel. Hrsg. v. Wilhelm Möller. *Berlin: W. Möller [1896].* (27, 50 S.) 1 Bd 8. [98. 4064

Bezugsquellen-Adressbuch f. Buchhändler, Buchdrucker, Buchbinder, Schreib- u. Zeichenrequisiten-Händler, Cartonnage-Arbeiter, Lithographen u. alle verwandte Geschäftszweige, bearb. v. Adf. Reitzer. gr. 8. (72 S.) Wien 891. Exped. d. Novitäten-Anzeigers f. den Colportage-Buchhandel. Kart. n.n. — 60

Bezugsquellen-Adressbuch, illustriertes, f. d. Schule u. den Hausbedarf des Lehrers, red. v. Hans Konwiczka. (IV, 254 S.) Lex. 8. Wien 907. Akadem. Verlag. 1 —; geb. 1. 50

Bezugsquellen-Adressbuch und praktische Winke für Seifengeschäfte, Parfümerien und Drogenhandel hrsg. von e. Praktikus. Berlin: E. v. Loefen [1907]. (64 S.) 8° [07. 18611

Bezugsquellen-(Branchen-)Register aus „Deutsches Fabrikanten-Adressbuch". Enth.: Üb. 20000 renommierte u. leistungsfäh. Fabrikanten m. Angabe der Spezialerzeugnisse, Arbeiterzahl, Betriebskräfte usw. 1910/11. (76 S.) Lex. 8. Leipzig (910). Schulze & Co. 1. —

Bezugsquellenbuch. Weltausstellung Sidney 1879 u. Melbourne 1880. gr. 8. (IV, 48 S.) Leipzig 879. C. F. Gruner. n. 1. —

Bezugsquellenbuch f. d. Bau- u. Ingenieurwesen, sow. d. einschläg. Industrien u. Gewerke. Z. Gebr. f. Fachredaktionen, Architekten, Ingenieure, Baumeister, Bauunternehmer, Techniker, Fabrikanten, Kunst- u. Baugewerbetreib., sow. Händler techn. u. gewerbl Artikel. Bezugsquellen f. d. Gesamtbedarf a. d. Bauplatze, in Werkstatt, Lager, bezw. Atelier u. Bureau. Hrsg. v. d. Red. d. Zeitschrift „Der deutsche Steinbildhauer u. Steinmetz". gr. 8. (IV, 248 S.) München 898. E. Pohl. Geb. in Leinw. n. 7. 50

Bezugsquellenbuch f. Deutschlds Handel u. Industrie '13. (148) 36×12 cm. Lpzg, Schulze & Co. ('12). Hl. 1 — d

Bezugsquellen-Handbuch, erstes, f. die deutschen u. österreich-ungarischen Mühlen aller Gattungen. Unter Mitwirkg. hervorrag. Fachmänner hrsg. vom Verleger. Ausg. 1893—94. gr. 8. (III, 168.) Apolda 893. H. Jackob. n. 1. 25

Bezugsquellen-Handbuch, erstes, f. die Thon-, Ziegel-, Cement-, Kalk- u. Porzellan-Industrie. 12. (VI, 69 S.) Apolda 892, Jackob. * — 80

Bezugsquellen-Lexikon f. das Baugewerbe. Unentbehrliches Nachschlage- u. Auskunftsbuch über ca. 5000 Bezugsquellen aller einschläg. Waren u. Artikel zum Gebrauche f. Architekten, Bau-, Maurer- u. Zimmermeister, Bautechniker etc. etc. 5. Aufl. (240 u. 196 S.) 8. Dresden 903. R. Neubauer & Co. Geb. n. 2. —

Bezugsquellen-Lexikon, ill., d. Export-Fachblattes d. deut. Industrie „Das Echo". (230 m. eingedr. Bildnissen.) Lex8° Berl., JH Schorer ('09). Geb. 5 —

Bezugsquellen-Lexikon d. Nahrgs-u. Genussmittel- sowie Materialwaaren-(Spezerei-)Branche. 2. Afl. 1890. 8° (204 u. 170) Lpzg. Dresd., R Neubauer. Geb. 3 —

Bezugsquellen-Nachweiser. Zusammengestellt aus dem Anzeigen-Anhang der Zeitschrift „Stahl und Eisen". Ausg. 1907. Düsseldorf, 1907. 84 S.

Bezugsquellen-Nachweiser f. d. Seifen- u. Parfümeriefabrikation. 1897. gr. 8. (VIII S.) Leipzig, Schulze & Co. — 50

Bezugsquellen-Nachweiser f. d. Seifen- u. Parfümeriefabrikation u. verwandter Geschäfte. (XVIII S.) gr. 8. Leipzig (906). Schulze & Co. n. — 50

Bezugsquellen-Nachweiser f. d. deut. Textilindustrie. [SA] (33, 56) gr8° Lpzg, Schulze&Co. ('07). — 50 || 2. Ausg. (86) ('09.) 1 —

Bezugsquellen-Register a. d. deut. Fabrikanten-Adressb. Verz. v. 25 000 renommierten u. leistgsfäh. Fabrikanten u. Produzenten m. Angabe d. Betriebskräfte, Arbeiterzahl, Spezialerzeugn. usw. nebst e. Branchenverz. u. e. Bezugsquellennachweiser. '12/13. (100, 27 u. 48) Lex8° Lpzg, Schulze & Co. 1 —

Bezy, P.

Die Hysterie im kindlichen und jugendlichen Alter [L'Hystérie infantile et juvénile] von Dr. med. P. Bézy, Prof., Toulouse, unter Mitw. von Dr. med. V. Bibent. Autor. deutsche Uebers. von Dr. H[ermann] Brodtmann, pr. Arzt in Catlenburg. *Berlin: Vogel & Kreienbrink 1902.* (VII, 236 S.) 8° [illegible]

Bezzel, Christoph (Hiltp. Nor.), De poetis cyclicis Präs. Christian Gottlieb Schwarz. Altdorf (Jod. Wilh. Kohlesius) 6. VII. 1714. 28 S. (4.50) 2583

Bezzel, E. C., üb. Anweisung von Forderungen, welche auf mehrere Immobilien mit ungetheilter Summe eingetragen sind, auf den Erlös aus diesen Immobilien, wenn er zur gänzl. Befriedigung aller Hypotheken nicht hinreicht. Mit e. Vorrede v. Frhr. v. Leonrod. gr. 8. Ansb. 829. Dollfuß. (Riegel u. W. in Nürnb.) 8 gGr

Bezzel, Erhard Christoph

— Joach. Camerarius; der erste Urheber der Nürnberg. hohen Schule zu Altdorf. 4. Altd. 793.

Bezzel, Erh. Christ. histor. Nachr. v. Bärbach b. Neuhof. gr. 4. Nürnb. Schneider. 782,

— Erh. Christoph (Peringersdorf-Nürnberg), Ad Claudii Mamertini panegyricum genethliacum Maximiano Aug. dictum. Observat. philolog. Präs. Chr. Gottlieb Schwarz. Altdorf (J. Gg. Meyer) 7. IX. 1746. 48 S. (4.50) 2584

Bezzel, Hermann

Bezzel, Herm. v.: Christentum u. Kreuz. Vortrag. (15) 8° Berl., Trowitzsch & S. '12. — 50 d

Bezzel, Hermannus: Coniecturae Diodoreae. . . . Erlangae. typ. Iungii et filii. 1888: 1 Bl. + 37 S. 8°

Erlangen. Phil. Fak., Inaug.-Diss. v. 1888

— Festpredigt, geh. gelegentl. d. 27. Tagg d. deut. Lutherstiftg. (11) 8° Rothenbg, CH Trenkle '12. — 20 d

— Festpredigt üb. 3. Joh. 15 a. Anlass d. Eröffngs-Feier d. neuen Vereinshauses „Luisengarten" d. evang. Arbeitervereins Würzburg '11. (7) 8° Würzbg, S Perschmann '11. — 20 d

— Frauengestalten a. d. Landeskirche. Vortr. (15) 8° Nürnbg, Buchh. d. Ver. f. innere Mission '12. — 20 d

Bezzel, Herm. v., s.: Hofmann, J. Chr. K. v., Briefe an Heinrich Schmid.

Bezzel, Herm., die Lösung des behaupteten Widerspruchs in der protest.-evang. Lehre von der Rechtfertigung durch den Glauben allein, und der Forderung an die Menschen, das Gesetz zu erfüllen. gr. 8. Ansbach 845, Dollfuß. 6 ngr

— Luther u. Augustin. Vortr. (24) 8° Neuen-Dettelsau, Buchh. d. Diakonissen-Anst. '12. — 20 d

— Etliche Mahnworte z. Frauenfrage. (16) 8° Münch., P Müller ('11). — 25

— Die Pflege d. Kindesseele. Vortr. (16) 8° Nürnbg, Buchh. d. Ver. f. innere Mission '12. — 20 d

— Predigt am Jubiläum d. evang. Arbeitervereins Nürnberg '11. (10) 8° Ebd. '11. — 20 d

— Predigt am Missionsfest in Nürnberg '11. (12) 8° Ebd. '11. — 20 d

— Predigt, anlässl. d. 11. Wander-Versammlg d. bayer. Missionskonferenz '10. (12) 8° Erl., FW Nüssel ('11). nn — 20 d

Bezzel, Johann Gabriel: Denkmal der Freundschaft und Hochachtung dem verewigten Herrn Erhard Christoph Bezzel, bestverdienten Pfarrer zu Poppenreuth, . . . wie auch des pegnesischen Blumenordens ordentlichem Mitglied, errichtet im Namen der leztgenannten Gesellschaft. Nürnberg, im November 1801. 4°.

Bezzel, Oskar

*— Festschrift z. Zweijahrh.-Feier d. k. b. 4. Infant.-Regts 1706—1906. Metz, R Lupus. ca — 50 6H

Das K. B. 4. Infanterie-Regiment König Wilhelm von Württemberg vom Jahre 1806–1906 von Oskar Bezzel, Hauptm. Mit 13 Lichtdruckbild., 21 Textskizzen u. 3 Uniformtaf. München: J. Lindauer 1906. (XXV, 521, 69 S.) 4°(8°) [F.] [illegible]

Die Maßnahmen Bayerns zum Grenzschutze im Feldzuge 1809. Von O. Bezzel, Hauptm. München: J. Lindauer 1905. (S. 71–191.) 8° [F.]
— Darstellungen aus d. Bayerischen Kriegs- u. Heeresgeschichte. H. 14. [2.] [illegible]

Bezzenberger, Adalbert

Bezzenberger, Adb., s: Aktenstücke d. Prov.-Archivs f. Königsberg, betr. d. Verwaltg. u. Verfassg. Ostpreußens.

Bezzenberger, Adalbert (Hrsg.), s.a. Analysen vorgeschichtlicher Bronzen Ostpreußens.

Analysen vorgeschichtlicher Bronzen Ostpreußens. Hrsg. von Adalbert Bezzenberger. An ihrem 60j. Stiftungstage dem Andenken ihres ehem. Vorsitzenden Georg Bujack ⟨geb. 12. Juni 1835, gest. 18. März 1891⟩ gewidmet von d. Altertumsgesellsch. Prussia. *Königsberg i. Pr.: Gräfe & Unzer 1901.* (XXV, 108 S.) 4°(8°) [Ant. u. F.] [illegible] 10

Bezzenberger, Adb., zum Andenken an die Mitglieder des preußischen Landtags im Febr. 1818 zu Königsberg 2c., s.: Bujack, Geo.

Bezzenberger, Adalb., üb. die A-Reihe der gotischen Sprache. Eine grammat. Studie. gr. 8. (71 S.) Göttingen 874. Peppmüller. n. 2. —

Bezzenberger, Adlb., Beiträge zur Geschichte der litauischen Sprache auf Grund litauischer Texte des XVI. u. des XVII. Jahrh. gr. 8. (XXXVII, 356 S.) Göttingen 877. Peppmüller. n. 16. —

Bezzenberger, A., Beiträge zur Geschichte der litauischen Sprache. gr. 8. Göttingen 877, Vandenhoeck und Ruprecht's Verlag. *

Bezzenberger, Adalbert (Hrsg.), s. Beiträge zur Kunde der indogermanischen Sprachen.

— s.: Berichte u. Briefe, d., d. Rats usw. Asverus v. Brandt.

Bezzenberger, Adb., lettische Dialekt-Studien. gr. 8. (179 S.) Göttingen 885. Vandenhoeck & Ruprecht's Verl. n. 4. —

—— Dispositio Imperfecti ad Optimum. 8. (32 S.) Königsberg 887, Hübner und Matz. *
Aus: Königsberger Studien, besonders abgedruckt.

—— s.a. Drucke, litauische und lettische, des 16. Jahrhunderts.

—— litauische und lettische Drucke des 16. Jahrh. 1. Heft: Der litauische Katechismus vom J. 1547. gr. 8. (XIV, 36 S.) Göttingen 874, Peppmüller. *

— dasselbe. II. Der lettische Katechismus vom J. 1586. III. Das litauische Taufformular vom J. 1559. IV. Anhang: Das [angeblich altpreussische] lettische Vaterunser d. Simon Grunau. gr. 8. (XXVIII, 59 S.) Ebend. 875. n. 4.

— litauische u. lettische Drucke d. 16. Jahrh. 3. Hft. gr. 8. Ebend. 882. n. 13. — (1—3.: n. 19. —)
Bartholomäus Willent's litauische Uebersetzg. d. Luther'schen Enchiridions u. der Episteln u. Evangelien, nebst den Varianten der von Laz. Sengstock besorgten Ausgabe dieser Schriften. Mit einer Einleitung hrsg. v. Fritz Bechtel. (CXLI, 180 S.)

Bezzenberger, Adb., litauische Forschungen. Beiträge zur Kenntniss der Sprache und des Volkstumes der Litauer. gr. 8. (XV, 218 S.) Göttingen 882, [Peppmüller]. Vandenhoeck und Ruprecht's Verlag. *

Bezzenberger, Adalbert: Die Funde aus der Zeit der heidn. Gräberfelder . . ., s. Katalog des Prussia-Museums zu Königsberg i. Pr. T. 2

— die pamphylischen Inschriften, s.: Sammlung der griechischen Dialekt-Inschriften.

Bezzenberger A, A Brückner u A., die ostasiatischen Literaturen und die slavischen Sprachen. (396 S) (Kultur der Gegenw. I, 9) Leipzig 1908

— s.a. Literaturen u. Sprachen, die osteuropäischen u. slawischen.

Literaturen, Die osteuropäischen, und die slawischen Sprachen. Von A[dalb.] *Bezzenberger* [u. a.] Berlin u. Leipzig 1908. 4° (8°).
(Kultur d. Gegenwart, hrsg. von Paul Hinneberg. Tl I, Abt. 9.)

—— die Kurische Nehrung und ihre Bewohner, s.a. Forschungen zur deutschen Landes- und Völkerkunde.

Bezzenberger, Adalbert: Die Kurische Nehrung und ihre Bewohner. Mit einer Karte und acht Textillustrationen. Stuttgart 1889. 140 S., 2 Tf.
= Forschungen zur deutschen Landes- und Volkskunde. Bd. 3. Heft 4. 8°.

— s.: Sitzungsberichte d. Altertumsgesellschaft Prussia.

—— über die Sprache der preußischen Letten. 8. (III, 170 S.) Göttingen 888, Vandenhoeck und Ruprecht's Verlag. *

— Untersuchungen üb. die gotischen Adverbien u. Partikeln. gr. 8. (127 S.) Halle 873. Buchh. d. Waisenh. n. 2. 50

— s.a. Urkunden d. Prov.-Archivs i. Königsberg etc., betr. d. Erhebg. Ostpreussens i. J. 1813.

Bezzenberger, A. Urkunden des Provinzial-Archivs in Königsberg und des Gräflich Dohnaschen Majorats-Archivs in Schlobitten, betreffend die Erhebung Ostpreußens im Jahre 1813 und die Errichtung der Landwehr. Königsberg 1894. 4°.

— s.: Vokabular, Elbinger deutsch-preuss.

— Vergleich. Wrtrb. d. indogerman. Sprachen, s.: Fick, Aug.

— s: Zeitschrift f. vergleich. Sprachforschg.

Bezzenberger, Ernst, Arzt: Über Infusorien aus asiatischen Anuren. *Jena: G. Fischer 1903/04.* (37 S.) 8°
Königsberg, Med. Diss. v. (9. Jan.) 1904

Bezzenberger, G., Schaefer, A., Curtius, G., Philologis Germaniae congressis Dresdae . . . commentarios varii argumenti tres obtulerunt. Dresdae 1844. 4°.

— Emendationum delectus. Pr. 1844. 84 S. 4°.

Bezzenberger, G.H.: De usu practico actionum bonae fidei et stricti juris, s. Bezzenberger, Georg Heinrich

Bezzenberger, Georg, Ad examen anniversarium gymnasii Vitzthumiani scholaeque Blochmanniae. — Praemitt. observationes Tacitinae. Dresden (Ernst Blochmann) 1840. 32, 38 S., mit Schulnachr. u. Schülerverz. (4.50) 2585
— — Dasselbe. Praemiss. est Fried. Paldamus, Quaestionum Sallustianarum specimen. Dresd. (E. Blochmann & S.) 1852. 77 S., mit Schulnachr. u. Schülerverz. (4.50) 2586

Bezzenberger, Georg Heinrich von
Bezzenberger, Ge. Heinr. v.: Entwurf einer Strafprozeßordnung für das Königreich Württemberg.
Stuttgart: Metzler 1863.

— **Georg Heinrich** (Erbach), De usu practico actionum bonae fidei et stricti juris. Diss. jur. Heidelberg (J. M. Gutmann) 22. III. 1817. 16 Seiten. (3.—) 2587

Bezzenberger, G. H., De usu practico actionum bonae fidei et stricti juris. 4maj. Heidelberg, K. Groos. 819.

Bezzenberger, H., s. a.: Ludwig, Herm.

Bezzenberger, H.: Bampeliana, s. Benzzenberger, Hermann

Bezzenberger, H. E., die weltgeschichtlichen Momente der Geschichte Hessens. Vortrag, gehalten im Vereine zur Fortbildung und geselligen Unterhaltung des gewerbtreibenden Arbeiterstandes am 9. u. 16. Janr. 1861. Cassel, E. Luckhardt. gr. 8. (48 S. u. 1 Tab. in 4.) 7½ ngr.

Bezzenberger, H E, d. weltgeschichtl. Momente d. Gesch. Hessens. 8. (48) Lpzg 61, Luckhardt. — 7½

Bezzenberger, H. E., Randbemerkungen zu den v. der Berliner Konferenz aufgestellten Regeln f. die deutsche Orthographie. gr. 8. (VI, 36 S.) Halle 876. Buchh. d. Waisenh. n. — 60

— Regeln für die deutsche Rechtschreibung nebst einem Wörterverzeichnisse. Ein Vorschlag zur Einigung zunächst für die kurhess. Volksschule. 859. (68 S.) — 2. Aufl. Cassel 859. J. G. Luckhardt. gr. 8. (XVI, 64 S.) 7½ ngr.

Bezzenberger, H. E., erster Unterricht in der Weltgeschichte in Biographieen denkwürdiger Personen. gr. 8. Kassel 844, Bohné. n. 5/12 ℛ︁

Bezzenberger, Hermann [Pseud.], s.a. Ludwig, Hermann

Bampeliane. Von H[ermann] **Bezzenberger.** Cassel: Selbstverl. [1910]. VI, 123 S. 8° [10. 4984 4

Ich will und Die Himmelsleiter. Von Hermann Ludwig ⟨H[ermann] **Bezzenberger**⟩. T. 1. 2. Leipzig: Spohr in Komm. [1907]. [Übergestemp.: Cassel: H. Bezzenberger.] 4°
1. Mit physiognom. Studien. [12. 10737

Bezzenberger, Ludwig Hermann, s.a. B e z z e n b e r g e r, Hermann

Bezzenberger, Ludw. Herm., s.a. Ludwig, Herm.

Bezzi, M: Fam. Empididae, s: Acta, Nova, acad. cto. naturae curiosor.

Bezzl, Gabriel, od. die Stiefmutter Natur. 8. Wien 810. Degen. 6 gr

Bezzola, Constant, Ingenieur: Die gesetzlichen Eigentumsbeschränkungen des Nachbarrechts nach dem Entwurf eines schweiz. Zivilgesetzes und dem bündner. Zivilgesetzbuch. Chur 1907: Manatschal Ebner & Co. (43 S.) 8°
Heidelberg, Jur. Fak., Ref. Schroeder, Diss. v. 1907
[Geb. 31. Aug. 71 Zernez; Wohnort: Samaden; Staatsangeh.: Schweiz; Vorbildung: Kantonssch. Chur Reife M. 92; Studium: Polytechn. Stuttgart 7, Univ. Heidelberg 7 S.; Rig. 25. Juli 07.]

Bezzola, D.: Alkohol und Vererbung. (Öffentl. Vortrag.) 51 S. Manatschal Ebner & Co. Chur. 1900.

Bezzola, [Domenic]. Zur Analyse psychotraumatischer Symptome. (Zum Druck ergänzter Vortrag, gehalten in Tübingen den 3. Nov. 1906 in der Versammlung südwestdeutscher Irrenärzte.) Von Dr. B', Sanatorium Schloss Hard, Ermatingen ⟨Schweiz⟩. [Mit 1 Figur.] Sonder-Abdruck aus «Journal für Psychologie und Neurologie» Band 8, 1907 (Heft 5). 16 S. gr.-8. Leipzig, Johann Ambrosius Barth.

Bezzola, Dom[inik], med. pract. [von Zernetz, Kt. Graubünden]: Aus dem Pathologischen Institut der Universität Zürich. Beiträge zur Histologie der fibrinösen Pneumonie. (S. A. aus: Virchow's Archiv f. pathol. Anatomie u. Physiologie. Bd 136 [S. 345—367]; S. 359—367: Zusätze von Prof. Dr. Ribbert). Berl. (G. Reimer) 1894. 27 S. 8°.
Zürich, Med. Diss. [v. 16. Mai 1894].

Bezzola, Domenico [aus Zernez]: Über Rechtsverhältnisse an öffentl. Wasserläufen mit spez. Bezugnahme auf schweiz. Rechtszustände. Chur 1898. 2 Bl. 95 S. 8°.
Zürich. Jur. Diss. 1898/99.

Bhagavad-Gita. Des Erhabenen Sang, s.a. Stimmen, Religiöse, d. Völker.

Bhagavad-Gita id est *Θεσπεσιον μελος* sive Almi Krishnae et Argunae colloq. de rebus divinis, Bharatheae episodium. Textum recens. adnotat. crit. et interpretat. latin. adj. A. Wilh. a Schlegel. 8 maj. Bonn 823. Weber. 5 Rthlr 12 gr

Bhagavad-Gita, das hohe Lied der Indus; aus der Sanskrit-Sprache metrisch u. möglichst treu ins Deutsche übersetzt u. mit erläuternden, sprachlichen, mytholog. u. philosoph. Anmerkk. versehen v. C. R. S. Peiper. 8. Leipzig 834. (Fr. Fleischer.) 5/6 Rthlr Schreibp. 1 Rthlr

Bhagavad Gita id est *ΘΕΣΠΕΣΙΟΝ ΜΕΛΟΣ* sive almi Crishnae et Arjunae colloquium de reb. divin. Textum recensuit, adnotationes criticas et interpretationem latin. adjec. Aug. Guil. a Schlegel. Edit. altera auctior et emendatior cura Christiani Lasseni. 8 maj. Bonnae 846, Weber. n. 4 Rthlr

Bhagavad-Gita, die. Uebersetzt u. erläutert von F. **Lorinser.** Breslau 869. Aderholz. Lex.-8. (XXXVI, 290 S.) n. 3 Rthlr

— oder das Lied der Gottheit. Aus dem Indischen übersetzt von **Rob. Boxberger.** Berlin 870. Hempel. 8. (72 S.) n. 12½ ngr

Bhagavad Gita, die. Das Lied v. der Gottheit od. die Lehre v. göttl. Sein. In verständl. Form ins Deutsche übertr. u. m. erläut. Anmerkgn. u. ausgewählten correspondir. Citaten hervorrag. deutscher Mystiker versehen. Von Frz. Hartmann. 12. (V, 162 S.) Braunschweig 892. C. A. Schwetschke & Sohn. n. 1. 50

Bhagavad Gita, die, od. Das Hohe Lied, enth. die Lehre v. der Unsterblichkeit. In poet. Form nach Edwin Arnolds Sanskrit-Übersetzg. ins Deutsche übertragen v. Frz. Hartmann. 8. (135 S.) Leipzig (899). W. Friedrich. n. 1. 50; geb. n. 2. 50

Bhagavad Gita, die. Das Lied v. der Gottheit od. die Lehre vom göttl. Sein. In verständl. Form ins Deutsche übertr. u. m. erläut. Anmerkgn. u. ausgewählten korrespondier. Citaten hervorrag. deutscher Mystiker versehen. Von Frz. Hartmann. 3. Aufl. (XXIII, 162 S.) 12. Berlin 903. [C. A. Schwetschke & Sohn.] Leipzig, M. Altmann. n. 1. 60

— dasselbe, od. Das Hohe Lied, enth. die Lehre v. der Unsterblichkeit. In poet. Form nach Edwin Arnolds Sanskrit-Übersetzg. ins Deutsche übertr. v. Frz. Hartmann. 2. Aufl. (126 S.) 8. Leipzig 904. Lotus-Verlag. n. 1. 50; geb. n. 2. 50

! — (Lotus-Verlag.) Jetzt: Lpzg, Theosoph. Verl.-Haus.

Die **Bhagavadgîtâ** aus d. Sanskrit übers. Mit e. Einl. über ihre ursprüngl. Gestalt, ihre Lehren u. ihr Alter von Richard Garbe. Leipzig: H. Haessel 1905. (159 S.) 8° [05. 1350

— dasselbe, das Buch der Ergebenheit. Ein Lehrgespräch zwischen Krischna, dem Gotte der Ergebg., u. Arjuna, dem ind. Fürstensohn. Nach der 6. amerikan. Aufl. der v. William Q. Judge veröffentlichten Ausg. in die deutsche Sprache übertr. v. Conr. Joh. Glückselig. (IX, 108 S. m. 1 Abbildg.) 8. Nürnberg (ob. Turnstr. 8) 905. J. Th. Heller. Geb. in Leinw. n. 2. 25

Die **Bhagavad Gita.** Das Lied von d. Gottheit oder d. Lehre vom göttl. Sein u. von d. Unsterblichkeit. In verständl. Form ins Deutsche übertr. u. mit erl. Anm., sowie ausgew. korrespond. Citaten hervorrag. Mystiker vers. von Dr. Franz Hartmann. 4. Aufl. Leipzig: Altmann 1907. XVI, 145 S. 8° [11. 9390 4

Bharatae Responsa tibetice cum versione latina ab Ant. Schiefner edita. Imp.-4. (IV, 46 S.) Petropoli 875. (Leipzig, Voss' Sortiment.) **

Bhâravi's Kirâtârjunîyam. (Der Kampf Arjuna's mit dem Kirâten.) Gesang 1. u. 2. Aus dem Sanskrit übersetzt von C. Schütz. gr. 4. Bielefeld 845, Velhagen u. Klasing. n. 1/3 Rthlr

Bhartriharis sententiae et carmen, quod Chauri nomine circumfertur eroticum. Ad codicum Mstt. fidem edidit, latine vertit et commentariis instruxit Petr. a Bohlen. 4 maj. Berl. 833. Dümmler. 4 1/3 Rthlr

Bhartriharis Sprüche. A. d. Sanskrit metr. übertr. v. P. v. Bohlen. gr. 12. (8 B.) Hamburg 835, A. Campe. (Brockhaus.)

Bhâskara, Laugâkshi, die Tarkakaumudî. Aus d. Sanskrit übers. v. E. Hultzsch. (40 S.) 8. Leipzig 907. (F. A. Brockhaus' Sort.) 1.25
Sonderabdruck aus „Ztschr. d. deut. morgenl. Gesellsch."

Bhatta Nârâyana, Venîsamhâra: die Ehrenrettung der Königin. Ein Drama in 6 Acten. Kritisch mit Einleitung und Noten hrsg. von Jul. Grill. hoch 4. (XLV, 182 S.) Leipzig 871, Fues's Verlag. *

Bhatti-Kâvya, des, fünf Gesänge. Aus d. Sanskrit übersetzt von Dr. C. Schütz. Nebst e. Verzeichnisse der im Sanskrit vorkomm. Namen d. Sonne u. des Mondes, u. einer Uebergangs-Probe aus dem Mâgha-Kâvya. gr. 4. Bielefeld 837. Velhagen u. Klasing. n. 1/2 Rthlr

Bhavabhuti, Malata und Madhava, s. Universal-Bibliothek Nr. 1844.

Bhiksehu s.a. Subhadra Bhiksehu.

Bhikschu, Subhadra, buddhistischer Katechismus zur Einführung in die Lehre d. Buddha Gótamo. Nach den heil. Schriften der südl. Buddhisten zum Gebrauche f. Europäer zusammengestellt u. m. Anmerkgn. versehen. 3. Aufl. 8. (VII, 82 S.) Braunschweig 892. C. A. Schwetschke & Sohn. n. 1. —

— dasselbe. 4. Aufl. 8. (VII, 83 S.) Ebd. 894. n. 1. —

Bhikschu, Subhadra, buddhist. Katechismus z. Einführg. i. d. Lehre d. Buddha Gótamo. N. d. heil. Schriften d. südl. Buddhisten z. Gebr. f. Europäer zusammengest. u. m. Anmerkgn. versehen. 5. Aufl. 8. (VII, 83 S.) Braunschweig 896. C. A. Schwetschke & Sohn. n. 1. —

Bhikschu, Subhadra, buddhist. Katechismus z. Einführg. i. d. Lehre d. Buddha Gótamo v. d. Forum d. Vernunft u. Moral v. e. and. Bhikschu. 12. (43 S.) Reinbach 897. Literar. Bureau. n. — 50

Bhikschu's, S, buddhist. Katechismus vor d. Forum d. Vernunft u. Moral v. e. and. Bhikschu. 12° (43) Rheinb. 97. Rudolst., A Bock. — 50

Bhikschu, S: Buddhist. Katechismus z. Einführg in d. Lehre d. Buddha Gótamo. 6. Afl. 8° (85) Berl. 98, CA Schwetschke & S. 1 —; geb. 1.50

Bhikschu, S: Buddhist. Katechismus z. Einführg in d. Lehre d. Buddha Gotamo. 6. Afl. (85) 8° Berl. '02. Lpzg, M Altmann. 1 —; geb. 1.80

Bhikschu, Subhadra, Buddhistischer Katechismus zur Einführung in die Lehre des Buddha Gotamo. 6. Aufl. 8. (VII. 85 S.) Berlin 902. C. A. Schwetschke & Sohn. n. 1. —; geb. n. 1. 50

Biach, A.: Die neueren Antipyretica, s. Biach, Alois

Biach, A., Aristoteles Lehre von der sinnlichen Erkenntnis in ihrer Abhängigkeit von Plato. S.-A. 1890. 24 S. 1.—

Biach, A.: Maimonides, s. Biach, Adolf

Biach, Adolf

Biach, Adf., zur Erinnerung an den 700jähr. Todestag des jüdischen Geisteshelden Moses Maimonides. 2. u. 3. Aufl. (14 bezw. 15 S.) 8. Brüx 906. J. Ach & Co. (Nur direkt.) n. — 40

Biach, Adf., Lehrbuch d. jüdischen Geschichte u. Literatur, s.: Hecht, E. u. M. Kayserling.

Biach, Adf., Maimonides. Ein Beitrag zum jüd. Geschichtsunterrichte an Mittelschulen. gr. 8. (23 S.) Wien 900 (Brünn, B. Epstein & Co.) n. — 36
Sonderabdruck aus: „Neuzeit".

— Proben zur jüdischen Literatur. (Beiheft zu Kayserling-Biach-Doctor, Lehrbuch der jüd. Gesch. u. Literatur. Ausgewählt u. hrsg. in Verbindg. m. M. Doctor. (IV, 98 S.) 8. Leipzig 909. G. Engel. — 85

Biach Dr. Adolf: Biblische Sprache und biblische Motive in Wielands Oberon. 27. Brüx 97. Progr.

Biach Dr. Adolf: Wie soll der israelitische Religionsunterricht an Gymnasien ertheilt werden? 9. Brüx 94. Progr.

Biach, Alois. Die neueren Antipyretica. Mit 2 Holzschn. gr. 8. (III, 198 S.) Wien 889, Urban u. Schwarzenberg. * 5 — geb. * 6 60

Biach, O.: Untersuchungen üb. die Bildungsverhältnisse der oceanischen Salzablagerungen. s.: Hoff. J. H. van't.

Biach, Otto, aus Brünn ⟨Österr.⟩: Zur Kenntnis der Synthese aromatischer Aldehyde mit Hilfe von Blausäure. *Freiburg i. B.: Speyer & Kaerner 1902.* (35 S.) 8°
Freiburg i. B., Phil. Diss. v. 1902

Biach, Paul: Die Therapie an d. Wiener Kliniken, s: Landesmann, Ernst.

Biach, R.: Englands Schutz durch den Außenhandel, s. Mun, Th.

Biaconi's Briefe über Celsus, s. Celsus, A. C., über Arzneiwissenschaft.

Biagioli, G., italienische Sprachlehre f. die Jugend, (Grammaire italienne à l'usage de la jeunesse) nach der 8. Aufl. d. Origin. zum erstenmale f. die deutsche Jugend bearb. von Adolf Wolf. 12. (8¾ B.) Wien 843, Rohrmann.

Biaglolowsky
(*v. Golz?*) Gründlicher Beweiss, dass der Magistrat der teutschen freien Reichsstadt Nürnberg im Jahre 1793 aus lauter Gelehrten (darüber Kupferbildchen zum Aufheben: 2 Schaafsköpfe) bestand, und dass der Miraculorum Dei amator & cultor strenuus, Herr Marcus Freund zu Nürnberg, ein Graurock (darüber Kupferbildchen z. Aufheben: Esel) ist. Aus d. Polnischen Sr. Excellenz des Herrn Grafen *Biaglolowsky.* (ps.). Königsberg, auf Kosten d. Herausgebers, 1795. 8°. Titel beschrieb. Ppb.
Ergötzliche politische Satyre. Tit. u. 55 S. Lat. Lett. Bei S. 36 Reproduktion eines roth u. schwarz gedr. Nürnberger Calender-Titels von 1794.

Bial, Arthur, approb. Arzt aus Striegau i. Schl.: Ausnutzung von Pepton- und Pepton-Alkohol-Klysmen. *Halle a. S. 1903: Plötz.* (25 S.) 8°
Halle, Med. Diss. v. 4. Aug. 1903

Bial, F. Uber α-Hydroxylaminiso-Buttersaure unu Bromido-Kohlensäure-Aether. Mit 1 Tab. In-8°. 48 S. Basel. These. **1895**

Bial, M.: Über d. diastat. Ferment d. Lymph- u. Blutserums, s. Bial, Manfred

Bial, Malwin (geb. Ohlau 1. 3. 1846): Die chronische Bleiintoxication. Berlin (1870). (32 S.) 8°
Berlin, Med. Diss. v. 4. Juni 1870

Bial, Manfred [pr. Arzt]: '(Aus d. physiolog. Institut d. Univ. Breslau.)' Ueber das diastatische Ferment des Lymph- und Blutserums ... Bonn, Univ.-Buchdr. v. C. Georgi, 1892; 26 S., 1 Bl. 8.
Breslau, Med. Fak., Inaug.-Diss. v. 10. Mai 1892

Bial, Manfr., üb. das diastatische Ferment d. Lymph- u. Blutserums. Diss. gr. 8. (26 S.) Bonn 892. (Breslau, L. Köhler.) n. 1. —

Bial, Manfr.: Die chron. Pentosurie, s.a. Klinik, Berliner.

Die chronische Pentosurie. Von Dr. Manfred **Bial**. Berlin: Fischer 1907. (27 S.) 8°
— **Klinik,** Berliner. H. 226.

Bjälawenetz, Mitr. Iw.
Die Herstellung der Kacheln von Mitr. Iw. **Bjälawenetz**. Aus d. Russ. übers. von Dr. M[ax] Fiebelkorn. Berlin: Tonindustrie-Zeitung 1906. (24 S.) 8°

Bialik, Ch. N: Gedichte. Aus d. Hebr. v. Ernst Müller. (8, 158 m. Bildn.) Lex8° Köln '11. Berl., Jüd. Verl. 3 —; geb. 4.20

Bialler, C., Rechte u. Pflichten d. Gemeinschuldners. 2. Aufl. gr. 8. (24 S.) Berlin 886. (Conrad.) n. 1. —

Bialloblotzky, Christoph Heinrich Fr.
Bialloblotzky, Cph. Hnr. Fr., de legis Mosaicae abrogatatione. (Gekrönte Preisschrift.) 4 maj. Götting., (Vandenhöck u. R.) 1 ₰ 12 𝔤𝔤

Bialloblotzky, C. H. F., de legis Mosaicae abrogatione. Gotting. 1824. 4.

— s. 1) Proben, amerikan., brittischer u. schott. Beredsamkeit.

Bialloblotzky, Ch. H. F., s. E. B. Pusey, das Aufkommen.

Bialloblotzky, Chrstph. Heinr. Fr., das britische Unterrichtswesen; beschrieben. 1. Thl.: Ueber d. Wesen u. Wirken d. Infantschoolsociety. 8. (5 B. mit eingedr. Holzschn.) Lemgo 828, Meyer.

Bialloblotzky, J.H. Sgf.
— Gedächtnißpredigt auf d. Consistorial-Rath Schlegel in Hannover, mit e. kurzen Abrisse seines Lebens. 8. Hannov. 792

— s. Liederbuch f. fleißige Leute.

Bialloblotzky, J. H. Sgfr., Thätigkeit u. gewissenhafte Treue in uns. Beruf ist d. sicherste Weg zu e. glückl. Alter. gr. 8. Hannov., Hahn. 4 gr

Biallon, J.... C...., († ... 1785.) prakt. Anweis. zum Flachs- u. Hanfbau. 8. Hannov. 794. Hahn. 3 gr (vgl. Beantwortung d. Preisaufgabe ꝛc.)

Bialon, Konrad [aus Berlin]: Ueber Abkömmlinge des m-Biscyclohexans ... Heidelberg, F. W. Rochow, 1897; 40 S., 1 Bl. 8.
Heidelberg, Naturw.-math. Fak., Inaug.-Diss. v. [19. Mai] 1897

Bialon, Oswald: Aus d. chemischen Institut d. Universität Breslau. Ueber die Einwirkung von Anisaldehyd auf Chinaldin, α-Picolin und Aldehydcollidin. *Breslau 1902: H. Fleischmann.* (42 S.) 8°
Breslau, Phil. Diss. v. 3. Juli 1902

Biały, Felix, aus Schmiegel, appr. Arzt in Kruschwitz: Über die Luxation des os lunatum. *Leipzig 1902: J. Klinkhardt.* (30 S.) 8°
Leipzig, Med. Diss. v. (15. Febr.) 1902

Bialyk, Menachim, a. Schitomir ⟨Rußland⟩: Zur Diagnose der Skrofulotuberkulose im frühen Kindesalter. Berlin (1905): E. Streisand. (30 S.) 8°
Berlin, Med. Fak., Ref. Heubner, Diss. v. 27. Febr. 1905
[Geb. 17. Juli 75 Schitomir, Süd-West-Rußland; Heimatsort: Schitomir; Staatsangeh.: Rußland; Vorbildung: Gymn. Schitomir Reife 98; Studium: Berlin 9 S.; Rig. 24. Febr. 05.]

Białynicka-Birula, Katharina von, cand. med. a. Rostow ⟨Don⟩ in Rußland: Beitrag zur Kenntnis der Schädeldachtumoren. Freiburg (Baden) 1904: E. Kuttruff. (21 S.) 8°
Freiburg i. B., Med. Fak., Ref. Kraske, Diss. v. 1904
[Geb. 2. Febr. 79 Smolensk, Rußland; Wohnort: Freiburg; Staatsangehörigkeit: Rußland; Vorbildung: Mädchengymn. zu Mohilew; Studium: Breslau 1, Freiburg 9 S.; Rig. 29. Juli 04.]

Bialystok [Schlagwort]
Bialystok, s.: Europa. Liebenow.

Bianca
— e. trag. Gemälde. Seitenst. z. Lessings Emilia Galotti, m. K. 8. Lpz. Sommer. 802.

Bianca und Giuseppe oder: Die Franzosen vor Nizza. Oper in vier Akten. (Nach einem König'schen Roman.) (Text.) Musik von J. F. Kittl. Leipzig 853. Breitkopf u. Härtel. 8. (48 S.) 5 ngr

Bianca u. Hieronimo, Seitenstück zum Geisterseher. 8. Wien 800. K. Haas. 18 gr

— della Porta. Trauersp. in 5 Aufz. 8. Wien, Wallishäußer.

Bianca Capello, v. Capello.

Bianchi Duca di Casalanza, Friedrich Freiherr von, k. k. österr. Feldmarschall-Lieutenant. Wien 1857. V: *Heller von Hellwald, Frdr. Freih. v.* (ADB 20, 12) (EB) V: *Schönhals, Carl Ritt. v.* (Auctions-Cat. Gilhofer & Ranschburg XI.)

Bianchi, Friedr. v., Duca di Casalanza, k. k. österreichischer Feldmarschalllieutenant. Wien 857. Sommer. (F. Klemm.) gr. 8. (VIII, 615 S. u. lith. Bildniß.) nn. 4 ₰ 10 ngr

Bianchi, Friedr. Freiherr v., Duca di Casalanza, k. k. österreich. Feldmarschalllieutenant. Lex.-8. (VIII und 615 S. mit lithogr. Portr.) Wien 857. Sommer. (Leipzig, Steinacker.) **

v. Bianchi, ..., Betrachtt. üb. Gegenstände d. Glückseligkeit; aus d. Ital. 8. Wien 775. (Beck). 16 gr

Bianchi, Betr. üb. Gegenst. d. Glückseeligkeit, a. d. Ital. 8. Wien, Wappler. 775.

(Bianchi.) Vertheidigung des Brückenkopfes von Pressburg im Jahre 1809. Herausgegeben von einem k. k. österreichischen Officier. Mit 2 Plänen. 8. Pressburg 1811.

(v. Bianchi.) Die Vertheidigung des Brückenkopfes von Pressburg 1809. 8. M. 2 Pl. Pressburg 1813. 2,00.

— — 2. Aufl. 8. Prag 1850.

Bianchi, A. G., d. Roman e. geborenen Verbrechers. Selbstbiographie d. Strafgefangenen Antonino M ... Autor. Uebers. v. Fr. Ramhorst. 8. (LXXII, 288 S.) Berlin 894. Leipzig, E. Fiedler. n. 3. —

Bianchi, A. G., der Roman e. geborenen Verbrechers. Selbstbiographie des Strafgefangenen Antonino M.... Zu wissenschaftl. Zwecken hrsg. m. e. psychiatr. Gutachten v. Silvio Venturi. Autoris. deutsche Übersetzg. v. Frdr. Ramhorst. 8. (LXXII, 288 S.) Berlin-Schöneberg 894. A. H. Fried & Co. n. 3. —

Bianchi, AG, d. Roman e. geborenen Verbrechers. Selbstbiographie d. Strafgefangenen Antonino M .... Zu wissenschaftl. Zwecken hrsg. m. e. psychiatr. Gutachten v. S Venturi. Übers. v. F Ramhorst. 8° (360) Berlin-Schönebg 94, Seydel & Co. 3 —

Bianchi, C. v. Historische Darstellung der Hamburger Anstalt zur Unterstützung der Dürftigen, Verhütung des Verarmens und Abstellung der Betteley, so wie solche in Wien auf ausdrücklichen Befehl herausgegeben worden ist. gr. 8. *(nach Kasp. Vogth) Hamburg, Perthes.* 1802

Bianchi, Celest., s. Biblioteca dell' Italiano.

Bianchi, Giovanni Battista
— historia hepatica. 4. Genev. 725.

Bianchi, I. B., de naturali in hum. corp. vitiosa morbosaque generatione hist. c. fig. 8. Augsb. Taur. 741.

Bianchi, Giovanni Battista: Historia hepatis in anatome et morbis dilucidatio. 171 S., gbd.

Augustae Taurinorum: typ. Dutti & Gringhelli 1711

Bianchi, J.B., s. Bianchi, Giovanni Battista

Bianchi, Josef
Bianchi, J, documenta hist. Forojuliensis saec. XIII. et XIV. ab a. 1300 ad 1333. 8. (93) Wien 64, Gerold's S. n. — 14

Bianchi, Jos., documenta historiae Forojuliensis saeculi XIII. et XIV. ab anno 1300 ad 1333 summatim regesta. (4 Hefte.) [Aus dem Archive für Kunde österr. Geschichtsquellen.] Wien 865—70. Gerold's Sohn in Comm. gr. 8. (93; 48; 25; 96 S.) n. 1 ₰ 6 ngr

— *Documenta historiae Forojuliensis saeculi XIII et XIV ab anno 1300 ad 1333 summatim regesta.* 1. Teil. Ar. 31. 165 . . . . vgr.
— — 2. Teil. Ar. 31. 415 . . . . vgr.
— — 3. Teil. Ar. 36. 425 . . . . vgr.
— — 4. Teil. Ar. 37. 469 . . . . vgr.
— — 5. Teil und Schluß. Ar. 41. 399 . . . . vgr.
Separatabdruck

Bianchi Josef: *Documenta historiae Forojuliensis saeculi XIII ab anno 1200—1299 summatim regesta.* 1. Teil. Ar. 21. 167 . . . . vgr.
— — 2. Teil. Ar. 21. 377 . . . . vgr.
— — 3. Teil. Ar. 22. 371 . . . . vgr.
— — 4. Teil. Ar. 24. 425 . . . . vgr.
— — 5. Teil. Ar. 26. 229 . . . . vgr.
Separatabdruck

Bianchi, L. Baron. Seekadett vor 40 Jahren. Als Manuskript gedruckt. (Helgoland 9. Mai) 1864—1904. 8. Rubba 1904.

Luigi Bianchi. Vorlesungen über Differentialgeometrie. Autor. deutsche Übers. v. Max Lukat. (In 3 Lfgn.) *Leipzig: G. B. Teubner 18(96–)99.* (XVI, 659 S.) 8° 99. 10460

Luigi Bianchi, Prof. Vorlesungen über Differentialgeometrie. [Lezioni di geometria differenziale]. Autor. deutsche Übers. von Prof. Max Lukat. 2. verm. u. verb. Aufl. Leipzig & Berlin: Teubner 1910. XVIII, 721 S. 8° 10. 13358

Bianchi, V: Vögel, s.: Resultate, wiss., d. v. NM Przewalski n. Zentral-Asien unternomm. Reisen.

(Bianchi, Vendramino.) Proposition. Von dem Venetianischen Herren Residenten den under $\frac{20.\ May}{10.\ Janny}$ 1706. in Chur Versambten Herren-Håuptern Loblichen dreyen Pûndten gethan. 4. *o. O.*

(Bianchi, Vendramino.) Propositione Fatta dal Sig. Residente di Venetia, nella Dieta dell' Eccelse Trè Leghe radunata in Coira li 26. Aprile Anno 1706 = Proposition. Von dem Venetianischen Herren Residenten auff dem halben in Chur versambleten Pundtstag der Lobl. Dreyen Pûndten gethan den 26. Aprill Anno 1706. 4. *o. O.*

Bianchi-Giovani, Aurelio
Bianchi-Giovani, A., Biografia di Fra Paolo Sarpi, Theologo e Consultore di Stato di Venetia. 2 Vol. (Mit Bildniß.) gr. 16. (Lugano) Zurigo 1836, Orell. 2⅓ Thlr. — 4 fl.

Bianchini, Anton., Betrachtung der Tugenden des heil. Patriarchen Joseph um seinen Monat März zu weihen. Aus dem Italien. übers. von M. v. Montbach. 16. (VIII und 108 S.) Breslau 867, Max und Comp. *

— der Monat Mai, zu Ehren der heiligsten Jungfrau Maria geweiht in 31 Betrachtungen ihres Lebens. Aus dem Italien. übers. von M. v. Montbach. 16. (IX und 137 S.) Breslau 867, Max und Comp.

Bianchini, B: Abhandlung über die Feuer- und Seitengewehre. Bd 1. 2. Wien 1829

Bianchon, Horaze, die Krankheiten der Greise. Eine deutl. u. vollständ. Belehrung für bejahrte Männer u. Frauen, wie die Krankheiten des Alters zu erkennen, zu verhüten u. zu heilen sind. Nach dem Französ. und mit Benutzung der vorzügl. deutschen Quellen bearbeitet. 12. Nordhausen 845, Fürst. ⅔ ß

Bianchon, D., nothwendiges Hilfsbuch für Alle, die an geheimen Schwächen leiden. Nach d. Französ. frei bearb. u. durch Benutzung teutscher Quellen bereichert. 12. Nordhausen 845, Fürst. 22 ngl

Bianco und Negro der weiße und der schwarze Mann. Ein lehrreiches und unterhaltendes Feen-Mährchen. Mit einer Abbildung (u.-Titel.). Reutlingen: Fischer 1828

Bianco, Andrea, der Atlas vom J. 1436 in 10 Taf. [Photographische Facsimile in der Grösse des Orig.] Vollständig hrsg. von Max Münster und mit einem Vorworte versehen von Osc. Peschel. Fol. (9 Bl. mit 15 S. Text in gr. 4.) Venedig 869, Münster Nachf. geb. **

Bianco, Frz. Jos. v., die alte Universität Köln und die spätern Gelehrten-Schulen dieser Stadt, nach archivar. u. andern zuverlässigen Quellen. 1. Thl. 1. Abth.: Die alte Universität Köln. Köln 855. (Heberle.) gr. 8. (XVI, 984, 405 S. u. 3 lith. Taf.) n. 3 ß

v. Bianco, Frz. Jos., die ehemalige Universität u. die Gymnasien zu Köln, so wie die an diese Lehr-Anstalten geknüpften Studien-Stiftungen von ihrem Ursprunge bis auf unsere Zeiten. Ein Versuch. In 2 Thln. m. Anlagen u. 4 Abbildgn. 2. Thl. 2. durchaus verm. u. verb. Aufl. gr. 8. (CCXII u. 1423 S. m. 5 Tab. in Fol. u. 1 lith. Portr.) Köln 850. (F. C. Eisen.) baar n. 5⅓ ß (2 Thle. baar n. 7⅓ ß)

Bianco, Frz. Jos. v., Versuch einer Geschichte d. ehemal Universität u. d. Gymnasien d. Stadt Köln, so wie d. an diese Lehr-Anstalten geknüpften Studien-Stiftungen, von ihrem Ursprunge bis auf d. neuesten Zeiten. 2 Thle., mit Anlagen. gr. 8. (49 B., 2 Tab. in Fol. u. 2 Siegel-Abbild.) Köln 833, (Arend.)

v. Bianco, Frz. Jos., Versuch e. Geschichte der ehemal. Universität u. der Gymnasien der Stadt Köln, so wie der an diese Lehr-Anstalten geknüpften Studien-Stiftungen, v. ihrem Ursprunge bis auf die neuesten Zeiten. In 2 Theilen, mit Anlagen, 2 Tabb. u. 2 Siegel-Abbildd. gr. 8. Köln 833. (Arnold.) 2⅙ ß

Bianco di San Jorioz, s. a. San Jorioz.

Bianco di San Jorioz, Alex., Casernen-Erzählungen. Eine Sammlung interessanter Kriegsthaten. Aus den besten histor. Quellen der Kriege der neueren Zeit zusammengetragen und geordnet. Aus dem Ital. von G. Baumgarten. 8. (XIV und 290 S.) Leipzig 856, Schlicke.

Bianco di San Jorioz, Graf Alex., Casernen-Erzählungen. Eine Sammlung interessanter Kriegsthaten. Aus den besten histor. Quellen der Kriege der neueren Zeit zusammengetragen und geordnet. Aus dem Italien. von G. Baumgarten. 2. (Titel-) Aufl. 8. (XIV und 295 S.) Leipzig (856)59, Schlicke.

Biancone, Jh. Bapt., reducirte Wechselfragen, besteh. in Fragen u. Antworten. 1r Bd. 1r u. 2r Thl. 8. Posen 787.

Bianconi — De antiquis literis Hebraeorum et Graecorum. Lips. 754. 4. 12 gr.

Bianconi, G.L.C. de., s. Bianconi, Giovanni Luigi Conte de

Bianconi, Giovanni Lodovico Conte de,
s. Bianconi, Giovanni Luigi Conte de

Bianconi, Giovanni Luigi Conte de
[BIANCONI Giovanni Lodovico]. Biographie des Ritters Anton Raphael Mengs. Mit einem Verzeichnisse seiner von ihm verfertigten Gemalde. [Verf.: –]. Aus dem Italianischen. Gräffer, Wien 1781. 1 vol. 169 S.

Bianconi, Giovanni Lodovico Conte de. Briefe über die vornehmsten Merkwürdigkeiten der churbaierischen Residenz-Stadt München ... München und Leipzig 1771. Ü: *Runkel, Dorothea Henriette von geb. Rother.* (BrMm)

Bianconi, Gr. v., Briefe über die vornehmsten Merkw. in München. 8. Münch. Crätz. 771.

— s. Lobschrift auf Mengs.

Bianconi, G. L. C. de. Zehn Sendschreiben ... die Merkwürdigkeiten des Kurbayerischen Hofes und der Stadt München betreffend; aus d. Ital. übers.. Leipzig 1764. Ü: *Runkel, Dorothea Henriette von geb. Rother.* (BrMm) (Ky) (MGT) (Weber) (ML)

— zehn Sendschreiben, die Merkw. Münchens betr. 8. Leipz. Eurich. 764.

— Sendschr. üb. d. Celsum v. d. Medicin, a. d. Ital. 8. Leipz. Gleditsch. 782.

Bianconi, G. L. Conte de. Sendschreiben über den A. Cornelius Celsus an den Abbt Hier. Tiraboschi; aus d. Ital. übers. ... Leipz. 1781. Ü: *Lehninger, Johann August.* (Ky) (ML)

v. Bianconi, Graf Jh. Ldw., († d. 1. Jan. 1781.) Sendschreiben, die Merkwürdigkeiten Münchens betr.; aus d. Ital. (von Henr. verw. v. Runkel). 8. Leipz. 764. Eurich. 6 𝒦 N. Aufl. unter d. T.: Briefe über d. vornehmsten Merkwürdigkeiten in München. 8. Münch. 771. Crätz. 6 𝒦

— Sendschreiben an Abt Tiraboschi über A. Corn. Celsus von d. Medizin; aus d. Ital. (v. K. C. Krause). gr. 8. Leipz. 781. (Brockhaus). 16 𝒦

Bianconi, J. Jos., de mari olim occupante planities et colles Italiae, Graeciae, Asiae minoris etc. et de aetate terreni quod geologi appellant marnes bleues dissertationes. gr. 4. (132 S. m. 1 lith. u. color. Karte in gr. Fol.) Bononiae 846—50. (Wien, Sallmayer & Comp.) n. n. $2^2/_3$ ℛ

Bianconi, J. Jos., Specimina zoologica Mosambicana, quibus vel novae vel minus notae animalium species illustrantur. Fasc. 1—5. gr. 4. (IV S. u. S. 1—88 m. 11 lith. theils color. Taf. in gr. 4. u. qu. gr. Fol.) Bononiae 850. 51. (Wien, Sallmayer & Comp.) (à n. n. $1^1/_3$ ℛ) n. n. $6^2/_3$ ℛ

Bianconi, J.L., s. B i a n c o n i , Giovanni Luigi Conte de

Bianconi, Jh. Ludw. Graf v., s. B i a n c o n i , Giovanni Luigi Conte de

Biandetto, der Bandit v. Treviso. Seitenstück zu Rinaldo Rinaldini. (v. J. A. Gleich). 8. Leipz., Joachim. 18 Gr

Biandetto, der Bandit von Treviso . . . Leipzig 1800 [1802]. V: *Gleich, Joseph Alois.* (Ky) (MGT) (WBL) (NN)

Bianka v. Toredo. Dramat. Dichtung in 5 Akten, v. K. Winkler. gr. 8. Lpz. Hartknoch. 808.
Velinpap.

BIANOR, Sommerdiscurse. 1706.
Weller, Lex. Ps. p. 72. — Beides sehr rar!

BIANOR (ps.), Curiose Winterdiscurse. 1702.

Biantes [Pseud.], s. a. B u c h n e r , Andreas Elias
Biantes, aufgeräumt. Historicus. 8. 731.

— Leben berühmt. Erfurter. 8. Erf. 732.

Bianvenino, ..., aus d. Schätzen d. Bibliothek d. Josephus; aus d. Span. übersetzt. 8. Gotha 786. Ettinger. 6 Gr

BIANVENINO. Aus den Schätzen der Bibliothek des Josephus. (Motto in griech. Spr.) Aus d. Spanischen übers. O. O. (Gotha, Ettinger) 1787. 8°. (3 Mk. Friedr. Klüber, 1900.)
Sammlung von (ziemlich zahmen) satyr.-humorist. Schilderungen in 30 Kapiteln. 4 Bll. u. 134 S.

Biard, F., voyage au Brésil, s. Collection d'auteurs français.

Biard, Gustave: W a r u m bin ich Socialist ? 8°. Leipzig, Commiss. E. O. Weller, 1849. (Sociale Blätter, 2. Heft)

Biard, P, voyage au Brésil, s.: Collect. d'aut. franç.

Biarmia. Taschenbuch auf d. J. 1833. 1. Jahrg. M. 7 Stndr. 16. ($24^1/_4$ B.) St. Petersburg, Brieff.

Biarowsky, E. J. v., s. B i a r o w s k y , Wilhelm Ed. Imman. v.

Biarowsky, Wilhelm von, s. B i a r o w s k y , Wilhelm Ed. Imman. von

Biarowsky, Wilhelm Ed. Imman. von
Biarowsky, Wilh. v., Gedichte. 32. (336 S.) Stuttgart 854, J. F. Steinkopf.

v. Biarowsky, Wilh. Ed. Imman., die Gemeinschaft der Heiligen. Predigt über die Epistel am 17. Sonnt. n. Trin. gr. 8. München 845, Kaiser. $1^1/_2$ ngr

Biarowsky, Wilh. Ed. Imman. v., Glockenklänge. 16. (VIII, 168 S.) Erlangen 869, Deichert. *
cart. *

Biarowsky, Wilh. Ed. Imman., Senfkörner. Erkanntes u. Erlebtes in kurzen Aufzeichnungen. Erlangen 861. Bläsing. 16. (VII, 241 S.) n. 21 ngr

—— Senfkörner. 16. (241) Erl. 61, Deichert. n. — 21; geb. n. — 28

Biarowsky, Wilh. Ed. Imman. v., Senfkörner. Erkanntes u. Erlebtes in kurzen nach Luthers Katechismus geordn. Aufzeichngn. 2. Ausg. 16. (VII, 241 S.) Erlangen 871. Deichert. n. 1. —

v. Biarowsky, Wilh. Ed. Imman., das Vater Unser in Christenlehren. Ein katechet. Versuch. gr. 8. (128 S.) Nördlingen 850. Beck. $^1/_3$ ℛ

—— das Werk des evangelischen Predigers. Predigt über II. Timotheum 4, 2 bei der Diöcesansynode des Dekanatsbezirkes Erlangen am 28. Oktbr. 1859 in der evangel.-luther. Pfarrkirche zu Neustadt-Erlangen gehalten. gr. 8. (16 S.) Erlangen 859, Bläsing.

Biarowsky, W(EJ) v., d. Werk d. ev. Predigers. 8. (16) Erl. 59, Deichert. n. — 2

Biart, Lucien, der Bizco. Roman. Nach d. Französ. frei bearb. 2 Bde. Berlin 870. Janke. 8. (186; 177 S.) n. 1 ℛ 10 ngr

Biart, Lucien, quand j'étais petit, hrsg. v. H. Brotschneider, s.: Prosateurs modernes.

Biart, Lucien, Unac, der Indianer, s.: Gärtner, Geo.

— im fernen Westen, s.: Gärtner, Geo.

Bias, meine Gedankenspähne u. Anderes, veröffentl. in verschied. Blättern. 8. (III, 95 S.) Wien 895. (M. Perles.) n. 1. 80

Biäsch-Hauswirth, [Frau] Sidonie. Auf Sonnenwegen. Gedichte von S' B'-H' ⟨Rhätica⟩. 144 S. 8. Zürich, Erhard Richter, 1907. [fr. 2.50]

Biäsch-Hauswirth, Sidonie: Auf Sonnenwegen. Gedichte. (144) 8° Zür., Schweizer Druck- u. Verl.-Haus '07. 2.25 d

de Biasi, Val. Laur., Archaeologia biblica originem, evolutionem et vitam humani generis domesticam, iuridico-politicam et religioso-moralem biblice exhibens, in theologorum, iuristarum politicorumque usum et commodum. (Introductio in s. Scripturam, tom. I.) Regensburg, Manz, jetzt Verl.-Anst., 1865, 8°, XII u. 567 S., 6,75 Mk.

Biasi, Val. Laur. de, Familia humana iuxta ius Mosaicum, ad doctrinam — ius — praxim catholicam incidenter relatum, proposita et evoluta. Wien, Mechitaristen, 1863, 8°, 138 S.

Biasi, V(L) de, grammatica hebr. 8. (152) Wien 54, Kirsch. 1. —

Biasi, Valent. de, Grammatica Hebraica ad usum theologorum. Wien, Mechitaristen, 1854, 8°, VI u. 152 S., 3 Mk.

de Biasi, Valent. Laur., introductio in sacram scripturam. Tomus I.: Archaeologia biblica originem, evolutionem et vitam humani generis domesticam, juridico-politicam et religioso-moralem biblice exhibens in theologorum, juristarum politicorumque usum et commodum. Regensburg 865. Manz. gr. 8. (XII, 567 S.) 2 ℛ $7^1/_2$ ngr

Biasoletto, Bartol.
— Reise Sr. Maj. des Königs Friedrich August von Sachsen durch Istrien, Dalmatien u. Montenegro im Frühjahr 1838. Aus d. Italien. im Auszug übersetzt u. mit Anmerkungen versehen von Eugen Frhrn. v. Gutschmid. gr. 8. Dresden 842, Gottschalck. $^2/_3$ ℛ

Biasoletto, Bart., Relazione del Viaggio fatto nella primavera dell' anno 1838 dalla Maestà del Re Frederico Augusto di Sassonia nell' Istria, Dalmazia e Montenegro. gr. 8. (Mit des Königs Bildniss u. 5 Lithogr.) Trieste 841, Favarger. 2 ℛ — Mit 3 sauber color. Taf. $2^2/_3$ ℛ

Biasoletto (B.). Uebersicht der oekonomischen Pflanzen in Istrien.
On pp. 49-53 of J. Loewenthal's Der Istrianer Kreis . . . Wien, 1840, 4°, being No. 13 of Das pittoreske Oesterreich.

Biastoch, Otto: Deut. Leseb. f. Mädchen-Mittelsch., s: Porger, Gust.

Biat-Chrétien, d. Gedankentelegraph, s.: Benoit.

Biavaschi, Giovanni Battista
Biavaschi, G. B.: Origine della forza obbligatoria delle norme guiridiche. Udine 1907. VIII + 122 S. 8°.
Freiburg i. Schw. Jur. Diss. 1906/1907.

Bibanco, J. C., s. Bibanco, Jul. Eman.

Bibanco, Jul. Eman.
Bibanco, J. C. — Theoretisch-praktische Anleitung zur kaufmännischen Stylistik, sowohl für Lehrlinge als für geübtere Handels- und Geschäftsleute aller Art. (Fünfte Auflage. I. Abtheilung. (Bogen 1—6. 8. Pesth. Gedruckt bei Joh. Herz. Verlag von Georg Kilian. 1854.

Bibanco's J. C. —. Theoretisch-praktische Anleitung zur kaufmännischen Stylistik, sowohl für Lehrlinge, als für geübtere Handels- und Geschäftsleute aller Art. Fünfte Auflage. II. und III. Abtheilung. Pesth, 1855. Verlag von Georg Kilian. (Bogen 7—18. 8.) geh.

Bibanko's, J. C., theoretisch-praktische Anleitung zur kaufmännischen Stilistik, sowohl für Lehrlinge als auch geübte Handelsbeflissene. Gänzlich umgearb. u. verm. von Frdr. Körner. 6. Aufl. Pest 860. Kilian. gr. 8. (IV, 484 S.) n. 1 ₰ 10 ngr.

Bibanko's, J. C., theoretisch-praktische Anleitung zur kaufmännischen Stilistik, sowohl für Lehrlinge als auch geübte Handelsbeflissene. Gänzlich umgearb. und verm. von Friedr. Körner. 7. (Titel-)Aufl. gr. 8. (IV und 484 S.) Pest (860), 67, Kilian. *

Bibanko's, J. C., theoretisch-praktische Anleitung zur kaufmännischen Stilistik, sowohl für Lehrlinge als auch geübte Handelsbeflissene. Gänzlich umgearb. u. verm. von Frdr. Körner. 7. Aufl. Pest 868. Kilian. gr. 8. (IV, 484 S.) n. 1 ₰

Bibanco, Jul. Eman., die kaufmänn. Buchhaltung in allen ihren Systemen, ihren Zweigen u. neuesten Formen. Nebst ein. Anhange, wie d. Bücher öffentl. Cassen u. landwirthschaftl. Unternehmungen nach doppelter Weise zweckmäss. einzurichten sind; u. von d. gesetzl. Bestimmungen hinsichtl. kaufm. Buchung f. d. Königr. Ungarn u. d. and. Länder d. österr. Monarchie. 1. Thl. das einfache System in 5 Formen, nebst ein. ausführl. Lehre v. d. Nebenbüchern enthalt. gr. 8. (24 B.) Pesth 840, Heckenast.

Bibanco, Jul. Eman., die kaufmännische Buchhaltung in allen ihren Systemen, ihren Zweigen u. neuesten Formen. 2. Aufl. gr. 8. (Mit 2 Tab.) Pesth 842, G. Kilian. 2 ₰

—— das ungarische Handels- u. Wechselrecht, mit ein. deutlichen Erklär. d. Wechselgeschäftes u. der Beschäftigungen mit Wechseln, nebst e. Anh. von d. ungar. Maaßen u. Gewichten. gr. 8. (17½ B.) Pesth 842, G. Kilian sen. u. Weber.

— neuestes Contor-Handbuch od. Schlüsselzahlen zur schnellen u. leichten Erlangung nöthig kaufmännischer Rechnungs-Resultate. qu. gr. 8. Pesth 840. (Kilian u. Comp.) n. ½ ₰

Bibanco, J. Th.: „Die schwankende Richtigkeit der Rechnungsabschlüsse", 1830.

Bibau, A. G. Th., poetische Versuche. 8. Lübeck 823. (v. Rohden). 1 ₰ 16 ℊ

Bibbiena, Kardinal 15. Jh. s. Bibiena, Bernardo Dovizi da

Bibel.–
Bibelausgaben s. Biblia.

— warum ist sie so wenig allgemein unter d. Menschen? 8. Leipz. (W. Nauck). 3 ℊ

Bibel, warum ist sie so wenig allgemein unt. den Menschen? 8. Leipz. Sommer. Rthlr.

— üb. die, ein Unterricht, was sie ist etc. 8. Stuttg. Steinkopf. 812.

Bibel, Die, unter welchen Bedingungen ist sie ein Lehr- und Lesebuch für Priester, Beamte und Volk ... München 1818. V: *Ruef, Johann Georg.* (Ky)

— die, unter welchen Bedingungen ist sie ein Lehr- u. Lesebuch für Priester, Beamte u. Volk zur Wiedergeburt des allgemeinen christlichen Glaubens? Ein Ruf z. Prüfung des Ausspruches, daß das Lesen d. heiligen Schriften f. alle Katholiken ohne Unterschied des Standes, Alters, Geschlechtes die heiligste Pflicht sey. 8. München. Lentner. 818.

Bibel, besonderer, auf Verlangen aus d. 10n Thle. gemachter Abdruck, aller auf dieses Wort in d. allgem. Encyklopädie d. Wiss. u. Künste Bezug habende Artikel, gr. 8. Leipz. 823. (Brockhaus). 1 ₰

Bibel, besonderer, auf Verlangen aus d. 10n Theile gemachter Abdruck aller auf dieses Wort in d. allgem. Encyclopädie d. Wiss. u. Künste Bezug habend. Artikel. gr. 8. Leipzig 823, Gleditsch.

— die. Eine Rede an das deutsche Volk. 8. Magdeburg 846, Falckenberg u. Comp. n. ⅙ ₰

Bibel, die. Ein Beitrag zur Begründung einer zeitgemäßen Ansicht des heil. Buches und des daraus hergeleiteten Religionssystemes von einem aufrichtigen Forscher. 8. (XII und 244 S.) Leipzig 850, Kollmann.

Bibel, Die, oder die sogenannten heiligen Schriften der Juden ... 8. Tausend. Berlin 1894. V: *Sommer, Bruno & Heinr. Tannenberg.* (Ky)

— d., od. d. sog. hl. Schriften d. Juden u. Christen. Eine gemeinfassl. Darstellg ihrer Entstehg, sowie Erklärg d. Bedeutg ihres Inhalts nach d. neuesten welt-, kultur- u. sprachgeschichtl. Forschgn. (Begonnen v. B Säuberlich [B Sommer], fortgesetzt v. H Tannenberg.) 8. Taus. 8° (520) Berl.-Wilhelmsh. 94, C Teistler & Co. n.n. 3.50; geb. in Lnw. n.n. 4.50

Bibel: Die Bibel. Ihr Einfluß auf die sozialen Verhältnisse der Menschen, s.a. Korrespondenz der Sozial-Liga.

Bibel. Die B'. Ihr Einfluss auf die sozialen Verhältnisse der Menschen s.a[Suter, Emil].

Bibel, die. Ihr Einfluß auf die sozialen Verhältnisse der Menschen. Vademecum christl. Grundsatzes in kurzen Sentenzen m. entsprech. Nachweis. Resultate 50jähr. Forschg. (Von E. Suter.) 1.—7. Lfg. gr. 8. (110 S.) Zürich (Hochfarbstr. 7), Bibliograph. Verlag. 1.40

— Ihr Einfluß auf die sozialen Verhältnisse der Menschen. II. Tl. 1. u. 2. Lfg. (S. 1—64.) 8. Zürich, (Freie Str. 96) 905. Bibliograph. Verlag. à n. — 40
Fortsetzung, s.: Correspondenz der schweizer. Sozial-Liga.

— eine alte, oder Willy Duncan. Eine Erzählung für Jung u. Alt. Frei nach dem Engl. gr. 16. (168 S.) Basel 879. Spittler. n. — 80

Ueber die Altonaer Bibel. Ist es zu wünschen, daß über diese Bibel nichts weiter geschrieben werde ...? In Beziehung auf die Friedensworte in dem 8. Hefte der schlesw.-holst. Provinz. Berichte 1816 verneinend beantwortet von einem holsteinischen Geistlichen. Nebst einer Nachschrift. Hamburg. 1817. 8°

— u. Babel. 4 Aufsätze aus der „Guten Botschaft des Friedens". (Von E. Dönges.) (16 S.) gr. 8. Dillenburg (904). (Bonn, J. Schergens.) n. — 12

Bibel, Die frech bedrängte, jedoch wunderbar befreite, oder: Der Triumph des Glaubens ... Christliches Heldengedicht in vier Gesängen. Neumünster 1842. V: *Bauer, Edgar & Frdr. Oswald.* (KONER) (Mitth. A. Rosenbaum.)

Bibel, Die frech bedräute, jedoch wunderbar befreite. Oder: Der Triumph des Glaubens. Das ist: Schrekliche ... Historia von dem weiland Licentiaten Bruno Bauer ... Neumünster bei Zürich 1842. V: *Bauer, Edgar & Friedrich Engels.* (BMARSCH 194)

Die Bibel, die frech bedräute, jedoch wunderbar befreite, oder der Triumph des Glaubens. Das ist: Schreckliche, jedoch wahrhafte und erkleckliche Historia von dem weiland Licentiaten Bruno Bauer: wie selbiger vom Teufel verführet, vom reinen Glauben abgefallen, Oberteufel geworden und endlich kräftiglich entsetzet ist. Christliches Heldengedicht in 4 Gesängen. Neumünster bei Zürich, Heß 1842. 47 S. 8.

— die frech bedräute, jedoch wunderbar befreite, oder: Der Triumph des Glaubens. Das ist: Schreckliche, jedoch wahrhafte u. erkleckliche Historia von dem weiland Licent. Bruno Bauer; wie selbiger vom Teufel verführet, vom reinen Glauben abgefallen, Oberteufel geworden u. endlich kräftiglich entsetzet ist. Christl. Heldengedicht in vier Gesängen. gr. 12. Neumünster 842. (Zürich, Literar. Comptoir.) 9¼ ngl

—— die frech bedräute, jedoch wunderbar befreite, od.: Der Triumph d. Glaubens. Das ist: schreckliche, jedoch wahrhafte u. erkleckliche Historia von dem weiland Licent. Bruno Bauer; wie selbiger vom Teufel verführet, vom reinen Glauben abgefallen, Oberteufel geworden u. endlich kräftiglich entsetzet ist. Christl. Heldengedicht in 4 Gesängen. gr. 12. (2 B.) Neumünster 842. (Leipzig, Verlags.-Büreau.)

-- die, das Buch Gottes. 8. (20 S.) Elberfeld 883. (Faßbender.) n. — 7

—— die, das Buch Gottes. 2. Aufl. 8. (20 S.) Elberf. 890, (Faßbender). * — 7

Bibel, Die, das Buch Gottes. Elberfeld 1902. V: *Mackintosh, Charles H.* (BERL)

— über die, u. liturg. Bücher. 8. Coburg 798. Sinner. 8 gl.

-- die eingemauerte, s.: Geschichten u. Bilder fürs deutsche Volk.

—Dies., als Erbauungsbuch. Von A. Brockmann, G. F. Dinter u. G. C. Fischer. 5 Bde. gr. 8. Neust. 832. Wagner. 4 ꝛf 12 gl

Bibel.– Die endliche einmal ... dem König von Preußen erklärte Bibel, s. Voltaire

— d., geg. d. Evolutions-Theorie. (42) 8° Allegheny, Pa. '01. (Elberf., Verl. d. Wacht-Turm.) — 20

Bibel für Freunde der Wahrheit. Die Summe der Weisheit aller Zeiten. 8. (140 S.) Berlin 878. Staude. n. 3. —

— die ganze, kein Schulbuch u. Volksbuch mehr zu unserer Zeit! Zunächst durch Biographieen aus dem Alten Testamente dargethan von einem Katholiken. 8. (130 S.) Leipzig 851, Kollmann. ⅓ ꝛf

Bibel und Gesangbuch für Kinder. Augsburg 1788. V: *Heckel, Joh. Chph.* (BB)

Bibel, Die, und ihre Geschichte von L. N. R. Bevorwortet von T. Phillips ... aus dem Englischen ... Elberfeld 1858. V: *Kanyard, Ellen.* (STADTBIBLBERLIN XI, S. 98)

Bibel, die, und ihre Geschichte von L. N. R. Bevorwortet von Carl Phillips. Nach der 11. Ausg. aus dem Engl. übers. Mit einem Vorwort von F. W. Krummacher. Vermehrt mit einem Anhang über die Thätigkeit der Bibelgesellschaften in Deutschland. Mit 1 Titelkpfr. Elberfeld 858. Hassel. 8. (XIV, 570 S. m. Holzschn. im Text.) n. 1 ꝛf 10 ngl

—— d., u. ihre Gesch. v. L. N. R. Bevorw. v. C Phillips. 8. (570) Cöln 58, Hassel. geb. n. 1. 10

Bibel, Die, in ihrer wahren Gestalt, für ihre Freunde und Feinde. Stück I. 2. Halle 1786—87. V: *Hezel, Joh. Wilh. Fr.* (R-N) (MGT) »1787—91. V (Bd. I. 3.—III. I.):« *Leun, Joh. Georg Fr.* (MGT)

— d., in ihr. wahr. Gestalt, f. ihre Freunde u. Feinde. 5 Bde. gr. 8. Halle. (Hahn in Hannov.) 786—94.

-- die, der Hindu. Züge a. d. ind. Religionsleben. 8. (16 S. m. Abb.) Basel 897. Missionsbuchh. n. — 10

— die, in Indien, s. Missions-Traktate, kleine.

— die, in Indien. [1. Eine seltene Freude. 2. Auf einem Götzenfest. 3. Eine muhammedanische Dame.] 16. (16 S.) Basel 881. Missionsbuchh. n. — 4

—— die, ist Gottes Wort. gr. 8. (40 S.) Berlin 869, Rother. *

Bibel, Die, kein Lesebuch für Jedermann, nach Nicolas le Maire's Sanctuarium profanis occlusum ... Münster 1845. V: *Volk, Wilh. Gust. Werner.* (KN) (Mitth. A. Rosenbaum.)

— die, kein Lesebuch für Jedermann, nach Nicolas le Maire's Sanctuarium profanis occlusum. Vom Verf. der Schrift: Die Berliner Gewerbeausstellung u. die Ausstellung des h. Rockes in Trier. gr. 8. Münster 845, Regensberg. ⅓ ꝛf

Bibel, die, in d. Kunst. Nach Orig.-Illustr. erster Meister der Gegenwart. Erläuternder Bibeltext v. Augustin Arndt, S. J. (203 S. m. 100 Orig.-Illustr.) gr. 8. Mainz (905, 906). Kirchheim & Co. Geb. n. 80. — Erschien auch in 20 Lfgn. à n. 1.50.

— Die, in d. Kunst. 100 Kunstbl. nach Orig.-Zeichngn erster Meister d. Gegenwart. Eingeleitet u. hrsg. v. Arnold Räber. (Mit 16 S. Text.) 32×25,5 cm. Berl., Marquardt & Co. ('12). In L-M 30 —

— d., macht keine Complimente u. ist also von Gott. 8. Leipzig, Schneider. 780.

Bibel, medicinische, oder die Gesundheits-Störungen und ihre Ausgleichung. 1. Liefg. enthält: I. Die Krankheit. II. Die Nore. III. Das Heilmittel. IV. Die Krankheit. (Grundformen der Krankheit: Fieber, Hämostasen.) gr. 8. Leipzig 845, J. Müller. n. 1⅓ ꝛf

— u. Naturwissenschaft, s. a. Volksbibliothek, apologet. Nr. 3.

-- u. Naturwissenschaft. Apologet. Studien e. Naturforschers. 1. Tl.: D. bibl. Krankenheilgn. im Lichte der mod. Medizin. [Aus: „D. Beweis d. Glaubens".] gr. 8. (45 S.) Gütersloh 896. C. Bertelsmann. n. — 60

— die, nicht, wie viele glauben, schädlich; oder kurze Erklärung aller Stellen des A. u. N. Test., welche man bestritten hat rc. 2 Bde. (A. T.) gr. 8. Leipz. 806. (W. Nauck). 1 Rthlr 8 Gr

— d., nicht, wie viele glauben, schädlich; od. kurze Erklärung. all. Stellen d. A. u. N. Test., welche man bestritten hat rc. 2 Bde. A. T. gr. 8. Leipz. Sommer. 806. (1r 12 gr., 2r 20 gr.)

Bibel, Die, nicht wie viele glauben, schädlich ... 1. Bd. Altes Testament. 2. Bd. Neues Testament. O. O. 1821. H: *Richter, Carl Friedrich.* (Ky) (MGT)

Bibel, Die, nicht wie Viele wollen, ein Buch für Priester nur, sondern auch für Fürst und Volk. ... Breslau, Leipz., Frankf., Münch. u. Wien [Darmstadt 1818]. H: *Ess, Leander van.* (MGT) (Wr) »1819« (Ky) (Th)

— die, nicht wie viele wollen, ein Buch für Priester nur, sondern auch für Fürst u. Volk, (von L. van Eß). gr. 8. Darmst. 819. (Heyer). 16 Gr

Bibel, die, nicht wie viele wollen, ein Buch für Priester nur, sondern auch für Fürst u. Volk. gr. 8. Darmst. Heyer, auch Leske. 819.
Dieselbe gr. 8. auch Riegel u. W. in Nürnberg. 820.

— die, und der Papst, oder Unterricht über den Unterschied zwischen der evangelisch-luther. u. der römisch-kathol. Lehre. Ein zeitgemäßes Handbuch für Alle, die in den gegenwärt. Religionswirren zur Klarheit u. Entschiedenheit kommen wollen, nach einer älteren Schrift mit Zusätzen herausgeg. von einem evang.-luther. Geistlichen. gr. 8. Leipzig 845, K. Fr. Köhler. 24 ngr

Die **Bibel** der Sozialdemokraten. Bebels Buch: 'Die Frau u. der Sozialismus', beleuchtet v. Standpunkte d. gesunden Menschenverstandes u. in populärer Weise widerlegt v. Verf. d. Schrift 'Wer wird siegen'. Essen-Ruhr: Fredebeul & Koenen (1905). (75 S.) 8° [F.]

— die, u. der weltübliche Tanz. Hrsg. von dem deutsch-amerikan. evangelisch-luther. Tractat-Verein. 8. (8 S.) St. Louis, Mo. 880. (Dresden, H. J. Naumann.) n. — 15

—— d., u. d. weltübl. Tanz. Hrsg. v. d. deutsch-amerik. ev.-luth. Tractat-Verein. 8. (16) Dresd. 82, HJ Naumann. n. — 15

—— dass. — [Abdr. für Deutschland.] 8. (16 S.) Ebendas. 882.

— die, u. d. weltübl. Tanz. Hrsg. v. d. deutsch-amerikan. evang.-luther. Traktat-Verein. (Abdr. f. Deutschland.) 2. Aufl. 12. (16 S.) Zwickau 894. J. Herrmann. — 15

— die, u. der weltübliche Tanz. 3. Aufl. (8 S.) 8. Zwickau (905). J. Herrmann. n.n. — 06

— türkische, od. d. Korans neueste Uebersetzung, v. D. F. Megerlin. 8. Frankf. a. M. 772. Brönner. 1 Rthlr 12 Gr

—— u. Natur in scheinb. Kampf, in heil. Harmonie. 8. (32) Langens. 65, Gressler. — 5

Bibel und Natur in scheinbarem Kampf, in heiliger Harmonie. Ein Buch für Gebildete. Langensalza 855. Schulbuchhdlg. des Thür. Lehrervereins. gr. 8. (32 S.) 5 ngr

BIBEL. — Bibel, Die, in der Westentasche. Berlin, Verlag von O. Hardisch & Co. (1892).
In Oesterreich verboten.

— die, in d. Westentasche. E. kleines aber gewicht. Hülfsbüchlein, d. Angriffe a. d. Bibel zurückzuweisen. 64. (16 S. m. 6 Bild.) Berlin 895. Verl. d. christl. Zeitschriften-Vereins. — 05

Bibel und Winkelmass. o. O. u. J. 49 S. 8° [Umschlagtit.]
31 kurze religiöse Betrachtungen für die Tage des Monats Mai.

Bibel - Andachten. –
Musikalische Bibel-Andachten, s. Spieß, Johann Martin

Bibel-Anekdoten, besonders abgedruckt aus der Zeitschrift: „Der Pilger aus Sachsen." Jahrg. 1843 u. 1844. A. u. d. T.: Die Kraft des Schriftworts erwiesen in Erzählungen vom Segen, den einzelne Schriftsprüche u. das Schriftlesen überhaupt hatten. Gesammelt von Alb. Siegm. Jaspis. 8. Dresden 845, Naumann. n. 1/6 Rthlr

Bibelärgerniß, d. Zinzendorfische rc. 4. Hildesheim. 741.

Bibel-Atlas, s. a. Atlanten. Braselmann, J. E. — Jacobi, C. — Leeder, E. — Rieß, Rich. v. — Schroedel.

Bibel-Atlas, s. a. Braselmann, J. E.

Bibel-Atlas, s. a. Kiepert, Heinrich: Bibel-Atlas.

Bibel-Atlas, nach d. neuesten u. besten Hülfsmitteln gezeichn. v. C. F. Weiland, u. erläut. v. C. Ackermann. 4. (12 Karten in Kpfrst., z. Theil ill., 10½ B. Text u. Titvign.) Weimar 832, Geograph. Institut.

—— ders. ohne Text. Ebds. 832.

Bibelatlas, gezeichnet von Weiland u. erläutert von C. Ackermann. 2e Aufl. 4. Weimar 1845, L. Ind. Cpt. 1 1/6 Thlr. — 2 fl. 6 kr.

Bibel-Auszug f. Schule u. Haus. 5. Aufl. (Wohlf. Ausg.) gr. 8. (IV, 668 S. m. 2 farb. Karten.) Schwanden-Glarus 898. (Leipzig, K. F. Koehler.) Geb. n.n. 1. 75

Bibelbericht, 1r — 3r, der Hamburg.-Altonaer Bibelgesellschaft. gr. 8. Hamb. 819. (Perthes u. B.) 1 Rthlr 1 Gr

Bibel-Bilder, od. bildl. Darstellungen a. d. heil. Schrift; nach eigends f. dieses Werk gefert. Orig.-Gemälden v. Westall u. Martin, im feinsten engl. Holzschn. 12 Hfte. à 8 Abbildn. gr. 8. Leipzig 835, [Baumgärtner's Buchh.]

Bibel-Bilder, oder bildl. Darstellungen aus d. heil. Schrift; nach eigends für dieses Werk gefertigten Original-Gemälden v. Westall u. Martin. 12 Hfte. à 8 Abbildd. gr. 8. Leipzig 835. Industrie-Compt. 4½ Rthlr

— 48, durch Stellen aus der heil. Schrift erklärt. Dem Verständnisse der zartesten Jugend angepaßt. qu. 8. (Mit Text.) Regensburg 846, Manz. 1¼ Rthlr

—— Zwölf Stahlstiche zum Leben Jesu nach berühmten Gemälden v. Raphael, Rubens, Correggio, Guido Reni, Paul Veronese, Caracci und Garofalo etc. ½ gr. Fol. Leipzig 841, [Hartung.]

Bibel-Bilder, zwölf, Stahlstiche zum Leben Jesu nach berühmten Gemälden von Raphael, Rubens, Correggio, Guido Reni, Paul Veronese, Caracci u. Garofalo rc. ½ gr. Fol. Leipzig 841, Wunder. n. 3 Rthlr

Bibelblätter
s. a. Magazin für die neueste Geschichte der protestantischen Missions- und Bibelgesellschaften.

Bibelblätter. Herausg. von der Bibelgesellschaft zu Basel. Red.: A. Ostertag. 1 3. Jahrg. 1857—59. à 4 Nrn. (à 1 – 1½ Bgn.) Basel, Bahnmaier in Comm. gr. 8. Jeder Jahrg. n. 5¼ ngr
Beiblatt zu „Missions-Magazin, evangelisches." Vergl. Missions-Magazin.

Bibelblätter. Herausg. von der Bibelgesellschaft zu Basel. Red.: A. Ostertag. Jahrg. 1860—61. à 4 Nrn. (à 1 – 1½ Bgn.) Basel, Bahnmaier in Comm. gr. 8. Jeder Jahrg. 6 ngr

Bibelblätter. Hersg. von der Bibelgesellschaft zu Basel. Jahrg. 1865—1870 à 4 Nrn. (à 1 Bgn.) Basel, (Spittler — Bahnmaier.) 8. Jeder Jahrg. 6 ngr.

Bibelblätter. Hrsg. von der Bibelgesellschaft zu Basel. Jahrg. 1868—1874. à Jahrg. 4 Nrn. (Bog.) 8. Basel, (Spittler.) à Jahrg.

Bibelblätter. Hrsg. v. der Bibelgesellschaft zu Basel. 1874 1876. à 4 Nrn. (B.) gr. 8. Basel, Spittler. à Jahrg. — 50

Bibelblätter. Hrsg. von der Bibelgesellschaft zu Basel. Jahrg. 1877—1882. à 4 Nrn. (B.) gr. 8. Basel, Spittler in Comm. à Jahrg. n. — 40

Bibelblätter, Hrsg. v. der Bibelgesellschaft zu Basel. Jahrg. 1883—1886. à 4 Nrn. (B.) gr. 8. Basel, (Spittler). à Jahrg. n.n. — 40

Bibelblätter. Hrsg. v. d. Bibelgesellschaft zu Basel. Jahrg. 1887. 4 Nrn. (B.) gr. 8. Basel, (Spittler). n.n. — 40

— dasselbe. Jahrg. 1888—1890. à 4 Nrn. (B.) gr. 8. Ebd. à Jahrg. n. — 60

Bibelblätter. Hrsg. v. d. Bibelgesellschaft zu Basel. Jahrg. 1891—1895 à 4 Nrn. (B.) 8° Bas., (Jaeger & K.). à Jahrg. — 60

Bibelblätter. Hrsg. v. d. Bibelgesellsch. in Basel. Jahrg. 1896—1900 à 4 Nrn. 8° (Nr. 1. 16) Bas., (Kober). à Jahrg. — 60

Bibelblätter. Hrsg. im Auftr. d. Bibelgesellsch. in Basel. Jahrg. 1901—5 je 4 Nrn. (Nr. 1. 16) 8° Bas., (Kober). Je †— 60 d

Bibelblätter, Hrsg. im Auftr. d. Bibelgesellsch. in Basel v. P Steiner (seit '08). J. '06—9 je 4 Nrn. (Nr 1. 16) 8° Bas., (Kober). Je † — 60 d

Bibelblätter. Hrsg. v. d. Bibelgesellsch. in Basel. J. '10—12 je 4 Nrn. ('12, Nr 1: 16) 8° Bas., Kober. je † — 60 d

Bibelblätter für die wandernde Bevölkerung, s. Reisebuch. Nr. 3.

Bibelbrauch, erbaul., best. in Summar. all. bibl. Capitel u. Psalm. 4. Gotha, Dieterich. 755.

Bibelbrauch, erbaul., bestehend in Summar. aller bibl. Kapitel u. Psalmen. 4. Gotha 775. Dieterich in Götting. 2 ℳ

Bibel-Büchlein. 25. Gabe d. evangel. Vereins f. die protestant. Pfalz. 12. (VIII, 156 S.) Westheim 869. Kaiserslautern, Evang. Verein, Schriftenniederlage. — 40

Bibel-Christ, der. Ein Wochenblatt zur Erweckg. u. Beförderg. geistl. Lebens. Red.: J. H. Wallfisch. 1. Jahrg. Oktbr. 1893—Septbr. 1894. 52 Nrn. (à ca. 1/2 Bog.) gr. 4. Burg a. Fehmarn, F. Berg. n. 1. —

Bibel- und Weltchristenthum, oder die acht Grundpfeiler der evangelisch-lutherischen Kirche und die acht Säulen des Welttempels. Nürnberg 1857. V: *Goering, Christian Ernst Carl.* (Russell VIII, 1289)

Bibel- und Welt-Christenthum! Oder: Die acht Grundpfeiler der evangel.-luther. Kirche und die acht Säulen des Welt-Tempels. 8. (IV und 85 S.) Nürnberg 857(60), Raw'sche Buchh.

Bibelcommentar z. Handgebrauch. 1799—1805. 7 Bde. 8.

Bibelcommentar z. Handgebr. 1r—4r Bd. A. Testam. gr. 8. Altenb. Schnupphase. 799—806. (1r—3r à 2 Rthlr., 4r 16 gr.)

— — 5r—7r N. Testam. (5r 1 Rthlr. 20 gr., 6r 2 Rthlr. 16 gr. 7r 21 gr.)

Bibelcommentar zum Handgebrauche für Prediger ... Altenburg 1799—1800. V: *Scherer, Joh. Ludw. Wilh.* (MGT)

Bibelcommentar, nach den jetzigen Interpretat. Grundsätzen, z. Handgebrauch herausg. v. G. K. Horst, L. Cph. Rullmann, J. L. W. Schurer u. A. 7 Bde. (1r—4r Bd. Alt. Test. 6 ℳ 16 gr. 5r—7r Bd. N. Test. 5 ℳ 9 gr.) gr. 8. Altenb. 799—809. Schnuphase. 12 ℳ 1 gr. Hbg. Pr. 6 ℳ 20 gr.

Bibelconcordanz, s. Bibelkonkordanz.

Bibel-Denksprüche, 50, f. Confirmanden in einer besonderen Auswahl v. einem alten Seelsorger. 2 Sammlgn. (à 25 Bl.) qu. 8. Blaubeuren 848, Mangold. baar 6 ngr.

—— 50, für israelitische Confirmanden in besond. Auswahl von G. qu. 8. (50 Bl.) Blaubeuren 848, Mangold'sche Buchh. **

Bibeldichtung, d. altsächs. (Heliand u. Genesis), s.a. Denkmäler d. ält. deutschen Litteratur.

[F.] Die Altsächsische Bibeldichtung '(Heliand u. Genesis)' hrsg. v. Paul Piper. Tl 1. *Stuttgart: J. G. Cotta 1897.* 8.
— Denkmäler der Aelteren deutschen Litteratur. Bd 1. [97. 445]

Bibeldichtung, Die altsächsische, und das Wessobrunner Gebet. O. O. [1868]. V: *Wackernagel, Wilhelm.* (Cat. d. Stadtbibl. Zürich. Zürich 1864—97.

Bibelerklärung, Praktische. Eine allg. verständl. Erklärg d. Hl. Schrift d. Alten u. Neuen Test., n. d. durchgeseh. Ausg. v. Luthers Übersetzg hrsg. v. Paul Fabianke. I. u. II. Tl. Das Alte Test. (Die Geschichtsbb. — Die Lehr- u. prophet. Bücher.) 1—17. Bd u. III. Tl Das Neue Test. 2. Bd. Lex8° Konstanz, Christl. Buch- u. Kunstverl. C Hirsch. d. Bd: 1.20; L n 1.80 d

I, 1. Fabianke, Paul: Das 1. Buch Mose. (4, 147) ('09)
2. — Das 2. Buch Mose. (116) ('11)
3. — Das 3. Buch Mose. — Andresen, C: Das 4. Buch Mose. (4, 158) ('11)
4a. Fischer, Gottlieb: Das 5. Buch Mose. (134) ('11)
4b. — Das Buch Josua. (102) ('11)
5. Urbschat, J: Das Buch d. Richter. — Fabianke, Paul: Das Buch Ruth. (116) ('11)
6. Langmesser, Aug.: Die 2 Bücher Samuelis. (156) ('11)
7. — Die 2 Bücher d. Könige. (157) ('11)
8. Fabianke, Paul: Die 2 Bücher d. Chronika. (4, 129) ('11)
9. Koller Wilh.: Esra. Nehemia. Esther. — Fabianke, Paul: Abr. d. Geschichte d. Reiches Gottes im Alten Bunde. (116) ('11)

II, 10. Fabianke, Paul: Das Buch Hiob. (102) ('11)
11.12. Stuhrmann, Heinr.: Der Psalter. 2 Tle. (168 u. 156) ('10) in 1 L-Bd 3.00
13. Fabianke, Paul: Die Sprüche. — Fabianke, Paul: Der Prediger. — Herbst, F: Das Hohelied. (116) ('11)
14. Kober, Reinh.: Der Prophet Jesaja. (154) ('10)
15. Sartorius, O: Der Prophet Jeremia. — Fabianke, Paul: Die Klagelieder. (176) ('11)
16. Schmidt, Johs: Der Prophet Hesekiel. (163) ('09)
17a. Propheten, Die: Daniel v. B Keller. Hosea, Joel, Amos, Obadja v. C Eichhorn. (122) ('11)
17b. Dass. Jona v. G Zeissig. Micha, Nahum v. A Hering. Habakuk, Zephanja v. P Fabianke. Haggai, Sacharja v. B Keller. Maleachi v. W Jost. Anh.: Das Prophetentum d. Alten Bundes v. P Fabianke. (96) ('11)

III, 2. Fabianke, Paul: Das Ev. d. Markus. — Andresen, C: Das Ev. d. Lukas. (4, 187) ('08)

Bibel- und Missionsfeier, 64., in St. Gallen. 8°. 17 S. St. Gallen. Buchh. der Evang. Gesellschaft.
1899

— dass. Supplementbd. Lex8° Ebd.
Wörterb. bibl. Eigennamen d. Alten u. Neuen Test. Mit Verdeutschg d. Namen u. Angabe d. hauptsächl. Belegstellen. Anh.: Deut. Wörterb. bibl. Eigennamen. Zusammengest. v. d. Kandidaten d. Theol. *.*. Neu bearb. v. J Schmidt u. J Schütze. (116) ('11) 1.20; L n 1.80

Fabianke, P., der 1. Brief des Petrus. — Eichhorn, C., der 2. Brief des Petrus. — Zeissig, G., der 1—3. Brief des Johannes. — Bernstorff, Graf A., der Brief des Jakobus. — Fabianke, P., der Brief des Judas. — Keller, B., die Offenbarung des Johannes. (208 S.) (908.) (Bd. 8)
— Der Brief des Paulus an die Römer. (IV, 120 S.) (908.) (Bd. 5)
— Das Evangelium des Matthäus. (IV, 158 S.) (908.) (Bd. 1)
Fischer, Gttlb., das Evangelium des Johannes. Mit e. Evangelienharmonie v. J. G. Jokraut. (158 S.) (908.) (Bd. 3)
Schmid, O., die Apostelgeschichte des Lukas. (IV, 184 S.) (908.) (Bd. 4)

— dasselbe. III. Tl. Das Neue Testament. (In 8 Bdn.) Bd. 1, 3—6, 7a u. b u. 8. Lex. 8. Subskr.-Pr. à 1.—; geb. in Leinw. 1.60; Einzelpr. à 1.20; geb. 1.80
Briefe, die, des Apostels Paulus. An die Galater, erklärt v. W. Michaelis. — An die Epheser, erklärt v. J. Conrad. — An die Philipper, erklärt v. K. Klose. — An die Kolosser, erklärt v. C. Eichhorn. — An die Thessalonicher I u. II, erklärt v. O. Sartorius. (161 S.) (308.) (Bd. 7a)
— dasselbe. An Thimotheus I, erklärt v. E. Modersohn. — An Timotheus II, erklärt v. P. Fabianke. — An Titus, erklärt v. A. Langmesser. — An Philemon, erklärt v. A. Langmesser. — Urbschat, J., der Brief an die Hebräer. (128 S.) (908.) (Bd. 7b)
— die beiden, des Apostels Paulus an die Korinther: Der 1. Brief, erklärt v. G. Niemann. — Der 2. Brief, erklärt v. P. Fabianke. (120 S.) (908.) (Bd. 6)

Bibelfest-Predigten, zehn, in Nürnberg geh. von v. Harleß, Reuter, Stählin, Summa, Petzet, Schick, Rodde, Wörlein, Brendel. 8. (29, 15, 14, 20, 16, 14, 20, 19, 13 u. 15 S.) Nürnberg 835—879. Raw. n. 1.—

Bibelfest-Predigten, 10, in Nürnberg geh. in den J. 1880—1890 v. Brendel, Kahl, Schattenmann, Winter, Kelber, Boeckh, Stirner, Volkert, Reichenhart, Braun. Nebst e. Anh.: „Wie sind die Kinder in die Bibel einzuführen?" v. J. Döberlein. II. Sammlg. gr. 8. (13; 14; 12; 11; 11; 11; 15; 12; 11; 11; 8 S.) Nürnb. 890, Raw. * 1 20
1. Sammlg., v. 1835—79, 10 einzeln erschienene Predigten in 1 Bd. Gbd. * 1 —.

Der Bibelforscher : 1871?—1940?
Quarterly. Organ of Deutsche Methodistenkirche. Octavo, each issue ca. 24 pages. Circulation: 1893, 44,500; 1912, 42,000; 1939, 4200. Edited by Heinrich Liebhart. Cincinnati, OH

Bibelforscher, der. Gemeinverständl. und unabhängige Monatsschrift zur Förderung der Erkenntnis Christi. Hrsg. von H. Alberts. 1. Jahrg. Septbr. 1888—Aug. 1889. 12 Hefte. gr. 8. (à Heft ca. 40 S.) Steglitz, Verlag des Bibelforscher. *
Mehr nicht erschienen. Einzelne Hefte *

Bibelfrage, die, in der Gegenwart. 5 Vorträge v. Klostermann, Lepsius, Haussleiter, Müller-Erlangen, Lütgert. (116 S.) gr. 8. Berlin 905. F. Zillessen. n. 1.50

Bibelfrau, die, v. St. Petersburg. Eine Weihnachtsgeschichte. Aus dem Franz. Mit 1 Farbendr.-Bild. 12. (30 S.) Basel 887. Missionsbuchhandlg. n. —20

Bibelfreund
— d., Zeitschrift, s. a. J. S. Grobe.

Bibelfreund, d., s. a. Mosche.

Bibelfreund, Der, eine Sammlung von Bibelsprüchen und Liederversen. O. O. [17??] H: *Wilmsen, Henriette Renate geb. Harsleben.* (schl)

Bibelfreund, Der, an Kinder-Seelen. Geschenk für Confirmanden. Glogau 1824. V: *Balcke, August Gottlieb.* (Nowack, Schles. Schriftst.-Lex. Breslau 1836—43. II, 6.)

Bibelfreund, d., an Kinder-Seelen. Geschenk für Confirmanden. gr. 16. Glogau 824, neue Günter'sche Buchhdl.

Bibelfreund, der kleine. Ein Weihnachtsgeschenk f. fromme u. fleißige Kinder. 8. Gießen 817. (Ferber). 1 Rthlr. 8 Gr. Hbg. Pr. 20 Gr.

Bibelfreund, der kleine. Ein Weihnachtsgeschenk f. fromme u. fleißige Kinder. 8. Gießen, Müller. 818.

Bibelfreunde, d., v. Cuno. 2 Thle. 8. Leipzig, Jacobäer. 763.

— die, 2 Samml. 8. Copenh. Proft. 765.

Bibel-Gebetbuch, s. Adelberg, Herm.

Bibel-Gesänge. Ein Lesebuch für die erstern Classen einer Elementarschule. 8. Barmen u. Schwelm 836. Falkenberg. 5 1/3 Gr.

Bibelgeschichte f. d. Jugend; d. ist: Die histor. Bücher d. heil. Schrift, alten Testaments nach Luthers Uebersetz. f. d. erste Lesung abgekürzt v. J. S. Vater. 8. Halle 821. Gebauer. 8 Gr.

Bibelgeschichte f. d. Jugend, das ist: d. histor. Bücher d. heil. Schrift, alten Testaments nach Luthers übersetz. für d. erste Lesung abgekürzt v. J. S. Vater. 8 Halle 822. Gebauer.

Bibelgesellschaft, die britische u. ausländische, u. ihre Wirksamkeit. Nebst Auszug aus ihrem Jahresbericht für 1852. gr. 8. (31 S.) Frankfurt a. M. 852, Brönner. 3 Ngr.

Bibelgesellschaft, d. brit. u. ausländ., u. ihre Wirksamkeit. 8. (31) Frankf. 52. Winter. — 3

Bibelgesellschaft in Erfurt, d. thüringische. gr. 8. Erf. 816. Keyser. 2 Gr.

Bibelgesellschaften, üb. die. gr. 8. Wien 816. Heubner. 4 Gr.

Bibel-Gesellschaften, die, namentlich die brittische u. ausländische in ihrem 40jährigen Bestehen. 8. Karlsruhe 845. (Groos.) 1/8 Rthlr.

Bibel- u. Traktatgesellschaften, über, (geschichtliches) in ihrem Mysticismus. 8. Zürich, Orell. 817.

— über, und ihren Werth. A. d. Kieler Blättern besonders abgedruckt. 8. Kiel, akadem. B. 817.

— über, u. ihren Werth. (A. d. Kieler Blättern besonders abgedr.) 8. Kiel 817. Hesse. 3 Gr.

Bibelglaube u. Christenthum, im Zusammenhange d. Neuen Testaments m. dem Alten Testament neu dargestellt. Von e. Veteranen. gr. 8. (XX, 727 S.) Königsberg 883. Hartung. n. 8.—

Bibelhandschrift, Die sinaitische. O.O. 186? V: *Muralt, Eduard von.* (Cat. d. Stadtbibl. Zürich. Zürich 1864—97.,

Bibel-Harfe des Alten und Neuen Testaments. Eine Sammlung der besten biblischen Gedichte aus Deutschlands Meisterwerken, nach der Zeitfolge der Bibel geordnet. 1r Bd. Altes Testament. 16—76 Hft. Mit 1 Umriß-Zeichnung und Kpfr. gr. Lex.-8. Barmen 839, 40. Falkenbergsche Verlagshandl. (à n. 1/6 Rthlr.) 1 1/6 Rthlr.

Bibel-Harfe des alten und neuen Testaments. Eine Sammlung der besten biblischen Gedichte aus Deutschlands Meisterwerken, nach der Zeitfolge der Bibel geordnet. 8.—16. Hft. oder 2. Bd. Neues Testament. Mit 3 Umriß-Zeichnungen. gr. Lex.-8. (Mit Einfassung.) Barmen 840, Falkenberg'sche Verlagsh. à n. 1/6 Rthlr.

Bibel-Heft. Notizen zum Bibelkunde-Unterricht. Zusammengestellt v. G. B. 1. Zum Alten Testament. a) die Geschichts-Bücher: 1. Mosis bis Esther. (24 S.) gr. 8. Stuttgart 907. Holland & Rosenhans. n. —30

Bibelideen, z. Erleicht. des Bibellesens. gr. 8. Bern, Haller. 787.

Bibeljé, August, welche Quellen hat Pompejus Trogus in seiner Darstellung des dritten Perserzuges benutzt? Dissertation. Rostock 1888, G. B. Leopold's Univ.-Buchh. 8°. 34 S.

Bibeljé, Hermann, Bericht über die in den letzten 10 Jahren in der Halleschen chirurgischen Klinik ausgeführten Amputationen nach Pirogoff. Diss. Halle 1886, Lippertsche Buchh. 8°. 34 S.

Bibelkalender, Filber. 2. Aufl. gr. 8. Meurs 846, Rhein. Schulbuchhdl. 3 ngl

Bibelkalender für alle Jahre s. [Haug, Gotthilf].

Bibel-Kalender, immerwährender. 8. (8) Bas. 72, Spittler. n. — 50

Bibel-Kalender, immerwährender. Ein dreifacher Gang durch die Bibel f. Solche, welche sie jedesmal in einem Jahre durchzulesen wünschen. 8. (8 S.) Basel 879. Spittler. n. — 50

Bibel-Kalender, immerwährender. E. dreifacher Gang d. d. Bibel f. solche, d. sie jedes Jahr durchzulesen wünschen. 12. (8 S.) Basel 895. Jaeger & Kober. Für 10 Stück n. — 40

Bibel-Kalender für das Kirchenjahr 1863—1864. Ein Auszug aus dem grösseren Filber Bibel-Kalender. Berlin 863. Wiegandt & Grieben in Comm. 16. (15 S.) n. 1 ngr.

—— dass. — für 1865. 8. (16 S.) Ebendas. 865. *

für Schulandachten. Grünberg 862. Weiss. 8. (8 S.) n. 1 ngr.

Bibel-Kalender des Christlichen Volksfreundes auf das Jahr des Heils 1902 u. 1903. Auswahl von biblischen Abschnitten und Liedern ... auf jeden Tag des Jahres, nebst einem Anhang enthaltend (*1902:* biblische) Lesestücke für besondere Verhältnisse (* *1903:* Zeiten). [16 S.] u. [8 S.] 8. Zürich, Zürcher & Furrer, 1902 u. 1903.
Beilage zum «Christlichen Volksfreund».

Bibel-Kalender des Christlichen Volksfreundes auf das Jahr des Heils 1904.... 8 S. 8. Zürich, Zürcher & Furrer, 1904.
Beilage zum «Christlichen Volksfreund».

Bibel-Kalender des Christlichen Volksfreundes auf das Jahr des Heils 1905 ... u. 1906.... *je* 8 S. 8. Zürich, Zürcher & Furrer, 1905 *u.* 1906. [*je fr.* —. 03, 50 Ex. 1. 25, *etc.*]
Beilage zum «Christlichen Volksfreund» [Jahrg. 1904 *u.* 1905].

Bibel-Kalender des Christlichen Volksfreundes auf das Jahr des Heils 1907 ... u. 1908.... *je* 8 S. 8. Zürich, Zürcher & Furrer, 1907 *u.* 1908. [*je fr.* —. 03, 50 Ex. 1. 25, *etc.*]
Beilage zum «Christlichen Volksfreund» [Jahrg. 1906 *u.* 1907].

— vollständiger. Eine Anweisung die heilige Schrift zum täglichen Haus-Gottesdienste zu benutzen u. mittelst eines geringen täglichen Zeitaufwandes alljährlich durchzulesen; mit besonderer Berücksichtigung der Sonntags-Evangelien u. Episteln. Nach Anleitung der Lesetabelle des „Bibeljahrs" von M. Görcke. Berlin 861. W. Schultze. 8. (16 S.) n. 2 ngr.

Bibelkommentar, s. Bibelcommentar

Bibelkonkordanz

Bibelconcordanz, Calwer, oder vollständiges Biblisches Wortregister... Calw u. Stuttg. 1893. V: *Claassen, Johs.* (Berl.)

Bibelkonkordanz, Calwer, od. vollständ. bibl. Wortregister. Nach der rev. Luther-Übersetzg. Hrsg. vom Calwer Verlagsverein. Lex.-8. (IV, 1442 S.) Calw & Stuttgart 893. Vereinsbuchh. n. 6. —; einfach geb. n.n. 7. —; in Halbfrz. n.n. 7. 80

Bibelconcordanz, Calwer, oder Vollständiges biblisches Wortregister. Herausgegeben v. Calwer Verlagsverein. 2. verb. Auflage. Calw u. Stuttgart 1905. V: *Claassen, Johannes.* (Berlzu 1916, I, 370)

Bibelkonkordanz, Calwer, od. vollständ. bibl. Wortregister. Hrsg. v. Calwer Verlagsver. 2. Afl. (1450) 8° Calw u. Stuttg., Vereinsbh.'05. 6 — : HF. 8 — d

Bibelkunde. Wie die Bücher des Alten u. Neuen Testaments entstanden u. wovon sie uns berichten. Recklinghausen: W. Stölting 1907. (8 S.) 8° [J.]

Bibelkunde. Wie die Bücher des Alten u. Neuen Testaments entstanden u. wovon sie uns berichten. (2. Aufl.) (8 S.) kl. 8. Recklinghausen 907. Wilh. Stölting. (Nur direkt.) p — 10

Bibelkunde, alttestamentliche. 8. (48 autogr. S.) Berlin 878, [Dobberke und Schleiermacher.] Schleiermacher. *

Bibelkunde, kleine, f. Schule u. Haus. gr. 16. (31 S.) Karlsruhe 887. Reiff. n. — 20

— **neutestamentliche.** 8. (47 autogr. S.) Ebend. 878. n. — 50

Bibelkunde II. Neues Test.. s: Bibliothek, Kleine.

Bibelkunde für Volksschulen. 8. (16 S.) Ludwigsburg 861, (Riehm.)

Bibelkunde für Volksschulen. 2. Aufl. 1862. und 3. Aufl. 8. (16 S.) Ludwigsburg 865, (Riehm.)

Bibelkunde für Volksschulen. 861. — 2. Aufl. Basel 863. Balmer & Riehm. 8. (16 S.) 2 ngr.

Bibelkunde für Volksschulen. 3. Aufl. Basel 865. (Balmer &) Riehm. 8. (16 S.) 2 ngr.

—— für Volksschulen. 1. Aufl. (32 S.) 1876; 2. Aufl. 8. (31 S.) Herborn 877, Buchh. des Nassauischen Colportagevereins. *

— für **Volksschulen.** 3. Aufl. 8. (32 S.) Herborn 881. Buchh. d. nassauischen Colportagevereins. n. — 15

Bibelkunde f. Volksschulen. 4. Aufl. 8. (32 S.) Herborn 885. Buchh. d. Nassauischen Colportagevereins. n. — 15

— f. **Volksschulen.** 5. Aufl. 8. (32 S.) Herborn 888. Buchhandlg. d. Nassauischen Colportagevereins. n. — 15

Bibelkunde für Volksschulen. 6. Aufl. [26. bis 30. Tausend.] 12. (32 S.) Herborn 892, Buchh. d. Nass. Colportagevereins. * — 15

Bibelkunde f. Volksschulen. 7. Aufl. (31.—35. Taus.) 8. (32 S.) Herborn 894. Buchh. d. Nass. Colportagevereins. n. — 15

Bibelkunde f. Volksschulen. 8. Aufl. (36. bis 40. Taus.) 8. (32 S.) Herborn 899. Buchh. des nass. Colportagevereins. n. — 15

Bibelkunde in Volksschulen. 9. Aufl. (41.—45. Taus.) (32 S.) 8. Herborn 904. Buchh. des nass. Colportagevereins. n. — 15

Bibelkupfer, gestochen v. J. Adam. 1s Hft. gr. 8. Wien 797. Schaumburg u. C. 3 gr

Bibelkupfer, 260, die sämmtl. Geschichten d. Bibel vorstellend. 4. Amsterd. Buder u. Sülpke. 811.

Bibellehre

— u. Christenthum, über, für Freunde d. Wahrheit. 8. Halle 815. Waisenh.-B. 4 gr

Bibellehre und Christenthum, über, für Freunde der Wahrheit. Neue Aufl. 8. Cassel u. Marburg, Krieger. 817.

Bibellehre, üb., u. Christenth. f. gebild. Layen. 8. Marburg, Krieger. 796.

Bibellehre, üb., u. Christenthum, f. gebild. Laien. 8. Marb. 796. N. Ausg. herausg. v. H. Jung. 8. Ebd. 815. Krieger. 8 gr

Bibellektionen der Christian Science: Apr. 1903—t
Monthly supplement to Der Herold der Christlichen Wissenschaft. Sub-title: Ausgewählte Bibelstellen mit entsprechenden Abschnitten aus dem Lehrbuch der Christlichen Wissenschaft. Octavo, each issue 16 pages.
Boston, MA

Deutsche Bibellektüre im Auftrage des Vorstandes der Wiener Israelitischen Kultusgemeinde von mehreren Schulmännern zusammengestellt für die V. Klasse der Mädchen-Volksschulen. Wien 1901. R. Löwit. Preis 40 h.

Bibellesekalender, immerwährender, f. die Mitglieder der freien Vereinigung zum tägl. Lesen der heil. Schrift. 8. (7 S.) Emden 887. Gerhard. n. — 5

Bibel-Lese-Kalender zu d. internat. Sonntagsschul-Lektionen f. 1895. 16° (18) Hamb., (JG Oncken Nf.). n.n. — 05

Bibel-Lese-Kalender z. d. internat. Sonntagsschul-Lektionen a. d. J. 1899. 16. (16 S.) Hamburg. (J. G. Oncken Nachf.) n.n.n. — 05

Bibel-Lese-Kalender zu d. internat. Sonntagssch.-Lektionen f. 1900. Hrsg. v. d. christl. Traktat-Gesellsch. zu Cassel. 16° (16) Cass., (JG Oncken Nf.). — 10

Bibel-Lese-Kalender zu den internationalen Sonntagsschul-Lektionen auf d. J. 1903. Hrsg. v. der christl. Traktat-Gesellschaft zu Cassel. gr. 16. (19 S.) Cassel (J. G. Oncken Nachf.) n. — 10

Bibel-Lese-Kalender zu den internationalen Sonntagschullektionen auf d. J. 1905. Hrsg. v. der christl. Traktat-Gesellschaft zu Kassel. (16 S.) 16. Kassel, (J. G. Oncken Nachf.). n. — 10

Bibellesekalender zu d. internat. Sonntagschullektionen f. 09. Hrsg. v. d. christl. Traktat-Gesellsch. zu Kassel. (16) 16° Kass., (JG Oncken Nf.). †— 10 (Partiepreise) d

Bibellesekalender zu den internationalen Sonntagsschullektionen auf d. J. 1910. Hrsg. v. der christl. Traktatgesellschaft zu Kassel. (16 S.) 16. Kassel, (J. G. Oncken Nachf.). p — 10

Bibellesekalender zu d. internat. Sonntagsschullektionen f. '13. Hrsg. v. d. christl. Traktatgesellsch. zu Kassel. (16) 16° Kass., (JG Oncken Nf.). †— 10 (Pr.)

Bibellesen säumet nicht, s.a. Missionstraktate, kleine.

„**Bibellesen** säumet nicht." 16. (16 S.) Basel 879. Missionsbuchhandlung. n. — 4

Bibelleser, der kleine. Eine Erzählung aus dem Leben von S. gr. 16. (16 S.) Berlin 870, Buchh. des Missions- und Frauenkranken-Vereins.

Bibellesestoff f. Volksschulen. 8. (55 S.) Stavenhagen (900). Beholtz. n. — 40

Bibel-Lesetafel, immerwährende. Ein Leitfaden für christliche Bibelleser. 2. verb. Aufl. gr. 8. (24 S.) Hannover 870, Evangelischer Bücherverein.

Bibellesetafel zur ganzen heiligen Schrift, geordnet nach dem Kirchenjahr, auf 1860. (Abdr. aus Traugott's Kalender.) 2. Aufl. Neu-Ruppin 860. (Berlin, W. Schultze.) 8. (16 S.) n. 1 ngr.

Bibellesetafeln z. tägl. Hausandacht f. alle Tage d. Jahres, sow. f. Sonn-, Fest- u. Feiertage u. bes. Fälle d. Lebens, m. Angabe d. hiezu pass. Lieder d. württberg. Gesangbuchs. 2. Aufl. gr. 8. (16 S.) Stuttgart 895. Privileg. württemberg. Bibelanstalt. n.n. — 05; feine Ausg. n.n. — 10

Bibel-Lesezeichen, s. Steinhausen, W.

Bibellesezettel. 8. (12 S.) [Bredstedt] Breklum 875, Christliche Buchh. *

Bibellesezettel. 8. (12) Breckl. 76, Christl. Bh. n. — 10

—— dass. — gr. 8. (12 S.) Ebendas. 877. *

Bibellesezettel. Jahrg. 1905 u. 1906. à 12 Nrn. (à 16 S.) gr. 8. Diesdorf bei Gäbersdorf, Kr. Striegau, Expedition v. Schwert u. Schild. (Nur direkt.) à Jhrg. n. 1. —

Bibellesezettel. Jahrg. 1907—1910 à 12 Nrn. (à 16 S.) gr. 8. Diesdorf bei Gäbersdorf. (Striegau, Th. Urban.) à Jhrg. 1. —

Bibellesezettel. J. '10—12 je 12 Nrn. (Je 16) 8° Diesdorf b. Gäbersdorf, (Buchdr. d. Schreiberhau-Diesdf. Rettgsanstalten). je 1 — d

Bibellesungen über die gegenwärtige Wahrheit und Winke für Bibelarbeiter. 8. (64 S.) Basel 888. Internationale Traktat-Gesellschaft. — 45

Bibel-Leuchte. Eisenberg 1704. V: *Michaelis, Johann Erhard.* (Myl)

Bibel-Lexikon. Realwörterbuch zum Handgebrauch für Geistliche und Gemeindeglieder. In Verbindung mit Bruch, Diestel, Dillmann, Fritzsche, K. Furrer, Gaß, Hausrath, Hitzig, Holtzmann, Keim, Lipsius, Mangold, Merx, Nöldeke, Reuß, Roskoff, Schrader, K. Schwarz, A. Schweizer, Stark, Steiner und andern der namhaftesten Bibelforscher hrsg. von Dan. Schenkel. Mit Karten und in den Text gedr. Abbild. in Holzschn. 5 Bde. in 41 Heften. Lex.-8. Leipzig 868—75, Brockhaus. [1. Bd. (VI, 624 S. mit 1 Tab. und 2 chromolithogr. Karten in 4.); 2. Bd. (640 S. mit 1 lithogr. Plane); 3. Bd. (630 S. mit 1 chromolithogr. Karte und 2 Stnt.); 4. Bd. (637 S.); 5. Bd. (747 S. mit 1 Stnt. in qu. gr. 4. und 2 chromolithogr. Karten.)] à Heft * M 1.; à Bd. * M 8. * geb. à Bd. * M 9. *

Bibellexikon, Calwer, s.: Handwörterbuch, biblisches.

Bibellust, heilige, od. Sprüche d. heil. Schrift. 8. Dresd. 777. Gerlach. 5 gr.

Bibelsammlung, Kesslersche. [Rostock] 1788. H: *Holstein, Dieterich Christian Heinrich.* (ML)

Bibelschatz, kostbarer, für die zarte Jugend; enth. kurze gottselige Gedanken in Versen über auserles. Historien d. ganzen heil. Schrift. 16. Offenbach 780. Brede. 1/12 rthl. Schrbp. 1/8 rthl.

Bibelsprüche
— in Farbendr. 24 Blatt in 6 verschiedenen Zeichngn. 16. Berlin 883. (W. Schultze.) n. 1. 20

Bibel-Sprüche. [Zieh-Bibel.] 128. (100 Bl.) Wurzen 888. Kiesler. In Carton. n. 1. —

Bibelsprüche, zum Anhang d. Nassauischen Landeskatechismus. 2. Abdr. gr. 16. (31 S.) Dillenburg 871. Seel. n. — 18

—— zum Anhang des Nassauischen Landeskatechismus. 3.—5. Aufl. 8. (32 S.) Dillenburg 880—84, Seel. *

— zum Anhang d. Nassauischen Landeskatechismus. 6. Aufl. 8. (32 S.) Dillenburg 887. Seel. n. — 20

Bibelsprüche, ausgewählte. Im Anschluß an die Hauptstücke d. Katechismus f. den Schulgebrauch zusammengestellt u. nach Jahrespensen geordnet. Zum Gebrauch in höheren Lehranstalten, zunächst f. die Elisabethenschule in Frankfurt a. M. bestimmt. gr. 8. (23 S.) Frankf. a. M. 889, Diesterweg. * — 20

Bibelsprüche zum Auswendiglernen, nach der Ordnung des kleinen Katechismi Lutheri zsgest. von der Redaction des Flensburger Religionsblattes. 2. Aufl. Husum. 1845. 8°

Bibelsprüche z. Auswendiglernen. 3. Afl. 12° (24) Lünebg 92, Herold & W. nn — 25

Bibelsprüche zum Auswendiglernen. 4. Aufl. 12. (24 S.) Lüneburg 901. Herold & Wahlstab. n.n. — 25

[Umschlagt.:] [F.] Bibelsprüche und Bibelabschnitte für die Volks- und Mittelschulen sowie f. die höheren Mädchenschulen der Provinz Schleswig-Holstein. Amtl. Ausg. *Schleswig: J. Bergas 1896.* (16 S.) 1 Bd 8.

— 300, zum Auswendiglernen für Kinder. Hamburg 859. Agentur d. Rauhen Hauses. 16. (16 Bl. u. 2 S. Text.) n. 5 ngr.

Bibelsprüche, 300, zum Auswendiglernen f. Kinder. gr. 16. (16 Bl.) Leipzig 877. Serbe. In Umschlag. n. — 60

— 300, zum Auswendiglernen für die Sonntagsschul-Kinder. 8. (16 Taf. auf Cartonpapier.) Hamburg 877. Agentur d. Rauhen Hauses. n. — 60

— 300, zum Auswendiglernen f. die Sonntagsschul-Kinder. 8. (16 Bl. auf Cartonpap.) Hamburg 884. Agentur d. Rauhen Hauses. n. — 60

Bibel-Sprüche, 300, z. Auswendiglernen f. d. Sonntagsschul-Kinder. 4. Aufl. 8. (16 Bl.) Hamburg 897. Agentur d. Rauhen Hauses. In Umschlag n. — 60

— 80, mit Initialen für die Sonntage von Advent bis Pfingsten. A. V. inv. A. Gern sculp. 16. Karlsruhe 881. Reiff. In Couvert. n. 1. —

— 100 ausgewählte. Fol. (4 B.) Basel 874. Spittler. n. — 30

Bibelsprüche, 100, mit geistlichen Liederversen. 32. Breslau 852, Dülfer & Geiser. n. 7 ngr.

— 191, nach der Heilsordnung. 16. (32 S.) Gebweiler 885. Boltze. geb. n. — 30

—— 150, zum Gebrauche beim Religionsunterrichte. 8. (16 S.) Lüneburg 872, Herold und Wahlstab'sche Buchh. *

— f. Schulkinder. 12. (16 S.) Riga 894. L. Hoerschelmann. n. — 16

Bibelsprüche für jeden Tag des Jahres. 64. Düsseldorf 845, Buddeus. geb. n. 8 ngr.

— und religiöse Verse, als Grundlage für den ersten Religionsunterricht u. zugleich als Wochenlectionen für Kinder von 6—10 Jahren. Meißen 862. Mosche. 8. (39 S.) n. 3 ngr.

Bibelsprüche, vier und zwanzig, zur Ausschmückung des Weihnachtsbaumes. Halle (858.) Mühlmann. 32. (12 lith. Bl.) n. 5 ngr.

Bibelsprüche, 24, zur Ausschmückung des Weihnachtsbaumes. Lithogr. 16. Berlin 865, (Beck.) In Couvert *

—— 24, zur Ausschmückung des Weihnachtsbaums. 4. Aufl. Lithogr. 32. (12 Blatt.) Berlin 865, (Matthies.) In Couvert **

Bibelsprüche, 24 (lith.), zur Ausschmückung des Weihnachtsbaumes. 5. Aufl. Berlin 870. (C. Beck.) qu. 16. 7½ ngr.

Bibelsprüche, die, in den evangelischen Schulen der Rheinprovinz zu erlernenden. Nach dem von der königl. Regierung zu Düsseldorf vorgeschriebenen Lehrplane zusammengestellt v. Lehrern der städt. höheren Mädchenschule zu M. Gladbach. 8. (16 S.) M. Gladbach 893. L. Boltze. n.n. — 10

— die in d. evang. Schulen d. Rheinprovinz zu erlernenden. N. d. v. der kgl. Regierg. z. Düsseldorf vorgeschrieb. Lehrplane zusammengest. v. Lehrern d. städt. höh. Mädchenschule z. M.-Gladbach. II. Aufl. 8. (16 S.) M.-Gladbach 895. L. Boltze. n.n. — 10

Bibelsprüche, zwanzig. Ducherow 868. (Berlin, C. Beck.) qu. 4. n. 15 ngr.

— 200, zum Anhang d. Nassauischen Landeskatechismus. Ausgewählt zum Gebrauch in den höheren Töchterschulen zu Wiesbaden. 8. (48 S.) Wiesbaden 888. Bechtold & Co. geb. n. — 60

Bibelsprüche, 200, zum Auswendiglernen für jüngere Kinder. Nebst einigen Denkversen. 4. Aufl. 859. — 5. Aufl. St. Gallen 863. Scheitlin & Zollikofer. 32. (32 S.) 1⅓ ngr.

—— 52. Ausgewählt auf die 52 Wochen des Jahres. qu. 4. Hermannsburg 873. (Leipzig, J. Naumann.)
Ausg. Nr. 1. auf starkem Papier *
Ausg. Nr. 2 auf schwächerem Papier *

— 52. Ausgewählt auf die 52 Wochen d. Jahres. qu. 4. Ausg. Nr. 1. auf starkem Papier. Hermannsburg 873. Missionshausdruckerei. n. 4. —; Ausg. No. 2 auf schwächerem Papier n. 2. —

Bibelstellen zum Gebrauch bei Begräbnißfeierlichkeiten. Hrsg. von der Hirschfelder Prediger-Conferenz. gr. 8. (99 S.) Reichenau 887. (Leipzig, Buchh. des Vereinshauses.) n. 1. 50

Bibelstellen über die Zukunft der Verstorbenen . . . Leipzig 1876. V: *Keyserling, Alex. Graf.* (Hauptkat. d. Univ.-Bibl. Tübingen. G, Nachtr. 17.)

Die Bibel-Stunde: 1910–1937
Quarterly. Organ of Die Deutsche Evangelisch-Lutherische Synode von Missouri, Ohio u. a. Staaten. Octavo, each issue 28 pages. Edited by Adolf T. Hauser, & published by Lutheran Publishing Co.
Buffalo, NY

Bibelstunden, alttestamentliche, zur Einführung der Gemeinde in das Verständnis der Heilsgeschichte. In Verbindg. m. mehreren Theologen hrsg. v. W. Grashoff. 1—3. Bd. 8. Bremen, Müller. à n. 2. 40; geb. à n.n. 3. 20
1. Das erste Buch Mose. Von W. Grashoff. (IV, 262 S.) 884.
2. Das 2. Buch Mose. Von W. Grashoff. (VII, 236 S.) 885.
3. Das 3., 4. u. 5. Buch Mose. Von W. Grashoff. (VII, 251 S.) 885.

Bibelstunden, häusliche, oder Nutzanwendungen u. Gebete zu allen Kapiteln der heil. Schrift, alt. u. neuen Testam., nach Pfaff, Starke, Richter u. A. bearb. 1. u. 2. Hft. gr. 8. Frankfurt a. M., Zimmer.
Hft. 1. Die 5 Bücher Mose. (9¼ B.) 862. 10 Ngr.
„ 2. Das Buch Josua, der Richter, Ruth. Die 2 Bücher Samuelis. (6¼ B.) 863. 7½ Ngr.

Bibelverse für den Religions-Unterricht. *Marburg a. L. 1903: H. Bauer.* (36 S.) 8° [F.]

Bibelverse für alle Tage des Jahres. Ein Gedenkbüchlein für die israelitische Jugend. Frankfurt a. M. 855. J. Baer. 32. (2 Bl., 243 S.) nn. 5 ngr.

Bibel-Version, die syrische, Peschita im Urtext, hrsg. v. M. Altschueler, s.: Orbis antiquitatum.

Bibel-Versionen, die aramaeischen (Targumim). Targum Jonatan ben Uzijel u. Targum Jeruschalmi, Text, Umschrift u. Uebersetzg., hrsg. v. M. Altschueler. Vol. 1: Genesis, s.: Orbis antiquitatum. I. 1.

— die lateinischen, (Itala u. Vulgata), hrsg. v. J. Lanz-Liebenfels. Vol. 1: Genesis, s.: Orbis antiquitatum. II. 2.

Bibelwegweiser. Einl. in d. h. Schrift. 12. (216) Calw 61. Stuttg., JF Steinkopf. n. — 5

Bibelwegzeiger. Einleitung in die heilige Schrift u. ihre sämmtlichen Bücher für Schule u. Haus. Herausg. von dem Calwer Verlags Verein. Calw 861. — Stuttgart, J. F. Steinkopf. 12. (VI, 216 S.) n. 5 ngr.

Bibelwegzeiger. Bearb. v. Seiler, v. 7. J. an v. Herbst. Hrsg. v. bayer. Pfarrerver. 4—7. J. Oktbr '06—Septbr '10 je 4 Nrn. (Nr 1. 32) kl8° Rothenbg o/T., JP Peter. Die Nr —'06 d
Bisher u. d. T.: Fingerzeige f. Bibelleser.

Bibelwegzeiger. Bearb. v. Ruf. Hrsg. v. bayr. Pfarrerverein. 8—10. J. Okt. '10—Sept. '13 je 4 Nrn. (9. J., Nr 1: 23) kl8° Rothenbg o/T., JP Peter. je — 24 d

Bibelwerk, das Bunsensche. Drei Gespräche für Jedermann von Alethophilos. Berlin 858. Wiegandt u. Grieben. gr. 8. (60 S.) n. 8 ngr

Bibelwerk f. die Gemeinde. In Verbindg. m. mehreren evangel. Theologen bearb. u. hrsg. v. Rud. Grau. Neues Testament. 1. u. 2. Lfg. gr. 8. (IV, u. S. 332.) Bielefeld 871—76. Velhagen & Klasing. à n. 1. 60

Bibelwerk für die Gemeinde. In Verbindung m. mehreren evangelischen Theologen bearb u. hrsg. v. Rud. Frdr. Grau. Neues Testament. 3—10. (Schluß-)Lfg. gr. 8. (1. Bd. LVII u. S. 333—609 u. 2. Bd. III, 958 S.) Bielefeld 877—80. Velhagen & Klasing. à n. 1. 60

Bibelwerk f. d. Gemeinde. Bearb. u. hrsg. v. RF Grau. N. Test. 2 Bde. 8. (1569) Bielef. 76—80, Velhagen u. K. n. 16. —

Bibelwerk f. die Gemeinde. In Verbindg. m. mehreren evangel. Theologen bearb. u. hrsg. v. Rud. Frdr. Grau. Neues Testament. 10 Lfgn. 2., durchgeseh. Aufl. gr. 8. (1. Bd. 775 S. u. 2. Bd. 781 S.) Bielefeld 890. Velhagen & Klasing.
à n. 1. 20 (2 Bde. cplt.: à n. 6. —; geb. à n. 8. —)

Bibelwerk, theologisch-homiletisches. Die heil. Schrift alten und neuen Testaments mit Rücksicht auf das theologisch-homilet. Bedürfniß des pastoralen Amtes in Verbindung mit namhaften evangel. Theologen bearb. und hrsg. von J. P. Lange.
Bielefeld, Velhagen und Klasing.

Altes Testament.

Thl. 1. Die Genesis oder das 1. Buch Mose. Theologisch-homilet. bearb. von J. P. Lange. (LXXXII und 460 S.) 864. * 2 Thlr.

Thl. 1. Die Genesis oder das 1. Buch Mose. Theologisch-homiletisch bearb. von J. P. Lange. 2. durchgeseh. Aufl. (VIII, LXXXII, 476 S.) 877. * M 6.

Thl. 2. Die Bücher Exodus, Leviticus, Numeri oder die drei mittleren Bücher des Pentateuch als die Thorah Israels im engeren Sinne. Theologisch-homiletisch bearb. von J. P. Lange. (LV, 381 S.) 874. * M 5,50.

" 3. Das Deuteronomium oder das 5. Buch Mose. Theologisch-homilet. bearb. von Fr. Wilh. Jul. Schroeder. (V und 220 S.) 867. * 24 Ngr.

Das Deuteronomium od. das fünfte Buch Mose. Theologisch-homiletisch bearb. Von Fr. Wilh. Jul. Schroeder. 2. verb. Aufl. Neu hrsg. v. Geo Stosch. (VI, 214 S.) 902.

" 4. Das Buch Josua. Theologisch-homiletisch bearb. von F. R. Fay. (VI, 174 S.) 870. * M 2.

" 5. Das Buch der Richter und Ruth. Theologisch-homilet. bearb. von Paul. Cassel. (XX und 242 S.) 865. * 1 Thlr.

Tl. 5. Cassel, Paulus, das Buch der Richter und Ruth. Wissenschaftl. bearb. mit theologisch-homilet. Betrachtungen. 2. Aufl. (VIII, 314 S.) 887. * M 3.60.

" 6. Die Bücher Samuelis. Theologisch-homiletisch bearb. von Chr. Fr. Dav. Erdmann. (VIII, 575 S.) 873. * M 7.

" 7. Die Bücher der Könige. Theologisch-homiletisch bearb. von Karl Chr. W. F. Bähr. (XX, 495 S.) 868. * M 5,60.

" 8. Die Bücher der Chronik. Theologisch-homiletisch bearb. von Otto Zöckler. (IV, 317 S.) 874. * M 4.

" 9. Die Bücher Esra, Nehemia und Esther. Theologisch-homiletisch bearb. von Fr. W. Schultz. (VIII, 303 S.) 876. * M 4.

" 10. Das Buch Job. Theologisch-homiletisch bearb. von Otto Zöckler. (IV, 321 S.) 872. * M 4.

" 11. 2 Abthlgn. Der Psalter. Theologisch-homiletisch bearb. von Carl Bernh. Moll. 1. Abthl. (VI, 329 S.) 869. * M 4. 2. Abthl. (VI, 228 S.) 871. * M 2,60.

Tl. 11. Moll, Karl Bernh., der Psalter. Theologisch-homilet. bearb. 2. revid. Aufl. (VIII, 624 S.) 884. * M 7.50.

" 12. Die Sprüche Salomonis. Theologisch homilet. bearb. von Otto Zöckler. (VIII und 220 S.) 867. * 26 Ngr.

Sprüche Salomonis. Bearb. v. Otto Zöckler. 2., erg. u. vielf. umgearb. Aufl. (VI, 240 S.) 1896

" 13. Das Hohelied und der Prediger. Theologisch-homiletisch bearb. von Otto Zöckler. (VI, 218 S.) 868. * M 2,60.

" 14. Der Prophet Jesaja. Theologisch-homiletisch bearb. von Carl Wilh. Ed. Nägelsbach. (XXXV, 792 S.) 877. * M 10.

" 15. Der Prophet Jeremia und die Klagelieder. Theologisch-homiletisch bearb. von C. W. Ed. Naegelsbach. (XXXIX, 457 S.) 868. * M 5,60.

" 16. Der Prophet Hesekiel. Theologisch-homiletisch bearb. von Friedr. Wilh. Jul. Schroeder. (VII, 496 S.) 873. * M 6.

" 17. Der Prophet Daniel. Theologisch-homiletisch bearb. von O. Zöckler. (VI, 245 S.) 870. * M 3.

" 18. Die Propheten Hosea, Joel und Amos. Theologisch-homiletisch bearb. von Otto Schmoller. (VI, 212 S.) 872. * M 2,40.

" 19. Obadjah, Jonah, Micha, Nahum, Habakuk, Zephanjah. Wissenschaftlich und für den Gebrauch der Kirche ausgelegt von Paul Kleinert. (XII, 183 S.) 868. * M 2,20.

Die Propheten Obadja, Jona, Micha, Nahum, Habakuk, Zephanja. Wissenschaftlich u. f. den Gebrauch der Kirche ausgelegt v Paul Kleinert. 2., im exeget. Teil umgearb. Aufl. (XII, 223 S.) 1893

" 20. Die Propheten Haggai, Sacharja und Maleachi. Theologisch-homiletisch bearb. von J. P. Lange. (XXVII, 155 S.) 876. * M 2.

Neues Testament.

Thl. 1. Das Evangelium nach Matthäus. Theologisch-homiletisch bearb. von J. P. Lange. 2 Hälften. (1. Hälfte 1. und 2. Abdruck) (XXXIII und 458 S.) 857,58. (1. Hälfte * 22 Ngr., 2. Hälfte * 26 Ngr.) * 1 Thlr. 18 Ngr.

N. T. 1. Thl.: Das Evangelium nach Matthäus. Theologisch-homiletisch bearb. von J. P. Lange. 2. durchges. Aufl. 861. (XXXVI, 462 S.) n. 1 thlr 20 ngr

Thl. 1. Das Evangelium nach Matthäus. Theologisch-homiletisch bearb. von J. P. Lange. 3., durchgeseh. und verb. Aufl. (XXXVI, 466 S.) 868. * M 5.

Thl. 1. Das Evangelium nach Matthäus. Theologisch-homiletisch bearb. von J. P. Lange. 4. durchgeseh. und verb. Aufl. (XXXIX, 492 S.) 878. * M 6.

1. Das Evangelium nach Matthäus. Theologisch-homiletisch bearb. Von J. P. Lange. 5. verb. Aufl. Rev. u. ergänzt v. Otto Zöckler. (XXXVI, 510 S.) 902. n. 7. 50

" 2. Das Evangelium nach Markus. Theologisch-homiletisch bearb. von J. P. Lange. (VI und 173 S.) 858. * 18 Ngr.

2. Thl.: Das Evangelium nach Markus. Theologisch-homiletisch bearb. von J. P. Lange. 2. durchges. Aufl. 861. (XVI, 173 S.) n. 18 ngr

" 2. Das Evangelium nach Marcus. Theologisch-homiletisch bearb. von J. P. Lange. 3., durchgeseh. Aufl. (X, 173 S.) 869. * M 1,80.

Thl. 2. Das Evangelium nach Markus. Theologisch-homiletisch bearb. von J. P. Lange. 4. durchges. und verb. Aufl. (XII, 204 S.) 884. * M 2,20.

" 3. Das Evangelium nach Lukas. Theologisch-homiletisch bearb. von J. J. van Oosterzee. (VIII und 410 S.) 859. * 1 Thlr. 12 Ngr.

3. Thl.: Das Evangelium nach Lukas. Theologisch homiletisch bearb. von J. J. van Oosterzee. 861. (VIII, 399 S.) n. 1 thlr 12 ngr

Thl. 3. Das Evangelium nach Lukas. Theologisch-homilet. bearb. von J. J. van Oosterzee. 3., verm. und verb. Aufl. (VIII und 419 S.) 867. * 1 Thlr. 12 Ngr.

" 3. Das Evangelium nach Lukas. Theologisch-homiletisch bearb. von J. J. van Oosterzee. 4. verm. und verb. Aufl. (VIII, 581 S.) 880. * M 6.

4. Thl.: Das Evangelium nach Johannes. Theologisch homiletisch bearb. von J. P. Lange. 860. (V, 427 S.) 2. durchgeseh. Aufl. 862. (VI, 444 S.) n. 1 thlr 16 ngr

" 4. Das Evangelium nach Johannes. Theologisch-homiletisch bearb. von J. P. Lange. 3. durchgeseh. und verb. Aufl. (XII, 427 S.) 868. * M 4,60.

" 4. Das Evangelium nach Johannes. Theologisch-homiletisch bearb. von J. P. Lange. 4. durchges. und verb. Aufl. (XIX, 578 S.) 880. * M 6.

5. Thl.: Der Apostel Geschichten. Exegetisch u. dogmatisch bearb. von G. Vict. Lechler, homiletisch von Karl Gerok. 860. (VI, 365 S.) n. 1 thlr 10 ngr — 2. durchges. u. verb. Aufl. 862. (VIII, 396 S.) n. 1 thlr 12 ngr

Thl. 5. Der Apostel Geschichten. Exegetisch und dogmatisch bearb. von Ghard. Vict. Lechler, homiletisch von Karl Gerok. 3. umgearb. Aufl. (VIII, 420 S.) 869. * M 4,40.

Thl. 5. Der Apostel Geschichten. Exegetisch und dogmatisch bearb. von Ghard. Vict. Lechler, homiletisch von Karl Gerok. 4. neu bearb. Aufl. (VIII, 527 S.) 881. * M 5,60.

" 6. Der Brief Pauli an die Römer. Theologisch bearb. von J. P. Lange, homiletisch von F. R. Fay. 1. Aufl. 1866. und 2., durchgeseh. Aufl. (VIII und 289 S.) 868. * 1 Thlr. 2 Ngr.

" 6. Der Brief Pauli an die Römer. Theologisch bearb. von J. P. Lange. Homiletisch bearb. von F. R. Fay. 3. durchges. und verb. Aufl. (VIII, 368 S.) 880. * M 4.

7. Thl.: Die Korinther-Briefe. Theologisch homiletisch bearb. von Chrn. Frdr. Kling. 861. (VIII, 407 S.) n. 1 thlr 12 ngr

" 7. Die Korinther-Briefe. Theologisch-homilet. bearb. von Chrn. Friedr. Kling. 2., durchgeseh. Aufl. (VIII und 417 S.) 865. * 1 Thlr. 12 Ngr.

" 7. Die Korinther-Briefe. Theologisch-homiletisch bearb. von Chrn. Friedr. Kling. 3. überarb. Aufl. von Karl Braune. (VI, 430 S.) 876. * M 4.60.

Die Korinther Briefe. Von Christian Frdr. Kling u. Karl Braune. 4. überarb. Aufl. v. Arnold Braune. (III, 445 S.) 903.

8. Thl.: Der Brief Pauli an die Galater. Theologisch homiletisch bearb. von Otto Schmoller. 862. (VI, 119 S.) n. 14 ngr.

• 8. Der Brief Pauli an die Galater. Theologisch-homilet. bearb. von Otto Schmoller. 1. Aufl. 1862. und 2., durchgeseh. Aufl. (VI und 123 S.) 866. * 14 Ngr.

• 8. Der Brief Pauli an die Galater. Theologisch-homiletisch bearb. von Otto Schmoller. 3. verb. Aufl. (VII, 135 S.) 875. *M 1.60.

8. Der Brief Pauli an die Galater. Theologisch-homiletisch bearb. Von Otto Schmoller. 4. Aufl. Rev. u. ergänzt v. Otto Zöckler. (VIII, 155 S.) 901. n. 2.—

9. Thl.: Die Briefe an die Epheser, Philipper, Kolosser. Theologisch homiletisch bearb. von Dan. Schenkel. 862. (218 S.) n. 24 ngr.

9a. Die Briefe an die Epheser, Philipper, Kolosser. Theologisch-homiletisch bearb. v. Dan. Schenkel. 2., rev. Aufl. (IV, 223 S.) 867. n. 2.40

• 9b. Die Briefe St. Pauli an die Epheser, Kolosser, Philipper. Theologisch-homilet. bearb. von Karl Braune. (296 S.) 867. * 28 Ngr.

• 9b. Die Briefe St. Pauli an die Epheser, Kolosser, Philipper. Theologisch-homiletisch bearb. von Karl Braune. 2. vielfach veränderte Aufl. (282 S.) 875. *M 2,80.

9. Die Briefe St. Pauli an die Epheser, Kolosser, Philipper. Theologisch-homiletisch bearb. Von Karl Braune. 3. Aufl., besorgt v. Arnold Braune. (V, 299 S.) 899. n. 3.—

10. Thl.: Die beiden Briefe Pauli an die Thessalonicher. Theologisch homiletisch bearb. von C. A. Auberlen u. C. J. Riggenbach. 864. (VI, 144 S.) n. 16 ngr.

• 10. Die beiden Briefe Pauli an die Thessalonicher. Theologisch-homilet. bearb. von C. A. Auberlen und C. J. Riggenbach. 1. Aufl. 1864. und 2., durchgeseh. Aufl. (VI und 146 S.) 867. * 16 Ngr.

• 10. Die beiden Briefe Pauli an die Thessalonicher. Theologisch-homiletisch bearb. von C. A. Auberlen und C. J. Riggenbach. 3. nochmals durchges. Aufl. (VI, 187 S.) 884. *M 2.

11. Thl.: Die Pastoralbriefe und der Brief an Philemon. Theologisch homiletisch bearb. von J. J. van Oosterzee. 861. (VIII, 151 S.) — 2., durchgeseh. u. verb. Aufl. 864. (VIII, 155 S.) n. 16 ngr.

• 11. Die Pastoralbriefe und der Brief an Philemon. Theologisch-homiletisch bearb. von J. J. van Oosterzee. 3. durchgeseh. und verb. Aufl. (VIII, 168 S.) 874. *M 2.

11. Die Pastoralbriefe u. der Brief an Philemon. Theologisch-homiletisch bearb. v. J. J. van Oosterzee. 4. Aufl., durchgesehen u. überarb. v. K. Knoke. (X, 171 S.) 894. n. 2.—

12. Thl.: Der Brief an die Hebräer. Theologisch-homiletisch bearb. von C. Bernh. Moll. 861. (171 S.) n. 18 ngr.

• 12. Der Brief an die Hebräer. Theologisch-homilet. bearb. von Carl Bernh. Moll. 2., verb. und verm. Aufl. (181 S.) 865. * 18 Ngr.

• 12. Der Brief an die Hebräer. Theologisch-homiletisch bearb. von Carl Bernh. Moll. 3. verb. und verm. Aufl. (VI, 198 S.) 877. *M 2.

13. Thl.: Der Brief des Jakobus. Theologisch homiletisch bearb. von J. P. Lange u. J. J. van Oosterzee. 862. (VI, 117 S.) n. 14 ngr.

• 13. Der Brief des Jakobus. Theologisch-homilet. bearb. von J. P. Lange und J. J. van Oosterzee. 1. Aufl. 1862. und 2., revid. Aufl. (VIII und 118 S.) 863. * 14 Ngr.

Tl. 13. Moll, Karl Bernh., und J. J. v. Oosterzee, der Brief des Jakobus. Theologisch-homilet. bearb. 3. durchges. und verb. Aufl. (XII, 147 S.) 881. *M 1.60.

• 14. Die Briefe Petri und der Brief Judä. Theologisch-homiletisch bearb. von G. F. C. Fronmüller. 1. Aufl. 1859. und 2., verb. Aufl. (124 S.) 862. * 14 Ngr.

• 14. Die Briefe Petri und der Brief Judä. Theologisch-homilet. bearb. von G. F. C. Fronmüller. (137 S.) 871. *M 1,40.

— dasselbe. Des Neuen Testaments 14. Tl. gr. 8. Ebd. 890. n. 1. 60

Die Briefe Petri und der Brief Judä. Theologisch-homiletisch bearb. v. G. F. C. Fronmüller. 4., verb. Aufl., besorgt v. L. Füller. (V, 158 S.)

Die Briefe Petri u. der Brief Judä. Theologisch-homilet. bearb. v. G. F. C. Fronmüller. 4. verb. Aufl., besorgt v. L. Füller. gr. 8. (V, 158 S.) Ebd. 891. * 1 60

• 15. Die 3 Briefe des Apostels Johannes. Theologisch-homilet. bearb. von Karl Braune. (149 S.) 865. * 16 Ngr.

• 15. Die drei Briefe des Apostels Johannes. Theologisch-homiletisch bearb. von Karl Braune. 2. verb. Aufl. (168 S.) 869. *M 1,60.

• 15. Braune, Karl, die drei Briefe des Apostels Johannes. Theologisch-homilet. bearb. 3. Aufl., besorgt von Arnold Braune. (VI, 184 S.) 885. *M 2.—.

• 16. Die Offenbarung des Johannes. Theologisch-homiletisch bearb. von J. P. Lange. (VIII, 304 S.) 871. *M 3,40.

16. Die Offenbarung des Johannes. Theologisch-homiletisch bearb. v. J. P. Lange. 2., durchges. u. verb. Aufl. (XII, 298 S.) 878. n. 3. 40

Bibelwinke, Kurze, für das Alte Testament von M. v. O. und H. v. R. Berlin 1902—04. V: *Oertzen, M. v. & Hedwig v. Redern.* (Berl)

— kurze, f. das Alte Testament, v. M. v. O. u. H. v. R. 1. Hälfte. 12. (III, 92 S.) Ebd. 902. n. —50

Bibelwinke, kurze, f. das Alte Testament, von M. v. O. u. H. v. R. 2. Hälfte. (III, 92 S.) 12. Berlin 904. Deutsche ev. Buch- & Tractat-Gesellschaft. n. —50

Bibelwinke, kurze, f. d. Alte Test. v. M v. O. u. H v. R. 4 Quartalshefte. (25, 26, 27 u. 26) kl8° Berl., Deut. ev. Buch- u. Tractat-Gesellsch. '05. Je —15 d

[F.] Kurze Bibelwinke für das Neue Testament. *Berlin: Deutsche Evangel. Buch- u. Tractat-Ges. 1899.* (19 S.) 1 Bd 8. [99. 4091

Bibelwinke, kurze, f. das Neue Testament. 4 Hfte. 12. Berlin 899. Deutsche ev. Buch- & Tractat-Gesellschaft. à n. —15; kplt. n. —40; kart. n. —50

1. Januar. Februar. März. (19 S.) — 2. April. Mai. Juni. (23 S.) — 3. Juli. August. September. (23 S.) — 4. Oktober. November. Dezember. (24 S.)

Bibelwinke, Kurze, für das Neue Testament von M. v. O. und H. v. R. Berlin 1905. V: *Oertzen, M. v. & Hedwig v. Redern.* (Berl)

Bibelwort u. Gotteswort v. Evangelicus, s.: Hefte zur „Christl. Welt".

Bibelworte, od. Erkenntniß d. Wahrheit z. Gottseligkeit auf Hoffnung d. ewigen Lebens. Als Grundlage zu ein. christl. Unterr. f. d. reif. Jugend. 18. (234 Seit.) Nebst: Das Christenthum, od. Winke zum Verständniß d. Bibelworte. 18. (108 Seit.) Hamburg 827, Fr. Perthes. Thlr.

Bibelworte, oder Erkenntniß d. Wahrheit, zur Gottseligkeit, auf Hoffnung des ewigen Lebens. Nebst: Das Christenthum, oder Winke zum Verständniß d. Bibelworte. 16. Hamb. 828. Fr. Perthes. 6 gr

Bibelwörterbuch. Kurzes Bibelwörterbuch. Unter Mitarbeit von Lic. Dr. G[eorg] Beer ..., D. H[einrich] J[ulius] Holtzmann ..., D. E[mil] Kautzsch ..., D. C[arl] Siegfried ..., † Dr. A[lbert] Socin ..., Dr. A[lfred] Wiedemann ..., Dr. H[einrich] Zimmern ... hrg. von D. H(ermann) Guthe.... Mit 4 Beigaben, 2 Karten und 215 Abbildungen im Text. XXVIII + 768 S. 8. Tübingen und Leipzig, J. C. B. Mohr, 1903. [geb. M. 12. 80]

Bibel-Zeitung. Ein Versuch, die Weltverhältnisse im Spiegel des göttlichen Wortes zu sehen, hrsg. von Carl Stirner. Berlin. Nr. 1 bis 4. Juli 1848. 4. Fortsetzungen davon:

Theokratische Bibelzeitung, Organ der großen Gemeine Gottes. Sept. 1849

Theokratische Bibelzeitung. Enthüllung aller Heuchelei, Tyrannei und Teufelei auf Erden. Oktober und November 1849. Beide von demselben Herausgeber wie die Bibelzeitung.

Bibent, V., die Hysterie, s.: Bézy, P.

Biber s: Eisenbahn-Technik, Die, d. Gegenwart.

Biber, Arthur: Studien zu William Morris' Prose-Romances. Greifswald 1907: J. Abel. (97 S.) 8°

Greifswald, Phil. Fak., Ref. Konrath, Diss. v. 27. Juni 1907

[Geb. 14. Okt. 75 Danzig; Wohnort: Greifswald; Staatsangeh.: Preußen; Vorbildung: Realgymn. Danzig Reife O. 96; Studium: Heidelberg 1, Berlin 5, Greifswald 4 S.; Rig. 11. Mai 07.]

Biber, Carl

Biber K.: Untersuchungen üb. das Verhalten d. Leukozytenzahl im Rinderblut a) unter physiologischen Verhältnissen, b) bei Mastitis u. Gastritis traumatica. Diss. (Bern). Egeln 1908. 63 S. P.

Biber, Carl. Untersuchungen über das Verhalten der Leukozytenzahl im Rinderblut: a) unter physiologischen Verhältnissen, b) bei Mastitis und Gastritis traumatica. Diss. Vet.-Med. Bern ... von Tierarzt Karl B'.... [Mit Figuren.] 63 S. 8. Egeln, Ferdinand Heyl, [1909].

Biber, E., Hygini fabularum supplementum. Diss. 1904. 44 S. 1.20

Biber, Eduard

Biber, Ed., Beitrag z. Biographie Hnr. Pestalozzi's u. z. Beleucht. seiner Schrift: „Meine Lebensschicksale." gr. 8. St. Gallen 827. Huber u. C. 1 ₰

Biber, H.: Über einige seltenere Hornhauterkrankungen, s. Biber, Hugo

Heinrich Franz Biber. Acht Violinsonaten m. ausgeführter Clavierbegleitg. (Hrsg.: Guido Adler.) (M. Originalt.) *Wien: Artaria & C. 1898.* (xvii S., 1 Bl., 74 S., 2 Bl., 28 S.) 2.
— Publicationen d. Gesellschaft z. Herausgabe d. Denkmäler d. Tonkunst in Österreich. Bd v. Th. 2. [98. 2585

H(einrich) F(ranz) Biber, Violinsonaten ... (mit ausgeführter Klavierbegleitung). (Bd [1.] ⟨2.⟩) [Partitur u. Stimme.] Wien: Artaria & Co. 1898–1905. 2 Bde 4°
[1.] 8 Violinsonaten. (1081.) (Hrsg.: Guido Adler.) 1898.
2. 16 Violinsonaten. (Hrsg.: Dr. Erwin Luntz.) 1905.
— Publikationen d. Gesellschaft z. Herausgabe d. Denkmäler d. Tonkunst in Österreich. Bd 5, Th. 2; Jg. 12, T. 2. [05. 5758

Biber, Hugo, med. pract. aus Horgen [Kt. Zürich]: Ueber einige seltenere Hornhauterkrankungen '(Ulcus rodens, Keratomalacie, Neugeborener, Recidivirende Keratitis bullosa nach Trauma, gittrige Keratitis)'. Zür.-Uster A. Diggelmann Dr. 1890. 43 S. 8°.
Zürich, Med. Diss. [v. 8. Aug. 1890].

Biber, Hugo. Ueber einige seltenere Hornhauterkrankungen [Ulcus rodens, Keratomalacie Neugeborener, Recidivirende Keratitis bullosa nach Trauma, gittrige Keratitis]. Diss. gr. 8. (43 S.) Zür. 890. (Wiesb., Bergmann.) * 1 20

Biber, (J. Th.,) neues vollst. Wörterbuch d. deutschen u. franz. Sprache, s. Mozin.

Biber, Karl: Untersuchungen über das Verhalten der Leukozytenzahl ..., s. Biber, Carl

Biber, Reinhold

Biber, Rhold., kritische Skizzen zu Settegast's Thierzucht nebst einigen Streifzügen in die Praxis und Zukunftsthierzucht. 2. Aufl. gr. 8. (XII, 127 S.) Elbing 870, Neumann-Hartmann's Verlag. *

Biber, R., kritische Skizzen zu Settegast's Thierzucht, nebst einigen Streifzügen in die Praxis u. Zukunftsthierzucht. 3. (Titel-)Aufl. gr. 8. (XII, 127 S.) Elbing 877. Neumann-Hartmann's Verl. 2. —

Biber (Reinhold), Carl Vogt's Naturwissenschaftliche Vorträge über die Urgeschichte des Menschen. (Ein Leitfaden für Carl Vogt's Auditorium.) Berlin 1868. 8.

—— Carl Vogt's naturwissenschaftliche Vorträge über die Urgeschichte des Menschen. [Ein Leitfaden für Carl Vogt's Auditorium.] 1.—3. verm. Aufl. gr. 8. (28 S.) Elbing 869,70, Neumann-Hartmann's Verlag. *

Biber, Werner. Über Hämorrhagien und Gefässveränderungen bei tuberkulöser Meningitis. Aus dem pathologisch-anatomischen Institut der Universität Zürich .... Diss. Med. Univ. Zürich. Mit 4 Abbildungen im Text und 4 Abb' auf Tafel 1 und 2. 52 S. 8. Wiesbaden, J. F. Bergmann, 1910.

Biber, Wilh., die Grundformen f. das Plan- u. Situationszeichnen u. deren Anwendung. Unter Zugrundlegg. ministerieller Vorschriften zum Gebrauch an landwirtschaftl. Schulen u. f. die Hand prakt. Landwirte zusammengestellt u. gezeichnet. (6 S. m. 9 Taf.) gr. 8. Stuttgart 904. E. Ulmer. n. — 40

Bibera, der Erfurter Verborgene, Nicol, v., historisch-satirisches Gedicht aus dem 13. Jahrh. im Versmaass d. Orig. [leonin. Hexametern] aus dem Latein. übers. vom Albr. Rienäcker. [Aus „Jahrbücher der kgl. Akad. gemeinn. Wiss. zu Erfurt."] gr. 8. (102 S.) Erfurt 871. Villaret. n. 1. 20

de Bibera, Nicolai, carmen satiricum, s. Geschichtsquellen der Provinz Sachsen.

Biberach [Sachliches OW]

Biberach einst u. jetzt. Festschrift z. 24. Liederfest d. schwäb. Sängerbundes in Biberach am 21. u. 22. Juli 1895. Hrsg. v. Preßausschuß. 8. (82 S. m. Abb. u. 9 Taf.) Biberach 895. (Dorn.) n. 1. —

Biberach, das Oberamt, nebst (lith. u. color.) Karte. Ausgearb. von den Lehrern d. Oberamtsbezirks unter Leitung von Stehrer in Warthausen. 8. (40 S.) Biberach 880. Dorn. n. — 80

Biberach [Schlagwort]
— s. a.: Alb, schwäb., Generalkarte.

Biberach, s.a. Deutschland. Kürschner-Pelp.

Biberach. Eggler, Entfernungskarte vom Oberamts-Bez. Biberach a/Riss. 1:50,000. 64,5×78,5 cm. Farbdr. Nebst Kilometerzeiger. (1 Bl.) 67×49 cm. u. Text. (7 autogr. S.) 4. Biberach (905). (Dorn.) n. 2. —

Biberach, s.a. Geognostische Karten (Württemberg).

Biberach. Karte v. Biberach u. Umgebung. 1:200,000. Lith. gr. Fol. Tübingen 890. Fues. n. 1. 40; auf Leinw. n. 2. —

Biberach. Müller, Preiser u. Fetzer, Plan der Oberamtsstadt Biberach 1894. In Folge e. Beschlusses der bürgerl. Collegien, auf Grund der bericht. Flurkarten dargestellt. 1:5000. 66,5 × 43 cm. Lith. u. Farbdr. Biberach (894). (Dorn.) — 60

— s.a. Touristenkarten. Hopf.

Biberauer, M., offenes Sendschreiben, s. Sendschreiben.

Biberauer, Mich., Abschieds-Predigt gehalten am 24. Octbr. 1858 vor der evangel. Gemeinde A. und H. C. zu Gratz. gr. 8. (22 S.) Gratz 859, (Hesse's Buchh.) *

Biberauer, Mich., Gemälde u. Paraphrasen aus d. heil. Geschichte neuen Testaments, mit Anmerkk. 1r Thl. 8. Grätz 835. Kienreich. 5/6 ₰

Biberauer, Mich., Homilien üb. d. Worte d. Herrn am Kreutze. 8. (6¼ B.) Grätz 832, (Damian u. Sorge.)

— Versuche über die Kraft, mit welcher d. Erde Körper v. verschied. Beschaffenheit anzieht. Mit 1 Kpft. gr. 4. Berl. 832. (Dümmler). 16 gr

—— Weihestunden. gr. 8. Grätz 834, Kienreich'sche Buchh.

Biberegg, R. Reding - von, s. Reding-Biberegg.

Biberfeld: Kommentar zum Gesetze betr. die Kaufmannsgerichte, s. Biberfeld, Ismar

Biberfeld, Carl: Alte Burschenherrlichkeit, s. Heidingsfeld, Ludwig

Zwei Dichtungen zum 100. Todestage Friedrich Schiller's von Carl Biberfeld. Prolog z. Gedenkfeier d. Breslauer Schiller- u. Humboldt-Vereins. 'Ehret die Frauen'. Eine verbindende Dichtung zu Schiller'schen Frauengestalten. Mit lebenden Bild. dargest. gelegentl. d. Festfeiern am 3. u. 9. Mai 1905. Breslau: Bial, Freund & Co. (1905). (11 S.) 8° [Umschlagt.] [05. 7594 2

Biberfeld, C: 2 Dichtgn z. 100. Todestage Friedrich Schiller's. Prolog z. Gedenkfeier d. Breslauer Schiller- u. Humboldt-Ver. „Ehret d. Frauen". Eine verbind. Dichtg zu Schiller'schen Frauengestalten. Mit leb. Bildern dargest. (11) 8° Bresl., A Blumenreich ('05). — 20

Biberfeld, Carl: Der neue Dirigent, s. Heidingsfeld, Ludwig

Biberfeld, Carl, Gedichte. 16. (IV, 116 S.) Breslau 882. Woywod. n. 2. —; geb. n. 3. —

Biberfeld, Carl, Herbstblättel. Skizzen u. Festgedichte zum 60. Geburtstage Max Heinzel's. Mit Beiträgen v. Paul Barsch, Herm. Bauch, Carl Biberfeld rc. Im Auftrage der Breslauer Dichterschule gesammelt. gr. 8. (16 S. m. Bildnis u. 1 Abbildg.) Breslau 898. (J. Max & Co.) n. — 75

Vor hundert Jahren. Eine dramat. Gedicht aus d. Zeit d. Belagerung Breslau's von Carl **Biberfeld**. Breslau: G. C. Bürkner 1906. (32 S.) 8° [F.] [07. 4770

Biberfeld, Carl (Hrsg.), s. J a e n i c k e , Karl: G e d i c h t e aus dem Nachlaß.

Biberfeld, Carl (Hrsg.), s. M a t t h e s , Margarethe: Gedichte.

— s.a. Osten, der.

— „Der Osten". Ein schles. Jubiläumsalmanach, hrsg. anläßlich des 50jähr. Jubiläums der „Breslauer Dichterschule". (80 S. m. 7 Bildnistaf.) gr. 8. Jauer (900). (Breslau, Koebner.) 1. 50

— Pallas u. Germania. Festspiel zum VIII. allgemeinen deutschen Turnfest. gr. 8. (15 S.) Breslau 894. (Maruschke & Berendt.) n. — 10

Biberfeld, Carl, Pallas u. Germania. E. Festspiel. Der deutschen Turnerschaft gewidm. gr. 8. (16 S.) Zittau 895. A. Graun. n. — 40

Biberfeld, David, approb. Arzt aus Breslau: Aus d. pharmakol. Institut d. Universität Breslau, Director Prof. Dr. Filehne. Ueber die Druckverhältnisse in der Schleich'schen Quaddel. *o. O. 1899.* (S. 385—402.) 8° [Umschlagt.] ¶ Aus: Internat. Archiv f. Pharmakodynamie u. Therapie, Bd 6.
Breslau, Med. Diss. v. 19. Dez. 1899

Biberfeld, Ed., D. hebräischen Druckereien zu Karlsruhe i/B. u. ihre Drucke. M. Benutzg. d. Akten d. grossh. bad. General-Landes-Archivs. gr. 8. (40 S.) Karlsruhe 898. A. Bielefeld. n. 1. 60

Biberfeld, Eduard: Halsschnitt, nicht Hirnzertrümmerg! Antwort auf d. Backsche Streitschrift: Schächten od. Betäuben? (39) 8° Berl., L. Lamm '11. — 40

Biberfeld, Eduard: Der Reisebericht des David Rëubêni. E. Beitr. z. Gesch. d. XVI. Jhs ... (Auch m. hebr. Tit.) Berlin, Druck v. H. Itzkowski, 1892; 2 Bl., XVIII, 70, 16 S., 1 Bl., 47 S. 8.
Leipzig, Phil. Fak., Inaug.-Diss. v. [4. Jan.] 1893

Die Sabbathvorschriften. Volkstüml. dargest. von Dr. E(duard) **Biberfeld**. Mit e. Vorw. von Rabbiner Dr. P(inchas) Kohn-Ansbach. (Mit e. Reg. vers.) Berlin 1910: (Itzkowski). VIII, 58 S. 8°
(Schriften d. Verbands d. Sabbathfreunde. Nr 8.) [11. 3005

Biberfeld, Heinrich: Der Übergang des levitischen Dienstgehaltes auf die Priester, eine historisch-kritische Untersuchung. . . . Berlin, Druck v. H. Itzkowski, 1888; 85+1 S. 8°
Leipzig, Phil. Fak., Inaug.-Diss. v. 8. Nov. 1888

Biberfeld, Hermann [aus Lissa i. P.]: Die Traumatischen Lähmungen des Nervus radialis ... Berlin, Druck v. W. Pilz, 1893; 24 S. 8.
Erlangen, Med. Fak., Inaug.-Diss. v. Febr. 1893

Biberfeld, J.: F o r m u l a r b u c h des Geschäftsmannes, s. s. B i b e r f e l d , Ismar

Biberfeld, Johannes
Arzneimittellehre für Studierende der Zahnheilkunde und Zahnärzte Von Dr. Johannes **Biberfeld**, Privatd. Berlin: Springer 1900. VII, 125 S. 8° [09. 2123

Biberfeld, Johannes, Dr.: Zur Kenntnis der Sekretionsstelle körperfremder Substanzen in der Niere. Breslau 1904: Bresl. Genoss.-Buchdr. (S. 308—320.) 8° ¶(Aus: Archiv f. d. ges. Physiol., Bd 105.)
Breslau, Med. Fak., Hab.-Schr. v. 9. Nov. 1904
(Nicht für den Austausch)

Biberfeld s: Zentralblatt d. gesamten Arzneimittelkde.

Biberfeld, Ismar
Formularbuch des Geschäftsmannes. Sammlung von Musterentwürfen f. Verträge ... u. f. d. schriftl. Verkehr mit d. Gerichten u. Verwaltungs-Behörden. Von Dr. jur. I[smar] **Biberfeld**. Halle: W. Knapp 1907. (VI, 188 S.) 8° [07. 6417 3

Biberfeld, Kommentar zum Gesetze betr. die Kaufmannsgerichte. Textausg. m. ausführl. Erläutergn. u. Sachregister. (150 S.) 8. Hamburg 904. Verein f. Handlungscommis v. 1858. Kart. n. — 90

Rechte und Pflichten des deutschen Brennereileiters. 2. Aufl. d. Handbuches f. Brennereiverwalter. Bearb. auf Grund d. BGB., der Reichsgewerbeordnung ... von Dr. jur. [Ismar] **Biberfeld** u. M[elchior] Stenglein. *Berlin: R. Blank [1903].* (264 S.) 8° [F.] [03. 13887

Biberfeld, der Rechtsbeistand des Handlungsgehilfen u. Ratgeber des Kaufmanns im Rechtsverkehr m. seinem kaufmännischen Personal, s.a. Ullstein's Sammlung praktischer Hausbücher. 15. Bd.

Der Rechtsbeistand des Handlungsgehilfen u. Ratgeber d. Kaufmanns im Rechtsverkehr mit seinem 'kaufmänn. Personal'. Von Dr. jur. [Ismar] **Biberfeld**. *Berlin: Ullstein & Co. [1902].* (191 S.) 8° [F.]
— Sammlung, Ullstein's, prakt. Hausbücher. Bd 15. [02. 13134

Rechtskenntnis und Rechtsausübung für Privatangestellte aller Berufe. Bearb. von Dr. jur. [Ismar] **Biberfeld**-Berlin. Halle a. S.: W. Knapp 1908. (IV, 171 S.) 8° [08. 11345

Die Sicherung der Bauhandwerker nach dem geltenden Recht und den neuen Gesetzentwürfen. Kritik u. Reformvorschläge von Dr. jur. (I[smar]) **Biberfeld**. Berlin: Kahlenberg & Günther 1902. 90 S. 8° [10. 4385

Biberfeld, Karl: P a l l a s u. Germania, s. B i b e r f e l d , Carl

BIBERGAILIADE, Die. O. O. 1753. 8°. (In Darmstadt: E 5733.)
32 S. Selten! In Versen (Alexandrinern). Spott auf K l a t s c h g e s e l l s c h a f t e n.

Bibergeil: Die Behandlg d. Kniedeformitäten, s.a. Klinik, Berliner.

Die Behandlung der Kniedeformitäten. Von Dr. **Bibergeil**. Berlin: Fischer 1909. 21 S. 8°
(Berliner Klinik. H. 253.) [09. 10778

Bibergeil, Arthur, aus Berlin: Zur Kenntnis des o_2-Biphenols. *Berlin (1902): G. Schade.* (48 S.) 8°
Berlin, Phil. Diss. v. 12. Febr. 1902

Bibergeil, Eugen, approb. Arzt aus Berlin: Beitrag zur Lehre von der ätiologischen und diagnostischen Bedeutung der 'punktirten Erythrocyten' Ehrlichs. *Kiel 1903: H. Fiencke.* (32 S.) 8°
Kiel, Med. Diss. v. [2. Juli] 1903

Bibergeil, Heinrich (Inowrazlaw), De diabete mellito. Diss. med. Bln. (Nietack) 20. XI. 1835. 34 S., mit Biogr. (M.: H. Jacob.) (4.50) 2591
Oppon.: S. Oppler, J. Gerson, S. Lubarsch. — Gew.: Isidor Bibergeil, H. u. D. Goldschmidt.

Biberhofer, Ed., der Unbekannte. Große Oper in 3 Aufzügen, mit Zugrundlegung eines Dramas, nach dem Franz. Musik von J. J. Bott. (Textbuch.) gr. 8. (III und 30 S.) Cassel 854, Hotop.

Biberich, Gustav
Auf der Spirale. Aus e. ungeschriebenen Zyklus von Gustav **Biberich**. 2. Aufl. Berlin: S. Fischer 1910. 194 S. 8° [11. 260

BIBERIUS von Schmecks-Brettel. Kurzer und kurzweiliger Abdruck der edlen Wurst-Zapffen oder Krippen-Reuterey, o. J.
Weller, Lex. Ps. p. 72. — Höchst selten!

Biberle Jul.: Uber die theoretische Bestimmung der drei erdmagnetischen Elemente mit bes. Rücksichtnahme auf die Deviationsbestimmung einer Compassnadel. 30. Steyr R. 74. Progr.

Biberle Jul.: Einige specielle Fälle der Massenanziehung. 14 Jägerndorf R. 78. Progr.

(Biberstein, v.) Beiträge zur Taktik und Strategie. Von dem Verfasser des Versuchs einer Anweisung zur Logistik. 1. Abth. Mit 6 Kupfertafeln. 8. Glogau 1803.

Biberstein, v.: Juristische Daten, s. Biberstein, A. M.

(Biberstein.) Versuch einer Anweisung zur Logistik, oder zur Berechnung des Raumes und der Zeit taktischer Stellungen und Bewegungen. Für angehende Officiere von einem königlich preussischen Officier. Mit 1 Kupfertafel. 8. Züllichau und Freistadt 1801.

Biberstein, Marschall v., die deutsche Civilprozeßordnung in vergleichender Gegenüberstellung der entsprechenden bis zum 1. Oktbr. 1879 im Gebiete der preußischen allgemeinen Gerichtsordnung in Geltung gewesenen Gesetzesbestimmungen. gr. 8. (IV, 508 S.) Berlin 881. Dümmler's Verl. n. 6. —

Biberstein, A. M.

— juristische Daten. Zur Repetition aus den verschiedenen Rechtsgebieten chronologisch zusammengestellt. 8. (VI, 58 S.) Berlin 881. H. W. Müller. n. 1. 20

Biberstein, A. M. v., juristische Daten. Aus den verschiedenen Rechtsgebieten chronologisch zusammengestellt. 2., verm. Aufl. gr. 8. (IV, 91 S.) Berlin 894. H. W. Müller. n. 1. 80

Biberstein, A. M. v., juristische Daten. Nach Rechtsgebieten — unter Beifügg. e. besond. biograph. Abschnittes — chronolog. zusammengest. u. m. Citaten versehen. 3., verb. u. verm. Aufl. gr. 8. (IV, 147 S.) Berlin 901. H. W. Müller. n. 2.50

Biberstein, A. M. v., Reichsgesetz vom 9. Juni 1884 gegen den verbrecherischen u. gemeingefährlichen Gebrauch von Sprengstoffen. Hrsg. u. erläutert. 8. (III, 56 S.) Berlin 885. Puttkammer & Mühlbrecht. cart. n. 1. —

Biberstein, Arnold

Biberstein, zwei neue Exerzier-Reglemente f. d. Infanterie, s. a. **Militärzeitung, allgem. schweiz. 1902. Beil. 1.**

Biberstein, [Arnold]. Zwei neue Exerzier-Reglemente für die Infanterie. Nach einem Vortrage, gehalten im Bündnerischen Offiziers-Verein zu Chur am 9. Dezember 1901. [Mit Figuren.] II + 36 S. 8. Basel, Benno Schwabe, 1902. [fr. 1. 25]

Beilage zur Allgemeinen Schweizerischen Militärzeitung 1902. Redaktion: Oberst U[lrich] Wille. Heft 1.

Biberstein, C. W., v. Untersuch. üb. d. Urspr. u. d. Ausbildung. d. gegenw. Anordn. des Weltgebäudes. 8. Gießen, Heyer. 803.

Biberstein, (Carolus) Ludovicus *(geb. Kalisch in Pol. 18. 9. 1834)*: De tumoribus pelvis partum impedientibus. Vratislaviae (1862). (34 S.) 8°

Breslau, Med. Diss. v. 2. Sept. 1862

Biberstein, Fr. A. Marsch. v., Beschr. d. Länder, zwischen den Flüss. Terek u. Kur am Caspisch. Meere. gr. 8. Frankf. Eßlinger, 800.

— **Flora taurico-caucasica.** 4. Tübingen, Cotta. 810.

— über d. Sayn-Hachenburg. Succession. 4. Ebend. 788.

— Vorschr. z. militär. Situationszeichnung. 4. Berl. Maurer. 802.

Biberstein, Friedrich, pract. Arzt aus Laurahütte: Aus d. gynaekol. Abth. d. Krankenhauses d. Elisabethinerinnen ⟨Prof. Pfannenstiel⟩. Beitrag zur vaginalen Entfernung der Uterusmyome. *Breslau 1902: L. Freund.* (32 S.) 8°
Breslau, Med. Diss. v. 30. Mai 1902

Biberstein, (Joan. Joseph.) Oswald. *(geb. Fraustadt 7. 3. 1824)*: De osteoperiostitide. Berolini (1851). (31 S.) 8°
Berlin, Med. Diss. v. 31. März 1851

(v. Biberstein, K. W. Marschall.) Darstellung der neusten im Bisthum Lüttich vorgefallenen Begebenheiten. 8. Stuttgart 1790.

Biberstein, M. v.: Die deutsche Civilprozessordnung . . . s. Biberstein Marschall

Biberstein, Martin: **Beiträge zur Serodiagnostik des Abdominaltyphus.** *Leipzig: Veit & C. 1898.* (32 S.) 8° ¶(Aus: Zeitschrift für Hygiene und Infectionskrankheiten, Bd 27.)
Breslau, Med. Diss. v. 13. Mai 1898

Bibesco, Georges, s. Bibesco, Georges-Valentin

Bibesco, Georges - Valentin

Bibesco, Fürst Georges, Feldzug v. 1870. Belfort, Reims, Sedan. Das VII. Corps der Rheinarmee. 2. Aufl. Uebersetzt v. G. S. gr. 8. (VIII, 206 S. m. 2 Tab. u. 3 lith. Karton.) Leipzig 877. Barth. n. 8. —

Bibesco, Georges. Prince Prisonnier. Coblence 1870 —1871. In-8°. 216 p., avec 1 carte et 3 gravures dans le texte. Genève et Bâle, Georg & Co. 1899? 4 —

Bibiena, Bernardo Dovizi da

Bibbiena, die Calandria, s. a. **Liebhaber-Bibliothek, kulturhistorische. 4. Bd.**

Die Calandria. Komödie in 5 Aufz. von Kard. (Bernardo Divizio [Dovizi] da) Bibbiena [Bibiena]. Aus d. Ital. übers. u. eingeleit. von Paul Seliger. Leipzig-R.: J. Hegner [1903]. (165 S.) 8° [F.]
= **Liebhaberbibliothek**, Kulturhistorische. Bd 4.

Bibiena, Ferd.

— Begebenh. aus d. Natur- u. Weltgeschichte, z. Uebersetzen ins Italien. rc. 8. Dresd. 787. Gerlach. 3 gr.

— Briefe, z. Uebersetzen ins Italienische. 8. Dresd. 789. Gerlach. 3 gr.

Bibiena, Fd., Samml. deutsch. Aufsätze v. Fabeln rc. z. Ueberss. ins Italien. 8. Dresd. 786. Beger. (Leipz., Weygand). 10 gr. Die Fabeln apart. 8. Dresd. 786. Gerlach. 2 gr.

— Samml. einiger italien. Fabeln, mit deutsch. Uebersetz. gr. 8. Dresd. 782. Gerlach. 6 gr.

— Samml. sinnreich. Gedanken u. angen. Historien. 18 Stck. 8. Dresd. 786. Gerlach. 6 gr.

Bibiéna, Giuseppe Galli, Theaterdecorationen. Innenarchitectur und Perspectiven. Prachtvolle und grossartige Scenerien aus Opern und Schauspielen, welche an den Fürstenhöfen des 18. Jahrh. aufgeführt wurden. Ein Motivenwerk für Theaterdecorationsmaler, Theaterdirektoren, Architekten, Bibliotheken etc., sowie auch für Zeichenschulen als Vorlagen bei Behandlung der Perspective. Entwürfe im Style des Barock. 26 Taf. Fol. Berlin 888, Claesen und Comp. In Mappe. *

Bibiéna, GG: Theaterdecorationen, Innenarchitektur u. Perspectiven. Prachtvolle u. grossart. Scenerien a. Opern u. Schauspielen, welche an d. Fürstenhöfen d. 18. Jahrh. aufgeführt wurden. 2. [Tit.-]Afl. Fol. (26 photolith. Taf.) Berl. [88]96, B Hessling. In Mappe 40 —

Bibiéna, Guiseppe Galli, Theaterdecorationen, Innenarchitektur u. Perspectiven. Prachtvolle u. grossart. Scenerien a. Opern u. Schauspielen, welche a. den Fürstenhöfen d. 18. Jahrh. aufgef. wurden. E. Motivenwerk f. Theaterdecorationsmaler, Theaterdirectoren, Architekten, Bibliotheken etc., sow. a. f. Zeichenschulen als Vorlagen b. Behandlg. d. Perspective. Entwürfe im Style d. Barock. 2. [Titel-] Aufl. gr. Fol. (26 photolith. Taf.) Berlin (888) 897. B. Hessling. In Mappe n. 40. —

Bibiena, Jean Galli de, s. Galli de Bibiena.

FSC
www.fsc.org
MIX
Papier | Fördert
gute Waldnutzung
FSC® C083411

Kolibri 360 GmbH
Ferdinand-Jühlke-Straße 7
99095 Erfurt, Deutschland
produktsicherheit@kolibri360.de